Lexikon der Chemie

1

Ordnungszahl	**20** 40.078	relative Atommasse
	40 (96.9) 42 (0.6) 44 (2.1)	Massenzahlen der häufigsten Isotope. In Klammern: Natürliche Häufigkeit in Prozent
	Ca Calcium	
Elektronenkonfiguration der Valenzelektronen	$4s^2$ 3.39 %	Massenanteil in der Erdhülle
	2	wichtige Oxidationszahl(en)

VIII B 10	I B 11	II B 12	III A 13	IV A 14	V A 15	VI A 16	VII A 17	VIII A 18
								2 4.002602 3 (10^{-4}) 4 (≈100) **He** Helium $1s^2$ $4\cdot10^{-7}$ %
			5 10.811 10 (19.9) 11 (80.1) **B** Bor $2p^1$ 10^{-3} % 3	**6** 12.011 12 (98.89) 13 (1.11) **C** Kohlenstoff $2p^2$ 0.09 % 4, 2, −4	**7** 14.00674 14 (99.63) 15 (0.37) **N** Stickstoff $2p^3$ 0.03 % 5, 4, 3, 2, −3	**8** 15.9994 16 (99.76) 17 (0.04) 18 (0.20) **O** Sauerstoff $2p^4$ 49.4 % −2, −1	**9** 18.9984032 19 (100) **F** Fluor $2p^5$ 0.03 % −1	**10** 20.1797 20 (90.5) 21 (0.3) 22 (9.2) **Ne** Neon $2p^6$ $5\cdot10^{-7}$ %
			13 26.981539 27 (100) **Al** Aluminium $3p^1$ 7.57 % 3	**14** 28.0855 28 (92.2) 29 (4.7) 30 (3.1) **Si** Silicium $3p^2$ 25.8 % 4, −4	**15** 30.973762 31 (100) **P** Phosphor $3p^3$ 0.09 % 5, 3, −3	**16** 32.066 32 (95.0) 33 (0.8) 34 (4.2) **S** Schwefel $3p^4$ 0.05 % 6, 4, 2, −2	**17** 35.4527 35 (75.8) 37 (24.2) **Cl** Chlor $3p^5$ 0.19 % 7, 5, 3, 1, −1	**18** 39.948 36 (0.3) 38 (0.1) 40 (99.6) **Ar** Argon $3p^6$ $4\cdot10^{-4}$ %
58.6934 58 (68.1) 60 (26.2) 62 (3.6) kel $3d^8$ 0.01 % 0	**29** 63.546 63 (69.2) 65 (30.8) **Cu** Kupfer $4s^1$ $3d^{10}$ 0.01 % 2, 1	**30** 65.39 64 (48.6) 66 (27.9) 68 (18.8) **Zn** Zink $4s^2$ $3d^{10}$ 0.01 % 2	**31** 69.723 69 (60.1) 71 (39.9) **Ga** Gallium $4p^1$ 10^{-3} % 3	**32** 72.61 70 (21.2) 72 (27.7) 74 (35.9) **Ge** Germanium $4p^2$ $6\cdot10^{-4}$ % 4	**33** 74.92159 75 (100) **As** Arsen $4p^3$ $6\cdot10^{-4}$ % 5, 3, −3	**34** 78.96 76 (9.4) 78 (23.8) 80 (49.6) **Se** Selen $4p^4$ $8\cdot10^{-5}$ % 6, 4, −2	**35** 79.904 79 (50.7) 81 (49.3) **Br** Brom $4p^5$ $6\cdot10^{-4}$ % 7, 5, 3, 1, −1	**36** 83.80 82 (11.6) 84 (57.0) 86 (17.3) **Kr** Krypton $4p^6$ $2\cdot10^{-8}$ %
106.42 105 (22.3) 106 (27.3) 108 (26.5) adium $4d^{10}$ 10^{-6} % 0	**47** 107.8682 107 (51.8) 109 (48.2) **Ag** Silber $5s^1$ $4d^{10}$ 10^{-5} % 2, 1	**48** 112.411 111 (12.8) 112 (24.1) 114 (28.7) **Cd** Cadmium $5s^2$ $4d^{10}$ $3\cdot10^{-5}$ % 2	**49** 114.818 113 (4.3) 115 (95.7) **In** Indium $5p^1$ 10^{-5} % 3	**50** 118.710 116 (14.5) 118 (24.2) 120 (32.6) **Sn** Zinn $5p^2$ $3\cdot10^{-3}$ % 4, 2	**51** 121.760 121 (57.2) 123 (42.8) **Sb** Antimon $5p^3$ $7\cdot10^{-5}$ % 5, 3, −3	**52** 127.60 126 (19.0) 128 (31.7) 130 (33.8) **Te** Tellur $5p^4$ 10^{-6} % 6, 4, −2	**53** 126.90447 127 (100) **I** Iod $5p^5$ $6\cdot10^{-6}$ % 7, 5, 1, −1	**54** 131.29 129 (26.4) 131 (21.2) 132 (26.9) **Xe** Xenon $5p^6$ $2\cdot10^{-9}$ % 2, 4, 6
195.08 194 (32.9) 195 (33.8) 196 (25.3) in $5d^9$ $5\cdot10^{-7}$ % 0	**79** 196.96654 197 (100) **Au** Gold $6s^1$ $5d^{10}$ $5\cdot10^{-7}$ % 3, 1	**80** 200.59 199 (16.9) 200 (23.1) 202 (29.9) **Hg** Quecksilber $6s^2$ $5d^{10}$ $4\cdot10^{-5}$ % 2, 1	**81** 204.3833 203 (29.5) 205 (70.5) **Tl** Thallium $6p^1$ $3\cdot10^{-5}$ % 3, 1	**82** 207.2 206 (24.1) 207 (22.1) 208 (52.4) **Pb** Blei $6p^2$ $2\cdot10^{-3}$ % 4, 2	**83** 208.98037 209 (100) **Bi** Bismut $6p^3$ $2\cdot10^{-5}$ % 5, 3	**84** 208.9824 **Po** Polonium $6p^4$ $2\cdot10^{-14}$ % 6, 4, 2	**85** 209.9871 **At** Astat $6p^5$ $3\cdot10^{-24}$ % 7, 5, 3, 1, −1	**86** 222.0176 **Rn** Radon $6p^6$ $6\cdot10^{-16}$ %
(271) **n**[a] nnilium[b] $6d^9$	**111** (272) **Uuu**[a] Unununium[b] $7s^1$ $6d^{10}$	**112** (277) **Uub**[a] Ununbium[b] $7s^2$ $6d^{10}$						

157.25 156 (20.5) 158 (24.8) 160 (21.9) olinium $4f^7$ $6\cdot10^{-4}$ %	**65** 158.92534 159 (100) **Tb** Terbium $5d^0$ $4f^9$ $9\cdot10^{-5}$ % 4, 3	**66** 162.50 162 (25.5) 163 (24.9) 164 (28.2) **Dy** Dysprosium $5d^0$ $4f^{10}$ $4\cdot10^{-4}$ % 3	**67** 164.93032 165 (100) **Ho** Holmium $5d^0$ $4f^{11}$ 10^{-4} % 3	**68** 167.26 166 (33.6) 167 (22.9) 168 (26.8) **Er** Erbium $5d^0$ $4f^{12}$ $2\cdot10^{-4}$ % 3	**69** 168.93421 169 (100) **Tm** Thulium $5d^0$ $4f^{13}$ $2\cdot10^{-5}$ % 3, 2	**70** 173.04 172 (21.9) 173 (16.1) 174 (31.8) **Yb** Ytterbium $5d^0$ $4f^{14}$ $3\cdot10^{-4}$ % 3, 2	**71** 174.967 175 (97.4) 176 (2.6) **Lu** Lutetium $5d^1$ $4f^{14}$ $7\cdot10^{-5}$ % 3
247.0703 **n** um $5f^7$	**97** 247.0703 **Bk** Berkelium $6d^0$ $5f^9$ 4, 3	**98** 251.0796 **Cf** Californium $6d^0$ $5f^{10}$ 4, 3	**99** 252.0829 **Es** Einsteinium $6d^0$ $5f^{11}$ 3	**100** 257.0951 **Fm** Fermium $6d^0$ $5f^{12}$ 3	**101** 258.0986 **Md** Mendelevium $6d^0$ $5f^{13}$ 3	**102** 259.1009 **No** Nobelium $6d^0$ $5f^{14}$ 3, 2	**103** 260.1053 **Lr** Lawrencium $6d^1$ $5f^{14}$ 3

[a] vorläufiges systematisches IUPAC-Symbol

[b] vorläufiger systematischer IUPAC-Name

Nach IUPAC-Daten

Lexikon der Chemie

in drei Bänden

Erster Band

A bis Gese

Spektrum Akademischer Verlag Heidelberg · Berlin

Die Deutsche Bibliothek – CIP-Einheitsaufnahme
Lexikon der Chemie : in drei Bänden / [Koordination: Hans-Dieter Jakubke und Ruth Karcher]. – Heidelberg : Spektrum, Akad. Verl.

Bd. 1. A - Gese. – 1998
ISBN 3-8274-0379-0

Fachkoordination: Hans-Dieter Jakubke, Ruth Karcher
Projektleitung: Walter Greulich Verlagsservice, Weinheim
Produktion: Brigitte Trageser
Gesamtgestaltung: WSP Design, Heidelberg
Satz und Graphik: Graphik & Text Studio, Wolfgang Zettlmeier, Laaber
Gesamtherstellung: Konrad Triltsch, Würzburg

Vorwort

In einer Zeit, in der das Wissen der Menschen explosionsartig anwächst, ist es wichtig, jederzeit auf knappe, prägnante und wohlgeordnete Informationen Zugriff zu haben. Das vorliegende Werk bietet dem Leser die Möglichkeit, sich schnell und gezielt über alle Fachgebiete der Chemie zu informieren. Alphabetisch angeordnet, werden die über 10000 Stichwörter des Lexikons in drei Bänden zu je 500 Seiten präsentiert. Dabei werden auch komplizierte Zusammenhänge – ohne Einbußen an wissenschaftlicher Exaktheit – verständlich dargestellt.

Das Lexikon der Chemie wendet sich an Chemiker in Forschung und Industrie, an Chemielehrer und Chemiestudenten ebenso wie an Studenten und Naturwissenschaftler benachbarter Disziplinen, aber auch an Ingenieure und technische Assistenten.

Grundlage für das vorliegende Nachschlagewerk war die dritte Auflage des zweibändigen »Fachlexikon abc Chemie«, die 1987 im Verlag Brockhaus Leipzig erschien und die von Prof. Jakubke und dem inzwischen verstorbenen Prof. Jeschkeit herausgegeben wurde. Das gesamte Lexikon wurde gründlich überarbeitet, aktualisiert und durch eine Vielzahl neuer Artikel ergänzt, um den Entwicklungen in den letzten Jahren Rechnung zu tragen. Völlig neu aufgenommen wurden große Teile der Biochemie sowie das Fachgebiet Biotechnologie. Auch andere Bereiche wie Agrochemie und Lebensmittelchemie wurden neu erarbeitet, um Aktualität zu gewährleisten. Großer Wert wurde darauf gelegt, ein möglichst ausgewogenes Werk entstehen zu lassen. So werden neben den genannten Gebieten

- die Grundlagen der Chemie,
- die Elemente und ihre Chemie,
- die grundlegenden Reaktionen der organischen Chemie,
- alle wichtigen organischen Stoffklassen und Substanzen,
- die Naturstoffe,
- die Prinzipien der physikalischen Chemie,
- wichtige Produkte der chemischen Industrie, wie z. B. Farbstoffe und Polymere, und ihre Herstellung,
- die Analytik und Stofftrennung,
- die Umweltchemie
- und die pharmazeutische Chemie

mit der bewährten Gründlichkeit beschrieben.

Wo es sinnvoll war, wurden die Artikel durch Abbildungen oder Tabellen ergänzt, um dem Leser »auf einen Blick« anschauliche und übersichtliche Informationen zu geben.

Was die Nomenklatur betrifft, wurde weitgehend den IUPAC-Empfehlungen gefolgt, jedoch wurden auch gängige Trivialnamen berücksichtigt, die sich im Sprachgebrauch durchgesetzt haben. Ein ausführlicher und systematisch gegliederter Artikel zum Stichwort Nomenklatur vermittelt dem Leser die IUPAC-Regeln zur Benennung chemischer Verbindungen.

Allen Autoren, die an diesem Werk mitgearbeitet haben, die allesamt unter großem persönlichen Einsatz und mit viel Engagement ihre jeweiligen Fachgebiete für dieses Lexikon aufbereitet haben, danken wir ganz herzlich. Besonderer Dank gilt Herrn Prof. Jakubke, der die Fachgebiete Biochemie, Naturstoffchemie, pharmazeutische Chemie undd Biotechnologie koordinierte.

Die Redaktion

Autoren

Dr. Andrea Acker, Leipzig
Prof. Dr. Heinrich Bremer, Berlin
Prof. Dr. Walter Dannecker, Hamburg
Prof. Dr. Hans-Günther Däßler, Freital
Dr. Claus-Stefan Dreier, Hamburg
Dr. Ulrich H. Engelhardt, Braunschweig
Dr. Andreas Fath, Heidelberg
Dr. Lutz-Karsten Finze, Großenhain-Weßnitz
Dr. Rudolf Friedemann, Halle
Dr. Sandra Grande, Heidelberg
Prof. Dr. Carola Griehl, Halle
Prof. Dr. Gerhard Gritzner, Linz
Prof. Dr. Helmut Hartung, Halle
Prof. Dr. Peter Hellmold, Halle
Prof. Dr. Günter Hoffmann, Eberswalde
Prof. Dr. Hans-Dieter Jakubke, Leipzig
Prof. Dr. Thomas M. Klapötke, München
Prof. Dr. Hans-Peter Kleber, Leipzig
Prof. Dr. Reinhard Kramolowsky, Hamburg
Dr. Wolf Eberhard Kraus, Dresden
Dr. Günter Kraus, Halle
Prof. Dr. Ulrich Liebscher, Dresden
Dr. Wolfgang Liebscher, Berlin
Dr. Frank Meyberg, Hamburg
Prof. Dr. Peter Nuhn, Halle
Dr. Hartmut Ploss, Hamburg
Dr. Dr. Manfred Pulst, Leipzig
Dr. Anna Schleitzer, Marktschwaben
Prof. Dr. Harald Schmidt, Linz
Dr. Helmut Schmiers, Freiberg
Prof. Dr. Klaus Schulze, Leipzig
Prof. Dr. Rüdiger Stolz, Jena
Prof. Dr. Rudolf Taube, Merseburg
Dr. Ralf Trapp, Wassenaar, NL
Dr. Martina Venschott, Hannover
Prof. Dr. Rainer Vulpius, Freiberg
Prof. Dr. Günther Wagner, Leipzig
Prof. Dr. Manfred Weißenfels, Dresden
Dr. Klaus-Peter Wendlandt, Merseburg
Prof. Dr. Otto Wienhaus, Tharandt

Redaktion

Sabine Bartels
Ruth Karcher
Sonja Nagel

Hinweise für den Benutzer

Reihenfolge. Die Stichwörter sind nach dem Alphabet geordnet. Die Umlaute ä, ö, ü sind in der alphabetischen Reihenfolge wie die einzelnen Buchstaben a, o, u sortiert, ß wie ss. Bindestriche, Leerzeichen und Klammern werden ignoriert. Zahlen, Klein- oder Großbuchstaben, griechische Buchstaben und Strukturbezeichnungen (wie prim, sec, *cis*, *trans* etc.), die dem Namen einer chemischen Verbindung vorangestellt sind, bleiben im Alphabet unberücksichtigt. So erscheint in der alphabetischen Reihenfolge z. B. *p*-Aminosalicylsäure unter Aminosalicylsäure, D-Glucose unter Glucose, α-Isonitrosoketone unter Isonitrosoketone. Vorgesetzte nomenklaturgerechte Abkürzungen sowie Buchstaben, die Teil eines Begriffes sind, werden dagegen berücksichtigt, z. B. ist RNA-Synthese im Alphabet unter R zu finden und A1-Mechanismus unter AM... (Indizes werden ignoriert). Griechische Buchstaben als Stichwort oder Teil eines Begriffes werden entsprechend ihrem ausgeschriebenen Namen eingeordnet, z. B. η unter eta. Russische Namen werden eingedeutscht, so heißt es beispielsweise Tschitschibabin (und nicht Čičibabin). Wörter, die man unter C vermißt, suche man je nach Aussprache unter K oder Z und umgekehrt. Wörter, die man unter F vermißt, suche man unter Ph.

Abkürzungen. Das Stichwort wird im Artikeltext stets mit dem Anfangsbuchstaben abgekürzt und nicht dekliniert. Sonstige Abkürzungen sind – soweit nicht im Artikeltext erläutert – aus dem Abkürzungsverzeichnis zu ersehen.

Verweise. Wird ein Begriff unter einem anderen Stichwort abgehandelt, so ist auf diese mit einem Verweispfeil (↗) verwiesen, z. B. **Molalität,** ↗ Zusammensetzungsgrößen. Dies gilt auch für Synonyme. Kein Verweispfeil steht bei Abkürzungen eines Begriffes oder bei Symbolen, z. B. **Cyt,** Abk. für Cytosin bzw. **Lr,** Symbol für Lawrencium. Bei weniger wichtigen Begriffen ist auf Verweisstichwörter verzichtet worden, insbesondere dann, wenn es sich um Zusammensetzungen mit dem Hauptbegriff handelt. So ist z. B. das Stichwort Edelstahl nicht vorhanden, dieser Begriff wird unter dem Stichwort Stahl abgehandelt. Chlortrifluorid wird unter dem Stichwort Chlorfluoride beschrieben.
Verweise werden ferner gesetzt, wenn bei Erwähnung oder Behandlung eines bestimmten Begriffes weitere Ausführungen dazu unter einem anderen Stichwort gemacht werden.

Schriftarten. Die Stichwörter sind in **halbfetter serifenloser Schrift** gedruckt, Synonyme zum Stichwort und übliche Abkürzungen des Stichworts sowie Zwischenüberschriften zur Gliederung längerer Artikel in ***halbfetter kursiver Schrift***. Zur Hervorhebung wichtiger Begriffe im Text dient die *kursive Schrift*. Warnhinweise sind grau unterlegt.

Warenzeichen. Warenzeichen sind im Lexikon durch das Symbol ® gekennzeichnet. Das Fehlen dieses Symbols begründet nicht die Annahme, ein Name sei nicht als Warenzeichen registriert.

Abkürzungen

a	Jahr
Abb.	Abbildung
Abk.	Abkürzung
Abschn.	Abschnitt
amerik.	amerikanisch
bzw.	beziehungsweise
chem.	chemisch (e, er, es)
d	Tag
D.	Dichte
d. h.	das heißt
d. i.	das ist
d. s.	das sind
dtsch.	deutsch
engl.	englisch
evtl.	eventuell
f	Femininum
F.	Fließpunkt (Schmelzpunkt)
franz.	französisch
griech.	griechisch
h	Stunde
im allg.	im allgemeinen
ital.	italienisch
Jh.	Jahrhundert
Jt.	Jahrtausend
konz.	konzentriert
Kp.	Kochpunkt (Siedepunkt)
krit.	kritisch (bei Daten)
Kurzbez.	Kurzbezeichnung
Kurzz.	Kurzzeichen
lat.	lateinisch
m	Maskulinum
M_r	relative Molekülmasse
min	Minute
n	Neutrum
o. a.	oder andere(s)
o. dgl.	oder dergleichen
®	engl. ›registered‹, Warenzeichen
russ.	russisch
s	Sekunde
S.	Seite
Sbp.	Sublimationspunkt
s. o.	siehe oben
sog.	sogenannt (e, er, es)
spez.	spezifisch (e, er, es)
s. u.	siehe unten
subl.	sublimiert
Tab.	Tabelle
u. a.	und andere(s)
u. ä.	und ähnliche(s)
Übers.	Übersicht
u. dgl.	und dergleichen
usw.	und so weiter
u. U.	unter Umständen
verd.	verdünnt
vgl.	vergleiche
Z.	Ordnungszahl
Z.	Zersetzung(spunkt)
z. B.	zum Beispiel
z. T.	zum Teil
z. Z.	zur Zeit

A

a, Symbol für axiale Bindungen, ↗ Stereoisomerie 2.2.

A, 1) *A*, Formelzeichen für Aktivität (einer radioaktiven Substanz). 2) bei organisch-chem. Reaktionen Symbol für ↗ Addition (A_R, A_E, A_N).

AAS, Abk. für *A*tom*a*bsorptions*s*pektrometrie.

Abbau, die Spaltung chem. Verbindungen in niedermolekulare Fragmente, z. B. der A. höherer Alkane durch Spaltung von C–C-Bindungen beim Cracken, der thermische A. von Carbonaten unter Bildung von CO_2 oder der hydrolytische A. von Biopolymeren zu monomeren Bausteinen, wie der A. von Cellulose zu Glucose. Der stufenweise A. von ↗ Proteinen und ↗ Nucleinsäuren dient zur Aufklärung ihrer Primärstruktur. Große Bedeutung haben A.-Reaktionen für die Verweildauer von Chemikalien in der Umwelt.

Abbeizmittel, chem. Verbindungen, mit deren Hilfe alte Farbanstriche entfernt werden können. Die ablaugenden A. enthalten alkalische Verbindungen, z. B. Natronlauge, Trinatriumphosphat, Ammoniak und Natriumcarbonat. Die lösenden A. sind Lösungsmittelgemische aus Aceton, halogenierten Kohlenwasserstoffen und Aromaten. Kombinierte A. enthalten ablaugende und lösende Bestandteile.

Abbrand, 1) in der Metallurgie der Metallverlust durch Verbrennen, Vergasen, Verspritzen oder Verschlacken. Formen des A. sind z. B. die Oxidschicht, die sich auf der Oberfläche von Metallschmelzen, besonders der Buntmetalle, befindet, oder Oxide, die sich bei der Metallerwärmung in Luft an der Oberfläche bilden, ↗ Zunder.

2) in der Silicattechnik Verdampfung von Komponenten des Versatzes während der thermischen Behandlung bei der Werkstoffherstellung, z. B. relativ flüchtige Oxide, wie Bor(III)-oxid und Blei(II)-oxid, oder Fluoride.

Abdampfen, ↗ Eindampfen.

Abfackeln, die Verbrennung nicht verwertbarer, umweltbelastender Restgase und -dämpfe zum Zwecke ihrer Vernichtung. Als Brenner werden meist 10 bis 20 m hohe Stahlrohre (Hochfackeln) eingesetzt, die eine weitgehend vollständige Verbrennung der Gase und Dämpfe garantieren. Die Rußbildung wird durch Einblasen von Wasserdampf in den Gasstrom vermindert.

Abfangreaktion, Umsetzung instabiler Zwischenstoffe, ↗ Intermediate, mit geeigneten Reagenzien zu stabilen, eindeutig identifizierbaren Produkten.

Abgangsgruppe, der bei Substitutionsreaktionen zu ersetzende Substituent. Die dabei auftretende Bindungsspaltung zwischen dem Reaktionszentrum und dem zu ersetzenden Substituent erfolgt um so leichter, je energieärmer die A. ist. Eine besonders hohe Abspaltungstendenz haben A., die als Moleküle vorgebildet sind, z. B. die Diazoniumgruppe als Stickstoff (↗ Diazoniumsalze).

Abgase, die bei einem Verbrennungs- oder Produktionsprozeß anfallenden, nicht mehr nutzbaren gasförmigen Abfallstoffe. Die A. enthalten luftverunreinigende Stoffe wie Kohlenoxide, Schwefeloxide, Stickoxide sowie Staub und Ruß. A. aus Verbrennungsprozessen flüssiger und fester Brennstoffe werden auch als ↗ Rauchgase bezeichnet. Die A. von Kraftfahrzeugmotoren enthalten neben Kohlendioxid, Stickstoff und Wasserdampf Kohlenmonoxid, Stickoxide, Aldehyde und Kohlenwasserstoffe.

Ein Teil des Wärmeinhaltes der A. kann bei ausreichender Temperatur zur Erzeugung von Dampf und Warmwasser bzw. zum Vorwärmen der Verbrennungsluft ausgenutzt werden. Nicht ausnutzbar ist der Teil des Wärmeinhaltes, der für den Auftrieb der A. im Kamin erforderlich ist. Die A. von Verbrennungsmotoren können genutzt werden für den Antrieb eines Turbogebläses, das die Verbrennungsluft vorverdichtet (Turbolader).

Hohe Abgaskonzentrationen können bei bestimmter Wetterlage unter dem Einfluß von Licht, UV-Strahlung und Ozon in Ballungsgebieten zu gefährlichen Umweltbelastungen (↗ Smog) führen. Aus Gründen des Umweltschutzes ist es erforderlich, die Abgase einer ↗ Abgasreinigung zuzuführen.

Abgasreinigung, die Abscheidung von ↗ Luftverunreinigungen aus Abgasen mit dem Ziel der Reinhaltung der Luft. Zur Entfernung der festen Bestandteile im Abgas werden die Verfahren der ↗ Entstaubung angewandt. Für gasförmige und flüssigtropfenförmige Stoffe können je nach deren chem. und physikalischen Eigenschaften im wesentlichen drei Verfahren eingesetzt werden:

1) ***Absorptionsverfahren.*** Als Absorbens wird Wasser bevorzugt. Reicht die Absorptionsfähigkeit von Wasser nicht aus, muß die Absorption durch chem. Umsetzungen mit dem Wasser zugesetzten Stoffen (Chemisorption) ergänzt werden (für saure Abgasbestandteile wird z. B. vorwiegend NaOH eingesetzt). Absorber, ausgeführt als Sprühdüsenwäscher, Wirbelstromnaßabscheider oder ↗ Venturi-Wäscher, erreichen hohe Absorptionsgrade. Andere Absorptionsmittel sind Öle (Ölwäsche) für organische Substanzen. Nachteile der Absorptionsverfahren sind die entstehenden Abwasser- oder Deponierprobleme. Eine Sonderstellung nimmt die ↗ Rauchgasentschwefelung ein.

2) ***Adsorptionsverfahren.*** Die Adsorber sind meist mit Aktivkohle gefüllt, zur Regeneration dient Wasserdampf oder Erhitzen des Adsorptionsmittels. Um

den Ausfall des Reinigungseffektes während der Regenerationsphase zu vermeiden, werden mehrere Adsorber wechselseitig betrieben. Bei Kleinstanlagen wird das Adsorbens verworfen (Wegwerffilter).

3) ***Nachverbrennung.*** Man unterscheidet dabei zwischen thermischer und katalytischer Nachverbrennung. Bei der thermischen Nachverbrennung (Abk. TNV) sind Temperaturen von 900 °C und ausreichende Verweilzeiten im Verbrennungsraum erforderlich. Im einfachsten Fall kann die thermische Nachverbrennung in anderen betrieblichen Verbrennungsanlagen (z. B. Kesselhäuser) erfolgen. Andernfalls muß die notwendige Temperatur durch Brennstoffe erzeugt werden. Das Verfahren wird dann sehr aufwendig und erzeugt seinerseits Luftverunreinigungen. Da aber luftverunreinigende organische Stoffe außer den Fremdelementen (Stickstoff, Schwefel, Halogene) zu Kohlendioxid und Wasser abgebaut werden, ist dieses Verfahren lufthygienisch optimal. Bei der katalytischen Nachverbrennung (Abk. KNV) wird durch Anwendung von Katalysatoren die Verbrennungstemperatur auf etwa 350 bis 400 °C herabgesetzt. Die KNV ist von erheblicher Bedeutung für die A. von Kfz-Motoren.

Abietinsäure, *Abieta-7,14-dien-19-carbonsäure*, eine tricyclische Diterpensäure. Sie bildet farblose Kristalle, F. 173 °C, die in Wasser praktisch unlös-

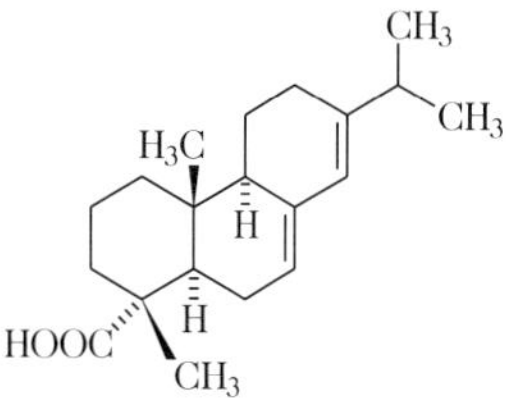

lich, in Alkohol und Ether löslich sind. Die Ester und Salze heißen *Abietate.* A. ist eine Harzsäure. Sie ist Hauptbestandteil des Coniferenharzes. Im ↗ Kolophonium ist A. zu etwa 43% enthalten. Sie wird technisch zur Bereitung von Papierleinen, Lacken, Seifen und als Emulgator bei der Herstellung von Synthesekautschuk verwendet.

Abkühlen, ↗ Kühlung.

Abkühlungskurve, Kurve, mit deren Hilfe man Phasendiagramme aufstellen kann, ↗ Thermoanalyse.

Ablauge, engl. ***spent liquor***, flüssige Abfallstoffe aus gewerblichen und industriellen Betrieben, die in den meisten Fällen für die natürliche Umwelt schädigende Inhaltsstoffe in hoher Konzentration enthalten z. B. A. aus Zellstofferzeugung: Sulfitablauge, Sulfatschwarzlauge. A. müssen immer in irgendeiner Form einer ↗ Abwasserreinigung zugeführt werden, sofern sie nicht anderweitig genutzt werden können bevor sie in einen Vorfluter abgeleitet werden.

Abrasives, ↗ Schleifmittel.

Abrauchen, die Entfernung flüchtiger Anteile aus festen Stoffen durch Erhitzen.

ABS, 1) Abk. für *A*lkyl*b*enzol*s*ulfonate. 2) Abk. für *A*crylnitril-*B*utadien-*S*tyrol-Copolymere.

Abscheiden, das Entfernen von flüssigen oder festen Teilchen aus Gasen und Dämpfen oder von festen Teilen aus Flüssigkeiten durch Abscheider unter Ausnutzung von Fliehkraft, Schwerkraft, Stoß, Adhäsion oder elektrischen oder magnetischen Kräften, z. B. bei der Öl-, Teer- oder Staubabscheidung. Ein Sonderfall ist das elektrolytische A. (↗ Elektrolyse).

Abschirmkonstante, ↗ Moseleysches Gesetz.

Abschirmung, Verringerung der anziehenden Wechselwirkung zwischen einem Elektron und dem Atomkern durch die übrigen Elektronen in einem Mehrelektronenatom, deren Wirkung der einer negativen Punktladung im Kern entspricht. Sind die Elektronen kugelsymmetrisch im Atom verteilt, so tragen nur diejenigen zur Abschirmung bei, die sich innerhalb einer Kugel befinden, deren Radius dem Abstand zwischen Kernmittelpunkt und betrachtetem Elektron entspricht. – Die magnetische Abschirmung spielt eine Rolle bei der kernmagnetischen Resonanzspektroskopie (NMR).

Abscisinsäure (lat. abscidere ›abtrennen‹), früher ***Dormin***, Abk. ***AB***, wichtigster Vertreter der Abscisine (↗ Phytohormone). Chemisch eine monocyclische Sesquiterpencarbonsäure mit 15 C-Atomen. A. ist ein nativer ubiquitär verbreiteter Inhibitor von Wachstums- und Entwicklungsprozessen mit spezifischer Wirkung nur auf höhere Pflanzen.

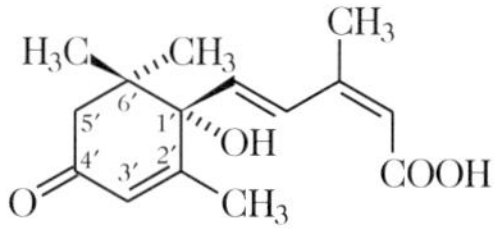

Zusammen mit den wachstumsfördernden Phytohormonen, z. B. den Cytokininen, reguliert A. Alterungsprozesse, Laubfall, Blütenbildung, Fruchtreife, Samenkeimung und andere wichtige Entwicklungsprozesse der Pflanze. A.-Synthesen werden intensiviert durch Streßfaktoren wie Wassermangel und Kühlestreß (Streßhormon). A. beeinflußt die stomatäre Transpiration.

ABS-Formmassen, ↗ Polystyrol.

absolute Konfiguration, ↗ Stereoisomerie 1.1.

absoluter Nullpunkt, ↗ Temperatur.

Absolutierung, Entwässerung von organischen Flüssigkeiten, z. B. durch Verwendung geeigneter Trockenmittel wie Natriumdraht für Ether, Natriumhydrid zur Beseitigung letzter Wasserspuren u. a., oder durch ↗ Azeotropdestillation.

Absorbanz, ↗ Extinktion.

Absorbat, bei der Absorption aufzunehmendes Gas.

Absorbens, kondensierte Phase, in die bei der Absorption das Absorbat aufgenommen wird.

Absorpt, der bei der Absorption im Absorbens molekular-dispers verteilte Stoff.

Absorption, 1) A. von Gasen, Aufnahme eines Gases in das Innere einer kondensierten Phase in molekular-disperser Verteilung. Bei der reversiblen, physikalischen A. ist der Gleichgewichtspartialdruck des Absorbats über der Lösung beträchtlich und hängt von der Konzentration des in der Flüssigkeit bereits gelösten Gases ab. Eine vollständige Aufnahme des Absorbats durch das Absorbens ist nicht möglich. Erfolgt dagegen bei der A. eine chem. Reaktion, so ist bei niedrigem Dampfdruck der absorbierten Substanz über der Lösung eine vollständige A. theoretisch möglich. Meist stellt sich ein bestimmter Gleichgewichtsdruck des Absorbats über der Lösung ein.

Für die *physikalische* A. gilt eine dem Nernstschen Verteilungssatz analoge Beziehung, das *Henrysche Gesetz*, wonach bei konstanter Temperatur die Sättigungskonzentration c eines Gases in einer Lösung dem Partialdruck p proportional ist: $c = \alpha \cdot p = n/v$. In der Formel bedeuten v Volumen der Flüssigkeit, c Sättigungskonzentration des Gases in der Lösung, n Stoffmenge des gelösten Gases, α Bunsenscher Absorptionskoeffizient.

Bei der A. eines Gasgemisches stellt sich für jede Komponente ein ihrem Partialdruck und Löslichkeitskoeffizienten entsprechendes Gleichgewicht ein. Das Austreiben eines absorbierten Gases durch Temperaturerhöhung, Entspannung der Lösung oder durch Behandlung mit einem Inertgas wird als *Exsorption* bezeichnet. Nach *chemischer A.* ist sie nur möglich, wenn die dabei gebildete Verbindung unbeständig ist und sich infolgedessen ein bestimmter Partialdruck des Absorpts über der Flüssigkeit einstellen kann.

Die A. wird im Laboratorium zur Gasreinigung und in der chem. Industrie bei der Reinigung oder Trennung von Gasgemischen angewendet, z. B. zur Entfernung von CO_2, COS und H_2S aus Erd- und Synthesegas (↗ Rectisol-Verfahren, ↗ Sulfinol-Verfahren). Dazu setzt man Apparaturen ein, die eine möglichst große Berührungsoberfläche zwischen Gas und Flüssigkeit gewährleisten, z. B. Füllkörperkolonnen, Sprühtürme, Dünnschichtabsorber u. a.

2) A. von Strahlung, Abnahme der Intensität von ↗ elektromagnetischer Strahlung oder Korpuskularstrahlung beim Durchgang durch einen festen, flüssigen oder gasförmigen Körper. Bei der A. erfolgt eine teilweise Umwandlung der Strahlungsenergie in andere Energieformen, wie Wärmeenergie, Anregungsenergie u. a. Der Quotient von absorbierter (I_A) zu auffallender Strahlung (I_0) heißt *Absorptionsvermögen*. Der Ausdruck $I_A/I_0 \cdot 100$ wird als prozentuale A. bezeichnet.

Wenn monochromatische Strahlung parallel eine homogene Substanz durchdringt, dann werden von Schichten gleicher Dicke gleiche Bruchteile der Strahlung absorbiert. Das Absorptionsgesetz $I_D = I_0 e^{-\alpha d}$ wurde zuerst von Lambert und Bouguer formuliert, wobei I_D die Intensität der durchgelassenen, I_0 die Intensität der auffallenden Strahlung, d die Schichtdicke, α den Absorptionskoeffizienten bedeuten. Meist wird das Absorptionsgesetz in der Form $\ln(I_0/I_D) = \alpha \cdot d$ angegeben. Der Absorptionskoeffizient ist in starkem Maße von der Frequenz der Strahlung sowie der Natur der durchstrahlten Probe abhängig. Die A. von Strahlung ist die Grundlage wichtiger Teilgebiete der Chemie, z. B. der Strahlen- und Photochemie. Vgl. auch ↗ Extinktion; über A. in Lösungen ↗ Lambert-Beersches Gesetz.

Abstich, das Ablassen von flüssigen Metallen, Schlacken und Carbiden (Calciumcarbid, Borcarbid) aus metallurgischen und elektrothermischen Öfen durch Öffnen des Abstichlochs.

Abstoßungsenergie, ***Repulsionsenergie***, eine Abstoßung der Elektronenhüllen, die bei der Annäherung zweier Atome oder Moleküle mit abgeschlossenen Schalen auftritt und eine Folge des Pauli-Prinzips ist. Die A. im Abstand R wird meist durch die Ausdrücke $\varepsilon_{Rep} = A/R^n$ (n = 9 ... 12) oder $\varepsilon_{Rep} = B\ e^{-CR}$ modelliert. A, B und C sind Anpassungsparameter. Die A. ist für große Abstände gering und steigt bei einem bestimmten Wert von R rasch an.

Abtreibkolonne, *Abtriebsäule*, bei der Destillation das Kolonnenstück unterhalb der Einspeisstelle.

Abtrennen, das Entfernen von Einzelkomponenten aus Stoffgemischen oder -gemengen aufgrund ihrer besonderen physikalischen oder chem. Eigenschaften, z. B. das A. von Feststoffen aus einer Suspension durch Zentrifugieren, Filtrieren, Sedimentieren oder Dekantieren.

Abwasser, zusammenfassende Bezeichnung für Wässer, die nach der Nutzung abgeleitet und gegenüber der natürlichen Beschaffenheit nachteilig chemisch, physikalisch und/oder biologisch verändert wurden. Nach Herkunft und Zusammensetzung unterscheidet man: *häusliches A.*, das ist A. aus Haushalten, öffentlichen Gebäuden, Schulen, Ferien- und Freizeitanlagen u. ä., das im wesentlichen aus Fäkalabwässern, Wasch- und Badewasser sowie Küchenabwässern besteht; *kommunales A.* (*städtisches A.*), zusammengesetzt aus häuslichem A., gewerblichen Abwässern, Anteilen von Industrieabwässern, verschmutzten Niederschlagswässern; *Industrieabwasser* bzw. *Prozeßabwasser*. Auch Kühl-, Spül- und Reinigungswässer aus Industrie- und Landwirtschaftsbetrieben sowie z. B. Regenwässer aus Siedlungen müssen als A. angesehen werden, sofern sie als Wasser nicht ohne Aufbereitung wiederverwendbar sind und in Gewässern Schäden hervorrufen können.

Etwa 80 bis 90 % des von Industrie und Landwirtschaft benutzten Betriebswassers sowie des in den

Haushalten verbrauchten Trinkwassers fallen als Abwasser an, etwa 10 bis 20 % gehen durch Verdunstung oder Versickerung verloren.

Die Menge der anfallenden Abwässer ist sehr unterschiedlich und richtet sich für städtisches A. erfahrungsgemäß nach der Größe der Ortschaften sowie nach der angeschlossenen Industrie und Gewerbekapazität bzw. für Industrieabwasser nach erzeugten, be- oder verarbeiteten Produkten (s. Tab. 1).

Da immer davon auszugehen ist, daß ein Kreislauf Wasser – Abwasser in einem bestimmten Grade vorhanden ist, müssen demzufolge die notwendigen ökonomischen Aufwendungen besonders für Industrie- und Prozeßabwässer am Anfallort getätigt werden (Kreislaufführung). Für Industriebetriebe ergibt sich daraus die Forderung nach innerbetrieblichen Wasserkreisläufen, wobei insbesondere Schadstoffe zu entfernen sind, die in kommunalen Kläranlagen zur erheblichen Beeinträchtigung des Reinigungsprozesses führen oder die nicht erst mit Flußwasser verdünnt werden dürfen, um dann mit um so höheren Aufwendungen bei der Trinkwasseraufbereitung beseitigt werden zu müssen.

Abwasser. Tab. 1: Abwasseranfall für ausgewählte Industriebetriebe

Betrieb	Bezugseinheit	durchschnittlicher Abwasseranfall in m^3
Brikettfabrik	1 t Brikett	1
Schlachthof	1 Schlachtung	1,5
Molkerei	1 m^3 Milch	5
Zuckerfabrik	1 t Rüben	15
Wäscherei	1 t Wäsche	15
Erdölraffinerie	1 t Rohöl	17
Brauerei	1 m^3 Bier	20
Eisenhüttenwerk	1 t Roheisen	22
Papierfabrik	1 t Pappe	130
	1 t Feinpapier	400
Sulfitzellstoffherstellung	1 t Zellstoff	1000

Zur Erfassung der Abwasserbeschaffenheit interessieren physikalische, chemische und bakteriologische Gütemerkmale, wobei das A. anorganisch, organisch oder gemischt anorganisch und organisch verunreinigt sein kann. Die Verunreinigungen können als absetzbare, nichtabsetzbare (Schwebstoffe) und gelöste Stoffe oder als Schwimmstoffe vorliegen. Zu den vorwiegend anorganisch verunreinigten A. gehören die A. der Kaliindustrie, des Erzbergbaues, der Beizereien, der galvanotechnischen Betriebe und der chem. Industrie, z. B. Soda- und Mineraldüngerindustrie, ferner auch radioaktive A. Die verunreinigenden Komponenten dieser Abwassergruppe bestehen vor allem aus Sand, gelösten Mineralien, Salzen, Metall- und Schwermetall-Ionen. Vorwiegend organisch verunreinigte A. entstehen z. B. bei der Gewinnung und Verarbeitung von Kohle, Erdöl, Holz, Zellstoff sowie in der Papier-, Farb- und Lebensmittelindustrie. Auch die häuslichen und städtischen A. sind in der Regel überwiegend organisch verunreinigt. In diesen A. können die verschiedensten organischen Stoffgruppen vertreten sein, so daß eine qualitative Erfassung der einzelnen Inhaltsstoffe zwar möglich, jedoch sehr aufwendig ist und noch keine Aussage über die jeweils eingegangenen Verbindungen bringt. Phenole, Ketone, Aldehyde, Alkohole, Öle, Fette, Detergentien, Amine, Kohlenhydrate und Eiweißverbindungen sind die wichtigsten Vertreter organischer Verunreinigungen, im häuslichen und städtischen A. natürlich auch Keime, Bakterien und Viren.

Der Verschmutzungsgrad des A. wird überwiegend durch Summenbestimmungsmethoden, nur selten durch Einzelstoffanalyse charakterisiert. Die wichtigsten Methoden sind: der *biochemische Sauerstoffbedarf* (*BSB*), der *chemische Sauerstoffbedarf* (*CSB*) und der Gesamtgehalt an organischem Kohlenstoff (*TOC*), wobei hier als Modifikation aufgrund des einfacheren Bestimmungsverfahrens häufig der gelöste organische Kohlenstoff (*DOC*) genutzt wird. Zur Bestimmung des biochemischen Sauerstoffbedarfes wird eine bestimmte Abwassermenge einer genau bemessenen, sauerstoffgesättigten Wasserprobe zugeführt, die adaptierte Bakterien enthält. Die gegen Luftsauerstoffzutritt abgeschlossene Wasserprobe wird bei einer konstanten Temperatur von 20 °C bebrütet. Die in der Probe enthaltenen Bakterien »verbrennen« die Schmutzstoffe unter Zuhilfenahme des gelösten Sauerstoffes der Probe je nach Abbaubarkeit. Nach einer bestimmten Zeit wird der BSB in mg/l aus dem Differenzbetrag zwischen ursprünglichem und verbliebenem Sauerstoffgehalt unter Berücksichtigung der angewandten Wassermenge ermittelt und danach der Grad der Verschmutzung festgelegt. Je nach Untersuchungsdauer (1,2 bis 20 Tage) wird an das Kurzzeichen BSB der entsprechende Index (BSB_1, BSB_2 bis BSB_{20}) hinzugefügt. In Mitteleuropa wird in der Regel mit dem BSB_5, d. h. mit dem biochemischen Sauerstoffbedarf nach 5 Tagen gerechnet. Die Umrechnung erfolgt nach Tab. 2. Da auch absetzbare Stoffe und Schwebstoffe organischer Herkunft sein können, ist bei der Messung des BSB immer mit anzugeben, ob es sich um eine homogenisierte (mit absetzbaren Stoffen), eine abgesetzte oder filtrierte Probe handelt. Die Schmutzfracht eines Einwohners (E) wird mit 60 g BSB_5/d angenommen, d. h. ein Einwohner erzeugt im 24-Stundenmittel bei einem durchschnittlichen Abwasseranfall von 200 l/(E · d) eine Schmutzmenge, die zu ihrem biochemischen Abbau in 5 Tagen 60 g BSB benötigt. Die Zusammensetzung dieser Schmutzfracht im groben Mittel enthält Tab. 3.

Abwasser. Tab. 2: Umrechnung von BSB_n auf BSB_5 bei 20°C.

n in Tagen	1	2	3	4
BSB_n/BSB_5	0,30	0,54	0,73	0,88
n in Tagen	5	10	15	20
BSB_n/BSB_5	1,00	1,32	1,42	1,46

Abwasser. Tab. 3: Zusammensetzung kommunaler Abwässer nach Imhoff.

	Mineral. g/(E · d)	Organ. g/(E · d)	Gesamt g/(E · d)	BSB_5 g/(E · d)
absetzbare Stoffe	20	30	50	20
nichtabsetzbare Stoffe	5	10	15	10
gelöste Stoffe	75	50	125	30
insgesamt	100	90	190	60

Der chemische Sauerstoffbedarf ist ein Maß für die chemische Oxidierbarkeit der im Wasser oder Abwasser enthaltenen Stoffe ohne Stickstoffverbindungen. Als Oxidationsmittel können Kaliumpermanganat oder Kaliumdichromat verwendet werden (praktisch wird heute nur noch Kaliumdichromat eingesetzt). Die Schmutzfracht eines Einwohners beträgt ca. 120 g CSB/d. Aus dem BSB_5/CSB-Verhältnis ist z. B. eine Aussage über die biologische Abbaubarkeit von Abwasser möglich. Der gesamtorganische Kohlenstoff ergibt sich durch die bei Verbrennung der organischen Substanz entstehende CO_2-Menge. Dabei ist der organische Kohlenstoff nur eine Teilmenge der organischen Substanz, die auch durch stöchiometrische Beziehungen nicht exakt erfaßbar ist, da die Kohlenstoffanteile Schwankungen unterworfen sind. Die Schmutzfracht eines Einwohners beträgt ca. 40 g TOC/d.

Um die Verschmutzung von Industrieabwässern mit der von häuslichem Abwasser vergleichen zu können, wird die Schmutzfracht auf die eines Einwohners bezogen und ergibt damit den *Einwohnergleichwert* (EGW). Beispiele für BSB_5-Konzentrationen von Industrieabwässern und -schlämmen sowie eine Umrechnung in EGW enthält Tab. 4.

Die Schmutzfrachten, die einer Kläranlage zugeführt werden setzen sich insgesamt zusammen aus: Einwohner (E) + Einwohnergleichwerte (EGW) = Einwohnerwerte (EW).

Abwasser. Tab. 4: BSB_5-Konzentrationen von Industrieabwässern und –schlämmen und Umrechnung in EGW.

Abwasserart	BSB_5-Konzentration in g/l	EGW bezogen auf 1 m^3 des jeweiligen Stoffes
Jauche, Hühnergülle oder Molke	20–40	333
Schlempe einer Brennerei	50	833
Hefe einer Brauerei	300	5000

Durch Einleitung von nicht oder nur ungenügend gereinigten A. in die Gewässer werden mittelbar oder unmittelbar Abwasserschäden hervorgerufen. Wiederholt sind durch Infiltration von A. auch nachteilige Einwirkungen auf die Grundwasserqualität beobachtet worden. Unmittelbare Abwasserschäden sind z. B. Korrosion, Geruchsbelästigungen und Schaumbildung. Die Gewässerverunreinigung umfaßt dabei z. B. Gesundheitsgefährdungen, Verschlammungen und Fischereiverluste. Fischereischäden in den Gewässern als Folge unkontrollierter Abwassereinleitung können u. a. folgende Ursachen haben:

1) Die Abwasserinhaltsstoffe sind Gifte, die auf die Flora und Fauna eines Gewässers unmittelbar schädigend wirken. 2) Es entsteht Sauerstoffmangel, so daß sich anaerobe Lebensbedingungen einstellen, unter denen z. B. Fische und Pflanzen nicht existieren können. 3) Die Fische werden durch nachhaltige Geschmacksstoffe ungenießbar. Häufig vertretene Abwassergiftstoffe sind z. B. Cyanide, Schwefelwasserstoff, Phenole, Ammoniak, Detergentien, Chlor und Schwermetalle sowie Schwermetallverbindungen, aber auch radioaktive Abfallstoffe. Sauerstoffmangel wird z. B. durch Eiweiße, Alkohole, Aldehyde, Fettsäuren, Sulfide, Sulfite und Nitrite hervorgerufen.

Mit Hilfe der Wassergüte ist es möglich, die qualitative und quantitative Beschaffenheit von Oberflächengewässern zu beurteilen. Ein charakteristischer Wert hierfür ist der Sauerstoffgehalt eines Gewässers, der in einem gesunden Gewässer möglichst hoch sein soll (als untere Grenze für die Lebensfähigkeit von Fischen wird etwa 4 mg/l Sauerstoffgehalt angegeben). Der Sauerstoffgehalt von Fließgewässern wird z. B. mit Hilfe eines Abwasserlastplanes dargestellt. Hierbei wird die für das Gewässer charakteristische Selbstreinigungsleistung ermittelt und danach die kritische Abwasserlast berechnet, bei der 4 mg O_2/l im Gewässer gerade noch gewährleistet sind. Unter Abwasserlast versteht man dabei die Zahl der an eine Ortsentwässerung angeschlossenen Einwohner, die auf 1 l/s bei mittlerer Niedrigwasserführung (MNQ) des Flusses

Abwasser. Tab. 5: Gütegliederung der Fließgewässer (LAWA 1980).

Wassergüteklasse	Grad d. organ. Belastung	Saprobität	Saprobien-Index	BSB_5 (mg/l)	NH_4–N (mg/l)	O_2-Minima (mg/l)
I	unbelastet, sehr gering belastet	Oligosaprobie	1,0– < 1,5	1	höchstens Spuren	> 8
I–II	gering belastet	Oligosaprob mit β-mesosaprobem Einschlag	1,5 – < 1,8	1–2	um 0,1	> 8
II	mäßig belastet	ausgeglichene β-Mesosaprobie	1,8 – < 2,3	2–6	< 0,3	> 6
II–III	kritisch belastet	α-β-mesosaprobe Grenzzone	2,3 – < 2,7	5–10	< 1	> 4
III	stark verschmutzt	ausgeprägte α-Mesosaprobie	2,7 – < 3,2	7–13	0,5 bis mehrere mg/l	> 2
III–IV	sehr stark verschmutzt	Polysaprob mit α-mesosaprobem Einschlag	3,2 – < 3,5	10–20	mehrere mg/l	< 2
IV	übermäßig verschmutzt	Polysaprobie	3,5 – < 4,0	> 15	mehrere mg/l	< 2

entfallen. Die Einwohnergleichwerte der anliegenden Industrie müssen zugezählt werden. In der Regel wird die Abwasserlast auf die organischen, abbaufähigen Abwasserinhaltsstoffe bezogen. Mit Hilfe des Abwasserlastplanes kann relativ leicht eine Rang- und Reihenfolge von zu bauenden Abwasserreinigungsanlagen entlang eines Fließgewässers festgelegt werden. Zu einer umfassenden Gewässerbeurteilung gehört jedoch mehr als nur der Sauerstoffgehalt. Insbesondere sind eine Vielzahl von chemischen Inhaltsstoffen zu beachten und auch eine biologische Beurteilung in Form der enthaltenen Organismen, dem Saprobien-System, ist notwendig. Von besonderer Bedeutung ist die Wassergüteklassifizierung nach LAWA, bei der die Fließgewässer in 7 Wassergüteklassen eingeteilt werden (s. Tab. 5). In Deutschland wird für alle Gewässer die Güteklasse II angestrebt. Als ergänzende Kriterien für die Bewertung der Nutzbarkeit von Gewässern können der Salzgehalt, bakteriologische Untersuchungen und sonstige gebietsspezifische Kriterien herangezogen werden.

Standgewässer werden in der Regel nach 3 Merkmalskomplexen eingeordnet:

1) Merkmalskomplexe der hydrographischen und territorialen Kriterien, wie der Gewässermorphometrie, der hydrographischen Relation zwischen Einzugsgebiet und Gewässer und der Belastung.

2) Merkmalskomplexe der trophischen Kriterien, wie Sauerstoff-, Nährstoff- und Bioproduktionsverhältnisse.

3) Merkmalskomplexe der Versalzung sowie der besonderen hygienisch relevanten Kriterien, aber auch Gehalte an bestimmten Ionen und anderen Stoffen, z. B. Eisen, Mangan, Phenolen, Tensiden.

Die Zuordnung der Nutzung, d. h. die Eignung der Gewässer für bestimmte Nutzungen geht aus der zusammenfassenden Wertung der einzelnen Merkmalskomplexe hervor.

Abwasserbehandlung, ↗ Abwasserreinigung.

Abwasserlast, ↗ Abwasser.

Abwasserreinigung, *Abwasserbehandlung*, Maßnahmen zur Verbesserung und Veränderung der physikalischen, chem., biologischen und bakteriologischen Beschaffenheit von Abwässern sowie zur Wertstoffrückgewinnung und zur Wiederverwendung des gereinigten Wassers. Ziele sind insbesondere die schadlose Ableitung der Abwässer in Kanalisationen und Gewässer, die Wiederverwendung des Abwassers in Industrie und Landwirtschaft sowie die Rückgewinnung von Abwasserinhaltsstoffen als Wertstoffe. Dabei muß die Wertstoffrückgewinnung angesichts der gegenwärtigen und zukünftigen Verknappung der natürlichen Ressourcen und unter Beachtung der entscheidenden Rolle des Schutzes der Umwelt eine immer entscheidendere Rolle spielen (Tab. 1).

Verfahren der A. Die Reinigung von Abwässern kann nach physikalischen, chem. und/oder biochem. Verfahren erfolgen. Zu den physikalischen Verfahren gehören Sieben, Sedimentation, Filtration, Schwimmstoffabscheidung (z. B. ↗ Flotation) für spezielle,

Abwasserreinigung. Tab. 1: Möglichkeiten der Wertstoffrückgewinnung bei der Abwasserreinigung.

Art des Abwassers	gewonnener Wertstoff
Braunkohlengrubenabwasser	Eisenoxidhydrat $Fe_2O_3 \cdot x\ H_2O$ (für Gasreinigungszwecke, Pigmentstoff)
fettsäurehaltiges Abwasser	Futtereiweiß (durch biologische Eiweißsynthese)
häusliches Abwasser	Vitamin B_{12} (aus Schlämmen)
Beizereiabwasser	Metallsalze, z. B. Eisen(II)-sulfat
Galvanikabwasser	Kupfer, Nickel, Chrom u. a. (durch Ionenaustausch)
Zellstoffabwasser	Hefe, Alkohol, Milchsäure, Faserstoffe
Stärkefabrikabwasser	Eiweiß
Abwasser der Kohleveredlungsindustrie	Phenole, Ammoniak, Schwefel
Erdölabwasser	Erdöl und Verarbeitungsprodukte
sulfathaltiges organisches Abwasser	Schwefelgewinnung
Kaliabwasser	Magnesiumoxid MgO
organisches Abwasser und Schlämme	Methangas als Treibgas (durch anaerobe Faulung)

Industrieabwässer z. B. auch Eindampfen von Abwässern, Ausfrierverfahren, Extraktion, ↗ Elektrolyse- und ↗ Elektroosmose-Verfahren, ↗ Elektrodialyse, ↗ Elektrophorese u. a. Häufiger werden chem. und biochem. Verfahren angewendet, z. B. Fällung, Flokkung, Neutralisation, Reinigung durch Mikroorganismen. Einige wesentliche, in der Abwasserreinigung häufig eingesetzte Verfahren, enthält Tabelle 2.

1) *Reinigung von Abwässern mit vorwiegend anorganischen Bestandteilen.* Zu dieser Abwassergruppe gehören z. B. Metallbeizerei- und Galvanikabwässer sowie radioaktiv verseuchte Abwässer. Ihre Reinigung erfolgt hauptsächlich nach chem. Verfahren.

a) Reinigung von Metallbeizereiabwässern. Zur Veredlung der Metalloberflächen wendet man häufig Beizverfahren an. Dabei werden vor der Weiterverarbeitung störende sauerstoffhaltige Schichten der Metalloberfläche durch Anwendung von Säuren wie Schwefel-, Salz-, Salpeter- oder Flußsäure beseitigt und anschließend mit Wasser gespült. Schwefelsaures Eisenbeizereiabwasser enthält z. B. je Liter etwa 100 g freie Schwefelsäure und 700 g Eisen(II)-sulfat $FeSO_4$. Zur Reinigung solcher Abwässer sind zahlreiche modifizierte Verfahren entwikkelt worden, wobei die Beizen vernichtet oder ihre Inhaltsstoffe, z. B. Säuren und Metallsalze, wiedergewonnen werden können. Durch Neutralisation mit Ammoniumhydroxid, Kalk, Natronlauge oder Soda werden Ammonium-, Calcium- oder Natriumsalze und Eisen(II)-hydroxid gewonnen; letzteres wird durch anschließende Belüftung in Eisen(III)-oxidhydrat umgesetzt: $2\ FeSO_4 + 4\ NH_4OH \rightarrow 2\ Fe(OH)_2 + 2\ (NH_4)_2SO_4$, $2\ Fe(OH)_2 + \frac{1}{2}\ O_2 + H_2O \rightarrow Fe_2O_3 \cdot 3\ H_2O$. Unter Zusatz von Schwefelsäure läßt sich aus Eisen(II)-sulfathaltigen Beizereiabwässern durch Kristallisation im Temperaturbereich von 65 bis 100 °C das Monohydrat $FeSO_4 \cdot H_2O$ abscheiden. Bei der Abkühlung der Beizen mit Kühlsole ohne schwefelsauren Zusatz entsteht das Heptahydrat $FeSO_4 \cdot 7\ H_2O$. Die von $FeSO_4$ weitestgehend befreite schwefelsaure Lösung wird wieder mit Schwefelsäure angereichert (je nach Beizverfahren auf 5 bis 20 %):

b) Reinigung von Abwässern galvanischer Betriebe. Galvanikabwässer können Cyanide in einfacher oder komplexer Bindung und Metalle in saurer Lösung enthalten, z. B. chromhaltige Bestandteile. Die Entgiftung der cyanidhaltigen Abwässer, z. B. Kaliumtetracyanozinkat $K_2[Zn(CN)_4]$, die teilweise mehr als 100 mg CN je Liter enthalten können, erfolgt durch Oxidation mit Kaliumhypochlorit, wobei als Zwischenprodukte die weniger giftigen Cyanate entstehen: $K_2[Zn(CN)_4] + 4\ KOCl \rightarrow ZnCl_2 + 2\ KCl + 4\ KCNO$, $4\ KCNO + 2\ H_2SO_4 \rightarrow 2\ K_2SO_4 + 4\ HCNO$, $4\ HCNO + 4\ H_2O \rightarrow 4\ CO_2 + 4\ NH_3$. Beim Ausblaseverfahren werden die Abwässer mit Schwefelsäure angesäuert, wobei freie Blausäure entsteht, die in besonderen Aggregaten durch Einblasen von Luft ausgetrieben wird: $K_2[Zn(CN)_4] + 2\ H_2SO_4 \rightarrow K_2SO_4 + ZnSO_4 + 4\ HCN$, $2\ NaCN + H_2SO_4 \rightarrow Na_2SO_4 + 2\ HCN$. Chromhaltige Abwässer werden mit $FeSO_4$-Lösungen behandelt, wobei Chrom(III)-Salze entstehen: $2\ CrO_4^{2-} + 6\ Fe^{2+} + 16\ H^+ \rightarrow 6\ Fe^{3+} + 2\ Cr^{3+} + 8\ H_2O$. Auch mit Austauscherharzen (↗ Ionenaustauscher) können Metalle aus galvanischen Abwässern beseitigt werden.

c) Reinigung von radioaktiv verseuchten Abwässern (Entaktivierung). Radioaktive Abwässer entstehen vorwiegend bei Kernprozessen in Reaktoren sowie bei Forschungsarbeiten in Laboratorien. Die Konzentration radioaktiver Substanzen in derartigen Abwässern ist verhältnismäßig gering; trotzdem kann ihre Strahlungsintensität sehr beträchtlich sein und bei Ableitung in ein Gewässer den geforderten Grenzwert stark überschreiten. Durch Verdampfung kann man die Abwässer mengenmäßig verringern, wobei sich der mit aktivem Material angereicherte Destillationsrückstand leichter erfassen und aufbereiten läßt. Durch chem. Fällung mit Silicaten, Phosphaten und Oxidhydraten der Erdalkalien, des Aluminiums oder des Eisens können unter bestimmten Bedingungen die aktiven Stoffe in den entstehenden Schlämmen adsorbiert werden. Die mit radioaktivem Material angereicherten Schlämme

Abwasserrreinigung. Tab. 2: Verfahrensstufen der Abwasserreinigung.

Stufe	Apparat	Mittlere Verweilzeit in min	Bemerkungen
Absieben von groben bzw. sperrigen Feststoffen	Grob- und Feinrechen	1	für jede Abwaserbehandlungsanlage notwendig
Absetzen von Sand und Steinen	Sandfang	5	für jede Abwasserbehandlungsanlage notwendig
Abscheiden von Flüssigkeiten und Stoffen, die leichter als Wasser sind	Leichtflüssigkeitsabscheider	5 ... 10	nur bei Notwendigkeit
Einstellen des pH-Wertes	Neutralisationsbehälter	5	nur bei Notwendigkeit (z. B. Industrieabwässer)
Fällung von schädlichen Ionen, Ausflockung von Kolloiden	Fällungs-/ Flockungsbecken	10 ... 20	nur bei Notwendigkeit
Zurückhalten des Fällungs- und Flockungsschlammes und aller weiteren absetzbaren Stoffe	Absetzbecken I (Vorklärbecken)	60 ... 120	für jede Abwasserbehandlungsanlage notwendig
biologischer Abbau organischer Stoffe	Rieselturm, Belebungsbecken, Tropfkörper	60 ... 120	notwendig in Abhängigkeit vom Verschmutzungsgrad des Abwassers und vom Zustand des Vorfluters
Zurückhalten der Stoffe, die durch biologische und chemische Vorgänge in eine absetzbare Form umgewandelt wurden	Absetzbecken II (Nachklärbecken)	60 ... 120	nur im Zusammenhang mit biologischen Behandlungsanlagen notwendig
Eliminierung vorrangig von Phosphor- und Stickstoffverbindungen (3. Reinigungsstufe)	Misch- und Flockungsbecken, Absetzbecken	10 ... 20	notwendig in Abhängigkeit vom Zustand des Gewässers, in welches das gereinigte Abwasser eingeleitet wird
Einleiten des Abwassers in Vorfluter	Abwassergraben	60 ... 120	je nach Möglichkeit und Zustand des gereinigten Abwassers auch Wieder- oder Weiterverwendung (z. B. Bewässerung, Infiltration, Kühlwasser)

müssen unter besonderen Sicherheitsbestimmungen nach vorgeschriebenen Verfahren beseitigt werden. Umweltrisiken sind nicht immer vollständig auszuschließen.

Zunehmende Bedeutung hat die Reduzierung von Phosphaten erlangt, die als Minimumfaktor bei der Gewässereutrophierung angesehen werden können. Dazu wird im wesentlichen eine Fällung mit Kalk, Eisen- oder Aluminiumsalzen angewendet.

2) *Reinigung von Abwässern mit vorwiegend organischen Bestandteilen.* Zu dieser Abwassergruppe gehören unter anderem die häuslichen Abwässer und die phenolhaltigen Abwässer der Kohleveredlungsindustrie. Neben chem. und physikalischen Reinigungsverfahren werden hier vorwiegend biochem. Verfahren angewendet. Die Abwässer aus Gaswerken, Steinkohlen- und Braunkohlenschwelereien, Kokereien, Teerdestillationen, Erdölverarbeitungsbetrieben, Hydrierwerken, Generatoranlagen sowie aus Betrieben zur Herstellung von Duroplasten, Dachpappe und anderen chem. Produkten sind stark phenolhaltig und können außerdem Fettsäuren unterschiedlicher Kettenlänge, Ammoniak, Amine, Schwefelwasserstoff, Cyanide, Alkohole, Ketone, Aldehyde u. a. enthalten. Phenole sind starke Fischgifte, sie verfärben das Wasser, teilweise treten Schäume auf, außerdem verbreiten phenolhaltige Wässer einen unangenehmen Geruch. Grundwasserverunreinigungen durch Spuren von Phenol können, besonders nach Chlorung, die Trinkwasserversorgung stark beeinträchtigen. Die Reinigung phenolhaltiger Abwässer kann sowohl zur Vernichtung seiner Inhaltsstoffe als auch zur Rückgewinnung der Phenole betrieben werden. Letztere Verfahrensweise bedeutet jedoch nur eine Teilreinigung der Abwässer. Zu den besten Vorreinigungsverfahren zählt die Extraktion mit Benzol oder mit einem Gemisch aliphatischer Ester, z. B. des Butyl-

acetats (*Phenosolvanverfahren*). Bei diesem Verfahren kann die Verseifung des Butylacetats nicht vernachlässigt werden. Deshalb setzt man heute in vielen Phenosolvananlagen den nicht verseifbaren Diisopropylether als Extraktionsmittel ein. Die Abwässer werden vor der Extraktion mit Luft oder Kohlendioxid begast, um Schwefelwasserstoff und Sulfide zu beseitigen. Beim *Ausdampfverfahren* bläst man in das zum Sieden gebrachte Phenolabwasser Dampf, wobei neben anderen flüchtigen Stoffen vorwiegend die einwertigen Phenole abgetrieben und in Natronlauge als Phenolatlauge aufgefangen werden. Beim *Koppersverfahren* werden die Abwässer vor der Verdampfung von Kohlendioxid und Schwefelwasserstoffsäure befreit, indem man kurzzeitig Dampf einbläst, damit die Natronlauge nicht durch unerwünschte Stoffe frühzeitig verbraucht wird. Bei diesem Verfahren verbleiben die mehrwertigen Phenole im Abwasser. Auch Adsorptionsverfahren mit Aktivkohle oder der hochaktive Multiklonstaub der mit Braunkohle betriebenen Winklergeneratorenanlagen eignen sich zur Reinigung phenolhaltiger Abwässer. Weitere bisher nur wenig angewandte Reinigungsmöglichkeiten für phenolhaltige Abwässer sind unter anderem die katalytische und die anodische Oxidation, Hochchlorierungs-, Ozonisierungs- und Chlordioxidverfahren.

Da bei einer Reihe von Verfahren die Entfernung der Phenole aus dem Abwasser nicht ausreichend ist, müssen die Phenoldünnwässer meist einer weiteren Behandlungsstufe (biologische Behandlung) zugeführt werden.

3) *Reinigung von Abwässern mit anorganischen und organischen Bestandteilen.* Zu dieser Abwassergruppe gehören z. B. städtische Abwässer dann, wenn in ihnen die häuslichen und die industriellen Abfallstoffe vereinigt sind. Die dabei einer Kläranlage zufließenden Abwässer werden zunächst durch Rechenaggregate von gröberen Feststoffen und in Sandfängen von mitgespültem Sand befreit. Anschließend passiert das Abwasser, sofern notwendig, einen Leichtflüssigkeitsabscheider (Abb. 1). Durch Zudosieren von Natronlauge oder Schwefelsäure wird das aus dem Leichtflüssigkeitsabscheider kommende Abwasser auf einen pH-Wert von etwa 7 eingestellt. Mit der pH-Einstellung beginnt bereits die Ausfällung von Schwermetall-Ionen, Phosphaten und Arsenaten, die dann in einem nachgeschalteten Becken durch Zusatz von Fällungs- und Flockungsmitteln nahezu vollständig erfolgt. Als Fällungs- und Flockungsmittel werden vor allem Eisen(II)-sulfat, Aluminiumsulfat und Kalk eingesetzt. Flokkung und Fällung können auch in getrennten Bekken durchgeführt werden, wobei man als Fällungsmittel z. B. für Phosphate, Arsenate, Fluoride, Fettsäuren und Übergangsmetall-Ionen $Ca(OH)_2$ in Form von Kalkmilch verwendet.

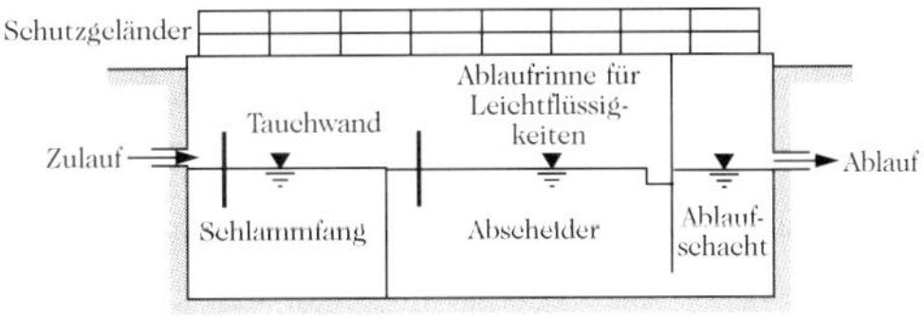

Abwasserreinigung. Abb. 1: Rechteckiger offener Leichtflüssigkeitsabscheider für größere Durchflüsse.

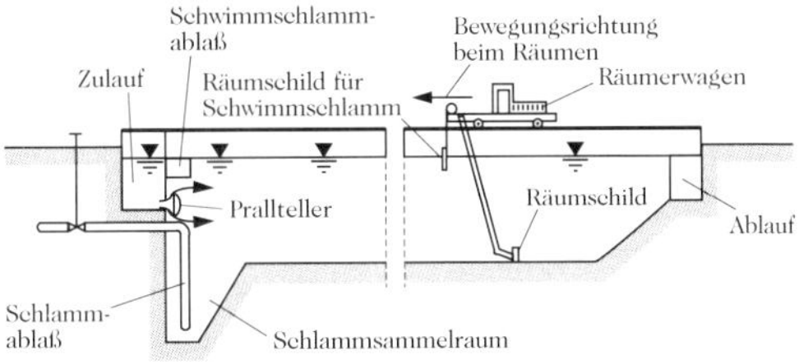

Abwasserreinigung. Abb. 2: Absetzbecken mit Räumerwagen und Räumschild.

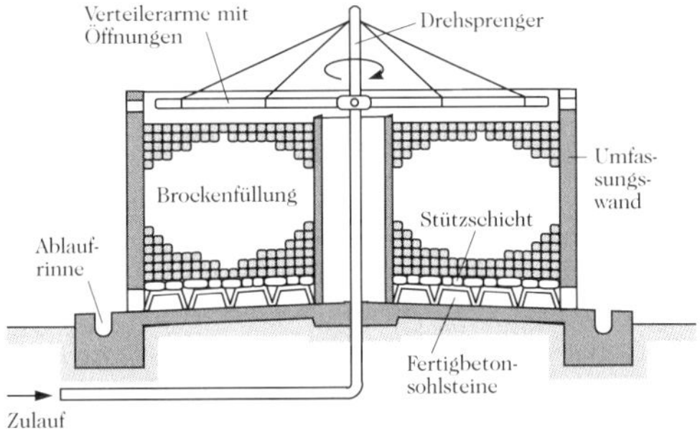

Abwasserreinigung. Abb. 3: Tropfkörper.

Im anschließenden Absetzbecken (Abb. 2) läßt man die im Fällungs- und Flockungsbecken gebildeten Feststoffe sedimentieren. Danach führt man das so geklärte Abwasser einer biologischen Reinigungsstufe zu, bei der die noch im Abwasser vorhandenen organischen Verunreinigungen einem aeroben bakteriellen Abbau unterzogen werden. Hierfür werden Rieseltürme bzw. Tropfkörper oder belüftete Belebungsbecken eingesetzt. Beim *Tropfkörperverfahren* (Abb. 3) werden gut durchlüftete Rundbehälter (Tropfkörper) mit Schlacke, Steinschotter oder ähnlichen porösen Materialien gefüllt. Während diese Tropfkörperfüllung von oben mit Hilfe von Drehsprengern oder anderen Verteilungseinrichtungen mit Abwasser berieselt wird, bildet sich auf den Brocken ein biologischer Rasen, der die Abwasserinhaltsstoffe abbaut. Die Tropfkörperhöhe beträgt 3 bis 4,5 m. Beim *Belebtschlammverfahren* (*Belebungsverfahren*, *Schlammbelebungsverfahren*) wird in der biologischen Abwasserstufe dem Abwasser im Belebungsbecken Belebtschlamm

(Bioschlamm) zugesetzt. Dieser setzt sich aus einer Vielzahl besonders heterotropher Mikroorganismen und Bakterien sowie aus kolloidalen Stoffen und Schwebstoffen zusammen, die eine Art »belebte Flocke« bilden. Die Mikroorganismen bauen die im Abwasser gelöst enthaltenen organischen Wasserinhaltsstoffe ab. Dabei fällt ein Schlamm an, der in einer nachgeschalteten Sedimentationsstufe vom Abwasser getrennt und teilweise in den Prozeß zurückgeführt wird. Der überschüssige Belebtschlamm kann nach einer entsprechenden Schlammbehandlung z. B. einer land- oder forstwirtschaftlichen Nutzung zugeführt werden.

Die zu entfernenden Abwasserinhaltsstoffe werden durch die den biologischen Rasen oder die belebte Flocke bildenden Kleinlebewesen entweder adsorbiert (angelagert) oder absorbiert (aufgezehrt). Bei allen biologischen Behandlungsverfahren ist immer für eine ausreichende Menge Sauerstoff zu sorgen, damit die Kleinlebewesen atmen können.

Das so gereinigte Abwasser ist bereits sehr sauber, kann aber unter Umständen noch eine relativ große Menge an Phosphor- und Stickstoffverbindungen enthalten. Sie werden durch bestimmte Verfahren (allgemein zusammengefaßt unter dem Begriff dritte Reinigungsstufe oder weitergehende Abwasserbehandlung) aus dem Abwasser eliminiert.

Eine Steigerung der Leistungsfähigkeit biologischer Verfahren läßt sich insbesondere bei der Reinigung organischer industrieller Abwässer, die im Gegensatz zu den häuslichen oder städtischen Abwässern keine oder nur wenig phosphor- oder stickstoffhaltige Verbindungen enthalten, dadurch erzielen, daß künstlich Phosphate oder Ammoniumsalze zugeführt werden.

Ein charakteristisches Beispiel für vorwiegend organisch verunreinigte industrielle Abwässer, bei denen zur Reinigung bzw. zur Wiederverwendung spezieller Inhaltsstoffe ein derartiger Zusatz vorteilhaft ist, sind die Abwässer der Zellstoffabriken. Die Menge der beim Kochen anfallenden Sulfitablauge der Zellstoffabriken ist beträchtlich, sie beträgt je Tonne Zellstoff 10 m^3. Je nach Arbeitsweise entstehen außerdem je Tonne gebleichten Zellstoffes 1000 m^3 Waschwasseranfall. Bei der Verarbeitung von Fichtenholz anfallende, etwa 10- bis 12%ige Sulfitablauge besteht in der Trockensubstanz aus 20 % anorganischen Bestandteilen (Ca^{2+} und H_2SO_3) und 80 % organischen Materialien; davon entfallen 70 % auf Verbindungen der Ligninsulfonsäure, 22 bis 24 % auf verschiedene Holzzuckerarten und 5 bis 6 % auf Harze. Der Zucker (Hexosen) ist mit Hefe zu Alkohol vergärbar. Durch besondere Hefearten oder Myzelpilze läßt sich die Gesamtmenge der Kohlenhydrate unter Zusatz von Phosphat- und Ammoniumsalzen zu Eiweißfutter verarbeiten. Eine wirtschaftliche technische Wiedergewinnung der Calciumhydrogensulfitablauge ist noch nicht gelungen. Die in den Abwässern befindlichen Faserstoffmengen werden in Absetzanlagen zurückgehalten und über Saugzellenfilter zurückgewonnen. Die aerob biochemisch nicht abbaubaren Ligninstoffe könnten z. B. als Rohstoff für bestimmte Kunststofftypen eingesetzt werden. Für eingedickte Sulfitablaugen bestehen Verwertungsmöglichkeiten z. B. als Klebemittel, als Bindemittel bei der Kohlebrikettierung und als Ersatzmittel oder Streckmittel für Gerbstoffe.

Für hochgradig verschmutzte industrielle Abwässer hat sich im wesentlichen die Erkenntnis durchgesetzt, daß eine separate Reinigung direkt am Anfallort in den meisten Fällen die wirtschaftlichste Lösung darstellt. Eine Vermischung mit anderen, z. B. häuslichen Abwässern führt fast immer zu Problemen und damit zu aufwendigeren technisch-technologischen Lösungen.

Die gereinigten Abwässer können auf großen Flächen verrieselt oder in die angrenzenden Vorfluter eingeleitet werden. In Faulkammern oder Behältern werden Abwasserschlämme, z. T. aber auch direkt häusliche Abwässer, unter Luftabschluß bei Temperaturen zwischen 30 und 35 °C in schwach alkalischem Medium mit Hilfe bestimmter Bakterienarten zersetzt und damit gereinigt, wobei erhebliche Mengen Methangas gewonnen werden können (↗ Biogas. Tab. 1).

Abwasserschäden, ↗ Abwasser.

Abwehrstoffe, meist sekundäre Naturstoffe, die dem Produzenten zur Abwehr potentieller Schadorganismen dienen. Pflanzliche A. lassen sich unterteilen in *qualitative A.*, die in geringen Konzentrationen vorkommen (z. B. ↗ Alkaloide, cyanogene Glycoside) und den Stoffwechsel der Herbivoren (Pflanzenfresser) beeinflussen, sowie *quantitative A.*, die in größeren Mengen vorhanden sind (z. B. Tannine, ↗ Harze) und die im wesentlichen die Verdaulichkeit der Pflanzen reduzieren. A. haben gegenüber dem potentiellen Schädling eine abtötende, hemmende oder abschreckende (↗ Repellents) Wirkung.

Abziehen, ↗ Entfärben.

Abzyme, *Antikörper-Enzyme*, engl. ***antibody enzymes***, monoklonale Antikörper mit enzymatischer Aktivität, die bevorzugt *katalytische Antikörper* genannt werden.

Ac, 1) Symbol für Actinium. 2) Abk. für den Acetylrest.

ACE-Hemmer, Stoffe, die die Aktivität des Angiotensin-Converting-Enzyms herabsetzen. Dieses Enzym ist im Blutplasma vorhanden und wandelt das Decapeptid Angiotensin I in das Octapeptid Angiotensin II um, das vasopressorisch wirkt. Durch A., z. B. *Captopril* und *Enalapril*, kann eine thera-

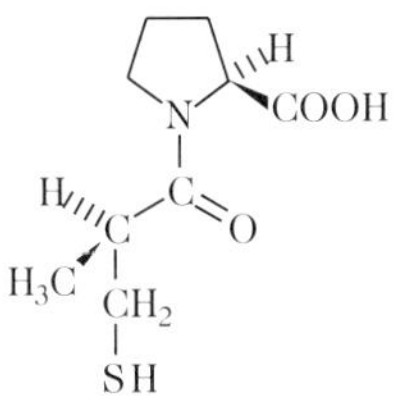

Captopril

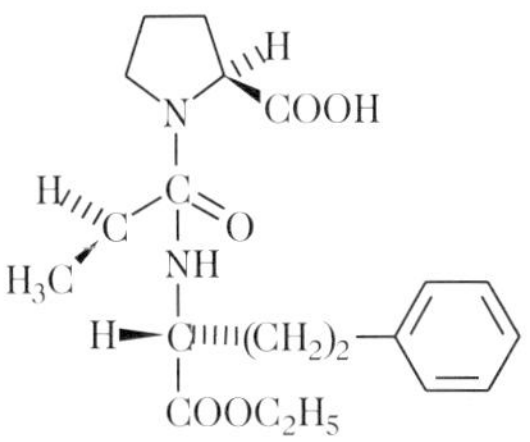

Enalapril

peutische Blutdrucksenkung erzielt werden. Enalapril ist ein Prodrug. Wirkform ist die durch enzymatische Spaltung gebildete Carbonsäure. Zahlreiche ähnliche Verbindungen sind in Gebrauch. Von zunehmender Bedeutung sind Angiotensin-II-Rezeptorantagonisten.

Acenaphthen, ein peri-kondensierter aromatischer Kohlenwasserstoff. A. kristallisiert in farblosen Nadeln; F. 96,2 °C, Kp. 279 °C. Es ist unlöslich in Wasser, löslich in organischen Lösungsmitteln.

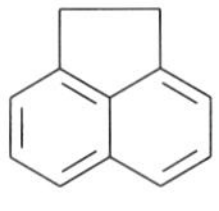

Es kommt im Steinkohlenteer vor und kann daraus gewonnen werden. Synthetisch ist es aus Naphthalin und Ethen oder aus 1-Ethylnaphthalin durch Erhitzen auf hohe Temperaturen zugänglich. A. wird in technischem Maßstab zu dem gelben Acenaphthenchinon oxidiert, das zur Herstellung von Küpenfarbstoffen dient.

Acenaphthenchinon, ein von Acenaphthen abgeleitetes Chinon. A. bildet gelbe Nadeln; F. 261 °C. Es ist in Alkohol und Benzol löslich. A. kann durch Oxidation von Acenaphthen mit Wasserstoffperoxid in Eisessig hergestellt werden. Es hat insektizide und fungizide Eigenschaften.

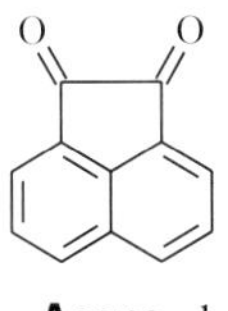

Acene, kondensierte aromatische Kohlenwasserstoffe mit linearer Anellierung von 2 bis 6 Benzolringen. Nach ↗ Naphthalin und ↗ Anthracen folgen Tetracen (Naphtacen), eine gelborange Verbindung, Pentacen (blauviolett) und Hexacen (tiefgrün). Der aromatische Charakter der Verbindungen ist mit

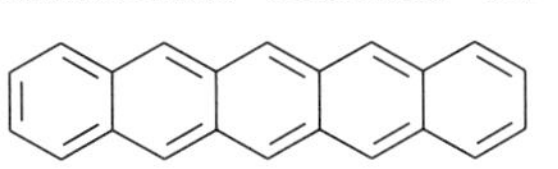

Pentacen

zunehmender Anzahl von Benzolringen stark abgeschwächt. Sie verhalten sich mit steigender Anzahl von Benzolringen zunehmend wie konjugierte Polyene. Daraus resultiert die Farbigkeit und ihre Empfindlichkeit gegenüber Luftsauerstoff und Licht.

Acetaldehyd, ***Ethanal***, CH_3–CHO, eine farblose, unbeständige, stechend riechende Flüssigkeit; F. –123,5 °C, Kp. 20,8 °C, n_D^{20} 1,3316. A. löst sich in Wasser, Alkohol und Ether unbegrenzt. Er ist leicht entzündlich und brennt mit blaß leuchtender Flamme. In hoher Konzentration reizt A. die Schleimhäute der Atemwege und wirkt auf das Zentralnervensystem narkotisierend. In Gegenwart geringer Mengen konz. Schwefelsäure trimerisiert A. bei Raumtemperatur spontan zu ↗ Paraldehyd, bei 0 °C entsteht der feste ↗ Metaldehyd.

Bei Einwirkung von Oxidationsmitteln auf A. entsteht Essigsäure, durch Reduktion oder Hydrierung kann Ethanol hergestellt werden. In Gegenwart verd. Alkali- oder Erdalkalihydroxide wird A. nach der ↗ Aldolreaktion in ↗ Acetaldol umgewandelt. Darüber hinaus zeigt A. alle typischen Additions- und Kondensationsreaktionen der ↗ Aldehyde.

In der Natur kommt A. hauptsächlich als Zwischenprodukt beim biologischen Abbau von Kohlenhydraten vor.

Man gewinnt A. durch Oxidation oder Dehydrierung von Ethanol mit Sauerstoff am Silberkontakt oder mit Kaliumdichromat und Schwefelsäure, technisch vorwiegend durch Wasseranlagerung an Acetylen in Gegenwart von Quecksilbersalzen, durch Direktoxidation von Ethen mit Luftsauerstoff in Gegenwart von Palladium(II)- und Kupfer(II)-chlorid sowie durch Hydrolyse von Vinylmethylether, der aus Acetylen und Methanol technisch zugänglich ist.

A. ist ein wichtiges Ausgangsmaterial für die technische Herstellung einer ganzen Reihe chemischer Zwischen- oder Endprodukte, wie Ethanol, Essigsäure und Acetanhydrid, Acetaldol, Crotonaldehyd und Butadien, Acrolein, Pentaerythrit, Chloralhydrat sowie Aldehydharze.

Acetaldol, ***3-Hydroxybutanal***, ***3-Hydroxy-butyraldehyd***, kurz ***Aldol***, CH_3–CH(OH)–CH_2–CHO, eine farblose, viskose Flüssigkeit; Kp. 83 °C bei $2,67 \cdot 10^3$ Pa, n_D^{20} 1,4238. A. ist in Wasser und den meisten organischen Lösungsmitteln löslich. Wie alle ↗ Aldehyde ist A. sehr reaktionsfähig. In Gegenwart von Säuren bildet sich durch Wasserabspaltung Crotonaldehyd. A. wird durch Aldoladdition von Acetaldehyd unter vorwiegend basischen Bedingungen hergestellt. Es wird als Zwischenprodukt für die Herstellung von Crotonaldehyd, Butyraldehyd und 1,3-Butandiol verwendet. Außerdem diente es als Schlaf- und Beruhigungsmittel.

Acetale, organische Verbindungen mit der allgemeinen Atomanordnung $R^1R^2C(OR^3)_2$. Formal können A. als Diether der normalerweise instabilen geminalen Diole (↗ Erlenmeyer-Regel) aufgefaßt werden. A. sind durch Umsetzung von Aldehyden mit Alkoholen in Gegenwart saurer Katalysatoren zugänglich. Die Reaktion verläuft primär über die in seltenen Fällen isolierbaren Halbacetale:

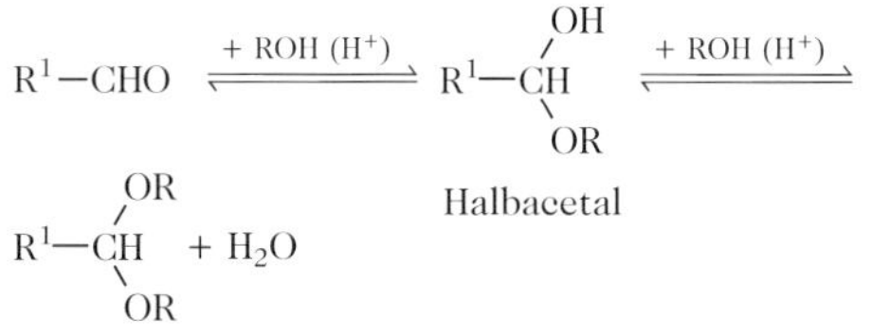

Halbacetal

Acetal

Durch wäßrige Säuren werden A. wieder in ihre Ausgangskomponenten zerlegt. Die A. von Ketonen (auch als Ketale bezeichnet) können im allg. nicht durch direkte Addition von Alkohol an Ketone erhalten werden, da das Additionsgleichgewicht praktisch vollständig auf der Seite der Reaktanden liegt. Ketonacetale können durch Umsetzung von Ketonen mit Orthoameisensäureestern erhalten werden:

$$R^1R^2C{=}O + HC(OR)_3 \xrightarrow{(H^+)} R^1R^2C(OR)_2 + HCOOR$$

Diese Methode ist auch bei α,β-ungesättigten Aldehyden der direkten Addition von Alkohol vorzuziehen.

Die meisten A. sind farblose, angenehm riechende Flüssigkeiten. Sie sind gegenüber Alkalien sehr beständig und reagieren unter basischen Bedingungen nicht mit den üblichen Carbonylnachweisreagenzien. In den A. liegt somit eine geschützte Form der Aldehyde und Ketone vor, die häufig an Stelle ihrer Stammverbindungen für organische Reaktionen eingesetzt werden. Außerdem werden sie als Lösungsmittel, Weichmacher und Riechstoffe verwendet.

Acetamid, ***Essigsäureamid***, $CH_3–CO–NH_2$, farb- und geruchlose, zerfließliche Kristalle; F. 82,3 °C, Kp. 221,2 °C. Außerdem existiert eine metastabile Form des A., die bei 69 °C schmilzt. A. ist in Wasser und Alkohol leicht, in Ether schwer löslich. Es kann sowohl als schwache Base als auch als sehr schwache Säure reagieren. Mit starken Mineralsäuren bilden sich Anlagerungsverbindungen, mit stark elektropositiven Metallen entstehen salzartige Verbindungen der allg. Form $CH_3–CO–NHM^I$. Durch Anlagerung von Wasser entsteht Ammoniumacetat, bei der Eliminierung von Wasser bildet sich Acetonitril:

$$H_3C{-}CO{-}NH_2 + H_2O \longrightarrow H_3C{-}COO^- \, NH_4^+$$

$$H_3C{-}CO{-}NH_2 \xrightarrow[-H_2O]{} H_3C{-}C{\equiv}N$$

Die Herstellung von A. erfolgt durch Erhitzen von Ammoniumacetat, durch Einwirkung von Ammoniak auf Acetanhydrid, Essigester oder Acetylchlorid. A. wird in der Leder-, Textil- und Papierindustrie verwendet. Außerdem wird es als Zwischenprodukt für die Herstellung pharmazeutischer Präparate und als Vulkanisationsbeschleuniger eingesetzt.

Acetamiprid, ↗ Chlornikotinylinsektizide.

Acetanhydrid, ↗ Essigsäureanhydrid.

Acetanilid, $C_6H_5NHCOCH_3$, ein Derivat des Anilins; farblose Kristalle; F. 114 °C. Es entsteht bei der Acetylierung von Anilin. Als Antifebrin wurde es als erstes synthetisches Analgetikum in die Therapie eingeführt. In der Humanmedizin hat es keine Bedeutung mehr.

Acetate, die Salze und Ester der Essigsäure mit den allg. Formeln $CH_3–COOM^I$ bzw. $CH_3–COOR$, wobei M^I einen Ammoniumrest oder ein einwertiges Metall und R einen aliphatischen, aromatischen oder heterocyclischen Rest symbolisiert.

Die Salze entstehen bei der Reaktion von Ammoniak oder Ammonium- bzw. Metallhydroxiden oder -carbonaten mit Essigsäure bzw. durch Umsetzung von Essigsäure mit stark elektropositiven Metallen unter Wasserstoffentwicklung. Beim Einsatz mehrwertiger Metalle ist die Bildung basischer und neutraler A. möglich, z. B. $CH_3–COO(OH)Mg$ und $(CH_3–COO)_2Mg$. Wichtige A. sind das Ammonium-, das Natrium- und das Aluminiumacetat. Sie werden als Konservierungsmittel, Antiseptika, Puffermittel, Beizmittel u. a. verwendet.

Die Ester der Essigsäure können durch Umsetzung der entsprechenden Alkohole mit Essigsäure, Acetylchlorid oder Keten hergestellt werden. Sie werden hauptsächlich als Lösungsmittel für Fette, Öle, Lacke, Harze, Cellulosenitrat, Chlorkautschuk, Celluloid und Kolophonium sowie als Riech- und Aromastoffe verwendet.

Acetatfasern, ↗ Chemiefasern aus ↗ Celluloseacetat mit mindestens 74%, aber weniger als 92% Masseanteilen acetylierten Hydroxygruppen (Abk. CA). *Triacetatfasern* (Abk. CTA) haben über 92% Masseanteile acetylierte Hydroxygruppen.

Das Acetat wird aus Acetonlösungen nach dem ↗ Naß- oder dem ↗ Trockenspinnverfahren zu Fasern gesponnen. Sie sind UV-durchlässig, gering quellbar, thermoplastisch und nur mit speziellen Farbstoffen anfärbbar. Sie werden zu Futter-, Blusen- und Krawattenstoffen verarbeitet.

Acetazolamid, ↗ Diuretika.

Acetessigester, ***Acetessigsäureethylester***, $CH_3–CO–CH_2–COOC_2H_5$, eine farblose Flüssigkeit mit angenehmem Geruch; F. –45 °C (auch < –80 °C angegeben), Kp. 180,4 °C, n_D^{20} 1,4194. A. ist in Wasser schwer, in den meisten organischen Lösungsmitteln leicht löslich. Unter normalen Bedingungen liegt A., bedingt durch die ↗ Keto-Enol-Tautomerie, zu etwa 92,5 % in der Keto- und zu etwa 7,5 % in der Enolform vor: $CH_3–CO–CH_2–COOC_2H_5 \rightleftharpoons CH_3–C(OH){=}CH–COOC_2H_5$. Das Gemisch der beiden Komponenten kann durch fraktionierte Destillation in einer Quarzapparatur getrennt werden, wobei die leichter flüchtige Enolform (n_D^{20} 1,4432) als erste übergeht. Bei Einhaltung spezieller Trennbedingungen kann dabei die Ketoform (F. –39 °C, n_D^{20} 1,4171) ebenfalls in nahezu reiner Form erhalten werden. Aufgrund der Anwesenheit verschiedener funktioneller Gruppen im Molekül des A. ist dieser für zahlreiche Synthesen kettenförmiger und cyclischer Folgeprodukte verwendbar. Von besonderer Bedeutung sind die Acetessigestersynthesen und eine Reihe von Heterocyclensynthesen. A. ist eine schwache Säure, die mit Alkalihydroxiden oder -alkoholaten die entsprechenden Alkalisalze bildet:

$$H_3C-CO-CH_2-COOC_2H_5 + NaOH \xrightarrow[-H_2O]{} [H_3C-CO-\bar{C}H-COOC_2H_5]Na^+$$

Das so gebildete Natriumsalz dient als Ausgangsverbindung für die präparativ wichtigen *Acetessigestersynthesen*. Bei der Umsetzung mit Alkylhalogeniden erfolgt der elektrophile Angriff am ambidenten Anion in den meisten Fällen am C-Atom, *O*-Alkylierungen werden seltener beobachtet:

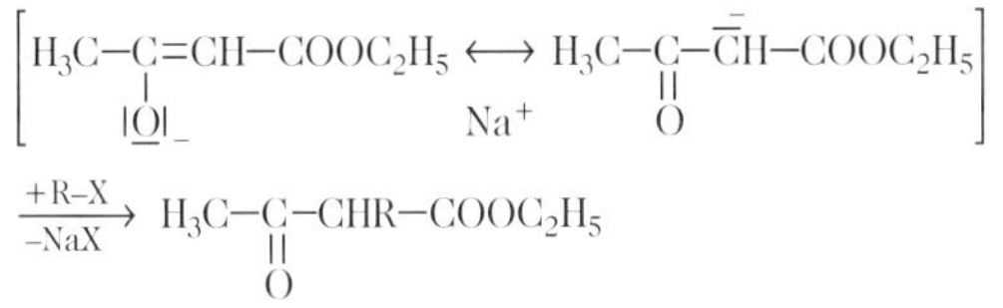

Durch ↗ Säurespaltung können die alkylierten A. in Umkehrung der ↗ Claisen-Kondensation in Essigsäure, Ethanol und in die entsprechend verlängerte Monocarbonsäure $R-CH_2-COOH$ zerlegt werden. Bei der ↗ Ketonspaltung entstehen die um R erweiterten Ketone $CH_3-CO-CH_2-R$ Kohlendioxid und Ethanol. Durch Acylierung von A. können in Abhängigkeit von den Reaktionsbedingungen *C*-Acyl- bzw. *O*-Acylderivate erhalten werden:

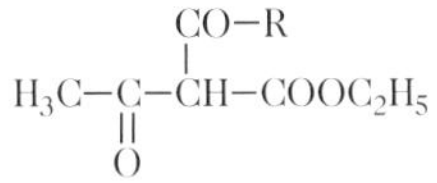

C-Acylacetessigester

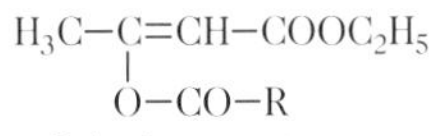

O-Acylacetessigester

Anschließende Ketonspaltung der *C*-Acylderivate ermöglicht die Herstellung von β-Diketonen mit der allg. Formel $CH_3-CO-CH_2-CO-R$. Durch den Einsatz geeigneter Alkylierungs- und Acylierungsmittel sind damit auf der Basis von A. eine Vielzahl von Ketonen, β-Diketonen und Carbonsäuren präparativ einfach zugänglich. Die Herstellung von A. erfolgt durch ↗ Claisen-Kondensation von Essigsäureethylester oder durch Umsetzung von Diketen mit Ethanol.

A. wird als Zwischenprodukt zur Herstellung von Arzneimitteln, Farbstoffen und Pflanzenschutzmitteln sowie als Lösungsmittel und Riechstoffzusatz verwendet.

Acetessigestersynthesen, ↗ Acetessigester.

Acetessigsäure, ***3-Oxobutansäure***, ***β-Ketobuttersäure***, ***Acetylessigsäure***, $CH_3-CO-CH_2-COOH$, eine aliphatische β-Ketocarbonsäure. A. ist eine farblose, sirupartige, stark sauer reagierende Flüssigkeit, die nur schwer zur Kristallisation gebracht werden kann; F. 36 bis 37 °C. A. zersetzt sich beim Erhitzen auf etwa 100 °C unter Bildung von Aceton und Kohlendioxid: $CH_3-CO-CH_2-COOH \rightarrow CH_3-CO-CH_3 + CO_2$. A. ist in Wasser, Alkohol und Ether löslich. Sie entsteht ausgehend von Acetyl-CoA über die Zwischenstufe des Acetacetyl-CoA in der Leber. Bei Diabetikern ist sie neben Aceton als Acetonkörper im Blut und Harn zu finden. Synthetisch kann A. durch Hydrolyse von Acetessigester oder durch Oxidation von Buttersäure hergestellt werden. Aufgrund ihrer geringen Beständigkeit wird sie nur in speziellen Fällen für organische Synthesen verwendet.

Acetessigsäureethylester, ↗ Acetessigester.

Acetochlor, ↗ Chloracetamidherbizide.

Acetoin, ***3-Hydroxybutan-2-on***, $CH_3-CH(OH)-CO-CH_3$, ein Vertreter der Acyloine. A. ist eine farblose Flüssigkeit; F. 15 °C, Kp. 143 °C, n_D^{20} 1,4171. A. ist löslich in Wasser und Aceton, unlöslich in Ether. Es reduziert Fehlingsche Lösung und dimerisiert leicht. A. bildet sich bei der Einwirkung spezieller Enzyme auf Acetaldehyd oder durch Reduktion von Diacetyl.

Acetoin-Butandiol-Gärung, ↗ gemischte Säuregärung.

Aceton, ***Propanon***, ***Dimethylketon***, $CH_3-CO-CH_3$, eine farblose, leicht bewegliche, angenehm riechende, brennbare Flüssigkeit; F. –95,35 °C, Kp. 56,2 °C, n_D^{20} 1,3588. A. ist unbegrenzt mit Wasser und den meisten organischen Lösungsmitteln mischbar. Gegenüber Luftsauerstoff und Licht weist es eine hohe Beständigkeit auf. A. kommt in ätherischen Ölen und bei Diabetikern im Harn vor. Wie alle ↗ Ketone reagiert A. mit den üblichen nucleophilen Reagenzien unter Bildung der typischen Additions- und Kondensationsprodukte. Durch Reduktion kann A. in Isopropanol übergeführt werden. Bei der Einwirkung von Brom auf A. kann ↗ Bromaceton hergestellt werden.

A. entsteht in beträchtlichen Mengen bei der trockenen Destillation von Holz, die Abtrennung und Reinigung von weiteren Produkten, z. B. Methanol, ist sehr aufwendig. A. kann weiterhin durch Pyrolyse von Essigsäure am Mangan(II)-oxid-Kontakt oder aus Acetylen und Wasserdampf in Gegenwart von Zinkoxid hergestellt werden. Zu den moderneren Verfahren zur Erzeugung von A. gehören die Dehydrierung von Isopropanol, das ↗ Hock-Verfahren, bei dem A. als Zweitprodukt aus Cumol gewonnen wird, sowie die Direktoxidation von Propen in Gegenwart von Kupfer(II)-chlorid und Palladium(II)-chlorid.

Ein bedeutender Teil des A. wird als Lösungs- und Extraktionsmittel für Harze, Fette und Öle, Kolophonium, Celluloseacetat, Acetylen o. dgl. verwendet. Darüber hinaus nimmt die Bedeutung von A. für die Herstellung von Folgeprodukten wie Diacetonalkohol, Mesityloxid, Chloroform u. a. zu.

Acetoncyanhydrin, *α-Hydroxyisobutyronitril*, $(CH_3)_2C(OH)CN$, farblose, brennbare, nach Blausäure riechende Flüssigkeit; F. –19 °C, Kp. 82 °C bei $3{,}07 \cdot 10^3$ Pa; n_D^{20} 1,3996. A. ist in Wasser, Alkohol, Chloroform und Ether gut löslich. Es wird durch Addition von Blausäure an Aceton in Gegenwart basischer Katalysatoren erhalten. Spuren von Alkalien bewirken eine Rückspaltung in die Ausgangskomponenten. A. ist Ausgangsprodukt für Methacrylsäureester, außerdem wird es als Insektizid eingesetzt.

***α,α'*-Acetondicarbonsäure,** *3-Oxopentandisäure*, *β-Ketoglutarsäure*, $HOOC{-}CH_2{-}CO{-}CH_2{-}COOH$, eine farblose, kristalline Verbindung; F. 135 °C (Z.). *α,α'*-A. zersetzt sich bei der Destillation. Sie ist in Wasser und Alkohol leicht, in Ether und Chloroform schwer löslich. Beim Aufbewahren zerfällt sie langsam in Aceton und Kohlendioxid. Beim Erhitzen oder in Gegenwart von Mineralsäuren, Metallsalzen oder Laugen erfolgt die Spaltung wesentlich rascher, wobei in allen Fällen die instabile Acetessigsäure als Zwischenstufe gebildet wird:

$$HOOC{-}CH_2{-}CO{-}CH_2{-}COOH \xrightarrow[-CO_2]{}$$
$$H_3C{-}CO{-}CH_2{-}COOH \xrightarrow[-CO_2]{} H_3C{-}CO{-}CH_3.$$

α,α'-A. entsteht bei der Einwirkung rauchender Schwefelsäure auf Citronensäure, durch Hydrolyse des aus 1,3-Dichloraceton und Alkalicyaniden zugänglichen 1,3-Dicyanoacetons oder aus Aceton und Kohlendioxid. *α,α'*-A. ist für die Synthese verschiedener Heterocyclen, z. B. einiger Alkaloide, besonders geeignet. Außerdem wird sie zur Herstellung von Aminosäuren, Pharmaka, Insektiziden, Fungiziden und Desinfektionsmitteln verwendet. Wie alle *β*-Dicarbonylverbindungen bildet *α,α'*-A. mit zahlreichen geeigneten Metall-Ionen, z. B. Kupfer- oder Eisen-Ionen, chelatartige Metallkomplexe, die zur Abtrennung von Schwermetallspuren aus Fetten, Ölen und Erdölprodukten geeignet sind.

Acetonitril, *Methylcyanid*, $CH_3{-}C{\equiv}N$, das einfachste aliphatische Nitril. A. ist eine farblose, giftige Flüssigkeit mit angenehmem Geruch; F. –45,7 °C, Kp. 81,6 °C, n_D^{20} 1,3442. In Wasser und den meisten organischen Lösungsmitteln ist A. unbegrenzt löslich. Es brennt mit leuchtender, pfirsichblütenfarbener Flamme. Durch die aktivierende Wirkung der Nitrilgruppe sind die H-Atome der Methylgruppe relativ leicht elektrophil substituierbar. A. ist in der Rohbenzolfraktion des Steinkohlenteers und im Schwelwasser der Braunkohlendestillation enthalten. Synthetisch kann es durch die Nitrilsynthese nach Kolbe aus Methyliodid und Alkalicyaniden, durch Dehydratisierung von Acetamid bzw. Acetaldehydoxim und aus Acetylen und Ammoniak hergestellt werden. Technisch wird A. als Nebenprodukt bei der Acrylnitrilherstellung durch Ammonoxidation von Propen gewonnen. A. wird vorwiegend als Lösungsmittel verwendet.

Acetonylaceton, *Hexan-2,5-dion*, $CH_3{-}CO{-}CH_2{-}CH_2{-}CO{-}CH_3$, das einfachste 1,4-Diketon. A. ist eine farblose Flüssigkeit mit aromatischem Geruch; F. –5,5 °C, Kp. 194 °C, n_D^{20} 1,4421. A. ist in Wasser, Alkohol, Ether und Aceton löslich. Es wird durch Decarboxylierung von Diacetylbernsteinsäure oder durch hydrolytische Ringspaltung von 2,5-Dimethylfuran hergestellt. A. dient als Lösungsmittel für Farben, Lacke und Celluloseacetat sowie als Synthesebaustein für heterocyclische Verbindungen.

Acetophenon, *Methylphenylketon*, *Acetylbenzol*, $C_6H_5{-}CO{-}CH_3$, eine farblose, aromatisch riechende Verbindung; F. 20,5 °C, Kp. 202,6 °C, n_D^{20} 1,5372. A. ist in Wasser unlöslich, in den meisten organischen Lösungsmitteln gut löslich. Die synthetische Darstellung erfolgt vorwiegend durch ↗ Friedel-Crafts-Reaktion oder durch katalytische Oxidation von Ethylbenzol. A. wird als Lösungsmittel, als Ausgangsmaterial für die Herstellung von Formaldehydharzen, Pharmaka, Farbstoffen sowie in der Riechstoffindustrie verwendet. Früher wurde A. als Schlafmittel eingesetzt.

Acetyl..., Bezeichnung für die Atomgruppierung $CH_3{-}CO{-}$ eines Moleküls, für das instabile Radikal $CH_3{-}CO\cdot$ und für das Kation $CH_3{-}CO^+$.

Acetylaceton, *Pentan-2,4-dion*, $CH_3{-}CO{-}CH_2{-}CO{-}CH_3$, das einfachste aliphatische 1,3- oder *β*-Diketon. A. ist eine farblose, leichtbewegliche Flüssigkeit mit angenehmen Geruch; F. –23 °C, Kp. 140 °C, n_D^{20} 1,4494. A. ist in Wasser und den meisten organischen Lösungsmitteln gut löslich. Wie alle 1,3-Dicarbonylverbindungen unterliegt es der ↗ Keto-Enol-Tautomerie.

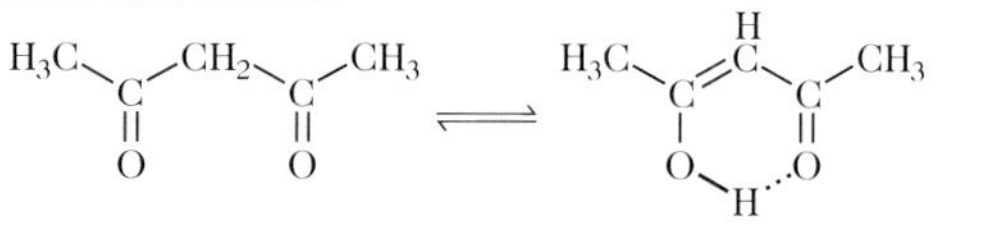

Keto-Form Enol-Form

Im flüssigen Zustand liegen bei 20 °C 18 % in der Keto-Form und 82 % in der Enol-Form vor. In der Dampfphase existiert es zu praktisch 100 % in der Enol-Form. Mit Metallsalzen bilden sich von der Enol-Form abgeleitete chelatartige Acetylacetonate. A. kann durch Acetylierung von Acetessigester oder von Aceton mittels Acetanhydrids und Bortrifluorids bzw. durch Pyrolyse von Isopropenylacetat hergestellt werden. A. wird als Lösungsmittel, für die Herstellung von stickstoffhaltigen Heterocyclen im Bereich der pharmazeutischen Industrie, zur Herstellung von Farbstoffen und Pflanzenschutzmitteln verwendet. Außerdem dient es in der Kunststoffindustrie als Stabilisator, Polymerisationsinitiator und Härter.

Acetylbromid, ***Essigsäurebromid***, CH_3–CO–Br, eine farblose, an der Luft stark rauchende Flüssigkeit; F. –98 °C, Kp. 76 °C, n_D^{20} 1,4537. Beim längeren Aufbewahren färbt sich A. langsam gelblich. Es ist in Ether, Aceton, Benzol und Chloroform leicht löslich. Durch Wasser bzw. Alkohol wird A. spontan unter Bildung von Essigsäure bzw. Essigsäureestern solvolytisch gespalten. Die Darstellung erfolgt durch Umsetzung von Phosphorpentabromid mit Essigsäure. A. wird hauptsächlich als Acetylierungsmittel bei organischen Synthesen verwendet.

Acetylcellulose, ↗ Celluloseacetate.

Acetylchlorid, ***Essigsäurechlorid***, ***Ethansäurechlorid***, CH_3–CO–Cl, eine farblose, erstickend riechende Flüssigkeit, die die Augen und Atemwege stark reizt; F. –112 °C, Kp. 50,9 °C, n_D^{20} 1,3897. A. hydrolysiert bei Zutritt feuchter Luft unter Rauchbildung zu Essigsäure und Chlorwasserstoff. Es ist in den meisten organischen Lösungsmitteln löslich. A. ist eine sehr reaktive Verbindung, die mit Ammoniak zu Acetamid, mit Alkoholen zu Essigsäureestern und mit primären und sekundären Aminen zu *N*-substituierten Acetamiden reagiert. Die Herstellung erfolgt durch Umsetzung von Essigsäure bzw. deren Alkalisalzen mit anorganischen Säurechloriden, z. B. Sulfurylchlorid, Thionylchlorid, Phosphortrichlorid, Phosphoroxidchlorid u. a. Technisch wird A. auch durch Einwirkung von Chlorwasserstoff auf Acetanhydrid hergestellt. A. wird vorwiegend als Acetylierungsmittel in der organischen Synthese und als Reagens in der analytischen organischen Chemie verwendet.

Acetylcholin, 2-Acetoxyethyl-trimethyl-ammoniumhydroxid, der Essigsäureester des Cholins. Stabil ist das neutral reagierende Chlorid, $[(CH_3)_3N^+–CH_2–CH_2–O–CO–CH_3]\ Cl^-$. A. wirkt als Neurotransmitter. Therapeutisch wird es parenteral bei arteriellen Verschlußkrankheiten eingesetzt.

Acetylcholinesterase, ein zu den Hydrolasen (↗ Esterasen) gehörendes Enzym, das die Spaltung von Acetylcholin in Cholin und Acetat katalysiert. A. ist aus vier identischen Untereinheiten aufgebaut (M_r 330000). Für die Esteraseaktivität sind ein Serin- und Histidinrest verantwortlich. A. findet man im zentralen Nervensystem sowie im elektrischen Organ von Zitterrochen und -aalen. Durch Organophosphorsäuren wird das reaktive Serinhydroxyl blockiert und die Esterasewirkung aufgehoben. Eine Reaktivierung ist durch Pyridin-2-aldoximmethiodid möglich, worauf dessen Einsatz als Antidot bei Vergiftungen mit Organophosphaten beruht.

A. findet sich im Nervengewebe und ist für die Inaktivierung des bei nervöser Reizung an den Nervenenden auftretenden Acetylcholins verantwortlich.

Acetylcholinesterasehemmer, ↗ Parasympathikomimetika.

Acetyl-Coenzym A, der Essigsäureester des ↗ Coenzym A.

Acetylen, ↗ Ethin.

Acetylencarbonsäure, ↗ Propiolsäure.

Acetylenchemie, Sammelbegriff für alle vom Ethin (Acetylen) ausgehenden chem. Reaktionen. Ethin ist die Grundsubstanz sehr vieler organischer Verbindungen, so daß es neben dem Erdöl und der Kohle Träger der modernen organischen chem. Großindustrie geworden ist. So lassen sich Acetaldehyd und seine Folgeprodukte, wie Essigsäure, Ethylacetat, Essigsäureanhydrid, Aceton, Ethanol, Crotonaldehyd und Butanol, aus Ethin herstellen.

Der technisch außerordentlich wichtige moderne Teil der A. wird nach seinem Begründer W. Reppe als *Reppe-Chemie* bezeichnet. Reppe hat durch die Einführung der Drucksynthese ein neues Gebiet der A. erschlossen. Die Explosionsgefahr des komprimierten Ethins wurde von ihm durch sorgfältige Betriebsführung ausgeschlossen. Von besonderer Bedeutung sind folgende Reaktionen:

1) die *Hydratisierung* des Ethins führt in Gegenwart von 15%iger Schwefelsäure mit Quecksilber(II)-sulfat als Katalysator zu Acetaldehyd, dem wichtigsten Zwischenprodukt der A.: $HC{\equiv}CH + H_2O \rightarrow CH_3–CHO$.

Beim Einsatz Homologer des Ethins bilden sich Ketone.

2) Die *katalytische Hydrierung* des Ethins und seiner Homologen führt entweder bis zum entsprechenden Alkan, oder die C≡C-Dreifachbindungen können mit desaktivierten Katalysatoren selektiv in C=C-Doppelbindungen übergeführt werden. Dazu wird ein mit Blei(II)-acetat vergifteter Palladium-Calciumcarbonat-Katalysator verwendet. Die Wasserstoffübertragung erfolgt dabei als *cis*-Addition. Doppelbindungen werden bei diesem Verfahren nicht angegriffen: $R–C{\equiv}C–CH{=}CH–R + H_2 \rightarrow R–CH{=}CH–CH{=}CH–R$. Eine selektive Hydrierung zum Alken ist auch mit Natrium in flüssigem Ammoniak möglich, wobei *trans*-Addition beobachtet wird.

3) Die *Anlagerung von Halogenen*, z. B. Chlor oder Brom, kann durch Lewis-Säuren beschleunigt oder durch Licht initiiert werden, sie verläuft stereoselektiv als *trans*-Addition zu 1,2-disubstituierten Ethenen und bei weiterer Zugabe zu 1,1,2,2-Tetrahalogenethan, das unter Abspaltung von Halogenwasserstoff in Trihalogenethen übergeht.

$$HC{\equiv}CH \xrightarrow{Cl_2} H(Cl)C{=}C(Cl)H \xrightarrow{Cl_2}$$
$$H(Cl)_2C{-}C(Cl)_2H \xrightarrow{-HCl} H(Cl)C{=}CCl_2$$

Trichlorethen ist ein wichtiges Lösungsmittel.

4) Bei der *Dimerisation* des Ethins bildet sich bei Verwendung von Ammonium- und Kupfer(I)-chlorid als Katalysator Vinylethin, das Ausgangsprodukt für Chloropren: $CH_2{=}CCl–CH{=}CH_2$.

Als *Reppe-Synthesen* werden bezeichnet:

5) *Vinylierung.* Ethine addieren neben Halogenwasserstoffen und Wasser auch Alkohole, Phenole, Thiole, Amine, Carbonsäuren und Blausäure unter Bildung verschiedenartiger Vinylverbindungen. a) Die Addition von Chlorwasserstoff an Ethin in Gegenwart eines Quecksilber(II)-chlorid/Aktivkohle-Katalysators gemäß $HC{\equiv}CH + HCl \rightarrow CH_2{=}CHCl$ führt zu Vinylchlorid, das zur Herstellung von Polyvinylchlorid (PVC) benötigt wird. b) Durch Addition von Essigsäure an Ethin in Anwesenheit eines Zinkacetat/Aktivkohle- oder Quecksilber(II)-chlorid-Katalysators entsteht Vinylacetat: $CH{\equiv}CH + CH_3COOH \rightarrow CH_2{=}CH{-}OOCCH_3$. c) Die Anlagerung von Blausäure führt zu Acrylnitril: $HC{\equiv}CH + HCN \rightarrow H_2C{=}CH{-}CN$. d) Durch Anlagerung von Alkoholen an Ethin bei Anwendung alkalisch wirkender Katalysatoren entstehen Vinylether: $HC{\equiv}CH + ROH \rightarrow H_2C{=}CH{-}OR$.

6) *Ethinylierungen* sind Reaktionen des Ethins mit Aldehyden oder Ketonen unter Aufrechterhaltung der Dreifachbindung. Als Katalysatoren wirken Kupfer(I)-Salze, auch Kupferacetylid. Von technischer Bedeutung sind die Reaktionen von Ethin mit Formaldehyd zu Propargylalkohol und But-2-in-1,4-diol, aus dem nach Hydrierung Butan-1,4-diol zugänglich ist und von Ethin mit Aceton zu 3-Methylbut-1-in-3-ol.

7) Bei *Carbonylierungen* werden Ethin und Kohlenmonoxid in Gegenwart von Wasser, Alkohol und sekundären Aminen, zu Acrylsäure oder Acrylsäurederivaten umgesetzt: $HC{\equiv}CH + CO + H_2O \rightarrow CH_2{=}CH{-}COOH$ (Acrylsäure), $HC{\equiv}CH + CO + ROH \rightarrow CH_2{=}CH{-}COOR$ (Acrylsäureester), $HC{\equiv}CH + CO + R_2NH \rightarrow CH_2{=}CH{-}CONR_2$ (Acrylsäureamid). Die Carbonylierung verläuft unter Druck und dem katalytischen Einfluß carbonylbildender Metalle, wie Cobalt, Nickel und Eisen.

8) Die *Cyclisierung* des Ethins in Gegenwart von Tricarbonyl(triphenylphosphin)nickel ergibt ein Gemisch von Benzol (88 %) und Styrol (12 %). In Gegenwart von Nickel(II)-cyanid und Tetrahydrofuran wird neben anderen Produkten das damit technisch zugängliche Cyclooctatetraen zu 70 % erhalten.

Während die Reaktionen 1 bis 3 und 5c) als unwirtschaftlich gelten, stellt man Vinylether heute ausschließlich aus Ethin her, und die Synthese von Butin-1,4- bzw. Butan-1,4-diol aus Ethin ist konkurrenzlos.

Acetylendicarbonsäure, ***Butindisäure***, $HOOC{-}C{\equiv}C{-}COOH$, die einfachste Dicarbonsäure mit einer $C{\equiv}C$-Dreifachbindung. A. bildet farblose, plättchenförmige Kristalle; F. 179 °C. A. ist in Wasser, Alkohol und Ether schwer löslich. Sie kann durch Dehydrobromierung aus Dibrombernsteinsäure hergestellt werden. Von Bedeutung sind insbesondere die Diester der A., die als Zwischenprodukte zur Herstellung von Heterocyclen sowie als Dienophile bei ↗ Diels-Alder-Reaktionen verwendet werden.

Acetylene, ↗ Alkine.

Acetylenruß, Ruß, der durch unvollständige Verbrennung von Acetylen gewonnen wird.

Acetylide, ↗ Ethin.

Acetylierung, präparative Methode zur Einführung einer Acetylgruppe $CH_3{-}CO{-}$ in eine organische Verbindung. Die A. ist eine der am häufigsten praktizierten Reaktionen zur ↗ Acylierung. Die A. von Verbindungen mit aciden H-Atomen, wie Alkohole, Phenole, Thiole sowie primäre und sekundäre Amine, erfolgt häufig zum Schutz der entsprechenden Gruppen vor unerwünschten Nebenreaktionen. A. von Arenen unter den Bedingungen der ↗ Friedel-Crafts-Reaktion führt zu acetylsubstituierten Aromaten.

Acetylphosphat, $CH_3{-}COO{\sim}PO_3H_2$, ein energiereiches Acylphosphat, das bei verschiedenen Gärungen entsteht. Es wird bei der ↗ Milchsäuregärung mittels einer Phosphoketolase aus Xylulose-5-phosphat, bei der ↗ Buttersäure- und ↗ Propionsäuregärung aus Pyruvat – katalysiert durch die Pyruvat-Ferredoxin-Oxidoreductase – gebildet. Bei der ↗ gemischten Säuregärung überträgt die Phosphotransacetylase den aktivierten Acetatrest von Acetyl-CoA auf anorganisches Phosphat: Acetyl-CoA + $P_a \rightarrow$ A. + CoA. A. wird außerdem durch verschiedene Organismen mittels einer Acetatkinase gebildet: Acetat + ATP $\rightleftharpoons$ A. + ADP. Die Rückreaktion kann zur ATP-Synthese genutzt werden.

Acetylsalicylsäure, ***Aspirin***®, wird durch Acetylierung von Salicylsäure gewonnen. Als Phenolester ist A. sehr hydrolyseempfindlich. Sie hat als Analgetikum, Antipyretikum und Antiphlogistikum große Bedeutung erlangt. Die magenschleimhautschädigende Wirkung wird geringer eingeschätzt als bei

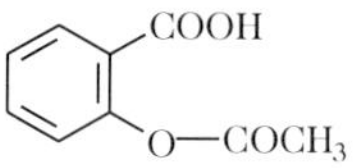

Salicylsäure. In neuerer Zeit wird die Thrombocytenaggregations- und damit die blutgerinnungshemmende Wirkung der A. therapeutisch verwertet. So verwendet man A. als Thrombocytenaggregationshemmer zur Prophylaxe von Embolien in Form von Tabletten, die die kristalline Substanz in einer Zubereitungsform enthalten, aus der sie während der Magen-Darm-Passage kontinuierlich freigesetzt wird (Colfarit®). Diese Wirkung der A. beruht auf der Hemmung von Enzymen der Prostaglandinsynthese.

Acheson-Verfahren, ↗ Graphit.

achiral, ↗ Stereoisomerie, Tab.

Acidimetrie, Methode der ↗ Neutralisationsanalyse, bei der Säuren als Maßlösung verwendet werden. Fälschlicherweise wird manchmal die Titration von Säuren als A. bezeichnet.

Acidität, 1) Säurestärke, ↗ Säure-Base-Konzepte, Brönstedsche Definition. *Acide Verbindungen*, z. B. acide Kohlenwasserstoffe, sind solche, die Protonen auf Basen übertragen können. 2) Maß für die H_3O^+-Ionenkonzentration einer wäßrigen Lösung (↗ pH-Wert).

Acifluorfen, ↗ Diphenyletherherbizide.

Aclonifen, ↗ Diphenyletherherbizide.

Aconitsäure, *Propen-1,2,3-tricarbonsäure*, HOOC–CH_2–C(COOH)=CH–COOH, eine ungesättigte, wasserlösliche, dreibasige Carbonsäure, die in der *Z*- bzw. in der *E*-Konfiguration vorliegen kann. A. wird durch Dehydratisierung von Citronensäure bei etwa 175 °C hergestellt.

(Z)-A. ist eine farblose, kristalline Verbindung, die in Ether schwer löslich ist; F. 130 °C. (*Z*)-A. stellt ein bedeutendes Zwischenprodukt bei der Umwandlung von Citronensäure in Isocitronensäure in Gegenwart des Enzyms Aconitase im Citronensäurecyclus dar. Beim Erwärmen wird (*Z*)-A. leicht in (*E*)-A. umgewandelt.

(E)-A. bildet farblose Blättchen oder Nadeln, die in Alkohol löslich sind; F. 198 bis 199 °C. Sie kommt hauptsächlich in Form ihrer Calcium- oder Magnesiumsalze in Schachtelhalm, Zuckerrohr und Getreidepflanzen vor. Die Bezeichnung A. wurde von Peschier geprägt, der sie 1820 erstmals aus Eisenhut (*Aconitum napellus*) isolierte.

ACP, Abk. für *A*cyl-*C*arrier-*P*roteine.

Acridin, *Dibenzo[b,e]pyridin*, eine heterocyclische Verbindung. Sie bildet farblose, charakteristisch riechende Nadeln; F. 111 °C (Subl.), Kp. 346 °C.

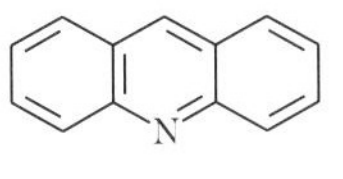

A. ist in Wasser sehr wenig löslich, löslich in organischen Lösungsmitteln. Es ist mit Wasserdampf flüchtig. Die Lösungen fluoreszieren blau. A. reagiert basisch und bildet mit Säuren, Alkyl- und Arylhalogeniden *Acridiniumsalze*. Oxidation des A. mit Natriumdichromat in Essigsäure ergibt ↗ Acridon. Acridindämpfe wirken haut- und schleimhautreizend und können so zu chronischen Erkrankungen führen. A., ein Bestandteil des Steinkohlenteers, ist synthetisch durch Erhitzen von Diphenylaminen mit Ameisensäure in Gegenwart von Zinkchlorid oder durch Zinkstaubdestillation von Acridon herstellbar. A. ist der Grundkörper einer Reihe von Farbstoffen (↗ Acridinfarbstoffe) und Heilmitteln, z. B. Malariamittel, Bakterizide und Antiseptika.

Acridinfarbstoffe, eine Gruppe von synthetischen Farbstoffen, die als Grundgerüst das ↗ Acridin enthalten. Als auxochrome Gruppen besitzen die A. primäre oder dialkylsubstituierte Aminogruppen. Die A. werden aus 2,4-Diaminotoluol durch Kondensation mit Formaldehyd oder Benzaldehyd hergestellt. Die A. sind basische Beizenfarbstoffe, die in der Baumwollfärberei, besonders aber als Lederfarben sowie zum Färben von Naturseide verwendet werden. Die Salze der am Ringstickstoff alkylierten Acridinbasen, die Acridiniumsalze, werden in der Medizin als Antiseptika verwendet, z. T. als Antimalariamittel.

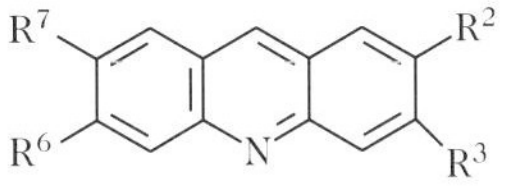

Acridinfarbstoff	R^2	R^3	R^6	R^7
Acridinorange	H	$N(CH_3)_2$	$N(CH_3)_2$	H
Acridingelb	CH_3	$N(CH_3)_2$	$N(CH_3)_2$	CH_3

Die wichtigsten Vertreter der eigentlichen A. sind *Acridinorange*, 3,6-Tetramethyldiaminoacridin, dessen Zinkchlorid-Doppelsalz in wäßriger Lösung grün fluoresziert und gebeizte Baumwolle orange färbt, und *Acridingelb*, 3,6-Tetramethyldiamino-2,7-dimethyl-acridin.

Acridon, ↗ Acridin. A. ist eine stabile, hochschmelzende Verbindung, die aus Alkohol in gelben Nadeln kristallisiert; F. 354 °C. In organischen Lösungsmitteln ist es sehr schwer löslich.

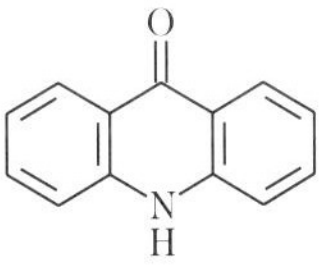

Acrinathrin, ↗ Pyrethroide.

Acrolein, *Prop-2-enal*, *Acryladehyd*, CH_2=CH–CHO, eine farblose, leichtbewegliche, stark tränenreizende Flüssigkeit mit stechendem Geruch; F. –87,7 °C, Kp. 52,5 °C, n_D^{20} 1,3998. A. ist in Wasser und den meisten organischen Lösungsmitteln löslich. Es ist der einfachste ungesättigte ↗ Aldehyd, der alle typischen Additions- und Kondensationsreaktionen dieser Verbindungsklasse zeigt. Als α,β-ungesättigter Aldehyd mit konjugiertem π-Elektronensystem weist A. darüber hinaus einige Besonderheiten bei der Reaktion mit nucleophilen Reagenzien auf, die nicht nur am Carbonylkohlenstoffatom, sondern auch am β-C-Atom angelagert werden können.

Acrolein ist ein starkes Gift. Es reizt die Schleimhäute der Atemwege und Augen außerordentlich stark und kann Bronchitis und Bronchopneumonie verursachen.

A. neigt aufgrund seiner besonders hohen Reaktivität zur Polymerisation. Durch Oxidationsmittel wird A. leicht in Acrylsäure umgewandelt. Die partielle Hydrierung von A. am Nickelkontakt führt zu

Propionaldehyd, in Gegenwart von Kupfer-Cadmium-Katalysatoren entsteht Allylalkohol. Die Gewinnung von A. erfolgt im Labor durch Erhitzen von Glycerin, mit wasserabspaltenden Mitteln auf etwa 200 °C. Technisch gewinnt man A. entweder durch Aldolreaktion von Acetaldehyd und Formaldehyd in Gegenwart von Silicagel oder Lithiumphosphat oder durch Oxidation von Propen bzw. Allylalkohol an Metalloxid-Katalysatoren. A. kann bei der ↗ Diels-Alder-Reaktion als Dienophil eingesetzt werden und bietet somit die Möglichkeit der Gewinnung formylsubstituierter Addukte. Weiterhin wird A. für die Herstellung von pharmazeutischen Produkten sowie als Synthesebaustein für zahlreiche organische Verbindungen eingesetzt.

Acrylaldehyd, ↗ Acrolein.

Acrylate, ↗ Acrylsäure.

Acrylglas, ↗ Polymethacrylate.

Acrylharze, ↗ Polyacrylate.

Acrylnitril, *Vinylcyanid*, *Acrylsäurenitril*, $CH_2{=}CH{-}C{\equiv}N$, eine farblose Flüssigkeit mit stechendem Geruch; F. –83,5 °C, Kp. 77,5 °C, n_D^{20} 1,3911. A. ist in Wasser wenig, in den meisten organischen Lösungsmitteln gut löslich. Aufgrund der Anwesenheit der aktivierten C=C-Doppelbindung und der Nitrilgruppe $-C{\equiv}N$ erweist sich A. als außerordentlich reaktiv. Es polymerisiert sehr leicht unter Bildung von Polyacrylnitril. In Gegenwart von Polymerisationsinhibitoren, z. B. Hydrochinon oder Brenzcatechin, kann A. längere Zeit gelagert werden. Im Sinne der ↗ Michael-Addition können z. B. CH-acide Verbindungen an die C=C-Doppelbindung unter Bildung cyanethylierter Derivate addiert werden: $R{-}H + CH_2{=}CH{-}C{\equiv}N \rightarrow R{-}CH_2{-}CH_2{-}C{\equiv}N$. Durch Einwirkung wäßriger Mineralsäuren kann A. hydrolytisch in Acrylsäureamid oder in Acrylsäure umgewandelt werden:

$$H_2C{=}CH{-}C{\equiv}N \xrightarrow{+H_2O} H_2C{=}CH{-}CONH_2 \xrightarrow[-NH_3]{+H_2O} H_2C{=}CH{-}COOH.$$

Acrylnitril ist ein starkes Gift, das durch Inhalation oder durch die Haut vom Körper aufgenommen werden kann. Es reizt darüber hinaus die Haut und die Nasen- und Augenschleimhäute. Es besteht Verdacht auf krebserregende Wirkung.

A. kann durch Addition von Blausäure an Ethin oder aus Ethylenoxid und Blausäure synthetisiert werden. Die technische Herstellung erfolgt durch Ammonoxidation von Propen:

$$H_2C{=}CH{-}CH_3 \xrightarrow[+1{,}5\ O_2]{+NH_3,} H_2C{=}CH{-}C{\equiv}N + 3\ H_2O.$$

A. wird hauptsächlich zur Herstellung von Polyacrylnitril, außerdem als Zwischenprodukt für organische Synthesen verwendet.

Acrylsäure, ***Propensäure***, ***Vinylcarbonsäure***, ***Ethencarbonsäure***, $CH_2{=}CH{-}COOH$, die einfachste ungesättigte Monocarbonsäure. A. ist eine farblose, stechend riechende Flüssigkeit; F. 13 °C, Kp. 141,6 °C, n_D^{20} 1,4224. Sie ist in Wasser und den meisten organischen Lösungsmitteln gut löslich. A. kann unter Ausschluß von Licht und in Gegenwart von Stabilisatoren, z. B. Hydrochinon, längere Zeit in monomerer Form aufbewahrt werden. Die Salze und Ester der A. werden als *Acrylate* bezeichnet. A. kann durch Oxidation von Acrolein oder Allylalkohol, durch Hydrolyse von Acrylnitril oder durch Dehydratisierung von β-Hydroxypropionsäure synthetisiert werden. Technisch wird A. effektiver durch Gasphasenoxidation von Propen, durch Anlagerung von Wasser und Kohlenmonoxid an Acetylen in Gegenwart von Nickeltetracarbonyl sowie durch katalytische Ringspaltung von β-Propiolacton hergestellt. A. wird hauptsächlich zur Herstellung von Polyacrylsäure, Polyacrylsäureestern und Copolymerisaten sowie für organische Synthesen verwendet.

ACTH, Abk. für Adrenocorticotropin, ↗ Corticotropin.

Actin, ein gemeinsam mit Myosin am Aufbau der Muskelstruktur beteiligtes Protein. Das aus 374 Aminosäureestern bestehende, *globuläre A.* (G.-A., M_r ~ 42000) polymerisiert zum doppelsträngigen *fibrillären A.* (F. A.) und bildet mit den Regulatorproteinen *Tropomyosin* (M_r 68000) und *Troponin* (M_r 80000) die dünnen Filamente (Actinfilamente). Diese bilden mit den aus mehreren hundert Myosinmolekülen aufgebauten Myofilamenten die Grundsubstanz der Myofibrillen des Muskels.

Actinide, ↗ Actinoide.

Actinium, Symbol *Ac*, radioaktives chem. Element aus der III. Nebengruppe des Periodensystems, der ↗ Scandiumgruppe zugehöriges Schwermetall; *Z* 89, Massenzahlen der natürlich, als Glieder der ^{235}U- und ^{232}Th-Zerfallsreihen vorkommenden Isotope 227 (β-Strahler, $t_{1/2}$ 21,772 a), 228 (β-Strahler, $t_{1/2}$ 6,13 h). Atommasse 227,0278, Wertigkeit III, D. (berechnet) 10,07 g cm^{-3}, F. 1050 °C, Kp. 3300 °C, Standardelektrodenpotential (Ac/Ac^{3+}) –2,6 V.

A. ist ein regulär, in kubisch dichtester Kugelpackung kristallisierendes, silberweißes Metall, das aufgrund seiner Radioaktivität im Dunkeln leuchtet. Man erhält metallisches A. durch Reduktion von Actinium(III)-fluorid mit Lithiumdampf bei 1100 bis 1300 °C. A. entspricht in seinem chem. Verhalten weitgehend dem leichteren Homologen der Scandiumgruppe, dem Lanthan, wird aufgrund seines unedlen Charakters an der Luft bereits bei Raumtemperatur oberflächlich oxidiert und tritt in seinen Verbindungen stets in der Oxidationsstufe +3 auf. In der Natur findet sich A. als Glied der Uran-235-Zerfallsreihe (↗ Radioaktivität) in Uranerzen, liegt hier aber aufgrund seiner geringen Halbwertszeit nur in sehr kleiner Konzentration vor. So enthält 1 t Uranpechblende nur 0,15 mg A.

Am Aufbau der Erdkruste ist A. mit etwa $6{,}1 \cdot 10^{-14}$ % beteiligt. Im Grammaßstab wird A. durch Neutronenbestrahlung von Radium erhalten.

Neben den natürlich vorkommenden Actiniumisotopen sind 24 weitere Isotope bekannt.

Actinoide, früher ***Actinide***, die im Periodensystem auf das Actinium folgenden 14 radioaktiven Metalle der Ordnungszahlen 90 bis 103: Thorium Th (90), Protactinium Pa (91), Uran U (92), Neptunium Np (93), Plutonium Pu (94), Americium Am (95), Curium Cm (96), Berkelium Bk (97), Californium Cf (98), Einsteinium Es (99), Fermium Fm (100), Mendelevium Md (101), Nobelium No (102), Lawrencium Lr (103). Sie werden vielfach durch das gemeinsame Symbol *An* gekennzeichnet. A. der Ordnungszahlen 93 bis 103, die ↗ Transurane, sind ausschließlich durch Kernreaktion zugänglich.

A. sind durch eine schrittweise Besetzung des 5f-Niveaus bei gleichzeitigem Vorliegen besetzter äußerer Unterschalen ($6s^2$, $6p^6$, $7s^2$, teilweise $6d^n$, wobei $n = 1$ oder 2) gekennzeichnet. Sie sind chemisch wesentlich stärker differenziert als die Elemente der homologen Lanthanoidengruppe. Mit Ausnahme von Thorium bilden sämtliche A. An^{3+}-Ionen, deren Farben ähnlich jenen der LanthanoidIonen in charakteristischer Weise variieren. Absorptionsspektren der An^{3+}-Ionen sind durch schmale Banden charakterisiert, die, etwa von zehnfacher Intensität der Banden entsprechender Ln^{3+}-Ionen, auf Elektronenübergänge innerhalb des 5f-Niveaus zurückzuführen sind. Weitere Analogien zwischen A. und Lanthanoiden sind in der Abnahme der Ionenradien der An^{3+}-Ionen mit steigender Kernladungszahl (↗ Actinoidenkontraktion) zu sehen, sie zeigen sich in Isomorphiebeziehungen zahlreicher Actinoid- und Lanthanoidderivate, wie etwa in der Isomorphie der Trichloride, $AnCl_3/LnCl_3$, und der Dioxide, AnO_2/LnO_2, in Analogien in den magnetischen Eigenschaften von An^{3+}- und Ln^{3+}-Ionen sowie im vergleichbaren Verhalten bei Ionenaustauschprozessen.

Unter den A. weisen Thorium, Protactinium und Uran gewisse Ähnlichkeiten mit den Elementen der IV., V. und VI. Nebengruppe auf. Die Transurane Plutonium, Neptunium und Americium sind durch besonders enge Beziehungen zu Uran geprägt. Die schweren A. Curium bis Lawrencium mit der eindeutigen Dominanz der Oxidationsstufe +3 stehen vor allem den Lanthanoiden besonders nahe.

Die A. sind silberweiße, unedle, recht reaktive Metalle, die an der Luft anlaufen und bei erhöhten Temperaturen mit Nichtmetallen, wie Sauerstoff, Wasserstoff, Stickstoff, Kohlenstoff oder den Halogenen, zu den entsprechenden binären Verbindungen reagieren (↗ Actinoidverbindungen).

Von den A. kommen ausschließlich Thorium und Uran sowie Protactinium natürlich vor. Die in der Natur nicht bzw. im Falle des Plutoniums und Neptuniums nur in äußerst geringen Mengen vorkommenden Transurane sind generell aus Uran oder aus einem über Uran zugänglichen Element höherer Ordnungszahl durch Kernreaktion herstellbar. Plutonium (^{239}Pu) und auch Neptunium (^{137}Np) fallen im Reaktorbetrieb in beachtlichen Mengen an und können durch Aufarbeitung abgebrannter Uranstäbe im technischen Maßstab gewonnen werden. A. mit Kernladungszahlen > 100 werden durch Beschuß leichterer A. mit α-Teilchen bzw. mit beschleunigten Kohlenstoff- oder Borkernen erhalten:

Actinoide. Tab.: Wertigkeitstufen.

Th	Pa	U	Np	Pu	Am	Cm	Bk	Cf	Es	Fm	Md	No	Lr
					2			2	**2**	2	**2**	**2**	
	3	3	3	3	**3**	**3**	**3**	**3**	**3**	**3**	**3**	**3**	**3**
4	4	4	4	**4**	**4**	4	4	4					
	5	5	5	5	5								
		6	6	6	6								
			7	7	7								

Zur Trennung der leichteren A. nutzt man die markanten Unterschiede in den Stabilitäten der verschiedenen Oxidationsstufen dieser Elemente, während für die Trennung der schwereren A. ähnlich wie bei den Lanthanoiden die Ionenaustauschchromatographie unter Nutzung der Actinoidenkontraktion herangezogen wird. A^{3+}-Ionen werden von Kationenaustauschern um so fester gebunden, je kleiner ihre Kernladungszahl ist, während die Extraktion mit Komplexbildnern, wie Citrat, Lactat oder *α*-Hydroxyisobutyrat, bevorzugt für die durch kleinere Ionenradien gekennzeichneten schweren An^{3+}-Ionen erfolgt. Die Actinoid-Ionen im Eluat erscheinen also in der Reihenfolge Lr^{3+}, No^{3+}... Bk^{3+}, Cm^{3+}.

Metallische A. können generell durch Reduktion ihrer wasserfreien Fluoride MF_3 oder MF_4 mit Magnesium- oder Lithium-Calcium-Dampf bei 1100 bis 1400 °C oder durch Schmelzflußelektrolyse gewonnen werden.

Actinoidenkontraktion, in der Reihe der Actinoide mit zunehmender Kernladungszahl auftretende stetige Abnahme der Ionenradien. Die Abstufung drückt sich in den folgenden Werten aus: U^{3+}: 102,5 pm; Np^{3+}: 101,2 pm; Pu^{3+}: 100 pm; Am^{3+}: 97,5 pm; Cm^{3+}: 96,0 pm; Bk^{3+}: 95,5 pm; Cf^{3+}: 94,2 pm; Es^{3+}: 92,8 pm. Ähnlich der ↗ Lanthanoidenkontraktion ist die A. durch den Einfluß der innerhalb der Actinoidenreihe zunehmenden Kernladung auf die einander nur unvollständig abschirmenden 5f-Elektronen bedingt.

Actinoidverbindungen, Verbindungen der Actinoide (An), die gegenüber den Derivaten der homologen Lanthanoide durch größere Variabilität gekennzeichnet sind. Die Vielfalt der A. resultiert aus der größeren Breite der möglichen Oxidationsstufen der Actinoide, aus den unterschiedlichen Stabilitäten der einzelnen Oxidationsstufen für die verschiedenen Glieder der Actinoidreihe: Die Oxidationsstufe +3 dominiert für die Actinoide Curium bis Lawrencium, die Oxidationsstufe +4 bestimmt die Chemie des Thoriums und spielt eine wichtige Rolle für Americium und Plutonium, die Oxidationsstufe +5 herrscht bei Protactinium und Neptunium vor, und die Oxidationsstufe +6 ist typisch für Uran. Die Oxidationsstufe +2 ist auf Americium und die Gruppe der schweren Actinoide Californium bis Lawrencium beschränkt. Mit Nichtmetallen, wie Wasserstoff, Kohlenstoff, Fluor und Chlor, bilden Actinoide binäre A.: Hydride der allgemeinen Formeln AnH_2 (An: Ac, Th, Np, Pu, Am) und AnH_3 (An: Pa, U, Np, Pu, Am); Carbide des Typs AnC (kubisch, im NaCl-Gitter kristallisierend), An_2C_3 und AnC_2; Halogenide vor allem der allgemeinen Formeln AnX_3 und AnX_4. Trichloride, $AnCl_3$ weisen für An = Uran bis Curium Neunerkoordination auf und sind für An = Californium, Einsteinium dimorph, während Trifluoride, AnF_3, für An = Uran bis Curium, isomorph mit Lanthan(III)-fluorid, ebenfalls Polyeder der Koordinationszahl 9 bilden, für An = Berkelium, Californium dimorph auftreten. Tetrafluoride, AnF_4, sind generell durch Achterkoordination (verzerrt antiprismatisch) gekennzeichnet. An^{3+}- und An^{4+}-Ionen sind aus wäßriger Lösung ähnlich den Lanthanoid-Ionen Ln^{3+}durch Fluorid- oder Oxalatzusatz in Form wasserhaltiger Actinoid(III)- bzw. (IV)-fluoride bzw. -oxalate fällbar. Im Fluoritgitter kristallisierende Actinoid(IV)-oxide, AnO_2, sind für An = Thorium bis Californium bekannt, während oktaedrische Actinoid(VI)-fluoride, AnF_6 für An = Uran, Neptunium, Plutonium erhalten wurden. Die Wertigkeitsstufen +5 und +6 werden durch Dioxoactinoid(V)- und Dioxoactinoid(VI)-Kationen repräsentiert, die für die Actinoide Protactinium bis Americium (AnO_2^{2+}) bzw. Uran bis Americium (AnO_2^{2+}) beschrieben wurden. Actinoid(VII)-Derivate schließlich liegen in Lithiumperneptunaten und -perplutonaten des Typs Li_5AnO_6 (An: Np, Pu) vor.

Actinomycine, Gruppe von Antibiotika mit Peptidlactonstruktur. Sie enthalten zwei Peptidlactone, die über die Aminofunktion der Threonin-Bausteine mit einer chromophoren heterocyclischen Dicarbonsäure (Actinocin) verknüpft sind. Die von Streptomyceten-Stämmen produzierten A. sind orangerote, antibiotisch und cytostatisch hoch aktive, jedoch auch sehr toxische Chromopeptide. Mit dem *Actinomycin A* wurde 1940 durch Waksman und Woodruff das erste kristalline Antibiotikum überhaupt isoliert. Man kennt gegenwärtig mehr als dreißig natürliche und eine Vielzahl synthetischer und semisynthetischer A. Der bekannteste Vertreter der A. ist das *Actinomycin* C_1, in der angelsächsischen Literatur Actinomycin D, nach der Nomenklatur [Di-(2′-D-valin)]actinomycin (Abk. Val_2-AM) (Abb.). Es enthält als ungewöhnliche Bausteine D-Valin, *N*-Methyl-L-valin und Sarcosin (Sar). A. hemmen das Wachstum grampositiver Mikroorganismen noch in Konzentrationen < 0,1 µg/ml und besitzen somit eine den Penicillinen vergleichbare Wirksamkeit.

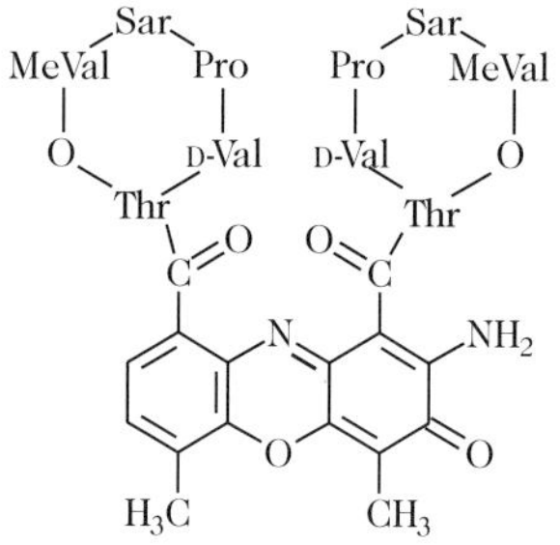

Actinomycin C

Die hohe Toxizität limitiert eine breite Anwendung. Für Mäuse beträgt die letale Dosis (LD_{50}) bei Actinomycin C_1 0,5 bis 1 mg/kg. Aufgrund der cytostatischen Aktivität werden A. zur Behandlung seltener Tumorarten des Menschen eingesetzt. Die biologische Wirkung der A. basiert auf einer Einschiebungskomplexbildung mit DNA, wodurch die DNA-abhängige RNA-Synthese (Transcription) gehemmt wird. Ein gebundenes Actinomycinmolekül auf ungefähr 1000 Basenpaare verursacht eine 50%ige Hemmung der mRNA-Synthese. Höhere Konzentrationen hemmen auch die Replikation der DNA.

acyclisch, Bezeichnung für organische Verbindungen mit kettenförmiger Anordnung der Kohlenstoffatome, insbesondere als Gegensatz zu ↗ cyclisch.

Acyl..., Bezeichnung für die Atomgruppierung R–CO– eines Moleküls, für das instabile Radikal R–CO· und für das Kation $R–CO^+$.

Acylale, organische Verbindungen des Typs $R^1R^2C\,(O–CO–R^3)_2$. Sie sind als Ester der meist instabilen geminalen Diole mit Carbonsäuren aufzufassen. A. werden z. B. bei der Oxidation von Methylarenen mit Chromsäure in Acetanhydrid gebildet. Sie verhindern die weitere Oxidation zur Carbonsäure und gestatten somit den Zugang zu Formylarenen, die durch Hydrolyse der isolierbaren A. leicht erhalten werden können.

Acylanilidfungizide, ↗ Fungizide mit acyliertem Phenylalanin als Bauelement. A. weisen *systemische* Eigenschaften und ausgesprochen spezifische Wirkung gegen Phycomyceten auf. Sie blockieren die

RNS-Synthese, wobei der genaue Wirkungsort bisher nicht bekannt ist. Sie werden schnell von Blatt, Sproß oder Wurzeln behandelter Pflanzen aufgenommen und überwiegend im Transpirationsstrom in akropetaler Richtung transportiert. Metalaxyl, das die Kraut- und Knollenfäule der Kartoffeln bekämpft, wird meist mit protektiven Fungiziden in Mischung empfohlen, um das Risiko einer Resistenzentwicklung auszuschließen.

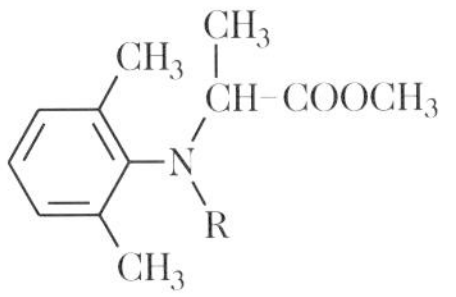
Grundstruktur

Acylanilidfungizide. Tab.: Wichtige Beispiele.

Name	R
Metalaxyl	$-CO-CH_2-OCH_3$
Furalaxyl	–CO– 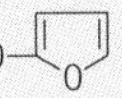
Benalaxyl	$-CO-CH_2-$ 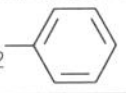

Acyl-Carrier-Proteine, Abk. *ACP*, niedermolekulare Proteine mit relativen Molekülmassen bis zu 16000. Die A. sind Träger der bei der Fettsäurebiosynthese entstehenden Fettsäurekette. Sie sind Bestandteil des Fettsäuresynthasekomplexes und enthalten an einem Serinrest das 4′-Phosphopantethein, über dessen SH-Funktion die Acylreste als reaktive Thioester gebunden werden.

Acylglutamate, Verbindungen, die aus L-Glutaminsäure und in der Natur vorkommenden Fettsäuren hergestellt werden und sich durch geringes Schaumbildungs- und gutes Waschvermögen auszeichnen. A. sind gut hautverträglich und biologisch leicht abbaubar. Sie besitzen zahlreiche Anwendungsgebiete, u. a. in der Kosmetik- und Waschmittelindustrie.

Acylhalogenide, ↗ Säurehalogenide 2).

Acylharnstoffinsektizide, Verbindungen dieser Gruppe kommen bei den ↗ Insektiziden eine gewisse Sonderstellung zu. Sie wirken nicht unmittelbar letal, sondern sie greifen in den Chitinstoffwechsel von Raupen und Larven ein. Über eine Blockierung der Chitinsynthetase wird der Aufbau des Chitins als dem Hauptbestandteil der Endokutikula der Insekten gehemmt. Nach oraler Aufnahme der A. kommt es bei der folgenden Larvenhäutung zum Aufplatzen der Kutikula, zum Austreten von Körperflüssigkeit und zum Tod der Larven. Um diese Wirkung zu erreichen, muß die Behandlung in einem möglichst frühen Larvenstadium erfolgen. Durch diesen Wirkungsmechanismus ergibt sich eine weitgehende Nützlingsschonung.

Wichtigster Einsatzbereich ist im Forst die Bekämpfung freifressender Larven schädlicher Schmetterlinge und Blattwespen.

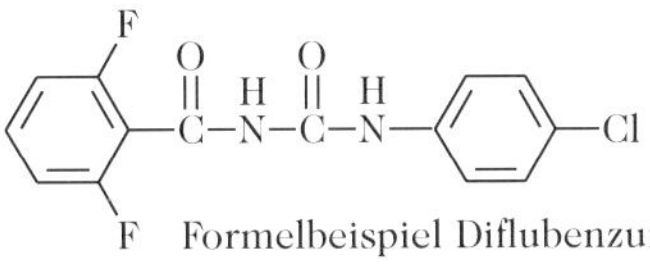
Formelbeispiel Diflubenzuron

$R^1-CO-NH-CO-NH-R^2$

Grundstruktur

Acylharnstoffinsektizide. Tab. : Wichtige Beispiele.

Name	Akute orale LD_{50} Ratte (mg/kg)
Diflubenzuron	>4640
Flufenoxuron	>3000
Hexaflumuron	>5000
Lufenuron	>2000
Teflubenzuron	>5000
Triflumuron	>5000

Acylierung, präparative Methode zur Einführung einer Acylgruppe R–CO– in eine organische Verbindung. Dabei werden hauptsächlich H-Atome von Hydroxy- (*O-Acylierung*), Mercapto- (*S-Acylierung*) und Aminogruppen (*N-Acylierung*) sowie von Arenen und Alkenen (*C-Acylierung*) durch Acylgruppen ersetzt. Wichtigste Acylierungsreagenzien sind Carbonsäurehalogenide, -anhydride und -ester. Die *O*-, *S*- und *N*-Acylierung wird häufig zum Schutz von OH-, SH- und NH_2-Gruppen vor unerwünschten Nebenreaktionen angewandt. Die *O*-, *S*- oder *N*-Acylbindung kann später leicht wieder hydrolytisch gespalten werden. Die Produkte der *O*-, *S*- bzw. *N*-Acylierung sind Carbonsäureester, Thiocarbonsäureester bzw. Carbonsäureamide, die aufgrund ihres häufig guten Kristallisationsvermögens zur Charakterisierung von Alkoholen, Phenolen, Thiolen sowie primären und sekundären Aminen verwendet werden. Ein für präparative und analytische Zwecke wichtiges Acylierungsverfahren ist die ↗ Schotten-Baumann-Reaktion mit Benzoylchlorid. Bei der *C*-Acylierung von Arenen werden gemäß der ↗ Friedel-Crafts-Reaktion aromatisch-aliphatische oder rein aromatische Ketone gebildet. In analoger Weise ist auch die ↗ Vilsmeier-Haack-Reaktion an Arenen eine A. Ein weiteres Anwendungsgebiet der A. besteht in der Möglichkeit der Bestimmung der Anzahl von OH-, SH- oder NH_2-Gruppen in einer organischen Verbindung, der Acylzahl.

Acyloinaddition, ↗ Acyloinkondensation.

Acyloine, allgemeine Bezeichnung für ***α-Hydroxyketone***, R–CH(OH)–CO–R. Die Reste R können Alkyl-, Aryl- und heterocyclische Substituenten sein; darüber hinaus sind auch gemischte A. bekannt. A. stehen mit Endiolen im tautomeren Gleichgewicht, sie können daher Fehlingsche Lösung reduzieren.

Aliphatische A. entstehen beim Erhitzen von Carbonsäureestern mit Natrium in inerten Lösungsmitteln unter Ausschluß von Sauerstoff, Wasser und Alkoholen. Aus Dicarbonsäureestern werden cyclische A. gebildet. Aromatische und heterocyclische A. werden hauptsächlich durch ↗ Acyloinkondensation hergestellt. Von besonderer Bedeutung sind die A. ↗ Acetoin, ↗ Benzoin und ↗ Furoin.

Acyloinkondensation, *Acyloinaddition*, 1) eine Dimerisierung aromatischer oder heterocyclischer Aldehyde ohne α-ständige Wasserstoffatome zur Bildung von Acyloinen.

Das klassische Beispiel der A. ist die *Benzoinkondensation*, bei der aus Benzaldehyd in Gegenwart von Kaliumcyanid oder speziellen Thiazolium- bzw. Imidazoliumsalzen in wäßrig-alkoholischer Lösung Benzoin gebildet wird:

$$2\ H_5C_6{-}CHO \xrightarrow{(CN^-)} H_5C_6{-}CH(OH){-}CO{-}C_6H_5$$

In gleicher Weise wie Benzaldehyd reagieren z. B. Anisaldehyd und Furfural unter Bildung symmetrisch substituierter α-Hydroxyketone, wie Anisoin bzw. Furoin. Darüber hinaus gelingt auch die Synthese einer Reihe unsymmetrischer Benzoine unter den Bedingungen der A. so entsteht aus einem Gemisch von Benzaldehyd und 4-Dimethylaminobenzaldehyd in Gegenwart von Cyanid-Ionen ein Benzoin folgender Struktur: $(CH_3)_2N{-}C_6H_4{-}CO{-}CH(OH){-}C_6H_5$.

2) die Bildung von Acyloinen aus aliphatischen Carbonsäureestern und Natrium in inerten Lösungsmitteln.

Adamantan, *Tricyclo[3.3.1.1^{3,7}]decan*, ein gesättigter Kohlenwasserstoff. A. bildet farblose, campherähnlich riechende Kristalle, die bereits bei Zimmertemperatur sublimieren; F. 270 °C. A. kommt im Erdöl vor und wurde daraus erstmals iso-

liert. Seine Synthese gelingt durch Isomerisierung von *endo*-Tetrahydrodicyclopentadien mittels Aluminiumchlorid. A. ist die Muttersubstanz der »diamantoiden« Verbindungen. 10 Kohlenstoffatome sind in tetraedrischer Anordnung so verknüpft, daß vier Cyclohexanringe spannungsfrei und völlig gleichartig in der Sesselform fixiert sind. Der hochsymmetrische Bau bedingt eine optimale Anordnung und Annäherung an die Kugelgestalt (auch dem Urotropin ähnlich). A. ist daher sehr stabil und wenig reaktionsfähig.

Adamsit, ↗ chemische Kampfstoffe.

Adams-Katalysatoren, zur Hydrierung von Alkendoppelbindungen werden Platin oder Palladium in feinverteilter Form dadurch hergestellt, daß man ihre Oxide im Reaktionsgemisch in flüssiger Phase mit Wasserstoff hydriert, wobei dann gleichzeitig die Hydrierung der Doppelbindung(en) im Substrat stattfindet.

adaptative Enzyme, ↗ induzierbare Enzyme.

Addition, ein Reaktionstyp der organischen Chemie, der durch Anlagerung von Atomen oder Molekülen an ungesättigte Kohlenstoffverbindungen charakterisiert ist:

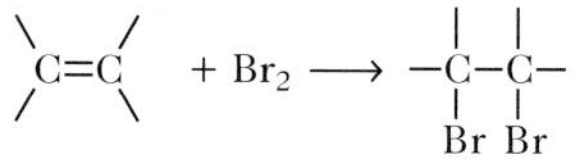

Bromaddition

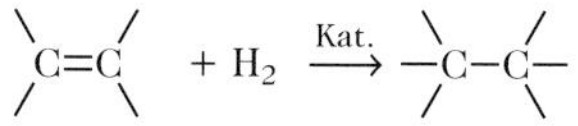

Hydrierung

Die Produkte von A.-Reaktionen, *Addukte* genannt, sind überwiegend gesättigte Moleküle. Die in großer Vielfalt möglichen Reaktionen (↗ Alkine, ↗ Alkene, ↗ Cycloalkene, ↗ Diene) sind nicht auf C–C-Mehrfachbindungssysteme beschränkt, sondern auch bei Carbonylverbindungen (⟩C=O), insbesondere bei Aldehyden und Ketonen, und heteroatomanalogen Stoffklassen (⟩C=N–, –C≡N, ⟩C=S u. a.) weit verbreitet. Auch die stabilen aromatischen Kohlenwasserstoffe (Arene) und Heterocyclen (Hetarene) gehen unter bestimmten Bedingungen A.-Reaktionen ein. Die Addukte können offenkettige oder ringförmige Verbindungen sein, die A. kann als ↗ elektrophile Reaktion (A_E), ↗ nucleophile Reaktion (A_N) oder als ↗ radikalische Reaktion (A_R) ablaufen. A.-Reaktionen gehen entweder spontan vor sich oder werden durch Säuren katalysiert; Hydrierungen müssen meist durch heterogene Katalyse erzwungen werden (↗ Hydrierung). A.-Reaktionen können stereospezifisch oder stereoselektiv (↗ Stereospezifität) durchgeführt werden. Eine bedeutende Gruppe von Reaktionen sind ↗ Cycloadditionen mit klassischen Beispielen wie die ↗ Diels-Alder-Reaktion oder ↗ 1,3-dipolare Cycloadditionen. Bei unsymmetrischen Alkenen kann anhand der ↗ Markownikoffschen Regel die ↗ Regioselektivität vorhergesagt werden. Technisch wichtig sind Polyadditionsreaktionen von Monomeren zu Oligomeren und Polymeren (↗ Polymerisation).

Additions-Eliminierungs-Mechanismus, ↗ Substitution.

Additive, *Additives* (engl.), Zusatzstoffe.

1) In der Mineralölindustrie Substanzen, die besonders das Viskositäts-Temperatur-Verhalten ver-

bessern sollen. Am bekanntesten ist Bleitetraethyl $Pb(C_2H_5)_4$, das die ↗ Octanzahl von Vergaserkraftstoffen hebt. a) *Inhibitoren* (*Antioxidanzien*) sollen die Autoxidation von Schmiermitteln unterbinden oder verzögern. Weite Verbreitung hierfür hat das 2,6-Di-*tert*-butyl-*p*-kresol gefunden.

b) *DD-Additives* (Detergens-Dispersants) sollen die Ablagerungen in Verbrennungsmotoren verhindern. Vor allem Salze von Alkylarylsulfonsäuren erfüllen diesen Zweck.

c) *HD-Additives* (heavy-duty-Additives) haben ähnliche Aufgaben wie die DD-Additives zu erfüllen. Sie werden für schwer belastete Motoren verwendet, vor allem beim Betrieb mit schwefelhaltigen Dieselkraftstoffen.

d) *Stockpunktserniedriger* sollen bei tieferen Temperaturen in Schmierölen das Entstehen von Paraffinkristallen verhindern. Niedermolekulare Ethylen-Vinylacetat-Copolymere und hochalkylierte Naphthalinderivate aus Chloralkanen und Naphthalin (Paraflow) sind hierfür besonders geeignet.

e) *Viskositäts-Temperatur-Verbesserer* wirken dem mit steigender Temperatur einsetzenden störenden Viskositätsabfall der Schmieröle entgegen. Geeignet hierfür sind hochpolymere Verbindungen, wie Polyisobutylen, Copolymere des Styrols mit Alkenen von C_8 bis C_{12} und Polymethacrylate mit einer relativen Molekülmasse zwischen 10000 und 30000.

f) *EP-Additives* (extreme-pressure-Additives) werden Getriebeölen beigefügt. Sie sind meist durch einen hohen Schwefel- oder Phosphorgehalt gekennzeichnet.

2) ↗ Zusatzstoffe.

Additivitätsprinzip, die Möglichkeit, eine Reihe von Moleküleigenschaften in guter Näherung aus Beiträgen (Inkrementen) einzelner Bindungen im Molekül, von Atomen oder Atomgruppen zu berechnen. So kann die Atomisierungsenergie E_A eines Moleküls durch Addition von mittleren ↗ Bindungsenergien $E_B(X\text{–}Y)$ ermittelt werden. Für Methanol erhält man z. B. E_A (CH_3OH) = 3 E_B(C–H) + E_B(O–H) + E_B(C–O). In genaueren Inkrementsystemen muß der Hybridisierungszustand der an den Bindungen beteiligten Atome berücksichtigt werden. Das Dipolmoment eines Moleküls kann durch vektorielle Addition von Bindungsdipolmomenten oder Gruppenmomenten berechnet werden: $\mu(H_2O) = 2\,\mu_{O\text{–}H} \cos(\sphericalangle\, HOH/2)$. Die Molrefraktion (↗ Polarisation) ergibt sich als Summe von Atomrefraktionen R_A mit Sonderinkrementen für Mehrfachbindungen: $R(C_2H_5OH) = 6\,R_H + 2\,R_C + R_O$. Sie kann auch aus Bindungsrefraktionen $R_{X\text{–}Y}$ erhalten werden: $R(H_3C\text{–}CH_2\text{–}OH) = 5\,R_{C\text{–}H} + R_{C\text{–}C} + R_{C\text{–}O} + R_{O\text{–}H}$. Konjugierte Mehrfachbindungen erhöhen die Molrefraktion (Exaltation).

Ade, Abk. für Adenin.

Adenin, Abk. *Ade*, *6-Aminopurin*, Bestandteil des Adenosins und von dessen Nucleotiden sowie der Nucleinsäuren. A. kristallisiert mit 3 mol Wasser und wird bei 110 °C kristallwasserfrei. Es sublimiert bei etwa 200 °C. A. ist sehr schwer löslich in kaltem Wasser, aber leicht löslich in Mineralsäuren oder

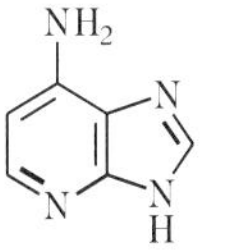

Alkalilaugen unter Salzbildung. In Ether und Chloroform ist A. praktisch unlöslich. Adeninderivate haben Cytokininaktivität. A. wird im menschlichen Organismus zu Harnsäure abgebaut. A. wird bei der Leberschutztherapie eingesetzt. *Adeninsulfat* verlängert die Überlebenszeit von Erythrocyten und wird Blutstabilisatorlösungen zugesetzt.

Adenosin, Abk. *Ado*, *6-Aminopurin-9β-D-ribofuranosid*, ein Purinnucleosid. Es kristallisiert mit 1,5 mol Kristallwasser. A. ist ein weißes kristallines Pulver; F. 229 °C (Z.), $[\alpha]_D^{20}$ –60° (Wasser). In heißem Wasser ist A. löslich, in Ethanol praktisch unlöslich. A. ist aus Hefenucleinsäure nach alkalischer Hydrolyse isolierbar. Es wirkt schwach gefäßerweiternd.

Adenosinphosphorsäuren, *Adenylsäuren*, Nucleotide des Adenosins. *Adenosin-5′-monophosphat*, Abk. *AMP*, *Muskeladenylsäure*. Es ist ein weißes kristallines Pulver; F. etwa 196 °C (Z.). In heißem Wasser ist es löslich, in Ethanol schwer löslich. *Adenosin-3′-monophosphat*, *Hefeadenylsäure*. Es bildet weiße Nadeln; F. 208 °C (Z.). In heißem Wasser ist es löslich. *Adenosin-5′-diphosphat*, Abk. *ADP*. *Adenosin-5′-triphosphat*, Abk. *ATP*. In reiner Form ist es ein weißes Pulver, durch Säuren oder Basen wird es leicht zersetzt, jedoch als leicht fällbares Dibariumsalz in wasserfreier Form ist es relativ stabil. ATP ist in heißem Wasser leicht löslich. Es bildet schwerlösliche Barium-, Blei-, Silber- und Quecksilbersalze.

Zum *Adenylsäuresystem* gehören AMP, ADP und ATP sowie noch höher phosphorylierte Adenosinderivate. Dieses System spielt eine wesentliche Rolle im Intermediärstoffwechsel. Es verbindet energieliefernde Prozesse (Photosynthese, Atmung, Gärung) mit energieverbrauchenden synthetischen Prozessen.

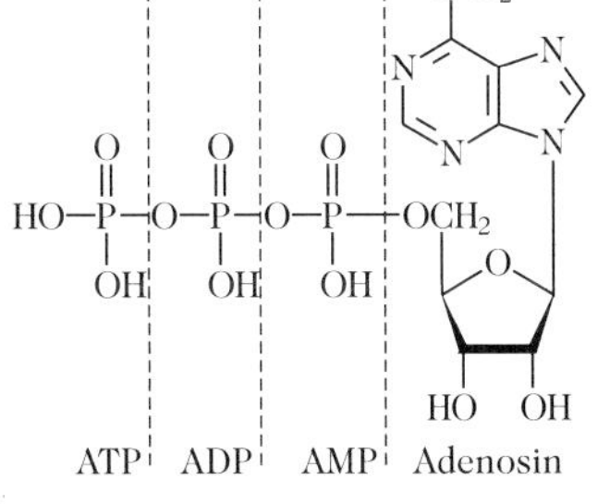

ATP ist der wichtigste intrazelluläre Energiespeicher und -überträger. Bei der Hydrolyse des ATP zu ADP werden 32660 J/mol frei.

Die Biosynthese des ATP erfolgt bei der Atmung oder Glycolyse durch energieverbrauchende Phosphorylierung des ADP. ATP-spaltende Enzyme (*ATP-asen*) spielen eine Rolle beim aktiven Transport durch die biologische Membran, z. B. in Form der Na^+/K^+-ATP-ase. ATP-ase-Aktivität besitzt das Myosin, das kontraktile Protein der quergestreiften Muskulatur. Dadurch wird chemische in mechanische Energie umgewandelt. ATP wurde erstmalig von Lohmann 1929 isoliert. ADP und ATP, schwächer AMP und Adenosin, wirken gefäßerweiternd, besonders auf die Herzkranzgefäße. ATP läßt sich aus Fleischextrakten als Bariumsalz isolieren.

S*-Adenosylmethionin,** Abk. ***AdoMet, Coenzym zahlreicher Enzyme, die Methylgruppen übertragen (Methyltransferasen).

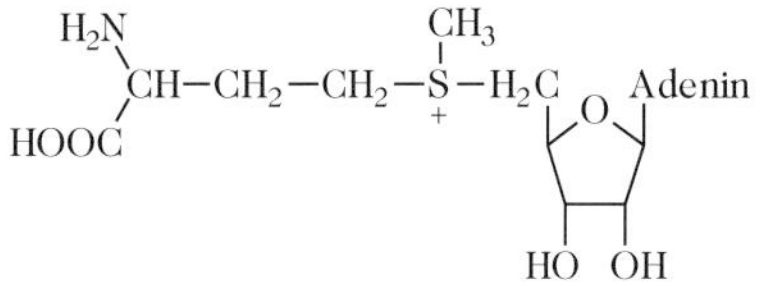

Adenylatcyclase, ***Adenylylcyclase***, ein ubiquitäres Enzym, das die Bildung von cyclischen Adenosinmonophosphat (cAMP, ↗ Cyclonucleotide) aus Adenosintriphosphat (ATP, ↗ Adenosinphosphorsäuren) katalysiert. Durch Wechselwirkungen verschiedener Hormone mit spezifischen membranlokalisierten Rezeptoren wird unter Mitwirkung eines stimulatorischen G-Proteins (↗ G-Proteine) die A. aktiviert und durch die Bildung des als zweiten Boten fungierenden cAMP ein extrazelluläres Hormonsignal in die Zelle geleitet.

Adenylat-Cyclase-System, ein wichtiger Bestandteil eines Signaltransduktionssystems von ↗ Hormonen, die über membrangebundene Rezeptoren den Intermediärstoffwechsel beeinflussen, und der Wirkung sehr häufig über ↗ G-Proteine auf die ↗ Adenylatcyclase übertragen wird, wobei als zweiter Bote cAMP entsteht.

Adermin, ↗ Vitamin B_6.

ADH, Abk. für ***a**nti**d**iuretisches **H**ormon* (↗ Vasopressin).

Adhäsion, Haftung von Molekülen an Teilchen oder gegenseitige Haftung von Teilchen oder ausgedehnten Phasen unterschiedlicher Natur. Ursache für die Haftung sind zwischenmolekulare bzw. zwischenpartikulare Kräfte aufgrund elektrischer Ladungen oder permanenter bzw. induzierter Dipole (Debye-Keesom-Kräfte) oder Dispersionskräfte (London-Kräfte, van-der-Waalssche Bindungskräfte). Die *Adhäsionskräfte* spielen eine Rolle bei der Adsorption, Benetzung von Festkörpern durch Flüssigkeiten, beim Kleben, bei der Auftragung von Anstrichen, beim Beschichten von Papier, Textilien, Metallen, bei der Herstellung gefüllter Polymerer, bei Baustoffen, beim Druckprozeß.

Adhäsionsmoleküle, auf der Zellmembran nahezu aller Körperzellen lokalisierte Proteine, die im Sinne einer Ligand-Rezeptor-Wechselwirkung einen gezielten Kontakt zwischen Zellen herstellen und damit Zell-Zell-Kommunikationen ermöglichen. Wichtige Vertreter sind die ↗ Integrine. Die *interzellulären A.* (*ICAM*) und die *leukocytenfunktionsassoziierten Antigene* (*LFA-2* und *LFA-3*) sind für das Immunsystem relevante A. Als extrazelluläres A. trägt das ↗ Fibronectin zur Zell-Matrix-Verbindung bei, während ↗ Tenascin in Abhängigkeit vom Zelltyp die Adhäsion fördert oder hemmt.

ADI, Abk. für engl. ***a**cceptable **d**aily **i**ntake*. Diejenige höchste tägliche Dosis eines Stoffes in mg Wirkstoff/kg Körpergewicht des Menschen, die auch bei lebenslanger Aufnahme zu keinen gesundheitlichen Schäden führt. Der ADI-Wert wird aus dem aus Tierversuchen ermittelten ↗ NOEL festgelegt. Dabei wird auf krebsauslösende und erbgutverändernde Eigenschaften geachtet.

Der ADI-Wert wird von der FAO/WHO als Vorsorgewert festgelegt. Er ist die wichtigste Grundlage zur Ermittlung der duldbaren Rückstandswerte.

Adiabate, Kurve, die in einem Diagramm all jene Punkte verbindet, die bei einem adiabatischen Prozeß durchlaufen werden. Erfolgt diese Zustandsänderung außerdem reversibel, so ist die A. gleichzeitig eine *Isentrope*.

adiabatisch, 1) in der Thermodynamik ↗ adiabatischer Prozeß, 2) in der Reaktionskinetik eine Reaktion, die sich auf einer einzigen ↗ Potentialhyperfläche abspielt, d. h. ohne Änderung der elektronischen Zustände aller Reaktionspartner abläuft. Dies trifft in der Regel für thermische Reaktionen im Grundzustand zu. Bei nichtadiabatischen Reaktionen (viele photochemische Prozesse) tritt mindestens ein strahlungsloser Übergang zwischen zwei Potentialhyperflächen auf; dazu müssen die Flächen einander nahekommen oder sogar schneiden.

adiabatischer Prozeß, thermodynamischer Prozeß, der ohne Wärmeaustausch mit der Umgebung stattfindet, d. h. die Bedingung $dq = 0$ erfüllt (q = Wärme). Der ideale Grenzfall eines a. P. kann in der Praxis nur näherungsweise realisiert werden. z. B. durch sehr gute Wärmedämmung oder so große Prozeßgeschwindigkeit, daß der Wärmetransport vernachlässigbar wird. Der andere ideale Grenzfall ist der *isotherme Prozeß*. Zwischen beiden Grenzfällen liegt der Bereich der ↗ polytropen Prozesse. Aus dem 1. Hauptsatz der Thermodynamik folgt für a. P. wegen $dq = 0$ die Beziehung $dU = dW$, d. h., die Änderung der inneren Energie U des Systems ist gleich der mit der Umgebung ausgetauschten Arbeit W. Bei Arbeitsleistung (Expansion) kühlt sich das System ab, und bei Arbeitszufuhr (Kompression) wird es erwärmt. Für ein ideales Gas (↗ Zustandsgleichung 1.1.) folgt daraus $C_V dT = -p dV = -(nRT/V)\, dV$. Unter Berücksichtigung der Beziehungen $C_p - C_V = nR$ und $C_p/C_V = x$ erhält man die Differentialgleichung d ln $T = (1 - x)$ d ln$v$, deren Lösung TV^{x-1} = konst. oder pV^x = konst. als *Poissonsche Gleichung* bezeichnet wird. Es bedeuten C_p und C_V die Wärmekapazitäten bei konstantem Druck bzw. konstantem Volumen. Aus der Poissonschen Gleichung folgt, daß bei der adiabatischen Kompression eines idealen Gases der Druck schneller als bei einer isothermen Zustandsänderung steigt, weil für alle Gase $x > 1$ gilt (↗ Molwärme).

Adipinsäure, ***Hexandisäure***, ***Butan-1,4-dicarbonsäure***, $HOOC-(CH_2)_4-COOH$, eine gesättigte, aliphatische Dicarbonsäure. A. kristallisiert in farb- und geruchlosen, monoklinen Prismen; F. 153 °C, Kp. 265 °C bei $1{,}33 \cdot 10^4$ Pa. Sie ist in kaltem Wasser schwer, in Alkohol und heißem Wasser leichter löslich. A. ist eine beständige Verbindung, die erst bei höheren Temperaturen unter Abspaltung von Kohlendioxid und Wasser in Cyclopentanon umgewandelt werden kann. Wie alle Dicarbonsäuren bildet A. mit Alkoholen Mono- und Diester. A. kommt in freier Form im Saft der Zuckerrübe vor. Sie kann durch ↗ Malonestersynthese aus Natriummalonester und 1,2-Dibromethan hergestellt werden. Technisch wird A. durch Oxidation von Cyclohexanon oder Cyclohexanol mit verd. Salpetersäure oder mit Luftsauerstoff in Gegenwart von Katalysatoren erzeugt. A. wird in erheblichen Mengen zur Herstellung von Polyamiden und Polyestern verwendet. Außerdem dient sie zur Synthese von Adipinsäurenitril, Weichmachern und Geruchsstoffen.

Adiuretin, ↗ Vasopressin.

Ado, Abk. für Adenosin.

AdoMet, Abk. für *S*-Adenosylmethionin.

ADP, ↗ Adenosinphosphorsäuren.

Adrenalin, ↗ Levarterenol.

Adrenergika, ↗ Sympathikomimetika.

Adrenochrom, ↗ Levarterenol.

Adrenocorticotropin, ↗ Corticotropin.

Adrenolytika, ↗ Sympathikolytika.

Adrenomedullin, ein zur Calcitonin-Familie gehörendes 52-Peptidamid, das zu den potentesten Vasodilatoren gehört.

Adriamycin, ↗ Anthracycline.

Adsorbat, Bezeichnung für das System aus Adsorpt und Adsorbens.

Adsorbens, *Adsorptionsmittel*, die kondensierte Phase, an deren Grenzfläche die Adsorption erfolgt. Verwendet werden meist Aktivkohle, Kieselgel, Aluminiumoxid, Zeolithe, Ionenaustauscher oder organische Polymere.

Adsorber, ein Apparat zur Durchführung von Adsorption und Desorption, z. B. einer Kolonne.

Adsorpt, der an der Grenzfläche einer kondensierten Phase adsorbierte Stoff.

Adsorption, ein Fall der Sorption, wobei die Anreicherung eines Stoffes an der Grenzfläche einer kondensierten Phase erfolgt. Den Prozeß Adsorptiv + Adsorbens $\rightleftharpoons$ Adsorbat kann man analog wie eine chem. Reaktion betrachten. Die dabei freigesetzte Wärme wird *Adsorptionsenergie* (bei konstantem Volumen) oder *Adsorptionsenthalpie* (bei konstantem Druck) genannt. Man unterscheidet die reversible *physikalische A.* (*Physisorption*), die durch Desorption ohne chem. Veränderung von Adsorpt und Adsorbens wieder rückgängig gemacht werden kann, und die irreversible *chem. A.* (*Chemisorption*), obwohl eine scharfe Trennung nicht möglich ist. Bei der physikalischen A. wirken zwischen Adsorptiv und Adsorbens vorwiegend van-der-Waalssche Kräfte. Die molaren Adsorptionsenthalpien $\Delta_A H$ liegen bei –5 bis –40 kJ mol^{-1} . Bei der chem. A. resultieren chem. Bindungen an der Oberfläche, und typische Werte für die Enthalpien liegen um –200 kJ mol^{-1}. Reale Festkörperoberflächen sind energetisch und strukturell nicht homogen. Am Beginn der A. werden zunächst die energetisch günstigsten Oberflächenplätze von Adsorptivteilchen belegt, deshalb ist die Adsorptionsenthalpie vom Bedeckungsgrad abhängig. Für gleiche Bedeckungsgrade gemessene Adsorptionsenthalpien werden als *isostere Adsorptionsenthalpien* bezeichnet.

Im Idealfall setzt man voraus, daß die Oberflächen der Adsorbentien energetisch homogen und nach einer monomolekularen Bedeckung nicht mehr aufnahmefähig sind. Für den Bedeckungsgrad Θ gilt dann $\Theta = \Gamma_i/\Gamma_\infty$, wobei Γ_i die Oberflächenkonzentration und Γ_∞ die Sättigungskonzentration des Stoffes i darstellen. Γ_i ergibt sich als Quotient der adsorbierten Stoffmenge n_i und der Oberfläche des Adsorbens O_i: $\Gamma_i = n_i/O_i$.

Bei physikalischen A. stellt sich ein Gleichgewicht zwischen der Konzentration c_i des Adsorptivs in der homogenen Phase und der Oberflächenkonzentration Γ_i des Adsorpts ein. Es ist temperatur- und druckabhängig. Die Abhängigkeit von Γ_i von der Konzentration c_i oder dem Partialdruck p_i (bei gasförmigen Adsorptiven) bei konstanter Temperatur wird als *Adsorptionsisotherme* bezeichnet $\Gamma_{i,T} = f(c_i$ bzw. $p_i)$, die Abhängigkeit des Γ_i von der Temperatur bei konstantem Druck p_i als *Adsorptionsisobare* $\Gamma_{i,p} = f(T)$. Die *Adsorptionsisostere* kennzeichnet die Konzentrationen c_i, die bei verschiedenen Temperaturen zur gleichen Oberflächenkonzentration Γ_i führen: $c_{i,T} = f(T)$.

Praktisch am bedeutsamsten sind die Adsorptionsisothermen. Bei sehr geringen Bedeckungsgraden wächst die adsorbierte Menge zunächst fast linear mit der Konzentration, nähert sich aber für sehr hohe Konzentrationen einem Grenzwert Γ_∞, der als monomolekulare Bedeckung aufgefaßt werden kann. Ein erneuter Anstieg kann durch die Ausbildung mehrerer Schichten des Adsorptivs oder durch eine Kapillarkondensation des Adsorptivs in Mikroporen des Adsorbens verursacht werden.

Für die mathematische Beschreibung der Adsorptionsisothermen von Gasen an Feststoffen existieren verschiedene Ansätze:

1) *Freundlich-Adsorptionsisotherme* $\Gamma_i = ap_i^\beta$ (wobei p_i Partialdruck des Adsorptivs, α, β Konstanten); 2) *Langmuir-Adsorptionsisotherme* $\Theta = ap_i/(1+ap_i)$; 3) Adsorptionsisotherme von *Brunauer*, *Emmett* und *Teller* (*BET*-Gleichung) $\Theta = ap_i/(p_{io} - p_i)[1 + (a-1) \cdot p_i/p_{io}]$. Hierbei ist p_{io} der Sättigungsdampfdruck des reinen flüssigen Adsorptivs. Diese Gleichung gilt bei Mehrschichtadsorption. 4) Die *Gibbssche Adsorptionsgleichung* gibt die an der Grenzfläche einer Flüssigkeit adsorbierte Menge eines Stoffes an:

$$\Gamma_i = -\frac{c_i}{RT}\left(\frac{\partial\sigma}{\partial c_i}\right)_{p,T,0}.$$

Hierbei ist c_i die Konzentration des Stoffes i im Inneren der flüssigen Phase, R die allgemeine Gaskonstante, T die Temperatur in K, und $(\partial\sigma/\partial c_i)$ gibt die Änderung der Oberflächenspannung σ der Flüssigkeit bei der Veränderung der Konzentration des oberflächenaktiven Stoffes i an.

Bei der A. gasförmiger Verbindungen kondensieren bei Anwendung höherer Drücke und poröser Adsorbenzien die Gase und Dämpfe in den Poren (*Kapillarkondensation*).

Praktisch und technisch bedeutsam sind insbesondere Adsorptionsprozesse an hochdispersen, oft auch porösen Festkörpern mit großen spezifischen Oberflächen (z. B. Aktivkohlen, Molekularsiebe, Aluminiumoxid). Sie dienen z. B. zur selektiven Entfernung bestimmter Begleit- und Schadstoffe aus gasförmigen und flüssigen Mischungen (z. B. Entfärbung von Lösungen, Rückgewinnung von Lösungsmitteln, Entsalzung von Wasser, Rauchgasentschwefelung, Atemschutzfilter in Gasmasken), zur Beseitigung von Restgasen in Hochvakuumanlagen (Sorptions- oder Getterpumpen) und zur Stofftrennung (↗ Parex-Verfahren). Auch in der heterogenen Katalyse spielt die A. der Reaktionspartner an der Katalysatoroberfläche eine entscheidende Rolle. Außerdem ist die A. ein Trennprinzip der Chromatographie. Die A. eines gelösten Adsorptivs an einem festen Adsorbenten spielt bei der Adsorptionschromatographie eine Rolle.

Adsorptionschromatographie, ein Trennverfahren, das auf der unterschiedlichen Adsorption der Moleküle an einer kondensierten Phase (↗ Adsorbens) beruht, deren Aktivität von der Natur der Materialien und der Oberflächenbeschaffenheit (Teilchengröße, Porosität) abhängt. Bei der A. werden die Verbindungen wiederholt reversibel adsorbiert und desorbiert, wobei sich ein Gleichgewicht einstellt. Die Unterschiede in der Struktur der verschiedenen Adsorbate rufen verschieden starke Wechselwirkungen hervor, die zu unterschiedlichen Wanderungsgeschwindigkeiten der einzelnen Substanzen führen und so eine Trennung ermöglichen. Gewöhnlich verwendet man feste Adsorbenzien, wie Aluminiumoxid, Kieselgel, Aktivkohle, Zeolithe, Stärke, Polyamide oder Dextrangele. Die A. kann als Gas-Fest-Chromatographie oder Flüssig-Fest-Chromatographie in Säulen oder Schichten (↗ Dünnschichtchromatographie) durchgeführt werden. Eine spezielle Form der A. ist die ↗ Affinitätschromatographie.

Adsorptionsisobare, ↗ Adsorption.

Adsorptionsisostere, ↗ Adsorption.

Adsorptionsisotherme, ↗ Adsorption.

Adsorptionskohle, ↗ Aktivkohle.

Adsorptionsmittel, ↗ Adsorbens.

Adsorptiv, der bei der Adsorption anzureichernde Stoff im isolierten Zustand.

aerob, Lebensprozesse, die nur in Gegenwart von molekularem Sauerstoff vor sich gehen. ↗ Aerobier.

aerobe Fermentation, ein mikrobielles Kultivierungsverfahren für ↗ Aerobier, das eine Versorgung mit Sauerstoff (im allg. Luft) erfordert. ↗ Oberflächenkulturen werden durch die über den Mikroorganismen-Rasen streichende Luft mit Sauerstoff versorgt. Für viele Laboruntersuchungen reicht auch der Sauerstoffeintrag durch intensives Schütteln der Kulturgefäße aus (*Schüttelkultur*). Hohe Sauerstoffeintragsleistungen werden bei Fermentatoren vom Labor- bis zum großtechnischen Maßstab durch unterschiedliche Begasungssysteme erreicht. Das größte Problem besteht in der geringen Löslichkeit von Sauerstoff in Wasser.

Aerobier, (Mikro-)Organismen, die nur in Anwesenheit von Sauerstoff leben können. A. decken – unter Vermittlung von Enzymen der ↗ Atmungskette – ihren Energiebedarf unter Verwendung von molekularem Sauerstoff als terminalem Elektronen- und Wasserstoffakzeptor durch ↗ Atmung. Mikroaerophile Mikroorganismen wachsen optimal bei geringem Sauerstoffpartialdruck.

Aerogel, ↗ Permeationschromatographie.

Aerosol, eine Dispersion fester oder flüssiger Teilchen in Gasen. Ist die disperse Phase fest, spricht man von *Stäuben*, ist sie flüssig, von *Nebeln*. A. pyrogener Natur sind *Rauche*, sie enthalten neben Feststoffen auch Tröpfchen. *Natürliche* A. treten in der Atmosphäre als vulkanische und kosmische Stäube oder als Eisdispersionen (Cirruswolken) und Wassernebel (Cumuluswolken) auf. Künstliche A. sind unerwünschte Begleiter der Industrialisierung (Abgase, Nebel, Stäube). A. entstehen bei chem. Prozessen, z. B. Schwefeltrioxid bei der

Schwefelsäureproduktion, bei der Herstellung von Ruß als Füllstoff oder Pigment, bei der Herstellung hochdisperser Metalle z. B. Zinkstaub. A. führen als Rauchgase zu erheblichen Umweltschäden. In der Land- und Forstwirtschaft können A. jedoch zur Düngung, Unkraut- und Ungezieferbekämpfung eingesetzt werden. In der Medizin dienen sie zur Behandlung der Atemwege bei Tuberkulose und Silikose. Die Erzeugung künstlicher A. z. B. für militärische Zwecke wird durch unvollständige Verbrennung von Ölen oder durch Umsatz von Zinkoxid mit Tetrachlormethan erreicht. Dabei wird die Hygroskopizität des Zinkchlorids als Kondensationskeim für Wassertröpfchen ausgenutzt.

Aerosolteilchen sind elektrisch geladen durch Aufnahme von Ionen (oder Elektronen) aus der Atmosphäre. Oftmals wirken die Ionen als Kondensationskeime. Geschieht die Aufladung durch Ionen, unterscheiden sich die Teilchen in der Anzahl der adsorbierten Ladungsträger und im Ladungsvorzeichen. Die Aufladung ist im allg. gering. Werden A. durch Zerteilen hergestellt, treten stets positive, negativ geladene und neutrale Teilchen nebeneinander auf. Die Anzahl der Ladungsträger je Teilchen ist stark von der Natur der Teilchen abhängig. A. aus apolaren Flüssigkeiten sind meist schwach, dagegen Wassertröpfchen stark geladen (Wasserfallelektrizität). Die Brechung von A. kann im Zentrifugalfeld (Zyklone), durch elektrische Felder (Cottrell-Möller-Verfahren, ↗ elektrostatische Gasreinigung) oder Filtration erfolgen.

AES, 1) Abk. für ↗ *A*tom*e*missions*s*pektrometrie. 2) Abk. für *A*uger-*E*lektronen*s*pektroskopie.

Aesculetin, ↗ Cumarin.

Affination, ↗ Scheiden.

Affinität kennzeichnet das Bestreben von Stoffen, miteinander zu reagieren. Im Sinne der ↗ Thermodynamik ist die negative maximale Nutzarbeit $\Delta_R G$ gleich der A.: $A = -\Delta_R G$.

Affinitätschromatographie, eine spezielle Form der ↗ Adsorptionschromatographie, die die bioselektive Adsorption zwischen zwei oder mehreren Partnern, wie z. B. Antikörper/Antigen, Enzym/Inhibitor, Nucleinsäure/Komplementärbasensequenz bzw. Nucleinsäurepolymerase, Lectin/Polysaccharid oder Rezeptor/Hormon, ausnutzt. Als stationäre Phase wird der jeweilige, als *Ligand* chemisch (Veresterung, Azokupplung o. a.) an eine inerte poröse *Matrix* (Agarose-Gel, Glaskugeln, Cellulose, Polyacrylamid, vernetzte Dextrane) gebundene bioselektive Partner verwendet. Da das aktive Zentrum einer biologischen Substanz oft tief innerhalb des Moleküls liegt, ist es zur Vergrößerung der Kapazität günstig, sterische Hinderungen durch Einführung von *Spacern* zwischen Matrix und Ligand zu vermeiden, wobei Spacer wie Matrix möglichst geringe Wechselwirkungen mit den zu trennenden Substanzen zeigen sollten (Abb.). Bei der A. werden die Komponenten mit selektiver Affinität zum Liganden zurückgehalten, während Begleitsubstanzen sofort eluiert werden. Durch Veränderung des Trennmilieus können anschließend die gebundenen Substanzen in reiner Form von der stationären Phase eluiert werden.

Affinitätschromatographie. Abb.: Schematische Darstellung.

Die A. ist eine wichtige Trennmethode für das biochem. Labor.

Aflatoxine, zu den Mykotoxinen gehörende Stoffwechselprodukte von *Aspergillus flavus* und anderen Schimmelpilzen. Die A. sind Furocumarin-Derivate und gehören ihrer Biosynthese nach zu den ↗ Polyketiden. Hauptprodukt ist das A. B_1. Die A.

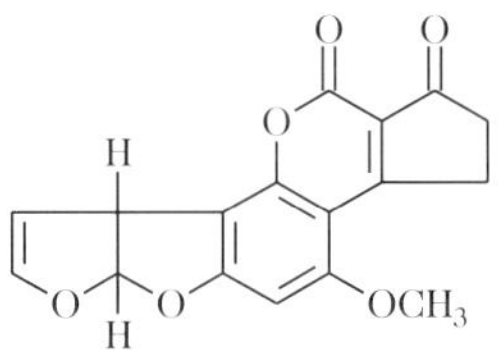

Aflatoxin B_1

sind farblos und lipophil. Sie sind stark krebserregend (Lebercarcinogene). A. diffundieren auch in unverschimmelte Bereiche der Lebensmittel hinein. Die Wirkung kommt durch kovalente Bindung an die DNA des Zellkerns zustande.

AFS, Abk. für *A*tom*f*luoreszenz*s*pektrometrie.

Ag, Symbol für Silber.

Agar, eine aus verschiedenen Rotalgen, insbesondere der Gattungen *Gelidium* und *Gracilaria*, gewonnene Droge. A. besteht zu mehr als 90 % aus Polysacchariden und enthält 0,3 bis 7 % Sulfat, gebunden als Schwefelsäuremonoester. Die Komponente mit der größten Quellungstendenz ist die zu etwa 70 % im A. enthaltene *Agarose*, ein lineares Polysaccharid, das alternierend aus 3-O-substituierter β-D-Galactopyranose und 4-O-substituierter 3,6-Anhydro-α-L-galactopyranose aufgebaut ist. Zur Gewinnung des A. werden die Algen getrocknet, gebleicht und anschließend mit Wasser ausgekocht. Der Extrakt wird gereinigt und erstarrt beim Abkühlen zu einem festen Gel. Durch Einfrieren können große Teile der wasserlöslichen Verunreinigungen von dem wasserärmeren Gel abgetrennt werden. Die Abtrennung der Agarose vom Agaropektin, das noch Uronsäuren und Brenztraubensäure enthält, erfolgt durch Ausnutzen von Unterschieden in der Löslichkeit der Acetate.

A. quillt in Wasser stark und bildet beim Erwärmen eine klare Lösung. Beim Abkühlen ergeben bereits 0,5- bis 1%ige Lösungen stabile Gele. A. werden in der Lebensmittelindustrie als Geliermittel eingesetzt, z. B. zur Herstellung von Süßwaren und Milchprodukten. In der pharmazeutischen Technologie dient A. als Tablettensprengmittel sowie zur Bereitung von Emulsionen. Wegen seiner starken Quellungstendenz wird A. auch als mildes Abführmittel eingesetzt. Agargele dienen als Träger für die Elektrophorese und in der Mikrobiologie als Nährböden für Mikroorganismen. Spezielle Agarosepräparate werden bei der Permeationschromatographie als Träger eingesetzt.

Agarose, ↗ Agar.

Agarose-Gel, ↗ Permeationschromatographie.

Agent orange, Bezeichnung für ein aus gleichen Anteilen der Butylester von 2,4-Dichlor- und 2,4,5-Trichlorphenoxyessigsäure (↗ Phenoxycarbonsäureherbizide, ↗ 2,4,5-T) bestehendes Herbizid, das von der US-Army im Vietnamkrieg zur Entlaubung von Wäldern eingesetzt wurde. Einige der Langzeitwirkungen dieses Herbizideinsatzes beruhen auf der toxischen Wirkung von ↗ 2,3,7,8-Tetrachlordibenzo-1,4-dioxin, das zu 40 g/t als Nebenprodukt in A. o. enthalten war.

Agglomeration, ↗ Aggregation.

Aggregation, *Agglomeration*, eine Anhäufung von Atomen, Ionen, Molekülen oder auch Kolloidteilchen bei beliebigen, den Verband zusammenhaltenden Kräften. Unter A. versteht man auch den Vorgang der Zusammenlagerung, das *Aggregieren.*

Aggregationszahl, ↗ Mizelle.

Aggregatzustand, Erscheinungs- oder Zustandsform der Materie. Nach dem Ordnungsgrad der einen Stoff bildenden Teilchen (Atome, Ionen oder Moleküle), ihrer Wechselwirkung und ihrer Beweglichkeit gegeneinander unterscheidet man die drei (klassischen) A. fest, flüssig und gasförmig. Als vierter A. wird oft das Plasma bezeichnet. Welcher A. von den Stoffen eingenommen wird, hängt sowohl von der Stärke der Anziehungskräfte zwischen den Teilchen ab als auch vom Ausmaß ihrer Wärmebewegung, die den Anziehungskräften entgegengerichtet ist.

Festkörper. Hier ist der Ordnungsgrad am höchsten. Im Grenzzustand des *idealen Festkörpers* sind allein die Wechselwirkungskräfte zwischen den Teilchen wirksam, die Teilchen besitzen keinerlei Bewegungsenergie. Sie sind in einem dreidimensionalen Raumgitter völlig regelmäßig angeordnet, die Lage eines beliebigen Teilchens ist durch die seiner Nachbarn eindeutig bestimmt, es herrscht eine strenge *Fernordnung* (↗ Kristall). Dieser Zustand wird am besten bei tiefen Temperaturen und hohen Drücken, aber auch unter diesen Bedingungen nur annähernd erreicht. Die Teilchen besitzen selbst am absoluten Nullpunkt noch eine bestimmte Nullpunktsenergie und führen um ihre Gleichgewichtslagen Schwingungen aus, die bei Temperaturerhöhung beträchtlich zunehmen. Außerdem treten bei den *realen Festkörpern*, mit denen man es praktisch immer zu tun hat, stets Störungen in der regelmäßigen Anordnung der Teilchen auf. Das Modell des *perfekten Festkörpers*, das keine derartigen strukturellen oder chem. ↗ Kristallbaufehler zuläßt, wohl aber die thermischen Schwingungen der Teilchen berücksichtigt, kann man heute mit den modernen Methoden der ↗ Kristallzüchtung im Einzelfall bereits in guter Näherung realisieren. Feststoffe ohne strukturelle Fernordnung bezeichnet man als ↗ amorph, sie stellen jedoch nach ihrem Vorkommen in der Natur gegenüber den kristallinen Feststoffen eine verschwindende Minderheit dar. Festkörper sind aufgrund der Lagefixierung ihrer Bausteine und der starken Wechselwirkung zwischen ihnen weitgehend form- und volumenbeständig. Diese Eigenschaft bildet die Grundlage für ihre überragende Bedeutung als Werkstoffe auf den verschiedensten Gebieten der Technik.

Gase. Dieser A. hat den niedrigsten Ordnungsgrad. Die Gasteilchen sind im Verhältnis zu ihrer eigenen Größe im Mittel sehr weit voneinander entfernt und in andauernder, sich durch Stöße untereinander oder mit der Gefäßwand in Geschwindigkeit und Richtung ständig ändernder Bewegung (↗ kinetische Gastheorie). Im Grenzzustand des *idealen Gases*, der in guter Näherung bei hoher Temperatur und niedrigem Druck erreicht wird, üben die Teilchen keinerlei Wechselwirkung aufeinander aus und bewegen sich völlig regellos mit großer Geschwindigkeit im Raum, außerdem ist ihr Eigenvolumen gegenüber dem zur Verfügung stehenden Gesamtvolumen so klein, daß es vernachlässigt werden kann. Alle *realen Gase* zeigen mehr oder weniger starke Abweichungen von diesem Idealzustand extremer Unordnung. Gase füllen jedes verfügbare Volumen aus, sie sind völlig formveränderlich und in beliebigem Verhältnis mischbar.

Flüssigkeiten. Sie nehmen eine Mittelstellung zwischen den Festkörpern und den Gasen ein und zeigen eine ausgeprägte *Nahordnung*, d. h. eine gewisse Regelmäßigkeit bezüglich Orientierung und Abstand der unmittelbaren Nachbarn für jedes Teilchen zu jedem Zeitpunkt, die der Ordnung in einem Kristallgitter nahekommt. Infolge der ständigen Wärmebewegung der Teilchen ist diese Ordnung aber schon bei den übernächsten Nachbarn wesentlich geringer ausgeprägt und nach wenigen Teilchendurchmessern gar nicht mehr erkennbar. Die Nahordnung hat dynamischen Charakter und ist nicht nur örtlich, sondern auch zeitlich begrenzt. Infolge der unregelmäßigen Teilchenbewegung sind die geordneten Mikrobereiche in ständigem Auf- und Abbau begriffen, jedes Teilchen ändert sowohl im Raum als auch gegenüber seinen Nachbarn dauernd seine Lage. Durch ihre Mittelstellung zwischen Gasen und Festkörpern und die sich daraus ergebende Überlagerung von wesentlichen Eigenschaften der beiden angrenzenden A. gibt es bisher für die Flüssigkeiten noch keine geschlossene Strukturtheorie, die alle makroskopischen Eigenschaften konsistent zu beschreiben vermag. Flüssigkeiten haben aufgrund der leichten Verschiebbarkeit ihrer Teilchen keine Formbeständigkeit, sondern passen sich der Form des sie einschließenden Gefäßes an und bilden ebene Niveauflächen aus. Aufgrund der relativ dichten Teilchenpackung setzen sie aber Volumenänderungen starken Widerstand entgegen.

Die Ordnungszustände in den drei A. lassen sich mit Hilfe der aus Beugungsexperimenten ableitbaren *radialen Verteilungsdichtefunktion* $W(R)$ veranschaulichen (Abb.): In einem Koordinatensystem, dessen Ursprung in ein beliebig herausgegriffenes Teilchen gelegt wird, stellt $W(R)$ die Wahrscheinlichkeit dar, am Ende eines vom Koordinatenursprung ausgehenden Vektors der Länge R ein anderes Teilchen anzutreffen. Für Festkörper erkennt man aus der periodischen Wiederkehr der Maxima die Fernordnung im Kristall. Bei Flüssigkeiten entspricht das erste Maximum nach Lage und Höhe dem Maximum des entsprechenden Festkörpers, die Ausprägung weiterer Maxima nimmt jedoch sehr schnell ab und weist auf die räumliche Beschränkung der Nahordnung hin. Für Gase ist von einer bestimmten Entfernung an, die vom Durchmesser der Teilchen bestimmt wird, die Wahrscheinlichkeit für die Anwesenheit eines Teilchens gleich groß.

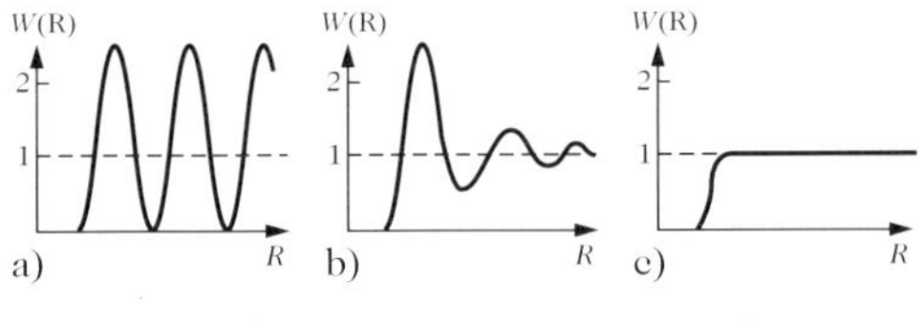

Aggregatzustand. Abb.: Radiale Verteilungsdichtefunktion $W(R)$ eines Festkörpers (a), einer Flüssigkeit (b) und eines Gases (c).

Alle Elemente und viele chem. Verbindungen können diese drei A. einnehmen. Die äußeren Bedingungen (Druck, Temperatur), die den A. eines Stoffes festlegen, kann man seinem Zustandsdiagramm (↗ Phasendiagramm) entnehmen. Umwandlungen zwischen den Aggregatzuständen eines Stoffes finden bei charakteristischen, vom Druck abhängigen Temperaturen statt und verlaufen bei Erniedrigung (Erhöhung) des Ordnungszustandes unter Wärmeaufnahme (-abgabe) (↗ Phasenumwandlung).

Die Grenzziehung zwischen den A. ist nicht immer eindeutig. Übergangsformen zwischen festem und flüssigem A. stellen die ↗ flüssigen Kristalle und Stoffzustände dar, die man als ↗ amorph bezeichnet.

Vom Begriff des A. ist der der thermodynamischen Phase streng zu unterscheiden. So bilden z. B. zwei sich nicht miteinander mischende Flüssigkeiten zwar zwei Phasen, liegen aber in nur einem A. vor.

Aglykon, zuckerfreie Komponente von ↗ Glycosiden.

Agrarchemikalien, chem. Verbindungen, die im Ackerbau und bei den mit ihm zusammenhängenden landwirtschaftlichen Techniken und Technologien eingesetzt werden. Zu den A. gehören ↗ Düngemittel, ↗ Pflanzenschutz- und Schädlingsbekämpfungsmittel, ↗ Wachstumsregulatoren, ↗ Tierernährungsmittel, ↗ Vorratsschutzmittel u. a. m.

°aH, ↗ Härte.

AH-Salz, ↗ Hexamethylendiamin.

a. i., ↗ Wirkstoffe.

Ajmalin, ↗ Rauwolfiaalkaloide.

Akarizide, griech. akari, ›Milbe‹. Biologisch aktive Verbindungen gegen pflanzen- und tierparasitäre Milben, insbesondere die im Obst-, Wein- und Zierpflanzenbau schädlichen Spinnmilben. Je nach Eignung zur Bekämpfung der Ei- oder beweglichen Stadien (Larve oder Imago) spezifisch gegen Milben wirkender Präparate unterscheidet man Ovizide, Larvizide und Adultizide (Tab.).

Akarizide. Tab.: Wichtige Beispiele.

Name	Chemische Gruppe	Verwendungsart [a]
Fenothiocarb	Thiocarbamat	Ov., La.
Dicofol	Chlorierter KW	Ov., La., Ad.
Cyhexatin	Zinnorg. Verb.	La., Ad.
Fenbutatinoxid	Zinnorg. Verb.	La., Ad.
Azocyclotin	Zinnorg. Verb.	La., Ad.
Clofentezin	Tetrazin	Ov., La.
Amitraz	Amidin	Insektizid, Ak.
Dinocap	Dinitrophenol	Fungizid, Ak.
Tebufenpyrad	Pyrazol	Ov., La., Ad.
Fenpyroximate	Pyrazol	La., Ad.

[a]) Ov. Ovizid; La. Larvizid; Ad. Adultizid; Ak. Akarizid

Akkumulator, ↗ Sekundärzelle.

A-Kohle, ↗ Aktivkohle.

Aktinometer, chemischer Strahlungsempfänger, Anordnung zur Bestimmung der integralen Strahlungsmenge in einem Lichtstrahl durch Messung des Stoffumsatzes einer photochemischen Reaktion bekannter ↗ Quantenausbeute. Für verschiedene Wellenlängenbereiche gibt es verschiedene A.-Systeme. Besonders gebräuchlich ist das Ferrioxalat-A., das auf der Zersetzung von Tris(oxalato)ferrat(III)-Ionen in Fe^{2+}, Oxalat-Ionen und Kohlendioxid beruht. Vorteile sind die hohe Quantenausbeute, der große Wellenlängenbereich und die einfache kolorimetrische Fe^{2+}-Bestimmung als *o*-Phenanthrolinkomplex.

Aktivator, 1) ↗ Katalyse, Abschn. III. 2) ↗ Dotierstoffe.

aktive Essigsäure, ↗ Coenzym A.

aktiver Transport, ein Stofftransport aus einem Bereich niedriger Konzentrationen zu einem hoher Konzentrationen. In der Biochemie ein unidirektionaler Transport von Stoffwechselmetaboliten und Ionen durch Biomembranen gegen einen Konzentrationsgradienten, der meist durch die Hydrolyse von ATP (↗ Adenosinphosphorsäuren) energetisch abgedeckt wird. Mit Hilfe der Natrium-Kalium-Pumpe (Na^+/K^+-ATPase) wird z. B. die intrazelluläre Konzentration an Na^+-Ionen niedrig gehalten, während die Konzentration der K^+-Ionen um einen Faktor von etwa 15 konstant erhöht bleibt. Spezielle Transportsysteme existieren z. B. für Aminosäuren und Zucker, an denen spezifische Carrierproteine (auch Translokasen, Permeasen, Transporter, Transportproteine, Träger u. a. genannt) beteiligt sind, die diesen Prozeß katalytisch vermitteln.

aktives Zentrum, die für die Katalyse essentielle Substraterkennungsregion eines Enzyms. Ein a. Z. besteht aus einer Spalte oder Einbuchtung auf der Oberfläche des Enzymproteins mit geometrischer und elektronischer Komplementarität zum Substrat. Neben einer vorgeformten Substratbindungsstelle (Schlüssel-Schloß-Hypothese) wird auch eine durch das Substrat induzierte Bindungsstelle (»Induced fit«-Hypothese) diskutiert.

aktivierter Komplex, ↗ Reaktionskinetik (Theorie).

Aktivierungsanalyse, eine physikalische Methode der quantitativen Analyse, deren Grundlage die Reaktion von Atomkernen mit Neutronen oder geladenen Teilchen ist, die zur Bildung eines radioaktiven Isotops des zu bestimmenden Elementes führt. Bei der überwiegend angewandten A. mit Neutronen lassen sich die ablaufenden Kernreaktionen durch folgende Gleichungen beschreiben: 1) Bildung des radioaktiven Isotops: ${}^{A}_{Z}X + {}^{1}_{0}n \rightarrow {}^{A+1}_{Z}X + \gamma$. 2) Zerfall des gebildeten radioaktiven Isotops ${}^{A+1}_{Z}X \rightarrow {}^{A+1}_{Z+1}Y + \beta^-$.

Die Menge des gebildeten radioaktiven Isotops ${}^{A+1}_{Z}X$ hängt vom Neutronenfluß, der Anzahl der reaktionsfähigen Kerne in der Probe und dem Wirkungsquerschnitt σ dieser Kerne ab. Zur A. verwendet man hauptsächlich langsame Neutronen, wie sie mit hoher Flußdichte in Kernreaktoren vorhanden sind, da sich der Wirkungsquerschnitt σ, der ein Maß für die Wahrscheinlichkeit der Reaktion 1) ist, umgekehrt proportional zur Energie der Neutronen verhält.

In der Praxis bestrahlt man die Probe meistens zusammen mit einer Vergleichsprobe, deren Gehalt bekannt ist, unter identischen Bedingungen und vergleicht nach einer genügenden Zeit die erzeugten Aktivitäten. Es gilt dann die einfache Beziehung: $G_x/G_s = z_x/z_s$. Hierbei bedeuten G_x und G_s die Mengen des zu bestimmenden Stoffes bzw. des Stoffes in der Vergleichsprobe, z_x und z_s die Zählraten der Probe bzw. der Vergleichsprobe.

Die A. ist eine sehr empfindliche Methode der quantitativen Analyse und wird hauptsächlich zur ↗ Spurenanalyse angewandt, da sich die nach Gl. 2) emittierte β-Strahlung gut messen läßt.

Aktivierungsenergie, ↗ Arrhenius-Gleichung.

Aktivierungsenthalpie, ↗ Reaktionskinetik (Theorie).

Aktivierungsentropie, ↗ Reaktionskinetik (Theorie).

Aktivität, 1) Maßzahl für die Zusammensetzung realer Mischungen. In einer idealen Mischphase ist die Summe der molekularen Wechselwirkungen zwischen den Komponenten gleich der in den reinen Stoffen. In realen Mischungen treten zusätzliche Wechselwirkungen auf. Sie führen zu Abweichungen in allen Gesetzmäßigkeiten, die ursprünglich unter der Annahme idealen Verhaltens abgeleitet worden sind, z. B. im Massenwirkungsgesetz, im Nernstschen Verteilungssatz oder im Löslichkeitsprodukt. Um die für ideale Mischphasen geltenden Beziehungen aufrecht erhalten zu können, werden korrigierte Zusammensetzungsvariable, die A. a, eingeführt, die das Produkt aus den betreffenden Zusammensetzungsgrößen und dem *Aktivitätskoeffizienten f* sind: $a = f_x x$; $a_c = f_c c$; $a_m = f_m m$, hierbei sind x der Molenbruch, c die Konzentration und m die Molalität.

Die Definition der A. basiert auf dem chem. Potential $\mu_{i,\mathrm{real}} = \mu_i^0 RT \ln x_i + \Delta\mu_i$. Hierbei bedeuten μ_i^0 das chem. Standardpotential des Stoffes i, x_i den Molenbruch des Stoffes i in der Mischphase und $\Delta\mu_i$ die Abweichung des chem. Potentials der realen Mischphase (Exzeßgröße). $\Delta\mu_i$ entspricht der molaren reversiblen Arbeit zur Überführung des Stoffes i aus der idealen in die reale Mischphase. Mit $\Delta\mu_i = RT \ln f_i$ ergibt sich $\mu_{i,\mathrm{real}} = \mu_i^0 + RT \ln a_i$ mit $a_{x,i} = f_{x,i}\, x_i$. Der korrigierte Molenbruch heißt A. $a_{x,i}$ der Korrekturfaktor Aktivitätskoeffizient $f_{x,i}$.

Aus praktischen Gründen können chem. Potentiale auch mit Konzentrationen c_i oder Molalitäten m_i und entsprechend veränderten Standardpotentialen μ_i^0 formuliert werden. Abweichungen vom idealen Verhalten erfordern auch hier die Definition von A. gemäß $a_{c,i} = c_i \cdot f_{c,i}$ oder $a_{m,i} = m_i \cdot f_{m,i}$.

Aktivitätskoeffizienten sind konzentrationsabhängig, da die zusätzlichen Wechselwirkungen mit der

Zusammensetzung der Mischphase variieren. Im Zustand der idealen Mischung sind die Aktivitätskoeffizienten gleich eins. Der ideale Zustand für Molenbruchaktivitäten $a_{x,i}$ ist im allg. der reine Stoff, d. h. $f_{x,i} = 1$ für $x_i = 1$, für Konzentrations- und Molalitätsaktivitäten der Zustand der unendlich verd. Lösung, d. h. $f_{c,i} = 1$ für $c_i \to 0$ und $f_{m,i} = 1$ für $m_i \to 0$.

Während sich Lösungen neutraler Teilchen bei nicht zu großen Konzentrationen nahezu ideal verhalten, treten bei Elektrolytlösungen wegen der weitreichenden elektrostatischen Wechselwirkungen der Ionen schon bei Konzentrationen $\leq 10^{-3}$ mol dm^{-3} starke Abweichungen vom idealen Verhalten auf.

Aktivitätskoeffizienten müssen experimentell bestimmt werden. Für verd. Lösungen starker Elektrolyte ist ihre Berechnung mit Hilfe der ↗ Debye-Hückel-Theorie möglich.

2) ↗ optische Aktivität.

Aktivitätskoeffizient, ↗ Aktivität.

Aktivkohle, *A-Kohle*, *Adsorptionskohle*, poröse Kohle mit außerordentlich großer Oberfläche (bis zu 1500 m^2/g) und großem Adsorptionsvermögen. Chemisch ist A. mikrokristalliner, stark gestörter Graphit. Man erhält sie durch Erhitzen von Holz, tierischen Stoffen (Knochen, Blut), Zuckermelasse und anderen organischen Materialien unter Luftabschluß. Um das Zusammensintern zu verhindern und somit die Oberfläche zu vergrößern, setzt man dabei anorganische Stoffe (z. B. Zinkchlorid) zu, die anschließend mit Wasser ausgewaschen werden. A. dient zur adsorptiven Entfernung von Farbstoffen und anderen Verunreinigungen aus Lösungen, in der Getränkeindustrie zur Entfuselung von Alkohol. In der Medizin wird sie zur Entgiftung des Magen-Darm-Trakts benutzt. In einigen chem. Prozessen kommt A. als Katalysator zur Anwendung, z. B. bei der Synthese von Phosgen, Cyanursäure und Sulfurylchlorid sowie zur Entschwefelung von Synthesegas.

Aktivtrockenhefe, vermehrungsfähige Trockenhefe, wobei zwischen konventioneller und Instant-Trockenhefe unterschieden wird. Bei der Gewinnung der konventionellen Trockenhefe wird frische ↗ Preßhefe (obergärige Rassen von *Saccharomyces cerevisiae*) granuliert und auf Band- oder Trommeltrocknern getrocknet. Der Restwassergehalt liegt bei > 8 %. Nachteilig ist das Erfordernis definierter Bedingungen bei der Rehydratisierung und die relativ geringe Aktivität der konventionellen Trockenhefe (bezogen auf die Trockensubstanz maximal 50 % gegenüber Preßhefe). Im Gegensatz dazu besitzt die *Instanttrockenhefe* eine höhere Aktivität (bis zu 90 % der Aktivität der Preßhefe) und kann ohne vorherige Rehydratisierung direkt mit dem Mehl vermischt werden.

A. dient – verbunden mit der Verleihung von charakteristischem Geruch und Geschmack – ebenso wie frische ↗ Backhefe zur Lockerung von Mehlteigen (CO_2-Bildung durch ↗ Gärung).

Akute-Phase-Proteine, die Immunreaktion unterstützende lösliche Proteinmediatoren im Verlauf von Infektionen, Entzündungen und Gewebeverletzungen. Wichtige Vertreter sind C-reaktives Protein, Serum-Amyloid (SAA), Haptoglobin, Fibrinogen, α_1-Antitrypsin, α_2-Makroglobulin, Caeruloplasmin u. a. Bei der genannten systemischen Reaktion des Körpers werden einige A. auf das Hundertfache des Normalspiegels erhöht (diagnostische Bedeutung) verbunden mit der Erhöhung der Leukocytenzahl, Fieber, Verbesserung der Gefäßdurchlässigkeit und Veränderung im Steroidhaushalt. Die schnelle Synthese in der Leber wird vor allem durch die ↗ Interleukine IL-1 und IL-6 reguliert.

Akzeptorsubstituent, Atome oder Atomgruppen, die Elektronendichte aus dem Molekül, mit dem sie verbunden sind, zu sich heranziehen. A. entfalten einen Elektronenzug durch einen induktiven Effekt (–I-Substituent) oder durch einen mesomeren Effekt (–M-Substituent).

Akzeptorzahl, engl. ***a***cceptor ***n***umber, Abk. ***AN***, dimensionslose Maßzahl zur Charakterisierung der elektrophilen Eigenschaften eines Lösungsmittels. Um die A. eines Lösungsmittels zu erhalten, wird die chemische Verschiebung des ^{31}P-Kerns in einem Komplex aus diesem Lösungsmittel mit Triethylphosphinoxid gemessen und zu der chemischen Verschiebung des ^{31}P-Kerns in einem 1:1-Addukt aus Triethylphosphinoxid und Antimon(V)-chlorid in 1,2-Dichlorethan ins Verhältnis gesetzt. Die A. ist ein nützliches Kriterium zur Auswahl eines geeigneten Lösungsmittels für eine chemische Reaktion.

Al, Symbol für Aluminium.

Ala, Abk. für L-Alanin.

Alachlor, ↗ Chloracetamidherbizide.

Alamethicin, Ac–Aib–Pro–Aib–Ala–Aib–Ala–Gln–Aib–Val–Aib–Gly–Leu–Aib–Pro–Val–Aib–Aib–Glu–Gln–Pheol, ein aus dem Kulturfiltrat des Pilzes *Trichoderma viride* isoliertes membranaktives, zu den ↗ Peptaibolen zählendes Peptidantibiotikum. A. zählt mit *Suzukacillin* und *Trichotoxin* und weiteren ↗ Peptaibolen zu den amphiphilen Polypeptidantibiotika, die in Lipidmembranen einen fluktuierenden, spannungsabhängigen Ionenfluß mit Aktionspotentialen erzeugen können und daher als Modellsysteme für die Nervenleitung großes Interesse besitzen. Durch Aggregation dieser Peptide werden Poren gebildet, die unterschiedliche Leitfähigkeitszustände annehmen können, so daß Mechanismen von Durchtrittsphänomenen besonders gut studiert werden können. Ursprünglich wurde für A. eine cyclische Octadecapeptidstruktur postuliert. In der revidierten linearen Struktur liegt der N-terminale α-Aminoisobuttersäurerest (Aib) acetyliert vor, während der C-Terminus durch einen Phenylalaniolrest (Pheol) substituiert ist.

Alanate, im engeren Sinn Hydridokomplexe des Aluminiums der Zusammensetzung $M(AlH_4)_n$ (M z. B. Li, Na, Mg, Ca, Ba, Sn(II), Ti(IV)) oder $M'_3[AlH_6]$ (M′ = Li, Na), die das tetraedrische AlH_4^-- bzw. das oktaedrische AlH_6^{3-}-Anion enthalten. Wichtigster Vertreter ist das als Reduktions- und Hydrierungsmittel verwendete ↗ Lithiumalanat, aus dem durch Umsetzung mit Metallhalogeniden die weiteren A. gewonnen werden.

Im allgemeinen Sinn sind zu den A. anionische Hydridokomplexe des Aluminiums mit weiteren Liganden (z. B. Alkylgruppen) zu rechnen.

Alanin, *Aminopropansäure.* 1) L-*α-Alanin*, Abk. *Ala* oder *A*, CH_3–CH(NH_2)–COOH, wichtige, proteinogene Aminosäure (Daten ↗ Aminosäuren), die insbesondere im ↗ Seidenfibroin (35 %) vorkommt. Die D-Form ist Bestandteil der ↗ Teichonsäuren und des ↗ Mureins. Die chemische Gewinnung nach der ↗ Strecker-Synthese führt zu DL-A., das in Form von *N*-Acetyl-DL-A. durch enzymatische Hydrolyse mit immobilisierter Acylase in L-A. überführt wird. L-A. wird direkt durch Hydrolyse von ↗ Proteinen und durch enzymatische oder mikrobielle Decarboxylierung von ↗ L-Asparaginsäure hergestellt. Im Organismus entsteht A. durch Transaminierung aus Pyruvat. Der Abbau erfolgt in Umkehr der Transaminierungsreaktion. L-A. ist Bestandteil von Infusionslösungen und Diäten.

2) *β-Alanin*, NH_2–CH_2–CH_2–COOH, eine in der Natur vorkommende wichtige *β*-Aminosäure. Sie ist Baustein der ↗ Pantothensäure, des ↗ Coenzyms A und der Dipeptide Anserin und Carnesin.

Alaune, Doppelsalze des Typs $M^IM^{III}(SO_4)_2 \cdot 12\ H_2O$, in denen M^I = Na, K, Rb, Cs, NH_4 oder Tl und M^{III} = Al, Ga, In, Sc, V, Cr, Mn, Fe oder Co. Der Begriff A. leitet sich von deren bekanntestem Vertreter, dem Kalialaun (↗ Kaliumaluminiumsulfat) ab. Die A. kristallisieren in meist schön ausgebildeten Oktaedern oder Würfeln. Im Kristallgitter sind sowohl die ein- als auch die dreiwertigen Metall-Ionen durch sechs Wassermoleküle solvatisiert, woraus sich die Formulierung als Dodecahydrat ergibt.

Albumine, einfache Proteine, die vorwiegend Glutamin- und Asparaginsäure (20 bis 25 %), Leucin und Isoleucin (bis zu 16 %), relativ viel schwefelhaltige Aminosäuren, jedoch nur wenig Glycin (< 1 %) enthalten. Die A. sind gut wasserlöslich und kristallisierbar, durch hohe Konzentrationen an Neutralsalzen können sie ausgefällt werden, der isoelektrische Punkt liegt im schwach sauren Gebiet. Die wichtigsten Vertreter der im Tier- und Pflanzenreich weit verbreiteten A. sind das *Eialbumin* (*Ovalbumin*) des Hühnereis (M_r 44000), das zusätzlich einen über Serin gebundenen Phosphorsäurerest und eine Kohlenhydratkomponente enthält; das in allen Milcharten enthaltene hitzebeständige *Lactalbumin*, das aus 123 Aminosäureresten (M_r 14176) mit vier Disulfidbrücken besteht; und das im Blutserum in Konzentrationen bis zu 60 % vorkommende *Serumalbumin* (*Plasmaalbumin*, M_r 67500) mit einem hohen Bindungsvermögen für Calcium-, Natrium- und Kalium-Ionen, für Fettsäuren sowie für Pharmaka. Hauptfunktion der Serumalbumine ist die Aufrechterhaltung des kolloidosmotischen Druckes im Blut. Wichtige pflanzliche A. sind das toxische *Ricin* des Ricinussamens, das *Leucosin* des Weizens und anderer Getreidearten sowie das *Legumelin* der Hülsenfrüchte.

Aldarsäuren, *Zuckerdicarbonsäuren*, Dicarbonsäuren der allg. Formel $HOOC{-}(CHOH)_n{-}COOH$, die formal durch Oxidation der beiden terminalen Gruppen der Aldosen entstanden sind. Die Namen werden ausgehend vom Namen der Aldose durch Austausch des Suffixes -ose durch -arsäure gebildet. Mitunter werden Trivialnamen bevorzugt, z. B. Weinsäure statt Threarsäure, Schleimsäure statt Galactarsäure, Zuckersäure statt Glucarsäure. Die Salze und Ester der Glucarsäure werden als *Saccharate* bezeichnet. Calciumsaccharat dient als Betonverflüssiger und wird Calciumgluconatlösungen als Stabilisator zugesetzt.

Aldazine, symmetrische oder unsymmetrische Biskondensationsprodukte von Hydrazin mit Aldehyden. A. bilden mit den Ketazinen die Klasse der ↗ Azine.

Aldehyde, zu den Carbonylverbindungen gehörende organische Verbindungen, die eine oder mehrere Aldehydgruppen –CHO im Molekül enthalten. In Abhängigkeit vom organischen Rest, an den die Aldehydgruppe gebunden ist, unterscheidet man aliphatische, aromatische und heterocyclische A.

Nomenklatur. Die Bezeichnung der aliphatischen A. wird nach der IUPAC-Nomenklatur aus dem Namen des entsprechenden Kohlenwasserstoffs, aus dem der Aldehyd formal durch Oxidation ableitbar ist, und dem Suffix -al gebildet:

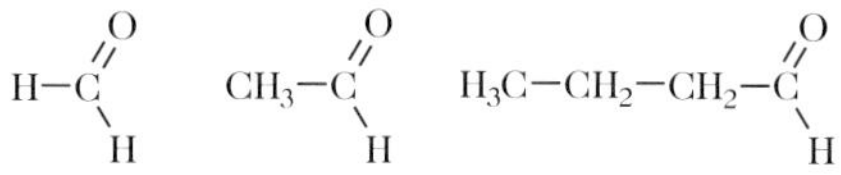

Methanal Ethanal Butanal

In der Praxis wird außerdem noch eine ältere Bezeichnungsweise für A. angewendet, die sich vom lateinischen Namen der durch Oxidation des entsprechenden A. gebildeten Carbonsäure ableitet:

$$H{-}CHO \xrightarrow{O} H{-}COOH$$

Formaldehyd — Methansäure (acidum formicicum)

$$H_3C{-}CHO \xrightarrow{O} H_3C{-}COOH$$

Acetaldehyd — Ethansäure (acidum aceticum)

Die Bezeichnung aromatischer und heterocyclischer Aldehyde, bei denen die Aldehydgruppe direkt an einem Kohlenstoffatom des betreffenden Ringes gebunden ist, erfolgt vorwiegend durch Trivialnamen, z. B. Benzaldehyd, oder wird aus dem Namen der Stammverbindung und Anfügen von -carbaldehyd gebildet, z. B. Pyrrol-2-carbaldehyd.

Aldehyde. Tab.: Aliphatische und aromatische Aldehyde.

Formaldehyd	H–CHO
Acetaldehyd	CH_3–CHO
Propionaldehyd	CH_3–CH_2–CHO
Butyraldehyd	CH_3–$(CH_2)_2$–CHO
Acrolein	CH_2=CH–CHO
Crotonaldehyd	CH_3–CH=CH–CHO
Benzaldehyd	C_6H_5–CHO
Zimtaldehyd	C_6H_5–CH=CH–CHO

Eigenschaften. Die meisten niederen aliphatischen A. sind, abgesehen vom gasförmigen Formaldehyd, leicht bewegliche, stechend riechende Flüssigkeiten. Mit steigender relativer Molekülmasse werden die A. viskoser, die höhermolekularen Vertreter sind fest. Aufgrund des Fehlens intermolekularer Wasserstoffbrückenbindungen liegen die Siedepunkte der A. tiefer als die der entsprechenden Alkohole. In organischen Lösungsmitteln sind A. im allg. gut löslich. Verschiedene A. weisen angenehme, charakteristische Geruchsnoten auf, z. B. Benzaldehyd oder Zimtaldehyd.

Außer Formaldehyd sind die gesättigten aliphatischen Aldehyde, abgesehen von der schleimhautreizenden Wirkung, aus toxikologischer Sicht relativ unbedenkliche Verbindung. Erst in hohen Konzentrationen macht sich eine leicht narkotisierende Wirkung bemerkbar. Die ungesättigten Aldehyde, z. B. Acrolein und Crotonaldehyd, sind deutlich stärker in ihrer Reizwirkung auf die Schleimhäute sowie auf die äußere Haut. Mit zunehmender relativer Molekülmasse nimmt die Toxizität der Aldehyde im allg. ab. Halogensubstituierte Aldehyde weisen eine erheblich gesteigerte Schleimhautreizwirkung auf.

Reaktionen. Die Reaktionsfähigkeit der A. wird vorwiegend durch die Anwesenheit der ↗ Carbonylgruppe $\rangle$C=O geprägt. Prinzipiell werden bei den für A. typischen Additions- und Kondensationsreaktionen nucleophile Reaktionspartner am partiell positiven Kohlenstoffatom addiert, während elektrophile Reagenzien am partiell negativen Sauerstoffatom gebunden werden. Im Gegensatz zu den meist beständigen Kondensationsprodukten hängt die Stabilität der Additionsprodukte weitgehend von der Natur der Substituenten sowie von den katalytischen Bedingungen ab.

Bei der Addition von Wasser an A. bilden sich Aldehydhydrate (1,1-Diole), die jedoch meist instabil sind, da das Gleichgewicht

$$R{-}CHO + H_2O \rightleftharpoons R{-}CH(OH)_2$$

gewöhnlich auf der Seite der Reaktanten liegt (↗ Erlenmeyer-Regel). Eine stabile Verbindung dieses Typs ist z. B. Chloralhydrat.

In analoger Weise können in Gegenwart saurer Katalysatoren, wie Halogenwasserstoffe oder Zinkchlorid, Alkohole bzw. Thioalkohole an A. addiert werden. Die dabei gebildeten instabilen Halbacetale reagieren unter den angegebenen Reaktionsbedingungen meist mit einem weiteren Alkohol- bzw. Thioalkoholmolekül unter Wasseraustritt zum Acetal bzw. Thioacetal:

$$R{-}C(H){=}O + HX{-}R^1 \xrightarrow{(H^+)} R{-}CH(XR^1)(OH)$$

$$\underset{-HX-R^1}{\overset{+HX-R^1}{\rightleftharpoons}} R{-}CH(XR^1)_2 + H_2O \qquad \text{wobei } X = O \text{ oder } S$$

Aufgrund der großen Beständigkeit der Acetale gegenüber Basen werden sie häufig an Stelle der freien A. bei Synthesen eingesetzt. Durch verd. Säuren können Acetale leicht wieder in die Ausgangsverbindungen zerlegt werden.

Durch Reduktionsmittel, wie Wasserstoff, Lithiumaluminiumhydrid und Natriumborhydrid, können A. in primäre Alkohole umgewandelt werden. Durch die ↗ Meerwein-Ponndorf-Verley-Reduktion gelingt die Reduktion in Umkehrung der ↗ Oppenauer-Oxidation durch Isopropylalkohol in Gegenwart von Aluminiumisopropanolat. Unter den Bedingungen der ↗ Wolff-Kishner-Reduktion werden A. reduktiv in die entsprechenden Kohlenwasserstoffe überführt. Die Einwirkung von Oxidationsmitteln auf A. führt zu den entsprechenden Carbonsäuren. Diese Reaktion verläuft außerordentlich leicht, da A. reduzierend wirken. Sie dient deshalb häufig zur Charakterisierung dieser Verbindungsklasse und gleichzeitig zur Unterscheidung von den ↗ Ketonen. Als Oxidationsmittel werden dabei Tollens-Reagens, Nylanders Reagens oder Fehlingsche Lösung verwendet.

Eine weitere bekannte Additionsreaktion von A. ist die Anlagerung von Natriumhydrogensulfit unter Bildung schwerlöslicher, kristalliner Hydrogensulfitverbindungen:

$$R{-}C(H){=}O + NaHSO_3 \longrightarrow R{-}CH(SO_3^-\,Na^+)(OH)$$

Da die Bisulfitaddukte durch verd. Säuren oder Natriumcarbonatlösung leicht wieder in die Ausgangskomponenten zerlegt werden können, dient diese Reaktion häufig zur Reinigung der A.

Eine für zahlreiche Synthesen wichtige Reaktion der A. ist die Bildung von Cyanhydrinen durch Addition von Blausäure an die Carbonylgruppe:

$$R{-}CHO + HCN \rightleftharpoons R{-}CH(OH){-}CN$$

Mit Ammoniak reagieren A. zunächst zu den meist instabilen Aldehydammoniakaddukten, die unter Wassereliminierung leicht in Aldimine übergehen:

$$R{-}CHO + NH_3 \longrightarrow R{-}CH(NH_2){-}OH \longrightarrow R{-}CH{=}NH + H_2O.$$

Mit primären Aminen kondensieren A. zu Azomethinen:

$$R{-}CHO + H_2N{-}R^1 \rightleftharpoons R{-}CH{=}N{-}R^1 + H_2O.$$

Bei der Umsetzung mit sekundären Aminen reagieren A. mit α-ständigen Protonen unter Bildung von Enaminen. Bei Abwesenheit des entsprechenden H-Atoms bilden sich Aminale. Durch ↗ Grignard-Reaktionen können A. in sekundäre Alkohole umgewandelt werden.

Wichtige Kondensationsreaktionen, die auch bei der Abtrennung und Charakterisierung von A. eine große Bedeutung haben, sind Umsetzungen mit Hydrazin oder substituierten Hydrazinen, z. B. Phenylhydrazin, 4-Nitrophenylhydrazin und 2,4-Dinitrophenylhydrazin, die unter Bildung der entsprechenden Hydrazone ablaufen:

$$R{-}CHO + H_2N{-}NH{-}R^1 \longrightarrow R{-}CH{=}N{-}NH{-}R^1 + H_2O.$$

Eine ähnliche wichtige Rolle spielt die Kondensationsreaktion von A. mit Hydroxylamin, bei der Oxime gebildet werden:

$$R{-}CHO + H_2N{-}OH \longrightarrow R{-}CH{=}N{-}OH + H_2O.$$

Semicarbazone und Thiosemicarbazone entstehen aus A. und Semicarbazid bzw. Thiosemicarbazid. Sie können gleichfalls zur Reinigung und Charakterisierung der A. herangezogen werden.

A. mit α-ständigen Wasserstoffatomen reagieren in Gegenwart von Basen oder Säuren im Sinne der ↗ Aldolreaktion.

Aromatische A. disproportionieren unter diesen Bedingungen gemäß der ↗ Cannizzaro-Reaktion zu den entsprechenden Carbonsäuren und Alkoholen. In Gegenwart von Aluminiumalkoholaten gelingt diese Disproportionierung auch bei aliphatischen A.

Ähnlich wie bei der Aldolreaktion können A. auch mit anderen CH-aciden Reaktionspartnern, wie Malonsäure und Malonsäurederivaten, gemäß der ↗ Knoevenagel-Kondensation, mit Acetanhydrid/Natriumacetat nach der ↗ Perkin-Reaktion sowie mit α-Halogencarbonsäureestern im Sinne der ↗ Darzens-Erlenmeyer-Claisen-Kondensation reagieren.

Zahlreiche aromatische A. reagieren unter dem Einfluß von Kaliumcyanid, aber auch einigen Thiazolium- und Imidazoliumsalzen entsprechend der Benzoinkondensation unter Bildung von Benzoinen (↗ Acyloinkondensation). Die strukturanalogen aliphatischen Verbindungen, die Acyloine, können unmittelbar aus aliphatischen A. nur durch Einwirkung von Enzymen bestimmter Hefearten erhalten werden:

$$2\,H_3C{-}CHO \xrightarrow{\text{(Carbolinase)}} CH_3{-}CH(OH){-}C(=O){-}CH_3.$$

Analytisches. Neben der chemischen Charakterisierung in Form von Derivaten können A. und Ketone durch IR- und NMR-spektroskopische Methoden sowie durch massenspektrometrische Fragmentierung charakterisiert werden. Sie weisen in den IR-Spektren intensive Banden für die C=O-Valenzschwingung im Bereich von 1680 bis 1740 cm^{-1} auf. Die C–H-Valenzschwingungen der A. erschienen bei 2665 bis 2880 cm^{-1}. Die Signale der Aldehydprotonen sind in den ^{1}H-NMR-Spektren im Bereich von $\delta = 9$ bis 10 ppm zu erwarten. In den ^{13}C-NMR-Spektren weisen Signale im Bereich von $\delta = 180$ bis 210 ppm mit hoher Wahrscheinlichkeit auf die C=O-Gruppierung von A. und Ketonen hin. In den Massenspektren von aromatischen A. und Ketonen tritt als charakteristisches Schlüsselbruchstück das Benzoylkation auf.

Vorkommen und Gewinnung. Verschiedene A. kommen in der Natur als Pflanzeninhaltsstoffe in geringen Konzentrationen vor allem in zahlreichen ätherischen Ölen vor, z. B. Citral, Citronellal. Für die Synthese der A. existieren neben zahlreichen, auch für Ketone allgemein anwendbaren Darstellungsmethoden spezielle Verfahren. Am bekanntesten und wichtigsten für die Synthese aliphatischer A. ist die partielle Oxidation oder Dehydrierung von primären Alkoholen:

$$R{-}CH_2{-}OH \xrightarrow{\text{O}} R{-}CHO + H_2O.$$

Als Oxidationsmittel eignen sich Chrom(VI)-oxid oder Kaliumdichromat in Schwefelsäure, Sauerstoff in Gegenwart von erhitztem Kupfer oder Silber, Braunstein sowie Selendioxid. Ein weiteres wichtiges technisches Verfahren ist die Pyrolyse von Gemischen einer Carbonsäure und Ameisensäure in Gegenwart von Mangan(II)-oxid:

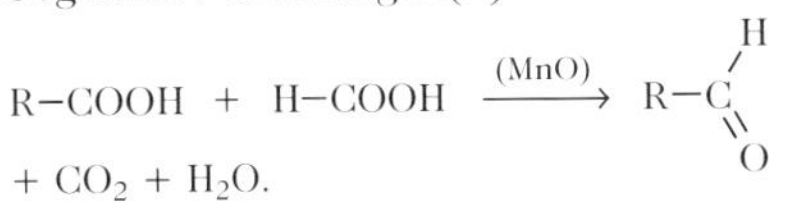

Aliphatische A. können außerdem durch Glycolspaltung sowie durch Hydroformylierung von Alkenen mit Kohlenmonoxid und Wasserstoff in Gegenwart von Dicobaltoctacarbonyl bei etwa 150 °C und etwa $3 \cdot 10^4$ kPa hergestellt werden. Weitere Aldehydsynthesen sind die ↗ Rosenmund-Reduktion von Carbonsäurechloriden, die ↗ Grignard-Reaktion von Orthoameisensäureestern mit dem Grignard-Reagens, die ↗ Sommelet-Reaktion von Alkylhalogeniden mit Urotropin, die ↗ Stephen-Reduktion von Nitrilen, die ↗ Nef-Reaktion von primären Nitroalkanen mit verd. Mineralsäuren, die ↗ Kröhnke-Reaktion aus Nitronen, die ↗ Vilsmeier-Haack-Reaktion von Arenen, die ↗ Gattermann-Reaktion von Arenen mit Blausäure und Chlorwasserstoff in Gegenwart von Aluminiumchlorid sowie die ↗ Gattermann-Koch-Reaktion.

Verwendung. A. werden hauptsächlich als Ausgangskomponenten für zahlreiche, auch technisch bedeutsame Synthesen eingesetzt sowie als Geruchs- und Geschmacksstoffe in der Lebensmittel- und Kosmetikindustrie. Weit umfangreicher ist das Einsatzgebiet der A. als Zwischenprodukte für die technische Synthese von Kunststoffen, Styryl- und Azomethinfarbstoffen sowie vieler organischer Stoffklassen, z. B. Carbonsäuren, Alkohole, Nitrile, Amine.

Aldehydharze, synthetische Harze, die durch Kondensation von Aldehyden, bes. von Acetaldehyd, Acrolein und Furfural, entstehen. In der Technik arbeitet man vorzugsweise in wäßrigem oder alkoholischem Medium in Gegenwart starker Basen (konz. Natron- oder Kalilauge). Man erhält dabei zunächst ein wasserempfindliches, weiches Rohharz, das durch spezielle Nachbehandlungen, wie Durchblasen von heißem Dampf oder heißer Luft, Veresterung mit Glycerin, Verschmelzen mit anderen Harzen (Kolphonium, Cumaron-Indenharz) oder mit Metallhydroxiden, in ein Produkt übergeführt wird, das elastisch, polierbar, thermostabil und gegenüber starken Basen und Säuren unempfindlich ist. Aufgrund ihrer Lichtbeständigkeit, Geruchlosigkeit und Ungiftigkeit werden diese Produkte für Lacke und Polituren verwendet.

Aldehydhydrate, Additionsprodukte von Aldehyden und Wasser mit der allg. Formel $R{-}CH(OH)_2$. Die meisten A. sind sehr instabile Verbindungen, da das Additionsgleichgewicht weitgehend auf der Seite der Reaktanten liegt. Durch stark elektronenziehende Substituenten werden die A. stabilisiert, z. B. im ↗ Chloralhydrat.

Aldicarb, ↗ Carbamatinsektizide.

Aldimine, organische Verbindungen mit der allg. Formel $R{-}CH{=}NH$. Sie entstehen bei der Einwirkung von Ammoniak auf Aldehyde über den instabilen Aldehydammoniak:

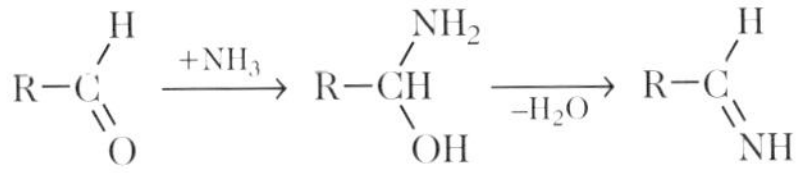

Aldehydammoniak

Aldimorph, ↗ Morpholinfungizide.

Alditole, ***Zuckeralkohole***, Reduktionsprodukte der Monosaccharide. Der Name wird gebildet, indem vom Namen der entsprechenden Aldose das Suffix -ose durch -itol ersetzt wird. Die Reduktion der Monosaccharide wird zweckmäßig im neutralen Milieu, z. B. mit Amalgamen oder katalytisch, durchgeführt. Durch Ausbildung eines neuen Chiralitätszentrums entstehen bei der Reduktion von Ketosen zwei isomere A., z. B. aus Fructose Glucitol und Mannit. A. schmecken süß. Sie werden u. a. als Zuckeraustauschstoffe (↗ Süßungsmittel) eingesetzt. Die bekanntesten Vertreter sind ↗ D-Glucitol (Sorbitol), ↗ D-Mannit und *Xylit*.

Aldol, ↗ Acetaldol.

Aldoladdition, ↗ Aldolreaktion.

Aldolasen, zu den Lyasen gehörende Enzyme, die die Spaltung von Hexoseketten in zwei C_3-Bruchstücke katalysieren, z. B. die Spaltung von Fructose-1,6-bis-phosphat in Dihydroxyacetonphosphat und D-Glycerinaldehyd-3-phosphat. Bekannte Vertreter sind die *Leberaldolase* ($M_r \sim 158000$) und die *Muskelaldolase* (M_r 160000). Besonders hohe Aldolaseaktivität findet sich in der menschlichen Skelettmuskulatur. Die bei bestimmten Muskelerkrankungen verstärkt im Serum auftretende A. ist von diagnostischer Bedeutung.

Aldolkondensation, ↗ Aldolreaktion.

Aldolreaktion, ***Aldolkondensation***, ***Aldoladdition***, ursprünglich die säure- oder basekatalysierte Dimerisierung aliphatischer Aldehyde mit α-ständigen Wasserstoffatomen unter Bildung von β-Hydroxyaldehyden (Aldole). So entsteht aus Acetaldehyd unter den Bedingungen der A. das Acetaldol:

$$H_3C{-}CHO \;+\; H_3C{-}CHO \xrightarrow{(OH^-)} H_3C{-}CH(OH){-}CH_2{-}CHO.$$

Im allg. Sinne werden alle Umsetzungen von Ketonen und Aldehyden mit CH-aciden Verbindungen als A. verstanden, da in allen Fällen der gleiche Reaktionsmechanismus durchlaufen wird. Der Mechanismus der A. unter basischen Bedingungen kann in folgender Weise formuliert werden:

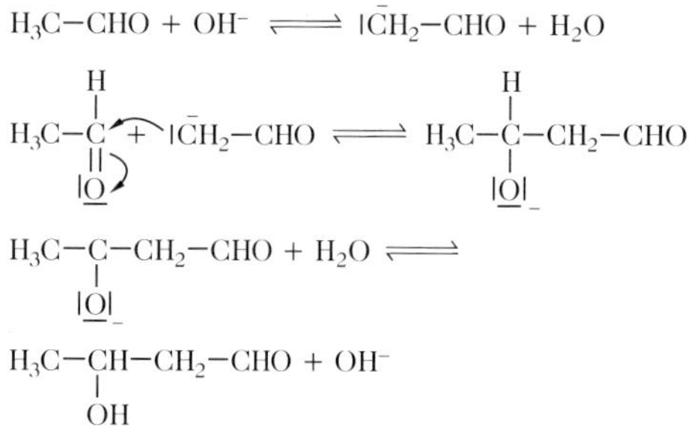

Der nucleophile Angriff des Carbanions am Carbonylkohlenstoffatom des Aldehyds ist als die eigentliche Aldoladdition zu betrachten. Das Additionsprodukt der basekatalysierten A. ist in vielen Fällen so stabil, daß es isoliert werden kann.

Die säurekatalysierte A. wird durch die Bildung der Enolform der CH-aciden Komponente eingeleitet:

$$H_3C-CH=O + H^+ \rightleftharpoons H_3C-\overset{+}{C}H-OH \rightleftharpoons H_2C=CH-OH + H^+.$$

Die basischen Eigenschaften der C=C-Doppelbindung des Enols verursachen im weiteren Reaktionsverlauf den nucleophilen Angriff am C-Atom der Carbonylgruppe:

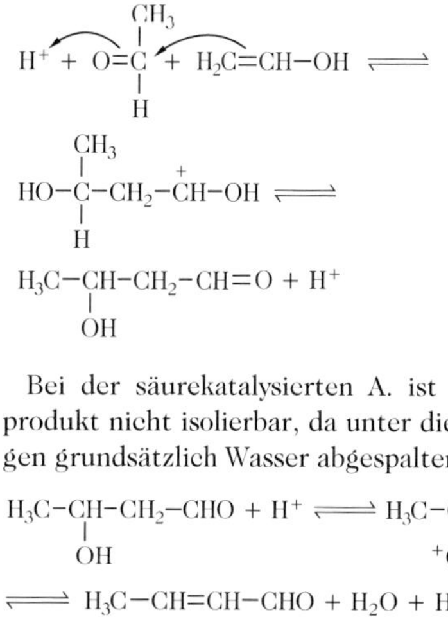

Bei der säurekatalysierten A. ist das Additionsprodukt nicht isolierbar, da unter diesen Bedingungen grundsätzlich Wasser abgespalten wird:

$$H_3C-CH(OH)-CH_2-CHO + H^+ \rightleftharpoons H_3C-CH(\overset{+}{O}H_2)-CH_2-CHO \rightleftharpoons H_3C-CH=CH-CHO + H_2O + H^+.$$

Das Reaktionsprodukt ist eine α,β-ungesättigte Carbonylverbindung, d. h. ein Produkt der Aldolkondensation im eigentlichen Sinne dieses Begriffes. Die Basekatalyse hat weitaus größere präparative Bedeutung als die Säurekatalyse.

Aldehyde, die kein α-ständiges Wasserstoffatom im Molekül enthalten, z. B. Benzaldehyd, sind der A. nicht zugänglich. Sie sind aber geeignet, als Carbonylkomponente mit anderen Aldehyden oder Ketonen die entsprechenden Aldolreaktionsprodukte zu bilden:

$$\underset{\text{Carbonylkomponente}}{H_5C_6-CHO} + \underset{\text{Methylenkomponente}}{H_3C-CO-C_6H_5} \xrightarrow[-H_2O]{} H_5C_6-CH=CH-CO-C_6H_5.$$

Beim Einsatz aromatischer Reaktionskomponenten erfolgt auch unter basischen Bedingungen in den meisten Fällen Wasserabspaltung aus den Additionsprodukten unter Bildung der α,β-ungesättigten Carbonylverbindungen. Die treibende Kraft für diesen Reaktionsschritt ist in der Ausbildung eines Systems konjugierter Doppelbindungen zu suchen.

Analog wie Aldehyde reagieren aliphatische Ketone zu β-Hydroxyketonen, z. B. entsteht bei der A. von Aceton Diacetonalkohol:

$$H_3C-\underset{\underset{O}{\|}}{C}-CH_3 + H_3C-\underset{\underset{O}{\|}}{C}-CH_3 \xrightarrow{(OH^-)} (H_3C)_2C(OH)-CH_2-CO-CH_3$$

Bei der säurekatalysierten Reaktion wird dieser zum Mesityloxid dehydratisiert.

Unterwirft man ein Gemisch eines Aldehyds und eines Ketons, die jeweils α-ständige Wasserstoffatome enthalten und somit beide zur A. befähigt sind, dieser Reaktion, reagiert stets der Aldehyd aufgrund der höheren Carbonylreaktivität als Carbonylkomponente und das Keton als Methylenkomponente. Das Reaktionsprodukt ist in diesen Fällen immer ein β-Hydroxyketon. Anstelle von Aldehyden oder Ketonen können als Methylenkomponenten bei der A. auch andere CH-acide Verbindungen, wie Malonsäureester, Cyanessigsäureester, Malonsäuredinitril, Acetessigester und aliphatische Nitroverbindungen, verwendet werden. Somit können Reaktionen wie z. B. die ↗ Knoevenagel-Kondensation, die ↗ Perkin-Reaktion oder die ↗ Darzens-Erlenmeyer-Claisen-Kondensation als spezielle Verfahren der A. betrachtet werden. Die Reaktivität der Carbonylkomponenten nimmt in der Reihe Ketone, verzweigte Aldehyde, geradkettige Aldehyde zu. Die A. ist in allen Reaktionsschritten reversibel. Durch Säuren oder Basen können die Additionsprodukte in die Ausgangskomponenten gespalten werden.

Aldonsäuren, ***Onsäuren***, Monocarbonsäuren, die durch Oxidation der Aldehydgruppe von Aldosen entstehen. Wird die sekundäre Hydroxygruppe der A. zu einer Carbonylgruppe oxidiert, so bilden sich *Ketoaldonsäuren*. Nach der Anzahl der C-Atome können die A. in Aldotrion-, Aldotetron-, Aldopenton- und Aldohexonsäuren eingeteilt werden. A. entstehen durch milde Oxidation der Monosaccharide, z. B. mit Bromwasser. Verschiedene Bakterien und andere Mikroorganismen enthalten Glucoseoxidase, die D-Glucose zu D-Gluconsäure (Abk.

GlcA) oxidiert. Die freien A. bilden durch nucleophilen Angriff einer Hydroxygruppe an der Carboxygruppe leicht 1,4- oder 1,5-Lactone. Das Gleichgewicht liegt in wäßriger Lösung auf der Seite der Lactone. A. bilden schwerlösliche Erdalkalisalze. Sie kommen frei oder gebunden nur selten natürlich vor. D-Gluconsäure dient als Limonadenzusatz und Metallbeizmittel, das Calciumsalz zur Calciumtherapie. D-Glucono-1,5-lacton wird zur Schnellreife von Würsten eingesetzt. Ein Derivat einer A. ist die Ascorbinsäure.

Aldosen, ↗ Monosaccharide.

Aldosteron, ↗ Nebennierenrindenhormone.

Aldosteronantagonisten, ↗ Diuretika.

Aldoxime, ↗ Oxime.

Aldrin, ↗ Chlorkohlenwasserstoffinsektizide.

Alginatfasern, Abk. *ALG*, ↗ Chemiefasern, die nach dem ↗ Naßspinnverfahren aus Natriumalginat erzeugt werden.

Ausgangsmaterial sind verschiedene Algen der Familie der Laminaria, aus deren Zellwänden mit Sodaextraktion und Fällung mit Salzsäure Alginsäure gewonnen wird. Diese wird nach Reinigung erneut mit Soda behandelt und ergibt zu 8% eine Spinnlösung. Das Fällbad enthält meist Calciumchlorid, wodurch die in kaltem Wasser und organischen Lösungsmitteln beständigen, in alkalischer wäßriger Lösung jedoch löslichen Calciumalginatfasern entstehen. Die A. dienen als Hilfsfäden u. a. in der Stickerei und für spezielle Effekte. Bei chirurgischen Eingriffen verwendete Fäden lösen sich mit der Zeit im Körper auf. A. haben hohe Feuchteaufnahme, geringe Festigkeit und sind in gering alkalischem Medium löslich.

Alginsäure, lineares Heteropolysaccharid der Zellwände von Algen, insbesondere Braunalgen. A. bildet ein farbloses, stark hygroskopisches Pulver. Sie ist in kaltem Wasser schwer löslich, quillt aber stark, in organischen Lösungsmitteln unlöslich. Die Alkali- und Magnesiumsalze sind wasserlöslich. Durch Assoziation der Polyuronidketten der A. mit zweiwertigen Kationen werden stabile Gele gebildet. Salze und Ester der A. bezeichnet man als *Alginate*. A. besteht aus (1→4)-glycosidisch verknüpften β-D-Mannuronsäure- und α-L-Guluronsäureresten. Zur Gewinnung der A. werden an den Küsten des Atlantiks und Pazifiks insbesondere *Laminaria*-Arten, *Macrocystis pyrifera*, *Nereocystis luetkeana*, *Ascophyllum nodosum* und *Ecklonia cava* herangezogen. Die Algen können bis zu 40 % ihrer Trockenmasse A. enthalten. Die A. wird aus den Algen mit Natriumcarbonatlösung extrahiert und mit verd. Salzsäure wieder ausgefällt. Die Verwendung der A. beruht auf ihrer Fähigkeit, Gele zu bilden und Emulsionen zu stabilisieren. Alginate werden in der Lebensmittel- und Kosmetikindustrie sowie in der pharmazeutischen Technologie als Verdickungsmittel und Schutzkolloide sowie zur Herstellung von Appreturen verwendet.

alicyclisch, Bezeichnung für ringförmige Kohlenstoffverbindungen verschiedener Ringgröße, die man sich durch Cyclisierung der aliphatischen Verbindungen entstanden denken kann.

aliphatisch, Bezeichnung für Kohlenstoffverbindungen mit kettenförmiger Anordnung der C-Atome.

Alizarinfarbstoffe, eine Gruppe von synthetischen Farbstoffen, die als Grundgerüst Alizarin enthalten, das durch Anlagerung reaktiver Gruppen, z. B. der Hydroxy-, Amino-, Nitro- oder Sulfogruppe, verändert wird, z. B. Alizarinrot S, Alizarinblau C, Alizarinorange A, Purpurin. Die A. sind wichtige Beizenfarbstoffe, sie ergeben mit Aluminium- oder Chrombeizen auf Wolle Färbungen von sehr guten Echtheitseigenschaften.

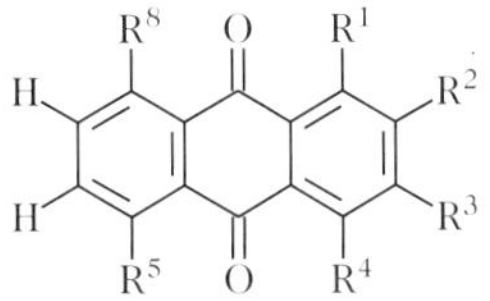

Alizarinfarbstoff	R^1	R^2	R^3	R^4	R^5	R^8
Alizarin R	OH	OH	OH	H	H	H
Alizarinbordeaux	OH	OH	H	H	OH	OH
Purpurin	OH	OH	H	OH	H	H
Alizarinorange	OH	OH	NO_2	H	H	H
Alizarinrot	OH	OH	SO_3H	H	H	H
Alizarinsaphirol B	NH_2	H	SO_3H	OH	NH_2	OH + SO_3H in 7-Stellung

Alizarinviolett, ↗ Gallein.

Alkalimetalle, die in der 1. Hauptgruppe des Periodensystems stehenden chem. Elemente Lithium Li, Natrium Na, Kalium K, Rubidium Rb, Cäsium Cs und Francium Fr. Sie zeigen ähnliches chem. Verhalten. Die A. sind Leichtmetalle von niedrigen Schmelz- und Siedepunkten. Sie bilden untereinander Legierungen, die bei geeigneten Zusammensetzungen bei Zimmertemperatur flüssig sein können. Z. B. schmilzt eine eutektische (griech. tektos »schmelzbar« ; griech. eu »gut«) Na-K-Mischung (Gehalt 77,2 % K) bei –12,3 °C. Die Herstellung der A. erfolgt durch Schmelzflußelektrolyse der A.-chloride.

Aufgrund der Elektronenkonfiguration ns^1 sind die A. stark elektropositive Elemente und treten nur einwertig auf, was auch aus den niedrigen 1. Ionisationspotentialen zu ersehen ist. Dies führt zu den hohen Reaktivitäten, die man vor allem auf die Reduktionseigenschaften der A. zurückführen kann,

Alkalimetalle. Tab.: Eigenschaften der Elemente.

	Li	Na	K	Rb	Cs	Fr
Kernladungszahl	3	11	19	37	55	87
Elektronenkonfiguration	[He] $2s^1$	[Ne] $3s^1$	[Ar] $4s^1$	[Kr] $5s^1$	[Xe] $6s^1$	[Rn] $7s^1$
Atommasse	6,941	22,9897	39,0983	85,4678	132,905	(223)
Atomradius in pm	134	154	196	211	225	–
Ionenradius in pm	60	95	133	148	169	–
Elektronegativität	0,97	1,01	0,91	0,89	0,86	–
1. Ionisationspotential in eV	5,392	5,139	4,341	4,177	3,894	–
Standardelektrodenpotential (M/M^+) in V	–3,045	–2,7109	–2,924	–2,925	–2,923	–
Dichte in g cm^{-3}	0,534	0,968	0,86	1,532	1,878	–
F. in °C	180,54	97,81	63,65	38,89	28,40	(27)
Kp. in °C	1317	882,9	774	688	678,4	(677)

und die sie gegenüber Sauerstoff, Wasserstoff, Wasser und Halogenen entfalten. So überziehen sich die silberglänzenden frischen Schnittflächen an feuchter Luft rasch mit einer matten Schicht des entsprechenden Oxids oder Hydroxids, weshalb die A. stets unter Petroleum aufbewahrt werden. In der Gruppe nehmen die 1. Ionisationspotentiale von oben nach unten ab und die Reaktivität zu, was auf die abnehmenden Coulombwechselwirkung zwischen Kern und äußerem Elektron aufgrund des zunehmenden Atomradius zurückzuführen ist. Die A. setzen aus Wasser Wasserstoff frei: $2 M + 2 H_2O \rightarrow 2 M^+ + 2 OH^- + H_2$. Während Li bei Zimmertemperatur nur langsam reagiert, verläuft die Reaktion mit K explosionsartig unter Entzündung des gebildeten Wasserstoffs. An der Luft verbrennen Li zu Lithiumoxid Li_2O, Na zu Natriumperoxid Na_2O_2 und Kalium bzw. Rubidium zu Gemischen aus Peroxiden (K_2O_2 bzw. Rb_2O_2) und Superoxiden (KO_2 bzw. RbO_2). Als ausgesprochen elektropositive Elemente bilden sie bevorzugt mit den elektronegativen Elementen rechts im Periodensystem ionische, salzartige Verbindungen. Wäßrige Lösungen der Hydroxide kommen als starke Basen verbreitet zum Einsatz.

In flüssigem Ammoniak lösen sich die A. unter Bildung dunkelblauer, den elektrischen Strom leitenden Lösungen, was auf die durch den Ammoniak solvatisierten Elektronen zurückzuführen ist. Nachweisen lassen sich die Alkalimetallsalze am einfachsten spektroskopisch durch ihre charakteristische Färbung der Flamme. Die A. kommen in verschiedenen Salzen in der Natur vor und sind zum Teil in beträchtlichem Maße am Aufbau der Erdkruste beteiligt.

Alkalimetrie, Methode der ↗ Neutralisationsanalyse, bei der Basen als Maßlösung verwendet werden. Fälschlicherweise wird manchmal die Titration von Alkalien als A. bezeichnet.

alkalische Zink-Braunstein-Zelle, eine elektrochem. Stromquelle aus der Gruppe der Primärzellen. Den Elektrolyten bildet eine mit Zinkoxid gesättigte, 45–50%ige Kalilauge. Die Anode besteht aus mit Lauge getränkten, amalgamierten Zinkflittern mit großer Oberfläche. Dadurch wird eine höhere Energiedichte, höhere Belastbarkeit und besseres Lagerverhalten erreicht.

Alkalischmelze, eine Methode zur Herstellung von Phenolen aus Arensulfonsäuren:

$ArSo_3Na + 2 NaOH \rightarrow ArONa + H_2O + Na_2SO_3$

$ArONa + HCl \rightarrow ArOH + NaCl$

Man kennt 3 Möglichkeiten der technischen Durchführung, die drastische Reaktion mit geschmolzenen Alkalien und schonendere Umsetzungen mit KOH in Wasser oder Alkohol.

Alkaloide, biogene stickstoffhaltige, vorwiegend N-heterocyclische Verbindungen, die vor allem im Sekundärstoffwechsel der Pflanzen gebildet werden.

Einteilung. Die A. werden nach ihrer chem. Struktur oder nach ihrer Herkunft in verschiedene Gruppen eingeteilt (Tab.). Die größten Gruppen sind die Indol- und Isochinolinalkaloide. Insbesondere in diesen beiden Gruppen finden sich auch zahlreiche *dimere A.* (*Bisalkaloide*). Von diesen A. im engeren Sinne werden die Pseudo- und Protoalkaloide abgetrennt. Unter *Pseudoalkaloiden* versteht man Verbindungen, deren C-Grundgerüst nicht von Aminosäuren stammt. Dazu zählen z. B. die Steroidalkaloide und das Coniin. Als *Protoalkaloide* werden Verbindungen bezeichnet, bei denen das sich biosynthetisch von einer Aminosäure herleitende N-Atom nicht Teil eines Heterocyclus ist. Dazu gehören z. B. die ↗ biogenen Amine.

Alkaloide. Tab.: Wichtige Alkaloidgruppen.

Chem. Gruppe	Grundkörper	Beispiele	Vorkommen
Pyrrolidinalkaloide	Pyrrolidin	Hygrin	*Erythroxylaceae* (*Erythroxylon*)
Indolalkaloide	Pyrrolidinoindol	Physostigmin	*Fabaceae* (*Physostigma*)
	β-Carbolin	Rauwolfiaalkaloide (Reserpin, Ajmalin)	*Apocynaceae* (*Rauwolfia*)
		Yohimbin	*Rubiaceae* (*Pausinystalia*)
		Vincaalkaloide (Vinblastin, Vincristin)	*Apocynaceae* (*Vinca, Catharanthus*)
	Carbazol	Strychnosalkaloide (Strychnin, Brucin, Calebassencurarealkaloide)	*Loganiaceae* (*Strychnos*)
		Aspidospermaalkaloide	*Apocynaceae* (*Aspidosperma, Vinca, Pleicarpa*)
		Catharanthusalkaloide	*Apocynaceae* (*Catharanthus*)
	Ergolin	Mutterkornalkaloide	*Pilze* (*Claviceps*)
Pyrrolizidinalkaloide	Pyrrolizidin	Senecioalkaloide	*Asteraceae* (*Senecio*)
Piperidinalkaloide	Piperidin	Piperin	*Piperaceae* (*Piper*)
		Coniin	*Apiaceae* (*Conium*)
		Lobeliaalkaloide (Lobelin)	*Campanulaceae* (*Lobelia*)
		Arecaalkaloide (Arecolin)	*Palmae* (*Areca*)
	Tropan	Hyoscyamin, Atropin, Scopolamin	*Solanaceae* (*Atropa, Datura, Hyoscyamus, Scopolia*)
		Cocain	*Erythroxylaceae* (*Erythroxylon*)
Chinolizidinalkaloide	Chinolizidin	Spartein, Lupinin, Cytisin	*Fabaceae* (*Lupinus, Cytisus, Genista*)
Pyridinalkaloide	Pyridin	Nicotin	*Solanaceae* (*Nicotiana*)
Chinolinalkaloide	Chinolin	Chinaalkaloide (Chinin, Chinidin)	*Rubiaceae* (*Cinchona*)
Isochinolinalkaloide	Isochinolin	Anhaloniumalkaloide	*Cactaceae* (*Anhalonium*)
	Benzylisochinolin	Opiumalkaloide (Papaverin)	*Papaveraceae* (*Papaver*)
	Bis-benzylisochinolin		*Annonaceae, Berberidaceae, Hernandiaceae, Lauraceae, Magnoliaceae, Monimaceae, Nymphaceae, Ranunculaceae*
		Tubocurarin	
	Phthalidisochinolin	Opiumalkaloide (Narcotin)	*Menispermaceae* (*Chondrodendron*)
		Narcotin	*Berberidaceae* (*Berberis*)
	Amorphin	Apomorphin	*Papaveraceae* (*Papaver*)
	Morphinan	Opiumalkaloide (Morphin, Codein, Thebain)	*Papaveraceae* (*Papaver*)
	Benzochinazolin	Ipecacuanhaalkaloide (Emetin)	*Rubiaceae* (*Cephaelis*)

Vorkommen. A. kommen vorzugsweise in höheren Pflanzen, insbesondere in *Magnoliatae*, weniger häufig in *Liliatae* oder *Pinidae* vor. Besonders alkaloidreich sind Pflanzen der Familien *Apocynaceae*, *Buxaceae*, *Asteraceae*, *Euphorbiaceae*, *Loganiaceae*, *Menispermaceae*, *Papaveraceae*, *Rutaceae* und *Solanaceae*. Meist enthalten die Pflanzen neben dem Hauptalkaloid noch zahlreiche Nebenalkaloide, die sich z. B. im Methylierungs- oder Hydrierungsgrad unterscheiden können. Ungefähr 20 % der höheren Pflanzen enthalten A. Unter den Nicht-Samenpflanzen sind unter anderem Bärlappe, Schachtelhalme und Pilze (Mutterkornalkaloide) alkaloidführend. Vereinzelt kommen A. auch in Tieren vor, so in Salamandern, Kröten (Indolylalkylamine), Fröschen (Batrachotoxin, Pumiliotoxine), Fischen (Tetrodotoxin) oder Tausendfüßern (Chinazolinderivate).

Eigenschaften und ***Nachweis.*** Bis auf wenige Ausnahmen, bei denen das N-Atom acyliert ist (z. B. Colchicin), reagieren die A. basisch. Die Basenstärke hängt vom heterocyclischen Grundkörper und von den Substituenten ab. Einige Alkaloidbasen, z. B. Nicotin, Hygrin, Spartein, sind flüssig, die meisten A. kristallisieren. Die freien, meist farblosen Basen sind in Wasser schwer, in organischen Lösungsmitteln leichter löslich. Als Salze sind die A. in Wasser löslich. In dieser Form werden sie auch therapeutisch eingesetzt. Zum Nachweis der A. dienen Fällungsreaktionen z. B. mit Pikrinsäure sowie mehr oder weniger gruppenspezifische Farbreaktionen.

Isolierung. A. kommen in der Pflanze als Salze organischer oder anorganischer Säuren vor. Zur Isolierung der A. wird das pflanzliche Material mit Alkali behandelt und die freie Alkaloidbase mit organischen Lösungsmitteln extrahiert, seltener durch Wasserdampfdestillation abgetrennt. Die meist anfallenden Alkaloidgemische werden dann durch fraktionierte Kristallisation geeigneter Salze (z. B. Hydrohalogenide, Perchlorate, Pikrate, Oxalate) oder chromatographische Verfahren aufgetrennt.

Biosynthese. Durch Einbauversuche radioaktiv markierter Aminosäuren wurde gefunden, daß die A. fast ausschließlich von den Aminosäuren Phenylalanin (Isochinolinalkaloide), Tryptophan (Indolalkaloide), Lysin (Piperidinalkaloide) und Prolin bzw. Ornithin (Pyrrolidinalkaloide) gebildet werden. A. können auch isoprenoide Bausteine enthalten, z. B. Steroidalkaloide, einige Indolalkaloide.

Verwendung. Zahlreiche A. sind biologisch aktiv. Alkaloidhaltige Pflanzen und ihre Zubereitungen wurden deshalb schon seit langem in der Medizin eingesetzt. Heute werden meist die reinen A. verwendet. Von besonderer Bedeutung als Arzneistoffe sind Morphin und seine Derivate (als Analgetika), Papaverin (als Spasmolytikum), Curarealkaloide (als Muskelrelaxanzien), Rauwolfiaalkaloide (als Antihypertonika, Neuroleptika), Chinin (als Antimalariamittel), Catharanthusalkaloide (als Cytostatika), Chinidin und Ajmalin (als Antiarrhythmika), Cocain (als Lokalanästhetikum). Zahlreiche A. dienten als Leitsubstanzen für die Entwicklung synthetischer Arzneistoffe. Einige A. werden auch als Schädlingsbekämpfungsmittel eingesetzt (Nicotin).

Alkanabbau, die Fähigkeit zahlreicher Mikroorganismen (Bakterien, Hefen, Pilze), aliphatische Kohlenwasserstoffe als einzige Kohlenstoff- und Energiequelle zu nutzen. Der A. erfordert als initialen Schritt die Einführung entsprechender funktioneller Gruppen in das apolare Substratmolekül. Für die initiale Reaktion werden 3 Mechanismen diskutiert: Primäre Dehydrierung, Hydroperoxidbildung und Hydroxylierung. Die letztgenannte Reaktion, die durch ↗ Monooxygenasen katalysiert wird und zum Alkohol korrespondierender Kettenlänge führt, stellt den experimentell am besten belegten Weg der enzymatischen Funktionalisierung des Substrats in Hefen (z. B. *Candida maltosa*, *C. tropicalis*) und Bakterien (*Pseudomonas oleovorans*, *Acinetobacter calcoaceticus*) unter aeroben Bedingungen dar. Neben Cytochrom P-450-abhängigen (z. B. in Hefen, *A. calcoaceticus*, *Corynebacterium*) wurden auch Cytochrom P-450-unabhängige (z. B. *P. oleovorans*) Monooxygenasesysteme beschrieben. An der Weitermetabolisierung des primären Alkohols zur korrespondierenden Fettsäure sind bei dem monoterminalen Abbauweg neben $NAD(P)^+$-abhängigen auch Pyridinnucleotid-unabhängige Alkohol- und Aldehyddehydrogenasen beteiligt. Die entstandene Monocarbonsäure kann, falls sie nicht direkt oder nach Kettenverlängerung indirekt in die Lipide der Zelle inkorporiert wird, 1) durch β-Oxidation abgebaut werden, 2) nach ω-Hydroxylierung unter Bildung der entsprechenden Dicarbonsäure oxidiert werden (diterminale Oxidation), 3) mit dem primären Alkohol unter Bildung entsprechender Ester (Wachse) reagieren.

Während die Mehrzahl der Alkan-abbauenden Mikroorganismen das Alkanmolekül an einer der beiden terminalen Methylgruppen angreift, bewirken einige Pilze und Bakterien (z. B. *Pseudomonas*-Species) einen subterminalen Abbau.

In Hefen ist die weitere Oxidation der aus den Alkanen gebildeten Fettsäuren eng mit der Ausbildung von Peroxisomen (Microbodies) verbunden, die neben der Alkohol- und Aldehyddehydrogenase, Acetyl-CoA-Synthetase II auch die Enzyme der β-Oxidation und des ↗ Glyoxylat-Cyclus enthalten.

Die gleichwertige Nutzung von ungeradzahligen Alkanen neben den geradzahligen durch Hefen führt bei der β-Oxidation der ungeradzahligen Fettsäuren neben Acetyl-CoA zur Bildung von Propionyl-CoA in den Peroxisomen. Die weitere Oxidation des Acetyl- bzw. Propionyl-CoA erfordert einen Transport dieser nur in den Peroxisomen gebildeten C_2- und C_3-Körper in die Mitochondrien. Dieser erfolgt mittels induzierbarer Carnitin-Acetyl(Propionyl)-Transferasen. Der Endabbau verläuft in den Mitochondrien über den ↗ Citronensäure-Cyclus (Acetyl-CoA) bzw. Methylcitrat-Cyclus (Propionyl-CoA).

Alkan-verwertende Mikroorganismen werden zur Produktion von Biomasse (↗ Einzellerprotein), ↗ Citronensäure, ↗ Biotensiden und zahlreichen anderen Verbindungen verwendet.

Alkanale, gesättigte aliphatische ↗ Aldehyde.

Alkane, ***Paraffine***, ***Grenzkohlenwasserstoffe***, aliphatische Kohlenwasserstoffe der allg. Formel C_nH_{2n+2}. A. enthalten ausschließlich sp^3-hybridisierte C-Atome, die bis zur Grenze ihrer Aufnahmefähigkeit mit Wasserstoff abgesättigt sind.

A. bilden eine homologe Reihe von Verbindungen, in der sich zwei benachbarte Glieder der Reihe durch die Gruppe $-CH_2-$ unterscheiden (Tab. 1). Ähnlichkeiten untereinander bestehen hinsichtlich der chemischen Reaktionsfähigkeit, während sich die physikalischen Eigenschaften kontinuierlich ändern.

Beginnend mit dem Butan C_4H_{10} treten mit wachsender Kohlenstoffkette in zunehmender Anzahl Isomere auf, wobei man zwischen *geradkettigen* (*linearen*) und *verzweigten* A. unterscheidet. Von den Kohlenwasserstoffen C_7H_{16} an kann ein Teil der Konstitutionsisomeren asymmetrische C-Atome enthalten, so daß eine noch größere Vielfalt durch Auftreten von Konfigurationsisomeren zu verzeichnen ist (Tab. 2). Über die Bezeichnung der A. ↗ Nomenklatur, Abschn. C III.

Alkane. Tab. 1: Homologe Reihe Alkane

Methan	CH_4	Decan	$C_{10}H_{22}$
Ethan	$CH_3–CH_3$	Undecan	$C_{11}H_{24}$
Propan	$CH_3–CH_2–CH_3$	Dodecan	$C_{12}H_{26}$
Butan	$CH_3–(CH_2)_2–CH_3$	Tridecan	$C_{13}H_{28}$
Pentan	$CH_3–(CH_2)_3–CH_3$	Tetradecan	$C_{14}H_{30}$
Hexan	$CH_3–(CH_2)_4–CH_3$	Pentadecan	$C_{15}H_{32}$
Heptan	$CH_3–(CH_2)_5–CH_3$	Eicosan	$C_{20}H_{42}$
Octan	$CH_3–(CH_2)_6–CH_3$	Triacontan	$C_{30}H_{62}$
Nonan	$CH_3–(CH_2)_7–CH_3$	Tetracontan	$C_{40}H_{82}$

Alkane. Tab. 2: Anzahl der Isomeren

Anzahl der C-Atome	Name der Verbindung	Anzahl der Konstitutions-isomeren	Anzahl der Konstitutions- und Konfigurations-isomeren
1	Methan	1	1
2	Ethan	1	1
3	Propan	1	1
4	Butan	2	2
5	Pentan	3	3
6	Hexan	5	5
7	Heptan	9	11
8	Octan	18	24
9	Nonan	35	55
10	Decan	75	136
20	Eicosan	366 319	3 395 964

Eigenschaften. Die ersten vier A. der homologen Reihe sind gasförmig, die weiteren bis C_{16} flüssig, und die Homologen ab C_{17} sind fest. Die Siedepunkte verzweigter A. sind niedriger als die der isomeren linearen A. Mit dem Ansteigen der Siedepunkte in der homologen Reihe werden die Unterschiede zwischen benachbarten A. geringer und damit eine destillative Trennung schwieriger. Die gasförmigen und festen A. sind fast geruchlos, die Flüssigkeiten weisen meist typischen Benzingeruch auf. Die A. sind nicht mit Wasser mischbar. Sie lösen sich in Ether und Ethanol; dabei nimmt die Löslichkeit jedoch mit steigender Molmasse ab. A. sind brennbar, die niedermolekularen gasförmigen und flüssigen Verbindungen sind leichter entflammbar als die höheren Homologen und bilden außerdem mit Luft oder Sauerstoff explosive Mischungen. Die vollständige Verbrennung führt zu Kohlendioxid und Wasser, unvollständige Verbrennung zu Kohlenmonoxid oder Ruß. Obwohl die Reaktionsfähigkeit der A. im Vergleich zu vielen anderen Verbindungsklassen relativ gering ist, lassen sich meist unter den Bedingungen für radikalische Reaktionen Umsetzungen durchführen, die vorwiegend großtechnisch genutzt werden. Die Reaktivität verzweigter A. ist dabei allgemein höher als die der linearen A.

Vorkommen für A. sind Erdgas- und Erdöllagerstätten, deren zunehmende Ausbeutung von hoher technischer Aktualität ist. Petrolchemische Verarbeitung ermöglicht die Bereitstellung reiner A. als auch verschiedener Fraktionen von Alkangemischen.

Herstellung. A. werden meist großtechnisch aus Erdgas, Erdöl oder vereinzelt durch Kohleverflüssigung gewonnen. Für wissenschaftliche Zwecke eignen sich folgende Synthesemethoden:

1) Katalytische Hydrierung von Alkenen und Alkinen: $R^1–C{\equiv}C–R^2 + H_2 \rightarrow R^1–CH{=}CH–R^2 + H_2 \rightarrow R^1–CH_2–CH_2–R^2$.

2) Reduktion von Alkoholen bzw. Alkyliodiden mit Iodwasserstoffsäure: $R–OH + HI \rightarrow R–I + H_2O$, $R–I + HI \rightarrow R–H + I_2$. Die Reaktion wird am besten mit einem Gemisch von Iodwasserstoffsäure und rotem Phosphor ausgeführt, da dann der verbrauchte Iodwasserstoff regeneriert wird: $2\,P + 3\,I_2 \rightarrow 2\,PI_3$, $2\,PI_3 + 6\,H_2O \rightarrow 2\,P(OH)_3 + 6\,HI$.

3) Hydrolyse von Grignard-Verbindungen: $RMgX + H_2O \rightarrow R–H + Mg(OH)X$.

4) Umsetzungen von Alkylhalogeniden mit Natrium (→ Wurtz-Reaktion).

5) Elektrolyse der Alkalisalze von Carbonsäuren in wäßrigen Lösungen (↗ Kolbe-Synthese), die sich ebenso wie die Wurtz-Reaktion zur Darstellung langkettiger A. eignet.

6) Aldehyde und Ketone kann man über die ↗ Wolff-Kishner-Reduktion der Hydrazone oder die direkte Reduktion mit Zinkamalgam ↗ Clemmensen-Reduktion in A. umwandeln.

Reaktionen. Typisch für A. sind radikalische Substitutionsreaktionen. So entstehen z. B. durch Einwirkung von Chlor bei höherer Temperatur und gleichzeitiger Bestrahlung mit UV-Licht durch Gasphasenchlorierung von Methan nebeneinander Chlormethan, Dichlormethan, Chloroform und Tetrachlorkohlenstoff:

$$CH_4 + Cl_2 \rightarrow CH_3Cl/CH_2Cl_2/CHCl_3/CCl_4.$$

Durch Wahl der Reaktionsbedingungen und der Stoffkonzentration können bestimmte Anteile in höherer Ausbeute erhalten werden, die Auftrennung erfolgt durch fraktionierte Destillation.

Mit einem Chlor/Schwefeldioxid-Gemisch werden Sulfonylchloride erhalten:

$$Cl_2 \xrightarrow{h\nu} 2\,Cl\cdot$$

$$R–H + Cl\cdot \rightarrow R\cdot + H–Cl$$

$R\cdot + SO_2 \rightarrow R\text{–}SO_2\cdot$
$R\text{–}SO_2\cdot + Cl_2 \rightarrow R\text{–}SO_2Cl + Cl\cdot$
Alkansulfonylchlorid

Die Endprodukte dieser radikalischen Kettenreaktion, die technisch an langkettigen A. erfolgt, sind wertvolle Zwischenprodukte für die Herstellung von Tensiden. Die Sulfoxidation mit Schwefeldioxid und Sauerstoff führt zu Gemischen von Alkansulfonsäuren: $2\ R\text{–}H + 2\ SO_2 + O_2 \rightarrow 2\ R\text{–}SO_3$. Durch Nitrierung von A. in der Gasphase bei 400 °C mit Salpetersäure erhält man Gemische von isomeren Nitroalkanen und durch partielle oxidative Spaltung auch niedermolekulare Nitroalkane: $CH_3\text{–}CH_2\text{–}CH_3 \rightarrow CH_3\text{–}CH_2\text{–}CH_2\text{–}NO_2/CH_3\text{–}CH(NO_2)\text{–}CH_3$ (1-Nitropropan/2-Nitropropan) und $CH_3\text{–}CH_2\text{–}NO_2/CH_3\text{–}NO_2$ (Nitroethan/Nitromethan). Die Nitrosierung mit Nitrosylchlorid NOCl führt zu Nitrosoalkanen, die zu Oximen umgelagert werden können:

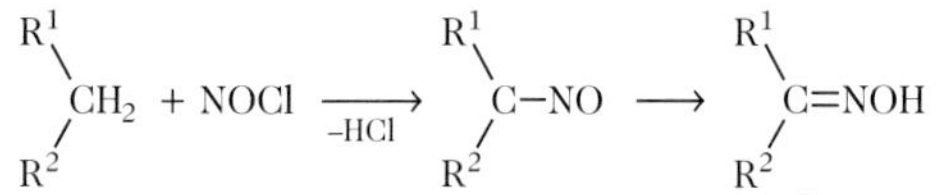

Oxim

Solche Reaktionen haben Bedeutung für die Herstellung von Polyamiden durch anschließende Beckmann-Umlagerung. Die Oxidation von A. führt im Überschuß von Luft oder Sauerstoff bei der Verbrennung zum völligen Abbau zu CO_2 und H_2O, bei unvollständiger Verbrennung auch teilweise zu CO oder zu Ruß. Letztgenannte Reaktion wird beim Methan gezielt technisch zur Rußerzeugung als Füllstoff für die Reifenherstellung genutzt. Kontrollierte Oxidationsreaktionen können auch so geführt werden, daß unter C–C-Spaltung aus langkettigen A. niedere oder mittlere Carbonsäuren entstehen (↗ Paraffinoxidation).

In der Gegenwart gewinnen zunehmend auch ionische Reaktionen an A. Bedeutung. Dazu gehören Umlagerungen und Isomerisierungen, z. B. die Umwandlung von Butan in Isobutan beim Erhitzen mit Aluminium-(III)-chlorid. Reaktionen, die im Laboratorium eine rasche Identifizierung von A. durch Derivatbildung ermöglichen, sind nicht bekannt. Zur Charakterisierung müssen deshalb physikalische Konstanten und spektroskopische Daten herangezogen werden. Die Trennung von Gemischen und die Identifizierung der Einzelkomponenten erfolgt meist durch die Kombination von Gaschromatographie und Massenspektrometrie (GC-MS-Kopplung).

Verwendung. A. werden als Heizgase, z. B. Stadtgas (Methan), Flüssiggas (Propan und Butan) in Industrie, Gewerbe, Haushalt, für Sport- und Freizeitbeschäftigung verwendet. Die flüssigen A. C_5 bis C_{16} werden als Vergaserkraftstoffe, Dieselöle, Heizöle oder Schmieröle verwendet. Besondere Vorsicht beim Umgang mit A. bis etwa C_{10} (Heizgas, Flüssiggas, Benzine) ist wegen der Bildung explosiver Gemische mit Luft oder Sauerstoff geboten. Andererseits beruht die Verwendung als Antriebsmittel für Kraftfahrzeuge, Schiffe, Eisenbahnen u. dgl. auf dem Prinzip der schnellen, nahezu explosionsartig verlaufenden Verbrennung, wobei verzweigte A. von besonderer Bedeutung für eine gleichmäßige, rückstandsfreie und gesteuerte Verbrennung ohne »Klopfen« des Motors (↗ Octanzahl) sind. Reine A. verschiedener Kettenlänge, z. B. Pentan oder Hexan, sind als Extraktions- und Lösungsmittel geeignet. Die halbfesten und festen Alkangemische ab C_{16}/C_{17} werden als Vaseline, Weich- und Hartparaffine für Salbengrundlagen, pharmazeutische Präparate, medizinische Paraffinpackungen und zur Herstellung von Kerzen verwendet.

Alkan 1-Hydroxylase, *Alkan 1-Monooxygenase*, ein aus mehreren Komponenten bestehendes Monooxygenase-System, welches in den meisten Mikroorganismen nach Alkan + O_2 + $NAD(P)H_2 \rightarrow$ 1-Alkanol + $NAD(P)^+$ + H_2O den ersten Schritt im ↗ Alkanabbau katalysiert. An der Alkanhydroxylierung durch Bakterien sind neben der A. noch eine Reductase und ein Nicht-Häm-Eisen-Protein (z. B. Rubredoxin) beteiligt. Im Gegensatz zu den löslichen A.-Systemen der Bakterien sind die aus Hefen Membran-gebunden.

Einige mikrobielle A. hydroxylieren auch Fettsäuren in ω-Position.

Alkannin, *Alkanna*, *Alkannarot*, ein tiefroter bis rotgelber Naturfarbstoff; F. 149 °C. A. kann aus der Wurzel von *Lawsonia alba* bzw. *inermis* oder von *Alcanna tinctoria* extrahiert werden und wurde früher in geringem Umfang als Textilfarbstoff genutzt. *Alkannapapier* oder *Böttgers Papier* ist ein mit alkoholischer Alkannalösung getränktes Indikatorpapier, das sich durch Laugen grün bis blau färbt.

Alkanole, von Alkanen abgeleitete einwertige Alkohole der allg. Formel $C_nH_{2n+1}OH$, z. B. Methanol, Ethanol (↗ Alkohole).

Alkanone, gesättigte aliphatische ↗ Ketone.

Alkansulfonate, auch ***sekundäre A.***, Abk. ***SAS***, besonders in Europa wirtschaftlich wichtige Gruppe von anionischen ↗ Tensiden, ein Isomeren- und Homologengemisch $R^1\text{–}HC(SO_3Na)\text{–}R^2$ (wobei R^1, $R^2 = C_{11}$ bis C_{17}), das durch Sulfoxidation oder Sulfochlorierung von geradkettigen Paraffinen und anschließende Neutralisation bzw. Verseifung der Sulfochloride mittels Natronlauge zugänglich ist. A. sind biologisch sehr gut abbaubar und werden bisher überwiegend in Geschirrspülmitteln, Haushaltsreinigern, aber auch in Körperpflegemitteln, bei der Emulsionspolymerisation oder in Feuerlöschmitteln angewendet. A. können aufgrund ihrer hohen Hydrolysestabilität auch in sauren oder basischen Reinigern eingesetzt werden. Ebenso ist eine Einarbeitung in pulverförmige Waschmittel möglich.

Alkansulfonsäuren, ↗ Sulfonsäuren.

Alkazidverfahren, ↗ Sulfosolvan-Verfahren.

Alkene, ***Olefine***, ***Ethylenkohlenwasserstoffe***, ungesättigte, C=C-Doppelbindungen enthaltende Kohlenwasserstoffe. Im weiteren Sinne sind A. Verbindungen mit einer, zwei oder mehreren Doppelbindungen. In Abhängigkeit von der relativen Anordnung zweier oder mehrerer Doppelbindungen zueinander unterscheidet man 1) kumulierte Doppelbindungen C=C=C (↗ Kumulene), 2) konjugierte Doppelbindungen C=C–C=C (↗ Diene oder ↗ Polyene) und 3) isolierte Doppelbindungen C=C–C–C=C (Diolefine).

A. im engeren Sinne, einfache A., enthalten nur eine Doppelbindung. Sie bilden eine homologe Reihe von Verbindungen der allg. Formel C_nH_{2n}, beginnend mit Ethen (Tab.). Erstmals beim Buten treten Konstitutionsisomere und in Abhängigkeit von der Lage der Doppelbindung Konfigurationsisomere auf, z. B. *E*- und *Z*-But-2-en (↗ Stereoisomerie).

Alkene. Tab.: Homologe Reihe

Ethen	$CH_2{=}CH_2$
Propen	$CH_2{=}CH{-}CH_3$
But-1-en	$CH_2{=}CH{-}CH_2{-}CH_3$
But-2-en	$CH_3{-}CH{=}CH{-}CH_3$
Isobuten, 2-Methylprop-1-en	$(CH_3)_2C{=}CH_2$
Pent-1-en	$CH_2{=}CH{-}CH_2{-}CH_2{-}CH_3$
Hex-1-en	$CH_2{=}CH{-}CH_2{-}CH_2{-}CH_2{-}CH_3$

Über die Bezeichnung der A. ↗ Nomenklatur Abschn. C III.

Eigenschaften. A. unterscheiden sich bezüglich der physikalischen Eigenschaften kaum von den analogen Alkanen, d. h., in der homologen Reihe gibt es gasförmige (C_2 bis C_4), flüssige (C_5 bis C_{17}) und feste Vertreter. Von den *E,Z*-isomeren A. hat im allgemeinen das *E*-Diastereomere einen höheren Schmelzpunkt, einen tieferen Siedepunkt und einen niedrigeren Brechungsindex als das *Z*-Diastereomere.

A. sind in Wasser schwer löslich, jedoch löslich in Ether und Ethanol. Sie sind brennbar und verbrennen im allg. zu Kohlendioxid und Wasser, bei Sauerstoffmangel auch zu Kohlenmonoxid und Ruß.

Im Gegensatz zu Alkanen sind A. außerordentlich reaktionsfähig.

Reaktionen. Typisch für A. sind *Additionsreaktionen*, da das chemische Verhalten der A. weitgehend durch die π-Bindung mit ihrer relativ niedrigen π-Bindungsenergie bestimmt wird. Da die C=C-Doppelbindung nucleophilen Charakter hat, sind neben radikalischen Additionen elektrophile Umsetzungen bevorzugt: 1) Katalytische Hydrierung zu Alkanen, die bei Zimmertemperatur und Normaldruck oder leichtem Überdruck (im Labor), in der Technik bei erhöhten Temperaturen und höheren Drücken erfolgt:

$$R{-}CH{=}CH{-}R \xrightarrow{\text{Kat.}} R{-}CH_2{-}CH_2{-}R.$$

Diese Umsetzung dient in Technik und Labor sowohl zur Synthese gesättigter Verbindungen aus ungesättigten als auch zur quantitativen Bestimmung der Anzahl von Doppelbindungen in Molekülen.

2) Addition von Halogenen, die bei Zimmertemperatur verläuft, wobei 1,2-Addukte gebildet werden: $R{-}CH{=}CH{-}R + Br_2 \rightarrow R{-}CH(Br){-}CH(Br){-}R$. Besondere Bedeutung hat diese Umsetzung zum qualitativen Nachweis einer C=C-Doppelbindung, z. B. durch Entfärbung einer verd. Bromlösung beim Zutropfen zu einer Probelösung, oder zur quantitativen Bestimmung der Anzahl der Doppelbindungen im Molekül, z. B. bei der Bestimmung der Iodzahl von Fetten (Addition von Iod an die Doppelbindungen in Fettmolekülen). Die Entfärbung beruht dabei auf der Bildung der nahezu farblosen 1,2-Addukte unter Verbrauch von Brom oder Iod. Man kann auch mit einem Überschuß an Iod arbeiten und die nicht zur Addition verbrauchte Menge Iod quantitativ durch iodometrische Titration bestimmen.

3) Addition von Halogenwasserstoffen, die zu Halogenalkanen führt: $CH_2{=}CH_2 + HBr \rightarrow CH_3{-}CH_2{-}Br$. Die Reaktivität der A. gegenüber Halogenwasserstoffen steigt in Richtung zunehmender Säurestärke an: HF < HCl < HBr < HI. Bei unsymmetrisch substituierten A. erfolgt die elektrophile Addition regioselektiv nach der ↗ Markownikoffschen Regel, die besagt, daß das elektronegative Halogenatom an das wasserstoffärmste C-Atom addiert wird: $CH_3{-}CH{=}CH_2 + HBr \rightarrow CH_3{-}CH(Br){-}CH_3$ (2-Brompropan; Markownikoff-Produkt). Durch Zugabe von Peroxiden kann die Reaktion nach Kharasch als radikalische Addition ablaufen, wobei bevorzugt das anti-Markownikoff-Produkt entsteht, z. B. 1-Brompropan aus Propen:

$$H_3C{-}CH{=}CH_2 + HBr \xrightarrow{R\cdot} H_3C{-}CH_2{-}CH_2{-}Br.$$

4) Hydratisierung, d. h. Addition von Wasser unter Bildung von Alkoholen, die Umkehr der Bildung von A. aus Alkoholen (Dehydratisierung). Sie gelingt mittels Säurekatalyse, folgt der Markownikoffschen Regel und ist z. B. für die Gewinnung von *tert*-Butanol (↗ Butanole) technisch wichtig. Bei Verwendung von Schwefelsäure wird diese zunächst addiert, wobei saure Schwefelsäureester (Alkylsulfa-

te) entstehen, die als Natriumsalze Waschrohstoffe (↗ Tenside) sind. Die Hydrolyse der Alkylsulfate führt ebenfalls zu Alkoholen, z. B.:

$$H_3C{-}CH{=}CH_2 + H_2SO_4 \longrightarrow (CH_3)_2CH{-}O{-}SO_3H$$

$$\xrightarrow{+\,H_2O} H_3C{-}CH(OH){-}CH_3 + H_2SO_4.$$

Andererseits können Alkylsulfate mit einem Überschuß an Alkohol leicht zu Ethern umgesetzt werden.

5) Hydroxylierung zu 1,2-Diolen (Glycole), die mit einer verd. alkalischen Lösung von Kaliumpermanganat unter Entfärbung und Abscheidung von Braunstein gelingt. Diese Reaktion kann zum Nachweis der Alkendoppelbindung dienen (Baeyersche Probe):

$$R{-}CH{=}CH{-}R \xrightarrow{KMnO_4/H_2O}$$

$$R{-}CH(OH){-}CH(OH){-}R + MnO_2.$$

Die Hydroxylierung ist im Labormaßstab auch mit Osmium(VIII)-oxid oder dem weniger toxischen Ruthenium(VIII)-oxid möglich. Sie erfolgt im Sinne einer Additionsreaktion in Gegenwart von Wasser und den genannten Oxidationsmitteln, wobei als cyclische Intermediate Glycolester von Mangan-, Osmium- und Rutheniumsauerstoffsäuren entstehen, die dann hydrolysiert werden:

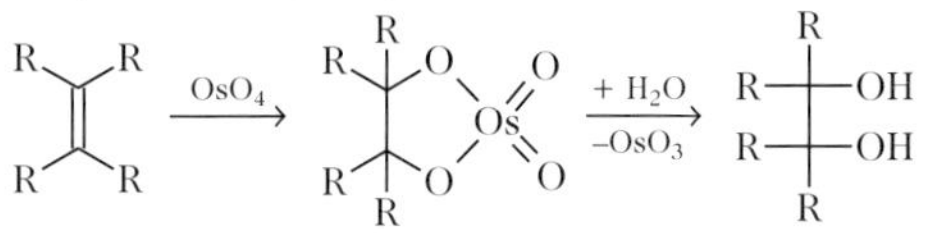

6) Epoxidierung, eine zu ↗ Epoxiden führende Addition von Sauerstoff an die Alkendoppelbindung:

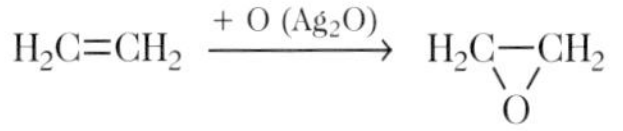

So entsteht z. B. aus Ethen mit Silberoxid Ethylenoxid (Oxiran). Weitere mögliche Reagenzien sind Persäuren, wie Perbenzoesäure und Monoperphthalsäure, oder auch Hydroperoxide in Gegenwart von Molybdän- und Wolframkatalysatoren. Oxirane können säurekatalysiert unter Ringöffnung in Diole umgewandelt werden.

7) Carbonylierung, eine Umsetzung von A. mit Kohlenmonoxid und Wasser in Gegenwart von Nikkeltetracarbonyl bei 250 °C und Drücken von $2 \cdot 10^4$ kPa zu Carbonsäuren. Auch saure Katalysatoren sind unter veränderten Reaktionsbedingungen einsetzbar:

$$H_2C{=}CH_2 + CO + H_2O \xrightarrow{Kat.} (CH_3)_2CH{-}COOH.$$

8) Carbenübertragung, eine Addition von Carbenen an die Alkendoppelbindung unter Bildung von Cyclopropanderivaten, z. B. im Verlauf einer ↗ Simmons-Smith-Reaktion. Besonders leicht wird 1,1-Dichlorcarben aus Chloroform gewonnen und addiert, z. B. an Cyclohexen:

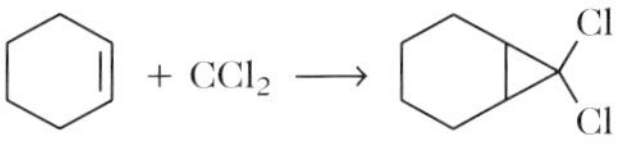

Neben den einfachen Additionsreaktionen neigen A. zur *Polymerisation*, d. h. zur ↗ Polyaddition vieler Moleküle (Monomere) aneinander unter Ausbildung von Makromolekülen (Polymere):

$$n\, H_2C{=}CH_2 \longrightarrow \lbrack CH_2{-}CH_2 \rbrack_n$$

Ethylen → Polyethylen

Neben Polyethylen und Polypropylen sind Polyvinylchlorid (PVC), Polystyrol, Polyacrylnitril, Polyacrylester u. a. von großer technischer Bedeutung.

A. gehen auch eine außergewöhnliche Substitution (*Allylsubstitution*) ein, die unter radikalischen Bedingungen verläuft. So bildet sich z. B. aus Propen und Chlor bei 400 bis 600 °C Allylchlorid: $CH_2{=}CH{-}CH_3 + Cl_2 \rightarrow CH_2{=}CH{-}CH_2{-}Cl + HCl$. Eine Allylsubstitution, die z. B. vom Cyclohexen zu 3-Bromcyclohexen führt, ist die Umsetzung mit *N*-Bromsuccinimid in Gegenwart von Peroxiden oder bei UV-Lichtbestrahlung (↗ Wohl-Ziegler-Reaktion).

Analytisches. Der Nachweis der Doppelbindungen erfolgt mit alkalischer Permanganatlösung (Baeyersche Probe) oder mit Bromlösung in Chloroform, wobei beide Lösungen entfärbt werden. Zur Strukturaufklärung werden vor allem spektroskopische Methoden eingesetzt: In den IR-Spektren finden sich starke Banden im Bereich der C=C-Valenzschwingungen zwischen 1620 und 1680 cm^{-1}. Die C–H-Valenzschwingungen erscheinen bei Wellenzahlen von 3010 bis 3095 cm^{-1}. *E,Z*-isomere A. haben verschiedene C–H-Deformationsschwingungen: $E = 960$ bis 980 cm^{-1}, $Z = 650$ bis 720 cm^{-1}. In den UV-Spektren treten Absorptionsbanden zwischen 180 und 200 nm auf. In den ^1H-Kernresonanzspektren liegen die Signale für olefinische Protonen bei $\delta = 4{,}3$ bis 6 ppm und unterscheiden sich damit charakteristisch von anderen Kohlenwasserstoffen. Der Nachweis für die *E*- oder *Z*-Konfiguration ist oft leicht mittels der vicinalen Kopplungskonstanten J zu führen: $J_Z = 5$ bis 16 Hz; $J_E = 13$ bis 21 Hz. Das massenspektrometrische Fragmentierungsverhalten der A. ist durch eine Allylspaltung des Molekül-Ions gekennzeichnet, wobei die gebildeten Allyl-Kationen mesomeriestabilisiert sind. Eine Bestimmung der Position der C=C-Doppelbindung ist mittels der Massenspektrometrie nicht möglich.

Herstellung. Niedere A. (C_2 bis C_5) werden im technischen Maßstab aus den bei der Erdölverarbeitung anfallenden Raffineriegasen abgetrennt oder durch katalytische Dehydrierung von Alkanen oder Pyrolyse von Benzin oder Kerosin bei 800 bis 900 °C gewonnen. Daneben gibt es zahlreiche charakteristische Synthesemethoden für den Laboratoriumsmaßstab oder für wissenschaftliche Zwecke:

1) Dehydratisierung von Alkoholen durch Erhitzen mit Schwefelsäure, Phosphorsäure oder Zinkchlorid:

$$H_3C{-}CH_2{-}CH(OH){-}CH_3 \xrightarrow[-H_2O]{} H_3C{-}CH{=}CH{-}CH_3$$

Von größerer Bedeutung ist die katalytische Dehydratisierung an Aluminiumoxid- oder Thoriumoxid-Katalysatoren in der Gasphase, bei der Konkurrenzreaktionen, z. B. die Bildung von Ethern, weitgehend unterbunden werden können.

2) Dehydrohalogenierung von Halogenalkanen mit Basen: $CH_3{-}CH_2{-}Br + KOH \rightarrow CH_2{=}CH_2 + KBr + H_2O$.

3) Dehalogenierung von 1,2-Dihalogenalkanen durch Einwirkung von Zink, Natriumiodid in Methanol, Chrom(II)-Salzen oder von Natriumthiosulfat in Dimethylsulfoxid:

$$R{-}CH(Br){-}CH(Br){-}R \xrightarrow[-ZnBr_2]{+Zn} R{-}CH{=}CH{-}R.$$

4) Einführung einer Doppelbindung durch ↗ Hofmann-Abbau, ausgehend von quartären Ammoniumhydroxiden.

5) Einführung einer Doppelbindung durch ↗ Cope-Reaktion, ausgehend von *tert*-Aminoxiden.

6) Umsetzung von Aldehyden oder Ketonen mit Alkylidenphosphoranen im Sinne der ↗ Wittig-Reaktion.

7) Reduzierende Kupplung von Aldehyden oder Ketonen durch Behandlung mit Lithiumaluminiumhydrid: $2\,(R)_2C{=}O \rightarrow (R)_2C{=}C(R)_2$.

8) Pyrolyse von Carbonsäureestern bei Temperaturen von etwa 500 °C, wobei eine synchrone *cis*-Eliminierung abläuft:

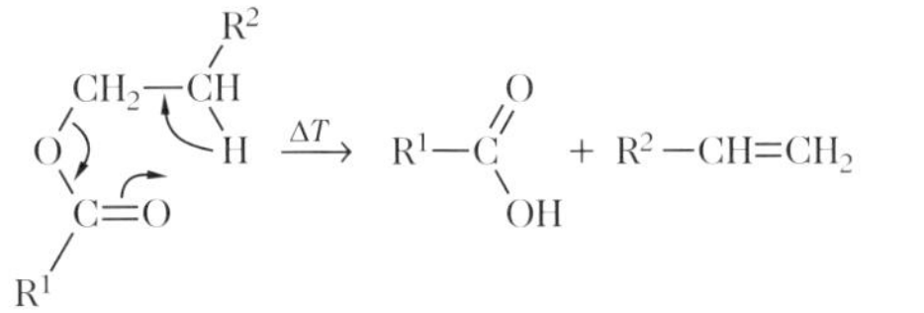

9) Pyrolyse von Xanthogensäureestern (Tschugaeff-Reaktion) bei etwa 200 °C, ebenfalls als synchrone *cis*-Eliminierung:

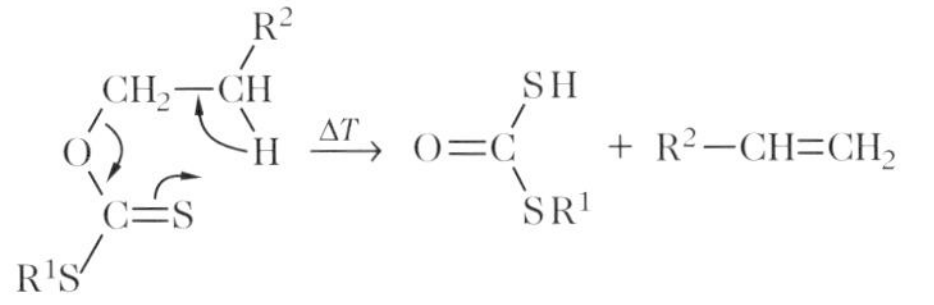

Verwendung. In großtechnischem Maßstab bei petrolchemischen Prozessen gewonnen, werden A. vorrangig zur Herstellung von hochverzweigten Alkanen, von Alkoholen, Ethern, Epoxiden und Glycolen, Carbonsäuren, Halogenalkanen, Alkylbenzolen, Alkylsulfaten und synthetischen Polymeren eingesetzt.

Alkine, *Acetylene*, im engeren Sinne ungesättigte, eine C≡C-Dreifachbindung enthaltende Kohlenwasserstoffe der allg. Formel C_nH_{2n-2}. Im weiteren Sinne gehören zu dieser Stoffklasse auch Kohlenwasserstoffe mit mehreren Dreifachbindungen, die isoliert oder konjugiert sein können und im Pflanzenreich weit verbreitet sind, z. B. in Korbblütlern. Die A. bilden eine homologe Reihe von Verbindungen (Tab.), beginnend mit Ethin (Acetylen).

Erstmals beim Butin treten wegen der unterschiedlichen Lage der Dreifachbindung in der Kohlenstoffkette Konstitutionsisomere auf (But-1-in und But-2-in). Da die Dreifachbindung aus sp-hybridisierten C-Atomen aufgebaut wird, gibt es keine *E,Z*-Isomerie. Über die Bezeichnung der A. ↗ Nomenklatur, Abschn. C III.

Alkine. Tab.: Homologe Reihe

Ethin (Acetylen)	HC≡CH
Propin	$HC{\equiv}C{-}CH_3$
But-1-in	$HC{\equiv}C{-}CH_2{-}CH_3$
But-2-in	$CH_3{-}C{\equiv}C{-}CH_3$
Pent-1-in	$HC{\equiv}C{-}CH_2{-}CH_2{-}CH_3$
Pent-2-in	$CH_3{-}C{\equiv}C{-}CH_2{-}CH_3$
Hex-1-in	$HC{\equiv}C{-}CH_2{-}CH_2{-}CH_2{-}CH_3$

Eigenschaften. Alk-1-ine haben im Vergleich zu den Alkanen höhere Siedepunkte. Das technisch bedeutsame Ethin sowie Propin und But-1-in sind bei Zimmertemperatur gasförmig, die höheren Homologen flüssig. Die relativ höheren Siedepunkte sind auf zwischenmolekulare Wechselwirkungen infolge permanenter Dipolmomente D bei Alk-1-inen von 0,75 bis 0,9 D zurückzuführen. Ethin ist im Gegensatz zu Ethan und Ethen in Wasser besser löslich und leichter zu verflüssigen, explodiert jedoch in dieser Form bei Stoß oder beim Erhitzen mit großer Brisanz. A. brennen mit rußender Flamme, Ethin bei ausreichender Luftzufuhr mit hell leuchtender Flamme. Im Gemisch mit Luft oder Sauerstoff sind Ethin und weitere Homologe, darunter auch Di- und Polyine, außerordentlich explosiv. Eine weitere Besonderheit von Ethin und Alk-1-inen besteht darin, daß sie CH-acid sind, d. h., daß die an die sp-hybridisierten C-Atome gebundenen H-Atome durch Metall-Ionen substituierbar sind. Die entstehenden Metallverbindungen heißen *Acetylide*.

Reaktionen. Für A. sind ebenso wie für Verbindungen mit C=C-Doppelbindungen (Alkene) *Additionsreaktionen* typisch. Meistens können diese Reaktionen so geführt werden, daß entweder substituierte Alkene oder die völlig ungesättigten Alkanderivate entstehen. Bei der katalytischen Hydrierung reagieren Dreifachbindungen schneller als Doppelbindungen, bei vielen anderen Additionsreaktionen ist die Reaktivität der A. geringer als die der Alkene. Weitere Reaktionen ↗ Acetylenchemie.

Analytisches. Zum chem. Nachweis von A. mit endständiger Dreifachbindung kann die Bildung von Kupfer(I)- und Silber(I)-acetyliden in ammoniakalischer Lösung herangezogen werden. Im IR-Spektrum erscheint die C≡C-Valenzschwingung im Bereich von 2080 bis 2280 cm^{-1}, während die C–H-Valenzschwingung bei etwa 3300 cm^{-1} auftritt. Die UV-Absorption nichtkonjugierter C≡C-Bindungen liegt unterhalb 200 nm. In den ^{1}H-Kernresonanzspektren erscheinen Signale acetylenischer Protonen bei Werten zwischen $\delta = 2$ bis 3 ppm. Außerdem beobachtet man oft long-range-Kopplungen, d. h. Kopplungen über mehr als drei Bindungen.

Herstellung. Großtechnisch wird nur das wichtigste A., ↗ Ethin, erzeugt. Homologe A. oder Cycloalkine kann man durch folgende Methoden erhalten: 1) Dehydrohalogenierung von 1,2- oder 1,1-Dihalogenverbindungen bzw. Halogenvinylverbindungen mit alkoholischer Kaliumhydroxidlösung oder mittels Natriumamid:

$$R{-}CHCl{-}CHCl{-}R \xrightarrow{KOH} R{-}CH{=}CH{-}R \xrightarrow{KOH}$$
$$R{-}C{\equiv}C{-}R \text{ oder}$$
$$R{-}C(Cl)_2{-}CH_2{-}R \xrightarrow{KOH} R{-}C{\equiv}C{-}R.$$

2) Oxidation von Bishydrazonen von 1,2-Diketonen mit Quecksilber(II)-oxid:

$$R{-}C({=}N{-}NH_2){-}C({=}N{-}NH_2){-}R \xrightarrow[-2\,H_2O/-2\,N_2]{+\,2\,O\,(HgO)}$$
$$R{-}C{\equiv}C{-}R.$$

Auf diesem Weg können auch niedere Cycloalkine, wie Cyclopentin oder Cyclohexin, gebildet werden, allerdings konnten diese stark gespannten Verbindungen bisher nur durch Folgereaktionen nachgewiesen werden.

3) A. mit endständiger C≡C-Dreifachbindung können durch Erhitzen mit Kupfer(II)-Salzen in Pyridin zu Diinen gekuppelt werden (↗ Glaser-Reaktion).

Verwendung. ↗ Ethin, ↗ Acetylenchemie. Homologe A. werden für Synthesen in wissenschaftlichen Laboratorien verwendet.

Alkohol, ↗ Alkohole; kurz ↗ Ethanol.

Alkoholate, *Alkoxide*, salzartige Alkoholderivate, die durch Substitution des H-Atoms der OH-Gruppe durch Metalle der I. bis III. Hauptgruppe des Periodensystems, vorrangig Na, K, Mg, Al, charakterisiert sind. Praktische Bedeutung haben Natriummethylat CH_3ONa, Kalium-*tert*-butylat $(CH_3)_3COK$, Magnesiummethylat $(CH_3O)_2Mg$ und Aluminiumisopropylat $[(CH_3)_2CHO]_3Al$. A. sind feuchtigkeitsempfindliche Feststoffe. Sie hydrolysieren mit Wasser sofort unter Rückbildung von Alkohol und Metallhydroxid: $CH_3O^-Na^+ + H_2O \rightarrow CH_3OH + NaOH$. Relativ stabil sind die im Vakuum unzersetzt destillierbaren Aluminiumalkoholate. A. sind im Alkoholüberschuß gut löslich. Sie stellen in der wasserfreien Lösung ↗ nucleophile Reagenzien dar, die für Synthesen eingesetzt werden.

A. werden durch Umsetzung der Metalle mit wasserfreien Alkoholen hergestellt: $CH_3{-}CH_2{-}OH + Na \rightarrow CH_3{-}CH_2{-}O^-Na^+ + H$. Natrium und Kalium reagieren spontan und exotherm, so daß die Reaktionsmischung gekühlt werden muß. Magnesium und Aluminium sind vor der Reaktion durch Behandlung mit Iod oder Quecksilber(II)-chlorid zu aktivieren. Während der Umsetzung entsteht atomarer Wasserstoff, der zu Hydrierungen genutzt werden kann. A. reagieren mit Halogenalkanen (↗ Williamson-Synthese) zu Ethern, wodurch insbesondere unsymmetrische Ether zugänglich werden: $R^1{-}Cl + NaOR^2 \rightarrow R^1{-}O{-}R^2 + NaCl$.

A. werden als Kondensationsmittel für die ↗ Claisen-Kondensation oder als Katalysatoren für organische Redoxreaktionen (↗ Oppenauer-Oxidation, ↗ Meerwein-Ponndorf-Verley-Reduktion) verwendet. Die Umsetzung reaktiver Metalle mit Alkoholen hat weiterhin Bedeutung zur Herstellung wasserfreier Alkohole, z. B. mit Magnesiummethylat, und zur gefahrlosen Vernichtung von Natrium- und Kaliumresten.

Alkoholdehydrogenase, *ADH*, zu den ↗ Oxidoreductasen gehörendes Enzym, das in Gegenwart von NAD^+ primäre und sekundäre Alkohole reversibel zu den entsprechenden Aldehyden bzw. Ketonen dehydriert. A. kommt in Bakterien, Hefen, Pflanzen sowie in der Leber und Retina von Tieren vor. Bekanntester Vertreter ist die zinkhaltige *Hefealkoholdehydrogenase* (M_r 145000), die aus vier Untereinheiten mit je einer NAD^+/NADH-Bindungsstelle besteht und als Endenzym der alkoholischen Gärung die Umwandlung von Acetaldehyd in Ethanol katalysiert. Durch die Leber-A. erfolgt der Abbau des Blutalkohols. Die A. aus Pferdeleber ist ein Dimer ($M_r \sim 80000$) und enthält zwei Zinkatome. In der Netzhaut wird der beim Sehvorgang gebildete Aldehyd Retinal zum Retinol reduziert, was für die Resynthese des Sehpigments von Bedeutung ist. Bei der enzymatischen Blutalkoholbestimmung wird die bei 340 nm auftretende NAD^+-abhängige Extinktionsänderung gemessen.

Alkohole, organische Verbindungen, die Hydroxygruppen –OH an sp^3-hybridisierte C-Atome gebunden enthalten. Die A. lassen sich durch formale Substitution von H-Atomen in Kohlenwasserstoffen ableiten, z. B. ↗ Alkanole aus Alkanen oder ↗ Cycloalkanole aus Cycloalkanen. Das die OH-Gruppe bindende C-Atom kann auch Bestandteil einer Seitenkette von Aromaten, z. B. ↗ Benzylalkohol, oder Heteroaromaten, z. B. ↗ Furfurylalkohol, sein.

Je nach Anzahl der OH-Gruppen unterscheidet man ein-, zwei-, drei- und mehrwertige A., wobei an jedes C-Atom nur eine OH-Gruppe gebunden ist. Bekannte einwertige A. sind ↗ Methanol und ↗ Ethanol, einfache zwei- bzw. dreiwertige A. (Diole, Triole) sind ↗ Glycole und ↗ Glycerin (Tab. 1 und 2). Durch Reduktion von Monosacchariden leiten sich sechswertige A. ab, z. B. ↗ D-Glucitol und ↗ D-Mannitol. Weiterhin wird unterschieden zwischen primären, sekundären und tertiären A., je nachdem, ob das die OH-Gruppe bindende C-Atom mit einem, zwei oder drei weiteren C-Atomen verknüpft ist. Somit ergeben sich folgende allgemeine Formeln:

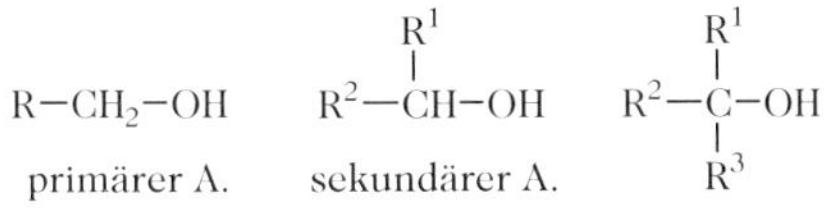

primärer A. sekundärer A. tertiärer A.

Alkohole. Tab. 1: Homologe Reihe einwertiger Alkohole

Methanol	$CH_3{-}OH$
Ethanol	$CH_3{-}CH_2{-}OH$
Propan-1-ol	$CH_3{-}CH_2{-}CH_2{-}OH$
Propan-2-ol	$CH_3{-}CH(OH){-}CH_3$
Butan-1-ol	$CH_3{-}CH_2{-}CH_2{-}CH_2{-}OH$
Butan-2-ol	$CH_3{-}CH_2{-}CH(OH){-}CH_3$
2-Methylpropan-1-ol (Isobutanol)	$CH_3{-}CH(CH_3){-}CH_2{-}OH$
2-Methylpropan-2-ol (*tert*-Butanol)	$CH_3{-}C(CH_3)_2{-}OH$

Alkohole. Tab. 2: Einige zwei- und mehrwertige Alkohole

Glycol (Ethan-1,2-diol)	$HO{-}CH_2{-}CH_2{-}OH$
Propylenglycol (Propan-1,2-diol)	$HO{-}CH_2{-}CH(OH){-}CH_3$
Propan-1,3-diol	$HO{-}CH_2{-}CH_2{-}CH_2{-}OH$
Glycerin (Propan-1,2,3-triol)	$HO{-}CH_2{-}CH(OH){-}CH_2{-}OH$
Pentaerythrit	$HO{-}CH_2{-}C(CH_2{-}OH)_2{-}CH_2{-}OH$

Nomenklatur. Die Bezeichnung der einwertigen A. erfolgt durch Kombination des Namens des Stammkohlenwasserstoffes mit dem Suffix -ol. Zur Unterscheidung von Isomeren wird die Stellung der OH-Gruppe durch eine Ziffer vor der Endsilbe angegeben, z. B. Propan-2-ol. Üblich ist auch noch die Namensbildung durch Anhängen von -alkohol an die Bezeichnung des Radikals, z. B. Methyl-, Ethyl- oder Allylalkohol. Für den einfachsten tertiären A. ergeben sich daher drei Möglichkeiten der Benennung: *tert*-Butanol, *tert*-Butylalkohol oder 2-Methylpropan-2-ol. Bei zwei- oder mehrwertigen A. wird analog unter Verwendung der Endungen -diol, -triol usw. verfahren und die Stellung der OH-Gruppen mit möglichst kleinen Ziffern angegeben, z. B. Butan-1,4-diol. Anderenfalls werden die zugelassenen Trivialnamen verwendet.

Eigenschaften. Niedermolekulare A. sind Flüssigkeiten mit typischem Geruch und brennendem Geschmack, die aufgrund von Molekülassoziationen durch intermolekulare Wasserstoffbrückenbindungen relativ hohe Siedepunkte im Vergleich zu Kohlenwasserstoffen oder anderen funktionellen Verbindungen gleicher Molmasse aufweisen. Noch ausgeprägter ist dies bei den viskosen Glycolen oder Glycerin. Bei höheren A. handelt es sich um feste Verbindungen mit nur schwach ausgeprägtem Geruch. Niedere A. sind wegen der Wechselwirkung der hydrophilen polaren OH-Gruppe mit Wassermolekülen in jedem Verhältnis mit Wasser mischbar. Die Grenze der Löslichkeit liegt bei einwertigen A. bei C_4, bei mehrwertigen A. wesentlich höher. Von den isomeren Butanolen ist *tert*-Butanol noch in jedem Verhältnis mit Wasser mischbar, während die isomeren Amylalkohole (C_5) praktisch nicht mehr in Wasser löslich sind, da bei ihnen bereits der hydrophobe Charakter der Alkylradikale überwiegt. D-Glucitol oder Mannitol sind in Übereinstimmung mit der Theorie gut in Wasser löslich. Sie zeigen jedoch lipophile Eigenschaften, d. h., sie lösen sich nicht mehr in Diethylether und Ethanol. Viele A. sind charakteristisch physiologisch wirksam (↗ Methanol, ↗ Ethanol, ↗ Fuselöl).

Niedere einwertige A. sind brennbar und leicht entflammbar (Brennspiritus). A. reagieren gegenüber Säure-Base-Indikatoren neutral, jedoch besteht die Möglichkeit der Salzbildung durch Einwirkung reaktiver Metalle der I. bis III. Hauptgruppe des Periodensystems unter Ausschluß von Wasser. Dabei entstehen durch Substitution des H-Atoms der OH-Gruppe durch Metall ↗ Alkoholate.

Die Bildung von Alkoxonium-Ionen, die als Zwischenstoffe bei chemischen Reaktionen auftreten können, erfolgt nur mit starken Brönsted-Säuren oder mit Lewis-Säuren, z. B. BF_3:

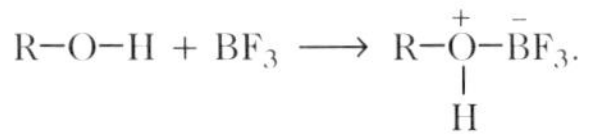

Reaktionen. Typische Reaktionen der A. sind die Veresterungen mit anorganischen Säuren zu Alkylhalogeniden, Alkylnitriten, Alkylnitraten, Alkyl- und Dialkylsulfaten sowie Trialkylphosphaten und mit Carbonsäuren, ihren Anhydriden oder Säurechloriden zu Carbonsäureestern: $R{-}CH_2{-}OH + HBr \rightarrow R{-}CH_2{-}Br + H_2O$, $C_2H_5OH + R{-}COOH \rightleftharpoons R{-}COOC_2H_5 + H_2O$. Die Umsetzung von A. mit 3,5-Dinitrobenzoylchlorid zu gut kristallisierenden 3,5-Dinitrobenzoesäureestern dient zur Identifizierung der A.:

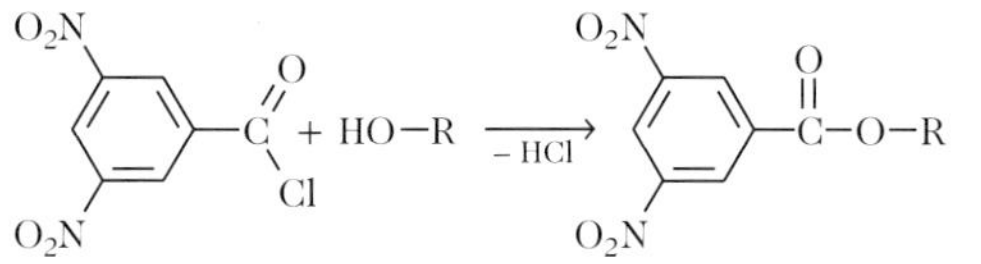

Die frei werdende Salzsäure wird durch Basen neutralisiert.

Beim Erhitzen von Schwefel-, Phosphor- oder Oxalsäure reagieren A. im Verlaufe einer intramolekularen Dehydratisierung zu Alkenen oder einer intermolekularen Wasserabspaltung zu Ethern. Beide Reaktionen konkurrieren miteinander. Hohe Temperaturen begünstigen die Alkenbildung, tiefere die Etherbildung: $C_2H_5OH \rightarrow CH_2{=}CH_2 + H_2O$, $2\ C_2H_5OH \rightarrow C_2H_5{-}O{-}C_2H_5 + H_2O$.

Analog sind die Verhältnisse bei der Gasphasendehydratisierung an Al_2O_3. Dabei entstehen bei 350 bis 400 °C fast ohne Nebenprodukte Alkene, bei 260 °C dagegen vorwiegend Ether. In der Reihenfolge primärer A. < sekundärer A. < tertiärer A. steigt die Leichtigkeit der intramolekularen Wassereliminierung (Alkenbildung). Die Etherbildung wird durch Überschuß an A. begünstigt.

Bei der Bildung von Alkenen entsteht das thermodynamisch stabilere Produkt (Saytzeff-Orientierung), z. B. bildet sich aus Butan-2-ol But-2-en und nicht But-1-en:

$$H_3C{-}CH_2{-}CH(OH){-}CH_3 \xrightarrow[-H_2O]{} H_3C{-}CH{=}CH{-}CH_3$$

A. können zu Aldehyden, Ketonen und Carbonsäuren oxidiert bzw. dehydriert werden. primäre A. ergeben dabei zunächst Aldehyde, die zu Carbonsäuren weiteroxidiert werden können:

$$R{-}CH_2{-}OH \xrightarrow[-H_2O]{+O} R{-}CHO \xrightarrow{+O} R{-}COOH$$

Sekundäre A. werden zu Ketonen oxidiert:

$$R^1{-}CH(OH){-}R^2 \xrightarrow[-H_2O]{+O} R^1{-}CO{-}R^2$$

Tertiäre A. werden nicht oxidiert. Die Identifizierung der unterschiedlichen Oxidationsprodukte wird zur analytischen Unterscheidung der primären, sekundären und tertiären A. genutzt. Als Oxidationsmittel verwendet man Kaliumdichromat in Schwefelsäure, Chrom(VI)-oxid, *tert*-Butylchromat oder Pyridin-Chromsäure-Komplexe. Zur durchgehenden Oxidation primärer A. zu Carbonsäuren eignen sich auch Kaliumpermanganat oder Salpetersäure, zur Umsetzung primärer A. zum Aldehyd aktivierter Braunstein und Selen(IV)-oxid. Primäre und sekundäre A. können auch mit Aceton in Anwesenheit von Aluminiumisopropylat zu Aldehyden bzw. Ketonen umgesetzt werden (↗ Oppenauer-Oxidation). Industriell erfolgt die Dehydrierung zu Aldehyden oder Ketonen mit Luftsauerstoff an Metallkatalysatoren bei 400 bis 600 °C.

Analytisches. Vorproben sind der Nachweis der neutralen Reaktion und gegebenenfalls die Reaktion mit kleinen Portionen metallischen Natriums unter Wasserstoffentwicklung, ferner die Bildung des mit grüner Flamme brennenden Borsäuremethylesters für Methanol und die Iodoformprobe für Ethanol oder Verbindungen mit der Gruppierung $CH_3{-}CHOH{-}$. Die Unterscheidung primärer, sekundärer und tertiärer A. ist durch ihre unterschiedlichen Oxidationsprodukte möglich. Die Identifizierung erfolgt als 4-Nitrobenzoesäure- oder 3,5-Dinitrobenzoesäureester über die Umsetzung mit den entsprechenden Säurechloriden bzw. durch Umsetzung mit Arylisocyanat zu den ebenfalls kristallinen Urethanen. In den IR-Spektren finden sich Banden im Bereich von 1050 bis 1300 cm^{-1} (C–O-Valenzschwingung) sowie von 3200 bis 3700 cm^{-1} (O–H-Valenzschwingung). Die Lage der O–H-Valenzschwingung ist dabei stark vom Assoziationsgrad und damit von der Konzentration abhängig. Während z. B. freie Hydroxygruppen Absorptionsbanden zwischen 3590 und 3650 cm^{-1} zeigen, sind sie bei Vorliegen von intramolekularen (3420 bis 3590 cm^{-1}) und intermolekularen Wasserstoffbrückenbindungen (3200 bis 3550 cm^{-1}) nach niederen Wellenzahlen verschoben. Im Kernresonanzspektrum sind die chemischen Verschiebungen für die OH-Protonen in starkem Maße von der Polarität der O–H-Bindung sowie vom Assoziationsgrad abhängig, d. h., diese Spektren sind nicht sehr aussagekräftig. In den Massenspektren zeigen die A. oft nur schwache Molpeaks. Das Fragmentierungsverhalten wird durch Eliminierung von Wasser und Spaltung der C–COH-Bindung bestimmt. Als charakteristisches Bruchstück erscheint das Ion $[CH_2{=}OH]^+$.

Vorkommen. Einzelne A. kommen frei oder gebunden natürlich vor, z. B. Glycerin als Baustein von Fetten, Ölen und Phosphatiden oder höhermolekulare einwertige A., wie Cetyl-, Ceryl- oder Myricylalkohol, in Wachsen pflanzlicher oder tierischer Herkunft. Biologisch interessante Verbindungen sind weiterhin Geraniol und Menthol als Vertreter der Terpene, Farnesol aus der Stoffklasse der Sesquiterpene und Retinol (Vitamin A_1) als Diterpen sowie Hydroxyverbindungen aus der Klasse der Steroide, z. B. Cholesterin.

Herstellung. 1) Hydratisierung von Alkenen in Gegenwart von Säuren:

$$R{-}CH{=}CH_2 + H_2O \xrightarrow{+H} R{-}CH(OH){-}CH_3;$$

2) Epoxidierung von Alkenen mit anschließender Hydrolyse der Epoxide (Oxirane):

$$R{-}CH{=}CH{-}R + H_3C{-}COOOH \longrightarrow R{-}HC{-}CH{-}R \text{ (Epoxid, } \overset{\diagdown\ \diagup}{O}\text{)} \xrightarrow{H_2O/H^+} R{-}CH(OH){-}CH(OH){-}R.$$

Als Reagenzien werden z. B. Peroxyessigsäure oder Sauerstoff und Silberoxid eingesetzt;

3) Addition von unterchloriger Säure HOCl an Alkene sowie basische Hydrolyse der als Zwischenprodukte entstehenden Chlorhydrine und Epoxide:

$$R{-}CH{=}CH_2 + HOCl \longrightarrow R{-}CH(OH){-}CH_2{-}Cl \xrightarrow[-HCl]{} R{-}HC{-}CH{-}R \text{ (Epoxid)} \xrightarrow{+H_2O} R{-}CH(OH){-}CH_2{-}OH;$$

4) Umsetzung von Ethin mit Formaldehyd (↗ Acetylenchemie) mit anschließender katalytischer Hydrierung des erhaltenen Butin-1,4-diols:

$$HC{\equiv}CH + 2\,CH_2O \longrightarrow HOCH_2{-}C{\equiv}C{-}CH_2OH \xrightarrow{H_2/Kat.} HO{-}CH_2{-}CH_2{-}CH_2{-}CH_2{-}OH;$$

5) Reaktion von Alkylhalogeniden mit Alkalihydroxiden: $R{-}CH_2{-}Cl + OH^- \rightarrow R{-}CH_2{-}OH + Cl^-$;

6) Hydrolyse von Carbonsäureestern, die entweder natürlich vorkommen oder aus Alkylhalogeniden darstellbar sind;

7) Reduktion von Carbonsäureestern: a) ↗ Bouveault-Blanc-Reduktion. b) Katalytische Hydrierung unter Verwendung von Kupfer(II)-Chrom(III)-oxid-Mischkatalysatoren;:

$R^1{-}COOR^2 + 4\,H \rightarrow R^1{-}CH_2OH + R^2{-}OH$;

8) Reduktion von Aldehyden und Ketonen: a) Katalytische Hydrierung mit Raney-Nickel: $R{-}CHO + H_2 \rightarrow R{-}CH_2{-}OH$. b) Reduktion mit Natrium und Ethanol: $R{-}CHO + 2\,H \rightarrow R{-}CH_2{-}OH$.

c) Reduktion mit komplexen Metallhydriden, z. B. Lithiumaluminiumhydrid oder Natriumborhydrid: $R{-}CHO + 2\,H \rightarrow R{-}CH_2{-}OH$. d) Reduktion von Ketonen zu Pinacolen. e) ↗ Meerwein-Ponndorf-Verley-Reduktion. f) ↗ Cannizzaro-Reaktion;

9) Grignard-Reaktionen mit Aldehyden, Ketonen und Carbonsäureestern: a) Umsetzungen von Formaldehyd mit Grignard-Reagens zu primären A.:

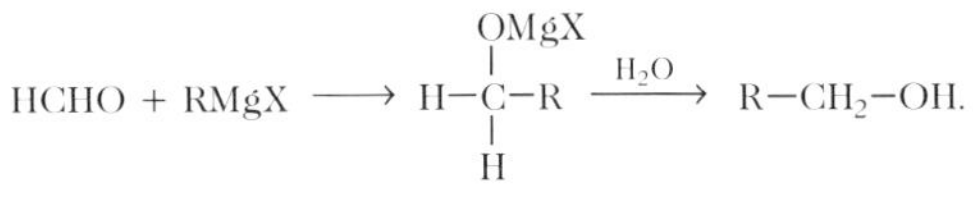

b) Umsetzungen anderer Aldehyde und Ketone sowie Carbonsäureester zu sekundären und tertiären A. (↗ Grignard-Reaktionen);

10) Vollständige katalytische Hydrierung von Phenolen zu Cyclohexanolen unter Druck bei höheren Temperaturen im Autoklaven;

11) Umsetzungen primärer aliphatischer Amine mit salpetriger Säure: $R{-}CH_2{-}NH_2 + HNO_2 \rightarrow [R{-}CH_2{-}N{=}N{-}OH] \rightarrow R{-}CH_2{-}OH + N_2$;

12) Oxidation von technisch zugänglichen Aluminumtrialkylen mit nachfolgender Hydrolyse:

$$[H_3C{-}(CH_2{-}CH_2)_n]_3Al \xrightarrow{+O} [H_3C{-}(CH_2{-}CH_2)_nO]_3Al \longrightarrow H_3C{-}(CH_2{-}CH_2)_n{-}OH + Al(OH)_3$$

($n = 11, 13, 15, 17$)

Diese Reaktion ist technisch besonders wichtig für die Gewinnung von langkettigen Alkan-1-olen als Ausgangsstoffe für Tenside.

Verwendung. Niedermolekulare einwertige A. werden in großem Maßstab als Lösungsmittel, als Brennstoffe sowie zur Darstellung von Estern, Ethern und Alkenen eingesetzt. Einfache zwei- und dreiwertige A. werden für Kosmetika, als Gefrierschutzmittel, zur Herstellung von Sprengstoffen, Schmier- und Textilhilfsmitteln u. a. verwendet.

alkoholische Gärung, die anaerobe Bildung von Ethanol und Kohlendioxid aus Glucose. Pro Molekül Glucose werden zwei Moleküle ATP gewonnen. Obwohl die Endprodukte der a. G. und der ↗ Glycolyse (Lactat) verschieden sind, verlaufen beide Prozesse bis zum Pyruvat über die gleichen Intermediate. Die stärkste a. G. läuft in der Hefe ab. Hierbei wird zunächst Pyruvat durch die Pyruvat-Decarboxylase zu Acetaldehyd decarboxyliert, der durch die ↗ Alkoholdehydrogenase durch NADH + H^+ zu Ethanol reduziert wird:

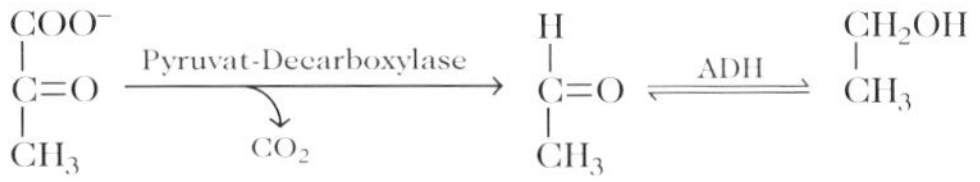

Die unter anaeroben Bedingungen ablaufende a. G. wird durch die Anwesenheit von Sauerstoff gehemmt (↗ Pasteur-Effekt). Die Pyruvat-Decarboxylase findet man in Bier- und Bäckerhefe und allen Organismen, die eine a. G. durchführen, einschließlich einiger Pflanzen.

Alkoholyse, Umesterung (↗ Ester).

Alkoxide, ↗ Alkoholate.

Alkydharze, synthetische Harze, die zur Gruppe der Polyester gehören und durch Polykondensation mehrwertiger Alkohole (z. B. Glycerin, Glycol und Pentaerythrit) mit Dicarbonsäuren (z. B. Phthalsäure, Adipinsäure, Bernsteinsäure, Maleinsäure oder deren Anhydride) hergestellt werden. A. mit Phthal- oder Maleinsäure als Säurekomponente bezeichnet man als *Phthalatharze* bzw. *Maleinatharze*, solche aus Glycerin und Phthalsäure als *Glyptalharze*.

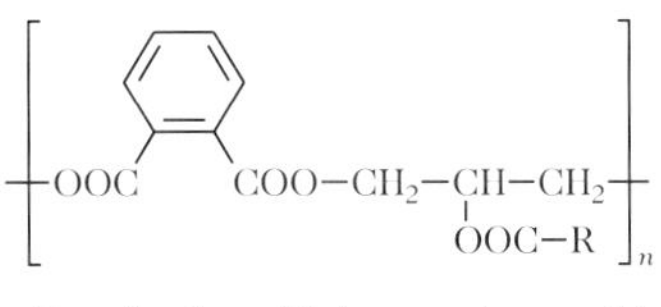

Durch den Einbau weiterer Molekülgruppen in einfache A., z. B. durch Veresterung der sekundären Hydroxygruppe des Glycerins, gelangt man zu modifizierten A., die elastische, gut haftende Filme bilden.

Bis auf wenige härtende A. sind allgemein die A. thermoplastisch und in organischen Lösungsmitteln löslich. A. werden hauptsächlich als Lackrohstoffe, die mit anderen Anstrichstoffen gut verträglich sind, verwendet; dabei werden den Produkten aus ungesättigten Dicarbonsäuren noch Trockenmittel (Sikkative), wie Blei-, Mangan- oder Cobaltsalze von Fett- oder Harzsäuren, zugesetzt. Weiterhin werden A. zur Herstellung von Druckfarben, Klebstoffen, Isoliermaterialien, Vergußmassen, als Mittel zur Textilveredlung und als Fußbodenbelag eingesetzt.

Alkydharzlacke, ↗ Lacke.

Alkyl ..., Bezeichnung für die Atomgruppierung C_nH_{2n+1}, die entweder als Rest R für die systematische Benennung von Verbindungen wichtig ist oder als instabiles freies Radikal bzw. Carbenium-Ion auftreten kann. A. ist von Alkan abgeleitet.

Alkylanzien, Verbindungen, die nucleophile Zentren biologischer Systeme unter physiologischen Bedingungen elektrophil angreifen und dabei lebenswichtige Stoffe alkylieren. Von besonderer Bedeutung ist der Angriff auf N-Atome der Nucleobasen, insbesondere auf das N 7-Atom der Guaninreste. Besonders wirksam sind die di- und trifunktionellen A., die die Vernetzung von DNA-Strängen bewirken. Zu den A. zählen ↗ *N*-Lostderivate, wie Chlorambucil und Cyclophosphamid, Aziridinderivate, z. B. Thiotepa, aliphatische Sulfonsäureester, z. B. Busulfan $CH_3–SO_2–O–(CH_2)_4–O–SO_2–CH_3$, und bestimmte Oxirane. A. werden als Cytostatika und Immunsuppressiva eingesetzt.

Alkylatbenzin, ↗ Benzin.

Alkylbenzole, aliphatisch-aromatische Kohlenwasserstoffe, die sich vom Benzol durch Substitution von H-Atomen durch Alkylreste ableiten, z. B. Toluol oder Xylole. Für die Herstellung der als Waschrohstoffe wichtigen Alkylbenzolsulfonate sind A. mit längeren Kohlenstoffketten erforderlich, z. B. Dodecylbenzol oder Tetradecylbenzol. Solche A. werden mittels ↗ Friedel-Crafts-Reaktionen aus Benzol und Halogenalkanen mit 8 bis 18 Kohlenstoffatomen hergestellt. Anstelle von Halogenalkanen können auch technisch aus der Erdölverarbeitung anfallende Alkene eingesetzt werden.

Alkylbenzolsulfonate, Abk. *ABS*, wirtschaftlich wichtigste Gruppe der anionischen ↗ Tenside, ein Isomeren- und Homologengemisch $(R^1,R^2)CH–C_6H_4–SO_3Na$ (wobei R^1, $R^2 = C_9$ bis C_{12}), das man durch Sulfonierung von Alkylbenzolen mit Schwefeltrioxid sowie anschließende Neutralisation der Alkylbenzolsulfonsäuren, überwiegend mit Natronlauge, erhält. A. werden vor allem in pulverförmigen Waschmitteln und in flüssigen Haushaltreinigern eingesetzt.

Lineare A., Abk. *LABS* oder *LAS*, z. B. sind gut biologisch abbaubar im Unterschied zu den bis in die sechziger Jahre üblichen stark verzweigten, biologisch »harten« *Tetrapropylenbenzolsulfonaten*.

Alkylhalogenide, ↗ Halogenalkane.

Alkyliden..., Bezeichnung für die Atomgruppierung $R^1R^2C=$ eines Moleküls, wobei R^1, R^2 = Alkyl oder H sein kann.

Alkylidin..., Bezeichnung für die Atomgruppierung R–C≡C– eines Moleküls mit R=H (*Ethylidin*), $R=CH_3$ (*Propylidin*) usw.

Alkylierung, Einführung von Alkylgruppen wie Methyl-CH_3-, Ethyl-C_2H_5- u. a. in organische Verbindungen. Bekannte *Alkylierungsmittel* sind vor allem Dialkylsulfate und Halogenalkane. Sie reagieren vorzugsweise mit CH-, NH- und OH-aciden Verbindungen in Gegenwart von Basen. So lassen sich z. B. Alkine, 1,3-Dicarbonylverbindungen, Amine, Stickstoffheterocyclen, Phenole und Enole leicht alkylieren. Technisch spielen auch Alkylierungen von Arenen und Alkanen unter Friedel-Crafts-Bedingungen eine große Rolle, z. B. zur Herstellung hochoctaniger Benzine. Dabei werden anstelle von Halogenalkanen meist technisch zugängliche Alkene eingesetzt.

Alkylmalonester, ↗ Malonestersynthesen.

Alkylnitrate, ***Salpetersäurealkylester***, $R–O–NO_2$, Ester von Alkoholen und Salpetersäure. A. sind angenehm riechende Flüssigkeiten, sie explodieren beim Erhitzen über ihren Siedepunkt. Man erhält sie durch Umsetzung von Alkoholen mit konz. Salpetersäure bzw. Nitriersäure. Wichtige A. sind Ethylnitrat und ↗ Glycerintrinitrat.

Alkylnitrite, ***Salpetrigsäurealkylester***, R–O–NO, Ester von Alkoholen und salpetriger Säure. A. entstehen bei der Umsetzung von Distickstofftrioxid mit Alkoholen oder durch Umsetzung der Alkohole mit Natriumnitrit unter Zutropfen äquivalenter Mengen Salzsäure oder Schwefelsäure. A. sind angenehm riechende Flüssigkeiten, die durch Mineralsäuren leicht gespalten werden. Deshalb werden sie anstelle von Alkalinitriten in organischen Lösungsmitteln verwendet, um daraus salpetrige Säure freizusetzen (z. B. für Diazotierungen). Die wichtigsten A. sind *Ethylnitrit* und *Isoamylnitrit*. Letzteres hat Bedeutung als Antidot bei Blausäure- und Schwefelwasserstoffvergiftungen. Diese Wirkung beruht auf der Bildung von Methämoglobin, das eine stärkere Affinität zu diesen Giften aufweist als gegenüber Sauerstoff.

A. mit längerkettigen Alkylresten lagern sich in einer photochem. Reaktion in γ-Nitrosoalkohole um.

Alkylsulfate, Mono- und Diester der Schwefelsäure. *Monoalkylhydrogensulfate* sind meist als Natriumsalze $R–O–SO_3Na$ von Bedeutung. Es sind weiße, in Wasser leicht lösliche Pulver. A. längerkettiger Alkohole mit 10 bis 18 Kohlenstoffatomen dienen als Waschrohstoffe, Netzmittel und Emulgatoren sowie als sonstige Textilhilfsmittel. Bereits geringe Mengen der A. setzen die Oberflächenspannung von Wasser und anderen Lösungsmitteln beträchtlich herab. Gegenüber den Seifen haben sie den Vorteil, auch mit Ca^{2+}- und Mg^{2+}-Ionen lösliche Verbindungen zu bilden und nicht zu hydrolysieren (neutrale Reaktion). A. primärer Alkohole (Fettalkohole) werden durch Sulfurierung mit konz. Schwefelsäure, Chlorsulfonsäure, Schwefeltrioxid, Schwefeltrioxid/Pyridin oder Amidosulfonsäure erhalten, sekundäre Alkohole werden mit Schwefelsäure sulfuriert und anschließend neutralisiert. Die Tensideigenschaften der sekundären A. sind schlechter als die der primären A.

Dialkylsulfate, $R{-}O{-}SO_2{-}O{-}R$, sind die neutralen Ester der Schwefelsäure mit Alkoholen. Sie werden durch Umsetzung von rauchender Schwefelsäure mit Alkoholen im Überschuß erhalten. A. dienen als Alkylierungsmittel.

Allantoin, ***5-Ureidohydantoin***, ein Abbauprodukt des Purins. Es bildet farblose Kristalle; F. 238,4 °C. A. ist wenig löslich im Wasser und Alkohol, leicht löslich in Alkalien unter Salzbildung. Die Darstel-

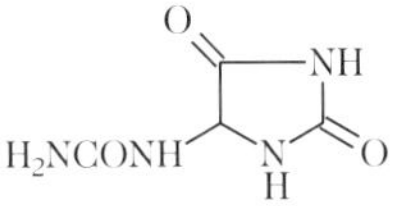

lung erfolgt durch Oxidation von Harnsäure in schwach alkalischem Milieu oder durch Erhitzen von Harnstoff mit Dichloressigsäure. A. kommt im Harn vieler Säugetiere vor (ausgenommen Mensch und Affe). Es entsteht im Organismus aus Harnsäure durch Einwirkung des Enzyms Uricase. Der Abbau des A. zu *Allantoinsäure* erfolgt durch das Enzym Allantoinase. Auch in Pflanzen ist A. enthalten. Es wird als Zusatz zu kosmetischen Präparaten verwendet.

Allelochimica, ↗ Semiochimica.

Allene, ungesättigte aliphatische Kohlenwasserstoffe mit zwei kumulierten Doppelbindungen (↗ Diene), die nach dem einfachsten Vertreter der Reihe, *Allen* (*Propadien*), $CH_2{=}C{=}CH_2$, benannt werden. Allen ist ein farbloses, brennbares Gas; F. –136 °C, Kp. –34,5 °C.

Typische Reaktionen der A. sind Isomerisierungen zu Alkinen, die basenkatalysiert ablaufen, z. B.

$$H_2C{=}C{=}CH_2 \xrightarrow{OH^-} HC{\equiv}C{-}CH_3$$

und Additionsreaktionen analog zu Alkenen, die interessante Synthesemöglichkeiten, z. B. für Ketone, eröffnen:

$$H_2C{=}C{=}CH_2 + H_2O \xrightarrow{H^+} H_2C{=}C(OH){-}CH_3 \longrightarrow H_3C{-}CO{-}CH_3.$$

So sind aus Allen Propin oder Aceton zugänglich. In gleicher Weise reagieren homologe A. Von zahlreichen Herstellungsmethoden sind folgende wichtig:

1) Dehalogenierung, z. B. Debromierung, von 2,3-Dihalogenalk-1-enen mit Zink:

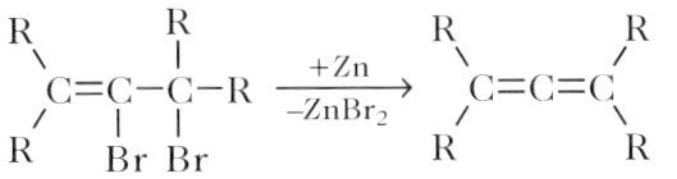

2) Cyclopropyliden-Allen-Umlagerung. Durch Einwirkung von Lithiumalkylen auf 1,1-Dichlorcyclopropane erfolgt Öffnung des dreigliedrigen Ringes, wobei die Reaktion vermutlich über ein Carben als Zwischenstufe läuft:

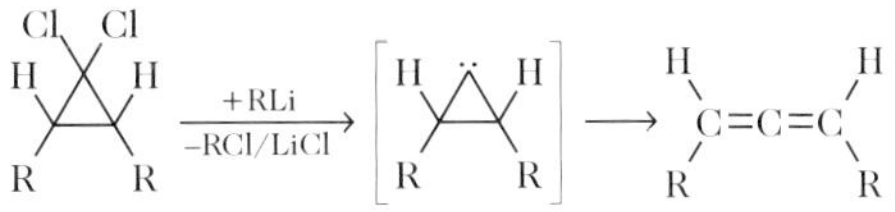

Da solche Cyclopropanderivate durch Dichlorcarbenaddition an Alkene leicht zugänglich sind, handelt es sich hierbei um eine breit anwendbare Synthesemethode für A.

Allethrin, ↗ Pyrethroide.

Alliin, ***S-Allyl-L-cysteinsulfoxid***, wichtigster Inhaltsstoff des Knoblauchs (*Allium sativum*). A. wird durch das Enzym Alliinase in Diallylthiosulfinat (Allicin) umgewandelt. Aus diesem sehr instabilen Thiosulfinat entstehen in Abhängigkeit von Temperatur und Lösungsmittel Vinyldithiine, Ajoene sowie Di- und Trisulfide.

Allomona, ↗ Semiochimica.

Allopurinol, ein synthetisches Isomeres des Hypoxanthins. Es hemmt die Xanthinoxidase, die für die oxidative Metabolisierung der Purinkörper zu Harnsäure verantwortlich ist. Unter Einwirkung von A. wird die Gefahr der Bildung und Ablagerung von Harnsäurekristallen (Uratkristalle) vermindert, weil

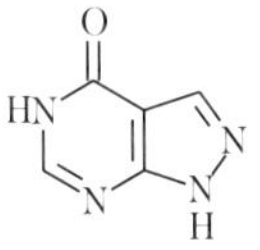

die Ausscheidung der Purinkörper auf die Verbindungen Hypoxanthin, Xanthin und Harnsäure verteilt ist. A. wird als Mittel gegen Gicht eingesetzt.

Allose, ↗ Monosaccharide, Abb.

Allosterie (griech. »allos«, anderer; »steros«, fest, Abstand), aus der Wechselwirkung zwischen den Untereinheiten oligomerer Proteine bei der Bindung eines niedermolekularen Effektors (Modulators) resultierende Effekte auf die Bindungsaffinität von Liganden zum Protein. Sind Ligand und Effektor identisch oder verschieden, dann resultiert ein monotroper bzw. heterotroper Effekt. Diese Effekte sind positiv oder negativ, je nachdem ob der Effektor die Bindungsaffinität des Liganden zum Protein erhöht bzw. erniedrigt. Prototyp eines allosterischen Proteins ist das ↗ Hämoglobin. Bei der Regulation biochemischer Reaktionsketten sind sehr oft ↗ allosterische Enzyme involviert.

allosterische Enzyme, aus Proteinuntereinheiten aufgebaute Enzyme, die neben dem ↗ aktiven Zentrum sog. allosterische Zentren enthalten. Durch reversible Bindung eines Effektors im allosterischen Zentrum wird die Konformation des aktiven Zentrums so verändert, daß die Substratbindung und damit die Katalysegeschwindigkeit positiv oder negativ beeinflußt werden kann. Positive oder negative allosterische Effekte, hervorgerufen durch positive oder negative allosterische Effektoren (↗ Allosterie), sind für die Stoffwechselregulation von großer Bedeutung. Oftmals katalysieren a. E. den ersten Schritt einer vielstufigen Reaktionskette und werden durch das Endprodukt der Reaktionskette allosterisch inhibiert (allosterische Endprodukthemmung).

Allotropie, ↗ Polymorphie.

Alloxan, ***Hexahydropyrimidin-2,4,5,6-tetron***, das Ureid der Mesoxalsäure. A. bildet gelbe Kristalle, die in Wasser leicht löslich, in Ether unlöslich sind; F. 256 °C (Z.). Lösungen von A. färben die Haut purpurrot. Es bildet ein farbloses Hydrat, das *Alloxanhydrat*. A. schädigt das Pankreas und ruft deshalb im Tierexperiment Diabetes hervor. Es ist ein Abbauprodukt der Harnsäure.

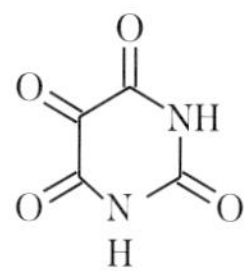

Synthetisch gewinnt man A. durch Oxidation von Barbitursäure mit Chrom(VI)-oxid oder von Harnsäure mit Salpetersäure oder salzsaurer Kaliumperchloratlösung. Verwendet wird es in der organischen Synthese sowie in der kosmetischen Industrie.

Alloxan-5-oxim, ↗ Violursäure.

Allyl..., Bezeichnung für die Atomgruppierung $CH_2=CH-CH_2-$ eines Moleküls, für das Radikal $CH_2=CH-CH_2\cdot$ und für das Kation $CH_2=CH-CH_2^+$.

Allylalkohol, ***Prop-2-en-1-ol***, $CH_2=CH-CH_2-OH$, einer der wichtigsten ungesättigten Alkohole, eine farblose Flüssigkeit mit stechendem Geruch; F. −129 °C, Kp. 97 °C, n_D^{20} 1,4135. Er ist mit Wasser in jedem Verhältnis mischbar und brennbar. A. ist toxisch, seine Dämpfe reizen die Sinnesorgane und können zu vorübergehender Erblindung führen. A. ist sehr reaktionsfähig. Die Oxidation zu ↗ Acrolein erfolgt sehr leicht mit Mangan(IV)-oxid, mit alkalischer Permanganatlösung entsteht ↗ Glycerin. Die Ester lassen sich zu Kunstharzen polymerisieren. Die Herstellung von A. erfolgt durch Erhitzen von Glycerin mit Oxalsäure oder Umsetzung von Allylchlorid mit Basen: $CH_2=CH-CH_2-Cl + OH^- \rightarrow CH_2=CH-CH_2-OH + Cl^-$. A. wird als Zwischenprodukt zur Synthese zahlreicher organischer Verbindungen verwendet, besonders Polymere aus A. sind als synthetische Schmieröle oder Kunstharze verbreitet. Als Lösungsmittel dient A. zur Entparaffinierung von Mineralöl.

Allylbromid, ***3-Brompropen***, $Br-CH_2-CH=CH_2$, eine farblose, unangenehm riechende, stark tränenreizende Flüssigkeit; F. −119,4 °C, Kp. 71 °C, n_D^{20} 1,4697. A. ist in Wasser schwer, in Alkohol und Ether leicht löslich. Das Reaktionsverhalten gleicht dem des ↗ Allylchlorids. A. kann aus Allylalkohol und Bromwasserstoff sowie durch Bromierung von Propen bei 300 °C hergestellt werden. A. wird für organische Synthesen verwendet.

Allylchlorid, ***3-Chlorpropen***, $Cl-CH_2-CH=CH_2$, eine farblose, stechend riechende Flüssigkeit; F. −134,5 °C, Kp. 45 °C, n_D^{20} 1,4157. A. ist in Wasser schwer, in den meisten organischen Lösungsmitteln leicht löslich. Unter Normalbedingungen ist es ziemlich beständig. Durch nucleophilen Chloraustausch sind Allylalkohol, Allylsenföl und Allylamine zugänglich. Die Herstellung von A. erfolgt durch Chlorierung von Propen bei 500 °C. A. wird vorwiegend zur Herstellung von Glycerin verwendet. Außerdem dient es zur Synthese weiterer technisch wichtiger Allylverbindungen.

Allylisothiocyanat, ↗ Allylsenföl.

Allylkomplexe, ↗ elementorganische Verbindungen.

Allylsenföl, ***Allylisothiocyanat***, ***Isothiocyansäureallylester***, $CH_2=CH-CH_2-N=C=S$, eine farblose, senfartig riechende, tränenreizende Flüssigkeit; F. −80 °C, Kp. 152 °C, n_D^{20} 1,5306.

Allylsenföl ist ein starkes Lungengift, auf der Haut ruft es Blasen und eitrige, schwer heilende Geschwüre hervor.

A. ist in Wasser schwer, in Alkohol, Ether und Benzol leicht löslich. Beim längeren Aufbewahren unter Normalbedingungen zersetzt es sich. A. ist in Form des Glycosids Sinigrin im Samen des schwarzen Senfs und in Meerrettichwurzeln enthalten. Durch Spaltung des Glucosids mit dem Enzym Myrosin kann A., neben Glucose und Kaliumhydrogensulfat, isoliert werden. Synthetisch kann A. aus Allylhalogeniden und Silberrhodanid oder durch Isomerisierung von Allylrhodanid, das aus Allylhalogeniden und Alkalirhodaniden zugänglich ist, hergestellt werden. A. wird als Aromastoff, Keimhemmungsmittel und Insektenbekämpfungsmittel verwendet.

Allylsubstitution, radikalische Substitution eines Wasserstoffatoms in Alkenen oder Cycloalkenen in Allylstellung (↗ Allylbromid) durch ein anderes Atom bzw. eine Atomgruppe, z. B. durch ein Halogenatom. Mit Chlor entstehen bei hohen Reaktionstemperaturen Allylchloride. Allylbromide werden bei der Umsetzung mit *N*-Bromsuccinimid in Tetrachlorkohlenstoff bei Initiierung mit Peroxiden oder durch UV-Licht gebildet (↗ Wohl-Ziegler-Reaktion).

Allylumlagerung, die bei nucleophilen Substitutionsreaktionen (↗ Substitution 1.) von Allylverbindungen beobachtete Umlagerung des Allylsystems. Bei einer S_N1-Reaktion wird intermediär ein Allyl-Kation gebildet. Infolge der vergleichbaren positiven Partialladungen an den endständigen C-Atomen des Allylsystems kann das nucleophile Reagens an diesen beiden Atomen reagieren. Als Reaktionsprodukt entsteht nach dem S_N1'-Mechanismus ein Gemisch von zwei Konstitutionsisomeren:

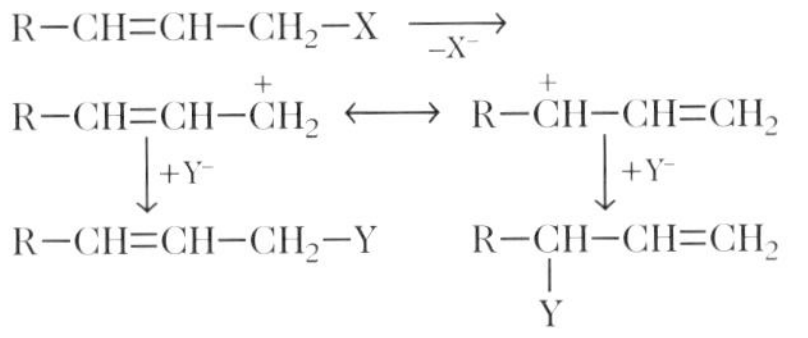

Besondere sterische Bedingungen am Substrat und Reagenzien hoher Nucleophilie können die Allylsubstitution nach einem S_N2-Mechanismus unter A. lenken:

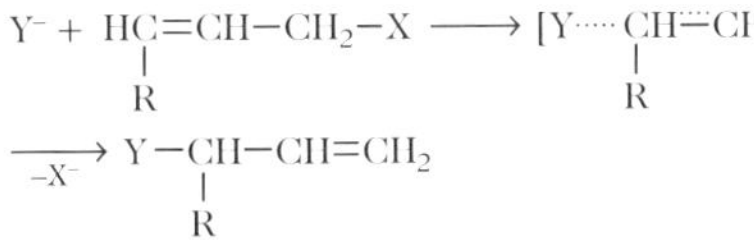

Die Reaktion läuft dann wie eine vinyloge Substitution oder eine normale S_N2-Substitution ab und führt zum Umlagerungsprodukt (S_N2'-Mechanismus) und/oder dem normalen Substitutionsprodukt.

Aloe-Emodin, ↗ Anthraglycoside.

Aloin, ↗ Anthraglycoside.

Aloxidieren, ↗ anodische Oxidation.

Alpaka®, ↗ Neusilber.

***α*,** Konfigurationssymbol für Kohlenhydrate (↗ Monosaccharide).

Alpha-Cypermethrin, ↗ Pyrethroide.

Alternativkraftstoffe, ↗ Kraftstoffe.

Alternativverbot, Auswahlregel in der Schwingungsspektroskopie. Danach kann für Moleküle mit einem Symmetriezentrum eine Schwingung entweder nur IR- oder nur Raman-aktiv sein; ↗ Infrarotspektroskopie, ↗ Raman-Spektroskopie.

alternierende Fest-Flüssigphasen-Peptidsynthese, ein Verfahren zur Peptidsynthese unter Verwendung von löslichen und festen Trägern. Konzeptionell beruht die a. F. darauf, daß eine schrittweise zu verlängernde Peptidkette im Verlauf der Kupplungsreaktion so verändert wird, daß Ausgangs- und Endprodukt leicht zu trennen sind. Obgleich die a. F. flexibel einsetzbar ist und methodische Vorzüge aufweist, steht eine breite praktische Erprobung noch aus.

Altrose, ↗ Monosaccharide, Abb.

Aluminate, Salze, in denen Aluminium als Säurebildner fungiert. *Hydroxoaimminate* der Zusammensetzung $M^I[Al(OH)_4]$, $M^I_2[Al(OH)_5]$ oder $M^I_3[Al(OH)_6]$ erhält man durch Auflösen von Aluminiumhydroxid oder von Aluminium in entsprechenden Laugen, z. B. $Al(OH)_3 + KOH \rightarrow K[Al(OH)_4]$. Das Tetrahydroxoaluminat-Ion kondensiert über das Dialuminat-Ion $[(OH)_3Al–O–Al(OH)_3]^{2-}$ zu kettenförmigen Polymeren. Diese lassen sich bei hoher Temperatur zu wasserfreien A. der Zusammensetzung M^IAlO_2 dehydratisieren, denen tetraedrische AlO_2-Einheiten mit Raumnetzstruktur zugrunde liegen. Diese wasserfreien A. sind auch durch Zusammenschmelzen von Metalloxiden mit Aluminiumoxid zugänglich, z. B. $Na_2O + Al_2O_3 \rightarrow 2\ NaAlO_2$. Entsprechende Derivate zahlreicher zweiwertiger Metalle kommen als Spinelle, z. B. als $MgAl_2O_4$ oder $ZnAl_2O_4$, in der Natur vor.

Aluminium, Symbol *Al*, chem. Element aus der III. Hauptgruppe des Periodensystems, der ↗ Bor-Aluminium-Gruppe, Leichtmetall, Reinelement; *Z* 13, Atommasse 26,98154, Wertigkeit III, sehr selten I, D. 2,702 g cm^{-3}, F. 660,37 °C, Kp. 2467 °C, elektrische Leitfähigkeit 40 Sm/mm^2 (bei 0 °C), Standardelektrodenpotential (Al/Al^{3+}) –1,706 V.

Eigenschaften. A. ist ein silberweißes, relativ weiches, dehnbares Metall, das in kubisch-flächenzentriertem Gitter kristallisiert. Es läßt sich leicht zu dünnen Folien auswalzen und zu Draht ziehen. A. ist ein sehr guter Wärmeleiter, seine elektrische Leitfähigkeit beträgt etwa 65 % von der des Kupfers.

A. tendiert zur Abgabe seiner drei Valenzelektronen und zur Bildung farbloser Al^{3+}-Kationen. Infolge der hohen positiven Ladung sind diese in Wasser stark hydratisiert. Auch feste Aluminiumsalze enthalten deshalb oft $[Al(H_2O)_6]^{3+}$-Kationen. A. bildet an der Luft eine festhaftende Oxidschicht (Passivität), weshalb die ausgeprägte Reduktionswirkung häufig vermindert wird. Durch Behandlung mit Oxidationsmitteln oder auf elektrolytischem Wege (*Eloxalverfahren*) kann diese Oxidschicht verstärkt und damit die Korrosionsbeständigkeit verbessert werden. So behandeltes A. ist stabil gegenüber Luft, Wasser, Säuren (auch Salpetersäure) und schwachen Basen. Ohne Oxidschicht reagiert das A. rasch mit Luft oder Wasser zu Aluminiumoxid und Wasserstoff. In starken Säuren oder Basen löst sich A. unter Wasserstoffentwicklung: $Al + 3\ H_3O^+ \rightarrow Al^{3+} + {}^3/_2\ H_2 + 3\ H_2O$; $Al + OH^- + 3\ H_2O \rightarrow [Al(OH)_4]^- + {}^3/_2\ H_2$. Feinverteiltes A. verbrennt beim Erhitzen zu Aluminiumoxid: $4\ Al + 3\ O_2 \rightarrow 2\ Al_2O_3$. Die hohe Bildungstendenz des Aluminiumoxids wird in der Technik genutzt, indem z. B. in geschmolzenem Eisen gelöste Oxide durch zugesetztes A. reduktiv entfernt werden (Desoxidation). Auch zur Darstellung zahlreicher Metalle aus deren Oxiden wird A. eingesetzt (↗ aluminothermisches Verfahren). Mit den Halogenen verbindet sich A. in exothermer Reaktion zu den Aluminiumhalogeniden (AlF_3, $AlCl_3$ usw.), die vor allem aus strukturchem. Sicht, aber auch wegen ihrer Lewis-Säure-Aktivität (↗ Säure-Base-Konzept) Interesse verdienen.

Analytisches. Qualitativ wird A. durch Fällung als Farblack in der Ammoniumsulfidgruppe oder durch Glühen von Aluminiumhydroxid $Al(OH)_3$ in Gegenwart von Cobalt(II)-nitrat $Co(NO_3)_2$ als $CoAl_2O_4$ (Thénards Blau) nachgewiesen. Die quantitative Bestimmung erfolgt durch komplexometrische Rücktitration mit EDTA.

Vorkommen. A. ist mit 8,1 % am Aufbau der Erdkruste beteiligt und damit nach Sauerstoff und Silicium das dritthäufigste Element und vor dem Eisen das häufigste Metall. Es kommt stets gebunden in Form verschiedener Feldspate, Glimmer, Tone und als Bauxit vor. Die wichtigsten Minerale sind Orthoklas (Kalifeldspat) $K(AlSi_3O_8)$, Albit (Natronfeldspat) $Na(AlSi_3O_9)$, Anorthit (Kalkfeldspat) $Ca(Al_2Si_2O_8.)$, Muskovit (Kaliglimmer) $KAl_2(AlSi_3O_{10})(OH,F)_2$, Kryolith Na_3AlF_6. Durch Verwitterung feldspalthaltigen Gesteins bilden sich Tone unterschiedlicher Zusammensetzung. Mit Siliciumdioxid und Eisenoxid verunreinigte Tone bezeichnet man als Lehm, Calcium- oder Magnesiumcarbonat enthaltende Tone als Tonmergel. Kaolin, $Al_2O_3 \cdot 2\ SiO_2 \cdot 2\ H_2O$ ist Ausgangsmaterial zur Porzellangewinnung. Als reines Aluminiumoxid kommt A. in Form des Korunds, der durch Verunreinigungen mit Chromoxid (Rubin) oder mit Titanoxid (Saphir) gefärbt sein kann, oder auch als Schmirgel vor.

A. ist auch in pflanzlichem und tierischem Gewebe enthalten, verhält sich aber physiologisch weitgehend indifferent.

Die ***Gewinnung*** des A. erfolgt auf der Basis oxidischer Rohstoffe. Aufgrund der hohen Sauerstoffaffinität des A. wird die Gewinnung durch Elektrolyse einer Kryolith-Tonerde-Schmelze vorgenommen, in der das A. die edelste Metallkomponente ist. Die Reinmetallreduktion erfolgt in zwei Stufen: Herstellung von reinem Al_2O_3 (Aluminiumoxid, Tonerde) und Schmelzflußelektrolyse von Al_2O_3 in geschmolzenem Kryolith (Natriumfluoroaluminat) Na_3AlF.

Herstellung der Tonerde. In den meisten Betrieben wird reine Tonerde durch nassen Aufschluß der Rohstoffe nach dem *Bayer-Verfahren* erzeugt (Abb. 1). Dabei werden die Al-Verbindungen des Rohstoffs Bauxit in kontinuierlich betriebenen Autoklavenbatterien bei 160 bis 240 °C unter einem Druck von 0,8 MPa nach $Al(OH)_3 + NaOH \rightleftharpoons Na^+ + [Al(OH)_4]^-$ in Natronlauge mit 200 bis 350 g Na_2O/1 gelöst, so daß ein $Na_2O : Al_2O_3$-Verhältnis von 1,7 vorliegt. Fe_2O_3 löst sich unter den Aufschlußbedingungen nicht, und SiO_2 wird in unlösliches Natriumalumosilicat (Sodalith) umgewandelt (NaOH und Al_2O_3-Verluste). Die Aufschlußlösung wird auf 100 °C abgekühlt und verdünnt (100 bis 140g Na_2O/l). Der Löserückstand (*Rotschlamm*) wird durch Eindicker und Filter abgetrennt, die klare Lösung auf 60 °C gekühlt und mit Hydrargillit ↗ Impfkristallen (γ-$Al(OH)_3$) versetzt. Das während dem 30- bis 70stündigem Rühren ausgefallene $Al(OH)_3$ wird durch Filtration von der Mutterlauge getrennt. 80 % des $Al(OH)_3$ wird zum Impfen der Aufschlußlösung verwendet, der Rest in Öfen getrocknet und bei 1200 bis 1300 °C zum α-Al_2O_3 calciniert.

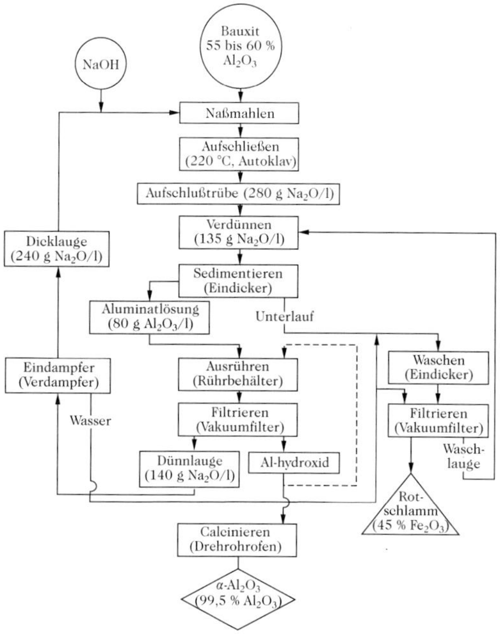

Aluminium. Abb. 1: Schema zur Herstellung von Tonerde nach dem Bayer-Verfahren.

Nichtbauxitische SiO_2-reiche Rohstoffe (Tone, Alunit, Nephelin u. a.) lassen sich aufgrund der Bildung von Hydroxylsodalith $3\ Na_2O \cdot 3\ Al_2O_3 \cdot 6\ SiO_2 \cdot 2\ NaOH$ nicht nach dem Bayer-Verfahren zu reinem Al_2O_3 umwandeln. Durch basischen Aufschluß bei hohen Temperaturen kann das SiO_2 an CaO gebunden werden, oder es wird beim Aufschluß mittels Mineralsäuren aus den Rohstoffen gelöst.

Vor Anwendung der sauren Aufschlußverfahren muß der Kaolinit durch thermische Zersetzung bei 750 °C in säurelöslichen Metallkaolinit $Al_2O_3 \cdot 2\ SiO_2$ überführt werden. Mit Al_2O_3 gehen die eisenhaltigen Verunreinigungen der Rohstoffe in Lösung. Obwohl die Wiedergewinnung der Aufschlußsäure und die korrosive Belastung der Apparate problematisch sind, wird der saure Aufschluß aufgrund der Rohstoffsituation an Bedeutung gewinnen. Vorteile des *Schweflige-Säure-Verfahrens* liegen in der leichten Zersetzbarkeit des Aluminiumsulfits und in der Kreislauffahrweise für das SO_2, das Rohaluminiumhydroxid wird nach dem Bayer-Verfahren weiterverarbeitet.

Schmelzflußelektrolyse. Da die Schmelzflußelektrolyse von reinem Al_2O_3 zu hohe Temperaturen erfordert, wird eine Schmelze aus synthetischem Kryolith Na_3AlF_6 als Elektrolyt verwendet, in dem 5 % Al_2O_3 gelöst sind. Damit läßt sich die Elektrolyse bei 950 bis 980 °C durchführen. Der schmelzflüssige Kryolith komplexiert das Al_2O_3 nach $Al_2O_3 + [AlF_6]^{3-} \rightarrow 3\ (AlOF_2)^-$ und transportiert den Strom. Die elektrolytische Zersetzung führt zu A. an der Kathode und zu Sauerstoff an der C-Anode, der an den flachen Kohlenstoffwannen zu CO_2 reagiert. Vereinfacht lassen sich folgende Elektrodenprozesse formulieren: $8\ AlF_3 + 12\ e^- \rightarrow 4\ Al + 4\ [AlF_6]^{3-}$, $2\ Al_2O_3 + 4\ [AlF_6]^{3-} + 3\ C - 12\ e^- \rightarrow 3\ CO_2 + 8\ AlF_3$.

Die von oben in die Schmelze getauchten Anoden bestehen aus vorgebrannten Kohleblöcken oder selbstbrennenden Söderberg-Elektroden (Abb. 2). Die praktische Zersetzungsspannung beträgt 1,7 V. Das am Boden der Elektrolysewanne (Kathode) liegende, abgeschiedene flüssige A. wird abgesaugt und vergossen oder umgeschmolzen. Das Hüttenaluminium weist einen Reinheitsgrad von 99,9 % Al auf.

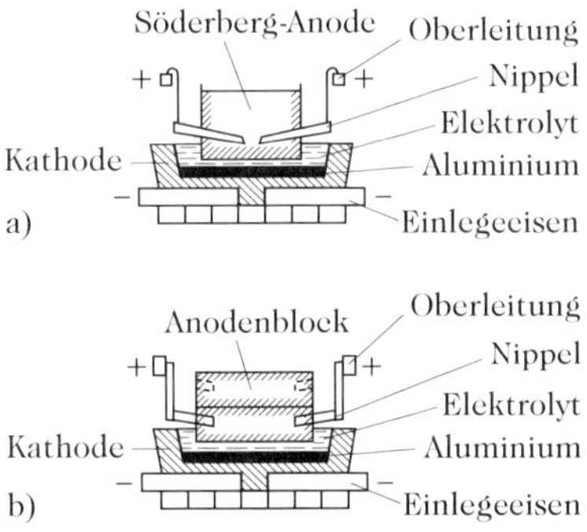

Aluminium. Abb. 2: Elektrolysezellen für die Aluminumgewinnung durch Schmelzflußelektrolyse: (a) mit Söderberg-Anoden, (b) mit vorgebrannten kontinuierlichen Blockanoden.

Reinstaluminium mit mehr als 99,99 % Al wird durch Dreischichtenelektrolyse bei 750 °C hergestellt.

Verwendung. Geringe Dichte, günstige mechanische Eigenschaften, gute Wärmeleitfähigkeit, einfache Verformbarkeit und hinreichende Korrosionsbeständigkeit machen A. zu einem wertvollen Werkstoff zur Herstellung von Apparaturen, Armaturen, Behältern u. dgl. sowie für den Fahrzeug- und Flugzeugbau. Seine Ungiftigkeit erlaubt die Verwendung von A. in der Nahrungsmittelindustrie, und aufgrund seiner hohen elektrischen Leitfähigkeit wird es beim Bau elektrischer Anlagen und bei der Verwendung in Kabeln, als Draht u. a. genutzt. Im Vakuum auf Glas aufgedampftes A. bildet ausgezeichnet reflektierende Schichten für Licht- und Wärmestrahlung. Dies wird z. B. zur Herstellung von Spiegelteleskopen genutzt. Aluminiumpulver wird zur Bereitung rostschützender Anstriche und für pyrotechnische Artikel verwendet, Aluminiumgrieß dient in der Metallurgie zur Gewinnung verschiedener Metalle nach dem aluminothermischen Verfahren.

Aluminiumacetate, die Aluminiumsalze der Essigsäure. Man unterscheidet das neutrale *Aluminiumtriacetat* $Al(OOCCH_3)_3$ und die basischen Derivate *Aluminiumdiacetat* $HOAl(OOCCH_3)_2$ und *Aluminiummonoacetat* $(HO)_2AlOOCCH_3$. Das Diacetat läßt sich direkt durch Umsetzung von Natriumaluminat mit Essigsäure herstellen. Die A. dienen in der Zeugfärberei als Beizen. Das Diacetat kann unter der Bezeichnung *essigsaure Tonerde* wegen seiner adstringierenden und antiseptischen Wirkung in der Wundbehandlung benutzt werden. Das Präparat enthält Weinsäure als Stabilisierungsmittel.

Aluminiumalkyle, ↗ aluminiumorganische Verbindungen.

Aluminiumbromid, $AlBr_3$ farblose, an feuchter Luft rauchende, in Benzol und vielen anderen organischen Lösungsmitteln lösliche, rhombische Kristalle; D. 2,64 g cm^{-3}, F. 97,5 °C, Kp. 263,3 °C. Im Festzustand liegt A. in Form von Al_2Br_6-Molekülen vor.

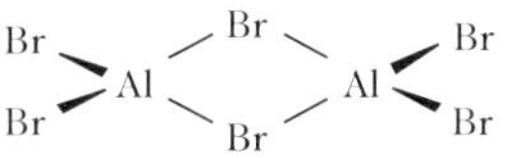

Aluminiumbromid. Abb.: Al_2Br_6-Molekül.

Zwei Br^--Ionen fungieren als Brückenliganden, wodurch das Al-Atom ein Elektronenoktett erreicht (Zweielektronen-Dreizentrenbindung). A. löst sich mit heftiger Reaktion in Wasser unter weitgehender Hydrolyse der Al-Br-Bindungen. Die Lösung reagiert deshalb stark sauer. Aus der Lösung kristallisiert A. als Hexahydrat $AlBr_3 \cdot 6\ H_2O$, unterhalb –9 °C als $AlBr_3 \cdot 15\ H_2O$. Man gewinnt A. durch Überleiten von Bromdampf über ein glühendes Gemisch von Aluminiumoxid und Kohlenstoff oder auch durch unmittelbare Einwirkung von Brom auf Aluminium. Es wird vor allem als Katalysator in der organischen Synthese (Friedel-Crafts-Reaktionen, Polymerisationen, Bromierungen) angewandt.

Aluminiumbronze, Kupfer-Aluminium-Legierung mit maximal 9 % Aluminium. Die homogenen Kupfer-Aluminium-Mischkristalle haben hervorragende Warmfestigkeit, Korrosions- und Zunderbeständigkeit. Es werden auch Mehrstoffbronzen mit zusätzlichem Eisen und Nickel hergestellt. A. dienen als Werkstoff für säurebeständige Teile der chem. und Nahrungsmittelindustrie, für Heißdampfarmaturen, Ventilsitze, Gleitorgane, Zahn- und Schneckenräder sowie Schiffsschrauben.

Aluminiumchlorid, $AlCl_3$, farbloses, infolge Verunreinigung durch Eisenchloride meist hellgelbes, an feuchter Luft stark rauchendes, hygroskopisches, in vielen organischen Lösungsmitteln lösliches, hexagonales Kristallpulver; D. 2,44 g cm^{-3}, F. 190 °C unter einem Druck von 0,253 MPa, Sbp. 182,7 °C. In flüssiger Phase, im Dampfzustand und in einigen Lösungsmitteln liegt A. als Dimeres $Cl_2AlCl_2AlCl_2$ mit vierfach koordiniertem Aluminium in einer dem ↗ Aluminiumbromid analogen Struktur vor. Im festen A. ist das Aluminium 6fach durch Cl^- koordiniert. In Wasser löst es sich stark exotherm, wobei Hydrolyse des weitgehend kovalenten A. in Chlorid-Ionen und Aluminium-hexaquo-Ionen erfolgt: $AlCl_3 + 6\,H_2O \rightarrow [Al(H_2O)_6]^{3+} + 3\,Cl^-$. Letztere verursachen durch Übergang in die Hydroxoverbindung die stark saure Reaktion: $[Al(H_2O)_6]^{3+} + H_2O \rightarrow [Al(H_2O)_5OH]^{2+} + H_3O^+$. Die Darstellung des wasserfreien A. erfolgt durch Überleiten von Chlor über ein Gemisch von Aluminiumoxid und Kohlenstoff bei etwa 800 °C gemäß $Al_2O_3 + 3\,C + 3\,Cl_2 \rightarrow 2\,AlCl_3 + 3\,CO$ oder auch direkt aus den Elementen: $2\,Al + 3\,Cl_2 \rightarrow 2\,AlCl_3$. Wasserfreies A. dient als starke Lewis-Säure in der organischen Synthese als Katalysator, z. B. bei Friedel-Crafts-Alkylierungen und -Acylierungen, bei Dehydrierungen und Polymerisationen sowie als Kondensationsmittel und Halogenüberträger.

Aluminiumfluorid, AlF_3, farbloses, in Wasser und organischen Lösungsmitteln schwer lösliches, triklines Kristallpulver; D. 2,88 g cm^{-3}, Sbp. 1291 °C. Auch mehrere kristallwasserhaltige Formen sind bekannt. Die Gewinnung des technisch wichtigen A. erfolgt durch Überleiten von Fluorwasserstoff über rotglühendes Aluminium oder Aluminiumoxid, z. B. $Al_2O_3 + 6\,HF \rightarrow 2\,AlF_3 + 3\,H_2O$. Mit Metallfluoriden bildet A. Komplexsalze des Typs $M^I_3[AlF_6]$ z. B. durch Umsetzung mit Natriumfluorid das Natriumhexafluoroaluminat $Na_3[AlF_6]$. A. dient in der Metallurgie als Flußmittel und wird auch bei der Aluminiumherstellung eingesetzt.

Aluminiumhydroxid. Man unterscheidet *Aluminiumorthohydroxid* $Al(OH)_3$ sowie das wasserärmere *Aluminiummetahydroxid* (*Aluminiumoxidhydroxid*) AlO(OH).

A. ist amphoter; es löst sich in Säuren zu entsprechenden Aluminiumsalzlösungen: $Al(OH)_3 + 3\,H_3O^+ \rightleftharpoons Al^{3+} + 6\,H_2O$, durch Basen wird es in Aluminate übergeführt: $Al(OH)_3 + OH^- \rightleftharpoons [Al(OH)_4]^-$. Dabei hängt die Reaktionsbereitschaft stark von der jeweils vorliegenden Form des A. ab. Beispielsweise löst sich kristallines $Al(OH)_3$ sehr viel schwerer in Säuren als das amorphe Produkt.

Aluminiumlegierungen, Legierungen des Aluminiums, die vor allem Kupfer, Magnesium, Mangan, Silicium und Zink, in geringen Konzentrationen auch Nickel, Blei, Chrom, Titan und Antimon enthalten. Eisen ist normalerweise unerwünscht. Verglichen mit dem Reinstaluminium sind in den A. besonders die Festigkeitseigenschaften erhöht, dagegen sinkt die elektrische Leitfähigkeit, auch die Korrosionsbeständigkeit ist oft schlechter. Je nach Verarbeitung unterscheidet man Guß- und Knetlegierungen. Durch thermische Behandlung erreicht man bei vielen A. besondere Aushärteeffekte. Dies gilt z. B. für *Duralumin* (2,5 bis 5,5 % Cu, 0,2 bis 0,5 % Mg, 0,5 bis 1,2 % Mn und 0,2 bis 1,0 % Si), das aufgrund seiner hohen Festigkeit bei einer Dichte von 2,75 bis 2,87 vor allem als Konstruktionsmaterial im Fahrzeug- und Flugzeugbau verwendet wird. Weitere wichtige A. sind *Hydronalium* (3 bis 12 % Mg, 0,2 bis 0,8 % Mn und 0,2 bis 1,0 % Si), das sich besonders durch seine Seewasserbeständigkeit auszeichnet, und *Silumin*® (bis 14 % Si), das als Druckgußlegierung im Motoren- und Apparatebau verwendet wird.

aluminiumorganische Verbindungen, ***Organoaluminiumverbindungen***, zur Gruppe der ↗ elementorganischen Verbindungen gehörende Alkyl- und Arylderivate des Aluminiums, speziell der Typen R_3Al, R_2AlX und $RAlX_2$ (X = H, Halogen, NR_2, OR; 2 X = O). Wichtigste Vertreter sind die *binären Aluminiumalkyle*, speziell das *Triethylaluminium* (Abb.), das wie die Mehrzahl der a. V. dimere Struktur aufweist. Durch Al-C-Al-Dreizentren-Zweielektronen-Bindungen wird für beide Aluminiumatome ein Elektronenoktett erreicht.

Im Laboratorium werden a. V. meist durch Metathesereaktionen aus Aluminiumhalogeniden und ↗ lithiumorganischen Verbindungen hergestellt.

Im technischen Maßstab gewinnt man Triethylaluminium entweder durch Umsetzung von Aluminium mit Ethylchlorid über Aluminiumsesquichlorid, das mit Natrium reduziert wird: $Et_2AlCl_2AlEtCl + 3\,Na \rightarrow Et_3Al + Al + 3\,NaCl$ (*Hüls-Verfahren*) oder durch Ziegler-Direktsynthese aus Aluminium, Wasserstoff und Ethen: $2\,Al + 3\,H_2 + 6\,H_2C{=}CH_2 \rightarrow Al_2(CH_2CH_3)_6$.

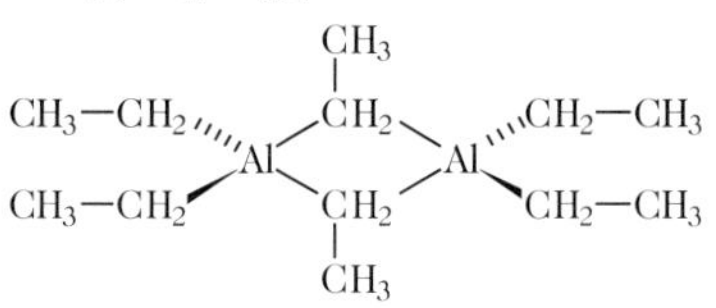

Triethylaluminium

Aluminiumalkyle sind außerordentlich oxidationsempfindliche Substanzen. An der Luft entflammen sie sofort. Mit Wasser reagieren sie explosionsartig unter Bildung von Alkanen und Aluminiumhydroxid. Die besondere Bedeutung der Aluminiumalkyle besteht in ihrer Fähigkeit, Einschubreaktionen mit Alkenen einzugehen. Diese Insertion konkurriert mit der Eliminierung des Alkylrestes als Alken, und es gelingt, auf diese Weise Alkene zu dimerisieren oder zu oligomerisieren. Wichtig ist der Einschub von Ethen in Triethylaluminium, wobei eine durchschnittliche Alkylkettenlänge von etwa 14 C-Atomen angestrebt wird. Durch gezielte Oxidation und Hydrolyse gemäß

$$Al(C_2H_5)_3 \xrightarrow{(Ethen)} Al(C_{14}H_{29})_3$$

$$\xrightarrow{O_2} Al(OC_{14}H_{29})_3$$

$$\downarrow (H_2O)$$

$$3\ C_{14}H_{29}OH + Al(OH)_3$$

werden so biologisch abbaubare Alkohole gewonnen, die insbesondere zur Produktion von Detergenzien geeignet sind. Durch thermische Behandlung der langkettigen Aluminiumalkyle (Ni^{2+}-Katalyse) können auch 1-Alkene, durch unmittelbare Hydrolyse auch Alkane gewonnen werden. Triethylaluminium ist darüber hinaus Bestandteil von Katalysatorsystemen, wie z. B. $TiCl_4/Et_3Al$ zur Alkenpolymerisation (*Ziegler-Natta-Niederdruckverfahren*, ↗ Katalyse). In jüngster Zeit wird Methylalumoxan, $[MeAlO-]_n$ (MAO), als Cokatalysator in extrem aktiven Ziegler-Natta-Katalysatoren eingesetzt und damit z. B. hochisotaktisches Polypropylen hergestellt.

Ein Vertreter der sehr seltenen Aluminium(I)-organyle ist das tetramere (η^5-Pentamethylcyclopentadienyl)aluminium(I), $[(\eta^5\text{-}C_5Me_5)Al]_4$.

Aluminiumoxid, *Tonerde*, Al_2O_3. Wichtige Modifikationen sind das kubische γ-Al_2O_3 und der rhombische Korund (α-Al_2O_3). γ-Al_2O_3 ist ein farbloses, lockeres, hygroskopisches Pulver, das sich nicht in Wasser, wohl aber in starken Säuren und Basen löst. Oberhalb 1000 °C geht es in das in Säuren und Laugen unlösliche α-Al_2O_3 über, D. 3,97 g cm^{-3}, F. 2015 °C, Kp. 2980 ± 60 °C. α-Al_2O_3 fällt in großen Mengen als Zwischenprodukt bei der Aluminiumgewinnung an und kommt als *Korund* auch in der Natur vor. Es hat die Mohssche Härte 9 und wird deshalb zu Schleifmitteln, zu Lagersteinen für Uhren und Meßinstrumente u. ä. verarbeitet. Rubin und Saphir sind durch geringe Mengen Cr_2O_3 bzw. TiO_2 verunreinigter Korund. Diese Edelsteine, die auch in der Lasertechnik Bedeutung erlangt haben, werden künstlich hergestellt. γ-Al_2O_3 ist ein außerordentlich poröses Material, dessen Oberflächenstruktur stark durch die Herstellungstemperatur variiert werden kann und das vor allem als Adsorbens eingesetzt wird. Es dient darüber hinaus als Katalysator und Katalysatorträger.

Aluminiumoxidhydroxid, ↗ Aluminiumhydroxid

Aluminiumsilicate, kristalline Silicate, in denen im Gegensatz zu den ↗ Alumosilicaten das Aluminium Kationenfunktion hat, d. h. oktaedrisch von Sauerstoffatomen koordiniert ist. In vielen Tonen liegt das Aluminium bifunktionell vor (Aluminiumalumosilicate).

aluminothermisches Verfahren, ***Thermitverfahren, Goldschmidt-Verfahren***, 1894 von H. Goldschmidt eingeführtes Verfahren zur kohlenstofffreien Gewinnung hochschmelzender Metalle (Chrom, Mangan, Vanadium, Cobalt, Silicium, Eisen u. a.) aus deren Oxiden durch Reduktion mit Aluminium, z. B. $Cr_2O_3 + 2\ Al \rightarrow 2\ Cr + Al_2O_3$. Dazu wird das entsprechende Elementoxid mit Aluminiumgrieß vermischt und üblicherweise mit einer Zündkirsche (Gemisch aus Magnesiumpulver mit Bariumperoxid oder Kaliumchlorat) gezündet. Die Umsetzung verläuft stark exotherm, es werden Temperaturen über 2000 °C erreicht. Das gebildete Metall kann so zu einem kompakten Regulus zusammenlaufen, auf dem die zunächst flüssige Schlacke schwimmt. Das a. V. kann auch zum Schweißen von Eisenteilen, z. B. von Straßenbahnschienen, benutzt werden, indem in oben beschriebener Weise eine Mischung aus Eisenoxid mit Aluminium gezündet wird: $3\ Fe_3O_4 + 8\ Al \rightarrow 4\ Al_2O_3 + 9\ Fe$, $\Delta H = -2980$ kJ/mol. Das flüssige Eisen bildet die Schweißnaht.

Die stets anfallende Al_2O_3-Schlacke kann als künstlicher Korund als Schleifmittel und zu feuerfesten Auskleidungen benutzt werden.

Alumon, ↗ AMO-Sprengstoff.

Alumosilicate, Silicate, in deren Struktur die SiO_4-Tetraeder partiell durch AlO_4-Tetraeder isomorph ersetzt sind. Der Ladungsausgleich der mit dem AlO_4-Einbau in den Anionenkomplex verbundenen zusätzlichen negativen Ladung erfolgt durch eine äquivalente Kationenzahl (meist Alkali- und Erdalkalimetallkationen). Im Kalifeldspat $KAlSi_3O_8$, einem typischen Vertreter der A., ist jedes vierte Siliciumatom in der anionischen Raumnetzstruktur durch ein Aluminiumatom ersetzt. Die Ersetzbarkeit ist begrenzt; nach einer Regel von Loewenstein sind AlO_4-Tetraeder nur mit SiO_4-Tetraedern verbunden. Weitere A. sind z. B. Zeolithe, Ultramarine und Tonminerale.

Alytensin, Pyr–Gly–Arg–Leu–Gly–Thr–Gln–Trp–Ala–Val–Gly–His–Leu–Met–NH_2, ein zur ↗ GRP-Bombesin-Peptidfamilie zählendes 14-Peptidamid mit N-terminalem Pyroglutaminsäurerest aus der Haut der Geburtshelferkröte *Alytes obstetetricans*. A. kontrahiert die glatte Muskulatur und besitzt blutdrucksenkende Wirkung.

Am, Symbol für Americium.

Amadori-Umlagerung, die Umlagerung von Glycosylaminen (*N*-Glycoside) in 1-Amino-1-desoxy-2-ketosen. Diese Verbindungen fallen z. B. nach der Umsetzung von Aldosen mit aromatischen Aminen an. Die zunächst gebildeten Glycosylamine lagern sich beim Erwärmen säure- oder basenkatalysiert in die Arylaminoketosen um. Die A. entspricht der Isomerisierung der Aldosen (↗ Monosaccharide).

Amalgamation, Anreicherungsverfahren bei der Gewinnung von Metallen, besonders von Gold und Silber, aus Erzen durch Auflösen der Edelmetalle in Quecksilber. Die A. beruht auf der Fähigkeit des Quecksilbers, viele Metalle unter Amalgambildung aufzunehmen (↗ Quecksilberlegierungen). Aus den Amalgamen lassen sich Gold und Silber leicht durch Abdestillieren des Quecksilbers gewinnen. Die A. ist durch die ↗ Cyanidlaugerei weitestgehend verdrängt worden.

Amalgame, ↗ Quecksilberlegierungen.

Amanin, ein zu den ↗ Amatoxinen zählendes heterodet bicyclisches Octapeptid. A. ist ein Giftstoff des Grünen Knollenblätterpilzes.

Amanitine, eine zu den ↗ Amatoxinen zählende Gruppe toxischer Inhaltsstoffe des Grünen Knollenblätterpilzes.

Amantadin, *1-Aminoadamantan*, ein Cycloalkylamin, das als Virostatikum zur Grippeprophylaxe entwickelt worden ist. Antivirale Wirkungen haben

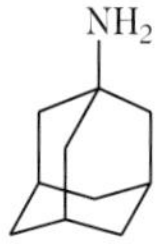

auch andere Cycloalkylamine und am N-Atom substituierte 1-Amino-adamantanderivate. Haupteinsatzgebiet von A. ist z. Z. die Therapie der Parkinsonschen Krankheit.

Amaranth, ↗ Echtrot.

Amatoxine, verbrückte heterodet cyclische Octapeptide, die neben den Phallotoxinen die wichtigsten Giftstoffe des grünen Knollenblätterpilzes (*Amanita phalloides*) sind, aber auch in anderen Amanita-Arten sowie in Lepiota und Galerinapilzen vorkommen. Die A., zu denen α-, β- und γ-Amanitin und das Amanin neben 5 weiteren natürlich vor-

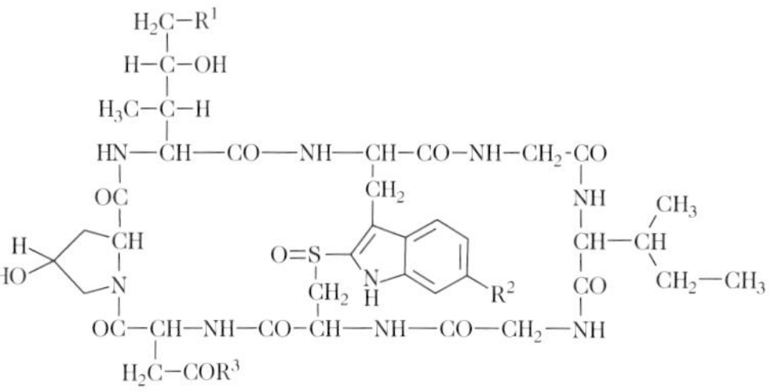

Amatoxine. Tab.: Wichtige Beispiele.

Amatoxin	R^1	R^2	R^3
α-Amanitin	–OH	–OH	$-NH_2$
β-Amanitin	–OH	–OH	–OH
γ-Amanitin	–H	–OH	$-NH_2$
Amanin	–OH	–H	–OH

kommenden A. gehören (Tab.), kommen in hoher Konzentration (0,2 bis 0,4 mg/g Frischgewicht) im grünen Knollenblätterpilz vor. A. hemmen schon in einer Konzentration von 10^{-8} M die DNS-abhängige RNS-Polymerase, wodurch es 2 bis 3 Tage nach Giftaufnahme zum Absterben eines großen Teils der Leberzellen kommt. Über 90 % der tödlichen Pilzvergiftungen sind auf die A. zurückzuführen. Strukturaufklärung und Synthese der A. wurden von Th. Wieland und Mitarbeitern beschrieben.

Ambidenz, das Vorliegen von zwei oder mehr Zentren (Atomen) in einem Reagens, an denen Reaktanten angreifen können. *Ambidente* oder *ambifunktionelle Reagenzien* sind z. B. die Nucleophile Nitrit-Ion, Cyanid-Ion, Phenolat-Ion, Enolat-Ion. Nucleophile Substitutionsreaktionen mit ihnen führen häufig zu Produktgemischen. Primäre und sekundäre Alkylhalogenide reagieren mit ambidenten Nucleophilen nach einem S_N2-Mechanismus (↗ Substitution) bevorzugt am Zentrum der höheren Polarisierbarkeit oder geringeren Elektronendichte (Zentrum der größten Nucleophilie). Dagegen reagieren tertiäre Alkylhalogenide nach einem S_N1-Mechanismus. Das intermediär gebildete Alkyl-Kation greift das nucleophile Reagens am Atom höchster Elektronendichte bzw. geringster Polarisierbarkeit an (↗ Kornblum-Regel).

AMD-Technik (engl. *A*utomated *M*ultiple *D*evelopment), automatische Gradientenentwicklung an Kieselgel in der ↗ Dünnschichtchromatographie.

A1-Mechanismus, ↗ Substitution.

A2-Mechanismus, ↗ Substitution.

Ameisensäure, *Methansäure*, H–COOH, die einfachste Monocarbonsäure. A. ist eine farblose, leicht bewegliche, stechend riechende, flüchtige Flüssigkeit; F. 8,4 °C, Kp. 100,7 °C, n_D^{20} 1,3714. Sie wirkt stark ätzend und ruft Reizungen der Haut und Schleimhäute hervor, bei Kontakt mit konz. A. können sehr schmerzhafte und schwer heilende Wunden entstehen. A. ist in Wasser, Alkohol, Ether, Aceton und Benzol sehr gut löslich. A. ist die stärkste Säure in der Reihe der aliphatischen Monocarbonsäuren. Ihr pK_S-Wert (≈ 3,8) liegt beachtlich unter dem der Essigsäure (≈ 4,8). A. kann bei Normaldruck unzersetzt destilliert werden, bei hohen Temperaturen zerfällt sie in Gegenwart von Katalysatoren in Kohlenmonoxid und Wasser oder auch in Kohlendioxid und Wasserstoff: H–COOH → CO_2 + H_2. Die Dämpfe der A. können an der Luft entzündet werden und brennen mit blauer Flamme; Ameisensäuredämpfe bilden mit Luft im Bereich von etwa 14 bis 33 Vol.-% explosible Gemische. Mit Wasser entsteht ein azeotropes Gemisch, das bei 107,3 °C siedet und 77,5 % A. enthält. A. zeigt neben den typischen Reaktionen der Carbonsäuren aufgrund der Anwesenheit einer Formylgruppe eine Reihe charakteristischer Aldehydreaktionen, wobei diese dominieren können. A. wirkt z. B. im Gegensatz zu anderen Carbonsäuren stark reduzierend. Mit ammoniakalischen Silbernitratlösungen bzw.

Quecksilber(II)-nitratlösungen reagiert sie unter Abscheidung von metallischem Silber bzw. Quecksilber. Diese Umsetzungen werden häufig zur Identifizierung der A. herangezogen. Die Salze und Ester der A. werden als ↗ Formiate bezeichnet. A. kommt sowohl in freier Form als auch gebunden, z. B. als Ester, im Pflanzen- und Tierreich vor. Man findet sie in den Giftdrüsen der Laufkäfer, Ameisen und Bienen, in Raupenhaaren, in Tannennadeln, Brennesseln und zahlreichen Früchten sowie als Salze im menschlichen Harn. Technisch wird A. aus Natriumhydroxid und Kohlenmonoxid bei 210 °C und Drücken von $6 \cdot 10^5$ bis $8 \cdot 10^5$ Pa hergestellt:

$$\mathrm{NaOH + CO \longrightarrow HCOONa \xrightarrow[-Na^+]{+H^+} H{-}COOH}$$

A. wird außerdem in größeren Mengen aus Ameisensäuremethylester und Ammoniak über die Zwischenstufe Formamid synthetisiert, wobei letzteres mit Schwefelsäure in A. und Ammoniumsulfat umgewandelt wird. A. entsteht ferner als Nebenprodukt bei der Herstellung von Essigsäure durch Kohlenwasserstoffoxidation. Kleinere Mengen A. können durch Erhitzen von Oxalsäure mit Glycerin sowie direkt aus Kohlenmonoxid und Wasser in Gegenwart von Katalysatoren bei hohen Drücken hergestellt werden. Die Konzentrierung verd. A. erfolgt in Abhängigkeit vom Wassergehalt durch Behandeln mit kristallwasserbindenden Salzen, durch azeotrope Destillation mit Toluol bzw. Butyl- oder Amylformiaten oder durch fraktionierte Destillation. Man verwendet A. in erheblichen Mengen zum Koagulieren von Latex, zum Imprägnieren und Beizen in der Textil- und Lederindustrie, als Lösungsmittel, als Entkalkungsmittel, zum Ansäuern von Farbbädern, als Konservierungsmittel für Früchte und Fruchtsäfte, zum Desinfizieren von Bier- und Weinfässern und zur Herstellung von Formiaten.

Ameisensäureamid, ↗ Formamid.

Ameisensäureester, ↗ Formiate.

Americium, Symbol *Am*, radioaktives, nur künstlich, durch Kernreaktionen zugängliches chem. Element aus der III. Nebengruppe des Periodensystems, der Gruppe der ↗ Actinoide zugehöriges Transuran, Schwermetall; *Z* 95, stabilstes Isotop: ^{243}Am (α-Strahler, Halbwertszeit 7400 a) Wertigkeit III, ferner II, IV, V, VI, VII, D. 13,671 g cm^{-3}, F. 1173 °C, Kp. 2610 °C, Standardelektrodenpotential (Am/Am^{3+}) –2,320 V.

A. ist ein silberweißes, sehr geschmeidiges, in zwei Modifikationen auftretendes Metall, das in seinen chem. Eigenschaften stark dem Plutonium ähnelt und durch Reduktion von Americium(III)-fluorid mit Barium bei 1100 bis 1200 °C oder durch Reduktion von Americium(IV)-oxid mit Lanthan gewonnen werden kann. Bei der Anreicherung von A. verwendet man Lanthanide als Trägersubstanzen, von diesen läßt sich A. durch fraktionierte Fluoridfällung trennen, da Americium(III)-fluorid etwas leichter löslich als die Lanthanoidfluoride ist.

A. wurde 1944 von Seaborg, James, Morgan und Ghiorso in Form des Isotops ^{241}Am als Produkt der Neutroneneinwirkung auf Plutonium-239 im Kernreaktor entdeckt:

$$^{239}_{94}\mathrm{Pu} \xrightarrow[-\gamma]{+n} {}^{240}_{94}\mathrm{Pu} \xrightarrow[-\gamma]{+n} {}^{241}_{94}\mathrm{Pu} \xrightarrow[(14{,}89\ a)]{-\beta^-} {}^{241}_{95}\mathrm{Am}.$$

Americium-241 (α; 433 a) steht heute im 100-g-Maßstab zur Verfügung. Als α-Strahler geht es in das langlebige Neptunium-237 über. Auch das stabilste Americiumisotop ^{243}Am wird durch Neutroneneinwirkung auf Plutonium-239 gewonnen und ist gegenwärtig in 10-g-Mengen verfügbar.

Die analytische Bestimmung von A. erfolgt radiometrisch, spektralphotometrisch oder gravimetrisch durch Fällung als Americium(III)-hydroxid oder -oxalat und Verglühen zum Dioxid, AmO_2, oberhalb 450 °C.

A. erhielt seinen Namen in Parallele zu dem eine analoge Elektronenkonfiguration aufweisenden Lanthanoidenelement Europium.

Americiumverbindungen, Americium tritt einerseits in der bevorzugten Oxidationsstufe +3 sowie +2 auf und ähnelt somit dem Homologen der Lanthanoidenreihe, dem Europium. Andererseits bildet es Derivate in den Oxidationsstufen +4, +5, +6 und +7, die Beziehungen zu den entsprechenden Plutoniumverbindungen erkennen lassen. Americium(II)-Verbindungen lassen sich aus Americium(III)-Verbindungen durch Reduktion mit Natriumamalgam erhalten. *Americium(II)-sulfat*, $AmSO_4$, ist ähnlich $EuSO_4$ in Wasser schwer löslich. Beim Erhitzen von Americium(III)-nitrat oder -oxalat in einer Sauerstoffatmosphäre auf 700 bis 800 °C entsteht schwarzes, im Fluoritgitter kristallisierendes Americium(IV)-oxid, AmO_2, D. 11,68 g cm^{-3}. Erhitzt man dieses mit Tetrachlormethan, entsteht im Bereich von 800 bis 900 °C rosafarbenes, hexagonal kristallisierendes, bei 850 °C sublimierendes *Americium(III)-chlorid*, $AmCl_3$, D. 5,78 g cm^{-3}. Durch Umsetzungen von AmO_2 mit den entsprechenden Aluminiumhalogeniden bei erhöhter Temperatur sind *Americium(III)-bromid*, $AmBr_3$, rosafarbene, orthorhombische Kristalle, und *Americium(III)-iodid*, AmI_3, gelbe, orthorhombische Kristalle, D. 6,9 g cm^{-3}, zugänglich. Lichtrosafarbenes, hexagonal kristallisierendes *Americium(III)-fluorid*, AmF_3, D. 9,53 g cm^{-3}, erhält man bei Einwirkung von Flußsäure auf AmO_2 bei 650 °C. Americium(III)-halogenide sind mit den Trihalogeniden des Plutoniums und Neptuniums isotyp. *Americium(III)-oxid*, Am_2O_3, rotorangefarbene, kubische oder hexagonale Kristalle, entsteht bei Reduktion von AmO_2 mit Wasserstoff bei 600 °C. Hochtemperaturreaktionen von Americium(III)-Verbindungen mit Fluor führen zu gelbbraunem, mit weiteren Actinoid(IV)-fluoriden, AnF_4 (An = U, Np, Pu, Cm) isotypem *Americium(IV)-fluorid*, das mit Alkalifluoriden zu Fluorokomplexen der Typen $[AmF_5]^-$, $[AmF_6]^{2-}$, $[AmF_8]^{4-}$ reagiert.

Starke Oxidationsmittel, wie Peroxodisulfat, überführen Americium in den 5- und 6wertigen Zustand. Die entstehenden linearen Kationen AmO_2^+ und AmO_2^{2+}sind durch gelbbraune bzw. rotbraune Farbe charakterisiert. Americium(V)- und Americium(VI)-Verbindungen neigen zur Disproportionierung. So wird in saurer Lösung ein Übergang von Americium(V) nach Americium(III) und Americium(VI) beobachtet gemäß $3\ AmO_2^+ + 4\ H^+ \rightleftharpoons Am^{3+} + 2\ AmO_2^{2+}$ und gehen Americium(VI)-Verbindungen in stark alkalischer Lösung in Americium(V)- und extrem instabile Americium(VII)-Verbindungen über: $2\ AmO_2(OH)_2 + 3\ OH^- \rightleftharpoons AmO_2OH + Am_5^{3-} + 3\ H_2O$.

Der Americium(VI)-Komplex $Na[AmO_2(CH_3COO)_3]$ wird durch Oxidation von Americium(III) mit Peroxodisulfat in saurer Lösung bei Natriumacetatzusatz erhalten.

Amide, 1) die ↗ Säureamide. 2) die durch Ersatz eines H-Atoms des Ammoniaks durch ein Metall gebildeten Verbindungen mit der allg. Formel M^1NH_2, z. B. Natriumamid.

Amidharze, ↗ Aminoplaste.

Amidhydrazone, ↗ Amidrazone.

Amidierung, chemische Verfahren zur Synthese von ↗ Säureamiden bzw. Metallamiden. Die biochemische A. von Peptiden bzw. Proteinen mit C-terminaler Amidgruppierung erfolgt posttranslational ausgehend von einer Sequenz mit C-terminalem Glycin, das bei der enzymatischen Zweistufenreaktion den Amidstickstoff liefert.

Amid-Iminol-Tautomerie, tautomeres Gleichgewicht der Säureamide mit einer nicht isolierbaren Iminolform:

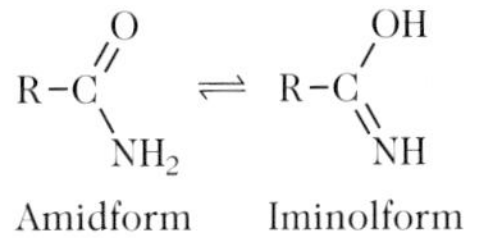

Amidform Iminolform

Das Gleichgewicht liegt weit auf der Seite der Amide. Derivate der Iminolform sind Imidhalogenide, Imidoester, Amidine und Amidrazone. Ein Spezialfall der A. ist die ↗ Lactam-Lactim-Tautomerie.

Amidine, stickstoffhaltige Carbonsäurederivate der allg. Formel $R{-}C({=}NH){-}NH_2$. Die H-Atome der stark basischen Amidin- oder Guanylgruppe können durch aliphatische, aromatische oder heterocyclische Reste ersetzt werden. A. hydrolysieren in Gegenwart von Wasser leicht unter Bildung von Carbonsäureamiden und Ammoniak bzw. Aminen. In Form ihrer Salze sind sie wesentlich beständiger. A. können durch Einwirkung von Ammoniak oder Aminen auf Iminoester hergestellt werden: $R{-}C({=}NH){-}OR^1 + NH_3 \rightarrow R{-}C({=}NH){-}NH_2 + R^1OH$. Unsubstituierte A. sind wichtige Ausgangsverbindungen für die Herstellung stickstoffhaltiger Heterocyclen, z. B. Imidazole und Pyrimidine, die als Arzneimittel von großer Bedeutung sind.

Amidogelb E, ↗ Nitrofarbstoffe.

Amidoschwefelsäure, ↗ Amidosulfonsäure.

Amidosulfonsäure, *Amidoschwefelsäure*, früher ***Sulfaminsäure***, $H_2N{-}SO_3H$, farblose, orthorhombische Kristalle; D. 2,126 g cm^{-3}, F. 200 °C (Z.). Sie wird durch Einwirkung von Chloroschwefelsäure oder Schwefeltrioxid auf Ammoniak oder auch durch Umsetzung von Harnstoff mit Schwefelsäure bzw. Oleum hergestellt.

Amidosulfuron, ↗ Sulfonylharnstoffherbizide.

Amidrazone, Bezeichnung für die stickstoffhaltigen Carbonsäurederivate der allg. Formel $R{-}C({=}NH){-}NH{-}NH_2$ bzw. $R{-}C({=}N{-}NH_2){-}NH_2$. In Abhängigkeit von der Lage der Doppelbindung werden diese Verbindungen auch als *Hydrazidimide* bzw. *Amidhydrazone* bezeichnet. A. werden bei der Einwirkung von Hydrazin auf Iminoester gebildet: $R{-}C({=}NH){-}OR^1 + H_2N{-}NH_2 \rightarrow R{-}C({=}NH){-}NH{-}NH_2 + R^1OH$.

Amikacin, ↗ Kanamycine.

Aminale, organische Verbindungen der allg. Formel $R{-}CH(NR_2)_2$. A. entstehen bei der Reaktion von Aldehyden, in denen kein α-ständiges Wasserstoffatom vorhanden ist, mit sekundären Aminen unter Wasserabspaltung:

$$R^1{-}CH{=}O \xrightleftharpoons{+\ 2\ R_2NH} R^1{-}CH(NR_2)_2 + H_2O.$$

Amine, organische Verbindungen, die sich formal durch sukzessiven Ersatz der Wasserstoffatome im Ammoniakmolekül durch aliphatische oder aromatische Kohlenwasserstoffreste bzw. Heterocyclen ableiten lassen. Nach der Anzahl der Substituenten unterscheidet man primäre A. $R{-}NH_2$, sekundäre A. R_2NH und tertiäre A. R_3N, wobei die Reste untereinander identisch oder unterschiedlich sein können. Außerdem gibt es Verbindungen mit quartären Stickstoffatomen, die quartären Ammoniumhydroxide $R_4N^+OH^-$ und ihre Salze $R_4N^+X^-$ sowie die einfachen mono-, di- oder trisubstituierten Ammoniumsalze, z. B. $R_3HN^+X^-$.

Je nach der Anzahl der Aminogruppen in einem Kohlenwasserstoffmolekül spricht man von Mono-, Di- oder Triaminen.

Nomenklatur. Die Bezeichnung der aliphatischen Monoamine ergibt sich aus den Namen der am N-Atom gebundenen Kohlenwasserstoffreste und dem Suffix -amin, z. B. Methylamin $CH_3{-}NH_2$, Ethylamin $CH_3{-}CH_2{-}NH_2$, Dimethylamin $CH_3{-}NH{-}CH_3$, Trimethylamin $(CH_3)_3N$ oder Benzylamin $C_6H_5{-}CH_2{-}NH_2$. Bei primären aliphatischen Aminen ist es außerdem möglich, die Bezeichnung aus dem Namen des Kohlenwasserstoffes und dem Präfix Amino- zu bilden,

z. B. Aminoethan $CH_3–CH_2–NH_2$. In gleicher Weise werden auch Di- und Triamine sowie Arylamine als aminosubstituierte Kohlenwasserstoffe betrachtet, z. B. 1,3-Diaminopropan $NH_2–(CH_2)_3–NH_2$ oder Aminobenzol. Nach wie vor gibt es eine Reihe zugelassener bzw. gebräuchlicher Trivialnamen, z. B. Anilin, Ethylendiamin, Putrescin und Cadaverin.

Eigenschaften. Die beiden ersten Vertreter der aliphatischen homologen Reihe, Methyl- und Ethylamin, sind ammoniakähnlich riechende, bei Raumtemperatur gasförmige, brennbare Verbindungen. Die folgenden aliphatischen A. sind flüssige Verbindungen mit fischartigem Geruch, und die höhermolekularen A. sind feste, geruchlose Stoffe. Arylamine sind flüssig oder fest, riechen unangenehm und färben sich an der Luft durch Oxidation langsam braun. Die aromatischen A. wirken stark toxisch. Aufgrund des freien Elektronenpaares am N-Atom weisen A. basische Eigenschaften auf, d. h., sie sind in der Lage, Protonen zu addieren (Protonenakzeptoren nach Brönsted):

$$R_3\overline{N} + HX \rightarrow R_3H\overset{+}{N}X^-.$$

Aliphatische A. zeigen deutlich höhere pK_S-Werte, d. h. eine höhere Basizität als aromatische A. Ursache dafür ist die Einbeziehung des freien Elektronenpaares des Stickstoffatoms der aromatischen A. in das π-Elektronensystem des Aromaten.

Gasförmige aliphatische Amine reizen die Schleimhäute der Augen und der Atemwege. Bei der Benetzung der Haut mit flüssigen Alkylaminen kommt es zu starken Verätzungen. Vergiftungen durch Einatmen höherer Konzentrationen können Blutdrucksteigerung und kurzdauernde Krämpfe bewirken. Über die Giftigkeit aromatischer Amine ↗ Anilin.

Reaktionen. Sehr wichtig für zahlreiche Synthesen und auch zur Charakterisierung unterschiedlicher A. ist das Verhalten gegenüber salpetriger Säure. Während primäre aliphatische A. unter Bildung von Alkoholen desaminiert werden, können die bei der Umsetzung mit primären aromatischen A. gebildeten Diazoniumsalze bei Temperaturen um 0 °C durch Azokupplung in Azoverbindungen überführt werden. Sekundäre A. bilden mit salpetriger Säure gelbe bis orangefarbene Nitrosamine. Tertiäre aliphatische A. reagieren mit salpetriger Säure zu instabilen Ammoniumnitriten, tertiäre aromatische A. werden unter gleichen Bedingungen in grüne, kristalline *p*-Nitrosoarylamine umgewandelt. Weitere wichtige Reaktionen primärer A. sind z. B. die Isonitrilreaktion mit Chloroform und Alkalilauge sowie die Bildung von Azomethinen mit einigen Carbonylverbindungen, wie Aldehyden und Ketonen. Mit Acylierungsreagenzien können A. in Carbonsäureamide umgewandelt werden. Mit Halogenwasserstoffen, z. B. Chlorwasserstoff, bilden sich salzartige Verbindungen, die *Aminhydrohalogenide* bzw. *Aminhydrochloride*, die je nach Kohlenwasserstoffrest auch als Alkyl- bzw. Arylammoniumhalogenide bezeichnet werden können.

Analytisches. Neben der chemischen Charakterisierung der A. können diese auch durch IR- und NMR-spektroskopische Methoden sowie durch massenspektrometrische Fragmentierung identifiziert werden. Die IR-Spektren der A. weisen Absorptionsbanden für die C–N-Valenzschwingung bei 1020 bis 1220 cm^{-1} für aliphatische und bei 1250 bis 1360 cm^{-1} für aromatische Verbindungen auf. Bei primären und sekundären A. sind die N–H-Valenzschwingungen im Bereich von 3300 bis 3500 cm^{-1} und die N–H-Deformationsschwingung bei 1550 bis 1650 cm^{-1} erkennbar. In den ^1H-NMR-Spektren liegen die Signale für aliphatische NH-Gruppen im Bereich von $\delta = 1$ bis 2 ppm, für aromatische A. bei δ-Werten von 2,6 bis 4,7 ppm. A. mit ungerader N-Atomzahl haben stets ungerade Massenzahlen. Das Auftreten ungeradzahliger Molekülionenpeaks weist immer auf N-haltige Verbindungen hin. Aliphatische A. ergeben sehr häufig Alkylaminkationen als Schlüsselbruchstücke. Aromatische A. spalten leicht Blausäure ab.

Herstellung. Technisch werden aliphatische A. hauptsächlich durch Alkylierung von Ammoniak gewonnen. Das dabei entstehende Amingemisch kann durch fraktionierte Destillation oder durch die ↗ Hinsberg-Trennung aufgearbeitet werden. Weitere Synthesemethoden sind z. B. die ↗ Gabriel-Synthese, der ↗ Curtius-Abbau von Säureaziden, der ↗ Hofmann-Abbau von Säureamide, die ↗ Ritter-Reaktion sowie die Reduktion von Nitroverbindungen, wobei die letztgenannte Synthese das wichtigste technische Verfahren für primäre aromatische Amine ist.

Verwendung. A. sind als Ausgangsmaterialien für die Synthese von Farbstoffen (Azo- und Azomethinfarbstoffe), für pharmazeutische Produkte (z. B. Sulfonamide) und Polyamidfasern von Bedeutung.

Aminharze, ↗ Aminoplaste.

Aminierung, eine Reaktion, durch die Aminogruppen $–NH_2$, $–NHR$ oder $–NR_2$ in eine Verbindung eingeführt werden können. Im wesentlichen handelt es sich um Substitutionsreaktionen, bei denen Verbindungen mit reaktiven Halogenatomen durch Einwirkung von Ammoniak oder Aminen in die entsprechend substituierten Aminoderivate überführt werden (↗ Aminolyse). In einigen Fällen gelingt auch der Austausch von Hydroxy- und Sulfonsäuregruppen durch Aminogruppen. Weitere Möglichkeiten der A. bietet die ↗ Tschitschibabin-Reaktion für Pyridine sowie die Anlagerung von primären und sekundären Aminen an Alkine. Im Stoffwechsel führt die *enzymatische reduktive* A. zur Bildung von α-Aminosäuren ausgehend von α-Oxocarbonsäuren und NH_3. Die Giftigkeit von NH_3 bruht darauf, daß durch die mitochondriale Glutamatdehydrogenase dem Citratcyclus α-Oxoglutarsäure entzogen wird, wodurch es zu lebensbedrohlichen Zuständen kommen kann. Eine weitere biochemische A. ist die ↗ Transaminierung.

Aminoameisensäure, ↗ Carbamidsäure.

Aminoanthrachinone, Derivate des ↗ Anthrachinons, in denen ein oder mehrere am aromatischen Kern gebundene H-Atome durch Aminogruppen $-NH_2$ ersetzt sind. A. sind farbige Verbindungen, die in Wasser schwer, in Alkohol und Ether leicht löslich sind. Die Herstellung der A. erfolgt hauptsächlich durch Reduktion von Nitroanthrachinonen oder durch Umsetzung von Halogenanthrachinonen bzw. Anthrachinonsulfonsäuren mit Ammoniak. A. werden als Ausgangsprodukte für Farbstoffe verwendet.

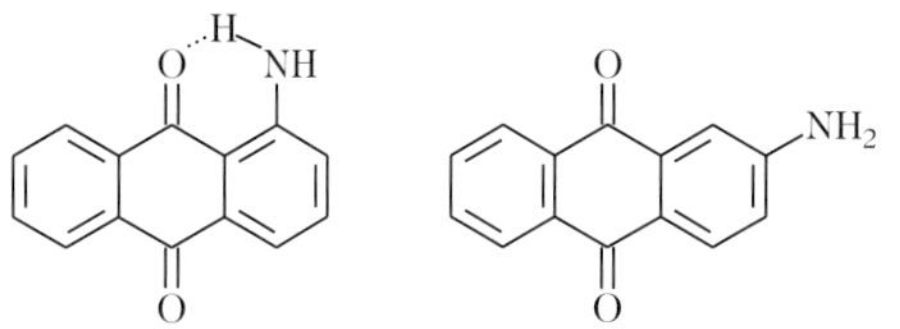

1-Aminoanthrachinon 2-Aminoanthrachinon

Aminobenzoesäuren, die drei strukturisomeren aminosubstituierten Benzoesäuren. Sie sind in kaltem Wasser schwer, in heißem Wasser und Alkohol leichter löslich. Aufgrund ihres amphoteren Charakters bilden sie mit starken Laugen und Mineralsäuren Salze. A. können im Vakuum unzersetzt sublimiert werden. *o-* oder *2-Aminobenzoesäure*, *Anthranilsäure*, bildet hellgelbe, blättchenförmige Kristalle; F. 146 bis 147 °C. Die Lösungen fluoreszieren blau. 2-Aminobenzoesäure kommt in Form ihres Methylesters in zahlreichen Pflanzen, z. B. im Jasmin und in Bergamotteblättern, vor. Technisch wird sie vorwiegend durch Hofmann-Abbau von Phthalimid hergestellt. Außerdem ist sie durch Reduktion von 2-Nitrobenzoesäure zugänglich. 2-Aminobenzoesäure wird zur Herstellung von Indigo, Thioindigo, Azofarbstoffen, Riechstoffen und Brandsalben verwendet. Sie dient außerdem als Nachweisreagens für zahlreiche Metalle. *m-* oder *3-Aminobenzoesäure*, bildet schwachgelbe Kristalle; F. 174 °C. Sie wird technisch durch Reduktion von 3-Nitrobenzoesäure hergestellt. 3-Aminobenzoesäure ist ein wichtiges Zwischenprodukt für die Synthese von Azofarbstoffen. *p-* oder *4-Aminobenzoesäure*, Abk. *PAB*, eine farblose, kristalline Verbindung; F. 186 bis 187 °C. Sie kommt in der Natur frei oder gebunden in Hefen, Enzymen und in der zum Vitamin-B-Komplex zählenden Folsäure vor. Sie ist für das Wachstum vieler Mikroorganismen, z. B. Milchsäurebakterien, Strepto-, Staphylo- und Pneumokokken, unentbehrlich und wirkt als Antagonist in der Sul-

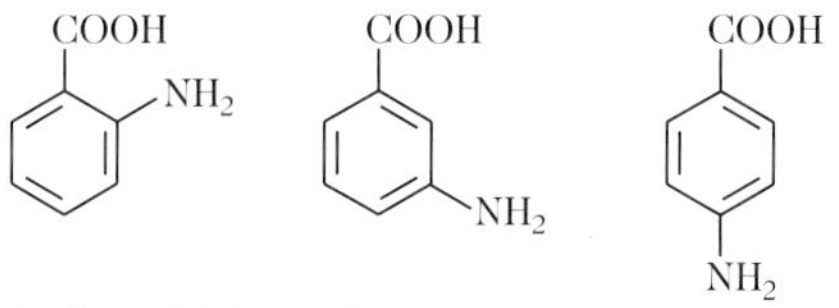

2-, 3- und 4-Aminobenzoesäure.

fonamidtherapie. 4-Aminobenzoesäure wird technisch durch Reduktion von 4-Nitrobenzoesäure hergestellt. Sie wird als Zwischenprodukt für die Synthese von Azofarbstoffen, Folsäure sowie einer Reihe von Estern verwendet, die als Lokalanästhetika eingesetzt werden.

4-Aminoazobenzol, *Anilingelb*, gelbe Blättchen oder Nadeln; F. 127 °C, Kp. > 360 °C. 4-A. ist in Wasser schwer löslich, in Alkohol, Ether, Benzol und Chloroform löst es sich gut. Die Herstellung erfolgt durch Umsetzung von Benzoldiazoniumsalzen mit Anilinhydrochlorid und Umlagerung des primär entstehenden Diazoaminobenzols oder durch direkte Einwirkung von Anilinhydrochlorid auf Diazoaminobenzol.

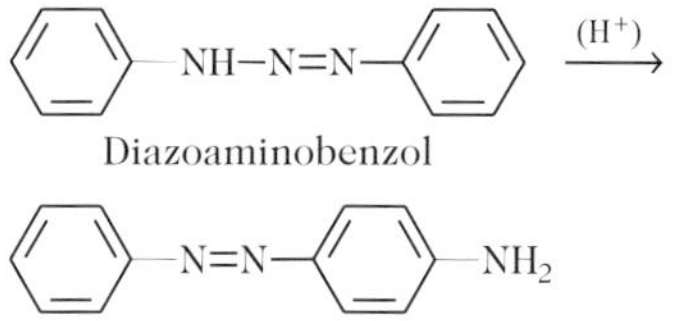

Diazoaminobenzol

4-Aminoazobenzol

Diese *Diazoamino-Aminoazo-Umlagerung* verläuft intermolekular nach folgendem Mechanismus:

$$H_5C_6{-}NH{-}N{=}N{-}C_6H_5 \xrightarrow{+H^+} H_5C_6{-}\overset{+}{N}H_2{-}N{=}N{-}C_6H_5$$
$$\longrightarrow H_5C_6{-}NH_2 + \overset{+}{\underline{N}}{=}\underline{N}{-}C_6H_5 \xrightarrow[-H^+]{}$$
$$H_5C_6{-}N{=}N{-}C_6H_4{-}NH_2$$

In Gegenwart starker Mineralsäuren erhält man stahlblaue, stabile Salze, außerdem bildet sich eine violette, weniger stabile Form. 4-A. wird als Zwischenprodukt bei der Herstellung abgewandelter Azofarbstoffe verwendet, die vorwiegend als Dispersionsfarbstoffe eingesetzt werden.

4-Aminobenzolsulfonsäure, ↗ Sulfanilsäure.

γ-Aminobuttersäure, ↗ biogene Amine, Tab.

ε-Aminocapronsäure, $H_2N{-}(CH_2)_5{-}COOH$, wird als ↗ Antifibrinolytikum verwendet und ist eine Zwischenstufe bei der Polymerisation von ↗ ε-Caprolactam zur Polyamidfaser.

Aminocarbonsäuren, ↗ Aminosäuren.

Aminocyclohexan, ↗ Cyclohexylamin.

***p*-Amino-*N*,*N*-diethylanilin,** ↗ *N*,*N*-Diethyl-*p*-phenylendiamin.

Aminoessigsäure, ↗ Glycin.

Aminoethan, ↗ Ethylamine.

4-(2-Aminoethyl)-brenzcatechin, ↗ Dopamin.

Aminogluthetimid, ↗ Aromatasehemmer.

Aminoglycosidantibiotika, ***Oligosaccharidantibiotika***, eine Gruppe von Antibiotika, bei denen glycosidisch Aminomonosaccharid- und Monosaccharidbausteine miteinander und/oder mit basischem, mehrere Hydroxygruppen enthaltenden Cyclohexanderivaten verknüpft sind. Die A. haben ein breites Wirkungsspektrum und werden vornehmlich bei Infektionen durch gramnegative Keime therapeutisch eingesetzt. Sie sind jedoch ziemlich toxisch. Resistenz ist durch enzymatische Acetylierung von Aminogruppen sowie Phosphorylierung und Adenylierung von Hydroxygruppen möglich. Unter Adenylierung versteht man die Übertragung eines Adenosin-5′-phosphorsäurerestes. Zu den A. gehören ↗ Streptomycin, ↗ Neomycin, ↗ Paromomycine, ↗ Kanamycine und ↗ Gentamycine.

Aminogruppe, im engeren Sinne die Atomgruppierung $-NH_2$, die als funktionelle Gruppe in allen primären Aminen und Amiden enthalten ist; im weiteren Sinne auch mono- und disubstituierte Stickstoffabkömmlinge vom Typ RHN– und R_2N–, z. B. die Methylaminogruppe $(CH_3)HN$– oder die Ethylmethylaminogruppe $(C_2H_5)(CH_3)N$–.

***N*-Aminoharnstoff,** ↗ Semicarbazid.

Aminolyse, der Hydrolyse entsprechende Reaktion, bei der reaktive Substituenten in einer Verbindung durch einen Aminrest substituiert werden. So können z. B. Halogenatome aus Halogenalkanen verdrängt und durch Aminogruppen ersetzt werden. In gleicher Weise können Carbonsäureester in -amide umgewandelt werden. Führt man die A. mit Ammoniak durch, spricht man von einer *Ammonolyse*, z. B. $C_2H_5Cl + 2\,NH_3 \rightarrow C_2H_5NH_2 + NH_4Cl$.

Aminomethan, ↗ Methylamine.

Aminomethylierung, ↗ Mannich-Reaktion.

Aminonaphthole, 14 Isomere des Aminohydroxynaphthalins. Die A. bilden farblose Kristalle. Sie sind amphoter und lösen sich in Säuren und Alkalilösungen. In Wasser sind A. schwer, in Alkohol und Ether

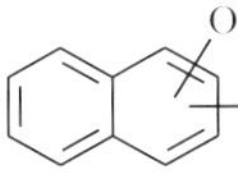

leicht löslich. Sie werden hauptsächlich durch Reduktion der entsprechenden Nitronaphthole oder durch alkalische Hydrolyse von Aminonaphthalinsulfonsäuren hergestellt. A. werden in der Farbstoffindustrie als Kupplungskomponenten eingesetzt.

Aminonitrobenzole, ↗ Nitraniline.

Aminopeptidasen, zu den Exopeptidasen (↗ Proteasen) gehörende Enzyme, die die Abspaltung der aminoendständigen Aminosäure einer Peptidkette katalysieren. A. sind aus mehreren Untereinheiten aufgebaute hochmolekulare Proteine (M_r bis zu 330000), meist mit zweiwertigen Metall-Ionen als Effektor. Am bekanntesten ist die *Leucinaminopeptidase*, die in kristalliner Form aus Rinderaugenlinsen, Nieren oder Dünndarmschleimhaut isoliert werden kann. A. werden unter anderem für den stufenweisen Abbau von Peptidketten (Sequenzanalyse) eingesetzt.

Aminophenazon, ↗ Pyrazolone.

Aminophenole, Phenole, die eine oder mehrere Aminogruppen am aromatischen Kern enthalten. A. sind amphoter, d. h., sie weisen sowohl sauren als auch basischen Charakter auf, wobei die basischen Eigenschaften dominieren. Die wichtigsten A. sind die drei isomeren 2-, 3- oder 4-A.

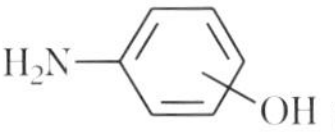

2-Aminophenol (*o-Aminophenol*), farblose Blättchen oder Nadeln; F. 174 °C, Sublimation bei 153 °C und $1{,}47 \cdot 10^3$ Pa. Es ist in kaltem Wasser wenig, in Alkohol und Ether besser löslich. Die Herstellung erfolgt durch Reduktion von 2-Nitrophenol mit Eisen in schwach saurer Lösung bzw. durch Reduktion von Nitrobenzol über das als Zwischenprodukt entstehende Phenylhydroxylamin, das sich unter den sauren Reaktionsbedingungen zu 2- und 4-A. umlagert. 2-A. wird zur Herstellung von Farbstoffen, pharmazeutischen Produkten und Haarfärbemitteln verwendet.

3-Aminophenol (*m-Aminophenol*), farblose, hexagonale Prismen; F. 123 °C, Kp. 164 °C bei $1{,}47 \cdot 10^3$ Pa. Es ist in Wasser schwer, in Alkohol und Ether leicht löslich. 3-A. wird vorwiegend aus 3-Aminobenzolsulfonsäure durch Einwirkung von Alkalihydroxiden oder aus Resorcin und Ammoniak in Gegenwart von Katalysatoren gewonnen. Es wird zur Herstellung der therapeutisch wichtigen Aminosalicylsäure sowie zur Synthese von Rhodaminfarbstoffen verwendet.

4-Aminophenol (*p-Aminophenol*), farblose Blättchen; F. 186 bis 187 °C, Subl. bei 180 °C und $3{,}6 \cdot 10^2$ Pa. Es ist schwer löslich in Wasser, etwas löslich in Alkohol, löslich in Chloroform und Benzol. Die wichtigste Methode zur Herstellung von 4-A. ist die Reduktion von 4-Nitrophenol mit Eisen in schwach saurer Lösung oder durch Reduktion von Nitrobenzol (s. o.). 4-A. wird als photographischer Entwickler eingesetzt. Außerdem wird es zur Herstellung modifizierter Photoentwickler sowie für Schwefel- und Azofarbstoffe verwendet.

Aminophyllin, ↗ Theophyllin.

Aminoplaste, ***Amidharze***, ***Aminharze***, Polykondensationsprodukte, die durch Einwirkung von Aldehyden, meist Formaldehyd, auf Amine hergestellt werden. Je nach dem verwendeten Amin teilt man die A. ein in 1) Protein-Formaldehyd-Harze, 2) Anilinharze, 3) ↗ Harnstoffharze, 4) ↗ Melaminharze und 5) ↗ Dicyandiamidharze. Die Harnstoffharze und die Melaminharze sind die wichtigsten Vertreter der A., jedoch haben die in den 60er Jahren entwickelten Dicyandiamidharze aufgrund ihrer größeren Temperaturbeständigkeit gegenüber den Harnstoffharzen besondere Bedeutung. A. werden allgemein als Preßmassen zur Herstellung verschiedener Gebrauchsgegenstände und Apparateteile, von Schichtpreßstoffen, Klebern und Schaumstofffen, als Textilhilfsmittel, Bindemittel für Kunststofformen und als Lackrohstoff in großem Umfange eingesetzt.

2-Aminopropan, ↗ Isopropylamin.

Aminopterin, ***4-Aminofolsäure***, ***4-Aminopteroylglutaminsäure***, ein Antagonist der ↗ Folsäure. A. ist ebenso wie das strukturell verwandte ↗ Methotrexat ein Inhibitor der Dihydrofolat-Reductase und wird zur Behandlung der Leukämie eingesetzt.

Aminopyridine, die Aminoderivate des Pyridins. *2-Aminopyridin* bildet farblose Kristalle; F. 57 bis 58 °C, Kp. 204 °C. Es ist löslich in Wasser, Alkohol und Ether und zeigt basische Eigenschaften. Mit 2-Chlorpyridin bildet es beim Erhitzen in Gegen-

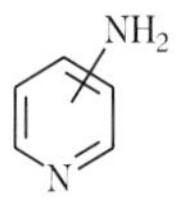

wart von Zinkchlorid Di-α-pyridylamin. Man erhält 2-Aminopyridin durch die ↗ Tschitschibabin-Reaktion. Technisch wird es zur Herstellung von Farbstoffen, Sulfonamiden und Antihistaminen verwendet. *3-Aminopyridin* bildet gelbliche Kristalle, F. 65 °C, Kp. 252 °C. Die Darstellung erfolgt aus Nicotinsäureamid durch ↗ Hofmann-Abbau. *4-Aminopyridin* bildet gelbliche Kristalle; F. 158 bis 159 °C, Kp. 180 °C bei 1,73 kPa. Es entsteht durch Decarboxylierung von 4-Aminopicolinsäure. *2,6-Diaminopyridin* bildet farblose Kristalle; F. 121 bis 122 °C, Kp. 148 bis 150 °C bei 0,67 kPa. Man erhält es durch Erhitzen von Pyridin mit 2 mol Natriumamid in Cumol. Auch die weitere Aminierung von 2-Aminopyridin ergibt 2,6-Diaminopyridin. Besonders interessant ist, daß A. elektrophilen Reaktionen – im Gegensatz zum Pyridin selbst – leicht zugänglich sind. So erhält man z. B. durch Nitrierung 2-Amino-3-nitropyridin und durch dessen Hydrierung 2,3-Diaminopyridin. A. finden Verwendung als Zwischenprodukte bei der Herstellung von Farbstoffen.

p*-Aminosalicylsäure,** Abk. ***PAS, eine als Tuberkulostatikum verwendete Verbindung. Die Zersetzung kann durch Decarboxylierung unter Bildung

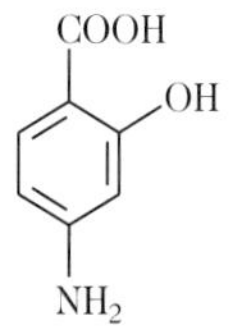

von 3-Aminophenol oder durch Oxidation unter Bildung farbiger Produkte erfolgen. Therapeutisch werden in hoher Dosierung das Natrium- oder Calciumsalz verwendet. Die Verbindung wirkt als Antimetabolit der *p*-Aminobenzoesäure.

Aminosäuredecarboxylasen, die Decarboxylierung von Aminosäuren katalysierende, Pyridoxalphosphat-abhängige Enzyme. Sie decarboxylieren mit strenger Substratspezifität Aminosäuren zu primären Aminen (↗ biogene Amine).

Aminosäuren, ***Aminocarbonsäuren***, Carbonsäuren mit einer oder mehreren Aminogruppen $-NH_2$, die entsprechend ihrer Position zur Carboxylgruppe als α-, β-, γ- oder ω-A. bezeichnet werden.

Von den über 500 in der Natur vorkommenden A. sind die am Aufbau der ↗ Proteine beteiligten und in Nucleinsäuren kodierten α-A. (*proteinogene A.*, Tab. 1) besonders wichtig. Sie besitzen mit Ausnahme von Gly am α-Kohlenstoffatom ein Chiralitätszentrum mit L-Konfiguration [nach der Cahn-Ingold-Prelog-Konvention (↗ Stereoisomerie 1.1) *S*-Konfiguration außer Cys] und sind optisch aktiv. Die Seitenketten von Thr und Ile enthalten ebenfalls chirale Zentren. D-A. finden sich u. a. als Zellwandbaustein von Bakterien und Bestandteil verschiedener Antibiotika. Die vielfach verwendeten Dreibuchstabensymbole der proteinogenen A. sind gewöhnlich aus den ersten 3 Buchstaben ihres Trivialnamens zusammengesetzt. Die natürliche Konfiguration ist dabei im Symbol nicht enthalten (Ala für L-Alanin), nur D- und DL-A. werden besonders gekennzeichnet (D-Ala für D-Alanin, DL-Ala für DL-Alanin).

Außer den 20 proteinogenen A. wurden in bestimmten Proteinen auch andere A. gefunden, die durch chemische Modifikation der A.reste fertiger Proteine entstehen (*posttranslationell veränderte A.*; Tab. 2) und wichtige Funktionen in ↗ Enzymen, ↗ Hormonen und anderen Proteinen wahrnehmen. Neben ihrer Rolle als Proteinbausteine fungieren A. als Intermediate des Stoffwechsels, ↗ Neurotransmitter, Antagonisten und Gifte (*nichtproteinogene A.*; Tab. 3). Sie sind häufig Stoffwechselprodukte von Pflanzen und Mikroorganismen; einige üben auch im menschlichen und tierischen Organismus spezifische Funktionen aus.

Einteilung. Die proteinogenen A. werden nach den Polaritäten ihrer Seitenketten eingeteilt, die für die intra- und intermolekularen Wechselwirkungen bei Proteinen und damit für deren Eigenschaften entscheidend sind. Man unterscheidet 3 Haupttypen (Tab. 1): A. mit unpolaren Seitenketten, A. mit polaren, ungeladenen (neutralen) Seitenketten und A. mit polaren, geladenen (sauren oder basischen) Seitenketten. Die unpolaren A. sind für die Ausbildung hydrophober Wechselwirkungen im Inneren von Proteinstrukturen wichtig. Die polaren A. befinden sich gewöhnlich an der Proteinoberfläche und vermitteln deren Wasserlöslichkeit, in einigen Fällen sind sie im Inneren des Moleküls an der Ausübung chemischer Reaktionen (Katalyse, Bildung von Metall-Ionen) beteiligt. Cys kann Disulfidbrükken ausbilden (Cystin) und somit erheblich zur Proteinstabilisierung beitragen.

Eigenschaften. A. mit einer basischen Amino- und einer sauren Carboxylgruppe sind amphoter, ihre Lösungen sind Ampholyte. Im festen Zustand und in neutraler wäßriger Lösung liegen A. als innere Salze (Zwitterionen) mit protonierter Amino- und deprotonierter Carboxylgruppe vor, was ihre hohen Schmelzpunkte sowie ihre meist gute Wasserlöslichkeit (Tab. 1) erklärt. In den meisten organischen Lösungsmitteln sind A. unlöslich, lediglich Cys und Pro lösen sich in Ethanol. Mit Säuren oder Basen reagieren A. unter Aufnahme bzw. Abgabe eines Protons gemäß

$$\underset{\text{Kation}}{H_3\overset{+}{N}{-}CHR{-}COOH} \underset{H^+}{\overset{OH^-}{\rightleftharpoons}} \underset{\text{Zwitter-Ion}}{H_3\overset{+}{N}{-}CHR{-}COO^-}$$

$$\underset{H^+}{\overset{OH^-}{\rightleftharpoons}} \underset{\text{Anion}}{H_2N{-}CHR{-}COO^-}$$

so daß A. in saurer Lösung (pH < 4) als Ammonium-Kation, in alkalischer Lösung (pH > 9) als Carboxylat-Anion vorliegen. Alle A. können in ihrem Säure-Base-Verhalten durch die zur α-Amino-, α-Carboxyl- oder zur entsprechenden Seitenkettenfunktion gehörenden *Dissoziationskonstanten* (K_1, K_2 oder K_R) charakterisiert werden, die meist als p*K*-Werte (pK = –log K) ausgedrückt werden (Tab. 1). Der pH-Wert, bei dem A. als Zwitterionen vorliegen, entspricht dem ↗ isoelektrischen Punkt pH_I (Tab. 1). Er ist für neutrale A. als arithmetisches Mittel der pK_1- und pK_2-Werte, für saure A. als arithmetisches Mittel der pK_1- und pK_R-Werte und für basische A. als arithmetisches Mittel der pK_2- und pK_R-Werte definiert. Löslichkeit und spezifische Drehung $[\alpha]_D$ durchlaufen am pH_I ein Minimum. Im Bereich der p*K*-Werte (pH 1–3 und pH 8,5–10,5) können A. als Puffer wirken. Im physiologischen pH-Bereich 6–8 zeigt unter den proteinogenen A. nur His Pufferkapazität. Gegenüber den entsprechenden Carbonsäuren ist bei A. die Acidität der Carboxylgruppe infolge des –I-Effektes der Ammoniumgruppe größer (p*K* Essigsäure 4,76; pK_1 Gly 2,34) und die Basizität der Aminogruppe infolge des –I-Effektes der Carboxylatgruppe geringer (p*K* Ethylamin 10,75; pK_2 Gly 9,60).

Analytisches. Die analytische Bestimmung von A. erfolgt heute v. a. durch ↗ Hochleistungsflüssigchromatographie. Dabei wird das A.gemisch direkt durch ↗ Ionenaustauschchromatographie oder nach Derivatisierung durch Umkehrphasenchromatographie analysiert. Das Verfahren wird automatisiert in A.analysatoren durchgeführt. Nachweis und Quantifizierung der A. erfolgt durch photometrische Messung nach Anfärbung mit Ninhydrin oder fluorimetrische Bestimmung nach Umsetzung zu fluoreszierenden A.derivaten. Bei der ↗ Ninhydrinreaktion wird ein blauvioletter Farbstoff (λ_{max} 570 nm, außer Pro: 440 nm) gebildet. Die Reaktion von A. mit *o*-Phthaldialdehyd (OPA) und Reduktionsmitteln führt zu fluoreszierenden Isoindolderivaten (λ_{ex} 330 nm, λ_{em} 455 nm). 4-Phenyl-[furan-2H(3H)-1′-phthalan]-3,3′-dion (*Fluorescamin*) bildet mit A. stark fluoreszierende Pyrrolidone (λ_{ex} 390 nm, λ_{em} 474 nm). 5-Dimethylaminonaphthalin-1-sulfonsäurechlorid (Dansyl-Cl) und 9-Fluorenylmethylchlorformiat (Fmoc-Cl) liefern fluoreszierende Dansyl-A. (λ_{ex} 335 nm, λ_{em} 578 nm) bzw. Fmoc-A. (λ_{ex} 260 nm, λ_{em} 310 nm), die für eine säulenchromatographische Trennung und Bestimmung geeignet sind. Phenylisothiocyanat (↗ Edman-Abbau) wird v. a. zur Identifizierung *N*-terminaler A. bei der A.sequenzanalyse von Proteinen eingesetzt. Die *aromatischen A.* zeigen charakteristische UV-Absorptionen (Phe 257 nm, Tyr 274 nm, Trp 280 nm) und bilden damit die Basis zur qualitativen bzw. halbquantitativen Bestimmung von Proteinen. Tyr (λ_{ex} 280 nm, λ_{em} 303 nm) und insbesondere Trp (λ_{ex} 280 nm, λ_{em} 348 nm) sind aufgrund ihrer Eigenfluoreszenz selektiv fluorimetrisch analysierbar.

Reaktionen. A. zeigen die üblichen Reaktionen von Carbonsäuren und Aminen. Von praktischer Bedeutung für die ↗ Peptidsynthese sind die Acylierung zu *N*-Acyl-A., die Veresterung zu A.estern sowie die amidartige Verknüpfung von A. (*Peptidkupplung*). Weitere charakteristische Reaktionen sind die *N*-Alkylierung, die Komplexbildung mit Metall-Ionen, die Diazotierung, die Decarboxylierung zu ↗ biogenen Aminen, die Desaminierung sowie die ↗ Transaminierung.

Physiologie und Biochemie. Mensch und Säugetier können im Gegensatz zu Pflanzen und Mikroorganismen nur 10 proteinogene A. (die *nichtessentiellen A.* Ala, Asp, Asn, Cys, Glu, Gln, Gly, Hyp, Pro, Ser und Tyr) selbst aufbauen. Die übrigen A. müssen mit der Nahrung zugeführt werden (*essentielle A.*, Abk. *EAS*), wenn es nicht zu lebensbedrohlichen Mangelerscheinungen (Wachstumsverzögerung, Störung der Proteinbiosynthese, negative Stickstoffbilanz) kommen soll. Als Tagesmindestbedarf an EAS gelten für Erwachsene: Arg 1,8 g, His 0,9 g, Ile 0,7 g, Leu 1,1 g, Lys 0,8 g, Met 1,1 g, Phe 1,1 g, Thr 0,5 g, Trp 0,25 g und Val 0,8 g. Arg und His sind *semiessentielle A.*, die vom Organismus nur begrenzt synthetisiert werden können und besonders in Wachstumsphasen erforderlich sind. Der EAS-Bedarf ist vom Alter und physiologischen Zustand abhängig. In der Schwangerschaft steigen der Trp- und der Lys-Bedarf. Säuglinge und Kinder benötigen bezogen auf das Körpergewicht erheblich mehr EAS als Erwachsene.

Die Nahrungsproteine werden bei der Verdauung im Magen-Darm-Trakt über Peptide zu den A. zerlegt,

Aminosäuren. Tab. 1: Proteinogene Aminosäuren.

Trivialname Abk, EAS*	Systematischer Name	Strukturformel (neutr. Lsg.)	Entdecker und erste Isolierung	F. (Z) in °C	$[\alpha]_D^{25}$ (c=2 H_2O)	rel. Prot. vork (%)	M_r	pK_1	pK_2	pK_R	pH_I	Lösl. 20 °C g/l H_2O
unpolar, neutral												
Glycin Gly, G	2-Aminoessigsäure	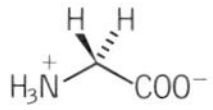	Bracconot aus Gelatine (1820)	233–236		9,1	75,07	2,34	9,60		5,97	225
Alanin Ala, A	(*S*)-2-Aminopropan-säure	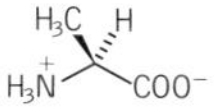	Weyl aus Seiden fibroin (1888)	297	+1,8	8,5	89,09	2,34	9,69		6,01	160
Valin Val, V*	(*S*)-2-Amino-3-methylbutansäure	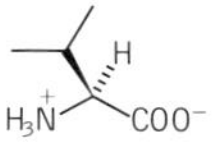	Gorup-Besanez aus Drüsenextrakt (1854)	315	+5,63	6,5	117,15	2,32	9,62		5,97	56,1
Leucin Leu, L*	(*S*)-2-Amino-4-methylpentansäure	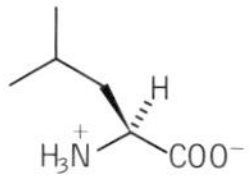	Proust aus Quark (1819)	293–295	-10,42	7,5	131,17	2,36	9,60		5,98	22,4
Isoleucin Ile, I*	(2*S*,3*S*)-2-Amino-3-methylpentansäure	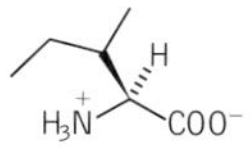	Ehrlich aus Melasse (1904)	284	+12,4	4,0	131,17	2,36	9,68		6,02	32,1
Prolin Pro, P	(*S*)-2-Pyrrolidin-2-carbonsäure	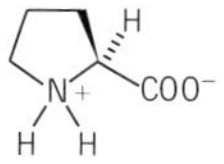	Fischer aus Casein (1901)	220–222	-86,2	5,2	115,13	1,99	10,60		6,30	1550
Methionin Met, M*	(*S*)-2-Amino-4-methylthiobutansäure	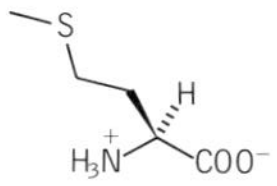	Mueller aus Casein (1924)	280–282	-9,8	1,6	149,21	2,28	9,21		5,74	53,7
Phenylalanin Phe, F*	(*S*)-2-Amino-3-phenylpropansäure	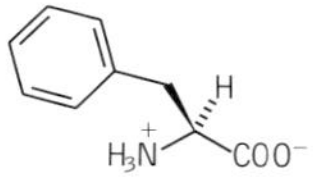	Schulze, Barbieri aus Lupinenkeim-lingen (1879)	310–312	-35,1	4,0	165,19	1,83	9,13		5,48	25,1
polar, neutral (ungeladen)												
Serin Ser, S	(*S*)-2-Amino-3-hydroxypropansäure	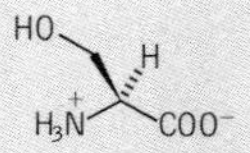	Cramer aus Seidenleim (1865)	223–228	-7,5	7,5	105,09	2,21	9,15	13,60	5,68	360
Threonin Thr, T*	(2*S*,3*R*)-2-Amino-3-hydroxybutansäure	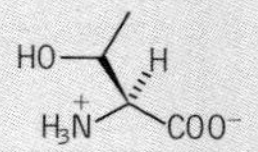	Rose et al. aus Fibrin (1935)	255–257	-28,6	6,2	119,12	2,11	9,62	13,60	5,87	90,3

Trivialname Abk, EAS*	Systematischer Name	Strukturformel (neutr. Lsg.)	Entdecker und erste Isolierung	F. (Z) in °C	$[\alpha]_D^{25}$ ($c=2$ H_2O)	rel. Prot. vork (%)	M_r	pK_1	pK_2	pK_R	pH_I	Lösl. 20 °C g/l H_2O
polar, neutral (ungeladen)												
Tyrosin Tyr, Y	(*S*)-2-Amino-3-(4-hydroxyphenyl)-propansäure	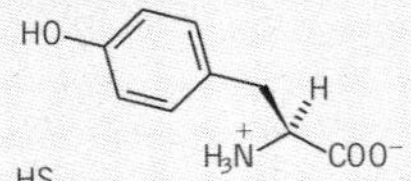	Liebig aus Käse (1846)	342–344	−10 (5N HCl)	3,3	181,19	2,20	9,11	10,07	5,66	0,4
Cystein Cys, C	(*R*)-2-Amino-3-mercaptopropan-säure	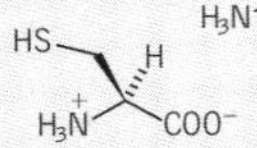	Baumann aus Cystin durch Reduktion (1884)	220–240	−16,5	3,3	121,15	1,86	8,35	10,34	5,10	160
Asparagin Asn, N	(*S*)-2-Aminobern-steinsäure-4-amid	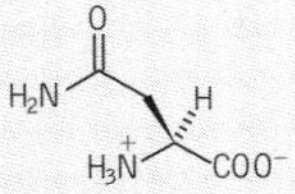	Vaquelin, Robi-quet aus Spargel-pflanzen (1806)	234–236	+5,6	3,9	132,12	2,02	8,08		5,41	20
Glutamin Gln, Q	(*S*)-2-Aminoglu-tarsäure-5-amid	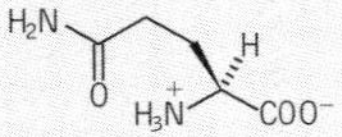	Schulze aus Zückerrüben (1877)	187	+6,3	3,5	146,15	2,17	9,13		5,65	34,9
Tryptophan Trp, W*	(*S*)-2-Amino-3-indolylpropansäure	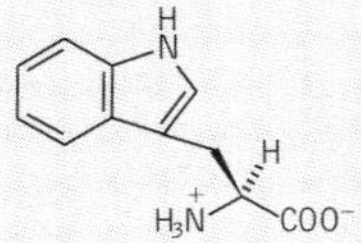	Hopkins, Cole aus Casein (1901)	290–295	−32,1	1,2	204,22	2,38	9,39		5,89	10,6
polar, sauer (negativ geladen)												
Asparaginsäure Asp, D	(*S*)-2-Amino-bernsteinsäure	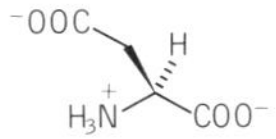	Ritthausen aus Le-guminosen (1868)	270–271	+5,0	5,1	133,10	1,88	9,60	3,65	2,77	4,3
Glutaminsäure Glu, E	(*S*)-2-Amino-glutarsäure	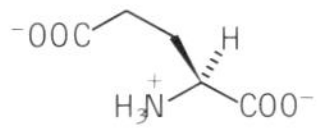	Ritthausen aus Le-guminosen (1866)	247–249	+12,6	5,4	147,13	2,19	9,67	4,25	3,22	7,5
polar, basisch (positiv geladen)												
Lysin Lys, K*	(*S*)-2,6-Diamino-hexansäure	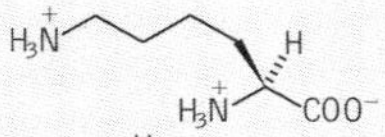	Drechsel aus Casein (1888)	224–225	+13,5	7,1	146,19	2,18	8,95	10,53	9,74	ca. 2000
Arginin Arg, R (semiessentiell)	(*S*)-2-Amino-5-guanidino-valeriansäure	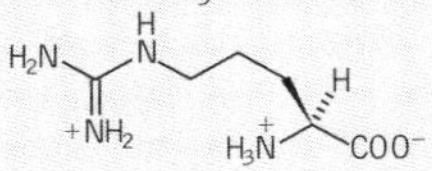	Schulze, Steiger aus Lupinenkeim-lingen (1879)	238	+12,5	4,4	174,20	2,17	9,04	12,48	10,76	149
Histidin His, H* (semiessentiell)	(*S*)-2-Amino-(4-imidiazolyl)-propansäure	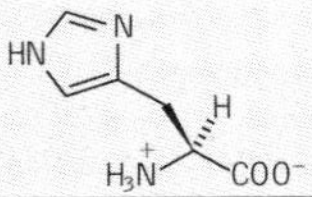	Kossel aus Sturin (1896)	287	−38,5	2,4	155,16	1,82	9,17	6,00	7,59	38,2

Aminosäuren. Tab. 2: Posttranslationell veränderte Aminosäuren.

Strukturformel und Name	Vorkommen und Funktion
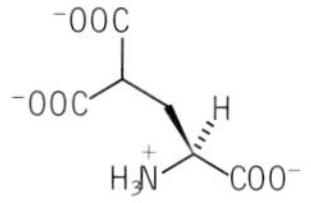 4-Carboxylglutaminsäure	Gerinnungsfaktoren, Prothrombin; bildet Calciumkomplexe
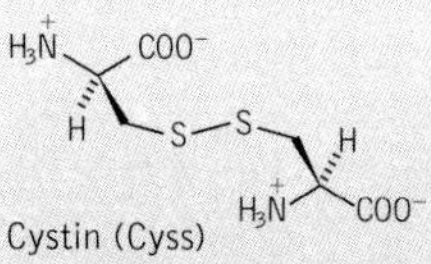 Cystin (Cyss)	Haar, Keratin, Insulin; Dimesres von Cys
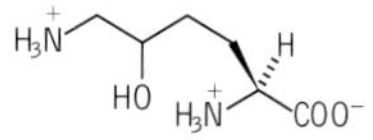 5-Hydroxylysin	Kollagen; Kohlenhydratbindungsstelle
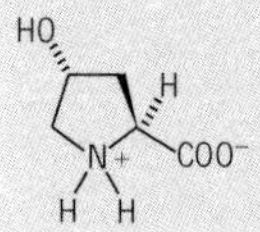 4-Hydroxyprolin	Kollagen, Elastin, Acetylcholinesterase; frei in Pflanzen
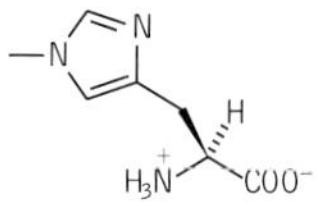 N^{τ}-Methylhistidin	Muskelproteine
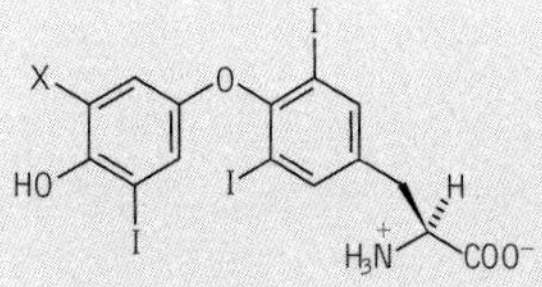 Triiodthyronin (X = H) Thyroxin (X = I)	Schilddrüsenhormon; gebunden an Thyreoglobulin

Aminosäuren. Tab. 3: Auswahl einiger nichtproteinogener Aminosäuren.

Strukturformel und Name	Vorkommen und Funktion
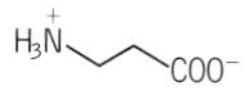 β-Alanin	Abbauprodukt von Pyrimidinen, Baustein von Panthotensäure bzw. Coenzym A, Anserin und Carnosin
 γ-Aminobuttersäure (GABA)	Hirn, Lunge, Herz; Neurotransmitter
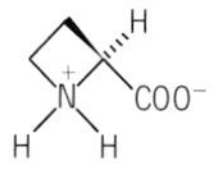 Azetidin-2-carbonsäure	Maiglöckchen, Lilien- und Agavengewächse; Prolin-Antagonist
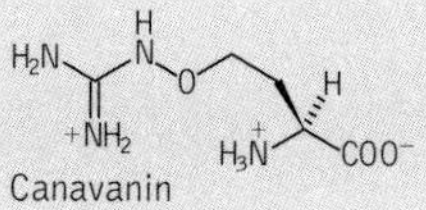 Canavanin	Leguminosen; Arg-Antagonist
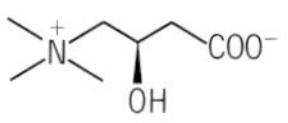 Carnithin	Muskel; bewirkt als Acylc. Transport von Fettsäureresten aus dem Cytoplasma in die Mitochondrien
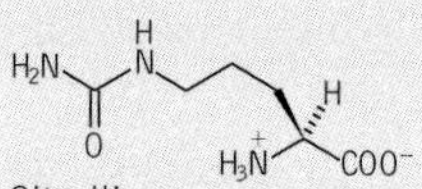 Citrullin	Wassermelone, Birke, Erle; Zwischenstufe im Harnstoffcyclus
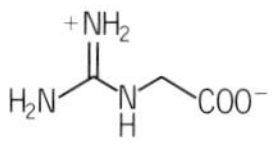 Guanidinoessigsäure	Leber, Niere, Pankreas, Hirn; Vorstufe des Kreatins und Kreatinins
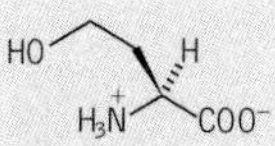 Homoserin	Vorstufe bei der Bildung von Thr und Met in Mikroorganismen und Pflanzen
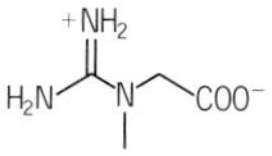 Kreatin	Zellbestandteil im Muskel der Wirbeltiere; als Phosphat Energiespeicher
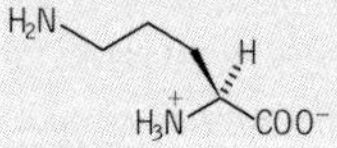 Ornithin	Leber; Zwischestufe im Harnstoffcyclus
 Serkosin	frei in Krabben, geb. in Actinomycinen; Abbauprodukt des Kreatins in Muskeln

die resorbiert werden und in den Blutstrom gelangen. Dort bilden sie einen Pool freier A., die einerseits für den Aufbau neuer körpereigener Proteine dienen oder aber im Stoffwechsel weiter ab- und umgebaut werden. Beim Abbau werden die A. in einem ersten transaminierenden Schritt zu den entsprechenden α-Ketosäuren umgewandelt, wobei der Aminostickstoff auf α-Ketoglutarat unter Bildung von Glutamat übertragen wird. Glutamat kann durch oxidative Desaminierung mittels Glutamat-Dehydrogenase zu Ammoniak und α-Ketoglutarat gespalten werden. Je nach Art der entstehenden Ketosäuren werden A. in *glucogene* (*glucoplastische*) oder *ketogene* (*ketoplastische*) A. unterteilt. Glucogene A. (Ala, Arg, Asp, Asn, Cys, Glu, Gln, Gly, His, Met, Pro, Ser, Thr, Val) bilden nach Transaminierung Zwischenprodukte des ↗ Citronensäurecyclus oder können über den Gluconeogenese-Weg in Kohlenhydrate (Glucose, Glycogen) umgewandelt werden. Die ketogenen A. (Leu, Lys) liefern beim Abbau ↗ Acetyl-Coenzym A (darüber Umwandlung in Fettsäuren) oder nicht weiter verwendbare Ketonkörper (Acetessigsäure, Aceton). Eigene A. (Trp, Phe, Tyr, Ile) können beiden Gruppen zugeordnet werden. Die Biosynthese der proteinogenen A. erfolgt durch Transaminierung der entsprechenden α-Ketosäuren mit Glutamat als Aminogruppen-Donor. Beim Aufbau des Kohlenstoffgerüstes unterscheidet man verschiedene Biosynthese-Familien, die von unterschiedlichen Grundbausteinen ausgehen: Arg, Gln, Glu, Pro von α-Ketoglutarat (Glutamat-Familie); Asn, Asp, Ile, Met, Lys, Thr von Oxalacetat (Aspartat-Familie); Cys, Gly, Ser von 3-Phosphoglycerat (Serin-Familie); Ala, Leu, Val von Pyruvat (Pyruvat-Familie); Phe, Trp, Tyr von Phosphoenolpyruvat und Erythrose-4-phosphat (Aromaten-Familie) und schließlich His von Phosphoribosylpyrophosphat und ATP.

Gewinnung. A. können durch Isolierung aus Proteinhydrolysaten, durch Chemosynthese sowie biotechnologisch auf mikrobiellem und enzymatischem Weg gewonnen werden. Die Hydrolyse von Proteinen wird durch Kochen mit Salz- oder Schwefelsäure oder durch Einwirkung proteolytischer ↗ Enzyme durchgeführt. Bei der Säurehydrolyse wird Trp vollständig und Ser/Thr bis zu 10 % zerstört. Aus dem Hydrolysat werden die schwerlöslichen A. durch Neutralisation gefällt und die wasserlöslichen A. chromatographisch getrennt.

Unter der Vielzahl der Chemosyntheseverfahren von A. (Ammonolyse von Halogencarbonsäuren, Malonester-; Erlenmeyer-Synthese) haben besonders die Strecker- und Bucherer-Synthese zu wirtschaftlichen Verfahren geführt. Bei der ↗ *Strecker-Synthese* werden Aldehyde mit Blausäure und Ammoniak über Cyanhydrine zu Aminonitrilen umgesetzt, deren hydrolytische Spaltung DL-A. ergibt. Nach der *Bucherer-Synthese* wird das intermediär gebildete Cyanhydrin mit Ammoniak und Kohlendioxid zum Hydantoin umgesetzt, das zur A. verseift wird. Die Strecker-Synthese wird industriell zur Gewinnung von A. mit leicht zugänglichem Ausgangsaldehyd eingesetzt (Met). Da bei der Chemosynthese stets die DL-A. entstehen, ist eine Enantiomerentrennung durch Umsetzung mit optisch aktiven Hilfsstoffen zu diastereomeren Salzen und deren fraktionierte Kristallisation oder durch enantioselektive Hydrolyse von A.derivaten (Acetyl- und Chloracetyl-A. oder A.ester) mit Hilfe immobilisierter Acylasen und Esterasen erforderlich. Die Enantiomerentrennung entfällt bei der *asymmetrischen Synthese* von A., bei der z. B. durch enantioselektive Hydrierung von α,β-Dehydro-A. R–CH=C(NH_2)–COOH in Gegenwart chiraler Rhodium-Komplexe A. in relativ hoher optischer Reinheit gewonnen werden können.

Alle proteinogenen A. können biotechnologisch hergestellt werden. Man unterscheidet die mikrobielle Fermentation, bei der mutierte oder rekombinierte Mikroorganismen bestimmte A. über den Eigenbedarf hinaus produzieren und Biotransformationen, bei denen immobilisierte Enzyme oder Mikroorganismen spezielle, enantioselektive Reaktionsschritte katalysieren. Durch Fermentation werden heute v. a. Glu, Trp und Lys gewonnen. Beispiele für Biotransformationen sind die Herstellung von Asp durch stereospezifische Addition von Ammoniak an Fumarsäure und die β-Decarboxylierung von Asp zu Ala.

Weltweit werden gegenwärtig 900000 t A. produziert, davon der größte Anteil mit biotechnologischen Methoden. An der Spitze steht die Herstellung von Glu (ca. 450000 t), gefolgt von DL-Met (ca. 220000 t) und Lys (ca. 80000 t).

Verwendung. Essentielle A. (Lys, Met, Thr, Trp) werden für die Supplementierung von Futtermitteln in der Tierernährung und für die Qualitätsverbesserung pflanzlicher Proteine (Reis, Mais, Weizen) in der menschlichen Ernährung eingesetzt. Natriumglutamat und Cys dienen in der Lebensmitteltechnologie als Geschmacks- und Würzstoffe. In der Medizin werden A. für chemisch definierte Diäten bei Störungen des A.- und Fettstoffwechsels sowie für Infusionslösungen zur parenteralen Ernährung verwendet. A. dienen auch als Zusatzstoff von Hautcremes, Shampoos und anderen Kosmetika sowie als Ausgangsstoff für die Synthese von Therapeutika und Peptidwirkstoffen.

Aminosäureoxidasen, die Desaminierung von Aminosäuren katalysierende, flavinabhängige Enzyme. A. wandeln stereospezifisch L- oder D-Aminosäuren in die entsprechenden α-Oxocarbonsäuren um, wobei die prosthetische Gruppe FAD weitestgehend für D-A. bzw. FMN für L-A. den Wasserstoff auf molekularen Sauerstoff überträgt. Das gebildete H_2O_2 wird von der gemeinsam mit den A. in den Microbodies vorkommenden ↗ Katalase gespalten.

Aminosäure-Pyrolyseprodukte entstehen beim Kochen, Braten oder Grillen eiweißhaltiger Lebensmittel, vor allem von Fleisch. Es handelt sich im wesentlichen um heterocyclische aromatische Amine (HAA), z. B. 3-Methyl-3*H*-imidazo[4,5-f]chinolin-2-amin (IQ). Die Substanzen werden im Prinzip gemäß der ↗ Maillard-Reaktion gebildet unter Beteiligung von reduzierenden Zuckern und ↗ Kreatinin/Kreatin.

Viele HAA sind im sogenannten Ames-Test nach metabolischer Aktivierung stark mutagen; die Dosen zur Tumorauslösung liegen aber deutlich über den Mengen, die nach derzeitigem Wissensstand über die Nahrung aufgenommen werden.

2-Aminothiazol, eine heterocyclische Verbindung, gelbe Kristalle; F. 93 °C, Kp. 140 °C bei 1,47 kPa.

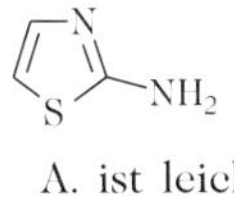

A. ist leicht löslich in heißem Wasser, wenig löslich in Alkohol und Ether. Es läßt sich wie ein aromatisches Amin diazotieren, ebenso kuppelt es mit Diazoniumsalzen zu Azofarbstoffen. Man gewinnt es durch Reaktion von Chloracetaldehyd mit Thioharnstoff oder besser aus Vinylacetat und Thioharnstoff in Gegenwart von Sulfurylchlorid. Verwendet wird A. als Ausgangsprodukt zur Synthese des Sulfonamids Sulfathiazol.

Aminotoluole, ↗ Toluidine.

Aminotransferasen, ↗ Transaminasen.

Aminoxide, *N-Oxide*, organische Verbindungen mit der allg. Formel $R_3N{\rightarrow}O$. Die zwischen dem N- und dem O-Atom wirksame Bindung wird als semipolare Bindung bezeichnet, da sie sich formal durch Überlagerung einer einfachen N–O-Atombindung und einer N^+,O^--Ionenbeziehung ergibt. Diese Bindungsverhältnisse in den A. können in folgender Weise zum Ausdruck gebracht werden: $R_3N{\rightarrow}O$ bzw. $R_3\overset{+}{N}{-}O^-$.

A. weisen sehr hohe Dipolmomente und hohe Schmelz- bzw. Siedepunkte auf. Mit Säuren bilden A. Salze der allg. Formel $(R_3\overset{+}{N}{-}OH)X^-$, von denen einige als Chemotherapeutika verwendet werden.

A. entstehen bei der Einwirkung von Oxidationsmitteln, z. B. Peroxidverbindungen, auf tertiäre Amine oder auf Heterocyclen mit tertiären N-Atomen, z. B. Pyridin und Chinolin.

Aminozucker, Monosaccharide, bei denen eine oder mehrere alkoholische Hydroxygruppen durch Aminogruppen ersetzt sind. Die freien A. sind relativ stark basisch und nicht mehr stabil. A. kommen nur glycosidisch gebunden, vor allem in Tieren und Mikroorganismen, vor. Bis auf einige basisch reagierende A.-Glycoside der Mikroorganismen, zu denen ↗ Streptomycin und andere Aminoglycosidantibiotika gehören, liegt die Aminogruppe der A. als *N*-Acetyl- oder seltener auch *N*-Sulfurylgruppe vor. Beide reagieren nicht mehr basisch. In Tieren verbreitet sind vor allem Derivate der 2-Amino-2-desoxyhexosen, z. B. ↗ D-Glucosamin, ↗ D-Galactosamin und D-Mannosamin. Diese A. sind Bausteine von Polysacchariden, z. B. des ↗ Chitins, der ↗ Mucopolysaccharide, der ↗ Blutgruppensubstanzen sowie zahlreicher Glycoproteine. In Mikroorganismen finden sich neben 2-Amino-2-desoxyhexosen auch methylierte A. sowie 3-Amino-3-desoxy-, 6-Amino-6-desoxy- und 2,6-Diamino-2,6-didesoxyzukker. A. sind unter anderem Bausteine der bakteriellen Zellwand (↗ Murein). Zu den A. gehört auch die ↗ Neuraminsäure.

Amitraz, ↗ Akarizide.

Amitriptylin, ↗ Dibenzodihydrocycloheptadiene.

Amitrol, ↗ Chlorotika-Herbizide.

Ammongelite, gelatinöse Ammonsalpetersprengstoffe, die aus unterschiedlichen Mischungen von mit Collodiumwolle gelatiniertem Sprengöl und Nitrotoluol bestehen. A. werden zum Sprengen von harten Gesteinen, auch unter Wasser, eingesetzt.

Ammoniak, NH_3, farbloses Gas von charakteristischem, stechendem, zu Tränen reizendem, erstickendem Geruch und beißendem, laugigem Geschmack; F. −77,4 °C, Kp. −33,35 °C, krit. Temp. 132,5 °C, krit. Druck 11,25 MPa, krit. D. 0,235 g cm^{-3}, D. des flüssigen A. bei −34,4 °C 0,683 g cm^{-3}, bei 0 °C 0,639 g cm^{-3}, Dampfdruck bei 0 °C 0,438 MPa, bei 30,0 °C 1,19 MPa, Verdampfungswärme des flüssigen A. bei −33,35 °C 1372,0 kJ/kg, bei 0 °C 1264,3 kJ/kg und bei 32,2 °C 1137,3 kJ/kg. In festem Zustand bildet A. farblose, kubische Kristalle.

Eigenschaften. Das Ammoniakmolekül hat pyramidale Struktur, der H–N–H-Winkel beträgt 107,3°. Daraus kann man auf weitgehende sp^3-Hybridisierung am N-Atom schließen. Die NH_3-Pyramide ist nicht stabil, sondern unterliegt auch bei tiefer Temperatur rascher Inversion. Die Höhe der Inversionsbarriere beträgt 24,8 kJ/mol. Die hohe Polarität der NH_3-Moleküle und die Ausbildung starker Wasserstoffbrückenbindungen bewirken, daß flüssiges A. beträchtlich assoziiert ist (Dielektrizitätskonstante bei −50 °C 22,7).

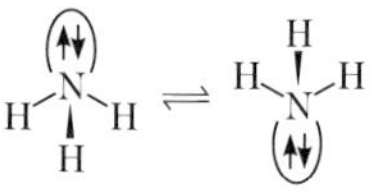

Ammoniak. Abb. 1: NH3-Pyramide.

Dies ist die Ursache des unerwartet hohen Siedepunktes und der hohen Verdampfungsenthalpie des A.

A. vermag als Folge seiner Molekülstruktur sowohl mit Donor- als auch Akzeptormolekülen in Wechselwirkung zu treten, d. h., es ist z. B. in der Lage, sowohl Anionen als auch Kationen eines Salzes zu solvatisieren. Dies verschafft dem flüssigen A. ähnliche Lösungsmitteleigenschaften wie dem Wasser. So sind zahlreiche anorganische und organische Verbindungen in flüssigem A. gut löslich. Flüssiges A. unterliegt ähnlich dem Wasser der Autoprotolyse : $2\ NH_3 \rightleftharpoons NH_2^- + NH_4^+$. Alkalimetalle sowie Calcium, Strontium und Barium lösen sich in flüssigem A. unter Bildung tiefdunkelblauer Lösungen, deren elektrische Leitfähigkeit und deren Paramagnetismus auf das Vorliegen solvatisierter Elektronen zurückgeführt wird:

$$M \xrightarrow{\text{flüss. } NH_3} [M(NH_3)_4]^+ + [e(NH_3)_x]$$

A. löst sich begierig in Wasser. 100 ml Wasser lösen bei 0 °C 90,7 g, d. s. 117,6 l gasförmiges A., bei 100 °C 7,4 g A.; Lösungsenthalpie des gasförmigen A. bei 25 °C 30,64 kJ/mol.

Die Hauptmenge des A. ist in Wasser molekular gelöst. Infolge der Fähigkeit des A., als Protonenakzeptor zu fungieren, erfolgt in geringem Umfang Protolyse: $NH_3 + H_2O \rightleftharpoons NH_4^+ + OH^-$ ($pK_B = 4{,}75$). Die wäßrige Lösung reagiert deshalb basisch. Durch Einwirkung starker Basen auf Ammoniumsalze wird A. wieder freigesetzt, z. B. $NH_4Cl + NaOH \rightarrow NH_3 +$

NaCl + H_2O. Gegenüber sehr starken Basen, wie Metallorganica oder ionischen Hydriden, vermag A. als Säure zu fungieren und geht in seine korrespondierende Base, das Amid-Ion NH_2^-, über. Amide werden auch bei Einwirkung elektropositiver Metalle auf A. bei erhöhter Temperatur gebildet, z. B. Na + $NH_3 \rightarrow NaNH_2 + \frac{1}{2} H_2$.

Das bei gewöhnlicher Temperatur beständige A. zerfällt beim Erwärmen in Gegenwart bestimmter Katalysatoren bis zur Gleichgewichtskonzentration in die Elemente: $2\ NH_3 \rightleftharpoons N_2 + 3\ H_2$, $\Delta H =$ 92,5 kJ/mol. In reinem Sauerstoff verbrennt A. im wesentlichen zu Stickstoff und Wasser: $2\ NH_3 + \frac{3}{2}\ O_2 \rightarrow N_2 + 3\ H_2O$. A.-Sauerstoff-Gemische sind in den Grenzen von 13,5 bis 82 Vol.-% A. und A.-Luft-Gemische von 15,5 bis 28 Vol.-% A. explosibel. Nimmt man die Verbrennung in Gegenwart von Platin- oder Platin-Rhodium-Katalysatoren vor, so erfolgt Umsetzung zu Stickstoffmonoxid: $4\ NH_3 + 5\ O_2 \rightarrow 4\ NO + 6\ H_2O$, $\Delta H \approx -900$ kJ/mol. Diese Reaktion ist die Basis des ↗ Ostwald-Verfahrens zur Herstellung von ↗ Salpetersäure. Vermöge seines freien Elektronenpaares ist A. ein guter Komplexligand und ein starkes Nucleophil.

Sowohl flüssiges Ammoniak als auch dessen wäßrige Lösung wirken ätzend auf Haut und Schleimhäute. Besonders gefährdet sind die Augen. Bei Augenschädigungen ist sofort mit viel Wasser zu spülen.

1,5 bis 2,5 g A./m^3 Atemluft wirken nach 30 bis 60 min tödlich. Durch kurzzeitige Inhalation kann es zu Verätzungen und nachfolgend zu Entzündungen der Atemwege und Lungenödem kommen. Hier wird völlige Ruhigstellung und das Einatmen von Wasser- und Essigsäuredämpfen empfohlen. Ggf. Arzt konsultieren.

Analytisches. Der qualitative Nachweis des A. erfolgt durch Bildung des blauen $[Cu(NH_3)_4]^{2+}$-Komplexes oder durch ↗ Neßlers Reagens.

Vorkommen. A. ist das biologische Abbauprodukt zahlreicher organischer Stickstoffverbindungen und kommt im Ergebnis der Verwesung pflanzlichen und tierischen Materials, üblicherweise in Form von Ammoniumsalzen, in der Natur vor. Auch einige Minerale enthalten geringe Mengen A.

Gewinnung. A. wird heute nahezu ausschließlich durch direkte Vereinigung der Elemente Stickstoff und Wasserstoff nach dem Prinzip des *Haber-Bosch-Verfahrens* gewonnen. Die Umsetzung $N_2 + 3\ H_2 \rightleftharpoons 2\ NH_3$, $\Delta H = -92{,}5$ kJ/mol, bedarf infolge der hohen Dissoziationsenthalpie des N_2-Moleküls energischer Aktivierung. Der exotherme Charakter der Reaktion begrenzt jedoch eine thermische Anregung, weil sich die Gleichgewichtslage mit steigender Temperatur nach links verschiebt. Es wurden deshalb Katalysatoren entwickelt (Eisenoxide mit geringen Anteilen Aluminium-, Calcium-, Kalium-, Magnesium- und Titandioxid u. a. als Promotoren, die nach Reduktion durch Wasserstoff in die aktive Form des α-Eisens übergehen), mit denen bei Reaktionstemperaturen um 400 °C technisch verwertbare Umsätze erreicht werden.

Abb. 2 zeigt das Schema einer Ammoniakerzeugungsanlage. Das Synthesegas mit der Zusammensetzung Stickstoff : Wasserstoff = 1 : 3 wird durch Wärmeaustausch mit dem bereits umgesetzten Gas auf die Arbeitstemperatur des Katalysators (400 bis 500 °C) vorgeheizt und dem Synthesereaktor zugeführt. Nach jeder Katalysatorschicht wird durch Zuführung von Kaltgas wieder auf die optimale Arbeitstemperatur des Katalysators abgekühlt. Nach etwa der 5. bis 10. Katalysatorschicht ist die Gleichgewichtszusammensetzung erreicht. Nach Passieren eines Abhitzekessels, eines Wärmetauschers zur Vorwärmung des Einsatzgases und eines Wasserkühlers scheidet sich ein Teil des A. ab. Die vollständige Entfernung aus dem Kreislaufgas erfolgt in einem mit A. gefüllten Tiefkühler. Das nicht umgesetzte Gas wird zusammen mit dem Frischgas er-

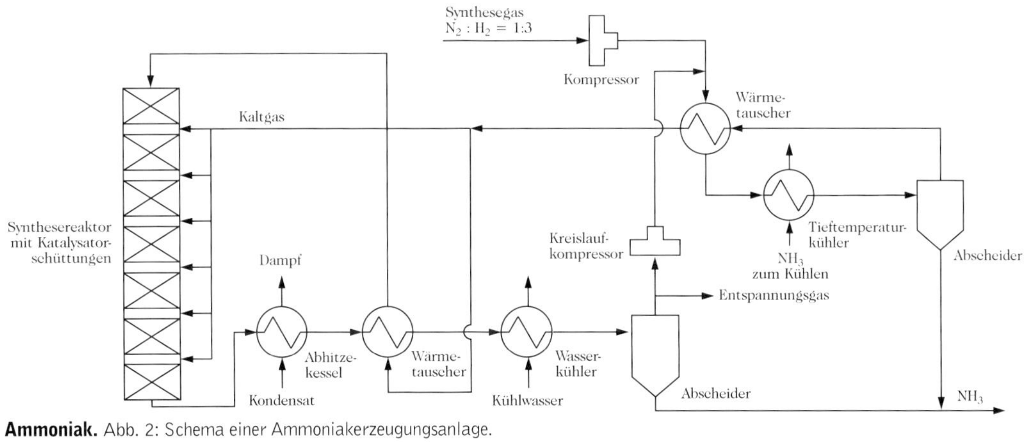

Ammoniak. Abb. 2: Schema einer Ammoniakerzeugungsanlage.

neut dem Reaktor zugeführt. Für den Ausgleich des Druckverlustes sorgt ein Kreislaufkompressor. Durch ständiges Entspannen eines Teilstromes wird verhindert, daß sich Inertgase (Argon und Methan) im Kreislaufgas anreichern. Aus diesen Entspannungsgasen kann Argon gewonnen werden.

Im Laboratorium stellt man A. durch Einwirkung starker Basen auf Ammoniaksalze her.

A. kommt verflüssigt in Stahlflaschen oder in Wasser gelöst als 25–30%iges konz. A. (*Ammoniakwasser*, Trivialname *Salmiakgeist*) in den Handel.

Verwendung. A. ist die Basis nahezu aller technisch hergestellter Stickstoffverbindungen. Der größte Anteil des produzierten A. wird zur Herstellung von Stickstoffdüngemitteln verwendet. Auch als Ausgangsprodukt zur Gewinnung von ↗ Harnstoff oder Ammoniumsulfat kommt A. letztlich in der Landwirtschaft zur Anwendung. A. dient zur Herstellung von Soda, Salpetersäure, verschiedenen Ammoniumsalzen, Natriumcyanid, Blausäure, Hydrazin, Nitrilen, Aminen, Amidharzen, Chemiefasern, Farbstoffen, Sprengstoffen u. a. Es wird in der Kältetechnik und in der Metallurgie (zur Nitrierhärtung) eingesetzt. Ammoniakwasser wird in der Bleicherei, in der Färberei, beim Lichtpausverfahren und allgemein als billige Base verwendet.

Ammoniakassimilation, *Ammoniakfixierung*, die Aufnahme von Ammoniak und dessen Einbau in organisch gebundene stickstoffhaltige Gruppen (z. B. Amino-, Amid-, Carbamoyl-, Guanidinogruppen) körpereigener Verbindungen (z. B. Aminosäuren, Carbamoylphosphat). Die Hauptwege der A. bei höheren Pflanzen sind die reduktive Aminierung (mittels der Glutamatdehydrogenase: α-Ketoglutarat + NAD(P)H + H^+ + $NH_4^+ \rightleftharpoons$ Glutamat + $NAD(P)^+$ + H_2O) oder eine Amidierung mit anschließender reduktiver ↗ Transaminierung (katalysiert durch die Glutaminsynthetase/Glutamatsynthase). Primäre Produkte der A. sind Glutaminsäure bzw. Glutamin. Durch Transaminierung bzw. Transamidierung kann daraus der Stickstoff in Form der Amino- bzw. Amidogruppe auf andere Verbindungen – vor allem α-Ketosäuren – übertragen werden.

Ammoniakentgiftung, die Beseitigung von Ammoniak, der beim Abbau von Proteinen bzw. Aminosäuren entsteht, durch Stoffwechselreaktionen. Bei Wirbeltieren wird Ammoniak, der insbesondere im Gehirn toxisch wirkt, als Harnstoff (Ureotelie, ↗ Harnstoff-Cyclus) ausgeschieden. Vögel, landlebende Reptilien und die meisten Insekten scheiden dagegen Harnsäure (Uricotelie) aus, während marine Muscheln und Krebse Ammoniak in unveränderter Form (Ammonotelie) ausscheiden. Pflanzen bilden stickstoffreiche Speicherstoffe (z. B. Glutamin, Asparagin, Arginin), aus denen Ammoniak remobilisiert und für Synthesen (z. B. von Aminosäuren) wieder nutzbar gemacht werden kann.

Ammoniakfixierung, ↗ Ammoniakassimilation.

Ammoniakharz, ↗ Gummiharze.

Ammoniak-Soda-Verfahren, ↗ Soda.

Ammonite, ↗ Ammonsalpetersprengstoffe.

Ammoniumacetat, CH_3COONH_4, ↗ Acetate.

Ammoniumalaun, ↗ Ammoniumaluminiumsulfat.

Ammoniumaluminiumsulfat, *Ammoniumalaun*, $NH_4Al(SO_4)_2 \cdot 12\ H_2O$, farblose, wasserlösliche, kubische Kristalle; D. 1,64 g cm^{-3}, F. 93,5 °C. Die Verwendung von A. entspricht weitgehend der von ↗ Kaliumaluminiumsulfat, wobei A. heute jedoch meist durch ↗ Aluminiumsulfat ersetzt wird.

Ammoniumbi..., früher für ↗ Ammoniumhydrogen...

Ammoniumbromid, NH_4Br, farblose, in Wasser, Ethanol und Aceton lösliche, hygroskopische, kubische Kristalle, D. 2,429 g cm^{-3}, Sbp. 452 °C. Man stellt A. durch Einwirkung von Bromwasserstoff auf Ammoniak her. Es wird zur Herstellung von Photoplatten und Filmen verwendet.

Ammoniumcarbamat, $H_2N{-}CO{-}O^-NH_4^+$, das Ammoniumsalz der Carbamidsäure. A. bildet farblose, wasserlösliche, nach Ammoniak riechende, rhombische Kristalle. In wäßriger Lösung bei 60 °C hydrolysiert es unter Bildung von Ammoniumcarbonat, das leicht in Ammoniak und Kohlendioxid zerfällt. A. entsteht beim Erhitzen von trockenem Ammoniak und Kohlendioxid. Es ist Zwischenprodukt bei der Synthese des ↗ Harnstoffs. Man verwendet A. als Reinigungsmittel, Beizmittel, Neutralisationsmittel sowie im Gemisch mit Ammoniumhydrogencarbonat unter dem Namen *Hirschhornsalz* als Triebmittel zum Backen.

Ammoniumcarbonat, $(NH_4)_2CO_3 \cdot H_2O$, farblose, wasserlösliche, kubische Kristalle. A. zerfällt bei 58 °C vollständig in NH_3, CO_2 und H_2O. Die Gewinnung erfolgt durch Umsetzung von Kohlendioxid mit Ammoniak in wäßriger Lösung gemäß 2 NH_4 + CO_2 + $H_2O \rightarrow (NH_4)_2CO_3$. Es wird z. B. in der Färberei und als CO_2-Entwickler in Feuerlöschgeräten benutzt.

Ammoniumchlorid, *Salmiak*, NH_4Cl, farblose, in Wasser und Ethanol lösliche, bitter-salzig schmeckende, kubische Kristalle, D. 1,527 g cm^{-3}. Die wäßrige Lösung reagiert schwach sauer. Bei Temperaturerhöhung ist A. infolge zunehmender thermischer Dissoziation in Ammoniak NH_3 und Chlorwasserstoff HCl flüchtig, bei 340 °C erfolgt rasche Sublimation. Zur Gewinnung wird wäßrige Ammoniaklösung oder auch in Kokereien anfallendes Gaswasser mit Salzsäure neutralisiert. Bei der Gewinnung von ↗ Soda nach dem Solvay-Verfahren fällt A. als Nebenprodukt an. Heute verwendet man es in der Färberei, der Gerberei und der Galvanoplastik sowie zur Herstellung von Eisenkitt und Kältemischungen. Seine Anwendung beim Löten, Verzinken und Verzinnen beruht auf der Fähigkeit, mit

Metalloxiden unter Bildung flüchtiger Chloride zu reagieren und so die Metalloberfläche zu reinigen. A. dient als Elektrolyt in Trockenbatterien.

Ammoniumcyanat, NH_4OCN, farblose, in Ethanol und Wasser lösliche Kristalle, D. 1,342 g cm^{-3}. Das durch Neutralisation von Cyansäure mit Ammoniak darstellbare Salz wandelt sich oberhalb 60 °C in Harnstoff um: $NH_4OCN \rightarrow H_2N{-}CO{-}NH_2$. Diese erstmals 1828 von Wöhler durchgeführte Umlagerung galt als Beweis gegen die damals verbreitete Ansicht, daß Naturprodukte nicht auf synthetischem Wege zugänglich seien.

Ammoniumdinitramid, *ADN*, $NH_4N(NO_2)_2$, farblose Kristalle, D. 1,85 g cm^{-3}. A. ist eine sehr sauerstoffreiche Stickstoffverbindung, die für den Einsatz in Explosivstoffen und (in Kombination mit starken Reduktionsmitteln wie Aluminium, Aluminiumhydrid oder organischen Verbindungen) Raketen Feststoff-Treibstoffen geeignet ist. Die Abwesenheit von Halogenen erschwert die Radar-Detektion der Abgasspur der Rakete.

Ammoniumeisenalaun, ↗ Ammoniumeisen(III)-sulfat.

Ammoniumeisen(II)-sulfat, *Mohrsches Salz*, $(NH_4)_2Fe(SO_4)_2 \cdot 6\,H_2O$, hellgrüne, wasserlösliche, monokline Kristalle; D. 1,864 g cm^{-3}, Z. 100 bis 110 °C. Das Doppelsalz ist wesentlich luftbeständiger als Eisen(II)-sulfat und eignet sich daher gut zur Einstellung von $KMnO_4$-Maßlösungen.

Ammoniumeisen(III)-sulfat, *Ammoniumeisenalaun*, $NH_4Fe(SO_4)_2 \cdot 12\,H_2O$, blaßviolette, wasserlösliche, kubische Kristalle; D. 1,71 g cm^{-3}, F. 39 bis 41 °C, bei 230 °C Übergang in die wasserfreie Form. A. dient als Beize in der Textildruckerei und -färberei sowie in der Medizin als Adstringens. Bei der argentometrischen Titration nach Volhard wird A. als Indikator verwendet.

Ammoniumfluoride. *Ammoniumfluorid*, NH_4F, farblose, wasserlösliche, hexagonale Kristalle; D. 1,009 g cm^{-3}. NH_4F bildet sich als Sublimat beim Erhitzen eines Gemisches aus Ammoniumchlorid und Natriumfluorid. In wäßriger Lösung spaltet es Ammoniak ab, und man erhält nach Eindampfen das rhombische oder tetragonale *Ammoniumhydrogenfluorid*, NH_4HF_2, D. 1,50 g cm^{-3}, F. 125,6 °C.

Ammoniumhydrogencarbonat, früher *Ammoniumbicarbonat*, NH_4HCO_3, farbloses, wasserlösliches Pulver bzw. rhombische oder monokline Kristalle; D. 1,58 g cm^{-3}. Bereits bei 40 bis 60 °C zerfällt A. in Ammoniak, Kohlendioxid und Wasser. Zur Herstellung leitet man Kohlendioxid in wäßrige Ammoniaklösung. Bei der Synthese von ↗ Soda nach dem Solvay-Verfahren tritt A. als Zwischenprodukt auf. Es wird als Mischfutterzusatz für Rinder verwendet und dient als Bestandteil des ↗ Hirschhornsalzes zur Bereitung von Backpulvern.

Ammoniumhydrogensulfat, früher *Ammoniumbisulfat*, NH_4HSO_4, farblose, wasserlösliche, rhombische Kristalle; D. 1,78 g cm^{-3}, F. 146,9 °C.

Ammoniumhydrogensulfid, NH_4HS, farblose, giftige, in Wasser leicht lösliche, rhombische Kristalle; D. 1,17 g cm^{-3}. Die alkalisch reagierende wäßrige Lösung erhält man durch Sättigen wäßrigen Ammoniaks mit Schwefelwasserstoff. Die Überführung des A. in ein neutrales Ammoniumsulfid $(NH_4)_2S$, etwa durch Zugabe eines zweiten Äquivalents NH_3, gelingt nicht, weil das Ammonium-Ion NH_4^+ eine etwa um den Faktor 10^4 stärkere Säure ist als das Hydrogensulfid-Ion HS^-.

Ammoniumhydroxid, zuweilen gebrauchte unzutreffende Bezeichnung für wäßrige Ammoniaklösung (↗ Ammoniak). Die bei tiefer Temperatur aus NH_3 und H_2O darstellbare, bei −77 °C schmelzende, feste Verbindung ist als Ammoniak-Hydrat $NH_3 \cdot H_2O$ zu formulieren.

Ammoniumiodid, NH_4I, farblose, in Wasser und Ethanol lösliche, hygroskopische, kubische Kristalle, D. 2,514 g cm^{-3}, Sbp. 551 °C.

Ammoniumnatriumhydrogenphosphat, *Phosphorsalz*, $NH_4NaHPO_4 \cdot 4\,H_2O$, farblose, wasserlösliche, monokline Kristalle, D. 1,574 g cm^{-3}. Beim Erhitzen zersetzt sich A. unter Bildung von Natriumpolyphosphat: $NH_4NaHPO_4 \rightarrow NaPO_3 + NH_3 + H_2O$.

Ammoniumnitrat, *Ammonsalpeter*, NH_4NO_3, farblose, hygroskopische, bei Raumtemperatur rhombische, > 32,1 °C monokline Kristalle, D. 1,725 g cm^{-3}, F. 169,6 °C. Oberhalb 200 °C zerfällt A. in Distickstoffoxid und Wasser: $NH_4NO_3 \rightarrow N_2O + 2\,H_2O$. Bei plötzlichem Erhitzen oder Initialzündung verläuft dieser Vorgang explosionsartig. In Wasser löst sich A. unter starker Abkühlung. Man gewinnt es durch Neutralisation von Salpetersäure mit Ammoniak. A. ist ein idealer, weil ballastfreier Stickstoffdünger, der jedoch wegen der Explosionsgefahr und seiner hygroskopischen Eigenschaften meist im Gemisch mit anderen Stoffen angewandt wird (↗ Düngemittel). Es ist Bestandteil von Sicherheitssprengstoffen und wird in Feststoffraketen neben Ammoniumperchlorat als Oxidationsmittel eingesetzt.

Ammoniumnitratsprengstoffe, ↗ Ammonsalpetersprengstoffe.

Ammoniumnitrit, NH_4NO_2, farblose, in Wasser leicht lösliche Kristallmasse, D. 1,69 g cm^{-3}. In wäßriger Lösung zersetzt sich A. bereits beim Erwärmen in Stickstoff und Wasser: $NH_4NO_2 \rightarrow N_2 + 2\,H_2O$. Das feste A. explodiert bei 60 bis 70 °C.

Ammoniumoxalat, $(NH_4)_2C_2O_4 \cdot H_2O$, farblose, wasser- und ethanollösliche, rhombische Kristalle; D. 1,50 g cm^{-3}.

Ammoniumperchlorat, NH_4ClO_4, farblose, wasserlösliche Kristalle. A. ist in reinster Form aus Ammoniak und Perchlorsäure zugänglich, wird technisch aber meist durch Umsetzung von Natriumperchlorat mit Ammoniumchlorid gewonnen. A.

wird häufig im Gemisch mit hochmolekularen organischen Substanzen oder Aluminium als Oxidationsmittel in Feststoffraketen eingesetzt. Ab 200 °C zerfällt A. gemäß: 2 $NH_4ClO_4 \rightarrow N_2 + Cl_2 + 2\ O_2 +$ 4 H_2O.

Ammoniumperoxodisulfat, *Ammoniumpersulfat*, $(NH_4)_2S_2O_8$, farblose, in Wasser leicht lösliche, monokline Kristalle, D. 1,982 g cm^{-3}. Das trockene, reine A. ist bis etwa 120 °C stabil, in feuchtem Zustand zersetzt es sich rasch unter Bildung ozonhaltigen Sauerstoffs: $(NH_4)S_2O_8 + H_2O \rightarrow 2\ (NH_4)HSO_4 + \frac{1}{2}\ O_2$. Die wäßrige Lösung wirkt stark oxidierend. Man gewinnt A. durch anodische Oxidation schwefelsaurer Ammoniumsulfatlösung.

Ammoniumpersulfat, ↗ Ammoniumperoxodisulfat.

Ammoniumphosphate. *Ammoniumdihydrogenphosphat*, $NH_4H_2PO_4$, farblose, wasserlösliche, tetragonale Kristalle, D. 1,803 g cm^{-3}, F. 190 °C. Man gewinnt das Salz durch Neutralisation von Phosphorsäure mit Ammoniak bis zu einem pH-Wert von 4. Setzt man weiter Ammoniak zu, erhält man *Diammoniumhydrogenphosphat*, $(NH_4)_2HPO_4$, das in Form farbloser, wasserlöslicher, monokliner Prismen kristallisiert, D. 1,619 g cm^{-3}. $(NH_4)_2HPO_4$ ist ein Bestandteil von Mehrnährstoffdüngern (↗ Düngemittel) und wird weiterhin als Flammschutzmittel für Holz, Papier u. ä. verwendet. *Triammoniumphosphat*, $(NH_4)_2PO_4 \cdot 3\ H_2O$, gewinnt man durch Einwirkung gasförmigen Ammoniaks auf $(NH_4)_2HPO_4$ als farblose, wasserlösliche Prismen.

Ammoniumpikrat, $NH_4OC_6H_2(NO_2)_3$, das Ammoniumsalz der Pikrinsäure, eine kristalline, bitter schmeckende Verbindung, die in einer gelben und in einer roten Modifikation vorkommt; F. 257 bis 259 °C (Z.). A. ist in Wasser und Ethanol löslich. Es wird aus Ammoniak und Pikrinsäure gewonnen und stellt einen hochbrisanten Sprengstoff dar. Die Detonationsgeschwindigkeit beträgt 6950 m s^{-1}, und damit gleicht es in seiner Sprengkraft dem 2,4,6-Trinitrotoluol (TNT).

Ammoniumrhodanid, ↗ Ammoniumthiocyanat.

Ammoniumsulfat, $(NH_4)_2SO_4$, farblose, in Wasser unter starker Abkühlung lösliche, scharf-salzig schmeckende, rhombische Kristalle; D. 1,769 g cm^{-3}. Im Laboratoriumsmaßstab stellt man A. durch Neutralisation von Schwefelsäure mit Ammoniak her. In der Technik werden Kohlendioxid und Ammoniak in eine wäßrige Aufschlämmung von fein gemahlenem Gips geleitet. $2\ NH_3 + CO_2 + CaSO_4 + H_2O \rightarrow CaCO_3 + (NH_4)_2SO_4$. A. war lange Zeit der wohl bedeutendste Ammoniakdünger, wurde aber infolge des relativ niedrigen N-Gehaltes und der sauren Wirkung von Ammoniumnitrat und Harnstoff abgelöst.

Ammoniumsulfid, ↗ Ammoniumhydrogensulfid.

Ammoniumthiocyanat, *Ammoniumrhodanid*, NH_4SCN, farblose, zerfließliche, in Wasser und Ethanol leicht lösliche, monokline Kristalle; D. 1,305 g cm^{-3}, F. 149,6 °C. Man gewinnt es durch Einwirkung von Ammoniak auf Kohlendisulfid unter Druck. A. dient in der analytischen Chemie zum Nachweis von Eisen(III)-Ionen sowie zur Halogenidbestimmung nach Volhard.

Ammoniumtris(oxalato)ferrat(III), $(NH_4)_3[Fe(C_2O_4)_3] \cdot 3\ H_2O$, hellgrüne, monokline Kristalle, die man durch Reaktion von Eisen(III)-salzlösungen mit Ammoniumoxalat erhält; D. 1,78 g cm^{-3}, Z. 165 °C. Bei Lichteinwirkung zerfällt A. unter Bildung von Kohlendioxid und Eisen(II)-Verbindungen. Diese Reaktion kann zur Lichtmessung (↗ Aktinometer) und auch bei Lichtpausen verwendet werden.

Ammonolyse, ↗ Aminolyse.

Ammonsalpeter, ↗ Ammoniumnitrat.

Ammonsalpetersprengstoffe, *Ammoniumnitratsprengstoffe*, oft auch als ***PAC-***, ***ANC-***, ***ANFO-Sprengstoffe*** bezeichnet, eine Gruppe wichtiger, industrieller Sprengstoffe, die als Hauptbestandteil neben Kohlenstoffträgern, wie Kohle, Öl oder Holzmehl, teilweise auch Aluminiumpulver enthalten. Wasserhaltige A. haben für Sprengschlämme (↗ Gelsprengstoffe) große Bedeutung. A., die neben Ammoniumnitrat 20 bis 40 % gelatiniertes Sprengöl enthalten, werden als *Gelatine-Donarite* bezeichnet und zum Sprengen harter Gesteine verwendet. Als *Donarite* bezeichnet man A., die aus 70 bis 80 % Ammoniumnitrat, 4 bis 6 % Sprengöl, Trinitrotoluol, Holzmehl u. a. bestehen. Sprengölfreie A. heißen *Ammonite*, z. B. pulverförmige Gemische aus 80 bis 82 % Ammoniumnitrat und 18 bis 20 % Trinitrotoluol. Zu den Ammoniten gehören auch die ↗ AN-DK-Sprengstoffe.

Amorceblättchen, ↗ Zündblättchen.

amorph (griech. amorphos »gestaltlos«), Bezeichnung für den Zustand fester Stoffe, bei dem die Bausteine (Atome, Ionen oder Moleküle) keine periodische Anordnung über einen größeren Bereich (Fernordnung) aufweisen. In a. Stoffen sind die Bausteine aber auch nicht völlig regellos und rein statistisch, sondern so verteilt, daß eine gewisse Regelmäßigkeit und Ähnlichkeit mit dem kristallinen Zustand hinsichtlich Abstand und Orientierung der nächsten Nachbarn erkennbar sind (Nahordnung). A. Stoffe entsprechen damit in ihrer Struktur den Flüssigkeiten, unterscheiden sich aber von ihnen durch die fehlende Teilchenbeweglichkeit und werden deshalb auch als *unterkühlte Flüssigkeiten* mit sehr großer innerer Reibung bezeichnet. Sie haben alle das mehr oder weniger große Bestreben, in den kristallinen Zustand überzugehen. Die Rekristallisation verläuft oft äußerst langsam, kann aber durch Erwärmen beträchtlich beschleunigt werden.

Feste a. Stoffe sind im Gegensatz zu den anisotropen Kristallen isotrop. Sie haben keinen definierten Schmelzpunkt, sondern gehen allmählich über langsames Erweichen in den flüssigen Zustand über. Ihre experimentelle Unterscheidung von kristallinen Phasen kann mit Hilfe der Röntgenbeugung erfolgen, die für sie keine scharfen, sondern nur wenige diffuse Interferenzen bei kleinen Beugungswinkeln liefert. Stoffe mit einem derartigen Röntgenbeugungsdiagramm bezeichnet man als *röntgenamorph*. Es hat sich gezeigt, daß von den in der Natur vorkommenden Stoffen nur sehr wenige röntgenamorph sind.

Für die Herstellung des a. Zustandes gibt es eine Vielzahl von Methoden, von denen jedoch nur wenige universell anwendbar sind und die meisten nur für wenige Substanzen Bedeutung haben. Die wichtigsten Methoden sind: Aufdampfen auf eine tiefgekühlte Oberfläche (besonders zur Erzeugung a. dünner Schichten angewendet), sehr rasches Abkühlen einer Schmelze unter ihren Erstarrungspunkt (besonders für Silicat-, Borat-, Phosphatgläser und a. Halbleiter angewendet), Ausfällen aus Lösungen, Amorphisieren kristalliner Stoffe durch starke mechanische Beanspruchung, wie Mahlen oder Polieren, durch Bestrahlung mit energiereichen Teilchen, wie Ionen oder Neutronen u. a.

Zu den wichtigsten a. Stoffen zählen die Gläser.

AMO-Sprengstoff, ein Sprengstoff, der aus Ammoniumnitrat und Kohlenwasserstoffen, z. B. Dieselkraftstoff, besteht. AMO-S. sind sehr detonationsträge und meist nur mit einer Initialladung zur Detonation zu bringen. Sie werden vorzugsweise als Sicherheitssprengstoffe im Bergbau eingesetzt, z. B. *Dekamon I* (94 % Ammoniumnitrat und 6 % Dieselkraftstoff) oder *Alumon* (Zusatz von Holzmehl oder Aluminiumgrieß).

Amoxicillin, ↗ Penicilline.

AMP, ↗ Adenosinphosphorsäuren.

Amperometrie, Verfahren der elektrochem. Analyse, das auf der Konzentrationsabhängigkeit des Diffusionsstroms beruht. An eine elektrochem. Zelle, die aus einer Indikatorelektrode, z. B. Quecksilbertropfelektrode oder Platinelektrode, und einer Bezugselektrode mit konstantem Elektrodenpotential sowie einem geeigneten Elektrolyten besteht, wird eine solche Spannung angelegt, die an der Indikatorelektrode einen elektrochem. Prozeß des zu bestimmenden Substrates ermöglicht. Der durch die Zelle fließende Strom ist der Substratkonzentration proportional und dient als analytisches Signal. Ein bekanntes Beispiel für eine amperometrische Bestimmung ist die Sauerstoffbestimmung mit der Clark-Elektrode. Das Prinzip der A. kann auch als Methode zur Endpunkterkennung einer Titration angewandt werden (*amperometrische Titration*). Im Verlauf der Titration sinkt der Diffusionsstrom des Substrates ab und erreicht am Äquivalenzpunkt den Wert des konstanten Grundstromes. Ist nicht der Titrand, sondern der Titrator elektrochemisch aktiv, erhält man eine invertierte Kurve (Abb.).

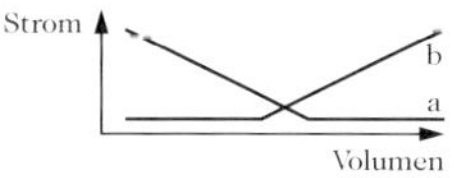

Amperometrie. Abb.: Signalkurven der amperometrischen Titration. (a) Titrand elektrochemisch aktiv, (b) Titrator elektrochemisch inaktiv.

Sowohl bei der A. als auch bei der amperometrischen Titration kann anstelle der Bezugselektrode eine zweite Indikatorelektrode eingesetzt werden.

Unter *»Dead-stop«-Methode* versteht man die amperometrische Titration mit zwei polarisierbaren Elektroden (meist Platinelektroden), bei der der Endpunkt der Titration durch plötzlichen Stromfluß oder durch Stromlosigkeit (»Totpunkt«) angezeigt wird.

Amphetamin, $C_6H_5–CH_2–CH(CH_3)–NH_2$, ein Phenylethylaminderivat mit der Wirkung eines Weckamins. Das *S*-konfigurierte (+)-Enantiomer wird als ***Dexamphetamin*** bezeichnet, A. ist das Racemat. A. unterliegt dem Suchtmittelgesetz.

Amphibolismus, ein sowohl für die biochemische Energiegewinnung (Bildung von ATP) als auch für Biosynthesen (Verbrauch von ATP und Reduktionsäquivalenten) orientierter Stoffwechselkomplex. Beispielsweise besitzt der naturgemäß katabole ↗ Citronensäure-Cyclus amphibolen Charakter, da dessen Intermediate teilweise auch Ausgangsverbindungen für anabole Biosynthesewege sind.

amphiphil, charakteristische Eigenschaft einer chem. Verbindung mit sowohl hydrophobem (»oleophilem«) als auch hydrophilem Verhalten, z. B. der grenzflächenaktiven Stoffe.

Ampholyt, nach Brönsted ein Stoff, der sowohl als Säure als auch als Base, d. h. als Protonendonator wie als Protonenakzeptor, fungieren kann. Einige typische A. sind in der nachfolgenden Zusammenstellung aufgeführt.

Basenwirkung	Ampholyth	Säurewirkung
$H_2SO_4 + OH^- \rightleftharpoons$	$HSO_4^- + H_2O$	$\rightleftharpoons SO_4^{2-} + H_3O^+$
$H_2CO_3 + OH^- \rightleftharpoons$	$HCO_3^- + H_2O$	$\rightleftharpoons CO_3^{2-} + H_3O^+$
$NH_4^+ + OH^- \rightleftharpoons$	$NH_3 + H_2O$	$\rightleftharpoons NH_2^- + H_3O^+$
$H_3O^+ + OH^- \rightleftharpoons$	$H_2O + H_2O$	$\rightleftharpoons OH^- + H_3O^+$

Das amphotere Verhalten des Wassers hat besonders für die Definition der Säure- und Basestärke (↗ Säure-Base-Konzepte, Abschn. Brönstedsche Definition) sowie mit dem ↗ Ionenprodukt des Wassers im Zusammenhang stehende Phänomene herausragende Bedeutung.

Amphotenside, amphotere ↗ Tenside.

amphoter, nach beiden Seiten reagierend. A. verhalten sich Stoffe, die im Brönstedschen Sinne sowohl als Säure wie auch als Base fungieren können (↗ Ampholyt).

Amphotericin B, ↗ Polyenantibiotika.

amphotrop, ↗ flüssige Kristalle.

Ampicillin, ↗ Penicilline.

Amygdalin, ***D-(–)-Mandelsäurenitril-β-D-gentiobiosid***, ein cyanogenes Glycosid. A. kommt vor allem in den Samen und Blättern von *Rosaceae* vor. In den bitteren Mandeln ist es z. B. zu 3 bis 5 % enthalten. A. wird durch das Enzymgemisch Emulsin in Glucose, Benzaldehyd und Cyanwasserstoff gespalten.

Amylalkohole, ***Pentanole***, einwertige Alkohole der allg. Formel $C_5H_{11}OH$, von denen es acht Konstitutionsisomere gibt. Die A. sind bis auf das feste 2,2-Dimethylpropan-1-ol farblose Flüssigkeiten mit charakteristischem Geruch. In Wasser sind sie nur wenig löslich, mit Alkohol und Ether mischen sie sich weitgehend.

Auf den menschlichen Organismus üben A. eine stark schädigende Wirkung aus. Die eingeatmeten Dämpfe wirken schleimhautreizend, in größeren Konzentrationen betäubend. Die Aufnahme von 12,5 g Amylalkohol entspricht etwa der Giftwirkung von 100 g Ethanol. Bekannt ist auch die stark hustenreizende Wirkung einiger Isomere, die noch in 10^4facher Verdünnung wahrnehmbar ist.

Spirituosen dürfen aus den genannten Gründen keinen ↗ Fuselölgehalt über 0,1 % aufweisen. Fuselöle enthalten 60 bis 80 % A. und waren früher der wichtigste Ausgangsstoff für deren Gewinnung. Heute führt man technisch in erster Linie Chlorierungen von Pentanen durch, an die sich die Hydrolyse der Amylchloride anschließt. A. werden vielseitig als Lösungsmittel und zur Herstellung von Estern verwendet. Besonders wichtig ist der Essigsäureamylester. Pentan-3-ol dient außerdem als Flotationsmittel bei der Erzaufbereitung und als Zwischenprodukt für organische Synthesen, z. B. zur Darstellung von Diethylketon durch Dehydrierung.

Amylasen, ***Diastasen***, eine weit verbreitete Gruppe von Hydrolasen, die in der Regel 1,4-glycosidische Bindungen in Oligosacchariden (ab Trisacchariden) und in Polysacchariden, wie Glycogen, Stärke und Dextrinen, spalten, und daher auch als *Glycosidasen* bezeichnet werden.

α-Amylasen kommen im Speichel, im Pankreas und in Pflanzen vor, werden heute jedoch vor allem auf mikrobiellem Wege produziert. Sie zerlegen Amylose und Amylopektin in kleinere Bestandteile (Stärkeverflüssigung), wobei neben wenig Maltose und Glucose die höhermolekularen Grenzdextrine überwiegen. Als Endoenzyme greifen die α-A. im Inneren des Stärkemoleküls an.

β-Amylasen wurden bisher nur in pflanzlichen Samen aufgefunden. Sie sind für den Abbau der Speicherkohlenhydrate von Bedeutung und greifen als Exoenzyme vom Kettenende her an. Dabei wird jede zweite 1,4-glucosidische Bindung unter Freisetzung von Maltoseeinheiten gespalten.

Glucoamylase ist ein Vertreter der *γ-Amylasen* und baut als Exoenzym Stärke und Dextrine am nichtreduzierenden Kettenende unter Abspaltung von Glucose ab. Das Enzym wird extrazellulär von niederen Pilzen gebildet und vor allem aus *Aspergillus*-Arten großtechnisch gewonnen (300 t/Jahr). Glucoamylase ist bis 60 °C thermostabil und wird in Kombination mit α-A. zur Herstellung von Stärkehydrolysaten mit 94 bis 96 % Glucose eingesetzt.

In der Brennereiindustrie werden bakterielle A. in zunehmendem Maße anstelle der pflanzlichen Enzyme aus keimendem Getreide eingesetzt.

Amylchloride, ***Monochlorpentane***, kurz Chlorpentane, die acht isomeren Monochlorderivate der Pentane. *Amylchlorid* (*1-Chlorpentan*), $CH_3–(CH_2)_4–Cl$, F. –99 °C, Kp. 107,8 °C, n_D^{20} 1,4127; *2-Chlorpentan*, $CH_3–CHCl–CH_2–CH_2–CH_3$, als racemische Form, F. –137 bis –139 °C, Kp. 96,9 °C, n_D^{20} 1,4069; *3-Chlorpentan*, $CH_3–CH_2–CHCl–CH_2–CH_3$, F. –105 °C, Kp. 97,8 °C, n_D^{20} 1,4082; *1-Chlor-2-methylbutan*, $CH_3–CH_2–CH(CH_3)–CH_2–Cl$, als racemische Form, Kp. 99,9 °C, n_D^{20} 1,4102; *Isoamylchlorid* (*1-Chlor-3-methylbutan*), $CH_3–CH(CH_3)–CH_2–CH_2–Cl$, F. –104,4 °C, Kp. 98,5 °C, n_D^{20} 1,4084; *tert-Amylchlorid* (*2-Chlor-2-methylbutan*), $CH_3–CCl(CH_3)–CH_2–CH_3$, F. –73,5 °C, Kp. 85,6 °C, n_D^{20} 1,4055; *sec-Isoamylchlorid* (*2-Chlor-3-methylbutan*), $CH_3–CHCl–CH(CH_3)–CH_3$, als racemische Form, Kp. 92,8 °C, n_D^{20} 1,4020; *Neopentylchlorid* (*1-Chlor-2,2-dimethylpropan*), F. –20 °C, Kp. 84,3 °C, n_D^{20} 1,4044. A. sind farblose Flüssigkeiten, die in Wasser schwer, in vielen organischen Lösungsmitteln leicht löslich sind. Die Herstellung der A. erfolgt durch thermische Chlorierung von Pentan-Isopentan-Gemischen. Das Reaktionsgemisch enthält alle isomeren A. außer Neopentylchlorid. Dieses kann durch Chlorierung von Neopentan bei 0 °C hergestellt werden. A. werden zur Herstellung von Amylalkoholen, Amylaminen, Amylmercaptanen sowie aromatischen Amylderivaten verwendet.

Amylene, ↗ Pentene.

Amylin, ein zur Calcitonin-Familie gehörendes 37-Peptidamid mit inhibierender Wirkung auf die Biosynthese von ↗ Glycogen.

Amyloid, Bezeichnung für ein faseriges Protein, das bei bestimmten Krankheitsbildern (Amyloidosen) extrazellulär in bestimmten Körperorganen abgelagert wird. Ein A. ist aus starren unverzweigten Fibrillen aufgebaut, wie z. B. das ↗ Amyloid-β.

Amyloid-β, Abk. ***Aβ***, ***β-Amyloid***, ein bei der Alzheimerschen Krankheit extrazellulär im Gehirn abgelagertes proteolytisches Spaltprodukt des membrangebundenen Amyloid-Präkursor-Proteins (APP). Das A. besteht aus 39 bis 43 Aminosäureresten, aggregiert sehr leicht zu Fibrillen und bildet die wichtigste Komponente der senilen Plaques im Gehirn von Alzheimer-Patienten. Morbus Alzheimer ist eine neurodegenerative Erkrankung verbunden mit Verlust von Gedächtnis und intellektuellen Fähigkeit, deren Ursachen weitgehend unbekannt sind.

Amylopektin, ↗ Stärke.

Amylose, ↗ Stärke.

Amylum, ↗ Stärke.

Amyran, ↗ Triterpene.

Amyrin, ↗ Triterpene.

An, häufig verwendetes zusammenfassendes Symbol für Actinoide.

Anabaenopeptine, bioaktive Peptide aus Cyanobakterien. Das charakteristische Strukturmerkmal dieser cyclischen Peptide sind Ureidobindungen.

anabole Steroide, ↗ Anabolika.

Anabolika, *anabole Steroide*, eine Gruppe synthetischer Steroide, die eine anabole Wirkung entfalten, d. h. die Proteinbiosynthese fördern und eine Stickstoffretention im Organismus bewirken. Dies führt zu einer Vermehrung der Muskelmasse. Bereits 1935 wurde die anabole Wirkung des Testosterons entdeckt. Um eine Dissoziation der androgenen und der anabolen Wirkung zu erreichen und damit Verbindungen als A. therapeutisch auch bei Frauen und Kindern anwenden zu können, wurden partial- und totalsynthetische Steroide entwickelt. Beispiele für A. sind *Nandrolon* (Abb.) und dessen Ester, z. B. das Decanoat, *Methenolonacetat* und *Stanozolol*.

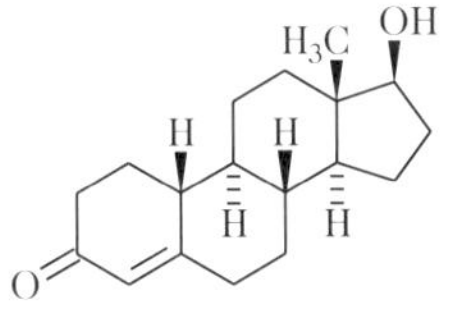

Nandrolon

Anabolismus, die Gesamtheit der aufbauenden, syntheseorientierten biochemischen Stoffwechselwege und -reaktionen. Bei diesen energieverbrauchenden Biosynthesen werden unter der Katalyse von Enzymen aus einfachen Bausteinen Biomoleküle aufgebaut (↗ Assimilation) und in die biologischen Strukturen der Zellen, Organe und Organismen integriert.

anaerob, Lebensprozesse, die nur in Abwesenheit von molekularem Sauerstoff ablaufen. ↗ Anaerobier.

anaerobe Atmung, sauerstoffloser Energiestoffwechsel mit einer an Elektronentransport gekoppelten ATP-Synthese. Verschiedene Gruppen von Bakterien sind in der Lage, unter anaeroben Bedingungen die Elektronentransportphosphorylierung zur Energiegewinnung zu nutzen, wenn bestimmte Wasserstoff- bzw. Elektronenakzeptoren (z. B. Nitrat, ↗ Nitratatmung) zur Verfügung stehen. Teilweise wird dabei der vom Substrat abgespaltene Wasserstoff auf »gebundenen Sauerstoff« (z. B. NO_3^-, SO_4^{2-}) übertragen. Da diese Organismen – ebenso wie Aerobier – ihre Energie durch Elektronentransportphosphorylierung gewinnen, spricht man – etwas irreführend – von »anaerober Atmung«.

Zahlreiche »anaerob atmende« Bakterien sind von zentraler biologischer oder/und biotechnologischer Bedeutung: 1. ↗ Denitrifikation und Nitratreduktion. 2. Schwefelkreislauf. 3. Bildung von Methan durch Carbonatreduktion mittels methanogener Bakterien (↗ Methangärung). 4. Bildung von Acetat durch Carbonatreduktion mittels acetogener Bakterien.

anaerobe Fermentation, ein mikrobielles Kultivierungsverfahren ohne molekularen (Luft-)Sauerstoff. Für die meisten technischen Prozesse reicht eine Fermentation in unbelüfteten Reaktoren aus. Für die Kultivierung strikt anaerober Mikroorganismen ist absolute Sauerstofffreiheit der Medien und Gasphasen Voraussetzung. Zur aufwendigen Anaerobentechnik gehören Entlüftung der Medien durch Durchströmen mit Stickstoff, Verwendung absolut O_2-freier Gasphasen und von O_2-Adsorptionsmitteln (z. B. Pyrogallol oder Dithionit), Zusatz von Redoxsystemen (z. B. Ascorbinsäure, Thioglycolat, Sulfide) sowie die Arbeit in speziellen Anaerobboxen.

Anaerobier, (Mikro-)Organismen, die sich nur unter Sauerstoffabschluß entwickeln und vermehren können. Als terminale Elektronen- bzw. Wasserstoffakzeptoren können reduzierbare organische Intermediate, z. B. Acetaldehyd (↗ alkoholische Gärung) und Pyruvat (↗ Milchsäuregärung) oder anorganische Substanzen, z. B. Nitrat, Nitrit, genutzt werden (↗ anaerobe Atmung). Für obligat anaerobe Mikroorganismen sind bereits Spuren von O_2 toxisch.

Analgetika, Verbindungen, die in therapeutischer Dosierung unter Erhalt des Bewußtseins und ohne wesentliche Beeinflussung anderer Funktionen des Zentralnervensystems über zentrale Angriffspunkte in der Großhirnrinde Schmerzen abzuschwächen oder zu beseitigen vermögen. Man unterscheidet zwischen starken A., die auch als *Narkoanalgetika* bezeichnet werden, und schwächeren A., mit denen schwere Schmerzen nicht unterdrückt werden können, die aber vielfach noch als ↗ Antipyretika und ↗ Antiphlogistika wirken.

Zu den starken A. zählen neben dem Prototyp Morphin synthetische Verbindungen, wie ↗ Levorphanol, das strukturell dem Morphin nahe verwandt ist, sowie ↗ Pethidin und ↗ Methadon, bei denen diese Verwandtschaft nicht erkennbar ist. Zu den schwachen A. gehören Derivate der Salicylsäure, wie ↗ Acetylsalicylsäure und Salicylamid, ↗ Pyrazolone, wie Phenazon, Metamizol und Propyphenazon, und Anilinderivate, wie Paracetamol.

Kombinationspräparate verschiedener A. und zusammen mit anderen Arzneimitteln, z. B. ↗ Coffein bzw. Codein spielen eine gewisse Rolle.

Analyse, die Untersuchung und Ermittlung der Zusammensetzung eines Stoffes oder Stoffgemisches. Nach dem Ziel der Untersuchung unterscheidet man qualitative, quantitative und Strukturanalyse.

Qualitative A. Sie dient zur Ermittlung der Art der Bestandteile eines Stoffes. Dabei kann es sich um Elemente oder Ionen handeln, wie es hauptsächlich bei anorganischen Stoffen der Fall ist, oder um funktionelle Gruppen, wie bei den meisten organischen Verbindungen. Deshalb wird die qualitative A. auch in einen anorganischen und organischen Teil untergliedert. Qualitative A. lassen sich sowohl mit chem. als auch mit physikalischen Methoden durchführen. Im folgenden soll hauptsächlich auf die chem. Methoden eingegangen werden. Die physikalischen Methoden lassen sich auch zur quantitativen und Strukturanalyse verwenden und sind deshalb unter diesen Teilgebieten aufgeführt. Die qualitative A. mit chem. Methoden beginnt mit ↗ Vorproben. Danach versucht man die meistens in fester Form vorliegende Probe in Lösung zu bringen, wodurch auch eine Homogenisierung der Probe erreicht wird. Gelingt dies nicht oder nur teilweise, so ist mit der Probe oder dem unlöslichen Rückstand ein ↗ Aufschluß durchzuführen. In der so erhaltenen Probelösung werden dann die einzelnen Bestandteile durch Zusatz von Reagenzien überwiegend aufgrund von eintretenden Fällungen oder Farbveränderungen nachgewiesen. Die Empfindlichkeit solcher Nachweisreaktionen läßt sich durch die ↗ Grenzkonzentration und die ↗ Erfassungsgrenze charakterisieren. Ein Nachweis ist aber nur dann eindeutig, wenn das verwendete Reagenz spezifisch nur mit dem gesuchten Bestandteil reagiert. Die meisten Nachweisreagenzien reagieren jedoch mit mehreren Bestandteilen, sie sind nur selektiv, so daß die Nachweisreaktion mehrdeutig ausfällt. Deshalb teilt man die Gesamtheit der nachzuweisenden Bestandteile durch einfache Trennoperationen in Gruppen auf (↗ Trennungsgang). Auf diese Weise ist es möglich, mit chem. Methoden die qualitative Zusammensetzung aller anorganischen Stoffe eindeutig zu ermitteln. Dies kann auch mit sehr kleinen Probemengen als ↗ Mikroanalyse erfolgen. Eine spezielle Art davon ist die ↗ Tüpfelanalyse.

Bei der qualitativen organischen A. lassen sich die vorhandenen Elemente zwar leicht mit einfachen Vorproben nachweisen. Definierte Verbindungen lassen sich jedoch nur schwierig oder überhaupt nicht mit chem. Methoden identifizieren. Deshalb ermittelt man zunächst die vorhandenen funktionellen Gruppen, z. B. Carboxyl-, Carbonyl-, Hydroxyl-, Amino-, Nitro-, Mercapto- und Sulfonsäuregruppen mit chem. Methoden. Dabei sind oftmals Trennoperationen, wie Destillation, Extraktion, Kristallisation, aber vor allem die Methoden der Chromatographie, notwendig, die man auch zu einem Trennungsgang für organische Verbindungen kombiniert hat. Die Identifizierung der getrennten Verbindungen erfolgt dann oftmals an Hand der Stoffkonstanten oder mit speziellen physikalischen Methoden. Bei allen qualitativen A. erhält man aus dem Verlauf der Nachweisreaktion oder aus der Intensität des Signals einer physikalischen Methode auch Hinweise auf die vorhandene Menge des ermittelten Bestandteils.

Im Gegensatz zu den physikalischen Methoden ist der apparative Aufwand bei den chem. Methoden sehr gering.

Quantitative A. Diese dient zur Ermittlung der Menge der einzelnen Bestandteile eines Stoffes. Ihre Durchführung setzt die Kenntnis der qualitativen Zusammensetzung der Probe voraus. In vielen Fällen ist das Ergebnis einer quantitativen A. von großer wirtschaftlicher Bedeutung, z. B. bei der Bestimmung des Metallgehaltes von Erzen, der Kontrolle der Zusammensetzung von Legierungen oder der Qualitätsüberwachung von Produkten der chem. Industrie. In diesen Fällen, bei denen die Analysenprobe aus großen Mengen eines Materials entnommen werden muß, ist eine sorgfältige ↗ Probenahme notwendig. Zur Durchführung einer quantitativen A. ist eine Vielzahl von verschiedenen physikalischen und chem. Methoden bekannt. Chem. Methoden erfordern nur einen geringen apparativen Aufwand und bedürfen kaum einer Kalibrierung, da ihnen die Gesetze der ↗ Stöchiometrie zugrunde liegen. Ihr Nachteil ist der häufig hohe Zeitbedarf der Durchführung und die geringe Eignung für die A. von Serien.

Die in fester Form vorliegenden Proben müssen – wie bei der qualitativen A. – bei der Anwendung chem. Methoden zunächst gelöst werden, gegebenenfalls durch einen Aufschluß. Vor der eigentlichen Bestimmung ist dann zusätzlich oftmals noch eine Trennung des zu bestimmenden Bestandteils von anwesenden störenden Komponenten erforderlich. Dies kann durch Extraktion oder mit Hilfe der Methoden der Chromatographie geschehen. Durch Anwendung von ↗ Maskierungsmitteln können solche Trennungen in manchen Fällen umgangen werden.

Die chem. Methoden der quantitativen A. können wie folgt unterteilt werden: 1) ↗ Gravimetrie; 2) ↗ Volumetrie; 3) elektrochem. Analysenverfahren,

z. B. ↗ Amperometrie, ↗ Coulometrie, ↗ Konduktometrie, ↗ Polarographie und ↗ Potentiometrie; 4) optische Verfahren, z. B. ↗ Kolorimetrie, ↗ Nephelometrie und Photometrie.

Die physikalischen Methoden der quantitativen A. sind im Gegensatz zu den chem. Methoden keine Absolutverfahren und bedürfen deshalb einer Kalibrierung. Der Vorteil der physikalischen Methoden liegt in der geringen Analysendauer, der besonderen Eignung für Serienanalysen und auch der häufig einfacheren Probenvorbereitung. Nachteilig sind die höheren Investitionskosten. Eine Unterteilung dieser Methoden kann nach den ihnen zugrunde liegenden physikalischen Vorgängen erfolgen. So unterscheidet man 1) Atomspektroskopie, z. B. ↗ Atomemissionsspektrometrie, ↗ Atomabsorptionsspektrometrie und ↗ Atomfluoreszenzspektrometrie; 2) Röntgenspektroskopie, z. B. ↗ Röntgenfluoreszenzanalyse; 3) radiochem. Verfahren, z. B. ↗ Aktivierungsanalyse; 4) ↗ Massenspektrometrie.

Auch die bei der Strukturanalyse angewandten spektroskopischen Verfahren lassen sich in speziellen Fällen für die quantitative A. verwenden.

In den letzten Jahren haben immunologische Methoden zur quantitativen Bestimmung vor allem von Hormonen und Pharmaka in biologischen Systemen große Bedeutung erlangt (↗ Radioimmuno assay).

Das Ergebnis einer quantitativen A. wird meistens in Masse-% der ermittelten Bestandteile angegeben. Werden alle Bestandteile eines Stoffes quantitativ bestimmt, so bezeichnet man dies als *Vollanalyse*.

Auch nach der Menge der angewandten Probe können die Verfahren und Methoden der A. unterteilt werden: *Makroanalysen* benötigen etwa 1 g Probe, während *Mikroanalysen* nur 10^{-6} bis 10^{-3} g erfordern.

Eine weitere Unterteilung kann nach den Gehalten der Bestandteile eines Stoffes erfolgen. Man definiert als A. der Hauptbestandteile den Bereich von 10 bis 100 Masse-%, als A. der Nebenbestandteile den Bereich von 1 bis 10 Masse-% und als ↗ Spurenanalyse den Bereich unter 1 Masse-%. Daneben hat sich traditionell auch noch eine Unterteilung der Methoden der A. nach der Art des untersuchten Stoffes gehalten. So unterscheidet man z. B. die Methoden der 1) ↗ Elementaranalyse, 2) ↗ Gasanalyse, 3) ↗ klinische Analyse, 4) Metallanalyse, 5) ↗ Silicatanalyse und 6) ↗ Wasseranalyse usw.

Die Leistungsfähigkeit der verschiedenen Analysenmethoden kann nicht allgemein charakterisiert werden. Sind doch z. B. die durch Anwendung statistischer Methoden erhaltenen Werte für die Reproduzierbarkeit und Richtigkeit von Ergebnissen einer Analysenmethode auch von der Art und Zusammensetzung der Probe abhängig (↗ Nachweisgrenze, ↗ Bestimmungsgrenze) Dagegen lassen sich die Nachweisgrenzen der verschiedenen Methoden relativ genau festlegen.

Die *Strukturanalyse* hat die Aufklärung der Struktur einer Verbindung zum Ziel. Sie ist vor allem für die organische Chemie von großer Bedeutung, wird aber auch in der anorganischen Chemie, besonders in der Komplexchemie, angewandt. Dabei muß die Probe als reine, einheitliche Substanz und nicht als Gemisch vorliegen. Bei der Strukturanalyse werden hauptsächlich Methoden der Molekülspektroskopie, z. B. ↗ Infrarotspektroskopie, ↗ UV-VIS-Spektroskopie und ↗ NMR-Spektroskopie in Kombination mit der ↗ Massenspektrometrie angewandt. Diese Methoden liefern primär keine Aussagen über die Struktur einer Verbindung, sondern nur Kenntnisse über die Energieaufnahme eines Moleküls. Der mittelbare Zusammenhang zwischen der Struktur des Moleküls und dem Signal der Methode läßt sich nur aufgrund von empirischen Vergleichen interpretieren. Eine Kombination der Ergebnisse der verschiedenen Methoden liefert dann häufig eine eindeutige Aussage über die Struktur der untersuchten Verbindung. Allerdings gelingt es auf diese Weise nicht, Angaben über die Bindungslängen und Bindungswinkel in größeren Molekülen zu erhalten. Eine vollständige Strukturaufklärung auch sehr kompliziert gebauter Verbindungen ist nur mit Beugungsmethoden, wie der Röntgenbeugung und Elektronenbeugung, als ↗ Röntgenstrukturanalyse möglich. Sie läßt sich allerdings nur auf feste Stoffe in Form von Einkristallen anwenden und erfordert bei der Auswertung einen außerordentlich umfangreichen Rechenaufwand durch moderne elektronische Datenverarbeitung. Als Ergebnis erhält man ein vollständiges Bild der Struktur der untersuchten Verbindung, das allerdings exakt nur für den kristallinen Zustand gilt und nur bedingt Aussagen über die Struktur in Lösungen oder in der Gasphase gestattet.

analytische Chemie, ↗ Chemie

Anaplerose, ***Auffüllreaktion***, Reaktionsfolgen zur Aufrechterhaltung bestimmter Konzentrationen von Intermediaten von Stoffwechselcyclen. Solche *anaplerotische Sequenzen* (Nachfüllbahnen) sind notwendig, wenn Intermediate für anabole Zwecke aus dem Stoffwechselcyclus abfließen. Beispiele für A. sind die Carboxylierung von Pyruvat zu Oxalacetat unter der Katalyse der Pyruvatcarboxylase, aber auch unter besonderen Bedingungen die Bildung von Oxalacetat aus Aspartat bzw. α-Oxoglutarat aus Glutamat durch Transaminierungen, um im Citratcyclus die Konzentrationen dieser Intermediate in der erforderlichen Höhe zu halten.

Anästhesin®, ↗ Lokalanästhetika.

AN-DK-Sprengstoffe, Abk. für *A*mmonium*ni*trat-*D*iesel*k*raftstoff-Sprengstoffe, Industriesprengstoffe, die aus 92,5 bis 96 % feinkörnigem, rieselfähigem Ammoniumnitrat NH_4NO_3 und 4 bis 7,5 % Dieselkraftstoff bestehen. Infolge ihrer geringen Empfindlichkeit gegen mechanische Einwirkungen (sie bedürfen zur Detonationseinleitung einer besonderen Schlagpatrone) sind diese Sprengstoffe äußerst handhabungssicher. Sie werden in manchen Ländern durch einfache Mischanlagen erst am Verwendungsort hergestellt und dann in die Bohrlöcher lose eingeschüttet oder mittels druckluftbetriebener Vorrichtungen eingeblasen.

Androgene, eine Gruppe von Steroiden, die als männliche Sexualhormone wirken. Die natürlichen A. leiten sich vom ***Androstan*** ab, sie enthalten damit 19 C-Atome und besitzen Sauerstoffunktionen am C-Atom 3 und C-Atom 17. Hauptvertreter der natürlichen A. ist ***Testosteron***, 4-Androsten-3,17-dion. Daneben haben aber auch andere Derivate des Androstans, wie z. B. der Testosteronmetabolit ***Androsteron***, eine – wenn auch wesentlich geringere – androgene Wirkung. Testosteron wird in den Interstitialzellen des Hodens, den sog. *Leydigschen Zellen*, unter dem Einfluß des gonadotropen Hormons (↗ Gonadotropine) gebildet. Die Biosynthese verläuft über 17α-Hydroxyprogesteron durch Abspaltung der C_2-Kette am C-Atom 17 zu 4-Androsten-3,17-dion, das zu Testosteron reduziert wird.

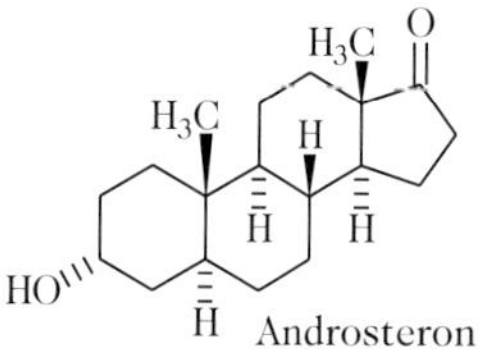
Androsteron

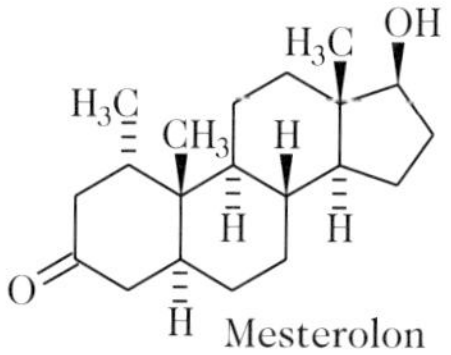
Mesterolon

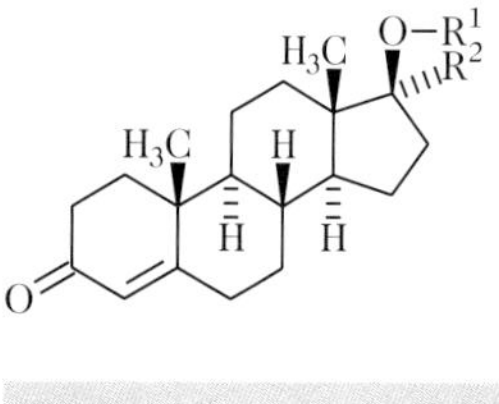

Name	R^1	R^2
Testosteron	H	H
Testosteronpropionat	$CH_3{-}CH_2{-}CO{-}$	H
Testosteronönanthat	$CH_3{-}(CH_2)_5{-}CO{-}$	H
Methyltestosteron	H	CH_3

Testosteron ist partialsynthetisch aus Androstenolon (5-Androsten-3-ol-17-on) oder auf mikrobiologischem Wege aus Progesteron zugänglich. Zu den sexualspezifischen Wirkungen des Testosterons zählen die Ausbildung der sekundären männlichen Geschlechtsmerkmale, die Aufrechterhaltung der Funktion der akzessorischen Drüsen des Genitaltrakts, die Spermiogenese und die Erhaltung der Libido. Zu den sexualunspezifischen Wirkungen rechnet die anabole Wirkung (↗ Anabolika). Testosteron wird zur Substitutionstherapie bei zu niedrigem Androgengehalt verschiedener Genese eingesetzt. Es kommt nach oraler Anwendung wegen zu schneller Metabolisierung nicht zur Wirkung und wird deshalb parenteral appliziert. Häufiger als Testosteron werden wegen deren längerer Wirkungsdauer seine Ester, wie Testosteronpropionat, eingesetzt. Ester mit längerkettigen Fettsäuren, wie z. B. das Önanthat, entfalten eine Depotwirkung. Oral wirksame Testosteronderivate sind *Methyltestosteron* mit einer 17α-ständigen und *Mesterolon* mit einer 1α-ständigen Methylgruppe. Die 17α-ständige Methylgruppe verhindert die Dehydrierung zu 17-Ketoverbindungen, die 1α-ständige Methylgruppe die Anlagerung an metabolisierende Enzyme.

Androstan, ↗ Androgene.

Androsteron, ↗ Androgene.

Andrussow-Verfahren, ↗ Erdgas.

anellierte Ringsysteme, Bezeichnung für bi-, tri- oder polycyclische Kohlenstoffverbindungen, bei denen jeweils zwei Ringe über zwei gemeinsame Kohlenstoffatome verknüpft sind (*ortho*-kondensierte Systeme), z. B. Naphthalin, Anthracen oder Phenanthren.

Anellierungsregel, Regel in der UV-VIS-Spektroskopie, nach der bei kondensierten aromatischen Systemen mit zunehmender Anellierung eine fortschreitende Verschiebung der Lichtabsorption nach langen Wellen und eine Erhöhung der Intensität eintritt. So ist Anthracen farblos, Naphthacen gelb und Pentacen blau gefärbt.

Anergie, ↗ Exergie.

Anethol, 4-Methoxypropenylbenzol, ein Phenolether, bildet farblose, angenehm riechende Blättchen; F. 22 bis 23 °C, Kp. 235 °C, n_D^{20} 1,5615. A. ist unlöslich in Wasser, löslich in Ethanol, Ether und anderen organischen Lösungsmitteln. Seine Synthese geht von 4-Methoxyphenylmagnesiumbromid

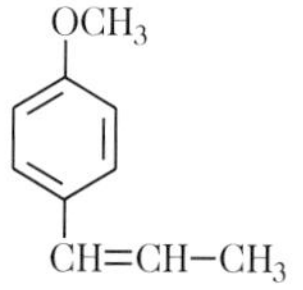

und Allylbromid aus. Das zunächst gebildete Estragol (4-Methoxyallylbenzol) isomerisiert sich bei Einwirkung von Alkalihydroxid zu A. Bei der Oxidation mit Salpetersäure oder Chromsäure wird Anisaldehyd gebildet. A. ist der Hauptbestandteil von Anisöl; es kommt außerdem im Estragon- und Fenchelöl vor. Es kann aus Anisöl abgetrennt werden und wird in der Parfümerie und Likörfabrikation sowie aufgrund seiner schleimlösenden Wirkung als Hustenmittel verwendet.

Aneurin, ↗ Vitamin B_1.

Angelicin, ↗ Furocumarine, Tab.

Angeli-Rimini-Reaktion, Verfahren zur Herstellung von Hydroxamsäuren aus Aldehyden und Benzolsulfonylhydroxylamin unter alkalischen Bedingungen:

$$R{-}CHO + H_5C_6{-}SO_2{-}NH{-}OH \xrightarrow{(OH^-)}$$
$$R{-}CO{-}NH{-}OH + H_5C_6{-}SO_2H$$

Bei der A. wird das Sulfonsäurederivate gleichzeitig reduktiv in eine Sulfinsäure umgewandelt.

Angiotensin, ***Angiotonin***, ***Hypertensin***, ein zu den Gewebshormonen zählendes Peptidhormon. A. wird aus einem Plasmaprotein der α_2-Globulinfraktion (Angiotensinogen) durch die Nierenprotease Renin zunächst als inaktives *Angiotensin I* freigesetzt. Durch das *Angiotensin-Converting Enzym (ACE)*, eine chloridabhängige EDTA-empfindliche Dipeptidase, entsteht daraus das vasoaktive Octapeptid *Angiotensin II*. Das in der Abb. aufgeführte [Ile^5]A. II des Menschen, Schweines und Pferdes unterscheidet sich in der biologischen Wirkung nicht vom [Val^5]Angiotensin II des Rindes.

Angiotensinogen

Asp–Arg–Val–Tyr–Ile–His–Pro–Phe–His–Leu–Leu–Val–Tyr–Ser–
1 5 10

↓ Renin

Asp–Arg–Val–Tyr–Ile–His–Pro–Phe–His–Leu Angiotensin I
1 5 10

↓ ACE

Asp–Arg–Val–Tyr–Ile–His–Pro–Phe Angiotensin II
1 5 8

A. II ist neben ↗ Endothelin eine der am stärksten blutdrucksteigernden Substanzen. Daneben stimuliert es die Nebennierenrinde zur Ausschüttung von Aldosteron. Zur Behandlung von Bluthochdruck besitzen Inhibitoren des ACE (↗ ACE-Hemmer) sowie Hemmstoffe des ↗ Renin große Bedeutung.

Angiotensinogen, ↗ Angiotensin.

Angiotensin-II-Rezeptor-Antagonisten. Sie bewirken durch Besatz von Angiotensin-II-Rezeptoren die Bindung von Angiotensin-II und bewirken damit

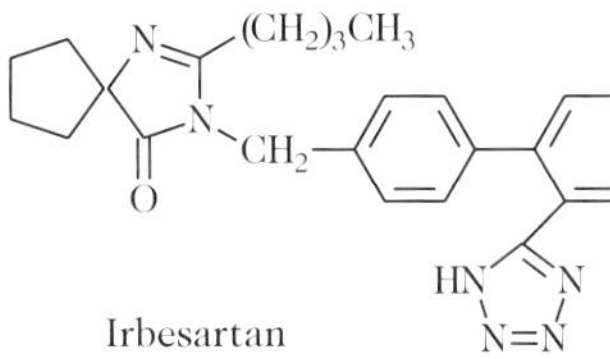

Irbesartan

eine Blutdrucksenkung. Die gebräuchlichen Verbindungen enthalten in der Regel einen Tetrazolring und ein Bisphenylstrukturelement. Als Beispiel ist Irbesartan aufgeführt.

Angiotonin, ↗ Angiotensin.

angular, gewinkelt, Bezeichnung für die nichtlineare Anellierung von Benzolringen in *ortho*-kondensierten Ringsystemen, z. B. im Phenanthren.

Anhydrit, wasserfreies Calciumsulfat, ↗ Gips.

Anhydrozucker, intramolekulare Ether der Monosaccharide. Bei dem zusätzlichen Sauerstoffring handelt es sich meist um einen Drei- oder Fünfring. Ausgangsprodukte für die Bildung der A. sind Halogenverbindungen, Sulfonsäure- oder Schwefelsäureester. Natürlich kommen A. z. B. in Form von 3,6-Anhydro-L-galactopyranose-Resten in verschiedenen Galactanen vor.

Anile, ↗ Schiffsche Basen.

Anilide, *N*-phenylsubstituierte Carbonsäureamide mit der allg. Formel $R{-}CO{-}NH{-}C_6H_5$. A. reagieren nahezu neutral. A. bilden sich bei der Umsetzung von wasserfreien Carbonsäuren, Carbonsäurehalogeniden oder Carbonsäureanhydriden mit Anilin; z. B. entsteht aus Essigsäureanhydrid und Anilin Acetanilid: $(CH_3{-}CO)_2O + NH_2{-}C_6H_5 \rightarrow CH_3{-}CO{-}NH{-}C_6H_5 + CH_3{-}COOH$. A. werden häufig zur Charakterisierung von Carbonsäuren sowie zur Herstellung von Arznei- und Pflanzenschutzmitteln verwendet.

Anilin, ***Aminobenzol***, ***Phenylamin***, $C_6H_5{-}NH_2$, das einfachste aromatische primäre Amin. A. ist eine farblose, unangenehm riechende, ölige Flüssigkeit, die sich an der Luft schnell braun färbt; F. –6,3 °C, Kp. 184 °C, n_D^{20} 1,5863. A. ist in Wasser sehr schwer, in den meisten organischen Lösungsmitteln gut löslich. A. ist wasserdampfflüchtig. Es kann qualitativ durch die ↗ Rungesche Chlorkalkprobe nachgewiesen werden, wobei aus A. durch Oxidation ein charakteristisch rotvioletter, chinoider Farbstoff entsteht. Das freie Elektronenpaar am N-Atom bedingt die Basizität des A. Mit starken Säuren entstehen stabile Salze, z. B. mit Salzsäure das ↗ Anilinhydrochlorid. Bei der Acylierung von A. werden ↗ Anilide gebildet. Eine weitere wichtige Umsetzung von A. ist die Kondensationsreaktion mit Aldehyden und Ketonen, bei der Schiffsche Basen entstehen. Große technische Bedeutung für die Farbstoffindustrie hat die Reaktion von A. mit salpetriger Säure (↗ Diazotierung). Unter geeigneten Oxidationsbedingungen kann A. definiert in Phenylhydroxylamin, Nitrosobenzol und Nitrobenzol umgewandelt werden. Von Bedeutung ist die Oxidation von A. zu *p*-Benzochinon. Für die Herstellung von symmetrischen oder unsymmetrischen Azobenzolderivaten ist die Kondensationsreaktion von A. mit Nitrosobenzolen von Interesse. Mit Chloroform unter stark basischen Bedingungen bildet A. das unangenehm riechende Benzoisonitril (↗ Isonitrilreaktion).

Anilin ist ein starkes Blut- und Nervengift. Es kann durch Einatmen der Dämpfe oder direkt durch die Haut vom Körper aufgenommen werden. Bei leichten Vergiftungen kommt es zur Blaufärbung der Lippen, Nase, Ohren und Fingernägel (Cyanose) sowie zu Schwindelgefühl und Erregungszuständen. Bei oraler Aufnahme kommt es zu Erbrechen, Leibschmerzen und Diarrhöe. In schweren Vergiftungsfällen erzeugt Anilin Kopfschmerz, Apathie, Schwindel, Bewußtseinstrübung, Blasenreizung und Atemnot. Durch Atemlähmung kann es zum Tode führen. Chronische Vergiftungserscheinungen sind Schwächegefühl, Appetitlosigkeit, neurasthenische Symptome, Hautausschläge und Blasengeschwülste, die in Carcinome übergehen können. Im Blut kommt es zur Bildung von Methämoglobin und damit zur Behinderung des Sauerstofftransports.

Erste Hilfe bei Anilinvergiftungen: Vergiftete an die frische Luft bringen; mit Anilin getränkte Kleidungsstücke entfernen und betroffene Hautpartien abwaschen, kalte Begießungen, künstliche Beatmung, am besten mit Sauerstoffapparat. Arzt holen!

A. kommt in freier Form im Steinkohlenteer vor. Technisch wird es in beträchtlichen Mengen nach dem *Bechamp-Verfahren* durch Reduktion von Nitrobenzol mit Eisen und Salzsäure oder durch katalytische Hydrierung in Gegenwart von Kupferkatalysatoren hergestellt. Außerdem wird A. auch großtechnisch durch Ammonolyse von Chlorbenzol oder Phenol an geeigneten Katalysatoren produziert. Es wird hauptsächlich für die Herstellung von Farbstoffen, pharmazeutischen Produkten, photographischen Entwicklern, Pflanzenschutzmitteln, substituierten A., Anilinharzen, Phenylhydrazin u. a. verwendet.

Anilinfarben, ↗ Farbstoffe.

Anilingelb, ↗ 4-Aminoazobenzol.

Anilinharze, Duroplaste aus der Gruppe der ↗ Aminoplaste, die man folgendermaßen unterscheidet: 1) Unvernetzte, nicht härtbare, brüchige, kolophoniumartige, lösliche und schmelzbare A., die man durch Kondensation in neutralem oder schwach saurem Medium erhält.

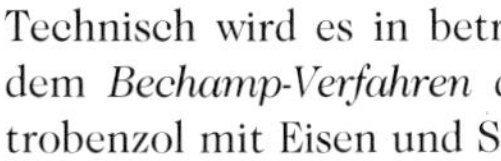

Als Ausgangsprodukte dienen hauptsächlich Anilin, jedoch auch Toluidine, Naphthylamine, Diamine und sekundäre Amine, z. B. Benzylanilin, und Formaldehyd oder andere aliphatische und aromatische Aldehyde. Sie können für Lackzwecke und als Textilhilfsmittel eingesetzt werden.

2) Vernetzte, unschmelzbare, bei etwa 150 °C thermoplastische, dabei jedoch nicht fließbare A., die man durch Kondensation in stark saurem Medium erhält. Als Aldehydkomponente verwendet man hier nur Formaldehyd und als Amine lediglich primäre aromatische Amine. Durch einen Überschuß von Formaldehyd wird eine Vernetzung der primär entstehenden Ketten erreicht, und man gelangt so zu Harzen, die sich in Verbindung mit Füllstoffen zu Kunststoffen mit guten mechanischen und elektrischen Eigenschaften verarbeiten lassen.

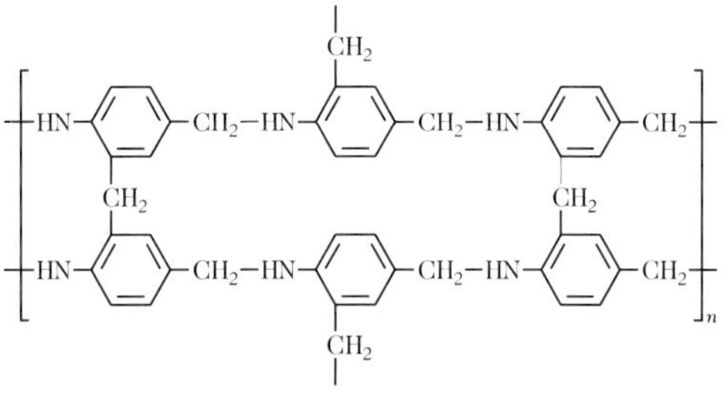

3) Völlig unlösliche, auch in der Hitze nicht erweichende A., die sich durch Kondensation von Anilin und anderen Aminen mit Furfural bilden.

Anilinhydrochlorid, ***Aniliniumchlorid,*** $C_6H_5-\overset{+}{N}H_3Cl^-$, das wichtigste Salz des Anilins. A. bildet weiße Kristalle; F. 198 °C, Kp. 245 °C. Es ist in heißem Wasser und Alkohol löslich. In wäßriger Lösung ist A. weitgehend hydrolytisch gespalten. A. wird bei Synthesen häufig anstelle des Anilins eingesetzt, z. B. bei der Herstellung von Phenylisocyanat aus A. und Phosgen. A. wird aus Anilin und Salzsäure hergestellt und dient zur Synthese verschiedener Anilinzwischenprodukte und von Farbstoffen.

Anilinoessigsäure, ↗ *N*-Phenylglycin.

Anilinpurpur, ↗ Mauvein.

Anilinschwarz, ein wichtiger schwarzer Entwicklungsfarbstoff. A. ist in Wasser fast völlig unlöslich. Es wird fast immer auf der Faser direkt erzeugt, und zwar durch Oxidation von Anilin mit Kaliumchlorat (*Chloratschwarz*) oder Kaliumdichromat (*Dichromatschwarz*). In komplizierter Reaktionsfolge entsteht dabei eine Kette aus acht aromatischen Ringen. Zwischenprodukte sind die rote und die blaue *Emeraldinbase*, die zur Gruppe der Indamine gehören und bei fortschreitender Oxidation in lichtechte Triazinderivate übergehen. A. wurde bereits 1834 in Substanz von F. F. Runge entdeckt.

Anion, einfach oder mehrfach negativ geladenes ↗ Ion. Ursprünglich wurde der Begriff A. von Faraday nur im Zusammenhang mit der Elektrolyse definiert: Als A. wurden die Teilchen bezeichnet, die bei einer Elektrolyse zur Anode, d. h. zur positiven Elektrode, wandern.

Anionbase, ↗ Säure-Base-Konzepte, Abschn. Brönstedsche Definition.

Anionenaustauscher, ↗ Ionenaustauscher.

Anionics, nichtionische ↗ Tenside.

Anionsäure, ↗ Säure-Base-Konzepte, Abschn. Brönstedsche Definition.

Anisaldehyd, ***4-Methoxybenzaldehyd,*** eine farblose, angenehm riechende Flüssigkeit; F. –0,02 °C,

Kp. 248 °C, n_D^{20} 1,5730. A. ist in Wasser wenig, in Alkohol und Ether unbegrenzt löslich. Er ist wasserdampfflüchtig und kann auf diese Weise aus Reaktionsgemischen gewonnen und gereinigt werden.

Durch Oxidation mit Luftsauerstoff wird er leicht in Anissäure umgewandelt. In der Natur kommt A. als Bestandteil des Anis- sowie des Fenchelöls vor. Technisch kann A. aus Anethol durch Oxidation mit Salpetersäure, Chromsäure oder Ozon gewonnen werden. Darüber hinaus wird A. durch Methylierung von 4-Hydroxybenzaldehyd oder besser durch eine ↗ Vilsmeier-Haack-Reaktion aus Anisol synthetisiert. A. wird hauptsächlich als Riechstoff verwendet.

Anisidine, ***Aminoanisole, Methoxyaniline, Aminophenylmethylether***, die drei isomeren Methoxyderivate des Anilins. *o-Anisidin*, eine gelbe, instabile Flüssigkeit; F. 6,2 °C, Kp. 224 °C, n_D^{20} 1,5713. *m-Anisidin*, eine ölige Flüssigkeit; Kp. 251 °C, n_D^{20} 1,5794. *p-Anisidin*, tafelförmige Kristalle (aus Wasser); F. 57,2 °C, Kp. 115 °C bei $1{,}73 \cdot 10^3$ Pa. Die A. sind in Wasser schwer, in Alkohol, Aceton, Ether und Ben-

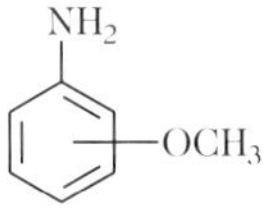

(2-, 3- oder 4-Position)

zol gut löslich. Sie sind aufgrund des elektronenschiebenden Effektes der Methoxygruppen stärker basisch als Anilin. Die Herstellung der A. erfolgt durch Reduktion der entsprechenden isomeren Nitroanisole. Sie werden zur Herstellung pharmazeutischer Produkte und von Azofarbstoffen verwendet.

Anisol, ***Methoxybenzol, Methylphenylether***, C_6H_5–OCH_3, eine farblose, brennbare Flüssigkeit mit angenehmem Geruch; F. –37,5 °C, Kp. 155,4 °C, n_D^{20} 1,5179. A. ist in Wasser unlöslich, leicht löslich in Ethanol und Ether. Man gewinnt es durch Umsetzung von Phenol mit Dimethylsulfat in Alkalihydroxidlösung. Verwendet wird es als hochsiedendes Lösungsmittel in der organischen Synthese, z. B. bei Grignard-Reaktionen.

Anisotropie, die Richtungsabhängigkeit der physikalischen Eigenschaften und des Verhaltens von Stoffen. A. tritt insbesondere bei Kristallen auf, ist aber auch bei flüssigen Kristallen und unter bestimmten Bedingungen sogar bei Flüssigkeiten zu beobachten. Polykristalline Stoffe können dann anisotrop sein, wenn die Kristallite nicht regellos orientiert sind (↗ Textur). Die A. der Kristalle ist durch ihre Raumgitterstruktur (*geometrische A.*) bedingt, sie äußert sich z. B. in der elektrischen Leitfähigkeit und Wärmeleitfähigkeit, in der Elastizität, Härte, Spaltbarkeit, thermischen Ausdehnung, Wachstumsgeschwindigkeit und in optischen Eigenschaften. Die A. ist nicht für alle Kristalleigenschaften gleichermaßen ausgeprägt; so verhalten sich z. B. kubische Kristalle optisch isotrop, in anderer Hinsicht (z. B. in bezug auf die Wachstumsgeschwindigkeit und Spaltbarkeit) aber anisotrop. Gegensatz: ↗ Isotropie.

Anissäure, ***4-Methoxybenzoesäure***, 4-CH_3O–C_6H_4–COOH, farblose, prismen- oder nadelförmige Kristalle; F. 184 °C, Kp. 277 °C. A. ist schwer löslich in Wasser, leicht löslich in Alkohol, Ether und Benzol. In Laugen löst sie sich unter Salzbildung. A. kommt in anetholhaltigen ätherischen Ölen vor. Synthetisch kann sie durch Oxidation von Anethol mit Kaliumpermanganat oder durch ↗ Grignard-Reaktion aus 4-Methoxyphenylmagnesiumbromid und Kohlendioxid hergestellt werden.

Anlagentechnik, ↗ Verfahrenstechnik.

Anlassen, Temperung eines gehärteten bzw. kaltverformten Metallwerkstoffs (meist Stähle) bei einer Temperatur unterhalb der ersten Kristallstruktur-Umwandlungstemperatur. Das A. bei so hohen Temperaturen, die zu einer Verbesserung der mechanischen Eigenschaften führen, wird als ↗ Vergüten bezeichnet. Beim A. entstehen je nach Erhitzungsgrad unterschiedliche Oberflächenfärbungen (Anlaß-, Anlauffarben) durch Bildung dünner Oxidschichten, die Interferenzerscheinungen des Lichtes bewirken. Die Anlaßfarben normaler Stähle ermöglichen bei Anwendung von oberflächenreinen Werkstücken eine sichere Bestimmung der Anlaßtemperaturen im Bereich von 220 bis 330 °C.

Annihilation, die Wechselwirkung zweier elektronisch angeregter Spezies unter Bildung einer elektronisch angeregten Spezies und einer Spezies im Grundzustand. Bei der Triplett-Triplett-A. befinden sich beide wechselwirkende Spezies in einem angeregten Triplettzustand, es bilden sich eine Spezies in einem Singulettanregungszustand und eine Spezies im Singulettgrundzustand.

Annulene, cyclische Polyene unterschiedlicher Ringgröße. Die Bezeichnung der A. erfolgt, indem man die geradzahlige Anzahl *n* von CH-Gruppen im Ringsystem in eckige Klammern vor den Begriff Annulen setzt (n = 4, 6, 8, 10 usw.).

Außerdem besteht die Möglichkeit der systematischen Benennung: Cyclobutadien, Cyclooctatetraen, Cyclodecapentaen usw. Da das »hypothetische« Cyclohexatrien nicht als reale Verbindung existiert, wird es herausgenommen (↗ Benzol). Auch ↗ Cyclobutadien und ↗ Cyclooctatetraen werden oft gesondert behandelt. Die A. mit $4n$ π-Elektronen (n = 1, 2, 3, 4 ...) sind *antiaromatisch* (↗ Aromatizität). Enthält das cyclisch konjugierte System $(4n + 2)$ π-Elektronen wie das Benzol mit $n = 1$, so ist es *aromatisch* (Hückel-Regel, vgl. ↗ Aromatizität). Das [10]Annulen entspricht hinsichtlich seiner elek-

Cyclobutadien
[4]Annulen

„Cyclohexatrien“
[6]Annulen

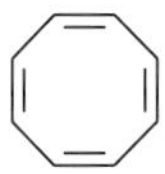

Cyclooctatetraen
[8]Annulen

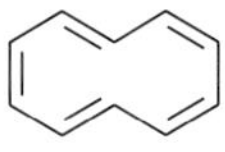

Cyclodecapentaen
[10]Annulen

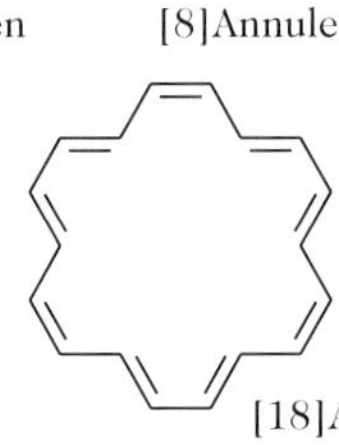

[18]Annulen

tronischen Struktur der Hückel-Regel. Es verfügt über 10 π-Elektronen im cyclisch konjugierten Ringsystem, ist jedoch nicht eben gebaut und damit nicht mesomeriestabilisiert, da die beiden H-Atome in 1- und 6-Position einer Einebnung entgegenwirken. Infolge dieser sterischen Mesomeriebehinderung tritt kein für Aromaten typischer diamagnetischer Ringstrom im Magnetfeld auf (^{1}H-Kernresonanzspektroskopie). Auch das [14]Annulen, das nach der Hückel-Regel aromatisch sein sollte, ist aus sterischen Gründen nicht völlig planar und weist keinen diagmagnetischen Ringstrom auf. Erst beim [18]Annulen sind alle Bedingungen für eine aromatische Verbindung gegeben. Neben ($4n + 2$) π-Elektronen ($n = 4$) ist es völlig eben und hat eine hohe Molekülgeometrie. Im Magnetfeld des Kernresonanzspektrometers wird deshalb ein diamagnetischer Ringstrom induziert, der bewirkt, daß alle peripheren gleichberechtigten Protonen nur ein Signal mit entsprechender Tieffeldverschiebung geben (δ = 8,8 ppm). [18]Annulen ist durch Stabilität und hohe Bildungstendenz gekennzeichnet. Es gehört zu den nichtbenzoiden Aromaten.

A. mit 12, 16 oder 20 Ringgliedern sind antiaromatisch und haben die Eigenschaften von Polyenen.

Anode, ↗ Elektrode.

anodische Oxidation, Oxidation, die unter dem Einfluß des elektrischen Stromes an der Anode einer Elektrolysezelle stattfindet. Die anodische Oxidation ist Grundlage verschiedener technischer Verfahren, z. B. der elektrolytischen Chlorherstellung.

Durch anodische Oxidation können auch oxidische Deckschichten auf Metallen hergestellt werden, besonders auf Aluminium und Magnesium und deren Legierungen. Bei Aluminium bezeichnet man die a. O. auch als *Aloxidieren* oder *Eloxieren* (*Eloxalverfahren*, Abk. für *el*ektrolytisch *ox*idiertes *Al*uminium). Mit diesem Verfahren werden auf Aluminium und seinen Legierungen zur Erhöhung der Korrosions- und Verschleißfestigkeit Schichten von 10 bis 30 µm Dicke erzeugt. Das Werkstück wird, als Anode geschaltet, in Schwefelsäure- oder Oxalsäurebäder gehängt. Die entstehenden farblosen Schichten lassen sich zur dekorativen Wirkung, z. B. im Bauwesen, mit organischen Farbstoffen anfärben. Die vorhandene Porosität kann durch Kochen mit Wasser oder Behandlung mit heißen Chromat-, Acetat- oder Silicatlösungen behoben werden; man bezeichnet diesen Vorgang als *Nachverdichtung* oder *Sealing* (engl.). Die Schichten haben hohes elektrisches Isoliervermögen.

Ein Sonderverfahren der a. O. ist das *Harteloxieren.* Dabei erhält man bei tiefen Temperaturen (um 0 °C) graue bis grauschwarze, harte und abriebfeste Oxidschichten bis zu etwa 150 µm Dicke.

Bei anderen Metallen dient die a. O. wie in gewissem Umfang auch bei Aluminium vor allem zur Herstellung dünner, porenfreier Oxidschichten mit besonderen elektrischen Eigenschaften, z. B. für Elektrolytkondensatoren und -gleichrichter. Mitunter bedient man sich der a. O. auch, um auf Metallen eine Oxidschicht mit besseren Schmiereigenschaften als das Grundmetall zu erzeugen, damit Verformungsarbeiten leichter ausführbar sind.

Auch organische Substrate können einer a. O. unterzogen werden (↗ organische Elektrosynthese). Schließlich wird die a. O. auch in der Abwasserreinigung angewendet.

anodischer Korrosionsschutz, ↗ elektrochemischer Korrosionsschutz.

Anolyt, ↗ Elektrolyse.

Anomere, ↗ Stereoisomerie 1.2.1., ↗ Monosaccharide.

Anorexika, ↗ Appetitzügler.

anorganische Fungizide. Von dieser ältesten fungiziden Wirkstoffklasse werden heute nur noch Kupfersalze und elementarer Schwefel als ↗ Fungizide eingesetzt. Die aus Kupfersulfat und gelöschtem Kalk hergestellte Kupferkalkbrühe, bekannt unter dem Namen *Bordeaux-Brühe*, hatte beispielsweise lange Zeit größte Bedeutung im Weinbau, in dem sie gegen *Plasmopara viticola*, dem Erreger des Falschen Mehltaus der Rebe, eingesetzt wurde.

$CuSO_4 + 3\ Ca(OH)_2 \rightarrow 3\ Ca(OH)_2 \cdot CuSO_4$

Präparate auf Basis von ↗ Kupferoxidchlorid $3\ Cu(OH_2) \cdot CuCl_2$ und ↗ Kupferhydroxid $Cu(OH)_2$ dienen heute zur Bekämpfung der Rebenperonospora und der Kartoffelkrautfäule (*Phytophthora infestans*). *Schwefel* wird hauptsächlich in hochdisperser Form gegen Echten Mehltau eingesetzt. Die anorganischen F. wirken ausschließlich als protektive F., gleichzeitig wirken sie aber auch als ↗ Spurendünger, die für Pflanzen und Organismen von essentieller Bedeutung sind.

Anregung, Überführung eines Atomkerns, Atoms, Ions oder Moleküls durch Zuführung von Energie aus einem Grundzustand in einen Zustand höherer Energie (Anregungszustand). Das im allg. instabile angeregte System kehrt nach sehr kurzer Zeit unter Energieabgabe (z. B. in Form von Licht) stufenweise oder auf einmal wieder in den Grundzustand zurück. Dabei besteht zwischen der Energiedifferenz ΔE zwischen Grund- und Anregungszustand und der abgestrahlten Frequenz ν die Beziehung $\Delta E = h \cdot \nu$, wobei h das Plancksche Wirkungsquantum ist.

Anreichern, ↗ Sortieren.

Ansamycine, von Mikroorganismen (*Streptomyces*-, *Nocardia*- und *Micromonospora*-Arten) produzierte Ansaverbindungen mit antibiotischer Wirksamkeit, bei denen ein aromatischer Kern von einer aliphatischen Seitenkette überbrückt wird. Der aromatische Kern kann ein Naphthalen- bzw. Naphthochinon-Derivat sein. Von therapeutischer Bedeutung sind die ↗ Rifamycine.

Ansaverbindungen, ↗ Cyclophane.

Anschäumvermögen, Schaumhöhe einer Tensidlösung zum Zeitpunkt der Schaumbildung.

Anstrichmittel, *Anstrichstoffe*, flüssige, pastenförmige und pulverförmige Stoffe, die durch Streichen, Spritzen, Tauchen oder andere Verfahren als Anstriche auf Oberflächen aufgebracht werden. Sie bestehen aus Farbmitteln (Farbstoffe und Pigmente), Lösungsmitteln, Bindemitteln, Trockenmitteln, Füllstoffen und Additiven (z. B. Antihautmittel). Nach dem Bindemittel unterscheidet man zwischen Öl-, Kunstharz-, Silicat- und Wasserglasanstrichmitteln, nach dem Pigment zwischen Eisenoxid-, Titandioxidanstrichstoffen u. a. A. auf Basis von Kunstharz- und Kunststoffdispersionen werden auch als Latexfarben bezeichnet.

Antabus®, ↗ Disulfiram.

Antamanid, *cyclo*-(–Pro–Phe–Phe–Val–Pro–Pro–Ala–Phe–Phe–Pro–), ein aus dem grünen Knollenblätterpilz isoliertes homodet cyclisches Decapeptid, das bei spätestens gleichzeitiger Applikation die Giftwirkung des Phalloidins (↗ Phallotoxine) aufheben kann. A. hemmt kompetitiv ein in den Parenchymzellen der Leber wirkendes Transportsystem für Phallotoxine. A. wurde 1968 von Th. Wieland und Mitarbeitern entdeckt, strukturell aufgeklärt und synthetisiert.

antarafacial, ↗ Woodward-Hoffmann-Regeln.

Antazida, Verbindungen oder Präparate, die zum Abbinden überschüssiger Magensalzsäure eingesetzt werden. Der pH-Wert des Magensaftes soll auf 3,0 bis 4,0 angehoben werden; keinesfalls soll eine Neutralisation oder Alkalisierung des Mageninhaltes erfolgen, da sonst erneut eine Magensaft- und damit Magensäureproduktion angeregt wird. Diese Gefahr besteht beim Einsatz von Carbonaten (z. B. Magnesiumcarbonat), bei Hydrogencarbonaten (z. B. Natriumhydrogencarbonat) und Oxiden (z. B. Magnesiumoxid). Günstiger werden heute kolloides Aluminiumhydroxid und Aluminiummagnesiumsilicate verwendet, die ein gutes Säurebindungsvermögen haben, ohne den pH-Wert über den genannten Wert zu steigern.

Antelepsin®, ↗ Benzodiazepine.

Anthanthron, ↗ Carbonylfarbstoffe.

Anthelminthika, Wurmmittel, d. h. Verbindungen, die zur Bekämpfung von Eingeweidewürmern bei Mensch und Tier verwendet werden. Sie sollen gegen die im Magen-Darm-Trakt und in einigen Fällen gegen die in Geweben befindlichen Parasiten

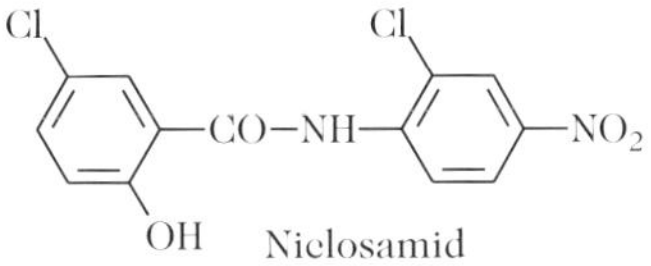

Niclosamid

wirksam sein. Als Mittel gegen Nematoden (Fadenwürmer, z. B. Oxyuren, Madenwürmer) und Askariden (Spulwürmer) werden z. B. Piperazin, Cyaninfarbstoffe (wie Pyrviniumembonat), Benzimidazolderivate (wie Mebendazol) und cyclische Amidine (wie Pyrantel) eingesetzt. Als Cestodenmittel (Mittel gegen Bandwürmer) hat heute das Salicylanilinderivat *Niclosamid* große Bedeutung.

Anthocyane, eine Gruppe von glycosidischen Pflanzenfarbstoffen. Die A. lassen sich durch Säuren oder Glycosidasen zu den entsprechenden Aglykonen, den *Anthocyanidinen*, hydrolysieren. Die Anthocyanidine (Tab.) sind Flavyliumsalze. Die Chloride sind meist dunkelviolette, braune bis dunkelrote

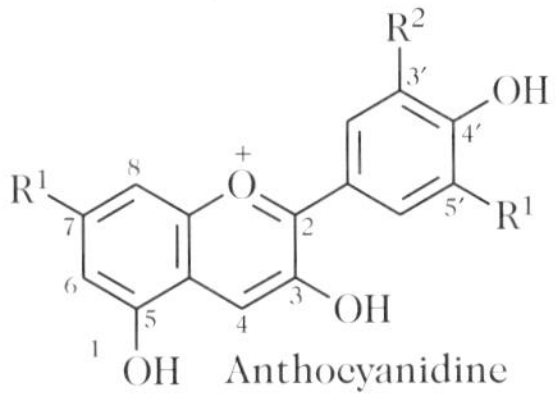

Anthocyanidine

R¹	R²	R³	
OH	H	H	Pelargonin
OH	OH	H	Cyanidin
OH	OH	OH	Delphinidin
OH	OCH_3	H	Päonidin
OH	OCH_3	OH	Petunidin
OH	OCH_3	OCH_3	Malvidin
OCH_3	OCH_3	OCH_3	Hirsutidin

Kristalle mit einem F. > 300 °C. Die natürlichen Verbindungen unterscheiden sich durch die Anzahl der Hydroxygruppen: Pelargonidin, Cyanidin und Delphinidin. Bei weiteren Anthocyanidinen sind die Hydroxygruppen teilweise methyliert: Päonidin, Petunidin, Malvidin und Hirsutidin. Bei den A. sind Zuckerreste in 3- und/oder 5-Stellung der Anthocyanidine gebunden. Nach Anzahl und Stellung der

Zuckerreste können Glycoside mit einem Monosaccharidrest in 3- oder seltener in 5-Stellung, mit einem Monosaccharidrest in 3- und 5-Stellung sowie mit einem Disaccharidrest in 3-Stellung unterschieden werden. Die häufigsten Monosaccharide sind Glucose und Galactose. Zusätzlich können phenolische Hydroxygruppen durch Phenolcarbonsäuren oder andere Carbonsäuren acyliert sein. So enthalten die acylierten A. des Rotkohls *p*-Cumar-, Ferula- und Sinapinsäure.

Die A. sind verbreitete Farbstoffe von Blüten, Beeren und anderen Pflanzenteilen. A. sind z. B. für die Farbe der Erdbeeren, Himbeeren, Heidelbeeren, der Kirschen und Pflaumen verantwortlich. Die A. sind rot, violett oder blau gefärbt. Die Farbe ist pH-abhängig. In der Pflanze liegen die blauen A., z. B. der Kornblume, als Al(III)- und Fe(III)-Komplexe, die noch an Polyuronide gebunden sind, vor. A. sind als Lebensmittelfarbstoffe zugelassen.

Anthopleurin-A, ein aus der Seeanemonenart *Anthopleura* isoliertes 49-Peptid, das durch drei Disulfidbrücken vernetzt ist und die Kontraktionsfähigkeit des Herzmuskels erhöht.

Anthracen, ein zu den Acenen gehörender kondensierter aromatischer Kohlenwasserstoff. A. kristallisiert in farblosen, blau fluoreszierenden, sublimierbaren Blättchen; F. 216,3 °C, Kp. 340 °C (subl.). Es ist unlöslich in Wasser, wenig löslich in Ethanol und Ether, etwas löslich in siedendem Benzol. A. ist im Steinkohlenteer enthalten, aus dem es auch heute noch technisch gewonnen wird.

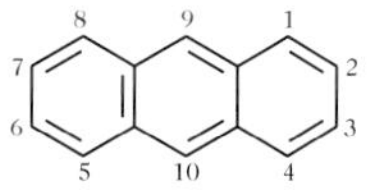

Synthetisch wird es durch Pyrolyse von 2-Methylbenzophenon, durch Friedel-Crafts-Reaktion von 2-Brombenzylbromid oder durch Umsetzung von Benzol mit Phthalsäureanhydrid in Gegenwart von Aluminiumchlorid erhalten. Im A. hat nur ein Benzolring ein π-Elektronensextett. Demzufolge ist A. ziemlich reaktiv, insbesondere in den Positionen 9 und 10. Hier erfolgt leicht die Oxidation zu Anthrachinon, die Addition von nascierendem Wasserstoff zu 9,10-Dihydroanthracen und die Diels-Alder-Reaktion mit Maleinsäureanhydrid. Technisch wichtig ist die Oxidation zu ↗ Anthrachinon:

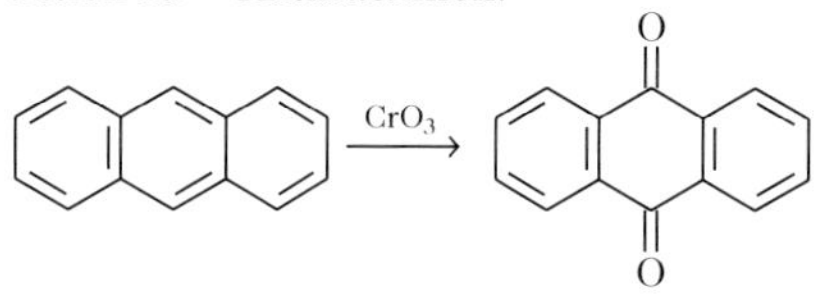

Elektrophile Reagenzien, wie Schwefelsäure, können auch in 1- bzw. 2-Position angreifen, so daß Anthracen-1-sulfonsäure und Anthracen-2-sulfonsäure nebeneinander entstehen. A. wird in erster Linie zur Herstellung von Farbstoffen der Alizarin- und Indanthrenreihe verwendet. Weiterhin dient es als Ausgangsstoff für Schädlingsbekämpfungsmittel und Gerbstoffe.

Anthracenblau, 1,2,4,5,6,8-Hexahydroxyanthrachinon, ein rein blauer, synthetischer Farbstoff, gehört zur Gruppe der ↗ Anthrachinonfarbstoffe. A. wird hergestellt durch Einwirkung von schwach rauchender Schwefelsäure auf 1,5-Dinitroanthrachinon. Es dient zum Färben von gebeizter Wolle, wird aber auch in der Baumwollfärberei verwendet.

Anthracenöl, der höchstsiedende Anteil des Steinkohlenteers, ↗ Teer.

Anthrachinon, ***9,10-Dihydroanthracen-9,10-dion***, vom Anthracen abgeleitetes Chinon. A. kristallisiert in hellgelben Nadeln; Sbp. 286 °C, Kp. 379,8 °C. A. ist in Wasser unlöslich, in Alkohol, Ether und Benzol löslich.

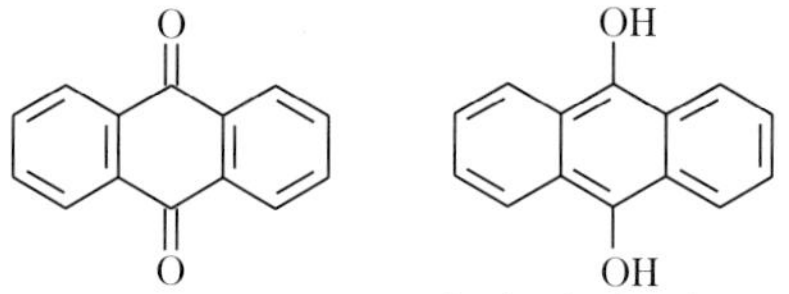

Anthrachinon   Anthrahydrochinon

Durch Reduktionsmittel, z. B. Natriumdithionit, wird A. leicht in *Anthrahydrochinon* übergeführt, eine Reaktion, auf der die Verknüpfung der Anthrachinonfarbstoffe beruht. Bei der Reduktion mit Zinn und Salzsäure in Eisessig entsteht Anthron. A. kann durch elektrophile Substitutionsreaktionen, z. B. bei der Nitrierung bzw. Sulfonierung, in die entsprechenden Mono- oder Disubstitutionsprodukte übergeführt werden. Von besonderer Bedeutung für die Farbstoffindustrie sind vor allem die ↗ Anthrachinonsulfonsäuren. Die CO-Gruppen des A. reagieren nur schwer mit den üblichen Ketonreagenzien. Die Herstellung von A. erfolgt durch Oxidation von Anthracen mit Salpetersäure oder Chromsäure oder günstiger durch die ↗ Friedel-Crafts-Reaktion von Benzol und Phthalsäureanhydrid, da dieses Verfahren auch für die Synthese substituierter A. geeignet ist. A. ist die Schlüsselverbindung für die Herstellung der ↗ Anthrachinonfarbstoffe. Außerdem dient es als Vogelabschreckmittel.

Anthrachinonfarbstoffe, eine Gruppe von synthetischen Farbstoffen mit sehr guten Echtheitseigenschaften, insbesondere hoher Lichtechtheit. Die A. lassen sich strukturmäßig von Anthrachinon ableiten. Die *Anthrachinonsäurefarbstoffe* der Anthrachinonreihe enthalten am Anthrachinonkern neben Sulfonsäuregruppen, die ihre Wasserlöslichkeit bedingen, noch weitere Ringsysteme, z. B. Acridone und Thiazole. Die A. kommen als Küpen-, Chromier- und Beizenfarbstoffe zum Einsatz. Die *Anthrachinonküpenfarbstoffe* bilden eine Gruppe verschiedenartig konstituierter Verbindungen, denen teilweise das einfache Anthrachinongerüst zugrunde liegt, die aber auch aus mehreren Anthrachinonmolekülen bestehen. In diese Gruppe gehört ein Teil der ↗ Indanthrenfarbstoffe und ↗ Alizarinfarbstoffe.

Anthrachinonsäurefarbstoffe, ↗ Anthrachinonfarbstoffe.

Anthrachinonsulfonsäuren, Sulfonierungsprodukte des Anthrachinons mit ein oder zwei Sulfonsäuregruppen im Molekül. In Abhängigkeit von den Reaktionsbedingungen erhält man bei der Sulfonierung überwiegend Anthrachinon-1-sulfonsäure oder -2-sulfonsäure. Bei der weiteren Sulfonierung entstehen Anthrachinondisulfonsäuren, in denen die Sulfonsäuregruppen die 1,5- und 1,8- bzw. 2,6- und 2,7-Positionen einnehmen. A. oder die aus ihnen durch Alkalischmelze zugänglichen Hydroxyanthrachinone sind wichtige Zwischenprodukt in der Farbstoffindustrie.

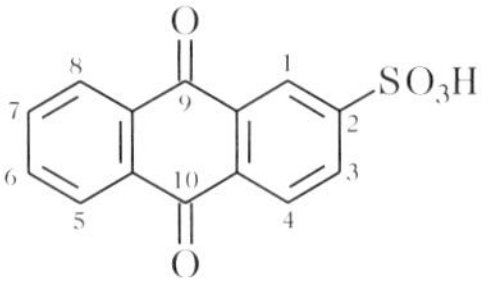

Anthrachinon-2-sulfonsäure

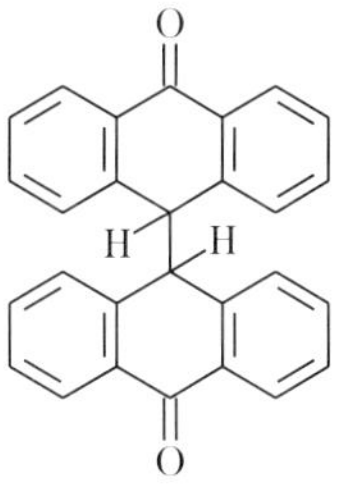

Bianthron

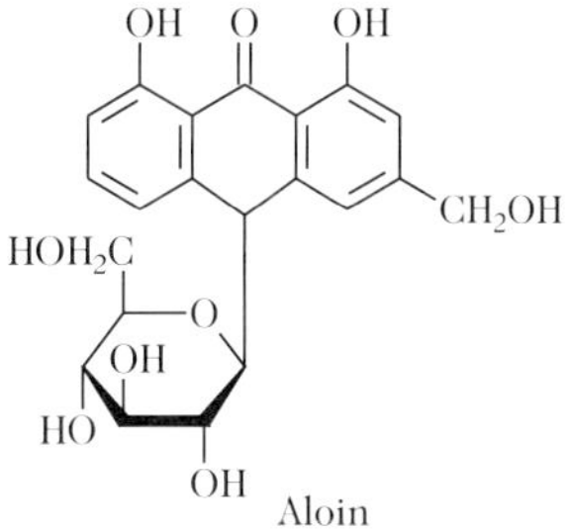

Aloin

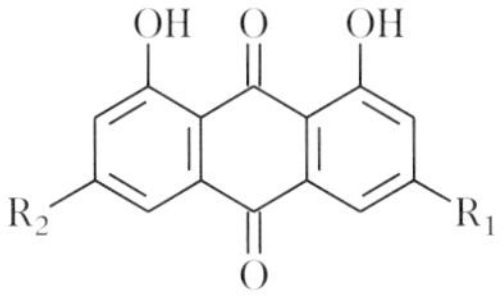

Name	R^1	R^2
Rhein	COOH	H
Aloe-Emodin	CH_2OH	H
Chrysophanol	CH_3	H
Frangula-Emodin	CH_3	OH

Anthracycline, Gruppe von Antibiotika, deren Aglykone Anthrachinonderivate mit linear anelliertem Cyclohexanring (Anthracyclinone) sind. An die Aglykone ist ein Aminozucker glycosidisch gebunden. Die A. werden von verschiedenen *Streptomyces*-Arten, z. B. *Adriamucin* von *Streptomyces peuceticus* und *Daunomycin* von *S. coeruleorubidus*, gebildet. Sie werden als Antineoplastika therapeutisch verwendet, z. B. zur Behandlung der akuten Leukämie. Die Wirkung beruht auf einer Interkalation (Einschiebung) des planaren Molekülteils in die DNA der Erreger und Fixierung durch Wechselwirkung der Aminogruppe mit den sauren Phosphorsäurediesterbrücken. Die meisten A. sind für eine therapeutische Anwendung zu toxisch.

Anthraglycoside, glycosidisch mit Zuckerresten verbundene hydroxylierte Derivate des Anthrachinons und seiner partiell reduzierten Verbindungen, wie Anthranole, Anthrone und Bianthrone. Die wichtigsten Aglykone vom Anthrachinontyp, die als *Emodine* bezeichnet werden, sind Rhein, Aloe-Emodin, Chrysophanol und Frangula-Emodin. Entsprechend substituierte Aglykone sind auch vom Anthron- und vom Bianthrontyp bekannt, wobei bei den Verbindungen vom dimeren Bianthrontyp zwei gleiche oder zwei verschiedene Substitutionsmuster in einem Molekül vorliegen können.

Die wichtigsten A. enthaltenden Drogen sind Rhabarber, die unterirdischen Teile bestimmter Rheum-Arten, weiterhin Faulbaumrinde, Sennesblätter und verschiedene Aloe-Arten. Rhabarber enthält die o. g. Aglykone in der Anthrachinon-, Anthron- und Bianthronform hauptsächlich als Glucoside. Faulbaumrinde enthält hauptsächlich Bianthronglycoside vom Frangula-Emodin-Typ, die schlecht verträglich sind und bei einjähriger Lagerung durch Oxidation in Verbindungen vom Anthrachinontyp übergehen. Hauptinhaltsstoffe der Sennesblätter sind Sennosid A und B. Sennosid A ist die (+)-Form und Sennosid B die *meso*-Form mit unterschiedlicher Konfiguration am C-9- und C-9′-Atom. Wichtigster Inhaltsstoff von Aloe ist die *Aloin* genannte 10-C-Glucopyranosyl-Verbindung des Aloe-Emodins.

A. sind ↗ Laxanzien.

Anthralanfarbstoffe, eine Gruppe von Säurefarbstoffen, die sich durch große Lichtechtheit auszeichnen und außerdem auf der Faser (vor allem Wolle) eine gleichmäßige Färbung liefern.

Anthranilsäure, ↗ Aminobenzoesäuren.

Anthrarot B, ↗ Thioindigo.

Anthrazit, eine Steinkohle im weitest fortgeschrittenen Inkohlungsgrad (↗ Kohlen); die pflanzliche Herkunft kann nur noch mikroskopisch mit polarisiertem Licht festgestellt werden. A. ist sehr hart und glänzend, besitzt nur einen geringen Gehalt an flüchtigen Bestandteilen, ist schwer entzündlich, verbrennt rauchlos, hat nur einen geringen Aschegehalt (2 bis 4 %) und einen geringen Wassergehalt. A. besteht aus über 91,5 % Kohlenstoff, weniger als 3,75 % Wasserstoff und weniger als 2,5 % Sauerstoff. Mit einem Heizwert bis zu 35000 kJ/kg liegt A. an der Spitze aller Kohlearten.

A. dient hauptsächlich als Spezialheiz- und Reduktionsmittel sowie zur Gewinnung von ↗ Synthesegas. Technisch wird A. zur Herstellung großer Elektroden verwendet.

Anthron, eine vom Anthracen abgeleitete Carbonylverbindung. A. bildet blaßgelbe, nadelförmige Kristalle; F. 155 °C. Es ist in Wasser nicht, in Alkohol, Benzol und Aceton gut löslich. A. löst sich

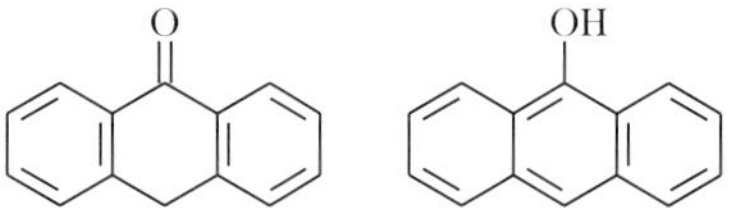

Anthron   Anthranol

beim Erwärmen in Alkalilauge, aus der beim Ansäuern das tautomere *Anthranol* (Anthr-9-ol) isoliert werden kann. Diese Art der Tautomerie wird als *transannulare Tautomerie* bezeichnet. Anthranol bildet orangefarbene, in Lösung stark fluoreszierende Kristalle; F. 120 °C. Die Herstellung des stabilen A. erfolgt durch Reduktion von Anthrachinon mit Zinn und Salzsäure. Es wird für die Herstellung von Küpenfarbstoffen und zur Bestimmung von Kohlenhydraten verwendet.

anthropogene Substanzen, von Menschen durch industrielle, gewerbliche und kommunale Prozesse erzeugte Produkte (z. B. Kunststoffe), die oftmals in natürlichen Systemen nicht vorkommen und deshalb häufig biologisch schwer abbaubar sind. ↗ Xenobiotika.

***anti-*,** ↗ Stereoisomerie 1.2.3.

Antiallergika, ↗ Antihistaminika.

Antiandrogene, Verbindungen, die als Antagonisten des Testosterons dessen physiologische Wirkung abschwächen. Bekanntestes A. ist *Cyproteronacetat*, das wegen seiner gestagenen Wirkung Bestandteil von Kontrazeptiva ist. Cyproteronacetat wird bei männlicher Hypersexualität und bei Vermännlichungserscheinungen bei Frauen angewendet.

antianginöse Pharmaka, ↗ Koronarpharmaka.

antiaromatisch, ↗ Aromatizität.

Antiarrhythmika, Mittel zur Behebung von Herzrhythmusstörungen. Als A. werden unter anderem verwendet Chinidin, Ajmalin und dessen Derivat Detajmiumbitartrat, *β*-Rezeptorenblocker, wie Propranolol, Lokalanästhetika, wie Lidocain, und weiterhin Procainamid, p-H_2N–C_6H_4–CO–NH–CH_2–CH_2–$N(C_2H_5)_2$.

antiauxochrome Gruppen, *Antiauxochrome*, in der Farbstofftheorie Gruppen wie $–NO_2$ und $\rangle$C=O, die über das konjugierte Doppelbindungssystem eines Chromogens (↗ chromophore Gruppen) mit ↗ auxochromen Gruppen in mesomere Wechselbeziehungen treten und dadurch einen farbvertiefenden Effekt hervorrufen (↗ Bathochromie).

Antiauxochrome, ↗ antiauxochrome Gruppen.

antibakteriell, gegen Bakterien gerichtet.

Antibiotika, von Mikroorganismen produzierte Verbindungen sowie deren partial- oder totalsynthetische Analoga, die in geringer Konzentration das Wachstum anderer Mikroorganismen hemmen können, d. h., die als Chemotherapeutika wirken. Chemisch sind die A. sehr heterogen. Größere Gruppen bilden die Aminosäurederivate, so die Aminosäureantagonisten Cycloserin und Azaserin, die ↗ *β*-Lactamantibiotika und die ↗ Polypeptidantibiotika, ferner die Aminocyclitol- und ↗ Nucleosidantibiotika. Zahlreiche A. entstehen biosynthetisch auf dem Polyketidweg, so die Macrolidantibiotika, die ↗ Tetracycline, ↗ Griseofulvin und Cycloheximid.

Zu den antibiotikaproduzierenden Organismen gehören vor allem Bakterien (Gattungen *Bacillus* und *Streptomyces*) und Pilze (Gattungen *Penicillium*, *Aspergillus*, *Cephalosporium*). Von den etwa 5500 aus Mikroorganismen isolierten A. stammen 4000 von Actinomyceten. Jährlich werden etwa 300 neue A. entdeckt.

Gewinnung. Die Mikroorganismen werden in geeigneten Nährlösungen in Oberflächen- oder zweckmäßiger in Submerskultur gezüchtet (Fermentationsprozeß). Eingesetzt werden Produktionsstämme hoher Leistungsfähigkeit, die nach aufwendiger Selektion – häufig nach künstlich herbeigeführter Mutation der ursprünglichen Keime – anfallen. Von großer Bedeutung ist neben der Leistungsfähigkeit der Keime die Wahl der Nährlösungen und bei aeroben Keimen in Submerskultur die Belüftung. Nach Erreichen einer maximalen A.-Konzentration wird die Fermentation abgebrochen, und die Mikroorganismen werden durch Filtration abgetrennt. Die Kulturlösung wird dann mittels geeigneter, von den Eigenschaften des A. abhängender Methoden aufgearbeitet. Am gebräuchlichsten sind die Flüssig-Flüssig-Mehrstufenextraktion relativ lipophiler A. mit organischen, mit Wasser nicht mischbaren Lösungsmitteln (z. B. bei Benzylpenicillin), die Ionenaustauschchromatographie bei A. mit sauren oder basischen Gruppen (z. B. bei Streptomycin) sowie gegebenenfalls die Ausfällung schwerlöslicher Derivate (z. B. bei Oxytetracyclin). In einigen Fällen konnte man durch Zusatz von Präkursoren zur Nährlösung zu neuartigen Verbindungen gelangen (z. B. Phenoxyessigsäure zur Produktion von Phenoxymethylpenicillin). Vor allem bei den Penicillinen und Cephalosporinen spielt die Partialsynthese eine bedeutende Rolle. Nur wenige A. werden totalsynthetisch gewonnen (z. B. Chloramphenicol).

Wirkungsspektrum. Die meisten Penicilline, Erythromycin und die Polypeptidantibiotika wirken nur gegen grampositive Bakterien, während die Polymyxine nur gegen gramnegative Bakterien wirksam sind. ↗ Breitbandantibiotika wirken sowohl gegen grampositive als auch gegen gramnegative Bakterien. Zu dieser Gruppe gehören vor allem die Tetracycline, das Chloramphenicol, die Cephalosporine und einige partialsynthetische Penicilline (z. B. Ampicillin). Nur wenige A. wirken auf Pilze ein. Zur Behandlung von Pilzerkrankungen werden Griseofulvin und einige ↗ Polyenantibiotika eingesetzt. Einige A., wie Mitomycin, Rifamycin und die A. der Anthracyclingruppe, hemmen das Wachstum von Krebszellen. Außer als Chemotherapeutika zur Behandlung von Infektionserkrankungen von Mensch und Tier sowie zur Behandlung von bösartigen Geschwülsten werden A. heute in großem Maßstab in der Pflanzenproduktion sowie in der industriellen Tierproduktion als Zusatz zu Futtermitteln eingesetzt, um damit eine höhere Schlachtmasse der Tiere zu erzielen. Ein besonderes Problem der Anwendung der A. liegt in der Ausbildung einer *Resistenz*, d. h. einer erworbenen Unempfindlichkeit bestimmter Keime gegen ein A.

Angriffspunkte der A. sind die Desoxynucleinsäure (Mitomycin, Actinomycin, Anthracycline), die Proteinsynthese (Chloramphenicol, Aminocyclitolantibiotika, Tetracycline, Rifamycin), die Membran (Ionophore, Polyenantibiotika) oder die Biosynthese der bakteriellen Zellwand (β-Lactamantibiotika, Cycloserin, Bacitracin).

anticlinale Konformation, ↗ Stereoisomerie, Abb. 14.

Antidepressiva, ↗ Psychopharmaka.

Antidiabetika, Mittel, die zur Behandlung der Zuckerkrankheit, Diabetes mellitus, eingesetzt werden. Diese Krankheit ist auf einen Mangel an Insulin im Blut zurückzuführen. Durch Substitutionstherapie mit Insulin können wesentliche Auswirkungen dieses Mangels weitgehend behoben werden. Für verschiedene Diabetesformen, vornehmlich für den Altersdiabetes, werden orale A. eingesetzt. Zu den therapeutisch verwendeten oralen A. gehören

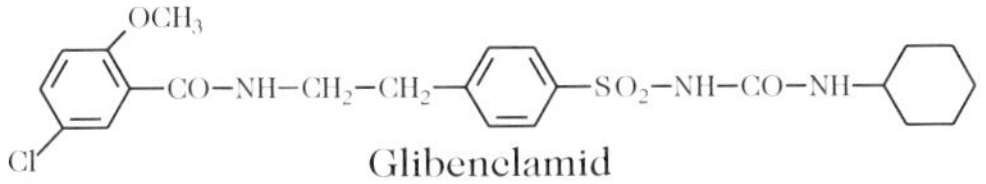

Glibenclamid

Metformin

die *N*-Arylsulfonylharnstoffe und die Biguanide. Zunächst erlangte *Tolbutamid*, *p*-CH_3–C_6H_4–SO_2–NH–CO–NH–*n*C_4H_9, Bedeutung. Durch Ersatz der Methylgruppe am Benzolring durch hydrophobere Reste wurden wesentlich stärkere A. wie z. B. *Glibenclamid* erhalten. Die bisher genannten Verbindungen bewirken bei einer verminderten Insulinproduktion unter anderem eine Verstärkung der Ausschüttung. In seltenen Fällen werden Biguanide wie *Metformin* eingesetzt, die nach einem anderen Mechanismus wirksam sind.

Antidiuretin, ↗ Vasopressin.

antidiuretisches Hormon, ↗ Vasopressin.

Antidot, ***Gegengift***, eine Substanz, die bei Vergiftungen zur Abschwächung oder Aufhebung der Giftwirkung verabreicht wird. Ihre Gabe ist neben der symptomatischen Therapie, der Erhaltung der vitalen Lebensfunktionen und Maßnahmen zur Verhinderung der weiteren Giftresorption sowie zur Beschleunigung der Gifteliminationein wesentlicher Bestandteil der Therapie von Vergiftungen. Gelegentlich werden auch Mittel, die die Giftresorption oder -elimination beeinflussen (Brechmit-

Antidot. Tab. 1: Wichtige Antidote zur Behandlung von Vergiftungen.

Antidot	Anwendung
Bemegrin	Stimulation des Atemzentrums nach Schlafmittelintoxikationen
Biperidin	Neuroleptikaintoxikationen
Atropinsulfat	Intoxikationen mit Cholinesterasehemmern
Dexamethasonisonicotinat	Intoxikationen mit Phosgen, nitrosen Gasen und anderen Reizgasen der Lunge
Calciumthiosulfat	Fluorid-, Oxalat- und Citratintoxikationen
Methylthioniniumchlorid	Met-Hb-Bildner-Intoxikationen (Nitrobenzen, aromatische Nitro- und Aminoverbindungen, Nitrite)
Deferoxaminmesilat	Eisenintoxikationen
Dimethylaminophenol	Blausäure- und Cyanidintoxikationen
Clomethiazol	Alkoholdelirium
Natriumcalciumedeteat	Schwermetallintoxikationen, insbesondere Pb, Ni, Cu, Zn, Cr, Cd, Mn
Polystyrensulfonsäureharz, Ca-Form	Kaliumintoxikationen
Dimeticon	Tensidintoxikationen, andere Schaumbildner
Hexamethylentetramin	Phosgenvergiftungen
Isoamylnitrit	Blausäure- und Cyanidintoxikationen
Pyrostigmin	Intoxikationen mit Anticholinergika (Atropin)
Phytomenadion	Intoxikationen mit indirekten Koagulanzien
Nalorphinhydrobromid	Intoxikationen mit Morphin und seinen Derivaten
Natriumthiosulfat	Blausäure- und Cyanidintoxikationen
Obidoxim	Alkylphosphatintoxikationen
Penicilamin	Schwermetallintoxikationen, insbesondere Pb, Hg, Cu, Au, Co, Zn
Protaminsulfat	Heparinintoxikationen
Dimercaprol	Schwermetallintoxikationen, insbesondere As, Hg, Au, Bi, Ni, Cu,Sb

tel, Abführmittel, Adsorptionsmittel, Oxidationsmittel), als unspezifisch wirkende A. bezeichnet. A. im eigentlichen Sinne sind jedoch spezifisch wirkende Therapeutika. Hinsichtlich des Wirkungsmechanismus unterscheidet man a) chemisch: Überführung des Giftes in unlösliche und daher ungiftige Verbindungen (z. B. Überführung der löslichen Barium- und Bleiverbindungen durch Natriumsulfat in unlösliches Barium- und Bleisulfat); Überführung des löslichen Giftes in eine ebenfalls lösliche, aber ungiftige Verbindung (z. B. Überführung von Blausäure und Cyaniden durch Natriumthiosulfat in Rhodanide); »Neutralisation« von Säuren mit verd. Laugen, wie Natriumhydrogencarbonat, Seifenwasser, auch Magnesiumoxid. b) pharmakologisch: Wirkung durch Antagonismus: Acetylcholin – Atropin wirken aufeinander durch gegenseitige kompetitive (konkurrierende) Verdrängung von den Rezeptoren der Erfolgsorganzellen. Wichtige Beispiele s. Tabelle.

Antienzyme, Polypeptide oder Proteine, die als Enzyminhibitoren wirken.

Antiepileptika, ↗ Antikonvulsiva.

Antifibronolytika, Verbindungen, die zur Behandlung pathologisch aktivierter Fibrinolysen und zur Steuerung therapeutischer Fibrinolysen (Streptokinasebehandlung) benutzt werden. Sie hemmen die Aktivierung des Plasminogens bzw. des Plasmins und damit die Fibrinolyse, durch die das polymere faserförmige Fibrin zu Fibrinolysespaltprodukten abgebaut wird. Als A. werden *ε*-Aminocapronsäure, 4-Aminomethylbenzoesäure (PAMBA®) und das *trans*-Isomere der 4-Aminomethylcyclohexancarbonsäure (Tranexamsäure) angewendet.

Tranexamsäure

Antifluorittyp, ↗ Fluorittyp.

Antifrostproteine, ↗ Gefrierschutzproteine.

Antigene, für ein Individuum fremde Proteine oder andere Makromoleküle, die spezifische immunologische Abwehrmechanismen induzieren und die Fähigkeit besitzen, mit spezifischen ↗ Antikörpern eine Reaktion einzugehen. Während die *Immunogenität* von der Empfänglichkeit des Organismus abhängt, ist die *Antigenität* die Fähigkeit zur Reaktion mit Antikörpern. Heterologe A. oder *Xenogene* stammen von einer anderen Spezies, dagegen sind homologe A. oder *Allogene* A. der gleichen Spezies, aber anderer Individuen. Schließlich sind autologe A. endogene Substanzen, wie Thyreoglobulin, Spermien oder Myelin des Nervengewebes, die eine unphysiologische Bildung von Antikörpern veranlassen.

Antihistaminika, Verbindungen, die die physiologischen Wirkungen des Histamins aufheben oder abschwächen können. Da an der durch Histamin bewirkten Blutdrucksenkung H_1- und H_2-Rezeptoren beteiligt sind, werden die A. in H_1- und H_2-Antagonisten eingeteilt. Die seit längerer Zeit bekannten klassischen A., auch als *Antiallergika* bezeichnet, sind H_1-Antagonisten, z. B. Diphenhydramin und Tripelennamin. Die enge strukturelle Verwandtschaft von H_1-Antagonisten mit Vertretern anderer Arzneistoffklassen erklärt die verschiedenen unterschiedlich stark ausgeprägten Nebenwirkungen dieser Substanzen, z. B. zentrale Dämpfung, Spasmolyse, sympathiko- und parasympathikolytische Effekte und lokalanästhetische Wirkung.

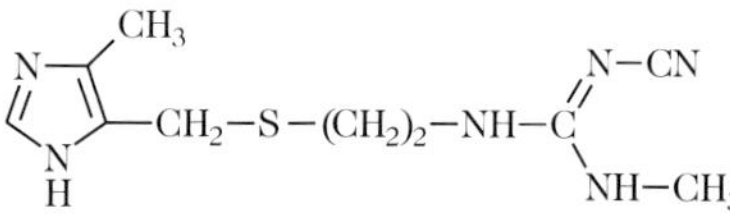

Cimetidin

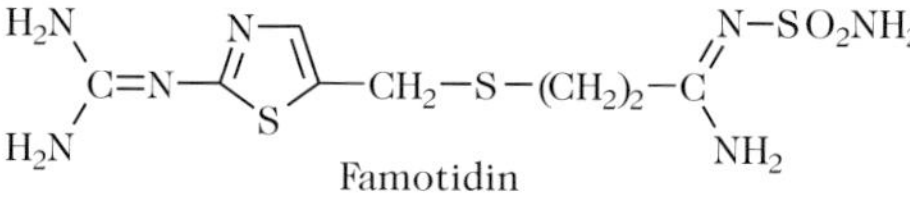

Famotidin

Wesentlich später als H_1- sind H_2-Antagonisten aufgefunden worden. H_2-Antagonisten vermögen die durch Histamin angeregte Magensaftsekretion zu hemmen. Als erste Verbindung wurde *Cimetidin* eingeführt, das zur Behandlung von Magen- und Zwölffingerdarmgeschwüren eingesetzt wird. Bald wurden weitere H_2-Antagonisten (z. B. Famotidin) entdeckt, die nicht mehr den Histamin-Rest, sondern andere Heterocyclen und andere basische Reste enthalten.

Antihypertensiva, *Antihypertonika*, Verbindungen, die den pathologisch erhöhten Blutdruck senken. Der Blutdruck soll unter der Therapie langsam absinken und bei Dauermedikation ohne größere Schwankungen in normaler Höhe bleiben. Die Ursache der Hypertonie ist in der Mehrzahl der Fälle noch unbekannt (*essentielle* bzw. *primäre Hypertonie*). Ursachen der *symptomatischen* bzw. *sekundären Hypertonie* sind pathologische Organveränderungen z. B. der Niere (*renale Hypertonie*) und der Drüsen (*endokrine Hypertonie*). Die im folgenden aufgeführten A. werden vorwiegend bei essentieller Hypertonie angewendet. Wichtige A. sind ↗ Clonidin, ↗ Methyldopa, ↗ Guanethidin und ↗ Dihydralazin. Auch das Rauwolfiaalkaloid Reserpin wird als A. eingesetzt. Außerdem werden *β*-Rezeptorenblocker (↗ Sympathikolytika) und zur Basistherapie ↗ Diuretika angewendet.

Antihypertonika, ↗ Antihypertensiva.

Anti-icing-Mittel, Kraftstoffzusätze (↗ Kraftstoffe), die ein Vereisen des Vergasers bei hoher Luftfeuchtigkeit und tiefen Temperaturen verhindern. Als A. eignen sich Alkohole, Ether u. a., die in Mengen von etwa 100 g/t dem Kraftstoff zugesetzt werden.

Antiisotypie, ↗ Isotypie.

antiker Purpur, ein im Altertum hochgeschätzter mattvioletter Tierfarbstoff, der aus der Saft der Purpurschnecke *Murex brandaris* gewonnen wurde. Seiner Struktur nach ist a. P. 6,6′-Dibromindigo, ↗ Indigofarbstoffe.

Antiklopfmittel, *Klopfbremsen*, den Vergaserkraftstoffen zur Erhöhung ihrer Klopffestigkeit (↗ Klopfen) in geringen Mengen zugesetzte chem. Verbindungen. A. müssen in den Kraftstoffen gut löslich sein und etwa die gleiche Flüchtigkeit wie die Kraftstoffe besitzen. Die Klopffestigkeit eines Vergaserkraftstoffes wird durch die ↗ Octanzahl ausgedrückt. Während lineare Paraffine sehr leicht zum Klopfen neigen, sind Isoparaffine, Naphthene und Aromaten sehr klopffeste Benzinkomponenten.

Die wirksamsten A. sind metallorganische Verbindungen, vor allem Bleitetraethyl und Bleitetramethyl (s. u.), Methylcyclopentadienyl-mangantricarbonyl, Eisenpentacarbonyl, Nickelcarbonyl, aber auch N-haltige aromatische Verbindungen, z. B. Anilin und Xylidin.

Die Wirkung der metallhaltigen A. besteht darin, daß sie im Verbrennungsraum des Motors noch vor der Zündung des Kraftstoff-Luft-Gemisches thermisch zersetzt werden; die dabei anfallenden, fein verteilten Metalle bzw. Metallverbindungen verhindern durch Reaktionen mit den instabilen Zwischenprodukten der »kalten Verbrennung« die unkontrollierte Zündung des Kraftstoffes.

Bleitetraethyl, Abk. TEL (von engl. *t*etra *e*thyl *l*ead), das in Europa und den USA kaum noch als A. verwendet wird, in vielen Ländern jedoch noch eingesetzt wird, verbrennt im Motor zu Kohlendioxid, Bleioxid und Wasser. Da sich das Bleioxid im Verbrennungsraum ablagern würde, wird TEL zusammen mit Ethylbromid oder Ethylenchlorid verwendet, die das Bleioxid in leichter verdampfendes Bleibromid oder Bleichlorid überführen.

Neben Kohlenmonoxid, polycyclischen Aromaten und nur teilweise verbrannten Kohlenwasserstoffen sind es vor allem diese giftigen Bleiverbindungen, die zu Umweltproblemen führen (zur Giftigkeit ↗ Blei). In Fahrzeugen mit einer katalytischen Nachverbrennung dürfen wegen der Katalysatorschädigung durch die Bleiverbindungen nur *bleifreie Kraftstoffe* verwendet werden. Um den mit dem Rückgang der Kraftstoffverbleiung verbundenen Octanzahlabfall zu kompensieren, werden sauerstoffhaltige Verbindungen, insbesondere Methyl-*tert*-butylether (MTBE) bis zu 10 %, dem Kraftstoff zugesetzt.

Antikoagulanzien, ↗ Antithrombotika.

Antikonvulsiva, *Antiepileptika*, Verbindungen, die das Auftreten zentral bedingter Krämpfe verhindern oder deren Intensität herabsetzen. Bei epileptischen Anfällen unterscheidet man zwischen dem mit tonischen und klonischen Krämpfen einhergehenden Anfall (Grand mal) und dem »kleinen

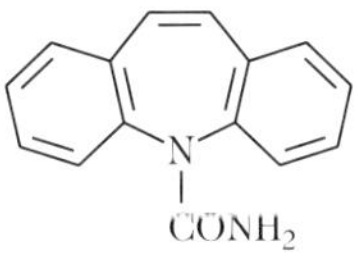

Carbamazepin

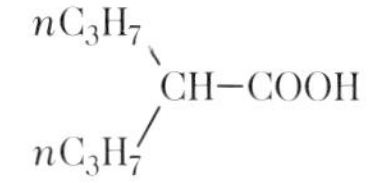

Valproinsäure

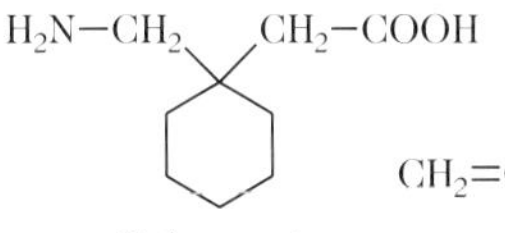

Gabapentin

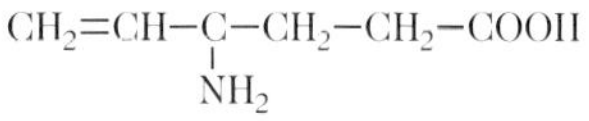

Vigabatrin

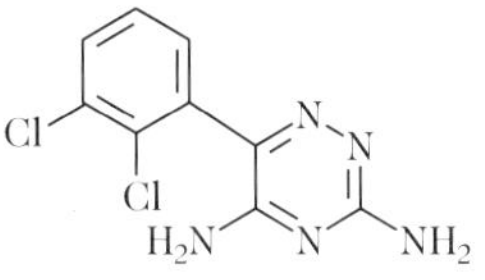

Lamotrigin

Anfall« ohne generalisierte Krämpfe (Petit mal). Wichtige A. finden sich unter anderem in den Stoffklassen der ↗ Barbitale, der Hydantoine und der Succinimide (↗ Ethosuximid). Ein wichtiges A. ist das *Carbamazepin*. Auch das stickstofffreie Valeriansäurederivat *Valproinsäure* ist in Gebrauch. Von der Tatsache ausgehend, daß γ-Aminobuttersäure (GABA) als natürlicher dämpfender Transmitter auftritt, sind stabilere Strukturverwandte von A., wie *Vigabatrin* und *Gabapentin* entwickelt worden. Ein Triazinderivat ist *Lamotrigin*, ein Glutaminsäureantagonist.

Antikörper, Glycoproteine, die spezifisch mit einem Antigen reagieren und in Blut, Lymphe und Körpersekreten Schutzfunktionen erfüllen (Immunantwort). Die A. treten mit dem betreffenden Antigen in Wechselwirkung und machen es durch die Bildung eines unlöslichen Antigen-Antikörper-Komplexes unschädlich (*Antigen-Antikörper-Reaktion, AAR*). Die A. stellen eine besondere Gruppe der Immunglobuline dar und sind aus je zwei leichten und schweren Peptidketten aufgebaut, die durch Disulfidbrücken miteinander verknüpft sind. Die variablen Teile der Ketten sind für die Wechselwirkung verantwortlich. A. finden sich vor allem in den Gammaglobulinen des Blutserums.

Antimalariamittel, Verbindungen, die zur Therapie und Prophylaxe der in tropischen Gebieten weit verbreiteten, durch die Anophelesmücke übertragenen Malaria eingesetzt werden. Von den A. sind die im komplizierten Entwicklungszyklus der Malariaerreger im Menschen vorhandenen ungeschlechtlichen Schizonten und/oder die geschlechtlichen Gametocyten in und außerhalb der Erythrocyten angreifbar. Bestimmte A. können auch erfolgreich zur Malariaprophylaxe eingesetzt werden. Das klassische A. ist Chinin. Von den synthetischen Verbindungen sind z. B. Chlorochin, Primachin, Pyrimethamin und ↗ Proguanil in Gebrauch. Wegen steigender Resistenzentwicklung gegenüber den klassischen A. sind neue Verbindungen wie ↗ Mefloquin und ↗ Halofantrin eingeführt worden.

anti-Markownikoff-Orientierung, ↗ Markownikoffsche Regel.

Antimetaboliten, chem. Verbindungen, die aufgrund ihrer Strukturanalogie mit Metaboliten um Plätze in einer biochem. Reaktionskette konkurrieren und dadurch diese an spezifischen Stellen blokkieren. Beispiele für A. sind die Nucleobasen- und Nucleosidantimetaboliten Fluorouracil, Cytarabin und 6-Mercapto-purin, die Folsäureantimetaboliten, z. B. ↗ Methotrexat, die als Cytostatika eine Rolle spielen, und die *p*-Aminobenzoesäureantimetaboliten, wie die antibakteriell wirksamen Sulfonamide und das Tuberkulostatikum 4-Aminosalicylsäure.

antimikrobiell, gegen Mikroorganismen gerichtet. A. Substanzen werden z. B. in der Therapie von Infektionskrankheiten, als Desinfektionsmittel sowie als ↗ Konservierungsstoffe eingesetzt.

Antimon, ***Stibium***, Symbol ***Sb***, chem. Element aus der V. Hauptgruppe des Periodensystems, der ↗ Stickstoff-Phosphor-Gruppe, Halbmetall; *Z* 51, Massenzahlen der natürlichen Isotope 121 (57,25 %) und 123 (42,75 %), Atommasse 121,75, Wertigkeit III und V, Härte nach Mohs 3, D. 6,684 g cm^{-3}, F. 630,5 °C, Kp. 1750 °C, elektrische Leitfähigkeit 2,56 Sm/mm^2 bei 0 °C, Standardelektrodenpotential 0,1445 V ($2\,Sb + 3\,H_2O \rightleftharpoons Sb_2O_3 + 6\,H^+ + 6\,e$).

Eigenschaften. Das »graue« A. ist ein silberweiß glänzendes, sehr sprödes, leicht pulverisierbares Metall. Sein Gitteraufbau entspricht dem des grauen, metallischen ↗ Arsens. Weitere in der älteren Literatur beschriebene Modifikationen, wie das gelbe A., das schwarze A. oder auch das glasig-amorphe explosive A., gelten heute als unsicher bzw. haben sich als Mehrkomponentensysteme erwiesen. Der Antimondampf besteht aus Sb_4-Molekülen, mit steigender Temperatur erfolgt Dissoziation zu Sb_2-Einheiten. Oberhalb seines Schmelzpunktes verbrennt A. an der Luft zu Antimon(III)-oxid Sb_2O_3. In fein verteilter Form reagiert es mit Chlor unter Feuererscheinung zu Antimon(V)-chlorid $SbCl_5$. Von nichtoxidierenden Säuren wird es seiner Stellung in der elektrochem. Spannungsreihe gemäß nicht angegriffen; Salpetersäure oxidiert A. abhängig von ihrer Konzentration zu Sb_2O_3 oder Sb_2O_5. Mit Schwefel bildet A. in der Schmelze die Antimonsulfide Sb_2S_3 und Sb_2S_5.

Antimonate(V) sind insbesondere in saurer Lösung, starke Oxidationsmittel. Typisch für das Verhalten der Antimon(III)-salze in wäßriger Lösung ist die infolge Hydrolyse erfolgende Bildung von SbO^+-Kationen.

Analytisches. Im systematischen Trennungsgang wird A. in der H_2S-Gruppe als in Ammoniumsulfid lösliches Sulfid gefällt und als orangerotes Sb_2S_3 identifiziert. Die ↗ Marshsche Probe liefert einen in Hypochloritlösung unlöslichen Metallspiegel.

Vorkommen. Der Anteil des A. am Aufbau der Erdkruste liegt bei 10^{-4} % Man findet es in der Natur gelegentlich gediegen, verbreiteter sind jedoch Antimonsulfide, Antimonoxid sowie Metallantimonide. Bedeutende Minerale sind Antimonit (Antimonglanz, Grauspießglanz, Stibnit) Sb_2S_3 und dessen Verwitterungsprodukt Valentinit (Antimonblüte) Sb_2O_3, ferner Rotspießglanz (Antimonblende) $2\,Sb_2S_3 \cdot Sb_2O_3$ und die Antimonide Breithauptit NiSb und Diskrasit Ag_2Sb.

Gewinnung. Ausgangsmaterial zur technischen Gewinnung des Metalls ist üblicherweise das Sulfid Sb_2S_3. Dieses wird entweder nach dem *Röstreduktionsverfahren* zu den Oxiden Sb_2O_3 oder Sb_2O_4 abgeröstet; letztere werden mit Kohlenstoff zu A. reduziert. Nach dem *Röstreaktionsverfahren* wird nur partiell abgeröstet und das gebildete Oxid unmittelbar mit verbleibendem Sulfid entsprechend $3\,Sb_2O_4 + 2\,Sb_2S_3 \rightarrow 10\,Sb + 6\,SO_2$ umgewandelt.

Verwendung. Die wirtschaftliche Bedeutung des reinen A. ist gering.

Antimonate. *Antimonate(III)*, ↗ Antimonite. *Antimonate(V)*, die Salze der in reiner, definierter Form nicht bekannten Antimon(V)-säure. Antimonsäure und A. unterscheiden sich von Phosphorsäure und Phosphaten insofern, als in ihnen sechsfach koordiniertes Antimon vorliegt. Antimon(V)-säure ist wahrscheinlich als $H[Sb(OH)_6]$ zu formulieren, die A. sind somit korrekter als *Hexahydroxoantimonate(V)* $M^I[Sb(OH)_6]$ zu bezeichnen. Man gewinnt die in Wasser meist schwerlöslichen Salze durch Zusammenschmelzen der Metallhydroxide mit Antimon(V)-oxid.

Antimonchloride. *Antimon(III)-chlorid*, *Antimontrichlorid*, $SBCl_3$ farblose, weiche, an feuchter Luft rauchende, etherlösliche, rhombische Kristalle, D. 3,140 g cm^{-3}, F. 73,4 °C, Kp. 283 °C. Mit wenig Wasser bildet $SbCl_3$, eine klare Lösung, beim stärkeren Verdünnen fallen unlösliche Oxidchloride SbOCl und $Sb_4O_5Cl_2$ aus. Man gewinnt das Salz durch Auflösen von Antimonit in konz. Salzsäure oder auch durch Chlorieren von Antimon. Es dient als Katalysator in der organischen Synthese.

Antimon(V)-chlorid, *Antimonpentachlorid*, $SbCl_5$ in reinem Zustand farblose, meist jedoch hellgelbe Flüssigkeit, D. 2,336 g cm^{-3}, F. 2,8 °C, Kp. 79 °C bei etwa 3 kPa. In der Gasphase wie im festen Zustand liegen trigonal-bipyramidale $SbCl_5$-Moleküle vor. Mit vielen Metallchloriden reagiert $SbCl_5$ zu Hexachloroantimonaten $M^I[SbCl_6]$. Es hat ausgeprägte Lewis-Säure-*Eigenschaften*. Man gewinnt es durch Chlorieren von $SbCl_3$. Verwendet wird $SbCl_5$ als starkes Chlorierungsmittel und als Katalysator in der organischen Synthese.

Antimonelektrode, eine Oxidelektrode (Elektrode 2. Art), die zur pH-Wert-Bestimmung im pH-Bereich zwischen 3 und 11 verwendet wird. Die Elektrode besteht aus metallischem Antimon, dessen Oberfläche mit einer dünnen Schicht Antimon(III)-oxid Sb_2O_3 bedeckt ist. Die potentialbestimmende Reaktion lautet: $Sb(OH)_3 + 3H^+ + 3e^- \rightleftharpoons Sb + 3\,H_2O$. Die reversible Elektrodenspannung ergibt sich somit zu: $U = U^0 + (RT/3F)\ln a^3_{H^+}$, d. h., U = konst. – 0,059 pH. Es bedeuten U^0 die Standardelektrodenspannung, R die Gaskonstante, T die Temperatur in Kelvin, F die Faraday-Konstante und a_{H^+} die Aktivität der Wasserstoff-Ionen. Ein Vorteil der A. ist ihre hohe, mechanische Stabilität. Nachteilig sind ihre große Ansprechzeit und ihre Empfindlichkeit gegenüber anderen Redoxsystemen in der Lösung.

Antimonfluoride. *Antimon(III)-fluorid, Antimontrifluorid,* SbF_3 farblose, rhombische Kristalle; D. 4,379 g cm^{-3}, F. 292 °C, Sbp. 319 °C. Durch Wasser wird SbF_3 langsam hydrolysiert. Man gewinnt es durch Auflösen von Antimon(III)-oxid in starker wäßriger Flußsäure.

Antimon(V)-fluorid, Antimonpentafluorid, SbF_5 farblose, ölige Verbindung von trigonal-bipyramidaler Molekülstruktur, D. 2,99 g cm^{-3}, F. 7 °C, Kp. 149,5 °C. SbF_5 ist eine starke Lewis-Säure, mit Metallfluoriden reagiert es zu *Hexafluoroantimonaten* $M^I[SbF_6]$. Die Herstellung des SbF_5 erfolgt am zweckmäßigsten durch Einwirkung wasserfreien Fluorwasserstoffes auf Antimonpentachlorid. Beide A. haben Bedeutung als Fluorierungsmittel in der organischen Synthese.

antimonige Säure, ↗ Antimonite.

Antimonite, *Antimonate(III)*, die Salze der in freiem Zustand nicht bekannten antimonigen Säure, Antimon(III)-säure, $HSbO_2$. Man gewinnt die A., indem man Antimon(III)-oxid in Alkalilaugen löst, z. B. $Sb_2O_3 + 2\,KOH \rightarrow 2\,KSbO_2 + H_2O$. Sie wirken stark reduzierend.

Antimonoxide. *Antimon(III)-oxid, Antimontrioxid,* Sb_2O_3, existiert in zwei auch in der Natur vorkommenden Modifikationen. In der bei Zimmertemperatur stabilen Form sind die $[SbO_3]$-Pyramiden zu unendlichen Doppelketten verknüpft. Sie geht bei 606 °C in eine kubische Form über, in der ebenso wie im Dampf tetraedrische Sb_4O_6-Einheiten (Molekülstruktur wie bei P_4O_6, ↗ Phosphoroxide) vorliegen; F. 656 °C, Sbp. 1550 °C. Sb_2O_3 reagiert amphoter, löst sich in Alkalilaugen unter Bildung von Antimoniten gemäß $Sb_2O_3 + 2\,M^IOH \rightarrow 2\,M^ISbO_2 + H_2O$, in Schwefelsäure oder Salzsäure zu Antimon(III)-sulfat $Sb_2(SO_4)_3$ bzw. Antimon(III)-chlorid $SbCl_3$. Man gewinnt Sb_2O_3, durch Abrösten von Antimonit Sb_2S_3 oder auch durch Verbrennen von Antimon. Es wird als Trübungsmittel in der Emailproduktion verwandt.

Antimon(V)-oxid, Antimonpentoxid, Sb_2O_5, gelbes, kubisches Kristallpulver, D. 3,80 g cm^{-3}, > 380 °C unter Eliminierung von Sauerstoff Übergang in Sb_2O_4. Die wäßrige Aufschlämmung des schwerlöslichen Sb_2O_5 reagiert sauer, eine definierte Antimon(V)-säure ist jedoch nicht bekannt. Sb_2O_5 bildet in der Schmelze z. B. mit Kalilauge Kaliumhexahydroxoantimonat $K[Sb(OH)_6]$ (↗ Antimonate). Man gewinnt Sb_2O_5 durch Entwässern des durch Oxidation von Antimon mit konz. Salpetersäure gebildeten Oxidhydrats. *Antimon(III,V)-oxid,* Sb_2O_4, farbloses, in Wasser schwer lösliches rhombisches oder monoklines Kristallpulver, das sich durch Erhitzen von Sb_2O_5 oder Sb_2O_3 an der Luft bildet.

Antimonsäure, ↗ Antimonoxide, ↗ Antimonate.

Antimonsulfide. *Antimon(III)-sulfid, Antimontrisulfid,* Sb_2S_3, orangerotes, amorphes Pulver, D. 4,12 g cm^{-3}, F. 550 °C, Kp. etwa 1150 °C. In Ammoniumsulfid löst es sich unter Bildung von Thioantimoniten: $Sb_2S_3 + 3\,S^{2-} \rightarrow 2\,SbS_3^{3-}$; in Ammoniumpolysulfidlösung wird es zu Thioantimonaten oxidiert; $Sb_2S_3 + 2S + 3S^{2-} \rightarrow 2\,SbS_4^{3-}$. In der Natur kommt es als Antimonit (Antimonglanz, Grauspießglanz, Stibnit) vor.

Antimon(V)-sulfid, Antimonpentasulfid, Goldschwefel, Sb_2S_5, orangegelbes Pulver, D. 4,12 g cm^{-3}, Z. 75 °C. Sb_2S_5 ist in Wasser und verd. Säuren schwer löslich. Mit Ammoniumsulfidlösung reagiert es zu Thioantimonaten. Man gewinnt es durch Zusammenschmelzen der Elemente. Die A. werden als Pigmente, zur Vulkanisation von Gummi, in der Feuerwerkerei und der Streichholzfabrikation verwendet.

Antimonwasserstoff, ***Stibin***, SbH_3, farbloses, unangenehm riechendes, sehr giftiges Gas, D.$^{-25}$ 2,26 g cm^{-3}, F. –88 °C, Kp. –17,1 °C. A. bildet sich bei der Zersetzung von Magnesiumantimonid Mg_3Sb_2 mit Schwefelsäure oder durch Einwirkung naszierenden Wasserstoffs auf Sb-Verbindungen. Er verbrennt an der Luft je nach Versuchsbedingungen zu Antimon oder Antimon(III)-oxid Sb_2O_3 und Wasser. In der Hitze zerfällt er zu Antimon und Wasserstoff. Letztgenannte Reaktionen kommen in der ↗ Marshschen Probe zur Anwendung.

Antimykotika, Verbindungen mit mehr oder minder spezifischer Wirkung bei Infektionen durch Pilze (s. auch ↗ Azolantimykotika, ↗ Naftifin). Als A. werden bestimmte Desinfektionsmittel, z. B. halogenierte Phenole, 8-Hydroxychinolinderivate, Invertseifen und Triphenylmethanfarbstoffe verwendet. Außerdem werden Thiocarbamidsäureester, wie *Tolnaftat* und Azol-A. eingesetzt. Von den Antibiotika zeichnen sich die Polyenantibiotika, z. B. Amphotericin B und Nystatin, und außerdem Griseofulvin durch eine antimykotische Wirkung aus. Die meisten A. eignen sich nur zur lokalen Anwendung. A. mit sicherer Wirkung bei systemischen Mykosen sind selten. Unter bestimmten Bedingungen können bei generalisierten Mykosen Amphotericin B und Miconazol eingesetzt werden. Nach oraler Applikation wirkt Griseofulvin als A. bei Pilzerkrankungen der Zehen- und Fingernägel. A. werden als *Fungistatika* bezeichnet, wenn sie nur das Pilzwachstum hemmen; als *Fungizide*, wenn sie Pilze abtöten.

Antineoplastika, ↗ Cytostatika.

antineuritisches Vitamin, ↗ Vitamin B_1.

Antioxidanzien, Stoffe, die qualitätsmindernde Oxidationsprozesse (z. B. von Mineral-, Transformatoren- und Turbinenölen, Düsentreibstoffen, Kunststoffen, Kautschuk, Speisefetten, Seifen) verzögern.

In der ↗ Lebensmittelchemie bezeichnet man als A. solche Stoffe, welche die Haltbarkeit vor allem von Fetten oder fetthaltigen Substanzen verlängern. Antioxidantien hemmen den Radikalkettenmechanismus durch Kettenabbruch.

Man unterscheidet natürliche A. (z. B. Tocopherole, Carotinoide, Carnosol etc.) oder synthetisch hergestellte Produkte, z. B. Gallussäureester (E 310–212), Butylhydroxyanisol (BHA; E 320), Butylhydroxytoluol (BHT; E 321), Nordihydroguajaretsäure (bei uns nicht zugelassen). Antioxidantien gehören zu den ↗ Zusatzstoffen.

Über A. in der Mineralölchemie ↗ Additive 1).

Antiparkinsonmittel, Verbindungen, die die Symptome der Parkinsonschen Krankheit, z. B. Gliederzittern, Bewegungsverlangsamung und Steifheit, wenigstens zeit- und teilweise zu beheben vermögen. Bei verschiedenen Formen der Parkinsonschen Krankheit ist der Gehalt des inhibitorischen Transmitters ↗ Dopamin in Stammhirnganglien herabgesetzt. Therapeutisch wird zur Erhöhung des Dopamingehaltes dessen biogenetische Vorstufe *Levodopa* (L-DOPA, L-3,4-Dihydroxyphenylalanin) verwendet, das im Gegensatz zu Dopamin die Blut/Hirn-Schranke zu durchdringen vermag und aus dem durch Decarboxylierung Dopamin entsteht. Häufig wird Levodopa zusammen mit einem Decarboxylasehemmer verabfolgt, der die Umwandlung in Dopamin außerhalb des Hirns verzögert. Das als Virostatikum eingeführte ↗ Amantadin wirkt als indirekter Dopaminagonist und erhöht dessen Verfügbarkeit.

Um die Wirkung des in den Stammhirnganglien als erregender Transmitter vorhandenen Acetylcholins zurückzudrängen, werden ↗ Parasympathikolytika (Anticholinergika) eingesetzt. Früher wurden Tropaalkaloide, wie Atropin und Scopolamin und diese Stoffe enthaltende Pflanzenauszüge, benutzt. Heute werden vorzugsweise basische Ether des Benzhydrols, Aminopropanolderivate, wie *Trihexyphenidyl* und das Thioxanthenderivat *Metixen* verwendet.

antiperiplanare Konformation, ↗ Stereoisomerie, Abb. 14.

Antiphlogistika, Verbindungen mit entzündungshemmender (antiinflammatorischer) Wirkung. Sie werden hauptsächlich zur Behandlung von Erkrankungen des rheumatischen Formenkreises eingesetzt, z. T. in Form der Langzeittherapie. Stark wirksame A. sind die Glucocorticoide (↗ Nebennierenrindenhormone). Viele schwache ↗ Analgetika werden wegen ihrer Wirkung als A. benutzt. Sie werden wie stärker wirksame Verbindungen unterschiedlicher Grundstruktur als nichtsteroidale A. (NSAID = *n*onsteroidal *a*nti*i*nfammatory *d*rugs) bezeichnet. Dazu zählen Pyrazolidindione, wie Phenylbutazon, Anthranilsäurederivate (Fenamate), wie Mefenaminsäure, Phenyl- und Heteroarylessigsäurederivate (Fenac-Gruppe), wie Diclofenac und Indometacin und Phenylpropionsäure-Derivate (Profene), wie Ibuprofen, sowie Oxicame, wie Piroxicam.

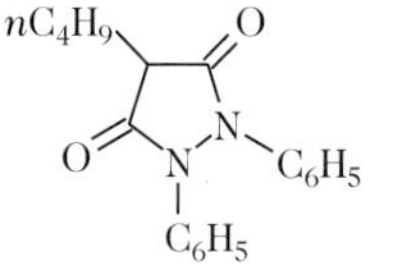

Phenylbutazon

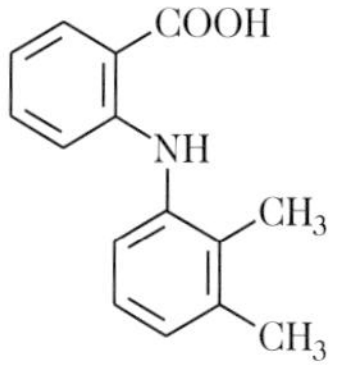

Mefenaminsäure

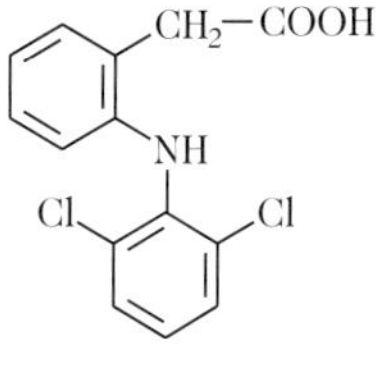

Diclofenac

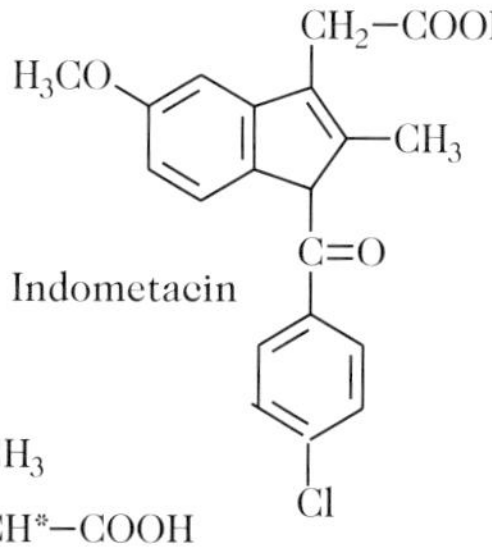

Indometacin

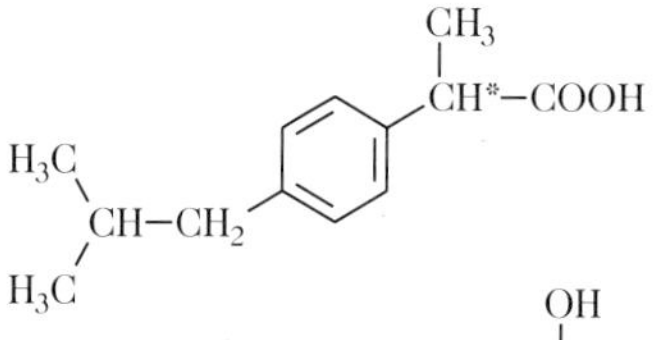

Ibuprofen

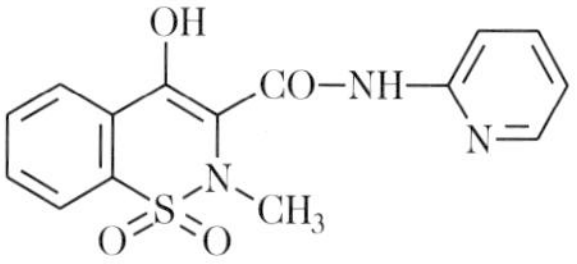

Piroxicam

Phenylbutazon bildet in der Enolform ein wasserlösliches, für Injektionszwecke geeignetes Natriumsalz. Bei Ibuprofen ist die *S*-(+)-Form wirksam. Die A. zeigen beträchtliche Nebenwirkungen auf den Gastrointestinaltrakt, die wie die Hauptwirkung gegenüber der Cyclooxygenase (COX) hervorgerufen wird. Angestrebt wird eine möglichst spezifische Wirkung gegenüber dem nur im entzündenden Gewebe anzutreffenden Isoenzym COX 2.

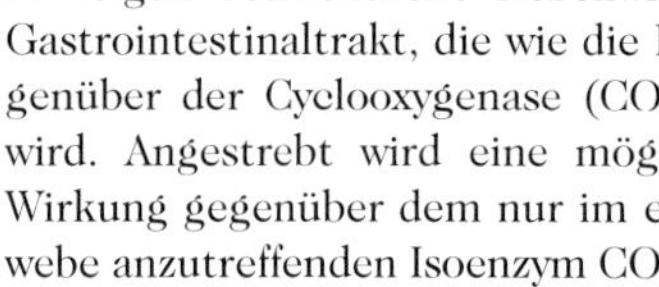

Meloxicam

Als COX-2-Inhibitor wird (umstritten) das Oxicam Meloxicam favorisiert, das im Vergleich zu Piroxicam eine andere heterocyclische Seitenkettenstruktur besitzt.

Antiport, ***Gegentransport, Austauschtransport,*** ein in Membranen lokalisiertes Transportsystem, das zwei Substratmoleküle in einander entgegengesetzte Richtungen transportiert.

Antiprogesterone, Verbindungen, die die Wirkung des für die Entstehung und Aufrechterhaltung der Schwangerschaft notwendigen Progesterons (↗ Gestagene) antagonisieren. Die A. werden an den Progesteron-Rezeptor fester als Progesteron gebunden. Mit den A. kann ein Schwangerschaftsabbruch erreicht werden. Bekannteste Verbindung ist Mifepriston, eine Verbindung mit Steroidstruktur.

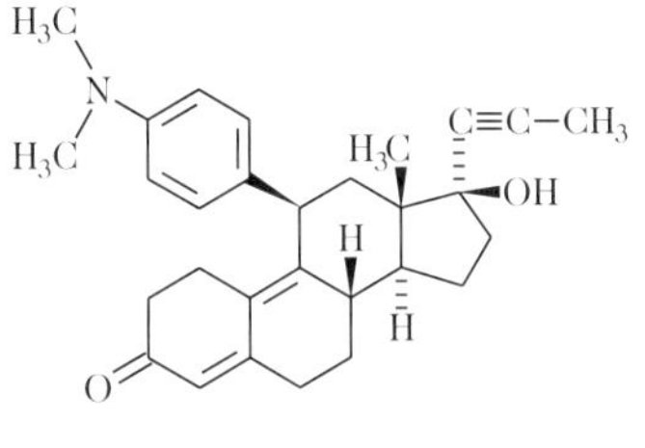

Mifepriston

Antiprotozoika, Verbindungen, die zur Behandlung und Prophylaxe von Protozoeninfektionen herangezogen werden. Zu den humanpathogenen Protozoen gehören z. B. die die Malaria hervorrufenden Plasmodien, die die Schlafkrankheit verursachenden Trypanosomen, die Entamöben, die z. B. zur Amöbenruhr, die Trichomonaden, die zur Trichomoniasis, und die Leishmanien, die z. B. zu Kala Azar führen. Als ↗ Antimalariamittel werden Chinin und verschiedene Synthetika eingesetzt. Gegen die Schlafkrankheit wurde zunächst Suramin entwickelt, das heute aber unter anderem durch Bisamidine, wie ↗ Pentamidin, ersetzt ist. Bei Amöbeninfektionen ist das Ipecacuanha-Alkaloid ↗ (–)-Emetin wirksam. Zur Behandlung der Trichomoniasis werden Nitroimidazolderivate, wie ↗ Metronidazo, eingesetzt. Bei Leishmanien-Infektionen werden vorwiegend organische Verbindungen des fünfwertigen Antimons benutzt.

Antipsychotika, ↗ Psychopharmaka.

Antipurine, ↗ Purinanaloga.

Antipyretika, Verbindungen, die durch Einwirkung auf das Wärmezentrum des Zentralnervensystems eine pathologisch erhöhte Körpertemperatur herabsetzen. Eine antipyretische Wirkung üben viele schwache Analgetika, z. B. Derivate der Salicylsäure, ↗ Pyrazolone und Analgetika der Anilinreihe, aus.

Antipyrimidine, ↗ Pyrimidinanaloga.

Antipyrin®, ↗ Pyrazolone.

Antischaummittel, ↗ Entschäumer.

Antisense-Peptide, ***komplementäre Peptide,*** vom komplementären DNA-Strang natürlich vorkommender Peptide abgeleitete Peptidsequenzen. Sie zeigen überraschende biologische Aktivitätsprofile nach Bindung an Rezeptoren des entsprechenden »Sense«-Peptids.

Antiseptika, ↗ Desinfektionsmittel.

Antistatika, Präparationsmittel, die die statische Aufladung von Chemiefasern vermindern sollen. Es sind meist grenzflächenaktive Stoffe von anionischem, kationischem oder nichtionischem Charakter. Sie werden meist in wäßriger Lösung auf die Faser aufgebracht und sollen sie einhüllen. Ihre hydrophobe Gruppe ist zur Oberfläche der Faser und die hydrophile von der Oberfläche weggerichtet. Die hydrophile Gruppe vermag Feuchte aus der Luft aufzunehmen, so daß im Gefolge einer Ionenbeweglichkeit elektrische Aufladungen schnell abgeleitet werden können. Ferner wird infolge einer Schmierwirkung dieser Substanzen die Bildung von Triboelektrizität verringert.

Antisymmetrie, Eigenschaft der Wellenfunktion Ψ eines Mehrelektronensystems bezüglich der Vertauschung von Elektronenkoordinaten. Die Wellenfunktion muß antisymmetrisch sein, d. h., sie muß bei Vertauschung der Numerierung zweier Elektronenkoordinaten ihr Vorzeichen ändern: $\Psi(1,2) = -\Psi(2,1)$. Für ein System aus zwei Elektronen wird das erreicht, indem die Wellenfunktion nach $\Psi(1,2) = \varphi_1(1)\varphi_2(2) - \varphi_1(2)\varphi_2(1)$ durch Raum-Spin-Funktionen φ_1 und φ_2 dargestellt wird. Im allgemeinen Fall erfüllt man diese Forderung, indem die Wellenfunktion als Determinante geschrieben wird. Die Antisymmetrieforderung ist die mathematische Grundlage des Pauli-Prinzips.

Antiteilchen, ↗ Elementarteilchen.

Antithrombotika, Verbindungen, die die Bildung von Fibrin und damit von Blutgerinnseln verhindern (*Antikoagulanzien, Blutgerinnungshemmer*) bzw. gebildete Blutgerinnsel, d. h. entstandenes Fibrin, aufzulösen vermögen (*Fibrinolytika*). Als Antikoagulanzien werden 4-Hydroxycumarinderivate, wie ↗ Phenprocoumon und Warfarin, und weiterhin Heparin und Heparinoide eingesetzt. Hydroxycumarine hemmen die Synthese von Gerinnungsfaktoren und werden als indirekt wirksame Antikoagulanzien bezeichnet. Heparin aktiviert Gerinnungsfaktoren, die Thrombin hemmen, und gehört damit zu den direkt wirksamen Antikoagulanzien. Als Fibrinolytika werden Streptokinase und Urokinase verwendet.

In der Schädlingsbekämpfung spielen Antikoagulanzien als chronisch wirkende ↗ Rodentizide eine Rolle.

Antithyreodika, ↗ Thyreostatika.

α_1-Antitrypsin, ein Inhibitor von Serinproteasen, der sehr spezifisch ↗ Elastase inhibiert (*Antielastase*), zu den ↗ Serpinen gehört und durch Hemmung der Elastase im Gewebe den Abbau des ↗ Elastins verhindert.

Apamin, ein heterodet cyclisch verzweigtes 18-Peptidamid mit zwei intrachenaren Disulfidbindun-

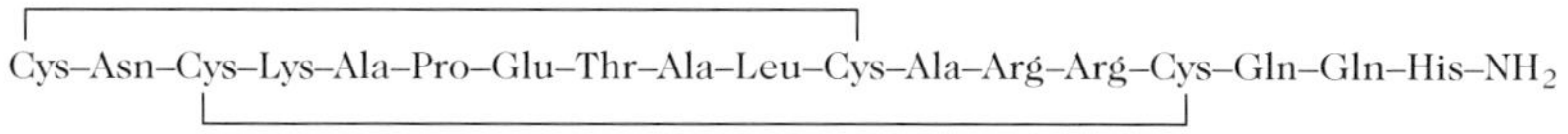

Apamin

gen. A. bildet 1–3 % des Bienengiftes und ist für die neurotoxische Wirkung verantwortlich.

A. blockiert selektiv Ca^{2+}-abhängige K^+-Kanäle in Neuronen, wodurch es zur ZNS-Störung kommt.

Äpfelsäure, ***Hydroxybutandisäure*****,** ***Hydroxybernsteinsäure*****,** HOOC–CH_2–CH(OH)–COOH, eine Hydroxydicarbonsäure. Ä. kann in zwei optisch aktiven, enantiomeren Formen und in der Racemform existieren.

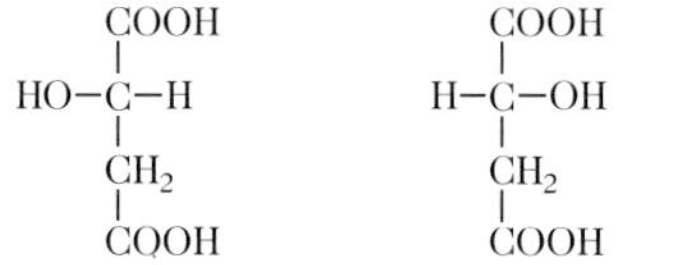

(*S*)-(–)-Äpfelsäure (*R*)-(+)-Äpfelsäure

Die (*R*)-(+)- und die (*S*)-(–)-Ä. bilden nadelförmige Kristalle; F. 100,5 °C. Die (*RS*)-Form ist eine farblose, kristalline Verbindung; F. 128,5 °C. Ä. ist in Wasser und Alkohol leicht löslich, in Ether löst sie sich nur schwer. Die Salze und Ester der Ä. werden als *Malate* bezeichnet. Die (S)-(–)-Ä. ist in freier Form in sauren Äpfeln, in Quitten, in Stachelbeeren sowie in Vogel- und Berberitzenbeeren enthalten. Sie ist Zwischenstufe des Citronensäurecyclus und wird biotechnologisch durch H_2O-Anlagerung an Fumarsäure gewonnen. Die (*RS*)-Ä. wird bei der Einwirkung von Ag_2O auf (*RS*)-Brombernsteinsäure oder durch H_2O-Anlagerung an Maleinsäure gebildet. Bei der Umsetzung von (*S*)-(–)-Ä. mit Phosphor(V)-chlorid entsteht im Sinne der ↗ Walden-Umkehr (*R*)-(+)-Chlorbernsteinsäure; diese Inversion der Konfiguration wurde bei dieser Reaktion erstmals beobachtet. Ä. wird zum Imprägnieren von Lebensmittelverpackungen und als Geschmacksstoff verwendet.

Aphrodisiaka, Mittel, denen eine Steigerung des Geschlechtstriebes zugeschrieben wird. Früher wurden als A. verschiedene Drogen, aber auch z. B. ↗ Yohimbin empfohlen.

Apigenin, ↗ Flavone.

Apoatropin, ↗ Atropin.

Apoenzym, der Proteinteil der Enzyme, die für ihre Wirksamkeit ein Coenzym (niedermolekulare organische Verbindung) oder einen Cofaktor (z. B. ein Metall-Ion) benötigen. A. und Cofaktor zusammen ergeben das Holoenzym.

Apomorphin, ein Umwandlungsprodukt des Morphins mit konz. Schwefelsäure bei 150 °C. Es ist ein Brenzcatechinderivat, das sich an der Luft durch Oxidation verfärbt. A. wird parenteral als schnellwirkendes Brechmittel verwendet.

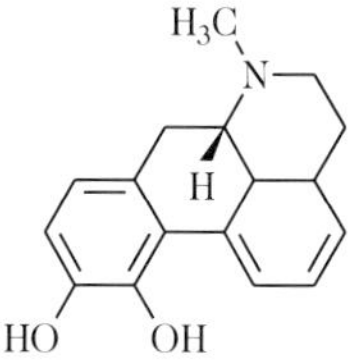

Apomorphin

Apoprotein, der Proteinanteil zusammengesetzter Proteine. Im Falle von Enzymen auch ↗ Apoenzym genannt.

Apoptose, ***programmierter Zelltod*****,** ein nach einem biochemisch determinierten Entwicklungsprogramm ablaufender geordneter Tod von Zellen. Die A. ist ein streng regulierter Prozeß, bei dem der Zellkern verdichtet wird, die Zelle zusammenschrumpft und die tote Zelle von Nachbarzellen umschlossen und verdaut wird. Damit unterscheidet sich die A. deutlich von einer Nekrose, bei der Zellen aufgrund von Verletzungen oder Vergiftungen in typischer Weise anschwellen, platzen und den Zellinhalt über Nachbarzellen verschütten. Da die A. keine Spuren hinterläßt und schnell verläuft, bleibt sie oft unbemerkt. Die A. kann durch verschiedene Signale ausgelöst werden. Sie ist ebenso wichtig wie die Zellteilung, da sie mit dafür sorgt, daß ein Individuum mit den individuellen Zelltypen in exakter Anzahl am richtigen Platz erschaffen wird. Bei der A. wird über entsprechende Gene ein Sterbeprogramm aktiviert, bei dem sich die Zelle selbst tötet. Die Mechanismen der A. und seine Regulation während der Evolution scheinen stark konserviert zu sein.

Aporepressor, der in einem reprimierbaren Enzymsystem von einem Regulatorgen codierte inaktive ↗ Repressor. Der A. wird durch einen ↗ Corepressor aktiviert und kann danach die ↗ Transcription blockieren.

Aposafranine, ↗ Azinfarbstoffe.

Appetitzügler, ***Anorexika*****,** Verbindungen, die den Appetit herabsetzen. Sie verringern dadurch die Nahrungsaufnahme und können deshalb unter ärztlicher Kontrolle zur Reduzierung der Körpermasse verwendet werden. Die A. besitzen in der Regel zusätzlich zentral erregende Wirkungen. Viele als A. verwendete Verbindungen sind β-Phenylethylaminderivate und stehen den ↗ Weckaminen und ↗ Sympathikomimetika nahe. Als A. wird z. B. *Norpseudoephedrin*, C_6H_5–CH(OH)–CH(CH_3)–NH_2 eingesetzt.

Appreturmittel, eine Gruppe von ↗ Textilhilfsmitteln, die zur Erzeugung von Glanz-, Matt- oder Prägeeffekten, von Weichheit und Glätte oder anderen Griffeffekten dienen. Weiterhin können die A.

unter anderem zur Fungizid-, Bakterizid-, Mottenecht- und Filzfreiausrüstung, zur Schrumpfarm-, Knitterarm- und Quellfestausrüstung, zur wasserabweisenden, wasserdichten und flammfesten Ausrüstung verwendet werden.

Aprotinin, ein aus 58 Aminosäureresten aufgebautes, drei Disulfidbindungen enthaltendes Polypeptid ($M_r \sim 6500$), das als endogener Inhibitor (↗ Serpine) verschiedener Proteasen wirkt. Es wird therapeutisch bei Pankreatitis, Gewebeverletzungen und starken Blutungen eingesetzt.

Aquakomplexe, veraltet *Aquokomplexe*, Metallkomplexe, die Wasser, H_2O, als Liganden enthalten. Bei Abwesenheit stärker koordinierender Liganden bilden zwei- und dreiwertige Ionen der 3d-Reihe A. der Koordinationszahl sechs, $[M(H_2O)_6]^{n+}$ ($n = 2$, 3), die einfach geladenen Ionen der Metalle der Kupfergruppe und die großen, dreiwertigen Lanthanoid- und Actinoid-Ionen A. der Koordinationszahl vier bzw. neun. A. weisen in wäßriger Lösung infolge Protolyse mehr oder minder ausgeprägt saure Eigenschaften auf: $[M(H_2O)_6]^{n+} + H_2O \rightleftharpoons [M(OH)(H_2O)_5]^{(n-1)+} + [H_3O]^+$.

Aquametrie, allgemeine Bezeichnung für Methoden zur quantitativen Bestimmung von Wasser in festen und flüssigen, anorganischen und organischen Stoffen. ↗ Karl-Fischer-Lösung.

äquatoriale Bindung, ↗ Stereoisomerie 2.2.

Äquivalent, ***chemisches Äquivalent***, der z-te Bruchteil eines Teilchens (Atom, Ion, Molekül, Atomgruppe), wobei z eine ganze Zahl ist und die stöchiometrische Wertigkeit darstellt. Der Begriff Ä. ist stets und erst mit Bezug auf eine bestimmte chem. Reaktion, aus der die stöchiometrische Wertigkeit des Teilchens hervorgeht, eindeutig festgelegt. So ist z. B. ein Ä. Schwefelsäure H_2SO_4 in bezug auf Säure-Base-Reaktionen ein halbes Schwefelsäuremolekül, weil Schwefelsäure in derartigen Reaktionen zweiwertig auftritt. Chem. Ä. sind stets stöchiometrisch einwertig. Für ein Mol Ä. wird auch die Bezeichnung ein Val (Kurzzeichen val) gebraucht, die jedoch von der IUPAC nicht mehr empfohlen wird: 1 mol Ä. = 1 val. Wenn mit Bezug auf eine chem. Reaktion die Stoffmengenverhältnisse der Reaktionspartner sich wie deren Stöchiometriezahlen verhalten, so liegen *chemisch äquivalente* Mengen der Reaktanten vor.

äquivalente Gruppen, ↗ tope Gruppen.

Äquivalentgewicht, ↗ Äquivalentmasse, relative.

Äquivalentleitfähigkeit, ↗ elektrische Leitfähigkeit.

Äquivalentmasse, relative, früher *Äquivalentgewicht*, Formelzeichen $\ddot{A}_r$, der Quotient aus der relativen Formelmasse F_r und der stöchiometrischen Wertigkeit z einer Verbindung: $\ddot{A}_r = F_r/z$. Für ein Element ist F_r in der Definition durch die relative Atommasse A_r, für eine Molekülsubstanz durch die relative Molekülmasse M_r zu ersetzen. Die relative Ä. stellt die relative Masse eines ↗ Äquivalents dar. Sie ist eine Verhältnisgröße, als Bezugsmasse dient wie bei allen relativen Teilchenmassen die atomare Masseneinheit (↗ Atommasse). Die relative Ä. ist im allg. für ein Element oder eine Verbindung keine Konstante. Ihre Angabe ist erst dann eindeutig, wenn die entsprechende stöchiometrische Wertigkeit mitgenannt wird. So hat Eisen in den Oxiden FeO und Fe_2O_3 die relative Ä. $\ddot{A}_{r,Fe} = \frac{A_{r,Fe}}{2} = 27{,}93$ bzw. $\ddot{A}_{r,Fe} = \frac{A_{r,Fe}}{3} = 18{,}62$, für Schwefelsäure beträgt die relative Ä. hinsichtlich ihrer Reaktionen als zweiwertige Säure $\ddot{A}_{r,H_2SO_4} = \frac{A_{r,H_2SO_4}}{2} = 49{,}04$.

Äquivalentzahl, Absolutzahl der je Elektrolytteilchen bei dessen elektrolytischer Dissoziation freigesetzten positiven oder negativen Ladungen: $n_e = z^+n^+ = z^-n^-$. Hierbei bedeuten z^+, z^- die Wertigkeiten der positiv bzw. negativ geladenen Ionen, n^+, n^- die Anzahl der je Elektrolytteilchen entstehenden entsprechend geladenen Ionen, z. B. n_e von $H_2SO_4 = 2$.

Äquivalenzpunkt, ↗ Volumetrie.

Aquokomplexe, ↗ Aquakomplexe.

Ar, 1) Symbol für Argon. 2) Abk. für Aryl ...

Ara, Abk. für Arabinose.

arabino, ***arabo***, Präfix zur Bezeichnung einer bestimmten Konfiguration, insbesondere bei ↗ Monosacchariden.

Arabinose, Abk. ***Ara***, ein Monosaccharid aus der Gruppe der Pentosen. A. ist ein farbloses, schwach süß schmeckendes Pulver, in Wasser leicht, in organischen Lösungsmitteln praktisch nicht löslich; L-A.: F. 158 bis 160 °C, $[\alpha]_D$ nach Mutarotation +104,6°. A. kommt als L- und seltener als D-Form natürlich vor. Sie ist Baustein pflanzlicher Heteropolysaccharide (Arabane, Arabinogalactane, Arabinoxylane u. a.).

Arachidonsäure, ***all-cis-5,8,11,14-Eicosatetraensäure***, Abk. ***Δ_4Ach*** oder ***20:4(5,8,11,14)***, eine mehrfach ungesättigte, essentielle Fettsäure, hellgelbe Flüssigkeit; F. -49,5 °C. Sie ist sehr empfindlich gegenüber Sauerstoff. Menschliches Fettgewebe enthält 0,3 bis 0,9 % A. Angereichert findet sich A. in den Phospholipiden des Gehirns und der Leber, wobei die A. bevorzugt an Phosphatidylethanolamine gebunden ist. Sie ist die wirksamste Fettsäure bei Vitamin-F-Mangelerscheinungen. A. wird in der Zellmembran aus Glycerophospholipiden durch das Enzym Phospholipase A_2 freigesetzt. A. ist Ausgangsprodukt für die Biosynthese der hormonartig wirkenden Eicosanoide. Sie dient als Substrat für die Cyclooxygenase und Lipoxygenase.

Arachinsäure, ↗ Eicosansäure.

Aralkyle, arylsubstituierte Alkylradikale.

Aramidfasern, Abk. *AR*, ↗ Chemiefasern aus aromatischen Polyamiden. Die A. aus *m*-Aramiden haben hohe Temperaturbeständigkeit und Chemikalienresistenz, aus *p*-Aramiden extrem hohe Festigkeit und hohen Elastizitätsmodul. Sie werden nach einem ↗ Naß- oder ↗ Trockenspinnverfahren erzeugt. Sie dienen zur Herstellung von Heißgasfiltern, Schutzanzügen, kugelsicheren Westen und von hochbeanspruchten technischen Textilien (↗ High-Tech-Fasern).

Arbeitsplatzkonzentration, die Konzentration eines Schadstoffes, d. h. eines giftigen Gases, Dampfes oder Staubes, in der Raumluft des Arbeitsplatzes (↗ Luftverunreinigung). Eine genaue Feststellung der A. erfordert ein quantitatives Verfahren, wobei in der Regel eine definierte Raumluftmenge durch eine Absorptions- oder Sammeleinrichtung geleitet wird. Die Aufbereitung des so gewonnenen Probematerials erfolgt vorwiegend nach mikroanalytischen Verfahren (↗ Luftanalyse).

Die Begrenzung der Zulässigkeit von Arbeiten in schadstoffbelasteter Luft ist gegeben durch die *maximale A.*, Abk. *MAK*, im Englischen bezeichnet als *MAC*, Abk. von *m*aximal *a*cceptable (*a*llowable, *a*dmissible) *c*oncentration. Die MAK sollte in mg/m^3 angegeben werden. Die A. eines Gases oder Dampfes läßt sich ferner in Vol.-% angeben. Werden z. B. 100 cm^3 Kohlenmonoxid in 1 m^3 Luft gleichmäßig verteilt, so liegt eine Endkonzentration von 100 ppm CO vor (entspricht 0,01 Vol.-%). Endkonzentration ist derjenige Gehalt an Wirkstoff oder Schadstoff, der nach Mischung, Lösung oder Verteilung im Vehikel oder Medium vorliegt. Durch eine Umrechnung, bei der die relative Molekülmasse M_r und das Molvolumen V bezogen auf 25 °C und 101,3 kPa (= 760 Torr) berücksichtigt werden müssen, läßt sich der Raumluftgehalt des betreffenden Schadstoffes nach folgender Formel in mg/m^3 errechnen:

$$\frac{\text{ppm} \cdot M_r}{\text{Konstante für 1 mol Gas bei 25 °C und 101,3 kPa}}$$

MAK-Werte werden auf der Grundlage von Tierexperimenten und Beobachtungen sowie Erfahrungen am Menschen festgelegt.

Arbutin, *Hydrochinon-β-D-glucopyranosid*, ein in Pflanzen, insbesondere Ericaceen, verbreitetes Hydrochinonglycosid. A. bildet farblose, bitter schmeckende Kristalle; F. 200 °C, $[\alpha]_D^{20}$ −64,3°. A. ist neben Methylarbutin Hauptinhaltsstoff der Bärentraubenblätter, in denen mindestens 6 % A. enthalten sein sollten. Die Droge wird aufgrund ihres Arbutingehaltes zur Harndesinfektion verwendet. Wirksam ist das im alkalischen Harn vorliegende Hydrochinon.

Arecolin, ein Arecaalkaloid, stark basisches Öl; Kp. 209 °C. A. ist das Hauptalkaloid der Betelnuß, des Samens der Palme *Areca catechu* und ist stark giftig. Es reagiert mit den Acetylcholin-Rezeptoren und wirkt als Parasympathikomimetikum. A. wird in der Veterinärmedizin als Wurmmittel eingesetzt.

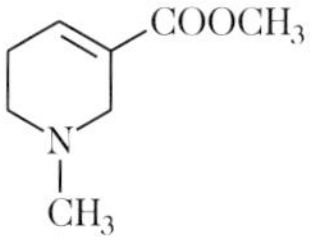

Arendiazoniumsalze, aromatische Diazoniumsalze mit der allg. Formel $R{-}\overset{+}{N}{\equiv}N| \; X^-$, wobei R ein aromatischer bzw. heteroaromatischer Rest und X^- ein negativ geladenes Ion ist. A. sind aufgrund der Mesomeriestabilisierung im Gegensatz zu den aliphatischen Diazoniumsalzen relativ stabile, isolierbare, kristalline Verbindungen. Sie neigen bei thermischer Belastung stark zur Detonation, wobei Nitrate und Perchlorate besonders gefährlich sind. A. sind mit Ausnahme der Tetrafluoroborate in Wasser gut löslich. Sie können durch ↗ Diazotierung hergestellt werden. Man unterscheidet zwischen Reaktionen, bei denen die Diazogruppe in Form von Stickstoff aus dem Molekül verdrängt wird (↗ Diazospaltung), sowie Reaktionen, bei denen die Umsetzungen zu abgewandelten stickstoffhaltigen Produkten führen, z. B. zu Phenylhydrazin, Phenylazid und den technisch wichtigen Azofarbstoffen (↗ Azokupplung).

Arene, ***aromatische Kohlenwasserstoffe, benzoide Kohlenwasserstoffe,*** vom Benzol als Grundkörper abgeleitete cyclisch konjugierte Verbindungen, die sich im allg. durch relativ geringen Energieinhalt und hohe Stabilität sowie besonderes Reaktionsverhalten auszeichnen. Entsprechend ihrer Struktur werden A. eingeteilt in einkernige und mehrkernige A. Zu den *einkernigen A.* gehören ↗ Benzol und seine Homologen (Alkylbenzole, z. B. ↗ Toluol, Abb. 1). *Die mehrkernigen A.* werden weiter unterteilt in Kohlenwasserstoffe, in denen zwei oder mehrere Ringe direkt miteinander verbunden sind **(z. B.** Biphenyl), in Di- und Polyarylalkane (z. B. Diphenylmethan oder Triphenylmethan) und Kohlenwasserstoffe mit anellierten (kondensierten) Ringen, von denen einer oder mehrere benzoid sind (z. B. ↗ Naphthalin), Abb. 2.

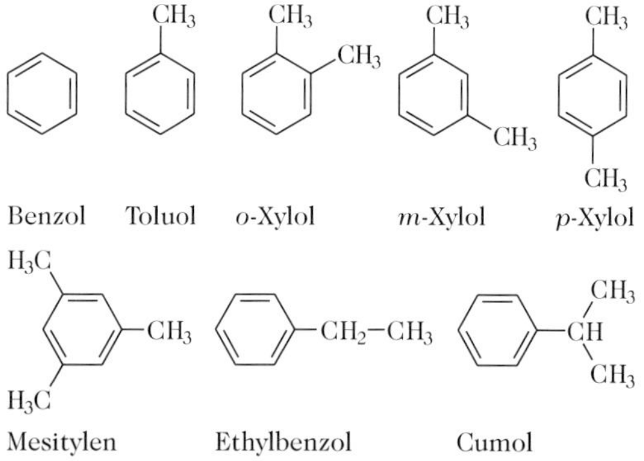

Arene. Abb. 1: Einkernige Arene.

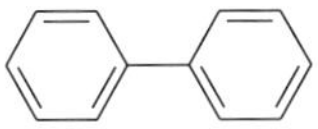

Biphenyl

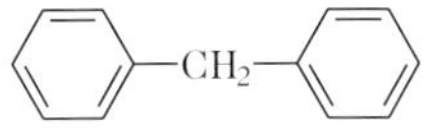

Diphenylmethan

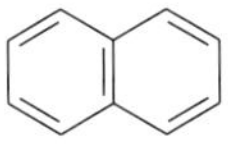

Naphthalin

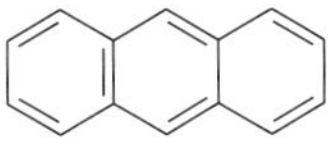

Anthracen

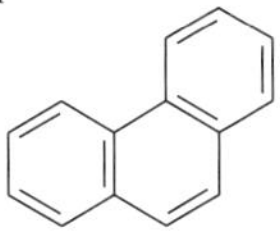

Phenanthren

Arene. Abb. 2: Mehrkernige Arene.

Nomenklatur. Die Bezeichnung der A. erfolgt weitgehend mit Hilfe zugelassener Trivialnamen. Bei mehrfach substituierten Ringsystemen wird die Stellung der Substituenten durch kleinstmögliche Ziffern gekennzeichnet, z. B. 1,2-Dimethylbenzol (*o*-Xylol). Für die stellungsisomeren Disubstitutionsprodukte sind daneben die Präfixe *ortho-* (Symbol *o*-) für 1,2-, *meta-* (Symbol *m*-) für 1,3- und *para-* (Symbol *p*-) für 1,4- im Gebrauch. Durch formalen Entzug eines H-Atoms aus dem Arenring kommt man zu *Arylresten,* z. B. Phenyl-, *p*-Tolyl-, 1-Naphthyl-, die nicht mit dem Benzylrest verwechselt werden dürfen, der durch Abspaltung eines H-Atoms aus der Methylgruppe des Toluols abgeleitet ist (Abb.). Zur Benennung von A. s. auch ↗ Nomenklatur, Abschn. C VI.

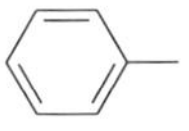

Phenylrest

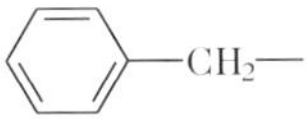

Benzylrest

Eigenschaften. Einkernige A. sind farblose, leicht entflammbare Flüssigkeiten, die mit stark rußender Flamme brennen. In Wasser sind sie praktisch unlöslich, jedoch gut mischbar mit verschiedenen organischen Lösungsmitteln. Sie sind selbst sehr gute Lösungsmittel, z. B. auch für Fette und Pflanzenöle. Mehrkernige A. sind überwiegend farblose, kristalline Feststoffe, z. T. mit charakteristischem Geruch (Naphthalin). Sie sind wesentlich schwerer entflammbar. Viele von ihnen zeigen im UV-Licht eine charakteristische Fluoreszenz. Aufgrund der besonderen Bindungsverhältnisse und elektronischen Struktur (↗ Aromatizität) weisen die einkernigen A. eine beträchtliche Delokalisierungsenergie auf, die eine hohe Stabilität des aromatischen Ringsystems bedingt. So werden diese Verbindungen im Unterschied zu Alkenen von konz. Schwefelsäure oder Salpetersäure nicht undefinierbar verändert, sondern es kommt zu den für A. typischen elektrophilen Substitutionsreaktionen. Gegenüber Hydrierungsreagenzien sind im allg. nur die benzoiden Ringe inert, d. h., daß z. B. im Naphthalin der eine der beiden Ringe relativ leicht hydriert wird (↗ Tetralin). Im Anthracen und im Phenanthren werden jeweils die mittleren Ringe leicht hydriert bzw. auch oxidiert (↗ Anthrachinon und ↗ Phenanthrenchinon).

Reaktionen. Typisch für A. sind elektrophile Substitutionsreaktionen, die unter Erhalt des benzoiden Ringsystems ablaufen (↗ Substitution).

1) Bei der *Halogenierung,* die in Gegenwart von Eisen(III)-halogenid als Katalysator unter schwachem Erwärmen erfolgt, entstehen durch Substitution eines H-Atoms im Arenring *Arylhalogenide (Halogenarene).* Bei Verwendung eines Halogenüberschusses unter kräftigem Erwärmen können auch zwei oder drei Halogenatome eingeführt werden, die zueinander stets *o*- oder *p*-Position einnehmen. Auf diesem Weg können nur Cl- oder Br-Atome eingeführt werden. Bei F- und I-Atomen müssen wegen zu hoher bzw. zu geringer Reaktivität Umwege beschritten werden (↗ Sandmeyer-Reaktion).

2) Die *Nitrierung,* eine Umsetzung mit konz. Salpetersäure oder einer Mischung von Salpetersäure mit konz. Schwefelsäure (Nitriersäure), erfolgt je nach Reaktivität des A. bei Zimmertemperatur, unter Kühlung oder leichtem Erwärmen. Durch Substitution eines H-Atoms im Arenring entstehen *Nitroarene* mit einer, zwei oder auch drei Nitrogruppen im Ringsystem.

Toluol reagiert wesentlich leichter als Benzol, daran erkenntlich, daß im Toluol ohne Schwierigkeiten dreifache Nitrierung zu 2,4,6-Trinitrotoluol möglich ist. Im Benzolmolekül sind dagegen nur zwei Nitrogruppen problemlos einzuführen (1,3-Dinitrobenzol).

3) Die *Sulfonierung* läßt sich mit konz. Schwefelsäure bei Zimmertemperatur oder wenig erhöhter Temperatur durchführen. Durch Substitution eines H-Atoms entstehen stark saure Sulfonsäuren, die auch überwiegend gut in Wasser löslich sind. Allgemein dient die Einführung einer oder auch mehrerer Sulfonsäuregruppen in A. zur Erhöhung der Wasserlöslichkeit vieler Derivate der A., z. B. von Farbstoffen. Außerdem kann die Sulfonsäuregruppe unter Bildung von Sulfonsäurederivaten (↗ Sulfonamide) abgewandelt werden.

4) Bei der *Hydroxymethylierung* findet eine Umsetzung von A. mit Formaldehyd zu Hydroxymethylarenen $C_6H_5{-}CH_2OH$ statt. Die Reaktion erfordert bei reaktionsträgen A., wie Benzol, saure Katalysatoren, z. B. Chlorwasserstoff, führt aber dann oft zu Chlormethylarenen, zu mehrfach substituierten Produkten oder auch zu Kondensationsprodukten. Die Umsetzung hat technische Bedeutung zur Herstellung hochmolekularer Kunstharze aus Phenolen und Formaldehyd. Neben Formaldehyd können auch homologe aliphatische Aldehyde und aromatische Aldehyde mit A. im Sinne einer elektrophilen Substitution umgesetzt werden: $C_6H_6 + R{-}CHO \rightarrow C_6H_5{-}CHOH{-}R$.

5) *Bei Formylierungsreaktionen* entstehen aromatische Aldehyde, bei denen ein H-Atom des Arenringes durch die Aldehydgruppe ersetzt wird (↗ Gat-

termann-Synthese, ↗ Gattermann-Koch-Synthese und ↗ Vilsmeier-Haack-Reaktion). Diese Reaktionen sind jedoch auf besonders reaktionsfähige A. (»aktivierte A.«) begrenzt und z. B. am Benzol nicht durchführbar.

6) Die *Nitrosierung*, eine Umsetzung mit salpetriger Säure, ist ebenfalls nur mit aktivierten A., wie Phenolen oder tertiären aromatischen Aminen, möglich und dient zur Einführung einer Nitrosogruppe in 1,4-Stellung zum aktivierenden Substituenten:

$$R{-}C_6H_5 + HNO_2 \xrightarrow{-H_2O} R{-}C_6H_4{-}NO.$$

Analog dazu verlaufen auch die Azokupplung mit Diazoniumsalzen, die Azofarbstoffe ergibt, sowie die Carboxylierung mit Kohlendioxid (↗ Kolbe-Schmitt-Synthese), die zu Carbonsäuren führt, nur mit aktivierten A. in praktisch verwertbaren Ausbeuten.

7) *Umsetzung mit Alkylhalogeniden* (↗ Friedel-Crafts-Reaktionen).

8) *Chlormethylierung* (↗ Blanc-Reaktion).

9) Die Substitution eines H-Atoms im Arenring durch nucleophile Reagenzien ist sehr schwierig und spielt praktisch keine Rolle. Dagegen sind S_N-Reaktionen an verschiedenen substituierten A. möglich, wenn geeignete Abgangsgruppen vorhanden sind. Dazu gehören Halogenatome, Sulfonsäuregruppen und die Diazoniumgruppe, die leicht Stickstoff abspartet (↗ Sandmeyer-Reaktion).

10) *Oxidationsreaktionen* sind bei Alkylarenen und anellierten Ringsystemen vielfach möglich, z. B. die Oxidation von Toluol zu Benzoesäure oder *p*-Xylol zu Terephthalsäure. Dazu werden die bekannten klassischen Oxidationsmittel Chrom(VI)-Verbindungen in Eisessig oder Schwefelsäure bzw. Kaliumpermanganat in alkalischer Lösung verwendet. Technisch werden aromatische Carbonsäuren in großem Umfang durch Luftoxidation in Gegenwart von Vanadium(V)-oxid oder Cobaltsalzen aus Methylbenzolen hergestellt.

A. lassen sich grundsätzlich mit katalytisch aktiviertem Wasserstoff unter Druck und bei erhöhter Temperatur zu gesättigten cyclischen Ringsystemen hydrieren, z. B. Benzol zu Cyclohexan oder Naphthalin zu Decalin (Decahydronaphthalin). Davon wird in der Technik und in wissenschaftlichen Labors zur Gewinnung sonst schwer zugänglicher Verbindungen Gebrauch gemacht. Dabei muß im Autoklaven gearbeitet werden.

Analytisches. A. werden durch Nitrierung und Reaktion mit Aluminiumchlorid und Chloroform (Friedel-Crafts-Reaktionen) nachgewiesen. Die Identifizierung erfolgt entweder durch Sulfochlorierung (Umsetzung mit Chlorsulfonsäure) mit anschließender Aminolyse oder durch Adduktbildung mit Pikrinsäure. A. mit Alkylseitenketten können mit Kaliumpermanganat in alkalischer Lösung zu Carbonsäuren oxidiert werden, einige A., wie Anthracen oder Phenanthren, werden mit Chrom(VI)-Verbindungen zu Chinonen oxidiert. In den IR-Spektren des Benzols und seiner Derivate erscheinen C–H-Valenzschwingungen bei etwa 3030 cm^{-1} sowie benzoide C=C-Valenzschwingungen bei etwa 1500 und 1600 cm^{-1}. Für die Identifizierung ein- oder mehrfach substituierter Verbindungen ist das Gebiet von 650 bis 850 cm^{-1} (»out-of-plane« Schwingungen) wichtig. Die UV-Spektren des Benzols und seiner Alkylderivate zeigen drei Absorptionsbanden bei 180 nm, 200 nm und 255 nm ($\pi \rightarrow \pi^*$-Übergang). Bei zahlreichen anellierten Ringen (besonders lineare Anellierung) rückt das langwelligste Absorptionsmaximum in den sichtbaren Spektralbereich. Bathochrome Verschiebung tritt auch bei Einführung bestimmter Substituenten ein, z. B. Nitrogruppen, Nitrosogruppen. Im ^{1}H-Kernresonanzspektrum erscheinen infolge der durch den Ringstrom verminderten Abschirmung die Protonensignale bei δ-Werten von 6,5 bis 8,5 ppm. Aus den Kopplungskonstanten können wichtige Rückschlüsse auf den Substitutionstyp gezogen werden (J_{ortho} = 6 bis 10 Hz, J_{meta} = 1 bis 3 Hz, J_{para} = 0 bis 1 Hz). In den Massenspektren des Benzols und seiner Derivate tritt jeweils ein starker Molpeak auf. Der Basispeak der Alkylbenzole wird vom Tropylium-Ion $C_7H_7^+$ (MZ = 91) gebildet. Weitere typische Fragmente erscheinen bei MZ = 77, 65, 53, 51, 50 und 39.

Vorkommen und Gewinnung. Benzol und viele seiner Homologen kommen in Erdölen verschiedener Herkunft, im Kokereigas und im Steinkohlenteer vor, aus dem sie im technischen Maßstab abgetrennt werden. Zur Deckung des steigenden Bedarfs an diesen Kohlenwasserstoffen führt man aliphatische und gesättigte cyclische Bestandteile des Erdöls durch Dehydrocyclisierung, Dehydroisomerisierung, Dehydrierung oder Hochtemperaturcracken in A. über. Viele mehrkernige A. finden sich in beträchtlichen Mengen im Steinkohlenteer oder auch im Teer der Benzin- und Kerosinpyrolyse und werden daraus gewonnen. Daneben gibt es vielfältige Synthesen, die z. T. technisch oder im Labor durchgeführt werden:

1) Alkylbenzole werden durch die Wurtz-Fittig-Reaktion aus Halogenbenzol und Halogenalkan mit Natrium, durch die Friedel-Crafts-Alkylierung aus A., Halogenalkanen und Aluminiumchlorid sowie durch die Wurtz-Grignard-Reaktion aus Arylmagnesiumchlorid und Halogenalkanen erhalten. Bei der vielseitig variierbaren Friedel-Crafts-Alkylierung werden oft anstelle der Halogenalkane die technisch verfügbaren Alkene Ethen oder Propen als Alkylierungsmittel verwendet.

2) Diphenylmethan und Triphenylmethan sind ebenfalls durch Friedel-Crafts-Reaktionen zugänglich, z. B. durch Umsetzung von Benzol mit Benzylhalogenid bzw. von Benzol mit Chloroform.

3) Anellierte A. können für präparative Zwecke durch Friedel-Crafts-Acylierung erhalten werden, z. B. Naphthalin aus Benzol und Bernsteinsäureanhydrid oder Anthracen aus Benzol und Phthalsäureanhydrid.

Verwendung. Benzol und seine Homologe, besonders Toluol und die Xylole, werden als organische Lösungsmittel oder Extraktionsmittel verwendet, wobei ihre hohe Giftigkeit (↗ Benzol) beachtet werden muß. Sehr viele aromatische funktionelle Verbindungen haben als Synthesezwischenprodukte große technische und wissenschaftliche Bedeutung.

Mikrobieller Abbau. Neben Bakterien (vor allem Pseudomonaden, Actinomyceten) können auch Hefen bzw. Pilze (*Candida*, *Aspergillus*, *Penicillium*) A. abbauen. Dies stellt einen wichtigen Schritt im Kohlenstoffkreislauf der Natur dar.

Trotz der Vielfalt aromatischer Verbindungen sind folgende einheitliche Abbauprinzipien durch Mikroorganismen erkennbar: 1) Vorbereitung der Ringspaltung durch Einführen von Hydroxygruppen durch ↗ Monooxygenasen und ↗ Dioxygenasen. Es folgt im allgemeinen eine zweite Hydroxylierung – meist in *ortho*-Stellung. Die Mehrzahl der Kohlenwasserstoffe wird dabei zu zwei Hauptintermediaten umgewandelt: Brenzcatechin und Protocatechusäure. 2) Ringspaltung: Die aromatischen Diole werden – in Abhängigkeit vom Organismus – durch Dioxygenasen an drei verschiedenen Positionen geöffnet: *ortho*-Spaltung (Abb. 3), *meta*-Spaltung und Gentisinsäurespaltung. 3) Abbau der Spaltprodukte zu Intermediaten zentraler Stoffwechselwege. Nach der *ortho*-Spaltung werden Brenzcatechin und Protocatechusäure über den 3-Ketoadipinsäure-Weg zu Succinat und Acetyl-CoA abgebaut (Abb. 3). Auch bei der *meta*-Spaltung von Brenzcatechin und Protocatechusäure entsteht nach Abspaltung von Ameisensäure eine Ketosäure, die zu Pyruvat und Acetaldehyd (aus Brenzcatechin) bzw. 2 Mol Pyruvat (aus Proteatechusäure) abgebaut wird.
Der Abbau der kondensierten aromatischen Kohlenwasserstoffe erfolgt Ring für Ring. Wichtigstes Intermediat ist die Salicylsäure, welche teilweise von verschiedenen Bakterien während der Assimilation ins Kulturmedium ausgeschieden wird.

Einfach substituierte aromatische Verbindungen (u. a. Phenol, Mandelsäure, Benzoesäure) und *ortho*-disubstituierte Verbindungen (z. B. Salicylsäure, Anthranilsäure) werden ebenso wie Naphthalin, Anthracen und Phenanthren über Brenzcatechin abgebaut. *o*-Cresol, *m*-Xylen und *m*-Cresol können zu 3-Methylbrenzcatechin, *p*-Xylol und *p*-Cresol zu 4-Methylbrenzcatechin abgebaut und nach *meta*-Spaltung zu Essigsäure, Acetaldehyd und Pyruvat (3-Methylbrenzcatechin) bzw. Kohlendioxid, Propionaldehyd und Pyruvat (4-Methylbrenzcatechin) weitermetabolisiert werden.

Zum Totalabbau halogenierter Aromaten sind nur

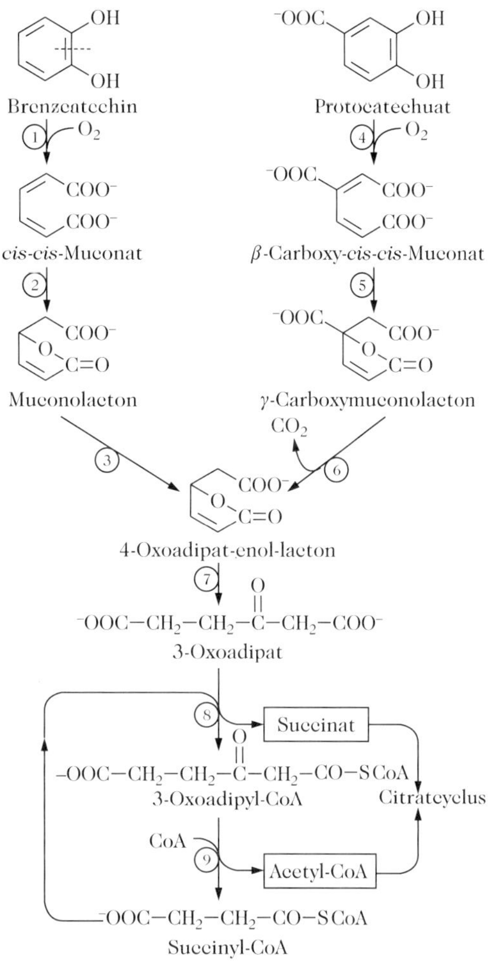

Arene. Abb. 3: *ortho*-Spaltung des aromatischen Ringes und Reaktionen des 3-Ketoadipat-Weges beim mikrobiellen Abbau monocyclischer Aromaten (Enzyme: (1) Catechol-1,2-dioxygenase, (2) Muconatcycloisomerase, (3) Muconolacton-Δ-isomerase, (4) Protocatechuat-3,4-dioxygenase, (5) Carboxymuconatcycloisomerase, (6) Carboxymuconolactondecarboxylase, (7) 3-Ketoadipat-enol-lactonase, (8) 3-Ketoadipat-Succinyl-CoA-Transferase, (9) 3-Ketoadipyl-CoA-Thiolase).

wenige Mikroorganismen befähigt. Allgemein verläuft der Abbau halogenierter Derivate aufgrund sterischer und elektronischer Effekte wesentlich langsamer als der der unsubstituierten Analoga. Für die Abbaubarkeit ist sowohl die Anzahl als auch die Position der Halogenatome entscheidend. Die Intermediate sind toxisch, solange das Halogenatom am Molekül gebunden ist. Das Spektrum der mikrobiell abbaubaren halogenierten Aromaten kann durch ↗ Cometabolismus und genetisch veränderte Mikroorganismen beträchtlich erweitert werden.

Arenkomplexe, ↗ elementorganische Verbindungen.

Arenoxide, ↗ Benzoloxid.

Arensulfonsäuren, ↗ Sulfonsäuren.

Arg, Abk. für L-Arginin.

Arge-Hochlastverfahren, ↗ Fischer-Tropsch-Synthese.

Argentometrie, die wichtigste Methode der ↗ Fällungsanalyse, bei der als Titrator Silber-Ionen verwendet werden. Diese bilden mit Halogenid- und Pseudohalogenid-Ionen schwerlösliche Niederschläge. Die Maßlösung läßt sich aus der Urtitersubstanz Silbernitrat einfach herstellen, ist jedoch lichtempfindlich. Zur Erkennung des Endpunktes sind in der A. verschiedene Verfahren bekannt. Das älteste *Verfahren nach Gay-Lussac* arbeitet ohne Indikator. Am Äquivalenzpunkt ballt sich die zunächst kolloidale Verteilung zusammen, und die Probelösung über dem Niederschlag wird völlig klar.

Das *Verfahren nach Mohr* verwendet als Indikator Chromat-Ionen bei einem pH-Wert von 5,5 bis 8,0. Erst nach vollständiger Fällung von Silberchlorid oder -bromid bildet sich ein tiefbrauner Niederschlag von Silberchromat, der den Endpunkt der Titration anzeigt.

Das *Verfahren nach Fajans* verwendet Adsorptionsindikatoren. Solche Indikatoren, z. B. Fluorescein, Dichlorfluorescein oder Eosin, werden nach Zusatz äquivalenter Mengen an der Oberfläche des Silberhalogenidniederschlages adsorbiert und verändern dabei ihre Farbe. Hohe Salzkonzentrationen in der Probelösung stören bei diesem Verfahren, da dadurch die Adsorption der Indikatoren verringert wird.

Der Endpunkt läßt sich bei der A. auch sehr gut mit elektrochem. Methoden ermitteln, wobei sogar die Bestimmung mehrerer Halogenid-Ionen nebeneinander möglich ist.

Argentum, ↗ Silber.

Arginase, ein zu den Hydrolasen gehörendes Enzym, das die hydrolytische Spaltung von Arginin in Ornithin und Harnstoff (↗ Harnstoff-Cyclus) katalysiert. A. (M_r 118000) ist aus vier Untereinheiten aufgebaut, die je ein Mn^{2+}-Ion enthalten, und kommt in der Leber harnstoffbildender Tiere vor.

L-Arginin, Abk. *Arg* oder *R*, *(S)-2-Amino-5-guanidinovaleriansäure*, stark basische, proteinogene, semiessentielle Aminosäure (Formel und Daten ↗ Aminosäuren), die insbesondere in ↗ Protaminen (80 %) und ↗ Histonen (15 %) enthalten ist. Frei kommt L-A. in Kürbisgewächsen, Rotalgen, Nadelhölzern vor und dient als Reservestoff für Stickstoff. Die technische Gewinnung erfolgt durch Hydrolyse von ↗ Proteinen und durch mikrobielle Fermentation. L-A. wird im Harnstoffcyclus zu Harnstoff und ↗ Ornithin abgebaut. Es dient als Therapeutikum bei Leberfunktionsstörungen.

Argon, Symbol *Ar*, chem. Element aus der 0. bzw. VIII. Hauptgruppe des Periodensystems, der Gruppe der Edelgase; *Z* 18, Massenzahlen der natürlichen Isotope 36 (0,337 %), 38 (0,063 %) und 40 (99,600 %), Atommasse 39,948, Wertigkeit 0, D. 1,784 g/l bei 0 °C, F. –189,2 °C, Kp. –185,7 °C, krit. Temp. –122,3 °C, krit. Druck 4,8 MPa.

Eigenschaften. A. ist ein farb-, geruch- und geschmackloses, in atomarer Form vorliegendes Gas. In 1 l Wasser lösen sich bei 0 °C 52 ml A.

A. bildet ein sehr instabiles Hydrat und ein Clathrat mit Hydrochinon echte »Valenzverbindungen« des A. sind jedoch nicht bekannt.

Analytisches. Die Abtrennung des A. erfolgt vorteilhaft gaschromatographisch, der Nachweis auf spektroskopischem Wege.

Vorkommen. Am Aufbau der Erdkruste ist A. mit $4 \cdot 10^{-6}$ %, an der Zusammensetzung der Luft mit 0,933 Vol.- % beteiligt.

Gewinnung. Geeignetes Ausgangsmaterial zur technischen Argongewinnung sind die Restgase der Ammoniaksynthese. Auch die Luft bietet sich als Argonquelle an.

Verwendung. Als technisch in großen Mengen produziertes, billiges Inertgas findet A. zunehmende Verwendung als Schutzgas bei Reaktionen unter Beteiligung luftempfindlicher Stoffe und als Spülgas zum Entgasen von Metallschmelzen. Steigende Bedeutung hat A. als Schutzgas beim Elektroschweißen insbesondere leicht oxidierbarer Leichtmetalle (Aluminium, Magnesium) und sehr hoch schmelzender Metalle (Titan, Zirconium, Tantal, Molybdän, Wolfram; *Argonarc-Verfahren*). Auch zur Füllung von Glühlampen wird es verwendet.

Arine, aromatische Ringsysteme mit einer formalen Dreifachbindung im Arenring. Die einfachste Verbindung ist *1,2-Dehydrobenzol* (*Benz-in*). Es handelt sich bei A. um kurzlebige, sehr reaktionsfähige Zwischenstoffe, die bei –265 °C erzeugt und UV-spektroskopisch nachgewiesen werden konnten:

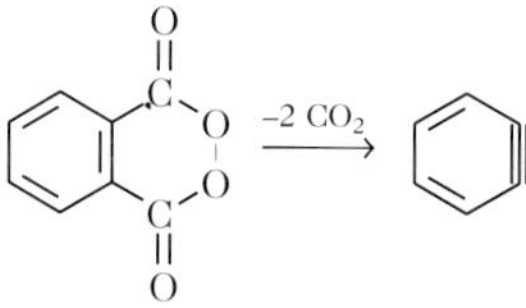

Tatsächlich wird die Struktur der Verbindungen am besten durch den energieärmsten Singulettzustand wiedergegeben.

Arndt-Eistert-Synthese, 1935 beschriebene Reaktionsfolge zur Kettenverlängerung von Carbonsäuren um eine CH_2-Einheit durch Umsetzung von Carbonsäurechloriden mit Diazomethan. Das primär entstandene α-Diazoketon spaltet beim Erwärmen mit Silber oder Silberoxid Stickstoff ab, wobei über Ketocarbene Ketene gebildet werden:

$$R{-}CO{-}Cl + |\overset{-}{C}H_2{-}\overset{+}{N}{\equiv}N| \longrightarrow R{-}CO{-}\overset{-}{C}H{-}\overset{+}{N}{\equiv}N|$$

$$\xrightarrow[-N_2]{(Ag_2O)} R{-}CO{-}\overline{C}H \longrightarrow R{-}CH{=}C{=}O \xrightarrow{+H_2O}$$

$$R{-}CH_2COOH.$$

Die Verschiebung des Restes R mit dem Bindungselektronenpaar an das Carbenkohlenstoffatom ist als ↗ Wolff-Umlagerung bekannt.

Arogensäure, eine Aminocarbonsäure. A. wurde als Zwischenprodukt der Biosynthese von Phenylalanin und Tyrosin in Prokaryoten (Bakterien und Blaualgen) sowie Hefen und Pflanzen entdeckt. Die Bildung erfolgt durch Transaminierung von Prephensäure.

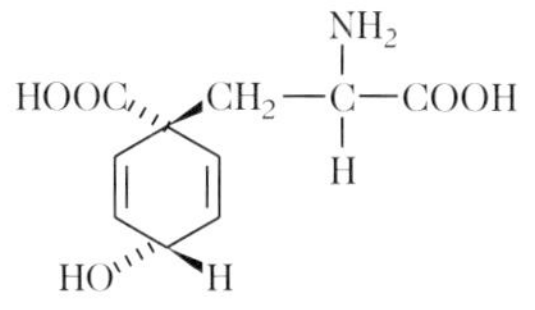

Aromastoffe, chem. Verbindungen, die einen spezifischen Geruch oder Geschmack aufweisen und dazu bestimmt sind, einzeln oder im Gemisch Lebensmitteln einen gewünschten Geruch oder Geschmack zu verleihen. Nicht zu den Aromastoffen werden die Geschmacksstoffe gerechnet, die dem Lebensmittel die Geschmacksrichtungen süß, sauer, salzig oder bitter verleihen. Die Aromen-Verordnung unterscheidet: *Natürliche A.* werden aus pflanzlichen oder tierischen Rohstoffen durch geeignete Verfahren gewonnen. *Naturidentische A.* werden durch chemische Synthese gewonnen, sind aber den natürlichen Aromastoffen chemisch gleich (z. B. Vanillin). *Künstliche A.* sind synthetische, in der Natur nicht vorkommende Geruchs- und Geschmacksstoffe. Daneben werden in der Verordnung noch Aromaextrakte, Raucharomen und Reaktionsaromen genannt.

Beispiele für künstliche A. sind α-Amylzimtaldehyd, 6-Methylcumarin, Methylheptincarbonat, Propenylguäthol (2-Ethoxi-5-(prop-1-enyl)-phenol) und Resorcindimethylester. Diese dürfen z. B. Brausen, Cremespeisen u. ä., Kunstspeiseeis, Backwaren, Zuckerwaren und Brausepulver, Füllungen für Schokoladenwaren und Kaugummi in jeweils festgelegten Höchstmengen zugesetzt werden.

Bei den in Lebensmitteln vorkommenden Aromastoffen unterscheidet man primäre Aromastoffe, die z. B. in Früchten oder Gewürzen in der intakten Zelle vorkommen und sekundäre Aromastoffe, die als Präkursoren (Vorstufen, meist nichtflüchtig) durch Umsetzungen (enzymatisch, oxidativ oder thermisch) gebildet werden. Lebensmittelaromen sind meist komplex zusammengesetzt. Wird der Geruch eines Lebensmittels von einem Aromastoff dominiert, so wird dieser als impact compound bezeichnet.

Aromatasehemmer, Verbindungen, die die Umwandlung von C_{19}-Androgenen in C_{18}-Östrogene, d. h. die Aromatisierung des Ringes A hemmen. Sie werden zur Behandlung des östrogenabhängigen Mammacarcinoms eingesetzt. Ein Beispiel ist Aminoglutethimid.

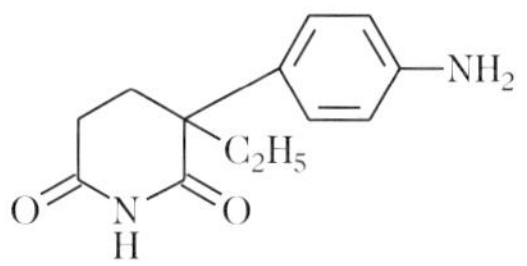

Aminoglutethimid

Aromaten-Metall-Komplexe. *Metall-Aromaten-Komplexe*, ↗ elementorganische Verbindungen.

aromatische Kohlenwasserstoffe, ↗ Arene.

Aromatizität, die Erscheinung, daß bestimmte cyclisch konjugierte Systeme gegenüber den entsprechenden offen konjugierten Verbindungen gleicher π-Elektronenzahl besonders stabil sind. Eine erste theoretische Erklärung der A. gelang mit Hilfe der Hückel-Methode. Aus dem HMO-Schema (↗ Hückel-Methode) cyclisch konjugierter Kohlenwasserstoffe geht hervor, daß für Systeme mit $(4n + 2)$ π-Elektronen ($n = 0, 1, 2$ ...) sehr stabiler Singulettzustände resultieren (*Hückel-Regel*). Konjugierte Ringkohlenwasserstoffe, die die Hückel-Regel erfüllen, werden als *aromatisch* bezeichnet. Für sie gilt in der Hückel-Näherung, daß das cyclisch konjugierte gegenüber dem offen konjugierten System energetisch stabiler ist. So ist z. B. das π-Elektronensystem von Benzol ($n = 1$) wesentlich energieärmer als jenes von 1,3,5-Hexatrien. Im Gegensatz dazu sind die π-Elektronensysteme von konjugierten Ringkohlenwasserstoffen mit $4n$ π-Elektronen ($n = 1,2$ ...) im Vergleich zu denen der entsprechenden offen konjugierten Verbindungen weniger stabil. Hierzu zählt das Cyclobutadien, das gegenüber 1,3-Butadien energiereicher ist. Cyclisch konjugierte Kohlenwasserstoffe mit $4n$ π-Elektronen werden daher *antiaromatisch* genannt. Ersetzt man z. B. im Cyclobutadien ein $2p_z$- durch ein 3d-Atomorbital, so resultiert ein anderes Verknüpfungsschema (Topologie), das durch einen Phasensprung (Vorzeichenumkehr) gekennzeichnet ist (*Möbius-System*, Abb.). Ein solcher Fall kann z. B. bei π-Komplexen von Übergangsmetallen auftreten. Bei Möbius-Systemen ist im Gegensatz zu Hückel-Systemen auch das energieärmste Molekülorbital zweifach entartet. Dies hat zur Folge, daß sich die Stabilitätsverhältnisse und damit die Aromatizitätseigenschaften umkehren. Cyclisch konjugierte Systeme vom Möbius-Typ mit $4n$ π-Elektronen ($n = 1,2$ ...) sind daher aromatisch und diejenigen mit $(4n + 2)$ π-Elektronen ($n = 0,1,2$) antiaromatisch. Möbius-Systeme werden daher auch als Anti-Hückel-Systeme bezeichnet. Allgemein gilt für die Topologie cyclisch konjugierter Systeme und die damit verbundenen Aromatizitätsregeln: Lassen sich die π-Atomorbitale so anordnen, daß die Zahl der minimalen Phasensprünge null oder gerade ist, so liegt ein System vom Hückel-Typ (Hückel-Topologie) vor. Resultiert hingegen eine ungerade Zahl von Phasensprüngen, so ist es vom Möbius-Typ (Möbius-Topologie).

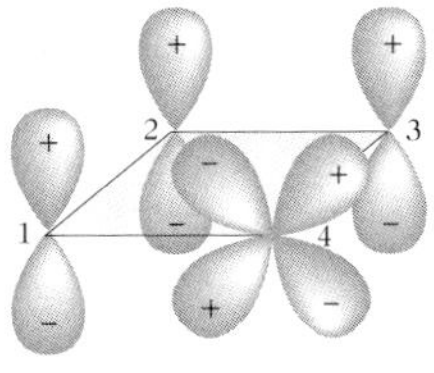

Aromatizität. Abb.: Möbius-System (Phasensprung zwischen den Atomen 1 und 4).

Arosolvanverfahren, ein Verfahren zur Gewinnung von Aromaten durch ↗ Extraktion.

Aroxyle, Bezeichnung für arylsubstituierte Sauerstoffradikale vom Typ des Phenoxyls $C_6H_5O\cdot$.

Arrhenius-Gleichung, empirische Beziehung, die die Abhängigkeit der ↗ Geschwindigkeitskonstante einer Reaktion von der Temperatur beschreibt: $k = Ae^{-E_a/RT}$, wobei k die Geschwindigkeitskonstante, R die Gaskonstante und T die absolute Temperatur bedeutet. Der präexponentielle Faktor A (auch *Frequenzfaktor* genannt) und die *Aktivierungsenergie* E_a sind charakteristische, experimentell zu bestimmende Konstanten für jede Reaktion. Eine theoretische Begründung der A. ist mit Hilfe der Stoßtheorie möglich.

Arrheniussche Säure-Base-Definition, ↗ Säure-Base-Konzepte.

Arsan, ↗ Arsenwassserstoff.

Arsen, Symbol *As*, chem. Element aus der V. Hauptgruppe des Periodensystems, der ↗ Stickstoff-Phosphor-Gruppe, Halbmetall; Z 33, Reinelement, Atommasse 74,9216, Wertigkeit III und V, Standardelektrodenpotential 0,2475 V ($As + 3\ H_2O \rightleftharpoons H_3AsO_3 + 3\ H^+ + 3e$).

Eigenschaften. Von A. gibt es drei Modifikationen. Die bei Zimmertemperatur thermodynamisch stabile Form ist das *graue, metallische* A. Sein Gitter besteht aus unendlichen Schichten, in denen die As-Atome zu gewellten Sechsringen verknüpft sind. Es bildet eine stahlgraue, metallisch glänzende, spröde, rhomboedrische Kristallmasse geringer Härte (nach Mohs 3 bis 4), D. 5,727 g cm^{-3}, elektrische Leitfähigkeit 3,0 Sm/mm^2 (bei 20 °C). Im geschlossenen Rohr schmilzt es bei 817 °C unter einem Eigendruck von 2,8 MPa und sublimiert bei 613 °C unter Bildung eines gelben, aus As-Molekülen bestehenden Dampfes. Mit steigender Temperatur nimmt im Dampf der Anteil von AS_2-Molekülen zu. Schreckt man Arsendampf ab, erhält man das wachsartige, in Schwefelkohlenstoff lösliche *gelbe, nichtmetallische* A., D. 2,026 g cm^{-3}, dessen kubisches Gitter dem weißen Phosphor vergleichbar aus As_4-Molekülen aufgebaut ist. Gelbes A. geht, insbesondere unter Lichteinwirkung, rasch in die graue Form über. Kondensiert man Arsendampf auf Flächen von 100 bis 200 °C, so bildet sich das harte, spröde, schwarzglänzende *amorphe* A. Es leitet den elektrischen Strom nicht. In Gegenwart von Quecksilber wandelt es sich bei 125 bis 175 °C in das instabile orthorhombische *schwarze* A. um, das strukturell dem schwarzen Phosphor vergleichbar ist.

A. verbrennt an der Luft > 180 °C zu Arsen(III)-oxid As_2O_3. Mit Chlor reagiert es unter Feuererscheinung zu Arsen(III)-chlorid $AsCl_3$. Konz. Salpetersäure oder Königswasser oxidieren A. zu Arsensäure: $As + 5\ HNO_3 \rightarrow 5\ NO_2 + H_3AsO_3 + H_2O$; verd. Salpetersäure und konz. Schwefelsäure lösen A. zu arseniger Säure: $2\ As + 3\ H_2SO_4 \rightarrow 2\ H_3AsO_3 + 3\ SO_2$. Mit vielen Metallen legiert sich A. zu meist spröden Legierungen.

Die meisten Arsenverbindungen sind giftig.

Analytisches. Zum qualitativen Nachweis kann man sich der ↗ Marshschen Probe, oder der ↗ Berzeliusschen Probe bedienen. Zur quantitativen Bestimmung von As^{3+} bietet sich die Iodometrie, für kleine As-Konzentrationen die Atomabsorptionsspektrometrie an.

Vorkommen. A. ist am Aufbau der Erdkruste mit $5{,}5 \cdot 10^{-4}$ % beteiligt. Wichtige Minerale sind Arsenopyrit (Arsenkies) FeAsS, Löllingit (Arsenikalkies) $FeAs_2$ Cobaltin (Kobaltglanz) CoAsS, Gersdorffit (Arsennickelglanz) NiAsS, die Arsensulfide Realgar As_4S_4 und Auripigment As_2S_3 sowie das als Verwitterungsprodukt von Arsenerzen zu betrachtende Arsen(III)-oxid As_2O_3 in Form von Claudetit oder Arsenolith. A. ist für mindestens eine biologische Spezies (Felsenhummer (rock lobster): $(CH_3)_3As^+–CH_2–CO_2^-$) essentiell.

Gewinnung. Zur technischen Gewinnung geht man meist von arsenhaltigen Nebenprodukten verschiedener Metallverhüttungsprozesse aus, arbeitet sie zu Arsen(III)-oxid As_2O_3 auf und reduziert dieses mit Kohlenstoff, zur Herstellung hochreinen A. auch mit Wasserstoff.

Verwendung. Hochgereinigtes A. hat Bedeutung in der Halbleitertechnik zur Dotierung von Silicium und Germanium und speziell zur Herstellung von Galliumarsenid.

Arsenate, ↗ die Salze der ↗ Arsensäure.

Arsen(III)-chlorid, *Arsentrichlorid*, $AsCl_3$, farblose, ölige, an feuchter Luft rauchende, sehr giftige Flüssigkeit, D. 2,163 g cm^{-3}, F. –8,5 °C, Kp. 130,2 °C. Man gewinnt A., indem man Arsen in Chloratmosphäre verbrennt oder Arsen(III)-oxid As_2O_3 mit trockenem Chlorwasserstoff bei 180 bis 200 °C umsetzt. A. ist wichtiges Ausgangsmaterial zur Herstellung verschiedener, insbesondere organischer Arsenverbindungen.

Arsenide, Verbindungen des Arsens mit Metallen. A. bilden sich beim Zusammenschmelzen der Elemente. Die Alkali- und Erdalkaliarsenide, leiten sich von Arsenwasserstoff AsH_3 ab und sind als dessen Salze aufzufassen. Sie werden durch Wasser unter AsH_3-Entwicklung zersetzt. Die Schwermetallarsenide sind Verbindungen oft komplizierter Zusammensetzung und werden den intermetallischen Phasen zugeordnet. Galliumarsenid GaAs und Indiumarsenid InAs haben Bedeutung in der Halbleitertechnik.

arsenige Säure, *Arsen(III)-säure*, H_3AsO_3 in isolierter Form nicht existente, sehr schwache dreibasige Säure ($pK_S = 9{,}22$). Die verd. wäßrige Lösung der a. S. erhält man, indem man ihr Anhydrid, das Arsen(III)-oxid, in Wasser löst. Ihre Salze, die giftigen *Arsenite* oder *Arsenate(III)*, leiten sich entweder von der Orthoform der a. S. ab, wobei die drei Typen $M^IH_2AsO_3$, $M^I_2HAsO_3$ und $M^I_3AsO_3$, auftreten, oder auch von der Metaform $HAsO_2$. In starker Salzsäure liegt a. S. im Gleichgewicht mit Arsen(III)-chlorid vor: $H_3AsO_3 + 3\ HCl \rightleftharpoons AsCl_3 + 3\ H_2O$.

Arsenik, ↗ Arsenoxide.

Arsenite, die Salze der ↗ arsenigen Säure.

arsenorganische Verbindungen, *Organoarsenverbindungen*, zur Gruppe der ↗ elementorganischen Verbindungen gehörende Alkyl- oder Arylderivate des Arsen(III) und -(V). Wichtige Stoffklassen der a. V. mit fünfwertigem Arsen sind die trigonalbipyramidalen *Arsorane* AsR_5, Derivate R_nAsX_{5-n}, *Arsoniumsalze* $R_4As^+X^-$, *Arsin-* und *Arsonsäuren* $R_2As(O)(OH)$ bzw. $RAs(O)(OH)_2$, der a. V. mit dreiwertigem Arsen die *Arsane* R_nAsH_{3-n}, Derivate R_nAsX_{3-n} sowie ketten- oder ringförmige a. V. des Typs $(RAs)_n$ ($n = 5, 6, 7, x$). Weiterhin sind bei Verwendung sterisch anspruchsvoller Reste R wie $(Me_3Si)_3C$- oder 2,4,6-$Me_3C_6H_2$- ungesättigte Arsen(III)-organyle des Typs RAs=AsR, $RAs{=}CPh_2$, As≡CR mit As=As- oder As=C-Doppel- bzw. As≡C-Dreifachbindungen sowie Arsabenzol AsC_5H_5 zugänglich. Sowohl in struktureller Hinsicht als auch bezüglich ihrer Reaktivität zeigen a. V. weitgehende Analogien zu entsprechenden ↗ phosphororganischen Verbindungen. Die Mehrzahl der a. V. ist giftig.

Arsane werden meist durch Umsetzung von Lithiumorganylen oder Grignardverbindungen mit Arsen(III)-chlorid und gegebenenfalls anschließende $LiAlH_4$- oder $NaBH_4$-Reduktion der Chlorarsane R_nAsCl_{3-n} gewonnen. Primäre Arsane sind durch Reduktion von Arsonsäuren mit Zink zugänglich. Tertiäre Arsane reagieren mit Alkylhalogeniden zu Arsoniumsalzen; mit vielen Übergangsmetallen bilden sie stabile Komplexe. Die Arsorane sind ausgehend von tertiären Arsanen durch Reaktion mit Chlor zu den Derivaten R_3AsX_2 und deren anschließende Umsetzung mit Lithiumorganylen zugänglich. Aromatische Arsonsäuren werden durch Einwirkung von Natriumarsenit auf aromat. Diazoniumsalze (*Bart-Reaktion*) hergestellt.

Einige a. V. haben insbesondere in den Anfängen der Chemotherapie eine bedeutende Rolle gespielt (↗ Arsphenamin). Halogenarsane, z. B. 2-Chlorvinylarsandichlorid $ClCH{=}CH{-}AsCl_2$ (Lewisit) oder Diphenylarsanchlorid $(C_6H_5)_2AsCl$ (Clark I; Abk. für *Chl*or*ar*sen*k*ampfstoffe) sind wie das Diphenylarsancyanid $(C_6H_5)_2As{-}CN$ (Clark II) hochtoxische Substanzen, die im 1. Weltkrieg als ↗ chemische Kampfstoffe verwendet wurden.

Arsenoxide. *Arsen(III)-oxid*, *Arsentrioxid*, *Arsenik*, As_2O_3; existiert in einer bei Zimmertemperatur stabilen kubischen Modifikation, D. 3,865 g cm^{-3}, Sbp. 193 °C, die bei 221 °C in eine monokline Form, D. 4,15 g cm^{-3}, Kp. 457,2 °C übergeht. Das durch Verbrennen von Arsen erhältliche As_2O_3 ist ein amorphes, farbloses Pulver, D. 3,738 g cm^{-3}, F. im geschlossenen Rohr 312,3 °C, oder eine glasige Masse. Das Gitter der kubischen Modifikation wie auch der Dampf bestehen aus As_4O_6-Tetraedern, die dem Phosphor(III)-oxid (↗ Phosphoroxide) strukturell vergleichbar sind, während in der monoklinen und glasigen Form $[AsO_3]$-Pyramiden über die Sauerstoffatome zu unendlichen Schichten vereinigt sind. In Wasser ist As_2O_3 wenig löslich. Gegenüber Säuren und Basen zeigt es amphoteres Verhalten. Es löst sich in Alkalilaugen zu Arseniten (↗ arsenige Säure), mit Salzsäure reagiert es zu einem Gleichgewicht: $H_3AsO_3 + 3\ HCl \rightleftharpoons AsCl_3 + 3\ H_2O$. Durch Kohlenstoff, Wasserstoff oder auch Natriumcyanid wird As_2O_3 in der Hitze glatt zu Arsen reduziert.

As_2O_3 kommt als kubischer Arsenolith und monokliner Claudetit in der Natur vor. Technisch gewinnt man es durch Abrösten von Arsenopyrit (Arsenkies) gemäß $2\ FeAsS + 5\ O_2 \rightarrow Fe_2O_3 + 2\ SO_2 + As_2O_3$.

Arsen(III)-oxid und Arsenite sind starke Gifte. Die letale Dosis für einen Menschen liegt in der Größenordnung von 0,1 g As_2O_3. Die Resorption erfolgt über den Magen-Darm-Trakt, in untergeordnetem Maße auch durch die Haut. Stäube werden auch durch die Lunge aufgenommen. Die individuelle Empfindlichkeit gegenüber As_2O_3 ist sehr verschieden. Durch allmählich gesteigerte Einnahmen kann es zu Gewöhnungen kommen (Arsenikesser), so daß bedeutend größere Dosen ohne ernste Schäden toleriert werden. Akute Vergiftungen äußern sich in Leibschmerzen, Erbrechen, Diarrhoe, Trockenheit in Mund und Rachen, Krämpfen, Blutdruckabfall u. a. und führen über Paralyse zum Tode.

Erste Hilfe: Sofortige Verabreichung warmer Kochsalzlösung (1 Eßlöffel auf 1 Glas Wasser) zum Auslösen des Erbrechens, Arzt konsultieren.

Arsen(V)-oxid, *Arsenpentoxid*, As_2O_5, farbloses amorphes Pulver oder glasige Masse; D. 4,32 g cm^{-3}, *Z.* 315 °C. In Wasser löst sich As_2O_5 unter Bildung von Arsensäure H_3AsO_4.

Arsensäure, H_3AsO_4, in isolierter Form nur bekannt als Halbhydrat $H_3AsO_4 \cdot \frac{1}{2}\ H_2O$, farblose, hygroskopische Kristalle, F. 35,5 °C. In wäßriger Lösung ist A. eine mittelstarke dreibasige Säure ($pK_{S1} = 2{,}32$, $pK_{S2} = 7$, $pK_{S3} = 13$), von der sich drei Reihen von Salzen, die *Arsenate*, ableiten, und zwar die primären Arsenate oder Dihydrogenarsenate $M^IH_2AsO_4$, die sekundären oder Hydrogenarsenate $M^I_2HAsO_4$ und die tertiären Arsenate $M^I_3AsO_4$. Insgesamt ähneln A. und die Arsenate in ihrem Verhalten sehr stark der Phosphorsäure bzw. den Phosphaten. So wird aus salpetersaurer Lösung bei Einwirkung von Ammoniummolybdat auf A. das schwerlösliche, gelbe Ammoniumdodekamolybdatoarsenat $(NH_4)_3[As(Mo_{12}O_{40}]$ gefällt. Im Gegensatz zur Phosphorsäure ist A., insbesondere in saurer Lösung, ein starkes Oxidationsmittel und vermag z. B. Iodid zu Iod zu oxidieren. Man gewinnt A. durch Oxidation von Arsen oder Arsen(III)-oxid mit konz. Salpetersäure.

Arsensulfide. *Arsenmonosulfid*, $(AsS)_4$, rubinrote Kristalle oder amorphe Masse. Das monokline Gitter besteht aus As_4S_4-Molekülen. Man gewinnt das in der Natur als Realgar vorkommende As_4S_4 durch Zusammenschmelzen einer äquimolaren Mischung elementaren Schwefels und Arsens.

Arsen(III)-sulfid, *Arsentrisulfid*, As_2S_3, zitronengelbes, monoklines Kristallpulver, D. 3,43 g cm^{-3}, F. 300 °C, Kp. 707 °C. Man gewinnt die in Wasser und Säuren schwerlösliche Verbindung durch Fällen von As^{3+}-Ionen mit Schwefelwasserstoff. Kristallines As_2S_3 hat eine dem monoklinen Arsen(III)-oxid vergleichbare Schichtstruktur, in der Dampfphase liegen As_4S_6-Moleküle vor, die strukturell dem P_4O_6 oder As_4O_6 entsprechen. (↗ Phorphoroxide). As_2S_3 löst sich in Ammoniumsulfidlösung unter Bildung von Thioarseniten gemäß $As_2S_3 + 3\ S^{2-} \rightarrow 2\ AsS_3^{2-}$, in gelbem Ammoniumpolysulfid unter Oxidation zu Thioarsenaten: $As_2S_3 + 3\ S^{2-} + 2\ S \rightarrow 2\ AsS_4^{3-}$. In der Natur kommt As_2S_3 als Auripigment vor. Das reine, wegen seiner Schwerlöslichkeit ungiftige As_2S_3 wird als Farbpigment verwendet.

Arsen(V)sulfid, *Arsenpentasulfid*, As_2S_5, gelbes, amorphes Pulver. As_2O_5 ist in Wasser und Säuren schwer löslich, löst sich jedoch in Ammoniumsulfid zu Thioarsenaten.

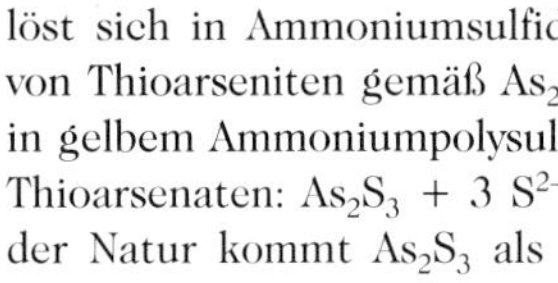

Arsensulfide.
Abb.: As_4S_4-Molekül.

Arsenwasserstoff, ***Arsin***, ***Arsan***, AsH_3, farbloses, unangenehm knoblauchartig riechendes, sehr giftiges Gas. F. –116,3 °C, Kp. –55 °C. An der Luft verbrennt A. mit fahlblauer Flamme zu Arsen(III)-oxid und Wasser. $2\ AsH_3 + 3\ O_2 \rightarrow As_2O_3 + 3\ H_2O$. Hält man dabei jedoch einen kalten Gegenstand in die Flamme, ist die Verbrennung unvollständig, und es scheidet sich ein schwarzer Arsenspiegel ab: $4\ AsH_3 + 3\ O_2 \rightarrow 4\ As + 6\ H_2O$. In der Hitze zerfällt A. in Arsen und Wasserstoff. Die beiden letztgenannten Reaktionen finden Anwendung in der ↗ Marshschen Probe. A. ist ein starkes Reduktionsmittel, z. B. vermag es Silberkationen zu metallischem Silber zu reduzieren. Mit festem Silbernitrat reagiert es unter Bildung der Doppelverbindung $Ag_3As \cdot 3\ AgNO_3$ (↗ Gutzeitsche Probe). A. entsteht bei der Einwirkung naszierenden Wasserstoffs auf Arsen oder Arsenverbindungen.

Arsin, ↗ Arsenwasserstoff.

Arsinsäuren, ↗ arsenorganische Verbindungen.

Arsoniumsalze, ↗ arsenorganische Verbindungen.

Arsonsäuren, ↗ arsenorganische Verbindungen.

Arsphenamin, ***Salvarsan***®, eine organische Arsenverbindung, mit der es erstmals möglich war, mit einem Chemotherapeutikum systemisch die Syphilis zu heilen. A. wird meist als Arsenoverbindung (–As=As–) formuliert, dürfte aber als Trimeres mit einem aus 6 Arsenatomen bestehenden Ring vorliegen. Die Wirkform des A. ist *Oxophenarsin*. A. wird heute wegen seiner hohen Toxizität nicht mehr verwendet. Es wurde 1909 von P. Ehrlich entwickelt.

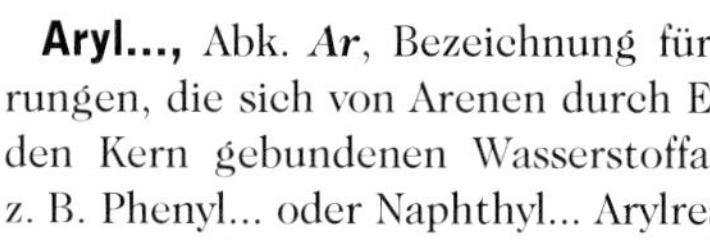

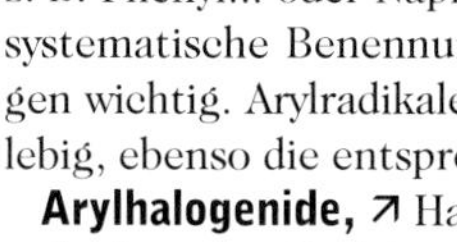

Aryl..., Abk. ***Ar***, Bezeichnung für Atomgruppierungen, die sich von Arenen durch Entzug eines an den Kern gebundenen Wasserstoffatoms ableiten, z. B. Phenyl... oder Naphthyl... Arylreste sind für die systematische Benennung aromatischer Verbindungen wichtig. Arylradikale sind instabil und sehr kurzlebig, ebenso die entsprechenden Carbenium-Ionen.

Arylhalogenide, ↗ Halogenarene.

Arylierung, Einführung eines Arylrestes in organische Verbindungen. Eine wichtige Arylierungsreaktion ist die Addition von photochemisch aus halogensubstituierten Arenen oder aus Diazoniumsalzen erzeugten Arylradikalen an ungesättigte Verbindungen.

Aryloxyphenoxypropionsäureherbizide, selektive Herbizide gegen Ungräser unter anderen in Rüben, Kartoffeln, Winterraps und auch im Getreide (teilweise mit ↗ Safener). Sie entstehen durch Angliederung aromatischer und heterocyclischer Ringsysteme über eine Sauerstoffbrücke an die *para*-Stellung des Phenylringes der Phenoxypropionsäuren (s. Tab.).

Grundstruktur: 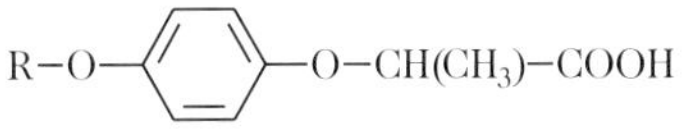

Aryloxyphenoxypropionsäureherbizide. Tab.: Wichtige Beispiele.

Name	R	Akute orale LD_{50} Ratte (mg/kg)
Haloxyfop-P-methyl	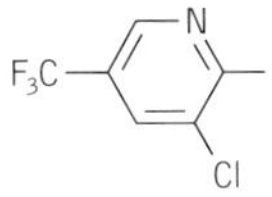	300 ... 620
Fluazifop-P-butyl	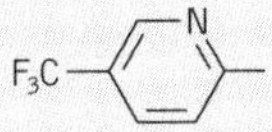	2450 ... 3680
Fenoxaprop-P-ethyl	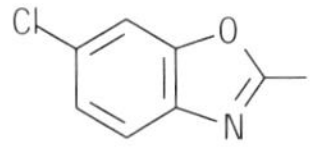	2090 ... 3040
Quizalofop-P-ethyl	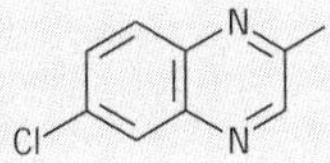	1180 ... 1210
Diclofop-methyl	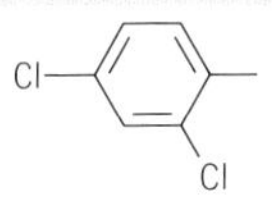	480 ... 690

Alle Aryloxyphenoxypropionsäuren werden als Esterformulierungen im Nachauflaufverfahren eingesetzt und gelangen daher über die Blätter in die Pflanzen.

As, Symbol für Arsen.

Asa foetida, ↗ Gummiharze.

Asant, ↗ Gummiharze.

Asaron, *Asarin*, 2,4,5-Trimethoxy-1-propenylbenzol. A. kristallisiert aus Wasser in farblosen Nadeln; F. 67 °C, Kp. 296 °C. Es ist unlöslich in Wasser, leicht löslich in Alkohol, Ether und Tetrachlorkohlenstoff. Durch Oxidation entsteht *Asarylaldehyd*, ein Phenoletherderivat; F. 114 °C. A. ist Bestandteil ätherischer Öle, z. B. des Haselwurzöls und des Kalmusöls.

Asbest, faserartige, silicatische Minerale unterschiedlicher Zusammensetzung. Es werden zwei Asbestgruppen unterschieden: 1) *Serpentinasbeste*, zu denen der Chrysotilasbest, $Mg[(OH)]_8/Si_4O_{10}]$, gehört, der eine hohe Hitzebeständigkeit (F. 1500 °C), aber eine geringe Säureresistenz aufweist; 2) *Amphibol-* oder *Hornblendeasbeste*, von denen der säurebeständige Krokydolith, ein Natrium-Eisen-Silicat, mit einer geringeren thermischen Beanspruchbarkeit (F. 1150 °C) der wichtigste Vertreter ist. Etwa 90 % des früher als hitzebeständiger Werkstoff, Isoliermaterial, Wärmedämmstoff, Dichtungs- und Filtermaterial verwendeten A. ist Chrysotilasbest; der Anteil des Krokydoliths an der technischen Nutzung beträgt nur etwa 5 %. A. ist aufgrund seiner kanzerogenen Wirkung (Bronchialkarzinom bei oraler Aufnahme von Asbeststaub) weitgehend durch thermoresistente Mineral- und Glasfaserstoffe ersetzt worden; die Weltproduktion an A. hatte 1975 mit etwa 5,5 Mt den Höchststand erreicht. Die cancerogenen Eigenschaften des Krokydoliths sind stärker als beim Chrysotilasbest ausgeprägt; das Mineralgemenge Talkum kann bis zu 50 % A. enthalten.

Asbestaustauschfasern, ↗ Asbestfasern.

Asbestfasern, Abk. *AS*, mineralische Naturfasern, die als Umwandlungsprodukt der Mineralien Olivin (Serpentin) oder Amphibol (Hornblende) in Spalten kristallisiert sind (↗ Asbest). Serpentinasbest (Chrysotil) ist textil gut verarbeitbar, Hornblendenasbest gegen Mineralsäuren beständig. A. zeigen hohe Temperaturbeständigkeit, am höchsten Chrysotil. A. gelten als cancerogen wegen der Lungengängigkeit der monokristallinen Spaltprodukte. Verschiedene ↗ High-Tech-Fasern sind *Asbestaustauschfasern*. Hierzu zählen spezielle ↗ Polyacryl-, ↗ Aramid-, ↗ Polyimid-, ↗ Fluoro-, Kohlenstoff- und weitere Fasern.

Asche, die bei der vollständigen Verbrennung pflanzlicher und tierischer Stoffe zurückbleibenden anorganischen Bestandteile. *Pflanzenasche* enthält als wasserlösliche Bestandteile Kalium- und Natriumcarbonate, -sulfate und -chloride, als unlösliche Bestandteile Carbonate, Phosphate und Silicate des Calciums, Magnesiums und Eisens.

In der Steinkohlenasche befinden sich hauptsächlich Ton, Eisenoxid, Sulfate oder Silicate (daher kein Düngewert). In *Braunkohlenasche* kann dagegen der Gehalt an Calciumoxid bis zu 20 % betragen. Sie reagiert deshalb meist basisch (teilweise Neutralisation saurer Abgasbestandteile). Tierische *Knochenasche* besteht im wesentlichen aus Calciumphosphat, das als Dünger verwendbar ist.

Ascorbinsäure, ↗ Vitamin C.

ASIS-Effekt (Abk. von engl. ***a****romatic* ***s****olvent* ***i****nduced* ***s****hift*), die Verschiebung von NMR-Signalen bei Wechsel von einem unpolaren (z. B. Deuterochloroform $CDCl_3$) zu einem aromatischen (z. B. Benzol) Lösungsmittel. Der ASIS-E. wird häufig zur Klärung stereochemischer Fragestellungen herangezogen.

Asn, Abk. für L-Asparagin.

Asp, Abk. für L-Asparaginsäure.

L-Asparagin, Abk. *Asn* oder *N*, ***(S)-2-Aminobernsteinsäure-4-amid***, proteinogene Aminosäure (Formel und Daten ↗ Aminosäuren), die insbesondere in Kartoffeln, Spargel und Lupinenkeimlingen (30 %) vorkommt. Die technische Gewinnung erfolgt durch Säurehydrolyse aus Kartoffelstärke. Im Organismus entsteht L-A. aus ↗ Asparaginsäure und Ammoniak. Es wird als Therapeutikum zur Rekonvaleszenz nach Kreislaufstörungen eingesetzt.

Asparaginase, ein zu den Hydrolysen gehörendes Enzym, das die Spaltung von L-Asparagin in L-Asparaginsäure und Ammoniak katalysiert. Von medizinischer Bedeutung ist die Antitumorwirkung des Enzyms. Der therapeutische Einsatz beruht auf der Erzeugung eines irreversiblen Asparaginmangels. Die Tumorzellen sind im Gegensatz zu Normalzellen nicht in der Lage, das für die zelleigene Proteinbiosynthese erforderliche L-Asparagin selbst aufzubauen.

L-Asparaginsäure, Abk. ***Asp*** oder ***D***, ***(S)-2-Aminobernsteinsäure***, saure, proteinogene Aminosäure (Formel und Daten ↗ Aminosäuren), die in vielen ↗ Proteinen vorkommt, besonders in Mais (12,3 %), Gerste (10,3 %) und Albuminen (6–10 %). Industriell wird L-A. durch Proteinhydrolyse und enzymatisch durch Addition von Ammoniak an Fumarsäure mit ↗ Aspartase gewonnen. Im Organismus entsteht L-A. aus Oxalacetat durch Transaminierung oder durch enzymatische Hydrolyse von ↗ Asparagin. Der Abbau erfolgt in Umkehr der Transaminierungsreaktion. L-A. wird zur Prophylaxe und Therapie von Koronarerkrankungen sowie als K- und Mg-Salz (*Aspartate*) in Infusionslösungen eingesetzt. L-A. ist Bestandteil von Süßstoffen (↗ Aspartam).

Aspartam, ***L-Asparagyl-L-phenylalanin-methylester***, H–Asp–Phe–OMe, ein synthetisches Süßungsmittel, das etwa die zweihundertfache Süßkraft der Saccharose aufweist. Der intensive süße Geschmack des A. wurde 1969 zufällig beim Umkristallisieren des Peptidintermediates entdeckt. Für die kommerzielle Synthese wurden verschiedene Verfahren entwickelt, z. B. auch eine proteasekatalysierte biotechnologische Synthese.

Aspartase, eine in Mikroorganismen und höheren Pflanzen vorkommende Lyase, die die Spaltung von Asparaginsäure in Fumarsäure und Ammoniak katalysiert. Von biotechnologischer Bedeutung ist die umgekehrte Reaktion, bei der A. oder Mikroorganismen mit hoher Aspartaseaktivität zur technischen Gewinnung von Asparaginsäure aus Fumarsäure und Ammoniak eingesetzt werden.

Asphalt, natürliches oder künstliches Gemisch von Bitumen mit Mineralstoffen. A. ist eine tiefbraune bis schwarze, feste, gewöhnlich nicht sehr harte, matte oder pechartig glänzende Masse, die wasserabweisend, resistent gegenüber Basen und verd. Mineralsäuren, jedoch löslich in organischen Lösungsmitteln, wie Benzol, Benzin, Chloroform und Kohlendisulfid, ist. Durch Erhitzen wird der A. weich bis dünnflüssig. Durch Behandeln mit verschiedenen organischen Lösungsmitteln lassen sich aus dem sehr unterschiedlich zusammengesetzten A. Asphaltene, Asphaltsäuren u. a. isolieren. In der Natur finden sich alle Übergänge vom fast mineralfreien Bitumen bis zum bitumenarmen Gestein.

1) *Naturasphalt*, wahrscheinlich ein Oxidations- und Polymerisationsprodukt des Erdöls unter der Einwirkung von Mikroorganismen, kommt als schmelzbare Masse in mächtigen Lagern vor, und zwar als *Asphaltit* (harte Naturasphalte mit weniger als 30 % Öl, meist mineralstoffarm) und als *Asphaltgestein* (unter 10 % Bitumen).

2) *Künstliche Asphalte. Erdöl-* oder *Petroleumasphalte* verbleiben bei der Destillation von Roherdöl oder seiner asphaltreichen Destillate als schwarze, bei gewöhnlichen Temperaturen meist zähe Rückstände. *Chemoasphalte* (*Säureasphalte*, *geblasene Asphalte*) sind Produkte, die in zahlreichen Verfahren aus verschiedenen organischen Rohstoffen, besonders Mineral- und Harzölen, Teeren, Harzen, Wachsen und A. selbst durch Einwirkung von Chemikalien erhalten werden.

Verwendung. Die größte Bedeutung besitzt A. als Straßenbelag. Man verwendet hier *Stampfasphalt*, *Asphaltmastix*, *Gußasphalt*, *Sandasphalt* und *Asphaltbeton* (*Walzasphalt*).

Als *Kaltasphalt* verwendet man eine Emulsion aus Bitumen und Wasser unter Zusatz von Emulgatoren, die dem Kaltasphalt Stabilität verleihen. Kaltasphalt wird im Straßenbau auf die Schotter gespritzt. Dabei brechen die Emulsionen, und der Schotter wird verkittet. Kaltasphalt dient ferner als Sperranstrich für feuchte Bauteile.

Eine Lösung von A. in Benzol oder Terpentinöl ist der *Asphaltlack*. Er wird in der Ätzerei und Galvanotechnik zum Abdecken der Metallflächen, als Rostschutzmittel u. dgl. verwendet, außerdem als Schutz- und Isolieranstrich.

Aspirin®, ↗ Acetylsalicylsäure.

Assimilation, die Umwandlung körperfremder Substrate in endogene Substanzen (Assimilate) unter Nutzung der durch Dissimilation (↗ Katabolismus) gewonnenen Energie. Während heterotrophe Lebewesen (Mensch, Tier, die meisten Bakterien, Pilze) organische Substanzen verwenden (↗ Anabolismus, ↗ Amphibolismus), erfolgt bei autotrophen Zellen (Pflanzen, Blaualgen und einige Bakterien) der Aufbau organischer Substanzen aus anorganischen Ausgangsverbindungen unter Nutzung von vorrangig Lichtenergie.

Astat, früher ***Astatin***, Symbol ***At***, (nach griech. »astatos« unbeständig benannt), radioaktives, sehr kurzlebiges chem. Element aus der VII. Hauptgruppe des Periodensystems, der Gruppe der ↗ Halogene, Nichtmetall; *Z*. 85, Massenzahlen der bisher beschriebenen Isotope 196 bis 219 (je 2 Kernisomere der Massenzahlen 198, 200, 202, 212), Atommasse (stabilstes Isotop) 210 ($t_{1/2}$ 8,1 h, K-Einfang (99,83 %), α-Emission (0,17), Wertigkeit –I, +I, +V, +VII, F. ≈

300 °C, Kp. ≈ 370 °C, Standardelektrodenpotential (At^-/At_2) + 0,25 V.

Die Isotope ^{215}At , ^{218}At und ^{219}At kommen, durch sehr kurze Halbwertszeiten gekennzeichnet ($t_{1/2}$ 1,64 · 10^{-4} s, α-Emission; 1,3 s, α (99,9 %), β (0,1 %); 0,9 min, α (97 %). β (3 %), in der Natur als Glieder der natürlichen Zerfallsreihen im Ergebnis von β-Zerfall des Poloniums bzw. α-Zerfall des Franciums in äußerst geringen Mengen (Astatgehalt der Lithosphäre etwa 70 mg) vor.

Die relativ stabilen Isotope der Massenzahlen 209 bis 211, deren Halbwertszeiten zwischen 5,5 und 8,1 h liegen, werden als Gemisch durch Bestrahlung von Bismut-209 mit α-Strahlen von 30 bis 50 MeV z. B. gemäß $^{209}_{83}Bi + ^{4}_{2}H \rightarrow ^{211}_{85}At + 2\ ^{1}_{0}n$ oder aus Thorium bzw. Uran mit hochenergetischen Protonen über Spallationsreaktionen erhalten und von den Begleitelementen auf naßchem. Wege oder über Gasthermochromatographie abgetrennt. A. bildet mit anderen Halogenen Interhalogenverbindungen. AtCl, AtBr, AtI. Starke Reduktionsmittel reduzieren A. zu At^-; *Astatwasserstoff*, HAt, ist ein stärkeres Reduktionsmittel als Iodwasserstoff HI. Milde Oxidationsmittel, wie Fe^{3+} oder Br_2 führen A. in die Stufe der *hypoastatigen Säure*, HAtO, über. Mit starken Oxidationsmitteln,wie Peroxodisulfat, wird Oxidation zu *Astatat(V)*, $[AtO_3]^-$, erreicht, während Xenondifluorid At^- in heißer, alkalischer Lösung zu *Perastatat*, *Astatat(VII)*, $[AtO_4]^-$ zu oxidieren vermag. Zahlreiche *astatorgansiche Ver-bindungen*, z. B. C_2H_5At, C_6H_5At, C_6H_4AtX (X = Cl, Br, I) und $AtCH_2COOH$, konnten erhalten werden. Alle At-Verbindungen konnten ausschließlich in Tracer-Experimenten nachgewiesen werden.

Astonsche Isotopenregel, ↗ Isotope.

Astraphloxin FF, ↗ Polymethinfarbstoffe.

Astrazonrot GB, ↗ Polymethinfarbstoffe.

asym-, *as*, ↗ Nomenklatur, Abschn. C IV.

asymmetrisch, ↗ Nomenklatur, Abschn. C IV.

asymmetrisches Kohlenstoffatom, *Chiralitätszentrum*, ↗ Stereoisomerie.

asymmetrische Synthese, traditionsgemäß noch verwendete Bezeichnung für die stereoselektive Synthese chiraler Verbindungen, ↗ stereoselektive Synthese.

At, Symbol für Astat.

ataktisch, ↗ Polymere.

Ataraktika, ↗ Psychopharmaka.

Atemalkoholprüfung, die Bestimmung von Ethanol in der Atemluft mit Gasprüfröhrchen, die von der Verkehrspolizei mitgeführt werden. Bei der A. geht man davon aus, daß zwischen der Blutalkoholkonzentration und dem Alkoholgehalt der ausgeatmeten Luft eine gesetzmäßige Proportionalität besteht. Die Röhrchen enthalten üblicherweise mit einer Lösung von Kaliumdichromat in konz. Schwefelsäure getränktes Kieselgel. Bläst eine Prüfperson durch ein solches Prüfröhrchen einen Plastikmeßbeutel auf, so wird durch Alkohol in der Atemluft das Kaliumdichromat zu grünen Chrom(III)-Verbindungen reduziert, die im Röhrchen als grüne Farbzone sichtbar werden. Die Länge der Farbzone ist dem Alkoholgehalt der ausgeatmeten Luft ungefähr proportional. Eine weitere Möglichkeit besteht in der gaschromatographischen Messung der Zusammensetzung der ausgeatmeten Luft, d. h. eine direkte quantitative Bestimmung des Alkoholgehalts der Atemluft. Bei Überschreiten der gesetzlich festgelegten Promillegrenze ist eine ↗ Blutalkoholbestimmung erforderlich.

Atemgift, im weiteren Sinne eine toxische Substanz, die durch die Aufnahme in das Atmungssystem eines Lebewesens vorübergehende oder dauerhafte Veränderungen einer oder mehrerer Funktionen dieses Lebewesens hervorruft, im engeren Sinne ein Insektizid, das mittels seiner Dampfphase vom Insekt durch Inhalation aufgenommen wird.

ätherische Öle, flüchtige, stark riechende ölige Produkte, die durch Wasserdampfdestillation von Pflanzen oder Pflanzenteilen oder durch Auspressen der äußeren Fruchtschalen einiger Citrus-Arten gewonnen werden. Im Gegensatz zu den ebenfalls aus Pflanzen zu gewinnenden fetten Ölen (z. B. Leinöl und Rapsöl) verdunsten die ä. Ö. vollständig und hinterlassen auf Papier keinen Fettfleck. Die ä. Ö. sind Stoffgemische aus im allg. 5 bis 20 Komponenten. Sie unterscheiden sich nach Anzahl, Art und Mengenverhältnissen der Bestandteile charakteristisch voneinander. Manche ä. Ö. bestehen aber überwiegend aus einer Verbindung, z. B. Wintergrünöl zu 99 % aus Salicylsäuremethylester und Lemongrasöl zu 80 % aus Citral, andere aus über 100 Komponenten, z. B. Mandarinenschalenöl aus 148 Verbindungen. Die prozentuale Zusammensetzung der ä. Ö. schwankt in Abhängigkeit von Standort, Jahr und Jahreszeit der Gewinnung sowie Gewinnungs- und Lagerungsmethode.

Die Bestandteile der ä. Ö. sind überwiegend ↗ Terpene und ↗ Sesquiterpene. Die duftenden Komponenten sind die Sauerstoffderivate, wie Alkohole, Ether, Aldehyde, Ketone, Ester, Lactone, Epoxide, aber auch einige N- und S-haltige Verbindungen, die meist nur in ganz geringen Mengen vorkommen.

Die Namen der ä. Ö. entsprechen den Pflanzen bzw. den Pflanzenteilen, in denen sie enthalten sind, z. B. Angelikawurzelöl, Zimtblätteröl, ↗ Orangenblütenöl, Knoblauchöl, ↗ Wacholderbeeröl, ↗ Sandelholzöl, Agrumenschalenöl, ↗ Muskatnußöl. In einigen Fällen unterscheidet man zwischen den ä. Ö. verschiedener Teile einer Pflanze, so heißen z. B. die ä. Ö. des Pomeranzenbaumes Neroliöl aus den Blüten, Petitgrainöl aus Zweigen und Blättern und ↗ Pomeranzenöl aus den Früchten.

Eigenschaften. Die ä. Ö. sind farblos oder farbig, dünn- oder dickflüssig, selten von halbfester, salbenartiger Konsistenz. Sie sind meist leichter als Wasser, selten auch im Vakuum unzersetzt destillierbar und oft deutlich empfindlich gegenüber Luft, Licht und Wärme.

Die Qualitätsbestimmung und der Nachweis von Verfälschungen erfolgt heute vorwiegend durch moderne Trennverfahren (GC, HPLC, Dünnschichtchromatographie) zusammen mit spektroskopischen Methoden.

Vorkommen. Ä. Ö. sind in allen Pflanzen mit riechenden Teilen enthalten. Von den über 3000 bekannten ä. Ö. spielen jedoch nur etwa 150 eine praktische Rolle (z. B. Anisöl, ↗ Bergamottöl, Campheröl, ↗ Citronellöl, Citrusöle, ↗ Eucalyptusöl). Die ä. Ö. finden sich in den Pflanzen als Tropfen in Zellen oder in größeren Hohlräumen, nur in einigen Pflanzen liegen sie als geruchlose Glycoside vor (z. B. Bittermandelöl, Wintergrünöl), aus denen sie beim Einweichen in Wasser durch enzymatische Hydrolyse freigesetzt werden. Interessanterweise enthalten alkaloidreiche Pflanzen weniger oder keine ä. Ö. und umgekehrt. Die Abscheidung der ä. Ö. in den Pflanzen ist irreversibel, d. h., sie werden am Stoffwechsel nicht mehr beteiligt. Sie dienen in den Blüten als Insektenmerkzeichen, in den vegetativen Teilen als Schutzsubstanzen gegen Zerstörung und in den Wurzeln als Abwehrstoffe gegen Mikroorganismen. Eine fungizide und bakterizide Wirkung wurde bei vielen ä. Ö. nachgewiesen.

Gewinnung. Die ä. Ö. gewinnt man durch Wasserdampfdestillation, Extraktion oder Auspressen. Die *Wasserdampfdestillation* liefert ausschließlich die flüchtigen Bestandteile der Pflanzen, sie läßt sich jedoch nur für relativ beständige ä. Ö. anwenden. Durch *Extraktion* mit niedrigsiedenden Lösungsmitteln erhält man die *konkreten Öle*, die noch reichlich Wachse und Paraffine enthalten. Das Ausfällen dieser Öle mit Ethanol und Abdestillieren des Alkohols im Vakuum ergibt die *absoluten Öle*, die auch für Feinparfüme geeignet sind. Am mildesten ist die Extraktion mit verflüssigten Gasen, z. B. Kohlendioxid, Ammoniak, Ether, im überkritischen Bereich. Man gewinnt so besonders unverfälschte und naturgetreue Blütenöle. Die durch *Auspressen* gewonnenen ä. Ö. der Citrusfrüchteschalen haben die Zusammensetzung wie in den Schalen und enthalten nur wenig schwer- und nichtflüchtige Verbindungen.

Verwendung. Die ä. Ö. werden in der Parfümindustrie und als ↗ Riechstoffe eingesetzt.

Atmung, die mit der Aufnahme von molekularem Sauerstoff in den Organismus, seinen Transport in die Zelle und dessen Oxidation zu Wasser im Zusammenhang stehende Prozesse. Unter der *äußeren A.* (Gaswechsel, Respiration) versteht man die Aufnahme von O_2 und Abgabe von CO_2, während die *innere A.* (Zellatmung, ↗ Katabolismus) die schrittweise Oxidation von energiereichen Ausgangssubstraten zu energiearmen Ausscheidungsprodukten (CO_2 und H_2O) unter Energiegewinn (↗ Atmungskettenphosphorylierung) in der ↗ Atmungskette umfaßt.

Atmungsferment, ↗ Cytochromoxidase.

Atmungsinhibitoren, *Atmungshemmstoffe*, chemische Verbindungen, die in unterschiedlicher Weise die Atmung hemmen. Durch Inhibitoren des Elektronentransports in der ↗ Atmungskette, wie Kohlenmonoxid, Cyanid, Schwefelwasserstoff, Antimycin A, Malonat, Guanidin, wird gleichzeitig die ↗ Atmungskettenphosphorylierung gehemmt. Spezifische Inhibitoren der Atmungskettenphosphorylierung sind u. a. Oligomycin, Natriumazid, Kaliumatractylat, während *Entkoppler* den Elektronenfluß in der Atmungskette von der Atmungskettenphosphorylierung trennen, wodurch letztere vollständig bei nicht beeinträchtigter Atmung unterbunden wird. Beispiele für echte Entkoppler sind 2,4-Dinitrophenol, Dicumarol und das Protein Thermogenin.

Atmungskette, eine in der inneren Mitochondrienmembran lokalisierte energieliefernde Reaktionskette bestehend aus Elektronencarriern, die Elektronen schrittweise auf molekularen Sauerstoff überträgt, wobei dieser zu H_2O reduziert wird. In der A. wird die ansonsten explosionsartige Oxidation von H_2 (Knallgasreaktion $2\ H_2 + O_2 \rightarrow 2\ H_2O$) bei physiologischer Temperatur in energiefreisetzende Einzelschritte zerlegt (↗ Atmungskettenphosphorylierung). Über Shuttle-Systeme werden cytosolische Reduktionsäquivalente NAD-abhängiger Dehydrierungen auf die mitochondriale *NADH-Ubichinon-Oxidoreductase* (Komplex I) übertragen, wobei die Reduktionsäquivalente von der FMN-enthaltenden NADH-Dehydrogenase über Fe-S-Zentren auf Ubichinon weitergeleitet werden, das dann die Elektronen auf Cytochrom b, der ersten Komponente der *Ubichinon-Cytochrom c-Oxidoreductase* (Komplex III) transferiert. Die Elektronen gelangen über weitere Fe-S-Zentren zum Cytochrom c, das diese auf die *Cytochrom-c-Oxidase* (Warburgsches Atmungsferment) weiterleitet. Dieses kupferhaltige Enzym besteht aus den Cytochromen a und a_3, das die Elektronen sammelt und auf den Endakzeptor O_2 überträgt. Eine weitere Eintrittsmöglichkeit von Reduktionsäquivalenten ist die Succinat-Dehydrogenase (Komplex II), ein FAD-enthaltendes Flavoprotein, das Elektronen über mehrere Fe-S-Zentren auf das Ubichinon weitertransportiert. Der Elektronenfluß durch die Multienzymkomplexe I, III und IV (Abb.) pumpt Protonen durch die innere Mitochondrienmembran, wobei der sich bildende Protonengradient die Energie zur Synthese von ATP (↗ Atmungskettenphosphorylierung) liefert.

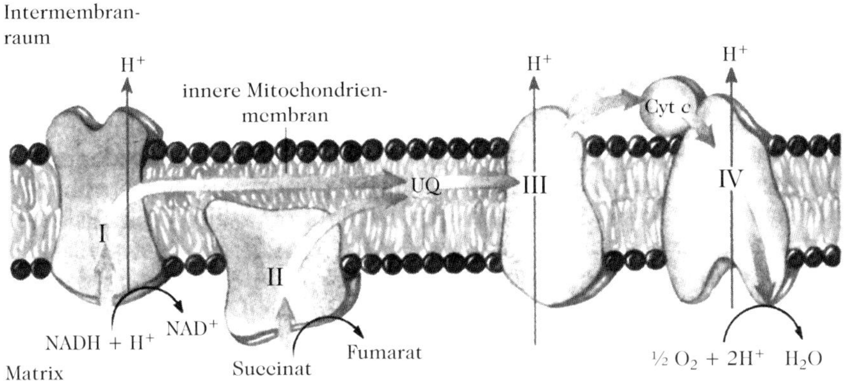

Atmungskette. Abb.: Elektronen- und Protonenfluß.

Atmungskettenphosphorylierung, *oxidative Phosphorylierung*, die Bildung von ATP aus ADP und anorganischem Phosphat in enger Kopplung mit dem Elektronenfluß durch die ↗ Atmungskette. Nach der chemiosmotischen Theorie von P. Mitchell ist der Elektronentransfer durch die Atmungskette von einem Protonenfluß durch die innere Mitochondrienmembran nach außen begleitet. Durch die *protonenmotorische Kraft* (*PMK*), resultierend aus der elektrochemischen Energie des Protonengradienten, wird durch die F_0F_1-ATPase die Synthese von ATP angetrieben. Die A. liefert den größten Anteil von ATP in aeroben Zellen. Die bei der A. freiwerdende Energie wird unter Standardbedingungen zu etwa 40 % in Form von ATP gesichert. Die verbleibenden ca. 60 % werden als Wärme freigesetzt. Die Ausbeute an ATP wird durch den P/O-Quotienten definiert, der anzeigt, wieviel Mol ATP pro Mol Sauerstoff gebildet werden. Während die Oxidation von einem Mol NADH + H^+ 3 Mol ATP (P/O = 3) liefert, werden durch 1 Mol $FADH_2$ nur 2 Mol ATP (P/O = 2) synthetisiert, da im letzteren Falle durch den Eintritt der Elektronen auf der Ubichinonstufe die Phosphorylierungsregion I umgangen wird. Durch Entkoppler (P/O = 0) werden A. und Elektronenfluß durch die Atmungkette getrennt, so daß die gesamte Energie in Wärme umgewandelt wird. Im braunen Fettgewebe von Säugetieren befindet sich mit dem *Thermogenin* (Entkopplungsprotein) ein endogener Entkoppler, der bei Neugeborenen und winterschlafenden Tieren die Aufrechterhaltung der notwendigen Körpertemperatur durch Nutzung metabolischer Energie reguliert.

Atom, das kleinste elektrisch neutrale Teilchen eines chem. Elements, das mit chem. Mitteln nicht weiter teilbar ist und dessen Eigenschaften das chem. und physikalische Verhalten des Elements bestimmen. Mit physikalischen Mitteln kann das A. zerlegt werden. Es besteht aus dem positiv geladenen *Atomkern* und den negativ geladenen *Elektronen* in der Atomhülle (↗ Atommodell). Wenn dem A. Elektronen entzogen oder angelagert werden, so spricht man vom positiven bzw. negativen Ion.

Im Atomkern befinden sich Protonen und Neutronen. Sie bilden zusammen die Nucleonen und stellen fast die gesamte Masse des A. Die Summe der Nucleonenzahl ist gleich der *Massenzahl M* des A. (↗ Atommasse). A. gleicher Ordnungszahl können unterschiedliche Neutronenzahlen aufweisen. Diese sich in ihrem chem. Verhalten fast nicht unterscheidenden A. gleicher Ordnungszahl nennt man ↗ Isotope.

Ein relatives Maß für die Größe eines Atoms ist der ↗ Atomradius. Die Lage der A. in Kristallgittern konnte mit Hilfe von Röntgen-, Elektronen- und Neutronenstrahlinterferenzen bestimmt werden (↗ Röntgenstrukturanalyse). Ein Bild vom Aufbau eines A. vermitteln die Atommodelle (↗ Atommodell).

Atomabsorptionsspektrometrie, Abk. *AAS*, Methode der ↗ Atomspektroskopie zur Einzelelementbestimmung vor allem von anorganischen Spuren- und Nebenbestandteilen.

Prinzip der Methode. Die A. nutzt das Absorptionsvermögen freier Atome zu ihrer quantitativen Bestimmung aus. Die freien Atome werden meist aus Lösungen auf thermischem Wege durch Verdampfen und Dissoziation in einem Absorptionsraum erzeugt. Dieser Absorptionsraum wird vom Licht einer speziellen Lichtquelle durchstrahlt. Die Änderung der Lichtintensität einer ausgewählten Linie wird in Form der Extinktion mit der Anzahl der Atome im Absorptionsraum und damit mit der Konzentration dieser Atome in der Probe in Beziehung gebracht.

Abb. 1 zeigt den schematischen Aufbau eines Atomabsorptionsspektrometers. Freie Atome werden im Atomisator erzeugt. Dazu ist Energiezufuhr erforderlich, die im allg. durch chem. Prozesse (Flammen) oder elektrische Widerstandserhitzung (Graphitrohrküvette, Quarzrohratomisator) aufgebracht wird. Im ersten Fall wird die gelöste Probe als Aerosol in eine Flamme gesprüht, die durch Verbrennung eines Ethin/Luft-Gemisches (erreichbare Temperaturen etwa 2500 K) sowie für schwerer verdampfbare Proben mit einem Ethin/N_2O-Gemisch (3100 bis 3200 K) erzeugt werden.

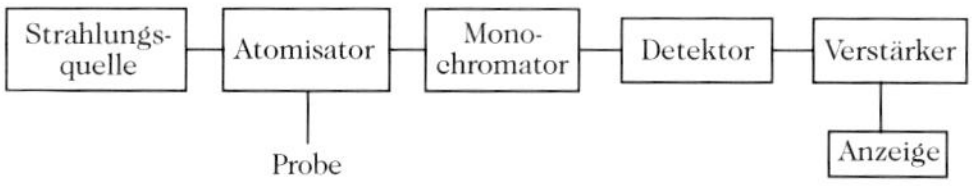

Atomabsorptionsspektrometrie. Abb. 1: Aufbau eines Atomabsorptionsspektrometers.

Neben dieser Flammen-A. ist auch die flammenlose A. weit verbreitet, die am häufigsten als elektrothermische Atomisierung in einer Graphitrohrküvette betrieben wird. Die Probe wird dazu meist in gelöster Form mit Hilfe einer Mikropipette in das Graphitrohr gebracht und mittels einer Widerstandsheizung sehr schnell auf 2000 bis 3000 K aufgeheizt. Über die Stufen der Trocknung und Veraschung erfolgt eine Atomisierung der Probe. Bei beiden Methoden reichen die Temperaturen nicht aus, um die in freier Form vorliegenden Atome in nennenswertem Maße anzuregen. Diese liegen ganz überwiegend im Grundzustand vor, wie aus der Tab. ersichtlich ist, in der das nach der ↗ Maxwell-Boltzmann-Verteilung berechnete Verhältnis von angeregten Atomen N zu Atomen im Grundzustand N_0 für verschiedene Elemente und Temperaturen angegeben ist. Daraus lassen sich drei Vorteile der A. ableiten: 1) Da die beobachteten Absorptionsprozesse vom Grundzustand ausgehen, weisen sie eine hohe Intensität auf, die die Grundlage einer hohen analytischen Empfindlichkeit der Methode ist. 2) Da nur die Absorptionslinien beobachtet werden, die vom Grundzustand ausgehen, erhält man relativ linienarme Spektren, die wenig Überlagerungen der Spektrallinien aufweisen und sich somit durch eine hohe Selektivität auszeichnen. 3) Da die Anzahl der Atome im Grundzustand im vorliegenden Temperaturbereich sehr stark überwiegt und in erster Näherung als konstant angesehen werden kann, ist der Absorptionsprozeß im Gegensatz zum Emissionsprozeß weitgehend temperaturunabhängig.

Mit den bisher genannten Atomisierungsmethoden lassen sich feste Stoffe nur bedingt untersuchen. Mit speziellen Methoden, z. B. der Laser-Technik, wo mit Hilfe eines Laserstrahls Feststoffe in Mikromengen verdampft werden können, ist auch deren Untersuchung möglich. Als *Strahlungsquellen* werden in der A. spektrale Lichtquellen verwendet, deren Spektrallinien eine geringe Linienbreite und eine hohe Intensität aufweisen sollen. Diese Eigenschaften besitzen vor allem Hohlkathodenlampen (HKL). Eine HKL besteht aus einem Glaskörper, der mit einem Edelgas von 2,5 bis $5 \cdot 10^2$ Pa gefüllt ist und eine Kathode aus dem Material des zu bestimmenden Elementes in Form eines Hohlkörpers enthält (Abb. 2). Es ist für jedes Element eine gesonderte HKL erforderlich. Beim Anlegen einer Spannung setzt eine Glimmentladung ein. Es wird neben der charakteristischen Strahlung des verwendeten Edelgases die charakteristische Strahlung des Metalldampfes emittiert. Durch die Verminderung der Stoß- und Doppler-Verbreiterung (↗ Linienbreite) sind die emittierten Linien sehr schmal und weisen eine geringere Linienbreite als die entsprechenden Absorptionslinien auf (Abb. 3).

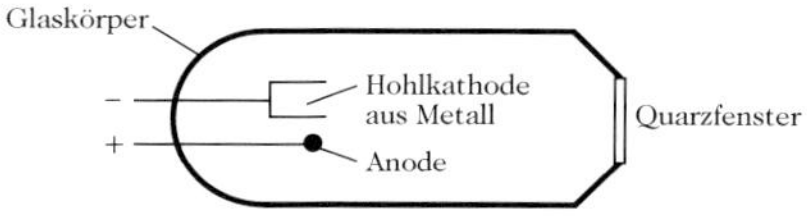

Atomabsorptionsspektrometrie. Abb. 2: Hohlkathodenlampe.

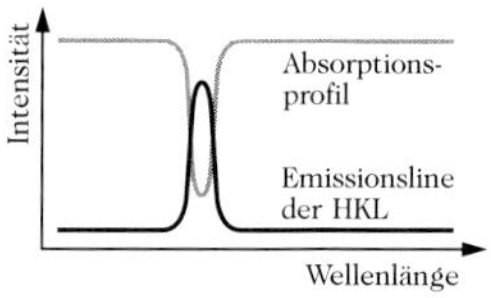

Atomabsorptionsspektrometrie. Abb. 3: Linienbreiten von Emissions- und Absorptionslinien

Durch diesen von Walsh 1955 erstmals angewandten Kunstgriff wird erreicht, daß die gesamte einfallende Strahlung absorbiert werden kann, was zu einer beträchtlichen Steigerung der Leistungsfähigkeit der Methode führte. Neben den HKL wer-

Resonanzlinie	Temperatur in K			
	2000	3000	4000	5000
Na 589,0 nm	$9{,}86 \cdot 10^{-6}$	$5{,}88 \cdot 10^{-4}$	$4{,}44 \cdot 10^{-3}$	$1{,}51 \cdot 10^{-2}$
Ca 422,7 nm	$1{,}21 \cdot 10^{-7}$	$3{,}69 \cdot 10^{-5}$	$6{,}03 \cdot 10^{-4}$	$3{,}33 \cdot 10^{-3}$
Zn 213,9 nm	$7{,}29 \cdot 10^{-5}$	$5{,}58 \cdot 10^{-10}$	$1{,}48 \cdot 10^{-7}$	$4{,}32 \cdot 10^{-6}$

Atomabsorptionsspektrometrie. Tab.: Verhältnis N/N_0 für die Resonanzlinien einiger Elemente

den als Strahlungsquellen noch elektrodenlose Entladungslampen EDL (Abk. für engl. electrodeless discharge lamps) angewandt, in denen eine Anregung durch induktive Kopplung mit der Hochfrequenzenergie eines Senders erfolgt. Für den stattfindenden Absorptionsprozeß gilt eine dem Lambert-Beerschen Gesetz analoge Beziehung $E = \log I_0/I_D = k'N$, wobei E die Extinktion, N die Anzahl der absorbierenden Teilchen und k' eine Konstante ist.

Da die von der Strahlungsquelle ausgesandte Strahlung mehrere Spektrallinien enthält, verwendet man einen *Monochromator*, der alle Linien bis auf die gewünschte aussondert. Meist verwendet man die Resonanzlinien der Elemente, die einem Übergang aus dem ersten angeregten Zustand in den Grundzustand entsprechen, zu ihrer Bestimmung. Da die wichtigsten Absorptionslinien der meisten Elemente im UV liegen, müssen optische Bauelemente aus Quarz angewendet werden. Die Intensitätsmessung des eingestrahlten und durchgelassenen Lichtes erfolgt durch ↗ Sekundärelektronenvervielfacher als Detektoren, die am Austrittsspalt des Monochromators angebracht sind. Das Lichtsignal wird dabei in ein elektrisches Signal verwandelt, das verstärkt und zur Anzeige gebracht wird.

Atomabsorptionsspektrometer können als Einstrahl- und als Zweistrahlgeräte gebaut werden (↗ Spektralapparaturen). Einstrahlgeräte erfordern eine stabile Strahlung der Strahlungsquelle, während sich bei Zweistrahlgeräten Intensitätsschwankungen der Strahlungsquelle nicht auswirken. Um störende Eigenemissionen von Flammen und Atomisatoren zu eliminieren, moduliert man üblicherweise die Strahlung der HKL.

Die Auswertung der erhaltenen Ergebnisse kann nach dem Kalibrierkurvenverfahren erfolgen, nach dem die gemessene Extinktion E gegen die Konzentration c verschiedener Standards aufgetragen wird. Das Kalibrierkurvennerfahren weist jedoch häufig systematische Fehler auf. Die Richtigkeit der erhaltenen Ergebnisse kann durch ↗ Matrixeffekte beeinträchtigt werden. Im Falle der A. sind dies vor allem Einflüsse, die sich auf die Verdampfung und Dissoziation der Probe auswirken. Durch bestimmte Maßnahmen (z. B. Zusatz von Stoffen, die die störende Matrix binden, Änderung der Temperatur der Atomisierungsquelle) muß versucht werden, diese Effekte zu eliminieren. Matrixeffekte können teilweise korrigiert werden durch das Standard-Additionsverfahren, bei dem nach Zugabe von Standards zur Probe die Signalerhöhungen gemessen werden und so eine Kalibrierung in der jeweiligen Probenmatrix erfolgt. Matrixbedingte Störungen des spektralen Untergrundes können auch durch Untergrundkorrektur-Messungen beseitigt werden, vgl. ↗ Zeeman-Effekt.

Anwendung der A. Die A. hat sich in den letzten 25 Jahren zur wichtigsten Analysenmethode für die Bestimmung anorganischer Spuren- und Nebenbestandteile in Lösungen entwickelt. Durch die A. können etwa 70 Elemente des Periodensystems, vor allem Metalle und Halbmetalle, bestimmt werden. Die Bestimmung von Nichtmetallen ist oft problematisch, da die Resonanzlinien dieser Elemente meist unterhalb 200 nm liegen und eine Reihe von ihnen stabile, schwer dissoziierbare Moleküle bilden. Es können mit der A. sowohl Mikroproben als auch Makroproben analysiert werden, wobei für Mikroproben die elektrothermische Atomisierung in der Graphitrohrküvette besonders günstig ist. Bei dieser Technik treten keine Lösungsverluste wie in der Flamme auf. Die Verwendung von Lösungen bedingt, daß die Probe vorher aufgeschlossen werden muß. Die Einsatzmöglichkeiten der A. sind außerordentlich vielfältig. Sie spielt überall dort eine wichtige Rolle, wo anorganische, Komponenten analytisch zu bestimmen sind. Das ist auf zahlreichen Gebieten der Naturwissenschaften, Medizin und Technik, so z. B. in Biochemie, Toxikologie, Umweltschutz, Lebensmittelanalytik, Landwirtschaft und Metallurgie, der Fall.

atomare Einheiten, Abk. *at. E.*, ein auf Einheiten von Größen aus dem atomaren Bereich basierendes Maßsystem. Danach verwendet man die Elektronenmasse m_e als Einheit der Masse, $\hbar = h/2\pi$ (h Plancksches Wirkungsquantum) als Einheit des Drehimpulses und die Ladung des Elektrons (Elementarladung) e als Einheit der Ladung. Mit der Schreibweise $e_\pi = e/\sqrt{4\pi\varepsilon_0}$ (ε_0 elektrische Feldkonstante) erhält man für die Energie: 1 a. E. der Energie = $e^4_\pi m_e/\hbar^2$ = 1 Hartree = $4{,}3593 \cdot 10^{-18}$ J. Dies entspricht der 2fachen Ionisierungsenergie des Wasserstoffatoms. Die a. E. der Länge ist der Radius der ersten Bohrschen Bahn im Wasserstoffatom (↗ Atommodell): $1a_0 = 4\pi\varepsilon_0\hbar^2/(m_e e^2) = 0{,}529177249(24) \cdot 10^{-10}$ m. Analog können weitere Größen unter Verwendung von m_e, $\hbar$ und e in a. E. angegeben werden. Die Benutzung a. E. erweist sich in der Quantentheorie der Atome und Moleküle als besonders zweckmäßig, indem man in den quantenmechanischen Ausdrücken für e, $\hbar$ und m_e den Wert 1 einsetzt.

Atombindung, ↗ chemische Bindung.

Atomemissionsspektrometrie, Abk. *AES*, heute oft OES, Abk. für optische Emissionsspektrometrie, Methode der Atomspektroskopie zur qualitativen und quantitativen Bestimmung von Elementen in festen und flüssigen Proben. Das Prinzip der A. besteht darin, daß die Probe mit Hilfe einer Anregungsquelle, z. B. Flamme, Bogen, Funken, ICP (↗ induktiv gekoppeltes Plasma), in den Plasmazustand überführt wird. Das vom Plasma emittierte

Licht wird auf den Eintrittsspalt eines Monochromators fokussiert, spektral zerlegt und auf einer Photoplatte (Spektrograph) oder in neuerer Zeit vornehmlich photoelektrisch (Spektrometer) registriert. Die Ermittlung der Lage der Linien (Wellenlängenbestimmung) ermöglicht eine qualitative Analyse der Probe. Aus der Beziehung zwischen Linienintensität und Konzentration lassen sich quantitative Analysen vornehmen.

Apparaturen. Spektralapparaturen zur Untersuchung von Atomemissionsspektren bestehen aus drei Hauptbauelementen: einer Anregungsquelle, einem Mono- oder Polychromator und einem Empfänger (Detektor).

Anregungsquellen haben vor allem zwei Aufgabenzu erfüllen: die Überführung der Probe in den Gaszustand, so daß freie Atome vorliegen, und die Anregung der Probe zur Strahlung. Die Intensität der Spektrallinien soll dabei groß, die des Untergrundes (↗ Plasma) klein sein. Es wird weiter eine konstante Intensität der Linien angestrebt. Die wichtigsten in der A. verwendeten Anregungsquellen sind Verbrennungsflammen, der elektrische Lichtbogen, der Hochspannungsfunken und das ↗ induktiv gekoppelte Plasma.

Verbrennungsflammen weisen relativ niedrige Energien auf, so daß damit vor allem leicht anregbare Elemente untersucht werden können. Ihre Anwendung wird oft gesondert als ↗ Flammenspektralphotometrie bezeichnet. Wenn die Anregung eines Elementes zur Lichtemission höhere Energie erfordert, so ist es zweckmäßig, die Anregung durch elektrische Energie vorzunehmen.

Der *elektrische Lichtbogen* wird zwischen 2 Elektroden gezündet, von denen entweder eine oder beide die Probenbestandteile enthalten. Für die Erzeugung des Bogenplasmas können sowohl Gleich- als auch Wechselstrom verwendet werden. Die üblichen Stromstärken liegen zwischen 3 und 20 A, die erreichbaren Temperaturen im Plasma zwischen 4000 und 7000 K. Infolge des hohen Energieumsatzes erhitzen sich die Elektroden sehr stark. Dies ermöglicht die Verdampfung und damit die Analyse schwer flüchtiger Proben.

Wegen des großen Stoffumsatzes erreicht der Lichtbogen ein hohes Nachweisvermögen, so daß er sich besonders zur Spurenanalyse und Analyse von Nebenbestandteilen eignet. Für Hauptbestandteile ist er wegen der geringen Reproduzierbarkeit der Meßwerte weniger gut geeignet. In den erhaltenen Spektren treten vorwiegend Atomlinien (weniger Linien von Ionen) auf. Die erhaltenen Bogenspektren sind deshalb relativ linienarm und eignen sich wegen geringer Linienüberlagerungen gut für eine qualitative Auswertung.

Zur Erzeugung eines *Hochspannungsfunkens* wird mit Hilfe eines Transformators Wechselstrom auf etwa 10 kV transformiert. Mit dieser Spannung werden in ihrer Kapazität veränderliche Kondensatoren beladen. Der Hochspannungsfunke entsteht durch die Kondensatorentladung als Folge einer kurzzeitigen Überbrückung der Analysenfunkenstrecke. Zur Analyse verwendet man eine Folge von Einzelfunken gleichartigen Verlaufs im zeitlichen Abstand von etwa 10^{-2} s, wobei die Einzelfunkendauer etwa 10^{-4} bis 10^{-5} s beträgt. Die Stromstärke und damit die Temperatur im Funkenplasma sind sehr hoch ($\approx$ 100 A, $\approx 5 \cdot 10^4$ K). Infolge der hohen Temperatur im Funkenplasma treten neben Atomlinien in erheblichem Maße Ionenlinien auf, die zu einer Komplizierung der Spektren führen, so daß diese für eine qualitative Analyse weniger gut als die Bogenspektren geeignet sind. Wegen der beschriebenen Nachteile von Funken- und Bogenspektren werden heute vermehrt *Hochfrequenzplasmen* von Edelgasen als Anregungsquellen verwendet (↗ induktiv gekoppeltes Plasma, ICP). Zur Verdampfung und Anregung von Proben werden auch *Laser* benutzt, wobei infolge der Möglichkeit, die Laserstrahlung auf kleinste Bereiche der Oberfläche zu fokussieren, Lokalanalysen ausgeführt werden können.

Das von der Anregungsquelle kommende Licht wird durch ein Linsensystem auf dem Eintrittsspalt des *Monochromators* abgebildet, in dem ein geeignetes Dispersionselement (Prisma, Gitter) die einzelnen Strahlungsanteile je nach ihrer Wellenlänge unterschiedlich aus der ursprünglichen Richtung ablenkt. An das Auflösungsvermögen des Monochromators werden unterschiedliche Anforderungen gestellt, je nachdem ob man relativ linienarme Flammenspektren von zwei Alkalimetallen nebeneinander bestimmen will, wofür nur eine geringe Auflösung erforderlich ist, oder linienreiche ICP-Spektren von Proben untersuchen will, die zahlreiche Schwermetalle nebeneinander enthalten. Für letztere Aufgabe werden hochauflösende Gitter verwendet.

Die Auswahl des optischen Materials richtet sich nach dem zu vermessenden Spektralbereich. Im sichtbaren Spektralbereich genügt eine Glasoptik, im nahen UV (400 bis 200 nm) ist dagegen eine Quarzoptik erforderlich. Für Untersuchungen im fernen UV (unterhalb 200 nm), die vorwiegend zur Bestimmung von Elementen, wie Schwefel, Phosphor oder Kohlenstoff, angewandt werden, werden Vakuum-Gitter-Geräte eingesetzt.

Lichtelektrische Detektoren, wie Sekundärelektronenvervielfacher und Photodioden, erlauben eine genaue und schnelle Intensitätsmessung. Sie haben gegenüber der früher viel verwendeten Photoplatte den großen Vorteil, daß über einen wesentlich weiteren Bereich (1 : 10^5) ein linearer Zusammenhang zwischen der Konzentration und der am Empfänger auftretenden Spannung gefunden wird. Im einfachsten Fall wird der photoelektrische Empfänger am Austrittsspalt des Monochromators angebracht. Durch Drehung des dispergierenden Elements (↗ Spektralapparaturen) wird erreicht, daß nacheinander die verschiedenen Wellenlängen aus diesem Spalt austreten und die Analysenlinien nacheinander bestimmt werden können (sequentielle Analyse). Die gleichzeitige Bestimmung mehrerer Elemente erfordert Multikanalsysteme (Polychromatoren). Sie enthalten mehrere lichtelektrische Empfänger, die jeweils an einer bestimmten Stelle, die einer bestimmten Wellenlänge entspricht, hinter dem Monochromator angebracht sind. Es sind Geräte mit über 30 verschiedenen Sekundärelektronenvervielfachern beschrieben worden, die für eine simultane Multielementanalyse eingesetzt werden können.

Probenpräparation. Mit der A. werden vor allem feste und flüssige Proben analysiert. Lösungen haben gegenüber der Feststoffanalyse den Vorteil, daß Matrixeffekte reduziert werden und die Herstellung von Kalibrierproben einfacher ist. Es gibt verschiedene Verfahren, die sich je nach der Art des Einbringens der Lösung in die Anregungsquelle unterscheiden.

Anwendung der A. *Qualitative Analyse.* Da jede Atomart ein für sie charakteristisches Spektrum emittiert, bildet das Emissionsspektrum eines Gemisches (z. B. einer Legierung) eine Überlagerung der charakteristischen Spektren der einzelnen Komponenten, die nebeneinander nachgewiesen werden können. Die A. ist deshalb besonders gut zur Multielementanalyse geeignet. Es können über 70 Elemente nachgewiesen werden, wobei Probenmengen von wenigen mg ausreichen.

Quantitative Analyse. Der Zusammenhang zwischen Lichtintensität und Konzentration ist insofern kompliziert, als im Plasma in Abhängigkeit von der Temperatur Atome im Grundzustand, im angeregten Zustand sowie Ionen nebeneinander im Gleichgewicht vorliegen. Der Anteil der Ionen wird durch die *Saha-Gleichung* beschrieben und beträgt

$$\frac{M_0}{N_0} = \frac{A}{N_e}(kT)^{5/2} e^{-E_1/kT} \qquad (1)$$

Hierbei ist M_0 die Konzentration der Ionen, N_e die Konzentration der Atome, N_0 die Konzentration der Elektronen, E_e die Ionisierungsenergie, k die Boltzmann-Konstante, T die absolute Temperatur und A eine Konstante. Aus dieser Gleichung ist zu entnehmen, daß mit wachsender Temperatur die Anzahl der Ionen M_0 und die Anzahl der Elektronen N_e zunehmen. Bei Plasmatemperaturen bis zu 4000 K kann man die Ionenkonzentration jedoch vernachlässigen und für die Verteilung auf den Grund- und die Anregungszustände der Atome eine einfache Boltzmann-Verteilung annehmen:

$$\frac{N_a}{N_g} = \frac{g_a}{g_g} e^{-E_a/kT} \qquad (2)$$

Dabei ist N_a die Konzentration der Atome im angeregten Zustand, N_g die Konzentration der Atome im Grundzustand, g_a und g_g das statistische Gewicht der Zustände und E_a die Anregungsenergie. Aus Gleichung (2) ist zu entnehmen, daß mit steigender Temperatur die Konzentration der Atome in angeregten Zuständen ansteigt. Allerdings führt eine quantitative Betrachtung zu dem Ergebnis, daß der Anteil der angeregten Zustände trotz erhöhter Temperatur gering ist. So beträgt das Verhältnis N_a/N_g für die Resonanzlinie des Cäsiums bei 2000 K $4{,}44\cdot10^{-4}$, bei 3000 K $7{,}24\cdot10^{-3}$, bei 4000 K $2{,}98\cdot10^{-2}$, bei 5000 K $6{,}82\cdot10^{-2}$, d. h. selbst bei 5000 K kommt auf 682 Cs-Atome im Grundzustand ein Atom im angeregten Zustand. Da sich mit steigender Temperatur das Verhältnis N_a/N_g vergrößert, sollte parallel dazu die Intensität der emittierten Strahlung ansteigen. Das ist jedoch nur bedingt richtig, da sich gleichzeitig mit zunehmender Temperatur die Zahl der Ionen auf Kosten der neutralen Atome vergrößert, was zu einer Intensitätsabnahme der betrachteten Atomlinie führt. Die entsprechend Gleichung (2) zu erwartende Intensitätszunahme tritt nur solange ein, als die Ionenkonzentration genügend klein ist. Bei hohen Temperaturen übertrifft die Abnahme der neutralen Atome die temperaturbedingte Intensitätssteigerung. Die Linienintensität durchläuft deshalb in Abhängigkeit von der Temperatur ein Maximum. Diese Normtemperatur liegt für jede Linie eines Elementes bei einem unterschiedlichen Wert. Sie ist für einen Nachweis des Elementes besonders günstig. Die Intensität I der von den angeregten Atomen emittierten Strahlung ergibt sich zu

$$I = h\cdot\nu\cdot N_a\cdot A\cdot V \qquad (3)$$

Hierbei ist $h\cdot\nu$ die Energie des Photons, A die Einsteinsche Übergangswahrscheinlichkeit des Übergangs $N_a \rightarrow N_g$ und V das Volumen. Durch Einsetzen von Gleichung (2) ergibt sich

$$I = H\cdot\nu\cdot g_a/g_g\cdot N_g\cdot e^{-Ea/kt}\cdot A\cdot V. \qquad (4)$$

Daraus ist ersichtlich, daß die Intensität von der Konzentration der Atome im Plasma abhängt. Vorausgesetzt, daß zwischen der Konzentration der Atome im Plasma und ihrer Konzentration C in der Probe eine Proportionalität besteht, gilt

$$I = K\cdot C \qquad (5)$$

wobei K eine Funktion der Temperatur ist.

Diese Gleichung ist praktisch nur für sehr verdünnte Plasmen erfüllt. Bei realen Plasmen besteht zwischen beiden Größen keine strenge Proportionalität mehr, da noch weitere Faktoren auf die Intensität einwirken. Die wichtigsten davon sind: 1) die *Selbstabsorption.* Absorption der primär ausgesandten Photonen durch Atome, die sich im Grundzustand befinden. 2) *Strahlungslose Übergänge*. Die angeregten Atome geben ihre Anregungsenergie strahlungslos, z. B. durch Stöße ab. 3) *Dissoziationsprozesse* können die Entstehung von Atomen beeinflussen, wenn die Dissoziationsenergien hohe Werte annehmen, und 4) Verdampfungsprozesse des Salzes beeinflussen die Anzahl der Atome im Plasma. Diese Prozesse werden häufig durch die Begleitelemente beeinflußt (↗ Matrixeffekte). Aufgrund der genannten Faktoren ist eine theoretische Ermittlung des Zusammmenhangs zwischen Intensität und Konzentration schwierig, so daß man im allg. quantitative Auswertungen auf empirischer Grundlage vornimmmt. Die heute vorwiegend benutzte empirische Eichfunktion hat die Form

$$I = a \cdot C^b, \quad (6)$$

wobei a den Matrix- und Temperatureinfluß, b den Einfluß der Selbstabsorption wiedergibt.

In den meisten Fällen werden jedoch nicht Absolutintensitäten gemessen, sondern das Analysesignal wird als Verhältnis zweier Intensitäten, z. B. der Intensität der Analysenlinie zur Intensität einer Bezugslinie, die vom Grundmaterial oder einem Zusatz herrühren kann, oder zur Intensität des spektralen Untergrundes gemessen:

$$I/I_R = a' \cdot C^{b'} \quad (7)$$

Bei der ICP-AES zeichnen sich solche empirisch ermittelten Bezugskurven durch hohe Linearität über mehrere Konzentrations-Größenordnungen aus.

Typische Anwendungsbeispiele der quantitativen Analyse sind die Bestimmung vieler Elemente nebeneinander in Metallproben in der Stahl-, Bunt- und Leichtmetallindustrie, wobei zur laufenden Produktionskontrolle weitgehend automatisierte Geräte eingesetzt werden, die durch große Analysenschnelligkeit sowie durch hohe Analysengenauigkeit gekennzeichnet sind. Die A. zeichnet sich durch ein gutes Nachweisvermögen, eine gute Selektivität, große Anwendungsbreite sowie die Möglichkeit zur simultanen Multielementanalyse aus.

Atomfluoreszenzspektrometrie, *AFS*, Methode der Atomspektroskopie, die das Fluoreszenzvermögen freier Atome zu ihrer quantitativen Bestimmung ausnutzt. Das Prinzip der Methode ist am Blockschema eines Atomfluoreszenzspektrometers erkennbar (Abb. 1).

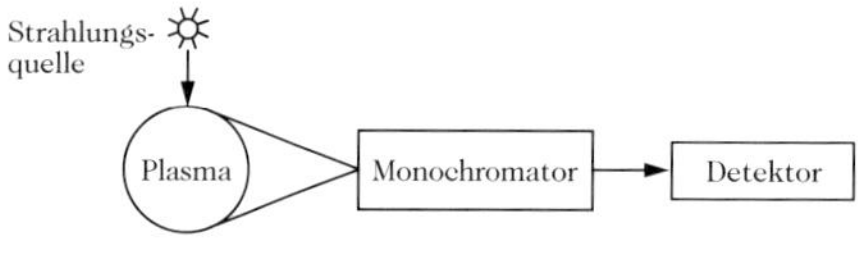

Atomfluoreszenzspektrometrie. Abb. 1: Blockschema eines Atomfluoreszenzspektrometers.

Intensive monochromatische Anregungsstrahlung, wie sie von Farbstofflasern oder elektrodenlosen Entladungslampen geliefert wird, wird auf ein ↗ Plasma fokussiert, das wie in der ↗ Atomabsorptionsspektrometrie durch untergrundarme Flammen oder durch elektrothermische Anregung erzeugt wird. In diesem Plasma liegt die Probe in Form freier Atome vor, die sich ganz überwiegend im Grundzustand befinden. Die Frequenz ν der Anregungsstrahlung wird so gewählt, daß ihre Energie entsprechend der Beziehung $\Delta E = h \cdot \nu$ gerade der Anregungsenergie ΔE der zu untersuchenden Atome entspricht (h ist das Plancksche Wirkungsquantum). Durch Absorption dieser Strahlung gehen die Atome in einen angeregten Zustand über. In diesem Zustand verbleiben sie nur kurze Zeit ($\approx 10^{-8}$ s). Unter Emission der Anregungsenergie oder Teilen davon in Form von Fluoreszenzlicht kehren die Atome in den Grundzustand oder einen niedrigeren Anregungszustand zurück. Das emittierte Fluoreszenzlicht wird im rechten Winkel zur Anregungsstrahlung – um deren direkten Einfall zu vermeiden – von einem Monochromator zerlegt und die Intensität mit einem geeigneten Detektor (z. B. einem ↗ Sekundärelektronenvervielfacher) gemessen. Da das Fluoreszenzlicht Licht verschiedener Wellenlängen sowie Streulicht enthalten kann, ist es notwendig, mit Hilfe eines Monochromators die zur Analyse benutzte Fluoereszenzlinie auszusondern. Um die störende Eigenemission der Flamme zu eliminieren, moduliert man die Anregungsstrahlung, so daß nur das durch diese hervorgerufene Fluoreszenzlicht vom Detektor registriert wird.

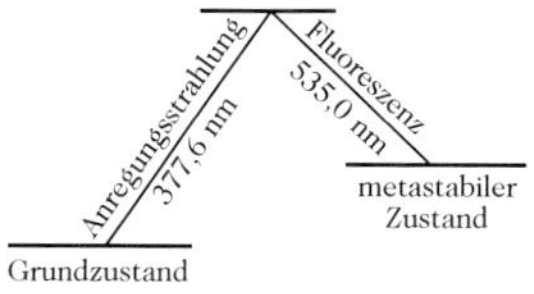

Atomfluoreszenzspektrometrie. Abb. 2: Direktlininenfluoreszenz des Thalliums.

Man unterscheidet vier verschiedene Arten von Fluoreszenz: 1) *Resonanzfluoreszenz*, die dann auftritt, wenn die Fluoreszenzstrahlung die gleiche Wellenlänge wie die absorbierte Strahlung hat. Ihre Verwendung bietet die empfindlichste Nachweismöglichkeit. 2) *Direktlinienfluoreszenz*. Sie erfolgt bei größeren Wellenlängen, als es der absorbierten Strahlung entspricht, da durch die Fluoreszenz nicht wieder der Grundzustand, sondern ein anderer Zustand erreicht wird (Abb. 2). 3) *Stufenweise Fluoreszenz* liegt vor, wenn das in einem höheren Zustand angeregte Atom zunächst durch Desaktivierung in den ersten angeregten Zustand und anschließend unter Emission der Resonanzlinie in den Grundzustand übergeht (Abb. 3). 4) *Sensibilisierte Fluoreszenz*, die dann auftritt, wenn die Anregungsenergie durch Zusammenstöße mit einem vorher angeregten Atom eines anderen Elementes übertragen wird. So sendet ein Plasma, das gleichzeitig Hg- und Tl-Atome enthält, bei der Bestrahlung mit der Hg-Linie bei 253,7 nm die beiden Tl-Linien bei 377,6 und 535,0 nm aus.

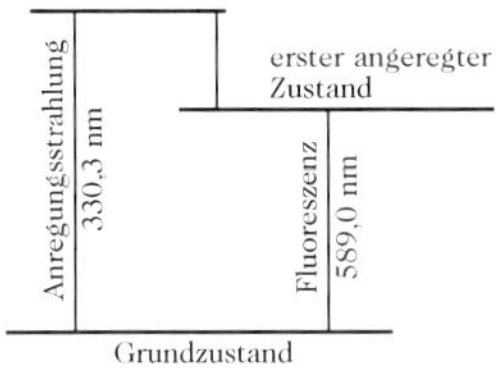

Atomfluoreszenzspektrometrie. Abb. 3: Stufenweise Fluoreszenz des Natriumatoms.

Die Intensität der Fluoreszenz hängt von der Intensität der Anregungsstrahlung, vom Anteil der von den Atomen absorbierten Strahlung, von der Quantenausbeute der Fluoreszenz und vom Anteil der Fluoreszenzstrahlung, die von anderen Atomen reabsorbiert wird (Selbstlöschung), ab. Für praktische Belange ist wesentlich, daß die Fluoreszenzstrahlung der Intensität der Anregungsstrahlung sowie der Anzahl der Atome im Absorptionsplasma proportional ist. Ist die Quantenausbeute der Fluoreszenz hoch, so kann daraus ein außerordentlich hohes Nachweisvermögen für bestimmte Elemente resultieren, was die A. zur Spurenanalyse besonders geeignet macht.

Die Auswertung der Fluoreszenzmessungen erfolgt mit Hilfe von Kalibrierkurven, die vielfach eine in weiten Bereichen lineare Abhängigkeit von Fluoreszenzintensität und Konzentration zeigen. Allerdings existieren zahlreiche Faktoren, die die Richtigkeit der Analyse beeinträchtigen können und bisher eine weite Verbreitung der A. verhindert haben.

Die A. ist vornehmlich zur Spurenanalyse solcher Metalle wie Zn, Cd, Hg, Tl, Cu, Ag, Au, Pb, Mg eingesetzt worden, was auf der gegenwärtig noch dominierenden Technik der Anregung mit elektrodenlosen Entladungslampen beruht. Mit dem stärkeren Einsatz von Farbstofflasern wird sich diese Auswahl verändern.

Atomgewicht, ↗ Atommasse.

Atomisierungsenergie, ↗ Bindungsenergie.

Atommasse, 1) *absolute A.*, Formelzeichen A, die Masse eines Atoms. Sie ist wegen ihrer Kleinheit (Größenordnung 10^{-24} bis 10^{-22} g) nicht direkt bestimmbar (nicht »wägbar«), kann aber für ein Element X als Quotient aus seiner relativen A. A_r und der Avogadro-Konstante N_A berechnet werden: $A_X = A_r/N_A$. Danach ergibt sich für die absolute A. von Wasserstoff, also für die Masse eines H-Atoms,

$$A_H = \frac{1{,}008 \text{ g mol}^{-1}}{6{,}002 \cdot 10^{23} \text{ mol}^{-1}} = 1{,}674 \cdot 10^{-24} \text{ g}.$$

Die absolute A. ist für das praktische Rechnen eine unhandliche Größe und wird in der Chemie nur selten benötigt.

2) *relative A.*, Formelzeichen A_r, eine Verhältnisgröße, die angibt, wievielmal so groß die Masse eines Atoms ist wie $^1/_{12}$ der Masse des Kohlenstoffisotops ^{12}C. Die früher fest eingebürgerte Bezeichnung *Atomgewicht* für A_r beruhte auf einer Verwechslung der Begriffe Masse und Gewicht und ist heute unzulässig. Die relative A. eines Elementes X gibt das Verhältnis seiner absoluten A. A_X zu einer einheitlich festgelegten Bezugsmasse, der *atomaren Masseneinheit u*, an:

$$A_{r,X} = \frac{A_X}{u} \quad \text{mit}$$

$$u = \frac{1}{12} A_{^{12}C} = \frac{1}{12} \cdot 1{,}992 \cdot 10^{-23} \text{g} = 1{,}660 \cdot 10^{-24} \text{g}.$$

Die relativen A. der Elemente verhalten sich zueinander wie ihre absoluten A. Die meisten chem. Elemente sind in ihren natürlichen Vorkommen Isotopengemische mit einer (fast immer) konstanten Häufigkeitsverteilung der einzelnen Isotope. Die A. derartiger Mischelemente stellt deshalb einen Durchschnittswert dar, der sich aus der relativen Häufigkeit, ausgedrückt durch den Stoffmengenanteil x_i (↗ Zusammensetzungsgrößen), und die relative A. A_{r,x_i} jeder Isotopenart i des betreffenden Elementes X ergibt: $A_{r,X} = \sum_i x_i A_{r,X_i}$. Relative A. wurden früher vor allem durch Gasdichtemessungen und auf chem. Wege, d. h. durch genaueste quantitative Analysen geeigneter Verbindungen, bestimmt. Dabei erhielt man bei Mischelementen die vorstehend beschriebenen Durchschnittswerte. Eine höhere Genauigkeit erzielt man heute durch Anwendung der Massenspektroskopie, die die relativen A. der einzelnen Isotope liefert.

In analoger Weise wie die relative A. lassen sich auch andere relative Teilchenmassen, wie die relative ↗ Molekülmasse, ↗ Formelmasse und ↗ Äquivalentmasse, definieren.

Atommodell, Vorstellung (Bild) von der Struktur und dem Aufbau eines Atoms, die im Laufe der Zeit aus den Ergebnissen experimenteller Untersuchungen gewonnen wurde. Zunächst betrachtete man das Atom als starre, homogene *Kugel*. Insbesondere die Streuversuche von Lenard und Rutherford mit Elektronen bzw. α-Teilchen (↗ Radioaktivität) an dünnen Metallfolien zeigten, daß das Atom eine *Struktur* besitzt. Außerdem erkannte man, daß Atome entgegen dem Wortsinn nicht unteilbar sind. Folgende A. wurden entwickelt:

Das ***Rutherfordsche A.*** Nach den theoretischen Betrachtungen der Streuversuche besteht ein Atom aus einem sehr kleinen *Kern* mit einem Radius von etwa $r_K = 10^{-14}$ m, der Z positive Elementarladungen enthält und der nahezu die gesamte Masse in sich vereint, sowie der negativ geladenen *Elektronenhülle*. Aufgrund der Neutralität des Atoms entspricht die Anzahl der Elektronen in der Hülle der Kernladungszahl Z, die gleichzeitig die Ordnungszahl des Elements im Periodensystem bestimmt. Um den ständigen Aufenthalt der Elektronen in unmittelbarer Kernnähe erklären zu können, wurde ein dynamisches Modell eingeführt, wonach die Elektronen auf Kreis- bzw. elliptischen Bahnen den Atomkern ähnlich wie Planeten die Sonne umkreisen (Planetenmodell). Die Zentrifugalkraft wird durch die elektrostatische Kernanziehung kompensiert. Nach den verschiedenen Bestimmungsmethoden sind die Atomradien von der Größenordnung 10^{-10} m. Das Rutherfordsche A. steht jedoch im Widerspruch zu den Gesetzen der klassischen Elektrodynamik und kann die experimentellen Befunde der Atomspektroskopie nicht erklären. Danach wären die Atome instabile Gebilde, die während ihrer Existenz Licht in Form eines kontinuierlichen Spektrums aussenden. In Wirklichkeit sind Atome mit Ausnahme der radioaktiven Kerne stabil. Erst durch Energiezufuhr senden sie Strahlen als charakteristische Linienspektren aus.

Das ***Bohrsche A.*** Dieses baut unmittelbar auf den Vorstellungen des Rutherfordschen A. auf. Zur Überwindung des Stabilitätsproblems führte Bohr Postulate ein. Die *Bohrschen Postulate* sind Forderungen, die nicht aus der klassischen Physik folgen und teilweise im Widerspruch zu ihr stehen. Danach kann das Elektron den Atomkern nur auf ganz bestimmten Bahnen (erlaubte Bahnen) umkreisen, auf denen es im Gegensatz zu den Gesetzen der klassischen Physik keine elektromagnetische Strahlung emittiert. Auf diesen »strahlungsfreien« Bahnen, die als stationäre Zustände bezeichnet werden, hat das Elektron eine bestimmte Energie. Diese erlaubten Bahnen sind dadurch charakterisiert, daß bei ihnen der Betrag des Drehimpulses gleich einem ganzzahligen Vielfachen der Naturkonstante $\hbar = h/2\pi$ (h = Plancksches Wirkungsquantum) sein muß. Auf diese Weise erreichte Bohr die Quantisierung der Bahnradien r_n und der Energien E_n in Abhängigkeit der Quantenzahl n ($n = 1, 2, 3, ...$). Der kleinste Bahnradius ($n = 1$) für das Elektron im Wasserstoffatom wird als *Bohrscher Atomradius* $r_1 \equiv a_0$ = 1 Bohr = 52,9 pm bezeichnet. Er dient als Einheit der Länge im System ↗ atomarer Einheiten. Der Übergang eines Elektrons von einem stationären Zustand der Energie E_n in einen anderen der Energie E_m kann in Abhängigkeit vom Energieinhalt des Ausgangs- und Endzustandes durch Energieaufnahme bzw. -abgabe erfolgen, wobei die Energiedifferenz nach der Bohrschen Frequenzbedingung $\Delta E = E_n - E_m = h\nu$ als elektromagnetische Strahlung der Frequenz ν absorbiert bzw. emittiert wird. Mit Hilfe des Bohrschen A. gelang es erstmalig, das Linienspektrum für das Wasserstoffatom theoretisch zu deuten und wesentliche Züge des Periodensystems der Elemente zu klären.

Die Schwierigkeiten des Bohrschen A. konnten erst mit der Entwicklung einer neuen, allgemeineren Theorie, der Quantenmechanik, beseitigt werden, die in den zwanziger Jahren dieses Jahrhunderts im wesentlichen durch die Arbeiten von Schrödinger, Heisenberg, Born und de Broglie geschaffen wurde.

Das ***quantenmechanische A.*** Es stellt eine grundsätzliche Neufassung der Atomtheorie dar. Die Quantenmechanik fußt auf der Doppelnatur der Materie, wonach Licht, Elektronen und andere mikroskopische Objekte Teilchen- und Wellencharakter aufweisen können. Dies kommt in der *de-Broglie-Beziehung* $\lambda = h/p$ zum Ausdruck, die die Wellenlänge λ und den Impuls p als Teilcheneigenschaft über das Plancksche Wirkungsquantum h verknüpft. Daraus resultiert ein Grundprinzip der neuen Theorie – die *Heisenbergsche Unschärferelation*. Sie besagt, daß gleichzeitige Aussagen über den Ort und den Impuls von Teilchen mit einer Unbestimmtheit behaftet sind.

Mathematisch wird die Unschärferelation durch die Beziehung $\Delta x \Delta p \geq h$ ausgedrückt. Danach muß das Produkt aus der Unbestimmtheit des Ortes Δx und der des Impulses Δp mindestens von der Größenordnung des Planckschen Wirkungsquantums sein. Für Mikroobjekte, wie Elektronen und Nucleonen, kann daher keine Bahnkurve angegeben werden. Die Bohrsche Atomtheorie verletzt daher bereits im Ansatz das Unschärfeprinzip, indem sie den Elektronen eine Bahn und eine Geschwindigkeit zuordnet. Die Erfahrung hat gezeigt, daß für zeitunabhängige Vorgänge die Wahrscheinlichkeit ein Teilchen im Volumenelement $d\tau = dx\,dy\,dz$ am Ort $P(x,y,z)$ anzutreffen, durch die Beziehung $dW = \Psi^*(x,y,z)\ \Psi(x,y,z)\ d\tau = |\Psi|^2\ d\tau$ angegeben werden. $\Psi(x,y,z)$ wird als *Wellenfunktion* des Teilchens bezeichnet. Das Betragsquadrat der Wellenfunktion $|\Psi|^2$ ist das Produkt aus der Wellenfunktion Ψ und der zu ihr konjugiert komplexen Funktion Ψ^* und wird *Wahrscheinlichkeitsdichte* genannt. Neben der Wellenfunktion sind in der Quantenmechanik *Operatoren* $\hat{A}$ von fundamentaler Bedeutung, die eine mathematische Vorschrift darstellen. Es hat sich gezeigt, daß jeder physikalischen Meßgröße ein Operator zugeordnet werden kann, dessen Wirkung auf die Wellenfunktion die Meßwerte der Observablen in Form der Eigenwerte liefert. Dieser Zusammenhang wird durch die Beziehung $\hat{A}\Psi_n = A_n \Psi_n$, die *Eigenwertgleichung*, ausgedrückt. Die Funktionen Ψ_n werden als *Eigenfunk-*

tionen und die Zahlen A_n als *Eigenwerte* des Operators $\hat{A}$ bezeichnet. Die Eigenwertgleichung der Energie heißt nach ihrem Entdecker *Schrödinger-Gleichung*. Sie ist bei der Behandlung des quantenmechanischen A. von zentraler Bedeutung. Für ein Teilchen der Masse m hat sie in kartesischen Koordinaten die Form

$$\left[-\frac{h}{8\pi^2 \mathrm{m}}\left(\frac{\delta^2}{\delta x^2}+\frac{\delta^2}{\delta y^2}+\frac{\delta^2}{\delta z^2}\right)+V(x,y,z)\right]\Psi(x,y,z)$$
$$= E\Psi(x,y,z)$$

Der Ausdruck der eckigen Klammern wird als *Hamilton-Operator* $\hat{H}$ bezeichnet. Er enthält die klassische potentielle Energie $V(x,y,z)$ des Teilchens sowie die partiellen Ableitungen 2. Ordnung nach den Variablen. Für das Wasserstoffatom kann die Schrödinger-Gleichung exakt gelöst werden, wenn man anstelle der kartesischen Koordinaten Polarkoordinaten (r,ϑ,φ) verwendet, da somit ein besonders einfacher Ausdruck für die potentielle Energie des Elektrons resultiert und die Separation der Variablen gelingt. Mit dem Produktansatz $\Psi(r,\vartheta,\varphi) = R(r)\Theta(\vartheta)\Phi(\varphi)$ wird die Lösung der partiellen Differentialgleichung 2. Ordnung mit drei Variablen auf die Lösung von drei entsprechenden Differentialgleichungen mit je einer Variablen zurückgeführt. Aus dem mathematischen Charakter der Schrödinger-Gleichung und aus den physikalischen Randwertbedingungen folgt, daß Lösungen nur für bestimmte Wellenfunktionen Ψ_n (Eigenfunktionen) mit den zugehörigen Eigenwerten E_n für die Energie existieren. Die Ψ-Funktionen, die die stationären Zustände des Elektrons beschreiben, nennt man *Orbitale*. Bezieht man sich dabei auf Elektronen in einem Atom, so spricht man von *Atomorbitalen* (Abk. AO). Die Wellenfunktionen, d. h. die Atomorbitale $\Psi_{\mathrm{n,l,m_l}}(\mathrm{r},\vartheta,\varphi)$ hängen von den drei Variablen r, ϑ, φ ab und sind im Wasserstoffatom sowie bei Mehrelektronenatomen in der Näherung der unabhängigen Teilchen (↗ Zentralfeldmodell, ↗ Elektronenkonfiguration) durch die drei Quantenzahlen n, l, m_l näher bestimmt. Die Quantenzahlen können nur ganz bestimmte Werte annehmen und stehen in folgendem Zusammenhang: $n = 1, 2, 3 \ldots$; $l = 0, 1, 2 \ldots, n-1$; $m_l = -l, -l+1 \ldots, -1, 0, +1 \ldots, l$, wobei n die *Hauptquantenzahl*, l die *Bahndrehimpulsquantenzahl* und m_l die *Magnetquantenzahl* bedeuten. Dabei charakterisieren l den Betrag des Bahndrehimpulses $\mathbf{L}_l$ und m_l die Komponente von $\mathbf{L}_l$ in z-Richtung. Atomorbitale gleicher Hauptquantenzahlen werden zu einer Schale zusammengefaßt. Für $n = 1, 2, 3 \ldots$ sind die Buchstabenbezeichnungen K, L, M ... gebräuchlich. Atomorbitale mit gleicher Haupt- und Bahndrehimpulsquantenzahl werden mit dem Begriff Unterschale bezeichnet. Es ist üblich, Atomorbitale entsprechend ihren l-Werten mit Buchstaben zu kennzeichnen, die auf alte Termbezeichnungen aus der Spektroskopie zurückgehen. Für $l = 0, 1, 2, 3$ setzt man s, p, d, f.

Die Symbolisierung der Atomorbitale erfolgt in der Weise, daß n als Ziffer geschrieben wird und für l die obige Buchstabenbezeichnung verwendet wird. So entspricht z. B. ein Zustand mit $n = 3$ und $l = 1$ einem 3p-Atomorbital. Im Wasserstoffatom hängen die Energiewerte E_n des Elektrons nur von der Hauptquantenzahl ab. Da zu jedem Wert von n insgesamt n^2 Zustände derselben Energie gehören, ist im Wasserstoffatom jedes Energieniveau n^2-fach entartet. So haben z. B. das 2s- und die 2p-Orbitale den gleichen Energiewert. Die Darstellung der Atomorbitale $\Psi_{\mathrm{n,l,m_l}}(\mathrm{r},\vartheta,\varphi)$ des Wasserstoffatoms und besonders die ihres Betragsquadrates $|\Psi|^2$, die die Verteilung der Elektronendichte um den Atomkern veranschaulicht, ist für qualitative Betrachtungen der chemischen Bindung von großer Bedeutung. Man muß sich aber bei der Veranschaulichung auf Teildarstellungen beschränken. Dafür ist es zweckmäßig, $\Psi_{\mathrm{n,l,m_l}}(\mathrm{r},\vartheta,\varphi)$ als Produkt aus einem *Radialteil* $R_{n,l}(r)$ und einem *Winkelteil* $Y_{\mathrm{l,m_l}}(\vartheta,\varphi)$ zu schreiben. Die auf eins normierten Funktionen $Y_{\mathrm{l,m_l}}(\vartheta,\varphi)$ bezeichnet man als Kugelfunktionen. Durch geeignete Linearkombinationen der komplexen Winkelteile können reelle Winkelteile $Y_{\mathrm{reell}}(\vartheta,\varphi)$ erhalten werden. Sie haben gegenüber den komplexen Formen den Vorteil, daß ihre Richtungsabhängigkeit unmittelbar aus den analytischen Ausdrükken hervorgeht. Die $Y_{\mathrm{reell}}(\vartheta,\varphi)$ stellen Flächen im Raum dar und werden meist als Schnitt mit der xz- bzw. yz-Ebene dargestellt. In Abhängigkeit von l und m_l ergeben sich unterschiedliche Formen und Vorzugsrichtungen (Abb. 1). Die Vorzeichen der Winkelteile haben keine physikalische Bedeutung. Sie sind nützlich für die Betrachtung der Symmetrieeigenschaften von Orbitalen bezüglich der Elektronenstruktur von Molekülen. Die Quadrate der Winkelteile $Y^2_{\mathrm{reell}}(\vartheta,\varphi)$, die in ihrer Form den $Y_{\mathrm{reell}}(\vartheta,\varphi)$ sehr ähnlich sind, veranschaulichen die Verteilung der relativen Elektronendichte auf einer Kugeloberfläche mit einem konstanten Radius r. Es

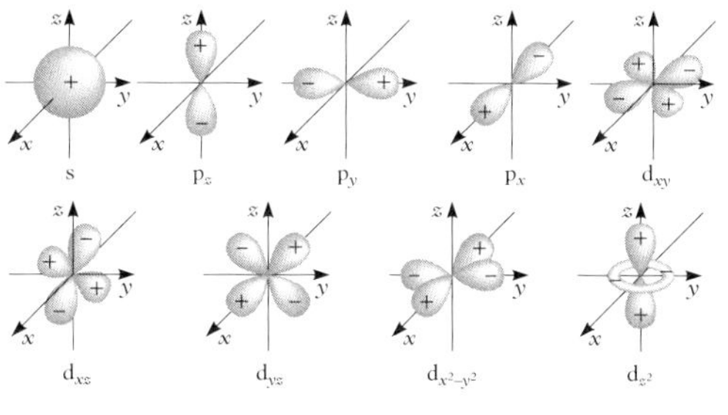

Atommodell. Abb.: 1 Winkelteile $Y_{\mathrm{reell}}(\vartheta,\varphi)$. s, p, d ... bezeichnen Atomzustände mit der Quantenzahl $l = 0, 1, 2, 3 \ldots$

resultieren allgemein l Knotenflächen ($Y^2_{\text{reell}} = 0$), in denen die Aufenthaltswahrscheinlichkeit des Elektrons Null beträgt. Die größte Anschaulichkeit hat die Größe $4\pi r^2 R^2_{n,l}(r)$, die als *Radialverteilung* bezeichnet wird. Sie bestimmt die Aufenthaltswahrscheinlichkeit des Elektrons in einer Kugelschale mit dem Radius r und der Dicke dr. Das Maximum der Aufenthaltswahrscheinlichkeit für ein Elektron im 1s-Orbital des Wasserstoffatoms wird im Abstand des Bohrschen Radius a_0 erhalten (Abb. 2). Im Gegensatz zum Bohrschen A. hat das Elektron jedoch bei anderen Abständen ebenfalls eine von Null verschiedene Aufenthaltswahrscheinlichkeit. Mit zunehmendem n sind die Maxima der Radialverteilung nach größeren Werten von r verschoben. Es resultieren $n - l - 1$ radiale Knotenflächen zwischen $0 < r < \infty$. Die Teildarstellungen der Quadrate der Winkel- und Radialteile können jeweils nur ein unvollständiges Bild über die Verteilung der Elektronendichte im Raum vermitteln. Wie die Beobachtung zeigt, ist zur eindeutigen Charakterisierung eines Elektrons in einem Atom eine weitere Quantenzahl, die *Spinquantenzahl* m_s (↗ Elektronenspin), erforderlich. Sie beschreibt den Eigendrehimpuls des Elektrons und kann die Werte $m_s = \pm 1/2$ annehmen. Die gewonnenen Erkenntnisse und Vorstellungen über die Elektronenstruktur des Wasserstoffatoms werden bei der näherungsweisen Behandlung von Mehrelektronenatomen genutzt (↗ Zentralfeldmodell). Der Vorzug des quantenmechanischen A. besteht in seiner theoretischen Geschlossenheit und der sehr guten Übereinstimmung seiner Aussagen mit experimentellen Befunden.

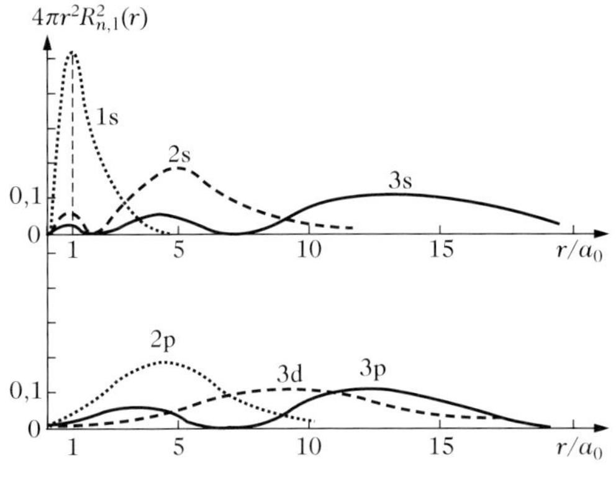

Atommodell. Abb. 2: Radialverteilung für ein Elektron im Wasserstoffatom.

Atomorbital, ↗ Atommodell.

Atompolarisation, ↗ Polarisation.

Atomradius, ein relatives Maß für die Größe der Atome. Da ein Atom kein scharf begrenztes System darstellt (quantenmechanisches ↗ Atommodell), ist es auch nicht möglich, seine Größe eindeutig anzugeben. Man definiert folgende A.: Der *kovalente A.* entspricht dem halben Abstand zwischen gleichartigen Atomen in einer Atombindung. In Abhängigkeit vom Bindungsgrad lassen sich für die einzelnen Atome Kovalenzradien angeben. Die Bindungslängen von Einfach- bzw. Mehrfachbindungen können somit näherungsweise als Summe der entsprechenden kovalenten A. berechnet werden. Als *theoretischer A.* wird das Maximum der Radialverteilung (quantenmechanisches ↗ Atommodell)des äußersten besetzten Orbitals bezeichnet. Der *metallische A.* wird als halber Abstand zwischen benachbarten Atomen im Metallkristall definiert. Zur Abschätzung der räumlichen Ausdehnung eines Moleküls wurde von Stuart und Briegleb der *van-der-Waalssche A.*, auch als *Wirkungsradius* bezeichnet, eingeführt. Er grenzt näherungsweise den Wirkungsbereich eines Atoms im Rahmen ↗ van-der-Waalsscher Bindungskräfte eines Moleküls ab und gestattet daher Aussagen bezüglich zwischenmolekularer Abstände in Molekülkristallen. Van-der-Waalssche A. sind größer als die kovalenten A. und führen in Molekülmodellen zu einander durchdringende Atom-

Atomradius. Tab.: Atomradien einiger Hauptgruppenelemente in pm.

	kovalenter Atomradius	theoretischer Atomradius	metallischer Atomradius	van-der-Waalsscher Atomradius
H	30	53		120
Li	135	159	150 ... 155	
Na	155	171	185 ... 190	
K	195	216	235 ... 255	
Mg	140	128	155 ... 160	
Ca		169	190 ... 195	
Sr		184	210 ... 215	
Ba		206	220 ... 225	
B	80 ... 90	78		
Al	125 ... 130	131	140 ... 145	
C	75 ... 85 (67, 60)*	60		125 ... 135
Si	117 (107, 100)*	107	135	170 ... 200
Sn	140	124	160	
Pb	145	122	160 ... 175	
N	70 ... 80 (60, 55)*	49		150
P	110 (100, 93)*	92		190
As	115 ... 120 (111)*	100	135 ... 150	200
O	65 (55)*	41		130 ... 140
S	105 (94)*	81		155 ... 185
Se	115 (107)*	92	160	200
Te	130 ... 135 (127)*	121	170	220
F	65	36		135
Cl	100	73		180
Br	115	85		195
I	135	104		215

* Zahlen in der Klammer bedeuten kovalente A. für den Bindungsgrad 2 und 3

kugeln. Auf dieser Grundlage wurden die Kalottenmodelle entwickelt, die besonders in der organischen Chemie große Bedeutung zur Veranschaulichung von Molekülkonfiguration und -konformation erlangt haben. In Abhängigkeit von der Definition resultieren für die einzelnen A. unterschiedliche Absolutwerte. Insgesamt wird die gleiche Tendenz bezüglich der Änderung der A. innerhalb der Hauptgruppen und Perioden beobachtet (Tab.). Durch Ionenbildung verändern sich die A. deutlich. Kationen haben kleinere und Anionen größere Radien als die betreffenden Atome (↗ Ionenradius).

Atomspektroskopie, Teilgebiet der Spektroskopie, das die bei der Wechselwirkung elektromagnetischer Strahlung mit *freien* Atomen auftretenden Linienspektren untersucht. Da freie Atome Strahlung der gleichen Wellenlänge sowohl zu absorbieren wie zu emittieren vermögen, können Atomspektren als Emissions- und Absorptionsspektren oder auch als Kombination beider, als Fluoreszenzspektren (↗ Atomfluoreszenzspektroskopie), beobachtet werden. Die einzelnen Linien, charakterisiert durch die Frequenz ν, der Spektren entsprechen gemäß der Gleichung

$$\Delta E = E_2 - E_1 = h \cdot \nu \qquad (1)$$

der Energiedifferenz ΔE zwischen zwei definierten Energiezuständen E_1, E_2 des untersuchten Atoms; h ist das Plancksche Wirkungsquantum. In der hier behandelten optischen Atomspektroskopie, die sich auf die Betrachtung des optischen Teiles des Spektrums (UV, VIS, IR) beschränkt, entsprechen diese Energiezustände unterschiedlichen Anordnungen der Valenzelektronen. Elektronenübergänge innerer Elektronen führen zu Röntgenspektren (↗ Röntgenspektroskopie). Damit die untersuchte Probe in Form freier Atome vorliegt, muß sie vorher entsprechend erhitzt werden.

Theoretische Grundlagen. Da die Spektren für die Atome, von denen sie absorbiert oder emittiert werden, spezifisch sind, müssen sie eng mit deren Bau und Eigenschaften zusammenhängen. Ihre Interpretation erfolgt deshalb mit Hilfe geeigneter ↗ Atommodelle (Bohr-Sommerfeldsches Atommodell, quantenmechanisches Atommodell). Eine Betrachtung verschiedener Atomspektren zeigt, daß die Anordnung der Spektrallinien von der Stellung des Elementes im Periodensystem abhängt. Elemente mit einem Valenzelektron, z. B. die Alkalimetalle, weisen linienarme Spektren, dagegen Elemente mit mehreren Valenzelektronen, z. B. die Nebengruppenelemente, sehr linienreiche Spektren auf. Das einfachste Atomspektrum ist das des neutralen Wasserstoffatoms. Es weist eine Reihe scharfer Linien auf, deren Abstand mit fallender Wellenlänge abnimmt (Abb. 1). Eine solche Linienfolge wird als *Serie* bezeichnet. Am kurzwelligen Ende drängen sich die Linien zu einer Häufungsstelle zusammen, die die Seriengrenze darstellt.

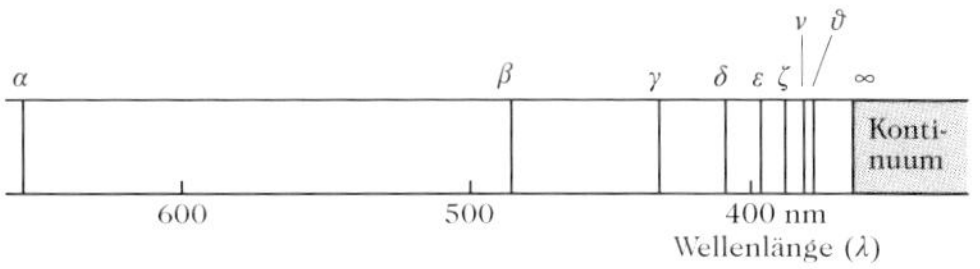

Atomspektroskopie. Abb. 1: Balmer-Serie des Wasserstoffspektrums.

Jenseits der Seriengrenze schließt sich das Seriengrenzkontinuum an, das durch den Übergang eines Elektrons aus einem diskreten Energiezustand in einen Zustand außerhalb des Atomverbandes oder umgekehrt entsteht. Die Zustände außerhalb des Atomverbandes sind nicht mehr gequantelt, so daß das Elektron beliebige kinetische Energien annehmen kann.

Im Spektrum des atomaren Wasserstoffs treten fünf derartige Serien auf. Die Wellenzahlen $\tilde{\nu}$ sämtlicher Linien des Wasserstoffspektrums können durch die Gleichung

$$\tilde{\nu} = Z^2 R \left(\frac{1}{n^2} - \frac{1}{m^2} \right) \qquad (2)$$

dargestellt werden, wobei m die Hauptquantenzahl des höher angeregten Zustandes, n die Hauptquantenzahl des niedriger angeregten Zustandes oder des Grundzustandes des Wasserstoffatoms, R die ↗ Rydberg-Konstante (109677,759 cm^{-1}) und Z die Kernladungszahl bedeuten. Die Wellenzahl einer Spektrallinie ergibt sich danach als Differenz zweier Ausdrücke $T_n = R/n^2$ und $T_m = R/m^2$, die man als *Terme* bezeichnet. Sie stellen die durch $h \cdot c$ dividierten Energiezustände der Atome dar (c ist die Lichtgeschwindigkeit). Eine Spektralserie entsteht, wenn zu einem festen Ausgangsterm R/n^2 (Fixterm) ein Laufterm R/m^2 durch Variation der Quantenzahl m eine Folge von Werten annimmt. Für die Serien des Wasserstoffs ergeben sich aus Gl. 2 unter Berücksichtigung von $Z = 1$ folgende Formeln:

Lyman-Serie (im UV)

$$\tilde{\nu} = R \left(\frac{1}{1^2} \right) - \left(\frac{1}{m^2} \right) \qquad m = 2, 3, 4, \ldots \qquad (3a)$$

Balmer-Serie (im Sichtbaren)

$$\tilde{\nu} = R \left(\frac{1}{2^2} \right) - \left(\frac{1}{m^2} \right) \qquad m = 3, 4, 5, \ldots \qquad (3b)$$

Paschen-Serie (im IR)

$$\tilde{\nu} = R \left(\frac{1}{3^2} \right) - \left(\frac{1}{m^2} \right) \qquad m = 4, 5, 6, \ldots \qquad (3c)$$

Bracket-Serie (im IR)

$$\tilde{\nu} = R \left(\frac{1}{4^2} \right) - \left(\frac{1}{m^2} \right) \qquad m = 5, 6, 7, \ldots \qquad (3d)$$

Pfund-Serie (im IR)

$$\tilde{\nu} = R \left(\frac{1}{5^2} \right) - \left(\frac{1}{m^2} \right) \qquad m = 6, 7, 8, \ldots \qquad (3e)$$

Es ist üblich, diese Zusammenhänge in Form eines Termschemas graphisch darzustellen, in dem die einzelnen Terme als horizontale Geraden eingetragen werden, so daß ihr Abstand unmittelbar die Wellenzahl der entsprechenden Spektrallinie angibt (Abb. 2). Es ist zu erkennen, wie die Terme gegen die Seriengrenze immer enger zusammenrücken.

Das H-Atom sollte grundsätzlich alle nach Abb. 2 möglichen Übergänge sowohl emittieren als auch absorbieren können. Da bei normaler Temperatur die H-Atome im Elektronengrundzustand ($n = 1$) vorliegen, ist eine Absorption aber nur für die Lyman-Serie möglich, deren unterster Term der Grundzustand ist. Die im Grundzustand endenden Linien werden als Resonanzlinien bezeichnet. Lediglich Resonanzlinien können in Emission und Absorption beobachtet werden. Alle anderen Serien treten nur in Emission auf, außer wenn die Atome bereits in einem angeregten Zustand vorliegen.

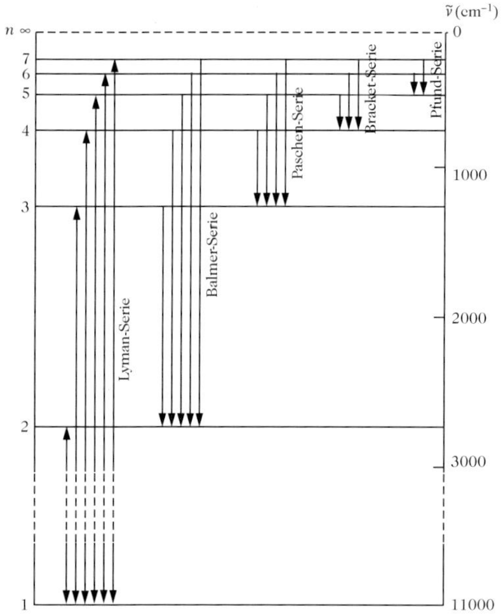

Atomspektroskopie. Abb. 2: Termschema des Wasserstoffatoms mit Spektralserien.

Dem Wasserstoffspektrum sehr ähnlich sind die Spektren des einfach positiv geladenen He^+ und des doppelt positiv geladenen Li^{2+}, die ebenfalls nur ein Elektron aufweisen. Entsprechend Gl. 2 liegen die Spektrallinien der Serien des He^+ ($Z = 2$) bei viermal größeren Wellenzahlen als die des Wasserstoffs. Beim Li^{2+} ($Z = 3$) ist die Wellenzahl entsprechender Linien neunmal so groß wie beim Wasserstoff. Diese Gesetzmäßigkeiten sind Inhalt des *spektroskopischen Verschiebungssatzes* von Sommerfeld und Kossel, nach dem das Spektrum eines beliebigen Atoms stets dem des einfach positiv geladenen Ions des im Periodensystem ihm folgenden Elementes und dem des zweifach positiv geladenen Ions des übernächsten Elementes ähnelt. Relativ einfach sind die Spektren der Alkalimetalle, in denen das eine Valenzelektron ein »wasserstoffähnliches« Spektrum aufweist. Allerdings existiert eine größere Mannigfaltigkeit von Energiezuständen, die nicht mehr wie beim Wasserstoff durch eine einzige Quantenzahl, die Hauptquantenzahl, beschrieben werden können. Zur Kennzeichnung der Energieniveaus und der zwischen ihnen auftretenden Übergänge sind noch folgende 3 Quantenzahlen erforderlich:

– die Nebenquantenzahl oder Bahndrehimpulsquantenzahl l, die die Werte 0, 1 ... $n - 1$ annehmen kann, die man mit den Buchstaben s, p, d, f bezeichnet,

– die Spinquantenzahl s (auch m_s), die die Werte $+½$ und $-½$ aufweist,

– die Gesamtdrehimpulsquantenzahl j, die sich durch vektorielle Addition von Bahndrehimpuls und Spin ergibt.

Das Auftreten verschiedener Termserien (Abb. 3) wird als Folge verschiedener Werte des Bahndrehimpulses (s, p, d, f) gedeutet. Die beobachteten Serien lassen sich folgendermaßen charakterisieren: Hauptserie s – np, scharfe Nebenserie p – ns, diffuse Nebenserie p – nd, Fundamental- (Bergmann-) Serie d – nf.

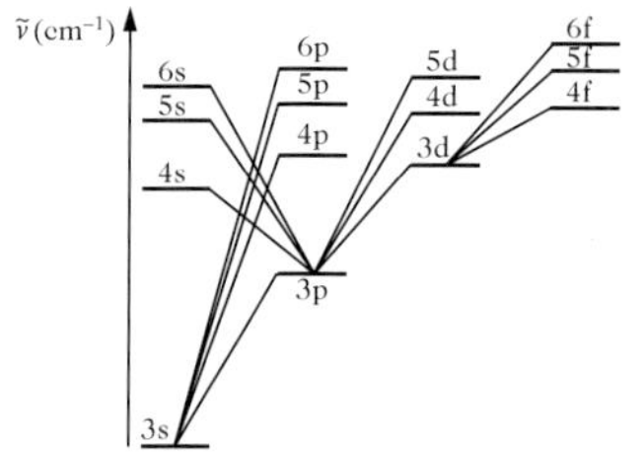

Atomspektroskopie. Abb. 3.: Vereinfachtes Termschema des Natriumatoms mit den den verschiedenen Spektralserien entsprechenden Übergängen.

In der Hauptserie erfolgen Elektronenübergänge aus p-Zuständen unterschiedlicher Hauptquantenzahl n in den niedrigsten s-Zustand (Grundzustand), in der ersten Nebenserie von s-Zuständen in den niedrigsten p-Zustand usw. Im Gegensatz zum Wasserstoffatom kommen nicht mehr alle möglichen Übergänge zwischen den vorhandenen Energiezuständen tatsächlich vor, sondern nur solche, für die die Auswahlregel $\Delta l = \pm 1$ erfüllt ist. Eine nähere Betrachtung der Alkalispektren zeigt weiter, daß alle Linien als Doppellinien auftreten. Dies ist mit Hilfe der Gesamtdrehimpulsquantenzahl j erklärbar. Für $l = 1$ ergeben sich infolge der beiden

Einstellmöglichkeiten $s = \pm\frac{1}{2}$ die beiden Quantenzahlen $j = +\frac{1}{2}$ und $j = -\frac{1}{2}$ für $l = 0$ wegen der nur einfachen Einstellmöglichkeit von s der Wert $j = \frac{1}{2}$. Als Folge davon sind alle Terme mit Ausnahme der s-Zustände Dubletterme, wobei die Größe der Dublettaufspaltung mit wachsender Ordnungszahl des Alkalimetalls stark zunimmt. Es sind nur Übergänge für $\Delta j = 0, \pm 1$ erlaubt. Diese auf der gequantelten Wechselwirkung von Bahndrehimpuls und Spin beruhende Aufspaltung der Spektrallinien in Multipletts wird als Feinstruktur der Spektrallinien bezeichnet.

Bei Systemen mit mehreren Valenzelektronen nimmt die Kompliziertheit der Spektren weiter zu. Die Drehimpulse l und s der einzelnen Elektronen addieren sich vektoriell zu den Gesamtimpulsen L und S: $l_1, l_2, l_3 \ldots L$ und $s_1, s_2, s_3 \ldots S$. Diese setzen sich nach der Russel-Saunders-Kopplung zur Gesamtdrehimpulsquantenzahl J zusammen.

Zur Kennzeichnung der einzelnen Terme wird eine bestimmte Symbolik verwendet. So bedeutet $3\ ^2P_{3/2}$ einen Zustand mit der Hauptquantenzahl 3 und $L = 1$ (P). Die links oben angegebene Zahl 2 weist die Multiplizität des Terms ($2S + 1$), der rechts tiefgestellte Ausdruck $\frac{3}{2}$ den Wert von J aus.

In den Spektren von Atomen mit mehr als einem Valenzelektron, z. B. den Erdalkalimetallen, kommen mehrere, im allg. nicht miteinander kombinierende Termsysteme vor, die sich in ihrer Multiplizität unterscheiden. Bei den Erdalkalimetallen mit 2 Valenzelektronen ist dies ein Singulett- und ein Triplettsystem. Jedes dieser Systeme besteht aus einer Reihe von Serien ähnlich den Alkalimetallen. Eine weitere Komplizierung wird durch die Möglichkeit der gleichzeitigen Anregung beider Valenzelektronen (Doppelanregung) bewirkt. Allgemein wechseln beim Fortschreiten im Periodensystem gerade und ungerade Multiplizitäten ab (Tab. 1). Zu geraden Elektronenzahlen gehören ungerade Multiplizitäten und umgekehrt (spektroskopischer Wechselsatz). Die genannten und noch einige andere Fakten führen dazu, daß insbesondere bei Elementen höherer Ordnungszahl der Seriencharakter nur noch schwer erkennbar ist und die Spektren unübersichtlich erscheinen.

Atomspektroskopie. Tab. 1: Spektroskopischer Wechselsatz.

Anzahl der Elektronen	1	2	3	4	5	6	7
Multiplizität	2	1,3	2,4	1,3,5	2,4	1,3	2

Bei hoher Auflösung zeigt sich außer der Feinstruktur eine weitere Aufspaltung, die *Hyperfeinstruktur*. Diese meist äußerst geringe Aufspaltung von Spektrallinien erfolgt durch Wechselwirkung von Elektronen mit dem Atomkern. Sie kann einmal dadurch bedingt sein, daß das betreffende Element aus mehreren Isotopen besteht, oder auf einer Wechselwirkung mit dem Kernspin beruhen. Die Aufspaltung von Spektrallinien in einem äußeren elektrischen Feld wird als ↗ Stark-Effekt, die in einem äußeren magnetischen Feld als ↗ Zeeman-Effekt bezeichnet.

Anwendung. Atomspektroskopische Analysenverfahren können zur qualitativen und quantitativen Stoffanalyse eingesetzt werden. Wird ein Atom

Atomspektroskopie. Tab. 2: Atomspektroskopische Analysenverfahren.

Probe	Erzeugung der Atome (Ionen)	Energiezufuhr	gemessener Vorgang	Methode	vorwiegende analytische Anwendung
Fest oder Lösung	Bogen, Funken induktiv gekoppeltes Plasma	elektrisch (Wärme)	Emission	Atomemissionsspektroskopie und -spektrographie, AES	qualitative und quantitative Analyse
Lösung	Flamme	elektrisch (Wärme)	Emission	Flammenspektralphotometrie	quantitative Analyse
Lösung	Flamme	chemisch u. spez. Lichtquellen	Absorption	Atomabsorptionsspektrometrie, AAS, Flammen-AAS	quantitative Analyse
Lösung	Flamme	chemisch (Wärme) spez. Lichtquellen	Fluoreszenz	Atomfluoreszenzspektrometrie, AFS, Flammen-AFS	quantitative Analyse
Lösung Mikromenge	Graphitrohrküvette	elektrische Widerstandserhitzung	Emission	Graphitrohr-AES	quantitative Analyse
Lösung Mikromenge	Graphitrohrküvette	elektrische Widerstandserhitzung	Absorption	Graphitrohr-AAS	quantitative Analyse
Lösung Mikromenge	Graphitrohrküvette spezieller Bauart	elektrische Widerstandserhitzung	Fluoreszenz	flammenlose AFS	quantitative Analyse

durch Energiezufuhr in einen angeregten Zustand überführt, so kann es die Anregungsenergie durch Emission eines Photons wieder abgeben. Dieser Prozeß bildet die Grundlage der ↗ Atomemissionsspektrometrie und ↗ Flammenspektralphotometrie. Die Absorption von Photonen ist die Grundlage der ↗ Atomabsorptionsspektrometrie. Wird die durch Absorption von Photonen aufgenommene Energie ganz oder teilweise wieder in Form eines Photons abgegeben, so liegt Atomfluoreszenz vor. Die auf den geschilderten Lichtemissions- und -absorptionsprozessen beruhenden atomspektroskopischen Analysenverfahren sind in Tab. 2 zusammengestellt.

ATP, Abk. für Adenosintriphosphat; ↗ Adenosinphosphorsäuren.

Atrazin, ↗ Triazinherbizide.

atrionatriuretisches Peptid, Abk. *ANP*, ***Atriopeptid***, ein aus dem Herzvorhof (Atrium) von Säugetieren isoliertes 28-Peptid. Es gehört zur Familie der ↗ natriuretischen Peptide und fördert die Diurese, die Elimination von Na^+-Ionen sowie die Sekretion von Renin und Aldosteron. Als Gegenspieler des Renin-Angiotensin-Aldosteron-Systems erfüllt ANP eine wichtige Rolle bei der Regulation des Blutdrucks und Blutvolumens.

Atropin, ein Esteralkaloid, bei dem die OH-Gruppe des ↗ Tropins mit der Carboxygruppe der (*R*,*S*)-Tropasäure verestert ist. Hinsichtlich der Tropasäurekomponente stellt es ein Racemat des natürlich vorkommenden *(S)-Hyoscyamins* dar, bei dem die Säurekomponente *S*-Konfiguration besitzt. Als Esteralkaloide sind A. und Hyoscyamin leicht hydrolytisch spaltbar. Bei höherer Temperatur ist Wasserabspaltung im Tropasäureanteil unter Bildung von *Apoatropin* möglich.

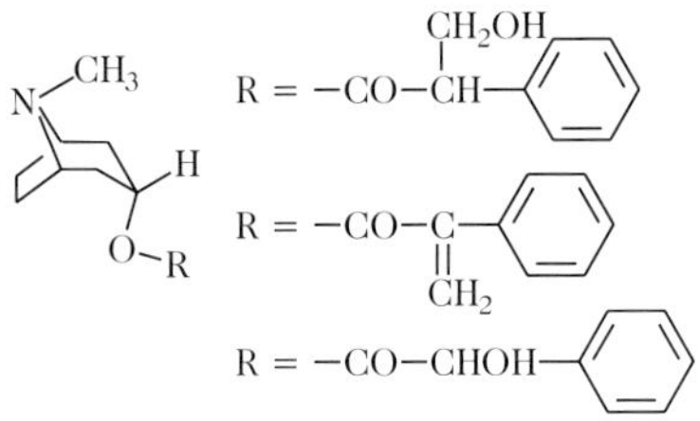

Atropin
Apoatropin
Homatropin

A. wird durch Isolierung aus hyoscyaminhaltigen Pflanzen, wie Tollkirsche (*Atropa belladonna*), Bilsenkraut (*Hyoscyamus niger*) und Stechapfel (*Datura stramonium*), gewonnen. Der Gesamtalkaloidgehalt der Blätter beträgt bei der Tollkirsche 0,2 bis 1 %, beim Bilsenkraut 0,04 bis 0,08 % und beim Stechapfel 0,2 bis 0,6 %. Bei der Aufarbeitung erfolgt Racemisierung im Tropasäureanteil. A. ist als ↗ Parasympathikolytikum wirksam. Es gehört zu den neurotropen ↗ Spasmolytika und wird als Sulfat vor allem bei Krämpfen im Abdominal- und Bronchialbereich angewendet. Es bewirkt eine langanhaltende Pupillenerweiterung. In höheren Dosen können unerwünschte zentrale Wirkungen auftreten. Ein partialsynthetisches Abwandlungsprodukt des A. ist *Homatropin*, bei dem racemische Mandelsäure mit Tropin verestert ist. Es besitzt eine ähnliche Wirkung wie A., aber die Pupillenerweiterung klingt schneller ab.

Atropinmethobromid, eine Verbindung, die durch Quaternisierung von Atropin mit Methylbromid gewonnen wird. A. wird als ↗ Spasmolytikum verwendet. Durch die Quaternisierung sind die zentralen Wirkungen des Atropins weitgehend eliminiert.

Atropisomerie, eine Art der Konfigurationsisomerie (Unterklasse der Konformere), die durch völlige Verhinderung der Drehbarkeit von C–C-Einfachbindungen verursacht wird. Isolierbar werden die auf verhinderter Drehbarkeit beruhenden Enantiomere bzw. Diastereomere, wenn die Rotationsbarriere bei Raumtemperatur oberhalb 85 kJ/mol liegt. A. tritt auf bei geeignet substituierten Biphenylen (z. B. 6,6′-Dinitrodiphensäure), bei Ansaverbindungen und bei Cyclophanen.

ATR-Technik, ↗ Infrarotspektroskopie.

Attractants, ↗ Pheromone.

Ätzkali, ↗ Kaliumhydroxid.

Ätzkalk, ↗ Calciumoxid.

Ätzmagnesia, ↗ Magnesiumoxid

Ätznatron, ↗ Natriumhydroxid.

Au, Symbol für Gold.

Aufglasurfarben, ↗ keramische Farben.

Aufkohlen, das Auflegieren von Stählen mit Kohlenstoff unter Bildung von Mischkristallen und Carbiden. Wird das A. als Oberflächenbehandlungsverfahren zur Erhöhung des Verschleißwiderstandes bei kohlenstoffarmen Einsatzstählen (< 0,2 % Kohlenstoff) angewandt, so bezeichnet man es auch als *Einsetzen* oder *Zementieren*. Das A. kann mit festen, flüssigen oder gasförmigen Kohlungsmitteln vorgenommen werden. Am wirtschaftlichsten und besten regelbar ist das A. mit Gemischen aus Kohlenmonoxid und Wasserstoff. Das A. wird bei etwa 900 °C durchgeführt. Die Randzone des Werkstücks soll einen C-Gehalt von etwa 0,7 bis 0,8 % erreichen. Das Härten und Anlassen des aufgekohlten Werkstückes wird als *Einsatzhärten* bezeichnet. Wird das A. unter gleichzeitiger Aufnahme von Stickstoff an der Werkstückoberfläche ausgeführt, so wird das Verfahren als ↗ Carbonitrieren bezeichnet.

Die unerwünschte Aufnahme von Kohlenstoff in das Metallgefüge vermindert die Korrosionsresistenz von Stählen.

Aufschlämmen, ↗ Schlämmen.

Aufschluß, ein vorbereiteter Arbeitsgang bei der Analyse mit chem. Methoden, der nur dann erforderlich ist, wenn durch die übliche Behandlung mit Säuren, Basen oder anderen Lösungsmitteln die Probe nicht zersetzt oder in Lösung gebracht werden kann. Ein A. dient im allg. der Umwandlung schwerlöslicher Stoffe in leichtlösliche oder säurelösliche Verbindungen.

A. mit gasförmigen Reagenzien werden meistens in geschlossenen druckfesten Apparaturen durchgeführt, um eine Verflüchtigung der oftmals ebenfalls gasförmigen oder leichtflüchtigen Reaktionsprodukte zu verhindern. Sauerstoff hat vor allem Bedeutung bei der oxidativen Zerstörung organischer Stoffe. Seit 1955 hat dafür der *Schöninger-A.* zunehmende Bedeutung erlangt. Bei diesem A. wird der organische Stoff in einem geschlossenen Glaskolben in reinem O_2 verbrannt, und die Reaktionsprodukte werden in einer im Kolben befindlichen Lösung absorbiert. Man verwendet diesen A. hauptsächlich bei der Bestimmung der Halogen-, Schwefel- und Phosphorgehalte organischer Stoffe. Chlor kann zum A. von Metallen und Erzen benutzt werden, wobei gleichzeitig die leichtflüchtigen Chloride, z. B. die von Antimon, Arsen und Zinn, von den schwerflüchtigen Chloriden getrennt werden.

A. mit flüssigen Reagenzien haben seit der Einführung von Druckgefäßen, die mit Polytetrafluorethylen ausgekleidet sind, zunehmende Bedeutung erlangt. Mit konz. Fluorwasserstoffsäure lassen sich fast alle Silicate in solchen Gefäßen bei Temperaturen von 110 bis 200 °C unter Druck schnell in Lösung bringen.

Auch zum A. organischer Stoffe, z. B. von Blut und Lebensmitteln, können solche Gefäße bei Anwendung von konz. Salpetersäure und Temperaturen von 150 bis 170 °C benutzt werden. Zur schnellen, gleichmäßigen Energiezufuhr werden häufig Mikrowellenapparaturen verwendet.

A. mit festen Reagenzien: Man vermischt die Probe mit dem Reagens im Überschuß und erhitzt dieses Gemisch in einem Tiegel bis zum Sintern oder Schmelzen und beläßt einige Zeit bei dieser Temperatur. Natriumcarbonat allein oder im Gemisch mit Kaliumcarbonat dient zum A. von Silicaten, Wolframaten, Fluoriden und Sulfaten im Platintiegel. Dabei entstehen die entsprechenden Natriumverbindungen und die säurelöslichen Metallcarbonate oder -oxide.

Mit Natriumperoxid in Tiegeln aus metallischem Zirconium kann der A. von säurefesten Stählen, Chromerzen und feuerfester Keramik erfolgen. Dabei werden alle Elemente in Verbindungen mit höchstmöglicher Oxidationszahl übergeführt. Auch organische Stoffe lassen sich in einem geschlossenen Gefäß aus Edelstahl oder Nickel, der Parr- oder Wurzschmitt-Bombe, mit Natriumperoxid aufschließen (*Bombenaufschluß*). Natriumdisulfat dient zum A. von schwerlöslichen Metalloxiden, z. B. von Fe_2O_3, TiO_2, Nb_2O_5 und Cr_2O_3 in Platintiegeln, wobei sich die entsprechenden Metallsulfate bilden.

Beim *Freiberger A.*, dem Schmelzen von Arsen-, Antimon- oder Zinnerzen im Porzellantiegel mit einem Gemisch aus Natriumcarbonat und Schwefel, bilden diese Elemente wasserlösliche Thiosalze

Auftausalze, zur Entfrostung von schnee-, eis- oder reifglatten Straßen und Autobahnen durch Streuen von Salzen oder Versprühen deren wäßriger Lösungen (Laugen) eingesetzte Substanzen, z. B. Abfallprodukte der Kaliindustrie. Verwendet werden unter anderem $MgCl_2$, $MgSO_4$, NaCl, $CaCl_2$. Durch Versprühen oder Verwehen über den Straßenrand und Abfließen der Salzlösung nach dem Auftauen können an Pflanzen direkt bzw. über den Boden erhebliche, herbizidähnliche Schädigungen auftreten.

Auftrittspotential, ↗ Massenspektrometrie.

Aufwachsverfahren, *Van-Arkel-de-Boer-Methode*, Verfahren zur Gewinnung reiner bzw. reinster Metalle und Halbmetalle (Titan, Zirconium, Hafnium, Thorium, Vanadium, Tantal, Rhenium, Bor, Silicium) sowie deren Verbindungen (z. B. Titancarbid TiC, Titannitrid TiN, Zirconiumnitrid ZrN) durch thermische Zersetzung einer flüchtigen Metallverbindung (Metallhalogenid), die im Reaktionsgefäß vorgelegt wird oder durch chem. Reaktion entsteht. Das Gefäß wird evakuiert, auf 500 bis 600 °C erhitzt und ein Wolframdraht von 40 μm Durchmesser auf 1200 bis 1800 °C erhitzt. Das gasförmige Metallhalogenid zersetzt sich am Glühdraht unter Abscheidung des reinen Metalls, während das freigesetzte Halogen für die weitere ↗ chemische Transportreaktion des Ausgangsmetalls zur Verfügung steht.

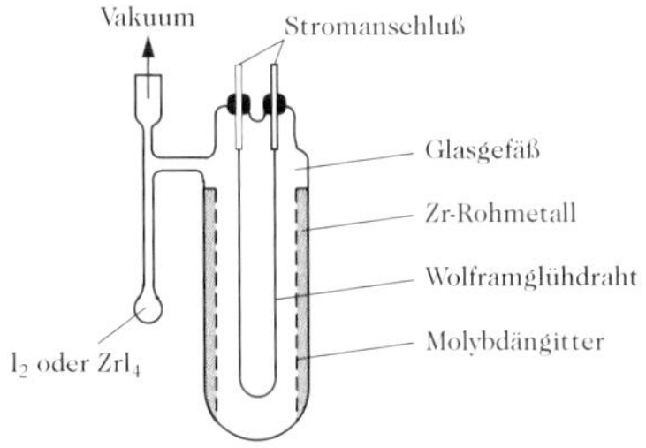

Aufwachsverfahren. Abb.: Glühdrahtverfahren für den Zirconiumtransport.

Augenreizstoffe, ↗ chemische Kampfstoffe.

Auger-Elektronenspektroskopie, Abk. *AES*, spektroskopische Methode, mit der die kinetische Energie von Sekundärelektronen (*Auger-Elektronen*) gemessen wird, die eine Probe strahlungslos als Folge einer Photo- oder Elektronenstoßionisation emittiert.

Bei der Wechselwirkung von Atomen mit Röntgen- oder Elektronenstrahlen werden Elektronen aus inneren Schalen herausgeschlagen, wobei angeregte, ionisierte Atome entstehen (↗ Photoelektronenspektroskopie, ↗ Röntgenspektroskopie). Die dabei etwa in der K-Schale gebildete Leerstelle wird aufgefüllt, indem z. B. ein Elektron aus der L_{II}-

Schale zurückspringt. Die bei diesem Prozeß freiwerdende Energie $E_K - E_{L_{II}}$ kann in Form von Röntgenstrahlen abgegeben werden (Röntgenfluoreszenz) oder z. T. zur Loslösung eines weiteren Elektrons (z. B. aus der L_{III}-Schale) dienen, dem der Rest der Energie als kinetische Energie mitgegeben wird. Dabei entsteht ein doppelt ionisiertes Ion. Die kinetische Energie des Auger-Elektrons ist angenähert $E_{kin} \approx E_k - E_{L_{II}} - E_{L_{III}}$. Ob Röntgenfluoreszenz oder Auger-Effekt bei der Desaktivierung des Anregungszustandes überwiegt, hängt von der Ordnungszahl des Elementes ab. Bei leichten Elementen dominiert der Auger-Effekt.

Die Energie der Auger-Elektronen entspricht bestimmten Elektronenübergängen, die für das betreffende Atom charakteristisch und von der Anregungsenergie unabhängig sind. Sie kann deshalb zur Kennzeichnung einer Atomart dienen (qualitative Analyse). Da die Elektronenniveaus in Abhängigkeit von dem Bindungszustand und der chem. Umgebung des betreffenden Atoms geringfügig verschoben werden können, tritt ebenso wie bei der ↗ Photoelektronenspektroskopie eine chem. Verschiebung der Signale auf, die zu einer detaillierteren Charakterisierung des betreffenden Elements in der vorliegenden Probe wichtig sind. Über die Anzahl der Auger-Elektronen lassen sich quantitative Analysen durchführen. Die geringe Tiefe, aus der Auger-Elektronen austreten, erlaubt die Analyse dünnster Oberflächenschichten. Die Anwendungsbereiche dieser Methode, die auch als Mikroanalysenmethode verwendet werden kann, liegen deshalb auf dem Gebiet der Oberflächenanalytik, wobei besonders solche Prozesse wie Katalyse, Oxidation und Korrosion untersucht worden sind.

Auramin, $[(CH_3)_2N{-}C_6H_4]_2C{=}NH \cdot HCl$, ein basischer Diphenylmethanfarbstoff. A. bildet ein hellgelbes, in Wasser und Spiritus lösliches Pulver; F. 136 °C. Man verwendet A. zum Färben von Papier, Jute und Kokosfasern sowie in der Medizin zur Fluoreszenzfärbung spezieller Bakterien im Sputum.

Auranofin, eine organische Gold(I)-Verbindung, die als Basistherapeutikum (Langzeitbehandlung) bei rheumatischen Erkrankungen verwendet wird. A. ist der Triphenylphosphin-Komplex der Tetra-*O*-acetyl-1-thio-*β*-D-glucopyranosyl-gold(I)-Verbindung. Zu gleichem Zweck wird Aurothioglucose, *β*-D-1-Thioglucopyranosyl-gold(I) verwendet.

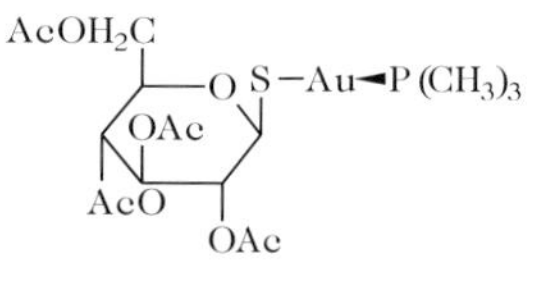

Aurum, ↗ Gold.

Ausbeute, für chemische Reaktionen die molare Menge an Zielprodukt, die je Mol eines Ausgangsstoffes erhalten wird. Sie wird aus dem Quotient der praktisch realisierten A. und der aufgrund der Stöchiometrie und Gleichgewichtsverhältnisse errechneten, theoretischen A. bestimmt. Sie wird in Prozent angegeben. Die praktisch realisierte A. liegt stets unter der theoretisch möglichen. Sie wird beeinflußt durch Parallel- und Folgereaktionen, Verluste bei der Isolierung und Reinigung des Zielproduktes und andere Faktoren.

Ausbeutekoeffizient, ↗ Ertragskoeffizient.

Ausdampfverfahren, ↗ Abwasserreinigung.

Ausdehnungskoeffizient, ↗ Zustandsgleichung 1.

Ausflocken, die lockere Zusammenballung von Kolloidteilchen, die zu einer Abscheidung führt. Häufig kann das ausgeflockte Kolloid durch Schütteln wieder dispergiert werden (↗ disperses System, ↗ DLVO-Theorie).

Ausfrieren, das Überführen von Dampf oder Flüssigkeit in den festen Zustand durch Abkühlung im Bereich tiefer Temperaturen unterhalb 0 °C bis zum Sublimationspunkt (Desublimieren) oder bis zum Erstarrungspunkt (Erstarren, Kristallisieren). Beim Abkühlen von Lösungen unter die Erstarrungstemperatur des reinen Lösungsmittels kann dieses vom Erstarrungsbeginn an zunächst allein in reiner Form ausfrieren. Dadurch wird die Konzentration des gelösten Stoffes in der verbleibenden flüssigen Phase erhöht, wobei die Temperatur stetig bis zum eutektischen Punkt sinkt. Die restliche Erstarrung vollzieht sich dann bei der konstanten eutektischen Temperatur als der minimalen Temperatur dieser Phasenumwandlung flüssig-fest.

Zum Trocknen von Gasen wendet man das A. in Kühlfallen oder Adsorptionsfallen an, um Wasserdampf und/oder andere kondensierbare dampfförmige Bestandteile durch Abkühlen auf etwa –20 bis –100 °C wirksam abzuscheiden.

Ähnliches gilt für die Reinigung von Abluft oder Abgas. Durch A. kann man die Emissions-Grenzwerte insbesondere gasförmiger organischer Schadstoffe einhalten. Dazu sind u. U. –120 bis –170 °C erforderlich.

Ausfrierverfahren, ↗ Entsalzung.

Ausgleichsgefäß, ein kugel- oder röhrenförmiges, durch einen Schlauch mit einem Flüssigkeitsbehälter (z. B. Gasbürette) verbundenes Gefäß (*Niveaukugel, -rohr*), mit dem man durch Heben oder Senken ein gewünschtes Flüssigkeitsniveau einstellen kann.

Aushärten, 1) bei der Kunststoffherstellung, insbes. von Duroplasten eine Verarbeitungsphase, bei der das Material nach der Formgebung durch einen chem. Vorgang fast unschmelzbar und in Lösungsmitteln unlöslich wird (z. B. bei Phenolharzen der Übergang vom Resitol- in den Resitzustand oder das A. von Epoxidharzen). Das A. ist im allg. mit der Ausbildung vernetzter Strukturen verbunden und wird durch den Zusatz von Härtern oder durch Hitze erreicht. 2) bei Legierungen Wärmebehandlung mit nachfolgendem Abkühlschritt zum Steigern der Härte und Festigkeit.

Auslaugen, ↗ Extraktion.

Aussalzeffekt, die Herabsetzung der Löslichkeit von Feststoffen oder Gasen durch Zusatz dritter Stoffe. Im gesättigten Zustand ist die Sättigungsaktivität $a_{c,2}$ des gelösten Stoffes (2) konstant: $a_{c,2} = f_{c,2} \cdot c_2$ = konst. (bei T, p = konst.). Durch Zusatz eines Salzes oder eines anderen Stoffes zur Lösung wird der Aktivitätskoeffizient $f_{c,2}$ des gelösten Stoffes erhöht oder erniedrigt. Wird die Sättigungskonzentration c_2 verkleinert, spricht man von einem A., wird c_2 größer, von einem Einsalzeffekt. Die Löslichkeit von Gasen und festen Nichtelektrolyten wird in Salzlösungen meist herabgesetzt. Der Effekt wird bei der Stofftrennung, z. B. von Proteinen, ausgenutzt.

Bei Mischungen von zwei begrenzt mischbaren Flüssigkeiten führt der dritte Stoff zur Verkleinerung oder Vergrößerung der ↗ Mischungslücke.

Ausschlußchromatographie, ↗ Permeationschromatographie.

Ausschütteln, ↗ Extraktion.

Austenit, metallographische Bezeichnung für das zwischen 911 und 1392 °C stabile γ-Eisen und für kubisch-flächenzentrierte γ-Mischkristalle mit einer Gitterkonstante von 356pm in ↗ Eisen-Kohlenstoff-Legierungen. A. mit 0,8 % Kohlenstoff ist oberhalb von 723 °C stabil und enthält bei 1147 °C maximal 2,06 % Kohlenstoff. Bei langsamer Abkühlung zerfällt A. unterhalb von 723 °C in ↗ Ferrit und ↗ Zementit. Hohe Abkühlungsgeschwindigkeiten bis zu Raumtemperatur führen in Eisen-Kohlenstoff-Legierungen zu Rest-A. Durch andere Legierungsbestandteile, z. B. 18 % Chrom, 12 % Mangan und 8 % Nickel, wird in austenitischen Stählen der A. bei niedrigen Temperaturen stabilisiert.

Austreiben, die Entfernung (*Desorption*) gelöster Gase aus einer Flüssigkeit durch Verwendung von Inertgasen, durch Verdampfen der Lösung, durch Anwendung von Vakuum oder durch Kombination der genannten Verfahren. Das A. dient zur Gewinnung einer absorbierten Gaskomponente und zur Regeneration des Lösungsmittels.

Auswahlregeln, Regeln, die bestimmte Bedingungen, z. B. Änderungen von Quantenzahlen, festlegen, unter denen ein Übergang zwischen verschiedenen Energiezuständen möglich ist. Sie bestimmen insbesondere, ob (und mit welcher Intensität) ein denkbarer spektroskopischer Übergang tatsächlich stattfindet (»erlaubt« ist).

Auswaschen, die sich an das Filtrieren anschließende Trennung des Niederschlags von den ihm noch anhaftenden Lösungsmittelresten.

Autofining-Verfahren, Hydroraffination.

Autokatalyse, Spezialfall der ↗ Katalyse, bei dem ein Reaktionsprodukt katalytisch wirkt. Die Reaktion beschleunigt sich selbst mit steigendem Umsatz. Unter bestimmten Bedingungen kann A. zu Bistabilität oder zu Oszillationen führen (↗ oszillierende Reaktion).

Autoklav, ein luft- und dampfdicht verschließbares, starkwandiges Gefäß mit eingebautem Thermometer, Manometer, zuweilen auch Rührwerk u. a., in dem Stoffe unter einem Druck bis zu 100 MPa und bei einer Temperatur bis zu 400 °C erhitzt werden können. A. werden für Reaktionen verwendet, die unter Normalbedingungen unbefriedigende Ausbeute ergeben. In der Medizin und Pharmazie dienen A. zum Sterilisieren von Arzneimitteln bei 120 °C.

Autoprotolyse, ↗ Säure-Base-Konzepte, Abschn. Brönstedsche Definition.

Autoxidation, Oxidation chemischer Verbindungen mit Luftsauerstoff bei Normaltemperatur oder wenig erhöhter Temperatur. Bei der A. wird meist molekularer Sauerstoff von einem Teil des zu oxidierenden Moleküls unter Bildung peroxidartiger Verbindungen angelagert, die dann andere Moleküle des gleichen oder eines anderen Stoffes oxidieren. Stoffe, die von molekularem Sauerstoff unmittelbar oxidiert werden können, nennt man *Autoxidatoren*, z. B. Natriumsulfit oder in Palladium gelöster Wasserstoff. Wenn eine Substanz dagegen nur bei Anwesenheit von Autoxidatoren oxidiert werden kann, bezeichnet man sie als Akzeptor, ihre Oxidation geschieht durch peroxidartige Intermediate der Autoxidatoren, z. B. Ammoniak, Kohlenmonoxid, Iodwasserstoff und Oxalsäure. Die A. läuft zumeist nach einem Radikalmechanismus ab. In der Technik wichtige A. sind die Oxidation von Cumen (↗ Hock-Verfahren) und die Trocknung von trocknenden Ölen, z. B. Leinöl. Unerwünschte A. sind das Rosten von Eisen, die Alterung von Kautschuk, die Verharzung von Kraft- und Schmierstoffen, das Ranzigwerden von natürlichen Fetten und Ölen sowie die Selbstentzündung von feuchtem Heu und Stroh. Diese A. können durch Zusatz von Antioxidantien oder Stabilisatoren verhindert bzw. verzögert werden.

Auxine (griech. auxein ›wachsen‹), Gruppe von Phytohormonen und synthetischen Wachstumsregulatoren, die bei Pflanzen die Zellteilung und -streckung, den Knospenaustrieb, die Kambiumtätigkeit sowie die Apikaldominanz der Gipfelknospen regulieren. Die fördernde oder hemmende Wirkung ist von der Aufwandmenge und vom Entwicklungsstadium der Pflanzen bestimmt. Das bekannteste A. ist das Phytohormon ↗ Indolyl-3-essigsäure.

Synthetische A. mit wirtschaftlicher Bedeutung sind Indolyl-3-buttersäure, 1-Naphthylessigsäure und Phenoxyessigsäurederivate (2,4-D und 2,4,5-T, ↗ Wuchsstoffherbizide).

Die Bildung der nativen A. findet vorwiegend in teilungsaktiven Meristemen hauptsächlich in dominanten Sproßknospen, jungen Blätter und Fruchtknoten statt. Praktischer Einsatz der A. als Herbizide und zur Hemmung der vorzeitigen Keimung (Kartoffeln), zur vegetativen Vermehrung, Induktion der Fruchtausbildung und zur Entblätterung. Einige synthetische A. (2,4-D; 4-Chlorphenoxyessigsäure) werden auch als Herbizide eingesetzt.

Auxochrome, ↗ auxochrome Gruppen.

auxochrome Gruppen, *Auxochrome*, Substituenten mit freien Elektronenpaaren, die durch ihren Eintritt in Chromogene (↗ chromophore Gruppen) eine Verstärkung der Intensität und eine Farbvertiefung (↗ Bathochromie) bewirken. Basische a. G. sind z. B. $-NH_2$, $-N(CH_3)_2$, $-NHR$, $-NR_2$ (jedoch nicht $-NH_3^+$), saure a. G. sind z. B. –OH, –OR, –OCOR. Durch den Eintritt der Substituenten erhält der Farbstoff erst die Fähigkeit, Wolle, Seide, Kunstseide oder Leder licht- und waschecht zu färben. Durch die basischen oder sauren Eigenschaften verschiedener a. G. wird auch ein gutes Haftvermögen auf verschiedenen Fasern bewirkt. Unter dem Einfluß der a. G. erfolgt eine Verschiebung der Absorptionsbanden zum langwelligen Spektralbereich, z. B. beim Übergang von *Chinon* (gelb) zu *Anilinochinon* (dunkelbraun) oder von *Dibenzoylethylen* (farblos) zu *Indigo* (blau).

Avidin, ein aus dem Hühnereiweiß isoliertes basisches tetrameres Glycoprotein (M_r ~ 66000), das vier hochaffine Bindungsstellen für ↗ Biotin besitzt. Der Komplex mit Biotin besitzt eine Dissoziationskonstante von 10^{-15} M und ist proteasestabil. Zusammen mit Biotin wird A. zur Immobilisierung in der Affinitätschromatographie und Immunoassays verwendet.

Aviviermittel, chem. Substanzen zum Ausrüsten von Textilien, um deren Griff und Aussehen zu verbessern. Als A. dienen anionische, kationische und nichtionische Verbindungen, die mehr als 16 Kohlenstoffatome im Alkylrest aufweisen, sowie Siliconderivate. Die A. werden in Form von wäßriger Lösung oder als Emulsion appliziert.

Avogadro-Konstante, Zeichen N_A, früher ***Loschmidt-Konstante***, Zeichen N_L, gibt die Anzahl der Teilchen oder elementaren Einheiten an, die in 1 mol enthalten sind (*molare Teilchenzahl*, ↗ Mol). Nach dem gegenwärtigen Stand der Meßtechnik gilt: $N_A = 6{,}0221367(36)\cdot10^{23}\ \mathrm{mol}^{-1}$. Die A. ist eine Größe mit der Einheit mol^{-1}. In manchen Rechnungen wird der reine Zahlenwert ohne Einheit benutzt. Um Verwechslungen zu vermeiden, sollte dann die Bezeichnung *Avogadro-Zahl* N_0 gebraucht werden.

Die A. verknüpft als Proportionalitätsfaktor molare mit molekularen Größen, z. B. $M = N_A\cdot m$, $V_M = N_A\cdot\varphi$, $R = N_A\cdot k$, $F = N_A\cdot e_0$, $E_y = N_A\cdot h\cdot\nu$. Es bedeuten M molare Masse, m Masse eines Moleküls, V_M Molvolumen, φ mittlerer Raumbedarf eines Moleküls, R Gaskonstante, k Boltzmann-Konstante, F Faraday-Konstante, e_0 elektrische Elementarladung, E_y Energie von 1 mol Lichtquanten $h\cdot\nu$.

Avogadrosches Gesetz, ein stöchiometrisches Grundgesetz, nach dem gleiche Volumina verschiedener Gase bei gleicher Temperatur und gleichem Druck die gleiche Anzahl Teilchen enthalten. Die von Avogadro postulierten Teilchen stellen die Moleküle dar.

Axerophthol, ↗ Vitamin A.

axiale Bindung, ↗ Stereoisomerie 2.2.

Aza[18]annulenfarbstoffe, eine Gruppe von Farbstoffen, die als farbtragendes Strukturelement ein cyclisches System von konjugierten Doppelbindungen mit 18 π-Elektronen besitzen. Die bedeutendsten Vertreter sind die biologisch wichtigen Farbstoffe des Blutes, das ↗ Hämin, und des Blattgrüns, das ↗ Chlorophyll, sowie die synthetischen ↗ Phthalocyaninfarbstoffe.

Azacyanine, ↗ Cyaninfarbstoffe.

Azadirachtin, ↗ Pflanzenschutz- und Schädlingsbekämpfungsmittel; aus dem indischen Neem-Baum gewonnener Extrakt, der als ↗ Insektzid Verwendung findet. Chemisch handelt es sich um einen Komplex Tetranortriterpenoiden in einer Konzentration von ca. 0,35 % im Samen. Er besitzt neben der insektiziden Wirkung auch einen Repellent-Effekt und wirkt auf viele Insekten sterilisierend.

9-Azafluoren, ↗ Carbazol.

Azalen, ↗ Pseudoazulene.

Azapeptide, eine Gruppe von Peptidanaloga, die durch einen isoelektronischen Austausch einer α-CH-Gruppe gegen ein N-Atom in einem oder mehreren Aminosäurebausteinen des Peptidrückgrats charakterisiert sind.

Azathiopurin, ↗ 6-Mercaptopurin.

Azelainsäure, ***Nonandisäure***, ***Heptan-1,7-dicarbonsäure***, $HOOC-(CH_2)_7-COOH$, eine höhere, gesättigte Dicarbonsäure. A. kristallisiert in farblosen Blättchen oder Nadeln; F. 106,5 °C, Kp. 225 °C bei $1{,}33\cdot10^3$ Pa. A. ist in kaltem Wasser schwer, in heißem Wasser, Alkohol und Ether leicht löslich. Die Herstellung erfolgt durch oxidativen Abbau der Ölsäure oder von Ricinusöl. A. wird als Zwischenprodukt für die Herstellung von Polyamiden, Alkydharzen und Weichmachern verwendet.

Azeotropdestillation, ein Verfahren der ↗ Destillation zur Trennung eng siedender Flüssigkeitsgemische, die mittels Rektifikation nicht mehr getrennt werden können, sowie zur Trennung azeotroper Gemische. Bei Flüssigkeitsgemischen, die nicht dem Raoultschen Gesetz und dem Daltonschen Gesetz folgen, hat die Phasengleichgewichtskurve entweder einen azeotropen Punkt P, bei dem x (Molenbruch der leichter siedenden Komponente in der Flüssigkeit) gleich y (Molenbruch der leichter siedenden Komponenten im Dampf) ist, oder sie nähert sich am oberen oder unteren Ende asymptotisch der Diagonalen. Eine Trennung dieser Gemische über diesen Punkt hinaus ist nur unter besonderen Bedingungen möglich.

Man unterscheidet zwei Verfahren der A. 1) Eine Änderung des Systemdruckes (Vakuum oder Überdruck) beeinflußt das Phasengleichgewicht, so daß der azeotrope Punkt verschoben wird (Abb. 1). Die Trennung des Gemisches wird nacheinander bei verschiedenen Drücken durchgeführt. 2) Eine andere, oft benutzte Form der Trennung wird durch Verwendung einer Zusatzkomponente bewirkt. Dadurch wird bewußt ein Azeotrop zwischen der Zusatzkomponente und der abzutrennenden Komponente des binären Gemisches gebildet. Durch die entstandene höhere Siedetemperaturdifferenz ist eine leichte Trennung möglich. Das azeotrope Kondensat muß anschließend wieder gut getrennt werden können.

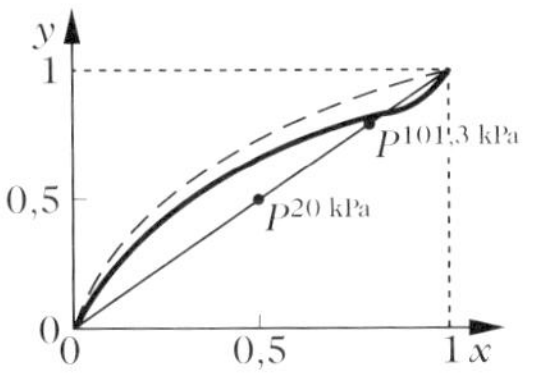

Azeotropdestillation. Abb. 1.: Gleichgewichtsdiagramm eines azeotropen Gemisches mit dem azeotropen Punkt P. ---- Gleichgewichtslinie mit selektivem Lösungsmittel, —— Gleichgewichtslinie ohne selektives Lösungsmittel.

Für die A. können nur solche Zusatzstoffe gewählt werden, deren Siedetemperatur der Temperatur zur Azeotropbildung entspricht. Beispiele: Entwässerung von Ethanol unter Zusatz von Benzol. Zunächst destilliert ein ternäres (dreifaches) Azeotrop mit 18,5 % Ethanol, 74,1 % Benzol und 7,4 % Wasser bei 64,9 °C ab, dann ein binäres Ethanol-Benzol-Azeotrop (Kp. 68,2 °C).

Durch A. mit Aceton kann Benzol aus geeigneten Fraktionen gewonnen werden (Abb. 2).

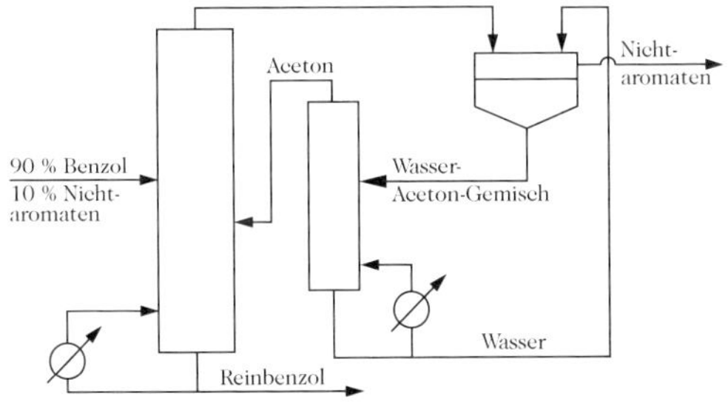

Azeotropdestillation. Abb. 2. Gewinnung von Reinbenzol mit Aceton als selektivem Lösungsmittel.

Die A. ist dann wirtschaftlich, wenn kleine Mengen (< 10 %) an Nichtaromaten aus der Aromatenfraktion abgetrennt werden sollen, da die Hauptmenge nicht verdampft zu werden braucht. Die Extraktivdestillation wird vorteilhaft bei Aromatengehalten zwischen 90 und 60 % eingesetzt. Bei Aromatengehalten von < 60 % ist nur die Flüssig-Flüssig-Extraktion wirtschaftlich.

azeotropes Gemisch, ein aus zwei oder mehr Komponenten bestehendes Flüssigkeitsgemisch, das einen konstanten Siedepunkt besitzt, der von den Siedepunkten der einzelnen Komponenten verschieden ist. Azeotrope G. lassen sich durch einfache Destillation nicht trennen, ↗ Azeotropdestillation.

Azepine, dreifach ungesättigte, siebengliedrige, heterocyclische Verbindungen mit einem Stickstoffatom im Ring. Sie sind antiaromatisch und weichen der ebenen Anordnung aus. Daher verhalten sie sich wie Polyene.

Azetidin, *Trimethylenimin*, eine gesättigte, viergliedrige heterocyclische Verbindung mit einem Stickstoffatom im Ring; Kp. 63 °C, n_D^{25} 1,4287. Die

zweifach ungesättigten Analoga heißen *Azete*, die einfach ungesättigten *Azetine*. A. sind durch Abspaltung von Halogenwasserstoff aus γ-Halogenaminen zugänglich. In ihren Eigenschaften entsprechen sie weitgehend den ↗ Aziridinen. Azetidin-2-one sind zugleich β-Lactame und werden durch Wasserabspaltung aus β-Aminocarbonsäuren erhalten. Eine weitere Synthesemöglichkeit ist die Cycloaddition von Ketenen an Azomethine.

Azidamfenicol, ↗ Chloramphenicol.

Azide, Derivate der Stickstoffwasserstoffsäure HN_3. *Anorganische A.* a) Salze der allg. Formel M^IN_3. Den ionischen Aziden liegt das durch lineare symmetrische Struktur (N-N-Abstände 117 pm) gekennzeichnete mesomeriestabilisierte Azid-Ion $\overset{=}{\underline{N}}=\overset{+}{N}=\overset{=}{\underline{N}}$ zugrunde, das wegen seines halogenidähnlichen Verhaltens zur Gruppe der ↗ Pseudohalogenide gerechnet wird. Die ionischen, von den elektropositivsten Elementen gebildeten A., z. B. Natriumazid NaN_3, sind relativ stabil. Dagegen sind Schwermetallazide infolge beträchtlicher kovalenter Bindungsanteile und der Aufhebung der Symmetrie des Azid-Anions hoch explosiv. Die A. des Bleis und Quecksilbers explodieren auf Schlag und werden deshalb als Initialsprengstoffe verwendet. Man gewinnt die Schwermetallazide durch Umsetzung entsprechender Metallsalzlösungen mit Natriumazid. b) In den Nichtmetallaziden sind ein oder mehrere

Azidreste kovalent an das Nichtmetallatom gebunden. Bekannte Vertreter sind die instabile Stickstoffwasserstoffsäure HN_3, die A. des Bors (Bortriazid $B(N_3)_3$) und des Siliciums (Siliciumtetraazid $Si(N_3)_4$) sowie die Halogenazide des Typs XN_3.

Organische A. a) Verbindungen der allg. Formel R–N=N=N. Die Bezeichnung dieser A. ergibt sich aus dem Namen des Alkyl-, Aryl- oder heterocyclischen Restes R und dem funktionellen Begriff -azid, z. B. Phenylazid $C_6H_5{-}N_3$, oder bei Anwesenheit anderer Hauptgruppen im Molekül aus dem Präfix Azido und dem Begriff für die Stammverbindung, z. B. Azidobenzolsulfonsäure.

Niedrigmolekulare A. sind sehr instabile, hochexplosive Verbindungen, die häufig nur in Form ihrer verd. Lösungen verarbeitet werden. *Aliphatische A.* (*Alkylazide*) können durch Umsetzung von Halogenalkanen mit Alkaliaziden oder aus Diazoalkanen mit Stickstoffwasserstoffsäure hergestellt werden:

$R{-}\overset{-}{C}H{-}\overset{+}{N}{\equiv}N + HN_3 \rightarrow R{-}CH_2{-}N_3 + N_2$. *Aromatische A.* (*Arylazide*) erhält man durch Umsetzung von Arendiazoniumsalzen mit Alkaliaziden oder durch Einwirkung von salpetriger Säure auf Arylhydrazine: $Ar{-}NH{-}NH_2 + O{=}N{-}OH \rightarrow Ar{-}N_3 + 2\,H_2O$. Arylazide reagieren mit Chlorwasserstoff unter Bildung von *N*-Chloraminen, die sich leicht in Chloraniline umlagern. Weitere wichtige Reaktionen der A. sind die 1,3-dipolare Cycloaddition an ungesättigte Verbindungen unter Bildung von Triazolen sowie die photolytische oder thermolytische Spaltung in Nitrene und Stickstoff. b) Verbindungen der allg. Formel R–CO–N_3, *Acylazide*, ↗ Carbonsäureazide.

Azine, 1) nicht korrekter Sammelname für Derivate des Phenazins. ↗ Azinfarbstoffe. 2) systematischer Name für die Biskondensationsprodukte des Hydrazins mit Carbonylverbindungen: Aldehyde bilden die *Aldazine*, Ketone die *Ketazine*.

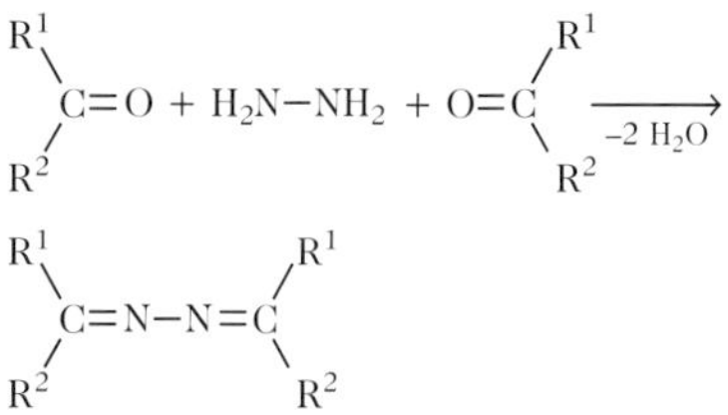

3) Oberbegriff für sechsgliedrige, heterocyclische Verbindungen mit 1 bis 4 Stickstoffatomen im Ring, für die zum Teil Trivialnamen zugelassen sind; ↗ Pyridin, ↗ Pyridazin, ↗ Pyrimidin, ↗ Pyrazin, ↗ Triazine, ↗ Tetrazine. Neben Stickstoff können noch Sauerstoff (Oxazine) oder Schwefel (Thiazine) im Ring enthalten sein.

Diese A., ihre Derivate und Hydrierungsprodukte, sind in Naturstoffen weit verbreitet. Dies trifft besonders für Pyridin und Pyrimidinderivate zu (↗ Alkaloide, ↗ Vitamine, ↗ Nucleinsäuren u. a.). A. sind schwache Basen, deren Basenstärke mit zunehmender Anzahl von N-Atomen abnimmt.

Azinfarbstoffe, ***Phenazinfarbstoffe***, eine große Gruppe von synthetischen Farbstoffen, die als gemeinsames Chromophor den Phenazinring besitzen. Die A. können sowohl saure als auch basische Farbstoffe sein. Man unterscheidet 1) Chinoxaline, 2) Eurhodine und Eurhodole, 3) Aposafranine, 4) Safranine, 5) Induline (↗ Indulinfarbstoffe) und Nigrosine.

Azinphos-methyl, ↗ phosphororganische Insektizide.

Aziridin, ***Ethylenimin***, ein gesättigter, dreigliedriger Heterocyclus mit einem Stickstoffatom im Ring. A. ist eine farblose, leicht entflammbare, an der Luft rauchende, nach Ammoniak riechende, giftige, stark ätzende und carcinogen wirkende Flüssigkeit; Kp. 56 °C. Infolge der starken Ringspan-

nung ist es sehr reaktionsfähig und kann explosionsartig zu Polyethylenimin polymerisieren. A. kann alkyliert und acyliert werden. Zur Darstellung von A. behandelt man Ethanolaminhydrochlorid mit Thionylchlorid, wobei *β*-Chlorethylaminhydrochlorid entsteht. Durch Erhitzen mit Natronlauge erhält man daraus A. Mit A. kann man die Aminoethylgruppe in organische Verbindungen einführen. Es wird zur Herstellung von Arzneimitteln und zur Modifizierung synthetischer Polymere verwendet.

Azlactone, ↗ Oxazolone.

Azlocillin, ↗ Penicilline.

Azobenzol, die einfachste aromatische Azoverbindung. A. existiert in zwei stereoisomeren Formen. Das stabile A. liegt in der *E*-Form vor. Es kristallisiert in roten Blättchen; F. 68 °C. Bei der UV-Bestrahlung einer Lösung des (*E*)-A. stellt sich ein

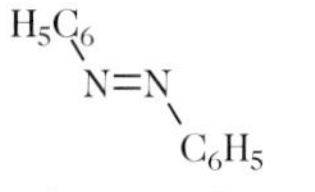

E- oder *trans*-Form

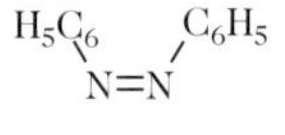

Z- oder *cis*-Form

Gleichgewicht zwischen der *E*- und der *Z*-Form ein. Aus dem Isomerengemisch kann das (*Z*)-A. chromatographisch abgetrennt werden; F. 71,4 °C, Kp. 297 °C (*E*- und *Z*-Form). A. ist in Wasser schwer löslich, in heißem Alkohol und Ether löst es sich leicht. Es ist giftig und wirkt in größeren Mengen wie Nitrobenzol. Bei der Einwirkung von Reduktionsmitteln auf A. werden Hydrazobenzol bzw. Anilin gebildet. Mit Peressigsäure wird es zu Azoxybenzol oxidiert. Man erhält A. durch Reduktion von Nitrobenzol, durch Oxidation von Hydrazobenzol oder durch Kondensation von Nitrosobenzol mit Anilin. A. wird zur Herstellung von Farbstoffen verwendet.

α,α′-Azobisisobutyronitril, 2,2′-Azobis(2-methylpropionitril), $(CH_3)_2C(CN){-}N{=}N{-}C(CN)(CH_3)_2$, eine giftige, farblose, kristalline Verbindung; F. 105 °C (Z). α,α′-A. ist unlöslich in Wasser, löslich in den meisten organischen Lösungsmitteln; beim Erwärmen einer Acetonlösung von α,α′-A. kann Explosion erfolgen. α,α′-A. zerfällt oberhalb 35 °C unter Abspaltung von Stickstoff und Bildung von Radikalen. Es wird deshalb zur Auslösung radikalich verlaufender Reaktionen verwendet. Man stellt α,α′-A. durch Oxidation der Hydrazoverbindung her.

Azocyclotin, ↗ Akarizide.

Azodicarbonsäureester, aliphatische Azoverbindungen mit der allg. Formel ROOC–N=N–COOR. A. sind meist gelbe, instabile Verbindungen, die sich bei der Destillation unter heftiger Detonation zersetzen können. Sie werden aus Chlorameisensäureestern und Hydrazin hergestellt. Die im ersten Reaktionsschritt entstehenden Hydrazin-*N,N′*-dicarbonsäureester können durch Oxidation mit Salpetersäure oder Chlor in A. übergeführt werden. A. sind für organische Synthesen von Bedeutung.

Azofarbstoffe, eine umfangreiche Klasse synthetischer Farbstoffe, die an sp^2-hybridisierte Kohlenstoffatome gebundene Azogruppen –N=N– enthalten. Die Azogruppen sind meist an Benzol- oder Naphtholringe, aber auch an Heterocyclen sowie enolisierbare aliphatische Verbindungen gebunden. Nach der Anzahl der im Azofarbstoff enthaltenen Azogruppen spricht man von Mono-, Di-, Triazofarbstoffen usw. Die Farbe ist abhängig von der Struktur der A. So absorbieren Monoazofarbstoffe, z. B. das 4-Aminoazobenzol (Abb.), wegen der geringen Ausdehnung des delokalisierten Systems

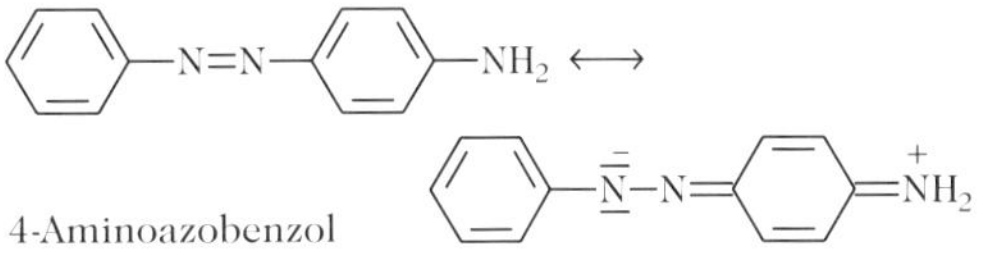

4-Aminoazobenzol

nur im kurzwelligen Spektralbereich und erscheinen darum gelb oder orange. Mit der Einführung weiterer Azogruppen lassen sich rote, grüne, blaue und schwarze Farbtöne erzeugen. Der farbvertiefende Effekt (↗ Bathochromie) kann dabei durch Einführung kondensierter Ringsysteme noch verstärkt werden. Die Vielzahl von A. erklärt sich außerdem durch die Einführung von Substituenten in die den Azogruppen benachbarten Ringsysteme. Als solche Substituenten dienen –OH, –COOH, $-SO_3H$, $-NO_2$, Alkylreste, Alkoxygruppen, Halogene u. a. Die Zahl der auf diese Weise labormäßig hergestellten A. beläuft sich auf weit über 100000, allerdings wird nur ein Bruchteil davon großtechnisch hergestellt.

Azokupplung, Verknüpfung von Arendiazoniumsalzen mit tertiären aromatischen Aminen oder Phenolen unter Bildung von ↗ Azofarbstoffen:

$$R{-}\overset{+}{N}{\equiv}N| + C_6H_4{-}NR_2 \xrightarrow{-H^+} R{-}N{=}N{-}C_6H_4{-}NR_2$$

Diese Reaktion wird in saurer Lösung durchgeführt; Kupplungen mit Phenolen erfolgen in alkalischer Lösung:

$$R{-}\overset{+}{N}{\equiv}N| + C_6H_4{-}OH \xrightarrow[-H_2O]{OH^-} R{-}N{=}N{-}C_6H_4{-}OH$$

Die A. ist eine typische elektrophile Substitution an aktivierten Arenen.

Azolantimykotika, ↗ Antimykotika mit Imidazol- bzw. 1,2,4-Triazol-Struktur. Sie hemmen die Biosynthese des für den Aufbau der Pilzmembran notwendigen Ergosterins auf einer späten Stufe des Syntheseweges. Zunächst wurde das nur lokal wirksame *Clotrimazol* eingeführt, später Verbindungen wie *Miconazol*, *Econazol* und das Acetal *Ketoconazol*, wobei insbesondere Letzteres auch nach peroraler und parenteraler Applikation zur Wirkung gelangt.

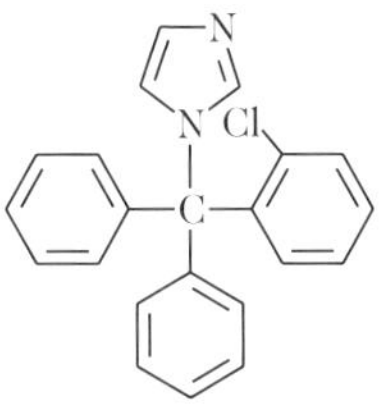

Clotrimazol

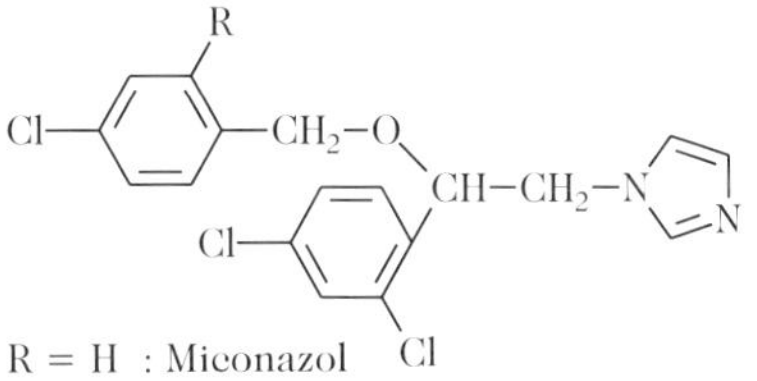

R = H : Miconazol
R = Cl : Econazol

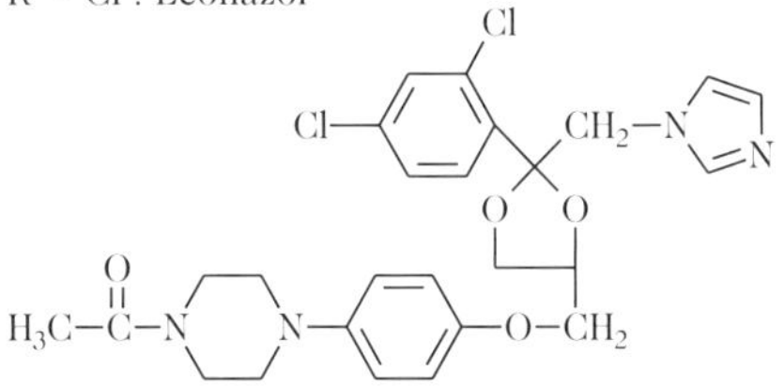

Ketoconazol

Azole, Oberbegriff für fünfgliedrige, heterocyclische Verbindungen mit 1 bis 4 Stickstoffatomen im Ring, für die zum Teil Trivialnamen zugelassen sind; ↗ Pyrrol, ↗ Pyrazol, ↗ Imidazol, ↗ Triazol, ↗ Tetrazol. Neben Stickstoff können noch Sauerstoff (Oxazole), Schwefel (Thiazole) oder Selen (Selenazole) im Ring enthalten sein.

Diese A., ihre Derivate bzw. Hydrierungsprodukte, sind in Naturstoffen weit verbreitet (↗ Chlorophyll, ↗ Hämoglobin, ↗ Alkaloide, ↗ Aminosäuren u. a.).

Eine Besonderheit, bedingt durch die Beziehung von Struktur und Reaktivität, ist, daß die in den A. vorhandene NH-Gruppierung saure Reaktion zeigt und diese mit wachsender Zahl von N-Atomen zunimmt (pK_S-Wert von Tetrazol entspricht ungefähr dem der Essigsäure).

Azomethan, *Dimethyldiimid*, CH_3–N=N–CH_3, ein farbloses bis schwach gelbes Gas; F. –78 °C, Kp. 1,5 °C. A. ist in Alkohol, Ether und Aceton löslich. Es kann durch Oxidation von *N,N'*-Dimethylhydrazin mit Kupfer(II)-chlorid hergestellt werden.

Azomethine, ↗ Schiffsche Basen.

Azomethinfarbstoffe, eine Gruppe von gelben, roten und purpurnen synthetischen Farbstoffen, die in der Farbphotographie verwendet werden. Die A. bilden sich beim Entwickeln des belichteten Films in der Schicht als wasserunlösliche Pigmentfarbstoffe aus den wasserlöslichen Oxidationsprodukten des Farbentwicklers, z. B. aus substituierten Dialkyl-*p*-phenylendiaminen und Aniliden der Acet- oder Benzoylessigsäure.

Azorubin, ↗ Echtrot.

Azotometer, Gasbürette zur Messung von Stickstoffvolumina bei der ↗ Elementaranalyse. Das A. besteht aus einem kalibrierten Meßrohr mit Glashahn als oberem Abschluß. An das untere Ende des Meßrohres ist ein weites Glasgefäß mit Anschlüssen für ein Niveaugefäß und die Gaseinleitung angeschmolzen. Das A. wird mit hochreiner 50%iger Kaliumhydroxidlösung gefüllt. Das aus der Verbrennungsapparatur kommende Gas (CO_2 und N_2) wird in das A. eingeleitet. CO_2 und das außerdem gebildete H_2O werden von der Kaliumhydroxidlösung aufgenommen, während sich der Stickstoff im oberen Teil des Meßrohres sammelt. Sein Volumen kann abgelesen und nach Reduktion auf Normbedingungen unter Berücksichtigung der Dichte die Masse errechnet werden.

Azoverbindungen, organische Verbindungen, in denen die Azogruppe –N=N– mit den C-Atomen aliphatischer, aromatischer oder heterocyclischer Reste verbunden ist. A. können zu ↗ Azoxyverbindungen oxidiert werden. Die einfachsten Vertreter der aliphatischen und aromatischen A. sind ↗ Azomethan bzw. ↗ Azobenzol. Technisch wichtige A. sind die ↗ Azofarbstoffe.

Azoxybenzol, die einfachste aromatische Azoxyverbindung. A. existiert in zwei stereoisomeren Formen, in der *Z*- oder *cis*-Form und in der *E*- oder *trans*-Form.

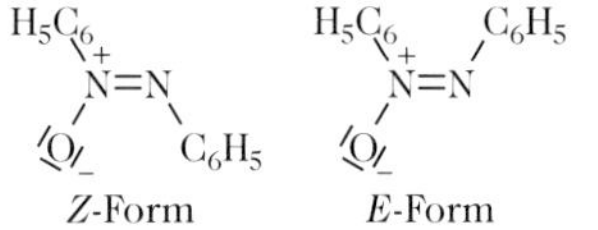

Z-Form *E*-Form

Die stabilere *Z*-Form des A. kristallisiert in hellgelben Nadeln; F. 36 °C. Das *E*-Isomere bildet farblose, nadelförmige Kristalle; F. 87 °C. A. ist unlöslich in Wasser, löslich in Alkohol, Ether und Ligroin. Es entsteht bei der milden Reduktion von Nitrobenzol in alkalischer Lösung mit Glucose. Bei der Reduktion der stereoisomeren Formen des A. mit Lithiumalanat wird (*E*)-Azobenzol gebildet. A. hat in der Farbstoffindustrie Bedeutung. Außerdem wird es für organische Synthesen verwendet.

Azoxystrobin, ↗ Strobilurine.

Azoxyverbindungen, aromatische Verbindungen mit der charakteristischen Atomgruppierung.

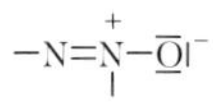

A. sind Oxidationsprodukte der Azoverbindungen. Sie unterliegen beim Erwärmen in Schwefelsäure der ↗ Wallach-Umlagerung unter Bildung von 4-Hydroxyazoverbindungen. Der einfachste Vertreter der A. ist das ↗ Azoxybenzol.

Azulene, bicyclische, nichtbenzoide aromatische Kohlenwasserstoffe, die farbig, meist violett bis blau gefärbt sind. Ihre Konstitution ist durch den Aufbau aus einem Cyclopentadien- und einem Cycloheptatrienring charakterisiert, die beide über zwei gemeinsame C-Atome anelliert sind.

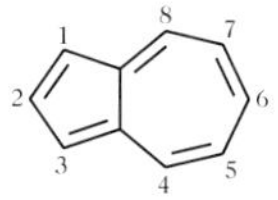

Das 10 C-Atome enthaltende Ringsystem in cyclisch planarer Anordnung verfügt über 10 π-Elektronen mit einer charakteristischen Verteilung der Elektronendichte, die als nicht-alternierend bezeichnet wird. Besonders hoch ist die Elektronendichte (partielle negative Ladung) in den Positionen 1 und 3 (Fünfring), so daß dort leicht elektrophile Substitutionsreaktionen stattfinden, z. B. Nitrierung, Sulfonierung oder Vilsmeier-Formylierung unter Bildung von Azulenaldehyden. Charakteristisch ist auch ein Dipolmoment für das A.-Molekül von etwa 1 D.

Die Stammverbindung, *Azulen*, kristallisiert in blauvioletten Blättchen, F. 99–100 °C. Eine Synthese in hohen Ausbeuten ist durch Umsetzung von Cyclopentadienylnatrium mit *N*-Alkylpyridiniumsalzen möglich (Hafner 1955).

Derivate und hydrierte Verbindungen der Stammverbindung finden sich in der Natur in ätherischen Ölen, z. B. im Kamillen-, Geranium- und Vetiveröl. *Guajazulen, 1,4-Dimethyl-7-isopropylazulen*, oder *Vetivazulen, 4,8-Dimethyl-2-isopropylazulen*, sind charakteristische Vertreter und werden als milde Antiseptica zur Herstellung kosmetischer Artikel, z. B. Zahncremes, Seifen, Hautkosmetika, verwendet.

B

B, Symbol für Bor.

Ba, Symbol für Barium.

Bacimethrin, ***2-Methoxy-5-hydroxymethyl-6-aminopyrimidin***, ein von *Bacillus megatherium* synthetisiertes Pyrimidinantibiotikum. B. ist aktiv gegen einige Hefe- und Bakterienarten. Thiamin und Pyridoxin wirken antagonistisch.

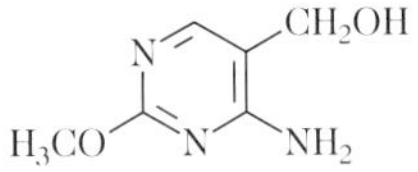

Bacitracine, von *Bacillus licheniformis* produzierte Peptidantibiotika. Der wichtigste Vertreter ist das *Bacitracin A* (Abb.), ein Dodecapeptid, dessen Heterokomponente eine aus dem N-terminalen Isoleucin und dem benachbarten Cystein gebildete Thiazolstruktur aufweist. Das kommerzielle Präparat enthält etwa 70 % Bacitracin A und wird zur Behandlung oberflächlicher Infektionen eingesetzt. B. wirken gegen grampositive Bakterien.

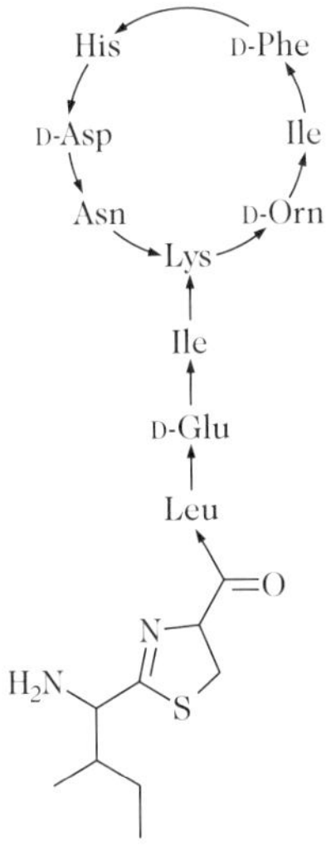

Bacitracin A

B. A ist ein Hemmstoff der Polyprenylpyrophosphat-Phosphatase und inhibiert einen Teilschritt der bakteriellen Zellwandbiosynthese. Für die Wirkung sind insbesondere ein intakter Thiazolring und der Histidinrest essentiell.

Backhefe, ***Bäckerhefe***, zur Herstellung von Backwaren als biologisches Teiglockerungsmittel verwendete obergärige Stämme von *Saccharomyces cerevisiae*, die sich durch gute Triebkraft und ausreichende Haltbarkeit auszeichnen.

Die Produktion von B. erfolgt in einem mehrstufigen Fermentationsprozeß mittels speziell gezüchteter *S. cerevisiae*-Hefen auf Rüben- oder Rohrzukkermelasse als Hauptrohstoff unter Zuführung von Phosphor- und Stickstoffverbindungen. Diese klassisch als »Zulaufverfahren« bezeichneten Prozesse werden unter Nutzung der Regulationsprinzipien des ↗ Pasteur-Effektes im Wechsel von Gärungs- und Atmungsstoffwechsel so geführt, daß eine enzymatisch aktive Hefe mit guten Triebeigenschaften bzw. CO_2-Bildung bei der Backwarenherstellung resultiert.

Für den Fermentationsprozeß existieren verschiedene Prozeßführungsstrategien mit einer wechselnden Anzahl von Fermentationsstufen, die sich grundsätzlich in die sog. *Reinzuchtstufen* zur Anzucht und Vermehrung des *Inoculums* (Stellhefe) und in die Stufen zur Massenvermehrung des Inoculums (Versandhefe) aufteilen. In der Stellhefestufe wird durch Zudosierung von Melasse entsprechend dem Hefewachstum und ausreichender Sauerstoffversorgung die Alkoholbildung zugunsten der Bildung von Biomasse unterdrückt.

B. kommt als ↗ Preßhefe bzw. Versandhefe oder als ↗ Aktivtrockenhefe in den Handel.

Backofenreiniger, ↗ Haushaltsreiniger.

Backverfahren, die Gewinnung von Aminosulfonsäuren durch trockenes Erhitzen (Backen) der Sulfate verschiedener aromatischer Amine auf etwa 260 bis 280 °C. Sulfanilsäure z. B. entsteht aus Anilinsulfat über Sulfaminsäure als Zwischenstufe:

$$H_5C_6-NH_2 \cdot H_2SO_4 \xrightarrow[-H_2O]{\Delta} HO_3S-C_6H_4-NH_2.$$

Auf diese Weise kann man aromatische Amine sulfonieren, ohne die Aminogruppe vorher zu schützen.

Bacteriorhodopsin, ↗ Vitamin A.

Bactoprenol, ***Undecaprenylphosphat***, ein in der Cytoplasmamembran von Prokaryoten lokalisierter ↗ Carrier, der aus 11 linear angeordneten Isopentenyleinheiten besteht und an der Synthese von ↗ Murein beteiligt ist. Ein ähnlicher Carrier spielt offenbar eine Rolle bei der Synthese der ↗ Teichonsäuren und bestimmter Kapselpolymere.

Badger-Bauer-Regel, empirische Beziehung für Frequenzverschiebungen in der ↗ Infrarotspektroskopie bei H-Brücken.

Baeyersche Probe, eine Nachweisreaktion für Doppelbindungen in organischen Verbindungen (↗ Alkene), die durch Entfärbung von Kaliumpermanganat gekennzeichnet ist.

Baeyersche Spannungstheorie, Theorie über Raumstruktur und Reaktivität der Cycloalkane. A. v. Baeyer nahm den ebenen Bau der Cycloalkane an. Aus der Größe der Abweichung des jeweiligen Ringwinkels vom Tetraederwinkel (109° 28′) nach unten oder oben definierte er eine *Ringspannung*, die *Bindungswinkel-* oder *Baeyer-Spannung*, zur Erklärung der unterschiedlichen durch Verbrennungswärmen bestimmbaren thermodynamischen Stabilität der Cycloalkane unterschiedlicher Ringgröße. Diese Beziehung stimmt für Cyclopropan, -butan und -pentan, aber versagt schon für Cyclohexan und besonders für die höheren Cycloalkane. Ursache ist der nicht ebene Bau aller Cycloalkane (außer Cyclopropan), wie bereits 1890 von Sachse und 1918 von Mohr vorausgesagt wurde. Die klassische B. S. ist deshalb nicht mehr anwendbar. Die Baeyer-Spannung ist bei allen Cycloalkanen klein, da auch die Winkel im Cyclobutan und -pentan fast den Tetraederwert erreichen, sie bestimmt aber zusammen mit der Pitzer-Spannung (↗ Stereoisomerie 2.1.) die stabilen Konformationen der kleinen und normalen Ringe und zusätzlich noch mit der transannularen Spannung die der mittleren Ringe.

Baeyer-Spannung, ↗ Baeyersche Spannungstheorie.

Baeyer-Villiger-Oxidation, 1899 entwickeltes Verfahren zur Oxidation von Ketonen zu Carbonsäureestern durch Einwirkung von Peroxysäuren, z. B. Peressigsäure, Perbenzoesäure und Trifluorperessigsäure:

$$R^1{-}CO{-}R^2 \xrightarrow{(R{-}CO{-}O_2H)} R^1{-}CO{-}OR^2$$

Bei der Oxidation cyclischer Ketone werden unter diesen Reaktionsbedingungen Lactone gebildet:

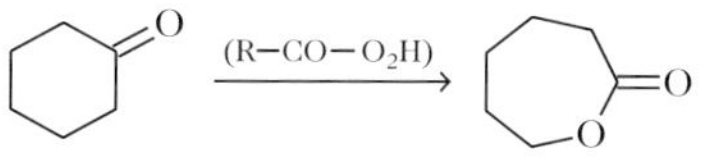

Bagasse, Lignocelluloserückstand, der nach der Extraktion der Saccharose (»Rohrzucker«) aus dem Zuckerrohr (*Saccharum officinale*) zurückbleibt. B. wird als Brennmaterial zur Zellstofferzeugung (2,5 t B. ergeben 1 t Papier) und Furfuralgewinnung verwendet.

Bahnmetall, ↗ Weißmetalle.

Bakelite, internationale Bezeichnung für ↗ Phenolharze.

Bakterienphotosynthese, die ↗ Photosynthese von Photosynthesebakterien (z. B. schwefelfreie Purpurbakterien, grüne Schwefelbakterien), die Bacteriochlorophyll (↗ Chlorophylle) als Photosynthesepigment besitzen. Die Hauptunterschiede zur Photosynthese der Eukaryoten und prokaryotischen Cyanobakterien sind folgende: 1) phototrophe Bakterien gewinnen in lichtabhängigen Reaktionen (durch cyclische Photophosphorylierung) nur ATP; 2) sie enthalten kein Photosystem II (↗ Photosynthese), daher kann Wasser nicht als Wasserstoffdonor verwertet und auch kein Sauerstoff entwickelt werden; 3) sie sind deshalb auf andere Wasserstoff- bzw. Elektronendonoren angewiesen; 4) sie führen die Photosynthese unter streng anaeroben Bedingungen durch.

Die Elektronendonoren der B. sind organische Verbindungen (z. B. organische Säuren, photoheterotroph) oder anorganische Stoffe (vor allem reduzierte Schwefelverbindungen, meist Schwefelwasserstoff, photolithoautotroph). Photoheterotrophe Bakterien können im allg. mit diesen Stoffen auch aerob im Dunkeln wachsen; die photolithoheterotrophen gewinnen den Kohlenstoff für Biosynthesen durch CO_2-Fixierung und lagern den aus Schwefelwasserstoff gebildeten elementaren Schwefel vorübergehend auch intrazellulär ab. Manche Arten vermögen beides. Sie sind mixotroph.

Bei der cyclischen Photophosphorylierung wird Licht durch den Antennenpigmentkomplex absorbiert. Die Anregungsenergie der Pigmentmoleküle wird auf das Reaktionszentrum der photosynthetischen Einheit (z. B. P_{870}: das Bacteriochlorophyll (Bchl.) wird in ein angeregtes Molekül umgewandelt) übertragen. Dort kommt es zur Freisetzung eines Elektrons von hohem Redoxpotential (Umwandlung von Lichtenergie in chemische Energie), das einen geeigneten Akzeptor (X, wahrscheinlich Bacteriophaeophtin) reduziert. Von dort wird ein cyclisches Elektronentransportsystem durchlaufen, das – ähnlich der oxidativen Phosphorylierung – an die Phosphorylierung von ATP gekoppelt ist und schließlich zur Reduktion des Bacteriochlorophylls führt. Dabei wird kein NAD(P)H gebildet.

Die am bakteriellen photosynthetischen Elektronenfluß beteiligten Redoxsysteme sind unterschiedlich. Entsprechendes gilt für den ATP-Gewinn.

Das Redoxpotential der Wasserstoffdonoren, die von phototrophen Bakterien verwertet werden, ist bedeutend negativer als das von Wasser (z. B. für S^0/HS^- ist $E_0' = -270$ mV). Der Energieaufwand zur Reduktion von $NAD(P)^+$ ist deshalb geringer. Der Mechanismus entspricht wahrscheinlich dem chemolithotropher Organismen – ein ATP-getriebener ↗ rückläufiger Elektronentransport. Licht ist dabei nur für die Bereitstellung von ATP erforderlich. Bei Angebot von organischen Substraten (z. B. Kohlenhydraten) wird NADH durch Dehydrogenase-Reaktionen gebildet. Unter anaeroben Bedingungen im Dunkeln ist ein geringer Energiegewinn zur Lebenserhaltung durch Gärung mit Speichenstoffen als Wasserdonoren möglich.

Eine nichtcyclische Photophosphorylierung (↗ Photosynthese) wird als weitere Möglichkeit für die $NAD(P)^+$-Reduktion für phototrophe Bakterien diskutiert.

Bakterientoxine, ***Bakteriotoxine***, ***Bakteriengifte***, von pathogenen Bakterien gebildete eiweißartige Giftstoffe. Die B. können in Ecto- und Endotoxine unterteilt werden. *Ectotoxine* (*Exotoxine*) werden von lebenden (grampositiven) Bakterien (z. B. *Corynebacterium diphtheriae*, *Clostridium botulinum*) als Stoffwechselprodukte in das umgebende Medium ausgeschieden. Es sind meist thermolabile, antigenwirksame Proteine (M_r 24000 bis 1000000). Toxinbildung und -freisetzung sind vom Kulturmedium und der Wachstumsphase der Bakterien abhängig. Viele Ectotoxine sind Enzyme (z. B. Proteasen). Die Bezeichnung einzelner Ectotoxine erfolgt nach ihrer biologischen und pathogenen Wirkung (z. B. Hämolysin) bzw. nach dem von der Ectotoxin-Wirkung betroffenen Organsystem (z. B. Entero- und Neurotoxin). *Endotoxine* werden nach dem Zelltod der Bakterien freigesetzt. Es sind hochmolekulare Komplexe, die neben Protein aus einer Polysaccharid- und Lipidkomponente (Lipopolysaccharid) bestehen. Der Lipidanteil steht in enger Beziehung zur toxischen Wirkung bakterieller Endotoxine. Sie sind weniger antigenwirksam als die Ectotoxine und werden von gramnegativen Bakterien gebildet. Verschiedene Bakterien können sowohl Ecto- als auch Endotoxine bilden. Im Unterschied zu chemischen Giften haben B. eine bestimmte Inkubationszeit und üben eine mehr oder weniger charakteristische Wirkung auf den Säugetierorganismus aus. B. sind u. a. häufige Ursachen von Lebensmittelvergiftungen.

BAL, ↗ Dimercaprol.

Balata, ein der ↗ Guttapercha sehr ähnlicher koagulierter Milchsaft, der vor allem aus dem Baum *Mimusops balata* gewonnen wird und im Unterschied zu Naturkautschuk hart, zäh und kaum elastisch ist. B. ist wie Kautschuk vulkanisierbar, sie wird deshalb in einigen Fällen Kautschukmischungen zugesetzt. B. wurde für die Herstellung von Treibriemen verwendet, entharzte B. dient für die Ummantelung von Golfbällen.

Baldriansäure, ↗ Valeriansäuren.

Ballaststoffe, unverdauliche Kohlenhydrate. Es wird zwischen unlöslichen (z. B. ↗ Cellulose, ↗ Lignin, ↗ Hemicellulosen) und löslichen B. (z. B. Algeninhaltsstoffe wie Algin, Carrageen, ↗ Agar) unterschieden. Hohe Ballaststoffgehalte finden sich in Randschichten von Getreide sowie in Gemüse- und Obstarten. Ballaststoffe fördern die Verdauung, indem sie im Darm quellen und somit die Peristaltik anregen.

Balmer-Serie, ↗ Atomspektroskopie.

Balsame, ↗ Harze.

Bamford-Stevens-Reaktion, Methode zur Herstellung von Diazoalkanen durch alkalische Spaltung von Tosylhydrazonen, die durch Umsetzung von Carbonylverbindungen mit Tosylhydrazin zugänglich sind:

$$R^1R^2C{=}O + H_2N{-}NH{-}SO_2{-}C_6H_4{-}CH_3 \xrightarrow[-H_2O]{}$$

$$R^1R^2C{=}N{-}NH{-}SO_2{-}C_6H_4{-}CH_3 \xrightarrow[-H_2O]{+OH^-}$$

$$R^1R^2\overset{-}{\underline{C}}{-}\overset{+}{N}{\equiv}N| + H_3C{-}C_6H_4{-}SO_2^-$$

Bandenspektrum, ↗ Spektrum.

Bändermodell, ↗ Energiebändermodell.

Barastu-Verfahren, ↗ Enthärtung.

Barbitale, 5,5-Disubstitutionsprodukte der ↗ Barbitursäure. Zusätzlich kann ein Stickstoffatom alkyliert und das Sauerstoffatom am C-Atom 2 durch ein Schwefelatom ersetzt sein. Die zuletzt genannten Verbindungen werden als *Thiobarbitale* bezeichnet. B. sind schwache Säuren. Dadurch reagieren wäßrige Lösungen von Alkalisalzen der B. alkalisch.

Die unsubstituierte Barbitursäure und 5-monosubstituierte Barbitursäuren wirken nicht hypnotisch. Die 5,5-Dimethylbarbitursäure ist sehr schwach wirksam. Eine Wirkungssteigerung konnte durch Erhöhung der Hydrophobizität der Verbindungen, z. B. durch Verlängerung der Alkylreste und durch Einführung cycloaliphatischer oder aromatischer Reste, erreicht werden. Dabei konnte ein Maximum der Wirkung bei Verbindungen festgestellt werden, bei denen die Summe der Kohlenstoffatome der beiden am C-Atom 5 gebundenen Reste 6 bis 8 betrug. Wegen der bei höherer Dosierung auftretenden Dämpfung des Atemzentrums (Suicidmöglichkeit) werden B. als orale Hypnotika praktisch nicht mehr verwendet. Phenobarbital wird in niedriger Dosierung als Antiepileptikum eingesetzt, Thiopental als Injektionsnarkotikum.

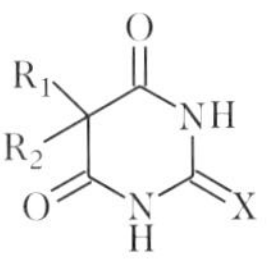

Name	R^1	R^2	X
Barbital (Ethylbarbital, Veronal®)	C_2H_5	C_2H_5	O
Phenobarbital	C_2H_5	C_6H_5	O
Thiopental	C_2H_5	$\underset{CH_3}{CH}{-}C_2H_5$	S

Barbiturate, ↗ Barbitursäure.

Barbitursäure, ***Hexahydropyrimidin-2,4,6-trion***, das in der Keto-Enol-Tautomerie auftretende Ureid der Malonsäure. B. bildet weiße Kristalle; F. 248 °C (Z.). Sie ist leicht löslich in heißem Wasser, Ether,

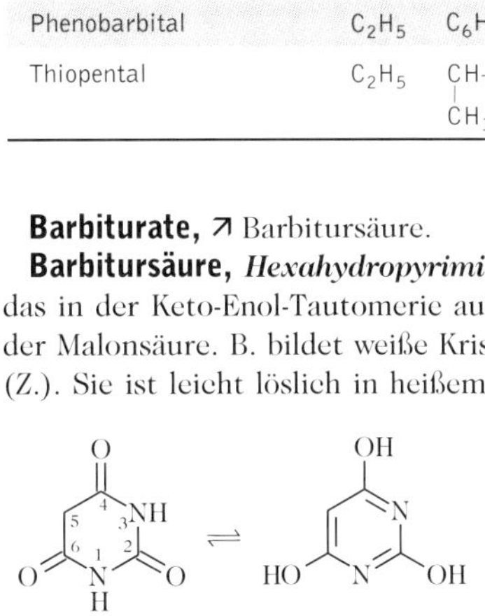

Lactamform　　Lactimform

Alkalien und Salzsäure, wenig löslich in Ethanol. Ihre wäßrigen Lösungen reagieren schwach sauer.

Man gewinnt B. durch Kondensation von Malonsäure mit Harnstoff in Gegenwart von Phosphoroxidchlorid bzw. Acetanhydrid oder aus Malonsäurediethylester und Harnstoff in Gegenwart von Natriumethylat. B. ist der Grundbaustein einer wichtigen Gruppe von Schlafmitteln, Sedativa, Antiepileptika und Narkotika, die als Barbiturate bzw. als ↗ Barbitale bezeichnet werden.

Barium, (griech. barys »schwer«), Symbol *Ba*, chem. Element aus der II. Hauptgruppe des Periodensystems, der Gruppe der ↗ Erdalkalimetalle, Leichtmetall; Z 56, Massenzahlen der natürlichen Isotope 130 (0,101 %), 132 (0,097 %), 134 (2,42 %), 135 (6,59 %), 136 (7,81 %), 137 (11,32 %), 138 (71,66 %), Atommasse 137,34, Wertigkeit II, Härte nach Mohs 2, D. 3,5 g cm^{-3}, F. 725 °C, Kp. 1640 °C, elektrische Leitfähigkeit 2,8 Sm/mm^2 (bei 0 °C), Standardelektrodenpotential (Ba/Ba^{2+}) –2,90 V.

Eigenschaften. B. ist ein weiches, an frischer Oberfläche silberglänzendes, äußerlich dem Blei ähnliches Metall, das in kubisch-raumzentriertem Gitter kristallisiert. Es ist das reaktivste Element der Erdalkaligruppe und ein ausgesprochenes Reduktionsmittel. Bereits bei Zimmertemperatur wird die Oberfläche durch Luft unter Oxidbildung angegriffen. Fein verteiltes B. ist pyrophor und verbrennt zu Bariumoxid BaO und Bariumnitrid Ba_3N_2. Mit Wasser, wäßrigen Säuren oder Alkohol bildet sich Wasserstoff: $Ba + 2\ H_2O \rightarrow Ba^{2+} + 2\ OH^- + H_2$. Von Schwefelsäure wird B. infolge der Bildung einer schwerlöslichen $BaSO_4$-Schutzschicht nicht angegriffen.

Barium und seine in Wasser bzw. Magensäure löslichen Verbindungen sind starke Gifte. Neben Schleimhautentzündungen kommt es zur Erregung bzw. Kontraktion der willkürlichen und unwillkürlichen Muskulatur, zu Übelkeit, Erbrechen, Leibschmerzen u. dgl. Gegenmaßnahmen: Nach peroraler Aufnahme toxischer Mengen ist sofort Erbrechen auszulösen. Anschließend wird Natriumsulfatlösung verabreicht, um die Ba^{2+}-Ionen in ungiftiges Bariumsulfat überzuführen.

Analytisches. Der qualitative Nachweis erfolgt über die grüne Flammenfärbung, spektroskopisch anhand der grünen und roten Emissionslinien oder durch Fällung als Bariumcarbonat oder -chromat. Quantitativ kann B. gravimetrisch als Bariumsulfat, komplexometrisch mit EDTA oder über die Atomabsorptionsspektroskopie bestimmt werden.

Vorkommen. B. ist mit einem Anteil von 0,04 %. am Aufbau der Erdkruste beteiligt. Die wichtigsten Minerale sind der Baryt (Schwerspat) $BaS0_4$ und der Witherit $BACO_3$.

Gewinnung. Die Herstellung des B. erfolgt durch Reduktion des Bariumoxids mit Aluminium oder Silicium im Vakuumofen bei 1200 °C, z. B. $3\ BaO + 2\ Al \rightarrow 3\ Ba + Al_2O_3$. Das dazu erforderliche Bariumoxid gewinnt man ausgehend von Baryt durch Reduktion des Sulfats mit Kohlenstoff bei 600 bis 800 °C zu Bariumsulfid: $BaSO_4 + 2\ C \rightarrow BaS + 2\ CO_2$. Dieses wird in Wasser gelöst und durch Einleiten von CO_2 als Bariumcarbonat $BaCO_3$ gefällt. So erhaltenes synthetisches oder auch natürliches $BaCO_3$ wird schließlich durch Brennen in das Oxid überführt: $BaCO_3 \rightarrow BaO + CO_2$.

Verwendung. Elementares B. ist von untergeordneter technischer Bedeutung. Es kommt als Bestandteil von Nickel- und Bleilegierungen zur Anwendung und dient als Gettermetall.

Bariumcarbonat, $BaCO_3$, farblose, rhombische Kristalle; D. 4,43 g cm^{-3} bei 982 °C Umwandlung in eine kubische Form. Oberhalb 1300 °C zerfällt B. in Bariumoxid BaO und Kohlendioxid CO_2. Bei einem CO_2-Druck von etwa 9 MPa schmilzt es unzersetzt bei 1740 °C. B. ist in Wasser schwer löslich (Löslichkeitsprodukt $K_L = 8{,}1 \cdot 10^{-9}$ bei 25 °C) und fällt stets beim Vermischen von Ba^{2+}- und CO_3^{2-}-Ionen enthaltenden Lösungen als farbloser, feinkristalliner Niederschlag aus. Starke Säuren lösen B. unter Bildung der entsprechenden Salzlösungen und von CO_2. B. ist giftig (↗ Barium). Es kommt in der Natur in Form des mit Aragonit und Strontianit isomorphen Witherits vor.

Bariumchromat, $BaCrO_7$, hellgelbe, rhombische Kristalle, D. 4,498 g cm^{-3}. B. ist in Wasser schwer löslich (Löslichkeitsprodukt $K_L = 1{,}6 \cdot 10^{-10}$ bei 18 °C), löst sich jedoch in starken Säuren. Man verwendet es als gelbes Pigment in Anstrichstoffen sowie zur Färbung von Glas und keramischen Erzeugnissen.

Bariumhydroxid, $Ba(OH)_2 \cdot 8\ H_2O$, farblose, monokline Kristalle, D. 3,18 g cm^{-3} die bei 78 °C im eigenen Kristallwasser schmelzen und oberhalb 95 °C in die kristalline, wasserfreie Form, D. 4,5 g cm^{-3} übergehen. Diese ist bis etwa 600 °C beständig, entwässert bei dieser Temperatur zu Bariumoxid BaO. B. ist giftig (↗ Barium). Es löst sich besser als alle übrigen Erdalkalihydroxide in Wasser. Die so erhaltene, als *Barytwasser* bezeichnete Lösung reagiert stark basisch und dient unter anderem zum Nachweis von Kohlendioxid: $Ba(OH)_2 + CO_2 \rightarrow BaCO_3 + H_2O$. Man gewinnt B. durch Auflösen von Bariumoxid in Wasser: $BaO + H_2O \rightarrow Ba(OH)_2$. Verwendet wird es zur Herstellung anderer Bariumverbindungen, in der Glas- und Keramikindustrie sowie zur Wasserenthärtung.

Bariumoxid, *Baryterde*, BaO_2, farbloses, kubisches Kristallpulver, D. 5,72 g cm^{-3}, F. 1918 °C, Kp. etwa 2000 °C. B. löst sich in Wasser zu Bariumhydroxidlösung (Barytwasser): $BaO + H_2O \rightarrow Ba(OH)_2$. B. ist giftig (↗ Barium). Erhitzt man B. an der Luft auf etwa 500 °C, geht es in Bariumperoxid über: $2\ BaO + O_2 \rightarrow 2\ BaO_2$. Zur technischen Herstellung ↗ Barium. B. ist das Ausgangsmaterial zur technischen Bariumgewinnung.

Bariumperoxid, BaO_2 farbloses Pulver, D. 4,96 g cm^{-3}, F. 450 °C. Mit Wasser bildet B. ein Octahydrat $BaO_2 \cdot 8\ H_2O$, das oberhalb 100 °C wieder entwässert. Mit verd. Säuren, vorteilhaft mit Schwefelsäure, entwickelt B. Wasserstoffperoxid: $BaO_2 + H_2SO_4 \rightarrow BaSO_4 + H_2O$. Dieses Verfahren wurde früher zur technischen Gewinnung von Wasserstoffperoxid genutzt. B. ist giftig (↗ Barium). Hergestellt wird B. durch Erhitzen von Bariumoxid an der Luft auf etwa 500 °C: $2\ BaO + O_2 \rightleftharpoons 2\ BaO_2$. Oberhalb 700 °C ist diese Reaktion rückläufig und kann somit insgesamt zur reversiblen Fixierung elementaren Sauerstoffs genutzt werden. B. dient als Bleichmittel für natürliche Fasern, Stroh u. ä., als Oxidationsmittel (z. B. im Gemisch mit Magnesium in Zündkirschen in der Aluminothermie), zur Entfärbung von Bleigläsern u. a.

Bariumsulfat, $BaSO_4$, farblose, rhombische Kristalle; D. 4,50 g cm^{-3}. Bei 1148 °C geht B. in eine monokline Form über, oberhalb 1400 °C zerfällt es in Bariumoxid, Schwefeldioxid und Sauerstoff: $BaSO_4 \rightarrow BaO + SO_2 + {}^1/_2\ O_2$. In Wasser ist B. sehr schwer löslich und deshalb auch ungiftig (Löslichkeitsprodukt $K_L = 1{,}08 \cdot 10^{-10}$ bei 25 °C; das entspricht einer Löslichkeit von 0,24 mg B. in 100 g Wasser). Es fällt deshalb beim Vermischen von SO_4^{2-}-Ionen und Ba^{2+}-Ionen enthaltenden Lösungen stets als feinkristalliner Niederschlag aus. Diese Reaktion wird sowohl zur quantitativen als auch als qualitativen Bestimmung von Ba^{2+} genutzt, ebenso erfolgt so die technische Herstellung von B. In konz. Schwefelsäure ist B. gut löslich, da sich die komplexe Säure $H_2[Ba(SO_4)_2]$ bildet. In der Natur kommt B. als Baryt (Schwerspat) vor. Wegen seiner chem. und thermischen Beständigkeit dient B. unter den Bezeichnungen Permanentweiß, Barytweiß oder Blanc fixe als Pigment und Verschnittmittel. Da die Deckkraft dieser Farbmittel gering ist, werden sie meist im Gemisch mit Zinksulfid verwendet. B. dient als Füllstsoff (Fotopapier, Kunststoffe) und wird beim Bau von Kernreaktoren dem Beton zugesetzt, weil dies die radioaktive Strahlung sehr gut absorbiert. Aus dem gleichen Grund dient es in der Medizin als Röntgenkontrastmittel.

Barton-Reaktion, eine Oxidation mittels Nitrosylchlorid, bei der eine Methylgruppe in γ-Position zu einer Hydroxygruppe in eine Aldehydgruppe un-

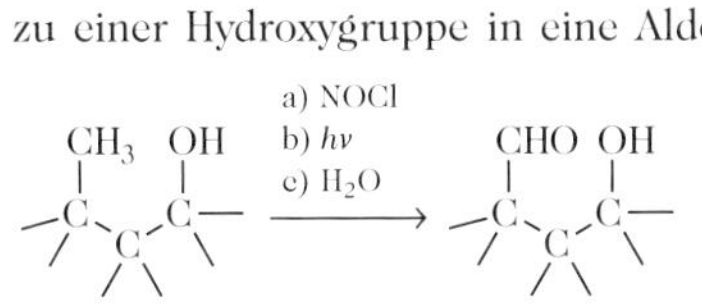

ter Erhalt der Alkoholfunktion umgewandelt wird. Die Reaktion erfordert geeignete sterische Bedingungen und läuft über die Bildung eines Alkylnitrits und die photolytische Bildung eines Oxims, das zur Carbonylverbindung hydrolysiert wird. Der entscheidende Reaktionsschritt ist die photochemisch ausgelöste radikalische Umlagerung des Salpetrigsäureesters zum γ-Oxim.

Baryonen, ↗ Elementarteilchen.

Baryterde, ↗ Bariumoxid.

Barytverfahren, ↗ Enthärtung.

Barytwasser, ↗ Bariumhydroxid.

Barytweiß, ↗ Bariumsulfat.

Basaltfaserstoffe, ***Basaltwolle***, graubraune Faserstoffe, die aus dem bei 1400 °C geschmolzenen Gestein Basalt, gegebenenfalls mit Kalksteinzuschlägen, hergestellt werden. Die Basaltschmelze wird durch Schleuderverfahren (↗ Glasfaserstoffe) zu Fasern verarbeitet. Nach dem Düsenziehverfahren läßt sich *Basaltseide* herstellen. B. haben eine durchschnittliche chem. Zusammensetzung von 50 % Siliciumdioxid, 12 % Aluminiumoxid, 11 % Calciumoxid, 10 % Magnesiumoxid, 7 %. Eisen(II)-oxid, 5 % Alkalimetalloxide Na_2O und K_2O, 3 % Titan(IV)-oxid, 2 % übrige Oxide. B. werden als Isoliermaterialien und für faserverstärkte ↗ Bindebaustoffe verwendet.

Basaltseide, ↗ Basaltfaserstoffe.

Base, ↗ Säure-Base-Konzepte.

Baseexponent, ↗ Säure-Base-Konzepte, Abschn. Brönstedsche Definition.

Basekonstante, ↗ Säure-Base-Konzepte, Abschn. Brönstedsche Definition.

Basestärke, ↗ Säure-Base-Konzepte, Abschn. Brönstedsche Definition.

basische Reaktion, eine Reaktion, z. B. eines pH-Indikators, die anzeigt, daß der ↗ pH-Wert einer wäßrigen Lösung größer als 7 ist (↗ Ionenprodukt des Wassers).

Basispeak, ↗ Massenspektrometrie.

Basizität, ↗ Säure-Base-Konzepte, Abschn. Brönstedsche Definition.

Batch-Kultur (engl. batch ›Schub‹), ***statische Kultur***, ***chargenweise Kultur***, ***diskontinuierliche Kultur***, die Bezeichnung für eine diskontinuierliche Prozeßführung in einem ↗ Bioreaktor, bei der das Nährmedium zum Zeitpunkt $t = 0$ beimpft und die Fermentation zu einem bestimmten Zeitpunkt (z. B. Verbrauch des limitierenden Substrats) beendet wird. Die Mehrzahl industrieller Fermentationsprozesse erfolgt als B.

Bathochromie, Farbvertiefung, die unter dem Einfluß bestimmter Atomgruppen aufgrund einer Verschiebung der Absorptionsbanden zum langwelligen Spektralbereich hin eintritt. Die in Frage kommenden Substituenten, die *bathochromen Gruppen*, sind gleichbedeutend mit den ↗ auxochromen Gruppen. Bei Blockierung des freien Elektronenpaares, z. B. durch Salzbildung, wird die farbvertiefende Wirkung der NH_2-Gruppe aufgehoben. So sind z. B. die Nitraniline intensiv gelb gefärbt, ihre Salze dagegen farblos. Bei Salzbildung an der phenolischen OH-Gruppe tritt meist eine zusätzliche Farbvertiefung ein. So ist Anthrachinon gelblich braun, sein Dinatriumsalz dagegen blutrot; 4-Hydroxyazobenzol ist gelb, sein Alkalisalz dagegen rotorange. Eine farbvertiefende Wirkung wird ferner bei jeder Chinhydronbildung festgestellt. Man führt sie hierbei auf das gleichzeitige Vorhandensein eines chinoiden und eines benzoiden Ringsystems in ein und demselben Molekülverband zurück. Gegensatz: ↗ Hypsochromie.

Batu, ↗ Harze.

Bautenschutz, Schutzmaßnahmen in und an Bauwerken sowie an Bauelementen zur Erhöhung der Lebensdauer und Verbesserung des Nutzwertes. Gegen Schäden durch Feuchtigkeit, Verunreinigung der Luft durch Industrieabgase, hohe Temperaturen, Temperaturwechsel und aggressive Grund- und Oberflächenwasser, besonders durch Abwässer von Chemie- und artverwandten Betrieben, werden chemisch, thermisch und gegen Verschleiß resistente Baustoffe, Sperrschichten sowie wärmedämmende Schichten vorgesehen. Solche Baustoffe sind chemisch und thermisch beständige Verlege- und Fugenmassen, Steine, Platten und Formteile sowie feuerfeste Baustoffe.

Bayer-Verfahren, ↗ Aluminium.

Bayöl, ein viskoses, gelbliches, bei Zutritt von Luftsauerstoff nachdunkelndes, nach Gewürznelken riechendes und schmeckendes ätherisches Öl. Es ist leicht oxidier- und polymerisierbar und enthält hauptsächlich Eugenol, Methyleugenol und Citral, daneben Myreen. B. wird vor allem als Riechstoff zur Parfümgewinnung verwendet.

Be, Symbol für Beryllium.

Beattie-Bridgman-Zustandsgleichung, ↗ Zustandsgleichung 1.2.3.

Bechamp-Reduktion, Verfahren zur Herstellung primärer aromatischer Amine durch Reduktion von Nitroarylverbindungen mit Eisen oder Eisen(II)-Salzen und verd. Mineralsäuren: $R–NO_2 + 2\ Fe + 6\ HCl \rightarrow R–NH_2 + 2\ FeCl_3 + 2\ H_2O$. Aufgrund der Wirtschaftlichkeit dieser Reduktionsmethode wird sie häufig für industrielle Zwecke verwendet.

Beckmann-Umlagerung, Umlagerung von Ketoximen in *N*-substituierte Carbonsäureamide in Gegenwart von Phosphor(V)-chlorid, Schwefelsäure oder Polyphosphorsäure:

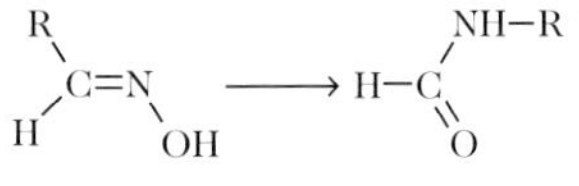

J. Meisenheimer (1921) konnte an unsymmetrisch substituierten Ketoximen nachweisen, daß es sich bei der B. um eine *anti*-Umlagerung handelt, d. h., daß die OH-Gruppe und der zu ihr *trans*-ständige Rest ihre Plätze vertauschen.

Bei Einsatz von Cycloalkanonoximen entstehen unter den Bedingungen der B. Lactame, z. B. bildet sich aus Cyclohexanonoxim in Gegenwart von Schwefelsäure das technisch wichtige ε-Caprolactam. In gleicher Weise wie Ketoxime können (*E*)-Aldoxime in Gegenwart von Acetanhydrid in *N*-substituierte Formamide umgewandelt werden.

Beflockung, textiltechnologisches Verfahren, mit dem auf ein Trägermaterial, vor allem Textilien, aber auch Papier, Holz, Metall oder Kunststoffe, senkrecht zur Oberfläche Flock-Fasern (↗ textile Faserstoffe) dauerhaft befestigt werden. Hierzu wird die Oberfläche entweder vollständig oder in Mustern mit Klebstoff beschichtet und das Material geerdet. Über ihm befindet sich ein Sieb, an das Hochspannung angelegt ist. Der Flock wird am Sieb elektrostatisch aufgeladen und z. B. mit Bürsten dosiert durch die Siebmaschen gedrückt. Der Flock folgt den Feldlinien und schießt nahezu senkrecht in den Klebstoff ein, der anschließend getrocknet oder kondensiert wird. Meist werden Polyvinylplastisole oder Polyacrylate mit oder ohne Härter als Klebstoff sowie Polyamidfasern (↗ Nylonfasern) und ↗ Viskosefasern verwendet. Die Erzeugnisse sind sehr strapazierfähig. Für Erzeugnisse mit kurzer Gebrauchsdauer, wie Velourspapier, kann auch ohne Hochspannung nur mit Bürsten der Flock aufgetragen werden.

Behensäure, ↗ Docosansäure.

Beilstein-Test, ***Beilstein-Probe***, eine von Beilstein eingeführte Vorprobe zum qualitativen Nachweis von Halogenen in organischen Verbindungen. Dazu wird ein mit der zu untersuchenden Substanz beschickter Kupferdraht in die nichtleuchtende Bunsenbrennerflamme gehalten. Etwa vorhandene Halogene bilden dabei flüchtige Kupferhalogenide und zeigen ihr Vorhandensein durch Grün- oder Blaufärbung der Flamme an. Der B. ist nicht spezifisch, da z. B. auch Acetylaceton, Harnstoff und einige Pyridinderivate flüchtige Kupfersalze bilden.

Beizen, ↗ Beizmittel.

Beizenfarbstoffe, eine Gruppe von synthetischen Farbstoffen, die mit Metallsalzen (meist Chromalaun, Zinnsalze, Eisen-, Aluminium- und Kupfersalze, gegebenenfalls zusammen mit Calciumsalzen) gefärbte Komplexverbindungen, die ↗ Farblacke, zu bilden vermögen. Alle diese Farbstoffe haben gemeinsam, daß sie in 2- oder 4-Stellung zwei gleiche oder verschiedene der »beizenziehenden Gruppen« (–OH, –COOH oder $–NH_2$) enthalten. Die Beizung der zu färbenden Faser erfolgt durch Tränken mit der Salzlösung und anschließendes Dämpfen. Die Farbe des entstehenden Farblackes hängt weitgehend von dem als Beize verwendeten Salz ab. So ist z. B. die Farbe des Chrom-Alizarin-Farblackes braun, die des entsprechenden Aluminiumfarblakkes rot, die des Eisenfarblackes violett. Wegen dieser Eigenschaft bezeichnet man solche Farbstoffe als polygenetisch. Bei Chromsalzen spricht man auch von *Chromentwicklungs-* oder *Chromierfarbstoffen*, da sie auf der Faser entwickelt werden. Zu den B. gehören die ↗ Alizarinfarbstoffe, die mit Chromsalzen fixierbaren ↗ Azofarbstoffe, einige Triphenylmethanfarbstoffe (↗ Triarylmethanfarbstoffe) und ↗ Anthrachinonfarbstoffe sowie Gallocyaninderivate aus der Gruppe der Oxazine.

Beizinhibitor, ein Stoff, der stark sauren ↗ Beizmitteln in geringer Menge zugesetzt wird zur Verringerung der Auflösung der zu beizenden Metalle und zur Unterdrückung der Beizsprödigkeit. B. sind in ↗ Sparbeizen enthalten.

Beizmittel, 1) Holzbearbeitung: wäßrige Lösungen von Chemikalien, die mit beizaktiven Stoffen reagieren und so auf Holzoberflächen unter Erhaltung der Holztextur eine gesteuerte Färbung ergeben. Im Gegensatz zu den ↗ Holzfärbemitteln, bei denen das Holz mit Farblösungen behandelt wird, entsteht die Färbung bei den B. erst durch Reaktion mit den im Holz vorhandenen oder in das Holz eingebrachten beizaktiven Stoffen. In der Praxis wird oftmals sowohl die Behandlung mit B. (»chem. Beizen«) als auch mit Färbemitteln (»Farbstoffbeizen«) als »Beizen« bezeichnet.

2) Metallbearbeitung: Substanzen zur chem. Behandlung von Metallen zur Entfernung nichtmetallischer, meist oxidischer Stoffe, wie Walz- oder Glühhäute, Rost u. a., um eine metallisch blanke, saubere Oberfläche als geeignete Grundlage für nachfolgende Deckschichten, für Überzüge zum Korrosionsschutz, für die Kaltumformung oder für dekorative Wirkung zu erhalten. Die B. sind meist Säuren oder Laugen, in Sonderfällen verwendet man auch Alkalihydroxidschmelzen unter Zusatz von oxidreduzierenden Stoffen, z. B. Natriumhydrid.

Nach dem Beizen werden alle Werkstücke sorgfältig mit Wasser gespült. Um die Verluste an Metall im B. durch Auflösung und die Wasserstoffentwicklung möglichst gering zu halten, werden insbesondere bei Stählen dem B. oft ↗ Beizinhibitoren in Form von Sparbeizzusätzen zugefügt (↗ Sparbeizen).

3) Faserfärbung und Stoffdrucke: Substanzen, die die Aufgabe haben, Farbstoffe, die für sich allein nicht echt färben, auf Textilien zu fixieren. B. dieser Art werden vor, teilweise auch nach der Färbung in kolloidaler Adsorption auf die Faser gebracht. Man unterscheidet folgende B.: a) *Metallbeizen*, eingeteilt in Aluminiumbeizen (z. B. Aluminiumsulfat, basisches Aluminiumacetat), Chrombeizen (z. B. Chromalaun, Chromacetat, Kaliumdichromat), Eisenbeizen (z. B. Eisenacetat, basisches Eisen(III)-sulfat), Zinnbeizen (z. B. Zinnoxalat, Zinnacetat) und Kupferbeizen (z. B. Kupfersulfat). b) *Gerbstoffbeizen*, z. B. Tannin, das durch nachträgliche Behandlung auf der Faser mit Kaliumantimonyltartrat (Brechweinstein) fixiert wird (Tannin-Brechweinstein-Beize), Catechu, Gambir, Sumach. c) *Synthetische organische Beizen*, z. B. Katanole. d) *Ölbeizen* (*Fettbeizen*, *Hilfsbeizen*), z. B. Türkischrotöl. Hierbei handelt es sich um sulfonierte Hydroxyfettsäuren oder sulfonierte ungesättigte Fettsäuren.

4) Lederherstellung: eiweißspaltende Enzympräparate (*Gerberbeizen*) zur Behandlung der Hautblößen. Diese B. tragen dazu bei, unerwünschte Begleitstoffe aus dem kollagenen Faserverband zu entfernen, darüber hinaus führen sie eine zusätzliche Auflockerung dieses Faserverbandes herbei. Auch fettspaltende Enzyme (Lipasen) können hierbei wirksam sein.

5) Herrichtung von Pelztierfellen: Verwendet werden Lösungen von Chrom(III)- oder Aluminiumsalzen oder wäßrige Lösungen von Formaldehyd. Mit Metallsalzlösungen wird ferner das Haarkleid für die Färbung zur Farblackbildung vorbereitet.

6) Saatgutbehandlung: ↗ Fungizide.

Beizsprödigkeit, die Versprödung von Stahl durch den beim Beizen in atomarer Form eindiffundierenden Wasserstoff, ↗ elektrochemische Metallkorrosion. Die B. wird durch ↗ Beizinhibitoren unterdrückt.

Belebtschlammverfahren, ↗ Abwasserreinigung.

Belebungsverfahren, ↗ Abwasserreinigung.

Belüftungselement, *Evans-Element*, ein Konzentrationselement, das durch unterschiedliche Belüftung des Elektrolyten gebildet wird. An der schlecht belüfteten Lokalanode geht das Metall in Lösung, und der Elektrolyt wird durch Hydrolyse sauer. An der gut belüfteten Lokalkathode wird Sauerstoff zu Hydroxid-Ionen reduziert, wobei der pH-Wert ansteigt. Die Sauerstoffkorrosion des Eisens in wäßrigen Lösungen verläuft meist über viele parallel geschaltete B. Die örtliche Korrosion in Spalten und Löchern (↗ Spaltkorrosion, ↗ Lochfraßkorrosion) kann als Belüftungskorrosion aufgefaßt werden.

Belüftungsrate, die Luftmenge pro Zeiteinheit, die bei aeroben Kultivierungen im ↗ Fermenter zur Versorgung mit Sauerstoff eingesetzt wird. Die B. wird in vvm (*V*olumen Luft pro *V*olumen Kulturmedium pro *m*in) angegeben. In der Regel wird mit B. von 0,1–1,0 vvm gearbeitet.

Benalaxyl, ↗ Acylanilidfungizide.

Bendiocarb, ↗ Carbamatinsektizide.

Benetzung, Ausbreitung einer Flüssigkeit auf einer mit ihr nicht mischbaren Flüssigkeit oder auf einem Festkörper. Breitet sich ein Tropfen über die gesamte Oberfläche als Film aus, spricht man von *vollständiger B.* Eine vollständige B. ist Voraussetzung zur Herstellung von Klebeverbindungen. Bei *unvollständiger B.* bildet sich ein ↗ Kontaktwinkel aus, der einem thermodynamischen Gleichgewicht entspricht. Beim Ausbreiten (↗ Spreitung) sind sowohl auf einer Flüssigkeit als auch auf einem Festkörper zwei Zustände denkbar. Entweder ist die spreitende Flüssigkeit im Gleichgewicht mit der Oberfläche des Substrates (Abb. a und b) oder mit einem gespreiteten Film (Abb. c und d). Die Gleichgewichtszustände sind wie folgt definiert:

a) $\sigma_{13} = \sigma_{12} \cos \Theta_{12} + \sigma_{23}\, \Theta_{23}$,

b) $\sigma_{13} = \sigma_{12} \cos \Theta_{12} + \sigma_{23}$,

c) $\sigma_{F} = \sigma_{12} \cos \Theta_{12} + \sigma_{23} \cos \Theta_{23}$ und

d) $\sigma_{F} = \sigma_{12} \cos \Theta_{12} + \sigma_{23}$, wobei $\sigma_{F} < \sigma_{13}$ ist.

Es bedeuten σ die ↗ Grenzflächenspannung und Θ den Kontaktwinkel.

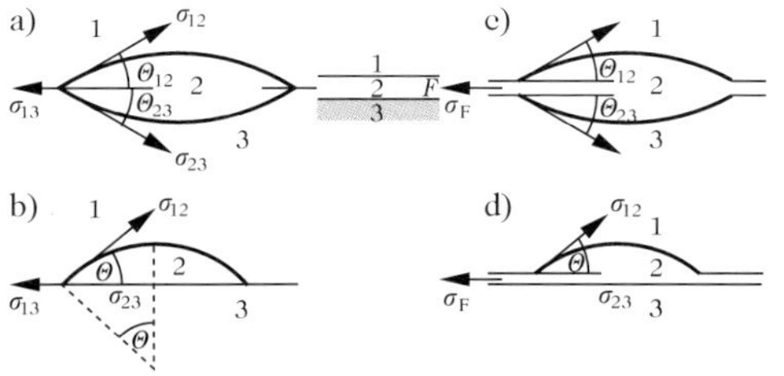

Technische Bedeutung haben Benetzungserscheinungen bei Flotationsverfahren, beim Waschvorgang und beim Beschichten.

Bengalrosa, ↗ Eosinfarbstoffe.

Benomyl, ↗ Benzimidazolfungizide.

Bentazon, ↗ heterocyclische Herbizide.

Benzalaceton, ***4-Phenylbut-3-en-2-on***, ***Benzylidenaceton***, $C_6H_5–CH{=}CH–CO–CH_3$, weiße, plättchenförmige Kristalle; F. 42 °C, Kp. 260 bis 262 °C. B. ist in Wasser unlöslich, löslich in den meisten organischen Lösungsmitteln. Die Herstellung erfolgt durch ↗ Aldolreaktion aus Benzaldehyd und Aceton. B. wird vorwiegend für organische Synthesen verwendet.

Benzalchlorid, ***Dichlormethylbenzol***, ***Benzylidendichlorid***, ***α,α-Dichlortoluol***, $C_6H_5–CHCl_2$, eine farblose, stark tränenreizende Flüssigkeit; F. –17,4 °C, Kp. 205 °C, n_D^{20} 1,5502. B. ist in Wasser unlöslich, in Alkohol und Ether löslich. Es entsteht bei der Seitenkettenchlorierung von Toluol in Gegenwart von Radikalbildnern neben Benzylchlorid und Benzotrichlorid. Reines B. kann durch Einwirkung von Thionylchlorid auf Benzaldehyd erhalten werden. Technisches B. wird im wesentlichen zur Herstellung von Benzaldehyd verwendet.

Benzaldehyd, ***Bittermandelöl***, der einfachste aromatische Aldehyd, $C_6H_5–CHO$; F. –56 °C, Kp. 179,5 °C, n_D^{20} 1,5448. B. ist eine farblose, stark nach bitteren Mandeln riechende Flüssigkeit, die in Alkohol und Ether gut, in Wasser wenig löslich und wasserdampfflüchtig ist. Wie alle ↗ Aldehyde ist B. sehr reaktiv und reagiert gemäß den typischen Additions- und Kondensationsreaktionen. Aufgrund der leichten Oxidierbarkeit wandelt sich B. bereits beim Stehen an der Luft autokatalytisch in Benzoesäure um. In Gegenwart konz. Alkalilaugen disproportioniert B. im Sinne der ↗ Cannizzaro-Reaktion zu Benzylalkohol und Benzoesäure. Bei der Einwirkung von Cyanid-Ionen oder auch verschiedenen Thiazoliumsalzen auf B. wird durch eine Benzoinkondensation das Benzoin gebildet. Mit Ammoniak reagiert B. unter Bildung von Hydrobenzamid. B. kommt in einigen ätherischen Ölen in freier Form vor, hauptsächlich ist er aber Bestandteil des cyanogenen Glycosids Amygdalin, das in bitteren Mandeln und in den Kernen zahlreicher Früchte enthalten ist.

Technisch wird B. hauptsächlich aus Toluol entweder durch direkte Oxidation in flüssiger Phase mit Mangandioxid oder in der Gasphase mit Luftsauerstoff in Gegenwart von Vanadiumpentoxid oder über Benzalchlorid durch hydrolytische Spaltung hergestellt. Weitere bekannte Synthesemöglichkeiten für B. sind die ↗ Rosenmund-Reduktion von Benzoylchlorid und die ↗ Stephen-Reduktion von Benzonitril.

B. wird als Geruchs- und Geschmacksstoff in der Lebensmittelindustrie und als Ausgangskomponente für zahlreiche Produkte in der pharmazeutischen Industrie, bei der Farbstoffherstellung sowie in der Kosmetik verwendet.

Benzaldehydcyanhydrin, ↗ Mandelsäurenitril.

Benzamid, ***Benzoesäureamid***, $C_6H_5–CO–NH_2$, farblose, blättchenförmige Kristalle; F. 132 bis 133 °C, Kp. 290 °C. B. ist in Wasser schwer, in Alkohol und Benzol leicht löslich. Die Herstellung erfolgt durch Umsetzung von Benzoylchlorid mit Ammoniak oder Ammoniumcarbonat. B. wird als Zwischenprodukt bei der Synthese von Farbstoffen verwendet.

Benzaminfarbstoffe, eine Gruppe synthetischer Farbstoffe zum Färben von Baumwolle. Bei diesen Farbstoffen wird durch Diazotieren auf der Faser und Kuppeln mit 2-Naphthol eine hohe Wasserechtheit erzielt.

Benzanthronfarbstoffe, eine Gruppe synthetischer Küpenfarbstoffe, die sich vom Benzanthron oder seinem Dimeren Violanthron ableiten.

Benzen, ↗ Benzol, systematische Bezeichnung für Benzol, die im englischen Sprachraum üblich ist.

Benzidin, ***4,4'-Diaminobiphenyl***, farblose, häufig infolge Zersetzung bräunlich bis schwach rötlich gefärbte Nadeln; F. 128 °C, Kp. 401 °C. B. ist in Wasser schwer, in Alkohol leichter löslich.

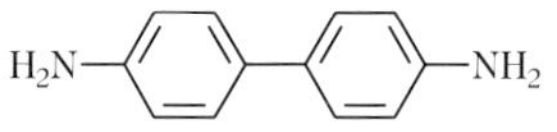

Benzidin ist giftig und bewirkt die gleichen Vergiftungserscheinungen wie ↗ Anilin, darüber hinaus hat es cancerogene Eigenschaften.

Mit Säuren bildet B. Salze von unterschiedlicher Löslichkeit, z. B. ist Benzidindihydrochlorid leicht löslich in Wasser, Benzidinsulfat hingegen nahezu unlöslich. Deshalb wird B. häufig zur quantitativen Bestimmung von Schwefelsäure verwendet. Bei der Umsetzung von B. mit salpetriger Säure entstehen Bisdiazoniumsalze, die für die Synthese von Azofarbstoffen von großer Bedeutung sind. Die Herstellung von B. erfolgt durch die ↗ Benzidinumlagerung. B. wird hauptsächlich in der Farbstoffindustrie, außerdem in der analytischen Chemie als Nachweisreagens für eine Reihe von Metallen und in der Gerichtsmedizin zum Blutnachweis verwendet.

Die isomeren 2,2′- bzw. 3,3′-Diaminobiphenyle sind von geringerer Bedeutung.

Benzidinfarbstoffe, eine Gruppe substantiver Diazofarbstoffe, die durch Diazotierung beider Aminogruppen des Benzidins und Kupplung mit geeigneten Verbindungen entstehen. Der bekannteste Vertreter ist das ↗ Kongorot.

Benzidinumlagerung, intramolekulare Umlagerung von Hydrazobenzol in Benzidin in Gegenwart starker Mineralsäuren. Der folgende Mechanismus kann als gesichert angesehen werden:

$$H_5C_6-NH-NH-C_6H_5 \xrightarrow{+2H^+} H_5C_6-\overset{+}{N}H_2-\overset{+}{N}H_2-C_6H_5$$

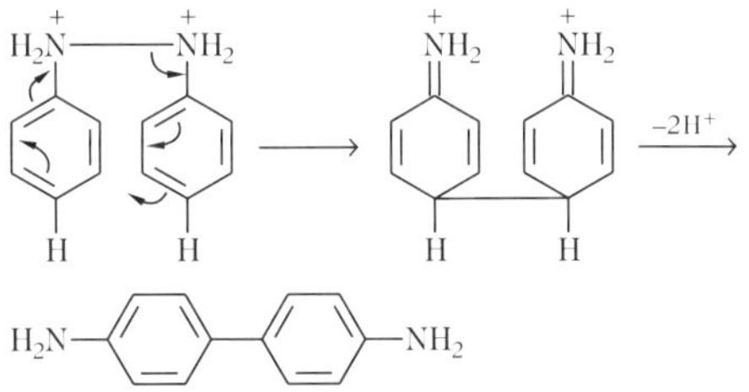

Ein intermolekularer Verlauf der B. konnte durch Kreuzungsexperimente ausgeschlossen werden. Außer Benzidin entsteht bei dieser Reaktion zu etwa 30 % Diphenylin (2,4′-Diaminobiphenyl) als Produkt der *Diphenylinumlagerung*. Lagert sich nur einer der beiden aromatischen Kerne um, so werden im Sinne der ↗ Semidinumlagerung *o*- bzw. *p*-Semidine gebildet.

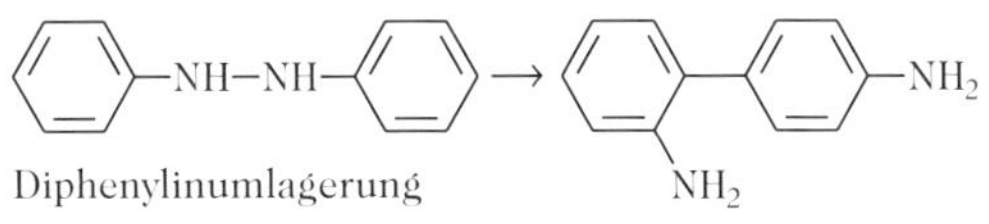

Diphenylinumlagerung

Benzil, ***Dibenzoyl***, 1,2-Diphenylethandion, C_6H_5–CO–CO–C_6H_5, das einfachste aromatische α-Diketon. B. bildet hellgelbe, prismenförmige Kristalle; F. 95 °C, Kp. 346 bis 348 °C (Z.). Es ist unlöslich in Wasser, löslich in Alkohol und Ether. B. zeigt die typischen Reaktionen der Ketone, wobei alle Reaktionen zweifach erfolgen können. Man erhält B. durch Oxidation von Benzoin mit Salpetersäure oder Kupfersulfat. Es wird zur Synthese von ↗ Benzilsäure und stickstoffhaltigen Heterocyclen verwendet.

Benzilsäure, ***2-Hydroxy-2,2-diphenylethansäure***, ***Diphenylglycolsäure***, $(C_6H_5)_2C(OH)$–COOH, eine α-Hydroxycarbonsäure. B. kristallisiert in farblosen Nadeln; F. 151 °C. Sie ist in kaltem Wasser schwer, in heißem Wasser, Alkohol und Ether leicht löslich. B. wird bei der ↗ Benzilsäureumlagerung von Benzil in Gegenwart von Alkalien gebildet. B. wird in Form von Estern hauptsächlich in der pharmazeutischen Industrie verwendet.

Benzilsäureumlagerung, eine erstmals am Benzil beobachtete Umlagerung zu Benzilsäure in Gegenwart starker Alkalien:

$$H_5C_6-CO-CO-C_6H_5 \xrightarrow[2.\ +H^+]{1.\ +OH^-} (C_6H_5)_2C(OH)-COOH$$

Der Mechanismus der B. kann in folgender Weise beschrieben werden:

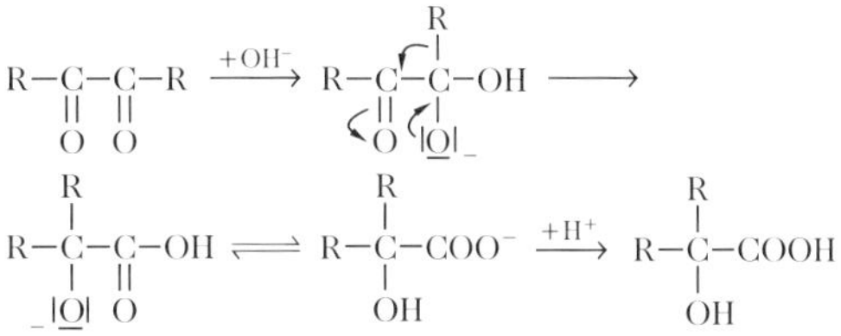

Die B. konnte auch auf andere α-Diketone übertragen werden, z. B. entsteht aus Furil die Furilsäure. Cyclische α-Diketone reagieren unter Ringverengung, aus Cyclohexan-1,2-dion wird unter den Bedingungen der B. Cyclopentan-1-ol-1-carbonsäure gebildet.

Benzimidazol, eine das kondensierte Ringsystem des Benzols und des Imidazols enthaltende heterocyclische Verbindung; farblose Kristalle, F. 170,5 °C. B. ist leicht löslich in Ethanol, wenig löslich in heißem Wasser, unlöslich in Benzol und Petrolether.

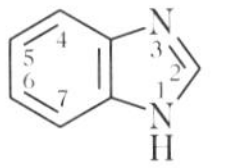

B. ist eine sehr schwache Base. Seine Darstellung erfolgt durch Einwirkung von Ameisensäure auf *o*-Phenylendiamin. Die bedeutsamen 2-substituierten Derivate werden mittels homologer Alkansäuren erhalten. Sie sind wichtig für die Synthese von Fungiziden, Viruziden, Polymethinfarbstoffen und Sonnenschutzmitteln.

Benzimidazolfungizide. Von der Benzimidazolstruktur abgeleitete ↗ Fungizide mit systemischen Eigenschaften. Alle B. zerfallen in den relativ stabilen ↗ Metaboliten *Carbendazim*, der eigentlich wirksamen Substanz. Sie werden als Blatt- und Bodenfungizide sowie als Beizmittel eingesetzt. Nachteilig sind Erscheinungen von ↗ Resistenz und *Kreuzresistenz*. Die Synthese geht von *o*-Phenylendiamin aus. (Formel und Tab. S. 142).

Benzin, ein Gemisch leichtsiedender Kohlenwasserstoffe, das im wesentlichen aus linearen, Iso- und Cycloalkanen sowie aromatischen Verbindungen

Grundstruktur 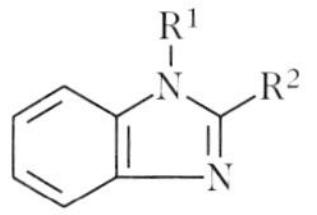

Benzimidazolfungizide. Tab.: Wichtige Beispiele.

Name	R^1	R^2
Carbendazim	–H	$-NH-CO-OCH_3$
Benomyl	$-CO-NH-C_4H_9$	$-NH-CO-OCH_3$
Fuberidazol	–H	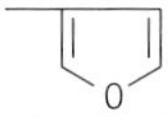
Thiabendazol	–H	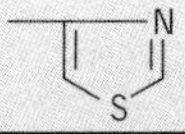

des C-Bereiches C_5 bis C_{10} besteht. B. ist eine farblose, brennbare Flüssigkeit, deren Dichte bei 15 °C je nach Zusammensetzung zwischen 0,72 und 0,80 g cm^{-3} schwankt. B. verdunstet leicht und bildet mit Luft explosible Gasgemische. Hierauf beruht seine Verwendung als Vergaserkraftstoff (↗ Kraftstoffe) in Ottomotoren. Der Heizwert liegt zwischen 41000 und 43000 kJ/kg. B. ist mit Wasser nicht mischbar, in Alkohol, Ether und halogenierten Kohlenwasserstoffen ist es leicht löslich. Das im Bereich von 20 bis 100 °C siedende *Leichtbenzin* und das von 100 bis 180 °C siedende *Schwerbenzin* sind die wichtigsten Ausgangsverbindungen für die Herstellung von hochwertigen Vergaserkraftstoffen.

Gewinnung. 1) B. erhält man aus Erdölen durch ↗ Destillation (Fraktion 50 bis 200 °C, das straight-run-Benzin). Der Benzingehalt eines Erdöls kann zwischen 5 und 85 % schwanken, er liegt im Durchschnitt bei 10 bis 20 %. Der größte Teil dieses *straight-run-Benzins* wird durch Verfahren der Erdölverarbeitung zu hochwertigen Vergaserkraftstoffen veredelt. Die direkte Verwendung als Vergaserkraftstoff ist wegen zu niedriger ↗ Octanzahl nicht möglich.

2) Aus den »nassen« Erdgasen gewinnt man durch Adsorption an Aktivkohle oder Kieselgel das *Naturgasbenzin*. Es besteht aus niedrigsiedenden Kohlenwasserstoffen, die zu etwa 90 % unterhalb von 135 °C sieden. Sie besitzen eine hohe Frontoctanzahl und werden deshalb als Beimengung zu B. verwendet, denen der notwendige Gehalt an niedrigsiedenden Kohlenwasserstoffen fehlt.

3) Beim ↗ Cracken höherer Erdölfraktionen fällt *Crackbenzin* an, das eine sehr gute Octanzahl besitzt, da bei dem Crackprozeß, insbesondere dem katalytischen Cracken, Dehydrierungen zu Alkenen, Isomerisierungen zu Isoalkanen und Aromatenbildung auftreten. Der größte Teil der heute im Weltmaßstab erzeugten B. wird durch Cracken gewonnen.

4) Durch ↗ Reformieren von straight-run-Benzin wird ein *Reformatbenzin* mit einer Octanzahl von 85 bis 95 erhalten. Während beim Cracken vorwiegend höhersiedende Erdölfraktionen zu Benzinkomponenten gespalten werden, wird beim Reformieren durch eine tiefgreifende Strukturveränderung, insbesondere durch Bildung von Aromaten, ein hochwertiger Kraftstoff erzeugt.

5) Aus dem Benzinschnitt der flüssigen Pyrolyseprodukte (↗ Pyrolyse), der bei der Erzeugung von Ethen und Propen anfällt, kann ein aromatenreiches *Pyrolysebenzin* mit einer Octanzahl von etwa 100 isoliert werden. Dazu müssen allerdings die in diesen Fraktionen enthaltenen thermisch instabilen Verbindungen, z. B. Diolefine und Vinylaromaten, durch eine selektive ↗ Hydrierung entfernt werden.

6) Bei der Erdölverarbeitung fallen große Mengen Raffineriegas an (bis zu 25 % der eingesetzten Erdölsubstanz). Diese unter Normalbedingungen gasförmigen Kohlenwasserstoffe wurden früher ausschließlich als Heizgas verwendet. Heute dienen sie als Chemierohstoff, bzw. die in diesen Gasen enthaltenen Olefine werden zu *Oligomerbenzin* (*Polymerbenzin*) verarbeitet. Für die Herstellung von Oligomerbenzin wird die Propen-Propan-Fraktion (P-P-Fraktion) sowie die Buten-Butan-Fraktion (B-B-Fraktion), die durch destillative Zerlegung des Raffineriegases erhalten werden, verwendet. Die Oligomerisierung bzw. die Mischoligomerisierung des Propens und der C_4-Olefine erfolgt an sauren Katalysatoren, z. B. Phosphorsäure auf Kieselgur, saure Ionenaustauscher und Zeolithe, bei einer Reaktionstemperatur von etwa 220 °C und einem Druck von 2 bis 6 MPa.

7) *Alkylatbenzin*, ein Hochleistungskraftstoff mit einer Octanzahl > 95, wird durch katalytische Alkylierung von Isobutan mit Butenen, Propen oder Ethen erhalten. Als Katalysatoren dienen Fluorwasserstoff oder Schwefelsäure. Die Alkylierung des Isobutens verläuft nach einem Ionenkettenmechanismus. Das für die Alkylierung notwendige Isobutan kann aus linearem Butan durch Isomerisierung gewonnen werden. Als Katalysator dient wasserfreies Aluminiumchlorid in Gegenwart von Chlorwasserstoff. Man arbeitet bei 80 bis 90 °C und etwa 1,5 bis 2 MPa.

8) Die Gewinnung von B. durch Hydrierung von Stein- und Braunkohle, Torf, Pech, Hoch- und Tieftemperaturteeren wurde in den 30er Jahren in Deutschland großtechnisch eingeführt. Wegen des hohen Wasserstoffverbrauches und der teuren Hochdruckanlagen war die Kohlehydrierung schon damals unwirtschaftlich, so daß in den meisten Hydrierwerken Schwelteere bzw. Rückstandsöle der Erdölverarbeitung eingesetzt wurden.

9) Bei der Braunkohlenverschwelung fällt zu 20 % ein Leichtöl (*Schwelbenzin*) in einem Siedebereich von 30 bis 180 °C an, das seinerseits zu 30 % einen

Benzinanteil des Siedebereiches 30 bis 80 °C enthält. Das Schwelbenzin wird nach Abtrennung der in ihm reichlich vorhandenen Phenole und einer sich anschließenden Druckwasserstoffraffination Vergaserkraftstoffen zugesetzt oder als Lösungsmittel verwandt. Das raffinierte Schwelbenzin besitzt einen hohen Aromatengehalt, so daß aus dem Destillationsschnitt 70 bis 80 °C Benzol gewonnen werden kann.

10) Die Herstellung von B. und Dieselkraftstoff nach der ↗ Fischer-Tropsch-Synthese wurde vor dem 2. Weltkrieg in Deutschland entwickelt. Als Katalysatoren werden vorwiegend Eisen und Cobalt unter Zusatz von Thorium-, Magnesium-, Calcium- und Aluminiumoxid verwendet. Das Synthesegas reagiert bei 160 bis 200 °C unter einem Druck von 2 bis 3 MPa zu einem Gemisch gesättigter, unverzweigter Kohlenwasserstoffe: $n\ CO + (2n + 1)\ H_2$ ↗ $C_nH_{2n+2} + n\ H_2O$. Das B., das nach der Fischer-Tropsch-Synthese gewonnen wird, weist aufgrund seines hohen Anteils an geradkettigem Paraffin eine sehr niedrige Octanzahl auf.

Benzin. Tab.: Siedegrenzen und Verwendung.

Bezeichnung	Siedegrenzen °C	Verwendung
Petrolether	40 ... 70	als Extraktionsmittel, Lösungsmittel,
	65 ... 95	Wundbenzin u.a. (↗ Petrolether) zur Speiseölextraktion
Extraktionsbenzin	80 ... 95	zu Gummilösungen
	80 ... 125	als Extraktionsmittel
Leuchtbenzin	30 ... 85	für Beleuchtungszwecke
Waschbenzin	100 ... 140	in Wäschereien, in der chem. Reinigung, in der Textilindustrie
Lösungsbenzin	130 ... 180	in der Lack- und Wachstuchindustrie
Testbenzin	140 ... 200	Lösungs- und Verdünnungsmittel in der Farben- und Lackindustrie
Terpentinersatz	150 ... 195	zu Schuhcreme und Bohnerwachs
Mineralterpentinöl	140 ... 225	für Lacke und Farben

11) *B. aus Methanol.* Zunehmende Bedeutung gewinnen Verfahren, nach denen Methanol mit hoher Ausbeute und hoher Selektivität in Benzinkohlenwasserstoffe umgewandelt werden kann (↗ Mobil-Oil-Verfahren, MTG-Verfahren). Aufgrund des hohen Aromatengehaltes besitzt das nach diesem Verfahren hergestellte B. eine Octanzahl von 95.

12) Bei der Erzeugung von *Hartbenzin*, also von B. in »festem« Zustand, werden winzig kleine Benzintropfen durch einen Emulgierungsprozeß mit einem Kunststoffilm umschlossen. Das dadurch entstandene zähe Gel besteht zu 95 % aus B. und läßt sich zum Verbrauch durch einfaches mechanisches Pressen in B. und Kunststoff trennen.

13) Aus der Erdöl-Leichtbenzin-Fraktion und ähnlich aufgebauten Kohlenwasserstoffgemischen werden durch Destillation und Raffination neben Motortreibstoffen noch die *Spezial-* oder *Siedegrenzbenzine* gewonnen. Die Spezialbenzine sollen keine Verunreinigungen enthalten und ganz bestimmte, möglichst rückstandsfreie Verdunstungseigenschaften, angenehmen Geruch und wasserhelle Farben aufweisen. Testbenzine müssen einen Flammpunkt oberhalb 21 °C besitzen.

Benz-in, ↗ Arine.

Benzinierung, ↗ Kohlehydrierung.

Benzoate, die Salze und Ester der Benzoesäure mit den allg. Formeln C_6H_5–$COOM^I$ bzw. C_6H_5–COOR, wobei M^I einen Ammoniumrest oder ein einwertiges Metall und R einen aliphatischen, aromatischen oder heterocyclischen Rest symbolisiert.

Die Salze der Benzoesäure entstehen bei der Neutralisation der freien Säure mit den entsprechenden Laugen oder bei der Hydrolyse von Benzoesäureestern. Von besonderer Bedeutung ist das *Natriumbenzoat*, C_6H_5–COONa, ein farb- und geruchloses Pulver, das in Wasser leicht, in Alkohol schwer löslich ist. Die wäßrigen Lösungen reagieren schwach alkalisch. Natriumbenzoat wird als Konservierungsmittel für Lebensmittel, als Antikorrosionsmittel sowie zur Herstellung von Schwermetallbenzoaten verwendet.

Die Ester der Benzoesäure sind meist farblose, fruchtartig riechende Flüssigkeiten, die in Wasser schwer, in Alkohol und Ether leicht löslich sind. Wichtige Benzoesäureester sind: *Benzoesäuremethylester*, *Methylbenzoat*, *Niobeöl*, C_6H_5–$COOCH_3$; F. –12,3 °C, Kp. 199,6 °C, n_D^{20} 1,5164. Er wird hauptsächlich als Lösungsmittel und als Riechstoffzusatz verwendete. *Benzoesäureethylester*, *Ethylbenzoat*, C_6H_5–$COOC_2H_5$; F. –34,6 °C, Kp. 2 13 °C, n_D^{20} 1,5051. Verwendet wird er in der Riechstoffindustrie zur Herstellung von Parfüms und Fruchtaromastoffen. Zahlreiche weitere Benzoesäureester aus längerkettigen aliphatischen Alkoholen werden ebenfalls zur Herstellung von Fruchtessenzen verwendet.

Benzocain, ↗ Lokalanästhetika.

Benzochinone, vom Benzol abgeleitete Chinone. In Abhängigkeit von der Position der Carbonylgruppen unterscheidet man 1,4-B. (*p*-B.) und 1,2-B. (*o*-B.).

1,4-(p-)Benzochinon, kurz *Chinon*, goldgelbe, stechend riechende, leicht flüchtige Kristalle, die sich an der Luft braun färben, Sbp. 115 bis 117 °C. 1,4-B. ist in Wasser schwer, in Alkohol und Ether leicht löslich. Es gleicht in seinem chem. Verhalten einem α,β-ungesättigten γ-Diketon.

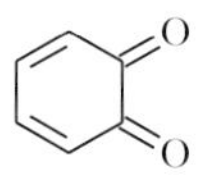 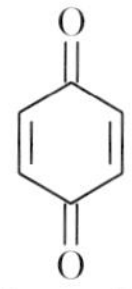

1,2-Benzochinon 1,4-Benzochinon

Bei der Einwirkung von Reduktionsmitteln wird Hydrochinon gebildet. Die elektrolytische Reduktion verläuft über mesomeriestabilisierte Radikal-Anionen, die ↗ Semichinone. Mit Grignard-Verbindungen bildet 1,4-B. Chinole. Bei der Einwirkung von Alkoholen oder Aminen bilden sich die entsprechenden 2,5-disubstituierten 1,4-B. Die Bromaddition an die C=C-Doppelbindungen des 1,4-B. führt über ein Dibromaddukt zum Chinontetrabromid. Die Herstellung von 1,4-B. erfolgt durch Oxidation von Hydrochinon, 4-Aminophenol, *p*-Anisidin oder *p*-Phenylendiamin bzw. durch Chromsäureoxidation von Anilin in schwefelsaurer Lösung. 1,4-B. und seine Derivate sind wichtige Zwischenverbindungen bei der Herstellung von Farbstoffen.

1,2-(o-)Benzochinon, instabile, hellrote, prismenförmige Kristalle; F. 60 bis 70 °C. (Z.). Es ist in Benzol, Alkohol und Ether leicht löslich. Im Gegensatz zu 1,4-B. ist 1,2-B. geruchlos und nicht mit Wasserdampf flüchtig. Es entsteht bei der Oxidation von Brenzcatechin mit Silberoxid in absolutem Ether in Gegenwart eines wasserbindenden Mittels, z. B. Natriumsulfat.

Benzodiazepine, das kondensierte Ringsystem des Benzols und des ↗ Diazepins enthaltende heterocyclische Verbindungen. Es sind mehrere Konstitutionsisomere denkbar, von denen viele erforscht worden sind. Vor allem die *1H-1,4-Benzodiazepine* sind als Tranquilizer (Beruhigungs-, Dämpfungs- und Schlafmittel) bekannt geworden. Daneben sind *1H-1,5-Benzodiazepine* leicht aus *o*-Phenylendiamin und 1,3-Dicarbonylverbindungen zugänglich geworden (Thiele 1907).

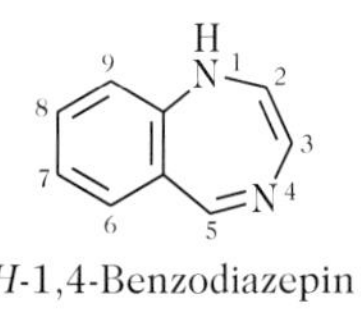 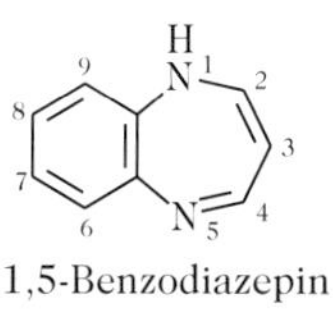

1*H*-1,4-Benzodiazepin 1*H*-1,5-Benzodiazepin

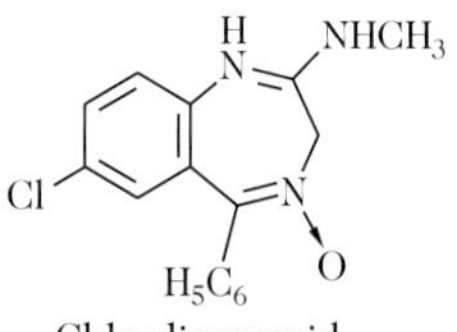 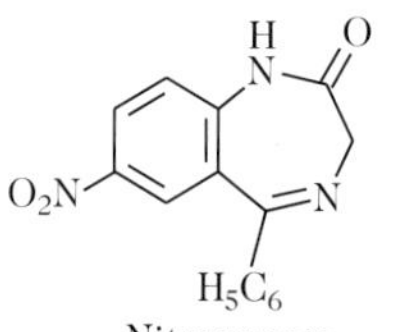

Chlordiazepoxid Nitrazepam

Verbindungen wie Chlordiazepoxid oder Nitrazepam gehören zu den Psychopharmaka; ihre Synthese geht von substituiertem *o*-Aminobenzophenonen (↗ Benzophenon) und C_2N-Bausteinen, z. B. Estern des Glycins, aus.

Benzoechtfarbstoffe, eine Gruppe von synthetischen Di- und Triazofarbstoffen, die sich durch gute Lichtechtheit und hohe chem. Stabilität auszeichnen, z. B. Benzoechtblau, Benzoechtrosa, Benzoechtgelb und Benzoechtheliotrop.

Benzoeharz, *Benzoe*, südostasiatisches und indonesisches weißes, wohlriechendes Baumharz, das an der Luft trocknet und sich dabei dunkel färbt. Außer dem Benzoesäureester des Coniferylalkohols enthält es je nach Herkunft verschiedene andere Benzoesäureester und weitere Substanzen. B. ist löslich in Alkohol und Alkalien, wenig löslich in Ether und Chloroform, unlöslich in Wasser. Beim Erhitzen wird Benzoesäure freigesetzt. B. wird aus dem Benzoebaum *Styrax tokinense* und *Styrax benzoides* durch Einschneiden der Stämme und Äste gewonnen.

Das wertvollste B. ist *Siambenzoe*. Sie enthält milchig weiße, opalartige Stücke (F. 75 °C), die auch zu Blöcken vereinigt sein können. *Sumatrabenzoe* enthält in einer gefärbten Grundmasse weiße Körner oder Mandeln (*Mandelbenzoe*); F. 85 °C.

Man verwendet B. in der Parfümerie, besonders zur Fixierung von Seifenparfüms, ferner zur Herstellung von wohlriechenden Firnissen und Lacken sowie Räuchermitteln. Ein alkoholischer Auszug dient als Geschmackskorrigens in Arzneien.

Benzoesäure, *Benzolcarbonsäure*, C_6H_5–COOH, die einfachste aromatische Monocarbonsäure. B. bildet farblose, blättchen- oder nadelförmige, geruchlose Kristalle; F. 122,13 °C, Kp. 249 °C, Sublimation ab 100 °C. Sie ist in kaltem Wasser schwer, in Alkohol, Ether, Chloroform, Benzol und heißem Wasser leicht löslich. B. ist gegenüber Oxidationsmitteln sehr beständig, durch Einwirkung von Hydrierungsmitteln wird sie in Hexahydrobenzoesäure umgewandelt. B. zerfällt beim Erhitzen in Gegenwart von Kalk oder Alkalien in Benzol und Kohlendioxid. B. zeigt die typischen Reaktionen der aromatischen Verbindungen, d. h., sie kann leicht elektrophil substituiert werden. Dabei wird der eintretende Substituent, z. B. $-NO_2$, Halogene und $-SO_3H$, in die 3-Position dirigiert. Außerdem kann die Carboxygruppe durch entsprechende Umsetzungen unter Bildung von Estern, Halogeniden, Amiden u. a. funktionalisiert werden. Die Salze und Ester der B. werden als ↗ Benzoate bezeichnet. Staub- oder dampfförmige B. wirkt schwach hautreizend. Vom Körper aufgenommene B. wird in Form der ↗ Hippursäure chem. gebunden und in dieser Form ausgeschieden. Auf Mikroorganismen wirkt B. als starkes Gift.

B. kommt in der Natur sowohl in freier als auch gebundener Form in zahlreichen Pflanzen vor, wobei Benzoesäureester eine besonders große Bedeutung haben. Man findet sie im Benzoeharz sowie in Heidelbeeren, Himbeeren und Preiselbeeren. Amidartig gebunden ist B. in Blättern, Rinden, Blüten und Früchten zahlreicher Pflanzen sowie im Harn pflanzenfressender Tiere enthalten. B. entsteht bei der Hydrolyse von Benzotrichlorid, bei der Oxidation von Benzaldehyd oder Benzylalkohol, durch Umsetzung von Benzol mit Phosgen in Gegenwart von Aluminiumchlorid oder durch Decarboxylierung von Phthalsäure. Technisch wird B. vorwiegend durch direkte Oxidation von Toluol mit Luftsauerstoff in Gegenwart von Cobalt- oder Mangankatalysatoren hergestellt. B. wird in beträchtlichen Mengen als Konservierungsmittel für Lebensmittel und zur Verhütung der Schimmelbildung im Tabak, Klebstoffen u. a. verwendet. Außerdem dient sie als Zwischenprodukt für die Herstellung von Farbstoffen, Lacken, Firnis und Netzmitteln, Riechstoffen sowie Benzoylchlorid und Benzotrichlorid. Hochgereinigte B. wird in der Maßanalyse und in der Kalorimetrie als Bezugssubstanz verwendet.

Benzoesäureamid, ↗ Benzamid.

Benzoesäureanhydrid, $(C_6H_5\text{–}CO)_2O$, farblose, prismenförmige Kristalle; F. 42 bis 43 °C, Kp. 360 °C. B. ist in Wasser schwer, in den meisten organischen Lösungsmitteln leicht löslich. Durch siedendes Wasser bzw. wäßrige Laugen wird es unter Bildung von Benzoesäure hydrolytisch gespalten. B. entsteht bei der Umsetzung von Benzoesäure mit Acetanhydrid. Technisch wird es aus Benzoesäure und Benzoylchlorid oder aus Natriumbenzoat und Benzoylchlorid hergestellt. B. wird als Benzoylierungsmittel in der organischen Chemie sowie bei der Herstellung pharmazeutischer Produkte verwendet.

Benzoesäurechlorid, ↗ Benzoylchlorid.

Benzoesäureester, ↗ Benzoate.

Benzoesäurenitril, ↗ Benzonitril.

Benzofurane, das kondensierte Ringsystem des Benzols und des Furans enthaltende heterocyclische Verbindung. Man unterscheidet Benzo[*b*]furan (*Cumaron*) und Benzo[c]furan (*Isobenzofuran*).

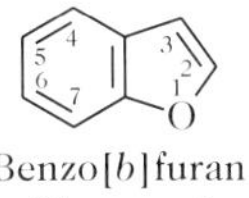

Benzo[*b*]furan (Cumaron)

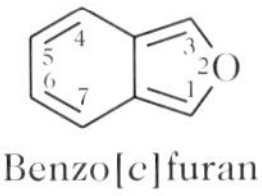

Benzo[c]furan (Isobenzofuran)

Es handelt sich um relativ unbeständige, d. h. zur Polymerisation neigende Flüssigkeiten, ↗ Cumaron-Inden-Harz.

Ein wichtiges Derivat ist 1,3-Diphenylisobenzofuran, das als sehr reaktives Dien zum Abfangen von instabilen Alkenen und Alkinen über die ↗ Diels-Alder-Reaktion und der anschließenden Charakterisierung der Addukte verwendet wird.

benzoide Kohlenwasserstoffe, Verbindungen aus Kohlenstoff und Wasserstoff, die sich vom Benzol als Stammverbindung ableiten, z. B. Toluol, Xylole.

Benzoin, $C_6H_5\text{–}CH(OH)\text{–}CO\text{–}C_6H_5$, ein aromatisch substituiertes ↗ Hydroxyketon. B. bildet schwach gelbliche, säulenförmige Kristalle; F. 137 °C (DL-Form), Kp. 343 bis 344 °C. B. ist in Wasser unlöslich, in Chloroform, Eisessig und heißem Alkohol löslich. Wie alle Acyloine reduziert es Fehlingsche Lösung. B. wird durch Benzoinkondensation (↗ Acyloinkondensation) hergestellt. Durch Einwirkung von Oxidationsmitteln auf B. entsteht Benzil, bei der Reduktion mit Zinn und Salzsäure wird Desoxybenzoin gebildet. B. wird für organische Synthesen und als Initiator für Photopolymerisationen verwendet.

Benzoinkondensation, ↗ Acyloinkondensation.

Benzol, C_6H_6, die Stammverbindung der benzoiden aromatischen Kohlenwasserstoffe, ↗ Arene. B. ist eine farblose, brennbare und leicht entzündliche Flüssigkeit; es verbrennt mit stark rußender Flamme. Mit Wasser ist es praktisch nicht mischbar, dagegen unbegrenzt mit Ethanol und Ether. F. 5,5 °C, Kp. 80,1 °C, n_D^{20} 1,5011.

Vorkommen und Gewinnung. B. wurde früher hauptsächlich aus Steinkohlenteer oder Kokereigas durch Extraktion, Auswaschen und andere Trennprozesse gewonnen. Inzwischen werden seit vielen Jahren mehr als 90 % des für chemische Reaktionen benötigten B. aus der Erdölverarbeitung gewonnen (Alkanpyrolyse). Es fällt bei den verschiedensten Methoden der Benzingewinnung (↗ Benzin) in großem Maßstab an.

Benzol ist feuergefährlich und hochtoxisch. Besonders gefährlich sind seine Dämpfe, auch in geringer Konzentration. Kurzzeitiges Einatmen führt zu Kopfschmerz, Mattigkeit, Schwindel, Übelkeit und Schlafbedürfnis, verschiedentlich kann es auch zu Atemnot kommen. Einatmen relativ großer Mengen Benzoldampf in einer kurzen Zeit bewirkt akute Vergiftung mit Cyanose der Lippen, Ohren und Nase, Blaugrünfärbung der Haut und Dunkelfärbung des Harns, Bewußtlosigkeit, Erbrechen und Krämpfen; schließlich tritt der Tod durch Atemlähmung ein. Bei einem Gehalt von 2 % Benzoldampf in der Atemluft kann der Tod nach 5 bis 10 Minuten eintreten. Die ständige Aufnahme kleiner Mengen Benzol führt zu chronischen Vergiftungen mit Schädigungen von Leber, Nieren und Knochenmark einschließlich Verminderung der Anzahl der roten Blutkörperchen. Die chronischen Vergiftungssymptome treten oft erst nach Wochen oder Monaten auf. Sie äußern sich unter anderem in Zahnfleisch-, Schleimhaut- und punktförmigen Hautblutungen. Durch den Genuß von Alkohol wird die Giftwirkung erhöht. B. ist ein resorptives Gift und wird auch durch die Haut aufgenommen. Zur Vermeidung von chronischen und akuten Vergiftungen sind die Arbeitsbedingungen entsprechend zu gestalten (wirksame Abzüge).

Wegen seiner Toxizität ist die Verwendung als Lösungsmittel außerordentlich zurückgegangen.

Struktur. Erstmals isolierte 1825 Faraday B. aus Leuchtgas. Die Bruttoformel C_6H_6, die aufgrund herkömmlicher Vorstellungen nicht erklärt werden konnte, fand 1865 durch Kekulé von Stradonitz eine erste Deutung. Sie beinhaltet die völlige Gleichwertigkeit aller C- und H-Atome und erklärt, daß jeweils nur *ein* Monosubstitutionsprodukt existieren kann. Der Tatsache, daß nicht vier, sondern nur drei isomere Disubstitutionsprodukte vorkommen, trug Kekulé 1872 mit seiner Oszillationshypothese Rechnung, die besagt, daß ein ständiger schneller Wechsel zwischen den C-C-Einfach- und C=C-Doppelbindungen erfolgt, wodurch alle C–C-Bindungen gleichwertig sind:

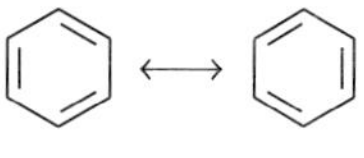

Kekulé-Formeln

Zahlreiche andere Formeln wurden zur Diskussion gestellt:

Claus (1867) Dewar (1867) Ladenburg (1869) Armstrong (1887) Baeyer (1888) Thiele (1899)

Den modernen Vorstellungen am nächsten kommen die Formeln von Thiele sowie Armstrong und Baeyer, während sich die anderen als falsch erwiesen. Einige von ihnen repräsentieren nicht-ebene Valenzisomere des B., die synthetisiert werden konnten (Dewar-B., Ladenburg-B., Hückel-B.).

Heute wird die Benzolformel für den praktischen Gebrauch meist durch eine der beiden Kekulé-Formeln oder auch durch eine der Thiele-Formel nahe kommende Variante dargestellt:

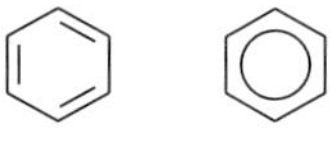

Das theoretische Verständnis des energiearmen, aromatischen Zustands des B. (Energiegewinn gegenüber dem nicht existierenden »Cyclohexatrien« von 150 $kJ \cdot mol^{-1}$), ↗ Aromatizität, kann durch mehrere Modelle unterstützt werden. Abb. 1 zeigt, daß alle sechs sp^2-hybridisierten C-Atome und die sechs H-Atome in einer σ-Bindungsebene mit gleichen Bindungsabständen C–C und C–H liegen, d. h. eine hohe Symmetrie vorliegt. Abb. 2 zeigt die senkrecht zu dieser Ebene angeordneten π-Orbitale, die im realen Molekül optimal »überlappt« sind.

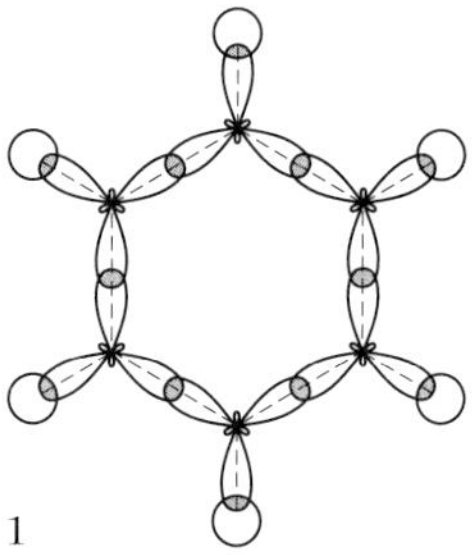

1

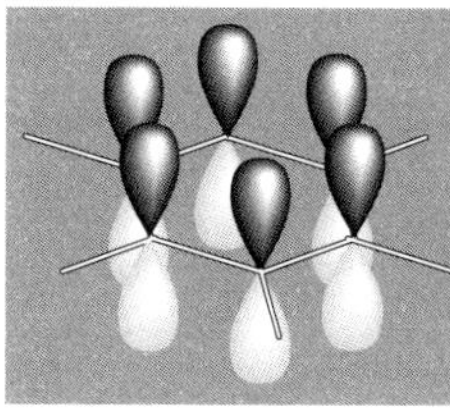

2

Reaktionen. B. wird durch katalytische Druckhydrierung zu Cyclohexan C_6H_{12} und durch zahlreiche Substitutionsreaktionen mit bzw. ohne Katalysatoren, oder auch mit UV-Licht (Photoreaktionen) zu Derivaten wie Chlor-, Brom-, Nitrobenzole u. a. (↗ Arene) umgesetzt. Die zweifache oder mehrfache ↗ Substitution und die Abwandlung der Produkte, z. B. die Hydrierung von Nitrobenzol zu Anilin, oder die Umsetzung von Brombenzol (↗ Grignard-Reaktionen) zeigen, daß B. eine Schlüsselverbindung zur Synthese aromatischer Verbindungen ist.

Benzoldicarbonsäuren, die drei Strukturisomeren ↗ Phthalsäure, ↗ Isophthalsäure und ↗ Terephthalsäure.

Benzoldisulfonsäuren, drei stellungsisomere aromatische Sulfonsäuren mit 1,2-, 1,3- bzw. 1,4-Anordnung der Sulfogruppen $-SO_3H$ am Benzolring. Leicht zugänglich ist Benzol-1,3-disulfonsäure durch Erhitzen von Benzolsulfonsäure mit konz. Schwefelsäure auf 200 bis 230 °C. Dieses Isomere bildet weiße, hygroskopische Kristalle. Es wird zur Herstellung von Resorcinol (Alkalihydroxidschmelze) verwendet.

Benzolhexacarbonsäure, ↗ Mellithsäure.

Benzoloxid, 7-Oxabicyclo[4.1.0.]hepta-2,4-dien, eine heterocyclische Verbindung, die bei Raumtemperatur nur im Gemisch mit dem valenztautomeren Oxepin existiert und formal das Epoxid des Benzols darstellt.

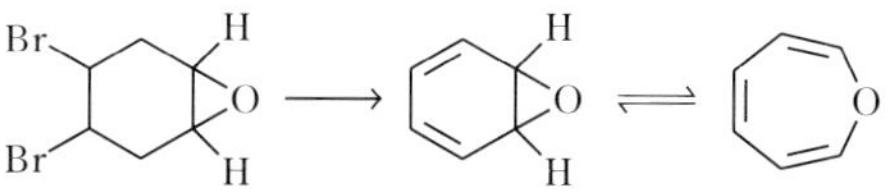

Durch Säuren wird B. zu Phenol umgelagert. Es wird durch Dehydrobromierung von 3,4-Dibrom-7-oxabicyclo[4.1.0.]heptan mit Natriummethanolat dargestellt. Epoxide aromatischer Verbindungen, die *Arenoxide*, treten als Primärprodukte bei der Oxidation von Arenen zu Phenolen auf. Es wird angenommen, daß Arenoxide bei physiologischer und pharmakologischer Wirkung, bei Toxizität und Carcinogenität aromatischer Verbindungen eine Schlüsselrolle spielen.

Benzolsulfonsäure, ***Benzolmonosulfonsäure***, C_6H_5–SO_3H, farblose, nadelförmige, hygroskopische Kristalle; F. 50 bis 51 °C, Kp. 135 bis 136 °C bei 2 kPa. B. ist leicht löslich in Wasser und Ethanol, schwer löslich in Benzol und unlöslich in Ether. Ihre Acidität entspricht der von starken anorganischen Säuren. Die Herstellung erfolgt durch Behandlung von Benzol mit konz. Schwefelsäure bei 80 °C. Bei höheren Temperaturen entstehen Benzol-1,3-disulfonsäure und Benzol-1,3,5-trisulfonsäure. B. wird als Katalysator für Veresterungen, Dehydratisierungen sowie Polymerisations- und Kondensationsreaktionen verwendet.

Benzolsulfonylchlorid, ***Benzolsulfonsäurechlorid***, C_6H_5–SO_2Cl, eine ölige, unangenehm riechende Flüssigkeit; F. 14 bis 15 °C, Kp. 251 bis 252 °C. B. ist unlöslich in kaltem Wasser, löslich in Ethanol, Ether und Chloroform. Man gewinnt es durch Einwirkung von Phosphorpentachlorid oder Phosphoroxidchlorid auf Benzolsulfonsäure oder durch Umsetzung von Benzol mit Chloroschwefelsäure. B. wird zur Herstellung von Benzolsulfonamiden verwendet, über die unter anderem eine Trennung primärer und sekundärer Amine möglich ist (↗ Hinsberg-Trennung).

Benzonitril, ***Phenylcyanid***, ***Benzoesäurenitril***, C_6H_5–$C{\equiv}N$, farblose, nach Bittermandeln riechende, giftige Flüssigkeit; F. –13 °C, Kp. 190,7 °C, n_D^{20} 1,5289. In Wasser ist B. nur schwer, in Alkohol, Ether, Aceton und Benzol leicht löslich. Gegenüber Luftsauerstoff und Feuchtigkeit ist B. stabil. In Gegenwart von Mineralsäuren oder Laugen hydrolysiert es unter Bildung von Benzoesäureamid oder Benzoesäure. B. kann bei der trockenen Destillation von Steinkohle gewonnen werden. Synthetisch ist es durch die Sandmeyer-Reaktion aus Benzoldiazoniumsalzen und Alkalicyaniden in Gegenwart von Kupfer(I)-cyanid, durch Dehydratisierung von Benzoesäureamid oder durch Erhitzen des Kaliumsalzes der Benzolsulfonsäure mit Kaliumcyanid zugänglich: C_6H_5–SO_3K + KCN → C_6H_5–$C{\equiv}N$ + K_2SO_3. Technisch wird B. auch direkt aus Toluol und Ammoniak in Gegenwart von Luft und Mangansalzen gewonnen. B. wird als Lösungsmittel, als Quellmittel für Polyacrylnitril und als Zwischenprodukt für die Herstellung von Farbstoffen verwendet.

Benzonitrilherbizide. Das einheitliche Strukturelement dieser Wirkstoffgruppe ist das Benzonitril (s. Tab.). Die Hauptwirkung der Benzonitrile mit einer *p*-Hydroxygruppe besteht in einer Entkopplung der oxidativen Phosphorylierung, wobei die Aufnahme der Wirkstoffe bevorzugt über die Blattaufnahme im Nachauflauf erfolgt.

Benzophenon, ***Diphenylketon***, C_6H_5–CO–C_6H_5, das einfachste, rein aromatische Keton. B. kommt in verschiedenen Modifikationen vor. Das stabile α-B. kristallisiert aus Alkohol oder Ether in farblosen, rhombischen Prismen; F. 48,1 °C, Kp. 305,9 °C. Die übrigen, instabilen Formen weisen niedrigere Schmelzpunkte auf. B. ist in Wasser unlöslich, in Alkohol, Benzol und Ether leicht löslich. Die Herstellung erfolgt hauptsächlich durch ↗ Friedel-Crafts-Reaktion aus Benzoylchlorid und Benzol bzw. aus Benzol und Tetrachlorkohlenstoff in Gegenwart von Aluminiumchlorid. B. wird als Zwischenprodukt in der pharmazeutischen Industrie, als Geruchsstoff in der kosmetischen Industrie sowie als Photosensibilisator verwendet.

Benzonitrilherbizide. Tab.: Wichtige Beispiele.

Name	Formel	Akute orale LD_{50} Ratte (mg/kg)
Ioxynil	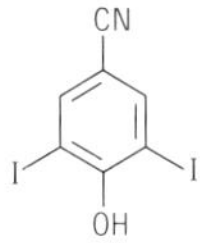	110
Bromoxynil	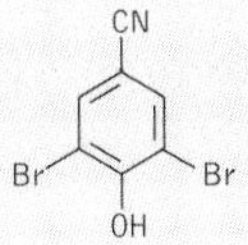	190
Dichlobenil	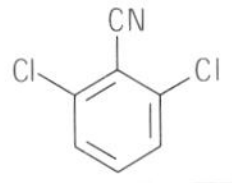	4460

Benzo[*g*]pteridin, eine das kondensierte Ringsystem des Benzols und des Pteridins enthaltende heterocyclische Verbindung. Sauerstoffhaltige B. sind von biologischer Bedeutung. B. ist das Grundgerüst des ↗ Alloxazins und des Lactoflavins (↗ Vitamin B_2).

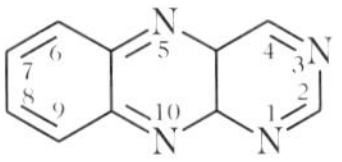

Benzopyran, ↗ Chromene.

Benzopyryliumsalze, ↗ Chromyliumsalze.

Benzothiazol, eine das kondensierte Ringsystem des Benzols und des Thiazols enthaltende heterocyclische Verbindung; F. 2 °C, Kp. 231 °C, n_D^{20} 1,6379.

B. sowie die in 2-Stellung substituierten Derivate sind durch Umsetzung von *o*-Aminothiophenol mit Carbonsäuren und deren Derivaten zugänglich.

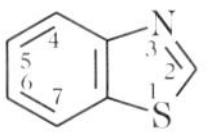

2-Amino- und 2-Mercaptobenzothiazol sind Zwischenprodukte für die Synthese von Azofarbstoffen, 2-Methyl- und Alkylderivate sind Ausgangsstoffe für Polymethinfarbstoffe. B. reagiert schwach basisch und wird in 3-Stellung zu *N*-Alkylderivaten alkyliert. Dabei leicht zugängliche 2-Methylbenzothiazoliumsalze sind hochreaktiv – hohe CH-Aktivität der Methylgruppe in 2-Position.

Benzothiophene, das kondensierte Ringsystem des Benzols und des Thiophens enthaltende heterocyclische Verbindungen. Je nach Art der Anellierung unterscheidet man Benzo[*b*]thiophen und Benzo[*c*]thiophen. *Benzo*[*b*]*thiophen* (*Thionaphthen*) kristallisiert in naphthalinartig riechenden, farblosen Blättchen; F. 32 °C, Kp. 231 °C. Es löst sich gut in organischen Lösungsmitteln, ist unlöslich in Wasser und wasserdampfflüchtig. B. wird großtechnisch durch Addition von Schwefel an Styrol bei 600 °C am Eisensulfid-Aluminium-Kontakt hergestellt. Es ist der Grundkörper des 3-Hydroxybenzo[*b*]thiophens (*Thioindoxyl*) und der Thioindigofarbstoffe sowie Ausgangsstoff für pharmazeutische Erzeugnisse. *Benzo*[*c*]*thiophen* (*Isothionaphthen*) ist unsubstituiert nur in Lösung bekannt und wurde als Diels-Alder-Addukt charakterisiert. Ein wichtiges Derivat ist das *1,3-Diphenylisothionaphthen*, das in gelben Nadeln kristallisiert; F. 118 bis 119 °C. Es ist ein reaktionsfähiges Dien und kann zum Abfangen instabiler Alkene und Alkine benutzt werden.

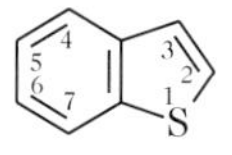
Benzo[*b*]thiophen

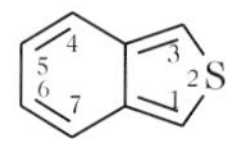
Benzo[*c*]thiophen

Benzotriazol, ***1H-Benzotriazol***, eine das kondensierte Ringsystem des Benzols und des 1,2,3-Triazols enthaltende heterocyclische Verbindung. B. bildet farblose Nadeln; F. 100 °C, Kp. 204 °C bei 1,98 kPa. Es ist in organischen Lösungsmitteln leicht löslich. B. wird durch Umsetzung von *o*-Phenylendiamin mit salpetriger Säure hergestellt. B. wird als Zusatz zu photographischen Emulsionen verwendet. Es wirkt stabilisierend und verzögert die Schleierbildung.

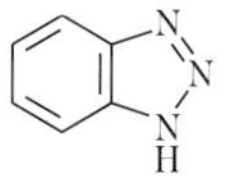

Benzoxazol, eine kondensierte heterocyclische Verbindung aus Benzol und Oxazol. B. bildet farblose Prismen; F. 31 °C, Kp. 182,5 °C. Es ist in organischen Lösungsmitteln leicht löslich, mit Wasserdampf sehr leicht flüchtig. B. entsteht beim Erhitzen von Ameisensäure mit 2-Aminophenol oder durch trokkene Destillation von 2-Aminophenol mit Formamid. B. und seine in 2-Stellung substituierten Derivate werden vor allem als optische Aufheller verwendet.

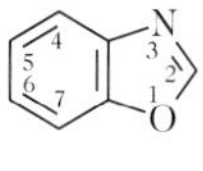

Benzoyl..., Bezeichnung für die Atomgruppierung C_6H_5–CO– eines Moleküls, für das instabile Radikal C_6H_5–CO· und für das Kation C_6H_5–CO^+.

Benzoylchlorid, ***Benzoesäurechlorid***, C_6H_5–CO–Cl, das einfachste aromatische Säurechlorid. B. ist eine farblose, stechend riechende, tränenreizende Flüssigkeit; F. –1 °C, Kp. 197,2 °C, n_D^{20} 1,5537. B. ist in zahlreichen aprotischen Lösungsmitteln leicht löslich. Durch Wasser bzw. Laugen wird es hydrolytisch unter Bildung von Benzoesäure bzw. Benzoaten zersetzt. B. reagiert unter den Bedingungen der ↗ Schotten-Baumann-Reaktion mit Alkoholen, Phenolen und Aminen unter Bildung der benzoylierten Derivate. Bei der ↗ Friedel-Crafts-Reaktion kann B. auch zur Acylierung aromatischer Kohlenwasserstoffe eingesetzt werden. Die Herstellung von B. kann durch partielle Hydrolyse von Benzotrichlorid oder durch Umsetzung von Benzotrichlorid mit Benzoesäure in Gegenwart von Zinkchlorid erfolgen:

$$H_5C_6{-}CCl_3 + H_2O \longrightarrow H_5C_6{-}CO{-}Cl + 2\,HCl;$$

$$H_5C_6{-}CCl_3 + H_5C_6{-}COOH \xrightarrow{(ZnCl_2)} 2\,H_5C_6{-}CO{-}Cl + HCl.$$

Außerdem kann B. durch Einwirkung anorganischer Säurehalogenide, z. B. Thionylchlorid, auf Benzoesäure gewonnen werden. B. wird zur Herstellung von Benzoylperoxid, Arzneimitteln und Farbstoffen sowie als Benzoylierungsmittel verwendet.

***N*-Benzoylglycin,** ↗ Hippursäure.

Benzoylierung, präparative Methode zur Einführung einer Benzoylgruppe C_6H_5–CO– in eine organische Verbindung. Die B. ist eine der wichtigsten Reaktionen der Acylierung. Bekannte Benzoylierungsverfahren sind die ↗ Schotten-Baumann-Reaktion zur Darstellung von Benzoesäureestern und -amiden sowie die ↗ Friedel-Crafts-Reaktion mit Benzoylchlorid, die unter Bildung aromatischer Ketone verläuft.

3,4-Benzpyren, ***Benzo***[***a***]***pyren***, ein kondensierter aromatischer Kohlenwasserstoff. B. bildet gelbe, nadelförmige Kristalle; F. 176,6 °C, Kp. 312 °C bei 1,33 kPa. Es ist unlöslich in Wasser, löslich in organischen Lösungsmitteln. B. ist zu 1,5 % im Steinkohlenteer enthalten und gilt wegen seiner starken cancerogenen Eigenschaften als Verursacher der in der teerverarbeitenden Industrie relativ häufig beobachteten Hautkrebserkrankungen. Die Verbindung wurde auch im Tabakrauch nachgewiesen, so daß sich auch Beziehungen zur Häufigkeit von Lungenkrebserkrankungen bei Rauchern ergeben.

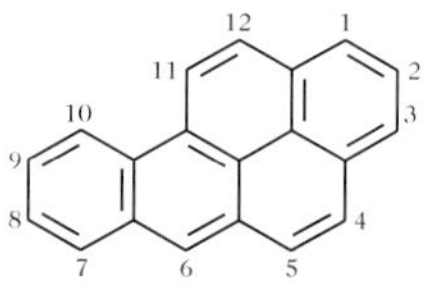

Benzvalen, ***Tricyclo***[***3.1.0.0***^{2,6}]***hex-3-en, Hückelbenzol***, ein Valenzisomeres des Benzols. B. hat ein Dipolmoment von 0,88 D, weist einen charakteri-

stischen fauligen Geruch auf und ist in reiner Form isoliert sehr explosiv. Es entsteht neben Fulven und Dewar-Benzol bei der UV-Bestrahlung von Benzol in flüssiger Phase. Bei Zimmertemperatur geht es mit einer Halbwertszeit von 10 Tagen wieder in Benzol über.

Benzyl..., Bezeichnung für die Atomgruppierung $C_6H_5–CH_2–$ eines Moleküls, für das Radikal $C_6H_5–CH_2\cdot$ und für das Kation $C_6H_5–CH_2^+$.

Benzylalkohol, $C_6H_5–CH_2–OH$, der einfachste aromatisch substituierte Alkohol, eine farblose Flüssigkeit mit schwach aromatischem Geruch; F. –15,3 °C, Kp. 205,4 °C, n_D^{20} 1,5369. B. ist mit Wasser wenig mischbar, läßt sich leicht verestern oder stufenweise zu Benzaldehyd und Benzoesäure oxidieren. B. kommt frei oder gebunden als Ester der Essigsäure, Benzoesäure oder Zimtsäure in einigen ätherischen Ölen, z. B. Jasminöl, vor. Glucosidisch gebunden ist er im Mais enthalten. B. ist durch gekreuzte ↗ Cannizzaro-Reaktion aus Benzaldehyd und Formaldehyd zugänglich:

$$H_5C_6–CHO + HCHO \xrightarrow{OH^-} H_5C_6–CH_2–OH + HCOOH$$

Die technische Synthese von B. erfolgt durch Umsetzung von Benzylchlorid mit Basen: $C_6H_5–CH_2–Cl + OH^- \rightarrow C_6H_5–CH_2–OH + Cl^-$.

B. und seine Ester werden in der Parfümerie zur Abrundung von Blumengerüchen verwendet. Aufgrund seiner antiseptischen und lokalanästhetischen Wirkung wird B. zur Herstellung entsprechend wirksamer Medikamente eingesetzt. Er ist außerdem wichtiges Lösungsmittel für Farbstoffe, Cumaronharze, Celluloseester und -ether sowie für Schwefel. Weiterhin ist B. Bestandteil säurefester Kitte.

Benzylamin, $C_6H_5–CH_2–NH_2$, ein aromatisch substituiertes aliphatisches, primäres Amin. B. ist eine farblose, ammoniakähnlich riechende Flüssigkeit; Kp. 185 °C, n_D^{20} 1,5401. B. ist eine starke Base und wirkt schleimhautreizend. Es verhält sich in seiner chemischen Reaktivität wie die aliphatischen ↗ Amine. Die Herstellung von B. erfolgt durch Umsetzung von Benzylchlorid und Ammoniak oder durch katalytische Hydrierung von Benzonitril. B. wird für die Herstellung von Farbstoffen und pharmazeutischen Produkten sowie als Korrosionsinhibitor verwendet.

Benzylcellulose, ein ↗ Celluloseether.

Benzylchlorid, ***Chlormethylbenzol***, ***α-Chlortoluol***, $C_6H_5–CH_2–Cl$, eine farblose, tränenreizende, stechend riechende Flüssigkeit; F. –39 °C, Kp. 179,3 °C, n_D^{20} 1,5391. B. ist in Wasser schwer, in Alkohol, Ether und Chloroform leicht löslich. Das Chloratom im B. kann durch Einwirkung nucleophiler Reagenzien, z. B. Amine, Alkoholate, Phenolate und Hydroxid-Ionen, leicht unter Bildung der entsprechenden Benzylderivate substituiert werden. Durch Oxidationsmittel wird B. in Benzaldehyd und Benzoesäure umgewandelt. B. entsteht bei der Chlorierung von Toluol im Gemisch mit weiteren chlorierten Toluolderivaten. Aus B. stellt man hauptsächlich Benzylalkohol her. Außerdem dient B. als Zwischenprodukt für die Herstellung von Riechstoffen, Schädlingsbekämpfungsmitteln, Desinfektionsmitteln, Weichmachern, pharmazeutischen Präparaten sowie als Benzylierungsmittel für organische Synthesen.

Benzylcyanid, ***Phenylacetonitril***, ***Phenylessigsäurenitril***, $C_6H_5–CH_2–C{\equiv}N$, eine farblose, giftige Flüssigkeit; F. –23,8 °C, Kp. 234 °C, n_D^{20} 1,5230. B. ist unlöslich in Wasser, löslich in Alkohol, Ether und Aceton. Man erhält B. durch Umsetzung von Benzylhalogeniden mit Alkalicyaniden und verwendet es zu organischen Synthesen, z. B. von Phenylessigsäure, die zur Herstellung von Arzneimitteln, Insektiziden und Riechstoffen dient.

Benzyliden..., Bezeichnung für die Atomgruppierung $C_6H_5–CH=$ eines Moleküls.

Benzylidenaceton, ↗ Benzalaceton.

Benzylidendichlorid, ↗ Benzalchlorid.

Benzylpenicillin, ↗ Penicilline.

Bergamottöl, ein honiggelbes, angenehm frisch, süßfruchtig riechendes ätherisches Öl von bitterem Geschmack. Häufig ist B. durch geringe Mengen Kupfer oder Chlorophyll grün gefärbt. Es enthält vor allem Linalylacetat, das bei einem Anteil von bis zu 50 % den Hauptträger des typischen Bergamottgeruchs ausmacht, daneben ↗ (+)-Limonen, α- und β-Pinen, Nerol, ↗ Citral, ↗ Terpineol, β-Caryophyllen und Bisabolen. Man gewinnt B. vor allem durch Auspressen der Fruchtschalen des Bergamottbaumes. Verwendet wird B. in der Parfümerie (Kölnisch Wasser).

Bergapten, ↗ Furocumarine, Tab.

Bergaptol, ↗ Furocumarine, Tab.

Bergius-Rheinau-Verfahren, ↗ Holzverzuckerung.

Bergius-Verfahren, ↗ Kohlehydrierung.

Bergtalg, ↗ Erdwachs.

Berkelium, Symbol ***Bk***, radioaktives, nur künstlich, durch Kernreaktionen zugängliches chem. Element aus der III. Nebengruppe des Periodensystems, der Gruppe der ↗ Actinoide zugehöriges Transuran, Schwermetall; *Z* 97, Wertigkeit III, seltener IV, D. 13,25 g cm^{-3}, F. 986 °C, Standardelektrodenpotential (Bk^{3+}/Bk^{4+}) + 1,64 V.

B. ist ein silberweißes, in zwei Modifikationen (hexagonal bzw. kubisch) auftretendes Metall, das man durch Reduktion von Berkelium(III)-fluorid BkF_3 mit Lanthan bei 1025 °C erhält. Erstmals wurde B. 1949 an der Universität Berkeley (USA) von Ghiorso, Thompson und Seaborg durch Einwirkung von α-Teilchen auf Americium-241 erhalten: $^{241}_{95}Am + ^{4}_{2}H \rightarrow ^{243}_{95}Bk + 2^{1}_{0}n$.

Auch durch Reaktion von Curium mit Neutronen ist B. zugänglich und damit heute im mg-Maßstab verfügbar:

$$^{248}_{96}Cm + ^{1}_{0}n \longrightarrow ^{249}_{96}Cm \xrightarrow[62,2\ min]{-\beta^-} ^{249}_{97}Bk.$$

Berkeliumverbindungen, Verbindungen, in denen Berkelium in den Oxidationsstufen +3 und +4 auftritt. Im Gegensatz zu Americium(III), Curium(III) und auch Terbium(III) läßt sich Berkelium(III) auch im wäßrigen Medium zu Berkelium(IV) oxidieren, so unter Verwendung von Bromat, und ist zusammen mit Cer(IV) oder Zirconium(IV) als Phosphat oder Iodat fällbar. Setzt man Berkelium(III)-Verbindungen mit Fluor bei erhöhter Temperatur um, so erhält man beigefarbenes, UF_4-Struktur aufweisendes *Berkelium(IV)-fluorid*, BkF_4. *Berkelium(IV)-oxid*, BkO_2, kristallisiert im Fluoritgitter und geht durch Reduktion mit Wasserstoff bei 600 °C in das in zwei Modifikationen kristallisierende (hexagonal, kubisch), blaßgrüne *Berkelium(III)-oxid*, Bk_2O_3, F. 1920 °C, über. Von den Berkelium(III)-halogeniden seien hier das dimorphe, gelbgrüne *Berkelium(III)-fluorid*, BkF_3 und das hellgrüne, mit UCl_3 isotype *Berkelium(III)-chlorid*, $BkCl_3$ genannt.

Berliner Blau, ***Eisen(III)-hexacyanoferrat(II)***, auch als ***Preußischblau*** oder ***Eisencyanblau*** bezeichnet, $Fe^{III}_4[Fe^{II}(CN)_6]_3 \cdot n\ H_2O$ (n = 14 ... 16), tiefblaue, wasserunlösliche, durch Vereinigung von gelbem Blutlaugensalz (↗ Cyanoferrate) mit überschüssigen Eisen(III)-Ionen resultierende koordinationspolymere, kubisch kristallisierende Verbindung mit oktaedrisch koordinierten, cyanidverbrückten Eisen(II)-($Fe^{II}(CN)_6$) und Eisen(III)-($Fe^{III}(NC)_6 : Fe^{III}(NC)_4(OH_2)_2$ = 1 : 3) Ionen. Die intensive Farbe von B. B. beruht auf einem Elektronenübergang zwischen Fe^{2+}- und Fe^{3+}-Ionen (↗ charge-transfer-Übergang). Die durch Versetzen von rotem Blutlaugensalz (↗ Cyanoferrate) mit überschüssigen Eisen(II)-Ionen gebildete, früher als *Turnbulls Blau* bezeichnete Verbindung ist nach ESR- und Mößbauer-spektroskopischen Untersuchungen mit B. B. identisch. B. B. wird als Blaupigment in Druckfarben, Lacken (Automobilindustrie), Buntpapieren und Tinten verwendet. Durch Umsetzung von Eisen(III)-salzlösungen mit $K_4[Fe(CN)_6]$ oder Eisen(II)-salzlösungen mit $K_3[Fe(CN)_6]$, jeweils im äquimolaren Verhältnis, erhält man *»lösliches Berliner Blau«* derselben, idealisierten Formel $KFe[Fe(CN)_6]$ in Form kolloidaler Lösungen.

Bernstein, ***Succinit***, ein fossiles Harz. B. stellt ein Gemenge unterschiedlicher Verbindungen dar. Die durchschnittliche Zusammensetzung beträgt 78 % Kohlenstoff, 10 % Wasserstoff, 11 % Sauerstoff, 0,4 % Schwefel u. a. B. ist durchsichtig bis undurchsichtig trüb, Farbe hellgelb bis orange und gelblichrot, braun, gelblich-weiß, zuweilen gestreift, auch himmel- bis dunkelblau. Gegrabener B. ist mit einer Verwitterungsrinde bedeckt, die gefischtem B. oft fehlt. B. ist amorph mit muscheligem Bruch, spröde, Harzglanz, Härte nach Mohs 2 bis fast 3, D. 1,050 bis 1,096 g cm^{-3}. B. brennt mit aromatischem Geruch (Weihrauchgeruch), er ist ein vorzüglicher Isolator für den elektrischen Strom. Geriebener B. lädt sich negativ auf. B. schmilzt bei etwa 375 °C, er löst sich nur z. T. in Alkohol, Ether, Chloroform, Terpentinöl u. a. Bei trockener Destillation entstehen als flüchtige Bestandteile Bernsteinöl und -säure; der Rückstand ist das grün fluoreszierende Bernstein-Kolophonium. B. ist unempfindlich gegen Flußsäure und Alkalien.

B. ist das Harz alttertiärer Kiefern und Fichten (hauptsächlich *Pinus succinifera*), das im unteren Oligozän ins Meer gespült und zusammen mit Ton, Sand und Glaukonit als »blaue Erde« abgelagert wurde. In dem anfangs weichen Harz sind oft Insekten, Federn und Pflanzenreste gut erhalten eingeschlossen.

B. dient vor allem zur Herstellung von Kunst- und Schmuckgegenständen. Bernsteinöl, ein durch Destillation von Bernsteinabfällen gewonnenes, mit Wasserdampf flüchtiges Öl, wird in der Lackindustrie verwendet.

Bernsteinsäure, *Butandisäure*, $HOOC–CH_2–CH_2–COOH$, bildet farblose, trikline oder monokline Prismen; F. 188 °C, Kp. 235 °C unter Anhydridbildung. B. ist in siedendem Wasser, Alkohol und Aceton leicht, in Ether schwer löslich. Sie zeigt die typischen Reaktionen der Dicarbonsäuren. Die Salze und Ester der B. werden als ↗ Succinate bezeichnet. B. ist in freier oder gebundener Form, besonders als Kaliumsuccinat, in unreifen Früchten, im Bernstein und anderen fossilen Harzen sowie in Algen, Pilzen und Flechten enthalten. Außerdem ist freie B. ein Intermediat des Citronensäurecyclus. Synthetisch kann B. durch katalytische Hydrierung von Malein- oder Fumarsäure, durch Oxidation von Furanderivaten oder durch Carbonylierung von Acetylen hergestellt werden. Sie wird zur Herstellung von Farbstoffen, pharmazeutischen Präparaten, Polyester- und Alkydharzen sowie von Geschmacksstoffen verwendet. Die Ester der B. mit einwertigen Alkoholen werden als Weichmacher und Lösungsmittel eingesetzt.

Bernsteinsäureester, ↗ Succinate.

Bernsteinsäureimid, ↗ Succinimid.

Berry-Pseudorotation, regulärer Umordnungsprozeß in pentakoordinierten, trigonal-pipyramidalen Verbindungen, wobei paarweise zwei äquatoriale Liganden in axiale (apikale) Positionen, die zwei axialen Liganden in äquatoriale Positionen übergehen (Abb.). Dabei wird ein quadratisch-pyramidaler Über-

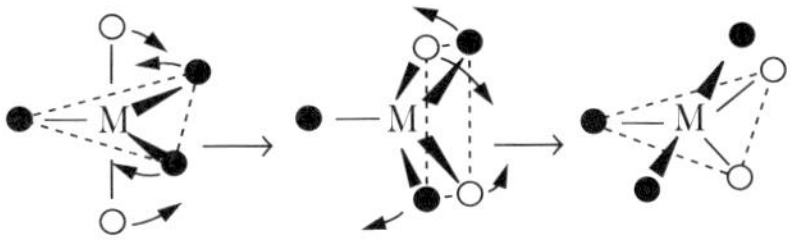

gangszustand durchlaufen. Die B. wird zur Interpretation der Eigenschaften pentakoordinierter Verbindungen und des stereochemischen Ablaufs zahlreicher Reaktionen von Derivaten der schwereren Elemente der IV. und besonders der V. Hauptgruppe sowie der Übergangsmetalle herangezogen. Eine mechanistische Alternative stellt die ↗ Turnstyle-Rotation dar.

Berthelot-Thomson-Prinzip, Auffassung, daß die Affinität einer chem. Reaktion um so höher ist, je exothermer die Reaktion ist. Nach dem B. dürften endotherme Prozesse (Reaktionsenthalpie $\Delta_R H > 0$), z. B. der Carbidprozeß oder die Auflösung zahlreicher Salze in Wasser, nicht freiwillig ablaufen. Aus dem 2. Hauptsatz der Thermodynamik folgt jedoch, daß nicht die Reaktionswärme ($\Delta_R H$ bzw. $\Delta_R U$), sondern die freie Reaktionsenthalpie $\Delta_R G$ ein Maß für die Affinität darstellt. Nur für die Sonderfälle $T \to 0$ bzw. Reaktionen mit $\Delta_R S \to 0$ ist das B. näherungsweise gültig, dann $\Delta_R G \approx \Delta_R H$.

Berthollide (nach dem franz. Chemiker C.-L. Berthollet), ***berthollide Verbindungen***, ***nichtstöchiometrische Verbindungen***, chem. Verbindungen, deren Zusammensetzung schwanken kann und von den Herstellungsbedingungen abhängt. Die Schwankungsbreite der Zusammensetzung bezeichnet man auch als *Homogenitätsbereich* oder *Phasenbreite* der entsprechenden Verbindung, sie wird in der chem. Formel durch die Grenzwerte der Stöchiometriezahlen zum Ausdruck gebracht (z. B. $Fe_{0,89...1,00}S$, $TiO_{0,60...1,35}$). Allgemein kann eine Kennzeichnung von B. durch das Zeichen ~ (zu lesen als »ungefähr« oder »zirka«) erfolgen, das vor oder über die Idealformel gesetzt wird (z. B. ~FeS, $\widetilde{TiO}$). Zu den B. zählen Verbindungen von Metallen mit Metallen (intermetallische Verbindungen, z. B. γ-Phase des Messings, $\sim Cu_5Zn_8$), von Metallen mit Halbmetallen (z. B. Nickelarsenid, ~NiAs) und von Metallen mit Nichtmetallen (z. B. Kupfer(I)-oxid, $\sim Cu_2O$, und Cadmiumsulfid, ~CdS). Die variable Zusammensetzung von berthollіden Verbindungen kann man mit dem Auftreten chem. ↗ Kristallbaufehler bzw. mit der Bildung von ↗ Mischkristallen erklären. Gegensatz: ↗ Daltonide.

Beruhigungsmittel, ↗ Sedativa.

Berylerde, ↗ Berylliumoxid.

Beryllium, Symbol *Be*, chem. Element aus der II. Hauptgruppe des Periodensystems, der Gruppe der ↗ Erdalkalimetalle, Leichtmetall; *Z* 4, Massenzahlen der natürlichen Isotope 9 (99,0098 %), 10 (0,0002 %), Atommasse 9,0122, Wertigkeit II, Härte nach Mohs 6 bis 7, D. 1,85, F. 1278 °C, Kp. 2970 °C, elektrische Leitfähigkeit 18,2 Sm/mm^2 (bei 0 °C), Standardelektrodenpotential (Be/Be^{2+}) –1,70 V.

Eigenschaften. B. ist ein stahlgraues, hartes, bei Zimmertemperatur sprödes Metall, das in hexagonal dichtester Kugelpackung kristallisiert. B. hat einen sehr kleinen Atom- bzw. Ionenradius, was seine großen Verhaltensunterschiede zu den schwereren Homologen der ↗ Erdalkalimetalle verständlich macht, und was eine ausgeprägte Analogie zum Aluminium (III. Hauptgruppe) mit ähnlichem Ladung/Radius-Verhältnis zur Folge hat (Schrägbeziehung im ↗ Periodensystem). Die aus gleichem Grunde besonders hohen Ionisationspotentiale des B. und die starke Polarisationswirkung haben zur Folge, daß in Verbindungen die kovalenten Bindungsanteile stets dominieren. Die beiden 2s-Elektronen verhelfen dem B. jedoch nur zu einem Elektronenquartett. Durch Polymerbildung, z. B. in festem $BeCl_2$, oder durch Koordination weiterer Donoren erreicht B. durch die Erhöhung der Koordinationszahl von 2 auf 4 die Edelgaskonfiguration.

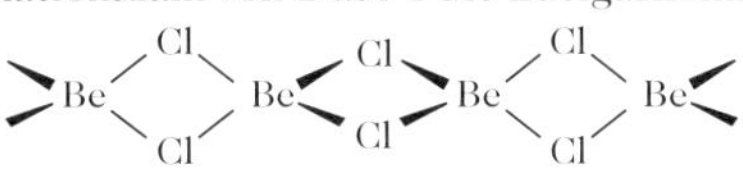

Infolge Passivierung durch eine Oxidschicht wird B. von Wasser nicht und von Luft erst bei Temperaturen oberhalb 1000 °C zu Berylliumoxid BeO oxidiert. Deshalb löst sich B. auch nicht in konz. Salpetersäure, reagiert aber mit verd. Säuren unter Wasserstoffentwicklung. Berylliumverbindungen schmecken süß, weshalb B. früher als Glucinium bezeichnet wurde.

Beryllium und seine Verbindungen sind äußerst giftig. Das Einatmen von Stäuben oder Dämpfen des Metalls und aller Berylliumverbindungen führt zu schweren Pneumonien. Hautkontakt mit Berylliumsalzen verursacht schwer heilende Entzündungen.

Analytisches. B. bildet mit Morin in alkalischer Lösung einen gelbgrün fluoreszierenden Farblack, der als qualitativer Nachweis des B. auch neben Aluminium dient. Quantitativ kann B. durch Fällung mit Ammoniak als Berylliumhydroxid $Be(OH)_2$, welches anschließend bei 1000 °C zu BeO geglüht wird, oder über die Atomabsorptionsspektroskopie bestimmt werden.

Vorkommen. B. ist am Aufbau der Erdkruste mit $6 \cdot 10^{-4}$ % beteiligt und gehört damit zu den seltenen Elementen. Wichtige Minerale sind Beryll $Be_3Al_2[Si_6O_{18}]$, dessen gefärbte Abarten Smaragd (grün; chromhaltig) und Aquamarin (blau, eisenhaltig) vor allem als Schmucksteine geschätzt sind, Euklas $BeAl[SiO_4](OH)$, Gadolinit $Be_3Y_2Fe[Si_2O_{10}]$ Chrysoberyll $Al_2[BeO_4]$ und Phenakit $Be_2[SiO_4]$.

Gewinnung. Ausgangsmaterial ist fast stets Beryll. Beim Sinteraufschluß geht der mit stöchiometrischen Mengen Natriumfluorosilicat und Soda vereinigte Beryll bei 770 °C in Natriumfluoroberyllat, Aluminiumoxid und Siliciumdioxid über: $Be_3Al_2[Si_6O_{18}] + 2\,Na_2SiF_6 + Na_2CO_3 \rightarrow 3\,Na_2[BeF_4] + Al_2O_3 + 8\,SiO_2 + CO_2$. Das Fluoroberyllat wird mit Wasser herausgelöst und die Lösung mit Natronlauge versetzt, wobei $Be(OH)_2$ ausfällt. Dies wird in überschüssiger Natronlauge gelöst, und vorhandenes Eisenhydroxid $Fe(OH)_3$ bleibt zurück. Das gewonnene Natriumhydroxoberyllat, $Na_2[Be(OH)]_4$ wird unter Druck und Hitze zu $Be(OH)_2$ und Natronlauge zersetzt. Beim *Schmelzaufschluß* wird der gemahlene Beryll bei 1650 °C geschmolzen und mit Wasser abgeschreckt; das glasartige, körnige Schmelzgut wird mit konz. Schwefelsäure auf 250 bis 300 °C erhitzt. Die gebildete Lösung enthält vor allem Berylliumsulfat $BeSO_4$ und Aluminiumsulfat $Al_2(SO_4)_3$. Nach Zugabe wäßrigen Ammoniaks kristallisiert das Ammoniumaluminiumsulfat $NH_4Al(SO_4)_2 \cdot 12\,H_2O$ aus und wird abgetrennt. Durch Erhitzen der alkalisch gemachten Lösung gewinnt man wiederum Berylliumhydroxid.

Das nach einem der obigen Verfahren gewonnene Hydroxid wird entweder mit Ammoniumhydrogenfluoridlösung ins Fluorid überführt, wobei das entstandene Berylliumfluorid mit Magnesium bei 900 °C zu feinverteiltem B. reduziert wird, oder das aus dem Hydroxid durch Glühen entstandene Oxid wird mit Kohlenstoff gemischt und chloriert. Aus dem dabei entstandenen Berylliumchlorid wird durch Schmelzflußelektrolyse einer $BeCl_2$-NaCl-Mischung das reine Metall gewonnen.

Verwendung. B. hat als Leichtmetall von hohem Schmelzpunkt und guten mechanischen Eigenschaften Bedeutung im Flugzeug- und Raketenbau. Schutzschilde aus B. verhindern das Verglühen von Raumfahrzeugen beim Eintauchen in die Erdatmosphäre. B. ist gut durchlässig für Röntgenstrahlen und dient deshalb zur Herstellung von Austrittsfenstern in Röntgenapparaturen. Es ist ein bedeutendes, qualitätsverbesserndes Legierungsmetall, das z. B. Härte, Festigkeit und Korrosionsbeständigkeit von Aluminium, Eisen, Kupfer, Cobalt und Nickel wesentlich erhöht. Aus Be-Ni-Legierungen werden funkenfreie Werkzeuge für explosionsgefährdete Räume hergestellt, ferner – ebenso wie aus Be-Fe-Legierungen – Membranen und Federn für hohe Temperaturen sowie chirurgische Instrumente.

Berylliumbronze, Kupfer-Beryllium-Legierung mit maximal 2 % Beryllium. B. ist aushärtbar, da die Löslichkeit des Berylliums in Kupfer von 2,1 % bei 964 °C auf 0 % bei Raumtemperatur abnimmt. Aus B. werden korrosionsbeständige und mechanisch hoch beanspruchte Federn sowie funkenfrei arbeitende Werkzeuge hergestellt.

Berylliumoxid, ***Beryllerde***, ***Süßerde***, BeO, farbloses lockeres Pulver oder auch hexagonale Kristalle (Härte nach Mohs 9), D. 3,01 g cm^{-3}, F. 2530 °C, Kp. etwa 3900 °C. Hochgeglühtes B. ist unlöslich in wäßrigen Säuren und Basen. Durch Glühen mit Kohlenstoff geht es in Berylliumcarbid Be_2C über. Man gewinnt es durch Glühen von Berylliumhydroxid. Wegen seiner thermischen Beständigkeit wird es als Material zur Auskleidung von Öfen und zur Herstellung von Schmelztiegeln verwendet. Da es Neutronen bremst, aber nur wenig absorbiert, ist es ein wertvoller Werkstoff zum Bau von Kernreaktoren.

Berzeliussche Probe, eine Vorprobe zum qualitativen Nachweis von Arsen. Arsenverbindungen werden durch Erhitzen mit Kohle oder Kaliumcyanid zu Arsen reduziert, welches sich an kälteren Teilen des Röhrchens als schwarzer Arsenspiegel absetzt. Die B. P. wird im Gegensatz zur ↗ Marshschen Probe nicht durch die Anwesenheit von Antimon gestört.

Beschaffenheitsklassen, heute weitgehend durch den Begriff Wassergüteklasse ersetzt (↗ Abwasser).

Bessemer-Verfahren, ↗ Stahlerzeugung.

Bestatin, ***N^{α}-(3-Amino-2-hydroxy-1-oxo-4-phenylbutyl)-leucin***, ein mikrobielles Peptidantibiotikum (*Streptomyces olivoretucili*) mit Antitumoraktivität.

Bestimmungsgrenze, bei der quantitativen ↗ Analyse die Mindest-Konzentration einer Substanz, die mit einer vorgegebenen statistischen Sicherheit quantitativ bestimmt werden kann. Unterhalb der B. ist die Substanz nur qualitativ nachweisbar, ↗ Nachweisgrenze.

Bestrahlung von Lebensmitteln, Verfahren zur Haltbarmachung von Lebensmitteln (Keimungshemmung, Abtötung von Schadinsekten bzw. Parasiten) durch Behandlung mit ionisierenden Strahlen, welches in Deutschland z. Zt. generell nicht, in anderen Ländern für einzelne Lebensmittel zugelassen ist.

Als Strahlungsquelle werden meist Co-60-Quellen benutzt. Neben den erwünschten konservierenden Effekten treten auch Nebenreaktionen auf, vor allem oxidative Veränderungen an Fetten, Eiweißen und Kohlenhydraten, es kann auch zu Aromaveränderungen (»off-flavours«) kommen. Bislang konnten keine »Bestrahlungstoxine« (toxische Produkte, die bei der Bestrahlung entstehen) nachgewiesen werden.

β**,** Konfigurationssymbol, für Kohlenhydrate (↗ Monosaccharide).

Beta-Cypermethrin, ↗ Pyrethroide.

Betaine, am Stickstoff peralkylierte Zwitterionen der allgemeinen Formel R_3N^+–CH(R′)–COO^-. Der Name leitet sich vom einfachsten Vertreter Betain ($R = CH_3$; $R' = H$) ab, das in Rübenzuckermelasse (lat. beta »Rübe«, »Bete«), in vielen Pflanzen und verschiedenen Meeresorganismen vorkommt. Die B.

sind aufgrund ihrer Zwitterionenstruktur amphoter und leiten sich in der Natur als quartäre Ammoniumverbindungen insbesondere von Aminosäuren, dagegen seltener von Alkaloiden ab. Ein biochemisch wichtiger Vertreter ist z. B. ↗ L-Carnitin.

Beta-Rezeptoren, ***β-Rezeptoren***, ***β-adrenerge Rezeptoren***, ***β-Andrenorezeptoren***, aus sieben membrandurchspannenden α-Helices aufgebaute Proteine (M_r ~ 62000 bis 64000), die auf der Membranaußenseite Adrenalin stereospezifisch binden und das Hormonsignal über ↗ G-Proteine, ↗ Adenylatcyclase und cAMP in die Zelle weiterleiten. Die in Muskeln, Leber und Fettgewebe vorkommenden B. vermitteln Veränderungen im katabolischen Stoffwechsel, wie z. B. den verstärkten Abbau von Glycogen und Fett. Während am Herzen β_1-Rezeptoren lokalisiert sind, befinden sich an der glatten Muskulatur β_2-Rezeptoren. *B.-Blocker* (*β-Blocker*) werden gegen Bluthochdruck und Herzrhythmuserkrankungen eingesetzt.

Betäubungsmittel, Stoffe und deren Zubereitungen, die starke Veränderungen im Bewußtseinszustand hervorrufen und Abhängigkeiten erzeugen können. Wegen der möglichen mißbräuchlichen Verwendung und der unmittelbaren Gefährdung der Gesundheit wird der Umgang mit B. durch das Gesetz über den Verkehr mit Betäubungsmitteln (Betäubungsmittelgesetz) geregelt. B. im Sinne dieses Gesetzes sind die in den Anlagen I (nicht verkehrsfähige B.), II (verkehrsfähige, aber nicht verschreibungsfähige B.) aufgeführte Stoffe und Zubereitungen. Dazu gehören auch Stoffe, aus denen B. hergestellt werden können. Zu den klassischen B. gehören Opiate (↗ Morphin, ↗ Heroin), ↗ Cocain, Haschisch (↗ Cannabinoide) und verschiedene Halluzinogene (↗ Mescalin, ↗ Lysergsäurediethylamid). Neuere mißbräuchlich verwendete B. sind etliche synthetische Arzneistoffe (Barbiturate, ↗ Benzodiazepine, ↗ Weckamine, ↗ Appetitzügler) und die ↗ Designerdrogen wie ↗ Ecstasy. Häufiger Gebrauch der B. führt meist zu Abhängigkeit, verbunden mit einer pathologischen Deformation der Persönlichkeitsstruktur, sozialer Degeneration und physischem Verfall.

BET-Gleichung, ↗ Adsorption.

Beton, ↗ Bindebaustoffe.

Betriebswasser, ↗ Wasseraufbereitung.

Bettendorfsche Probe, eine Vorprobe zum qualitativen Nachweis von Arsen. Eine kleine Menge der Probe wird in konz. Salzsäure gelöst und mit einigen Tropfen einer Zinn(II)-chloridlösung versetzt. Bei Anwesenheit von Arsen bilden sich in der Lösung braunschwarze Flocken von elementarem Arsen. Die B. P. wird durch Edelmetalle und Quecksilber gestört, die ebenfalls reduziert werden.

Beugungsmethoden, Verfahren zur Bestimmung der Kristallstruktur aus den Beugungsbildern von Röntgen-, Neutronen- und Elektronenstrahlen an kristallinen Stoffen. Wichtigste B. sind ↗ Röntgenstrukturanalyse, ↗ Neutronenbeugung und ↗ Elektronenbeugung.

Bewegtbett, Bezeichnung für eine Arbeitsweise bei katalytischen Prozessen, bei dem der Katalysator beweglich angeordnet ist.

Bewegtbettreaktor, ↗ Wanderbettreaktor.

Bezugselektrode, ↗ Elektrode.

Bezugs(zell)spannung, ↗ elektrochemisches Gleichgewicht.

Bh, Symbol für Bohrium.

BHC, ↗ Hexachlorcyclohexane.

BHT-Teer, ↗ Teer.

BHT-Verfahren, ↗ Verkokung.

Bi, Symbol für Bismut

Bialaphos, ***L-2-Amino-4-hydroxy-4-methyl-phosphinoylbutyryl-L-alanyl-L-alanin***, ein durch *Streptomyces* sp. gebildetes Peptid, das als Kontakt- und systemisches Fungizid eingesetzt wird. B. dient zur Kontrolle des Pilzbefalls bei Reis. Die strukturanalogen Verbindungen 2-Amino-4-phosphono-buttersäure und 2-Amino-4-methylphosphono-buttersäure hemmen in Pflanzen die Glutaminsynthetase, das die Schlüsselreaktion der Ammoniumassimilation katalysiert.

bicyclisch, Bezeichnung für Kohlenstoffverbindungen, in denen zwei Kohlenstoffringe miteinander verknüpft sind, z. B. ↗ Bicycloalkane.

Bicycloalkane, gesättigte Kohlenwasserstoffe, in denen zwei Kohlenstoffringe gleicher oder unterschiedlicher Ringgröße über ein oder mehrere gemeinsame C-Atome verknüpft sind. Man unterscheidet zwischen *Spiranen* mit einem gemeinsamen C-Atom, z. B. Spiro[3.3]heptan, *kondensierten Systemen* mit zwei gemeinsamen C-Atomen, z. B. Bicyclo[4.1.0]heptan, und *Brückenringsystemen* mit mehr als 2 gemeinsamen C-Atomen, z. B. Bicyclo[2.2.1]heptan:

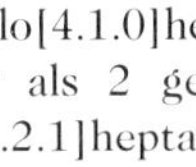

Spiro[3.3]heptan

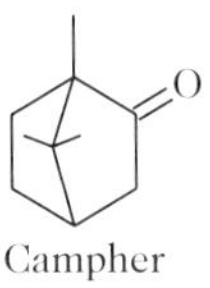

Campher

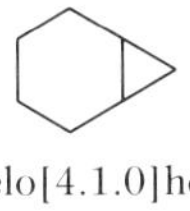

Bicyclo[4.1.0]heptan

α-Pinen

Bicyclo[2.2.1]heptan

B. kommen in der Natur nicht vor, häufig dagegen funktionelle Derivate mit Doppelbindungen oder Carbonylgruppen. Bekannte Vertreter dafür sind beispielsweise α-Pinen oder Campher. B. sind verbreitete C-Grundgerüste in ↗ Terpenen.

Bier, ein aus gemälzter Gerste, Hopfen, Wasser unter Verwendung von Bierhefen (z. B. obergärige Bierhefen Stämme (Rassen) von *Saccharomyces cerevisiae*) hergestelltes alkoholisches und kohlensäurehaltiges Getränk, das eines der ältesten und bedeutendsten Fermentationsprodukte ist. B. wird in einem dreistufigen Prozeß – Mälzung, Würzebereitung, Gärung – hergestellt: Eiweißarme Sommergerste wird unter Belüftung eingequollen und anschließend bei definierter Temperatur und Luftfeuchtigkeit zum Keimen gebracht. Die gebildeten ↗ Amylasen verzuckern die Reservestärke im Mehlkörper, wobei vor allem Maltose entsteht. Nach 7- bis 9tägiger Keimung wird der Prozeß durch Hitze abgestoppt, ohne dabei die Enzyme zu inaktivieren. Zur Würzeherstellung wird das Malzschrot mit warmem Wasser verrührt (Maischen), wobei die beim Keimen gebildeten Enzyme das Malz verzukkern. Durch einen Kochprozeß (Würzekochen) wird der gewünschte Extraktgehalt eingestellt. Die erhaltene Suspension wird über eine Siebanlage (Läuterbottich) gegeben, wobei die Würze von den festen Bestandteilen (*Treber*) abgetrennt wird. Durch Zugabe von Hopfen wird nicht nur der charakteristische Geschmack des B. erhalten, sondern auch eine Konservierung durch die Hopfengerbstoffe und zugleich eine bessere Filtrierbarkeit erreicht. Anschließend wird die Würze auf Gärtemperatur abgekühlt und durch Verdünnung auf den gewünschten Stammwürzegehalt gebracht. Die folgende Gärung verläuft diskontinuierlich in Tanks ab. Dazu werden entsprechend des Biertyps unterschiedliche Rassen von *S. cerevisiae* der Würze zugesetzt, die sich vermehren, Maltose zu Glucose spalten, die wiederum zu Ethanol und CO_2 abgebaut wird. Nach 8–10 d ist die Hauptgärung beendet. Das B. wird einer Nachgärung bzw. Reifung bei niedriger Temperatur über ca. 15 Wochen unterzogen, bei der sich auch das endgültige Aroma bildet. Durch das Absetzen von Hefe und Triebstoffen (Eiweißkolloide) findet eine natürliche Klärung des B. statt. Anschließend wird das B. filtriert und abgefüllt.

Ein normales Vollbier hat einen Extraktgehalt von 3,5–5 Vol.-%, einen Alkoholgehalt von 3,5–4,5 Vol.-% und einen Kohlensäuregehalt von 0,3–0,6 Vol.-%.

Bifenox, ↗ Diphenyletherherbizide.

Bifenthrin, ↗ Pyrethroide.

Bikomponentenfasern, ↗ Chemiefasern, die aus zwei fest, jedoch trennbar miteinander verbundenen Polymeren bestehen. Nach der Anordnung der Komponenten werden drei Typen B. unterschieden: Der *C/C-Typ* (cover-core) enthält eine Komponente als Kern, die andere als Mantel. Beim *S/S-Typ* (side by side) liegt eine bilaterale Struktur vor. Die *M/F-Typen* (matrix-fibril), die auch als Bikonstituentenfasern bezeichnet werden, haben eine Hauptkomponente, in die die andere in Fibrillenform während des Spinnprozesses eingebettet wird. Für die Herstellung der C/C- und S/S-Typen werden spezielle Spinndüsen verwendet. Die B. haben für die Erzeugung von ↗ Microfasern und für eine Kräuselung der Spinnfasern (↗ textile Faserstoffe) Bedeutung.

Biladiene, ↗ Gallenfarbstoffe.

Bilan, ↗ Gallenfarbstoffe.

Bilatriene, ↗ Gallenfarbstoffe.

Bildungsenergie, ↗ Bildungsreaktion.

Bildungsenthalpie, ↗ Bildungsreaktion.

Bildungsentropie, ↗ Bildungsreaktion.

Bildungsreaktion, in der Thermodynamik die Reaktion, die zur Bildung einer chem. Verbindung aus den stabilen Formen ihrer Elemente führt. Die B. dienen aufgrund einer Konvention in der chem. Thermodynamik zur Definition der molaren Bildungswärmen (molare Bildungsenergie $\Delta_B U^0$ und molare Bildungsenthalpie $\Delta_B H^0$) sowie der molaren Bildungsgrößen der Zustandsfunktionen des 2. Hauptsatzes, d. h. der Bildungsentropie $\Delta_B S^0$, der freien Bildungsenergie $\Delta_B F^0$ und der freien Bildungsenthalpie $\Delta_B G^0$; alle Größen unter Standardbedingungen. Es wird festgelegt:

1) im Standardzustand werden die innere Energie und die Enthalpie der stabilen Formen (Aggregatzustand, Modifikation) der Elemente Null gesetzt;

2) die B. wird so formuliert, daß das Produkt den stöchiometrischen Faktor eins hat (für die Elemente resultieren daraus z. T. gebrochene stöchiometrische Faktoren);

3) als Bezugstemperatur wird 298 K (25 °C) gewählt. Aus diesen Festlegungen ergibt sich, daß die Reaktionswärmen je Mol Formelumsätze ($\Delta_R U$ bzw. $\Delta_R H$) gleich den entsprechenden Standardbildungsgrößen sind. Beispiel: $6\ C_{Graphit} + 3\ H_{2\,Gas} \rightarrow C_6H_{6\,Flüss.}$
$\Delta_R H^0 = \sum_i \nu_i H_i^0 = H^0_{C_6H_6} - 6\ H^6_C - 3\ H^0_{H_2} \equiv \Delta_B H^0_{C_6H_6}$

Da gemäß Definition die inneren Energien und Enthalpien der Elemente Null gesetzt werden, folgt, daß die molare innere Energie U_i^0 bzw. die molare Enthalpie H_i^0 jeder Verbindung i gleich ihrer Standardbildungsenergie $\Delta_B U_i^0$ bzw. -enthalpie $\Delta_B H_i^0$ ist.

Sind die B. praktisch nicht zu verwirklichen, so werden die Reaktionsdaten mit Hilfe des ↗ Heßschen Satzes aus Verbrennungswärmen oder Reaktionswärmen von Hydrierungen oder Fluorierungen berechnet.

Bildungswärme, ↗ Bildungsreaktion.

Bilene, ↗ Gallenfarbstoffe.

Biliproteine, ↗ Gallenfarbstoffe.

Bilirubin, ↗ Gallenfarbstoffe.

Biliverdin, ↗ Gallenfarbstoffe.

Bimetall, ***Thermobimetall***, aus zwei verschiedenen Metallen oder Legierungen bestehender Verbundwerkstoff, der durch Plattieren, Schweißen oder Vernieten erhalten wird. Aufgrund der unterschiedlichen thermischen Ausdehnung der beiden

Komponenten verbiegt sich das B. bei Temperaturbeanspruchung und kann als Kontaktmaterial z. B. zur Temperaturregelung eingesetzt werden. Als Metallpaarung werden z. B. eine Eisen-Nickel-Legierung mit 36 % Nickel und eine Eisen-Nickel-Mangan-Legierung mit 20 % Nickel, 6 % Mangan, Rest Eisen eingesetzt.

Bindebaustoffe, anorganische Bindemittel oder Binder, die mineralische Stoffe und Abfallstoffe, wie Sand, Kies, Gesteinssplitt, Schlacke und Asche, einbinden und künstliche Steine, Mörtel (Gemenge von B. mit Sand) und Betons (Gemenge von B. mit gröberen Zuschlagstoffen oder porenhaltige künstliche Steine) bilden. Nach der Zusammensetzung unterscheidet man zwischen silicatischen B. (silicatische Zemente, Ton, Lehm) und nichtsilicatischen B. (Kalk, Gips, Tonerdeschmelzzement). Nach den Reaktionsmechanismen der Abbindung lassen sich die B. in Luftbindebaustoffe, hydraulische B. und hydrothermale B. einteilen.

Luftbindebaustoffe sind vor allem Löschkalk und gebrannter Gips. Zur Herstellung von Löschkalk wird Kalkstein $CaCO_3$ in kontinuierlich arbeitenden Schachtöfen unter Zusatz von 10 % Koks als Brennstoff gebrannt; die thermische Zersetzung nach $CaCO_3 \rightarrow CaO + CO_2$ erfolgt bei 1100 bis 1300 °C. Zur Herstellung von *Mörtel* wird der Branntkalk zunächst mit Wasser in exothermer Reaktion nach $CaO + H_2O \rightarrow Ca(OH)_2$ in Löschkalk übergeführt, der im Gemisch mit Sand und Wasser direkt für Bauzwecke eingesetzt wird. Der Abbindevorgang verläuft unter CO_2-Aufnahme aus der Luft nach folgender Reaktion: $Ca(OH)_2 + CO_2 \rightarrow CaCO_3 + H_2O$. Mischungen aus dem bei 120 °C gebrannten Gips $CaSO_4 \cdot \frac{1}{2} H_2O$ und Wasser erhärten an der Luft unter Bildung sich verfilzender Gipskristalle $CaSO_4 \cdot 2\,H_2O$, gegebenenfalls unter Einbindung von Zuschlagstoffen, wie Sand, Holzmehl u. a. Aufgrund der relativ guten Wasserlöslichkeit $CaSO_4$-haltiger B. lassen sich diese nur für den Innenausbau verwenden.

Hydraulische B. reagieren mit Wasser unter Bildung unlöslicher Verbindungen, so daß im Gegensatz zu den Luftbindebaustoffen höchste Wasserbeständigkeit vorliegt und die Erhärtungsvorgänge auch unter Wasser stattfinden. Prototyp der hydraulischen B. ist der *Portlandzement*, der Hauptvertreter der silicatischen Zemente. Als Zementrohstoffe werden Kalkgestein, Sandgestein, Tone sowie natürliche und künstliche Zumahlstoffe (Gips, silicatische Gesteine, metallurgische Abbrände, Schlacken, Flugaschen) eingesetzt. Aus natürlichen Kalkgestein-Ton-Gemengen (Mergel) geeigneter Zusammensetzung kann direkt Zement hergestellt werden. Für einen Zement mit guten hydraulischen Eigenschaften sind bestimmte Relationen der Kalk- (CaO-) Menge gegenüber den Mengen an Siliciumdioxid SiO_2 Aluminiumoxid Al_2O_3 und Eisen(III)-oxid Fe_2O_3 (Hydraulefaktoren), die bei der Hochtemperaturbehandlung (Brennen) Silicate, Aluminate und Ferrite bilden, einzuhalten. Die Güte des Portlandzements steigt mit zunehmendem Kalkanteil. Die Technologie der Zementherstellung aus den in Walzen- und Rohrmühlen feinzerkleinerten und in Silos homogenisierten Rohstoffen kann nach dem Naß-, Halbtrocken- und Trockenverfahren durchgeführt werden. Das *Naßverfahren* ist veraltet (hoher Energieaufwand), das *Trockenverfahren* ist oft mit hoher Staubbelastung verbunden. Die bevorzugte Technologie ist deshalb das *Halbtrockenverfahren.* Dabei wird das feinpulvrige trockene Rohmehl in schräg gelagerten Granuliertellern mit 10 bis 15 % Wasser zu haselnußgroßen Granalien verarbeitet, die über einem Rostvorwärmer mit heißen Ofengasen getrocknet und im Drehrohrofen mit Gas-, Öl- oder Kohlenstaubfeuerung bei Temperaturen von maximal 1400 bis 1500 °C zum Zementklinker gebrannt werden. Moderne Anlagen haben Tagesleistungen von mehr als 3000 t Klinker, der mit Luft oder Wasser gekühlt wird. Während des Brennprozesses finden bis zu 1300 °C Sintervorgänge und Festkörperreaktionen (Modifikationsumwandlungen, Verbindungsbildung) statt; erst oberhalb von 1300 °C verlaufen die Hauptreaktionen, Löse- und Kristallisationsprozesse in der Schmelzphase, deren Anteil am Rohstoffgemenge 20 bis 30 % nicht überschreiten soll. Erst durch Feinmahlung in Rohrmühlen erhält der Zementklinker infolge der starken Vergrößerung der Oberfläche seine hydraulischen Eigenschaften. Das Zumahlen von 3 bis 4 % Gips hat eine (oft erwünschte) Verzögerung der Abbindezeit zur Folge. Beim Abbinden gehen Reaktionen der Zement-Mineralphasen mit dem Wasser, das Auflösen relativ leicht löslicher Minerale und die Ausscheidung von Mineralphasen mit höherem Kondensationsgrad (silicatische Anionenkomplexe) vor sich. Aus dem Tri- und Dicalciumsilicat $3\,CaO \cdot SiO_2$ bzw. $2\,CaO \cdot SiO_2$, entstehen mit Wasser gelartige, semikristalline Calciumsilicathydratphasen von fasriger und schichtähnlicher Struktur (Tobermorit), die die Räume zwischen den Körnern weitgehend (bis auf 20 % Porositätsgrad) ausfüllen und die Mischung verfestigen.

Spezialzemente werden erzeugt, um bestimmte Eigenschaften zu erzielen (chem. und thermische Beständigkeit, geringere Wärmetönung beim Abbinden) und um Abprodukte zu verwerten (Schlacken, Aschen). Die Herstellungsverfahren weichen oft wesentlich von der Technologie der Portlandzementherstellung ab. Zu den portlandzementähnlichen Zementen mit langsamem Abbindeverhalten und hoher Sulfatresistenz gehören die *Ferrozemente*, bei denen das Aluminiumoxid des Portlandzements weitgehend durch Eisen(III)-oxid ersetzt ist.

Große Bedeutung haben die *Hüttenzemente*, die auf der Basis von Hochofenschlacken als Zumahlstoffe (bis zu 40 % als Eisenportlandzement und bis zu 80 % als Hochofenzement bezeichnet) zum normalen Portlandzement hergestellt werden. Von den nichtportlandzementähnlichen Zementen wird der nichtsilicatische Tonerdeschmelzzement besonders als Material für hitzebeständige Ausmauerungen im Industrieofenbau verwendet.

Hydrothermale B. werden im Autoklaven bei Temperaturen von etwa 200 °C aus Sand, Kalk (evtl. Gips oder Zementzuschläge) und Wasser unter hydrothermalen Bedingungen hergestellt, wobei Abbindereaktionen wie bei der Zementerhärtung über Calciumsilicathydratphasen ablaufen. Bei der Herstellung von *Kalksandstein* wird Quarzsand mit 4 bis 12 % Kalk und Wasser gemischt und nach der Formgebung (Pressen) bei 0,8 bis 1,2 MPa und 175 bis 200 °C 2 bis 20 Stunden zur Reaktion gebracht. Für die Herstellung von *Silicatbeton* findet eine gemeinsame Feinzerkleinerung von Sand und Kalk statt. Als Zuschlagstoffe werden dem dichten Silicatbeton Sand, Kies oder Filteraschen zugesetzt. Im Gegensatz dazu gibt man bei der Herstellung von *Gassilicatbeton* dem Rohstoffgemisch einen Gasbildner zu, z. B. Aluminiumpulver oder -paste, Calciumcarbonat/Salzsäure, Wasserstoffperoxid, wodurch Porenbetons entstehen, die als Leichtbausteine und Wärmedämmstoffe Verwendung finden.

Bindigkeit, ↗ chemische Bindung.

Bindung, ↗ chemische Bindung, ↗ Molekülorbitaltheorie.

Bindungsdipolmoment, ↗ Dipolmoment.

Bindungsenergie, ***mittlere Bindungsenergie***, allgemein der einer Bindung X–Y meist empirisch zugeordnete Energieanteil $\bar{E}_B$(X–Y) zur näherungsweisen Ermittlung der Atomisierungsenergie E_A eines Moleküls (↗ Additivitätsprinzip). Die *Atomisierungsenergie* (Gesamtbindungsenergie) ist der Energiebetrag, der zur Zerlegung eines Moleküls in Atome bei 0 K aufzuwenden ist. Die Werte für $\bar{E}_B$(X–Y) und E_A werden meist als molare Energien angegeben. Für Moleküle des Typs AB_n kann die mittlere B. als n-ter Teil der Atomisierungsenergie berechnet werden, die auch als *mittlere Bindungsdissoziationsenergie* $\bar{E}_D$(A–B) der Bindung A–B bezeichnet wird. Sie unterscheidet sich von der Energie, die zur Spaltung einer A–B-Bindung im Molekül erforderlich ist (↗ Dissoziationsenergie). So beträgt z. B. die Atomisierungsenergie des Methans E_A = 1642 kJ mol^{-1}, woraus eine mittlere Bindungsdissoziationsenergie von $\bar{E}_D$(C–H) = $E_A(CH_4)/4$ = 410,5 kJ mol^{-1} resultiert. Für die Spaltung des Methanmoleküls in ein Methylradikal und ein Wasserstoffatom ist die Dissoziationsenergie $E_D(H_3C–H)$ = 422,8 kJ mol^{-1} erforderlich. Um auch für kompliziertere Moleküle die Gesamtbindungsenergie additiv aus Bindungsanteilen näherungsweise berechnen zu können, wurde ein empirisches System (Inkrementensystem) von Energieanteilen $\bar{E}_B$(X–Y) aufgestellt, die allgemein als B. bezeichnet werden. Für einige in organischen Molekülen häufig vorkommende Bindungen sind in der Tab. die B. aufgeführt.

Bindungsenergie. Tab.: Mittlere Bindungsenergie in kJ mol^{-1}.

C–H	415	C–S	260
N–H	390	C–N	295
O–H	465	C≡N	780
S–H	340	N–N	160
C–C	350	N=N	420
C=C	620	C–F	440
C≡C	815	C–Cl	330
C–O	355	C–Br	275
C=O	715	C–I	240

Bindungsgrad, ↗ Molekülorbitaltheorie.

Bindungsorbitale, ↗ Molekülorbitaltheorie.

Bindungsordnung, ↗ Hückel-Methode.

Bindungsproteine, Substrat-bindende Proteine mit Bedeutung für den Stofftransport (Transportproteine) sowie für weitere biochemische Prozesse, wie Signalübertragungen, ↗ Chemotaxis u. a.

Bindungsspaltungsenergie, ↗ Dissoziationsenergie.

Bindungswertigkeit, ↗ chemische Bindung.

Bindungswinkelspannung, ↗ Baeyersche Spannungstheorie.

Bingham-Flüssigkeit, eine Flüssigkeit, deren rheologisches Verhalten sich durch den Schubspannungsansatz von Bingham beschreiben läßt: $\tau = \tau_0 + \eta_{Pl} \cdot \dot{\gamma}$. Dabei bedeuten τ Scherspannung, τ_0 Fließgrenze, η_{Pl} Plastizität nach Bingham, $\dot{\gamma}$ Deformationsgeschwindigkeit. Anwendungsgebiete sind Dispersionen wie Zementbrei, Bohrschlämme u. ä.

Bingham-Körper, ein Material (häufig konzentrierte Polymerlösungen oder -schmelzen), das nach Überschreiten der ↗ Fließgrenze ideal-plastisches Verhalten zeigt, d. h. die Viskosität ist unabhängig von der Strömungsgeschwindigkeit bzw. der angelegten Schubspannung.

Binghamsches Fließen, ↗ Strukturviskosität.

Binnendruck, ↗ van-der-Waalssche Gleichung.

Binodalkurve, ↗ Mischungslücke.

Bioakkumulation, die Fähigkeit von Organismen, insbesondere Mikroorganismen, Substanzen im Organismus über die Konzentration der sie umgebenden Umwelt hinaus anzureichern. Der sog. B.-Faktor entspricht dem jeweiligen Anreicherungsfaktor.

Die B. ist Grundlage für die teilweise schon industriell genutzte Metallakkumulation durch Mikroorganismen (↗ Biosorption). Sie gewinnt für die Vorreinigung von Metall-belasteten Abwässern der Industrie zunehmend an Bedeutung.

Bioalkohol, *Bioethanol*, durch Vergärung (↗ alkoholische Gärung) von Resten und Abfallprodukten der Zuckerproduktion bzw. von speziell hierfür angebauten landwirtschaftlichen Produkten (z. B. Kartoffeln, Rüben, Maiskolbenschrot) hergestellter Alkohol. Die Einführung des Begriffes B. oder Biosprit dient zur Kenntlichmachung von mikrobiell erzeugtem Ethanol gegenüber dem Industriealkohol (Synthesesprit). Für die Verwendung des B. bietet sich vor allem der Einsatz als umweltfreundlicher und leistungsverbessernder Treibstoffzusatz sowie als Rohstoff für die chemische Industrie an.

Bioallethrin, ↗ Pyrethroide.

Bioassay, auf der Anwendung biochem. Reaktionsprinzipien beruhende empfindliche Analysenverfahren (↗ Radioimmuno assay).

Biobleichung, ein in der Entwicklung befindlicher Prozeß zum mikrobiologischen Abbau von Restligninen in Zellstoffen mittels ↗ Ligninasen. Durch diese H_2O_2-abhängigen Peroxidasen wird der aromatische Kern des Lignins über instabile Kationenradikale zu unterschiedlichen Zersetzungsprodukten abgebaut, woraus eine partielle Bleichung des Zellstoffs resultiert. Dazu wird die wäßrige Zellstoffsuspension nach Zusatz der für das Pilzwachstum erforderlichen Nährstoffe (insbesondere Kohlenstoffquelle) mit *Phanerochaete chrysosporium* beimpft und bei mäßiger Belüftung kultiviert. Nach 6–8 Tagen sind 50–75 % der Restlignine abgebaut.

Trotz der gegenwärtig noch unzureichenden Produktivität dieses Prozesses ist er von potentieller Bedeutung, da er zumindest eine partielle Substitution chemischer Bleichverfahren ermöglicht, die zu äußerst toxischen Belastungen (Chlorlignine) der Abwässer führen.

Biochemie, die Wissenschaft, die sich mit der Erforschung der molekularen Grundlagen des Lebens befaßt. Unter Nutzung chem., physikalischer und mathematischer Verfahren untersucht die B. den Aufbau, die Funktion und das Zusammenwirken der spezifischen, in der belebten Materie vorkommenden Biomoleküle sowie deren Zusammenwirken für die Aufrechterhaltung des lebenden Zustandes. Die Besonderheit biochem. Vorgänge besteht darin, daß lebende Organismen durch Komplexität und einen hohen Ordnungszustand gekennzeichnet sind und zur exakten Selbstreplikation befähigt sind. Da alle biologischen Phänomene molekular determiniert sind, spielt die B. eine wichtige Rolle beim Erkennen von Naturgesetzen sowie für die praktische Nutzung dieser Erkenntnisse. Lebende Organismen sind aus thermodynamischer Sicht »offene Systeme«, die mit der Umgebung Materie und Energie austauschen. Sie befinden sich in einem Fließgleichgewicht (engl. »steady state«), d. h., die Geschwindigkeit des Zustroms von Materie und Energie ist gleich der Geschwindigkeit des Austritts aus dem System. Es bilden sich stationäre Fließgleichgewichtskonzentrationen aus, die nicht den Gleichgewichtskonzentrationen im thermodynamischen Sinne entsprechen. Jede lebende Zelle ist praktisch eine isotherme chem. Maschine, die der Umgebung Energie entzieht und diese in chem. Energie in Form von Adenosintriphosphat (ATP) umwandelt. Die so gespeicherte Energie wird für Biosynthesen von Zellbestandteilen, für den aktiven Transport von Zellkomponenten, für osmotische und mechanische Arbeit (Kontraktion und Fortbewegung) genutzt. Sämtliche chem. Reaktionen in lebenden Zellen werden durch Enzyme katalysiert. Die vielen enzymkatalysierten Reaktionen verlaufen nicht unabhängig voneinander, sondern sind in Form von Reaktionssequenzen oder Stoffwechselbahnen (engl. »pathways«) – mit bis zu 20 und mehr Reaktionsschritten – miteinander verknüpft. Die der Energiegewinnung dienenden Stoffwechselbahnen, z. B. der Abbau von Glucose zu Pyruvat oder Lactat (Glycolyse) oder der Abbau der Fettsäuren durch β-Oxidation zu Acetyl-Coenzym A, werden *katabolische Bahnen* genannt, im Gegensatz zu *anabolischen Bahnen*, die Biosyntheseaufgaben erfüllen (Gluconeusynthese, Fettsäurebiosynthese u. a.). Daneben gibt es noch *amphibolische Bahnen*, die sowohl anabolische als auch katabolische Funktionen erfüllen, und *anaplerotische Sequenzen*, die essentielle Zwischenprodukte nachliefern, wenn diese in andere Stoffwechselbahnen geflossen sind. Ringförmig angeordnete Stoffwechselbahnen werden als biochem. Kreisprozesse (Cyclen) bezeichnet, z. B. der Citronensäurecyclus (Tricarbonsäurecyclus) oder der Glyoxylatcyclus. Insgesamt ermöglichen die zu einem komplizierten Netzwerk verknüpften Stoffwechselbahnen eine Kanalisation von Stoffwechselströmen in bestimmte Richtungen mit der Übertragung von chem. Energie von energieliefernden Abbauprozessen zu energieverbrauchenden Syntheseprozessen. Eine solche Reaktionskopplung mit Netzwerkcharakter ermöglicht eine sinnvolle Stoffwechselregulation. Die Selbstregulation zellulärer Reaktionen ist ein Ausdruck maximaler Effektivität und molekularer Ökonomie, die durch die verschiedenen Kontrollmechanismen, z. B. Rückkopplungshemmung und Anpassung der Enzymbiosynthese an die metabolische Situation, verwirklicht wird. Dieses komplizierte Netz von Regel- und Kontrollmechanismen gehorcht unterschiedlichen Prinzipien und vollzieht sich auf unterschiedlichen Niveaus. Während einzellige Lebewesen ihre Anpassung auf dem Niveau des Zellstoffwechsels vollziehen, kommen bei höher entwickelten Organismen hormonale und nervale Steuerungen hinzu, die einen Zellverband erst zu einem Organ machen und die Wechselbeziehungen zwischen den Organen ermöglichen. Schließlich ist auch die Fähigkeit lebender Organismen, sich selbst mit hoher Genauigkeit zu reproduzieren, molekular determiniert. Als Ergebnis der strukturellen Komplementarität wird in den lebenden Zellen die genetische Information erhalten. Die in der DNA eindimensional verschlüsselte genetische Information wird schließlich durch die Proteinbiosynthese (Translation) in die dreidimensionale Struktur makromolekularer und supramolekularer Bausteine der lebenden Organismen übersetzt. Zellwechselwirkungen in Geweben und Organen, Muskelkontraktion, Nervenfunktion von der einfachen Kommunikation zwischen Zellen bis zur Integration (Gedächtnis, Verhalten, Denken) runden die Zielstellungen biochem. Forschung ab.

Die Vielfalt der biologischen Objekte und Objekttypen hat zwangsläufig zu verschiedenen Arbeitsrichtungen innerhalb der B. geführt. Trotz dieser Differenziertheit bildet die B. aufgrund der gemeinsamen Betrachtungsweise des biologischen Objektes und des eingesetzten Methodenspektrums eine Einheit. Darüber hinaus ist ein großer Teil der Biomoleküle in allen Lebewesen einheitlich, und auch viele Prozesse des Stoffwechsels, insbesondere der gesamte Grundstoffwechsel, sind in allen Lebewesen weitgehend übereinstimmend. Trotz der Vielfalt lebender Organismen, die mit über 1,5 Mill. Arten angegeben wird und sich in ihrer Kompliziertheit vom Darmbakterium *Escherichia coli* bis zum Menschen erstreckt, heben sich die Grenzen der Organismenreiche dann auf, wenn man die Phänomene des lebenden Zustandes auf die molekulare Ebene projiziert.

Allgemein wird die B. in deskriptive, funktionelle und angewandte B. unterteilt.

Die *deskriptive B.* ist weitgehend mit der Naturstoffchemie identisch und befaßt sich mit der Chemie der Biomoleküle.

Von der *funktionellen B.* werden die biologischen Funktionen als chem. oder auch physikochem. Prozesse in allgemeiner Form oder auch speziell für bestimmte Organismen untersucht. Hierzu zählen z. B. die *Zellbiochemie*, die sich mit dem Zwischen- oder Intermediärstoffwechsel beschäftigt, die *Enzymologie* als Wissenschaftszweig der biologischen Katalyse und die *Molekularbiologie*, die sich weitgehend mit der Biosynthese der informationstragenden Biopolymeren, den Nucleinsäuren und Proteinen, befaßt. Organismenspezifische Richtungen sind die B. der Mikroorganismen, die B. der Pflanzen sowie die B. der Tiere und die B. des Menschen (physiologische Chemie oder chem. Physiologie im engeren Sinne). Alle diese Spezialgebiete haben enge Beziehungen zu übergeordneten Wissenschaftsgebieten: z. B. die B. der Mikroorganismen zur Mikrobiologie, die B. der Pflanzen zur Pflanzenphysiologie und die B. der Tiere und des Menschen zur Tier- bzw. Humanphysiologie.

In der *angewandten B.* unterscheidet man verschiedene Spezialdisziplinen, die in enger Beziehung zur Landwirtschaft, Medizin und Industrie stehen. Im Bereich der Landwirtschaft haben sich die *Agrobiochemie* und die *B. der Nutztiere* entwikkelt. Während die Agrobiochemie enge Bindungen zur Agrochemie, Bodenmikrobiologie, Phytopathologie und Entomologie aufweist, ist die B. der Nutztiere z. B. von Bedeutung für die Beeinflussung der Stoffwechsel- und Fortpflanzungsvorgänge bei Hochleistungstieren. Innerhalb der Humanmedizin hat sich die B. schon frühzeitig entwickelt. Schon seit geraumer Zeit existiert eine *klinische B.* (*Pathobiochemie*), die krankhafte Veränderungen biochem. Abläufe und Strukturen im menschlichen Organismus erforscht, und noch länger eine *klinisch-chem. Laboratoriumsdiagnostik*, die krankhafte Veränderungen der Zusammensetzungen von Körperflüssigkeiten und Ausscheidungsprodukten mittels chem. Methoden erfaßt und dadurch die diagnostische Arbeit des Arztes nachdrücklich unterstützt. Schließlich hat sich in der Industrie eine *industrielle* oder *technische B.* (Verfahrensbiochemie, biochem. Verfahrenstechnik, ↗ Bioverfahrenstechnik) entwikkelt, die biochem. Prinzipien für Produktionsprozesse nutzt. In enger Beziehung mit der technischen Mikrobiologie hat sich die ↗ Biotechnologie als eine wichtige Produktivkraft entwickelt, die gezielte Stoffwandlungen und Synthesen auf biochem. Basis ermöglicht. Die Gärungsindustrie hat bereits eine lange Produktionstradition und liefert Produkte wie Ethanol, Isopropanol, Butanol, Glycerin, Aceton und organische Säuren (Citronensäure, Milchsäure). Auch essentielle Aminosäuren und bestimmte Enzyme für die Nahrungsgüterwirtschaft, die pharmazeutische Industrie und die Waschmittelindustrie werden im großen Maßstab produziert.

Die technische Anwendung von Mikroorganismen, von Zell- und Gewebekulturen, aber auch von Enzymen unterschiedlicher Spezifität für Stoffwandlungsprozesse zeigt die Richtung der weiteren Entwicklung an.

biochemischer Sauerstoffbedarf, ↗ Abwasser.

Biodegradation, der biologische Abbau (mittels Enzymen) von Substanzen.

Biodeterioration, ↗ Biokorrosion.

Bioelektrochemie, ein Teilgebiet der Elektrochemie, das sich mit elektrochem. Vorgängen in biologischen Systemen beschäftigt. Beispiele dafür sind elektrische Erscheinungen an Zellmembranen, die elektrochem. Oxidation und Reduktion biologisch wichtiger Stoffe, die elektrochem. Analyse in biologischen Systemen (insbesondere in vivo) sowie die Entwicklung elektrochem. Sensoren auf bioanalogem Prinzip (↗ Biosensor).

Bioelemente, die Bezeichnung für die am Aufbau der Körpersubstanz von Lebewesen beteiligten chemischen Elemente. B. müssen dem Organismus zugeführt werden, um die Lebensvorgänge zu ermöglichen. Die Elemente C, O, H, N, S, P bilden zusammen über 90 % der lebenden Materie (Tab.). Sie werden als Bausteine von Biomolekülen, aber auch als Bestandteile organischer Gerüstsubstanzen und von Wasser benötigt. Die vorstehend aufgeführten 6 B. machen zusammen mit Ca, K, Na, Cl, Mg und Fe etwa 99 % der Biomasse aus. Die restlichen B. kommen vielfach nur als Spurenelemente vor, da sie als Bestandteile katalytischer Systeme nur in katalytischen Mengen benötigt werden. Von besonderer Bedeutung sind in Lebewesen die Schwermetalle. Während die Leichtmetalle in Organismen im allg. als leicht bewegliche Kationen vorliegen (Mineralstoffe), verbleiben die Schwermetalle in fixierten stereochemischen Lagen, da sie stabile Biokomplexe bilden.

Bioelemente. Tab.: Elementare Zusammensetzung des menschlichen Körpers, bezogen auf Trockenmasse.

Element	Prozent	Element	Prozent
Kohlenstoff	50	Kalium	1,0
Sauerstoff	20	Natrium	0,4
Wasserstoff	10	Chlor	0,4
Stickstoff	8,5	Magnesium	0,1
Schwefel	0,8	Eisen	0,01
Phosphor	2,5	Mangan	0,001
Calcium	4,0	Iod	0,00005

BIOFET, die Abkürzung für ***Bio-Fe****ld*effekt-***T****ran*sistor, ein ↗ Biosensor, der aus einem biologischen Rezeptor und einem als Transducer dienenden Feldeffekt-Transistor besteht.

Biofilm, an festen Oberflächen angelagerte polymere, schleimartige Substanzen, mit denen sich die produzierenden Mikroorganismen (meist in Mischkultur) an diesen anheften.

Biofilter, Anlage zur Geruchsbeseitigung von Abgasen mit Hilfe einer Filtration durch Humusschichten. Die zunächst in der feuchten Filtermasse gebundenen Luftverunreinigungen werden durch aerobe Bakterien biologisch abgebaut.

Biogas, ***Sumpfgas***, ***Faulgas***, ***Klärgas***, bei der Lagerung cellulosehaltiger Abfälle (insbesondere von Stalldung, Gülle, Klärschlamm) in geschlossenen luftdichten Behältern durch bakterielle Zersetzung entstehendes Gasgemisch, das aus 50 bis 75 % Methan, 25 bis 50 % Kohlendioxid, bis zu 1 % Wasserstoff und Schwefelwasserstoff besteht. Der zur Biogasbildung führende natürliche Vorgang ist seit Jahrhunderten bekannt (Helmont 1639). Überall dort, wo organische Substanz unter Luftabschluß gerät, wird sie durch kooperative Wirkung verschiedener Bakterienspezies abgebaut. *Acidogene Bakterien* hydrolysieren die Biopolymeren in kleinere Bausteine und vergären sie zu Fettsäuren, Essigsäure, Wasserstoff und Kohlendioxid. *Acetogene Bakterien* bauen die höheren Fettsäuren zu Essigsäure, Wasserstoff und Kohlendioxid ab, und *Methanbakterien* schließlich wandeln Essigsäure bzw. Kohlendioxid in Methan um; vgl ↗ Methangärung (s. Tab. 1).

Biogas. Tab. 1: Biogasbildung aus verschiedenen Ausgangssubstanzen.

organische Ausgangssubstanz	Gasmenge in l je kg Trockenmasse	% Methan
Stalldung	250	60
Gülle	200 ... 600	60 ... 75
Hausmüll	200 ... 400	65 ... 70
Klärschlamm	300 ... 400	65 ... 70
Kartoffelkraut	420	60

Diese natürlichen Vorgänge laufen bevorzugt unter Temperaturen von 10 bis 15 °C und 30 bis 35 °C ab. Je nach Zusammensetzung des Gasgemisches beträgt der Heizwert des B. zwischen 18 und 25 MJ/m^3.

Biogas. Tab. 2: Erzeugung von Biogas aus Gülle, die in Anlagen der Tierproduktion anfällt.

Tierart	Anzahl der Tiere	Exkremente l/Tag	Biogasmenge m^3/Tag	Erzeugbare Elektroenergie kWh
Milchkuh (500 kg)	1	45	2,1	4,2
Mastrind (350 kg)	1	31	1,3	2,6
Mastschwein (70 kg)	10	56	2,0	4,0
Legehennen (1,7 kg)	100	18	1,3	2,6

In landwirtschaftlichen Großbetrieben (s. Tab. 2) und in Abwasserreinigungsanlagen wird B. in Biogasreaktoren gewonnen. Gülle, organische Abfallstoffe oder Klärschlamm werden in die Anlage gepumpt und unter anaeroben Bedingungen innerhalb von 8 bis 20 Tagen vergoren. Je m^3 Reaktorvolumen gewinnt man täglich 0,5 bis 3 m^3 B. Bei der wirtschaftlichen Bewertung ist zu berücksichtigen, daß die Biogasanlage selbst einen beachtlichen Eigenbedarf hat, wofür üblicherweise ein Teil des gewonnenen B. direkt zum Einsatz gelangt. Weiterhin ist bei der Bewertung zu beachten, daß B. im allg. territorial nur sehr begrenzt verteilt werden kann. In der Regel wird das B. unmittelbar am Ort zur Wärme- und Elektroenergieerzeugung eingesetzt.

biogene Amine, Decarboxylierungsprodukte von Aminosäuren (Tab.). B. A. kommen weit verbreitet in Mikroorganismen, Pflanzen und Tieren frei oder gebunden vor. B. A. oder deren Derivate dienen in Tieren als ↗ Neurotransmitter. Einige b. A. sind Bestandteile von Coenzymen (↗ Cysteamin), ↗ β-Alanin von CoA; Propanolamin von Coenzym B_{12}), andere von Phospholipiden (Colamin, Cholin). ↗ Putrescin und ↗ Cadaverin sind Fäulnisprodukte.

biogene Amine. Tab.: Decarboxylierungsprodukte von Aminosäuren

Präkursor-Aminosäure	biogenes Amin	Methylierungsprodukte
Leucin	Isoamylamin	
Serin	Colamin	Cholin
Threonin	Propanolamin	
Cystein	Cysteamin	
Asparaginsäure	β-Alanin	
Glutaminsäure	γ-Aminobuttersäure	
Ornithin	Putrescin	
Lysin	Padaverin	
Phenylalanin	Phenylethylamin	
Tyrosin	Tyramin	*N*-Methyltyramin, Hordenin, Mescalin
3,4-Dihydroxyphenylalanin	Dopamin	Noradrenalin, Adrenalin
Tryptophan	Tryptamin	*N*-Methyltryptamin, *N,N*-Dimethyltryptamin
Histidin	Histamin	

biogene Arzneimittel, ↗ Pharmakognosie.

biogene Wachstumsregulatoren, ↗ Phytohormone.

Biogeotechnologie, Verfahren, bei denen mit Hilfe von Mikroorganismen oder ihrer Metabolite Metalle aus Erzen, Gesteinen und/oder Lösungen gewonnen werden können (↗ Erzlaugung). Die Methoden der B. werden vor allem dann eingesetzt, wenn sich der weitere Abbau von Erzen mit herkömmlichen chemischen und physikalischen Verfahren aus technologischen oder/und ökonomischen Gründen nicht mehr lohnt.

Bioindikatoren, im weiteren ökologischen Sinne lebende Organismen oder Organismengemeinschaften, die sehr empfindlich auf Umwelteinflüsse wie Standortfaktoren, Streß oder Noxen reagieren und durch ihr Verhalten oder anderweitige Reaktionen und Veränderungen eine qualtitative bzw. in bestimmtem Umfang auch quantitative Erfassung lang- und kurzzeitig wirkender Noxen ermöglichen. Unterschieden wird zwischen Akkumulations- und Reaktions-Indikatoren. Reaktionsindikatoren erlauben das Erkennen schadstoffspezifischer Wirkungen und damit gewisse Aussagen über Typ und Konzentration des vorliegenden Schadstoffes, Akkumulationsindikatoren können Schwermetalle, Halogenkohlenwasserstoffe oder andere Substanzen anlagern und anreichern. Verwendung finden meist pflanzliche B., zur Bioindikation eignen sich aber auch wildlebende Tiere. B. haben den Vorteil, daß sie nicht nur auf Einzelkomponenten, sondern auf den in der Regel vorliegenden Umweltfaktorenkomplex reagieren, der sich mit apparativen Methoden nur schwer erfassen läßt. Die gebräuchlichsten pflanzlichen Bioindikationsverfahren sind das Testpflanzenverfahren (Verwendung bestimmter Graskulturen) und das Flechtenexpositionsverfahren (Einsatz von geeigneten Flechten und Moosen).

Bioinsektizide, pflanzliche und mikrobielle Naturstoffe, die Insekten abwehren oder als Inhibitoren die Insektenentwicklung beeinflussen. Entsprechend ihrer Wirkung unterscheidet man folgende Gruppen von pflanzlichen B.: Repellentien, die eine ausgesprochene Abschreckreaktion bewirken (z. B. etherische Öle aus bestimmten Pflanzenarten), Fraß-, Kontakt- und Atemgifte (z. B. Alkaloide wie ↗ Nicotin, Nornicotin, Anabasin), Fraß- und Kontaktgifte (z. B. ↗ Rotenoide) und reine Kontaktgifte (z. B. Pyrethrine). Ovizide (z. B. ↗ Cumarine) sind gegen die Eier und Larven von Insekten gerichtet. Hormone (z. B. Phytoecdysone aus Farnen und Koniferen) stören die Larvenentwicklung. B. wirken meist selektiv und werden rasch abgebaut. Ihr Einsatz erfolgt in der biologischen Schädlingsbekämpfung, häufig in Kombination mit synthetischen Insektiziden.

Das bekannteste Beispiel für ein insektenpathogenes Bakterium ist *Bacillus thuringiensis*. Die pathogene Wirkung – insbesondere gegen Schmetterlingsraupen (*Lepidoptera*) – beruht vor allem auf den vom Bakterium gebildeten Toxinen. Das δ-Endotoxin, ein intrazelluläres, kristallines Glycoprotein, bewirkt nach der Aufnahme mit der Nahrung im Darm der Insekten eine Paralyse. Das extrazelluläre hitzestabile β-Exotoxin (Nucleotid) ist hoch wirksam gegen Fliegenmaden. *B. thuringiensis* wird als

Bakterienkonzentrat – nach Zusatz von Formulierungs- und Lichtschutzmitteln – kommerziell hergestellt und erfolgreich angewendet.

Biokatalysatoren, katalytisch wirksame Biomoleküle (↗ Enzyme). Außer Proteinen besitzen auch RNA-Moleküle (↗ Ribozyme) enzymatische Aktivität. Für Stoffwandlungen werden in der ↗ Biotechnologie häufig auch ganze Zellen (vor allem Mikroorganismen, aber auch pflanzliche und tierische Zellen) eingesetzt.

Biokonversion, die selektive, chemische Umwandlung von definiert reinen Substanzen zu definierten Produkten unter Einsatz von Biokatalysatoren (Enzyme, Mikroorganismen, pflanzliche und tierische Zellen bzw. Zellkulturen). ↗ Biotransformation.

Biokorrosion, *Biodeterioration*, *mikrobielle Korrosion*, eine durch Angriff von Bakterien, Hefen, Pilzen, Algen und Flechten an Oberflächen von Metallen, Gesteinen, Beton, Polymeren und anderen Werkstoffen bewirkte Materialzerstörung. Die Hauptursachen der B. sind: 1. Aufnahme von Mikroelementen beim Zellwachstum unterschiedlichster Mikroorganismen in industriellen Systemen (z. B. metallische Kühlsysteme); 2. Bildung organischer Säuren (z. B. Oxalsäure, Citronensäure, Fumarsäure) durch Pilze sowie gärende Mikroorganismen; 3. Bildung von Schwefelsäure durch Oxidation reduzierter Schwefelverbindungen durch Thiobacilli; 4. Bildung von Sulfiden und Hydroxiden von Metallen durch die sog. »kathodische Depolarisation« mittels sulfatreduzierender Bakterien (*Desulfovibrio*) unter anaeroben Bedingungen.

Bei metallischen Werkstoffen spielt die ↗ Korrosion von Eisen wirtschaftlich die bedeutendste Rolle. Die anaerobe Korrosion von Eisen tritt stets dann auf, wenn neben Sulfat leicht verwertbare organische Substrate (z. B. Mono- und Dicarbonsäuren) vorhanden sind. Seltener ist die B. von Metallen durch mikrobiell gebildete organische und anorganische Säuren. Hingegen wird die B. von Gesteinen fast ausschließlich durch Säuren bewirkt, die von den Mikroorganismen als Stoffwechselprodukte ausgeschieden werden. Die Auflösung von Gesteinen in Gegenwart von Ammoniak erfolgt insbesondere durch salpetrige Säure, die durch Ammoniak-Oxidierer (z. B. *Nitrosomonas*) gebildet wird. Nitrit-Oxidierer (u. a. *Nitrobacter*) überführen Nitrit in Nitrat und fördern durch Säurebildung zusätzlich die Korrosion von Gesteinen. Da prinzipiell alle Werkstoffe unsterilen Umgebungsbedingungen ausgesetzt sind, ist die B. vermutlich an allen oberflächlichen Materialzerstörungen mit beteiligt. Durch Materialschutz (z. B. biozide Schutzanstriche) wird versucht, die B. zu verhindern.

Bioleaching, *Biolaugung*, ↗ Erzlaugung.

biologische Oxidation, die unter der direkten oder indirekten Mitwirkung von Sauerstoff ablaufenden Stoffwechselreaktionen. Für den tierischen Organismus sind Kohlenhydrate, Fette und Proteine die wichtigsten Energiequellen. Diese werden durch verschiedene Reaktionen des Intermediärstoffwechsels bis zur Stufe der aktiven Essigsäure (Acetyl-CoA) abgebaut, die dann über den ↗ Citronensäure-Cyclus und die ↗ Atmungskette zu CO_2 und Wasser oxidiert wird.

Biolumineszenz, eine Form der Lumineszenz, die bei niederen Organismen, wie Bakterien, Pilzen, Hohltieren, Würmern, Krebsen und Insekten, auftritt. Bei der B. wird allgemein ein *Luciferin* in Gegenwart von Sauerstoff, oft noch unter ATP-Verbrauch, und einem artspezifischen Enzym, der Luciferase, in ein aktiviertes Oxyluciferin umgewandelt, das unter Lichtabgabe ein Oxyluciferin bildet. Die Lichtausbeute beträgt bis zu 90 %. Die untersuchten biologischen Lichterscheinungen beruhen auf der Zersetzung eines 1,2-Dioxetans.

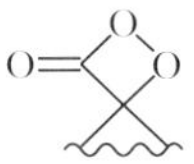

1,2-Dioxetan

Die chem. Struktur der Luciferine ist verschieden. Beim Luciferin unserer Leuchtkäfer handelt es sich um ein Benzthiazolderivat, andere Luciferine sind Imidazolopyrazine.

Biomagnifikation, die Anreicherung einer chemischen Verbindung in einem Organismus durch direkte Aufnahme über die Nahrung (↗ Bioakkumulation).

Biomasse, die Gesamtheit der von Organismen gebildeten Zellsubstanz. Hierzu zählt insbesondere das durch die ↗ Photosynthese der Pflanzen sowie des marinen Phytoplanktons erzeugte organische Material, das als nachwachsende Rohstoffe von zentraler Bedeutung ist. In der Mikrobiologie/Biotechnologie versteht man entsprechend die beim Wachstum von Mikroorganismen gebildete Zellmasse, die als Zelltrockensubstanz (Symbol x in g/l) seltener als Zellfrischsubstanz bestimmt und angegeben wird. Die Biomassekonzentration in Kulturflüssigkeiten ist eine wichtige Kenngröße zur Beurteilung von Fermentationsprozessen.

Die B. ist entweder Zielprodukt (z. B. ↗ Einzellerprotein, ↗ Backhefe, ↗ Starterkulturen) oder Neben- bzw. Abfallprodukt biotechnologischer Prozesse (z. B. Abwasserreinigung). Daneben ist die B. auch Ausgangsmaterial zur Gewinnung intrazellulärer Enzyme und Metabolite.

Biomembran, eine in der Regel aus einer Phospholipid-Doppelschicht bestehenden Membran, die Zellen und Zellorganellen umhüllt. In der Lipid-Doppelschicht, die als eine Barriere für nahezu alle polaren Substanzen fungiert, sind zwei Lagen von Lipidmolekülen in der Weise angeordnet, daß ihre hydrophilen Gruppen nach außen ragen und ihre

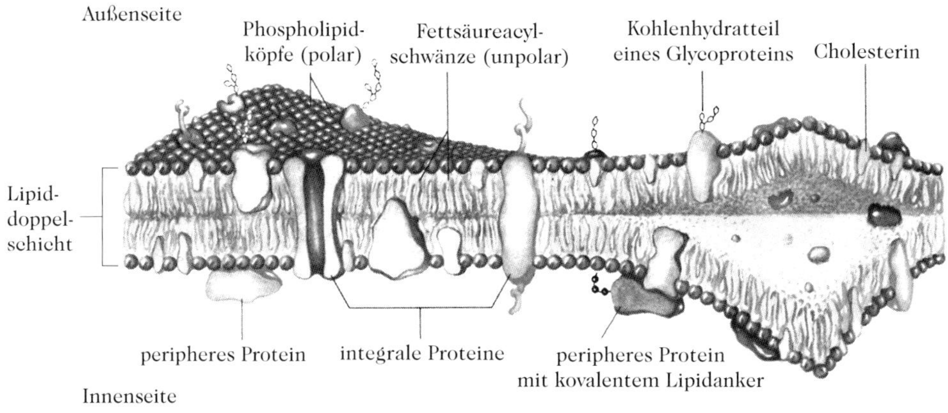

Biomembran. Abb.: Fluid-Mosaik-Modell.

hydrophoben Reste im Innern durch hydrophobe Wechselwirkungen zusammengehalten werden. In der B. sind in unterschiedlichem Maße Proteine eingelagert. Daneben findet man an der Zellmembranaußenseite noch Oligosaccharide gebunden an Glycoproteinen oder Glycolipiden. Charakteristische Merkmale einer B. werden durch das Fluid-Mosaik-Modell (Abb.) beschrieben. Das Innere der Doppelschicht ist flüssig. Die Fluidität ist von der Temperatur und der Membranzusammensetzung abhängig. Mit Ausnahme von Wasser, das passiv durch eine B. diffundieren kann, benötigen polare Substanzen spezielle Transportsysteme.

Biomineralisation, der Aufbau fester mineralischer Strukturen durch lebende Zellen. Kristalle verschiedener Mineralien (z. B. Calciumcarbonat, -oxalat, -phosphat) werden dabei in geordneter Weise (meist in Verbindung mit der organischen Matrix, z. B. ↗ Kollagen) abgelagert. Interesse finden die Prozesse der B. für die biotechnologische Herstellung biogener Materialien (↗ Biowerkstoffe).

Biopolymere, natürlich vorkommende makromolekulare Verbindungen. Zu den B. gehören Polypeptide und ↗ Proteine, ↗ Nucleinsäuren, ↗ Polysaccharide, Polyprene, ↗ Lignin, ↗ Poly-β-hydroxyalkansäuren u. a. Einbezogen werden auch die entsprechenden totalsynthetischen Verbindungen, wie Polyaminosäuren und Polynucleotide. An Polysaccharide und Proteine können ferner noch kovalent Polymere jeweils anderer chem. Struktur gebunden sein (*Pfropfpolymere*). So unterscheidet man Proteoglycane und Glycoproteine, je nachdem, ob das Pfropfpolymer in seinen Eigenschaften einem Polysaccharid (Glycan) oder Protein entspricht. Ihrer Struktur nach handelt es sich bei den B. selten um *Homopolymere* (Homopolysaccharide, Polyprene), meist jedoch um *Copolymere*, die aus verschiedenen Aminosäuren (Proteine), Monosacchariden (Heteropolysaccharide) oder Nucleotiden (Nucleinsäuren) bestehen. Polypeptide, Proteine, Nucleinsäuren und Polyprene sind unverzweigt, Polysaccharide können verzweigt oder unverzweigt sein. Lignin ist außerordentlich stark verzweigt und quervernetzt. Bei den Polysacchariden kommen *Blockpolymere* vor.

Die B. haben essentielle Bedeutung für alle Lebewesen. Nucleinsäuren sind die allg. Informationsträger (Gene). Proteine liefern aufgrund ihrer biologischen Aktivität als Enzyme, Hormone u. a. die Grundlage für jede Stoffwechselaktivität der Organismen. Fibrilläre Proteine haben Stützfunktionen im tierischen Organismus. Polysaccharide sind die wesentlichen Reservestoffe (stärkeähnliche Polysaccharide). Cellulose und Chitin haben Stützfunktionen. Das Holz als hauptsächliches Stützelement der Pflanze besteht im wesentlichen aus Lignin und Cellulose. Die bakterielle Zellwand wird aus einem Peptidoglycan (↗ Murein) gebildet. Proteine und Polysaccharide sind die wesentlichen Bestandteile der Nahrungs- und Futtermittel. Zahlreiche B. sind ferner wichtige Rohstoffe von großer technischer Bedeutung, so für die Textil-, Leder- und Papierindustrie. Zahlreiche Erkenntnisse der makromolekularen Chemie wurden zuerst an B. (Polyprene, Polysaccharide) erarbeitet.

Bei den Proteinen, Nucleinsäuren und Polysacchariden werden verschiedene Strukturebenen unterschieden. Unter *Primärstruktur* wird die Reihenfolge (Sequenz) der einzelnen Monomeren in der Polymerkette verstanden. Die Primärstruktur bestimmt wesentlich die Eigenschaften der Copolymeren. Als *Sekundärstruktur* wird die Konformation einzelner Teile der Kette bezeichnet. Die Ketten können außer in einer ungeordneten Struktur (statistisches Knäuel, random coiled structure) aufgrund von nichtkovalenten Bindungen, insbesondere Wasserstoffbrücken, noch in räumlich geordneten Konformationen vorliegen. Die wichtigsten Sekundärstrukturen sind ↗ Helix und Faltblatt (↗ Proteine). Unter *Tertiärstruktur* wird die räumliche Struktur des gesamten Moleküls verstanden, also auch die Konformation von Seitenketten sowie Wechselwirkungen mit entfernter stehenden Segmenten des Moleküls. Durch Wechselwirkungen zwischen verschiedenen Molekülen kann es durch Selbstorganisation (self-assembly) zur Ausbildung von übermolekularen Strukturen kommen. Die *Quartärstruktur* umschreibt die räumliche Anordnung dieser Assoziate.

Hochgeordnete Strukturen der B. gehen durch Änderung äußerer Parameter (Temperatur, Druck, pH-Wert, Zugabe organischer Lösungsmittel) in andere, weniger geordnete Strukturen über. Der Übergang wird auch als *Phasenübergang* bezeichnet. Unter *Denaturierung* wird die Veränderung der nativen Struktur des B., z. B. eines Proteins, verstanden. Die Denaturierung ist erkennbar an Veränderungen der biologischen Aktivität, der optischen oder hydrodynamischen Eigenschaften des B. Bei der reversiblen Denaturierung werden nichtkovalente Bindungen, bei der irreversiblen Denaturierung auch kovalente Bindungen gelöst.

Bioprozeßtechnik, ↗ Bioverfahrenstechnik.

Biopterin, ↗ Pterin.

Biopulping, eine Methode zur totalen oder partiellen Delignifizierung von Holz bzw. seiner Verarbeitungsprodukte durch mikrobiellen Abbau. Die Fähigkeit, Lignin zu Kohlendioxid und ↗ Huminstoffen abzubauen, besitzen Pilze und Bakterien (u. a. der Weißfäulepilz *Phanerochaete chrysosporium*). Obwohl der mikrobielle Ligninabbau noch nicht in allen Einzelheiten aufgeklärt ist, wird das B. als Voraufschlußmethode bei der enzymatischen Hydrolyse von Lignocellulosen sowie bei der Verminderung der energetischen Aufwendung bei chemothermomechanischen Holzaufschlußprozessen durch vorgelagerten biologischen Abbau des Mittellamellenlignins als potentielle Technologie diskutiert.

Bioreaktor, *Fermenter*, ein Apparat zur reproduzierbaren und kontrollierten Durchführung von Stoffumwandlungen mit Mikroorganismen (Bakterien, Hefen, Pilze, Algen), pflanzlichen und tierischen Zellen sowie deren Enzymen. Die Konstruktion und Betriebsweise des B. muß gewährleisten, daß neben optimalen Kulturbedingungen (Temperatur, pH-Wert, Nährstoffkonzentration u. a.) eine Quantifizierung der ablaufenden Prozesse und gegebenenfalls eine Maßstabsübertragung möglich ist. An den B. werden zahlreiche Anforderungen gestellt: homogene Durchmischung aller Reaktanden im B., gute Sauerstoffeintragungsraten, Wärmeabführung, Vermeidung von Schaumbildung und von mechanischen Schädigungen des Biokatalysators, Meßbarkeit der Prozeßparameter und Schlüsselkomponenten, Steuerbarkeit des Prozesses u. a. Hinsichtlich der letztgenannten Aspekte unterscheidet man zwischen physikalischen (Temperatur, Druck, Viskosität, Trübung als Maß für die Biomasse/Wachstum u. a.), chemischen (insbesondere pH-Wert, pO_2, pCO_2, Konzentration von Substraten und Produkten) biologischen bzw. biochemischen (z. B. Biomasse, NADH-, DNA-, RNA- und Proteingehalt) Parametern, die »on-line« (direkt im B., u. a. Erfordernis sterilisierbarer Meßfühler) oder »off-line« (Probenentnahme mit nachfolgender Messung) bestimmt werden können.

Für die Kultivierung genetisch rekombinanter Organismen ergeben sich aus gesetzlichen Vorschriften (Gentechnik-Gesetz) besondere konstruktive Maßnahmen. Die B. können nach der Art des Energieeintrages (z. B. Rührreaktor, Tauchstrahlreaktor, Blasensäule) oder nach den Phasenverhältnissen eingeteilt werden (homogene und heterogene B.). Die Reaktorgrößen liegen beim ↗ Laborfermenter bis zu einigen Litern, im Pilotmaßstab bis zu einigen m^3 und bei der Gewinnung von Einzellerprotein sowie zur Abwasserreinigung zwischen 1000 und 10000 m^3.

Bioresmethrin, ↗ Pyrethroide.

Biosensoren, eine Kombination bioaktiver Substanzen (Rezeptor) mit physikalischen oder elektronischen Umformern (Transduktoren/Signaltransducer) sowie einer elektronischen Komponente zur Signalverstärkung. Als Rezeptoren kommen neben Enzymen (↗ Enzymelektrode) und Mikroorganismen (in Lösung bzw. Suspension sowie immobilisiert) auch Organellen (z. B. Mitochondrien), Gewebeschnitte, Antikörper, Lectine und Hormone zur Anwendung. Die bioaktive Substanz ist 1) zwischen Membranen eingeschlossen oder daran immobilisiert, 2) unmittelbar auf der Transduceroberfläche (z. B. durch kovalente Bindung) fixiert oder 3) direkt auf die elektronische Komponente (z. B. der Steuerelektrode eines Feldeffekttransistors) aufgebracht. Die zu bestimmende Substanz führt durch Bindung an den Rezeptor zu einer spezifischen Reaktion. Das daraus resultierende Signal wird im Transducer in ein quantifizierbares elektrisches Signal umgewandelt, das durch die elektronische Komponente verstärkt wird.

Die Mehrzahl der B. beruht auf potentiometrischen Verfahren (ionenselektive, z. B. H^+ von NH_4^+, oder gassensitive (CO_2, NH_3) Elektroden) oder amperometrischen Verfahren (Oxidation/Reduktion, z. B. O_2-Elektrode).

Z. B. dient zur Bestimmung von Glucose die Glucoseoxidase als Rezeptor (β-D-Glucose + O_2 = D-Glucono-1,5-lacton + H_2O_2) und eine pH-, O_2- oder H_2O_2-Elektrode als Sensor. Es können aber auch hochmolekulare Substanzen (Peptide, Proteine u. a.) bestimmt werden (↗ Immunosensoren).

Die Entwicklung der B. ist besonders bei den Immunosensoren zunehmend mit neuen Transducerkonstruktionen verbunden. So wurden in den letzten Jahren neben chemisch sensitiven (CHEMFET) Bio-Feldeffekt-Transistoren (BIOFET, z. B. ENFET; Enzym-FET) entwickelt, die aus einem biologischen Rezeptor und einem als Transducer dienenden Feldeffekt-Transistor bestehen. Letzterer registriert die durch den Rezeptor verursachte Dipolmoment-Änderung oder Ladungsanhäufung.

B. besitzen u. a. folgende Vorteile: Bequeme, direkte und kontinuierliche Messung, wiederholte Verwendung der eingesetzten Biokatalysatoren, relativ schnelle Antwort (Ergebnisse), Messung in gefärbten und trüben Proben.

B. finden Verwendung in den verschiedensten Bereichen der Analytik, insbesondere in der klinisch-chemischen Laboratoriumsdiagnostik sowie zur Kontrolle und optimalen Regelung biotechnologischer Produktionsprozesse. Mit verbesserten Rezeptoren (z. B. gentechnisch gewonnene, Einsatz von Enzymen thermophiler Mikroorganismen) und Transducern bzw. dem Einsatz von Mikroprozessoren werden vielfältige Meß- und Überwachungsverfahren unterschiedlicher biotechnologischer Produktionsprozesse vereinfacht und automatisiert.

Biosonden, Meßanordnungen, die empfindlich auf Veränderungen biologischer Strukturen oder Prozesse in der Umwelt reagieren. Sie bestehen aus in Kultur gehaltenen Organismen, Zellen, Zellorganellen oder Biomolekülen (↗ Bioindikatoren) und einer Registriereinheit. Im Gegensatz zu den herkömmlichen Indikatororganismen werden B. nicht aufgrund einer bekannten spezifischen Reaktionsweise für Monitoring und/oder Testung bestimmter Chemikalien oder anderer Parameter eingesetzt, sondern mit weitgehend unveränderten Medien oder Parametern aus ausgewählten Ökosystemen aktiv konfrontiert. Nach der Beeinflussung werden die auftretenden Veränderungen definierter Zustände oder Aktivitäten auf der Ebene des Individuums oder der Zelle (z. B. Wachstum, Vermehrung, Formbildung, Entwicklung, Verhalten; Atmung, Photosynthese, Enzymaktivitäten, Genexpression, Membranpermeabilität u. a.) registriert. Für den Einsatz von B. in Ökosystemen bieten sich mobile Laboratorien an, die mit einer Zusammenstellung sich ergänzender B. ausgestattet sind. B. können auch bei der chemischen Analytik von Umweltproben in den Analysengang eingeschaltet werden. Zur technischen Durchführung wird hierbei ihr Einsatz als ↗ Biosensoren angestrebt.

Biosorption, die Fähigkeit bestimmter Mikroorganismen (Bakterien, Hefen, Pilze, Algen) zur Anreicherung von Schwermetallen und Radionukliden. Die B. dient der Entfernung oder/und Gewinnung von Metallen aus wäßrigen Lösungen (Metallanreicherung). Für die B. sind wenigstens zwei Mechanismen verantwortlich: 1) Bindung der positiv geladenen Metall-Ionen an negativ geladene Gruppen der Oberfläche von Mikroorganismen. Dieser Prozeß wird durch verschiedene chemische und physikalische Faktoren beeinflußt. In ähnlicher Weise können oberflächenaktive Polymere (z. B. von marinen *Pseudomonas*-Arten, Gewinnung von Cobalt, Nickel, Zink usw.) oder andere von Mikroorganismen ausgeschiedene Verbindungen (z. B. ↗ Emulsan aus *Acinetobacter calcoaceticus* RAG-1, Bindung von Uran) mit Metallen Komplexbindungen bilden. Gold- und Platinmetalle können mit Hilfe C-heterotropher Mikroorganismen (Bakterien/Pilze) über organische Komplexverbindungen angereichert werden. 2) Akkumulation der Metalle im Cytoplasma der Zelle. Dieser Vorgang wird nicht durch chemische oder physikalische Faktoren beeinflußt, ist aber von Stoffwechselprozessen (Membrantransport) abhängig und somit an die intakte, lebende Zelle geknüpft. Von Bedeutung ist die Resistenz der Mikroorganismen gegenüber den meist toxischen Schwermetallen. Sie ist meist genetisch bedingt und wird durch ↗ Plasmide kontrolliert. Anreicherungen von mehreren Zehnerpotenzen – insbesondere von Radionucliden – sind möglich. *Rhizopus arrhizus* bindet z. B. ca. 200 mg Uran oder Thorium pro g Trockensubstanz. Die Abtrennung der Metalle von bzw. aus der Biomasse erfolgt durch Desorption oder thermische Zersetzung. Anwendungen bestehen u. a. in der Abwasserbehandlung (Reinigung und gegebenenfalls Rohstoffrückgewinnung, Metallrückgewinnung).

Biosurfactants, aus dem engl. übernommene Bezeichnung für ↗ Biotenside.

Biotechnologie, ist – nach einer Definition der europäischen Föderation für Biotechnologie (EFB) – die integrierte Anwendung von Erkenntnissen und Methoden der Naturwissenschaften (Biochemie, Mikrobiologie, Molekularbiologie, Genetik, Immunbiologie, technische Chemie) und Ingenieurwissenschaften mit dem Ziel, die technische Anwendung und kommerzielle Ausnutzung der Leistungen von Zellen (Mikroorganismen, pflanzlichen und tierischen Zellen oder Geweben), Teilen davon (vor allem Enzyme) sowie molekularer Analoge für die Herstellung oder Veränderung von Produkten zu erreichen. Diese Definition deutet an, daß die B. ein sehr altes Fachgebiet ist. So entwickelte man biotechnische Verfahren bei der Herstellung von Nahrungsmitteln – insbesondere bei der Wein-, Bier-, Käse- und Brotherstellung – schon vor mehreren Jahrhunderten, ohne zu wissen, daß es sich dabei um spezielle Leistungen von Mikroorganismen handelt. Heute ist man dabei, durch Verfahrensänderung und Variation der Eigenschaften der Produzenten (u.a. Mikroorganismen) die Produktion zu optimieren, die Qualität der Produkte zu erhöhen und neue Produkte herzustellen.

Nachdem Ende des vorigen Jahrhunderts aufgrund der bahnbrechenden Arbeiten von L. Pasteur und anderen Wissenschaftlern mit der Produktion von Ethanol (↗ alkoholische Gärung) und Essigsäure, später auch anderer ↗ Primärmetabolite (z. B. Milch- und Citronensäure, Glycerin) aus Mikroorganismen aber auch von Biomasse (Bäcker-, Nähr- und Futterhefe) begonnen wurde, leitete die Produktion von ↗ Penicillin Anfang der 40er Jahre eine neue Entwicklungsphase biotechnologischer Verfahren ein. Während bei den erstgenannten Verfahren neben der Entwicklung des Produktionsstammes das Wachstum unerwünschter Keime (Fremdinfektion) nicht ausgeschlossen war, mußten die Verfahren zur Penicillinherstellung den sicheren Ausschluß von Fremdinfektionen gewährleisten (Steriltechnik). Durch diese und andere Techniken (z. B. Verwendung von Mutanten) bzw. Verfahren gelang es zugleich, Substanzen, die normalerweise nur in geringen Konzentrationen von den Mikroorganismen produziert werden, in großen Mengen herzustellen.

Die gegenwärtige Entwicklungsphase ist durch die Anwendung moderner wissenschaftlicher Erkenntnisse der Biowissenschaften und der B. charakterisiert. Dazu gehört nicht nur, daß die Ergebnisse der Enzymforschung z. B. zur Entwicklung verschiedener Verfahren mit ↗ immobilisierten Zellen und Enzymen und zur Katalyse in organischen Lösungsmitteln geführt haben (Enzymtechnologie), sondern auch neue Techniken der Biowissenschaften, von denen besonders die Gen-, Immun- und Zelltechniken hervorzuheben sind, Anwendung in der B. gefunden haben. Dies führte dazu, von einer »neuen« B. zu sprechen, die nicht nur die traditionellen Verfahren der B. (↗ industrielle Mikrobiologie) verbessert, sondern auch neue Produkte liefert. Eine besonders vielversprechende Methode ist dabei die Gentechnik.

Parallel mit dem Einzug moderner biowissenschaftlicher Erkenntnisse in die B. führten die Ergebnisse der Verfahrenstechnik zur Herstellung neuer Reaktoren, optimierter Verfahren, zu verbesserter Meß- und Regeltechnik und schließlich zum computergesteuerten Ablauf des gesamten Verfahrens. Disziplinen wie ↗ Bioverfahrenstechnik, ↗ Bioprozeßtechnik und ↗ Bioprozeßanalytik bildeten sich heraus. Die dabei eingesetzten Zellen (vor allem Mikroorganismen) oder Enzyme ersetzen nicht nur aufwendige chemische Synthesen und sparen dadurch Kosten; sie entlasten zugleich auch die Umwelt und vermindern das Gefährdungspotential in der chemischen Industrie.

Ihren Anspruch als Schlüsseltechnologie wahrend, haben biotechnologische Verfahren weltweit Eingang in zahlreiche Industriezweige gefunden: 1) In der chemische Industrie zur Produktion von organischen Massenchemikalien (u.a. Ethanol, Aceton, Butanol, organische Säuren) und Feinchemikalien (z. B. Enzyme, Duftstoffe, Polysaccharide). 2) In der pharmazeutischen Industrie u.a. zur Herstellung von Antibiotika, Impfstoffen, Steroid- und Peptidhormonen, Vitaminen, Aminosäuren, Diagnostika. 3) Lebensmittelindustrie (u.a. Enzyme, organische Säuren, Starterkulturen, Aromastoffe und Konservierung). 4) Landwirtschaft (z. B. Futterstoffe, Tierimpfstoffe, Insektizide, Herbizide). 5) In Dienstleistungsindustrien zur Wasserreinigung, Abwasserbehandlung, Abfallverwertung, Energie- (↗ Biogas), Metall- (↗ Leaching) und Ölrückgewinnung usw. Von wachsender Bedeutung sind dabei insgesamt gentechnische Produkte (u.a. Enzyme, Hormone, Antibiotika, Impfstoffe; ↗ Gentechnologie) für die Diagnostik und Therapie. Es ist heute prinzipiell möglich, ein Gen beliebiger Herkunft in jeder Art von Zelle oder auch in jedem Organ/Gewebe eines Organismus zu exprimieren. Tierische Zellen haben bisher zur Produktion von Interferonen und monoklonalen Antikörpern Bedeutung erlangt. Intensiv gearbeitet wird an der Nutzung pflanzlicher Zellkulturen zur Gewinnung von ↗ Sekundärmetaboliten, insbesondere solcher, die als Arzneistoffe verwendet werden. Unter dem Begriff Biotechnik werden dabei die Praxisanwendungsgebiete der B. zusammengefaßt.

Nach der Definition der B. werden die Medizintechnik, die sich mit dem Einsatz von Apparaten beim Menschen befaßt sowie gentechnische Veränderungen am menschlichen oder tierischen Erbmaterial ausgeklammert.

Biotenside, ***Biosurfactants*** (engl.), eine Gruppe ober- und grenzflächenaktiver Substanzen, die in Abhängigkeit von der Kohlenstoffquelle und der Wachstumsphase von verschiedenen Mikroorganismen gebildet werden. B. werden entweder in das Kulturmedium ausgeschieden oder bleiben zellgebunden. Eine Überproduktion wird im allg. erst nach Erreichen der stationären Wachstumsphase (z. B. Limitation der N-Quelle oder/und zweiwertiger Kationen, wie Fe^{2+}, Ca^{2+} bzw. Mg^{2+}) erreicht.

Die B. gehören unterschiedlichen Stoffklassen an. Neben ↗ Lipopolysacchariden, Lipoproteinen, Peptidlipiden (z. B. ↗ Surfactin), ↗ Mycolsäuren oder ↗ Ornithinlipiden machen die Glycolipide (Tab.) die größte Stoffklasse aus.

Verschiedene Trehaloselipide besitzen am zweiten Glucosemolekül in 6-Stellung keine Mycolsäure. Neben dem dargestellten Rhamnolipid R 1 (Tab.), welches aus einem Molekül Rhamnose und zwei Molekülen β-Hydroxydecansäure besteht, werden in Abhängigkeit von den Wachstumsbedingungen ein Rhamnolipid R 2 (je ein Rhamnose- und β-Hydroxydecansäure-Molekül), R 3 (Relation 2 : 2) und R 4 (Relation 2 : 1) nachgewiesen.

Biotenside.
Tab.: Mikrobielle Glycolipide.

Tensid	Struktur
Trehaloselipide [1] (verschiedener Strukturen) nichtionogen, Zellwand-gebunden	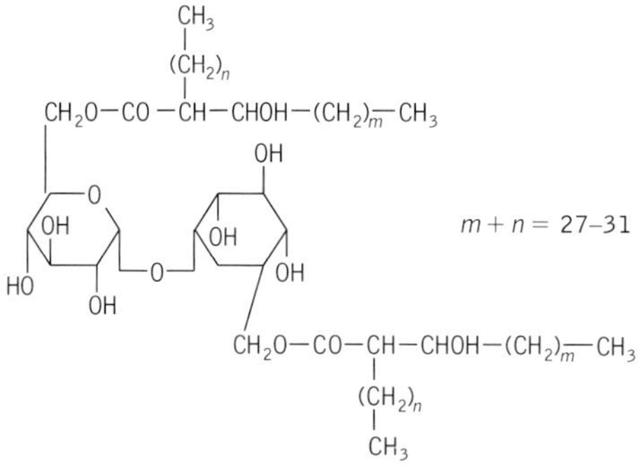
Rhamnolipide [2] (verschiedener Strukturen) anionisch, extrazellulär	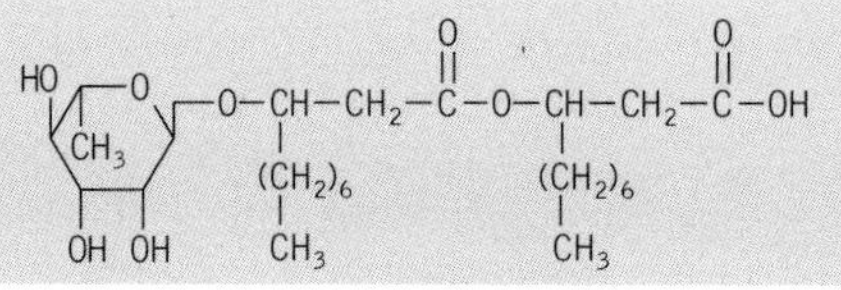
Sophoroselipide (verschiedener Strukturen) nichtionogen (Lactonform), anionisch (Säureform), extrazellulär	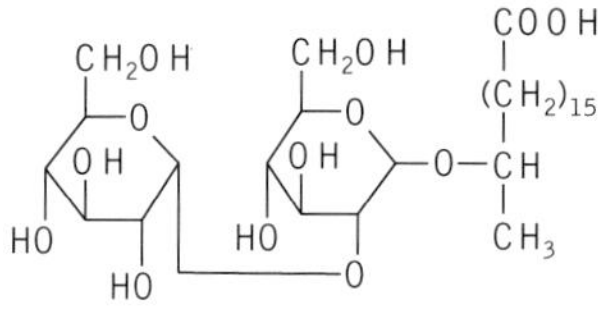
Mannoseerythritollipide nichtionogen, extrazellular	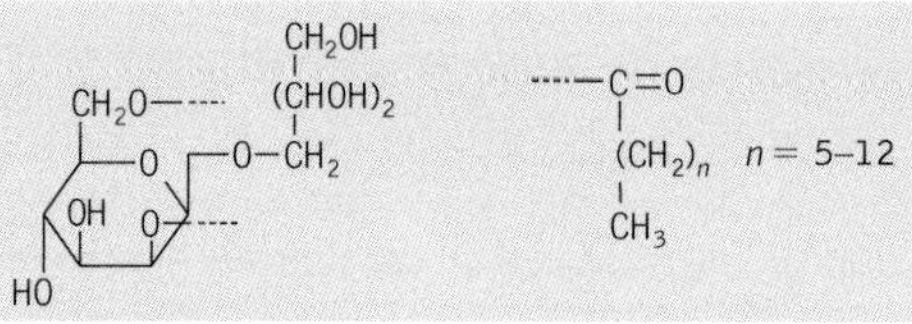
Saccharoselipide nichtionogen, extrazellular	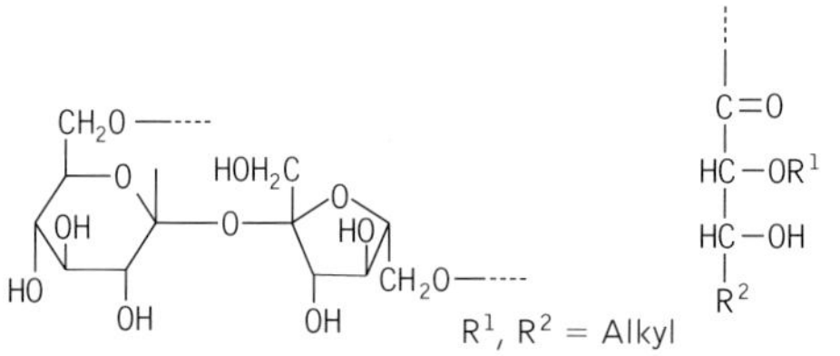 R^1, R^2 = Alkyl

[1] Verschiedene Trehaloselipide bestizen am zweiten Glucosemolekül in 6-Position keine Mycolsäure (α-verzweigte – β-hydroxylierte Fettsäure unterschiedlicher Kettenlänge).
[2] Neben dem dargestellten Rhamnolipid R^1, welches aus einem Molekül Rhamnose und 2 Molekülen β-Hydroxydecansäure besteht, wurden in Abhängigkeit von den Wachstumsbedingungen ein Rhamnolipid R^2 (je ein Rhamnose- und β-Hydroxydecansäure-Molekül), R^3 (Relation 2:2) und R^4 (Relation 2:1) nachgewiesen.

Trotz unterschiedlicher Strukturen ist allen B. der Besitz eines hydrophilen (Zucker, eine oder mehrere Aminosäuren, Phosphatgruppe) und eines hydrophoben (längerkettige, funktionalisierte Carbonsäure) Molekülanteils gemeinsam.

Neben der Oberflächen- und Grenzflächenspannung dienen der ↗ HLB-Wert und der CMC-Wert zur Charakterisierung der B.

Aufgrund des breiten Spektrums der zur Verfügung stehenden Substanzen, ihrer vielversprechenden physikalischen und chemischen Eigenschaften, ihrer biologischen Wirksamkeit sowie ihrer guten biologischen Abbaubarkeit gewinnen B. in der Industrie zunehmend an Interesse. Neben einer potentiellen Verwendung zum Benetzen, Lösen, zur Schaumbildung, als Detergens, zur Herstellung oder zum Zerstören von Emulsionen ist ein Einsatz der B. bzw. B.-produzierenden Mikroorganismen in der tertiären Erdölförderung von besonderer Bedeutung.

Von den eigentlichen B. abzugrenzen sind die zellgebundenen und extrazellulären *amphiphilen Biopolymere*, die im Gegensatz zu den B. die Oberflächenspannung nicht herabsetzen und vor allem wegen ihrer emulsionsstabilisierenden Wirkung von Bedeutung sind.

Biotin, *Vitamin H*, ein stickstoff- und schwefelhaltiges, wasserlösliches Vitamin. B. bildet nadelförmige Kristalle; F. 232 bis 233 °C, $[\alpha]_D^{21}$ +91° (0,1 N NaOH). Es ist in organischen Lösungsmitteln praktisch unlöslich. B. ist in geringen Mengen in allen Zellen enthalten. Zu den biotinreichsten Quellen gehört die Leber, die etwa 0,00025 % ent-

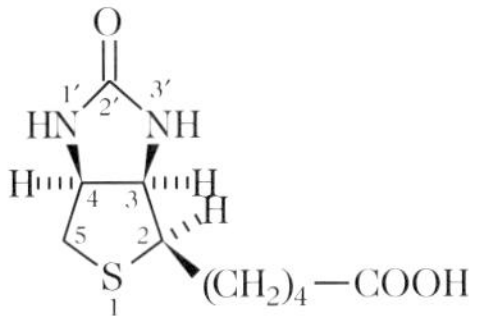

hält. Die Bestimmung des B. erfolgt aufgrund der sehr geringen Konzentration in biologischen Materialien mikrobiologisch. B. ist für Mikroorganismen ein Wuchsstoff. Biotinmangel erzeugt beim Menschen Hautveränderungen, die sich insbesondere in einer vermehrten Talgproduktion äußern. Ein solcher Mangel kann durch reichliche Aufnahme von rohen Eiern zustande kommen. Im Eiweiß ist das Protein ↗ Avidin enthalten, das B. spezifisch bindet. B. wirkt als Coenzym von Enzymen, die Kohlendioxid übertragen. Zu den biotinabhängigen Enzymen gehören Kohlendioxidligasen und Carboxyltransferasen. B. ist mit seiner Carboxygruppe amidartig an die ε-Aminogruppe eines Lysinrestes des Apoenzyms gebunden. Das ε-*N*-Biotinyllysin wird als *Biocytin* bezeichnet. Kohlendioxid ist am N-Atom 1 des B. als Carboxybiotin, das als »aktives CO_2« bezeichnet wird, gebunden.

Biotransformation, enzymatisch katalysierte Umwandlung von Arzneistoffen und anderen Fremdstoffen (Xenobiotika) im Organismus. Die B. findet vor allem in der Leber, in geringem Umfang auch in anderen Organen und in Körperflüssigkeiten statt. Die die B. bewirkenden Enzyme der Leber sind in den Mikrosomen lokalisiert. Die Biotransformationsprodukte können wirkungsschwächer als die Ausgangsstoffe oder unwirksam sein (Entgiftung, Inaktivierung), sie können aber auch wirksamer als die Ausgangsstoffe (Giftung, Aktivierung) sein. Letzterer Fall liegt bei den ↗ Prodrugs vor. In vielen Fällen werden durch B. besser wasserlösliche und damit besser aus dem Körper eliminierbare Stoffe gebildet. Bei der B. unterscheidet man zwischen Phase-I-Reaktionen (Oxidation, Reduktion, Hydrolyse) und Phase-II-Reaktionen (Konjugatbildung mit körpereigenen Stoffen).

Die wichtigsten *Phase-I-Reaktionen* sind Oxidationen, wie C-Hydroxylierung, Epoxidierung, oxidative O-, N- und S-Dealkylierung, oxidative Desaminierung, N- und S-Oxidation und die Oxidation von Alkoholen (Abb.).

Die *C-Hydroxylierung* ist an aromatischen und aliphatischen C-Atomen möglich. Die *Epoxidierung* erfolgt an aliphatischen Doppelbindungen. Das gebildete Epoxid kann zu einem vicinalen Diol hydrolysiert werden. Auch bei der Hydroxylierung von Aromaten wird eine Epoxidzwischenstufe (Arenoxid) angenommen. Bei einer *oxidativen Dealkylierung* wird ein dem Heteroatom benachbartes C-Atom zunächst hydroxyliert und der Rest als Carbonylverbindung abgespalten. Analog verläuft die *oxidative Desaminierung*. *N-* und *S-Oxidation* führen zur Bildung von *N*-Oxiden, Sulfoxiden und Sulfonen. Die *Oxidation von Alkoholen* ergibt Aldehyde, Ketone und Carbonsäuren. Oxidationsreaktionen werden durch verschiedene Spezies Cytochrom P_{450}-abhängiger Monooxygenasen (↗ Cytochrome) katalysiert. Dieses eisenhaltige Enzym verwertet molekularen Sauerstoff. Reduktionen sind von geringerer Bedeutung. Sie betreffen die Umwandlung von Carbonylverbindungen in Alkohole, der Nitro- in eine Aminogruppe, die Aufspaltung einer Azogruppe in zwei Aminbruchstücke und die reduktive Dehalogenierung. Hydrolysen betreffen die Spaltung von Estern, Amiden und Glycosiden. Entsprechende ↗ Hydrolasen finden sich auch in Plasma und in Geweben.

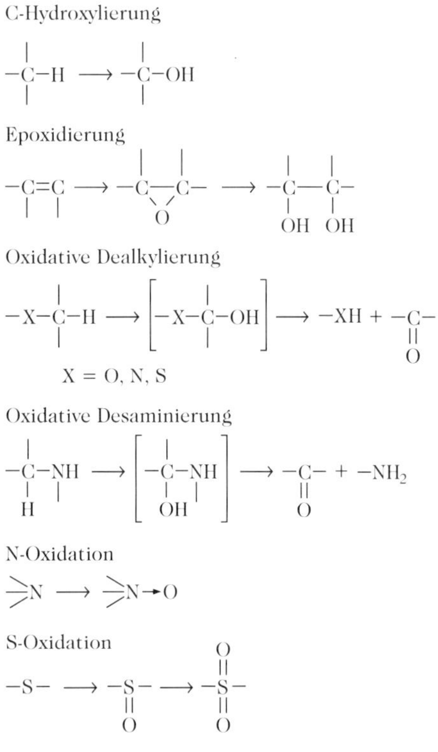

Biotransformation. Abb.: Phase-I-Reaktion.

Phase-II-Reaktionen setzen vorhandene oder im Rahmen einer Phase-I-Reaktion eingeführte reaktive Gruppen (OH, NH_2, SH, COOH) voraus. Die häufigste dieser Reaktionen ist die Bildung von β-D-Glucuroniden durch Umsetzung von Hydroxygruppen mit UDP-Glucuronsäure (aktive Glucuronsäure). So bildet sich z. B. aus Phenol Phenyl-β-D-glueuronid. In analoger Weise können NH_2-, SH- und COOH-Gruppen reagieren. OH-Gruppen können auch mit »aktivem Sulfat« (PAPS; ↗ 3′-Phosphoadenosin-5′-phosphosulfat) in Schwefelsäurehalbester übergeführt werden. NH_2-Gruppen werden mit Hilfe von Acetyl-Coenzym A acetyliert. Aromatische Carbonsäuren werden häufig mit Glycin oder Taurin unter Ausbildung einer Säureamidbindung konjugiert. Besonders bei mehrkernigen Aromaten ohne funktionelle Gruppen erfolgt eine Umsetzung mit Glutathion. Hierbei kommt es durch Umsetzungen über mehrere Zwischenstufen zur *Bildung von Mercaptursäuren*, beispielsweise (1-Naphthyl)-mercaptursäure $C_{10}H_7$–S–CH_2–CH(COOH)NH–CO–CH_3, bei denen ein *N*-acetylierter Cysteinrest mit dem S-Atom an den Aromaten gebunden ist. Zu den Phase-II-Reaktionen werden auch *O*-, *S*- und *N*-Methylierungen gerechnet.

In der ↗ Biotechnologie werden unter B. oder ↗ Biokonversion selektive, chemische Umwandlungen von definiert reinen Substanzen zu definierten Endprodukten verstanden, die durch Mikroorganismen (↗ mikrobielle Transformationen), gegebenenfalls durch pflanzliche oder auch tierische Zellkulturen oder isolierte Enzyme katalysiert werden. Sie gewinnen als Zwischenschritte in chemischen Synthesen zunehmend an Bedeutung, vor allem wenn es darum geht, Reaktionen durchzuführen, die chemisch entweder überhaupt nicht oder nur unter großem Aufwand möglich sind. Dazu gehören z. B. Racemattrennungen oder die gezielte Einführung einzelner funktioneller Gruppen oder Asymmetriezentren in ein Molekül. Grund dafür sind einige Eigenschaften der Enzyme, wie Reaktions-, Regio- und Stereospezifität sowie die milden Reaktionsbedingungen (Temperaturen unter 40 °C, meist ein wäßriges Milieu, keine extremen pH-Werte), die sie gegenüber den chemischen Reaktionen überlegen machen.

Neben B. am Steroidmolekül (↗ mikrobielle Steroidtransformationen) gewinnen u. a. Verfahren, die zur Herstellung optisch reiner D- und L-Aminosäuren von racemischen, chemisch synthetisierten Vorstufen ausgehen und dabei Regio- und Stereospezifität hydrolytischer Enzyme nutzen, wachsende Bedeutung. Der Vorteil der Hydrolasen besteht darin, daß sie Coenzym-unabhängig sind. Neben Esterasen (Spaltung von D,L-Aminosäureestern bzw. *N*-Acyl-D,L-Aminosäureestern), Acylasen (Spaltung von *N*-Acyl-D,L-Aminosäuren) und Amidasen (Spaltung von D,L-Aminosäureamiden) werden auch ↗ Hydantoinasen (Spaltung von D,L-5-monosubstituierten Hydantoinen) eingesetzt. Während die ersten drei Enzyme ausschließlich zu freien L-Aminosäuren führen, kann man mit den Hydantoinasen sowohl die freien D- und L-Aminosäuren als auch deren Vorstufen (D- oder L-*N*-Carbamoylaminosäuren) herstellen.

Redoxreaktionen haben neben Hydrolyse-, Kondensations- und Isomerisierungsreaktionen bis heute die größte wirtschaftliche Bedeutung unter den industriell genutzten B. erlangt.

Bioverfahrenstechnik, ***Bioprozeßtechnik***, der Teil der ↗ Verfahrenstechnik, der sich mit der Entwicklung, mathematischen Modellierung, Maßstabsübertragung und dem Betrieb von industriellen Prozessen der ↗ Biotechnologie befaßt. Im engeren Sinne werden darunter die gemeinsamen naturwissenschaftlichen und ingenieurtechnischen Grundlagen der mechanischen (z. B. Zentrifugation, Filtration, Zellaufschluß), thermischen (z. B. Sterilisation) und reaktionstechnischen (↗ Bioreaktor) Operationen bei Stoffwandlungen (↗ Biotransformation) und Produktsynthesen mittels Zellen (insbesondere Mikroorganismen) und Enzymen verstanden. Ein Schwerpunkt der B. ist die Prozeßkinetik der biologischen Stoff- und Wärmetransportvorgänge im Bioreaktor.

Biowerkstoffe, eine neue Gruppe von Werkstoffen, deren Grundkomponenten biologische Polymere darstellen. Bei der Entwicklung von B. zeichnen sich folgende Richtungen ab: 1) Biologische Verbundstoffe, die aus Polysacchariden und Proteinen bzw. einer Kombination organischer und anorganischer Komponenten bestehen und keine oder nur geringe antigene Wirkung und Toxizität besitzen. Zu den in der Natur vorkommenden Verbundwerkstoffen gehören z. B. das ↗ Kollagen, die ↗ Hyaluronsäure und das ↗ Chitin. Sie finden u. a. Einsatz bei der Entwicklung neuer Transplantatmaterialien (auf der Basis des Kollagens z. B. als Hautersatz, schnelle Wundversorgung) und medizinisch relevanter Implantatwerkstoffe (z. B. Kollagengefäße in Kombination mit Heparinmolekülen) sowie bei der Schaffung künstlich knochenerzeugenden Materials (z. B. eine Kombination von Kollagen und ↗ Hydroxylapatit). 2) Neue »Schmiermittel« für Gelenke (z. B. mit fermentativ hergestellter ↗ Hyaluronsäure). 3) Neue Klebstoffe und Harze (u. a. Herstellung von Materialien mit flexiblen Klebeeigenschaften durch Vernetzung von Proteinen mit z. B. Epoxiden, Phenolen oder Urethanen). 4) Mikrobielle Herstellung von Kunststoffen (↗ Poly-β-hydroxybuttersäure, ↗ Poly-β-hydroxyalkansäuren). 5) Gezielte Schaffung von Grenzflächen zur Herstellung von B. mit neuen Eigenschaften.

Zahlreiche biologische Polymere besitzen interessante elektronische Strukturen, die in naher Zukunft zur technologischen Anwendung kommen werden (*Bioelektronik*).

Biozid (gr.-lat. ›Lebenstöter‹), Bezeichnung für Substanzen, die Schadorganismen abtöten. Zu den B. gehören die ↗ Pflanzenschutz- und Schädlingsbekämpfungsmittel, aber auch Substanzen, die in anderen Bereichen eingesetzt werden, z. B. im

Haushalts-, Hygiene-, Veterinärbereich u. a. Ein eigenes gesetzliches Zulassungsverfahren ist für diese Substanzen vorgesehen.

Biphenyl, ***Diphenyl***, ein aromatischer Kohlenwasserstoff; kristallisiert in farblosen, sublimierbaren, glänzenden Blättchen oder monoklin-prismatischen Tafeln; F. 71 °C, Kp. 255,9 °C, n_D^{20} 1,5880. B. ist in

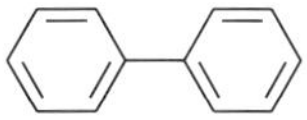

Wasser unlöslich, mit Wasserdampf flüchtig. In Ethanol, Ether und Benzol ist es löslich. B. ist im Steinkohlenteer enthalten. Technisch wird es durch thermische Dehydrierung von Benzol bei etwa 800 °C hergestellt. Synthetisch ist es nach der ↗ Wurtz-Fittig-Synthese aus Brombenzol und Natrium oder besser durch ↗ Ullmann-Reaktion aus Iodbenzol und Kupferpulver zugänglich. B. wird wegen seiner hohen thermischen Stabilität als Heizbadflüssigkeit verwendet. Es dient auch zur Konservierung von Citrusfrüchten und ist zugleich wichtige Ausgangskomponente für organische Zwischenprodukte, z. B. Benzidin für die Farbstoffindustrie.

2,2′-Bipyridin, ↗ 2,2′-Dipyridyl.

Bipyridiniumherbizide, unter Lichteinwirkung sehr schnell wirkende Kontaktherbizide, die nur die oberirdischen Pflanzenteile erfassen (Beispiele s. Tab.). Sie besitzen keine Bodenaktivität, da sie irreversibel an die Tonminerale des Bodens adsorbiert werden.

Bipyridiniumherbizide. Tab.: Wichtige Beispiele.

Name	Formel	Akute orale LD_{50} Ratte (mg/kg)
Paraquat	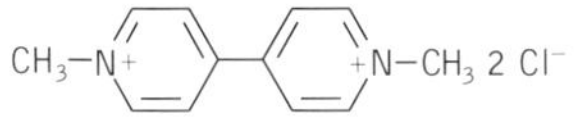	150
Diquat	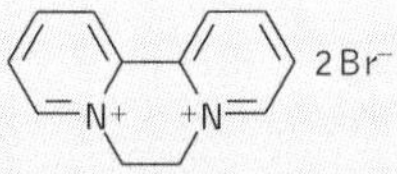	230

Die quaternären Verbindungen lösen nach Anwendung sehr schnell Photooxidationsreaktionen aus, unter bestimmten Bedingungen innerhalb von Minuten. Die prinzipielle Auslösereaktion für diese Photooxidation ist die Übertragung von Radikalen des Bipyridinium-Ions auf Sauerstoff unter Bildung des Peroxid-Anions. Dadurch wird der nichtcyclische Elektronentransport in der Photosynthese stark geschädigt.

Haupteinsatzgebiet ist die totale Vegetationskontrolle, wobei unmittelbar nach erfolgter Applikation die Einsaat neuere Kulturen möglich ist.

Birkenöl, ein gelbliches bis braunes, in der Kälte unter Paraffinausscheidung teilweise erstarrendes ätherisches Öl von angenehm balsamischem Geruch, das man aus verschiedenen Teilen der Weißbirke durch Wasserdampfdestillation gewinnt. Man unterscheidet bei B. Knospenöl, Blätteröl und Rindenöl. Der Hauptbestandteil des Knospenöls ist das Sesquiterpen α-Betulenol. B. werden in der Kosmetik, vor allem zu Haarwässern, verwandt.

Bisabolen, ein in Pflanzen weit verbreitetes monocyclisches Sesquiterpenderivat, das u. a. im ↗ Bergamottöl und im Myrrhenharz (↗ Gummiharze) enthalten ist. B. kann zum Alkohol Bisabolol oxidiert werden, der bis zu 20 % im ätherischen Öl der Kamille (*Matricaria chamomilla*) vorkommt.

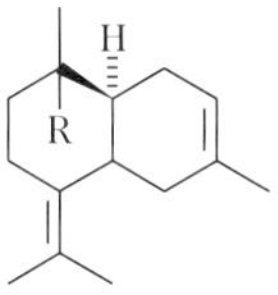

Bisabolen: R = H
Bisabolol: R = OH

Bisacodyl, eine Verbindung, die durch Kondensation von Pyridin-2-aldehyd (Pyridin-2-carbaldehyd) mit Phenol in Gegenwart von konz. Schwefelsäure und nachfolgender Acetylierung der Hydroxygruppen erhalten wird. B. wird als Laxans verwendet.

Bischler-Napieralski-Synthese, bereits 1893 beschriebene Synthese von Isochinolinderivaten durch intramolekulare Cyclisierung *N*-acylierter 2-Phenylethylamine in Gegenwart von Phosphoroxidchlorid oder Zinkchlorid bei erhöhter Temperatur:

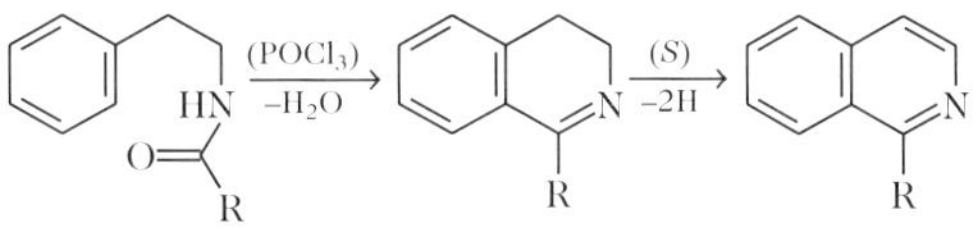

Die primär gebildeten 3,4-Dihydroisochinolinderivate können katalytisch zum Isochinolinsystem dehydriert werden.

Bis(2-chlorethyl)sulfid, Cl–CH_2–CH_2–S–CH_2–CH_2–Cl, hochtoxische Flüssigkeit, die in reiner Form nahezu geruchlos ist; F. 13 bis 14 °C, Kp. 217 °C, n_D^{20} 1,5312. Das technische Produkt ist mit kolloidalem Schwefel verunreinigt und riecht senf- oder auch knoblauchartig. Man stellt es aus Ethen und Schwefeldichlorid SCl_2 oder auch Dischwefeldichlorid S_2Cl_2 her.

B. ist ein schweres Zellgift und gilt noch heute als das gefährlichste Hautgift. Zusätzlich wirkt es als Stoffwechselgift (Leberschäden) und bewirkt psychische Störungen. Die Entgiftung erfolgt durch Oxidation zu den wenig toxischen Sulfoxiden bzw. Sulfonen mit Chloramin oder Chlorkalk.

Im ersten Weltkrieg wurde B. als ↗ chemischer Kampfstoff (Lost) eingesetzt.

4,4′-Bis(dimethylamino)-benzophenon, ↗ Michlers Keton.

Bis(2-hydroxyethyl)amin, ↗ Ethanolamine.

Bismut, früher *Wismut*, Symbol *Bi*, chem. Element aus der V. Hauptgruppe des Periodensystems, der ↗ Stickstoff-Phosphor-Gruppe, Schwermetall; *Z* 83, Reinelement, Atommasse 208,9804, Wertigkeit III und V, Härte nach Mohs 2,5, D. 9,80 g cm^{-3}, F. 271,3 °C, Kp. 1560 ± 5 °C, elektrische Leitfähigkeit 25 Sm/mm^2 bei 20 °C, Standardelektrodenpotential 0,32 V ($Bi + H_2O \rightleftharpoons BiO^+ + 2\,H^+ + 3\,e^-$).

Eigenschaften. B. ist ein rötlichweiß glänzendes, sprödes, in rhomboedrischem Gitter kristallisierendes Metall. Es ist isomorph mit dem grauen metallischen Arsen und dem grauen Antimon. B. schmilzt unter Volumenkontraktion und siedet unter Bildung eines aus Bi_2-Molekülen bestehenden Dampfes. An trockener Luft ist B. beständig, an feuchter Luft wird es oberflächlich oxidiert. Bei Rotglut verbrennt es zu gelbem Bismut(III)-oxid Bi_2O_3. Von nichtoxidierenden Säuren wird es seiner Stellung in der elektrochem. Spannungsreihe entsprechend nicht angegriffen. In konz. Salpetersäure sowie in heißer konz. Schwefelsäure wird es zu Bi^{3+}-Salzen gelöst, z. B. $Bi + 4\,HNO_3 \rightarrow Bi(NO_3)_3 + NO + 2\,H_2O$. Mit den Halogenen reagiert B. direkt zu den Bismut(III)-halogeniden BiX_3 (X = F, Cl, Br, I), mit Schwefel in der Hitze zu Bismut(III)sulfid Bi_2S_3. Die bevorzugte Oxidationszahl des B. ist +3. Bismut(V)-verbindungen sind starke Oxidationsmittel. Im Gegensatz zu den anderen Elementen der V. Hauptgruppe vermag B. kationisch als Bi^{3+}-Ion aufzutreten.

Analytisches. B. ist Element der H_2S-Gruppe. Es wird im systematischen Trennungsgang als schwarzbraunes Bismutsulfid Bi_2S_3 abgetrennt und als farbloses, fleckiges Bismuthydroxid $Bi(OH)_3$ oder als schwerlösliches, schwarzes Bismutiodid BiI_3, das sich mit überschüssigem Kaliumiodid zu gelbem Kaliumtetraiodobismutat $K[BiI_4]$ löst, nachgewiesen. Zur quantitativen Bestimmung bedient man sich der Komplexometrie, für kleine Konzentrationen der Atomabsorptionsspektrometrie.

Vorkommen. B. gehört zu den sehr seltenen Elementen. Sein Anteil am Aufbau der Erdkruste liegt bei 10^{-5} %. Man findet es gelegentlich gediegen, häufiger jedoch sulfidisch als Bismutin (Bismutglanz) Bi_2S_3 oder als dessen oxidisches Verwitterungsprodukt Bismutocker Bi_2O_3.

Gewinnung. Die meist durch Flotation angereicherten sulfidischen Erze werden üblicherweise nach dem Röstreduktionsverfahren verarbeitet, indem zunächst abgeröstet und anschließend mit Kohlenstoff reduziert wird. Auch durch Reduktion des Bismutsulfids mit Eisen (Niederschlagsarbeit) gemäß $Bi_2S_3 + 3\,Fe \rightarrow 2\,Bi + 3\,FeS$ wird das Metall hergestellt. Besondere Bedeutung hat die spezielle Aufarbeitung bismuthaltiger Nebenprodukte, die bei der Verhüttung anderer Metalle, wie Kupfer und Blei, anfallen.

Verwendung. Der größte Teil des produzierten B. wird zu Legierungen, vor allem des Bleis und Zinns, sowie zu Pharmazeutika verarbeitet.

Bismutate, die Salze der hypothetischen Bismut(V)säure, die in der Zusammensetzung M^IBiO_3 und $M^I_3BiO_4$ bekannt sind. Die B. sind außerordentlich starke Oxidationsmittel.

Bismutelektrode, eine Indikatorelektrode für die elektrochem. pH-Meßtechnik. Aufbau, Funktion und Anwendung entsprechen denen der ↗ Antimonelektrode.

Bismut(III)-nitrat, $Bi(NO_3)_3 \cdot 5\,H_2O$, farblose, hygroskopische, säulenförmige, trikline Kristalle, D. 2,83 g cm^{-3}. In der Hitze erfolgt Dehydratisierung, jedoch wird dabei auch Salpetersäure abgespalten und Bismutoxidnitrat $BiONO_3$ gebildet. Man gewinnt B. durch Auflösen von Bismut in Salpetersäure. Es dient zur Herstellung zahlreicher anderer Bismutderivate. Als Adstringens und Antiseptikum wird es in der Medizin angewandt.

Bismut(V)-säure, ↗ Bismutate.

Bisphenol A, *Dian*, *2,2-Bis(4-hydroxyphenyl)-propan*, ein Kondensationsprodukt von Phenol mit Aceton. B. bildet farblose Kristalle; F. 156 bis 157 °C. Es ist schwer löslich in kaltem Wasser, löslich in Alkalihydroxidlösungen und verschiedenen organischen Lösungsmitteln. Die technische Gewinnung wird mit dem Cumol-Phenol-Verfahren kombiniert, bei dem beide Ausgangsstoffe anfallen. B. wird in großem Maßstab für die Synthese von Thermoplasten eingesetzt, z. B. entstehen bei der Umsetzung mit Phosgen organische Polycarbonate, die entsprechende thermoplastische Eigenschaften aufweisen. B. kann auch in Phenol und 4-Isopropenylphenol gespalten werden; es dient weiterhin als Antioxidans und Alterungsschutzmittel für Natur- und Synthesekautschuk und als Fungizid.

Bisphosphonate, Verbindungen, die eine P-C-P-Bindung enthalten. B. werden chemisch und enzymatisch nicht hydrolysiert. B. hemmen die Aktivität der für den Knochenabbau verantwortlichen Osteoklasten und werden gegen Osteoporose eingesetzt. Ein Beispiel ist Etidronsäure.

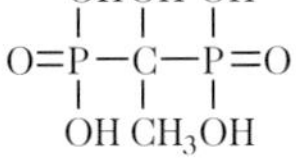

Etidronsäure

Bistabilität, ↗ oszillierende Reaktion.

Bisulfitaddukte, Additionsprodukte aus Aldehyden bzw. Ketonen mit Natriumhydrogensulfit, z. B. $R{-}CHO + NaHSO_3 \rightleftharpoons R{-}CH(OH)SO_3^-Na^+$. B. sind relativ schwer lösliche Verbindungen und werden häufig zur Abtrennung von Aldehyden und Ketonen aus Reaktionsgemischen verwendet. Die Carbonylverbindungen können aus den B. mit verd. Säuren oder Basen leicht wieder zurückgewonnen werden.

Bitertanol, ↗ Triazolfungizide.

Bittererde, ↗ Magnesiumoxid.

Bittermandelöl, ↗ Benzaldehyd.

Bittersalz, ↗ Magnesiumsulfat.

Bitterstoffe, eine Gruppe chemisch unterschiedlich aufgebauter Naturstoffe, die infolge ihres bitteren Geschmacks reflektorisch zu einer Steigerung der Speichel- und Magensaftsekretion führen. B. sind vor allem Isopren- bzw. Terpenderivate mit Lactongruppierungen, die in zahlreichen Pflanzen (z. B. Korb- und Lippenblütler) vorkommen. Extrakte aus diesen Pflanzen dienen zur Steigerung des Appetits und zur Förderung der Verdauung.

Bitumen, alle natürlich vorkommenden oder aus Naturstoffen ohne Zersetzung gewonnenen flüssigen oder festen Kohlenwasserstoffgemische. Sie stellen brennbare, braungelb bis schwarz gefärbte, höchst komplexe Gemische von ↗ Asphalten, Harzen, höhermolekularen Säuren, Festparaffinen, Ceresinen, Esterwachsen, Kohlenwasserstoffölen, Kerogenen u. a. dar. Teere und Peche, die man durch zersetzende Destillation erhält, zählen nicht zu den B., sondern werden lediglich als bitumenverwandte Stoffe bezeichnet. Man unterteilt die B. in natürliche und technische B.

1) *Natürliche B.* sind aus Kohlenhydraten, Proteinen, Harzen, Lignin, Wachsen und Fetten meist niedriger Organismen direkt oder durch vorwiegend mikrobiologische Zersetzungsprozesse hervorgegangen. Es wird unterschieden zwischen a) größtenteils in Kohlenstoffdisulfid löslichen und verseifbaren natürlichen B., wie Sapropelwachs, Montanwachs und fossilen Harzen, z. B. Bernstein; b) größtenteils in Kohlenstoffdisulfid löslichen und unverseifbaren natürlichen B., wie paraffinisches, paraffinisch-asphaltisches und asphaltisches Roherdöl, Erdölrückstände, Erdwachs und die in Kohlenstoffdisulfid löslichen Anteile der Asphaltite, Naturasphalte und Asphaltgesteine; c) größtenteils in Kohlenstoffdisulfid unlöslichen und unverseifbaren natürlichen B., auch *Pyrobitumen* genannt, wie Wurzilit, Elaterit, Albertit, Impsonit, und den B. der Kerogengesteine, wie Ölschieferbitumen.

2) Unter *technischen B.* versteht man die aus den natürlichen B. ohne Zersetzung gewonnenen Produkte. Hierzu rechnen im weiteren Sinne die Erdöldestillate, die Festparaffine, wie Ceresin und Petrolatum, sowie im engeren Sinne die Rückstände einer schonenden Erdöldestillation, z. B. Vaseline.

Ein *bituminöser Stoff*, z. B. Ölschiefer, ist ein mit B., Pech und/oder Teer durchtränktes Material.

B. wird je nach Beschaffenheit und Herkommen als Klebemasse zum Aufkleben von Fußböden, Fußbodenbelägen und Dachbelägen, als Dichtungs- und Deckaufstrich, zusammen mit Steinmehl als Bindemittel und *Bitumenmörtel*, der gegen Säuren unempfindlich und nicht quellbar ist, als Sperrstoff im Hoch-, Tief- und Wasserbau, als *Bitumenpappe* zum Imprägnieren und kombiniert mit Lackrohstoffen, wie trocknenden Ölen, Chlorkautschuk, Natur- und Kunstharzen, als physikalisch trocknender *Bitumenlack* zum Isolieren von Bauten und Metallen verwendet.

Bitumenemulsionen dienen nach Verrühren von heißen, flüssigen B. in Wasser unter etwa 1%igem Emulgatorzusatz, zum Straßenbau, aber auch vermischt mit Füllstoffen als Isolier- und Dichtungsstoffe. Von den technischen B. ergibt z. B. Vaseline ein Schmiermittel und eine Salbengrundlage, während Ceresin, Petrolatum, Ozokerit, gebleichtes Montanwachs u. a. als Homogenisier- oder Hartwachsstoffe bei der Herstellung von Bohnermassen von großer Bedeutung sind.

Biuret, $H_2N–CO–NH–CO–NH_2$, das Amid der unter Normalbedingungen nicht isolierbaren *Allophansäure*. B. bildet farblose, hygroskopische Kristalle; F. 192 bis 193 °C. Es ist in Wasser und Alkohol leicht, in Ether schwer löslich. Beim Erhitzen über den Schmelzpunkt zerfällt es in Cyanursäure und Ammoniak. In alkalischer Lösung bildet sich aus B. und Kupfer(II)-Salzen ein violetter Komplex, der zur qualitativen und quantitativen kolorimetrischen Bestimmung von B. verwendet wird (↗ Biuretreaktion). B. entsteht beim langsamen Erhitzen von Harnstoff über die Isocyansäure als Zwischenstufe:

$$H_2N{-}O{-}NH_2 \xrightarrow[-NH_3]{T} O{=}CNH \xrightarrow{+O{=}C(NH_2)_2} H_2N{-}CO{-}NH{-}CO{-}NH_2$$

Es wird zur Herstellung von Formaldehyd-Biuret-Kunstharzen verwendet.

Biuretreaktion, eine Nachweismethode für Verbindungen mit zwei oder mehr Peptidbindungen. Biuretpositive Substanzen bilden mit Cu^{2+}-Salzen in alkalischer Lösung einen rotvioletten bis blauvioletten Farbkomplex, dessen Farbintensität zwischen 540 und 560 nm kolorimetrisch gemessen werden kann.

Bixin, ***9-cis-6,6′-Diapo-carotin-6,6′-disäure-6′-methylester*** (E 160 b), ein zu den Carotinoiden zählender orangeroter Pflanzenfarbstoff. B. ist der Monomethylester von *Norbixin;* F. 198 °C. B. ist in kaltem Eisessig, Alkohol und Ether wenig, in siedendem Eisessig und Pyridin leicht löslich. B. wird aus den roten Samenhüllen des Rukustrauches *Bixa orellana* gewonnen und als Lebensmittelfarbstoff verwendet.

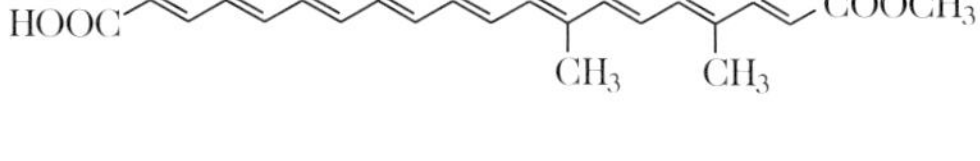

Bjelousow-Shabotinski-Reaktion, ↗ oszillierende Reaktion.

Bk, Symbol für Berkelium.

Blanc fixe, ↗ Bariumsulfat.

Blanc-Reaktion, Methode zur Chlormethylierung aromatischer Kohlenwasserstoffe durch Einwirkung von Formaldehyd und Chlorwasserstoff in Gegenwart von Aluminiumchlorid, Zinkchlorid, Schwefelsäure oder Phosphorsäure:

$$R{-}H + CH_2O + HCl \xrightarrow{(AlCl_3)} R{-}CH_2{-}Cl + H_2O$$

Bei der Anwendung von Acetaldehyd oder Propionaldehyd können in vielen Fällen auch Chlorethylierungen bzw. Chlorpropylierungen erzielt werden. Beim Ersatz des Chlorwasserstoffs durch Brom- oder Iodwasserstoff sind die entsprechenden Halogenderivate zugänglich.

Blasensäulenreaktor, ***Blasensäule***, ein Reaktor zur Umsetzung von gasförmigen Verbindungen mit einer Flüssigkeit. Die Vorteile des B. bestehen in seiner hohen thermischen Stabilität, seiner einfachen Wärmeabfuhr und seines geringen Temperaturgradienten.

Blasstahlverfahren, ↗ Stahlerzeugung.

Blasticidine, von *Streptomyces* sp. gebildete Pyrimidinantibiotika (↗ Nucleosidantibiotika). Der wichtigste Vertreter der B. ist das von *S. griseochromogenes* synthetisierte B. S, in dem das Nucleosid Cytosinin (*β*-4′-Amino-4′-desoxy-*erythro*-D-2′,3′-cyclohexenuronylcytosin) mit der *β*-Aminosäure Blasticidinsäure (1′-*N*-Methyl-*β*-arginin) verknüpft ist. B. S hemmt die Kettenverlängerung bei der Proteinsynthese.

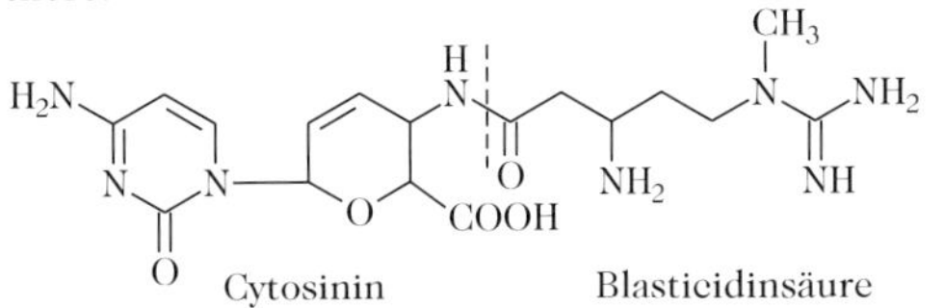

Cytosinin Blasticidinsäure

Blasticidin S

B. S ist gegenüber Säugern hochtoxisch und hemmt das Wachstum von Pilzen und einigen Bakterien. Es wird zur Bekämpfung des Mehltaus von Reispflanzen, der durch den Reisschädling *Piricularia oryzae* verursacht wird, eingesetzt.

Blaufarbenglas, ↗ Smalte 1).

Blaugel, ↗ Kieselgele.

Blauholz, ***Blutholz***, ***Kampecheholz***, das braunrote, nach Veilchen riechende Kernholz des in Mittelamerika und Westindien beheimateten baumförmigen *Haematoxylon campechianum*. Der Extrakt des B. enthält den Naturfarbstoff ↗ Hämatoxylin und bildet mit Tonerde einen blauvioletten, mit Chromsalzen einen blauschwarz bis schwarzen, mit Eisensalzen einen schwarzen, mit Zinnsalzen einen rotvioletten Farblack.

Die Blauholzfärberei besitzt Bedeutung vor allem für die Seiden- und Pelzindustrie.

Blausäure, HCN, das ↗ Nitril der Ameisensäure. B. ist eine farblose, leicht bewegliche, nach bitteren Mandeln riechende Flüssigkeit, die mit violetter Flamme brennt und mit Alkohol, Ether und Wasser in jedem Verhältnis mischbar ist; F. –13 bis –13,4 °C, Kp. 25,6 bis 26,5 °C. Reine B. ist bei Luftabschluß beständig, wobei durch Zusatz von Oxalsäure, Calciumchlorid u. a. die Stabilität erhöht werden kann. Durch Hydrolyse bildet sich aus B. Ameisensäure und Ammoniak: $H{-}CN + 2\ H_2O \rightarrow H{-}COOH + NH_3$. B. ist eine sehr schwache Säure, die bereits von der Kohlensäure aus ihren Salzen, den ↗ Cyaniden, freigesetzt wird. Gasförmige B. (*Cyanwasserstoff*) ist ein farbloses Gas, das zu etwa 6 bis 40 % mit Luft gemischt durch Zündung explodiert.

Blausäure ist ein starkes und schnellwirkendes Gift. Die tödliche Dosis beträgt 60 mg. Blausäure in flüssigem oder gasförmigem Zustand, durch Magen, Haut oder Lunge dem Organismus zugeführt, legt innerhalb von wenigen Sekunden durch Blockierung der Cytochromoxidase die Zellatmung lahm. Bei geringeren Dosen gehen dem Tod durch Atmungslähmung heftige Erregungszustände, Angstgefühl und Krämpfe voraus. Schon Spuren von Blausäure erzeugen Schwindelgefühl, Kopfschmerzen und Kratzen im Hals; zu beachten ist, daß nicht alle Menschen den charakteristischen Bittermandelgeruch wahrnehmen können. Die Cyanide rufen die gleichen Vergiftungserscheinungen hervor.

Eine Rettung Blausäurevergifteter ist nur möglich, wenn nach der ersten Hilfe (frische Luft, künstliche Atmung u. a.) mit der Therapie begonnen wird.

In der B. ist das Kohlenstoffatom ambivalent, d. h., es liegt in der undissoziierten B. positiv polarisiert vor und ist elektrophil, während das Cyanid-Ion nucleophil ist. Auf dieser Eigenschaft basieren viele Additions- und Anlagerungsreaktionen. So bildet sich z. B. durch Addition von B. an Aceton, durch Verseifung und Dehydratisierung des Acetoncyanhydrins Methacrylsäure, durch Anlagerung von B. an Ethin oder Ethylenoxid Acrylsäurenitril.

Vorkommen. B. ist im Amygdalin der bitteren Mandeln und in anderen cyanogenen Glycosiden in der Natur weit verbreitet. Auch frei kommt B. vor, z. B. in den Maniokknollen und in geringen Mengen in Tabakrauch und Rohgas.

Gewinnung. Im Labor erhält man B. durch Einwirken von Säuren auf Cyanide. Technisch gewinnt man B. z. B. durch Wasserabspaltung aus Formamid bei 300 °C am Aluminiumoxidkontakt oder beim Andrussow-Verfahren durch Ammoniak-Methan-Oxidation am Platin/Rhodium-Kontakt bei etwa 1000 °C: $2\ CH_4 + 3\ O_2 + 2\ NH_3 \rightarrow 2\ HCN + 6\ H_2O$.

Verwendung. In der chem. Industrie nutzt man B. zur Synthese zahlreicher Verbindungen, wie Methacrylsäure und Acrylsäurenitril, die Ausgangsstoffe für Plaste bzw. Chemiefaserstoffe sind. Als Rodentizid dient B. zum Ausgasen von geschlossenen Räumen, z. B. verwendet man B. zur Bekämpfung schädlicher Nagetiere in geschlossenen Räumen. Im Labor dient B. aufgrund der hohen dielektrischen Konstante als Lösungsmittel für polare und ionische Substanzen. Im 1. Weltkrieg wurde B. als chem. Kampfstoff erprobt.

Blei, (lat. *Plumbum*), Symbol ***Pb***, chem. Element aus der IV. Hauptgruppe des Periodensystems, der ↗ Kohlenstoff-Silicium-Gruppe, Schwermetall; *Z* 82, Massenzahlen der natürlichen Isotope 204 (1,48 %), 206 (23,6 %), 207 (22,6 %) und 208 (52,3 %), Atommasse 207,19, Wertigkeit II und IV, Härte nach Mohs 1,5, D. 11,3437 g cm^{-3}, F. 327,50 °C, Kp. 1740 °C, elektrische Leitfähigkeit 5,2 Sm/mm^2 (bei 0°C), Standardelektrodenpotential (Pb/Pb^{2+}) 0,1263 V.

Eigenschaften. B. ist ein weiches, dehnbares, an frischer Schnittfläche weißglänzendes Metall. Es kristallisiert in nur einer Modifikation mit kubisch-flächenzentriertem Gitter. In seinen Verbindungen tritt B. zwei- und vierwertig auf, wobei die Oxidationszahl +2 dominiert. Pb(IV)-Derivate sind deshalb starke Oxidationsmittel, was dazu führt, daß sie mit leicht oxidierbaren Liganden (z. B. Bromid und Iodid) nicht existent sind. Sie zeigen eine ausgeprägte Tendenz zur Hexakoordination, die sich z. B. in der Struktur des festen Blei(IV)-fluorides und in der Bildung der Hexachloro- und Hexahydroxoplumbate(IV) $M^{I}_{2}[PbCl_6]$ bzw. $M^{I}_{2}[Pb(OH)_6]$ äußert. Mit Luft reagiert es unter Bildung einer basischen Bleicarbonatschicht $Pb(OH)_2 \cdot 2\,PbCO_3$, was ihm die bekannte mattgraue Farbe gibt.

Feinverteiltes Pb ist pyrophor und verbrennt zu Bleioxid, das mit überschüssigem Sauerstoff in der Hitze weiter zu Blei(II,IV)-oxid Pb_3O_4 (Mennige) oxidiert wird. Von konzentrierter Salpetersäure wird B. gelöst: $3\,Pb + 8\,HNO_3 \rightarrow 3\,Pb(NO_3)_2 + 2\,NO + 4\,H_2O$. Aufgrund der Schwerlöslichkeit der entsprechenden Salze wird B. nicht von Salz-, Schwefel-, Phosphor- und Flußsäure angegriffen.

Blei und seine Verbindungen sind starke Gifte. Sie gelangen als Dämpfe oder Stäube über den Respirationstrakt, als lösliche Bleiverbindungen meist über den Magen-Darm-Kanal in den Körper. Das lipidlösliche Tetraethylblei wird besonders rasch durch die Haut resorbiert. Akute Vergiftungen durch Bleisalze geben sich in Übelkeit, Magen- und Darmkrämpfen, Herzbeklemmung und unter Umständen Kreislaufkollaps zu erkennen. Erste Gegenmaßnahme ist die Gabe von 2- bis 3%iger Natriumsulfatlösung und Aktivkohle. Später kann die Ausscheidung des B. aus dem Körper durch Infusion von $CaNa_2EDTA$ beschleunigt werden. Tetraethylblei bewirkt vorwiegend zentralnervöse Erscheinungen (Kopfschmerzen, Erregungszustände, Sehstörungen, epileptische Krämpfe). Mit Bleitetraethyl benetzte Kleidungsstücke sind sofort zu entfernen und die betroffenen Körperstellen gründlich zu reinigen; auch hier Behandlung mit $CaNa_2EDTA$.

Anzeichen chronischer Bleivergiftungen sind ein schiefergrauer Saum am Zahnfleisch (Bleisaum), Verdauungsstörungen, Anämie, Gliederschmerzen, schmerzhafte Koliken u. ä. Auch relativ niedrige Bleikonzentrationen verursachen bei Langzeiteinwirkung schwere Schädigungen des zentralen und peripheren Nervensystems. Aus dieser Sicht stellt der aus den Auspuffen der Kraftfahrzeuge stammende Bleigehalt der Luft insbesondere in den Großstädten eine ernste gesundheitliche Bedrohung dar.

Analytisches. B. wird im Trennungsgang als PbS abgetrennt und anschließend als Bleisulfat $PbSO_4$ oder Bleichromat $PbCrO_4$ identifiziert. Quantitativ erfolgt die Bestimmung gravimetrisch als $PbSO_4$ oder $PbCrO_4$ oder über die Atomabsorptionsspektroskopie.

Vorkommen. Der Anteil des B. am Aufbau der Erdkruste beträgt $2 \cdot 10^{-4}$ %. Man findet es in der Natur gelegentlich gediegen. Das wichtigste Mineral ist Galenit (Bleiglanz) PbS. Außerdem kennt man mineralische Vorkommen, in denen das B. als Carbonat, Phosphat, Chromat, Molybdat oder Wolframat gebunden vorliegt.

Gewinnung. Ausgangsmaterial ist fast stets Bleiglanz. Zu dessen Überführung in elementares B. gibt es zwei Verfahrensvarianten: Beim Röstreduktionsverfahren wird das Bleisulfid zu Blei(II)-oxid abgeröstet und dieses anschließend in Schachtöfen durch das bei der Koksverbrennung gebildete Kohlenmonoxid reduziert: $PbO + CO \rightarrow Pb + CO_2$. Nach dem Röstreaktionsverfahren wird das Sulfid nur in einem solchen Umfang abgeröstet, daß das gebildete Bleioxid sofort im richtigen stöchiometrischen Verhältnis mit verbliebenem Sulfid zu B. und Schwefeldioxid reagieren kann: $2\,PbO + PbS \rightarrow 3\,Pb + SO_2$.

Das nach beiden Verfahren anfallende *Werkblei* enthält meist nicht unerhebliche Mengen anderer Elemente als Verunreinigungen, welche z. B. durch elektrolytische Raffinationsverfahren abgetrennt werden.

Verwendung. B. ist ein Legierungsmetall. Reines B. wird im Strahlenschutz, für ↗ Bleiakkumulatoren, zur Gewinnung ↗ bleiorganischer Verbindungen und Bleiweiß, und zum Auskleiden von Behältern, die mit Schwefelsäure in Berührung kommen, verwendet.

Bleiacetate. *Blei(II)-acetat*, *Bleidiacetat*, $Pb(CH_3COO)_2$, farbloses, in Wasser leicht lösliches Pulver, D. 3,25 g cm^{-3}, F. 280 °C. Das aus Wasser kristallisierende monokline Trihydrat $Pb(CH_3COO)_2 \cdot 3\ H_2O$ schmeckt süßlich und wird deshalb als *Bleizucker* bezeichnet. Man gewinnt $Pb(CH_3COO)_2$ durch Einwirkung von Essigsäure auf Blei(II)-oxid PbO. Es wird in der Färberei und im Zeugdruck verwendet und dient zur Herstellung anderer Bleiverbindungen und des Bleiacetatpapiers.

Blei(IV)-acetat, *Bleitetraacetat*, $Pb(CH_3COO)_4$, farblose, monokline Kristalle, D. 2,778 g cm^{-3}, F. 175 °C. Durch Wasser wird das Salz zu Blei(IV)-oxid und Essigsäure hydrolysiert. Zur Herstellung wird Blei(II,IV)-oxid mit Eisessig in Gegenwart von Acetanhydrid umgesetzt. Das Acetat dient in der organischen Synthese als selektives Oxidationsmittel. Spezielle Anwendung findet es bei der ↗ Criegee-Spaltung. Die B. sind giftig (↗ Blei).

Bleiacetatpapier, Reagenzpapier zum Nachweis von Schwefelwasserstoff oder Sulfiden durch Bildung braunschwarzen Bleisulfids.

Bleiakkumulator, eine ↗ elektrochemische Stromquelle aus der Gruppe der Sekundärzellen. Im geladenen Zustand besteht der positive Pol des B. aus Bleidioxid, der negative Pol aus Blei. Als Elektrolyt wird wäßrige Schwefelsäure verwendet. Die Elektrodenreaktionen lassen sich wie folgt beschreiben:

$$\text{Anode: } PbO_2 + 4\ H^+ SO_4^{2-} + 2e^- \underset{\text{Laden}}{\overset{\text{Entladen}}{\rightleftharpoons}} PbSO_4 + 2\ H_2O$$

$$\text{Kathode: } Pb + 2H^+ + SO_4^{2-} \underset{\text{Laden}}{\overset{\text{Entladen}}{\rightleftharpoons}} PbSO_4 + 2H^+$$

$$PbO_2 + Pb + 2\ H_2SO_4 \underset{\text{Laden}}{\overset{\text{Entladen}}{\rightleftharpoons}} 2\ PbSO_4 + 2\ H_2O$$

Aus der Bruttoreaktion läßt sich entnehmen, daß beim Entladevorgang Schwefelsäure verbraucht wird. Der Ladezustand des B. kann deshalb aus der Dichte des Elektrolyten bestimmt werden. Die Klemmspannung eines B. beträgt annähernd 2 V. Schaltet man drei dieser Zellen hintereinander, so erhält man einen 6-V-Akkumulator. Ein 12-V- Akkumulator besteht demzufolge aus 6 Einzelzellen. Der B. wird vor allem als Starterbatterie in Kraftfahrzeugen eingesetzt.

Bleiazid, $Pb(N_3)_2$, farbloses, in Wasser schwerlösliches Kristallpulver; Detonationspunkt 350 °C. B. ist giftig (↗ Blei). Es explodiert bei Schlag, Stoß oder Erhitzen sehr heftig, wobei es in Stickstoff und Blei zerfällt. Zur Herstellung werden wäßrige Lösungen von Blei(II)-nitrat und Natriumazid, üblicherweise in Gegenwart von Dextrin, zusammengegeben. Das Dextrin wird zugesetzt, um kleine rundliche Kristalle zu erhalten; große Kristalle können beim Zerbrechen, selbst unter Wasser, explodieren. Das ausgefallene B. wird nach Trocknung ohne weitere Reinigung als außerordentlich reibungs- und schlagempfindlicher Initialsprengstoff verwendet, zur Erhöhung der Entzündbarkeit meist im Gemisch mit Bleitrinitroresorcinat.

Bleichmittel, Wirkstoff in Waschmitteln oder flüssigen Reinigern zur Entfernung nicht aus- oder abwaschbarer färbender Verunreinigungen von Textilien oder harten Oberflächen. *Oxidative B.* sind z. B. Natriumperborat, Natriumpercarbonat, Percarbamid. In außereuropäischen Ländern überwiegt die Chlorbleiche. *Reduktive B.* sind z. B. Natriumhydrogensulfit, spezielle Entfärber in der Textilveredlung.

Bleichmittelaktivator, reaktive organische *N*-Acetyl-, auch *O*-Acetyl-Verbindungen, die beim Waschen Acetylgruppen auf das Bleichmittel übertragen (unter Bildung von Peressigsäure) und so bei 95 °C dessen bessere Wirksamkeit und bei 60 °C oder tieferen Temperaturen die Bleichwirkung überhaupt erst ermöglichen. Der wichtigste B. ist *N,N,N′,N′*-Tetraacetylethylendiamin (*TED*).

Bleichromat, $PbCrO_4$, orangegelbes, monoklines Kristallpulver; D. 6,12 g cm^{-3} F. 844 °C. B. ist giftig (↗ Blei). In Wasser ist es schwer löslich (Löslichkeitsprodukt $K_L = 1{,}8 \cdot 10^{-14}$ bei 18 °C), wird aber durch Säuren und Basen gelöst. Durch Schwefelwasserstoff wird B. infolge Bildung des Bleisulfids allmählich schwarz gefärbt. Man gewinnt es durch Zugabe von Dichromatlösung zu einer Pb(II)-Salzlösung. B. ist in Pigmenten enthalten (↗ Chromgelb, ↗ Chromorange).

Bleicyanamid, ↗ Cyanamid.

Bleiglätte, ↗ Bleioxide.

Bleilegierungen, Legierungen des Bleis, vorrangig mit Antimon, Zinn, Arsen und Kupfer. Durch Zulegieren von bis zu 11 % Antimon (*Hartblei*) werden die mechanischen Eigenschaften des Bleis wesentlich verbessert. Diese B. werden im Akkumulatorenbau, zu Kabelummantelungen und zur Herstellung säurefester Auskleidungen in der chem. Industrie eingesetzt. Blei-Antimon-Zinn-Legierungen (bis zu 81 % Sn) haben vor allem als Gleitwerkstoffe Bedeutung.

bleiorganische Verbindungen, ***Organobleiverbindungen***, zur Gruppe der ↗ elementorganischen Verbindungen gehörende Alkyl- oder Arylderivate des Blei(IV) vom Typ R_nPbX_{4-n} (X = Halogen, OR, SR u. a.) sowie deutlich seltener des Blei(III) und (II) der Typen $R_3Pb\cdot$, $R(R_2Pb)_nR$ (n = 2, 3, usw.) und R_2Pb. Von speziellem Interesse sind *Bleitetraalkyle*, die in komplizierter Reaktion durch Einwirkung von Organolithium- oder Grignard-Verbindungen auf Blei(II)-chlorid, z. B. $4\ CH_3Li + 2\ PbCl_2 \rightarrow (CH_3)_4Pb + 4\ LiCl + Pb$, oder in direkter Synthese aus dem Alkylhalogenid und einer Blei-Natrium-Legierung gewonnen werden. Letzteres Verfahren wird angewandt zur Herstellung des *Bleitetraethyls*, $(C_2H_5)_4Pb$, einer farblosen, wasserunlöslichen, öligen, außerordentlich toxischen Flüssigkeit, die –

wie auch Bleitetramethyl – Vergaserkraftstoffen als ↗ Antiklopfmittel zugesetzt wird, wobei diese Verwendung stark rückläufig ist.

Bleioxide. *Blei(II)-oxid, Bleimonoxid*, PbO, kommt in zwei Modifikationen vor, dem roten, tetragonalen PbO, D. 9,53 g cm^{-3}, F. 886 °C, und dem oberhalb 488 °C stabilen, gelben, rhombischen PbO, D. 8,00 g cm^{-3}. PbO ist in Wasser schwer löslich. Es reagiert amphoter, jedoch überwiegt der basische Charakter. Man gewinnt PbO technisch durch Oxidation geschmolzenen Bleis mit Luftsauerstoff (*Bleigtätte*) oder durch thermische Zersetzung von Blei(II)-nitrat, -carbonat oder -hydroxid. Arbeitet man dabei unterhalb der Schmelztemperatur des PbO, so erhält man dieses als lockeres, gelbes Pulver (*Massicot*). Verwendet wird PbO zur Herstellung von Bleiweiß, Mennige und Bleiglas.

Blei(IV)-oxid, Bleidioxid, PbO_2, dunkelbraunes, in Wasser schwer lösliches, tetragonales Kristallpulver; D. 9,375 g cm^{-3}. Bei 290 °C zersetzt sich PbO_2 in Blei(II)-oxid und Sauerstoff. Es ist amphoter, jedoch überwiegt der saure Charakter. In Alkalilaugen löst es sich zu Hydroxoplumbaten(IV), z. B. gemäß $PbO_2 + 2\,NaOH + 2\,H_2O \rightarrow Na_2[Pb(OH)_6]$. PbO_2 ist ein starkes Oxidationsmittel, das z. B. Chlorid-Ionen zu Chlor oder Mn^{2+} zu Permanganat oxidieren kann. Man gewinnt es elektrolytisch oder durch Reaktion von Mennige mit verd. Salpetersäure gemäß $Pb_3O_4 + 4\,HNO_3 \rightarrow PbO_2 + 2\,Pb(NO_3)_2 + 2\,H_2O$. Es wird im Labor und in der Technik als vielseitiges Oxidationsmittel verwendet, dient z. B. in Kombination mit rotem Phosphor zur Herstellung der Reibmasse für Zündhölzer und wird auch in der Pyrotechnik eingesetzt.

Blei(II,IV)-oxid, Bleimennige, Mennige, Pb_3O_4 eigentlich Blei(II)-orthoplumbat $Pb_2[PbO_4]$ orangerotes, in Wasser schwer lösliches, tetragonales Kristallpulver, D. 9,1 g cm^{-3}. Zur technischen Gewinnung wird PbO im Luftstrom auf 450 bis 500 °C erhitzt. Man verwendet Pb_3O_4 vor allem als Korrosionsschutzpigment sowie in der Glas-, Keramik- und Akkumulatorindustrie.

Die B. sind giftig (↗ Blei).

Blei(II)-sulfat, $PbSO_4$, farblose, monokline oder rhombische Kristalle, D. 6,2 g cm^{-3}, F. 1170 °C. B. ist in Wasser schwer löslich (Löslichkeitsprodukt $K_L = 1{,}06 \cdot 10^{-8}$ bei 18 °C) und fällt deshalb bei Zugabe einer sulfathaltigen Lösung zu Blei(II)-salzlösungen aus. B. löst sich in konz. Schwefelsäure unter Bildung der komplexen Säure $H_2[Pb(SO_4)_2]$. B. kommt in der Natur als Anglesit vor. B. dient unter der Bezeichnung Sulfatbleiweiß oder auch in Form von Mischkristallen mit anderen Bleiverbindungen (z. B. Chromgelb) als Farbpigment.

Bleitetraethyl, ↗ Antiklopfmittel, ↗ bleiorganische Verbindungen.

Bleiweiß, ***Carbonatbleiweiß, basisches Blei(II)-carbonat***, $Pb(OH)_2 \cdot 2\,PbCO_3$, farbloses, in Wasser schwer lösliches, amorphes Pulver oder hexagonale Kristalle, D. 6,14 g cm^{-3}. Bei 400 °C zersetzt es sich zu Blei(II)oxid, Kohlendioxid und Wasser. B. zeichnet sich durch hohe Deckkraft, schönen Glanz und gutes Haftvermögen aus und wird deshalb trotz seiner Giftigkeit (↗ Blei) und H_2S-Empfindlichkeit (Bildung von schwarzem Blei(II)-sulfid) als wertvolles Weißpigment eingesetzt. Oftmals kommt in weißen Anstrichfarben nicht reines B. zur Anwendung, sondern man mischt mit anderen Pigmenten (Titan(IV)-oxid, Blei(II)-sulfat, Zinkoxid, Bariumsulfat) und erreicht dadurch noch verbesserte Gebrauchseigenschaften.

Bleizucker, ↗ Bleiacetate.

Bleomycin, ein komplexes Gemisch strukturell verwandter Glycopeptidantibiotika, das als Antineoplastikum therapeutisch verwendet wird. Seine Wirkung beruht auf einer Anlagerung an die DNS.

Blitzlichtphotolyse, ↗ Reaktionskinetik.

Blitzlichtspektroskopie, spektroskopische Methode zur Untersuchung schneller Reaktionen. Es können damit kurzlebige Zwischenprodukte, die sich im Grundzustand oder im angeregten Zustand befinden können, nachgewiesen werden, sofern sie gegenüber der Ausgangsverbindung ein verändertes Spektrum aufweisen. Durch einen intensiven Lichtblitz erzeugt man in einer Küvette eine hohe Konzentration des kurzlebigen Zwischenproduktes, dessen Absorptionsspektrum gemessen wird. Dies geschieht durch einen zweiten, kurz nach der Anregung gezündeten Blitz aus der spektroskopischen Lichtquelle, der nach einer spektralen Zerlegung im Monochromator vom Detektor (Photoplatte oder Oszillograph) registriert wird. Man kann auch bei einer definierten Wellenlänge die Extinktionsabnahme messen, die mit dem Verschwinden des kurzlebigen Zwischenproduktes verbunden ist. Dazu ist es erforderlich, dem Anregungsblitz sehr rasch eine Anzahl Meßblitze folgen zu lassen. Die Extinktionsabnahme mit der Zeit wird als Abklingkurve bezeichnet. Sie läßt Aussagen über die Lebensdauer der untersuchten Produkte zu. Wesentliche Voraussetzung für die B. ist, daß die Dauer des Lichtimpulses kürzer als diese Lebensdauer ist.

Zur Erzeugung der Lichtimpulse wendet man an: 1) Photoblitzlampen mit einer Impulsdauer von 10^{-5} s (bestimmbare Lebensdauer im µs-Bereich), 2) Laser mit einer Impulsdauer von 10^{-8} bis 10^{-12} s (bestimmbare Lebensdauer im ns-Bereich), 3) spezielle Lasertypen wie Neodymlaser mit einer Impulsdauer von 10^{-11} bis 10^{-12} s (bestimmbare Lebensdauer im ps-Bereich).

Die B. dient vor allem zur Untersuchung der bei photochem. Reaktionen (↗ Photochemie) auftretenden kurzlebigen Zwischenprodukte, wie Radikale oder Triplettzustände.

Blow-Down-System (engl.), in Anlagen der Erdölverarbeitung und Petrochemie eine Sicherheits- und Entleerungseinrichtung für gasförmige und flüssige Produkte. Bei der Verarbeitung von Erdöl und Erdölfolgeprodukten muß im Havariefall aus Sicherheitsgründen eine schnelle Entleerung der gesamten Anlage möglich sein. Die im Notfall abgelassenen Produkte werden von einem B. aufgenommen, bestehend aus Blow-Down-Behälter, Gasbehälter, Flüssigkeitsbehälter (Sloptank) und Wasservorlage (Abb.). In diesem B. erfolgt eine Trennung in flüssige und gasförmige Bestandteile.

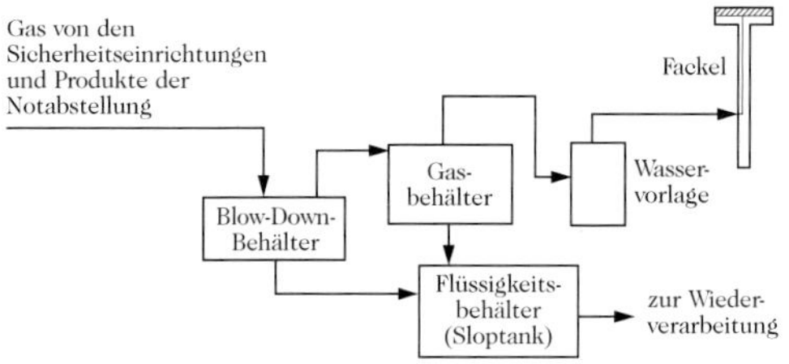

Blow-Down-System. Abb.: Schematische Darstellung eines Blow-Down-Systems mit Fackel.

Die gasförmigen Produkte können über ein Fackelsystem verbrannt werden. B. sind so angelegt, daß innerhalb weniger Minuten alle brennbaren Produkte in sicherer Entfernung von der Anlage aufgenommen und notfalls »eingeschäumt« werden können.

Blutalkoholbestimmung, die analytische Erfassung der Blutalkoholkonzentration, d. h. des Ethanolgehaltes im Blut. Die B., die nach der ↗ Atemalkoholprüfung vorgenommen wird, erfolgt nach Abnahme von Venenblut im allgemeinen nach folgenden Prinzipien: 1) Verdampfen des Ethanols und Oxidation im Dampfraum über der Blutprobe, z. B. mit Chrom(VI)- oder Vanadium(V)-Verbindungen. Es folgt bei dem *Widmark-Verfahren* die iodometrische Rücktitration des nicht verbrauchten, im Überschuß eingesetzten Kaliumdichromats. Die verbrauchte Menge an Dichromat entspricht dem Ethanolgehalt der Blutprobe. Bei modernen Verfahren folgt eine photometrische Bestimmung der Reagens-Farbänderung. 2) Gaschromatographische Erfassung des Ethanols aus dem Dampfraum über der Blutprobe (head-space-Technik) oder mit direkter Einspritzung des Blutes in den Gaschromatographen über Vorsäulen. 3) Enzymatische Oxidation des Ethanols mit Alkoholdehydrogenase (ADH) und anschließende Photometrie.

Wegen der besonderen Bedeutung der Ergebnisse für den Betroffenen (Trunkenheitsdelikte) wird in den meisten Ländern die Anwendung von zwei voneinander unabhängigen Analysenmethoden gefordert, deren Ergebnisse innerhalb enger Toleranzen bei insgesamt vorgeschriebener vierfacher Bestimmung übereinstimmen müssen. Ständige Qualitätskontrollen sichern ebenfalls die Ergebnisse.

Zwischen dem Anlaß der Blutalkoholkontrolle und der Blutentnahme vergehen aus äußeren Gründen nicht selten mehrere Stunden. Das bedeutet, daß die gefundenen Werte der Blutalkoholkonzentration nicht denen der Vorfallszeit entsprechen. Es muß deshalb zurückgerechnet werden, wobei als bekannte Voraussetzung zutrifft, daß der Ethanolabbau im Organismus von Randbedingungen nahezu unabhängig ist und als Reaktion 0. Ordnung verläuft.

Blutalkoholkonzentration, Abk. *BAK*, der Ethanolgehalt des Blutes (Maßeinheit mg/g oder Promille ‰), das Hauptkriterium für die Beurteilung der bei Aufnahme alkoholischer Getränke eintretenden Beeinflussung des Zentralnervensystems, z. B. der Beeinträchtigung der Fahrtauglichkeit. Die Bestimmung der B. erfolgt meist zuerst durch eine orientierende Vorprobe (↗ Atemalkoholprüfung), die bei positivem Ausfall eine exakte ↗ Blutalkoholbestimmung nach sich zieht.

Blütenfarbstoffe, Farbstoffe, die die Färbung der Blütenorgane bewirken. Gelbe und orange Blüten enthalten vorzugsweise ↗ Carotinoide, rote und blaue hauptsächlich ↗ Anthocyane. Letztere liegen in den Blüten an Polysaccharide gebunden und als Metallkomplexe (blau) oder Oxoniumsalze (rot) vor.

Blutgerinnungshemmer, ↗ Antithrombotika.

Blut-Hirn-Schranke, eine bei Wirbeltieren und Menschen existierende Barriere zwischen Blut und Gehirn, die den Transfer von Substanzen aus dem Blut in das Gehirn kontrolliert. Sie ist impermeabel für bestimmte Makromoleküle und manche Aminosäuren. Dagegen können über spezifische Transportsysteme Glucose und Aminosäuren als Vorstufen für die Synthese von Neurotransmittern aufgenommen werden.

Blutholz, ↗ Blauholz.

Blutkohle, ↗ Tierkohle.

Blutlaugensalze, ↗ Cyanoferrate.

Blutproteine, Proteine des Blutplasmas, zu denen die elektrophoretisch trennbaren ↗ Albumine (M_r ~ 17000 bis 80000) und ↗ Globuline (M_r ~ 90000 bis 1300000) zählen. B. werden in der Leber, in Plasmazellen und dem rieticulo-endothelialen System synthetisiert. Sie erfüllen u. a. Transportfunktionen und halten durch Wasserbindung den kolloidosmotischen Druck aufrecht.

Bodenstein-Näherung, ↗ komplexe Reaktion.

Bodenversauerung, Erniedrigung des pH-Wertes durch den Eintrag oder die Bildung von Säuren. Die wichtigsten Säurequellen sind:

– *saurer Regen.* Aus Verbrennungsvorgängen von Kohle und Erdöl und der Oxidation des darin enthaltenen Schwefels bzw. aus der Oxidation von Luftstickstoff bei der heißen Verbrennung in Verbrennungsmotoren und der Feuerung entsteht kontaminierter Regen, der mit Schwefelsäure, schwefliger Säure und Salpetersäure verunreinigt ist und dessen pH-Wert bei 3–4 liegt.

– *Nitrifikation.* Die Oxidation der durch Zersetzungsprozesse der organischen Bodensubstanz oder durch Düngung zugeführten Ammonium-Ionen mittels Bakterien liefert je 1 mol Nitrat-Ionen und 2 mol H^+-Ionen, die zur Versauerung wesentlich beitragen:
$NH_4^+ + 2\ O_2 \rightarrow 2\ H^+ + NO_3^- + H_2O$

– *Humifizierung.* Die während der Humifizierung durch Mikroorganismen aus pflanzlichen und tierischen Rückständen entstehenden höhermolekularen Stoffe wie Humin- und Fulvosäuren enthalten einen relativ hohen Anteil an Carboxylgruppen (–COOH), die etwa die Stärke von Essigsäure haben.

– *Nährstoffaufnahme.* Bei der Aufnahme verschiedener Ionen wie K^+, Na^+, Mg^{2+}, Ca^{2+} u. a. gibt die Pflanze zur Wahrung ihrer Elektroneutralität dafür überwiegend H^+-Ionen über die Wurzeln in den Boden ab.

– *Mineralisation.* Bei der Mineralisation organischer Substanz entstehen ebenso wie bei der Wurzelatmung große Mengen an Kohlensäure, die bei fehlendem Calciumcarbonat, das ansonsten das lösliche Calciumhydrogencarbonat bilden würde, den pH-Wert auf etwa 5 absenkt.

Die B. ist immer ein komplexer Vorgang, bei dem zahlreiche Faktoren zusammenwirken. Es werden u. a. Puffersysteme durch Verwitterungsreaktionen aktiviert. So können durch Niederschläge erhebliche Mengen an löslichem Calciumhydrogencarbonat ausgewaschen werden, die ansonsten H^+-Ionen neutralisieren würden.
$Ca(HCO_3)_2 + 2\ H^+ \rightarrow Ca^{2+} + 2\ CO_2 + 2\ H_2O$

Da die B. meist mit einer Auswaschung von Pflanzennährstoffen verbunden ist, verändert sich während dieser Prozesse auch die Zusammensetzung der Bodenvegetation, angepaßt an einen nährstoffarmen, sauren Standort.

Bodenzahl, 1) *praktische B.*, die Anzahl der in Destillations-, Extraktions- und Sorptionskolonnen eingebauten Austauschböden, z. B. Glocken-, Sieb-, Gitterrostböden u. a.

2) *theoretische B.*, die für ein Trennproblem theoretisch notwendige Anzahl an Austauschböden (↗ Destillation). Unter der Voraussetzung, daß bei der Zerlegung eines Flüssigkeitsgemisches der Diffusionsprozeß auf einem praktischen Kolonnenboden bis zum Gleichgewicht zwischen flüssiger und dampfförmiger Phase führt, erhält man eine *Trennstufe.* Das bedeutet: auf dem 1. Boden einer Destillations- oder einer Rektifizierkolonne hat die Flüssigkeit x_1 Molanteile der leichtsiedenden Komponente. Mit ihr steht ein Dampf mit y_1 Molanteilen der leichtsiedenden Komponente im Gleichgewicht. Wenn dieser Dampf auf dem 2. Boden kondensiert, so enthält die Flüssigkeit dort x_2 Molanteile. Mit dieser wiederum steht ein Dampf mit y_2 Molanteilen im Gleichgewicht, der auf dem 3. Boden kondensiert. In der Abb. sind die Anreicherungen der leichtsiedenden Komponente als Trennstufen eingezeichnet. Für den Fall, daß das gesamte Kondensat (x_D) als Rücklauf (unendliches Rücklaufverhältnis) in die Kolonne zurückgeführt wird, werden für die Anreicherung von x_S bis zur Konzentration x_D mindestens 5 Trennstufen, d. h. 5 theoretische Böden benötigt. Die so ermittelte Trennstufenzahl wird als *minimale B.* bezeichnet. Man versteht darunter die B., die für ein Trennproblem nicht unterschritten werden darf.

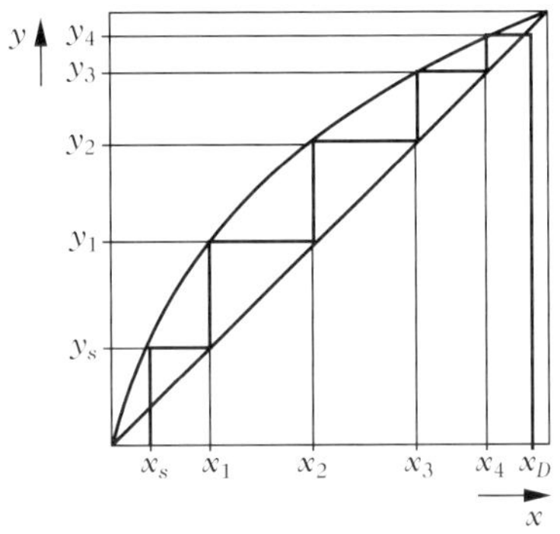

Bodenzahl. Abb.: Ermittlung der theoretischen Bodenzahl bei unendlichem Rücklaufverhältnis. *x* Molenbruch der leichterflüchtigen Komponente, x_S Molenbruch der leichterflüchtigen Komponente im Sumpf, x_D Molenbruch der leichterflüchtigen Komponente im Rücklauf, *y* Molenbruch der leichterflüchtigen Komponente im Dampf.

3) *äquivalente B.* Bei Füllkörperkolonnen, in denen keine Böden eingebaut sind, erhält man analog zu 2) Trennstufen oder Übergangseinheiten. Diese sind der theoretischen B. von Bodenkolonnen mit annähernd gleichen Dimensionen und Betriebsbedingungen äquivalent.

Bogenspektren, ↗ Atomspektroskopie.

Bohnermassen, ↗ Fußbodenpflegemittel.

Bohrfett, ↗ Bohröle.

Bohrium, Symbol *Bh*, ↗ Transfermium-Element, *Z* 107. Benannt nach dem dänischen Kernphysiker und Nobelpreisträger Niels Henrik David Bohr. Von der GSI Darmstadt war ursprünglich der Name Nielsbohrium vorgeschlagen worden.

Das Element 107 wurde in Darmstadt erstmals 1981 beim Beschuß von Bismutatomen mit Chromkernen [$^{209}Bi(^{54}Cr,n)^{262}Bh$] nachgewiesen, seine Herstellung war jedoch schon 1976 von russischen Wissenschaftlern am Kernforschungszentrum Dubna beansprucht worden.

Langlebigstes Radioisotop: ^{262}Bh (α-Strahler, Halbwertszeit 102 ms).

Bohröle, ***Kühlmittelöle***, kolloide oder auch echte flüssige Lösungen von Seifen in dünnflüssigen Mineralölen, mit oder ohne Gegenwart eines Lösungsvermittlers. Die B. gehören zu den Metallbearbeitungsölen. Zur Erhöhung und Stabilisierung der Emulgierfähigkeit der Seifen in Mineralölen ist ein geringer Zusatz von Wasser oder Alkohol günstig.

Bohrfette weisen außer den Emulgatoren und Mineralölen einen 25- bis 50%igen Wassergehalt auf und besitzen eine weiche, fettartige, salbenähnliche Konsistenz.

Bohrsches Atommodell, ↗ Atommodell.

Bohrsches Magneton, Elementareinheit des magnetischen Momentes von Elektronen. $\mu_B = eh/4\pi m_e = 9{,}2740154(31) \cdot 10^{-24}$ JT^{-1}, wobei e die Elementarladung, h das Plancksche Wirkungsquantum und m_e die Elektronenmasse ist. Es stellt das kleinste magnetische Moment des Elektrons im Wasserstoffatom dar. Alle magnetischen Momente von Atomen und Molekülen lassen sich durch vektorielle Addition aus ganzzahligen Vielfachen des B. M. zusammensetzen.

Boltzmann-Faktor, der Zahlenfaktor exp $(-\varepsilon/k_BT)$, wobei ε die Energie, k_B die Boltzmann-Konstante und T die absolute Temperatur ist. Der B. ist typisch für Beziehungen der Gleichgewichtsstatistik (↗ Maxwell-Boltzmannsche Geschwindigkeitsverteilung, ↗ Zustandssumme, ↗ Arrhenius-Gleichung). Er gibt für eine Gesamtheit von Teilchen den Bruchteil an, dessen Energie im thermischen Gleichgewicht größer oder gleich ε ist. Für Systeme mit diskreten Energieniveaus ε_1 ist exp $(-\varepsilon_i/k_BT)$ proportional der Besetzungswahrscheinlichkeit N_i/N des i-ten Energieniveaus, d. h. dem Quotienten aus der Besetzungszahl N_i des i-ten Niveaus, dividiert durch die Gesamtteilchenzahl N.

Boltzmann-Konstante, Zeichen k_B oder k, eine wichtige Konstante in der statistischen Thermodynamik zur Umrechnung von absoluten Temperaturen in Energien: $k_B = R/N_A = 1{,}380658(12) \cdot 10^{-23}$ JK^{-1}, wobei R die ↗ Gaskonstante und N_A die Avogadro-Konstante bedeuten. Die mittlere thermische Energie je Freiheitsgrad eines einzelnen Teilchens beträgt $\frac{1}{2} k_BT$.

Boltzmann-Verteilung, ↗ Maxwell-Boltzmann-Verteilung.

Bombenaufschluß, ↗ Aufschluß.

Bombenrohr, ***Einschmelzrohr***, ***Schießrohr***, starkwandiges, aus Spezialglas bestehendes, einseitig geschlossenes Rohr, das nach Füllung zugeschmolzen wird. Das B. dient zum analytischen Aufschluß von organischen Verbindungen (↗ Aufschluß) oder zur Durchführung von Umsetzungen in geringen Mengen unter Druck und Erwärmen in einem geschlossenen Reaktionsraum.

Bombesin, Pyr–Gln–Arg–Leu–Gly–Asn–Gln–Trp–Ala–Val–Gly–His–Leu–Met–NH_2, eine Stammverbindung der ↗ GRP-Bombesin-Peptidfamilie mit kininähnlichen Wirkungen. B. aus der Haut der europäischen Frösche *Bombina bombina* und *Bombina variegata* kontrahiert die glatte Muskulatur, besitzt blutdrucksenkende Wirkung und stimuliert Niere und Magen. Von besonderer Bedeutung ist die thermoregulierende Aktivität des Bombesins. Die Applikation von etwa 1 ng Bombesin in die *Cisterna cerebri* bewirkt innerhalb von 15 min ein Absinken der Rektaltemperatur um 5 °C über einen Zeitraum von 2 h.

B. stimuliert außerdem die Freisetzung von pankreatischen Peptiden und ↗ Cholecystokinin.

Bombykol, ↗ Pheromone.

Bondern, ↗ Phosphatieren.

Bongkreksäure, ein ↗ Antibiotikum aus Schimmelpilzen, das auf infizierten Kokosnußprodukten (indonesisch: Bongkrek) produziert wird. B. hemmt nichtkompetitiv eine Translocase, die den Transport von ADP/ATP durch die Mitochondrienmembran katalysiert. Im Gegensatz zum Atractylosid bindet sich B. nur an die Translocase, wenn ihr Nucleotidzentrum zur Matrixseite zugewandt ist. B. wird häufig als Inhibitor der Atmung eingesetzt.

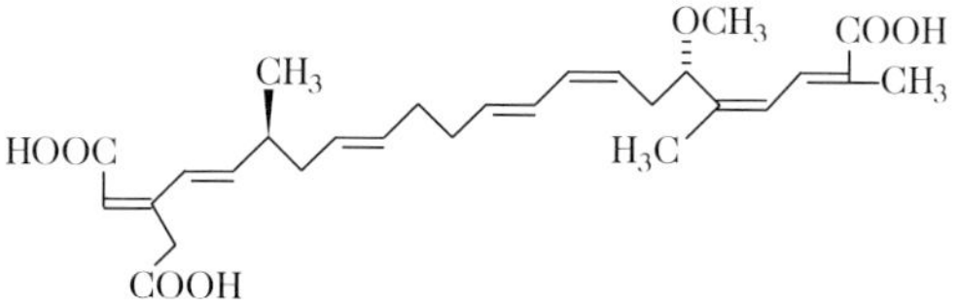

booster, ↗ Schaumstabilisatoren.

Bootform, ↗ Stereoisomerie 2.2.

Bor, Symbol ***B***, chem. Element aus der III. Hauptgruppe des Periodensystems, der ↗ Bor-Aluminium-Gruppe, Halbmetall; Z 5, Massenzahlen der natürlichen Isotope 10 (19,78 %) und 11 (80,22 %), Atommasse 10,811, Wertigkeit III, Standardelektrodenpotential –0,73 V ($B + 3\,H_2O \rightleftharpoons H_3BO_3 + 3\,H^+ + 3e$).

Eigenschaften. B. existiert in einer tetragonalen und zwei rhombischen Modifikationen. Diese kristallinen Formen enthalten B_{12}-Ikosaeder und unterscheiden sich lediglich in der Art der Verknüpfung dieser Grundbausteine untereinander. Der Zusammenhalt der zwölf Boratome innerhalb der Ikosaeder wie auch die Bindung zwischen den B_{12}-Polyedern wird am besten durch Mehrzentrenbildungen beschrieben. Das kristalline B. bildet grauschwarze Kristalle, D. 2,34 bis 2,37 g cm^{-3}, F. etwa 2300 °C, Kp. 2550 °C, ist sehr hart (Härte nach Mohs 9,3) und extrem reaktionsträge. Daneben kennt man eine amorphe Modifikation. Letztere ist sehr reaktionsfähig, entzündet sich an der Luft bei 700 °C und verbrennt mit rötlicher Flamme zu Bortrioxid B_2O_3. Mit Schwefel bildet amorphes B. Bortrisulfid B_2S_3. Mit Fluor erfolgt schon bei Zimmertemperatur heftige Reaktion zu Bortrifluorid BF_3, die übrigen Borhalogenide bilden sich bei erhöhter Temperatur ebenfalls aus den Elementen. Die Einwirkung von Stickstoff oder Ammoniak bei etwa 900 °C führt zu Bornitrid BN. Alkalische Schmelzen überführen B. in Gegenwart von Luft in Metallborate. B. vermag bei hoher Temperatur zahlreiche Elementoxide, -sulfide oder auch -halogenide zu den entsprechenden Elementen zu reduzieren, z. B. $3\ SiO_2 + 4\ B \rightarrow 3\ Si + 2\ B_2O_3$.

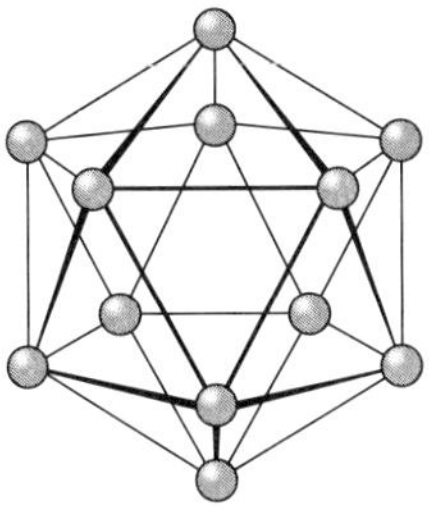

Bor. Abb.: B_{12}-Ikosaeder.

Analytisches. Der qualitative Nachweis des B. beruht auf der durch Verbrennung flüchtiger Borverbindungen verursachten grünen Flammenfärbung.

Vorkommen. B. ist am Aufbau der Erdkruste zu etwa $5 \cdot 10^{-3}$ % beteiligt. Es kommt in der Natur als Borsäure, z. B. als Sassolin oder gelöst in Mineralquellen, und in Form ihrer Salze, der Borate, vor. Wichtige Minerale sind Borax (Tinkal) $Na_2B_4O_6 \cdot 10\ H_2O$, Kernit $Na_2B_4O_7 \cdot 4\ H_2O$, Borocalcit $CaB_4O_7 \cdot 4\ H_2O$, Boracit $2\ Mg_3B_8O_{15} \cdot MgCl_2$ Colemanit $Ca_2B_6O_{11} \cdot 5\ H_2O$ und Pandermit $Ca_2B_6O_{11} \cdot 3\ H_2O$. Im Boden und in der pflanzlichen Natur kommt B. als Spurenelement vor. Es ist an der Zellteilung und an der Regelung des Calciumhaushaltes der Pflanzen beteiligt. Bormangel verursacht z. B. die Herz- und Trockenfäule der Zuckerrübe. Borarmen Böden wird das Element deshalb in Form von Mischdüngern zugeführt.

Gewinnung. Die Herstellung des kristallinen B. erfolgt durch Elektrolyse eines geschmolzenen Gemisches von Bortrioxid B_2O_3, Kaliumtetrafluoroborat KBF_4 und Kaliumchlorid KCl oder auch durch Reduktion von Bortrichlorid BCl_3 mit Wasserstoff im elektrischen Lichtbogen.

Verwendung. B. dient in der Metallurgie als Desoxidationsmittel und Legierungsbestandteil. Beispielsweise wird die Härtbarkeit des Eisens bereits bei geringen Borzusätzen bedeutend erhöht. Wegen des großen Einfangquerschnittes für Neutronen wird das Isotop ^{10}B als Neutronenabsorber in der Kerntechnik verwendet. Kristallines B. kommt, gegebenenfalls nach Dotierung, in der Halbleitertechnik zur Anwendung. Durch Reduktion von Bortrioxid mit Aluminium erhältliches *»quadratisches B.«* AlB_{12} wird wegen seiner großen Härte als Schleifmittel (Bordiamant) genutzt.

Bor-Aluminium-Gruppe, ***Borgruppe, Erdmetalle,*** III. Hauptgruppe des Periodensystems. Dazu gehören das halbmetallische chem. Element Bor B und die Metalle Aluminium Al, Gallium Ga, Indium In und Thallium Tl. Letztere werden wegen der erdigen Beschaffenheit ihrer Oxide auch als *Erdmetalle* bezeichnet. Die Elemente verfügen über eine Elektronenkonfiguration von ns^1p^1. Sie treten in der

Bor-Aluminium-Gruppe. Tab.: Eigenschaften der Elemente.

	B	Al	Ga	In	Tl
Kernladungszahl	5	13	31	49	81
Elektronenkonfiguration	$[He]2s^2p^1$	$[Ne]3s^2p^1$	$[Ar]3d^{10}4s^2p^1$	$[Kr]4d^{10}5s^2p^1$	$[Xe]4f^{14}5d^{10}6s^2p^1$
Atommasse	10,811	26,98154	69,72	114,82	204,37
Atomradius in pm	80	143	125	150	155
Ionenradius E^{3+} in pm	20	39	47	80	88
Elektronegativität	2,01	1,47	1,82	1,49	1,44
1. Ionisationspotential in eV	8,298	5,986	5,999	5,786	6,108
2. Ionisationspotential in eV	25,154	18,828	20,51	18,869	20,428
3. Ionisationspotential in eV	37,930	28,447	30,71	28,03	29,83
Standardelektrodenpotential (M/M^{3+}) in V	–0,73	–1,706	–0,560	–0,338	–0,3363*)
Dichte in g cm^{-3}	2,34 ... 2,37	2,702	5,904	7,30	11,85
F. in °C	etwa 2300	660,37	29,78	156,61	303,5
Kp. in °C	2550	2467	2403	2080	1467 ± 10

*) für $Tl \rightleftharpoons Tl^+ + e^-$

dreiwertigen Oxidationsstufe E^{3+} (E = Element) auf (Edelgaskonfiguration). Für Bor liegen die Ionisationspotentiale (Tab.) infolge des außerordentlich kleinen Radius so hoch, daß Verbindungen mit B^{3+}-Ionen nicht bekannt sind. Bor bevorzugt die Ausbildung kovalenter Bindungen. Für die schwereren Elemente ist der dreiwertige Ionenzustand realisiert.

In der B. nimmt die Stabilität der einwertigen Oxidationsstufe E^+ von oben nach unten zu. Bei Thallium dominiert die einwertige Oxidationsstufe, somit sind Thallium(III)-Salze starke Oxidationsmittel. Dieser Umstand kann nicht mit der Höhe der 2. und 3. Ionisationspotentiale begründet werden, da für Gallium die Summe des 2. und 3. Ionisationspotentials größer ist als für Thallium. Die Ursache liegt vielmehr in der abnehmenden Bereitschaft des s-Elektronenpaares, sich an ionischen oder kovalenten Bindungen zu beteiligen (inert pair effect). Dies wiederum läßt sich auf eine zunehmend ungünstigere Bilanz zwischen den bei der Bildung einer Verbindung aufzuwendenden Energien (Promotions- und Ionisationsenergien u. dgl.) und den zu gewinnenden Energiebeiträgen (kovalente Bindungs-, Gitter- und Solvatationsenergien u. dgl.) zurückführen. Die Unregelmäßigkeiten in der Abstufung der Ionisationspotentiale, der Elektronegativitäten und Atomradien in der B. (Tab.) sind auf den Einschub der d- und f-Elemente zurückzuführen.

Die Ausbildung von drei Kovalenzen verschafft den Elementen der B. nur ein Elektronensextett. Um diese Elektronenmangelsituation auszugleichen, findet man z. B. für die Elementhydride Zweielektronen-Dreizentrenbindungen (↗ Dreizentrenbindung). In den planaren Borhalogeniden wird sie durch intensive $p_\pi p_\pi$-Wechselwirkungen mit den Liganden ausgeglichen (BF_3), während die Halogenide der schwereren Elemente stabile Außenelektronenkonfigurationen durch Oligomerisierung erreichen (z. B. ↗ Aluminiumbromid). Aufgrund dieser Mangelsituation sind die Elemente der B. starke Lewis-Säuren. Die Elektronenpaarakzeptorfähigkeit nimmt erwartungsgemäß in der Reihe $BX_3 > AlX_3 > GaX_3$ ab.

Der metallische Charakter der Elemente der B. nimmt von oben nach unten zu. In gleichem Sinne nimmt der Säurecharakter der $B(OH)_3$-Verbindungen ab. Während Borsäure $B(OH)_3$ ausgesprochen saure Eigenschaften aufweist, ist Aluminiumorthohydroxid $Al(OH)_3$ amphoter und sind die Hydroxide des Indiums und des Galliums rein basisch.

Insgesamt ähneln Bor und seine Verbindungen in ihrem Verhalten weniger den Derivaten des Aluminiums als denen des Siliciums (Schrägbeziehungen im ↗ Periodensystem). Dies äußert sich unter anderem in den Säure- und Kondensationseigenschaften der Borsäure H_3BO_3 und der Monokieselsäure H_4SiO_4, der Tendenz des Boroxids B_2O_3 bzw. des Siliciumdioxids SiO_2, Gläser zu bilden, oder auch im Hydrolyseverhalten der Halogenide.

Boranate, *Hydridoborate*, komplexe Metallborwasserstoffverbindungen. Die Boranat-Anionen bilden sich formal aus Boranen durch Aufnahme von Hydridionen oder Eliminierung von Protonen. Von besonderer Bedeutung sind die B., denen tetraedrische BH_4^--Anionen zugrunde liegen und die durch Umsetzung von Diboran mit salzartigen Hydriden gebildet werden, z. B. $2\ NaH + B_2H_6 \rightarrow 2\ NaBH_4$. Die höheren Boranatanionen entsprechen meist der allg. Formel $B_nH_n^{2-}$. Ein interessanter Vertreter dieser Klasse ist das *closo*-Dodecahydridododecaborat(2^-), $B_{12}H_{12}^{2-}$-Anion, das als Natriumsalz aus der Umsetzung von Natriumboranat mit Diboran in Gegenwart von Triethylamin resultiert: $2\ NaBH_4 + 5\ B_2H_6 \rightarrow Na_2B_{12}H_{12} + 13\ H_2$. Das außerordentlich stabile $B_{12}H_{12}^{2-}$-Anion hat Ikosaederstruktur. Im B_{12}-Käfig sind die Boratome durch Zwei- und Dreizentren-Zweielektronenbindungen miteinander verknüpft. Die 12 Wasserstoffatome sind durch normale kovalente Bindungen an die Boratome gebunden.

Borane, ***Borwasserstoffe***, ***Borhydride***, Bor-Wasserstoffverbindungen, von denen etwa 25 Vertreter bekannt sind und die in ihrer Zusammensetzung den allg. Formeln B_nH_{n+4}, oder B_nH_{n+16} entsprechen. Ihre systematischen Bezeichnungen werden gebildet, indem durch ein griech. Präfix die Anzahl der Boratome und durch eine nachgestellte Zahl die der Wasserstoffatome angegeben wird. Die niederen Glieder dieser Reihen sind farblose Gase oder leichtflüchtige Flüssigkeiten von unangenehmem, übelkeitserregendem Geruch. Die höheren B. sind fest (Tab.). Der einfachste Vertreter der B. ist das Diboran B_2H_6 Zur Synthese von Diboran wird Bortrichlorid mit Lithiumalanat gemäß $4\ BCl_3 + 3\ LiAlH_4 \rightarrow 2\ B_2H_6 + 3\ LiAlCl_4$ oder auch Bortrifluorid mit Natriumboranat gemäß $4\ BF_3 + 3\ NaBH_4 \rightarrow 3\ NABF_4 + B_2H_6$ umgesetzt. Die höheren B. werden meist durch thermische Spaltung des Diborans bei 150 bis 250 °C hergestellt, wobei die Zusammensetzung des Reaktionsgemisches vor allem von der Temperatur und vom Wasserstoffdruck bestimmt wird. Die Einwirkung von Säure auf Magnesiumborid liefert ein hauptsächlich aus Tetraboran(10) bestehendes Borangemisch.

Die Strukturen der B. werden durch die Elektronenmangelsituation bestimmt. Beispielsweise werden im Diboran die vier in einer Ebene liegenden endständigen Protonen durch »normale« σ-Beziehungen gebunden. Die Verknüpfung der beiden Boratome und Brückenwasserstoffe wird durch zwei senkrecht dazu angeordnete B–H–B-Dreizentren-Zweielektronenbindungen erreicht (↗ Dreizentrenbindung). Ähnliche Bindungsverhältnisse findet man in den höheren B., in denen zusätzlich B–B–B-

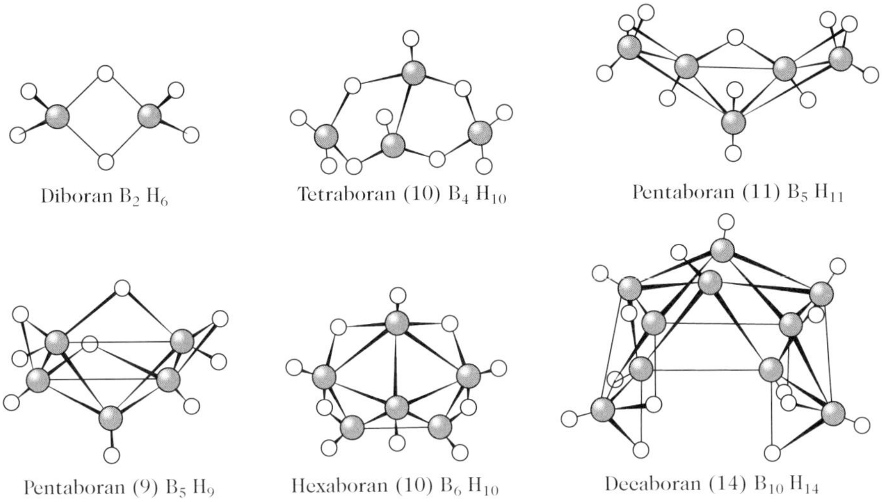

Borane. Abb.: Strukturen einiger Borane.

Dreizentrenbindungen auftreten. Den speziellen Strukturen der B. wird oftmals in deren Nomenklatur durch Voranstellen der Präfixe »*nido*« (Nest), z. B. in *nido*-Decaboran(14), oder »*closo*« (geschlossen), z. B. in *closo*-Dodecahydrodecaboranat(2^-) (↗ Boranate), Rechnung getragen.

Borane. Tab.: Physikalische Eigenschaften einiger Borane.

Name	Formel	F. in °C	Kp. in °C
Diboran(6)	B_2H_6	–165,5	–92,5
Tetraboran(10)	B_4H_{10}	–120,8	16
Pentaboran(9)	B_5H_9	–46,8	58,4
Pentaboran(11)	B_5H_{11}	–123,3	63
Hexaboran(10)	B_6H_{10}	–65	Z.
Hexaboran(12)	B_6H_{12}	–90	Z.
Decaboran(14)	$B_{10}H_{14}$	99,5	213

Der Elektronenmangel in den B. ist auch für deren Reaktionsverhalten bestimmend. So werden bei Wechselwirkungen mit Elektronenpaardonatoren (Lewis-Basen), z. B. tertiären Aminen, die Dreizentrenbindungen unter Bildung normaler koordinativer Bindungen geöffnet, z. B.

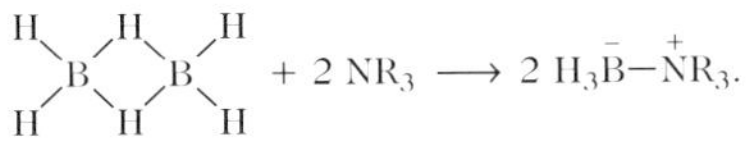

Einen analogen Verlauf nimmt die Reaktion mit Ammoniak, wobei über Zwischenstufen ↗ Borazin gebildet wird. Auch die Reaktion des Diborans mit Wasser erfolgt in diesem Sinne, wobei nachfolgend unter Eliminierung von Wasserstoff Borsäure resultiert: $B_2H_6 + 6\ H_2O \rightarrow 2\ B(OH)_3 + 6\ H_2$. Die Reaktion mit ionischen Hydriden der Alkali- und Erdalkalimetalle oder verschiedenen Metallorganylen zu Metallboranaten kann man ebenfalls auf dieser Basis diskutieren (↗ Boranate).

Die niederen B. sind an der Luft pyrophor und verbrennen zu Bortrioxid und Wasser, z. B. $B_2H_6 + 3\ O_2 \rightarrow B_2O_3 + 3\ H_2O$. Durch Thermolyse werden die B. ineinander umgewandelt. Die Addition von Diboran an C=C-Doppel- und C≡C-Dreifachbindungssysteme hat präparative Bedeutung zur Herstellung bororganischer Verbindungen (↗ Hydroborierung).

Die B. haben bei der Entwicklung des Verständnisses für die Struktur von Elektronenmangelverbindungen eine bedeutende Rolle gespielt. Praktische Verwendung finden sie als Ausgangsmaterialien zur Herstellung von Boranaten und in der Hydroborierung.

Borate, 1) die Salze der Borsäuren. Den B. liegen Anionen sehr unterschiedlicher Strukturtypen zugrunde. Salze der monomeren Orthoborsäure mit dem planaren BO_3^{3-}-Anion sind selten (z. B. Scandiumorthoborat $ScBO_3$). Sehr viel häufiger sind Metaborate der Zusammensetzung $[M^IBO_3]_n$ die sich von cyclischen oder kettenförmigen polymeren Borsäuren ableiten. Wasserfreiem Natriummetaborat $Na_3B_3O_6$ liegt z. B. eine cyclisch-trimere Borsäure zugrunde (1), während Calciummetaborat $Ca(BO_2)_2$ ein kettenförmiges Polyborat-Anion aufweist (2).

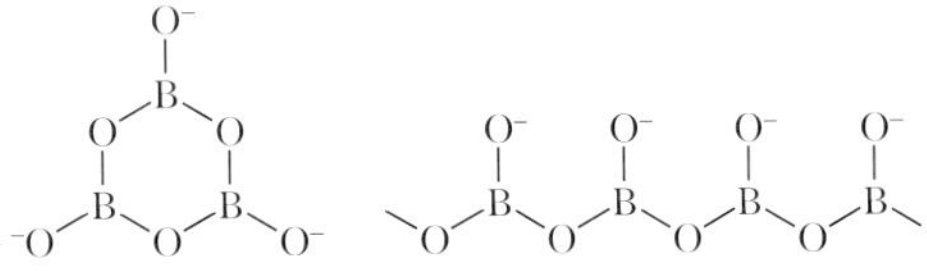

1 2

Borate. Abb.: Metaborate.

Ihre Zusammensetzung läßt meist nur schwer einen Schluß auf die Struktur zu. Bekanntester Vertreter dieser Verbindungsklasse ist der ↗ Borax. Man gewinnt diese B. durch Eintragen der Metallhydroxide in wäßrige Borsäure und Eindunsten der Lösungen. B. werden angewandt als Bestandteil von Düngemitteln, in der Emailfabrikation und zur Herstellung von ↗ Perboraten.

2) die Ester der Borsäure, z. B. Trimethylborat für ↗ Borsäuretrimethylester.

Borax, ***Natriumtetraborat-Dekahydrat***, $[Na(H_2O)_4]_2[B_4O_5(OH)_4]$ farblose, an der Luft verwitternde, monokline Kristalle; D. 1,37 g cm^{-3}. Bei raschem Erhitzen schmilzt B. bei 75 °C, gibt bei dieser Temperatur 8 Moleküle Kristallwasser ab, um bei 320 °C in das wasserfreie Tetraborat überzugehen; F. 741 °C. Dieses Dehydratisierungsverhalten ist mit der Struktur des B. in guter Übereinstimmung.

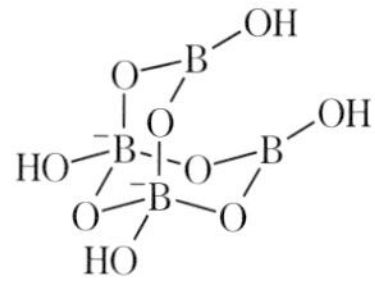

Borax. Abb.: Anion des $Na_2[B_4O_5(OH)_4] \cdot 8\ H_2O$.

B. kommt als Mineral gleichen Namens oder unter der Bezeichnung Tinkal in der Natur vor. Auch zahlreiche Salzseen enthalten gelösten B. Man verwendet B. zur Bereitung niedrigschmelzender Glasuren für Keramikerzeugnisse, für Emails, zur Herstellung temperaturbeständiger Glassorten und optischer Gläser, als Zusatz von Düngemitteln und als Flußmittel beim Hartlöten. Im Labor dient B. zur Herstellung von Pufferlösungen und zur *Boraxperle* (↗ Phosphorsalzperle).

Boraxperle, ↗ Phosphorsalzperle.

Borazin, früher ***Borazol***, $B_3N_3H_6$ farblose, aromatisch riechende Flüssigkeit; D. 0,861 g cm^{-3} 4, F. −58 °C, Kp. 55 °C. B. ist ein planares, cyclisch konjugiertes, mit dem Benzol isosteres 6π-Elektronensystem. Zahlreiche physikalische Eigenschaften des

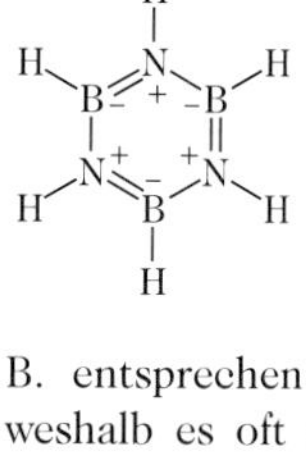

B. entsprechen recht genau denen des Benzols, weshalb es oft auch als *anorganisches Benzol* bezeichnet wird. Allerdings sind die Abweichungen im chem. Verhalten beträchtlich. Infolge der hohen Bindungspolaritäten (N: δ^-, B: δ^+) ist das Borazin-System sehr leicht Additionen durch Wasser, Alkohole, Chlorwasserstoff u. ä. zugänglich. So wird B. durch Wasser in Borsäuresulfid Ammoniak hydrolysiert. B. bildet sich durch Einwirkung von Lithiumboranat auf Ammoniumchlorid. $3\ NH_4Cl + 3\ LiBH_4 \rightarrow B_3N_3H_6 + 3\ LiCl + 9\ H_2$. Bei Variation des Ausgangsmaterials sind auf diesem Wege auch *N*- und *B*-substituierte Produkte zugänglich.

Borazol, ↗ Borazin.

Borcarbid, B_4C, schwarzes Pulver oder glänzende, schwarze, rhomboedrische Kristalle, D. 2,52 g cm^{-3}, F. 2350 °C, Kp. > 3500 °C. Die Härte des B. liegt zwischen der des Siliciumcarbids und des Diamanten. Es ist thermisch und chemisch außerordentlich widerstandsfähig. Zur Herstellung wird Bor oder Boroxid mit Kohlenstoff auf 2500 °C erhitzt. Man verwendet B. als Schleifmittel und als Neutronenabsorber in Kernreaktoren.

Borchlorid, ***Bortrichlorid***, BCl_3, farblose, rauchende Flüssigkeit, D. 1,349 g cm^{-3}, F. −107,3 °C, Kp. 12,5 °C. Von Wasser wird B. zu Borsäure und Chlorwasserstoff zersetzt: $BCl_3 + 3\ H_2O \rightarrow H_3BO_3 + 3\ HCl$. Das Elektronensextett am Bor verleiht dem B. Lewis-Säure-Eigenschaften. Es reagiert mit vielen N-, P-, O- und S-Nucleophilen zu Additionsverbindungen. Man gewinnt B. durch Erhitzen von Bor im Chlorstrom B. dient als Katalysator bei Friedel-Crafts-Reaktionen und zur Synthese zahlreicher Borverbindungen.

Bordeaux B, ↗ Echtrot.

Borfluorid, ***Bortrifluorid***, BF_3, farbloses Gas, F. −126,7 °C, Kp. −99,9 °C. An feuchter Luft raucht B. infolge Hydrolyse. Bei Einwirkung von Wasser ist diese Reaktion vollständig: $BF_3 + 3\ H_2O \rightarrow H_3BO_4 + 3\ HF$. B. ist eine typische Lewis-Säure. Es reagiert z. B. mit HF zu Tetrafluoroborsäure HBF_4 und bildet mit Ether unzersetzt destillierbares Bortrifluorid-etherat $F_3B{-}O(C_2H_5)_2$ (Kp. 126 °C). B. dient vor allem als Katalysator in der organischen Synthese (z. B. bei Friedel-Crafts-Reaktionen), zu Fluorierungen und zur Herstellung anderer Borverbindungen. $^{10}BF_3$ wird zur Füllung von Neutronenzählrohren benutzt.

Borgruppe, ↗ Bor-Aluminium-Gruppe.

Borhydride, ↗ Borane.

Boride, binäre Metall-Bor-Verbindungen. Man unterscheidet borreiche und borarme B. In den *borreichen B.* der Zusammensetzung MB_4, MB_6 und MB_{12} besetzen die Metalle freie Gitterplätze bzw. Lücken im Gitter entsprechend verknüpfter Bor-Polyeder. Man gewinnt sie aus den Elementen. Die *borarmen B.* der Formel MB oder MB_2, insbesondere die, in denen M ein Übergangsmetall ist, haben interessante Werkstoffeigenschaften. Sie sind sehr hart, chemisch und thermisch sehr beständig und oft von guter elektrischer Leitfähigkeit.

Bornan, ↗ Monoterpene.

Borneol, vom bicyclischen Monoterpen Bornan abgeleiteter sekundärer Alkohol. Es existieren 4 optisch aktive Formen: (+)-B. (auch *Borneocampher*) und (–)-B. (auch *Ngaicampher*) sowie (+)- und (–)-Isoborneol. B. bildet farblose, sublimierende Kristalle von campherähnlichem Geruch, die in Wasser wenig, in Alkohol und Ether leicht löslich sind; F. 203 bis 210 °C [(+)-, (–)-, (±)-B.] bzw. 212 °C [(+)-, (–)-, (±)-Isoborneol]. (+)- und (–)-B. sowie deren Ester sind Bestandteile zahlreicher ätherischer Öle. (+)-B. und (+)-Bornylacetat sind in den Ölen zahlreicher *Labiaten* und *Zingiberaceae* enthalten. (–)-B. kommt in den Ölen von *Pinaceae* und *Asteraceae* vor.

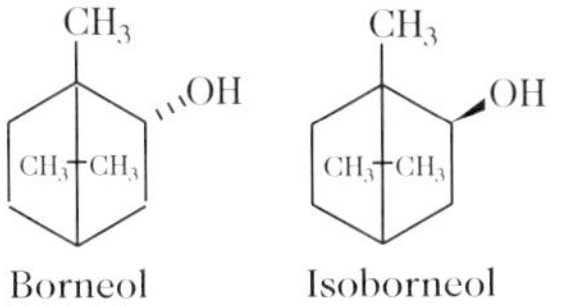

Borneol Isoborneol

(–)-B. kann durch Verseifen des in großer Menge im Fichtennadelöl enthaltenen (–)-Bornylacetats erhalten werden. Die technische Gewinnung von B. oder dessen Estern erfolgt meist durch Hydratisierung von Pinen. Synthetische B. enthalten meist Isoborneol. B. wird in der Riechstoffindustrie verwendet und ist Zwischenprodukt der Camphersynthese.

Born-Haber-Kreisprozeß, thermodynamischer Kreisprozeß für Verbindungen, die aus Ionengittern aufgebaut sind. Der B. verknüpft die molare Bildungsenergie $\Delta_B U$ des Feststoffes (↗ Bildungsreaktion) mit der Sublimationsenergie $\Delta_S U$ und der Ionisierungsenergie $\Delta_I U$ des Metalls, der Dissoziationsenergie $\Delta_D U$ und der Elektronenaffinität $\Delta_E U$ des Nichtmetalls und mit der molaren Gitterenergie $\Delta_G U$, die beim Aufbau des Ionengitters aus gasförmigen Ionen freigesetzt wird. Beispiel: B. von Kaliumchlorid KCl.

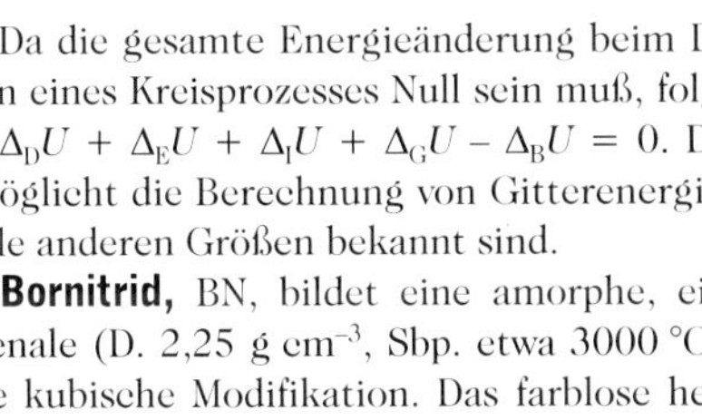

Da die gesamte Energieänderung beim Durchlaufen eines Kreisprozesses Null sein muß, folgt $\Delta_S U + \frac{1}{2}\Delta_D U + \Delta_E U + \Delta_I U + \Delta_G U - \Delta_B U = 0$. Der B. ermöglicht die Berechnung von Gitterenergien, wenn alle anderen Größen bekannt sind.

Bornitrid, BN, bildet eine amorphe, eine hexagonale (D. 2,25 g cm^{-3}, Sbp. etwa 3000 °C) und eine kubische Modifikation. Das farblose hexagonale B. hat die Struktur des mit ihm isosteren Graphits, in dem die Kohlenstoffatome alternierend durch B- und N-Atome ersetzt sind. Es leitet den elektrischen Strom nicht. Das kubische B. hat Diamantstruktur. In seiner Härte ist es dem Diamanten vergleichbar. Alle drei Modifikationen sind chemisch und thermisch außerordentlich beständig. Die Herstellung erfolgt entweder aus den Elementen oder durch Umsetzung von Bortribromid mit Ammoniak. Das zunächst gebildete hexagonale B. geht bei 1350 °C und 6000 MPa in die kubische Form über. Wegen seiner hohen Stabilität dient B. zur Auskleidung von Verbrennungskammern und der Düsen von Raketen, Pumpen, u. dgl. Hexagonales B. wird als Schmiermittel, kubisches B. als Schleifmittel verwendet. Auch die Herstellung von Bornitridfasern ist gelungen.

Born-Oppenheimer-Näherung, eine auf Born und Oppenheimer (1927) zurückgehende Näherung, wonach bei der quantenmechanischen Behandlung von Atomen und Molekülen die Elektronenbewegung als unabhängig von der Bewegung der Kerne angenommen wird. Diesem Vorgehen liegt die Vorstellung zugrunde, daß aufgrund des relativ großen Unterschiedes zwischen Kern- und Elektronenmasse die Elektronen sich viel schneller bewegen als die Kerne und ihr Bewegungszustand sich der veränderten Kernlage unverzögert anpaßt. Damit reduziert sich im Rahmen der B. die quantenmechanische Berechnung eines Moleküls auf die Lösung der Schrödinger-Gleichung für stationäre Zustände der Elektronen im Feld festgehaltener Atomkerne. Die B. erweist sich in den meisten Fällen als außerordentlich gute Näherung und stellt häufig bei der theoretischen Behandlung molekularer Systeme den einzig durchführbaren Weg dar.

bororganische Verbindungen, ***Organoborverbindungen***, zur Gruppe der ↗ elementorganischen Verbindungen zählende Alkyl- und Arylderivate des Bors des Typs BR_nX_{3-n} (n = 1, 2, 3) (X = H, Halogen, OR, NR_2 u. a.) sowie »ungesättigte« b. V. der Typen $[\rangle B{=}B\langle]^-$ (Borataalkene), $-B{=}C\langle$ (Boraalkene) und $[-B{\equiv}C-]^-$ (Borataalkine), die durch Eliminierungsreaktionen aus entsprechenden »gesättigten« b. V. synthetisiert werden. Eine spezielle Klasse der b. V. stellen die ↗ Carbaborane dar. Die niederen Bortrialkyle sind farblose, giftige, oxidationsempfindliche, an der Luft pyrophore Gase oder Flüssigkeiten. B. V. mit B–C-Einfachbindung sind gegenüber Wasser stabil. Sie neigen nicht zur Assoziation, sind monomer und haben trigonal-planare Molekülstrukturen. B. V. mit B–C-Mehrfachbindungen sind polymerisationslabil und lassen sich nur bei sterischer Abschirmung der p_π-p_π-Bindungen in Form metastabiler Produkte erhalten. Durch Wasserstoffperoxid oder Halogene wird die Bor-Kohlenstoff-Bindung oxidativ gespalten, z. B. $R_3B + 3\,H_2O_2 \rightarrow 3\,R{-}OH + B(OH)_3$, $R_3B + 3\,Br_2 \rightarrow 3\,R{-}Br + BBr_3$. Man gewinnt b. V. des Typs BR_nX_{3-n} durch Einwirkung von lithium- oder magnesiumorganischen Verbindungen auf Borhalogenide oder

-ester, z. B. $BF_3 \cdot OEt_2$ + 3R–MgBr → BR_3 + 3 MgBrF + OEt_2, oder durch ↗ Hydroborierung. Sie werden in der organischen Synthese sowie als Katalysatoren bei Polymerisationsreaktionen, Antioxidantien, Kraftstoffzusätze, Raketentreibstoffe, Bakteriastatika und Neutronenabsorber in der Nuklearmedizin angewandt. (Et = $-C_2H_5$).

Boroxid, ***Bortrioxid***, B_2O_3, farblose, glasartige, hygroskopische Masse oder rhombische Kristalle; F. 450 °C, Kp. etwa 1860 °C. In Wasser löst sich B. stark exotherm zu Orthoborsäure: $B_2O_3 + 3\ H_2O \rightarrow 2\ HB(OH)_3$. B. bildet sich durch Erhitzen von Borsäure.

Borsäure, ***Orthoborsäure***, farblose, in heißem Wasser leicht lösliche, schuppenartige, trikline Kristalle, D. 1,435 g cm^{-3}, bei raschem Erhitzen F. 169 °C, jedoch dehydratisiert B. bereits bei 70 °C zu *Metaborsäure* $[HBO_2]_n$, die bei etwa 300 °C in Boroxid B_2O_3 übergeht. Der Metaborsäure liegen cyclische oligomere oder lineare polymere Strukturen zugrunde (↗ Borate).

Orthoborsäure ist wasserdampfflüchtig. Ihre wäßrige Lösung reagiert schwach sauer. Dies ist das Ergebnis einer Lewis-Säure-Base-Wechselwirkung der B. mit dem Wasser: $B(OH)_3 + 2\ H_2O \rightarrow [B(OH)_4]^- + H_3O^+$. Die technische Herstellung erfolgt üblicherweise durch Umsetzung von aus Kernit gewonnenem Borax mit Schwefelsäure: $Na_2B_4O_7 + H_2SO_4 + 5\ H_2O \rightarrow 4\ B(OH)_3 + Na_2SO_4$. Man verwendet B. vor allem in der Glas- , Keramik- und Emailindustrie.

Borsäuretrimethylester, ***Trimethylborat***, $B(OCH_3)_3$, Ester von Methanol und Borsäure, eine farblose, feuchtigkeitsempfindliche, mit grüner Flamme brennende Flüssigkeit; F. –29,3 °C, Kp. 67 bis 69 °C, n_D^{20} 1,3568. B. ist in organischen Lösungsmitteln löslich und wird durch Wasser zu Borsäure und Methanol verseift: $B(OCH_3)_3 + 3\ H_2O \rightarrow H_3BO_3 + 3\ CH_3OH$. Man gewinnt ihn durch Umsetzung von Borsäure mit Methanol in Gegenwart von konz. Schwefelsäure. Anhand der grünen Flamme kann Borsäure qualitativ bestimmt werden.

Borwasserstoffe, ↗ Borane.

Bose-Einstein-Statistik, Quantenstatistik für ein im Gleichgewicht befindliches System von Bosonen. Als *Bosonen* werden Elementarteilchen mit ganzzahligem Spin bezeichnet. Zu ihnen gehören die Photonen und die Mesonen. Sie haben in der quantenmechanischen Beschreibung symmetrische Wellenfunktionen, d. h., beim Austausch von zwei Bosonen ändert die Wellenfunktion des Systems ihr Vorzeichen nicht. Im Unterschied zur klassischen Maxwell-Boltzmann-Statistik (↗ Maxwell-Boltzmann-Verteilung) sind in der Quantenstatistik die Teilchen nicht unterscheidbar. Zustände, die sich nur durch den Austausch von zwei gleichartigen Bosonen unterscheiden, dürfen in der B. nicht als verschieden gezählt werden. Außerdem ist im Unterschied zur ↗ Fermi-Dirac-Statistik die Anzahl der Teilchen in einem bestimmten Quantenzustand nicht begrenzt. In der B. gilt die *Verteilungsfunktion* $N_i = g_i/(e^{[E_i-\mu]/k_BT} - 1)$, wobei N_i die mittlere Zahl der Teilchen i im Zustand der Energie E_i, μ das chem. Potential des Gesamtsystems, k_B die Boltzmann-Konstante und T die absolute Temperatur bedeuten.

Bosonen, ↗ Bose-Einstein-Statistik.

Böttgers Papier, ↗ Alkannin.

Botulinustoxin A, ↗ chemische Kampfstoffe.

Boudouard-Gleichgewicht, Gleichgewichtsbeziehung zwischen Kohlenstoff, Kohlenmonoxid und Kohlendioxid: $C + CO_2 \rightleftharpoons 2\ CO$, $\Delta_R H = +162{,}5$ kJ mol^{-1}. Die Lage des B. wird mit steigender Temperatur und fallendem Druck nach rechts verschoben. Bei Verbrennung von Kohlenstoff im Sauerstoffunterschuß erhält man deshalb < 400 °C praktisch reines CO_2, > 1000 °C nur CO. Das B. spielt bei allen technischen Prozessen eine Rolle, in denen Kohlenstoff unvollständig verbrannt wird (↗ Generatorgas) oder Sauerstoffverbindungen mit Kohlenstoff reduziert werden (z. B. beim Hochofenprozeß).

Bouguer-Lambert-Beersches Gesetz, ↗ Lambert-Beersches Gesetz.

Bouveault-Blanc-Reduktion, Methode zur Umwandlung aliphatischer Carbonsäureester in primäre Alkohole mittels Natriums in Ethanol:

$$R^1{-}CO{-}OR^2 \xrightarrow{+\ 4H(Na,\ C_2H_5OH)} R^1{-}CH_2{-}OH + R^2{-}OH$$

Anstelle von Ethanol können auch Isopropylalkohol, Butanol, Cyclohexanol oder Methylcyclohexanole verwendet werden.

Boyle-Mariottesches Gesetz, ↗ Zustandsgleichung 1.1.

Br, Symbol für Brom.

Bradykinin, H–Arg–Pro–Pro–Gly–Phe–Ser–Pro–Phe–Arg–OH, ein zu den ↗ Plasmakininen zählendes 9-Peptid. B. ist ein Gewebshormon, das aus Bradykinogen durch das Enzym Kallikrein freigesetzt wird. Es wirkt blutdrucksenkend, uteruskontrahierend und gefäßerweiternd auf die glatte Muskulatur von Darm und Bronchien.

Braggsches Gesetz, ↗ Röntgenstrukturanalyse.

Brandmittel, zusammenfassende Bezeichnung für ↗ Brandstoffe und die für ihren Einsatz erforderlichen Mittel, z. B. Bomben, Granaten, Flammenwerfer. Die B. gehören zu den chem. Kampfmitteln. Von besonderer Bedeutung sind *Brandbomben.* Der Bombenkörper kann aus Elektron oder einem anderen brennbaren Material bestehen. Großkalibrige Brandbomben sind mit einer brennbaren Flüssigkeit (Benzin, Kerosin) oder ↗ Napalm gefüllt (Napalmbomben).

Brandstoffe, chem. Elemente, Verbindungen oder Gemische, die beim Verbrennen hohe Temperaturen entwickeln, lange brennen, gut haften und schwer löschbar sind. Sie werden mittels spezieller

Mittel, z. B. Bomben, Granaten oder Flammenwerfer, zum Einsatz gebracht (↗ Brandmittel). Die B. werden eingeteilt in Brandgemische aus Erdölprodukten (↗ Napalm), metallische Brandgemische (Pyrogel) sowie ↗ Thermite und Thermitgemische. Ferner können unter anderem weißer Phosphor und Elektronmetall als B. eingesetzt werden.

Branntkalk, ↗ Calciumoxid.

Branntwein, *Brandy*, die traditionelle Bezeichnung für Spirituosen, die durch Destillation vergorener ↗ Maischen gewonnen werden. In Abhängigkeit von der Herkunft des Gärsubstrates spricht man von »Kornbranntweinen«, »Obstbranntweinen«, »Weinbrand« u. a. Charakteristisch für die Herstellung dieser Spirituosen ist, daß die aromabildenden Bestandteile der ↗ Fuselöle mit überdestilliert werden, die dann den charakteristischen Geschmack dieser Spirituosen bestimmen.

Brasilin, $C_{16}H_{14}O_5$, ein im ↗ Rotholz enthaltener Naturfarbstoff. B. bildet blaßgelbe Kristallnadeln, F. 130 °C (Z.), die in Wasser, Alkohol und Ether löslich sind und sich an der Luft orangegelb färben. Bei der Oxidation geht B. in den eigentlichen Farbstoff, das *Brasilein*, über. B. dient zur Rotfärbung von Tinten, Holz, Textilien, zur Färbung mikroskopischer Präparate und als Indikator.

Brassinosteroide, Gruppe von Phytohormonen, die das Längenwachstum verstärken. Es handelt sich um $2\alpha,3\alpha,22\beta,23\beta$-tetrahydroxylierte Steroide. Bei B. der Gruppe A ist der Ring B zu einem siebengliedrigen Lactonring erweitert, B. der Gruppe B besitzen eine 6-Oxo-Struktur.

Brauchwasser, ↗ Wasseraufbereitung.

Braunkohlenhochtemperaturverfahren, ↗ Verkokung.

Braunkohlenteer, ↗ Teer.

Braunsches Lipoprotein, ↗ Murein-Lipoprotein.

Braunstein, ↗ Manganoxide.

Bravais-Gitter, ↗ Kristall.

Brechungsindex, ↗ Refraktometrie.

Brechweinstein, ↗ Kaliumantimonotartrat.

Bredtsche Regel, die 1924 formulierte Regel besagt, daß in überbrückten bicyclischen Kohlenwasserstoffen die Ausbildung einer Doppelbindung an den Brückenkopfatomen durch die Ringspannung verhindert werden kann. Später wurde die Regel

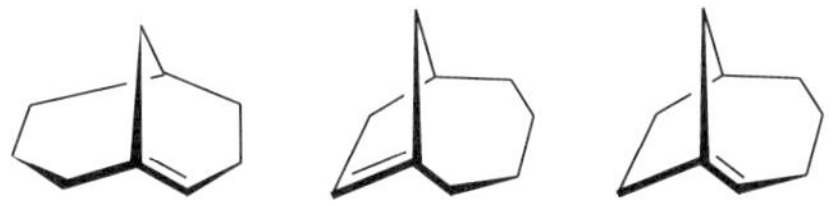

präzisiert und beinhaltet nun, daß auch solche bicyclischen Alkene bzw. auch *N*-Heteroalkene stabil sind, die über 7 oder mehr Brückenglieder verfügen, d. h. der allg. Formel Bicyclo[$x.y.z$]alk-1-ene (Summe $x + y + z \geq 7$) genügen. Vgl. auch ↗ Bicycloalkane.

Breitbandantibiotika, ↗ Antibiotika mit einem relativ breiten Wirkungsspektrum, das sich auf verschiedene grampositive und -negative Bakterien erstreckt (z. B. ↗ Chloramphenicol und ↗ Tetracycline).

Brennereihefe, zur industriellen Herstellung von Ethanol eingesetzte obergärige Stämme (Rassen) von *Saccharomyces cerevisiae*. B. bilden aus kohlenhydratreichen Rohstoffen (z. B. Getreide, Kartoffeln, Rüben, Melasse u. a.) mit hoher Geschwindigkeit und Ausbeute Ethanol, das zu Spirituosen (↗ Branntweine, Liköre, Punschextrakte, alkoholhaltige Mischgetränke) weiterverarbeitet wird. Zu den B. zählen ebenfalls Stämme von *S. cerevisiae*, die zur Vergärung von Trauben- bzw. Obstmosten, d. h. zur Herstellung von Wein- bzw. Obstbränden verwendet werden.

Brenngase, brennbare technische Gase und Gasgemische, die entweder durch Entgasen, Vergasen, Verdampfen und Umwandlung fester und flüssiger Brennstoffe gewonnen werden (z. B. ↗ Stadtgas, ↗ Generatorgas, ↗ Wassergas, ↗ Flüssiggase) oder natürlichen Ursprungs sind (↗ Erdgas). B. zum Antrieb von Fahrzeugmotoren werden als Treibgase bezeichnet (↗ Kraftstoffe).

Nach der Verbrennungswärme unterscheidet man z. B. *Schwachgas*, ein aus festen Brennstoffen durch Vergasung mit Luft oder Luft-Wasserdampf-Gemisch erzeugtes Gas von niedriger Verbrennungswärme und *Starkgas*, ein durch Hochtemperaturentgasung oder Verkokung von Steinkohle erzeugtes Gas mit einer Verbrennungswärme von 15 bis 25 MJ m^{-3} i. N.

Brennpunkt, ↗ Entzündung.

Brennspiritus, mit Vergällungsmitteln, z. B. Methanol, Aceton oder Pyridinbasen, versetztes Ethanol, das damit für Genußzwecke unbrauchbar ist. B. wird als Brennstoff verwendet.

Brennstoffe, natürliche oder veredelte, feste, flüssige oder gasförmige Stoffe, bei deren Verbrennung eine dem Heizwert *H* entsprechende Wärme frei wird (Tab. S. 186). B., deren chem. gebundene Energie unmittelbar in mechanische Arbeit umgesetzt werden kann, bezeichnet man als ↗ Kraftstoffe. Die B. sind organischen Ursprungs, sie bestehen vorwiegend aus Kohlenstoff und Wasserstoff. Ferner enthalten die B. noch Sauerstoff, Stickstoff und Schwefel sowie mehr oder weniger große Mengen an Wasser und mineralische Beimengungen (Ballaststoffe), die beim Verbrennen als Asche anfallen.

Brennstoffzelle, eine elektrochem. Stromquelle, die sich dadurch auszeichnet, daß die Reaktionskomponenten getrennt und kontinuierlich den beiden entsprechenden inerten, porösen Elektroden zugeleitet werden. Elektrochem. Umsetzung und Abtransport der entstandenen Produkte erfolgen ebenfalls kontinuierlich. Solange Reaktionskompo-

Brennstoffe. Tab.: Heizwerte und Steinkohleneinheiten natürlicher Stoffe.

Brennstoff	unterer Heizwert in kg/kJ	SKE
Holz	$14{,}7 \cdot 10^3$	0,50
Torf	$12{,}6 \cdot 10^3$	0,42
Rohbraunkohle	$7{,}9 \cdot 10^3$	0,27
Braunkohlenbriketts	$20{,}1 \cdot 10^3$	0,68
Braunkohlenkoks	$27{,}7 \cdot 10^3$	0,95
Steinkohle	$29{,}3 \cdot 10^3$	1,00
Benzin	$43{,}6 \cdot 10^3$	1,48
Dieselöl	$42{,}7 \cdot 10^3$	1,45
Heizöl (leicht)	$42{,}7 \cdot 10^3$	1,45
Erdöl	$41{,}8 \cdot 10^3$	1,44
Erdgas	$32{,}3 \cdot 10^3$	1,09
Stadtgas	$16{,}1 \cdot 10^3$	0,55
Flüssiggas	$45{,}9 \cdot 10^3$	1,56

nenten zugeführt werden, können B. theoretisch unbegrenzt und praktisch bis zum Verschleiß der Bauteile elektrische Energie erzeugen. Voraussetzung für den Reaktionsablauf in einer B. ist, daß die Oxidation des Brennstoffs und die Reduktion des Oxidationsmittels als Elektrodenreaktionen mit möglichst großer Geschwindigkeit realisiert werden können. Diese Forderung schränkt die Anzahl der für den Einsatz in B. geeigneten Brennstoffe und Oxidationsmittel erheblich ein. Mögliche Brennstoffe sind z. B. Wasserstoff, Formaldehyd, Ammoniak, Erdgas und Methan, außerdem auch Flüssigkeiten wie Hydrazin, Methanol oder Ethanol. Als Oxidationsmittel kommen praktisch nur Sauerstoff oder Luft in Betracht. Vorrangige Bedeutung haben Wasserstoff als Brennstoff und Sauerstoff als Oxidationsmittel. Die auf der Basis dieser Reaktanten arbeitende *Wasserstoff-Sauerstoff-B.* wurde technisch vervollkommnet und wird z. B. in der Raumfahrt als Stromquelle angewandt. Die Zellenreaktion in der Wasserstoff-Sauerstoff-B. ist die stark exotherme Umsetzung des Wasserstoffs mit Sauerstoff zu Wasser. Sie ergibt sich als Summe der Elektrodenreaktionen für die anodische Oxidation des Wasserstoffs und die kathodische Reduktion des Sauerstoffs. Im sauren Medium gelten dafür die Gleichungen:

$$H_2 \longrightarrow 2\,H^+ + 2e^- \text{ (Anode)}$$
$$^1/_2\,O_2 + 2\,H^+ + 2\,e^- \longrightarrow H_2O \text{ (Kathode)}$$
$$H_2 + {}^1/_2\,O_2 \longrightarrow H_2O \text{ (Zelle)}$$

Diese Gleichungen kennzeichnen nur den Bruttoumsatz. Von entscheidender Bedeutung ist dabei die Anwesenheit eines geeigneten Katalysators, beispielsweise Platin, Palladium, Nickel oder Metallkomplexe.

Je nach Elektrolyt und Betriebstemperatur unterscheidet man alkalische, *Phosphorsäure-B.*, *B. mit Membranen* sowie *Hochtemperatur-B.* mit Feststoffelektrolyten.

Brennverhalten. Das Brennverhalten von ↗ textilen Faserstoffen wird meist mit dem *LOI-Wert* (Limited Oxygen Index, Grenzsauerstoffwert) charakterisiert. Er gibt den Gehalt der Luft an Sauerstoff an, bei dem die Fasern gerade noch brennen. Die Tabelle zeigt mittlere LOI-Werte für ausgewählte Fasern.

Brennverhalten. Tab.: Mittlere LOI-Werte.

Fasern aus	LOI in %	Naturfasern zum Vergleich	LOI in %
Polypropylen	18	Baumwolle	20
Polyacryl	19	flammenhemmend ausgerüstete Baumwolle	32
Acetat	19		
Viskose	20	Wolle	25
Polyamid	21		
Polyester	22		
Modacryl	29		
Aramid	31		
Polyamidimid	32		
Polyvinylchlorid	36		
Polybenzimidazol	41		
Kohlenstoff	50		
Polytetrafluorethylen	90		

Brenzcatechin, ***1,2-Dihydroxybenzol***, B. kristallisiert in farb- und geruchlosen, sublimierbaren Nadeln; F. 105 °C, Kp. 245 °C. Es ist in Wasser, Ethanol und Ether leicht löslich. In alkalischer Lösung wirkt es stark reduzierend, z. B. auf ammoniakalische Silbersalzlösung. B. gibt mit Eisen(III)-chlorid

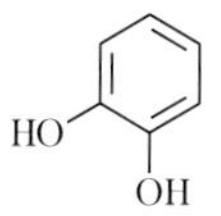

in verd. Lösung eine sehr charakteristische smaragdgrüne Farbreaktion. B. ist giftig und wirkt bakterizid. B. ist im Pflanzenreich verbreitet und kann durch trockene Destillation (Brenzreaktion) natürlicher Rohstoffe wie Holz, Kohle und Lignin erhalten werden. Die synthetische Herstellung gelingt durch Alkalischmelze der Phenol-2-sulfonsäure, durch Hydrolyse von 2-Chlorphenol mit Natronlauge bei höherer Temperatur in Gegenwart von Kupfer(II)-sulfat oder durch den oxidativen Abbau von Salicylaldehyd mit Wasserstoffperoxid und Natronlauge (↗ Dakin-Reaktion). B. ist sehr reaktionsfähig (↗ Phenole); die Methylierung führt stufenweise zum sauren Ether Guajacol bzw. neutralen Ether Veratrol, die Oxidation verläuft mit milden Oxidationsmitteln zu 1,2-Benzochinon. B. eignet sich daher als photographischer Entwickler. Es dient weiterhin als Ausgangsverbindung für Haarfärbemittel, Gerbstoffe und pharmazeutische Präparate.

Brenzschleimsäure, ↗ Furan-2-carbonsäure.

Brenztraubensäure, *2-Oxopropansäure*, ***Pyruvinsäure***, CH_3–CO–COOH, die einfachste α-Ketocarbonsäure. B. ist eine farblose, stechend riechende Flüssigkeit, die sich bei längerer Aufbewahrung langsam gelb färbt; F. 13,8 °C, Kp. 165 °C (Z.), n_D^{20} 1,4280. B. ist in Wasser, Alkohol, Aceton und Ether leicht löslich. Die Anwesenheit der beiden Carbonyl- sowie der aktivierten Methylgruppe bedingt die hohe Reaktivität der B. Bereits bei Raumtemperatur kann durch spontane intermolekulare Kondensationsreaktionen die Bildung unterschiedlicher Produkte erfolgen. Basen, Säuren oder Metall-Ionen katalysieren diese meist aldolartigen Reaktionen. B. ist eine relativ starke Carbonsäure und zeigt die typischen Reaktionen an der Carboxygruppe. Die Salze und Ester der B. werden als *Pyruvate* bezeichnet. Die Ketogruppe kann in das Oxim bzw. Hydrazon umgewandelt werden. B. wirkt reduzierend auf ammoniakalische Silbernitratlösung und wird dabei zu Essigsäure und Kohlendioxid oxidiert. Bei der Einwirkung verd. Schwefelsäure auf B. erfolgt Decarboxylierung unter Bildung von Acetaldehyd, durch Umsetzung mit konz. Schwefelsäure bildet sich unter Kohlenmonoxidabspaltung Essigsäure.

B. ist als Salz (Pyruvat) wichtiges Zwischenprodukt zahlreicher Stoffwechselvorgänge, wie z. B. der Glycolyse, wo es beim Abbau von Glucose gebildet wird und unter anaeroben Bedingungen in Lactat bzw. unter aeroben Bedingungen durch oxidative Decarboxylierung in Acetyl-Coenzym A umgewandelt wird, das anschließend über den Citronensäurecyclus und die Atmungskette unter Energiegewinn zu Kohlendioxid und Wasser abgebaut wird. Bei der alkoholischen Gärung wird B. unter der katalytischen Wirkung der Pyruvatdecarboxylase zunächst in Acetaldehyd übergeführt, das durch die Alkoholdehydrogenase in Ethanol umgewandelt wird. Pyruvat wird weiterhin im Stoffwechsel bestimmter Aminosäuren, besonders durch Transaminierung von Alanin, gebildet.

B. wird technisch hauptsächlich durch Dehydratisierung von Weinsäure in Gegenwart von Kalium- und Natriumhydrogensulfat hergestellt. Sie entsteht auch bei der Hydrolyse von Acetylcyanid bzw. von 2,2-Dichlorpropionsäure. B. wird zur Herstellung pharmazeutischer Präparate und in der kosmetischen Industrie verwendet.

Bridgman-Stockbarger-Verfahren, ↗ Kristallzüchtung.

Briefumschlagform, ↗ Stereoisomerie 2.2.

Brikettieren, ein Verfahren zur Kornvergrößerung fester Stoffe durch mechanisches Zusammenpressen von feinkörnigem Material. Die erzeugten *Briketts* haben im Gegensatz zu den Produkten anderer Verfahren der Kornvergrößerung (Granulate, Agglomerate) eine definierte Größe. Die Festigkeit der Briketts beruht auf molekular wirksamen Kohäsions- und Adhäsionskräften und kann durch die Zugabe von Bindemitteln beeinflußt werden. Das B. wird zur Verbesserung der Materialeigenschaften des Feingutes durchgeführt, das für Weiterverarbeitung oder Verbrauch oft nur in stückigem Zustand verwertbar ist. Man unterscheidet a) *bindemittelloses B.*, das hauptsächlich beim B. von Braunkohle, aber auch zum Stückigmachen von Sägemehl, Torf, Futtermitteln und anderen Materialien angewendet wird; b) *B. mit Bindemitteln*, das vor allem bei der Feinstkohle-, Erz- und Kunststoffbrikettierung Anwendung findet. Als Bindemittel dienen häufig Pech und Sulfitablauge sowie verschiedene anorganische Verbindungen. Das Pressen erfolgt mit unterschiedlichen Drücken (bis 300 MPa).

Brillantgrün, *Diamantgrün*, ein wasser- und spirituslöslicher basischer Triphenylmethanfarbstoff. B. wird hergestellt durch Kondensation von Benzaldehyd mit Diethylanilin und dient zur Färbung von Papier, Stroh, Kokosfasern u. dgl., zur Herstellung von Farblacken und Kalkgrün, ferner zur Hautdesinfektion.

Brillantindigo B, ↗ Indigofarbstoffe.

Brillantschwarz, verschiedene Typen saurer wasserlöslicher sekundärer Diazofarbstoffe, z. B. Brillantschwarz B, BL, BN. Sie eignen sich zur Schwarzfärbung von Wolle im sauren Bade. Die Herstellung von B. erfolgt durch Diazotieren von 1-Aminobenzol-4-sulfonsäure, Kuppeln mit Aminonaphthalin-7-sulfonsäure, erneutes Diazotieren und Kuppeln mit dem Natriumsalz der 1-Acetyl-8-aminonaphthol-4,6-disulfonsäure.

Britanniametall, ↗ Zinnlegierungen.

Brodifacoum, ↗ Rodentizide.

Brom, Symbol ***Br***, chem. Element aus der VII. Hauptgruppe des Periodensystems, der Gruppe der ↗ Halogene, Nichtmetall; *Z* 35, Massenzahlen der stabilen Isotope 79 (50,537 %) und 81 (49,463 %), Atommasse 79,904, D. 3,14 g cm^{-3}, F. –7,25 °C, Kp. 58,78 °C, Wertigkeit –I, +I, +III, +IV, +V, +VII, Standardelektrodenpotential (Br^-/Br_2) + 1,0652 V.

Eigenschaften. B. ist eine tiefbraune, schwere, erstickend riechende Flüssigkeit, die rotbraune, beißende Dämpfe entwickelt. Neben Quecksilber ist B. das einzige bei Raumtemperatur flüssige chem. Element. In festem Zustand zeigt B. schwachen Metallglanz, mit fallender Temperatur wird Farbaufhellung beobachtet, bei 20 K ist es orangefarben. B. bildet Moleküle der Formel Br_2. Starkes Erhitzen führt zur Bildung von atomarem B.: bei 1500 °C sind etwa 30 % der Brommoleküle dissoziiert. In Wasser ist B. wenig, jedoch besser als Chlor löslich: 100g H_2O lösen bei 20 °C 3,55 g B. Die entstehende, etwa 0,2 M Lösung, die auch als *Bromwasser* bezeichnet wird, verhält sich ähnlich wie Chlorwasser und zerfällt im direkten Sonnenlicht unter Bildung von Sauerstoff und Bromwasserstoff: $Br_2 + H_2O \rightarrow 2\,HBr + \frac{1}{2}\,O_2$. In Solvenzien wie Chloroform, Tetrachlormethan und Schwefelkohlenstoff ist B. verhältnismäßig gut löslich. In seinen chem. Eigenschaften ähnelt B. dem Chlor. Sowohl in flüssigem als auch in gasförmigem Zustand vereinigt es sich mit den meisten Elementen. Ein unterschiedliches Verhalten zeigt B. gegenüber den Edelmetallen Gold und Platin. Während Gold leicht zu Gold(III)-bromid oxidiert wird, bleibt Platin unangegriffen. Mit organischen Verbindungen geht B. leicht Substitutions- oder Additionsreaktionen ein (↗ Halogenierung).

Analytisches. B. wird an seiner dunkelrotbraunen Farbe und an seinem erstickenden Geruch erkannt. Bromid-Ionen bilden mit Silber-Ionen käsige Niederschläge von schwach gelbgefärbtem Silberbromid AgBr das in Salpetersäure schwer löslich ist, von konz. Ammoniak-, Thiosulfat- oder Cyanidlösungen jedoch unter Komplexbildung gelöst wird.

Zur quantitativen Analyse wird B. gravimetrisch als Silberbromid oder argentometrisch bestimmt.

Auf der Haut ruft Brom schmerzhafte, tiefe Wunden hervor. Bromdämpfe greifen die Augen heftig an und führen zu oxidativen Verätzungen der Atmungsorgane.

Als Gegenmaßnahme ist für unbedingte Ruhe und frische Luft zu sorgen und die Inhalation von Wasserdampf oder Natriumhydrogencarbonatnebeln, gegebenenfalls von Sauerstoff vorzunehmen. Künstliche Beatmung soll nur im äußersten Notfall erfolgen. Die Augen müssen mit Wasser ausgespült werden. Auf die Haut gelangtes flüssiges Brom muß sofort mit einem scharfen Wasserstrahl abgespült und anschließend gründlich mit Petroleum abgewaschen werden. Ggf. Arzt konsultieren.

Vorkommen. B. ist am Aufbau der Erdkruste mit $7{,}8 \cdot 10^{-4}$ % beteiligt. Es kommt nur in gebundenem Zustand vor, und zwar fast immer in Form von Bromiden als Chloridbegleiter. Das Verhältnis B. zu Chlor beträgt in den Salzlagern etwa 1 : 250. Besondere Bedeutung hat das Vorkommen von B. als Bromcarnallit $KBr \cdot MgBr_2 \cdot 6\,H_2O$. Seltene Bromminerale sind Bromargyrit (Bromit, Bromsilber) AgBr, Embolit (Chlorbromsilber) Ag(Cl, Br) und Iodembolit (Iodbromchlorsilber) Ag(Cl, Br, I). Das Meerwasser enthält etwa 0,0065 % Bromid, größere Mengen Bromid (bis 1,5 %) sind im Toten Meer anzutreffen.

Gewinnung. Das Ausgangsmaterial für den überwiegenden Teil der Weltproduktion von B. bilden heute Endlaugen der Kaliindustrie oder Salzsolen. In den Endlaugen sind Bromsalze, hauptsächlich Bromcarnallit, bereits bis zu 4 % angereichert. Im Laboratorium erhält man B. durch Einwirkung von Schwefelsäure und Braunstein auf Kaliumbromid: $4\,HBr + MnO_2 \rightarrow MnBr_2 + 2\,H_2O + Br_2$.

Verwendung. Brom wird in der organischen Chemie zur Herstellung von Treibstoffzusätzen, Flammschutzmitteln, Pestiziden, Tränengasen, Inhalationsnarkotika und Farbstoffen verwendet. Das in Kernreaktoren künstlich erzeugte radioaktive Nuclid Brom-82 (β-Strahler), $t_{1/2}$ = 35,5 h, wird als Radiotracer eingesetzt.

Bromaceton, ***Brompropanon***, $Br{-}CH_2{-}CO{-}CH_3$, farblose bis schwach braune, stechend riechende Flüssigkeit; F. –36,5 °C, Kp. 136,5 °C bei $9{,}64 \cdot 10^4$ Pa, n_D^{15} 1,4697. B. ist in Wasser schwer, in Alkohol, Ether und Aceton leicht löslich. In Gegenwart von Luft und besonders bei Einwirkung von Licht färbt es sich rasch dunkelbraun. Die Dämpfe des B. wirken sehr stark tränenreizend. Synthetisch wird B. durch Bromierung von Aceton in Eisessig hergestellt. B. wird als chemischer Kampfstoff in Form von Granaten oder als Spray verwendet, wobei als Stabilisator Magnesiumoxid zugesetzt wird. Außerdem wird B. für zahlreiche Synthesen eingesetzt.

Bromadiolon, ↗ Rodentizide.

Bromate, die Salze der Bromsäure $HBrO_3$ von der allg. Formel $MBrO_3$. Das Bromat-Ion hat eine pseudo-tetraedrische Struktur. Alkali- und Erdalkalibromate sind farblos und mit Ausnahme von Bariumbromat, $Ba(BrO_3)_2$, in Wasser gut löslich. B. sind starke Oxidationsmittel; sie reagieren beim Erhitzen mit oxidierbaren Substanzen unter Verpuffen. So neigt Ammoniumbromat NH_4BrO_3 bereits bei Zimmertemperatur zum spontanen explosiven Zerfall.

Bromate sind giftig. Die Vergiftung äußert sich in Übelkeit, Magenschmerzen und Atemnot.

Als Gegenmaßnahme muß der Magen sofort mit Wasser ausgespült werden. Arzt konsultieren.

Man gewinnt die B, durch Reaktion von Brom mit warmen Alkalilaugen oder durch Elektrolyse aus entsprechenden Alkalibromiden.

Bromatometrie, eine Methode der Redoxanalyse, bei der Bromat-Ionen als Titrator verwendet werden. Diese sind in saurer Lösung ein starkes Oxidationsmittel mit einem Normalpotential $E_0 = +1{,}42$ V. Am Äquivalenzpunkt der Titrationen bildet sich elementares Brom durch Reaktion der Bromat- mit den Bromid-Ionen. Die sehr beständigen Maßlösungen werden aus der Urtitersubstanz Kaliumbromat hergestellt. Den Endpunkt erkennt man bei der B. meistens mit Hilfe irreversibler Indikatoren, z. B. Methylorange oder Methylrot, die durch Spuren von elementarem Brom unter Entfärbung zerstört werden.

Bromazid, ↗ Halogenide.

Brombenzol, C_6H_5–Br, eine farblose, aromatisch riechende Flüssigkeit; F. –30,8 °C, Kp. 156 °C, n_D^{20} 1,5597. B. ist in Wasser unlöslich, in Alkohol, Ether und Benzol löslich. Es zeigt die typischen Reaktionen der ↗ Halogenarene. B. kann durch Bromierung von Benzol in Gegenwart von Eisen(III)-bromid oder durch die ↗ Sandmeyer-Reaktion hergestellt werden. Man verwendet B. als Zwischenprodukt für zahlreiche organische Synthesen und als Lösungsmittel.

Bromchlorid, ↗ Bromhalogenide, ↗ Interhalogenverbindungen.

Bromchlormethan, CH_2BrCl, eine farblose, chloroformartig riechende Flüssigkeit; F. –86,5 °C, Kp. 68,1 °C, n_D^{20} 1,4838. B. ist in Wasser schwer löslich, in den meisten organischen Lösungsmitteln löst es sich leicht. Es entsteht neben Methylenbromid bei der Einwirkung von Bromwasserstoff auf Methylenchlorid in Gegenwart von Aluminiumchlorid. B. wird als Feuerlöschmittel verwendet.

Bromchlorphenolblau, ↗ Bromphenolblau.

1-Brom-1-chlor-2,2,2-trifluorethan, ↗ Halothan.

Bromcyan, ↗ Halogencyane.

Bromelain, eine aus Ananasfrüchten isolierbare Thiolprotease, die als Hydrolase zur Spaltung von Proteinen und Polypeptiden eingesetzt wird. B. ist von ähnlicher Struktur und Wirkung wie ↗ Papain. Es wird durch Cystein und 2-Mercaptoethanol aktiviert, durch *N*-Ethylmaleinimid und Monoiodessigsäure gehemmt.

Bromessigsäure, Br–CH_2–COOH, eine farblose, kristalline Verbindung; F. 50 °C, Kp. 208 °C. B. ist in Wasser, Alkohol, Ether, Aceton und Benzol löslich. Sie wirkt bei Kontakt mit der Haut stark reizend. Die Herstellung erfolgt durch Bromierung von Essigsäure oder Acetanhydrid bzw. durch Einwirkung von Bromwasserstoff auf Chloressigsäure. B. wird für organische Synthesen verwendet.

Bromethan, ↗ Ethylbromid.

Bromfluoride, ↗ Bromhalogenide, ↗ Interhalogenverbindungen.

Bromhalogenide, durch Reaktion von Brom mit den leichteren Halogenen zugänglicher sehr reaktive ↗ Interhalogenverbindungen BrX (X = Cl, F), BrF_3 und BrF_5. *Brommonofluorid*, BrF, sehr unbeständiges, hellrotes Gas; F. ≈ –33 °C, Kp. ≈ + 20 °C. *Brommonochlorid*, BrCl, dunkelorangerote Flüssigkeit; F. –54 °C, Kp. (bei 3,45 kPa) –50 °C Bromtrifluorid, BrF_3, farblose Flüssigkeit; F. +8,77 °C, Kp. 125,75 °C. *Brompentafluorid*, BrF_5, farblose Flüssigkeit; F. –60,5 °C, Kp. +40,76 °C. BrF_5 ist chemisch reaktiver als BrF_3, das in flüssiger Phase einer gewissen Eigendissoziation gemäß $2\ BrF_3 \rightleftharpoons BrF_2^+ + BrF_4^-$ unterliegt. BrF_5 dient im Labor als oxidationsbeständiges Lösungsmittel. *Tetrafluorobromate* lassen sich direkt durch Umsetzung von BrF_3 mit Metallbromiden herstellen, z. B. gemäß $BrF_3 + KF \rightarrow K[BrF_4]$.

Bromhexin, eine bromhaltige aromatische Aminoverbindung, die als Hydrochlorid in Hustenmitteln enthalten ist. B. entfaltet eine bronchosekretolytische Wirkung.

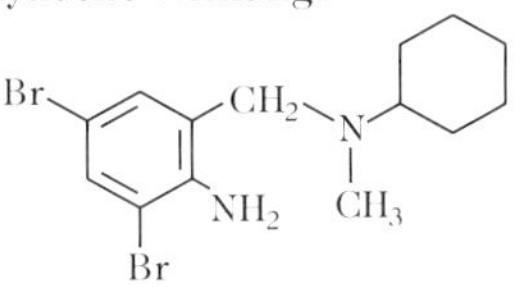

Bromide, Verbindungen des Broms, in denen dieses den elektronegativen Bindungspartner bildet. B. sind ionische, kovalente oder koordinationspolymere Metallbromide, kovalente Nichtmetallbromide und Organobromide, wie Alkyl- und Arylbromide. Einige B. kommen in der Natur vor, z. B. Silberbromid AgBr (als Bromit, Bromargyrit, Bromsilber).

Bromierung, ↗ Halogenierung.

Bromkresolgrün, ↗ Bromphenolblau.

Bromkresolpurpur, ↗ Bromphenolblau.

Brommethan, ↗ Methylbromid.

Bromocriptin, ↗ Mutterkornalkaloide.

Bromoform, ***Tribrommethan***, $CHBr_3$, eine farblose, giftige Flüssigkeit mit süßlichem Geruch; F. 8,3 °C, Kp. 149,5 °C, n_D^{20} 1,5976. B. löst sich in Wasser schwer, in den meisten organischen Lösungsmitteln leicht. Die Herstellung erfolgt durch die ↗ Haloformreaktion oder durch Umsetzung von Chloroform mit Aluminiumbromid. B. wurde früher als Mittel gegen Keuchhusten und als Beruhigungsmittel verwendet. Gegenwärtig wird es als Sedimentationsmittel für Gesteinsmaterial eingesetzt.

Bromoxide. *Dibromoxid*, Br_2O, nur bei tiefen Temperaturen (bis –40 °C) beständiger brauner Feststoff, der bereits bei der Schmelztemperatur von –17,5 °C recht lebhaft in Brom und Sauerstoff zerfällt. Das BrOBr-Molekül ist gewinkelt (112 °), in Tetrachlormethan mit moosgrüner Farbe monomolekular löslich und reagiert mit Natronlauge zu Hypobromit: $Br_2O + 2\ NaOH \rightarrow 2\ NaOBr + H_2O$.

Bromdioxid, BrO_2, nur bei tiefen Temperaturen beständige, eigelbe, feste Verbindung, die sich bei raschem Erwärmen auf Raumtemperatur zersetzt. Das OBrO-Molekül ist ebenfalls gewinkelt (114 °).

Man erhält BrO_2 durch Einwirkung einer Glimmentladung auf ein Gemisch von Brom und Sauerstoff gemäß $Br_2 + 2\ O_2 \rightarrow 2\ BrO_2$ oder durch Ozonisierung einer Lösung von Brom im Trichlorfluormethan $CFCl_3$ bei –78 °C. In Laugen erleidet Bromdioxid Disproportionierung:
$6\ BrO_2 + 6\ OH^- \rightarrow 5\ BrO_3^- + Br^- + 3\ H_2O$.

Bromoxynil, ↗ Benzonitrilherbizide.

4-Bromphenacylbromid, *4,ω-Dibromacetophenon*, eine kristalline Verbindung; F. 110 °C. 4-B. ist in Wasser schwer, in heißem Alkohol leicht löslich. Es entsteht bei der Friedel-Crafts-Reaktion aus Brombenzol und α-Bromacetylchlorid oder durch Seitenkettenbromierung von 4-Bromacetophenon in Eisessig. Es wird für organische Synthesen und zur Charakterisierung von Carbonsäuren als 4-Bromphenacylester verwendet.

Bromphenolblau, 3,3′,5,5′-Tetrabromphenolsulfophthalein, ein Triphenylmethanfarbstoffe. B. bildet farblose Prismen, die schwer löslich in Wasser, löslich in Eisessig und Aceton sind. In Alkalien löst sich B. mit blauer, in Säuren mit gelber Farbe; F. 279 °C (Z.). Die Tabelle (rechts) zeigt verwandte Triarylmethanfarbstoffe.

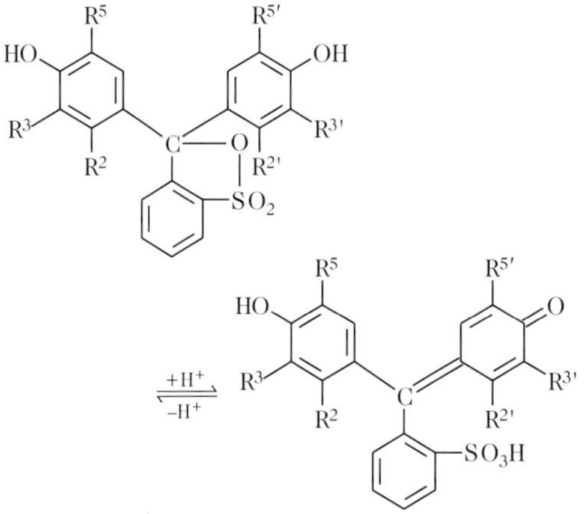

Bromphenole, isomere Mono-, Di- und Tribromphenole, von denen hauptsächlich *4-Bromphenol* (F. 66 bis 67 °C, Kp. 238 °C) und *2,4,6-Tribromphenol* (F. 96 °C, Kp. 244 °C) Bedeutung erlangt haben. Beide Verbindungen können bei jeweils unterschiedlichen Reaktionsbedingungen durch Einwirkung von Brom auf Phenol hergestellt werden. Sie werden als Desinfektionsmittel, 2,4,6-Tribromphenol auch als Antiseptikum verwendet.

Bromphenolrot, ↗ Bromphenolblau.

Bromsäure, $HBrO_3$, nur in wäßriger Lösung beständige, oxidierend wirkende, starke Säure. Die Salze der B. werden als ↗ Bromate bezeichnet. Wäßrige B. wird durch Oxidation von Brom mit Chlor gewonnen: $5\ Cl_2 + Br_2 + 6\ H_2O \rightarrow 2\ HbrO_3 + 10\ HCl$.

N*-Bromsuccinimid,** Abk. ***NBS, ***1-Brompyrrolidin-2,5-dion***, farblose Kristalle; F. 173 bis 175 °C (Z.). *N*-B. ist in Wasser und Ether schwer, in Aceton und Ethylacetat leicht löslich. Die Darstellung erfolgt

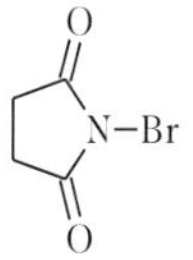

durch Zugabe von Brom zu einer gekühlten alkalischen Lösung von Succinimid. In der organischen Chemie ist *N*-B. ein wichtiges Bromierungsmittel zum Ersatz allylständiger Wasserstoffatome (↗ Wohl-Ziegler-Reaktion). Aufgrund seiner dehydrierenden Eigenschaften wird es auch als schonendes Oxidationsmittel z. B. für sekundäre Alkohole verwendet.

Bromsulfane, ↗ Schwefelbromide.

Bromthymolblau, ↗ Bromphenolblau.

Bromwasserstoff, HBr, farbloses Gas von stechendem Geruch, das an feuchter Luft raucht, Litergewicht (bei 0 °C und 100 kPa) 3,6443 g, D. beim Siedepunkt 2,160 g cm^{-3}, F. –86,82 °C, Kp. –66,73 °C. B. ist in Wasser außerordentlich gut löslich: 100 g H_2O lösen bei 0 °C 221,2 g B. Die wäßrige Lösung von B. wird als *Bromwasserstoffsäure* bezeichnet. Sie ist eine sehr starke Säure (pK_S = –8,9), von größerem Reduktionsvermögen als die ihr sehr ähnliche Salzsäure. Die Salze der Bromwasserstoffsäure werden als ↗ Bromide bezeichnet. In ihrer toxischen Wirkung gleichen B. dem Chlorwasserstoff, Bromwasserstoffsäure der Salzsäure. Man gewinnt B. durch Hydrolyse von Phosphortribromid gemäß $PBr_3 + 3\ H_2O \rightarrow 3\ HBr + H_3PO_3$ oder durch Direktreaktion von rotem Phosphor, Brom und wenig Wasser. Sehr reinen B. kann man aus den Elementen

Bromphenolblau. Tab.: Wichtige Triarylmethanfarbstoffe.

Farbstoff	$R^2 = R^{2'}$	$R^3 = R^{3'}$	$R^5 = R^{5'}$
Bromphenolblau	H	Br	Br
Cresolpurpur	CH_3	H	H
Cresolrot	H	CH_3	H
Xylenolorange	H	CH_3	$C_5H_8NO_4$
Xylenolblau	CH_3	H	CH_3
Thymolblau	CH_3	H	C_3H_7
Methylthymolblau	CH_3	$C_5H_8NO_4$	C_3H_7
Chlorphenolrot	H	Cl	H
Bromchlorphenolblau	H	Br	Cl
Bromphenolrot	H	Br	H
Bromkresolpurpur	H	CH_3	Br
Bromkresolgrün	CH_3	Br	Br
Bromthymolblau	CH_3	Br	C_3H_7

herstellen gemäß $Br_2 + H_2 \rightleftharpoons 2\,HBr$. In der Technik fällt B. bei Bromierungsreaktionen organischer Verbindungen an, z. B. bei der Herstellung von Brombenzol oder Bromaceton.

α-Bromxylole, ↗ Xylylbromide.

Brönstedsche Säure-Base-Definition, ↗ Säure-Base-Konzepte.

Brönstedsche Katalyse-Beziehung, für Reaktionen, die durch Säuren oder Basen katalysiert werden (↗ Katalyse), die Abhängigkeit der Geschwindigkeitskonstanten k der katalysierten Reaktion von der Dissoziationskonstanten K^D des Katalysators: $k = b \cdot K_D^a$. Dabei sind a und b spezifische Konstanten für die betreffende katalysierte Reaktion. Das Gesetz ist näherungsweise erfüllt und stellt einen Spezialfall der ↗ LFE-Beziehungen dar.

Bronze, ↗ Kupferlegierungen, ↗ Zinnbronze.

Bronzen, ↗ Pigmente.

Brownsche Bewegung, regellose schwankende Bewegung kleiner mikroskopischer und amikroskopischer Teilchen, z. B. Staub- oder Rauchpartikeln, die in einem Gas oder einer Flüssigkeit suspendiert sind. Die B. B. ist um so ausgeprägter, je kleiner die Teilchen sind. Sie kommt zustande durch Zusammenstöße der Teilchen mit Gas- oder Lösungsmittelmolekülen, die beim Aufprallen Impulse auf die Teilchen übertragen und zur Verschiebung der Teilchen führen. Nach der *kinetischen Gastheorie* von Maxwell und Boltzmann sind alle Moleküle in dauernder Bewegung. Dabei hängt ihre kinetische Energie von der Masse und der Temperatur ab. Aus diesem Gleichverteilungsgesetz der Energie für alle Freiheitsgrade gilt für Moleküle oder kolloidale Teilchen für die kinetische Energie der Translationsbewegung $\frac{1}{2} mv^2 = \frac{3}{2} k_B T$, wobei m Molekül- oder Teilchenmasse, v mittlere Geschwindigkeit, k_B Boltzmann-Konstante, T Temperatur in Kelvin bedeuten.

Die Ortsveränderung kann als ↗ Diffusion aufgefaßt werden. Einstein und Smoluchowski (1905/1906) leiteten für die Lageänderung in eine Richtung des Raumes x während des Zeitintervalls Δt die Beziehung $\overline{x}^2 = 2D\Delta t$ ab. Hierbei ist $\overline{x}^2$ das mittlere Verschiebungsquadrat, D der Diffusionskoeffizient. Aus der gemessenen Verschiebung $\overline{x}^2/2t$ der Teilchen kann D berechnet werden.

Brucin, ↗ Strychnin.

Brückenkohlenwasserstoffe, ↗ Nomenklatur, Abschn. C V 4.

Brückenligand, ↗ Koordinationschemie.

Brüdenverdichtung, ein Destillationsverfahren unter Ausnutzung des Wärmepumpenprinzips. Energetisch aufwendige Destillationsverfahren können wesentlich kostengünstiger gestaltet werden, wenn die den Kopf der Kolonne verlassenden Dämpfe, die Brüden, mit einem Kompressor verdichtet und die so überhitzten Brüden zur Heizung des Sumpfes der Kolonne benutzt werden. Dabei werden der Heizdampf der Kolonne und das Kühlwasser für den Destillatkühler eingespart, lediglich die geringe Antriebsenergie des Kompressors muß aufgebracht werden.

Brünieren, ***Schwarzoxidieren***, ein Oberflächenbehandlungsverfahren zur Herstellung einer dünnen schwarzen, bläulichen oder bräunlichen Schutzschicht auf Stahlgegenständen. Das B. erfolgt aus dekorativen Gründen oder zur Erzielung des Korrosionsschutzes. Es wird meist durch Eintauchen der Gegenstände in siedende, wäßrige, hochkonz. Lösungen von Natriumhydroxid, Natriumnitrat und verschiedenen Zusatzstoffen vorgenommen, seltener durch Abbrennen aufgebrachter Fette oder Öle.

Bruttoformel, ↗ Formel.

Bruttogleichung, ↗ chemische Reaktionsgleichung.

BSB, Abk. für biochemischer Sauerstoffbedarf, ↗ Abwasser.

Bu, Abkürzung für den n-Butylrest.

Bucherer-Reaktion, Verfahren zur Herstellung von Naphthylaminen aus Naphtholen durch Einwirkung von Ammoniak in Gegenwart von Hydrogensulfiten oder Sulfiten, das nach der folgenden Bruttoreaktion verläuft:

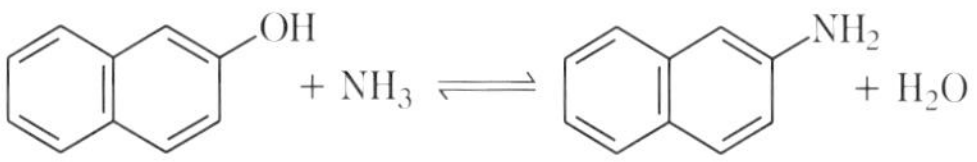

Die B. eignet sich besonders zur Herstellung primärer Amine in der Naphthalinreihe. Phenole, ausgenommen das Resorcin, ergeben nur unbefriedigende Ergebnisse.

Buchstabensäuren, Sulfonsäuren der Naphthalinreihe, deren Trivialnamen aus einem Buchstaben als Präfix und dem Wort Säure (Tab. S. 192) gebildet werden. Einige der für die technische Herstellung von Azofarbstoffen wichtigen Verbindungen sind auch nach Autorennamen benannt. Durch Auswahl der Sulfonsäuren als Kupplungskomponenten von Azofarbstoffen lassen sich die verschiedenartigsten Farbtöne erzielen.

Bufadienolide, ↗ herzwirksame Glycoside.

Builder, ***Gerüststoffe, Aufbaustoffe***, Inhaltsstoffe von Waschmitteln, die Inkrustationen von Textilien und Ablagerungen in Waschmaschinen durch Komplexbildung oder Ionenaustausch mit den Härtebildnern des Wassers, insbesondere Calcium- und Magnesium-Ionen, verhindern, die Wirkung von Tensiden verstärken und die Alkalität der Waschflotte regulieren. Typische B. sind Pentanatriumtriphosphat, das Dinatriumsalz der Nitrilotriessigsäure, bestimmte Natriumaluminiumsilicate, wie Zeolith 4A, und Copolymere von Acrylsäure und/oder Maleinsäure. Wegen der durch Phosphate geförderten Eutrophierung stehender Gewässer werden phosphatfreie Bildergemische verwendet.

Buchstabensäuren. Tab.: Beispiele.

Trivialnamen	Systematische Bezeichnung
Tobias-Säure	2-Aminonaphthalin-1-sulfonsäure
Naphthionsäure	4-Aminonaphthalin-1-sulfonsäure
Perisäure	8-Aminonaphthalin-1-sulfonsäure
Nevile-Winther Säure	4-Hydroxynaphthalin-1-sulfonsäure
L-Säure	5-Hydroxynaphthalin-1-sulfonsäure
Cleve-Säure	4-Aminonaphthalin-2-sulfonsäure
1,6-Cleve-Säure	5-Aminonaphthalin-2-sulfonsäure
Schäffer-Säure	6-Hydroxynaphthalin-2-sulfonsäure
F-Säure	7-Hydroxynaphthalin-2-sulfonsäure
I-Säure	7-Amino-4-hydroxynaphthalin-2-sulfonsäure
G-Säure	7-Hydroxynaphthalin-1,3-disulfonsäure
R-Säure	3-Hydroxynaphthalin-2,7-disulfonsäure
H-Säure	4-Amino-5-hydroxynaphthalin-2,7-disulfonsäure

Bullvalen, ***Tricyclo[3.3.2.0*** ^{2,8} ***]deca-3,6,9-trien***, ein stabiler, spannungsfreier, ungesättigter Kohlenwasserstoff mit fluktuierenden Bindungen. Der Trivialname wurde von Doering, der die Existenz dieser Verbindung vorhersagte (1963), in Anlehnung an die stierähnliche Gestalt des Moleküls mit dem Cyclopropanring als Kopf vorgeschlagen. B. bildet farblose Kristalle; F. 96 °C. Seine Stabilität zeigt sich darin, daß es erst bei 400 °C in Naphthalin und Wasserstoff zerfällt. Moleküle mit fluktuierenden Bindungen unterliegen einer ständigen Valenzisomerisierung, ↗ Cope-Umlagerung oder auch Topomerisierung genannt, die sich beim B. darin äußert, daß alle zehn C-Atome bei Normaltemperatur ständig die Plätze im Molekül wechseln. Es sind rund 1,2 Millionen Valenzisomere denkbar. Die Valenzisomerisierungen verlaufen so schnell, daß alle H-Atome im Mittel die gleiche Position einnehmen. Dadurch beobachtet man im Kernresonanzspektrum (oberhalb 13 °C) nur ein Signal für die Protonen.

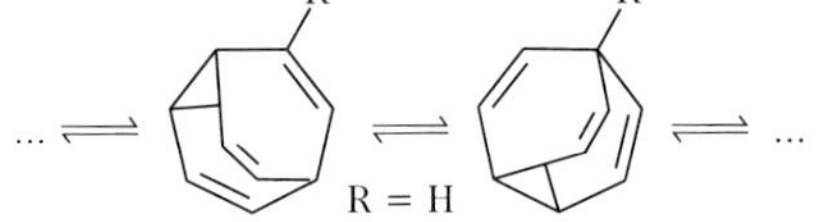

Für Verbindungen mit R ≠ H gibt es Strukturunterschiede. B. ist synthetisch sehr gut aus Cyclooctatetraen zugänglich. B. geht die zu erwartenden Additionsreaktionen ein. Es addiert Brom und insgesamt 4 Mol Wasserstoff für drei Doppelbindungen und den Cyclopropanring.

Buna, Kurzbez. aus ***Bu****tadien* und ***Na****trium*, ein synthetischer ↗ Kautschuk. *Zahlenbuna* sind reine Butadienpolymerisate, bei denen die nachgestellte Zahl die Viskosität der Produkte ausdrückt. So wird als *Buna 32* ein als Lackrohstoff dienendes Produkt honigartiger Konsistenz bezeichnet. *Buchstabenbuna* sind Mischpolymerisate von Butadien mit Vinylmonomeren, z. B. *Buna S* (Butadien-Styrol-Mischpolymere), *Buna N* und *Buna NN* (Butadien-Acrylnitril-Mischpolymere). Unter *Buna SO* wird ein mit Ölen gestrecktes Mischpolymerisat aus Butadien und Styrol gehandelt.

Buntmetalle, Sammelbezeichnung für die unedlen Schwermetalle (außer Eisen), die selbst farbig sind oder farbige Legierungen bilden, z. B. Blei, Zink, Zinn, Nickel (weiß), Kupfer (rot), und ihre Legierungen, wie Messing, Bronze, Rotguß (gelb bis rot).

Bupirimat, ↗ Pyrimidinfungizide.

Buserelin, Pyr–His–Trp–Ser–Tyr(Bu^t)–D–Ser–Leu–Arg–Pro–NHEt, internationaler Freiname für ein Analogon des ↗ Gonadoliberins, das therapeutische Anwendung zur Behandlung des hormonabhängigen Prostatacarcinoms findet.

Busulfan, ↗ Alkylanzien.

Butachlor, ↗ Chloracetamidherbizide.

Butadien, ***Buta-1,3-dien***, $CH_2=CH-CH=CH_2$, das einfachste 1,3-Dien mit konjugierten Doppelbindungen, die Stammverbindung der Diene und Polyene. B. ist ein farbloses, leicht zu verflüssigendes Gas; F. –108,9 °C, Kp. –4,4 °C, n_D^{-25} 1,4292. Es ist in Wasser schwer, in Ethanol und Ether leicht löslich. Die Bedeutung von B. liegt in der Polymerisierbarkeit zu Kautschuk, wobei oft Gemische mit anderen polymerisierbaren Substanzen eingesetzt werden. Aus diesem Grund wurden zahlreiche technische Synthesen für B. entwickelt: 1) Katalytische Dehydrierung der aus der Erdgas- und Erdölaufarbeitung stammenden C_4-Kohlenwasserstoffe Butan, But-1-en und But-2-en mittels Chromoxid-Aluminiumoxid-Katalysatoren bei Temperaturen von 600 bis 650 °C. 2) Katalytische Dehydratisierung von Butan-1,3-diol oder Butan-1,4-diol an Natriumphosphatkatalysatoren. Das Butan-1,3-diol kann technisch aus Acetaldehyd über Aldol, das Butan-1,4-diol durch Umsetzung von Ethin mit Formaldehyd über das Butin-1,4-diol erhalten werden. 3) Nach dem *Lebedev-Verfahren* wird Ethanoldampf bei 400 °C über Zinkoxid-Aluminiumoxid-Katalysatoren geleitet. Dabei entstehen intermediär Acetaldehyd, Acetaldol und Butan-1,3-diol.

B. kann bei Additionsreaktionen und bei der Polymerisation 1,2- und 1,4-Addukte bilden (↗ 1,3-Diene).

Butadien-1,4-dicarbonsäure, ↗ Muconsäure.

Butadiin, ↗ Diacetylen.

Butanal, ↗ Butyraldehyd.

Butandial, ↗ Succinaldehyd.

Butan-1,4-dicarbonsäure, ↗ Adipinsäure.

Butandiole, *Butylenglycole*, konstitutionsisomere zweiwertige Alkohole der allgemeinen Formel $C_4H_{10}O_2$. B. sind farblose, hygroskopische, in Wasser oder niederen Alkoholen lösliche Flüssigkeiten oder kristalline Feststoffe mit schwach süßem Geschmack. Die folgenden B. sind technisch wichtig:

Butan-1,4-diol, HO–CH_2–CH_2–CH_2–CH_2–OH; F. 20 °C, Kp. 235 °C, n_D^{20} 1,4460. Man gewinnt es durch katalytische Hydrierung des technisch durch Ethinylierung leicht zugänglichen Butin-1,4-diols mit mittelständiger C≡C-Dreifachbindung. B. ist ein wichtiges Zwischenprodukt für die Herstellung von Tetrahydrofuran, Butadien, Butyrolacton, Polyurethanen, Polyestern und Polyamiden. Seine Ester sind wertvolle Weichmacher, Textilhilfsmittel oder Kunstharze. Anstelle von Glycol und Glycerin wird B. aufgrund ähnlicher hygroskopischer und weichmachender Eigenschaften in der Papier- und Textilindustrie und zur Rauchwarenveredlung verwendet.

Butan-1,3-diol, HO–CH_2–CH_2–CH(OH)–CH_3; Kp. 208 °C, n_D^{20} 1,4418 (Racemat). Man gewinnt es durch katalytische Hydrierung von Aldol oder Kondensation von Propen mit Formaldehyd. B. ist Zwischenprodukt für eine technische Butadiensynthese und kann in ähnlicher Weise wie Butan-1,4-diol als Weichmacher u. ä. verwendet werden. Die Ester und Ether sind gute Lösungsmittel für Harze, Wachse, Celluloseester und Riechstoffe.

Butan-2,3-diol, CH_3–CH(OH)–CH(OH)–CH_3; Kp. 179 bis 182 °C, n_D^{25} 1,4364 (Racemat). Man erhält es durch aerobe oder anaerobe Vergärung von Kohlenhydraten. Je nach Verwendung verschiedener Gärungserreger erhält man die optisch aktiven Formen, das Racemat oder die *meso*-Form. B. kann durch Pyrolyse seines Diacetats zu Butadien verarbeitet werden. Es wird wie die isomeren Diole als Zusatz für Kosmetika, Papier, Textilien, Leim und Gelatine verwendet. Außerdem ist es ein gutes Lösungsmittel für Farbstoffe, Harze und bestimmte Gummiarten.

2,3-Butandiolgärung, ein bei fakultativ anaeroben Bakterien (z. B. *Enterobacter*) auftretender Typ der ↗ Gärung (↗ gemischte Säuregärung). Als Nebenprodukte treten in Abhängigkeit vom eingesetzten Mikroorganismus und den Fermentationsbedingungen Acetoin, Ethanol, Milch-, Ameisen- und Essigsäure in unterschiedlichen Konzentrationen auf. *E. aerogenes* bildet neben beträchtlichen Mengen von CO_2 und Ethanol vor allem Butan-2,3-diol (CH_3–CHOH–CHOH–CH_3; ↗ Butandiole). Säuren treten mengenmäßig zurück. Nur Ameisensäure wird – im Vergleich zu *Escherichia coli* – in größerem Ausmaß gebildet. Gärsubstrate sind Zucker. Die Abtrennung des hochsiedenden Produktes (180 °C) erfolgt mit guten Ausbeuten nach Ätzkalkbehandlung und Filtration der Kulturflüssigkeit durch Wasserdampfdestillation.

Butan-2,3-dion, ↗ Diacetyl.

Butane, Kohlenwasserstoffe der Alkanreihe mit der allg. Formel C_4H_{10}. Es existieren zwei Konstitutionsisomere, das *Butan*, CH_3–CH_2 CH_2 CH_3, F. –138 °C, Kp. –0,5 °C, und das verzweigte *Isobutan* (*2-Methylpropan*) CH_3–CH(CH_3)$_2$, F. –160 °C, Kp. –11,7 °C. Beide B. sind farblose, brennbare, leicht zu verflüssigende Gase (↗ Flüssiggase), die in Wasser kaum, in Ethanol und Ether aber gut löslich sind. Die B. finden sich im Erdgas und Erdöl und werden durch Aufarbeitung oder aus Crackprozessen gewonnen. Die Trennung der beiden Isomeren erfolgt meist durch Adsorption und fraktionierte Desorption unter Verwendung von Aktivkohle oder Zeolithen. Große Mengen Isobutan werden aus Butan durch katalytische Isomerisierung mit einem Gemisch von Aluminiumchlorid und Chlorwasserstoff hergestellt.

Die technisch wichtigsten Reaktionen der B. sind die katalytische Dehydrierung zu ungesättigten C_4-Kohlenwasserstoffen, wie But-1-en, But-2-en, Isobuten und Buta-1,3-dien, die Umsetzung mit Schwefel bei hohen Temperaturen zu Thiophen, Alkylierungsreaktionen mit Isobutan und die katalytische Oxidation in flüssiger Phase. Im Verlaufe der Alkylierungsreaktionen werden durch Umsetzung von Isobutan mit Alkenen in Gegenwart von Schwefelsäure, Flußsäure oder Bortrifluorid hochoctanige, als Benzinkomponenten erwünschte Kohlenwasserstoffgemische erhalten (Alkylatbenzine). So entsteht z. B. mit Isobuten 2,2,4-Trimethylpentan (Isooctan). Die Oxidation in flüssiger Phase führt hauptsächlich zu Essigsäure, in der Gasphase entstehen Methanol, Formaldehyd und Acetaldehyd. Darüber hinaus sind noch von Interesse die Sulfochlorierung des Isobutans zu 2-Methylpropan-1-sulfochlorid, die Nitrierung zu 2-Nitropropan, Nitromethan und 1- und 2-Nitroisobutan, die Chlorierung zu tert-Butylchlorid sowie die Oxidation in Gegenwart von Bromwasserstoff zu *tert*-Butylhydroperoxid und *tert*-Dibutylperoxid. Von nicht geringer Bedeutung ist die Verwendung der B. als Heizgas und Kältemittel.

Butanole, *Butylalkohole*, einwertige Alkohole der allg. Formel C_4H_9OH, von denen es vier Konstitutionsisomere gibt. Die B. sind in den meisten organischen Lösungsmitteln leicht, in Wasser unterschiedlich, z. T. weniger gut löslich. Sie sind wenig toxisch und haben gute Lösungsmitteleigenschaften.

Butanol (*Butan-1-ol*), CH_3–CH_2–CH_2–CH_2–OH, eine farblose Flüssigkeit; F. –89,8 °C, Kp. 117,3 °C, n_D^{20} 1,3993. Die Herstellung erfolgt durch katalytische Hydrierung von Crotonaldehyd oder biotechnologisch mit Hilfe der Butanol-Aceton-Gärung (↗ Gärungen). Man verwendet Butanol bei der Herstellung von Weichmachern, Bremsflüssigkeiten, Treibstoffzusätzen, Harnstoff-Formaldehyd-Kunststoffen, Extraktionsmitteln und Schutzanstrichfarben. *Butan-2-ol*, $CH_3–CH_2–CH(OH)–CH_3$, eine farblose Flüssigkeit; F. –114,7 °C, Kp. 99,5 °C, n_D^{20} 1,3978 (Racemat), $[\alpha]_D^{20}$ 13,9° (optische Antipoden). Die Darstellung des Racemats erfolgt durch Hydratisierung von But-1-en. *Isobutanol (2-Methylpropan-1-ol)*, $CH_3–CH(CH_3)–CH_2OH$, eine farblose Flüssigkeit; F. –108 °C, Kp. 107,9 °C, n_D^{20} 1,3959. *tert-Butanol (2-Methylpropan-2-ol)*, rhombische, tafel- und prismenförmige Kristalle; F. 25,5 °C, Kp. 82,5 °C, n_D^{20} 1,3878. Letzteres stellt man durch Hydratisierung von Isobuten her:

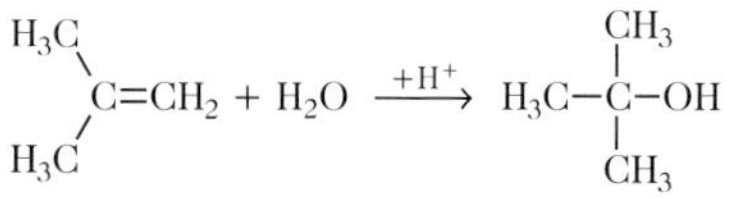

Die B. werden in großem Umfang als Lösungsmittel oder Zwischenprodukte für die organische Synthese verwendet.

Butanolide, systematischer Name für die inneren Ester der Hydroxybuttersäuren. Er wird von den Bezeichnungen der Alkansäuren abgeleitet, indem das Wort -säure durch das Suffix -olid ersetzt und die Ziffern der über das Sauerstoffatom verbundenen Kohlenstoffatome vorangestellt werden, z. B. 1,4-Butanolid (↗ γ-Butyrolacton).

Butan-2-on, ↗ Methylethylketon.

Butansäure, ↗ Buttersäuren.

Butanthiol, ***Butylmercaptan***, $CH_3–CH_2–CH_2–CH_2–SH$, eine farblose, unangenehm riechende, in höheren Konzentrationen toxische Flüssigkeit; F. –115,7 °C, Kp. 98,4 °C, n_D^{20} 1,4440. B. löst sich in Wasser und Ethanol. Synthetisch gewinnt man es in der Technik aus Butanol und Schwefelwasserstoff in Gegenwart von Thoriumoxid oder aus Buten und Schwefelwasserstoff bei 0 °C durch UV-Bestrahlung. Es wird in der Technik verschiedenen Gasen ebenso wie Ethanthiol oder 2-Methylpropan-2-thiol als Alarmgas (Gasodorierung) zur Erkennung von Rohrbrüchen oder dgl. zugesetzt.

But-2-enal, ↗ Crotonaldehyd.

Butendiol, ***But-2-en-1,4-diol***, $HO–CH_2–CH=CH–CH_2–OH$, die technische Darstellung von B. erfolgt durch partielle katalytische Hydrierung von Butindiol (↗ Acetylenchemie).

Butendisäure, ↗ Maleinsäure, ↗ Fumarsäure.

Butene, isomere Kohlenwasserstoffe der Alkenreihe mit der allg. Formel C_4H_8 (Tab.). Sie sind farblose Gase, die mit stark rußender Flamme brennen. Sie gehören zu den Flüssiggasen. In Wasser sind sie schwer, in Ethanol und Ether leicht löslich. Sie werden großtechnisch aus Erdgas, Raffinerie- und Crackgasen oder durch Dehydrierung von Butan und Isobutan gewonnen. Die Abtrennung von Isobuten aus dem Isomerengemisch erfolgt mit 65%iger Schwefelsäure, die der übrigen B. mit Hilfe der Extraktivdestillation. But-1-en und die *E,Z*-isomeren But-2-ene dienen zur Herstellung von Butadien und Butan-2-ol. Aus Isobuten werden unter anderem *tert*-Butanol und Methallylchlorid erzeugt. Darüber hinaus sind diese Alkene wertvolle Alkylierungsmittel. So wird z. B. Isobuten mit Isobutan zu 2,2,4-Trimethyl-pentan (Isooctan), einem hochklopffesten Treibstoff, umgesetzt. Außerdem dimerisiert Isobuten auch zu isomeren Trimethylpentenen, die ebenfalls zu Isooctan hydriert werden.

But-2-ensäuren, ↗ Crotonsäure, ↗ Isocrotonsäure.

Butindiol, ***But-2-in-1,4-diol***, $HO–CH_2–C≡C–CH_2–OH$, kristallisiert in farblosen Blättchen; F. 58 °C, Kp. 126 °C. B. ist leicht löslich in Wasser, schwer löslich in Ether. Es ist schwach toxisch und wirkt hautreizend. Die Herstellung erfolgt durch Umsetzung von Ethin mit Formaldehyd (↗ Acetylenchemie). B. ist ein wichtiges Zwischenprodukt der organischen Synthese. So wird es z. B. zu Butendiol oder Butandiol hydriert und auf diesem Wege weiter umgesetzt.

Butindisäure, ↗ Acetylendicarbonsäure.

Butine, Kohlenwasserstoffe der Alkinreihe mit der allg. Formel C_4H_6. Es gibt zwei Konstitutionsisomere, die sich wegen der Lage der Dreifachbindung in ihren Reaktionen deutlich unterscheiden (↗ Alkine). *But-1-in*, $HC≡C–CH_2–CH_3$, ein farbloses Gas; F. –125,7 °C, Kp. 8,1 °C, n_D^{20} 1,3962. *But-2-in*, $CH_3–C≡C–CH_3$, eine farblose Flüssigkeit; F. –32,3 °C, Kp. 27 °C, n_D^{20} 1,3921. Die B. lösen sich in Wasser schwer, sind dagegen in Ethanol und Ether gut lös-

Butene. Tab.: Kenndaten

Bezeichnung	Formel	F. in °C	Kp. in °C	n_D^{20}
But-1-en	$CH_2=CH–CH_2–CH_3$	–185,3	–6,3	1,3962
But-2-en *Z*-Form	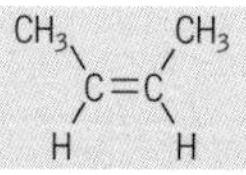	–138,9	3,7	1,3931*
But-2-en *E*-Form	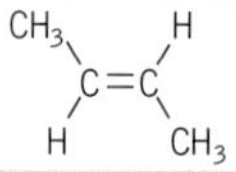	–105,5	0,9	1,3848*
Isobuten, 2-Methylpropen	$CH_2=C(CH_3)_2$	–140,4	–6,6	1,3811*

* Für die Messung ist eine Temperatur von –25 °C angegeben.

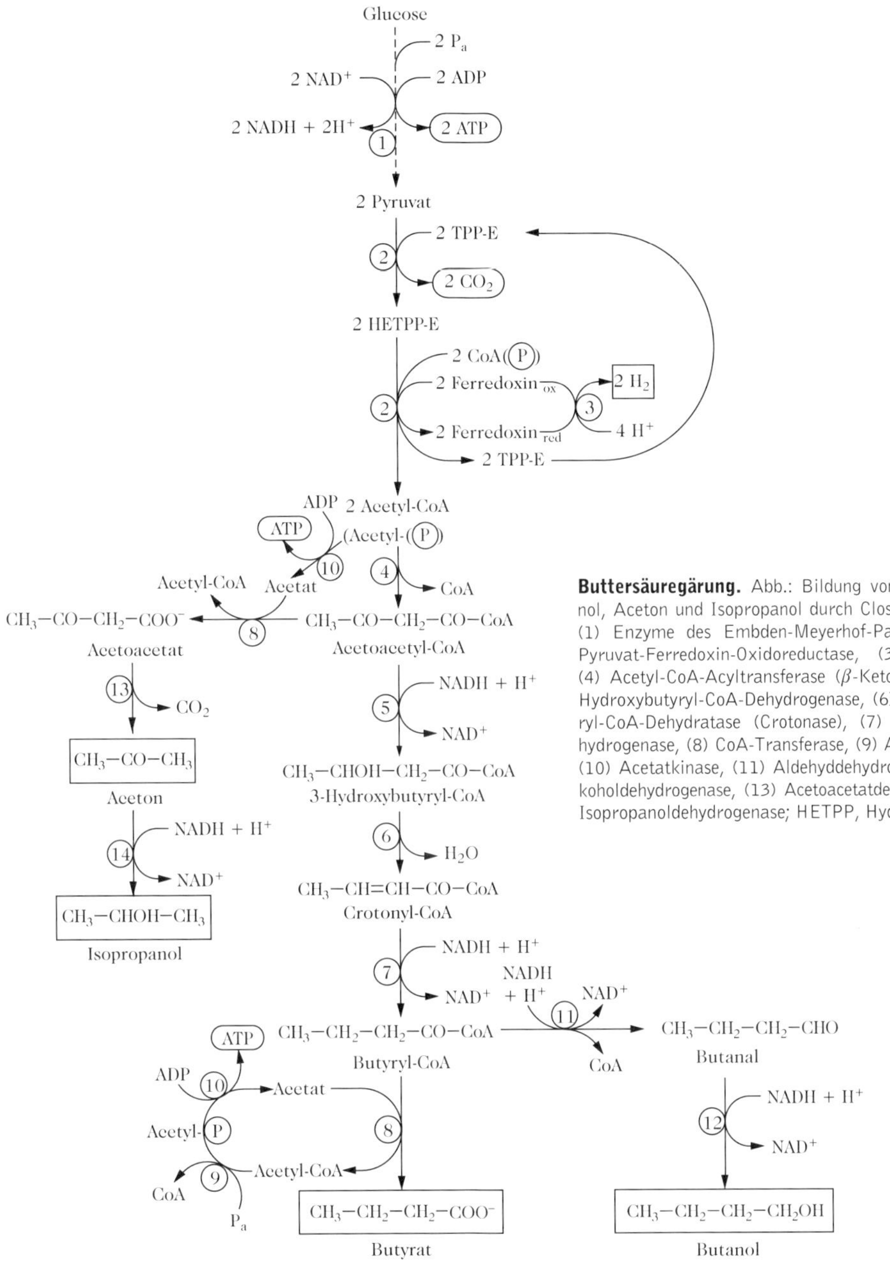

Buttersäuregärung. Abb.: Bildung von Butyrat, Butanol, Aceton und Isopropanol durch Clostridien (Enzyme: (1) Enzyme des Embden-Meyerhof-Parnas-Weges, (2) Pyruvat-Ferredoxin-Oxidoreductase, (3) Hydrogenase, (4) Acetyl-CoA-Acyltransferase (β-Ketothiolase), (5) 3-Hydroxybutyryl-CoA-Dehydrogenase, (6) 3-Hydroxybutyryl-CoA-Dehydratase (Crotonase), (7) Butyryl-CoA-Dehydrogenase, (8) CoA-Transferase, (9) Acetyltransferase, (10) Acetatkinase, (11) Aldehyddehydrogenase, (12) Alkoholdehydrogenase, (13) Acetoacetatdecarboxylase, (14) Isopropanoldehydrogenase; HETPP, Hydroxyethyl-TPP).

lich. Sie sind leicht entzündlich und verbrennen mit rußender Flamme.

Buttergelb, ↗ 4-(Dimethylamino)-Azobenzol.

Buttersäure-Butanol-Gärung, eine insbesondere mit saccharolytischen Clostridien durchgeführte Gärung (↗ Buttersäuregärung).

Buttersäuregärung, die Vergärung von Kohlenhydraten zu Buttersäure und anderen Stoffwechselprodukten durch eine obligat anaerobe Bakteriengattung (Clostridien), die keine Porphyrine, aber H_2O_2-bildende Flavinenzyme besitzen. Bei Anwesenheit von Sauerstoff werden so schnell große Mengen des toxischen H_2O_2 gebildet.

Nach ihrem Hauptprodukt ist eine Unterteilung der Clostridien möglich: *C. butyricum* scheidet z. B. Buttersäure, *C. butylicum* Butanol (*Butanol-Isopropanol-Gärung*), *C. acetobutylicum* Aceton und Butanol (*Butanol-Aceton-Gärung*) neben CO_2 und H_2 sowie anderen Gärungsprodukten aus. Die Bildung molekularen Wasserstoffs ist für Clostridien charakteristisch.

Der Abbau der Kohlenhydrate erfolgt über den Embden-Meyerhof-Parnas-Weg (↗ Glycolyse). An der Umwandlung von Pyruvat in Acetyl-CoA ist eine Pyruvat-Ferredoxin-Oxidoreductase (TPP-Enzym) beteiligt (Abb.). Im Gegensatz zum Pyruvatdehydrogenasekomplex wird der Wasserstoff anschließend nicht auf NAD^+, sondern auf Ferredoxin übertragen und von dort unter Mitwirkung der ↗ Hydrogenase als molekularer Wasserstoff freigesetzt. Dadurch entstehen beim Glucoseabbau nur 2 Mol NADH (Glycerinaldehyd-3-phosphatdehydrogenasereaktion), die bei der Bildung der Buttersäure verbraucht werden. Bei der Umwandlung von Butyryl-CoA in Butyrat entsteht ein zusätzliches Mol ATP. Daraus ergibt sich folgende Bilanz: Glucose + 3 ADP + 3 P_a → Butyrat + 2 H_2 + 3 ATP + 2 CO_2 (Buttersäuretyp). Bei niedrigen pH-Werten wird Acetoacetyl-CoA teilweise in Aceton umgewandelt. Dadurch steht weniger Acetoacetyl-CoA für die NAD^+-Regeneration zur Verfügung. Butyryl-CoA wird deshalb nicht zu Buttersäure, sondern in das stärker reduzierte Butanol umgesetzt (Abb.) (Butanoltyp; Butanol-Aceton-Gärung).

Zusätzlich kann Butanol aus Butyrat, welches aus dem Kulturmedium wieder aufgenommen wird, gebildet werden. Durch eine Transferasereaktion entsteht Butyryl-CoA, welches unter NADH-Verbrauch in Butanol umgewandelt wird. *C. butylicum* ist in der Lage, Aceton unter NADH-Verbrauch in Isopropanol umzuwandeln. Während der Gärung verändern sich so die Verhältnisse der einzelnen Gärungsprodukte untereinander. Zu Beginn der Gärung wird vorrangig Butyrat ausgeschieden.

Die B. besitzt keine industrielle Bedeutung. Die mikrobielle Bildung von Buttersäure ist die Ursache von Verderbserscheinungen bei Lebens- und Futtermitteln (Backhefe, Silage), falls letztere nicht kühl gelagert bzw. gut konserviert werden (saurer pH).

Buttersäuren, die zwei strukturisomeren gesättigten Monocarbonsäuren der allg. Formel C_3H_7–COOH. *Buttersäure, Butansäure, Propan-1-carbonsäure*, CH_3–CH_2–CH_2–COOH, eine farblose, ölige Flüssigkeit mit unangenehmem, ranzigem Geruch; F. –6,5 °C, Kp. 165,5 °C, n_D^{20} 1,3980. Sie ist in Wasser, Alkohol und Ether unbegrenzt löslich. Buttersäure ist wasserdampfflüchtig. Sie zeigt die typischen Reaktionen der gesättigten Monocarbonsäuren. Ihre Salze und Ester werden als *Butyrate* bezeichnet. Buttersäure kommt als Glycerinester in der Butter vor und wird beim Ranzigwerden frei. Außerdem ist sie im Schweiß und in der Fleischflüssigkeit enthalten. Sie kann durch gezielte Gärungsprozesse aus Kohlenhydraten hergestellt werden. Buttersäure wird technisch in zunehmendem Maße durch Oxidation von Butyraldehyd gewonnen. Sie wird zur Herstellung von Celluloseestern und in Form ihrer Ester mit niederen Alkoholen als Riech- und Geschmackstoffkomponente und als Lösungsmittel verwendet.

Isobuttersäure, Isobutansäure, 2-Methylpropansäure, Dimethylessigsäure, $(CH_3)_2$CH–COOH, eine farblose Flüssigkeit mit sehr unangenehmem Geruch; F. –47,0 °C, Kp. 153,2 °C, n_D^{20} 1,3930. Sie ist in Wasser, Alkohol und Ether löslich. Ihre Salze und Ester werden als *Isobutyrate* bezeichnet. Isobuttersäure ist im Schweiß sowie in den Früchten des Johannisbrotbaumes enthalten. In Form ihrer Ester ist sie in verschiedenen ätherischen Ölen, z. B. im Kamillenöl, sowie in Exkrementen zu finden. Technisch wird Isobuttersäure durch Oxidation von Isobutyraldehyd hergestellt. Sie wird als Zwischenprodukt für die Herstellung von Aromastoffen, Parfüms, Lösungsmittel und Kunststoffen verwendet.

Butylgummi, ↗ Kautschuk.

Butylmercaptan, ↗ Butanthiol.

Butyraldehyd, ***Butanal***, CH_3–CH_2–CH_2–CHO, farblose Flüssigkeit mit stechendem Geruch; F. –99,0 °C, Kp. 74,7 °C, n_D^{20} 1,3843. B. ist in Wasser wenig, in den meisten organischen Lösungsmitteln gut löslich. In freier Form kommt B. in geringen Mengen in einigen ätherischen Ölen, z. B. im Lavendelöl, vor. Synthetisch wird B. durch Oxidation oder Hydrierung von Butanol oder durch partielle Hydrierung von Crotonaldehyd hergestellt. Man verwendet B. für die Herstellung von Lacken und Kunstharzen.

Butyrate, ↗ Buttersäuren.

γ-Butyrolactam, ↗ Pyrrolidon.

γ-Butyrolacton, ***1,4-Butanolid, 4-Hydroxybuttersäurelacton, Tetrahydrofuran-2-on***, eine farblose, hygroskopische, unangenehm nach Buttersäure riechende Flüssigkeit; F. –42 °C, Kp. 206 °C, n_D^{20} 1,4341. B. ist in Wasser und organischen Lösungsmitteln leicht löslich und wasserdampfflüchtig.

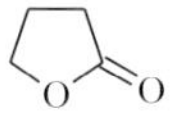

Man gewinnt es durch katalytische Dehydrierung von Butan-1,4-diol oder Dehydratisierung von 4-Hydroxybuttersäure. B. wird vielseitig als Lösungsmittel, z. B. für Acetylen, von dem es ein Vielfaches des eigenen Volumens löst, verwendet. Es ist ferner Ausgangsmaterial zur Herstellung von Pyrrolidon, *N*-Methylpyrrolidon, Weichmachern und Kunstharzen.

Butyrophenone, basische als Neuroleptika eingesetzte Verbindungen. Ein bekanntes B. ist *Haloperidol*.

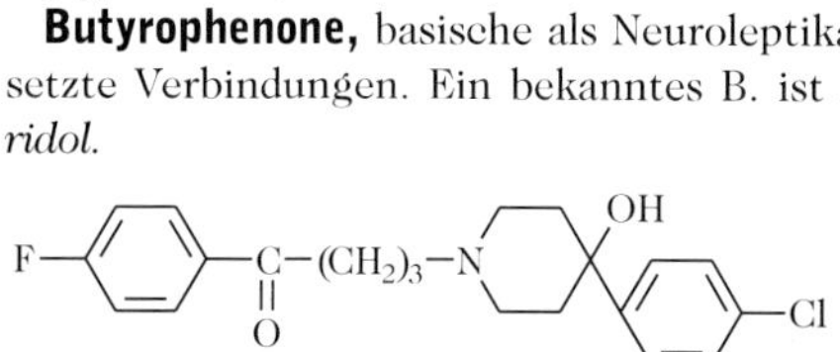

Haloperidol

BZ, ↗ chemische Kampfstoffe.

C

***c*,** 1) Einheitenzeichen für Wärmekapazität. 2) Formelzeichen für Stoffmengenkonzentration (Konzentration, Molarität), ↗ Zusammensetzungsgrößen.

C, 1) Symbol für Kohlenstoff. 2) Abk. für Cytidin bzw. für Cystein.

Ca, ↗ Symbol für Calcium.

Cadaverin, ***Pentamethylendiamin*, *1,5-Diaminopentan***, $H_2N–(CH_2)_5–NH_2$, ein biogenes Diamin, das durch bakterielle Decarboxylierung aus ↗ Lysin entsteht. C. ist eine sirupöse, farblose, rauchende Flüssigkeit mit unangenehmem Geruch, F. 9 °C, Kp. 178–180 °C, n_D^{25} 1,4561, D. 0,87 g cm^{-3}, die in Wasser und Alkohol leicht, in Ether schwer löslich ist. Es zeigt die typischen Reaktionen der primären Amine, reagiert stark basisch und bildet mit Säuren beständige Salze. C. wurde 1883 von Brieger aus Produkten der Leichenfäulnis isoliert (lat. *cadaver* ›Leiche‹).

Cadherine, Proteine, die eine Ca^{2+}-abhängige Zell-Zell-Adhäsion bei Wirbeltieren vermitteln. Es sind in der Regel Transmembran-Glycoproteine bestehend aus 5 Domänen, von denen drei Ca^{2+}-Bindungsstellen enthalten. Der cytoplasmatische Peptidkettenteil tritt über mehrere intrazelluläre Adhäsionsproteine mit dem Actin des Cytoskeletts in Wechselwirkung.

Cadmium, Symbol *Cd*, chem. Element aus der II. Nebengruppe des Periodensystems, der ↗ Zinkgruppe, Schwermetall; *Z* 48, Atommasse 112,40, Wertigkeit II, Härte nach Mohs 2,0, D. 8,642 g cm^{-3}, F. 320,9 °C, Kp. 767,3 °C, elektrische Leitfähigkeit 13,2 Sm/mm^2, Standardelektrodenpotential (Cd/Cd^{2+}) –0,4029 V.

Eigenschaften. C. ist ein silberweißes, relativ weiches Metall, das an der Luft durch Bildung einer Oxidschicht matt wird. Es kristallisiert ähnlich Zink in hexagonal dichtester Kugelpackung, die in Richtung der sechszähligen Gitterachse gestreckt ist. C. ist dehnbar, läßt sich zu Blech walzen und zu Draht ausziehen; von Cadmiumstäben kann man leicht Späne abschneiden. Beim Biegen von C. tritt ähnlich wie bei Zinn ein knirschendes Geräusch auf. Die Festigkeit läßt sich durch Legieren mit Zink erhöhen. C. ist im Vakuum unterhalb 200 °C sublimierbar. Beim Erhitzen an der Luft verbrennt C. mit roter Flamme unter Bildung eines braunen Rauches zu Cadmiumoxid CdO. In der Hitze erfolgt leicht Vereinigung mit den Halogenen. Durch oxidierende Säuren wird C. gelöst, während reines C. mit nichtoxidierenden Säuren ähnlich reinem Zink nur schwer reagiert. Im Gegensatz zu Zink ist C. in Laugen nicht löslich. C. tritt im allg. zweiwertig auf, es gibt nur vereinzelt Hinweise für die Existenz von Cadmium(I)-Verbindungen. So erhält man beim Auflösen von C. im geschmolzenen Cadmium(II)-chlorid unter Zusatz von Aluminiumchlorid Cadmium(I)-tetrachloroaluminat $Cd_2[AlCl_4]_2$, dessen Cd_2^{2+}-Kationen mit Wasser sofort unter Disproportionierung in C. und Cd^{2+}übergehen. In den zahlreichen Cadmium(II)-Komplexen dominieren die Koordinationszahlen 4 und 6 mit tetraedrischer und oktaedrischer Struktur.

Cadmiumverbindungen sind für viele Organismen, auch für den Menschen, stark toxisch. Die maximal zulässsige Cadmiumkonzentration in Luft beträgt 0,1 mg/m^3. Inhalation von Cadmium führt zur Schädigung vor allem der Atemwege, die Aufnahme von Cadmiumverbindungen hat Vergiftungen des Magen-Darm-Traktes zur Folge und kann weiter Leber- und Nierenschädigungen hervorrufen. Im Umgang mit Cadmium und seinen Verbindungen ist daher stets Vorsicht geboten.

Analytisches. C. begleitet im analytischen Trennungsgang das Kupfer. Aus einer cyanidhaltigen Lösung, in der beide Elemente als Cyanometallate $[Cd(CN)_4]^{2-}$ und $[Cu(CN)_4]^{3-}$ vorliegen, fällt Schwefelwasserstoff wegen der geringeren thermodynamischen Stabilität von Tetracyanocadmat allein gelbes Cadmiumsulfid aus. Die klassische gravimetrische Bestimmung von C. erfolgt ebenfalls über die Fällung von CdS. Komplexometrisch wird C. mit EDTA bei pH 10 unter Verwendung von Eriochrom T als Indikator oder bei pH 4 mit Xylenolorange als Indikator bestimmt. Elektrogravimetrie, Neutronenaktivierungsanalyse, Polarographie und Flammenphotometrie liefern weitere wirksame Methoden zur Cadmiumbestimmung. Die Atomabsorptionsspektrometrie erlaubt den Nachweis von < 0,1 ppm C.

Vorkommen. C. ist ein seltenes Element; es ist am Aufbau der Erdkruste mit $1 \cdot 10^{-5}$ % beteiligt. Als Begleiter des Zinks findet sich C. in Sphalerit (Zinkblende) und Smithsonit (Zinkspat), während reine Cadmiumminerale, z. B. Greenockit (Cadmiumblende) CdS, Monteponit CdO und Otavit $CdCO_3$ in der Natur nur spärlich auftreten. Im Boden ist C. mit etwa 0,1 ppm enthalten.

Gewinnung. C. wird technisch als Nebenprodukt bei der Zinkgewinnung und bei der Aufarbeitung vieler Flugstaubarten gewonnen. Bei der trockenen Zinkgewinnung reichert sich das leichter flüchtige und leichter reduzierbare C. in den zuerst anfallenden Zinkstaubanteilen erheblich an und verbrennt in den Vorlagen zu Cadmiumoxid CdO. Dieser zuerst übergegangene Staub wird unter Kokszusatz zur Reduktion des Oxides in besonderen Muffeln wiederholt fraktioniert destilliert, bis man schließlich ein etwa 99,5 %iges C. erhält. Bei der Gewinnung auf nassem Wege fällt man C. zuerst durch Zusatz von metallischem Zink aus den Zinksalzlösungen aus gemäß $Cd^{2+} + Zn \rightarrow Cd + Zn^{2+}$, oxidiert den gebildeten Cadmiumschwamm und löst das Oxid in Säure. Durch Elektrolyse mit Aluminiumkathoden und Bleianoden erhält man sehr reines Elektrolytcadmium. Die elektrolytische Gewinnung kann aber auch ohne vorherige Anreicherung von C. direkt aus der ursprünglichen Zinksulfatlösung erfolgen, da C. eine bedeutend geringere Abscheidungsspannung als Zink hat.

Verwendung. Die Hauptmenge des C. wird zum ↗ Vercadmen verwendet. Technische Anwendung finden auch die ↗ Cadmiumlegierungen. In der Kernreaktortechnik dient C. aufgrund des hohen Neutroneneinfangsquerschnittes vor allem des Isotops 113 zur Regelung und Abschirmung der Reaktoren. Cadmiumverbindungen werden in geringerem Umfang als Polymeradditive, Polymerisationskatalysatoren und als Fernsehleuchtstoffe verwendet.

Cadmiumbromid, $CdBr_2$, weiße, perlglänzende Blättchen; D. 5,192 g cm^{-3}, F. 567 °C, Kp. 863 °C. C. tritt in vier Modifikationen auf, die sämtlich lamellare Kristalle bilden. Aus Wasser kristallisiert C. als Tetrahydrat $CdBr_2 \cdot 4\,H_2O$. Man gewinnt C. durch Erhitzen von Cadmium mit Bromdampf oder durch Reaktion des Metalls mit Bromwasser. Verwendet wird es in der Photographie sowie im Steindruck und in der Reproduktionstechnik.

Cadmiumchlorid, $CdCl_2$, glänzende, rhomboedrische Kristalle, D. 4,47 g cm^{-3}, F. 568 °C, Kp. 964 °C. C. ist in Wasser leicht, in Methanol, Ethanol und Aceton etwas löslich. Aus wäßriger Lösung kristallisiert C. in Form seiner Hydrate mit 1, 2,5 oder 4 Mol Kristallwasser. Man gewinnt C. durch Erhitzen von Cadmium oder Cadmiumoxid im Chlorstrom. In der Analytik dient es als Absorptionsmittel für Schwefelwasserstoff. C. findet Einsatz in der Galvanotechnik, in der Färberei und im Stoffdruck sowie in der Photographie bei der Herstellung von Kopieremulsionen.

Cadmiumcyanid, $Cd(CN)_2$, weiße, in starken Säuren lösliche Verbindung, D. 2,226 g cm^{-3}. C. fällt aus Cadmiumsalzlösungen auf Zusatz von Alkalicyanid aus, löst sich jedoch im Überschuß unter Bildung von Cyanocadmaten $M[Cd(CN)_3]$ und $M_2[Cd(CN)_4]$ auf, von denen z. B. $K_2[Cd(CN)_4]$ kubische, farblose, stark lichtbrechende Kristalle bildet und in der Galvanotechnik zum Vercadmen verwendet wird.

Cadmiumhydroxid, $Cd(OH)_2$, weißes Pulver, D. 4,79 g cm^{-3}, F. 300 °C (Z.). C. ist in Wasser und Alkalilauge unlöslich, in Ammoniak unter Komplexbildung löslich. Es entsteht durch Fällung von Cadmiumsalzlösungen mit Alkalilauge.

Cadmiumiodid, CdI_2, farblose, glänzende, trigonale Tafeln, D. 5,67 g cm^{-3}, F. 388 °C, Kp. 790 °C. C. entsteht aus Iod und Cadmium in Gegenwart von Wasser oder durch Lösen von Cadmiumoxid oder Cadmiumcarbonat in Iodwasserstoffsäure. Man verwendet es in der Photographie sowie als Reagens, z. B. auf salpetrige Säure oder Alkaloide.

Cadmiumiodidtyp, ***Cadmiumiodidstruktur***, verbreiteter Strukturtyp für Verbindungen der allgemeinen Zusammensetzung AB_2, die in einem Schichtengitter kristallisieren. Im Kristallgitter des Prototyps Cadmiumiodid CdI_2 bilden die I^--Ionen eine hexagonal dichteste Kugelpackung. Die oktaedrischen Lücken zwischen den I^--Schichten werden alternierend entweder mit Cd^{2+}-Ionen gefüllt oder freigelassen, so daß I-Cd-I-Schichtpakete entstehen (Abb.). Jedes Cd^{2+}-Ion ist verzerrt oktaedrisch von je 3 I^--Ionen der Nachbarschichten umgeben, jedes I^--Ion ist auf ein- und derselben Seite von 3 Cd^{2+}-Ionen koordiniert. Die Bindung innerhalb der Schichtpakete ist vom Übergangstyp ionogen-kovalent, den Zusammenhalt zwischen den Schichtpaketen bewirken van-der-Waalssche Kräfte. Aus der Schichtstruktur ergibt sich eine ausgeprägte Anisotropie vieler Eigenschaften.

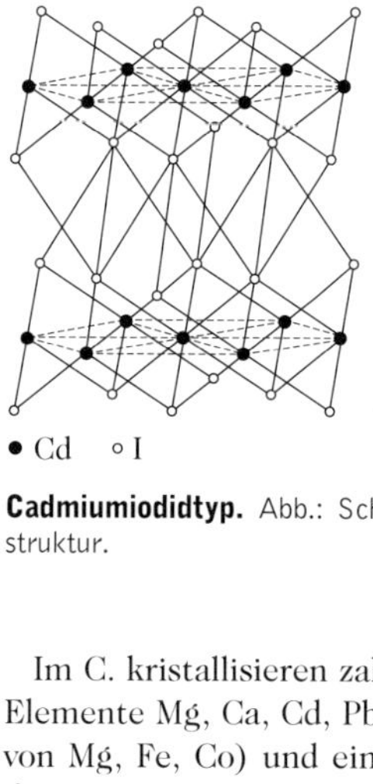

Cadmiumiodidtyp. Abb.: Schichtengitter der Cadmiumiodidstruktur.

Im C. kristallisieren zahlreiche Diiodide (z. B. der Elemente Mg, Ca, Cd, Pb, Fe, Zn), Dibromide (z. B. von Mg, Fe, Co) und eine Reihe von Dichalkogeniden vierwertiger Elemente, wie TiS_2 $TiSe_2$, $TiTe_2$, SnS_2. Ein dem C. sehr ähnliches Schichtengitter bildet das als Schmiermittel eingesetzte MoS_2.

Cadmiumnitrat, $Cd(NO_3)_2 \cdot 4\,H_2O$, strahlig vereinte, zerfließliche Säulen und Nadeln, D. 2,455 g cm^{-3}, F. 59,4 °C, Kp. 132 °C. C. ist in Wasser sehr leicht löslich. Man erhält C. durch Reaktion von Cadmiumcarbonat mit verd. Salpetersäure. Es dient zur Erzeugung von Lüster auf Glas und Porzellan, ferner zur Fertigung von Cadmium-Nickel-Sinterplatten für Akkumulatoren.

Cadmiumoxid, CdO, meist braune, kubische Kristalle, D. 6,95 g cm^{-3}, Sbp. 1559 °C. Die Farbe des

C. ist stark von der Bildungstemperatur abhängig und kann, bedingt durch unterschiedliche Teilchengrößen, von Grüngelb über Braun bis Tiefblau-Schwarz variieren. C. ist in Säuren leicht löslich. In der Natur kommt es in Form schwarzglänzender, oktaedrischer Kriställchen als Monteponit vor. C. entsteht bei der Verbrennung von Cadmium. Einkristalle lassen sich auf hydrothermalem Wege gewinnen. C. wird für Glasuren und galvanische Cadmiumüberzüge, bei der Erzeugung von Metallüberzügen auf Kunststoffen, als Katalysator bei Redoxreaktionen, Dehydrierungen und Polymerisationsreaktionen und zur Herstellung von Leuchtstoffen und Halbleitern eingesetzt.

Cadmiumpigmente, Cadmiumchalkogenide, die sich als Pigmente verwenden lassen. Man unterscheidet: 1) *Cadmiumgelb*, chemisch Cadmiumsulfid CdS, hellgelbes, ungiftiges Pigment, das für die verschiedensten Bindemittel geeignet ist; 2) *Cadmiumrot*, chemisch Cadmiumselenid CdSe, das, vorzugsweise im Gemisch mit CdS angewendet, durch sehr feurige Farbtöne – von Orange bis Bordeauxrot – sowie durch große Lichtechtheit und Hitzebeständigkeit ausgezeichnet ist und vor allem in der Malerei und Keramik-Emailleindustrie verwendet wird; 3) *Cadmiumzinnober*, orangefarbenes bis rotes Mischpigment aus CdS mit 10 bis 20 % Quecksilbersulfid HgS (Zinnober).

Cadmiumsulfat, $CdSO_4$, farblose Kristalle, D. 4,691 g cm^{-3}, F. 1000 °C. C. ist in Wasser leicht, in Ethanol nicht löslich. Aus wäßriger Lösung kristallisiert es oberhalb 41,5 °C als Monohydrat $CdSO_4 \cdot H_2O$; D. 3,79 g cm^{-3}. Man erhält C. durch Auflösen von Cadmium oder Cadmiumcarbonat in verd. Schwefelsäure. Verwendet wird es zum Nachweis von Schwefelwasserstoff und als Ausgangsmaterial für die Herstellung von Pigmenten und Leuchtstoffen, ferner wird es in Westonschen Normalelementen eingesetzt.

Cadmiumsulfid, CdS, zitronen- bis rotgelbe, kubische Kristalle, D. 4,82 g cm^{-3}. Beim Erhitzen auf 700 bis 800 °C unter Schwefeldampf wandelt sich kubisches C. in eine zinnoberrote, hexagonale Modifikation um, die man in verunreinigter Form auch durch Einleiten von Schwefelwasserstoff in Cadmiumhalogenidlösungen erhält. C. kann auch durch Glühen von Cadmiumoxid oder Cadmiumcarbonat mit Schwefel hergestellt werden. In der Natur findet es sich vereinzelt als Greenockit (Cadmiumblende). C. wird zur Herstellung von Photowiderständen und Photozellen, zur automatischen Blendensteuerung von Filmkameras sowie schwermetalldotiert als Fernsehleuchtstoff verwendet. Unter der Bezeichnung Cadmiumgelb dient es als Pigment (↗ Cadmiumpigmente).

Cadmiumzinnober, ↗ Cadmiumpigmente.

Caerulein, Pyr–Gln–Asp–Tyr(SO_3H)–Thr–Gly–Trp–Met–Asp–Phe–NH_2, ein aus der Haut des australischen Baumfrosches *Hyla caerula* isoliertes Decapeptidamid mit kininähnlichen Wirkungen. Im Vergleich zum ↗ Bradykinin zeigt C. einen länger anhaltenden blutdrucksenkenden Effekt, während die glattmuskuläre Wirkung geringer ist. Die strukturelle Ähnlichkeit des C-terminalen Sequenzbereiches mit dem des ↗ Cholecystokinins bedingt, daß C. auch in abgeschwächter Form dessen Wirkungen besitzt. Das dem C. in der Primärstruktur sehr ähnliche Nonapeptidamid *Phyllocaerulein* aus der Haut des südamerikanischen Frosches *Phyllomedusa sauvagi* zeigt in etwas verringerter Form die Wirkungen des C.

Cahn-Ingold-Prelog-Konvention, *CIP-Priorität*, ↗ Stereoisomerie 1.1.

Cailletet-Mathiassche Regel, Beziehung, nach der das arithmetische Mittel $(d_{Fl} + d_G)/2$ der Dichten einer Flüssigkeit d_{Fl} und der mit ihr im Dampfdruckgleichgewicht stehenden Gasphase d_G linear von der Temperatur abhängt. Sie kann zur genauen Bestimmung des kritischen Molvolumens $V_{krit} = M/d_{krit}$ aus der molaren Masse M und der kritischen Dichte d_{krit} (↗ kritischer Punkt) herangezogen werden. Man bestimmt die Dichten von Flüssigkeit und Gasphase bis in die Nähe des kritischen Punktes und extrapoliert $(d_{Fl} + d_G)/2$ auf die kritische Temperatur T_{krit}.

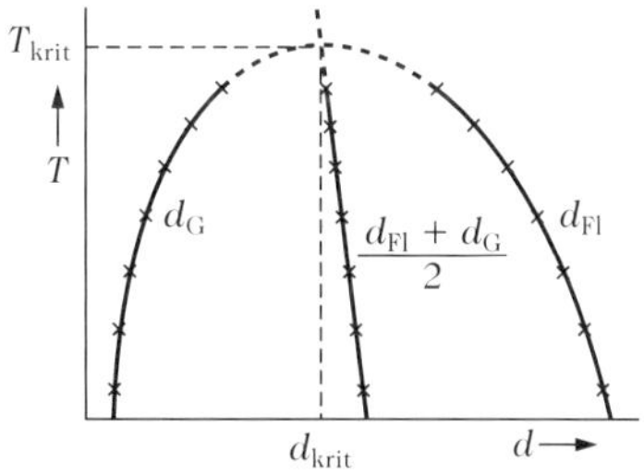

Cailletet-Mathiassche Regel. Abb.: Bestimmung der kritischen Dichte mit Hilfe der Cailletet-Mathiasschen Regel.

cal, ↗ Kalorie.

calamitisch, ↗ flüssige Kristalle.

Calciferol, ↗ Vitamin D.

Calcifidol, ↗ Vitamin D.

Calcinieren, das Erhitzen eines festen Stoffes bis zu einem bestimmten Zersetzungsgrad. So wird z. B. Natriumhydrogencarbonat durch C. in wasserfreie (calcinierte) Soda umgewandelt.

Calcitonin, H–Cys–Ser–Asn–Leu–Ser–Thr–Cys–Val–Leu–Gly–Lys–Leu–Ser–Gln–Glu–Leu–His–Lys–Leu–Gln–Thr–Tyr–Pro–Arg–Thr–Asp–Val–Gly–Ala–Gly–Thr–Pro–NH_2 (Disulfidbrücke: Cys^1–Cys^7), ein für die Calciumhomöostase und den Knochenumbau essentielles Peptidhormon. Es fungiert als Gegenregulator zum Parathyrin. Bei den Säugern wird C. durch an-

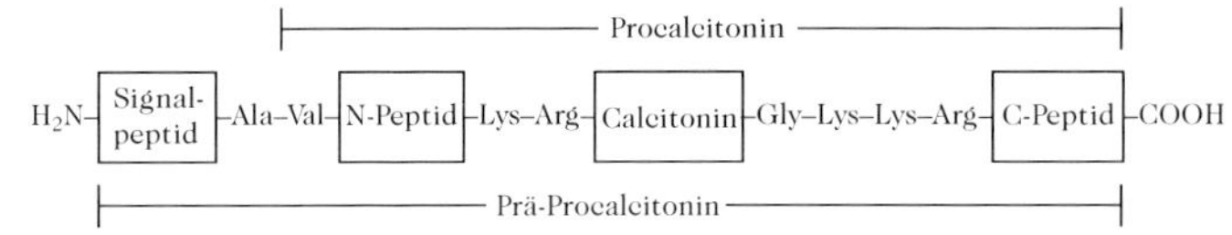

Calcitonin. Abb.: Prä-Procalcitonin.

steigenden Blutcalciumspiegel in den C-Zellen der Schilddrüse gebildet. Bei niederen Vertebraten bis hinauf zu den Vögeln ist der Bildungsort der Ultimobranchialkörper, so daß die Bezeichnung Thyrocalcitonin nicht mehr verwendet werden sollte. Die im Ultimobranchialkörper gebildeten C. besitzen eine 30- bis 40fach höhere hypocalcaemische Wirkung, verglichen mit den C. der Säuger. Die Biosynthese des C. verläuft über das *Prä-Procalcitonin* (Abb.), einen aus 136 Aminosäureresten bestehenden Präkursor, aus dem nach Abspaltung der 24 Aminosäuren umfassenden Signalsequenz das *Procalcitonin* gebildet wird.

Der dem C-Terminus der Calcitonin-Sequenz folgende Glycinrest ist für die Amidierung des C-terminalen Prolinrestes der C. erforderlich.

Menschliches C. sowie C. von Lachs und Aal, insbesondere die stabileren Carbaanaloga, besitzen therapeutische Bedeutung bei der Behandlung bestimmter Knochenkrankheiten wie der Paget-Krankheit (Osteodystrophia deformans), der Osteoporose u. a..

Calcitriol, ↗ Vitamin D.

Calcium, Symbol *Ca*, (lat. calx »Stein«, »Kalkstein«), chem. Element aus der II. Hauptgruppe des Periodensystems, der Gruppe der ↗ Erdalkalimetalle, Leichtmetall, *Z* 20, Massenzahlen der natürlichen Isotope 40 (96,947 %), 42 (0,646 %.), 43 (0,135 %), 44 (2,083 %), 46 (0,186 %), 48 (0,18 %), Atommasse 40,08, Wertigkeit II, Härte nach Mohs 1,5, D. 1,54 g cm^{-3}, F. 839 °C, Kp. 1484 °C, elektrische Leitfähigkeit 25,0 Sm/mm^2 (bei 0 °C), Standardelektrodenpotential (Ca/Ca^{2+}) –2,76 V.

Eigenschaften. C. ist ein an frischer Oberfläche silberweiß glänzendes, an der Luft aber rasch anlaufendes Leichtmetall. Es existiert in drei allotropen Modifikationen: Bei 300 °C wandelt sich das bis dahin stabile kubisch-flächenzentrierte *α-C.* in eine *β*-Form niederer Symmetrie um, oberhalb 450 °C existiert es als hexagonales *γ*-C.

C. tendiert zur Abgabe seiner beiden 4s-Elektronen, was sich auch im hohen negativen Standardelektrodenpotential widerspiegelt. C. ist ein starkes Reduktionsmittel, die Ca^{2+}-Kationen sind farblos. C. bildet wenig Kovalenzen aus, d. h. die Bindungen sind hauptsächlich salzartiger Natur. Bereits bei Zimmertemperatur wird C. von Luft unter Bildung des Calciumnitrids angegriffen und sollte deshalb unter Petroleum aufbewahrt werden. Bei erhöhter Temperatur verbrennt C. zu Calciumoxid CaO und Calciumnitrid Ca_3N_2. Mit Wasser, verd. Säuren und Alkoholen reagiert C. beim Erhitzen lebhaft unter Wasserstoffentwicklung: $Ca + 2\,H_2O \rightarrow Ca(OH)_2 + H_2$. Als starkes Reduktionsmittel kann C. Metalle aus deren Oxiden freisetzen, z. B. bei der Bildung von Titan: $TiO_2 + 2\,Ca \rightarrow Ti + 2\,CaO$. C. reagiert beim Erhitzen mit Halogenen schnell zu den entsprechenden Calciumhalogeniden.

Analytisches. C. kann an der intensiv roten Flamme oder spektroskopisch anhand der roten Linie bei 622,0 und der grünen Linie bei 553,5 nm qualitativ nachgewiesen werden. Analytisch wird es im $(NH_4)CO_3$-Trennungsgang z. B. durch Fällung von Calciumoxalat CaC_2O_4 nachgewiesen. Quantitative Bestimmungen erfolgen über die Atomabsorptionsspektroskopie oder gravimetrisch durch die Fällung des Calciumoxalats.

Vorkommen. Mit einem Anteil von 3,4 % am Aufbau der Erdkruste nimmt C. die 5. Position in der Häufigkeit der Elemente ein. Es kommt in der Natur stets gebunden, vorrangig in Form zahlreicher Minerale vor. Calciumcarbonat $CaCO_3$ bildet als Calcit (Kalkspat), Kreide, Marmor, Aragonit oder als Doppelcarbonat $CaCO_3$-$MgCO_3$ (Dolomit) ganze Gebirgszüge. Auch Gips $CaSO_4 \cdot 2\,H_2O$ und der Anhydrit $CaSO_4$ bilden ausgedehnte Lagerstätten. In den Steinsalzvorkommen findet man verschiedene Doppelsalze des C., unter anderem den Tachhydrit $CaCl_2 \cdot 2\,MgCl_2 \cdot 12\,H_2O$ und den Glauberit $Na_2SO_4 \cdot CaSO_4$. Calciumfluorid CaF_2 kommt als Fluorit (Flußspat) vor. Phosphorit $Ca_3(PO_4)_2$ und Apatit $Ca_5(PO_4)_3(OH,F,Cl)$ haben als Basisstoffe für Phosphatdüngemittel große Bedeutung. Von den Calciumsilicaten, die die große Masse der Silicatgesteine bilden, seien der Kalkfeldspat $CaAl_2Si_2O_8$ und der Wollastonit $Ca_2Si_2O_6$ genannt. Als Verwitterungsprodukt der Mineralien findet man Calciumsalze in allen natürlichen Wässern. Sie machen mit den Magnesiumsalzen die Wasserhärte aus. In der belebten Natur haben die Calciumsalze z. B. Funktionen in der Knochen- und Zahnsubstanz (Hydroxylapatit $Ca_5(PO_4)_3OH$). Eierschalen und Muscheln bestehen aus $CaCO_3$. Für Pflanzen ist C. ein essentieller Wachstumsfaktor (Kalkdüngung) und im menschlichen Organismus ist es an der Blutgerinnung, der Zellteilung und der Muskelkontraktion beteiligt.

Gewinnung. Man stellt C. durch Elektrolyse einer Schmelze aus Calciumchlorid und Calciumfluorid oder Kaliumchlorid bei etwa 800° C her. Es werden Graphitanoden und Eisenkathoden, welche die

Schmelze gerade berühren, verwendet. Durch die hohe Stromdichte an der Kathode scheidet sich das C. geschmolzen ab. Durch allmähliches Heben der Eisenstäbe während der Elektrolyse gewinnt man lange Stäbe metallisches C. Durch aluminothermische Reduktion und anschließende Vakuumsublimation läßt sich besonders reines C. gewinnen.

Verwendung. Als starkes Reduktionsmittel dient C. in der Metallurgie zur Darstellung anderer Metalle (wie Titan, Zirconium, Chrom und Uran) sowie als Desoxidationsmittel bei Nickel- und Kupferschmelzen. Blei-Calcium-Legierungen haben Bedeutung als Gleitwerkstoffe. C. wird als Gettermetall verwendet und zur Raffination und Entschwefelung von Erdöl eingesetzt. Im Laboratorium dient es zum Trocknen von Alkoholen, als Hilfsmittel in der organischen Synthese und zur Reinigung von Edelgasen.

Calciumacetylid, ↗ Calciumcarbid.

Calciumantagonisten, besser ***Calciumkanalblokker***, Herzmittel, die den transmembranären Einstrom von Calcium-Ionen durch den sog. Calciumkanal in den Herzmuskel und damit den O_2-Verbrauch des Herzens durch Herabsetzung des Tonus und der Kontraktionskraft hemmen. Dazu gehören Verbindungen der Dihydropyridin-, der

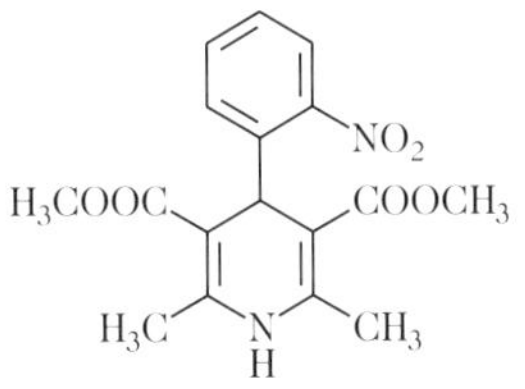

Nifedipin

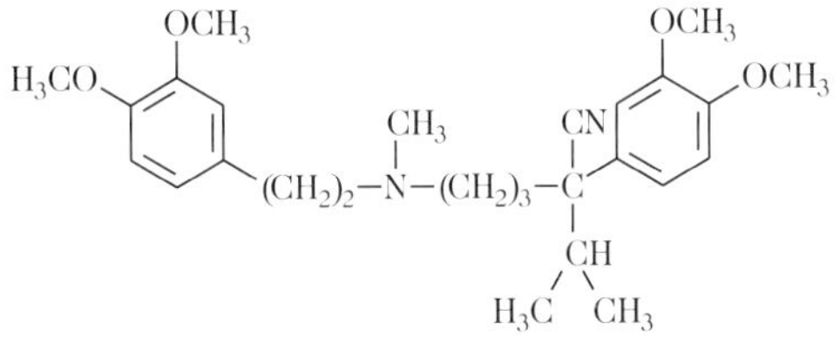

Verapamil

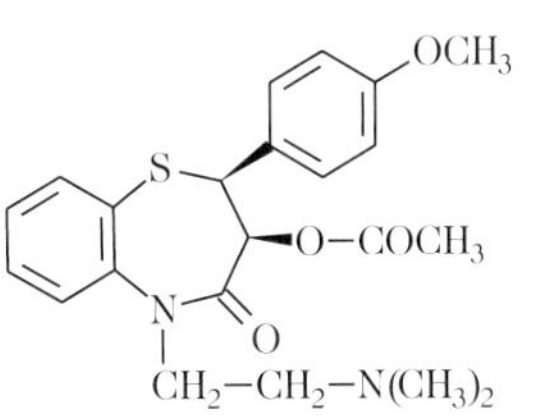

Diltiazem

Verapamil- und der Diltiazem-Gruppe. Erstes Produkt der Dihydropyridin-Gruppe war *Nifedipin*, das am Dihydropyridinring symmetrisch substituiert ist und leicht durch eine intramolekulare Redoxreaktion unter Aromatisierung des Dihydropyridinringes und Reduktion der Nitro- zu Nitrosogruppe zersetzt wird. Folgeprodukte sind unsymmetrisch substituiert und enthalten Substituenten anderer Art und an anderer Stelle des Benzolringes. *Verapamil* ist ein mit Aralkylresten substituiertes Amin und *Diltiazem* ein Benzo-1,5-diazepin.

Calciumbi..., ↗ Calciumhydrogen...

Calciumcarbid, *Calciumacetylid*, meist ***Carbid*** genannt, CaC_2, farblose, tetragonale Kristalle; D. 2.22 g cm^{-3}.

Eigenschaften. Das technische Produkt ist durch Verunreinigungen meist grau bis schwarz gefärbt. C. ist in organischen Lösungsmitteln unlöslich. Mit Wasser und verd. Säuren reagiert es bereits in der Kälte unter lebhafter Entwicklung von Ethin: $CaC_2 + 2\,H_2O \rightarrow Ca(OH)_2 + HC{\equiv}CH$. In Sauerstoff verbrennt C. bei Rotglut zu Calciumcarbonat $CaCO_3$. Elementarer Stickstoff wandelt C. in der Hitze in Kalkstickstoff um. Zahlreiche Metalloxide reagieren mit C. unter Bildung der entsprechenden Metalle oder Metallcarbide.

Herstellung. C. wird technisch in großem Umfange durch Umsetzung gebrannten Kalks mit Koks im Verhältnis 60 : 40 im elektrischen Widerstandsofen (Abb.) entsprechend folgender Gleichgewichtsbeziehung hergestellt: $CaO + 3\,C \rightleftharpoons CaC_2 + CO$, $\Delta H \approx 460$ kJ mol^{-1}. Für die stark endotherme Reaktion ist erst bei sehr hoher Temperatur eine eindeutige Verschiebung der Gleichgewichtslage nach rechts zu erwarten. Unterhalb 1630 °C beobachtet man in reiner CO-Atmosphäre und einem Druck von etwa 0,1 MPa die rückläufige Reaktion. Andererseits reagiert C. bei sehr hoher Temperatur mit Calciumoxid CaO zu Calcium und Kohlenmonoxid CO. Man arbeitet deshalb üblicherweise bei etwa 2100 °C und erhält ein etwa 80 %iges Produkt, das noch 1 bis 2 % Kohlenstoff und 12 bis 15 % Calciumoxid enthält. Die Carbidöfen bestehen aus großen eisernen, mit Schamotte ausgemauerten Kästen, deren Böden und Wände mit Kohlestampfmasse ausgekleidet sind und eine Elektrode darstellen. Als Gegenelektrode dienen mehrere beweglich angeordnete Kohleelektroden (meist Söderberg-Elektroden). Der gesamte Ofen ist von einem wassergekühlten Stahlmantel umgeben. In modernen Anlagen kommen Hohlelektroden zum Einsatz, durch deren Hohlraum ein mit Koks- und Kalkfeinkorn beladener Kohlenmonoxidstrom eingeblasen wird. Das dünnflüssig anfallende C. wird von Zeit zu Zeit abgestochen. Nach dem Erkalten wird es gebrochen, gegebenenfalls gemahlen, und gelangt in dieser Form zur Weiterverarbeitung oder in luftdicht verschlossenen Trommeln mit 82 % CaC_2-Gehalt in den Handel. Das Kohlenmonoxid wird einer Gasreinigung unterzogen und kann als Heizgas oder für Synthesen eingesetzt werden. Je Tonne C. werden

950 kg Kalk, 550 kg Koks, 20 kg Elektrodenmasse und 3100 kWh Elektroenergie benötigt. Aus Gründen des Umweltschutzes (Staubbelastung) geht man in allen Carbiderzeugungsanlagen zu voll geschlossenen Öfen über. Da der Energieverbrauch sehr hoch ist, bemüht man sich, Verfahren zu entwickeln, die ohne elektrische Energie arbeiten. So gelingt es z. B. durch Verbrennung eines Teiles des Koks mit reinem Sauerstoff, die zur Bildung von C. erforderliche Temperatur zu erhalten. Ferner kann man das C. durch Reduktion von Calciumphosphat, -sulfat oder -sulfid mit Kohle im elektrischen Ofen gewinnen.

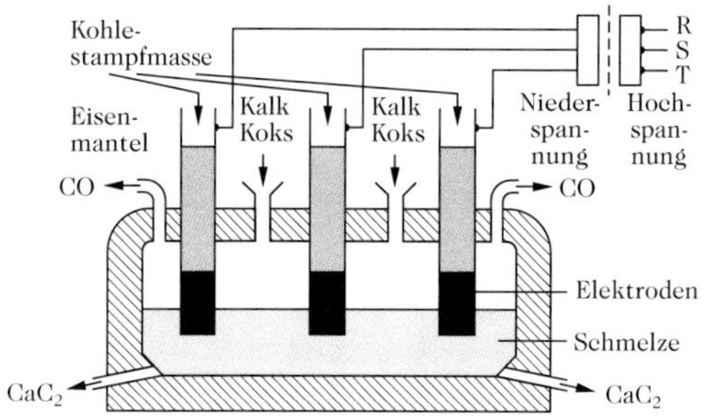

Calciumcarbid. Abb.: Carbidofen.

Verwendung. C. ist ein wichtiges Zwischenprodukt der chem. Industrie, dem angesichts der zu erwartenden Erdölverknappung sicher steigende Bedeutung zukommt. Es wird überwiegend zu Ethin, einem Basisprodukt der technischen Chemie, verarbeitet. Beträchtliche Mengen C. werden unmittelbar vom Verbraucher mit Wasser zu Ethin für Schweißzwecke zersetzt. International wird C. hauptsächlich zu Kalkstickstoff verarbeitet und zunehmend in der Metallurgie zur Entschwefelung eingesetzt.

Calciumcarbonat, veraltet ***kohlensaurer Kalk***, $CaCO_3$, bildet drei Modifikationen: den trigonalen Calcit (Kalkspat), den rhombischen Aragonit und den hexagonalen Valerit. Bei niedrigen Temperaturen kristallisiert aus Wasser das rhomboedrische Hexahydrat $CaCO_3 \cdot 6\,H_2O$, welches an der Luft rasch zur wasserfreien Form verwittert. C. ist in Wasser schwerlöslich (K_L = 0,87·10^{-8} bei 25 °C, d. h. es lösen sich 0,00009 g C. in 100 g Wasser). C. bildet sich unter Einwirken von Kohlendioxid auf Calciumoxid oder -hydroxid. Erhitzt man C., so erreicht der CO_2-Druck bei 898 °C Atmosphärendruck. Oberhalb dieser Temperatur zersetzt es sich zu Calciumoxid und CO_2. Diesen Vorgang, das Kalkbrennen, wird zur großtechnischen Herstellung gebrannten Kalks CaO und CO_2 genutzt (z. B. im Solvay-Verfahren ↗ Soda). Durch die Behandlung von gebranntem Kalk mit Wasser bildet sich $Ca(OH)_2$. Bereits in schwachsaurer Lösung (z. B. wäßr. Ammoniumchloridlösung zersetzt sich C. unter CO_2-Entwicklung: $CaCO_3 + 2\,NH_4Cl \rightarrow CaCl_2 + CO_2 + NH_3 + H_2O$. Leitet man in eine wäßr. Aufschlämmung von C. CO_2, so löst es sich unter Bildung von Calciumhydrogencarbonat $CaHCO_3$: $CaCO_3 + H_2O + CO_2 \rightarrow Ca(HCO_3)_2$ (Bildung der temporären ↗ Härte des Wasser).

In der Natur kommt C. als Calcit (Kalkspat), als Aragonit sowie in feinkristalliner Form als Kalkstein, Kreide und Marmor vor. Der in Island vorkommende Kalkspat ist doppelbrechend und wird auch Doppelspat genannt. Der durch Ton verunreinigte Kalkstein wird als Mergel bezeichnet, bei größeren Tongehalten als Tonmergel, bei geringeren Gehalten als Kalkmergel. Außerdem findet sich C. im Dolomit $CaCO_3 \cdot MgCO_3$. In der belebten Natur kommt C. z. B. in den Kalkgehäusen verschiedener Meerestiere (Muscheln, Korallen), in Eierschalen u. a. vor.

Große technische Bedeutung hat die thermische Zersetzung von C. zu CO_2 und CaO, den Basismaterialien zur Produktion von Soda, Pottasche, Calciumcarbid und Löschkalk, sowie das Brennen des Kalks zusammen mit Ton zu Zement. C. kommt in der Glas- und Keramikindustrie zur Anwendung, dient als Düngemittel und in Form von Schlämmkreide als weiße Anstrichfarbe. Reines, feingepulvertes C. benutzt man zur Entsäuerung von Wein.

Calciumcarbonatsättigung, ***Calcitsättigung***, eine wichtige Größe in der Wasseraufbereitung. Ein Wasser befindet sich im Zustand der C., wenn es bei Kontakt mit Calcit (am häufigsten auftretende Kristallform des Calciumcarbonates) weder zur Auflösung noch zu Abscheidung von $CaCO_3$ neigt. Jedes Wasser hat seinen eigenen pH-Wert der C. Wird dieser Wert unterschritten, wirkt es calcitlösend, wobei neben dem Calcitlösevermögen zusätzlich noch Aggressivität gegenüber Metallen (Korrosion) auftritt. Bei Überschreitung dieses Wertes ist das Wasser calcitabscheidend (z. B. Bildung von Inkrustationen in Rohrleitungen). Der pH-Wert des C. ist nicht identisch mit dem Neutralpunkt reinen Wassers. Er ist u.a. abhängig von der Temperatur, der Calciumkonzentration, der Säurekapazität und der Chlorid- und Sulfatkonzentration.

Calciumchlorid, $CaCl_2$, wasserfrei eine farblose, körnige, außerordentlich hygroskopische, kubische Kristallmasse, D. 2,15 g cm^{-3}, F. 782 °C, Kp. 1600 °C. Im geschmolzenen Zustand leitet C. den elektrischen Strom gut. Wasserfreies C. löst sich unter starker Wärmeentwicklung in Wasser, da die Solvatationsenthalpie der Ca^{2+}-Ionen die Gitterenergie deutlich überkompensiert. Aus der wäßrigen Lösung kristallisiert C. als Hexahydrat $CaCl_2 \cdot 6\,H_2O$ Beim Übertritt der bereits hydratisierten Kationen in die Lösung tritt naturgemäß keine nennenswerte Solvatationsenthalpie mehr auf, so daß sich das Hexahydrat in Wasser unter starker Abkühlung löst. Es ist daher zur Bereitung von Kältemischungen geeignet. Durch Vermischen des $CaCl_2 \cdot 6\ H_2O$ mit Eis im Verhältnis 1,44 : 1 ist es möglich, die dem kryohydratischen Punkt entsprechende Temperatur von –54,9 °C zu erreichen. C. löst sich sehr leicht in Wasser (100 g Wasser lösen bei 0 °C 60 g, bei 100 °C 159 g und bei 260 °C 347 g $CaCl_2$) und bildet oft übersättigte Lösungen. Auch in Ethanol und Aceton ist es löslich. Die Herstellung des C. erfolgt durch Auflösen von Calciumcarbonat (oder Calciumoxid) in Salzsäure: $CaCO_3 + 2\ HCl \rightarrow CaCl_2 + H_2O + CO_2$. Bei zahlreichen chem. Prozessen entstehen $CaCl_2$-Lösungen als Nebenprodukte, z. B. bei der Sodafabrikation nach Solvay. In der Natur kommt C. als Tachhydrit $2\ MgCl \cdot CaCl \cdot 12\ H_2O$ vor. Wasserfreies C. wird unter Nutzung seiner hygroskopischen Eigenschaften als gutes und billiges Trockenmittel für Gase und organische Flüssigkeiten verwendet. Da Ammoniak mit C. Ammoniakate bildet und auch Alkohole das C. solvatisieren, können Lösungen, die diese Verbindungen enthalten, nicht mit C. getrocknet werden. Reines C. wird in der Medizin z. B. als blutstillendes Mittel, gegen Karies und Frostbeulen und zur Behandlung verschiedener Calciummangelkrankheiten verwendet.

Calciumfluorid, CaF_2, farblose, kubische Kristalle, D. 3,180 g cm^{-3}, F. 1423 °C, Kp. etwa 2500 °C. In Wasser ist C. schwer löslich (Löslichkeitsprodukt $K_L = 3{,}4 \cdot 10^{-11}$) und deshalb auch ungiftig. Beim Erhitzen mit konz. Schwefelsäure entwickelt sich Fluorwasserstoff: $CaF_2 + H_2SO_4 \rightarrow CaSO_4 + 2\ HF$. Verd. Säuren und auch siedende Alkalilaugen greifen C. nicht an. In der Natur kommt C. als Fluorit (Flußspat) vor, der durch Beimengungen oftmals farbig ist. C. bildet sich beim Zusammengeben Ca^{2+}- und F^--haltiger Lösungen als flockiger, farbloser Niederschlag. C. ist der Grundstoff zur industriellen Produktion von Flußsäure und Fluor. Es dient als Flußmittel in vielen metallurgischen Prozessen, wird zum Ätzen von Glas sowie als Trübungsmittel in der Emailleindustrie benutzt. Flußspatkristalle sind gut durchlässig für ultrarote und ultraviolette Strahlen und werden deshalb als Linsen und Prismen optischer Geräte, in astronomischen Fernrohren und für Laser verwendet.

Calciumhydrid, CaH_2, farblose, rhombische Kristallmasse; D. 1,9 g cm^{-3}. Das Handelsprodukt, das bis zu 10% mit Calciumoxid und Calciumnitrid verunreinigt ist, besteht meist aus grauen, unregelmäßigen Stücken. Als typisch salzartiges Hydrid reagiert C. mit Wasser unter stürmischer Wasserstoffentwicklung: $CaH_2 + 2\ H_2O \rightarrow Ca(OH)_2 + 2\ H_2$. Es ist unlöslich in den üblichen organischen Lösungsmitteln und verbrennt erst bei starkem Erhitzen zu Calciumoxid und Wasser. Bei erhöhter Temperatur zerfällt es in Wasserstoff und Calcium. Man gewinnt C. durch Überleiten elementaren Wasserstoffs über metallisches Calcium bei etwa 400 °C: $Ca + H_2 \rightarrow CaH_2$. C. wird als ausgezeichnetes Trockenmittel für Gase und organische Lösungsmittel benutzt, ferner zur Wasserstofferzeugung und als Reduktionsmittel, insbesondere zur Darstellung zahlreicher Metalle aus deren Oxide.

Calciumhydrogencarbonat, früher ***Calciumbicarbonat***, $Ca(HCO_3)_2$, in reiner fester Form nicht bekannte Verbindung. C. bildet sich als Lösung beim Einleiten von Kohlendioxid in eine wäßrige Suspension von Calciumcarbonat: $CaCO_3 + CO_2 + H_2O \rightleftharpoons Ca(HCO_3)_2$. Gemeinsam mit den gelösten Hydrogencarbonaten der übrigen Erdalkalimetalle verursacht es die vorübergehende (temporäre) ↗ Härte des Wassers. Beim Eindunsten oder Kochen der Lösung verschiebt sich das o. a. Gleichgewicht unter CO_2-Entwicklung und Abscheidung des neutralen Calciumcarbonats (Kesselstein) nach links. Auch die Tropfsteinbildung beim Verdunsten harten Wassers in Kalkgebirgen ist auf diesen Vorgang zurückzuführen.

Calciumhydroxid, ***Löschkalk***, ***gelöschter Kalk***, ***Kalkhydrat***, $Ca(OH)_2$, farbloses, amorphes Pulver (D. 2,08 g cm^{-3}) oder durchsichtige, hexagonale Kristalle, D. 2,24 g cm^{-3}. Bei 580 °C geht C. unter Verlust von Wasser in Calciumoxid CaO über. In Wasser ist C. nur wenig löslich, das Löslichkeisprodukt beträgt $K_L = 3{,}9 \cdot 10^{-6}$ bei 25 °C (in 100 g Wasser lösen sich bei 20 °C 0,165 g, bei 100 °C 0,077 g $Ca(OH)_2$.). Die als *Kalkwasser* bezeichnete klare wäßrige Lösung reagiert stark basisch, schmeckt laugig und reagiert mit dem CO_2 der Luft unter Abscheidung schwerlöslichen Calciumcarbonats. Die Suspension von C. in Kalkwasser heißt *Kalkmilch*. Etwas besser löst sich C. infolge Komplexbildung in Glyzerin- oder Zuckerlösungen. In amorpher Form erhält man C. durch Behandeln gebrannten Kalks mit Wasser: $CaO + H_2O \rightarrow Ca(OH)_2$. Dieser als *Löschen des Kalks* bezeichnete Vorgang verläuft unter starker Wärmeentwicklung (ΔH = –67 kJ mol^{-1}), die selbst bei Verwendung von Eis zum Sieden der Suspension führen kann; daher verwendet man üblicherweise einen großen Wasserüberschuß. Die Löschgeschwindigkeit hängt dabei stark von der Korngröße des Ätzkalks und dessen Reinheit ab. Der entstehende wäßrige Brei wird *Kalkbrei* genannt.

C. ist die billigste technische Base und findet als solche verbreitete Anwendung. *Kalkbrei* wird vorrangig zur Bereitung von Kalkmörtel verwendet. Dieser wird durch Zusammenrühren von C. oder auch von Branntkalk CaO mit Sand (Magerungsmittel) und Wasser hergestellt. Mit dem CO_2 der Luft reagiert das C. des Mörtels zu kristallinem Calciumcarbonat (Abbinden des Mörtels), das mit den beigemengten Zuschlagstoffen eine feste Masse bildet und die Bausteine fest verkittet: $Ca(OH)_2 + CO_2 \rightarrow CaCO_3 + H_2O$. Der Sand ist an diesem Abbindevorgang nicht beteiligt, bewirkt jedoch eine erhöhte Porosität des Materials und damit ein leichteres Eindringen des CO_2 und ein rascheres Verdunsten des Wassers. *Kalkmilch* dient als weiße Anstrichfarbe und wird in der Zuckerindustrie zur Reinigung des Rohsaftes sowie zur Entzuckerung der Melasse verwendet. Sie findet Anwendung in der Abwasserreinigung und als technische Base zur Freisetzung von Ammoniak aus den im Solvay-Prozeß (↗ Soda) anfallenden Ammoniumchloridlösungen. Früher wurde sie zur Herstellung von Natronlauge nach dem Kalk-Soda-Verfahren benutzt.

Calciummolybdat, ↗ Molybdatpigmente.

Calciumnitrat, früher ***Kalksalpeter***, $Ca(NO_3)_2$, farblose, hygroskopische, kubische Kristalle; D. 2,504 g cm^{-3}, F. 561 °C. C. löst sich sehr leicht in Wasser und Alkohol und kristallisiert aus ersterem unterhalb 132 °C als farbloses, monoklines, an der Luft zerfließliches Tetrahydrat $Ca(NO_3)_2 \cdot 4\ H_2O$, D. 1,82 g cm^{-3}. Erhitzt man C. über den Schmelzpunkt, so entwickelt es zunächst Sauerstoff, bei höherer Temperatur auch Stickoxide. In der Natur kommt C. als Nitrocalcit (Kalksalpeter) vor. Häufig bildet sich C. bei der Fäulnis stickstoffhaltiger organischer Stoffe in Gegenwart von Kalk, z. B. als Ausblühung an Stallwänden (Mauersalpeter). Technisch wird es durch Auflösen von Kalkstein (oder Calciumhydroxid) in Salpetersäure und Eindampfen der Lösung gewonnen: $CaCO_3 + 2\ HNO_3 \rightarrow Ca(NO_3)_2 + CO_2 + H_2O$. Technisch hergestelltes C., oft als *Norgesalpeter* bezeichnet (wegen der früher fast ausschließlich in Norwegen durchgeführten Herstellung), dient in großen Mengen als basisches und schnell wirkendes Stickstoffdüngemittel.

Calciumoxalat, CaC_2O_4, farblose, kubische Kristalle; D. 2,2 g cm^{-3}. C. kristallisiert auch als monoklines Monohydrat, als tetragonales Trihydrat und triklin mit 2,5 mol Wasser. Beim Erhitzen zerfällt es in Calciumcarbonat und Kohlenmonoxid: $CaC_2O_4 \rightarrow CaCO_3 + CO$. Als in Wasser schwerlösliche Verbindung (Löslichkeitsprodukt $K_L = 2{,}57 \cdot 10^{-9}$ bei 25 °C) dient C. zum qualitativen Nachweis und zur quantitativen Bestimmung des Calciums. C. kommt in der Natur als Whewellit und in den Zellen vieler Pflanzen vor.

Calciumoxid, ***Ätzkalk***, ***gebrannter Kalk***, ***Branntkalk***, ***Luftkalk***, CaO, durch Brennen reinen Calciumcarbonats erhältliche farblose, weiche, erdige, amorphe Substanz, die durch Sublimation in farblose, kubische Kristalle übergeführt werden kann; D. 3,25 bis 3,38 g cm^{-3}. F. 2416 °C, Kp. 2850 °C. Erhitzt man C. mit einer Knallgasflamme, so strahlt es ein sehr helles, weißes Licht aus (Drummondsches Kalklicht). Durch Wasser wird C. exotherm in ↗ Calciumhydroxid umgewandelt: $CaO + H_2O \rightarrow Ca(OH)_2$ (Löschen des Kalks). Mit Kohlenstoff reagiert C. bei etwa 2000 °C zu Calciumcarbid CaC_2; Magnesium reduziert C. beim Erhitzen zu elementarem Calcium. Oberhalb 500 °C bindet C. CO_2 zu Calciumcarbonat. Man gewinnt C. durch thermische Zersetzung von Calciumcarbonat (*Kalkbrennen*) bei 900 bis 1000 °C in Schacht-, Ring- oder Drehrohröfen: $CaCO_3 \rightarrow CaO + CO_2$; $\Delta H = 181$ kJ mol^{-1}. C. ist Ausgangsmaterial für die Produktion von Calciumcarbid und dient als basischer Zuschlag in der Metallverhüttung. Man benutzt C. als Ofenfutter, zur Glasproduktion, in der Zucker- und Zellstoffindustrie und als Düngemittel.

Calciumphosphate, 1) im engeren Sinne Calciumsalze der Orthophosphorsäure H_3PO_4.

Calciumdihydrogenphosphat, *primäres Calciumphosphat*, *Monocalciumphosphat*, $Ca(H_2PO_4)_2 \cdot H_2O$, farblose, in Wasser leicht lösliche, trikline Kristalle, D. 2,220 g cm^{-3}, bei 109 °C Übergang des Monohydrats in die wasserfreie Form. Die wäßrige Lösung des Salzes reagiert sauer. Die Verbindung wird hergestellt durch Eintragen stöchiometrischer Mengen an Calciumcarbonat oder Calciumoxid in reine Phosphorsäure und anschließenden Aufschluß des tertiären Calciumphosphats in starken Säuren, z. B. $2\ Ca_5(PO_4)_3OH + 7\ H_2SO_4 + 12\ H_2O \rightarrow 3\ Ca(H_2PO_4)_2 + 7\ CaSO_4 \cdot 2\ H_2O$. Das gebildete Gemisch aus primärem Calciumphosphat mit Gips wird als Superphosphat bezeichnet und findet als Düngemittel Anwendung. Im Gemisch mit Alkalicarbonaten wird primäres Calciumphosphat auch als Backpulver verwendet.

Calciumhydrogenphosphat, *sekundäres Calciumphosphat*, *Dicalciumphosphat*, $CaHPO_4 \cdot 2\ H_2O$, farblose, in Wasser schwerlösliche, trikline Kristalle, D. 2,306 g cm^{-3}. Das Salz ist säurelöslich. Durch längere Berührung mit Wasser wird es allmählich in Hydroxylapatit $Ca_5(PO_4)_3OH$ und Calciumdihydrogenphosphat $Ca(H_2PO_4)_2$ überführt. Beim Glühen erfolgt Entwässerung zum Dicalciumdiphosphat $Ca_2P_2O_7$. Man erhält die Verbindung durch Zugabe von Dinatriumhydrogenphosphat zu einer neutralen Calciumsalzlösung. Es hat große Bedeutung als Futtermittelzusatz, dient als Putz- und Polierkörper in Zahncremes und findet in der Glas- und Porzellanindustrie Verwendung.

Tricalciumphosphat, *tertiäres Calciumphosphat*, *Calciumphosphat*, $Ca_3(PO_4)_2$, farblose, amorphe Masse, die nach dem Glühen erdig wird, D. 3,14 g cm^{-3}, F. 1670° C. Die Verbindung ist in Wasser außerordentlich schwer löslich, wird durch dieses aber langsam in den ebenfalls schwerlöslichen Hydroxylapatit $Ca_5(PO_4)_3OH$ überführt. Durch starke Säuren, wie Schwefelsäure, Salpetersäure oder auch Phosphorsäure, wird Tricalciumphosphat aufgeschlossen, d. h. in lösliches und damit für die Pflanze aufnehmbares, düngewirksames Calciumdihydrogenphosphat umgewandelt, z. B. $Ca_3(PO_4)_2 + 2\ H_2SO_4 + 4\ H_2O \rightarrow Ca(H_2PO_4)_2 + 2\ CaSO_4 \cdot 2\ H_2O$. In Form von Hydroxylapatit ist sie auch der Hauptbestandteil der anorganischen Knochen- und Zahnsubstanz. Die Herstellung des reinen Tricalciumphosphats gelingt durch Zusammenschmelzung von Calciumoxid und Phosphor(V)-oxid bei 1100 °C. Tricalciumphosphat in Form des Phosphorits oder Apatits ist das Basismaterial zur Produktion der Phosphorsäuredüngemittel, der Phosphorsäure und elementaren Phosphors.

2) im weiteren Sinne Calciumsalze kondensierter Phosphorsäuren.

Calciumdiphosphat, *Dicalciumdiphosphat*, *Calciumpyrophosphat*, $Ca_2P_2O_7$, farbloses, in Wasser schwerlösliches, amorphes Pulver, D. 3,09 g cm^{-3}, F. 1230 °C. Es entsteht durch Glühen von Calciumhydrogenphosphat oder durch Zusammenschmelzen von Calciummetaphosphat und Calciumoxid.

Calciummetaphosphat, $Ca(PO_3)_2$, farblose, in Wasser und wäßrigen Säuren schwerlösliche, amorphe Substanz, Formelmasse 198,02, D. 2,82 g cm^{-3}, F. 975 °C. Man erhält die Verbindung durch scharfes Glühen primären Calciumdiphosphats. Dabei tritt Calciumdihydrogendiphosphat als Zwischenprodukt auf:

$$Ca(H_2PO_4)_2 \xrightarrow{-H_2O} CaH_2P_2O_7 \xrightarrow{-H_2O} Ca(PO_3)_2.$$

Calciumsilicate, die Calciumsalze der Kieselsäure. Abhängig von der Natur der Silicat-Anionen unterscheidet man *Calciumorthosilicate*, z. B. Ca_2SiO_4 ($2\ CaO \cdot SiO_2$) oder $Ca_3Si_2O_7$ ($3\ CaO \cdot 2\ SiO_2$), die sich von Ortho- oder Orthodikieselsäure ableiten, und *Calciummetasilicate*, $CaSiO_3$, denen linear und cyclisch kondensierte Polysilicatanionen zugrunde liegen. Insbesondere als Mischsilicate (mit Aluminium, Magnesium, Eisen) sind die C. wesentlich am Aufbau der silicatischen Gesteine beteiligt.

Calciumsilicofluorid, ↗ Calciumhexafluorosilikat.

Calciumsulfat, $CaSO_4$, farblose, orthorhombische Kristalle, die in der Natur als Anhydrit vorkommen, D. 2,61 g cm^{-3}. Unterhalb 66 °C kristallisiert C. aus Wasser als monoklines Dihydrat $CaSO_4 \cdot 2\ H_2O$, das man in der Natur als Gips und in besonders schön ausgebildeter Form als Marienglas und Alabaster findet. Beide Formen sind in Wasser schwer löslich (Löslichkeitsprodukt $K_L = 2{,}45 \cdot 10^{-5}$ bei 25 °C, das entspricht einer Löslichkeit von 0,085 g in 100 g Wasser). Synthetisch gewinnt man C. durch Einwirkung von Schwefeltrioxid auf Calciumoxid oder durch Zusammengehen calcium- und sulfationenhaltiger Lösungen. Über das thermische Verhalten und die Verwendung der Verbindung ↗ Gips.

Caldolysin, eine extrazelluläre ↗ Protease aus einem extrem thermophilen Mikroorganismus (*Thermus aquaticus*).

Caldo-Verfahren, ↗ Stahlerzeugung.

Calicheamycine, cytostatisch wirkende Antibiotika mit konjugierter *cis*-Endiin-Struktur. Die C. aromatisieren über eine Bergman-Reaktion. Auf dieser Cycloaromatisierung beruht auch die Antitumorwirkung.

Californium, Symbol *Cf*, radioaktives, nur künstlich, durch Kernreaktionen zugängliches chem. Element aus der III. Nebengruppe des Periodensystems, der Gruppe der ↗ Actinoide zugehöriges Transuran; *Z* 98, langlebigstes Isotop: ^{251}Cf (α-Strahler, Halbwertszeit 898 a) Wertigkeit III, II, IV, F. 900 °C.

C. ist ein silberweißes, in drei Modifikationen auftretendes Metall, das man durch Reduktion von Californium(III)-oxid oder -fluorid mit Lanthan erhält. Wichtige Californium(III)-Verbindungen sind *Californium(III)-oxid*, Cf_2O_3 gelbgrüne, drei Modifikationen bildende Verbindung, F. 1750 °C, hellgrünes *Californium(III)-fluorid*, CfF_3, smaragdgrünes *Californium(III)-chlorid*, $CfCl_3$, zitronengelbes *Californium(III)-iodid*, CfI_3. Als Vertreter der Californium(IV)- und Californium(II)-Verbindungen seien erwähnt schwarzbraunes *Californium(IV)-oxid*, CfO_2, grünes *Californium(IV)-fluorid*, CfF_4, gelbes *Californium(II)-bromid*, $CfBr_2$, und tiefviolettes *Californium(II)-iodid*, CfI_2,Californium(IV)-Verbindungen stellen starke Oxidationsmittel, Californium(II)-Verbindungen kräftige Reduktionsmittel dar. Cf^{4+}-Ionen (braun) sind in wäßriger Lösung im Unterschied zu den grünen Cf^{3+}-Ionen nicht stabil.

C. wurde 1950 an der kalifornischen Universität Berkeley durch Thompson, Street jr., Ghiorso und Seaborg erstmals durch Beschuß von Curium-242 mit α-Teilchen synthetisiert: $^{242}_{96}Cm + ^{4}_{2}He \rightarrow ^{245}_{98}Cf + ^{1}_{0}n$

Weitere Synthesen nutzen den Beschuß von Uran-238 mit beschleunigten Kohlenstoff- oder Stickstoffkernen: $^{238}_{94}U + ^{12}_{6}C \rightarrow ^{244}_{98}Cf + 6^{1}_{0}n$; $^{238}_{92}U + ^{14}_{7}N \rightarrow ^{247}_{98}Cf + 4^{1}_{0}n + ^{1}_{1}H$.

Callendarsche Gleichung, ↗ Zustandsgleichung 1.2.1.

Calmodulin, ***Calcium-Modulator***, Abk. ***CaM***, ein vier Ca^{2+}-Bindungsstellen enthaltendes Protein ($M_r \sim 17000$) bestehend aus 148 Aminosäurebausteinen. C. kommt in tierischen und pflanzlichen Zellen als Ca^{2+}-Rezeptor vor und reguliert viele Enzyme und Membrantransportproteine. In vielen Fällen erfolgt die Wirkungsvermittlung über Ca^{2+}/CaM-abhängige Proteinkinasen.

Calsequestrin, ein Ca^{2+}-bindendes Membranprotein des sarkoplasmatischen Reticulums. C. ist ein Glycoprotein ($M_r \sim 45000$), das etwa 45 mol Ca^{2+}/mol zu binden vermag und indirekt für die Muskelfunktion von Bedeutung ist.

Calvin-Cyclus, ↗ Photosynthese.

cAMP, ↗ Cyclonucleotide.

Camphan, ↗ Monoterpene.

Camphen, ein bicyclischer, optisch aktiver Terpenkohlenwasserstoff, der in ätherischen Ölen natürlich vorkommt. Das rechtsdrehende C., (+)-C., F. 51 °C, Kp. 157 bis 162 °C, $[\alpha]_D^{17}$ +103,9°, findet sich unter anderem im Orangenblüten-, Eucalyptus- und Fenchelöl; linksdrehendes C., (–)-C., im Terpentin-, Citronell-, Neroli- und Baldrianöl. Die inaktive Form des C. kommt im Douglasfichtennadel- und Rosmarinöl vor. C. ist ein wichtiges Zwischenprodukt der technischen Synthese von ↗ Campher.

Campher, *Camphora, Kampfer*, ein bicyclisches Monoterpenketon. C. ist optisch aktiv und kommt als D- und L-Form vor. Es bildet farblose Kristalle

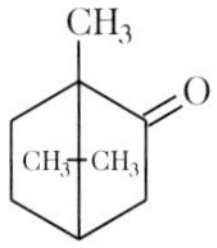

von charakteristischem Geruch, die in Wasser schwer, in Ethanol sehr leicht löslich sind; F. 178 bis 179 °C (unabhängig von optischer Aktivität). Die rechtsdrehende Form, (+)-C., auch *Japancampher*, wird durch Wasserdestillation aus dem Holz von *Cinnamomum camphora* gewonnen, $[\alpha]_D$ +44,2°. Die linksdrehende Form, (–)-C., auch *Matricariacampher*, kommt in zahlreichen *Asteraceae* vor, $[\alpha]_D$ –44,2°. Technisch wird der C. durch Partialsynthese aus dem Pinen des Terpentinöls gewonnen. Der häufigste Syntheseweg führt durch Umlagerung von α-Pinen zu Camphen, dessen Formylierung zu Isoborneolformiat, Verseifung zu Isoborneol und katalytische Hydrierung zu C. Dieser synthetische C. ist optisch inaktiv. Technisch wird C. als Gelatiniermittel für Celluloseacetat und -nitrat verwendet. C. wirkt schwach zentral erregend, in höheren Dosen lähmend und antiseptisch. C. wird äußerlich zur Förderung der Hautdurchblutung eingesetzt.

Campherblätteröl, ein ätherisches Öl, das aus den Blättern des ostasiatischen Kampferbaumes, der bis zu 1 % des C. enthält, durch Wasserdampfdestillation gewonnen wird. Meist sind folgende Verbindungen enthalten: ↗ Campher (bis zu 50 %), Caryophyllen (bis zu 20 %) und in geringen Mengen α-Pinen, Dipenten, Camphen. Verwendet wird C. in der Parfümindustrie.

Camphersäure, *1,2,2-Trimethylcyclopentan-1,3-dicarbonsäure*. C. kommt als *cis*- und *trans*- (auch

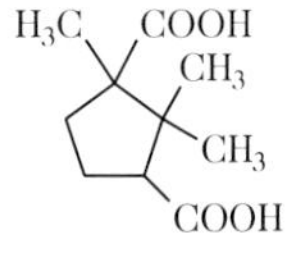

iso-) C. vor, jeweils in der (+)-, (–)- und (±)-Form. Durch Oxidation von Campher entsteht vorwiegend die *cis*-C. C. bildet leicht ein Anhydrid.

Camptothecin, ein Alkaloid, das aus Rinde und Holz des chinesischen Baumes *Camptotheca acuminata* isoliert wurde. C. ist ein Pyrrolidinochinolinderivat. C. hemmt die Topoisomerase I und blokkiert dadurch die Replikation der DNA. Es besitzt Antitumoraktivität, ist aber für eine therapeutische Anwendung zu toxisch. Zur Krebstherapie zugelassen sind Derivate wie Topotecan und Irinotecan.

Canadabalsam, ein flüssiges, zähes Naturharz, das im frischen Zustand farblos aussieht, sich jedoch bei längerem Stehen gelblich bis hellbraun färbt und erstarrt. C. ist von angenehm balsamischem Geruch und bitterem Geschmack. Seine Hauptbestandteile sind etwa 50 % α- und β-Canadinolsäure $C_{16}H_{29}COOH$, etwa 15 % Canadinsäure $C_{19}H_{37}COOH$ und etwa 5 % Canadoresen $C_{21}H_{40}O$.

C. wird in Kanada sowie in den nördlichsten Gebieten der USA aus den Rinden bestimmter Nadelhölzer, z. B. der Tannenarten *Abies canadensis* und *Abies balsamae*, gewonnen. Man verwendet C. als Glasklebemittel zum Verkitten von optischen Linsen sowie als Einschluß- und Konservierungsmittel unterschiedlicher Präparate.

Canavanin, *2-Amino-4-(guanidinooxy)-buttersäure*, $H_2N–C(NH)–NH–O–(CH_2)_2–CH(NH_2)–COOH$, eine nichtproteinogene Aminosäure mit Strukturanalogie zum Arginin. Das Enzym Arginase spaltet C. in Harnstoff und L-Canalin, 2-Amino-4-(aminooxy)-buttersäure. Als Antimetabolit von Arginin fungiert C. kompetitiv inhibierend in dessen Stoffwechsel. C. kommt in einigen Leguminosen vor. *Canavalia ensiformis* ist besonders reich an C. Bei verschiedenen Pflanzen verursacht C. Welkerscheinungen.

Cancerogene, *Carcinogene*, die Bezeichnung für krebsauslösende Substanzen. Zu den chemischen C. gehören u. a. alkylierende Verbindungen (z. B. Dimethylsulfat), bifunktionell alkylierende Substanzen (u. a. die Cytostatika Endoxan und Melphalan), *N*-Nitroso-Verbindungen (z. B. ↗ Nitrosamine), polycyclische aromatische Kohlenwasserstoffe (z. B. ↗ Benzpyren) usw. Auch verschiedene natürliche Substanzen (Pflanzeninhaltsstoffe, Stoffwechselprodukte von Mikroorganismen) gehören zu den C. Am bekanntesten sind die ↗ Aflatoxine, die von Schimmelpilzen (*Aspergillus flavus*) gebildet werden. Die meisten C. reagieren mit Regionen hoher Elektronendichte in der DNA und bilden mit dieser entsprechende Addukte. Viele C. sind auch ↗ Mutagene. Cancerogen wirken auch physikalische Noxen (z. B. UV- und Röntgenstrahlen) sowie verschiedene Viren.

Candelillawachs, ein pflanzliches ↗ Wachs, in dem eine hochmolekulare Fettsäure mit einem mehrwertigen Alkohol verestert ist und neben freien Fettsäuren auch Harzsäuren und Lactone enthalten sind. C. wird aus dem mexikanischen Wolfsmilchgewächs *Pedilanthus pavonis* gewonnen. Es wird als Ersatz für Carnaubawachs bei der Herstellung von Bohnermasse und Schuhkrem und als Zusatz zu Seifenemulsionen verwendet.

Cannabinoide, Dibenzopyrane, die in den Blütenspitzen (*Marijuana*, *Kif* oder *Dagga*) oder in dem aus ihnen gewonnenen Harz (*Haschisch* oder *Charas*) der weiblichen Hanfpflanze (*Cannabis sativa*) vorkommen. C. sind in der Rauschdroge zu etwa 2 bis 20 % enthalten.

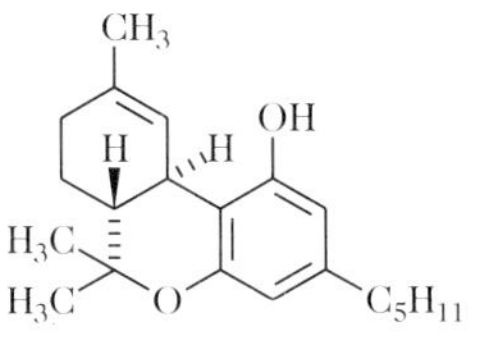

Cannabinoide. Abb.: (–)-Δ^9-*trans*-Tetrahydrocannabinol.

Die chem. Zusammensetzung hängt stark von der Hanfsorte ab. Die wirksamste Verbindung ist das zu durchschnittlich 3 % im Haschisch enthaltene (–)-Δ^9-*trans*-Tetrahydrocannabinol. C. wirken psychoaktiv. Geringe Dosen erzeugen Euphorie, höhere Seh- und Hörstörungen sowie Halluzinationen.

Cannizzaro-Reaktion, 1853 von S. Cannizzaro beschriebene Disproportionierung von Aldehyden (besonders aromatische und heterocyclische sowie Formaldehyd) in Gegenwart von Alkalien unter Bildung der entsprechenden Carbonsäuren und Alkoholen:

$$2\ R{-}CHO \xrightarrow{+KOH} R{-}COOK + R{-}CH_2{-}OH$$

Die C. ist nur bei Aldehyden anwendbar, die in α-Position kein H-Atom enthalten, anderenfalls erfolgt bevorzugt eine ↗ Aldolreaktion.

Unterschiedliche, nicht enolisierbare Aldehyde reagieren in Gegenwart von Alkalien im Sinne der *gekreuzten C.* Beim Einsatz von Formaldehyd reagiert dieser stets als Hydridionendonor unter Bildung von Ameisensäure und des entsprechenden Alkohols:

$$H{-}CHO + R{-}CHO \xrightarrow{+NaOH} H{-}COONa + R{-}CH_2{-}OH.$$

Eine Variante dieser Reaktion ist die Umwandlung von α-Oxoaldehyden, die mit Alkalien durch intramolekulare C. in α-Hydroxycarbonsäuren überführt werden können, z. B. entsteht aus Glyoxal in Gegenwart von wäßrigen Laugen Glycolsäure:

$$OHC{-}CHO \xrightarrow{+H_2O(OH^-)} HO{-}CH_2{-}COOH$$

Capriblau-Effekt, ↗ spektrale Sensibilisierung.

Caprinsäure, ↗ Decansäure.

ε-Caprolactam, *6-Amino-hexansäurelactam*, *Hexahydro-1H-azepin-2-on*, das innere Anhydrid der ε-Aminocapronsäure. Es kristallisiert in farblosen, leicht hygroskopischen Blättchen; F. 70 °C, Kp. 268,5 °C. Es ist leicht löslich in Wasser, Alkohol und Ether. ε-C. ist das Produkt der ↗ Beckmann-Umlagerung von Cyclohexanonoxim. Beim Erhitzen in Gegenwart von Wasserspuren polymerisiert es über die intermediär auftretende ε-Aminocapronsäure zur Poly-ε-aminocapronsäure, dem Ausgangsprodukt der ↗ Polyamide (Perlon, Nylon 6).

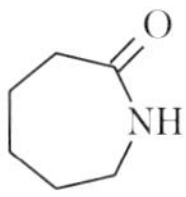

ε-Caprolactam

Aufgrund der großen Bedeutung des ε-C. wurden eine Reihe technischer Syntheseverfahren ausgearbeitet. Sie gehen überwiegend von drei Ausgangsmaterialien aus: Cyclohexan, Phenol und Toluol. Cyclohexanonoxim, die unmittelbare Vorstufe des ε-C., läßt sich auf folgenden Wegen herstellen:

1) *Hydrierung des Phenols* an einem Nickel-Katalysator zu Cyclohexanol und anschließende Dehydrierung zu Cyclohexanon oder selektive Hydrierung des Phenols mit Hilfe eines Palladium-Katalysators zu Cyclohexanon. Die weitere Reaktion mit Hydroxylamin liefert das Cyclohexanonoxim, das zum ε-C. umgelagert wird.

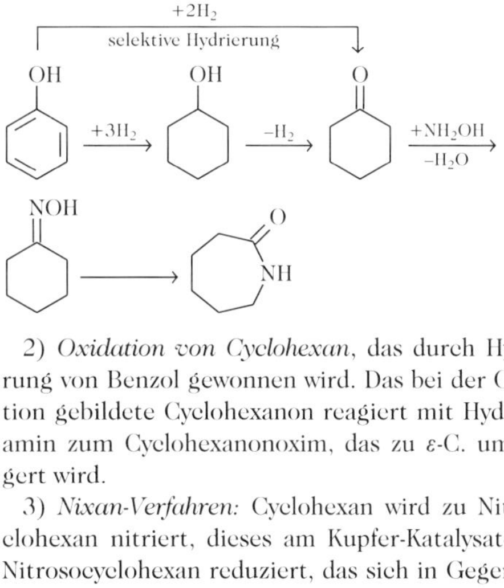

2) *Oxidation von Cyclohexan*, das durch Hydrierung von Benzol gewonnen wird. Das bei der Oxidation gebildete Cyclohexanon reagiert mit Hydroxylamin zum Cyclohexanonoxim, das zu ε-C. umgelagert wird.

3) *Nixan-Verfahren:* Cyclohexan wird zu Nitrocyclohexan nitriert, dieses am Kupfer-Katalysator zu Nitrosocyclohexan reduziert, das sich in Gegenwart von Säuren zum Cyclohexanonoxim umlagert. Durch Beckmann-Umlagerung entsteht daraus ε-C.

4) *Photonitrosierung* (*PNC-Verfahren*): Bei diesem Verfahren wird Cyclohexan mit Nitrosylchlorid oder einem Cl/NO-Gemisch durch Einwirkung von UV-Licht zu Nitrosocyclohexan umgesetzt, das sich in Gegenwart von Säuren zum Cyclohexanonoxim umlagert. Durch Beckmann-Umlagerung entsteht daraus ε-C.

5) *SNIA-Viscosa-Verfahren:* Toluol wird katalytisch (Cobaltstearat) zu Benzoesäure oxidiert, diese als Methylester am Nickel-Aluminiumoxid-Katalysator zu Hexahydrobenzoesäure hydriert und letztere mit Nitrosylschwefelsäure in einem Gemisch von Oleum und Schwefelsäure direkt zum ε-C. umgesetzt.

6) Ausgehend von Benzol gelangt man über Nitrobenzol und Anilin durch Hydrierung zum Cyclohexylamin, das mit Wasserstoffperoxid zu Cyclohexanonoxim oxidiert werden kann. Die Beckmann-Umlagerung ergibt ε-C.

Capronsäure, ↗ Hexansäure.

Caprylsäure, ↗ Octansäure.

Capsanthin, ↗ Xanthophylle.

Captafol, ↗ Phthalimidfungizide.

Captan, ↗ Phthalimidfungizide.

Captopril, ↗ ACE-Hemmer.

Caran, ↗ Monoterpene.

Carbaborane, *Carborane*, Klasse von bororganischen Verbindungen, die sich von den ↗ Boranaten formal durch Ersatz einer oder zweier BH^--Einheiten durch isostere CH-Gruppierungen ableiten. Am besten untersucht ist das mit dem $B_{12}H_{12}^{2-}$-Anion isostere $C_2B_{10}H_{12}$-System. Das 1,2-Dicarba-*closo*-dodecaboran bildet sich aus Decaboran(14) und Ethin in Diethylsulfid als Lösungsmittel: $B_{10}H_{14}$ + HC≡CH → $C_2B_{10}H_{12}$ + 2 H_2. Diese auch als ortho-Carboran bezeichnete Verbindung isomerisiert bei 450 °C zu 1,7- und bei 620 °C zu 1,12-Dicarba-*closo*-dodecaboran (»*meta*«-und »*para*«-Isomere).

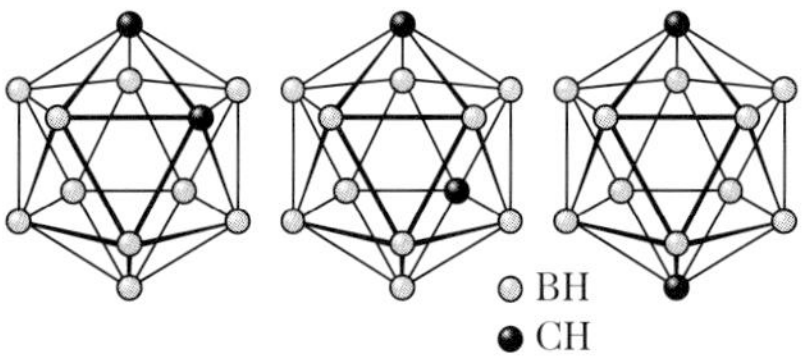

Carbaborane. Abb.: Strukturen der isomeren Dicarba-*closo*-dodecaborane.

Carbachol, $[(CH_3)_3N^+–CH_2–CH_2–O–CO–NH_2]Cl^-$, der als Chlorid vorliegende Carbamidsäureester des Cholins. C. wirkt als direktes ↗ Parasympathikomimetikum. Es ist stabiler als ↗ Acetylcholin und kann deshalb oral bei Darm- und Blasenatonie eingesetzt werden.

Carbamate, ↗ Carbamidsäure, ↗ Urethane.

Carbamatinsektizide. Die insektizid wirksamen Carbamate werden von der Carbamidsäure abgeleitet und stellen chemisch *N*-Methylcarbaminsäureester dar (Tab.).

Seit der Einführung des Carbaryl im Jahre 1958 haben die C. ihren Anteil an der Gesamtmenge der produzierten Insektizide ständig vergrößern können. Viele Carbamate wirken systemisch, d. h. sie werden über die Transportsysteme in der Pflanze verteilt, so daß auch schwer erreichbare Schädlinge an Sproß und Wurzel der zu schützenden Pflanze bekämpft werden. Diese Eigenschaft ist besonders für die Anwendung als Bodeninsektizid und ↗ Nematizid wertvoll.

Grundstruktur 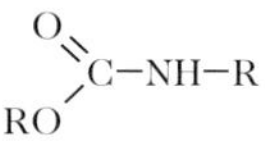

Carbamatinsektizide. Tab.: Wichtige insektizidwirksame Carbamate.

Name	Akute orale LD_{50} Ratte (mg/kg)
Phenylcarbamate	Formelbeispiel Carbaryl: 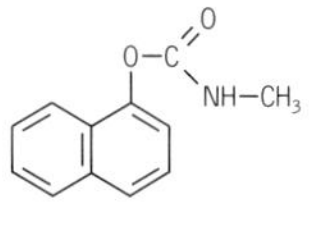
Carbaryl	400 ... 850
Carbofuran	8 ... 14
Bendiocarb	40 ... 156
Ethiofencarb	200
Methiocarb (Mesurol®)	20
Propoxur	95 ... 104
N,N-Dimethylcarbamate	Formelbeispiel Pirimicarb: 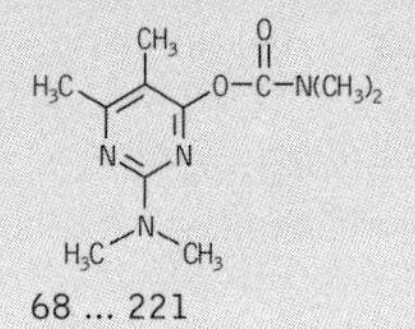
Pirimicarb	68 ... 221
Dimetilan	47 ... 64
Oximcarbamate	Formelbeispiel Aldicarb: 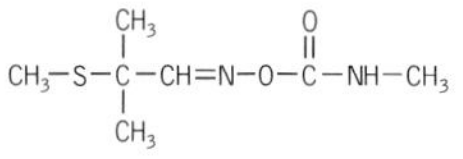
Aldicarb	0,9
Methomyl	17 ... 24

Die Wirkungsweise der Carbamate beruht wie bei den größtenteils toxischeren Organophosphorverbindungen auf Hemmung des Enzyms Acetylcholinesterase an der postsynaptischen Membran des Insektes, die zu unkontrollierbaren Bewegungen und zum baldigen Tod führt. Die Toxizität gegenüber Warmblütern hängt stark von den Substituenten ab und liegt zwischen 1 und 400 mg/kg. Im Bereich der Hygiene und der Veterinärmedizin werden die mindertoxischen C. eingesetzt, z. B. Propoxur und Dimetilan. Pirimicarb spielt als spezifisches Blattlausmittel im Getreidebau eine wichtige Rolle. Methiocarb zeichnet sich zusätzlich als ↗ Molluskizid aus.

Die technische Synthese geht von substituierten Phenolen oder Oximen aus, die zu *N*-Methylcarbaminsäureestern umgesetzt werden. Auch die Umsetzung des Phenols mit Methylisocyanat oder mit Phosgen über Chlorameisensäureester und deren Reaktion mit Methylamin ist üblich.

Carbamazepin, ↗ Antikonvulsiva.

Carbamid, ↗ Harnstoff.

Carbamidharze, ↗ Harnstoffharze.

Carbamidsäure, *Carbaminsäure, Aminoameisensäure*, $H_2N–CO–OH$, in freier Form nicht beständige Verbindung. Von der C. leiten sich einige stabile Derivate, z. B. Harnstoff, ab, die als Zwischenprodukte für die Synthese von Pflanzenschutzmitteln, Pharmaka, Kunstfasern und speziellen organischen Präparaten verwendet werden. Die Salze und Ester der C. heißen *Carbamate*, z.B. ↗ Ammoniumcarbamat, die Ester werden auch als ↗ Urethane bezeichnet.

Carbaminsäure, ↗ Carbamidsäure.

Carbamoylphosphat, $H_2N–CO–O–PO_3^{2-}$, Salz des gemischten Anhydrids aus Carbamidsäure und Phosphorsäure mit zentraler Bedeutung als energiereiches Intermediat im Stoffwechsel N-haltiger Verbindungen. C. ist Ausgangsverbindung für die Biosynthese von Arginin, Harnstoff (↗ Harnstoff-Cyclus) und Pyrimidinen.

Carbanionen, $R_3C|^-$, Spezies mit dreibindigem C-Atom in einem sp^3-Hybridisierungszustand. Die beiden nicht in einer Bindung lokalisierten Elektronen besetzen ein sp^3-Hybridorbital. C. haben eine tetraedrische Struktur. Sie werden gebildet durch heterolytische Spaltung der Bindung zwischen einem Kohlenstoffatom und einem Atom geringerer Elektronegativität, z. B. in metallorganischen Verbindungen oder durch Protonenabspaltung aus CH-aciden Verbindungen:

$R_3C–X \rightarrow R_3C|^- + X^+$.

Carbanionoide, Verbindungen, bei denen eine negative Ladung an einem Kohlenstoffatom durch ein benachbartes positiv geladenes Heteroatom stabilisiert ist. Die Verbindungen weisen einen hohen Grad der Ladungstrennung auf, sind aber elektrisch neutral. Beispiele für C. sind Phosphor-, Schwefel- und Stickstoffylide.

Carbapeneme, hochaktive Breitbandantibiotika aus der Klasse der ↗ β-Lactamantibiotika, an deren β-Lactamring ein 2,3-Dihydropyrrolring ankondensiert ist. Die Bezeichnung C. leitet sich aus der Analogie zu den als Penem-Antibiotika bezeichneten Penicillin-Grundgerüst (↗ Penicilline) ab, bei dem das S-Atom durch Kohlenstoff ersetzt wurde.

Bisher sind ca. 35 Vertreter der C. bekannt, die von Mikroorganismen (*Streptomyces* sp.) ausgeschieden werden. Viele C. sind kompetitive Inhibitoren der ↗ β-Lactamasen. C.-resistente Mikroorganismen bilden eine für die Hydrolyse von C. verantwortliche Dehydropeptidase.

Carbaryl, ↗ Carbamatinsektizide.

Carbazol, *Dibenzopyrrol, 9-Azafluoren*, eine heterocyclische Verbindung. C. bildet farblose, leicht sublimierbare blättchen- oder tafelförmige Kristalle; F. 247 bis 248 °C, Kp. 355 °C. C. ist leicht löslich in Pyridin, Aceton und konz. Schwefelsäure, wenig löslich in Benzol, Ether und Chloroform, unlöslich in Wasser.

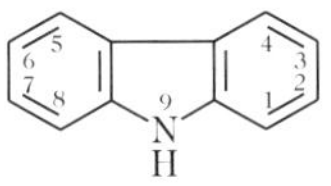

Bei Sulfonierung, Nitrierung und Halogenierung findet die Substitution in 3- und in 6-Stellung statt. C. läßt sich aus 2-Amino- bzw. 2-Nitrobiphenyl durch Oxidation bzw. Reduktion, aus 2,2′-Diaminobiphenyl in Gegenwart von Phosphorsäure sowie aus Diphenylamin synthetisieren.

C. ist Ausgangsstoff für Pflanzenschutzmittel, Farbstoffe und Kunststoffe.

Carbendazim, ↗ Benzimidazolfungizide.

Carbene, ungeladene Spezies, in denen ein C-Atom zwei kovalent gebundene Substituenten trägt und über zwei nichtbindende Orbitale verfügt, die mit insgesamt 2 Elektronen besetzt sind. C. sind reaktive Zwischenstufen bei organisch-chemischen Reaktionen, die spektroskopisch nachweisbar sind. Man unterscheidet *Singulett-C.* und *Triplett-C.* In Singulett-C. haben beide Elektronen antiparallele Spinmomente; sie haben einerseits wie Carbenium-Ionen eine Elektronenlücke, andererseits verhalten sie sich wie Carbanionen mit einem nichtbindenden Elektronenpaar. Singulett-C. verhalten sich in der Regel elektrophil und addieren stereospezifisch an Alkene unter Bildung von Cyclopropanderivaten:

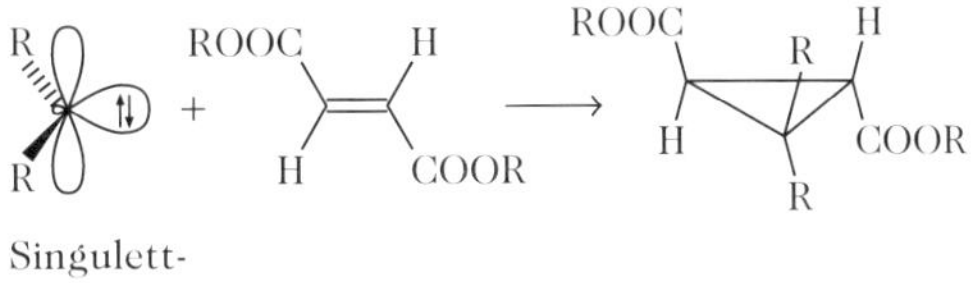

Singulett-Carben

Triplett-C. verhalten sich formal wie Diradikale und addieren stereounspezifisch an Alkene:

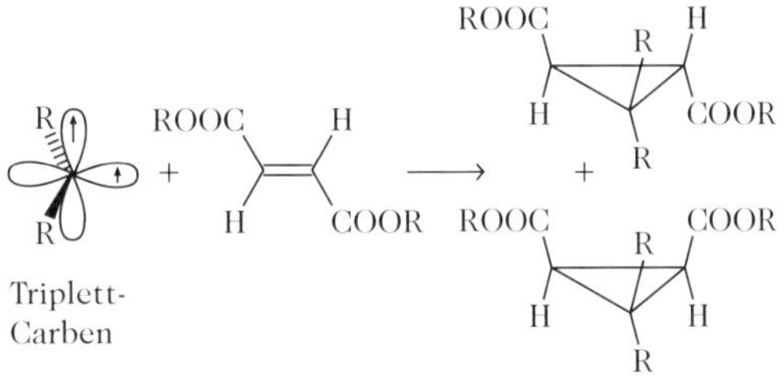

Triplett-Carben

Ein Carbenmolekül kann eine lineare oder eine gewinkelte Struktur besitzen. Das einfachste Carben ist Methylen H_2C:, das aus Diazomethan zugänglich ist:

$$|\overset{-}{C}H_2–\overset{+}{N}\equiv N| \xrightarrow{h\nu} H_2C: + |N\equiv N|$$

Der Grundzustand von Methylen ist ein gewinkelter Triplettzustand. Die Singulettzustände sind um 38 kJ mol^{-1} energiereicher. Präparativ besonders leicht lassen sich Dichlorcarbene (Singulettcarbene mit gewinkelter Struktur), z. B. aus Chloroform und starken Basen, erhalten, wobei sich die Methode der ↗ Phasentransferkatalyse bewährt hat:

$CHCl_3 + OH^- \rightarrow CCl_3^- + H_2O$
$CCl_3^- \rightarrow Cl_2C{:} + Cl^-$

So wird z. B. Cyclohexen mit Chloroform und wäßriger Natronlauge in Gegenwart eines quartären Ammoniumsalzes in guten Ausbeuten zu 7,7-Dichlorbicyclo[4.1.0]heptan umgesetzt:

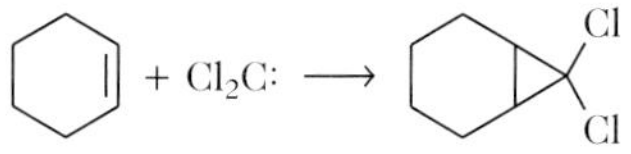

Eine wichtige Rolle spielen C. bei der ↗ Wolff-Umlagerung, der ↗ Arndt-Eistert-Synthese oder der ↗ Simmons-Smith-Reaktion.

Carbenium-Immonium-Ion, instabiler, reaktionsfähiger Zwischenstoff bei der Reaktion von Carbonylverbindungen mit Ammoniak, primären und sekundären Aminen, Hydroxylamin, Hydrazinen oder Semicarbazid:

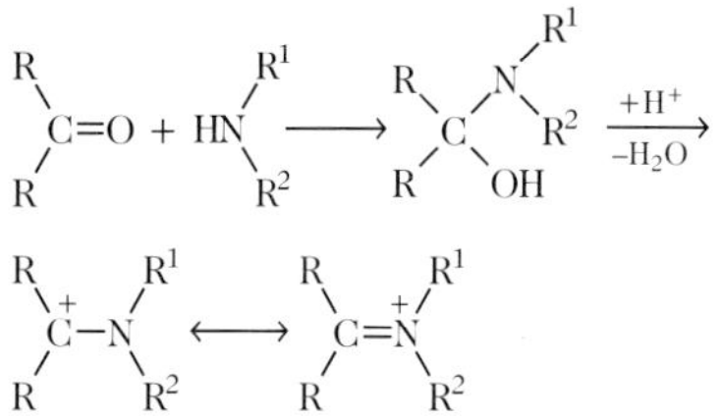

Die C. werden unter Abspaltung eines Protons stabilisiert, bei der Reaktion mit Ammoniak zu Aldiminen (R^1, R^2 = H), mit primären Aminen zu Schiffschen Basen (R^1 = H), mit sekundären Aminen zu Enaminen, mit Hydroxylamin zu Hydrazonen (R^1 = H, R^2 = NH_2) und mit Semicarbazid zu Semicarbazonen (R^1 = H, R^2 = $NHCONH_2$). Bei der Reaktion des Benzaldehyds und des Formaldehyds mit sekundären Aminen stabilisiert sich das C. durch Addition eines zweiten Moleküls Amin unter Bildung von Aminalen. C. treten als Intermediate bei der ↗ Mannich-Reaktion und bei der ↗ Ugi-Reaktion auf.

Carbeniumionen, R_3C^+, zu den Carbokationen gehörende klassische Ionen mit sp^2-hybridisiertem Kohlenstoffatom, das eine positive Ladung hat. Spezifische Verbindungen werden systematisch benannt (↗ Nomenklatur C VIII 3). C. haben eine planare Geometrie, senkrecht zum σ-Bindungsgerüst ist das unbesetzte 2p-Atomorbital angeordnet. Eine Stabilisierung erfolgt durch Elektronenpaardonorsubstituenten oder durch Reste, in denen die positive Ladung delokalisiert werden kann (z. B. Triarylcarbeniumionen). Andererseits vermindern großräumige Substituenten, die die planare Anordnung durch sterische Effekte behindern, die Stabilität. Ähnlich wie bei den Triarylcarbeniumionen ist bei einigen cyclisch konjugierten Verbindungen, die der Hückel-Regel gehorchen, die positive Ladung delokalisiert (Cyclopropenylium-, Cycloheptatrienylium-Ionen). C. treten bei Substitutionen, Additionen, Eliminierungen und bei Umlagerungen als Intermediate auf. Sie werden durch Heterolyse von C–X-Bindungen gebildet (X ist ein elektronegativeres Atom als Kohlenstoff), z. B. bei S_N1-Reaktionen oder beim Zerfall von Diazonium-Ionen.

Carbenium-Oxonium-Ion, instabiles, reaktives Intermediat bei der Reaktion von Carbonylverbindungen mit Alkoholen in Gegenwart starker Säuren:

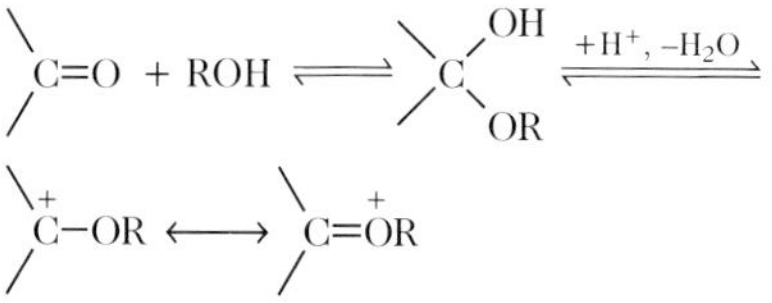

Das C. stabilisiert sich durch Addition eines zweiten Alkoholmoleküls unter Bildung eines Acetals bzw. Ketals (analog der Bildung der Aminale).

Carbenkomplexe, ↗ elementorganische Verbindungen.

Carbenoide, ↗ Simmons-Smith-Reaktion.

Carbetamid, ↗ *N*-Phenylcarbamatherbizide.

Carbid, ↗ Calciumcarbid.

Carbide, binäre Verbindungen des Kohlenstoffs mit elektropositiven Elementen, speziell mit zahlreichen Metallen, mit Bor und Silicium. Man unterscheidet ionische, kovalente und interstitielle (metallische) C.

Ionische C. leiten sich von den Elementen der I, II und III. Hauptgruppe des Periodensystems ab. Sie haben Ionengitter aus negativ geladenen Kohlenstoffspezies und den Metallkationen. Die Kohlenstoff-Anionen reagieren als starke Basen mit Wasser unter Bildung der entsprechenden korrespondierenden Säuren. Deshalb werden ionische C. durch Wasser zu Kohlenwasserstoffen und Metallhydroxiden zersetzt. Beryllium und Aluminium bilden *Methanide*, Be_2C und Al_4C_3 (↗ Aluminiumcarbid), die mit Wasser unter Freisetzung von Methan reagieren, z. B. $Al_4C_3 + 12\ H_2O \rightarrow 4\ Al(OH)_3 + 3\ CH_4$. Von den Elementen der I. und II. Hauptgruppe, der I., II. und III. Nebengruppe und von Aluminium kennt man *Acetylide* (↗ Ethin), denen C_2^{2-}-Ionen zugrunde liegen und die mit Wasser zu 2 Metallhydroxid und Ethin (Acetylen) reagieren. Deren wichtigster Vertreter ist das ↗ Calciumcarbid CaC_2.

Kovalente C. sind wasser- und säurebeständige, gut kristallisierende Verbindungen, Typische Vertreter sind ↗ Siliciumcarbid SiC und ↗ Borcarbid B_4C, in denen Si- und C-Atome die Positionen im Diamantgitter einnehmen bzw. Kohlenstoff in das Gitter des α-rhomboedrischen Bors eingebaut ist. Dies erklärt die chem. Resistenz und große Härte der kovalenten C.

Interstitielle C., *metallische C.*, sind nichtstöchiometrische Verbindungen, in denen Kohlenstoff teilweise die Zwischengitterplätze in den Metallgittern vor allem der Elemente der IV. bis VIII. Nebengruppe besetzt. Zur Gewinnung der metallischen C. werden die Metalle oder Metalloxide mit Koks erhitzt oder die Metalle mit Ethin umgesetzt.

Carbinkomplexe, ↗ elementorganische Verbindungen.

Carbinol, ↗ Methanol.

Carbinolamine, in der Alkaloidchemie noch gebräuchliche Bezeichnung für cyclische Iminoacetale, die sich von dem veralteten Namen Carbinol für Methanol herleitet. Die cyclische Carbinolamin-Form $\rangle N{-}CH\langle^{OH}$ steht im Gleichgewicht mit der offenen Aldehyd-Form $\rangle NH + O{=}CH{-}$. Als C. liegt z. B. das Alkaloid Berberin vor.

Carboanhydrase, ***Carbonatanhydratase, Kohlensäureanhydratase***, ein zinkhaltiges Einkettenenzym, das die reversible Umsetzung von Wasser und Kohlendioxid zu Kohlensäure katalysiert. K. spielt unter anderem bei der Atmung, beim CO_2-Transport und bei der Säure-Base-Regulation des Organismus eine wichtige Rolle. Hohe Konzentrationen an K. finden sich in den Erythrocyten, in der Magenschleimhaut, in der Niere und in Augenlinsen. Für die Wirkung der K. ist das an die Polypeptidkette (M_r 28000 bis 30000) gebundene Zinkatom essentiell. Inhibitoren der K. sind Sulfid-, Cyanid- und Cyanat-Ionen.

Carboanhydrasehemmer, ↗ Diuretika.

Carbochemie, ***Kohlenchemie***, ein Teilgebiet der ↗ Kohleveredelung, bei dem Kohlen oder Kohlewertstoffe einer stoffwirtschaftlichen Nutzung zugeführt werden. Aus den Kohleveredlungsprozessen, wie Vergasung, Schwelung und Verkokung, können gasförmige Verbindungen, wie Kohlenmonoxid, Wasserstoff und Methan, flüssige Verbindungen, wie Leichtöl, Mittelöl, Phenole und Pyridinbasen, sowie Koks als Feststoff gewonnen werden. Vor dem 2. Weltkrieg wurden die meisten Chemieprodukte aus Kohlen gewonnen. Mit dem Übergang zum billigeren und technologisch einfacher zu verarbeitenden Rohstoff Erdöl ging die Bedeutung der C. in den 50er Jahren weltweit zurück; mit der Verknappung und Preisschwankung des Erdöls seit den 70er Jahren gewinnt die C. wieder an Bedeutung. Neben den klassischen Verfahren der C., wie der ↗ Fischer-Tropsch-Synthese und Methanolsynthese, stehen carbochem. Synthesen, ausgehend von Kohlenmonoxid und Wasserstoff bzw. Methanol, im Mittelpunkt des Interesses.

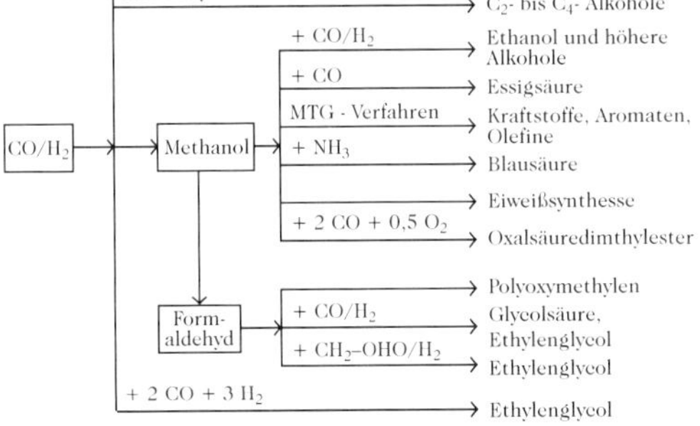

Carbochemie. Abb.: Synthesen mit Kohlenmonoxid und Wasserstoff.

Carbochromen, ↗ Koronarpharmaka.

carbocyclisch, Bezeichnung für ringförmige Kohlenstoffverbindungen, die ausschließlich Kohlenstoffatome als Ringglieder enthalten.

Carbofuran, ↗ Carbamatinsektizide.

Carbokationen, Bezeichnung für alle positiv geladenen Kohlenstoff-Ionen. Sie werden unterschieden durch die Zusätze *trikoordiniert* (↗ Carbeniumionen) und *pentakoordiniert*.

β-Carbolin, ↗ Rauwolfiaalkaloide.

Carbolineum, ein braunrotes, teerig riechendes Gemisch aus Steinkohlenteerbestandteilen. C. enthält Phenole, Kresole, Anthracen, Phenanthren, Naphthalin, Chrysen u. a. Es ist in Wasser unlöslich, brennbar, stark hautreizend und bei längerer Einwirkung carcinogen. Carbolineumdämpfe reizen die Atemwege. C. wirkt desinfizierend und fäulnishemmend. Verwendung zur Bekämpfung von Schädlingen im Obstbau, als konservierendes Anstrichmittel für Eisenbahnschwellen, Pfähle, Mauern u. a.

Carbolöl, ↗ Teer.

Carbolsäure, ↗ Phenol.

Carbonatbleiweiß, ↗ Bleiweiß.

Carbonate, 1) die Salze der Kohlensäure H_2CO_3. Als zweibasige Säure bildet diese zwei Reihen von Salzen: die Hydrogencarbonate (früher Bicarbonate), denen das HCO_3^--Ion zugrunde liegt, und die *neutralen C.*, die das CO_3^{2-}-Ion enthalten.

Neutrale C. der Zusammensetzung $M^I_2CO_3$ bzw. $M^{II}CO_3$ bilden sich durch Einwirkung von Kohlendioxid auf Metallhydroxidlösungen oder durch Zugabe löslicher C. zu Metallsalzlösungen. Starke Säuren setzen aus C. Kohlensäure frei, die sofort in Kohlendioxid und Wasser zerfällt. Diese Reaktion, gekoppelt mit der Fällung von Bariumcarbonat aus Bariumhydroxidlösung, wird auch zum Nachweis der C. verwendet.

In Gegenwart von Wasser und überschüssigem Kohlendioxid werden die neutralen C. in Hydrogencarbonate übergeführt: $M^{II}CO_3 + CO_2 + H_2O \rightleftharpoons M^{II}(HCO_3)_2$.

Zahlreiche C., z. B. $CaCO_3$ (Kalkstein, Kreide, Marmor), $MgCO_3$, (Magnesit), $MgCO_3 \cdot CaCO_3$ (Dolomit), $FeCO_3$, (Siderit), $MNCO_3$, (Manganspat), $ZnCO_3$, (Zinkspat) und Na_2CO_3 (Soda), kommen in der Natur vor, einige C. sind wichtige Produkte der chem. Industrie, z. B. Soda und Kaliumcarbonat.

2) die ↗ Kohlensäureester.

Carbonathärte, ↗ Härte.

Carbonifikation, *Inkohlung*, ↗ Kohlen.

Carbonitrieren, *Cyanieren*, ein Verfahren zur Oberflächenbehandlung von Stählen. Beim C. wird der Stahl bei 800 bis 950 °C in gasförmige, feste oder flüssige Mittel eingesetzt, die aus Kohlenstoff- und Stickstoffverbindungen bestehen und zur Erhöhung des Kohlenstoff- und Stickstoffgehaltes in den Oberflächenschichten des Stahles führen. Ein nachfolgendes Abschrecken (schnelles Abkühlen) erhöht die Verschleißfestigkeit und Härte der Oberfläche des Stahles.

Carboniumionen, bisher mit unterschiedlicher Bedeutung verwendeter Terminus für tri- bzw. pentakoordinierte ↗ Carbokationen, aber auch Bezeichnung für nichtklassische Ionen, bei denen Elektronen von σ-Bindungen an der Delokalisierung der positiven Ladung beteiligt sind. C. mit pentakoordinierten C-Atomen treten bei Reaktionen im Massenspektrometer auf, sie sind Intermediate bei der Umsetzung von Alkanen mit Supersäuren, z. B. mit der »magischen Säure« (Antimon(V)-fluorid und Fluorsulfonsäure) oder starken Lewis-Säuren, wobei elektrophile Substitutionen, Protolysen und Umlagerungen erfolgen.

Prototyp eines nichtklassischen Ions ist das Norbornylkation mit drei normalen Zweielektronenbindungen und einer Dreizentren-Zweielektronen-Bindung:

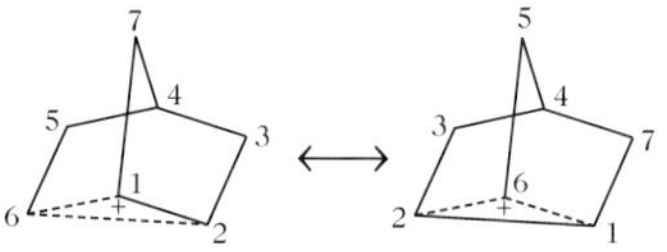

Carbonsäureamidherbizide, herbizid wirksame Carbonsäureamide, in denen ein Wasserstoff der Aminogruppe durch einen Alkyl- oder einen Arylrest ersetzt ist (Tab.). Es handelt sich um Bodenherbizide, d. h. sie werden im Vorsaat- oder Vorauflaufverfahren ausgebracht und z. T. eingearbeitet. Die geringe Wasserlöslichkeit und die teilweise schnelle Adsorption an die Bodenpartikel verhindern das Auswaschen der Wirkstoffe in tiefere Bodenschichten (keine Wasserschutzauflagen).

Carbonsäureanhydride, formal durch intermolekulare Wasserabspaltung von Monocarbosäuren bzw. intramolekulare Wasserabspaltung aus Di- bzw. Polycarbonsäuren gebildete Carbonsäurederivate mit der allg. Formel

$$R^1{-}\underset{\displaystyle O}{\underset{\|}{C}}{-}O{-}\underset{\displaystyle O}{\underset{\|}{C}}{-}R^2$$

R^1 und R^2 können aliphatische, aromatische oder heterocyclische Reste sein. Wenn $R^1 = R^2$, dann handelt es sich um *symmetrische C.* einer Carbonsäure, wenn R^1 und R^2 verschieden sind, dann liegen *asymmetrische* (*gemischte*) *C.* vor. Die Bezeichnung legt den Namen der Carbonsäure zugrunde, es wird -anhydrid angefügt, z. B. Essigsäureanhydrid (oder Acetanhydrid). Das Anhydrid der Ameisensäure ist unbekannt, ein gemischtes Anhydrid mit Essigsäure ist darstellbar. C. höherer Carbonsäuren lassen sich durch Erhitzen darstellen, bei niederen Carbonsäuren ist die Verwendung von Acetanhydrid als Dehydratisierungsmittel notwendig. Die Umsetzung von Carbonsäuresalzen mit Acylchloriden ist eine weitere allgemeine Darstellungsmethode für C. Für einige C., wie ↗ Essigsäureanhydrid, gibt es spezielle Darstellungsverfahren. Die C. sind etwas weniger reaktive Acylierungsmittel als die Acylhalogenide. Sie werden zur Darstellung von Carbonsäureestern (Umsetzung mit Alkoholen oder Phenolen), von Säureamiden (Umsetzung mit Ammoniak bzw. Aminen) oder zur Friedel-Crafts-Acylierung (↗ Friedel-Crafts-Reaktionen) verwendet. Die Hydrolyse führt zu Carbonsäuren.

C. aliphatischer Carbonsäuren werden bei der Perkin-Reaktion zur Darstellung α-substituierter, α,β-ungesättigter Arencarbonsäuren eingesetzt. Dicarbonsäureanhydride von Bedeutung sind Maleinsäureanhydrid, Bernsteinsäureanhydrid und Phthalsäureanhydrid.

Carbonsäureamidherbizide. Tab.: Wichtige Beispiele.

Name	Formel	Akute orale LD_{50} Ratte (mg/kg)
Propyzamid	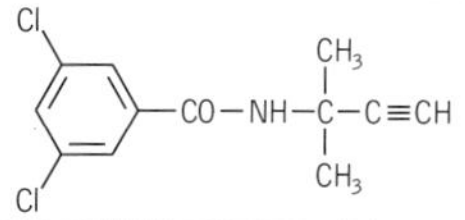	5620 ... 8350
Napropamid	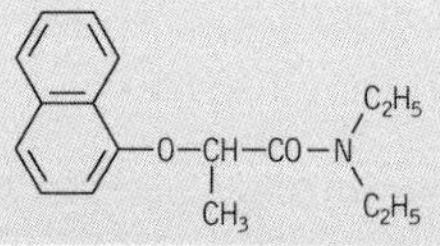	>4640
Isoxaben	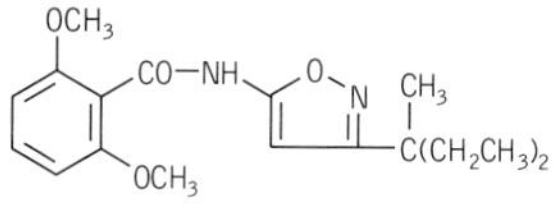	>10000
Diflufenican, siehe Clorotika-Herbizide		>2000

Carbonsäureazide, *Acylazide*, Carbonsäurederivate der allg. Formel $R{-}CO{-}N_3$. Die Elektronenstruktur läßt sich durch mesomere Grenzstrukturen beschreiben:

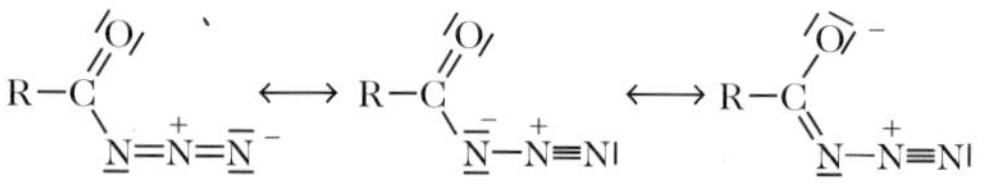

C. werden erhalten durch Umsetzung von Carbonsäurechloriden mit NaN_3 oder durch Einwirkung von salpetriger Säure auf Carbonsäurehydrazide. C. sind sehr reaktiv, die niederen Homologen neigen zu explosionsartigem Zerfall. Beim Erhitzen in einem Lösungsmittel erfolgt ↗ Curtius-Abbau. In inerten Lösungsmitteln (Benzol, Chloroform) lassen sich Isocyanate isolieren. C. sind wichtige Acylierungsmittel. *N*-geschützte Aminosäure- bzw. Peptidazide haben große Bedeutung für die ↗ Peptidsynthese.

Carbonsäureester, ↗ Ester.

Carbonsäurehalogenide, ↗ Säurehalogenide.

Carbonsäuren, organische Verbindungen, die eine oder mehrere ↗ Carboxygruppen –COOH im Molekül enthalten. Danach unterscheidet man ↗ Monocarbonsäuren, ↗ Dicarbonsäuren, Tricarbonsäuren usw. In Abhängigkeit vom organischen Rest, an den die Carboxygruppe gebunden ist, werden C. außerdem in *aliphatische*, *aromatische* und *heterocyclische C.* eingeteilt.

Die einfachste aliphatische Monocarbonsäure ist die ↗ Ameisensäure, die einfachste aliphatische Dicarbonsäure die ↗ Oxalsäure und die bekannteste Tricarbonsäure die ↗ Citronensäure. Die Stammverbindung der aromatischen C. ist die ↗ Benzoesäure. Zu den einfachsten aromatischen Dicarbonsäuren gehören ↗ Phthalsäure, ↗ Isophthalsäure und ↗ Terephthalsäure, die im vorliegenden Fall Strukturisomere sind. Eine der bekanntesten heterocyclischen C. ist die ↗ Nicotinsäure. Enthalten die C. außerdem C=C-Doppelbindungen, spricht man von *ungesättigten C.*, z. B. ↗ Acrylsäure, ↗ Zimtsäure, ↗ Ölsäure u. a.

Nomenklatur. Die Namen zahlreicher C. wurden aufgrund ihres natürlichen Vorkommens in freier oder gebundener Form, häufig als Ester, in der Tier- und Pflanzenwelt aus den entsprechenden Bezeichnungen abgeleitet, so z. B. Ameisensäure, Buttersäure, Zimtsäure und Stearinsäure. Bei der systematischen Bezeichnung ergibt sich der Name der C. aus dem zugrundeliegenden Kohlenwasserstoff mit gleicher C-Atomzahl und dem Suffix -säure, z. B. Propansäure $CH_3–CH_2–COOH$. Wird andererseits die Carboxygruppe als Substituent betrachtet, ergibt sich die Nomenklatur der C. aus dem Namen des Kohlenwasserstoffes mit dem Suffix –carbonsäure; bei Cycloalkanen, Heterocyclen und Arenen wird diese Bezeichnung vorrangig verwendet.

Eigenschaften. Das chem. Verhalten der C. wird im wesentlichen durch die funktionelle ↗ Carboxygruppe bestimmt. Sie verfügen somit über ein leicht abspaltbares saures H-Atom. Bei der Einwirkung von Basen bzw. stark elektropositiven Metallen auf C. entstehen die entsprechenden Salze, die in den meisten Fällen in Wasser löslich sind. Im Vergleich mit den starken Mineralsäuren ist die Acidität der C. deutlich geringer. Der Ersatz von Wasserstoffatomen im aliphatischen, aromatischen oder heterocyclischen Rest der C. führt zu den Substitutionsprodukten, wie z. B. Halogencarbonsäuren, Aminosäuren, Keto- und Hydroxycarbonsäuren. Funktionelle Derivate von C. werden durch Abwandlung der Carboxygruppe erhalten. Wichtige Derivate sind Carbonsäurehalogenide, Carbonsäureanhydride, Carbonsäureamide, Carbonsäureester, Carbonsäureazide, Carbonsäurehydrazide und die Salze der C.

Analytisches. C. lösen sich unter Salzbildung in wäßriger Natronlauge und in Natriumhydrogencarbonatlösung unter Entwicklung von Kohlendioxid. Zur Identifizierung wird die C. in Carbonsäureamide oder in das Carbonsäureanilid übergeführt. Dies geschieht im allg. durch Einwirkung von Thionylchlorid und Ammoniak bzw. Anilin. Da auch Carbonsäureanhydride und Carbonsäureester meist mit Ammoniak oder Anilin reagieren, werden auch diese Carbonsäurederivate als Carbonsäureamide charakterisiert. Alle Carbonsäurederivate lassen sich durch Hydrolyse in die zugrundeliegenden C. überführen. In den IR-Spektren der C. finden sich Absorptionsbanden für die C=O-Valenzschwingungen zwischen 1680 und 1720 cm^{-1} und für die O–H-Valenzschwingungen zwischen 3500 und 3560 cm^{-1} (frei) sowie zwischen 500 und 2700 cm^{-1} (assoziiert). Im Kernresonanzspektrum erscheint das ^{1}H-NMR-Signal der Carboxygruppe bei δ-Werten von 9,5 bis 13 ppm. Die Massenspektren zeigen bei aliphatischen C. schwache, bei aromatischen C. stärkere Molekülionenpeaks. Die Fragmentierung der Monocarbonsäuren liefert unter anderem charakteristische Acylium-Ionen $R–CO^+$ (MZ = M_r – OH = M_r – 17) und das Bruchstück $COOH^+$ (MZ = 45).

Herstellung. Wichtige Methoden sind die Oxidation von Alkanen und Alkylarenen, die Carbonylierung von Alkenen und Alkinen, die Hydrolyse von Trichlormethylarenen, Estern, Amiden und Nitrilen sowie die Addition von Kohlendioxid an ↗ Grignard-Verbindungen. C. können außerdem durch Acylierung von Arenen mit Oxalylchlorid in Gegenwart von Aluminiumchlorid, durch ↗ Malonestersynthesen und durch ↗ Säurespaltung von β-Oxocarbonsäureestern hergestellt werden. Für die Synthese substituierter bzw. ungesättigter C. gibt es außerdem spezielle Herstellungsmethoden, z. B. ↗ Perkin-Reaktion und ↗ Stetter-Synthese. C. werden in vielfältiger Weise als Reaktionsmedien, acide Reaktionskomponenten, Carbonsäurederivate und substituierte C. in der Industrie und für organische Synthesen verwendet.

Carbonylchlorid, ↗Phosgen.

Carbonyleisen, hochreines Eisen, das durch thermische Zersetzung von Eisenpentacarbonyl $Fe(CO)_5$ (↗ Eisencarbonyle) gewonnen wird. Das unter Normalbedingungen als Flüssigkeit vorliegende Eisenpentacarbonyl wird bei > 150 °C in Kohlenmonoxid und Eisenpulver einer Teilchengröße von etwa $0{,}5 \cdot 10^{-4}$ µm zersetzt, das pulvermetallurgisch durch Pressen bei höheren Temperaturen verarbeitet wird.

C. wird vor allem für elektromagnetische Bauteile, wie Massekerne in der Hochfrequenztechnik, Verstärkerspulen für Kabel und in der Radio- und Fernsehtechnik sowie in der Pharmazie (ferrum reductum) angewendet.

Carbonylfarbstoffe, eine Klasse von Farbstoffen mit mindestens zwei miteinander in Konjugation stehenden Carbonylgruppen (Abb. 1). Zu den C. gehören Indigo und seine Derivate, Anthrachinon-Substitutionsprodukte, polycyclische Carbonylverbindungen und spezielle Carbonylverbindungen.

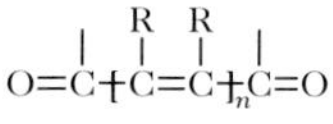

Carbonylfarbstoffe. Abb. 1: Konjugierte Carbonylgruppen.

1) *Indigo und seine Derivate*, ↗ Indigo, ↗ Indigosole.

2) *Anthrachinon-Substitutionsprodukte*, ↗ Anthrachinonfarbstoffe.

3) *Polycyclische Carbonylverbindungen.* Das charakteristische Merkmal dieser Farbstoffgruppe ist, daß bereits die Grundstrukturen (Abb. 2) im sichtbaren Spektralbereich absorbieren. Ihre Herstellung erfolgt durch Ringschluß über Friedel-Crafts-Reaktion von Acylium-Ionen oder durch nucleophilen Angriff auf aktivierte aromatische Kohlenstoffatome und anschließende Abspaltung eines Substituenten R^- oder R^+ und zweier Elektronen. Wertvolle Farbstoffe auf der Basis polycyclischer Carbonylverbindungen werden durch die Einführung von Halogenatomen erhalten. Farbstoffe dieser Gruppe werden ausschließlich als ↗ Küpenfarbstoffe in der Textilfärberei eingesetzt.

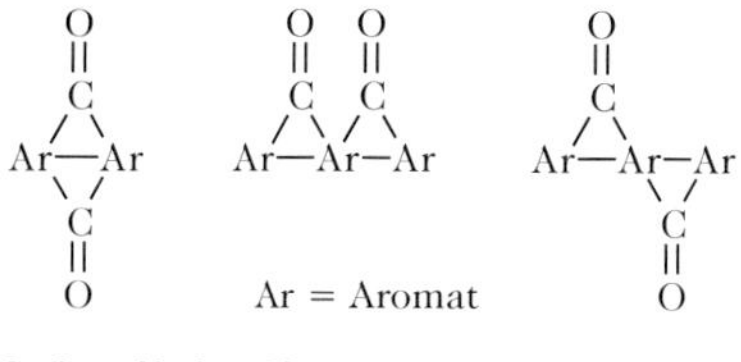

Carbonylfarbstoffe. Abb. 2: Farbtragende Strukturen der polycyclischen Carbonylverbindungen.

4) *Spezielle C.* Neben den unter 1) bis 3) genannten C. haben mehrere kleinere Gruppen von konjugierten Carbonylverbindungen als Farbstoffe technische Bedeutung, z. B. *lineare Chinacridone* (Abb. 3) und *Anthronderivate*, die als Pigmentfarbstoffe mit sehr guten Echtheitseigenschaften verwendet werden. C. der *Perylentetracarbonsäurediimid-Reihe* und der *Naphthalintetracarbonsäurediimid-Reihe* lassen sich durch Reaktion von Perylen-3,4,9,10-tetracarbonsäure bzw. Naphthalin-1,4,5,8-tetracarbonsäuredianhydrid mit den entsprechenden Aminen herstellen, z. B. *Indanthrenbordeaux RR* und *Indanthrenbrillantorange GR* (Abb. 4).

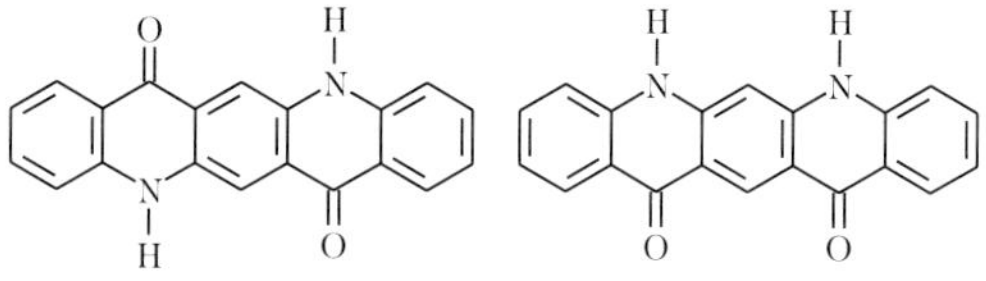

rotviolett schwach gelb

Carbonylfarbstoffe. Abb. 3: Chinacridone.

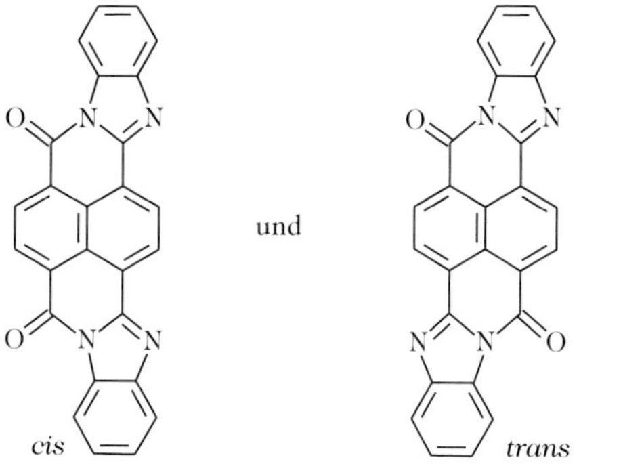

Indanthrenbordeaux RR Indanthrenbrillantorange GR

Carbonylfarbstoffe. Abb. 4: Indanthrenfarbstoffe.

Carbonylfluorid, COF_2, entsteht durch Fluorierung von ↗ Phosgen mit NaF in Acetonitril oder SbF_5/SbF_3-Mischung. Auch die Fluorierung von CO mit AgF_2 liefert COF_2. C stellt ein sehr nützliches Laborreagenz zur schonenden Fluorierung vieler Nichtmetall- und organischer Verbindungen dar, wobei Nichtmetall–H-Bindungen in Nichtmetall–F-Bindungen überführt werden und Sauerstoff oft durch 2 F ersetzt wird: P–H, N–H, C–H, E=O → P–F, N–F, C–F, EF_2.

Carbonylgruppe, ***Oxogruppe***, funktionelle Gruppe ⟩C=O, die in Aldehyden, Ketonen, Chinonen, Carbonsäuren, Kohlensäure und in den meisten Carbonsäurederivaten enthalten ist. Ist das C-Atom der C. mit zwei C-Atomen aliphatischer, aromatischer oder heterocyclischer Reste verbunden – wie bei den Ketonen –, so spricht man von einer *Ketogruppe*. Aufgrund der unterschiedlichen Elektronegativität von Kohlenstoff und Sauerstoff hat die C=O-Doppelbindung polaren Charakter:

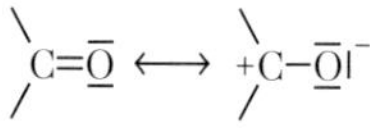

In Abhängigkeit von den am C-Atom gebundenen Resten weist die C. eine stark differenzierte Reaktivität auf. Während elektronenziehende Substituenten, z. B. Halogenatome, die positive Partialladung am C-Atom verstärken und somit dessen Reaktivität gegenüber Nucleophilen erhöhen, setzen Substituenten mit Elektronendonoreigenschaften die Reaktionsfähigkeit der C. herab, z. B. die OH-Gruppe in der Carboxygruppierung. Carbonsäurehalogenide und Aldehyde sind demnach sehr reaktive Carbonylverbindungen, Carbonsäuren bzw. das Carboxylat-Anion reagieren schwer bzw. nicht mit nucleophilen Reagenzien.

Carbonylierung, Einführung einer Carbonylgruppe in org. Verbindung nach der formalen Gleichung:

$$RH + CO \xrightarrow{\text{Kat.}} RCHO$$

Die technische Synthese von Aldehyden aus Kohlenwasserstoffen gemäß dieser Umsetzung heißt ↗ Oxosynthese. Aus Alkenen, Alkylhalogeniden oder Alkoholen sind, z. T. unter Zusatz von H_2O, Carbonsäuren, z. B. Essigsäure aus Methanol, zugänglich:

$$CH_3OH + CO \xrightarrow{\text{Kat.}} CH_3COOH$$

Als Katalysatoren sind überwiegend ↗ Metallcarbonyle geeignet.

Carbonylkomplexe, ↗ Metallcarbonyle.

Carbonylolefinierung, ↗ Wittig-Reaktion.

Carbonylverbindungen, organische Verbindungen, die eine ↗ Carbonylgruppe im Molekül enthalten, z. B. Aldehyde, Ketone, Chinone, Carbonsäuren und Kohlensäure sowie einige ihrer Derivate. C. gehören aufgrund ihrer Reaktivität zu den wichtigsten organischen Verbindungen. Sie sind unentbehrliche Ausgangsmaterialien für die Synthese von Kunststoffen, Farbstoffen, pharmazeutischen Präparaten, Kosmetika, Geschmacksstoffen u. dgl.

Carbophane, ↗ Cyclophane.

Carborane, ↗ Carbaborane.

Carborundum, ↗ Siliciumcarbid.

Carbowachs, ↗ Polyethylenoxid.

Carboxanilidfungizide. Als Carboxanilide sind ↗ Fungizide mit Ringstrukturen verschiedenster Art (s. Tab.) zusammengefaßt, die leicht abbaubar sind. Die C. haben systemische Eigenschaften und zeigen Selektivität gegenüber Ständerpilzen (*Basidiomyces*), wodurch eine hohe Wirksamkeit gegen Brand- und Rostpilze gegeben ist.

Grundstruktur 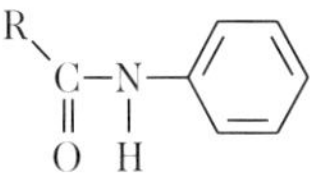

Carboxin, ↗ Carboxanilidfungizide.

Carboxygruppe, funktionelle Gruppe –COOH, die in allen ↗ Carbonsäuren enthalten ist. Formal kann die C. als Kombination einer Carbonyl- und einer Hydroxygruppe aufgefaßt werden. Qualitativ weist sie jedoch völlig neue Eigenschaften auf, wobei die leichte Abspaltbarkeit eines Protons und somit die saure Funktion zum Charakteristikum dieser Gruppierung wird:

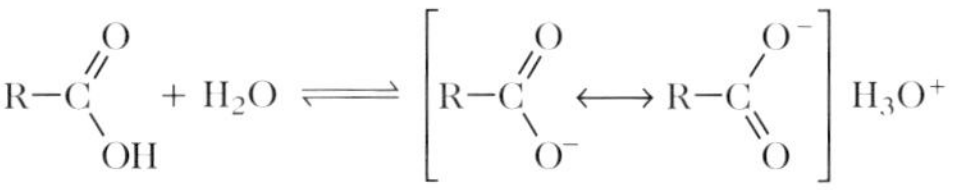

Carboxylasen, die Carboxylierung katalysierende Enzyme. Viele C. enthalten als prosthetische Gruppe ↗ Biotin. Wichtige Vertreter sind die ↗ Pyruvatcarboxylase und die Phosphoenolpyruvatcarboxylase bei der ↗ Gluconeogenese.

Carboxylierung, Einführung einer Carboxygruppe –COOH in eine organische Verbindung. Die C. von Alkanen erfolgt in einer radikalischen Substitutionsreaktion durch Einwirkung von Phosgen oder Oxalylchlorid und ergibt Carbonsäurechloride, die zu Carbonsäuren hydrolysiert werden können. Von den aromatischen Verbindungen sind die Phenole reaktiv genug, um mit Kohlendioxid zu Phenolcarbonsäuren umgesetzt werden zu können (↗ Kolbe-Schmitt-Reaktion).

Biochemische C. sind lebensnotwendige Reaktionen im Intermediärstoffwechsel, bei denen die Einführung der Carboxygruppe durch Übertragung von CO_2 auf unterschiedliche Substrate insbesondere unter der Katalyse von Biotin-haltigen Carboxylasen erfolgt. Von besonderer Bedeutung ist die CO_2-Fixierung in der ↗ Photosynthese und im Rahmen der ↗ Anaplerose.

Carboxymethylcellulose, ein ↗ Celluloseether.

Carboxanilidfungizide. Tab.: Wichtige Beispiele.

Name	Formel	Akute orale LD_{50} Ratte (mg/kg)
Carboxin	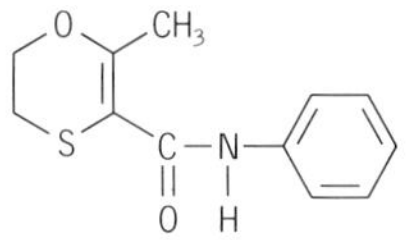	3820
Oxycarboxin	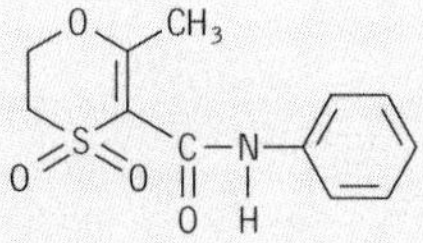	>2000
Fenfuram	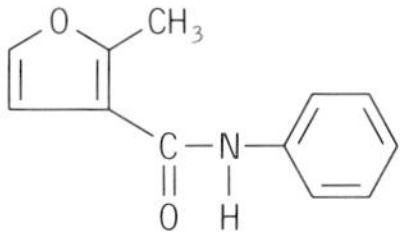	12900

Carboxypeptidasen, Exopeptidasen (↗ Proteasen), die die Abspaltung der carboxyendständigen Aminosäure einer Peptidkette katalysieren. Die wichtigsten Vertreter der tierischen C. sind die *Carboxypeptidase A* (307 Aminosäuren, M_r 34409), deren Substratspezifität sich auf Aminosäuren mit aromatischer oder verzweigt aliphatischer Kette erstreckt, und die *Carboxypeptidase B* (300 Aminosäuren, M_r 34000), die lediglich Peptidbindungen spaltet, an denen die α-Aminogruppe von Lysin oder Arginin beteiligt ist. Beide Enzyme werden als inaktive Vorstufen (Pro-C. A, M_r 87000, und Pro-C. B, M_r 57400) im Pankreas gebildet und im Zwölffingerdarm durch Trypsin in die aktiven Formen umgewandelt. Die C. sind für den Abbau von Polypeptiden im Dünndarm von Bedeutung.

Carburieren, das Steigern des Heizwertes von Gasen und das Erhöhen der Leuchtkraft und des Strahlungswärmeüberganges der Brenngasflammen durch Verdampfen oder thermische Zersetzung flüssiger Kohlenwasserstoffe, durch Methanisierung oder durch Zusatz gasförmiger Kohlenwasserstoffe. So erhält man beim Hindurchleiten von Luft durch Benzin- oder Benzoldampf ein brennbares Gas von hohem Heizwert und großer Leuchtkraft.

Carcinogene, ↗ Cancerogene.

Cardenolide, ↗ herzwirksame Glycoside.

Cardiolipin, ***1,3-Bis-(3-sn-phosphatidyl)-glycerin***, ein Glycerophospholipid, bei dem die beiden primären Hydroxygruppen des Glycerins mit Phosphatidsäure verestert sind. C. ist in den Membranen von Bakterien und Mitochondrien von Eukaryoten enthalten. C. aus Rinderherz, in dessen Gesamtphospholipiden es zu etwa 10 % enthalten ist, wird als viskoses, bei Raumtemperatur nicht stabiles Öl erhalten, das gut löslich in Benzol und Chloroform, jedoch unlöslich in Methanol ist.

Carius-Methode, Verfahren zur quantitativen Bestimmung von Chlor, Brom, Iod und Schwefel in organischen Substanzen. Die Untersuchungssubstanz wird zusammen mit konz. Salpetersäure und Silbernitrat in einem zugeschmolzenen Bombenrohr mehrere Stunden auf 200 bis 300 °C erhitzt. Die Halogene gehen dabei in Silberhalogenide und der Schwefel in Schwefelsäure über. Die Endbestimmung kann nach verschiedenen Methoden erfolgen.

Carminsäure, ein in verschiedenen Schildlausarten (↗ Cochenille) vorkommender roter Anthrachinonfarbstoff. C. wird durch Extraktion mit Wasser aus den getrockneten weiblichen Schildläusen erhalten. Sie ist eine tetrahydroxylierte Methylan-

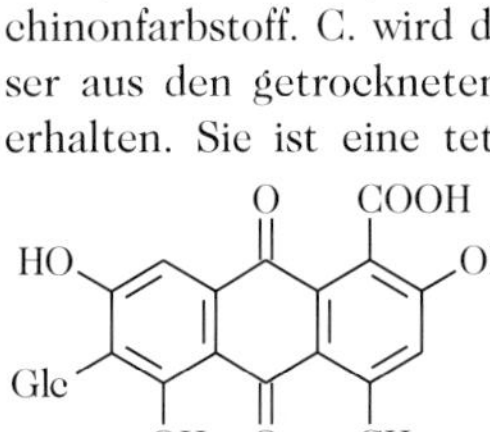

thrachinoncarbonsäure, die *C*-glycosidisch an D-Glucose gebunden ist (F. 130 °C). Mit Metallsalzen, z. B. Zinnsalzen, bildet C. farbige Komplexverbindungen, die als *Carminlacke* bezeichnet werden. C. gehörte früher zu den schönsten und wertvollsten Beizenfarbstoffen für Wolle und Seide.

Heute dient C. zur Herstellung von Schminken, Künstlerfarben und Lebensmittelfarbstoffen, ferner als Farbreagens in der Histologie.

Carmoisin, ↗ Echtrot.

Carnaubawachs, ein besonders in Südamerika aus den Blättern der Carnaubapalme (*Copernicia cerifera*) gewonnenes hellgelbes Wachs, das bei 80 bis 90 °C schmilzt und in Alkohol, Ether und anderen organischen Lösungsmitteln leicht löslich ist. C. ist das härteste Naturwachs. Es enthält neben Cerotinsäuremelissylester freie Cerotinsäure, Carnaubasäure, höhere einwertige Alkohole und Kohlenwasserstoffe. In der Mischung mit anderen Wachsen erhöht C. deren Schmelzpunkt. Es wird als Polier- und Bohnerwachs, als Dispersionsmittel für Farbstoffe sowie zur Herstellung von Wachstuch und Kerzen und zum Imprägnieren von Geweben und Papieren benutzt. Früher wurde C. fast ausschließlich für die Herstellung von Schallplatten verwendet.

L-Carnitin, ***L(–)-3-Hydroxy-4-N,N,N-trimethylaminobutyrat***, $(CH_3)_3N^+–CH_2–CHOH–CH_2–COOH$, ein ↗ Betain, das als inneres Salz sehr gut wasserlöslich, in der Betainstruktur sogar stark hygroskopisch ist (M_r 161,2, F. 197–212 °C). L-C. ist für den Transport langkettiger Fettsäuren durch die innere Mitochondrienmembran essentiell. Es wird vom Säugetierorganismus sowohl mit der Nahrung aufgenommen als auch synthetisiert. Die tägliche Carnitinaufnahme des Menschen wird zwischen 2 und 100 mg veranschlagt, kann aber auch über 300 mg betragen. Der Gesamtcarnitinpool eines gesunden Menschen wird mit 15–20 g veranschlagt, wobei der überwiegende Teil im Skelettmuskel lokalisiert ist.

Die Biosynthese des C. geht von Lysin aus. Die ε-Aminogruppe des L-Lysins wird mit Hilfe von *S*-Adenosyl-L-methionin schrittweise zu *N*-Trimethyllysin methyliert. Letzteres wird in mehreren Schritten zu γ-Butyrobetain, $(CH_3)_3N^+–(CH_2)_3–COO^-$, umgewandelt, aus dem mittels der γ-Butyrobetainhydroxylase L-C. entsteht. In Mikroorganismen (*Pseudomonas* sp.) wird der Abbau von L-C. durch die Carnitindehydrogenase eingeleitet und führt zum Glycinbetain.

Aufgrund der Bedeutung des L-C. im Energiehaushalt der Gewebe und dem Auftreten von Carnitinmangelsyndromen (primär, z. B. muskulär; oder sekundär) gewinnt der therapeutische Einsatz von L-C. zunehmend an Bedeutung.

Carnotscher Kreisprozeß, reversibler Kreisprozeß, der die theoretische Grundlage zur Berechnung des Wirkungsgrades aller periodisch arbeitenden Wärmekraftmaschinen bildet. Eine idealisierte Wärmekraftmaschine (Carnot-Maschine), bestehend aus einem Zylinder mit reibungsfrei beweglichem Kolben und einem idealen Gas als Arbeitsmedium, nimmt aus einem Wärmebehälter der Temperatur T_o die Wärmemenge $q_{1,2}$ auf und gibt einen Teil $q_{3,4}$ an ein Wärmereservoir mit der tieferen Temperatur T_u ab. Die Differenz der beiden Wärmeenergien wird nach dem 1. Hauptsatz der Thermodynamik als Arbeit w geleistet.

Der C. K. besteht aus vier Teilschritten (Abb.):

1) isotherme Expansion in Wärmekontakt mit dem Wärmebehälter der Temperatur T_o (Wärmeaufnahme, Abgabe von Arbeit) $q_{1,2} = -w_{1,2} = nRT_o \ln V_2/V_1$, da für V die Zustandsgleichung idealer Gase $p = nRT/V$ gilt; 2) adiabatische Expansion, wobei sich das Gas von T_o auf T_u abkühlt $q_{2,3} = 0$, $w_{2,3} = -c_V(T_o - T_u)$, wobei c_V die Wärmekapazität bei konstantem Volumen bedeutet; 3) isotherme Kompression in Wärmekontakt mit dem Wärmebehälter der Temperatur T_u (Wärmeabgabe, Zufuhr von Arbeit) $-q_{3,4} = w_{3,4} = nRT_u \ln V_4/V_3$; 4) adiabatische Kompression bis zum Anfangszustand $q_{4,1} = 0$, $w_{4,1} = c(T_o - T_u)$.

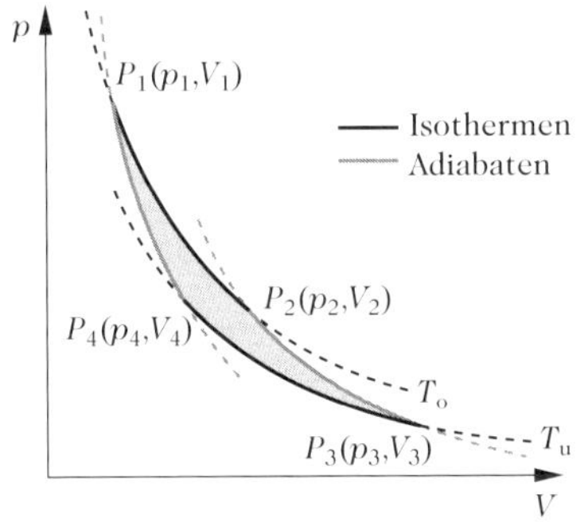

Carnotscher Kreisprozeß. Abb.: p,V-Diagramm. $P_i(p_i, V_i)$ sind Punkte, zwischen denen die Zustandsänderungen erfolgen.

Die Gesamtarbeit des C. K. ist $w = w_{1,2} + w_{2,3} + w_{3,4} + w_{4,1} = -nR\,(T_o \ln V_2/V_3 + T_u \ln V_4/V_3)$. Da die Anwendung der Poissonschen Gleichung $TV^{\kappa-1}$ = konst. auf die beiden adiabatischen Änderungen $V_2/V_1 = V_3/V_4$ ergibt, folgt $w = -nR\,(T_o - T_u) \ln V_2/V_1$.

Weiter läßt sich zeigen, daß die Gesamtänderung der inneren Energie ΔU beim Durchlaufen des Kreisprozesses $\Delta U = 0$ ist. Dagegen liefert die Wärmebilanz $q = q_{1,2} + q_{3,4} = -w \neq 0$. Bildet man jedoch den Quotienten aus den Wärmen und Temperaturen, bei denen sie ausgetauscht wurden, ergibt sich $q_{1,2}/T_o + q_{3,4}/T_u = 0$. Nach Clausius wird der Quotient q_{rev}/T als *reduzierte Wärme* bezeichnet.

Der Wirkungsgrad h einer Carnotschen Wärmekraftmaschine wird definiert als Verhältnis der geleisteten Arbeit $|w|$ zur bei der oberen Temperatur T_o zugeführten Wärme $q_{1,2}$ gemäß $h = |a|/|q_{1,2}| = (T_o - T_u)/T_o$, ist stets kleiner als eins und hängt nur von den Temperaturen der beiden Wärmereservoire ab, zwischen denen der Wärmeaustausch erfolgt.

Als reversibler Kreisprozeß ist der C. K. umkehrbar. Dann wird der Carnot-Maschine die Arbeit w zugeführt. Sie entzieht dem Behältnis mit der tieferen Temperatur T_u die Wärmemenge $q_{3,4}$, wirkt ihm gegenüber als Kältemaschine und führt dem oberen Temperaturniveau T_0 die größere Wärmemenge $q_{1,2}$ zu, d. h., sie wirkt dort als Wärmepumpe. Der Wirkungsgrad der Wärmepumpe wird definiert als $\eta' = |q_{1,2}|/|w|$. Er ist größer als eins.

Jede reversibel arbeitende Wärmekraftmaschine muß unabhängig von der Art der Teil-Zustandsänderungen und des Arbeitsmediums den Wirkungsgrad des C. K. haben. Sonst könnte man mehrere unterschiedliche Kreisprozesse kombinieren und ein Perpetuum mobile 2. Art konstruieren, das dem 2. Hauptsatz der ↗ Thermodynamik widerspricht. Reale Wärmekraftmaschinen arbeiten nicht reversibel und haben durch Reibungsverluste stets kleinere Wirkungsgrade.

Carosche Säure, ↗ Peroxomonoschwefelsäure.

Carotine, ***Carotene***, zu den Tetraterpenen gehörende Kohlenwasserstoffe mit konjugierten Doppelbindungen. Die einzelnen C. unterscheiden sich durch die Struktur der beiden Endgruppen. Diese Endgruppen können acyclisch sein (ψ-C.) oder einen Cyclohexenring (β-C., identisch mit β-Jonon; ε-C., identisch mit α-Jonon), Benzolring (ψ- und χ-C.) oder Cyclopentanring (κ-C.) bilden. Ein C. kann zwei verschiedene Endgruppen enthalten. Das aus den Karotten isolierte *Carotin* konnte mit Hilfe der Adsorptionschromatographie in drei Komponenten aufgetrennt werden. Es besteht zu durchschnittlich 15 % aus α-C. (neue Bezeichnung β,ε-C.), 85 % β-C. (β,β-C.) und 0,1 % γ-C. (β,ψ-C.). α-C. und β-C. bilden purpurfarbene Kristalle; F. von α-C. 187,5 °C, F. von β-C. 183 °C (im Vakuum), γ-C. bildet rote Schuppen; F. 152 bis 154 °C. Die C. sind im Wasser praktisch nicht, in Alkohol kaum, in apolaren Lösungsmitteln gut löslich. Sie sind gegen Licht, Luft und Wärme empfindlich. Die C. lassen sich über Ylide nach der Wittig-Synthese synthetisieren. Sie werden als Antioxidanzien sowie in der Lebensmittelindustrie als Farbstoffe, z. B. für Margarine, eingesetzt. C. mit β-Jononstruktur wirken als Provitamine A.

Carotinoide, ***Carotenoide***, zu den Tetraterpenen zählende acyclische Polyene mit konjugierten Doppelbindungen, die in der Molekülmitte eine charakteristische Schwanz-Schwanz-Verknüpfung aufweisen und deren terminale Glieder cyclisiert sein können. Zu den C. gehören Kohlenwasserstoffe, die ↗ Carotine, und sauerstoffhaltige Derivate, die ↗ Xanthophylle. C. sind gelbe bis purpurfarbene, kristalline, stark lipophile Verbindungen. Sie ergeben mit Antimon(III)-chlorid (Carr-Price-Reaktion) oder Schwefelsäure stark gefärbte Komplexe, die zum Nachweis herangezogen werden. C. kommen in Insekten und Vögeln, wie den Flamingos, vor, besonders jedoch vergesellschaftet mit den Chlorophyllen in allen grünen Pflanzenteilen, aber auch in Blüten oder reifen Früchten. C. ermöglichen aufgrund ihrer Photosensibilität bei einigen höheren Pflanzen einen Phototropismus, bei einigen Algen eine Phototaxis. C. werden auch von Mikroorganismen produziert. Zusammen mit den Lipiden werden die C. aus biologischem Material mit apolaren Lösungsmitteln extrahiert und von den Lipiden durch Verteilung zwischen Lösungsmitteln, wie Petrolether/ 90%iges Methanol, oder chromatographische Methoden abgetrennt.

Zu den durch Aufspaltung der mittleren Doppelbindung gebildeten *Apocarotinoiden* gehören das Vitamin A und die Abscisinsäure.

Carrageenan, Polysaccharide, die aus verschiedenen Rotalgen, wie *Chondrus crispus* oder *Gigartina mamillosa*, gewonnen werden. Die getrockneten und gebleichten Thalli dieser Algen werden als *Carrageen* oder *»Irländisch Moos«* bezeichnet. C. bildet hochviskose Lösungen, die beim Erkalten Gele bilden. C. ist ein Gemisch verschiedener Galactane, die sich in Struktur und Eigenschaften unterscheiden. *ϰ-(k)-C.* enthält hauptsächlich 3-O-substituiertes *β*-D-galactopyranose-4-sulfat und 4-O-substituierte 3,6-Anhydro-*α*-D-galactopyranose, *λ-(l)-C.* 3-O-substituiertes *β*-D-Galactopyranose-2-sulfat und 4-O-substituiertes *α*-D-Galactopyranose-2,6-bisphosphat. C. wird als Gelier- und Dickungsmittel für die Herstellung von Eiscremes, Pudding, Soßen, Konfitüren in der Lebensmittelproduktion sowie zur Immobilisierung von Enzymen und Zellen in der Biotechnologie eingesetzt.

Carrier, 1) Trägermoleküle, die am Transport biologisch aktiver Substanzen im Zellbereich beteiligt sind. Als *Transporter* oder *Permeasen* werden Membranproteine bezeichnet, die den Transport einer gelösten Substanz durch eine Membran beschleunigen. Besonders wichtig sind die Ionen transportierenden ↗ Ionophore (Ionencarrier), deren bekanntester Vertreter des K^+-Ionen transportierende ↗ Valinomycin ist.

2) Färbebeschleuniger, die bei Chemiefaserstoffen mit hoher Packungsdichte (Polyester-, Triacetat- und Polyvinylchloridfaserstoffe) ein Quellen des Faserstoffs verursachen. Damit wird das Eindiffundieren der Farbstoffe erleichtert. C. werden – meist zusammen mit Tensiden – zum Färben mit Dispersionsfarbstoffen benutzt. Als C. dienen meist aromatische Verbindungen, z. B. Phenol, Phenylphenol, Salicylsäure einschließlich ihrer Derivate, Xylole u. a.

Carthamin, ↗ Saflor.

Carvacrol, ***3-Isopropyl-6-methylphenol***, eine farblose, thymianähnlich riechende Flüssigkeit, die autoxidabel ist und sich allmählich gelb färbt; F. 1 °C, Kp. 237,7 °C, n_D^{20} 1,5230. C. ist wenig löslich in Wasser, löslich in Ethanol und Ether. Es kommt zusammen mit Thymol in verschiedenen etherischen Ölen vor, z. B. im Thymian-, Kümmel- und

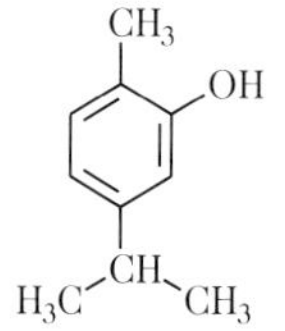

Majoranöl. Synthetisch ist es durch Sulfonierung von *p*-Cymol und nachfolgende Alkalischmelze zugänglich. C. wirkt weniger giftig, dafür aber stärker antiseptisch als Phenol. Es wird deshalb oft als Desinfektionsmittel bevorzugt.

Carvon, ***p-Mentha-6,8(9)-dien-2-on***, monocyclisches Monoterpenketon. C. ist eine farblose, nach Kümmel riechende, in Wasser nahezu unlösliche, in Ether und Ethanol lösliche Flüssigkeit. *S*-C. aus Kümmelöl Kp. 230 °C bei 101 kPa, $[\alpha]_D$ + 59,6°; *R*-

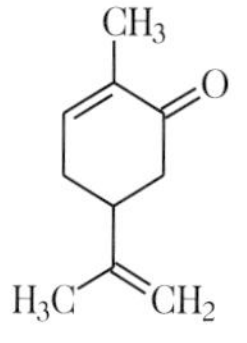

C. aus Krauseminzöl Kp. 230 bis 231 °C bei 102 kPa, $[\alpha]_D$ – 59,4°. Im Kümmelöl ist C. zu 45 bis 60 % enthalten. C. dient zur Aromatisierung von Likören, Mundwässern, Zahnpasten und Körperpflegemitteln.

Caseine, die wichtigsten Vertreter der Milchproteine. Ihrer Struktur nach sind die C. Phosphoglycoproteine. Man unterscheidet *α*-, *β*- und *χ*-C., die Einkettenproteine sind und Kohlenhydrat- sowie Phosphatgruppen in kovalenter Bindung enthalten. Bis zu 10^5 der monomeren Proteinmoleküle treten zu Mizellen zusammen, die als stabile Emulsion in der Milch vorliegen. Der C.-Gehalt der Kuhmilch beträgt 25 g/l bei einem Gesamtproteinanteil von 31,5 g/l. Wichtigster Bestandteil der Mizellen ist das als Schutzkolloid fungierende *χ*-C. (169 Aminosäurereste, M_r 19025). Im Gegensatz zu den *α*- und *β*-C. wird es nicht durch Calciumsalze ausgefällt und erhöht in Verbindung mit *β*-Lactoglobulin die Hitzestabilität der Mizellen. Durch Säure- oder Labfermenteinwirkung wird das *χ*-C. zerstört; es kommt zur Ausflockung der C. und damit zur Milchgerinnung. Die Hauptmenge der C. dient zur Käseherstellung.

CASING-Verfahren (Abk. von **c**ross-linking by **a**ctivated **s**pecies of **in**ert **g**ases), Verfahren zur Oberflächenvernetzung von Polytetrafluorethylen, Polyethylen und anderen Polymeren. Die Fertigteile werden in einer Helium- oder Neonatmosphäre einer Glimmentladung ausgesetzt. Die entstehenden sehr reaktionsfähigen Edelgasradikale greifen die Kunststoffoberflächen an und leiten die Vernetzung ein. Die nach dem C. behandelten Polymeren lassen sich bedrucken und mit üblichen Klebstoffen verkleben.

Cäsium, Symbol *Cs*, chem. Element aus der I. Hauptgruppe des Periodensystems (↗ Alkalimetalle), Leichtmetall; *Z* 55, Reinelement, Atommasse 132,905, Wertigkeit I, D. 1,878 g cm^{-3}, F. 28,40 °C, Kp. 678,4 °C, elektrische Leitfähigkeit 5,5 Sm/mm^2 bei 0 °C), Standardelektrodenpotential (Cs/Cs^+) –2,923 V.

Eigenschaften. C. ist ein wachsweiches Metall. An der frischen Schnittfläche glänzt es goldgelb. Es kristallisiert in kubisch-raumzentriertem Gitter. In seinem chem. Verhalten entspricht C. weitgehend Kalium und Rubidium. Es ist ein starkes Reduktionsmittel und ein ausgesprochen elektropositiver Bindungspartner. Mit Wasser reagiert C. explosionsartig zu Cäsiumhydroxid CsOH und Wasserstoff. Bei Sauerstoffzutritt entzündet es sich spontan und verbrennt zu Cäsiumhyperoxid CsO_2.

Analytisches. C. färbt die Flamme violettrosa und läßt sich spektroskopisch anhand der beiden blauen Linien bei 455,5 und 469,3 nm nachweisen. Die zur Fällung von K^+-Ionen benutzten Reaktionen sind auch zum Nachweis von C. geeignet. Quantitativ wird es über die Atomabsorptionsspektroskopie nachgewiesen.

Vorkommen. C. ist am Aufbau der Erdkruste zu 0,003 % beteiligt. Es kommt in geringer Konzentration als Begleiter der anderen Alkalimetalle vor. Das wichtigste C.-Mineral ist Pollucit (Pollux) $Cs[AlSi_2O_6] \cdot 0,5\ H_2O$.

Gewinnung. Man stellt C. vorteilhaft durch Reduktion von Cäsiumhydroxid CsOH mit Magnesium oder Calcium oder durch Umsetzung von Cäsiumdichromat mit Zirconium analog der Gewinnung des ↗ Rubidiums her. Auch die Gewinnung durch Schmelzflußelektrolyse ist möglich.

Verwendung. C. wird vor allem zur Herstellung von Photozellen verwendet, kommt aber auch zur Füllung von Metalldampflampen und als Gettermetall zur Anwendung.

Cäsiumchloridtyp, ***Cäsiumchloridstruktur***, ein verbreiteter ↗ Strukturtyp für Verbindungen der allgemeinen Zusammensetzung AB. Das Kristallgitter des Prototyps Cäsiumchlorid CsCl besteht aus zwei kubisch primitiven Teilgittern der beiden Ionensorten Cs^+ und Cl^-, die in Richtung der Elementarzellenraumdiagonalen um deren halbe Länge gegeneinander versetzt sind. Jedes Ion ist von 8 Ionen der anderen Sorte würfelförmig umgeben (Abb.). Der C. ist bei großen Werten für den Radienquotienten ($r_A/r_B \geqq 0,732$) aufgrund der hohen Koordinationszahlen der energetisch günstigste Strukturtyp für AB-Verbindungen, bei kleineren Werten jedoch gegenüber dem ↗ Natriumchloridtyp instabil.

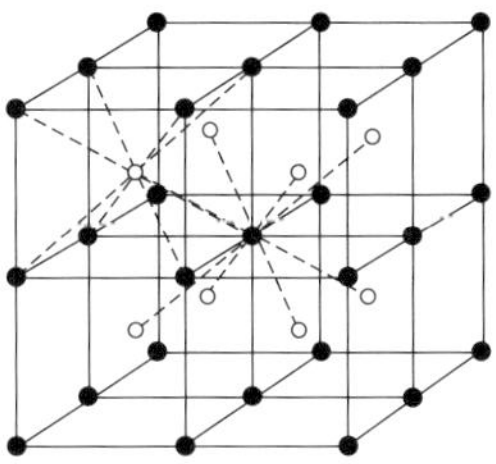

Cäsiumchloridtyp. Abb.: Ausschnitt aus dem Kristallgitter.

Im C. kristallisieren z. B. die Cäsium- und Thalliumhalogenide (mit Ausnahme der Fluoride), ↗ Zintl-Phasen vom MgTl-Typ und zahlreiche weitere Legierungen entsprechender stöchiometrischer Zusammensetzung.

Cäsiumverbindungen. Sie sind in ihren Zusammensetzungen mit den Kaliumverbindungen identisch und ähneln diesen in ihren Eigenschaften weitgehend. Sie sind meist wasserlöslich, die Cs^+-Ionen sind farblos. *Cäsiumhydroxid* CsOH wird wie Rubidiumhydroxid durch Umsetzung von *Cäsiumsulfat* Cs_2SO_4 mit Bariumhydroxid $Ba(OH)_2$ gewonnen und hat als Elektrolyt für galvanische Elemente gewisse technische Bedeutung. Durch Verbrennen des Cäsiums erhält man das *Cäsiumhyperoxid* CsO_2, das mit Wasser zu Cäsiumhydroxid, Wasserstoffperoxid und Sauerstoff reagiert: $2\ CsO_2 + 2\ H_2O \rightarrow 2\ CsOH + H_2O_2 + O_2$. Durch thermischen Abbau gewinnt man aus CsO_2 die *Cäsiumoxide* Cs_2O, Cs_2O_2 und Cs_2O_3. Durch Auflösen von Cäsiumcarbonat Cs_2CO_3 in der entsprechenden Halogenwasserstoffsäure erhält man *Cäsiumhalogenide*; *Cäsiumiodid* wird als Prismenmaterial für IR-Spektrometer eingesetzt, *Cäsiumbromid* und *-iodid* kommen in Szintillationszählern zur Anwendung.

β-Casomorphine, zu den ↗ Exorphinen zählende Peptide mit opiatartiger Wirkung aus einem enzymatischen Caseinabbauprodukt. Nach Spaltung des Heptapeptids *β-Casomorphin-7*, H–Tyr–Pro–Phe–Pro–Gly–Pro–Ile–OH, mit Carboxypeptidase Y resultiert das Pentapeptid H–Tyr–Pro–Phe–Pro–Gly–OH (*β-Casomorphin-5*), das eine stärkere opiatartige Aktivität aufweist als das β-Casomorphin-7. Die Bezeichnung ist auf das Vorkommen der Heptapeptidsequenz im β-Casein zurückzuführen. Das *Morphiceptin* (*MC*), H–Tyr–Pro–Phe–Pro–NH_2, ist ein hochwirksamer Opiatagonist.

Caspasen, ***ICE-ähnliche Proteasen***, eine Familie von Cysteinproteasen mit ausgeprägter Spaltungsspezifität für -Asp↓Xaa-Bindungen und wichtigen Funktionen bei der ↗ Apoptose. Im Nematoden *Caenorhabditis elegans* wurde 1993 erstmalig mit dem Genprodukt CED-3 eine für die Apoptose erforderliche Protease nachgewiesen, die eine starke Sequenzhomologie zur Säuger-Cysteinprotease *In-*

terleukin-1β-Converting-Enzym (*ICE*) aufwies. Seither wurden neben ICE 9 weitere verwandte Cysteinproteasen identifiziert, die als C. bezeichnet wurden. Der Trivialname leitet sich von »C« für Cysteinprotease und »aspase« von der Asp-Spezifität ab. Sie werden als inaktive Proenzyme mit dem N-terminalen Peptid (Prodomäne) zusammen mit einer großen und kleinen Untereinheit synthetisiert. Die Aktivierung der C. während der Apoptose führt zu einer Spaltung von kritischen zellulären Substraten, wie Poly(ADP-Ribose)-Polymerase und Laminen.

Cassiopeium, ↗ Lutetium.

Cassiusscher Goldpurpur, eine sehr beständige, intensiv purpurfarbene, kolloidale Goldlösung. C. G. entsteht bei der Reduktion von stark verd. Gold(III)-salzlösungen mit Zinn(II)-chlorid. Das dabei gebildete $SnO_2 \cdot xH_2O$ adsorbiert das feinverteilte Gold zu einem stabilen Kolloid. C. G. wird zum Nachweis von Gold und als rotes Pigment in der Glas- und Porzellanmalerei verwendet.

Catarol-Prozeß, ein Verfahren zur Gewinnung von Aromaten aus aliphatischen Kohlenwasserstoffen des Erdöls, wobei ein Erdöldestillat bei 630 bis 680 °C und Normaldruck durch mit Kupferkontaktmaterialien beschickte Rohre geleitet wird. Als Nebenprodukte entstehen gasförmige Produkte, besonders Methan, Ethan und Ethylen.

Catcracking, ↗ Cracken.

Catechin, ↗ nichthydrolysierbare Gerbstoffe.

Catechingerbstoffe, ↗ nichthydrolysierbare Gerbstoffe.

Catecholamine, Alkylaminoderivate des Brenzcatechins. Die C. werden leicht zu 2-Chinonen oxidiert, die durch intramolekularen nucleophilen Angriff der Aminogruppe zu Indol-Derivaten cyclisieren können. Die so gebildeten *Leukochrome* können leicht weiter oxidiert werden, anaerob zu den gefärbten *Aminochromen*, aerob in Gegenwart von Polyphenol-Oxidasen zu den ↗ Melaninen. Melaninähnliche Produkte werden auch durch Oxidation der C. mit Chromat gebildet, eine Reaktion, die zum Nachweis der C. in tierischem Gewebe (chromaffine Gewebe) herangezogen wird. Die C. spielen im tierischen Organismus eine wichtige Rolle als Neurotransmitter. Dazu gehören Dopamin, Noradrenalin und Adrenalin.

Catechu, ein dunkelbraunes, hartes, sprödes und undurchsichtiges, farb- und gerbstoffhaltiges Naturprodukt von bitterem Geschmack. C. wird gewonnen durch Extraktion der Zweige und Blätter von *Uncaria gambier* oder des roten Kernholzes der vorder- und hinterindischen Akazienarten *Acacia catechu* und *Acacia suma*. Die Zweige und Blätter bzw. das Kernholz lösen sich in kochendem Wasser trüb mit rötlichbrauner Farbe, in Alkohol geben sie klare braune Lösungen. C. enthält den Farbstoff *Catechin*, das Pentahydroxyderivat des Flavans. Die wäßrige Lösung färbt sich mit Alkalien purpurrot, beim Kochen an offener Luft braun. Im C. ist ferner *Catechugerbsäure* enthalten. C. diente früher als Gerbextrakt und als Hilfsmittel für die Baumwoll- und Seidenfärberei und zur Dichromat-Nachbehandlung, ferner wegen seines Gerbstoffgehaltes auch zum Konservieren von Fischernetzen, Segeltuch und Leder.

***catena*,** ↗ Nomenklatur, Abschn. B IV 1.

Catenane, ↗ topologische Isomerie.

Catforming-Verfahren, ↗ Reformieren.

Cathepsine, ↗ Kathepsine.

Cationics, ↗ Tenside.

CaZ, ↗ Cetanzahl.

CCC, 1) ↗ Gegenstromchromatographie. 2) Abk. für *C*hlor*c*holin*c*hlorid, ↗ Wachstumsregulatoren.

CCK, Abk. für *C*hole*c*ysto*k*inin.

CCK-PZ, ↗ Cholecystokinin.

CD, ↗ chiroptische Methoden.

Cd, Symbol für Cadmium.

cDNA, Abk. für *c*omplementary *DNA*, die Bezeichnung für die einzel- bzw. doppelsträngige DNA-Kopie eines RNA-Moleküls. Ausgangsmaterial für die Synthese der cDNA – katalysiert durch die ↗ reverse Transcriptase – ist u. a. die mRNA.

Ce, Symbol für Cer.

Cecropine, eine Familie antibakterieller Peptide. Der Name leitet sich von *Hyalophora cecropia* ab. Diese weit verbreiteten Peptide (aus Insekten und Schweinen) sind in verschiedenen Geweben aktiv gegen ein breites Spektrum von Pathogenen, insbesondere Bakterien, Pilzen und Viren. *C. A* ist ein 37-Peptidamid, während das aus Schweinen isolierte *C. P1* ein 31-Peptid ist.

Cefalexin, ↗ Cephalosporine.

Cefamandol, ↗ Cephalosporine.

Cefixim, ↗ Cephalosporine.

Cefotaxim, ↗ Cephalosporine.

Cefoxitin, ↗ Cephalosporine.

Ceiling-Temperatur, die Temperatur, oberhalb der keine Polymerisation mehr eintritt; das bereits gebildete Polymere wird depolymerisiert, d. h., es wird zum Monomeren zurückgeführt oder vollständig zersetzt. Eigentliche Gleichgewichte zwischen Polymerisations- und Depolymerisationsreaktion sind kaum bekannt. Lediglich bei einigen Mischpolymerisationen mit Schwefeldioxid kennt man eine reversible Polymerisation, also eine Depolymerisation oberhalb der C.

Cellitonechtfarbstoffe, eine Gruppe von Suspensions- oder Dispersionsfarbstoffen. Sie ergeben unter Benutzung eines bestimmten Färbeverfahrens sehr echte und gleichmäßige Färbungen auf Acetatseide und Acetatzellwolle. Als C. werden vor allem einige Vertreter der Azo- und Anthrachinonfarbstoffe verwendet.

Cellitonechtgelb 7 G, ↗ Polymethinfarbstoffe.

Cellobiase, ***Gentiobiase***, eine ältere Bezeichnung für eine zu den ↗ Disaccharidasen gehörende β-Glucosidase, die β-1,4-(Cellobiose)-glycosidische Bindungen unter Freisetzung von β-D-Glucose spaltet. C. ist Bestandteil cellulolytischer Enzymkomplexe (↗ Cellulasen).

Cellobiose, ***4-(β-D-Glucopyranosyl)-D-glucopyranose***, ein reduzierend wirkendes Disaccharid. C. kommt nur glycosidisch gebunden natürlich vor. Sie läßt sich als Octaacetat aus Cellulose gewinnen.

Cellosolve, 1) im engeren Sinne: 2-Ethoxyethanol (Ethylenglycolmonoethylether) $HO–CH_2–CH_2–O–CH_2–CH_3$, F –70 °C, Kp. 135 °C; 2) im weiteren Sinne niedermolekulare Polyalkylenglycole, die mit dem Namen des Alkoholrestes bezeichnet werden, z. B. Methyl-, Butyl-, Hexylcellosolve; analog werden die Ester benannt, z. B. Cellosolve-acetat:

$$H_3C-\underset{\underset{O}{\|}}{C}-O-CH_2-CH_2-O-CH_2-CH_3$$

Die C. werden als Lösungsmittel für Lacke, Abbeizmittel, Textilreinigungsmittel und Lösungsmittel in der organischen Synthese verwendet.

Cellulasen, pflanzliche, mikrobielle und Pilz-Hydrolasen, die Cellulose zu Cellobiose und Glucose abbauen. Bei den C. handelt es sich häufig um ein Gemisch verschiedener Endo- und Exoenzyme, die gegenüber Cellulosederivaten eine höhere Aktivität als gegenüber nativer Cellulose aufweisen. C. dienen zur Herstellung spezieller Nahrungsmittel, wie Babynahrung, Instantprodukte, zur Entfernung unerwünschter Celluloseanteile in Diätnahrung sowie in zunehmendem Maße zur Herstellung von Glucose aus cellulosehaltigen Abfällen.

Celluloid, ein auf Basis Cellulosedinitrat hergestellter Kunststoff, der erste in größerem Maßstab hergestellte Thermoplast (1869 von den Gebrüdern Hyalt). C. ist hornartig, in reinem Zustand durchsichtig, leicht anfärbbar durch Pigmente und organische Farbstoffe und leicht löslich in vielen organischen Lösungsmitteln. Sein Erweichungspunkt liegt bei etwa 80 °C, die Dichte bei 1,38 g cm^{-3}. Nachteile des C. sind seine leichte Entzünd- und Brennbarkeit. Zur Herstellung wird Cellulosedinitrat (Collodiumwolle) mit 25 bis 30 % Weichmacher (hauptsächlich Campher), 5 bis 10 % Vaseline oder Ricinusöl als Gleitmittel (gegebenenfalls mit Pigmenten oder löslichen organischen Farbstoffen) und Alkohol als Lösungsmittel zu einer plastischen Masse verknetet. Die teigartige Masse wird im Mischwalzwerk weiter verdichtet und bei etwa 100 °C zu homogenen Blöcken verpreßt. Von diesen Blöcken werden Platten oder Folien in der gewünschten Stärke durch Schneidemaschinen abgehobelt. Nach dem Blasverfahren lassen sich Hohlkörper aus C. ähnlich denen aus Glas blasen.

C. wird zur Herstellung von Zeichenschablonen, Kämmen, Spangen, Spielwaren, Brillengestellen, Tischtennisbällen, Griffen, Uhrengläsern und medizinischen Instrumenten verwendet. Wegen der großen Feuergefährlichkeit wird C. nicht mehr als Filmmaterial eingesetzt.

Cellulose, ***β-D-(1→4)-Glucan***, ein Homopolysaccharid, das aus 1→4-β-glucosidisch verbundenen Anhydro-D-glucose-Einheiten aufgebaut ist, häufigste an der Erdoberfläche vorkommende organische Substanz. Im gesamten Pflanzenmaterial vorkommende C.-Menge wird mit $26{,}5 \times 10^{10}$ t angegeben. Verschiedene Pflanzen und Pflanzenteile enthalten unterschiedliche Anteile an Cellulose (Abb. 1).

Baumwolle 95–99 %, Baumrinden 20–30%, Moose 25–30 %; am Aufbau des Holzes ist die C. mit 40–44 % beteiligt.

Auf Grund dieser Verknüpfungsart entsteht ein fadenförmiges Makromolekül mit einem reduzierenden Ende (Aldehydgruppe in Halbacetalform am Kohlenstoff 1) und ein nichtreduzierendes Ende (sekundäre Hydroxygruppe am Kohlenstoff 4). Alle Glucoseeinheiten liegen in der Sesselform vor, so daß folgendes Konformationsschema entsteht (Abb. 2).

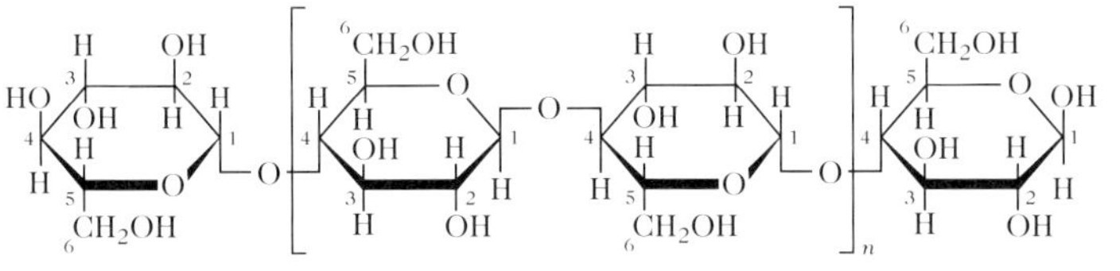

Cellulose. Abb. 1: Strukturformel der Cellulose.

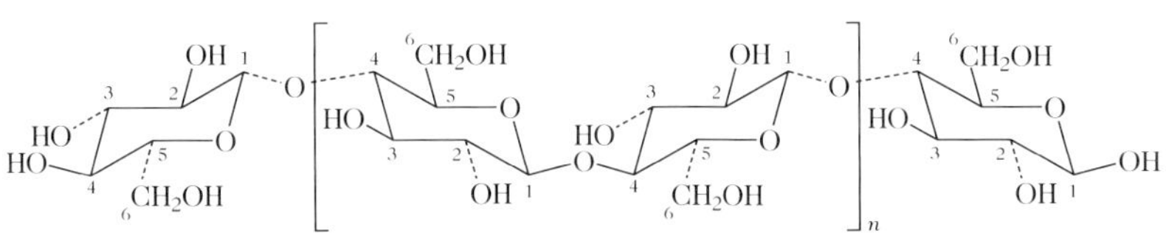

Cellulose. Abb. 2: Konformationsschema der Cellulose.

Die Bruttoformel ist $C_{6p}H_{10p+1}O_{5p+1}$ (p = Durchschnittspolymerisationsgrad DP).

Je Cellulosemolekül sind in der Cellulose des Holzes etwa 4000–5000 Zuckereinheiten verknüpft (DP = 4000–5000).

Auf Grund des geregelten linearen Aufbaues und des Dipolcharakters der Hydroxygruppen kommt es zur Ausbildung von intra- und intermolekularen Wasserstoff-Brückenbindungen. Es entsteht eine übermolekulare Struktur aus geordneten (kristallinen) und weniger geordneten (parakristallinen) Bereichen.

Der Anteil der kristalinen Cellulose an der Gesamtcellulose des Holzes beträgt 50–70 % (meist etwa 70 %). Diese strukturelle Besonderheiten sind wichtig für die Quell- und Reaktionseigenschaften der Cellulose.

Bei Behandlung mit starken Alkali-Lösungen entsteht aus der nativen Cellulose (Cellulose I) die sog. *Hydratcellulose* (Cellulose II), die trotz gleichen chemischen Aufbaues ein aufgeweitetes Gitter in den kristallinen Bereichen aufweist, wodurch eine raschere Aufnahme von Wasser, Farbstoffen oder Reaktanten erfolgen kann.

Lösung der C. C. ist in den üblichen Lösungsmitteln nicht löslich. Sie kann gelöst werden in wässrigen Lösungen, in denen Hydroxide mit einem voluminösen Basenkation enthalten sind:

- Basen von Ammonium-Komplexen z. B. $[Cu(NH_3)_4]^{2+}$ Schweizer Reagenz (↗ Kupfer(II)-hydroxid), »Cuoxam«;
- Basen von Amin-Komplexen z. B. $[Cu(en)_2]^{2+}$ »Cuoxen«, $[Cd(en)_3]^{2+}$ Cadoxen, $[Co(en)_3]^{2+}$ Cooxen etc. (en = Ethylendiamin, $H_2N–CH_2–CH_2–NH_2$)
- Quarternäre Ammoniumbasen $[NR_4]^+$ (R = z. B. Alkyl);
- Eisen-Natriumtartrat-Komplex (Eisen-Weinsäure-Natrium-Komplex ≙ EWN).

Weiterhin kann Cellulose in konzentrierten starken Mineralsäuren, z. B. Schwefelsäure, Trifluoressigsäure) und einigen nichtwässrigen Zwei- (z. B. SO_2 + aliphatisches Amin; DMSO + Formaldehyd) und Dreikomponentenlösungsmitteln (SO_2 + aliphatisches Amin + DMSO, Triethylamin + Harnstoff + Dimethylsulfoxid) in Lösung gebracht werden.

Substitutionsreaktionen an der C. Ziel der Substitutionsreaktionen an der C. ist die Erzeugung von Produkten mit modifizierten Eigenschaften und damit die Verbreiterung der Einsatzmöglichkeiten. Meist wird die C. in eine lösliche Form überführt und in Form von Fasern, Folien etc. umgeformt oder mit Plastifikatoren verknetet und zu Formteilen verarbeitet oder aber in Kleb- und Anstrichstoffen als Lösung bzw. Dispersion eingesetzt.

Grundsätzlich kann zwischen Veresterungs-, Veretherungs- und Pfropfreaktionen an der C. unterschieden werden. Im folgenden einige wichtige Beispiele:

Veresterungsreaktionen.

– Nitrierung: Erzeugung von Nitrocellulose. (↗ Cellulosenitrat) durch Umsetzung von C. mit Salpetersäure, Schwefelsäure, Wasser im molaren Verhältnis 1 : 2 : 2.

$$\text{Cell–OH} + \text{HO–NO}_2 \longrightarrow \text{Cell–O–NO}_2 + H_2O$$

– Acetylierung: Erzeugung von Acetylcellulose (↗ Celluloseacetate) durch Umsetzung von C. mit Essigsäure, Acetanhydrid und kleinen Mengen Schwefelsäure

$$\text{Cell–OH} + \text{HO–C(=O)–CH}_3 \longrightarrow \text{Cell–O–C(=O)–CH}_3 + H_2O$$

– Xanthogenierung: Erzeugung von Cellulosexanthogenat (Natriumsalz des Dithiokohlensäureesters der C.) durch Umsetzung von C. mit Natronlauge und danach mit Schwefelkohlenstoff

$$\text{Cell–OH} + \text{NaOH} + CS_2 \rightleftharpoons \text{Cell–O–C(=S)–S}^-\,\text{Na}^+ + H_2O$$

Diese reversible Veresterungsreaktion ist die Grundlage für die Herstellung von Celluloseregeneraten, die als Viskose-Fasern, -Folien, -Schwämmen umfassend verwendet werden.

Veretherungsreaktionen.

– Alkylether, z. B. Methylcellulose, entsteht durch Umsetzung von C. mit Alkylchlorid im alkalischen Medium:
$$\text{Cell-OH} + \text{Cl–CH}_3 \rightarrow \text{Cell-O–CH}_3 + \text{HCl}$$

– Hydroxyalkylether, z. B. Hydroxyethylcellulose:
$$\text{Cell-OH} + \text{Cl–CH}_2\text{–CH}_2\text{OH} \rightarrow \text{Cell-O–CH}_2\text{–CH}_2\text{–OH} + \text{HCl}$$

– Carboxymethylcellulose erhält man durch Umsetzung von C. mit Chloressigsäure:
$$\text{Cell-OH} + \text{Cl–CH}_2\text{–COO}^-\,\text{Na}^+ \rightarrow \text{Cell-O–CH}_2\text{–COO}^-\,\text{Na}^+ + \text{HCl}$$

· Cyanoethylcellulose:
$$\text{Cell-OH} + \text{Cl–CH}_2\text{–CH}_2\text{–CN} \rightarrow \text{Cell-O–CH}_2\text{–CH}_2\text{–CN} + \text{HCl}$$

· Aminoethylierung, z. B. Diethylaminoethylcellulose (DEAE-Cellulose):

$$\text{Cell–O–CH}_2\text{–CH}_2\text{–}\overset{+}{\text{N}}\text{H}(C_2H_5)_2$$

Pfropfreaktionen. Durch eine Radikalbildung an der C. können nach Zugaben von Vinylmonomeren diese direkt an die Cellulosemakromoleküle angekoppelt werden.

$$\text{Cell–OH} \xrightarrow[-\text{H}\cdot]{\text{Rad}\cdot} \text{Cell–O}\cdot \xrightarrow{+\,H_2C{=}CHR} \text{Cell–O–CH}_2\text{–}\dot{\text{C}}\text{H(R)} \longrightarrow \ldots$$

Abbaureaktionen an der C.

- Hydrolyse der glucosidischen Bindungen, bedeutsam z. B. bei der Holzverzuckerung, bei dem sauren Sulfitaufschluß des Holzes, enzymatische Hydrolyse z. B. im Verdauungstrakt von Wiederkäuern;
- alkalischer Abbau (»peeling«-Reaktion), bedeutsam z. B. bei den alkalischen Holzaufschlußverfahren: Alkalisch-oxidativer Abbau vom reduzierenden Ende der Polysaccharidenketten her;
- thermischer Abbau, bedeutsam z. B. bei der Erzeugung von Holzkohlen und Kohlenstoffasern;
- oxidativer Abbau, bedeutsam z. B. bei der Erzeugung modifizierter C.-Produkte (Oxocellulose etc.);
- photochemischer Abbau, bedeutsam z. B. bei der Vergilbung und Versprödung von Papieren;
- biochemischer Abbau, bedeutsam z. B. bei der Bildung von Humus aus Pflanzenmaterial;
- mechanochemischer Abbau, bedeutsam z. B. bei der mechanischen Bearbeitung des Holzes und der Cellulose.

Gewinnung von C. ↗ Zellstoff.

Verwendung. C. ist ein sehr vielseitig nutzbarer Rohstoff. Für die Textilindustrie ist C. der wichtigste Bestandteil der Faserrohstoffe, insbesondere der Baumwolle. Als Textilfaser wird auch die regenerierte C. eingesetzt (↗ Cuprofasern, ↗ Viskosefasern). C. ist weiterhin wesentlicher Bestandteil von Papier und Pappe. Sehr reine Celluloseprodukte sind Verbandmaterialien, wie Verbandwatte, -mull und -zellstoff. Die durch Abbau von C. säurehydrolytisch erhaltenen Zucker (↗ Holzverzuckerung) können weiter zu Ethanol verarbeitet werden. Vielseitig angewandt werden zahlreiche chemisch modifizierte C., insbesondere Ether (Ethyl-, Benzyl-, Methyl- und Carboxymethylester) und Ester (Acetate, Propionate, Acetobutyrate, Nitrate und Xanthogenate) der C.

Celluloseacetate, Abk. *CA*, *Acetylcellulose*, Celluloseester, die durch Veresterung der freien Hydroxygruppen der Cellulose mittels Acetanhydrid entstehen. Zur technischen Herstellung von C. wird der Celluloserohstoff zunächst durch Behandlung mit Essigsäure aktiviert und anschließend durch Einwirkung von Acetanhydrid in Gegenwart von Zinkchlorid oder Schwefelsäure als Katalysator acetyliert. Das sich bildende *Cellulosetriacetat* (*Triacetat*) ist nur in wenigen Lösungsmitteln (Methylenchlorid, Ethylenchlorid, Chloroform) löslich und wenig weichmacherverträglich. Es wird im allg. durch Erwärmen mit verd. Schwefelsäure auf 50 bis 70 °C oder durch Einwirkung von Zinkchlorid-Essigsäure-Lösung und Einleiten von Chlorwasserstoff in das *Cellulose-2½-acetat* umgewandelt, das an jeder zweiten Glucoseeinheit der Cellulose eine freie Hydroxygruppe enthält. Das acetonlösliche 2½-acetat wird anschließend mit Wasser ausgefällt, ausgewaschen und getrocknet. Für die Verformung wird das C.-2 ½-acetat in Aceton/Ethanol (8:2) bzw. das C.-triacetat in Dichlormethan/Methanol (9:1) gelöst, die Lösung durch Düsen in eine Trokkenschacht gepreßt und als Fasern (Acetatkunstseide), Folien etc. gewonnen (↗ Trockenspinnverfahren). Plastische Massen aus C., die 10 bis 30 % Weichmacher enthalten, werden vorwiegend zu Teilen verarbeitet, bei denen es auf Lichtechtheit, Oberflächenglanz und Wärmebeständigkeit ankommt (Werkzeugteile, Spielzeug, Kämme, Bürsten, Schnallen, Knöpfe, Brillengestelle, Trinkhalme, Radiogehäuse u. a.). Hauptverwendungsgebiet des Triacetats ist die Erzeugung von elektrischen Isolierfolien und von Unterlagen für Filme, die gegenüber denen aus Cellulosenitrat schwer entflammbar sind. Die Filmunterlagen werden aus Lösungen von Methylenchlorid-AlkoholGemischen unter Zusatz geringer Mengen von Weichmachern auf Trommel- oder Bandgießmaschinen hergestellt.

Celluloseacetobutyrat, Abk. *CAB*, ein Cellulosemischester, der durch gleichzeitige Einwirkung von Essigsäureanhydrid und Buttersäure oder deren Anhydrid auf Cellulose hergestellt wird. C. ist in organischen Lösungsmitteln besser löslich als Celluloseacetat. Die Löslichkeit hängt jedoch vom Gehalt an Butyrylgruppen C_3H_7CO– ab. C. zeichnet sich durch eine hohe Ölbeständigkeit aus und dient vor allem zur Herstellung von Spritzgußmassen, die z. B. als Geräte- und Batteriegehäuse, Lenkräder, Fensterbeschläge, Sonnenbrillengläser und -gestelle verwendet werden.

Celluloseester, Cellulosederivate, wie ↗ Celluloseacetate, ↗ Celluloseacetobutyrat, ↗ Cellulosepropionat und ↗ Cellulosenitrat in denen die Hydroxygruppen des Cellulosemoleküls teilweise oder ganz mit Säuren verestert sind. Durch Behandlung mit dem betreffenden Veresterungsmittel erfolgt ein partieller Abbau der makromolekularen Cellulosemoleküle, so daß die entstehenden C. im Veresterungsgemisch löslich werden (vgl. auch ↗ Cellulose).

Celluloseether, *Cellulosederivate*, in denen die Hydroxygruppen der Cellulose teilweise oder vollständig verethert sind. Als Ausgangsprodukt dient Cellulose, die in Form von Alkalicellulose mit Veretherungsmitteln, wie Halogenalkylen, Halogenaralkylen, Halogenalkylcarbonsäuren und Ethylenoxid, umgesetzt wird. Je nach der angewandten Arbeitsweise erhält man Produkte unterschiedlichen Veretherungsgrades mit unterschiedlichen Löslichkeitseigenschaften. Ein geringerer Veretherungsgrad bewirkt die Löslichkeit in Wasser, während bei weiterer Veretherung die C. nur noch in unpolaren Lösungsmitteln löslich sind.

Ethyl- und *Benzylcellulose* sind Thermoplaste, die vorwiegend im Spritzgußverfahren verarbeitet werden. Man stellt aus diesen C. in geringem Maße Dichtungen, Rohre und Isoliermaterial für die Elektroindustrie her. Ferner setzt man sie als Lackrohstoffe ein, insbesondere für Unterwasseranstriche. Benzylcellulose hat gute Haftfestigkeit auf Leichtmetallen, was man zur Herstellung von Aluminiumlacken ausnutzt. *Methylcellulose und Carboxymethylcellulose* sind wasserlösliche C., die als Emulgatoren, Dispergatoren, Bindemittel in der pharmazeutischen und kosmetischen Nahrungsindustrie sowie in der chemischen Papier-, Textil-, Druck- und Zementindustrie vielfältige Anwendung gefunden haben.

Cellulosenitrat, Abk. ***CN***, ***Nitratcellulose***, fälschlich ***Nitrocellulose***, ein Celluloseester, bei dem freie Hydroxygruppen der Cellulose durch NO_3-Gruppen ersetzt sind. C. liegt in Form weißer Fasern vor, die geruch- und geschmacklos, unlöslich in Wasser, aber löslich in verschiedenen organischen Lösungsmitteln sind. Wegen der hohen Entzündungsgefahr muß C. stets in wasser- oder alkoholfeuchtem Zustand aufbewahrt werden. Die technisch nach den üblichen Nitriermethoden hergestellten C. enthalten maximal 13,4% Stickstoff, d. h., sie weisen noch freie Hydroxygruppen auf. C. mit einem Stickstoffgehalt von 12,5 bis 13,5% bezeichnet man als ↗ Schießbaumwolle und solches mit einem Gehalt von 10,6 bis 12,5% Stickstoff als ↗ Collodiumwolle.

Cellulosenitratpulver, ↗ rauchschwache Pulver.

Cellulosepropionat, Abk. ***CAP***, ein Cellulosemischester, der durch gleichzeitige Einwirkung von Acetanhydrid und Propionsäure auf Cellulose hergestellt wird und die gleiche Verwendung wie Celluloseacetobutyrat findet.

Celluloseregeneratfaserstoffe, Chemiefaserstoffe, die durch Regenerieren gelöster Cellulose (Zellstoff, Linters) gewonnen werden, z. B. Cuprofasern und Viskosefasern.

Cellulosetriacetat, ↗ Celluloseacetate.

Cellulosexanthogenat, ↗ Viskosefasern.

cellulosische Chemiefasern, ↗ Chemiefasern.

Cephalomycine, ***Cephamycine***, eine Gruppe von ↗ β-Lactamantibiotika, die von Actinomyceten (*Streptomyces*, *Nocardia*) gebildet und ausgeschieden werden. C. unterscheiden sich von den strukturverwandten ↗ Cephalosporinen durch eine zusätzliche 7α-Methoxy-Gruppe an der 7-Amino-Cephalosporansäure. Diese Gruppe verleiht dem Ringsystem eine größere Stabilität gegenüber ↗ β-Lactamasen. Von den C. wurden einige halbsynthetische Derivate mit verbesserten Eigenschaften hergestellt.

Cephalosporinase, ↗ β-Lactamase.

Cephalosporine, eine Gruppe der ↗ β-Lactamantibiotika, die das bicyclische Grundgerüst *Cepham* enthalten. Die therapeutisch verwendeten C. sind in den meisten Fällen Abkömmlinge der 7-Aminocephalosporansäure, bei der die Aminogruppe acyliert und z. T. der Acetoxymethylrest verändert ist. Als natürliche Verbindung mit sehr geringer antibiotischer Wirkung wurde *Cephalosporin C* aus *Cephalosporium*-Arten isoliert. Die Biosynthese dieser Verbindung erfolgt wie bei den Penicillinen aus L-2-Amino-adipinsäure, L-Cystein und D-Valin, wobei die L-2-Amino-adipinsäure zur D-Form epimerisiert wird, eine Methylgruppe des Cysteins in einen 1,3-Thiazinring eingebaut und die zweite Methylgruppe in den Acetoxymethylrest übergeführt wird. Die Konfiguration an beiden chiralen C-Atomen entspricht der Konfiguration analoger Chiralitätszentren beim Penicillin. Cephalosporin C wird chemisch zu 7-Aminocephalosporansäure abgebaut, aus der die partialsynthetischen Verbindungen gewonnen werden.

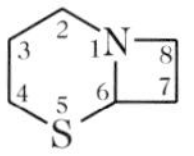

Cepham

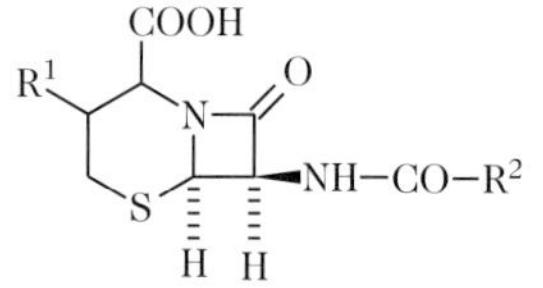

Derivate der
7 - Aminocephalosporansäure

Name	R1	R2
Cephalosporin C	CH_3COOCH_2−	$H_3\overset{+}{N}$(⁻OOC)CH−$(CH_2)_3$−
Cefixim	CH_2=CH−	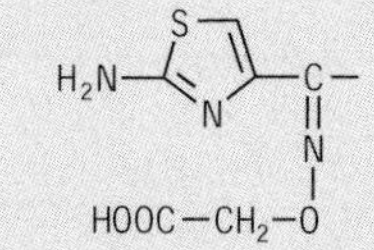
Cefamandol	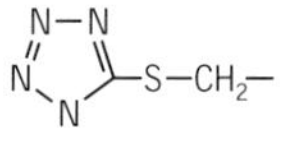	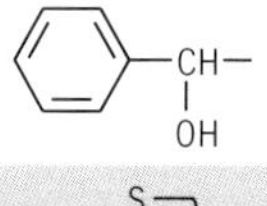
Cefotaxim	CH_3COOCH_2−	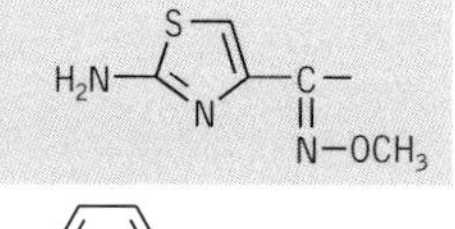
Cefalexin	CH_3−	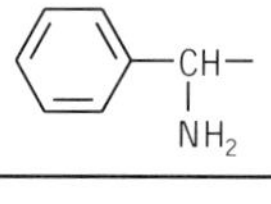

Die C. haben eine den Penicillinen vergleichbare antibiotische Aktivität. Stärker ausgeprägt ist die β-Lactamasestabilität und die Säurestabilität, die bei den älteren C. wegen schlechter Resorption nach oraler Applikation nicht ausgenutzt werden konnten. Neuere C., wie *Cefotaxim* und *Cefamandol*, zeichnen sich durch eine weiter gesteigerte β-Lactamasestabilität, breiteres Wirkungsspektrum und stärkere Wirkung aus. Oral-C., z. B. *Cefalexin*, enthalten wie Ampicillin den Phenylglycinrest. Mit den C. verwandt ist das Cephamycin *Cefoxitin* mit einer

Methoxygruppe am C-7-Atom und das synthetische Lamoxactam mit einem Oxazinring statt eines Thiazinringes, die ebenfalls therapeutisch verwendet werden. Ein neueres lactamasestabiles und oral anwendbares C. ist Cefixim.

Cepham, ↗ Cephalosporine.

Cephamycine, ↗ Cephalomycine.

Cer, Symbol *Ce*, chem. Element aus der III. Nebengruppe des Periodensystems, der Gruppe der ↗ Lanthanoide zugehöriges Seltenerdmetall, Schwermetall; *Z* 58, Massenzahlen der natürlichen Isotope 140 (88,48 %), 142 (11,08 %, α-Strahler, $t_{1/2}$ $5 \cdot 10^{16}$ a), 138 (0,25 %), 136 (0,19 %), Atommasse 140,12, Wertigkeit III, IV, D. 6,773 g cm^{-3}, F. 798 °C, Kp. 3257 °C, Standardelektrodenpotential (Ce/Ce^{3+}) −2,483 V. C. wurde nach dem Planeten Ceres benannt.

C. ist ein silberweißes, weiches und sehr dehnbares, in vier allotropen Modifikationen auftretendes Metall. Unterhalb −150 °C kristallisiert es kubisch-flächenzentriert (D. 8,24 g cm^{-3}), zwischen −158 und −23 °C hexagonal, zwischen −23 und +726 °C ebenfalls kubisch flächenzentriert, jedoch mit gegenüber der Tieftemperaturform verändertem Gitterabstand (D. 6,771 g cm^{-3}), während es oberhalb 726 °C in einem kubisch-raumzentrierten Gitter vorliegt. Die Affinität des C. zu Sauerstoff ist recht groß. Beim Erhitzen im Sauerstoffstrom entzündet sich C. bereits bei etwa 150 °C und verbrennt mit blendend weißer Flamme zu Cer(IV)-oxid CeO_2. Generell läßt sich C. relativ leicht in die Oxidationsstufe +IV überführen, ist in dieser Hinsicht deutlich von den meisten anderen Lanthanoiden zu unterscheiden. Mit $4{,}3 \cdot 10^{-3}$ % am Aufbau der Erdkruste beteiligt, ist C. das häufigste unter den Lanthanoiden, kommt jedoch stets mit diesen und weiteren Seltenerdmetallen vergesellschaftet vor, wobei Cerit, Bastnäsit, Monazit (Turnerit) und Orthit als wichtigste cerführende Minerale zu nennen sind. Über weitere Eigenschaften, Analytisches und Gewinnung ↗ Lanthanoide. Verwendet wird C. in reiner Form oder als ↗ Cer-Mischmetall als Legierungszusatz bei der Herstellung von Grauguß, Gußstahl, warmfesten, legierten und rostfreien Stählen sowie von Nichteisenmetallegierungen zur Verbesserung ihrer Dehnbarkeit, Gießfähigkeit, Festigkeit und Warmverformbarkeit, ferner für die Herstellung von Zündsteinen. Das künstlich hergestellte Radionuclid ^{144}Ce wird als Radioindikator eingesetzt.

Ceramide, ↗ Sphingolipide.

Cerebroside, ↗ Sphingolipide.

Ceresin, ↗ Erdwachs.

Cerimetrie, Methode der Redoxanalyse, mittels Cer(IV)-Ionen als Titrator. Diese sind in saurer Lösung ein ähnlich starkes Oxidationsmittel wie Permanganat. Als Maßlösung verwendet man häufig eine eingestellte Cer(IV)-Sulfatlösung. Mit der C. sind die gleichen Bestimmungen wie mit der ↗ Manganometrie möglich. Die C. hat jedoch einige Vorteile. So sind die Maßlösungen sehr stabil und lassen sich ohne Veränderung bis zum Siedepunkt erhitzen. Die C. wird durch Chlorid-Ionen nicht gestört. Der Reaktionsverlauf ist eindeutig, da nur Cer(III)-Ionen gebildet werden können. Der Endpunkt kann mit Hilfe des reversiblen Redoxindikators Ferroin erkannt werden, aber auch mit elektrochem. Methoden.

Ceriterden, Oxide der Seltenerdmetalle Lanthan, Cer, Praseodym, Neodym und Samarium. Aufgrund ihrer ähnlichen Ionenradien kommen die C. in der Natur stets miteinander vergesellschaftet vor, wobei Cer jeweils den Hauptbestandteil der C. führenden Minerale, wie Monazit $CePO_4$, Bastnäsit $CeCO_3F$ und Cerit $(Ce)_3M^{II}H_3Si_3O_{13}$ (M^{II} = Ca, Fe), bildet.

Cermets, (Abk. von engl. ***cer**amics* ›Keramik‹ und ***met**als* ›Metalle‹), pulvermetallurgisch hergestellter Mischwerkstoff aus Metallen und temperaturbeständigen Metallverbindungen (↗ Pulvermetallurgie). Als Metallkomponenten werden z. B. Chrom, Nikkel, Eisen, Molybdän, Wolfram, Titan und Silicium verwendet, die mit Oxiden, Carbiden, Nitriden, Boriden und Siliciden gemischt und gemeinsam gesintert werden. C. sind warmfeste, harte, zunderbeständige und wärmeleitfähige Hochtemperaturwerkstoffe, die z. B. als verschleißfeste Werkzeuge in der Zerspanungstechnik Anwendung finden (↗ Schneidkeramik).

Cer-Mischmetall, Legierung der Seltenerdmetalle, bestehend aus 45 bis 52 % Cer, 20 bis 27 % Lanthan, 15 bis 18 % Neodym, 3 bis 5 % Praseodym, 1 bis 3 % Samarium, etwa 3 % Terbium und Yttrium, etwa 5 % der restlichen Seltenerdmetalle, bis zu 5 % Eisen und Spuren von Aluminium, Calcium und Silicium. C. ist in seinen physikalischen und chem. Eigenschaften dem Cer und den anderen Lanthanoiden sehr ähnlich, so daß die dort angeführten Reaktionen im wesentlichen auch für C. gelten. Fein verteiltes C. ist pyrophor. Über die Gewinnung ↗ Lanthanoide. C. ist die Form, in der die Seltenerdmetalle meist verwendet werden. Während es zunächst fast ausschließlich zur Herstellung von Zündsteinen diente, entdeckte man später seinen günstigen Einfluß auf die mechanischen und z. T. auch auf die chem. Eigenschaften von Metallen und Legierungen. Zusätze von C. zu Stahlschmelzen wirken stark antioxidierend, entschwefelnd und entgasend, sie verbessern Dehnbarkeit, Fließeigenschaft, Gießeigenschaft, Porenfreiheit, Schlagfestigkeit, Schweißbarkeit und Warmverformbarkeit des Stahles, sie sind auch von Bedeutung für Leichtmetallegierungen im Flugzeug-, Raketen- und Fahrzeugbau.

Cerulenin, das Amid einer ungesättigten Fettsäure mit antibiotischen Eigenschaften gegen Pilze,

Hefen und grampositive Bakterien. C. wird von echten Pilzen (*Fungi imperfecti*), meist zusammen mit

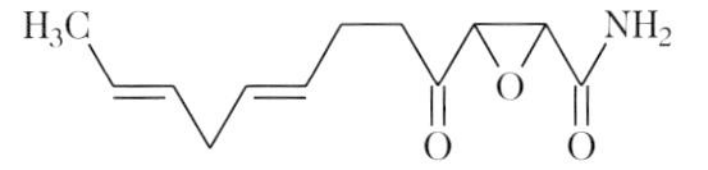

Helvolsäure (tetracyclisches Triterpen mit antibiotischer Wirkung gegen grampositive Bakterien), gebildet. C. hemmt die Fettsäurebiosynthese (Fettsäuresynthase) sowie die Sterinbiosynthese und verhindert die Synthese und Sekretion bestimmter extrazellulärer Proteine einiger Bakterien (z. B. Glucosyltransferase von *Streptococcus*-Arten).

Cerverbindungen, Verbindungen, in denen Cer in den Oxidationsstufen +III und +IV auftritt. Die farblosen Cer(III)-Verbindungen lassen sich durch starke Oxidationsmittel in gelbe bis braune Cer(IV)-Verbindungen überführen, die ihrerseits kräftige Oxidationsmittel darstellen. Direktreaktionen von Cer mit Sauerstoff oder Fluor führen zu Cer(IV)-oxid bzw. zu Cer(IV)-fluorid, während typische Cer(III)-Verbindungen, wie Cer(III)-chlorid, -fluorid und -oxalat, durch Chlorierung des Metalls bei erhöhter Temperatur bzw. Fällungsreaktionen mit Fluorid oder Oxalat aus Ce_3^+-haltigen wäßrigen Lösungen erhalten werden: *Cer(IV)-oxid*, CeO_2, gelbbraune, kubische Kristalle, D. 7,132 g cm^{-3}; *Cer(IV)-fluorid*, CeF_3, farblose Kristalle, D. 4,77 g cm^{-3}, F. 977 °C (Z.); *Cer(III)-fluorid*, CeF_3, farblose, hexagonale Kristalle, D. 6,16 g cm^{-3}, F. 1460 °C; *Cer(III)-oxalat*, $Ce_2(C_2O_4)_3 \cdot 9\,H_2O$, gelbweiße Kristalle; *Cer(III)Nitrat*, $Ce(NO_3)_3 \cdot 6\,H_2O$, farblose, trikline Kristalle. Die meist verwendete C. ist Cer(IV)-oxid, das man als Poliermittel für optische Gläser, als Überzug für Infrarotfilter, zum Färben und Entfärben von Glas und als Katalysator in der organischen Synthese einsetzt. Cerglas wird z. B. in der Kerntechnik verwendet, da es unter dem Einfluß ionisierender Strahlung nicht nachdunkelt. Ce^{3+}-Salze werden als Aktivatoren für Kathodenstrahl-Luminophore, vor allem auf Basis von Calcium-Magnesium-Silicat, Yttriumsilicat und Yttriumaluminat, verwendet. Cer(III)-nitrat wird für die Herstellung von Glühkörpern für Gaslampen verwendet.

Cerylalkohol, ***Hexacosan-1-ol***, $CH_3(CH_2)_{24}CH_2OH$, ein höherer Alkohol. C. bildet farblose Kristalle; F. 79,5 °C. Er ist unlöslich in Wasser, löslich in Alkohol und Ether. C. kommt verestert in vielen Wachsen vor, z. B. im chinesischen Insektenwachs. Ferner ist er in freier oder veresterter Form Bestandteil der Rinde von Bäumen, z. B. Fichte, Weiß- oder Rotbuche. Nachgewiesen werden kann er auch in Spinatblättern, im Wollschweiß von Schafen, im Wachs der Schildlaus und im Überzug reifer Mohnkapseln. Die Gewinnung erfolgt durch alkalische Hydrolyse natürlicher Wachse.

Cetanzahl, Abk. ***CZ*** oder ***CaZ***, eine Kennziffer für die Zündwilligkeit von Dieselkraftstoffen. Je kürzer die Zeit zwischen Einführen eines Kraftstoffes in den Zylinder und seiner Entzündung ist, desto größer ist seine Zündwilligkeit. Geprüft wird entweder die Zündwilligkeit des Kraftstoffes beim Anlassen oder die Zündverzugszeit zwischen Einspritzen und Einsetzen der Verbrennung. Die Messung beruht auf einem Vergleichsverfahren zwischen dem zu prüfenden Kraftstoff und dem Eichkraftstoff, einem Gemisch aus Cetan (Hexadecan) und 1-Methylnaphthalin. Dabei hat das zündwillige Cetan die C. 100 und das zündträge 1-Methylnaphthalin die C. 0. So zündet z. B. ein Kraftstoff mit der C. 50 wie ein Gemisch aus gleichen Teilen Cetan und 1-Methylnaphthalin. Als zündträger Prüfkraftstoff kann anstelle von 1-Methylnaphthalin auch Heptamethylnonan mit einer C. 15 eingesetzt werden. Der Cetanzahlbedarf eines Motors ist von seiner Bauweise abhängig (Verdichtung, Ausbildung des Verbrennungsraumes, Anordnung der Einspritzaggregate). Langsam laufende, meist ortsfeste Dieselmotoren oder Schiffsmaschinen benötigen einen Dieselkraftstoff mit einer C. von 20 bis 40, schnell laufende Dieselmotoren, besonders Fahrzeugmotoren, eine C. über 40. Die Bestimmung der C. eines Kraftstoffes erfolgt entweder in einem Prüfmotor, oder mit dem Aräometer, da die Zündwilligkeit mit steigender Dichte fällt. Durch Zusatz von Zündverbesserern, org. Nitraten, Nitriten oder Peroxiden kann die C. erhöht werden.

Früher wurde die *Cetenzahl* ermittelt, wobei anstelle von Cetan Ceten (Hexadecen) und 1-Methylnaphthalin verwendet wurden.

Cetenzahl, ↗ Cetanzahl.

Cetylalkohol, ↗ Palmitylalkohol.

Cetylsäure, ↗ Palmitinsäure.

Cetyltriammoniumbromid, ein kationisches Tensid (M_r 364,5, CMC 0,92 mmol/l bei 25 °C).

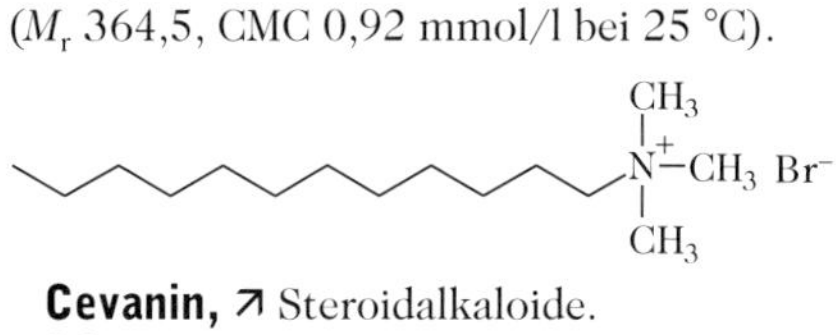

Cevanin, ↗ Steroidalkaloide.

Cf, Symbol für Californium.

cGMP, ↗ Cyclonucleotide.

CH-acide Verbindungen, Pseudosäuren, die erst in Gegenwart starker Basen ein Proton abspalten und in ein Anion übergehen. CH-a. V. enthalten elektronenziehende Substituenten, die einerseits die Polarität der CH-Bindung erhöhen und andererseits mit dem freien Elektronenpaar des gebildeten Anions in Konjugation treten und dadurch das Anion stabilisieren. CH-a. V. sind Aldehyde, Ketone, Säuren, Ester, Nitrile und Nitroverbindungen mit einem Wasserstoffatom in α-Stellung zur funktionellen Gruppe sowie Blausäure und Alkine mit endständiger Dreifachbindung.

Die Lage des Gleichgewichtes

$\bar{B}| + H{-}\overset{|}{\underset{|}{C}}{-}X \rightleftharpoons BH + {}^{-}|\overset{|}{\underset{|}{C}}{-}X \leftrightarrow \rangle C{=}X^{-}$ hängt von den Basizitäten der Base B und des Anions ab. Die Säurestärke von Pseudosäuren wächst mit steigendem –I- und –M-Effekt des Substituenten X (Cl < COOR < C≡N < $COCH_3$ < CHO < NO_2). Die pK_S-Werte der CH-a. V. liegen zwischen etwa 40 (sehr schwache CH-a. V.) und etwa 5 (starke CH-a. V.). Die CH-a. V. gehen unter geeigneten Bedingungen Additionsreaktionen ein, die im weitesten Sinn als ↗ Aldolreaktionen bezeichnet werden.

Chalcogran, ↗ Pheromone.

Chalcon, ***Benzalacetophenon, 1,3-Diphenylprop-2-enon***, C_6H_5–CH=CH–CO–C_6H_5, ein aromatisch substituiertes Vinylketon. C. ist eine hellgelbe, kristalline Verbindung; F. 57 °C, Kp. 345 bis 348 °C. Es ist unlöslich in Wasser, löslich in Ether, Benzol und Chloroform. C. entsteht bei der Aldolreaktion aus Benzaldehyd und Acetophenon. Sie werden für synthetische Zwecke in der organischen Chemie eingesetzt.

Chalkogene [griech., »Erzbildner«], die chem. Elemente aus der VI. Hauptgruppe des Periodensystems, der ↗ Sauerstoff-Schwefel-Gruppe.

Chalkogenide, Verbindungen der Chalkogene, in denen diese in der Oxidationszahl –2 vorliegen, d. h. Oxide, Sulfide, Selenide und Telluride.

Chamazulen, ***1,4-Dimethyl-7-ethylazulen***, blaue Flüssigkeit; Kp. 160 °C bei 1,5 kPa. C. entsteht bei der Wasserdampfdestillation aus ↗ Matricin und bedingt die antiphlogistische Wirkung der Kamillenauszüge.

Chaos, ↗ oszillierende Reaktionen.

CHAPS ***(3-[3-Cholamidopropyl)-dimethyl-ammonio]-1-propansulfonat)***, ein zwitterionisches ↗ Tensid (M_r 614,9, CMC bei 25 °C 4 mmol/l).

charakteristische Gruppe, früher ***funktionelle Gruppe***, in organischen Verbindungen ein Atom oder eine Atomgruppierung, die nicht durch eine direkte Kohlenstoff-Kohlenstoff-Bindung gebunden ist (Ausnahmen sind: –C≡N; ⟩C=X, wobei X = O, S, Se, Te, NH; –COOH), mit charakteristischer Reaktionsfähigkeit. C. G. sind die Hydroxygruppe –OH, die Mercaptogruppe –SH, die Aminogruppe –NH_2, die Carbonylgruppe ⟩C=O, die Carboxygruppe –COOH, die Sulfogruppe –SO_3H. Weiteres ↗ Nomenklatur, Abschn. C II 1; C VII.

chargenweise Kultur, ↗ Batch-Kultur.

charge-transfer-Komplexe, CT-Komplexe, Molekülkomplexe definierter stöchiometrischer Zusammensetzung aus meist verschiedenartigen Molekülen, von denen ein Partner eine niedrige Ionisierungsenergie aufweist und als Elektronenpaardonor wirkt, während der andere aufgrund seiner hohen Elektronenaffinität als Elektronenpaarakzeptor fungiert. Der lockere Zusammenhalt der c. wird durch, im allgemeinen relativ geringen, reversiblen Ladungsübergang vom Donor zum Akzeptor bewirkt. c. sind meist durch intensive Farben gekennzeichnet, die auf das Auftreten einer sehr breiten, für die ausgebildeten c. charakteristischen Bande(»charge-transfer-Bande«) im sichtbaren oder UV-Bereich zurückgehen. Typische Beispiele sind (jeweils Donor zuerst): Hydrochinon-Chinon (»Chinhydron«, tiefgrün), Pyridin-I_2 (braun), Dioxan-Br_2 (braun), Benzol-Cl_2. Zum Teil sind die c. nur in dem als Donor wirkenden Lösungsmittel beständig.

c. spielen in vielen Bereichen, so z. B. in der physikalischen und organischen Chemie (»organische Metalle«), der Photochemie (bei der Deutung von Mechanismen) und der Biochemie eine Rolle und haben in der Analytik bei chromatographischen Trennungen sowie als Antioxidantien Anwendung gefunden.

charge-transfer-Übergang, ***CT-Übergang***, Elektronenübergang, in dem eine vollständige oder nahezu vollständige Ladungsübertragung von einer Donor- zu einer Akzeptorgruppe erfolgt. Sind beide Gruppen im gleichen Molekül verankert, so liegen intramolekulare c. vor. Wirken verschiedene Moleküle oder Ionen, die auch lose gebunden sein können, als Donor und Akzeptor, so spricht man von einem intermolekularen c. Ein Beispiel für einen intramolekularen c. liegt im Anilin vor, in dem die UV-Absorption bei 280 nm durch einen Elektronenübergang von der NH_2-Gruppe (Donor) zum Phenylring (Akzeptor) hervorgerufen wird (Abb.). Intermolekulare c. treten z. B. in Benzol-Iod-Komplexen auf, in denen das Absorptionsmaximum bei 290 nm auf einen Elektronenübergang vom I_2 zum Benzol beruht, oder in Komplexen des Typs $[CoX(NH_3)_5]^{3+}$, in denen die starken UV-Absorptionen auf Elektronenübergänge vom Halogenoligand X^- auf das Metall-Ion zurückgehen.

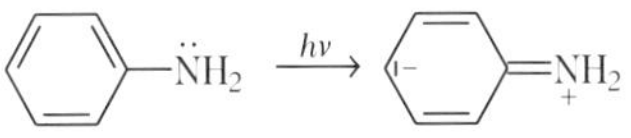

charge-transfer-Übergang. Abb.: Intramolekularer charge-transfer-Übergang im Anilin.

Chaulmoograsäure, ***(S)-Cyclopent-2-en-1-tridecansäure***, eine verzweigte Fettsäure, die als Glycerinester im Chaulmoograöl, dem Samenöl der *Flacourtiaceae Hydnocarpus kurzii*, vorkommt. Das Öl enthält etwa 23 % C. neben 35 % (S)-Cycylopent-2-en-1-undecansäure, der Hydnocarpussäure, und weitere Cyclopentensäuren. C. bildet blättchenförmige Kristalle, F. 68 bis 69 °C, $[\alpha]_D^{25}$ + 62° (Chloroform) die in Wasser praktisch unlöslich, in Ether und Chloroform leicht löslich sind. C. ist wie die homologe *Hydnocarpussäure* für den Tuberkulose- und Lepraerreger toxisch und wird zur Leprabehandlung eingesetzt. C. ist auch für Säugetiere von erheblicher Toxizität.

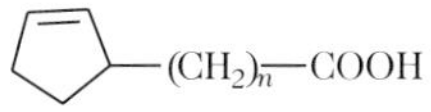

Chaulmoograsäure. Abb.: $n = 10$: Hydnocarpussäure $n = 12$: Chaulmograssäure.

Cheddite (nach ihrem ersten Herstellungsort Chedde in Südfrankreich), Chloratsprengstoffe, deren Reibungsempfindlichkeit durch Zusatz von Nitronaphthalin, dicken Ölen u. a. herabgesetzt wurde.

Chelateffekt, ↗ Koordinationschemie.

Chelatharze, die Bezeichnung für spezielle ↗ Ionenaustauscher zumeist auf Kunstharzbasis mit Fest-(Anker-)Ionen (z. B. Iminodiacetat-, Amidoxin-, Thiol-Gruppen), die Metall-Ionen chelatartig binden können. Die Bindungsstärken sind abnehmend in der Reihe Schwermetall- > Übergangsmetall- > Erdalkalimetall- > Alkalimetall-Ionen. Mit Iminodiacetat-Gruppen derivatisierte Agarose-Gele werden in der Metallchelat-Chromatographie zur Trennung/Reinigung von Proteinen verwendet.

Chelatkomplex, ↗ Koordinationschemie.

Chelatometrie, ↗ Komplexometrie.

cheletrope Reaktionen, ↗ Woodward-Hoffmann-Regeln.

Chelidonsäure, ***4H-Pyran-4-on-2,6-dicarbonsäure***, ***Jervasäure***, eine heterocyclische Dicarbonsäure. C.

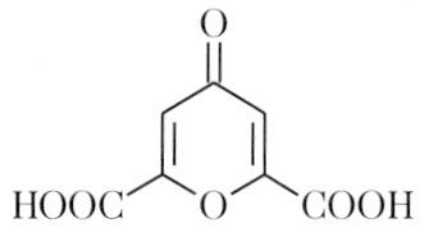

bildet farblose Kristalle; F. 262 °C (Z.). Sie ist wenig löslich in Alkohol und kaltem Wasser, löslich in siedendem Wasser. Beim Destillieren liefert sie *4H*-Pyran-4-on. C. kommt als Säurekomponente von *Veratrum*-Alkaloiden, im Spargel und im Schöllkraut vor. Synthetisch erhält man sie in einer mehrstufigen Reaktion aus Aceton und Oxalsäurediethylester.

Chemie, die Wissenschaft von den Stoffen, ihren Eigenschaften, ihrem Aufbau, ihrer Zusammensetzung und Herstellung, ihren Umwandlungen und Wechselwirkungen sowie den damit in Verbindung stehenden Gesetzmäßigkeiten. Alle chem. Reaktionen basieren auf der Abgabe, Aufnahme und Verteilung von Elektronen zwischen Atomen, Atomgruppierungen und Molekülen und den Wechselwirkungen zwischen den Energieniveaus der Elektronen. Die Zahl der bisher bekannten Elemente beträgt 109, die der bisher synthetisierten chem. Verbindungen etwa 8 Millionen. Täglich kommen im Durchschnitt um die tausend neue Verbindungen hinzu.

Einteilungen. Nach dem klassischen Einteilungsprinzip wird die C. untergliedert in die vier Hauptgebiete anorganische, organische, physikalische und technische C., die sich in der spezifischen Zielstellung und im Methodenspektrum unterscheiden, zwischen denen es aber vielfältige Übergänge und Grenzgebiete gibt.

Die *anorganische C.* befaßt sich mit den chem. Elementen und ihren Verbindungen, ausgenommen den in der organischen C. erfaßten Kohlenstoffverbindungen, jedoch unter Berücksichtigung einiger einfacher Kohlenstoffverbindungen, wie Oxide des Kohlenstoffs, der Kohlensäure und ihrer Salze, Carbide, Metallcarbonyle u. a. Im Mittelpunkt der Untersuchungen stehen Metalle, anorganische Polymere, Halbleiter, Silicate, Koordinationsverbindungen und Minerale. Aus der anorganischen C. hervorgegangen sind z. B. die Geo-, Komplex- und Kristallchemie.

Die *organische C.* befaßt sich mit den Verbindungen des Kohlenstoffs, wobei die Vielfalt der elementorganischen Verbindungen und der bereits genannten Kohlenstoffderivate beide Hauptgebiete tangiert. Außer den Edelgasen läßt sich beinahe jedes Element des Peroidensystems in organische Verbindungen einbauen. Zum ursprünglichen Gebiet der organischen Chemie gehören die Isolierung, Strukturaufklärung und Synthese von pflanzlichen und tierischen Naturstoffen. Diese Fragestellung wird ergänzt durch Fragen nach Struktur, biologischer Funktionen sowie Konformationsanalysen. Zum neuen Rüstzeug gehören die Isolierung, Sequenzierung und Synthese genetischen Materials und mit Hilfe moderner automatisierter Synthesetechniken gelingen Totalsynthesen von biologisch aktiven Peptiden, kleinen Proteinen sowie die chem. Synthese von Oligo- und Polynucleotiden, die zur Manipulierung gespeicherter Syntheseinformationen in der Gentechnologie eingesetzt werden. Die engen Beziehungen zur Biochemie sind ebenso transparent wie die Verbindungen zur Cytochemie, Lebensmittelchemie, forensischen C., makromolekularen C., Phytochemie und pharmazeutischen C. Aus der organischen C. hat sich die ↗ *Biochemie* entwickelt, die unter Nutzung chem., physikalischer und mathematischer Verfahren den chem. Aufbau lebender Systeme allumfassend erforscht. Durch die Untersuchung des chem. Verhaltens, der Wirkungsweise und Biotransformation, der Synthese und Analyse von Pharmaka steht die ↗ *pharmazeutische C.* ebenfalls in enger Beziehung zur organischen C. Aus der Biochemie und der anorganischen C. hat sich in den letzten Jahren die *bioanorganische C.* entwickelt, welche sich mit der Erforschung und Charakterisierung von Metalloproteinen befaßt.

Hauptzielstellung der *physikalischen C.* ist das Studium aller physikalischen Erscheinungen, die mit chem. Reaktionen in Beziehung stehen, sowie die Beeinflussung chem. Vorgänge durch physikalische Einwirkungen. Spezialrichtungen dieses Hauptgebietes der C. sind ↗ Elektrochemie, ↗ Photochemie, ↗ Thermochemie, ↗ Kolloidchemie, Mechanochemie (↗ Tribochemie), ↗ Magnetochemie u. a. Die Strahlenchemie untersucht chem. Reaktionen, die durch Einwirkung energiereicher Strahlen ausgelöst werden und zu permanenten stofflichen Veränderungen führen. Die *Kernchemie* (Nuclearchemie) erforscht Atomkerne und Kernreaktionen mit chem. Methoden. Ein Teilgebiet der Kernchemie, die Radiochemie, befaßt sich mit den Eigenschaften und dem Reaktionsverhalten der Radioelemente und ihren Verbindungen sowie mit den Radionucliden.

Die Überführung chem. Methoden und Erkenntnisse in technisch nutzbare Verfahren und die Entwicklung der dazu erforderlichen apparativen Ausrüstungen ist Aufgabe der *technischen C.* (*chem. Technologie*). Wichtige Teilgebiete sind z. B. die Hochpolymerenchemie, ↗ Carbochemie, ↗ Petrochemie, Agrochemie, ↗ Lebensmittelchemie, ↗ Wasserchemie, Gerbereichemie, Textilchemie, Farbenchemie.

Quanten-, *Kosmo-*, *Strahlen-*, *Laser-* und *Plasmachemie* haben als Teilgebiet der C. durchaus eigenständige Bedeutung, ebenso wie *analytische*, *präparative* und ↗ *ökologische C.*, die verschiedene Hauptgebiete der C. tangieren.

Hauptaufgaben der C. ist die Herstellung und Wandlung von Stoffen, die nicht in ausreichender Menge oder nicht in einer für den Menschen nutzbaren Form in der Natur vorkommen. Die C. leistet damit einen entscheidenden Beitrag, das Bedürfnis des Menschen nach Gesundheit (Entwicklung von Medikamenten), Nahrung (Entwicklung und Bereitstellung von Düngemitteln, Pflanzenschutzmitteln und Futterzusatzstoffen), Bekleidung und zivilisatorischen Fortschritt zu befriedigen. Große Bedeutung für die chem. Industrie kommt den biotechnologischen Prozessen z. B. den Fermentationstechnologien zur Produktion von Antibiotika, verschiedenen Aminosäuren, Citronensäure und anderen Biochemikalien sowie der Herstellung von Eiweiß auf Basis von Methanol, Erdöl oder anderen einfachen Kohlenstoffquellen. Gemeinsam mit der Gentechnologie stellt die Biotechnologie ein wichtiges Potential der Zukunft dar.

Geschichtliches. Der Name C. geht zurück auf chemeia oder chymeia; er wurde früher aus dem Ägyptischen von chemi = schwarz hergeleitet, heute leitet man ihn aus dem griechischen chyma = Metallguß ab. Aus dem Arabischen stammt der Begriff *Alchimie* oder *Alchemie*. Chem. Wissen ist seit jeher aufs engste mit gewerblicher Tätigkeit verknüpft. Mehr als 1000 Jahre v. Chr. besaß man chem. Kenntnisse auf dem Gebiet der Metallgewinnung und -legierung, der Erzeugung von gefärbten Glasflüssen, künstlichen Edelsteinen und Perlen, von Email, Farbstoffen, Kosmetika, Arzneimitteln und Giften. Aus dem 5. bis 3. Jh. v. Chr. kennt man erste theoretische Verallgemeinerungen aufgrund naturphilosophischer Fragestellungen nach dem kleinsten Bestandteil der Stoffe. Daraus entstand die atomistische Theorie von Leukipp von Milet und von Demokrit. Danach besteht die Welt aus vielen kleinen, nicht weiter zerlegbaren Teilchen (a-tomos), sie sich im leeren Raum bewegen. Aus der Zeit stammt auch die Ordnung der Elemente Erde, Wasser, Luft und Feuer. Im 7. Jh. übernahmen die Araber die chem. Kenntnisse des Altertums und vervollkommneten die praktischen Verfahren und chem. Geräte.

Seit der Renaissance strebte man danach, chem. Kenntnisse für praktische Zwecke zu nutzen (Medizin, Schießpulver, Destillation von Alkohol). G. Agricola (1494–1555) begründete die Mineralogie, Paracelsus (1493–1541) die *Iatrochemie*, die von der Vorstellung ausging, daß alle Vorgänge im Körper chem. Natur sind, und daß Mißverhältnisse im Körper zu Krankheiten führen. Sie eröffnete der C., verbunden mit der Medizin, den Zugang zu den Hochschulen. Der erste Lehrstuhl für C. wurde 1609 in Marburg gegründet. R. Boyle (1627–1691) führte korpuskulare Vorstellungen über den Bau der Materie in die C. ein, G. E. Stahl (1659–1734) legte zum ersten Mal die wechselseitige Bedingtheit von Oxidation und Reduktion dar und A. L. Lavoisier (1743–1794) bewies, daß jede Verbrennung eine Vereinigung mit Sauerstoff ist. Mit dieser Erkenntnis konnte er auch eine richtige Definition des chem. Elementes geben, als einen Stoff, den man durch die Methoden der chem. Analyse nicht weiter in andere zerlegen kann. Quantitative Untersuchungsmethoden führten zur Entdeckung des Gesetzes der multiplen Proportionen und zur Begründung der Stöchiometrie. Darauf stellte Dalton 1804 eine neue Atomtheorie auf, die die qualitativen und quantitativen Verhältnisse berücksichtigte, jedem Element ein bestimmtes Atomgewicht zuschrieb und die chem. Reaktionen als Folge der Vereinigung und Trennung dieser Atome erklärte. Besondere Verdienste um die weitere Entwicklung der anorganischen C. erwarben sich in der Folgezeit J. H. Berzelius (1779–1848) mit einer elektrochem. dualistischen Theorie, H. Davy (1778–1829) mit der Entdeckung neuer Elemente (Alkalien und Erdalkalien) und Gay-Lussac (1778–1850) mit der Entdeckung des chem. Volumengesetzes. Eine glänzende Bestätigung ihrer atomistischen Grundkonzeption erfuhr die anorganische C. 1869 mit der Aufstellung des Periodensystems durch D. I. Mendelejev (1834–1907) und etwas später durch L. Meyer (1830–1895). Eine wesentliche Neuerung in der anorganischen C. brachte um 1900 die Komplexchemie nach der Koordinationslehre von A. Werner (1866–1919), seit 1915 das Gebiet der Festkörperreaktionen. Mit Beginn des 19. Jh. entwickelte sich der Zweig der organischen C. 1828 gelang F. Wöhler die Synthese des Harnstoffs aus anorganischen Ausgangsstoffen. Sie widerlegte die Theorie, daß Stoffe des tierischen und pflanzlichen Organismus nicht im Labor erzeugt werden können. Es folgte die Konstitutionsaufklärung organischer Stoffe und die Synthese von Natur- und künstlichen Produkten (Indigo, Chinin, Zucker, Fette, Alkaloide, Kautschuk u. a.). In den letzten Jahrzehnten des 19 Jh. entwickelte sich die physikalische Chemie. Carnot, Kirchhoff, Helmholtz, Gibbs, Nernst und Boltzmann begründeten die chem. Thermodynamik, und es entwickelten sich die Gebiete Reaktionskinetik, chem. Atomistik und Kolloidchemie. Die Anwendung quantenmechanischer Methoden auf chem. Probleme führte zu einem weitgehenden Verständnis organischer Reaktionen (Ingold, Pauling).

An dieser Entwicklung waren unter anderem Forscher wie J. v. Liebig, F. Wöhler, J. B. Dumas, M. F. Chevreul, E. Mitscherlich, F. F. Runge, C. Gräbe, A. W. v. Hofmann, H. Kolbe, E. Fischer, H. Fischer und W. J. Reppe maßgeblich beteiligt. Die theoretischen Vorstellungen in der organischen C. wurden vor allem von A. Butlerov, A. Kekulé, van't Hoff, S. Cannizzaro, J. Wislicenus und A. von Baeyer weiterentwickelt. Mit der Entdeckung der Wirkungsweise der Katalysatoren nahm die großtechnische Herstellung synthetischer Produkte in der organischen C. (Kohlehydrierung, Treibstoffe, synthetischer Kautschuk, Plaste, Acetylenchemie u. a.) wie in der anorganischen C. (Schwefelsäure, Ammoniak, Salpetersäure) einen ungeheuren Aufschwung.

Chemiefasern, aus natürlichen oder synthetischen Polymeren oder anorganischen Stoffen industriell hergestellte ↗ textile Faserstoffe. Als erste Fasern für textile Zwecke wurden um 1900 verschiedene cellulosische Chemiefasern hergestellt. Um 1930 wurden dann textil verwendbare Polyvinylchloridfasern erzeugt und in den folgenden 25 Jahren weitere Synthesefasern aus Polyamid, Polyester, Polyacrylnitril, Polyolefinen und anderen Polymeren entwickelt.

Die jetzigen Arbeiten auf dem Gebiet der Synthesefasern befassen sich vor allem mit der Modifizierung der bekannten Fasern für die verschiedenen Anwendungsgebiete und mit der Entwicklung von sog. ↗ High-Tech-Fasern.

1997 betrug die C.-Produktion etwa 29 Mio. t, wobei der Hauptanteil von über 27 Mio. t auf die Synthesefasern entfiel. Zum Vergleich: Die Erzeugung von Naturfasern lag im selben Zeitraum bei etwa 26 Mio. t. Während in Europa die C.-Produktion nahezu gleich bleibt, steigt die Produktion in Ostasien und anderen Regionen. Eine Übersicht über die wichtigsten C. zeigt die Tab. 1. (Näheres zu diesen Fasern ist unter den entsprechenden Stichwörtern zu finden.) Tab. 2 gibt einige Eigenschaften von Chemiefasern und zum Vergleich von ↗ Naturfasern wieder.

Chemiefasern. Tab. 1: Übersicht über die wichtigsten Chemiefasern (nach DIN 60 001, Teil 3).

Chemiefasern aus natürlichen Polymeren
↗ *Cellulosische Chemiefasern*
↗ Viskosefasern
↗ Modalfasern
↗ Cuprofasern
↗ Acetatfasern
Triacetatfasern
↗ *Alginatfasern*
↗ *Gummifasern*
Chemiefasern aus synthetischen Polymeren (Synthesefasern)
Elastofasern
↗ Elastanfasern
Elastodienfasern
↗ *Fluorofasern*
Polyacrylfasern
↗ Polyacrylfasern
↗ Modacrylfasern
Polyamidfasern
↗ Nylonfasern
↗ Aramidfasern
Polychloridfasern
↗ Polyvinylchloridfasern
↗ Polyvinylidenchloridfasern
↗ *Polyesterfasern*
↗ *Polyolefinfasern*
Polyethylenfasern
Polypropylenfasern
↗ *Polyvinylalkoholfasern*
Chemiefasern aus anorganischen Stoffen
↗ *Glasfaserstoffe*
↗ *Kohlenstoff-Fasern*
↗ *Metallfasern*

Chemikalien, Erzeugnisse der chem. Industrie für chem. Prozesse.

chemische Bindung, Art des Zusammenhalts von Atomen und Atomgruppen in Molekülen und Kristallen sowie an Grenzflächen. Die vorklassischen

	Faser[a]						
	CO	WO	CV	PA 6	PA 6.6	PES	PAN
Höchstzugkraft in cN/tex	35	15	30	70	70	70	25
Höchstdehnung in %	8	30	20	25	25	20	25
Naßreißkraftverhältnis in %	110	85	65	90	90	100	90
Elastizitätsmodul in GPa	3	2	3	3	3	5	1,5
Temperaturverhalten in °C							
Glasübergangstemperatur	–	–	–	40	45	70	60
Erweichung	–	–	–	180	220	235	190
Schmelztemperatur	–	–	–	215	260	255	250
Bügeltemperatur	180	140	150	150	200	170	150
Feuchteaufnahme im Normklima in %	8	15	12	4	4	0,3	1
Beständigkeit[b] gegen							
anorg. Säuren	– – –	–	– – –	– – –	– – –	++	++
Alkalien	+	–	– –	++	++	+	+
org. Lösungsmittel	+++	+++	+++	++	++	+	+++
Oxidantien	+	+/–	–	+	+	++	–
Bewetterung	+/–	– –	– –	+	+	++	+++
biolog. Angriffe	– –	– –	– –	++	++	++	+++
Licht	–	–	– –	– –	– –	+++	+++

Chemiefasern. Tab. 2: Eigenschaften von einigen Chemiefasern.

[a]CO: Baumwolle, WO: Wolle, CV: ↗ Viskosefasern, PA: ↗ Nylonfasern, PES: ↗ Polyesterfasern, PAN: ↗ Polyacrylnitrilfasern.
[b]Die Beständigkeit wird in 6 Abstufungen von – – – (nicht beständig) bis +++ (höchste Beständigkeit) angegeben.

Theorien und Modelle der c. B. sind auf induktivem Wege entstanden und konnten die Kräfte nicht erklären, die Atome in einem Molekül zusammenhalten. Zur Angabe der Bindungsmöglichkeiten eines Atoms im Molekül wurde der Begriff der ↗ Wertigkeit geprägt, um die empirisch gefundene Zusammensetzung der Moleküle richtig wiedergeben zu können. Die klassischen Theorien der c. B. fußen auf dem *Oktettprinzip*, dem Bestreben jedes Atoms, sich mit 8 Valenzelektronen, d. h. mit 8 Elektronen auf der äußeren Schale, zu umgeben. Diese Elektronenkonfiguration wird als Edelgaskonfiguration bezeichnet und ist besonders stabil.

***Atombindung* (*kovalente*, *homöopolare*, *unpolare Bindung*, *Elektronenpaarbindung*).** Bei der Atombindung wird nach den Vorstellungen von Lewis angenommen, daß jeweils zwei Atome ein oder mehrere Elektronenpaare gemeinsam nutzen (*Bindungselektronenpaar*) und somit häufig das angestrebte Elektronenoktett in der Valenzschale erreichen. Die Anzahl der gemeinsamen Elektronenpaare, d. h. die Anzahl der von einem Atom ausgehenden kovalenten Bindungen, wird *Bindigkeit* (*Bindungswertigkeit*) genannt. Ein Atompaar kann auch durch zwei oder drei gemeinsame Elektronenpaare verknüpft werden, wodurch *Doppel-* und *Dreifachbindungen* gebildet werden. In den *Elektronenformeln* werden die Valenzelektronen durch Punkte wiedergegeben:

:C̤̈l· + ·C̤̈l: → :C̤̈l:C̤̈l:, N̤̈· + ·N̤̈ → :N:::N:

In den übersichtlichen *Valenzstrichformeln* (nach Langmuir) kennzeichnen Striche zwischen Atomen Bindungselektronenpaare und Striche an Atomen *einsame* oder *freie* Elektronenpaare. Bindungs- und einsame Elektronenpaare werden möglichst so angeordnet, daß für jedes Atom ein Oktett resultiert, z. B.

|C̲̄l–C̲̄l|, |N≡N|

Durch eine formale Zuordnung der Bindungselektronenpaare zu gleichen Teilen auf die jeweils aneinander gebundenen Atome erhält man aus der Differenz zwischen der auf diese Weise jedem Atom zukommenden Valenzelektronenzahl und der Rumpfladungszahl seine *Formalladung*. Sie sagt nichts über die wirkliche Ladungsverteilung in einem Molekül aus. So resultieren z. B. für Kohlenmonoxid in der Valenzstrichformel mit einer Dreifachbindung folgende Formalladungen $|\overset{-}{C}\equiv\overset{+}{O}|$. Aus der Natur der Atombindung wird deutlich, daß es sich hierbei um gerichtet auftretende Bindungskräfte handelt, die niedrige Koordinationszahlen bedingen. Die *Koor-*

dinationszahl eines Atoms oder Ions gibt die Zahl seiner nächsten Nachbarn an, z. B. sind in den Verbindungen N_2, S_8 (Achtring), P_4 (Tetraeder) und {C} (Diamant) die Koordinationszahlen 1, 2, 3 und 4 realisiert. Das Elektronenpaar in einer Atombindung muß nicht notwendigerweise von verschiedenen Atomen stammen. Es ist auch möglich, daß beide Elektronen von einem Bindungspartner geliefert werden. Man bezeichnet dies als *koordinative* oder *dative kovalente Bindung*, z. B. $H_3N \rightarrow BF_3$ oder $H_3\overset{+}{N}-\overset{-}{B}F_3$. Im wesentlichen ist sie mit einer normalen Atombindung identisch. Eine reine Atombindung liegt bei den zweiatomigen, homonuclearen Molekülen vor, da hierbei das Bindungselektronenpaar beiden Atomen in gleicher Weise angehört und somit kein Dipolmoment auftritt. Bei einer Verknüpfung von ungleichen Atomen wird ein Partner in stärkerem Maße das Bindungselektronenpaar anziehen und die Bindung wird polar. Die Polarität einer Bindung wird qualitativ durch die *partielle Ladung* δ, z. B.

$$\overset{\delta+}{H}-\overset{\delta-}{\overline{\underline{F}}}|$$

gekennzeichnet. Sie ist die Ursache für das Auftreten eines Dipolmomentes bei zweiatomigen heteronuclearen Molekülen. Der Grenzfall, bei dem das Bindungselektronenpaar nur einem Partner angehört, führt zur Bildung von Ionen und würde der Ionenbindung (s. u.) entsprechen. Die Polarität einer Bindung kann durch die ↗ Elektronegativität der Bindungspartner abgeschätzt werden. Die Bindungsstärke erfolgt durch die Angabe der ↗ Bindungsenergie. Im Rahmen der klassischen Bindungstheorie basieren Aussagen über die Molekülgeometrie meist auf Modellvorstellungen (↗ Elektronenpaar-Abstoßungsmodell). Eine quantitative Erklärung der Natur der c. B. und der Struktur der Moleküle ist erst auf quantenmechanischer Grundlage möglich (↗ Molekülorbitaltheorie, ↗ Valenzstrukturtheorie).

***Ionenbindung* (*heteropolare Bindung*, *Ionenbeziehung*).** Die Ionenbindung beruht auf der elektrostatischen Anziehung entgegengesetzt geladener Ionen. Ionen werden aus Atomen durch Abgabe bzw. Aufnahme von Elektronen gebildet und erreichen somit entsprechend dem Oktettprinzip eine stabile Edelgaskonfiguration (Kossel 1916). Zur Bildung von Kationen neigen besonders Elemente mit geringer Valenzelektronenzahl, z. B. Metalle, deren Ionisierungsenergie klein ist. Anionen werden bevorzugt von Atomen mit möglichst negativer Elektronenaffinität gebildet, z. B. von den Elementen der VI. und VII. Hauptgruppe des Periodensystems. Bei den komplizierten Kationen und Anionen können Metalle und Nichtmetalle als zentrale Atome auftreten: SO_4^{2-}, MnO_4^-, NH_4^+, $Cu(NH_3)_4^{2+}$ (↗ Koordinationschemie). Die Zahl der positiven bzw. negativen Elementarladungen eines Ions oder einer geladenen Atomgruppe wird als *Ionenwertigkeit* (*Ionenladung*, *Ladungszahl*) bezeichnet. So erreicht z. B. das Natriumatom durch Abgabe und das Fluoratom durch Aufnahme eines Elektrons die Elektronenkonfiguration des Neons bzw. Argons:

$$Na\cdot + \cdot\overline{\underline{Cl}}| \rightarrow Na^+ + |\overline{\underline{Cl}}|^-$$

Die Wechselwirkung der kugelförmigen Ionen kann näherungsweise durch das ↗ Coulombsche Gesetz modelliert werden. Der Annäherung von ungleich geladenen Ionen sind Grenzen gesetzt, da neben der Coulombschen Anziehung (E_{Anz}) eine repulsive Wechselwirkung erfolgt, die durch die gegenseitige Abstoßung der Elektronenhüllen bedingt ist (↗ Abstoßungsenergie). Ein Ansatz zur näherungsweisen Berechnung der Abstoßungsenergie (E_{Abst}) wurde von Born vorgeschlagen. Für die Gesamtwechselwirkungsenergie (E_{Ges}) eines Kations und eines Anions mit den Ladungszahlen z_+ bzw. z_- im Abstand R erhält man

$$E_{Ges} = E_{Anz} + E_{Abst} = -\frac{z_+ z_- e^2}{4\pi\varepsilon_0 R} + \frac{b}{R^n}$$; hierbei ist e Elementarladung, ε_0 elektrische Feldkonstante, b stoffspezifische Konstante und n Bornscher Abstoßungsexponent. Da die Wechselwirkungskräfte der Ionen nach allen Richtungen des Raumes gleichermaßen wirken, stellt die Ionenbindung im Gegensatz zur Atombindung eine ungerichtete Bindung dar. Daraus resultieren hohe Koordinationszahlen, die im festen Zustand in Form eines neutralen Riesenmoleküls aus Anionen und Kationen, dem *Ionenkristall*, realisiert werden. Die Anordnung der Ionen im Ionenkristall erfolgt in der Weise, daß die Gesamtwechselwirkungsenergie möglichst einen minimalen Wert annimmt. Die Koordinationszahlen, der Abstand der Ionen im Gitter und damit der Gittertyp, sind wesentlich durch die Größe der Ionen (Radienquotient) sowie durch die Ladung bestimmt. Die Stabilität des Ionengitters wird durch die molare Gitterenergie charakterisiert.

***Metallische Bindung*.** Diese ist der Bindungstyp von Metallen und Legierungen im festen oder flüssigen Aggregatzustand. Metalle sind Elemente mit nur wenigen s- und p-Valenzelektronen, die meist mit hohen Koordinationszahlen von 8 bis 12 kristallisieren und deren Zusammenhalt weder im Rahmen der Atom- noch der Ionenbindung erklärt werden kann. Zur näherungsweisen Beschreibung der besonderen Bindungsverhältnisse in Metallen wurde angenommen, daß die positiv geladenen Atomrümpfe ein Gitter bilden, das durch die frei beweglichen Valenzelektronen (*Elektronengas*) zusammengehalten wird. Mit Hilfe dieses um die Jahrhundertwende von Drude und Lorenz entwickelten

Elektronengasmodells konnten die charakteristischen Eigenschaften der Metalle, z. B. der metallische Glanz, die hohe thermische und elektrische Leitfähigkeit und die Verformbarkeit, qualitativ erklärt werden. Der quantenmechanische Zugang zur metallischen Bindung erfolgt durch das ↗ Energiebändermodell.

Zwischenmolekulare Bindung (***zwischenmolekulare Wechselwirkung***). Die zwischenmolekulare Bindung beruht auf der Wechselwirkung zwischen valenzmäßig abgesättigten Einheiten. Im Gegensatz zu den bisher aufgeführten Bindungstypen handelt es sich hierbei um schwache Wechselwirkungskräfte, so daß man mitunter nur mit Einschränkungen von einer Bindung sprechen kann. Man unterscheidet Orientierungs-, Induktions- und Dispersionskräfte (↗ van-der-Waalssche Bindungskräfte). Sie bewirken bei genügend tiefen Temperaturen oder hohem Druck die Aggregation von Atomen (Edelgase) und Molekülen im flüssigen und festen Zustand und sind für das Abweichen der Gase vom idealen Verhalten verantwortlich. Ein anderer Typ schwacher zwischenmolekularer Wechselwirkungen tritt bei Molekülen mit bestimmten charakteristischen Gruppen (z. B. $-OH$, $-NH_2$) durch die Bildung von ↗ Wasserstoffbrückenbindungen auf, die die Eigenschaften dieser Stoffe wesentlich bestimmen.

Die aufgeführten Bindungsarten stellen Grenztypen der c. B. dar, die in den chemischen Stoffen in unterschiedlichen Kombinationen der genannten Bindungstypen vorliegen.

chemische Grundstoffe, ↗ Elemente 1).

chemische Ionisation, Ionisationstechnik in der Massenspektrometrie (*CI-Massenspektrometrie*), die Ion-Molekül-Reaktionen zur Ionisation anwendet. Aus einem Hilfsgas (z. B. Methan CH_4) werden in der Ionenquelle des Massenspektrometers bei relativ hohem Druck ($\approx 10^3$ Pa) durch Elektronenstoß Ionen erzeugt. Dabei finden folgende Ion-Molekül-Reaktionen statt: $CH_4^{+\cdot} + CH_4 \rightarrow CH_5^+ + CH_3^\cdot$ und $CH_3^+ + CH_4 \rightarrow C_2H_5^+ + H_2$. Die CH_5^+- und $C_2H_5^+$-Ionen ionisieren die Moleküle (M) der Probe meist unter Übertragung oder Abspaltung von Wasserstoff, durch Anlagerung oder durch Ladungsaustausch.

$RH^+ + M \rightarrow (M + H)^+ + R$

$RH^+ + M \rightarrow (M - H)^+ + R + H_2$

$R^+ + M \rightarrow RM^+$

$R^+ + M \rightarrow R + M^+$

Im Gegensatz zur Elektronenstoßionisation erfolgt die Ionisierung schonender, so daß die durch c. I. entstehenden Massenspektren bruchstückärmer sind. Die entstehenden »Quasimolekülionen« $(M + H)^+$, $(M - H)^+$ und RM^+ weisen dagegen eine hohe Intensität auf.

chemische Kampfstoffe, industriell herstellbare chem. Substanzen oder Gemische von Substanzen, die wegen ihrer akuten ↗ Toxizität im Sinne tödlicher oder zeitweilig schädigender Wirkungen zu militärischen Zwecken verwendet werden.

C. K. wurden zuerst unter Verwendung von Abblasverfahren eingesetzt, später dominierte der artilleristische Einsatz und die Verwendung spezieller Gaswerfer. Moderne Einsatzmittel für die c. K. umfassen Artilleriegranaten, Bomben, Raketen-Gefechtsköpfe, Minen, Flugzeugabsprühgeräte sowie spezielle Einsatzmittel für Reizkampfstoffe. Der Einsatz von c. K. ist völkerrechtlich durch das Genfer Abkommen von 1925 verboten, ihre Beschaffung durch das ↗ C-Waffen-Übereinkommen von 1997 international geächtet.

Einteilung der c. K. Die »klassische« militärische Unterteilung der c. K. in Weißkreuzkampfstoffe, Grünkreuzkampfstoffe und Gelbkreuzkampfstoffe gilt heute als überholt und hat lediglich historische Bedeutung. Nach modernen militärischen Gesichtspunkten unterscheidet man: tödlich oder nicht tödlich wirkende c. K., c. K. mit langsamem oder schnellem Wirkungseintritt, c. K. mit langer oder kurzer Wirkungsdauer, bevorzugt zur Luftraum- oder zur Oberflächenvergiftung geeignete (flüchtige oder seßhafte) c. K. Die Klassifikation erfolgt dabei sowohl nach toxikologischen als auch nach physikalisch-chem. Eigenschaften. Hauptparameter sind toxische (letale oder schädigende) Dosis, Latenzzeit, Seßhaftigkeit und beabsichtigte Einsatzart.

Nach toxikologischen Aspekten und unter Berücksichtigung anderer Eigenschaften können c. K. wie folgt unterschieden werden (s. auch Tab. S. 236).

1) ***Reizerregende c. K.*** Es handelt sich um Vertreter verschiedener chem. Stoffklassen, insbesondere um halogenierte bzw. arsenorganische Verbindungen. Zu den vorwiegend *augenreizend wirkenden* c. K. (*Augenreizstoffe*) zählen als wichtigste Vertreter ω-Chloracetophenon (CN), 2-Chlor-benzylidenmalodinitril (CS) und das Dibenz-(*b,f*)-1,4-oxazepin (CR). Augenreizstoffe wirken auf die sensiblen Nervenendigungen der Augenschleimhäute. Als Wirkungsmechanismen werden Enzyminhibierungen durch Blockade von Thiolgruppen angesehen. Hauptsymptome sind Brennen und Stechen der Augen, Tränenfluß, Fremdkörpergefühl, Lidschluß, zeitweilige Blindheit und Bindehautentzündungen. In hohen Konzentrationen sind bleibende Augenschäden möglich. Schädigungen der oberen Atemwege können ebenfalls bei hohen Dosen auftreten, in schweren Fällen verlaufen sie unter Ausbildung eines toxischen Lungenödems tödlich. Für CS wurden darüber hinaus bei längerer Einwirkungsdauer auf der ungeschützten Haut Erythembildungen und Blasenbildung beschrieben.

C. K., die überwiegend die oberen Atemwege reizen, werden allgemein als *Nasen- und Rachenreizstoffe* bezeichnet. Zu ihnen zählen als die wichtigsten Vertreter arsenorganische Verbindungen wie das Diphenylchlorarsin (Clark I), das Diphenylcyanarsin (Clark II) und das (auch heute noch aktuelle) Diphenylaminchlorarsin (Adamsit). Weitere Vertreter findet man unter den bleiorganischen Verbindungen, meist Trialkylverbindungen. Nasen- und Rachenreizstoffe verursachen Reizungen der Schleimhäute im Nasen- und Rachenraum, daneben aber auch der Augen. Als Wirkungsmechanismus wird die Blockade von Thiolgruppen diskutiert. Die Latenzzeit kann bis zu 30 Minuten betragen, als Symptome stehen Husten- und Niesreiz im Vordergrund, hinzu kommen verstärkte Sekretion der Nasenschleimhaut und Speicheldrüsen. Weitere Wirkungen sind Atemnot, Kopfschmerz und Schmerzen im Brustbeinbereich. In hohen Dosen kann die Vergiftung tödlich verlaufen (Lungenödem).

2) ***Psychotoxische c. K.*** Hierbei handelt es sich um Substanzen, die zeitweilig psychische Anomalien (z. B. Modellpsychosen) auszulösen vermögen. Sie wirken bereits in extrem niedrigen Dosierungen, zur Vergiftung eines Menschen werden Milligramm- bis Mikrogrammmengen benötigt. Man kann differenzieren zwischen psychotomimetischen Stoffen, die Modellpsychosen auslösen, und psychotropen Stoffen, die die psychische Handlungsfähigkeit beeinträchtigen. Unter militärischen Gesichtspunkten bedeutsam sind Phenylglycolsäureester oder Benzilsäureester heterocyclischer Iminoalkohole, daneben wurden Lysergsäurederivate, Tryptaminderivate, Phenylalkylamine und Cannabinolderivate getestet. Munitioniert wurde das 3-Chinuclidinylbenzilat (BZ). Hauptsymptome einer BZ-Vergiftung sind auffallende Verwirrtheit, Desorientierung und psychomotorische Erregungen, daneben Halluzinationen verschiedener Art. Seine militärische Wirksamkeit wurde wegen der unvorhersagbaren Wirkung zweifelhaft.

3) ***Hautschädigende c. K.*** Es handelt sich um allgemein langwirkende, also seßhafte c. K., die zeitweilig oder langdauernd außergefechtsetzende oder auch tödliche Vergiftungen bewirken. Im klinischen Bild steht dabei die Schädigung der Haut und der Schleimhäute im Vordergrund. Chemisch handelt es sich um halogenierte Derivate von Thioethern, tertiären Aminen, primären Arsinen und Oximen. Militärisch bedeutsam sind das bereits im ersten Weltkrieg eingesetzte Bis-(2-chlor-ethyl)sulfid (S-Lost, Yperit, Senfgas, Mustard), die von ihm abgeleiteten *N*-Alkyl-bis-(2-chlorethyl)amine bzw. *N*-Alkyl-tris-(2-chlorethyl)amine (*N*-Loste), das 2-Chlorethenyldichlorarsin (Lewisit) und einige halogenierte Oxime, z. B. Dichlorformoxim. Die toxischen Eigenschaften der hautschädigenden c. K. werden auf ihre Fähigkeit zur Bildung heterocyclischer Onium-Ionen zurückgeführt, die ihrerseits zu einer Vielzahl von Reaktionen befähigt sind und mit Zellbestandteilen wie Proteinen und Aminosäuren (Hämoglobin, Serumalbumin und -globulin, Cystein, Lysin, Arginin, Histidin) in Wechselwirkung treten können. Der Wirkungseintritt erfolgt bei halogenierten Thioethern und Aminen verzögert (Latenzperiode symptomfrei), bei halogenierten Arsinen und Oximen sofort. Je nach Dosis rufen sie Hautrötungen, Blasenbildung oder nekrotische Gewebezerstörungen hervor. Daneben beobachtet man systemische toxische Wirkungen wegen der relativ hohen Resorption in die Körperflüssigkeiten verbunden mit unspezifischen alkylierenden Wirkungen, insbesondere bei den Lostderivaten. Halogenalkylamine sind besonders potente Inhibitoren enzymatischer Prozesse. Lostderivate können verschiedene Organe (Leber, Niere, Milz, Hirn, Magen-Darm-Trakt, Herz, Lunge) schädigen. Die das Vergiftungsbild bestimmenden Hautschäden zeigen eine außerordentlich schlechte Heilungstendenz bei stark reduzierter allgemeiner Widerstandsfähigkeit des Organismus (Gefahr von Sekundärinfektionen). Die toxischen Wirkungen des Lewisit ähneln denen der Loste, allerdings ist die Heilungstendenz bei überstandener Vergiftung günstiger. Halogenierte Oxime bewirken ohne Latenzzeit heftiges Brennen und starken Schmerz auf der Haut, dazu kommen Quaddelbildung und Entzündungen. Man spricht daher oft von *Nesselstoffen*.

Lostderivate weisen ein hohes chem. Alkylierungspotential auf. Damit erklärt man die beobachteten Spätschadeneffekte nach überstandenen akuten oder subakuten Intoxikationen bzw. der längerdauernden Exposition in kleinsten Dosen. S-Lost ist eines der potentesten Kanzerogene.

4) ***Lungenschädigende c. K.*** Sie waren militärisch während des ersten Weltkrieges von Bedeutung. Die Hauptvertreter sind Chlor und Phosgen, daneben wurden Chlorkohlensäuretrichlormethylester (Diphosgen) und Kohlensäure-bis-(trichlormethyl)-ester (Triphosgen) verwendet, die bei der Anwendung thermisch in zwei bzw. drei Mole Phosgen gespalten werden. Außerdem hatte das Chlorpikrin eine gewisse Bedeutung. Die Wirkungsdauer von lungenschädigenden c. K. ist kurz, ihr Wirkungseintritt verzögert. Lungenschädigende Kampfstoffe rufen ein toxisches Lungenödem hervor (Latenzzeit bis zu einigen Stunden).

5) ***Allgemeingiftige c. K.*** Es handelt sich meist um kurzzeitig und schnell wirkende c. K., die während des ersten Weltkrieges eine gewisse Rolle spielten. Hauptvertreter sind Cyanwasserstoff (Blausäure), Halogencyane, Arsen- und Phosphorwasserstoff sowie Kohlenmonoxid. Die toxische Wirkung der genannten c. K. beruht auf der spezifischen Beeinflussung enzymatischer Vorgänge bzw. Stoffwechselprozesse, insbesondere im Blut, ↗ Gifte. Weitere bedeutsam Stoffgruppen sind die Derivate der Fluoressigsäure, ↗ Gifte, ↗ Sabotagegifte.

6) ***Nervenschädigende c. K.*** Nervenschädigende phosphororganische c. K. sind die derzeit bedeutsamsten c. K. Der erste Vertreter dieser Gruppe wurde 1936 in Deutschland von Schrader synthetisiert und war das militärisch heute weniger relevante Dimethylaminoethylcyanophosphat (Tabun). Hauptvertreter sind das *O*-Isopropylfluormethylphosphonat (Sarin, GB), das *O*-Pinacolylfluormethylphosphonat (Soman, GD) und die V-Kampfstoffe, von denen der militärisch bedeutsamste Vertreter *O*-Ethyl-*S*-(*N,N*-diisopropylaminoethyl)-methylphosphonnothiolat (VX) ist. Sarin dient wegen seiner relativ hohen Flüchtigkeit vorwiegend zur Luftraumvergiftung, VX ist dagegen ein seßhafter Kampfstoff besonders zur Geländevergiftung. Phosphororganische Nervenkampfstoffe werden sowohl inhalativ als auch – vor allem im Falle der V-Stoffe – über die Haut resorbiert. Das Vergiftungsbild wird primär bestimmt durch die Blockade der Acetylcholinesterase, eines Enzyms mit einer Schlüsselfunktion im Bereich cholinerger Nerven (Synapsen) sowie an den Synapsen der motorischen Endplatten der Muskulatur (↗ Gifte). Dadurch wird der enzymatische Abbau des Neurotransmitters Acetylcholin unterbunden, es kommt zu einer endogenen Acetylcholinvergiftung. Die Hauptsymptome von Vergiftungen mit nervenschädigenden Kampfstoffen können unterschieden werden in nicotinartige, muscarinartige und zentrale Symptome. Herzfrequenz und -kraft sind herabgesetzt, Pupillen verengt (Miosis), die Blutgefäße des Herzens und der Bronchien verengt, diejenigen von Lunge, Haut und Muskulatur erweitert. Es kommt zu unfreiwilligen Urin- und Kotabgängen. Bei den zentralen Symptomen stehen im Vordergrund Krämpfe sowie die Lähmung des Atemzentrums, die meist die Todesursache ist (Atemstillstand). Zur Therapie werden direkte Cholinolytika (Atropin) eingesetzt, die die Wirkung des endogen gebildeten Acetylcholinüberschusses durch kompetitive Konkurrenz am Acetylcholinrezeptor unterdrücken. Auch bestimmte Reaktivatoren, die den Gift-EnzymKomplex spalten, werden eingesetzt. Außerdem richtet sich die Therapie auf die Sicherung der Sauerstoffversorgung (künstliche Beatmung) und die Erhaltung der Lebensfunktionen (symptomatische Therapie).

Neben synthetischen Produkten wurden einige natürliche Toxine, insbesondere mikrobielle und tierische Produkte, als militärisch bedeutsam angesehen (Sabotagegifte). Der wohl wichtigste Vertreter war das Botulinustoxin A, ein extrem toxisches Stoffwechselprodukt des Bakteriums *Clostridium botulinum*. Toxine unterliegen unabhängig von der Art ihrer Herstellung dem völkerrechtlichen Verbot im Rahmen der Konvention zum Verbot biologischer Waffen (abgeschlossen 1972, in Kraft seit 1975), d. h., ihre Entwicklung, Herstellung und Lagerung zu Zwecken der chem. Kriegführung ist völkerrechtlich illegal. Toxine sind ebenfalls durch das ↗ C-Waffen-Übereinkommen erfaßt, Ricin und ↗ Saxitoxin sind spezifisch im C-W-Übereinkommen geregelt.

Identifikation und Bestimmung von c. K. Die schnelle und sichere Identifikation von c. K. sowie ihre quantitative Bestimmung sind erste notwendige Voraussetzungen zum Schutz vor ihren Wirkungen. Es wurden chem., physikalisch-chem., physikalische und biochem. Methoden zum Schnellnachweis und zur Bestimmung der c. K. entwickelt. Bei den chem. Verfahren stehen Farbreaktionen (Spürröhrchen, Tüpfelreaktionen, Spürpapiere u. dgl.) im Vordergrund, biochem. Verfahren nutzen spezifische Enzymbeeinflussungen (z. B. Blockade von Cholinesterasen) und nachgeschaltete Reaktionen (Farb-, elektrochem. oder anderer Nachweis), sie sind insbesondere für die Phosphororganika außerordentlich empfindlich. Allerdings sind enzymatische Verfahren oft für den Sofortnachweis zu langsam. Unter den physikalisch-chem. Verfahren wurden insbesondere optische, gaschromatographische, massenspektrometrische und ionenbeweglichkeitsspektroskopische Methoden sowohl für den Einsatz in Schnellanalysatoren als auch zum Nachweis und zur quantitativen Bestimmung der c. K. in Laboratorien weiterentwickelt.

Schutz vor den Wirkungen der c. K. Der Schutz vor den Einwirkungen c. K. umfaßt sowohl kollektive Schutzmittel und -einrichtungen (Filteranlagen, Raumhermetisierung) als auch individuelle Schutzmittel (Schutzmasken, Schutzanzüge). Der Schutz ist nur begrenzt erreichbar und hängt neben Ausstattungsgrad und Effektivität der Schutzmittel noch von anderen Faktoren ab (Zeitfaktor, Trainingszustand, Art und Menge des eingesetzten c. K.). Zu den Schutzfaktoren zählen ferner die medizinische Versorgung der Vergifteten, die sich insbesondere beim Massenanfall Geschädigter außerordentlich schwierig gestaltet. Universelle Antidote existieren nicht, für die meisten c. K. sind spezifische Antidote bekannt.

Entgiftung von c. K. Sie kann mit physikalischen, chem. und physikalisch-chem. Verfahren erreicht werden. Nach der Art der zu entgiftenden Objekte kann man nach Personen-, Oberflächen-, Innenraum- und Geländeentgiftung differenzieren. Die Wirksamkeit von Entgiftungsmaßnahmen hängt von verschiedenen Faktoren ab, z. B. Art und Formulierung des c. K., Art und verfügbare Menge des Entgiftungsmittels, meteorologische Faktoren, Zeitpunkt des Beginns der Entgiftungsarbeiten. Entgiftungsarbeiten erfordern geschultes und mit Schutzmitteln ausgestattetes Personal und eine straffe Organisation zur Vermeidung sekundärer Vergiftungen.

Geschichtliches. C. K. wurden erstmals im ersten Weltkrieg in militärisch bedeutsamen Mengen ein-

chemische Kampfstoffe. Tab.: Die wichtigsten chemischen Kampfstoffe und einige ihrer bedeutsamsten Eigenschaften.

Kampfstoff	chem. Struktur	chem. Bezeichnung	physikalische Daten	toxische Daten
Reizerregende Kampfstoffe				
a) Augenreizstoffe				
CN	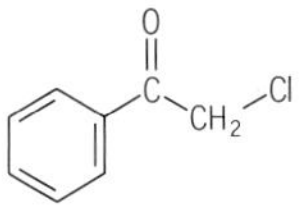	ω-Chloracetophenon	F. 56°C, Kp. 247°C, $p(20)$ 1,7 Pa, $C_{max}(20)$ 0,105 mg l^{-1}	ICt_{50} 5 ... 10 mg min m^{-3} LCt_{50} 8500 mg min m^{-3}, kanzerogen
CS	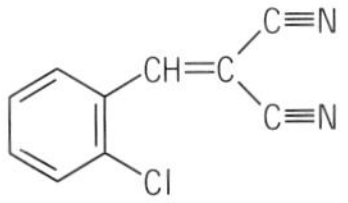	2-Chlorbenzyliden-malodinitril	F. 95 ... 96°C, Kp. 310 ... 315°C, kein merklicher Dampfdruck, Anwendung als Aerosol	ICt_{50} 1 ... 5 mg min m^{-3}, LCt_{50} 61000 mg min m^{-3}
CR	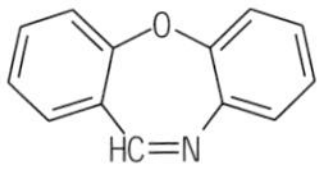	Dibenz-(*b, f*)-1,4-oxazepin	F. 72 °C, Anwendung als Aerosol oder Lösung	Reizwirkung stärker als bei CS
b) Nasen- und Rachenreizstoffe				
Clark I	$(C_6H_5)_2AsCl$	Diphenylchlorarsin	F. 44°C, Kp. 333°C (Z), $p(20)$ 0,07 Pa. $C_{max}(20)$ 6,8 · 10^{-4} mg l^{-1}	ICt_{50} 15 mg min m^{-3}, LCt_{50} 15000 mg min m^{-3}
Clark II	$(C_6H_5)_2AsCN$	Diphenylcyanarsin	F. 31,5°C, Kp. 346°C (Z), $p(20)$ 0,03 Pa, $C_{max}(20)$ 1,5 10^{-4} Mg l^{-1}	ICt_{50} 25 mg min m^{-3}, LCt_{50} 10000 mg min m^{-3}
Adamsit	$NH(C_6H_4)_2AsCl$	Diphenylamin-chlorarsin	F. 195°C, Kp. 410°C, $p(20)$ 3 · 10^{-11} Pa, $C_{max}(20)$ 2 · 10^{-5} mg l^{-1}	ICt_{50} 2 ... 5 mg min m^{-3}, LCt_{50} 30000 min m^{-3}
Psychotoxische Kampfstoffe				
BZ	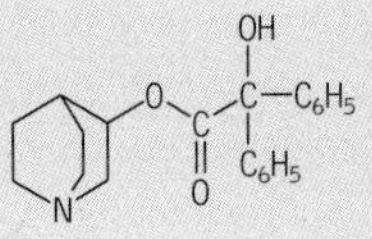	3-Chinuclidinyl-benzilat	F. 189 ... 190 °C, Kp. 322 °C	ICt_{50} 11 0 mg min m^{-3}, LCt_{50} 200000 mg min m^{-3}
Hautschädigende Kampfstoffe				
S-Lost	$(Cl{-}CH_2{-}CH_2)_2S$	Bis-(2-chlorethyl)-sulfid	F. 14,4°C, Kp. 216 ... 218°C, $p(20)$ 15,3 Pa, $C_{max}(20)$ 0,625 mg l^{-1}	ICt_{50} 200 mg min m^{-3}, LCt_{50} 1500 mg min m^{-3} (inhalativ), 10000 mg min m^{-3} (perkutan)
N-Lost	$(Cl{-}CH_2{-}CH_2)_3N$	Tris-(2-chlorethyl)-amin	F. –4°C, Kp. 230 ... 235°C (Z), $p(20)$ 92 Pa, $C_{max}(20)$ 0,07 mg l^{-1}	ICt_{50} 200 mg min m^{-3}, LCt_{50} 1500 mg min m^{-3} (inhalativ)
Lewisit	$Cl_2As{-}CH{=}CHCl_2$	2-Chlorethenyl-dichlorarsin	*cis*-Form: *trans*-Form: F. –44,7 –2,4°C Kp. 169,8 196,6°C $p(20)$ 208,2 53,3 Pa $C_{max}(20)$ 2,3 4,5 mg l^{-1}	ICt_{50} 300 mg min m^{-3}, LCt_{50} 1300 mg min m^{-3}
Dichlorformoxim	$Cl_2C{=}N{-}OH$	Dichlorformoxim	F. 39 ... 40°C, Kp. 129°C, $C_{max}(20)$ 20 ... 25 mg l^{-1}	Augenreizung bei 25 mg m^{-3}, Hautschäden bei 1000 bis 25000 mg m^{-3}, LD_{50} 30 mg kg^{-1}

chemische Kampfstoffe. Tab. (Fortsetzung).

Kampfstoff	chem. Struktur	chem. Bezeichnung	physikalische Daten	toxische Daten
Lungenschädigende Kampfstoffe				
Phosgen	$Cl_2C{=}O$	Kohlensäuredichlorid	F. –118°C, Kp. 8,2°C, $p(20)$ 156,4 kPa, C_{max} (20) 6370 mg l^{-1}	ICt_{50} 1600 mg min m^{-3}, LCt_{50} 3200 mg min m^{-3}
Allgemeingiftige Kampfstoffe				
Blausäure	$H{-}C{\equiv}N$	Cyanwasserstoff	F. –13 ... –13,4°C, Kp. 25,6 ... 26,5°C, $p(20)$ 81,6 kPa, $C_{max}(20)$ 873 mg l^{-1}	Bei 200 mg min m^{-3} LCt_{50} = 2000 mg min m^{-3}, bei 5 000 mg min m^{-3} Tod innerhalb 1 Minute
Nervenschädigende Kampfstoffe				
Sarin (GB)	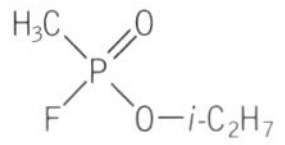	*O*-Isopropylfluor-methylphosphonat	F. –57°C, Kp. 151,5°C, $p(20)$ 197 Pa, $C_{max}(20)$ 11,3 mg l^{-1}	in Ruhe: ICt_{50} 40 ... 55 mg min m^{-3}, LCt_{50} 70 ... 100 mg min m^{-3}, LCt_{100} 150 ... 180 mg min m^{-3} aktive Personen: ICt_{50} 8 ... 25 mg min m^{-3}, LCt_{50} 15 ... 50 mg min m^{-3}, LCt_{100} 30 ... 90 mg min m^{-3}
Soman (GD)	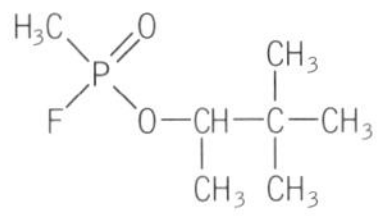	*O*-Pinacolylfluor-methylphosphonat	Erstarrungspunkt –70 ... –80°C, geringer flüchtig als GB	ICt_{50} 25 min m^{-3}, LCt_{50} 70 mg min m^{-3} (inhalativ), LCt_{50} 7500 ... 10000 mg min m^{-3} (perkutan)
VX	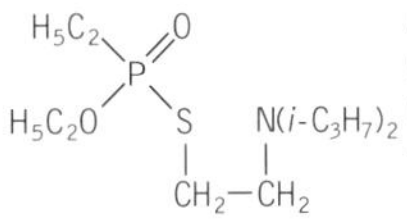	*O*-Ethyl-*S*-(*N*,*N*-diiso-propylaminoethyl)-methylphosphono-thiolat	F. unter –30°C, Kp. über 300°C, $p(20)$ unter 10^{-2} Pa, $C_{max}(20)$ etwa 10^{-3} ... 10^{-4} mg l^{-1}	ICt_{50} 5 mg min m^{-3}, LCt_{50} 36 ... 45 mg min m^{-3} (inhalativ), LD_{50} (perkutan) 15 mg /Mensch

F. Schmelzpunkt, Kp. Siedepunkt bei Normaldruck, $p(20)$ Sättigungsdampfdruck bei 20 °C, $C_{max}(20)$ Sättigungskonzentration in Luft bei 20 °C, ICt_{50} mittlere außergefechtsetzende Konzentration (als Konzentrations-Zeit-Produkt), LD_{50} mittlere tödlich wirkende Dosis (in mg kg^{-1}), LCt_{50} mittlere tödlich wirkende Dosis (als Konzentrations-Zeit-Produkt), LCt_{100} tödliche Dosis für 100 Prozent exportierter Personen. Die angegebenen tödlichen und toxischen Dosen beziehen sich auf den Menschen, sie sind aus tierexperimentellen Daten extrapoliert.

gesetzt. Als erster massiver Einsatz von c. K. wird allgemein der Abblasangriff mit Chlorgas am 22. April 1915 durch die kaiserlich-deutschen Truppen in der Schlacht bei Ypern (Belgien) angesehen, auch wenn bereits früher auf französisch-englischer und auf deutscher Seite weniger wirksame, reizerregende Chemikalien verwendet worden waren. In der Folgezeit eskalierte auf beiden Seiten der Einsatz von c. K. sowohl hinsichtlich der angewendeten Mengen als auch hinsichtlich der verwendeten chem. Substanzen. Neben Lungengiften (Chlor, Phosgen, Di- und Triphosgen u. a.) wurden neuartige Reizkampfstoffe (Clark I und II) und später Hautkampfstoffe (Yperit oder Lost) angewendet, andere neue c. K. (Adamsit, Lewisit) wurden bis zur Anwendungsreife entwickelt. In den Folgejahren wurden c. K. nur in seltenen Fällen eingesetzt, so während der italienischen Aggression gegen Abessinien Mitte der 30er Jahre und von japanischer Seite während des zweiten Weltkrieges in begrenztem Umfang in China.

Obwohl während des zweiten Weltkrieges kein militärisch bedeutender Einsatz c. K. erfolgte, wurden in dieser Zeit durch Entwicklungsarbeiten in Deutschland die ersten Vertreter der bis heute bedeutsamen phosphororganischen Nervenkampfstoffe (Tabun, Sarin und Soman) entwickelt und zum Teil produziert. Nach Ende des zweiten Weltkrieges verlagerte sich der Schwerpunkt der Entwicklung und Herstellung von c. K. in die damalige Sowjetunion sowie die USA, wo in den 50er Jahren die phosphororganischen V-Kampfstoffe entwickelt und Anfang der 60er Jahre in die Produktion übergeführt wurden. Daneben wurden neuartige, zeitweilig wirkende und die menschliche Psyche schädigende c. K. entwickelt (z. B. BZ). Umfangreiche Anwendungen von c. K. sowie Entlaubungsmitteln erfolgten im Vietnamkrieg durch die USA-Truppen in den Jahren 1961 bis 1971, teilweise auch noch bis 1975 (Phytogifte, insbesondere chlorierte Phenoxyessigsäurederivate, Picloram und Arsenwirkstoffe, außerdem verschiedene Reizkampfstoffe, wie CN und CS). Parallel dazu wurden, beginnend bereits in der Mitte der 50er Jahre, neue Einsatzmittel für c. K. entwickelt, die sogenannten Binärwaffen. Hierbei werden zur Reduzierung des Selbstvergiftungsrisikos die letzten beiden chem. Vorstufen des c. K. in das Einsatzmittel (Granaten, Bomben, Raketen) gefüllt und erst nach Abschuß bzw. Abwurf, d. h. auf dem Wege ins Zielgebiet, miteinander gemischt. In einer chem. Reaktion wird auf dem Wege zum Ziel der eigentliche c. K. gebildet, meist ein phosphororganischer Nervenkampfstoff. Seit den 70er Jahren verschob sich das Gewicht der C-Waffen-Beschaffung und -anwendung in Konfliktzonen der Dritten Welt. Irak setzte c. K. in den 80er Jahren gegen den Iran sowie Kurdensiedlungen im Norden Iraks ein.

Der Einsatz c. K. während des ersten Weltkrieges stellte eine Verletzung geltenden Völkerrechts dar (Haager Landkriegsordnung in der Fassung von 1907, Artikel 23). Dies wurde im Genfer »Protokoll über den chemischen und bakteriologischen Krieg« von 1925 bekräftigt, das dieses Anwendungsverbot auf die bakteriologischen (biologischen) Kampfmittel ausdehnte. Verhandlungen über ein umfassendes Verbot chem. Waffen fanden seit Ende der 60er Jahre im Rahmen des Genfer Abrüstungsausschusses (heute Abrüstungskonferenz genannt) statt. Sie mündeten in die Übergabe des ↗ C-Waffen-Übereinkommens an die Vereinten Nationen im September 1992.

chemische Metallkorrosion, die Korrosion von Metallen in einem schlechtleitenden oder nichtleitenden Korrosionsmedium (z. B. trockene heiße Gase, nicht leitende Flüssigkeiten), bei der die Oxidation und Reduktion in einem Vorgang erfolgt. Es ist aber auch üblich, die Korrosion durch flüssige Metalle als c. M. zu betrachten.

Die chem. Korrosion von Metallen bei höherer Temperatur wird als *Hochtemperaturkorrosion* bezeichnet. Korrodierend wirkende Gase sind z. B. Sauerstoff, Schwefel, Halogene, Schwefelwasserstoff und Wasserdampf. Die sich auf der Metalloberfläche bildenden Reaktionsprodukte (↗ Zunder) sind vielfach fest, weitgehend porenfrei und somit gasundurchlässig. Je nach dem Korrosionsmedium handelt es sich bei den Reaktionsprodukten um Oxide, Sulfide, Nitride und Chloride. Wenn die Reaktion trotz der sich bildenden Zunderschicht weiter abläuft, so liegt das daran, daß mindestens ein Reaktionsteilnehmer durch das Kristallgitter des Zunders diffundiert. Bei einer Oxidation von reinen Metallen ist in den Fällen, in denen das Element nur in einer Wertigkeitsstufe auftritt, der Zunder einheitlich aufgebaut. Treten Elemente in mehreren Wertigkeitsstufen auf, so ist die Zunderschicht aus mehreren Einzelschichten aufgebaut, z. B. $FeO/Fe_3O_4/Fe_2O_3$. Bei der Umsetzung mit H_2O, NH_3 und H_2S entsteht neben den Oxiden, Nitriden und Sulfiden Wasserstoff, der noch Nebenwirkungen hervorrufen kann. Die Korrosion der Stähle unter Wasserdampfzersetzung tritt in Dampferzeugeranlagen auf, während die Umsetzung mit Schwefelwasserstoff vorwiegend bei der Verarbeitung schwefelhaltiger Erdöle in Hydrieranlagen vorkommt. Bei der Hochtemperaturkorrosion können auch unter den Reaktionsbedingungen gasförmige Reaktionsprodukte auftreten, z. B. bei der Reaktion von unlegierten Stählen mit Kohlenmonoxid unter hohem Druck zu Eisenpentacarbonyl. In Hochdrucksyntheseanlagen (Ammoniak- und Methanolsynthese sowie Erdölhydrierung) setzt der Wasserstoff den im Stahl enthaltenen Zementit zu Methan um (Druckwasserstoffangriff, ↗ Wasserstoffversprödung). Bei Einwirkung von heißen flüssigen Metallen auf Metalle kommt es durch Legierungsbildung ebenfalls zur Korrosion. So erfahren Konstruktionswerkstoffe in natriumgekühlten Brutreaktoren eine gleichmäßig abtragende Korrosion. Austenitische Cr-Ni-Stähle unterliegen durch flüssiges Kupfer, Zink, Blei oder Aluminium einem interkristallinen Angriff (*Flüssigmetallversprödung*, *Lötbrüchigkeit*). Daß es auch mit elektrisch nicht leitenden Flüssigkeiten zur Korrosion kommen kann, zeigt die selektive Korrosion der unlegierten Stähle durch Eisenpentacarbonyl und die explosionsartige Reaktion von Aluminium mit Phenol oberhalb 60 °C.

chemische Reaktion, die chem. Umwandlung von chem. Verbindungen oder Elementen (*Ausgangsstoffe*, *Edukte*) in andere Verbindungen oder Elemente (*Endstoffe*, *Reaktionsprodukte*). C. R. lassen sich durch ↗ chemische Reaktionsgleichungen beschreiben. *Ionenreaktionen* finden zwischen Ionen statt, vor allem im gelösten Zustand. Sie verlaufen sehr schnell, und zwar in der Richtung, in der die Verbindung mit dem kleineren Löslichkeitsprodukt bzw. eine undissoziierte Verbindung (z. B. Fällungsreaktion) entsteht (↗ Säure-Base-Konzepte). Als *elektrochem. R.* im weitesten Sinne bezeichnet man c. R., die mit dem Austausch von Ladungen verbunden sind, im engeren Sinne ↗ Elektrodenreaktionen. Der zeitliche Ablauf c. R. wird mittels der ↗ Reaktionskinetik umfassend behandelt, die ↗ Elementarreaktion und ↗ komplexe Reaktion unterscheidet. Durch die ↗ endotherme Reaktion und die ↗ exotherme Reaktion wird die Energiebilanz von c. R. beschrieben. Nach dem Reaktionsmechanismus unterscheidet man ↗ elektrophile Reaktionen, ↗ nucleophile Reaktionen und ↗ radikalische Reaktionen.

chemische Reaktionsgleichung, Darstellung chem. Vorgänge mit Hilfe der Brutto-, Konstitutions- oder Strukturformeln von Reaktanten und

Produkten im stöchiometrisch richtigen Verhältnis. Die *Bruttogleichung* gibt den Bruttoumsatz einer chemischen Reaktion durch die Bruttoformeln von Reaktanten und Produkten an. Stoffe (Summen der gleichen Nuclide) und Ladungen (Summe der Ladungen) müssen auf der Reaktant- und Produktseite einer c. R. ausgeglichen sein. Praktisch vollständig verlaufende chem. Reaktionen (irreversible Reaktionen) werden durch einen Pfeil gekennzeichnet, der die Richtung der Reaktion anzeigt (z. B. von den Reaktanten zu den Produkten), unvollständig verlaufende Reaktionen (reversible Reaktionen) durch zwei entgegengesetzt gerichtete Pfeile. Die Reaktionsbedingungen (Anwesenheit eines Katalysators, erhöhte Temperatur, Lichteinstrahlung) können über dem Richtungspfeil entsprechend gekennzeichnet werden.

$$CH_3\text{–}CH_2\text{–}OH \xrightarrow[-H_2O]{+H^+} CH_2{=}CH_2$$

chemische Transportreaktion, eine chem. Reaktion, bei der ein fester oder flüssiger Stoff A mit einem Gas B (oder auch mit mehreren Gasen) unter Bildung eines gasförmigen Produktes C (oder auch mehrerer gasförmiger Produkte) umgesetzt wird und an einer anderen Stelle des Systems die Rückreaktion unter Abscheidung von A erfolgt. Das Ergebnis der c. T. entspricht dem einer Sublimation bzw. Destillation des Stoffes A, tatsächlich wird aber der Stoff A, der bei den angewendeten Temperaturen keinen merklichen Dampfdruck besitzt, über die Gasphase chemisch transportiert. Voraussetzungen für das Stattfinden einer c. T. sind die Reversibilität der heterogenen Reaktion und das Vorliegen eines Konzentrationsgefälles zwischen den beiden Reaktionsorten. Jede c. T. läßt sich grundsätzlich in drei Teilschritte zerlegen: 1) Reaktion des zu transportierenden Bodenkörpers mit dem gasförmigen Transportmittel, 2) Stofftransport in der Gasphase, 3) Rückreaktion unter Abscheidung des Bodenkörpers und Freisetzen des Transportmittels. Die für den Ablauf der c. T. erforderliche Gasbewegung kann auf drei verschiedenen Effekten beruhen: Man unterscheidet nach Art der Bewegung *Strömungsmethoden* (das Gas strömt über den Bodenkörper hinweg und reagiert dabei mit ihm bei der Temperatur T_1, die Rückreaktion bei der Temperatur T_2 findet an einer darauffolgenden Stelle des Rohres statt), *Diffusionsmethoden* (das abgeschlossene Transportrohr wird in einem Temperaturgefälle erwärmt) und *Konvektionsmethoden* (durch Schräglage des Transportrohres in einem Temperaturgefälle überlagert sich der Diffusion eine thermische Konvektion, dadurch kann die Transportleistung beträchtlich gesteigert werden).

Ein bereits sehr lange bekanntes Beispiel einer c. T. ist die Wanderung von Fe_2O_3 im HCl-Strom nach der Transportgleichung $Fe_2O_3 + 6\ HCl \rightleftharpoons 2\ FeCl_3 + 3\ H_2O$, wobei Fe_2O_3 bei etwa 1300 K verbraucht und bei etwa 1100 K wieder abgeschieden wird (der Temperaturgradient der c. T. wird in der Form 1300 → 1100 K angegeben).

C. T. werden vor allem eingesetzt 1) zur Reinigung von Feststoffen, z. B. Darstellung von reinem Nickel nach dem Mond-Langer-Verfahren ($Ni + 4\ CO \rightleftharpoons Ni(CO)_4$, 350 → 475 K), Iodidmethode (↗ Aufwachsverfahren) nach van Arkel und de Boer zur Reinigung von Zirconium ($Zr + 2\ I_2 \rightleftharpoons ZrI_4$, 550 → 1725 K) und vielen anderen Metallen, wie Fe, Cr, Ti, V, Nb, Ta u. a., 2) zur Herstellung von Einkristallen (↗ Kristallzüchtung), 3) als Hilfsmittel in der präparativen Chemie, wobei der Synthese eines Stoffes eine c. T. überlagert ist, z. B. Vermeidung von Deckschichtbildungen bei ↗ Festkörperreaktionen durch ständige Entfernung des Reaktionsproduktes mittels einer c. T.

chemische Verschiebung, ↗ Photoelektronenspektroskopie, ↗ Auger-Elektronenspektroskopie, ↗ NMR-Spektroskopie, ↗ Mößbauer-Spektroskopie.

chemischer Sauerstoffbedarf, Abk. CSB, ↗ Abwasser.

chemischer Sauerstoffverbrauch, Abk. *CSV*, ↗ Oxidierbarkeit.

chemisches Gleichgewicht, ↗ Gleichgewicht, ↗ Massenwirkungsgesetz.

chemisches Potential, μ_i die partielle molare freie Enthalpie G und die partielle molare freie Energie F eines Stoffes i in einer Mischung. Es ist definiert durch die Beziehung $\mu_i = (\partial G/\partial n_i)_{p,T,n_j} = (\partial F/\partial n_i)_{v,T,n_k}$ (↗ partielle molare Größen). Das c. P. stellt die Änderung des Arbeitsvermögens einer Mischphase dar, wenn man 1 mol des Stoffes i hinzufügt und dabei den Druck, die Temperatur und die Zusammensetzung, gekennzeichnet durch sämtliche übrigen Molzahlen n_j, konstant hält. Der Zusammenhang μ_i in der Mischung lautet $\mu_i = \mu_i^o + RT\ln a_i$, d. h., μ_i ergibt sich aus dem Standardpotential μ_i^o des reinen Stoffes und einer Exzeß- oder Zusatzgröße $RT\ln a_i$, die der Änderung der freien Enthalpie entspricht, wenn 1 mol des reinen Stoffes in die Mischung mit der Aktivität a_i übergeführt wird.

Hat der Stoff i in einem Ausgangszustand (′) das c. P. μ_i' und im Endzustand (″) das c. P. μ_i'', so erfolgt so lange ein Stoffaustausch zwischen beiden Zuständen, bis die Potentialdifferenz abgebaut ist, d. h. $\mu_i' - \mu_i'' = 0$ oder $\mu_i' = \mu_i''$ gilt. Dieses Gleichgewichtskriterium bildet den Ausgangspunkt für die Herleitung von Gesetzmäßigkeiten sämtlicher Phasengleichgewichte, gilt aber auch für jede Komponente einer chem. Gleichgewichtsreaktion.

chemisches Volumengesetz von Gay-Lussac, ein stöchiometrisches Grundgesetz, das aussagt, daß die Volumina miteinander reagierender oder bei einer chem. Reaktion entstehender Gase im Verhältnis kleiner ganzer Zahlen zueinander stehen. So verbindet sich z. B. ein Liter Wasserstoff mit einem Liter Chlorgas zu zwei Litern Chlorwasserstoffgas. Allgemein sind die Volumenverhältnisse für die gasförmigen Ausgangsstoffe und/oder Produkte gleich dem Verhältnis der Stöchiometriezahlen für die entsprechenden Verbindungen in der zugrunde liegenden Reaktionsgleichung. Das e. V. v. G. ist ein Grenzgesetz, das streng nur für ideale Gase gilt. Es findet seine Erklärung im ↗ Avogadroschen Gesetz.

Chemisorption, ↗ Adsorption.

Chemokine, eine Gruppe chemotaktischer ↗ Cytokine mit Schlüsselfunktionen bei der Immunantwort. Man unterscheidet α- und β-C., die eine Sequenzhomologie zwischen 25 und 70 % aufweisen. Ein Vertreter der α-C. ist das IL-8 (↗ Interleukine). Mit dem *Lymphotactin* wurde 1994 ein Vertreter einer dritten Klasse von C. entdeckt.

Chemolumineszenz, eine durch chemische Anregung ausgelöste Photonenemission. Chemische Reaktionen führen häufig zur Bildung elektronisch angeregter Molekülzustände. Die Emission von Licht beim Übergang des angeregten Zustandes in den Grundzustand wird als C. bezeichnet. Die Photonenausbeute bei der C. ist – im Gegensatz zur ↗ Biolumineszenz – gering. Sie liegt meist unter 1 %, da die Mehrzahl der angeregten Moleküle ihre Energie in einer sogenannten Dunkelreaktion als Wärme abgibt. Von den über 100 bekannten chemolumineszierenden Substanzen sind die Mehrzahl organische Moleküle.

Chemosensor, ein miniaturisierter Meßwertfühler z. B. auf Halbleiterbasis, der chemische Verbindungen oder Ionen selektiv und reversibel erfaßt und dabei konzentrationsabhängige elektrische Signale liefert. Ein C. besteht aus einem Erkennungssystem (einer ionensensitiven Schicht, z. B. für Wasserstoff-Ionen) und einem Meßwandler (Transducer), der die bei der Stofferkennung vom Erkennungssystem erzeugten, spezifischen Signale (z. B. freigesetzte Wasserstoff-Ionen) in entsprechende elektrische Signale umwandelt. Im allg. ist noch eine elektronische Signalverstärkung mit Datenerfassung und -auswertung nachgeschaltet. Ein auf diesem Konzept basierender pH-Sensor kann die herkömmlichen ↗ Glaselektroden ersetzen.

Chemosensoren werden in der Medizin- und Umwelttechnik, in der Biotechnologie und in der Lebensmittelindustrie eingesetzt (↗ Biosensor).

Chemostat, die Bezeichnung für eine kontinuierliche Prozeßführung mit konstantem Zu- und Ablaufstrom (↗ kontinuierliche Kultur). Im Fließgleichgewicht weisen alle Parameter im ↗ Bioreaktor konstante Werte auf.

Chemosterilantien, Gruppe von chem. Schädlingsbekämpfungsmitteln, die die Fortpflanzung verhindern oder die Fortpflanzungsfähigkeit von Lebewesen herabsetzen. Sie beeinflussen die Entwicklung der Geschlechtszellen. Dadurch ist es möglich, daß sich die sterilen Insekten selber ausrotten (*Autozidverfahren*).

Neben stoffwechselbeeinflussenden Substanzen gehören dazu vor allem alkylierende Substanzen mit cytostatischer Wirkung. Wichtige C. sind ↗ Aziridine, die *in vivo* Alkylgruppen auf einen zellulären Rezeptor übertragen können.

Chemosterilantien. Tab.: Wichtige Beispiele.

Name	Formel
Tepa X = O Thiotepa X = S	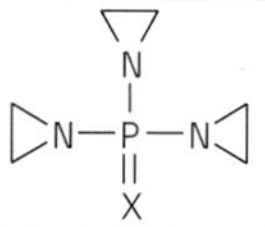
HMPA	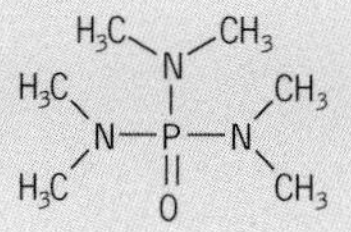
Aphalate	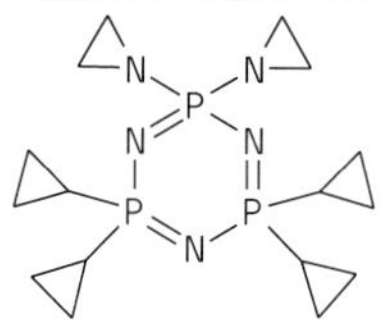
Tretamin	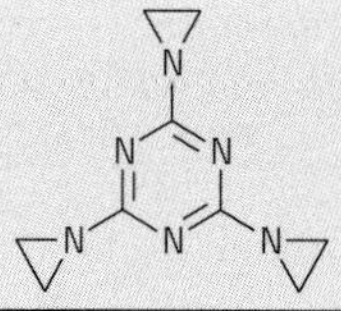

Es wird angenommen, daß der Wirkungsmechanismus mit einer Öffnung des Aziridinringes und einer direkt folgenden Wechselwirkung mit einem Zellmolekül, wie z. B. einem Nucleoprotein, verknüpft ist.

Der Nutzen der C. in der Schädlingsbekämpfung wird durch toxikologische Probleme an Warmblütern reduziert. Zukunftsträchtig scheinen aber kombinierte Anlock- und Sterilisationsverfahren. In Verbindung mit artspezifischen ↗ Pheromonen lockt man große Teile der Insektenpopulation an eng lokalisierte Stellen, wo sie durch Aufnahme von mit C. versetztem Futter oder durch Kontakt die zur Sterilisation benötigte Dosis aufnehmen.

Chemosynthese, 1) der Aufbau chemischer Verbindungen mittels synthetischer Methoden; 2) die Fähigkeit bestimmter Bakterien, die zur CO_2-Fixierung nötigen Energie- (ATP-) und Reduktionsäquivalente durch Oxidation anorganischer Verbindungen bzw. Ionen (u. a. Ammoniak, Nitrit, Schwefelwasserstoff, Eisen(III)-Ionen) sowie von Wasserstoff und elementaren Schwefel zu gewinnen. Die C. ist neben der ↗ Photosynthese die zweite Form der autotrophen Assimilation.

Chemotaxis, Fortbewegung freibeweglicher Organismen entlang eines der Orientierung dienenden chemischen Gradienten. Die chemischen Agenzien (*Chemotaktika*) lösen entweder eine Bewegung in Richtung höherer Reizstoffkonzentration (*positive C.*) aus oder von ihr weg (*negative C.*). Die C. hilft Bakterien und Pilzen, Nahrungsstoffe bzw. Wirte zu finden sowie Bereiche von Schadstoffen zu meiden. Die C. ist auch bei eukaryotischen Zellen für die Auslösung von Zellbewegungen in Reaktion auf bestimmte Umweltbedingungen weit verbreitet.

Chemotherapie, eine systemische Therapie mit Arzneimitteln, deren Wirkung sich gegen Krankheitserreger im Organismus unter möglichster Schonung des Wirts richtet. Der Begriff wurde von P. Ehrlich geprägt und beinhaltet das *Konzept der selektiven Toxizität*. Für die Selektivität der Wirkung der Chemotherapeutika sind chem. unterschiedliche Strukturelemente oder unterschiedliche biochemische Reaktionen von Wirt und Erreger Voraussetzung. *Chemotherapeutika* werden bei Infektionen durch Bakterien, Protozoen, Pilze, Würmer und Viren angewendet. Außerdem spricht man von einer C. der Tumoren. Chemotherapeutika können synthetische oder biogene Arzneistoffe sein. Das erste bedeutende synthetische Chemotherapeutikum war das von P. Ehrlich 1909 entwickelte und 1910 eingeführte Salvarsan® (↗ Arsphenamin). Die Behandlung von bakteriellen Infektionen wurde erstmals durch die bakteriostatisch wirksamen ↗ Sulfonamide möglich, dafür stehen jetzt auch zahlreiche ↗ Antibiotika zur Verfügung, die z. T. auch bakterizid wirken. Zu den Chemotherapeutika zählen außerdem die ↗ Antiprotozoika, wie z. B. die ↗ Antimalariamittel, weiterhin die ↗ Anthelminthika, die ↗ Antimykotika und die ↗ Virostatika. Der Einsatz der Chemotherapeutika wird in vielen Fällen durch Ausbildung einer Resistenz gegen ein wiederholt angewendetes Mittel beeinträchtigt. Das Auftreten der Resistenz ist eine wesentliche Ursache für die Notwendigkeit der ständigen Neuentwicklung von Chemotherapeutika.

Chemotrophie, Sammelbezeichnung für die mikrobiellen Ernährungstypen, die Energie aus Redoxreaktionen organischer Verbindungen (*chemoorganotroph*) oder anorganischer Verbindungen (*chemolithoautotroph*) gewinnen.

Chenodesoxycholsäure, ***Anthropodesoxycholsäure***, ***3α,7α-Dihydroxycholansäure***, eine Gallensäure. C. bildet farblose Kristalle (Essigester); F. 140 °C, $[\alpha]_D$ +11,1° (Ethanol). C. ist in Wasser schwer löslich, löst sich aber gut in organischen Lösungsmitteln. C. kommt unter anderem in der menschlichen Galle vor. Mit Cholesterin bildet sie lösliche Komplexe und wird daher zur Entfernung cholesterinhaltiger Gallensteine eingesetzt.

Chinaalkaloide, eine Gruppe von ↗ Alkaloiden mit Chinolinringsystem, die sich in den Rinden verschiedener *Cinchona*-Arten (Chinarinde) finden. In industriell verwerteten Rinden besonderer Zuchtformen kann der Gesamtalkaloidgehalt bis zu 17 % betragen. Insgesamt wurden über 25 C. aus Chinarinde isoliert. Hauptalkaloide sind *Chinin*, *Chinidin*, *Cinchonin* und *Cinchonidin*. Die Biosynthese der C. erfolgt aus Tryptophan und einem Monoterpen. Die C. bestehen aus dem heteroaromatischen Chinolinringsystem und dem heteroaliphatischen Chinuclidinringsystem, die über eine Hydroxymethylengruppe verknüpft sind (Ruban). Die C. sind zweisäurige Basen, sie können durch Protonierung des stärker basischen N-Atoms des Chinuclidinringes annähernd neutral reagierende basische Salze bilden. Durch zusätzliche Protonierung des Chinolin-N-Atoms entstehen sauer reagierende neutrale Salze.

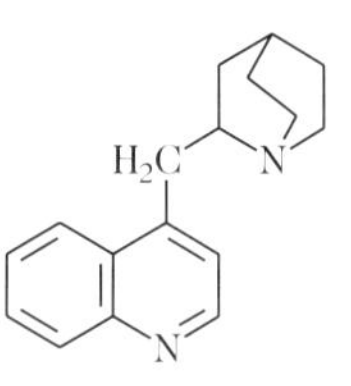

Ruban

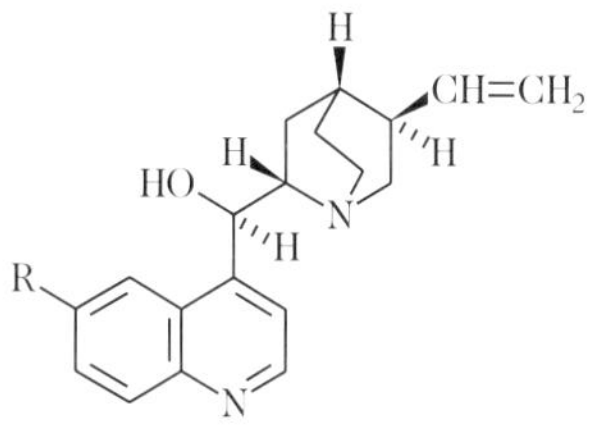

R = H: Cincholidin
R = CH_3O: Chinin

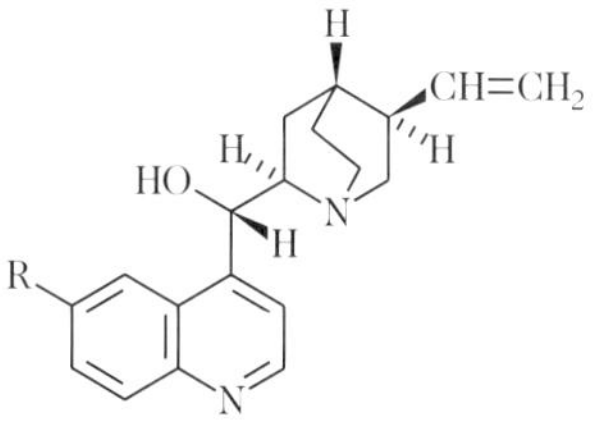

R = H: Cincholin
R = CH_3O: Chinidin

Die C. enthalten 4 chirale C-Atome. Die absolute Konfiguration ist bei Chinin und Cinchonidin 3*R*, 4*S*, 8*S*, 9*R* und bei Chinidin und Cinchonin 3*R*, 4*S*, 8*R*, 9*S*. Neben den genannten C. kommen die Dihydroalkaloide mit einem Ethylrest anstelle einer Vinylgruppe am C3-Atom und die Epibasen mit anderer Konfiguration am C9-Atom vor. Die therapeutisch wichtigen C. Chinin und Chinidin lassen sich schwer insbesondere von den entsprechenden Dihydroalkaloiden abtrennen. Aus diesem Grund wird nur ein bestimmter Prozentsatz an Dihydroverbindung von Chinin und Chinidin zugelassen.

Chinin wird in Form seines Hydrochlorids als ↗ Antimalariamittel verwendet. Es ist als Schizontenmittel wirksam. Diese Wirkung kommt durch Interkalation, d. h. Einschieben des planaren aromatischen Restes zwischen Basenpaare der DNS und seine Fixierung durch das basische N-Atom des

Chinuclidin-Ringsystems durch Ausbildung von Wechselwirkungen mit den sauren Phosphorsäurediestergruppierungen der DNS der Malariaerreger, zustande. In gleicher Weise als Antimalariamittel wirken die basisch substituierten Chinolinderivate, wie ↗ Chlorochin und Primachin. Die Wirkung des Chinins als Antipyretikum ist verhältnismäßig schwach. Chinin ist ein Zellgift. Chinidin hat im Prinzip die gleichen Wirkungen wie Chinin, aber einen geringeren chemotherapeutischen Effekt. Die Wirkung auf das Herz ist dagegen stärker ausgeprägt. Es wird deshalb als ↗ Antiarrhythmikum angewendet. Wegen zunehmender Resistenzentwicklung sind z. B. ↗ Mefloquin und ↗ Halofantrin eingeführt worden.

Chinacridone, ↗ Carbonylfarbstoffe.

Chinaldin, ***2-Methylchinolin***, eine farblose, chinolinartig riechende Flüssigkeit; F. –2 °C, Kp. 247,6 °C, n_D^{20} 1,8116. C. ist löslich in Alkohol, Ether und Chloroform, schwer löslich in Wasser. Die in 2-Stel-

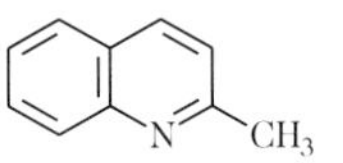

lung zum Ringstickstoff befindliche Methylgruppe ist aktiviert, so daß Kondensationsreaktionen mit Aldehyden und Ketonen möglich sind. Man gewinnt C. durch die ↗ Friedländer-Synthese aus 2-Aminobenzaldehyd und Aceton und nach der ↗ Doebner-von-Miller-Synthese durch Erhitzen von Anilin und Acetaldehyd in Gegenwart von Salzsäure. Verwendet wird C. zur Herstellung von Farbstoffen, als Zusatz zu Parfüms, Nitrolacken und Schmierstoffen.

Chinaldinsäure, ***Chinolin-2-carbonsäure***, eine heterocyclische Carbonsäure, ein schwach gelbliches, kristallines Pulver; F. 157 °C. Sie fällt aus

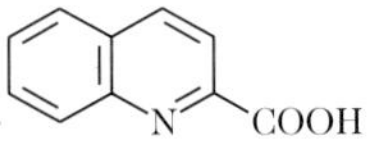

Wasser als Dihydrat in Form von Nadeln, aus Benzol als wasserfreie Verbindung aus. C. zersetzt sich bei höheren Temperaturen zu Chinolin und Kohlendioxid. Sie ist durch die Reissert-Reaktion zugänglich (↗ Reissert-Verbindungen). C. findet Verwendung zur kolorimetrischen Bestimmung von Eisen und in der gravimetrischen Bestimmung verschiedener Schwermetalle, z. B. Cadmium, Kupfer, Zink und Uran.

Chinasäure, ***1L-1,3,4,5-Tetrahydroxycyclohexancarbonsäure.*** C. bildet farblose Kristalle; F. 162 bis 163 °C, $[\alpha]_D^{20}$ –42 bis –44° (in Wasser). Sie ist in Wasser gut, in Alkohol wenig, in Ether schlecht löslich. Beim Erhitzen tritt Racemisierung ein. C. ist in höheren Pflanzen frei oder mit Kaffeesäure verestert (↗ Chlorogensäure) weit verbreitet. Sie wur-

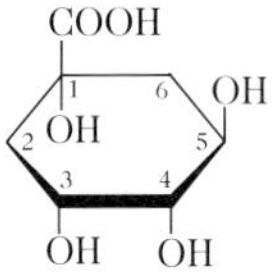

de zuerst aus Chinarinde isoliert und ist unter anderem in Zitrusfrüchten, Kaffeebohnen sowie vielen einheimischen Früchten enthalten.

Chinazolin, ***Benzo[d]pyrimidin***, ein wichtiger Vertreter der Benzodiazine. C. bildet chinolinartig riechende, in Wasser und vielen organischen Lösungsmitteln lösliche Blättchen; F. 48 °C, Kp. 241,5 °C. Es ist chemisch dem Pyrimidin sehr ähnlich. Die

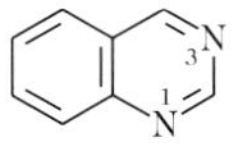

Oxidation mittels Kaliumpermanganat ergibt Pyrimidin-4,5-dicarbonsäure. C. entsteht beim Behandeln von 2-Aminobenzaldeyhd mit Glyoxylsäure und Ammoniumacetat und durch anschließende Oxidation der Dihydroverbindung mit rotem Blutlaugensalz. Das 4-Hydroxy-Chinazolin. bzw. die Ketoform, das *Chinazolon*, ist der Grundkörper verschiedener Hypnotika.

Chinazolinalkaloide, eine Gruppe von ↗ Alkaloiden, die sich biogenetisch von der Anthranilsäure ableiten. Man findet C. in höheren Pflanzen, Tieren und Bakterien. Mit dem *Glomerin*, 1,2-Dimethyl-4-chinazolon, und dem *Homoglomerin*, 2-Ethyl-1-methyl-4-chinazolon, wurden wichtige tierische C. aus dem Wehrsekret des Doppelfüßers *Glomeris marginata* isoliert. In Kugelfischen (*Tetraodontidae*) und auch anderen Tierarten kommt das neurotoxische Tetraodontoxin vor.

Chinazolon, ↗ Chinazolin.

Chinesisches Grün, ein in Natronlauge mit rein blauer Farbe löslicher grüner Naturfarbstoff. C. G. ist unter anderem in der Rinde einiger chinesischer Kreuzdornarten als gebundenes Glycosid enthalten und wird in der Baumwollfärberei eingesetzt.

Chinhydrone, ↗ Hydrochinon.

Chinhydronelektrode, eine Redoxelektrode (↗ Elektrode), die zur pH-Wert-Bestimmung verwendet wird. Sie besteht aus einem blanken Platindraht, der in eine Chinhydron (↗ Hydrochinon) enthaltende Lösung eintaucht. Die potentialbestimmende Reaktion lautet: $O{=}C_6H_4{=}O + 2\ H_3O^+ + 2\ e^- \rightleftharpoons HO{-}C_6H_4{-}OH + 2\ H_2O$. Die relative Elektrodenspannung der C. ergibt sich zu: $U = U^0 + RT/2F \ln a_{Ch.}a^2_{H_3O^+}/a_{Hydr.} = 0{,}899V + RT/F \ln a_{H_3O^+}$ mit $a_{Ch.} = a_{Hydr.}$ und $U^0 = 0{,}899V$. U^0 ist das Standardelektrodenpotential, R die Gaskonstante, T die Temperatur in Kelvin, F die Faraday-Konstante und a die Aktivität. Die C. arbeitet im pH-Bereich 1 bis 7,9. Ihr Potential wird durch anwesende Redoxsysteme beeinflußt.

Chinidin, ↗ Chinaalkaloide.

Chinin, ↗ Chinaalkaloide.

Chinole, Produkte der Umsetzung von Chinonen mit Grignard-Reagenzien:

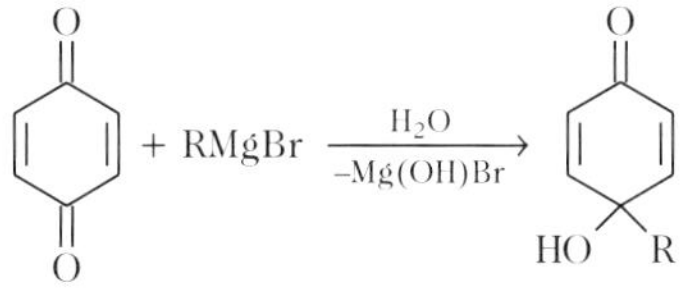

Durch Umlagerung sind zahlreiche substituierte Hydrochinone zugänglich:

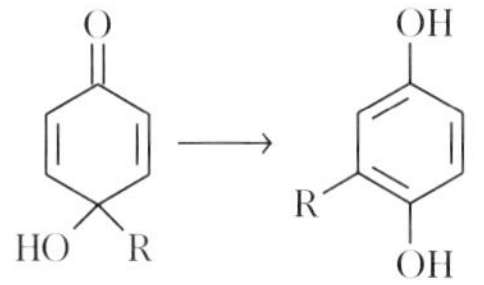

Chinolin, ***Benzo[b]pyridin***, eine das kondensierte Ringsystem des Benzols und des Pyridins enthaltende heterocyclische Verbindung. C. ist eine charakteristisch riechende, farblose Flüssigkeit; F. –15,6 °C, Kp. 238 °C, n_D^{20} 1,6268. C. ist in Alkohol und Ether gut, in Wasser wenig löslich. Aufgrund seiner Basizität löst es sich in Säuren unter Bildung gut kristallisierender Salze. Alkylhalogenide quaternieren das basische Stickstoffatom, mit Metallsalzen bilden sich Komplexverbindungen. C. ist der Grundkörper der Chinolinalkaloide, es ist ein starkes Protoplasmagift. Synthetisch wird C. nach der ↗ Skraup-Synthese gewonnen. C. kann aus Kohlenteerfraktionen mittels Schwefelsäure gewonnen werden.

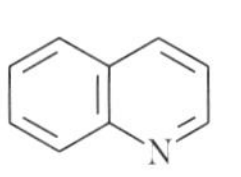

C. und seine Derivate sind wichtige Ausgangsstoffe für Pharmazeutika und Farbstoffe, die *Chinolinfarbstoffe*. Zu ihnen gehören z. B. Chinolingelb (aus Chinaldin und Phthalsäureanhydrid), das in der Druckfarben- und Buntpapierindustrie verwendet wird, und Chinolinrot, das als Sensibilisator in der Photographie dient. Als korrosionsverhinderndes Mittel wird C. Kühlsolen und Schmiermitteln zugesetzt, in der präparativen organischen Chemie dient es als Veresterungskatalysator. Weiterhin verwendet man C. als Pflanzenschutzmittel, z. B. als Fungizid.

Chinolinalkaloide, ↗ Alkaloide.

Chinolin-2-carbonsäure, ↗ Chinaldinsäure.

Chinolinfarbstoffe, ↗ Chinolin.

Chinolizidin, ***Octahydrochinolizin***, die Stammverbindung der Chinolizidinalkaloide. C. leitet sich vom *Chinolizin* ab; es handelt sich um Heterocyclen mit einem Brückenkopf-N-Atom, das stark basische Eigenschaften vermittelt (keine sterische Abschirmung des freien Elektronenpaares am N-Atom):

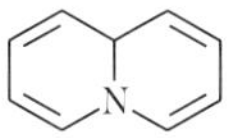

Chinolizin

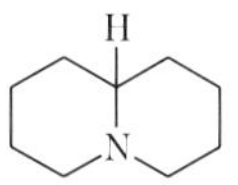

Chinolizidin

Chinone, cyclische Dicarbonylverbindungen, in denen die Carbonylgruppen $\rangle$C=O mit aromatischen oder olefinischen Systemen konjugiert sind. Solche *1,2-* oder *1,4-chinoide Systeme*, die zu den Chromophoren gerechnet werden, bewirken die Farbigkeit der C. C. sind Oxidationsprodukte zweiwertiger Phenole. Ihre Bezeichnungen leiten sich von dem jeweils zugrundeliegenden aromatischen System ab. Man unterscheidet ↗ Benzochinone, ↗ Naphthochinone, ↗ Anthrachinone, ↗ Phenanthrenchinone u. a. In Abhängigkeit von der Position der Carbonylgruppen zueinander spricht man von 1,2-(*o*-)-, 1,4-(*p*-)- und 2,6-(*amphi*-)Chinonen. C. sind kristalline, gelb bis rot gefärbte, leicht flüchtige Verbindungen mit etwas stechendem charakteristischem Geruch. Die Reaktionsfähigkeit der C. entspricht annähernd der von normalen Ketonen. Während Benzochinone ähnlich wie α,β-ungesättigte Ketone reagieren, verhalten sich die aromatisch konjugierten Verbindungen mehr wie Diketone. Das bedeutet, daß Benzochinone unbeständiger sind als andere C. Mit ↗ Hydrochinon reagieren C. unter Bildung von Chinhydronen. C. sind starke Oxidationsmittel, die reversibel zu Dihydroxyarenen reduziert werden können.

Die Synthese von C. erfolgt hauptsächlich durch Oxidation 2- oder 4-disubstituierter Phenole, Aminophenole oder Amine bzw. durch direkte Oxidation der aromatischen Kohlenwasserstoffe, außer Benzol, mit starken Oxidanzien, z. B. Chromsäure. Chinoide Systeme bilden das Grundchromophor zahlreicher synthetischer und natürlich vorkommender Farbstoffe, der *Chinonfarbstoffe*, z. B. der ↗ Anthrachinonfarbstoffe und der ↗ Alizarinfarbstoffe. Chinoniminigruppierungen, z. B. HN=C_6H_4=NH, sind in verschiedenen Schwefel- und Indophenolfarbstoffen enthalten. Die Vitamine der K-Reihe enthalten substituierte Naphthochinonsysteme. Einige C. weisen fungizide Eigenschaften auf.

Chinonfarbstoffe, ↗ Chinone.

Chinoniminfarbstoffe, eine Gruppe von synthetischen Farbstoffen, die sich strukturmäßig vom *Chinonimin* (Chinonmonimin O=C_6H_4=NH bzw. Chinondiimin HN=C_6H_4=NH) ableiten lassen. Zu ihnen gehören verschiedene Schwefelfarbstoffe sowie die Indophenolfarbstoffe.

Chinoproteine, PQQ-enthaltende Enzyme (↗ Pyrrolo-chinolin-chinon). Zu den C. gehören insbesondere verschiedene Dehydrogenasen, die in unterschiedlichen Mikroorganismen vorkommen.

Chinoxalin, ***Benzopyrazin***, ein Vertreter der Benzodiazine. C. bildet farblose Kristalle; F. 28 °C, Kp. 229,5 °C. Es ist leicht löslich in Wasser, Alkohol, Ether und Benzol. C. wird aus *o*-Phenylendiamin und Glyoxal hergestellt. Es ist der Grund-

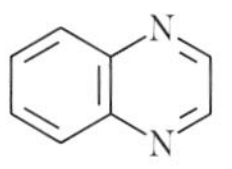

körper einer Reihe von ↗ Azinfarbstoffen und Arzneimitteln.

Chinoxaline, ↗ Azinfarbstoffe.

chiral, ↗ Stereoisomerie 1.1.

Chiralität, ↗ Stereoisomerie 1.1.

Chiralitätselement, allgemeine Bezeichnung für ein Chiralitätszentrum, eine Chiralitätsachse oder eine Chiralitätsebene, ↗ Stereoisomerie 1.1.

Chiralitätsregel, ↗ Stereoisomerie 1.1.

chiroptische Methoden, Methoden zur Untersuchung der Chiralität von Substanzen. Es gehören dazu Untersuchungen zum *Circulardichroismus* (*CD*), zur *optischen Rotationsdispersion* (*ORD*) sowie zu den durch ein Magnetfeld induzierten Phänomenen des *Magnetocirculardichroismus* (*MCD*) und der *magnetooptischen Rotationsdispersion* (*MORD*). Die c. M. messen die bei einer Wechselwirkung von polarisiertem Licht mit einem chiralen Medium auftretenden Effekte und sind für die Strukturaufklärung optisch aktiver Verbindungen von großer Bedeutung. Wie Abb.1 zeigt, kann man sich einen linear polarisierten Lichtstrahl aus zwei kohärenten, zirkular polarisierten Strahlen entgegengesetzten Drehsinns zusammengesetzt denken. ORD und CD kommen wie folgt zustande:

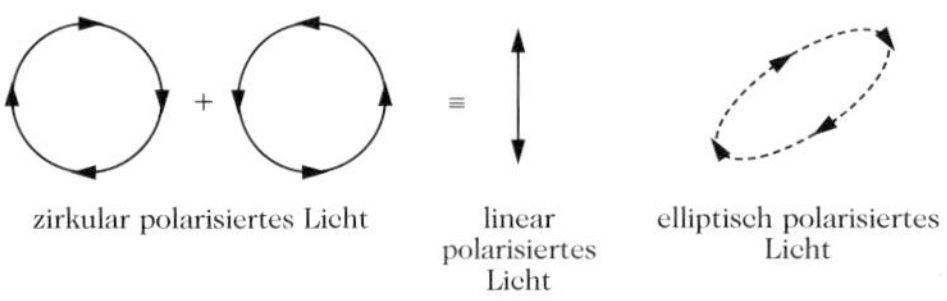

chiroptische Methoden. Abb. 1: Linear polarisiertes und elliptisch polarisiertes Licht.

1) Der Brechungsindex und damit auch die Ausbreitungsgeschwindigkeit für links- und rechtszirkular polarisiertes Licht sind verschieden. Als Folge davon weisen nach Verlassen des optisch aktiven Mediums links- und rechts-zirkular polarisiertes Licht einen Phasenunterschied auf, so daß die Überlagerung zu linear polarisiertem Licht nicht in der ursprünglichen Polarisationsebene, sondern in einer Ebene, die um den Winkel α dagegen verdreht ist, erfolgt. Diese Erscheinung ist als *optische Rotation* oder *optische Drehung* bekannt. Sie wird zahlenmäßig durch die spezifische Rotation $[\alpha]$ oder die molare Rotation $[\Phi] = M \cdot 10^{-2}\ [\alpha]$ beschrieben. Unter ORD versteht man die Abhängigkeit der optischen Rotation von der Wellenlänge des polarisierten Lichtstrahls. Sie wird mit Spektralpolarimetern gemessen. ORD-Kurven werden dargestellt, indem man die molare Rotation als Funktion der Wellenlänge aufträgt (Abb. 2).

2) Der molare Extinktionskoeffizient für links- und rechts-zirkular polarisiertes Licht ist verschieden. Als Folge davon weisen nach dem Verlassen des optisch aktiven Mediums links- und rechtszirkular polarisiertes Licht eine unterschiedliche

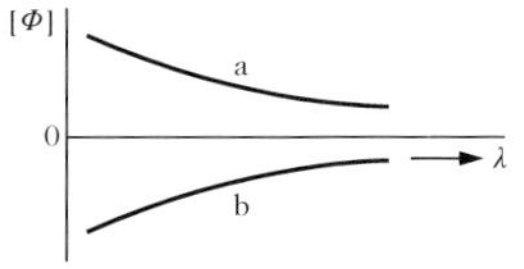

chiroptische Methoden. Abb. 2: Normale positive (a) und normale negative (b) ORD-Kurve.

Intensität auf, so daß ihre Überlagerung nicht mehr zu linear, sondern zu elliptisch polarisiertem Licht führt (Abb. 1). Diese Erscheinung wird *Circulardichroismus* (*CD*) genannt. CD wird mit einem Dichrometer gemessen. Seine Größe kann durch die Differenz der molaren Extinktionskoeffizienten für links- und rechts-zirkular polarisiertes Licht $\Delta\varepsilon = \varepsilon_e - \varepsilon_r$ oder durch die molare Elliptizität $[\Theta]$ angegeben werden. Beide Einheiten sind durch die Beziehung $[\Theta] = 3300\,\Delta\varepsilon$ verknüpft. CD-Kurven werden dargestellt, indem man $\Delta\varepsilon$ oder $[\Theta]$ in Abhängigkeit von der Wellenlänge aufträgt (Abb. 3). CD wird innerhalb von Absorptionsbanden beobachtet, die von Elektronenübergängen herrühren. Es ist allerdings auch von CD an Schwingungsbanden berichtet worden.

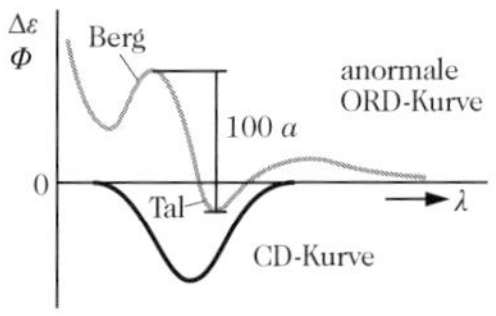

chiroptische Methoden. Abb. 3: Negativer Cotton-Eeffekt. *B* Berg, *T* Tal, *a* Amplitude des Cotton-Effektes.

Mißt man die Abhängigkeit der optischen Rotation von der Wellenlänge im Bereich einer Absorptionsbande, so bewirkt der dort vorhandene CD, daß sich im Bereich dieser Absorptionsbande der normalen ORD-Kurve ein S-förmiger Anteil überlagert. Eine Kurve dieser Art nennt man anormale ORD-Kurve. Die beiden Effekte, anormale ORD und CD, faßt man als *Cotton-Effekt* zusammen. Der Zusammenhang zwischen anormaler ORD und CD ist aus Abb. 3 ersichtlich. Bei Kenntnis einer der beiden Kurven läßt sich die andere berechnen. Weist die ORD-Kurve im Gebiet einer Elektronenanregung eine Feinstruktur auf, so spricht man von einem *multiplen Cotton-Effekt*. Im Falle eines positiven CD kommt in der anormalen ORD-Kurve, wenn man sie von großen zu kleinen Wellenlängen hin betrachtet, zuerst ein Berg, dann ein Tal. Bei negativen CD ist es umgekehrt (positiver oder negativer Cotton-Effekt). Als Maß für die Größe des Cotton-Effektes gibt man die Amplitude a an, die die Differenz zwischen den molaren Rotationen an den beiden Extremwerten der Kurve darstellt: $a = ([\Phi_1] - [\Phi_2]\cdot 10^{-2}$.

Größe und teilweise auch Vorzeichen des Cotton-Effektes sind lösungsmittelabhängig. Der Cotton-Effekt tritt immer dann auf, wenn eine chirale Verbindung in der Nähe des Chiralitätszentrums eine ↗ chromophore Gruppe aufweist, z. B. eine Carbonylgruppe.

Bis etwa 1965 wurden aus apparativen Gründen vorwiegend ORD-Messungen vorgenommen. Die Entwicklung kommerzieller Geräte zur Messung des CD haben dazu geführt, daß heute CD-Messungen bevorzugt sind, weil CD-Kurven einfacher in ihrer Form und besonders in komplexen Molekülen mit mehreren chromophoren Gruppen und überlappenden Absorptionen leichter zu interpretieren sind.

Von Faraday wurde festgestellt, daß durch ein Magnetfeld optische Aktivität induziert werden kann (↗ *Faraday-Effekt*), so daß auch bei achiralen Verbindungen ORD und CD beachtet werden können, die hier als MCD und MORD bezeichnet werden.

Mit Hilfe empirischer und halbempirischer Regeln können Vorzeichen und Größe des Cottoneffektes mit der Geometrie der Moleküle in Beziehung gebracht werden, wobei hauptsächlich die Bestimmung absoluter und relativer Konfigurationen sowie Konformationsuntersuchungen besonders an Naturstoffen im Vordergrund stehen. Wie empfindlich diese Methode selbst auf geringfügige sterische Unterschiede reagiert, zeigt Abb. 4.

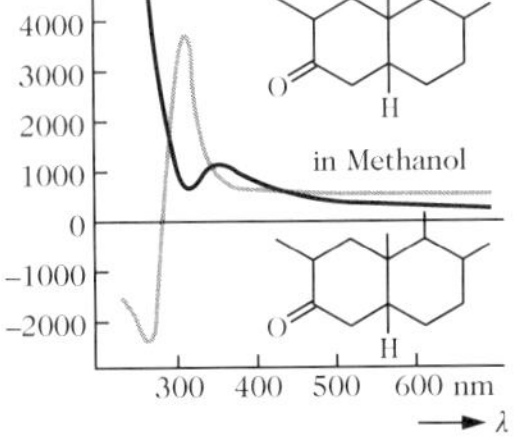

chiroptische Methoden. Abb. 4: ORD-Kurve stereoisomerer Verbindungen.

chirotop, Bezeichnung für ein Atom (oder einen Punkt, eine Gruppe oder eine Seite in einem molekularen Modell), das sich in chiraler Umgebung befindet (↗ Stereoisomerie 1.1).

Chitin, ein Homopolysaccharid, das aus $\beta(1\rightarrow4)$-verknüpftem D-*N*-Acetylglucosamin aufgebaut ist (Formel ↗ Cellulose). C. ist in den üblichen Lösungsmitteln unlöslich. In starker Säure oder Lauge löst es sich unter Abbau. Es ist als Gerüstpolysaccharid bei Pilzen und Grünalgen Bestandteil der Zellwand, bei Gliederfüßern, wie Insekten und Krebsen, Hauptbestandteil des Exogerüstes. C. läßt sich in relativ reiner Form aus Hummern- oder Krabbenschalen isolieren. Zwischen den Glycanketten bestehen starke intermolekulare Wasserstoffbrücken, an denen Hydroxy- und Amidgruppen beteiligt sind. Diese starken zwischenmolekularen Kräfte bedingen auch die Unlöslichkeit des C. in Wasser. Durch Röntgenbeugung lassen sich verschiedene kristalline Modifikationen des C. unterscheiden, die als α-, β- oder γ-C. bezeichnet werden. Am verbreitetsten ist das α-C., bei dem die Glycanketten antiparallel angeordnet sind. Durch Behandeln des C. mit starker Lauge wird C. teilweise entacyliert. Man erhält *Chitosan*, das mit verd. Säure viskose Lösungen bildet. Hemmer der C.-Biosynthese haben in letzter Zeit als selektiv wirkende Insektizide Bedeutung erlangt.

Chitinase, ***Chitodextrinase***, eine ↗ Hydrolase, die durch Endohydrolyse ↗ Chitin in Oligomere von *N*-Acetylglucosamin und Chitobiose spaltet. C. sind meist extrazellulär lokalisierte Glycoproteine, die 4 Moleküle Calcium pro Enzymmolekül (M_r in Abhängigkeit von der Herkunft 30000 bis 120000) besitzen. Die Syntheserate für C. in Laubblättern (z. B. von Gurkenpflanzen) kann nach Behandlung mit Elicitoren oder Ethylen um das 600fache erhöht werden. *Streptomyces griseus* scheidet neben der C. eine Chitobiase aus, wodurch der mikrobielle Abbau von Chitin zu Monomeren möglich ist.

Chitinfasern, ↗ Chemiefasern aus Chitin und Chitosan, die als Nebenprodukte in der Fischereiindustrie anfallen. C. wirken bioaktiv: sie sind bakterizid, fungizid, wirken wundheilend und können medizinische Anwendungen finden.

Chitosamin, ↗ D-Glucosamin.

Chitosan, ↗ Chitin.

Chlor, Symbol *Cl*, chem. Element aus der VII. Hauptgruppe des Periodensystems, der Gruppe der ↗ Halogene, Nichtmetall; *Z* 17, Massenzahlen der natürlichen Isotope 35 (75,529 %) und 37 (24,47 %), Atommasse 35,453, Wertigkeit –I, +I, +III bis +VII, D. (am Kp.) 1,565, g cm^{-3} F. –101,00 °C, Kp. –34,06 °C, krit. Temp. 143,5 °C, krit. Druck 7,61 MPa, krit. D. 0,57 g cm^{-3}, Standardelektrodenpotential (Cl^-/Cl_2) + 1,3595 V.

Eigenschaften. C. ist ein erstickend riechendes, gelbgrünes, sehr reaktionsfähiges, Cl_2-Moleküle bildendes, sehr giftiges Gas. Bei –34 °C, bei Druckerhöhung auch bei Raumtemperatur (0,66 MPa, 20°C), kondensiert es zu einer gelben Flüssigkeit. Verflüssigtes C. kommt in Stahlflaschen, in den Handel. Festes C. kristallisiert in einem orthorhombischen Molekülgitter. C. ist in Wasser gut löslich: 1 l Wasser löst bei 20 °C 2,3 l C. Unter dem Einfluß des Sonnenlichtes zersetzt sich Chlorwasser gemäß den Gleichungen $Cl_2 + H_2O \rightleftharpoons HCl + HOCl$ und $HOCl \rightleftharpoons HCl + \frac{1}{2} O_2$. C. verbindet sich direkt mit allen Elementen außer Kohlenstoff, Sauerstoff, Stickstoff und den Edelgasen. Unedle Metalle, vor allem Alkali- und Erdalkalimetalle, in feinverteiltem Zustand auch verhältnismäßig edle Metalle wie Bismut, Arsen oder Kupfer, vereinigen sich mit C., oft bereits bei normaler oder wenig erhöhter Temperatur, unter starker Wärmeentwicklung und meist auch unter Feuererscheinung. So verbrennt z. B. auf 100 °C erhitztes Natrium im Chlorstrom unter Ausstrahlung intensiv gelben Lichts zu Natriumchlorid. Die Edelmetalle und weitere, leicht passivierbare Metalle, z. B. Chrom, Tantal oder Wolfram, werden im allgemeinen, vor allem im kompakten Zustand, erst bei Rotglut chloriert. Mit Nichtmetallen, z. B. Phosphor, Schwefel, Iod und Wasserstoff, reagiert C. bei Zimmertemperatur kaum oder weit weniger lebhaft als mit den unedlen Metallen, bei erhöhter Temperatur jedoch oft recht heftig. So ist z. B. ein äquimolares Gemisch von C. und Wasserstoff im Dunkeln bei Raumtemperatur unverändert haltbar, während es im direkten Sonnenlicht oder bei örtlicher Erhitzung explodiert (↗ Chlorknallgas). Feuchtes C. ist wesentlich reaktionsfähiger als trockenes. So greift trockenes C. Eisen erst oberhalb 270 °C an, so daß es gasförmig oder flüssig durch Eisenrohre geleitet oder in Stahlflaschen und Kesselwagen befördert werden kann. Auch die Entzinnung von Weißblech ist dadurch möglich, daß trockenes C. nur mit Zinn unter Bildung von flüssigem Zinn(IV)-chlorid reagiert, Eisen jedoch unangegriffen läßt. Infolge seiner großen Affinität zu Wasserstoff reagiert C. mit vielen Kohlenwasserstoffverbindungen, Wasser, Schwefel-, Brom- oder Iodwasserstoff unter HCl-Bildung. Auf kompliziertere organische Verbindungen wirkt C. vor allem durch Oxidations- und Substitutionsreaktionen zerstörend.

Chlor ist ein Lungengift, das auf die Schleimhäute der Atemorgane ätzend und entzündungserregend wirkt. Stärkere Vergiftungen führen zu Krampfhusten und Erstickungsgefühl, später zu Atemnot, Lungenentzündung und Lungenbluten. Eine Konzentration von 2,5 mg/l wirkt sofort, eine Menge von 0,15 mg/l nach längerem Einatmen tödlich.

Als Gegenmaßnahme bei Chlorvergiftungen dient das Inhalieren von Wasserdampf. Bei Atemnot ist Sauerstoffatmung oder – jedoch nur im äußersten Notfall – künstliche Beatmung anzuwenden. Arzt konsultieren.

Analytisches. Freies C. ist an seinem Geruch und in großen Konzentrationen an seiner gelbgrünen Farbe erkennbar. C. färbt Kaliumiodstärkepapier blau. Zum qualitativen und quantitativen Nachweis von Chlorid-Ionen dient die Reaktion mit Silbernitrat.

Vorkommen. C. ist am Aufbau der Erdkruste mit 0,19 % beteiligt, zählt damit zu den relativ häufigen Elementen und nimmt den Platz 12 der Häufigkeitsskala der Elemente ein. Es kommt in der Natur stets gebunden, vor allem in Form der Alkali- und Erdalkalichloride, in den Salzlagerstätten und im Meerwasser vor. Die wichtigsten Chlorminerale sind Steinsalz NaCl, Sylvin KCl, Carnallit $KCl \cdot MgCl_2 \cdot 6\,H_2O$, Kainit $KCl \cdot MgSO_4 \cdot 3\,H_2O$ und Bischofit $MgCl_2 \cdot 6\,H_2O$.

Gewinnung. Im Laboratorium wird meist Mangan(IV)-oxid mit konz. Salzsäure oder mit einem Gemisch von Natriumchlorid und mäßig konz. Schwefelsäure erhitzt. Dabei bildet sich intermediär Mangan(IV)-chlorid: $MnO_2 + 4\,HCl \rightarrow MnCl_4 + 2\,H_2O$; dieses zerfällt schnell zu Mangan(II)-chlorid und C.: $MnCl_4 \rightarrow MnCl_2 + Cl_2$. Technisch gewinnt man C. heute im größten Umfang, die Weltproduktion lag 1994 bei über 37 Mio t/Jahr, ganz überwiegend durch ↗ Chloralkalielektrolyse. Das noch feuchte und daher aggressive C. wird mit Wasser gekühlt, in geschützten Türmen mit Schwefelsäure getrocknet und in Abscheidern oder Filtern gereinigt. Vor dem Transport zu entfernten Verbrauchern muß C. verflüssigt werden. Dabei darf der Wasserstoffanteil im Chlorgas 8 % nicht überschreiten, da das Gasgemisch oberhalb dieser Grenze explosiv ist.

Vor dem Aufkommen der Chloralkalielektrolyse wurde C. in der Technik nach dem *Deacon-Verfahren* gewonnen, das auch heute noch in modifizierter Form (*Shell-Deacon-Verfahren*) in geringem Umfang angewendet wird. Beim Deacon-Verfahren wird Chlorwasserstoff mit Luft in Gegenwart von Kupfer(II)-chlorid zu Chlor oxidiert:

$$4\,HCl + O_2 \xrightleftharpoons{CuCl_2} 2\,Cl_2 + 2\,H_2O$$

Verwendung. Wichtige anorganische, im technischen Maßstab hergestellte Chlorverbindungen sind Hypochlorit und Chlorat, Chlordioxid, Dischwefeldichlorid, Phosphorchloride, Silicium- und Germaniumtetrachlorid. Unter den organischen Chlorierungsprodukten sind chlorhaltige Lösungsmittel, wie Tetrachlormethan, Chloroform oder Methylenchlorid, ferner chlorierte Kunststoffe, wie Polyvinylchlorid und Chlorkautschuk, an erster Stelle zu nennen, spielen aber auch chlorhaltige Pflanzenschutzmittel und Zwischenprodukte für die Farbstoffindustrie eine große Rolle.

Chloracetamidherbizide, das einheitliche Strukturelement dieser Wirkstoffgruppe ist das Chloracet amid. Allen Chloracetamiden gemeinsam ist ihre Wirkung gegen einjährige Gräser, aber auch ihre Aktivität gegen kleinsamige zweiblättrige Unkräuter. Ihre Anwendung als Bodenherbizid kann vor der Saat, meistens vor dem Auflaufen, in seltenen Fällen aber auch nach dem Auflaufen der Kultur genommen werden. Die Aufnahme erfolgt hauptsächlich über die Wurzeln und den keimenden Sproß. Daraus resultiert eine Keimhemmung.

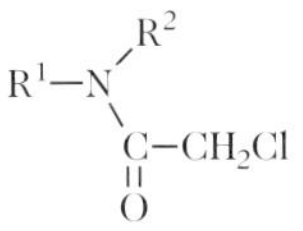

Grundstruktur

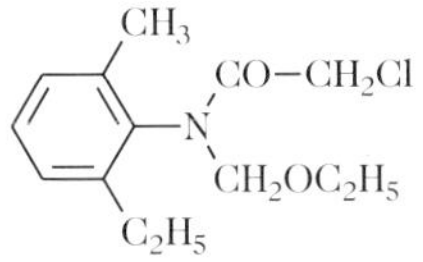

Beispiel Acetochlor (Harness®)

Chloracetamidherbizide. Tab.: Wichtige Beispiele.

Name	Akute orale LD_{50} Ratte (mg/kg)
Acetochlor	2150
Alachlor	930–1200
Butachlor	2000
Metazachlor	2150
Metolachlor	2780
Propachlor	550–1700

Chloraceton, *Chlorpropanon*, $Cl–CH_2–CO–CH_3$, eine farblose, tränenreizende Flüssigkeit mit unangenehmem Geruch; F. –44,3 °C, Kp. 119 °C. C. ist in Wasser, Alkohol, Ether und Chloroform löslich. Die Darstellung von C. erfolgt durch Chlorierung von Aceton in Gegenwart von Wasser. C. wurde im ersten Weltkrieg als chemischer Kampfstoff eingesetzt. Gegenwärtig wird es vorrangig als Ausgangsverbindung für zahlreiche Synthesen in der präparativen Chemie verwendet.

ω-Chloracetophenon, *Phenacylchlorid*, $C_6H_5–CO–CH_2–Cl$, eine stabile, farblose, kristalline Verbindung; F. 56,5 °C, Kp. 247 °C. ω-C. ist in Wasser unlöslich, in Alkohol, Ether, Aceton und Benzol leicht löslich. ω-C. ist ein ↗ chemischer Kampfstoff und gehört zur Klasse der Augenreizstoffe. Aufgrund der Detonations- und Temperaturbeständigkeit eignet es sich zur Granatenfüllung und für Schwelkörper. ω-C. kann auch als Aerosol militärisch eingesetzt werden.

Chloracetylchlorid, *Monochloracetylchlorid*, *Chloressigsäurechlorid*, $Cl–CH_2–CO–Cl$, eine farblose, stark ätzende Flüssigkeit mit stechendem Geruch; Kp. 107 °C, n_D^{20} 1,4541. C. ist in den meisten organischen Lösungsmitteln löslich. In Gegenwart von Wasser wird es hydrolytisch zersetzt. C. wird durch Umsetzung von Chloressigsäure mit Phosphor(III)-chlorid, Thionylchlorid oder Phosgen bzw. durch Chlorieren von Acetylchlorid hergestellt. Aufgrund der hohen Reaktivität eignet sich C. für zahlreiche Synthesen, z. B. zur Herstellung von Adrenalin. Häufig wird es anstelle der weniger reaktiven Chloressigsäure eingesetzt.

Chloralhydrat, $CCl_3–CH(OH)_2$, das Hydrat des Chlorals ($CCl_3–CHO$). C. ist eine kristalline Verbindung; F. 51,7 °C. Abweichend von der Erlenmeyer-Regel ist C. als Aldehydhydrat auf Grund des (–I)-Effekts der drei Chloratome und intramolekularer Wasserstoffbrückenbindungen eine stabile Verbindung. Im alkalischen Milieu tritt Spaltung in Chloroform und Formiat auf. C. wird als Hypnotikum eingesetzt. Die Wirkform ist das durch reduktive Metabolisierung entstehende 2,2,2-Trichlorethanol, CCl_3CH_2OH.

Chloralkalielektrolyse, das wichtigste Verfahren zur großtechnischen Gewinnung von Chlor und Alkalihydroxiden. Die Elektrolyse der gesättigten Kochsalzlösung (Sole), die sehr rein sein muß, läuft nach folgender Grundgleichung ab: $2\ NaCl + 2\ H_2O \rightarrow 2\ NaOH + Cl_2 + H_2$. Dabei entsteht an der Anode Chlor, an der Kathode Wasserstoff und Natronlauge. Da sich das Chlor im Elektrolyten geringfügig löst, ist es notwendig, den Kathodenraum vom Anodenraum zu trennen, um eine Reaktion des Chlors mit der Natronlauge unter Rückbildung von NaCl und von NaOCl (Natriumhypochlorit) möglichst gering zu halten. Je nach Art der Trennung von Anoden- und Kathodenraum unterscheidet man drei Verfahren, das Diaphragmenverfahren und das Quecksilberverfahren (Amalgamverfahren), deren Grundlagen und erste Anwendungen bereits im 19. Jahrhundert entwickelt wurden, sowie das in den 70er Jahren des 20. Jahrhunderts entwickelte Membranverfahren. Ein Problem bei allen Verfahren stellte das geeignete Anodenmaterial dar, da das im schwach sauren Elektrolyten an der Elektrode gebildete Chlor sehr aggressiv ist. Lange Zeit wurde Graphit verwendet. Da sich neben Chlor auch geringe Mengen Sauerstoff an der Anode bilden, kam es zur Reaktion des Sauerstoffes mit dem Graphit und damit zum Verbrauch des Elektrodenmaterials. Beim Quecksilberverfahren wurden die Graphitanoden nachjustiert, um den Spannungsabfall zwischen den Kathoden und Anoden annähernd konstant und klein zu halten. Beim Diaphragmenverfahren mußten die Zellen nach einiger Zeit zerlegt und neu bestückt werden. Ende der 60er Jahre des 20. Jahrhunderts wurden die dimensionsstabilen Anoden (DSA) entwickelt, die darauf beruhen, daß man die nichtleitende Oxidschicht auf Titan durch Dotieren mit Oxiden aus der Gruppe der Platinmetalle, vorwiegend mit Rutheniumoxid, elektrisch leitend macht. DSA werden heute weitestgehend bei allen drei Verfahren eingesetzt. Sie müssen nach einiger Zeit neu beschichtet werden.

1) Das *Diaphragmenverfahren* wurde 1884 vom Breuer entwickelt und trennt den Anodenraum vom Kathodenraum mittels eines Diaphragmas, das zwar

den Massetransport zuläßt, eine Mischung des Chlors mit der Natronlauge jedoch stark reduziert. Als Diaphragmenmaterial steht Asbest oder mit Fasern aus Fluorkohlenstoffpolymeren modifizierter Asbest im Einsatz. Die Kathoden sind Netze oder perforierte Bleche aus Eisen oder Stahl, die mit dem Diaphragma überzogen sind. Die gesättigte Kochsalzlösung wird in den Anodenraum eingebracht, fließt durch das Diaphragma und verläßt die Zelle nach dem Kathodenraum. Der Elektrolyt enthält neben rund 8–12 % Natronlauge noch etwa 12–18 % Kochsalz. In mehrstufigen Eindampfschritten in Nickelverdampfern wird dann 50 %ige NaOH gewonnen, die noch geringe Restmengen an NaCl enthält, die jedoch durch Fäll- oder Extraktionsschritte entfernt werden können. Das bei der Eindampfung anfallende NaCl wird zur Aufkonzentrierung von Salzlösungen verwendet. Das D. kann daher natürlich vorkommende Salzsolen nach entsprechender Reinigung verarbeiten.

2) Das *Quecksilberverfahren* (*Amalgamverfahren*) wurde 1892 unabhängig von Castner und Kellner entwickelt. Beim Quecksilberverfahren wird an einer Quecksilberkathode Natriumamalgam gebildet, während an der Anode Chlor entsteht. Die Kochsalzlösung wird im Kreislauf geführt und extern mit festem Kochsalz wieder aufkonzentriert. Die Bildung von Natriumamalgam ist wegen der hohen Überspannung für die Wasserstoffabscheidung an Quecksilber möglich. Das Natriumamalgam wird aus der Elektrolysezelle abgezogen und in einem weiteren Reaktor (Zersetzer) mit Wasser in Quecksilber, das in die Elektrolysezelle rückgeführt wird, 50 %ige Natronlauge und Wasserstoff zersetzt. Das Quecksilberverfahren unterliegt strengen Auflagen, um Quecksilberemissionen wo weit wie möglich zu verhindern. Es ist die bevorzugte Methode, Kaliumhydroxid herzustellen.

3) Das *Membranverfahren* wurde durch die Entwicklung von Ionenaustauschmembranen, die den korrosiven Bedingungen einer Chloralkalielektrolyse standhalten, ermöglicht. Diese Membranen, die aus durchfluorierten Carboxylat-Polymeren mit $-SO_3H$ oder $-COOH$ Gruppen bestehen, lassen den Transport von Na^+-Ionen vom Anodenraum in den Kathodenraum zu, während der Vermischung der Flüssigkeiten im Kathodenraum (Katholyt) und im Anodenraum (Anolyt) weitestgehend verhindert wird. Als Kathoden werden bevorzugt Nickel oder auch Stahl, manchmal mit aktivierten Oberflächen, als Anoden DSA eingesetzt. Der Anolyt wird im Kreislauf geführt und extern mit Kochsalz aufkonzentriert. Der Katholyt wird getrennt ebenfalls im Kreislauf geführt, wobei ein Teil der gebildeten Natronlauge entnommen und Wasser zugeführt wird. Der Bedarf an elektrischer Energie liegt je nach Verfahren zwischen 2700 und 3600 kWh, der Gesamtenergiebedarf einschließlich der Konzentration auf 50 %ige NaOH zwischen 2700 und 4000 kWh.

Chlorambucil, ↗ *N*-Lost-Derivate.

Chlorameisensäureester, ***Chlorkohlensäureester***, Cl–CO–OR, Ester der im freien Zustand nicht isolierbaren Chlorameisensäure. C. sind erstickend riechende, tränenreizende Flüssigkeiten. Sie sind in den meisten organischen Lösungsmitteln löslich. Durch protische Lösungsmittel werden C. solvolytisch zersetzt, z. B. bilden sich mit Alkoholen Kohlensäureester. Wichtige C. sind *Benzyloxycarbonylchlorid* und *Chlorameisensäureisobutylester*, die für Peptidsynthesen von Bedeutung sind. Die Herstellung der C. erfolgt durch Einwirkung von Phosgen auf Alkohole und Phenole bei etwa 0 °C: Cl–CO–Cl + ROH → Cl–CO–OR + HCl. Aufgrund der hohen Reaktivität sind C. für zahlreiche spezielle Synthesen geeignet. Außerdem werden sie zur Herstellung von Katalysatoren und Pflanzenschutzmitteln verwendet. Einige C. sind sehr toxische Verbindungen, z. B. Chlorameisensäuretrichlormethylester, der unter dem Namen *Perstoff* im ersten Weltkrieg als chem. Kampfstoff eingesetzt wurde.

Chlorameisensäuretrichlormethylester, ↗ Perchlorameisensäuremethylester.

Chloramin T, ***Tosylchloramidnatrium***, ein Desinfektionsmittel. Die desinfizierende Wirkung beruht auf der Bildung von Hypochlorit bzw. Chlor.

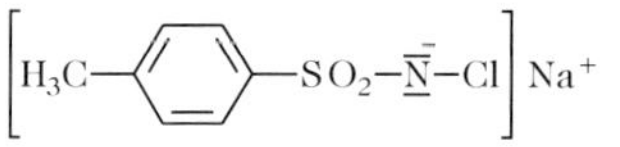

Chloramphenicol, ***Chloromycetin***, ein von *Streptomyces venezuelae* gebildetes Antibiotikum mit Breitspektrumwirkung. Wirksam ist nur die D-*threo*-Form mit der Konfiguration 1*R*, 2*R*. C. wird nur noch synthetisch dargestellt. Von Bedeutung sind

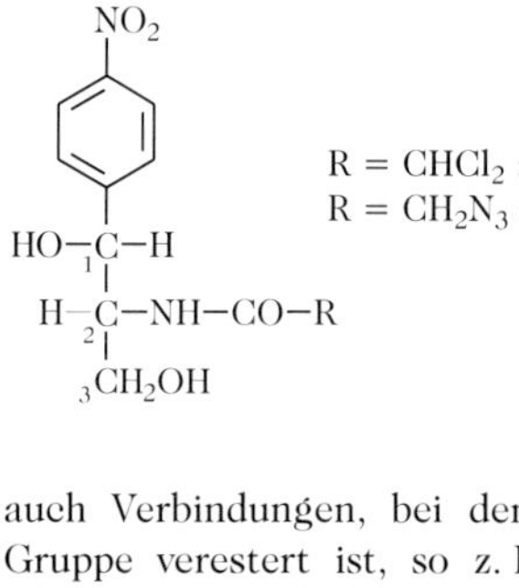

auch Verbindungen, bei denen die primäre OH-Gruppe verestert ist, so z. B. das schwerlösliche Chloramphenicolpalmitat und das wasserlösliche Salze bildende Chloramphenicolhemisuccinat. In Augentropfen wird das im Vergleich zu C. etwas besser wasserlösliche *Azidamfenicol* verwendet.

Chloranil, ***Tetrachlor-1,4-benzochinon***, goldgelbe Blättchen mit unangenehmem, stark anhaftendem Geruch; F. 290 °C (im Einschlußrohr), Sbp. 80 °C. C. ist in Wasser schwer, in Ether leicht löslich. Es entsteht beim Erhitzen von 1,4-Benzochinon mit Salzsäure und Kaliumchlorat oder durch Einwirkung von Chlor auf Phenol in wasserfreier

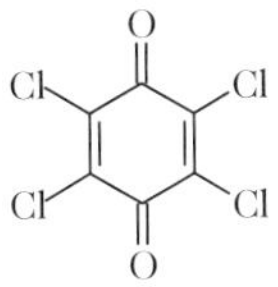

Schwefelsäure. C. wird als Dehydrierungsmittel in der Farbstoffindustrie und in der präparativen Chemie sowie aufgrund seiner fungiziden Eigenschaften als Pflanzenschutzmittel verwendet.

Chlorate, die Salze der Chlorsäure $HClO_3$ besitzen die allg. Formel $MClO_3$. C. bilden farblose, in Wasser leicht lösliche Kristalle. Das Chlorat-Ion $[ClO_3]^-$ hat eine pseudo-tetraedrische Struktur mit Cl–O-Abständen von 157 pm. C. zerfallen im Temperaturbereich von etwa 300 bis 400 °C in Sauerstoff und Chloride. Gemische von C. und oxidierbaren Substanzen, z. B. Schwefel oder Phosphor, explodieren auf Schlag oder beim Verreiben. Man gewinnt C. durch Einleiten von Chlor in Alkalihydroxidlösungen in der Wärme.

Chloratschwarz, ↗ Anilinschwarz.

Chloratsprengstoffe, Sprengstoffe, die aus 85 bis 90 % Kaliumchlorat $KClO_3$ mit Zusätzen von dünnflüssigen Mineralölen, Holzmehl und anderen Stoffen bestehen, z. B. die Chloratite und Cheddite. C. sind reibungsempfindlich und dürfen nur im Kali- und Salzbergbau verwendet werden.

Chlorazid, ↗ Halogenazide.

Chlorbenzol, C_6H_5–Cl, der einfachste aromatische Chlorkohlenwasserstoff. C. ist eine farblose, angenehm riechende Flüssigkeit; F. –45,6 °C, Kp. 132 °C, n_D^{20} 1,5241. Mit Wasserdampf ist C. flüchtig. In Wasser löst es sich schwer, in Alkohol, Ether, Benzol und Chloroform leicht. Die Herstellung von C. erfolgt durch Chlorierung von Benzol in Gegenwart von Katalysatoren bei 40 bis 50 °C in flüssiger Phase, wobei außerdem höherchlorierte Benzolderivate gebildet werden. C. kann durch fraktionierte Destillation aus dem Gemisch abgetrennt werden. Es wird als Lösungsmittel für Fette, Harze und Kautschuk sowie als Zwischenprodukt bei der Herstellung von Phenol, Pflanzenschutzmitteln, Farbstoffen, pharmazeutischen Produkten, Riechstoffen und Textilhilfsmitteln verwendet.

Chlorbleiche, oxidative Entfernung färbender Verunreinigungen von Textilien durch Einwirkung von Natriumhypochlorit, seltener von organischen Chlorträgern, wie Natriumdichlorisocyanurat, im Wasch- oder Spülbad. ↗ Bleichmittel.

Chlorbuna, Chlorierungsprodukte des synthetischen ↗ Kautschuks.

Chlorcholinchlorid, Abk. *CCC*, *2-Chlorethyltrimethylammoniumchlorid*, ↗ Wachstumsregulatoren.

Chlorcyan, ↗ Halogencyane.

Chlordifluormethan, $HCClF_2$, ein farbloses, nicht brennbares Gas mit süßlichem Geruch; F. –160 °C, Kp. –40,8 °C. C. ist in Wasser schwer, in organischen Lösungsmitteln leicht löslich. Es entsteht bei der Umsetzung von Chloroform mit Fluorwasserstoff in Gegenwart von Antimon(V)-chlorid. C. wird zur Herstellung von ↗ Tetrafluorethen verwendet.

Chloressigsäure, ***Monochloressigsäure***, Cl–CH_2–COOH, farblose, hygroskopische, prismatische, monokline Kristalle. C. kann in drei verschiedenen Modifikationen auftreten: α-C., F. 63 °C, β-C., F. 56,2 °C; γ-C., F. 52,5 °C. Die Existenz einer δ-Modifikation ist noch nicht gesichert. C. siedet bei 187,9 °C. Sie ist in Wasser, Ethanol, Ether und Aceton leicht, in Kohlenwasserstoffen schwer löslich. Die wäßrigen Lösungen der C. reagieren stark sauer. C. wird hauptsächlich durch Chlorierung von Essigsäure in Gegenwart von Acetanhydrid und Schwefelsäure, Phosphor- oder Schwefelkatalysatoren sowie durch Hydrolyse von Trichlorethylen mit etwa 75%iger Schwefelsäure hergestellt:

$$ClCH{=}CCl_2 + 2\,H_2O \xrightarrow{(H^+)} Cl{-}CH_2{-}COOH + 2\,HCl$$

Aufgrund der Bifunktionalität kann die C. für die Synthese zahlreicher kettenförmiger und cyclischer Folgeprodukte eingesetzt werden. Sie wird unter anderem zur Herstellung von Carboxymethylcellulose, Glycin, Indigo, Glycolsäure, Thioglycolsäure, Barbituraten und Vitamin B_6 verwendet. Außerdem dient C. als Ätzmittel zum Entfernen von Hühneraugen und Warzen.

Chloressigsäurechlorid, ↗ Chloracetylchlorid.

Chlorethan, ↗ Ethylchlorid.

2-Chlorethanol, ↗ Ethylenchlorhydrin.

Chlorethen, ↗ Vinylchlorid.

Chlorfluoride, *Chlormonofluorid*, ClF, nahezu farbloses, äußerst aggressives Gas, F. –155,6 °C, Kp. –101,1 °C. ClF reagiert mit vielen Metallen sowie mit organischen Stoffen unter Feuererscheinung und greift Glas unter Bildung explosiver Chloroxide an. Man erhält es durch Vereinigung von Chlor mit Fluor bei 250 °C.

Chlortrifluorid, ClF_3, farbloses Gas, das sich leicht zu einer hellgrünen Flüssigkeit verdichten läßt;, F. –76,32 °C, Kp. 11,75 °C. ClF_3-Moleküle weisen eine T-förmige Struktur auf. Man erhält ClF_3 durch Umsetzung der Elemente bei 200 bis 300 °C, reinigt es durch Umsetzung mit Kaliumfluorid zu $KClF_4$ und thermische Zersetzung dieses Salzes bei 130 bis 150 °C. Das außerordentlich reaktionsfähige ClF_3 ist ein Handelsprodukt. Man verwendet es zur Überführung von Uran in UF_6, welches als leichtflüchtige Verbindung zur Isotopenanreicherung eingesetzt wird $U + 3ClF_3 \rightarrow UF_6 + 3\ ClF$. Darüber hinaus reagiert Plutonium mit ClF_3 zu nicht-flüchtigem PuF_4, so daß Pu-Spaltprodukte auf diese Weise leicht abgetrennt werden können.

Chlorpentafluorid, ClF_5, Moleküle quadratisch pyramidaler Struktur bildendes Gas, F. −103 °C, Kp. −13,1 °C. ClF_5 übertrifft in seiner Reaktivität noch ClF_3. Oberhalb 165 °C liegt es gemäß $ClF_5 \rightarrow ClF_3 + F_2$ im Gleichgewicht mit ClF_3 und F_2 vor. Man erhält es durch Reaktion von F_2 mit ClF_3 oberhalb 200 °C oder durch Umsetzung von KCl und Fluor bei 200 °C unter Druck: $KCl + 3\,F_2 \rightarrow KF + ClF_5$.

Chlorfluorkohlenwasserstoffe, ↗ Fluorkohlenwasserstoffe.

Chlorhexidin, ein Bis-biguanid, das meist in Form des Diacetats als Desinfektionsmittel und Konservierungsmittel in pharmazeutischen Präparaten, z. B. Augenarzneien, eingesetzt wird.

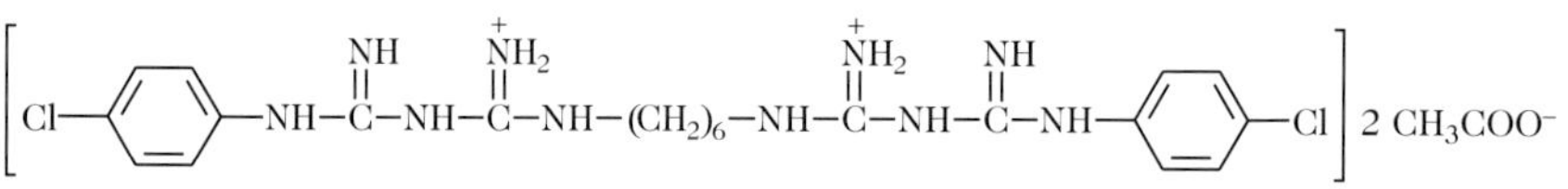

Chlorhexidindiacetat

Chloridazon, ↗ heterocyclische Herbizide.

Chloride, Verbindungen des Chlors, in denen dieses den elektronegativen Bindungspartner bildet. C. sind ionische, kovalente oder koordinationspolymere Metallchloride, kovalente Nichtmetallchloride und Organochloride, wie Alkyl-, Aryl- oder Acylchloride. Elektropositive Metalle, wie Alkali- und Erdalkalimetalle, bilden meist ionische C., z. B. Natriumchlorid NaCl und Magnesiumchlorid $MgCl_2$, weitere Hauptgruppenmetalle, wie Aluminium, Germanium oder Zinn, ergeben kovalente, leicht hydrolysierbare C., wie Aluminium(III)-chlorid $AlCl_3$, Germanium(IV)-chlorid $GeCl_4$, Zinn(IV)-chlorid $SnCl_4$, während Übergangsmetalle vor allem in den Oxidationsstufen +2 und +3 koordinationspolymere C., z. B. Eisen(II)-chlorid $FeCl_2$., Cobalt(II)-chlorid $CoCl_2$ und Chrom(III)-chlorid $CrCl_3$, in den höheren Oxidationsstufen kovalente, hydrolysierbare C., z. B. Titan(IV)-chlorid TiCl, Niob(V)-chlorid $NbCl_5$, und Wolfram(VI)-chlorid WCl_6 bilden. Beispiele kovalenter, flüchtiger Nichtmetallchloride sind Dischwefeldichlorid S_2Cl_2, Phosphor(III)-chlorid PCl_3 und Bortrichlorid BCl_3. Salzartige C. kommen in der Natur in den mächtigen Salzlagerstätten z. B. als Steinsalz NaCl oder Sylvin KCl vor.

Chlorierung, ↗ Halogenierung.

chlorige Säure, ***Chlor(III)-Säure***, $HClO_2$, nur in wäßriger Lösung bekannte, sehr unbeständige, schwache Säure ($pK_S = 1{,}94$). Beständiger sind ihre Salze, die Chlorite. C. S. entsteht neben Chlorsäure beim Einleiten von Chlordioxid in Wasser: $2\,ClO_2 + H_2O \rightarrow HClO_2 + HclO_3$.

Chlorin, ↗ Porphyrine.

Chlorite, die Salze der chlorigen Säure $HClO_2$ von der allg. Formel $MClO_2$. Das Chlorit-Ion, $[ClO_2]^-$ stellt ein gewinkeltes Anion mit Cl–O-Abständen von 164 pm dar. C. sind sehr unbeständig. In wäßriger Lösung erleiden C. partielle Hydrolyse: $ClO_2^- + H_2O \rightarrow HClO_2 + OH^-$. Säurezusatz führt gemäß $5\,ClO_2^- + 5\,H^+ \rightarrow 4\,ClO_2 + HCl + 2\,H_2O$ zur Bildung von Chlordioxid. Darauf beruht die Verwendung von ↗ Natriumchlorit.

Chlorknallgas, äquimolares Gemisch von Chlor und Wasserstoff, das sich bei Bestrahlung mit UV-Licht oder bei Erwärmung explosionsartig zu Chlorwasserstoff HCl umsetzt. Die hierbei ablaufende Kettenreaktion wird durch die Spaltung von Cl_2-Molekülen eingeleitet: $Cl_2 \rightarrow 2\,Cl$, $\Delta_R H = +\,243{,}3$ kJ, weitere Reaktionsschritte sind: $Cl + H_2 \rightarrow HCl + H$, $\Delta_R H = +\,3{,}97$ kJ. Die Gesamtreaktion ist exotherm gemäß $H_2 + Cl_2 \rightarrow 2\,HCl$; $\Delta_R H = -184{,}7$ kJ.

Chlorkohlenwasserstoffinsektizide. Tab.: Wichtige Beispiele.

Name	Formel	Akute orale LD_{50} Ratte (mg/kg)
Diphenyltrichlorethan-Derivate		
DDT	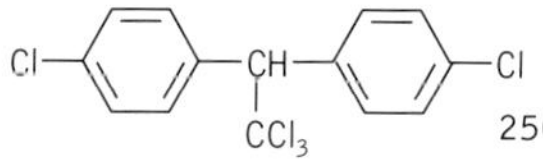	250 ... 300
Methoxychlor	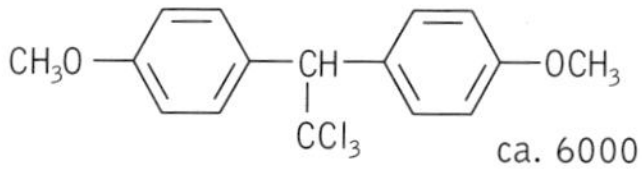	ca. 6000
Hexachlorcyclohexane		
Lindan	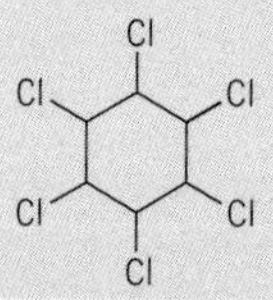	88 ... 125
Cyclodiene		
Aldrin	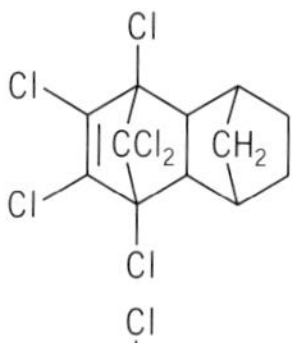	67
Dieldrin	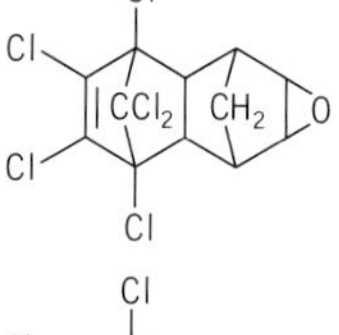	40 ... 87
Endosulfan	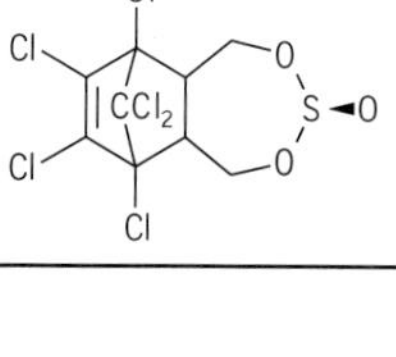	40 ... 50

Chlorkohlensäureester, ↗ Chlorameisensäureester.

Chlorkohlenwasserstoffinsektizide. Gehörten in der neueren Geschichte zu den wirtschaftlich bedeutenden ↗ Insektiziden. Ihr Hauptvertreter, das ↗ DDT, hat die Ära der modernen organosynthetischen Kontaktinsektizide eingeleitet. Die historische Relevanz der C. beruht vor allem auf folgenden Gebrauchseigenschaften, die auf die meisten Vertreter dieser Gruppe zutreffen: 1) hohe insektizide Wirksamkeit, 2) geringe akute Toxizität für Warmblüter, 3) breites Wirkungsspektrum, 4) einfache Herstellung und Anwendung, 5) günstige Ökonomie, 6) lange Wirkungsdauer. Letztere, für den Anwendungserfolg vorteilhafte Eigenschaft ist weitgehend gekoppelt mit einer hohen ↗ Persistenz der Wirkstoffe und ihrer problematischen ökologischen Chemie. Da die meisten C. in der Natur auf chemischem, physikalischem oder mikrobiellem Wege nur langsam abgebaut werden, sind sie in vielen Industrieländern verboten oder einschneidenden Restriktionen unterworfen worden (Beispiele s. Tab. S. 250).

Chlormadinon, ↗ Gestagene.

Chlormequat, ↗ Wachstumsregulatoren.

Chlormethan, ↗ Methylchlorid.

Chlormethylierung, ↗ Blanc-Reaktion.

Chlornicotinylinsektizide. Neue Klasse von ↗ Insektiziden, die sich an den Acetylcholin-Rezeptoren der nachfolgenden Nervenfasern binden. Im Gegensatz zu den ↗ phosphororganischen Insektiziden und den ↗ Carbamatinsektiziden, die das Enzym Acetylcholinesterase hemmen, weist diese Wirkstoffgruppe einen neuen Wirkungsmechanismus auf. C. können durch die Acetylcholinesterase nicht abgebaut werden, eine nachhaltige Störung des Nervensystems ist die Folge, verbunden mit dem Tod des Schadinsektes. Die gute Kontaktwirkung und die hohe systemische Wirkung auch aus dem Wurzelbereich erlauben somit auch den Einsatz zur Boden- und Saatgutbehandlung mit einem Langzeitschutz. Bei der Anwendung als Beizmittel ist besonders die Wirkung gegen virusübertragende Schädlinge, wie Blattläuse, interessant (Beispiele s. Tab.).

Chlorochin, ein basisch substituiertes 4-Aminochinolinderivat, das als ↗ Antimalariamittel und in der Langzeittherapie bestimmter rheumatischer

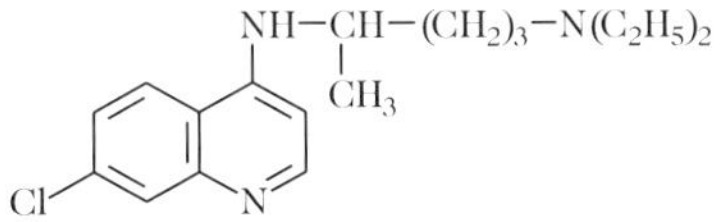

Erkrankungen verwendet wird. C. wirkt vorzugsweise als Schizontenmittel und ist zur Malariaprophylaxe geeignet. Zunehmend treten bei bestimmten Malariaformen Resistenzerscheinungen gegen C. auf.

Chloroform, *Trichlormethan*, $CHCl_3$, eine farblose, leicht flüchtige Flüssigkeit mit süßlichem Geruch; F. –63,5 °C, Kp. 61,7 °C, n_D^{20} 1,4459. C. löst sich in Wasser schwer, in den meisten organischen Lösungsmitteln gut. Chloroformdämpfe wirken narkotisierend. In flüssiger Form ist C. nicht brennbar, seine Dämpfe verbrennen in offener Flamme unter Bildung von Phosgen. In Gegenwart von Sauerstoff und Licht wird C. in Phosgen und Chlorwasserstoff zersetzt. Es wird deshalb in braunen Flaschen aufbewahrt und zur Entfernung von Phosgen mit Alkohol stabilisiert. C. kann nach der klassischen Methode aus Ethanol und Chlorkalk über Acetaldehyd und Chloral hergestellt werden. Die letzte Stufe dieser Reaktion besteht in der alkalischen Spaltung des Chorals mit Calciumhydroxid unter Bildung von C. und Calciumformiat: $2\ CCl_3\text{–}CHO + Ca(OH)_2 \rightarrow 2\ CHCl_3 + (HCOO)_2Ca$. Technisch wird C. hauptsächlich durch Chlorierung von Methan im Gemisch mit anderen Chlorderivaten des Methans hergestellt und durch fraktionierte Destillation abgetrennt.

C. wurde früher als wichtiges Inhalationsanästhetikum verwendet. Aufgrund der dabei in einigen Fällen aufgetretenen Komplikationen und der leberschädigenden Wirkung wurde es später von Diethylether verdrängt. Große Bedeutung hat C. als Lösungs- und Extraktionsmittel für Harze, Kautschuk, Lacke, Fette, Öle, Paraffine, Iod, Schwefel und Penicillin.

Chlornicotinylinsektizide. Tab.: Wichtige Beispiele.

Name	Formel	Akute orale LD_{50} Ratte (mg/kg)
Imidacloprid	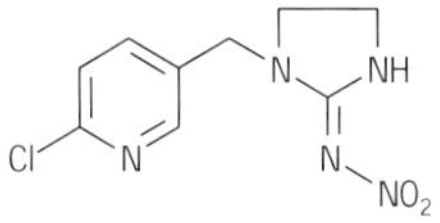	424
Nitenpyram	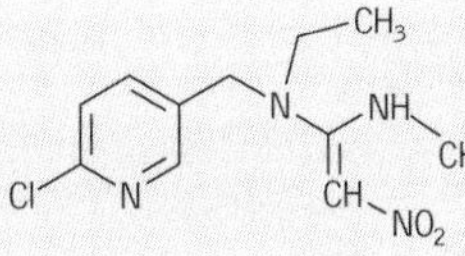	1575 ... 1680
Acetamiprid	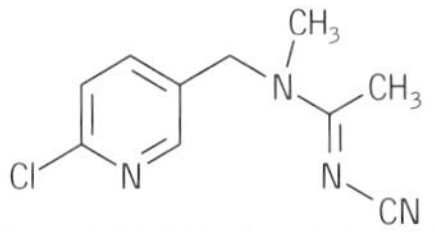	146 ... 217

Chlorogensäure, 3-Kaffeeoylchinasäure. C. bildet farblose Kristalle; F. 207 bis 208 °C, $[\alpha]_D$ –33 bis –35 °C. C. kommt in Kaffeebohnen und vielen heimischen Obst- und Gemüsearten vor.

Chloromycetin, ↗ Chloramphenicol.

Chlorophen, ↗ Desinfektionsmittel.

Chlorophylle, Sammelbezeichnung für Mg-Porphyrin-Komplexe, die in photosynthetisch tätigen

Pflanzen als primäre Photorezeptoren wirken. Handelsübliches C., das aus einer Mischung von Chlorophyll a und Chlorophyll b im Verhältnis von etwa 3 : 1 besteht, kann durch Extraktion von getrocknetem Pflanzenmaterial mit Aceton erhalten werden. C. ist gut löslich in Alkohol und Ether, praktisch unlöslich in Wasser und aliphatischen Kohlenwasserstoffen. C. ist als Lebensmittelfarbstoff zugelassen. *Chlorophyll a* bildet blaugrüne Blättchen; F. 117 bis 120 °C (aus Aceton), λ_{max} (in Ether). 660, 613, 577, 531, 498, 429, 409 nm. *Chlorophyll b* bildet grüne Nadeln; F. 120 bis 130 °C (aus Chloroform/Methanol), λ_{max} (in Ether): 642, 593, 565, 545, 453, 427 nm.

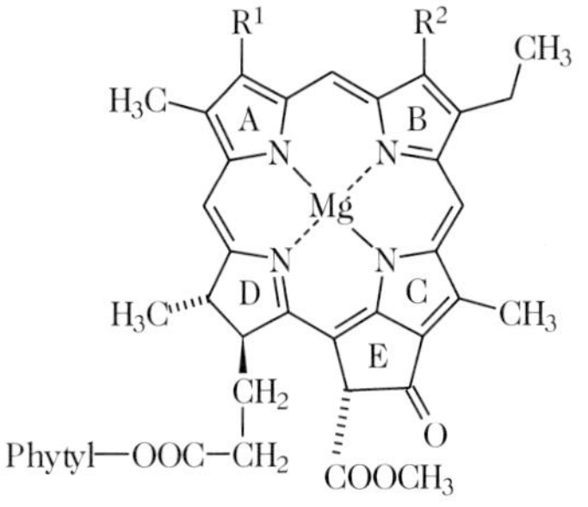

	R^1	R^2
a	$CH{=}CH_2$	CH_3
b	$CH{=}CH_2$	CHO
d	CHO	CH_3

Das verbreitetste C. ist das Chlorophyll a, das bei höheren Pflanzen und Grünalgen von Chlorophyll b begleitet wird. In Algen kommen noch weitere C., wie Chlorophyll c_1, c_2 und d, vor. Chlorobakterien enthalten die *Chlorobiumchlorophylle*, rote Schwefelbakterien das *Bacteriochlorophyll*. Im Unterschied zu anderen Porphyrinen sind die sauren Seitenketten der C. mit Methanol oder Phytol verestert. Alle C. enthalten noch einen zusätzlichen alicyclischen Ring E. Durch vorsichtige Säurehydrolyse entstehen aus den C. die magnesiumfreien *Phäophytine*, aus denen durch Spaltung der beiden Esterbindungen die *Phäophorbide* erhalten werden. Die C. sind optisch aktiv und durch die Anwesenheit des Phytylrestes lipophil und oberflächenaktiv.

C. spielen eine entscheidende Rolle bei der Photosynthese.

Chloroplasten, (griech. chlorós ›grün‹, platós ›geformt‹), grün gefärbte Zellorganellen eukaryotischer Pflanzen. Pflanzliche Zellen enthalten zahlreiche, Algen im allgemeinen nur einen C. In den von einer Doppelmembran umgrenzten C. laufen die Reaktionen der ↗ Photosynthese ab. Die C. enthalten die Photosynthesepigmente (↗ Chlorophylle sowie Begleit- und Hilfspigmente). Sie sind eingebettet in eine proteinreiche Matrix, das Stroma, dem Ort der Dunkelreaktionen der Photosynthese. Isolierte Chloroplasten werden häufig zur Analyse von Teilschritten der Photosynthese eingesetzt und können auch zur Produktion von Wasserstoff herangezogen werden. Für biotechnologische Zwecke können isolierte C. immobilisiert werden.

Chloropren, ***2-Chlorbuta-1,3-dien***, $CH_2{=}CCl{-}CH{=}CH_2$, eine farblose Flüssigkeit; F. –130 °C, Kp. 59,4 °C, n_D^{20} 1,4583. C. ist in Wasser schwer, in den meisten organischen Lösungsmitteln leicht löslich. C. polymerisiert sehr leicht unter Bildung hochpolymerer Verbindungen. Die Herstellung erfolgt durch Addition von Chlorwasserstoff an Vinylacetylen oder aus Butadien und Chlor über das 3,4-Dichlorbut-1-en, das durch Abspaltung von Chlorwasserstoff in C. umgewandelt werden kann:

$$H_2C{=}CH{-}CH{=}CH_2 \xrightarrow{+Cl_2} ClCH_2{-}CHCl{-}CH{=}CH_2$$

$$\xrightarrow{-HCl} H_2C{=}CCl{-}CH{=}CH_2$$

C. wird zur Herstellung von Polychlorbutadien, einem synthetischen Kautschuk, verwendet.

Chloroschwefelsäure, ***Chlorsulfonsäure***, $ClSO_3H$, Monochlorid der Schwefelsäure, farblose, an feuchter Luft stark rauchende, stechend riechende Flüssigkeit; D. 1,766 g cm^{-3}, F. –80 °C, Kp. 158 °C. Mit Wasser reagiert C. außerordentlich heftig zu Schwefelsäure und Chlorwasserstoff: $ClSO_3H + H_2O \rightarrow H_2SO_4 + HCl$. Aromatische Kohlenwasserstoffe werden durch C. sulfoniert, z. B. $C_6H_6 + ClSO_3H \rightarrow C_6H_5{-}SO_3H + HCl$. Man gewinnt C. durch Vereinigung von Schwefeltrioxid mit Chlorwasserstoff. C. dient auch zur Erzeugung künstlicher Nebel.

Chlorotika-Herbizide. Sie gehören verschiedenen Stoffklassen an (Tab. S. 253) und induzieren in den behandelten Pflanzen Schäden durch Ausbleichungen der neuentwickelten Gewebe, sogenannte Chlorosen. Die zugrundeliegenden Mechanismen sind nicht einheitlich. Sie können auch in mehreren selektiven Kulturen eingesetzt werden, teilweise mit ↗ Safener.

Chloroxide. *Dichloroxid*, Cl_2O, gelbrotes, schweres, unangenehm riechendes Gas; F. –120,6 °C, Kp. 2,0 °C. Das Cl_2O-Molekül ist gewinkelt (ClOCl: 111,2°), die Cl–O-Abstände betragen 169,3 pm. Cl_2O ist das Anhydrid der hypochlorigen Säure. Man erhält Cl_2O durch Überleiten von Chlor über Quecksilber(II)-oxid bei 0 °C: $2\ Cl_2 + HgO \rightarrow Cl_2O + HgCl_2$. Bei schwachem Erwärmen oder bei Kontakt mit brennbaren Substanzen zerfällt es explosionsartig in die Elemente.

Dichloroxid greift die Atmungsorgane stark an. Gegenmaßnahmen: ↗ Chlor.

Chlordioxid, *Chlor(IV)-oxid*, ClO_2, grünlich-gelbes, durchdringend riechendes, äußerst explosives Gas,

Chlorotika-Herbizide. Tab.: Wichtige Beispiele.

Name	Formel	Akute orale LD50 Ratte (mg/kg)
Amitrol	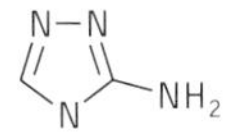	>5000
Diflufenican	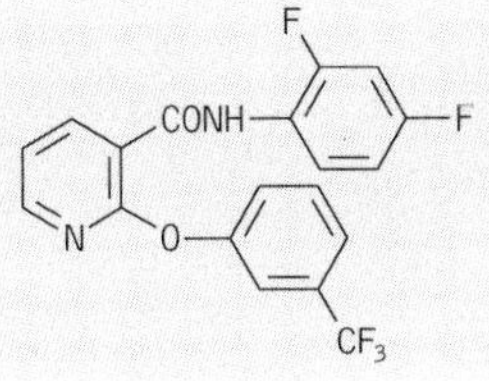	>2000
Flurochloridon	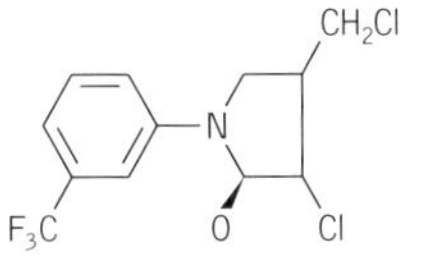	3650
Clomazone	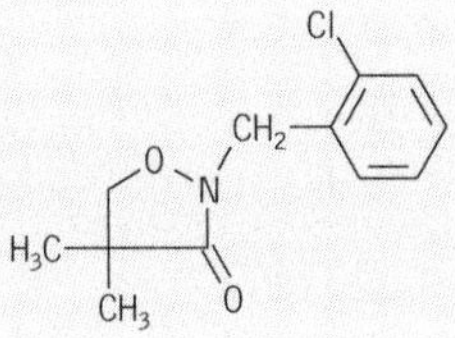	2080
Sulcotrione	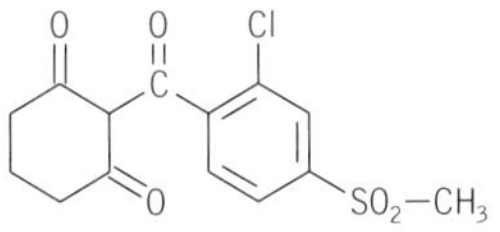	>5000

F. –59 °C, Kp. 9,7 °C. Das ClO_2-Molekül ist gewinkelt (ClOCl: 111,2°C), die Cl–O-Abstände betragen 147,5 pm. ClO_2 dimerisiert im Kristall unterhalb von –108 °C und wird diamagnetisch. Wäßrige Lösungen von ClO_2 sind im Dunkeln längere Zeit haltbar. Allmählich findet jedoch Reaktion mit Wasser gemäß $2\ ClO_2 + H_2O \rightarrow HClO_2 + HClO_3$ statt. ClO_2 explodiert schon bei schwachem Erwärmen, durch Schlag oder bei Gegenwart oxidierbarer Substanzen. Es wird daher prinzipiell, durch Inertgas verdünnt, in der Kälte gehandhabt. Man erhält reines ClO_2 durch Reaktion von Cl_2 mit $AgClO_3$: $2\ AgClO_3 + Cl_2 \rightarrow 2\ ClO_2 + O_2 + 2\ AgCl$. In der Technik wird Natriumchlorat mit schwefliger Säure reduziert: $2\ NaClO_3 + H_2SO_3 \rightarrow 2\ ClO_2 + Na_2SO_4 + H_2O$. Man verwendet ClO_2 zur Herstellung von Natriumchlorit und, als Pyridin-Addukt $ClO_2 \cdot C_5H_5N$ stabilisiert, als Bleich- und Desinfektionsmittel.

Dichlorhexoxid, Chlor(VI)-oxid, Cl_2O_6 dunkelrote, an der Luft rauchende Flüssigkeit; D. 1,65 g cm^{-3}, F. 3,5 °C, Kp. 203 °C (extrapoliert). Cl_2O_6 weist in fester Phase die Struktur $[ClO]^+[ClO_4]^-$ auf, ist diamagnetisch, wirkt stark oxidierend und stellt das gemischte Anhydrid der Chlor– und der Perchlorsäure dar: $Cl_2O_6 + H_2O \rightarrow HClO_3 + HClO_4$. In reiner Form ist Cl_2O_6 bei Raumtemperatur recht beständig, explodiert aber mit großer Heftigkeit bei Kontakt mit organischen Verbindungen. Man erhält es durch Einwirkung von Ozon auf durch CO_2 verd. Chlordioxid bei 0 °C: $2\ ClO_2 + 2\ O_3 \rightarrow Cl_2O_6 + 2\ O_2$.

Dichlorheptoxid, Chlor(VII)-oxid, Cl_2O_7 farblose, leicht flüchtige, explosive, ölige Flüssigkeit, D. (0 °C) 1,86 g cm^{-3}, F. –91,5 °C, Kp. 81,5 °C. Cl_2O_7 weist die Struktur $O_3ClOClO_3$ mit Cl–O-Abständen von 140,5 pm (terminal) und 170,9 pm (Brücke), ClOCl ∢ 118,6 ° auf. Als Anhydrid der Perchlorsäure reagiert Cl_2O_7 mit kaltem Wasser: $C_2O_7 + H_2O \rightarrow 2\ HClO_4$. Cl_2O_7 ist zugänglich durch Entwässern von Perchlorsäure mit Phosphorpentoxid und anschließende vorsichtige Vakuumdestillation. Als weitere Chloroxide konnten *Dichlortrioxid* Cl_2O_3 und *Dichlordioxid* $ClClO_2$ nachgewiesen werden.

Sämtliche Chloroxide sind stark endotherme Verbindungen und zerfallen unter bestimmten Bedingungen, z. B. beim Erhitzen, beim Umgießen oder bei Kontakt mit organischen Substanzen, explosionsartig in Chlor und Sauerstoff.

Chlorpentane, ↗ Amylchloride.

Chlorphacinon, ↗ Rodentizide.

Chlorphenethazin, ↗ Phenothiazine.

Chlorphenole, *Monochlorphenole*, drei isomere Phenolderivate.

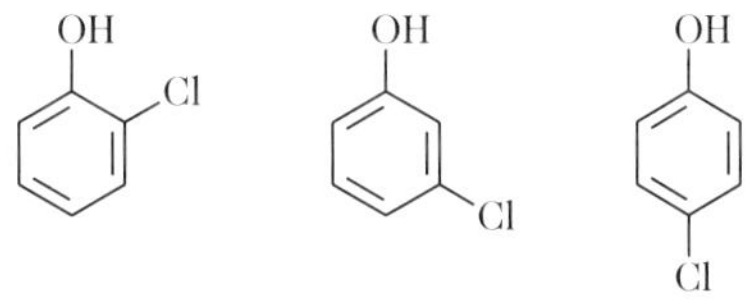

2-Chlorphenol 3-Chlorphenol 4-Chlorphenol

2-Chlorphenol, eine farblose, unangenehm riechende Flüssigkeit; F. 9 °C, Kp. 174,9 °C, n_D^{20} 1,5524. Es entsteht bei der Umsetzung von Phenol mit Chlor oder Sulfurylchlorid neben 4-Chlorphenol, von dem es durch Vakuumdestillation abgetrennt wird. Bei Einwirkung von überschüssigem Chlor entstehen vorrangig 2,4-Dichlorphenol und 2,4,6-Trichlorphenol. 2-Chlorphenol wird zur Herstellung von Brenzcatechin verwendet. *3-Chlorphenol*, nadelförmige Kristalle; F. 33 °C, Kp. 214 °C, n_D^{40} 1,5565. Man erhält es aus 3-Chloranilin durch Diazotierung und Verkochen des Diazoniumsalzes. *4-Chlorphenol*, farblose, nadelförmige Kristalle mit charakteristischem phenolähnlichen Geruch; F. 43,7 °C, Kp. 219,8 °C, n_D^{40} 1,5579. Man gewinnt es mit relativ hohem Anteil bei der Umsetzung von Phenol mit Sulfurylchlorid bei 25 °C. Es kann zu Hydrochinon weiterverarbeitet werden.

Die C. sind in Wasser wenig löslich, gut dagegen in Ethanol und Ether und in wäßriger Alkalihydroxidlösung. Sie sind Zwischenprodukte für die Herstellung von Farbstoffen und werden als Desinfektionsmittel verwendet. Ihre Säurestärke und ihr antiseptischer Charakter sind größer als die des Grundkörpers Phenol.

Dichlorphenole, sechs isomere Phenolderivate, von denen das leicht zugängliche 2,4-Dichlorphenol Bedeutung zur Herstellung der 2,4-Dichlorphenoxyessigsäure erlangt hat. *2,4-Dichlorphenol*, farblose Nadeln; F. 45 °C, Kp. 210 °C. Es entsteht bei der Umsetzung von Phenol mit überschüssigem Chlor oder auch Sulfurylchlorid. Als Nebenprodukt fällt *2,6-Dichlorphenol* an (F. 68 bis 69 °C, Kp. 219 °C). Technisch wichtig ist die Umsetzung von Dichlorphenolen in alkalischer Lösung mit Chloressigsäure zu Herbiziden. Weiterhin werden die C. als Mottenschutzmittel eingesetzt.

Chlorphenolrot, ↗ Bromphenolblau.

Chlorpikrin, ↗ Trichlornitromethan.

Chlorpromazin, ↗ Phenothiazine.

Chlorpropane, die zwei isomeren Monochlorderivate des Propans. *Propylchlorid* (*1-Chlorpropan*), $CH_3–CH_2–CH_2–Cl$, eine farblose Flüssigkeit; F. –122,8 °C, Kp. 46,6 °C, n_D^{20} 1,3879. Es ist in Wasser schwer, in Alkohol, Ether und Benzol leicht löslich. Propylchlorid wird durch Umsetzung von Propan-1-ol mit konz. Chlorwasserstoffsäure in Gegenwart von Zink(II)-chlorid hergestellt und als Lösungsmittel sowie für organische Synthesen verwendet. *Isopropylchlorid* (*2-Chlorpropan*), $CH_3–CHCl–CH_3$, eine farblose, brennbare Flüssigkeit; F. –117,2 °C, Kp. 35,7 °C, n_D^{20} 1,3777. Es ist in Wasser schwer, in den meisten organischen Lösungsmitteln leicht löslich. Die Herstellung erfolgt durch Einwirken von Salzsäure auf Isopropanol oder durch Addition von Chlorwasserstoff an Propen in Gegenwart von Aluminium(III)-chlorid. Isopropylchlorid wird hauptsächlich als Lösungsmittel und als Zwischenprodukt für die Herstellung von Isopropylderivaten verwendet.

3-Chlorpropen, ↗ Allylchlorid.

Chlorsäure, ***Chlor(V)-säure***, $HClO_3$, nur in wäßriger Lösung beständige, starke Säure (pK_S = –2,7). C. ist ein kräftiges Oxidationsmittel. Die Salze der C. sind die ↗ Chlorate. Man erhält C. durch Umsetzung von Bariumchlorat mit verd. Schwefelsäure: $Ba(ClO_3)_2 + H_2SO_4 \rightarrow 2\ HClO_3 + BaSO_4$. C. dient im Laboratorium als starkes Oxidationsmittel, kann als solches auch im Gemisch mit rauchender Salzsäure (↗ Euchlorin) eingesetzt werden.

N*-Chlorsuccinimid,** Abk. ***NCS, ***1-Chlorpyrrolidin-2,5-dion***, farblose Platten; F. 150 °C (Z.). Es

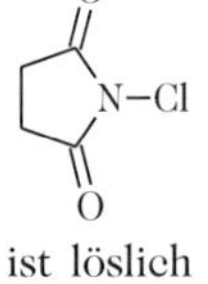

ist löslich in Aceton und Eisessig. *N*-C. wird durch Einleiten von Chlor in eine wäßrige alkalische Lösung von Succinimid hergestellt. Es wird analog zu ↗ *N*-Bromsuccinimid als selektives Chlorierungs- und Dehydrierungsmittel verwendet.

Chlorsulfane, ↗ Schwefelchloride.

Chlorsulfonsäure, ↗ Chloroschwefelsäure.

Chlorsulfuron, ↗ Sulfonylharnstoffherbizide.

Chlortetracyclin, ↗ Tetracycline.

α-Chlortoluol, ↗ Benzylchlorid.

Chlortoluron, ↗ Harnstoffherbizide.

Chlorwasserstoff, HCl, farbloses Gas von stechendem Geruch, das an feuchter Luft stark raucht, D. (am Kp.) 1,187 g cm^{-3}, F. –114,22 °C, Kp. –85,05 °C, krit. Temp. +51,3 °C, krit. Druck 8,301 Pa. In festem Zustand bildet C. ein Molekülgitter mit wasserstoffverbrückten planaren Zick-Zack-Ketten. Er wird von Wasser außerordentlich begierig und unter erheblicher Wärmeentwicklung gelöst: 1 Raumteil H_2O löst bei gewöhnlicher Temperatur etwa 450 Raumteile HCl. Die wäßrige Lösung (*Chlorwasserstoffsäure*) wird als ↗ Salzsäure bezeichnet. Auch in Ether, Alkohol und anderen organischen Solvenzien ist C. gut löslich. Reiner, verflüssigter C. greift im Gegensatz zu Salzsäure die meisten Metalle, Oxide, Sulfide und Carbonate nicht an. Mit Silbernitrat bildet C. einen käsigen, weißen Niederschlag von Silberchlorid.

Zur Herstellung von reinem C. werden im technischen Maßstab Chlor und Wasserstoff aus der Chloralkalielektrolyse zu C. verbrannt. Große Mengen C. fallen bei der im technischen Maßstab durchgeführten Chlorierung von Kohlenwasserstoffen als Nebenprodukt an. C. wird zur Herstellung von Salzsäure, von Metallchloriden, von Chlorsulfonsäure, von Vinylchlorid aus Ethin und Ethylchlorid aus Ethen sowie zur Isomerisierung aliphatischer Kohlenwasserstoffe verwendet.

Chlorwasserstoffsäure, ↗ Salzsäure.

Cholan, ↗ Steroide.

Cholansäure, ↗ Gallensäuren.

Cholecalciferol, ↗ Vitamin D.

Cholecystokinin, Abk. ***CCK***, ältere Bez. ***Cholecystokinin-Pankreozymin***, Abk. ***CCK-PZ***, H–Lys–Ala–Pro–Ser–Gly–Arg–Val–Ser–Met–Ile–Lys–Asn–Leu–Gln–Ser–Leu–Asp–Pro–Ser–His–Arg–Ile–Ser–Asp–Arg–Asp–Tyr(SO_3H)–Met–Gly–Trp–Met–Asp–Phe–NH_2, ein Gewebshormon mit stimulierender Wirkung auf die Kontraktion der Gallenblase und auf die Enzymsekretion des Pankreas. C. ist ein 33-Peptidamid, das aus den Rohextrakten der Intestinalmucosa gewonnen wurde, und erst 1964 gelang der Nachweis, daß beide Hormonwirkungen in einem Peptid vereinigt sind. Trotz des gerechtfertigten Doppelnamens hat sich in den letzten Jahren die Bezeichnung C. mehr und mehr durchgesetzt. Das C-terminale 8-Peptidamid (CCK-8) fungiert als Neurohormon.

Cholecystokinin-Pankreozymin, ↗ Cholecystokinin.

Choleinsäuren, ↗ Gallensäuren.

Choleratoxin, ein die Symptome der Cholera hervorrufendes Protein (M_r ~ 82000), das aus zwei Komponenten aufgebaut ist und vom Erreger der Cholera *Vibrio cholerae* gebildet wird. Während die aus 5 Untereinheiten (M_r ~ 11600) aufgebaute Komponente B für die Anheftung des C. an das entsprechende tierische Gewebe verantwortlich ist, besitzt die Komponente A (M_r ~ 24000) die Aktivität einer ADP-Ribosyl-Transferase, die den Selbstinaktivierungsmechanismus der α_s-Untereinheit des ↗ G-Proteins inhibiert, wodurch der für die Cholera typische extreme Durchfall mit potentiell letalen Folgen verursacht wird.

Cholestan, ↗ Steroide.

Cholesterin, ***Cholesterol***, ***Cholest-5-en-3β-ol***, farblose, in Chloroform sehr gut, in Ethanol mäßig lösliche, in Wasser fast unlösliche Kristalle; F. 147 bis 150 °C (wasserfrei), $[\alpha]_D$ –31 °C. C. ist das vorherrschende Sterol der Wirbeltiere, es ist aber auch

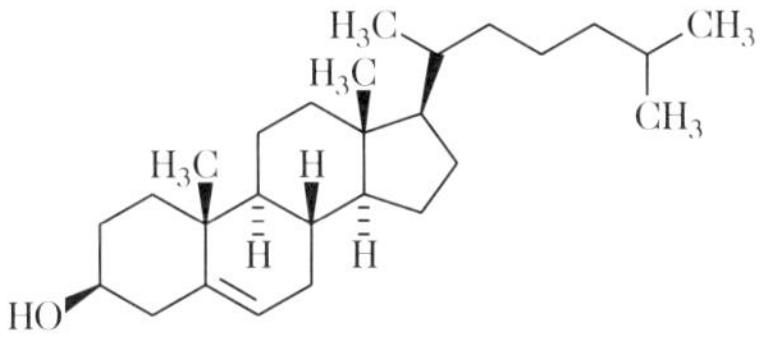

in Wirbellosen enthalten. Es kommt in freier Form in menschlichen Gallensteinen sowie in den biologischen Membranen vor. Im menschlichen Serum ist C. zu etwa 200 mg/100 ml enthalten, davon sind etwa 70 % mit Fettsäuren verestert. Bei der Arteriosklerose kommt es zu einer verstärkten Einlagerung von C. in die Gefäßwände. Der Serumcholesterinspiegel kann durch Lipidsenker gesenkt werden. C. wird durch Extraktion mit Dichlorethan aus Rinderhirn gewonnen. Etwa 10 bis 17 % der getrockneten Hirnmasse bestehen aus C. Zur Isolierung von C. eignen sich ferner Gallensteine, Wollfett und tierisches Rückenmark. Eine Reinigung des C. ist über die Bildung des Dibromids durch Addition von Brom an die Doppelbindung und anschließende Abspaltung des gebundenen Broms mit Zink bzw. über eine Ausfällung als Digitonid (↗ Digitonin) möglich. C. wird als Emulgator unter anderem zur Salbenherstellung eingesetzt. Es dient als Ausgangsprodukt für die Partialsynthese von Steroidhormonen sowie zur Darstellung des Cholecalciferols, mit dem es eine Additionsverbindung bildet.

cholesterinisch, ↗ flüssige Kristalle.

Cholin, 2-Hydroxyethyl-ammoniumhydroxid $[(CH_3)_3N^+–CH_2–CH_2–OH]OH^-$, der basische Bestandteil des in der Natur weitverbreiteten Phosphatidylcholins (Lecithin).

Cholinergika, ↗ Parasympathikomimetika.

Cholsäure, ***3α,7α,12α-Trihydroxycholansäure***, verbreitetste Gallensäure. C. bildet farblose Kristalle (aus Ethanol); F. 196 bis 197 °C (wasserfrei). $[\alpha]_D$ + 35° (Ethanol), schwer löslich in Wasser, gut löslich in wäßrigem Ethanol oder Ether. Die Alkalisalze sind leicht in Wasser löslich. C. ist in der Menschen- und Rindergalle als Glyco- und Tauro-Konjugat enthalten, aus denen sie durch alkalische Hydrolyse freigesetzt werden kann.

Chondroitin, ein zu den sauren Mucopolysacchariden gehörendes Copolymer aus β(1→3)D-Glucuronsäure und β(1→4)*N*-Acetyl-D-galactosamin. *Chondroitin-4-* und *Chondroitin-6-sulfat* sind Hauptbe-

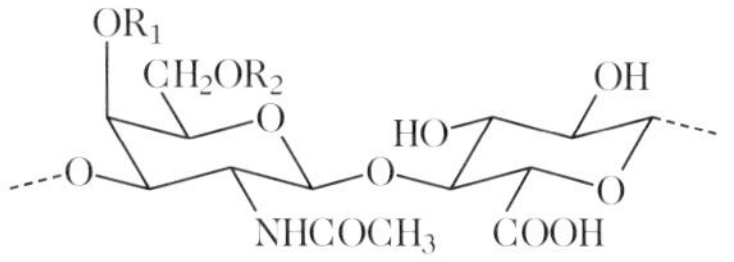

standteile der Bindegewebsgrundsubstanz des Knorpels und der Knochen. Die Chondroitinsulfate sind aufgrund ihrer Schwefelsäuremonoestergruppen sehr hydrophil und stark sauer. Sie liegen als freie Säuren und als Natriumsalze als Helices vor, wie aus Röntgenbeugungsuntersuchungen hervorging.

Chondrosamin, ↗ Galactosamin.

Choriongonadotropin, engl. ***human chorionic gonadotropin***, Abk. ***HCG***, ein in den ersten Wochen der Schwangerschaft gebildetes Proteohormon der Placenta. C. ist ein aus zwei Untereinheiten aufgebautes Glycoprotein (α-Kette 92, β-Kette 139 Aminosäurebausteine). C. ist für die Auslösung des Eisprungs, die Bildung des Gelbkörpers sowie der interstitiellen Zellen des Testikels verantwortlich. Der Nachweis des C. im Harn ist die Grundlage der Schwangerschaftsdiagnose nach Aschheim und Zondek.

Chorionmammotropin, engl. ***human chorionic somatomammotropin***, Abk. ***HCS***, ein in der Placenta gebildetes Proteohormon mit 190 Aminosäurebausteinen und zwei intrachenaren Disulfidbrücken. Es besitzt strukturelle Ähnlichkeit mit dem Somatotropin. Das insbesondere gegen Ende der Schwangerschaft ausgeschüttete C. hat etwa die gleiche Wirkungsweise wie das Somatotropin und das Prolactin.

Chrom, Symbol *Cr*, chem. Element aus der VI. Nebengruppe des Periodensystems, der ↗ Chromgruppe, Schwermetall; *Z* 24, Massenzahlen der natürlichen Isotope 52 (83,76 %), 53 (9,55 %), 50 (4,31 %), 54 (2,38 %), Atommasse 51,996, Wertigkeit verbreitet II, III, VI, daneben auch V, IV, I, 0, D. 7,14 g cm^{-3}, F. 1875 °C, Kp. 2672 °C, elektrische Leitfähigkeit 7,75 Sm/mm^2, Standardelektrodenpotential (Cr/Cr^{3+}) –0,744 V.

Eigenschaften. C. ist ein silberweißes, in reiner Form zähes, dehn- und schmiedbares, im kubischraumzentrierten Gitter kristallisierendes Metall. Bereits geringe Mengen an Verunreinigungen, z. B.

Sauerstoff, erhöhen die Härte von C. und führen zu Sprödigkeit. Sehr feinverteiltes C. ist pyrophor. Das kompakte Metall ist demgegenüber chemisch recht widerstandsfähig, es wird weder durch Luft noch durch Wasser merklich oxidiert. Bei hohen Temperaturen verbindet sich C. mit Nichtmetallen wie Sauerstoff, Halogenen, Stickstoff, Bor oder Phosphor. Von Alkalihydroxidschmelzen wird es oberhalb 600 °C angegriffen. Das Verhalten von C. gegenüber Säuren hängt von seiner Vorbehandlung ab. Taucht man C. in Lösungen starker Oxidationsmittel, wie Salpeter- oder Chromsäure, oder oxidiert man es anodisch, so erfährt es infolge der Bildung einer dünnen, zusammenhängenden Chromoxidschutzschicht eine Passivierung, die sich in einer Erhöhung des Normalpotentials auf +1,3 V äußert. Passiviertes C. ist damit in verd. Säuren nicht löslich. Die Passivierung wird aufgehoben, wenn man passiviertes C. als Kathode schaltet oder es in eine reduzierende Lösung eintaucht. Oxidierende Säuren greifen C. aufgrund des geschilderten Passivierungsprozesses in der Kälte nicht und beim Erwärmen nur wenig an.

In seinen Verbindungen tritt C. vor allem zwei-, drei- und sechswertig auf. Weitere Oxidationsstufen sind +4 und +5, starke Komplexbildner, wie Dipyridyl oder Kohlenmonoxid, vermögen auch niedere Wertigkeitsstufen +1, 0, −1, −2 zu stabilisieren. Chrom(VI)-Verbindungen stellen starke Oxidationsmittel dar, während Chrom(II)-Verbindungen reduzierende Eigenschaften haben.

Analytisches. Zur Vorprobe auf C. werden die Oxidationsschmelze (in Anwesenheit von C. Gelbfärbung infolge Chromatbildung) sowie die Phosphorsalz- oder Boraxperle (Grünfärbung in Gegenwart von C.) eingesetzt. Alkalilaugen oder Ammoniak fällen aus Chrom(III)-salzlösungen graugrünes Chromoxidhydrat, das im alkalischen Medium mit starken Oxidationsmitteln zu gelben Chromaten(VI) oxidiert werden kann. Der qualitativen Charakterisierung von Chromaten dient die Überführung in blaues Chromperoxid CrO_5 durch Schütteln mit Wasserstoffperoxid und Ether. Gravimetrisch wird C. als Chrom(III)-oxid oder Bariumchromat(VI) bestimmt. Chromate(VI) können mittels iodometrischer Titration nachgewiesen werden.

Chrom ist vor allem in seinen sechswertigen Verbindungen äußerst giftig. Chrom(VI)-oxid, Chromsäure, Chromylchlorid, Chromate, Dichromate und auch Chromstaub rufen eine tiefgreifende, chronische Verätzung der Schleimhäute und der Haut hervor. So treten bei häufigem Hantieren mit Chromatlösungen schwerheilende Hautgeschwüre (Chromgeschwüre, Chromekzeme) auf. Durch eingeatmeten Chrom- oder Chromatstaub werden Geschwüre in der Nasenschleimhaut, Katarrhe der tieferen Atemwege und Lungengeschwüre hervorgerufen. Beim Verschlucken von Chromatlösungen treten schwere Verätzungen des Magen-Darm-Kanals und Nierenschädigungen ein. 0,6 g vom Magen aufgenommenes Chrom(VI)-oxid wirken tödlich.

Als Schutzmaßnahme gegen chronische Vergiftungen empfiehlt sich das Tragen von Gummihandschuhen und Atemmasken sowie eine gute Belüftung des Arbeitsraumes. Bei akuten inneren Verätzungen wird der Magen ausgespült, anschließend werden Milch und Magnesiamixtur eingeflößt.

Vorkommen. C. ist am Aufbau der Erdkruste mit $6{,}4 \cdot 10^{-3}$ % beteiligt. Das wichtigste Chromerz ist Chromit (Chromeisenstein) $FeCr_2O_4$. Ein seltenes Chrommineral ist Krokoit (Rotbleierz) $PbCrO_4$. C. kommt in Boden und Pflanzen als Spurenelement in wechselnden Mengen (um 200 bzw. 2 ppm) vor. Während Chrom(VI) in Form des Chromats CrO_4^{2-} als mutagener und cancerogener Stoff erkannt worden ist, stellt das Metall in seiner in wäßriger Lösung stabilsten Oxidationsstufe +III ein essentielles Spurenelement dar, dessen Mangelerscheinung eine Glukose-Intoleranz mit Diabetes-ähnlichen Symptomen ist.

Gewinnung. Durch Flotation angereicherter und feingemahlener Chromit wird unter Zusatz von Natriumcarbonat und Calciumoxid in Flamm- oder Drehrohröfen unter Luftzutritt bei 1000 bis 1300 °C zu Natriumchromat oxidiert: $2\ FeCr_2O_4 + 4Na_2CO_3 + {}^7/_2\ O_2 \rightarrow 4\ Na_2CrO_4 + Fe_2O_3 + 4\ CO_2$. Das Reaktionsgut wird nach Abkühlung mit einer Natriumcarbonatlösung extrahiert, Schwefelsäurezusatz oder CO_2-Zufuhr überführt Natriumchromat in Natriumdichromat, das beim Eindampfen als Dihydrat $Na_2Cr_2O_7 \cdot 2\ H_2O$ anfällt. Reduktion mit Schwefel oder Kohle führt zu Chrom(III)-oxid, aus dem man aluminothermisch C. gewinnt: $Cr_2O_3 + 2\ Al \rightarrow Al_2O_3 + 2\ Cr$. Das bei der aluminothermischen Reaktion anfallende geschmolzene Aluminiumoxid ist als »künstlicher Korund« ein vorzügliches Schleifmittel und bedingt z. T. die Wirtschaftlichkeit des Verfahrens. Zur Herstellung von sehr reinem C., werden Chromsäure- oder Chrom(III)-salzlösungen elektrolytisch reduziert; und das entstandene C, das bei Zimmertemperatur bis zu 60 Raumteile Wasserstoff gelöst enthält, wird durch Erhitzen im Hochvakuum entgast. Zur Herstellung von reinstem Chrom bedient man sich des Aufwachsverfahrens, bei dem Elektrolytchrom über die Bildung und thermische Zersetzung von Chrom(III)-iodid einer weiteren Reinigung unterworfen wird. Die technisch wichtige Chrom-Eisen-Legierung *Ferrochrom* wird durch ein elektrothermisches Verfahren unter Kokszusatz aus Chromit hergestellt.

Verwendung. C. dient zum Verchromen anderer Metalle als wirksamer Schutz gegen oxidativen Angriff. Im breiten Umfang wird es zur Herstellung von Legierungen verwendet; es ist Hauptlegierungselement der ↗ Chromlegierungen und wird auch z. B. Nickellegierungen und ↗ Superlegierungen beigemengt. Geringe Zusätze von C. zu Kupfer ergeben aushärtungsfähige Legierungen guter elektrischer Leitfähigkeit. C. dient ferner als Legierungselement für Schneidmetalle.

Chromacetate, *Chrom(II)-acetat*, $Cr_2(CH_3COO)_4 \cdot 2\,H_2O$, rote, monokline, diamagnetische Kristalle. Der Zweikernkomplex weist neben zweizähnigen terminalen Acetatliganden Acetatbrücken und eine direkte Cr-Cr-Wechselwirkung auf. Die Verbindung ist in kaltem Wasser und Alkohol nur wenig löslich. Man erhält sie durch Vereinigung von Chrom(II)-chlorid mit Natriumacetat in Wasser und verwendet sie im Laboratorium als starkes Reduktionsmittel.

Chrom(III)-acetat, genauer *Hexaquochrom(III)-acetat*, $[Cr(H_2O)_6](CH_3COO)_3$, blauviolette, nadelförmige Kristalle. Man erhält das Acetat durch Auflösen von frischgefälltem Chrom(III)-oxid-Hydrat in Eisessig und verwendet es als Beize im Zeugdruck und zum Fixieren von Vigoreux-Farbstoffen.

Chromalaun, ↗ Kaliumchrom(III)-sulfat.

Chroman, *Dihydrobenzo[b]pyran*, ein Hydrierungsprodukt des Chromens. C. ist ein pfefferminzartig riechendes Öl, das mit Wasserdampf flüchtig ist; F. 5 °C, Kp. 215 °C, n_D^{20} 1,5444. Es ist synthe-

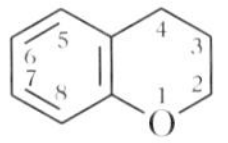

tisch durch Reduktion von *2H*-Chromen bzw. Chromon oder durch Erhitzen von 1-Chlor-3-phenoxypropan mit Zinn(IV)-chlorid zugänglich. Es ist als Grundgerüst in einer Reihe von Naturstoffen, wie Tocopherolen und Rotenoiden, enthalten.

Chromate, anionische Komplexe des Chroms. C. im engeren Sinne sind *Oxochromate(VI)*, die wiederum in *Monochromate*, $[CrO_4]^{n-}$ (n = 2 ... 4), *Dichromate (VI)*, $[Cr_2O_7]^{2-}$, und *Polychromate(VI)*, $[Cr_nO_{3n+1}]^{2-}$ zu untergliedern sind. Monochromate(VI) sind, sofern das Kation die Farbe nicht beeinflußt, gelb gefärbt. Isolierte tetraedrische CrO_4-Einheiten enthalten auch schwarze oder blauschwarze Oxochromate(V), $M_3[CrO_4]$, sowie blauschwarze Oxochromate(IV), $M_4[CrO_4]$. C.(VI) sind starke Oxidationsmittel. Mit Wasserstoffperoxid reagieren sie im alkalischen Medium unter Bildung von roten Peroxochromaten(V), $[M(O_2)_4]^{3-}$. Beim Ansäuern wäßriger Lösungen von Monochromaten entstehen über Kondensationsreaktionen Dichromate, $M_2Cr_2O_7$: $2\,CrO_4^{2-} + 2\,H^+ \rightleftharpoons Cr_2O_7^{2-} + H_2O$.

Die in Wasser leicht löslichen Dichromate sind orange bis rot gefärbt, schwer löslich ist z. B. das dunkelrote Silberdichromat, $Ag_2Cr_2O_7$. Auch Dichromate sind starke Oxidationsmittel; mit Wasserstoffperoxid entstehen blaue Peroxochromate(VI), $[HCrO_6]^-$. Weitere Erhöhung der Acidität der Dichromatlösungen führt über Tri- und Tetrachromat zu Polychromaten der allg. Formel $M_2Cr_nO_{3n+1}$, während als Endprodukt dieser Kondensationsreaktion in stark saurem Medium Chrom(VI)-oxid gebildet wird. Alle Chromate(VI) sind sehr giftig (↗ Chrom). Von technischer Bedeutung sind vor allem Natriummono- und -dichromat, die vielfach auch als Ausgangsstoffe für weitere C. dienen.

Wichtige Verbindungen sind die Chromate(III), besonders die Hexahydroxochromate(III), $M_3[Cr(OH)_6]$, die bei Reaktionen von Chromoxid-Hydrat mit starken Laugen gebildet werden. Zu den Chromaten(III) gehören ferner Acidokomplexe, z. B. Hexaisothiocyanato- und Hexacyanochromat(III), $[Cr(NCS)_6]^{3-}$ bzw. $[Cr(CN)]_6^{3-}$, und anionische Chromiake, z. B. $[CrAc_4(NH_3)_2]^-$.

Chromatieren, ein Korrosionsschutzverfahren, das auf der Behandlung von Metallen (besonders Zink und Cadmium) mit schwefelsauren Chromatlösungen beruht. Dabei bilden sich auf der Metalloberfläche Chromate enthaltende Deckschichten.

Chromatin, ↗ Nucleinsäuren.

Chromatofokussierung, der isoelektrischen Fokussierung analoge säulenchromatographische Methode zur Isolierung von Proteinen unter Ausnutzung des ↗ isoelektrischen Punktes. Die C. arbeitet ohne elektrisches Feld mit einem linearen pH-Gradienten, der durch Titration mit einem Puffer niedrigen pH-Wertes auf einem Ionenaustauscher in der Säule erzeugt wird. Aufgetragene Proteine werden zu scharfen Banden fokussiert und von der Säule eluiert. Mit der C. lassen sich Proteine mit isoelektrischen Punkten zwischen pH 11 und 4 trennen.

Chromatogramm, Fixierung der mittels ↗ Chromatographie getrennten Komponenten in der Säule oder auf der Schicht (*inneres C.*) oder graphische Darstellung des Detektorsignals der getrennten Komponenten als Konzentrationsmaß gegen die Zeit (*äußeres C.*).

Chromatographie, physikalisch-chem. Verfahren zur analytischen oder präparativen Trennung eines Stoffgemisches zwischen zwei miteinander nicht mischbaren Phasen. Die C. findet Anwendung als ↗ Adsorptionschromatographie, ↗ Verteilungschromatographie, ↗ Ionenchromatographie, ↗ Permeationschromatographie oder ↗ Affinitätschromatographie. Die Trennung beruht auf der unterschiedlichen Wanderungsgeschwindigkeit verschiedener Teilchenarten in einer *mobilen Phase* entlang der Trennstrecke aufgrund unterschiedlicher Verweilzeiten an einer *stationären Phase*. Durch kontinuierlichen Substanz- und Wärmeaustausch zwischen beiden Phasen und der Verknüpfung eines primären

Trenneffektes mit kinetischen Erscheinungen erfolgt die Stofftrennung. Nach dem Aggregatzustand sind folgende Trennphasenkombinationen möglich: *Flüssig-Fest-Chromatographie* (engl. *l*iquid-*s*olid-*c*hromatography, Abk. *LSC*), *Flüssig-Flüssig-Chromatographie* (engl. *l*iquid-*l*iquid-*c*hromatography, Abk. *LLC*), *Gas-Fest-Chromatographie* (engl. gas-solid-chromatography, Abk. *GSC*) und *Gas-Flüssig-Chromatographie* [engl. gas-*l*iquid-chromatography, Abk. *GLC*). Entsprechend der geometrischen Gestaltung der Trennstrecke unterscheidet man *Säulenchromatographie* und *Schicht-* bzw. *Flachbettchromatographie*. Die Chromatogrammentwicklung erfolgt nach der ↗ Elutionstechnik, ↗ Verdrängungstechnik oder ↗ Frontaltechnik. Der Anwendungsbereich der C. liegt im Molekülmassenbereich von 10^1 bis 10^{15}.

Theorie. Die C. besteht aus einer vielfachen Wiederholung eines *Trennprozesses* als die einer Trennfunktion gehorchende Verteilung einer Substanz zwischen stationärer und mobiler Phase. Als *Trennfunktion* kommen in erster Linie Adsorptionsisothermen, Verteilungs- oder Austauschgleichgewichte in Frage. Zur mathematischen Behandlung des Trennprozesses dienen Modelle, die durch Abstraktion eine gewisse Vereinfachung darstellen.

Die *Theorie der Böden* beschreibt die Trennstrecke als aus aneinandergereihten Abschnitten bestehend, die auch als *theoretische Böden* bezeichnet werden und deren Länge bzw. Höhe HETP (engl. *h*eight *e*quivalent to one *t*heoretical *p*late) genannt wird. Entsprechend der Trennstufenhöhe und der Länge einer Trennstrecke ergibt sich die theoretische Bodenzahl n, die der Retentionszeit direkt und der Breite des Analogsignals (Peak) umgekehrt proportional ist.

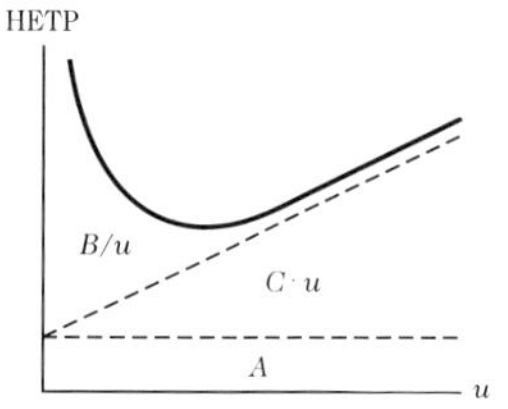

Chromatographie:. Abb.: Van-Deemter-Kurve.

Der dynamischen Theorie liegt die *Van-Deemter-Gleichung* zugrunde: HETP = $A + B/u + C\,u$, in der die durch die Beschaffenheit der stationären Phase bedingte Streudiffusion A, die Diffusion in der mobilen Phase B sowie Diffusion und Stoffaustausch zwischen mobiler und stationärer Phase C in Abhängigkeit von der linearen Strömungsgeschwindigkeit u der mobilen Phase diskutiert werden (Abb.).

Chromatometrie, Methode der Redoxanalyse, bei der Chromat- oder Dichromat-Ionen als Titrator verwendet werden. Diese sind in saurer Lösung mit einem Normalpotential E_0 = +1,36 V ein etwas schwächeres Oxidationsmittel als Bromat-, Cer(IV)- oder Permanganat-Ionen. Dennoch hat die C. einige Vorteile. Die Maßlösungen lassen sich aus der Urtitersubstanz Kaliumdichromat einfach herstellen und sind unbegrenzt titerbeständig. Durch Chlorid-Ionen wird die C. nicht gestört. Der Endpunkt der Titrationen kann bei der C. mit Hilfe der reversiblen Redoxindikatoren Diphenylamin und Diphenylamin-4-sulfonsäure ermittelt werden, aber auch elektrochemisch, z. B. mit der ↗ Potentiometrie.

Chrombeizenfarbstoffe, eine Gruppe von ↗ Beizenfarbstoffen. Zu ihr gehören die Echtchrom-, Bichromin-, Anthracylchrom-, Azidolchrom-, Chromoxan-, Metachrom-, Eriochrom- und Säurechromfarbstoffe.

Chromcarbide. *Trichromdicarbid*, Cr_3C_2, graue, rhombische, harte und spröde Verbindung, D. 6,68 g cm^{-3}, F. 1890 °C, Kp. 3800 °C. Cr_3C_2 ist sehr korrosionsbeständig, es wird selbst von hochkonz. und stark oxidierenden Säuren sowie von Laugen kaum angegriffen. Alkalischmelzen überführen es dagegen in Gegenwart von Sauerstoff in Chromat und Carbonat. Cr_3C_2 wird durch Erhitzen von Chromoxid mit Kohle hergestellt. Es zählt zu den verschleißfestesten Stoffen und dient zur Herstellung von Sinterhartmetallen. In Chromstählen tritt *Heptachromtricarbid*, Cr_7C_3 auf, das silberglänzende hexagonale Kristalle bildet, D. 6,92 g cm^{-3}, F. 1650 °C.

Chromcarbonyl, *Hexacarbonylchrom(0)*, $[Cr(CO)_6]$, farblose, stark lichtbrechende, orthorhombische Kristalle, D. 1,77 g cm^{-3}. C. sublimiert bereits bei Raumtemperatur langsam; im Einschmelzrohr erhitzt, schmilzt es bei 140 bis 150 °C. Man gewinnt C. durch Umsetzung von Chrom(III)-chlorid, Aluminium und Aluminiumchlorid in Benzol unter Einpressen von Kohlenmonoxid unter 30 MPa Druck. Es wird zur Vergütung von Metalloberflächen, als Treibstoffzusatz sowie als Katalysator bei der Oxosynthese und bei Polymerisationsprozessen eingesetzt.

Chromchloride. *Chrom(II)-chlorid*, *Chromdichlorid*, $CrCl_2$, farblose, seidenglänzende Nadeln, D. 2,878 g cm^{-3}, F. 824 °C. $CrCl_2$ ist ein starkes Reduktionsmittel. Nimmt leicht gasförmiges Ammoniak auf unter Bildung von $[Cr(NH_3)_6]Cl_2$ und reagiert mit Chlorid-Ionen zu Tetrachlorochromat(II), $[CrCl_4]^{2-}$. Man gewinnt $CrCl_2$ durch Reduktion von Chrom(III)-chlorid mit Wasserstoff bei 600 °C oder durch Umsetzung von Chrom mit Chlorwasserstoff bei 700 °C. In wäßriger Lösung dient es zur Adsorption von Sauerstoff, z. B. in der Gasanalyse.

Chrom(III)-chlorid, *Chromtrichlorid*, $CrCl_3$, rotviolette, glänzende, hexagonale Kristallblättchen, D. 2,76 g cm^{-3}, F. ≈ 1150 °C. Im Chlorstrom sublimiert $CrCl_3$ bei 600 °C und zerfällt in Abwesenheit von Chlor in diesem Temperaturbereich in $CrCl_2$ und Chlor. Im Kristallgitter von $CrCl_3$ liegt eine kubisch dichteste Packung von Chlorid-Ionen vor, wobei $^2/_3$ der oktaedrischen Lücken zwischen jeder zweiten Cl-Doppelschicht mit Cr^{3+}-Ionen ausgefüllt sind. Dieser Schichtenstruktur verdankt $CrCl_3$ seine Verwendung als Schmiermittel. Beim Erhitzen an der Luft bildet sich Chrom(III)-oxid, während bei Reaktion mit Schwefelwasserstoff, Phosphorwasserstoff und Ammoniak bei erhöhter Temperatur Chrom(III)-sulfid, -phosphid oder -nitrid entstehen. Reines $CrCl_3$ ist in Wasser unlöslich. In Gegenwart von Spuren Chrom(II)-Salz löst es sich dagegen mit exothermer Reaktion unter Hydratkomplexbildung mit dunkelgrüner Farbe. Die Lösung färbt sich beim Stehen langsam heller blaugrün, um schließlich eine Violettfärbung anzunehmen. Dieser Farbwechsel steht in Zusammenhang mit der Bildung hydratisomerer Chrom(III)-Komplexe, von denen z. B. $[CrCl_2(H_2O)_4]Cl \cdot H_2O$ (dunkelgrün), $[CrCl(H_2O)_5]Cl_2 \cdot H_2O$ (hellgrün) und $[Cr(H_2O)_6]Cl_3$ (violett) isolierbar sind. Man gewinnt $CrCl_3$ durch chlorierenden Aufschluß von Chromit in Gegenwart von Kohle bei 900 bis 1050 °C mit nachfolgender fraktionierter Kondensation von $CrCl_3$ und $FeCl_3$. Zur Darstellung im Labormaßstab wird Chrom mit Chlor bei Rotglut zur Reaktion gebracht. Man verwendet $CrCl_3$ zur Herstellung von hochreinem Chrom und anderen Chromverbindungen, ferner als Beize in der Baumwollfärberei und beim Verchromen.

Chrom(IV)-chlorid, $CrCl_4$, ist als Feststoff nicht existenzfähig, läßt sich aber in der Dampfphase im Gleichgewicht mit $CrCl_3$ nachweisen: $2\,CrCl_3 + Cl_2 \rightleftharpoons 2\,CrCl_4$.

Chromene, Benzo[*b*]pyrane, mit einem Benzolring anellierte Pyrane, von denen mehrere Konstitutionsisomere existieren:

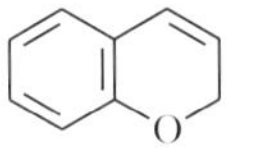

2*H*-Chromen

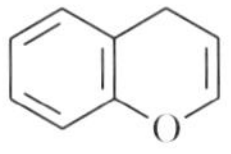

4*H*-Chromen

Vom 2*H*-Chromen leiten sich das ↗ Cumarin, vom 4*H*-Chromen das ↗ Chromon und von diesem wiederum die ↗ Flavone, gelbe Blütenfarbstoffe, ab. Die Hydrierung der Doppelbindung im Pyranring des C. ergibt Chroman, das solchen Naturstoffen wie ↗ Tocopherol (Vitamin E) und den ↗ Rotenoiden (pflanzliche Insektizide) zugrunde liegt. Die Dehydrierung von C. liefert ↗ Chromyliumsalze, die die Grundkörper der Anthocyanidine (rote und blaue Naturfarbstoffe) darstellen.

Chromentwicklungsfarbstoffe, ↗ Beizenfarbstoffe.

Chromfluoride. *Chrom(III)-fluorid*, *Chromtrifluorid*, CrF_3, grüne, nadelförmige, rhombische Kristalle, D. 3,78 g cm^{-3}, F. oberhalb 1000 °C, Sbp. 1100 bis 1200 °C. In wäßriger Lösung hergestelltes CrF_3 kristallisiert mit 3 bis 9 mol Kristallwasser. Diese Hydrate liegen je nach den Herstellungsbedingungen in verschiedenen isomeren Formen vor, z. B. als violette Hexaquochrom(III)-fluorid-Hydrate $[Cr(H_2O)_6]F_3 \cdot nH_2O$, als grüne Fluoroaquochrom(III)-fluorid-Hydrate $[CrF_n(H_2O)_{6-n}]F_{3-n} \cdot mH_2O$ oder als grünes Fluoroaquochrom(III) $[CrF_3(H_2O)_3]$. Man gewinnt CrF_3 durch Erhitzen von Chrom(III)-chlorid im Fluorwasserstoffstrom bei 600 °C, die Hydrate durch Zugabe von Alkalifluoriden zu Chrom(III)-salzlösungen. Wasserhaltiges CrF_3 wird als Beize zum Färben und Bedrucken von Wolle, zum Schutz von Wolle vor Mottenfraß und zum Färben von Marmor verwendet.

Chrom(IV)-fluorid, CrF_4, grünschwarzer Feststoff, F. 277 °C, der durch Einwirkung von Fluor auf Chrom oder Chrom(III)-chlorid bei 300 bis 350 °C gebildet wird. Die Reaktion von Chrom mit Fluor unter Druck und erhöhter Temperatur führt zu feuerrotem Chrom(V)-fluorid, CrF_5, F. 30 °C, Kp. 117 °C, sowie zu dem sehr unbeständigen zitronengelben *Chrom(VI)-fluorid*, CrF_6, das im Vakuum bereits oberhalb −100 °C in CrF_5 übergeht.

Chromgelb, ein Pigment. In C. liegen Mischkristalle aus Bleichromat $PbCrO_4$, und Bleisulfat $PbSO_4$ vor. C. kommt in drei Modifikationen vor, und zwar in einer hellgelben rhombischen, einer dunkelgelben monoklinen und einer roten tetragonalen Form. Technische Bedeutung haben nur die gelben Formen. Ihre Tönung ist um so heller, je höher der Anteil an Bleisulfat ist. Das hellgelbe rhombische C. enthält über 50 % Bleisulfat. Zur Gewinnung von rhombischem C. gibt man zu sehr verd. Blei(II)-salzlösungen bei Temperaturen unter 40 °C eine schwefelsaure Lösung von Kaliumdichromat $K_2Cr_2O_7$; der Niederschlag wird im Vakuum bei 35 bis 50 °C getrocknet. Durch Variation der Ausgangssalze und des pH-Werts sowie durch verschiedenartige Zusätze zu der Fällösung ist die Farbe des C. vom hellsten Gelb bis zum Orange variierbar. Die Lichtechtheit von C. kann durch Ausfällen von Titandioxidhydrat $TiO_2 \cdot xH_2O$ und/oder Ceroxidhydrat $Ce_2O_3 \cdot x\ H_2O$ und Aluminiumsilicat $Al_2(SiO_3)_3$ auf das fertige Pigment bedeutend erhöht werden. Man verwendet C. als Pigment für Öl- und Druckfarben und Lacke, ferner zum Färben von Linoleum, Gummi und Papier sowie zur Herstellung von Chromgrün.

Chromgrün, Deckgrün, Druckgrün, Ölgrün, ein Pigment, ein Gemisch bestimmter Chromgelbsorten mit Berliner Blau. C. zeichnet sich durch gutes Deckvermögen aus. Es wird zur Herstellung von Druck-, Lack-, Leim- und Ölfarben sowie von Buntpapieren und Tapeten eingesetzt.

Chromgruppe, VI. Nebengruppe des Periodensystems. Die C. umfaßt die Metalle Chrom Cr, Molybdän Mo und Wolfram W. Die Elemente der C.

sind hochsiedende und hochschmelzende Schwermetalle, unter denen Molybdän und Wolfram aufgrund ähnlicher Atom- und Ionenradien einander besonders nahe stehen, Chrom engere Beziehungen zu den ihm im Periodensystem benachbarten Elementen der 3d-Reihe aufweist. Für Molybdän und Wolfram ist die Oxidationsstufe +6 typisch; Chrom(VI)-Verbindungen sind demgegenüber starke Oxidationsmittel. Die Metalle der C. bilden durch saure Eigenschaften gekennzeichnete Metall(VI)-oxide MO_3. Die Metallhexa- und –pentahalogenide, MX_6 bzw. MX_5, sind kovalente, leicht flüchtige, hydrolysierbare Verbindungen. Durch besondere Stabilität und Vielfalt sind Chrom(III)-Komplexe charakterisiert. Di- und Trihalogenide des Molybdäns und Wolframs weisen Clusterstrukturen auf. Mit CO bilden Metalle der C. Hexacarbonyle $M(CO)_6$.

Chromierfarbstoffe, ↗ Beizenfarbstoffe.

Chromkomplexe, Koordinationsverbindungen des Chroms, in denen das Zentralatom in den Oxidationsstufen –IV bis +VI auftreten kann. Die besonders häufigen und eingehend untersuchten, durch hohe kinetische Stabilität ausgezeichneten oktaedrischen Chrom(III)-komplexe werden durch das violette Hexaaquachrom(III)-Ion $[Cr(H_2O)_6]^{3+}$ ebenso repräsentiert wie durch die zahlreichen Chrom(III)-ammin-komplexe, die früher zusammenfassend als Chromiake bezeichnet wurden. Grundkörper dieser C. ist das Hexaamminchrom(III)-Ion $[Cr(NH_3)_6]^{3+}$, von dem sich weitere Vertreter mittels partiellen Austausches der Ammin- durch anionische oder Neutralliganden ableiten. Ein wichtiger Vertreter ist das *Reinecke-Salz trans*-$[Cr(NCS)_4(NH_3)_2]\cdot H_2O$, das in der qualitativen und quantitativen Analyse verwendet wird. Typische Chrom(II)-komplexe liegen im himmelblauen, luftempfindlichen Hexaaquachrom(II)-Ion $[Cr(H_2O)_6]^{2+}$ sowie in dem zweikernigen Chrom(II)-acetat $[Cr_2(OOCCH_3)_4(H_2O)_2]$ (mit Cr≡Cr -Vierfachbindung) vor. Die tetraedrische Konfiguration ist in den Oxochromaten des Typs $[CrO_4]^{n-}$ (n = 2 ... 4) gegeben, während starke Liganden, wie Dipyridin oder Kohlenmonoxid, niedere Oxidationsstufen des Chroms zu stabilisieren vermögen: $[Cr(dipy)_3]^n$ (n = 0, +1), $[Cr(CO)_6]$, $[Cr_2(CO)_{10}]^{2-}$, $[Cr(CO)_4]^{4-}$; ein wichtiger Repräsentant der Chrom(0)-Komplexe ist auch das ↗ Dibenzolchrom.

Chromlegierungen, Legierungen mit Chrom als Hauptlegierungselement gibt es nur in Verbindung mit Nickel mit geringen Mengen an Titan und Niob. Diese Verbindungen werden als ↗ Superlegierungen für Hochtemperaturanwendungen eingesetzt.

Chrom(III)-nitrat, $Cr(NO_3)_3\cdot nH_2O$, violette Kristalle mit nach Herstellungsbedingungen schwankendem Wassergehalt. Das wichtigste C. ist das purpurfarbene, monokline Hexaquochrom(III)-nitrat-Trihydrat, $[Cr(H_2O)_6](NO_3)_3\cdot 3\ H_2O$, F.60 °C. In Wasser ist es gut löslich. Die violette Lösung färbt sich beim Erhitzen infolge der Bildung hydratisomerer Spezies reversibel grün. Man gewinnt C. durch Auflösen von Chrom(III)-oxid-Hydrat in Salpetersäure und verwendet es als Beize im Zeugdruck und in der Färberei, als Korrosionsschutzmittel sowie bei der Herstellung alkalifreier Katalysatoren.

Chromogen, ↗ chromophore Gruppen.

Chromomycine, eine Gruppe von ↗ Antibiotika, die als Chromophor Chromomycinon und in zwei Seitenketten 5-Didesoxyzuckerreste enthalten. Durch Bindung an guaninhaltige DNA-Basenpaare blockieren C. die RNA-Polymerasereaktion an der DNA (*Matrizenblocker*). Die DNA-Synthese wird durch C. erst in hohen Konzentrationen gehemmt. C. sind sowohl gegen pro- als auch eukaryotische Zellen wirksam.

α-Chromon, ↗ Cumarin.

γ-Chromon, *4H-Benzo-1-pyran-4-on*, eine mit Cumarin isomere heterocyclische Verbindung. γ-C. bildet farblose Nadeln; F. 59 °C.

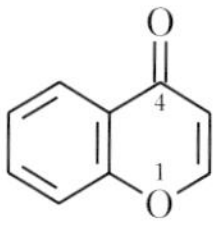

Es ist in Alkohol, Ether, Chloroform und Benzol löslich, in Wasser unlöslich. Vom γ-C. leiten sich die ↗ Flavone als Stammverbindungen zahlreicher Naturfarbstoffe ab. γ-C. ist synthetisch durch Kondensation von 2-Hydroxyacetophenon mit Ameisensäureester und Cyclisierung des entstandenen 3-(2-Hydroxyphenyl)-3-oxopropionaldehydes zugänglich.

Chromophore, ↗ chromophore Gruppen.

chromophore Gruppen, *Chromophore*, »Farbträger«, bestimmte ungesättigte Substituenten, die bei relativ einfachen Molekülen Farbigkeit hervorrufen. Führt man in eine organische Verbindung eine oder mehrere c. G. ein, so werden die Absorptionsbanden der entstehenden neuen Verbindung infolge Begünstigung mesomerer Zustände durch die π-Elektronen der c. G. im allg. mehr zum sichtbaren Spektralbereich verschoben, d. h., die betrachtete Verbindung wird farbig, sie bildet ein *Chromogen*. Typische c. G. sind z. B. die Nitrosogruppe –N=O, die Azogruppe –N=N–, die Carbonylgruppe ⟩C=O, die Thiocarbonylgruppe ⟩C=S und die Azomethingruppe ⟩C=N–.

Chromoproteine, zusammengesetzte Proteine, die als Nichtprotein-Komponente Chromophore enthalten. Zu den C. gehören unter anderem die Hämoproteine, Biliproteine, Flavoenzyme und Sehpigmente.

Chromorange, ein Pigment, Bleioxidchromat, $PbO\cdot PbCrO_4$, orangefarbene, tetragonale Kristalle; D. 6,9 g cm^{-3}. C. ist strukturidentisch mit dem roten Pigment *Chromrot*, Bleihydroxidchromat, $Pb(OH)_2\cdot$

$PbCrO_4$. Beide Pigmente sind in Wasser schwer löslich, jedoch leicht löslich in starken Säuren. Sie sind sehr lichtecht und alkalibeständig. Durch Schwefelwasserstoff werden sie infolge der Bildung von Bleisulfid PbS allmählich schwarz gefärbt. Man gewinnt C. und Chromrot technisch durch Kochen von Lösungen, die basische Bleisalze, Kaliumchromat und Natronlauge enthalten. Verwendet werden die beiden Pigmente für Ölfarben, Druckfarben und Lacke, ferner zum Färben von Linoleum, Gummi und Papier.

chromorganische Verbindungen, ***Organochromverbindungen***, zur Gruppe der ↗ elementorganischen Verbindungen gehörende Alkyl- und Arylchromverbindungen mit Cr-C-σ-Bindung sowie Chromkomplexe mit π-bindenden Liganden. Ein Vertreter der Chrom(IV)-alkyle ist das monomolekulare $Cr(CH_2C(Si(CH_3)_3)_3)_4$. Methylchrom(III)-derivate konnten in komplex-stabilisierter Form, z. B. $Li_3[Cr(CH_3)_6]\cdot 3$ Dioxan, hergestellt werden. Arylchrom(III)-Verbindungen, wie etwa $Cr(C_6H_5)_3\cdot 3$ THF, sind wesentlich stabiler. Das durch Umsetzung von $Cr(CO)_6$ mit NaC_5H_5 zugängliche *Chromocen*, $Cr^{II}(\eta^5\text{–}C_5H_5)_2$, ist paramagnetisch, isomorph mit ↗ Ferrocen, aber wesentlich reaktiver als dieses. Weitere c. V. mit Chrom in der Oxidationsstufe +II sind zweikernige, eine Cr≡Cr-Vierfachbindung enthaltende, Komplexe, wie z. B. $[Cr_2(CH_3)_8]^{4-}$ oder $[Cr_2((CH_2)_2P(CH_3)_2)_4]$. Ein recht stabiler und wichtiger Vertreter der c. V. mit Chrom in der Oxidationsstufe 0 ist ↗ Dibenzolchrom (Bis(η^6-benzol)-chrom(0)), $Cr(\eta^6\text{-}C_6H_6)_2$.

Chromosomen, im erweiterten Sinn die Bezeichnung für die Hauptträger der genetischen Information der Zellen. Der Begriff C. leitet sich von der Anfärbbarkeit der im Zellkern eukaryotischer Zellen vorhandenen X- oder Y-förmigen Partikel mit basischen Farbstoffen (griech. chroma ›Farbe‹, soma ›Körper‹) ab, die die Erbinformation in Form von Genen enthalten und durch identische Replikation (Reduplikation) an die nächste Zellgeneration weitergeben.

In prokaryotischen Zellen und in den Organellen (z. B. ↗ Mitochondrien) eukaryotischer Zellen ist die gesamte genetische Information auf einem einzigen Nucleinsäuremolekül (Einzel- oder Doppelstrang-DNA, RNA) – bei den Prokaryoten als ringförmige DNA-Doppelhelix – lokalisiert. In der eukaryotischen Zelle ist die genetische Information hingegen auf mehrere DNA-Doppelstrang-Moleküle verteilt. Zahl und Morphologie der C. sind artspezifisch. Die DNA eines menschlichen C.-Satzes (46 C., davon 2 Geschlechts-C.) enthält ca. 8 Mrd. Basenpaare.

Chromoxide. *Chrom(II)-oxid*, *Chrommonoxid*, CrO, schwarze, im Steinsalzgitter kristallisierende Verbindung. CrO entsteht bei der thermischen Zersetzung von Chromhexacarbonyl bei 200 bis 250 °C im Vakuum. Wird es auf höhere Temperaturen erhitzt, tritt Disproportionierung ein: $3\ CrO \rightarrow Cr + Cr_2O_3$.

Chrom(III)-oxid, Cr_2O_3, in Wasser unlösliche grüne Verbindung, die auch in schwarzen, metallisch glänzenden, harten, hexagonalen Kristallen auftritt; D. 5,21 g cm^{-3}, F. 2435 °C, Kp. etwa 4000 °C. Geglühtes Cr_2O_3 ist in Säuren und Laugen nur schwer löslich. Beim Abrauchen mit konz. Schwefelsäure erhält man Chrom(III)-sulfat, geschmolzene Alkalihydroxide reagieren mit Cr_2O_3 in Gegenwart von Oxidationsmitteln zu Chromaten(VI). Schmelzreaktionen mit Oxiden zweiwertiger Metalle führen zu Doppeloxiden vom Spinelltyp $MeO\cdot Cr_2O_3$, deren wichtigster Vertreter das Mineral Chromit (Chromeisenstein) $FeCr_2O_4$ ist. Im Laboratorium kann Cr_2O_3 durch thermische Zersetzung von Ammoniumdichromat gewonnen werden: $(NH_4)_2Cr_2O_7 \rightarrow Cr_2O_3 + 4\ H_2O + N_2$. In der Technik stellt man es durch Reduktion von Natriumdichromat mit Schwefel gemäß $Na_2Cr_2O_7 + S \rightarrow Cr_2O_3 + Na_2SO_4$ oder mit Kohle her: $Na_2Cr_2O_7 + 2\ C \rightarrow Cr_2O_3 + Na_2CO_3 + CO$. Kristallines Cr_2O_3 wird aus amorphen Präparaten durch Erhitzen auf 900 °C gewonnen. Das amorphe Cr_2O_3 ist ein unter den Bezeichnungen *Chromoxidgrün*, *Laubgrün* viel verwendetes Pigment, das sich durch außerordentliche Beständigkeit, starkes Färbevermögen, gute Deckkraft und Mischbarkeit auszeichnet. Man verwendet es zur Herstellung von Öl-, Lack- und Druckfarben.

Chrom(IV)-oxid, *Chromdioxid*, CrO_2 schwarze, im Rutilgitter kristallisierende, tetragonale Nadeln bildende Verbindung; D. 4,8 g cm^{-3}. Man erhält CrO_2 durch thermischen Abbau von CrO_3. Es ist ferromagnetisch und dient neben Eisen(III)-oxid als Magnettonträger in magnetischen Aufzeichnungsbändern sowie in Magnetkernen zur Informationsspeicherung.

Chrom(VI)-oxid, *Chromtrioxid*, CrO_3, lange, dunkelrote, nadelförmige, rhombische Kristalle, D. 2,70 g cm^{-3}, F. 196 °C. CrO_3 ist bereits bei seiner Schmelztemperatur merklich flüchtig. Es ist äußerst giftig (↗ Chrom). CrO_3 ist von hochpolymerer Struktur: Oberhalb 50 °C spaltet CrO_3 leicht Sauerstoff ab und geht über Zwischenstufen Cr_3O_8, Cr_2O_5, CrO_2 in Cr_2O_3 über. Infolge der leichten Sauerstoffabgabe ist es ein starkes Oxidationsmittel und reagiert mit oxidierbaren Stoffen z. T. explosionsartig. Methanol entzündet sich beim Auftropfen auf CrO_3 von selbst. Leitet man trockenes Ammoniak über CrO_3, tritt unter Feuererscheinung Oxidation zu Stickstoff ein: $2\ NH_3 + 2\ CrO_3 \rightarrow N_2 + Cr_2O_3 + 3\ H_2O$. CrO_3 reagiert mit viel Wasser zu gelber Chromsäure H_2CrO_4, während bei vermindertem Wasserzusatz gelblichrot bis rot gefärbte Polychromsäuren $H_2Cr_nO_{n+1}$ entstehen. Mit basischen Oxiden vereinigt sich CrO_3 je nach Molverhältnis zu Mono- oder Polychromaten. Zur Herstellung von CrO_3 werden konz. Alkalichromat- oder -dichromatlösungen mit konz. Schwefelsäure versetzt: $Na_2Cr_2O_7 + 2\ H_2SO_4 \rightarrow 2\ CrO_3 + 2\ NaHSO_4 + H_2O$. Sehr reine Präparate kann man durch Umkristallisation aus Chromylchlorid gewinnen. Man verwendet CrO_3 vor allem zur Oberflächenbehandlung von Metallen, ferner für Elektrolysebäder in der Galvanotechnik, als Oxidationsmittel in der präparativen Chemie, als Ätzmittel in der Medizin, zum Härten mikroskopischer Präparate, als Beizmittel in Färberei und Gerberei sowie zum Bleichen von Erdwachs.

Chrom(III)-oxid-Hydrat, $Cr_2O_3 \cdot xH_2O$, je nach Herstellungsbedingungen hellblaugrünes bis dunkelgrünes Pulver mit schwankendem Wassergehalt. Aus violetten Chrom(III)-salzlösungen durch Alkalizusatz gefällte Präparate entsprechen luftgetrocknet der Zusammensetzung $Cr(OH)_3(H_2O)_3$, daher wird C. verbreitet, jedoch unkorrekt auch als *Chromhydroxid* bezeichnet. Diese Präparate sind hellblaugrüne Pulver beschränkter Haltbarkeit, die beim Erwärmen oberhalb 50 °C unter Wasserabspaltung in sauerstoffverbrückte Mehrkernkomplexe übergehen. In Wasser ist C. schwer löslich. Als amphotere Verbindung löst es sich in Säuren unter Chrom(III)-salzbildung, mit starken Basen entstehen Hydroxochromate(III), $[Cr(OH)_6]^{3-}$. Wird frisch gefälltes C. gekocht oder längere Zeit unter Wasser aufbewahrt, erleidet es Alterungsprozesse und ist dann in Säuren oder Laugen nur schwer löslich. Beim Erhitzen geht C. unter Wasserabspaltung zunächst in amorphes Cr_2O_3 über, das sich beim Entfernen der letzten Wasserreste unter Aufglühen in das energieärmere kristalline Oxid umwandelt. Im Laboratorium wird C. durch Zugabe von Alkalisalzen zu Chrom(III)-salzlösungen erhalten. In der Technik gewinnt man es durch Reduktion von wäßriger Natriumdichromatlösung mit Natriumsulfid oder durch Hydrolyse des beim Zusammenschmelzen von Kaliumdichromat mit Borsäure bei Rotglut erhaltenen Chromtetraborats $Cr_2(B_4O_7)_3$. Man verwendet C. als Textilbeize und zur Herstellung anderer Chromverbindungen, vor allem aber aufgrund seiner hohen Beständigkeit gegenüber Wasser, Laugen, Licht und Witterungseinflüssen unter den Bezeichnungen *Chromoxidhydratgrün*, *Guignetgrün*, *Smaragdgrün* als Pigment zur Herstellung von Öl-, Lack-, Leim- und Wasserfarben sowie von *Viktoriagrün*; zur Erhöhung seines Deckvermögens wird es mit Schwerspat vermischt und dann als *Permanentgrün* bezeichnet.

Chromsäure, *Monochromsäure*, H_2CrO_4, nur in wäßriger Lösung und im Gleichgewicht mit Dichromsäure $H_2Cr_2O_7$ auftretende Säure: $2\ H_2CrO_4 \rightleftharpoons H_2Cr_2O_7 + H_2O$. Versucht man die Lösung zu konzentrieren, so verschiebt sich das Gleichgewicht auf die Seite der Dichromsäure, abzulesen an der Farbvertiefung vom Gelb der C. in das Orange der Dichromsäure. Weiterführende Kondensationsreaktionen verlaufen über Tri- und Tetra-Chromsäure, $H_2Cr_3O_{10}$, bzw. $H_2Cr_4O_{13}$ und weitere Polychromsäuren, $H_2Cr_nO_{3n+1}$ zu Chrom(VI)-oxid, dem Anhydrid der C. Ebenso wie Dichromsäure ist C. eine starke zweiprotonige Säure, deren Salze als ↗ Chromate bezeichnet werden. C. wirkt stark ätzend (↗ Chrom). Man erhält eine wäßrige Lösung von C. durch Auflösen von Chrom(VI)-oxid in viel Wasser.

Chromschwefelsäure, stark oxidierend wirkendes Gemisch von Kaliumdichromat und konz. Schwefelsäure, das im Laboratorium zum Reinigen von Glasgeräten eingesetzt wird. Man erhält C. als dunkelrotbraune, ölige Flüssigkeit durch Lösen von feingepulvertem, wasserfreiem Alkalidichromat in konz. Schwefelsäure, wobei sich neben Alkalihydrogensulfat stark oxidierend wirkendes Chrom(VI)-oxid bildet.

Man reinige mit Chromschwefelsäure unter Benutzung einer Schutzbrille sowie wegen der giftigen Chrom(VI)-oxid-Dämpfe nur unter einem Abzug. Bei Anwesenheit von Chloriden bildet sich das gleichfalls sehr giftige Chromylchlorid. Weiteres zur Giftigkeit ↗ Chrom.

Chromsulfate. *Chrom(II)-sulfat*, $CrSO_4 \cdot 7\ H_2O$, blaue Kristalle. Man erhält das Heptahydrat durch Reduktion einer schwefelsauren Chrom(III)-sulfatlösung mit Zink. Schwefelsaure Chrom(II)-sulfatlösungen werden in der Gasanalyse zur Absorption von Sauerstoff verwendet.

Chrom(III)-sulfat, $Cr_2(SO_4)_3$, rotviolettes Pulver, D. 3,012 g cm^{-3}, das sich in Wasser nur in Gegenwart von Reduktionsmitteln löst. Es bildet eine Reihe violetter und grüner Hydrate. Die violetten Hydrate der allg. Formel $[Cr(H_2O)_6]_2(SO_4)_3 \cdot n\ H_2O$ (n z. B. 1 ... 9, 12) bilden beim Erwärmen ihrer Lösungen schwerer lösliche grüne Hydratkomplexe, die Sulfatochrom(III)-Derivate, z. B. $[Cr(SO_4)(H_2O)_4]_2SO_4 \cdot 2\ H_2O$ darstellen, wobei z. T. infolge hydrolytischer Spaltung durch basische Chrom(III)-sulfate, z. B. Hydroxopentaquo-Chrom(III)-sulfat, gebildet wird. Wasserhaltiges Chrom(III)-sulfat wird durch Lösen von Chrom(III)-oxid-Hydrat in Schwefelsäure hergestellt und in gelatineartigen, dunkelgrünen, glänzenden Blättchen gehandelt. Die in der Gerberei in breitem Umfang eingesetzten basischen Chrom(III)-sulfate erhält man als Nebenprodukte bei der technischen Oxidation organischer Verbindungen mit Natriumdichromat oder auch durch Reduktion von Natriumdichromat mit Schwefeldioxid oder Melasse. Neutrales Chrom(III)-sulfat verwendet man zum Beizen von Baumwolle, zur Herstellung grüner Glasuren, Farben, Lacke und Tinten sowie in der Galvanotechnik.

Chromsulfide. *Chrom(II)-sulfid*, CrS, schwarze, hexagonale Kristalle, D. 4,85 g cm^{-3}, F. 1550 °C. CrS bildet sich aus den Elementen bzw. aus Chrom und Schwefelwasserstoff bei hohen Temperaturen.

Chrom(III)-sulfid, Cr_2S_3, braunschwarze, blättrige, hexagonale Kristalle, D. 3,77 g cm^{-3}, F. 1350 °C unter Schwefelabspaltung. Cr_2S_3 ist in Wasser nicht löslich, gegen Säuren ziemlich beständig, wird jedoch von oxidierenden Alkalischmelzen in Chromat(VI) übergeführt. Verschmilzt man Alkalisulfide mit Cr_2S_3, so bilden sich Alkalithiochromate(III), $M[CrS_2]$. Man erhält Cr_2S_3 nur auf trockenem Wege entweder aus den Elementen oder durch Einwirkung von Schwefelwasserstoff auf Chrom(III)-chlorid bei Rotglut: $2\ CrCl_2 + 3\ H_2S \rightleftharpoons Cr_2S_3 + 2\ HCl$.

Chromyliumsalze, ***Benzopyryliumsalze***, farbige Verbindungen, die durch Kondensation von Salicylaldehyd mit Aldehyden oder Ketonen in Gegenwart von Salzsäure und Eisen(III)-chlorid hergestellt werden. Bei Zugabe von Hydroxid-Ionen entstehen die farblosen 2-Hydroxy-α-chromene. Die in 2-Position mit dem Phenylrest substituierten C. heißen *Flavyliumsalze* (↗ Flavanoide).

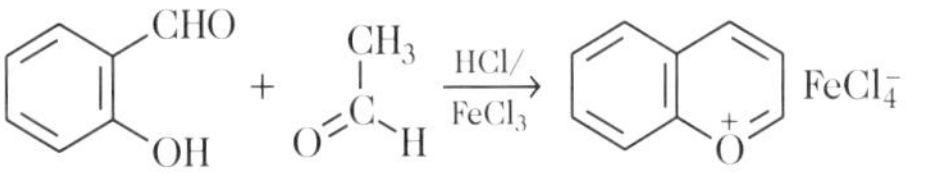

Chrysanthemin, ↗ Cyanidin.

Chrysanthenumsäure, (+)-*trans*-C., ein in verschiedenen Chrysanthemum-Arten (*Asteraceen*) vorkommende Säure vom Monoterpentyp, die als Ester Bestandteil der ↗ Pyrethrine ist.

Chrysen, ***Benzo[a]phenanthren***, ein kondensierter aromatischer Kohlenwasserstoff. C. bildet farblose, rotviolett fluoreszierende, rhombische Kristalle; F. 256 °C, Kp. 448 °C. Es ist unlöslich in Wasser,

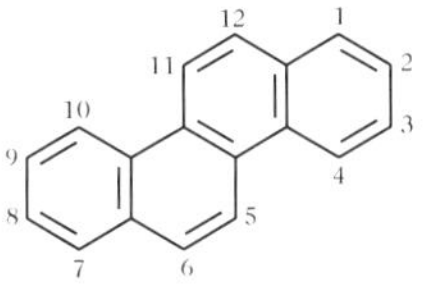

wenig löslich in Ethanol und Ether, löslich in siedendem Benzol. C. entsteht bei der trockenen Destillation von Kohle und bei der Pyrolyse von Fetten und Ölen. Es kann aus Steinkohlenteer isoliert und chromatographisch gereinigt werden. Synthetisch wird es durch Erhitzen eines Gemisches von Ethin und Wasserstoff auf 800 °C gewonnen. C. und seine Derivate gehören zu den cancerogenen Kohlenwasserstoffen.

Chrysin, ↗ Flavone.

Chrysolin, ↗ Echtgelb.

Chrysophanol, ↗ Anthraglycoside.

Chrysophenin®, ein gelber substantiver Diazofarbstoff. C. wird hergestellt durch Kupplung von diazotierter 4,4′-Diaminostilben-3,3′-disulfonsäure mit 2 mol Phenol und anschließende Ethylierung der phenolischen Hydroxygruppen mit Ethylbromid. C. ist gegen Alkalien beständig und zieht direkt auf Baumwolle, Wolle und Seide auf.

Chymotrypsin, eine zu den Serinproteasen gehörende Hydrolase, die als Endopeptidase Peptidbindungen nach aromatischen Aminosäurebausteinen und nach Leucin spaltet. Im Pankreas wird mit dem Chymotrypsinogen das proteolytisch inaktive Zymogen gebildet, das dann im Dünndarm in das aktive Enzym durch Herausspalten von zwei Dipeptiden mit Hilfe von Trypsin bzw. autokatalytisch umgewandelt wird, wobei unterschiedliche Formen des C. durchlaufen werden. Am bekanntesten ist das *α-C.*, das aus drei über Disulfidbrücken verknüpfte Ketten aufgebaut ist (241 Aminosäurebausteine, M_r ~ 25000), und mit His^{25}, Asp^{104} und Ser^{195} die für den Katalyseprozeß notwendige Triade enthält.

Cibaviolett 3 B, ↗ Indigofarbstoffe.

CIDEP, Abk. für *c*hemisch *i*nduzierte *d*ynamische *E*lektronen*p*olarisation, spezielle Technik der ↗ Elektronenspinresonanz-Spektroskopie.

CIDNP, chemisch induzierte dynamische Kernpolarisation, (Abk. von engl. *c*hemical *i*nduced *d*ynamic *n*uclear *p*olarization), verstärktes Auftreten von Emissions- oder Absorptionslinien im NMR-Spektrum (↗ NMR-Spektroskopie) während einer Radikalreaktion. Das Auftreten des CIDNP-Effektes wird als Beweis für das Vorliegen einer Radikalreaktion angesehen.

CI-Massenspektrometrie, Abk. für *c*hem. *I*onisationsmassenspektrometrie, ↗ chemische Ionisation.

Cimetidin, ↗ Antihistaminika.

Cinchonidin, ↗ Chinaalkaloide.

Cinchonin, ↗ Chinaalkaloide.

***cine*-Substitution,** ein Sonderfall der nucleophilen Substitution an Aromaten und Heteroaromaten, bei denen der neu eintretende Substituent nicht in die Position der Abgangsgruppe eintritt (↗ *ipso*-Substitution), sondern in die benachbarte Ringposition:

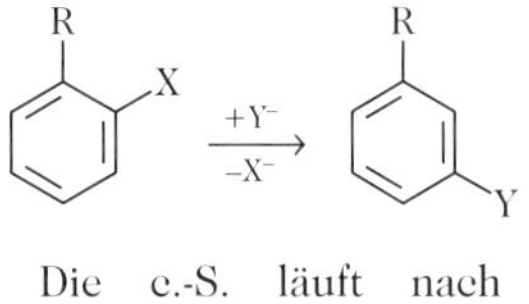

Die c.-S. läuft nach einem Eliminierungs-Additions-Mechanismus ab, wobei kurzlebige, nicht isolierbare Arine bzw. Hetarine auftreten, die jedoch durch Abfangreaktionen als Diels-Alder-Addukte nachgewiesen werden können.

Cinnamate, die Salze und Ester der ↗ Zimtsäure mit der allg. Formel C_6H_5–CH=CH–CO–OR, wobei R einwertige Metall-Ionen oder Ammonium-Ionen sowie Alkyl- oder Arylreste symbolisiert. Während die Salze kaum Bedeutung haben, werden zahlreiche Ester der Zimtsäure in der Parfümerie und Kosmetik eingesetzt, einige kommen in ätherischen Ölen vor. Ihre synthetische Herstellung erfolgt durch

Veresterung der Zimtsäure mit Alkoholen in der üblichen Weise oder durch Kondensation von Zimtaldehyd mit Essigsäureestern (↗ Claisen-Reaktion).

Ciprofloxazin, ↗ Gyrasehemmer.

Circulardichroismus, ↗ chiroptische Methoden.

Circuline, aus Rohextrakten des tropischen Baumes *Chassalia parvifolia* isolierte cyclische Peptide. Vom *C. A* mit 30 Aminosäurebausteinen und 3 intrachenaren Disulfidbrücken unterscheidet sich *C. B* nur in drei Aminosäuresubstitutionen und einem zusätzlichen C-terminalen Valinrest. C. besitzen gewisse Ähnlichkeiten mit den ↗ Defensinen.

cis, ↗ Stereoisomerie 1.2.3.

Cisplatin, *cis*-Diammin-dichloro-platin(II), ein planarer Komplex des zweiwertigen Platins, der wie ein bifunktionelles Alkylans wirkt, indem die Cl-Atome durch nucleophile Zentren von Nucleinsäuren substituiert werden. C. wird als Cytostatikum verwendet.

Citral, acyclischer Monoterpenaldehyd, farblose, dünnflüssige, optisch inaktive Flüssigkeit mit charakteristischem, zitronenähnlichem Geruch; Kp. 117 bis 119 °C bei 2,7 kPa. C. ist mindestens 75 % im Lemongrasöl enthalten, aus dem es technisch durch fraktionierte Destillation gewonnen wird.

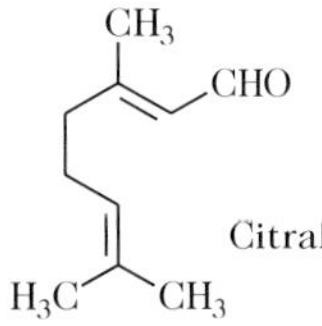

Citral a

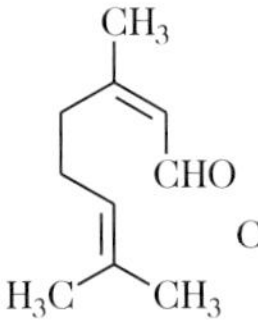

Citral b

Hauptbestandteil ist C. a (*Geranial*). Die Trennung von C. a und C. b (*Neral*) ist über das Hydrogensulfitaddukt möglich. C. a wird durch Oxidation von Geraniol, C. b durch Oxidation von Nerol erhalten. Die Synthese von C. geht von den acyclischen Monoterpenalkoholen Geraniol und Nerol oder Linalool aus. C. wird in der Riechstoffindustrie zur Parfümierung von Seifen und anderen Kosmetika sowie als Ausgangsprodukt zur Synthese der Jonone und des Vitamin A benötigt.

Citratcyclus, ↗ Citronensäure-Cyclus.

Citrate, die Salze und Ester der ↗ Citronensäure mit der allg. Formel $RO–OC–C(OH)(CH_2–CO–OR)_2$, wobei R einwertige Metall-Ionen oder Ammonium-Ionen bzw. Alkyl- oder Arylreste symbolisiert. Als dreibasige Säure kann Citronensäure saure und neutrale Salze und Ester bilden. Besondere Bedeutung haben die wasserlöslichen Alkalisalze. Die Natriumsalze, besonders das Dinatriumhydrogencitrat, werden zur Herstellung physiologischer Puffer verwendet. Sie haben außerdem blutgerinnungshemmende Wirkung und werden zur Herstellung von Blutkonserven eingesetzt. Sie dienen ferner als Puffermedien für Kosmetika, Lebensmittel und Kesselwasser. Mit Erdalkali-Ionen und anderen Metallen werden schwerlösliche C. gebildet.

Citronellal, $(CH_3)_2C{=}CH(CH_2)_2CH(CH_3)CH_2CHO$, acyclischer Monoterpenaldehyd. C. ist eine farblose Flüssigkeit mit melisseähnlichem Geruch; Kp. 205 bis 208 °C. C. kommt in ätherischen Ölen (meist als D-Form), in größeren Mengen im Citronellöl, vor. C. ist sehr empfindlich gegenüber Oxidationsmitteln und cyclisiert leicht zu *iso*-Pulegol. Es ist ein wichtiger Grundstoff der Riechstoffindustrie.

***β*-Citronellol,** $(CH_3)_2C{=}CH(CH_2)_2CH(CH_3)CH_2–CH_2OH$, acyclischer Monoterpenalkohol. C. ist eine farblose Flüssigkeit mit rosenartigem Geruch; Kp. 103 °C bei 1,3 kPa, in Wasser praktisch unlöslich, in Alkohol löslich. C. ist als Bestandteil von ätherischen Ölen weit verbreitet, es ist in größeren Mengen als L-Form im Rosenöl, als D, L-Form in Geraniumölen enthalten. C. wird in der Riechstoffindustrie verwendet. Es ist Hauptkomponente von Rosenkombinationen.

Citronellöl, ein farbloses, im Geruch an Zitronen und Melissen erinnerndes ätherisches Öl. Chemisch setzt sich das C. vor allem zusammen aus ↗ Geraniol (25 bis 45 %) und ↗ Citronellal (25 bis 54 %), ↗ Citral, ↗ Eugenol und ↗ Vanillin. C. wird durch Wasserdampfdestillation einiger Gräserarten gewonnen. Es wird in relativ großen Mengen hergestellt und hauptsächlich in der Parfümindustrie, außerdem zur Gewinnung der reinen Komponenten (z. B. Geraniol, Citronellal) verwendet, die als Riechstoffkomponenten eingesetzt werden.

Citronenöl, *Citrusöl*, ein schwach gelb gefärbtes, angenehm nach Zitronen riechendes und schmeckendes ätherisches Öl. Chemisch setzt sich das C. vor allem aus ↗ Camphen, ↗ Citral, ↗ Citronellal, ↗ (+)-Limonen, *α*- und *β*-Pinen, ↗ Terpinen, ↗ Terpineol und Linalyl- und Gernylacetat zusammen. Außerdem enthält C. noch Octyl-, Nonyl-, Decyl- und Laurinaldehyd. Es wird aus Zitronen durch Auspressen der Schalen oder durch Wasserdampfdestillation des Fruchtfleisches gewonnen. Man verwendet C. vor allem als Aromastoff zur Geschmacksgebung oder -verbesserung von Lebensmitteln, ferner in der Parfümerie und als Zusatzstoff zu pharmazeutischen und kosmetischen Präparaten. In der Mikroskopie wird C. zur Aufhellung des Präparates benutzt.

Citronensäure, ***β*-Hydroxytricarballylsäure**, ***2-Hydroxypropan-1,2,3-tricarbonsäure***, farblose, prismenförmige Kristalle; F. 156 °C (wasserfrei). C. ist schwer löslich in Ether, löslich in Ethanol und Was-

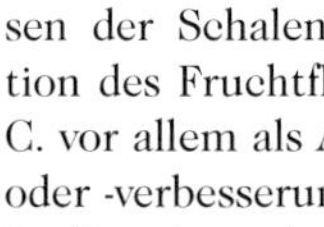

ser. Aus wäßriger Lösung kristallisiert C. als Monohydrat; F. 100 °C. Erhitzen über 175 °C oder Einwirkung von konz. Schwefelsäure führt durch Dehydratisierung zu Aconitsäure, mit rauchender Schwe-

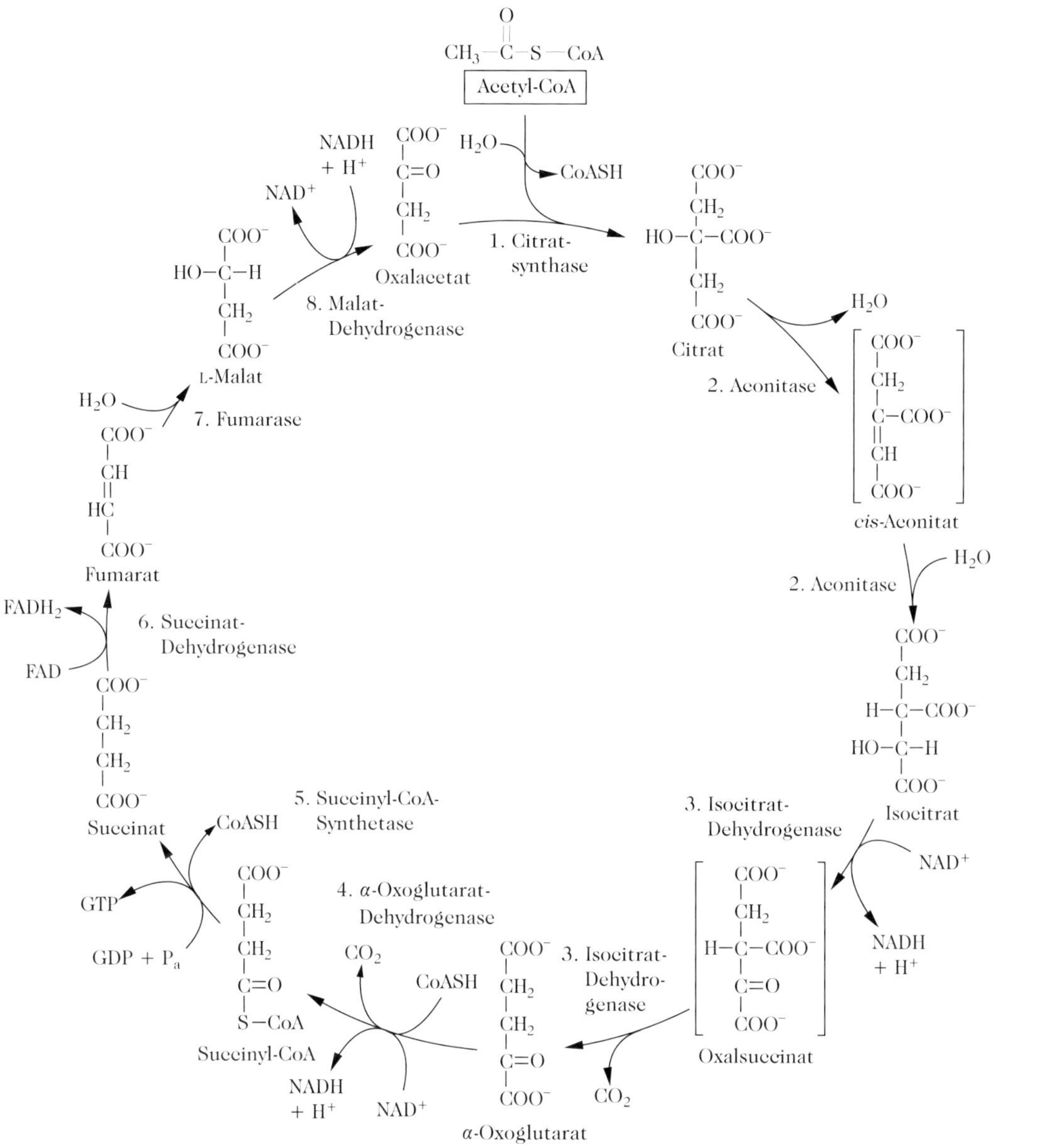

Citronensäure-Cyclus. Abb.: Schematische Darstellung.

felsäure wird Acetondicarbonsäure erhalten. Als dreibasige Säure bildet die C. drei Reihen von Salzen und Estern, die ↗ Citrate, sowie Doppel- und Komplexsalze. Zum analytischen Nachweis dient das schwerlösliche Calciumcitrat. C., in großen Mengen genossen, ist giftig. Sie ist zu 6 bis 8 % in Zitronensaft, in kleineren Mengen in anderen Früchten (Himbeeren, Johannisbeeren) und in kleinsten Mengen im Blut und in der Milch (≈ 0,2 %) enthalten. C. wurde früher ausschließlich aus Citrusfrüchten gewonnen. Heute dominieren die biotechnologischen Verfahren. C. nimmt eine zentrale Stellung in Stoffwechselvorgängen im Citronensäurecyclus ein. Sie wird in der Getränke- und Nahrungsmittelindustrie verwendet (Limonade-, Sauermilchherstellung, Herstellung von Backpulver), in der Textilindustrie dient sie zum Beizen von Geweben, außerdem wird sie als Puffersubstanz und in Verbindung mit Vitamin D-Präparaten als Arzneimittel gegen Rachitis verwendet.

Citronensäure-Cyclus, ***Citrat-Cyclus***, ***Tricarbonsäure-Cyclus*** (***TCA-Cyclus***), ***Krebs-Cyclus***, ein biochemischer Kreisprozeß des oxidativen Stoffwechsels der meisten Organismen (Abb.). In einer durch

8 Enzyme katalysierten Reaktionsfolge wird die Acetylgruppe eines Moleküls Acetyl-CoA zu zwei Molekülen CO_2 oxidiert, wobei neben GTP Reduktionsäquivalente in Form von coenzymgebundenem Wasserstoff gebildet und in die ↗ Atmungskette eingeschleust werden. C. erfüllt eine Schlüsselfunktion im Intermediärstoffwechsel durch die Verbindung von katabolen Stoffwechselwegen verschiedener Stofftypen und anderen Stoffwechselbahnen und erzeugt darüber hinaus zahlreiche Vorstufen für anabole Biosynthesen, wodurch der anphibolische Charakter gekennzeichnet ist. Die für den Ablauf des C. essentiellen Intermediate werden durch ↗ Anaplerose nachgeliefert. Ebenso wie die Atmungskette und die oxidative Phosphorylierung ist der C. in den Mitochondrien lokalisiert. Die Ausgangsverbindung ist das Acetyl-CoA, das vorrangig durch oxidative Decarboxylierung von Pyruvat im *Pyruvat-Dehydrogenase-Multienzymkomplex* bzw. bei der *β-Oxidation* der Fettsäuren entsteht. Die 8 Enzyme des C. fungieren als funktionelle Einheit, die an die Erfordernisse des Zellstoffwechsels gekoppelt ist. Zu den Schrittmacher-Enzymen zählt man die Citrat-Synthase, die Isocitrat-Dehydrogenase und die α-Oxoglutarat-Dehydrogenase, deren Aktivitätskontrolle durch Produkthemmung, Substratverfügbarkeit sowie durch Inhibierung verschiedener Intermediate des Cyclus oder durch Aktivierung mittels Ca^{2+}-Ionen erfolgt. Die Startreaktion ist die Bildung von Citrat aus Oxalacetat und Acetyl-CoA unter der Katalyse der Citrat-Synthase, wobei es sich um eine gemischte Aldol-Claisen-Esterkondensation handelt. Im nächsten Schritt katalysiert die Aconitase die reversible Isomerisierung von Citrat und Isocitrat, wobei *cis*-Aconitat als Zwischenprodukt auftritt. Die NAD^+-abhängige Isocitrat-Dehydrogenase katalysiert die oxidative Decarboxylierung von Isocitrat zu α-Oxoglutarat (oft noch als α-Ketoglutarat bezeichnet) unter Bildung von CO_2 und NADH + H^+. Durch den Multienzymkomplex α-Oxoglutarat-Dehydrogenase, bestehend aus den Einzelenzymen α-Oxoglutarat-Dehydrogenase, Dihydrolipoyl-Transsuccinylase und Dihydrolipoyl-Dehydrogenase, entsteht aus dem α-Oxoglutarat ein weiteres Äquivalent NADH + H^+ sowie Succinyl-CoA. Letzteres wird durch die Succinyl-CoA-Synthetase (Succinat-Thiokinase) in Succinat überführt, wobei bei Säugetieren durch diese Substratkettenphosphorylierung aus GDP und anorganischem Phosphat (P_a) das dem ATP energieäquivalente GTP gebildet wird. In Pflanzen und Bakterien bilden dagegen die entsprechenden Enzyme aus ADP und P_a das ATP. Durch die Succinat-Dehydrogenase wird Succinat stereospezifisch zu Fumarat dehydriert, das mittels der Fumarase (Fumarat-Hydratase) zum *S*-Malat (L-Malat) hydratisiert wird. Schließlich katalysiert die Malat-Dehydrogenase in einer NAD^+-abhängigen Reaktion die Dehydrierung von *S*-Malat in Oxalacetat, wodurch der Kreis geschlossen wird.

Citronin A, ↗ Naphtholgelb S.

Citrusöl, ↗ Citronenöl.

Cl, Symbol für Chlor.

Claisen-Kondensation, eine 1887 von L. Claisen beschriebene Kondensationsreaktion von Carbonsäureestern mit CH-aciden Methyl- oder Methylenverbindungen in Gegenwart starker Basen, z. B. Natriumethanolat, Natriumamid oder Natriumhydrid. In Abhängigkeit von der Struktur der eingesetzten Ester bzw. Methylenverbindungen können z. B. nach der C. hergestellt werden: 1) β-Diketone gemäß $R^1–CO–OR^2 + CH_3–CO–R^3 \rightarrow R^1–CO–CH_2–CO–R^3 + R^2OH$, 2) β-Ketoaldehyde gemäß $R^1–CH_2–CO–OR_2 + R^1–CH_2–CO–OR_2 \rightarrow H–CO–R^1 + CH_3–CO–R^2 \rightarrow OHC–CH_2–CO–R^2 + R^1OH$, 3) β-Ketocarbonsäureester gemäß $R^1–CH_2–CO–OR^2 + R^1–CH_2–CO–OR^2 \rightarrow R^1–CH_2–CO–CHR^1–CO–OR^2 + R^2OH$ und 4) β-Ketocarbonsäurenitrile gemäß $R^1–CO–OR^2 + R^3–CH_2–CN \rightarrow R^1–CO–CHR^3–CN$.

Als Carbonylkomponente können außer Monocarbonsäureestern auch Oxalsäureester und Kohlensäureester eingesetzt werden. Längerkettige Dicarbonsäureester können im Sinne der ↗ Dieckmann-Kondensation eine der C. analoge intramolekulare Kondensation eingehen, wobei sowohl die Methylen- als auch die Carbonylkomponente in einem Molekül enthalten sind.

Claisen-Reaktion, eine 1890 untersuchte Kondensationsreaktion von aromatischen Aldehyden und aliphatischen Carbonsäureestern in Gegenwart von Alkalialkoholaten oder Natrium bei niedrigen Temperaturen. Über ein nichtisolierbares Aldoladditionsprodukt erfolgt sofort durch Dehydratisierung die Bildung der entsprechenden α,β-ungesättigten Carbonsäureester, z. B. der Zimtsäureester aus Benzaldehyd und Essigsäureestern gemäß:

$$H_5C_6–CHO + H_3C–COOR \xrightarrow{(Na)} H_5C_6–CH{=}CH–COOR.$$

Claisen-Umlagerung, thermische Umlagerung von Phenylallylethern in 2-Allylphenole. Der Mechanismus der C. konnte durch Kreuzungsexperimente, Isotopenmarkierung und strukturelle Abwandlungen gesichert werden. Danach verläuft die Reaktion intramolekular über einen cyclischen Über-

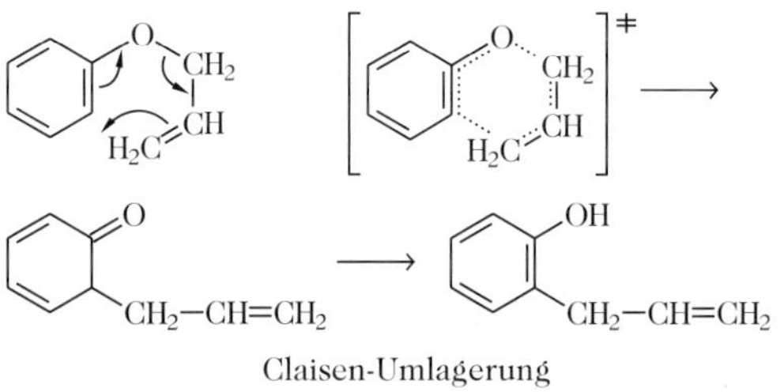

Claisen-Umlagerung

gangszustand und gehört somit zu den sigmatropen Reaktionen (↗ Woodward-Hoffmann-Regeln). Die C. von Phenylallylethern, die in der 2- und 6-Position durch Substituenten blockiert sind, verläuft unter Bildung der 4-Allylphenole.

Clark, ↗ arsenorganische Verbindungen, ↗ chemische Kampfstoffe.

Clark-Elektrode, ein amperometrischer Sauerstoffsensor mit Zweielektrodenanordnung zur Bestimmung der Gelöstsauerstoffkonzentration. ↗ Sauerstoffelektrode.

Clathrate, Einschlußverbindungen, Käfigverbindungen, wobei Atome oder Moleküle die strukturell bedingten Hohlräume eines geeigneten Molekülgitters besetzen. Dabei sind die »Gastmoleküle« nicht durch chem. Bindungen, sondern durch die Hohlraumstruktur des »Wirtsgitters« in ihrer Lage fixiert. Typische Beispiele sind die festen Gashydrate, z. B. $8\,E \cdot 46\,H_2O$ (E = Ar, Kr, Xe, Cl_2, CH_4 u. a.), in denen E in Hohlräume eingeschlossen wird, die durch über Wasserstoffbrückenbindungen erfolgende Verknüpfung von $(H_2O)_{20}$-Dodekaedern gebildet werden. Auch Harnstoff, Cyclodextrine, Hydrochinon, Phenol, Toluol und andere organische Verbindungen, auch einige Koordinationspolymere, bilden geeignete Wirtsgitter.

Clathrin, ein aus drei großen und drei kleinen Untereinheiten bestehender Proteinkomplex ($M_r \sim 650000$), der ein dreibeiniges Strukturelement (Triskelion) bildet. Durch Zusammenlagerung solcher Strukturen bildet sich ein konvexes Netz aus Fünf- und Sechsecken, die die cytoplasmatische Membranoberfläche als sog. *coated pits* (»eingehüllte Gruben«) auskleiden. Die C. spielen eine wichtige Rolle bei der rezeptorvermittelten Endocytose.

Clausius-Clapeyronsche Gleichung, Gleichung über die Temperaturabhängigkeit des Dampf- und Sublimationsdruckes von flüssigen und festen reinen Stoffen. Sie gilt auch für den Gleichgewichtsdruck beim Schmelzen und bei Modifikationsumwandlungen, d. h., sie beschreibt sämtliche Gleichgewichtskurven im ↗ Phasendiagramm reiner Stoffe. Sie lautet $dp/dT = \Delta_p H / T(V_2 - V_1)$, wobei $\Delta_p H$ die molare Phasenumwandlungsenthalpie beim Übergang von der Phase 1 zur Phase 2 und V_1 bzw. V_2 deren Molvolumina bedeuten.

Anwendungen. 1) Verdampfung und Sublimation: Die Verdampfungs- und Sublimationsenthalpien aller Stoffe sind stark positiv und $V_2 \gg V_1$, d. h., der Quotient dp/dT ist positiv. Die Dampf- und Sublimationsdrücke steigen mit der Temperatur. Vernachlässigt man das Molvolumen V_1 der kondensierten Phase gegenüber dem der Gasphase V_2 und setzt für V_2 näherungsweise die Gültigkeit des idealen Gasgesetzes $V_2 = nRT/p$ voraus, dann geht die C. G. über in die Beziehung $d \ln p/dT = \Delta_p H/RT^2$. In kleinen Temperaturbereichen kann $\Delta_p H$ als temperaturunabhängig betrachtet werden. Für größere Temperaturintervalle muß die Temperaturabhängigkeit von $\Delta_p H$ entsprechend dem ↗ Kirchhoffschen Gesetz bei der Integration berücksichtigt werden. Man erhält $\lg p = -\Delta_p H/2{,}303RT + (\Delta C_p/R) \lg T +$ konst., wobei ΔC_p die Differenz der Molwärmen von Dampf und Flüssigkeit bedeutet (↗ Dupré-Rankinesche Gleichung). In der Nähe des kritischen Punktes muß jedoch die allgemeingültige Form der C. G. verwendet werden.

2) Schmelzgleichgewichte und Modifikationsumwandlungen: Bei Gleichgewichten zwischen zwei kondensierten Phasen liegen die Molvolumina V_1 und V_2 in gleichen Größenbereichen, die Differenz $V_2 - V_1$ ist klein und damit die Temperaturabhängigkeit des Gleichgewichtsdruckes sehr groß. Im allg. gilt $V_{fl} > V_{fest}$, d. h. dp/dT und dT/dp sind positiv, die Schmelztemperatur steigt mit dem Druck. In einigen Ausnahmefällen gilt $V_{fl} < V_{fest}$, so daß die Schmelztemperatur mit steigendem Druck sinkt (z. B. für Wasser in der Nähe von 273 K). Bei Modifikationsumwandlungen werden ebenfalls beide Möglichkeiten beobachtet.

Mit Hilfe der C. G. können auch die Phasenumwandlungsenthalpien aus experimentell bestimmten Gleichgewichtsdrücken berechnet werden.

Claus-Verfahren, ↗ Schwefel.

Clavulansäure, ↗ β-Lactamantibiotika.

Clemmensen-Reduktion, Methode zur Reduktion von Aldehyden und Ketonen zu Kohlenwasserstoffen durch Verwendung von amalgamiertem Zink und Salzsäure: $R^1R^2C{=}O + 2\,Zn + 4\,HCl \rightarrow R^1R^2CH_2 + 2\,ZnCl_2 + H_2O$.

Clenbuterol, ein selektives β_2-Sympathikomimetikum, das außerdem noch sekretolytische und antiallergische Wirkung besitzt. Es wird zur Dauerbehandlung von Bronchialasthma und chronischer Bronchitis eingesetzt.

Clethodim, ↗ Cyclohexendionherbizide.

Cleve-Säure, ↗ Buchstabensäuren.

Clindamycin, ↗ Lincomycin.

Clofentezin, ↗ Akarizide.

Clomazone, ↗ Chlorotika-Herbizide.

Clomipramin, ↗ Dibenzodihydroazepine.

Clonazepam, ↗ Benzodiazepine.

Clonidin, ein cyclisches Guanidinderivat, in dem zwei Stickstoffatome der Guanidingruppe Bestandteil eines Imidazolinringes sind. C. ist ein Antihyper-

tensivum, dessen blutdrucksenkende Wirkung auf eine Erregung von α-Rezeptoren im Zentralnervensystem zurückzuführen ist. C. setzt den Augeninnendruck herab und wird deshalb auch bei Glaukom verwendet.

Clopyralid, ↗ Pyridinherbizide.

Clotrimazol, ↗ Azolantimykotika.

Cloxacillin, ↗ Penicilline.

Clusius-Dickel-Verfahren, ↗ Isotopentrennung.

Clusterverbindungen (engl. cluster »Haufen«), Gruppen von drei oder mehr Übergangsmetall- oder Hauptgruppenelementatomen, von denen jedes an mindestens zwei andere Atome chemisch gebunden ist, wobei die Ecken der dabei ausgebildeten Polyeder durch Nichtmetall- oder ligandenumgebene Übergangsmetallatome besetzt werden. *Nichtmetall-Cluster* (*Nichtmetall-Käfigstrukturen*) sind z. B. das tetraedrische P_4-Molekül, quadratisch-pyramidale bzw. trigonal-bipyramidale Borane (B_5H_9) oder Carboborane ($B_3C_2H_5$) und oktaedrische Verbindungen wie $B_6H_6^{2-}$. 12-Atom-Cluster spielen eine beherrschende Rolle in der Borchemie. So treten Bor-Ikosaeder in allen Formen des elementaren Bors, in $B_{12}H_{12}^{2-}$ sowie in Carbaboranen des Typs $B_{10}C_2H_{12}$ auf. Beispiele für *Übergangsmetall-Cluster* finden sich bei Halogeniden und Chalkogeniden niederwertiger 4d- und 5d-Metalle, Mehrkerncarbonylen und deren Derivaten sowie ligandenumhüllten »closed shell«-Systemen des Typs $M_xL_yX_z$ (z. B. $Au_{55}[P(C_6H_5)_3]_{12}Cl_6$, die als ligandenstabilisierte Ausschnitte aus Metallgittern aufgefaßt werden können. Vertreter der Drei-, Vier- und Fünfeck-Cluster sind Rhenium(III)-chlorid Re_3Cl_9, das tetraedrische $Co_4(CO)_{12}$, $Fe_3(CO)_9S_3$ (quadratisch-pyramidal) und $Os_5(CO)_{15}$ (trigonal-bipyramidal). Besonders zahlreich sind oktaedrische Übergangsmetall-Cluster wie die Metallcarbonyle $M_6(CO)_{16}$ (M = Co, Rh, Ir) sowie Metallhalogenide der Typen $[M_6X_{12}]X_2$ (M = Nb, Ta) und $[M_6X_8]X_4$ (M = Mo, W). C. spielen eine wichtige Rolle als Modellsysteme zum Studium der Mechanismen bei der heterogenen Katalyse und finden auch als Katalysatoren Anwendung.

Cm, Symbol für Curium.

CMC, ↗ Kolloide.

CN, ↗ chemische Kampfstoffe.

Co, Symbol für Cobalt.

CoA, Abk. für Coenzym A.

Cobalamin, ↗ Vitamin B_{12}.

Cobalt, Symbol *Co*, chem. Element aus der VIII. Nebengruppe des Periodensystems, der ↗ Eisengruppe zugehöriges Schwermetall, Reinelement; *Z* 27, Atommasse 58,9332, Wertigkeit vorherrschend II, III, daneben auch –I, 0, IV, V, Härte nach Mohs 5,5, D. 8,89 g cm^{-3}, F. 1492 °C, Kp. 3100 °C, elektrische Leitfähigkeit 16,3 Sm/mm^2, Standardelektrodenpotential (Co/Co^{2+}) –0,277 V. Der Name C. leitet sich von Kobold ab, da so im Mittelalter Erze bezeichnet wurden, die äußerlich Kupfer- oder Silbererzen glichen, jedoch bei der Verhüttung das vermutete Metall nicht lieferten.

Eigenschaften. C. ist ein stahlgraues, glänzendes, durch Härte, Festigkeit und Zähigkeit gekennzeichnetes, in zwei Modifikationen auftretendes Metall. Bei Raumtemperatur ist die hexagonale α-Form stabil, die oberhalb 417 °C kinetisch verzögert in kubisch flächenzentriertes β-C. übergeht. C. ist ferromagnetisch, die Curie-Temperatur liegt bei 1121 °C. Kompaktes C. ist bei Raumtemperatur gegenüber Luft und Wasser beständig, feinverteiltes C. dagegen pyrophor. Nichtoxidierende Säuren greifen C. nur langsam an, verd. Salpeter- und Schwefelsäure lösen es unter Wasserstoffentwicklung, während es durch konz. Salpetersäure passiviert wird. Bei erhöhter Temperatur reagiert C. mit Sauerstoff zu den Cobaltoxiden CoO und Co_3O_4, ebenso setzt es sich mit weiteren Nichtmetallen, wie den Halogenen, Phosphor, Schwefel, Arsen, Silicium und Bor, zu binären Verbindungen um. Mit Kohlenmonoxid bildet C. bei 200 °C und 10 MPa Dicobaltoctacarbonyl.

In seinen Verbindungen tritt C. hauptsächlich 2- und 3-wertig auf. Während Cobalt(II)-Verbindungen sowohl des komplexen als auch nichtkomplexen Typs beständig sind, bildet Cobalt(III) sehr stabile oktaedrische Komplexe, jedoch sehr unbeständige Cobalt(III)-salze. Die meist diamagnetischen Cobalt(III)-komplexe sind durch hohe kinetische Stabilität gekennzeichnet, für Cobalt(II) ist die Existenz oktaedrischer und tetraedrischer Komplexe typisch. π-Akzeptorliganden stabilisieren niedere Oxidationsstufen des C. (↗ Cobaltcarbonyle), während π-Donorliganden, wie Fluorid oder Oxid, hohe Oxidationsstufen (+IV, +V) ermöglichen. C. ist ein lebenswichtiges Bioelement, das z. B. in Vitamin B_{12} das Zentralatom des Corrinringsystems bildet.

Vorkommen. C. ist am Aufbau der Erdkruste mit etwa $3{,}7 \cdot 10^{-3}$ % beteiligt. Eine wesentliche Grundlage der Cobaltproduktion bilden cobalthaltige Kupfererze und Magnetkiese. Die wichtigsten Cobaltminerale sind Smaltin (Speiscobalt) $CoAs_{2-3}$, Cobaltin (Cobaltglanz) CoAsS, Linneit (Cobaltkies) CO_3S_4 und Erythrin (Cobaltblüte) $Co_3(AsO_4) \cdot 8\,H_2O$. Als Spurenelement ist C. im Boden zu etwa 8 ppm, in der Trokkensubstanz der Pflanzen bis zu 0,2 ppm enthalten.

Gewinnung. Zur Gewinnung des C. geht man von den als *Speisen* bezeichneten Zwischenprodukten der Blei-, Kupfer- und Nickelgewinnung oder von Cobalterzen aus. In ihnen liegen C, Nickel und Kupfer als Sulfide oder Arsenide vor. Durch Rösten mit Soda und Salpeter bilden sich Metalloxide, die als Zaffer oder Saflor bezeichnet werden, oder Sulfate und Arsenate. Letztere werden mit Wasser ausgelaugt, die in Wasser unlöslichen Metalloxide werden mit heißer Salz- oder Schwefelsäure gelöst, die Lösung wird mit Kalkmilch und Chlorkalk fraktioniert gefällt. Man erhält schließlich Cobalt(II,III)-oxid, das – meist mit Koks – zum Metall reduziert wird:
$Co_3O_4 + 4\,C \rightarrow 3\,Co + 4\,CO$.

Verwendung. Die Hauptmenge des in der Welt erzeugten C. dient als Legierungsbestandteil (↗ Cobaltlegierungen). Eine bedeutende Rolle spielt C. als Metallbinder in der Hartmetallherstellung. Wegen seiner Harte und Korrosionsbeständigkeit wird C. auch bei der Elektroplattierung eingesetzt. Technisch genutzte Cobaltverbindungen sind vor allem Smalte, die als Pigment in der keramischen und Glasindustrie Verwendung finden, sowie Cobaltkatalysatoren, die bei der Oxosynthese und beim Fischer-Tropsch-Verfahren angewandt werden. Das durch Beschuß von ^{59}Co mit thermischen Neutronen im Kernreaktor erzeugte radioaktive Nuclid ^{60}Co dient als γ-Strahler ($t_{½}$ = 5,26 a) in der Medizin bei der Krebstherapie (»Cobaltkanone«), in der Technik zur Materialprüfung.

Cobalt(II)-acetat, $Co(CH_3COO)_2 \cdot 4\,H_2O$, rote, monokline, wasserlösliche Kristalle; D. 1,705 g cm^3. Man gewinnt C. z. B. durch Umsetzung von Cobalt(II)-carbonat mit Essigsäure. Verwendet wird es in der Lack- und Farbenindustrie als Bleich- und Trockenmittel, ferner in der Galvanotechnik zur Erzeugung von Cobaltdeckschichten, zur Katalysatorherstellung und als Farbstoff bei der anodischen Behandlung von Aluminium.

Cobaltalaune, ↗ Cobaltsulfate.

Cobaltblau, Bezeichnung für zwei Cobaltpigmente. 1) *Cobaltblau (I)*, *Cobaltultramarin*, *Thenards Blau*, Cobaltaluminat, $CoAl_2O_4$, blaues, wasserunlösliches Pulver. C. (I) weist ausgezeichnete Lichtechtheit auf und ist beständig gegen hohe Temperaturen sowie gegen Alkalien und die meisten Säuren, in heißer Salzsäure löst es sich allmählich auf. Es wird in der Öl-, Glas- und Porzellanmalerei verwendet, ferner zum Druck von Banknoten, weil es photochemisch eindeutig zu identifizieren ist, und zum Nachweis von Aluminium. Eine Abart, *Leithners Blau*, erhält man durch Glühen einer Mischung von Cobaltarsenat oder -phosphat mit Tonerdehydrat. 2) *Cobaltblau (II)*, *Coelestinblau*, *Coeruleum*, *Coelinblau*, Cobalt(II)-stannat, $CoSnO_3$, himmelblaues Pulver. C. (II) wird in der Öl- und Aquarellmalerei sowie wegen seiner Hitzebeständigkeit in der Porzellanindustrie verwendet.

Cobalt(II)-carbonat, bei Zusatz von Alkalicarbonaten zu mit Kohlendioxid gesättigten Cobalt(II)-salzlösungen als Hexahydrat, $CoCO_3 \cdot 6\,H_2O$, anfallende Verbindung. Handelsübliches C. stellt im allg. ein teilweise hydrolysiertes Fällungsprodukt $x\,CoCO_3 \cdot y\,Co(OH)_2 \cdot z\,H_2O$ mit Cobaltgehalten um 46 % dar. C. wird zur Herstellung anderer Cobalt(II)-Verbindungen verwendet.

Cobaltcarbonyle, mehrkernige Cobalt(0)-Komplexe. *Octacarbonyldicobalt*, $[Co_2(CO)_8]$, orangefarbene Kristalle, D. 1,73 g cm^{-3}, F. 51 °C (Z.). Man erhält $Co_2(CO)_8$ durch Erhitzen von feinverteiltem Cobalt mit Kohlenmonoxid auf 150 bis 200 °C unter Druck (10 MPa); Energiezufuhr führt zu höherkernigen C.: $Co_4(CO)_{12}$, schwarze Kristalle, F. 60 °C (Z.), und $Co_6(CO)_{16}$, schwarze Kristalle, F. 105 °C (Z.). Durch Reduktion von $Co_2(CO)_8$ erhält man *Cobaltcarbonylwasserstoff* (*Tetracarbonylhydridocobalt*), $HCo(CO)_4$ eine trigonal-bipyramidal strukturierte, hellgelbe Verbindung, F. −26 °C. Man setzt $Co_2(CO)_8$ als Katalysator bei der Oxosynthese ein, wobei der unter Prozeßbedingungen gebildete Cobaltcarbonylwasserstoff die eigentliche komplexaktive Spezies darstellt.

Cobalt(II)-chlorid, $CoCl_2$, im Cadmiumchloridgitter kristallisierende, blaue, sublimierbare Verbindung; D. 3,356 g cm^{-3}, F. (in HCl-Atmosphäre) 724 °C. C. ist in Wasser und polaren organischen Solvenzien, wie Alkohol und Aceton, gut löslich; es reagiert in nichtwäßrigem Medium mit Chloriden zu tetraedrischen Tetrachlorocobaltaten(II) $M_2[CoCl_4]$. An feuchter Luft färbt sich C. langsam rosa, wobei über mehrere verschieden gefärbte Hydrate rosafarbenes Hexahydrat, $CoCl_2 \cdot 6\,H_2O$, D. 1,924 g cm^{-3}, entsteht, das seinerseits sein Hydratwasser bereits bei 35 °C wieder abgibt. Dieser Farbwechsel wird zur Indikation der Luftfeuchtigkeit, zur Anzeige des Erschöpfungsgrades von Silicagel und zur Herstellung von »Geheimtinte« genutzt. Man gewinnt $CoCl_2$ durch Entwässern seiner Hydrate oder durch Erhitzen von Cobalt im Chlorstrom. Verwendet wird es in der Galvanotechnik zur Erzeugung von Cobaltüberzügen, in der Glas- und Porzellanmalerei und zur Tonung in der Photographie.

Cobaltcyanide. *Cobalt(II)-cyanid*, $Co(CN)_2 \cdot 2\,H_2O$, rotbraune Nadeln, D. 1,87 g cm^{-3}. Man erhält Cobalt(II)-cyanid durch Vereinigung wäßriger Cobalt(II)-salzlösungen mit Alkalicyaniden. Beim Erhitzen auf 200 °C entsteht die wasserfreie blaue Verbindung, $Co(CN)_2$. Mit Kaliumcyanid reagiert $Co(CN)_2$ zu *Kaliumcyanocobaltat(II)*, das in Lösung (olivgrün) als paramagnetisches $K_3[Co(CN)_5]$ vorliegt und kristallin als violetter, diamagnetischer Zweikernkomplex erhalten wird, $K_6[Co_2(CN)_{10}] \cdot 4\,H_2O$ Pentacyanocobaltat(II) ist zur Aufnahme von Wasserstoff befähigt gemäß $2[Co(CN)_5]^{3-} + H_2 \rightarrow 2[Co(CN)_5H]^{3-}$ und kann daher als Katalysator bei der homogenen Hydrierung eingesetzt werden.

Kalium-hexacyanocobaltat(III), $K_3[Co(CN)_6]$, gelbe, monokline Prismen, D. 1,88 g cm^{-3}, wird durch Reaktion von Kaliumcyanid mit Cobalt(II)-Salzen in Gegenwart von Oxidationsmitteln erhalten und läßt sich mit Kalium in flüssigem Ammoniak zu $K_4[Co(CN)_4]$, einer braunvioletten, pyrophoren Verbindung reduzieren.

Cobaltfluoride. *Cobalt(II)-fluorid*, CoF_2, rosarote, monokline Kristalle, D. 4,46 g cm^{-3}, F. ≈ 1200 °C. Man erhält CoF_2 durch Reaktion von Cobaltcarbonat mit wäßriger Flußsäure. Anodische Oxidation einer Lösung von CoF_2 in 40 %iger Flußsäure oder

Einwirkung von Fluor auf Cobalt(II)-chlorid oder Cobalt bei 250 °C führt zu *Cobalt(III)-fluorid*, CoF_3, hellbraune, hexagonale Kristalle. CoF_3 ist ein gutes Fluorierungsmittel.

Cobaltglas, 1) blaues, durch Cobaltoxid gefärbtes Flachglas. C. wird aufgrund seiner Absorptionsfähigkeit für gelbes Natriumlicht und seiner Durchlässigkeit für rotes Kaliumlicht zum Nachweis von Kalium bei Flammenfärbungen angewandt.

2) blaues Farbpigment, ↗ Smalte 1).

Cobaltgrün, ***Rinmanns Grün, Türkisgrün***, ein Cobaltpigment, $ZnCo_2O_4$. C., das in Spinellstruktur kristallisiert, wird als grünes Pulver auf verschiedenen Wegen durch Glühen von Zink- und Cobaltsalzen erhalten. Es dient als Öl- und Aquarellfarbe in der Malerei und in der Porzellanmalerei.

Cobaltkomplexe, Koordinationsverbindungen des Cobalts in den Oxidationsstufen –III bis +V. Die beständigsten C. stellen oktaedrische, kinetisch inerte Cobalt(III)-Komplexe dar, die charakteristische Farben aufweisen und (bis auf wenige Ausnahmen, wie z. B. das $[CoF_6]^{3-}$-Ion) diamagnetisch sind. Vor allem von historischem Interesse sind hierbei die einkernigen Amminecobalt(III)-Komplexe der Typen $[Co(NH_3)_{6-n}L_n]^{3+}$ und $[CoY_n(NH_3)_{6-n}]^{3-n}$ (L = Neutralligand, Y = anionischer Ligand), die früher zusammenfassend als Cobaltiake und häufig nach ihren Farben bezeichnet wurden und deren Erforschung eine bedeutende Rolle bei der Aufstellung der Koordinationslehre durch Alfred Werner (Nobelpreis 1913) gespielt hat. Besonders wichtig sind weiterhin zweikernige Cobalt(III)-Komplexe des Typs $[L_5Co–O–O–CoL_5]^{5+}$ (L = NH_3) bzw. $[L_5Co–O–O–CoL_5]^{5-}$ (L = CN^-), deren –O-O-Gruppierung als Peroxo- oder Hyperoxo-Brückenligand vorliegen kann (↗ Disauerstoffkomplexe). Charakteristisch für Cobalt(II) sind einerseits Komplextypen mit oktaedrischer Koordination und (meist) high spin-Konfiguration, wie das blaßrote Hexaaquacobalt(II)-Ion $[Co(H_2O)_6]^{2+}$, andererseits, verglichen mit den meisten anderen Übergangsmetallen, besonders häufig auch solche mit tetraedrischer Koordination, wie das tiefblaue Tetracyanatocobaltat(II) $[Co(NCO)_4]^{2-}$. π-Akzeptorliganden, wie CO, Isocyanide oder CN^-, stabilisieren niedere Wertigkeitsstufen des Cobalts, z. B. C. wie $Co_2(CO)_8$, $M[Co(CO)_4]$, $Na_3[Co(CO)_3]$ (↗ Cobaltcarbonyle), $[Co(CNR)_5]^+$ und $[Co_2(CN)_8]^{8-}$. Die für Cobalt ungewöhnlichen Oxidationsstufen +IV und +V sind schließlich in den Fluoro- und den Oxocobaltaten $Cs_2[CoF_6]$, $Ba_2[CoO_4]$ und $K_3[CoO_4]$ verwirklicht. C. spielen weiterhin eine wichtige Rolle in der Biosphäre (↗ Vitamin B_{12}).

Cobalt(II)-nitrat, $Co(NO_3)_2 \cdot 6\,H_2O$, rote, monokline, wasserlösliche Tafeln, D. 1,87 g cm^{-3}, die man durch Reaktion von Cobalt oder Cobalt(II)-carbonat mit verd. Salpetersäure erhält. C. dient als Ausgangsmaterial für die Erzeugung von Pigmenten. Glüht man C. im Gemisch mit Aluminium(III)-oxid oder Zinkoxid, so bilden sich blaue bzw. grüne Spinelle, $CoAl_2O_4$ (↗ Cobaltblau) und $ZnCo_2O_4$ (↗ Cobaltgrün). Die Bildung dieser Spinelle wird zum Aluminium- bzw. Zinknachweis herangezogen.

Cobaltoxide, *Cobalt(II)-oxid*, CoO, grünbraune, kubische Kristalle; D. 6,45 g cm^{-3}, F. 1935 °C. Man erhält CoO durch Erhitzen von Cobalt(II)-carbonat unter Luftausschluß. Es wird zur Herstellung blauer Cobaltpigmente eingesetzt. Im Sauerstoffstrom erhitzt, geht CoO oberhalb 400 °C in blauschwarzes, kubisches *Cobalt(II,III)-oxid*, Co_3O_4, D. 6,07 g cm^{-3}, über, das im Spinellgitter mit Co^{2+}auf tetraedrischen und Co^{3+}auf oktaedrischen Gitterplätzen kristallisiert. Verwendet wird es in der Emailleindustrie, zur Herstellung von Ferriten und Thermistoren und als Katalysator zur vollständigen Verbrennung von Auspuffgasen.

Cobaltsulfate. *Cobalt(II)-sulfat*, $CoSO_4 \cdot 7\,H_2O$, karmesinrote, monokline, wasserlösliche Kristalle; D. 1,948 g cm^{-3}, F. 96,8 °C. Man erhält Cobalt(II)-sulfat durch Reaktion von Cobalt, Cobalt(II)-oxid oder -carbonat mit verd. Schwefelsäure und verwendet es in der Galvanotechnik sowie in der Landwirtschaft für Weidelandkopfdünger und als Mineralstoffergänzung im Viehfutter.

Cobalt(III)-sulfat, $Co_2(SO_4)_3 \cdot 18\,H_2O$, blaue, nadelförmige Kristalle. Cobalt(III)-sulfat wird durch anodische Oxidation aus Cobalt(II)-sulfat gewonnen, die Verbindung ist in verd. Schwefelsäure beständig, reagiert mit Wasser unter Sauerstoffentwicklung. Mit Alkalisulfaten erhält man *Cobaltalaune*, $MCo(SO_4)_2 \cdot 12\,H_2O$.

Cobyrsäure, ↗ Vitamin B_{12}.

Cocaalkaloide, ↗ Tropanalkaloide.

Cocain, ein Esteralkaloid, bei dem die OH-Gruppe des Ecgonins mit Benzoesäure und die COOH-Gruppe mit Methanol verestert ist. Als Esteralkaloid ist es leicht hydrolytisch spaltbar. C. ist das Hauptalkaloid des Cocastrauches *Erythroxylon coca*. Der Gesamtalkaloidgehalt beträgt 0,5 bis 1,0 %. In den südamerikanischen Cocablättern beträgt der Anteil von C. 90 % der Gesamtalkaloide, in den Cocablättern aus Südostasien dagegen etwa nur 25 %. Die Nebenalkaloide enthalten anstelle von Benzoesäure andere Carbonsäuren, wie z. B. Zimtsäure und deren Dimere (Truxinsäure, Truxillsäure), bei denen durch Addition zweier Moleküle Zimtsäure an den olefinischen Doppelbindungen ein Cyclobutanring ausgebildet ist. Ein anderes Nebenalkaloid ist *Tropacocain* der Ψ-Tropinbenzoesäureester. Um C. besonders rein und in hoher Ausbeute zu gewinnen, wird durch Extraktion zunächst ein Rohalkaloidgemisch gewonnen, das durch Hydrolyse auf Ecgonin aufgearbeitet wird. Die Veresterung mit Methanol und anschließende Benzoylierung liefert C.

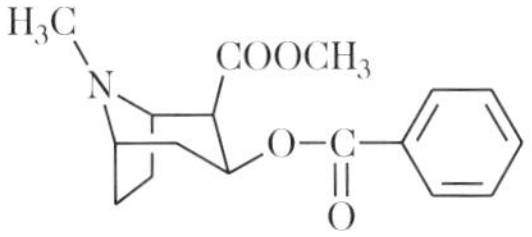

C. wird in Form seines Hydrochlorids bei bestimmten Indikationen in der Augenheilkunde als Oberflächenanaesthetikum in begrenztem Umfang angewendet. Seiner breiten Anwendung steht die erhebliche Toxizität und besonders die Suchtgefahr entgegen.

Cochenille, Bezeichnung für verschiedene Schildlausarten, die in ihrer Körperflüssigkeit einen roten Farbstoff, die ↗ Carminsäure, enthalten. Am wichtigsten ist die echte Cochenilleschildlaus, Scharlach- oder Nopal-Schildlaus, *Coccus cacti*, die ursprünglich in Mexiko an Opuntien vorkam.

cocrosslinking, die Bezeichnung für die zusätzliche Quervernetzung von Enzymen nach ihrer vorherigen ↗ Immobilisierung an einen Träger durch bifunktionelle Agenzien (z. B. Glutardialdehyd).

Codein, ↗ Morphin.

COED-Verfahren, ↗ Kohlehydrierung.

Coelestinblau, *Coelinblau*, ↗ Cobaltblau.

Coenzym A, Abk. *CoA*, *CoA-SH*, eine für Aktivierungsreaktionen und den Acyltransfer im Stoffwechsel wichtige Verbindung.

C. A ist in jeder Zelle enthalten. Es spielt eine entscheidende biochemische Rolle bei der Aktivierung und Übertragung von Fettsäuren. Die Aktivierung erfolgt durch die Bildung eines Thioesters an der Mercaptogruppe des terminalen Cysteaminanteils. Eine Schlüsselrolle im Intermediärstoffwechsel spielt das *Acetyl-Coenzym A* (*Acetyl-CoA*), auch als *aktive Essigsäure* bezeichnete.

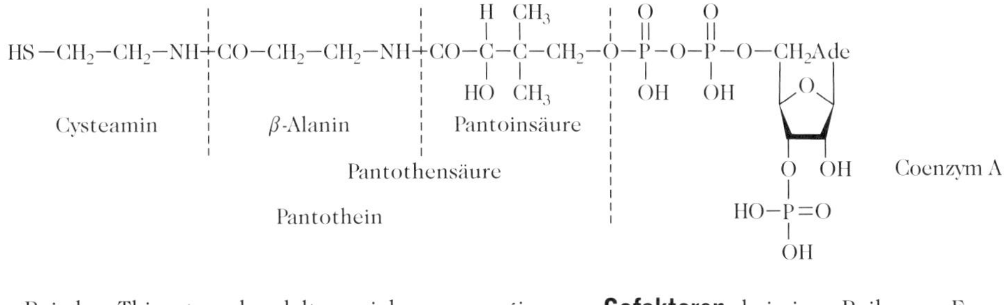

Bei den Thioestern handelt es sich um energiereiche Verbindungen.

Coenzyme, nichtproteinogene Cosubstrate verschiedener Enzyme. Es handelt sich um niedermolekulare, organische Verbindungen, die unmittelbar in die chem. Umsetzung eingreifen, dabei selbst verändert und in Enzym-Folgereaktionen wieder regeneriert werden. Im engeren Sinne werden als C. relativ locker, meist nichtkovalent gebundene und durch Dialyse entfernbare Cofaktoren verstanden, während man kovalent gebundene Cosubstrate als *prosthetische Gruppen* bezeichnet. Das vom C. befreite Enzym wird als *Apoenzym* bezeichnet. Viele C. leiten sich von ↗ Vitaminen ab. In der Affinitätschromatographie sowie für technische Prozesse werden C. immobilisiert.

Coenzyme. Tab.: Wichtige Beispiele.

Enzymklasse	Coenzyme
Oxidoreduktasen	Nicotinamidnucleotide Flavinnucleotide Metalloporphyrine: Cytochrome Chinone: Ubichinone, Menachinone
Transferasen	Coenzym A Pyridoxalphosphat Tetrahydropteroylglutaminsäure, Folsäure Adenosintriphosphat *S*-Adenosylmethionin
Lyasen	Thiaminpyrophosphat Liponsäure
Ligasen	Biotin Corrinoide, Vitamin B_{12}

Coenzym M, Abk. *CoM*, *CoM-SH*, 2-Mercaptoethansulfonsäure. C. M spielt eine Rolle beim Methyltransfer der bakteriellen Methanproduktion.

Coenzym Q, ↗ Ubichinon.

Coerulein, ↗ Gallein.

Coeruplasmin, *Ferrooxidase*, *Eisen(II):Sauerstoff-Oxidoreductase*, ein aus dem Serum von Säugetieren isoliertes Glycoprotein. Humanes C. ist ein Einkettenprotein mit Sequenzhomologie zur A-Domäne des Blutgerinnungsfaktors VIII. C. ist für Speicherung und Transport von Kupfer verantwortlich. Das blaugefärbte C. wird in den Leberzellen gebildet und ins Plasma abgegeben.

Cofaktoren, bei einer Reihe von Enzymen für die katalytische Wirksamkeit erforderliche Zusatzstrukturen, wie Metall-Ionen oder niedermolekulare organische Verbindungen (↗ Coenzyme).

Cofaktor-Regenerierung, enzymatische Verfahren zur Regenerierung von Cofaktoren (z. B. NAD(P)H, $FADH_2$, ATP). So kann z. B. ATP aus ADP und Acetylphosphat mit Hilfe der Acetatkinase oder NADH aus NAD^+ und Ameisensäure mittels einer Formiatdehydrogenase regeneriert werden. Im zweiten Fall wird die Molmasse von NAD^+ durch kovalente Bindung an Polyethylenglycol vergrößert und kann so die Membran nicht mehr passieren. Die C. gewinnt für zahlreiche biotechnologische Verfahren (z. B. Synthese von Aminosäuren) zunehmend an Bedeutung.

Coffein, *1,3,7-Trimethylxanthin*, das wichtigste Purinalkaloid. C. ist eine schwache Base. Es kristallisiert aus Ethanol in weißen, bitter schmeckenden Nadeln; F. 235 bis 237 °C. C. ist leicht löslich in heißem Wasser, wenig löslich in Ethanol und Ether. Es wirkt anregend auf das Zentralnervensystem, beseitigt damit die Müdigkeit und erhöht das Konzentrationsvermögen. Weiterhin regt es die Herztätigkeit an, es erweitert die Herzkranzgefäße und hat eine schwache diuretische Wirkung. In Kombination mit Analgetika verstärkt es deren Wirkung.

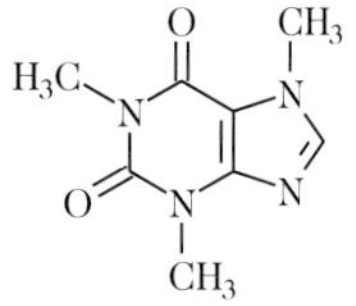

Die Kaffeesamen (Kaffeebohnen) enthalten 0,6 bis 3,0 % C. C. findet sich außerdem in den Blättern des chinesischen Teestrauches (0,8 bis 5,0 %), in den Colasamen (0,6 bis 3,0 %), den Mateblättern (1,0 bis 2,0 %) und den Kakaosamen (0,1 bis 0,4 %). Die Gewinnung erfolgt aus den Naturprodukten durch Extraktion mit Benzol oder neuerdings mit überkritischen Gasen (CO_2), synthetisch durch Methylierung von Theophyllin.

Zur Erhöhung der Wasserlöslichkeit werden Gemische des C. mit Alkalisalzen organischer Säuren, z. B. als Coffein-Natriumsalicylat, verwendet.

Coimmobilisierung, die ↗ Immobilisierung intakter lebender oder toter Zellen von Mikroorganismen mit freien oder immobilisierten Enzymen; z. B. können immobilisierte Enzyme mit ganzen Zellen in eine gemeinsame Matrix eingeschlossen oder Enzyme direkt an lebende Zellen gekoppelt werden. Im zweiten Fall bleibt die Lebensfähigkeit der Mikroorganismen zu einem hohen Prozentsatz erhalten. Durch C. von Mikroorganismen mit entsprechenden Enzymen können u. a. für den Organismus unvergärbare Substrate vergärbar gemacht werden (z. B. C. von Hefezellen mit β-Glucosidase zur Vergärung von Cellulose zu Ethanol). Insgesamt trägt die C. zur Erweiterung des Einsatzspektrums ↗ immobilisierter Zellen bzw. Enzyme bei.

Cokatalysator, ↗ Katalyse, Abschn. II, 4.

Colamin, ↗ Ethanolamine.

Colchicin, ein tricyclisches, nichtbasisches Alkaloid mit Säureamidstruktur und einem Tropolonring. C. ist das Hauptalkaloid der Herbstzeitlose (*Colchicum autumnale*). Die Samen der Pflanze enthalten 0,2 bis 0,6 % C. C. wirkt als Mitosehemmstoff. Unter seinem Einfluß kommt es zur Polyploidisierung. Es wird deshalb in der Pflanzenzüchtung benutzt. Therapeutisch kann C. zur Gichtbehandlung bei akutem Anfall eingesetzt werden. Als Cytostatikum hat es nur geringe Bedeutung.

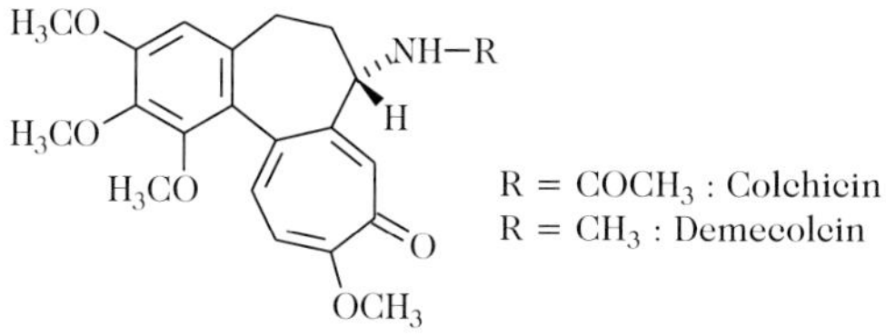

Ein partialsynthetisches Abwandlungsprodukt des C. ist *Demecolcin* (Desacetyl-*N*-methyl-colchicin), eine basische Verbindung mit geringerer Toxizität als C.

Coldrubber, ↗ Kautschuk.

Colestipol, ↗ Lipidsenker.

Colestyramin, ↗ Lipidsenker.

Colistine, ↗ Polymyxine.

Colititer, eine wichtige Größe in der Wasseraufbereitungstechnik. Sie gibt an, in wieviel Milliliter Wasser gerade noch ein Keim (Colibacterium) enthalten ist. C. 100 z. B. bedeutet, daß in 100 ml Wasser 1 Keim enthalten ist; C. 0,01 gibt an, daß schon in 0,01 ml 1 Keim enthalten ist (oder 100 Keime in 1 ml).

Collagene, ↗ Kollagene.

Collidine, Alkylderivate des Pyridins mit der Summenformel $C_8H_{11}N$. Dazu zählen die isomeren Trimethylpyridine und die Ethylmethylpyridine. Die C. sind im Destillat des Steinkohlenteers enthalten und synthetisch mittels der ↗ Hantzschen Pyridinsynthese zugänglich. Man verwendete die C. in der organischen Synthese und zur Herstellung von Pharmaka.

Collodium, eine Lösung von ↗ Collodiumwolle.

Collodiumwolle, ***Colloxylin***, niedrig nitrierte Cellulose mit einem Stickstoffgehalt von 10,6 bis 12,5% (↗ Cellulosenitrat). C. wird für die Herstellung von Nitrolacken, ↗ Celluloid und Kunstleder verwendet. In der Sprengstoffindustrie dient C. als Gelatinierungsmittel für Glycerintrinitrat und Ethylenglycoldinitrat bei der Herstellung von Sprenggelatine für Dynamite und gelatinöse Sprengstoffe sowie im Gemisch mit Schießbaumwolle als Hauptbestandteil der rauchschwachen Pulver.

Eine Lösung von C. in Alkohol und Ether ist das ***Collodium.*** Es stellt eine klare, hochviskose Flüssigkeit dar, die als Farbenbindemittel Verwendung findet. Eine Lösung von C. in Aceton und Essigsäureestern ist der *Zaponlack*.

Colloxylin, ↗ Collodiumwolle.

columnare Phasen, ↗ flüssige Kristalle.

Cometabolismus, die Umwandlung (Transformation) von nicht zum mikrobiellen Wachstum verwertbarer Substrate in Gegenwart eines Wachstumssubstrates. Durch den Abbau des Wachstumssubstrates wird nicht nur das Wachstum der Mikroorganismen ermöglicht, sondern zugleich auch die für den C. notwendigen Coenzyme (z. B. $NAD(P)^+$) und Energie (ATP) bereitgestellt.

Durch C. kann u. a. das Verwertungsspektrum der mikrobiell umsetzbaren Cycloalkane, aromatischen Kohlenwasserstoffe und Xenobiotika beträchtlich erweitert werden. ↗ Cooxidation.

Common Name (engl. ***common name***), international standardisierte, zur allgemeinen Verwendung freigegebene Kurzbezeichnung für einen Wirkstoff z. B. aus der Reihe der Pflanzenschutzmittel oder Pharmazeutika.

Compounds, ↗ Polymere.

COMT-Hemmer, Hemmer der Catecholamin-*O*-methyltransferase, die die Methylierung der 3-ständigen Hydroxylgruppe des Dopamins erschweren und damit die Inaktivierung des Dopamins verzögern sollen. Ein Beispiel ist das Benzophenonderivat Tolcapon.

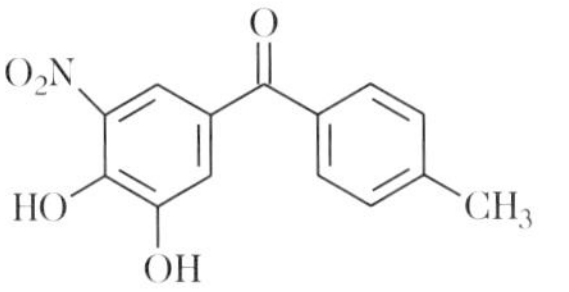

Tolcapon

Concanavalin A, Abk. ***ConA***, ein aus den Samen der Schwertbohne (*Canavalia ensiformis*) isoliertes, zu den ↗ Lektinen gehörendes Protein. Es ist aus 4 Untereinheiten aufgebaut und enthält je Untereinheit ein Ca^{2+}- und ein Mn^{2+}-Ion. C. bindet an Kohlenhydrat-Rezeptorstrukturen von Glycoproteinen zellulärer Membranbestandteile (Erythrocyten, Lymphocyten), wodurch Zellen agglutinieren.

Coniferin, ↗ Zimtalkohole.

Coniferylalkohol, ↗ Zimtalkohole.

Coniin, ***2-Propylpiperidin***, das Hauptalkaloid des gefleckten Schierlings (*Conium maculatum*), an der Luft braun werdendes Öl von brennend scharfem Geschmack und Geruch nach Mäuseharn. Die Pflanze enthält 1,5 bis 2,0 % Piperidinalkaloide. C. ist stark giftig. Es tritt Atemlähmung ein. C. ist das erste Alkaloid, das synthetisch dargestellt wurde (1886 Ladenburg).

Conotoxine, aus dem Gift von Kegelschnecken der Gattung *Conus* isolierte toxische Peptide bestehend aus durchschnittlich 9 bis 29 Aminosäureresten mit einem außergewöhnlich hohen Cysteingehalt zwischen 22 und 50 %. Man kennt bisher 7 Klassen. Die Kegelschnecken injizieren das Toxin beim Biß, wobei die Beutetiere sehr schnell paralysiert werden.

Conrad-Limpach-Synthese, Methode zur Herstellung von Hydroxychinolinen aus *β*-Ketocarbonsäureestern und Arylaminen:

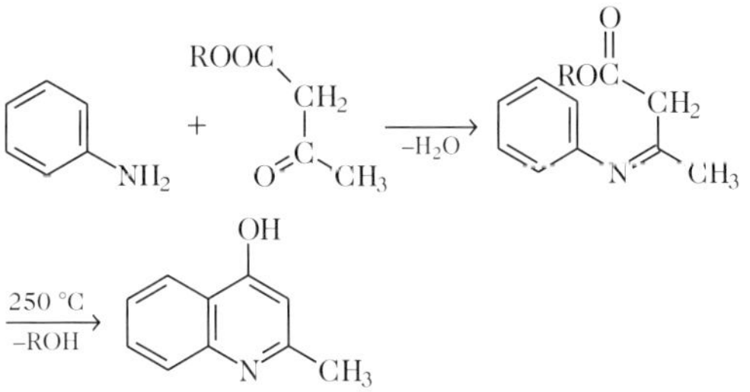

Außer den substituierten 4-Hydroxychinolinen können 2-Hydroxychinoline entstehen, wenn die primäre Reaktion zwischen dem Amin und der Estergruppierung zum Anilid erfolgt.

Contergan®, ↗ Thalidomid.

continous-wave-Verfahren, ↗ NMR-Spektroskopie.

Convallariaglycoside, herzwirksame Glycoside, die sich zu 0,2 bis 0,6 % im getrockneten Kraut des Maiglöckchens *Convallaria majalis* finden. Es sind

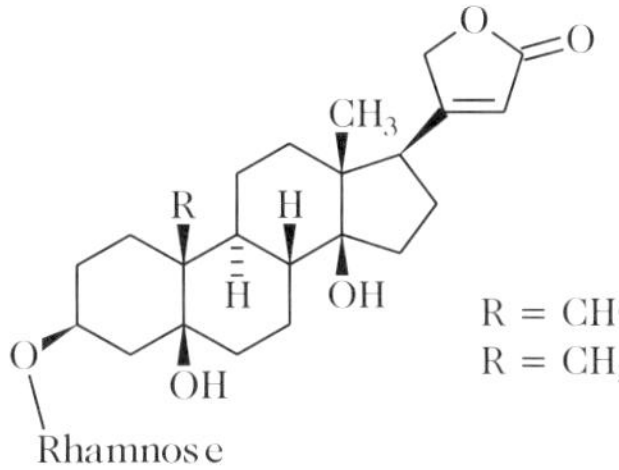

R = CHO : Convallatoxin
R = CH_2OH : Convallatoxol

etwa 50 Glycoside isoliert worden, die bekanntesten sind Convallatoxin und Convallatoxol. In ihrer therapeutischen Wirkung entsprechen sie etwa den ↗ Strophanthusglycosiden.

Coomassie-Blau, ***Coomassie Brilliant Blue***, ein Triarylmethan-Farbstoff, der in der Biochemie zum qualitativen und quantitativen Nachweis von Proteinen verwendet wird. C. bindet unspezifisch an Proteine und dient so u. a. zur Anfärbung von Proteinbanden bei der ↗ Elektrophorese. Die häufig genutzte quantitative Proteinbestimmungsmethode nach Bradford beruht auf der Verschiebung des Absorptionsmaximums von C. in saurer Lösung von 465 nach 495 nm durch Stabilisierung des unprotonierten Farbstoff-Anions in Folge hydrophober Wechselwirkung mit dem Protein. C. reagiert bevorzugt mit basischen und aromatischen Aminosäure-Resten.

Cooxidation, ein Spezialfall des ↗ Cometabolismus. Während bei der C. die Kohlenstoff- und Energiequelle für die Mikroorganismen ein Kohlenwasserstoff ist und auch der Reaktionstyp festgelegt ist, können beim Cometabolismus neben der Oxidation auch andere Reaktionen (Reduktion, Substitution u. a.) ablaufen. Dabei muß das zum Wachstum verwendete Substrat kein Kohlenwasserstoff sein. Das durch C. zu verändernde Substrat kann – wie beim Cometabolismus – unterschiedlichen chemischen Verbindungen angehören.

Cope-Reaktion, pyrolytische Spaltung von Aminoxiden, bei der durch eine synchrone *cis*-Eliminierung Alkene und Hydroxylamine gebildet werden:

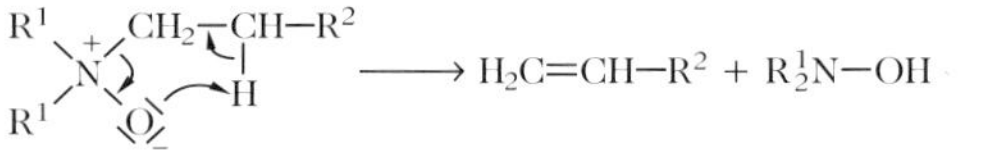

Die C. ist besonders zur Herstellung von *trans*-Cycloalkenen von Bedeutung.

Cope-Umlagerung, eine [3,3]-sigmatrope Umlagerung, die zu den Valenzisomerisierungen gehört. Die Reaktion kann thermisch oder photochemisch ausgelöst werden; Edukte und Produkte sind stets konstitutionsisomer, im Fall von 1,5-Hexadien sind sie sogar identisch (*entartete C.*). Typische Beispiele sind die folgenden:

3-Methyl-1,5-hexadien 1,5-Heptadien

cis-1,2-Divinylcyclopropan Cyclohepta-1,4-dien

Corepressor, eine niedermolekulare Verbindung (insbesondere Endprodukte anaboler Stoffwechselwege), die durch Bindung an einen ↗ Aporepressor diesen aktiviert. Der so aktivierte Repressor kann mit entsprechenden Regionen des Operators in Wechselwirkung treten und dadurch die ↗ Transcription blockieren.

Corey-Seebach-Methode, eine 1965 gefundene Darstellung von verkappten Acyl-Anionen durch Umpolung von Aldehyden mittels Dithianbildung (1,3-Dithiane) und Lithiierung. Damit ist eine *C*-Alkylierung der Aldehydgruppe und Synthese zahlreicher Ketone aus Aldehyden möglich.

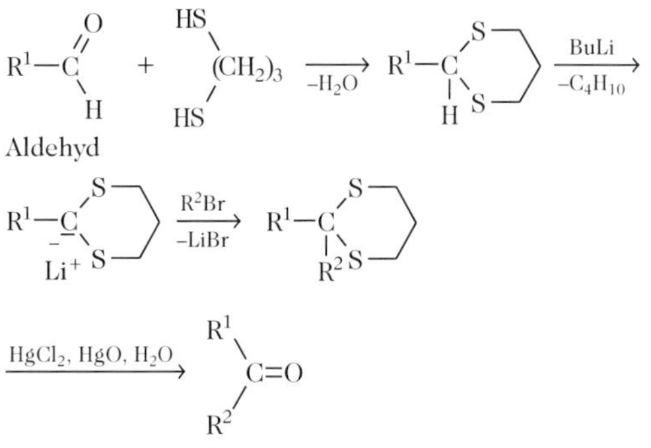

Corey-Winter-Reaktion, eine Eliminierung, bei der cyclische Thionocarbonate mit Trimethylphosphit in Olefine umgewandelt werden. Dabei entsteht zunächst ein Carben, das CO_2 abspaltet. Die Reaktion verläuft stereoselektiv; so entstehen z. B. aus *trans*-Diolen (*E*)-Diastereomere.

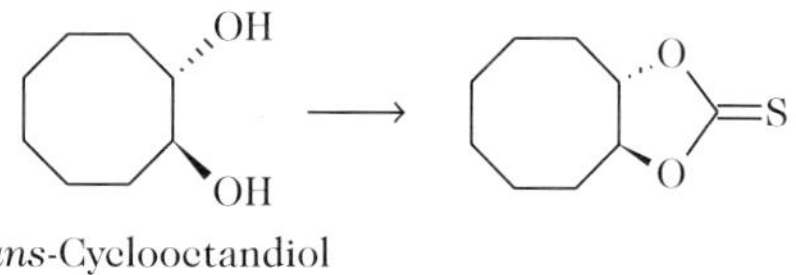

trans-Cyclooctandiol

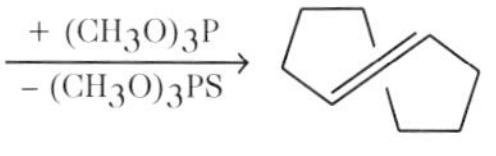

E-Cycloocten

corn steep liquor, auch im dt. häufig verwendete engl. Bezeichnung für ↗ Maisquellwasser.

Coronen, ein kondensierter aromatischer Kohlenwasserstoff. C. bildet gelbe, blau fluoreszierende Kristallnadeln; F. 431 °C, Kp. 535 °C. C. ist unlöslich

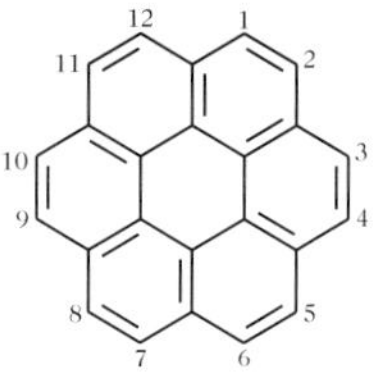

in Wasser, löslich in Benzol. Es kommt im Steinkohlenteer vor und wurde auch synthetisch hergestellt, hauptsächlich aus wissenschaftlichen Gründen.

Corpus-luteum-Hormone, ↗ Gestagene.

Corrin, ein annähernd planares makrocyclisches Ringsystem. C. enthält vier Pyrrolringe, die im Unterschied zum Porphin hydriert und von denen zwei über eine direkte C-C-Bindung miteinander verbunden sind. Die Derivate werden als *Corrinoide* bezeichnet. Aus phototrophen Bakterien wurden metallfreie Corrinoide isoliert. Weit verbreitet sind die cobalthaltigen Corrinoide, deren wichtigste Vertreter das ↗ Vitamin B_{12} und das daraus entstehende Coenzym B_{12} sind. Corrinoide werden nur von Mikroorganismen produziert.

Corrinoide, ↗ Corrin.

Cortexolon, ↗ Nebennierenrindenhormone.

Cortexon, ↗ Nebennierenrindenhormone.

Corticoide, ↗ Nebennierenrindenhormone.

Corticoliberin, ***Corticotropin Releasinghormon***, Abk. ***CRH***, ein 41-Peptidamid aus dem Hypothalamus. Es gehört zu den ↗ Liberinen und stimuliert die Freisetzung von ↗ Corticotropin im Hypophysenvorderlappen. Gegenspieler ist der ↗ Corticotropin-Freisetzungs-inhibierende Faktor.

Corticosteroide, ↗ Nebennierenrindenhormone.

Corticotropin freisetzungsinhibierender Faktor, engl. ***corticotropin release-inhibiting factor***, Abk. ***CRIF***, ein aus der kryptischen Region des Prä-Pro-Thyrotropin-Releasinghormons freigesetztes 22-Peptid. CRIF wurde als Gegenspieler des ↗ Corticoliberins postuliert.

Corticotropin Releasinghormon, ↗ Corticoliberin.

Corticotropin, *Adrenocorticotropin*, *adrenocorticotropes Hormon*, Abk. *ACTH*, H–Ser–Tyr–Ser–Met–Glu–His–Phe–Arg–Trp–Gly–Lys–Pro–Val–Gly–Lys–Lys–Arg–Arg–Pro–Val–Lys–Val–Tyr–Pro–Asn–Gly–Ala–Glu–Asp–Glu–Ser–Ala–Glu–Ala–Phe–Pro–Leu–Glu–Phe-OH (Human-ACTH), ein lineares Polypeptidhormon mit 39 Aminosäurebausteinen. C. reguliert als Hypophysenvorderlappenhormon das Wachstum der Nebennierenrinde und die Bildung der Steroidhormone Cortisol, Cortison und Corticosteron. Sobald der Blutspiegel der Nebennierenhormone den Sollwert erreicht, wird durch einen Feedback-Mechanismus die Ausschüttung des C. durch die Hirnanhangdrüse verringert. Streß oder ein zu geringer Blutspiegel der Nebennierenrindenhormone veranlaßt den Hypophysenvorderlappen durch das Hypothalamushormon Corticoliberin zur Ausschüttung von C. Die eindimensionale Organisation der biologischen Information in der Aminosäuresequenz wurde durch Struktur-Aktivitätsstudien eingehend untersucht. Das aktive Zentrum umfaßt die Sequenz 5–10, während die Rezeptorbindungsregion durch den Abschnitt 11–18 gekennzeichnet ist. Die Sequenz 1–13 des formelmäßig aufgeführten Human-C. entspricht der Primärstruktur des α-Melanotropins. Biosynthetisch wird C. aus dem Präkursor-Glucoprotein *Pro-Opiomelanocortin* gebildet, das neben der Sequenz des C. noch die des β-Lipotropins und damit auch die der Endorphine und Melanotropine enthält.

C. wird durch Chemosynthese hergestellt, insbesondere das ACTH-(1–24), das als pharmazeutisches Präparat (Synacthen®) bei speziellen Formen der Hypophyseninsuffizienz, Allergien, Arthritis u. a. therapeutisch genutzt wird. Bestimmte Teilsequenzen des C., ACTH-(4–10) und entsprechende Analoga, beeinflussen das Leistungsvermögen sowie eine Verlangsamung der Extinktionsphase verschiedener konditionierter Verhaltensweisen.

Cortisol, ↗ Nebennierenrindenhormone.

Cortison, ↗ Nebennierenrindenhormone.

Cosubstrat, ein ↗ Coenzym im engeren Sinne, das stöchiometrisch wie ein zweites Substrat in eine Enzymreaktion eingeht.

Cotransport, ↗ Symport.

Cotton-Effekt, ↗ chiroptische Methoden.

Cottrell-Möller-Verfahren, ↗ elektrostatische Gasreinigung.

Coulombsches Gesetz, ein von Coulomb 1785 gefundener quantitativer Ausdruck über die Kraftwirkung zwischen elektrischen Ladungen. Danach ist der Betrag der Kraft F zwischen zwei punktförmigen Ladungen q_1 und q_2 dem Produkt aus den beiden Ladungen direkt proportional und dem Quadrat des Abstandes r zwischen den beiden Ladungen umgekehrt proportional:

$$F = \frac{1 q_1 q_2}{4\pi\varepsilon_0\varepsilon_r r^2}, \text{ wobei } 1/4(\pi\varepsilon_0) = 8{,}9876 \cdot 10^9 \text{ Vm/As}$$

und $\varepsilon_0 = 8{,}8542 \cdot 10^{-12}$ As/Vm. ε_0 ist die *elektrische Feldkonstante* und ε_r die relative ↗ Dielektrizitätskonstante. Letztere ist nur dann zu berücksichtigen, wenn zwischen den Punktladungen stofferfüllter Raum ist. Für das Vakuum gilt $\varepsilon_r = 1$. Ungleichnamige elektrische Ladungen ziehen sich an und gleichnamige stoßen sich ab. Abstoßungskräfte werden mit einem positiven und Anziehungskräfte mit einem negativen Vorzeichen versehen.

Coulometer, ein Strommengenmesser auf elektrochem. Grundlage. Mit Hilfe der ↗ Faraday-Gesetze kann aus der Menge der Produkte einer Elektrolyse die dafür aufgewendete Strommenge berechnet werden. Das Kupfercoulometer besteht aus einer Kupferanode und einer Kupferkathode, die in einen Kupfersulfatelektrolyten eintauchen. Bei Stromfluß durch diese Zelle löst sich anodisch Kupfer auf, während an der Kathode Kupfer abgeschieden wird. Weitere C. sind das Silbercoulometer, bei dem in eine Silbernitratlösung zwei Silber- oder Platinelektroden eintauchen, das Knallgascoulometer, bei dem in eine 15%ige Kalilauge Nickelelektroden eintauchen und das Quecksilbercoulometer, bei dem die Messung der Strommenge auf das Volumen des kathodisch abgeschiedenen Quecksilbers zurückgeführt wird.

Heute werden hauptsächlich elektronische C. verwendet (↗ Coulometrie).

Coulometrie, ein elektrochem. Analysenverfahren auf Grundlage der Faraday-Gesetze. Aus der durch eine Elektrolysezelle geflossenen Elektrizitätsmenge wird auf die Menge der analytisch zu bestimmenden Substanz geschlossen. Voraussetzung ist, daß an der Arbeitselektrode nur die gewünschte Elektrodenreaktion mit 100%iger Stromausbeute abläuft.

Bei der potentiostatischen C. wird das Potential an der Arbeitselektrode konstant gehalten. Während der Elektrolyse fällt die Stromstärke exponentiell mit der Zeit ab und erreicht den Wert des (zu kompensierenden) Grundstromes. Beim Erreichen des Grundstromes wird die Elektrolyse abgebrochen. Die bis dahin verbrauchte Elektrizitätsmenge wird mit einem ↗ Coulometer gemessen und aus ihrem Wert die Substanzmenge mit Hilfe der Faraday-Gesetze berechnet. Häufiger wird die coulometrische Titration angewandt, bei der die Elektrolyse mit konstanter Stromstärke durchgeführt wird. Dabei wird ein Reagens erzeugt, das quantitativ mit der zu analysierenden Substanz reagiert. Ist der Äquivalenzpunkt überschritten, tritt überschüssiges Reagens auf, das in geeigneter Weise indiziert werden kann, z. B. colorimetrisch oder potentiometrisch. Typische coulometrisch erzeugte Reagenzien sind z. B. Chlor, Brom, Iod, Hydroxid-Ionen oder Silber.

Coulter counter, Gerät zur Bestimmung von Teilchenzahl und Teilchengröße von elektrisch nicht leitenden Teilchen in einem elektrisch leitenden Dispersionsmedium. Die Teilchen passieren eine dünne auswechselbare Kapillare von 20 bis 400 μm Durchmesser. An zwei gegenüberliegenden Seiten der Kapillaröffnung sind Elektroden angebracht. Gemessen wird der durch die Widerstandsänderung hervorgerufene Spannungs- oder Stromimpuls. Die untere Grenze liegt bei Teilchenradien von ≈ 0,2 μm, die obere bei ≈ 100 μm.

Coumatetralyl, ↗ Rodentizide.

Covolumen, ↗ van-der-Waalsche Gleichung.

Cr, Symbol für Chrom.

CR, ↗ chemische Kampfstoffe.

Crabolin, ein 13-Peptidamid aus dem Gift europäischer Hornissen mit Mastzellen-degranulierender Wirkung.

Crabtree-Effekt, die Hemmung der endogenen Atmung – auch bei Überschuß an Sauerstoff – durch Zugabe von Glucose. Der C. stellt ein wichtiges Regulationsprinzip im Stoffwechsel der Kohlenhydrate dar, der einen unnötigen Verbrauch endogener Substrate verhindert. Der C. wurde zuerst bei Tumorzellen beobachtet.

Cracken (engl. to crack »spalten«), ein Verfahren zur Umwandlung von Kohlenwasserstofffraktionen in solche mit niedriger Durchschnittsmolekülmasse. Die Crackverfahren gestatten es, die Ausbeuten an den verschiedenen Erdölfraktionen der Rohöldestillation dem Bedarf anzupassen. Bei Temperaturen zwischen 450 und 650 °C werden die großen Kohlenwasserstoffmoleküle dieser Erdölbestandteile in endothermer Reaktion gespalten. Dabei entstehen niedrigsiedende Kohlenwasserstoffe (Benzin) und Spaltgase, wie Wasserstoff, Methan, Ethan, Propan, Butan, Ethen, Propen, Buten. Diese sind Ausgangsmaterial für weitere chem. Verfahren (↗ Petrochemie). Zu den Crackprozessen im weiteren Sinne rechnet man auch die Pyrolyseprozesse, die bei Temperaturen oberhalb 600 °C bis über 2000 °C stattfinden und eine tiefgreifende Spaltung des Einsatzproduktes bewirken, so daß in erster Linie gasförmige Reaktionsprodukte entstehen (↗ Pyrolyse).

Das C. erfolgt entweder rein thermisch oder katalytisch. Da die hierbei unter anderem entstehenden verzweigten Alkane höhere Klopffestigkeit als die unverzweigten Alkane besitzen, sind katalytisch gewonnene Crackbenzine qualitativ besser als thermische.

1) *Thermisches C.* (*Tieftemperaturcracken*). Je nach Arbeitsbedingungen unterscheidet man zwischen *Flüssigphasecracken* (↗ Visbreaken) bei Drücken von 1 bis 7 MPa und Temperaturen von etwa 500 °C und *Gas-* oder *Gemischtphasecracken*, bei dem unter Temperaturen bis zu 600 °C das Einsatzprodukt in weitgehend verdampftem Zustande vorliegt; der Druck wird hierbei wesentlich niedriger gehalten. Das thermische C. verläuft nach einem Radikalkettenmechanismus (↗ Pyrolyse).

Die ältesten Flüssigphasecrackprozesse wurden diskontinuierlich in großen Blasen durchgeführt, die man auf 500 bis 600 °C erhitzte. Eine grundlegende Verbesserung der Technologie war durch die Einführung des Röhrenofens möglich. Hierbei wird das Öl kontinuierlich in mit Ölfeuerung beheizten Edelstahlrohren auf Cracktemperatur unter Druck aufgeheizt. Durch geeignete technologische Maßnahmen wird die Koksbildung in Grenzen gehalten. Im Gegensatz hierzu beläßt man bei der *»Verkokungsfahrweise«* das im Röhrenofen aufgeheizte Einsatzprodukt in besonderen Kokskammern lange auf Cracktemperatur, bis die Koksbildung abgeschlossen ist. Der sich in den Kammern abscheidende Petrolkoks wird mechanisch entfernt und stellt infolge seines niedrigen Aschegehaltes ein wertvolles Ausgangsprodukt z. B. für Elektrodenkohlen dar. Nach diesem Prinzip arbeitet z. B. das *Delayed-Coking-Verfahren.*

Eine Weiterentwicklung stellt das *Fluid-Coking-Verfahren* (Abb. 1) dar. Hierbei werden die heißen Dämpfe schwerer Rückstandsprodukte bei 500 bis 570 °C in einen Wirbelbettreaktor, dessen Wirbelbett aus heißen Kokskörnern besteht, eingeblasen. Der Koks wird ständig im Kreislauf durch einen Regenerator geführt, in dem unter Zusatz von Luft ein geringer Teil des Kokses verbrannt wird. Die hierbei freiwerdende Wärmemenge dient der Unterhaltung der endothermen Crackreaktion. Der Überschuß an Koks wird kontinuierlich au der Anlage ausgetragen. Die Feinstaubabscheidung erfolgt mit Hilfe von Zyklonen. In einer Fraktionierkolonne wird das Crackprodukt in Gas-Benzin und Coker-Gasöl getrennt.

Moderne thermische Anlagen, z. B. für das *Dubbs-Verfahren*, arbeiten meist mehrstufig. Dabei werden

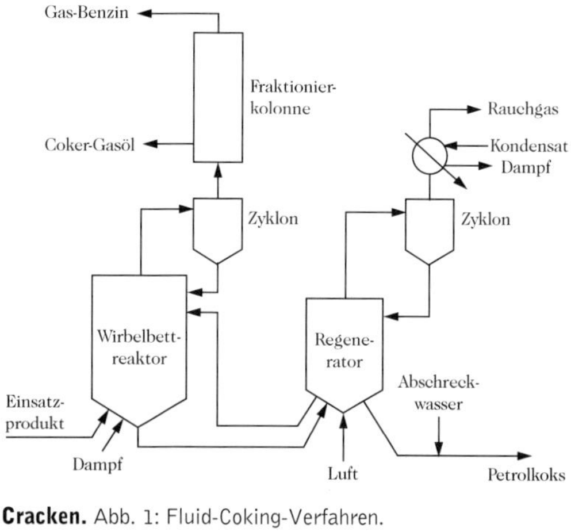

Cracken. Abb. 1: Fluid-Coking-Verfahren.

die schwersten Anteile des Einsatzproduktes auf Koks und die leichten und mittleren Fraktionen unter Anpassung der Reaktionsbedingungen an das jeweilige Zwischenprodukt selektiv auf Heizöl und Benzin gespalten (*Selektivcracken*).

An Bedeutung zugenommen haben die thermischen Verfahren der Rückstandscrackung, die in erster Linie die Aufarbeitung schwerer Rückstände in Produkte geringerer Viskosität bezwecken (↗ Visbreaken). Derartige Produkte dienen entweder unmittelbar als Heizöle oder aber als Einsatzprodukte für katalytische Crackverfahren. Man arbeitet hierbei unter relativ milden Bedingungen, bei denen lediglich die hochmolekularen Inhaltsstoffe gering gespalten werden.

2) *Katalytisches C.* (*Katcracken*, *Catcracking*). Dieses Crackverfahren liefert wie das thermische C. Gas, Benzin und höhersiedende Anteile. Die katalytischen Crackprozesse werden, von wenigen Ausnahmen (z. B. *Houdresid-Verfahren*) abgesehen, in der Dampfphase durchgeführt. Die Temperaturen liegen zwischen 460 und 500 °C, die Drücke zwischen 0,1 und 0,15 MPa. Die Katalysatoren bestehen zu etwa 10 % aus Aluminiumoxid Al_2O_3 und zu 90 % aus Siliciumdioxid SiO_2; auch Magnesiumsilicate können eingesetzt werden. Große Bedeutung haben durch Ionenaustausch modifizierte Zeolithe (X- und vor allem Y-Molekularsiebe) als Katalysatoren für Crackverfahren. Die Reaktion verläuft über Carbenium-Ionen, dabei können neben der eigentlichen Crackreaktion auch Isomerisierungs- und Polymerisierungsreaktionen eintreten. Daneben bilden sich durch Dehydrierung von Naphthenen Aromaten.

Während des Crackprozesses schlägt sich Koks auf dem Katalysator nieder und vermindert die Aktivität. Durch Abbrennen des Kokses mit Luft bei Temperaturen von 600 bis 680 °C wird der Kontakt von Zeit zu Zeit regeneriert. Der Anfall an Koks und Gas ist beim katalytischen C. geringer als beim thermischen C.; deshalb können die Umsätze bei einmaligem Durchsatz durch den Crackofen wesentlich höher als beim thermischen Verfahren gewählt werden.

Man unterscheidet drei Arbeitsweisen: Festbettverfahren, Bewegtbettverfahren und Wirbelbettverfahren.

a) Die *Festbettverfahren* (*Fixed-Bed-Verfahren*), erstmalig 1936 von Houdry eingeführt, haben heute keine Bedeutung.

b) Von den *Bewegtbettverfahren* (*Wanderbettverfahren*, *Moving-Bed-Verfahren*), 1940 ebenfalls von Houdry entwickelt, sind das TCC-Verfahren und das Houdry-flow-Verfahren von Bedeutung. Beim *TCC-Verfahren* (Thermofor-Catalytic-Cracking-Verfahren) rieselt der meist pulverförmige Katalysator unter dem Einfluß der Schwerkraft durch den Reaktor (Reaktionstemperatur 450 bis 510 °C). Der verkokte Katalysator gelangt in den tiefer gelegenen Regenerator und wird dort mit Hilfe von Luft regeneriert (die Kohlenstoffablagerungen werden dabei abgebrannt). Der regenerierte Katalysator wird durch pneumatischen Transport in den Reaktor zurückgeführt. Die Crackdämpfe werden in einer Fraktionierkolonne aufgearbeitet. Das *Houdryflow-Verfahren* unterscheidet sich nicht grundsätzlich vom TCC-Verfahren. Wesentlicher Unterschied ist, daß der pneumatische Transport des regenerierten Katalysators nicht mit Luft, sondern mit Rauchgas erfolgt.

c) Von den *Wirbelbettverfahren* (*Fluid-Bed-Verfahren*) ist am wichtigsten das *FCC-Verfahren* (Fluid-Catalytic-Cracking-Verfahren, Abb. 2). Die erste Anlage nach dem FCC-Verfahren ging 1942 in Betrieb (Standard Oil Co. of New Jersey). Man arbeitet mit einem Katalysator, der in feinster Staubform mit einer Korngröße von 0,05 bis 0,2 mm vorliegt und sich mechanisch, ähnlich einer Flüssigkeit, verhält. Er ermöglicht leichteren Transport, gleichmäßigere Wärmeverteilung und gute Wärmeübertragung an das Spaltgut. Der Katalysator wird auf 500 bis 550 °C erhitzt und bringt das Spaltgut zum Verdampfen. Die Öldämpfe wirbeln den staubfeinen Katalysator durch die Reaktionszone, so daß das C. durch die innige Vermischung nach kurzer Zeit vollzogen ist. Im Reaktor herrscht ein Druck von 0,07 MPa.

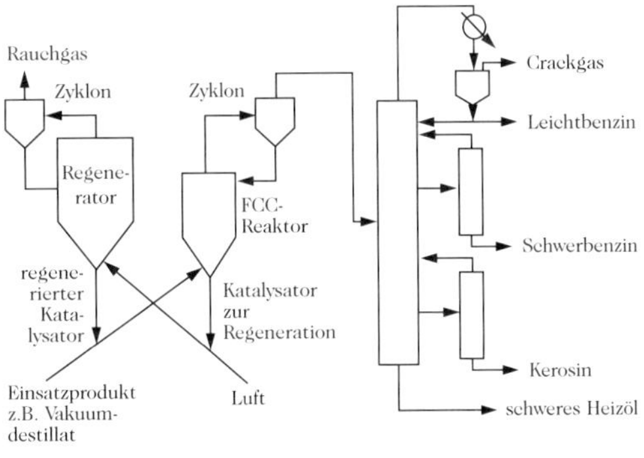

Cracken. Abb. 2: Schema einer FC-Anlage.

Das aus dem Reaktor austretende Öldampf-Katalysator-Gemisch wird in einem Zyklon getrennt, und der koksbeladene Katalysator wird durch einen Luftstrom in den Regenerator getragen, in dem der Koks abgebrannt wird. Die in den Abgasen enthaltene Wärme zieht man zur Dampferzeugung heran. Die Öldämpfe gelangen in eine Fraktionierkolonne, die sie in Benzin, Gasöl und Heizöl, Kreislauföl und Rückstand zerlegt. Als Katalysatoren für das FCC-Verfahren werden Alumosilicate oder modifizierte Zeolithe eingesetzt. Zur Entfernung von ungesättigten Verbindungen, insbesondere Diolefinen, müssen die erhaltenen Fraktionen noch einer Hydroraffination unterzogen werden. Als Crackreaktoren werden auch *Flugstaub-* oder *Riser-Reaktoren* eingesetzt. Dabei durchströmt der eingesetzte Kohlenwasserstoff zusammen mit dem heißen Katalysator ein Steigrohr (Riser), in welchem nach etwa 5 Sekunden Verweildauer die Crackreaktionen beendet sind.

3) *Katalytisches C. in Gegenwart von Wasserstoff.* Wasserstoffarme Fraktionen (Rückstandsöle) sind für das katalytische C. nicht geeignet. Der niedrige Wasserstoffgehalt und die in den Rückstandsölen vorhandenen Heteroverbindungen bewirken eine schnelle Desaktivierung des Katalysators. Rückstandsöle werden darum vorteilhaft in Gegenwart von Wasserstoff gecrackt (*Hydrocracken*, ↗ Hydrospalten).

4) *Pyrolyseprozesse.* Sie haben sich aus den Dampfphase-Crackprozessen entwickelt und ermöglichen es, aus nieder- oder höhermolekularen Ausgangsmaterialien vorwiegend gasförmige Alkene und in gewissen Mengen aromatische Kohlenwasserstoffe herzustellen, die bei den vorher beschriebenen Crackprozessen nur als Nebenprodukte anfallen. Alle Verfahren dieser Art werden drucklos bei hohen Temperaturen oberhalb 600 °C betrieben.

Bei den Pyrolyseprozessen treten zwei Grundreaktionen auf: Crackprozesse, bei denen ein langkettiges Alkan in ein kürzerkettiges Alkan und ein Alken zerfällt, und Dehydrierprozesse, bei denen ein Alkan unter Wasserstoffabspaltung in ein Alken übergeführt wird. Je länger die Kohlenstoffkette ist, desto mehr überwiegt die Crackreaktion gegenüber der Dehydrierreaktion (↗ Pyrolyse).

Cramsche Regel, ↗ stereoselektive Synthese.

Creosot, eine gelbliche, ölige, stechend riechende, giftige Flüssigkeit; Kp. 200 bis 220 °C. C. ist schwer löslich in Wasser, löslich in Alkohol und Ether sowie in Alkalien unter Salzbildung. C. besteht in der Hauptsache aus Guajacol und Cresol und wird aus Buchenholzteer und bei der Destillation von Steinkohlen- und Braunkohlenteer gewonnen. Es wird als Holzkonservierungsmittel, als Flotationsmittel bei der Erzaufbereitung, in der Medizin als Desinfek- tionsmittel verwendet.

Cresole, ***Methylphenole***, ***Hydroxytoluole***, drei isomere, phenolähnlich riechende, in Wasser wenig, in Ethanol und Ether leicht lösliche Verbindungen.

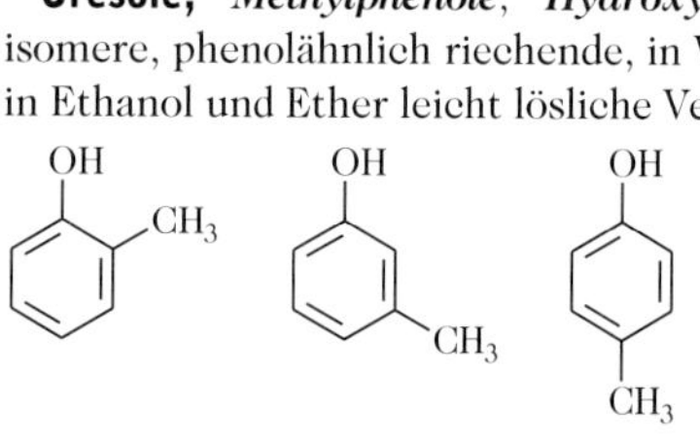

o-Cresol *m*-Cresol *p*-Cresol

o-Cresol (2-Methylphenol), eine farblose, beim Stehen an der Luft dunkel werdende Kristallmasse bzw. Flüssigkeit; F. 30,9 °C, Kp. 190,9 °C, n_D^{20} 1,5361; *m-Cresol* (3-Methylphenol), eine farblose Flüssigkeit; F. 11,5 °C, Kp. 202,2 °C, n_D^{20} 1,5438; *p-Cresol* (4-Methylphenol), farblose Kristalle; F. 34,8 °C, Kp. 201,9 °C, n_D^{20} 1,5312.

Die C. kommen in der Steinkohlenteer- und Braunkohlenteerfraktion vor, aus der auch die Stammverbindung Phenol gewonnen wird. Wegen ihrer Löslichkeit in Alkalihydroxidlösung können sie mit Natronlauge extrahiert oder durch fraktionierte Destillation gewonnen werden. Die Trennung der gleich siedenden *m*- und *p*-Verbindung gelingt über die Schwefelsäureester oder spezielle Fällungsmethoden. Technisch wird vielfach das Gemisch der C. als Rohcresol verwendet. C. sind sehr reaktionsfähig und können chemisch vielseitig abgewandelt werden (↗ Phenole). Aufgrund ihrer bakteriziden Wirkung werden sie als Desinfektionsmittel verwendet. *Lysol* ist eine Lösung von C. in Seifenwasser. C. werden weiterhin zur Konservierung von Holz sowie zur Herstellung von Phenoplasten, Riechstoffen, Indikatorfarbstoffen und Antioxidanzien eingesetzt. *p*-C. entsteht beim biologischen Proteinabbau aus Tyrosin. Im menschlichen Organismus wird es zur Entgiftung mit Schwefelsäure verestert und auf dem Harnweg ausgeschieden.

Cresolpurpur, ↗ Bromphenolblau.

Cresolrot, ↗ Bromphenolblau.

CRH, ↗ Corticoliberin.

Criegee-Spaltung, quantitative Spaltung von Glycolen mit Blei(IV)-acetat in verd. Eisessig- oder Benzollösung zu Aldehyden und Ketonen: $R_2C(OH)–C(OH)R_2 + Pb(OOCCH_3)_4 \rightarrow 2\ R_2CO + Pb(OOCCH_3)_2 + 2\ CH_3COOH$. Mittels der C. können auch solche 1,2-Diole gespalten werden, die mit Periodaten (↗ Malaprade-Reaktion) nicht reagieren.

Cristobalittyp, ***Cristobalitstruktur***, ein ↗ Strukturtyp für Verbindungen der allgemeinen Zusammensetzung AB_2, in dem Verbindungen mit kleinem Radienquotienten ($r_A/r_B \leq 0{,}414$) kristallisieren. Im Kristallgitter der SiO_2-Modifikation Cristobalit bilden die Si-Atome für sich gesehen einen ↗ Diamanttyp; sie sind tetraedrisch von 4 O-Atomen umgeben, die jeweils in der Mitte zwischen zwei benachbarten Si-Atomen liegen (Abb.).

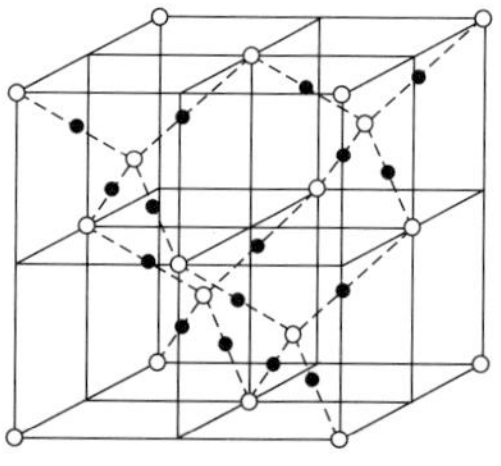

• O ○ Si

Cristobalittyp. Abb.: Elementarzelle des Kristallgitters.

α-Crocetin, HOOC–C(CH_3)=CH–CH=CH–C(CH_3)=CH–CH=CH–CH=C(CH_3)–CH=CH–CH=C(CH_3)–COOH, ein Naturfarbstoff aus der Carotinoidreihe. *α*-C. bildet ziegelrote Rhomben; F. 283 bis 285 °C. All-*trans*-C. entsteht durch Hydrolyse von Crocin.

Crocin, $C_{44}H_{64}O_{24}$, der Digentiobioseester des *α*-Crocetins. C. bildet den rotgelben Farbstoff des Safrans; F. 186 °C. Die Gentiobiosereste sind *β*-glucosidisch an die beiden Carboxygruppen des Crocetins gebunden. C. und verschiedene Abbauprodukte haben biologisches Interesse. Sie erhöhen die Beweglichkeit der Gameten einzelliger Algen (*Chlamydomonas eugametos*) zur gegenseitigen Anlockung und Befruchtung.

Cromoglicinsäure, ein Chromonderivat, das hauptsächlich als Antiasthmatikum in Form von Inhalationen zum Einsatz kommt. Es wirkt als Mast-

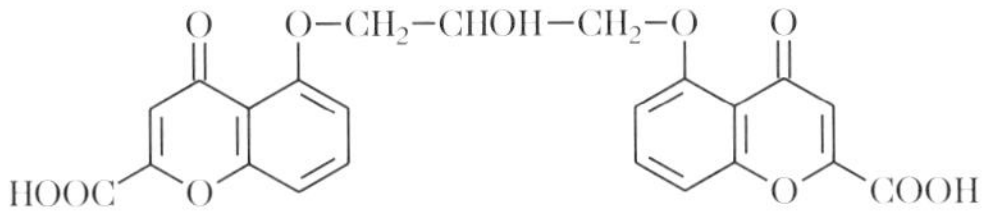

zellenstabilisator gegen die Freisetzung von Mediatoren, die Spasmen der Bronchien hervorrufen. Als Antiasthmatika werden ferner ↗ β_2-Sympathikomimetika, ↗ Theophyllin und Theophyllinderivate eingesetzt. Entzündungen werden zusätzlich mit Glucocorticoiden behandelt.

Crossflow-Filtration, ↗ Querstromfiltration.

Crotonaldehyd, *But-2-enal*, CH_3–CH=CH–CHO, eine farblose, stechend riechende Flüssigkeit; F. –74 °C, Kp. 104 °C, n_D^{20} 1,4366. C. ist in fast allen organischen Lösungsmitteln und Wasser leicht löslich und wasserdampfflüchtig. C. liegt normalerweise in zwei Konfigurationen vor, in der *Z*- und in der *E*-Form,

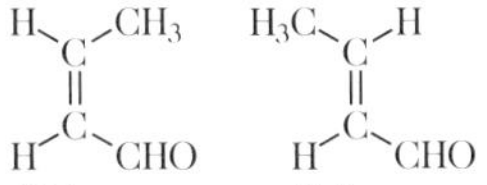

Z-Form *E*-Form

wobei letztere große technische Bedeutung hat. In der Natur kommt C. in einigen Crotonöl enthaltenden Pflanzen vor. Synthetisch ist C. am besten durch Destillation von Acetaldol in Gegenwart von Essigsäure zugänglich. Technisch hat C. für die Synthese wichtiger Zwischen- und Endprodukte, z. B. Butanol, Butyraldehyd, Crotonalkohol, Maleinsäure, Chinaldin sowie eine Reihe von Kunstharzen, Bedeutung.

Crotonsäure, *trans-But-2-ensäure*, *(E)-But-2-ensäure*, eine ungesättigte, aliphatische Monocarbon-

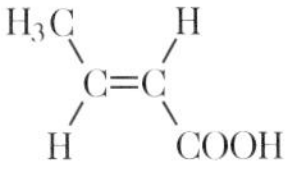

säure. C. bildet farblose, buttersäureartig riechende, nadel- oder blättchenförmige Kristalle; F. 71,5 °C, Kp. 185 °C. Sie ist in heißem Wasser, Alkohol, Aceton und Ether löslich.

Beim Erhitzen über 125 °C isomerisiert C. unter Bildung der instabileren *Z*-Form, der ↗ Isocrotonsäure, die sich bei etwa 180 °C wieder in die C. umwandelt. C. entsteht bei der Kondensation von Acetaldehyd mit Malonsäure in Gegenwart von Pyridin:

$$H_3C{-}CHO \xrightarrow[-H_2O]{} H_3C{-}CH{=}C(COOH)_2 \xrightarrow[-CO_2]{} H_3C{-}CH{=}CH{-}COOH.$$

Technisch wird C. durch Oxidation von Crotonaldehyd mit Sauerstoff hergestellt. Verwendet wird sie zur Herstellung von Mischpolymerisaten, ihre Ester werden als Weichmacher eingesetzt.

Crotoxin, das Hauptgift der Klapperschlange. C. ist ein Proteinkomplex (M_r ~ 30000), der aus den Untereinheiten Crotactin und Crotamin sowie dem Enzym Phospholipase A_2 besteht.

Cs, Symbol für Cäsium.

CS, ↗ chemische Kampfstoffe.

CSB, ↗ Abwasser.

CSF-Verfahren, ↗ Kohleextraktion.

CSV, ↗ Oxidierbarkeit.

CT-Komplexe, Abk. für ↗ charge-transfer-Komplexe.

CTP, Abk. für *C*ytidin-5′-*t*ri*p*hosphat.

CT-Übergang, Abk. für charge-*t*ransfer-Übergang.

C-Typ-natriuretisches Peptid, Abk. *CNP*, ein zur Familie der ↗ natriuretischen Peptide zählendes 22-Peptid mit einer Disulfidbrücke. Das 1990 erstmalig aus dem Schweinegehirn isolierte Peptid verursacht eine Erniedrigung des arteriellen Blutdrucks.

Cu, Symbol für Kupfer.

Cuban, *Pentacyclo[4.2.0.0^{2,5}.0^{3,8}.0^{4,7}]octan*, ein Kohlenwasserstoff, der ein stark gespanntes kubisches System darstellt und zu den sogenannten Käfigverbindungen gehört. C. bildet farblose Rhomben; F. 130 bis 131 °C. Die Herstellung erfolgt

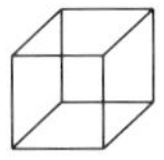

durch photochemische Cycloisomerisierung von Alkenen ([2 + 2]-Cycloaddition). Hydrierung führt ähnlich wie bei Cyclobutanderivaten zur Addition von Wasserstoff unter Ringöffnung. C. addiert zuerst ein Mol Wasserstoff zu einem teilweise geöffneten Würfel und geht unter weiterer Aufnahme von Wasserstoff in Tricyclo- und Bicyclooctane über.

Cumarin, *α-Chromon*, *2H-Chromen-2-on*, *2-Hydroxyzimtsäurelacton*, der innere Ester der 2-Hydroxyzimtsäure. C. bildet farblose Kristalle; F. 70 °C, Kp. 301 °C. Es ist in Alkohol und Ether gut löslich, in Wasser wenig löslich. C. sowie seine Derivate (Tab.) sind, meist glycosidisch gebunden, in Pflanzen weit verbreitet. C. ist unter anderem im Waldmeister, in vielen Gras- und Kleearten sowie in der Tonkabohne enthalten. Einige C. sowie insbesondere verschiedene Furocumarine wirken mutagen. Man erhält C. durch Kondensation von Salicylaldehyd mit Acetanhydrid in Gegenwart von Natriumacetat (↗ Perkin-Reaktion). Man verwendet C. zur Parfümierung von Seifen und in der Tabakfabrikation sowie als Fluoreszenzindikator. Zur Aromatisierung von Getränken und Lebensmitteln sollen C. und Waldmeister nicht mehr eingesetzt werden. Eine Reihe von Derivaten des C. werden als optische Aufheller und als Laserfarbstoffe eingesetzt. C. ist konstitutionsisomer mit ↗ γ-Chromon.

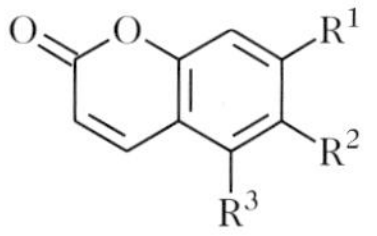

Cumarin. Tab.: Derivate.

Trivialname	R1	R2	R3	F. in °C
Cumarin	H	H	H	67 ... 71
Umbelliferon	H	OH	H	225 ... 228
Aesculetin	OH	OH	H	268 ... 272
Scopoletin	OH	OCH	H	204 ... 205
Dophnetin	H	OH	OH	255 ... 256

Cumaron, ↗ Benzofurane.

Cumaron-Inden-Harz, ein synthetisches Kohlenwasserstoffharz, das durch Polymerisation des Cumarons, Indens und einiger verwandter Verbindungen erhalten wird. Die C. fallen als helle, braune oder schwarze Harze verschiedener Härtegrade und Erweichungspunkte von etwa 30 bis 160 °C an. Zur Herstellung von C. behandelt man die Leichtölfraktion der Steinkohlenteerdestillation mit konz. Schwefelsäure oder mit Aluminiumchlorid. Dabei polymerisieren die ungesättigten Anteile, wie Cumaron, Inden und Cyclopentadien. Das erhaltene Rohharz wird gereinigt und hauptsächlich auf dem Gebiet der Anstrichtechnik verwendet, allerdings wegen seiner geringen Lichtechtheit nur für relativ billige Materialien.

4-Cumarsäure, ↗ Hydroxyzimtsäuren.

***p*-Cumarylalkohol,** ↗ Zimtalkohole.

Cumol, ***Isopropylbenzol***, ein aliphatisch-aromatischer Kohlenwasserstoff, eine farblose, brennbare

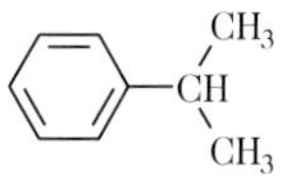

Flüssigkeit; F. –96 °C, Kp. 152,4 °C, n_D^{20} 1,4915. C. ist unlöslich in Wasser, löslich in Ethanol und Ether. C. wird großtechnisch durch Umsetzung von Benzol mit Propen in Gegenwart von Phosphorsäure bei etwa 250 °C und einem Druck von etwa $4 \cdot 10^4$ kPa hergestellt. Es wird vor allem nach dem Cumol-Phenol-Verfahren (↗ Hock-Verfahren) zu Aceton und Phenol weiterverarbeitet. Daneben dient es als Zusatz für Flugzeugbenzine zur Verbesserung der Klopffestigkeit.

Cumolhydroperoxid, eine farblose bis blaßgelbe Flüssigkeit; Kp. 53 °C bei 13 bis 14 Pa. C. ist in Wasser wenig, besser in Alkoholen und anderen organischen Lösungsmitteln löslich. Es entsteht bei der Umsetzung von Cumol mit Luftsauerstoff (↗ Hock-Verfahren).

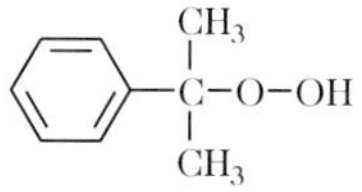

Die wichtigste Verwendung ist die Spaltung zu Phenol und Aceton.

Cumol-Phenol-Verfahren, ↗ Hock-Verfahren.,

Cuprofasern, Abk. *CUP*, ↗ Chemiefasern aus regenerierter Cellulose nach dem Kupferoxid-Ammoniak-Verfahren.

Baumwoll-Linters oder Edelzellstoff werden in ein Gemisch aus Ammoniak und basischem Kupfersulfat unter Zugabe von Natronlauge eingetragen, wodurch sich ein Cellulosetetramminkomplex bildet. Die gefilterte, viskose Spinnlösung wird durch relativ große Spinndüsenöffnungen in ein gering alkalisches Fällbad gedrückt, wobei sie durch Strecken (Streckspinntrichter) sehr verfeinert werden und zu Filamenten koagulieren.

C. haben wegen der hohen Feinheit seidenartiges Aussehen und weichen Griff. Die physikalischen und chemischen Eigenschaften entsprechen denen der ↗ Viskosefasern. Aus C. werden vor allem Futter-, Blusen- und Krawattenstoffe hergestellt.

Curarealkaloide, quaternisierte Alkaloide, die als wirksame Komponenten des Curare isoliert wurden, mit den Acetylcholinrezeptoren der quergestreiften Muskulatur reagieren und zur Lähmung der Muskeln führen. Oral sind die C. kaum wirksam. *Curare* ist ein Pfeilgift südamerikanischer Indianer. *Calebassencurare* wird aus den Rinden von Strychnosarten gewonnen und in Flaschenkürbissen aufbewahrt. Beim *Tubo-* oder *Topfcurare* handelt es sich dagegen um Extrakte aus Chondodendronarten. Die Inhaltsstoffe beider Curaresorten unterscheiden sich wesentlich. Die Calebassencurarealkaloide ähneln in ihrer Struktur dem ↗ Strychnin. Die wirksamsten Verbindungen (C-Curarin, C-Toxiferin) sind dimer und enthalten zwei quaternäre N-Atome. Die Tubocurarealkaloide dagegen gehören zur Gruppe der Bisbenzylisochinolinalkaloide. Wichtigster Vertreter ist das Tubocurarinchlorid, das therapeutisch als ↗ Muskelrelaxans eingesetzt wird.

Curdlan, ein neutrales, linear strukturiertes, mikrobielles ↗ Exopolysaccharid. C. ist ein β-(1,3)-Glucan (vor allem Glucose, aber auch Mannose, Galactose und Succinat enthaltend, Kettenlänge > 400), das von *Alcaligenes faecalis* var. *myxogenes* und *Agrobacterium* sp. gebildet wird. Es ist bei Raumtemperatur nicht wasserlöslich und bildet > 54 °C hitzestabile, elastische Gele. Bei 120 °C wird die Einzelstrang- zur Dreifach-Helix umgelagert. C. wird im Magen-Darm-Trakt nicht abgebaut. C. wird in der Nahrungsgüterwirtschaft als energiearmes Gelier- und Dickungsmittel (Mayonnaise, kochfeste Eierteigwaren), in der Verpackungsindustrie zur Herstellung von wasserunlöslichen, luftundurchlässigen und biologisch gut abbaubaren Folien sowie als Trägermaterial bei der ↗ Immobilisierung von Mikroorganismen/Enzymen eingesetzt.

Curium, Symbol *Cm*, radioaktives, nur künstlich, durch Kernreaktionen zugängliches chem. Element aus der III. Nebengruppe des Periodensystems, der Gruppe der ↗ Actinoide zugehöriges Transuran, Schwermetall; *Z* 96, stabilstes Isotop: ^{247}Cm (α-Strahler, Halbwertszeit $1{,}56 \cdot 10^7$ a), Wertigkeit III, IV, D. 13,51 g cm^{-3}, F. 1350 °C, Standardelektrodenpotential (Cm/Cm^{3+}) –2,31 V.

C. ist ein silberweißes, duktiles, in zwei Modifikationen auftretendes Metall, das man durch Reduktion von Curium(III)-fluorid mit Barium bei 1275 °C gewinnt. An der Luft ist es weniger beständig als Plutonium. C. wurde 1944 durch Seaborg, James, Morgan und Ghiorso in Gestalt des Isotops ^{242}Cm bei Bestrahlung von Plutonium-239 mit α-Teilchen entdeckt. Bei Neutronenbestrahlung von Plutonium-239 erhält man Curium-244, das heute im 100-g-Maßstab zur Verfügung steht. Curiumisotope werden in Atombatterien (zur Stromerzeugung in Satelliten und Herzschrittmachern) sowie als Strahlungsquelle bei der Materialprüfung genutzt.

C. erhielt seinen Namen nach dem Forscherehepaar Pierre und Marie Curie.

Curiumverbindungen, Verbindungen, in denen Curium vorwiegend in der Oxidationsstufe +3, seltener +4 auftritt. Die besondere Stabilität von Curium(III)-Verbindungen beruht auf der hier vorliegenden Halbbesetzung des 5f-Niveaus. Curium ist das erste Element in der Reihe der Actinoide, das in seinen chem. Eigenschaften dem homologen Glied der Lanthanoidenreihe, dem Gadolinium, vergleichbar ist. Jedoch kann man Curium(III)-Verbindungen in einigen Fällen durch sehr kräftige Oxidationsmittel in Curium(IV)-Verbindungen überführen. Beispiele für C.: *Curium(III)-hydroxid*, $Cm(OH)_3$, gelbliche, durch Ammoniakfällung aus Curium(II)-salzlösungen zugängliche Verbindung, die beim Erhitzen in *Curium(III)-oxid*, Cm_2O_3, eine farblose, in fünf enantiotropen Modifikationen auftretende Verbindung, F. 2270 °C, Kp. 3700 °C, übergeht. *Curium(III)-fluorid*, CmF_3, gelblichweiße Verbindung, F. 1679 °C, kann durch Flußsäurezusatz zu Curium(III)-Lösungen erhalten werden. Fluorierung von CmF führt zu grünlichbeigefarbenem, Achterkoordination aufweisendem *Curium(IV)-fluorid*, CmF_4, während schwarzes *Curium(IV)-oxid*, CmO_2, durch Reaktion von Curium(III)-oxid mit Sauerstoff bei etwa 300 °C gewonnen werden kann.

Curtius-Abbau, Abbaureaktion von Carbonsäureaziden zu primären Aminen. Beim Erwärmen der Säureazide in alkoholischer Lösung bilden sich zunächst unter Stickstoffabspaltung und nucleophiler 1,2-Verschiebung des Alkyl- oder Arylrestes Isocyanate, die mit Alkohol zu *N*-substituierten Urethanen reagieren. Durch Hydrolyse können die Urethane in primäre Amine, Alkohol und Kohlendioxid gespalten werden:

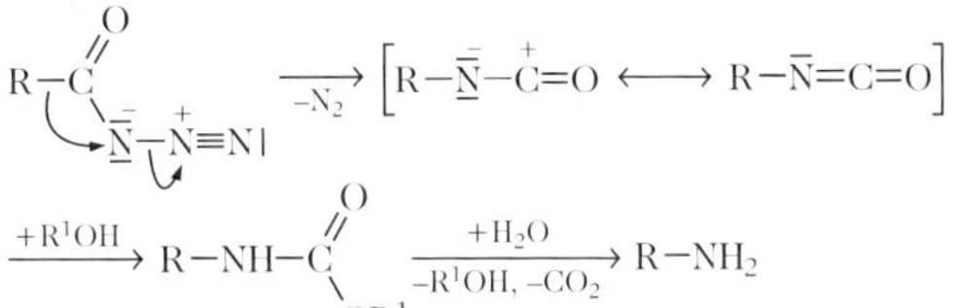

Das primär gebildete Isocyanat kann bei der Verwendung eines inerten Lösungsmittels, z. B. Benzol oder Chloroform, isoliert werden.

Cutin, pflanzliches Biopolymer, ein Baustein der Kutikula. In das C. der Landpflanzen sind Wachse eingebettet. Chemisch ist C. ein Polyester, der Hydroxy- und Epoxyfettsäuren mit 16 und 18 C-Atomen enthält. Hauptbestandteile sind Dihydroxypalmitin-, ω-Hydroxyöl-, ω-Hydroxy-9,10-epoxystearin- und Trihydroxystearinsäure. Von ähnlicher Struktur wie C. ist das *Suberin* aufgebaut, das neben Hydroxyfettsäuren noch Phenylpropanderivate enthält. Suberin ist Bestandteil der sekundären Zellwand und der sekundären Endodermiszellen der unterirdischen Organe der Pflanze. C. und Suberin sind in den üblichen Lösungsmitteln unlöslich. Eine Depolymerisierung ist durch alkalische Hydrolyse, Umesterung oder Behandeln mit Lithiumalanat möglich.

CVD, Abk. für **c**hemical **v**apor **d**eposition, ***chemische Gasphasenabscheidung***, Verfahren, bei dem aus einer Gasphase heraus durch chem. Reaktionen (wie z. B. thermische Zersetzungen) auf einem Substrat dünne Schichten von Metallen, Halbleitern, Carbiden, Nitriden, Oxiden u. ä. abgeschieden werden. Die CVD wird vor allem zum Oberflächenschutz und zur Herstellung hochreiner Materialien (wie z. B. Si, GaAs) in der Halbleitertechnik eingesetzt.

C-Waffen-Übereinkommen, multilaterales Abkommen, das die Entwicklung, Herstellung, Beschaffung, den Besitz und die Anwendung chemischer Waffen verbietet (↗ chemische Kampfstoffe) sowie die Zerstörung vorhandener chemischer Waffen und Anlagen zu deren Herstellung fordert. Das Abkommen wurde 1992 durch die Genfer Abrüstungskonferenz der Vereinten Nationen verabschiedet und im Januar 1993 in Paris zur Zeichnung aufgelegt. Der Vertrag trat am 29. April 1997 in Kraft.

Cyanamid, NH_2CN, farblose, hygroskopische, orthorhombische Kristalle, F. 45 °C. Man erhält C. durch Hydrolyse des im technischen Maßstab nach dem *Frank-Caro-Verfahren* gewonnenen Kalkstickstoffs: $CaNCN + H_2O + CO_2 \rightarrow NH_2CN + CaCO_3$.

C. dimerisiert oberhalb 80 °C zu dem ebenfalls farblosen, kristallinen ↗ Dicyandiamid, $NCN{=}C(NH_2)_2$. C. ist in Wasser, Aceton, Ether, Ethanol und Dioxan gut, in Benzol und Chloroform wenig, in Hexan nicht löslich.

C. ist eine schwache, zweibasige Säure (pK_{S1} = 10,26, pK_{S2} = 14,60); das *Cyanamid-Anion*, $[NCN]^{2-}$, isoster mit Cyanat, $[NCO]^-$, ist als ↗ Pseudochalkogenid zu klassifizieren. Dialkalicyanamide wie *Dinatriumcyanamid*, Na_2NCN, sind farblose, wasserlösliche Verbindungen, D. 1,96 g cm^{-3}, F. 550 °C (Z.), *Bleicyanamid*, PbNCN, zitronengelbes Pulver, dient als Rostschutzpigment.

C. wird zur Herstellung von Zwischenprodukten für Pharmazeutika oder Agrochemikalien eingesetzt, dient in der Landwirtschaft zum chem. Hopfenausputzen und zur Unkrautbekämpfung in Hopfengärten, ferner als Entlaubungsmittel.

Cyanate, Derivate der Cyansäure H–OCN. Den *ionischen C.* liegt das zur Gruppe der ↗ Pseudohalogenide gehörende, lineare, mesomeriestabilisierte Anion $[NCO]^-$ zugrunde. Alkalicyanate, wie *Natrium-* oder *Kaliumcyanat*, sind farblose Salze. Protonierung von C. führt zu *Isocyansäure*, H–NCO, einer nur bei niedrigen Temperaturen beständigen Verbindung, F. –86 °C, die in wäßriger Lösung eine schwache Säure ($pK_S = 2 \cdot 10^{-4}$). Der Isocyanatbindungstyp liegt auch bei Schwermetall- und den *kovalenten* Nichtmetallcyanaten vor, z. B. *Siliciumtetraisocyanat*, $Si(NCO)_4$, farblose Flüssigkeit, F. 26 °C, Kp. 186 °C; *Phosphortriisocyanat*, $P(NCO)_3$, farblose Flüssigkeit, Kp. 169,3 °C, Iodisocyanat, INCO, F. –50 °C. Bindungsisomere Nichtmetall werden durch *Phosphorsäureesterisocyanate*, $(RO)_2P(O)$–NCO, und *Phosphorsäureestercyanate*, $(RO)_2P(O)$–OCN, repräsentiert. Auch das Diisooxocyan OCN–NCO konnte nachgewiesen werden.

Cyanessigester, ↗ Cyanessigsäureethylester.

Cyanessigsäure, *Malonsäuremononitril*, NC–CH_2–COOH, farblose zerfließliche Kristalle; F. 70 bis 71 °C, Kp. 108 °C bei 20 Pa. Beim Erhitzen auf ≈ 165 °C zerfällt C. in Acetonitril und Kohlendioxid. C. ist in Wasser, Ether und Alkohol leicht, in Benzol und Chloroform schwer löslich. Die Herstellung erfolgt durch Umsetzung der Alkalisalze der Chloressigsäure mit Kaliumcyanid. C. wird in der präparativen Chemie unter anderem zur Herstellung von Aminosäuren, Malonsäure und Malonsäureestern verwendet.

Cyanessigsäureethylester, *Cyanessigester*, NC–CH_2–CO–OC_2H_5, eine farblose Flüssigkeit mit angenehmem Geruch; F. –22,5 °C, Kp. 207 °C, n_D^{20} 1,4176. C. ist in Wasser unlöslich, in Alkohol und Ether löslich. Aufgrund der hohen Funktionalität wird C. für die Synthese zahlreicher ketten- und ringförmiger Verbindungen eingesetzt. Die Herstellung erfolgt durch Veresterung von Cyanessigsäure mit Ethanol in Gegenwart von Mineralsäuren oder durch Umsetzung von Chloressigsäureethylester mit Alkalicyaniden. C. ist als Zwischenprodukt für die Synthese von β-Alanin, Vitaminen der B-Reihe, Barbitursäurederivaten, Harnsäure, Cyanacrylestern u. a. von Bedeutung.

Cyanhydrine, *α-Hydroxynitrile*, $R^1R^2C(OH)$–CN (allg. Formel), Additionsprodukte von Aldehyden bzw. Ketonen und Blausäure, z. B. $(CH_3)_2C{=}O$ + H–CN $\rightleftharpoons$ $(CH_3)_2C(OH)$–CN (Acetoncyanhydrin). C. sind giftige, farblose Flüssigkeiten oder niedrig schmelzende Verbindungen, die in vielen organischen Lösungsmitteln leicht löslich sind. Die meisten C. sind thermisch instabil und werden deshalb vor der Destillation mit Phosphorsäure, Schwefelsäure oder Chloressigsäure stabilisiert. Durch Laugen werden C. leicht wieder in die Ausgangskomponenten, Blausäure und Carbonylverbindung, zerlegt. Die Herstellung erfolgt durch direkte Addition von Blausäure an Aldehyde und aliphatische Ketone in Gegenwart basischer Katalysatoren oder durch Umsetzung von Bisulfitaddukten mit Natriumcyanid. Rein aromatische Ketone reagieren praktisch nicht mit Blausäure.

Eine ganze Reihe von Synthesen in der organischen Chemie basieren auf der Möglichkeit, über C. zu Verbindungen zu gelangen, deren Kohlenstoffkette um ein C-Atom verlängert ist (*Cyanhydrinsynthesen*). Hierzu zählt die Hydrolyse der C. zu α-Hydroxycarbonsäuren, z. B. Mandelsäure aus Benzaldehydcyanhydrin, Citronensäure aus dem Cyanhydrin des 1,3-Dichlor-acetons oder die Kettenverlängerung von Aldosen über die entsprechenden C.

Erfolgt die Herstellung der C. in Gegenwart von Ammoniak, werden β-Aminonitrile gebildet, die hydrolytisch in α-Aminosäuren umgewandelt werden können, z. B. Serin aus Glycolaldehyd, Blausäure und Ammoniak. Technisch bedeutsam ist ↗ Acetoncyanhydrin.

Cyanide, Derivate des Cyanwasserstoffs HCN. Salzartige C. enthalten das zur Gruppe der ↗ Pseudohalogenide gehörende Anion $[CN]^-$. *Alkalicyanide*, farblose. kristalline Verbindungen, MCN, erhält man als Salze der Blausäure durch Einleiten von HCN in wäßrige Alkalihydroxid- oder -carbonatlösungen. Das Anion ist ein vorzüglicher Komplexbildner. Bei Einzähnigkeit werden koordinative Bindungen ausschließlich über Kohlenstoff, M–CN, aufgebaut; die resultierenden *Cyanokomplexe* sind im allg. sehr stabile Verbindungen, aufgrund der hohen Ligandenfeldstärke des Anions meist vom low-spin-Typ. In Brückenfunktion fungiert das Anion als zweizähniger Ligand, der resultierende Brückentyp M–CN–M′ liegt in vielen Übergangsmetallcyanometallaten, z. B. in Eisen(III)-hexacyanoferrat(II) (↗ Berliner Blau), vor. Nichtmetallcyanide sind wie Blausäure HCN durch kovalente Bindungen charakterisiert. Beispiele: *Tricyanophosphan*, $P(CN)_3$; ferner die ↗ *Halogencyane*, XCN. *Alkyl-* und *Arylcyanide*, RCN, werden auch als ↗ Nitrile bezeichnet, ihnen stehen die sehr reaktiven *Alkyl-* und *Arylisocyanide* (↗ Isonitrile) gegenüber.

Cyanide sind außerordentlich giftig. Weiteres ↗ Blausäure.

Man verwendet die C. z. B. bei der Gold- und Silbergewinnung (↗ Cyanidlaugerei) sowie in der Galvanotechnik. Sie sind vielgebrauchte Reagenzien im chem. Laboratorium.

Cyanidin, *3,5,7,3′,4′-Pentahydroxyflavyliumkation*, ein Aglykon zahlreicher ↗ Anthocyane; M_r des Chlorids 322,7, braunrote Nadeln, F. > 200 °C (Z.). Glycoside des C. und einiger acylierter Derivate sind im Pflanzenreich weit verbreitet und als Oxoniumsalze für die tiefrote Farbe vieler Blüten und Früchte verantwortlich, z. B. rote Rosen, Pelargonien, Tulpen. Chelatbildung mit Eisen(III)- oder Aluminium-Ionen führt zu tiefblau gefärbten Komplexen, die an einem Polysaccharidträger gebunden sind und nativ somit als Chromosaccharid vorliegen, z. B. *Protocyanin*, der blaue Farbstoff der Kornblume.

Es sind über 20 verschiedene natürliche Glycoside des C. strukturell bekannt, z. B. *Chrysanthemin* (3-β-Glucosid), Chlorid F. 205 °C (Z.), aus den roten Herbstblättern einiger Ahornarten, aus Brombeeren u. a.; *Idaein* (3-β-Galactosid), Chlorid F. 210 °C (Z.), aus Blättern der Blutbuche, aus Äpfeln u. a.; *Mekocyanin* (3-Gentiobiosid) aus Hibiskusblüten und Sauerkirschen; *Keracyanin* (3-Rhamnoglucosid) aus Blüten von Löwenmaul, Tulpen u. a. sowie Kirschen; *Cyanin* (3,5-Di-β-glucosid), Chlorid F. 204 °C, aus der blauen Kornblume, dem Veilchen, roten Rosen u. a.

Cyanidlaugerei, Verfahren zur Gewinnung von Silber und Gold durch Behandlung silber- oder goldführender Erze bzw. von Rückständen der Goldgewinnung nach dem Amalgamverfahren mit 0,1- bis 0,25 %igen Natrium- oder Kaliumcyanidlösungen. Bei den hierbei ablaufenden Löseprozessen, wie sie z. B. durch die Gleichungen $2\ M + \frac{1}{2}\ O_2 + 4\ NaCN + H_2O \rightarrow 2\ Na[M(CN)_2] + 2\ NaOH$ (M: Ag, Au) und $Ag_2S + 4\ NaCN \rightleftharpoons 2\ Na[Ag(CN)_2] + Na_2S$ beschrieben werden, nutzt man die besondere thermodynamische Stabilität der Cyanometallate(I). Die Edelmetallfällung aus den Cyanidlaugen wird dann durch Zusatz von Zinkstaub vorgenommen: $2\ Na[M(CN)_2] + Zn \rightarrow Na_2[Zn(CN)_4] + 2\ M$.

Cyanieren, ↗ Carbonitrieren.

Cyanin, ↗ Cyanidin.

Cyaninfarbstoffe, eine Gruppe von Farbstoffen, die zu den kationischen ↗ Polymethinfarbstoffen gehören. Die C. bestehen aus einer konjugierten Polymethinkette mit einer ungeraden Anzahl an Kohlenstoffatomen zwischen zwei Stickstoff-Heterocyclen, die als Donator oder Akzeptorgruppe in dem π-Elektronensystem fungieren. Die C. werden unterteilt in *eigentliche C.*, *Streptocyanine* und *Hemicyanine* (Abb.). Als Heterocyclen können die C. z. B. Pyrrol, Tetrazol, Pyridin, Thiazol und Chinolin enthalten. Bei den *Azacyaninen* sind die Methingruppen durch Azamethingruppen –N= ersetzt. Sie besitzen z. T. hervorragende Echtheitseigenschaften, insbesondere beim Färben von Polyacrylnitrilfasern. Die eigentlichen C. haben in der Textilfärberei nur geringe Bedeutung, da sie nicht lichtecht sind, spielen jedoch in der Photochemie als Sensibilisatoren für Filme und Platten eine wichtige Rolle. So ist z. B. Chinolinblau ein Sensibilisator für die Farben Rot, Gelb und Orange. Chinolingelb dient zur Herstellung von Farblacken für die Druckfarbenindustrie und das Astrazonrot GB, ein Hemicyanin, als Farbstoff für Polyacrylnitril.

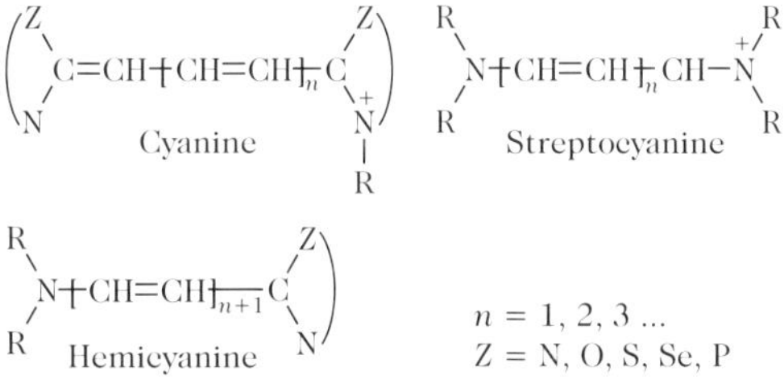

Cyankali, veraltet für Kaliumcyanid.

Cyanocobalamin, ↗ Vitamin B_{12}.

Cyanoferrate, anionische Cyanokomplexe des Eisens. *Hexacyanoferrate(II)*. Alkalimetall-hexacyanoferrate(II), $M_4[Fe(CN)_6]$, gelbe, in Wasser leicht lösliche, diamagnetische Verbindungen mit oktaedrischen $[Fe(CN)_6]^{4-}$-Ionen. Wichtige Vertreter: *Kalium-hexacyanoferrat(II)*, *gelbes Blutlaugensalz*, *Gelbkali*, $K_4[Fe(CN)_6] \cdot 3\ H_2O$; *Natrium-hexacyanoferrat(II)*, *Gelbnatron*, $Na_4[Fe(CN)_6] \cdot 10\ H_2O$. Mit Schwermetall-Ionen bilden Hexacyanoferrate(II) charakteristische, koordinationspolymere, aus wäßriger Lösung in Form farbiger Niederschläge ausfallende Verbindungen. Zu ihnen zählen das meist als ↗ Berliner Blau bezeichnete Eisen(III)-hexacyanoferrat(II) und das zur Herstellung semipermeabler Membranen in osmotischen Zellen genutzte Kupfer(II)-hexacyanoferrat(II) $Cu_2[Fe(CN)_6] \cdot n\ H_2O$. Durch Protolyse von Hexacyanoferraten(II) erhält man die Hexacyanoeisen(II)-säure $H_4Fe(CN)_6$ in Form eines weißen Pulvers. Die technische Gewinnung von Kaliumhexacyanoferrat(II) erfolgt meist über Calcium-hexacyanoferrat(II) $Ca_2[Fe(CN)_6]$ (Gelbcalcium), indem man

Cyanwasserstoff mit Eisen(II)-chloridlösung in Gegenwart von Calciumhydroxid zur Reaktion bringt. Man fällt durch Zugabe von Kaliumchlorid das in Wasser schwer lösliche Salz $K_2Ca[Fe(CN)_6]$, das mit Kaliumcarbonat zu Kalium-hexacyanoferrat(II) umgesetzt wird. Dieses ist ein wichtiger Rohstoff zur Erzeugung von Blaupigmenten sowie für die Darstellung von rotem Blutlaugensalz. Natriumhexacyanoferrat(II) wird durch Direktreaktion aus Eisen(II)-chlorid, Cyanwasserstoff und Natronlauge gewonnen und als Hilfsmittel bei der Anilinschwarz- und Küpenfärberei sowie bei der Flotation eingesetzt.

Hexacyanoferrate(III). Alkalimetall-hexacyanoferrate(III), rote, giftige, wasserlösliche Komplexe vom low-spin-Typ, von denen das Kaliumsalz, *Kalium-hexacyanoferrat(III)*, $K_3[Fe(CN)_6]$, auch als *rotes Blutlaugensalz* oder *Rotkali* bezeichnet wird. Seine Protolyse führt zur in braunen Nadeln kristallisierenden, unbeständigen Hexacyanoeisen(III)-säure, $H_3Fe(CN)_6$. Man erhält $K_3[Fe(CN)_6]$ durch anodische Oxidation von $K_4[Fe(CN)_6]$ und verwendet es als Oxidationsmittel bei organischen Synthesen und in Farbfilmentwicklungsbädern.

Pentacyanoferrate, durch Substitution eines CN-Liganden der Hexacyanoferrate zugängliche Verbindungen des Typs $[Fe(CN)_5X]^{n-}$, auch als *Prussiate* bezeichnet. Ihr wichtigster Vertreter ist *Natrium-pentacyanonitrosylferrat*, *Nitroprussidnatrium*, $Na_2[Fe(CN)_5NO]\cdot 3\,H_2O$, rubinrote, rhombische Kristalle. Man erhält die Verbindung durch Reaktion von gelbem Blutlaugensalz mit Salpetersäure bei nachfolgender Sodazugabe und verwendet sie z. B. zum Sulfid- und Sulfitnachweis.

Cyanoform, ↗ Tricyanmethanid.

Cyanoplatinate(II), ↗ Platinkomplexe.

Cyanosin, ↗ Eosinfarbstoffe.

Cyanurchlorid, *2,4,6-Trichlor-1,3,5-triazin*, *Cyanursäurechlorid*, stechend riechende Kristalle; F. 146 °C, Kp. 190 °C. Es ist löslich in Alkohol, Aceton, Chloroform und Tetrachlorkohlenstoff. In Wasser hydrolysiert C. stufenweise zu Cyanursäure. C.

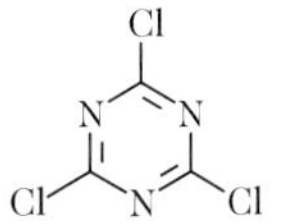

kann als Trimerisationsprodukt des Chlorcyans (↗ Halogencyane) aufgefaßt werden. Als Säurechlorid ist es reaktionsfähig und reagiert mit Alkoholen und Phenolen zu Estern, mit Ammoniak und Aminen zu Amiden. Zur Herstellung von C. im Labor werden Blausäure und Chlor gleichzeitig in Chloroform eingeleitet. In der Technik wird Chlorcyan zur Trimerisierung über 200 bis 500 °C heiße Aktivkohle geleitet. C. ist ein wichtiges Zwischenprodukt für die Synthese von Farbstoffen, optischen Aufhellern, Arzneimitteln und Pflanzenschutzmitteln (↗ Triazinherbizide). Durch Umsetzung mit Alkoholen erhält man Ester, die als Weichmacher und Netzmittel für Kunstharze dienen.

Cyanursäure, *2,4,6-Trihydroxy-1,3,5-triazin*, das Trimerisationsprodukt der Isocyansäure. C. bildet farblose Kristalle; F. 320 bis 330 °C. Sie ist in heißem Wasser und Alkohol löslich, in Ether und anderen organischen Lösungsmitteln nur wenig löslich. C. kommt in zwei tautomeren Formen vor. Hergestellt wird sie durch Hydrolyse von Cyanurchlorid sowie durch Erhitzen von Harnstoff in Gegenwart von Zinkchlorid auf 170 bis 220 °C. Man verwendet C. in Form ihrer *N*-chlorierten Derivate als Bleich- und Desinfektionsmittel in Industrie und Haushalt.

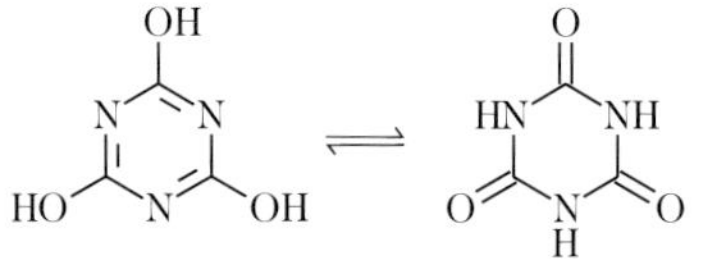

Cyanursäure Isocyanursäure

Cyanwasserstoff, ↗ Blausäure.

Cyclamat, das Natriumsalz der Cyclohexylsulfaminsäure. C. wird als Süßungsmittel, insbesondere für diätetische Zwecke, z. B. zum Süßen von Backwaren, eingesetzt. Die Darstellung kann durch Umsetzen von Cyclohexylamin mit Chlorsulfonsäure erfolgen.

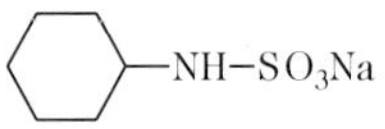

Cyclin, ein in eukaryontischen Zellen vorkommendes Protein mit wichtigen Funktionen bei der Kontrolle der Mitose und damit des Zellcyclus. Es ist Bestandteil des M-Phase-Förderfaktors, der als Regulatorprotein im Cytoplasma den Eintritt in die Mitose kontrolliert.

cyclisch, Bezeichnung für ringförmige Verbindungen, die u. a. bei Kohlenstoffverbindungen besonders häufig auftreten.

cyclisches Adenosin-3′,5′-monophosphat, Abk. *cyclo-AMP*, *cAMP*, ein für Glucagon, Adrenalin und viele andere Hormone fungierender zweiter Bote (↗ second messenger) bei der hormonellen Signaltransduktion. cAMP wird durch Cyclisierung aus ATP gebildet, wobei die 3′-OH-Gruppe der Ribose die α-Phosphorylgruppe des ATP unter Abspaltung von Pyrophosphat angreift. Nach Bindung des entsprechenden Hormons an den membranständigen Rezeptor wird zunächst ein ↗ G-Protein aktiviert, das die membranständige ↗ Adenylatcyclase zur Katalyse der intramolekularen Phosphodiesterbindung stimuliert. cAMP ist ein universeller Effektor von Enzymsystemen und Genaktivitäten.

cyclisches Guanosin-3′,5′-monophosphat, *cyclo-GMP*, Abk. *cGMP*, ein *in vivo* von der Guanylatcyclase gebildetes Guanosinphosphat. Es wirkt ähnlich wie cAMP, jedoch bei anderen Signaltransduktionsketten, als zweiter Bote (second messenger).

Cyclisierung, allgemein die Bildung ringförmiger Verbindungen aus einer (elektrocyclische Reaktionen, Ringschlußreaktionen) oder mehreren offenkettigen Verbindungen (Cycloadditionsreaktionen). Von technischer Bedeutung ist z. B. die C. von Ethin in der ↗ Acetylenchemie (Reppe-Synthesen).

Cyclitole, Cyclohexane mit mehr als drei Hydroxygruppen. Von besonderer Bedeutung sind die Hexahydroxycyclohexane (↗ Inositole). Ein Pentahydroxycyclohexan ist das in Eichen vorkommende Quercitol, eine Tetrahydroxycyclohexancarbonsäure die Chinasäure.

cyclo, ↗ Nomenklatur, Abschn. B IV 1.

Cycloaddition, eine synchron oder asynchron ablaufende Additionsreaktion unter Bildung von Ringverbindungen. C. können thermisch oder photochemisch eingeleitet werden. Für eine synchrone C. gelten die ↗ Woodward-Hoffmann-Regeln. Die C. wird durch in eckige Klammern gesetzte Ziffern charakterisiert:

– [*2 + 2*]-*Cycloaddition*, Cyclodimerisierung, Bildung viergliedriger Ringe:

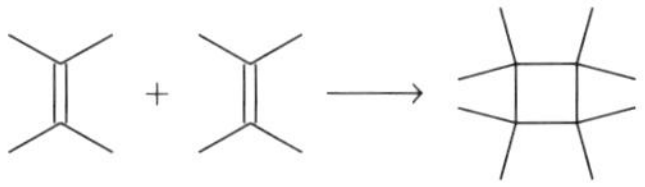

– [*3 + 2*]-*Cycloaddition*, ↗ 1,3-dipolare Cycloaddition, Bildung fünfgliedriger Ringe.

– [*4 + 2*]-*Cycloaddition*, ↗ Diels-Alder-Reaktion, Bildung sechsgliedriger Ringe.

– *Cyclopolymerisation*, z. B. von Ethin unter Bildung von Benzol oder Cyclooctatetraen.

Cycloalkane, *Cycloparaffine*, gesättigte cyclische Kohlenwasserstoffe der allg. Formel C_nH_{2n}. C. sind in Analogie zu den Alkanen aus sp^3-hybridisierten C-Atomen aufgebaut. Sie bilden eine homologe Reihe von Verbindungen unterschiedlicher Ringgröße (Abb. 1), beginnend mit Cyclopropan. Besondere Bedeutung haben Cyclopentan und Cyclohexan als Kohlenstoffgerüste in natürlich vorkommenden Ringsystemen, z. B. Terpene oder Steroide, bzw. in technisch wichtigen Produkten, z. B. Naphthene.

Die Bezeichnung erfolgt durch Kombination der Vorsilbe Cyclo- mit dem Namen des geradkettigen Alkans gleicher Anzahl von C-Atomen.

Eigenschaften. Die C. zeigen Ähnlichkeiten mit den Alkanen, jedoch unterscheiden sich die C. untereinander sehr stark hinsichtlich ihrer Stabilität in Abhängigkeit von der Ringgröße. Cyclopropan und -butan sind stark gespannte Ringsysteme mit geringer Bildungstendenz und beachtlicher Ringöffnungstendenz bei chemischen Reaktionen. Sie weisen eine hohe Spannungsenergie auf (115,5 bzw. 109,6 kJ mol^{-1}), die auf eine starke Abweichung der Bindungswinkel vom Tetraederwinkel zurückzuführen ist. Die vom Drei- zum Vierring abnehmende Ringspannung wird als Bindungswinkel- oder Baeyer-Spannung bezeichnet (↗ Baeyersche Spannungstheorie). Bei Cyclopentan, -hexan und -heptan nimmt die Spannungsenergie sprunghaft ab (C_5H_{10}: 27,2; C_6H_{12}: 0; C_7H_{14}: 25,9 kJ mol^{-1}), da nur geringe oder keine Abweichungen vom Tetraederwinkel eintreten. Die trotzdem beobachteten geringen Ringspannungen werden durch die Torsions- oder Pitzer-Spannung (↗ Stereoisomerie) hervorgerufen. Die erneut deutlich höheren Spannungsenergien von etwa 42 bis 53 kJ mol^{-1} bei den Homologen C_8 bis C_{11} beruhen auf Bindungswinkel- und Torsionsspannungen sowie zusätzlich transannularen Wechselwirkungen. Große Ringe ab C_{12} sind nahezu spannungsfrei und in ihren Eigenschaften den langkettigen Alkanen sehr ähnlich. Aus den genannten Gründen teilt man die C. ein in *kleine Ringe* (3 bzw. 4 C-Atome) mit geringer Stabilität und Bildungstendenz, *normale Ringe* (5 bis 7 C-Atome mit relativ großer Stabilität und Bildungstendenz, *mittlere Ringe* (8 bis 11 C-Atome), vergleichbar mit den kleinen Ringen, und *große Ringe* (12 und mehr C-Atome), die hohe Stabilität und Bildungstendenz aufweisen.

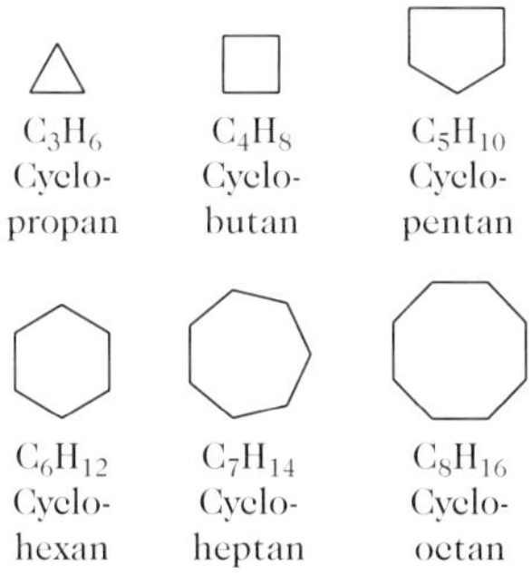

Cycloalkane. Abb. 1: Homologe Reihe.

Reaktionen. Chemische Reaktionen sind von der Ringgröße abhängig. Cyclopropan kann analog zu Alkenen unter milden Bedingungen katalytisch hydriert werden. Dabei entsteht unter Ringöffnung Propan: $C_3H_6 + H_2 \xrightarrow{\text{Kat.}} CH_3{-}CH_2{-}CH_3$. Cyclobutan gibt eine analoge Reaktion bei höherer Temperatur, wobei Butan entsteht. Cyclopropan reagiert auch mit Bromwasserstoff und mit Brom unter Ringöffnung zu Brompropanderivaten: C_3H_6 + HBr → $CH_3{-}CH_2{-}CH_2{-}Br$ (1-Brompropan); $C_3H_6 + Br_2$ → $Br{-}CH_2{-}CH_2{-}CH_2{-}Br$ (1,3-Dibrompropan). Cyclobutan ergibt mit diesen Reagenzien unter gleichen Bedingungen keine Reaktion. Charakteristisch für viele C. sind Umlagerungen unter Ringerweiterung oder Ringverengung. So läßt sich z. B. Ethylcyclobutan mit Aluminiumchlorid unter Erwärmen in

Methylcyclopentan oder Cycloheptan in Methylcyclohexan überführen.

Herstellung. Für kleinere und mittlere Ringe sind besondere Methoden erforderlich, z. B. das ↗ Ruggli-Zieglersche Verdünnungsprinzip. Bei Ringschlußreaktionen werden als Konkurrenzreaktion auch intermolekulare Umsetzungen beobachtet, die zu Polymeren führen. Die Ausbeuten schwanken deshalb und sind von der unterschiedlichen Ringbildungstendenz abhängig. Folgende *Cyclisierungsreaktionen* eignen sich für die Synthese von C. und ihren Derivaten:

– Intramolekulare Wurtz-Reaktion (Abb. 2 a) von α,ω-Dihalogenalkanen für C. der Ringgrößen $n = 3$ bis $n = 6$.

– Dieckmann-Kondensation (Abb. 2 b) von Dicarbonsäureestern zu Cycloketonen C_5 bis C_7, die weiter zu C. reduzierbar sind.

– Acyloinreduktion (Abb. 2 c) von Dicarbonsäureestern für große und mittlere Ringe, wobei das Verdünnungsprinzip nicht erforderlich ist. Die Acyloine lassen sich ebenfalls bei Bedarf reduzieren.

– Pyrolyse (Abb. 2 d) von Calcium-, Barium- oder Thoriumsalzen von Dicarbonsäuren zu Cycloketonen der Ringgrößen $n = 5, 6, 7$ sowie ab $n = 12$ aufwärts.

– Intramolekulare Thorpe-Reaktion (Abb. 2 e) von Dinitrilen zu Cycloketonen unter Anwendung des Verdünnungsprinzips für 5- bis 8- und 14- bis 33-gliedrige Ringe.

Neben diesen Synthesemethoden haben ↗ Ringerweiterungsreaktionen und ↗ Ringverengungsreaktionen sowie ↗ Cycloadditionsreaktionen verschiedener Typen Bedeutung. Ausgehend von cyclischen Ausgangsstoffen sind die besprochenen Darstellungsmethoden auch zur Gewinnung von Bi- und Tricycloalkanen sowie höher kondensierter Ringsysteme anwendbar.

Im Gegensatz zu ↗ *n*-Alkanen (↗ Alkanabbau) werden C. nur von wenigen Mikroorganismen als einzige C- und N-Quelle verwertet. Für *Acinetobacter* sp. (z. B. NCIB 9871) wird ein Abbau von Cyclohexan über Cyclohexanol, Cyclohexanon, 1-Oxo-2-oxocaprolacton vorgeschlagen, welches nach Ringspaltung über 6-Hydroxyhexansäure und 6-Oxohexansäure in Adipinsäure umgewandelt wird. Vor allem die einleitende Oxygenierung des Cyclohexanringes kann nur von wenigen Mikroorganismen durchgeführt werden. Die gebildete Adipinsäure wird zu Acetyl-CoA und Succinyl-CoA abgebaut, die in zentrale Stoffwechselwege einmünden.

Auch *n*-alkylsubstituierte Cyclohexane werden durch Mikroorganismen abgebaut. Nach terminaler Oxidation der Alkankette und anschließender β-Oxidation entsteht bei geradzahligen Alkanen Cyclohexanessigsäure, bei ungeradzahligen Cyclohexancarbonsäure. Durch das Zusammenwirken verschiedener Bakterien (z. B. *Arthrobacter*, *Corynebacterium*, *Pseudomonas*) kann diese über eine Aromatisierung abgebaut werden. Die gebildete Protocatechusäure wird nach *ortho*- oder *meta*-Spaltung weiter metabolisiert (↗ aromatische Kohlenwasserstoffe)

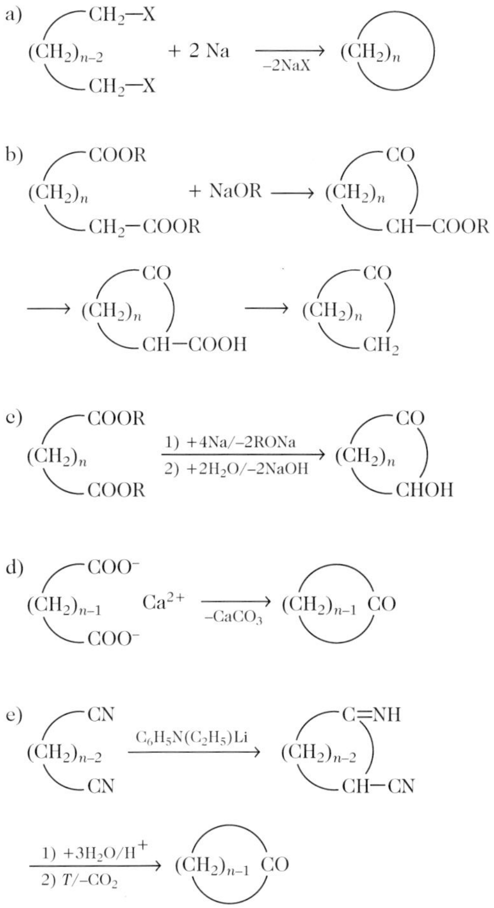

Cycloalkane. Abb. 2: Cyclisierungsreaktionen.

Durch ↗ Cometabolismus bzw. ↗ Cooxidation kann das Verwertungsspektrum der mikrobiell umsetzbaren C. beträchtlich erweitert werden.

Cycloalkanole, von Cycloalkanen abgeleitete Alkohole der allg. Formel $C_nH_{2n-1}OH$, z. B. ↗ Cyclohexanol.

Cycloalkanone, von Cycloalkanen abgeleitete Ketone.

Cycloalkene, *Cycloolefine*, ungesättigte, C=C-Doppelbindungen enthaltende cyclische Kohlenwasserstoffe. Im weiteren Sinne sind C. Verbindungen mit einer, zwei oder mehreren Doppelbindungen, wobei die Anzahl der im Molekül möglichen, meist konjugierten Doppelbindungen von der Ringgröße abhängig ist, z. B. ↗ Cyclopentadien oder ↗ Cyclooctatetraen. C. im engeren Sinne (mit einer Doppelbindung) bilden eine homologe Reihe von

Verbindungen unterschiedlicher Ringgröße mit der allg. Formel C_nH_{2n-2}, beginnend mit Cyclopropen.

Die Bezeichnung der C. erfolgt analog zu den Alkenen bzw. bei mehr als einer Doppelbindung analog zu den Dienen, Trienen, Tetraenen usw. (↗ Diene, ↗ Polyene) unter Verwendung der Vorsilbe Cyclo-. Die Eigenschaften der C. gleichen weitgehend denen der Alkene, Diene oder Polyene, wobei Besonderheiten bei mehrfach ungesättigten Ringsystemen auftreten können. Dazu kann man Valenzisomerisierungen, z. B. beim ↗ Bullvalen oder ↗ Cyclooctatetraen, oder auch die leichte Überführbarkeit von ↗ Cyclopentadien in das aromatische Cyclopentadienyl-Anion bzw. von Cycloheptatrien in das ebenfalls aromatische Tropylium-Kation rechnen.

Cycloalkenringsysteme mit einer oder mehreren Doppelbindungen finden sich in vielen Naturstoffen, wie Terpene, Steroide, Vitamine, oder auch in einigen natürlichen Fettsäuren (Hydnocarpus- und Chaulmoograsäure).

Zahlreiche C. sind durch die ↗ Diels-Alder-Reaktion oder durch Dehydratisierung von Cycloalkanolen zugänglich. C. haben Bedeutung für die organische Synthese. So lassen sich durch katalytische Hydrierung gesättigte Ringsysteme und durch Funktionalisierung der Doppelbindungen zahlreiche Zwischenprodukte für technisch interessante Verbindungen, z. B. Polyamide, herstellen. Durch oxidativen Abbau erhält man Dicarbonsäuren oder durch Aromatisierungsreaktionen Derivate des Ethylbenzols und *p*-Xylols.

Cycloalkine, ungesättigte, C≡C-Dreifachbindungen enthaltende cyclische Kohlenwasserstoffe der allg. Formel C_nH_{2n-4}. Das niedrigste bei Zimmertemperatur existenzfähige C. ist *Cyclooctin*. Normale Ringe mit fünf, sechs und sieben C-Atomen und einer Dreifachbindung sind mit ihren flankierenden sp-hybridisierten C-Atomen sehr stark gespannt und konnten deshalb bei Syntheseversuchen nur durch Folgereaktionen nachgewiesen werden. Erst bei mittleren oder großen Ringen liegen stabile C. vor. Diese weisen mit Alkinen vergleichbare Eigenschaften und Reaktionen auf. Zugänglich sind die C. im wesentlichen durch die Oxidation von Bishydrazonen von cyclischen 1,2-Diketonen mit Quecksilber(II)-oxid (↗ Alkine).

Cycloat, ↗ Thiolcarbamatherbizide.

Cyclobutan, ***Tetramethylen***, C_4H_8 (Strukturformel ↗ Cycloalkane), ein Kohlenwasserstoff der Cycloalkanreihe, ein farbloses, brennbares, in Wasser unlösliches Gas; F. –90 °C, Kp. 12 °C, n_D^{20} 1,4260. C. wird durch Einwirkung von Natrium auf 1,4-Dibrombutan oder aus Cyclobutanon durch Wolff-Kishner-Reduktion erhalten. Es ist stabiler als Cyclopropan (↗ Cycloalkane). Cyclobutanringe sind Bausteine der Terpenkohlenwasserstoffe α- und β-Pinen sowie der durch Hydrolyse von Coca-Nebenalkaloiden erhaltenen stereoisomeren Truxillsäuren (2,4-Diphenylcyclobutan-1,3-dicarbonsäuren) und Truxinsäuren (3,4-Diphenylcyclobutan-1,2-dicarbonsäuren).

Cyclodextrine, ***Schardinger-Dextrine***, ***Cycloamylose***, ***Cyclomaltose***, ringförmige, aus 6 bis 8 Glucoseeinheiten aufgebaute Oligosaccharide, die α-1,4-glycosidisch verknüpft sind. Je nach Ringgröße unterscheidet man *α-C.* (6 Glucosereste, Cyclohexoamylose), *β-C.* (7 Glucosereste, Cycloheptoamylose) und *γ-C.* (8 Glucosereste, Cyclooctoamylose).

Die C. bilden Toroid-Strukturen mit definiertem Innendurchmesser, wobei sich die sekundären Hydroxygruppen auf dem größeren Ring, die stärker polaren, primären Hydroxygruppen auf dem kleinen Ring befinden. Die glycosidischen Sauerstoffbrükken verursachen eine hohe Elektronendichte im relativ hydrophoben Innenraum des Toroids.

C. entstehen beim Abbau von Amylose (Stärke) durch bakterielle ↗ Amylasen (z. B. aus *Bacillus macerans*) und Glycosyltransferasen. Aufgrund der geringen Kosten, der Nichttoxizität sowie der Fähigkeit, in wäßrigen Lösungen leicht Einschlußverbindungen (mit einem relativ hydrophoben Innenraum) zu bilden, werden C. in zunehmendem Maße in der pharmazeutischen, kosmetischen und Nahrungsmittelindustrie, in der Abwasserreinigung, aber auch in der analytischen Chemie (z. B. Trennung der relativ hydrophoben Prostaglandine) und Diagnostik eingesetzt.

Cyclodiastereomerie, ↗ Cyclostereoisomerie.

Cyclododecan, $C_{12}H_{24}$, ein Kohlenwasserstoff der Cycloalkanreihe, eine farblose Substanz; F. 61 °C. Es ist aus dem technischen Cyclododeca-1,5,9-trien durch katalytische Hydrierung zugänglich und wird als Ausgangsstoff für Polyamidsynthesen verwendet.

Cyclododecanon, $C_{12}H_{22}O$, ein cyclisches aliphatisches Keton. C. bildet farblose Kristalle mit campherartigem Geruch; F. 61 °C, Kp. 277,5 °C. C. ist in Wasser unlöslich, in Alkohol, Benzol und Chloroform löslich. C. kann durch Dehydrierung von Cyclododecanol hergestellt werden. Es wird in der kosmetischen Industrie als Zwischenprodukt für die Synthese von Geruchsstoffen verwendet.

Cyclododecatrien, ***Cyclododeca-1,5,9-trien***, ein ungesättigter Kohlenwasserstoff, von dem mehrere Konfigurationsisomere existieren. Die wichtigste Verbindung ist *(Z,E,E)-Cyclododeca-1,5,9-trien*, eine farblose Flüssigkeit; F. –18 °C, Kp. 237,5 °C bzw. 104 °C bei 1,33 kPa, n_D^{20} 1,5081. Dieses Isomere

(*Z,E,E*)-Cyclododeca-1,5,9-trien

entsteht als Hauptprodukt bei der Cyclotrimerisation von Buta-1,3-dien in Gegenwart von Mischkatalysatoren nach Ziegler in guten Ausbeuten. Daneben kann auch *(E,E,E)-Cyclododeca-1,5,9-trien*, eine farblose, kristalline Verbindung (F. 34 bis 36 °C), erhalten werden. Diese technische Synthese von C. eröffnete den Zugang zu verschiedenen mittleren und großen Ringverbindungen. Durch selektive Hydrierung mit entsprechenden Katalysatoren kann man Cyclododecadien oder (*Z*)-Cyclododecen und daraus Cyclododecanol und Cyclododecanon gewinnen. Damit sind Laurinlactam und spezielle Polyamide zugänglich. Ebenso kann durch Oxidation Ringöffnung unter Bildung langkettiger Dicarbonsäuren erreicht werden.

Cycloenantiomerie, ↗ Cyclostereoisomerie.

Cycloheptan, ***Heptamethylen***, C_7H_{14} (Strukturformel ↗ Cycloalkane), ein Kohlenwasserstoff der Cycloalkanreihe, eine farblose, brennbare Flüssigkeit; F. –12 °C, Kp. 118,5 °C, n_D^{20} 1,4436. C. ist unlöslich in Wasser, jedoch leicht mischbar mit Ethanol und Ether. Als energieärmste Form der Konformationsisomeren des C. wird eine verdrillte Sesselform angesehen, die sehr beweglich ist (↗ Stereoisomerie). C. kommt im Erdöl vor und kann daraus isoliert werden. Synthetisch ist es durch ↗ Clemmensen-Reduktion von Cycloheptanon (Suberon) leicht zugänglich. Der Cycloheptanring ist Baustein einiger Alkaloide, z. B. von Atropin und Cocain.

Cycloheptanon, ***Suberon***, $C_7H_{12}O$, ein cycloaliphatisches Keton. C. ist eine farblose Flüssigkeit; Kp. 178 bis 179 °C, n_D^{20} 1,4608. C. ist in Wasser unlöslich, in Alkohol und Ether leicht löslich. Synthetisch kann C. aus Cyclohexanon und Diazomethan hergestellt werden. Es wird hauptsächlich für organische Synthesen verwendet.

Cycloheptatrien, ↗ Tropiliden.

Cyclohexan, ***Hexamethylen***, ***Hexahydrobenzol***, C_6H_{12} (Strukturformel ↗ Cycloalkane), ein Kohlenwasserstoff der Cycloalkanreihe, eine farblose, brennbare Flüssigkeit mit petroleumähnlichem Geruch; F. 6,5 °C, Kp. 80,7 °C, n_D^{20} 1,4266. C. ist unlöslich in Wasser, jedoch leicht mischbar mit Ethanol und Ether. Die beiden konformationsisomeren Formen des C., die Sesselform und die Wannen- oder Bootform, sind durch eine Energiebarriere von etwa 25 kJ mol^{-1} getrennt. Sie können bei Energiezufuhr ineinander umklappen, die stabilere und damit vorherrschende Konformation ist jedoch die Sesselform (↗ Stereoisomerie). C. bildet einen wesentlichen Bestandteil kaukasischer und amerikanischer Erdöle und kann daraus abgetrennt werden. Es ist technisch außerdem durch katalytische Hydrierung von Benzol an Nickel- oder Platinkatalysatoren bei etwa 200 °C zugänglich. C. wird als Lösungsmittel verwendet, ist aber vor allem Ausgangsstoff für Polyamidsynthesen, da es wahlweise zu Cyclohexanol, Cyclohexanon oder Adipinsäure oxidiert werden kann. Mittels Nitrosylchlorids erhält man Cyclohexanonoxim. Der Cyclohexanring ist in Naturstoffen, z. B. in Terpenen, Steroiden, z. T. auch Vitaminen und Hormonen, weit verbreitet.

Cyclohexanol, ein gesättigter cyclischer Alkohol. C. ist eine ölige, hygroskopische, campherartig riechende Flüssigkeit; F. 25,2 °C, Kp. 161,5 °C, n_D^{20} 1,4641. Es ist mit Wasser teilweise, mit organischen Lösungsmitteln gut mischbar. C. reizt die Schleimhäute, und seine Dämpfe wirken schwach

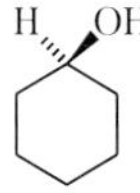

narkotisch. Man gewinnt es durch vollständige Hydrierung von Phenol, Luftoxidation von Cyclohexan oder Wasseranlagerung an Cyclohexen in Gegenwart von Schwefelsäure. Beim Erhitzen mit Säuren, z. B. Schwefel- oder Phosphorsäure, spaltet C. Wasser ab und ermöglicht so die Herstellung von Cyclohexen. Oxidation mit Chromsäure führt zu Cyclohexanon, mit Kaliumpermanganat wird der Ring geöffnet, und es entsteht Adipinsäure. C. ist ein viel benutztes Lösungsmittel, z. B. für Wachse, Harze, Kautschuk und Celluloseacetat. Die Ester können als Weichmacher verwendet werden, der Essigsäureester ist ein vielseitiges Lösungsmittel und wird in der Parfümerie verwendet.

Cyclohexanon, ein cyclisches aliphatisches Keton. C. ist eine farblose, pfefferminzartig riechende Flüssigkeit; F. –16,4 °C (auch –45 °C angegeben), Kp. 155,6 °C, n_D^{20} 1,4507. In Wasser ist C. teilweise, in den meisten organischen Lösungsmitteln gut lös-

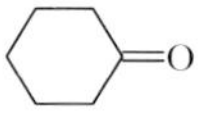

lich. Die Herstellung erfolgt durch katalytische Dehydrierung von Cyclohexanol durch Flüssigphasenoxidation von Cyclohexan oder durch katalytische Hydrierung von Phenol in Gegenwart von Palladium oder Platin. C. wird vorwiegend für die Herstellung von ε-Caprolactam, außerdem von Adipinsäure und als Lösungsmittel für Polyvinylchlorid, Cellulosenitrat und andere synthetische Harze eingesetzt.

Cyclohexen, ein ungesättigter Kohlenwasserstoff der Cycloalkenreihe, farblose Flüssigkeit; F. –103,5 °C, Kp. 83 °C, n_D^{20} 1,4464. C. ist durch Säure- oder Gasphasendehydratisierung aus Cyclohexanol zugänglich. Es zeigt die bekannten Additionsreaktionen

der Alkene, z. B. mit Brom oder Kaliumpermanganat und Wasser, und eignet sich als Flüssigkeit gut für Demonstrationsversuche (Entfärbung von Br_2-Lsg. oder $KMnO_4$-Lsg.). Zugleich ist es Zwischenprodukt für viele funktionelle Cyclohexanderivate.

Cyclohexendionherbizide. Sie leiten sich vom Cyclohexen ab und besitzen als charakteristisches Merkmal einen Ethoxy-iminobutylrest. Sie beeinflussen die Biosynthese der Fettsäuren, was zu einer Hemmung der Acetyl-CoA-Carboxylase bei Gräsern, jedoch nicht bei unempfindlichen breitblättrigen Pflanzen, führt. Sie werden als Graminizide (↗ Herbizide) in zweikeimblättrigen Kulturen (z. B. Rüben, Raps, Kartoffeln) eingesetzt.

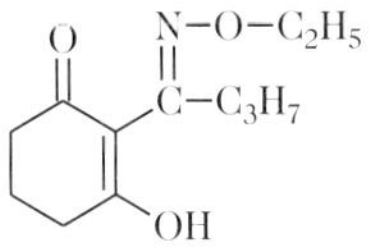

Grundstruktur

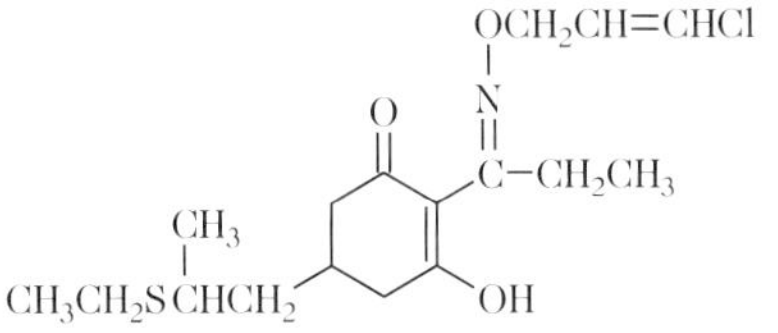

Formelbeispiel Clethodim

Cyclohexendionherbizide. Tab.: Wichtige Beispiele.

Name	Akute orale LD_{50} Ratte (mg/kg)
Clethodim	1360 ... 1630
Cycloxydim	3940
Sethoxydim	3125 ... 3500

Cyclohexylamin, *Aminocyclohexan*, ein cycloaliphatisches, primäres Amin. C. ist eine farblose, fischartig riechende Flüssigkeit; F. –17,7 °C, Kp. 134,5 °C, n_D^{20} 1,4592. Es ist in Wasser und den meisten organischen Lösungsmitteln löslich. Technisch

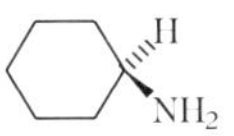

wird C. durch katalytische Hochdruckhydrierung von Anilin oder durch Aminierung von Cyclohexanol hergestellt. Man verwendet C. für organische Synthesen, zur Herstellung von Weichmachern und Emulgiermitteln, für Pflanzenschutzmittel und Vulkanisationsbeschleuniger sowie als Korrosionsschutzmittel.

Cyclonucleotide, Nucleotide, bei denen ein Phosphorsäurerest mit zwei funktionellen Gruppen eines Nucleosidmoleküls reagiert hat. Von besonderer biochem. Bedeutung sind die 3′,5′-C. von Adenosin und Guanosin; das *Adenosin-3′,5′-phosphat* (*cyclisches Adenosinmonophosphat*, Abk. *cAMP*) und das *Guanosin-3′,5′-phosphat* (*cyclisches Guanosinmonophosphat*, Abk. *cGMP*), die als ↗ second messenger eine Rolle bei der Informationsübertragung des durch Peptidhormone an der Membran ausgelösten Signals spielen. C. sind hydrophil und können die Zellmembran nicht durchdringen.

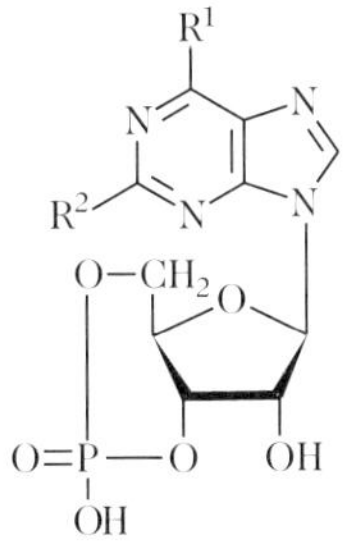

Name	R^1	R^2
cAMP	NH_2	H
cGMP	OH	NH_2

Cyclooctatetraen, *Cycloocta-1,3,5,7-tetraen*, *[8]Annulen*, C_8H_8, ein ungesättigter cyclischer Kohlenwasserstoff, eine goldgelbe Flüssigkeit; F. –4,7 °C, Kp. 140,5 °C, n_D^{20} 1,5381. C. ist unlöslich in Wasser, löslich in organischen Lösungsmitteln. Die Herstellung von C. erfolgt durch Cyclotetramerisierung von Ethin in Tetrahydrofuran in Gegenwart von Nickelsalzen nach Reppe. C. ist sehr reaktionsfähig. Durch partielle Hydrierung zu Cycloocten und Oxidation läßt sich Korksäure herstellen. Bei Additionsreaktionen erhält man meist bicyclische Verbindungen, z. B. bei Chloraddition Dichlorbicyclo[4.2.0]-octadiene, da C. eine Valenzisomerisierung zu (*Z*)-Bicyclo[4.2.0]octa-2,4,7-trien zeigt und die bicyclische Verbindung schneller addiert als C.:

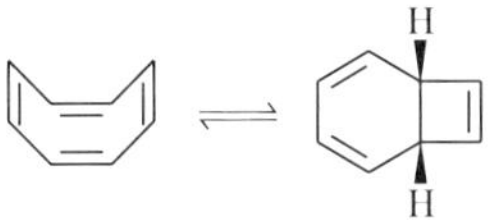

Umsetzungen mit Wasser in Gegenwart von Quecksilber(II)-sulfat führen unter Erwärmen zu Phenylacetaldehyd und mit unterchloriger Säure zu Terephthaldialdehyd, der zur technisch wichtigen Terephthalsäure oxidiert werden kann. Somit ist das aus Ethin zugänglich gewordene C. ein wichtiges Zwischenprodukt der organischen Synthese geworden.

Cycloolefine, ↗ Cycloalkene.

Cycloparaffine, ↗ Cycloalkane.

Cyclopentadien, *Cyclopenta-1,3-dien*, ein ungesättigter cyclischer Kohlenwasserstoff; F. –85 °C, Kp. 42 °C, n_D^{20} 1,4440. C. ist unlöslich in Wasser, löslich in organischen Lösungsmitteln, z. B. Ethanol. Es ist im Steinkohlenteer enthalten und kann daraus isoliert werden. C. fällt auch in hoher Ausbeute bei der thermischen Spaltung von Erdöl an.

C. wird als Dien-Komponente für Diels-Alder-Synthesen, u. a. zur Herstellung von Insektiziden, verwendet. Durch Kondensation mit Aldehyden und Ketonen sind ↗ Fulvene zugänglich, mit Natrium reagiert C. unter Bildung von Cyclopentadienylnatrium mit dem aromatischen Cyclopentadienyl-Anion. Auch im ↗ Ferrocen sind Cyclopentadienyl-

Anionen beteiligt und in der Sandwichstruktur an Eisen gebunden.

C. dimerisiert spontan bei Zimmertemperatur unter Bildung von *Dicyclopentadien* und ist in dieser tricyclischen Struktur ein gut handhabbarer, stabiler Stoff (F. 32 °C, Kp. 64 °C bei 1,86 kPa).

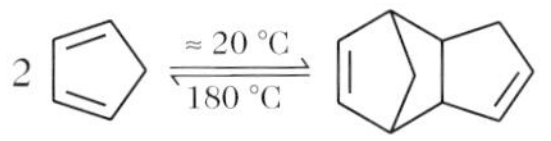

Durch thermische Rückreaktion läßt sich C. leicht regenerieren (↗ Retro-Diels-Alder-Reaktion).

Cyclopentadienyl..., 1) Bezeichnung für den von Cyclopentadien durch formalen Entzug eines H-Atoms abgeleiteten Rest C_5H_5- in systematischen Namen von organischen und metallorganischen Verbindungen;

2) Bezeichnung für das in Form von Salzen, z. B. Cyclopentadienylnatrium, existierende aromatische, durch ein π-Elektronensextett stabilisierte Carbanion $C_5H_5^-$.

Cyclopentan, ***Pentamethylen***, C_5H_{10} (Strukturformel ↗ Cycloalkane), ein Kohlenwasserstoff der Cycloalkanreihe, eine farblose, brennbare, mit Wasser nicht mischbare Flüssigkeit; F. –93,9 °C, Kp. 49,2 °C, n_D^{20} 1,4065. Im Laboratorium wird C. durch Reduktion des leicht zugänglichen Cyclopentanon gewonnen. Außerdem kommt es zusammen mit verschiedenen Alkylderivaten in größeren Mengen im Erdöl vor (↗ Naphthene). Im chemischen Verhalten ähnelt C. weitgehend den normalen Alkanen.

Cyclopentanon, ein cyclisches aliphatisches Keton. C. ist eine farblose, schwach nach Pfefferminz riechende Flüssigkeit; F. –51,3 °C, Kp. 130,6 °C, n_D^{20} 1,4366.

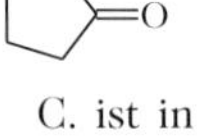

C. ist in Wasser unlöslich, in Alkohol, Ether und Aceton gut löslich. Synthetisch kann C. durch Erhitzen von Adipinsäuresalzen hergestellt werden. C. wird für organische Synthesen verwendet.

Cyclophane, ***Carbophane***, Kohlenwasserstoffe, in denen Arenringe über Alkylketten verbrückt sind. C. werden auch als *Ansaverbindungen* bezeichnet, d. h., es handelt sich um Verbindungen mit zwei oder auch mehr Ringen, in denen einer als »Henkel« (lat. ansa) angesehen werden kann. Man unterscheidet *Metacyclophane* und *Paracyclophane*. C. weisen je nach Struktur unterschiedliche Eigenschaften auf. Verringert man z. B. im [7]-Metacyclophan die Anzahl der Methylengruppen auf sechs oder fünf, erhält man ein gespanntes Ringsystem, in dem sich die Aromatizität des Benzolringes ebenfalls erniedrigt. Im [10]Paracyclophan dagegen ist der Benzolring um die *para*-Achse frei drehbar, bei Einführung großräumiger Substituenten in den Benzolkern tritt eine sterische Hinderung ein und optische Antipoden treten auf. [2.2]Paracyclophan kann zu Thermoplasten polymerisiert werden.

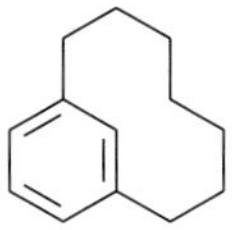

[7](1,3)Cyclophan
oder [7]Metacyclophan

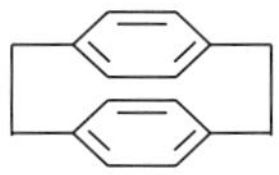

[2.2](1,4)Cyclophan
oder [2.2]Paracyclophan

Cyclophiline, eine Familie von Proteinen mit einer hohen Affinität zu Cyclosporin A und katalytischer Aktivität als Peptidyl-Prolyl-*cis/trans*-Isomerase (PPIase). Von den sieben Isoformen der menschlichen C. ist *Cyp18cy* sehr verbreitet und fungiert als Rezeptorprotein für die immunsuppressive Wirkung von Cyclosporin A.

Cyclophosphamid, ↗ *N*-Lost-Derivate.

Cyclopropan, ***Trimethylen***, C_3H_6 (Strukturformel ↗ Cycloalkane), der einfachste Kohlenwasserstoff aus der Reihe der Cycloalkane, ein farbloses, brennbares, in Wasser unlösliches Gas; F. –127,6 °C, Kp. –32,7 °C, n_D^{-42} 1,3799. In seinen chemischen Eigenschaften zeigt es weitgehende Ähnlichkeiten mit Ethen. Durch konz. Schwefelsäure, Brom, Bromwasserstoff oder katalytisch aktivierten Wasserstoff wird der Dreiring geöffnet (↗ Cycloalkane). Im Gegensatz zu Ethen wird C. von kalter, wäßriger Kaliumpermanganatlösung und von Ozon nicht angegriffen. Thermische oder katalytische Isomerisierung ergibt Propen. Verbindungen mit Cyclopropanringen wurden in zahlreichen Naturstoffen aufgefunden, z. B. in der Chrysanthemumsäure, der Lactobacillsäure und in einigen Terpenen. C. wird durch Dehalogenierung von 1,3-Dibrompropan mittels Zink hergestellt und als Inhalationsnarkosemittel verwendet.

Cycloreversion, ↗ Woodward-Hoffmann-Regeln.

Cyclosporine, ringförmige Peptidantibiotika aus niederen Pilzen. Bisher sind mehr als 25 C. bekannt. ***C. A*** (Abk. ***CsA***) wird als Immunsuppressionen in der Immuntherapie bei Knochenmark- und Organtransplantationen sowie bei Autoimmunerkrankungen eingesetzt. CsA ist aus 11 teilweise methylierten Aminosäuren aufgebaut. Die C. sind hochspezifische Inhibitoren der ↗ Cyclophiline.

Cyclostereoisomerie, Isomerie, die in cyclischen, gerichteten, planaren Verbindungen auftritt, die im Ring $2n$ Chiralitätszentren (↗ Stereoisomerie 1.1.) enthalten, wobei eine Hälfte zur anderen enantiomer ist. Isomerieerzeugende Charakteristika sind Ringrichtung und Verteilungsmuster der Chiralitätszentren. *Cycloenantiomerie* liegt bei Ringverbindungen mit gleichem Verteilungsmuster und verschiedener Ringrichtung von Bild und Spiegelbild vor, *Cyclodiastereomerie* bei Ringverbindungen mit gleichem Verteilungsmuster und verschiedener Ringrichtung, wobei die beiden Isomeren nicht Bild und Spiegelbild sind.

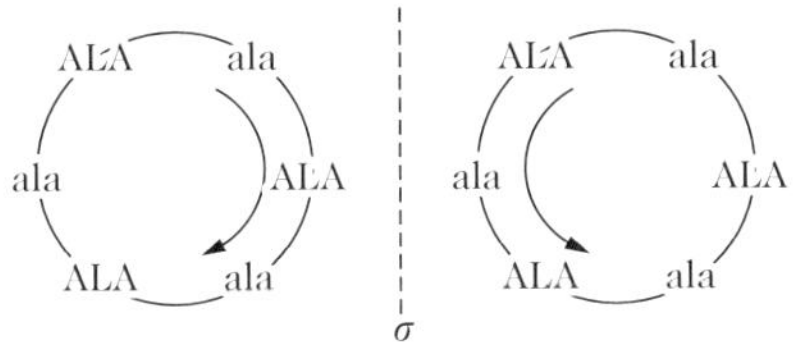

Cyclostereoisomerie. Abb.: Cycloenantiomere Cyclohexaalanyle. *ALA* (*R*)-Konfiguration, *ala* (*S*)-Konfiguration .

Cyclo-trimethylen-trinitramin, ↗ 1,3,5-Trinitro-1,3,5-triazocyclohexan.

Cycloxydim, ↗ Cyclohexendionherbizide.

Cyd, Abk. für Cytidin.

Cyfluthrin, ↗ Pyrethroide.

Cyhalothrin, ↗ Pyrethroide.

Cyhexatin, ↗ Akarizide.

p*-Cymol,** ***1-Isopropyl-4-methylbenzol, ein aliphatisch-aromatischer Kohlenwasserstoff, eine farblose Flüssigkeit mit charakteristischem Geruch; F. –68 °C, Kp. 177,1 °C, n_D^{20} 1,4909. *p*-C. ist unlöslich in Wasser, löslich in Ether und Ethanol. Es ist Bestandteil vieler ätherischer Öle und kann daraus abgetrennt werden, z. B. aus Eucalyptus- oder Kümmelöl. Es

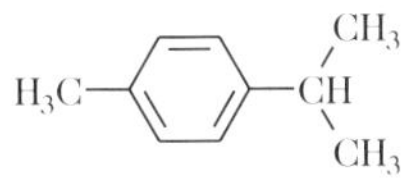

hat strukturelle Ähnlichkeit mit den Monoterpenen und läßt sich auch aus *α*-Pinen und Limonen herstellen. *p*-C. dient als Ausgangsstoff zur Herstellung der antiseptisch wirkenden Homologen des Phenols, Carvacrol und Thymol, sowie als Verdünnungsmittel für Farben, Lacke und Firnisse. Es wird ferner technischen Produkten als Geruchsstoff (Deckparfüm) zugesetzt.

Cypermethrin, ↗ Pyrethroide.

Cyproconazol, ↗ Triazolfungizide.

Cyproteronacetat, ↗ Antiandrogene.

Cys, Abk. für ↗ L-Cystein.

Cystamin, ↗ Cysteamin.

Cysteamin, ***2-Aminoethanthiol***, ***Thioethanolamin***, ***β-Aminoethylmercaptan***, $H_2N–CH_2–CH_2–SH$, ein Decarboxylierungsprodukt des Cysteins. Es bildet farblose Kristalle mit unangenehmem Geruch; F. 99 bis 100 °C. In Wasser und Ethanol ist es leicht löslich. Der F. des Hydrochlorids liegt bei 70 bis 71 °C. An der Luft wird C. leicht zum entsprechenden Disulfid, dem *Cystamin*, oxidiert. C. ist Bestandteil des Coenzyms A. Es hat Bedeutung als Strahlenschutzmittel, da es als Radikalfänger wirkt.

L-Cystein, Abk. ***Cys*** oder ***C***, ***(R)-2-Amino-3-mercaptopropansäure***, eine schwefelhaltige, proteinogene Aminosäure (Formel und Daten ↗ Aminosäuren), die insbesondere im ↗ Keratin der Haare (14,4 %), Federn (8,2 %) und Wolle (11,9 %) vorkommt. In neutraler oder alkalischer Lösung wird es bei Luftzutritt spontan zu *L-Cystin* (Abk. *Cyss*), dem Disulfid des L-C., oxidiert. Die Bildung von Cystin (–S–S-Brücke) aus zwei L-C.resten ist bei vielen ↗ Proteinen für die Ausbildung oder Stabilisierung der Tertiärstruktur verantwortlich. Cystin wird vermehrt bei Cystinose (angeborene Aminosäurestoffwechselerkrankung) in Nieren, Augen und Knochenmark abgelagert. Als Folge von Cystinurie ist es Hauptbestandteil mancher Nierensteine.

Die technische Gewinnung von L-C. erfolgt durch elektrochemische Reduktion aus Cystin, das durch Säurehydrolyse aus Keratinen hergestellt wird. Im tierischen Organismus entsteht es aus ↗ Serin und ↗ Methionin. L-C. kann auf drei verschiedenen Wegen zu Pyruvat abgebaut werden. Oxidative Abbauprodukte sind *Cysteinsäure* $HOOC–CH(NH_2)–CH_2–SO_3H$ und *Taurin* $H_2N–CH_2–CH_2–SO_3H$. L-C. ist häufig in ↗ Enzymen am Katalysemechanismus beteiligt, z. B. in Proteasen (↗ Papain). In der Medizin dient L-C. zur Therapie von Leber- und Stoffwechselerkrankungen sowie aufgrund der Radikalfängereigenschaften der SH-Gruppe als Strahlenschutzmittel. *S*-(Carboxymethyl)- und *N*-Acetyl-L-C. werden als Mycolytika eingesetzt. In der Lebensmittelindustrie wird L-C. zur Geschmacksintensivierung von Zwiebel- und Knoblauchprodukten, zur Stabilisierung von Aromastoffen sowie zur Herstellung künstlicher Fleischaromen verwendet. Es ist Zusatzstoff vieler Kosmetika.

L-Cystin, ↗ L-Cystein.

Cyt, Abk. für Cytosin.

Cytarabin, ***1-β-D-Arabinofuranosylcytosin***, ein Pyrimidinnucleosid-Antimetabolit, der als Virostatikum und Antineoplastikum eingesetzt werden kann. C. ist ein Stereoisomeres des Cytosins mit D-Arabinose als Zuckerkomponente.

Cytidin, Abk. ***Cyd*** oder ***C***, ***3-β-D-Ribofuranosylcytosin***, ein Nucleosid. Es ist Bestandteil der Ribo-

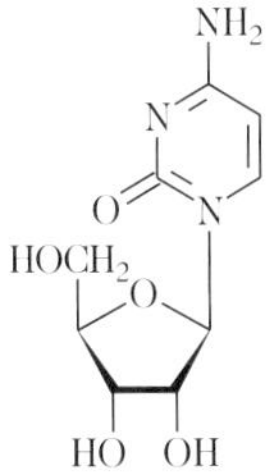

nucleinsäuren. Die Biosynthese von C. erfolgt als *Cytidin-5′-triphosphat* (*CTP*) durch Aminierung von Uridintriphosphat.

Cytisin, ↗ Alkaloide, Tab.

Cytochrom-*a*/a_3-Komplex, ↗ Cytochromoxidase.

Cytochrome, elektronenübertragende Hämoproteine. Die Elektronenübertragung beruht auf dem Valenzwechsel des Zentralatoms $Fe^{2+} \rightleftharpoons Fe^{3+}$ der prosthetischen Gruppe, also des proteinfreien Anteils. Die gegenwärtig über 30 bekannten C. werden nach ihrer prosthetischen Gruppe in 4 Hauptgruppen, die *Cytochrome a, b, c* und *d*, eingeteilt (Tab.). Die Cytochrome a enthalten Formylporphin-Eisen, die Cytochrome b wie die Hämoglobine *Protohäm* als prosthetische Gruppe. Die anderen prosthetischen Gruppen leiten sich vom Protohäm ab. Die *Cytohäme* a, b und d können mit Aceton/HCl vom Protein getrennt und mit Ether extrahiert werden. Beim Cytochrom c der Wirbeltiere ist das Häm über 2 Thioetherbindungen – entstanden durch Reaktion von Vinylgruppen des Porphyrins mit Cysteinresten des Proteins – kovalent an die aus 104 Aminosäureresten bestehende Polypeptidkette gebunden. Die prosthetische Gruppe der Cytochrome d leitet sich von einem Dihydroporphyrin ab. Zur Unterscheidung der einzelnen Gruppen der C. dienen die *α*-Banden des Elektronenspektrums der Pyridin-Hämochrome. Die C. sind in allen Organismen weit verbreitet und spielen in der Atmungskette und bei den photosynthetischen Prozessen eine entscheidende Rolle beim Elektronentransport. Die einzelnen C. unterscheiden sich durch die Substituenten des Porphyrinanteils und das Trägerprotein etwas in ihren Redoxpotentialen.

Cytochrome	prosthetische Gruppe	Vertreter
a	Cytohäm a (Häm a)	Cytochromoxidase (Warburgsches Atmungsferment)
b	Cytohäm b (Protohäm)	Cytochrom b der Atmungskette Cytochrom P-450
c	Cytohäm c (Häm c)	Cytochrome C und C_1 der Atmungskette
d	Cytohäm d	Cytochrome der Chloroplasten und Mikroorganismen

Das zum Cytochrom-b-Komplex gehörende *Cytochrom P-450* ist eine insbesondere an Steroidhydroxylierungen beteiligte Monooxygenase mit dem Absorptionsmaximum bei 450 nm. Das Enzym (M_r 850000) besteht aus 16 identischen Untereinheiten mit 8 Hämgruppen. In den Mikrosomen der Leber ist es am Abbau von Arzneimitteln durch spezifische Hydroxylierung, Demethylierung und *N*-Oxidationen beteiligt.

Cytochromoxidase, ***Warburgsches Atmungsferment***, ein zu den Oxidoreductasen gehörendes von Otto Warburg entdecktes Enzym, das in der Endstufe der Atmungskette mit molekularem Sauerstoff reagiert. Die katalysierte Reaktion verläuft nach $4\,H^+ + O_2 + 4$ Cyt $c^{2+} \rightarrow 2\,H_2O + 4$ Cyt c^{3+}. C. ist Bestandteil eines Phospholipid-enthaltenden, an die mitochondriale Membran gebundenen Komplexes (M_r $3 \cdot 10^6$). Die aus dem Herzmuskel isolierte C. ist ein tetrameres Lipoprotein, das 4 Häm A-Gruppen und 4 Kupferatome pro Untereinheit enthält. Durch Detergensbehandlung erhält man ein Dimer (M_r 190000), das in die monomere Form (M_r 95000), die wiederum aus 4 bis 6 nichtidentischen Polypeptidketten aufgebaut ist. Das Cytochrom aa_3 ist ein in zwei funktionellen Zuständen existierendes Häm-enthaltendes Protein und nicht wie früher angenommen ein Komplex zweier Proteine. Während der *a*-Zustand nicht autoxidabel ist, reagiert der a_3-Zustand mit O_2 und wird durch CN^- oder CO inhibiert.

Cytochrophin-4, H–Tyr–Pro–Phe–Thr–OH, ein Spaltprodukt des mitochondrialen Cytochrom *b* mit opioidartiger Aktivität und struktureller Ähnlichkeit mit den ↗ *β*-Casomorphinen und ↗ Hämorphinen.

Cytohäm, ↗ Cytochrome.

Cytokine, von Zellen hämopoetischer Herkunft gebildete Proteinmediatoren. Sie regulieren die Differenzierung und Aktivierung von Zellen des Immunsystems, wirken bei der Proliferation und Differenzierung von Leukocyten, unterstützen die Induktion von Immunreaktionen und haben hemmende und auch begünstigende Einflüsse auf Entzündungsprozesse. Zu den C. zählen u. a. ↗ Interleukine, ↗ Interferone, ↗ koloniestimulierende Faktoren, ↗ Tumor-Nekrose-Faktor und ↗ Transforming-Growth-Faktoren *α* und *β*. Besonders im angelsächsischen Sprachraum wird noch oft für die C. synonym die ältere Bezeichnung *Lymphokine* verwendet.

Cytokinine, ***Kinine***, ***Phytokinine*** (↗ Phytohormone). Die C. regulieren mit ↗ Auxinen und Gibberellinen Wachstums-, Differenzierungs- und Entwicklungsprozesse der Pflanzen. Sie fördern die Zellteilung. Das Sproßwachstum, das Austreiben der Nebenknospen und die Samenkeimung werden gefördert. C. verzögern die Seneszenz von Blättern (Grünhalteeffekt). Hauptsyntheseort der C. sind die Wurzelspitzen.

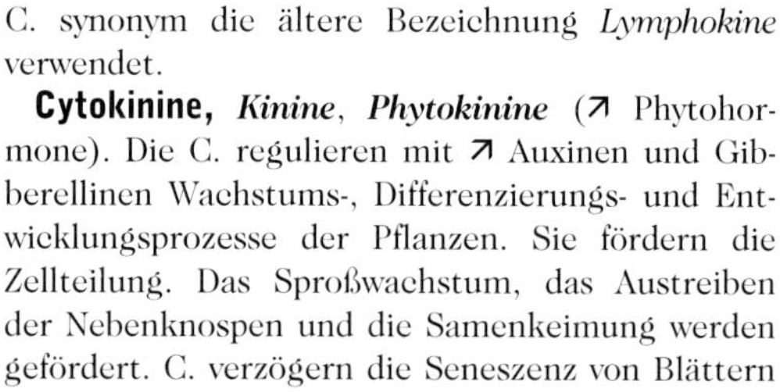

Cytokinine

Chemisch handelt es sich bei den C. um an der primären Aminogruppe substituierte Derivate des Adenins oder Adenosins. Ein natürliches C. ist das *Zeatin*. C.-aktivität weisen das bei der Hydrolyse von nucleinsäurehaltigem Material (Hefe) entstehende

Kinetin (5-Furfurylamino-purin) sowie das aus tRNS entstandene 6-(Isopent-2-enylamino)-purin auf. C.-aktivität haben neben den Adeninderivaten auch Synthetica wie Benzimidazol oder *N,N'*-Diarylharnstoffe, die als Wachstumsregulatoren dienen.

Cytosin, Abk. ***Cyt***, ***4-Amino-2-hydroxypyrimidin***, eine Nucleinsäurebase. Als Monohydrat bildet C. farblose Kristalle, die bei etwa 100 °C das Kristallwasser abgeben; F. 320 bis 325 °C (Z.). In Wasser und Alkohol ist C. schwer löslich, in Ether praktisch unlöslich. C. ist Baustein aller Nucleinsäuren.

Cytostatika, ***Antineoplastika***, Verbindungen, die in der Chemotherapie von Krebserkrankungen, bevorzugt bei inoperablen und metastasierenden Erkrankungsformen sowie bei generalisierten malignen Erkrankungen, z. B. Leukämien, eingesetzt werden. Z. werden auch prophylaktisch bei chirurgischen Eingriffen gegeben, um die Entstehung von Metastasen und Rezidiven zu verhindern. Sie werden meist in Kombination von Verbindungen mit verschiedenem Angriffspunkt eingesetzt. Die Therapie mit Z. ist von zahlreichen Nebenwirkungen begleitet und erfordert strenge ärztliche Überwachung. Zu beachten ist, daß zahlreiche Z. selbst kanzerogen wirksam sein können. Verschiedene Z. wirken auch als Immunsuppressiva.

Eine Einteilung der Z. kann vorgenommen werden in 1) ↗ *Antimetabolite;* 2) ↗ *Alkylanzien;* 3) *Mitosehemmstoffe*, wie die Vincaalkaloide Vinblastin und Vincristin; 4) *Antibiotika*, wie die Anthracycline Daunorubicin und Doxirubicin, und die Actinomycine, wie Dactinomycin; 5) *sonstige Verbindungen*, z. B. das Methylhydrazinderivat Procarbazin, das Triazenderivat Dacarbazin, *N*-Nitrosoharnstoffe, z. B. Lomustin (mit einem β-Chlorethylrest), und Platinkomplexe, wie Cisplatin. Daneben dienen zur Behandlung geschlechtsabhängiger Tumoren Verbindungen, die wie gegengeschlechtliche Hormone wirken, wie Fosfestrol, oder eine Antihormonwirkung haben, wie Tamoxifen.

CZ, ↗ Cetanzahl.

Czochralski-Verfahren, 1) Verfahren zur ↗ Kristallzüchtung. 2) Verfahren der ↗ Kristallzüchtung, z. B. ↗ Silicatsynthese.

D

d, Symbol für Deuteron, ↗ Deuterium.

D, 1) Abk. für Debye. 2) Symbol für Deuterium. 3) D., Abk. für Dichte. 4) D, Konfigurationssymbol, ↗ Stereoisomerie 1.1.

2,4-D, ↗ Phenoxycarbonsäureherbizide.

DADI, Abk. von engl. ***d****irect* ***a****nalysis of* ***d****aughter* ***i****ons*, ↗ Massenspektrometrie.

Dakin-Reaktion, Methode zur Darstellung mehrwertiger Phenole durch Oxidation von 1,2- und 1,4-Phenolaldehyden mit Wasserstoffperoxid in alkalischer Lösung. 1,3-Phenolaldehyde werden nicht gespalten.

Dakin-West-Reaktion, Methode zur Herstellung *N*-acetylierter α-Aminoketone durch Umsetzung von α-Aminocarbonsäuren mit Acetanhydrid in Gegenwart von Pyridin:

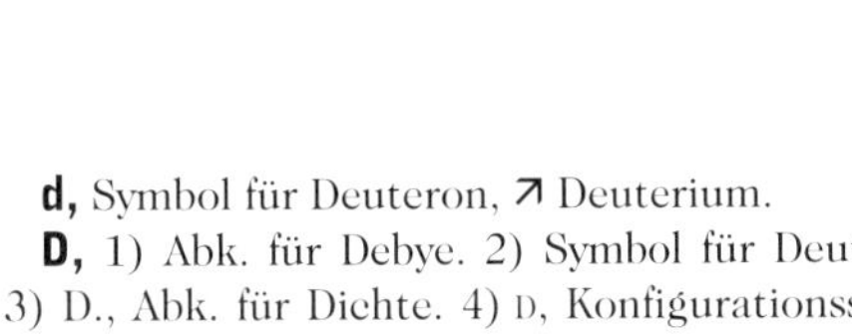

Daltonide (nach dem engl. Naturforscher J. Dalton), ***daltonide Verbindungen***, ***stöchiometrische Verbindungen***, chem. Verbindungen mit konstanter Zusammensetzung, die die stöchiometrischen Grundgesetze befolgen. Zu den D. zählen fast alle Molekülsubstanzen, z B. Wasser H_2O und Methan CH_4, und die meisten Salze. Gegensatz: ↗ Berthollide.

Daltonsches Gesetz, 1) ein Gesetz über den Gesamtdruck idealer Gasgemische. Es lautet: Der Gesamtdruck p einer Mischung idealer Gase ist gleich der Summe ihrer Partialdrücke p_i gemäß $p = p_1 + p_2 + ... = \sum p_i$. Liegen vor der Mischung alle Komponenten unter gleichem Druck vor, so ist bei einer isobaren Vermischung das resultierende Gesamtvolumen gleich der Summe der Teilvolumina vor der Mischung. Zwischen dem Partialdruck p_i und dem Gesamtdruck p besteht der Zusarnmenhang $p_i = x_i p$, wobei x_i der Molenbruch ist. Daraus folgt $p = \sum p_i = \sum x_i p$.

2) ↗ Gesetze der stöchiometrischen Proportionen.

3) ↗ Henry-Daltonsches Gesetz.

Dammar, ein natürliches Harz aus den Dipterocarpaceen (Yang-Teak-Hölzer) Indonesiens. D. erweicht bei 90 °C und wird bei 150 °C dünnflüssig und klar. Es gibt weiße, braune und schwarze Dammartypen. D. ist leicht löslich in Chloroform, Benzol und Kohlenstoffdisulfid, teilweise löslich in Alkohol, Ether u. a. Es wird in der Pharmazie als Bestandteil des Heftpflasters verwendet; ferner dient es zur Herstellung von alkali- und säurefesten Lacken, Schiffsboden- und Fußbodenfarben sowie zum Einschließen mikroskopischer Präparate.

Dampf, der gasförmige Aggregatzustand eines Stoffes in der Nähe des Siedepunktes der zugehörigen Flüssigkeit. Steht der D. im thermodynamischen Verdampfungsgleichgewicht mit der Flüssigkeit, nennt man ihn *gesättigt*. In Abwesenheit der flüssigen Phase kann der Partialdruck niedriger als der Sättigungsdampfdruck (*untersättigter* oder *überhitzter D.*) oder in gewissen Grenzen auch höher sein (*übersättigter D.*). Der übersättigte Zustand des D. ist instabil. Er tritt auf, wenn die Bildung einer neuen Phase in sehr sauberen Systemen gehemmt ist (↗ Thomsonsche Gleichung). Nach der Bildung von Kondensationskeimen (z. B. an Staubteilchen, Ionen) wird der übersättigte D. durch teilweise Kondensation sehr schnell in den gesättigten Zustand überführt. Für untersättigten D. gibt der Quotient aus dem vorhandenen Partialdruck p und dem Sättigungsdampfdruck p_s den Sättigungsgrad des D. an. In der Meteorologie ist die Angabe in Prozent Luftfeuchtigkeit $100\,p/p_s$ üblich.

Als D. im engeren Sinne bezeichnet man oft gesättigten Wasserdampf, der zusätzlich kleinste Wassertröpfchen enthält.

Dampfdruck, der Druck, der sich im Gleichgewicht und in Abwesenheit von Fremdgasen über einer in einem geschlossenen Gefäß befindlichen Flüssigkeit einstellt. Auch feste Stoffe weisen einen D. auf, der aber korrekter als *Sublimationsdruck* bezeichnet wird. Für reine Stoffe ist der D. (auch *Sättigungsdampfdruck* genannt) eine nur von der Art des Stoffes und der Temperatur abhängige Größe. Er wächst mit steigender Temperatur. Die Abhängigkeit des D. von der Temperatur wird graphisch als *Dampfdruckkurve* (↗ Phasendiagramm) dargestellt und durch die ↗ Clausius-Clapeyronsche Gleichung beschrieben. Für kleine Flüssigkeitströpfchen gilt die ↗ Thomsonsche Gleichung. Eine Flüssigkeit siedet, wenn ihr D. gleich dem Außendruck ist. Wird der Druck über der Flüssigkeit durch Abpumpen der Gasphase verringert, erniedrigt sich der Siedepunkt. Das nutzt man bei der Vakuumdestillation zur schonenden Stofftrennung aus.

Fremdgase, die in der Flüssigkeit unlöslich sind, beeinflussen den Sättigungsdampfdruck kaum, solange die Fremdgasdrücke nicht zu groß sind. Bei zwei miteinander nicht mischbaren flüssigen Phasen ist der Gesamtdampfdruck gleich der Summe der D. der beiden Phasen. Dagegen hängen in homogenen Mischungen die D. der Bestandteile vom Mischungsverhältnis ab (↗ Dampfdruckdiagramm, ↗ Raoultsches Gesetz).

Zur Messung des D. gibt es zahlreiche Möglichkeiten. Bei der *statischen Methode* wird die Flüssigkeit in ein evakuiertes Gefäß gebracht und der D. in Abhängigkeit von der Temperatur mit einem angeschlossenen Manometer bestimmt. Bei der *dynamischen Methode* ermittelt man die Siedetemperaturen in Abhängigkeit vom vorgegebenen Außendruck. Bei der *Mitführungsmethode* läßt man durch die Flüssigkeit ein unlösliches Gas so langsam hindurchströmen, daß es sich mit dem Dampf sättigt und bestimmt die von einem vorgegebenen Gasvolumen abtransportierte Flüssigkeitsmenge. Sehr niedrige Dampf- und Sublimationsdrücke werden mit *Knudsen-Zellen* gemessen. Das sind abgeschlossene Behälter mit einer sehr engen Düse, in denen sich die Probe befindet. Die durch Knudsen-Diffusion aus der Düse ausströmende Substanzmenge wird gemessen und ist proportional dem D. der Probe.

Dampfdruckdiagramm, die Darstellung des Dampfdruckes über Mischungen bei einer vorgegebenen konstanten Temperatur in Abhängigkeit von der Zusammensetzung der flüssigen Phase. Die Zusammensetzung wird im allg. mit dem Molenbruch angegeben. Enthält eine Mischung zwei verdampfbare Komponenten A und B, dann reicht zur Beschreibung der Zusammensetzung ein Molenbruch, weil $x_A + x_B = 1$ gilt. Trägt man auf der Abszisse x_B auf, so liegt an der Stelle $x_B = 0$ der reine Stoff A und bei $x_B = 1$ der reine Stoff B vor.

Der Gesamtdampfdruck p über der Mischung ist nach dem ↗ Daltonschen Gesetz gleich der Summe der Partialdrücke $p = p_A + p_B$. Im Idealfall gilt für

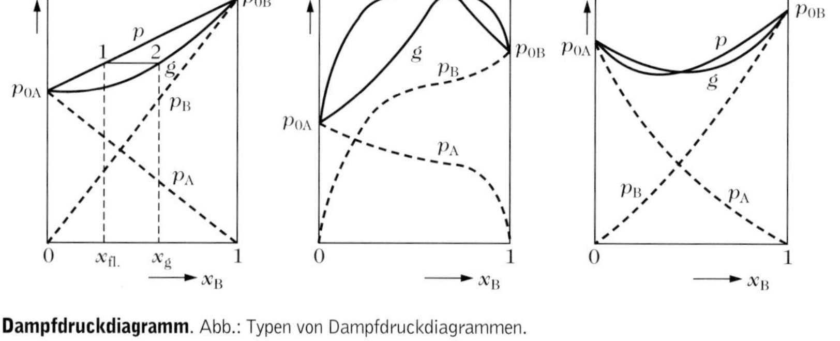

Dampfdruckdiagramm. Abb.: Typen von Dampfdruckdiagrammen.

beide Partialdrücke das ↗ Raoultsche Gesetz gemäß $p_A = p_{0A}x_A = p_{0A}(1 - x_B)$ und $p_B = p_{0B}\,x_B$ und damit $p = p_{0A} + (p_{0B} - p_{0A})x_B$, wobei p_{0A} und p_{0B} die Dampfdrücke der reinen Komponenten bedeuten. Der Gesamtdampfdruck steigt oder fällt linear mit x_B, je nachdem, ob $p_{0B} - p_{0A} \lesseqgtr 0$ zutrifft (Abb. a).

Die Gasphase hat nicht die gleiche Zusammensetzung wie die flüssige Phase, sondern sie ist reicher an der Komponente mit dem höheren Dampfdruck. Darauf beruht die Trennbarkeit des Stoffgemisches durch Destillation. Deshalb ist in der Abb. eine zweite Kurve g eingezeichnet, die die Molenbrüche in der koexistierenden Gasphase angibt. In Abb. a entspricht Punkt 1 dem Gesamtdruck einer flüssigen Mischung mit dem Molenbruch $x_B = x_{fl}$ und Punkt 2 gibt die Zusammensetzung der damit koexistierenden Gasphase an ($x_B = x_g$).

In realen Mischungen treten Abweichungen vom idealen Raoultschen Gesetz auf. Sind die zwischenmolekularen Wechselwirkungen zwischen A und B kleiner als in den reinen Stoffen ($f > 1$), so ist die Flüchtigkeit erhöht (Abb. b). Im entgegengesetzten Fall kehren sich die Verhältnisse um. Die Effekte (Abb. c) können so stark sein, daß der Gesamtdruck ein Maximum bzw. ein Minimum aufweist. In den Extremwerten haben die flüssige und die Gasphase gleiche Zusammensetzung. Es liegt ein azeotropes Gemisch vor, das destillativ nicht getrennt werden kann.

Enthält eine Mischung mehr als zwei Komponenten (z. B. n), so werden zur Beschreibung der Zusammensetzung $n - 1$ Molenbrüche benötigt. Für ternäre Systeme aus den Komponenten A, B und C ist eine Darstellung in einem Dreieck möglich. Die Eckpunkte entsprechen den reinen Komponenten. Die Dampfdrücke werden als Isobaren in Form von Höhenschichtlinien eingetragen.

Darstellungen, bei denen für einen konstanten Druck die Siedetemperatur in Abhängigkeit von der Zusammensetzung aufgetragen wird, bezeichnet man als ↗ Siedediagramme.

Dampfdruckerniedrigung, ↗ Raoultsches Gesetz.

Dampfdruckkurve, die graphische Darstellung der Abhängigkeit des Dampfdruckes eines reinen Stoffes von der Temperatur (↗ Phasendiagramm). Sie beginnt am Schmelzpunkt und endet am kritischen Punkt.

Dampfphaseninhibitoren, engl. *v*apour *p*hase *i*nhibitor, Abk. *VPI*, als ↗ Korrosionsinhibitoren wirkende langkettige aliphatische oder alicyclische Aminnitrite oder Amincarbonate. Einer der wirksamsten D. ist das Dicyclohexylammoniumnitrit (Dichan®, Leukorrosion C®). Die verdampfenden Moleküle des D. bilden auf der zu schützenden Metalloberfläche Adsorptionsfilme, die einen Schutz gegen Wasser und Sauerstoff liefern. Der D. Leukorrosin C kann auch NO_2^--Ionen auf die Metalloberfläche bringen, die dadurch passiviert wird.

Die Schutzwirkung von D. ist am größten bei luft- und feuchtigkeitsdichter Verpackung und beim Innenschutz luft- und feuchtigkeitsdicht verschlossener Ausrüstungen. D. haben gegenüber von Korrosionsschutzfetten und -wachsen den Vorteil einer sehr einfachen Anwendungsweise, die auch darin besteht, daß der geschützte Gegenstand unmittelbar verwendet werden kann. Pulverförmige D. werden auch zum Imprägnieren von Verpackungsmitteln verwendet, ↗ VPI-Verfahren. Ein Nachteil der D. besteht darin, daß sie die Korrosion einiger Nichteisenmetalle beschleunigen und manche Kunststoffe verfärben.

Dampfreformierung, ↗ Synthesegas.

Danaidon, ↗ Pheromone.

Daniell-Element, eines der ältesten und bekanntesten galvanischen Elemente (↗ elektrochemische Stromquelle). Es wurde 1835 von J. F. Daniell gefunden. Die in der Abbildung dargestellte Zelle ist so konstruiert, daß sie zur Erzeugung von elektrischem Strom benutzt werden kann. Die linke Halbzelle enthält eine Elektrode aus metallischem Zink und eine Zinksulfatlösung, die rechte Halbzelle besteht aus einer Kupferelektrode und einer Kupfersulfatlösung. Um zu verhindern, daß sich die Lösungen in den Halbzellen mischen, sind diese durch eine poröse Wand getrennt. Der Durchtritt von Ionen wird durch diese Wand jedoch nicht verhindert. Verbindet man Zinkelektrode und Kupferelektrode mit einem Draht, so fließen von der Zinkelektrode Elektronen zur Kupferelektrode. Gleichzeitig wird an der metallischen Zinkelektrode Zink zu Zink-Ionen oxidiert. Die Zinkelektrode ist daher die Anode. Parallel dazu werden an der Kupferelektrode Kupfer-Ionen zu metallischem Kupfer reduziert, so daß die Kupferelektrode die Kathode bildet. Die Zellspannung des D. beträgt ungefähr 1,10 V.

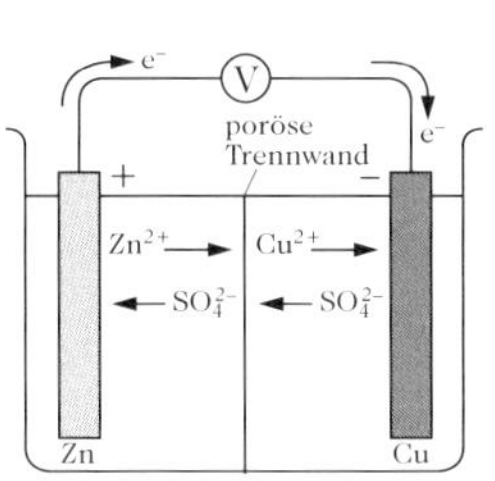

Daniell-Element. Abb.: Anode: $Zn \rightarrow Zn^{2+} + 2e^-$, Kathode: $Cu^{2+} + 2e^- \rightarrow Cu$.

Daphnetin, ↗ Cumarin, Tab.

Daphnin, ↗ Eosinfarbstoffe.

Dapson, ***Bis-(4-aminophenyl)sulfon***, eine antibakteriell wirksame Verbindung, die vor allem zur Therapie der Lepra eingesetzt wird.

Darzens-Erlenmeyer-Claisen-Kondensation, ***Glycidestersynthese***, Methode zur Darstellung von Glyeidestern durch Kondensation von Aldehyden oder Ketonen mit *α*-Chlorcarbonsäureestern in Gegenwart von Natriummethanolat oder Natriumamid in Ether, Benzol oder Xylol:

$$R^1{-}CO{-}R^2 + R^3{-}CHCl{-}COOC_2H_5 \xrightarrow[-HCl]{} R^1R^2C\overset{O}{—}CR^3{-}COOC_2H_5.$$

Durch Hydrolyse des Glycidesters zur instabilen Glycidsäure und anschließende thermische Decarboxylierung bilden sich in Abhängigkeit von R^3 Aldehyde oder Ketone. Bei der Reaktion von Aldehyden mit Chloressigsäureestern unter den Bedingungen der D. besteht somit die präparative Möglichkeit der Kettenverlängerung der eingesetzten Aldehyde um eine CH_2-Gruppe.

Daunomycin, ↗ Anthracycline.

Db, Symbol für Dubnium.

d-Block-Kontraktion, ↗ PTM-Effekt

DC, Abk. für Dünnschichtchromatographie.

DCCC, ↗ Gegenstromchromatographie.

DDA, ↗ DDT.

DDE, ↗ DDT.

DDQ, übliche Abkürzung für 2,3-Dichlor-5,6-dicyano-1,4-benzochinon.

DDT, Abk. für ***D****ichlor****d****iphenyl****t****richlorethan*, eine zur Gruppe der Chlorkohlenwasserstoffinsektizide gehörende farblos-kristalline Substanz mit kontaktinsektiziden Eigenschaften; F. 108,5 °C, Kp. 185 bis 187 °C bei 7 Pa. DDT ist leicht löslich in Cyclohexanon, Dioxan, Trichlorethan, Benzol, Xylol, Aceton, löslich in Chloroform, Ether, wenig löslich in Ethanol, Methanol, ≈ 0,001 mg/l in Wasser.

DDT ist weitgehend licht-, luft- und säurestabil. Unter alkalischen Bedingungen bildet sich jedoch leicht durch HCl-Eliminierung das biologisch unwirksame *Dichlordiphenyldichlorethen* (*DDE*). Diese Reaktion wird durch Eisen- und Aluminiumverbindungen katalysiert. Die Synthese des DDT erfolgt durch Kondensation von Chloral mit Chlorbenzol unter dem Einfluß von Schwefelsäure oder Oleum:

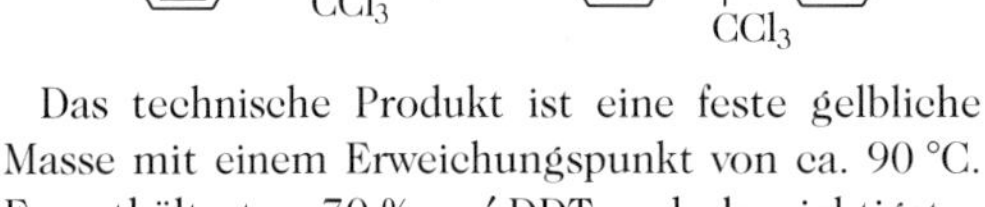

Das technische Produkt ist eine feste gelbliche Masse mit einem Erweichungspunkt von ca. 90 °C. Es enthält etwa 70 % *p,p'*-DDT und als wichtigstes Nebenprodukt zu etwa 20 % das insektizid nur schwach wirksame *o,p'*-DDT.

DDT hat für viele Insektenarten eine sehr starke Kontaktgift- und Fraßgiftwirkung. Dipteren (Fliegen und Mücken) und beißende Insekten (Raupen, Käfer) reagieren sehr empfindlich, Blattläuse weniger, Spinnmilben überhaupt nicht. Die Substanz ist hoch lipophil. Sie fördert die leichte Durchdringung der Insektencuticula und damit die Kontaktgiftwirkung. Sie wirkt als Nervengift. Die akute Warmblütertoxizität ist relativ gering: p.o. LD_{50} = 250 bis 500 mg/kg Ratte.

Problematisch ist die Anreicherung von DDT und seinem Hauptmetaboliten DDE im Fettgewebe. Als Endstufe der Metabolisierung wird vom Warmblüter die hydrophile Dichlordiphenylessigsäure (*DDA*) mit dem Urin ausgeschieden. Die tödliche orale Dosis für den erwachsenen Menschen wird auf 20 bis 30 g geschätzt. Fälle chronischer Vergiftung sind nicht bekannt. MAK 1 mg/m^3.

Von den dem DDT strukturverwandten Insektizidwirkstoffen hat die größte Bedeutung ↗ Methoxychlor. Wegen der hohen Persistenz des Wirkstoffs und der damit verbundenen Akkumulation in der Umwelt, die für viele Chlorkohlenwasserstoffinsektizide charakteristisch ist, wurde die Verwendung des DDT in vielen Ländern verboten.

d.e., ↗ Diastereomerenüberschuß.

Deacon-Verfahren, ↗ Chlor.

»Dead-stop«-Methode, ↗ Amperometrie.

DEAE-Cellulose, ***Di****e****thyl****a****mino****e****thylcellulose*, durch Substitution von DEAE-Gruppen als schwach basischer Anionenaustauscher wirkende Cellulose, die in der Dünnschicht- und Säulenchromatographie eingesetzt wird. DEAE-C. wird aufgrund seiner Eigenschaften zur Trennung und Reinigung u. a. von hochmolekularen Proteinen eingesetzt.

de-Broglie-Beziehung, ↗ Atommodell.

Debye, *D*, Maßeinheit für ↗ Dipolmoment.

Debye-Hückel-Theorie, Theorie, die das Abweichen verd. Lösungen starker Elektrolyte vom Verhalten idealer Lösungen durch interionische Wechselwirkungen erklärt. Der D. liegen folgende Modellvorstellungen zugrunde: Ionen, die in einem Lösungsmittel gelöst und solvatisiert sind, können sich gegeneinander frei bewegen. Die Position der Ionen zueinander wird einerseits durch anziehende und abstoßende elektrostatische Kräfte und andererseits durch thermische Bewegung bestimmt. Die elektrostatischen Kräfte bewirken eine Nahordnung, die thermische Bewegung wirkt dieser entgegen. Betrachtet man ein einzelnes Ion, so wird dieses im zeitlichen Mittel von einer kugelsymmetrischen Ionenwolke aus Gegenionen umgeben. Jedes Ion der Ionenwolke ist gleichzeitig das Zentralion einer eigenen Ionenwolke. Diese Ordnung wird durch das Anlegen eines elektrischen Feldes gestört, da positive und negative Ionen in entgegengesetzte Richtung beschleunigt werden. Die Ionen wandern aus ihren Ionenwolken heraus, und es werden neue Ionenwolken aufgebaut. Da dieser Vorgang eine gewisse Zeit dauert, eilt das Zentralion dem Ladungsschwerpunkt seiner Ionenwolke stets ein wenig voraus. Hieraus resultiert eine elektrostatische Rückhaltekraft, deren Größe vom Abstand der Ionen untereinander, d. h. von der Konzentration, abhängt. Höhere Konzentrationen führen zu kleineren Abständen und damit zu größeren Wechselwirkungen (*Relaxationseffekt*). Höhere Konzentrationen von Ionen führen außerdem zur einer verstärkten Behinderung von in entgegengesetzter Richtung wandernden Ionenwolken (*elektrophoretischer Effekt*). Beide Effekte bewirken, daß alle Eigenschaften, die von der Teilchenzahl abhängen (kolligative Eigenschaften, z. B. Leitfähigkeit, osmotischer Druck), nicht der Konzentration, sondern einer »wirksamen Konzentration«, der *Aktivität* a, proportional sind. Man erhält die Aktivität durch Multiplikation der Konzentration c mit einem Aktivitätskoeffizienten f gemäß $a = f{\cdot}c$. Eine experimentelle Bestimmung von Aktivitätskoeffizienten von Anionen und Kationen ist nicht möglich, statt dessen erhält man einen mittleren Aktivitätskoeffizienten $f_{\pm}$. Die D. gestattet nun die Berechnung von $f_{\pm}$ nach der Gleichung $\log f_{\pm} = 0{,}5091 \cdot z_+ \cdot z_- \cdot I$ (*Debye-Hückelsches Grenzgesetz*). Hierbei bedeuten z_+ und z_- die Wertigkeiten von Kationen und Anionen und I die Ionenstärke nach Lewis und Randall ($I = c_i \cdot z_i^2$, wobei c = Konzentration).

Debye-Kräfte, ↗ van-der-Waalssche Bindungskräfte.

Debye-Scherrer-Verfahren, ↗ Röntgenstrukturanalyse.

Debyesches T³-Gesetz, ↗ molare Wärmekapazität.

Decalin, ***Decahydronaphthalin***, ***Bicyclo[4.4.0]-decan***, ein bicyclischer gesättigter Kohlenwasserstoff, der wegen seiner Darstellbarkeit aus Aromaten auch als Hydroaromat bezeichnet wird. D. ist eine campherähnlich riechende, farblose Flüssig-

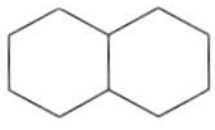

keit. Man unterscheidet *cis-trans*-Isomere; *cis*-Form: F. –43,3 °C, Kp. 195,7 °C, n_D^{20} 1,4810; *trans*-Form: F. –30,4 °C, Kp. 187,3 °C, n_D^{20} 1,4695. D. ist unlöslich in Wasser, löslich in Ethanol und Ether. Die technische Herstellung erfolgt durch Hydrierung von Naphthalin oder Tetralin in flüssiger Phase bei 200 bis 260 °C und Drücken von $2{,}5 \cdot 10^3$ bis $4 \cdot 10^3$ kPa in Gegenwart von Nickelkatalysatoren. D. wird als Lösungsmittel für Fette, Pflanzenöle und Lacke sowie zur Herstellung von Schuhcreme und Bohnerwachs verwendet.

Decamethonium, ↗ Muskelrelaxanzien.

Decandisäure, ↗ Sebacinsäure.

Decanol, ***Decan-1-ol***, $CH_3(CH_2)_8CH_2OH$, ein einwertiger Alkohol, eine farblose, in Wasser unlösliche Flüssigkeit; F. 7 °C, Kp. 229 °C, n_D^{20} 1,4366. D. kommt im Moschuskörneröl vor. Technisch gewinnt man es durch ↗ Oxosynthese oder durch katalytische Hydrierung des bei der Verseifung von natürlichen Fetten entstehenden Fettsäuregemisches. Verwendet wird D. sehr vielseitig als Extraktions- und Lösungsmittel, als Stabilisator von Sikkativlösungen und als Zusatz zu hydraulischen Flüssigkeiten. Es hat große Bedeutung bei der Herstellung von Netz- und Waschmitteln. Die Ester werden in der Lack- und Kunststoffindustrie als Weichmacher und in der Parfümerie als Geruchskomponenten eingesetzt.

Decansäure, ***Caprinsäure***, $CH_3\text{–}(CH_2)_8\text{–}COOH$, eine höhere, gesättigte Monocarbonsäure. D. bildet farblose, ranzig riechende Kristalle; F. 31,5 °C, Kp. 270 °C. Sie ist in Wasser unlöslich, in Ether, heißem Alkohol und Benzol löslich. Sie kommt in freier oder veresterter Form im Palmkern-, Kaffeebohnen-, Kamillen- und Fuselöl vor. Als Glycerinester ist D. in der Kuh- und Ziegenbutter sowie im Kokosöl enthalten. D. kann durch Fettspaltung von Palmkern- oder Kokosöl gewonnen werden. Einige Ester der D. werden zur Herstellung von Fruchtaromen und Riechstoffen verwendet.

Decarbonylierung, Abspaltung von Kohlenmonoxid aus organischen Verbindungen. Durch thermische oder photochemische Aktivierung lassen sich Ketone, α-Ketocarbonsäuren und Lactide decarbonylieren. Beispiel: D. von Aceton zu Ethan:

$$H_3C\text{—}CO\text{—}CH_3 \longrightarrow H_3C\text{—}CH_3 + CO.$$

Decarboxylasen, zu den Lyasen gehörende Enzyme, die die Abspaltung von Kohlendioxid aus organischen Säuren katalysieren. Bekannte Vertreter sind die *Aminosäuredecarboxylasen*, die Aminosäuren zu Aminen abbauen, und die ↗ Pyruvatdecarboxylase.

Decarboxylierung, Abspaltung von Kohlendioxid aus Carbonsäuren und substituierten Carbonsäuren. Die D. von aliphatischen Monocarbonsäuren oder deren Salzen erfolgt bei höherer Temperatur, wobei Alkane gebildet werden. Von den Dicarbonsäuren unterliegen die Oxalsäure, die Malonsäure und substituierte Malonsäuren (↗ Malonestersynthesen) relativ leicht der D. unter Bildung von Ameisensäure, Essigsäure bzw. substituierten Essigsäuren. α-Ketocarbonsäuren decarboxylieren sehr leicht bei Behandlung mit verd. Schwefelsäure beim Erwärmen, β-Ketosäuren bilden bei der D. Ketone (↗ Ketonspaltung). Die D. von α,β-ungesättigten Carbonsäuren verläuft über einen cyclischen Übergangszustand unter Alkenbildung. α-Aminosäuren decarboxylieren beim Erhitzen mit Natronkalk oder Bariumhydroxid oder unter enzymatischen Bedingungen zu primären Aminen. Carbaminsäuren, die beim Hoffmannschen Abbau intermediär gebildet werden, sind so instabil, daß sie sofort decarboxylieren.

Deckschichtbildner, ↗ Korrosionsinhibitoren.

Deemulgierung, Brechung (Zerstörung, Koaleszenz) von Emulsionen, indem das stabilisierende Tensid von der Phasengrenze verdrängt wird oder kurzzeitig Fehlstellen (»Löcher«) in den Adsorptionsschichten erzeugt werden. D. wird erreicht durch Temperaturveränderung, Zugabe von Deemulgatoren, die stärker grenzflächenaktiv, aber keine Stabilisatoren sind. Emulsionen können durch starke elektrische Felder gebrochen werden. Öl-in-Wasser-Emulsionen, die durch Alkalisalze der Alkansäuren stabilisiert sind, werden durch Ansäuern deemulgiert.

Defektelektronenleiter, ↗ Halbleiter.

Defektmutanten, ↗ Mangelmutanten.

Defensine, eine Familie von Peptiden mit 29 bis 35 Aminosäurebausteinen und drei Disulfidbrükken, die antibiotische, antivirale und cytotoxische Wirkungen besitzen. Sie gehören zum antimikrobiellen Arsenal vieler Tiere und besitzen potentielle Bedeutung als prophylaktische und therapeutische Mittel bei Infektionen.

Deflagration, eine mögliche Form der Umsetzung von explosionsfähigen Stoffen. D. ist das rasche Abbrennen eines explosionsfähigen Stoffes. Die Umsetzung verläuft dabei mit Unterschallgeschwindigkeit (bezogen auf den Stoff) unter Bildung von Flammen und glühenden Teilchen, sie unterhält sich durch die frei werdende Umsetzungswärme. Die dabei auftretenden Umsetzungsgeschwindigkeiten können bis zu 2000 m s^{-1} betragen. Im Unterschied zur ↗ Detonation strömen bei einer D. die Umsetzungsprodukte entgegengesetzt zur Ausbreitungsrichtung ab (↗ Explosion). Das Auslösen einer D. bezeichnet man als *Anzünden.*

Defoliantien, Wirkstoffe aus dem Bereich der ↗ Herbizide, die zur totalen Entblätterung von Pflanzen führen, z. B. von Kartoffelkraut, Samenträgerbeständen und Baumwolle, zwecks Reifebeschleunigung und Ernteerleichterung. Im Vietnamkrieg wurden sie zur Entlaubung eingesetzt (↗ agent orange, ↗ Phytogifte).

Deformationsschwingungen, Schwingungen von Molekülen, die mit einer Deformation der Valenzwinkel verbunden sind. Es sind verschiedene D. möglich, die am Beispiel einer CH_2-Gruppe dargestellt sind (Abb.).

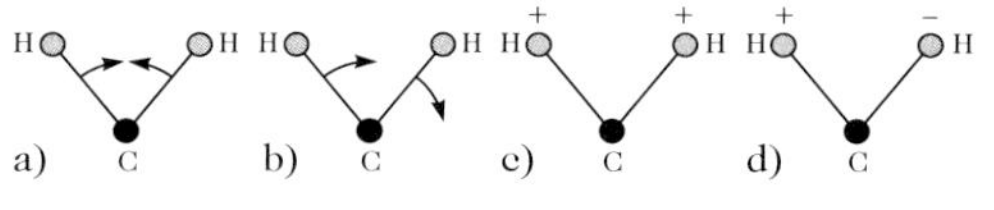

Deformationsschwingungen. Abb.: Bewegungsformen verschiedener Deformationsschwingungen: (a) Scherenschwingung, (b) Schaukelschwingung, (c) Nickschwingung, (d) Torsionsschwingung. ↗ Bewegung in der Zeichenebene, + und – Bewegung senkrecht dazu.

Es wird dabei vereinfachend vorausgesetzt, daß die CH_2-Gruppe fest in einer Kette verankert ist und nur Bewegungen in der Gruppe möglich sind.

Dehalogenierung, Abspaltung von Halogenen aus 1,2-Dihalogenalkanen und -cycloalkanen unter Bildung von Alkenen und Cycloalkenen. Am geeignetsten sind die 1,2-Dibromverbindungen für die D. mittels Zink. Durch D. von 2,3-Dihalogenpropenen können Allene hergestellt werden. Ketene lassen sich durch D. aus α-Halogenacylhalogeniden mit Zink in Diethylether gewinnen.

Dehydracetsäure, *3-Acetyl-6-methyl-2H-pyran-2,4(3H)-dion*, farblose Kristalle; F. 112 °C, Kp. 270 °C. D. ist löslich in Ether, Aceton und heißem Wasser, wenig löslich in Alkohol. D. ist durch Erhitzen von Acetessigsäureethylester unter Zusatz von Natrium-

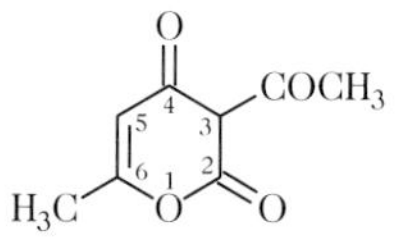

hydrogencarbonat oder Bariumoxid sowie beim Erwärmen von Diketen in Gegenwart basischer Katalysatoren, wie Triethylamin oder Pyridin, zugänglich. Beim Kochen der D. mit verd. Mineralsäuren bildet sich unter Hydrolyse des Lactonringes eine β-Ketosäure, die unter Decarboxylierung und Wasserabspaltung in 2,6-Dimethyl-4*H*-pyran-4-on übergeht. Sie findet Verwendung in der organischen Synthese, als Weichmacher, als Zusatz zu Zahnpasten und Hautcremes sowie als Fungizid und Herbizid.

Dehydratisierung, Abspaltung von Wasser aus einer organischen Verbindung. Die *intramolekulare D.* von Alkoholen ist eine β-Eliminierung und ergibt bei saurer Katalyse mit Schwefelsäure, Phosphorsäure oder Zinkchlorid Alkene bzw. Cycloalkene. Technisch wird die D. der Alkohole in der Gasphase an Aluminiumoxid- oder Thoriumkatalysatoren durchgeführt. Demgegenüber erhält man durch *intermolekulare D.* von Alkoholen mit konz. Schwefelsäure, wasserfreier Phosphorsäure oder Aluminiumoxid- bzw. Aluminiumphosphatkatalysatoren durch Abspaltung eines Moleküls Wasser aus zwei Alkoholmolekülen Ether. D. der Diole führt zu Dienen, die intramolekulare D. von 1,4-Diolen ergibt Tetrahydrofurane. Carbonsäureamide und Aldoxime werden zu Nitrilen dehydratisiert, aus 1,4-Dicarbonylverbindungen entstehen durch D. Furane.

Dehydrierung, Abspaltung von Wasserstoff aus organischen Verbindungen. Die D. von Alkanen führt bei hohen Temperaturen unter katalytischen Bedingungen zu Alkenen und Dienen, mit speziellen Dehydrierungsmitteln, z. B. Selen, Chloranil, Nitrobenzol, lassen sich Hydroaromaten zu aromatischen Verbindungen dehydrieren. Durch D. werden in ähnlicher Weise auch ungesättigte oder aromatische Heterocyclen hergestellt, z. B. ist der letzte Reaktionsschritt bei der Skraupschen Chinolinsynthese eine D. Primäre und sekundäre Alkohole lassen sich durch katalytische Dehydrierung am

Kupfer-, Silber- oder Zinkoxidkontakt in Aldehyde bzw. Ketone überführen.

1,2-Dehydrobenzol, ↗ Arine.

Dehydrogenasen, zu den ↗ Oxidoreductasen gehörende Enzyme, die die Übertragung von Wasserstoff eines Substrats (Wasserstoffdonor) auf ein anderes Substrat (Wasserstoffakzeptor) katalysieren. Die wichtigsten D. sind ↗ Flavinenzyme und pyridinnucleotidabhängige D., bei denen NAD^+ oder $NADP^+$ als primärer H-Akzeptor fungieren.

Dehydrohalogenierung, Eliminierung von Halogenwasserstoff aus organischen Verbindungen. Die D. von Halogenalkanen und -cycloalkanen führt zu Alkenen bzw. Cycloalkenen, aus 1,2- oder 1,1-Dihalogenverbindungen lassen sich durch D. Alkine herstellen. Durch D. von Acylhalogeniden kann man Ketene erhalten. Die D. hat u. a. auch Bedeutung für bestimmte Heterocyclensynthesen, z. B. bei der Darstellung von Oxiranen und Oxetanen aus β-Halogenalkoholen bzw. aus γ-Halogenalkoholen, der Synthese von Benzoloxid bzw. Oxepin durch Dehydrobromierung von 3,4-Dibrom-7-oxa-bicyclo[4.1.0]-heptan:

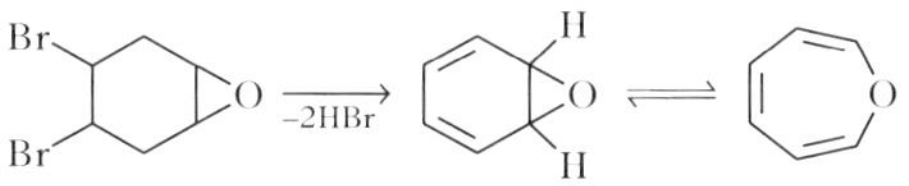

Deiquat, ↗ Bipyridiniumherbizide.

Dekamon I, ↗ AMO-Sprengstoffe.

Dekantieren, vorsichtiges Abgießen einer Flüssigkeit von einem durch ↗ Sedimentation gebildeten festen Bodensatz, z. B. Niederschlag, der gewonnen werden soll. Im Labor erleichtern spezielle Dekantiergefäße (z. B. Jenaer Kantkolben) die Trennung der beiden Phasen.

Dekapieren, das Entfernen dünner Anlauf- und Oxidschichten, vorwiegend auf Stahl, durch Beizen in verd. Salz- oder Schwefelsäure, ein Verfahren der ↗ Oberflächenvorbehandlung.

Dekontamination, die Entfernung bzw. Beseitigung radioaktiver Kontaminationen (Entaktivierung), biologischer Kontaminationen (Entseuchung) oder chem. Kontaminationen (↗ Entgiftung), ↗ Kontamination

Delayed-Coking-Verfahren, ↗ Cracken.

Delokalisierungsenergie, Differenz zwischen der Energie eines konjugierten π-Elektronensystems und der additiv berechneten Energie eines vorgegebenen Referenzzustandes (Bezugszustand) mit streng lokalisierten Zweizentrenbindungen. Im Rahmen der Hückel-Näherung wird diese Energiedifferenz auf die Delokalisation der π-Elektronen zurückgeführt und in Einheiten des Resonanzintegrals ausgedrückt (↗ Hückel-Methode). Die D. lassen sich durch thermochem. Messungen, z. B. von Hydrierungsenergien und Verbrennungsenergien, experimentell bestimmen. Bei der Berechnung der D. von Benzol wird auf das hypothetische Cyclohexatrienmolekül mit drei isolierten Doppelbindungen Bezug genommen. Von diesem Referenzsystem gelangt man in zwei Schritten zum Grundzustand des Benzols. Zunächst ist für die Kompression des σ-Bindungsgerüstes eine Kompressionsenergie von 77,3 kJ mol^{-1} erforderlich. Bei der Delokalisierung der sechs lokalisierten π-Elektronen wird die *vertikale D.* von −227,8 kJ mol^{-1} frei. Nur die Restenergie ΔE = −150,5 kJ mol^{-1} wird bei thermochemischen Messungen als D. erfaßt. Damit wird deutlich, daß D. erheblich von der Definition des Referenzzustandes abhängen.

Delphinidin, ***Delphinin, Delphinidinchlorid,*** 3,5,7,3′,4′,5′-Hexahydroxy-flavyliumchlorid, ein Pflanzenfarbstoff. D. ist ein Aglykon zahlreicher ↗ Anthocyane. In glycosidischer Form ist D. in höheren Pflanzen weit verbreitet, so z. B. als *Delphin* (3,5-Di-β-glucosid) in den Blüten des Rittersporns (*Delphinium*) sowie als *Violanin* in violetten Stiefmütterchen.

D. ist als Lebensmittelfarbstoff zugelassen.

Deltamethrin, ↗ Pyrethroide.

Demecolcin, ↗ Colchicin.

demineralisiertes Wasser, ein vollentsalztes Wasser.

Demister, Vorrichtung zur zwangsweisen Abscheidung feinster Flüssigkeitströpfchen aus Gasen, Dämpfen oder Nebeln. Sie werden aus Drahtgestrick-Packungen hergestellt und haben eine sehr große innere Oberfläche.

Demulgieren, ↗ Deemulgierung.

Denaturierung, auf physikalische und chem. Einflüsse zurückzuführende Veränderungen der Sekundär- und Tertiärstruktur von Biopolymeren. Unter Erhalt der ursprünglichen Primärstruktur ist die durch Temperaturerhöhung, pH-Veränderung, Rühren, Schütteln, Ultraschalleinwirkung, Bestrahlung, Zusatz von bestimmten Salzen, Detergenzien u. a. verursachte D. mit einem mehr oder weniger vollständigen Verlust der biologischen Aktivität und anderer individueller Eigenschaften biopolymerer Verbindungen, z. B. Proteinen oder Nucleinsäuren, verbunden. Im Gegensatz zur ***irreversiblen D.*** wird bei der ***Renaturierung*** die naive Konformation zurückgebildet.

Denaverin, ↗ Spasmolytika.

Dendriten, baumartig verzweigte Wachstumsformen von Kristallen. D. sind Einkristalle, ihre Äste sind kristallographisch orientiert. Sie können bei der Kristallisation aus Lösungen oder Schmelzen entstehen, wenn bei hoher Wachstumsgeschwindigkeit infolge starker Übersättigung bzw. Unterkühlung bevorzugt die Ecken und Kanten des Kristalles ausgebildet und aufgrund unzureichender Oberflächendiffusion der Kristallbausteine die Flächen nicht ausgefüllt werden. Solche unvollständigen Kristallformen werden allgemein als *Kri-*

stallskelette, bei schwacher Ausprägung als *Hohlformen* und im Extremfall als D. bezeichnet. Das dendritische Wachstum stellt für die Kristallzüchtung wegen der Unreinheit und der ungünstigen Form der Produkte eine Störung dar. D. stellen z. B. die Eisblumen an kalten Fensterscheiben dar.

Denitrifikanten, Bakterien, die unter anaeroben Bedingungen Nitrat über Nitrit und Distickstoffoxid zu molekularen Stickstoff reduzieren können (↗ Denitrifikation). Zu den D. gehören verschiedene aerobe Bakterien (u. a. *Pseudomonas*- und *Bacillus*-Arten, *Paracoccus denitrificans*, *Alcaligenes faecalis*). D. kommen insbesondere im Boden, im Belebtschlamm und Meerwasser vor. Sie sind für den Stickstoffkreislauf von großer Bedeutung, da durch Denitrifikation gebundener Stickstoff in molekularen Stickstoff überführt wird.

Denitrifikation, eine unter anaeroben Bedingungen ablaufende enzymatische Reduktion von Nitrat über Nitrit und Distickstoffoxid zu elementarem Stickstoff durch ↗ Denitrifikanten. In Abwesenheit von Sauerstoff nutzen Denitrifikanten Nitrat als Wasserstoff- bzw. Elektronenakzeptor für die Energiegewinnung durch Elektronentransportphosphorylierung (↗ anaerobe Atmung). Die an der D. beteiligten dissimilatorischen Nitrat- und Nitritreductasen sind Partikel-gebunden und werden unter aeroben Bedingungen induziert. Sauerstoff reprimiert die Bildung dieser Enzyme. Von einigen Denitrifikanten kann neben Nitrat auch Nitrit als Wasserstoffakzeptor verwendet werden.

Die bakterielle D. führt in schlecht durchlüfteten Ackerböden zu Stickstoffverlusten. Dabei kann sich auch Nitrit anreichern, das über das Grundwasser in das Trinkwasser gelangen kann. Die Nitritbildung in nitrathaltigen Nutzpflanzen (z. B. Spinat) kann unter ungünstigen Bedingungen Lebensmittelvergiftungen bewirken. Bei der anaeroben Abwasserbehandlung kann durch denitrifizierende Bakterien der Stickstoffanteil im ↗ Abwasser und ↗ Faulschlamm verringert werden (↗ Nitratatmung, ↗ Nitratammonifikation).

de-novo-Synthese, die Neubildung von chemischen Verbindungen (z. B. Proteinen) in lebenden Zellen.

Densitometer, ein Gerät zur kontinuierlichen Messung von optischen Dichten verschiedener Materialien. Ähnlich wie bei der Spektrophotometrie vergleichen D. die Lichtintensität des durchgehenden Lichtes mit der des auffallenden Lichtes. D. werden insbesondere bei der Auswertung von Chromatogrammen und Elektropherogrammen eingesetzt.

Dentallegierungen, Sammelbegriff für eine Vielzahl von korrosionsbeständigen, nicht verfärbenden, abriebfesten und für das Zahn- und Mundgewebe verträglichen Legierungen zur Zahnerhaltung und zum Zahnersatz in Form von Kronen, Brücken, Stiftzähnen, Implantaten und Prothesen. Diese Legierungen sind entweder auf Edelmetall- oder Nichtedelmetall-Basis aufgebaut. Goldgußlegierungen enthalten zusammen mindestens 75 % Gold und Metalle der Platingruppe (vorwiegend Palladium und Platin, sowie geringe Mengen an Iridium und Ruthenium zur Kornfeinung und zur Verbesserung der mechanischen Eigenschaften), oft über 75 % Gold und bis 98 % Gold und Metalle der Platingruppe. Diese Legierungen können 1 bis 10 % Kupfer enthalten. Edelmetallegierungen bestehen aus 25 bis 75 % Gold, Metallen der Platingruppe und Silber. Werden Dentallegierungen für Metall-Keramik-Verblendungen eingesetzt, so werden noch Haftoxidbildende Metalle wie Zink, Indium oder Zinn in Konzentrationen von 0,5 bis 2 % zugesetzt, um ein gutes Anbinden der Keramik an die Trägerlegierung zu gewährleisten. Der Kupfergehalt ist gering oder fehlt. Wesentlich ist auch ein mit dem keramischen Material abgestimmter Wärmeausdehnungskoeffizient der Legierung.

Von den Nichtedelmetall-Legierungen kommen Cobalt-Chrom-Legierung (ca. 65 % Cobalt, ca. 30 % Chrom und ca. 5 % Molybdän) sowie Chrom-Nickel und Cobalt-Chrom-Nickel (0 bis 15 % Cobalt, 15 bis 30 % Chrom, 40 bis 70 % Nickel) zum Einsatz.

Implantate werden aus Titan- oder Tantallegierungen, aber auch aus in der Knochenchirurgie verwendeten Cobalt-Chrom- oder Cobalt-Chrom-Nickel-Legierungen hergestellt.

Für Füllungen werden γ_2-freie Amalgame eingesetzt, die durch Mischen von Spänen (Partikelgrößen meist unter 150 μm) aus Vorlegierungen mit Quecksilber hergestellt werden. Die Vorlegierungen bestehen aus 40 bis 70 % Silber, 10 bis 30 % Kupfer, der Rest vorwiegend Zinn und gegebenenfalls mit geringen Gehalten an Edelmetallen oder Zink. Durch das Vermischen bilden sich Ag_3Hg_4 und Cu_6Sn_5. Amalgame, die vor 1970 verwendet wurden, waren Silber-reich und enthielten wenig Kupfer. Beim Aushärten dieser Amalgame bildet sich Sn_8Hg, die γ_2-Phase, die zur Korrosion neigte.

Dentalsilber, ↗ Silberlegierungen, ↗ Dentallegierungen.

Deoxoverfahren, ein Feinreinigungsverfahren zur Entfernung von Rest-Sauerstoff aus Synthesegasen unter Verwendung eines Edelmetallkatalysators.

Dephlegmator, ein Rücklaufkondensator mit nur teilweiser Kondensation.

Depolarisator, im weiteren Sinne ein Stoff, der die Polarisation einer Elektrode aufhebt, im engeren Sinne ein Stoff, der polarographisch reduziert oder oxidiert werden kann (↗ Polarographie).

Depolymerisation, ein Vorgang, bei dem ein hochpolymerer Stoff durch mechanische oder thermische Einwirkung in kleinere Bruchstücke zerlegt und gegebenenfalls bis zum Monomeren abgebaut wird. So werden z. B. Kautschuk durch Mastikation partiell und Polystyrol beim Erhitzen auf 300 °C fast vollständig depolymerisiert (↗ Ceiling-Temperatur). Von Bedeutung ist die D. von Altreifen und Altkunststoffen.

Deposition, das Absetzen von ↗ Luftverunreinigungen auf Boden, Vegetation, Bauwerke und Gewässer. *Nasse* D. tritt als ↗ Rainout und als ↗ Washout auf; Niederschläge (Regen, Schnee u. a.) können dabei eine gewisse Reinigung der Luft bewirken. In bestimmten Fällen kommt es zum Auftreten von ↗ sauren Niederschlägen. Bei *trockener* D. gelangen Gase und Stäube ohne Mitwirkung von Regen auf Vegetation, Boden, Gewässer u. dgl.

Depside, Kondensationsprodukte aromatischer Hydroxycarbonsäuren, wobei die Carboxygruppen der einen aromatischen Hydroxycarbonsäure mit der Hydroxygruppe der anderen verestert ist. Nach der Anzahl der Carbonsäureeinheiten werden Di-, Tri-, ...-Oligodepside unterschieden. Zu den D. gehören insbesondere Gallussäurederivate, die Bestandteile der ↗ Gallotannine sind. Viele D. wirken antibiotisch.

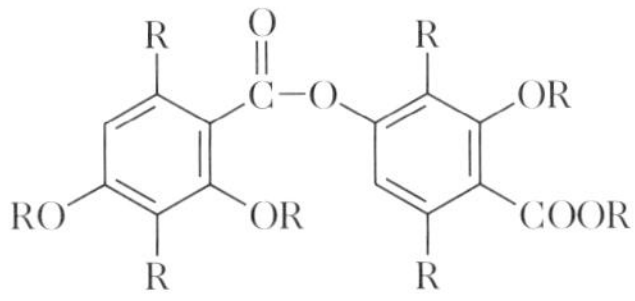

Depsipeptide, im engeren Sinne heterodete Peptide, die neben Peptid- auch Esterbindungen enthalten. Zu den D. gehören demnach homöomere O-Peptide und Peptidlactone der Hydroxyaminosäuren (Serin, Threonin u. a.) und im weiteren die heteromeren Peptide mit Hydroxysäurebausteinen innerhalb der Peptidsequenz, die auch ***Peptolide*** genannt werden. Die meisten Peptolide sind cyclische Verbindungen. D. haben als Stoffwechselprodukte von Mikroorganismen mit gewöhnlich starker antibiotischer Wirksamkeit große Bedeutung erlangt. Wichtige Vertreter der Peptidlactone sind Actinomycine und Etamycin, zu den Peptoliden zählen Enniatine, Sporidesmolide, Valinomycin, Espirin u. a.

Derepression, die Aufhebung einer ↗ Repression, die zur erneuten Einschaltung der von einem Gen ausgehenden Informationskette führt. Die D. beruht auf einer Inaktivierung von ↗ Repressoren infolge einer Reaktion mit Induktoren/Effektoren oder durch Fehlen/Entzug von ↗ Corepressoren. Danach kann der Repressor nicht mehr mit spezifischen regulatorischen DNA-Sequenzen (↗ Operator) in Wechselwirkung treten und so die ↗ Transcription nicht mehr blockieren. Häufig führt der Entzug eines Endproduktes (z. B. Aminosäure) zur Ablösung des Repressors von der entsprechenden DNA-Sequenz und damit zur Neusynthese der mRNA und nachfolgend der Enzyme des Biosyntheseweges.

Derivat, Abkömmling, eine Verbindung, die sich von einer Grundverbindung formal ableiten oder auch aus ihr herstellen läßt. D. werden z. B. zur Identifizierung und Charakterisierung organischer Verbindungen (↗ Konstitutionsaufklärung) präpariert.

Dermorphin, H–Tyr–D–Ala–Phe–Gly–Tyr–Pro–Ser–NH_2, ein 1981 erstmalig aus der Amphibienhaut isoliertes Opioidpeptid mit einem D-Ala-Baustein. Mit dem D. und dem [6-Hydroxyprolin]Dermorphin wurden zwei Vertreter dieser Peptidklasse aus den Methanolextrakten der Haut der südamerikanischen Frösche *Phyllomedusa sauvagai* und *Phyllomedusa rhodei* isoliert und strukturell aufgeklärt. Das Vorkommen eines D-Alaninrestes in den beiden D. ist überraschend und völlig ungewöhnlich für Peptide nichtmikrobiellen Ursprungs. In der Zwischenzeit wurden weitere Peptide mit ähnlichen Rezeptoraktivitäten wie D. aus der Froschhaut isoliert, die neben D-Ala auch D-Leu und D-Met als Bausteine enthalten. Die D. sowie Analoga sind chemosynthetisch zugänglich. Sie zeigen eine sehr intensive und langanhaltende periphere und zentrale opiatähnliche Aktivität.

Derris, Extrakt aus den Wurzeln von tropischen Papinionaceen, z. B. *Derris elliptica*, die als ↗ Insektizid verwendet werden. Enthält als ↗ Wirkstoff ca. 2 bis 6 % *Rotenon*, das bei den Naturvölkern als Fisch- und Pfeilgift Verwendung fand.

Desaminierung, die Eliminierung einer Aminogruppe aus einer organischen Verbindung. Die wichtigste synthetische Methode der D. ist die Diazotierung primärer Amine bzw. Amide und anschließende Stickstoffabspaltung. Das zurückbleibende instabile Carbenium-Ion reagiert in Abhängigkeit von den Reaktionsbedingungen unter Bildung stabiler Reaktionsprodukte. In Gegenwart von Reduktionsmitteln, z. B. Alkohol und Kupfer(I)-oxid, unterphosphoriger Säure, Formaldehyd oder Zinn(II)-Verbindungen, können aromatische primäre Amine über die Diazoniumsalze in die desaminierten unsubstituierten Kohlenwasserstoffe umgewandelt werden. Bei der Zersetzung von Diazoniumsalzen in Wasser entstehen die jeweiligen Alkohole. Durch Abspaltung eines Protons aus dem Carbenium-Ion bilden sich in einer Konkurrenzreaktion Alkene:

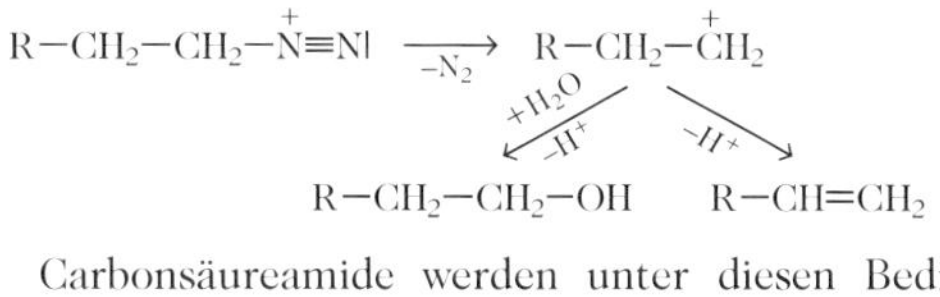

Carbonsäureamide werden unter diesen Bedingungen unter Bildung von Carbonsäuren desaminiert. Arendiazoniumsalze können in analoger Weise in Phenole umgewandelt werden. In Gegenwart von Kupfer(I)-Salzen oder Kupferpulver kann die Diazoniumgruppe auch durch andere Anionen, z. B. Chlorid, Bromid, Cyanid, Rhodanid und Nitrat, im

Sinne der ↗ Sandmeyer-Reaktion substituiert werden. Bei der Umsetzung von α-Aminosäureestern und α-Aminoketonen mit salpetriger Säure bei tiefen Temperaturen entstehen mesomeriestabilisierte α-Diazoester und α-Diazoketone. Die D. tritt bei diesen Verbindungen erst bei höherer Temperatur bzw. in Gegenwart verd. Säuren ein. Biologisch wichtig ist die oxidative D. von α-Aminosäuren. Dabei bilden sich zunächst unter dem Einfluß von Flavinenzymen α-Iminocarbonsäuren, die hydrolytisch unter Abspaltung von Ammoniak in α-Ketocarbonsäuren übergeführt werden: $R–CH(NH_2)–COOH \rightarrow R–C(=NH)–COOH \rightarrow R–CO–COOH$. Bezogen auf die α-Aminosäure findet bei der Transaminierung mit einer α-Ketosäure ebenfalls eine D. statt.

Der bei der D. primärer Amine oder Amide mit salpetriger Säure frei werdende Stickstoff wird nach der *Methode von van Slyke* zur quantitativen Bestimmung dieser Verbindungen ausgenutzt.

Desensibilisierung, ↗ spektrale Sensibilisierung.

Designer-Drogen, synthetische Rauschmittel, die entwickelt werden, um betäubungsmittelrechtliche Vorschriften (↗ Betäubungsmittel) zu umgehen. Die wichtigsten Gruppen leiten sich von Amphetamin (Methamphetamin, Mescalin und die Ecstasy-Gruppe), Phencyclidin und Fentanyl ab. Ecstasy (MDMA, 3,4-Methylendioxy-*N*-methylamphetamin) ist die derzeit verbreitetste Disco-Droge und kann zu schweren psychischen Schäden führen. Die psychotrop wirksame Dosis liegt bei 80 bis 150 mg.

Desinfektion, die gezielte Entkeimung mit dem Zweck, die Übertragung bestimmter unerwünschter Mikroorganismen und Infektionserreger (Viren) unabhängig von ihrem Entwicklungszustand, also auch in der stationären Phase, zu verhindern. Im Unterschied zum ↗ Sterilisieren wird also nicht völlige Keimfreiheit angestrebt. Desinfektion bedeutet auch nicht, daß die Keime abgetötet werden müssen; es genügt eine Schädigung, die eine Infektion ausschließt. Die einzusetzenden Desinfektionsverfahren hängen vom zu desinfizierenden Material (Räume, Wasser, Wäsche, Ausscheidungen, Körperoberflächen) und von der Art der Infektionserreger (Viren, Bakterien und andere Mikroorganismen, einschließlich Sporen) ab. Ein besonderes Problem ist die viruswirksame Desinfektion. Die *physikalischen Desinfektionsverfahren* beruhen auf der Anwendung von ultravioletter Strahlung (Quarzlampen), die allerdings nur eine Oberflächenwirkung besitzt, und verschiedenen thermischen Verfahren. Bei den thermischen Verfahren wird trockene (Heißluft) oder feuchte Hitze (Wasserdampf) eingesetzt. Die Kurzzeiterhitzung von Lebensmitteln zum Zwecke der Entkeimung wird als ↗ Pasteurisieren bezeichnet. Die *chemischen Desinfektionsverfahren* beruhen auf dem Einsatz von ↗ Desinfektionsmitteln. Entkeimungsverfahren für Trinkwasser umfassen physikalische Verfahren (Filtrationen, UV-Bestrahlung dünner Schichten) sowie den Zusatz von Chlor bzw. chlorhaltigen Präparaten (Hypochlorite, Chlordioxid, Chloramin) oder Ozon (Entfernung von Restozon ist notwendig.

Desinfektionsmittel, chemische Stoffe, die Infektionserreger mit dem Ziele einer ↗ Desinfektion abtöten oder schädigen sollen. Im allgemeinen wird von einem D. ein breites Wirkungsspektrum gegen unterschiedliche Infektionserreger (Bakterien, Pilze, Viren) bei möglichst niedriger Dosierung, ein rascher Wirkungseintritt, eine geringe Toxität und Umweltbelastung, eine gute Verträglichkeit und ein möglichst geringer Preis erwartet, wobei kein D. alle Forderungen in gleicher Weise erfüllt. D. sind für eine systemische Anwendung grundsätzlich zu toxisch, viele werden durch Serum aufgrund unspezifischer Reaktionen mit Proteinen (Eiweißfehler) inaktiviert.

Die D. lassen sich zunächst nach dem Desinfektionsgut in Grob- und Feindesinfektionsmittel einteilen. *Grobdesinfektionsmittel* sind für Räume, Gebrauchsgegenständen (z. B. medizinische Instrumente) und Körperausscheidungen, *Feindesinfektionsmittel* zur hygienischen und chirurgischen Händedesinfektion sowie zur Desinfektion von Körperoberflächen (Haut, Schleimhaut, Wunden) vorgesehen. Feindesinfektionsnüttel zur Behandlung von Wunden und Körperhöhlen werden auch als *Antiseptika* bezeichnet.

Die D. wirken über unterschiedliche Mechanismen, die meisten D. besitzen jedoch mehrere Angriffspunkte. Schwermetalle reagieren vor allem mit Thiolgruppen von Proteinen und inaktivieren dadurch z. B. Enzyme; Alkohole, Aldehyde, Ethylenoxid und Phenole denaturieren Proteine. Zahlreiche D. wirken als Oxidationsmittel (Chlorpräparate, Peroxide, Iodpräparate, Kaliumpermanganat). Oberflächenaktive Verbindungen (z. B. Invertseifen) zerstören die Membranstrukturen, auch von umhüllten Viren (z. B. Herpes-, Influenzaviren, HIV). Phenole, Ethylenoxid, Invertseifen und Chlorhexidin wirken nicht gegen Sporen.

Von den Schwermetallen werden zu Desinfektionszwecken Silber-, Kupfer-, Aluminium- und Quecksilber-Verbindungen eingesetzt. Silber dient in Form von Silberchlorid zur Desinfektion wäßriger Lösungen, u.a. auch als *Katadyne-Verfahren*. Ähnlich kann auch Kupfer in Form von Plättchen oder Drähten eingesetzt werden. Quecksilber wird in Form organischer Quecksilber-Verbindungen wie Merbromin, Thiomersal oder Phenylquecksilbernitrat als Feindesinfektionsnüttel oder Konservierungsmittel für Pharmaka verwendet, sind aber wegen der Umweltbelastung als problematisch einzuschätzen. Formaldehyd und andere Aldehyde (Glyoxal, Glutaral) werden durch Proteine inaktiviert (großer Eiweißfehler) und zur Flächen-, Instrumenten und Wäschedesinfektion eingesetzt. Stärker als Ethanol wirken 1- und 2-Propanol desinfizierend, die als ca. 70%ige Lösung angewandt werden müssen und sehr gut verträglich sind. Ethylenoxid wird als gasförmiges D. zur Desinfektion von chirurgischen Instrumenten, hitzeempfindlichen Arzneimitteln sowie zur Entkeimung von Lebensmitteln und Wäsche eingesetzt. Von den Invertseifen sind vor allem als Feindesinfektionsmittel Benzalkoniumchlorid, Didecyldimethylammoniumchlorid, Mecetronium-etilsulfat, Dodecyltriphenyl-phosphoniumbromid und Tributyltetradecylphosphoniumchlorid von Bedeutung. Die Invertseifen sind gut gegen Pilze wirksam. Iod wird als alkoholische I_2/KI-Lösung sowie als Povidon-Iod (Iod-Komplex mit Polyvinylpyrrolidon) als Antiseptikum eingesetzt. Die desinfizierende Wirkung von Phenol wird durch Einführung von Halogenatomen und Alkylresten verstärkt (Chlorocresol, Chloroxylenol, Tetrabromcresol). Alkylierte und halogenierte Phenole sind in zahlreichen handelsüblichen Präparaten enthalten. Besonders stark wirken Biphenole (↗ Hexachlorophen, Bromchlorophen); sie sind aber toxikologisch nicht unbedenklich. ↗ Chlorhexidin, ein Biguanidin, wird zur Haut- und Scheimhautdesinfektion eingesetzt.

Desipramin, ↗ Dibenzodihydroazepine.

Desmedipham, ↗ *N*-Phenylcarbamatherbizide.

Desmoside, ↗ Saponine.

Desmosin, ↗ Elastin.

Desodorierung, die Beseitigung, Milderung oder Überdeckung unangenehmen Geruchs. Zu den D.-Verfahren gehört neben der Geruchsverminderung von Abfällen auch die Eliminierung toxischer Abgasinhaltsstoffe (z. B. Schwefelwasserstoff). Neben Gasphasenoxidation, Absorptionsverfahren (Gaswäsche) und Abgasverbrennung (Nachverbrennung) kommt biologischen Verfahren (Biofilter) eine wachsende Bedeutung zu.

Desorption, Regenerierung des Sorbens (Sorptionsmittel) durch Entfernung der sorbierten Komponenten, z. B. mit Hilfe eines Inertgasstromes oder durch Verdampfen.

Desoxycholsäure, ***3α,12α,Dihydroxy-cholansäure***, eine (sekundäre) ↗ Gallensäure. D. bildet farblose, in Wasser schwer, in Alkoholen gut lösliche Kristalle; F. 173 °C, $[\alpha]_D$ + 57° (Ethanol). D. entsteht im Darm durch mikrobielle Umwandlungen aus ↗ Cholsäure, die primär in der Leber beim Abbau von ↗ Cholesterin gebildet wird.

Desoxycorton, ↗ Nebennierenrindenhormone.

Desoxycortonacetat, ↗ Nebennierenrindenhormone.

Desoxyribonucleasen, ***DNasen***, ***DNAsen***, die allgemeine Bezeichnung für ↗ Hydrolasen, die einzel- oder doppelsträngige Desoxyribonucleinsäure (DNA) unter Freisetzung von Mono- bzw. Oligonucleotiden spalten. Nach ihrer Wirkungsweise unterscheidet man zwischen ↗ Endonucleasen und ↗ Exonucleasen. Darüber hinaus wird zwischen unspezifisch wirkenden, d. h. nicht sequenzspezifischen und sequenzspezifischen (↗ Restriktionsendonucleasen) D. differenziert. Unspezifische D. werden in der Gentechnik und Molekularbiologie als DNA-modifizierende Enzyme für unterschiedliche Zwecke eingesetzt. Zu diesen gehören u. a. die Exonuclease III, Nuclease S1 und D. I. Häufig ist letztere gemeint, wenn ohne Spezifizierung von D. die Rede ist.

Desoxyribonucleinsäuren, ↗ Nucleinsäuren.

2-Desoxyribose, ***2-Desoxy-D-erythropentose***, farblose Kristalle; F. 90 °C, $[\alpha]_D$ –58° (in Wasser). 2-D. ist löslich in Wasser, wenig löslich in Alkoholen. Sie liegt *N*-glycosidisch gebunden in der Desoxyribonucleinsäure und ihren Bausteinen, den Desoxyribonucleosiden und -nucleotiden, vor.

Desoxyzucker, Monosaccharide, bei denen eine oder mehrere Hydroxygruppen durch Wasserstoffatome ersetzt sind. Die natürlich vorkommenden D. sind fast ausschließlich *Desoxyaldosen.* Sie kommen nur glycosidisch gebunden vor. Bei den Monosacchariden kann eine primäre oder eine sekundäre Hydroxygruppe fehlen.

Zu den *6-D.* (*Methylosen*, *Methylpentosen*) gehören die Rhamnose und Fucose. Die Glycoside der 2-D., deren wichtigster Vertreter die 2-Desoxyribose ist, sind säurekatalysiert leichter zu spalten als die Glycoside von normalen Zuckern mit einer Hydroxygruppe in 2-Stellung. Besonders reich an D., z. B. an 2,6-Didesoxyaldohexosen und ihren Methylethern, sind die herzwirksamen Glycoside (Lanata-, Purpureaglycoside). Als Bestandteile der Lipopolysaccharide von Mikroorganismen wurden 3,6-Didesoxyaldohexosen gefunden.

Destillation, das wichtige Verfahren der thermischen Stofftrennung zur Isolierung und Reinigung von Flüssigkeiten durch Verdampfen und anschließende Kondensation des Dampfes. Durch Wärmezufuhr wird eine Flüssigkeit zum Sieden gebracht und der entstehende Dampf in einem Kühler als Destillat kondensiert. Da sich hier nur die Dampfphase bewegt, spricht man von *Gleichstromdestillation.* Wenn ein Teil des kondensierten Dampfes, der *Rücklauf*, dem aufsteigenden Dampf entgegengeführt wird und so in die Destillationsblase zurückläuft, spricht man von *Gegenstromdestillation* (↗ Rektifikation).

Zur theoretischen Behandlung der D. ist die Kenntnis des Phasengleichgewichtes zwischen Dampf und zu trennender Flüssigkeit wichtig. Für die Partialdrücke p_A und p_B zweier Komponenten (A und B) im Dampfraum gilt nach dem Raoultschen Gesetz (ideales Verhalten vorausgesetzt):

$$p_A = P_A \cdot x_A \text{ und } p_B = P_B \cdot x_B. \qquad (1)$$

Dabei sind P_A und P_B Dampfdrücke der reinen

Komponenten A bzw. B, x_A und x_B Molenbrüche der Komponenten A bzw. B in der flüssigen Phase.

Da für eine binäre Mischung $x_B = 1 - x_A$ ist, gilt für das Verhältnis der Partialdrücke im Dampfraum der Komponenten A und B:

$$\frac{p_A}{p_B} = \frac{P_A}{P_B} \cdot \frac{x}{1 - x_A}. \tag{2}$$

Nach dem Daltonschen Gesetz sind die Partialdrükke p_A und p_B mit dem Gesamtdruck p über die Molenbrüche der beiden Komponenten im Dampfraum y_A und y_B gemäß

$$p_A = p \cdot y_A \text{ bzw. } p_B = p \cdot y_B = p(1 - y_A) \tag{3}$$

verknüpft. Durch Einsetzen in (2) erhält man

$$\frac{y_A}{1 - y_A} = \frac{P_A}{P_B} \cdot \frac{x_A}{1 - x_A}. \tag{4}$$

Da x und y nach Übereinkommen ohne Angabe eines Indexes stets für die leichter flüchtige Komponente verwendet werden, nimmt (4) unter Einführung der *relativen Flüchtigkeit* α für ein ideales Zweistoffgemisch ($\alpha = p_A/p_B$; Verhältnis der Dampfdrücke der reinen Komponenten) folgende Form an:

$$\frac{y}{1 - y} = \alpha \frac{x}{1 - x} \text{ bzw. } \frac{x \cdot \alpha}{1 + x(\alpha - 1)}. \tag{5}$$

Nur wenn α größer ist als 1, ist eine Trennung durch D. möglich. Mit Hilfe von (5) läßt sich das y/x-Diagramm (Gleichgewichtsdiagramm, Abb. 1) berechnen. Ist die relative Flüchtigkeit α groß, so genügt zur Trennung eine *einfache D.* Diese wird im Labor in Destillationsapparaten aus Glas (Abb. 2), in der Technik in Destillationskolonnen aus Metall (↗ Kolonne) durchgeführt.

Arbeitsweise. Das zu trennende Gemisch wird von einem beheizten Destillierkolben, in Destillationskolonnen von einer Blase aufgenommen. In einem Kühler (Kondensator) wird der mit der leich-

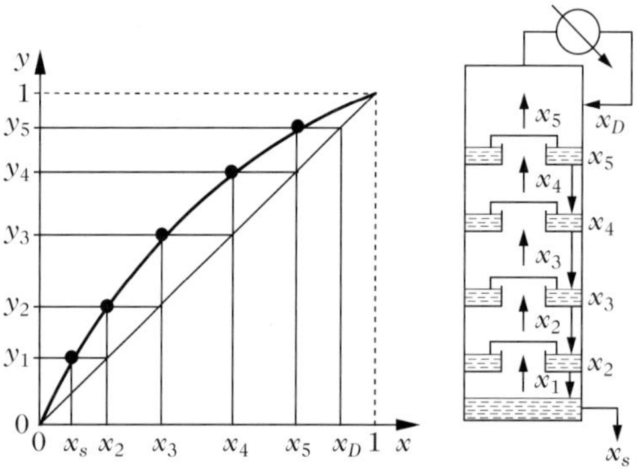

Destillation. Abb. 1: Gleichgewichtsdiagramm eines idealen Zweistoffgemisches und Bestimmung der theoretischen Bodenzahl.

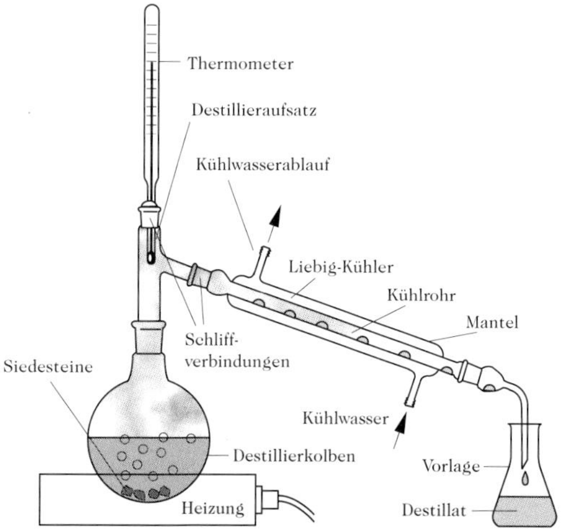

Destillation. Abb. 2: Labordestillationsapparat

ter flüchtigen Komponente angereicherte Dampf kondensiert, d. h. wieder verflüssigt und in einer Vorlage als Destillat aufgefangen. Soll eine höhere Anreicherung der leichten Bestandteile des Flüssigkeitsgemisches erzielt werden, so wird die D. in mehreren Stufen durchgeführt. Die *fraktionierte D.* wird angewandt, wenn mit einer einmaligen einfachen D. nicht die nötige Reinheit erreicht wird. Verdampft man ein binäres Gemisch mit der Sumpfkonzentration x_S, so erhält man einen Dampf mit der Zusammensetzung y_1. Kondensiert man diesen Dampf, so erhält man eine Flüssigkeit mit der Zusammensetzung x_2. Mit dieser steht wiederum ein Dampf y_2 im Gleichgewicht, dessen Kondensat einer Zusammensetzung x_3 entspricht, usw. Man schreitet auf einer Stufenkurve zwischen der Gleichgewichtskurve und der 45°-Linie voran, bis die gewünschte Destillatkonzentration x_D erhalten wird. Aus der Zahl dieser Stufen ergibt sich die für ein Trennproblem notwendige theoretische Bodenzahl. Es ist leicht zu erkennen, daß diese Zahl um so kleiner wird, je weiter die Gleichgewichtskurve von der 45°-Linie entfernt ist, d. h. je größer α ist. Die Trennwirkung einer Stufe hängt davon ab, bis zu welchem Grad sich der Austauschprozeß dem genannten Gleichgewicht nähert. Die Wirksamkeit einer Destillationskolonne wird gekennzeichnet durch die Angabe der Trennstufenzahl (↗ Bodenzahl). Der stufenweise Trennprozeß kann in einer einzigen Kolonne verwirklicht werden. Die praktische Trennstufenzahl wird dabei durch besondere Konstruktionselemente (Böden) erhöht, die eine rasche Durchmischung und eine große Berührungsfläche der Phasen ermöglichen. Die bisher gemachten Aussagen gelten nur für den Fall, daß bei der Rektifikation kein Destillat abgenommen wird und das gesamte Kondensat wieder durch die

Trennsäule zurückfließt (totaler Rücklauf). Da unter praktischen Verhältnissen dieses Gleichgewicht ständig gestört wird, indem ein Teil des Kondensates als Destillat aus dem Prozeß herausgenommen wird und nur der verbleibende Teil des Kondensates als Rücklauf in die Kolonne zurückfließt, ergibt sich folgende Stoffbilanz:

Gesamtmenge verdampfter Flüssigkeit (G) = Rücklauf (R) + Destillat (D). (6)

Multipliziert man mit den entsprechenden Konzentrationsfaktoren y = Konzentration des Dampfes, x = Konzentration der Flüssigkeit und x_D = Konzentration des Destillats, so erhält man durch Einsetzen in (6) und Umformung

$$y = \frac{R \cdot x}{R + D} + \frac{D \cdot x_D}{R + D}. \quad (7)$$

Durch weitere Umformung und Einführung des Rücklaufverhältnisses $v = R/D$ wird eine Geradengleichung (8) erhalten mit der Steigung $v/(1 + v)$ und dem Ordinatenabschnitt $x_D(1 + v)$:

$$y = \frac{v \cdot x}{1+v} + \frac{x_D}{1+v}. \quad (8)$$

Diese Arbeitsgerade tritt unter praktischen Bedingungen an die Stelle der 45°-Linie zur Bestimmung der theoretischen Bodenzahl. Die Trennstufenkurve muß jetzt zwischen Arbeitsgerade und Gleichgewichtskurve eingezeichnet werden (Abb. 3).

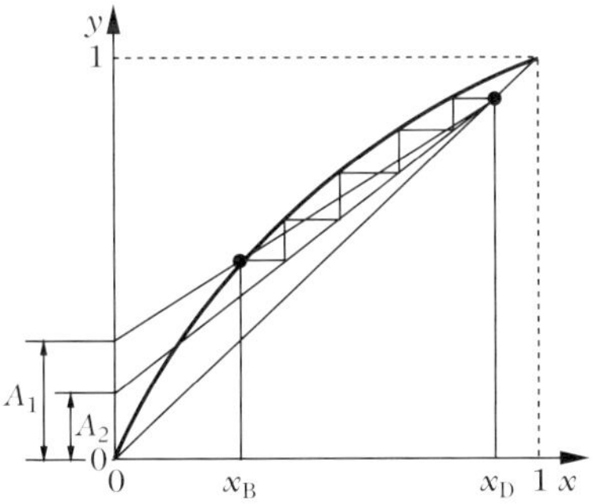

Destillation. Abb. 3: Bestimmung der theoretischen Bodenzahl nach dem Verfahren von Thiele-McCabe.

Abb. 3 sind folgende Grenzfälle zu entnehmen:

1) Die Arbeitsgerade mit dem Ordinatenabschnitt A_1 geht durch den Punkt der Gleichgewichtskurve mit dem Abszissenwert x_B. Für diesen Fall können unendlich viele Stufen zwischen Arbeitsgerade und Gleichgewichtskurve eingezeichnet werden. Bei diesem Rücklaufverhältnis sind also unendlich viele Böden für die Trennung notwendig. Es wird darum als minimales Rücklaufverhältnis bezeichnet und darf für das jeweilige Trennproblem nicht unterschritten werden.

2) Wird das gesamte Kondensat als Rücklauf in die Kolonne zurückgeführt (d. h. bei unendlichem Rücklaufverhältnis), geht die Arbeitsgerade in die 45°-Linie über. Die sich jetzt ergebende Stufenzahl wird minimale Bodenzahl genannt, d. i. die Stufenzahl, die für das konkrete Trennproblem nicht unterschritten werden darf.

Einen praktischen Fall zeigt die Arbeitsgerade mit dem Ordinatenabschnitt A_2. Innerhalb der beiden Grenzen minimale Bodenzahl und minimales Rücklaufverhältnis kann man eine fehlende Bodenzahl durch ein größeres Rücklaufverhältnis kompensieren und umgekehrt.

Die D. kann entweder diskontinuierlich oder kontinuierlich durchgeführt werden. a) Bei der *diskontinuierlichen D.* wird ein dem Fassungsvermögen der Apparatur angepaßter Vorrat des zu trennenden Flüssigkeitsgemisches verdampft. Die einzelnen Bestandteile erscheinen entsprechend ihren Siedepunkten oder Siedebereichen in mehr oder weniger reinem Zustand nacheinander im Kondensat und können getrennt aufgefangen werden. b) Bei der *kontinuierlichen D.* wird das zu trennende Gemisch kontinuierlich der Kolonne zugeführt, und die getrennten Produkte werden über Kopf bzw. aus dem Sumpf abgezogen. Den Teil der Kolonne zwischen Einspritzung und Kondensator nennt man *Verstärkersäule*, den Teil zwischen Sumpf und Einspritzung *Abtriebssäule* (Abb. 4).

Ein Zweikomponentengemisch (A und B) kann mit Hilfe einer Kolonne in ein Kopfprodukt A und ein Sumpfprodukt B zerlegt werden. Für ein Dreikomponentengemisch A, B und C sind mindestens zwei Kolonnen notwendig, wenn alle drei Komponenten in reiner Form isoliert werden sollen. Ein Mehrkompontengemisch kann auch an einer Kolonne mit Seitenstromabnahme zerlegt werden.

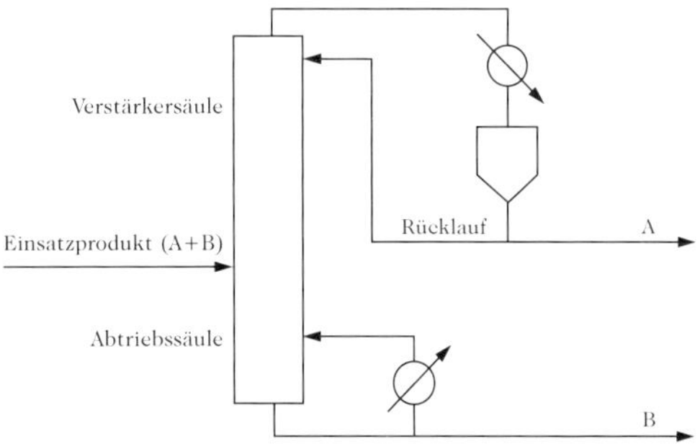

Destillation. Abb. 4: Kontinuierliche Destillation eines Zweistoffgemisches. A Leichter flüchtige Komponente (Destillat), B Sumpfprodukt.

Zur Trennung hochsiedender und temperaturempfindlicher Flüssigkeitsgemische bedient man sich bei Drücken von 0,1 bis 2,5 kPa der *Vakuum-*

destillation, bei Drücken von etwa 10^{-2} Pa der *Hochvakuumdestillation.*

Höchsten Ansprüchen genügt die *Molekulardestillation*. Der Abstand zwischen Flüssigkeitsoberfläche und stark gekühlter Kondensationsfläche muß dabei in der Größenordnung der mittleren freien Weglänge der Dampfmoleküle liegen. Dadurch trifft das verdampfte Molekül ohne vorherigen Zusammenstoß mit anderen Gasmolekülen auf die Kondensatoroberfläche. Auf diesem Wege ist z. B. die destillative Trennung der Quecksilberisotope gelungen.

Bei zahlreichen, mit Wasser nicht oder nur wenig mischbaren Flüssigkeiten gelingt wie bei der Vakuumdestillation die Herabsetzung der Siedetemperatur auch durch Einblasen von Wasserdampf in die Destillierblase (*Wasserdampfdestillation*, *Trägerdampfdestillation*). Anstelle von Wasser können auch andere, nicht mischbare Flüssigkeiten benutzt werden. Die Wasserdampfdestillation kann mit der Vakuumdestillation kombiniert werden.

Bei nicht idealen Flüssigkeitsgemischen besitzt die Gleichgewichtskurve einen ausgezeichneten Punkt, den azeotropen Punkt, in dem sie die 45°-Linie schneidet. Zur Trennung dieser und eng siedender Gemische wird die ↗ Azeotropdestillation, die ↗ Extraktivdestillation oder die D. bei verschiedenen Systemdrücken angewendet.

Bei der *trockenen D.* organischer Stoffe (unter Luftabschluß) werden gasförmige oder flüssige sowie feste Zersetzungsprodukte gebildet. So entstehen bei der trockenen D. der Steinkohle Rohgas, Teer und Koks; durch trockene D. von Holz werden z. B. Methanol, Essigsäure, Holzteer und Holzkohle gewonnen.

Die *Anwendung* der D. in der chem. Industrie und im Laboratorium ist äußerst vielseitig. So wendet man die D. beispielsweise an zur Zerlegung des gereinigten Rohöls in Leichtbenzin, Schwerbenzin, Gasöl und Asphalte, zur Abtrennung des Benzols vom Waschöl der Kokereien, zur Gewinnung von Stickstoff, Sauerstoff und Edelgasen aus verflüssigter Luft u. a.

Da die D. zu den energetisch sehr aufwendigen Trennprozessen gehört, hängt die Wirtschaftlichkeit einer destillativen Stofftrennung wesentlich vom Heizdampf- und vom Kühlwasserverbrauch ab. Möglichkeiten zur Energieeinsparung bieten die ↗ Kaskadenverdampfung und die ↗ Brüdenverdichtung.

Destraktion, ein thermisches Trennverfahren (abgeleitet von ***Dest****illation* und *Ext****raktion***), bei dem Gase, wie Kohlendioxid, Ammoniak, Ethylen u. a., im überkritischen Zustand als Lösungsmittel eingesetzt werden (↗ Extraktion).

Desulfonierung, Hydrolyse von Arensulfonsäuren aufgrund der Reversibilität der Sulfonierung von Arenen. Benzolsulfonsäure unterliegt der D. bei Behandlung mit verd. Salzsäure bei Temperaturen zwischen 150 °C und 200 °C: $C_6H_5–SO_3H + H_2O \rightarrow C_6H_6 + H_2SO_4$. Andere Arensulfonsäuren werden bereits durch Wasserdampfdestillation desulfoniert.

Desulfurierung, Abspaltung von Schwefel aus Thiolen unter Bildung von Schwefelwasserstoff und Kohlenwasserstoffen bei 300–400 °C, hohen Wasserstoffdrücken und Verwendung von Molybdän- oder Wolframsulfid-Katalysatoren:

$$R{-}SH \xrightarrow[\Delta,\, p]{+2H\ (MoS_2)} H_2S + R{-}H$$

In ähnlicher Weise reagieren Thiophene in Gegenwart von Raney-Nickel:

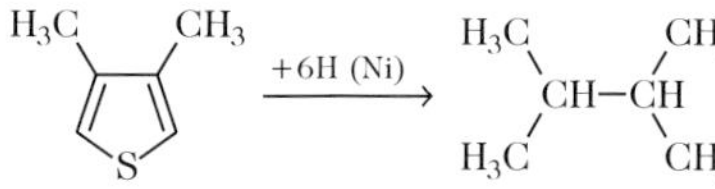

2,3-Dimethylbutan

Große technische Bedeutung haben diese Reaktionen bei der Erdölverarbeitung zur Entfernung von Schwefelverbindungen (Katalysatorgifte) zur Gewinnung reiner Benzine (Hydroraffination).

Desulfurikation, die Fähigkeit einiger obligat anaerober Mikroorganismen (Desulfurikanten), Elektronen auf Sulfat zu übertragen und damit Substrate auch ohne molekularen Sauerstoff weitgehend oxidieren zu können (↗ Sulfatatmung).

Detajmiumbitartrat, ↗ Rauwolfiaalkaloide.

Detergens, Oberbegriff für Waschmittel (engl. laundry detergent), Haushaltsreiniger und ähnliche Fertigprodukte auf Tensidbasis. Der Begriff D. ist nicht identisch mit dem Begriff ↗ Tenside.

Detonation, der Sonderfall einer besonders starken ↗ Explosion. Dabei wird der Explosivstoff in der Regel durch verzweigte Kettenreaktionen (↗ komplexe Reaktion) umgesetzt. Bei der D. kommt es zur Ausbildung einer Stoßwelle, der *Detonationswelle*, die sich mit Überschallgeschwindigkeit (teilweise bis zu 9000 m s^{-1}) ausbreitet. Hinter der Stoßwelle tritt durch adiabatische Kompression eine starke Temperaturerhöhung auf, die in dem dort vorhandenen Explosivstoff sofort die weitere Reaktion auslöst. Außerdem führt die adiabatische Kompression zu einer starken Erhöhung der Schallgeschwindigkeit, so daß die bei der Ausbreitung der Reaktion gebildeten gasförmigen Produkte der ursprünglichen Detonationswelle mit sehr großer Geschwindigkeit nachströmen und diese weiter verstärken. So kommt es zur Bildung einer sehr steilen Stoßwelle mit Drücken von 10^9 bis 10^{10} Pa, die enorme Zerstörungen in der Umgebung verursachen kann.

Die Auslösung einer D. bezeichnet man als ↗ Initiierung.

Detoxikation, die Entgiftung von Pharmaka im Organismus durch ↗ Biotransformation und beschleunigte Elimination (Erhöhung der Wasserlöslichkeit der meist hydrophoben Verbindungen).

Deuterium, ***schwerer Wasserstoff***, *D*, ^2_1H, Wasserstoffisotop der Massenzahl 2, der Kern (*Deuteron*, Symbol d) enthält ein Proton und ein Neutron; Atommasse 2,0140, D. des flüssigen molekularen D_2 am Kp. 0,169 g cm^{-3}, F. −254,6 °C, Kp. −249,7 °C. Im natürlichen Wasserstoff ist D. zu 0,015 % enthalten. Ähnlich dem Diwasserstoff resultieren aus der unterschiedlichen Orientierung der Kernspins im molekularen D_2 die beiden Formen *Orthodeuterium* und *Paradeuterium* (↗ Wasserstoff). Der Massenunterschied zwischen einem ^1H- und einem D-Atom ist mit etwa 100 % der größte aller isotopen Atomarten. Für Derivate beider Isotope beobachtet man oft Unterschiede in den Reaktionsgeschwindigkeiten. Diese Isotopeneffekte nutzt man zur Anreicherung und Gewinnung von Deuteriumverbindungen. Üblicherwiese reagieren die Deuteriumderivate etwas langsamer, so daß sich z. B. bei der Elektrolyse des Wassers Deuteriumoxid in der Restflüssigkeit anreichert. Von besonderem Interesse ist D. zur Markierung von Molekülen zu deren Strukturaufklärung oder auch zum Studium von Reaktionsmechanismen oder biologischen Prozessen.

Deuteriumoxid, ***schweres Wasser***, D_2O, dem Wasser vergleichbare Flüssigkeit, D^{20} 1,105 g cm^{-3}, F. 3,82 °C, Kp. 101,42 °C. Bei der Elektrolyse des Wassers wird bevorzugt H_2 entwickelt, wodurch sich D. in der Restflüssigkeit anreichert. Durch fortgesetzte Elektrolyse gelingt es, reines D. herzustellen. D. wird in der Reaktortechnik als Kühl- und Neutronenbremsmittel (Moderator) eingesetzt und dient als Ausgangsbasis zur Herstellung deuterisierter Verbindungen. Hohe Konzentrationen an D. enthaltendes Wasser wirkt auf Organismen toxisch.

Deuteriumwasserstoff, HD, Verbindung aus Deuterium und Wasserstoff.

Deuteron, ↗ Deuterium.

Devardasche Legierung, aus 50 % Kupfer, 45 % Aluminium und 5 % Zink bestehende Legierung. In saurer und alkalischer Lösung reagieren die Bestandteile Aluminium und Zink mit dem Lösungsmittel. Dabei bildet sich Wasserstoff, der in statu nascendi eine sehr starke Reduktionswirkung hat. Die D. L. wird daher im Labor als Reduktionsmittel verwendet.

Dewar-Benzol, ***Bicyclo[2.2.0]hexa-2,5-dien***, ein Valenzisomeres des Benzols. D. ist ein gewinkeltes Molekül und im Gegensatz zum planaren Benzol-

molekül nicht aromatisch. Der Trivialname steht im Zusammenhang mit der von J. Dewar vorgeschlagenen »Benzolformel«, die sich als nicht richtig erwies (↗ Benzol). D. läßt sich photochemisch durch UV-Bestrahlung von Benzol gewinnen. Es ist sehr instabil und geht bei Wärmezufuhr reversibel in Benzol über. Alkyl- und insbesondere *tert*-butylsubstituierte Derivate sind wesentlich stabiler und haben eine beachtliche Bildungstendenz. So entsteht z. B. aus Tri-*tert*-butylbenzol bei UV-Bestrahlung ein recht stabiles D. mit *tert*-Butylsubstituenten. Durch Cycloaddition bildet sich ebenfalls ein entsprechend substituiertes D., wenn man Tetra-*tert*-butylcyclobutadien mit Acetyldicarbonsäureester vereinigt.

Dexamethason, ↗ Nebennierenrindenhormone.

Dexamphetamin, ↗ Amphetamin.

Dexpanthenol, ↗ Pantothensäure.

Dextranase, ***1,6-α-D-Glucan-6-Glucanohydrolase***, eine ↗ Hydrolase, die die Endohydrolyse von α-1,6-glycosidischen Bindungen in den ↗ Dextranen katalysiert. Das Enzym wird u. a. von verschiedenen *Penicillium*-Arten gebildet. Neben Dextran ist auch Isomaltosedipalmitat ein guter Induktor der D. Das Enzym wird als Zahnpastazusatz zur Kariesprophylaxe empfohlen.

Dextranblau, eine in der Gel-Chromatographie als Markersubstanz verwendete inerte Verbindung, die aus ↗ Dextran besteht, das kovalent mit dem Farbstoff Cibaceronblau (F3G-A) im Verhältnis 100 µmol/g Dextran verknüpft ist. D. (ca. $2 \cdot 10^6$) wird vor allem zur Bestimmung des Säulenausschlußvolumens aber auch zur Kalibrierung und Überprüfung der Packung von Gelfiltrationssäulen (z. B. Sephadex®) eingesetzt. Bei Verwendung von Glassäulen kann die Homogenität der Säulenpackung visuell geprüft werden. Da der Farbstoff eine große Bindungsaffinität zu ↗ NAD-bindenden Enzymen besitzt, kann D. nur in Abwesenheit von Proteinen verwendet werden.

Dextrane, mikrobielle extrazelluläre Polysaccharide (↗ Exopolysaccharide), die insbesondere von Bakterien der Gattung *Leuconostoc*, z. B. *L. mesenteroides*, gebildet werden. Als Substrat dienen Saccharose und Raffinose. Chemisch handelt es sich um ein reich verzweigtes Glucan mit einer α(1→6)-verknüpften Kette und α(1→4)-, α(1→3)- und weniger häufig auch α(1→2)-Verzweigungen. Die Molekülmasse der nativen D. kann sehr hoch sein (M_r $1{,}5 \cdot 10^4 - 5 \cdot 10^7$). Die Viskosität der Lösungen steigt mit wachsender Molekülmasse. D. können für das Verstopfen von Filtern und Rohrleitungen in der zuckerverarbeitenden Industrie verantwortlich sein.

Partiell hydrolysierte D. der Molekülmassen 50000 bis 100000 werden nach starken Blutverlusten als Blutplasmaersatz (Plasmaexpander) eingesetzt. *Sephadex®* ist mit Epichlorhydrin quervernetztes D., das als Molekularsieb zur Gelchromatographie verwendet wird (↗ Dextran-Gele).

Dextran-Gele, ein aus ↗ Dextran bestehendes poröses Gel, das mit Epichlorhydrin (↗ Sephadex®)

bzw. *N,N'*-Methylenbisacrylamid (↗ Sephacryl®) dreidimensional vernetzt ist, und in der Gel-Chromatographie als Trennmedium verwendet wird. Die Porengröße ist vom Vernetzungsgrad abhängig. D. sind hydrophil und weitgehend indifferent gegenüber Ionen. Sie eignen sich – nach Einbau kovalent fixierter Ionenaustauschgruppen (z. B. Carboxymethyl-, Diethylaminoethyl-, Sulfonat-Resten) – auch gut als Matrix für ↗ Ionenaustauscher. Druckstabile D. finden breite Anwendung in der industriellen Chromatographie zur Anreicherung bzw. Reinigung von Proteinen.

Dextrine, durch partiellen Abbau von Stärke erhaltene, aus Glucoseresten aufgebaute Oligosaccharide. Man unterscheidet *Röst-* und *Säuredextrine*. Ausgangsprodukt ist vorwiegend die Kartoffelstärke. Die dunkleren Röstdextrine entstehen durch Erhitzen der Stärke auf 100 bis 200 °C. Röstdextrine entstehen auch an der Oberfläche von Backwaren während des Backprozesses. Säuredextrine werden durch säurekatalysierte Hydrolyse und anschließendes Rösten bei Temperaturen über 140 °C je nach gewünschtem Fragmentierungsgrad erhalten. Das zunächst anfallende gelbe D. kann durch Umfällen aus Wasser/Ethanol farblos erhalten werden. D. löst sich in Wasser. Die Lösung dreht den polarisierten Lichtstrahl nach rechts. Mit Iodlösung tritt bei nicht zu stark abgebautem D. (Erythrodextrine) Rotfärbung ein. Als *Grenzdextrin* wird ein durch Abbau von Amylopektin mit β-Amylase anfallendes Produkt bezeichnet. D. dienen als Kleber, Verdickungsmittel, zur Produktion von Appreturen und werden in der pharmazeutischen Technologie verwendet. Ringförmige D. werden als ↗ Cyclodextrine bezeichnete.

Dextromethorphan, ↗ Levorphanol.

Dextrose, ↗ D-Glucose.

°dH, ↗ Härte.

DHD-Prozeß, ↗ Reformieren.

Diacetonalkohol, *4-Hydroxy-4-methylpentan-2-on*, $(CH_3)_2C(OH)–CH_2–CO–CH_3$, eine farblose, brennbare Flüssigkeit; F. –44 °C, Kp. 164 °c, n_D^{20} 1,4213. In Wasser und den meisten organischen Lösungsmitteln ist D. sehr gut löslich. Er wirkt schwach narkotisierend und schleimhautreizend. Durch Wasserabspaltung aus D. bildet sich leicht Mesityloxid. D. wird aus Aceton in Gegenwart von Erdalkalihydroxiden hergestellt. Er wird hauptsächlich als Lösungsmittel für Harze, Fette, Celluloseether, Chlorkautschuk und Kolophonium verwendet. Außerdem dient er als Synthesebaustein in der organischen Chemie.

Diacetyl, *Butan-2,3-dion*, $CH_3–CO–CO–CH_3$, das einfachste aliphatische Diketon. D. ist eine wasserdampfflüchtige, gelbgrüne Flüssigkeit mit einem chinonähnlichen Geruch, der bei höherer Verdünnung butterähnlich wird; F. –2,4 °C, Kp. 88 °C, n_D^{20} 1,3951. D. ist in Wasser begrenzt, in den meisten organischen Lösungsmitteln unbegrenzt löslich. D. ist gegenüber Alkalien und Lichteinwirkung empfindlich. Es ist als Duftstoff in Kaffee, Kakao, Bier, Honig und Butter enthalten. Synthetisch kann D. durch Oxidation von Methylethylketon mit Selendioxid oder salpetriger Säure hergestellt werden. Es wird hauptsächlich als Aromakomponente in der Lebensmittelindustrie eingesetzt. Das Dioxim des D. (↗ Dimethylglyoxim) wird als Nachweisreagens in der analytischen Chemie verwendet.

Diacetyldioxim, ↗ Dimethylglyoxim.

Diacetylen, *Butadiin*, HC≡C–C≡CH, der einfachste Kohlenwasserstoff mit zwei Dreifachbindungen, ein farbloses, sehr stark zur Polymerisation neigendes Gas; Kp. –78 °C. Die Kupfer- und Silbersalze sowie die Halogenaddukte sind hochexplosive Substanzen. D. wird aus dem technischen Butindiol gewonnen, indem dieses zunächst mit Thionylchlorid zu 1,4-Dichlorbut-2-in umgesetzt wird. Die Umsetzung mit Kaliumhydroxid führt dann unter Chlorwasserstoffeliminierung zum Endprodukt. Die Addition von Alkoholen an D. ergibt Alkoxyvinylacetylene, die zu Alkylbutylethern hydriert werden. Letztere sind wertvolle Extraktionsmittel.

Diadochie, in der Kristallchemie Bezeichnung für die isomorphe Vertretbarkeit einzelner Bestandteile einer Kristallstruktur (↗ Mischkristall). Voraussetzung für eine D. sind ähnliche Atom- bzw. Ionenradien, ähnlicher Bindungscharakter und Wahrung des elektrostatischen Gleichgewichtes in Ionengittern. Eine D. zwischen zwei Elementen besteht notwendigerweise nicht grundsätzlich, sie kann in bestimmten Kristallsubstanzen auftreten, in anderen wiederum nicht.

Weitgehend diadoch sind z. B. Kalium und Rubidium, Magnesium und Eisen. Eine *gekoppelte D.* ist in den Silicaten weit verbreitet; so erfolgt z. B. in den Feldspäten zur Erzielung des Ladungsausgleichs eine gekoppelte Substitution von Natrium und Silicium durch Calcium und Aluminium.

Die D. erklärt die oft sehr variable Zusammensetzung vieler Minerale.

Diafiltration, ein druckgetriebenes Verfahren der ↗ Filtration durch Ultra- oder Mikrofiltrationsmembranen, bei dem auf der Druckseite während der Filtration zur Aufrechterhaltung der Konzentrationsverhältnisse der höhermolekularen Anteile ständig reines Lösungsmittel zugegeben wird. Durch D. wird der Transport niedermolekularer Stoffe im Vergleich zur ↗ Dialyse verstärkt. Die Reinigung eines Produktes ist nur dann gut möglich, wenn sich die Molmassen von Wertsubstanz und Verunreinigungen um den Faktor 2 bis 10 unterscheiden.

Dialdehyde, organische Verbindungen, die zwei Aldehydgruppen –CHO im Molekül enthalten. Man kann zwischen aliphatischen, aromatischen und heterocyclischen D. unterscheiden. Für chemische Synthesen haben insbesondere die aliphatischen D. große Bedeutung. Aufgrund der Reaktivität der beiden Aldehydgruppen werden diese z. B. für die Herstellung carbocyclischer und heterocyclischer Verbindungen verwendet. Zur Gewinnung von D. dienen meist spezielle Verfahren. Wichtige Vertreter der D. sind Glyoxal, Malondialdehyd, Succinaldehyd, Glutaraldehyd, Glutacondialdehyd sowie die aromatischen Isomeren Phthalaldehyd, Isophthalaldehyd und Terephthalaldehyd.

Dialyse, physikalisches Verfahren zum Abscheiden niedermolekularer Stoffe aus Lösungen makromolekularer oder kolloider Stoffe. Sie wird vor allem zum Reinigen makromolekularer Stoffe, insbesondere, um Biopolymere von anhaftenden Salzen zu befreien, angewendet. Die D. hat große Bedeutung zur Entgiftung des Blutes (*Hämodialyse*, künstliche Niere). Häufig benutzt man die D. auch dazu, um die kolloide Struktur der gelösten Stoffe nachzuweisen. Die D. beruht darauf, daß niedermolekular gelöste Stoffe leicht, makromolekular oder kolloid gelöste dagegen sehr schwer oder gar nicht durch halbdurchlässige Membranen, wie Pergamentpapier, Celluloseacetat- oder Cellulosenitratschichten, tierische Haut, Schweinsblasen u. dgl., hindurchdiffundieren. Die D. erfolgt in einer *Dialysierzelle* (*Dialysator*). Diese besteht aus zwei Kammern, die durch die Membran getrennt sind und von denen eine mit dem Lösungsmittel, z. B. Wasser, die andere mit der Lösung gefüllt ist. Die niedermolekularen Stoffe diffundieren dann auch durch die Membran hindurch in das Lösungsmittel, während die makromolekularen oder kolloiden Stoffe zurückbleiben. Die *Dialysegeschwindigkeit* ist abhängig von der Oberflächengröße der Membran im Verhältnis zu der dialysierenden Flüssigkeitsmenge und dem Konzentrationsunterschied der Stoffe auf beiden Seiten der Membran. Günstig ist, das Lösungsmittel kontinuierlich zu- und ablaufen zu lassen, damit kein Konzentrationsgleichgewicht der niedermolekularen Stoffe eintritt. Die Geschwindigkeit kann man durch Temperaturerhöhung und Anlegen einer elektrischen Spannung erhöhen, dabei spricht man von ↗ Elektrodialyse. Ein Sonderfall der D. ist die ↗ Diasolyse. Um Kolloide verschiedener Größen voneinander oder das Lösungsmittel vom gelösten Stoff zu trennen, wendet man die ↗ Ultrafiltration an.

Große Bedeutung hat die D. bei der Abtrennung von ↗ Hemicellulosen aus verbrauchter Tauchlauge der Viskosefaserbetriebe. In der Tauchlauge (18%ige Natronlauge) reichern sich die Hemicellulosen an, so daß ein Teil der Tauchlauge ständig erneuert werden muß. Mit Hilfe der D. wird die verbrauchte Tauchlauge in eine 8%ige, von Hemicellulosen freie Natronlauge und eine Hemicelluloselösung getrennt (Abb.). Nach Aufkonzentrierung kann die Natronlauge als Tauchlauge eingesetzt werden.

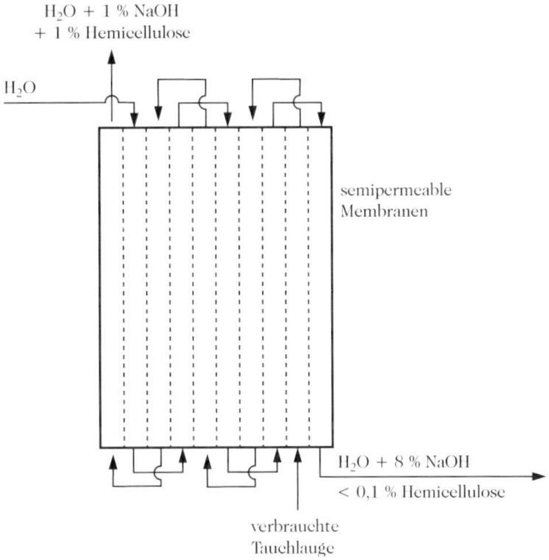

Dialyse. Abb.: Abtrennung von Hemicellulose in einer Dialysezelle.

Diamagnetismus, ↗ Magnetochemie.

Diamant, kubische Modifikation des Kohlenstoffs, härtestes Mineral; Härte nach Mohs 10, D. 3,50 bis 3,52 g cm^{-3}. Die Eigenschaften resultieren aus den starken kovalenten Bindungskräften zwischen den tetraedrisch koordinierten Kohlenstoffatomen mit C–C-Abständen von 154 pm. Das spröde Mineral läßt sich durch gute Spaltbarkeit der oktaedrischen Kristallflächen leicht pulverisieren. Reiner D. ist farblos und durchsichtig; durch Verunreinigungen, wie Calcium, Aluminium, Silicium, Titan, Chrom und Eisen, sind D. gelb, grün, blau, grau und schwarz gefärbt. Die dunklen *Carbonados* sind polykristalline D. mit Verunreinigungen bis zu 4 %, die teilweise aus Gas- und Flüssigkeitseinschlüssen bestehen. D. ist infolge der kovalenten Elektronenlokalisierung ein elektrischer Isolator und aufgrund der geringen C–C-Abstände ein relativ guter Wärmeleiter. D. ist chemisch relativ resistent; von oxidierenden Flüssigkeiten wird D. stark angegriffen, in reinem Sauerstoff verbrennt D. bei 720 °C, in Luft bei 800 °C zu Kohlendioxid CO_2. Unter Inertbedingungen wandelt sich D. bei 1500 °C in exothermer Reaktion ($\Delta_R H$ = –2,69 kJ/mol^{-1}) in die stabilere Kohlenstoffmodifikation ↗ Graphit um. Die Masse des D. wird in Karat angegeben (1 Karat = 200 mg).

Die synthetische Gewinnung von D. aus Graphit erfordert Drücke von über 12500 MPa und Temperaturen um 3000 K. Außerdem werden zur Erhöhung der Umwandlungsgeschwindigkeit Übergangsmetallkatalysatoren, wie Chrom, Eisen und Platin, angewandt. Die so erzeugten Industriediamanten sind sehr klein (0,1 Karat) und werden, wie auch der in der Natur vorkommende D., zum Bohren, Schleifen und Schneiden harter Natur- und Werkstoffe, als Ziehsteine für die Herstellung sehr dünner Drähte sowie als Lager für Präzisionsinstrumente verwendet.

Diamantan, *Pentacyclo[7.3.1.1^{4,12}.0^{2,7}.0^{6,11}]tetradecan*, ein außerordentlich stabiler Kohlenwasserstoff, der wie Adamantan zu den »diamantoiden« Verbindungen gehört. D. bildet farblose Kristalle; F. 236 bis 237 °C.

D. ist durch photochemische Dimerisierung von Bicyclo-[2.2.1]hepten und $AlCl_3$-katalysierte Umlagerung des erhaltenen Dimeren zugänglich:

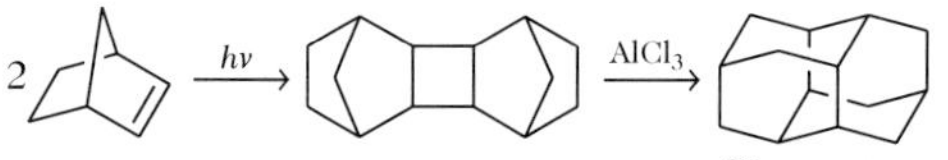

Diamantan

Diamantgrün, ↗ Brillantgrün.

Diamantschwarz, 1) ein Diazofarbstoff, ein schwarzbraunes Pulver, das in Wasser mit blauvioletter Farbe löslich ist. D. färbt Wolle nach dem Chromierverfahren schwarz und ist sehr lichtecht. Es entsteht durch Diazotierung von 4-Aminosalicylsäure und anschließende Kupplung mit 1-Naphthylamin in saurem Medium, wenn man das so erhaltene Produkt nochmals diazotiert und mit Naphth-1-ol-4-sulfonsäure oder Naphth-1-ol-5-sulfonsäure kuppelt.

2) eine tiefschwarze, beim Anrühren mit Öl glänzende Gasrußsorte, die als Malerfarbe dient.

Diamanttyp, *Diamantstruktur*, ein ↗ Strukturtyp, der durch die regelmäßige Anordnung tetraedrisch koordinierter gleichartiger Atome in einem Kristallgitter charakterisiert ist. Im Gitter seines namengebenden Prototyps liegt jedes Kohlenstoffatom im Mittelpunkt eines Tetraeders aus 4 anderen C-Atomen, jedes C-Atom ist sowohl Zentral- als auch Eckatom von Koordinationstetraedern. Die Elementarzelle des D. (Abb. a) enthält 8 Atome, von denen die Hälfte die Positionen eines kubisch flächenzentrierten Gitters einnimmt und die anderen 4 Atome 4 Achtelwürfel der Zelle zentrieren. Der Diamant ist das Musterbeispiel eines Kristalles mit rein kovalenten Bindungskräften. Die starken, symmetrischen σ-Bindungen auf der Grundlage von sp^3-Hybridorbitalen der C-Atome durchziehen den gesamten Kristall, so daß dieser als ein einziges »Riesenmolekül« angesehen werden kann. Der kürzeste Atomabstand im Gitter (154 pm) stimmt mit dem C-C-Abstand in aliphatischen Verbindungen überein.

Die Struktur des D. erklärt die besonderen Eigenschaften der in ihm kristallisierenden Stoffe, insbesondere die hohe Schmelztemperatur und die extrem große Härte des Diamanten. Seine bevorzugte Spaltbarkeit parallel morphologischer Oktaederflächen ((111)-Ebenen des Gitters) beruht darauf, daß dabei relativ wenige Bindungen aufgesprengt werden müssen. In den gewellten Schichten parallel zur (111)-Ebene liegen $^3/_4$, senkrecht dazu nur $^1/_4$ der Bindungen (Abb. b). Außer Kohlenstoff kristallisieren im D. Silicium, Germanium und α-Zinn (graues Zinn). Werden die Gitterpositionen im D. alternierend durch zwei verschiedene Atomsorten besetzt, gelangt man zum ↗ Zinkblendetyp.

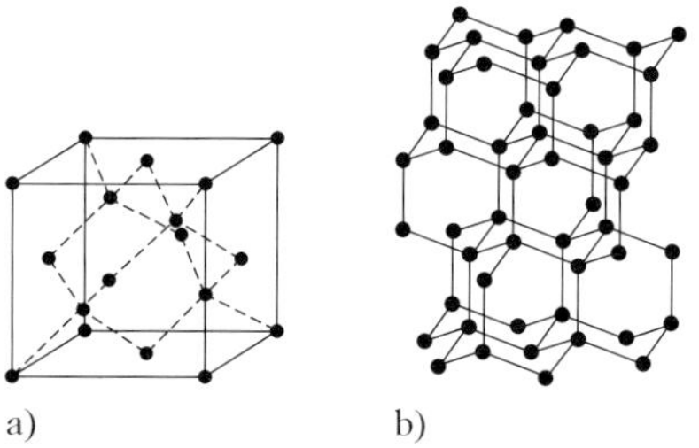

a) b)

Diamanttyp. Abb.: (a) Elementarzelle des Diamantgitters; (b) Gitterausschnitt mit vertikal gestellter [111]-Richtung (= Richtung der Raumdiagonalen in (a).

Diamine, organische Verbindungen, die zwei Aminogruppen im Molekül enthalten, z. B. Ethylendiamin, Tetra-, Penta-, Hexamethylendiamin und *o*-Phenylendiamin. D. bilden ein- und zweisäurige Salze, die in Abhängigkeit von den Substituenten mehr oder weniger stabil sind. In der Natur kommen D. sehr selten vor. Lediglich einige aliphatische D., z. B. Tetra- und Pentamethylendiamin, sind als bakterielle Abbauprodukte der Aminosäuren Ornithin und Lysin unter dem Begriff Ptomaine (Leichengifte) bekannt. Die Herstellungsverfahren der D. gleichen denen der ↗ Amine. D. werden als bifunktionelle Verbindungen insbesondere zur Herstellung von Polyamiden und anderen Polykondensaten verwendet.

Diaminobenzole, ↗ Phenylendiamine.

4,4′-Diaminobiphenyl, ↗ Benzidin.

1,4-Diaminobutan, ↗ Tetramethylendiamin.

1,2-Diaminoethan, ↗ Ethylendiamin.

1,6-Diaminohexan, ↗ Hexamethylendiamin.

1,5-Diaminopentan, ↗ Cadaverin.

Dian, ↗ Bisphenol A.

Dianisidin, *4,4′-Diamino-3,3′-dimethoxybiphenyl*, farblose, blättchenförmige Kristalle, die sich an der Luft violett färben; F. 137 °C. D. ist in Wasser

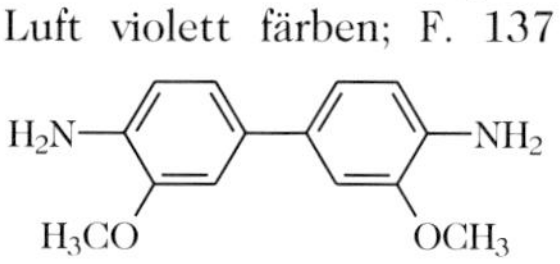

schwer, in den meisten organischen Lösungsmitteln leicht löslich. Es wird durch ↗ Benzidinumlagerung von 2,2′-Dimethoxyhydrazobenzol hergestellt. D. wird hauptsächlich zur Herstellung von Azofarbstoffen verwendet.

Diaphragma, in der Elektrochemie eine poröse Trennwand, die bei Elektrolyseverfahren (z. B.

Chloralkalielektrolyse) den Kathoden- und Anodenraum trennt, ohne daß der Stromdurchgang unterbrochen wird. D. werden aus Keramik, Asbest, Kunststoffolien u. a. hergestellt.

Diaphragmaverfahren, ↗ Chloralkalielektrolyse.

Diarylmethanfarbstoffe, eine Gruppe von Farbstoffen, bei denen an ein zentrales Kohlenstoffatom zwei Arylreste (meist Phenylreste) gebunden sind, ↗ Triarylmethanfarbstoffe.

Diasolyse, ein Sonderfall der ↗ Dialyse, das »Hindurchlösen« eines Stoffes aus einer Lösung durch eine Membran in eine äußere Flüssigkeit. Im Gegensatz zu den bei der Dialyse verwendeten Membranen wirken die Membranen der D. gegenüber dem durchtretenden Stoff wie ein Lösungsmittel. Ein Prozeß, bei dem Dialyse und D. gleichzeitig ablaufen, ist dann denkbar, wenn die Membran als Porenträgerin wirkt und ihr Material außerdem auch den durchtretenden Stoff zu lösen und zu diasolysieren vermag. Das Membranmaterial besteht entweder aus Cellulosederivaten oder aus Polyvinylchlorid, Polystyrol und Polyethylen. Man verwendet die D. zur Trennung von hydrophilen und hydrophoben Verbindungen.

Diastereomerenüberschuß, Abk. *d.e.* für engl. ***d**iastereomeric **e**xcess*, analog zum ↗ Enantiomerenüberschuß, Abk. e.e., der Prozentsatz, zu dem ein Diastereomer (↗ Stereoisomerie 1.2.) in einem Gemisch mehr enthalten ist, als das andere: d.e. (in %) $= (D_1 - D_2)100/(D_1 + D_2)$. Der Begriff D. ist nicht anwendbar, wenn mehr als 2 Diastereomere vorliegen.

Diastereomerenverhältnis, das prozentuale Verhältnis eines Diastereomeren in einem Gemisch zum anderen.

Diastereomerie, ↗ Stereochemie 1.2.1.

diastereoselektive Synthese, ↗ stereoselektive Synthese.

diastereotope Gruppen, ↗ tope Gruppen.

diätetische Lebensmittel sind nach Zusammensetzung und Eigenschaften für eine Ernährung bestimmt, die besonderen körperlichen Zuständen (z. B. ernährungsbedingte und ernährungsabhängige Krankheiten, Schwangerschaft) oder einem bestimmten Lebensalter (z. B. Säuglinge, alte Menschen) Rechnung trägt. d. L. müssen sich von vergleichbaren Lebensmitteln in Zusammensetzung und Eigenschaften für ihre prophylaktische und therapeutische Anwendung unterscheiden. D.L. sind z. B. Diabetikerlebensmittel (Verwendung von ↗ Zukkeraustauschstoffen, generelle Verringerung des Kohlenhydrat- und Fettgehaltes, Anreicherung mit ↗ Ballaststoffen); energiereduzierte Lebensmittel (Senkung des Zucker- und Fettgehaltes, wobei der Gehalt an Vitaminen und lebensnotwendigen Mineralstoffen nicht verringert werden darf); eiweißarme Lebensmittel (Gesamteiweißgehalt: maximal 3 % für die Ernährung von Personen mit chronischen Nierenerkrankungen und eingeschränkter Nierenfunktion); glutenfreie Lebensmittel (frei von den in Weizen, Roggen, Gerste und Hafer vorkommenden Eiweißen Gliadin, Hordein und Avenin und somit für die Ernährung von Patienten mit Zöliakie bzw. Sprue, einer gluteninduzierten chronischen Verdauungsstörung durch Zottenatrophie des Dünndarms, geeignet); kochsalz- und natriumarme Lebensmittel (natriumarm: maximal 120 mg/100 g Fertigerzeugnis; streng natriumarm: 40 mg/100 g Fertigerzeugnis; für die Ernährung bei Herz-Kreislauf-Erkrankungen, besonders Hypertonie, und bestimmten Hauterkrankungen geeignet); polyenfettsäurereiche Lebensmittel mit einem Gehalt von mindestens 50 % Polyenfettsäuren (Linol-, Arachidonsäure; erreicht durch Zusatz von Distel-, Sonnenblumen-, Soja-, Leinöl oder Seetierölen) für Herz-Kreislauf-Erkrankungen; ballaststoffreiche Lebensmittel mit einem Mindestgehalt an lebensnotwendigen Faserbestandteilen (↗ Ballaststoffen), z. B. Cellulose, Hemicellulose, Pektin, Lignin, von 10 % für Patienten mit chronischer Obstipation.

Säuglings- und Kindernahrung, die in Zusammensetzung und Eigenschaften auf die ernährungsphysiologischen Besonderheiten des Säuglings- und Kindesalters abgestimmt ist; für diese gelten auch besondere Anforderungen für z. B. Pestizidrückstände, Nitratgehalte u. a. m.

Diazepam, ↗ Benzodiazepine.

Diazepine, Bezeichnung für dreifach ungesättigte, zwei Stickstoffatome enthaltende siebengliedrige Heterocyclen. Nach der Stellung der Stickstoffatome unterscheidet man *1,2-D.*, *1,3-D.* und *1,4-D.* Von pharmakologischer Bedeutung sind vor allem 1H-Benzo-1,4-diazepine als Grundkörper einer Reihe von Tranquilizern (↗ Benzodiazepine).

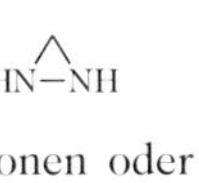
1,2-Diazepin

1,3-Diazepin

1,4-Diazepin

Diaziridin, gesättigte dreigliedrige heterocyclische Verbindung mit zwei Stickstoffatomen im Ring. Die Synthese der D. gelingt durch Umsetzung von Ammoniak und Chlor mit Aldehyden bzw. Ke-

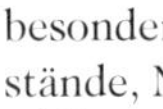

tonen oder durch Reaktion Schiffscher Basen mit Chloramin. Die D. weisen ein erhebliches Reduktionsvermögen auf und lassen sich gut zu Diazirinen dehydrieren.

Diazirin, ungesättigte dreigliedrige heterocyclische Verbindung mit zwei Stickstoffatomen im Ring. D. ist ein farbloses Gas; Kp. –14 °C. Es entsteht aus

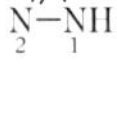

Difluoramin und *tert*-Butylazomethin. Nach der Stellung der Doppelbindung unterscheidet man *1H-D.* und *3H-D.* Die D. bilden bei Belichtung oder beim Erwärmen unter Abspaltung von Stickstoff Carbene.

Diazoalkane, sehr reaktive, giftige, aliphatische Diazoverbindungen mit der allg. Formel $R^1R^2CN_2$. Zu ihnen gehören z. B. Diazomethan und Diazocyclopentadien. D. können durch Alkalispaltung substituierter *N*-Nitrosoalkylamide, durch Dehydrierung von Ketohydrazonen mit Quecksilber(II)-oxid, durch die ↗ Bamford-Stevens-Reaktion sowie durch ↗ Diazogruppenübertragung hergestellt werden. Sie werden für Alkylierungsreaktionen, zur Herstellung von α-Diazoketonen, zur Ringerweiterung von Cycloalkanonen, für 1,3-dipolare Cycloadditionen, zur Erzeugung von Carbenen u. dgl. verwendet.

Diazoamino-Aminoazo-Umlagerung, ↗ 4-Aminoazobenzol.

Diazoaminobenzol, ***1,3-Diphenyltriazen,*** C_6H_5–N=N–NH–C_6H_5, eine aromatische Diazoverbindung, gelbe, blättchenförmige Kristalle; F. 98 °C. D. ist in Wasser sehr schwer, in heißem Alkohol, Ether, Benzol und Pyridin gut löslich. In schwach saurem Medium lagert es sich in 4-Aminoazobenzol um. D. kann durch partielle Diazotierung von Anilin und anschließende Abstumpfung der sauren Lösung mit Natriumacetat erhalten werden. Es wird zur Herstellung von 4-Aminoazobenzol verwendet.

Diazocyclopentadien, eine aliphatische Diazoverbindung, die durch ↗ Diazogruppenübertragung aus Arensulfonylaziden und Cyclopentadien in Gegenwart einer Base zugänglich ist. Die Struktur kann durch folgende mesomere Grenzstrukturen beschrieben werden:

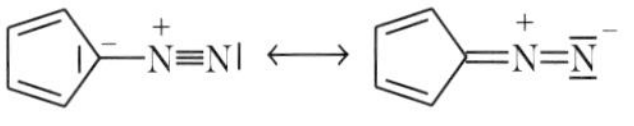

Im D. liegt das aromatische Cyclopentadienyl-Anion vor.

Diazoessigester, ↗ Diazoessigsäureethylester.

Diazoessigsäureethylester, Kurzform ***Diazoessigester,*** $|N{\equiv}\overset{+}{N}{-}\overset{-}{\underline{C}}H{-}COOC_2H_5$, eine relativ stabile aliphatische Diazoverbindung. D. ist eine leicht flüchtige, gelbe Flüssigkeit mit stechendem Geruch; F. –22 °C, Kp. 45 °C bei $1{,}6 \cdot 10^3$ Pa, n_D^{20} 1,4605. In Wasser ist D. schwer, in den meisten organischen Lösungsmitteln leicht löslich. Die Beständigkeit des D. unter neutralen Bedingungen beruht auf einer hohen Mesomeriestabilisierung. In Gegenwart von Protonen zersetzt sich D. unter Stickstoffabspaltung und Bildung von substituierten Carbonsäuren:

$$|N{\equiv}\overset{+}{N}{-}\overset{-}{\underline{C}}H{-}COOC_2H_5$$
$$\xrightarrow{+\,HX} [|N{\equiv}\overset{+}{N}{-}CH_2{-}COOC_2H_5]\ X^-$$
$$\xrightarrow[-N_2]{} X{-}CH_2{-}COOC_2H_5.$$

Da die Zerfallsgeschwindigkeit des D. der Wasserstoffionenkonzentration direkt proportional ist, kann diese Reaktion zur pH-Wertbestimmung verwendet werden. Die Herstellung des D. erfolgt durch Einwirkung von salpetriger Säure auf Aminoessigsäureethylester in der Kälte. D. wird für organische Synthesen verwendet.

Diazofarbstoffe, ↗ Azofarbstoffe.

Diazogruppenübertragung, Verfahren zur Herstellung aliphatischer Diazoverbindungen durch Umsetzung von Arensulfonylaziden mit CH-aciden Reaktionspartnern, z. B. Cyclopentadien.

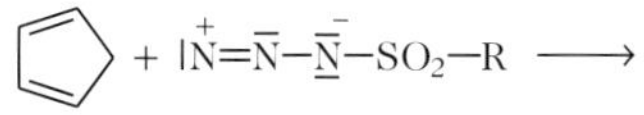

Cyclopentadien Arensulfonylazid

Diazocyclopentadien Arensulfonamid

Bei der D. wird aus der Azidgruppierung das N_2-Strukturelement auf die Verbindung mit der aktiven Methylengruppe übertragen.

Diazoketone, allg. Formel $R{-}CO{-}\overset{-}{\underline{C}}H{-}\overset{+}{N}{\equiv}N|$, relativ stabile aliphatische Diazoverbindungen. Die Ursache für die Stabilität liegt in der Einbeziehung der Ketogruppe in das mesomere System:

$$R{-}\underset{\underset{|O|}{\|}}{C}{-}\overset{-}{\underline{C}}H{-}\overset{+}{N}{\equiv}N| \longleftrightarrow R{-}\underset{\underset{|\underline{O}|^-}{|}}{C}{=}CH{-}\overset{+}{N}{\equiv}N| \longleftrightarrow \ldots$$

D. können durch Umsetzung von Acylhalogeniden mit Diazomethan hergestellt werden (vgl. ↗ Arndt-Eistert-Synthese). Beim Erhitzen, besonders in Gegenwart von Silber oder Silberoxid, spalten D. Stickstoff unter Bildung der reaktiven Ketocarbene ab, die durch Wanderung des Anions R^- in Ketene umgewandelt werden (↗ Wolff-Umlagerung).

1,2-Diazol, ↗ Pyrazol.

1,3-Diazol, ↗ Imidazol.

Diazomethan, CH_2N_2, die einfachste aliphatische Diazoverbindung. D. ist ein gelbes Gas; F. –145 °C, Kp. –24 °C. Es ist als Gas, in kondensierter Form und auch in konzentrierten Lösungen hoch explosiv. Der Grundzustand des D. wird durch folgende zwitterionische Grenzstrukturen beschrieben:

$$|\overset{-}{C}H_2{-}\overset{+}{N}{\equiv}N| \longleftrightarrow |\overset{-}{C}H_2{-}\overline{N}{=}\overset{+}{N}| \longleftrightarrow CH_2{=}\overset{+}{N}{=}\overset{-}{\underline{N}}$$

Diazomethan ist sehr giftig. Kleine Mengen bewirken nach Inhalation Atemnot, Hustenreiz und Benommenheit. Etherlösungen von Diazomethan haben eine starke Reizwirkung auf die äußere Haut. Ähnlich wie bei Phosgenvergiftungen können schwere Diazomethanvergiftungen mit einer Latenzzeit von einigen Stunden oder Tagen zum

Lungenödem und zum Tode führen. Kurzzeitige Inhalationen von Diazomethan führten bei Tierversuchen über einen längeren Zeitraum zu Lungencarcinom. Bei akuten Diazomethanvergiftungen ist künstliche Beatmung und sofortige ärztliche Hilfe notwendig.

D. kann durch alkalische Spaltung von *N*-Methyl-*N*-nitrosoharnstoff, *N*-Methyl-*N*-nitrosourethanen oder des stabileren *N*-Methyl-*N*-nitrosotoluol-4-sulfonamids hergestellt werden:

$$H_2N{-}CO{-}N(CH_3){-}N{=}O \xrightarrow{+OH^-} |\overset{-}{C}H_2{-}\overset{+}{N}{\equiv}N| + OCN^- + 2\,H_2O.$$

Außerdem ist D. durch Umsetzung von Formaldoxim mit Chloramin oder durch Einwirkung von Chloroform auf Hydrazin in Gegenwart von Alkalihydroxiden zugänglich. D. wird als reaktives Methylierungsmittel für H-acide Verbindungen, z. B. Carbonsäuren, Phenole, Enole und Halogenwasserstoffe, verwendet, z. B. für Phenol gemäß:

$$H_5C_6{-}OH + |\overset{-}{C}H_2{-}\overset{+}{N}{\equiv}N| \longrightarrow$$

$$[CH_3{-}\overset{+}{N}{\equiv}N|]C_6H_5{-}\overline{\underline{O}}|^- \longrightarrow H_5C_6{-}O{-}CH_3 + N_2.$$

Weiterhin dient D. als Reaktionskomponente für 1,3-dipolare Cycloadditionen, zur Herstellung von Diazoketonen und zur Ringerweiterung cyclischer Ketone.

Diazoniumsalze, stickstoffhaltige, organische Verbindungen der allg. Formel $R{-}\overset{+}{N}{\equiv}N|\ X^-$. Aliphatische D. sind infolge ihrer Instabilität nur sehr kurzlebige Zwischenstufen, stabiler sind die aromatischen Verbindungen dieses Typs, die ↗ Arendiazoniumsalze.

Diazospaltung, eine Reaktion, bei der die Diazogruppe $-\overset{+}{N}{\equiv}N|$ von Diazoniumsalzen unter Freisetzung von Stickstoff durch andere Atome oder Atomgruppen ersetzt wird. Somit können mittels D. z. B. Wasserstoffatome, Halogenatome, Hydroxy-, Mercapto- und Azidogruppen sowie aromatische Reste in bestimmte Positionen eines Moleküls eingeführt werden. Zur D. gehören die Hydrolyse zu Phenolen, die ↗ Sandmeyer-Reaktion, die ↗ Bart-Reaktion, die ↗ Schiemann-Reaktion und die ↗ Gomberg-Bachmann-Reaktion.

Diazotate, Salze der Arendiazohydroxide mit der allg. Formel $R{-}N{=}N{-}O^-M^+$. Sie entstehen bei der Reaktion von Alkalihydroxiden mit Arendiazoniumsalzen über die Zwischenstufen Arendiazoniumhydroxid und Arendiazohydroxid:

$$[R{-}\overset{+}{N}{\equiv}N]\ Cl^- \xrightarrow[-NaCl]{+NaOH} [R{-}\overset{+}{N}{\equiv}N]\ OH^- \rightleftharpoons$$

$$R{-}N{=}N{-}OH \xrightarrow[-H_2O]{+NaOH} R{-}N{=}N{-}O^-\ Na^+.$$

Bei der Einwirkung starker Mineralsäuren können D. wieder in Diazoniumsalze umgewandelt werden.

Diazotierung, Verfahren zur Herstellung von Arendiazoniumsalzen durch Umsetzung primärer aromatischer Amine mit salpetriger Säure oder Salpetrigsäureestern in stark saurem Medium: $R{-}NH_2 + 2\,HX + NaNO_2 \rightarrow [R{-}\overset{+}{N}{\equiv}N]X^- + 2\,H_2O + NaX$. Die Reaktion muß aufgrund der geringen Stabilität der Diazoniumsalze unter Kühlung durchgeführt werden. Die D. hat für die Synthese von Azofarbstoffen große Bedeutung.

Diazoverbindungen, organische Verbindungen, in denen zwei N-Atome durch eine Doppelbindung miteinander verbunden sind und ein N-Atom mit einem Kohlenwasserstoffrest verknüpft ist. Das andere N-Atom kann mit einem Heteroatom oder mit der CN-Gruppe verbunden sein. D. können durch ↗ Diazogruppenübertragung hergestellt werden. Typische Vertreter der D. sind ↗ Diazomethan, ↗ Diazoaminobenzol und Benzoldiazohydroxid.

Dibenzodihydroazepine, ***Iminodibenzyle***, tricyclische Verbindungen mit einem siebengliedrigen Ring und einem N-Atom. Die im Gegensatz zu den ↗ Phenothiazinen im tricyclischen Strukturteil nicht planar gebauten Verbindungen mit basischer Seitenkette werden als Thymoleptika verwendet.

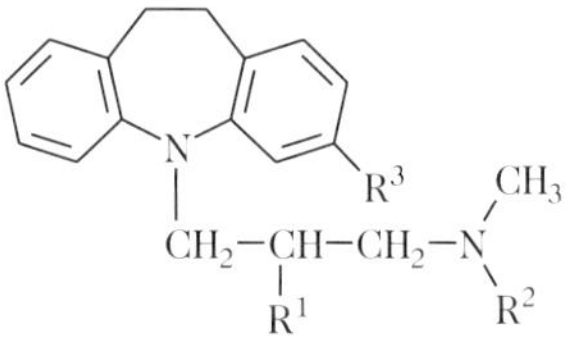

R1	R2	R3	Name
H	CH_3	H	Imipramin
H	H	H	Desipramin
CH_3	CH_3	H	Trimipramin
H	CH_3	Cl	Clomipramin

Dibenzodihydrocycloheptadiene, tricyclische Verbindungen mit einem siebengliedrigen Ring. Die im tricyclischen Strukturteil nicht planar gebauten Verbindungen mit basischer Seitenkette werden als Thymoleptika verwendet.

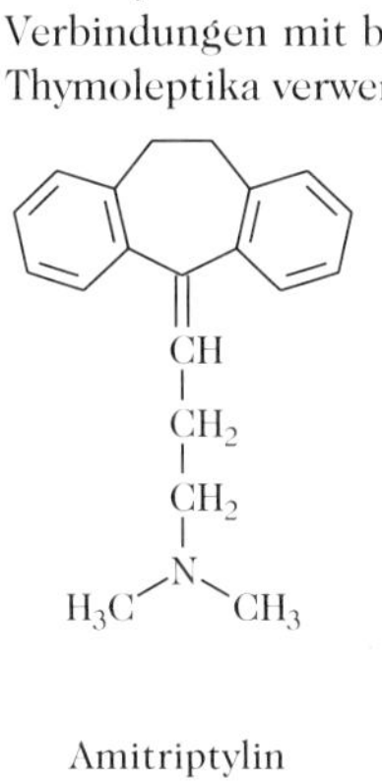

Amitriptylin

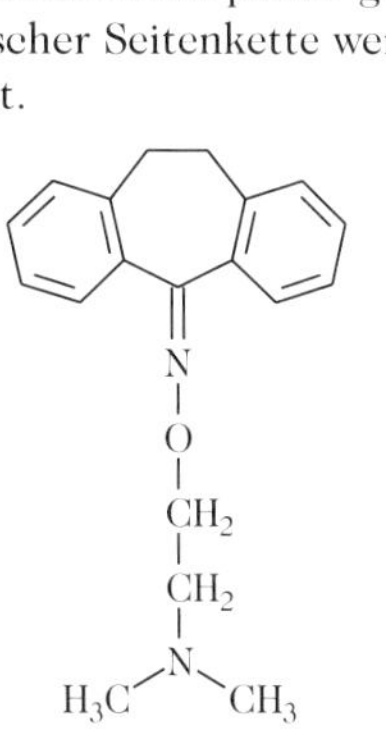

Noxiptilin

Dibenzolchrom, ***Bis(η⁶-benzol)chrom(0)***, $[Cr(\eta^6\text{-}C_6H_6)_2]$, schwarze Kristalle; F. 285 °C. D. ist ein wichtiger Repräsentant der Metall-Aromaten-Kom-

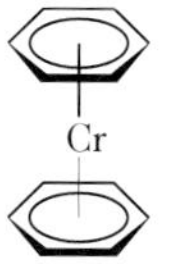

plexe und besitzt Sandwich-Struktur, wobei die parallel angeordneten Benzolringe »auf Deckung« stehen (Abb.): Man erhält es durch Umsetzung von Chrom(III)-chlorid, Aluminium und Aluminiumchlorid in Benzol und Reduktion des als Zwischenprodukt anfallenden Dibenzolchrom(I)-Ions $[Cr(C_6H_6)_2]^+$ mit Dithionit.

Diboran, ↗ Borane.

4,ω-Dibromacetophenon, ↗ 4-Bromphenacylbromid.

Dibrommethan, ↗ Methylenbromid.

Dibromsulfane, ↗ Schwefelbromide.

2,6-Di-*tert*-butyl-4-methylphenol, farblose Kristalle, F. 70 °C, Kp. 265 °C. Die Verbindung ist unlöslich in Wasser, löslich in Alkoholen und Kohlenwasserstoffen, Fetten und Ölen. 2,6-D. ist ein typischer Radikalfänger und wird deshalb vielseitig als Antioxidans verwendet, z. B. in der Lebensmittel-,

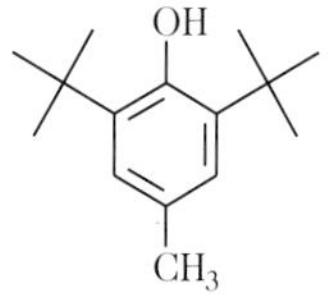

Kautschuk- und Kunststoffindustrie sowie in der Petrochemie.

Dicarba-*closo*-dodecaboran, ↗ Carbaborane.

Dicarbonsäurecyclus, eine cyclische, enzymatisch katalysierte Reaktionsfolge zum Abbau von Glyoxylat oder seinen Vorstufen (Glycolat) in Mikroorganismen (z. B. Pseudomonaden). Der D. dient der Energieversorgung der Zelle. Glyoxylat wird unter Bildung von 6 Mol ATP (aus 2 Mol NADH) zu CO_2 abgebaut (Abb.). Da Intermediate des D. (insbesondere Phosphoenolpyruvat) auch als Ausgangsstoffe für Biosynthesen (z. B. ↗ Gluconeogenese) genutzt werden, muß eine Nachlieferung dieser Verbindungen erfolgen. Als anaplerotische Sequenz (↗ Anaplerose) zum D. dient die Glyceratbahn, in der Glyoxylat über Tartronsäuresemialdehyd, Glycerat, 3- und 2-Phosphoglycerat in Phosphoenolpyruvat umgewandelt wird.

Dicarbonsäuren, organische Verbindungen, die zwei Carboxygruppen im Molekül enthalten. Entsprechend der organischen Stammverbindung

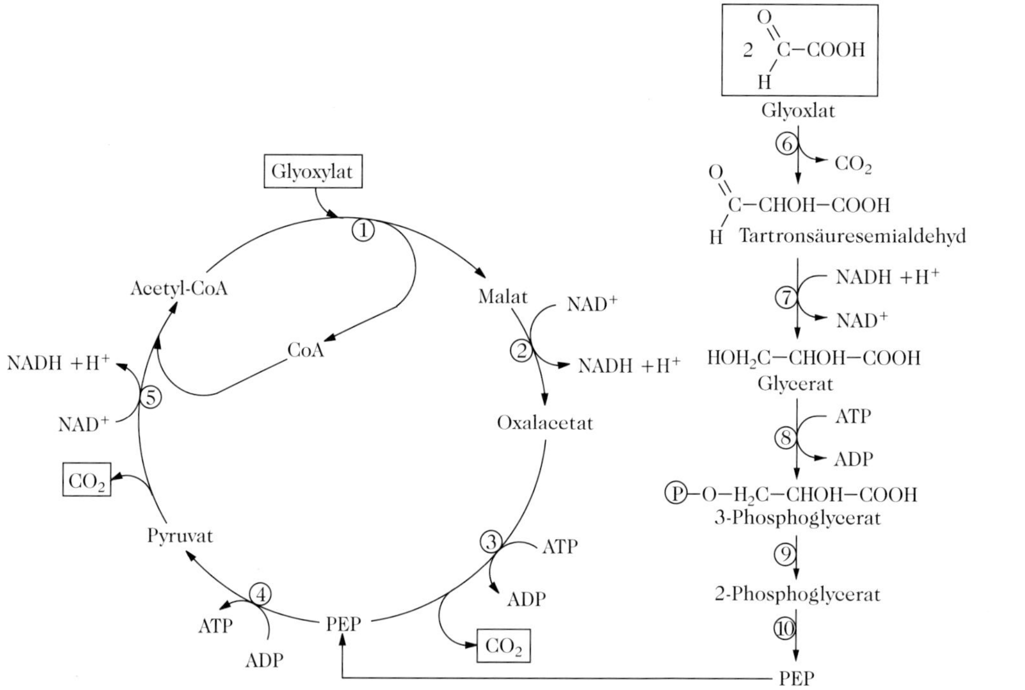

Dicarbonsäurecyclus. Abb.: Abbau von Glyoxylat über den Dicarbonsäurecyclus mit Glyceratbahn als anaplerotischer Sequenz. Enzyme: (1) Malatsynthase, (2) Malatdehydrogenase, (3) PEP-Carboxykinase, (4) Pyruvatkinase, (5) Pyruvatdehydrogenase-Komplex, (6) Glyoxylatcarboligase (Glyoxylatdecarboxylase), (7) Glyceratdehydrogenase (Tartronsäuresemialdehydreductase), (8) Glyceratkinase, (9) Phosphoglyceratmutase, (10) Enolase.

Trivialname	Systematischer Name	Formel	F. in °C
Oxalsäure	Ethandisäure	HOOC–COOH	101,5
Malonsäure	Propandisäure	$HOOC–CH_2–COOH$	135,6
Bernsteinsäure	Butandisäure	$HOOC–(CH_2)_2–COOH$	188
Glutarsäure	Pentandisäure	$HOOC–(CH_2)_3–COOH$	99
Adipinsäure	Hexandisäure	$HOOC–(CH_2)_4–COOH$	153
Pimelinsäure	Heptandisäure	$HOOC–(CH_2)_5–COOH$	106
Korksäure	Octandisäure	$HOOC–(CH_2)_6–COOH$	144
Azelainsäure	Nonandisäure	$HOOC–(CH_2)_7–COOH$	106,5
Sebacinsäure	Decandisäure	$HOOC–(CH_2)_8–COOH$	134,5
–	Undecandisäure	$HOOC–(CH_2)_9–COOH$	111

Dicarbonsäuren.
Tab. Wichtige Beispiele.

unterscheidet man die auch in der Natur weit verbreiteten *aliphatischen D.*, die *aromatischen D.* und die weniger bekannten *heterocyclischen D.*

Nomenklatur. Die systematische Bezeichnung der aliphatischen D., zu denen auch zahlreiche ungesättigte Verbindungen zählen, wird aus dem Namen des aliphatischen Kohlenwasserstoffes und der Endung -disäure gebildet, z. B. Ethandisäure HOOC–COOH, Propandisäure $HOOC–CH_2–COOH$ und (*Z*)- oder (*E*)-Butendisäure HOOC–CH=CH–COOH. Bekannter sind die auf ihre Herkunft aus dem Pflanzen- oder Tierreich hinweisenden Trivialnamen, z. B. ↗ Oxalsäure, ↗ Malonsäure und ↗ Maleinsäure oder ↗ Fumarsäure. Die systematischen Namen der aromatischen und heterocyclischen D. werden aus den Bezeichnungen der entsprechenden Stammverbindungen und der Endung -dicarbonsäure gebildet:

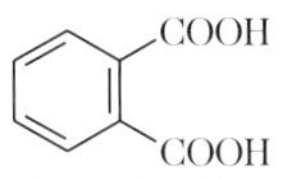

Benzol-1,2-dicarbonsäure
Phthalsäure

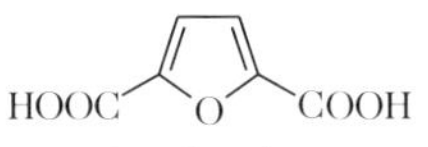

Furan-2,5-dicarbonsäure
Dehydroschleimsäure

Eigenschaften. D. sind kristalline, meist farblose Verbindungen. Die niederen Vertreter lösen sich teilweise sehr gut in Wasser, mit steigender Molekülmasse nimmt die Löslichkeit stark ab. Die Schmelzpunkte der gesättigten aliphatischen D. alternieren ähnlich wie die der Alkane und der ↗ Monocarbonsäuren; geradzahlige D. schmelzen bei höherer Temperatur als die ungeradzahligen, benachbarten D.

D. sind aufgrund ihrer Struktur in der Lage, durch Dissoziation zwei Protonen stufenweise abzuspalten. Dabei erfolgt der erste Schritt wesentlich leichter als der zweite, da das primär gebildete Carboxylat-Anion die Dissoziation des zweiten Protons erschwert. In der ersten Dissoziationsstufe sind D. stärker als die unsubstituierten Monocarbonsäuren, ausgenommen die Ameisensäure, die ihrerseits nur von der Oxalsäure und der Malonsäure übertroffen wird. Bei längerkettigen D. beeinflussen sich die Carboxygruppen bezüglich ihres Säurecharakters nur noch unwesentlich.

Reaktionen. D. reagieren im wesentlichen wie die ↗ Monocarbonsäuren, wobei die Carboxygruppen gleichzeitig oder auch nacheinander zur Reaktion gebracht werden können. Auf diese Weise sind eine Reihe saurer oder neutraler funktioneller Derivate zugänglich.

Bei der thermolytischen Abwandlung in der homologen Reihe der aliphatischen D. kann folgende Regelmäßigkeit beobachtet werden: Oxalsäure bzw. Malonsäure decarboxylieren beim Erhitzen auf etwa 200 °C bzw. 150 °C unter Bildung von Ameisensäure bzw. Essigsäure. Aus den nächsthöheren Vertretern, Bernsteinsäure und Glutarsäure, entstehen unter Wasserabspaltung cyclische Anhydride:

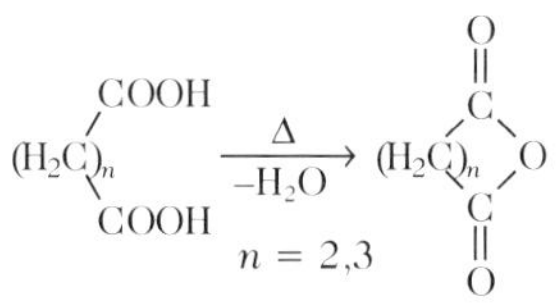

Ähnlich reagieren auch Maleinsäure und Phthalsäure. Aus Adipin-, Pimelin- und Korksäure können beim Erhitzen auf etwa 300 °C unter Wasser- und Kohlendioxidabspaltung die entsprechenden, um ein C-Atom ärmeren Cycloalkanone erhalten werden Durch Thermolyse der Erdalkali- oder Thoriumsalze können auch die höheren Homologen der D. in cyclische Ketone übergeführt werden. Die Synthese der aliphatischen D. erfolgt hauptsächlich durch Hydrolyse von Dinitrilen, durch Oxidation von Diolen oder durch die ↗ Malonestersynthese, aromatische D. können unter anderem durch Oxidation dimethylsubstituierter Aromaten erhalten werden.

Verwendung. D., ihre Substitutionsprodukte und Derivate werden vorwiegend als Synthesebausteine für Polymere, z. B. Polyester- bzw. Polyamidfasern, verwendet.

Dicarbonylverbindungen, im weiteren Sinne organische Verbindungen mit zwei Carbonylgruppen im Molekül, im engeren Sinne Verbindungen, in denen die Carbonylgruppen direkt verbunden oder durch eine aliphatische Kette verknüpft sind. Die Carbonylgruppen können Keto-, Aldehyd- und Estergruppen sein. In Abhängigkeit von der Position der Carbonylgruppen zueinander unterscheidet man 1,2- oder α-, 1,3- oder β-, 1,4- oder γ-D. usw. Bekannte 1,2-D. sind ↗ Glyoxal, ↗ Diacetyl und ↗ Benzil. Die wichtigste Klasse der D. sind die 1,3-D., zu denen ↗ Malondialdehyd, ↗ Acetylaceton und ↗ Acetessigester gehören. 1,3-D. unterliegen der ↗ Keto-Enol-Tautomerie. Wichtige 1,4-D. sind Succindialdehyd und Acetonylaceton.

D. sind unentbehrliche Ausgangsstoffe für die Synthese heterocyclischer Verbindungen. So können aus 1,2-D. und *o*-Phenylendiamin Chinoxaline, aus 1,3-D. und Phenylhydrazin Pyrazole und aus 1,4-D. und Ammoniak Pyrrole hergestellt werden.

Dicarboximidfungizide, von der Carbonsäureimidstruktur, zumeist *N*-(3,5-Dichlorphenyl)-heterocyclen, abgeleitete ↗ Fungizide mit systemischen Eigenschaften und hoher Wirkung gegen Grauschimmel (*Botrytis cinerea*). Der Abbau erfolgt nur langsam, so daß die Wirkung lange andauert. Wichtige Vertreter der D. sind nachstehend aufgeführt, dabei bedeutet R = 3,5-Dichlorphenyl.

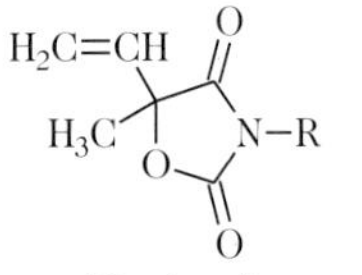
Vinclozolin

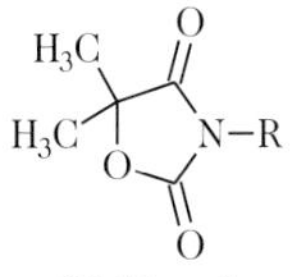
Dichlozolin

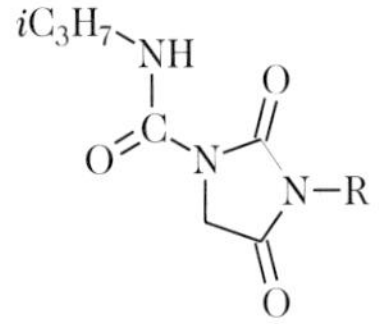
Iprodion

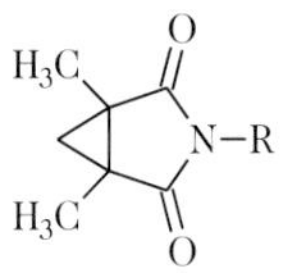
Procymidon

Dichlobenil, ↗ Benzonitrilherbizide.

Dichlorbenzole, die drei strukturisomeren Dichlorderivate des Benzols. D. sind stabile, farblose Verbindungen, die in Wasser schwer, in vielen organischen Lösungsmitteln leicht löslich sind. Wie in allen nichtaktivierten ↗ Halogenarenen sind die Chloratome relativ fest am Benzolkern gebunden und können erst unter besonderen Reaktionsbedingungen durch andere Substituenten nucleophil substituiert werden. D. können durch Chlorierung von Benzol hergestellt werden. *1,2- oder o-Dichlorbenzol*, eine brennbare Flüssigkeit; F. –17 °C, Kp. 180,5 °C, n_D^{20} 1,5515.

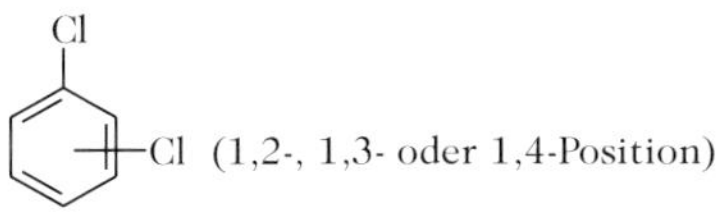

Es wird als Lösungsmittel für Lacke und Harze sowie zur Herstellung von Pflanzenschutzmitteln verwendet. *1,3- oder m-Dichlorbenzol*, eine brennbare, stark riechende Flüssigkeit; F. –24,7 °C, Kp. 173 °C, n_D^{20} 1,5459. Reines 1,3-Dichlorbenzol erhält man durch die Sandmeyer-Reaktion aus 3-Chloranilin oder durch Chlorierung von 1,3-Dinitrobenzol. Es ist ein wichtiges Zwischenprodukt bei der Herstellung von Farbstoffen. *1,4- oder p-Dichlorbenzol*, stark riechende, blättchenförmige Kristalle; F. 53,1 °C, Kp. 174 °C. Es sublimiert bereits bei Raumtemperatur. Es wird als Zwischenprodukt für die Herstellung von Farbstoffen, Pflanzenschutzmitteln, pharmazeutischen Produkten und als Luftverbesserungsmittel verwendet.

2,3-Dichlor-5,6-dicyano-1,4-benzochinon, *DDQ*, *Dichlordicyanochinon*, gelbe Kristalle; F. 216 °C. Es ist leicht löslich in Ethanol und Benzol, wird durch Wasser hydrolysiert und ist stark toxisch. Es

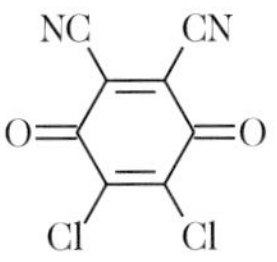

findet in der organ. Synthese Verwendung zur Einführung von Doppelbindungen, zur Aromatisierung von Hydroverbindungen und zur Oxidation von Hydroxygruppen.

Dichlordifluormethan, CCl_2F_2, ein farbloses, nicht brennbares Gas; F. –158 °C, Kp. –29,8 °C. D. ist in Alkohol, Ether und Eisessig löslich, in Wasser praktisch unlöslich. Es entsteht bei der Einwirkung von Flurwasserstoff auf Tetrachlorkohlenstoff oder durch Umsetzung von Methan mit Chlor und Fluorwasserstoff: $CH_4 + 4\ Cl_2 + 2\ HF \rightarrow CCl_2F_2 + 6\ HCl$. D. wird im Gemisch mit anderen Chlorfluoralkanen als Treibmittel für Schaumprodukte und Aerosole sowie als Kältemittel verwendet (↗ Fluorkohlenwasserstoffe).

Dichloressigsäure, $Cl_2CH\text{–}COOH$, eine farblose, ätzende Flüssigkeit; F. 13,5 °C, Kp. 194 °C, n_D^{20} 1,4658. D. ist in Wasser, Ether, Methanol, Ethanol, Chloroform und Benzol leicht löslich. Die wäßrigen Lösungen reagieren stark sauer. Die Chloratome können durch nucleophile Reagenzien ausgetauscht werden. Im Vergleich zur ↗ Chloressigsäure sind sie jedoch hydrolysebeständiger. D. entsteht bei der Reaktion von Chloralhydrat mit Kaliumcyanid: $Cl_3C\text{–}CHO + KCN + H_2O \rightarrow Cl_2CH\text{–}COOH + HCN + KCl$. Technisch kann sie durch Chlorierung von Essigsäure im Gemisch mit Mono- und Trichloressigsäure erhalten werden. Außerdem erfolgt die

Herstellung der D. durch Hydrolyse von Tetrachlorethen mit Wasserdampf oder durch Hydrolyse des durch Oxidation von Trichlorethen zugänglichen Dichloracetylchlorids:

$$Cl_2C{=}CHCl \xrightarrow{+O} Cl_2CH{-}CO{-}Cl \xrightarrow[-HCl]{+H_2O} Cl_2CH{-}CO{-}OH.$$

D. wird für organische Synthesen, zur Herstellung von Glyoxylsäure und zur Entfernung von Hühneraugen und Warzen verwendet.

1,2-Dichlorethan, ↗ Ethylendichlorid.

1,1-Dichlorethen, ***Vinylidenchlorid***, ***1,1-Dichlorethylen***, $CH_2{=}CCl_2$, eine farblose Flüssigkeit mit angenehm süßlichem Geruch; F. −122,1 °C, Kp. 37 °C, n_D^{20} 1,4249. 1,1-D.. ist in Wasser schwer, in den meisten organischen Lösungsmitteln leicht löslich. Es reagiert in Gegenwart von Sauerstoff unter Bildung von Peroxiden, die die Polymerisation katalysieren. In Gegenwart von Stabilisatoren, z. B. Hydrochinon, kann 1,1-D. längere Zeit aufbewahrt werden. 1,1-D. entsteht durch Einwirkung von Alkalien auf 1,1,2-Trichlorethan unter Chlorwasserstoffabspaltung:

$$Cl{-}CH_2{-}CHCl_2 \xrightarrow[-HCl]{} H_2C{=}CCl_2$$

1,1-D. wird hauptsächlich in Form von Mischpolymerisaten mit Vinylchlorid, Acrylnitril u. a. verwendet.

Dichlorformoxim, ↗ chemische Kampfstoffe.

Dichlormethan, ↗ Methylenchlorid.

2,6-Dichlorphenol-indophenol-natrium, ***2,6-Dichlor-N-(4-hydroxyphenyl)-1,4-benzochinonimin-natriumsalz***, ***Tillmans Reagens***, ein dunkelgrünes, wasser- und alkohollösliches Pulver. Die wäßrige Lösung ist tiefblau, bei Säurezugabe erfolgt Farb-

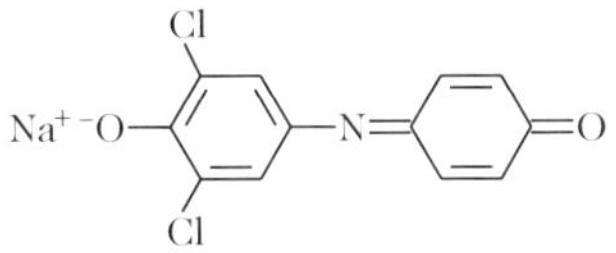

umschlag nach Rot. Man verwendet D. als Redoxindikator. Durch Iodid-Ionen, Ascorbinsäure und Cholinesterase wird es jeweils zur farblosen Leukoform reduziert. Darauf beruht z. B. eine wichtige Nachweisreaktion für Vitamin C.

Dichlorphosphazene, ↗ Phosphonitriddichloride.

Dichlorprop-P, ↗ Phenoxycarbonsäureherbizide.

Dichlorsulfane, ↗ Schwefelchloride.

α,α-Dichlortoluol, ↗ Benzalchlorid.

Dichlorvos, ***O,O-Dimethyl-O-(2,2-dichlorvinyl)-phosphat***, Abk. ***DDVP***, ↗ phosphororganische Insektizide.

Dichlozolin, ↗ Dicarboximidfungizide.

Dichromatschwarz, ↗ Anilinschwarz.

Dichromeverfahren, ↗ Inchromieren.

Dichte, Zeichen d, ϱ, Abk. D., Masse eines Stoffes je Volumeneinheit. Bei homogenen Körpern gilt $d = m/V$, wobei m Masse und V Volumen bedeuten. Als Dimension gilt hierbei g cm^{-3} oder kg m^{-3}.

Dichtegradienten-Zentrifugation, eine Methode zur Trennung von Makromolekülen/Partikeln unterschiedlicher Dichte mittels Ultrazentrifugation (↗ Ultrazentrifuge). Die Sedimentationsgeschwindigkeit von Makromolekülen ist von ihrer Größe, Form, Dichte, von der Zentrifugalkraft sowie von der Dichte und Viskosität des Suspensionsmediums abhängig. Der Dichtegradient kann entweder vorgegeben werden (z. B. Saccharose-Gradient) oder er stellt sich während des ↗ Zentrifugierens ein (z. B. Cäsiumchlorid-Gradient). Die zu trennenden Makromoleküle konzentrieren sich unter dem Einfluß der Zentrifugalkraft entsprechend ihrer Dichte in einer schmalen Zone im Bereich gleicher Dichte des Suspensionsmediums (↗ Zonen-Zentrifugation). Durch Ermittlung der Sedimentationskonstanten S läßt sich – bei bekanntem Diffusionskoeffizienten – nach der Svedberg-Gleichung die Molmasse des Makromoleküls bestimmen.

Dichtesortierung, ↗ Schwerflüssigkeitsaufbereitung.

Dicköle, 1) Rückstandsöle aus der Destillation von Fettalkoholen der Oxosynthese. D. besitzen gute Entschäumereigenschaften.

2) bei Anstrichstoffen alle Öle mit einer künstlich erhöhten Viskosität.

Diclofenac, ↗ Antiphlogistika.

Diclofop-methyl, ↗ Aryloxy-phenoxypropionsäureherbizide.

Dicloxacillin, ↗ Penicilline.

Dicofol, ↗ Akarizide.

Dicyan, $(CN)_2$, farbloses Gas von stechendem Geruch, F. −27,98 °C, Kp. −21,15 °C. D. kann durch Oxidation von Cyanid mit Kupfer(II) in wäßriger Lösung dargestellt werden: $Cu^{2+} + 4\ CN^- \rightarrow 2\ CuCN + (CN)_2$. D. zählt zur Gruppe der Pseudohalogene (↗ Pseudohalogenide). Es hat bisher noch keine technische Verwendung gefunden, jedoch ist es aufgrund der bei der stöchiometrischen Verbrennung mit Sauerstoff erreichten hohen Flammtemperaturen von ≈ 4600 K für den Einsatz in der Schweißtechnik und der Atomabsorptionsspektrometrie vorgeschlagen worden.

Dicyandiamidharze, Duroplaste aus der Gruppe der Aminoplaste, die durch Polykondensation von Dicyandiamid mit Formaldehyd gewonnen werden. Sie zeichnen sich wie die ↗ Melaminharze durch große Härte und geringe Wasserlöslichkeit aus und sind den Harnstoffharzen überlegen. Zusammen mit Füllstoffen, wie kurzfaseriger Cellulose und Textilschnitzeln, werden D. durch Verpressen bei 150 bis 180 °C zur Herstellung von thermisch beständigen Eß- und Trinkgeschirren u. ä. verwendet. Auch als Holzklebemittel, Imprägnierungsmittel von Textilien (Flammfestausrüstung) und mit Alkoholen modifiziert als Lackrohstoff sind D. von Bedeutung.

Dicyanketenimin, ↗ Tricyanmethamid.

Dicyanosulfan, ↗ Cyanide.

Dicyclopentadien, ↗ Cyclopentadien.

Dieckmann-Kondensation, intramolekulare Kondensation aliphatischer Dicarbonsäureester zu cyclischen *β*-Ketosäureestern in Gegenwart von Natrium oder Natriummethanolat:

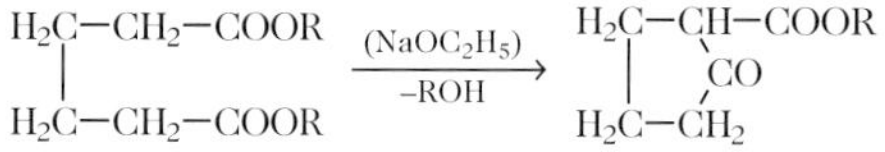

Durch anschließende Ketonspaltung mit verd. Säuren oder Laugen kann der *β*-Ketosäureester in das entsprechende alicyclische Keton umgewandelt werden. Aus sterischen Gründen sind bei der D. besonders die Bildung des Cyclopentanon- und des Cyclohexanoncarbonsäureesters begünstigt, das Cycloheptanonderivat bildet sich bereits erheblich schwerer. Glutarsäureester bzw. Azelain- und Sebacinsäureester können mit Natriumethanolat nicht mehr bzw. nur in sehr geringen Ausbeuten cyclisiert werden. Der Reaktionsmechanismus der D. entspricht dem der ↗ Claisen-Kondensation.

Dieldrin, ↗ Chlorkohlenwasserstoffinsektizide.

Dielektrizitätskonstante, Abk. ***DK***, das Maß für die dielektrische Verschiebbarkeit der Ladungsträger eines Dielektrikums im elektrischen Feld. Unter der Einwirkung eines äußeren elektrischen Feldes können die Elektronen und die Atomrümpfe atomarer und molekularer Systeme aus ihren Ruhelagen im feldfreien Zustand verschoben werden, ↗ Polarisation 2).

Bei den Gasen sinkt die D. mit fallender Dichte auf die D. des Vakuums. Die relative D. des Vakuums ist gleich 1, deshalb genügt es in der Praxis im allg., wenn man die D. der Gase als 1 ansetzt. Dipolwirkung vergrößert bei Gasen nur in sehr geringem Maße die D. Die Flüssigkeiten und Festkörper weisen größere D. als die Gase auf. Besonders hohe D. haben Flüssigkeiten mit Dipolen, da hierbei durch Drehung der Moleküle im Feld eine Ausrichtung erfolgt. Durch die Wärmebewegung der Moleküle wird diese Ausrichtung ständig gestört, so daß sich bei jeder Temperatur ein bestimmtes Gleichgewicht einstellt. Dadurch ist die D. stark temperaturabhängig; dies wird zur Bestimmung der Dipolmomente ausgenutzt. Beim Erstarren der Flüssigkeiten verschwindet die große D., weil im festen Kristallgitter die Dipole festgelegt sind. Die D. ist außer von der Temperatur noch von der Frequenz des angelegten äußeren Feldes abhängig. Aus der Größe und aus der Temperatur- und Frequenzabhängigkeit der D. lassen sich wichtige Folgerungen auf die Struktur des betreffenden Stoffes ziehen.

Dielektrometrie, ***Dekametrie***, ein elektrochem. Analysenverfahren, das als Meßsignal die Dielektrizitätskonstante benutzt. Die Dielektrizitätskonstante einer Lösung ist der Konzentration eines gelösten Stoffes proportional.

Diels-Alder-Reaktion, ***Diensynthese***, eine von O. Diels und K. Alder 1928 erstmals beschriebene Methode der 1,4-Addition eines aktivierten Alkens oder Alkins an ein konjugiertes Dien unter Bildung eines sechsgliedrigen Ringsystems. Bei dieser in den meisten Fällen als synchrone (4 + 2)-Cycloaddition verlaufenden Reaktion werden 1,3-Diene und die aktivierten Alkene bzw. Alkine, die auch als *Dienophile* bezeichnet werden, unter Neubildung von zwei σ-Bindungen auf Kosten zweier π-Bindungen zusammengelagert. Wichtige Dienophile

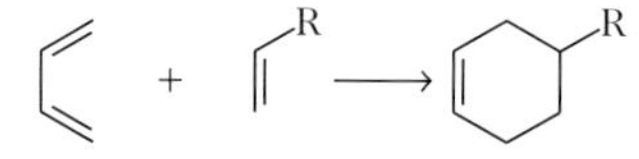

1,3-Dien Dienophil

sind Maleinsäureanhydrid, Acrolein, Tetracyanoethylen, Acrylsäureester, *p*-Benzochinon, Acetylendicarbonsäureester und Azodicarbonsäureester. Als Dienkomponenten können aliphatische und alicyclische 1,3-Diene sowie verschiedene aromatische und heterocyclische Systeme eingesetzt werden, z. B. s-(*Z*)-Buta-1,3-dien, Cyclopenta-1,3-dien, Cyclohexa-1,3-dien, Anthracen und Furane. Außerdem können auch heteroanaloge 1,3-Diene bei der D. eingesetzt werden. Dabei handelt es sich um Verbindungen, in denen z. B. eine C=C-Doppelbindung durch eine C=O-, C=S- oder C=N-Gruppe ersetzt ist, z. B. *α,β*-ungesättigte Aldehyde und Ketone, *α,β*-ungesättigte Thioketone. Die D. verlaufen besonders leicht, wenn die Alkene bzw. Alkine durch Substituenten mit –I- oder –M-Effekt aktiviert sind und die Dienkomponenten +I- oder +M-Substituenten enthalten. Eine wichtige Voraussetzung für die D. ist außerdem die s-*Z*-Konformation des Diens. Die Spaltung der Diels-Alder-Addukte in die Ausgangskomponenten, die häufig bereits unter sehr milden Bedingungen beobachtet werden kann, wird als *Retro-Diels-Alder-Reaktion* bezeichnet; z. B. zerfällt das *endo*-Dicyclopentadien bei etwa 180 °C in Cyclopentadien. Die D. hat für die Konstitutionsaufklärung zahlreicher ungesättigter Naturstoffe sowie für die Synthesen einer Reihe von Insektiziden, z. B. Chlordan, Aldrin und Dieldrin, Bedeutung erlangt.

Diene, ungesättigte aliphatische Kohlenwasserstoffe mit zwei Doppelbindungen im Molekül, mit der allg. Formel C_nH_{2n-2}. Aufgrund der möglichen Anordnungen der Doppelbindungen zueinander unterscheidet man drei Verbindungstypen:

– den Allentyp $CH_2{=}C{=}CH_2$ mit kumulierten Doppelbindungen (↗ Allene, ↗ Kumulene),

– den Dientyp $CH_2{=}CH{-}CH{=}CH_2$ mit konjugierten Doppelbindungen (↗ 1,3-Diene, ↗ Polyene),

– den Diolefintyp $CH_2{=}CH{-}CH_2{-}CH{=}CH_2$ mit isolierten Doppelbindungen (*Diolefine*).

1,3-Diene, ungesättigte Kohlenwasserstoffe mit

zwei konjugierten Doppelbindungen, z. B. Buta-1,3-dien als einfachster Vertreter dieser Stoffklasse.

1,3-D. sind reaktiver als Kohlenwasserstoffe mit isolierten Doppelbindungen (↗ Diene). Sie polymerisieren leicht und gehen neben der 1,2-Addition bevorzugt eine 1,4-Addition ein. Dies ist auf die Resonanz der vier sp^2-hybridisierten C-Atome zurückzuführen.

Herstellung. Zahlreiche Möglichkeiten ergeben sich durch die Dehydratisierung von 1,3- und 1,4-Diolen, die Pyrolyse von Estern dieser Diole bzw. die Dehydrierung von Alkanen und Alkenen. Wichtig ist auch die ↗ Wittig-Reaktion.

Reaktionen. Charakteristisch sind folgende ausgewählte Umsetzungen:

$CH_2{=}CH{-}CH{=}CH_2$

$+ Cl_2$ → $CH_2{=}CH{-}HCl{-}CH_2Cl$ 1,2-Addukt

$+ Cl_2$ → $ClCH_2{-}CH{=}CH{-}CH_2Cl$ 1,4-Addukt

– Addition von Halogenen wie Chlor oder Brom: Es entstehen Gemische von 1,2- und 1,4-Addukten, in denen das 1,2-Addukt kinetisch begünstigt ist, letztlich aber das thermodynamisch stabilere 1,4-Addukt überwiegt.

– Diensynthese: In einer synchronen [4 + 2]-Cycloaddition vereinigen sich 1,3-D. mit aktivierten Alkenen in meist hohen Ausbeuten zu Cyclohexenderivaten (↗ Diels-Alder-Reaktion).

– Elektrocyclisierungen: In einer synchronen Reaktion können sich die Enden eines offenen konjugierten Systems unter Ausbildung einer σ-Bindung vereinigen:

– Polymerisation: Die Vereinigung von Dienmolekülen (Monomeren) zu Polymeren kann als 1,2- und 1,4-Polyaddition erfolgen. Verschiedene Katalysatoren begünstigen in der Technik das eine oder andere Mischpolymerisat. Im synthetischen Kautschuk aus Butadien wirken sich höhere Anteile an 1,4-Polymerisat günstig auf die allg. Eigenschaften aus.

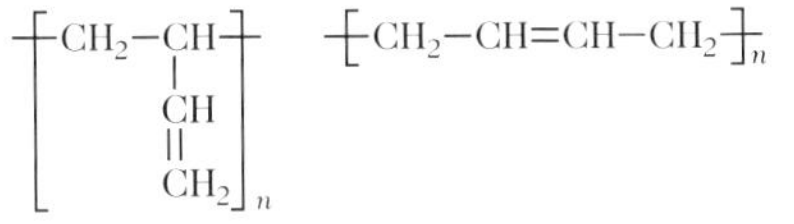

1,2-Polybutadien 1,4-Polybutadien

Dienophile, ↗ Diels-Alder-Reaktion.

Diensynthese, ↗ Diels-Alder-Reaktion.

Dieselkraftstoffe, ***Dieselöl***, ↗ Kraftstoffe.

Diethylenglycol, ***Diglycol***, $HO{-}CH_2{-}CH_2{-}O{-}CH_2{-}CH_2{-}OH$, ein zweiwertiger Alkohol, eine farblose, hygroskopische Flüssigkeit; F. –6,5 °C, Kp. 244,3 °C, n_D^{20} 1,4475. D. ist mit Wasser und Alkohol mischbar, in Benzol, Ether und Chloroform unlöslich.

D. ist stark giftig, da es sich im Organismus in Körperflüssigkeiten anreichert und osmotische Störungen verursacht. Abgebaut wird es zu Oxalsäure, die Nierenschädigungen und Störungen im Zentralnervensystem auslösen kann.

D. fällt als Nebenprodukt bei der Synthese von Ethylenglycol an und wird durch fraktionierte Destillation aus dem Rohglycolgemisch abgetrennt. Verwendet wird es als Weichmacher, Glycerinersatz und Textilhilfsmittel sowie als Heizbadflüssigkeit.

Diethylenglycoldinitrat, ***Diglycoldinitrat***, ***Dinitrodiglycol***, $O(CH_2{-}CH_2{-}O{-}NO_2)_2$, eine ölige Flüssigkeit, die zur Explosion neigt; Kp. ≈ 160 °C (Explosion). Die Sprengkraft von D. beträgt nur etwa ⅔ von der des Glycerintrinitrats, es ist auch weniger schlagempfindlich. D. kann mit Collodiumwolle gelatiniert werden und ist Bestandteil rauchschwacher Schießpulver.

Diethylether, ***Ethylether***, kurz ***Ether***, $CH_3{-}CH_2{-}O{-}CH_2{-}CH_3$, eine wasserhelle, farblose, leichtbewegliche Flüssigkeit mit dem charakteristischen etherartigen Geruch; F. –116,2 °C, Kp. 34,5 °C, n_D^{20} 1,3526, Flammpunkt –40 °C, Selbstentzündungstemperatur 186 °C. D. ist wenig löslich in Wasser, aber mischbar mit organischen Lösungsmitteln. Er verdunstet sehr leicht, ist leicht entflammbar und verbrennt mit wenig leuchtender Flamme. D. kann wenig Wasser gelöst enthalten. Mit metallischem Natrium, mit dem D. nicht reagiert, kann D. getrocknet werden. (Nach Vortrocknung Einpressen von Natriumdraht.) D. ist ein indifferentes Lösungsmittel und löst viele organische und anorganische Stoffe, z. B. Fette, Öle, Harze, organische Neutralstoffe, Alkaloide, Phosphor, Schwefel, Brom und Iod. Er mischt sich auch mit starken wäßrigen Mineralsäuren, z. B. konz. Salzsäure, unter Bildung löslicher Oxoniumsalze (↗ Ether).

Etherdämpfe sind spezifisch schwerer als Luft, bilden aber mit Luft schon ab 1,8 Vol.-% sehr explosive Gemische. Ether lädt sich beim Schütteln leicht elektrisch auf. Umfüllung größerer Mengen darf daher nur mit elektrisch geerdeten Geräten durchgeführt werden. Um Peroxidbildung zu vermeiden, ist Ether in braunen Flaschen luftdicht aufzubewahren.

Die Inhalation von Etherdämpfen erzeugt in geringen Konzentrationen einen rauschartigen Zustand, höhere Dosierungen können über Bewußtlosigkeit zur Lähmung des Atemzentrums und des Kreislaufes führen, die den Tod zur Folge haben. Bei chronischen Vergiftungen treten die gleichen Symptome auf wie bei chronischem Alkoholismus.

Die Herstellung von D. erfolgt in der Technik aus Ethen und Schwefelsäure oder aus Ethanol und Schwefelsäure, bei der Herstellung von D. zur Narkose durch Überleiten von Ethanoldämpfen über Aluminiumoxid bei 240 bis 260 °C.

Die Anwendung von D. als Inhalationsnarkotikum in der Medizin ist wegen der relativ langen Abklingzeiten und unangenehmen Nachwirkungen, wie Erbrechen und Unruhe, eingeschränkt worden. D. wird kaum noch als Mononarkotikum eingesetzt. Eine Mischung von 3 Teilen Ethanol und 1 Teil D. ist als Hoffmannstropfen bekannt und wirkt belebend. Auch in der Technik ist D. als Lösungs- und Extraktionsmittel weitgehend durch weniger feuer- und explosionsgefährdete Lösungsmittel verdrängt worden.

Diethylketon, *Pentan-3-on*, CH_3–CH_2–CO–CH_2–CH_3, eine farblose, acetonartig riechende, leicht brennbare Flüssigkeit; F. –39,8 °C, Kp. 101,7 °C, n_D^{20} 1,3924, Flammpunkt 12 °C. D. ist in Wasser schwer, in den meisten organischen Lösungsmitteln leicht löslich. Die Herstellung erfolgt durch Hydroformylierung von Ethen oder durch Kondensation von Propionsäure in Gegenwart verschiedener Metalloxidkatalysatoren. D. wird vorwiegend als Lösungsmittel für Lacke, Fette und Wachse, als Entparaffinierungsmittel für Erdölfraktionen sowie als Synthesebaustein in der organischen Chemie verwendet.

***N,N*-Diethyl-*p*-phenylendiamin,** *p-Amino-N,N-diethylanilin*, eine gelbe, ölige Verbindung; Kp. 260 bis 262 °C.

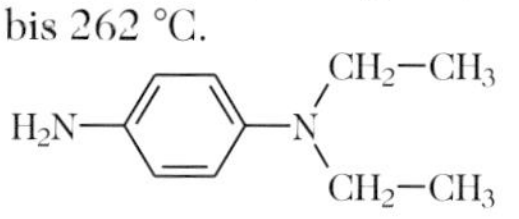

N,N-D. ist in Benzol leicht löslich. Es wird durch Reduktion von *p*-Nitroso-*N,N*-diethylanilin mit Zink und Salzsäure hergestellt. *N,N*-D. hat große Bedeutung als Entwickler in der Farbphotographie sowie für die Herstellung einer Vielzahl von Farbstoffen, z. B. Indophenolen, Indaminen, Azin- und Thiazinfarbstoffen.

Diethylstilbestrol, ↗ Östrogene.

Diethylsulfat, *Schwefelsäurediethylester*, $(C_2H_5O)_2SO_2$, ein giftiges, nach Pfefferminz riechendes, in Wasser unlösliches Öl; F. –24,5 °C, Kp. 208 °C (Z.), n_D^{20} 1,4004. D. wirkt mutagen und im Tierversuch cancerogen. Man erhält es durch Umsetzung von Ethanol mit konz. Schwefelsäure oder durch Einleiten von Ethen in kalte konz. Schwefelsäure. Es wird als Ethylierungsmittel verwendet.

***N,N'*-Diethylthioharnstoff,** C_2H_5–NH–CS–NH–C_2H_5, alkohollösliche Kristalle; F. 78 °C. *N,N'*-D. entsteht bei der Einwirkung von Schwefelwasserstoff auf Ethylisothiocyanat, technisch durch Erhitzen von Ethylamin und Schwefelkohlenstoff. Er dient als Korrosionsinhibitor und ist ferner Zwischenprodukt bei der Herstellung von PSM-Wirkstoffen.

Difenacoum, ↗ Rodentizide.

Difethialone, ↗ Rodentizide.

Difex-Verfahren, ein Verfahren zur Gewinnung von Butadien durch ↗ Extraktivdestillation.

Differentialreaktor, *Differentialkreislaufreaktor*, vorwiegend ein Versuchsreaktor, bei dem nur ein Teilumsatz der Reaktionspartner angestrebt wird. Mit Hilfe des differentiellen Umsatzes ist es möglich, die Reaktionswärme besser zu- oder abzuführen und den Reaktor isotherm zu betreiben. Der D. wird vor allem für die Untersuchung heterogen katalysierter Reaktionen eingesetzt.

Differentialzentrifugation, ein Verfahren der Ultrazentrifugation (↗ Zentrifugieren), bei dem eine Probe durch eine homogene Lösung zentrifugiert wird und entsprechend den gewählten Bedingungen die gewünschte Substanz sedimentiert. Ein gutes Trennergebnis wird nur dann erreicht, wenn die verschiedenen Komponenten einer Probe eine große Differenz in ihren Sedimentationsraten zeigen.

Differenz-Puls-Polarographie, ↗ Polarographie.

Differenzthermoanalyse, *DTA*, thermoanalytische Methode, bei der die von einer Probe während eines geregelten Aufheizvorgangs aufgenommene oder abgegebene Wärmemenge bestimmt wird. Mit Hilfe von Thermoelementen wird die Temperaturdifferenz zwischen der Probe und einer Referenzsubstanz (z. B. Al_2O_3, SiC), die sich im selben Ofen befindet, gemessen und gegen die Temperatur der Referenzsubstanz aufgetragen. Die Abb. zeigt das Differenzthermogramm, das beim Erhitzen von Calciumoxalatmonohydrat erhalten wird. Die Maxima entsprechen exothermen, die Minima endothermen Prozessen, die chemischer oder physikalischer Natur sein können. Mögliche physikalische Prozesse, die zu Peaks im Differenzthermogramm führen können, sind z. B. Adsorption, Desorption, Phasenumwandlungen. Die Temperaturen, bei denen die Peaks auftreten, sind für die betreffenden Vorgänge qualitativ charakteristisch. Die Flächen unter den Peaks sind ein Maß für die umgesetzte Wärmemenge und damit nach entsprechender Eichung für die Menge des Stoffes bzw. seinen Anteil in einem Gemisch.

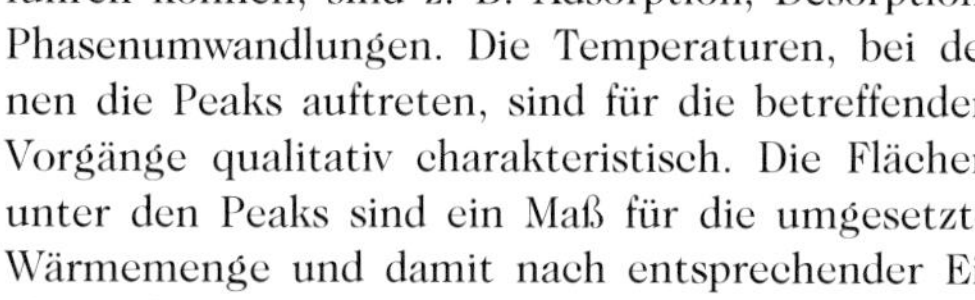

Differenzthermoanalyse. Abb.: Differenzthermogramm von $CaC_2O_4 \cdot H_2O$ in Gegenwart von O_2.

Mit der D. können neben Phasenumwandlungen auch Rekristallisationsprozesse in glasartigen Stoffen, die Ausheilung von Gitterstörungen, die Desorption von Gasen und chem. Reaktionen in kondensierten Stoffen untersucht werden. Es lassen sich mit der D. auch Polymere untersuchen, da diese auch in Gemischen charakteristische Peaks zeigen.

Die D. kann mit der ↗ Thermogravimetrie gekoppelt werden, bei der die Masseänderung einer Probe bestimmt wird, z. B. wenn eine Oxidation der Probe erfolgt.

Diffusion, der Stofftransport in Gasen, Flüssigkeiten oder Festkörpern unter dem Einfluß von Konzentrationsdifferenzen. Die D. erfolgt spontan aufgrund der mikroskopischen Teilchenbewegung. Sie strebt den Ausgleich von Konzentrationsunterschieden an. Die D. ist ein irreversibler Prozeß, der mit einer Entropiezunahme verknüpft ist und nur unter Arbeitsaufwand rückgängig gemacht werden kann.

In Gasen und Flüssigkeiten ergibt sich aus der regellosen thermischen Bewegung der Teilchen im statistischen Mittel ein Stofftransport in Richtung der niedrigeren Konzentration. In kristallinen Festkörpern existieren verschiedene Diffusionsmechanismen: 1) direkter Austausch von zwei Kristallbausteinen (Platzwechsel), 2) Wanderung über Zwischengitterplätze, 3) Wanderung über unbesetzte Gitterplätze (Leerstellenmechanismus), 4) Wanderung entlang von Gitterversetzungen oder an Korngrenzen, 5) Platzwechselvorgänge an Kristalloberflächen (Oberflächendiffusion) oder in den Poren von porösen Festkörpern (Porendiffusion).

Die *Diffusionsgeschwindigkeit* wächst im allg. mit der Temperatur, da die Teilchen sich schneller bewegen und sinkt mit steigender Dichte. In Festkörpern verläuft die D. erst bei Temperaturen in der Nähe des Schmelzpunktes mit merklicher Geschwindigkeit, da die Anzahl der Fehlstellen dann erheblich ansteigt.

Die mathematische Behandlung der D. erfolgt mit Hilfe der *Fickschen Gesetze*. Das *1. Ficksche Gesetz* gilt für den Fall eines stationären, d. h. zeitlich und örtlich konstanten Konzentrationsgefälles dc/dx. Es lautet $dn/dt = -DA(dc/dx)$. Dabei ist dn/dt die Diffusionsgeschwindigkeit, d. h. die Stoffmenge dn, die in der Zeit dt durch eine Fläche A in Richtung der Ortskoordinate x diffundiert. D ist der *Diffusionskoeffizient*, der meist in der Einheit $cm^2\,s^{-1}$ angegeben wird. Die Annahme, daß D konzentrationsunabhängig ist, wird nur für Gase und stark verd. Lösungen gut erfüllt. Ist das Konzentrationsgefälle räumlich und zeitlich nicht konstant (*instationäre D.*), dann gilt das *2. Ficksche Gesetz*. Für den eindimensionalen Fall der D. in x-Richtung lautet es $(\partial c/\partial t)_x = D(\partial^2 c/\partial x^2)_t$.

Die Lösungen dieser Differentialgleichungen hängen von den Randbedingungen des jeweiligen Diffusionsvorganges ab und beschreiben, wie sich die Konzentrationen in Abhängigkeit vom Ort und der Zeit ändern.

Ist der Diffusionskoeffizient konzentrations- und damit ortsabhängig, muß die allgemeine Transportgleichung

$$(\partial c/\partial t)_t = \frac{\partial}{\partial x}\left(D\frac{\partial c}{\partial x}\right)_t$$ zur Beschreibung der D. verwendet werden.

Die Diffusionskoeffizienten in Gasen, Flüssigkeiten und Festkörpern unterscheiden sich um viele Zehnerpotenzen. Dabei muß man zwischen *Selbstdiffusion* (Platzwechsel einer Teilchensorte) und *Gegendiffusion* unterscheiden. Die Gegendiffusion ist die D. verschiedener Stoffe gegeneinander, z. B. bei Vermischung von zwei Stoffen.

Die kinetische Gastheorie liefert für den Selbstdiffusionskoeffizienten eines Gases $D = v\,l/3$, wobei v die mittlere Teilchengeschwindigkeit und l die mittlere freie Weglänge bedeuten. Für den Gegendiffusionskoeffizienten zweier Stoffe 1 und 2 (mit den Teilchendichten N_1, N_2 ergibt sich $D_{12} = (N_1 v_1 l_1 + N_2 v_2 l_2)/3(N_1 + N_2)$. Für leichte Gase mit annähernd gleicher mittlerer Geschwindigkeit und freier Weglänge ist $D_{12} \cong D$.

Diffusionskoeffizienten in flüssiger Phase können nach der *Einstein-Stokes-Gleichung* $D = kT/6\pi\eta r$ abgeschätzt werden. Dabei ist η die Viskosität, k die Boltzmann-Konstantze und r der Radius kugelförmiger Teilchen. In Festkörpern gilt für die Temperaturabhängigkeit $D = D_0 e^{-E_D/RT}$. Dabei ist E_D eine Aktivierungsenergie der Diffusion, die etwa 150 bis 500 kJ mol^{-1} beträgt, D_0 ist eine Konstante. Die Beziehung ist auf Flüssigkeiten übertragbar. Die E_D-Werte liegen dann bei 5 bis 20 kJ mol^{-1}.

Die D. spielt ebenso wie der Wärmetransport bei großtechnischen Reaktionen eine zentrale Rolle. Bei den meisten Festkörperreaktionen und schnellen Vorgängen in Lösung wird die Reaktionsgeschwindigkeit durch die Diffusionsgeschwindigkeit bestimmt (↗ Diffusionskontrolle). Stofftrennprozesse sowie Vakuum-Diffusionspumpen basieren auf einer Nutzung der D.

Eine besondere Form der D. erfolgt in hochverdünnten Gasen, in denen die mittlere freie Weglänge der Teilchen groß gegenüber den Gefäßabmessungen ist. Dann finden praktisch keine Stöße zwischen den Molekülen, sondern nur solche mit der Wand statt. Der Ausgleich von Konzentrations- und Druckunterschieden erfolgt wesentlich langsamer als bei Normaldiffusion. Man spricht von *Knudsen-Diffusion* (*Knudsen-Strömung*). Ein weiterer Sonderfall der D. ist die ↗ Thermodiffusion.

Diffusionskoeffizient, ↗ Diffusion.

Diffusionskontrolle, Bezeichnung für den Befund, daß die Geschwindigkeit einer chem. Reaktion nicht durch die eigentliche chem. Wechselwirkung, sondern durch den Transport der reagierenden Teilchen zueinander (die Diffusion) bestimmt wird.

Festkörperreaktionen sind zum überwiegenden Teil diffusionsbestimmt. In Lösung besitzen diffusionskontrollierte Reaktionen (z. B. Radikal- und Ionenkombinationen) die höchsten möglichen Geschwindigkeitskonstanten (maximal in der Größenordnung von 10^{11} dm^3 mol^{-1} s^{-1}). Ihre Temperaturabhängigkeit entspricht der des Diffusionskoeffizienten: $D = D_0 \exp(-E_D/RT)$. Dabei sind T die absolute Temperatur, R die Gaskonstante, D_0 und E_D Stoffkonstanten (↗ Diffusion). Ein Sonderfall der D. ist der ↗ Käfigeffekt.

Diffusionspotential, ***Flüssigkeitspotential***, eine ↗ Galvanispannung, die an der Grenzfläche zwischen zwei Elektrolytlösungen auftritt.

Diffusionsstrom, ***Diffusionsgrenzstrom***, elektrischer Strom in einer Elektrolysezelle, dessen Größe durch Diffusion zur oder von der Elektrode bestimmt wird (↗ Polarographie).

Diffusionsthermoeffekt, Umkehr der ↗ Thermodiffusion.

Diflubenzuron, ↗ Acylharnstoffinsektizide.

Diflufenican, ↗ Chlorotika-Herbizide.

Digitalisglycoside, die zu den herzwirksamen Glycosiden gehörenden ↗ Purpureaglycoside und ↗ Lanataglycoside.

Digitanolglycoside, ↗ Purpureaglycoside.

Digitonin, das Hauptsaponin des roten Fingerhuts *Digitalis purpurea*. Das handelsübliche, zu etwa 2% aus den Samen von *Digitalis purpurea* isolierbare Saponingemisch enthält nur etwa 40 % reines D. An das Aglykon Digitogenin ist in 3-Stellung ein verzweigter Pentasaccharidrest glycosidisch gebunden. D. dient zur Isolierung und quantitativen Bestimmung von Sterinen, insbesondere Cholesterin. Sterine mit einer 3*β*-Hydroxygruppe bilden mit D. schwerlösliche Komplexe (Digitonide), die im Unterschied zum D. nicht mehr hämolytisch wirksam sind.

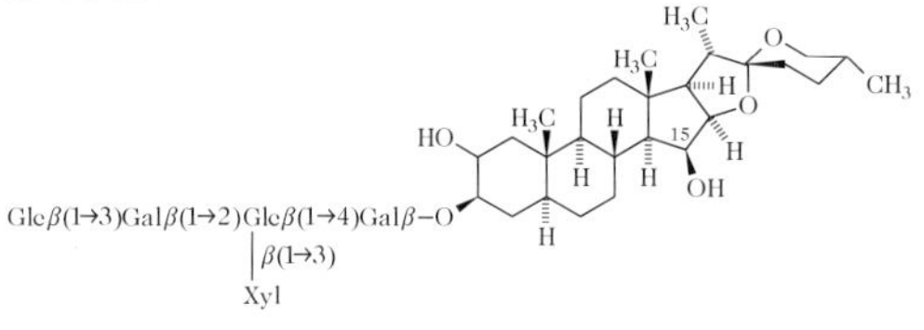

Digitoxigenin, ↗ Lanataglycoside, Tab., ↗ Purpureaglycoside, Tab.

Digitoxin, ↗ Purpureaglycoside, ↗ Lanataglycoside, Tab.

Diglycol, ↗ Diethylenglycol.

Diglycolpulver, ↗ rauchschwache Pulver.

Diglycolsäure, ***2,2'-Oxydiessigsäure***, HOOC–CH_2–O–CH_2–COOH, bildet als Monohydrat farb- und geruchlose, monokline Prismen; F. 148 °C. D. kann nicht unzersetzt destilliert werden. Sie ist in Wasser und Alkohol leicht, in Ether schwerer löslich. D. ist stärker sauer als Essigsäure. Die Herstellung erfolgt durch Umsetzung von Chloressigsäure mit Bariumhydroxid. D. wird als Koagulierungsmittel und für organische Synthesen verwendet. Ihre Ester werden als Weichmacher eingesetzt.

Digoxigenin, ↗ Lanataglycoside, Tab.

Digoxin, ↗ Lanataglycoside.

Dihydralazin, ein Bishydrazinoderivat des Phthalazins. Es wirkt über zentrale und periphere Angriffspunkte als ↗ Antihypertensivum.

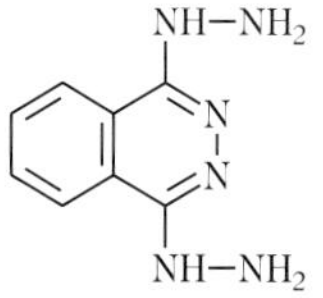

Dihydrogenkomplexe, ↗ Diwasserstoffkomplexe.

Dihydropyrimidinase, ↗ Hydantoinase.

Dihydrotachysterin, eine Verbindung, die durch partielle Hydrierung des bei der Vitamin-D_2-Synthese aus Ergosterin als Nebenprodukt entstehenden Tachysterols erhalten wird. D. erhöht den Blutcalciumspiegel und hat damit eine ähnliche Wirkung wie Parathormon. Es kann an dessen Stelle zur Substitutionstherapie eingesetzt werden.

Dihydroxyaceton, ***1,3-Dihydroxypropan-2-on***, $HOCH_2$–CO–CH_2OH, die einfachste Ketose; F. etwa 80 °C, leicht löslich in Wasser. D. entsteht bei der enzymatischen Dehydrierung von Glycerin. Bei der nichtenzymatischen Oxidation von Glycerin entsteht ein Gemisch von Glycerinaldehyd und D. Das Monophosphat des D. ist ein Intermediat des Kohlenhydratstoffwechsels. D. erzeugt auf der Haut eine Braunfärbung, die durch Reaktion mit den freien Aminogruppen der Haut zustande kommt.

3,4-Dihydroxybenzaldehyd, ↗ Protocatechualdehyd.

2,5-Dihydroxybenzoesäure, ↗ Gentisinsäure.

Dihydroxybenzole, ↗ Brenzcatechin, ↗ Hydrochinon, ↗ Resorcin.

5,8-Dihydroxy-1,4-naphthochinon, ein früher als ***Naphthazarin*** bezeichneter Chinonfarbstoff, kristallisiert in braunen, grünlich glänzenden Nadeln; F. 237 °C. D. ist in Wasser und Ether nur wenig, in Alkohol besser löslich. D. stellt einen vorzüglichen Beizenfarbstoff dar, der in der Wollfärberei und im Zeugdruck verwendet wird, meist als Hydrogensulfitverbindung.

3,4-Dihydroxyphenylalanin, ↗ L-Dopa.

2,3-Dihydroxypropanal, ↗ Glycerinaldehyd.

Diiodmethan, ↗ Methyleniodid.

Diketen, ***Vinylessigsäure-β-lacton***, ***1,3-But-3-enolid***, ein Dimerisierungsprodukt des Ketens, farblose Flüssigkeit von stechendem Geruch; F. –7,5 °C, Kp. 127 °C. D. ist sehr reaktionsfähig und muß als Flüssigkeit durch Zusatz von Hydrochinon stabilisiert werden. Durch Addition von Ethanol an D. entsteht Acetessigsäureethylester, durch Erhitzen auf etwa

500 °C zerfällt es wieder zu Keten. Man gewinnt D. durch vorsichtiges Erwärmen von verflüssigtem Keten in Gegenwart von Aluminiumchlorid.

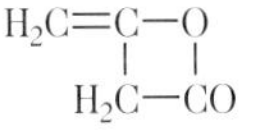

Diketone, ↗ Dicarbonylverbindungen. Man unterscheidet zwischen 1,2- oder α-, 1,3- oder β-, 1,4- oder γ-D. usw. Wie alle bifunktionellen Carbonylverbindungen sind D. wichtige Synthesebausteine besonders für Heterocyclen und carbocyclische Verbindungen.

Dilatanz, die Erscheinung, daß Kolloide bei mechanischer Einwirkung erstarren und im Ruhezustand wieder dünnflüssig werden, z. B. Laufen auf nassem Sand. Gegensatz: ↗ Thixotropie.

Diltiazem, ↗ Calciumantagonisten.

Dimedon, *5,5-Dimethylcyclohexan-1,3-dion*, ein substituiertes alicyclisches 1,3-Diketon. D. ist eine wasserdampfflüchtige Verbindung, die aus Wasser in gelben Nadeln, aus Alkohol in farblosen Prismen kristallisiert; F. 148 bis 149 °C. D. ist in Wasser schwer, in Alkohol und Chloroform leicht löslich. D. wird aus Mesityloxid und Malonsäurediethylester hergestellt. Dabei bildet sich durch ↗ Michael-Addition und nachfolgende ↗ Claisen-Kondensation der entsprechende Cyclohexancarbonsäureethylester, der durch Ketonspaltung in D. umgewandelt werden kann. D. wird als empfindliches Nachweisreagens für Aldehyde verwendet, mit denen es schwerlösliche, kristalline Derivate bildet.

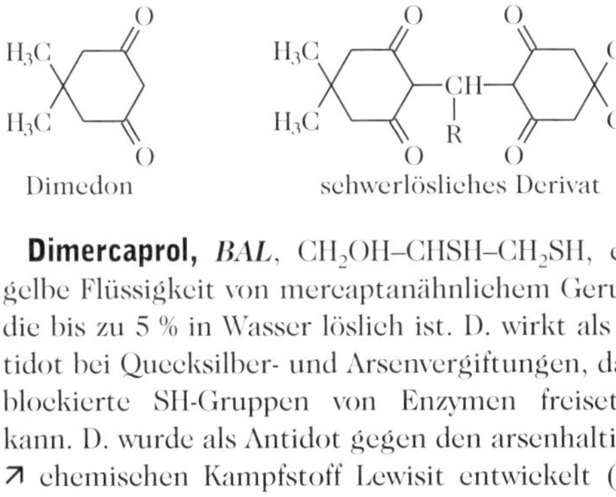
Dimedon schwerlösliches Derivat

Dimercaprol, *BAL*, $CH_2OH–CHSH–CH_2SH$, eine gelbe Flüssigkeit von mercaptanähnlichem Geruch, die bis zu 5 % in Wasser löslich ist. D. wirkt als Antidot bei Quecksilber- und Arsenvergiftungen, da es blockierte SH-Gruppen von Enzymen freisetzen kann. D. wurde als Antidot gegen den arsenhaltigen ↗ chemischen Kampfstoff Lewisit entwickelt (British-Anti-Lewisit).

Dimere, ↗ Polymere.

3,4-Dimethoxybenzaldehyd, ↗ Veratrumaldehyd.

1,2-Dimethoxybenzol, ↗ Vertraol.

Dimethylamin, ↗ Methylamine.

4-(Dimethylamino)-azobenzol, *Dimethylgelb, Buttergelb*, gelbe Kristalle, die in Wasser unlöslich, in Alkohol, Ether, Eisessig, Benzol und Pyridin löslich sind; F. 117 °C. 4-D. kann durch Azokupplung aus Benzoldiazoniumchlorid und *N,N*-Dimethylanilin in schwach saurer Lösung hergestellt werden. Es wird als Indikator in der analytischen Chemie verwendet. 4-D. wurde früher zur Gelbfärbung von Butter verwendet.

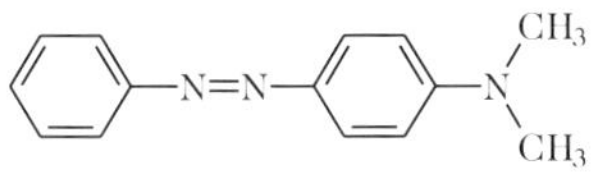

Da es beim Verfüttern größerer Mengen an Ratten Blasenkrebs hervorruft, wurde der Einsatz von 4-D. in Lebensmitteln ab 1938 in Deutschland verboten. Neuere Untersuchungen zur cancerogenen Wirksamkeit des 4-D. an höheren Tieren, z. B. Kaninchen und Affen, sind bisher ohne gesundheitliche Schäden für diese Tiere verlaufen.

4-Dimethylaminopyridin, eine farblose, kristalline Verbindung; F. 112 bis 113 °C. Es ist gut löslich in Methanol, Aceton, Essigester und Chloroform, wenig löslich in Cyclohexan und Wasser. 4-D. wird technisch durch Umsetzung des aus Pyridin und Thionylchlorid leicht zugänglichen 1-(4-Pyridino)-pyridiniumdichlorids mit Dimethylformamid dargestellt. 4-D. ist ein etwa 10^4fach wirksamerer Acylierungskatalysator als Pyridin. Es wird in zunehmendem Maße bei Acylierungen eingesetzt, die mit Pyridin als Katalysator nicht oder nur unvollständig ablaufen. Der außerordentlich hohe katalytische Effekt beruht darauf, daß auch in unpolaren Lösungsmitteln eine hohe Konzentration an *N*-Acylpyridiniumsalz erreicht wird.

***N,N*-Dimethylanilin,** ↗ *N*-Methylaniline.

Dimethylaniline, ↗ Xylidine.

Dimethylbenzidine, ↗ Tolidine.

Dimethylbenzole, ↗ Xylole.

3,3-Dimethylbutan-2-on, ↗ Pinacolon.

Dimethyldiimid, ↗ Azomethan.

Dimethylether, *Methylether*, $CH_3–O–CH_3$, ein farbloses, feuergefährliches, narkotisch wirkendes Gas mit typischem Ethergeruch; F. –138,5 °C, Kp. –23 °C. 1 l Wasser löst bei 18 °C 37 l D. Mit Luft bildet das Gas explosive Gemische. Verwendet wird D. für Methylierungsreaktionen, gegebenenfalls als Treibgas für Aerosole.

Dimethylformamid, Abk. *DMF*, $O=CH–N(CH_3)_2$, eine farblose, schwach hygroskopische, polare Flüssigkeit; F. –60,5 °C, Kp. 153 °C, n_D^{20} 1,4305. D. ist in Wasser und den meisten organischen Lösungsmitteln leicht, in aliphatischen Kohlenwasserstoffen schwer löslich. Bei Abwesenheit von Säuren oder Laugen ist D. sehr hydrolysebeständig. Mischungen von D. mit einer Reihe halogenierter Kohlenwasserstoffe, z. B. Tetrachlorkohlenstoff, können bei erhöhten Temperaturen explosionsartig reagieren; Eisensalze katalysieren diese Reaktionen.

D. wirkt haut- und besonders schleimhautreizend, es kann durch die Haut vom Körper aufgenommen werden und Leberschädigungen verursachen.

Die technische Herstellung von D. erfolgt durch Umsetzung von Ameisensäuremethylester mit Dimethylamin oder aus Kohlenmonoxid und Dimethylamin in Gegenwart von Katalysatoren. D. ist ein ausgezeichnetes dipolar-aprotisches Lösungsmittel, das in beträchtlichen Mengen in der chem. Industrie und Forschung Verwendung findet. Es eignet sich besonders als Lösungsmittel für Polymere und zahlreiche anorganische Salze, für Gase, z. B. Ethen, Ethin, Schwefelwasserstoff, Schwefeldioxid und Chlorwasserstoff, sowie für eine Reihe von Farbstoffen. Außerdem wird D. bei der ↗ Vilsmeier-Haack-Reaktion als Synthesekomponente zur Einführung der Formylgruppe in organische Verbindungen eingesetzt.

Dimethylgelb, ↗ 4-(Dimethylamino)azobenzol.

Dimethylglyoxim, *Diacetyldioxim*, CH_3–C(=N–OH)–C(=N–OH)–CH_3, das Dioxim eines 1,2-Diketons. Es bildet nadelförmige, farblose Kristalle; F. 245 bis 246 °C, Sbp. etwa 234 °C. D. ist in Wasser unlöslich, in Alkohol, Ether und Aceton leicht löslich. D. wird hauptsächlich aus Diacetyl und Hydroxylamin oder aus Methylethylketon hergestellt. Die alkoholische Lösung von D. wird als *Tschugaeffs Reagens* für die qualitative und quantitative Bestimmung von Nickel verwendet.

***N,N'*-Dimethylharnstoff,** CH_3–NH–CO–NH–CH_3, eine hygroskopische, farblose, kristalline Verbindung; F. 108 °C, Kp. 268 bis 270 °C. *N,N'*-D. ist in Wasser und Alkohol löslich, in Ether löst er sich schwer. Er kann durch Umamidierung von Harnstoff oder aus Phosgen bzw. Methylisocyanat und Methylamin hergestellt werden: CH_3–N=C=O + CH_3–NH_2 → CH_3–NH–CO–NH–CH_3. *N,N'*-D. wird zur Herstellung von Purinderivaten, z. B. von Coffein und Theophyllin, sowie von Harnstoff-Formaldehyd-Harzen verwendet.

***N,N*-Dimethyl-4-nitrosoanilin,** ↗ *p*-Nitrosodimethylanilin.

Dimethylphenole, ↗ Xylenole.

2,2-Dimethylpropansäure, ↗ Valeriansäuren.

Dimethylpyridine, ↗ Lutidine.

2,6-Dimethylpyron, *2,6-Dimethyl-γ-pyron*, *2,6-Dimethyl-4H-pyran-4-on*, ein leicht zugängliches Pyranderivat. Es bildet farblose Kristalle; F. 135 °C, Kp. 248 bis 250 °C. 2,6-D. ist leicht löslich in Wasser, Alkohol und Ether. Man stellt 2,6-D. durch Er-

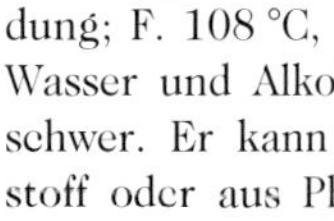

hitzen von ↗ Dehydracetsäure mit verd. Mineralsäuren dar. 2,6-D. bildet mit Säuren gut kristallisierende Salze, z. B. das Hydrochlorid, F. 154 °C, die gegen Hydrolyse stabil sind. Mit Kupfer- oder Zinkchlorid werden Additionsverbindungen erhalten (Prototyp von Oxoniumsalzen) ↗ Pyryliumsalze.

Dimethylsulfat, *Schwefelsäuredimethylester*, $(CH_3O)_2SO_2$, eine farblose, viskose, brennbare Flüssigkeit; F. –31,7 °C, Kp. 188–189 °C, n_D^{20} 1,3874. D. ist in Wasser und Alkanen schwer, in Alkohol, Aceton, Dioxan, Ether, Estern, Arenen und Chlorkohlenwasserstoffen leicht löslich. Man erhält D. durch Umsetzung von Methanol mit rauchender Schwefelsäure. D. ist ein bekanntes Methylierungsmittel, wobei in Gegenwart von Alkalilauge acide Wasserstoffatome von Hydroxy-, Thiol-, Amino- oder Iminogruppen durch die Methylgruppe substituiert werden. Dabei wird nur eine Methylgruppe je Molekül D. abgegeben. Alkohole werden vorteilhaft durch Phasentransferkatalyse methyliert.

D. ist ein starkes Gift und darf nur unter gut wirksamen Abzügen eingesetzt werden. Die Toxizität beruht auf der Hydrolyse der Verbindung zu Methanol und Schwefelsäure im menschlichen Organismus (Aufnahme von Dämpfen über die Lunge oder Flüssigkeit durch die Haut).

Dimethylsulfid, *Dimethylthioether*, CH_3–S–CH_3, eine farblose, brennbare, giftige und penetrant riechende Flüssigkeit; F. –98 °C, Kp. 37 °C. D. ist unlöslich in Wasser, löslich in Ethanol und Ether. Es kommt natürlich vor in Kaffee-, Kakao- und anderen Aromen und ist auch als Insektenpheromon nachgewiesen. Synthetisch ist D. zugänglich durch Umsetzung von Dimethylether mit Schwefelwasserstoff bzw. durch die bekannten Synthesen für Sulfide (↗ Thioether). D. wird zur Synthese von Dimethylsulfoxid, Methionin, Tensiden und anderen Schwefelverbindungen verwendet. Außerdem dient es zur Gasodorierung.

Dimethylsulfon, nach IUPAC *Methylsulfonylmethan*, CH_3–SO_2–CH_3, farb- und geruchlose Kristalle; F. 110 °C, Kp. 238 °C. D. ist wasserlöslich. Es kommt natürlich in Kuhmilch und im menschlichen Harn vor. Synthetisch ist es durch Oxidation von Dimethylsulfid mit Wasserstoffperoxid im Überschuß oder mit konz. Salpetersäure zugänglich. Verwendet wird es als Lösungsmittel für Polymere und andere anorganische und organische Verbindungen, ferner als Weichmacher.

Dimethylsulfoxid, nach IUPAC *Methylsulfinylmethan*, CH_3–SO–CH_3, eine farb- und geruchlose, hygroskopische Flüssigkeit; F. 18,4 °C, Kp. 189 °C, n_D^{20} 1,4770. D. ist in Wasser und vielen organischen Lösungsmitteln löslich, unlöslich dagegen in Alkanen. Man gewinnt es technisch durch Oxidation von Dimethylsulfid mit Luftsauerstoff in Gegenwart von Distickstofftetroxid, im Labor mit Wasserstoffperoxid, Salpetersäure oder Chromsäure. D. hat aufgrund seiner hohen Dielektrizitätskonstante (ε = 46,7) und seines hohen Dipolmoments von 4,3 D sehr gute Lösungseigenschaften. Es wird deshalb als aprotonisches, dipolares Lösungsmittel für viele chemische Reaktionen eingesetzt. Zugleich ist es Extraktionsmittel, Oxidationsmittel und Basenkomponente (CH_3–SO–$\bar{C}H_2^-$, *Dimsyl-Anion*) für viele Reaktionen. Das Dimsyl-Anion ist eine starke Base und ein starkes Nucleophil. Als typisches Oxidationsmittel wirkt D. z. B. auf Halogenmethylarene so ein, daß aromatische Aldehyde entstehen. D. wird über die Haut resorbiert und wirkt als Träger (Carrier) für toxische Stoffe, aber auch für Arzneimittel. Seine Verwendung für medizinische oder kosmetische Zwecke ist umstritten.

Dimetilan, ↗ Carbamatinsektizide.

Dinitroanilinherbizide, Herbizide mit dem einheitlichen Strukturelement 2,6-Dinitroanilin. Die Wasserstoffatome der Aminogruppe sind durch Alkylreste ersetzt. Außerdem befinden sich an zwei Positionen des Ringsystems weitere Substituenten (Tab.). Die Wirkstoffe werden bevorzugt über die Wurzeln und den Keimling aufgenommen. Haupteinsatzgebiete sind Getreide, Raps, Mais, Sonnenblumen und Gemüse.

Dinitroanilinherbizide. Tab.: Wichtige Beispiele.

Name	Formel	Akute orale LD_{50} Ratte (mg/kg)
Pendimethalin	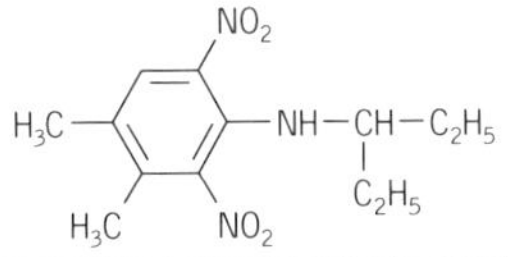	>5000
Trifluralin	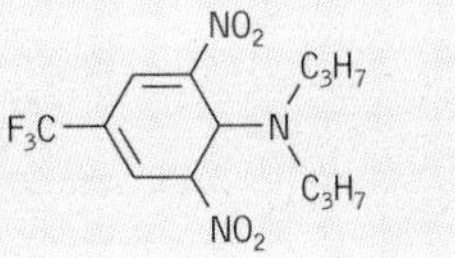	>10000
Oryzalin	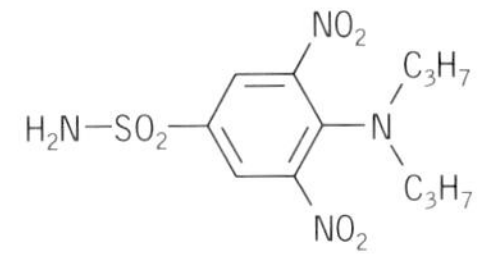	>10000

Dinitrobenzole, die drei strukturisomeren Dinitroderivate des Benzols. *1,2-(o-)Dinitrobenzol*, farblose, nadel- oder plättchenförmige Kristalle; F. 118,5 °C, Kp. 319 °C. In Wasser ist 1,2-D. praktisch unlöslich, in Alkohol, Ether und Chloroform ist es löslich. Mit Wasserdampf ist es flüchtig. Durch Reduktionsmittel kann 1,2-Dinitrobenzol in 2-Nitroanilin oder *o*-Phenylendiamin umgewandelt werden. Die Herstellung erfolgt durch Oxidation von 2-Nitroanilin bzw. durch Einwirkung von Natriumnitrit auf 2-Nitrobenzoldiazoniumsalze. Durch direkte Nitrierung von Benzol oder Nitrobenzol erhält man 1,2-D. in geringen Ausbeuten im Gemisch mit den anderen Isomeren. Es wird für organische Synthesen verwendet.

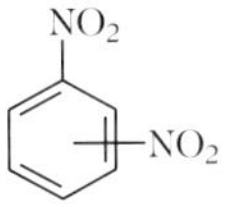
(1,2-, 1,3- oder 1,4-Position)

1,3-(m-)Dinitrobenzol, hellgelbe, plättchenförmige Kristalle; F. 90 °C, Kp. 302 °C. Es ist in Wasser wenig, in Chloroform, Aceton und Benzol gut löslich. Im Gegensatz zur 1,2- und 1,4-Verbindung ist unter analogen Bedingungen keine Nitrogruppe austauschbar. 1,3-D. ist durch direkte Nitrierung von Benzol oder Nitrobenzol leicht zugänglich. Es wird zur Herstellung von 3-Nitroanilin verwendet.

1,4-(p-)Dinitrobenzol, eine wasserdampfflüchtige, farblose, kristalline Verbindung; F. 174 °C, Kp. 299 °C. 1,4-D. ist in Wasser schwer, in Aceton, Benzol und Eisessig leicht löslich. Chemisches Verhalten und Herstellung sind ähnlich wie bei dem 1,2-Isomeren. Die toxischen Eigenschaften der D. gleichen denen des ↗ Nitrobenzols und des ↗ Anilins.

Dinitrocresol, ***2-Methyl-4,6-dinitrophenol***, gelbe, stark färbende Prismen, die mit Wasserdampf flüchtig sind; F. 87,5 °C. D. ist in Wasser wenig löslich,

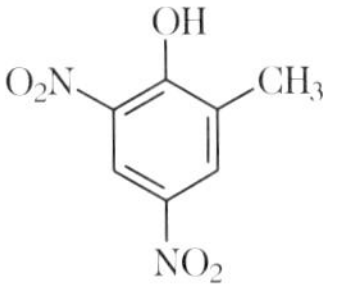

in Ethanol, Ether und Benzol löslich. Es ist stark giftig. Gewonnen wird es durch Nitrierung von *o*-Cresol mit konz. Salpetersäure in Eisessig. Verwendet wird es in Form seiner wasserlöslichen Salze als Schädlings- und Unkrautbekämpfungsmittel und als Holzimprägnierungsmittel.

Dinitrogenkomplexe, ↗ Distickstoffkomplexe.

Dinitrophenole, sechs isomere Dinitroderivate des Phenols, von denen im wesentlichen nur das *2,4-Dinitrophenol* technische Bedeutung hat. Es kristallisiert in hellgelben, wasserdampfflüchtigen Na-

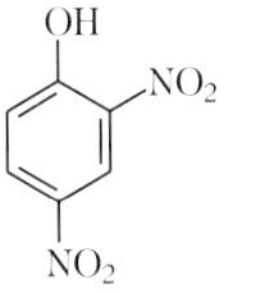

deln; F. 114 °C. In Wasser ist es wenig löslich, gut löslich in Ether, Aceton und Benzol. Hergestellt wird es durch Nitrierung von 2- oder 4-Nitrophenol mit konz. Salpetersäure. 2,4-Dinitrophenol ist eine relativ starke Säure (pK_S 4,03) und wird als Indikator verwendet (farblos pH 2,6; gelb pH 4,4), außerdem zur Herstellung von Schädlingsbekämpfungs- und Holzschutzmitteln, Azofarbstoffen, Schwefelfarbstoffen und Sprengstoffen.

2,4-Dinitrophenylhydrazin, giftige, rote Kristalle; F. 198 bis 200 °C (Z.). 2,4-D. ist in Wasser und

Alkohol schwer, in Eisessig und verd. Mineralsäuren gut löslich.

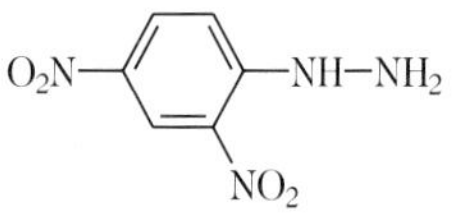

Es bildet mit Aldehyden und Ketonen gut kristallisierende 2,4-Dinitrophenylhydrazone, die zur Charakterisierung dieser Carbonylverbindungen geeignet sind. 2,4-D. wird durch Umsetzung von 1-Chlor-2,4-dinitrobenzol mit Hydrazin hergestellt.

Dinocap, ↗ Akarizide.

1,2-Diole, ↗ Glycole.

Diolefine, ↗ Diene.

Diosgenin, ***(25S)-Spirost-5-en-3β-ol***, Aglykon von Saponinen. D. wird vor allem aus den Wurzeln von *Dioscorea*-Arten isoliert, in deren Trockenmasse es zu etwa 5 bis 6 % enthalten ist. D. ist ein wichtiges Ausgangsmaterial für Steroidpartialsynthesen.

Dioxan, eine in drei Isomeren existierende sechsgliedrige heterocyclische Verbindung mit zwei Sauerstoffatomen im Ring. Praktisch bedeutend ist nur

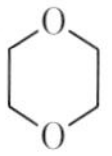

das *1,4-Dioxan, Tetrahydro-1,4-dioxin, Diethylendioxid*, eine farblose, brennbare Flüssigkeit von angenehmem Geruch; F. 11,8 °C, Kp. 101 °C, n_D^{20} 1,4224. 1,4-D. ist mit Wasser und organischen Lösungsmitteln in jedem Verhältnis mischbar. Als cyclischer Ether ist es chemisch indifferent, jedoch wegen des niedrigen Schmelzpunktes und der leichten Autoxidierbarkeit unter Bildung von Peroxiden ist im Umgang damit Vorsicht geboten; es empfiehlt sich, 1,4-D. im Dunkeln unter Luftausschluß aufzubewahren bzw. mit Reduktionsmitteln wie Eisen(II)-sulfat zu stabilisieren. Technisch gewinnt man 1,4-D. durch Dehydratisierung von Ethylenglycol oder durch Dimerisierung von Ethylenoxid. Es bildet mit Brom und Schwefeltrioxid gut kristallisierende Addukte, die als milde Bromierungs- bzw. Sulfonierungsmittel eingesetzt werden. 1,4-D. wird in großem Umfang als Lösungsmittel in der Technik und in Laboratorien verwendet.

Dioxin, ↗ 2,3,7,8-Tetrachlordibenzo-1,4-dioxin.

1,3-Dioxolan, ***Dihydro-1,3-dioxol***, eine gesättigte, fünfgliedrige heterocyclische Verbindung mit zwei Sauerstoffatomen, eine farblose Flüssigkeit; F. –95 °C, Kp. 78 °C, n_D^{20} 1,3974. Es ist in Wasser und organi-

schen Lösungsmitteln löslich. 1,3-D. und seine Derivate sind beständig gegen Basen, werden durch verd. Säuren zu Carbonylverbindungen und Diolen hydrolysiert und entstehen beim Erhitzen von Aldehyden oder Ketonen mit 1,2-Glycolen. 1,3-D. wird als Lösungsmittel verwendet.

Dioxygenasen, zu den ↗ Oxygenasen gehörende Enzyme, die den Einbau beider Atome des molekularen Sauerstoffs in organische Substrate katalysieren.

Dioxygenkomplexe, ↗ Disauerstoffkomplexe.

Dioxygenyl-Salze, Verbindungen, die das O_2^+-Kation enthalten, z. B. O_2AsF_6 und O_2PtF_6. Die Synthese erfolgt gemäß: $O_2 + AsF_5 + \frac{1}{2} F_2 \rightarrow O_2AsF_6$.

Dipenten, ↗ Limonen.

Dipeptide, aus zwei Aminosäuren aufgebaute ↗ Peptide.

Diphacinon, ↗ Rodentizide.

Diphenhydramin, ↗ Antihistaminika.

Diphenyl, ↗ Biphenyl.

Diphenylacetylen, ↗ Tolan.

Diphenylamin, ***N-Phenylanilin***, ***N-Phenylaminobenzol***, $C_6H_5–NH–C_6H_5$, ein sekundäres aromatisches Amin. D. bildet farblose, blumenartig riechende Kristalle; F. 54 bis 55 °C, Kp. 302 °C. Es ist schwer löslich in Wasser, in organischen Lösungsmitteln und in Mineralsäuren löst es sich leicht. Die Salze des D. sind in Wasser weitgehend hydrolytisch gespalten, da D. eine sehr schwache Base ist. Es ist ein wichtiges Reagens auf Salpetersäure, salpetrige Säure und deren Salze, mit denen es in saurer Lösung eine intensive Blaufärbung ergibt. D. wird hauptsächlich aus Anilin in Gegenwart unterschiedlicher desaminierender Katalysatoren hergestellt. D. wird als Zwischenprodukt in der Farbenindustrie, als Stabilisator für Glycerinnitrat und Cellulosenitrat sowie als Alterungsschutzmittel in der Gummiindustrie verwendet.

1,2-Diphenylethen, ↗ Stilben.

Diphenyletherherbizide. Durch Änderungen der Substituenten am Diphenylether entstehen Herbizide, die die Biosynthese des Chlorophylls hindern. Bei der Vorauflaufanwendung kommen die Unkräu-

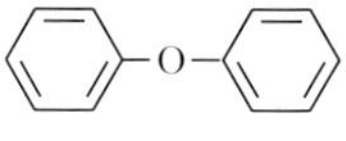

Grundstruktur

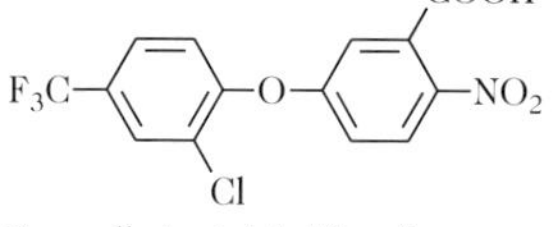

Formelbeispiel Acifluorfen

Diphenyletherherbizide. Tab.: Wichtige Beispiele.

Name	Akute orale LD_{50} Ratte (mg/kg)
Acifluorfen	1370 ... 2025
Aclonifen	>5000
Bifenox	>5000
Ethoxyfen	840 ... 960
Fluoroglycofen-ethyl	1500
Oxyfluorfen	>5000

ter beim Durchstoßen der Bodenschicht mit den Wirkstoffen in Kontakt, bei der Nachauflaufanwendung werden diese über die Blätter aufgenommen. Es erfolgt eine schnelle Inaktivierung, bei der die Etherbindung unter Bildung von Nitro- und Aminophenolen gespalten wird.

Diphenylglycolsäure, ↗ Benzilsäure.

Diphenylinumlagerung, ↗ Benzidinumlagerung.

Diphenylketen, $(C_6H_5)_2C{=}C{=}O$, eine orangefarbene Flüssigkeit; Kp. 265 bis 270 °C (Z.). Im Vakuum kann D. unzersetzt destilliert werden. Es ist in Ether und Benzol löslich. Im Gegensatz zum unsubstituierten Keten dimerisiert D. nicht spontan zum entsprechenden Diketen. Es kann durch eine ↗ Wolff-Umlagerung aus Azobenzil synthetisiert werden.

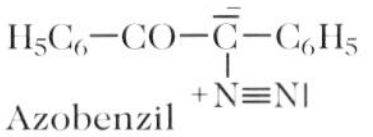

Azobenzil

Diphenylmethan, $C_6H_5{-}CH_2{-}C_6H_5$, ein aliphatisch-aromatischer Kohlenwasserstoff, farblose Nadeln mit angenehmem, orangeähnlichem Geruch; F. 25,4 °C, Kp. 264,3 °C, n_D^{20} 1,5753. D. ist unlöslich in Wasser, löslich in Ethanol und Ether. Die Herstellung ist möglich aus Benzol, Dichlormethan und Aluminiumchlorid oder aus Benzylchlorid, Benzol und Aluminiumchlorid. Beim Erhitzen von D. auf höhere Temperaturen entsteht Fluoren. D. ist der Grundkörper der *Diphenylmethanfarbstoffe* (↗ Triarylmethanfarbstoffe).

1,3-Diphenylprop-2-enon, ↗ Chalcon.

N,N'*-Diphenylthioharnstoff,** ***Thiocarbanilid, $S{=}C(NH{-}C_6H_5)_2$, farblose, blättchenförmige Kristalle, F. 154 bis 155 °C, in Wasser unlöslich, in Alkohol, Ether und Chloroform löslich. Bei der Einwirkung von Mineralsäuren wird *N,N'*-D. in Phenylisothiocyanat und Anilin gespalten. Die Herstellung erfolgt durch Umsetzung von Schwefelkohlenstoff mit Anilin in Gegenwart basischer Katalysatoren: $S{=}C{=}S + 2\ H_2N{-}C_6H_5 \rightarrow S{=}C(NH{-}C_6H_5)_2 + H_2S$. *N,N'*-D. wird als Vulkanisationsbeschleuniger, als PVC-Stabilisator, als Flotationsmittel bei der Erzaufbereitung und als Zwischenprodukt für die Herstellung von pharmazeutischen Präparaten und Farbstoffen verwendet.

1,3-Diphenyltriazen, ↗ Diazoaminobenzol.

Diphosgen, ↗ Perchlorameisensäuremethylester.

Diphosphate, ***Pyrophosphate***, die Salze der Diphosphorsäure. Man unterscheidet *saure D.*, $M^I_2H_2P_2O_7$ und *neutrale D.*, $M^I_4P_2O_7$.

Diphosphin, ↗ Phosphorwasserstoffe.

Diphosphorsäure, ***Pyrophosphorsäure***, $H_4P_2O_7$, farblose, hygroskopische, wasserlösliche Kristalle; F. 61 °C. D. ist das Anfangsglied der Reihe der ↗ Polyphosphorsäuren. Die geschmolzene Verbindung reagiert zu einer Gleichgewichtsmischung, bestehend aus Orthophosphorsäure, D. und höherkondensierten Polyphosphorsäuren. D. ist eine vierbasige Säure mit zwei leicht und zwei schwach ionisierbaren Protonen (pK_{S1} = 1,0; pK_{S2} = 2,0; pK_{S3}= 6,6; pK_{S4} = 9,6) und bildet entsprechend zwei Reihen von Salzen, die sauren und neutralen ↗ Diphosphate.

Dipikrylamin, ***2,4,6,2',4',6'-Hexanitrodiphenylamin***, Kurzbez. ***Hexyl***, ***Hexamin***, ***Hexit***, gelbe, giftige, explosive Kristalle; F. 243 °C (Z.). D. ist in Wasser, Ether und Chloroform unlöslich, in Aceton, Eisessig, Salpetersäure und Alkalien löslich. D. kann

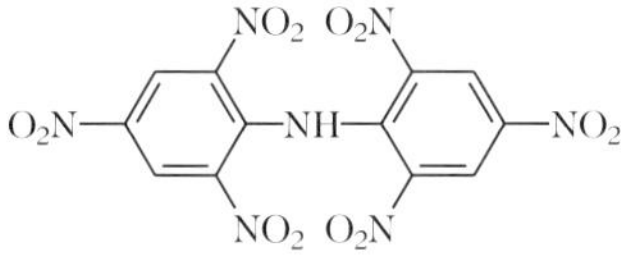

durch Nitrierung von Diphenylamin in Schwefelsäure oder besser durch Nitrieren des aus 2,4-Dinitrochlorbenzol und Anilin zugänglichen 2,4-Dinitrodiphenylamins hergestellt werden. Im zweiten Weltkrieg wurde D. als Unterwassersprengstoff verwendet. In der analytischen Chemie dient es als Reagens für die gravimetrische und kolorimetrische Bestimmung von Kalium, Rubidium, Quecksilber, Blei u. a. sowie als Fällungsreagens für Alkaloide.

1,3-dipolare Cycloaddition, eine synchrone *cis*-Addition eines 1,3-Dipolmoleküls an die Mehrfachbindung eines Dipolarophils, z. B. Alkene, Alkine, Nitrile, unter Bildung eines heterocyclischen Fünfringes:

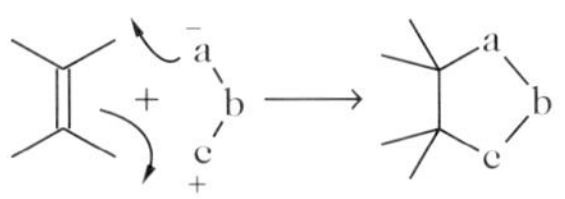

Dipolarophil + 1,3-Dipol

Eine von zahlreichen bekannten Ringschlußreaktionen ist die Umsetzung von Diazoalkanen mit Alkinen zu Pyrazolen:

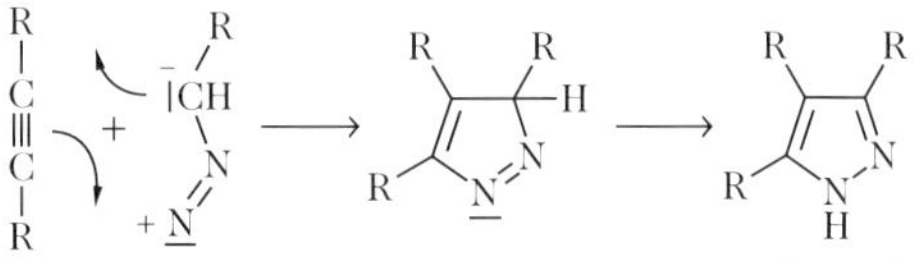

Pyrazol

Weitere Beispiele sind Reaktionen von Aziden als 1,3-Dipole mit Alkinen zu 1,2,3-Triazolen bzw. mit Nitrilen zu Tetrazolen (↗ Azole).

Dipolmoment, Produkt aus der Ladung q zweier Punktladungen von gleichem Betrag, aber entgegengesetztem Vorzeichen und dem Vektor $\boldsymbol{r}$, dessen Richtung vom positiven zum negativen Pol definiert ist und dessen Länge l dem Abstand der beiden Punktladungen entspricht: $\boldsymbol{\mu} = q\boldsymbol{r}$. Eine derartige Anordnung von zwei punktförmigen elektrischen Ladungen gleicher Größe und verschiedener Vorzeichen im Abstand l wird als *Dipol* bezeichnet. Da

Dipolmoment. Tab. 1: Dipolmoment von Molekülen in Cm.

Molekül	$\mu \cdot 10^{29}$
Wasserstoff H_2	0
Chlor Cl_2	0
Chlorwasserstoff HCl	0,36
Bromwasserstoff HBr	0,26
Iodwasserstoff HI	0,13
Kohlenmonoxid CO	0,04
Stickstoffmonoxid NO	0,05
Kohlendioxid CO_2	0
Stickstoffdioxid NO_2	0,06
Methan CH_4	0
Wasser H_2O	0,61
Schwefelwasserstoff H_2S	0,26
Methanol CH_3OH	0,56
Ethanol C_2H_5OH	0,53
Benzol C_6H_6	0
Chlorbenzol C_6H_5Cl	0,51
Benzonitril C_6H_5CN	1,38

Dipolmoment. Tab. 2: Bindungs- und Gruppendipolmomente $\mu_{A-B} \cdot 10^{29}$ in Cm (Orientierung A → B).

H–C	0,13	C–F		0,61
H–N	0,55	C–Cl	alkyl aryl	0,68 0,52
H–O	0,53	C–Br	alkyl aryl	0,68 0,51
H–S	0,22	C–I		0,6
C–O	0,97	H_3C		0,13
C–N	0,2	NO_2		1,32
C=O	0,9	C≡N		1,31

die experimentelle Bestimmung der Richtung schwierig ist, gibt man meistens nur den Betrag des D. an: $|\mu| = ql$. Die Einheit des D. ist Cm (Coulombmeter). Molekulare D. wurden früher meist in Debye-Einheiten (D) angegeben, da ihre Zahlenwerte in diesem Maßsystem zwischen 0 und 10 liegen: $1\ D = 0{,}3336 \cdot 10^{-29}$ Cm. In einem Molekül können nur die positiv geladenen Kerne als Punktladungen behandelt werden. Der aus der kontinuierlichen Ladungsverteilung der Elektronen resultierende Beitrag ist nur über die Wellenfunktion Ψ des Moleküls zugänglich. Einfache Atome sind aufgrund ihrer gleich großen Ladungen im Kern (positiv) und in der Elektronenhülle (negativ) elektrisch unpolar und zeigen nur unter der Einwirkung eines elektrischen Feldes ein geringes D. Dagegen haben viele Moleküle durch die unterschiedliche Elektronegativität der einzelnen Atome ein *permanentes D.*, das unabhängig von äußeren Feldern existiert (Tab. 1). Näherungsweise kann das permanente D. eines Moleküls durch vektorielle Addition der einzelnen *Bindungsdipolmomente* (↗ Additivitätsprinzip) berechnet werden (Tab. 2). Für Moleküle mit einsamen Elektronenpaaren muß deren atomares Moment berücksichtigt werden. Die Richtung der Bindungsdipolmomente ergibt sich aus den Elektronegativitäten der beteiligten Atome. Dipolmomentmessungen liefern wichtige Hinweise auf die Molekülstruktur. So kann aus dem Befund $\mu(CO_2) = 0$ Cm auf eine lineare Struktur des CO_2-Moleküls geschlossen werden. Die Unterscheidung zwischen *cis*- und *trans*-Isomeren des 1,2-Dichlorethens ist durch Messung des D. möglich, da nur für die *cis*-Form ein D. ($\mu = 0{,}43 \cdot 10^{-29}$ Cm) resultiert, während die *trans*-Form ein D. von Null aufweist. Abweichungen zwischen den nach der bekannten Struktur additiv berechneten Dipolmomenten von Molekülen und den experimentellen Werten deuten auf besondere Bindungsverhältnisse hin, z. B. starke Wechselwirkungen zwischen benachbarten Bindungen oder delokalisierte Bindungen. Bringt man ein Molekül in ein äußeres elektrisches Feld, so werden die Elektronen zum positiven und die Atomkerne zum negativen Pol des Feldes verschoben und als Folge resultiert ein *induziertes D.* (↗ Polarisation 2).

Dippels Öl, ein gelbes, sich bei Einwirkung von Licht braun färbendes, übelriechendes Öl. Es ist leicht löslich in Alkohol, Ether, fetten Ölen und enthält vor allem Stickstoffverbindungen, z. B. Pyridin, Anilin, Chinolin, Nitrile, Methylamine und Ammoniumsalze, ferner niedrigsiedende Fettsäuren und Alkane. D. Ö. fällt bei der Destillation von Knochenteer (↗ Teer) an. Man verwendet es zur Vergällung von Ethanol (auf 100 l Ethanol 25 cm³ D. Ö.).

Dipyridamol, ein mehrfach basisch substituiertes Homopurin. Im Homopurin ist der fünfgliedrige Ring des Purins zu einem Pyrimidinring aufgeweitet. D. wird als ↗ Koronarpharmakon verwendet. Es erweitert die Gefäße im gesunden Herzen und be-

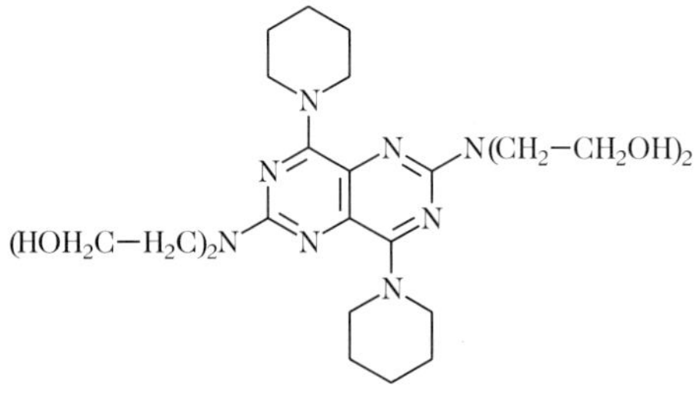

wirkt damit eine bessere Sauerstoffversorgung. Zur Behandlung eines Angina-pectoris-Anfalls ist es nicht geeignet. D. besitzt auch eine thrombocytenaggregationshemmende Wirkung.

2,2′-Dipyridyl, ***2,2′-Bipyridin***, farblose, aromatisch riechende Kristalle; F. 70 °C, Kp. 273 °C. Die Verbindung ist in Alkohol, Ether, Chloroform und Benzol leicht, in Wasser sehr wenig löslich. Man gewinnt 2,2′-D. durch Erhitzen von Pyridin mit Eisen(III)-

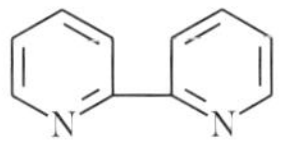

chlorid oder aus 2-Brompyridin und Kupferpulver. Mit Eisen(II)-salzlösungen gibt es eine tiefe Rotfärbung. Die entsprechenden Salze färben ungebeizte Seide und Wolle rosenrot. Weiterhin verwendet man 2,2′-D. als Reagens auf Silber, Cadmium und Molybdän. Derivate des 2,2′-D. sind wirksame Herbizide.

Diqaut, ↗ Bipyridiniumherbizide.

direkte Reaktion, Reaktion, bei der die Lebensdauer des aktivierten Komplexes so gering ist ($< 10^{-12}$ s), daß sich keine Gleichgewichtsverteilung der Energie auf die Freiheitsgrade einstellen kann (↗ Reaktionskinetik, Theorie 4).

Direktfarbstoffe, ↗ substantive Farbstoffe.

Direktor, ↗ flüssige Kristalle.

Dirhodan, ↗ Thiocyanate.

Disaccharidasen, zu den Glycosidasen gehörende Enzyme, die die Spaltung der Glycosidbindung in Disacchariden katalysieren. Bekannte D. sind die *α-1,4-Glucosidasen* (früher *Maltase*) mit Maltose und Saccharose als Substrat, die *β-1,4-Glucosidasen* mit Cellobiose und Gentiobiose als Substrat und die ↗ *β*-Galactosidase (früher *Lactase*) mit Lactose als Substrat.

Disauerstoffkomplexe, ***Dioxygenkomplexe***, Koordinationsverbindungen der Übergangsmetalle mit dem Disauerstoff-(O_2-)Liganden. Infolge der mit der O_2-Komplexbildung stets verbundenen Metall-Ligand-Ladungsübertragung lassen sich D. – wie in der Abb. dargestellt – allgemein als Superoxoverbindungen der Typen I, z. B. $[Co(CN)_5(O_2)]^{3-}$, und II, z. B. $[(NC)_5Co{-}O_2{-}Co(CN)_5]^{5-}$, oder als Peroxokomplexe der Typen III, z. B. $[IrCl(CO)(P(C_6H_5)_3)_2(O_2)]$, und IV, z. B. $[(P(C_6H_5)_3)_2RhCl(\mu{-}O_2)]_2$, mit terminalen oder verbrückenden O_2-Liganden klassifizieren. D. des Superoxo- und Peroxotyps sind durch deutliche Verlängerungen des O-O-Abstandes gegenüber molekularem Sauerstoff (120,7 pm) gekennzeichnet: 125 bis 130 pm bzw. 130 bis 155 pm. Man erhält D. durch meist reversible Additionsreaktionen an koordinativ ungesättigte Komplexe, z. B. an den ↗ Vaska-Komplex gemäß *trans*-$[IrCl(CO)(P(C_6H_5)_3)_2] + O_2 \rightleftharpoons [IrCl(CO)(P(C_6H_5)_3)_2(O_2)]$, oder durch vielfach irreversible O_2-Ligand-Substitution, z. B. gemäß $2[Co(NH_3)_6]^{2+} + O_2 \rightarrow [(H_3N)_5Co{-}O_2{-}Co(NH_3)_5]^{4+}$. η^2-Peroxokomplexe von Übergangsmetallen der Gruppen IV–VI, z. B. das rote $K_3[Cr(O_2)_4]$, stellt man durch Einwirkung von H_2O_2 auf die entsprechenden Oxometallate dar. D. können besonderes Interesse als Schlüsselverbindungen für das Verständnis der Biochemie von Sauerstofftransport und -speicherung durch Metallproteine, wie ↗ Hämoglobin, ↗ Myoglobin und ↗ Hämocyanin beanspruchen, sie dienen ferner als Modellsubstanzen für homogen-katalytische Oxidationsreaktionen.

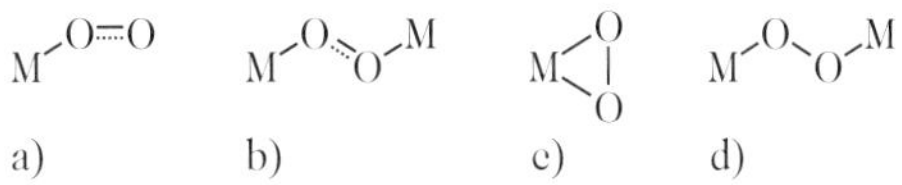

Disauerstoffkomplexe. Abb.: Koordinationstypen des Disauerstoffliganden in D.

Dischwefelsäure, ***Pyroschwefelsäure***, $H_2S_2O_7$ farblose, hygroskopische Kristalle, D. 1,9 g cm^{-3}, F. 35 °C. Beim Erwärmen zerfällt D. in Schwefelsäure H_2SO_4 und Schwefeltrioxid SO_3 D. wirkt sehr stark wasserentziehend und oxidierend. Mit Wasser bildet sie Schwefelsäure: $H_2S_2O_7 + H_2O \rightarrow 2\ H_2SO_4$. Mit SO_3 und H_2SO_4 ist D. in jedem Verhältnis mischbar. Aus industriell anfallenden, als ↗ Oleum bezeichneten Mischungen wird D. durch Ausfrieren gewonnen.

dischweflige Säure, ↗ Disulfite.

discotisch, ↗ flüssige Kristalle.

Diselenocyan, ↗ Selenocyanate.

Diskelektrophorese, ↗ Elektrophorese.

diskontinuierliche Kultur, ↗ Batch-Kultur.

Dispergiermittel, organische oder anorganische Substanzen zur Erleichterung der Dispergierung von Teilchen in einem Dispersionsmittel. Sie erniedrigen die Oberflächenspannung der geschlossenen Phase und ermöglichen dadurch eine Feinverteilung (Dispergierung) der dispersen Phase. D. sind meist grenzflächenaktive Stoffe (↗ Tenside).

disperses System, ***Dispersion***, ein aus mehreren Phasen bestehendes Stoffsystem, bei dem eine Phase das *Dispersionsmittel* darstellt, in dem die anderen Phasen verteilt (*dispergiert*) sind. Je nach dem Zerteilungsgrad unterscheidet man *grobdisperse* (Teilchengröße $> 10^{-4}$ cm), *kolloiddisperse* (↗ Kolloide, 10^{-4} bis 10^{-7} cm) und *molekulardisperse Systeme* (10^{-7} cm). Sind die dispergierten Teilchen alle gleich groß, spricht man von *mono-* oder *isodispersen Systemen*, bei ungleicher Größe von *polydispersen Systemen*. Je nach der Gestalt der Teilchen unterscheidet man *korpuskulare* (kugelförmige), *laminare* (blättchenförmige) und *fibrilläre* (fadenförmige) *Kolloide*. Kolloide, die leicht in Lösung gebracht werden können, heißen *lyophil*, Kolloide, die nur auf Umwegen in Lösung gebracht werden können, *lyophob*.

Dispersion, ↗ disperses System.

Dispersionsfarbstoffe, eine Klasse von synthetischen Farbstoffen, vor allem wasserlösliche Monoazo- und Anthrachinonfarbstoffe sowie einige Vertreter der Naphtol-AS-Farbstoffe. D. dienen in der Hauptsache zum Anfärben von Acetat- und Polyamidfasern. Die D. werden unter Zuhilfenahme von Dispersionsmitteln in Wasser feinst verteilt und von der Faser, die als »festes Lösungsmittel« fungiert, nach dem Nernstschen Verteilungsgesetz aufgenommen. Der Farbstoff haftet nicht nur an der Oberfläche, sondern diffundiert in die Faser hinein, wodurch sehr echte und dauerhafte Farben entstehen.

Die D. auf der Basis von Azofarbstoffen enthalten als Diazokomponente vor allem 2-Amino-5-nitrobenzonitril, 2-Amino-3,5-dinitrobenzophenon und 2-Amino-5-nitrothiazol. Als Kupplungskomponenten sind dabei *N*-Ethyl-*N*-butan-3-onanilin und *N*-β-Cyanoethyl-*N*-β-hydroxyethylanilin von Bedeutung.

Dispersionskräfte, ↗ van-der-Waalssche Bindungskräfte.

Disproportionierung, Redoxreaktion, bei der eine Verbindung oder ein Element aus einer mittleren Oxidationszahl gleichzeitig in ein Derivat höherer und ein Derivat niederer Oxidationszahl übergeht. Typische Beispiele für D. sind die Reaktion des Chlors mit Natronlauge zu Chlorid und Hypochlorit gemäß $\overset{0}{Cl_2}O + OH^- \rightarrow \overset{-1}{Cl^-} + \overset{+1}{HOCl}$, die Bildung von Phosphin und Phosphorsäure durch Erhitzen phosphoriger Säure und die Reaktion bestimmter Aldehyde unter der Einwirkung von Basen (↗ Cannizzaro-Reaktion).

disrotatorisch, ↗ Woodward-Hoffmann-Regeln.

Dissimilation, ↗ Katabolismus.

dissipative Strukturen, nach Prigogine (1969) Bezeichnung für räumlich und/oder zeitlich geordnete Zustände, die sich in ursprünglich homogenen nichtstrukturierten molekularen Systemen in großer Entfernung vom thermodynamischen Gleichgewicht ausbilden können. Es sind stationäre Nichtgleichgewichtszustände. Sie können in offenen Systemen bei ständiger Zufuhr von Stoff und freier Energie entstehen, wobei die Energie im System dissipiert, d. h. verteilt wird. Der Übergang vom ungeordneten zum geordneten Zustand erfolgt sprunghaft. Wesentliche Voraussetzungen für die Bildung d. S. sind stark nichtlineare Gesetzmäßigkeiten für die Annäherung an das Gleichgewicht und die Stabilität einer spontan entstandenen Struktur gegenüber ↗ Fluktuationen. Beispiele für d. S. sind die Ausbildung von Zellstrukturen in einer von unten erhitzten Flüssigkeit beim Beginn der Konvektion (Benard-Effekt) oder an Phasengrenzen bei Strömungsvorgängen, ↗ oszillierende Reaktionen und Bistabilitäten. In der Biologie und Biochemie sind d. S. für Reizleitungsmechanismen und die Selbstorganisation der Materie im Evolutionsprozeß von grundlegender Bedeutung.

Dissousgas, ↗ Ethin.

Dissoziation, die Aufspaltung eines Moleküls in zwei oder mehrere einfache Moleküle, Atome, Atomgruppen oder Ionen. Unter *elektrolytischer D.* versteht man den reversiblen Zerfall eines Elektrolyten unter Bildung von Ionen, wenn er gelöst wird. Ein *echter Elektrolyt* besteht bereits im festen Zustand aus Ionen, die einen Ionenkristall bilden. Die elektrolytische D. besteht hier in einer Solvatation der bereits vorhandenen Ionen. In einem *potentiellen Elektrolyten* sind dagegen keine Ionen vorgebildet. Sie bilden sich erst durch die Dissoziation unter Einfluß des Lösungsmittels.

Für einen binären Elektrolyten AB lautet das Dissoziationsgleichgewicht: $AB \rightleftharpoons A^+ + B^-$. Starke Elektrolyte sind vollständig dissoziiert (↗ Debye-Hückel-Theorie). Schwache Elektrolyte dissoziieren nur zum Teil. Das Maß der D. wird durch den *Dissoziationsgrad* α charakterisiert: $\alpha = c_{A^+}/c_{AB} = c_{B^-}/c_{AB}$, wobei c die Konzentration von A, B bzw. AB bedeutet. Aus dem Massenwirkungsgesetz erhält man die *Dissoziationskonstante* K_D: $K_D = (c_{A^+} \cdot c_{B^-})/c_{AB}$. Da $c_{A^+} = \alpha c^0$; $c_{B^-} = \alpha c^0$ und $c_{AB} = (1 - \alpha)c^0$ (c^0 = Ausgangskonzentration von AB), besteht zwischen der Dissoziationskonstanten K_D und dem Dissoziationsgrad α folgender Zusammenhang: $K_D = \alpha^2 c^0/(1 - \alpha)$. K_D kann z. B. über Leitfähigkeitsmessungen bestimmt werden (↗ Verdünnungsgesetz nach Ostwald).

Unter *thermischer D.* versteht man den reversiblen Zerfall einer Verbindung durch Zuführung von thermischer Energie, der ↗ Dissoziationsenergie.

Dissoziationsenergie, ***Bindungsspaltungsenergie***, die für die Spaltung eines Moleküls $R_1–R_2$ in die Bruchstücke R_1 und R_2 bei 0 K aufzuwendende Energie $E_D(R_1–R_2)$. Die D. ist von der mittleren Bindungsdissoziationsenergie (↗ Bindungsenergie) zu unterscheiden.

Distapex-Verfahren, ein Verfahren zur Gewinnung von Benzol durch ↗ Extraktivdestillation.

Distex-Verfahren, ein Verfahren zur Gewinnung von Benzol durch ↗ Extraktivdestillation.

Distickstoffkomplexe, ***Dinitrogenkomplexe***, Koordinationsverbindungen der Übergangsmetalle mit molekularem Stickstoff N_2 als Liganden. Bei Raumtemperatur existieren keine homoleptischen D., $M(N_2)_n$, jedoch bilden sich diese durch Abschrecken von Metallatom/N_2-Gasgemischen auf ~ 10 K als metastabile, beim Erwärmen unter N_2-Abgabe zerfallende Verbindungen, wie z. B. $Ti(N_2)_6$ (gelbrot, zers. ab 40 K). Demgegenüber sind viele isolierbare heteroleptische D. der Typen $L_mM(N_2)_n$ bzw. $L_mM_2(N_L)_n$ mit maxi- und 3 N_2-Liganden je Metallatom bekannt. Ausgehend von der Entdeckung des ersten D., $[Ru(NH_3)_5(N_2)]^{2+}$, konnten in neuerer Zeit zahlreiche D. dargestellt werden. Die dabei genutzten Methoden umfassen z. B. die direkte Addition von N_2 an Metallzentren: $[RuH_2L_2] + N_2 \rightleftharpoons [RuH_2(N_2)L_2]$ ($L = P(C_6H_5)_3$); die Direktsubstitution labiler Liganden durch N_2: $[Ru(NH_3)_5(H_2O)]^{2+} + N_2 \rightarrow [Ru(NH_3)_5(N_2)]^{2+} + H_2O$; die Reduktion von Übergangsmetallkomplexen in Gegenwart geeigneter Coliganden in einer N_2-Atmosphäre:

$$2\,\text{Ni(acetylacetonat)}_2 + 4\,P(C_6H_{11})_3 + N_2 \xrightarrow{Al(CH_3)_3} [Ni(N_2)(P(C_6H_{11})_3)_2]_2;$$

die Überführung geeigneter, bereits koordinierter N-Liganden in koordiniertes N_2: $[Mn(\eta^5\text{–}C_5H_5)(CO)_2(N_2H_4)] + 2\,H_2O_2 \rightarrow [Mn(\eta^5\text{–}C_5H_5)(CO)_2(N_2)] + 4\,H_2O$. D. enthalten den N_2-Liganden meist *»end-on«* an ein Metallzentrum oder *verbrückt* an zwei Metallzentren gebunden (M–N≡N| oder M–N≡N–M). Ebenso konnten für den »*side-on*«-Bindungstyp,

einzelne, kompliziert zusammengesetzte Vertreter erhalten werden. Die Bindungsverhältnisse der D., die den N_2-Liganden »end-on«-koordiniert enthalten, ähneln jenen der Metallcarbonyle (↗ Koordinationschemie; CO und N_2 sind isoster), die Koordination des Distickstoffliganden führt zu einer Schwächung der N-N-Bindung.

In der Natur spielen D. eine bedeutende Rolle, z. B. bei der Stickstoff-Fixierung durch die in Symbiose mit Leguminosen lebenden Knöllchenbakterien und andere Organismen. Die hierfür verantwortlichen Metalloenzyme, die ↗ Nitrogenasen, enthalten zwei verschiedene Proteine, von denen eines ein FeMo-, bzw. FeV- oder FeFe-Protein ist und der Bindung, Aktivierung und Reduktion des N_2-Moleküls dient.

Disulfate, ***Pyrosulfate***, die Salze der Dischwefelsäure $H_2S_2O_7$ der allg. Formel $M^I_2S_2O_7$. Im Disulfat-Ion $S_2O_7^{2-}$ sind die beiden tetraedrisch konfigurierten Schwefelatome über eine Sauerstoffbrücke (Abb.) verknüpft.

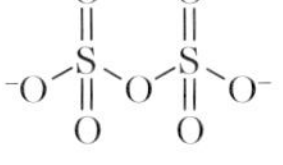

Disulfat-Ion

Disulfiram, *Antabus*®, Tetraethylthiuramdisulfid, $(C_2H_5)_2N\text{–}C(S)\text{–}S\text{–}S\text{–}C(S)\text{–}N(C_2H_5)_2$, eine Verbindung, die zur Behandlung von Alkoholismus eingesetzt wird. Nach Einnahme von D. führt der Genuß alkoholischer Getränke zu Übelkeit, Schweißausbruch und anderen Unverträglichkeitserscheinungen, die durch einen erhöhten Blutspiegel an Acetaldehyd hervorgerufen werden. Der oxidative Abbau des Acetaldehyds wird durch D. gehemmt.

Disulfite, früher ***Pyrosulfite***, die Salze der in freier Form nicht bekannten dischwefligen (pyroschwefligen) Säure $H_2S_2O_5$, der allg. Formel $M^I_2S_2O_5$. Ihnen liegt das strukturell interessante Disulfit-Ion $S_2O_5^{2-}$ zugrunde, das über eine S–S-Bindung verfügt (Abb.). D. lösen sich in Wasser unter Bildung der Hydrogensulfite: $S_2O_5^{2-} + H_2O \rightleftharpoons 2\,HSO_3^-$. Die Lösungen wirken reduzierend (↗ Sulfite). Man gewinnt die D. durch Einwirkung überschüssigen Schwefeldioxids auf Sulfitlösungen: $M^I_2SO_3 + SO_2 \rightarrow M^I_2S_2O_5$. Von technischer Bedeutung ist das *Natriumdisulfit*, $Na_2S_2O_5$, das als Reduktionsmittel in der Photographie und der Färberei, als Antichlormittel in der Papierindustrie sowie zur Lebensmittelkonservierung eingesetzt wird.

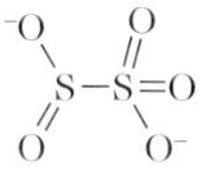

Disulfit-Ion

ditaktisch, ↗ Polymere.

Diterpene, *Diterpenoide*, aus 4 Isoprenresten aufgebaute, also 20 C-Atome enthaltende Terpene. Wichtigster Vertreter der acyclischen D. ist der Alkohol ↗ Phytol. Die Mehrzahl der D. ist polycyclisch, zahlreiche D. leiten sich von einem Perhydrophenanthrengrundgerüst ab, z. B. die Vertreter des Abietan-, Pimaran- und Kaurantyps. Methylgruppenwanderungen, Ringöffnungen und erneute Ringschlüsse haben das Methylgruppenmuster oft verändert. Bei den D. handelt es sich selten um Kohlenwasserstoffe, dagegen häufig um Säuren (↗ Harzsäuren, ↗ Gibberelline) oder stark substituierte Alkohole, z. B. die Ester des Phorbols. Von den D. leiten sich auch einige Alkaloide ab, so die Alkaloide der Pflanzengattungen *Ranunculus* und *Delphinium*. Die D. sind meist hochviskose Öle oder feste Substanzen, die mit Wasserdämpfen kaum flüchtig sind.

Dithiocarbamate, ↗ Kohlendisulfid.

Dithiocarbamatfungizide, Abkömmlinge der instabilen Dithiocarbaminsäure, die eine breit wirksame fungizide Wirkung mit einer sehr guten Pflanzenverträglichkeit und einer positiven Wirkung auf Blatt- und Fruchtfärbung kombinieren. Wichtige Wirkstoffe sind die Dialkyldithiocarbamate *Ziram* und *Ferbam*, die als protektive ↗ Fungizide im Obst-, Wein- und Gemüsebau verwendet werden.

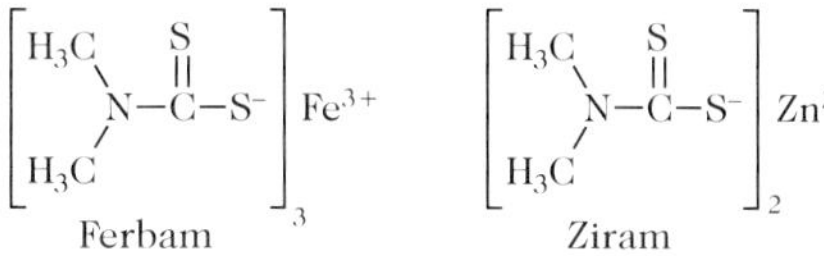

Ferbam Ziram

Noch breiter anwendbar sind die Alkylenbisthiocarbamate *Maneb*, *Zineb* und *Propineb*, sowie die Komplexverbindung von Maneb und Zineb *Mancozeb*, die als Polymere vorliegen. Sie werden weltweit als Blattfungizide im Kartoffel-, Obst-, Gemüse- und Weinbau eingesetzt.

$[-S-CS-NH-CH_2-CH_2-NH-CS-S-M-]_x$

Zineb (M = Zn)
Maneb (M = Mn)
Mancozeb (M = Mn/Zn)

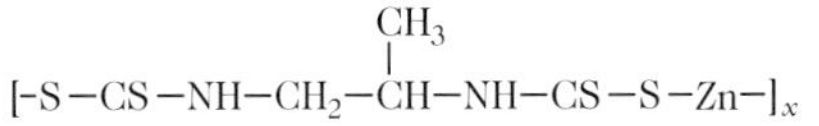

Propineb

Außerdem hat das Disulfid der Thiocarbaminsäure, die Thiuramverbindung *Thiram* Bedeutung als Fungizid mit Repellentwirkung.

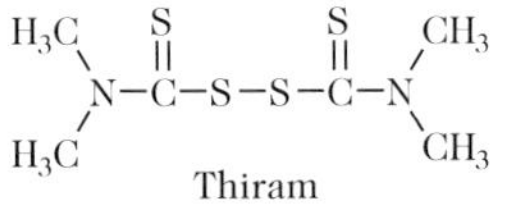

Thiram

Das eigentliche fungitoxische Prinzip der D. sind beim Zerfall entstehende Isothiocyanate, die als sehr reaktionsfähige Verbindungen mit den Thiolgruppen von Proteinen und Enzymen der Pilze reagieren. Die Ethylenbisthiocarbamate können beim Abbau *Ethylenthioharnstoff* (*ETU*) freisetzen, der unter gewissen Bedingungen bei Mäusen und Ratten cancerogene Wirkung zeigt.

Dithiocyan, ↗ Thiocyanate.

Dithioglycol, ↗ Ethan-1,2-dithiol.

1,3-Dithiolane, gesättigte, fünfgliedrige heterocyclische Verbindungen mit zwei Schwefelatomen im Ring. Man stellt die 1,3-D. durch Reaktion von Aldehyden oder Ketonen mit Ethan-1,2-dithiol her.

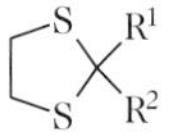

In Gegenwart von Raney-Nickel werden sie hydrogenolytisch gespalten. Auf diesem Wege ist somit eine Reduktion der Carbonylverbindungen zu den entsprechenden Kohlenwasserstoffen möglich.

Dithionate, früher ***Hypodisulfate***, die Salze der Dithionsäure $H_2S_2O_6$ der allg. Formel $M^I_2S_2O_6$. Das Dithionat-Ion $S_2O_6^{2-}$ weist an beiden Schwefelatomen tetraedrische Konfiguration auf. Man gewinnt die D. aus Hydrogensulfaten durch anodische Oxidation oder auch durch Einwirkung von Mangan(IV)-oxid: $MnO_2 + 2\,HSO_3^- + 2H^+ \rightarrow Mn^{2+} + S_2O_6^{2-} + 2\,H_2O$.

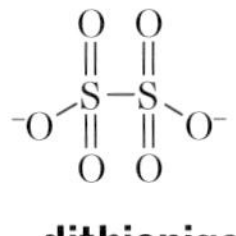

Dithionat-Ion

dithionige Säure, ↗ Dithionite.

Dithionite, früher ***Hypodisulfite***, die Salze der in freiem Zustand nicht bekannten zweibasigen dithionigen (früher hypodischwefligen) Säure $H_2S_2O_4$ der allg. Formel $M^I_2S_2O_4$. Das Dithionit-Ion ist durch eine verhältnismäßig lange, d. h. schwache S–S-Bindung (239 pm) charakterisiert, was mit der leichten Spaltbarkeit dieser Bindung im Einklang steht: $S_2O_4^{2-} \rightleftharpoons 2\,SO_2^-$. In der Hitze zerfallen Dithionitlösungen zu Thiosulfat und Hydrogensulfit: $2\,S_2O_4^{2-} + H_2O \rightarrow S_2O_3^{2-} + 2\,HSO_3^-$. D. sind starke Reduktionsmittel. Man gewinnt sie durch Reduktion von Hydrogensulfiten, z. B. mit Zink. (↗ Natriumdithionit).

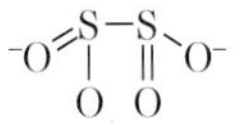

Dithionit-Ion

Dithionsäure, $H_2S_2O_6$, nur in verd. wäßriger Lösung beständige, starke zweibasige Säure, die in konz. Lösung langsam in Schwefelsäure und Schwefeldioxid zerfällt: $H_2S_2O_6 \rightarrow H_2SO_4 + SO_2$. Die freie Säure gewinnt man aus ihren Salzen, den ↗ Dithionaten.

Dithizon, ***1,5-Diphenylthiocarbazon***, C_6H_5–N=N–CS–NH–NH–C_6H_5, ein schwarzes oder schwarzbraunes Pulver; F. 165 bis 169 °C (Z.). D. ist in Alkohol, Chloroform und Tetrachlorkohlenstoff mit grüner Farbe löslich. Es bildet mit vielen Metall-Ionen wie Blei, Silber, Kupfer und Zink wasserunlösliche Komplexe. Die Komplexverbindungen lösen sich in Tetrachlorkohlenstoff und anderen unpolaren Lösungsmitteln mit charakteristischer Farbe und werden daher in der quantitativen Analyse zur photometrischen Metallbestimmung verwendet.

Dithranol, ein phenolisches Anthracenderivat mit antiseptischer, keratolytischer und juckreizstillender Wirkung, das als Dermatikum in der Schuppenflechtentherapie angewendet wird. D. ist synthetisch erhältlich. Gleiche Wirkung und Anwendung gelten auch für Chrysarobin, das ein Ausscheidungsprodukt des in Brasilien heimischen Baumes *Andira araroba* ist.

Diuretika, Verbindungen, die durch direkten renalen Angriff die Harnausscheidung erhöhen. Mit der vermehrten Harnmenge werden ödembildende Salze ausgeschieden. D. finden sich in verschiedenen Stoffklassen und haben verschiedene Angriffspunkte. Man unterscheidet folgende Gruppen: 1) *Osmodiuretika* werden in hypertonischer Lösung injiziert und nehmen bei ihrer Ausscheidung eine größere Masse Lösungswasser mit. Die Elektrolytbilanz im Organismus wird kaum beeinflußt. Sie werden zur forcierten Diurese, bei Intoxikationen und bei Nierenversagen eingesetzt. Wichtige D. dieser Gruppe sind D-Sorbit (↗ D-Glucitol) und ↗ D-Mannit. 2) *Quecksilberdiuretika* hemmen die Rückresorption der Natrium-Ionen in der Niere. Mit den erhöhten Natriummengen werden vermehrt Chlorid-Ionen und Wasser ausgeschieden. Aufgrund von Nebenwirkungen, auch bei den organischen Quecksilberverbindungen, sind sie aus der Therapie verdrängt. Wichtigstes Beispiel ist *Mersalyl.* 3) *Carboanhydrasehemmer* hemmen in der Niere das Enzym Carboanhydrase und damit die Bildung von Hydrogencarbonat-Ionen und Protonen aus Kohlendioxid und Wasser. Die Protonen werden gegen Natrium-

Ionen ausgetauscht, die rückresorbiert werden. Die Hemmung des Enzyms führt damit zur vermehrten Ausscheidung von Alkali-, besonders von Natrium-Ionen, und damit von Wasser. Durch die Ausscheidung von Hydrogencarbonat wird die Alkalireserve herabgesetzt. Dadurch kommt es zu einer Blutazidose, durch die die Wirkung aufgehoben wird. Wichtigstes Beispiel ist *Acetazolamid*, das auch zur Glaukombehandlung eingesetzt wird. 4) *Saluretika* bewirken die Ausscheidung von Alkali- und Chlorid-Ionen zusammen mit Wasser. Viele dieser Verbindungen haben die Struktur von 7-Sulfamoyl-1,2,4-benzothiadiazin-1,1-dioxiden, die als *Thiazide* bezeichnet werden. Ein Beispiel ist *Hydrochlorothiazid.* Eine saluretische Wirkung zeigen auch Verbindungen, die keinen heterocyclischen Ring enthalten, z. B. *Mefrusid* und *Furosemid.* 5) *Aldosteronantagonisten* bewirken eine erhöhte Natriumelimination und Kaliumretention verbunden mit einer Wasserausscheidung. Sie werden eingesetzt, wenn vom Organismus zu viel Aldosteron gebildet wird und das Alkali-Ionen-Gleichgewicht dadurch gestört ist. Ein Beispiel ist ↗ *Spironolacton.*

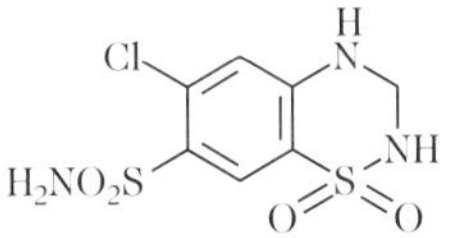
Hydrochlorothiazid

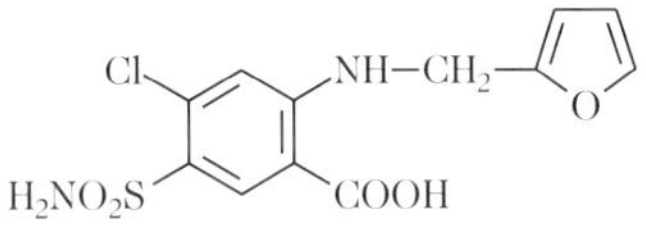
Furosemid

Weitere D. finden sich unter heterocyclischen Verbindungen, z. B. vom Typ des Purins oder Pteridins, wie ↗ *Theophyllin* und *Triamteren.* Bei Triamteren werden weniger Kalium- als Natrium-Ionen ausgeschieden. Verbindungen mit diesem Wirkungsprofil werden deshalb als kaliumsparende D. bezeichnet.

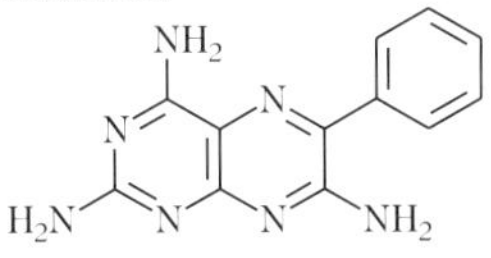
Triamteren

Diuron, ↗ Harnstoffherbizide.

Diwasserstoffkomplexe, ***Dihydrogenkomplexe***, Koordinationsverbindungen der Übergangsmetalle, in denen der Diwasserstoff(Dihydrogen; H_2)-Ligand über sein σ-Bindungselektronenpaar *side on* koordiniert ist. Ausgehend von der eindeutigen Charakterisierung des ersten D., $[W(CO)_3\{P(i\text{-Prop})_3\}_2(\eta^2\text{-}H_2)]$, konnten in neuerer Zeit weitere neutrale oder kationische, meist oktaedrisch gebaute D., die im allgemeinen nur einen H_2-Liganden enthalten, durch Umsetzung eines koordinativ ungesättigten Ausgangskomplexes mit H_2 erhalten werden. Beispiele hierfür sind etwa $[Mo(CO)\{C_6H_5)_2P(CH_2)_2P(C_6H_5)_2\}(\eta^2\text{-}H_2)]$ oder $[Ru(\eta^5\text{-}C_5H_5)(CO)\{P(c\text{-}C_6H_{11})_3\}(\eta^2\text{-}H_2)]^+$. Weiterhin zeigte sich, daß mehrere bisher als Polyhydridokomplexe formulierte Verbindungen neben Hydrido- auch H_2-Liganden enthalten, wie z. B. $[ReH_5\{P(C_6H_5)_3\}_2(\eta^2\text{-}H_2)]$ oder $[RuH_2\{P(c\text{-}C_6H_{11})_3\}_2(\eta^2\text{-}H_2)_2]$.

DK, Abk. für Dieselkraftstoff, ↗ Kraftstoffe.

DLVO-Theorie, ***Derjaguin-Landau-Verwey-Overbeek-Theorie***, eine Theorie zur Beschreibung der energetischen Wechselwirkungen in Dispersionen in Abhängigkeit vom Teilchenabstand. Die D. betrachtet die Wechselwirkungen bei Annäherung von zwei gleichsinnig geladenen Teilchen mit gleichartigen diffusen Schichten. Bei der Annäherung erhöht sich die elektrostatische Abstoßung, gleichzeitig aber auch die Van-der-Waals-Anziehung. Aus beiden Kräften ergibt sich eine resultierende Gesamtenergie. Bei einem gewissen Abstand überwiegt die elektrostatische Abstoßung, so daß die Teilchen zur weiteren Annäherung eine Energiebarriere überwinden müssen. Dies erreicht man z. B. durch Erhöhung ihrer kinetischen Energie durch eine Temperaturerhöhung. Nach Überwindung dieser Barriere überwiegt die Van-der-Waals-Anziehungskraft und die Teilchen können sich so nah kommen, daß sie zusammenballen (↗ Koagulation). Dies geschieht z. B. bei der Koagulation von Proteinen durch Erhitzen.

In gewissen Fällen kann noch vor der Energiebarriere bei größeren Teilchenabständen ein Energieminimum von geringer Tiefe existieren, in dem ebenfalls die Anziehung die Abstoßung überwiegt. Bei diesem Abstand kommt es zu einer lockeren Zusammenballung, in der die Teilchen noch einen bestimmten Mindestabstand voneinander besitzen (↗ Ausflocken).

Da die anziehenden Kräfte nur wenig gegenüber den abstoßenden Kräften überwiegen, ist eine ↗ Redispergierung, z. B. durch Rühren, möglich.

DMF, Abk. für ↗ Dimethylformamid.

DMSO, Abk. für Dimethylsulfoxid.

DNA, Abk. für engl. ***d**esoxyribo**n**ucleic **a**cid*; ↗ Nucleinsäuren.

DNA-Enzyme, ***Desoxyribozyme***, katalytisch wirksame DNA-Sequenzen nichtnatürlichen Ursprungs. Durch *In-vitro*-Selektionsprozesse wurden verschiedene künstliche D. hergestellt, wie z. B. verschiedene Klassen von RNA-Phosphorsäureesterspaltende D., die in Gegenwart zweiwertiger Kationen (Pb^{2+}, Zn^{2+}, Mn^{2+}, Mg^{2+} und Ca^{2+}) wirken, und deren katalytische Geschwindigkeiten mit denen »selbstspaltender« ↗ Ribozyme vergleichbar sind. Diese D. sind sehr klein und zeigen, daß DNA-Sequenzen zusammen mit Metall-Ionen strukturell in der Lage sind, aktive Zentren in relativ kleinen Domänen auszubilden. Es wurden auch D. mit divalenten Cu^{2+}- oder Zn^{2+}-Cofaktoren gefunden, die

die Ligation von DNA-Oligonucleotiden und die Metallierung von Porphyrinringen fördern. Weiterhin kennt man D., die ihre eigene Spaltung katalysieren. Eine Klasse der »selbstspaltenden« D. benötigt Cu^{2+} und Ascorbat. Wie Ribozyme binden diese D. die Substratdomäne des Moleküls über Basenkomplementierung. Die katalytische Domäne besteht aus Regionen hochkonservierter Sequenzen, die mit nur etwa 6 konservierten Nucleotiden den Kernbereich eines divalenten Metall-Ionen-abhängigen Katalysator bilden kann.

DNA-Ligasen, Enzyme, die in einem DNA-Doppelstrang-Molekül die Bildung einer Phosphodiesterbindung zwischen dem 5′-Phosphat-Ende eines DNA-Fragmentes mit dem 3′-Hydroxy-Ende eines benachbarten Bruchstückes katalysieren. Dabei sind sowohl intra- als auch intermolekulare Reaktionen möglich. Die DNA-L. spielen in vivo eine wichtige Rolle bei der Reparatur von DNA-Schäden sowie bei der ↗ Replikation der DNA. In der Gentechnik werden DNA-L. in vitro zur Verknüpfung von DNA-Fragmenten zur Herstellung rekombinanter DNA verwendet. Die Anlagerung kurzkettiger Oligonucleotide an DNA-Fragmente und die Zirkularisierung linearer DNA-Moleküle durch DNA-L. sind eine wichtige Grundlage gentechnologischer Experimente.

DNA-Polymerasen, die Bezeichnung für Desoxyribonucleotidyl-Transferasen, die Desoxynucleosidtriphosphate (dATP, dGTP, dCTP und dTTP) unter Abspaltung von Pyrophosphat und Bildung einer Phosphodiesterbindung in 5′→3′-Richtung komplementär zur Matrix miteinander verknüpfen. Die Enzyme benötigen Mg^{2+}-Ionen als Cofaktor. Hauptaufgabe der DNA-P. in der Zelle ist die Verdopplung des gentechnischen Materials (↗ Replikation), aber auch die Reparatur von DNA-Schäden.

DNA-P. kommen sowohl in Pro- als auch in Eukaryoten vor. In *Escherichia coli* kommen z. B. drei DNA-P. (I, II, III) vor, von denen die DNA-P. I und III an der DNA-Replikation beteiligt sind. DNA-P. sind multifunktionelle Enzyme, die neben der Polymerase-Aktivität noch unterschiedliche Exonuclease-Aktivitäten (3′→5′- und 5′→3′-Exonuclease-Aktivität) besitzen. Neben den DNA-abhängigen DNA-P. gibt es auch RNA-abhängige DNA-P. (↗ reverse Transcriptase).

DNA-Replikation, ↗ Nucleinsäuren.

DNase, *DNAse*, Abk. für Desoxyribonuclease.

DNA-Sonde, ↗ Gensonde.

DNA-Transfer, 1) die Bezeichnung für Verfahren zur Übertragung von DNA-Sequenzen von einem Organismus auf einen anderen (Gentransfer). Das zu übertragende Gen kann aus der Gesamtheit der genetischen Information eines Organismus isoliert oder auch chemisch synthetisiert (Gensynthese) werden. In den meisten Fällen wird die DNA-Sequenz mit einem Vektor gekoppelt. Ziel des DNA-T. ist die Expression des übertragenen Gens. 2) Übertragung von DNA-Sequenzen aus einem Gel auf Filter (z. B. Nitrocellulosefilter).

DNOC, Abk. für 4,6-***Di****n*itro-***o***-***c***resol, Dinitroderivat des 2-Methoxyphenols, gelbe Prismen; F. 85,8 °C, Dampfdruck bei 25 °C $1{,}4 \cdot 10^{-2}$ Pa, Wasserlöslichkeit bei 15 °C 130 ppm. Die Herstellung geschieht durch Nitrierung von *o*-Cresol mit einem Gemisch von Schwefelsäure und Salpetersäure bei tiefen Temperaturen. DNOC sowie seine Homologen und Derivate werden als ovizid wirksame Insektizide und Akarizide, ferner als Herbizide und Desikkanten verwendet.

DNOC ist mit einer p.o. LD_{50} von 20 bis 40 mg/kg Ratte erheblich warmblütertoxisch. Bei Vergiftungen mit DNOC und anderen Nitrophenolderivaten treten Kopfschmerzen, Schwindel, Übelkeit, Fieber, Schweißausbrüche und Krämpfe bis zum Kollaps und Koma auf. Als Spätschäden sind Herz-, Leber- und Nierenschädigungen möglich.

Therapie: Nach peroraler Aufnahme sofort Magenspülung mit 5%iger Natriumcarbonatlösung unter Zusatz von Aktivkohle. Als Laxans Natrium sulfuricum, kein Ricinusöl! Nach inhalativer Aufnahme Frischluft, erste Sauerstoffbeatmung! Nach Hautvergiftungen betroffene Stellen öfter mit Wasser und Seife waschen!

Energische Abkühlung, eiskalte Ganzbäder, Eiswassereinläufe, Einpackungen, künstliche Hypotonie durch Prophenin, Leberschutztherapie!

Vorsicht! Zentral wirkende Anregungsmittel sowie Ricinusöl, Milch, Alkohol vermeiden!

DNS, Abk. für ***D***esoxyribo***n***ucleïn***s***äure; ↗ Nucleinsäuren.

DOCA, ↗ Nebennierenrindenhormone.

Docosansäure, ***Behensäure***, $CH_3-(CH_2)_{20}-COOH$, eine höhere, gesättigte Fettsäure. Sie kristallisiert in farblosen Nadeln; F. 80 °C, Kp. 306 °C bei $8 \cdot 10^3$ Pa. D. ist in Wasser schwer, in Alkohol leichter löslich. Sie kommt in zahlreichen pflanzlichen Ölen vor, z. B. im Erdnußöl und im Rapsöl.

Dodecanal, ↗ Laurinaldehyd.

Dodecan-1-ol, ↗ Laurylalkohol.

Dodecansäure, ↗ Laurinsäure.

Dodemorph, ↗ Morpholinfungizide.

Doebner-v. Miller-Synthese, Synthese substituierter Chinoline durch Umsetzung primärer Arylamine mit α,β-ungesättigten Aldehyden oder Ketonen in Gegenwart von konz. Salzsäure oder Zinkchlorid:

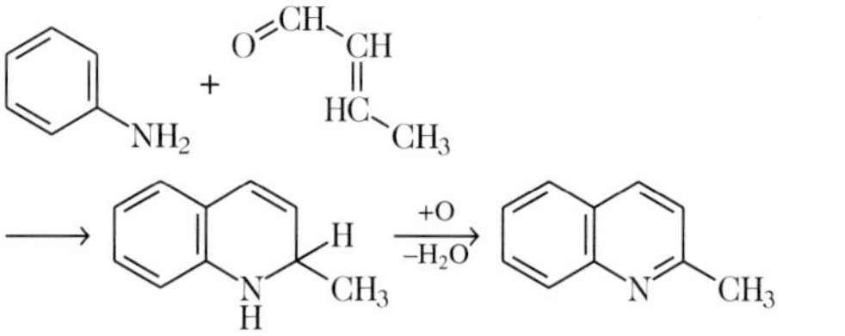

Bei der D. wird die ungesättigte Carbonylverbindung zunächst durch Kondensation aus einem Aldehyd oder/und einem Keton gebildet. Durch Addition des Arylamins an die C=C-Doppelbindung der α,β-ungesättigten Carbonylverbindung und anschließende sauer katalysierte Ringschlußreaktion entsteht das Dihydrochinolinderivat. Die Dehydrierung zum Chinolinsystem erfolgt durch Einwirkung des aus der Carbonylverbindung und dem Anilin gebildeten Azomethins. Die D. gleicht in wesentlichen Reaktionsschritten und bezüglich des Endproduktes der ↗ Skraup-Synthese.

Donarite, ↗ Ammonsalpetersprengstoffe.

Donizität, ***Donorzahl***, Maßzahl für die relative Lewis-Basizität eines Elektronenpaardonors (EPD). Die D. eines EPD ist der negative Wert der Standardreaktionsenthalpie $\Delta_R H_{298}$ für die Reaktion dieses EPD mit Antimon(V)-chlorid als Standard-Elektronenpaarakzeptor (EPA) in 1,2-Dichlorethanlösung. Die D. ist eine Möglichkeit zur Charakterisierung dipolar-aprotischer Lösungsmittel.

Donnan-Gleichgewicht, ein Membrangleichgewicht, das sich einstellt, wenn zwei Elektrolytlösungen durch eine semipermeable Membran, z. B. durch eine Zellmembran, voneinander getrennt sind. Ein D. stellt sich z. B. ein, wenn eine wäßrige Kochsalzlösung durch eine Pergamentmembran von einer wäßrigen Lösung abgetrennt ist, die neben Kochsalz NaCl noch das Salz NaR mit dem kolloiden Anion R^- enthält. Die Art der Membranen gestattet keine Diffusion des kolloiden Anions R^-, während Wasser, Natrium- und Chlorid-Ionen die Membran passieren können. Die einsetzende Diffusion führt zur Einstellung eines Gleichgewichtes, für das die Bedingung gilt $a^{I}_{Na^+}\, a^{I}_{Cl^-} = a^{II}_{Na^+}\, a^{II}_{Cl^-}$, wobei a Aktivität bedeutet. Da außerdem die Elektroneutralität gewahrt sein muß, d. h. $a^{I}_{Na^+} = a_{Cl^-}$ und $a^{II}_{Na^+} = a^{II}_{Cl^-} + a^{II}_{R^-}$, folgt $a^{II}_{NaCl} < a^{I}_{NaCl}$. Hieraus resultieren Differenzen der osmotischen Drücke und der elektrischen Potentiale beider Lösungen, die als Donnanscher osmotischer Druck (Donnan-Potential) bezeichnet werden.

Donoratom, ↗ Koordinationschemie.

Donorsubstituent, Atome bzw. Atomgruppierungen, die Elektronendichte an das Molekül, mit dem sie verbunden sind, abgeben. D. entfalten einen Elektronenschub durch einen induktiven Effekt (+I-Substituent) oder durch einen mesomeren Effekt (+M-Substituent).

Donorzahl, ↗ Donizität.

L-Dopa, Kurzbezeichnung für ***3,4-Dihydroxyphenylalanin***, eine nichtproteinogene, aus dicken Bohnen isolierbare Aminosäure.

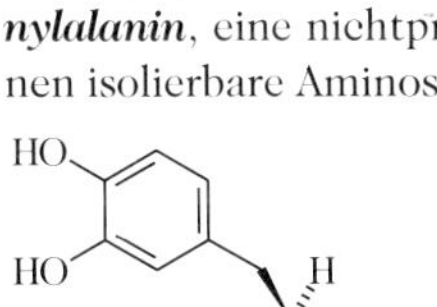

L-D. ist wichtige Zwischenstufe bei der Bildung der Catecholamine ↗ Dopamin, Noradrenalin und Adrenalin (↗ Levarterenol) sowie des Pigmentfarbstoffes ↗ Melanin aus ↗ Tyrosin. Das Fehlen des Enzyms Phenol-Oxidase, das die Umwandlung von Tyrosin über L-D. zum Melanin in den Melanocyten katalysiert, bewirkt den *Albinismus*. Der Stoffwechselweg von Tyrosin über L-D. zum Dopamin vollzieht sich in den Nervenzellen und in der Nebennierenrinde. L-D. wird vorwiegend zur Behandlung der auf Dopaminmangel zurückzuführen *Parkinsonschen Krankheit* (Schüttellähmung) eingesetzt. Im Gegensatz zu Dopamin kann L-D. die Blut-Hirn-Schranke überwinden und wird daher meist in Verbindung mit Dopadecarboxylase-Hemmstoffen verabreicht, die die Dopaminbildung außerhalb des Gehirns verhindern.

Die technische Gewinnung von L-D. erfolgt durch Isolierung aus Bohnen und durch enzymatische bzw. chemische Hydroxylierung von Tyrosin.

L-Dopamin, ***4-(2-Aminoethyl)-brenzcatechin***, ein ↗ biogenes Amin aus der Gruppe der ↗ Catecholamine.

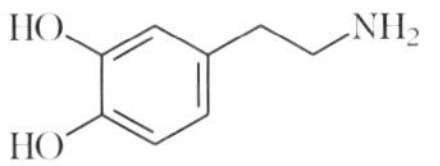

L-D. entsteht durch Decarboxylierung von ↗ Dopa in den dopaminergen Nervenzellen. Es ist die Muttersubstanz von Noradrenalin und Adrenalin (↗ Levarterenol) und wirkt wie diese als ↗ Neurotransmitter des Zentralnervensystems. Therapeutisch wird es zur Behandlung von Schock und schwer beeinflußbarer Herzinsuffizienz eingesetzt.

Doppelbindung, die homöopolare Verknüpfung von zwei Atomen, ↗ chemische Bindung.

Doppelgas, ↗ Wassergas.

Doppelhelix, ↗ Nucleinsäuren.

Doppelkontaktverfahren, ↗ Schwefelsäure.

Doppelresonanzmethoden, Verfahren der ↗ Hochfrequenzspektroskopie, bei denen gleichzeitig 2 Resonanzübergänge unterschiedlicher Frequenz angeregt werden. Die D. erweitern den Anwendungsbereich der Hochfrequenzspektroskopie, indem sie z. B. zu Spektrenvereinfachungen oder Intensitätserhöhungen führen bzw. zusätzliche Informationen über die zu untersuchende Probe liefern. Typische Anwendungen von D. sind die Entkopplungstechniken in der ↗ NMR-Spektroskopie oder die ↗ ENDOR-Technik in der ESR-Spektroskopie.

Doppelschicht, ↗ elektrochemische Doppelschicht.

Dorr-Prozeß, ↗ Natronlauge.

Dosis, ↗ Toxizität.

Dotierstoffe, ***Aktivatoren***, in der Technik solche chem. Elemente, die, in geringen Mengen bestimmten Materialien (z. B. Legierungen, Halbleitern oder

Luminophor-Grundstoffen) zugesetzt, deren Eigenschaften wesentlich bestimmen oder beeinflussen.

Dotierung, die definierte Zugabe von Fremdstoffen zu hochreinem Material, um dessen Eigenschaften in gezielter Weise zu beeinflussen. Ihre wichtigste Anwendung findet die D. bei der Herstellung von Halbleiterbauelementen. Hierbei werden durch den Einbau von Fremdatomen in das Kristallgitter eines Eigenhalbleiters, z. B. von Bor- oder Phosphoratomen in einen Siliciumeinkristall, Substitionsstörstellen geschaffen, die die Leitungseigenschaften des Halbleiters wesentlich verändern. Die dafür erforderliche Konzentration des Fremdstoffes (*Dotanten*) ist äußerst gering (10^{-8} bis 10^{-5} %). D. dient auch zur Verstärkung der ↗ Luminiszenz von ↗ Leuchtstoffen.

Die D. kann entweder im Verlauf der ↗ Kristallzüchtung oder durch Einwirkung des gasförmigen Dotierungsmaterials, z. B. Bor- oder Phosphorwasserstoff, auf den reinen Halbleiterkristall bei hohen Temperaturen (*Diffusionstechnik*) erfolgen. Eine moderne Dotierungstechnik stellt die *Ionenimplantation* dar, wobei die Halbleiteroberfläche im Hochvakuum mit einem Strahl beschleunigter Ionen des Dotanten beschossen wird.

Doublé, ↗ Talmigold.

Dowex, die Handelsform von Polystyrol-Harzen, die als schwach bis stark basische oder schwach bis stark saure Ionenaustauscher (unterschiedlichen Vernetzungsgrades, Korngröße, Kapazität) Anwendung in der ↗ Chromatographie finden.

Downs-Verfahren, ↗ Natrium.

Doxycyclin, ↗ Tetracycline.

Drachenblut, ein natürliches Harz der Früchte von Daemonorops-Arten. Es bildet eine dunkelrotbraune Masse, die in Alkohol, Chloroform, Eisessig, Benzol und Kohlenstoffdisulfid löslich, in Ether, Petrolether und Terpentinöl unlöslich ist. D. dient als färbender Bestandteil von Pflastermischungen und Zahnkitt sowie zur Herstellung von Lacken und Holzbeizen.

Drehachse, ↗ Symmetrie

Drehbandkolonne, Destillationskolonne mit rotierenden Einbauten.

Drehinversion, ↗ Symmetrie.

Drehkristallverfahren, ↗ Röntgenstrukturanalyse.

Drehspiegelung, ↗ Symmetrie.

Drehung, ↗ Symmetrie.

Dreiding-Modelle, ↗ Stereochemie.

Dreifußligand, *Tripodligand*, ↗ Koordinationschemie.

Dreiringheterocyclen, cyclische Kohlenstoffverbindungen mit drei Ringgliedern und ein bis zwei Heteroatomen. Bekannte Vertreter sind Oxiran, Thiiran, Aziridin, Diazirin und Diaziridin.

Dreizentrenbindung, eine teillokalisierte Beschreibungsform im Rahmen der Molekülorbitaltheorie, bei der drei Atomorbitale (AO) χ_1, χ_2, χ_3 verschiedener Zentren zu drei Molekülorbitalen (MO) kombiniert werden. Man erhält ein bindendes (Ψ_1), ein nichtbindendes (Ψ_2) und ein lockerndes Molekülorbital (Ψ_3). Werden von den drei Zentren nur zwei Elektronen zur Verfügung gestellt, so besetzen diese das bindende Molekülorbital, und es liegt eine *Zweielektronen-D.* vor (Abb. a). Auf diese Weise können z. B. die Bindungsverhältnisse im Diboran (B_2H_6) erklärt werden. Ausgehend von einer sp^3-Hybridisierung an den Boratomen werden vier sp^3_B-$1s_H$-Zweizentrenbindungen mit den endständigen Wasserstoffatomen und zwei sp^3_B-s_H-sp^3_B-D. mit den Brückenwasserstoffatomen geknüpft. Da hierbei für jede D. nur zwei Elektronen zur Verfügung stehen, stellt B_2H_6 eine *Elektronenmangelverbindung* dar.

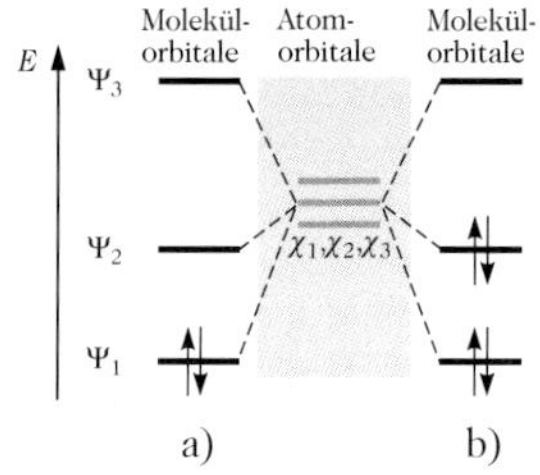

Dreizentrenbindung. Abb.: Molekülorbitalschema einer Dreizentrenbindung: (a) Zweielektronen-, (b) Vierelektronen-Dreizentrenbindung.

Bei der *Vierelektronen-D.* sind in einer D. vier Elektronen vorhanden, die das bindende und nichtbindende Molekülorbital besetzen (Abb. b). Diese Darstellung kann zur Beschreibung des Bindungszustandes von Edelgasverbindungen, z. B. des Xenondifluorids, verwendet werden. Die Kombination von zwei einfach besetzten p_z-Orbitalen der Fluoratome mit dem doppelt besetzten p_z-Orbital des Xenonatoms führt zu einem stabilen Bindungszustand mit linearer Struktur. Ist wie im Falle des Xenondifluorids die Anzahl der Elektronen größer als die der Zentren, so bezeichnet man diese Moleküle auch als *Elektronenüberschußverbindungen.*

Drogen, eigentlich getrocknete Pflanzen oder deren Teile, die zu Arzneimitteln verarbeitet werden zwecks Isolierung der Inhaltsstoffe oder Herstellung von Zubereitungen (Extrakte u. dgl.), heute auch Bezeichnung für Arzneimittel aus synthetischen Grundstoffen sowie unexakte Sammelbezeichnung für ↗ Suchtmittel.

Drosseleffekt, ↗ Joule-Thomson-Effekt.

Druckfarben, zum Bedrucken von Papier, Pappe, Metallfolien, Kunststoffolien, Geweben, Leder, Holz und Blech verwendete Mischungen aus einem Pigment, einem Farbstoff, einem Bindemittel und einem Füllstoff. Als Pigmente für D. haben insbesondere die Naphthol-AS-Pigmente Bedeutung, als

Farbstoffe die Metallkomplexfarbstoffe sowie basische Farbstoffe, als Bindemittel Firnisse, die je nach Verwendungszweck (Hoch-, Tief-, Flach- oder Siebdruck) eingedickt werden, synthetische Harze und Cellulosenitrate und als Füllstoffe Tonerdehydrate. Für den gewöhnlichen Schwarzdruck wird dem Bindemittel Ruß zugesetzt. Für den Vierfarbendruck benötigt man gelbe, rote, blaue und schwarze D. Von Bedeutung dafür sind für Gelb Diarylidgelbpigment, für Rot Rubin-4B-Calciumlacke, für Blau Kupferphthalocyaninpigmente, für Schwarz Ruß. *Siebdruckfarben* sind fließende Pasten mit einem Pigmentanteil von 2 bis 5 %. Besonders leuchtende Siebdrucke werden erhalten, wenn Fluoreszenzpigmente eingesetzt werden. *Transferdruckfarben* sind D., die anstelle der üblichen Pigmente in der Wärme sublimierende Farbstoffe enthalten. Mit Hilfe einer Bügelpresse oder eines Kalanders kann ein Druck von einem mit Transferdruckfarben bedruckten Papier auf andere Materialien übertragen werden. *Magnetische D.* werden zum Bedrucken von Schecks, Kontokarten und Fahrkarten eingesetzt, um sie mit Hilfe von Spezialgeräten zu »erkennen« und zu sortieren. *Sicherheitsdruckfarben* machen unzulässige Schriftveränderungen auf Urkunden und Wertpapieren durch einen deutlichen Farbumschlag erkennbar.

Druckfiltration, ↗ Filtration.

Druckgase, komprimierte, gegebenenfalls als Flüssiggase in Druckgasbehältern (Gasflaschen, Sprühdosen) vorliegende Gase.

Druckwasserstoffangriff, ↗ Wasserstoffversprödung.

DTA, Abk. für Differenzthermoanalyse.

Dubbs-Verfahren, ↗ Cracken.

Dublett, ↗ Multiplettstruktur.

Dubnium, Symbol ***Db***, ↗ Transfermium-Element, *Z* 105. Benannt nach dem Kernforschungszentrum in Dubna (Rußland), das eine Schlüsselrolle bei der Entwicklung der bei der Synthese einiger Transfermium-Elemente verwendeten Strategien spielte. Andere Namensvorschläge waren Hahnium und Joliothium.

Db wird durch Beschuß von Americiumtargets mit Neonkernen bzw. durch Beschuß von Californiumtargets mit Stickstoffkernen erhalten: $^{243}Am(^{22}Ne,n)^{261}Db$ bzw. $^{249}Cf(^{15}N,n)^{260}Db$.

Langlebigstes Radioisotop: ^{262}Db (α-Strahler, Spontanzerfall (?), Halbwertszeit: 35 s).

Duhem-Margulessche Gleichung, ***Gibbs-Duhem-Margulessche Gleichung***, eine Beziehung zwischen den Fugazitäten im Dampf über einer kondensierten Mischung und deren Zusammensetzung. Sie folgt aus der Anwendung der ↗ Gibbs-Duhemschen Gleichung auf die chem. Potentiale der Mischungsbestandteile. Für eine binäre Mischung lautet die D. G.:

$$x_1 \frac{\mathrm{d}\ln p_1}{\mathrm{d}x_1} + x_2 \frac{\mathrm{d}\ln p_2}{\mathrm{d}x_2} = 0.$$

Dabei bedeuten x_1 und x_2 die Molenbrüche der beiden Komponenten in der flüssigen Phase und p_1 und p_2 die Fugazitäten im Dampf. Da $x_2 = 1 - x_1$, läßt sich die Beziehung umformen in

$$\frac{\mathrm{d}\ln p_1}{\mathrm{d}\ln x_1} = \frac{\mathrm{d}\ln p_2}{\mathrm{d}\ln x_2}.$$

Dulong-Petitsche Regel, ↗ molare Wärmekapazität.

Dumas-Methode, in der Elementaranalyse Methode zur quantitativen Bestimmung des Stickstoffgehaltes organischer Substanzen durch Verbrennen der organischen Substanz im Kohlendioxidstrom und anschließende gasvolumetrische Bestimmung des freigesetzten Stickstoffs im ↗ Azotometer.

Düngemittel, ***synthetische Dünger***, Stoffe, die den Pflanzen unmittelbar über das Blatt (*Blattdüngung*) oder mittelbar über den Boden (*Bodendüngung*) zugefügt werden, um deren Wachstum zu fördern, ihren Ertrag zu steigern und die Qualität zu verbessern. Die D. werden unterschieden in *Nährstoffdünger* und ↗ Spurendünger. Bei den Nährstoffdüngern werden den Pflanzen die Hauptnährstoffe Stickstoff, Phosphor, Kalium und Calcium, sowie Schwefel und Magnesium zugeführt. Bei den Spurendüngern werden den Pflanzen Spurenelemente wie z. B. Bor, Kupfer, Zink und Mangan zugeführt.

Nach Herkunft und chem. Zusammensetzung wird zwischen organischen und anorganischen D. unterschieden. Die *organischen D.* bestehen hauptsächlich aus organischen Stoffen, wie Pflanzenrückständen und tierischen Ausscheidungen, die im landwirtschaftlichen Betrieb selbst erzeugt (*Wirtschaftsdünger*) und in größeren Mengen dem Boden zugeführt werden (z. B. Gülle, Stallmist, Komposte, Knochenmehle, Guano). Die *anorganischen D.* werden auch ↗ Mineraldünger genannt. Zu den organisch-mineralischen Mischdüngern gehören Klärschlamm und Siedlungsabfälle.

D. werden auch nach der Anzahl der in ihnen enthaltenen Nährstoffe als *Einnährstoffdünger* und als *Mehrnährstoffdünger* bezeichnet, z. B. NPK-Dünger (Stickstoff-Phosphor-Kali-Dünger).

Dünnsäure, verd. Schwefelsäure (etwa 10- bis 20 %ig) mit gelöstem Eisensulfat, die in der chem. Industrie und in der Metallurgie, insbesondere bei der Titandioxidproduktion, beim Erzaufschluß und in Beizereien, anfällt. Die Aufarbeitung von D. ist technologisch kompliziert. Die Regenerierung erfolgt durch Eindampfen, wobei Eisensulfat aus den konz. Lösungen auskristallisiert.

Dünnschichtchromatographie, Abk. ***DC***, eine Mikromethode der ↗ Adsorptionschromatographie auf dünnen Schichten (*Flachbettmethode*). Als

Trennschichten dienen Adsorbenzien wie Kieselgel oder Aluminiumoxid mit oder ohne Gipszusatz. Sie werden auf Glasplatten oder Aluminiumfolien gegossen oder mit einem Streichgerät aufgebracht und anschließend aktiviert, die Schichtdicke beträgt 250 bis 300 μm. Die Substratmengen liegen bei 1 bis 3 mg und werden wie bei der ↗ Papierchromatographie dosiert. Auf ähnliche Weise erfolgt auch die Entwicklung der Chromatogramme und die Sichtbarmachung der Substanzflecke. Die Trennzeiten sind geringer als bei der Papierchromatographie und liegen bei 30 bis 60 Minuten.

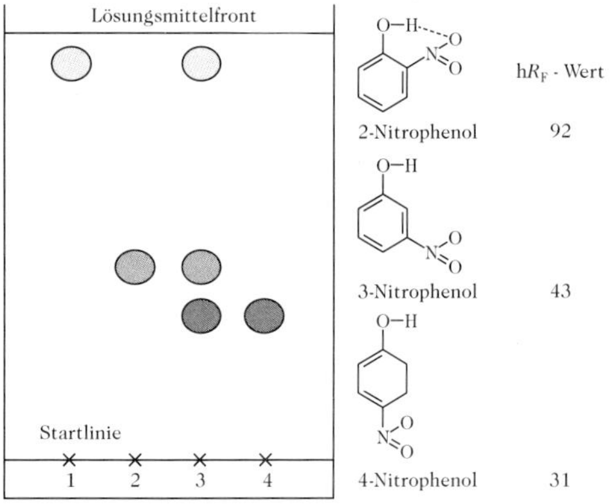

Dünnschichtchromatographie. Abb.: Dünnschichtchromatogramm isomerer Nitrophenole an Kieselgel mit Benzol/Methanol 95/5.

D. wird vorwiegend nach der aufsteigenden Methode ein- oder zweidimensional betrieben. Die Entwicklung der Chromatogramme erfolgt in N-Kammern (Normalkammer > 3 mm Gasraum) oder in ideal gesättigten S-Kammern (Schmalkammer < 3 mm Gasraum). Gegenüber der Papierchromatographie kann man auch mit Schicht- oder Lösungsmittelgradienten arbeiten und die getrennten Komponenten vor einer zweiten Trennung reaktiv verändern. Diese Methode wird *TRT- (Trennen-Reagieren-Trennen-) Technik* genannt. Für die *präparative D.* verwendet man 1 bis 2 mm dicke Schichten und dosiert im Bereich von 5 bis 50 mg.

Die Auswertung der D. erfolgt wie bei der ↗ Papierchromatographie. Zusätzlich kann man durch Erhitzen, durch Iodbedampfung oder durch Behandlung mit konz. Schwefelsäure eine Sichtbarmachung von Substanzflecken erreichen.

Durch Verwendung von Adsorbenzien mit kleinerem Korngrößenbereich und dünneren Schichten wird eine wesentliche Verringerung der Trennstufenhöhe erreicht (↗ Hochleistungsflüssigchromatographie). Die als horizontale Methode betriebene *Hochleistungsdünnschichtchromatographie* (engl. *h*igh *p*erformance, *t*hin*l*ayer *c*hromatography, Abk. *HPTLC*) kann linear oder zirkular (U-Kammer) angewendet werden. Dabei verkleinern sich die chromatographischen Parameter (Trennstufenhöhe, Analysenzeit) um etwa eine Zehnerpotenz.

Dünnschicht-Elektrophorese, ein Verfahren der ↗ Elektrophorese zur Trennung von Verbindungen auf unterschiedlichen Trägermaterialien (z. B. ↗ Dextran-Gel, ↗ Cellulose-Acetat, ↗ Stärke).

Dünnschichtreaktor, ein Reaktor zur Durchführung von Gas-Flüssig-Reaktionen, bei dem ein fallender Flüssigkeitsfilm von gleichmäßiger Schichtdicke an einer Rohrwand mit dem gasförmigen Reaktionspartner umgesetzt wird. Der D. kann im Gleich- oder Gegenstrom betrieben werden. Er wird vor allem für Reaktionen eingesetzt, die unter genauer Temperaturführung ablaufen müssen.

Dupré-Rankinesche Gleichung, eine Gleichung zur Beschreibung der Temperaturabhängigkeit des Dampfdruckes von Flüssigkeiten: $\lg p = A - B/T + C \lg T$, wobei p den Dampfdruck, T die absolute Temperatur und A, B und C empirische Konstanten (↗ Clausius-Clapeyronsche Gleichung) bedeuten.

Duraluminium, eine ↗ Aluminiumlegierung.

Durchlässigkeit, ***Transparenz***, beim Durchgang von Licht durch eine Probe der Quotient I_D/I_0 (I_D = Intensität der durchgelassenen Strahlung, I_0 = Intensität der auffallenden Strahlung).

Durchsatz, die in einer bestimmten Zeit (s, min, h) durch einen Apparat oder eine Anlage fließende Stoffmenge. Der D. wird gemessen in kg/s, kg/min oder kg/h.

Durchtrittsreaktion, ↗ Elektrodenreaktion.

Durol, ***1,2,4,5-Tetramethylbenzol***, ein aliphatisch-aromatischer Kohlenwasserstoff, eine farblose, kristalline Verbindung mit campherähnlichem Geruch; F. 79,2 °C, Kp. 196,8 °C. D. ist sublimierbar. In

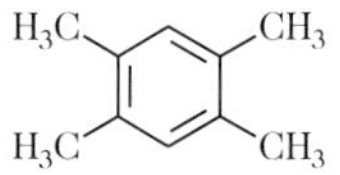

Wasser ist es unlöslich, in Ethanol ist es mäßig, in Ether, Benzol und Aceton gut löslich. D. ist im Steinkohlenteer und in einigen Erdölfraktionen enthalten und kann daraus abgetrennt werden. Es wird zu organischen Synthesen verwendet.

Duromere, ↗ Kunststoffe.

Duroplaste, ↗ Kunststoffe.

Düsenkraftstoffe, ↗ Kraftstoffe.

Dy, Symbol für Dysprosium.

Dynamin, ein in drei Isoformen vorkommendes GTP-bindendes Protein (M_r ~ 94000 bis 96000), das bei der Endocytose synaptischer Vesikel eine wichtige Rolle spielt.

dynamisches Gleichgewicht, ↗ Gleichgewicht.

Dynamite, eine Klasse von Sprengstoffen, deren wichtigstes Bestandteil Glycerintrinitrat ist. *Gur-Dynamit*, 1867 erstmalig von A. Nobel hergestellt, bestand aus 75 % Glycerintrinitrat, 25 % Kieselgur und etwas Soda. Gur-Dynamit brannte gefahrlos ab und war durch Schlag nur schwer zur Explosion zu bringen. Anstelle der Gur-Dynamite werden heute Mischungen eingesetzt, in denen der Ballaststoff Kieselgur durch Stoffe ersetzt wurde, die ebenfalls detonieren und damit die Sprengwirkung erhöhen. Die Detonationsgeschwindigkeit der D. liegt bei etwa 6000 m s^{-1}. Anstelle des reinen Glycerintrinitrates wird heute vorwiegend ein Gemisch aus Glycerintrinitrat und Ethylenglycoldinitrat eingesetzt. Die *Gelatine-Dynamite* enthalten anstelle der Kieselgur ↗ Sprenggelatine. Die D. werden zur Sprengung sehr harter Gesteine und für Unterwassersprengungen eingesetzt. Ihre Verwendung ist zugunsten der ↗ Ammongelite stark zurückgegangen.

Dyneine, an der Bewegung von Wimperhärchen (Cilien) und Geißeln (Flagellen) beteiligte mechano-chemische Proteine. Das *Cilien-D.* ist ein Proteinkomplex ($M_r \sim 2 \cdot 10^6$), der aus 9 bis 12 Proteinuntereinheiten besteht. *Cytoplasmatische D.* sind bedeutend kleiner und bewegen sich mit Kinesinen als Motorproteine in entgegengesetzter Richtung an den Mikrotubuli entlang und transportieren spezifische membranumhüllte Organellen zu bestimmten Stellen in der Zelle.

Dynorphin, H–Tyr–Gly–Gly–Phe–Leu–Arg–Arg–Ile–Arg–Pro–Lys–Leu–Lys–Trp–Asp–Asn–Gln–Lys–Arg–Tyr–Gly–Gly–Phe–Leu–Arg–Arg–Gln–Phe–Lys–Val–Val–Thr–OH, ein 1982 entdecktes 32-Peptid mit Opiatwirkung. Es enthält sowohl N-terminal als auch im Abschnitt 20–24 jeweils die Sequenz des Leu-Enkephalins sowie im Abschnitt 1–17 ein bereits 1979 partiell charakterisiertes D.-17, das aufgrund der sehr hohen Aktivität am Meerschweinchenileum diesen Namen erhielt. Das zuerst entdeckte D.-17 wird als *Dynorphin A* und das 13-Peptid der Sequenz 20–32 als *Dynorphin B* bezeichnet. Das *Dynorphin-8* mit der N-terminalen Sequenz 1–8 wurde in vergleichbaren oder höheren Dosen als Dynorphin A im Hypothalamus gefunden. Dynorphin-8 wurde pharmakologisch als hochpotenter Ligand des Kappa-Opiatrezeptors klassifiziert. Dem Dynorphin-8 wird eine mutmaßliche Transmitterfunktion zugeschrieben, während das metabolisch stabilere Dynorphin A eher als Hormon wirken könnte. 1982 wurde aus der cDNA die Sequenz des Prä-Prodynorphins abgeleitet. Wegen der Ähnlichkeit des aus 256 Aminosäuren aufgebauten Proteins mit dem Enkephalinpräkursor wurde dieser Biosynthesevorläufer zunächst als *Prä-Proenkephalin B* bezeichnet. Da Leu-Enkephalin kein physiologisches Produkt dieses Präkursors ist, wird die Bezeichnung *Prä-Prodynorphin* vorgezogen. Prä-Prodynorphin enthält auch die Sequenz des Neoendorphins.

Dysprosium, Symbol *Dy*, chem. Element aus der III. Nebengruppe des Periodensystems, der Gruppe der ↗ Lanthanoide zugehöriges Seltenerdmetall, Schwermetall; *Z* 66, Atommasse 162,50, Wertigkeit III, seltener IV, F. 1407 °C, Kp. 2335 °C, Standardelektrodenpotential (Dy/Dy^{3+}) –2,353 V.

D. ist ein silberweißes, duktiles, in zwei Modifikationen auftretendes Metall, das unterhalb der Umwandlungstemperatur von 1360 °C hexagonal (D. 8,559 g cm^{-3}), oberhalb dieser Temperatur kubisch kristallisiert. D. kommt in der Erdkruste mit einem Anteil von etwa $4{,}2 \cdot 10^{-4}$ % vor und tritt hier vergesellschaftet mit den anderen Seltenerdmetallen auf, wobei Monazit und Bastnäsit die wichtigsten Rohstoffe für seine Gewinnung sind. Verwendet wird D. in Form von ↗ Cer-Mischmetall; es eignet sich in Kombination mit Blei für Abschirmmaterialien in der Kerntechnik. Über weitere Eigenschaften, Analytisches und Gewinnung ↗ Lanthanoide.

Dysprosiumverbindungen, Verbindungen, in denen Dysprosium vorwiegend in der Oxidationsstufe +3 auftritt, während vereinzelt bekannte Dysprosium(IV)-Verbindungen, wie $Cs_3[DyF_7]$ nur in nichtwäßrigem Medium darstellbar sind. Über allgemeine Eigenschaften und Gewinnung ↗ Lanthanoidverbindungen. Wichtigste D.: *Dysprosium(III)-chlorid*, $DyCl_3$, gelbe Blättchen, D. 3,67 g cm^{-3}, F. 718 °C, Kp. 1500 °C; Dysprosium(III)-fluorid, DyF_3, farblose Kristalle, F. 1360 °C; Dysprosium(III)-oxid, Dy_2O_3 farblos, D. 7,81 g cm^{-3}, F. 2340 °C; *Dysprosium(III)-nitrat*, $Dy(NO_3)_3 \cdot 5\ H_2O$, gelbe Kristalle, F. 88,6 °C.

E

e, 1) Kurzz. für Elektron. 2) Kurzbez. für Exergie. 3) Symbol für äquatoriale Bindungen, ↗ Stereoisomerie 2.2.

E, 1) Bei organisch-chem. Reaktionen Symbol für ↗ Eliminierung (E1, E2). 2) *E*, Konfigurationssymbol, ↗ Stereoisomerie 1.2.3.

E 600, ↗ Paraoxon.

E 605, ↗ Parathion.

EAS, Abk. für essentielle ↗ Aminosäuren.

Eau de Javelle, ↗ Kaliumhypochlorit.

Eau de Labarraque, ↗ Natriumhypochlorit.

Ebullioskopie, ↗ Siedepunktserhöhung.

Ecdyson, ↗ Ecdysteroide.

Ecdysteroide, als Häutungs- oder Verpuppungshormone wirkende Steroide, die bei bestimmten Wirbellosen auf die Epidermiszellen einwirken und Häutungen induzieren bzw. Verpuppungen auslösen. Bei den Insekten werden sie in den Prothorakaldrüsen produziert.

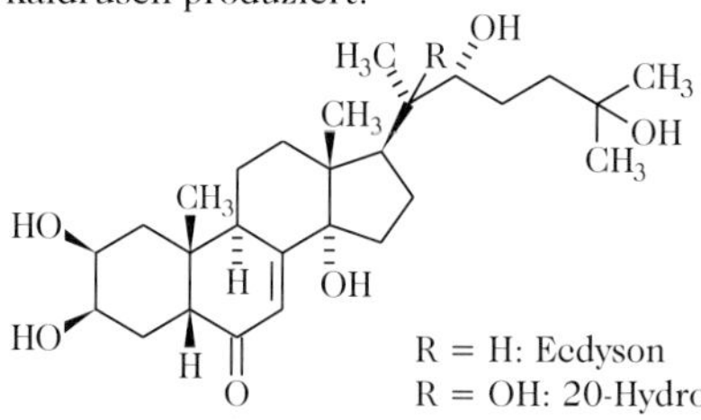

R = H: Ecdyson
R = OH: 20-Hydroxyecdyson

Nach ihrer Herkunft teilt man die E. in Zoo- und Phytoecdysteroide ein. *Zooecdysteroide* wurden aus Insekten, Krebsen und verschiedenen Würmern isoliert. Im allg. liegt deren Konzentration im Bereich von 10^{-5} bis 10^{-9} %. Grundkörper der E. ist das *Ecdyson*, $2\beta,3\beta,14\alpha,22R$,25-Pentahydroxy-$5\beta$-cholest-7-en-6-on, auch α-Ecdyson. Ecdyson und 20-Hydroxyecdyson, auch als β-Ecdyson oder Crustecdyson bezeichnet, sind die am weitesten verbreiteten E. Ecdyson wurde 1954 von Butenandt aus Seidenspinnerraupen isoliert. Die Biosynthese erfolgt ausgehend vom Cholesterin. *Phytoecdysteroide* konnten in relativ großer Menge (etwa 1 % der Trokkenmasse) zuerst aus der japanischen Konifere *Podocarpus nakai*, später auch aus Pflanzen anderer Familien, isoliert werden. Sie haben z. T. noch Alkylreste in der Seitenkette am C-Atom 17. E. sind chemisch durch die 14α-Hydroxygruppe und die 2-enon-Struktur im Ring B charakterisiert. Als Polyhydroxysteroide sind sie in polaren Lösungsmitteln gut, in apolaren dagegen schlecht löslich.

Ecgonin, ↗ Tropan.

Echtfärbesalze, in der Handhabung ungefährliche und in vollkommen trockenem Zustand stabile Doppelsalze aus Diazoniumsalzen und aromatischen Sulfonsalzen, Zinkchlorid oder Borfluorwasserstoffsäure. Die E. sind von besonderer Bedeutung für die Entwicklungsfarbstoffe. In den E. liegen keine Diazoniumsalze mehr vor, sondern Diacetate, die jedoch beim Versetzen mit Mineralsäure wieder in Diazoniumsalze übergehen.

Echtgelb, ***Neugelb***, ***Chrysolin***, ein Azofarbstoff. Er wird hergestellt durch Sulfurierung von 4-Aminoazobenzol-hydrochlorid mit rauchender Schwefelsäure. E. ist als Lebensmittelfarbstoff zugelassen. Es dient ferner zum Färben von Wolle und Seide und ist Zwischenprodukt für die Herstellung von Diazofarbstoffen, z. B. Biebricher Scharlach.

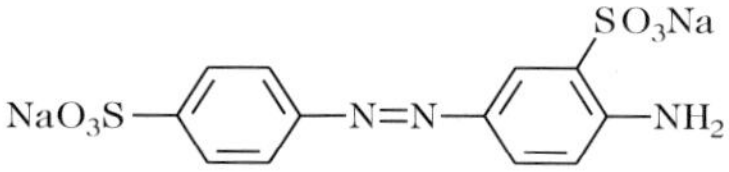

Echtlichtgelb, ↗ Flavazin, ↗ Tartrazin.

Echtrot, Sammelbezeichnung für eine große Anzahl in ihrer chem. Struktur sehr unterschiedlicher Farbstoffe (Abb.).

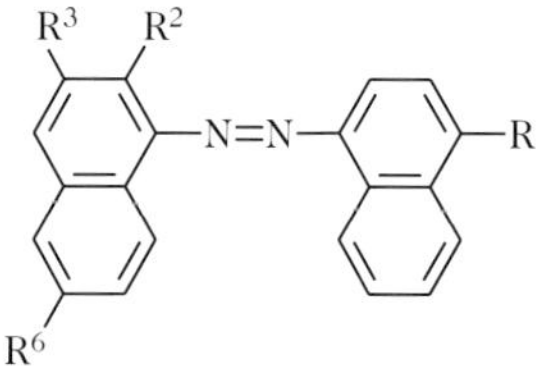

Echtrot. Tab.: Einige Echtrot-Farbstoffe.

Echtrot	R	R^2	R^3	R^6
A	SO_3Na	OH	H	H
B	H	OH	SO_3Na	SO_3Na
C	SO_3Na	OH	SO_3Na	SO_3Na
D	SO_3Na	OH	SO_3Na	SO_3Na

1) *Echtrot A*, der älteste rote Azofarbstoff, wird hergestellt durch Diazotieren von Naphthionsäure und Kuppeln mit Naphth-2-ol in alkalischem Medium. Er ist ein sehr waschechter Säurefarbstoff und wird verwendet zum Färben von Wolle und Seide in saurer Flotte sowie von Leder und Papier. 2) *Echtrot B*, *Bordeaux B*, wird hergestellt durch Diazotieren von 1-Naphthylamin und Kuppeln mit 2-Naphthol-3,6-disulfonsäure (R-Säure) in alkalischem Medium. Verwendung zum Färben von Wolle und Seide sowie von Lebensmitteln und zur Herstellung von Lacken. 3) *Echtrot C*, *Azorubin*, *Carmoisin*, ein carminroter, lichtechter Azofarbstoff. Er färbt Wolle in saurer Flotte rot. 4) *Echtrot D*, *Naphtholrot S*, *Ama-*

ranth, ein wasserlöslicher saurer Monoazofarbstoff von bläulich-roter Farbe. Er wird hergestellt durch Diazotieren von Naphthionsäure und Kuppeln mit 2-Naphthol-3,6-disulfonsäure. 5) *Echtrot E*, *Naphtholrot GR*, *Säurecarmoisin B*, ein saurer, wasserlöslicher Monoazofarbstoff von roter Farbe. Er wird hergestellt durch Diazotieren von Naphthionsäure und Kuppeln mit 2-Naphthol-6-sulfonsäure. Echtrot E ist als Lebensmittelfarbstoff zugelassen. Man verwendet es ferner zum Färben von billigen Buntpapieren.

EC-Nomenklatur, von der *enzyme commission* der IUPAC (International Union of Pure and Applied Chemistry) und IUB (International Union of Biochemistry) 1961 eingeführte Einteilung der ↗ Enzyme nach ihrer Wirkungsspezifität in 6 Hauptklassen und entsprechende Unterklassen.

Econazol, ↗ Azolantimykotika.

Ecstasy, *3,4-Methylendioxy-N-methylamphetamin*, Abk. *MDMA*, ein Phenylethylaminderivat, das wegen seiner aufputschenden Wirkung in der Discoszene häufig in Gebrauch ist (↗ Designer-Drogen). E. kann zu schweren psychischen Schäden führen. Die psychotrop wirksame Dosis liegt bei 80 bis 150 mg.

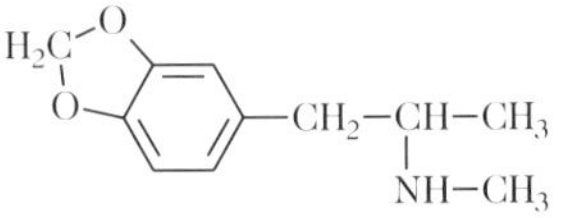

Edelgase, die Elemente der VIII. Hauptgruppe des Periodensystems. Dazu gehören die chem. Elemente Helium (He), Neon (Ne), Argon (Ar), Krypton (Kr), Xenon (Xe) und Radon (Rn). Sie sind farblose, geruch- und geschmacklose, nicht brennbare, ungiftige, niedrigsiedende Gase, die stets atomar vorliegen. Die physikalischen Eigenschaften ändern sich regelmäßig mit der Ordnungszahl. In Wasser und einigen organischen Lösungsmitteln sind sie verhältnismäßig gut löslich. Ihre elektrische Leitfähigkeit übertrifft die anderer Gase beträchtlich.

Die Bezeichnung E. bezieht sich auf deren außerordentliche chem. Inaktivität. Diese hat ihre Ursache in der hohen Stabilität der Elektronenkonfiguration $1s^2$ für Helium und ns^2p^6, der Edelgaskonfiguration, für die schwereren Homologen. Das Ausbleiben der für andere gasförmige Elemente typischen Molekülbildung wird damit erklärt, daß bei einer Wechselwirkung zweier Edelgasatome sowohl das bindende als auch das antibindende Molekülorbital mit zwei Elektronen besetzt werden müßte.

Bis Anfang der 60er Jahre galt die These, daß E. völlig inert und außerstande seien, stabile Bindungen zu sich selbst oder anderen Elementen auszubilden. Zwar waren kristalline Hydrate und auch Clathrate (Einschlußverbindungen) der E. bekannt. Echte »Valenzbindungen« der Edelgase konnten, obgleich schon 1927 von L. Pauling vorausgesagt, erst 1962 unabhängig voneinander von N. Bartlett und R. Hoppe durch Einwirkung von PtF_6 und elementarem Fluor auf Xenon hergestellt werden. Es gelang in der Folgezeit, eine Reihe von Fluoriden, Oxidfluoriden und Oxiden, insbesondere des Xenons, in gewissem Umfange aber auch des Kryptons und Radons, zu synthetisieren. Heute sind unzählige Xe–F-, Xe–O- und Kr–F-Verbindungen sowie einige Xe–N-, Xe–C-, Kr–N- und weitere Edelgas-Verbindungen bekannt. Beispiele sind: $F–Xe–N(SO_2F)_2$, $[Xe–C_6F_5]^+$, $[F–Kr–NCH]^+$. Maßgebend für die thermodynamische Stabilität der Xenonfluoride (XeF_n, $n = 2,4,6$) ist einerseits die relativ niedrige Ionisierungsenergie der schweren E. sowie andererseits die hohe Elektronenaffinität des Fluors und die niedrige Dissoziationsenthalpie des F_2-Moleküls. Damit ist in Übereinstimmung, daß die Kryptonderivate wesentlich instabiler sind als ihre Xenonanaloga (und Radon die stabilsten Verbindungen bilden sollte) und daß z. B. Xenondichlorid $XeCl_2$ im Vergleich zu Xenondifluorid XeF_2 außerordentlich labil ist. Die Bindungsverhältnisse in den Edelgasverbindungen sind auf der Basis einer Oktetterweiterung und d-Orbitalbeteiligung oder auch unter Zugrundelegung von Dreizentren-Vierelektronenbindungen zu beschreiben. Die Strukturen lassen sich vorteilhaft anhand des VSEPR-Modells interpretieren

Edelgase. Tab.: Eigenschaften der Elemente.

	He	Ne	Ar	Kr	Xe	Rn
Kernladungszahl	2	10	18	36	54	86
Elektronenkonfiguration	$1s^2$	$[He]2s^22p^6$	$[Ne]3s^23p^6$	$[Ar]3d^{10}$ $4s^24p^6$	$[Kr]4d^{10}$ $5s^25p^6$	$[Xe]4f^{14}5d^{10}$ $6s^26p^6$
Atommasse	4,002602	20,1797	39,948	83,80	131,29	222,0176
van-der-Waals-Radius in pm	140	150	180	190	210	
Dichte gasf. in g l^{-1}	0,17	0,84	1,66	3,48	5,49	9,23
Kp. in °C	–268,9	–246,0	–185,7	–152,3	–107,1	–61,8

(↗ Xenonverbindungen). Weiteres bei den einzelnen E.

Edelgaskonfiguration, ↗ Elektronenkonfiguration.

Edestin, ein aus zwei Polypeptidketten, durch eine interchenare Disulfidbrücke verknüpftes globuläres Protein (M_r ~ 300000). Es kann aus Baumwoll- und Leinsamen bzw. aus entöltem Hanfsamen isoliert werden.

Edman-Abbau, das wichtigste chemische Sequenzierungsverfahren von Peptiden und kürzeren Polypeptiden durch stufenweise Markierung des N-terminalen Aminosäurerestes gefolgt von der Abspaltung vom verkürzten Peptid und Identifizierung des abgespaltenen Derivats (Abb.). Zu diesem Zweck wird das zu analysierende Peptid mit Phenylisocyanat umgesetzt. Das resultierende Phenylthiocarbamoylpeptid wird in saurer Lösung in das 2-Anilinothiazolin-5-on und das um eine Aminosäure verkürzte Peptid gespalten. Nachfolgende Hydrolyse führt zur Phenylthiocarbamoylsäure, die in das 3-Phenyl-2-thiohydantoin umgewandelt wird. Die Phenylthiohydantoin-Derivate (PTH-Aminosäuren) lassen sich chromatographisch identifizieren.

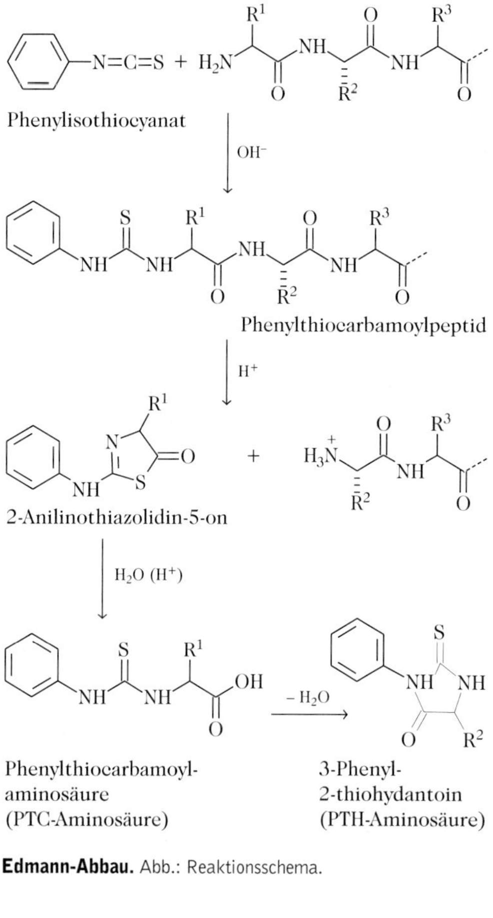

Edmann-Abbau. Abb.: Reaktionsschema.

EDS-Verfahren, ↗ Kohlehydrierung.

EDTA, Abk. für ↗ Ethylendiamintetraessigsäure.

e.e., ↗ Enantiomerenüberschuß.

Effektor, eine natürliche oder synthetische Verbindung, die die Wirkung von Enzymen fördert (*Aktivator*) oder hemmt (*Inhibitor*) bzw. in der Molekularbiologie eine Bezeichnung für ein zellulär wirksames Stoffwechselprodukt (*Metabolit*), ein Hormon oder eine andere Substanz, die an der Regulation der Genaktivität beteiligt ist.

Effusion, das Ausströmen von Gasen aus sehr engen Röhren. Es gilt das *Graham-Bunsensche Ausströmungsgesetz* $v_1/v_2 = \sqrt{M_2/M_1}$, das auch auf den Durchtritt von Gasen durch poröse Membranen anwendbar ist. Dabei sind v_1 und v_2 die Ausströmungsgeschwindigkeiten zweier Gase mit den Molmassen M_1 und M_2.

Egalisiermittel, Färbereihilfsmittel, die das Aufziehen von Farbstoffen auf die Fasern verlangsamen und damit eine gleichmäßige (»egale«) Färbung bewirken sollen. Es gibt faseraffine und farbstoffaffine sowie indifferente E. *Faseraffine E.* ziehen vor dem Farbstoff auf die Faser auf. Sie besetzen die farbstoffbindenden Stellen am Faserstoff und machen sie erst nach und nach für den Farbstoff frei, so daß er gleichmäßig auf die textile Ware aufziehen kann. Es werden meist Sulfonate, Sulfonsäuren und Fettsäurekondensate verwendet. *Farbstoffaffine E.* bilden mit dem Farbstoff nicht aufziehende Verbindungen, die erst nach und nach wieder zerfallen, so daß der Farbstoff langsam und gleichmäßig auf den Faserstoff aufziehen kann. Hierzu zählen ethoxylierte Fettalkohole und Alkylphenole (Polyglycolether).

EGR-Verfahren, ↗ elektrostatische Gasreinigung.

°eH, ↗ Härte.

Ehrlichs Reagens, 1) Reagens auf Pyrrolderivate, mit denen eine charakteristische Rotfärbung auftritt. Man verwendet eine Lösung von 1 g 4-Dimethylaminobenzaldehyd in 100 ml 2 N Salzsäure. E. R. wird in der klinischen Chemie zum Nachweis von Abbauprodukten des Hämoglobins im Harn, die bei bestimmten Erkrankungen vermehrt ausgeschieden werden, verwendet. 2) Reagens auf Phenole, Phenolderivate und einige Heterocyclen, die sich mit Diazoniumsalzen leicht zu roten Azofarbstoffen kuppeln lassen. Man verwendet eine salzsaure Lösung von Sulfanilsäure und Natriumnitrit, in der ein Diazoniumsalz gebildet wird. Farbreaktionen treten z. B. auf mit Adrenalin, Tyrosin, Histidin und Gallenfarbstoffen sowie auch mit Proteinen, so daß sich diese Reaktion auch für die klinische Chemie eignet (*Ehrlichsche Diazoreaktion*).

Eialbumin, Vertreter der ↗ Albumine.

Eicosan, $C_{20}H_{42}$, ein Kohlenwasserstoff der Alkanreihe (↗ Alkane). E. ist als Feststoff Bestandteil von Paraffin und des Blattwachses von Rosen.

Eicosanoide, hormonartig wirkende Verbindungen, die durch eine enzymatisch gesteuerte Peroxidation aus mehrfach ungesättigten C_{20}-Fettsäuren, insbesondere der Arachidonsäure (20 : 4) und der Dihomo-γ-linolensaure (20 : 3), gebildet werden. Der Name E. leitet sich von der ↗ Eicosansäure ab. Zu den E. gehören Umsetzungsprodukte der Cyclooxygenase und der Lipoxygenase. Cyclooxygenase-Produkte sind die Cycloendoperoxide, die ↗ Prostaglandine, die Thromboxane und das Prostacyclin. Lipoxygenase-Produkte sind die als Intermediate auftretenden 5- bzw. 12-Hydroperoxyeicosatetraensäuren (Abk. 5- bzw. 12-HPETE), verschiedene chemotaktisch wirkende Mono- und Oligohydroxyeicosatetraensäuren (z. B. 5- oder 12-HETE) und die ↗ Leukotriene.

Eicosansäure, ***Icosansäure*** (nach IUPAC), ***Arachinsäure*** (nach IUPAC zu vermeiden), CH_3–$(CH_2)_{18}$–COOH, eine höhere, gesättigte Fettsäure. E. kristallisiert in glänzenden Blättchen; F. 75,3 °C, Kp. 328 °C (Z.). Sie ist in Wasser unlöslich, in Ether und Chloroform löslich. E. kommt als Bestandteil von Glyceriden in vielen pflanzlichen Fetten und fetten Ölen vor, z. B. im Erdnußöl, Maisöl, Rüböl, Olivenöl und Sonnenblumenöl.

Eigenfunktion, ↗ Atommodell.

Eigenwert, ↗ Atommodell.

Einbrennlacke, Lacke auf Basis von Acryl-, Epoxid-, Phenol-, Melamin-, Harnstoff-, Polyurethan- und anderen Harzen, die allein oder in Kombination bei Temperaturen bis 250 °C gehärtet und durch geeignete Pigmente gefärbt werden können. Große Bedeutung haben Siliconharz-Einbrennlacke (↗ Polysiloxane). E. weisen große Härte und gute Dehnbarkeit auf, sie sind kratzfest, wetterbeständig und beständig gegenüber chem. Einflüssen.

Eindampfen, *Abdampfen*, das Abtrennen des Lösungsmittels von einem gelösten Stoff durch Erhitzen der Lösung. Dabei kann das Lösungsmittel in einer Abdampfschale an der offenen Luft verdampfen oder in einer Vorlage zurückgewonnen werden (↗ Destillation). Das Anreichern des gelösten Stoffes in der Lösung durch teilweises E. heißt *Konzentrieren* oder *Einengen*. Als *Eindampfapparate* verwendet man große, flache Pfannen oder geschlossene, unter vermindertem Druck arbeitende Geräte.

Eindicken, das Abtrennen von feinkörnigem Gut aus einer dünnen Suspension durch Absetzen des spezifisch schwereren Feststoffes unter dem Einfluß der Schwer- oder Fliehkraft mit dem Ziel, den Feststoff möglichst vollständig aus der Flüssigkeit abzuscheiden. Dabei wird ein wasserreiches Feststoffprodukt (Dickschlamm) und ein feststoffarmer Klarlauf erhalten. Zum E. dienen 1) diskontinuierlich arbeitende Absetzbehälter, die nach dem Sedimentationsvorgang geräumt werden müssen; 2) Spitzkästen und Absetzkegel mit besonderen Austragvorrichtungen für den Schlamm an der Behälterspitze; 3) Rundeindicker mit mechanischem Austrag durch Krählwerke; 4) Eindickzyklone; 5) Dekanter.

Einengen, ↗ Eindampfen.

eingefrorener Zustand, ↗ Gleichgewicht.

Einphasenpräparate, ↗ Kontrazeptiva.

Einsalzeffekt, ↗ Aussalzeffekt.

Einsatzhärten, ↗ Aufkohlen.

Einschiebungsreaktion, ein Reaktionstyp der organischen Chemie, bei dem sich Elemente oder Moleküle in kovalente Verbindungen nach folgenden allg. Gleichungen formal einschieben:

R–Br + Mg → R–MgBr (↗ Grignard-Verb., ↗ Grignard-Reaktion)

R–H + CO → R–CHO (Carbonylierung, ↗ Oxosynthese)

RH + $|CH_2$ → R–CH_2–H (Carbenreaktion)

Neben der technisch wichtigen Oxosynthese ist auch die Zieglersche Ethylen-Polymerisation zu Polyethylen eine E., bei der sich ständig Ethylenmoleküle zwischen Metallatom des Katalysators, z. B. Titan, und dem an das Metallatom gebundene C-Atom der Kohlenstoffkette einschieben:

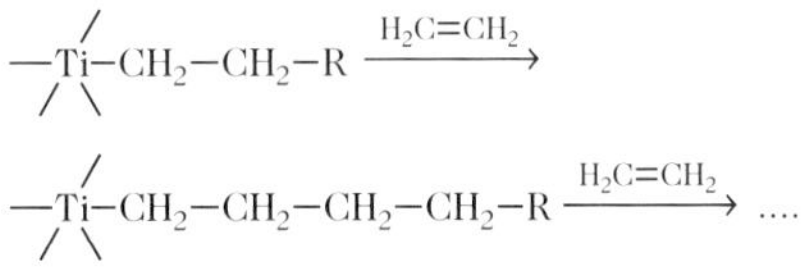

Der Mechanismus dieser Reaktion beinhaltet vor dem Einschub eine koordinative Fixierung des Monomeren an das koordinativ ungesättigte Titanatom des Katalysators sowie Bildung eines Vierzentrenübergangszustandes, aus dem heraus die Einschiebung erfolgt.

Einschlußkomplexbildungschromatographie, ***Inclusions-Chromatographie***, ein Verfahren der ↗ Chromatographie, bei dem die Probenmoleküle im hydrophoben Innenraum von chemisch gebundenen ↗ Cyclodextrinen Einschlußkomplexe mit der inneren Oberfläche der Cyclodextrin-Toroid-Struktur bilden. Durch E. können u. a. Aminosäure-Enantiomere, Mycotoxine und Chinone getrennt werden.

Einschlußverbindungen, ↗ Clathrate.

Einschmelzrohr, ↗ Bombenrohr.

Einstabmeßkette, ein Elektrodensystem für potentiometrische Messungen, das Indikator- und Bezugselektrode in einer kompakten Anordnung vereinigt.

Einstein, in der Photochemie gebräuchliche Nicht-SI-Einheit der Strahlungsmenge: 1 Einstein = 1 mol Photonen der Energie $h \cdot \nu$, wobei h das Plancksche Wirkungsquantum und ν die Frequenz der elektromagnetischen Strahlung ist.

Einsteinium, Symbol *Es*, radioaktives, nur künstlich, durch Kernreaktionen zugängliches chem. Element aus der III. Nebengruppe des Periodensystems, der Gruppe der ↗ Actinoide zugehöriges Transuran; *Z* 99, langlebigstes Isotop: ^{252}Es (α-Strahler, Halbwertszeit 472 d), Wertigkeit III, II, Standardelektrodenpotential (Es^{2+}/Es^{3+}) −1,60 V. E. ist ein silberweißes, kubisch kristallisierendes Metall, das durch Reduktion von Einsteinium(III)-fluorid mit Lithium gewonnen wird. E. ist durch Neutronenbestrahlung von Plutonium-239 im μg-Maßstab zugänglich:

$$^{239}_{94}Pu \xrightarrow[-5\beta^-]{+14n} {}^{253}_{99}Es$$

Einige Einsteiniumverbindungen sind bekannt, wie *Einsteinium(III)-oxid*, Es_2O_3↗ kubisch, weiß, *Einsteinium(III)-chlorid*, $EsCl_3$ hexagonal, im UCl_3-Typ kristallisierend, hellrosa, *Einsteinium(III)-bromid*, $EsBr_3$ im $AlCl_3$-Typ kristallisierend, bernsteingelb. Einsteinium(II)-Verbindungen sind starke Reduktionsmittel.

Einstein-Stokes-Gleichung, ↗ Diffusion.

Einstrahlgeräte, ↗ Spektralapparaturen.

Einsubstratenzyme, die Reaktion mit nur einem Substrat katalysierende Enzyme, wie beispielsweise Isomerasen.

Einweichmittel, Waschhilfsmittel, die durch Benetzungs- und Quellungsvorgänge besonders hartnäckigen, stark haftenden Schmutz auflockern. Als E. dient meist eine mit Soda oder Natriumsilicat stark alkalisch eingestellte, Tenside enthaltende Mischung.

Einwohnergleichwert, ↗ Abwasser.

Einzellerprotein, engl. ***single cell protein***, Abk. ***SCP***, das aus der Zellmasse von Bakterien, Mikroalgen, Pilzen, Hefen u. a. gewonnene Gesamtprotein. Es wird in Bioreaktoren bzw. bei photosynthetisierenden Mikroorganismen in flachen Teichen produziert und dient vorrangig als Futtermittelzusatz.

Eis, fester Aggregatzustand des Wassers. Der Gefrierpunkt beträgt 0 °C bei einem Druck von 101,3 kPa (760 Torr). E. hat je nach Luftgehalt eine Dichte von 0,86 bis 0,92 kg/dm³ und ist spezifisch leichter als flüssiges Wasser. Die Schmelzenthalpie ist mit ≈ 334 kJ/kg beträchtlich groß, so daß sich E. durch eine hohe Kältespeicherfähigkeit auszeichnet. Die Schmelz- bzw. Gefriertemperatur sinkt mit steigendem Druck. E. ist nicht zu verwechseln mit ↗ Trockeneis.

E. kommt in der Natur in verschiedenen Formen vor (*Natureis*). Mit Hilfe von Kältemaschinen künstlich erzeugtes E. (*Kunsteis*) wird für Kunsteisbahnen benötigt oder dient zur einmaligen Kälteerzeugung. Es wird dabei gewissermaßen als ↗ Kälteträger in einem Verbrauchs- bzw. Verschleißprozeß für Abkühlzwecke eingesetzt. Das Kunsteis wird nach Aussehen, Form und Herstellungsverfahren unterschieden in Trüb-, Klar- und Kristalleis; Schnee-Eis; Block-, Platten-, Röhren-, Scheiben-, Würfeleis.

Eisen, lat. ***Ferrum***, Symbol ***Fe***, chem. Element aus der VIII. Nebengruppe des Periodensystems, der ↗ Eisengruppe zugehöriges häufigstes und technisch wichtigstes Schwermetall; *Z* 26, Massenzahlen der natürlichen Isotope 56 (91,66 %), 54 (5,82 %), 57 (2,19 %), 58 (0,33 %), Atommasse 55,847, Wertigkeit meist II, III, seltener IV, V, VI, 0, −II, Härte nach Mohs 4,5, D. 7,873 g cm^{-3}, F. 1539 °C, Kp. 3070 °C, elektrische Leitfähigkeit 10 Sm/mm², Standardelektrodenpotential (Fe/Fe^{2+}) −0,4402 V.

Eigenschaften. Reines E. ist ein silberweißes, relativ weiches, durch hohe magnetische Suszeptibilität gekennzeichnetes, recht reaktionsfreudiges Metall, das in drei enantiotropen Modifikationen auftritt. Das bis 928 °C stabile *α-Eisen* (kubisch-raumzentriert, Gitterkonstante 286,6 pm) verliert bei 770 °C seine ferromagnetischen Eigenschaften, wird paramagnetisch und dann zuweilen auch als *β-Eisen* bezeichnet. Die weiteren Umwandlungen in kubisch-flächenzentriertes *γ-Eisen* (Gitterkonstante 364,7 pm) und kubisch-raumzentriertes *δ-Eisen* (Gitterkonstante 293,2 pm) erfolgen bei 928 bzw. 1398 °C. Die physikalischen und chem. Eigenschaften des E. werden durch Zusatz anderer Elemente stark beeinflußt: So hat kohlenstoffhaltiges E. im Gegensatz zu reinem E. permanenten Magnetismus; der Kohlenstoffgehalt des E. bestimmt die Verarbeitbarkeit, Härte und Sprödigkeit des im technischen Maßstab gewonnenen Metalls (↗ Stahl); seine Eigenschaften werden durch Zusatz von Legierungsmetallen (Edelstahl) sehr wesentlich modifiziert. An trockener Luft und im Sauerstoff- und kohlendioxidfreien Wasser verändert sich E. infolge der Existenz einer zusammenhängenden Oxidschicht nicht. Durch konz. Schwefelsäure und konz. Salpetersäure wird E. passiviert, löst sich dagegen in verd. Säuren unter Wasserstoffentwicklung. Feuchte Luft und kohlendioxidhaltiges Wasser greifen E. unter Bildung von Rost, d. i. Eisen(III)-oxid-Hydrat $Fe_2O_3 \cdot H_2O$ bzw. FeO(OH), an. Da die dabei entstehende Oxidschicht weich und porös ist, kann der Rostvorgang ungehindert fortschreiten (↗ Korrosion). Konz. Natronlauge greift E. auch unter Luftabschluß an, dieses geht dabei unter Hydroxoferrat(II)-Bildung in Lösung. Feinverteiltes E. (pyrophores E.) entzündet sich leicht an der Luft. In der Hitze reduziert E. heißen Wasserdampf zu Wasserstoff: $3\,Fe + 4\,H_2O \rightarrow Fe_3O_4 + 4\,H_2$. Trockenes Chlor greift E. im Unterschied zu feuchtem Chlor bei Raumtemperatur nicht an; bei erhöhter Temperatur erfolgt Reaktion zu Eisen(III)-chlorid $FeCl_3$. Auch mit weiteren Nichtmetallen, wie Phosphor, Silicium, Schwefel und Kohlenstoff, reagiert E. bei erhöhter Temperatur. Eisen- und Stahlarten des täglichen Gebrauchs stellen herstellungsbedingt stets Legierungen des E. mit Anteilen dieser Nichtmetalle sowie des Mangans dar. In seinen Verbindungen tritt E. hauptsächlich in den Oxidationsstufen +II und +III auf. E. ist ein guter Komplexbildner, besondere Bedeutung haben oktaedrische Eisen(II)-Komplexe.

E. ist ein außerordentlich wichtiges Bioelement, das in allen lebenden Zellen auftritt. In der Biosphäre ist es an Elektronenübertragungsreaktionen (↗ Ferredoxine) bei wichtigen Prozessen wie Photosynthese und Luftstickstoffbindung, ferner am Atmungsprozeß (↗ Hämoglobine) beteiligt.

Analytisches. Im klassischen Sulfid-Trennungsgang erscheint E. als schwarzer Niederschlag von Eisen(II)-sulfid FeS aus ammoniakalischer Lösung. Als spezifische und empfindliche Nachweisreaktionen für Eisen(II) und Eisen(III) werden die Bildung des tiefroten Dipyridinkomplexes $[Fe\ dipy_3]^{3+}$oder tiefroter Eisen(III)-thiocyanat-Komplexe $[Fe(NCS)_n\text{-}(H_2O)_{6-n}]^{3-n}$, ebenfalls in Lösung sowie die Fällung von ↗ Berliner Blau aus Fe^{3+}und $[Fe(CN)_6]^{4-}$ bzw. Fe^{2+}und $[Fe(CN)_6]^{3-}$ herangezogen. Gravimetrisch kann E. über die Fällung als Eisen(III)-hydroxid $Fe(OH)_3$ und Verglühen zu Eisen(III)-oxid Fe_2O_3 erfaßt werden, während es maßanalytisch auf iodometrischem oder manganometrischem Wege bestimmt wird.

Vorkommen. E. ist am Aufbau der Erdkruste mit 4,7 % beteiligt und hier das meist verbreitete Schwermetall. Da gediegenes E. etwa 90 % des Erdkernes ausmacht, stellt E. das meistverbreitete Element der Erde dar. Darüber hinaus weisen die zahlreichen Eisenmeteorite darauf hin, daß E. im gesamten Sonnensystem häufig vorkommt. Die auf der Erde weit verbreiteten Eisenerzvorkommen sind vor allem oxidischer und sulfidischer Natur. Die wichtigsten und technisch in großem Umfang genutzten Eisenerze sind Magnetit (Magneteisenstein) Fe_3O_4, Hämatit (Roteisenstein, Eisenglanz) Fe_2O_3, Limonit (Brauneisenstein) $Fe_2O_3 \cdot H_2O$ (FeO(OH)), Siderit (Spateisenstein) $FeCO_3$, und Pyrit (Schwefelkies, Eisenkies) FeS_2. E. ist im Boden weit verbreitet, Eisen(III)-oxid und Eisen(III)-oxid-Hydrate verleihen dem Erdboden die charakteristischen roten, braunen oder gelben Farbtönungen.

Als Bioelement spielt E. eine wichtige Rolle in der Biosphäre. Der menschliche Organismus weist etwa 4 bis 5 g E, davon etwa 75 % in Form von Hämoglobin (O_2-Transport im Blut) auf. Weitere E.-Metalloproteine sind Myoglobin (O_2-Speicherung im Muskel), ↗ Transferrin, ↗ Ferritin, ↗ Katalase, ↗ Peroxidase und ↗ Cytochrome. Pflanzen enthalten bis 300 ppm E., Eisenmangel kann bei Pflanzen zu Chlorosen führen, die vielfach durch Festlegung des E. im Boden durch Kalküberschuß verursacht werden. Beim Menschen führt Eisenmangel zu Anämie und Störungen des Immunsystems.

Gewinnung. Die großtechnische Gewinnung des E. durch Reduktion oxidischer Eisenerze mit Koks im Hochofen (↗ Roheisenerzeugung) führt zu Roheisen, das durch einen Kohlenstoffgehalt von etwa 4 % gekennzeichnet ist und zu ↗ Stahl (< 1,7 % C) weiterverarbeitet wird (↗ Stahlerzeugung). Auch chemisch reines E. wird gegenwärtig, wenn auch in wesentlich geringerem Umfang, im technischen Maßstab erzeugt, und zwar durch Vakuumbehandlung von Stahl, durch thermische Zersetzung von Eisenpentacarbonyl, durch Reduktion von Eisen(III)-chlorid mit Wasserstoff oder durch kathodische Abscheidung aus wäßriger Lösung unter Verwendung von Weicheisenanoden und Ammoniumeisenoxalat- oder Eisen(II)-chlorid-Elektrolyten. E. sehr hoher Reinheit wird durch Zonenschmelzen aus Elektrolyt- oder Carbonyleisen gewonnen.

Verwendung. Als technisch wichtigstes Gebrauchsmetall wird E. in großem Umfang in Legierungsform (↗ Stahl) eingesetzt. Reines E. wird in der Pulvermetallurgie und Magnettechnik (als Magnetkern) verwendet.

Eisen(II)-acetat, $Fe(CH_3COO)_2 \cdot 4\ H_2O$, hellgrüne, monokline, nadelförmige, wasserlösliche Kristalle. Man erhält E. durch Reaktion von feinverteiltem Eisen mit Holzessig und verwendet es als Färbebeize, zur Farbstoffherstellung und im Kattundruck.

Eisenalaune, Doppelsulfate von Eisen(III)-sulfat mit Alkalisulfaten der allgemeinen Zusammensetzung $M^IFe(SO_4)_2 \cdot 12\ H_2O$. Der wichtigste Eisenalaun ist *Kaliumeisenalaun*, $KFe(SO_4)_2 \cdot 12\ H_2O$, in farblosen bis blaßvioletten Oktaedern kristallisierend, D. 1,83 g cm^{-3}, F. 33 °C. Man gewinnt ihn durch Oxidation einer schwefelsauren Lösung von Eisen(II)-sulfat mit Salpetersäure unter Zusatz von Kaliumsulfat und setzt ihn als Gerbereimittel und Beize in der Zeugfärberei sowie beim Lichtdruckverfahren ein.

Eisencarbid, ↗ Zementit.

Eisen(II)-carbonat, $FeCO_3$, grauweiße, trigonale Kristalle, D. 3,8 g cm^{-3}. In reinem Wasser unlöslich, durch Reaktion von Eisen(II)-salzlösungen mit Alkalicarbonaten darstellbar, geht E. in CO_2-haltigem Wasser in wasserlösliches Eisenhydrogencarbonat $Fe(HCO_3)_2$ über. In der Natur kommt E. als Siderit (Spateisenstein), mit Ton vermengt als Toneisenstein vor. Eisenhydrogencarbonat ist in manchen Mineralwässern, den Eisensäuerlingen oder Stahlwässern, enthalten. An der Luft scheiden diese Lösungen Eisen(III)-hydroxid $Fe_2O_3 \cdot x\ H_2O$ (Brauneisenstein) ab.

Eisencarbonyle. *Pentacarbonyleisen(0)*, $[Fe(CO)_5]$, giftige, ölige, gelbe Flüssigkeit; D. 1,45 g cm^{-3}, F. 20,5 °C, Kp. 103 °C. Man erhält $Fe(CO)_5$, einen trigonal-bipyramidal gebauten Eisen(0)-komplex, im technischen Maßstab durch Umsetzung von feinverteiltem Eisen mit Kohlenmonoxid bei etwa 200 °C und 15 bis 30 MPa. Mit Luft bildet $Fe(CO)_5$ explosive Gemische, mit Halogenen reagiert es bei tieferer Temperatur zu *Eisencarbonylhalogeniden*, $Fe(CO)_4X_2$, während mit starken Laugen über die Basenreaktion Carbonylferrat(–II) $[Fe(CO)_4]^{2-}$ entsteht: $Fe(CO)_5 + 4\,OH^- \rightarrow Fe(CO)_4^{2-} + 2\,H_2O + CO_3^{2-}$. Protonierung von $[Fe(CO)_4]^{2-}$ führt zu *Eisencarbonylwasserstoff*, $H_2Fe(CO)_4$, einer farblosen bis schwach gelben, widerlich riechenden Flüssigkeit, F. –68 bis –70 °C, die sich bereits oberhalb –10 °C unter schwacher Rotfärbung zersetzt. Bei Lichteinwirkung geht $Fe(CO)_5$ über in das Zweikerncarbonyl (Enneacarbonyl) $Fe_2(CO)_9$, goldgelbe, pseudohexagonale Blättchen, D. 2,08 g cm^{-3}, F. 100 °C (Z.). Beim Erhitzen auf über 150 °C entsteht unter CO-Abspaltung elementares Eisen (↗ Carbonyleisen). Das Dreikerncarbonyl $Fe_3(CO)_{12}$ erhält man als tiefgrüne, monokline Prismen, D. 1,996 g cm^{-3}, F. 140 °C (Z.), durch Oxidation von $[Fe(CO)_4]^{2-}$.

Eisenchloride. *Eisen(II)-chlorid*, $FeCl_2$ weiße, sublimierbare, sehr hygroskopische monokline Prismen, D. 3,16 g cm^{-3}, F. 674 °C. Man erhält $FeCl_2$ durch Erhitzen von Eisen im Chlorwasserstoffstrom oder durch Reduktion von Eisen(III)-chlorid. Aus wäßriger Lösung, die man auch direkt durch Auflösen von Eisen in Salzsäure erhält, kristallisiert das blaßgrüne Dichlorotetraaquoeisen(II)-Hydrat $[FeCl_2(H_2O)_4] \cdot 2\,H_2O$ aus. $FeCl_2$ wird als Reduktionsmittel, als Beize in der Färberei und für pharmazeutische Präparate verwendet.

Eisen(III)-chlorid, $FeCl_3$ dunkelgrüne, in Durchsicht rotbraune, metallglänzende, hexagonale Kristalle; D. 2,898 g cm^{-3}, F. 306 °C. $FeCl_3$↗ ist sublimierbar, bei 400 °C entspricht die Dampfdichte der Formel Fe_2Cl_6, bei 800 °C liegen $FeCl_3$-Moleküle vor. $FeCl_3$ ist in Wasser sowie in organischen Solvenzien, z. B. Ethanol, Aceton oder Diethylether, gut löslich, aus Wasser kristallisieren Hydrate; das Eisen(III)-chlorid des Handels ist das gelbe Hexahydrat, das in fester Phase als Chlorokomplex $[FeCl_2(H_2O)_4]Cl \cdot 2\,H_2O$, F. 37 °C, vorliegt. Mit Chloridionen reagiert $FeCl_3$ zu Chlorokomplexen $[FeCl_4]^-$, $[FeCl_6]^{3-}$ und $[Fe_2Cl_9]^{3-}$. $FeCl_3$ ist sehr hygroskopisch und zerfließt an der Luft zu einer öligen Flüssigkeit (Eisenöl). In wäßriger Lösung erleidet $FeCl_3$ Hydrolyse, wobei über gelbbraune Hydroxokomplexe kolloides, rotbraunes Eisen(III)-hydroxid $Fe_2O_3 \cdot x\,H_2O$ gebildet wird. Man erhält $FeCl_3$ durch Überleiten von Chlor über Eisenschrott bei etwa 650 °C, als Nebenprodukt fällt es beim chlorierenden Aufschluß eisenhaltiger oxidischer Erze an. Seine Hydrate werden durch Reaktion von Eisen(III)-oxid und Salzsäure gewonnen. Man verwendet $FeCl_3$ als Beize in der Färberei und Textildruckerei, als Oxidationsmittel und Chlorüberträger, bei der Aufarbeitung von Kupfer- und Silbererzen, zur Herstellung gedruckter Schaltungen, zum Ätzen von Kupfertiefdrucken, bei der Photogravur und zur Herstellung von Tinte. Es ist von Bedeutung bei der Wasseraufbereitung. Da $FeCl_3$ Eiweiß zum Koagulieren bringt, dient damit getränkte Watte zur Blutstillung.

Eisen(III)-chlorid-Reaktion, ↗ Phenole.

Eisen(III)-chromat, $Fe_2(CrO_4)_3$ gelbe, mikrokristalline, in Wasser schwer lösliche Verbindung. E. dient als Pigment (Siderin gelb) für Wasser-, Lack- und Porzellanfarben, in der Metallurgie als Stahlveredler.

Eisen(III)-formiat, rote Kristalle, $Fe(HCOO)_3 \cdot H_2O$. Mit Wasser wird E. zu Eisen(III)-hydroxid und Ameisensäure hydrolysiert. Aufgrund dieser Eigenschaft mischt man es zur Einstellung der Acidität dem Grünfutter in Silos zu.

Eisenhammerschlag, ↗ Zunder.

Eisenhydroxide. *Eisen(II)-hydroxid*, $Fe(OH)_2$, weiße, durch Fällung aus Eisen(II)-salzlösungen mit Alkalilaugen unter Luftabschluß zugängliche Verbindung, die an der Luft schnell über grau-dunkelgrüne und schwärzliche Zwischenprodukte in Eisen(III)-hydroxid übergeht. $Fe(OH)_2$ ist in Säuren löslich, reagiert aber auch mit konz. siedenden Laugen im geringen Umfang zu Hydroxoferraten(II), $M_4Fe(OH)_6]$.

Eisen(III)-hydroxid, $Fe_2O_3 \cdot x\,H_2O$ [Eisen(III)-oxid-Hydrat], ein wasserreiches Hydrogel, das bei der Fällung von Eisen(III)-salzlösungen mit Alkalilauge oder Ammoniak entsteht und beim Trocknen über Kondensationsreaktionen in kristallines α-Fe_2O_3, in der Natur als Hämatit vorkommend, übergeht. Unter den Bezeichnungen Eisenoxidgelb oder Eisengelb wird Eisen(III)-hydroxid als Pigment (↗ Eisenoxide) verwendet. Durch Erhitzen von frisch gefälltem Eisen(III)-oxid-Hydrat in 2 N Natronlauge mit überhitztem Wasserdampf bildet sich *Eisen(III)-oxid-hydroxid*, α-FeO(OH), D. 4,28 g cm^{-3}, das in der Natur als Goethit (Nadeleisenerz) auftritt. Eine unbeständige Modifikation von FeOOH ist das in roten Blättchen kristallisierende γ-FeO(OH); es tritt bei Korrosionsvorgängen als Rost in Erscheinung. In der Natur kommt diese Modifikation als Lepidokrolit (Rubinglimmer) vor. Das hohe Adsorptionsvermögen von frisch gefälltem Eisen(III)-oxid-Hydrat wird z. B. bei der Wasserreinigung genutzt.

Eisen(II)-iodid, FeI_2, graue oder dunkelrote, hexagonale, in Wasser leicht lösliche Kristalle; D. 5,315 g cm^{-3}, F. 177 °C. Als Tetrahydrat, $FeI_2 \cdot 4\,H_2O$, erhält man E. in Form grüner Kristalle durch Auflösen von Eisen in Iodwasser; die wasserfreie Form bildet sich beim Glühen von Eisenpulver mit Iod. In Mischung mit Zuckersirup wird E. in der Medizin als Iodeisensirup gegen Kropfbildung verwendet.

Eisen-Kohlenstoff-Legierungen, die technisch wichtigsten Eisenlegierungen ↗ Roheisen, ↗ Gußeisen und ↗ Stahl. Im flüssigen Zustand kann Eisen bis zu 6,67 % Kohlenstoff lösen, im festen Zustand dagegen wesentlich weniger. Der überschüssig gelöste Kohlenstoff wird unter Bildung von Eisencarbid Fe_3C (Zementit) oder bei extrem geringer Abkühlungsgeschwindigkeit in Form von Graphit ausgeschieden.

Je nach Menge des vorhandenen Kohlenstoffes weisen die E. unterschiedlichen Gefügeaufbau auf. 1) Grundgefüge (Phasen) sind ↗ Ferrit (α-, β- und ϑ-Eisen), ↗ Austenit (γ-Eisen) und ↗ Zementit. 2) Mischungen aus den Grundgefügen sind der bei 0,80 % C entstehende ↗ Perlit (Eutektoid), der aus Ferrit und Zementit besteht, und der bei 4,3 % C entstehende ↗ Ledeburit, der eutektisch aus der Schmelze entsteht (Zementit und Austenit bzw. Ferrit). 3) Härtegefüge. Werden E. von Temperaturen oberhalb des Austenitgebietes in Wasser, Öl oder Luft abgeschreckt, so entsteht je nach chem. Zusammensetzung das metastabile Härtegefüge von ↗ Martensit; dieser kann durch geeignetes Anlassen über die Zwischenstufe Troostit und Sorbit in Ferrit und Zementit übergeführt werden.

Eisenkomplexe, Koordinationsverbindungen des Eisens bei Dominanz oktaedrischer Eisen(II)- und Eisen(III)-Komplexe, die in Abhängigkeit von der Feldstärke der Liganden (↗ Ligandenfeldtheorie) meist dem high-spin-Typ, z. B. $[Fe(H_2O)_6]^{n+}$ (n = 2, 3), seltener dem low-spin-Typ, z. B. $[Fe(CN)_6]^{n-}$ (n = 4, 3), zuzuordnen sind. Relativ stabil sind auch tetraedrische Eisen(III)-Komplexe, wie $[FeCl_4]^-$, während tetraedrische Eisen(II)-Komplexe, wie $[FeCl_4]^{2-}$, nur in nichtwäßrigem Medium darstellbar sind. E. der Koordinationszahl fünf mit trigonal-bipyramidaler (Beispiel: $[FeCl_5]^{2-}$) oder quadratisch-pyramidaler (meist Gemischtligandkomplexe) Geometrie sind selten. π-Akzeptor-Liganden, wie CO, stabilisieren niedere Oxidationsstufen des Eisens (↗ Eisencarbonyle), während in den Oxokomplexen (↗ Ferrate) mit dem π-Donorliganden O^{2-} die hohen Oxidationsstufen +V und +VI auftreten. Eisenkomplexe, wie ↗ Hämoglobine, ↗ Cytochrome und ↗ Ferredoxine, spielen eine wichtige Rolle bei grundlegenden Lebensprozessen.

Eisen(III)-nitrat, $Fe(NO_3)_3$, aus wäßriger Lösung als Enneahydrat, $Fe(NO_3)_3 \cdot 9\,H_2O$, in Form schwach violetter, monokliner Kristalle, D. 1,684 g cm^{-3}, F. 42 °C, oder als kubisches Hexahydrat, $Fe(NO_3)_3 \cdot 6\,H_2O$, F. 35 °C, anfallende Verbindung, die durch Auflösen von Eisen in 20- bis 30 %iger Salpetersäure erhalten wird. E. dient in der Färberei als Beize sowie zum Beschweren und Schwarzfärben von Seide, ferner zum Gerben von Häuten und zur Herstellung von Berliner Blau.

Eisennitride, Fe_4N und Fe_2N, bilden sich bei der Nitrierhärtung auf der Stahloberfläche. Die durch chemisch-thermische Behandlung erreichte Diffusionssättigung der Oberfläche des Stahls mit Stickstoff führt hauptsächlich zur Bildung einer harten Fe_2N-Schicht.

Eisen(II)-oxalat, $FeC_2O_4 \cdot 2\,H_2O$, blaßgelbe, rhombische Kristalle, D. 2,28 g cm^{-3}. Man erhält E. durch Reaktion wäßriger Eisen(II)-salzlösungen mit Oxalsäure oder Alkalioxalaten und verwendet es zur Herstellung von Eisen(II)-oxid sowie in der Photographie als Entwickler.

Eisenoxide. *Eisen(II)-oxid*, gegenüber der Formel FeO stets Eisenunterschuß aufweisende, schwarze Verbindung (»Wüstit-Phase«) der Zusammensetzung $Fe_{0,9}O$ bis $Fe_{0,95}O$, die man durch Oxidation von Eisen mit Sauerstoff oder Wasserdampf oberhalb 566 °C erhält. Dieses Oxid ist oberhalb 566 °C stabil, bei Raumtemperatur metastabil und kann im Laboratorium durch thermische Zersetzung von Eisen(II)-oxalat im Vakuum als pyrophores Pulver gewonnen werden: $FeC_2O_4 \rightarrow FeO + CO + CO_2$.

Eisen(II,III)-oxid, Fe_3O_4, beständigstes Eisenoxid, tiefschwarze, ferromagnetische Verbindung mit inverser Spinellstruktur ($Fe^{II}Fe_2^{III}O_4$); D. 5,18 g cm^{-3}, F. 1538 °C (Z.). Fe_3O_4 wird durch Überleiten von Wasserdampf über Eisen unterhalb 566 °C gemäß $3\,Fe + 4\,H_2O \rightarrow Fe_3O_4 + 4\,H_2$ oder durch kräftiges Glühen von Eisen(III)-oxid hergestellt und entsteht auch als »Hammerschlag« beim Verbrennen der beim Schmieden von Eisen abspringenden Eisenteile. In der Natur kommt Fe_3O_4 in großen Lagerstätten als Magnetit (Magneteisenstein) vor und bildet einen sehr begehrten Rohstoff für die Eisen- und Stahlgewinnung. Es dient als Elektrodenmaterial für die Chloralkalielektrolyse, als Glasfärbe- und Poliermittel, als Füllstoff sowie unter den Bezeichnungen Eisenoxidschwarz oder Eisenschwarz als Pigment.

Eisen(III)-oxid, Fe_2O_3, dimorphe Verbindung, D. 5,12 bis 5,24 g cm^{-3}, F. 1565 °C. In der Natur als Hämatit in verschiedenen Abarten vorkommend, ist α-Fe_2O_3 die beständige Form (rhomboedrisch, paramagnetisch), während das kubisch kristallisierende γ-Fe_2O_3 bei vorsichtiger Oxidation von Fe_3O_4 gemäß $2\,Fe_3O_4 + O_2 \rightarrow 3\,Fe_2O_3$ gebildet wird und beim Erhitzen auf > 300 °C in α-Fe_2O_3 übergeht. α-Fe_2O_3 erhält man auch durch Erhitzen von Eisen(III)-oxid-Hydrat oder Eisen(III)-salzen flüchtiger Säuren. Beim Erhitzen auf > 1200 °C an der Luft geht Fe_2O_3 unter Sauerstoffabspaltung in Fe_3O_4 über. Fe_2O_3 wird in großen Mengen unter den Bezeichnungen Eisenoxidrot oder Eisenrot als Pigment eingesetzt. Geglühtes Fe_2O_3 ist sehr hart, es kann daher als Poliermittel für Glas, Metall und Edelsteine (Polierrot) verwendet werden.

Die o. a. Eisenoxidpigmente sowie Eisenoxidgelb (↗ Eisenhydroxide) sind sehr widerstandsfähig und weisen vorzügliche Echtheitseigenschaften auf. Sie eignen sich für alle Bindemittel, ferner als färbender Zusatz für Zement, Bau- und Kunststoffe, in der Keramik und im graphischen Gewerbe. Eisenoxidrot ist auch von großer Bedeutung für Rostschutzanstriche von Stahlkonstruktionen und Schiffskörpern.

Eisenphosphate. *Eisen(II)-phosphat*, $Fe_3(PO_4)_2 \cdot 8\,H_2O$, in reiner Form farblose Verbindung, die in der Natur als Vivianit vorkommt und durch Fällungsreaktion aus Eisen(II)-sulfat und Natriumphosphat erhalten werden kann. Löst man Eisen in Phosphorsäure, so gewinnt man farblose Nadeln von $Fe(H_2PO_4)_2 \cdot 2\ H_2O$.

Eisen(III)-phosphat, $FePO_4$, bildet eine Reihe von Hydraten, so $FePO_4 \cdot 4\ H_2O$, gelbliches, in Wasser unlösliches Pulver, und $FePO_4 \cdot 2\ H_2O$, gelbe, rhombische Kristalle. $FePO_4$ entsteht durch Umsetzung von Eisen(III)-salzlösungen mit Alkalimonophosphat.

Eisenphosphide, binäre Eisen-Phosphor-Verbindungen der Typen FeP, D. 6,07 g cm^{-3}; Fe_2P, D. 6,56 g cm^{-3}; Fe_3P, D. 6,74 g cm^{-3}. E. liegen in phosphorhaltigem Roheisen vor und bedingen dessen Sprödigkeit.

Eisen(III)-rhodanide, Thiocyanatokomplexe des Eisen(III), die sich bei Reaktion von Eisen(III)-salzlösungen mit Alkalimetall-thiocyanaten in wäßriger Lösung bilden. In den tiefroten, wasserlöslichen Komplexen der Reihe $[Fe(NCS)_n(H_2O)_{6-n}]^{3-n}$, deren Bildung zum spezifischen und sehr empfindlichen Nachweis von Eisen(III) herangezogen wird, sind die SCN^--Ionen über das N-Atom als »harte« Lewis-Base (↗ Säure-Base-Konzepte) an die »harte« Lewis-Säure Fe^{3+} als Isothiocyanato (Thiocyanato-*N*)-Liganden gebunden.

Eisen-Schwefel-Proteine, Abk. ***Fe-S-Proteine***, biologisch wichtige Proteine, die Fe^{2+}- oder Fe^{3+}-Ionen und anorganischen Schwefel in äquimolaren Verhältnissen enthalten. Man findet sie in nahezu allen Organismen, wo sie vorrangig an Elektronentransportprozessen, wie in der Atmungskette, Photophosphorylierung u. a. beteiligt sind. Sie werden zu den Nichthäm-Eisen-Proteinen gezählt.

Eisensilicate. *Eisen(II)-silicate*, durch Verschmelzen von Eisen(II)-oxid mit Quarz entstehende Verbindungen. Sie sind in der Natur weit verbreitet; neben reinen Eisen(II)-silicaten, wie Fayalit Fe_2SiO_4 und Grünerit $FeSiO_3$ treten vielfach isomorphe Gemische mit Silicaten anderer Metalle, z. B. Olivin $(Mg,Fe)_2SiO_4$ und Hedenbergit $(CaFe)(Si_{2O6})$ auf. *Eisen(III)-silicate* finden sich in der Natur nur in Form von Doppelsilicaten, beispielsweise als Akmit $NaFe[Si_2O_6]$ und Andradit $Ca_3Fe_2[SiO_4]_3$.

Eisensulfate. *Eisen(II)-sulfat*, $FeSO_4$, weiße, durch Erhitzen des Heptahydrats auf 300 °C unter Luftabschluß zugänglichen Verbindung. Aus wäßriger Lösung kristallisiert $FeSO_4$ als Heptahydrat, *Eisenvitriol* $[Fe(H_2O)_6]SO_4 \cdot H_2O$, in Form hellgrüner, monokliner Prismen, D. 1,898 g cm^{-3}. Mit Alkalisulfaten bildet $FeSO_4$ Doppelsulfate, z. B. das Mohrsche Salz (↗ Ammoniumeisen(II)-sulfat), mit Stickstoffmonoxid reagiert $FeSO_4$ in charakteristischer Weise zum tiefbraunen Komplex $[Fe(H_2O)_5NO]SO_4$. Man gewinnt Eisenvitriol im technischen Maßstab durch Auflösen von Eisenabfällen in verd. Schwefelsäure; es ist ein wichtiges Nebenprodukt bei der Titangewinnung aus Ilmenit und bei der Zementkupferherstellung. Es wird vielfach verwendet, so zur Herstellung anderer Eisenverbindungen, z. B. Berliner Blau, als Reduktionsmittel bei chem. Prozessen, bei der Unkrautbekämpfung, als Desinfektions- und Holzkonservierungsmittel, als Flockungsmittel bei der Wasserreinigung, in der Färberei, Gerberei und Lithographie sowie in der Veterinärmedizin als Blutbildungsmittel und Adstringens.

Eisen(III)-sulfat, $Fe_2(SO_4)_3$, weiße Verbindung; D. 3,09 g cm^{-3}, F. 480 °C (Z.). $Fe_2(SO_4)_3$ kristallisiert aus wäßriger Lösung in Form von Hydraten mit 3, 6, 7, 9, 10 oder 12 Molekülen Wasser, es wird in wäßriger Lösung, vor allem in der Wärme, zu basischen Sulfaten hydrolysiert. Mit Alkalisulfaten bildet es farblose bis blaßviolett gefärbte ↗ Eisenalaune. In der Natur kommt $Fe_2(SO_4)$ als rhombischer Coquimbit $Fe_2(SO_4)_3 \cdot 9\ H_2O$ und monokliner Quenstedtit $Fe_2(SO_4)_3 \cdot 10\ H_2O$ vor. Synthetisch erhält man es durch Auflösen von Eisen(III)-oxid in Schwefelsäure oder durch Oxidation von $FeSO_4$ mit Salpetersäure. Man verwendet es zum Aufschluß von Kupfererzen, zur Herstellung von Alaunen, als Flockungsmittel und Ätzmittel für Aluminium, als Beize in der Zeugfärberei, für den Kattundruck und zur Gewinnung von Eisenpigmenten.

Eisensulfide. *Eisen(II)-sulfid*, FeS, messinggelbe bis schwarzbraune Kristalle; D. 4,74 g cm^{-3}, F. 1193 °C. FeS ist trimorph, kristallisiert bei Raumtemperatur hexagonal. In Wasser schwer löslich, reagiert es mit Säuren unter Schwefelwasserstoffbildung. Man erhält FeS durch Verschmelzen von Schwefel oder FeS, mit Eisen oder durch Fällung mit Ammoniumsulfid aus wäßrigen Eisen(II)-salzlösungen. FeS kommt in der Natur als Pyrrhotin, Magnetkies, Magnetopyrit vor. Meteorite enthalten FeS als Troilit.

Eisen(II)-disulfid, FeS_2, in der Natur in zwei Modifikationen, als regulär kristallisierender messinggelber, metallisch glänzender Pyrit oder als reaktionsfähigerer, beim Erhitzen in Pyrit überführbarer rhombisch bipyramidaler Markasit, auftretende Verbindung; D. 5,0 g cm^{-3}. Pyrit enthält neben Fe^{2+} Disulfid-Anionen S_2^{2-}. Der Röstprozeß des Pyrits bildet eine technisch wichtige Grundlage der Gewinnung von Schwefeldioxid: $2\ FeS_2 + \frac{1}{2}\ O_2 \rightarrow Fe_2O_3 + 4\ SO_2$. Synthetisch kann man FeS_2 durch Reaktion von FeS mit Schwefel oder durch Umsetzung von Eisenoxid oder -chlorid mit Schwefelwasserstoff bei Rotglut herstellen. *Eisen(III)-sulfid*, Fe_2S_3 schwarze, durch Sulfid-Ionen aus wäßrigen Eisen(III)-salzlösungen fällbare Verbindung. Fe_2S_3 kommt in der Natur in Form von Doppelsulfiden, z. B. Chalkopyrit (Kupferkies) $Cu_2S \cdot Fe_2S_3$, Bornit (Buntkupferkies) $3\ Cu_2S \cdot Fe_2S_3$ und Smythit (Greigit) $FeS \cdot Fe_2S_3$ vor.

Eisenvitriol, ↗ Eisensulfate.

Eisessig, ↗ Essigsäure.

Eisfarben, eine Klasse von Entwicklungsfarbstoffen. Sie sind dadurch gekennzeichnet, daß man die Kupplungskomponente auf die Faser, z. B. Baumwolle, aufziehen läßt und mit einer eisgekühlten Diazoniumlösung entwickelt. Auch der umgekehrte Weg (Diazotierung auf der Faser und anschließende Kupplung) ist möglich.

Eiweißfasern, ↗ Proteinfasern.

Eiweißstoffe, ↗ Proteine.

ekliptische Konformation, ↗ Stereoisomerie 2.1.

E-Koks, ↗ Petrolkoks.

Elaidinprobe, ↗ Elaidinsäure.

Elaidinsäure, ***trans-Octadec-9-ensäure***, eine einfach ungesättigte Fettsäure. E. ist die *trans*-Form der ↗ Ölsäure. Der F. liegt mit 44,5 bis 45,5 °C wesentlich höher als der der Ölsäure. Ölsäure läßt sich durch Stickoxide, Schwefel oder Selen in die stabilere E. umlagern. Von analytischer Bedeutung ist die Umlagerung mit salpetriger Säure, die als *Elaidinprobe* bezeichnet wird und bei der ölsäurereiche Fette erstarren. Unter den Bedingungen der Elaidinprobe stellt sich ein Gleichgewicht mit 66 % E. ein. E. bildet sich auch unter dem Einfluß von hydrierenden Katalysatoren und Enzymen auf Ölsäure. Sie ist in geringen Mengen in Milch- und Depotfetten sowie in der Margarine enthalten.

Elastanfasern, Abk. *EL*, ↗ Chemiefasern aus Polyurethan mit alternierend angeordneten elastischen und starren Segmenten im molekularen Aufbau. Hierdurch entsteht eine sehr hohe elastische Dehnbarkeit von 600 bis 800%. Im Gegensatz zu den ↗ Gummifasern haben E. wesentlich bessere Gebrauchseigenschaften. Sie sind recht gut beständig gegen Umwelteinflüsse und können ohne Schädigung einer Temperatur von 150 °C ausgesetzt werden. E. werden fast nur als Filamente (↗ textile Faserstoffe) erzeugt und meist mit Spinnfasergarnen umsponnen.

Elastase, eine Serinprotease, die die hydrolytische Spaltung von Peptidbindungen insbesondere in Nachbarschaft von neutralen hydrophoben Aminosäuren katalysiert. E. besteht aus 240 Aminosäuren (M_r 25700), von denen Serin 196, Asparaginsäure 102 und Histidin 57 das aktive Zentrum bilden. Sie spielt eine wichtige Rolle bei der Spaltung des wasserunlöslichen Elastins. Im Pankreas wird E. als Zymogen (*Proelastase*, 251 Aminosäurereste, M_r 27000) gebildet und in den Zwölffingerdarm sezerniert.

Elastin, ein Strukturprotein, das am Aufbau der elastischen Fasern des Bindegewebes, der Sehnen, Bänder und Arterienwände beteiligt ist. E. enthält vor allem Glycin, Alanin, Prolin und aliphatische hydrophobe Aminosäuren, im Gegensatz zu Kollagen jedoch kein Hydroxylysin und nur wenig Hydroxyprolin. Zwei sich wiederholende Sequenzen sind Lys–Ala–Ala–Lys und Lys–Ala–Ala. Die hochelastischen Eigenschaften des Proteins sind auf eine spezifische Vernetzung der Polypeptidketten zurückzuführen. An der Vernetzung ist *Isodesmosin* beteiligt, das posttranslational aus Lysinresten gebildet wird. Ein anderes Vernetzungsglied ist das auf ähnlichem Wege, ebenfalls unter Mitwirkung der Lysyloxidase, gebildete *Desmosin*. E. bildet ein gummiähnliches, stark elastisches Maschenwerk, das den entsprechenden Geweben (Sehnen, Uterus, Lunge, Haut, Blutgefäßen u. a.) die hohe Dehn- und Verformbarkeit gibt. Es ist außerordentlich beständig gegenüber denaturierenden Reagenzien und wird nur durch Elastase proteolytisch angegriffen.

Elastodienfasern, ↗ Gummifasern.

Elastofasern, Sammelbegriff für Elastodien (↗ Gummifasern) und ↗ Elastanfasern.

Elastomere, Polymere, die kautschukelastisches Verhalten zeigen (↗ Kautschukelastizität). Wegen der hohen Kettenbeweglichkeit der E. liegt die Glastemperatur weit unterhalb ihrer Gebrauchstemperatur (≈ −80 °C). Zu den E. gehören alle Produkte aus natürlichem und synthetischem ↗ Kautschuk sowie zahlreiche Polymere mit kautschukähnlichen Eigenschaften (Tab.).

Die E. nehmen eine Zwischenstellung zwischen Festkörpern und Flüssigkeiten ein. Sie haben wie die Festkörper im unbeanspruchten Zustand eine definierte Gestalt, die sie auch nach sehr starker Verformung im kautschukelastischen Bereich, bis auf eine geringe bleibende Verformung (Formänderungsrest), wieder annehmen, und einen relativ scharfen Schmelzpunkt. Bei der Dehnung zeigen sie Kristallisationserscheinungen. Mit den Flüssigkeiten haben sie gemeinsam, daß durch kleine äußere Kräfte erhebliche Formveränderungen hervorgerufen werden, daß sie weiterhin im ungedehnten Zustand amorph sind, ein Kompressibilitätsverhalten wie Flüssigkeiten zeigen und daß sie niedermolekulare Stoffe in sich auflösen oder in sich diffundieren lassen können. Das festkörperähnliche Verhalten beruht auf chem. und physikalischen Bindungen zwischen den Kettenmolekülen, die das Aneinandervorbeigleiten der Ketten bei der Dehnung begrenzen. Chem. Bindung zwischen den makromolekularen Ketten erreicht man primär z. B. durch Zugabe vernetzender Verbindungen während des Polymerisationsprozesses, sekundär durch Vulkanisation am fertigen Polymerisat, z. B. Einführen von Schwefelbrücken durch Schwefelvulkanisation des Kautschuks oder durch Einführen von Etherbrücken bei der Vulkanisation von Polychlorbutadien mit Magnesiumoxid. Physikalische Bindungen entstehen durch Ausbildung kristalliner Bereiche, durch Zugabe bestimmter Stoffe, wie Ruß, Siliciumdioxid, Aluminiumoxid, oder durch die bei sehr hohen relativen Molekülmassen sich bildende Verflechtung. Die flüssigkeitsähnlichen Eigenschaften setzen voraus, daß die

Elastomere. Tab.: Natürliche und synthetische Elastomere.

Allgemeine oder chem. Bezeichnung	Kurz-bez.	Grundbaustein	Eigenschaften Hauptanwendungsgebiet
Naturkautschuk	NR	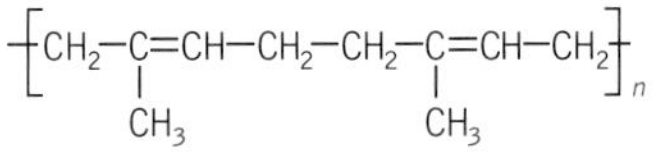	gute, mechanische Eigenschaften, nicht ölbeständig, nach Vulkanisation als Rohstoff für die Reifen- und Gummiindustrie
Umwandlungsprodukte des Naturkautschuks			
Chlorkautschuk			hart, unentflammbar, gegenüber Chemikalien und Wärme bis 80 °C beständig; für Anstrichstoffe, Korrosionsschutzmittel u.a.
Kautschukhydrochlorid			beständig gegenüber Chemikalien, wasserdampfundurchlässig, für Imprägnierungen und Klebstoffe
Cyclokautschuk			beständig gegenüber Fetten, verd. Säuren und Alkalien, für Lacke, Druckfarben und Papierbeschichtung
Synthesekautschuk			
Polybutadien	BR	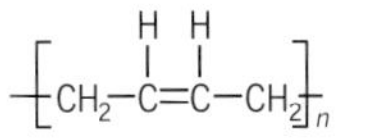	nach Vulkanisation als Rohstoff für die Reifen- und Gummiindurstrie
Styrol-Butadien-Copolymere	SBR	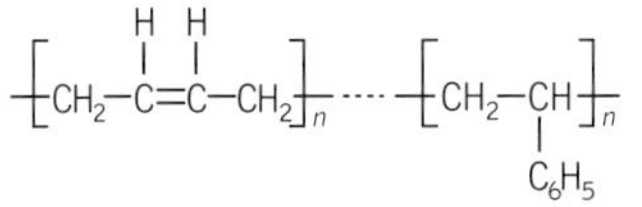	sehr kältebeständiger Rohstoff für die Reifen- und Gummiindustrie
Acrylnitril-Butadien-Copolymere	NBR	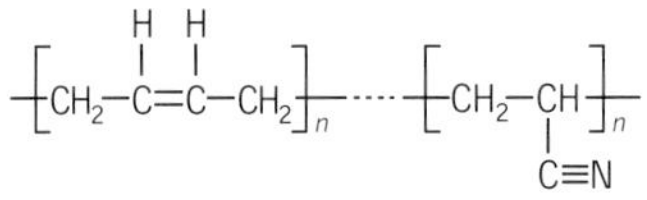	beständig gegen Lösungsmittel, Öl, Fette und Benzin; für benzinfeste Schläuche, Dichtungen, Manschetten, Kabelummantelungen, in Mischung mit Phenolharzen zu Formkörpern
Polychloropren (Chloroprenkautschuk)	CR	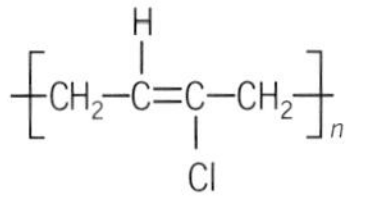	wärme- und ölbeständig, schwer entflammbar; für Förderbänder, Taucheranzüge, Auskleidung von Behältern und Rohren, Klebstoff
Polyisopren (Isoprenkautschuk)	IR	wie Naturkautschuk	wie Naturkautschuk

Molekülteile wie in einer Flüssigkeit leicht beweglich sind. Die Beweglichkeit kann erhöht werden durch Mischpolymerisation (innere Weichmachung) oder durch mechanisches Einarbeiten von Stoffen (äußere Weichmachung).

Neben den genannten Bedingungen, die zwar Substanzen grundsätzlich als E. definieren, müssen jedoch zur praktischen Verwertbarkeit noch andere Bedingungen erfüllt sein. Die Substanz muß verstärkende Füllstoffe, wie Ruß, Siliciumdioxid, Aluminiumoxid, Zinkoxid, aufnehmen können. Außerdem muß sie mit Vulkanisationsmitteln und deren Beschleunigern reagieren können, sie muß in Gegenwart von Sauerstoff und Feuchtigkeit gegen Licht und Hitze beständig sein und darf in Wasser und organischen Lösungsmitteln nur wenig quellen.

Eledoisin, ein zu den ↗ Tachykininen zählendes, aus den Speicheldrüsen von Kopffüßern aus dem Mittelmeer (*Eledone moschata* u. a.) isoliertes 11-Peptidamid. Das synthetisch leicht zugängliche E. erregt die glatte Muskulatur und senkt den Blutdruck beim Menschen. N-terminal verkürzte Analoga besitzen eine höhere Aktivität als das native E.

elektrische Feldkonstante, ↗ Coulombsches Gesetz.

elektrische Leitfähigkeit, Maß für die Fähigkeit eines Stoffes, elektrische Ladungen zu transportieren. Werden Elektronen transportiert, handelt es sich um Leiter I. Ordnung (↗ Elektronenleiter); werden Ionen transportiert, um Leiter II. Ordnung (↗ Ionenleiter). Mischleiter zeigen beide Arten des Ladungstransportes.

Die e. L. ist temperaturabhängig. Für Elektronenleiter nimmt sie mit steigender Temperatur ab, für Ionenleiter steigt sie bei Temperaturerhöhung an. Quantitative Angaben zur e. L. beziehen sich daher stets auf eine bestimmte Meßtemperatur.

Die e. L. ist der reziproke Wert des elektrischen Widerstandes. Ihre SI-Einheit ist das Siemens ($S = \Omega^{-1}$). Analog bezeichnet man den reziproken Wert des spezifischen Widerstandes als *spezifische Leitfähigkeit* $\varkappa$. Diese läßt sich aus dem elektrischen Widerstand R wie folgt berechnen:

$$R = \varrho \frac{l}{q} = \frac{1}{\varkappa} \cdot \frac{l}{q}; \quad \varkappa = \frac{1}{R} \cdot \frac{l}{q}.$$

Hierbei bedeuten ϱ den spezifischen Widerstand, l die Länge und q den Querschnitt des Leiters. Für Ionenleiter wird die Dimension der spezifischen Leitfähigkeit mit $\Omega^{-1}cm^{-1}$ angegeben, bei metallischen Leitern sind außerdem noch die Einheiten $\Omega^{-1}mm^{-1}$ und $\Omega^{-1}m\ mm^{-2}$ gebräuchlich.

Die spezifische Leitfähigkeit metallischer Leiter liegt zahlenmäßig einige Zehnerpotenzen höher als die von Ionenleitern. Sie beträgt bei 20°C z. B. für:

Kupfer	$59 \cdot 10^{-4}\ \Omega^{-1}cm^{-1}$
Aluminium	$40 \cdot 10^{-4}\ \Omega^{-1}cm^{-1}$
Eisen	$10 \cdot 10^{-4}\ \Omega^{-1}cm^{-1}$
Quecksilber	$1 \cdot 10^{-4}\ \Omega^{-1}cm^{-1}$

Besteht der Ionenleiter aus einer Elektrolytlösung, so spricht man von *elektrolytischer Leitfähigkeit*. Die spezifische Leitfähigkeit ergibt sich hierbei aus dem Widerstand der Elektrolytlösung zwischen zwei Elektroden mit einem Abstand l = 1 cm und einem Querschnitt q = 1 cm^2. Sie beträgt für 1 molare Lösungen bei 18°C z. B. für:

Kaliumchlorid	$0{,}0982\ \Omega^{-1}cm^{-1}$
Salzsäure	$0{,}3010\ \Omega^{-1}cm^{-1}$
Essigsäure	$0{,}0013\ \Omega^{-1}cm^{-1}$
Silbernitrat	$0{,}0676\ \Omega^{-1}cm^{-1}$

Die spezifische Leitfähigkeit ist eine Funktion der Konzentration. In verd. Lösungen ist sie annähernd proportional der Konzentration. Mit steigender Konzentration durchläuft sie ein Maximum und sinkt anschließend kontinuierlich ab. Ursache für dieses Absinken ist bei starken Elektrolyten eine gegenseitige Behinderung der Ionen (↗ Debye-Hückel-Theorie), bei schwachen Elektrolyten die Verringerung des Dissoziationsgrades.

Da die spezifische Leitfähigkeit von der Elektrolytkonzentration abhängt, ist es günstiger, eine auf die Elektrolytmenge bezogene Leitfähigkeit zu definieren. Die auf die Stoffmengenkonzentration in mol/l bezogene Leitfähigkeit ist die molare Leitfähigkeit Λ_m. Sie gibt den Leitfähigkeitsbeitrag von 1 Mol gelösten Elektrolyten an, der sich zwischen zwei genügend großen Elektroden des Abstandes 1 cm befindet. Die spezifische Leitfähigkeit $\varkappa$ und die molare Leitfähigkeit Λ_m sind über die Beziehung $\Lambda_m = \varkappa/c\ \Omega^{-1}mol^{-1}m^2$ miteinander verknüpft, wobei die Konzentration in der Einheit $mol\ l^{-1}$ angegeben wird. Bei der Division von Λ_m durch die ↗ Äquivalentzahl n_e ergibt sich die *Äquivalentleitfähigkeit* Λ_{eq}: $\Lambda_{eq} = \Lambda_m/n_e = \varkappa/(n_e \cdot c)\ \Omega^{-1}mol^{-1}m^2$. Wegen der Abhängigkeit der spezifischen Leitfähigkeit von der Konzentration sind auch die molare Leitfähigkeit und die Äquivalentleitfähigkeit konzentrationsabhängig. Für starke Elektrolyte gilt das empirische *Quadratwurzelgesetz von Kohlrausch*:

$\Lambda_{eq} = \Lambda_\infty - k\sqrt{c}$. Hierbei bedeuten Λ_∞ die Äquivalentleitfähigkeit bei unendlicher Verdünnung (Grenzleitfähigkeit) und k eine von Viskosität und Dielektrizitätskonstante des Lösungsmittels abhängige Konstante.

Die Messung der elektrolytischen Leitfähigkeit wird analog zu Widerstandsmessungen mit Hilfe von Brückenschaltungen vorgenommen. Um eine Polarisation der Meßelektroden zu vermeiden, wird Wechselstrom angewandt. Mit Hilfe von Leitfähigkeitsmessungen können Konzentrationen bestimmt werden.

elektrischer Leiter, Stoff, der aufgrund besonderer physikalisch-chemischer Eigenschaften den elektrischen Strom leitet (↗ Elektronenleiter, ↗ Ionenleiter).

Elektrochemie, Teilgebiet der physikalischen Chemie, das sich im weitesten Sinne mit Gleichgewichten und Prozessen befaßt, an denen elektrisch geladene Teilchen beteiligt sind. Im engeren Sinne befaßt sich die E. mit der wechselseitigen Umwandlung von chem. und elektrischer Energie, d. h. mit chem. Reaktionen, die mit der Wanderung von Ladungen oder dem Auftreten von elektrischen Potentialen verbunden sind. Die wichtigsten Grundgesetze der E. wurden in der ersten Hälfte des 19. Jh. von M. Faraday aufgezeigt. Weitere wesentliche Beiträge leisteten J. W. Hittorf (Theorie der Ionenwanderung), S. Arrhenius (Theorie der elektrolytischen Dissoziation), W. Ostwald (Verdünnungsgesetz von Ostwald) und W. Nernst (Theorie der galvanischen Elemente). Zahlreiche technische Prozesse basieren auf elektrochemischen Grundprinzipien, wie z. B. die Stromerzeugung mittels ↗ elektrochemischer Stromquellen.

Elektrochemische Methoden finden in der chemischen Analytik weite Verwendung.

elektrochemische Analysenverfahren, ***elektroanalytische Methoden***, analytische Methoden, die aus elektrochem. Messungen ein analytisches Signal gewinnen, das zur quantitativen Bestimmung einer chem. Substanz genutzt werden kann. Zu den e. A. gehören: 1) Methoden, bei denen weder die elektrochem. Doppelschicht noch irgendeine Elektrodenreaktion betrachtet werden muß, z. B. ↗ Konduktometrie, konduktometrische Titration, ↗ Hochfrequenzkonduktometrie und hochfrequenzkonduktometrische Titration. 2) Methoden, die auf Doppelschichtphänomenen beruhen, bei denen aber keine Elektrodenreaktionen beachtet werden müssen, z. B. die nichtfaradaysche Admittanzmessung (früher Tensametrie). 3) Methoden, die auf Elektrodenreaktionen beruhen, z. B. ↗ Potentiometrie, potentiometrische Titration, Chronopotentiometrie, ↗ Coulometrie, ↗ Amperometrie, amperometrische Titration, ↗ Elektrogravimetrie, ↗ Polarographie, ↗ inverse Voltammetrie.

elektrochemische Doppelschicht, *elektrische Doppelschicht*, an der Berührungsfläche zweier Phasen auftretende, durch Ladungsverschiebung hervorgerufene doppelte Schicht von Ladungsträgern. Bringt man zwei Phasen, von denen eine meist ein Metall, die andere eine wäßrige Elektrolytlösung ist, in Kontakt, findet häufig ein Übergang von Ladungsträgern (Elektronen oder Ionen) zwischen ihnen statt. Es entsteht eine Potentialdifferenz zwischen beiden Phasen. Die an der Phasengrenze befindlichen Ladungen werden von einer gleichen Anzahl von Ladungsträgern (Gegenionen) in der wäßrigen Phase kompensiert. Ein Teil davon kann als starre Schicht unmittelbar an der Phasengrenze adsorbiert sein. Diese Schicht wirkt wie ein Plattenkondensator und führt zum Potentialabfall vom Oberflächenpotential ψ^0 auf ψ_δ, das *Sternpotential* genannt wird (Abb.). Der verbliebene Teil von Gegenladungen befindet sich im diffusen Teil der Doppelschicht, in dem das Potential exponentiell mit dem Abstand abfällt. Dieses exponentiell verlaufende Potential wird ↗ Zetapotential genannt. Das Zetapotential kann maximal gleich dem Sternpotential sein. Für eine exakte mathematische Beschreibung der e. D. konnte bis heute keine analytische Lösung gefunden werden. Eine bekannte Näherungslösung wurde von Gouy und Chapman abgeleitet.

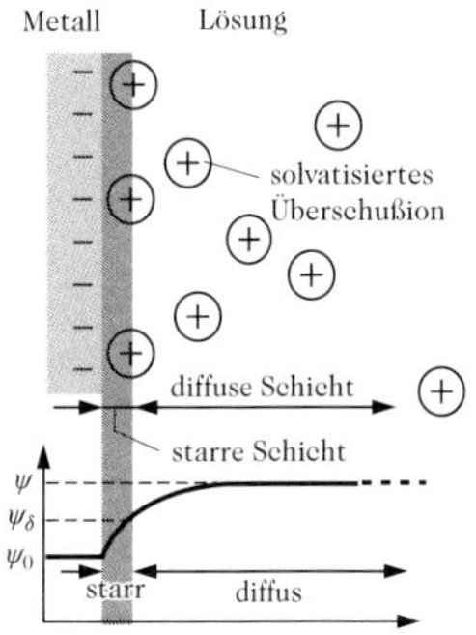

elektrochemische Doppelschicht. Abb.: Aufbau der elektrochemischen Doppelschicht nach Gouy, Chapman und Stern.

elektrochemische Metallkorrosion, die ↗ Korrosion eines Metalles in Gegenwart eines Elektrolyten, wobei elektrische Ladungsträger auftreten. Die Gesamtreaktion besteht aus zwei gleichzeitig ablaufenden Teilreaktionen, einer anodischen Teilreaktion, die Elektronen liefert, und einer kathodischen Teilreaktion, die Elektronen verbraucht. Entsteht bei der kathodischen Teilreaktion Wasserstoff, so handelt es sich um den *Wasserstoffkorrosionstyp*. Der sich z. B. beim Beizen in Säuren atomar abscheidende Wasserstoff kann in das Kristallgitter der unlegierten Stähle eindiffundieren, wo es an Fehlstellen zur Bildung von H_2 kommt. Die Folgen sind Blasen und Versprödung der Stähle (↗ Beizsprödigkeit, ↗ Wasserstoffversprödung). Der *Sauerstoffkorrosionstyp* ist eine Korrosionsreaktion, bei der die kathodische Teilreaktion in der Reduktion von Sauerstoff zu Hydroxyd-Ionen oder Wasser besteht.

Ein elektrolytisches *Korrosionselement* ist eine heterogene Mischelektrode, bei der ein Elektrodenprozeß die elektrochem. Korrosion darstellt. Die eingangs genannten Reaktionen laufen an zwei Elektroden (Anode und Kathode) ab, die elektrisch leitend miteinander verbunden sind. Die Anode eines Korrosionselementes ist der Oberflächenbereich eines Metalls, von dem aus die Korrosion bevorzugt Metallionen in den Elektrolyten übertreten läßt. Am kathodischen Oberflächenbereich des Metalls laufen die elektronenverbrauchenden Reaktionen ab. Anode und Kathode eines Korrosionselementes können gebildet werden durch

1) verschiedene Metalle (Kontaktkorrosionselemente, z. B. Cu/Fe, Fe wirkt als Anode);

2) Heterogenitäten in einem Metall bzw. auf der Metalloberfläche; verschiedene Gefügebestandteile (z. B. in unlegiertem Stahl Ferrit und Zementit, Ferrit wird zur Anode); Verformungen und mechanische Spannungen (Korngrenzen, Versetzungen und Spannungshöfe wirken als Anoden); Deckschichten und Ablagerungen (auf unlegiertem Stahl wirkt eine Zunderschicht als Kathode, während der darunter liegende Stahl an Fehlstellen der Zunderschicht zur Anode wird; unter Fremdrost oder Wasserverunreinigungen kann es ebenfalls zu örtlicher Korrosion (*Belagskorrosion*) kommen;

3) Heterogenitäten im Elektrolyten. Konzentrationselemente werden in mit Elektrolyt ausgefüllten Spalten entweder im Metall selbst oder zwischen Konstruktionsteilen gebildet. Bei unterschiedlicher Sauerstoffkonzentration im Elektrolyten entstehen im Spalt ↗ Belüftungselemente, wobei Metalloberflächenbereiche mit angrenzender niedriger Sauerstoffkonzentration bevorzugt als Anode wirken (*Spaltkorrosion*).

4) Unterschiede in den physikalischen Bedingungen. Temperaturunterschiede auf einer Metalloberfläche erzeugen thermogalvanische Elemente, wobei der wärmere Bereich als Anode wirkt. Unterschiedliche Strömungsgeschwindigkeiten bewirken durch den unterschiedlichen An- und Abtransport der Elektrolyte Konzentrationselemente.

Bei *Makrokorrosionselementen* liegt die Größe der Anoden- und Kathodenflächen im makroskopischen sichtbaren Bereich (z. B. bei Kontaktkorrosionselementen, Belüftungselementen, Lochfraßkorrosion). *Mikrokorrosionselemente* treten bevorzugt durch Inhomogenitäten im Werkstoffgefüge auf (Legierungsgefüge, Struktur- und Energieunterschiede im Gefüge), z. B. selektive Korrosion des Messings durch ↗ Entzinkung und ↗ Spongiose von Grauguß, durch selektive Auflösung des Ferrits sowie *interkristalline Korrosion* von rost- und säurebeständigen Chrom-Nickel-Stählen, wobei die Korrosion bevorzugt an den Korngrenzen des Werkstoffes verläuft.

Bei der Bildung eines Korrosionselementes herrscht äußerlich Stromlosigkeit, d. h., die Austauschstromdichten der anodischen und kathodischen Reaktion sind gleich groß. Dabei stellt sich ein *Mischpotential*, das *Ruhe-* oder *Korrosionspotential*, ein. Die Austauschstromdichte der anodischen Teilreaktion heißt *Auflösungs- bzw. Korrosionsstromdichte* und ist nach dem Faradayschen Gesetz direkt proportional der Masse des in Lösung gegangenen Metalls. Wird durch einen Fremdstrom ein äußerer Gleichstrom durch das Korrosionselement geschickt, so entsteht ein *elektrolytisches Korrosionselement*. Handelt es sich um elektrische Streuströme (vagabundierende Irrströme), so entsteht an den Austrittsstellen die *Streustromkorrosion*.

Korrosionsneigung und Spannungsreihe. Ist die Änderung des thermodynamischen Potentials beim Übergang der Metalle in ihre Ionenform negativ, so läuft die Korrosionsreaktion freiwillig ab. Die Korrosionsneigung der Metalle wird näherungsweise durch ihre Stellung in der elektrochem. Spannungsreihe bestimmt. In der Praxis sind das thermodynamische Potential und die Stellung in der elektrochem. Spannungsreihe kein Maß für die tatsächlich ablaufende Korrosionsreaktion. Der Stoffumsatz an den Elektroden der Korrosionselemente unterliegt Hemmungen, die nur durch Überschreitung des Ruhepotentials überwunden werden können (↗ Polarisation). In entlüftetem Wasser und nicht oxidierenden Säuren ist die Durchtrittsreaktion an der Kathode, also die Sauerstoffreduktion, gehemmt. Durch Bildung von Deckschichten aus Korrosionsprodukten (z. B. AlO(OH) auf Aluminium) tritt ein zusätzlicher ohmscher Widerstand auf, der ebenfalls die Korrosionsgeschwindigkeit erheblich herabsetzt. Baut sich während der Einwirkung des Korrosionsmediums auf das Metall die Deckschicht allmählich auf, so ist der zeitliche Verlauf der Korrosion parabolisch im Gegensatz zu einem linearen Verlauf bei fehlender Induktionszeit und Deckschichtbildung (↗ Korrosionsprüfung). Metalle, die nach der Spannungsreihe unedel sind und im Gegensatz dazu durch eine ↗ Passivschicht eine niedrige Korrosionsgeschwindigkeit erlangen, befinden sich im Zustand der Passivität (↗ passiver Zustand). ↗ Korrosionsschutz.

elektrochemische Stromquelle, ***galvanische Zelle***, ***galvanisches Element***, Sammelbegriff für Anordnungen, die der Umwandlung von chem. Energie in elektrische Energie dienen. In ↗ Primärzellen und Brennstoffzellen wird elektrische Energie erzeugt, Sekundärzellen dienen zur Speicherung von elektrischer Energie. Als netzunabhängige Energiequellen finden e. S. in nahezu allen technischen Bereichen Verwendung, vor allem in miniaturisierten Geräten. Grundlegende Untersuchungen zur Elektrochemie und zu verwandten Gebieten wurden durch die Entwicklung der Voltaschen Säule stimuliert. Diese bestand aus einer Reihe abwechselnd aufeinander gestapelter Silber- und Zinkplättchen, wobei zwischen jede zweite Silber- und Zinkscheibe ein mit Salzlösung getränktes Papier angeordnet wurde. Die mit dieser Säule erreichten Ströme lagen um Größenordnungen höher als die einer Elektrisiermaschine. Eines der ältesten galvanischen Elemente ist das ↗ Daniell-Element.

elektrochemische Zelle, eine aus mindestens zwei Elektroden und einem Elektrolyten bestehende Anordnung.

elektrochemischer Korrosionsschutz, ein Verfahren des aktiven ↗ Korrosionsschutzes von Metallen, wobei der zu schützenden Ausrüstung ein elektrischer Gleichstrom zugeführt wird, der entweder die Ausrüstung zur Kathode (*kathodischer Korrosionsschutz*) oder zur Anode (*anodischer Korrosionsschutz*) macht. Wird das notwendige Schutzpotential erreicht, so wird der Korrosionsstrom kleiner als beim Ruhepotential. Beim *Fremdstromverfahren* wird der Gleichstrom mittels potentialgesteuerter Gleichrichter zugeführt. Beim *galvanischen Verfahren* wird der Schutzstrom durch galvanische Elemente geliefert, die beim kathodischen Schutz durch Opferanoden und beim anodischen Schutz durch Lokalkathoden gebildet werden. Der kathodische Schutz, bei dem das Metall ein negativeres Potential als das zu schützende Metall hat, kann praktisch angewandt werden, um Stähle, Kupfer, Blei und Aluminium in allen Böden und Wässern zu schützen. Am häufigsten findet man das kathodische Schutzverfahren bei erdverlegten Rohrleitungen, unterirdischen Behältern, Wasserbauten und Schiffen. Bei fremdgespeisten Schutzstromanlagen bestehen die Schutzanoden gewöhnlich aus Eisen, Graphit oder mit Platinmetallen (Pt, Ru, Rh) oberflächlich dotiertem Titan. Der negative Pol der Gleichstromquelle ist mit dem zu schützenden Bauteil zu verbinden. Verwendet man als Anodenwerkstoff Zink oder Magnesium, die in der Spannungsreihe unedler sind als beispielsweise das zu schützende Eisen, so kann man auf Fremdstrom verzichten, und die Schutzanode wird zu einer Aktivanode (Opferanode). Wird das zu schützende Metall durch Fremdstrom anodisch polarisiert, so wird es in den ↗ passiven Zustand versetzt.

elektrochemisches Gleichgewicht, ein Gleichgewicht, das zusätzlich zur Einstellung eines chemischen Gleichgewichtes durch eine Reaktion oder einen Stofftransport den Einfluß der elektrischen Potentiale der beteiligten Reaktionspartner auf die Gleichgewichtseinstellung berücksichtigt. Für zwei Phasen im chemischen Gleichgewicht gilt: $\mu_i(\mathrm{I}) = \mu_i(\mathrm{II})$ für alle Komponenten i. $\mu_i(\mathrm{I})$ und $\mu_i(\mathrm{II})$ bedeuten die chem. Potentiale der Komponente i in der Phase I bzw. in der Phase II. Für e. G. muß diese Beziehung erweitert werden. Taucht ein Metall, z. B. Silber, in eine Lösung seiner Ionen ein (Metallelektrode), so besteht im Augenblick des Eintauchens i. a. noch kein Gleichgewicht, es gilt: μ_{Ag^+}(Lösung) $\neq \mu_{Ag^+}$ (Metall). Deshalb setzt eine Ausgleichsreaktion ein, und entsprechend den herrschenden energetischen Verhältnissen findet eine Metallauflösung oder -abscheidung statt, wobei Ladungsträger (im Beispiel Silberionen) durch die Phasengrenze transportiert werden. Es bildet sich eine elektrische Potentialdifferenz zwischen der Metallelektrode und der umgebenden Lösung aus. Die Gleichgewichtsbedingung für das e. G. lautet nunmehr: $\mu_i(\mathrm{I}) + z_i F\varphi\,(\mathrm{I}) = \mu_i(\mathrm{II}) + z_i F\varphi\,(\mathrm{II})$, wobei z_i elektrochem. Wertigkeit, F Faraday-Konstante, φ (I) und φ (II) Galvanipotentiale bedeuten. Der Ausdruck $\mu_i + z_i F\varphi$ wird als *elektrochem. Potential* μ_i^* bezeichnet: $\mu_i^* = \mu_i + z_i F\varphi = \mu_i^0 + RT\ln a_i + z_i F\varphi$. Hierbei bedeuten μ_i^0 chem. Standardpotential der Komponente i, R Gaskonstante, T Temperatur in Kelvin. Im e. G. gilt: $\mu_{\mathrm{I}}^* = \mu_{\mathrm{II}}^*$ und $\mu_{\mathrm{I}}^0 + RT \ln a_{\mathrm{I}} + z_i F\,\varphi_{\mathrm{I}} = \mu_{\mathrm{II}}^0 + RT \ln a_{\mathrm{II}} + z_i F\,\varphi_{\mathrm{II}}$. Daraus folgt: $\varphi_{\mathrm{I}} - \varphi_{\mathrm{II}} = (\mu_{\mathrm{II}}^0 - \mu_{\mathrm{I}}^0)/z_i F + RT/z_i F \ln a_{\mathrm{I}}/a_{\mathrm{II}}$ und $\Delta\varphi = \Delta\varphi^0 + RT/z_i F \ln a_{\mathrm{I}}/a_{\mathrm{II}}$. $\Delta\varphi$ bedeutet die Gleichgewichtsgalvanispannung und $\Delta\varphi^0$ die Standardgalvanispannung. Das e. G. ist ein dynamisches Gleichgewicht, d. h. auch im Gleichgewichtszustand werden an der Phasengrenze zwischen Elektrode und Elektrolyt ständig Ladungen ausgetauscht.

Galvanispannungen von Elektroden sind nicht direkt meßbar, man kann jedoch *die relative Elektrodenspannung* U bestimmen, die zwischen einer zu vermessenden Elektrode und einer Bezugselektrode besteht. Eine solche Bezugselektrode ist z. B. die Standardwasserstoffelektrode (↗ Wasserstoffelektrode), deren Standardgalvanispannung willkürlich gleich null gesetzt wird. Relative Elektrodenspannungen werden in der Literatur auch Bezugszellspannungen, Bezugsspannungen und, bei umgekehrtem Vorzeichen sowie Beschränkung auf den Gleichgewichtsfall, Bezugs-EMK-Werte genannt. Relative Elektrodenspannungen, die sich auf die Standardwasserstoffelektrode beziehen, werden meist als *Elektrodenpotential* bezeichnet. Das Elektrodenpotential unter Standardbedingungen, d. h. bei 25 °C, 101,325 kPa (1 at) und der Aktivität 1, ist das *Standardelektrodenpotential.* Ordnet man die Elektroden nach ihren Standardelektrodenpotentialen, so erhält man ↗ Spannungsreihen.

elektrochemisches Potential, ↗ elektrochemisches Gleichgewicht.

Elektrochromatographie, ↗ Elektrophorese.

elektrocyclische Reaktionen, ↗ Woodward-Hoffmann-Regeln.

Elektrode, der Teil eines festen Leiters, der der Zuführung des elektrischen Stromes in eine Flüssigkeit, ein Gas, ein Vakuum oder auf einen Festkörper dient, z. B. bei der Elektrolyse, bei Gasentladungs- und Elektronenröhren.

Als *elektrochem. E.* bezeichnet man ein mehrphasiges System, in dem sich zwischen zwei den elektrischen Strom leitenden und elektrisch hintereinandergeschalteten Phasen ↗ elektrochemische Gleichgewichte einstellen können. Eine Phase eines solchen Systems besteht aus einem Elektronenleiter (oder Defektelektronenleiter), die andere(n) aus Ionenleitern. Gelegentlich wird der Begriff E. auch nur für den Elektronenleiter (oder Defektelektronenleiter) des Systems angewandt.

E. lassen sich nach unterschiedlichen Gesichtspunkten klassifizieren: Man unterscheidet 1) nach der Art der an der E. ablaufenden Vorgänge zwischen Anode und Kathode, 2) nach Art der Ladungsträger, die durch die Phasengrenze hindurchtreten, zwischen Ionenelektroden und Redoxelektroden, 3) nach Art des Elektrodenprozesses und der Geschwindigkeit der Gleichgewichtseinstellung zwischen reversiblen und irreversiblen E., 4) nach der Anzahl der am Elektrodenvorgang beteiligten Phasen zwischen E. erster Art und E. zweiter Art, 5) nach Art der Anwendung zwischen Bezugselektroden und Indikatorelektroden sowie 6) nach Art der Polarisierbarkeit zwischen polarisierbaren und unpolarisierbaren E.

An der *Anode* finden Oxidationen statt, an der *Kathode* Reduktionen.

Ionenelektroden sind dadurch gekennzeichnet, daß im potentialbestimmenden Schritt Ionen durch die Phasengrenze hindurchtreten. Sie können in Kationen und Anionenelektroden unterteilt werden. Kationenelektroden sind z. B. die Metallelektroden, die aus einem Metall bestehen, das in eine Lösung seiner Ionen eintaucht. Die relative Elektrodenspannung (Elektrodenpotential) einer Metallelektrode ergibt sich nach der Nernst-Gleichung zu: $U = U^0 + (RT/z_i F) \ln a_{\mathrm{Kation}}$, wobei U relative Elektrodenspannung, U^0 relative Elektrodenspannung unter Standardbedingungen, z_i Ladungszahl des Ladungsträgers, R Gaskonstante, T Temperatur in Kelvin, F Faradaysche Konstante und a_{Kation} Aktivität des Kations bedeuten. Zu den Kationenelektroden gehört auch die ↗ Wasserstoffelektrode. Anionenelektroden sind E., bei denen zwischen einem Stoff, der negative Ionen liefert (meist Nichtmetall), und einer Lösung dieser Ionen ein elektrochem. Gleichgewicht besteht. Die Abhängigkeit der relativen

Elektrodenspannung vom Potential läßt sich ebenfalls mit der Nernst-Gleichung beschreiben (anstelle a_{Kation} wird a_{Anion} gesetzt). Zu den Anionenelektroden gehören unter anderem die ↗ Sauerstoffelektrode und die Halogenelektroden.

Bei den *Redoxelektroden* treten im potentialbestimmenden Schritt Elektronen durch die Phasengrenze hindurch. Ein indifferentes Metall (meist Platin) taucht in eine Lösung, die zwei verschiedene Oxidationsstufen ein und desselben Stoffes enthält. Die relative Elektrodenspannung einer Redoxelektrode wird beschrieben mit $U = U^0 + RT/z_iF \cdot \ln a_{\mathrm{ox}}/a_{\mathrm{red}}$, wobei a_{ox} die Aktivität der oxidierten Form, a_{red} die Aktivität der reduzierten Form ist. Eine Redoxelektrode ist z. B. die ↗ Chinhydronelektrode.

Bei *reversiblen E.* verläuft im Gegensatz zu den *irreversiblen E.* der Elektrodenvorgang in beiden Richtungen ungehemmt, das elektrochem. Gleichgewicht stellt sich schnell ein.

E. erster Art sind dadurch gekennzeichnet, daß am potentialbestimmenden Vorgang zwei Phasen beteiligt sind. Typische Vertreter sind Kationen- und Anionenelektroden. *E. zweiter Art* bestehen aus drei Phasen. Ein Metall taucht in eine Lösung, die Ionen des gleichen Metalls enthält, wobei diese Ionen ihrerseits mit einem Niederschlag eines schwer löslichen Salzes im Gleichgewicht stehen. E. zweiter Art sind z. B. die ↗ Oxidelektrode und die ↗ Quecksilbersulfatelektrode. Die relative Elektrodenspannung einer E. zweiter Art berechnet sich (am Beispiel der Silber/Silberchlorid-Elektrode gezeigt) gemäß $U_{\mathrm{Ag/AgCl}} = U^0_{\mathrm{Ag/Ag^+}} + RT/F \cdot \ln a_{\mathrm{Ag^+}}$ mit $K_{\mathrm{L}} = a_{\mathrm{Ag^+}} \cdot a_{\mathrm{Cl^-}}$, somit ergibt sich gemäß $U_{\mathrm{Ag/AgCl}} = U^0_{\mathrm{Ag/Ag^+}} + RT/F \cdot \ln K_{\mathrm{L}}/a_{\mathrm{Cl^-}}$. Weiter folgt $U_{\mathrm{Ag/AgCl}} = [U^0_{\mathrm{Ag/Ag^+}} + RT/F \cdot \ln K_{\mathrm{L}}] - RT/F \cdot \ln a_{\mathrm{Cl^-}}$; $U_{\mathrm{Ag/AgCl}} = U^0_{\mathrm{Ag/AgCl}} + RT/F \cdot \ln a_{\mathrm{Cl^-}}$. Es bedeutet K_{L} die Löslichkeitskonstante.

Die relative Elektrodenspannung einer E. zweiter Art hängt somit vom korrespondierenden Anion ab. Bei konstanter Aktivität dieses Anions haben die E. zweiter Art ein konstantes Potential. Sie eignen sich deshalb besonders gut als Bezugselektroden.

Gebräuchliche *Bezugselektroden* (*Referenzelektroden*) sind die ↗ Kalomelelektrode und die ↗ Silber/Silberchlorid-Elektrode. Demgegenüber ist bei *Indikatorelektroden* (*Meßelektroden*) die relative Elektrodenspannung der Aktivität eines zu bestimmenden Ions direkt proportional. Diese E. werden daher analytisch in der Potentiometrie und bei der potentiometrischen Titration angewendet. Typische Vertreter der Indikatorelektroden sind die ↗ Glaselektrode (für Protonen), die Silberelektrode (für Silber- oder Halogenidionen) und verschiedenartigste ionenselektive Elektroden.

Elektrodenkoks, ↗ Petrolkoks.

Elektrodenpotential, ↗ elektrochemisches Gleichgewicht.

Elektrodenreaktion, eine elektrochem. Reaktion, die alle Reaktionen an einer Elektrode zusammenfaßt. Die E. setzt sich aus den vor- und nachgelagerten Reaktionen und der Durchtrittsreaktion zusammen, d. h. dem Durchgang von Ionen oder Elektronen durch die Phasengrenze einer Elektrode.

Elektrodialyse, eine Methode zur Trennung von gelösten Stoffen oder von Stoffen verschiedenen Dispersitätsgrades durch Anlegen eines elektrischen Potentialgefälles. Die E. beruht auf dem Prinzip der ↗ Dialyse. Die E. wird vor allem zur Gewinnung von Trinkwasser durch Entsalzung von Meerwasser eingesetzt. Hierzu werden in einer Elektrodialysezelle (Abb.) Kationen- und Anionenaustauschermembranen (↗ Ionenaustauscher) im Abstand von 1,5 mm parallel nebeneinander angeordnet, und durch Anlegen einer Gleichspannung wird ein elektrisches Potential aufgebaut. Aus den Zellen mit dem Salzwasserzulauf kann ein entsalztes Wasser abgezogen werden.

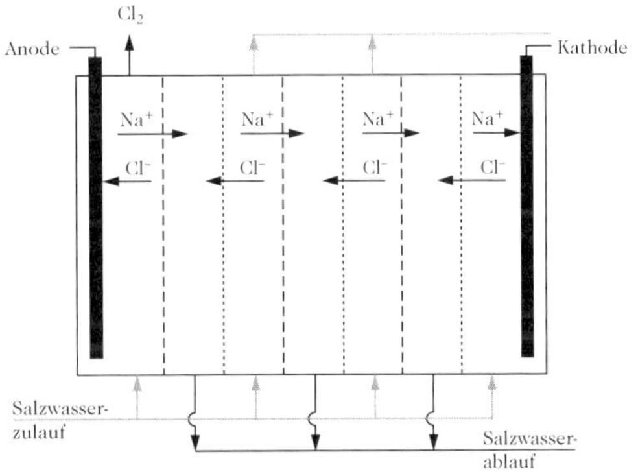

Elektrodialyse. Abb.: Elektrodialysezelle für die Gewinnung von Trinkwasser.

Elektrofilter, ↗ elektrostatische Gasreinigung.

Elektrofug, ↗ Fragmentierung.

Elektrogravimetrie, ein elektrochem. Analyseverfahren, bei dem eine zu analysierende Substanz an einer inerten Elektrode (meist Platin) durch Elektrolyse abgeschieden wird. Die Massedifferenz der Elektrode vor und nach der Elektrolyse ist gleich der Menge der zu bestimmenden Substanz. Kommen mehrere Bestandteile einer Analysenprobe für eine Abscheidung in Frage, muß bei konstantem Potential gearbeitet werden.

Elektrokapillarität, eine elektrochem. Erscheinung, die die Abhängigkeit der Oberflächenspannung an der Phasengrenze Elektronenleiter/Elektrolytlösung vom Elektrodenpotential beschreibt. Befinden sich an einer Grenzfläche Überschußladungen, so stoßen sich diese (unabhängig von der

Polarität) ab und verringern die Grenzflächenspannung. Trägt man die Grenzflächenspannung gegen das Potential graphisch auf, so erhält man eine Elektrokapillarkurve, die die Gestalt einer Parabel aufweist. Der dem Maximum der Parabel entsprechende Potentialwert wird als Nulladungspotential bezeichnet. Aus der Änderung der Grenzflächenspannung mit dem Potential läßt sich die differentielle Doppelschichtkapazität errechnen (↗ elektrochemische Doppelschicht).

elektrokinetische Erscheinungen, elektrische Effekte als Folge der Relativbewegung einer Phase gegen eine andere (↗ Zetapotential) oder die mechanische Bewegung aufgrund eines angelegten elektrischen Feldes (Elektrophorese, ↗ Elektroosmose, ↗ Strömungspotential).

elektrokinetisches Potential, ↗ Zetapotential.

Elektrokristallistion, ↗ Kristallisation.

Elektrolyse, ***Elektrosynthese***, eine durch elektrischen Strom erzwungene, chemische Umsetzung, die in einer Elektrolysezelle abläuft. Eine einfache *Elektrolysezelle* besteht aus Anode (positiver Pol), an der die Oxidationsvorgänge stattfinden, Kathode (negativer Pol), an der sich die Reduktionsvorgänge abspielen, und dem mit einem Elektrolyten (Lösung oder Schmelze) gefüllten Elektrolytraum. An die Elektroden wird eine äußere Gleichspannung angelegt, die oberhalb eines bestimmten Wertes, der für einen Elektrolyten charakteristischen *Zersetzungsspannung*, an der Anode eine Oxidation (↗ anodische Oxidation) und an der Kathode eine Reduktion (↗ kathodische Reduktion) erzwingt (Abb.). Die Zersetzungsspannung ist häufig größer als die Differenz der Elektrodenpotentiale, was auf Polarisationseffekten oder Überspannungen beruht.

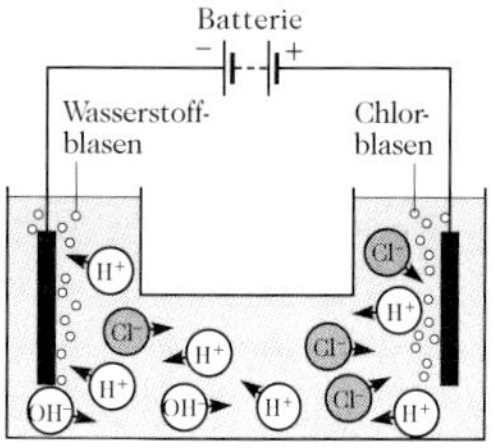

Elektrolyse. Abb.: Elektrolyse einer wäßrigen Lösung von Chlorwasserstoff.

Häufig werden bei der E. Anoden- und Kathodenraum durch ein Diaphragma getrennt, um eine Vermischung oder Folgereaktion der gebildeten Produkte zu vermeiden. In einer geteilten Elektrolysezelle bezeichnet man den die Anode umgebenden Elektrolyten als Anolyt, den die Kathode umgebenden als *Katholyt*.

Mittels E. werden z. B. anorganische Grundchemikalien hergestellt (Chloralkalielektrolyse), organische Verbindungen synthetisiert (↗ organische Elektrosynthese) oder Überzüge aufgebracht (Galvanotechnik).

Elektrolysezelle, ↗ Elektrolyse.

Elektrolyt, eine chem. Verbindung, die im festen, flüssigen oder gelösten Zustand in ↗ Ionen dissoziiert ist (↗ Dissoziation).

elektrolytische Abscheidung metallischer Schutzschichten, unexakt *Elektroplattieren* (in Anlehnung an den engl. Sprachgebrauch), ein galvanisches Verfahren zur Herstellung ↗ metallischer Schutzschichten durch elektrolytische Abscheidung des Metalls auf der Oberfläche des als Kathode geschalteten Werkstückes. Als Elektrolyte werden die Salze des abzuscheidenden Metalls verwendet. Wird als Anodenmaterial das abzuscheidende Metall eingesetzt, so bleibt die Metallionenkonzentration des Bades nahezu gleich. Als Stromart nimmt man Gleichstrom mit einer Spannung von meist wenigen Volt. Galvanische Schutzschichten müssen eine feste Haftung zum Grundwerkstoff aufweisen, was sich oft nur durch Zwischenschichten dritter Metalle erreichen läßt. Außerdem sollen sie porenfrei sein, um die Bildung von Korrosionselementen zu vermeiden.

elektrolytische Leitfähigkeit, ↗ elektrische Leitfähigkeit.

elektrolytisches Korrosionselement, ↗ elektrochemische Metallkorrosion.

elektromagnetisches Spektrum, gesamter Bereich der elektromagnetischen Wellen, zu denen auch das sichtbare Licht gehört. Eine elektromagnetische Welle besteht aus elektrischen und magnetischen Feldern, die senkrecht zueinander und zur Ausbreitungsrichtung angeordnet sind. Der Schwingungsvorgang besteht in einer periodischen Änderung der elektrischen und magnetischen Feldstärke. Beide schwingen in gleicher Phase (Abb.). Elektromagnetische Wellen sind Transversalwellen.

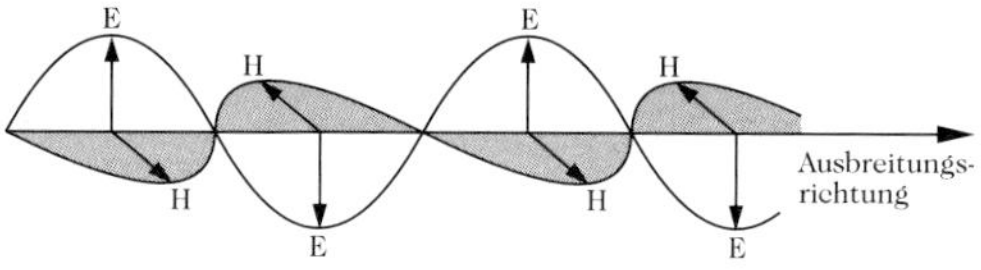

elektromagnetisches Spektrum. Abb.: Elektromagnetische Welle. *E* elektrischer Feldvektor, *H* magnetischer Feldvektor.

Aufgrund ihrer Wellennatur kann elektromagnetische Strahlung durch die folgenden Parameter beschrieben werden:

Wellenlänge λ (m)	=	Länge einer Welle
Wellenzahl $\bar{\nu}$ (cm^{-1})	=	Anzahl der Wellen je cm
Frequenz ν (Hz)	=	Anzahl der Schwingungen je Sekunde

Diese Größen sind untereinander durch die Beziehung $\bar{\nu} = 1/\lambda = \nu/c$ verknüpft, worin c die Lichtge-

Frequenz ν in Hz	Wellenlänge λ in m	Energie E in J mol^{-1}	Bezeichnung	Wechselwirkungsprozeß
10^3	$3 \cdot 10^5$	$4 \cdot 10^{-7}$	Langwellen	
10^5	$3 \cdot 10^3$	$4 \cdot 10^{-5}$	Mittelwellen	kernmagnetische Resonanz
10^7	$3 \cdot 10^1$	$4 \cdot 10^{-3}$	Kurzwellen	
10^9	$3 \cdot 10^{-1}$	$4 \cdot 10^{-1}$	Ultrakurzwellen	Elektronenspinresonanz
10^{11}	$3 \cdot 10^{-3}$	$4 \cdot 10^1$	Mikrowellen	Molekülrotationen
10^{12}	$3 \cdot 10^{-4}$	$4 \cdot 10^2$	Infrarot	Molekülschwingungen
10^{14}	$3 \cdot 10^{-6}$	$4 \cdot 10^4$	Sichtbar	} Übergänge äußerer Elektronen
10^{16}	$3 \cdot 10^{-8}$	$4 \cdot 10^6$	Ultraviolett	
10^{18}	$3 \cdot 10^{-10}$	$4 \cdot 10^8$	Röntgenstrahlen	Übergänge innerer Elektronen
10^{20}	$3 \cdot 10^{-12}$	$4 \cdot 10^{10}$	Gammastrahlen	Anregung von Atomkernen
10^{23}	$3 \cdot 10^{-15}$	$4 \cdot 10^{13}$	Höhenstrahlen	

elektromagnetisches Spektrum. Tab.: Wellen und ihre Wechselwirkungsprozesse mit Materie.

schwindigkeit im Vakuum ($2{,}988 \cdot 10^8$ ms^{-1}) bedeutet. Im Vakuum ist die Ausbreitungsgeschwindigkeit für alle elektromagnetischen Wellen konstant. In Medien des Brechungsindex n beträgt die Geschwindigkeit c/n. Die mit einer elektromagnetischen Strahlung verknüpfte Energie steht zur Wellenlänge bzw. Frequenz in der folgenden Beziehung: $E = h \cdot \nu = hc/\lambda$, wobei E die Energie der Strahlung in Joule (J) und h das Plancksche Wirkungsquantum ($6{,}626 \cdot 10^{-34}$ J s) bedeuten. Um die Energie – wie in der Chemie oft üblich – auf 1 mol zu beziehen, muß der Ausdruck $E = h\nu$ mit der Avogadroschen Zahl ($6{,}02 \cdot 10^{23}$ mol^{-1}) multipliziert werden. Licht der Wellenlänge von 100 nm = 10^{-7} m hat eine Energie $E \approx 2 \cdot 10^{-18}$ J (1200 kJ mol^{-1}). Durch Wechselwirkung elektromagnetischer Strahlung mit einem stofflichen Medium kann es zu Wechselwirkungsprozessen kommen (Tab., 5. Spalte), die von der Spektroskopie untersucht werden.

elektromagnetische Strahlung, ↗ elektromagnetisches Spektrum.

Elektrometallurgie, zusammenfassende Bezeichnung für alle metallurgischen Verfahren der Metallgewinnung und -raffination mittels Elektroenergie.

1) Bei den elektrochem. Verfahren leistet die Elektroenergie chem. Arbeit (↗ Elektrolyse). Die elektrochem. Verfahren kann man einteilen in Gewinnungselektrolyse, bei der im wäßrigen oder geschmolzenen Elektrolyten lösliche Verbindungen unter Metallabscheidung zerlegt werden, und Raffinationselektrolyse, bei der unreines Metall als Anode geschaltet wird. Dieses löst sich bei Stromdurchgang und scheidet sich in reiner Form an der Kathode wieder ab; die Verunreinigungen sind entweder nicht löslich (Anodenschlamm) oder werden gelöst, aber nicht wieder abgeschieden. Die elektrochemisch gewonnenen oder raffinierten Metalle werden als *Elektrolytmetalle* bezeichnet.

2) Bei den *elektrothermischen Verfahren* wird die elektrische Energie in Wärme umgewandelt und im Elektroofen genutzt.

Mitunter gehen beide Verfahren ineinander über.

elektromotorische Kraft, Abk. ***EMK***, Bezeichnung für die Zellspannung einer galvanischen Zelle. Negative Zellspannungen entsprechen definitionsgemäß positiven EMK-Werten (↗ elektrochemisches Gleichgewicht).

Elektron, ein ↗ Elementarteilchen.

Elektronegativität, ein relatives Maß für das Bestreben eines Atoms in einem Molekül, Bindungselektronenpaare anzuziehen. Die E. ist ein wichtiges Kriterium für die Abschätzung der Polarität einer Bindung, das von L. Pauling (1932) entwickelt wurde. Es wurde davon ausgegangen, daß die Bindungsenergie E_{AB} für eine heteronucleare Verbindung AB stets größer ist als der arithmetische bzw. geometrische Mittelwert der Bindungsenergien von AA und BB: $E_{AB} > \frac{1}{2}(E_{AA} + E_{BB})$ bzw. $E_{AB} > \sqrt{E_{AA} \cdot E_{BB}}$. Dies deutet darauf hin, daß das heteronucleare Molekül gegenüber den homonuclearen Molekülen durch einen zusätzlichen elektrostatischen Beitrag stabilisiert wird. Die zusätzliche Stabilisierungsenergie Δ_{AB} (in kJ mol^{-1}) sollte daher ein Maß für die Polarität der Bindung sein. Unter Verwendung des geometrischen Mittelwertes erhält man: $\Delta_{AB} = E_{AB} - \sqrt{E_{AA} \cdot E_{BB}}$. Mittels Δ_{AB} kann die Differenz der E. der Atome A und B definiert werden: $|\chi_A - \chi_B| = 0{,}088\sqrt{\Delta_{AB}/\mathrm{kJ\,mol^{-1}}}$. Indem für das Element Fluor willkürlich ein Wert $\chi_F = 4$ festgelegt wurde, läßt sich anhand der Elektronegativitätsdifferenzen eine geschlossene Elektronegativitätsskale für die Elemente angeben (Tab.). Man erkennt, daß die E. eine periodische Eigenschaft der Elemente darstellt. Die E. ist nicht meßbar und wird als dimensionslose Zahl angegeben. Mulliken (1934) konnte zeigen, daß die Summen aus der 1. Ionisierungsenergie E_I und der Elektronenaffinität E_A (beide Werte in kJ mol^{-1}) den Elektronegativitätswerten nach Pauling in recht guter Näherung proportional sind. Auf diese Weise kann eine zahlenmäßig ähnliche Elektronegativitätsskale angegeben werden: $\chi = (E_A + E_I)/523{,}3$ kJ mol^{-1}. Darüber hinaus wurden weitere Elektronegativitätsskalen mit ähnlichen Zahlenwerten unter Benutzung anderer Größen aufgestellt. Die E. ist keine Atomkonstante, sondern hängt in starkem Maße vom Bindungszustand des Atoms und von seinen Nachbaratomen im Molekül ab. Auf dieser Grundlage wurde unter Berücksichtigung der verschiedenen Elektronegativitätsskalen von Bažanov (1962) ein System von Elektronegativitätswerten vorgestellt. Allen Elektronegativitätsskalen ist gemeinsam, daß die *Polarität* und damit der *Ionencharakter* der Bindung mit zunehmender Elektronegativitätsdifferenz der beteiligten Atome stärker wird.

Elektronegativität. Tab.: Elektronegativitätswerte einiger Hauptgruppenelemente (nach Pauling).

H 2,1						
Li 1,0	Be 1,5	B 2,0	C 2,5	N 3,0	O 3,5	F 4,0
Na 0,9	Mg 1,2	Al 1,5	Si 1,8	P 2,1	S 2,5	Cl 3,0
K 0,8	Ca 1,0	Ga 1,6	Ge 1,8	As 2,0	Se 2,4	Br 2,8
Rb 0,8	Sr 1,0	In 1,7	Sn 1,8	Sb 1,9	Te 2,1	I 2,5

Elektronenaffinität, die Energie, die zur Abtrennung eines Elektrons e^- aus einem Anion A^{n-} erforderlich ist bzw. die bei der Anlagerung eines Elektrons an ein Atom, Ion oder Molekül aufgenommen oder abgegeben wird: $A^{n} \rightleftharpoons A^{(n-1)-} + e^-$. Da je nach Betrachtungsweise unterschiedliche Vorzeichen resultieren, ist es wichtig, Werte für die E. in Verbindung mit der Bezugsgleichung zu betrachten. Die E. dient als Maß für das Bestreben der Elemente, Anionen zu bilden. Die größte E. haben die Halogene, die durch Aufnahme eines Elektrons eine stabile Edelgaskonfiguration (Oktettprinzip) erreichen (Tab.). Für die übrigen Atome sind die Werte für die E. meist deutlich kleiner bzw. nahezu Null. Die experimentelle Bestimmung der E. ist schwierig und erfolgt meist durch indirekte Methoden, z. B. den Born-Haber-Kreisprozeß. Daher sind nur für wenige Atome genaue Werte bekannt.

Elektronenaffinität. Tab.: Elektronenaffinitäten einiger Atome in kJ mol^{-1}.

H	F	Cl	Br	I	O	S
72	338	367	338	299	222	251

Elektronenakzeptor, ein Molekül, das ein Elektron aufnehmen kann. ↗ Elektronentransfer.

Elektronenanregungsspektren, ↗ UV-VIS-Spektroskopie.

Elektronenbeugung, eine Beugungsmethode, die auf der Erscheinung beruht, daß die Elektronenstrahlen beim Auftreffen auf kristalline Substanz oder bei deren Durchdringung gebeugt werden. 1927 erhielten Davison und Germer mit langsamen Elektronen (Energie 30 bis 300 eV) die ersten Elektronenbeugungsaufnahmen. Sie erbrachten damit den experimentellen Beweis für die Wellennatur der Elektronen. Für die Geometrie der E. an einem Kristall gilt das Braggsche Gesetz (↗ Röntgenstrukturanalyse). Dadurch ist der Energiebereich für die verwendeten Elektronen zwischen 10 eV bis 1 KeV für Beugungsexperimente festgelegt. Die Streuung erfolgt an den Atomkernen, und die gebeugten Strahlen erreichen eine hohe Intensität. Die Elektronenstrahlen durchdringen nur wenige Netzebenen. Man kann nur sehr dünne Präparate durchstrahlen.

Elektronendonor, ein Molekül, das zur Elektronenabgabe befähigt ist. ↗ Elektronentransfer.

Elektronenformel, ↗ Formel.

Elektronengasmodell, gasähnlicher Zustand der Elektronen in Metallen (↗ chemische Bindung).

Elektronenkonfiguration, die Verteilung der Elektronen in einem Atom auf die verschiedenen Atomorbitale. Sie gibt ein wichtiges Merkmal der elektronischen Struktur eines Atoms an. Im Rahmen des Modells der unabhängigen Teilchen (↗ Zentralfeldmodell) wird jedem Elektron der Hülle ein Einelektronenzustand Ψ_{n,l,m_l,m_s} zugeordnet, der wie beim Wasserstoffatom (↗ Atommodell) durch die vier Quantenzahlen n, l, m_l, m_s charakterisiert ist. In dieser Näherung ist die Energie eines Elektrons im Mehrelektronenatom durch die Quantenzahlen n und l bestimmt. Die Besetzung der Energieniveaus erfolgt unter Berücksichtigung des *Pauli-Prinzips*, wonach in einem Mehrelektronensystem nicht zwei oder mehrere Elektronen mit einem identischen Satz von Quantenzahlen existieren können. Damit kann ein Atomorbital, welches durch die drei Quantenzahlen n, l und m_l charakterisiert ist, maximal mit zwei Elektronen besetzt werden, die sich in ihrer Spinquantenzahl m_s unterscheiden. Im Grundzustand besetzen die Elektronen unter Berücksichtigung des Pauli-Prinzips die energetisch niedrigsten Atomorbitale (Aufbauprinzip). Die Besetzung energetisch entarteter Orbitale (↗ Entartung) erfolgt nach

Elektronenkonfiguration. Tab.: Elektrononenkonfigiuration der Elemente im Grundzustand.

Element		K 1s	L 2s 2p	M 3s 3p 3d	N 4s 4p 4d 4f	O 5s 5p 5d 5f	P 6s 6p 6d 6f	Q 7s
1	H	1						
2	He	2						
3	Li	2	1					
4	Be	2	2					
5	B	2	2 1					
6	C	2	2 2					
7	N	2	2 3					
8	O	2	2 4					
9	F	2	2 5					
10	Ne	2	2 6					
11	Na	2	2 6	1				
12	Mg	2	2 6	2				
13	Al	2	2 6	2 1				
14	Si	2	2 6	2 2				
15	P	2	2 6	2 3				
16	S	2	2 6	2 4				
17	Cl	2	2 6	2 5				
18	Ar	2	2 6	2 6				
19	K	2	2 6	2 6	1			
20	Ca	2	2 6	2 6	2			
21	Sc	2	2 6	2 6 1	2			
22	Ti	2	2 6	2 6 2	2			
23	V	2	2 6	2 6 3	2			
24	Cr	2	2 6	2 6 5	1			
25	Mn	2	2 6	2 6 5	2			
26	Fe	2	2 6	2 6 6	2			
27	Co	2	2 6	2 6 7	2			
28	Ni	2	2 6	2 6 8	2			
29	Cu	2	2 6	2 6 10	1			
30	Zn	2	2 6	2 6 10	2			
31	Ga	2	2 6	2 6 10	2 1			
32	Ge	2	2 6	2 6 10	2 2			
33	As	2	2 6	2 6 10	2 3			
34	Se	2	2 6	2 6 10	2 4			
35	Br	2	2 6	2 6 10	2 5			
36	Kr	2	2 6	2 6 10	2 6			
37	Rb	2	2 6	2 6 10	2 6	1		
38	Sr	2	2 6	2 6 10	2 6	2		
39	Y	2	2 6	2 6 10	2 6 1	2		
40	Zr	2	2 6	2 6 10	2 6 2	2		
41	Nb	2	2 6	2 6 10	2 6 4	1		
42	Mo	2	2 6	2 6 10	2 6 5	1		
43	Te	2	2 6	2 6 10	2 6 6	1		
44	Ru	2	2 6	2 6 10	2 6 7	1		
45	Rh	2	2 6	2 6 10	2 6 8	1		
46	Pd	2	2 6	2 6 10	2 6 10	0		
47	Ag	2	2 6	2 6 10	2 6 10	1		
48	Cd	2	2 6	2 6 10	2 6 10	2		
49	In	2	2 6	2 6 10	2 6 10	2 1		
50	Sn	2	2 6	2 6 10	2 6 10	2 2		
51	Sb	2	2 6	2 6 10	2 6 10	2 3		
52	Te	2	2 6	2 6 10	2 6 10	2 4		
53	I	2	2 6	2 6 10	2 6 10	2 5		
54	Xe	2	2 6	2 6 10	2 6 10	2 6		
55	Cs	2	8	18	2 6 10	2 6	1	
56	Ba	2	8	18	2 6 10	2 6	2	
57	La	2	8	18	2 6 10	2 6 1	2	
58	Ce	2	8	18	2 6 10 2	2 6	2	
59	Pr	2	8	18	2 6 10 3	2 6	2	
60	Nd	2	8	18	2 6 10 4	2 6	2	
61	Pm	2	8	18	2 6 10 5	2 6	2	
62	Sm	2	8	18	2 6 10 6	2 6	2	
63	Eu	2	8	18	2 6 10 7	2 6	2	
64	Gd	2	8	18	2 6 10 7	2 6 1	2	
65	Tb	2	8	18	2 6 10 9	2 6	2	

Elektronenkonfiguration. Tab. (Fortsetzung).

Element		K	L	M	N				O				P				Q
		1s	2s 2p	3s 3p 3d	4s	4p	4d	4f	5s	5p	5d	5f	6s	6p	6d	6f	7s
66	Dy	2	8	18	2	6	10	10	2	6			2				
67	Ho	2	8	18	2	6	10	11	2	6			2				
68	Er	2	8	18	2	6	10	12	2	6			2				
69	Tm	2	8	18	2	6	10	13	2	6			2				
70	Yb	2	8	18	2	6	10	14	2	6			2				
71	Lu	2	8	18	2	6	10	14	2	6	1		2				
72	Hf	2	8	18	2	6	10	14	2	6	2		2				
73	Ta	2	8	18	2	6	10	14	2	6	3		2				
74	W	2	8	18	2	6	10	14	2	6	4		2				
75	Re	2	8	18	2	6	10	14	2	6	5		2				
76	Os	2	8	18	2	6	10	14	2	6	6		2				
77	Ir	2	8	18	2	6	10	14	2	6	7		2				
78	Pt	2	8	18	2	6	10	14	2	6	9		1				
79	Au	2	8	18	2	6	10	14	2	6	10		1				
80	Hg	2	8	18	2	6	10	14	2	6	10		2				
81	Tl	2	8	18	2	6	10	14	2	6	10		2	1			
82	Pb	2	8	18	2	6	10	14	2	6	10		2	2			
83	Bi	2	8	18	2	6	10	14	2	6	10		2	3			
84	Po	2	8	18	2	6	10	14	2	6	10		2	4			
85	At	2	8	18	2	6	10	14	2	6	10		2	5			
86	Rn	2	8	18	2	6	10	14	2	6	10		2	6			
87	Fr	2	8	18	2	6	10	14	2	6	10		2	6			1
88	Ra	2	8	18	2	6	10	14	2	6	10		2	6			2
89	Ac	2	8	18	2	6	10	14	2	6	10		2	6	1		2
90	Th	2	8	18	2	6	10	14	2	6	10		2	6	2		2
91	Pa	2	8	18	2	6	10	14	2	6	10	2	2	6	1		2
92	U	2	8	18	2	6	10	14	2	6	10	3	2	6	1		2
93	Np	2	8	18	2	6	10	14	2	6	10	5	2	6			2
94	Pu	2	8	18	2	6	10	14	2	6	10	6	2	6			2
95	Am	2	8	18	2	6	10	14	2	6	10	7	2	6			2
96	Cm	2	8	18	2	6	10	14	2	6	10	7	2	6	1		2
97	Bk	2	8	18	2	6	10	14	2	6	10	8	2	6	1		2
98	Cf	2	8	18	2	6	10	14	2	6	10	10	2	6			2
99	Es	2	8	18	2	6	10	14	2	6	10	11	2	6			2
100	Fm	2	8	18	2	6	10	14	2	6	10	12	2	6			2
101	Md	2	8	18	2	6	10	14	2	6	10	13	2	6			2
102	No	2	8	18	2	6	10	14	2	6	10	14	2	6			2
103	Lw	2	8	18	2	6	10	14	2	6	10	14	2	6	1		2
104	Rf	2	8	18	2	6	10	14	2	6	10	14	2	6	2		2

Die weißen und grauen Felder begrenzen eine Periode im Periodensystem, die gestrichelten Linien die Nebengruppenelemente.

der *Hundschen Regel* (↗ Multiplettstruktur). Die Angabe der E. des Grundzustandes eines beliebigen Atoms erfordert die Kenntnis der energetischen Reihenfolge der Atomorbitale. Näherungsweise läßt sich eine qualitativ gültige Reihenfolge für die Energien der Unterschalen ($n\,l$) angeben, nach der diese bei schrittweiser Erhöhung der Kernladungszahl (Ordnungszahl) besetzt werden: $1s| < 2s < 2p| < 3s < 3p| < 4s \approx 3d < 4p|5s \approx 4d < 5p| < 6s \approx 5d \approx 4f < 6p| < 7s \approx 6d \approx 5f < 7p|$. Dabei bedeutet z. B. $6s \approx 5d \approx 4f$, daß die Besetzung der 5d- und 4f-Orbitale in Konkurrenz mit dem 6s-Orbital erfolgt. Die E. eines Atoms wird symbolisch in der Weise angegeben, daß an jede besetzte Unterschale ($n\,l$) die Elektronenbesetzungszahl als hochgestellter Index beigefügt wird. So erhält man z. B. für den Grundzustand des Phosphoratoms die E. $1s^2 2s^2 2p^6 3s^2 3p^3$. Die E. für den Grundzustand der freien Atome sind in der Tab. aufgeführt. Aus der Besetzung der äußeren Schale lassen sich bestimmte Schlüsse auf die chem. Eigenschaften der Atome ziehen. Atome mit abgeschlossenen Elektronenschalen, d. h., wenn die äußeren Schalen mit 8 Elektronen besetzt sind (*Edelgaskonfigurationen*), zeichnen sich durch eine besondere Stabilität aus. Außerdem sind auch E. mit halbgefüllten oder abgeschlossenen Unterschalen relativ stabil. Im Rahmen des Zentralfeldmodells ist durch die Angabe der E. die Energie eines Atoms als Summe der Orbitalenergien bestimmt. Genauere Betrachtungen zeigen, daß die Berücksichtigung der Elektronenwechselwirkung und der Spin-Bahn-Kopplung zu einer Aufspaltung der Energie der E. in eine ↗ Multiplettstruktur führt.

Elektronenleiter, ***Leiter I. Ordnung***, ein Stoff, bei dem die Leitung des elektrischen Stroms durch freibewegliche Elektronen erfolgt.

Elektronenmangelverbindung, ↗ Dreizentrenbindung.

Elektronenpaar-Abstoßungsmodell, *VSEPR-Modell* (Abk. von engl. *v*alence *s*hell *e*lectron *p*air *r*epulsion model), eine Modellvorstellung zur qualitativen Deutung der Molekülstruktur, die davon ausgeht, daß die Gestalt eines AX_mE_{n-m}-Moleküls weitgehend durch die abstoßende Wechselwirkung von Elektronenpaaren der Valenzschale des Zentralatoms A bestimmt wird. Dabei symbolisieren m die Anzahl der Ligandenatome X, E einsame Elektronenpaare und n die Anzahl der Valenzelektronenpaare des Zentralatoms in diesen Molekülen. Ausgehend von den ersten Modellansätzen von Sidgewick und Powell (1940) wurde das E. im wesentlichen durch Gillespie und Nyholm (1967) zur Vorhersage von Molekülstrukturen hauptsächlich anorganischer Verbindungen der Hauptgruppenelemente ausgebaut. Die Grundannahme des E. besteht darin, daß sich entsprechend dem Pauli-Prinzip Elektronenpaare in einer Valenzschale in möglichst großem Abstand voneinander anordnen. Damit ergeben sich für n = 2, 3, ... 6 Valenzelektronenpaare des Zentralatoms A in Molekülen des Typs AX_mE_{n-m} die in der Abb. dargestellten energetisch günstigen Anordnungsmöglichkeiten sowie die daraus folgenden Molekülstrukturen. Bei den Molekülen AX_mE_{n-m} treten gegenüber den entsprechenden AX_m-Molekülen ($m = n$) Abweichungen in den Bindungswinkeln auf. So nehmen z. B. die Bindungswinkel in den Molekülen CH_4 (109,5°), NH_3 (107,3°) und H_2O (104,5°) in der angegebenen Weise ab. Die Verringerung des Bindungswinkels wird im E. darauf zurückgeführt, daß einsame Elektronenpaare im Vergleich zu Bindungselektronenpaaren mehr Raum beanspruchen. Daher nehmen auch einsame Elektronenpaare bei alternativen Anordnungsmöglichkeiten solche Positionen ein, wo die Wechselwirkung mit anderen Elektronenpaaren möglichst gering ist, z. B. die äquatorialen Positionen bei einer trigonalen Bipyramide (Abb.). Bei der Betrachtung von Molekülen mit Mehrfachbindungen, z. B. $COCl_2$ und HCN, werden die zwei bzw. drei Elektronenpaare der Doppel- bzw. Dreifachbindung bezüglich des Aufenthaltsraumes wie ein Elektronenpaar behandelt. Der Raumbedarf dieser Mehrelektronenräume liegt zwischen dem eines Bindungselektronenpaares und dem eines einsamen Elektronenpaares. In der Tab. sind für einige Moleküle des Typs AX_mE_{n-m} die nach dem E. resultierenden Molekülgeometrien angegeben.

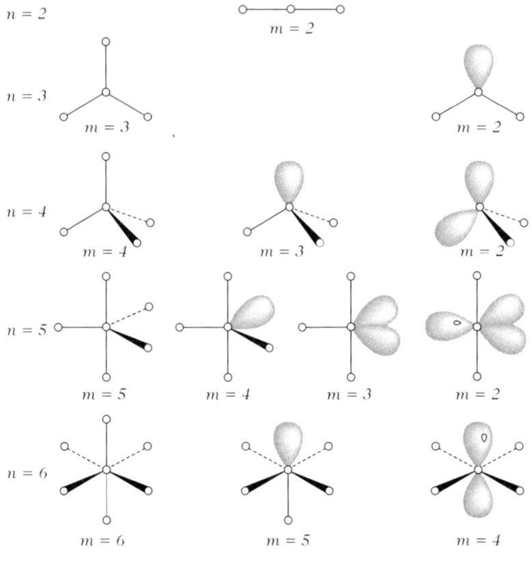

Elektronenpaar-Abstoßungsmodell. Abb.: Energetisch bevorzugte Anordnungen von n Elektronenpaaren in Molekülen AX_mE_{n-m}.

Elektronenpaar-Abstoßungsmodell. Tab.: Gestalt der Moleküle AX_mE_{n-m}.

n	Typ	Molekülgestalt	Beispiel
2	AX_2	linear	BeH_2, CO_2
3	AX_3	trigonal-eben	BF_3
	AX_2E	V-förmig	SO_2, $SnCl_2$
4	AX_4	tetraedrisch	CH_4, BF_4^-
	AX_3E	trigonal-pyramidal	NH_3, SO_3^{2-}
	AX_2E_2	V-förmig	H_2O, H_2S
5	AX_5	trigonal-bipyramidal	PF_5, PCl_5
	AX_4E	tetraedrisch verzerrt	SF_4
	AX_3E_2	T-förmig	ClF_3, BrF_3
	AX_2E_3	linear	ICl_2^-, I_3^-
	AX_6	oktaedrisch	SF_6
6	AX_5E	quadratisch-pyramidal	BrF_5, IF_5
	AX_4E_2	quadratisch-planar	XeF_4, ICl_4^-

Elektronenpaarbindung, ↗ chemische Bindung.

Elektronenspin, Eigendrehimpuls des Elektrons, der nicht auf eine Bahnbewegung zurückgeführt werden kann. Der E. $\vec{L}_s$ ist gequantelt. Für seine z-Komponente resultieren die beiden Werte ½ $h/2\pi$ und –½ $h/2\pi$, wobei h Plancksches Wirkungsquantum, d. h., es existieren zwei Einstellmöglichkeiten für den E., die durch die Spinquantenzahlen m_s = ± ½ charakterisiert werden. Die zugehörigen Spineigenfunktionen werden mit α oder β bezeichnet. Für den Betrag des E. gilt $L_s = \sqrt{s(s+1)}\,h/2\pi$, der durch die Spinquantenzahl s = ½ charakterisiert wird. Damit ist zur Kennzeichnung des Zustandes eines Elektrons im Wasserstoffatom neben den Quantenzahlen n, l, m_l noch die Angabe der Spinquantenzahl m_s erforderlich (quantenmechanisches ↗ Atommodell).

Elektronenspinresonanz-Spektroskopie, *ESR-Spektroskopie*, *paramagnetische Elektronenresonanz-Spektroskopie*, *EPR-Spektroskopie* (Abk. von engl. *e*lectron *p*aramagnetic *r*esonance), zur ↗ Hochfrequenzspektroskopie gehörende Methode, die paramagnetische Substanzen zum Untersuchungsgegenstand hat. Mittels der E. wird der Einfluß der in den Substanzen vorhandenen inneren magnetischen und elektrostatischen Felder auf das ungepaarte Elektron untersucht. Diese Wechselwirkungen haben spezifische Spektren mit charakteristischer Linienzahl und Linienbreite zur Folge. Aus ihnen können Informationen über die Struktur, die Symmetrie, den Charakter der chem. Bindung sowie auch über chem. Gleichgewichte und Reaktionsmechanismen abgeleitet werden.

Die E. ist der ↗ NMR-Spektroskopie nahe verwandt. Ähnlich den dort untersuchten Atomkernen hat auch das ungepaarte Elektron in paramagnetischen Substanzen einen Spin ($S = \frac{1}{2}$) und damit verknüpft ein magnetisches Moment, das in einem äußeren Magnetfeld in zwei Energiezustände aufgespalten wird, zwischen denen durch elektromagnetische Strahlung geeigneter Frequenz Übergänge induziert werden können. Die theoretischen Grundlagen der E. sind deshalb in vieler Hinsicht der der NMR-Spektroskopie analog. Das magnetische Moment eines Elektrons ist allerdings wesentlich größer als das der Atomkerne, so daß für das »Umklappen« der Elektronenspins elektromagnetische Strahlung höherer Energie (aus dem Mikrowellenbereich ↗ elektromagnetisches Spektrum) erforderlich ist. Die Resonanzbedingung, die angibt, welche Frequenz elektromagnetische Strahlung mit der paramagnetischen Substanz bei einer äußeren Feldstärke H_0 in Resonanz (Energieaustausch) tritt, lautet in der E. $v = (g\mu_B H_0)/h$ (1) wobei μ_B das Bohrsche Magneton, h das Plancksche Wirkungsquantum und g den g-Faktor bedeuten, dessen Größe von den Beiträgen des Elektronenspins und des Bahndrehimpulses zum magnetischen Moment abhängt (s. u.).

Aufnahmetechnik und Probenpräparation. Das Schema eines ESR-Spektrometers zeigt Abb. 1.

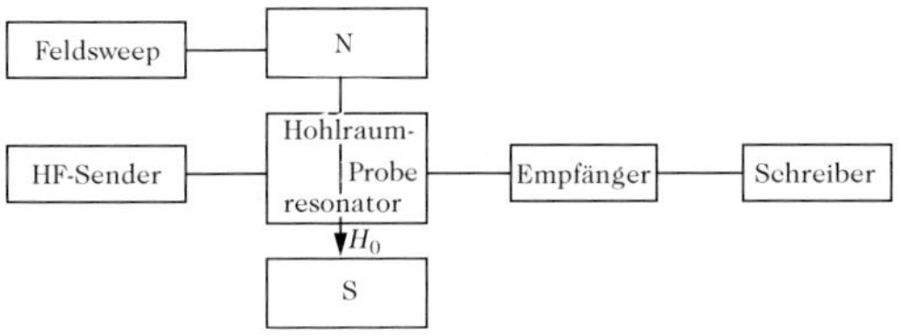

Elektronenspinresonanz-Spektroskopie. Abb. 1: Schema eines ESR-Spektrometers.

Die Probe ist in einem Resonator, der sich in einem starken homogenen Magnetfeld H_0 befindet. Die Stärke des H_0-Feldes kann variiert werden. Senkrecht zur Richtung von H_0 wirkt ein hochfrequentes elektromagnetisches Wechselfeld auf die Probe ein. Ist die Resonanzbedingung (1) erfüllt, dann wird dem eingestrahlten Wechselfeld Energie entnommen. Diese Energieabsorption kann mit einem empfindlichen Detektor registriert werden und nach entsprechender Verstärkung entweder mittels eines Oszillographen oder mit einem Schreiber sichtbar gemacht werden. In der E. wird meist das differenzierte Signal (1. Ableitung des Absorptionssignals) aufgezeichnet (Abb. 2).

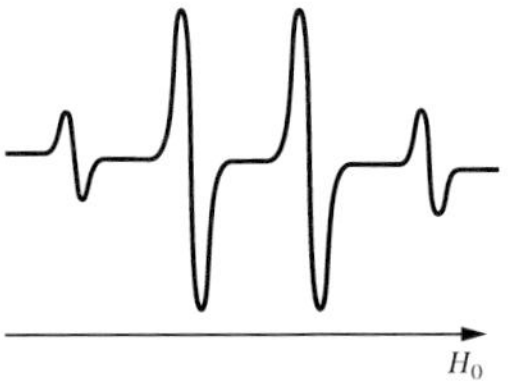

Elektronenspinresonanz-Spektroskopie. Abb. 2: ESR-Spektrum (Ableitung) des Methylradikals.

Mit der E. können Substanzen in allen Aggregatzuständen untersucht werden, vorausgesetzt, daß sie ungepaarte Elektronen enthalten. Derartige Substanzen sind Atome oder Ionen mit nicht aufgefüllten inneren Elektronenschalen (z. B. Ionen der Übergangsmetalle), Atome oder Moleküle mit ungerader Elektronenzahl (z. B. NO oder NO_2), freie Radikale, Metalle, Halbleiter und Störstellen in Festkörpern. Da die meisten Stoffe diamagnetisch (↗ Magnetochemie) sind, ist es von Bedeutung, daß viele von ihnen durch besondere Methoden der Radikalerzeugung (z. B. durch Bestrahlung oder elektrolytisch) ESR-Messungen zugänglich gemacht werden können.

Spektrenparameter und ihr Informationsgehalt. Die Signallage wird im ESR-Spektrometer entsprechend der Resonanzbedingung (1) außer durch die apparativen Größen v und H_0 noch durch den g-Faktor festgelegt. Für ein »solvatisiertes Elektron«, wie es z. B. in den tiefblauen Lösungen eines Alkalimetalls in flüssigem Ammoniak vorliegt, beträgt der g-Faktor 2,00232. In jeder chem. Verbindung ist das ungepaarte Elektron bestimmten inneren Feldern ausgesetzt, die sich dem H_0-Feld überlagern. Daher weicht der g-Faktor einer konkreten chem. Verbindung vom g-Wert des freien Elektrons mehr oder weniger ab und ist eine substanzspezifische Größe, die formal der chem. Verschiebung in der NMR-Spektroskopie entspricht. g-Faktoren können somit Strukturinformationen liefern. In organischen Radikalen unterscheidet sich der g-Faktor meist nur geringfügig von dem des freien Elektrons (Tab.). Wenn das ungepaarte Elektron ganz oder teilweise an einem Heteroatom lokalisiert ist, weichen die g-Faktoren etwas stärker von dem des freien Elektrons ab. Wie die Tab. zeigt, können somit Kohlenstoff-, Sauerstoff- und Stickstoffradikale unterschieden werden. Dagegen können paramagnetische Metall-Ionen *g*-Faktoren aufweisen, die teils erheblich vom *g*-Faktor des freien Elektrons abweichen. Für Lanthanoiden-Ionen wurden z. B. *g*-Faktoren bis zu 18 gefunden, für die eine starke Spin-Bahn-Kopplung in diesen Atomen verantwortlich ist. *g*-Faktoren, die in Flüssigkeiten gemessen werden, sind isotrop. Untersucht man dagegen Einkristalle, so hängt der *g*-Faktor von der Orientierung des Kristalls zur Feldrichtung ab.

Elektronenspinresonanz-Spektroskopie. Tab.: *g*-Faktoren organischer Radikale.

$CH_3\cdot$	2,0026	$CH_2{=}CHCH_2\cdot$	2,0025
$C_2H_5\cdot$	2,0026	$CH_2{=}C\dot{-}O$	2,0045
$CH_2{=}CH\cdot$	2,0022	R–N–R |· O	2,005 ... 2,009

Hyperfeinstruktur. Ihre besondere analytische Bedeutung erlangt die E. durch die Wechselwirkungen des ungepaarten Elektrons mit den magnetischen Momenten von Atomkernen, die sich in einer Hyperfeinstruktur (Hfs) zu erkennen gibt. Die Wechselwirkung kann mit dem Atomkern des gleichen Atoms erfolgen, zu dem das ungepaarte Elektron gehört, oder mit Nachbarkernen. Abstand, Anzahl und Intensität dieser Hyperfeinstrukturlinien liefern wichtige Informationen über die Struktur von Radikalen und paramagnetischen Zentren.

Kerne mit einem magnetischen Moment, die zu einer Elekronenspin-Kernspin-Wechselwirkung Anlaß geben, sind z. B. ^{1}H, ^{14}N, ^{31}P, ^{77}Se. Sie können sich analog wie die Spin- oder Bahnmomente der Elektronen in einem äußeren Magnetfeld in $2I + 1$ verschiedenen Richtungen einstellen. Im einfachsten Fall treten ein ungepaartes Elektron ($S = ½$) und ein Atomkern mit der Kernspinquantenzahl $I = ½$ z. B. der ^{1}H-Kern, miteinander in Wechselwirkung. Wasserstoffkerne können im äußeren Feld zwei verschiedene Richtungen einnehmen. Da diese beiden Orientierungen annähernd gleich wahrscheinlich sind, bedeutet dies, daß bei ungefähr der Hälfte der Wasserstoffkerne die wirksame Komponente des magnetischen Momentes in Richtung des äußeren Feldes weist, in der anderen Hälfte entgegengesetzt zur äußeren Feldrichtung orientiert ist. Ein ungepaartes Elektron ist somit nicht nur dem äußeren H_0-Feld ausgesetzt, sondern auch der Wirkung eines dem H_0-Feld gleich- oder entgegengerichteten zusätzlichen Feldes der Kernmagnete. Die auf das Elektron tatsächlich wirkende Feldstärke ist $H_0 + H_{Kern}$ bzw. $H_0 - H_{Kern}$, so daß die Energie der Zeeman-Niveaus in Abhängigkeit von der Kernorientierung jeweils 2 verschiedene Werte hat. Zwischen diesen Energieniveaus kann es durch Einstrahlung von $h \cdot \nu$ entsprechend Gl. (1) zu Übergängen kommen. Im Gegensatz zum ESR-Spektrum des freien Elektrons, das aus einem einzigen Signal besteht, kommt es jetzt zu einer Linienaufspaltung. Es sind nur Übergänge erlaubt, die den Auswahlregeln $\Delta m_s = \pm 1$ und $\Delta m_I = 0$ entsprechen.

Der einfachste Fall einer Hfs liegt im Wasserstoffatom vor, dessen Termschema in Abb. 3 angegeben ist. Es geht daraus hervor, daß zwei Übergänge den Auswahlregeln genügen und somit 2 Hfs-Linien auftreten, deren Abstand entweder in mT (milli-Tesla) oder in Hz angegeben wird und als Kopplungskonstante bezeichnet wird. Die Kopplungskonstante ist ein Maß für die Stärke der Wechselwirkung zwischen Elektron und Kern und vom äußeren Magnetfeld unabhängig.

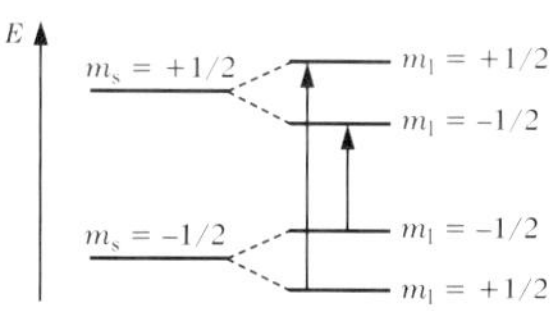

Elektronenspinresonanz-Spektroskopie. Abb. 3: Hfs-Schema für $S = ½$ und $I = ½$.

Allgemein lassen sich für die Hfs-Aufspaltung folgende Regeln angeben: 1) Befindet sich der Elektronenspin *S* in Wechselwirkung mit einem Kern des Kernspins *I*, so besteht das resultierende Multiplett aus $2I + 1$ Linien. 2) Befindet sich *S* in Wechselwirkung mit *n* äquivalenten Kernen des Kernspins *I*, so werden $2nI + 1$ Linien auftreten. 3) Bei der Wechselwirkung von *S* mit *n* Kernen der Sorte A und *m* hierzu nicht äquivalenten Kernen der Sorte B ergibt sich die Gesamtlinienzahl zu $(2nI_A + 1) \cdot (2mI_B + 1)$. 4) Bei Kernen mit $I = ½$ verhalten sich die Intensitäten innerhalb des Multipletts wie die Binomialkoeffizienten. *Beispiel:* Ein besonders einfaches ESR-Spektrum liefert das Methylradikal, das z. B. durch UV-Bestrahlung von $Zn(CH_3)_2$ erhalten werden kann. Das ESR-Spektrum besteht aus 4 Linien, wie sie entsprechend Regel 2 durch Wechselwirkung von *S* mit 3 äquivalenten H-Kernen ($I = ½$) zu erwarten sind. Das Intensitätsverhältnis ist entsprechend Regel 4 gleich 1 : 3 : 3 : 1 . Die Kopplungskonstante ergibt sich aus dem Abstand zweier benachbarter Linien zu 2 mT.

In Einkristallen ist die Hfs-Kopplung ebenso wie der *g*-Faktor anisotrop.

Signalintensitäten. Die Fläche des Absorptionssignals ist proportional der Anzahl der ungepaarten Elektronen in der Probe. Da jedoch zahlreiche apparative Faktoren die erhaltenen Intensitätswerte beeinflussen, werden praktisch kaum Absolutmessungen, sondern vorwiegend Relativmessungen durchgeführt. Dazu wird die Fläche unter dem Absorptionssignal der zu messenden Probe mit der Fläche einer Standardprobe (z. B. dem stabilen Radikal Diphenylpikrylhydrazyl DPPH) bekannter Spinzahl verglichen.

Übersicht über Anwendungsmöglichkeiten der E.

Ermittlung der Struktur von freien Radikalen. Bereits aus der Anzahl der Hfs-Linien und ihrem Intensitätsverhältnis lassen sich Aussagen über die Anzahl und Äquivalenz der koppelnden Atomkerne machen. Weitergehende Informationen über die Struktur von Radikalen erhält man, wenn man die Hfs-Kopplungskonstanten berücksichtigt. Die Kopplungskonstante ist proportional der Aufenthaltswahrscheinlichkeit des ungepaarten Elektrons am betreffenden Atomkern. Da sich diese Aufenthaltswahrscheinlichkeit mit quantenchem. Methoden berechnen läßt, ergibt sich ein unmittelbarer Zusammenhang zwischen E. und theoretischer Chemie. Mit Hilfe der Hfs läßt sich die in freien Radikalen häufig vorhandene Delokalisation des ungepaarten Elektrons unmittelbar beweisen. So wird die besondere Stabilität des DPPH-Radikals auf eine Mesomerie zurückgeführt, nach der sich das ungepaarte Elektron zu gleichen Teilen an den beiden Stickstoffatomen befindet. Würde nur eine dieser Strukturen vorliegen, so käme es infolge Elektronen-Kern-Wechselwirkung mit dem N-Atom ($I = 1$) entsprechend den Regeln für die Multiplettaufspaltung zum Auftreten von $2i + 1 = 3$ Hyperfeinstrukturlinien. Bei ungleicher Verteilung des ungepaarten Elektrons auf beide N-Atome wären $(2I_A + 1) \cdot (2I_B + 1) = 9$ Linien zu erwarten. Die tatsächlich beobachteten 5 äquidistanten Linien im Intensitätsverhältnis 1 : 2 : 3 : 2 : 1 lassen sich nur dann erklären, wenn man eine Gleichverteilung auf beide N-Atome annimmt, da dann die beiden N-Atome gleichberechtigt sind und die Aufspaltung der Regel $2nI + 1 = 5$ entspricht.

Nachweis und quantitative Bestimmung von Radikalen. Aufgrund der Proportionalität zwischen Signalintensität und Anzahl der ungepaarten Elektronen lassen sich ESR-Messungen zu quantitativen Bestimmungen paramagnetischer Substanzen verwenden. Die E. ist infolge ihres großen Nachweisvermögens – es können etwa 10^{11} ungepaarte Elektronen noch erfaßt werden – zum Nachweis geringster Konzentrationen paramagnetischer Substanzen geeignet, wie sie z. B. als radikalische Zwischenprodukte bei bestimmten chem. Reaktionen, aber auch in Enzymsystemen oder lebenden Geweben auftreten. Kurzlebige Radikale können mit Fließtechniken untersucht werden. Dabei mischt man die strömende Lösung der Reaktanten, deren Reaktion zur Radikalbildung führt, erst unmittelbar vor Eintritt in die Meßzelle, die als Durchflußzelle ausgebildet ist. Es lassen sich damit Radikale mit einer Lebensdauer im ms-Bereich bestimmen. Zur Identifizierung von im Reaktionsverlauf auftretenden instabilen Radikalen eignet sich auch das *»spin-trapping«-Ver*fahren. Dabei werden die Reaktionen in Gegenwart von Radikalfängern (z. B. aromatischer oder aliphatischer Nitrosoverbindungen) durchgeführt, die mit dem eingefangenen Radikal über längere Zeit stabile Nitroxidradikale ergeben, deren ESR-Spektrum Aussagen über die Natur des instabilen Radikals erlaubt. Die Verfolgung der zeitlichen Konzentrationsänderung von Radikalreaktionen gestattet es, ihre Kinetik aufzuklären.

Anwendung in der anorganischen Chemie. Ionen und Komplexe der Übergangsmetalle und Seltenerdmetalle enthalten ungepaarte d- und f-Elektronen, so daß sie mit Hilfe der E. untersucht werden können. Ihre Spektren sind jedoch schwieriger zu interpretieren als die der freien Radikale. Durch Coulombsche Wechselwirkung zwischen den Elektronen sowie infolge Spin-Bahn-Kopplung resultieren hier *g*-Faktoren, die weit vom *g*-Faktor des freien Elektrons abweichen. Die Messungen erfolgen meist in einem geeigneten, diamagnetisch verdünnten Einkristall, um unerwünschte Wechselwirkungen zwischen den paramagnetischen Verbindungen auszuschließen. Der *g*-Faktor variiert mit der Orientierung des Komplexes im äußeren Feld. So beträgt er für Fe^{3+} im Hämoglobin 6, wenn das äußere Feld in der Ebene des Porphyrinrings liegt, und 2, wenn es senkrecht dazu angeordnet ist. Die wichtigsten Aussagen, die erhalten werden können, sind 1) die Symmetrie und Stärke des Ligandenfeldes, 2) die Art des elektronischen Grundzustandes und 3) die Delokalisation der ungepaarten Elektronen im Grundzustand und in den angeregten Zuständen. Zahlreiche Untersuchungen sind auch über die Valenzzustände der Fremdatome in Halbleitern sowie über ferromagnetische Verbindungen veröffentlicht worden.

Untersuchungen an Festkörperoberflächen. Die E. wird in den letzten Jahren in steigendem Maße zur Untersuchung von Festkörperoberflächen und von Reaktionen, die an diesen Oberflächen z. B. nach Adsorption bestimmter Atome oder Moleküle ablaufen, eingesetzt. Es können damit wertvolle Informationen über die Anwesenheit paramagnetischer Oberflächenzentren, über die Struktur gebildeter Radikale oder Übergangsmetallkomplexe, über Elektronentransfer zwischen Adsorbat und Adsorbens u. a. erhalten werden, die insbesondere im Zusammenhang mit Problemen der Adsorption und der heterogenen Katalyse von Bedeutung sind.

Elektronenstrahl-Lackhärtung, ↗ Strahlenchemie.

Elektronenstrahlmikroanalyse, *ESMA*, *EMA*, *Elektronenstrahlmikrosonde*, spezielle Methode der ↗ Röntgenspektroskopie zur Lokalanalyse im µm-Bereich.

Auf die zu analysierende Stelle einer Probenoberfläche lenkt man einen genau fokussierten Elektronenstrahl. Die von den Elektronen getroffene Fläche emittiert ein Röntgenspektrum, das mit einem Röntgenspektrometer untersucht wird. Es kann damit die chem. Zusammensetzung des von der Elektronensonde erfaßten Untersuchungsvolumens bestimmt werden. Alle Elemente mit Ordnungszahlen größer als Beryllium können bestimmt werden. Moderne Geräte sind mit Möglichkeiten für einen Rasterbetrieb ausgestattet. Man kann mit ihnen gleichzeitig analysieren und mikroskopieren. An der Oberfläche der Probe werden die auffallenden Elektronen teilweise reflektiert, teilweise werden energieärmere Sekundärelektronen emittiert. Sie werden zur Helligkeitssteuerung einer Bildröhre verwendet. Man erhält so auf dem Bildschirm ein für die chem. Zusammensetzung der Probe charakteristisches Bild der Oberfläche.

Die E. dient wie die ↗ Auger-Elektronen-Spektroskopie, mit der sie aufgrund der gleichen Anregungsbedingungen kombiniert werden kann, zur Oberflächenanalytik, wobei Untersuchungen von Diffusionsvorgängen in Katalysatoren, Metallen, Gläsern oder die Bestimmungen der Dicke von metallischen Schichten oder Filmen im Vordergrund stehen.

Elektronenstrahlmikrosonde, ↗ Elektronenstrahlmikroanalyse.

Elektronentransfer, eine chemische, oft photochemische Reaktion, bei der ein Elektron (inter- oder intramolekular) von einem Donor auf einen Acceptor übergeht. Voraussetzung für den E. ist, daß das Donorniveau, von dem aus das Elektron übertragen wird, bei höherer Energie liegt als das Acceptorniveau, in das das Elektron übertragen wird. Der E. spielt eine wichtige Rolle bei der ↗ spektralen Sensibilisierung sowie bei der Photosynthese.

Elektronenüberschußverbindung, ↗ Dreizentrenbindung.

Elektroneutralitätsprinzip, eine Regel, wonach sich aus Stabilitätsgründen die elektrischen Ladungen in einem Molekül oder in einem Ion so verteilen, daß die effektive Ladung jedes Atoms möglichst klein bleibt. Ionencharakter und möglicher Mehrfachbindungscharakter einer kovalenten Bindung sind wichtige Faktoren, die zu einem Ladungsausgleich führen und damit zur Stabilisierung molekularer Systeme beitragen.

Die in der Molekülorbitaltheorie der Komplexe entwickelte Modellvorstellung der Rückbindung ist eine quantenmechanische Interpretation des E.

Elektroosmose, eine elektrokinetische Erscheinung, die auftritt, wenn sich eine Elektrolytlösung auf Grund eines angelegten elektrischen Feldes durch ein Diaphragma hindurch bewegt. Ursache dafür ist eine ↗ elektrochemische Doppelschicht, die sich in den Poren des Diaphragmas ausbildet. Abhängig vom Vorzeichen des auf der Lösungsseite der Doppelschicht herrschenden Ladungsüberschusses wandert das Lösungsmittel in den Kathoden- oder Anodenraum. Praktische Anwendungen der E. sind das Entsalzen von Meerwasser, das Trockenlegen von feuchtem Mauerwerk u. a..

elektroosmotisches Verfahren, ↗ Entsalzung.

Elektropherogramm, ↗ Elektrophorese.

Elektrophil, bei chem. Reaktionen Bezeichnung für eine Gruppe, die als »elektronenliebendes«, »elektronensuchendes« Teilchen (Elektronenpaarakzeptoren, EPA, wie Kationen, Carbokationen, Lewis-Säuren) ein elektronenreiches Substrat (z. B. Benzol) angreift und eine ↗ elektrophile Reaktion auslöst. Bekannte E. sind H^+, Cl^+, Br^+, NO_2^+, CH_3–CO^+, BF_3. Die Reaktivität des E. wird als ↗ Elektrophilie bezeichnet.

elektrophile Reaktionen, Umsetzungen von Elektrophilen (elektronensuchende Teilchen) mit Substraten erhöhter Elektronendichte (nucleophile Verbindungen wie Alkene oder Arene). Dem Reaktionsweg nach unterscheidet man zwischen elektrophilen Additionsreaktionen (A_E) und elektrophilen Substitutionsreaktionen (S_E), wobei alle Reaktionen zweistufig ablaufen. In der ersten Stufe, die für beide Mechanismen identisch ist, bildet sich durch Anlagerung des Elektrophils an eine π-Bindung ein π-Komplex (s. Abb.). Ob die Reaktion als Addition oder Substitution weiterläuft, hängt von der thermodynamischen Stabilität des Endproduktes ab. Während Arene, z. B. Benzol, praktisch ausschließlich unter Substitution reagieren (Abspaltung eines Protons), addieren Alkene das zum Elektrophil vorhandene Gegen-Ion (Br^- in der Abb.).

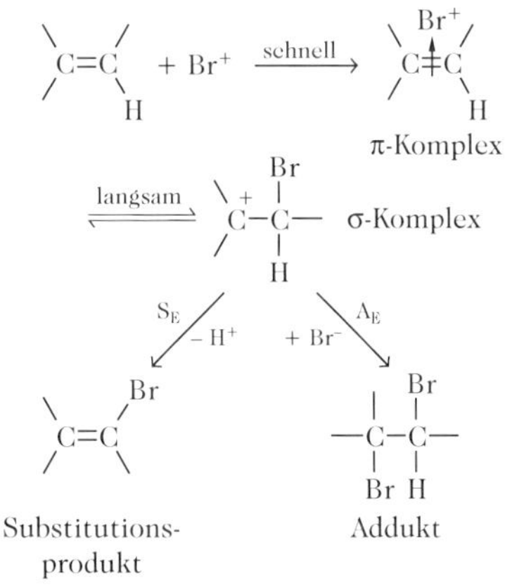

elektrophile Reaktionen. Abb.: Reaktionsschema.

Im Verlauf der Reaktion lagert sich der π-Komplex in einem langsamen, geschwindigkeitsbestimmenden Schritt in einen σ-Komplex (Carbenium-Ion) um, der bei Aromaten ein H^+ unter Wiederherstellung des energiearmen aromatischen Zustands abspaltet (Substitutionsprodukt) bzw. bei der A_E-Reaktion das negative Gegenion addiert (Addukt).

Wichtige S_E-Reaktionen sind u. a. Bromierung, Nitrierung, Sulfonierung oder Friedel-Crafts-Acylierung (↗ Arene), bedeutsame A_E-Reaktionen sind die Addition von Halogenen, Halogenwasserstoffen, Wasser, Alkohole u. a. (↗ Alkene). Bei längerkettigen und verzweigten Alkenen verlaufen diese Umsetzungen regioselektiv nach der ↗ Markownikoffschen Regel oder stereoselektiv als *cis-* oder *trans-*Addition je nach Struktur des Substrates. Eine theoretische Erklärung für *cis-* oder *trans-*Addition gibt die Formulierung überbrückter symmetrischer bzw. unsymmetrischer Kationen:

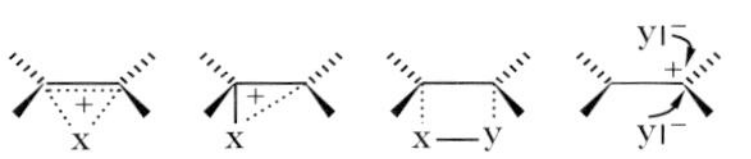

Wenn das überbrückte Kation stabiler ist als das Carbenium-Ion, kann das Nucleophil Y (z. B. Br^-) in Analogie zum S_N2-Mechanismus nur an der Rückseite angreifen, es resultiert das *trans*-Addukt. Wenn das Carbenium-Ion stabiler ist (z. B. Addition von Halogenen an Alkene), sind zwei Fälle zu unterscheiden: 1. Das Carbenium-Ion bildet mit dem Reagens einen viergliedrigen Übergangszustand, aus dem heraus Heterolyse zu einem kurzlebigen inneren Ionenpaar erfolgt. Die Reaktion erfolgt stereospezifisch als *cis*-Addition (z. B. Hydroborierung von Alkenen). 2. Das Carbenium-Ion hat eine genügend lange Lebensdauer, so daß sich das Nucleophil von beiden Seiten zu einem thermodynamisch kontrollierten Produktgemisch anlagert (z. B. Addition von Wasser, Alkoholen, Carbonsäuren an Alkene).

Welche Variante des Mechanismus vorliegt, hängt von der Struktur des Substrates und von der Art des Reagens ab.

elektrophile Substitution, ↗ Substitution.

Elektrophilie, elektronensuchende Eigenschaften einer elektronenarmen Verbindung, die das Bestreben zur Ausbildung einer Bindung mit elektronenreichen Substanzen hat, z. B. Alkene, Alkine, Arene wie Benzol, π-Überschuß-Heterocyclen wie Pyrrol.

Elektrophorese, im weiteren Sinne die Trennung von geladenen Teilchen einer Lösung aufgrund ihrer unterschiedlichen Wanderungsgeschwindigkeit in einem elektrischen Feld ohne Abscheidung an den Elektroden. Die Wanderungsgeschwindigkeit v ist das Produkt aus der Feldstärke E und der Nettobeweglichkeit m der Ionen: $v = m{\cdot}E$. Verbindet man zwei Elektroden durch einen kontinuierlich leitenden Elektrolyten miteinander (*elektrophoretisches System*), so ist die Feldstärke innerhalb des Systems konstant und folglich die Wanderungsgeschwindigkeit proportional der Nettobeweglichkeit. Da diese unter definierten elektrophoretischen Bedingungen von Größe, Gestalt und Ladung der Teilchen abhängt, kann man Teilchen verschiedener Art voneinander trennen. Als E. im engeren Sinne bezeichnet man die Wanderung von Kolloidteilchen oder Makromolekülen, als *Ionophorese* die Bewegung kleiner anorganischer Ionen. Der Wanderung der Teilchen im elektrischen Feld wirkt die Diffusion entgegen, deren Einfluß der Teilchengröße und der Feldstärke proportional ist. Folglich erfordert die Trennung kleiner Ionen große Spannungen (1000 bis 10000 V), während sich große Teilchen durch *Niederspannungselektrophorese* (300 bis 400 V) trennen lassen. Die Wanderungsgeschwindigkeit der Ionen zeigt weiterhin eine große Abhängigkeit vom Dissoziationsgrad und damit vom pH-Wert der Lösung. Bei Vorzeichenumkehr der Ladung der Teilchen infolge pH-Änderung verändert sich die Wanderungsrichtung. Für jede Substanz existiert ein isoelektrischer Punkt, an dem die Beweglichkeit des Teilchens Null wird. Durch geeignete Pufferwahl zur Einstellung der Beweglichkeit und Löslichkeit der Stoffe kann die E. dem jeweiligen Trennproblem angepaßt werden.

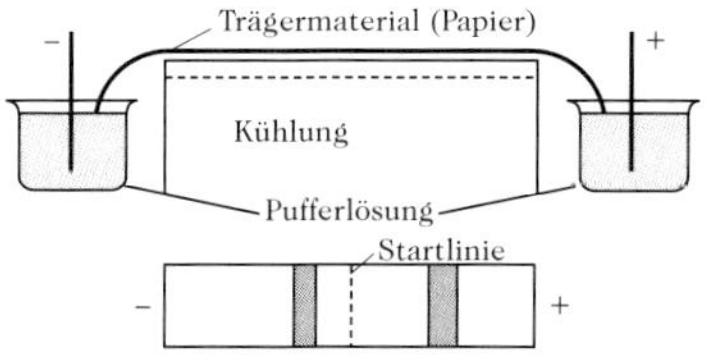

Elektrophorese. Abb.: Elektrophoreseapparatur und Elektropherogramm.

Die E. kann in freier Lösung oder auf Trägermaterialien, wie Stärke, PVC-Pulver, Cellulose (Papier), Polyamid-Agarose- und Dextrangel, durchgeführt werden (*Elektropherographie*, *Elektrochromatographie*), auf denen elektrophoretische mit chromatographischen Trennprinzipien kombiniert sind. So werden bei der *Gelelektrophorese* die geladenen Moleküle mit Hilfe eines elektrischen Feldes in einer Pufferlösung durch ein poröses Gel getrieben. Variation in Gelzusammensetzung und Puffer gestatten, die Moleküle sowohl entsprechend ihrer Ladung, ihrem isoelektrischen Punkt, ihrer Nettobeweglichkeit (↗ Isotachophorese) oder auch entsprechend ihrer biospezifischen Affinität (*Affinoelektrophorese*) zu trennen. Bei der *Porengradientenelektrophorese* nimmt die Porengröße des Gels in Richtung der elektrophoretischen Beweglichkeit kontinuierlich ab, so daß Moleküle (z. B. natürliche Proteine) vorrangig nach ihrer Größe getrennt werden. Das bei der *Diskelektrophorese* verwendete Gel besitzt Diskontinuitäten im pH-Wert und in der Porengröße, die aus der Kombination eines großporigen Sammelgels zur Konzentrierung der Probe auf eine schmale Startzone und eines feinporigen Trenngels (Permeationseffekt) für die Fraktionierung der Komponenten resultieren, wodurch eine große Trennleistung bedingt wird. Bei der *SDS-Elektrophorese* bindet als Detergens zugesetztes Natriumdodecylsulfat (SDS) die Moleküle der Analysenprobe, wobei es ihre natürliche Ladung mit seiner eigenen negativen Ladung maskiert. Die nun in ihrer Ladungsdichte gleichen Moleküle werden nach ihrer Größe durch die Permeationseffekte des Gels getrennt.

Technik der E. Sehr verbreitet ist die *Papierelektrophorese*, wobei die Elektrophoresekammer aus zwei Elektrodenkammern und einer erhöhten Auflage für den planliegenden Träger besteht. In Abhängigkeit von ihrer voraussichtlichen Wanderungsrichtung wird die Probe punkt- oder streifenförmig auf den Träger aufgetragen (Abb.). Die qualitative und quantitative Auswertung der *Elektropherogramme* erfolgt analog der Dünnschicht- bzw. Papierchromatographie.

Anwendung. Die E. kann zur Trennung geladener, in wäßrigen Lösungen stabiler Teilchen angewendet werden, z. B. in der Routineuntersuchung biologischer Flüssigkeiten (Urin, Serum), zur Fraktionierung von Nucleinsäuren, zur Charakterisierung von Enzymen oder zur Ermittlung von Moleküleigenschaften (isoelektrischer Punkt, elektrophoretische Beweglichkeit, Molekülmasse).

elektrophoretischer Effekt, ↗ Debye-Hückel-Theorie.

Elektrophotographie, ein insbesondere in der Reprographie weit genutztes Informationsaufzeichnungs- und Kopierverfahren. Das lichtempfindliche Material besteht aus einer elektrisch leitfähigen Unterlage mit einer darüber angeordneten Photoleiterschicht (Selenaufdampfschichten bei der *Xerographie* bzw. Zinkoxid-Bindemittelschichten beim *Elektrofax-Verfahren*). Die Photoleiterschicht wird im Dunkeln elektrostatisch aufgeladen, wodurch sich an der Grenzfläche mit der Unterlage entgegengesetzte Ladungen aufbauen. Bei Belichtung durch eine Vorlage hindurch verringert sich an den belichteten Stellen der Widerstand der Photoleiterschicht um 3 bis 4 Größenordnungen, und es entsteht ein latentes Bild als ein Ladungsdichteprofil in der Photoleiterschicht. Anschließend werden elektrisch aufgeladene gefärbte Teilchen (Toner, z. B. Graphitpulver) aufgebracht, die sich entsprechend dem Ladungsdichteprofil verteilen. Dieses Tonerbild kann auf Folie oder normales Schreibpapier übertragen und (meist mittels beheizter Walzen) dort fixiert werden. Je nach der Polarität der Tonerladung erhält man Positiv- oder Negativbilder. Mit Hilfe mehrfacher Belichtung des Photoleiters durch Filter gelangt man zu mehrfarbigen Kopien.

Elektroplattieren, ↗ elektrolytische Abscheidung metallischer Schutzschichten.

Elektroschmelzverfahren, ↗ Stahlerzeugung.

elektrostatische Gasreinigung, ***EGR-Verfahren***, ***Cottrell-Möller-Verfahren***, Verfahren zur Entstaubung und Entteerung von Gasen. Die e. G. wird zur Entstaubung von Abgasen und zur Entfernung von Flüssigkeitströpfchen in Abgasen (z. B. Säurenebel) eingesetzt. Die e. G. arbeitet mit hochgespanntem Gleichstrom bei Spannungen von 20 bis 70 kV. Mittels einer Sprühelektrode werden die Staubteilchen oder Flüssigkeitsnebel negativ aufgeladen und wandern unter dem Einfluß des elektrischen Feldes nach der positiven platten- oder zylinderförmigen Elektrode, wo sie niedergeschlagen und entladen werden. Diese Niederschlagselektrode wird durch Klopfmechanismen gereinigt. Mit EGR-Anlagen (fälschlich oft auch *Elektrofilter* genannt) können Teilchen bis zu Bruchteilen von Mikrometern bei geringem Druckverlust und hohen Durchsätzen (bis zu mehreren 100000 m^3/h) sowie hohen Rohgasstaubgehalten und bei hohen Temperaturen abgeschieden werden. Die erreichten Abscheidungsgrade betragen mehr als 99,9 %.

elektrostatische Scheidung, die Trennung von Mineralgemischen in die Einzelkomponenten im elektrischen Feld. Durch Unterschiede in der Oberflächenleitfähigkeit, im Kornübergangswiderstand oder durch verschiedene Dielektrizitätskonstanten werden Teilchen, die in ein elektrisches Feld eingeführt werden, verschieden stark von ihrer ursprünglichen Bewegungsrichtung abgelenkt und können getrennt aufgefangen werden. Man unterscheidet bei der e. S. zwischen 1) *Starkfeldscheidung*, bei der im Sprühfeld Ionisation durch Koronaeffekte auftritt, wobei die Trennung durch Unterschiede in der Oberflächenleitfähigkeit erfolgt, und 2) *Schwach-*

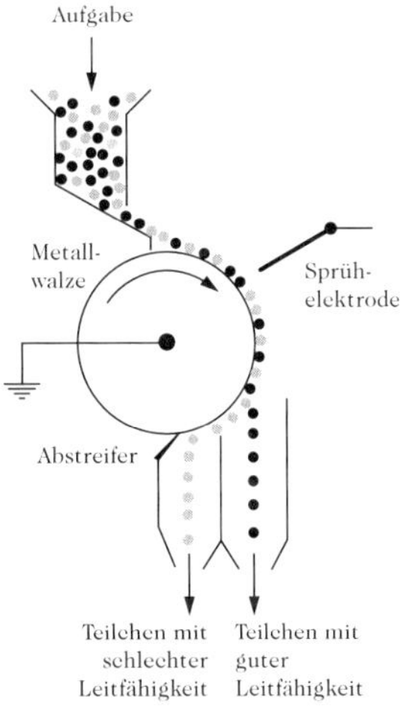

elektrostatische Scheidung. Abb.: Walzenscheider.

feldscheidung in einem Kondensatorfeld durch unterschiedliche Dielektrizitätskonstanten. Die e. S. kann im elektrostatischen *Kammer-* oder *Walzenscheider* erfolgen (Abb.). Dabei werden die Teilchen im elektrischen Feld polarisiert. Beim Verlassen des elektrischen Feldes verlieren die gut leitenden Teilchen ihr durch die Polarisierung erhaltenes Dipolmoment sofort und fallen infolge der Schwerkraft von der Walze. Die Teilchen mit der schlechteren Leitfähigkeit behalten ihr Dipolmoment und bleiben weiter an der Walze haften. Voraussetzung für die e. S. ist ein geringer Wassergehalt des Materials, weil die Oberflächenfeuchtigkeit die Unterschiede in der Oberflächenleitfähigkeit praktisch aufhebt.

Die e. S. wird bei der Aufbereitung von Kali- und Steinsalz, Eisenerzen, Schwermineralsanden zur Gewinnung von Diamanten aus Sanden und zur Trennung von Kunststoffen angewendet.

Elektrosynthese, ↗ Elektrolyse.

Element, ↗ Elemente 1).

Elementaranalyse, Gesamtheit der Verfahren zur Ermittlung der Bruttoformel einer organischen Verbindung. Man unterscheidet die qualitative E. und die quantitative E.

1) ***Qualitative E.*** Diese wird der quantitativen E. gegebenenfalls als Vorprobe vorangestellt. Zum Nachweis von Kohlenstoff und Wasserstoff erhitzt man die Probe mit gepulvertem Kupferoxid. Das dabei entstehende Kohlendioxid wird in Barytwasser geleitet und fällt daraus Bariumcarbonat. Wasserstoff erkennt man durch die Bildung von Wassertröpfchen an kühleren Stellen der Apparatur. Stickstoff, Schwefel und Halogene, die neben Kohlenstoff, Wasserstoff und Sauerstoff bevorzugt am Aufbau organischer Moleküle beteiligt sind, weist man nach, indem man eine kleine Probe der Untersuchungssubstanz zusammen mit einem erbsengroßen Stück Natrium (oder Kalium) in einem zugeschmolzenen Reagenzgläschen bis zur Rotglut erhitzt und in ein Becherglas mit kaltem, destilliertem Wasser wirft. Dabei zerspringt das Reagenzgläschen, und die Reaktionsprodukte gehen in Lösung. In einem Teil dieser Aufschlußlösung wird der in Natriumcyanid übergeführte Stickstoff nach der ↗ Lassaigne-Vorprobe nachgewiesen. In weiteren Teilen der Aufschlußlösung werden Schwefel als Bleisulfid sowie die Halogene in Form ihrer Silbersalze nachgewiesen. Eine andere Vorprobe für Halogene stellt der ↗ Beilstein-Test dar.

2) ***Quantitative E.*** Von ungleich größerer Bedeutung ist die auf Liebig zurückgehende quantitative E. In ihrem Verlauf werden sämtliche kovalenten Bindungen des organischen Moleküls aufgespalten, und die am Molekülaufbau beteiligten Elemente werden quantitativ in einheitliche, nach ihrer Menge meßbare, anorganische Stoffe übergeführt (Mineralisierung der organischen Substanz), meist durch Verbrennen der Probe. Die festgestellten Mengen der Verbrennungsprodukte werden unter Berücksichtigung bestimmter Umrechnungsfaktoren ins Verhältnis zur eingewogenen Probenmenge gesetzt und ergeben nach Multiplikation mit 100 % den prozentualen Masseanteil der entsprechenden Elemente. Das Ergebnis einer E. ist z. B.: 52,15 % C; 4,42 % H; 20,32 % N; 23,17 % O. Man dividiert durch die jeweiligen Atommassen:

$$\frac{52{,}15}{12{,}011} : \frac{4{,}42}{1{,}008} : \frac{20{,}32}{14{,}007} : \frac{23{,}17}{15{,}9994} =$$

4,34 : 4,39 : 1,45 : 1,45

Unter Beachtung der Fehlergrenzen der Bestimmungen leitet man anschließend aus diesen Werten das ganzzahlige Atomzahlverhältnis der Elemente ab und stellt die Verhältnisformel der Probe auf: $(C_3H_3NO)_x$. Durch eine gesondert ausgeführte Molekülmasse- (Molekulargewichts-) Bestimmung muß der Zahlenwert für x mittelt werden. Ergibt die Molekülmassebestimmung z. B. M = 138,3 g mol^{-1}, dann lautet die Summenformel der untersuchten Probe $C_6H_6N_2O_2$. Die quantitative E. wird heute größtenteils im Mikromaßstab durchgeführt. Die wichtigsten Methoden sind folgende:

a) Bestimmung von *Kohlenstoff und Wasserstoff* 2 bis 4 mg der Probe werden in einem Quarzrohr im Sauerstoffstrom verbrannt. Zur Vervollständigung der Oxidation werden meist in den vorderen Teil des Rohres Oxidationskatalysatoren eingebracht (Kupfer(II)-oxid, Cobalt(II,IV)-oxid u. a.). Störende Verbrennungsprodukte, wie Schwefeldioxid, Halogene und Stickoxide, werden an geeigneten Absorptionsmitteln zurückgehalten. Die Endbestimmung der verbleibenden Verbrennungsprodukte Kohlendioxid und Wasser erfolgt meist gravimetrisch durch Absorption an Magnesiumperchlorat oder Natriumhydroxid (↗ Ascarites) auf Träger. Die Absorptionsmittel befinden sich in speziellen Absorptionsröhrchen, die vor und nach der Verbrennung gewogen werden. In neuerer Zeit werden zunehmend gaschromatographische Trennung der Verbrennungsprodukte und ihre Bestimmung über Wärmeleitfähigkeit, IR-Photometrie oder andere physikochem. Methoden kombiniert. Dadurch sinkt der Zeitaufwand erheblich, und eine Reihe von Fehlereinflüssen wird ausgeschaltet; die durchgreifende Automatisierung des Analysenprozesses im Analyzer wird möglich.

b) Bestimmung des *Sauerstoffs*. Sie gehört zu den wenig erschlossenen Methoden in der E. Oft wird daher aus der Differenz aller übrigen ermittelten Gehalte zu 100 % auf den Sauerstoffgehalt extrapoliert. Eine Direktbestimmung ist durch »Cracken« der organischen Substanz im Stickstoffstrom möglich. Dabei wird an einem auf 900 bis 1100 °C erhitzten Kohlekontakt der Sauerstoff quantitativ in Kohlenmonoxid übergeführt.

c) Bestimmung des *Stickstoffs*. Dazu wird die organische Substanz nach der ↗ Dumas-Methode thermisch zersetzt. Nach der ↗ Kjeldahlschen Stickstoffbestimmung können manche Substanzen mit Schwefelsäure und Katalysatoren aufgeschlossen werden.

d) Bestimmung der *Halogene*. Durch oxidativen oder reduktiven Aufschluß wird zunächst die Bindung des Halogens mit dem organischen Molekül gelöst. Als oxidativer Aufschluß kommen die Verbrennung im Sauerstoffstrom mit Platinkatalysator, das Verbrennen in der Knallgasflamme, der Aufschluß mit Natriumperoxid, das Verbrennen im sauerstoffgefüllten Kolben oder der naßchem. Aufschluß mit Salpetersäure (↗ Carius-Methode) oder Chromschwefelsäure in Frage. Reduktive Aufschlußverfahren sind z. B. Verbrennen im Wasserstoffstrom am Katalysator oder Aufschluß mit Natrium, Kalium oder Magnesium. Sowohl oxidativ als auch reduktiv wird beim Bombenaufschluß (↗ Aufschluß) verfahren. Für die Endbestimmung der Halogenide steht eine ganze Reihe von Methoden zur Verfügung: gravimetrische, acidimetrische, argentometrische, iodometrische, merkurimetrische, potentiometrische oder amperometrische Verfahren.

e) Bestimmung des *Schwefels*. Die Aufschlußmethoden entsprechen denen der Halogenbestimmung. Schwefel liegt nach dem Aufschluß als Sulfat vor. Anderenfalls wird er in dieses übergeführt. Die Endbestimmung erfolgt meist gravimetrisch (Fällung als Bariumsulfat) oder maßanalytisch. In neuerer Zeit werden zunehmend kommerzielle Multielementanalysatoren eingesetzt, die bei entsprechendem Ausrüstungsgrad vollautomatischen Betrieb von der Probeninjektion bis zur Erstellung des Analysenprotokolls gestatten. Durch fortwährende elektronische Überwachung und Regelung aller Analysenparameter wird eine hohe Konstanz der Arbeitsbedingungen und damit eine hohe Reproduzierbarkeit erreicht. Subjektive Fehlereinflüsse werden weitgehend ausgeschaltet, und der Zeitaufwand sinkt erheblich. Die Mineralisierung der organischen Probe erfolgt durch trockene Pyrolyse, die Verbrennungsprodukte werden chromatographisch oder durch selektive Absorption getrennt. Für die Endbestimmung in Analyzern für Kohlenstoff, Wasserstoff, Stickstoff u. a. wird meist die Wärmeleitfähigkeit (statisch oder dynamisch) eingesetzt.

Elementarprozeß, in der Reaktionskinetik Bezeichnung für die Wechselwirkung einzelner Teilchen (zu unterscheiden von der ↗ Elementarreaktion). Es können elastische (Austausch von Translationsenergie), inelastische (Anregung innerer Freiheitsgrade) oder reaktive Stoßprozesse sein.

Elementarreaktion, ein einzelner Schritt innerhalb eines Reaktionsmechanismus, welcher aus mehreren Schritten bestehen kann. In der Reaktionskinetik unterscheidet man nach der Anzahl der Teilchen, die dabei miteinander in Wechselwirkung treten, mono-, bi- und trimolekulare E. Zu *mono-* oder *unimolekularen Reaktionen* $A \rightarrow B + C$ gehören Zerfalls- und Isomerisierungsreaktionen. Beispiele für *bimolekulare Reaktionen* $A + B \rightarrow C + D$ sind Substitutionen oder Additionen. *Trimolekulare Reaktionen* $A + B + C \rightarrow D + \ldots$ erfordern das gleichzeitige Zusammentreffen dreier Stoßpartner; die Wahrscheinlichkeit dafür ist relativ gering. Erfordert die Stöchiometrie die Wechselwirkung von mehr als drei Molekülen, so verlaufen diese Umsetzungen stets über eine Folge von mehreren E., sind also ↗ komplexe Reaktionen.

Es läßt sich zeigen, daß monomolekulare E. nach Zeitgesetzen 1. Ordnung, bimolekulare E. nach Zeitgesetzen 2. Ordnung und trimolekulare E. nach Zeitgesetzen 3. Ordnung ablaufen. Das bedeutet, daß sich für E. das Zeitgesetz aus der stöchiometrischen Gleichung entnehmen läßt. Die Reaktionsordnungen bezüglich der einzelnen Reaktanten sind gleich den stöchiometrischen Koeffizienten. Für komplexe Reaktionen trifft dies nicht allgemein zu.

Beispiele: Die Reaktion $2\ NO + O_2 \rightarrow 2\ NO_2$ ist nach dem gegenwärtigen Kenntnisstand eine E. Das Zeitgesetz lautet folglich $r = kc^2_{NO}c_{O_2}$. Die Reaktion $N_2 + 3\ H_2 \rightarrow 2\ NH_3$ kann keine E. sein, da 4 Moleküle gleichzeitig zusammenstoßen müßten. Das Zeitgesetz ist nicht aus der Stöchiometrie ableitbar, sondern muß experimentell bestimmt werden.

Die Anwendung der Begriffe E. und Molekularität ist streng genommen nur für Gasreaktionen definiert. Eine Übertragung auf Lösungsreaktionen ist möglich, wenn man von den Wechselwirkungen mit dem Lösungsmittel abstrahiert.

Elementarteilchen, nach gegenwärtiger Kenntnis kleinste Bausteine der Materie. Bis Ende des 19. Jh. galten die Atome als kleinste, nicht weiter zerlegbare Grundbausteine der Materie. Es erwies sich jedoch, daß die Atome aus einer Hülle von Elektronen und einem Kern bestehen, der in komplizierter Weise aus Protonen und Neutronen aufgebaut ist (↗ Atommodell). *Protonen*, *Neutronen*, *Elektronen* und *Photonen* werden als klassische E. bezeichnet. Neben diesen klassischen E. ist inzwischen eine große Anzahl weiterer E. entdeckt worden, deren Eigenschaften gegenwärtig noch nicht durch eine einheitliche Theorie beschrieben werden können. Unter geeigneten Bedingungen können aus einem oder mehreren E. andere entstehen. Zu jedem Teilchen gibt es ein *Antiteilchen*, dessen Eigenschaften in einer typischen Beziehung zu denen des Teilchens stehen. Besitzt ein Teilchen die Ladung Q, so beträgt diejenige des entsprechenden Antiteilchens $-Q$. In Masse, mittlerer Lebensdauer und Spin, der anschaulich als eine Art Eigendrehimpuls gedeutet werden kann, stimmen die Antiteilchen mit ihren Partnern im wesentlichen überein. Das Antiteilchen

Elementarteilchen. Tab.: Wichtige Beispiele.

	Symbol	Masse in GeV/c²	Ladung in at. E.	Spin	Lebensdauer in s	wichtige Zerfälle
Photon	γ	0	0	1	∞	
Leptonen						
Elektron	e^-	$5{,}11 \cdot 10^{-4}$	−1	½	∞	
Myon	μ^-	0,1057	−1	½	$2{,}2 \cdot 10^{-6}$	$e^- \bar{\nu}_e \nu_\mu$
Schweres Lepton	τ^-	1,782	−1	½	?	$\mu^- \bar{\nu}_e \nu_\mu$, $e^- \bar{\nu}_e \nu_\mu$
Elektron-Neutrino	ν_c	0	0	½	∞	
Myon-Neutrino	ν_μ	0	0	½	∞	
Mesonen						
Pion	π°	0,1350	0	0	$0{,}83 \cdot 10^{-16}$	2γ
Pion	π^+	0,1396	+1	0	$2{,}6 \cdot 10^{-8}$	$\mu^+ \nu_\mu$
Eta-Meson	η	0,549	0	0		2γ, $3\pi^\circ$
Kaon	K^+	0,494	+1	0	$1{,}24 \cdot 10^{-8}$	$\mu^+ \nu_\mu$, $\pi^+ \pi^\circ$, $2\pi^\circ \pi^-$
Kaon	K°	0,498	0	0	50% $8{,}9 \cdot 10^{-11}$	$\pi^+ \pi^-$, $2\pi^\circ$, $3\pi^\circ$, $\pi^+ \pi^- \pi^\circ$
D-Meson	D^+	1,868	+1	0		$K^- \pi^+ \pi^+$
D-Meson	D°	1,863	0	0		$K^- \pi^+ \pi^\circ$
F-Meson	F^+	2,03	+1	0		
Baryonen						
Proton	p	0,9383	+1	½	?	$\bar{p}$
Neutron	n	0,9396	0	½	918	$p e^- \nu_e$
Lambda	Λ	1,116	0	½	$2{,}6 \cdot 10^{-10}$	$p\pi^-$, $n\pi^\circ$
Sigma	Σ^+	1,189	+1	½	$0{,}8 \cdot 10^{-10}$	$p\pi^\circ$, $n\pi^+$
Sigma	Σ°	1,192	0	½	$5{,}8 \cdot 10^{-20}$	$\Lambda\gamma$
Sigma	Σ^-	1,197	−1	½	$1{,}4 \cdot 10^{-10}$	$n\pi^-$
Xi	Θ°	1,315	0	½	$2{,}9 \cdot 10^{-10}$	$\Lambda\pi^\circ$
Xi	Θ^-	1,321	−1	½	$1{,}6 \cdot 10^{-10}$	$\Lambda\pi^-$
Omega	Ω^-	1,672	−1	3/2	$1.0 \cdot 10^{-10}$	$\Theta^\circ\pi^-$, $\Theta^-\pi^\circ$, ΛK^-
Lambda-Charm	Λ_c^+	2,295	+1	½	$7{,}0 \cdot 10^{-13}$	$p\pi^+ K^-$
Sigma-Charm	Σ_c^{++}	2,426	+2	½		$\Lambda\pi^+\pi^+\pi^+\pi^\circ$

wird meist durch einen Querstrich über dem Symbol bezeichnet, z. B. $\bar{p}$ für Antiproton. Abweichend von dieser Regel bezeichnet e^+ das *Antielektron* (*Positron*) und μ^+ das Antimyon. Treffen Teilchen und Antiteilchen aufeinander, so vernichten sie sich gegeseitig unter Freisetzung von Energie, z. B. nach der Gleichung $e^+ + e^- \rightarrow 2\gamma$ (je 0,51 MeV). Dieser Prozeß spielt eine wesentliche Rolle bei der stellaren Energieerzeugung. Die scheinbare Instabilität von $\bar{p}$ und e^+ im Laboratorium rührt daher, daß sie in einer Umgebung, die Protonen und Elektronen enthält, mit großer Wahrscheinlichkeit einer solchen Paarvernichtung unterliegen. Die Einteilung der E. beruht auf den unterschiedlichen Wechselwirkungen, die zwischen ihnen auftreten. Danach unterscheidet man zwischen *Hadronen*, *Leptonen* und *intermediären Bosonen*, die ein Bindeglied zwischen den beiden erstgenannten E. darstellen und deren bisher einziger Vertreter das *Photon* ist. Hadronen sind E., die der starken Wechselwirkung unterliegen. Sie werden in *Baryonen* und *Mesonen* unterteilt. (Tab.). Baryonen sind schwere Teilchen mit halbzahligem Spin, zu denen auch die Nucleonen Proton und Neutron gehören. Mesonen stellen ausschließlich kurzlebige E. mit ganzzahligem Spin dar, die in der kosmischen Strahlung vorkommen oder in Beschleunigern erzeugt werden können. Ihr Name stammt daher, daß die ersten Vertreter dieser Teilchensorte eine Masse zwischen der des Elektrons und der von Nucleonen aufweisen. Zur Gruppe der Leptonen gehören Elektronen, Myonen, Tauonen sowie alle Arten von Neutrinos. Der Umstand, daß Elektronen und Myonen sehr leichte E. darstellen und Neutrinos wahrscheinlich masselos sind, hat zur Bezeichnung Leptonen, d. h. leichte Teilchen, geführt. Die Besonderheit der Leptonen besteht darin, daß sie nicht der starken Wechselwirkung unterliegen.

Seit etwa 1950 werden in Großbeschleunigern zunehmend neue Teilchen entdeckt, so kennt man heute über 200 Hadronen. Darüber hinaus weiß man seit einiger Zeit aus Streuexperimenten mit Elektronen und Neutrinos, daß Protonen und Neutronen nicht elementar sind, sondern eine »Dreipunkte-Struktur« aufweisen. Diese Befunde führten Gellmann und Zweig (1964) zu der Hypothese, daß Nucleonen aus kleineren Teilchen zusammengesetzt sind, die nach Joyce als *Quarks* bezeichnet werden. Inzwischen ist die künstliche Erzeugung von Quark-Antiquark-Paaren und deren Nachweis gelungen. Im Gegensatz zu bisherigen Vorstellungen, wonach elektrische Ladungen nur als ganzzahlige Vielfache der Elementarladung auftreten können, beträgt die Ladung der Quarks entweder $^2/_3$ oder $-^1/_3$ dieser Bezugsladung. Ihr Spin kann die Werte $+^1/_2$ bzw. $-^1/_2$ annehmen. Darüber hinaus sind die Quarks noch durch drei weitere Quantenzustände bestimmt. Das Quarkmodell eröffnet die Möglichkeit, die Vielfalt der beobachteten Hadronen auf einige wenige fundamentale Bausteine zurückzuführen. So können drei entsprechende Quarks ein Baryon mit halbzahligem Spin bilden. Die Vereinigung eines Quark mit einem entsprechenden Antiquark ergibt ein Meson mit dem Gesamtspin 0 oder 1. Obwohl bereits unmittelbar nach Veröffentlichung der Quarkhypothese mit der Suche nach diesen fundamentalen Teilchen begonnen wurde, konnte bisher die Existenz freier Quarks noch nicht nachgewiesen werden. Von Hirai wurde eine über das Quarkmodell hinausgehende Hypothese aufgestellt, wonach es noch kleinere Elementarteilchen geben könnte, aus denen wiederum alle Quarks und Leptonen aufgebaut sind. Er postulierte als unteilbare E. die beiden *Reshonen* T und V (von Tohu und Vabohu abgeleitet) sowie deren Antiteilchen $\overline{T}$ und $\overline{V}$. Insgesamt zeigt dieser kurze und notwendigerweise unvollständige Abriß, daß die Frage nach dem Zusammenhang der Grundbausteine der Materie noch weitgehend offen ist und einen besonderen Schwerpunkt der aktuellen theoretischen und experimentellen Forschung darstellt.

Elementarzelle, ↗ Kristall.

Elemente, 1) Chemie: *chem. Grundstoffe*, solche Stoffe, deren Atome sämtlich durch die gleiche Kernladung charakterisiert sind (Tab. siehe hinten im Einband). Der so gegebene Elementbegriff präzisiert die klassische Definition, nach der E. Stoffe darstellen, die durch chem. oder physikalische Methoden nicht mehr in einfachere Stoffe zerlegt werden können. Wichtige Kenngrößen der E. sind die Ordnungszahl Z und die Massenzahl M.

Von den bisher bekannten 112 E. stellen 19 E., die sämtlich durch ungerade Ordnungs- und Massenzahlen charakterisiert sind, *Reinelemente* dar, d. h., sie bestehen ausschließlich aus Atomen gleicher Protonen- und Neutronenzahlen. Reinelemente sind, Cäsium, Aluminium, Phosphor, Arsen, Bismut, Fluor, Iod, Scandium, Yttrium, Niob, Mangan, Cobalt, Rhodium, Gold; ferner Praseodym, Terbium, Holmium, und Thulium. Sämtliche übrigen E. sind *Mischelemente*, hier liegen Atome gleicher Protonenzahl aber unterschiedlicher Neutronenzahlen (↗ Isotope) vor. Die Atommasse dieser E. wird durch die Relationen der natürlich vorkommenden Elementisotope bestimmt. Jedes E. wird durch ein bestimmtes chem. ↗ Symbol charakterisiert. Zur Kennzeichnung der einzelnen Kernarten (↗ Nuclide) wird an das Elementsymbol links unten die Ordnungszahl, links oben die Massenzahl angefügt. Die schweren Elemente mit $Z > 83$ bilden ausschließlich instabile, radioaktive Isotope (↗ Radionuclide). Die E. mit $Z = 43$ (Technetium) und 61 (Promethium), ferner auch die Transurane ($Z > 92$) sind ausschließlich durch Kernreaktionen zugänglich; ebenfalls wurden die E. Astat und Francium zunächst über Kernreaktionen erhalten. Solche Kernreaktionen stellen heute eine wichtige und vielfach genutzte Methode zur Elementumwandlung dar. Elementsynthesen durch Kernverschmelzung bilden die wesentliche Energiequelle im Weltall, so z. B. die kohlenstoff- und stickstoffkatalysierte Wasserstoffverschmelzung zu Helium in der Sonne. Neben den oben genannten stark radioaktiven E. sind für eine Reihe weiterer E. Nuclide geringer Aktivität, hoher Halbwertszeiten bekannt, z. B. für Kalium, Rubidium, Beryllium, Calcium, Indium, Blei, Bismut, Tellur, des weiteren Vanadium, Hafnium, Rhenium und Platin, ferner Lanthan, Cer, Neodym, Samarium, Gadolinium und Lutetium. Nach ihrer Stellung im ↗ Periodensystem lassen sich die E. in *Hauptgruppenelemente* und *Nebengruppenelemente* einteilen.

Häufigkeit. Hinsichtlich ihrer Häufigkeit in der Erdkruste, dem äußeren, etwa 16 km dicken Gesteinsmantel der Erde, sind für die E. große Unterschiede festzustellen, wobei E. mit gerader Ordnungszahl allgemein häufiger als E. mit ungerader auftreten (*Harkinssche Regel*). Mit Anteilen von 50,5 und 27,7 % sind Sauerstoff bzw. Silicium die meist verbreiteten E. Ihnen folgen Aluminium (8,1 %), Eisen (3,38 %), Calcium (3,4 %), Natrium (2,63 %), Kalium (2,59 %), Magnesium (1,93 %), Wasserstoff (0,81 %), Titan (0,43 %), Chlor (0, 19 %) und Kohlenstoff (0,12 %). Für die übrigen Elemente ergeben sich folgende Anteile:

10^{-1} ... 10^{-2} %:	P, F, Mn, S, Ba, Sr, Zr, Rb;
10^{-2} ... 10^{-3} %:	V, Ce, Cr, Ar, Zn, La, Ni, Li, Yb, Y, Nd, B, Nb, Ga, Pb, Sc, Th, Co;
10^{-3} ... 10^{-4} %:	Br, Sm, Gd, Pr, Dy, U, Er, Sn, Cu, Ta, Hf, Cs, As, Be, Ho, W, Ge, Tl, Eu, Tb, Mo, Lu;
10^{-4} ... 10^{-5} %:	I, Sb, Tm, Se, Hg, Cd;
10^{-5} ... 10^{-6} %:	Bi, In, Ne, Ag, Kr;
10^{-6} ... 10^{-7} %:	Pt, Pd, He, Au, Te;
10^{-7} ... 10^{-10} %:	Re, Ir, Os, Rh, Ru, Xe;
10^{-10} ... 10^{-11} %:	Ra, Pa;
10^{-14} .... 10^{-16} %:	Ac, Po, Np, Pu
10^{-19} .... 10^{-21} %:	Rn, Er.

Die Entdeckung weiterer neuer E. durch Kernreaktionen mit hochbeschleunigten Schwerionen wird erwartet.

2) Physik: *galvanische E.*, ↗ elektrochemische Stromquelle.

elementorganische Verbindungen. ***Organoelementverbindungen*, *Elementorganyle***, Verbindungen, die über eine oder mehrere direkte Element-Kohlenstoff-Bindungen verfügen. Die Bindungsart ist dabei ohne Belang (Verbindungen mit Element-Kohlenstoff-σ-Bindung, π-Olefin- (Alken-) und π-Aromatenkomplexe u. ä.). Kohlenstoffderivate der Halogene, des Sauerstoffs, des Schwefels und des Stickstoffs werden ausgeklammert und traditionsgemäß der organischen Chemie zugeordnet. Ist das zugrunde liegende Element ein Metall, spricht man von *metallorganischen Verbindungen* (*Organometallverbindungen*). Nicht zur Gruppe der e. V. gehören Derivate, in denen der organische Ligand nicht über ein Kohlenstoffatom, sondern über z. B. Sauerstoff oder Stickstoff an das Element gebunden ist, d. h. Salze von Carbonsäuren, Alkoxide, Amide oder Ester der Phosphorsäure und ähnliche Verbindungen.

Einteilung. Auf der Grundlage der bei der Vielzahl von e. V. naturgemäß sehr unterschiedlichen *Bindungstypen* hat sich folgende Klassifizierung bewährt:

1) *ionische e. V.*, die Derivate der elektropositivsten Elemente, insbesondere der schwereren Alkali- und Erdalkalimetalle Natrium, Kalium, Rubidium, Cäsium bzw. Calcium, Strontium und Barium, meist schwerflüchtige, in Kohlenwasserstoff unlösliche, extrem reaktive Verbindungen. Typische Vertreter sind Ethinylnatrium (Natriumhydrogenacetylid) $Na^+\ ^-C{\equiv}CH$ und Methylkalium (Kaliummethanid), $K^+CH_3^-$ (↗ Nickelarsenidtyp).

2) *kovalente e. V.*, für die lokalisierte 2-Zentren-2-Elektronen-Bindungen typisch sind. Sie werden von den weniger elektropositiven Elementen Gallium, Indium, Thallium, den Elementen der IV., V. und VI. Hauptgruppe sowie von Zink, Cadmium und Quecksilber gebildet. Es sind meist monomere, leichtflüchtige, in Kohlenwasserstoffen lösliche Verbindungen. Beispiele: Bortrialkyle R_3B, Dibutylzinndichlorid $(C_4H_9)_2SnCl_2$, Ethanphosphonsäure $C_2H_5P(O)(OH)_2$, Diphenylquecksilber $(C_6H_5)_2Hg$.

3) *e.V. mit Mehrzentrenbindungen* (*»Elektronenmangelstrukturen«*), speziell die Organoderivate des Berylliums, Magnesiums und Aluminiums, in gewissem Umfange auch die des Lithiums und des Bors. Die meist dimeren, oligomeren oder polymeren Strukturen dieser Verbindungen werden durch die Ausbildung von 3-Zentren-2-Elektronen-Bindungen bestimmt, wodurch die Elektronenkonfigurationen der Zentralatome die eines Edelgases erreichen oder sich dieser zumindest annähern. Typische Beispiele: Methyllithium $(CH_3Li)_4$ (in Festsubstanz), Dimethylberyllium $[(CH_3)_2Be]_n$ und die Aluminiumtrialkyle $(R_3Al)_2$.

Zwischen diesen drei Verbindungsgruppen treten Überschneidungen auf, z. B. bei Lithium (ionisch/Elektronenmangel) oder Bor (Elektronenmangel/kovalent).

4) *Übergangsmetallorganyle*. Während die vorstehende Kategorisierung der Organoderivate der Hauptgruppenelemente auf der Basis üblicher Bindungsvorstellungen aus der Stellung dieser Elemente im Periodensystem deutlich wird, sind für das Verständnis der Übergangsmetallorganyle vor allem koordinationschemische und bindungstheoretische Gesichtspunkte zu berücksichtigen, und man nimmt eine weitere Unterteilung dieser Verbindungen vorteilhaft nach dem Bindungstyp (σ-Donor-, σ-Donor-/π-Akzeptor- oder σ,π-Donor-/π-Akzeptor-Liganden) und der Art des Liganden (z. B. Alkyl-, Alkyliden-, Allyl-, Alken-, Aren-Komplexe u. a.) vor. Das rechtfertigt eine besondere Behandlung dieser Verbindungsklasse. Dem sei jedoch zunächst eine zusammenfassende Diskussion des Verhaltens der erstgenannten drei Verbindungstypen, die sämtlich von Hauptgruppenelementen gebildet werden, vorangestellt.

e. V. der Hauptgruppenelemente (einschließlich der Derivate des Zinks, Cadmiums und Quecksilbers). *Stabilität und Reaktivität*. Bei vergleichbar gebauten Verbindungen der Hauptgruppenelemente nimmt die thermische Stabilität mit steigender Ordnungszahl des Elements üblicherweise ab. Das chem. Verhalten wird durch die meist stark im Sinne von $E^{\delta+}{-}C^{\delta-}$ polarisierte Element-Kohlenstoff-Bindung oder die im Falle ionischer Verbindungen mehr oder weniger frei vorliegenden Carbanionen bestimmt. Metallorganica sind deshalb meist kraftvolle Nucleophile und starke Basen. Dabei wird die Reaktivität in erster Linie von der Polarität der Metall-Kohlenstoff-Bindung, d. h. der Elektronegativität des Elements, bestimmt. Lithiumorganische Verbindungen sind deshalb im allg. reaktiver als Grignard-Reagenzien. Daneben ist jedoch auch die Natur des organischen Restes von Bedeutung, was besonders beim Vergleich der Reaktivitäten verschiedener Organoderivate desselben Elements deutlich wird. So steigt die Beständigkeit bzw. sinkt die Reaktivität ionischer e. V. mit zunehmender Stabilität des Carbanions oder – gleichbedeutend – mit steigender Acidität des diesem zugrunde liegenden Kohlenwasserstoffs. In kovalenten e. V. wird die Reaktivität in starkem Maße vom Lösungsmittel beeinflußt, das im Falle guter Donorfähigkeit das positivierte Metall koordiniert, dessen Elektronegativität verringert, damit die Bindungspolarität und und so die nucleophile Kraft des Kohlenstoffs erhöht. dies begründet, weshalb z. B. lithiumorganische Verbindungen in Tetrahydrofuran oder Diethylether reaktiver sind als in Benzol oder aliphatischen Kohlenwasserstoffen. Mit abnehmender Elektronegativitätsdifferenz zwischen Kohlenstoff und dem betreffenden Element nimmt die Beständigkeit der Verbindungen zu, was sich z. B. darin ausdrückt, daß die Bindung der Elemente der IV. und V. Hauptgruppe zu Kohlenstoff durch Luft und Wasser meist nicht gespalten wird.

Typische Verhaltensweisen metallorganischer Verbindungen sind die oft hohe Oxidationsempfindlichkeit und die leichte Hydrolysierbarkeit der Metall-Kohlenstoff-Bindung. So entflammen zahlreiche Alkylderivate unter anderem des Bors, Aluminiums, der Alkali- und Erdalkalimetalle und des Zinks an der Luft spontan und können deshalb nur unter Inertgasatmosphäre gehandhabt werden. Diese reaktiven metallorganischen Verbindungen werden durch Wasser oft explosionsartig zu den entsprechenden Kohlenwasserstoffen und dem Metallhydroxid hydrolysiert, z. B. C_4H_9–Li +H_2O → C_4H_{10} + LiOH. Verbindungen mit stark polarisierten Metall-Kohlenstoff-Bindungen, z. B. Organyle des Lithiums, Magnesiums und z. T. des Aluminiums, vermögen mit geeigneten C=C-, C=O-, und C=N-Doppelbindungssystemen unter Insertion zu reagieren, z. B. C_6H_5–MgBr + O=C=O → C_6H_5–COO^- $MgBr^+$, und stellen damit wertvolle Bausteine für die organische Synthese dar (z. B. ↗ Grignard-Reaktionen, ↗ Reformatski-Reaktion).

Synthese. Einige ionische e. V. lassen sich durch unmittelbare Einwirkung des Metalls auf besonders acide Kohlenwasserstoffe herstellen, z. B. Na + C_6H_5–C≡CH → C_6H_5–$C≡C^-$ Na^+ + ½ H_2 (*Metallierung*). Auch durch Umsetzung elektropositiver Metalle mit relativ leicht zugänglichen quecksilberorganischen Verbindungen sind entsprechende Metallorganica darstellbar, z. B. C_6H_5–Hg–C_6H_5 + 2 Li → 2 C_6H_5–Li + Hg (*Transmetallierung*). Von herausragender Bedeutung ist die Synthese aus Alkyl- oder Arylhalogenid und dem Metall, die insbesondere zur Gewinnung von lithium- und magnesiumorganischen Verbindungen genutzt wird, z. B. CH_3–I + 2 Li → CH_3Li + LiI; C_6H_5–Br + Mg → C_6H_5–MgBr (*Direktsynthese*). Letztere sind sehr häufig Ausgangsmaterial zur Synthese anderer e. V., speziell der Organoderivate der Elemente der III. bis VI. Hauptgruppe sowie der Übergangsmetalle, indem diese mit entsprechenden Elementhalogeniden zur Reaktion gebracht werden. Unter gleichzeitiger Bildung des Metallhalogenids wird das Element alkyliert oder aryliert, z. B. C_6H_5–MgBr + $(CH_3)_2SiCl_2$ → $(CH_3)_2C_6H_5SiCl$ + MgBrCl; C_4H_9–Li + $(C_6H_5)_2BCl$ → $(C_6H_5)_2B$–C_4H_9 + LiCl; $CrCl_3$ + 3 C_6H_5MgBr (in THF) → $(C_6H_5)_3Cr(THF)_3$ + 3 MgBrCl. Zahlreiche e. V. sind durch Addition von Organoelementhydriden an C=C-Doppelbindungssysteme zugänglich. Diese Verfahrensweise hat insbesondere bei der Synthese bororganischer Verbindungen (↗ Hydroborierung) und siliciumorganischer Verbindungen (Hydrosilylierung) sowie in der Chemie phosphororganischer Verbindungen Bedeutung, z. B.: $(CH_3)_2C$=CH_2 + H–BR_2 → $(CH_3)_2CH$–CH_2–BR_2; $(C_2H_5O)_2P(O)H$ + CH_2=CHCN → $(C_2H_5O)_2P(O)CH_2CH_2CN$.

Verwendung. Lithium- und magnesiumorganische Verbindungen sind unentbehrliche Hilfsmittel in der organischen Synthese (↗ Grignard-Reaktionen), ebenso zink- und quecksilberorganische Verbindungen (↗ Reformatski-Reaktion). Phosphororganische Verbindungen in Form der P-Ylide dienen zur Carbonylolefinierung (↗ Wittig-Reaktion). Von herausragendem technischen Interesse sind phosphororganische Verbindungen als Biozide, Flammenschutzmittel, Detergenzien, Schmieröladditive u. a., siliciumorganische Verbindungen vor allem als ↗ Polysiloxane (Silicone), zinnorganische Verbindungen als Biozide und PVC-Stabilisatoren, Tetraethylblei als Antiklopfmittel (stark rückläufige Bedeutung) und Aluminiumalkyle zur Alkenoligomerisierung und Gewinnung von 1-Alkenen und 1-Alkanolen sowie als Bestandteil von Katalysatorsystemen zur Alkenpolymerisation (*Ziegler-Natta*-Niederdruckverfahren). Detaillierte Informationen zu einzelnen Verbindungsklassen z. B. bei ↗ aluminiumorganischen Verbindungen, ↗ arsenorganischen Verbindungen usw.

Übergangsmetallorganyle. In den Organoderivaten der Übergangselemente kann der Kohlenstoffligand sowohl über σ- als auch π-Beziehungen an das Metallatom gebunden sein. Die Stabilität der Verbindungen ist stark von der Elektronenkonfiguration des zentralen Metallatoms abhängig und kann durch Koordination weiterer geeigneter Liganden beeinflußt werden. Als empirische Grundregel gilt, daß stabile Komplexe zu erwarten sind, wenn die Summe der die jeweiligen s-, p- und d-Orbitale des Metalls besetzenden Elektronen 18 beträgt, d. h. die nächste Edelgaskonfiguration erreicht wird (*18-Elektronenregel*). Die Elektronenanzahl, mit der – als neutral angenommene – organische Liganden zur Komplettierung der Elektronenhülle beitragen, geht aus der Tab. hervor.

Bei Übergangsmetallkomplexen von Polyenen, Aromaten u. ä. ist allein die Angabe des organischen Liganden zur genaueren Beschreibung der Struktur der Verbindung unzureichend, weil durchaus nicht alle π-Bindungselektronen mit dem Metallatom in Wechselwirkung stehen müssen. Deshalb wurde das *hapto-System* eingeführt (griech. haptein ›befestigen, verbinden‹), wobei durch Voranstellen des hapto-Symbols η, versehen mit einem Exponenten (η^1, η^2, η^3, usw.) die Anzahl der mit dem Zentral-Ion unmittelbar verknüpften Atome des Liganden angegeben wird. So vermag z. B. die Allylgruppierung als σ-gebundener monohapto-, selten jedoch auch als σ- und π-gebundener mono- und dihapto- sowie meist als π-gebundener trihapto-Ligand (Abb. 1) zu fungieren. Ein Komplex, in dem zwei verschiedene Bindungsarten des Cyclopentadienylliganden realisiert sind, ist z. B. das Dicarbonyl(η^1-cyclopentadienyl)(η^5-cyclopentadienyl)eisen:

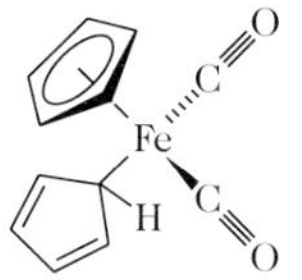

$[(\eta^1\text{-}C_5H_5)(\eta^5\text{-}C_5H_5)Fe(CO)_2]$

elementorganische Verbindungen. Tab.: Klassifikation neutral gerechneter organischer Gruppen als Liganden in Übergangsmetallorganylen.

Anzahl der Elektronen	Bezeichnung	Ligandenbeispiele
1	–yl	Methyl, σ-Allyl, Phenyl
2	–en	Ethen, Tetrafluorethen
3	–enyl	η^3-Allyl, η^3-Cyclopropenyl
4	-dien	Butadien, Cyclobutadien
5	-dienyl	η^5-Cyclopentadienyl
6	-trien	Benzol, η^6-1,5,9-Cyclododecatrien
7	-trienyl	η^7-Cycloheptatrienyl
8	-tetraen	η^8-Cyclooctatetraen

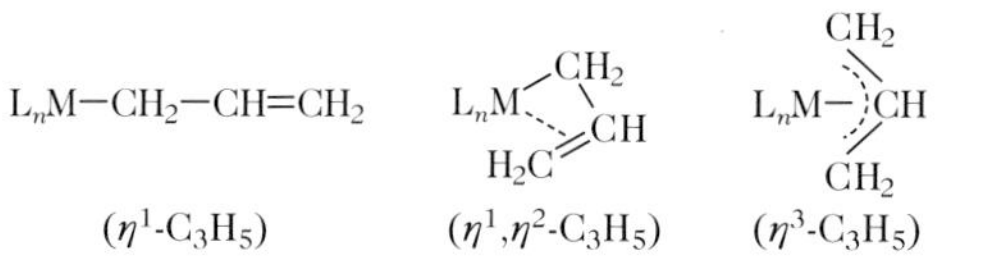

elementorganische Verbindungen. Abb. 1: Bindungsmöglichkeiten der Allylgruppe.

Struktur und Synthese. 1) *Einelektronenliganden.* Die thermische Beständigkeit von Organylen des Typs L_nMR_m (R = Alkyl, Aryl; L = CO, PR_3 u.a.), in denen die Gruppe R als σ-Donorligand bindet, variiert in weiten Grenzen. Homoleptische Methylderivate MMe_n sind entweder in Substanz nicht darstellbar (z. B. $NiMe_2$) oder sehr labil (z. B. $TiMe_4$: Zersetzung bereits ab –70 °C), jedoch zeigen Vertreter mit koordinativ gesättigtem Metallzentrum relativ inertes Verhalten (z. B. WMe_6, rote Kristalle, F. 30 °C). Die hohe Zersetzlichkeit vieler Übergangsmetallalkyle geht jedoch nicht auf geringe thermodynamische Stabilität zurück, sondern hat kinetische Ursachen. So ist die thermische Labilität längere Alkylgruppen enthaltender Derivate vor allem auf die unter β-Hydridverschiebung verlaufende rasche Olefinabspaltung (reduktive Eliminierung) zurückzuführen (Abb. 2). Wird diese β-Eliminierung dadurch unterdrückt, daß die Gruppe R kein β-H-Atom aufweist (z. B. R = Benzyl) oder die Abspaltung des Olefins ungünstig ist (z. B. bei R = Norbornyl), werden thermisch recht beständige Verbindungen erhalten. So zersetzt sich Tetramethylzirconium bereits ab –15 °C, während das Benzylderivat $ZrBz_4$ bis zum Schmelzpunkt bei 131 °C stabil ist. Eine deutlich erhöhte Stabilität wird auch durch den Einbau von Stützliganden erreicht (Beispiel: $[(CO)_4Co–CF_3]$ ist bei 91 °C destillierbar). Die sich teilweise explosionsartig zersetzenden homoleptischen Alkinylmetallate (z. B. $[Ni(C{\equiv}CPh)_4]^{2-}$, $[Cr(C{\equiv}CCH_3)_6]^{3-}$) sind in vielen Eigenschaften den Cyanometallaten vergleichbar (CN^- und $HC{\equiv}C^-$ sind isoelektronisch). Mit zusätzlichen Liganden gelingt auch hier eine deutliche Stabilisierung. So ist das orangegelbe *trans*-$[Ni(C{\equiv}CPh)_2(PEt_3)_2]$ bis zum Schmelzpunkt von 149 °C beständig.

Man gewinnt σ-Organoübergangsmetallverbindungen durch Alkylierung oder Arylierung geeigneter Koordinationsverbindungen mit reaktiven Metallorganylen: $[(Et_3P)_2PtCl_2] + CH_3MgI \rightarrow [(Et_3P)_2Pt(CH_3)I] + MgCl_2$; $[(Et_3P)_2PtCl_2] + 2\,CH_3\text{–}Li \rightarrow [(Et_3P)_2Pt(CH_3)_2] + 2\,LiCl$. Eine weitere Verfahrensweise besteht in der Umsetzung von Carbonylmetallaten der Übergangsmetalle mit Alkylhalogeniden, z. B. $Na^+[Mn(CO)_5]^- + CH_3I \rightarrow [(CO)_5MnCH_3] + NaI$.

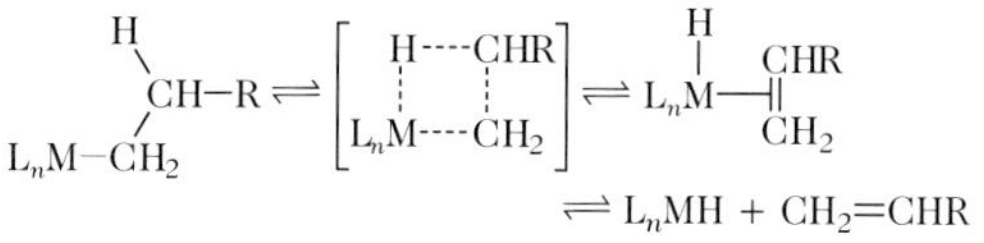

elementorganische Verbindungen. Abb. 2: Thermische Zersetzung von Übergangsmetallalkylen.

2) *Carbenkomplexe (Alkylidenkomplexe).* Organyle der allg. Zusammensetzung $L_nM{=}C(X)(Y)$ (L = CO, PR_3, H, R u. a.) lassen sich mit Metallen der IV.–VIII. Nebengruppe synthetisieren, in denen Carbene des Typs :C(X)(Y) (X, Y = H, R, OR, NR_2 u. a.) als σ-Donor-/π-Akzeptorliganden unter Lieferung von zwei Elektronen und Ausbildung einer M=C-Doppelbindung koordiniert sind. Dabei liegt in den 1964 erstmals von E. O. Fischer und A. Maasböl erhaltenen »Fischer-Carbenkomplexen« das Metall in niedriger Oxidationsstufe vor und das Heteroatom-substituierte Carben-C-Atom reagiert elektrophil. Dagegen weisen die erstmals 1974 von R. Schrock synthetisierten, wesentlich reaktiveren »Schrock-Carbenkomplexe« Metalle in höheren Oxidationsstufen auf, das koordinierte Carben enthält keine Heteroatome (X, Y = H, R) und zeigt nucleophiles Verhalten. C. des Fischer-Typs lassen sich z. B. durch Alkylierung von Metallhexacarbonylen mit Lithiumalkylen und nachfolgende Methylierung des intermediär entstehenden Anions herstellen:

$[M(CO)_6] + CH_3Li \rightarrow [(CO)_5M{=}C(O)CH_3]^- Li^+$ (M = Cr, Mo, W)

$[(CO)_5M{=}C(O)CH_3]^- Li^+ + [Me_3O]^+BF_4^- \rightarrow$

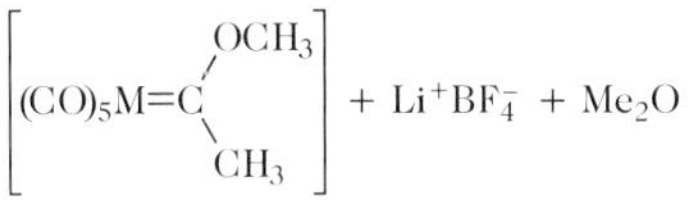

C. des Schrock-Typs können z. B. durch α-Deprotonierung einer M-Alkylgruppe erhalten werden: $[(\eta^5\text{-}C_5H_5)_2Ta(CH_3)_2]^+ + CH_3O^- \rightarrow [(\eta^5\text{-}C_5H_5)_2(CH_3)\text{-}Ta{=}CH_2] + CH_3OH$. Carbenkomplexe spielen eine wichtige Rolle in der organischen Synthese, als Methylenübertragungreagenzien (Tebbe-Reagens, ↗ titanorganische Verbindungen) und bei der homogenkatalysierten Alken-Metathese.

3) *Carbinkomplexe* (*Alkylidinkomplexe*). Von Übergangsmetallen der V.–VII. Nebengruppe sowie der Eisengruppe (Gruppe 8) sind Organyle des allgem. Typs $L_nM{\equiv}CR$ (L = CO, PR_3, $\eta^5\text{-}C_5H_5$, R u.a.) bekannt, in denen die Carbingruppe ·C̣ (R = Alkyl, Aryl) als Dreielektronenligand mit σ-Donor-/π-Akzeptorcharakter unter Ausbildung einer M≡C-Dreifachbindung koordiniert. Die erstmals 1973 von E. O. Fischer und U. Schubert erhaltenen Carbinkomplexe lassen sich z. B. ausgehend von Carbenkomplexen durch Reaktion mit Bortrihalogeniden gemäß

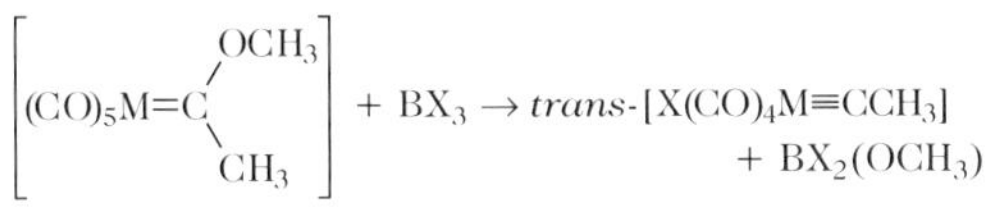

oder durch α-Deprotonierung entsprechend

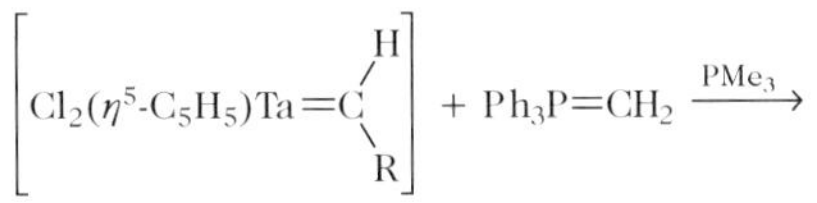

$[Cl(\eta^5\text{-}C_5H_5)(PMe_3)Ta{\equiv}CR] + [Ph_3PMe]Cl$

erhalten.

In den vorstehend behandelten Übergangsmetallorganylen wird ein freies Elektronenpaar am C-Atom der Gruppe R zur Knüpfung der M–C-σ-Bindung verwendet. Besondere Bedeutung kommt weiterhin den im folgenden beschriebenen π-Komplexen zu, bei denen der C-Ligand (mindestens) ein Elektronenpaar, das sich in einem Orbital mit π-Symmetrie hinsichtlich der intra-Ligand-Bindung befindet, für die Koordination an das Metall zur Verfügung stellt.

4) *Olefinkomplexe*. Die Synthese gelingt am einfachsten durch Substitution geeigneter Liganden durch das entsprechende Olefin. So kann der bereits 1827 als erstes Übergangsmetallorganyl beschriebene Platin-Olefin-Komplex $K[PtCl_3(C_2H_4)]\cdot H_2O$, das Zeisesche Salz (↗ platinorganische Verbindungen), präparativ günstig durch Einwirkung von Ethen auf Kaliumtetrachoroplatinat(II) gewonnen werden. Als besonders geeignet zu derlei Austauschreaktionen haben sich Metallcarbonyle erwiesen, z. B. $[Fe(CO)_5]$ + Butadien $\rightarrow [(CO)_3Fe(CH_2{=}CHCH{=}CH_2)] + 2\ CO$. Die Bindung des Olefins an das Metall versteht man als dative σ-Wechselwirkung des bindenden π-Elektronenpaares mit einem Metall-Atomorbital geeigneter Symmetrie und eine gleichzeitige π-Rückbindung (π-back-donation) vom Metall über gefüllte d-Niveaus mit π-Symmetrie in antibindende π*-Molekülorbitale des Olefins (Abb. 3). Olefine mit zwei oder mehr isolierten Doppelbindungen werden in analoger Weise an das Metall geknüpft. An der Bindung konjugierter Diene, z. B. des 4-Elektronenliganden Butadien an das Eisen (s. o.), sind delokalisierte π-Molekülorbitale beteiligt.

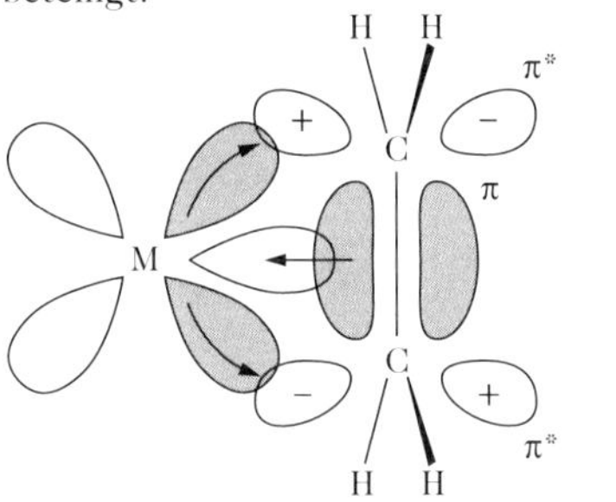

elementorganische Verbindungen. Abb. 3: Schematische Darstellung der Bindung zwischen Ethen und einem Übergangsmetall-Ion.

5) *Allylkomplexe*. Stellvertretend sei das η^3-Allyltricarbonylcobalt (Abb.4a) genannt, das durch Einwirkung von Allylbromid auf $Na^+[Co(CO)_4]^-$ über den σ-Allylkomplex $[(CO)_4Co{-}CH_2CH{=}CH_2]$ gebildet wird. Letzterer geht unter Eliminierung von CO in die π-Allylverbindung über. Als weiteres Beispiel diene das Bis(η^3-allyl)nickel (Abb. 4b), das man durch Umsetzung von Nickel(II)-chlorid mit Allylmagnesiumbromid gewinnt. Die C–C-Abstände in den Allylgruppen sind gleich, die H-Atome liegen in der Ebene der Allyl-Kohlenstoffatome. Die Fähigkeit des Allylrestes, sowohl als σ-gebundener Einelektronenligand wie als π-gebundener Dreielektronenligand zu fungieren, ermöglicht unter geeigneten Bedingungen rasche σ,π-Umwandlungen (σ,π-Äquilibrierung), die die Grundlage einiger technischer Prozesse bilden.

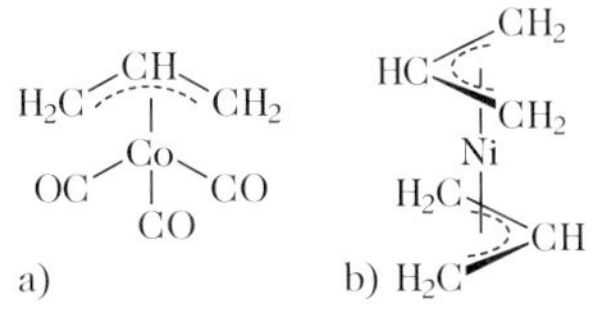

elementorganische Verbindungen. Abb. 4: Beispiele für Allylkomplexe. (a) η^3-Allyltricarbonylcobalt, (b) Bis(η^3-allyl)nickel.

Cyclische ungesättigte Kohlenwasserstoffliganden, die ein konjugiertes System aus $(4n + 2)$ π-Elektronen aufweisen, bilden mit Übergangsmetallen meist besonders stabile *Aromatenkomplexe*. Hierzu gehören die 6π-Elektronensysteme Benzol bzw. dessen Derivate C_6R_6, die Cyclopentadienylliganden $C_5R_5^-$ (R = H, Me, Ph u. a.) und das Tropyliumkation $C_7H_7^+$ sowie der 10π-Elektronenligand $C_8H_8^{2-}$.

6) *Cyclopentadienylkomplexe*. Unter den Aromatenkomplexen stellen die Vertreter mit Cylcopentadienylliganden die wichtigste Stoffklasse dar. Von nahezu allen Übergangsmetallen sind homoleptische Komplexe der Zusammensetzung $[M(\eta^5\text{-}C_5H_5)_2]$ (*Metallocene*) und weiterhin, mit einigen Metallen, des allgemeinen Typs $[M(\eta^5\text{-}C_5H_5)_n]$ (z. B. $n = 4$: M = Ti, Zr, Hf, U), sowie gemischte, noch zusätzliche Liganden enthaltende Verbindungen bekannt. Repräsentativer Vertreter für die Sandwichstruktur aufweisenden Metallocene ist das ↗ Ferrocen (Abb. 5a). Auch Mehrfachdecker-Sandwichsysteme, z. B. das Tripeldecker-Komplexkation $[Ni_2(C_5H_5)_3]^+$ (Abb. 5b) lassen sich erhalten.

Typische Beispiele für Bis (η^5-cyclopentadienyl)-Derivate, deren C_5H_5-Ringe nicht parallel stehen (»gewinkelte Metallocene«) stellen das Dichlorobis(η^5-cyclopentadienyl)titan(IV) (Abb. 5c), für Halbsandwichkomplexe das Tricarbonyl(η^5-cyclopentadienyl)mangan(I) (Abb. 5d) dar. Man interpretiert die Bindung des C_5R_5-Liganden an das Übergangsmetall-Ion am besten mit Hilfe der ↗ Molekülorbitaltheorie, wobei die Molekülorbitale des Komplexes durch Kombination der π-MOs des cyclopentadienyl-Anions mit Metallorbitalen entsprechender Symmetrie gebildet werden. Die thermisch oft bemerkenswert stabilen Verbindungen ermöglichen Reaktionen am C_5H_5-Ring, die auf dessen aromatischen Charakter hinweisen.

Man erhält Metallocene meist durch Reaktion von Metallhalogeniden mit Natrium-cyclopentadienid, z. B. $FeCl_2 + 2\,NaC_5H_5 \rightarrow [\eta^5\text{-}C_5H_5)_2\,Fe] + 2\,NaCl$.

7) *Arenkomplexe*. Die 6π-Elektronensysteme Benzol bzw. dessen Derivate C_6R_6 sowie kondensierte Sechsringaromaten wie Naphthalin, Phenanthren, Coronen bilden mit vielen Übergangsmetallen homoleptische einkernige Aromatenkomplexe mit Sandwichstruktur, in denen diese Liganden jeweils über einen Sechsring η^6-gebunden sind.

Typischer Vertreter ist das Bis-(η^6-benzol)-chrom(0) (Abb. 6a), in dem die beiden Arenringe planar und parallel zueinander angeordnet sind. Alle C–C und C–Cr-Abstände sind gleich. Nach der Synthese von E. O. Fischer und W. Hafner wird es aus Chrom(III)-chlorid durch Umsetzung mit Aluminium in Gegenwart von Aluminiumchlorid und Benzol und anschließende Reduktion des zunächst gebildeten Komplexkations $[Cr(\eta^6\text{-}C_6H_6)_2]^+$ mit Dithionit erhalten. Auch Gemischtligandkomplexe wie (η^6-Benzol)tricarbonylchrom(0), $[Cr(\eta^6\text{-}C_6H_6)(CO)_3]$, mit Halbsandwichstruktur sind bekannt.

Ein typischer Vertreter für Sandwichkomplexe der Lanthanoide und Actinoide mit dem 10π-Elektronenliganden $C_8H_8^{2-}$ ist das gemäß

$$UCl_4 + 2\,K_2C_8H_8 \xrightarrow{THF} [U(\eta^8\text{-}C_8H_8)_2] + 4\,KCl$$

erhältliche blaßgrüne, paramagnetische Bis(η^8-1,3,5,7-cyclooctatetraen)uran (*Uranocen*), $[U(\eta^8\text{-}C_8H_8)_2]$ (Abb. 6b).

Verwendung. Übergangsmetallorganyle haben zur Aktivierung von Olefinen in zahlreichen technisch wichtigen Synthesen außerordentliche Bedeutung erlangt; sie sind Bestandteil von Katalysatorsystemen zu deren Hydrierung, Polymerisation, Oxidation und Oxosynthese.

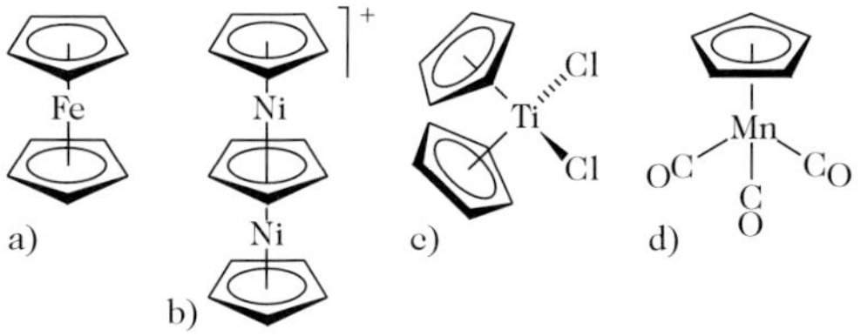

elementorganische Verbindungen. Abb. 5: Cyclopentadienylkomplexe: (a) Ferrocen, (b) $[Ni_2(C_5H_5)_3]^+$, (c) Dichlorobis(η^5-cyclopentadienyl)titan(IV), (d) Tricarbonyl(η^5-cyclopentadienyl)mangan(I).

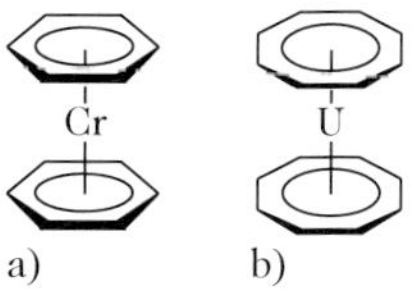

elementorganische Verbindungen. Abb. 6: Arenkomplexe. (a) Bis(η^6-benzol)chrom(0) und (b) Uranocen.

Elemi, Bezeichnung für verschiedene, meist von Burseraceen (Balsambaumgewächse) stammende Harze. Am gebräuchlichsten ist *Manila-Elemi*, das eine trübe, weiche, teigartige Masse von grünlich- oder gelblichweißer Farbe bildet und sich in vielen organischen Lösungsmitteln löst. E. dient zur Herstellung von Salben zur Hautreizung, technisch verwendete man E. früher in der Firnis- und Lackindustrie, besonders als Weichmachungsmittel für Spiritus- und Nitrolacke.

Elicitoren, ↗ Phytoalexine.

Eliminierung, Reaktionstyp der organischen Chemie, der durch Abspaltung von zwei Gruppen (Atome, Moleküle, Ionen) aus einer Kohlenstoffverbindung charakterisiert ist. Man unterscheidet α-E. und β-E., wobei bei ersterer beide Gruppen von einem C-Atom unter Bildung von ↗ Carbenen abgelöst, bei der β-E. die beiden Gruppen von zwei benachbarten C-Atomen unter Bildung von Alkenen abgespalten werden:

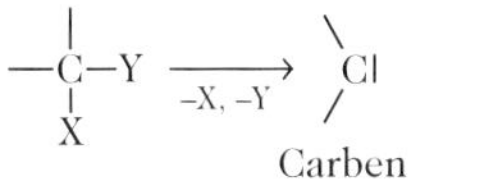

α-E.

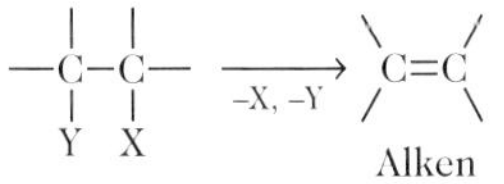

β-E.

Seltener ist eine γ-E., bei der Cyclopropanderivate entstehen. Die α-E. wird durch starke Basen bewirkt, die häufigere β-E. kann nach verschiedenen Mechanismen ablaufen:

Reaktionen sind in der Gasphase unter Pyrolysebedingungen bei 100–500 °C möglich; sie laufen über einen cyclischen Übergangszustand, wobei sich Bindungsbruch und -bildung synchron vollziehen. Bekannte Beispiele dafür sind die ↗ Esterpyrolyse, die ↗ Tschugaeff-Reaktion oder die ↗ Cope-Eliminierung.

Bei Reaktionen in Lösung unterscheidet man den E1-Mechanismus (monomolekular) und den E2-Mechanismus (bimolekular). Die *E1-Reaktion* erfolgt zweistufig und steht mit der S_N1-Reaktion (↗ Substitution) in Konkurrenz, mit der sie den geschwindigkeitsbestimmenden langsamen ersten Reaktionsschritt, die Bildung eines Carbenium-Ions, gemeinsam hat. Der zweite Schritt erfolgt sehr schnell und unterscheidet sich von der S_N1-Reaktion, bei der ein Reagens Y^- an das Carbenium-Ion addiert wird.

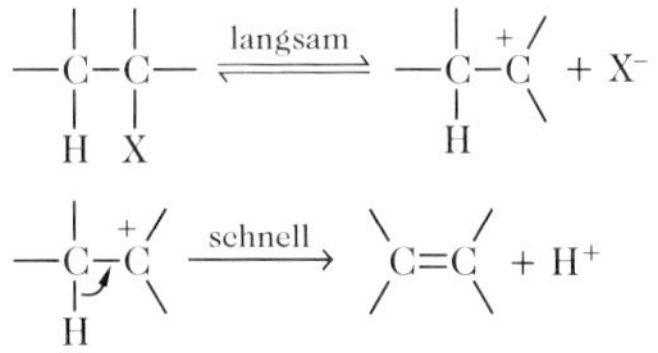

Insgesamt erfolgt die Abspaltung von HX (z. B. für X = Br: Eliminierung von HBr). Besondere sterische und elektronische Bedingungen, die die Bildung und Stabilisierung der ebenen Carbenium-Ionen bewirken, begünstigen und ermöglichen den E1-Mechanismus, der z. B. charakteristisch für die säurekatalysierte Dehydratisierung sekundärer und tertiärer Alkohole ist:

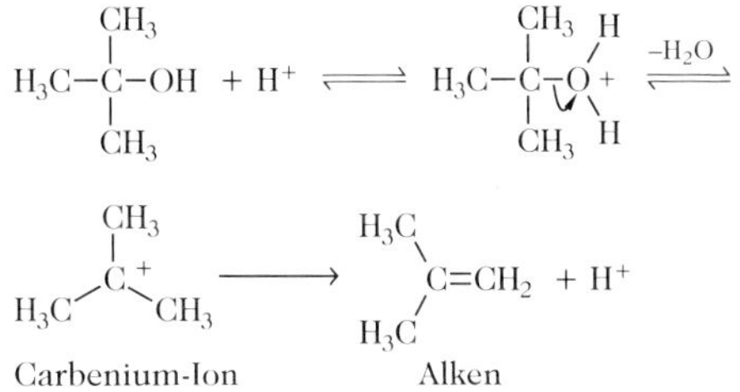

Insgesamt erfolgt die Abspaltung von Wasser aus *tert*-Butanol unter Bildung von Isobuten.

Die E. nach dem *E2-Mechanismus* ist die in Lösung verbreitetere Reaktion, wobei eine Base die gleichzeitige Abspaltung der Gruppen X und Y bewirkt (Y ist oft gleich H):

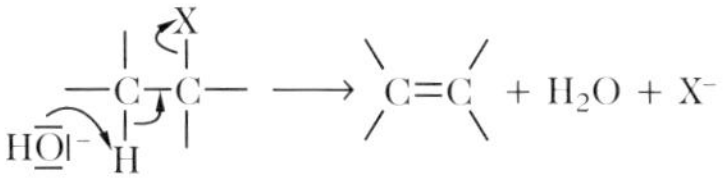

Der dabei durchlaufene Übergangszustand unterscheidet sich von der konkurrierenden S_N2-Reaktion (↗ Substitution) eindeutig:

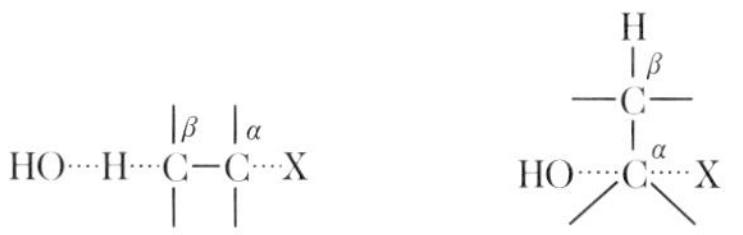

Übergangszustand E2 Übergangszustand S_N2

Hohe Konzentrationen starker Basen wie OH^-, RO^-, H_2N^- oder $Me_3N|$ und besonders auch voluminöser Basen wie z. B. Ethyldicyclohexylamin begünstigen den E2-Mechanismus, d. h. den Angriff der Base am β-C-Atom gegenüber der S_N2-Reaktion mit dem Angriff der Base (bevorzugt solche mit hoher nucleophiler Kraft) am α-C-Atom. Nach einem E2-Mechanismus laufen z. B. die ↗ Dehalogenierung, die ↗ Dehydrohalogenierung oder die ↗ Hofmann-Eliminierung ab. Unabhängig von diesen mechanistischen Betrachtungen existiert bei der β-E. die Fragestellung, in welche Richtung bei einer längeren bzw. verzweigten C-Kette die Eliminierung erfolgt, wenn mehrere Möglichkeiten der Produktbildung gegeben sind. Nach Hofmann (*Hofmannsche Regel*, *Hofmann-Orientierung*) entstehen Alkene mit der geringsten Anzahl von Alkylgruppen an der C=C-Doppelbindung, eindeutig aus primären Alkylverbindungen $-\overset{|}{\underset{|}{C}}-\overset{|}{\underset{|}{C}}-X$, jedoch bei bestimmten sterischen Hinderungen im Übergangszustand auch aus sekundären oder tertiären Verbindungen. Nach Saytzeff (*Saytzeff-Regel*, *Saytzeff-Orientierung*) wird bevorzugt das Alken gebildet, das den höchsten Alkylierungsgrad an der Doppelbindung aufweist:

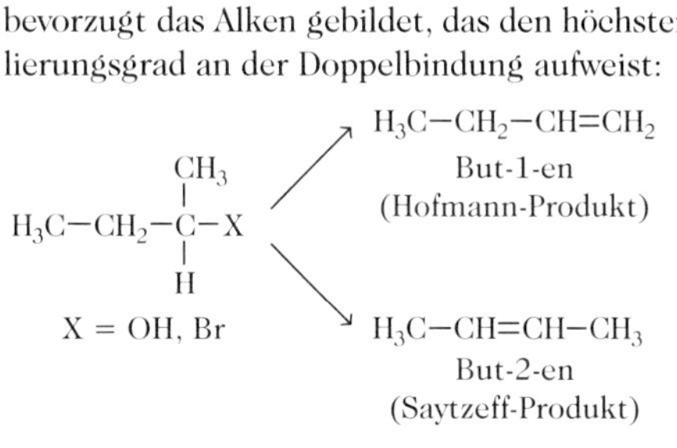

Das Saytzeff-Produkt entsteht bevorzugt bei Verbindungen mit Gruppen großer Abspaltungstendenz, das Hofmann-Produkt ist um so mehr bevorzugt, je schwerer die Protonenabspaltung aus der Mitte des Moleküls, durch sterische Effekte der Base bedingt, erfolgt. E1-Reaktionen ergeben überwiegend Saytzeff-Produkte.

E2-Reaktionen sind in der Regel stereospezifische *trans*-Eliminierungen, als *anti-Eliminierung* bezeichnet. Die Anordnung der Gruppen X und Y ist dabei *anti*-periplanar (gestaffelte Konformation, ↗ Stereoisomerie) und bewirkt eine besonders glatte E. Weniger begünstigt ist die *syn-Eliminierung* aus einer *syn*-periplanaren Konformation. Bei Cycloalkanderivaten erfolgt die E. aus einer bis-axialen Anordnung (↗ Stereoisomerie) der Gruppen X und Y heraus (a,a). Da die bis-äquatoriale Anordnung e,e von 1,2-disubstituierten Cycloalkanen in die bisaxiale Konformation umklappen kann, sind beide gleichberechtigt. E. aus den *cis*-Verbindungen mit a,e- oder e,a-Anordnung von zwei Substituenten sind im allgemeinen nicht möglich.

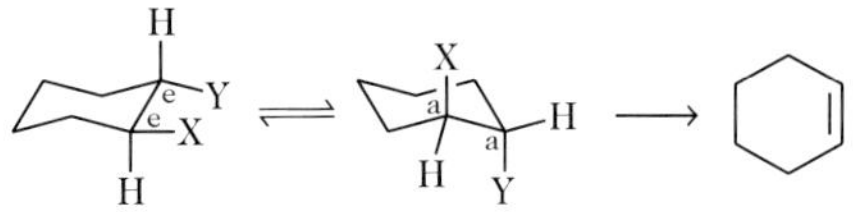

Eliminierungs-Additions-Mechanismus, ↗ Substitution.

Ellipsometrie, Meßmethode zur Untersuchung dünner Schichten auf bevorzugt festen Trägern. Durch Reflexion an einer dünnen Schicht (im Nanometerbereich) wird linear polarisiertes Licht elliptisch polarisiert. Aus der Elliptizität können die Schichtdicke oder der Brechungskoeffizient der Schicht berechnet werden. Die untere Empfindlichkeit der Schichtdickenmessungen liegt bei 0,2 nm, die obere Grenze bei etwa 100 nm.

Eloxalverfahren, ↗ anodische Oxidation.

Eloxieren, ↗ anodische Oxidation.

eluotrope Reihe, ↗ Hochleistungsflüssigchromatographie.

Elutionstechnik, chromatographische Arbeitsmethode, bei der ein Elutionsmittel durch die chromatographische Trennstrecke wandert.

Email, eine hauptsächlich oxidische, glasige bzw. glaskristalline Schichtwerkstoffkomponente auf einem Metall- oder Glassubstrat, die als Oberflächenschutz gegen chem. und thermische Einwirkungen und zur Verbesserung des Aussehens von Werkstoffoberflächen dient. E. sind Vielkomponentensysteme, die z. B. aus den glasbildenden und glaswandelnden Grundstoffen Siliciumdioxid SiO_2, Borax $Na_2B_4O_7 \cdot 10\ H_2O$, Aluminiumhydroxid $Al(OH)_3$, Calciumcarbonat $CaCO_3$, Calciumfluorid CaF_2, Lithiumcarbonat Li_2CO_3 und Natriumcarbonat Na_2CO_3 sowie aus den Farb-, Haft- und Trübungsmitteln Eisen(III)-oxid Fe_2O_3 Cobaltoxid CoO, Nickeloxid NiO, Zinn(IV)-oxid SnO_2, Titan(IV)-oxid TiO_2 und Zirconium(IV)-oxid ZrO_2 bei Temperaturen zwischen 1200 und 1400 °C erschmolzen werden. Für die Emaillierung von Eisenmetallen wird die in Wasser bzw. zwischen gekühlten Stahlwalzen abgeschreckte Glasfritte mit oxidischen und tonhaltigen Mühlenversätzen zu einem Schlicker naßgemahlen (*Naßemails*) oder als trockengemahlenes Pulver (*Pulver-* und *Puderemail*) auf die Stahl- bzw. Gußeisenunterlage bei 800 bis 900 °C aufgeschmolzen. Der Auftrag von Naßemails erfolgt durch Spritzen und Tauchen sowie nach elektrophoretischen und elektrostatischen (hiermit auch Pulveremails) Auftragsverfahren. Zur Vermittlung der unterschiedlichen thermischen Ausdehnung zwischen metallener Unterlage und Oberflächenschicht sowie zur Erzielung der Haftung wird meist auf das Metall eine Schicht aus einem *Grundemail* aufgebracht, die mit einer oder mehreren Schichten eines *Deckemails* überzogen wird (Mehrschichtemaillierung). Vernickelte oder nur entfettete Stahlwerkstoffe lassen sich mit nur einer elastischen, biege- und schlagfesten *Direktemail-Schicht* versehen. Die oberste Deckemailschicht ist Träger der guten mechanischen, thermischen und chem. Beständigkeit sowie ästhetischen Wirkung der Werkstoffkomponente. E. werden z. B. zur Herstellung von Haus- und Küchengeräten, Schildern, Fahrzeugteilen sowie Großbehältern für die chem. Industrie, die Nahrungs- und Genußmittelindustrie und die Abwassertechnik angewandt. Für die dekorative Außen- und Innengestaltung von Bauten und Anlagen haben sich emaillierte Stahl- und Aluminiumbleche bewährt. Schmuckemaillierungen werden besonders auf Edelmetallen ausgeführt (niedrigschmelzende borathaltige E.).

Emailfarben, ↗ keramische Farben.

Embden-Meyerhof-Parnas-Weg, ↗ Glycolyse.

Emeraldinbase, ↗ Anilinschwarz.

Emerskultur, ***Oberflächenkultur***, eine Methode zur Züchtung von Mikroorganismen auf der Oberfläche flüssiger, halbfester oder fester Nährmedien. E. haben, von speziellen Einsatzbereichen abgesehen, im Vergleich zu ↗ Submerskulturen an Bedeutung verloren.

Emetika, Brechmittel, Mittel, die Erbrechen auslösen. E. können zentral (z. B. Apomorphin) oder an der Magenschleimhaut (z. B. konz. Kochsalzlösung) angreifen.

Emetin, ein Isochinolinalkaloid. E. ist das Hauptalkaloid der brasilianischen Brechwurzel (*Uragoga ipecacuanha*). Es ist in der Brechwurzel zu etwa 0,6 bis 1,2 % enthalten und wird begleitet von Cephaelin und anderen Ipecacuanhaalkaloiden. E. wirkt als Brechmittel. Es wird als Chemotherapeutikum bei Amöbenruhr verwendet.

Emission, im weiteren Sinne ↗ Ausstoß, Aussendung. Im engeren Sinne 1) Begriff zur Kennzeichnung der einer Quelle entströmenden ↗ Luftverunreinigung, z. B. Schwefeldioxid, Kohlenmonoxid, nitrose Gase. Die Quelle, als *Emissionsquelle* bezeichnet, ist meist eine Punktquelle, d. h. ein Schornstein, ein Abgasstutzen u. dgl., sie kann aber auch eine Flächenquelle sein, z. B. ein Lagerplatz. Eine quantitative Aussage über die E. ist häufig nur bei Punktquellen möglich. Die E. wird einmal als Masse der emittierten Stoffe bezogen auf das Abgasvolumen (0 °C, 1019 mbar) in g/m^3 oder mg/m^3 als Massenkonzentration und zum anderen als Masse der emittierten Stoffe bezogen auf die Zeit, als sog. Massenstrom in kg/h, g/h oder mg/h angegeben. Emissionsbegrenzungen für Betriebe werden in Genehmigungsbescheiden oder in nachträglichen Anordnungen festgelegt und enthalten die zulässigen Massenströme, die zur Einhaltung der verbindlichen Tagesmittelwerte und Halbstundenmittelwerte nicht überschritten werden dürfen. Jede E. hat eine ↗ Immission zur Folge.

2) die spontane oder induzierte Aussendung einer Wellen- oder Teilchenstrahlung, z. B. Licht durch leuchtende Körper, Elektronen aus Festkörperoberflächen bei der thermischen E. (glühelektrischer Effekt) oder der Feldemission sowie der α-, β- und γ-Strahlung durch radioaktive Stoffe.

Begriff zur Kennzeichnung einer Lärmquelle.

Emissionsspektrum, ↗ Spektrum.

EMK, Abk. für elektromotorische Kraft.

Emulgator, ↗ Emulsion.

Emulsan, ein von *Acinetobacter calcoaceticus* RAG –1 bei Wachstum auf *n*-Alkanen gebildetes anionisches, extrazelluläres Heteropolysaccharid (M_r etwa 10^6). E. besteht aus einem Polysaccharidgrundgerüst aus *N*-Acetyl-D-galactosamin, *N*-Acetylhexosaminuronsäure sowie einem bisher nicht identifizierten Aminozucker, welcher mit Fettsäuren (2- und 3-Hydroxydodecansäure) verestert ist. Protein als weiterer Bestandteil des E. (etwa 20 %) kann ohne Verlust der emulgierenden Aktivität (Bildung sehr stabiler Emulsionen mit Kohlenwasserstoffen) durch Phenol entfernt werden. An der Freisetzung des E. von der Zelloberfläche ist offenbar keine Esterase beteiligt.

Emulsion, ein disperses System, bei dem sowohl die disperse Phase als auch das Dispersionsmedium von Flüssigkeiten gebildet wird. Die häufigste Kombination ist Wasser mit einer in Wasser begrenzt löslichen organischen Flüssigkeit. Je nachdem, ob Wasser Dispersionsmedium oder disperse Phase ist, unterscheidet man *Öl-in-Wasser-Emulsionen* (*O/W-Emulsion*) und *Wasser-in-Öl-Emulsionen* (*W/O-Emulsion*). Welcher Emulsionstyp sich beim Vermischen zweier ineinander nicht löslicher Flüssigkeiten einstellt, wird vom Verhältnis der Lebensdauer der Öltropfen in Wasser und der der Wassertropfen in Öl bestimmt. Wenn sich die Lebensdauer beider Tropfensorten größenordnungsmäßig unterscheidet, bildet sich ein bestimmter Emulsionstyp heraus. Da man die Lebensdauer der Tröpfchen durch Zugabe grenzflächenaktiver Stoffe (*Emulgatoren, Tenside*) selektiv verändern kann, ist die Auswahl einer geeigneten Verbindung der wichtigste Schritt für die Herstellung einer E. Wasserlösliche Tenside stabilisieren O/W-Emulsionen, öllösliche W/O-Emulsionen. Eine empirische Klassifizierung von Tensiden als O/W- bzw. W/O-Emulgatoren wird durch den *HLB-Wert* (Abk. von engl. *h*ydrophile *l*ipophile *b*alance) vorgenommen. Die *Emulgierung* erfordert in der Regel die Einbringung von mechanischer Energie durch Rührwerke, Vibratoren, Ultraschall.

Natürliche E. sind Milch und Kautschuk, *künstliche E.* sind Lebensmittel (Butter, Margarine, Mayonnaise), Kosmetika, Arzneimittel, Weichlatices.

Emulsionsspalter, z. B. Natriumsalze der Sulfonsäuren, Stärke oder Natriumoleat, können eine ↗ Deemulgierung bewirken.

Enalapril, ↗ ACE-Hemmer.

Enamine, *α,β*-ungesättigte Amine mit der allg. Formel $R_2C{=}CR{-}NH_2$. E. entstehen bei der Addition von Aminen an Ethine oder bei der Einwirkung von sekundären Aminen auf Ketone und Aldehyde mit *α*-ständigen H-Atomen: $R{-}CH_2{-}CHO + R_2NH \rightarrow R{-}CH{=}CH{-}NR_2 + H_2O$. E. sind sehr reaktive Verbindungen, die bei zahlreichen Synthesen als Reaktionskomponenten eingesetzt bzw. als Zwischenprodukte gebildet werden, z. B. bei der Herstellung einer Reihe heterocyclischer Verbindungen.

Enantiomerenüberschuß, Abk. *e.e.* für engl. *e*nantiomeric *e*xcess, der prozentuale Überschuß des einen Enantiomeren (↗ Stereoisomerie 1.1.) über das Racemat: e.e. (in %) = $(E_1 - E_2)100/(E_1 + E_2)$.

Enantiomerenverhältnis, das prozentuale Verhältnis eines Enatiomeren zum anderen.

Enantiomerie, ↗ Stereoisomerie 1.1.

enantioselektive Synthese, ↗ stereoselektive Synthese.

enantiotope Gruppen, ↗ tope Gruppen.

Enantiotropie, ↗ Polymorphie.

***endo*,** ↗ Stereoisomerie 1.2.2.

endogen, im Körper bzw. der Zelle selbst entstanden, von innen verursacht, anlagebedingt. Gegensatz: ↗ exogen.

Endonucleasen, die allgemeine Bezeichnung für ↗ Hydrolasen, die Nucleinsäuren (DNA und RNA) spezifisch oder unspezifisch durch Spaltung von Phosphodiester-Bindungen innerhalb des Moleküls abbauen. E. werden in vitro in gentechnischen Verfahren zur Spaltung bzw. zum Abbau von DNA- und RNA-Molekülen eingesetzt. ↗ Restriktionsendonucleasen.

Endopeptidasen, zu den ↗ Proteasen gehörende hydrolytische Enzyme, die Peptidbindungen innerhalb einer Peptidkette spalten.

endoplasmatisches Reticulum, ein intrazelluläres Membransystem, das das Cytosol der Zelle durchzieht. Morphologisch und funktionell wird zwischen einem rauhen (an der Oberfläche mit

↗ Ribosomen bestückt) und einem glatten e. R. unterschieden. Am glatten e. R. laufen wesentliche Teile des Lipidstoffwechsels und – unter Beteiligung von Cytochrom P450-abhängigen Monooxygenase-Systemen – Entgiftungsreaktionen von Pharmaka und Fremdstoffen ab. Die Biosynthese u. a. lysosomaler, integraler und sekretorischer Proteine findet am rauhen e. R. statt. ↗ Zellkompartimente.

ENDOR (Abk. von engl. ***e**lectron **n**uclear **d**ouble **r**esonance*), Doppelresonanzverfahren, bei dem auf die Probe gleichzeitig die Resonanzfrequenzen der ↗ Elektronenspinresonanz-Spektroskopie und ↗ NMR-Spektroskopie eingestrahlt werden. Die ENDOR-Methode dient in paramagnetischen Substanzen (↗ Magnetochemie) zur Bestimmung von Hyperfeinstruktur-Kopplungskonstanten, wenn diese im ESR-Spektrum nicht einwandfrei beobachtbar sind.

Endorphine, ***Opioidpeptide**, **Opiatpeptide**, **opiatähnliche Peptide***, Peptide mit morphinähnlichen Wirkungen, die vom Organismus gebildet werden und als körpereigene Liganden in ähnlicher Weise wie das Analgetikum Morphin mit den Opiatrezeptoren in Wechselwirkung treten. Unter E. im engeren Sinne versteht man höhermolekulare Opiatpeptide, insbesondere Fragmente des β-Lipotropins (Abb.). Die Beziehungen der Primärstrukturen der Methionin enthaltenden E. zeigt der in der Abbildung aufgeführte C-terminale Bereich 61 bis 91 des β-Lipotropins (Schwein), das selbst keine opiatartige Wirkung zeigt. Für alle dieses E. mit Ausnahme des Met-Enkephalins fungiert als Biosynthesepräkursor das ↗ Pro-Opiomelanocortin. E. wurden bisher unter anderem im zentralen Nervensystem, in der Hirn-Rückenmarks-Flüssigkeit, in der Niere, in den Nervengeflechten des Magen-Darm-Traktes, im Blut, in der Placenta und in der Hypophyse aufgefunden. E. verursachen eine dosisspezifische Herabsetzung der Kontraktionsschwelle des Samenleiters (vas deferens) der Maus und des Meerschweinchenileums. Die durch die E. ausgelöste Hemmung der Kontraktion läßt sich mit Hilfe des Opiatantagonisten ↗ Naloxon aufheben, woraus auf eine spezifische Wechselwirkung mit einem Opiatrezeptor geschlossen wurde. Bezüglich der analgetischen Wirkung ist das β-Endorphin am wirksamsten. Leider haben sich die E. nicht als »suchtfreie« Analgetika erwiesen. E. spielen eine Rolle bei der Akupunkturanalgesie, auch wird ihnen eine Rolle in der Pathogenese von geistigen Störungen (Schizophrenie, Halluzinationen u. a.) zugeschrieben. Eine Beziehung zwischen Streß und E. wird ebenfalls diskutiert. Insbesondere synthetische Analoga versprechen therapeutisch-medizinische Einsatzmöglichkeiten.

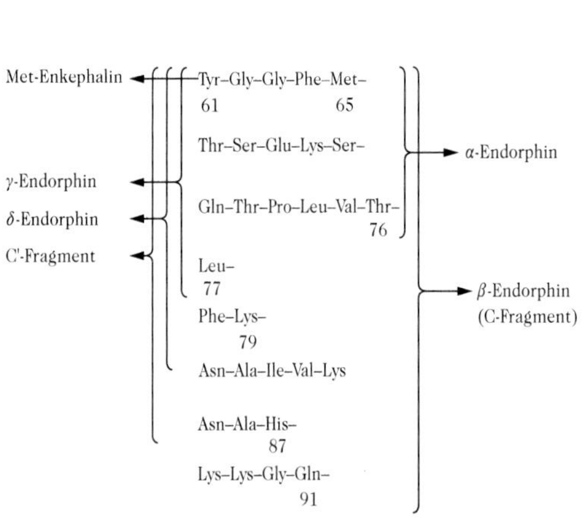

Endosulfan, ↗ Chlorkohlenwasserstoffinsektizide.

Endotheline, Abk. ***ET***, die regulierende Wirkung von Endothelzellen auf den Blutdruck vermittelnde Verbindungen. *ET-1* ist ein 21-Peptid mit zwei intrachenaren Disulfidbrücken, das eine 10mal stärkere blutdrucksteigernde Wirkung zeigt als das ↗ Angiotensin II. Daneben wurden mit dem ET-2 und ET-3 zwei weitere Isopeptide gefunden. ET-1-selektive Antagonisten stehen im Blickpunkt der Behandlung von Bluthochdruck und Arteriosklerose. Weitere von Endothelzellen sezernierte Verbindungen sind Prostacyclin und der *endothelium-derived-relaxing-factor* (EDRF-NO).

endotherme Reaktion, eine Reaktion, die unter Energieverbrauch (in der Regel durch Wärmezufuhr) abläuft. Entsprechend der thermodynamischen Vorzeichengebung sind die Reaktionsenthalpie $\Delta_R H$ und die Reaktionsenergie $\Delta_R U$ positiv.

Endotoxine, ↗ Bakterientoxine.

Endprodukthemmung, ein wichtiger Mechanismus zur schnellen Regulation des Stoffwechsels durch reversible Enzymhemmung. Ein am Ende einer Stoffwechselsequenz gebildetes Produkt wirkt als negativer Effektor (Inhibitor) auf ein am Anfang der Reaktionsfolge lokalisiertes, meist allosterisches Enzym.

Endproduktrepression, die Hemmung der Synthese der Enzyme einer (anabolen) Stoffwechselsequenz durch das Endprodukt der Reaktionskette. Der ↗ Repressor wird hier erst nach Reaktion mit dem im Überschuß erzeugten Stoffwechselprodukt zur Bindung an den Operator und damit zum Abschalten der mRNA-Synthese befähigt. Die E. ist aufgrund der kurzen Halbwertszeit der mRNA ein relativ schnell ablaufender Regulationsmechanismus. Ein Entzug des Endproduktes führt zur Ablösung des Repressors von der DNA und damit zur Neusynthese der mRNA und nachfolgend der Enzyme (↗ Derepression).

energetische Kopplung, bei Stoffwechselreaktionen die Bezeichnung für die Kopplung von energiebereitstellenden (exergonen) Reaktionen (z. B. Spaltung von ATP) mit energieverbrauchenden (endergonen) Reaktionen. Letztere werden dadurch energetisch möglich.

Energieband, ↗ Energiebändermodell.

Energiebändermodell, ***Bändermodell***, quantenmechanische Beschreibung der Elektronenzustände besonders im metallischen Festkörper durch Molekül- (Kristall-)Orbitale, deren Energiewerte in dicht besetzten Bändern gruppiert sind. Durch Kombination der großen Anzahl ($N \approx 10^{23}$) von verfügbaren äquivalenten Atomorbitalen im Metallkristall entstehen ebensoviele Molekülorbitale, die über den gesamten Kristall delokalisiert sind. Die zugehörigen Energieniveaus sind so dicht benachbart, daß sie experimentell nicht voneinander unterschieden werden können. Sie werden daher zu einem *Energieband* zusammengefaßt. Die Stärke der Wechselwirkung zwischen den jeweils äquivalenten Atomorbitalen und damit die Breite des Energiebandes hängt wesentlich vom Kernabstand der Atome im Gitter ab. Die Besetzung der Niveaus in den Energiebändern erfolgt unter Berücksichtigung des Pauli-Prinzips. Durch Kombination der jeweils äquivalenten Valenzorbitale der Atome des Kristalls entstehen Energiebänder, die für die einzelnen Stoffe eine charakteristische Breite und Anordnung aufweisen. Man unterscheidet zwischen dem teilweise bzw. vollständig mit Elektronen besetzten *Valenzband* und dem leeren *Leitungsband* (Abb.). Für Metalle ist charakteristisch, daß sich Valenz- und Leitungsband überlagern. Bei Isolatoren und Halbleitern existiert zwischen beiden Bändern eine verbotene Zone. Diese weist bei Halbleitern im Vergleich zu den Isolatoren eine deutlich geringere Breite auf, so daß bei Halbleitern durch thermische Anregung Elektronen vom Valenz- in das Leitungsband gelangen können. Somit kann mit Hilfe des E. die unterschiedliche Leitfähigkeit der Stoffe erklärt werden. Durch Zusatz (Dotierung) bestimmter Fremdatome kann in einem Halbleiter die Leitfähigkeit erhöht werden. Dotiert man z. B. Silicium mit Atomen der III. bzw. V. Hauptgruppe des Periodensystems, so resultieren dadurch innerhalb der verbotenen Zone Akzeptor- bzw. Donatorniveaus, die eine zusätzliche Störstellen- bzw. Fremdleitung bewirken.

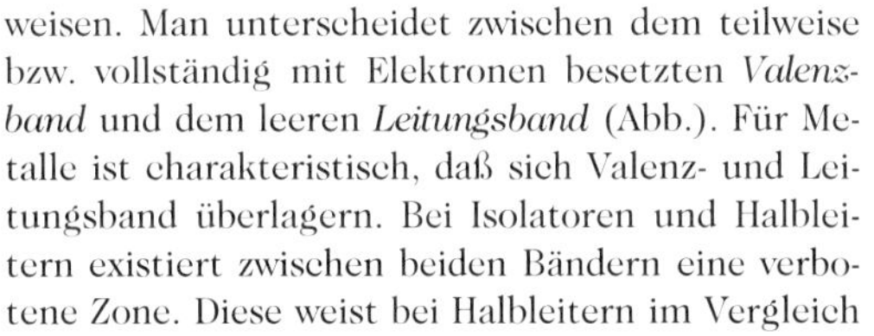

Energiebändermodell. Abb.: Energiebänderdiagramm eines (a) Metalls mit gefülltem Valenzband, (b) eines Isolators, (c) eines Halbleiters. V Valenzband, L Leitungsband.

Energiedosis, ↗ Strahlenchemie.

Energieelastizität, Elastizität harter Festkörper, z. B. von Stahl, die in erster Linie mit einer Änderung der inneren Energie des Körpers verbunden ist. Gegensatz: Entropieelastizität (↗ Kautschukelastizität).

Energieflußschema, ↗ technologisches Schema.

Energieladung, ***Energieinhalt***, engl. ***energy charge***, Abk. ***EL*** oder ***EC***, eine Bezeichnung für den Energiezustand der Zelle. Die E. ist nach

$$EL = EC = \frac{[ATP] + 0{,}5\,[ADP[}{[ATP] + [ADP] + [AMP]}$$

als das molare Mengenverhältnis von AMP, ADP und ATP (↗ Adenosinphosphorsäuren) in einem System (z. B. Zelle oder Zellkompartimente) definiert (die eckigen Klammern bedeuten molare Konzentrationen).

Die E. gibt damit Auskunft über die Beladung des Adenylsäuresystems mit energiereichen Phosphatgruppen. Bei vollständiger Aufladung hat die E. den Wert 1 (100 % ATP), bei vollständiger Entladung beträgt die E = 0 (100 % AMP). In wachsenden Zellen mit aktivem Stoffwechsel liegt die E. zwischen 0,7 und 0,9. Die E. berücksichtigt nicht die Konzentration von anorganischem Phosphat. ↗ Phosphorylierungspotential.

Energieprofil, ↗ Potentialhyperfläche.

energiereiche Verbindungen, in der Biochemie übliche Bezeichnung für Verbindungen mit einem hohen Gruppenübertragungspotential in der Zelle. Sie besitzen eine ausreichend hohe freie Enthalpie der Hydrolyse ($\Delta G^{0'}$ von mindestens 21 kJ/mol), um eine Gruppe (z. B. Phosphat) auf andere Moleküle zu übertragen. Die e. V. (z. B. ATP, Phosphoenolpyruvat, Kreatinphosphat) enthalten zu einem großen Teil Phosphatreste, die entweder mit Phosphorsäure oder einer anderen schwachen Säure anhydridartig verbunden sind. E. V. werden mittels der bei katabolen Prozessen freiwerdenden Energie synthetisiert und ermöglichen anabole Prozesse (energetische Kopplung). Sie werden auch zur Aktivierung weniger reaktiver Verbindungen eingeführt.

Energieübertragung, photophysikalischer Prozeß der strahlungslosen Desaktivierung eines photoangeregten Donors D^*, der seine Anregungsenergie auf einen im elektronischen Grundzustand befindlichen Akzeptor A überträgt, welcher dadurch in einen angeregten Zustand A^* übergeht: $D^* + A \rightarrow D + A^*$. Die E. erfolgt intra- oder (in der Regel) intermolekular. Voraussetzung ist, daß der energetische Abstand zwischen den beiden jeweils mit einem Elektron besetzten Orbitalen des Donors größer ist als der energetische Abstand zwischen dem höchsten besetzten und dem tiefsten unbesetzten Molekülorbital des Akzeptors. Von besonderer Bedeutung ist die E. für die ↗ spektrale Sensibilisierung beim photographischen Prozeß.

Die E. wird durch unterschiedliche Mechanismen realisiert: 1) Strahlungsmechanismus: Das von D^*

emittierte Licht wird von *A* absorbiert. 2) Resonanz-E.: Dieser Mechanismus wirkt ausschließlich bei der Singulett-Singulett-E. über Entfernungen bis zu 100 nm zwischen *D* und *A* (Sender-Empfänger-Mechanismus). Als Resonanzbedingung gilt, daß die Energiedifferenz zwischen Grund- und Anregungszustand von *D* und *A* gleich ist. 3) Elektronenaustausch-Mechanismus: Bei der Kollision von D^* und *A* kommt es zu einem Elektronenaustausch; es entstehen *D* und A^*. 4) Die Anregungsenergie kann innerhalb von Festkörpern von einem zum anderen (gleichartigen) Molekül als ↗ Exiton weitergegeben werden, bis eine Desaktivierung erfolgt. Die hypothetische Wanderungsstrecke der Elektronen beträgt ca. 10^{-4} bis 10^{-10} nm. Wichtig ist die Energiewanderung u. a. für die Photosynthese.

Energieverteilung, in der statistischen Theorie die Art der Verteilung der Energie auf die Teilchen einer statistischen Gesamtheit. In der klassischen Statistik gilt für die E. im Gleichgewicht die ↗ Maxwell-Boltzmann-Verteilung. Die quantenstatistischen Verteilungen erfordern aufgrund der Nichtunterscheidbarkeit der Teilchen andere Methoden der Abzählung. Für Teilchen mit ganzzahligem Spin, z. B. Mesonen, gilt die ↗ Bose-Einstein-Statistik, für solche mit halbzahligem Spin, z. B. Elektronen, die ↗ Fermi-Dirac-Statistik. Folgen der quantenstatistischen E. sind das Pauli-Prinzip bei der Besetzung von Elektronenzuständen in Atomen und Molekülen, die Existenz der Fermi-Grenze für die Elektronenenergien in Metallen und Halbleitern sowie das Auftreten von suprafluidem ^4He bei Temperaturen unterhalb 2 K.

Energy charge, Abk. *EC*, eine auch im deutschen gebräuchliche Bezeichnung für ↗ Energieladung.

Engobe, *Behautmasse*, weißer oder farbiger Überzug auf dem keramischen Scherben (↗ Keramik). Die E. wird als dickflüssiger, meist tonhaltiger Schlicker durch Gießen oder Tauchen auf den keramischen Rohling aufgebracht und dient der Verbesserung des Aussehens (Ofenkacheln, Dachziegel).

Enkephalin, ein aus zwei Pentapeptiden bestehendes Gemisch körpereigener Peptide mit morphinähnlichen Wirkungen. *Methionon-E.* (Abk. *Met-E.*), Tyr–Gly–Gly–Phe–Met, und *Leucin-E.* (Abk. *Leu-E.*), Tyr–Gly–Gly–Phe–Leu, unterscheiden sich nur in der C-terminalen Aminosäure und kommen natürlich in unterschiedlichen Mengenverhältnissen vor. Mit dem E. wurde 1975 durch Hughes und Kosterlitz das erste endogene Opiatpeptid aus dem Schweinehirn isoliert. E. wurde in verschiedenen Hirnbereichen sowie in der Substantia gelationosa des Rückenmarks und Nervenplexus, aber auch in exokrinen Zellen des Magen-Darm-Traktes gefunden. Die direkte Applikation von E. und synthetischen Analoga in das Gehirn verursacht kurzzeitige Analgesie, ohne daß die erwünschte »Suchtfreiheit« gewährleistet ist. Biosynthetisch wird E. aus höhermolekularen Vorstufen gebildet. Während im *Proenkephalin A* sechsmal die Sequenz von Met-E. und nur einmal Leu-E. vorkommt, enthält *Proenkephalin B* ausschließlich drei Kopien des Leu-E.

Enniatine, ringförmige Hexadepsipeptide mit antibakterieller Wirkung gegen Mykobakterien. Die E. gehören zu den ionophoren Antibiotika (↗ Ionophore) und werden von *Fusarium*-Stämmen produziert. Wichtige Vertreter sind *Enniatin A*, *cyclo*-(-D-Hyv-MeIle-)$_3$, *Enniatin B*, *cyclo*-(-D-Hyv–MeVal-)$_3$ und *Enniatin C*, *cyclo*-(-D-Hyv–MeLeu-)$_3$, die D-α-Hydroxyisovaleriansäure (D-Hyv) neben L-*N*-Methylisoleucin (MeIle), L-*N*-Methylleucin (MeLeu) bzw. L-*N*-Methylvalin (MeVal) enthalten. E. komplexieren K^+-Ionen und sind am Membrantransport solcher Kationen beteiligt.

Enolase, ein zu den Lyasen gehörendes Enzym, das in der Glycolyse die reversible Dehydratisierung von 2-Phosphoglycerat katalysiert. E. ist ein dimeres Metalloenzym, das Mg^{2+} sowohl für die Strukturstabilisierung als auch für die Aktivität benötigt. Während Zn^{2+} und Mn^{2+} das Enzym ebenfalls aktivieren, wirkt F^- als starker Inhibitor. Wie viele Glycolyseenzyme tritt E. in Form verschiedener ↗ Isoenzyme auf.

Enolisierung, Überführung der Keto-Form in die Enol-Form bei der ↗ Keto-Enol-Tautomerie.

***ent*,** Präfix zur Kennzeichnung eines Enantiomers. Bezieht sich der Trivialname z. B. eines Naturstoffs nur auf ein Enantiomer, so wird das andere Enantiomer mit dem Präfix *ent* bezeichnet.

Entaktivierung, ↗ Dekontamination.

Entaluminisierung, ↗ Entmetallisieren.

Entartung, Eigenschaft eines quantenmechanischen Operators, wonach mehrere linear unabhängige Eigenfunktionen den gleichen Eigenwert haben. Die Anzahl der Eigenfunktionen bezeichnet man als *Entartungsgrad* (↗ Atommodell).

Entcarbonisierung, die Beseitigung der Carbonathärte des Wassers, ↗ Enthärtung.

Enteisenung, 1) in der Wasseraufbereitungstechnik die Reduzierung des Eisengehaltes auf einen entsprechend dem Verwendungszweck zulässigen Wert, z. B. bei Trinkwasser auf 0,2 mg/l. Eisen stört durch Ablagerungen im Verteilungssystem und beim Gebrauch des Wassers.

Da bei der Trinkwasseraufbereitung sehr häufig Grundwasser verwendet wird, ist im Rohwasser kaum gelöster Sauerstoff vorhanden, und das Eisen tritt meist in zweiwertiger Form, also echt gelöst auf.

Grundsätzlich gibt es zwei verschiedene Möglichkeiten der E.: a) die direkte Oxidation mit Luftsauerstoff oder anderen Oxidationsmitteln (bei Eisengehalten bis ≈ 15 mg/l) und b) die Fällung zum Fe^{2+}-

Oxidhydrat durch Zugabe von OH^--Ionen und anschließende Oxidation (bei Eisengehalten ab ≈ 15 mg/l). Die dabei auftretenden Reaktionen lassen sich mit folgenden vereinfachten Summenformeln darstellen: a) $4\,Fe^{2+} + O_2 + 2\,(x + 2)\,H_2O \rightarrow 2\,Fe_2O_3 \cdot x\,H_2O + 8\,H^+$; zu b) $4\,Fe^{2+} + O_2 + 8\,OH^- + 2\,(x - 2)\,H_2O \rightarrow 2\,Fe_2O_3 \cdot x\,H_2O$. Die in der Praxis am meisten üblichen Verfahren der E. sind: für Fall a) Belüftung und Filtration, für Fall b) Belüftung, Fällung/Flockung, Sedimentation und anschließende Filtration.

2) in der Metallkunde ↗ Entmetallisieren.

Enterokinase, ↗ Enteropeptidase.

Enteropeptidase, *Enterokinase*, eine hochspezifische Protease, die im Zwölffingerdarm vom Trypsinogen das N-terminale Hexapeptid (H–Val–Asp–Asp–Asp–Asp–Lys) abspaltet, wodurch das proteolytisch aktive ↗ Trypsin entsteht. E. enthält 1100 Aminosäurereste (M_r 196000) und ist aus zwei kovalent verknüpften Glycoproteinuntereinheiten (M_r 134000 und M_r 62000) aufgebaut.

Entfärben, *Abziehen*, in der Textiltechnik das Entfernen der Färbung vom Substrat durch Ablösen oder Zerstören des Farbstoffes. Das E. wird zur Aufarbeitung von Altmaterial, zum Entfernen von Fehlfärbungen und beim Umfärben in der Kleiderfärberei mittels besonderer Entfärbungsmittel vorgenommen. Universelle Bedeutung besitzt Natriumdithionit $Na_2S_2O_4$ (Hydrosulfit). Azofarbstoffe (R_1–N=N–R_2) werden hierbei durch Reduktion aufgespalten, so daß an den Spaltstellen endständige primäre Aminogruppen (R–NH_2) entstehen und dadurch der ursprüngliche Farbton in den der Zersetzungsprodukte umschlägt. Meist sind diese farblos oder wasserlöslich, so daß eine Entfärbung des Textilgutes möglich ist. Azofarbstoffe auf Cellulosefasern, z. B. substantive Farbstoffe, Diazotierungs-, Reaktiv- oder Entwicklungsfarbstoffe (Naphtholkombinationen), lassen sich durch Behandlung mit 2 bis 3 g/l Natriumdithionit im alkalischen Medium (0,5 bis 1 g/l Soda) entfärben. Beim Abziehen von Färbungen auf Proteinfasern (Wolle, Naturseide) und Acetatfasern verwendet man stabilisierte Hydrosulfitpräparate. Zur Entfärbung von mit Küpen- und Schwefelfarbstoffen gefärbten Textilien müssen neben Natriumdithionit noch farbstoffaffine Hilfsmittel, z. B. Polyvinylpyrrolidon, zugesetzt werden, die mit dem reduzierten abgelösten Farbstoff Verbindungen eingehen und ein Wiederaufziehen des Farbstoffes auf die Faser verhindern. Bei besonders schwer entfernbaren Farbstoffen wird die Färbung oxidativ mit Natriumhypochlorit in schwach saurem Medium entfernt.

Entflammung, Beginn der Verbrennung von Gemischen von Gasen oder Dämpfen bei Entzündung sowie der Beginn einer chem. Reaktion bei der *Entflammungstemperatur*, wobei die chem. Reaktion freiwillig unter Wärme- und Lichtentwicklung abläuft.

Entgasung, 1) die Entfernung flüchtiger Bestandteile aus organischen Rohstoffen (Kohlen, Holz) durch Erhitzen unter Luftabschluß zur Gewinnung von Koks und Kohlewertstoffen. Nach der Höhe der dabei angewandten Temperaturen unterscheidet man bei der E. zwischen *Tieftemperaturentgasung* (Schwelung), *Mitteltemperaturentgasung* und *Hochtemperaturentgasung* (Verkokung), ↗ Kohleveredelung.

2) die Austreibung der aggressiven Gase Sauerstoff und Kohlendioxid aus Kesselspeisewasser, eine Maßnahme der ↗ Wasseraufbereitung. Die E. erfolgt durch Erwärmen, Kochen oder auf chem. Wege. Die chem. Austreibung von Sauerstoff kann nach verschiedenen Verfahren erfolgen. a) Sauerstoffaustreibung durch die Sulfitentgasung (Zusatz von Natriumsulfit Na_2SO_3). Dabei kommt es zu einer Aufsalzung des Wassers durch Umwandlung des Natriumsulfits zu Natriumsulfat: $2\,Na_2SO_3 + O_2 \rightarrow 2\,Na_2SO_4$. Weiterhin werden Natriumhydrogensulfit $NaHSO_3$ oder schweflige Säure H_2SO_3 verwendet, die ebenfalls den Sauerstoff binden. b) Sauerstoffaustreibung durch die Hydrazinentgasung (Zugabe von Hydrazin), wobei das Inertgas Stickstoff und Wasser entstehen: $N_2H_4 \cdot H_2O + O_2 \rightarrow N_2 + 3\,H_2O$. Es erfolgt keine Aufsalzung des Wassers. c) Für größere Anlagen und kleinere Sauerstoffmengen hat sich in der Praxis zur Sauerstoffaustreibung der Eisenspanfilter gut bewährt. In einen Druckfilter wird Stahlwolle eingebracht, die in Anwesenheit von Wasser mit Sauerstoff reagiert: $4\,Fe + 3\,O_2 + x\,H_2O \rightarrow 2\,Fe_2O_3 \cdot x\,H_2O$. Die Filter müssen von Zeit zu Zeit rückgespült werden, die Stahlwolle ist in größeren Abständen nachzufüllen.

Die chem. Bindung von Kohlendioxid erfolgt durch Zugabe von Ammoniak; hierbei tritt durch die im Kessel erfolgende Spaltung des entstandenen Ammoniumcarbonats ebenfalls keine Salzerhöhung auf: $CO_2 + 2\,NH_3 + H_2O \rightarrow (NH_4)_2CO_3$. Anstelle von Ammoniak können auch Amine, wie Morpholin oder Cyclohexylamin, verwendet werden.

Entgiftung, 1) das Unschädlichmachen von Giftstoffen, insbesondere auch von ↗ chemischen Kampfstoffen, nach physikalischen, chem. und/oder biochem. Verfahren. Die Gifte werden dabei entweder in eine nicht mehr wirksame Form übergeführt (immobilisiert), in ihrer Konzentration so weit verdünnt, daß keine akute Intoxikationsgefahr mehr besteht (Waschverfahren) oder durch chem. und/oder enzymatische Waschlaugen in eine weniger toxische Form übergeführt. Die bedeutsamsten Entgiftungsmittel relativ universeller Wirkung sind Chlorkalk, Chloramine, Alkoholate und Alkoholat-Amin-Gemische sowie praktisch alle Alkalien, insbesondere Natronlauge, Kalilauge und Ammoniaklösung. Für die immobilisierende E. kommen Adsorptionsmittel wie Aktivkohle, bestimmte quellfähige Schichtsilicate, Kunstharze oder Zeolithe zum Einsatz. Die Immobilisation verläuft hier teilweise als Ionenaustausch.

Als Waschflüssigkeiten zu Entgiftungszwecken kommen organische Lösungsmittel (auch Treibstoffe, Benzine u. dgl.) sowie Wasser (möglichst als Heißwasser oder Dampf) zum Einsatz.

Nach der Art der zu entgiftenden Objekte kann man wie folgt unterscheiden: a) *Personenentgiftung.* Ist der Giftstoff in den Organismus eingedrungen, wendet der Arzt medikamentöse Entgiftungsmittel (↗ Antidot) und Methoden zur Stabilisierung der Vitalfunktionen an. b) Die *E. der Bekleidung* erfolgt nach Spezialwaschverfahren oder durch Heißdampf- bzw. Heißdampf-Ammoniakbehandlung der vergifteten Kleidungsstücke. c) Die *E. technischer Gegenstände* ist sehr differenziert und abhängig von Material, Beschichtung und Form. d) Bei der *Geländeentgiftung* und der *E. von Straßen und Gebäuden* muß man sich infolge des großen Bedarfs an Entgiftungsmitteln auf lebenswichtige Zentren beschränken und die durch Wettereinflüsse bedingte Zersetzung der Giftstoffe berücksichtigen.

Die Arbeit des Entgiftungspersonals erfordert spezielle Arbeitsschutzmaßnahmen (Schutzbekleidung, ständige ärztliche Überwachung).

2) biochemisch die Bindung toxischer Produkte des Stoffwechsels oder sonstiger dem menschlichen Körper von außen zugeführter Giftstoffe durch körpereigene Entgiftungsmittel oder durch spezifische Stoffwechselreaktionen. Diese Eigenentgiftung des Organismus vermag jedoch nur relativ geringe Giftstoffkonzentrationen zu beseitigen und spielt bei akuten Vergiftungen und entsprechend hohem Giftangebot keine Rolle. Die körpereigene Entgiftungsfähigkeit ist individuell verschieden.

Enthalpie, Formelzeichen H, eine Zustandsgröße der Thermodynamik, die neben der ↗ inneren Energie benutzt wird. Sie ist definiert durch die Beziehung $H \equiv U + pV$, wobei pV die aus dem Druck p und dem Volumen V berechenbare Volumenarbeit ist. Die E. spielt in allen Fällen eine wichtige Rolle, wo stoffliche Systeme mit ihrer Umgebung Wärme q und Arbeit nur in Form von Volumenarbeit, d. h. durch Expansion oder Kompression austauschen. Aus dem 1. Hauptsatz der Thermodynamik folgt dann für eine differentielle Änderung der E. $\mathrm{d}H = V\mathrm{d}p + \partial q$. Bei einem Vorgang, der bei konstantem Druck (isobar) durchgeführt wird, ist $\mathrm{d}p = 0$ und damit $\mathrm{d}h = \partial q$. Die vom System mit der Umgebung ausgetauschte Wärme ∂q ist dann gleich der Änderung der E. $\mathrm{d}H$.

In der Praxis werden sehr viele Prozesse isobar durchgeführt. Die dabei beobachteten Prozeßwärmen sind Änderungen der E., z. B. ↗ Reaktionswärmen, ↗ Mischungswärmen, ↗ Phasenumwandlungswärmen.

Enthärtung, in der Wasseraufbereitung die Beseitigung der im Rohwasser gelösten härtebildenden Calcium- und Magnesiumbestandteile, z. B. $Ca(HCO_3)_2$, $Mg(HCO_3)_2$, $MgSO_4$, $MgCl_2$ und $CaSO_4$.

1) ***E. nach chem. Verfahren. Carbonathärte.*** Die Beseitigung der Carbonathärte oder vorübergehenden Härte (↗ Härte), auch als Entcarbonisierung bezeichnet, bis auf etwa 0,72 mval (= 2 °dH; = 20 mg CaO/l) erfolgt u. a. nach folgenden Verfahren:

a) *(Ätz-)Kalkverfahren und Ätznatronverfahren.* Entsprechend der vorliegenden Carbonathärte setzt man die nach Gleichung (1) benötigte Menge Calciumoxid (Ätzkalk) zu, das in Wasser zu Calciumhydroxid (gelöschter Kalk) reagiert, oder aber die nach Gleichung (2) benötigte Menge Natriumhydroxid (Ätznatron), wobei eine Verminderung bis auf 0,72 mval möglich ist:

$$Ca(HCO_3)_2 + Ca(OH)_2 \rightarrow 2\ CaCO_3 + 2\ H_2O \qquad (1)$$

$$Ca(HCO_3)_2 + NaOH \rightarrow CaCO_3 + NaHCO_3 + H_2O \qquad (2)$$

Entsprechend den Reaktionen (1) und (2) bildet sich Magnesiumcarbonat ($MgCO_3$), das teilweise (bis zu 94,4 mg/l) in Lösung bleibt. Durch einen weiteren Zusatz von Ätzkalk oder Ätznatron bildet sich das schwer lösliche Magnesiumhydroxid (Löslichkeit 9 mg/l):

$$MgCO_3 + Ca(OH)_2 \rightarrow Mg(OH)_2 + CaCO_3 \qquad (3)$$

b) *Impfverfahren.* Hierbei wird die Carbonathärte des Wassers in dosierter Menge durch Säure (Salzsäure oder Schwefelsäure) bis zu 0,36 mval zersetzt:

$$Ca(HCO_3)_2 + 2\ HCl \rightarrow CaCl_2 + 2\ CO_2 + H_2O \qquad (4)$$

Bei diesem Verfahren ist zu beachten, daß die Nichtcarbonathärte ansteigt und eine hohe Kohlensäurekonzentration entsteht.

c) *Kalküberschußverfahren.* Dem Rohwasser wird zunächst Ätzkalk im Überschuß zugesetzt, wobei die Reaktion (1) stattfindet. Das nun stark alkalische Wasser fördert die Enteisenung und Entmanganung und begünstigt bis zu einem gewissen Grade die Entfernung weiterer Inhaltsstoffe. Durch anschließende Behandlung mit Säuren wird das Wasser nahezu neutralisiert.

Gesamthärte. Auch bei der chem. Beseitigung der Gesamthärte (↗ Härte) finden u. a. je nach dem angewendeten Verfahren die Reaktionen (1) bis (4) statt. Man unterscheidet folgende Verfahren:

a) *Kalk-Soda-Verfahren.* Durch den Zusatz von Kalk wird zunächst der Carbonathärteanteil des Calciums und Magnesiums nach den Gleichungen (1) und (3) umgesetzt. Anschließend fällt durch Soda die Nichtcarbonathärte (z. B. $CaSO_4$) aus:

$$CaSO_4 + Na_2CO_3 \rightarrow CaCO_3 + Na_2SO_4 \qquad (5)$$

Es ist eine E. des Wassers bis auf 0,36 bis 0,72 mval möglich.

b) *Soda-Ätznatron-Verfahren.* Die E. wird analog zum Kalk-Soda-Verfahren betrieben. Vorteilhaft in der Praxis ist der gleichzeitige Zusatz von Soda und Ätznatron.

e) *Trinatriumphosphat.* Mit verhältnismäßig teurem Trinatriumphosphat lassen sich Härtebildner eines Wassers bis auf 0,036 bis 0,108 mval als schwerlösliche Magnesium- und Calciumphosphate in Form eines flockigen Schlammes abscheiden:

$$3\,Ca(HCO_3)_2 + 2\,Na_3PO_4 \rightarrow Ca_3(PO_4)_2 + 6\,NaHCO_3 \quad (6)$$

$$3\,CaSO_4 + 2\,Na_3PO_4 \rightarrow Ca_3(PO_4)_2 + 3\,Na_2SO_4 \quad (7)$$

d) *Barastu-Verfahren* (Abk. von Balcke-Rapid-Stufenverfahren). Zunächst wird mit billigeren Stoffen wie Kalk, Soda oder Ätznatron die bereits beschriebene E. auf 0,36 mval durchgeführt; anschließend wird mit Na_3PO_4 die Resthärte auf 0,036 mval reduziert.

e) *Laugen-Umlaufverfahren* (Neckarverfahren). Die Beseitigung der Gesamthärte erfolgt mit Soda. Zunächst wird die Nichtcarbonathärte mit Soda nach Gleichung (5) umgesetzt. Die hierbei gebildete Ätznatronmenge fällt die Carbonathärte nach Gleichung (2) aus.

f) *Barytverfahren.* Hierbei verwendet man bariumhaltige Verbindungen, besonders Bariumcarbonat, $BaCO_3$. Dieses kostspielige Verfahren wird nur sehr selten angewandt. Die bei 20 °C erzielbare Resthärte beträgt 1,44 bis 1,8 mval.

g) Viele Enthärtungsanlagen arbeiten mit *Ionenaustauschern* und *Austauscheradsorbenzien*, wobei Wasser erhalten werden kann, das in seiner Qualität destilliertem Wasser entspricht.

2) ***E. nach chemisch-physikalischen und rein physikalischen Methoden***

a) *Elektrolytische Verfahren.* Durch Gleichspannung von 6 bis 10 V, die gegen die Innenfläche von Dampferzeugerrohren und dgl. gerichtet wird, fallen die Härtebildner des Wassers feinstverteilt als Schlamm aus.

b) *Elektroosmotisches Verfahren* (↗ Entsalzung).

c) *Thermische E.* Durch Erhitzen können die gelösten Calcium- und Magnesiumhydrogencarbonatbestandteile des Wassers z. B. nach Gleichung (8) zu Calciumcarbonat, Kohlendioxid und Wasser umgesetzt werden:

$$Ca(HCO_3)_2 \rightarrow CaCO_3 + CO_2 + H_2O \quad (8)$$

Dieser Vorgang ist zeit- und temperaturabhängig.

d) *Destillationsverfahren* (↗ Entsalzung).

e) *Tonisatior-Verfahren* (großtechnisch in der Wasseraufbereitung ohne Bedeutung). Evakuierte, mit einem Quecksilbertropfen und Neon gefüllte Glaskugeln werden in Wasser in Bewegung gehalten. Durch das Sprengen und Wiederzusammenfließen des Quecksilbertropfens entstehen elektrische Ladungen, wodurch die Härtebildner als Schlamm ausfallen.

f) *Ausfrierverfahren* (zur E. anwendbar, aber großtechnisch in der Wasseraufbereitung ohne Bedeutung) (↗ Entsalzung).

g) *Magnetische Verfahren.* Das aufzubereitende Wasser bewegt sich durch ein Magnetfeld, wobei Fließrichtung und magnetische Kraftlinien senkrecht zueinander stehen müssen. Dabei kann es zum Ausfällen der Carbonathärtebildner kommen. Die Fällungsprodukte fallen durch die magnetische Behandlung in amorpher abschlämmbarer Form an und können so aus den Anlagen entfernt werden, so daß sich störende Inkrustationen vermeiden lassen. Mitunter gelingt es sogar, alte Inkrustationen wieder abzutragen.

Entkeimung, in der Abwasserreinigung die Beseitigung oder Verminderung der im Abwasser enthaltenen Keime, besonders der pathogenen Keime. Es werden folgende Verfahren unterschieden: a) *Sterilisation:* Vernichtung aller Keime, z. B. durch Kochen (Tierkörperverwertungsbetriebe u. a.). b) *Pasteurisierung:* Vernichtung nur der pathogenen Keime durch Erhitzen, z. B. des Schlammes kommunaler Kläranlagen. c) *Desinfektion:* Sehr starke Verringerung der Anzahl der Keime (Keimarmmachung). Die Verfahren entsprechen im wesentlichen denen der Desinfektion in der Wasseraufbereitung.

Entkieselung, die Entfernung von Kieselsäure bzw. Siliciumdioxid aus dem Speisewasser für Dampferzeuger. Kieselsäure bzw. Siliciumdioxid bildet im eingedickten Dampferzeugerspeisewasser mit dem Calcium- oder Magnesiumcarbonat den auf den Rohren des Dampferzeugers sehr gefürchteten harten Silicatstein: $CaCO_3 + SiO_2 \rightarrow CaSiO_3 + CO_2$. Die E. kann auf chem. Wege durch Fällungsverfahren oder mit Ionenaustauschern erfolgen.

Entkohlung, bei metallurgischen Prozessen der Stahlherstellung die Entfernung des Kohlenstoffs 1) aus der Eisenschmelze durch Oxidation (Frischen) über das Eisen(II)-oxid und andere Oxide der Schlacke, die sich in der Eisenschmelze lösen und mit Kohlenstoff reagieren ($FeO + C \rightleftharpoons Fe + CO$), oder 2) aus der Oberflächenschicht des Stahls durch chemisch-thermische Behandlung (oxidative Diffusionsentfernung), um eine Änderung von Zusammensetzung und Struktur zu erreichen.

Entkoppler, chemische Verbindungen, die bei der ↗ Atmungskettenphosphorylierung die Oxidation und Phosphorylierung entkoppeln können, ohne die mitochondriale Struktur zu zerstören. E. sind in der Regel schwache Säuren mit hydrophober Struktur, wie z. B. 2,4-Dinitrophenol (DNP) oder Carbonylcyanid-*m*-chlorphenylhydrazon (CCCP), die Protonen durch die innere Mitochondrienmembran transportieren und den Protonengradienten aufheben. Ebenso können Ionophore die oxidative Phosphorylierung entkoppeln. In den Mitochondrien des braunen Fettgewebes entkoppelt ↗ Thermogenin ATP-Bildung und Protonenfluß, wobei die im Protonengradienten gespeicherte Energie als Wärme frei wird.

Entlaubungsmittel, ↗ Defoliantien, ↗ Phytogifte.

Entmanganung, in der Wasseraufbereitung die Reduzierung des Mangangehaltes auf einen entsprechend dem Verwendungszweck zulässigen Wert. Mangan tritt in eisenhaltigen Wässern als Begleitelement häufig in Mengen von 0,5 bis 5 mg/l auf. Es beeinträchtigt den Geschmack des Trinkwassers und stört durch Ablagerungen im Verteilungssystem. Die Entfernung von Mangan wird meist durch Belüftung und Filtration vorgenommen.

Entmetallisieren, 1) das teilweise oder vollständige Entfernen von Metallüberzügen, ohne das Grundmetall anzugreifen. Je nach der Art des zu entfernenden Überzugsmetalls spricht man z. B. von Entkupferung, Entzinkung und Entzinnung. Das E. erfolgt entweder chemisch (Tauchverfahren) oder elektrochemisch (elektrolytisches E.). Beim *Tauchverfahren* behandelt man die Gegenstände mit Lösungen, z. B. Salzsäure für Zink- und Cadmiumüberzüge, Kaliumcyanid für Gold- und Kupferüberzüge, Natronlauge für Zinnüberzüge. Beim *elektrolytischen E.* schaltet man das Werkstück als Anode. Die Zusammensetzung des Bades unterscheidet sich nicht grundsätzlich von der des Bades beim Tauchverfahren. Das elektrolytische E. verläuft wesentlich schneller als das chem. E. Man arbeitet mit Spannungen von 2 bis 6 V.

Eine Ausnahme bildet die chem. *Entzinnung* mit trockenem Chlorgas, wobei flüssiges Zinntetrachlorid entsteht. Dieses Verfahren dient der Rückgewinnung des Zinns von Weißblechabfällen.

2) Korrosion von Legierungen, bei der das unedle Metall bevorzugt in Lösung geht. Bei der Korrosion von Messing ist mit ↗ Entzinkung zu rechnen. Vergleichbar mit der Entzinkung findet bei Aluminiumbronzen in einigen Korrosionsmedien, z. B. konz. Schwefelsäure, Entaluminisierung statt. Kupfer-Nickel-Legierungen erfahren gelegentlich in lufthaltiger Flußsäure eine Entnickelung. Die bei Grauguß als ↗ Spongiose bezeichnete Korrosionsform ist auf eine Enteisenung zurückzuführen.

3) Oberflächliche Verarmung der Metallkonzentration in Legierungen durch Verdampfung einer Komponente. Beispielsweise kommt es durch Verdampfung des Zinks bei hoher Temperatur aus Messinggegenständen in oberflächennahen Gefügebereichen ebenfalls zu der o. a. Entzinkung.

Entmischung, der Zerfall einer aus zwei oder mehreren Komponenten bestehenden homogenen Mischung in getrennte Phasen unterschiedlicher Zusammensetzung.

E. tritt in flüssigen und in festen Mischungen auf, wenn die Bestandteile nicht in jedem Verhältnis miteinander mischbar sind und durch Veränderung der äußeren Bedingungen, z. B. Temperatur oder Druck, der Bereich der ↗ Mischungslücke erreicht wird. Bei flüssigen Gemischen ist der Beginn der E. an einer Trübung zu erkennen, die daraus resultiert, daß die eine Phase zunächst feinverteilt in kleinsten Tröpfchen in der anderen vorliegt.

Zwischen den verschiedenen Phasen existiert ein thermodynamisches Gleichgewicht. Damit sind Rekristallisationen unterkühlter Schmelzen oder die Aufhebung von Übersättigungserscheinungen nicht zur E. zu rechnen. Bei der E. fester Mischungen treten häufig Hemmungen auf. Die unterschiedliche Anreicherung schwerer und leichter Gaskomponenten in einem starken Schwerefeld (z. B. in einer Gaszentrifuge) ist keine E., da sich keine Phasengrenze ausbildet. Im überkritischen Gebiet (↗ kritischer Punkt) dagegen ist E. möglich.

Entnickelung, ↗ Entmetallisieren.

Entölung, in der Wasseraufbereitung die Beseitigung des Öles aus dem Abwasser der Erdölverarbeitungsbetriebe oder aus dem in Brikettfabriken anfallenden Kondensat bzw. auch die Beseitigung von Schmierölen aus Kühlwässern. Ölige Ablagerungen verursachen im Dampferzeuger bzw. in den zugehörigen Rohrleitungen sehr unangenehme Betriebsstörungen, da sie die Wärme tausendmal schlechter leiten als Stahl und in Verbindung mit Phosphatschlamm zu Rohrverstopfungen führen können. Der Ölgehalt des Dampferzeugerspeisewassers darf z. B. bei Hochdruckdampferzeugern 1 bis 3 mg/l nicht überschreiten. Die E. erfolgt auf mechanischem Wege (wobei stets eine Nachentölung notwendig ist) oder auf chem. Wege oder durch Aktivkohle. Bei einem Ölgehalt von mehr als 10 mg/l ist stets eine mechanische Vorentölung durch Absetzbekken, Prallflächen- oder Fliehkraftentöler u. dgl. erforderlich. Bei der (nur selten angewendeten) chem. E. wird dem Kondensat Aluminiumsulfat- oder Eisenchloridlösung zugesetzt. Bei einem optimalen pH-Bereich von 6 bis 7 schlägt das sich bildende Aluminium- oder Eisenhydroxid das Öl nieder, das dann bei der folgenden Filtration über Filter zurückgehalten wird.

Häufig erfolgt die E. mit Aktivkohle. Ihre Wirksamkeit ist unter anderem von der Wassertemperatur abhängig. Eine gute Aktivkohle liefert ein Kondensat mit einem Ölgehalt von < 1 mg/l und kann bei einer Wassertemperatur von etwa 100 °C 35 % ihrer Füllungsmasse an Öl aufnehmen, bei 50 bis 60 °C nur etwa 20 bis 25 %. Eine Regeneration der mit Öl gesättigten Aktivkohle ist nicht möglich.

Auch Anschwemmfilter werden zur Kondensatentölung eingesetzt. Durch eine ständige Weiterentwicklung der benötigten Filterhilfsmittel sind sie der Aktivkohleentölung teilweise überlegen.

Entparaffinierung, ↗ Paraffin.

Entphosphorung, bei metallurgischen Prozessen der Stahlherstellung die Entfernung des Phosphors aus der Eisenschmelze durch Oxidation (Frischen) nach der bei niederer Temperatur verlaufenden Reaktion 10 FeO + 4 P → 10 Fe + P_4O_{10}. Mit basischen, kalkreichen Schlacken bilden phosphorreiche Schmelzen in exothermer Reaktion Calciumphosphate.

Entropie, Formelzeichen S, eine Zustandsgröße der Thermodynamik, die es ermöglicht, Aussagen über die Reversibilität (↗ reversibel) und die Richtung von Prozessen sowie über die Lage des thermodynamischen Gleichgewichtes zu treffen. Findet in einem reversiblen Prozeß ein differentieller Wärmeaustausch dq_{rev} mit der Umgebung bei der Temperatur T statt, so ist die *reduzierte Wärme* dq_{rev}/T gleich der Änderung einer Zustandsgröße dS, d. h. $dS = dq_{rev}/T$. Die Einheit der E. ist J K^{-1}. Für einen reversiblen Kreisprozeß läßt sich zeigen, daß $\Sigma_0 q_{rev}/T = 0$ oder für lauter differentielle Teilschritte:

$\oint dq_{rev}/T = 0$ (↗ Carnotscher Kreisprozeß).

Der Ausdruck $dS = dq_{rev}/T$ erfüllt also die Bedingung für eine Zustandsgröße, daß deren Änderung vom Weg unabhängig und bei einem Kreisprozeß Null ist. Sind aber am Kreisprozeß irreversible Schritte beteiligt, erhält man für die Summe der reduzierten Wärmen $\Sigma_0 q/T < 0$. Damit erfüllt die reduzierte Wärme nicht mehr die Bedingungen für eine Zustandsgröße. Sie ist bei irreversiblen Vorgängen kein Maß für die E.

Auf dieser Grundlage kann bewiesen werden, daß für abgeschlossene Systeme, die in keinerlei Stoff- und Energieaustausch mit der Umgebung stehen, für irreversible Zustandsänderungen $dS > 0$ und für reversible Zustandsänderungen $dS = 0$ gilt. Die Gesamtentropie eines abgeschlossenen Systems nimmt also für irreversible Prozesse stets zu. Die E. ermöglicht Aussagen über die Richtung von makroskopischen Prozessen. In der Natur können nur makroskopische Prozesse ablaufen, die insgesamt zu einer Entropieerhöhung führen. Das ermöglicht gleichzeitig die Festlegung einer Zeitrichtung. Der Zustand der größeren E. liegt zeitlich nach dem mit der geringeren E. Erreicht die E. ein Maximum, dann gilt $dS = 0$, und es ist liegt ein Gleichgewicht vor. Der Prozeß kommt zum Stillstand oder verläuft reversibel über lauter Gleichgewichtszustände.

Ein abgeschlossenes System kann aus geschlossenen Teilsystemen, die untereinander Energie austauschen, aufgebaut sein. Beispiele sind die beiden Wärmebehälter und das Arbeitsgas beim Carnotschen Kreisprozeß oder ein geschlossener Reaktor im Wärmebad eines Thermostaten. In einem solchen Teilsystem kann die E. geändert werden durch Wärmeaustausch mit der Umgebung sowie durch Entropieproduktion aufgrund eines irreversiblen Prozesses im Inneren des Systems. Die Entropieänderung dS_i kann deshalb positiv oder negativ sein. Maßgebend für die Freiwilligkeit des Vorgangs ist ausschließlich die Entropiebilanz für das Gesamtsystem. Die E. wird durch den 2. Hauptsatz der Thermodynamik (*Entropiesatz*) als Zustandsgröße definiert. Sie ist eine Funktion von Zustandsvariablen, wie Druck oder Volumen, Temperatur und chem. Zusammensetzung. Diese Zustandsfunktion $S = f(T, p, x_1 \dots x_k)$ ermöglicht die Berechnung von Entropieänderungen bei Zustandsänderungen und mit Hilfe des 3. Hauptsatzes der Thermodynamik die Festlegung von Absolutwerten der E.

Die von Boltzmann und Planck vorgeschlagene statistische Definition der E. lautet $S = k_B \ln W$. Dabei ist k_B die Boltzmann-Konstante und W die thermodynamische Wahrscheinlichkeit des vorliegenden Makrozustandes mit der E. S. Man denkt sich dabei den Makrozustand aufgebaut aus einer großen Anzahl von Mikrozuständen. Die thermodynamische Wahrscheinlichkeit gibt die Anzahl der Anordnungsmöglichkeiten der prinzipiell unterscheidbaren Systembestandteile auf die verschiedenen Mikrozustände an. Je weniger Realisierungsmöglichkeiten des Makrozustandes existieren, desto geringer sind seine Wahrscheinlichkeit und seine E. Das Anwachsen der E. bedeutet den Übergang eines Zustandes in einen solchen größerer Wahrscheinlichkeit, d. h. geringerer »Ordnung« (↗ Thermodynamik).

Entropieelastizität, ↗ Kautschukelastizität.

Entropieproduktion, ↗ Thermodynamik II.

Entropiesatz, 2. Hauptsatz der ↗ Thermodynamik.

Entrosten, ↗ Oberflächenvorbehandlung.

Entsalzung, in der Wasseraufbereitung die Beseitigung von im Rohwasser enthaltenen Salzen zur Gewinnung von Trink- und Betriebswasser. Die *Vollentsalzung* eines Wassers, d. h. die restlose Beseitigung eines Salzgehaltes, erfolgt im großtechnischen Maßstab bei der Wasserbereitstellung für Dampfkraftbetriebe zur Kesselspeisewassergewinnung und wird z. B. mittels Ionenaustauschern durchgeführt. Eine *Teilentsalzung* eines Wassers, d. h. die Verminderung seines Kationen- und Anionengehaltes, ist oft bei der Betriebswasserversorgung industrieller Verbraucher erforderlich, ferner zur Nutzbarmachung von Meerwasser für Trinkwasserzwecke (*Meerwasserentsalzung*).

Die E. kann nach verschiedenen Verfahren vorgenommen werden.

Thermische Verfahren. Hierbei wird den zu entsalzenden Rohwässern Energie zu- oder abgeführt; je nach der Verfahrenstechnik entsteht Wasserdampf oder Eis. Der jeweils verbleibende flüssige Rückstand ist stark mit Salzen angereichert. Der Wasserdampf, der nur wenige Salzpartikel und Gase wie Sauerstoff, Kohlendioxid und Stickstoff enthält, wird kondensiert; das gewonnene Eis wird – von der verbliebenen Salzlauge mechanisch getrennt –

durch Erwärmen in ein salzarmes Wasser überführt. Zur Erzielung einer guten Energieausnutzung und damit einer hohen Wirtschaftlichkeit derartiger Entsalzungsanlagen wird die Kondensationswärme oder die Schmelzwärme des Wassers wieder verwendet. Man unterscheidet unter anderem folgende thermische Verfahren.

a) Bei der *Mehrstufendestillation* (*Kaskadenverdampfung*) wird die Kondensationswärme des Wasserdampfes in nacheinander geschalteten Destillationskolonnen von Stufe zu Stufe ausgenutzt. Die dabei auftretenden unvermeidlichen Wärmeverluste werden durch ein gestaffelt angeordnetes Vakuum ausgeglichen. b) Bei der *Thermokompression* (*Brüdenkompression*) wird die bei der Verdichtung des Wasserdampfes entstehende Kompressionswärme zur Aufheizung des Salzwassers genutzt (Prinzip der Wärmepumpe). c) Die *Entspannungsverdampfung* arbeitet bei Temperaturen von 50 °C unter periodischer Druckverminderung, wobei die Verdampfungsmenge zunimmt. d) Bei der *Sonnendestillation* lassen sich mit Hilfe der Sonnenenergieeinstrahlung mit 28000 kJ/m^2 je Tag z. B. in Wüstengebieten täglich etwa 14 l je m^2 Verdunstungsfläche gewinnen. e) *Ausfrierverfahren*, bei denen durch Ausfrieren aus Meerwasser Süßwasser gewonnen wird, sind teilweise erprobt worden. Ihr Einsatz wird aber auf wenige Spezialfälle beschränkt bleiben, da diese Verfahren meist mit einem sehr hohen Energieaufwand verbunden sind.

Verfahren mit Hilfe semipermeabler Membranen (↗ Osmose, ↗ Umkehrosmose, ↗ Hyperfiltration). Zu diesen gehört z. B. das *elektroosmotische Verfahren*, das sich für Wässer mit einem Natriumchloridgehalt bis zu 5000 mg/l eignet. Das Aggregat ist durch elektrolytdurchlässige Membranen in mehrere Zellen unterteilt und wird mit Gleichspannung gespeist. Zwischen einem selektiv wirkenden Paar von Anionen- und Kationenmembranen fließt jeweils getrennt ein salzarmes und ein salzangereichertes Wasser ab (Abb.).

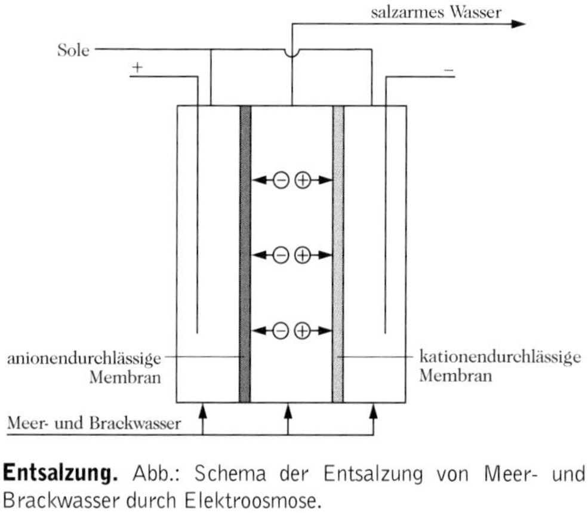

Entsalzung. Abb.: Schema der Entsalzung von Meer- und Brackwasser durch Elektroosmose.

Chemische Verfahren. a) *Flüssig-Flüssig-Extraktion.* Dieses Verfahren beruht auf den Eigenschaften verschiedener chemischer, z. T. flüssiger Substanzen, Elektrolyte zu adsorbieren. Andere Substanzen, z. B. bestimmte aliphatische Amine, vermögen dagegen das Wasser aufzunehmen. Je nach Art des Extraktionsmittels lassen sich auf diese Weise die Salzbestandteile aus dem Lösungsmittel Wasser trennen. b) E. durch *Entcarbonisierung*, ↗ Enthärtung.

Entsäuerung, in der Wasseraufbereitung die Beseitigung von in Trink- und Betriebswasser enthaltenen sauren Bestandteilen. Saure Wässer wirken im allgemeinen korrodierend und können zu Schäden in Wasserversorgungsanlagen und im Verteilungssystem führen (↗ Calciumcarbonatsättigung). Die E. eines Wassers erfolgt mechanisch oder chemisch, je nachdem, ob leicht flüchtige Bestandteile (Kohlendioxid, Schwefelwasserstoff) oder schwer flüchtige Bestandteile (z. B. Schwefelsäure) in geringen oder hohen Konzentrationen zu beseitigen sind. Bei der *mechanischen* oder *physikalischen E.* kommen im wesentlichen die Kaskadenbelüftung, die Druckbelüftung, die Verdüsung oder Belüftungswalzen zur Anwendung (↗ Gasaustausch). Für außergewöhnliche Bedingungen existieren weitere Sonderformen (z. B. Rieselung in gut durchlüfteten Anlagen), die aber in ihrem Wirkungsgrad den o. a. Verfahren unterlegen sind und nur sehr selten angewendet werden. Die *chemische E.* erfolgt fast ausschließlich durch Zugabe von Kalk oder Natronlauge. Geringe Säuremengen im Wasser können auch über Marmor oder andere alkalische Filtermaterialien, z. B. Decarbolith oder Calciumcarbonat, gebunden werden. Es ist darauf zu achten (speziell bei der Entfernung der freien überschüssigen Kohlensäure), daß sich im Wasser der Zustand der Calciumcarbonatsättigung einstellt.

Entschäumer, ***Schauminhibitoren***, ***Schaumverhütungsmittel***, ***Schaumbrecher***, ***Antischaummittel***, zur Verhütung von Schaumbildung verwendete Substanzen, die infolge ihrer geringen Mischbarkeit mit der schäumenden Flüssigkeit dazu neigen, sich an der Grenzfläche Flüssigkeit/Gas anzureichern. Als E., die bereits in Mengen von 0,01 bis 0,1 % wirken, eignen sich sowohl für wäßrige Lösungen als auch für Öle Alkylpolysiloxane. Bei Schmierölen muß eine kritische Siloxankonzentration überschritten werden, da sie sonst als Schäumer wirken. Für wäßrige Lösungen eignen sich ferner höhere Alkohole, Propylenglycol und Ethylenoxid-Propylenoxid-Addukte als Schaumdepressoren.

Entschlichtungsmittel, ↗ Schlichtemittel.

Entschwefelung, 1) bei metallurgischen Prozessen die Entfernung des Schwefels aus der Eisenschmelze über die Bildung von Calciumsulfid durch Zusatz von Kalk, CaO oder Calciumcarbid CaC_2 unter reduzierenden Bedingungen: FeS + CaO → CaS

+ FeO; FeS + $CaC_2 \rightarrow CaS$ + Fe + 2 C. Ein Teil der E. verläuft über das in der Schmelze enthaltene Mangan nach FeS + Mn $\rightarrow$ MnS + Fe. Calciumsulfid und Mangansulfid werden von der Schlacke aufgenommen. Durch Zusatz von Soda Na_2CO_3 zur Eisenschmelze entsteht flüchtiges Natriumsulfid Na_2S. Beim Frischen wird der Schwefel oxidiert: 2 FeS + 3 $O_2 \rightarrow$ 2 FeO + 2 SO_2. 2) bei Brenngasen ↗ Gasreinigungsmasse.

Entsilicierung, bei metallurgischen Prozessen der Stahlherstellung die oxidative Entfernung des Siliciums aus der Eisenschmelze (Frischen) z. B. nach 2 FeO + Si $\rightarrow$ 2 Fe + SiO_2 (Silicat-Bildung).

Entstaubung, die Abscheidung von staubförmigen, festen Stoffen unter Anwendung verschiedener Entstaubungsanlagen bzw. Filter. *Prallplattenentstauber* nutzen die gerichtete Bewegung der Staubteilchen aus, *Zyklonentstauber* arbeiten nach dem Prinzip der Radialbeschleunigung (Fliehkraftabscheider), bei *Venturi-Wäschern* wird in den beschleunigten Gasstrom Wasser eingedüst. *Gewebefilter* und *keramische Filter* halten die Staubteilchen bei entsprechender Wahl der Porengröße der Gewebe bzw. der keramischen Filterkerzen zurück, während das Gas die Poren durchströmt. Bei *Metallfiltern* wird die Haftwirkung ölbenetzter Flächen ausgenutzt. Die elektrostatische Gasentstaubung erfolgt mit dem *Elektrofilter* (↗ elektrostatische Gasreinigung). Eine weitgehende E. erfordert vielfach den Einsatz mehrerer Entstaubungsverfahren. Für die Feinentstaubung sind Elektrofilter besonders geeignet. Eine Grobentstaubung kann durch Verlangsamung des Gasstromes erfolgen.

Der E. von Gasen kommt für die Reinhaltung der Luft große Bedeutung zu.

Entwässern, das Entfernen des Wassergehalts aus Substanzen. Feste Stoffe werden z. T. schon bei Raumtemperatur entwässert; meist geschieht dies aber durch Erhitzen, und zwar bis zu 200 °C in Trockenöfen, bei erforderlichen höheren Temperaturen in Muffelöfen. Substanzen mit geringen Mengen an Wasser können im Exsikkator getrocknet werden. Das E. kann beschleunigt werden, indem man es im Vakuum vornimmt oder über das Gut trockene Luft streichen läßt (↗ Trocknen). Wäßrige Lösungen werden in gleicher Weise behandelt wie feste Stoffe. Außerdem können sie auch durch starkes Kühlen entwässert werden. Nichtwäßrige Lösungen oder Lösungsmittel werden durch Einbringen von hygroskopischen Trocknungsmitteln, z. B. Phosphorpentoxid, geglühtem Natriumsulfat, Calciumchlorid, Natriumdraht, getrocknet. Weiteres über das E. ↗ Lösungsmittel. Das E. wird so lange vorgenommen, bis die Masse der zu trocknenden Substanz gleichbleibt. Der Bestandteil der Substanz, der nach dem E. zurückbleibt, ist die ↗ Trockensubstanz.

In der chem. Technik sind außerdem eine Reihe von mechanischen Verfahren zur Entwässerung von Feststoff-Flüssigkeits-Gemischen gebräuchlich, z. B. die Vakuum- und Druckfiltration und das E. auf Sieb-, Schäl- und Düsenschleudern, auf Entwässerungssieben oder in Trockentrommeln.

Entwicklungsfarbstoffe, eine Klasse von wasserunlöslichen Azofarbstoffen, die direkt auf der anzufärbenden Faser erzeugt werden. Dabei wird die Faser entweder mit einer Diazoniumsalzlösung oder mit einer Lösung der Kupplungskomponente getränkt. Anschließend wird der Farbstoff mit einer Kupplungskomponente entwickelt (bei Tränkung mit einer Diazoniumlösung) oder aber mit einer Diazoniumsalzlösung (bei Tränkung mit einer Lösung der Kupplungskomponente). Bekannte E. sind unter anderem die ↗ Eisfarben, z. B. Naphthol-AS-Farbstoffe, Anilinschwarz, Naphthogenfarbstoffe, Sambesifarbstoffe.

Entzinkung, eine Korrosionsform des Messings, die pfropfenartig (Pfropfenentzinkung) oder lagenförmig (Lagenentzinkung) auftreten kann. In vorwiegend unbelüfteten, chloridhaltigen Lösungen gehen Kupfer- und Zink-Ionen zunächst gemeinsam in Lösung. Dann scheidet sich Kupfer schwammartig an der unedleren Messingoberfläche ab, wodurch eine entzinkte Oberfläche vorgetäuscht wird.

Entzinnung, ↗ Entmetallisieren.

Entzundern, das Entfernen von Zunder auf Stahl und Eisen (im wesentlichen Eisen(II,III)-oxid Fe_3O_4) zur Erzielung sauberer Oberflächen. Das E. kann entweder auf chem. Wege (Salzsäure oder Schwefelsäure mit Beizinhibitoren), durch Strahlen mit Schlacken (trocken oder naß) oder Stahlkies sowie durch Flammstrahlen erfolgen. Das chem. E. spielt eine große Rolle bei der Verzinkung oder Verzinnung von Stahlblechen.

Entzündung, der Beginn einer Verbrennung. Diese setzt ein, sobald eine Stelle des brennbaren Körpers in Berührung mit Luft oder Sauerstoff auf eine bestimmte Temperatur, die *Entzündungstemperatur* (*Zündtemperatur*), gebracht worden ist.

Bei flüssigen brennbaren Stoffen unterscheidet man zwischen Flammpunkt und Brennpunkt. Der *Flammpunkt*, Abk. *FP*, ergibt sich als die Temperatur, bei der die erhitzte Flüssigkeit erstmals kurz aufflammt. Der *Brennpunkt* ist die Temperatur, bei der eine bleibende Flamme auftritt. Der Temperaturunterschied zwischen Flammpunkt und Brennpunkt ist um so größer, je höher der Siedepunkt liegt. Der Flammpunkt wird zum Vergleich für die Feuergefährlichkeit brennbarer Flüssigkeiten benutzt, und zwar teilt man letztere nach gesetzlichen Vorschriften in Gefahrenklassen ein, die für die Lagerung und den Transport dieser Flüssigkeiten entscheidend sind.

enzymatische Bräunung, Reaktionen, durch die in pflanzlichen Lebensmitteln (Obst, Kartoffeln, manche Gemüsearten) vorkommende phenolische Verbindungen, meist Polyphenole, durch Enzyme polymerisiert werden, wobei braune Produkte entstehen. In der intakten Pflanzenzelle sind die Enzyme (Oxidoreductasen; Phenolase, Phenoloxidase, Polyphenoloxidase) von den Substraten getrennt, daher tritt die e. B. erst nach Zellzerstörung ein; Sauerstoff ist als Wasserstoffakzeptor erforderlich. Als Zwischenprodukte treten *o*-Chinone auf, die zu braunen hochpolymeren Verbindungen umgesetzt werden. Relevante Beispiele sind die unerwünschte Braunfärbung von Äpfeln, Bananen, Meerrettich, Kartoffeln bzw. den daraus hergestellten Produkten, wie z. B. Fruchtsäften. Die e. B. kann auch zu geschmacklichen Veränderungen führen. Andererseits ist die e. B. bei der Herstellung von schwarzem Tee und Kakao notwendig, da die Produkte dadurch ihre typische Farbe und den Geschmack erhalten. Wenn erforderlich kann die e. B. verhindert werden durch Hitzeinaktivierung der Enzyme (Pasteurisation od. Blanchieren), Ausschluß von Luftsauerstoff, Zusatz von SO_2 oder Ascorbinsäure, Senkung des pH-Wertes (unter 3; in der haushaltsüblichen Praxis benutzt man häufig Zitronensaft). Auch nachträglich können unerwünschte Produkte der e. B. aus flüssigen Produkten durch Adsorption (Gelatine o. ä.) entfernt werden.

enzymatische Peptidsynthese, im engeren Sinne die durch die ribosomale Peptidyltransferase bzw. durch Multienzymkomplexe katalysierte Verknüpfung von Aminosäuren zu Peptiden und ↗ Proteinen. Aufgrund der nicht möglichen Nutzung der Peptidyltransferase außerhalb des Ribosoms sowie der begrenzten Anwendungsmöglichkeiten von Multienzymkomplexen wurde mit der proteasekatalysierten Peptidsynthese ein der chemischen ↗ Peptidsynthese ergänzendes Synthesepotential entwikkelt.

Enzyme, früher als ***Fermente*** bezeichnet, in der lebenden Zelle gebildete Proteine, die als Biokatalysatoren die chem. Reaktionen des Stoffwechsels beschleunigen und in zunehmendem Maße auch zur selektiven Stoffwandlung (Biotransformation) außerhalb des Zellbereiches eingesetzt werden. Die Beschleunigung ist 10^3- bis 10^6fach gegenüber der unkatalysierten Reaktion, die Anzahl der je Enzymmolekül umgesetzten Substratmoleküle kann bis zu 10^5 je s betragen.

Als Katalysatoren verringern die E. die Aktivierungsenergie der katalysierten Reaktion durch intermediäre Bildung eines Enzym-Substrat-Komplexes. Das thermodynamische Gleichgewicht der Reaktion wird dabei nicht verändert, sondern nur beschleunigt eingestellt. Die E. erscheinen am Ende der Reaktion in ihrer ursprünglichen Form. Das Temperaturoptimum der enzymatisch katalysierten Reaktion liegt bei etwa 50 °C. Oberhalb dieser Temperatur kommt es zur Hitzedenaturierung der Proteinkomponente. Eine Ausnahme bilden die thermophilen E. bestimmter Mikroorganismen, die bis zu 110 °C katalytisch wirksam bleiben. Die Wirkung der E. ist weiterhin vom pH-Wert des Mediums, von der Anwesenheit spezifischer Effektoren sowie von der Substratkonzentration abhängig. Alle E. zeichnen sich durch eine hohe Substrat- und Wirkungsspezifität aus. Generell wird nur eine Verbindung (oder ein Verbindungstyp) als Substrat akzeptiert oder nur ein bestimmter Reaktionstyp beschleunigt, wobei die regio-, stereo- und enantioselektive Umsetzung des Substrats besonders charakteristisch ist. Die volle katalytische Wirksamkeit der E. ist an das Vorliegen einer bestimmten Konformation des Gesamtmoleküls gebunden. Für die Bindung und Umsetzung des Substrats sind dagegen nur einige räumlich benachbarte Aminosäurereste des »aktiven Zentrums« und kooperativ wirksame Effektoren verantwortlich.

Klassifizierung. Die gegenwärtig bekannten mehr als 2500 E. können nach ihrem Vorkommen in der Natur (tierische, pflanzliche, mikrobielle E.), nach ihrer Stellung im Stoffwechsel (Verdauungs-, Atmungsketten-, Blutgerinnungsenzyme), nach ihren funktionellen Gruppen (Serin-, SH-Enzyme), nach ihren physikalischen Eigenschaften und nach vielen anderen Gesichtspunkten eingeteilt werden. Durchgesetzt hat sich jedoch das auf der Wirkungsspezifität beruhende internationale Einteilungssystem (*EC-Nomenklatur*, Abk. von enzyme commission). Danach erhält jedes E. eine vierstellige Codenummer, die die Hauptgruppe oder Klasse, die Gruppe, die Untergruppe und die Seriennummer festlegt.

Struktureller Aufbau. Als globuläre Proteine können die E. aus nur einer Polypeptidkette bestehen (*monomere* oder *Einkettenenzyme*) oder aus mehreren gleichen oder verschiedenen Untereinheiten aufgebaut sein (*oligomere* oder *Mehrkettenenzyme*). Einkettenenzyme sind vor allem an das Blut oder an den Verdauungstrakt abgegebene Sekretenzyme. Häufig werden diese E. in Form inaktiver Vorstufen (↗ Zymogene) gebildet und erst am Wirkort durch limitierte Proteolyse freigesetzt. Mehrkettenenzyme gehören zu den Zellenzymen, die nur intrazellulär wirksam werden und vielfach an spezifische Zellstrukturen, z. B. an Membranen, gebunden sind. *Allosterische E.* sind Mehrkettenenzyme mit Bindungsstellen sowohl für das Substrat als auch für ein Effektor- oder Modulatormolekül (meist das Endprodukt einer Biosynthesekette). Sie dienen der Regulation der Enzymaktivität (Feedback-Regulation, ↗ Feedback-Mechanismus). Zu den Mehrkettenenzymen gehören weiterhin die *Multienzymkomplexe*, bei denen E., die aufeinanderfolgenden Reaktionsschritte katalysieren, als Untereinhei-

1	**Oxidoreduktasen:** katalysieren Redoxreaktionen innerhalb eines Substratpaares	
1.1	wirken auf $\rangle$CHOH	Alkoholdehydrogenase 1.1.1.1
1.2	wirken auf $\rangle$C=O	Formiatdehydrogenase 1.2.1.2
1.3	wirken auf $-CH_2-CH_2-$	Succinatdehydrogenase 1.3.99.3
1.4	wirken auf $\rangle CH-NH_2$	L-Aminosäureoxidase 1.4.3.2
2	**Transferasen:** katalysieren intermolekulare Gruppenübertragungen	
2.1	C_1-Gruppenübertragung	Aspartatcarbamoyl-Transferase 2.1.2.3
2.2	Carbonylgruppen	Transketolase 2.2.1.1
2.3	Acylgruppen	Cholinacetyltransferase 2.3.1.6
2.4	Glycosylgruppen	Glycosyltransferasen 2.4
2.5	Alkyl-, Arylgruppen	
2.6	Aminogruppen	Aminotransferasen 2.6.1
2.7	phosphorhaltige Gruppen	Nucleotidyltransferasen 2.7.7
3	**Hydrolasen:** katalysieren hydrolytische Spaltung von	
3.1	Esterbindungen	Lipase 3.1.1.3
3.2	Glycosidbindungen	α-Amylase 3.2.1.1
3.3	Etherbindungen	Thioetherhydrolasen 3.3.1
3.4	Peptidbindungen	Leucinaminopeptidase 3.4.11.1
3.5	anderen C-N-Bindungen	Urease 3.5.1.5
4	**Lyasen:** katalysieren Eliminierungsreaktionen unter Bildung von Doppelbindungen oder, als *Synthasen* bezeichnet, Additionen an Doppelbindungen	
4.1	C-C-Lyasen	Pyruvatdecarboxylase 4.1.1.1
4.2	C-O-Lyasen	Carboanhydrase 4.2.1.1
4.3	C-N-Lyasen	Aspartase 4.3.1.1
5	**Isomerasen:** katalysieren Isomerisierungsreaktionen	
5.1	Racemasen-Epimerasen	Alaninracemase 5.1.1.1
5.2	*cis-trans*-Isomerasen	Retinalisomerase 5.2.1.3
5.3	intramolekulare Oxidoreduktasen	Triosephosphatisomerase 5.3.1.1
5.4	intramolekulare Transferasen	Phosphotransferasen 5.4.2
6	**Ligasen (Synthetasen):** katalysieren die Verknüpfung zweier Moleküle unter ATP-Verbrauch	
6.1	C-O-Verknüpfung	Tyrosyl-tRNA-Synthetase 6.1.1.1
6.2	C-S-Verknüpfung	Acetyl-CoA-Synthetase 6.2.1.1
6.3	C-N-Verknüpfung	NAD-Synthetase 6.3.1.5
6.4	C-C-Verknüpfung	Pyruvatcarboxylase 6.4.1.1

Enzyme.
Tab. 1: Einteilung der Enzyme nach ihrer Spezifität.

ten auftreten und Quartärstrukturen ausbilden, in denen die katalytischen Zentren der Einzelenzyme optimal stabilisiert sind. Im Gegensatz zu den Multienzymkomplexen sind die mehrere katalytische Funktionen ausübenden *multifunktionellen E.* gewöhnlich Einkettenenzyme. Einige E. üben innerhalb des gleichen Organismus gleiche Funktionen aus. Weist ihr Aufbau eine unterschiedliche Aminosäuresequenz auf, werden sie als ↗ Isoenzyme bezeichnet.

Etwa die Hälfte aller Enzyme benötigt außer der Proteinkomponente (*Apoenzym*) noch ↗ Coenzyme und Metall-Ionen als *Cofaktoren*. Diese sind entweder fester Bestandteil der E. (*prosthetische Gruppe*) oder werden von den aktiven Formen nur reversibel gebunden. Für das Zustandekommen der katalytischen Wirkung sind Proteinkomponenten und Cofaktoren gemeinsam (*Holoenzym*) verantwortlich.

Metalloenzyme enthalten als Bestandteil Metall-Ionen (z. B. Oxidoreductasen Fe^{2+} und Fe^{3+}, Oxidasen Cu^{2+}, Dehydrogenasen Zn^{2+}, Nitrogenase Mo^{2+} und α-Amylase Ca^{2+}) oder werden durch kooperativen Einfluß von Metall-Ionen in ihrer Wirksamkeit optimiert (z. B. Zn^{2+} in Acylasen und Mg^{2+} in Hexokinase und Carboxylase).

Die an der Bildung des aktiven Zentrums der E. beteiligten Aminosäuren sind in der Primärstruktur oftmals sehr weit voneinander entfernt, kommen aber durch die räumliche Faltung der Polypeptidkette in unmittelbare Nachbarschaft. Häufig zeigt das aktive Zentrum von E., die zur gleichen Gruppe gehören, auffallende Übereinstimmung. So enthalten z. B. die tierischen Serinproteasen Trypsin, Chymotrypsin, Elastase, Thrombin und Plasmin einen reaktiven Serinrest im aktiven Zentrum, der von Asparaginsäure- und Histidinresten umgeben ist. Für derartig verwandte E. wird eine von einem gemeinsamen Urenzym ausgehende Evolution angenommen.

Die Bildung der E. erfolgt generell nach den Prinzipien der Proteinbiosynthese. Die in der Zelle ständig gebildeten E. werden als *konstitutive E.* bezeichnet, die nur unter bestimmten Wachstumsbedingungen oder im Bedarfsfall produzierten E. nennt man *adaptive E.* Bei den letzteren unterscheidet man die *induzierbaren E.*, die in größeren Mengen und mit erhöhter Aktivität unter dem Einfluß eines Induktors entstehen, wobei als Induktor das Substrat des betreffenden Enzyms oder Fremdmoleküle, z. B. Pharmaka oder Pflanzenschutzmittel, agieren, und die *reprimierbaren E.*, deren Synthese durch bestimmte Stoffe, vor allem durch die Endprodukte einer Biosynthesekette, blockiert werden kann.

Wirkungsmechanismus. Bei allen Enzymreaktionen wird durch spezifische intermolekulare Wechselwirkung zwischen Enzym (E) und Substrat (S) zunächst ein Enzym-Substrat-Komplex (ES) gebildet, der durch Konformationsänderung der Proteinkomponente in einen aktivierten Komplex umgelagert wird und dann in den Enzym-Produkt-Komplex (EP) übergeht. Aus dem EP-Komplex wird durch Dissoziation das Produkt freigesetzt und das Enzym zurückgebildet. Die Teilschritte der Reaktion können wie folgt formuliert werden:

$$E + S \rightleftharpoons ES \rightleftharpoons EP \rightleftharpoons P + E.$$

Die Gleichgewichtspfeile weisen darauf hin, daß alle Reaktionsschritte reversibel verlaufen. Die Umkehrreaktionen sind besonders dann wichtig, wenn deren Umsatz an freier Energie nur gering ist, z. B. bei Umesterungen oder Transaminierungen. Durch Veränderung der Gleichgewichtskonzentrationen kann das Gleichgewicht nach beiden Seiten verschoben werden. Eine Gleichgewichtsverschiebung findet z. B. auch dann statt, wenn das Reaktionsprodukt in einer Folgereaktion schneller umgesetzt wird, als es in der ersten entsteht. Bei E., die nur in Verbindung mit einem Coenzym (C) wirksam sind, übernimmt dieses häufig einen vom Substrat (S^1x) abgespaltenen Molekülteil (x), z. B. Wasserstoffatome bei Oxidoreductasen, wird dann selbst als Coenzym (Cx), z. B. CH_2, von einem Enzym (E^2) übernommen, das dann x, z. B. 2 H, auf ein Zweitsubstrat überträgt:

$$E^1 + S^1H_2 + C \rightleftharpoons [E^1C \cdot S^1H_2] \rightleftharpoons E^1 + S^1 + CH_2;$$
$$CH_2 + E^2 + S^2 \rightleftharpoons [E^2 \cdot S^2 \cdot CH_2] \rightleftharpoons E^2 + C + S^2H_2.$$

Die Geschwindigkeit der enzymatisch katalysierten Reaktion ist insbesondere von einer hohen Substratkonzentration im Bereich des aktiven Zentrums, von einer optimalen Orbitalorientierung der reagierenden Moleküle sowie von der schnellen Konformationsänderung der Proteinkomponente und der Zerfallsgeschwindigkeit des EP-Komplexes abhängig. Bei gegebener Enzymmenge steigt die Reaktionsgeschwindigkeit mit steigender Substratkonzentration an. Nach Michaelis und Menten gilt für die Enzymreaktion mit einem Substrat

$v_0 = \frac{V_{max}[S]}{K_M + [S]}$, wobei v_0 die Anfangsgeschwindigkeit, V_{max} die maximale Geschwindigkeit, [S] die Substratkonzentration und K_M die *Michaelis-Menten-Konstante* bedeuten. K_M ist die Substratkonzentration, bei der die halbe maximale Reaktionsgeschwindigkeit erreicht wird. Hohe K_M-Werte deuten darauf hin, daß die E. nur eine geringe Affinität zum Substrat haben. Im Substrat-Geschwindigkeits-Diagramm ergibt sich bei den durch die Michaelis-Menten-Gleichung charakterisierten E. ein hyperbelförmiger Verlauf der Enzymkennlinie. Allosterische E. zeigen einen sigmoiden (S-förmigen) Verlauf der Kennlinie. Hier führt die Effektorbindung zu einer sehr schnellen Änderung der dreidimensionalen Proteinstruktur, wobei die von einer Untereinheit ausgehenden Konformationsänderungen auf weitere Untereinheiten des Enzymmoleküls übertragen werden können.

Mechanistisch kann die Enzymreaktion eine Kovalenzkatalyse oder eine allgemeine Säure-Base-Katalyse sein. Bei der *Kovalenzkatalyse* wird ein hochreaktives Intermediat aus Enzym und Substrat gebildet, z. B. Acylverbindungen der Serinenzyme oder Schiffsche Basen der Lysinenzyme (Transaldolase, D-Aminosäureoxidase). Die Katalyse wird durch den Angriff einer nucleophilen Gruppe des E. (Imidazol des Histidins, OH-Gruppe des Serins, SH-Gruppe des Cysteins) auf ein elektrophiles C-Atom des Substrats eingeleitet. Ein Beispiel für die Kovalenzkatalyse ist die Spaltung spezifischer Peptidbindungen durch das Serinenzym Chymotrypsin (Abb.). Im aktiven Zentrum des Enzyms sind die Aminosäurereste Serin^{195}, Histidin^{57} und Asparaginsäure^{102} an der Katalyse beteiligt. Das Asparaginsäureanion übernimmt die Funktion einer Cobase, das Histidin die der allgemeinen Base und das Serin die des Nucleophils. Das beim nucleophilen Angriff des Serins auf die Carbonylgruppe der Peptidbindung intermediär gebildete Acylenzym wird unter Mitwirkung von Wasser hydrolysiert. Bei der *allgemeinen Säure-Base-Katalyse* ermöglichen E. chem. Reaktionen im neutralen pH-Bereich. Es werden solche Reaktionen beschleunigt, die ohne Katalysator hohe OH^-- oder H^+-Konzentrationen erfordern würden. Die Katalyse wird hier durch Protonendonor oder Protonenakzeptorgruppen des aktiven Zentrums bewirkt, z. B. durch die COOH- (COO^--) Gruppe von Asparaginsäure, die NH_3^+- ($-NH_2$-) Gruppe von Lysin oder die $-C_6H_5OH$- ($-C_6H_5O^-$-) Gruppe des Tyrosins.

Enzymhemmung. Generell kann die Wirkung von E. durch Effektoren beeinflußt werden. *Aktivatoren* erhöhen die Enzymaktivität z. B. durch spezifische Bindung inaktivierender Metallionen oder durch Erhöhung der Zerfallsgeschwindigkeit des Enzym-Substrat-Komplexes. *Inhibitoren* bewirken eine im allgemeinen reversible Hemmung, wobei man eine kompetitive und eine nichtkompetitive Hemmung unterscheidet. Zu einer *kompetitiven Hemmung* kommt es, wenn natürliches Substrat und diesem in der Struktur ähnliche Verbindungen (Inhibitoren, Antimetabolite) um dieselbe Bindungsstelle am Enzym konkurrieren und das betreffende E. keine absolute Substratspezifität aufweist. So wird z. B. Succinatdehydrogenase, die die Umsetzung von Bernsteinsäure als natürliches Substrat katalysiert, durch die um eine CH_2-Gruppe ärmere Malonsäure gehemmt. Die kompetitive Hemmung kann grundsätzlich durch Erhöhung der Substratkonzentration zurückgedrängt oder aufgehoben werden. Bei der *nichtkompetitiven Hemmung* ist eine strukturelle Verwandtschaft des Inhibitors zum Substrat nicht erforderlich. Die hemmende Wirkung ist von der Inhibitorkonzentration abhängig und beruht auf der reversiblen Wechselwirkung des Inhibitormoleküls mit funktionellen Enzymgruppen, die für die Ausbildung der katalytisch wirksamen Proteinkonformation verantwortlich sind. So werden z. B. E., die eine essentielle SH-Gruppe enthalten, nichtkompetitiv durch Schwermetall-Ionen gehemmt. Andererseits wirken Chelatbildner, z. B. EDTA, als nichtkompetitive Inhibitoren, indem sie für die Enzymwirkung essentielle Metall-Ionen binden. Natürliche Inhibitoren spielen eine wichtige Rolle für die Regulation der Aktivität von E. in der lebenden Zelle.

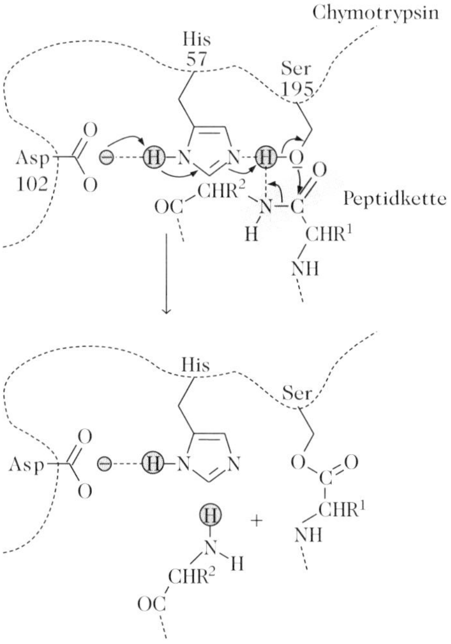

Enzyme. Abb.: Vereinfachte Darstellung der Spaltung einer Peptidbindung durch Chymotrypsin. R^1 und R^2 bedeuten Seitenketten der Aminosäuren 1 und 2.

Enzymeinheiten. Zur Bestimmung der *Enzymaktivität* wird in der durch eine bestimmte Enzymmenge katalysierten Reaktion die zeitliche Abnahme des Substrates oder die Zunahme des Substrates oder die Zunahme des Reaktionsproduktes meist spektroskopisch ermittelt.

Nach Festlegungen der Internationalen Enzymkommission der IUPAC ist eine *Enzymeinheit* (1 U) die Menge an E., die unter Standardbedingungen die Umwandlung von 1 µmol Substrat pro Minute katalysiert. Als neue Internationale Einheit wurde 1972 die katalytische Einheit Katal, Einheitenzeichen kat, eingeführt. 1 kat ist die Menge an Enzymaktivität, die 1 mol Substrat pro Sekunde umsetzt. Als Untereinheiten wurden das Mikrokatal (µkat), Nanokatal (nkat) und Picokatal (pkat) zugelassen. Für die Umrechnung zwischen den Einheiten gilt: 1 kat = $6 \cdot 10^7$ U bzw. 1 U = 16,67 nkat.

Die durch *ein* Enzymmolekül oder durch ein aktives Zentrum je Minute umgesetzte Anzahl an Substratmolekülen wird als *molekulare Aktivität* (früher *Wechselzahl*) bezeichnet. Mit dem Umsatz von 36 Millionen Substratmolekülen je Minute zeigt das E. Carboanhydrase C eine besonders hohe Aktivität.

Gewinnung. E. können aus tierischen, pflanzlichen oder mikrobiellen Vorkommen gewonnen werden. Zur Isolierung aus tierischem Gewebe werden meist nur bestimmte Organe, z. B. Bauchspeicheldrüsen oder Nieren, aufgearbeitet. Nach Homogenisierung des Materials werden die E. direkt mit geeigneten Pufferlösungen extrahiert oder zunächst bei tiefen Temperaturen mit einem organischen Lösungsmittel, z. B. Aceton, zu einem Trockenpulver verarbeitet. Pflanzliche E., z. B. Papain, werden aus den Preßsäften isoliert, die man aus dem mechanisch zerkleinerten Pflanzenmaterial erhält. Die Konzentrierung und Feinreinigung der E. erfolgt durch Fällungs- und Adsorptionsverfahren sowie durch Ultrafiltration.

Für die technische Gewinnung von E. hat die Fermentation mit Mikroorganismen und Mutanten überragende Bedeutung erlangt. Die Produktion erfolgt diskontinuierlich in Fermentern bis 100000 l Inhalt, die Fermentationsdauer beträgt 50 bis 150 h. Die Isolierung ist einfach, wenn die E. extrazellulär in das Kulturfiltrat ausgeschieden werden, z. B. bei den im Maßstab von 500 t/a produzierten bakteriellen Proteasen und Amylasen. Die meisten E. werden intrazellulär gebildet, so daß zunächst die meist stabile Zellwand der Mikroorganismen mechanisch zerstört werden muß, z. B. im Hochdruckhomogenisator oder in Rührwerkskugelmühlen.

Bedeutung und Verwendung. Die Vorzüge der Enzymkatalyse, unter milden Bedingungen nebenproduktfreie Reaktionen mit hoher Ausbeute zu ermöglichen, werden in zunehmendem Maße in der Praxis genutzt. Technische Einsatzgebiete sind vor allem die Waschmittel-, Lebensmittel-, Getränke- und Pharmaindustrie (Tab. 2). Ein bedeutender

Enzyme. Tab. 2: Technische Verwendung von Enzymen (Auswahl).

Enzym (Herkunft)	katalysierte Reaktion	Verwendung
Proteasen (Trypsin, Elastase, Pepsin, Papain, mikrobielle Enzyme u. a.)	Hydrolyse von Proteinen	Waschmittelzusatz (0,01 ... 0,025 %), hydrolytischer Abbau eiweißhaltiger Verschmutzungen; Hydrolyse von Sojabohnenprotein (Sojasoßenherstellung), Backhilfsmittel (Partialhydrolyse von Kleber), Proteinhydrolysatherstellung aus Fleischabfällen und Fischproteinen
α-Amylase (Pankreas, *Bacillus* sp.)	Hydrolyse von Stärke zu Dextrinen und Maltose	Verdauungs- und Backhilfe, Stärkekleisterherstellung, Stärkeentfernung in der Textilindustrie Entschlichtung)
Glucoamylase (*Aspergillus* sp.)	Exohydrolyse von Stärke	Stärkeabbau zu Glucose in hoher Ausbeute und Reinheit
Glucoseisomerase (*Streptomyces* sp., *Bacillus* sp.)	Isomerisierung von D-Glucose und D-Fructose	Herstellung von Flüssigzucker hoher Süßkraft (»Fructosesirup«)
Glucoseoxidase (*Aspergillus* sp., *Penicillium* sp.)	Oxidation von Glucose zu Gluconolacton	Konservierung von Nahrungsmitteln und Getränken durch O_2-Entfernung
Invertase (*Saccharomyces* sp. und *Aspergillus* sp.)	Spaltung von Saccharose in Glucose und Fructose	Herstellung von Invertzucker mit hoher Süßkraft
Katalase (Pankreas oder *Rhizopus nigricans*)	Zersetung von H_2O_2	in Kombination mit Glucoseoxidase zur Konservierung von Nahrungsmitteln
Lipase (Pankreas, *Aspergillus* sp.)	Fettspaltung	Gewinnung empfindlicher Fettsäuren, Beschleunigung der Käsereifung
Cellulase (*Aspergillus niger* und *Stachybotysatra*)	Hydrolyse von Cellulose zu Cellobiose	Aufschluß von Nahrungsmitteln, Glucosegewinnung aus cellulsehaltigen Rohstoffen
Lactase (*Aspergillus* sp.)	Spaltung von Lactose in Galactose und Glucose	Herstellung von Diätmilch
Pektinesterase	Hydrolyse von Polygalacturonsäure	Beseitigung von Trübungen in Fruchtsäften und Bier, Entfernung von Pektinhüllen von pflanzlichen Fasern
Penicillinamidase (*Bacillus* sp.)	Bildung von 6-Aminopenicillansäure aus Penicillin G	Herstellung halbsynthetischer Penicilline
L-Aminosäureacylasen (Niere, *Aspergillus oryzae*)	enantioselective Hydrolyse von DL-Acylaminosäuren in L-Aminosäuren und D-Acylaminosäuren	Produktion essentieller Aminosäuren für die tierische und menschliche Ernährung
Streptokinase (Streptokokken)	Plasminogen → Plasmin	Beseitigung von Blutgerinseln (Fibrinolyse)

Fortschritt in der Enzymtechnik wurde durch die Immobilisierung von E. erreicht (↗ immobilisierte Enzyme).

Eine Alternative zu diesen trägerfixierten E. ist der Einsatz von Enzym-Membran-Reaktoren (↗ Membranreaktor) in der Biotechnologie.

In der Medizin dienen Bestimmungen der E. im Serum oder im Harn zur differentiellen Diagnose und Therapiekontrolle zahlreicher Erkrankungen, z. B. Herzinfarkt, Hepatitis, Pankreatitis. Bestimmte E. werden zur Substitutionstherapie bei Störungen der Verdauung, Blutgerinnung und Fibrinolyse sowie zur Behandlung von Verbrennungen, Wunden, Transplantaten, Herz-, Kreislauf- und Krebserkrankungen zugeführt.

Von Bedeutung sind *Enzymimmunoassays*, die E. als »Marker« für immunologische Reaktionspartner verwenden und eine schnelle Konzentrationsbestimmung von Hormonen, Immunoglobulinen, Antigenen, Drogen u. a. ermöglichen. *Enzymelektroden* dienen zur Erfassung von Meßgrößen elektrochem. Prozeßkontrollen. Am bekanntesten sind Glucose-sensitive Elektroden mit immobilisierter Glucoseoxidase als E. Gemessen wird hier die Abnahme der Sauerstoff- oder die Zunahme der Wasserstoffperoxidkonzentration. Durch Kopplung der Glucoseoxidase mit entsprechenden Hydrolasen erhält man Enzymelektroden, die zur schnellen Bestimmung glucosehaltiger Oligosaccharide verwendet werden. *Enzymthermistoren* nutzen die bei enzymkatalysierten chem. Umsetzungen auftretende Reaktionswärme als Meßsignal.

Die Anwendung von E. und gentechnisch hergestellten Mutanten wird in Zukunft sowohl auf dem Sektor der Analytik als auch auf dem Gebiet der Enzymtechnik (Biotransformationen) an Umfang zunehmen. Das gilt auch für den Einsatz von ↗ katalytischen Antikörpern sowie auch von künstlichen, proteinfreien E., den ↗ Synzymen, bei denen eine zum Teil beträchtliche katalytische Aktivität durch den Einbau »enzymspezifischer« Strukturelemente in synthetische Makromoleküle erreicht wird.

Enzymelektroden, die am häufigsten in der Literatur beschriebenen und kommerziell angebotenen ↗ Biosensoren, bei denen ↗ immobilisierte Enzyme als Rezeptor und ein elektrochemisches Meßsystem als Transduktor fungiert. Die eingesetzten Enzyme liefern durch Bildung oder Abbau elektrodenaktiver Produkte bzw. Substrate ein direktes und ausreichend sensitives chemisches Signal, das vom Transduktor in ein elektrisches Signal umgewandelt wird. In vielen Fällen gewährleisten Coenzyme (z. B. $NAD(P)^+$ bei Oxidoreductasen) über Redoxmediatoren die Verknüpfung mit elektrochemischen oder optischen Sensorelementen. Neben Einzelenzymen (und Mikroorganismen) können auch mehrere in einer Membran (z. B. Kollagen) coimmobilisierte Enzyme (↗ Coimmobilisierung) eingesetzt werden. Beim Saccharose-Sensor sind es die Invertase, Mutarotase und Glucoseoxidase:

$$\text{Saccharose} + H_2O \xrightarrow{\text{Invertase}} \alpha\text{-D-Glucose} + \text{D-Fructose}$$

$$\alpha\text{-D-Glucose} \xrightarrow{\text{Mutarotase}} \beta\text{-D-Glucose}$$

$$\beta\text{-D-Glucose} + O_2 + H_2O \xrightarrow{\text{Glucoseoxidase}} \text{D-Glucose-}\delta\text{-lacton} + H_2O_2$$

Neben Faktoren, die die Enzymaktivität beeinflussen können (Aktivatoren, Inhibitoren u. a.), hängt die Empfindlichkeit des Sensors auch von der Art des Transduktors ab. Die Nachweisgrenze einfacher amperometrischer Elektroden liegt bei etwa 100 nmol/l, bei potentiometrischen bei ca. 100 µmol/l.

E. finden breite Anwendung in der klinisch-chemischen Laboratoriumsdiagnostik (z. B. Bestimmung von Glucose) und biotechnologischen Industrie (z. B. E. für Saccharose, Ethanol).

Enzymreaktor, ein Reaktor für den Einsatz gelöster, an Träger fixierter oder in Polymerstrukturen bzw. Membranen eingeschlossener Enzyme für biochemische Stoffwandlungen (↗ immobilisierte Enzyme). Während für gelöste Enzyme Rührkessel- und Rohrreaktoren oder zum Zwecke der Enzymrückhaltung und kontinuierlichen Prozeßführung ↗ Membranreaktoren zum Einsatz gelangen, wurden für trägerfixierte oder eingekapselte Enzyme verschiedene Spezialkonstruktionen entwickelt (z. B. ↗ Festbettreaktoren). Die Auswahl des geeigneten E. erfolgt insbesondere unter dem Gesichtspunkt der Kinetik, des erforderlichen Umsatzes, der rheologischen Eigenschaften der Substratlösung und des Grades der Verunreinigung des Substrates. E. sind gegenüber den ↗ Bioreaktoren für Mikroorganismen meist sehr viel kleiner, in der Konstruktion einfacher und damit billiger.

Enzymtechnik, eine der Basistechniken der modernen Biotechnologie, bei der Enzyme als Katalysatoren, insbesondere in der chemischen, pharmazeutischen und Lebensmittelindustrie, eingesetzt werden (↗ industrielle Enzyme). Die E. nutzt die Vorteile der Enzymkatalyse, unter milden Bedingungen (Temperatur, Druck, Acidität) nebenproduktfreie Reaktionen mit hoher Spezifität und Ausbeute durchzuführen. Ein bedeutender Fortschritt in der E. wurde durch den Einsatz ↗ immobilisierter Enzyme erreicht. Durch diese Methode der Enzymfixierung werden die Stabilität des Enzyms und die Parameter, die sein Wirkungsoptimum bestimmen (pH-, Temperatur-, Viskositätsoptimum), die Widerstandsfähigkeit gegenüber bakterieller Zersetzung, der Zutritt des Substrats zum Enzym, die Empfindlichkeit gegenüber Enzyminhibitoren, beeinflußt. Vorteilhaft und immer häufiger angewendet wird die Fixierung der Enzyme in einer speziellen Netzmatrix des Polymers, die Kopplung an geeignete semipermeable Membranen sowie die Enzymbindung an Polymerfasern (↗ Enzymreaktor). Einen besonderen Platz bei der Enzymfixierung nimmt die Mikroeinkapselung ein, d. h. die Bindung der Enzyme in einer speziellen semipermeablen Matrix eines Polymergemisches. Methoden der ↗ Coimmobilisierung und ↗ Cofaktor-Regenerierung tragen zur Erweiterung des Applikationsspektrums bei.

Umfangreich ist der Anwendungsbereich von Enzymen in der analytischen Chemie und klinisch-chemischen Laboratoriumsdiagnostik (z. B. ↗ Enzymelektroden, Enzymimmunoassays).

Die gegenwärtigen Arbeiten haben folgende Ziele: 1) Entwicklung neuer Einkapselungstechniken (z. B. Einsatz von Multienzymkomplexen), 2) Konstruktion neuer Typen von Enzym- bzw. Bioreaktoren, 3) selektive Erhöhung der Biosynthese des entsprechenden Enzyms in den Zellen durch Einsatz der Gentechnik, 4) Weiterentwicklung des »enzyme engineering« (↗ Protein-Design).

Eosin, ↗ Eosinfarbstoffe.

Eosinfarbstoffe, eine Gruppe von Xanthenfarbstoffen, die sich vom Fluorescein durch Einführung von Halogenen, Nitrogruppen u. ä. ableiten. Der wichtigste Vertreter ist *Eosin* (*Tetrabromfluorescein*), ein rotes, kristallines Pulver, das wenig löslich in Wasser, gut löslich in Alkohol, unlöslich in Ether ist. Die alkalische Lösung von Eosin ist rot gefärbt. Es färbt Wolle und Seide leuchtend rot, wird jedoch wegen seiner geringen Lichtechtheit für diese Zwecke nicht mehr genutzt. Heute dient Eosin – vielfach in Form seiner Aluminium-, Blei- und Zinnlacke – zur Herstellung roter Tinten, zur Färbung von Lippenstiften, Spirituslacken sowie Giftstoffen (Warnfärbung), als Vitalfarbstoff sowie in beschränktem Umfang zur Sensibilisierung photographischer Emulsionen. Das Natriumsalz, oft ebenfalls als Eosin bezeichnet, bildet rote Nadeln und ist leicht in Wasser löslich.

Weitere Vertreter der E. sind *Erythrosin*, das anstelle von Brom 4 Iodatome enthält, *Rose bengale* (*Bengalrosa*, chemisch 3′,4′,5′,6′-Tetrachlor-2,4,5,7-tetraiod-fluorescein), *Phloxin* (*Cyanosin*, chemisch 3′,6′-Dichlor-2,4,5,7-tetrabomfluorescein) und *Daphnin*.

EP, Abk. für Polyepoxide, ↗ Kunststoffe (Übers.).

EPC-Synthese, (Abk. für engl. **e**nantiomerically **p**ure **c**ompound), Darstellung enantiomerenreiner Verbindungen durch a) Racemattrennung (↗ Racemat), b) ↗ stereoselektive Synthese oder c) ↗ ex-chiral-pool-Synthese.

EPH, Abk. für Epoxidharze.

Ephedrin, ein Phenylethylaminderivat, das als schwaches Sympathikomimetikum wirkt. Es ist das Hauptalkaloid verschiedener in Ostasien beheimateter Ephedraarten, in denen es zu 0,1 bis 3% vorkommt.

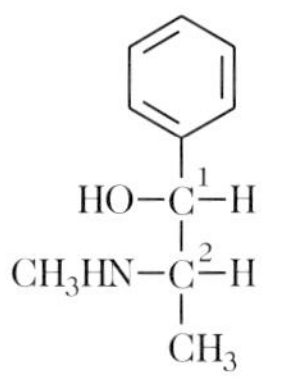

L-(–)-Ephedrin (1*R*,2*S*)

E. weist zwei Chiralitätszentren auf, es besitzt *erythro*-Konfiguration und zeigt (–)-Drehung. Die absolute Konfiguration ist 1*R*,2*S*, es entspricht damit in bezug auf die Konfiguration am C-Atom 1 dem ↗ Levarterenol bzw. Epinephrin. E. wird therapeutisch als Antasthmatikum, bei Kreislaufschwäche und bei Bronchitis verwendet. Außerdem besitzt es eine schwach zentral anregende Wirkung.

Epichlorhydrin, *1-Chlor-2,3-epoxipropan*, farblose, leicht bewegliche, stechend riechende, giftige Flüssigkeit; Kp. 117 °C. E. ist löslich in Ether, Alkohol, Tetrachlorkohlenstoff und Benzol, wenig löslich in Wasser.

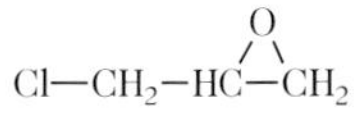

Im Labor synthetisiert man E. durch Reaktion von Glycerin mit Phosphorpentachlorid. Die technische Herstellung basiert auf der Hochtemperaturchlorierung von Propylen zu Allylchlorid, das mit unterchloriger Säure zu den isomeren Glycerin-1,2- und Glycerin-1,3-dichlorhydrinen umgesetzt und mit Calciumhydroxid in E. übergeführt wird. Verwendet wird es zur Herstellung von Epoxidharzen und Insektiziden sowie als Lösungsmittel für Harze.

Epidermis-Wachstumsfaktor, Abk. ***EGF***, ein in verschiedenen Geweben vorkommender Peptidwachstumsfaktor (M_r ~ 6000), der aus 53 Aminosäureresten besteht, und drei intrachenare Disulfidbrücken enthält. E. stimuliert das Wachstum verschiedener Zelltypen, insbesondere von Epithelzellen. Dem EGF entspricht das aus Harn isolierte *Urogastron*, das die Säureproduktion des Magens hemmt. Die Wirkung von E. wird über den EGF-Rezeptor vermittelt, an den auch EGF-ähnliche Polypeptide binden. Biosynthetisch entsteht E. aus dem Präpro-EGF (1168 Aminosäurebausteine) durch limitierte Proteolyse.

Epimere, ↗ Stereoisomerie 1.2.1.

Epimerisierung, ↗ Stereoisomerie 1.2.1.

Epinephrin, ↗ Levarterenol.

Episulfide, ***Thiirane***, gesättigte, dreigliedrige heterocyclische Verbindungen mit einem Schwefelatom im Ring. Sie werden durch Einwirkung von Kaliumrhodanid auf Oxirane oder durch Abspaltung von Halogenwasserstoff aus β-Halogenthiolen synthetisiert.

E. finden Verwendung als Arzneimittel, Insektizide, Fungizide sowie als Zusatz zu synthetischen Polymeren.

Epitaxie, das orientierte Kristallwachstum auf einer kristallinen Unterlage. Bei epitaktischem Wachstum wird auf einem vorgegebenen Kristall (Wirts-, Trägerkristall, Substrat, Unterlage) eine zweite kristalline Phase (Gast-, Depositkristall) so abgeschieden, daß zwischen den Gittern von Wirt und Gast eine definierte Orientierung besteht. E. ist für ein- und denselben Stoff möglich (*Homoepitaxie*), wird aber auch sehr häufig für unterschiedliche Stoffe (*Heteroepitaxie*) beobachtet. Nach dem Medium, aus dem das Material an die Unterlage herangebracht wird, unterscheidet man zwischen *Flüssig-* und *Gasphasenepitaxie*. Für das Zustandekommen einer E. sind sowohl die Eigenschaften von Unterlage und aufwachsender Substanz als auch die Wachstumsbedingungen bestimmend. Wichtige Parameter sind z. B. die Gitteranalogie, d. h. die strukturgeometrische Anpassungsfähigkeit, die Art und Reichweite der Gitterkräfte, die Temperatur der Unterlage, die Aufdampfgeschwindigkeit, die Realstruktur des Substrats u. a. m. Heteroepitaktische Abscheidung setzt gewisse Strukturanalogien zwischen den beiden Partnern voraus, jedoch kann sie auch bei größeren Unterschieden in den Parametern der verwachsenden Netzebenen durch die Ausbildung von speziellen Baufehlern (*Fehlanpassung*, engl. misfit) zustande kommen. Bei chem. Reaktionen an der Kristalloberfläche können die gebildeten Reaktionsprodukte gleichfalls strukturell gegenüber dem Grundgitter orientiert sein (↗ Topotaxie).

Die E. besitzt große praktische Bedeutung, z. B. für die heterogene Katalyse, für Inhibitoreffekte und Korrosionsvorgänge, vor allem aber auch für die Herstellung von Halbleiterbauelementen (*Halbleiterepitaxie*). Dabei läßt man auf einer geeigneten kristallinen Unterlage dünne Schichten verschiedener Halbleitersubstanzen epitaktisch aufwachsen. Für Silicium als Unterlage verwendet man dabei meist die ↗ CVD-Technik, für die Herstellung definierter Schichten im Nanometerbereich ist besonders die *Molekularstrahlepitaxie* (engl. *m*olecular *b*eam *e*pitaxie, MBE) geeignet.

Epithelschutzvitamin, ↗ Vitamin A.

Epoxiconazol, ↗ Triazolfungizide.

Epoxide, *Oxirane*, gesättigte, dreigliedrige heterocyclische Verbindungen mit einem Sauerstoffatom im Ring. Sie kommen vereinzelt in ätherischen Ölen oder in Antibiotika vor. E. werden durch Einwirkung von Wasserstoffperoxid oder Persäuren

auf Olefine oder durch Abspaltung von Halogenwasserstoff aus β-Halogenalkoholen mittels Basen synthetisiert. E. lagern sich beim Erwärmen oder in Gegenwart von Lewis-Säuren in Carbonylverbindungen um. Dabei entstehen häufig Gemische von Aldehyden und Ketonen. Eine weitere typische Reaktion der E. ist die Ringöffnung durch Nucleophile, z. B. ergibt die säurekatalysierte Hydrolyse 1,2-Diole. Die wichtigen E. sind Ethylenoxid und Propylenoxid als Ausgangsmaterialien für viele technische Produkte.

Epoxidharze, Abk. ***EPH***, härtbare, hellgelb bis dunkelbraun gefärbte synthetische Harze. E. im engeren Sinne sind Polyether mit endständigen Epoxidgruppen. Sie entstehen durch Umsetzen von Epichlorhydrin mit aromatischen Hydroxyverbindungen unter Zusatz von Alkalilauge. Als hydroxygruppenhaltige Komponente verwendet man hauptsächlich das durch Kondensation von Aceton und Phenol herstellbare 2,2-Bis(*p*-hydroxyphenyl-)propan (Bisphenol A, Dian), ferner auch niedermolekulare Phenolharze (Novolake oder heterocyclische Stickstoffverbindungen, wie Cyanursäure). Die Reaktion zwischen Dian und Epichlorhydrin verläuft unter Einwirkung von Alkalien und Abspaltung von Chlorwasserstoff über den Diandiglycidether zu Epoxidharzvorkondensaten (Abb.). Diese haben eine relative Molekülmasse zwischen 100 und 5000.

In den endständigen reaktionsfähigen Ethylenoxidringen und den im Makromolekül enthaltenen Hydroxygruppen setzt die weitere Härtung ein, die ohne Druck und ohne Abspaltung niedermolekularer Spaltprodukte geschieht. Die Härtung erfolgt durch Zusatz von sauren Härtern (z. B. Dicarbonsäureanhydriden) bei 120 bis 200 °C oder aminischen Härtern (z. B. Polyamine, insbesondere Diethylentriamin) bei Zimmertemperatur. Die E. zeigen bei der Aushärtung eine besonders geringe Schrumpfung.

Die technische Verwendbarkeit der E. als Klebe-, Gieß- oder Laminierharze sowie als chemisch beständige Lacke ist äußerst vielseitig. Besondere Bedeutung haben die E. in der Klebetechnik aufgrund ihres ausgezeichneten Haftvermögens auf Holz, Metall und Keramik gewonnen. Als Gießharze werden sie zur Einbettung elektrotechnischer und elektronischer Bauteile (Mikroelektronik) sowie zur Ausbesserung fehlerhafter Metallgußteile verwendet. Epoxidlaminierharze werden zusammen mit Glasfaserverstärkungen zu hoch beanspruchten Teilen in der chem. Industrie (Rohrleitungen, Behälter) und Elektrotechnik (Schalterkammern für Hochspannungsschalter), als Schichtpreßstoff sowie im Fahrzeug- und Flugzeugbau zu komplex sphärisch geformten Teilen von hoher Festigkeit bei geringer Masse verarbeitet. Epoxidharzlacke dienen in Kombination mit verschiedenen anderen Lackrohstoffen als kalthärtende, lufttrocknende, korrosionsfeste Anstriche oder als Einbrennlacke (↗ Lacke).

Nach der ersten labormäßigen Herstellung 1938 werden die E. seit etwa 1948 technisch hergestellt.

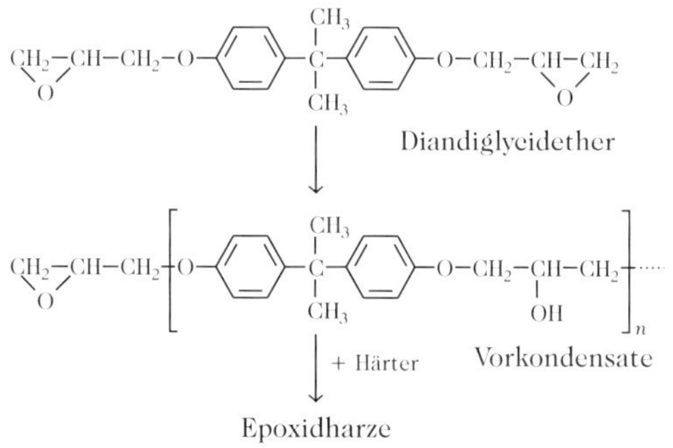

Epoxidharzlacke, ↗ Lacke.

Epoxidierung, Oxidation von Olefinen mit Wasserstoffperoxid oder Persäuren. Bei der E. bilden sich ↗ Epoxide. Die E. spielt auch bei der ↗ Biotransformation eine Rolle.

EPR-Spektroskopie, ↗ Elektronenspinresonanz-Spektroskopie.

EPTC, ↗ Thiolcarbamatherbizide.

Er, Symbol für Erbium.

Erbium, Symbol ***Er***, chem. Element aus der III. Nebengruppe des Periodensystems, der Gruppe der ↗ Lanthanoide zugehöriges Seltenerdmetall; *Z* 68, Atommasse 167,26, Wertigkeit III, D. 9,045 g cm^{-3}, F. 1522 °C, Kp. 2510 °C, Standardelektrodenpotential (Er/Er^{3+}) −2,296 V.

E. ist ein weißes, silberhelles, hexagonal kristallisierendes Metall. Am Aufbau der Erdkruste mit etwa $2{,}3 \cdot 10^{-4}$ % beteiligt, kommt E. mit den anderen schweren Lanthanoiden vor allem in Yttriummineralen vor. E. wird vereinzelt in der Kernenergietechnologie und im gewissen Umfang in Form von ↗ Cer-Mischmetall in der Metallurgie angewandt. Über weitere Eigenschaften, Analytisches und Gewinnung ↗ Lanthanoide.

Erbiumverbindungen, Verbindungen, in denen Erbium durchweg in der Oxidationsstufe +3 auftritt. Über allgemeine Eigenschaften und Gewinnung ↗ Lanthanoidverbindungen. Wichtige E.: *Erbium(III)-oxid*, Er_2O_3, rosa, D. 8,64 g cm^{-3}; *Erbium(III)-fluorid*, ErF_3, rosa Kristalle, F. 1350 °C, Kp. 2200 °C; *Erbium(III)-chlorid-Hydrat*, $ErCl_3 \cdot 6\,H_2O$, rosa Kristalle, F. (wasserfrei) 774 °C; *Erbium(III)-oxalat*, $Er_2(C_2O_4)_3 \cdot 10\,H_2O$, rötlich, D. 2,64 g cm^{-3}, F. 575 °C.

Erdalkalimetalle, II. Hauptgruppe des Periodensystems. Dazu gehören die Elemente Beryllium Be, Magnesium Mg, Calcium Ca, Strontium Sr, Barium Ba und Radium Ra. Mit Ausnahme des Radiums sind die E. Leichtmetalle. Zwischen Calcium, Strontium und Barium, den E. im engeren Sinne, und Beryllium beobachtet man deutliche Verhaltensunterschiede. Magnesium nimmt dabei eine Zwischenstellung ein.

Der Elektronenkonfiguration von ns^2 und ihrer Stellung im Periodensystem entsprechend sind die E. stark elektropositive Elemente. Die Ionisationspotentiale, insbesondere die zur Abtrennung des zweiten Elektrons, sind wesentlich höher als die der Alkalimetalle. Diese bei einer Verbindungsbildung aufzuwendenden Energiebeträge werden jedoch für die festen Salze durch die hohen Gitterenergien und für die Salzlösungen durch die hohen Solvatationsenthalpien der zweiwertigen Kationen deutlich überkompensiert. Die E. treten deshalb stets in der Oxidationszahl +2 auf. Aufgrund des sehr kleinen Atom- bzw. Ionenradius und der daraus resultierenden sehr hohen Ionisationspotentiale kann Beryllium keine zweifach geladenen Kationen ausbilden, sondern betätigt statt dessen mit seinen beiden Elektronen zwei Kovalenzen. Es erreicht so nur ein Elektronenquartett und ist aufgrund dieser Elektronenmangelsituation gezwungen, sich durch Lewis-Säure-Aktivität oder Polymerisation (↗ Beryllium) abzusättigen. Beryllium steht in seinem Verhalten dem Aluminium aus der III. Hauptgruppe (Schrägbeziehung im ↗ Periodenssystem) sehr nah.

Doch auch bei Magnesium ist die Neigung zur Ausbildung kovalenter Bindungen erkennbar. Insbesondere seine Fähigkeit, stabile Bindungen zum Kohlenstoff einzugehen, verschafft den magnesiumorganischen Verbindungen (↗ Grignard-Verbindungen) ihre Bedeutung in der organischen und metallorganischen Synthese.

Erwartungsgemäß nimmt die Reaktivität der E. mit steigender Atommasse zu. Während Calcium, Strontium und Barium heftig mit Wasser zu den Hydroxiden und Wasserstoff reagieren, wird Magnesium erst durch heißes Wasser langsam angegriffen. Beryllium wird durch eine stabile Oxidhaut passiviert und reagiert nicht mit Wasser. Auch die Beständigkeit gegenüber Luft nimmt mit steigender Atommasse ab. Bei erhöhter Temperatur reagieren die E. mit Sauerstoff zu den Oxiden (z. B. MgO, CaO), Barium bildet oberhalb 500 °C Bariumperoxid, das bei 700 °C reversibel zerfällt:

$$2\,BaO + O_2 \underset{700\,°C}{\overset{500\,°C}{\rightleftharpoons}} BaO_2.$$

Die starke Reduktionswirkung der E. wird zur Darstellung anderer Metalle, wie Titan, Uran, auch Kalium, genutzt. Die E. sind ausgesprochene Basen-

Erdalkalimetalle. Tab.: Eigenschaften der Elemente.

	Be	Mg	Ca	Sr	Ba	Ra
Kernladungszahl	4	12	20	38	56	88
Elektronenkonfiguration	[He]2s^2	[Ne]3s^2	[Ar]4s^2	[Kr]5s^2	[Xe]6s^2	[Rn]7s^2
Atommasse	9,0122	24,312	40,08	87,62	137,34	226,0254
Atomradius in pm	112	160	197	215	222	–
Ionenradius in pm	31	65	99	113	135	–
Elektronegativität	1,47	1,23	1,04	0,99	0,97	(0,97)
1. Ionisationspotential in eV	9,322	7,646	6,113	5,695	5,212	5,279
2. Ionisationspotential in eV	18,211	15,035	11,871	11,030	10,004	10,147
Standardelektrodenpotential (M/M^{2+}) in V	–1,70	–2,375	–2,76	–2,89	–2,90	–
Dichte in g cm^{-3}	1,85	1,74	1,54	2,6	3,51	(5,50)
F. in °C	1278	648,8	839	769	725	(700)
Kp. in °C	2970	1107	1484	1384	1640	(1140)

bildner, wobei der basische Charakter der Hydroxide und Oxide mit steigender Atommasse zunimmt. Während Berylliumhydroxid $Be(OH)_2$ amphoter ist, zeigt Bariumhydroxid $Ba(OH)_2$ stark basische Eigenschaften. Damit im Zusammenhang steht die von Magnesium zu Barium steigende Zersetzungstemperatur der Erdalkalimetallcarbonate, z. B. $CaCO_3 \rightarrow CaO + CO_2$. Viele Salze der E. sind in Wasser schwer löslich, und ihre Fällungen dienen zum Nachweis der entsprechenden Elemente. Die Löslichkeit der Hydroxide und Oxalate nimmt mit steigender Atommasse zu, in gleicher Reihenfolge sinkt die Löslichkeit der Carbonate, Sulfate und Chromate.

Mit einem Anteil von 1,9 % bzw. 3,4 % sind Magnesium und Calcium beträchtlich am Aufbau der Erdkruste beteiligt. Beryllium gehört zu den selteneren Elementen. Die E. kommen in der Natur als Carbonate, Sulfate, Silicate und Chloride in zahlreichen Mineralen vor. Radium findet man als Folgeprodukt des natürlichen radioaktiven Zerfalls des Urans in dessen Mineralen. Die Herstellung der E. erfolgt üblicherweise durch Schmelzflußelektrolyse der Chloride.

Erdfarben, ↗ Pigmente.

Erdgas, *Naturgas*, in der Erdkruste in großen Lagerstätten vorkommendes hochwertiges, brennbares Gas. Es entsteht unter ähnlichen Bedingungen wie ↗ Erdöl und kommt deshalb häufig mit ihm zusammen vor, findet sich aber auch vielfach allein, vor allem in porösen Gesteinen. Das mit Erdöl vergesellschaftet vorkommende E. ist je nach dem Lagerstättendruck, der bis zu 100 MPa betragen kann, in Erdöl teilweise gelöst und wird bei der Entspannung des Öles freigegeben (Erdölbegleitgas).

Zusammensetzung. Neben E., die fast nur Methan oder andere leichte Kohlenwasserstoffgase enthalten (*trockene E.*), kommen andere E. vor, in denen beträchtliche Anteile an leicht zu verflüssigenden Kohlenwasserstoffen, z. B. Propan, Butan, Pentan und auch höhere gesättigte Kohlenwasserstoffe, vorhanden sind (*nasse E.*). Außer Kohlenwasserstoffen können die E. noch sehr unterschiedliche Mengen an Stickstoff, Kohlendioxid und Schwefelwasserstoff enthalten. Sauerstoff und Kohlenmonoxid treten in E. nur selten und in Spuren auf. Einige E. haben einen bemerkenswerten Gehalt an Helium (bis zu 7 %); sie bilden das wichtigste Ausgangsmaterial für die Heliumgewinnung (↗ Helium). Nicht zu vernachlässigen ist der Gehalt aller E. an Wasserdampf, der vor dem Transport durch geeignete Maßnahmen abgetrennt werden muß.

Gewinnung und Förderung. Das E. vermag durch seinen eigenen Druck durch den Porenraum des Gesteins bis zur Förderbohrung und in dieser bis zur Oberfläche zu strömen. In den meisten Fällen reicht diese Lagerstättenenergie sogar dazu aus, das E. über das Ferngasleitungsnetz bis zum Verbraucher zu transportieren. Die Lagerstättenenergie besteht 1) in dem Druck des komprimierten E. (Gasexpansionstrieb), 2) in dem Druck des nachdrängenden Randwassers wie bei Erdöllagerstätten (Wassertrieb). Die Erdgasausbeute aus einer Lagerstätte erreicht bis zu 90 % des Erdgasvorrates.

Speicherung. Man kann E. wie anderes Gas oberirdisch in beschränktem Umfang in Gassonden speichern. Wirtschaftlicher ist die unterirdische Erdgasspeicherung. Hierbei wird eine schon erschöpfte Öl- oder Gaslagerstätte wieder mit Gas aufgefüllt. Ein derartiger Speicher erfaßt bis zu einigen Mrd. m^3. Eine andere, sehr vorteilhafte Speicherart mit hoher Gasverfügbarkeit stellen Kavernen in Salzstöcken dar, die zu diesem Zweck über Bohrungen ausgesolt wurden. Eine Kaverne kann bis 500000 m^3 Hohlraumvolumen besitzen und bis zu 50 Mill. m^3 Gas speichern.

Der Transport von E. erfolgt vorwiegend in Rohrleitungen (↗ Pipeline), die mit einem Druck von 2 bis 5 MPa arbeiten, es existieren aber auch Hochdruckleitungen mit einem Druck bis 40 MPa.

Aufbereitung. Vor dem Transport und der Weiterverarbeitung muß das E. getrocknet und gereinigt werden, da es sonst in den Rohrleitungen zur Ansammlung von Wasser und zur Ausscheidung von Gashydraten oder Eiskristallen kommen kann. Die Trocknung kann nach verschiedenen Verfahren erfolgen. 1) Bei der Trocknung durch Expansion des Gases scheidet sich durch die Abkühlung ein Teil des Wasserdampfes als flüssiges Wasser ab. 2) Trocknung durch Waschen mit geeigneten Flüssigkeiten, hauptsächlich Diethylenglycol und Triethylenglycol. 3) Trocknung durch feste Adsorptionsmittel, insbesondere Molekularsiebe, Kieselsäuregel oder aktiviertes Aluminiumoxid. Die nassen E. werden durch Adsorption an Aktivkohle oder durch ein Gaswäscheverfahren von den C_5- und C_6-Kohlenwasserstoffen befreit. Die H_2S-haltigen E. werden mit Hilfe eines selektiven Lösungsmittels (Sulfolan/Diisopropanolamin, Sulfosolvanlösung, Diethylenglycol/Triethanolamin u. a.) vom H_2S befreit (Abb.).

Eigenschaften. Die Dichte des E. schwankt zwischen 0,7 g dm^{-3} für ein trockenes E. und 1,3 g dm^{-3} für ein nasses E. im Normzustand. Trockenes E. hat einen Heizwert von 16000 bis 32000 kJ/m^3 (im Normzustand), nasses E. bis zu 50000 kJ/m^3. In Feuerungen werden im allgemeinen nur trockene E. verbrannt. Erdgas-Luft-Gemische können bei einem Gehalt von 5 bis 14 % E. explodieren.

Vorkommen. Die wichtigsten Erdgasförderländer sind Rußland, die USA, Kanada, die Niederlande und Algerien. Die wahrscheinlichen Erdgasvorräte in der Welt sind geringer als die Erdölvorräte und

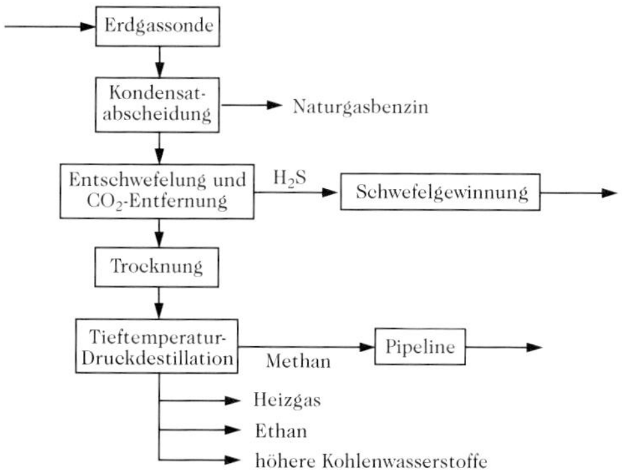

Erdgas. Abb.: Schema der Erdgasaufbereitung.

werden auf etwa 700 Mrd. t SKE geschätzt. Davon gelten 100 Mrd. t SKE als sichere Vorräte (1 t SKE ≙ 29310 MJ ≙ 0,7 t Erdöl ≙ 830 m^3 Erdgas).

Verwendung. E. wird als Rohstoff für die chem. Industrie und als Brennstoff benötigt. Die völlig geruchlosen E. werden dazu schwach odorisiert, damit Undichtigkeiten in den Gasleitungen (vor allem in Haushalten) sofort bemerkt werden. E. verwendet man ferner als Treibgas in Gasturbinen. Durch Pyrolyseprozesse (↗ Pyrolyse) kann E. in das für viele petrolchem. Synthesen außerordentlich wichtige Ethin umgewandelt werden. Ein weiteres wichtiges Erdgaserzeugnis ist Ruß, der durch Verbrennung von E. gewonnen wird.

Die wichtigste Möglichkeit der chem. Verwertung von E. ist die Herstellung von ↗ Synthesegas. Von Bedeutung sind weiterhin die Herstellung von Schwefelkohlenstoff:

$$CH_4 + 4\,S \xrightarrow[650\,°C]{SiO_2} CS_2 + 2\,H_2S;$$

das *Fluohm-Verfahren*:

$$CH_4 + NH_3 \xrightarrow[1500\,°C]{} HCN + 3\,H_2;$$

und das *Andrussow-Verfahren* zur Gewinnung von Blausäure:

$$CH_4 + NH_3 + 1{,}5\,O_2 \xrightarrow[1000\,°C]{Pt} HCN + 3\,H_2O$$

und die Methanchlorierung z. B. zu Methylchlorid und Tetrachlorkohlenstoff.

Erdmetalle, ↗ Bor-Aluminium-Gruppe.

Erdöl, eine in der Natur vorkommende, brennbare, mit Wasser nicht mischbare, ölige Flüssigkeit, die hauptsächlich aus verschiedenen Kohlenwasserstoffen besteht. E. enthält paraffinische, naphthenische und aromatische Kohlenwasserstoffe sowie Schwefel-, Sauerstoff- und Stickstoffverbindungen. Ferner sind in geringen Mengen sowohl anorganische Verbindungen als auch Spurenelemente enthalten, z. B. Eisen, Aluminium, Mangan, Nickel, Vanadium, Molybdän, Kupfer und andere Elemente oder deren Verbindungen. Sie können nach den im E. vorherrschenden Kohlenwasserstoffen in Methanöle, Naphthenöle, aromatische Öle und die Zwischengruppen Methan-Naphthenöle, Naphthen-Aromatenöle u. a. unterschieden werden. Das nicht gereinigte E. wird auch als *Rohöl* bezeichnet. E. mit einem Schwefelgehalt über 1 % nennt man *saures* E.; schwefelarmes E. *süß*.

Entstehung. Die Entstehung des E. ist bis heute noch nicht völlig aufgeklärt. Obwohl der organische Ursprung des E. allgemein anerkannt ist, gibt es auch Vorstellungen über eine anorganische Erdöl- und Erdgasentstehung. Danach werden die vereinzelt in magmatischen und metamorphen Gesteinen vorkommenden Erdöl- oder Erdgasanreicherungen als Beweis für die anorganische Entstehung betrachtet.

Zur Bildung von Erdölmuttergestein ist die Umwandlung pflanzlicher und tierischer Substanz, insbesondere von Plankton, unter Luftabschluß im ↗ Faulschlamm (Sapropel) flacher Meeresbecken oder stehender Gewässer in niedermolekulare Verbindungen erforderlich. Die Beteiligung sowohl niederer Tiere als auch Pflanzen an der Entstehung des E. wird durch das Vorkommen von Porphyrinen im E. bewiesen, denn die Porphyrine sind Metallkomplexe (z. B. Mg, Fe) der Kerne organischer Farbstoffe, z. B. des Chlorophylls (Blattgrün) und Hämins (Blutfarbstoff). Anaerob, d. h. vom Luftsauerstoff unabhängig lebende Bakterien bauen unter Reduktion die komplizierten organischen Verbindungen bei relativ niedrigen Temperaturen zu erdölähnlichen Substanzen ab. Als Nebenprodukt der mikrobiellen Umsetzung entsteht Methan. Gleichzeitig verfestigen sich die Faulschlämme zu Gesteinen, die das Erdölmuttergestein darstellen. Meist wandert das E. unter dem Einfluß eines Druckgefälles in der Wasserphase oder der Schwerkraft aus dem Muttergestein ab und dringt durch Poren oder auf Klüften in poröses oder klüftiges Speichergestein ein. Diesen Vorgang bezeichnet man als *Primärmigration.* Während der *Sekundärmigration* sammelt sich das E. schließlich innerhalb des Speichergesteins in den »Fallen« an, d. h. in den Bereichen des geringsten Potentials, z. B. in den Kuppeln von Antiklinalen (unterirdische Aufwölbungen) und an ähnlichen Stellen, an denen seine Wanderung durch undurchlässige Gesteinsschichten, z. B. Tone, Salze, oder durch tektonische Störungen versperrt wird. Das gleichzeitig mit dem E. wandernde Wasser gelangt infolge seiner größeren Dichte unterhalb des E. und schließt die Lagerstätte als Randwasser nach unten hin ab. Über dem E. befindet sich häufig noch eine Gaskappe, in der ↗ Erdgas unter hohem Druck steht (Abb.). Die ältesten Erdöllagerstätten sind im Kambrium bekannt, d. h. in Schichten, die vor etwa 500 Mill. Jahren abgelagert wurden.

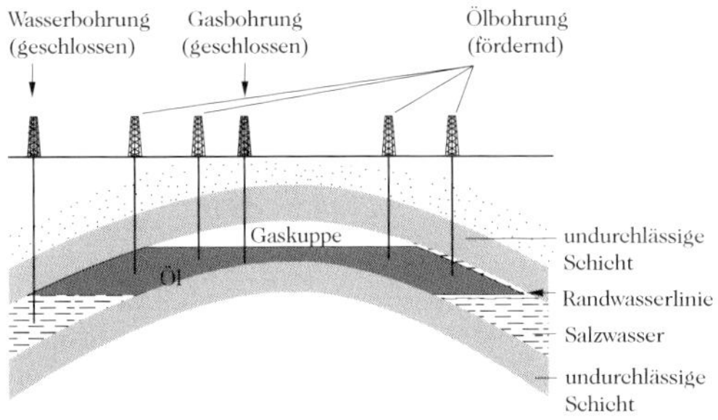

Erdöl. Abb.: Erdöllagerstätte in einer Antiklinale. Mit dem Abbau des Öls rücken Randwasser und Gaskappe gegeneinander vor.

Erdölsuche (Prospektion). Der Suche nach E. und Erdgas muß eine genaue Untersuchung der an der Oberfläche ausstreichenden und unter der Erdoberfläche liegenden Schichten vorausgehen, um erdölhöffige Strukturen zu erkennen (Erdölhöffigkeitsprognose). Dies geschieht vor allem durch geologische Kartierungen und feldgeophysikalische Untersuchungen, wie magnetische, gravimetrische, elektrische, tellurische, geothermische oder seismische Messungen. Je nach den Bedingungen werden diese Methoden auf dem Festland, bei der Meereserkundung oder von Flugzeugen bzw. künstlichen Erdsatelliten aus angewendet. Aus den Seismogrammen künstlich ausgelöster Erdbebenwellen lassen sich durch Laufzeitmessungen Rückschlüsse auf die Tiefe von Schichtfolgen und ihren Verlauf ziehen. Bei den gravimetrischen Messungen werden mit Hilfe sehr empfindlicher Meßinstrumente (Präzisionsgravimeter) Unregelmäßigkeiten der Erdanziehung (Anomalien) ermittelt, aus denen sich gleichfalls Rückschlüsse auf die Struktur des Untergrundes ziehen lassen. Durch die Luftbildkartierung vom Flugzeug oder Erdsatelliten konnten besonders große Fortschritte erzielt werden. Daneben sind die geochem. Verfahren sehr wichtig, denn mit Hilfe gasanalytischer Messungen an Bodenproben kann auf das Vorkommen unterirdischer Erdgas- oder Erdöllagerstätten aufgrund eines verstärkten Auftretens von Methan oder anderen Kohlenwasserstoffgasen in oberflächennahen Schichten geschlossen werden. Im Ergebnis aller Prospektionsarbeiten lassen sich höffige Standorte für Tiefbohrungen (Suchbohrungen) ermitteln. Die Erdölsuche wird mit dem Nachweis von E. in einer Bohrung abgeschlossen (bzw. abgebrochen, wenn alle Bohrungen sich als »trocken« erweisen).

Erdölerkundung (Exploration). In der Phase der Erkundung einer Erdöllagerstätte werden weitere Bohrungen niedergebracht, die den geologischen Bau der Lagerstätte klären und die Eigenschaften des Speichergesteins (Porosität, Durchlässigkeit) erkunden. Die Erkundung endete mit der Berechnung der Erdölvorräte.

Erdölförderung (Exploitation, Lagerstättenabbau). Erdöllagerstätten werden durch Tiefbohrungen erschlossen, wobei nur noch drehend-drückende Bohrverfahren, in erster Linie das *Rotaryverfahren*, angewandt werden. Hierbei wird das Bohrwerkzeug (Rollenmeißel oder Diamantmeißel) zum Vollbohren und Diamantkronen zum Kernbohren, an einem Hohlgestänge befestigt. Der Antrieb des Bohrstrangs erfolgt entweder über Tage durch einen Drehtisch oder einen Kraftspülkopf oder im Bohrloch selbst, wobei über dem Bohrwerkzeug ein Bohrlochsohlenmotor (Bohrturbine oder Schraubenmotor) angeordnet ist.

Bohrspülungen sind in der Regel Flüssigkeiten mit Tonzusätzen, in erster Linie Bentonit, und weiteren Zusätzen zur Erreichung bestimmter Eigenschaften wie Gelstärke, Viskosität, Thixotropie, Thermostabilität und Resistenz gegen im Bohrloch angetroffene Laugen. Bei zu erwartenden hohen Lagerstättendrücken müssen der Bohrspülung Beschwerungsmittel (meist fein aufgemahlener Baryt) zugesetzt werden. Die Bohrspülung wird mit Hilfe von leistungsfähigen Kolbenpumpen durch das Bohrgestänge gepumpt, bespült die Bohrlochsohle und steigt mit Bohrklein beladen im Ringraum zwischen Bohrlochwand und Bohrgestänge wieder auf. Erdölbohrungen müssen in jedem Falle verrohrt werden, wobei der Ringraum durch Einbringen einer Zementschlämme dicht verfüllt wird. Zum Schutz unter hohem Druck stehendem Erdöl und Erdgas) muß jede Bohrung ein Bohrlochabschlußsystem (Preventer) besitzen. Bei Erkundungsbohrungen werden aus vermuteten erdölführenden Schichten Bohrkerne gewonnen und im Labor untersucht.

Besondere Bedingungen und zusätzliche Probleme liegen bei Meeresbohrungen sowie bei Bohrungen unter extremen klimatischen Bedingungen (Permafrost- und Wüstengebiete). Bei Meeresbohrungen werden je nach Wassertiefe unterschiedliche Ausrüstungen eingesetzt (aufgeschüttete Inseln, Hubinseln, Halbtaucher, Bohrschiffe). Meeresbohrungen sind in der Regel fünf- bis zehnmal teurer als Bohrungen auf dem Festland.

Die zur Gewinnung des E. notwendige Energie (zur Überwindung der Reibungsverluste im Porenraum des Speichergesteins) resultiert aus der Erdöllagerstättenenergie selbst. Sie besteht aus 1) Energie des im Öl gelösten Gases (Gasentlösungstrieb, bis zu 95 % Anteil); 2) Energie der expandierenden Gaskappe (Gaskappentrieb, bis zu 25 % Anteil); 3) Energie des nachdrängenden Randwassers (Wassertrieb, bis zu 10 % Anteil); 4) Gravitationsenergie (weniger als 10 % Anteil).

Die Gewinnung allein mit Hilfe der Lagerstättenenergie (Primärgewinnung) ermöglicht es, nur

20 bis 30 % des Erdölvorrates einer Lagerstätte auszubeuten. Durch weitere Entölung der Lagerstätte mit Hilfe von Sekundärverfahren (Sekundärgewinnung) kann man maximal etwa 40 % des Ölvorrates ausbringen. Dies kann geschehen, indem man Wasser, insbesondere Salzwasser, in die Randzone einpreßt (Wasserfluten) oder Gas in die Gaskappe oder in das Öl selbst einpreßt. Man benutzt dazu besondere Injektionsbohrungen oder ehemalige Förderbohrungen. Als Einpreßgas dienen Erdölbegleitgas, Erdgas oder Abgase. Sekundärverfahren sollte man schon von Beginn des Abbaues an verwenden, um es nicht erst zu einem starken Druckabfall in der Lagerstätte kommen zu lassen. Verfahren zur Tertiärgewinnung verringern zusätzlich die Rückhaltekräfte im Porenraum. Solche Verfahren sind das Tensid-Polymer-Fluten durch Erniedrigung der Grenzflächenspannung Wasser/Öl, das Heißwasser-/Heißdampffluten durch Viskositätsverringerung bei Erhitzung des Öles auf 80 °C bis 120 °C und das Mischfluten mit Injektion leichter Ölfraktionen (Dieselöl). Die Ausbeute erreicht bei Tertiärgewinnung bis zu 60 % des Vorrates.

Die Förderung des E. von der Bohrlochsohle bis zur Erdoberfläche ist durch die Energie der Lagerstätte selbst (Eruptivförderung) nur in den ersten Abbaujahren möglich. Späterhin werden Kolbenpumpen auf der Bohrlochsohle eingebaut, die von der Oberfläche durch ein Pumpgestänge angetrieben werden (Tiefpumpförderung). Falls komprimiertes Gas zur Verfügung steht, kann man auch das Öl durch Einpressen von Gas in das Bohrloch spezifisch leichter machen und nach übertage fördern (Gasliftförderung).

Die Förderung von E. aus Erdschichten unter dem Meeresboden (Offshore-Förderung, von engl. off shore, »außerhalb der Küste«) gewinnt zunehmend an Bedeutung. In erster Linie werden die Schelfgebiete untersucht, die vielen Festlandsküsten vorgelagert sind und in der Regel den gleichen geologischen Schichtenaufbau besitzen wie das Festland. Die Prospektion und das Niederbringen der Bohrungen erfolgen im Prinzip mit den gleichen Bohrverfahren und den gleichen Bohranlagen wie bei Bohrungen auf dem Festland. Die Bohranlagen sind je nach Wassertiefe auf ortsfesten oder schwimmenden Bohrplattformen oder auf Bohrschiffen installiert.

Transport und Lagerung. Das geförderte E. kann beträchtliche Mengen an gelöstem Erdölbegleitgas enthalten, ferner Wasser und feste Bestandteile. Das Gas und die Verunreinigungen müssen vor dem Transport des E. entfernt werden. Die wichtigsten Transportmittel für das E. sind ↗ Pipelines und Großtanker mit einer Tragfähigkeit bis zu mehr als 500000 t. Für die Beseitigung von E., das bei Tankerhavarien ins Wasser gelangt, werden unter anderem Tenside, Kunststoffschäume und eisenhaltige Pulver eingesetzt.

E. wird oberirdisch in großen Stahltanks gelagert. Das Fassungsvermögen kann dabei bis zu 150000 m³ betragen. Wirtschaftlicher ist die Lagerung größerer Erdölmengen in Untergrundspeichern, z. B. in Salzkavernen. Die Speicherkapazität einer solchen Kaverne kann 500000 m³ E. erreichen.

Vorräte. Die sicheren, d. h. bereits genau bekannten Erdölvorräte der Welt werden z. Z. auf etwa 430 Mrd. t SKE (**S**tein**k**ohlen**e**inheit) geschätzt. Die gegenwärtig bekannten, sicher gewinnbaren Erdölreserven betragen 130 Mrd. t SKE (1 t SKE ≙ 0,7 t E.).

Die Schätzungen der insgesamt zu erwartenden Vorräte gehen weit auseinander und schwanken zwischen 1850 und 2300 Mrd. t SKE. In diesen Zahlen sind die Vorkommen von E. in Ölschiefern und Ölsanden in Höhe von mehr als 1400 Mrd. t SKE nicht enthalten.

Erdöl. Tab.: Weltförderung in Mio. t.

1860	0,07	1960	1053
1880	4,1	1970	2275
1900	19,8	1980	3082
1920	97,0	1990	3154
1940	294,2	1995	3172

Die wichtigsten Erdölförderländer sind die Länder um den Persischen Golf (Kuwait, Saudi-Arabien, Irak, Iran und eine Reihe kleinerer Staaten), in denen mehr als zwei Drittel der gegenwärtig bekannten Vorräte an E. lagern. Weitere reiche Lagerstätten finden sich in Rußland, in den USA, in Venezuela, in Mexiko und in Afrika (Libyen, Algerien, Nigeria). Im Fernen Osten wird E. vor allem in China, in Indonesien und in Burma gefördert. Kleinere Lagerstätten gibt es in vielen Ländern der Erde, in Europa z. B. in Rumänien und in der Bundesrepublik Deutschland (Emsland, Gebiet zwischen Elbe und Ems, Schleswig-Holstein), in Österreich und in der Nordsee (Großbritannien, Norwegen, Dänemark).

Chem. Zusammensetzung. Neben Kohlenwasserstoffen enthalten die E. je nach Provenienz unterschiedliche Mengen an Schwefel-, Stickstoff- und Sauerstoffverbindungen sowie geringe Mengen an Eisen-, Aluminium-, Mangan-, Nickel-, Vanadium-, Molybdän-, Kupfer- und anderen Verbindungen. Die durchschnittliche Zusammensetzung (in Masse-%) beträgt:

Kohlenstoff	85 ... 90
Wasserstoff	10 ... 14
Stickstoff	0,1 ... 0,5
Schwefel	0,2 ... 0,3
Sauerstoff	0 ... 1,5

Die Kohlenwasserstoffe sind meist gesättigt; Alkene kommen nur in Spuren vor, lineare, Iso- und Cycloparaffine (Naphthene) sowie aromatische Kohlenwasserstoffe sind sehr unterschiedlich vertreten. Die Molekulmasse (M_r) der Kohlenwasserstoffe im E. reicht von der einfachsten Verbindung, dem Methan, bis zum Asphaltenmolekül (M_r > 10000). Der Hauptanteil liegt im Bereich von M_r 200 bis 800. Die Cycloparaffine bestehen aus ein- oder mehrgliedrigen Ringsystemen, dabei sind Fünfring- oder Sechsringparaffine am häufigsten vertreten. Unter den aromatischen Kohlenwasserstoffen sind vor allem Indane, Tetraline, Diphenyle, Acenaphthene, Fluorene, Isoprenoide anzutreffen. Der Schwefel liegt im E. im wesentlichen in Form von Thioalkoholen, Disulfiden oder cyclischen Sulfiden vor; Thiophenstrukturen kommen in den höhersiedenden Bereichen vor. Im allgemeinen nimmt mit steigendem Siedebereich der Erdölfraktionen der Schwefelgehalt zu. Elementarer Schwefel kommt selten, freier Schwefelwasserstoff dagegen häufig vor. Sauerstoff findet sich gebunden in der Carboxygruppe der aus Sterinen stammenden Isoprenoid-Naphthensäuren, deren Vorkommen allerdings auf bestimmte E. beschränkt ist, in Phenolen und vor allem als Brückenatom in den größeren Molekülen der Rückstandsprodukte. Stickstoffverbindungen liegen vorwiegend als substituierte Pyridine, Chinoline und Carbazole im höheren Siedebereich vor.

Chem. und physikalische Eigenschaften. Das Rohöl ist eine dünn- bis dickflüssige, hell- bis schwarzbraune, oft bläulich bis grünlich fluoreszierende Flüssigkeit. Der Geruch kann angenehm aromatisch, bei Anwesenheit von Schwefelverbindungen aber auch unangenehm knoblauchartig sein. Die Dichte des E. beträgt durchschnittlich 0,8 bis 0,9 g cm^{-3}. Die Verbrennungswärme beträgt 40000 bis 46000 kJ/kg. Die Höhe des Flammpunktes ist vom Anteil der leichtflüchtigen Stoffe, wie Benzin, abhängig; er kann bei benzinreichen E. unter 0 °C, bei benzinarmen E. über 70 °C liegen. Die wirtschaftlich wichtigsten Bestandteile des Rohöls sieden zwischen 50 und 350 °C. Die Viskosität der Rohöle hängt von Dichte und Siedepunkt ab und ist um so höher, je höher die Werte von Dichte und Siedepunkt liegen. Die Rohöle sind in Wasser nicht löslich, ergeben jedoch beständige Emulsionen. In Ethanol sind sie schwer löslich, in Chlorkohlenwasserstoffen, wie Chloroform und Kohlenstofftetrachlorid, sowie in Ether und Aromaten leicht löslich.

Verwendung. E. kann als Rohöl nur zur Feuerung von Dampferzeugern verwendet werden. Seine große Bedeutung erhält E. erst in der ↗ Erdölverarbeitung durch die Aufbereitung in Destillationsanlagen und durch weitere Veredlung sowie durch Verwertung bestimmter Produkte in der ↗ Petrochemie.

Erdölverarbeitung, *primäre E.*, im engeren Sinne die chemisch-technische Aufbereitung des Erdöls; im weiteren Sinne werden auch die Crackverfahren (↗ Cracken), das ↗ Reformieren, die ↗ Hydroraffination und das Hydrocracken (↗ Hydrospalten) zur E. gerechnet. Das geförderte Erdöl, das Gase (z. B. Methan, Ethan und Schwefelwasserstoff), feste Bestandteile und in Wasser gelöste Salze (z. B. Alkali- und Erdalkalichloride) enthält, wird zunächst entgast. Hierzu leitet man das Rohöl, das mit hohem Druck aus der Fördersonde kommt, unter gleichzeitiger Druckentlastung in Separatoren. Hierbei wird das gelöste Gas frei, das zu Heizzwekken eingesetzt werden kann. Vielfach wird das Erdölgas, das noch wertvolle Benzinkohlenwasserstoffe und Flüssiggas enthält, in Zerlegungsanlagen aufgearbeitet. Von der Entgasung gelangt das Rohöl in die Entwässerung. Die Entwässerung wird stets von einer Entsalzung begleitet, da die Salze meist in der wäßrigen Phase gelöst sind und mit dem Wasser entfernt werden. Festes, im Erdöl suspendiertes Salz wird durch Zugabe von Kondensat in Lösung gebracht. Die Entsalzung ist ein wichtiger Teilprozeß der Erdölaufbereitung, da bei der späteren Destillation vor allem Magnesiumchlorid bei höherer Temperatur unter Abspaltung von Chlorwasserstoff zerfällt, der seinerseits stark korrodierend wirkt.

Erdöle enthalten auch geringe Mengen an Aschebildnern, z. B. Eisen-, Aluminium-, Magnesium-, Mangan-, Nickel- und Vanadiumsalze. Die Aschebildner reichern sich bei der Rohöldestillation in den schweren Rückständen an. Besonders die Vanadiumverbindungen können bei hohen Temperaturen zur Korrosion wärmebeständiger Stähle führen.

Die eigentliche Aufbereitung des vorgereinigten Erdöls erfolgt durch ↗ Destillation in einer Erdölraffinerie. Hierzu benötigt man eine Fraktionierkolonne mit Seitenstromabzug, oder man verwendet eine aus mehreren Kolonnen bestehende Destillationsanlage (Abb.). Die destillative Zerlegung des auf etwa 400 °C aufgeheizten Öls erfolgt in der unmittelbar dem Röhrenofen nachgeschalteten Fraktionierkolonne zunächst bei Normaldruck (*atmosphärische Destillation*). Die dampfförmigen Erdölanteile steigen hierbei nach oben. Auf diese Art gelingt es, das Einsatzprodukt in einzelne Fraktionen zu zerlegen, die verschieden hohe Siedegrenzen besitzen. Die Fraktionen werden in verschiedenen Höhen aus der Kolonne abgezogen und zumeist in kleinen Seitenkolonnen (Stripperkolonnen) durch direktes Einblasen von Wasserdampf von geringen Anteilen niedrigsiedender Komponenten befreit, die ihrerseits wieder der Hauptkolonne zugeführt werden.

Der im Kolonnensumpf anfallende Destillationsrückstand (*Toprückstand*) enthält vor allem die wertvollen Schmierölfraktionen. Ihre destillative Zerlegung kann nur im Vakuum vorgenommen

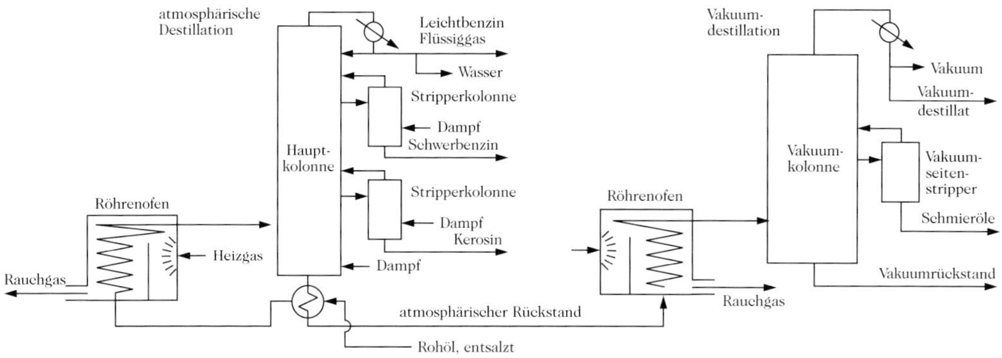

Erdölverarbeitung. Abb.: Destillation des Rohöls.

werden, da die bei Atmosphärendruck anzuwendenden hohen Temperaturen zu einem Zerfall der Schmierölkomponenten (↗ Cracken) führen würden. Bei der *Vakuumdestillation* gewinnt man Schmieröle unterschiedlicher Viskosität (leichte bis schwere Maschinenöle), als Rückstand bleibt Bitumen. Von Erdölen, die sich nicht zur Schmierölgewinnung eignen, dienen die Toprückstände als Heizöle oder als Einsatzprodukte für Crackanlagen (↗ Visbreaken).

Erdölverarbeitung. Tab.: Die Hauptprodukte bei der Destillation des Erdöls.

Fraktion	*T* in °C	Verwendung
Gas Flüssiggas	20	Heizgas, Kraftstoff Rohstoff für chem. Synthesen (↗ Erdgas)
Leichtbenzin	20 ... 100	Treibstoffe, Synthesegas-erzeugung, Einsatzprodukt für die Pyrolyse und die Leichtbenzin-isomerisierung
Schwerbenzin	100 ... 180	Einsatzprodukt für das Reformieren, Vergaserkraftstoff
Kerosin	180 ... 240	Flugturbinentreibstoff, Dieselkraftstoff, Einsatzprodukt zur Gewinnung von Tensid-paraffinen
Gasöl	240 ... 360	Dieselkraftstoff, Einsatzprodukt für Crackverfahren
Vakuum-destillat	360 ... 500	Motorenöle, Maschinenöle, Ersatzprodukt für Crack- und Hydrospaltverfahren
Vakuum-rückstand	500	Schmiermittel, Industrieheizöl, Rohstoff für Verkokungsverfahren, Öldruck-vergasung und Visbreaken

Raffination. Vor ihrer Weiterverarbeitung müssen praktisch alle Erdölprodukte raffiniert werden, um störende Bestandteile, insbesondere Schwefel- und Stickstoffverbindungen, zu entfernen.

Eine wirksame Entfernung aller störenden Verbindungen ist nur durch katalytische Druckwasserstoffraffination (↗ Hydroraffination) möglich. Sie besitzt außerdem den Vorteil, daß der Schwefel hierbei als Schwefelwasserstoff gewonnen werden kann.

Dieselkraftstoffe und in noch höherem Maße Schmieröle müssen häufig einer *Entparaffinierung* (↗ Paraffin) unterzogen werden, um ihren Stockpunkt herabzusetzen, da andernfalls während der kalten Jahreszeit erhebliche Störungen beim Einsatz dieser Produkte auftreten können.

Die *Entasphaltierung* von Schmierölen hat die Abtrennung hochmolekularer, zur Ausfällung neigender Verbindungen zum Ziel. Sie kann durch Behandeln des Schmieröles mit aliphatischen Kohlenwasserstoffen, z. B. Propan, erfolgen, in denen die Asphalte im Gegensatz zu den Schmierölkohlenwasserstoffen unlöslich sind.

Zur Verbesserung des Viskositäts-Temperatur-Verhaltens unterwirft man Schmieröle ferner einer ↗ Extraktion. Hierbei werden durch geeignete Lösungsmittel, z. B. flüssiges Schwefeldioxid, Phenol oder Cresol, aromatische Verbindungen entfernt, deren Viskosität bei Temperaturänderungen besonders starke Verschiebungen zeigt.

Erdpigmente, ↗ Pigmente.

Erdwachs, ***Bergtalg***, ***Ozokerit***, ein natürlich vorkommendes, sehr hartes mineralisches Wachs, der feste Bestandteile vieler Erdöle. E. besteht im wesentlichen aus Alkanen ab $C_{18}H_{38}$. Das rohe E. ist dunkelbraun bis schwarz gefärbt. Durch Schmelzen über heißem Wasser befreit man es von der Gangart. Die verschiedenen Arten des E. unterscheiden sich durch die unterschiedliche Härte, die durch die verschiedenen Fließpunkte charakterisiert ist. E. findet sich in guter Qualität in den USA und im Iran.

Man reinigt das E. am günstigsten durch Behandeln mit Schwefelsäure und danach mit Bleicherde.

Das gereinigte E. wird als *Ceresin* bezeichnet; seine Dichte beträgt 0,91 bis 0,97 g cm^{-3}, es schmilzt zwischen 60 und 80 °C. Ceresin ist in

Ether, Chloroform und Benzinen löslich, die physikalischen Eigenschaften sind mit denen des Bienenwachses zu vergleichen. Ceresin dient, vermischt mit Terpentinöl, zur Herstellung von Bohnerwachsen, da es sehr gut auf Holz haftet, weiterhin von Schuhcreme, Möbelpolituren, synthetischen Vaselinen, Modellierwachs u. ä. Besonders wertvoll sind die (allerdings sehr teuren) Kerzen aus Ceresin. Im Handel ist Ceresin – meist stark mit minderwertigem Paraffin (bis zu 90 %) verschnitten – als »Ozokerit-Ceresin«.

Erfassungsgrenze, Kenngröße für die Empfindlichkeit qualitativer Nachweisreaktionen. Sie gibt die kleinste Menge eines Stoffes in µg an, die durch eine Reaktion oder Methode unter genau definierten Bedingungen noch sicher nachweisbar ist. Die E. läßt sich bei bekanntem Volumen aus der ↗ Grenzkonzentration berechnen.

Ergobasin, ↗ Mutterkornalkaloide.

Ergocalciferol, ↗ Vitamin D.

Ergocornin, ↗ Mutterkornalkaloide.

Ergocriptin, ↗ Mutterkornalkaloide.

Ergocristin, ↗ Mutterkornalkaloide.

Ergolin, ↗ Mutterkornalkaloide.

Ergometrin, ↗ Mutterkornalkaloide.

Ergostan, ↗ Steroide.

Ergosterin, *5,7,22-Ergostatrien-3β-ol*, auch ***Ergosterol***, ist das Hauptsterol der Pilze, kommt aber auch in höheren Pflanzen vor. Zuerst wurde es aus Mutterkorn isoliert. Heute wird es aus Heferückständen gewonnen. E. ist ein $\Delta_{5,7}$-Dien und wirkt daher als Provitamin D. Durch Bestrahlung wird Ergocalciferol gebildet.

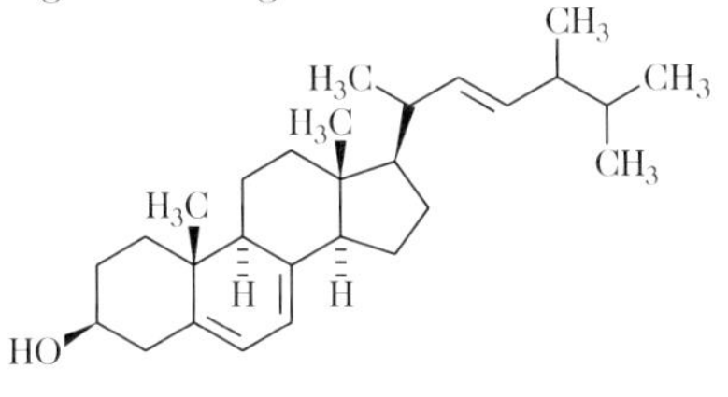

Ergotamin, ↗ Mutterkornalkaloide.

Ergotoxin, ↗ Mutterkornalkaloide.

Eriochromfarbstoffe, eine Gruppe licht-, wasch- und schweißechter Wollfarbstoffe, z. B. Eriochromrot (↗ Pyrazolonfarbstoffe). E. werden in essigsauren oder schwefelsauren Lösungen auf die Wolle gebracht und mit Kaliumdichromat entwickelt.

Eriochromschwarz T, das Natriumsalz der 1-(1-Hydroxy-2-naphthylazo-)5-nitro-2-naphthol-4-sulfonsäure, dient als Indikator in der Komplexometrie, sein Umschlagsintervall liegt im pH-Bereich 10, wobei die Farbe von Rot nach Blau umschlägt.

erleichterte Diffusion, ***trägervermittelter Transport***, der passive Transport von Stoffen durch Membranen, der durch in der Membran befindliche ↗ Carrier (Träger) vermittelt wird. Das Transportsubstrat wird an einer Membranseite an den Carrier gebunden, an der anderen freigesetzt. Aus der größeren Beweglichkeit des Träger-Substrat-Komplexes gegenüber dem freien Substrat erklärt sich die höhere Transportgeschwindigkeit Träger-gekoppelter Transportprozesse gegenüber der freien Diffusion. Die e. D. ist dabei durch folgende Eigenschaften charakterisiert: 1) Transport ohne Aufwand von Stoffwechselenergie, dem Konzentrationsgradienten des Transportsubstrates folgend. 2) Abhängigkeit von der Substratkonzentration: Ähnlich wie bei Enzymen wird mit steigender Substratkonzentration eine Sättigung der Aufnahmegeschwindigkeit erreicht. In Analogie zur Michaelis-Menten-Konstante (↗ Enzyme) ergibt sich K_t aus der Substratkonzentration, bei der die halbmaximale Transportgeschwindigkeit $V_t/2$ erreicht ist. 3) Substratspezifität bzw. Selektivität des Trägers: Vom entsprechenden Träger wird nur ein Substrat (z. B. Aminosäure, Zucker) oder eine Gruppe strukturähnlicher Verbindungen transportiert. 4) Kompetitive Hemmung durch Substratanaloga und z. T. nichtkompetitive Hemmung durch Veränderung der Konformation der Substratbindungsstellen des Trägers durch Hemmstoffe. 5) Der Temperaturkoeffizient ist höher als bei der einfachen Diffusion.

Erlenmeyer-Regel, die von Erlenmeyer formulierte Regel, daß Verbindungen mit zwei oder drei Hydroxygruppen an einem C-Atom nicht stabil sind, sondern Wasser abspalten. Die folgenden Gleichgewichte liegen deshalb meist weitgehend auf der rechten Seite:

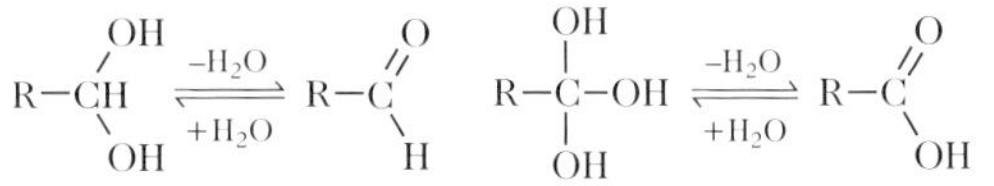

Ausnahmen von dieser Regel sind die Hydrate des Chlorals, der Glyoxyl- und Mesoxalsäure und des Ninhydrins.

Erscheinungspotential, ↗ Massenspektrometrie.

Erstarrung, der isotherme Übergang eines Stoffes vom flüssigen in den festen Aggregatzustand bei einer vom Druck abhängigen Temperatur. Reine, kristallisierende Stoffe haben einen definierten *Erstarrungspunkt* (↗ Schmelzpunkt).

Erstarrungskurve, ↗ Schmelzdiagramm.

Ertragskoeffizient, ***Ausbeutekoeffizient***, Symbol *Y*, auch ***ökonomischer Koeffizient*** genannt, eine wichtige Kenngröße von Fermentationsprozessen, die für die Beurteilung der Effizienz von Stoffwandlungen durch Mikroorganismen von Bedeutung ist. Der E. ist definiert als Quotient aus der während des Wachstumsprozesses gebildeten Zellmasse bzw. der Produktakkumulation (Symbol x bzw. P, Ertrag oder Ausbeute, angegeben in g Trockensubstanz) und der verbrauchten Masse an Substrat (Symbol S, angegeben in g, beim molaren E. in mol):

$$Y = \frac{dx}{dS} \text{ bzw. } \frac{dP}{dS}$$

Der E. läßt sich auch als differentielle Größe für jeden Zeitabschnitt während des Fermentationsprozesses angeben und auf Volumeneinheit beziehen:

$$\frac{dx}{dt} = -Y_{x/S} \cdot \frac{dS}{dt}$$

Dabei ist x = Zellmassekonzentration (in g Trockensubstanz/l), S = Substratkonzentration (in g/l) und dx/dt bzw. dS/dt die volumenbezogenen Raten der Zellmassezunahme und Substratabnahme.

Der E. ist keine Konstante und variiert in Abhängigkeit von exogenen und endogenen Faktoren, speziell von der ↗ spezifischen Wachstumsrate. Der reziproke Wert des E. wird als ↗ spezifischer Substratverbrauch bezeichnet.

Erucasäure, ***cis-Docos-13-ensäure***, $CH_3–(CH_2)_7–CH=CH–(CH_2)_{11}–COOH$, eine ungesättigte Fettsäure, die als Bestandteil von Glyceriden in zahlreichen Samenölen (insbesondere Rapsöl in Mengen bis zu 40–50 % der Gesamtfettsäuren) enthalten ist. Bei Behandlung der E. mit salpetriger Säure, Schwefeldioxid usw. entsteht die ähnlich verbreitete *trans-Docos-13-ensäure* (*Brassidinsäure*).

Erweichungspunkt, ***Erweichungstemperatur***, die Temperatur, bei der ein Stoff in sich zusammenzusinken beginnt. Kristalline Körper gehen an einem definierten Umwandlungspunkt, dem ↗ Schmelzpunkt, aus dem festen in den flüssigen Aggregatzustand über. Amorphe Stoffe, wie Gläser und die meisten hochpolymeren Stoffe, dagegen erweichen, bevor sie den flüssigen oder einen flüssigkeitsähnlichen Zustand erreichen (falls ein solcher überhaupt möglich ist). Der E. von Kunststoffen läßt sich durch Zugabe von ↗ Weichmachern verändern. Bei kleinen Weichmacherkonzentrationen kann man unter bestimmten Bedingungen gewisse Analogien zur ↗ Gefrierpunkterniedrigung feststellen. Die Erweichungspunkterniedrigung ist proportional der Weichmacherkonzentration und unabhängig von der Struktur des Weichmachermoleküls.

Erythrit, ***Erythritol***, ***erythro-Pentan-1,2,3,4-tetrol***, ein vierwertiger Alkohol, der in optisch aktiver (D- oder L-) oder als *meso*-Form vorliegt. E. bildet farblose, süß schmeckende Kristalle (F. 120 °C), die in Wasser leicht, in Alkoholen schwer, in Ether unlöslich sind.

erythro, Präfix zur Bezeichnung einer relativen Konfiguration (↗ Monosaccharide, ↗ Stereoisomerie 1.2.1.).

Erythromycin, ***Erythromycin A***, ein Macrolidantibiotikum, dessen als Aglykon fungierender 14gliedriger Lactonring als *Erythronolid* bezeichnet wird. Als Aminozucker ist D-Desosamin und als neutraler Zucker L-Cladinose glycosidisch gebunden. E. ist säurelabil. Für die orale Anwendung kommen deshalb nur schwerlösliche Salze wie das Stearat oder das Laurylsulfat in Betracht. E. wirkt bei Infektionen vorwiegend gegen grampositive Keime.

Erythropoietin, Abk. ***EPO***, ein einkettiges Glycoprotein (M_r ~ 30000), das eine schnelle Regulation und Anpassung der Erythropoese an den Sauerstoffbedarf von Geweben und Organen bewirkt. Ein wesentlicher Stimulator für die Synthese von E. ist Sauerstoffmangel (Hypoxie) im Gewebe. E. gelangt nach der Bildung über die Blutbahn ins Knochenmark, wo es die Proliferation und Differenzierung von Erythrocyten-Vorläuferzellen zu reiferen Erythrocyten stimuliert.

Erythrose, eine Aldotetrose (↗ Monosaccharide).

Erythrosin, ↗ Eosinfarbstoffe.

Erze, 1) ***Erzminerale***, solche Minerale, die ein oder mehrere Metalle chemisch gebunden enthalten.

2) mineralische Rohstoffe, die sich in technisch-wirtschaftlicher Hinsicht zur Metallgewinnung eignen. Sie stellen Mineralaggregate bzw. Gesteine dar. An ihrer Zusammensetzung sind neben Erzmineralen auch ***Nichterze*** (***Gangarten***, ***Nebengestein***) beteiligt. Durch besondere Verfahren der Aufbereitung kann der Gehalt an Erzmineralen durch Scheidung in ein Konzentrat und in nichtverwertbare Berge vergrößert und damit das gesuchte Metall angereichert werden.

In abbauwürdiger Form kommen die E. in Erzlagerstätten vor. Der Wert des Metallinhalts eines Erzes ist für seine wirtschaftliche Verwendung ausschlaggebend.

Erzlaugung, ***Leaching***, ***mikrobielle Erzlaugung***, Verfahren der Biohydrometallurgie/Biogeotechnologie, mit denen mittels Mikroorganismen Metalle aus metallarmen Erzen in Lösung gebracht werden. Für eine erfolgreiche E. sind mehrere Faktoren von Bedeutung: 1) Vorhandensein von Wasser. 2) Erze, die Elemente enthalten, die von Mikroorganismen oxidiert werden können (bei eisen- und schwefelarmen Gesteinen werden Pyrit (FeS_2), elementarer Schwefel oder $Fe_2(SO_4)_3$-Lösung zugesetzt). Die oxidierten Metalle müssen anschließend die gewünschten Metalle oder Mineralsulfide oxidieren. 3) Billige Extraktionsmöglichkeiten für das zu gewinnende Element aus stark verdünnten wäßrigen Lösungen. 4) Bedingungen, die ein Wachstum der entsprechenden Mikroorganismen (z. B. Vorhandensein billiger chemischer Verbindungen als Wachstumssubstrate) ermöglichen, um so die erforderlichen Reaktionen durchführen zu können.

Bakterien erfüllen bei der E. mehrere Funktionen: 1) Produktion von H_2SO_4 als wichtigem Agens; 2) Oxidation der unlöslichen Sulfide zu löslichen Sulfaten; 3) Oxidation des bei chemischen Reaktionen gebildeten Fe^{2+} zu Fe^{3+}; 4) Abbau von z. B. FeS_2. Das dabei gebildete reduzierte Eisen und der

Schwefel werden von den Mikroorganismen als Energiequelle genutzt.

Die E. wird insbesondere mit chemolithotrophen Bakterien (*Thiobacillus*-Arten, z. B. *T. thiooxidans*, *T. ferrooxidans*) durchgeführt, deren Energiequelle Sulfide, elementarer Schwefel und lösliche Thiosulfate sind, alternativ aber auch Fe^{2+} sein kann. Diese oxidieren den Schwefel (S^0, S^{2-}) (Gl. 1) und Eisen (Fe^{2+}) (Gl. 2):

$2\ S^0 + 3\ O_2 + 2\ H_2O \rightarrow 2\ H_2SO_4$ (1)

$4\ FeSO_4 + O_2 + 2\ H_2SO_4 \rightarrow 2\ Fe_2(SO_4)_3 + 2\ H_2O$ (2)

Die Bildung von H_2SO_4 ist auch für das Wachstum der acidophilen Bakterien (pH-Optimum bei 2,0) von Bedeutung.

»Leaching«-Verfahren werden vor allem mit sulfidischen Kupfererzen durchgeführt, die gleichzeitig Eisen enthalten (insbesondere $CuFeS_2$, Kupferkies oder Chalcopyrit; Cu_2S, Chalcocit; CuS Covellit) oder mit Pyrit vergesellschaftet sind. Beispiele für die bakterielle Oxidation der sulfidischen Erze sind:

$4\ FeS_2 + 15\ O_2 + 2\ H_2O \rightarrow 2\ Fe_2(SO_4)_3 + 2\ H_2SO_4$ (3)

$4\ CuFeS_2 + 17\ O_2 + 2\ H_2SO_4 \rightarrow 4\ CuSO_4 + 2\ Fe_2(SO_4)_3 + 2\ H_2O$ (4)

$2\ Cu_2S + 5\ O_2 + 2\ H_2SO_4 \rightarrow 4\ CuSO_4 + 2\ H_2O$ (5)

$CuS + 2\ O_2 \rightarrow CuSO_4$ (6)

Die unlöslichen Sulfide werden so in lösliche Sulfate umgewandelt und damit in Lösung gebracht. Zu diesem direkten Einfluß der Mikroorganismen (direkte Laugung) kommt als Folge der Bildung von Eisen(III)-sulfat (Gl. 3 und 4) ein indirekter Effekt (indirekte Laugung) hinzu. Die bakteriell gebildeten Ferri-Ionen wirken auf rein chemischen Wege auf unlösliche Sulfide (und auch auf UO_2) ein. Dabei wird das Metallsulfid oxidiert und Fe^{3+} reduziert:

$Cu_2S + 2\ Fe_2(SO_4)_3 \rightarrow 2\ CuSO_4 + 4\ FeSO_4 + S^0$ (7)

$2\ FeS_2 + 2\ Fe_2(SO_4)_3 \rightarrow 6\ FeSO_4 + 4\ S^0$ (8)

$CuFeS_2 + 2\ Fe_2(SO_4)_3 \rightarrow CuSO_4 + 5\ FeSO_4 + 2\ S^0$ (9)

$UO_2 + Fe_2(SO_4)_3 \rightarrow UO_2SO_4 + 2\ FeSO_4$ (10)

Die Produkte dieser chemischen »Leaching«-Reaktionen sind Fe^{2+} und S^0, die als Energiequelle für das Wachstum der Bakterien dienen. Kupfer kann aus der $CuSO_4$-Lösung leicht abgetrennt werden.

Für einen effektiven chemischen »Leaching«-Prozeß ist ein hohes Fe^{3+}/Fe^{2+}-Verhältnis notwendig. Dieses wird – nach Gl. 2 – durch bakterielle Regeneration der Ferri-Ionen erreicht.

Die Laugung mit kohlenstoffheterotrophen Mikroorganismen nutzt deren Fähigkeit zur Bildung gesteinsauflösender Metabolite (Fettsäuren, Citronensäure) durch Bildung von Metabolit-Chelat-Komplexen. Nachteilig bei diesen Laugungsverfahren ist die Bereitstellung eines Substrates als Kohlenstoff- und Energiequelle. Zu diesem Verfahren müssen auch die kohlenstoffautotrophen chemolithotrophen Mikroorganismen gezählt werden, wenn das zu laugende Material (wie z. B. oxidische Erze, silicathaltige Gesteine) keine energieliefernden Oxidationsschritte zuläßt. Das energieliefernde Substrat muß in Form von Schwefel oder $FeSO_4$ bereitgestellt werden.

Die E. wird gegenwärtig technisch auf speziell vorbereiteten Halden (Haldenlaugung), durch Hanglaugung und in Einzelfällen in speziellen Reaktoren durchgeführt.

Die Kupfer- und Urangewinnung durch mikrobielle E. besitzt die größte Bedeutung. In den USA wird ca. 10 % der gesamten Kupferproduktion durch E. gewonnen. Andere Metalle (Zn, Ni, Pb u. a.) können in ähnlicher Weise gewonnen werden. Diskutierte und bearbeitete Projekte sind die Gewinnung von seltenen Erdmetallen, die Gewinnung von Al, Fe, Ti, Mo, Si durch Umwandlung silicatischer Mineralien u. a.

Ein Vorteil der mikrobiellen E. aus erzarmen Gesteinen ist z. B. die Verhinderung von Umweltkontaminationen durch saure und kupferhaltige Auswaschungen von Halden und Grubengewässern. Ein Problem für den Gewässerschutz und damit für die Umwelt ist die unkontrollierte mikrobielle E. in unsachgemäß aufgeschütteten Halden.

Es, Symbol für Einsteinium.

ESCA, ↗ Photoelektronen-Spektroskopie.

Eschweiler-Clarke-Methylierung, Reaktion primärer und sekundärer Amine mit Formaldehyd und Ameisensäure, bei der Methylgruppen enthaltende tertiäre Amine gebildet werden: $R_2NH + CH_2O + HCOOH \rightarrow R_2NCH_3 + CO_2 + H_2O$. Die E. ist eine spezielle Variante der Aminalkylierung.

Eserin, ↗ Physostigmin.

Esfenvalerate, ↗ Pyrethroide.

ESMA, Abk. für ***E***lektronen***s***trahl***m***ikro***a***nalyse.

ESR-Spektroskopie, Abk. für ↗ ***E***lektronen***s***pin***r***esonanz-Spektroskopie.

essentiell, lebensnotwendig, ↗ Aminosäuren, ↗ Fettsäuren.

Essigester, ↗ Essigsäureethylester.

essigsaure Tonerde, ↗ Aluminiumacetate.

Essigsäure, ***Ethansäure***, CH_3–COOH, wichtigste Monocarbonsäure, eine farblose, brennbare, hygroskopische Flüssigkeit mit stechendem Geruch; F. 16,6 °C, Kp. 117,9 °C, n_D^{20} 1,3716. Die wasserfreie E. wird auch als *Eisessig* bezeichnet. Sie ist in Wasser und den meisten organischen Lösungsmitteln gut löslich. Essigsäure-Luft-Gemische mit 4 bis 17 Vol.-% E. sind explosiv. E. ist eine schwache Säure. Die Salze und Ester werden als ↗ Acetate bezeichnet. Gegenüber Oxidationsmitteln ist E. ziemlich beständig, so daß sie häufig als Lösungsmittel für Oxidationsreaktionen verwendet wird. Bei der Pyrolyse von E. bei 350 bis 400 °C in Gegenwart alkalischer Katalysatoren entsteht Aceton, an phosphorhaltigen Kontakten wird bei 700 °C und vermindertem Druck *Keten* gebildet: CH_3–COOH $\rightarrow CH_2$=C=O + H_2O. Durch Addition von E. an Acetylene entstehen die technisch wichtigen ↗ Vinylacetate. E. kann qualitativ durch die *Kakodylreaktion* nachgewiesen werden, bei der mit Arsen(III)-oxid das widerlich riechende Kakodyloxid entsteht. E. kommt in der Natur sowohl in freier als auch chem. gebundener Form vor. Sie ist Bestandteil zahlreicher Pflanzensäfte, ätherischer Öle und tierischer Sekrete. Als Ester findet man sie in einigen ätherischen Ölen. E. wird häufig als stabiles Endprodukt von Gärungs- und Fäulnisprozessen aus pflanzlichem und tierischem Material gebildet. Sie spielt in Form des Acetyl-Coenzyms A bei Stoffwechselvorgängen eine wichtige Rolle. E. kann durch *Essigsäuregärung* aus Alkohol, unter anderem nach dem Schnellessigverfahren von Schützenbach (1823), oder durch trokkene Destillation von Holz gewonnen werden. Technisch wird E. durch Oxidation von Acetaldehyd bzw. von Butan in Gegenwart von Mangan- oder Cobaltsalzen sowie durch Carbonylierung von Methanol in Gegenwart von Cobalt(II)-iodid bei 150 °C und etwa $2 \cdot 10^6$ bis $5 \cdot 10^6$ Pa oder den aktiveren Rhodiumkomplexkatalysatoren (↗ Katalyse) hergestellt: CH_3–OH + CO → CH_3–COOH. Die Herstellung höher konzentrierter E. erfolgt durch verschiedene Entwässerungsmethoden, wie Azeotropdestillation oder Flüssig-Flüssig-Extraktion. E. wird als Lösungsmittel, zur Entkalkung von Häuten, als Hilfsmittel in Färbereien und in der Textilindustrie sowie als Koagulierungsmittel für Latex verwendet. Außerdem dient sie als Zwischenprodukt zur Herstellung von Riechstoffen, pharmazeutischen Produkten, Farbstoffen, Essigsäureestern und -salzen, Acetanhydrid, Acetylchlorid und Speiseessig.

Essigsäureamid, ↗ Acetamid.

Essigsäureanhydrid, *Acetanhydrid*, $(CH_3–CO)_2O$, eine farblose, tränenreizende Flüssigkeit mit stechendem Geruch; F. –73,1 °C, Kp. 139,55 °C, n_D^{20} 1,3906. E. ist in kaltem Alkohol, Ether und Benzol löslich. Durch Wasser bzw. Alkohol wird E. langsam unter Bildung von Essigsäure bzw. Essigsäureester solvolytisch gespalten. E. eignet sich als Acetylierungsmittel für Alkohole, CH-acide Verbindungen, aromatische Kohlenwasserstoffe, primäre und sekundäre Amine, z. B. R–NH_2 + $(CH_3–CO)_2O$ → R–NH–CO–CH_3 + CH_3–COOH. Aufgrund der aktivierenden Wirkung der Carbonylgruppen des E. können die Methylgruppen Kondensationsreaktionen eingehen. Diese Reaktionsfähigkeit zeigt sich z.B. bei der ↗ Perkin-Reaktion zur Herstellung von Zimtsäure aus Benzaldehyd und E. Das E. wird gegenwärtig nach zwei Methoden technisch hergestellt: Beim *Wacker-Verfahren* wird aus Essigsäure durch intramolekulare Wasserabspaltung in Gegenwart von Phosphorsäure oder Phosphorsäureestern bei 700 bis 750 °C Keten gebildet, das mit überschüssiger Essigsäure unter Bildung von E. reagiert: CH_3–COOH → CH_2=C=O + H_2O; CH_2=C=O + CH_3–COOH → $(CH_3–CO)_2O$. Bei der zweiten Methode, dem *Knapsack-Verfahren*, wird E. durch Oxidation von Acetaldehyd in Gegenwart von Metallsalzen bei etwa 40 bis 60 °C hergestellt. Bei dieser Synthese entsteht primär Peressigsäure, die mit überschüssigem Acetaldehyd zum Endprodukt reagiert: CH_3–CHO + O_2 → CH_3–CO–OOH; CH_3–CO–OOH + CH_3–CHO → $(CH_3–CO)_2O$ + H_2O. Im Labor kann E. durch Umsetzung von Natriumacetat mit anorganischen Säurechloriden, z. B. Thionylchlorid oder Phosphoroxidchlorid, in hohen Ausbeuten erhalten werden. Bei dieser Reaktion entsteht zunächst Acetylchlorid, das mit noch nicht umgesetztem Natriumacetat unter Bildung von E. reagiert. E. wird hauptsächlich als Acetylierungsreagens verwendet, z. B. bei der Herstellung von Celluloseacetat, Arzneimitteln, Farbstoffen, Geruchs- und Geschmackstoffen. Außerdem wird E. als Lösungs- und Kondensationsmittel eingesetzt.

Essigsäurebromid, ↗ Acetylbromid.

Essigsäurechlorid, ↗ Acetylchlorid.

Essigsäureethylester, *Essigester*, *Ethylacetat*, CH_3–CO–OC_2H_5, eine farblose, angenehm riechende Flüssigkeit; F. –83,6 °C, Kp. 77,06 °C, n_D^{20} 1,3723. E. ist in Wasser wenig, in Alkohol, Ether und Chloroform gut löslich. Mit Ethanol, Methanol, Ether und Wasser bildet er azeotrope Gemische. E. wird durch Wasser langsam unter Bildung von Essigsäure und Ethanol hydrolytisch gespalten. Die Herstellung erfolgt durch direkte Esterbildung aus Essigsäure und Ethanol in Gegenwart von Schwefelsäure, durch Claisen-Tischtschenko-Reaktion aus Acetaldehyd oder durch Addition von Ethanol an Keten. E. wird hauptsächlich als Lösungsmittel für Harze, Fette, Öle, Celluloid, Kolophonium, Chlorkautschuk und Cumaronharz sowie zur Herstellung von Acetessigester, Klebstoffen und Aromastoffen verwendet.

Essigsäuremethylester, *Methylacetat*, CH_3–CO–OCH_3, eine farblose, angenehm ätherisch riechende Flüssigkeit; F. –98,1 °C, Kp. 57 °C, n_D^{20} 1,3595. E. ist in Wasser und den meisten organischen Lösungsmitteln gut löslich. Er wird durch Umsetzung von Essigsäure mit Methanol in Gegenwart geringer Mengen einer starken Mineralsäure hergestellt. E. wird als Lösungsmittel für Celluloseester und -ether, Harze, Fette, Öle und Formaldehydharze verwendet.

Essigsäurevinylester, ↗ Vinylacetat.

Ester, Säurederivate, die durch Umsetzung von anorganischen Säuren oder von Carbonsäuren bzw. deren Derivaten (Säurechloride, Säureanhydride) mit Alkoholen oder Phenolen erhalten werden. Die E. von Carbonsäuren und deren Derivaten sind die Carbonsäureester. Aus mehrbasigen Säuren können *neutrale E.*, z. B. Diethylsulfat, oder auch *saure E.*, z. B. Oxalsäuremonomethylester, gebildet werden.

Hydroxycarbonsäuren bilden *innere E.*, die Lactone. Die E. der anorganischen Säuren werden durch Umsetzung dieser Säuren, ihrer Anhydride oder Halogenide mit Alkoholen gebildet. Die Alkylhalogenide sind als E. der Halogenwasserstoffsäuren aufzufassen, z. B. Methylchlorid oder Benzylchlorid, Alkylnitrate sind E. der Salpetersäure, z. B. Glycerintrinitrat (Trinitroglycerin), Alkylnitrite sind E. der salpetrigen Säure, Alkylsulfate und Dialkylsulfate sind saure bzw. neutrale E. der Schwefelsäure, z. B. Ethylsulfat bzw. Dimethylsulfat, die Trialkylphosphate sind neutrale E. der Phosphorsäure, Trialkylborate sind neutrale Borsäureester, z. B. Trimethylborat, und Tetraalkylsilicate sind neutrale E. der Kieselsäure. Die *Carbonsäureester* werden aus einer aliphatischen, aromatischen oder heterocyclischen Carbonsäure und einem Alkohol, Phenol oder einer heterocyclischen Hydroxyverbindung gebildet.

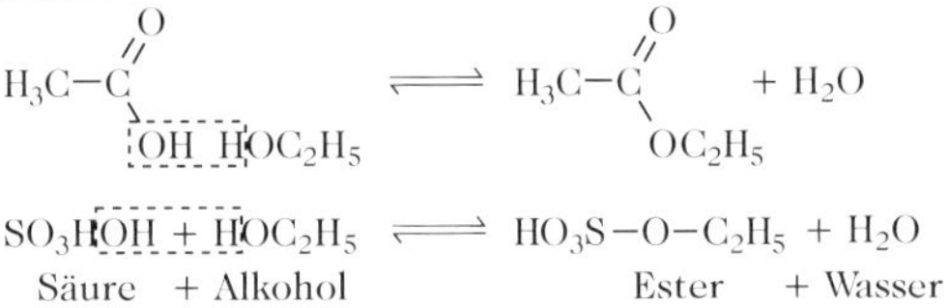

Säure + Alkohol Ester + Wasser

Die E. von Monocarbonsäuren sind im allg. wohlriechende (Fruchtester), flüssige oder feste Verbindungen, die unter anderem in ätherischen Ölen vorkommen. Die E. längerkettiger Monocarbonsäuren mit längerkettigen einwertigen Alkoholen sind die ↗ Wachse. Weitere natürlich vorkommende E. sind die Triacylglycerine längerkettiger, geradzahliger, gesättigter Fettsäuren (Palmitin-, Stearinsäure) und längerkettiger, geradzahliger, ungesättigter Fettsäuren (Öl-, Linol-, Linolensäure), die ↗ Fette und fetten Öle sowie die komplexen Lipide.

Bezeichnung. Die Namen der Ester setzen sich zusammen aus dem Namen der Carbonsäure und dem Namen des Kohlenwasserstoffrestes des Alkohols, dem Namen des Phenols oder dem Namen der heterocyclischen Hydroxyverbindung sowie dem Wort -ester, z. B. Essigsäureethylester. Eine andere, vorwiegend in der angelsächsischen Literatur übliche Art ist die Bezeichnung der E. als Alkyl- bzw. Arylcarboxylate, z. B. Ethylacetat.

Herstellung. Allgemeine Synthesemethoden für Carbonsäureester sind a) die Veresterung von Carbonsäuren mit Alkoholen, die nach einem $A_{Ac}2$-, in speziellen Fällen nach einem $A_{Ac}1$-Mechanismus abläuft. Die Veresterung mit tertiären Alkoholen folgt einem $A_{Al}1$-Mechanismus; b) die Acylierung von Alkoholen und Phenolen mit Carbonsäureanhydriden, Carbonsäurehalogeniden oder Monothiocarbonsäuren, die durch Basen, z. B. Pyridin, beschleunigt wird; c) die Umsetzung von Carboxylat-Ionen, insbesondere Silbersalzen von Carbonsäuren, mit Alkylhalogeniden; d) die ↗ Claisen-Reaktion; e) die ↗ Baeyer-Villiger-Oxidation; f) die ↗ Favorski-Umlagerung; g) die Addition von Carbonsäuren an Alkene bzw. Alkine (z. B. Herstellung von *tert*-Butylestern durch säurekatalysierte Addition von Carbonsäuren an Isobuten, Darstellung von Vinylestern); h) die Umsetzung von Carbonsäuren mit Diazoalkanen, z. B. die schonende Darstellung von Methylestern durch Umsetzung der Carbonsäuren mit Diazomethan in etherischer Lösung; i) die Umsetzung von Alkenen mit Kohlenmonoxid und Alkoholen in Gegenwart von konz. Schwefelsäure, z. B. die Darstellung von Ameisensäureestern durch katalytische Umsetzung von CO mit Alkoholen unter Druck; k) die Hydrolyse von Imidoestern; l) die ↗ Claisen-Kondensation.

Reaktionen. Wichtige Reaktionen der E. sind die säurekatalysierte Hydrolyse als Umkehrung der Veresterung, die nach den gleichen Mechanismen ablaufen wie die Veresterung, die basenkatalysierte Hydrolyse (Verseifung) zu Alkohol und Alkalisalz der Carbonsäure mit stöchiometrischen Mengen Base, die meist einem $B_{Ac}2$-Mechanismus folgt, die Umesterung oder Alkoholyse, bei der ein Alkoholrest durch einen anderen ersetzt wird, die Acidolyse zum Austausch des Carbonsäurerestes des E. durch einen anderen, die Aminolyse zur Darstellung von Säureamiden aus dem E. und Ammoniak, einem primären oder sekundären Amin, die Darstellung von Hydraziden bzw. Hydroxamsäuren aus E. und Hydrazin bzw. Hydroxylamin. Durch katalytische Hydrierung mit Kupfer(II)-oxid/Chrom(III)-oxid-Mischkatalysatoren, durch ↗ Bouveault-Blanc-Reduktion oder durch Reduktion mit $LiAlH_4$ werden aus E. primäre Alkohole erhalten. Durch Umsetzung der E. mit Grignardverbindungen entstehen Ketone bzw. tertiäre Alkohole (Ameisensäureester ergeben mit Grignard-Verbindungen Aldehyde bzw. sekundäre Alkohole). Durch ↗ Acyloinkondensation von Carbonsäureestern unter inerten Bedingungen mit Natrium werden Acyloine erhalten. β-Ketoester unterliegen nach Alkylierung der ↗ Ketonspaltung oder der ↗ Säurespaltung.

Verwendung. Acetessigester ist Ausgangsstoff zur Synthese von Heterocyclen, Farbstoffen und Arzneimitteln. Durch Pyrolyse von Carbonsäureestern (↗ Esterpyrolyse) werden Alkene bzw. Cycloalkene erhalten, analog reagieren Xanthogensäureester (Tschugaeff-Reaktion). Dicarbonsäureester werden für spezielle Synthesen verwendet, z. B. Malonsäureester für ↗ Malonestersynthesen, die ↗ Dieckmann-Kondensation und die Acyloinkondensation von Dicarbonsäureestern zur Darstellung mittlerer und großer alicyclischer Verbindungen. Außerdem dienen E. als Alkylierungsmittel (z. B. Alkylhalogenide, Dimethylsulfat), als Lösungsmittel für Lacke, Harze und Cellulosenitrat, als Extraktionsmittel, z. B. für Penicillin und für Phenole zur Abwasserreinigung, als Weichmacher (Phthalsäureester), als Kunststoffe und Lackrohrstoffe (Polyester, Celluloseester), als Synthesebausteine (Malonester, Acetessigester), als Geruchs- und Geschmackstoffe (Fruchtester). Salpetrigsäureester verwendet man als Zündbeschleuniger bei Dieselkraftstoffen (Ethylnitrit), in der Medizin als Heilmittel bei Angina pectoris (Isoamylnitrit), Salpetersäureester haben Bedeutung in der Sprengstoffindustrie (Glycerintrinitrat), Kieselsäureester dienen zur Herstellung von Siliconen, Phosphorsäureester werden als Insektizide verwendet.

Esterasen, zu den Hydrolasen gehörende Gruppe von ↗ Enzymen, die die hydrolytische Spaltung von Esterbindungen katalysieren. Untergruppen der E. sind die *Carbonsäureesterasen*, die als Spaltprodukte die entsprechenden Carbonsäuren und Alkohole aufweisen (↗ Lipasen, ↗ Acetylcholinesterase); die weit verbreiteten Phosphomonoesterspaltenden ↗ *Phosphatasen;* die als Endonucleasen wirksamen, phosphodiesterspaltenden *Phosphodiesterasen* (↗ Ribonuclease), die ↗ *Phospholipasen*, die *Thiolesterasen*, die z. B. in Acetylcoenzym A die Thioesterbindung unter Bildung von aktivierter Essigsäure und Coenzym A spalten, und die *Sulfatasen*, die organische Schwefelsäureester des Typs $R{-}O{-}SO_3H$ hydrolysieren. Zu letzteren gehören die *Arylsulfatasen*, die vor allem auf Ester der Nitrophenole wirken.

Esterpyrolyse, synchrone *cis*-Eliminierung von Carbonsäurealkylestern und Carbonsäurecycloalkylestern bei höheren Temperaturen unter Bildung von Alkenen bzw. Cycloalkenen:

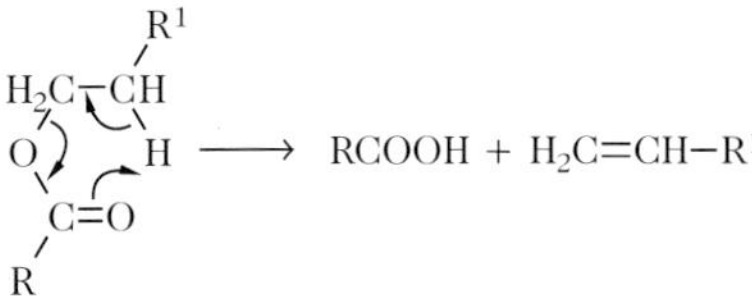

Die E. verläuft über einen cyclischen Übergangszustand mit negativer Aktivierungsentropie. Auch Xanthogensäureester sind dieser Reaktion zugänglich.

Estradiol, ↗ Östrogene.

Estran, ↗ Östrogene.

Estriol, ↗ Östrogene.

Estrogene, ↗ Östrogene.

Estron, ↗ Östrogene.

Et, übliche Abkürzung für den Ethylrest.

η (griech. eta), *hapto*-Nomenklatursymbol, ↗ Nomenklatur, Abschn. B VII; ↗ elementorganische Verbindungen.

Etagenofen, ↗ Festbettreaktor 1).

Etamycin, ***Viridogrisein***, H–Hypic–Thr–D–Leu–D–aHyp–Sar–DiMeLeu–Ala–PheSar–OH (Lactonring zwischen Thr und PheSar), ein Heptapeptidlacton-Antibiotikum. Das von *Streptomyces*-Stämmen produzierte E. wirkt gegen grampositive Bakterien und *Mycobacterium tuberculosis*. Die Aminofunktion des Threonins ist durch einen 3-Hydroxy-pipecolinsäure-Rest (Hypic) substituiert. Als seltene Aminosäuren fungieren L-β-*N*-Dimethylleucin (DiMeLeu), Sarcosin (Sar) und L-α-Phenylsarcosin (C-PheSar).

Etard-Reaktion, Methode zur Herstellung aromatischer Aldehyde durch partielle Seitenkettenoxidation aromatischer Kohlenwasserstoffe mit Chromylchlorid in Tetrachlorkohlenstoff oder Schwefelkohlenstoff. Der primär gebildete braune Chromkomplex scheidet sich aus der Reaktionslösung ab und schützt somit den Aldehyd vor der Weiteroxidation:

$$H_5C_6{-}CH_3 \xrightarrow{+2CrO_2Cl_2} H_5C_6{-}CH(OCrCl_2OH)_2 \xrightarrow{(H_2O)} H_5C_6{-}CHO.$$

Durch Zersetzung des Komplexes mit Wasser kann der Aldehyd freigesetzt werden. Durch den Einsatz geeigneter aromatischer Kohlenwasserstoffe sind mit Hilfe der E. auch Ketone zugänglich.

Ethacridin, ein Derivat des ↗ Acridins, das in Form des Lactats als Desinfektionsmittel zur Wundbehandlung eingesetzt wird. E. ist eine intensiv gelbe Verbindung.

Ethambutol, ein (+)-*N,N'*-Bis(hydroxyalkyl)ethylendiamin, das als Tuberkulostatikum verwendet wird. Die (+)-Form hat an beiden Chiralitätszentren *R*-Konfiguration und ist erheblich stärker wirksam als die *meso*-Form und die (–)-Form. Die Toxizität aller drei Stereoisomerer ist dagegen annähernd gleich.

Ethan, $CH_3{-}CH_3$, ein Kohlenwasserstoff der Alkanreihe, ein farb- und geruchloses, brennbares Gas; F. –172 °C, Kp. –88,6 °C. E. ist in Wasser wenig löslich, gut löslich dagegen in Alkohol. Gemische mit Luft oder Sauerstoff sind explosiv. Man gewinnt E. aus Erdgas, Erdöl sowie aus Kohlehydrierungsprozessen. Im Labor stellt man E. durch Elektrolyse einer konz. Natriumacetatlösung nach Kolbe, durch Wurtz-Reaktion aus Methyliodid oder durch Hydrolyse von Zinkdiethyl nach Frankland her. E. wird durch thermische oder photochemische Chlorierung zu Ethylchlorid umgesetzt, durch katalytische Dehydrierung entsteht Ethylen.

Ethanal, ↗ Acetaldehyd.

Ethandial, ↗ Glyoxal.

Ethan-1,2-diol, ↗ Ethylenglycol.

Ethandisäure, ↗ Oxalsäure.

Ethan-1,2-dithiol, ***Dithioglycol***, $HS{-}CH_2{-}CH_2{-}SH$, eine übelriechende, giftige, farblose Flüssigkeit; F. –41,2 °C, Kp. 146 °C, n_D^{20} 1,5590. E. ist unlöslich in Wasser, löslich in Ethanol und Ether. Die Herstellung erfolgt in der für ↗ Thioalkohole üblichen Weise. Verwendet wird E. für die Synthese cyclischer Thioacetale und Thioketale sowie für Vernetzungsprozesse von Naturkautschuk.

Ethanol, ***Ethylalkohol***, ***Weingeist***, oft kurz als *Alkohol* bezeichnet, $CH_3{-}CH_2{-}OH$, der bekannteste einfache Alkohol, eine farblose, würzig riechende, brennend schmeckende Flüssigkeit; F. –114,5 °C, Kp. 78,3 °C, n_D^{20} 1,3614. E. ist brennbar und leicht entflammbar. Mit Wasser, Ether, Benzol und Benzinen ist E. in jedem Verhältnis mischbar. Beim Vermischen mit Wasser tritt unter Erwärmung Volumenkontraktion ein. Mit Wasser bildet E. azeotrope Gemische. So läßt sich z. B. ein Gemisch von 95,6 % E. und 4,4 % Wasser durch fraktionierte Destillation nicht weiter trennen. Absolut wasserfreies E. wird deshalb im Labor durch Destillation über Calciumoxid und anschließende weitere Trocknung mit Calcium, Natrium oder Natriummethylat hergestellt.

Gewinnung. E. wird seit ältesten Zeiten durch ↗ alkoholische Gärung aus Kohlenhydraten gewonnen. Sie wird heute gewerblich und technisch zur Erzeugung alkoholischer Getränke wie ↗ Bier, ↗ Wein, Branntwein oder anderen Destillaten, sowie zur Darstellung von E. als Lösungsmittel oder Ausgangsstoff für organische Synthesen (↗ Alkohole) durchgeführt. Neben Früchten werden Stärke (aus Kartoffeln oder verschiedenen Getreidearten), Melasse und Zuckerrohr eingesetzt.

Für gewerbliche und technische Zwecke wird auch die Synthese aus Ethen durch Hydratisierung bei hohen Drücken und Temperaturen und unter Verwendung von Katalysatoren genutzt.

Allg. und physiologische Eigenschaften. E. ist sehr reaktionsfähig. Oxidation führt zu Acetaldehyd oder Essigsäure, Dehydratisierung zu Ethen oder Diethylether. Mit Carbonsäuren oder Mineralsäuren und ihren Derivaten entstehen Ester, mit Aldehyden und Ketonen erhält man Acetale bzw. Ketale. Zur analytischen Charakterisierung dient der 4-Nitrobenzoesäureester (F. 57 °C) und der 3,5-Dinitrobenzoesäureester (F. 94 °C). E. gibt mit Kalilauge und Iod die ↗ Liebensche Iodoformprobe.

Als Genußmittel wirkt Ethanol in geringen Dosen anregend, in größerer Konzentration jedoch enthemmend und toxisch. Auch eingeatmete Dämpfe können Organschäden hervorrufen. Außer von den Schleimhäuten wird E. auch von der Haut resorbiert. Anorganische und organische Giftstoffe sowie Medikamente setzen die Alkoholtoleranz herab bzw. Alkoholgenuß steigert die Empfindlichkeit gegen solche Stoffe. Symptome der akuten Alkoholvergiftung sind zunächst Erregung, Reflexsteigerung und erhöhter Bewegungsdrang, später Lähmung motorischer Zentren, Ermüdung, Muskelerschlaffung, Erschwerung der Sprache, Unsicherheit der Bewegung, in schweren Fällen Narkose. Der akute Alkoholtod tritt durch Lähmung des Atemzentrums ein. Die tödliche Konzentration im Blut liegt bei etwa 5 ‰, das entspricht einer Alkoholmenge von 250 g. Bei tiefen Außentemperaturen besteht auch die Gefahr des Erfrierens, da durch die stark erweiterten Hautgefäße Wärme abgegeben wird und Körpertemperaturen von unter 30 °C zustande kommen. Die chronische Alkoholvergiftung (Alkoholismus) ist gekennzeichnet durch Magen-Darmkanal-Reizungen mit verminderter Nahrungsaufnahme, Verdauungsstörungen, Leber- und Herzmuskelschädigungen sowie Störungen des Zentralnervensystems. Besondere Krankheitsbilder sind z. B. Alkoholhalluzinose oder Delirium tremens. Im Körper wird Ethanol hauptsächlich durch Oxidation zu Kohlendioxid und Wasser abgebaut. Ein Teil wird auch zu Acetaldehyd oxidiert bzw. unverändert durch die Atmung oder über den Harnweg ausgeschieden.

Steigender Alkoholverbrauch und Alkoholmißbrauch bedingen verstärkte Kontrollen im öffentlichen Straßenverkehr (↗ Atemalkoholprüfung und ↗ Blutalkoholbestimmung).

Verwendung. Neben den alkoholischen Getränken spielt E. als Lösungsmittel eine bedeutende Rolle, z. B. in der Parfümerie, als Ausgangsstoff für die Synthesechemie (↗ Alkohole) oder in geringerem Umfang als Brennstoff zur Wärmeerzeugung (↗ Brennspiritus).

Ethanolamine, ***Aminoethanole, Aminoethylalkohole***, Verbindungen, die sowohl die Eigenschaften von Stickstoffbasen als auch die von Alkoholen in sich vereinen. Formal leiten sich E. durch schrittweisen Austausch der H-Atome in Ammoniak durch 2-Hydroxyethylgruppen ab. Man unterscheidet *Monoethanolamin, 2-Aminoethanol, 2-Hydroxyethylamin, Colamin*, $NH_2–CH_2–CH_2–OH$, eine farblose, viskose Flüssigkeit, F. 10,5 °C, Kp. 170 bis 172 °C, n_D^{20} 1,4539, *Diethanolamin, Bis(2-hydroxyethyl)amin*, $HN(CH_2–CH_2–OH)_2$, farblose Kristalle, F. 28 °C, Kp. 271 °C, n_D^{20} 1,4776, *Triethanolamin, Tris(2-hydroxyethyl)-amin*, $N(CH_2–CH_2–OH)_3$, ein hochviskoses, farbloses Öl, F. 21 °C, Kp. 360 °C, n_D^{20} 1,4852.

E. haben einen schwach aminartigen Geruch, sind stark hygroskopisch und nehmen Kohlendioxid auf. In Wasser, Alkohol, Aceton und Glycolen sind sie leicht löslich, in aliphatischen und aromatischen Kohlenwasserstoffen sowie in Ether sind sie schwer löslich oder unlöslich. Die wäßrigen Lösungen der E. reagieren basisch. E. bilden mit Säuren Salze und mit Fettsäuren die neutral bis schwach basisch reagierenden Ethanolaminseifen, die in Wasser und einigen organischen Lösungsmitteln löslich sind. Die Herstellung der E. erfolgt hauptsächlich durch Umsetzung von Ethylenoxid mit wäßrigem Ammoniak. Das entstehende Gemisch kann durch fraktionierte Destillation getrennt werden. E. werden hauptsächlich in Form ihrer Fettsäuresalze als Waschmittel, Emulgiermittel, Salbengrundlagen

u. a. verwendet. Darüber hinaus werden E. als Hilfsmittel bei der Kunstharzherstellung, als Korrosionsschutzmittel und Weichmacher sowie zur Abtrennung von Schwefelwasserstoff und Kohlendioxid aus Gasen und, im Gemisch mit Cu(I)-chlorid, von Alkenen aus Kohlenwasserstoffgemischen verwendet. Monoethanolamin ist ein biogenes Amin, das durch Decarboxylierung von Serin entsteht.

Ethansäure, ↗ Essigsäure.

Ethanthiol, ***Ethylmercaptan***, CH_3-CH_2-SH, eine übelriechende, giftige Flüssigkeit; F. −144,4 °C, Kp. 35 °C, n_D^{20} 1,4310. E. ist noch in geringsten Konzentrationen wahrnehmbar. E. ist praktisch unlöslich in Wasser, dagegen löslich in den bekannten organischen Lösungsmitteln. Es kommt im Steinkohlenteer und im Erdöl vor (↗ Hydroraffination). Synthetisch wird E. nach den für ↗ Thiolalkohole üblichen Verfahren hergestellt. E. ist Zwischenprodukt für organische Synthesen und wird als Warngas anderen Gasen, z. B. Erdgas, zugesetzt, um Rohrbrüche und dgl. schnell erkennen zu können.

Ethen, ***Ethylen***, $CH_2{=}CH_2$, der erste Vertreter der homologen Reihe der Alkene. E. ist ein farbloses, brennbares, narkotisch wirkendes Gas; F. −169,1 °C, Kp. −103,7 °C. Es ist in Wasser wenig, in Ethanol dagegen gut löslich. E. brennt mit leuchtender, rußender Flamme und bildet mit Luft explosive Gemische. E. kommt im Kokereigas und in Raffineriegasen der Erdölverarbeitung vor. Gewonnen wird es heute ausschließlich durch Pyrolyse von Flüssiggasen oder Benzinkohlenwasserstoffen mit anschließender Tieftemperatur-Druckdestillation. Dazu werden alle nach der Trocknung des Pyrolysegases gebildeten Kondensate und das Spaltgas der Ethankolonne zugeführt, in der alle C_3-Kohlenwasserstoffe und höhersiedende Verbindungen als Sumpfprodukt abgezogen werden. Das Kopfprodukt der Ethankolonne enthält E., Ethan und Ethin. Das Ethin wird durch selektive Hydrierung oder mit Hilfe eines selektiven Lösungsmittels (↗ Gaswäsche, ↗ Extraktivdestillation) entfernt. Wegen des geringen Siedepunktunterschiedes von E. und Ethan muß für die destillative Trennung eine sehr wirksame Kolonne (80 bis 100 praktische Böden) und ein hohes Rücklaufverhältnis (2,5 bis 3) gewählt werden. Als Kältemittel für die Kühler wird tiefgekühltes, flüssiges E. verwendet.

Die zweckmäßigste Laboratoriumsmethode zur Herstellung von E. ist die Dehydratisierung von Ethanol mit Schwefelsäure, Phosphorsäure oder Kaliumhydrogensulfat. Weitere Möglichkeiten sind die Abspaltung von Halogenwasserstoff aus Ethylhalogeniden oder das Überleiten von Ethanoldampf über Aluminiumoxidkatalysatoren bei 300 bis 400 °C.

E. ist sehr reaktionsfähig und zahlreichen Additionsreaktionen zugänglich. Damit ist E. Schlüsselverbindung zur Herstellung wichtiger Verbindungen (Abb.) und hat das Ethin in vielen Fällen als Ausgangsverbindung für die Herstellung großtechnischer Produkte verdrängt. Eine spezielle Verwendungsmöglichkeit für E. ergibt sich daraus, daß es den Reifeprozeß von Früchten fördert (↗ Phytohormone).

Ethencarbonsäure, ↗ Acrylsäure.

Ethephon, ↗ Phytohormone.

Ether, organische Verbindungen der allg. Formel R–O–R′, wobei R und R′ beliebige Alkyl- oder Arylreste sein können. Man kann E. als Anhydride von Alkoholen und/oder Phenolen auffassen oder auch

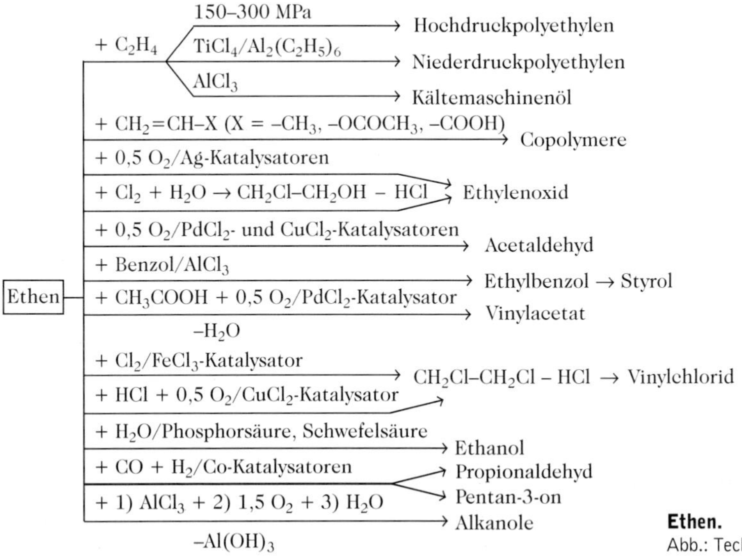

Ethen.
Abb.: Technisch bedeutsame Reaktionen

als Substitutionsprodukte des Wassers ansehen, wobei beide H-Atome durch Kohlenwasserstoffreste ersetzt sind.

Man unterscheidet *symmetrische* (*einfache*) E., bei denen R = R′ ist, und *unsymmetrische* (*gemischte*) E., bei denen R und R′ verschiedene Kohlenwasserstoffreste darstellen. Nach der Art der Reste unterscheidet man ferner Dialkylether, Diarylether, Enolether und Alkylarylether (Phenolether).

Bezeichnung. Symmetrische E. werden als Dialkyl-, Dicycloalkyl- oder Diarylether bezeichnet, z. B. Diethylether oder Diphenylether. Unsymmetrische E. werden als Alkoxy-, Cycloalkoxy- oder Aryloxyderivate von Kohlenwasserstoffen betrachtet. Der Kohlenwasserstoff mit der größten Anzahl von C-Atomen zählt als Stammverbindung, z. B. Methoxyethan oder Methoxybenzol. Vielfach sind für unsymmetrische E. noch Bezeichnungen wie Ethylmethylether oder unkorrekt Methylethylether im Gebrauch. Zugelassene Trivialnamen, besonders für Phenolether, sind z. B. Anisol und Nerolin. Der wichtige ↗ Diethylether wird oft kurz als E. bezeichnet.

Eigenschaften. Dimethylether und Methoxyethan sind bei Zimmertemperatur gasförmig, die nächsten Homologen sind leichtbewegliche, flüchtige und niedrig siedende Flüssigkeiten. Da sie keine Wasserstoffbrückenbindungen ausbilden können und folglich nicht assoziiert sind, sind sie flüchtiger als Alkohole oder Phenole mit gleicher Anzahl von C-Atomen. Sie haben eine geringere Dichte als Wasser und sind in diesem meist nicht löslich. Viele E. weisen einen angenehmen (»ätherischen«) Geruch auf und werden deshalb für Parfümkompositionen verwendet. Die niederen E. sind leicht entflammbar und verbrennen mit Luftsauerstoff mit leuchtender Flamme.

Beim Umgang mit Ether sind alle einschlägigen Arbeitsvorschriften genauestens einzuhalten, da die Dämpfe mit Luft explosive Gemische bilden. Bei längerem Stehen an der Luft bilden sich außerdem Etherperoxide, die beim Erwärmen explosionsartig zerfallen (s. u.). Bei Anwesenheit von metallischem Kupfer, Diphenylamin, Naphthalin und Benzidin findet die Peroxidbildung nicht statt.

Reaktionen. E. sind sehr beständige Verbindungen und eignen sich deshalb als indifferente Lösungsmittel für chemische Reaktionen. Da sie in den meisten Fällen von Natrium nicht angegriffen werden, lassen sie sich mit diesem Metall trocknen. Beim Lösen von E. in konz. starken Säuren, wie Schwefelsäure, Perchlorsäure, Salzsäure oder Iodwasserstoffsäure, bilden sich *Oxoniumsalze:*

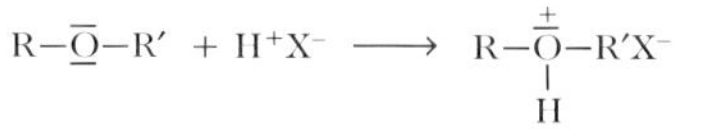

Mit Lewis-Säuren bilden E. Komplexe. Das Addukt aus Diethylether und Bortrifluorid (Bortrifluoridetherat) kann sogar destilliert werden. Durch weitere Umsetzung derartiger Komplexe mit Fluoralkanen entstehen tertiäre ↗ Oxoniumsalze.

Diarylether gehen alle diese Reaktionen nicht ein. Mit konz. Iodwasserstoff- oder Bromwasserstoffsäure werden Dialkyl- und Arylalkylether in ein Gemisch von Halogenalkan und Alkohol bzw. Phenol gespalten (*Etherspaltung*): R–O–R + HI → R–I + R–OH.

Die Umsetzung verläuft ebenfalls über die Bildung von Oxoniumsalzen. Die Etherspaltung wird zur quantitativen Bestimmung von Methoxy- oder Ethoxygruppen nach Zeisel benutzt. Durch *Autoxidation* bilden sich aus E. beim längeren Stehen an der Luft Hydroperoxide und Peroxide:

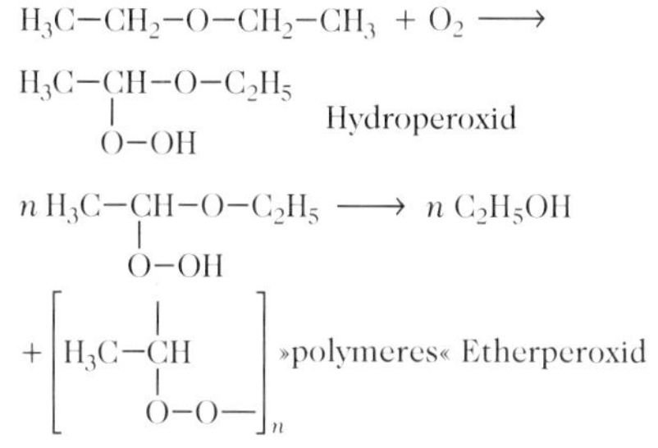

Die Etherperoxide sind polymere, schwerflüchtige, ölige Flüssigkeiten von stechendem Geruch, die sich bei der Destillation von E. im Rückstand anreichern und beim Erwärmen explosionsartig zerfallen. Man muß deshalb vor der Verwendung von E. mit Titan(IV)-oxidsulfat oder Eisen(II)-Salzen und Rhodanid-Ionen prüfen, ob Peroxide enthalten sind. Diese sind gegebenenfalls mit Natrium, Eisen(II)- oder Mangan(II)-Salzen reduktiv zu zerstören.

Die ***Herstellung*** von E. geht meist von Alkoholen oder Phenolen aus. 1) Vorwiegend symmetrische E. erhält man bei der intermolekularen Dehydratisierung von Alkoholen mittels konz. Schwefelsäure, wasserfreier Phosphorsäure oder Aluminiumoxidkatalysatoren: 2 R–OH → R–O–R + H_2O. 2) Symmetrische und auch unsymmetrische E. sind durch die säurekatalysierte Addition von Alkoholen an Alkene zugänglich:

$$(CH_3)_2C{=}CH_2 + HOC_2H_5 \xrightarrow{H^+} (CH_3)_3C{-}OC_2H_5.$$

3) Besonders gut geeignet zur Herstellung von Dialkyl- und Arylalkylethern ist die ↗ Williamson-Synthese aus Alkoholaten oder Phenolaten und Halogenalkanen. 4) Zur Synthese von Phenolethern eignet sich außerdem die Alkylierung von Phenolen mit Dialkylsulfaten in alkalischer Lösung sowie die Methylierung mit Diazomethan.

Verwendung. E. werden aufgrund ihres ausgezeichneten Lösungsvermögens für viele organische Verbindungen als Lösungs- und Extraktionsmittel verwendet. Außerdem dienen sie als Riechstoffe für

Geruchskompositionen, als Weichmacher, als Desinfektionsmittel und als Anästhetika.

Etherlipide, organische Verbindungen aus Glycerin und gesättigten Isoprenoidkohlenwasserstoffen, die charakteristische Bestandteile der Membranen von Archaebakterien (Archaea) sind. Neben Diethern (Diphytanyl-glycerin-diether) kommen auch Tetraether (Di-biphytanyl-glycerin-tetraether) vor. Die Anzahl der Isoprenyl-Reste in der Phytanylkette kann variieren. Daneben sind auch Modifizierungen an der Isoprenoidkette bekannt. E. kommen als Glyco- bzw. Phosphoglycolipide vor.

Etherperoxide, ↗ Ether.

Etherspaltung, ↗ Ether.

Ethin, *Acetylen*, HC≡CH, das Anfangsglied der homologen Reihe der Alkine. E. ist ein farbloses, brennbares, in reinstem Zustand fast geruchloses und narkotisch wirkendes Gas; F. –81,5 °C, Kp. –83,8 °C, Heizwert 57000 kJ/m^3. Das aus Carbid entwickele technische Acetylengas hat einen charakteristischen, unangenehmen Geruch, der auf Verunreinigungen, wie Phosphorwasserstoff (Phosphin), Schwefelwasserstoff, Thioalkohole, zurückzuführen ist. E. löst sich leicht in Wasser und noch leichter in Aceton. Bei 0 °C und 2,18 MPa kann es zu einer Flüssigkeit verdichtet werden. E. ist leicht entzündbar und brennt mit sehr heller, stark rußender Flamme, die etwa 1900 °C, mit Sauerstoff gemischt bis über 3000 °C heiß wird.

Die Instabilität des E. hängt mit seinem hohen Energiegehalt zusammen. Für die Synthese aus den Elementen sind fast 220 kJ/mol notwendig.

Ethin hat den größten Explosionsbereich aller Brenngase. Der explosionsartige Zerfall in Kohlenstoff und Wasserstoff erfolgt bei einem Druck über 0,2 MPa bereits in der Kälte, unter Normaldruck ab 150 °C. Ethin-Luft-Gemische sind bei einem Gehalt von 2,3 bis 82 Vol.-% Ethin explosibel.

Ethin und entsprechende homologe Alkine dürfen nicht mit Kupfer oder Silber in Berührung kommen (Gefäße oder Rohrleitungen!), da sich hierbei hochexplosives Kupfer- oder Silberacetylid bildet; ausgenommen ist Messing mit einem Kupfergehalt bis 65 %. Dies gilt nicht für Arbeiten, bei denen diese Metalle als Katalysator verwendet werden.

Zur Verhinderung der Explosionsgefahr wird Acetylengas zur Speicherung in Stahlflaschen unter Druck bis zu 1,5 MPa in Aceton gelöst, das man mit einer porösen Masse, meist Kieselgur, aufsaugt; es entsteht *Dissousgas*. Im E. und in den Monoalkylethinen R–C≡CH hat der Wasserstoff sauren Charakter und kann durch Metall ersetzt werden, z. B. $HC{\equiv}CH + 2\,Cu^+ \rightarrow CuC{\equiv}CCu + 2\,H^+$. Diese Salze bezeichnet man als *Acetylide*.

Der stark ungesättigte Zustand und der hohe Energiegehalt des E. bedingen seine außerordentlich große chem. Reaktionsfähigkeit. Die von ihm ausgehenden chem. Reaktionen werden unter dem Sammelbegriff ↗ Acetylenchemie zusammengefaßt. Über Analytisches ↗ Alkine.

Herstellung. E. wird großtechnisch besonders nach zwei Verfahren hergestellt: 1) Zersetzung von Calciumcarbid mit Wasser: $CaC_2 + 2\,H_2O \rightarrow C_2H_2 + Ca(OH)_2$. Diese Umsetzung des Calciumcarbids erfolgt bei Wasserüberschuß im Naßentwickler oder bei etwa stöchiometrischen Wassermengen im Trockenentwickler (Abb.), so daß ein rieselfähiges Kalkhydratpulver (Carbidkalk) anfällt. Der Carbidkalk wird im Bauwesen, in der chem. Industrie oder in der Landwirtschaft verarbeitet. Aus 1 kg Carbid erhält man je nach Reinheit 230 bis 300 l technisches E.

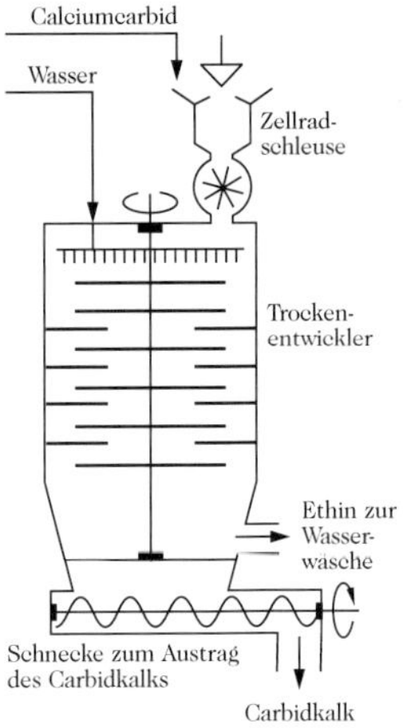

Ethin. Abb.: Erzeugung aus Calciumcarbid im Trockenentwickler.

2) Hochtemperaturpyrolyse von Kohlenwasserstoffen, insbesondere von Methan (↗ Pyrolyse). Grundprinzip dieser Verfahren ist eine schnelle Energiezufuhr auf ein Temperaturniveau oberhalb 1500 °C, extrem niedrige Verweilzeit von nur 10^{-2} bis 10^{-3} Sekunden im Reaktor, niedriger Partialdruck des E. und eine schnelle Abkühlung des Pyrolysegases (quenchen). Der Ethingehalt im Spaltgas beträgt etwa 5 bis 18 %. Mit Hilfe eines selektiven Lösungsmittels, z. B. Dimethylformamid, *N*-Methyl-pyrrolidon oder Aceton, wird das E. aus dem Gasgemisch herausgewaschen und in weiteren Verfahrensstufen aufgearbeitet. Vom Grundsatz her kann zwischen drei Verfahrensvarianten unterschieden werden: a) allotherme Verfahren mit direkter Wärmeübertrag, z. B. das seit 1940 betriebene *Hüls-Lichtbogenverfahren* und die *Wasserstoff-Lichtbogenpyrolyse* (*Plasma-Verfahren*), b) allotherme Verfahren mit indirekter Wärmeübertragung durch einen Wärmeträger; hierzu gehören der *Wulff-Prozeß*, der nach dem Regenerativprinzip mit alternierender Aufhei-

zung und nachfolgender Spaltung arbeitet, und das *Kureha-Verfahren* (↗ Pyrolyse), sowie c) autotherme Verfahren, bei denen die notwendige Wärmeenergie durch Teilverbrennung des Einsatzproduktes gewonnen wird. Am meisten angewandt wird das *Sachse-Verfahren.* Außerdem zählen zu dieser Gruppe der *Tauchflammenprozeß* und das *HTP-Verfahren* (Abk. von *H*ochtemperatur-*P*yrolyse-Verfahren).

Die Hauptmenge E. für die chem. Industrie wird über petrochemische Verfahren gewonnen. Ein neuer Aspekt der Erzeugung von E. ergibt sich aus dem internationalen Trend, die Temperaturen bei der Ethengewinnung bis fast an 1000 °C heranzuführen. Damit steigt zwangsläufig der Ethingehalt in der C_2-Fraktion, so daß eine Isolierung wirtschaftlich wird.

Verwendung. E. gehört zu den wichtigsten Ausgangsprodukten der organischen chem. Industrie (↗ Acetylenchemie). Das E. wurde in den letzten Jahren bei vielen chem. Synthesen durch das wesentlich billigere Ethen ersetzt, jedoch einige Verbindungen, z. B. Butan-1,4-diol und die Vinylester, können z. Z. nur aus E. wirtschaftlich hergestellt werden. E. wird wegen seines hohen Heizwertes in erheblichem Umfang als Brenn-, Schneid- und Schweißgas verwendet. Man nutzt dabei die über 3000 °C heiße Flamme des verbrennenden E.-Sauerstoff-Gemisches aus. Bei der sauerstoffarmen Verbrennung von E. erhaltener Ruß (*Acetylenschwarz*) dient als Füllmittel und zur Herstellung von Wasser- und Ölfarbe. Polymere des E. gewinnen zunehmend für die Mikroelektronik an Bedeutung.

Ethinyl..., Bezeichnung für die Atomgruppierung HC≡C– eines Moleküls, für das Radikal HC≡C· und für das Kation $HC{\equiv}C^+$.

Ethinylestradiol, ↗ Östrogene.

Ethiofencarb, ↗ Carbamatinsektizide.

Ethirimol, ↗ Pyrimidinfungizide.

Ethosuximid, ein in 3-Stellung dialkylsubstituiertes ↗ Succinimid. E. wird als Antikonvulsivum verwendet. Gleiches gilt für verschiedene andere am Stickstoffatom und C-Atom 3 substituierte Verbindungen.

Ethoxybenzol, ↗ Phenetol.

Ethoxyfen, ↗ Diphenyletherherbizide.

Ethyl..., Bezeichnung für die Atomgruppierung CH_3–CH_2– eines Moleküls, für das Radikal CH_3–CH_2· und für das Kation CH_3–CH_2^+.

Ethylacetat, ↗ Essigsäureethylester.

Ethylalkohol, ↗ Ethanol.

Ethylamine, die primären, sekundären und tertiären Ethylderivate des Ammoniaks. Neben den ↗ Methylaminen sind die E. die technisch wichtigsten aliphatischen Amine. *Monoethylamin* (*Aminoethan*), C_2H_5–NH_2, F. –81 °C, Kp. 16,6 °C; *Diethylamin*, $(C_2H_5)_2NH$, F. –48 °C, Kp. 56,3 °C; *Triethylamin*, $(C_2H_5)_3N$, F. –114,7 °C, Kp. 89,3 °C.

E. reagieren stark basisch und übertreffen die Basizität des Ammoniaks. Mit Mineralsäuren bilden sie in Wasser und Alkohol leicht lösliche Ammoniumsalze. E. können durch Umsetzung von Ethylhalogeniden mit Ammoniak hergestellt werden. Neuere katalytische Verfahren zur Herstellung von E. sind die aminierende Hydrierung von Acetaldehyd, die Aminolyse von Ethanol sowie die Hydrierung von Acetonitril. Bei allen Synthesemethoden entstehen Gemische der drei E., die durch fraktionierte Destillation getrennt werden müssen. E., insbesondere das Diethylamin, werden als Zwischenprodukte in der chem. Industrie zur Herstellung von Kunstharzen, pharmazeutischen Präparaten, Vulkanisationsbeschleunigern und Insektiziden verwendet. Triethylamin wird außerdem als Lösungsmittel und säurebindende Komponente bei organischen Synthesen eingesetzt.

***N*-Ethylaniline,** *N-Ethylaminobenzole*, die *N*-mono- und *N,N*-diethylsubstituierten Aniline. *N-Ethylanilin* (*N-Ethylaminobenzol*), C_6H_5–NH–C_2H_5, ein sekundäres Amin. Es ist eine farblose, giftige, stark lichtbrechende Flüssigkeit; F. –63,5 °C, Kp. 205 °C, n_D^{20} 1,5559. *N,N-Diethylanilin* (*N,N-Diethylaminobenzol*), C_6H_5–$N(C_2H_5)_2$, ein tertiäres Amin. *N,N*-Diethylanilin ist eine farblose bis hellgelbe, giftige Flüssigkeit; F. –38 °C, Kp. 216 °C, n_D^{20} 1,5421. Die *N*-E. sind in Wasser unlöslich, in den meisten organischen Lösungsmitteln und Mineralsäuren löslich. Die Herstellung erfolgt durch Umsetzung von Anilin mit Ethanol oder Diethylether in Gegenwart von Katalysatoren. Sie werden zur Herstellung von Triphenylmethan-, Azo- und Thiazinfarbstoffen verwendet.

Ethylbarbital, ↗ Barbitale, Tab.

Ethylbenzol, ein aliphatisch-aromatischer Kohlenwasserstoff, eine farblose, brennbare Flüssigkeit; F. –95 °C, Kp. 136,2 °C, n_D^{20} 1,4959. E. ist sehr wenig löslich in Wasser, löslich in Ethanol und Ether.

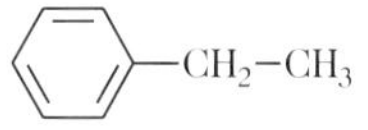

Es ist synthetisch zugänglich aus bestimmten Erdölfraktionen, durch Umsetzung von Benzol mit Ethylbromid in Gegenwart von Aluminiumchlorid nach Friedel-Crafts oder auch aus Benzol und Ethen in Gegenwart von Friedel-Crafts-Katalysatoren. E. wird als Lösungsmittel verwendet und als Ausgangsstoff für die Herstellung von Styrol durch Dehydrierung bzw. Acetophenon durch Oxidation eingesetzt.

Ethylbromid, ***Bromethan***, in der Technik ***Bromethyl***, CH_3–CH_2–Br, eine giftige, farblose, nach Ether riechende Flüssigkeit; F. –118,6 °C, Kp. 38,4 °C, n_D^{20} 1,4239. E. wirkt narkotisierend. Es ist in Wasser schwer, in Alkohol und Ether leicht löslich. Man kann E. aus Ethanol und Bromwasserstoffsäure oder durch Addition von Bromwasserstoff an Ethen herstellen. E. wird hauptsächlich als Ethylierungsmittel in der organischen Chemie verwendet. Als Narkotikum wird es aufgrund seiner toxischen Eigenschaften nicht mehr eingesetzt.

Ethylcellulose, ein ↗ Celluloseether.

Ethylchlorid, ***Chlorethan***, ***Chlorethyl***, CH_3–CH_2–Cl, ein farbloses, süßlich riechendes Gas; F. –136,4 °C, Kp. 12,3 °C, n_D^{20} 1,3676. E. ist in Wasser schwer, in Alkohol, Ether, Aceton und Chloroform gut löslich. Es entzündet sich leicht und brennt mit grüngesäumter Flamme. Unter Normalbedingungen ist es sehr beständig und wird nur langsam hydrolytisch oder oxidativ zersetzt. Die Herstellung von E. erfolgt hauptsächlich durch Chlorierung von Ethan bei etwa 400 °C oder durch Anlagerung von Chlorwasserstoff an Ethen in flüssiger Phase in Gegenwart von Aluminiumchlorid bzw. in der Gasphase, außerdem durch Umsetzung von Ethanol mit Chlorwasserstoff. E. wird für die Synthese zahlreicher Ethanderivate, z. B. Amine, Thiole, Ether, Rhodanide, Ethylbenzole, verwendet. Ein bedeutender Teil des E. dient gegenwärtig noch zur Herstellung von Bleitetraethyl, das als Antiklopfmittel für Benzin benötigt wird. Außerdem wird E. als Kältemittel, Lokalanästhetikum und Lösungsmittel verwendet.

Ethylen, ↗ Ethen.

Ethylenbromid, ↗ Ethylendibromid.

Ethylenchlorhydrin, *2-Chlorethanol*, Cl–CH_2–CH_2–OH, ein chlorsubstituierter einwertiger Alkohol, eine farblose Flüssigkeit mit schwach etherartigem Geruch; F. –68 °C, Kp. 128 bis 129 °C. E. ist in Wasser, Alkohol und Ether leicht löslich.

Ethylenchlorhydrin ist ein starkes Gift. Das Einatmen der Dämpfe kann zum Tode führen, da in der Lunge durch Hydrolyse Salzsäure gebildet wird. Eindringen in den Organismus ist auch auf dem Weg über die Haut möglich und kann ebenfalls zu Vergiftungen mit tödlichem Ausgang führen.

Man gewinnt E. im Labor durch Einleiten von Chlorwasserstoff in Ethylenglycol. Technisch setzt man Ethylenoxid mit Chlorwasserstoff um. E. ist ein gutes Lösungsmittel für Celluloseacetat, Harze und Farbstoffe sowie wichtiges Zwischenprodukt für die organische Synthese. Die Phosphorsäureester dienen als Weichmacher.

Ethylencopolymere, Mischpolymerisate, die aus Ethen und anderen Vinylmonomeren aufgebaut sind. Besondere Bedeutung haben *Ethylen-Propylen-Copolymere* (*Polyallomere*) wegen ihrer hohen Formbeständigkeit, Dimensionsstabilität und geringen Spannungsrißbildung. Sie werden für die Herstellung von synthetischem ↗ Kautschuk verwendet. Die Kristallinität der E. mit 1-Olefinen wird wesentlich durch die Anzahl der C-Atome des 1-Olefins bestimmt, z. B. Ethylen-Propylen-Copolymere (50 % Ethylen), Ethylen-Hexen-Copolymere (60 % Ethylen). *Ethylen-Vinylacetat-Copolymere* (*EVA-Copolymere*) zeichnen sich durch eine hohe Schlagzähigkeit und gute Spannungsrißbeständigkeit aus. Sie werden für die Herstellung von Schmelzklebern, für die Beschichtung von Papier und für das Schlagfestmachen von Polyvinylchlorid eingesetzt.

Ethylendiamin, ***1,2-Diaminoethan***, H_2N–CH_2–CH_2–NH_2, ein aliphatisches Diamin. E. ist eine farblose, schwach ammoniakartig riechende Flüssigkeit; F. 11 °C, Kp. 117 °C, n_D^{20} 1,4571. Es ist in Wasser und den meisten organischen Lösungsmitteln leicht löslich, in niederen Kohlenwasserstoffen löst es sich weniger gut. E. bildet mit Säuren beständige Salze. Mit Übergangsmetallsalzen bildet E. Metallkomplexe. Die Herstellung erfolgt durch Umsetzung von Ethylendichlorid mit Ammoniak oder von Ethanolamin mit Ammoniak bzw. durch Einwirkung von Blausäure, Ammoniak und Wasserstoff auf Formaldehyd in Gegenwart von Katalysatoren. Die industrielle Bedeutung des E. nimmt ständig zu. Es wird für die Herstellung von Pflanzenschutzmitteln, Metallkomplexbildnern, Weichmachern, Kunstharzen, Arzneimitteln, Textilhilfsmitteln u. a. verwendet.

Ethylendiamintetraessigsäure, ***Ethylendinitrilotetraessigsäure***, Abk. *EDTA*, $(HOOC–CH_2)_2N–CH_2–CH_2–N(CH_2–COOH)_2$, farb- und geruchlose, nadelförmige Kristalle; F. 242 °C (Z.). Beim langsamen Erwärmen erfolgt ab etwa 150 °C unter CO_2-Abspaltung Zersetzung. E. ist in Wasser schwer löslich. In Laugen löst sie sich unter Salzbildung. Da von den vier Protonen der Carboxygruppen nur zwei stark sauer reagieren, wird der E. die Struktur eines Doppelbetains zugeschrieben. E. und ihre Salze bilden mit mehrwertigen Metall-Ionen, z. B. Calcium, Magnesium, Eisen, Kupfer, Zink u. a., leicht lösliche, stabile Komplexe, die als *Chelate* vorliegen. Die Herstellung von E. erfolgt durch die Umsetzung von Ethylendiamin mit Chloressigsäure oder aus Ethylendiamin, Formaldehyd und Blausäure bzw. Natriumcyanid. Die E. und ihre Alkalisalze werden auf nahezu allen analytischen Gebieten verwendet, z. B. in der Polarographie, bei der Komplexometrie, als kalorimetrisches Reagens, als Maskierungsmittel bei Fällungen und Extraktionen, ferner zur Bestimmung der Wasserhärte und deren Beseitigung, in der Kosmetik als Zusatz zu Shampoos, Seifen, Detergenzien u. a., in der Textilindustrie zur Entfernung der beim Waschen und Färben störenden Eisensalze, in der Lebensmittelindustrie zur Beseitigung von Schwermetall-Ionen, als Entgiftungsmittel bei Schwermetallvergiftungen sowie zur Entfernung von Spuren radioaktiver Metalle.

Ethylendichlorid, ***1,2-Dichlorethan***, älterer Trivialname *Ethylenchlorid*, Cl–CH_2–CH_2–Cl, eine farblose, schwer brennbare Flüssigkeit; F. –35,3 °C, Kp.

83,5 °C, n_D^{20} 1,4448. E. ist in Wasser schwer, in Alkohol, Ether, Aceton und Benzol gut löslich. Es bildet mit zahlreichen Lösungsmitteln, z. B. Wasser, Ethanol, Methanol, Tetrachlorkohlenstoff und Trichlorethen, konstant siedende azeotrope Gemische. E. ist eine beständige Verbindung, die sich erst in Gegenwart von Wasser, Licht und Sauerstoff langsam zersetzt. Die Herstellung von E. erfolgt durch Addition von Chlor an Ethen in Gegenwart von Eisen(III)-chlorid oder durch katalytische Oxichlorierung von Ethen: $CH_2{=}CH_2 + 2\ HCl + \frac{1}{2}\ O_2 \rightarrow Cl{-}CH_2{-}CH_2{-}Cl + H_2O$. E. verwendet man hauptsächlich als Zwischenprodukt zur Herstellung von Vinylchlorid. Außerdem wird es als Lösungs- und Extraktionsmittel für Fette, Öle, Harze und Kautschuk sowie für die Synthese zahlreicher Ethanderivate eingesetzt.

Ethylenglycol, kurz ***Glycol***, ***Ethan-1,2-diol***, $HO{-}CH_2{-}CH_2{-}OH$, der einfachste, zu den Glycolen gehörende Alkohol, eine viskose, süßschmeckende, hygroskopische, farb- und geruchlose Flüssigkeit; F. 13 °C, Kp. 197 °C, n_D^{20} 1,4313. E. ist mit Wasser und Ethanol mischbar, aber unlöslich in Ether. Es ist eine Verbindung mit toxischen Eigenschaften und darf deshalb nicht für Kosmetika oder in der Lebensmittelindustrie verwendet werden. E. ist sehr reaktionsfähig, bei der Oxidation entstehen je nach Reaktionsbedingungen unterschiedliche Produkte (Abb.). Mit Reagenzien wie Blei(IV)-acetat oder Periodsäure tritt Glycolspaltung ein. Beim Erhitzen mit Schwefelsäure oder Toluolsulfonsäure wird 1,4-Dioxan gebildet, während beim Erwärmen mit Phosphorsäure Diglycol oder auch Polyethylenglycole entstehen. Mit Chlorwasserstoff bildet sich zunächst Ethylenchlorhydrin und erst bei höheren Temperaturen 1,2-Dichlorethan.

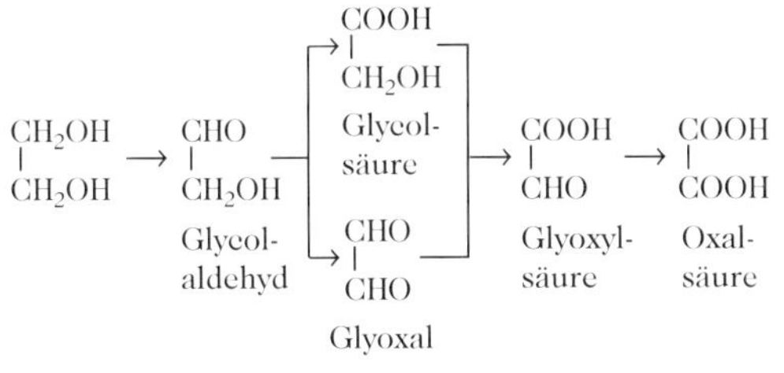

Ethylengylcol. Abb.: Oxidationsprodukte.

Gewinnung. Im Labor wird E. durch Hydrolyse von 1,2-Dichlorethan oder Ethylenchlorhydrin, großtechnisch aus Ethylenoxid mit Wasser bei 160 bis 200 °C und einem Druck von etwa $2 \cdot 10^3$ kPa gewonnen. Als Nebenprodukte entstehen bei der Ethylenoxidreaktion Di-, Tri- und Polyethylenglycole. Durch Umsetzung von Ethylenoxid und Alkoholen oder Carbonsäuren erhält man die technisch wichtigen Glycolmonoether und -monoester.

Verwendung. E. wird ähnlich dem Glycerin als Gefrierschutzmittel für Kühlwasser und als Bremsflüssigkeit für Kraftfahrzeuge verwendet. Zugleich dient es als Lösungsmittel für Celluloseester und Farbstoffe sowie zur Herstellung von Druck- und Stempelfarben. Hochgereinigtes E. wird zur Herstellung von Elektrolytkondensatoren verwendet. Der Salpetersäureester ist ein wichtiger Sicherheitssprengstoff im Bergbau. Mit Terephthalsäure werden Polyesterfaserstoffe hergestellt. Die Ester und Ether des E. sind Weichmacher und Ausgangsstoffe oder auch Lösungsmittel für Nitrolacke. Die Monocarbonsäureester werden als Waschrohstoffe, Netzmittel und Emulgatoren eingesetzt.

Ethylenglycoldiacetat, ↗ Glycolacetate.

Ethylenglycoldiessigsäureester, ↗ Glycolacetate.

Ethylenglycoldinitrat, ***Glycoldinitrat***, ***Sprengöl***, unexakt ***Nitroglycol***, $C_2H_4(ONO_2)_2$, eine ölige, niedrigviskose, farblose, hochexplosible Flüssigkeit, Kp. > 215 °C. Die technische Gewinnung von E. erfolgt

$$\begin{array}{l} CH_2{-}O{-}NO_2 \\ | \\ CH_2{-}O{-}NO_2 \end{array}$$

durch Umsetzung von Ethylenglycol mit Nitriersäure, einem Gemisch aus konz. Salpetersäure und konz. Schwefelsäure. Die Detonationsgeschwindigkeit beträgt 7400 m s^{-1}. Für die Herstellung von Sprengstoffen ist die Gelierbarkeit mit Collodiumwolle von großer Bedeutung. E. unterscheidet sich in seinen sprengtechnischen Eigenschaften nur wenig von Glycerintrinitrat (Nitroglycerin), ein großer Vorteil ist der sehr niedrige Erstarrungspunkt unter –20 °C. Die Schlagempfindlichkeit liegt etwas niedriger, die Stabilität etwas höher im Vergleich zu Nitroglycerin. Durch die leichte Zugänglichkeit des großtechnisch hergestellten Ethylenglycols und vor allem durch seine Schwergefrierbarkeit hat E. das Glycerintrinitrat teilweise verdrängt.

Ethylenglycolmonoacetat, ↗ Glycolacetate.

Ethylenglycolmonoessigsäureester, ↗ Glycolacetate.

Ethylenimin, ↗ Aziridin.

Ethylenoxid, ***Oxiran***, ein farbloses, süßlich riechendes Gas; F. –111 °C, Kp. 10,7 °C, n_D^7 1,3597. Es ist in Wasser und vielen organischen Lösungsmitteln gut löslich. Mit Luft bildet E. explosive Gemische. In Gegenwart katalytisch wirkender Stoffe, wie Säuren oder Alkalien, polymerisiert es in exothermer Reaktion.

E. ist giftig. Beim Einatmen größerer Mengen tritt starkes Übelkeitsgefühl und dann rasch Erbrechen auf. Längere Einwirkung von flüssigem E. auf die Haut führt infolge rascher Verdampfung zu Erfrierungen, die Einwirkung wäßriger Lösungen zu schwer heilbaren Nekrosen.

Man gewinnt E. aus Ethylenchlorhydrin durch Abspaltung von Chlorwasserstoff mittels Kalkmilch. Der Hauptteil des E. wird jedoch durch direkte Oxidation von Ethylen mit Luftsauerstoff an einem Silber-Aluminiumoxid-Katalysator gewonnen. E. ist ein wichtiges Zwischenprodukt bei der Herstellung von Ethylenglycol, Di-, Tri- und Polyethylenglycolen. Durch Cyclisierung von zwei Molekülen E. entsteht ↗ Dioxan. Mit Alkoholen bildet es Ethylenglycolether, die in der Lack- und Textilindustrie als Lösungsmittel dienen. Polyethylenglycolether werden als Emulgatoren, Netzmittel und Flotationsmittel eingesetzt. E. wird ferner zur Gewinnung von Ethanolaminen, Acrylnitril und Phenylethylalkohol verwendet.

Ethylensulfid, *Thiiran*, eine farblose Flüssigkeit; Kp. 55 bis 56 °C, n_D^{20} 1,4935. Es ist in Aceton und Chloroform leicht löslich. E. ist durch Umsetzung von

Ethylenoxid mit Kaliumrhodanid oder Thioharnstoff darstellbar. Es ist ein Zwischenprodukt bei der Synthese von Kautschukadditiven und Insektiziden.

Ethylmercaptan, ↗ Ethanthiol.

Ethylmorphin, ↗ Morphin.

Ethyl-*N*-phenylcarbamat, ↗ *N*-Phenylurethan.

Ethylphenylether, ↗ Phenetol.

Ethylsulfat, *Ethylhydrogensulfat*, *Schwefelsäuremonoethylester*, C_2H_5–O–SO_3H, der saure Ester der Schwefelsäure, eine farblose Flüssigkeit; Kp. 280 °C, n_D^{20} 1,4105. E. wird durch Umsetzen von Ethanol mit konz. Schwefelsäure, durch Addition von einem Mol Ethen an konz. Schwefelsäure oder, in reiner Form, aus Ethanol und Schwefeltrioxid bei 0 °C erhalten. Das Bariumsalz ist im Gegensatz zum Bariumsulfat in Wasser löslich.

Etidronsäure, ↗ Biphosphonate.

Etofyllin, ↗ Theophyllin.

Etomidat, ↗ Narkotika.

Ettringit, *Zementbazillus*, Tricalciumaluminatsulfathydrat, entsteht bei Einwirkung sulfathaltiger Wässer auf die kalkhaltigen Silicate und Aluminate des Zementsteines. Der Kristallisationsdruck des E. führt zur Zerstörung des Betons.

ETU, Abk. für engl. ethyl thiourea, *Ethylenthioharnstoff*, ↗ Dithiocarbamatfungizide.

Eu, Symbol für Europium.

Eucalyptusöle, eine größere Gruppe von ätherischen Ölen, die hauptsächlich durch Wasserdampfdestillation aus den Blättern von Eukalyptusarten gewonnen werden. Das bekannteste der E., das *Globulusöl*, ist eine farblose, wenig viskose, nach Campher riechende Flüssigkeit. Als Hauptbestandteile konnten nachgewiesen werden: Cineol, ↗ Camphen, Pinen, Butyr-, Valer- und Capronaldehyd; ferner Terpen- und Sesquiterpenkohlenwasserstoffe. E. verwendet man vor allem in der Medizin bei Erkrankungen der Atemwege und als Einreibemittel bei rheumatischen Erkrankungen.

Euchlorin, Gemisch aus 40%iger Chlorsäure $HClO_3$ und 40%iger Salzsäure HCl. Durch Entwicklung von Chlor und Chlordioxid ClO_2 wirkt E. sehr stark oxidierend. Man verwendet es daher bei der chemischen Analyse zur Zerstörung organischer Substanzen.

Eugenol, *4-Allyl-2-methoxyphenol*, eine farblose, an der Luft braun werdende Flüssigkeit mit typischem Nelkengeruch; F. –7,5 °C, Kp. 253,2 °C, n_D^{20} 1,5405. E. ist in Wasser wenig, in Ethanol und Ether gut löslich. Mit Eisen(III)-chlorid gibt es eine

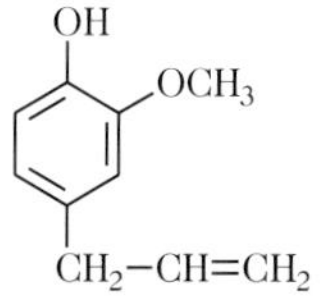

blaue Farbreaktion. E. kommt in verschiedenen ätherischen Ölen natürlich vor, z. B. im Nelkenöl, Basilicum-, Piment- und Zimtrindenöl. Die Gewinnung erfolgt aus Nelkenöl durch Ausschütteln mit verd. Kalilauge. Durch Oxidation mit Ozon oder Kaliumpermanganat kann E. zu Vanillin abgebaut werden. E. wird in der Stomatologie als Anästhetikum und bakterienhemmendes Mittel verwendet. Weiterhin dient es selbst oder in Form seiner Ester (*Eugenolacetat*, F. 31 °C, Kp. 127 °) oder Ether (*Eugenolmethylether*, Kp. 249 °C) als Duftstoff in der Parfümindustrie.

Eurhodine, ↗ Azinfarbstoffe.

Eurhodole, ↗ Azinfarbstoffe.

Europium, Symbol ***Eu***, chem. Element aus der III. Nebengruppe des Periodensystems, der Gruppe der ↗ Lanthanoide zugehöriges Seltenerdmetall, Schwermetall; *Z* 63, Massenzahlen der natürlichen Isotope 153 (52,18 %), 151 (47,82 %), Atommasse 151,96, Wertigkeit III, II, D. 5,245 g cm^{-3}, F. 826 °C, Kp. 1439 °C, Standardelektrodenpotential (Eu/Eu^{3+}) –2,407 V.

E. ist ein silberhelles, weiches, kubisch-raumzentriert kristallisierendes Metall. Am Aufbau der Erdkruste ist es mit nur etwa $9{,}9 \cdot 10^{-6}$ % beteiligt und damit das seltenste stabile Element der Lanthanoide. E. kommt stets vergesellschaftet mit den anderen Seltenerdmetallen, vor allem in den Yttererden, vor. Monazit und Bastnäsit sind die wichtigsten E. führenden Minerale, jedoch enthalten Monazitsande auch nur etwa 0,002 % E. Aufgrund seines ungewöhnlich hohen Neutroneneinfangsquerschnitts wird E. für Regeleinrichtungen in Kernreaktoren eingesetzt. Über weitere Eigenschaften, Analytisches und Gewinnung ↗ Lanthanoide.

Europiumverbindungen, Verbindungen, in denen Europium in den Oxidationsstufen +3 und +2 auftreten kann. Die gelb bis rot gefärbten Europium(III)-Verbindungen lassen sich relativ leicht zu farblosen, recht stabilen Europium(II)-Verbindungen reduzieren. Europium(II)-Verbindungen ähneln entsprechenden Erdalkaliderivaten; so ist Europium(II)-sulfat in Wasser schwer, Europium(II)-hydroxid dagegen mit alkalischer Reaktion leicht löslich. Man erhält Eu^{2+}durch Reduktion von Eu^{3+}mit Zinkamalgam oder auf elektrochem. Wege auch in wäßrigem Medium. Wichtige E.: *Europium(II)-chlorid*, $EuCl_3$, D. 4,89 g cm^{-3}, F. 850 °C, gelbe Nadeln; *Europium(III)-oxid*, Eu_2O_3, D. 7,42 g cm^{-3}, rosafarben; Europium(III)-fluorid, EuF_3, F. 1390 °C; *Europium(III)-nitrat*, $Eu(NO_3)_3 \cdot 6\,H_2O$, farblos; *Europium(II)-chlorid*, $EuCl_2$, farblos, F. 727 °C; *Europium(II)-sulfat*, $EuSO_4$, farblos, in Wasser schwer löslich, D. 4,99 g cm^{-3}. Europium(III)-Komplexe wie $Eu(TFC)_3$, $Eu(DPM)_3$ und $Eu(FOD)_3$ finden in der NMR-Spektroskopie als chirale Lanthanoiden-Shift-Reagenzien (LSR) Verwendung.

E. finden eine wichtige Anwendung als Aktivatoren für Luminophore. So bilden die mit Europium(III) aktivierten Verbindungen Yttrium(III)-oxid oder Yttrium(III)-Vanadat die Rotkomponente der Farbfernsehbildschirme.

Eutektikum, charakteristisches Gemenge aus zwei oder mehr im flüssigen Zustand vollständig mischbaren, im festen Zustand nicht mischbaren Stoffen, das bei einer bestimmten Temperatur erstarrt. Näheres ↗ Schmelzdiagramm.

eutektische Sole, eine wäßrige Salzlösung mit der eutektischen Zusammensetzung (↗ Eutektikum, auch: kryohydratischer Punkt). Das Erstarren bzw. Schmelzen erfolgt wie bei einem reinen Stoff bei konstanter Temperatur, die gleichzeitig die für die jeweilige Mischung tiefste Temperatur der Phasenumwandlung fest-flüssig ist. Die folgende Tabelle gibt einige Eutektika wieder.

eutektische Sole. Tab.: Einige Eutektika.

Gelöstes Salz	Massenanteil (gerundet)	eutektische Temperatur
NaCl	23 %	−21,2 °C
$MgCl_2$	21 %	−33,6 °C
$CaCl_2$	30 %	−55,0 °C
K_2CO_3	40 %	−36,8 °C

Wenn eine Salzlösung (Sole) erstarrt, die eine niedrigere Konzentration als die eutektische hat, fällt zunächst reines Wassereis aus. Der Eisanteil wächst, und die Temperatur sinkt bei weiterem Wärmeentzug so lange, bis die stets im Gleichgewicht befindliche Restlösung die eutektische Zusammensetzung erreicht hat. Der Erstarrungsvorgang dieses Rests entspricht dem des Eutektikums. Eine e. S. bleibt bei Abkühlung bis zum Erreichen der eutektischen Temperatur entsprechend flüssig und erstarrt bei diesem konstant bleibenden Wert. Das feste Eutektikum vermag umgekehrt beim Schmelzen Wärme bei tiefer, konstanter Temperatur aufzunehmen. Die e. S. stellt dann einen Kältespeicher dar und kann wie ein Kälteträger für Zwecke des gekühlten Transports eingesetzt werden.

eutektische Temperatur, ↗ Schmelzdiagramm.

Eutrophierung, die Anreicherung von Pflanzennährstoffen, insbesondere Phosphaten und Stickstoffverbindungen, in Gewässern und die damit verbundene Massenentwicklung, vor allem von Phytoplankton. Die E. ist, bedingt durch die Auswaschung von Nährstoffen, ein natürlicher Vorgang, der je nach Gewässergröße Jahrtausende dauern kann. Durch den Einfluß des Menschen in der Natur ist die E. in den letzten Jahren so stark angestiegen, daß viele Gewässer Europas und Amerikas nur noch beschränkt nutzbar sind. Wesentlichen Einfluß auf die enorme Beschleunigung der E. haben die Düngung landwirtschaftlicher Nutzflächen und die damit verbundene Auswaschung, die verstärkte Umweltbelastung durch flüssige Abprodukte (Gülle, Silosickersäfte) aus Anlagen der industriellen Tierproduktion, der steigende Verbrauch phosphathaltiger Waschmittel wie auch allgemein ein größerer Abwasseranfall.

Folgen der E. sind Erhöhung der Biomasseproduktion des Phytoplanktons, Verfärbung und Trübung des Wassers, geringe Sichttiefe, Sauerstoffschwund und Schwefelwasserstoffbildung im Tiefenwasser stehender Gewässer (z. B. Talsperren), Einengung des Lebensraumes der Fische und Fischnährtiere, Anschwemmung und Fäulnis von Algen im Uferbereich, Fischsterben durch Sauerstoffschwund bei Eisbedeckung oder durch Ammoniakvergiftung infolge Erhöhung des pH-Wertes durch intensive Photosynthese unter Langtagbedingungen, Schwierigkeiten bei der Aufbereitung zu Trink- und Betriebswasser.

Die E. ist nur mit äußerst kostenaufwendigen großtechnischen Verfahren rückgängig zu machen. Wesentlich sinnvoller und ökonomischer sind vorbeugende Maßnahmen, wie die Sanierung der entsprechenden Wassereinzugsgebiete, z. B. durch Eliminierung der Nährstoffe aus den Abwasserbehandlungsanlagen (↗ Abwasserreinigung), gezielter und kontrollierter Düngemitteleinsatz u. a.

EVA-Copolymere, ↗ Ethylencopolymere.

Evans-Auxiliar, (4*S*)-4-Isopropyloxazolidin-2-on, eine Verbindung, die zur Synthese chiraler enantiomerenreiner α-alkylierter Carbonsäuren geeignet ist. Durch Umsetzung der NH-Gruppe mit einem aliphatischen Carbonsäurechlorid und Alkylierung in α-Position ist der Angriff des Reagens nur »von oben« möglich. Nach der Hydrolyse des Produkts erhält man je nach Priorität des eingeführten Substituenten entweder praktisch reine *R*- oder reine *S*-Verbindung.

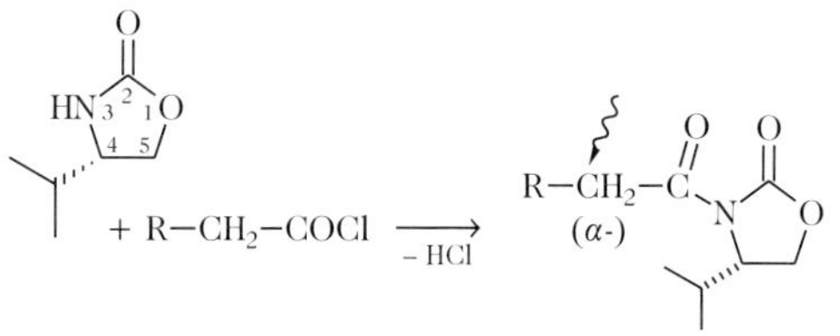

Evans-Prinzip, ↗ Woodward-Hoffmann-Regeln.

Ewens-Bassett-System, ↗ Nomenklatur, Abschn. B II 2b.

EXAFS, Abk. für engl. *e*xtended *X*-ray *a*bsorption *f*ine *s*tructure,↗ Röntgenspektroskopie.

Exaltolid, ***1,15-Pentadecanolid***, ein Moschusriechstoff. E. bildet farblose Kristalle; F. 37 bis 38 °C, Kp. 137 °C bei 266 Pa. Es läßt sich durch Erwärmen

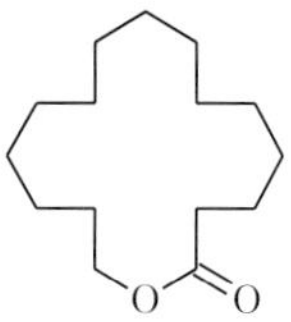

von 15-Brompentadecansäure mit Kaliumcarbonat oder aus 15-Hydroxypentadecansäure durch Erwärmen mit Benzolsulfochlorid synthetisch darstellen. E. ist ein Bestandteil des *Angelica*-Öls und findet sich auch als Hauptbestandteil im Moschus.

Excelsiorbraun, ↗ Vesuvin.

ex-chiral-pool-Synthese, die Synthese einer enantiomerenreinen Verbindung ausgehend von einem enantiomerenreinen Naturstoff (↗ EPC-Synthese).

Excimer [von engl. *exci*ted di*mer*], ein angeregtes Dimer, das im elektronischen Grundzustand nichtbindend ist. Zwischen einem angeregten Molekül und einem Molekül der gleichen Art im Grundzustand kommt es zur Ausbildung eines stabilisierten Molekülkomplexes mit individuellen Eigenschaften (z. B. Fluoreszenz verschieden von der der Einzelmoleküle) und mit Bindungsenergien in der Größenordnung zwischen 10 und 40 kJ/mol. E. bilden z. B. einige kondensierte aromatische Kohlenwasserstoffe wie Pyren.

Sind die Komponenten des Komplexes verschieden, spricht man von *Exciplex* [engl. *exci*ted com*plex*].

Exciplex [von engl. *exci*ted com*plex* »angeregter Komplex«], ein elektronisch angeregter Molekülkomplex mit einem nichtbindenden Grundzustand. E. werden aus einem Donor- und einem Akzeptormolekül als Kollisionskomplex gebildet; einer der Partner ist singulett- oder triplettangeregt. Die Emission der E. ist verschieden von der der angeregten Einzelmoleküle, aus denen sie bestehen. Als Elektronenpaardonoren fungieren z. B. aromatische Amine, als Elektronenpaarakzeptoren z. B. kondensierte aromatische Kohlenwasserstoffe (z. B. Exciplex aus Dialkylanilin + Anthracen). E. spielen in der Photochemie eine Rolle und finden Anwendung in E.-Lasern, einer Untergruppe der Gaslaser.

Exciton, ein gekoppeltes Ladungsträgerpaar, das aus einem Elektron und einem positiven »Loch« besteht und in einem Halbleiter oder Isolator auftritt. Das E. bildet sich, wenn ein Elektron durch die Absorption eines Photons oder auch durch thermische Bewegung in den angeregten Zustand übergeht. Das E. ist im Festkörper frei beweglich, bis entweder das Elektron in das Leitungsband gelangt oder Elektron und Loch wieder rekombinieren. Im ersten Fall wird die Leitfähigkeit erhöht, im zweiten Fall wird die freigewordene Energie in Licht oder in thermische Gitterenergie umgesetzt. Die Bewegung eines E. liefert keinen Strom und trägt nicht zur elektrischen Leitfähigkeit des Festkörpers bei. Die Wanderung von E. ist einer der Mechanismen der ↗ Energieübertragung.

Exergie, Kurzbez. *e*, ein besonders in der Energie- und Stoffwirtschaft gebräuchlicher Energiebegriff, der eine Bewertung der Energie in bezug auf ihre wirtschaftliche Nutzung beinhaltet, und zwar der Teil eines Energievorrates *w*, der sich in jede beliebige nutzbare Energieform, z. B. in elektrische oder mechanische Arbeit, umwandeln läßt. Der nicht umwandelbare Anteil wird auch als *Anergie b* bezeichnet. Nach dem 1. Hauptsatz der Thermodynamik gilt $w = e + b$.

Elektrische und mechanische Energien sind nutzbar und zumindest im Idealfall vollständig in andere Energieformen umwandelbar, d. h., sie sind reine E. Für Wärme und chem. Energie legt der 2. Hauptsatz der Thermodynamik die Grenzen der Umwandelbarkeit fest. Zusätzlich ist die Festlegung eines Bezugszustandes, d. h. eines Nullpunktes der Exergieskale erforderlich. Für rein thermische Prozesse ist das der Zustand der Umgebung. Bei chem. Prozessen ist die Kenntnis der stabilen Endprodukte erforderlich, die keine weitere energiewirtschaftliche Nutzung ermöglichen.

Freiwillige Prozesse (↗ irreversibel), wie Reibung, Wärmeleitung, Konzentrationsausgleich durch Diffusion, sind stets mit einem Exergieverlust verbunden, da sie nur unter Aufwendung von Arbeit rückgängig gemacht werden können. Daraus folgt, daß die E. eines abgeschlossenen Systems bei allen in ihm ablaufenden natürlichen Vorgängen abnimmt. Nur im reversiblen Grenzfall bleibt sie konstant (Prinzip der Verminderung der E.). Die E. einer Wärmemenge q_1 in einem Wärmereservoir der Temperatur T_1 folgt aus dem ↗ Carnotschen Kreisprozeß zu $e = q_1(T_1 - T_u)/T_1$ wobei $(T_1 - T_u)/T_1 = \eta$ den thermischen Wirkungsgrad und T_u die Umgebungstemperatur bezeichnen. Für $T_1 < T_u$ (z. B.

Kühlschrank) ist η und damit e negativ. Es muß Arbeit zugeführt werden, um Wärme an die Umgebung zu überführen.

Die Bilanzen der E. chem. Prozesse enthalten neben Stoff- und Wärmeaustauschanteilen die freie Reaktionsenthalpie, die Reaktionsentropie sowie entsprechende Verlustglieder und bilden eine Grundlage zur ökonomischen Beurteilung der Güte großtechnischer Verfahren.

exo, ↗ Stereoisomerie 1.2.2.

Exoenzyme, Enzyme, die aus pro- und eukaryotischen Zellen sekretiert werden (Exoproteine). Eukaryotische Zellen (tierische und pflanzliche Zellen, Hefen und andere Pilze) scheiden im allg. Glycoproteine mit einer rel. Molmasse von mehr als 60000 aus. Diese Proteine enthalten meist Disulfidbrücken. Im Gegensatz dazu sind E. bakterieller Herkunft relativ klein (M_r 20000 bis 60000), frei von Kohlenhydraten und besitzen keine Disulfidbrücken. Zahlreiche mikrobielle E., besonders grampositiver Bakterien, besitzen kommerzielle Bedeutung (↗ industrielle Enzyme). Zum großen Teil handelt es sich um Hydrolasen, die sich relativ einfach aus der Kulturflüssigkeit der Mikroorganismen isolieren lassen und außerdem eine außerordentliche Stabilität besitzen. Sie bauen natürlich Polymere (z. B. Proteine, Stärke, Cellulose, Pectine) zu Bruchstücken (Monomeren) ab, die von den Mikroorganismen aufgenommen und metabolisiert werden können. Häufig werden diese E. erst dann von den Mikroorganismen sekretiert, wenn eine Limitation an assimilierbaren Nährstoffen im Kulturmedium eingetreten ist.

Das Präfix Exo- erhalten auch Enzyme, die ein Substrat von einem Ende her hydrolytisch abspalten (z. B. Exopeptidasen).

exogen, von außen dem Körper bzw. der Zelle zugeführt, äußerlich verursacht. Gegensatz: ↗ endogen.

Exons, ↗ Nucleinsäuren.

Exonucleasen, die allgemeine Bezeichnung für ↗ Hydrolasen, die Nucleinsäuren (DNA oder RNA) vom 5′- oder 3′-Ende her abbauen.

Exopeptidasen, ↗ Proteasen.

Exopolysaccharide, von Mikroorganismen (Pilze und Bakterien) unter bestimmten Bedingungen gebildete und ins Kulturmedium ausgeschiedene Polysaccharide. Bei den Produkten handelt es sich vor allem um neutrale Polysaccharide (↗ Dextrane, ↗ Pullulan, ↗ Curdlan, ↗ Scleroglucan) oder anionische Heteropolysaccharide (z. B. ↗ Xanthan). Ein hohes C/N-Verhältnis und andere Limitationsbedingungen (z. B. Molybdän-Limitation bei der Xanthanbildung) fördern bzw. erhöhen die Polysaccharidbildung, die im allgemeinen bei nichtaktivem Zellwachstum stattfindet. Mikrobielle E. stellen, u. a. aufgrund besserer rheologischer Eigenschaften, eine Alternative zu den traditionellen Materialien pflanzlichen Ursprungs dar. Sie finden als Emulgatoren, Stabilisatoren, Gelierungs- und Dickungsmittel, Filmbildner, Suspensions- und Schmiermittel Einsatz u. a. in der pharmazeutischen Industrie, Nahrungsgüterwirtschaft, chemischen und Erdöl-Industrie.

Exoproteine, Eiweiße, die aus pro- und eukaryotischen Zellen sekretiert werden. E. haben am N-terminalen Ende (in ihrer Prä-Proteinform) ein – meist hydrophobes – Signalpeptid (18 bis 35 Aminosäuren), das zum Transport des E. durch die Membran erforderlich ist und beim Ausschleusen durch proteolytische Spaltung entfernt wird (↗ Signalhypothese). Zahlreiche Proteine aus Eukaryoten werden im Verlauf der Sekretion (z. B. aus dem ↗ endoplasmatischen Reticulum) weiter modifiziert (z. B. glycosyliert).

Die verschiedenen Mikroorganismen besitzen unterschiedlich viele natürliche E. Während das in der Gentechnik am häufigsten verwendete Bakterium *Escherichia coli* nur wenige E. besitzt, bilden Bakterien der Gattung *Bacillus* (z. B. *B. subtilis*) zahlreiche E. Zur Expression eukaryotischer E. (z. B. Interferon) in Bakterien wurden Genfusionen konstruiert, die zu hoher Sekretion nach exaktem Abspalten des Signalpeptids führten. Die Ausscheidung eines klonierten Genproduktes ins Medium erleichtert wesentlich die Isolierung und Reinigung des Proteins.

Exorphine, Peptide exogenen Ursprungs mit opiatähnlicher Wirkung. E. wurden erstmals in Peptidhydrolysaten von Weizengluten und Casein aufgefunden. Ein gut charakterisierter Vertreter der E. ist das ↗ β-Casomorphin.

exotherme Reaktion, eine Reaktion, bei der Energie (in der Regel Wärme) frei wird. Entsprechend der thermodynamischen Vorzeichengebung sind die Reaktionsenthalpie $\Delta_R H$ und die Reaktionsenergie $\Delta_R U$ negativ.

Expandieren, das Entspannen (Ausdehnen) eines Gases auf einen geringeren Druck durch Volumenvergrößerung.

Explosion, 1) im weiteren Sinne eine sehr plötzliche Ausdehnung von Gasen oder Dämpfen, wobei es gleichgültig ist, ob die Gase bereits vor der E. vorhanden waren oder erst bei ihr gebildet werden. So spricht man z. B. auch dann von einer E., wenn sich bei der Zerstörung von Druckgefäßen die darin enthaltenen komprimierten Gase schlagartig ausdehnen.

2) im engeren Sinne eine sehr rasch verlaufende chem. Umsetzung von Explosivstoffen, bei der erhebliche Gas- und Wärmemengen freigesetzt werden. Stark exotherme Reaktionen, die zu einem explosionsartigen Verlauf neigen, sind vor allem Verbrennungsvorgänge, manche Chlorierungs- und Fluorierungsreaktionen (z. B. Chlorknallgasreaktionen) und der Zerfall thermodynamisch sehr in-

stabiler Verbindungen, wie Ethin, Schwermetallacetylide und -azide, Quecksilberfulminat (Knallquecksilber) oder Chlordioxid. Eine große Gruppe von Explosivstoffen enthält den für die Oxidation erforderlichen Sauerstoff im eigenen Molekül (Nitroverbindungen).

Eine besondere Gruppe von E. sind die *Gasexplosionen.* Ein explosibles Gemisch wird definiert als ein Gemisch von brennbaren Stoffen (Gasen, Dämpfen, Nebel brennbarer Flüssigkeiten oder Stäuben) mit einem Oxidationsmittel, meist Luftsauerstoff, in dem sich nach erfolgter Zündung der Verbrennungsvorgang selbständig ausbreitet. Besonders gefährlich sind die *Staubexplosionen*, bei denen Stäube (Kohlenstaub, Mehl u. ä.) mit Luftsauerstoff explosionsartig verbrennen. Gasgemische reagieren nur innerhalb bestimmter Mischungsverhältnisse explosionsartig (untere und obere *Explosionsgrenze*). Technisch werden Gemische aus Gasen oder vergasten Flüssigkeiten mit Luft als Treibstoffe in Verbrennungsmotoren und Raketentriebwerken verwendet.

Exotherme Reaktionen, vor allem Kettenreaktionen, verlaufen häufig dann explosionsartig, wenn die freigesetzte Reaktionswärme nicht schnell genug an die Umgebung abgeführt werden kann. Es kommt zur Temperaturerhöhung und damit zu einer weiteren Steigerung der Reaktionsgeschwindigkeit und schließlich zur E. (*Wärmeexplosion*). Bei verzweigten Kettenreaktionen (↗ komplexe Reaktion) ist das lawinenartige Anwachsen der Kettenträger die eigentliche Ursache der sprunghaften Steigerung der Reaktionsgeschwindigkeit (*Kettenexplosion*). Die mit der Reaktion verbundene Gasentwicklung und die Ausdehnung dieser Gase aufgrund der Temperaturerhöhung führt zur Ausbildung einer Druckwelle, der *Explosionswelle*, die sich mit Geschwindigkeiten von einigen hundert bis zu etwa 2000 m s^{-1} ausbreiten und zu erheblichen Zerstörungen führen kann (↗ Deflagration). Eine E., bei der diese Geschwindigkeit überschritten wird, bezeichnet man als ↗ Detonation.

Unter *Explosionsgeschwindigkeit* versteht man die Ausbreitungsgeschwindigkeit der Reaktionszone im Explosivstoff. Sie muß von der Ausbreitungsgeschwindigkeit der Druckwelle unterschieden werden.

E. können ausgelöst werden durch Erwärmung der gesamten explosiven Mischung auf eine bestimmte Temperatur, die Zündtemperatur, durch lokale Erwärmung, Funkenbildung oder UV-Licht. Manche Stoffe explodieren bei Einwirkungen von mechanischen Erschütterungen oder Stößen. Kleine Mengen eines hochbrisanten Sprengstoffes können zur Einleitung von E. in einem schwer zündfähigen Explosivstoff dienen (*Initialzündung*).

Explosionsgrenzen, die untere und die obere Grenzkonzentration eines brennbaren Gases oder Dampfes in Mischung mit Luft oder Sauerstoff enthaltendem Gas, zwischen denen das Gas- (Dampf-) Luft-Gemisch durch Erhitzen oder eine Zündquelle zur Explosion gebracht wird. Die E. sind temperatur- und druckabhängig.

Explosivstoffe, technisch anwendbare, chemisch einheitliche Stoffe oder Stoffgemische, die sich innerhalb sehr kurzer Zeit unter Freiwerden von Wärme und erheblichen Gasmengen (↗ Explosion) umzusetzen vermögen. Bei der Umsetzung der meisten E. handelt es sich um eine Oxidation von Kohlenstoff mit Sauerstoff. Bei explosiven Gemischen aus für sich allein nicht explosiven Komponenten dienen als Sauerstoffträger gewöhnlich Alkalinitrate sowie Alkalichlorate und -perchlorate.

Einteilung. Die E. werden nach ihren chem. und physikalischen Eigenschaften bzw. nach ihrer Wirkungsweise eingeteilt in Sprengstoffe, Initialsprengstoffe, rauchschwache Pulver und pyrotechnische Sätze.

1) *Sprengstoffe* sind E., die eines besonderen Initialimpulses zur Einleitung der Detonation bedürfen. Sie werden eingeteilt in einheitliche Verbindungen und Sprengstoffgemische.

a) Bei den *einheitlichen Verbindungen* unterscheidet man nach ihrer chem. Struktur wie folgt: *Salpetersäureester:* Glycerintrinitrat (Nitroglycerin, Sprengöl), Ethylenglycoldinitrat (Nitroglycol, Sprengöl), Pentaerythrittetranitrat (Nitropenta), Cellulosenitrat (Nitrocellulose) u. ä.;

Nitroverbindungen: 2,4,6-Trinitrophenol (↗ Pikrinsäure), ↗ 2,4,6-Trinitrotoluol (Trotyl); ↗ Nitroguanidin, 2,4,6-Trinitroresorcin (↗ Styphninsäure) u. a.;

Nitramine: ↗ 1,3,5-Trinitro-1,3,5-triazacyclohexan (Hexogen), ↗ 1,3,5,7-Tetranitro-1,3,5,7-tetraazaoctan, 2,4,6-Trinitrophenyl-methyl-nitramid (Tetryl) u. a.;

Nitrosamine: Trimethylen-trinitrosamin;

Salze: ↗ Ammoniumpikrat. – Unter diese Gruppen fallen die meisten Sprengstoffe.

b) *Sprengstoffgemische* sind ↗ Schwarzpulver, ↗ Dynamite, ↗ Ammonsalpetersprengstoffe, ↗ AMO-Sprengstoffe, ↗ Gel-Sprengstoffe (Slurries) u. a. Handhabungssichere Bergbausprengstoffe werden als ↗ Sicherheitssprengstoffe bezeichnet.

2) *Initialsprengstoffe* sind E., die durch Einwirkung von Schlag, Reibung, Flamme und Funken sofort detonieren. Sie dienen zur Einleitung der Detonation brisanter Sprengstoffe. Zu den Initialsprengstoffen gehören ↗ Quecksilberfulminat (Knallquecksilber), ↗ Bleiazid, Bleitrinitroresorcinat, 4,6-Dinitro-2-diazohydroxybenzol (Diazodinitrophenol) u. a.

3) *Rauchschwache Pulver* sind E., die als Hauptbestandteil ↗ Cellulosenitrat in Gelform enthalten (weiteres ↗ rauchschwache Pulver).

4) *Pyrotechnische Sätze* sind in der Pyrotechnik (Feuerwerkerei) verwendete Signal- und Leucht-

sätze, Treib-, Pfeif-, Rauch-, Nebel- und Gassätze, Blitzlichtsätze, Zündsätze, Verzögerungssätze.

In anwendbare Form gebrachte E., z. B. Munition, Zünder, Zündschnur, bezeichnet man als *explosive Gegenstände*. Sie umfassen industrielle Sprengstoffe, Zündmittel, Schießmittel (Treibmittel) und pyrotechnische Gegenstände.

Anwendung. Pulversprengstoffe (schwarzpulverähnliche Gemische) verwendet man z. B. in Werksteinbrüchen; die Zündung erfolgt mittels Zündschnur. Die gelatinösen Sprengstoffe (Gelatine-Donarite) werden im Erzbergbau und zur Gewinnung harter Gesteine verwendet, die weniger brisanten pulverförmigen Sprengstoffe (Donarite, AMO-Sprengstoffe) z. B. im Kalibergbau und in Kalksteinbrüchen. Für militärische Zwecke verwendet man fast ausschließlich die hochbrisanten Sprengstoffe 2,4,6-Trinitrotoluol, 1,3,5-Trinitro-1,3,5-triazacyclohexan (Hexogen) und Pentaerythrit-tetranitrat. Als Schießmittel zur Füllung von Patronen und Kartuschen von Geschützen dienen rauchschwache Pulver, und zwar entweder einfache Cellulosenitratpulver oder (für Maschinenwaffen und Geschütze) die energiereicheren Glycerintrinitrat- und Ethylenglycoldinitratpulver.

Expression, alle Vorgänge, die zur Neusynthese eines von einem Gen codierten Proteins führen. Die Teilprozesse der E. (↗ Transcription, ↗ Translation) unterliegen komplizierten Regulationsmechanismen.

extensive Größe, ↗ Zustandsgröße.

Extinktion, ***optische Dichte***, ***Absorbanz***, Maß für die Lichtundurchlässigkeit einer Probe: $E = \log I_0/I_D = \log 1/D$, wobei I_0 Intensität der auffallenden Strahlung, I_D Intensität der durchgelassenen Strahlung, D Durchlässigkeit I_D/I_0, ↗ Lambert-Beersches Gesetz.

Extraktion, auf einem selektiven Lösevorgang beruhende Trennmethode, die als Fest-Flüssig-E. oder als Flüssig-Flüssig-E. durchgeführt werden kann. Bei der *Fest-Flüssig-E.* werden Komponenten durch bestimmte Extraktionsmittel aus einem Feststoffgemisch gezielt aufgenommen. Wird dazu Wasser als Lösungsmittel verwendet, bezeichnet man den Vorgang als *Auslaugen*. Diese E. kann z. B. zur Gewinnung von Naturstoffen oder zur Erzaufbereitung angewendet werden. Im Labor wird sie in *Soxhlet-Extraktoren* durchgeführt (Abb. 1). Bei der *Flüssig-Flüssig-E.* wird eine Flüssigkeit aus einem Flüssigkeitsgemisch oder ein gelöster Stoff aus einer Lösung abgetrennt. Wird eine Substanz zwischen zwei wenig oder nicht mischbaren flüssigen Phasen A und B verteilt, so stellt sich ein Lösungsgleichgewicht ein, wobei das Konzentrationsverhältnis der Substanz in beiden Phasen durch den ↗ Nernstschen Verteilungssatz beschrieben wird: $c_A/c_B = K$, wobei c_A und c_B die Konzentration der Substanz in Phase (Lösungsmittel) A bzw. B und K den Verteilungskoeffizienten bedeuten. Trägt man die Gleichgewichtskonzentration der Substanz in Phase A gegen ihre Konzentration in Phase B auf, so erhält man die Verteilungsisotherme. Sie ist eine Gerade, wenn der verteilte Stoff in den beiden Phasen in der gleichen Molekülart vorliegt. Der Anstieg der Geraden ergibt den Verteilungskoeffizienten.

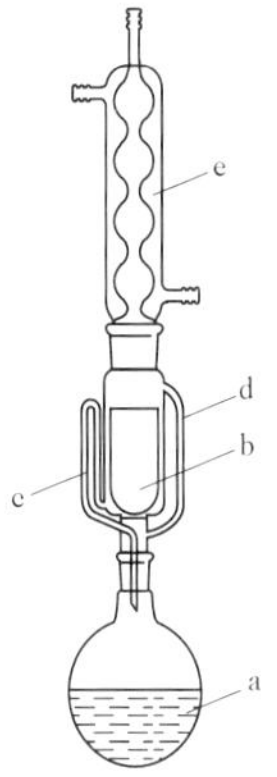

Extraktion. Abb. 1: Soxhlet-Extraktor. (a) Kolben mit Lösungsmittel, (b) Extraktionsaufsatz mit Extraktionshülse, (c) Heberrohr, (d) Nebenrohr, (e) Rückflußkühler.

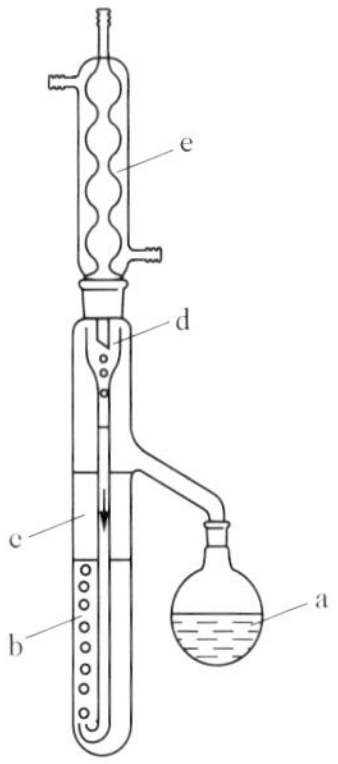

Extraktion. Abb. 2: Perforator. (a) Kolben zum Verdampfen der mobilen Phase und zum Sammeln der extrahierten Komponente, (b) stationäre, zu extrahierende Phase, (c) mobile Phase, läuft im beladenen Zustand in den Verdampfungskolben zurück, (d) trichterförmiges Glasohr zum Durchströmen der stationären Phase mit der mobilen Phase, (e) Rückflußkühler.

Nach der Technik des Verteilungsprozesses unterscheidet man die schubweise und die gleichförmige Verteilung. Innerhalb beider Arten muß die einfache und die multiplikative Verteilung unterschieden werden. Bei der schubweisen Verteilung werden die einzelnen Operationen, z. B. Zugabe frischer Phase, Gleichgewichtseinstellung, Phasentrennung, diskontinuierlich durchgeführt (im Laboratorium als *Ausschütteln* in Scheidetrichtern), während die

Trennproblem	Lösungsmittel	Verfahren
Extraktion von Aromaten	*N*-Methylcaprolactam Diethylenglycol *N*-Methylpyrrolidon Tetramethylsulfon	Arex Udex Arosolvan Sulfolan
Extraktion von Butadien	Kupferacetat/ Ammoniak/Wasser	CAA
Extraktion von Phosphorsäure	Butanol	Apex
Extraktion von Uranylnitrat	Tributylphosphat	
Extraktion von Caprolactam	Trichlorethylen	
Entphenolung von Abwässern	Butylacetat Diisopropylether Tricresylphosphat	Phenosolvan Phenosolvan
Extraktion von *m*-Xylol	HF/BF_3 Fluorwasserstoffsäure/Bortrifluorid	Mex
Extraktion von Naturstoffen	überkritisches Kohlendioxid	

Extraktion.
Tab.: Verfahren der Flüssig-Flüssig-Extraktion.

Methode der gleichförmigen Verteilung kontinuierlich arbeitende Apparaturen verwendet. Die einfache E. (einfache Verteilung) besteht in einer einmaligen Gleichgewichtseinstellung zwischen den in einem Lösungsmittel A befindlichen Extraktionsgut und dem Extraktionsmittel B, wodurch man einen *Extrakt* und ein *Raffinat* erhält. In ersterem liegt die abzutrennende Komponente ihrem Verteilungskoeffizienten entsprechend angereichert vor. Die großen Verteilungskoeffizienten vieler organischer Verbindungen gestatten z. B. deren fast vollständige Überführung aus einem wäßrigen in ein organisches Lösungsmittel. Bei Gültigkeit des Nernstschen Verteilungssatzes läßt sich jedoch nachweisen, daß es zweckmäßiger ist, mit kleinen Portionen eines vorgegebenen Volumens an Extraktionsmittel mehrere E. durchzuführen als eine einzige mit dem Gesamtvolumen. Geeignete Apparaturen für die wiederholte E. sind *Perforatoren* (Abb. 2). Das Lösungsmittel wird dabei in einem Kolben ständig verdampft, in einem Rückflußkühler kondensiert, durchströmt fein verteilt die zu extrahierende Lösung und fließt durch einen Ablauf in den Siedekolben zurück.

Eine Verbesserung des Trenneffektes kann erzielt werden, wenn man das Extraktionsmittel B nach erfolgter einfacher Verteilung mit reinem Lösungsmittel A ausschüttet (*retrogrades Ausschütteln, Retroextraktion*). Auf diesem Prinzip baut auch die multiplikative E. (multiplikative Verteilung) auf. Bei dieser *Vielstufenextraktion* werden die beiden flüssigen Phasen im Gegenstrom zueinander bewegt und ständig ins Gleichgewicht gebracht, so daß teilweise mit gelöster Substanz angereicherter Extrakt mit frischer Lösung des Extraktionsgutes und teilweise extrahierte Lösung mit reinem Extraktionsmittel in Berührung kommen. Die verschiedenen Verfahren der multiplikativen E. unterscheiden sich z. B. dadurch, daß die beiden Phasen entweder schubweise oder gleichförmig übergeführt werden oder daß das Extraktionsgut auf einmal zu Beginn der Verteilung oder nach und nach bei jedem Verteilungsschritt zugesetzt wird. Während man im Labor vorwiegend nach Einstromverfahren (Craig-Verteilung, Martin-Synge-Verteilung) arbeitet, werden in der Industrie meist gleichförmige Gegenstromverfahren angewendet.

Mehrstufige Gegenstromextraktionen werden vorwiegend in zylindrischen Säulen (z. B. Drehscheibenkolonne) durchgeführt, wobei durch Einbauten oder Pulsation die Phasengrenze vergrößert wird und der durch Diffusion bestimmte Stoffaustausch zwischen den Phasen gefördert werden soll. Gegenstrom und Phasentrennung werden durch die Schwerkraft bewirkt. Andere Apparaturen (z. B. Mixer-Settler) bestehen aus einer Folge von Misch- und Absetzkammern mit intensiver Durchmischung und anschließender Phasentrennung, durch Pumpen oder ähnliche Dosier- und Transportmittel erfolgt der Phasentransport. Die E. wird in verschiedenartigsten Bereichen der Industrie angewendet, z. B. für die Gewinnung von aromatischen Kohlenwasserstoffen, aus aromatenhaltigen Fraktionen der Schwerbenzinreformierung, in der Naßmetallurgie, bei der Gewinnung von ätherischen Ölen, Fetten und Arzneimitteln. Die E. kann auch bei sehr hohen Drücken mit überkritischen Gasen (z. B. überkritischem Kohlendioxid) zur Gewinnung von Pflanzenextrakten (Gewürze, Koffein, u. a.) eingesetzt werden.

Extraktivdestillation, ein Verfahren der ↗ Destillation zur Trennung engsiedender Flüssigkeitsgemische mit Hilfe eines hochsiedenden selektiven Lösungsmittels. Die E. beruht darauf, daß die relative Flüchtigkeit der zu trennenden Komponenten durch das Lösungsmittel beeinflußt wird. Für die relative Flüchtigkeit eines realen Zweistoffgemi-

Extraktivdestillation. Tab.: Technisch bedeutsame Extraktivdestillationsverfahren.

Einsatzprodukt	Extrahierte Verbindung	Selektives Lösungsmittel	Verfahren
C_4-Fraktion der Benzinpyrolyse	Butadien	Dimethylformamid *N*-Methylpyrrolidon Acetonitril Furfural Dimethylsulfoxid	Difex · · · ·
C_5-Fraktion der Benzinpyrolyse	Isopren	Dimethylformamid *N*-Methylpyrrolidon	· ·
C_6-Fraktion der Benzinpyrolyse	Benzol	Phenol *N*-Methylpyrrolidon *N*-Formylmorpholin	Distex Distapex Morphylan
Isopropanol/Wasser Salzsäure/Wasser-Azeotrop	Wasser Wasser	Calciumchlorid/Wasser Schwefelsäure	· ·

sches gilt $\alpha = (f_A/f_B) \cdot (p_A/p_B)$. Dabei bedeuten f_A, f_B Aktivitätskoeffizienten der Komponenten A und B sowie p_A, p_B Dampfdrücke der reinen Komponenten A und B. Durch den Zusatz des selektiven Lösungsmittels werden f_A und f_B so verändert, daß α wesentlich größer wird. Dadurch ist eine Destillation der Komponenten A und B möglich. Je nachdem, ob das selektive Lösungsmittel leichtflüchtig ist und mit der leichter flüchtigen Komponente A über Kopf destilliert oder ob es schwerflüchtig ist und im Sumpf der Kolonne verbleibt, spricht man von ↗ Azeotropdestillation oder von E. Die thermodynamischen Grundlagen sind für die E. und die Azeotropdestillation gleich. Der Dampfdruck des selektiven Lösungsmittels muß kleiner sein als der Dampfdruck der Komponenten des zu trennenden Gemisches.

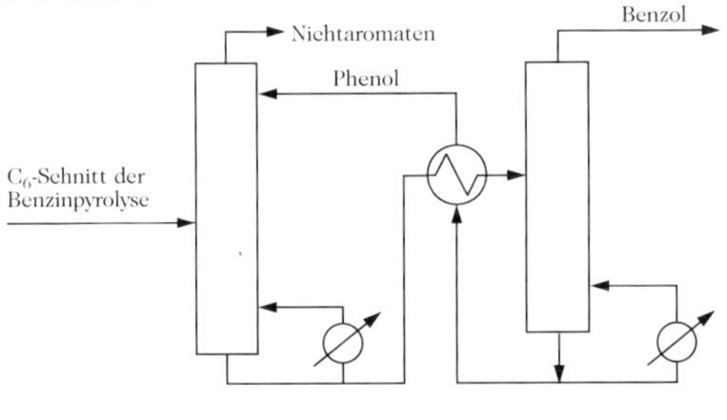

Extraktivdestillation. Abb.: Gewinnung von Benzol durch Extraktivdestillation nach dem Distex-Verfahren.

Die E. hat gegenüber der Azeotropdestillation den Vorteil, daß zahlreiche Lösungsmittel benutzt werden können, deren Flüchtigkeiten sich von denen der zu trennenden Komponenten stark unterscheiden. Auch die Konzentrationen des Lösungsmittels kann bei der E. sehr variabel sein. Das Lösungsmittel darf mit den Komponenten des Gemisches kein Azeotrop bilden und muß später wieder leicht abgetrennt werden können.

Extraktivkristallisation, ↗ Harnstofftrennung.

Extraleitfähigkeit, ein besonderer Leitfähigkeitsmechanismus, der die extrem hohe Grenzleitfähigkeit der Protonen und Hydroxid-Ionen in wäßrigen Systemen erklärt. Von einem H_3O^+-Ion wird ein Proton auf ein benachbartes Wassermolekül übertragen, von dem nun seinerseits ein Proton weitergereicht wird. Dabei werden die bindenden Elektronen umlagert (quantenmechanische Tunneleffekte). Für Hydroxid-Ionen läßt sich ein analoges Modell diskutieren: Durch Tunnelübergang eines Protons H^+ von einem Wassermolekül zu einem benachbarten Hydroxid-Ion bleibt ein Hydroxid-Ion OH^- zurück. Das Proton »wandert« auf diese Weise in Richtung der Kathode, was einer Wanderung des OH^--Ions in Richtung der Anode entspricht.

extrazelluläre Produkte, die Bezeichnung für Substanzen, die während einer biochemischen Reaktion in den Zellen (z. B. Mikroorganismus) produziert und durch Transportvorgänge in das Fermentationsmedium ausgeschieden werden. Die verfahrenstechnischen Operationen zur Gewinnung e. P. sind einfacher als bei ↗ intrazellulären Produkten, u. a. entfällt der ↗ Zellaufschluß. Wichtige e. P. sind neben ↗ Exoenzymen bzw. anderen ↗ Exoproteinen u. a. ↗ Gärungsprodukte, ↗ Exopolysaccharide und Sekundärmetabolite (z. B. ↗ Antibiotika).

Exzeßfunktion, ↗ Mischung.

Eyring-Gleichung, Gesetzmäßigkeit für die Temperaturabhängigkeit der Geschwindigkeitskonstanten k in einer chem. Reaktion (↗ Reaktionskinetik, Theorie).

***E,Z*-Isomerie,** ↗ Stereoisomerie 1.2.3.

F

F 1) F., Abk. für Fließpunkt (↗ Schmelzpunkt). 2) *F*, Formelzeichen für ↗ freie Energie. 3) Symbol für Fluor.

FAD, ↗ Flavinnucleotide.

Faktis *m*, früher ***Ölkautschuk***, bezeichnet für einen Weichgummi-Ersatzstoff. *Schwefelfaktis* erhält man durch Einwirken von Schwefel auf ungesättigte fette Öle oder Fette bei Temperaturen von 130 bis 160 °C. Dabei entsteht durch Anlagerung des Schwefels an die Doppelbindungen ein weicher, voluminöser, elastischer, hell- bis dunkelbraun gefärbter F. *Chlorschwefelfaktis* bildet sich beim Einwirken von Dischwefeldichlorid auf die ungesättigten Verbindungen bereits bei 20 bis 50 °C. Verwendet man hierbei raffinierte pflanzliche Öle, so entsteht weißer F.

Für die Herstellung von F. werden vor allem natürliche Rohstoffe, wie Leinöl, Ricinusöl, Sojaöl, Rüböl oder Fischtran, aber auch andere, synthetische ungesättigte Verbindungen herangezogen. F. ist wichtig als Zusatz für Kautschukmischungen, die dadurch besser verarbeitbar sind. Ferner wird F. zur Herstellung von Polstermaterialien, Radiergummis, als Fußbodenbelag und Lackbestandteil sowie zur Faserimprägnierung verwendet.

Fällen, ***Ausfällen***, die Abscheidung vorwiegend fester (selten flüssiger) Stoffe aus Lösungen als unlösliche Niederschläge nach Zugabe gasförmiger, flüssiger oder gelöster fester Substanzen. Der *Fälleffekt* wird bewirkt durch a) Reaktion des Fällungsmittels mit dem zu fällenden Stoff, z. B. bei der Zugabe von Silbernitratlösung zu Salzsäure: $AgNO_3$ + HCl → AgCl↓ + HNO_3, b) Änderung des pH-Wertes z. B. das F. als Hydroxid, c) Verringerung der Löslichkeit der zu fällenden Substanz durch das Fällmittel, z. B. bei Zusatz von Ethanol zu Natriumchloridlösung. d) Das F. von Metallen aus Salzlösungen durch unedlere Metalle infolge Reduktion wird ↗ Zementation genannt. Beim *fraktionierten F.* werden durch portionsweise Zugabe des Fällungsmittels mehrere Stoffe entsprechend ihrer Löslichkeit nacheinander gefällt, wobei der am wenigsten schwerlösliche Stoff zuletzt ausfällt. So werden z. B. bei der Harnstofftrennung Paraffine und Fettsäuren mit unterschiedlicher Molekülmasse voneinander getrennt, da zuerst die Einschlußverbindungen der höhermolekularen Verbindungen ausfallen. Über F. in der makromolekularen Chemie ↗ Fraktionierung.

Als *Umfällen* bezeichnet man das Reinigen gefällter Stoffe durch Auflösen der abgetrennten Niederschläge in frischem Lösungsmittel und erneutes F. daraus.

Fällungsanalyse, ***Fällungstitration***, ein Teilgebiet der Volumetrie, wobei mit Hilfe geeigneter Maßlösungen eines Fällungsmittels der zu bestimmende Stoff in der Probelösung ausgefällt wird. Die Durchführbarkeit der F. hängt von der Erfüllung mehrerer Bedingungen ab:

1) Die Fällung muß schnell erfolgen und zu einem streng stöchiometrisch aufgebauten Niederschlag geringer Löslichkeit führen; 2) der Äquivalenzpunkt einer F. muß sich gut bestimmen lassen. Da diese Bedingungen selten gemeinsam erfüllt sind, war lange Zeit die ↗ Argentometrie die einzige Methode der F. Mit Metallindikatoren (↗ Indikator) können nun auch andere F. durchgeführt werden, z. B. die Bestimmung von Sulfat-Ionen durch Titration mit Bariummaßlösungen.

Faltblattstruktur, ***β-Struktur***, eine vorrangig in ↗ Proteinen vorkommende Kettenkonformation (Sekundärstruktur). Eine F. entsteht bei einer parallelen oder antiparallelen Anordnung von zwei oder mehreren nebeneinander in einer Ebene liegenden Peptidketten, wobei die sterische Hinderung der Seitenketten der Aminosäurebausteine eine Verdrehung der Peptidstrukturen gegeneinander erzwingt. Eine F. ist charakterisiert durch eine plissierte Anordnung mit abwechselnd oberhalb oder unterhalb des Faltblattes stehenden Seitenketten (Abb.). F. findet man beispielsweise im ↗ Seidenfibroin und in anderen β-Keratinen, aber auch in verschiedenen Domänen einer Polypeptidkette.

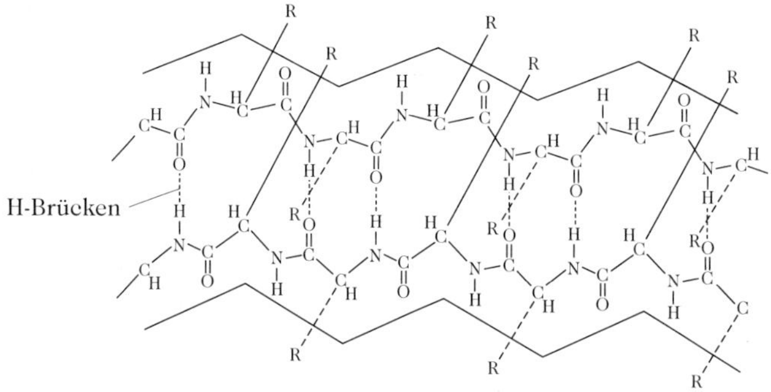

Faltblattstruktur.
Abb.: Anordnung der Peptidketten.

Famotidin, ↗ Antihistaminika.

Fanalfarbstoffe, eine Gruppe von synthetischen Farbstoffen, die zu den ↗ Triarylmethanfarbstoffen gehören. Sie bilden mit Phosphor-Molybdän-Wolfram-Säuren Komplexe, die sich durch hohe Leuchtkraft, große Echtheit und Hitzebeständigkeit auszeichnen. *Fanalblau B* ist z. B. ein Komplexsalz aus Victoriablau B mit Phosphor-Molybdän-Wolfram-Säuren. Die F. werden besonders für Tapeten sowie zur Färbung von Leder verwendet.

Faraday-Effekt, Drehung der Polarisationsebene des Lichtes beim Durchgang durch in Richtung der Lichtausbreitung magnetisierte Stoffe. Der Drehwinkel ist unter normalen Bedingungen der Schichtdicke und der magnetischen Feldstärke proportional, ↗ chiroptische Methoden.

Faraday-Gesetze, von M. Faraday 1833/34 aufgezeigte quantitative Gesetze der Elektrolyse. *1. Gesetz:* Die bei einer Elektrolyse an den Elektroden umgesetzten Massen sind der aufgewandten Elektrizitätsmenge proportional: $m = K \cdot Q$. Hierbei bedeuten m die Masse der Reaktionsprodukte, K einen Proportionalitätsfaktor, Q die aufgewandte Elektrizitätsmenge. Der Proportionalitätsfaktor ergibt sich zu $K = M/(z \cdot F)$, wobei M die Molmasse, z die Anzahl der ausgetauschten Elektronen und F die *Faraday-Konstante* mit dem Zahlenwert 96485,31 C bedeuten. Die Faraday-Konstante ist das Produkt aus Elementarladung und Avogadro-Konstante. *2. Gesetz:* Bei verschiedenen Elektrodenreaktionen und gleicher Elektrizitätsmenge ist das Verhältnis der umgesetzten Massen gleich dem Verhältnis der Äquivalentmassen: $m_A/m_B = (M_A \cdot |z_B|)/(|z_A| \cdot M_B)$.

Faraday-Strom, der in einer Elektrolysezelle mit einem Stoffumsatz an den Elektroden verbundene Strom. Gegensatz ist der *nicht-Faraday-Strom*, der die Aufladung der elektrochem. Doppelschicht bewirkt.

Farbaffinität, Neigung eines ↗ textilen Faserstoffes, sich mit dem Farbstoff zu verbinden.

Farbe, eine Qualität der Lichtempfindung, die im Auge durch elektromagnetische Strahlung ausgelöst wird, aber auch als indirekte Wirkung solcher Strahlung (Nachbild) oder u. U. auch durch andersartige Reize (Stoß, elektrischer Strom) entsteht. Der Gebrauch des Wortes F. für die Kennzeichnung eines engen Spektralgebietes, z. B. rote F. für den roten Spektralbereich, ist unexakt, da das menschliche Auge nur die entsprechende Komplementärfarbe wahrnimmt. Färbende Substanzen werden als ↗ Farbstoffe bzw. ↗ Pigmente bezeichnet.

Färben, textiler Prozeß, bei dem meist in wäßriger Lösung, aber auch in organischen Lösungsmitteln sowie mit Hilfe von Schaum ein Farbstoff auf die textile Ware aufgebracht wird. An die Färbung werden zum Teil hohe Anforderungen hinsichtlich ihrer Echtheit gestellt. Es können Fasern in der Flocke, Fäden, textile Flächengebilde und bereits konfektionierte Erzeugnisse gefärbt werden. Zur Unterstützung des Färbeprozesses dienen ↗ Färbereihilfsmittel.

Farberden, Verwitterungsprodukte von Mineralen und Gesteinen, aus denen durch Schlämmen, Trocknen und Mahlen anorganische ↗ Pigmente gewonnen werden können. F. sind ↗ Ocker (gelb, z. T. gold- oder rotgelb), ↗ Umbra (leder- oder kastanienbraun oder dunkelgelbbraun), feingemahlener Hämatit (bräunlichrot bis rotviolett), hämatitführender Bauxit (rot), Grünerde (apfelgrün nach schwärzlichgrün und olivgrün), Glaukonit (grün), feingemahlener reiner Tonschiefer (grau), feingemahlene kohlenreiche und graphitreiche Schiefer (schwarz), erdiger mikrokristalliner Graphit (schwarz), schwarze Kreide (schwarz), Schreibkreide (weiß).

Färbereihilfsmittel, eine Gruppe von ↗ Textilhilfsmitteln, die das Färben erleichtern sollen, wozu ein gleichmäßiges (»egales«) Anfärben und ein gutes Durchfärben zählen. F. sind unter anderem Egalisiermittel, Netzmittel, Dispergiermittel, Nachbehandlungsmittel für höhere Echtheiten, Durchfärbemittel, Farbstofflösemittel, Abziehmittel u. a.

Farbhölzer, durch Farbstoffgehalt ausgezeichnete Hölzer verschiedener, meist tropischer Bäume, z. B. ↗ Blauholz, ↗ Rotholz, ↗ Gelbholz. Die Farbstoffe lassen sich durch Ausziehen mit Wasser aus dem zerkleinerten Holz gewinnen, sie wurden früher vielseitig in der Färberei verwendet.

Farbkuppler, chem. Verbindungen, die mit dem Entwickleroxidationsprodukt einen Farbstoff der drei Grundfarben bei der Farbphotographie ergeben. Zur Bildung der drei Grundfarben verwendet man Purpurkuppler (meist Pyrrazolonderivate), Blaugrünkuppler (substituierte α-Naphthole) und Gelbkuppler (C–H-acide Verbindungen mit β-Diketonstrukturelement) (Abb. 1).

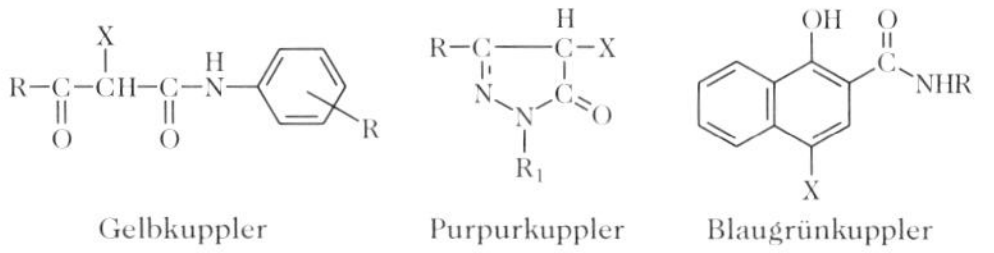

Farbkuppler. Abb. 1: Beispiele für Farbkuppler in der Farbphotographie.

Die Reste R bzw. R^1 sind meist längerkettige Alkylgruppen, die die F. diffusionsfest machen, die Substituenten X haben unterschiedliche Funktionen:

a) X = H: *Vieräquivalentkuppler:* Für die Oxidation und Kupplung zum Farbstoff sind vier Äquivalente Silber-Ionen erforderlich (zwei für die Oxidation des Farbentwicklers zu Chinindiimin, zwei für die Oxidation der beiden Wasserstoffatome an der Kupplungsstelle).

b) X = Halogen, Sulfonsäure, Thiocyano-, Imid-, Alkoxygruppen u. a.: *Zweiäquivalentkuppler:* Es werden nur zwei Äquivalente Silber-Ionen für die Oxidation des Farbentwicklers benötigt, bei der

Farbentwicklung wird die Gruppe X mit einem Wasserstoffatom eliminiert (Abb. 2).

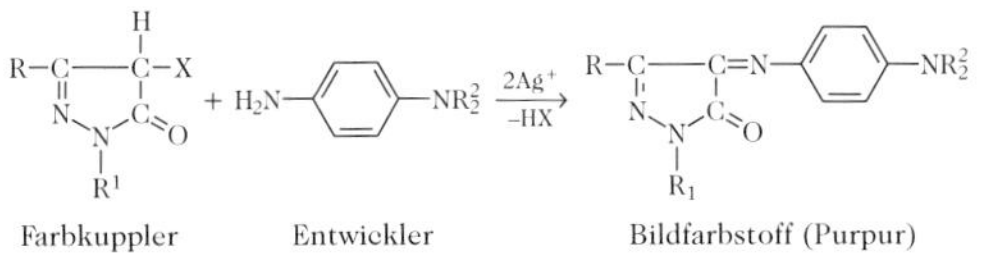

Farbkuppler. Abb. 2: Reaktion der Zweiäquivalentkuppler.

c) X = N=N-Aryl: *Maskenkuppler:* Sie werden der rot- und grünsensibilisierenden Schicht zugesetzt, um unerwünschte Absorptionen, z. B. im blauen Spektralgebiet, zu kompensieren. Bei der Farbentwicklung wird die Arylazogruppe als Stickstoff und Benzolderivat abgespalten.

d) X = SR‴: *DIR-Kuppler* (von engl. *D*evelopment *I*nhibitor *R*ealising Coupler): Sie spalten bei der Entwicklung einen Entwicklungshemmer HSR‴ ab, der die Schärfe und Farbwiedergabe des Bildes verbessert (Klarhalter).

In der Diazotypie verwendet man Polyhydroxybenzole zur Erzeugung brauner und roter Farbstoffe, 3-substituierte (CONHAryl) 2-Hydroxynaphthaline für blaue Farbstoffe, α-Ketomethylenverbindungen oder substituierte Resorcin- und *m*-Aminophenole als Gelbkuppler, 1-Arylpyrrazolone als Rotkuppler.

Farblacke, durch Fällung wasserlöslicher synthetischer Farbstoffe mit Fällungsmitteln (Verlackung) erzeugte Pigmente, die auf der Textilfaser entstehen (F. sind keine Lacke im Sinne der Anstrichtechnik). Als Fällungsmittel für saure Farbstoffe und Direktfarbstoffe dienen vor allem Bariumchlorid, ferner wasserlösliche Calcium-, Aluminium-, Mangan-, Zinn- und Bleisalze, wobei die betreffenden unlöslichen Metallsalze der Farbstoffe entstehen. Basische F. werden hauptsächlich mit Tannin und Brechweinstein gefällt. Die F. halten besonders gut, wenn reaktionsfähige Gruppen der Faser sich an der Lackbildung beteiligen.

Farbphotographie, der Gesamtprozeß der Erzeugung farbgetreuer Abbilder eines Objektes auf lichtempfindlichen Schichtsystemen. Im Wellenlängenbereich des sichtbaren Lichtes (400 bis 800 nm) unterscheidet das menschliche Auge die drei Grundfarben Blau, Grün und Rot, deren Addition Weiß ergibt. Durch Vermischen der Grundfarben lassen sich alle natürlichen Farben erzeugen, die Differenzfarbe zu Weiß ist die Komplementärfarbe dieser sekundären Farben. Ein Farbfilm besteht normalerweise aus drei lichtempfindlichen Schichten, die jeweils durch spezifische ↗ spektrale Sensibilisierung für eine der drei Grundfarben empfindlich sind. Bei den *Color-Negativ-Verfahren* ist die oberste Schicht blauempfindlich und enthält den Gelbkuppler, die Mittelschicht ist grünsensibilisiert und enthält einen Purpurkuppler, die untere Schicht ist rotempfindlich und enthält einen Blaugrünkuppler. Nach der Belichtung wird bei der Farbentwicklung an den belichteten Stellen Silberhalogenid zu Silber reduziert und der Entwickler, ein *N,N*-Dialkyl-phenylendiamin, zum Entwickleroxidationsprodukt (Chinondiiminderivat) oxidiert. Dieses Entwickleroxidationsprodukt kuppelt mit den in der jeweiligen Schicht eingelagerten ↗ Farbkupplern zum entsprechenden Farbstoff in einem Ausmaß, das der Belichtung proportional ist. Nach dem Prinzip der subtraktiven Farbmischung wird in der blauempfindlichen Schicht der gelbe Farbstoff, in der grünempfindlichen Schicht der purpurne Farbstoff und in der rotempfindlichen Schicht der blaugrüne Farbstoff gebildet. Das bei der Entwicklung entstandene Silberbild wird mit Kaliumhexacyanoferrat(III) zu Ag^+ oxidiert, die zusammen mit dem unbelichteten Silberhalogenid mit Thiosulfat aus der Emulsion herausgelöst (fixiert) werden. Das entstandene Farbnegativ gibt das Bild in seinen Komplementärfarben wieder. Das *Color-Positiv-Verfahren* arbeitet mit einer gegenüber dem Negativ-Verfahren genau umgekehrten Anordnung derselben lichtempfindlichen Schichten (Color-Umkehr-Materialien, Kine- und Diafilme). Die Entwicklung führt unmittelbar zu einem Positiv und beginnt mit einer normalen Schwarz-Weiß-Entwicklung. Dem schließt sich eine diffuse Zweitbelichtung an, um an den unbelichteten Stellen Entwicklungskeime zu erzeugen. Dort ist nun eine Farbentwicklung möglich, die den zum Negativverfahren komplementären Farbstoff liefert. Abschließend folgen Bleichbad und Fixierung. Ein drittes Prinzip der F. sind die *Farbstoffübertragungsverfahren*, ↗ Farbsofortbildphotographie.

Farbsofortbildphotographie, ein auf der Farbstoffdiffusion beruhendes farbphotographisches Verfahren, das innerhalb kurzer Zeit (Minuten) nach der Belichtung das fertige Bild ohne komplizierte und vielstufige Verarbeitung liefert. Das Material besteht aus einem Bildaufzeichnungsteil und einem Bildempfangsteil. Der *Bildaufzeichnungsteil* besteht aus drei Silberhalogenidschichten, die jeweils für blaues, grünes und rotes Licht empfindlich sind. Jeder dieser drei Schichten ist eine Schicht benachbart, aus der der Farbstoff der Komplementärfarbe der entsprechend sensibilisierten Schicht gebildet wird. Die Bildfarbstoffe sind durch eine gesättigte Brücke mit dem Entwickler verbunden. Der purpurfarbene Farbstoff-Brücke-Entwickler (F-B-E) hat beispielsweise folgende Struktur:

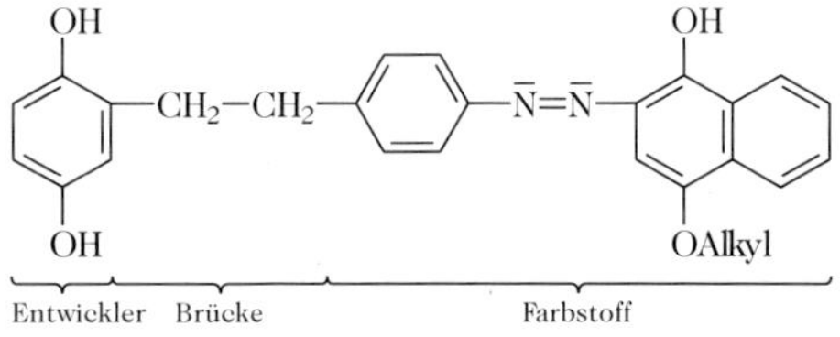

Das fertige Bild entsteht in einem *Bildempfangsteil*, der aus der Bildempfangsschicht und verschiedenen Schichten besteht, die das Bild fixieren bzw. den Bildentstehungsprozeß optimieren. Bildempfangsteil und Bildaufzeichnungsteil werden sofort nach der Belichtung durch zwei Walzen zusammengepreßt, wobei gleichzeitig eine Entwicklerpaste, die Alkali und spezielle Zusätze enthält, zwischen beide Teilsysteme gebracht wird. Durch das entstehende alkalische Medium werden die als Emulsion in Gelatine vorliegenden F-B-E-Moleküle ionisiert (Phenol zu Phenolat). Sie lösen sich auf und diffundieren in die entsprechend sensibilisierte darüberliegende Schicht. An den belichteten Stellen werden sie zu unlöslichen, diffusionsunfähigen Chinonen oxidiert; an den unbelichteten Stellen wandern sie in die Empfangsschicht und werden zum fertigen Positivbild fixiert.

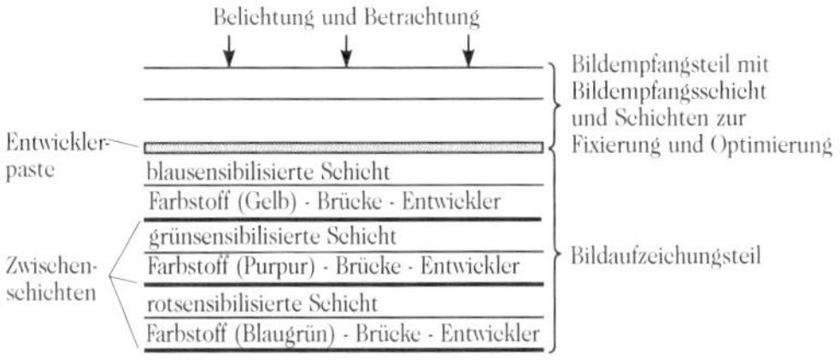

Farbsofortbildphotographie. Abb.: Schematischer Schichtaufbau von Farbsofortbildmaterial.

Farbstoffe, Farbmittel, die Textilien, Leder, Pelze, Papier u. a. anfärben oder sich in ihnen lösen. Im Gegensatz zu den stets unlöslichen ↗ Pigmenten sind die F. meist in Lösungs- oder Bindemitteln löslich. Lichtechtheit und Waschechtheit sind die wichtigsten Qualitätskriterien von F.

Die F. können nach verschiedenen Kriterien eingeteilt werden:

1) Nach den Färbemethoden und den Anwendungsgebieten können die F. in Farbstoffklassen eingeteilt werden (*koloristische Einteilung*). a) Die *basischen F.* enthalten Amino- oder Alkylaminogruppen bzw. ihre Salze mit Säuren. Sie dienen zum Färben von Wolle, Seide, gebeizter Baumwolle und PAN-Fasern. b) Die *sauren F.* (↗ *Säurefarbstoffe*) enthalten vorwiegend Sulfo-, seltener Carboxygruppen, sie werden zum Färben von Wolle, Seide, Polyamid- und modifizierten Polyacrylnitrilfasern verwendet. c) Die ↗ *Entwicklungsfarbstoffe* werden auf der Faser durch chem. Reaktion erzeugt. Dazu werden die Textilien mit der alkalischen Lösung einer Kupplungskomponente getränkt und danach in die eiskalte Lösung eines Diazoniumsalzes gegeben (↗ Eisfarben). Die Entwicklungsfarbstoffe werden vorzugsweise zum Färben von Baumwolle eingesetzt. d) ↗ *Substantive Farbstoffe* oder *Direktfarbstoffe* lassen sich aus der Lösung absorbieren und direkt auf die unbehandelte Cellulosefaser aufziehen, wo sie an der Oberfläche der intermizellaren Räume zu größeren Molekülaggregaten reagieren. e) ↗ *Beizenfarbstoffe:* Durch Beizen der Faser mit Chrom(III)-, Eisen(III)- oder Aluminiumsalzen und anschließende Hydrolyse durch Dämpfen entstehen auf der Faser feinverteilte Metallhydroxide und Metalloxidhydrate. Der Farbstoff, der zur Metallkomplexbildung befähigte Gruppen, z. B. OH-, COOH- u. a., trägt, bildet dann auf derart behandelter Wolle, Seide oder Baumwolle unlösliche, gefärbte Metallkomplexe, die Farblacke. f) ↗ *Küpenfarbstoffe:* Durch Einwirkung von Reduktionsmitteln wird der unlösliche F. in eine lösliche, farblose Leukoverbindung übergeführt (verküpt). Mit so hergestellter Küpe wird die Faser getränkt und die Leukoverbindung durch ein Oxidationsmittel (meist Luft) in den unlöslichen Farbstoff zurückgeführt. g) ↗ *Reaktivfarbstoffe* reagieren mit bestimmten funktionellen Gruppen der Fasern, z. B. der Hydroxygruppen der Cellulosemoleküle unter Etherbildung sowie mit den primären und sekundären Aminogruppen von Wolle und Seide, bei den Polyamiden mit den zahlreichen NH-Gruppen.

2) Nach ihrem chem. Aufbau können die F. eingeteilt werden in Nitro-, Nitroso-, Azo-, Di- und Triarylmethan-, Acridin-, Xanthen-, Chinonimin-, Azin-, Oxazin-, Methin-, Aza[18]annulen-, Carbonylfarbstoffe (Anthrachinonfarbstoffe, ingidoide F., Küpenfarbstoffe), Stilben- und Schwefelfarbstoffe (s. Tab.).

3) Nach ihrer Bildung unterscheidet man zwischen Naturfarbstoffen und synthetischen F.

a) *Naturfarbstoffe* können tierischer oder pflanzlicher Herkunft sein. *Tierfarbstoffe* werden aus den Körpersäften oder Körperteilen verschiedener Tiere gewonnen. Zu den tierischen F. gehören unter anderem Carmin, antiker Purpur, Indischgelb und Sepia. *Pflanzenfarbstoffe* werden aus verschiedenen Pflanzenteilen gewonnen, z. B. aus Hölzern (↗ Farbhölzer) Rotholzextrakt (↗ Rotholz), Blauholzextrakt (↗ Blauholz), Gelbholzextrakt (↗ Gelbholz); aus Rinden Quercitron (von einigen Eichenarten, wie *Quercus tinctoria*); aus Früchten Kreuzbeerenextrakt (aus Beeren verschiedener Rhamnusarten); aus Blättern Wau-Extrakt (aus der Färberdistel *Reseda luteola*), Catechu (aus *Uncaria gambier*), Henna (vom Strauch *Lawsonia alba* und *inermis*). Chlorophyll oder Blattgrün (aus verschiedenen grünen Blättern, z. B. Brennesseln, Spinat); aus Wurzeln Berberin (vom Sauerdorn *Berberis vulgaris*, auch aus Rinde und Stamm), Curcumin (aus Wurzelknollen von *Curcuma tinctoria*), Krappfarbstoffe, besonders Alizarin und Purpurin (aus den Wurzeln einiger Rubiazeen), Alkannin (unter anderem aus *Lawsonia alba* und *inermis* sowie *Alkanna tinctoria*); aus Flechten Orseille, Lackmus (aus verschiedenen Gattungen von *Roccella lecanora*); aus Samen Orlean (aus dem Orleanbaum *Bixa orellana*); aus Blütennarben Safran (aus *Crocus sativus*); aus Blüten Saflor (aus der Färberdistel *Carthamus tinctorius*); Anthocyane, Pelargonidin, Cyanidin, Delphinidin, Päonidin, Önidin, Malvidin u. a.

Die Naturfarbstoffe haben als F. an Bedeutung verloren. Einige werden heute noch in kleineren Mengen zum Färben von Lebensmitteln verwendet, auch für kosmetische Erzeugnisse, z. B. Carmin, Kreuzbeerenextrakt, Alkanna, Orlean, Safran, Saflor, Chlorophyll, Blauholzextrakt wird in größeren Mengen noch zum Färben von Rauchwaren (Fellen), Seide und Leder verwendet. Chlorophyll verwendet man zum Färben von ätherischen Ölen, Wachsen, Salben und Kosmetika.

Farbstoffe. Tab.: Wichtige natürliche und synthetische Farbstoffe.

Farbstoffklasse/-gruppe	Vertreter	Verwendung bzw. Vorkommen
Nitro- und Nitrosofarbstoffe	Pikrinsäure	Herstellung von Pikraminsäure
	Naphtholgelb S	Wolle, Seide
	Amidogelb E	Wolle, Seide
	Litholechtgelb 2Gex	Pigmentfarbstoff
	Soliddruckgrün	
	Naphtholgrün B	Wolle
	Pigmentgrün B	
Azofarbstoffe	Echtrot E	Säurefarbstoff
	Sudanrot BB	Fettfarbstoff
	Permanentrot	Druckfarben
	Pararot	Entwicklungsfarbstoff
	Chrysoidin	basischer Farbstoff
	Tartrazin	Wollfarbstoff
	Kongorot	Direktfarbstoff, Indikator
	Diamantschwarz PV	Chromierfarbstoff
	Eriochromblauschwarz T	komplexometrische Titration
Di- und Triarylmethanfarbstoffe		
Diphenylmethanfarbstoffe	Auramin 0	basischer Farbstoff
Triphenylmethanfarbstoffe	Malachitgrün	basischer Farbstoff
	Kristallviolett	
	Phenolphthalein	Indikatorfarbstoff
Acridinfarbstoffe	Acridinorgane	basischer Farbstoff
	Acriflavin	gegen Tryptanosomen
	Atebrin	Therapie und Prophylaxe der Malaria
Xanthenfarbstoffe	Chromoxanbrillantrot	Chromierfarbstoff
	Fluorescein	
	Eosin	
	Rhodamin B	
Chinonimine	Indophenole	Zwischenstufen für Azin- und Schwefelfarbstoffe
	Indaniline	
	Indamine	

Farbstoffe. Tab. (Fortsetzung).

Azinfarbstoffe	Mauvein	erster synthetischer Farbstoff
	Safranin T	basischer Farbstoff
	Wollechtblau	saurer Farbstoff
	Anilinschwarz	Pigmentfarbstoff
Oxazinfarbstoff	Capriblau	basischer Farbstoff
	Gallocyanin	Chromierfarbstoff
	Siriuslichtblau FF2GL	substantiver Farbstoff
Methinfarbstoffe	Astraphloxin FF	basischer Farbstoff
	Astrazongelb	Farbstoffe für
	Astrazonorange	PAN-Fasern
	Pinaverdol	Grünsensibilisator
	Pinycyanol	Rotsensibilisator
Carotinoide	β-Carotin	Lebensmittelfarbstoff
	Lycopin	in roten Tomaten, Hagebutten
Aza[18] annulenfarbstoffe Phthalocyanine	Heliogenblau B	Pigmentfarbstoffe, Reaktiv- und Küpenfarbstoffe
	Phthalocyanin-Entwickler	Bildung der Komplexe auf der Faser in wäßriger Lösung
Chlorophyll	Chlorophyll a und b	Pflanzenfarbstoff,
Hämin		Blutfarbstoff
Carbonylfarbstoffe		
Indigofarbstoffe	Indigo	Küpenfarbstoff
	6,6-Dibromindigo	Küpenfarbstoff
	Thioindigo	Küpenfarbstoff
	Indanthrenbrillantrosa R	Küpenfarbstoff
Anthrachinonfarbstoffe	Alizarin	Beizenfarbstoff
	Alizarinsaphirol A	Wollfarbstoff
	Alizarindirektblau	Wollfarbstoff
	Indanthron	Küpenfarbstoff
	Flavanthron	Küpenfarbstoff
	Pyranthron	Küpenfarbstoff
höher annulierte Carbonylfarbstoffe	Anthrapyrimidine	Küpenfarbstoff
	Anthanthrone	Küpenfarbstoff
	Violanthrone	Küpenfarbstoff
	Anthrimide	Küpenfarbstoff
Stilbenfarbstoffe	4,4-Diaminostilben-2,2′-disulfonsäure	optische Aufheller
Schwefelfarbstoffe		
Backfarbstoffe	Immedialorange	Küpenfarbstoffe
Kochfarbstoffe	Immedialschwarz	
	Pyrogenindigo	

b) *Synthetische F.* (*Teerfarbstoffe*, früher als *Anilinfarben* bezeichnet) bestehen aus kompliziert aufgebauten organischen Verbindungen. Die Anwendung synthetischer F. begann mit der Entdeckung des Mauveins durch W. H. Perkin im Jahre 1856. In den folgenden Jahren wurden zahlreiche F. synthetisiert, wobei man meist von den aromatischen Verbindungen des Steinkohlenteers ausging. Die Bezeichnung Teerfarbstoffe geht auf F. F. Runge (1795–1867) zurück, dem es als erstem gelang, aus dem damals noch wertlosen Steinkohlenteer auf dem Wege über Anilin (daher die Bezeichnung Anilinfarbstoffe) und Phenol synthetische F. herzustellen. (Näheres zu den einzelnen Farbstoffklassen unter den entsprechenden Stichworten).

Farbstofftheorie, erklärt die Farbigkeit von Substanzen, insbesondere von ↗ Farbstoffen. Die Farbigkeit von Substanzen beruht auf ihrer Fähigkeit, aus dem Spektrum des sichtbaren Lichtes einen Teil zu absorbieren. Zwischen der Absorption einer Substanz und der wahrnehmbaren Farbe besteht der folgende Zusammenhang: Das menschliche Auge vermag polychromatisches Licht nicht in seine Bestandteile zu zerlegen. Es wird nur eine Farbe wahrgenommen, die durch Summierung über alle ins Auge gelangenden Lichtstrahlen entsteht. Wenn die spektrale Zusammensetzung des Tageslichtes nicht verändert wird, so ist dieser Eindruck weiß. Erst wenn Teile des Spektrums durch Absorption ausgelöscht werden, entsteht ein farbiger Eindruck, welcher der absorbierten Spektralfarbe komplementär ist. In der oberen Reihe der Abb. 1 sind die Wellenlängenbereiche der einzelnen Spektralfarben, in der unteren ihre *Komplementärfarben* angegeben. Eine Substanz, die z. B. im blauen Spektralbereich absorbiert, erscheint dem Auge gelb. Treten im sichtbaren Gebiet mehrere Absorptionsbanden auf, so besteht kein einfacher Zusammenhang mehr, und die Farbe der Substanz läßt sich aus dem Absorptionsspektrum nur schwer vorhersagen.

$\rightarrow \lambda$ in nm	400–440	440–480	480–490	490–500	500–560	560–580	580–595	595–605	605–750	
UV	violett	blau	grünblau	blaugrün	grün	gelbgrün	gelb	orange	rot	IR absorbiertes Licht
	gelbgrün	gelb	orange	rot	purpur	violett	blau	grünblau	blaugrün	beobachtete Farbe

Farbstofftheorie. Abb.1: Zusammenhang zwischen Lichtabsorption und beobachteter Farbe.

Die *Farbigkeit organischer Verbindungen* läßt sich erklären aus der Existenz dreier idealer Grundzustände, des aromatischen, des polyenischen und des Polymethin-Zustandes (Abb. 2). Durch den kontinuierlichen Übergang zwischen diesen drei Idealzuständen ist die große Vielfalt der Farbstoffe verständlich. Es gelten folgende Regeln: 1) Bei gleicher Molekülgröße oder gleicher π-Elektronenzahl haben die Polymethinstrukturen die langwelligste Lichtabsorption und damit die tiefste Farbe (Abb. 3). 2) Wird bei einer Modifizierung, z. B. einer Verzweigung, die Ladungsdichte aufrechterhalten, dann absorbiert die Verbindung bei kürzeren Wellenlängen als das längste im Molekül enthaltene Polymethinfragment. Verbindungen dieses Typs werden als verzweigte oder alternierende Polymethine bezeichnet. 3) Wird bei einer Modifizierung des Grundfarbenträgers die charakteristische Ladungsverteilung gestört, dann absorbiert die Verbindung bei längeren Wellenlängen als das längste im Molekül enthaltene Polymethinfragment. Derartige Polymethine werden *nichtalternierende Polymethine* genannt. 4) Wird die Polymethinstruktur in nichtalternierenden Polymethinen durch die Konkurrenz einer aromatischen Struktur aufgehoben, dann absorbieren die Verbindungen bei kürzeren Wellenlängen als das längste im Molekül enthaltene Polymethinfragment. Die Verbindungen verhalten sich dann wie substituierte Aromaten. 5) Wird die Symmetrie der π-Elektronenverteilung entlang der Polymethinkette durch Substituenten vermindert, so tritt Farbaufhellung ein. Außer den Nitrosoalkanen sind nahezu alle organischen Verbindungen, deren Moleküle nur Einfachbindungen bzw. isolierte Mehrfachbindungen enthalten, farblos. Eine einzelne Mehrfachbindung verursacht eine oder mehrere Absorptionsbanden zwischen 150 und 300 nm.

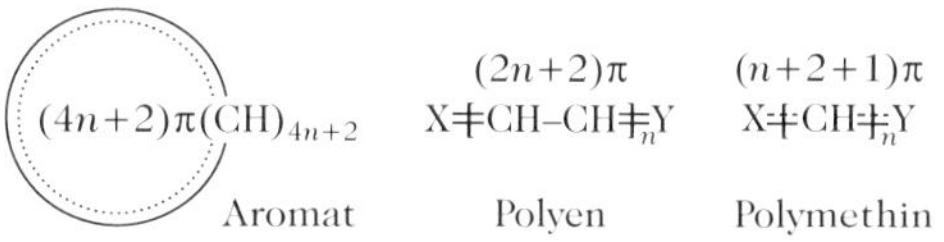

Farbstofftheorie. Abb. 2. Triadenlehre.

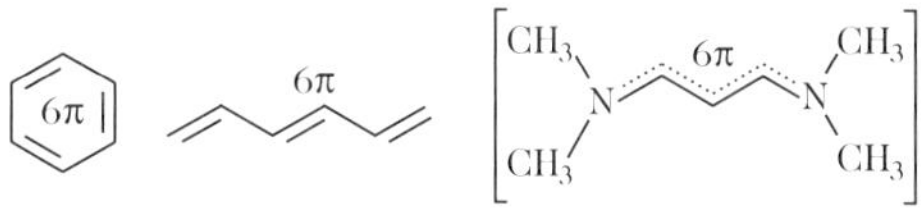

	Aromat	Polyen	Polymethin
λ_{max} in nm	250	268	312
ε_{max} in $l\ mol^{-1}\ cm^{-1}$	250	34700	64600

Farbstofftheorie. Abb. 3. Vergleich der Absorptions-Wellenlängen von Aromat, Polyen und Polymethin.

Bereits vor Aufklärung dieser Zusammenhänge war empirisch festgestellt worden, daß als ↗ chromophore Gruppen bezeichnete Atomgruppen mit Mehrfachbindungen Farbigkeit bei Molekülen hervorrufen. Andere Gruppen, die ↗ auxochromen Gruppen, rufen selbst keine Farbigkeit hervor, verstärken aber Intensität und Farbtiefe farbiger Verbindungen. Bestimmte Substituenten, die die entgegengesetzte Wirkung ausüben, bezeichnet man als ↗ antiauxochrome Gruppen. Die üblichen Farbstoffe enthalten in der Regel sowohl chromophore als auch auxochrome Gruppen. Eine Verschiebung der Absorptionsbanden zum langwelligen Spektralbereich erfolgt durch eine Verschiebung nach dem kurzwelligen Spektralbereich hin durch hypsochrome Gruppen (↗ Hypsochromie). In manchen Fällen, z. B. bei den Triphenylmethanfarbstoffen, werden farblose Verbindungen dadurch farbig, daß am zentralen C-Atom durch Salzbildung entweder ein freies Elektronenpaar oder eine Oktettlücke entstehen, die die Einstellung mesomerer Zustände zwischen den verschiedenen aromatischen Kernen erleichtern (*Halochromie*).

Die auf der F. basierende Strukturaufklärung farbiger Verbindungen erfolgt durch die ↗ UV-VIS-Spektroskopie. Farbstoffe können in Lösungsmitteln unterschiedlicher Polarität verschiedene Farben aufweisen (Solvatochromie). Durch die unterschiedliche Polarität des Lösungsmittels sind Übergänge zwischen der Polymethin- und Polyenstruktur sowie die Aromat- und Polymethinstruktur möglich (Abb. 4).

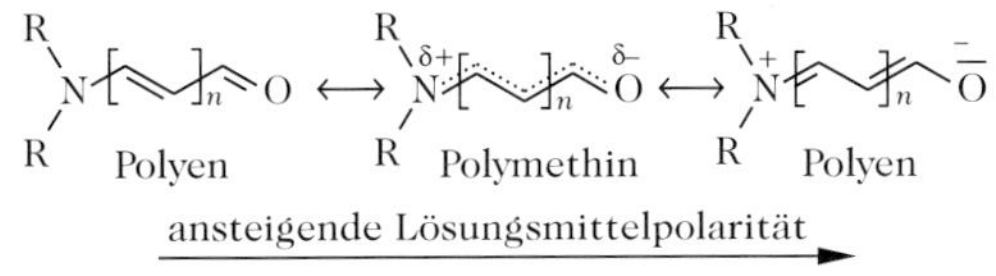

Farbstofftheorie. Abb. 4.

Farnesol, acyclischer Sesquiterpenalkohol, farblose Flüssigkeit mit blumigem Geruch. F. ist Bestandteil ätherischer Öle, z. B. des Lemongras-, Pomeranzen-

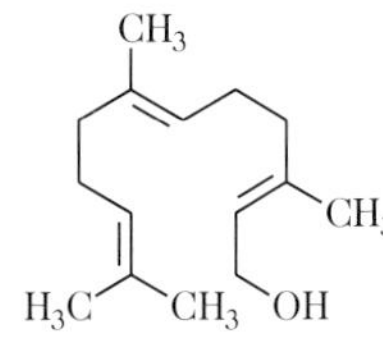

trans-trans-Farnesol

blüten-, Citronell- und Rosenöls. Das natürliche F. ist die 6-*trans*-Form. Das aus Larven des Mehlkäfers *Tenebrio molitor* isolierte F. zeigt Juvenilhormonaktivität. Einige Insektenpheromone sind F.-Derivate. F. wird in der Riechstoffindustrie verwendet.

Farnesyltransferase, Abk. ***FTase***, ***Farnesylprotein-Transferase*** (***FPTase***), ein wichtiges Enzym bei der posttranslationalen Proteinmodifizierung, das den Transfer eines C-15-Farnesylrestes von Farnesyl-pyrophosphat auf die Thiolfunktion eines protein-gebundenen Cysteinrestes (C) unter Ausbildung einer kovalenten Thioetherbindung katalysiert. Proteine mit dem Sequenzmotiv CAAX (A bedeutet hier nicht Alanin, sondern allgemein eine aliphatische Aminosäure; X = Met, Ser, Gln oder Ala) sind typische Substrate für die FTase, während Proteine mit X = Leu durch die ↗ Geranylgeranyltransferase (GGTase-I) mit dem C-20 Geranylgeranyl-Rest modifiziert werden. Die FTase besteht aus der α-Untereinheit (M_r 48000, identisch mit der entsprechenden Untereinheit der GGTase-I) und der β-Untereinheit (M_r 46000). Zink- und Magnesium-Ionen sind für die Aktivität erforderlich. Die Identifizierung der F. und die Bedeutung der Farnesylierung der oncogenen Ras-p21-Proteine (↗ Ras-Proteine) haben die Suche nach geeigneten Inhibitoren dieser posttranslationalen Modifikation als potentielle Antitumor-Drugs verstärkt.

Farnochinon, ↗ Vitamin K.

Faser, ↗ textile Faserstoffe.

Faserproteine, ***Gerüstproteine***, ***Skleroproteine***, ***fibrilläre Proteine***, Proteine, die weitestgehend aus einem Sekundärstruktur-Typ (α-Helix oder β-Faltblatt) aufgebaut sind und deren Polypeptidketten durch lange Stränge oder faltblattartige Strukturen gekennzeichnet sind. Sie erfüllen wichtige Funktionen in der Anatomie und Physiologie von Wirbeltieren, vor allem Schutz-, Gerüst- und Stützfunktionen. F. mit Helixstruktur sind z. B. α-Keratine (↗ Keratine), ↗ Kollagen, solche mit Faltblattstruktur sind die β-Keratine mit dem wichtigen Vertreter ↗ Seidenfibroin.

Fas-Ligand, Abk. ***FasL***, ein zur Tumor-Nekrose-Faktor-Familie gehörendes ↗ Cytokin. F. ist ein Glycoprotein (M_r ~ 40000) der Zelloberfläche, das nach Wechselwirkung mit dem Fas-Rezeptor den programmierten Zelltod (↗ Apoptose) induziert und darüber hinaus eine Ca^{2+}-unabhängige Cytotoxizität bewirkt.

Faulgas, ↗ Biogas.

Faulschlamm, ***Sapropel***, feinkörniges, graues bis tiefschwarzes, bituminöses Sedimentgestein; reich an organischer Substanz, die von fett- und proteinreichen Substanzen kleiner Wassertiere (z. B. Kleinkrebse, Krill) sowie des Phyto- und Zooplanktons (Sporen, Algen) herzuleiten sind. F. entsteht in flachen Meeresbereichen oder stehenden Gewässern unter weitgehendem Sauerstoffausschluß. F. wird zu Faulschlamm- oder Sapropelgesteinen verfestigt, z. B. zu Sapropelkohle (↗ Kohlen), zu Ölschiefer, zu bituminösem Kalkstein, zu Kupfermergel oder -schiefer. Sapropelgesteine sind wichtige Erdöl- und Erdgasmuttergesteine.

Faulschlammverfahren, ein biologisches Verfahren zur Umwandlung organischer Stoffe im Abwasserschlamm durch anaerobe Mikroorganismen. Die bei der ↗ Abwasserreinigung anfallenden Schlämme werden eingedickt und danach einem anaeroben Fäulnisprozeß unterworfen. Unter Abwesenheit von Luftsauerstoff werden die organischen Wasserinhaltsstoffe zu Methan, Ammoniak, Kohlendioxid und geringen Mengen Schwefelwasserstoff abgebaut. Das dabei anfallende Faulgas kann zur Methangewinnung, als Heizgas oder als Treibstoff in Gasmotoren eingesetzt werden. Der Faulschlamm wird entwässert und getrocknet und kann danach unter

Umständen land- oder forstwirtschaftlich verwertet werden.

Favorski-Umlagerung, Umwandlung von α-Halogenketonen in Carbonsäuren oder Carbonsäureester durch Einwirkung von Alkalilaugen bzw. Alkoholaten: $R–CO–CH_2–Cl + NaOH \rightarrow R–CH_2–COOH + NaCl$ bzw. $R–CO–CH_2–Cl + NaOR \rightarrow R–CH_2–COOR + NaCl$. Cyclische Halogenketone reagieren unter Ringverengung zu den um ein C-Atom ärmeren Cycloalkancarbonsäuren bzw. deren Estern. So entsteht z. B. aus 2-Chlorcyclohexanon bei der F. in Gegenwart von Alkoholaten Cyclopentancarbonsäureester:

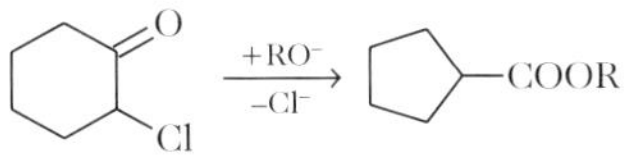

Bei der Umlagerung von α-Halogenketonen, die in α'-Position ein H-Atom enthalten, wird die Bildung von Cyclopropanonen als Zwischenprodukte beobachtet. Bei α-Halogenketonen, die in α'-Position kein H-Atom enthalten, findet bei der F. eine anionotrope Umlagerung statt:

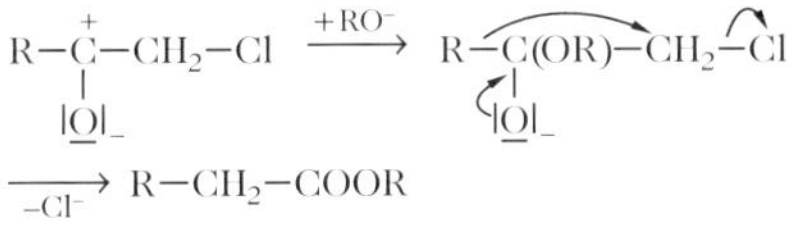

Fayence, ein keramisches Erzeugnis mit farbigem, meist gelblichem, porösem Scherben, der aus kalksteinhaltigen Tonen (Mergel) gebrannt ist. Zu den F. zählen heute auch steingutähnliche Keramiken mit nahezu weißem Scherben. F. wurde früher mit einer durchsichtigen Glasur versehen, heute wird meist eine durch Zinndioxid weißgetrübte Glasur aus Ton, Blei(II)-oxid und Alkalimetallverbindungen angewandt.

FCC-Verfahren, ↗ Cracken.

FCKW, Abk. für ***F***luor***c***hlor***k***ohlen***w***asserstoffe, eine als ↗ Kältemittel für Kühlaggregate sowie als Treibgas für Sprays verwendete Gruppe von Halogenverbindungen, deren Ozon-abbauende Wirkung in der Atmosphäre inzwischen wissenschaftlich nicht bestritten wird. Schnelle Substitution ist deshalb erforderlich und erfolgt auch in der Technik, wenn auch langsam. Die nomenklaturgerechte Bezeichnung lautet Chlorfluorkohlenwasserstoffe (↗ Fluorkohlenwasserstoffe).

FDMS, Abk. für ***F***eld***d***esorptions-***M***assen***s***pektrometrie, ↗ Massenspektrometrie.

Fe, Symbol für Eisen.

Fed-batch-Kultur, *Zulaufkultur*, die Bezeichnung für eine ↗ Batch-Kultur (Kultivierung), bei der kontinuierlich oder in Intervallen eine Nährlösung (C-, N-Quelle oder Wuchsstoffe usw.) zugeführt, aber keine Kulturlösung abgezogen wird. Dadurch nimmt das Volumen im ↗ Bioreaktor ständig zu. Die F. ist eine Prozeßvariante und nimmt eine Zwischenstellung zwischen einer ↗ Batch-Kultur und einer ↗ kontinuierlichen Kultur ein. Durch eine F. kann u. a. eine Substrat-Überschußhemmung verhindert werden. F. werden u. a. zur Produktion von ↗ Penicillin eingesetzt.

Feedback-Mechanismus, ***Rückkopplung***, aus der Regelungstechnik stammender Begriff zur Beschreibung von Regulationsprozessen in Selbststeuerungsregelkreisen. Die Bezeichnungen *Feedback* (Rückwärtskontrolle) und *Feedforeward* (Vorwärtskontrolle) sind über Metaboliten gesteuerte Kontrollmöglichkeiten von Enzymen auf den Ebenen der Enzymaktivität, der Enzymsynthese und des Enzymabbaus, wobei über den molekularen Mechanismus der Interaktionen zunächst keine Aussage gemacht werden kann. Unter *Feedback-Regulation* versteht man eine positive oder negative Rückkopplungskontrolle, wonach ein *positives Feedback* die Förderung der Aktivität oder Synthese eines Enzyms oder verschiedener Enzyme eines Stoffwechselweges sein kann, ein *negatives Feedback* eine Form der *Endprodukthemmung*. Ein Feedforeward-Mechanismus ist dadurch charakterisiert, daß ein Metabolit ein Enzym beeinflußt, das in der Reaktionskette seiner Synthese nachgeordnet ist.

Feedforeward-Mechanismus, ↗ Feedback-Mechanismus.

Fehlingsche Lösung, die alkalische Lösung eines Kupfer(II)-tartrat-Komplexes in Wasser. Man erhält F. L. durch Vereinigung von Kupfersulfat (20 g $CuSO_4 \cdot 5\,H_2O$ in 500 ml Wasser: Fehling I) sowie Kaliumnatriumtartrat und Natronlauge (100 g $KNaC_4H_4O_6 \cdot 4\,H_2O$, 75 g NaOH in 500 ml Wasser: Fehling II). Sie dient zum Nachweis reduzierender Stoffe, vor allem in der klinischen Chemie zum Glucosenachweis im Harn. Zur Durchführung der Analysen werden gleiche Volumina der Komponenten Fehling I und II gemischt, nach Zugabe der zu untersuchenden Substanz wird das Gemisch einige Minuten zum Sieden erhitzt. Liegt ein solcher reduzierender Stoff vor, verblaßt die tiefblaue Farbe des Kupfer(II)-tartrat-Komplexes beim Erhitzen, und es entsteht ein roter Niederschlag von Kupfer(I)-oxid.

Fehlordnung, ↗ Kristallbaufehler.

Feinstaub, Aerosol mit fester disperser Phase einer Teilchengröße von 10 bis 63 µm, sedimentiert außerhalb des Nahbereiches von Emittenten. F. ist an der Ausbildung von Dunstglocken über Ballungsräumen und Städten beteiligt.

Feinstruktur, die durch magnetische Wechselwirkung zwischen der Elektronenbahnbewegung und Eigendrehbewegung (Spin) der Elektronen hervorgerufene Aufspaltung der Spektrallinien in Multipletts (↗ Atomspektroskopie, ↗ Multiplettstruktur).

Feldeffekt, ↗ induktiver Effekt.

Feld-Fluß-Fraktionierung, Abk. *FFF*, Trennmethode zur Charakterisierung von Makromolekülen und Partikelmaterialien, die in einem dünnen 850 bis 500 μm), bandartigen Fließkanal durchgeführt wird und auf den senkrecht dazu entlang der Kanaloberfläche ein äußeres Feld einwirkt. Durch die unterschiedliche Wechselwirkung von Molekülen oder Teilchen mit dem Feld werden diese zu separaten Schichten gegen die Kanalwand gedrückt. Die schnell durchfließende Trägerflüssigkeit nimmt die Schichten mit, deren Geschwindigkeit aufgrund der starken Reibung an der Kanalwand sehr gering ist (Abb.). Je nach der Art des äußeren Feldes (elektrisches Feld, Zentrifugalkräfte, thermischer Gradient) kann die Trennung als *elektrische*, *Sedimentations-* oder *thermische F.* durchgeführt werden. Dabei wird jeweils eine spezifische Eigenschaft (Ladung, Masse oder Größe der Moleküle) für die Wechselwirkung genutzt, und die Elutionszeit der jeweiligen Teilchen kann darauf bezogen werden.

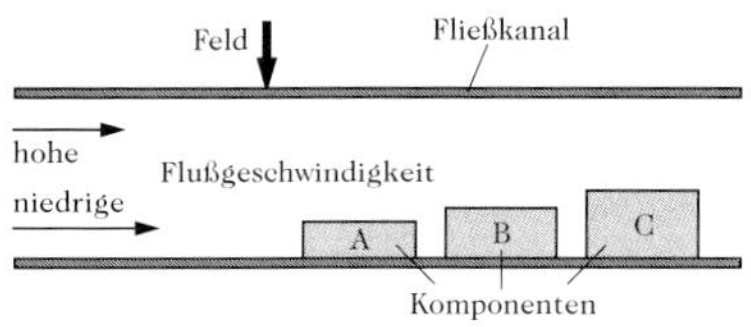

Feld-Fluß-Fraktionierung. Abb.: Schematische Darstellung.

Die F. ist kontinuierlich durchführbar und kann auf wäßrige und nichtwäßrige Systeme angewendet werden. Sie ermöglicht sowohl hochauflösende analytische als auch präparative Trennungen unter anderem von anorganischen Teilchen, Polystyrollatizes, Viren sowie Biopolymeren im Molekülmassenbereich von 10^3 bis 10^{17} in kurzen Analysenzeiten.

Feldionisation, Ionisationstechnik in der Massenspektrometrie (***FI-Massenspektrometrie***), die mit elektrischen Feldern hoher Feldstärke ($\approx 10^8$ V/cm) arbeitet. Als Anoden (Feldionenemitter) dienen Metallspitzen, dünne Drähte oder Schneiden, in deren Nähe die gasförmig eingeführte Probe ionisiert wird. Das bei der Untersuchung von Molekülen gebildete Molekülion hat eine geringere Energie als bei der üblichen Elektronenstoßionisation. Die FI-Massenspektren zeigen deshalb intensive Molekülionenpeaks und meist nur wenige Fragmentpeaks.

Feldstärkeparameter, ↗ Ligandenfeldtheorie.

Feld-Sweep, ↗ NMR-Spektroskopie.

Fenarimol, ↗ Pyrimidinfungizide.

Fenbuconazol, ↗ Triazolfungizide.

Fenbutatinoxid, ↗ Akarizide.

Fenchan, ↗ Monoterpene.

Fenchelöl, ein ätherisches Öl von meist schwach gelber Färbung. Es enthält hauptsächlich ↗ Anethol (bis zu 60 %), ferner ↗ Camphen, Pinen, Anisketon und speziell ↗ Fenchon. F. wird durch Wasserdampfdestillation aus den Früchten des in Südosteuropa und Nordafrika heimischen Fenchels, eines Doldenblütlers, gewonnen. Die Ausbeute beträgt 2 bis 3 %. F. dient als Aroma in der Süßwaren- und Spirituosenindustrie und wird in der Pharmazie und in der Medizin als Hustenmittel und als blähungshemmendes Medikament verwendet.

Fenchon, bicyclisches Monoterpenketon, leicht ölige Flüssigkeit; F. 5 bis 6 °C. F. riecht intensiv campherartig und schmeckt bitter. Es ist Bestandteil ätherischer Öle, z. B. des Fenchel- und Thujaöls.

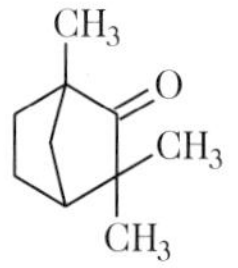

Fenfuram, ↗ Carboxanilidfungizide.

Fenothiocarb, ↗ Akarizide.

Fenoxaprop-P-ethyl, ↗ Aryloxyphenoxypropionsäureherbizide.

Fenpropimorph, ↗ Morpholinfungizide.

Fenpyroximate, ↗ Akarizide.

Fenthion, ↗ phosphororganische Insektizide.

Fenvalerate, ↗ Pyrethroide.

Ferbam, ↗ Dithiocarbamatfungizide.

Fermentation, alle Arten von biologischen Stoffwandlungen, bei denen mittels Mikroorganismen bzw. der von ihnen synthetisierten Enzyme Biomasse, Primär- (z. B. Ethanol) und Sekundärmetabolite (z. B. Antibiotika) gebildet oder Verbindungen umgewandelt oder abgebaut werden. Im engeren Sinne wird der Begriff F. für die Veredelung pflanzlicher (Tee, Kaffee, Kakao, Tabak, Flachs) und tierischer Produkte (z. B. Leder) benutzt.

Fermentationsmedium, ***Kulturmedium***, ***Nährlösung***, ***Nährmedium***, eine wäßrige Lösung von optimal abgestimmten Nährstoffen mit den Hauptelementen C, H, O, N, P, K, S und Spurenelementen (Ca, Mg, Fe, Mn, Mo, Zn, Cu, Co, Ni u. a.) sowie evtl. benötigten Wuchsstoffen, ↗ Vitaminen, Aminosäuren u. a. Man unterscheidet synthetische, halbsynthetische und komplexe F. Als *synthetische F.* wird dabei eine Nährlösung aus definierten chemischen Verbindungen verstanden. *Komplexe F.* enthalten neben der Kohlenstoffquelle zusätzlich Extrakte aus pflanzlichem oder tierischem Material. *Halbsynthetische F.* bestehen aus definierten chemischen Verbindungen, die durch Zusätze von Naturprodukten bzw. aus diesen gewonnenen Extrakten ergänzt werden.

Fermentationstechnik, Methoden und Verfahren zur Kultivierung von Mikroorganismen, pflanzlichen und tierischen Zellen, einschließlich der Medien- und Apparatesterilisation sowie der Bereitstellung der Impfkultur. Es wird zwischen Oberflächen-

(↗ Emerskultur) und ↗ Submerskulturen unterschieden. Auch die Prozeßführung (z. B. ↗ Batch-Kultur, ↗ kontinuierliche Kultur) sind Gegenstand der F.

Fermente, ältere, nicht mehr übliche Bezeichnung für ↗ Enzyme.

Fermenter, die klassische Bezeichnung für ↗ Bioreaktoren, die zur submersen Kultivierung von Mikroorganismen bzw. der Gewinnung der von diesen gebildeten extra- und intrazellulären Produkte dienen. F. sind eine Weiterentwicklung der ursprünglichen Gärbottiche. Insbesondere die Bioreaktoren für den Einsatz in der biotechnologischen Lebensmittelproduktion (Herstellung von Bier, Wein, Ethanol, Backhefe, Essig, Joghurt usw.) werden nach wie vor als F. bezeichnet.

fermentierte Lebensmittel, unter Mitwirkung von Mikroorganismen hergestellte Lebensmittel.

Fermi-Dirac-Statistik, *Fermi-Statistik*, Quantenstatistik für ein im Gleichgewicht befindliches System von ↗ Fermionen. In der klassischen Maxwell-Boltzmann-Statistik (↗ Maxwell-Boltzmann-Verteilung) werden die Teilchen als unterscheidbar betrachtet, so daß durch Vertauschen von zwei gleichartigen Teilchen ein neuer Mikrozustand entsteht (↗ Thermodynamik III). In der Quantenstatistik ist das nicht der Fall, da die Teilchen nicht unterscheidbar sind. Während aber in der ↗ Bose-Einstein-Statistik jeder Zustand mit beliebig vielen Teilchen aufgefüllt werden kann, darf er in der F. aufgrund der Gültigkeit des Pauli-Prinzips für Fermionen nur mit einem Partikel besetzt werden.

Für ein System aus Fermionen, die keine Wechselwirkungen aufeinander ausüben (ideales Fermi-Gas), folgt die Verteilungsfunktion $N_1 = g_1/(e^{[E_1-\mu]/kT} + 1)$. Dabei ist N_i die mittlere Zahl der Teilchen im Zustand i mit der Energie E_i, k die Boltzmann-Konstante, T die absolute Temperatur und μ das chem. Potential des Systems. g_i ist das statistische Gewicht des Zustandes i, d. h. die Zahl der Zustände mit der gleichen Energie E_i.

Für hohe Energien gilt $E_i - \mu >> kT$, so daß die Fermi-Dirac-Verteilung in eine Maxwell-Boltzmann-Verteilung übergeht. Das System verhält sich wie ein klassisches ideales Gas. Ist diese Bedingung nicht erfüllt (vor allem bei tiefen Temperaturen), treten Abweichungen vom idealen Gas auf, die als *Gasentartung* bezeichnet werden. Im Grenzfall $T = 0$ besetzen die Teilchen nur die unteren Energieniveaus, diejenigen oberhalb des chem. Potentials bleiben leer (*Fermi-Grenze*, *Fermi-Kante*).

Von besonderer Bedeutung ist die Behandlung der Elektronen in Metallen und Halbleitern als ein Fermisches Elektronengas. Dieses ist bereits bei normalen Temperaturen stark entartet. Die F. liefert z. B. Aussagen über die spezifische Wärme von Metallen, die Elektronenemission von beheizten Metalldrähten oder die Bandstruktur von Halbleitern.

Fermion, ***Fermi-Teilchen***, ein Mikroteilchen mit halbzahligem Spin. Zu den F. gehören Elektronen, Positronen, Protonen, Neutronen, Neutrinos und Myonen. In der Quantentheorie werden F. durch antisymmetrische Wellenfunktionen beschrieben, die beim Vertauschen von zwei Teilchen ihr Vorzeichen wechseln. Das hat Konsequenzen für den Atomaufbau, die chem. Bindung sowie die statistische Behandlung großer Ensembles derartiger Teilchen (↗ Fermi-Dirac-Statistik).

Fermi-Resonanz, spezielle Bandenaufspaltung im Schwingungsspektrum. F. kann auftreten, wenn eine Grundschwingung und eine Oberschwingung in ihrer Frequenz annähernd zusammenfallen. Es kommt zu einer Wechselwirkung, die zu einer Erhöhung der Intensität der Oberschwingung und zu einer Erniedrigung der Intensität der Grundschwingung führt. Im IR-Spektrum des Cyclopentanons sind z. B. im Erwartungsbereich der C=O-Schwingung zwei intensive Absorptionsbanden bei 1728 und 1746 cm^{-1} zu finden. Sie entstehen durch F. zwischen der normalen C=O-Schwingung und der Oberschwingung einer Gerüstschwingung, deren Grundschwingung bei 889 cm^{-1} liegt.

Fermium, Symbol ***Fm***, kurzlebiges, radioaktives, nur künstlich, durch Kernreaktionen zugängliches chem. Element aus der III. Nebengruppe des Periodensystems, der Gruppe der ↗ Actinoide zugehöriges Transuran; Z 100, stabilstes Isotop ^{257}Fm (α-Strahler, Halbwertszeit 100,5 d), Wertigkeit III, II, Standardelektrodenpotential (Fm^{2+}/Fm^{3+}) –1,3 V.

F. wurde bisher nicht in wägbaren Mengen hergestellt. In wäßriger Lösung bildet es ein stabiles Fm^{3+}-Ion. Fm(II)-Verbindungen sind starke Reduktionsmittel. F. wird durch Reaktion von Plutonium-239 mit Neutronen gemäß

$$^{239}_{94}Pu + 16\,^{1}_{0}n \xrightarrow[-6\beta^-]{} {}^{255}_{100}Fm$$

und durch Beschuß von Uran-238 mit stark beschleunigten Sauerstoffkernen hergestellt:

Ferngas, ↗ Stadtgas.

Fernordnung, ↗ Aggregatzustand.

Ferrate, im weiteren Sinne anionische Komplexe des Eisens. Dabei sind F. mit Eisen in den Oxidationsstufen +II und +III besonders zahlreich (↗ Eisenkomplexe). Hierzu zählen z. B. Hydroxoferrate (II, III) wie $[Fe^{II}(OH)_4]^{2-}$ und $[Fe(OH)_6]^{n-}$ (n = 3, 4) sowie die technisch wichtigen ↗ Cyanoferrate. F. im engeren Sinne sind *Oxoferrate*, anionische Komplexe des 3-, 5- und 6-wertigen Eisens mit isolierten FeO_4-Tetraedern, $M^{I}_{n}[FeO_4]$ (n = 5, 3, 2). Auch Doppeloxide, wie $M^{I}Fe^{III}O_2$, $M^{I}_2Fe^{IV}_2O_3$ und $M^{II}Fe^{III}_2O_4$, werden als F. bezeichnet. Dabei verdienen besonderes Interesse Ferrate(III), die meist als ↗ Ferrite bezeichnet werden.

Ferredoxine, Abk. ***Fd***, Nichthäm-Eisen-Schwefel-Proteine, die als Elektronenüberträger an Elektronentransportprozessen (Atmungskette, Photosynthese, Stickstoffixierung etc.) beteiligt sind. Schwefel- und Eisenatome sind miteinander zu Eisen-Schwefel-Zentren (*Eisen-Schwefel-Cluster*) verbunden. In den *8-Fe-Ferredoxinen* sind zwei identische 4Fe-4S-Zentren enthalten, von denen jedes einen Würfel bildet und mit 4 Cysteinresten der Peptidkette kovalent verknüpft ist. Weiterhin gibt es *4Fe-Ferredoxine*, die als aktives Zentrum ein einzelnes 4Fe-4S-Cluster enthalten, wobei die Eisenatome an die 4 Cysteinreste gebunden sind. Solche F. wurden vorrangig aus Bakterien isoliert. Die aus Blaualgen, Grünalgen und höheren Pflanzen isolierten *2Fe-Ferredoxine* haben 4 bis 6 Cysteinbausteine, von denen 4 kovalent mit dem Fe-S-Zentrum verbunden sind.

Ferrit, *α-Ferrit*, kubisch-raumzentrierter Eisen-C-Mischkristall, der durch Phasenumwandlung im festen Zustand gebildet wird. α-Ferrit bildet den plastischen Bestandteil des Stahles und ist für dessen Kaltformbarkeit ausschlaggebend (↗ Eisen-Kohlenstoff-Legierungen). F. ist bis 768 °C ferromagnetisch und vermag bei 723 °C maximal 0,02 % C zu lösen.

δ-Ferrit, aus der Schmelze gebildeter kubisch-raumzentrierter Eisen-C-Mischkristall, der oft unerwünscht in austenitischen Stählen auftritt und die Korrosionsbeständigkeit dieser Stähle herabsetzt.

Ferrite, Mischoxidwerkstoffe mit magnetischen Eigenschaften aus Eisen(III)-oxid und einem oder mehreren Oxiden zwei- oder dreiwertiger Metalle. F. weisen gegenüber anderen magnetischen Werkstoffen (z. B. Metallen) einen hohen elektrischen Widerstand von 10^4 bis 10^{12} Ω cm auf, wodurch im Material keine Wirbelströme auftreten und damit eine Anwendung in der Hochfrequenztechnik (10^3 bis 10^{10} Hz) erfolgen kann. Die *weichmagnetischen F.* der allg. Formel $MO \cdot Fe_2O_3$ (M = Mn, Fe, Co, Ni, Cu, Zu, Cd, Mg) mit niedriger Remanenz und geringen Hystereseverlusten kristallisieren hauptsächlich im kubischen Kristallsystem und weisen Spinellstruktur auf. Hierzu gehören z. B. Magnesiumferrit $MgFe_2O_4$, Cobaltferrit $CoFe_2O_4$, Nickelferrit $NiFe_2O_4$ sowie eine Reihe von Mischferriten, wie Manganzinkferrit $(Mn,Zn)Fe_2O_4$ für Spulenkerne bis 10 MHz und Nickelzinkferrit $(Ni,Zn)Fe_2O_4$ bzw. Manganmagnesiumferrit $(Mn,Mg)Fe_2O_4$ als Kernmaterial für Speicher in elektronischen Rechnern. Die Herstellung erfolgt im allg. durch Hochtemperaturreaktionen der feingemahlenen Oxide nach keramischen Verfahren, z. B. $NiO + Fe_2O_3 \rightarrow NiFe_2O_4$. *Hartmagnetische F.* der allg. Formel $MFe_{12}O_{19}$ (M = Sr, Ba, Pb) mit hoher Remanenz kristallisieren hauptsächlich im hexagonalen Kristallsystem und weisen Magnetoplumbitgitter auf. Hauptvertreter sind die Hexaferrite des Strontiums und Bariums. Die Herstellung erfolgt aus M-carbonaten und Fe_2O_3 durch Vorsintern bei 1000 °C, Feinstmahlung mit organischen Bindemitteln, Strang- und Magnetfeldpressen sowie Reaktionssintern zwischen 1100 und 1400 °C. Die an Bedeutung zunehmenden *Granat-Ferrite* (*Granate*) der allg. Formel $3\,M_2O_3 \cdot 5\,Fe_2O_3$ (M = Seltenerdmetall) werden für spezielle Bauelemente in der Höchstfrequenztechnik angewandt.

Ferritin, das wichtigste Eisenspeicherprotein des Säugetierorganismus, das sich vor allem in der Milz, der Leber und im Knochenmark findet. Im F. können bis zu 5000 Eisen(III)-Atome je Ferritinmolekül eingelagert werden. Die Proteinkomponente des F., das *Apoferritin* (M_r ~ 445000), besteht aus 24 gleich großen Untereinheiten, die die Eisen-Hydroxid-Oxid-Mizellen schalenförmig umhüllen. Das von den Schleimhautzellen des Darms an das Blut abgegebene Eisen wird im Blutplasma von einem Trägerprotein, dem ↗ Transferrin, übernommen und zu den Eisendepots, insbesondere zu den blutbildenden Geweben des roten Knochenmarks, transportiert.

Ferrocen, Bis(η^5-cyclopentadienyl)eisen(II), $[Fe(\eta^5\text{-}C_5H_5)_2]$, gelb-orangefarbene, in organischen Solvenzien leicht, in Wasser nicht lösliche Verbindung; F. 174 °C, Sbp. 230 °C. F. hat Sandwichstruktur, wobei die parallel angeordneten Ligandenfünfringe in der orthorhombischen Tieftemperatur-

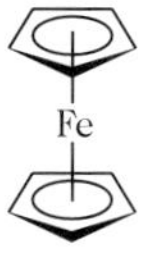

modifikation exakt, in der monoklinen Raumtemperatur- und der triklinen Modifikation nahezu »auf Deckung« stehen (Abb.). F. ist die Stammverbindung und der wichtigste Vertreter der Metallocene (↗ elementorganische Verbindungen) und kann z. B. durch Reaktion von Eisen(II)-chlorid mit Cyclopentadienyl-natrium hergestellt werden. Aufgrund seines aromatischen Charakters ist F. elektrophilen Substitutionen zugänglich und läßt sich dadurch vielfältig funktionalisieren. Verwendung findet F. z. B. als Katalysator zur Aushärtung von Polyesterharzen und im pharmazeutischen Bereich.

Ferrochrom, Legierungen von Eisen mit 45 bis 95 % Chrom. F. wird als Vorlegierung von Chromstählen eingesetzt. Chromhaltige Stähle weisen eine erhöhte Korrosions- und Zunderbeständigkeit auf. Chrom erhöht bereits in Gehalten von 1 bis 3 % die Härtbarkeit der Stähle.

Ferrolegierungen, technische Legierungen des Eisens mit den Elementen Aluminium, Bor, Chrom, Cobalt, Mangan, Molybdän, Nickel, Niob, Phosphor, Silicium, Tantal, Titan, Vanadium, Wolfram, Zirconium. Als Vorlegierungen dienen F. zur Legierungsbildung und als Reaktionspartner zur Reaktionsbehandlung bei der Stahlerzeugung.

Ferromangan, eine kohlenstoffhaltige Mangan-Eisen-Legierung mit 70 bis 90 % Mangan, dient zur Entschwefelung und Desoxidation der Stahlschmelzen. Mangangehalte bis 16 % setzen die Festigkeit der Stähle herauf und können mit 12 bis 20 % in austenitischen Stählen das Nickel ersetzen.

Ferromolybdän, eine Molybdän-Eisen-Legierung mit 60 bis 75 % Molybdän. F. wird in der Stahlindustrie als Vorlegierung eingesetzt. In Stählen wird Molybdän als Legierungsbestandteil zur Verbesserung der Vergütbarkeit, der Warmfestigkeit und des Korrosionsverhaltens eingesetzt.

Ferronickel, technische Legierung des Eisens mit 25 bis 50 % Nickel. F. wird als Vorlegierung zur Erzeugung kaltzäher sowie korrosions- und hitzebeständiger Stähle eingesetzt.

Ferroniob, ↗ Niob.

Ferrophosphor, technische Verbindung bzw. Legierung des Eisens mit 18 bis 25 % Phosphor. F. fällt als Nebenprodukt bei der Phosphorgewinnung im elektrischen Ofen an. Er wird im Gußeisen zur Verbesserung der Dünnflüssigkeit der Schmelzen eingesetzt.

Ferrosilicium, technische Legierungen des Eisens mit etwa 15, 45, 75 oder 90 % Silicium, Rest jeweils Eisen. F. wird bei der Stahlerzeugung als Desoxidations- und Entgasungsmittel und als Vorlegierung bei höher silicierten Stählen und Gußeisen eingesetzt. Die Erzeugung von F. mit bis zu 15 % Silicium erfolgt im Hochofen. F. mit höherem Siliciumgehalt werden im Elektroofen gewonnen.

Ferrotantal, ↗ Tantallegierungen.

Ferrotitan, technische Legierungen des Eisens mit etwa 30, 40 oder 70 % Titan. Die Gewinnung erfolgt im elektrischen Ofen oder auf aluminothermischem Wege. F. wird als Vorlegierung zur Erzeugung gegen Schweißempfindlichkeit und interkristalline Korrosion stabilisierter Chrom-Nickel-Stähle eingesetzt.

Ferrovanadium, technische Legierung des Eisens mit 60 bis 80 % Vanadium, 0,1 bis 1 % Kohlenstoff, Rest Eisen. F. wirkt auf Stahl desoxidierend. Außerdem wird bei Stählen durch Vanadium das Legierungsgefüge, besonders durch Erhöhung von Härte, Zähigkeit und Widerstandsfähigkeit gegen Stoß und Schlag, verbessert. Man gewinnt F. entweder durch aluminothermische Reduktion eines Gemisches von Vanadium(V)-oxid und Eisenschrott oder durch Reduktion eines Vanadium-Eisen-Gemisches mit Kohle. Der Einsatz als Legierungszusatz für Stähle erfolgt in Anteilen von < 0,2 % für Baustähle, bis 0,5 % für Werkzeugstähle und bis 5 % für Schnelldrehstähle.

Ferrowolfram, ↗ Wolframlegierungen.

Ferrozement, ↗ Bindebaustoffe.

Ferulasäure, ↗ Hydroxyzimtsäuren, Tab.

Festbett, Bezeichnung für eine Arbeitsweise bei katalytischen Prozessen, bei der der Katalysator fest angeordnet ist.

Festbettreaktor, 1) ein Rohrreaktor mit festangeordneten Katalysatorschüttungen zur Durchführung heterogen katalysierter Flüssig-Flüssig-, Gas-Flüssig- oder Gas-Gas-Reaktionen. Der F. kann je nach Wärmetönung der Reaktion als *Röhrenofen* oder als *Vollraumofen* ausgeführt sein. Eine Sonderform des F. ist der *Etagenofen*, bei dem die einzelnen Katalysatorschüttungen jeweils auf Etagen angeordnet sind. Zwischen den einzelnen Etagen kann dem Reaktionsmedium Wärme entzogen oder zugeführt werden. F. werden unter anderem bei der Ammoniaksynthese, der Methanolsynthese und der Schwefeldioxidoxidation sowie beim Hydrospalten eingesetzt.

2) der Typ eines ↗ Bioreaktors, bei dem die am Stoffumsatz beteiligten ↗ Biokatalysatoren an Trägermaterialien (Füllkörper aus z. B. Kunststoff, Keramik oder Naturstoffen, wie Holzchips oder Lavatuffgestein) immobilisiert sind und die Prozeßführung kontinuierlich erfolgt. Die Biokatalysatoren sind entweder an der Oberfläche fixiert oder in oberflächennahen Poren – z. B. in ↗ Carrageenan-Perlen – eingelagert. In F. können nahezu vollständige Stoffumsätze erreicht werden. Nachteilig ist die Verstopfungsgefahr, vor allem bei Prozessen mit starker Zellvermehrung. Für Enzymreaktionen mit starker Substrathemmung sind F. weniger geeignet. F. finden u. a. bei der Abwasserreinigung sowie bei der Herstellung von High-Fructose-Corn-Syrup (Isomeratzucker) Anwendung.

Festkörperchemie, ein Teilgebiet der Chemie, das sich mit dem Reaktionsvermögen von Stoffen im festen Zustand beschäftigt (↗ Festkörperreaktionen).

Festkörperreaktionen, ***Feststoffreaktionen***, chem. Reaktionen, bei denen mindestens ein Reaktand im festen Aggregatzustand vorliegt. Bei F. im engeren Sinne reagieren zwei oder mehrere Feststoffe miteinander, in vielen Fällen sind aber auch flüssige oder gasförmige Phasen am Reaktionsgeschehen beteiligt. Ebenso gehören zu den F. auch Umwandlungsvorgänge eines festen Stoffes ohne Einwirkung weiterer Reaktionspartner.

F. weisen gegenüber anderen chem. Reaktionen eine Reihe von Besonderheiten auf. Diese beruhen vor allem auf der im Vergleich zu flüssigen, gelösten oder gasförmigen Reaktanden meist wesentlich geringeren Reaktionsfähigkeit der Festkörper. Um für F. zu nennenswerten Reaktionsgeschwindigkeiten zu kommen, müssen die an der Reaktion beteiligten Bestandteile des Feststoffes eine hohe Beweglichkeit im Gitter aufweisen. Diese wird meist erst bei relativ hohen Temperaturen erreicht und setzt das Vorhandensein von ↗ Kristallbaufehlern voraus.

Die wichtigste Voraussetzung für den Ablauf von F. besteht im *Stofftransport* durch das Gitter zum Reaktionsort. Seine Phänomene und Mechanismen sowie seine strukturellen Voraussetzungen stehen deshalb im Mittelpunkt festkörperchemischer und -physikalischer Untersuchungen. Eine besondere Bedeutung für den Stofftransport in festen Phasen besitzen Diffusionsvorgänge. Sie laufen hier mit Geschwindigkeiten ab, die um viele Größenordnungen kleiner sind als in Flüssigkeiten oder Gasen. Man unterscheidet dabei zwischen verschiedenen Diffusionsarten (Abb.). Da im Innern eines Festkörpers ein direkter Platzwechsel von Gitterbausteinen hohe Aktivierungsenergien erfordert und daher sehr unwahrscheinlich ist, spielen für die *Volumendiffusion* Kristallbaufehler eine entscheidende Rolle. Vor allem Punktdefekte ermöglichen den Stofftransport über Leerstellen und Zwischengitterplätze, aber auch Versetzungen führen zu einer erhöhten Teilchenbeweglichkeit entlang der gestörten Gitterbereiche. Die *Korngrenzendiffusion* beruht auf der Lockerung des Gitterverbandes im Bereich von Korngrenzen. Bei einer Wanderung von Kristallbausteinen oder auch von adsorbierten Teilchen auf Festkörperoberflächen spricht man von *Oberflächendiffusion.* Die Diffusionskoeffizienten für die Volumen-, Korngrenzen- und Oberflächendiffusion nehmen in der genannten Reihenfolge beträchtlich zu, oft um einige Zehnerpotenzen. Praktisch hat man es meist mit einer Überlagerung der verschiedenen Diffusionsarten zu tun. Neben der Diffusion spielt für den Stofftransport bei F. der chem. Transport über die Gasphase eine wichtige Rolle (↗ chemische Transportreaktionen).

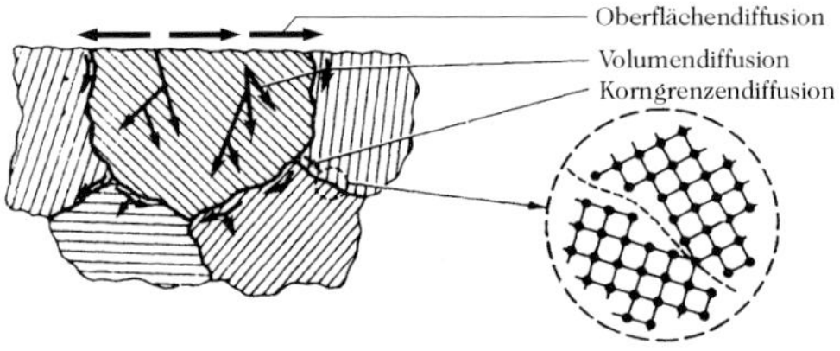

Festkörperreaktionen. Abb.: Zweidimensionales Schema der Diffusionsmöglichkeiten bei einem polykristallinen Körper.

Eine Einteilung der F. kann nach der Zahl und dem Aggregatzustand der Reaktionsteilnehmer erfolgen. Zu den F. mit nur einer festen Ausgangsphase zählen die *Modifikationswechsel* fester Stoffe (↗ Polymorphie). Sie unterliegen oft einer Reaktionshemmung, die zur Existenz metastabiler Phasen führt. Eine andere wichtige Gruppe sind die *Zersetzungsreaktionen*, die meist bei Energiezufuhr nach dem Reaktionsschema $A_{fest} \rightarrow B_{fest} + C_{gasf.}$ ablaufen und sich mit Hilfe thermogravimetrischer Methoden verfolgen lassen. Großtechnisch angewendete Beispiele sind die thermische Zersetzung von Calciumcarbonat bei Temperaturen zwischen 1200 und 1300 K (»Kalkbrennen«) und die Darstellung calcinierter Soda aus Natriumhydrogencarbonat. Eine Festkörperreaktion ist auch die photochemische Zerlegung der Silberhalogenide gemäß $AgX \rightarrow Ag + {}^1/_2\, X_2$. Zu den F. mit mehreren Ausgangsphasen zählen zunächst die Reaktionen *Festkörper – Gas* mit einem festen Reaktionsprodukt. Praktisch bedeutsam sind vor allem die Reduktion von festen Verbindungen, wie Oxiden, Sulfiden u. a., mit Wasserstoff und die Reaktion von Metallen mit verschiedenen Gasen, wie Sauerstoff, Schwefelwasserstoff, Halogenen u. dgl. Dabei kann das feste Reaktionsprodukt eine Deckschicht auf der Ausgangsphase bilden; die Ausbildung von dünnen Schichten wird als *Anlaufvorgang*, von dickeren Schichten als *Zundervorgang* (*Zundern*) bezeichnet. Beide spielen bei Korrosionsvorgängen eine wichtige Rolle. Zu den Reaktionen *Festkörper – Flüssigkeit* zählen z. B. die Korrosionsvorgänge in flüssigen Medien. Dagegen rechnet man das Auflösen von Kristallen in Flüssigkeiten meist nicht mit zu den F., wenn dabei keine festen Reaktionsprodukte entstehen. Prinzipiell sind zu dieser Gruppe auch die elektrochemischen Prozesse zur Metallgewinnung bzw. –raffination zu zählen.

Die Reaktionen *Festkörper – Festkörper* erfordern für ihren schnellen Ablauf a) eine entsprechende Vorbehandlung der Reaktionspartner, um sie in einen aktivierten Zustand zu überführen (↗ Tribochemie), b) eine gute Durchmischung der Komponenten, um möglichst große Kontaktflächen zu schaffen (neben dem mechanischen Mischen dienen einer weitgehenden Homogenisierung z. B. die Mischfällung, die Sprühtrocknung sowie das Auftränken einer Komponente in gelöster Form), c) hohe Reaktionstemperaturen. Zu erhöhten Reaktionsgeschwindigkeiten kann man auch gelangen, wenn die F. im Temperaturbereich von Modifikationsumwandlungen der festen Phasen stattfinden (*Hedvall-Effekt*). Eine Gruppe der Reaktionen Festkörper – Festkörper bilden die *additiven F.*, bei denen aus einfach zusammengesetzten Oxiden, Sulfiden, Halogeniden usw. komplexere Verbindungen entstehen. Ein eingehend untersuchtes Beispiel ist die Bildung des Spinells $MgAl_2O_4$ aus Magnesium- und Aluminiumoxid gemäß $MgO + Al_2O_3 \rightarrow MgAl_2O_4$, für die eine gegenläufige Kationendiffusion als Reaktionsmechanismus nachgewiesen wurde. Andere Beispiele sind Reaktionen zwischen festen Halogeniden (z. B. $2\,AgI + HgI_2 \rightarrow Ag_2HgI_4$) und die Silicatbildung gemäß $2\,CaO + SiO_2 \rightarrow Ca_2SiO_4$. Als *doppelte Umsetzungen* oder *Austauschreaktionen* bezeichnet man F. des Typs $AX + BY \rightarrow AY + BX$ (A, B Kationen, X, Y Anionen), z. B. die Reaktion $BaO + MgCO_3 \rightarrow BaCO_3 + MgO$. Einem ähnlichen Reaktionsschema folgen *Verdrängungsreaktionen*, z. B. Pb + 2 AgCl → $PbCl_2$ + 2 Ag.

Im Sinne der eingangs gegebenen Definition zählen ↗ chemische Transportreaktionen gleichfalls zu den F.

Die Hauptanwendung der F. liegt gegenwärtig noch auf dem Gebiet der anorganischen Chemie, F. von kristallinen organischen Verbindungen sind zwar schon seit langem bekannt, aber bisher vergleichsweise wenig untersucht und noch ohne größere praktische Anwendungen. Genutzt werden z. B. gitterkontrollierte Reaktionen in bestimmten Bereichen der Polymerchemie, bei denen die bifunktionellen Monomeren im Kristall so gepackt sind, daß die Polymerisation ohne Stofftransport und Zerstörung des Gitters erfolgen kann.

F. haben eine große praktische Bedeutung und werden vor allem immer dann angewendet, wenn aufgrund der Temperaturbeständigkeit der Reaktanden oder aus anderen Gründen ihre Umsetzung nicht in flüssiger Form erfolgen kann. Beispiele sind neben den bereits genannten Verfahren des Kalkbrennens und des Calcinierens von Soda die Herstellung von Zement, zahlreichen silicathaltigen keramischen Erzeugnissen, z. B. Schamotte, Klinker und Porzellan, sowie silicatfreien Keramiken mit speziellen Eigenschaften, z. B. Bariumtitanat $BaTiO_3$ und Ferriten mit Spinellstruktur. Auch bei der Herstellung von Werkstoffen mit Hilfe der Pulvermetallurgie spielen festkörperchemische Aspekte eine Rolle.

Festphasen-Peptidsynthese, ***Merrifield-Synthese***, eine 1962 von Merrifield entwickelte Peptidsynthese an unlöslichen polymeren Trägern. Hierbei wird die Startaminosäure über ihre Carboxygruppe an ein unlösliches, leicht filtrierbares Polymer geknüpft, danach wird die Peptidkette vom C-terminalen Ende her schrittweise aufgebaut (Abb.). Als polymerer Träger hat sich ein Copolymerisat aus Polystyrol und 1 bis 2 % 1,4-Divinyl-benzol bewährt. Die durch Perlpolymerisation erhaltenen Harzkügelchen (∅ 20 ... 100 µm) quellen in den für die Synthese verwendeten organischen Lösungsmitteln und werden dadurch für die Reagenzien permeabel. Die klassische Ankergruppe ist die Chlormethylgruppe, die durch Chlormethylierung des Polymers nach Friedel-Crafts in Gegenwart von Zinn(IV)-chlorid eingeführt werden kann. Die Veresterung des Chlormethyl-Polymers mit der N-geschützten Aminosäure (vorrangig werden *tert*-Butyloxycarbonyl- oder Fluorenyl-9-methoxycarbonyl-aminosäuren verwendet) ist einfach durchzuführen. Nach der Verknüpfung der ersten N-geschützten Aminosäure mit dem Träger werden alle folgenden Operationen in einem

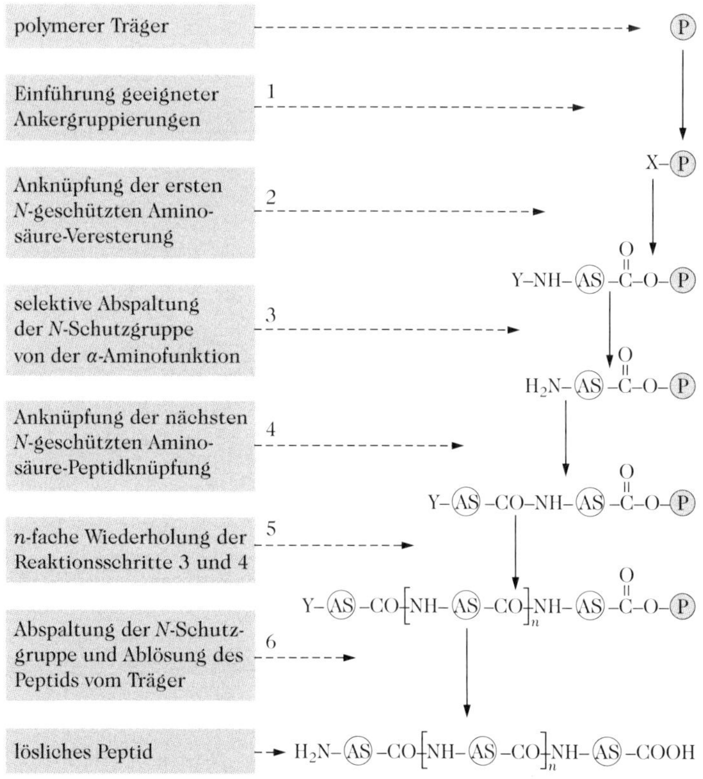

Festphasen-Peptidsynthese. Abb. Schrittweiser Aufbau der Peptidkette.

Glasreaktor mit Fritte sowie Zu- und Ableitungsvorrichtungen bzw. auch in Säulenreaktoren durchgeführt. Die Prozeßführung ist sowohl manuell als auch in automatisierter Form unter Verwendung kommerziell zugänglicher Syntheseautomaten (Synthesizer) möglich. Von der am Polymer kovalent verankerten Aminosäure wird die N^{α}-Schutzgruppe abgespalten und das resultierende Aminoacyl-Polymer mit der nächsten N-geschützten Aminosäure vorrangig mittels substituierten Carbodiimiden umgesetzt. Auf diese Weise wird bevorzugt im Innern der Kunstharzmatrix die Peptidkette schrittweise verlängert. Auf der letzten Stufe wird die kovalente Bindung zwischen der C-terminalen Aminosäure der aufgebauten Peptidkette und der Ankergruppierung des polymeren Trägers gespalten. Der unlösliche Träger läßt sich durch Filtration von dem nun in Lösung vorliegenden Peptid abtrennen. Prinzipiell entfällt bei der F. die umständliche und zeitaufwendige Reinigung der Zwischenprodukte. Das gewünschte Reaktionsprodukt bleibt immer am Polymer gebunden, während überschüssige Reagenzien und Beiprodukte der Reaktion durch Filtrieren entfernt werden. Einheitliche Peptidprodukte werden aber nur erhalten, wenn die sich ständig wiederholenden Kupplungs- und Deblockierungsreaktionen (Abb., Schritt 3 und 4) praktisch quantitativ verlaufen. Da dies in der Praxis nicht durchgängig möglich ist, akkumulieren sich Rumpf- und Fehlsequenzen im Verlauf der F. am polymeren Träger und machen die Endproduktreinigung zu einem diffizilen Problem. Durch moderne Trenntechniken, z. B. die präparative Hochdruckflüssigkeitschromatographie, ist eine anspruchsvolle Finalreinigung prinzipiell möglich.

Mit Hilfe der F. wurden verschiedene Peptid- und Proteowirkstoffe erfolgreich aufgebaut, wenn auch nicht immer reine Produkte resultieren. Trotz einiger Einschränkungen ist die F. gegenwärtig ein wertvolles Hilfsmittel für die Synthese von Peptiden mittlerer Kettenlänge und wird bei weiterer methodischer Vervollkommnung in Verbindung mit der Erhöhung der Effektivität der Trenn- und Reinigungsverfahren auch für die Synthese von Polypeptiden und sogar von kleineren Proteinen routinemäßig einsetzbar sein.

Für die ↗ multiple Peptidsynthese fand das von Merrifield entwickelte Syntheseprinzip breite Anwendung und wurde auch auf die Oligo- und Polynucleotidsynthese übertragen. Entsprechende Syntheseautomaten sind kommerziell zugänglich.

Festsubstanzbäder, ↗ Heizbäder.

Festsubstratfermentation, mikrobiologische Umsetzungen von festen, partikelförmigen Substraten (z. B. Holzspäne, Zuckerrohr). Hauptproblem der F. ist die Kontaktierung von Mikroorganismen, festem Substrat, wäßriger Phase und gegebenenfalls Luft. Zur F. sind deshalb spezielle Typen von ↗ Bioreaktoren erforderlich.

α-Fetoprotein, Abk. *AFP*, ein bei Neugeborenen im Plasma (0,1 mg/ml) vorkommendes Glycoprotein (M_r ~ 70000), das zu den α-Globulinen zählt, und bei Erwachsenen nur in Spuren vorkommt. Nach der Geburt tritt an die Stelle des AFP das strukturell ähnliche Serumalbumin.

Fettalkohole, unverzweigte, aliphatische, einwertige Alkohole mit 10 bis 20 C-Atomen, die in der Natur als Bestandteile von ↗ Wachsen (↗ Wachsalkohole) vorkommen. Sie werden aus den korrespondierenden Fettsäuren durch Reduktion erhalten und in den verschiedenen Bereichen der Emulgiertechnik verwendet.

Fette und fette Öle, *Glyceride*, die Mono-, Di- und Triester des dreiwertigen Alkohols Glycerin. Die natürlichen F. u. f. Ö. bestehen zu etwa 98 % aus gemischten Triglyceriden. Monoglyceride sind lediglich in Spuren (1 %), Diglyceride nur in geringen Mengen (3 %) enthalten. Die wichtigsten der am Aufbau der F. u. f. Ö. beteiligten Fettsäuren sind Palmitinsäure $C_{15}H_{31}COOH$ und Stearinsäure $C_{17}H_{35}COOH$ in den festen Fetten sowie Ölsäure $C_{17}H_{33}COOH$, Linolsäure $C_{17}H_{31}COOH$ und Linolensäure $C_{17}H_{29}COOH$ in den Ölen. Tierische F. u. f. Ö. enthalten noch Phosphatide, Vitamine und geringe Mengen an Cholesterin. *Milchfett* z. B. enthält über 60 verschiedene Fettsäuren, davon 2,5 bis 4 % mit 4 C-Atomen, 1,5 bis 2,5 % mit 6 C-Atomen, 1,0 bis 1,5 % mit 8 C-Atomen, 2,5 bis 3,5 % mit 10 C-Atomen, 2,5 bis 4 % mit 12 C-Atomen, 7 bis 13 % mit 14 C-Atomen, 20 bis 35 % mit 16 C-Atomen und 25 bis 35 % mit 18 C-Atomen. *Butterfett* z. B. enthält außer den Fettsäuren je kg 4 bis 14 mg Vitamin A, 3 bis 10 mg Vitamin D, 25 bis 30 mg Vitamin E sowie 4 bis 9 mg Caroten, 2 bis 3 g Cholesterin und 2 bis 5 g Phospholipide.

In den pflanzlichen F. u. f. Ö. ist kein Cholesterin enthalten, dagegen liegen bis zu 65 % Linolsäure und 0,5 bis 1,0 g Vitamin E vor. Neben den normalen Fettsäuren kommen in bestimmen F. u. f. Ö. auch substituierte Säuren vor, so z. B. die Ricinolsäure (12-Hydroxy-9-octadecensäure) bis zu 90 % im Ricinusöl; β-Ketofettsäuren bis zu 0,03 % im Milchfett; alkylverzweigte Fettsäuren bis zu 75 % in Mikrobenfetten und bis zu 3 % als Stoffwechselprodukte der Pansenbakterien in Wiederkäuerfetten; Cyclopentencarbonsäuren, z. B. die in tropischen Pflanzen vorkommende Chaulmoograsäure (13-Cyclopenten-2-tridecansäure) sowie Cyclopropan- und Cyclopropensäuren bis zu 30 % in Bakterienfetten.

Eigenschaften. Fette sind feste oder halbfeste, Öle dagegen flüssige Stoffe mit Erstarrungspunkten zwischen etwa –20 °C und +40 °C. Die F. u. f. Ö. sind aufgrund ihrer Dichte von etwa 0,9 g cm^{-3} leichter als Wasser und in diesem unlöslich. In feiner Verteilung mit Wasser bilden sie Emulsionen, die durch grenzflächenaktive Verbindungen stabilisiert werden können. In organischen Lösungsmitteln (mit Ausnahme von Alkoholen) sind die F. u. f. Ö. leicht löslich. Beim Kochen mit Laugen tritt Verseifung ein. Die Gelbfärbung der natürlichen F. u. f. Ö. beruht auf ihrem Gehalt an Carotinoiden, ihr Geruch und Geschmack auf der Anwesenheit von Aromastoffen. Für das typische Butteraroma z. B. ist Diacetyl (Butan-2,3-dion) mit 0,5 mg/kg Butterfett verantwortlich. In geringerer Konzentration sind Acetoin, Butanol, Butan-2-on, Methylsulfid, Ethylformiat und eine Reihe aliphatischer Lactone an der Aromabildung beteiligt. Beim Ranzigwerden der F. u. f. Ö. kommt es unter Einwirkung von Luftsauerstoff und durch enzymatisch-mikrobielle Prozesse zu Autoxidationen, Hydrolysen und Decarboxylierungen, wobei der Gehalt an Mono- und Diglyceriden sowie die Bildung von Alkan-2-onen stark zunehmen.

Analytisches. Die für die Charakterisierung der F. u. f. Ö. wichtigsten Kennzahlen sind die *Verseifungszahl* (Abk. *VZ*), die angibt, wieviel Milligramm Kalilauge zur Verseifung von 1 g Fett oder fettem Öl erforderlich sind, sowie die *Iodzahl* (Abk. *IZ*), die angibt, wieviel Gramm Iod an 100 g Fett addiert werden und damit ein Maß für den Gehalt an ungesättigten Verbindungen ist. Die Ermittlung der Fettsäurezusammensetzung erfolgt heute vor allem durch Gaschromatographie (Tab.).

Fette und fette Öle. Tab.: Kenndaten.

	Erstarrungspunkt/ Schmelzpunkt in °C	Verseifungszahl VZ	Iodzahl IZ
Schweineschmalz	27 ... 40	190 ... 200	45 ... 70
Rindertalg	40 ... 50	190 ... 200	35 ... 50
Gänsefett	25 ... 35	190 ... 200	60 ... 75
Butterfett	15 ... 25	220 ... 235	20 ... 35
Kokosfett	20 ... 25	250 ... 265	7 ... 10
Palmkernfett	20 ... 25	245 ... 255	12 ... 17
Kakaobutter	22 ... 26	190 ... 200	35 ... 40
Baumwollsaatöl	0 ... 5	190 ... 200	100 ... 120
Erdnußöl	4 ... −2	185 ... 195	100 ... 110
Leinöl	< −15	190 ... 195	170 ... 195
Rapsöl	−3 ... 0	170 ... 180	95 ... 105
Sojaöl	< −15 ... −10	190 ... 195	120 ... 140
Sonnenblumenöl	−20 ... −10	185 ... 195	115 ... 140
Sesamöl	− 6 ... −3	185 ... 195	100 ... 120

Vorkommen und Gewinnung. F. u. f. Ö. sind in jeder Zelle mikrobiellen, pflanzlichen und tierischen Ursprungs enthalten. Im tierischen Organismus findet sich Fettgewebe besonders unter der Haut sowie als Reservefett in der Bauchhöhle und in der Nähe von Organen. Die pflanzlichen Fette finden sich vor allem im Fruchtfleisch und in den Samen. Die wichtigsten Ölfrüchte sind Oliven, Kokosnuß, Hanf- und Leinsaat, Erdnüsse, Maiskeime, Baumwollsamen, Sojabohnen, Palm- und Sonnenblumenkerne. Zur Gewinnung werden die Fettgewebe ausgepreßt, ausgeschmolzen oder mit Lösungsmitteln, wie Benzin, Kohlenstoffdisulfid und Trichlorethen, und neuerdings auch mit überkritischen Gasen extrahiert. Die rohen F. u. f. Ö. werden in den meisten Fällen noch raffiniert. Dazu werden sie mit verdünnter Schwefelsäure oder Phosphorsäure vorgereinigt, dann mit Alkalien, z. B. 8%iger Natronlauge, entsäuert, mit Adsorptionsmitteln, wie Bleicherden oder Entfärbungskohlen, entfärbt und durch Dämpfen von unerwünschten Geschmacksstoffen befreit.

Synthetische Fette gewinnt man durch Veresterung der bei der Paraffinoxidation entstehenden Fettsäuregemische mit Glycerin bei Temperaturen über 100 °C unter gleichzeitiger Entfernung des entstehenden Wassers. Obwohl gegen die in den synthetischen F. enthaltenen ungeradzahligen Fettsäuren keine physiologischen Bedenken bestehen, spielen sie für die menschliche Ernährung derzeitig keine Rolle.

Emulgierte Fette, deren wichtigster Vertreter die Margarine ist, erhält man durch Emulgieren von Pflanzenölen, Pflanzenfetten und hydrierten Fetten unter Zusatz von etwa 0,5 % Emulgatoren, Aromastoffen, Farbstoffen, Konservierungsmitteln, Stärkesirup, Kochsalz, Citronensäure sowie von 0,2 % Kartoffelstärke (zur Unterscheidung von Butter) in Wasser oder gesäuerter Magermilch. Der Fettgehalt beträgt 80 %, bei joulereduzierten Fetten etwa 40 %. Unverdauliche *Pseudofette*, z. B. Ether des Glycerins und Ester der Propan-1,2,3-tricarbonsäure oder der Butan-1,2,3,4-tetracarbonsäure, haben vor allem aus ökonomischen Gründen keine verbreitete Anwendung.

Verwendung. 80 % der gewonnenen F. u. f. Ö. werden als Lebensmittel verwendet (1 g Fett = 38 kJ). Weiterhin dienen F. u. f. Ö. zur Herstellung von Fettsäuren, Glycerin, Seifen, Salben, Kerzen, Lacken, Firnissen und Malerfarben.

Fettfarbstoffe, fett- und öllösliche Farbstoffe zur Identifizierung und Markierung von Vergaser-, Turbinen-, Düsen- und Dieselkraftstoff sowie von Heizöl. F. dienen Düsen- und Dieselkraftstoff sowie von Heizöl. F. dienen ferner zum Färben von Getriebe-, Schmier- und Hydrauliköl, Schmierfetten, Wachsen und Lederpflegemitteln sowie von Kunststoffen.

Fetthärtung, ein Verfahren zur Überführung von pflanzlichen und tierischen fetten Ölen zu nahezu geruch- und geschmacklosen harten Fetten durch katalytische ↗ Hydrierung. Die Hydrierung der ungesättigten *Fettsäureglyceride* zu gesättigten führt zu einer Erhöhung des Schmelzpunktes. Die entschleimten und entsäuerten Öle werden in einem Rührautoklaven bei 120 bis 180 °C mit Wasserstoff unter Druck hydriert. Als Katalysatoren werden vor allem Nickel-Trägerkatalysatoren eingesetzt. Nach Beendigung der F. wird das Reaktionsgemisch auf etwa 80 °C abgekühlt und über Filterpressen der Katalysator abgetrennt. Da sich bei der F. die Säurezahl des Produktes erhöht, schließt sich meist eine Lauge- und Bleicherdebehandlung an. Die F. kann auch kontinuierlich betrieben werden. Sie hat große Bedeutung für die Herstellung von Margarine und Seifen.

Fettsäuren, gesättigte und ungesättigte aliphatische ↗ Monocarbonsäuren. Die Bezeichnung F. ist auf das Vorkommen zahlreicher, insbesondere höhermolekularer aliphatischer Monocarbonsäuren in den Fetten zurückzuführen. Diese F. sind meist geradzahlige, gesättigte oder ungesättigte, überwiegend unverzweigte Monocarbonsäuren. In der Natur vorkommende *ungesättigte F.* liegen in der *Z*-Konfiguration vor. In mehrfach ungesättigten F. sind die Ethengruppierungen durch CH_2-Gruppen getrennt, d. h., sie sind nicht konjugiert. Diese strukturelle Besonderheit der natürlichen F. wird als *Divinylmethanrhythmus* bezeichnet. *Kurzkettige F.*, von C_4 bis C_{10}, z. B. Buttersäure, sind hauptsächlich in den Milchfetten der Säugetiere enthalten. Palmitin- und Stearinsäure (16 bzw. 18 C-Atome) kommen in nahezu allen tierischen und pflanzlichen Fetten vor. *Langkettige F.* sind in den Hirnlipiden und in Wachsen zu finden. Die am häufigsten vorkommende ungesättigte F. ist die ↗ Ölsäure. In verschiedenen pflanzlichen fetten Ölen und in Fischleberölen sind auch *mehrfach ungesättigte F.* wie z. B. Linol- und Linolensäure enthalten, insbesondere im Leinöl. Diese mehrfach ungesättigten Säuren gehören zu den *essentiellen F.*, die für den Menschen und für höhere Tiere zur Aufrechterhaltung der normalen Körperfunktionen lebensnotwendig sind und vom Organismus nicht synthetisiert werden können, sondern mit der Nahrung aufgenommen werden müssen. Sie haben Vitamincharakter und werden als *Vitamin F* bezeichnet.

Die Löslichkeit der F. hängt entscheidend von der Länge der Alkylkette ab. Mit steigender Kettenlänge sinkt die Löslichkeit in Wasser (etwa ab C_4) und steigt die Löslichkeit in apolaren Lösungsmitteln. Die höheren F. können durch alkalische Hydrolyse von Fetten gewonnen werden.

Der Abbau der F. erfolgt durch β-Oxidation von Acyl-CoA-Derivaten, die vorher in einer ATP-verbrauchenden Reaktion von einer Acyl-CoA-Synthetase gebildet werden. Der Transport in die Mitochondrien, dem Ort der β-Oxidation, erfolgt als Carnitinester, die schließlich in der Mitochondrienmatrix wieder in Acyl-CoA zurückverwandelt werden. Im Zuge der β-Oxidation werden nacheinander C_2-Einheiten in Form von Acetyl-CoA abgespalten, wodurch geradzahlige Fettsäuren zwangsläufig vollständig zu Acety-CoA abgebaut werden. Die β-Oxidation ist charakterisiert durch vier sich wiederholende Reaktionen. Im ersten Schritt wird unter der Katalyse der FAD-haltigen Acyl-CoA-Dehydrogenase eine *trans*-α,β-Doppelbindung gebildet. Durch die Enoyl-CoA-Hydratase erfolgt die Bildung von 3-L-Hydroxyacyl-CoA, das unter der Katalyse der 3-L-Hydroxyacyl-CoA-Dehydrogenase zur entsprechenden β-Ketoacyl-CoA-Verbindung dehydriert wird. Thiolytisch erfolgt dann die Spaltung der C_α–C_β-Bindung durch die β-Ketoacyl-CoA-Thiolase, wobei Acetyl-CoA und ein um zwei C-Atome verkürztes neues Acyl-CoA-Intermediat gebildet wird. Die im Zuge der β-Oxidation gebildeten Reduktionsäquivalente NADH + H^+ und $FADH_2$ fließen in die ↗ Atmungskette ein und dienen der ATP-Synthese, während Acetyl-CoA über den ↗ Citratcyclus vollständig oxidiert wird. Ungesättigte und ungeradzahlige F. werden ebenfalls durch β-Oxidation jedoch unter Mitwirkung weiterer Enzyme abgebaut.

Die *Biosynthese* der F. findet im Cytosol statt, wobei die wachsende Fettsäurekette am Acyl-Carrier-Protein (ACP) verestert vorliegt. Die Synthese von Palmitinsäure als Primärprodukt der Synthese von F. bei Tieren erfolgt aus Acetyl-CoA und Malonyl-CoA unter Katalyse der Fettsäure-Synthase, eines aus zwei identischen Untereinheiten aufgebauten multifunktionellen Enzyms. Die biotinabhängige Acetyl-CoA-Carboxylase sorgt für die Bildung von Malonyl-CoA, das durch die Malonyl-CoA-ACP-Transacylase an das ACP angeknüpft wird. Der zweite Reaktionspartner, Acetyl-CoA, wird an eine Thiolfunktion des kondensierenden Enzyms, der β-Ketoacyl-ACP-Synthase, angelagert. Unter Decarboxylierung erfolgt die Bildung des ersten Kondensationsproduktes Acetoacetyl-CoA, das durch enzymatische Reduktion, Dehydratisierung und weitere Reduktion Butyryl-ACP liefert. Nach Übertragung des Butyryl-Restes auf die Thiolfunktion der β-Ketoacyl-CoA-Synthase-Domäne wird nach sechsmaliger Wiederholung der aufgezeigten Reaktionsschritte Palmitoyl-ACP gebildet, das durch die Palmitoyl-Thioesterase freigesetzt wird. Die Stöchiometrie der Biosynthese der Palmitinsäure lautet: Acetyl-CoA + 7 Manoyl-CoA + 14 NADPH + 7 H^+ $\rightarrow$ Palmitinsäure + 7 CO_2 + 14 $NADP^+$ + 8 CoA + 6 H_2O.

Feuerschutzmittel, ↗ Flammenschutzmittel.

FFF, Abk. für Feld-Fluß-Fraktionierung.

°fH, ↗ Härte.

fibrilläre Proteine, ↗ Faserproteine.

Fibrin, ein zu den globulären Plasmaproteinen zählender Plasmafaserstoff des Blutgerinnungssystems. F. wird aus der im Blut befindlichen Vorstufe ↗ Fibrinogen bei Verletzungen durch die Serinprotease ↗ Thrombin freigesetzt. Innerhalb von 5 bis 7 min bildet sich ein feinfaseriges Gerüst aus, mit dem rote und weiße Blutkörperchen sowie Blutplättchen (Thrombocyten) verkleben, wodurch die Wunde verschlossen wird. Der proteolytische Abbau des F. ist die *Fibrinolyse*, die sog. Nachphase der Blutgerinnung, bei der unter Katalyse von Plasmin nach der Wundheilung das F. abgebaut wird.

Fibrinogen, ein aus drei Paaren nichtidentischer Peptidketten aufgebautes Protein ($M_r \sim 340000$) des Blutgerinnungssystems. Im symmetrisch aufgebauten F. sind die Polypeptiduntereinheiten (Aα, $M_r \sim 63000$; Bβ, $M_r \sim 56000$; Bγ, $M_r \sim 47000$) durch interchenare Disulfidbrücken verknüpft. Die durch ↗ Thrombin katalysierte Umwandlung von F. in das ↗ Fibrin führt zu einer Abspaltung der kurzkettigen *Fibrinopeptide A und B* (beim Menschen 18- bzw. 20-Peptide) von den N-Termini der Aα- und Bβ-Untereinheiten. Das resultierende Fibrin-Monomer $(\alpha,\beta,\gamma)_2$ polymerisiert unter der Wirkung von Ca^{2+}-Ionen und anderen Faktoren. Schon äußerst geringe Anomalien innerhalb eines Blutgerinnungsfaktors (F. ist Faktor I) können zur *Bluterkrankheit* (Hämophilie) führen.

Fibrinolysin, ↗ Plasmin.

Fibrinolytika, ↗ Antithrombotika.

Fibroblasten-Wachstumsfaktoren, zu den ↗ Cytokinen zählende Gruppe von Polypeptid-Wachstumsfaktoren. Die in verschiedenen tierischen Organen gebildeten F. beeinflussen als Mitogene das Zellwachstum, induzieren die Blutgefäßbildung (Angiogenese) und determinieren die Wachstumsrichtung von Nervenzellen.

Fibroin, Protein der Naturseide (↗ Seidenfibroin, ↗ Keratine).

Fibronectin, Abk. *FN*, ein in allen Wirbeltieren vorkommendes dimeres Glycoprotein, das als extrazelluläres Adhäsionsprotein zur Zell-Matrix-Verbindung beiträgt. Die beiden aus jeweils nahezu 2500 Aminosäureresten aufgebauten Untereinheiten sind in der Nähe der C-Termini durch Disulfidbrücken verknüpft. Man findet in den beiden Untereinheiten fünf bis sechs stäbchenförmige Domänen, die durch bewegliche Peptidkettenabschnitte verbunden sind. Die einzelnen Domänen zeigen einen modulähnlichen Aufbau, wobei eines der wichtigsten Module die Fibronectin-Wiederholungseinheit Typ III, bestehend aus 90 Aminosäureresten, ist, die in jeder Untereinheit etwa 15 mal vorkommt und deren zellbindende Aktivität die Tripeptidsequenz R–G–D (Arg–Gly–Asp) enthält. Die R–G–D-Sequenz findet man auch in den ↗ Integrinen.

Fichtennadelöle, im weiteren Sinne Sammelbezeichnung für eine ganze Reihe von ätherischen Ölen, die aus jungen Trieben, Nadeln, auch Zapfen nicht nur von Fichten, sondern auch von Lärchen und Kiefern durch Wasserdampfdestillation gewonnen werden. Das Fichtennadelöl im engeren Sinne gewinnt man aus jungen Trieben und frischen Nadeln der in Nord- und Mitteleuropa heimischen Fichte oder Rottanne bei maximal 0,25%iger Ausbeute. Die Hauptbestandteile der F. sind: Bornylacetat (bis zu 40 %), α-Pinen, Dipenten, Cadinen und Camphen. F. wirken bakterizid und neurotonisierend. Sie dienen medizinisch als Spray- und Inhalationsmittel bei Erkrankungen der Atemwege, als Badezusatz bei neuro-vegetativer Erschöpfung und als Sprays zur Raumdesodorierung. Auch in der Parfüm- und kosmetischen Industrie werden F. verwendet.

Fichtenspanreaktion, qualitative Nachweisreaktion für verschiedene heterocyclische Verbindungen. Die Dämpfe dieser Verbindungen färben einen mit Salzsäure angefeuchteten Fichtenspan charakteristisch, z. B. mit Furan grün, mit Pyrrol und Indol rot.

Fickschе Gesetze, ↗ Diffusion.

Ficoll®, synthetisches polysaccharidähnliches Polymer, das man durch Umsetzen von Saccharose mit Epichlorhydrin erhält. F. ist ein farbloses nichtkristallines Pulver, gut löslich in Wasser, Molekülmasse etwa 400000. Es dient im biochem. Laboratorium aufgrund des niedrigen osmotischen Druckes seiner wäßrigen Lösung zur Konzentrierung wäßriger Lösungen durch Dialyse sowie bei der Dichtezentrifugation zur Trennung und Isolierung von Zellen und Zellorganellen.

FID, 1) Abk. für *f*ree *i*nduction *d*ecay, ↗ NMR-Spektroskopie. 2) Abk. für *F*lammen-*I*onisations-*D*etektor, ↗ Gaschromatographie.

Filament, ↗ textile Faserstoffe.

Filamentgarn, Garn aus mindestens einem Filament (↗ textile Faserstoffe) mit oder ohne Drehung. Die Filamente haben einen Durchmesser bis höchstens etwa 0,1 mm.

Filipin, ↗ Polyenantibiotika.

Filter, poröse Materialien, mit denen im Laboratorium und in der Industrie feste Stoffe aus Flüssigkeiten oder Gasen abgetrennt werden (↗ Filtration).

1) *Laboratoriumsfilter* (Abb. 1). a) *Filterpapiere* zum Einlegen in trichterförmige Filtergeräte werden je nach Verwendungszweck in unterschiedlichen Qualitäten und sowohl als Rundfilter oder als Faltenfilter hergestellt. Zum Trennen von Stoffen, die in organischen Lösungsmitteln löslich sind, werden Extraktionshülsen aus Filterpapierfilz verwendet, die in Verbindung mit einem Extraktionsapparat vielseitig einsetzbar sind.

b) Bei *Filterplatten* (*Fritten*) unterscheidet man zwischen Sinterglasfiltern und keramischen F. *Sinterglasfilter* sind meist runde und beidseitig plangeschliffene Glasfilterplatten unterschiedlicher Porosität, die ebenfalls eine unterschiedliche Filtriergeschwindigkeit zuläßt, mit unverschmolzenem oder verschmolzenem Rand, der ein seitliches Durchtreten von Gasen ausschließt. Sie werden meist in Filtriergeräte (Glasfiltertiegel, Glasfilternutschen) eingeschmolzen. Für besondere Zwecke werden Sinterglasfilter in Form von Glasfilterkerzen oder Extraktionseinsätzen verwendet, vor allem aber als Filtermaterial in Glasfiltertiegeln für analytische Zwecke und in Glasfilternutschen. *Keramische F.* sind meist Filterböden aus gebrannten keramischen Werkstoffen unterschiedlicher Porosität mit unterschiedlicher Filtriergeschwindigkeit, die vor allem bei Porzellanfiltertiegeln verwendet werden. Kolloidale Lösungen filtriert man durch ↗ Membranfilter (*Ultrafilter*) aus tierischen oder pflanzlichen Membranen oder einfachen Papierfiltern, die z. B. mit Eisessig/Collodium oder gehärteter Gelatine imprägniert sind.

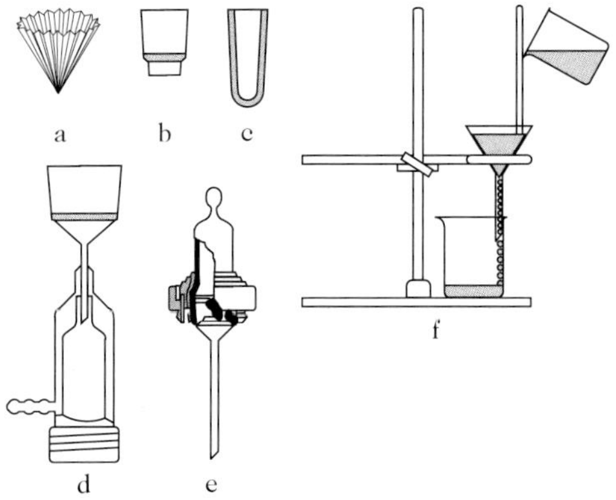

Filter. Abb. 1: Verschiedene Ausführungen: (a) Faltenfilter, (b) Filtertiegel, (c) Filterkerze, (d) Filtrationsglocke (Bakterienfilter), (e) Druckfilter nach Grabar (Membranfilter), (f) Filtriereinrichtung.

2) *Industriefilter.* Man unterscheidet a) nach der Filterschicht: *F. mit losen körnigen Schichten*, z. B. Sand und Kies, halbgebrannte Dolomite und Anthrazit, Polystyrol in der Wasseraufbereitungs- und Abwasserbehandlungstechnik; *Tuchfilter* oder *Filtertücher*, Gewebe aus Natur- oder Chemiefasern oder mineralische Fasergewebe für Luft, Gas, wäßrige Suspensionen, Säuren und Alkalien; *F. aus porösen Massen*, gesinterte keramische Stoffe mit Porenweiten von 1 bis 250 µm und hoher Temperaturbeständigkeit für Säuren und Laugen; *F. aus Gummi und Kunststoff* für korrosive und radioaktive Stoffe; *Filterplatten* o. dgl. aus gesintertem Metallpulver zur Filtration von flüssigen Brennstoffen, Viskose, konz. heißer Alkalilauge und Schwefel- oder Salpetersäure; *Membran-* oder *Ultrafilter* wie im Labor.

b) nach dem Druck: Bei vielen F. läßt man nur den hydrostatischen Druck der Flüssigkeitssäule über dem F. wirken, z. B. bei der Wasserreinigung in Sand- oder Kiesfiltern. Mitunter arbeitet man auch mit Überdruck, z. B. bei der Viskosefiltration durch poröse Stahlplatten mit bis zu 70 MPa, oder mit Vakuum, je nach der Beschaffenheit des Feststoffanteils bei 10 bis 100 kPa, um die Filtrationsgeschwindigkeit zu erhöhen.

c) nach der Wirkungsweise: *Periodisch arbeitende F.* sind z. B. Durchlauf- oder Ein- und Mehrschichtfilter zur Reinigung von Luft und Wasser, Filterpressen für Flüssigkeiten mit verhältnismäßig großem Anteil an Feststoffen, Beutel-, Seih-, Schlauchfilter zur Reinigung von Luft sowie Flüssigkeiten, Kerzenfilter, Anschwemmfilter oder Berkefeldfilter zur Entkeimung und Reinigung von Wasser, Siebfilter zur Feinreinigung von Lösungs- und Schmiermitteln sowie von Kraftstoffen. *Stetig arbeitende F.* sind z. B. Umlauf- oder Bandfilter zur Reinigung von Luft u. a., Trommelzellenfilter zur Filtration z. B. von Cellulose, Erdöl und Farbstoffen (Abb. 2).

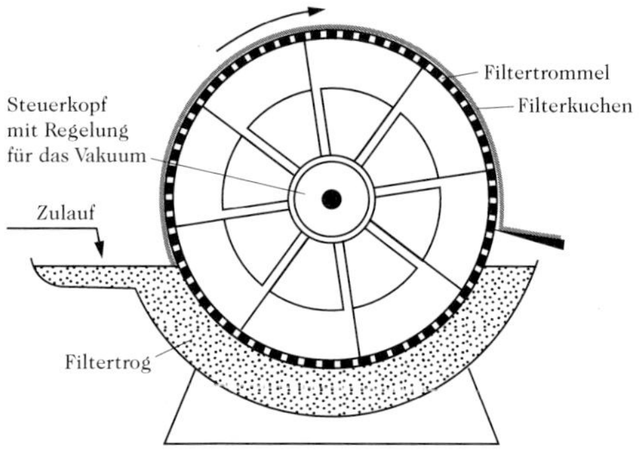

Filter. Abb. 2: Schnitt durch ein Vakuumtrommelzellenfilter.

Die Entstaubung von Gasen kann mittels Elektrofiltern (↗ elektrostatische Gasreinigung) vorgenommen werden.

Filterkalk, ein gekörnter Kalkstein, der als Filterfüllung verwendet wird.

Filterkerze, ***Kerzenfilter***, eine Filtriervorrichtung, die aus einem porösen Hohlzylinder (meist keramisches Material) besteht und deren Reinigungseffekt auf Sieb- und Adsorptionswirkung beruht. Die Reinigung (Filtration) erfolgt beim Durchgang der aufzubereitenden Flüssigkeit durch die poröse Wand. Mit Hilfe von F. lassen sich ungelöste Verunreinigungen entfernen. In der Wasseraufbereitung kommen F. z. B. bei der Reinigung kleiner Wassermengen zum Einsatz.

Filtration, 1) die Abtrennung fester Stoffe aus Flüssigkeiten mit Hilfe von ↗ Filtern. Durch F. will man entweder die reine Flüssigkeit, das Filtrat, als Wertprodukt gewinnen (*Klärfiltration*) oder den Feststoff als Filterkuchen (*Kuchenfiltration*) oder aber beide Komponenten.

Die F. von Wasser und Abwasser ist die wichtigste Verfahrensstufe in der ↗ Wasseraufbereitung. Dabei werden in erster Linie ungelöste Verunreinigungen zurückgehalten. Bei der ↗ Enteisenung erfolgt teilweise vorher eine beschleunigte Oxidation zur Ausfällung des gelösten Eisens durch aktive Kiesbeläge. Die F. von Abwasser über körniges Material dient der weitergehenden Abwasserreinigung und der Wiederverwendung des Abwassers, z. B. als Kühlwasser.

2) Über die F. von Gasen, ↗ Entstaubung

FI-Massenspektrometrie, Abk. für ***F***eld***i***onisations-Massenspektrometrie, ↗ Feldionisation.

Finasterid, ↗ Reductasehemmer.

Finkelstein-Reaktion, Halogenaustauschreaktion durch Umsetzung von Alkylhalogeniden mit geeigneten Metallhalogeniden: $R\text{–}Cl + I^- \rightleftharpoons R\text{–}I + Cl^-$. Bei dieser Reaktion wird bevorzugt ein Halogen mit geringerer nucleophiler Kraft gegen ein anderes mit größerer nucleophiler Kraft ausgetauscht. Die F. ermöglichen die Synthese der auf anderen Wegen schwierig zugänglichen Iodalkane. Bei sekundären und tertiären Alkylhalogeniden erfolgt in den meisten Fällen kein Halogenaustausch.

FIR, Abk. für ***f***ernes ***I***nfra***r***ot (↗ Infrarotspektroskopie).

Firnis, zusammenfassende Bezeichnung für nichtpigmentierte Anstrichmittel, die trocknende Öle oder Harzlösungen enthalten. Man unterscheidet Ölfirnisse und ölfreie F.

1) *Ölfirnisse* (F. im engeren Sinne) stellen Lösungen von Sikkativen (Trockenstoffe) in Lein-, gelegentlich auch in Holz-, Mohn-, Nuß- oder Hanföl dar. Ölfirnisse werden in der Kälte oder Wärme (Firniskochen) hergestellt und trocknen, auf einer undurchlässigen Fläche in dünner Schicht aufgetragen, infolge beschleunigter Sauerstoffaufnahme und damit verbundener Polymerisation der Öle in kurzer Zeit zu einem festen und elastischen Film. Als Sikkative werden den Ölen Metalloxide bis zu 2 %, Resinate oder Oleate bis zu 5 % zugesetzt. Den am meisten verwendeten Leinölfirnis erhält man durch Sikkativieren von Leinöl bei 120 bis 160 °C. Die Trocknungszeit von Leinölfirnis soll bei Normaltemperatur 24 Stunden nicht übersteigen. Zu den Ölfirnissen gehören auch Buchdrucker- und Lithographenfirnisse, die im allgemeinen als Dick- oder Standöle bezeichnet werden. Sie sind viskose bis fadenziehende Flüssigkeiten, die durch längeres Erhitzen der trocknenden Öle auf höhere Temperaturen bis etwa 280 °C in ihrer chem. Zusammensetzung und ihren physikalischen Eigenschaften wesentlich verändert werden. Lackfirnisse enthalten außer dem Öl noch natürliche oder synthetische Harze, während Faktisfirnisse aus geschwefelten Ölen bestehen. Ölfirnisse werden als Grundier- oder Bindemittel für Anstrichfarben verwendet.

2) *ölfreie F.* bestehen aus Lösungen von Naturharzen wie Mastix, Sandarak u. a. Sie werden zum Überziehen von Gemälden (Gemäldefirnis) sowie zur Herstellung von Druck- und Lackfarben verwendet.

Fischer-Gatsch, ↗ Gatsch.

Fischer-Hepp-Umlagerung, intermolekulare Umlagerung von *N*-Nitroso-*N*-alkyl- oder *N*-Nitroso-*N*-arylanilinen zu *N*-alkylierten oder *N*-arylierten 4-Nitrosoanilinen in Gegenwart von Mineralsäuren:

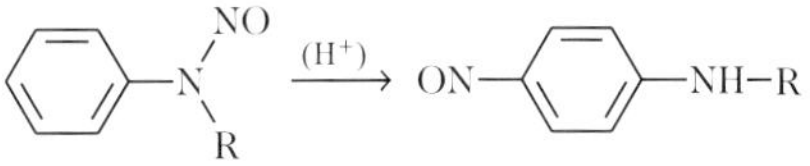

Die F. verläuft nach einem kationotropen Reaktionsmechanismus. Das wandernde Nitrosyl-Kation konnte durch Zugabe eines zweiten nichtnitrosierten Amins abgefangen und somit nachgewiesen werden.

Fischer-Projektion, ↗ Stereochemie.

Fischersche Indolsynthese, Synthese von Indolderivaten durch Erhitzen der Phenylhydrazone aliphatischer Aldehyde, Ketone, Ketosäuren u. a. mit Zinkchlorid, Kupfer(I)-chlorid, Schwefelsäure oder Polyphosphorsäure:

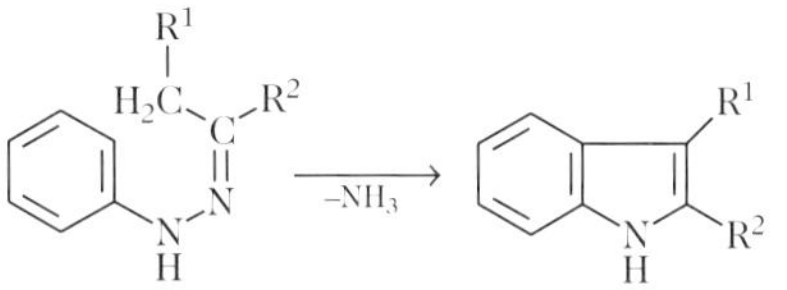

Die Bindungsbildung zwischen dem 2-ständigen C-Atom des Phenylringes und dem C-Atom der CH_2-Gruppe des aliphatischen Restes wird als Resultat einer sigmatropen Umlagerung des tautomeren Enhydrazins interpretiert:

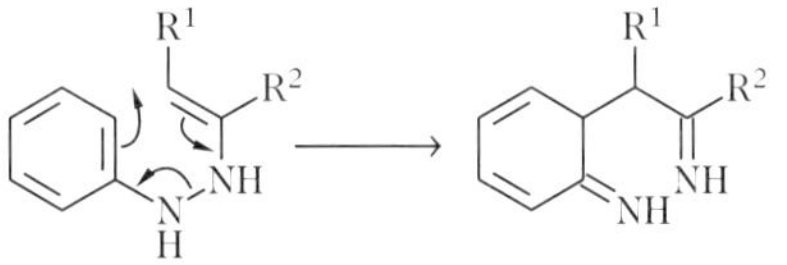

Aus dem umgelagerten Produkt erfolgt anschließend unter Ammoniakabspaltung der Ringschluß zum Endprodukt.

Fischer-Tropsch-Synthese, ***Kogasinverfahren***, ein Verfahren zur Kohleveredelung zur Herstellung von Kohlenwasserstoffen aus Synthesegas. Zielprodukte der von F. Fischer und H. Tropsch im Jahre 1926 entwickelten Synthese waren aliphatische Kohlenwasserstoffe im Benzin- und Dieselkraftstoff-Siedebereich: $n\,CO + (2n + 1)\,H_2 \rightarrow C_nH_{2n+2} + n\,H_2O$; $\Delta_R H = -n\ 160$ kJ/mol. Die Wirtschaftlichkeit dieses Verfahrens ist sehr begrenzt. Die bedeutendste Weiterentwicklung der F. erfolgte in den Sasol-Werken in Südafrika; bei Inbetriebnahme von Sasol III (1983) konnten jährlich etwa 4,5 Mio. t Motorkraftstoff über Kohle erzeugt werden. Schwerpunkt neuerer Entwicklungen ist die gezielte Herstellung von Chemierohstoffen, wie kurz- und langkettigen Olefinen, insbesondere Ethen und Propen, sauerstoffhaltigen Verbindungen sowie Polymethylenen mit Hilfe einer modifizierten F. Das erhaltene Produktspektrum hängt hauptsächlich vom eingesetzten Katalysator ab; der Einfluß der Prozeßbedingungen (Druck,

Temperatur) auf die Produktzusammensetzung dagegen ist gering. Als Katalysatoren werden vorwiegend Eisen und Cobalt unter Zusatz von Thorium-, Magnesium-, Calcium- und Aluminiumoxid verwendet. An Rhodiumkatalysatoren werden bevorzugt sauerstoffhaltige Produkte und an Rutheniumkatalysatoren Polymethylene erhalten.

Die F. kann durchgeführt werden als Festbettsynthese mit fest angeordnetem Katalysator, als Flugstaubsynthese mit bewegtem Katalysator oder als Flüssigphasensynthese mit fest angeordnetem oder bewegtem Katalysator.

Fischer-Tropsch-Synthese. Tab.: Produktspektrum der Fischer-Tropsch-Synthese bei Einsatz eines Cobalt- und eines Eisenkatalysators

Reaktionsprodukt	Cobaltkatalysator	Eisenkatalysator
C_2- bis C_4-Kohlenwasserstoffe	13	36
Rohbenzin	27	41,5
Dieselkraftstoff	8	3
Heizöl	5	3
Paraffine	43	8
Alkohole	4	8,3

1) Bei der *Festbettsynthese* mit einem alkalisierten Eisenkatalysator wird bei einem Druck von 2 bis 3 MPa und einer Temperatur von etwa 200 °C ein Synthesegas mit der Zusammensetzung Wasserstoff : Kohlenmonoxid von 1,3 bis 2 : 1 eingesetzt. Varianten dieser Verfahrensweise sind das *Arge-Hochlastverfahren* (Ruhrchemie/Lurgi, BRD), das *Hot-Gas-Recycle-Verfahren* (Bureau of Mines, USA) und das *Stufenofenverfahren* (Lurgi, BRD).

2) Die *Flugstaubsynthese* nach dem *Synthol-Verfahren* (Kellogg-Synthese) wird in Südafrika betrieben. Als Katalysatoren kommen Eisen-Schmelz-Katalysatoren zum Einsatz. Die Synthese wird bei 210 bis 240 °C und einem Druck von 2 bis 2,5 MPa durchgeführt; das Wasserstoff-Kohlenmonoxid-Verhältnis beträgt 2,8 bis 3,2 : 1. Hauptprodukte dieses Verfahrens sind C_2 bis C_4-Kohlenwasserstoffe und Rohbenzin.

3) Die *Flüssigphasensynthese* nach dem *Rheinpreußen-Koppers-Verfahren* wird in Blasensäulenreaktoren durchgeführt. Bevorzugter Katalysator ist Eisen, das in Öl suspendiert ist; durch das Öl perlt das Synthesegas in feinster Verteilung. Die Reaktionswärme wird durch in Röhren fließendes Wasser abgeführt. Die Belastbarkeit der Öfen ist 6- bis 8mal höher als bei der Festbettsynthese. Man kann bis zu 85 % Benzin und Flüssiggas oder bis zu 65 % Weich- und Hartparaffin erzeugen, der Alkengehalt kann bis zu 95 % betragen.

Das *Kölbel-Engelhard-Verfahren* arbeitet in ähnlicher Weise, jedoch mit Kohlenmonoxid und Wasserdampf nach der Gleichung $3n\ CO + n\ H_2O \rightarrow [CH_2]_n + 2n\ CO_2$. Man kann minderwertige Gase einsetzen, wie Gichtgas, Abgase der Carbidöfen u. a.

Die durch F. erhaltenen Produkte sind schwefelfrei und enthalten keine Aromaten und keine Naphthene.

Fisetin, ↗ Flavone.

Fittig-Synthese, Synthese von Bi- und Polyarylen durch Umsetzung von aromatischen Halogenkohlenwasserstoffen mit elementarem Natrium: $2\ C_6H_5{-}Br + 2\ Na \rightarrow C_6H_5{-}C_6H_5 + 2\ NaBr$. Die Ausbeuten der F. sind im Vergleich zur ↗ Wurtz-Fittig-Synthese erheblich niedriger.

Fixative, farblose Lösungen von Harzen, Mastix, Paraffin oder Schellack, die auf Zeichnungen aufgespritzt werden, um sie unverwischbar zu machen. Nach Verdunsten des Lösungsmittels ist die Zeichnung mit einem feinen durchsichtigen Film überzogen.

FK 506-bindende Proteine, Abk. ***FKBP***, eine Familie der Peptidyl-Proly-*cis/trans*-Isomerasen (PPIasen). Sie werden durch die immunsuppressive Verbindung FK 506 gehemmt. Cytosolische FKBP (*Makrophiline*) mit weniger als 110 Aminosäureresten gehören zu den kleineren bekannten Enzymen.

Flammenschutzmittel, ***Feuerschutzmittel***, Substanzen, die die Entzündlichkeit brennbarer Stoffe herabsetzen, ihre Verbrennung weitgehend verzögern und insbesondere die Flammenbildung verhindern. Einige F. können bei hoher Temperatur gasförmige Atemgifte entwickeln (z. B. HCl).

1) Für Holz verwendet man Lösungen von F., die mittels Imprägnierung (längere Tränkung unter hohem Druck), im Spritz- oder Anstrichverfahren angewandt werden. Grundsubstanzen der F. sind: a) Ammoniumsalze, die sämtlich beim Erhitzen Ammoniak abspalten (flammenerstickende Wirkung) und vielfach auf dem Brandherd saure Schmelzen hinterlassen, die das Weiterbrennen verhindern. Derartige Ammoniumsalze sind unter anderem Ammoniumchlorid NH_4Cl, Ammoniumbromid NH_4Br, Ammoniumsulfat $(NH_4)_2SO_4$, Amidosulfonsäure $NH_2(SO_3H)$ und Ammoniumphosphate, z. B. Diammoniumphosphat $(NH_4)_2HPO_4$; b) Borax $Na_2B_4O_7 \cdot 10\ H_2O$, Aluminiumsulfat $Al_2(SO_4)_3$, Gemische von Borax und Borsäure, Diammoniumsulfat und Harnstoffverbindungen, die in der Hitze schützende Schaumschichten bilden; c) Verbindungen, die in der Hitze Säuren abspalten und durch das Ausbilden einer Verkohlungsschicht auf dem Holz das Nachglühen verhindern, z. B. Phosphorsäure H_3PO_4, Monoammoniumphosphat $NH_4H_2PO_4$, Ammoniumsulfat $(NH_4)_2SO_4$, Zinkchlorid $ZnCl_2$, Antimonoxidchlorid SbOCl, Ammoniumsalz der Amidosulfonsäure $NH_2(SO_3NH_4)$.

Durch Mitverwendung von Netzmitteln läßt sich ein besseres Eindringen der im Spritzverfahren aufgetragenen wäßrigen Lösungen in das Holz erzielen. Für Anstriche eignet sich gut Wasserglas, insbesondere Natronwasserglas Na_2SiO_3. Einen sehr wirksamen Schutz bieten Deckanstriche auf der Basis von Polyvinylchlorid, Chlorkautschuk oder von Polykondensaten aus Phenol oder Harnstoff und Formaldehyd.

2) Kunststoffe können a) bei der Verarbeitung durch Zusatz von Antimontrioxid oder in Kombination mit Halogenverbindungen schwer entflammbar gemacht werden. b) Die F. werden bereits bei der Polymerisation zugesetzt, oder es werden flammenhemmende Monomere in die Makromoleküle mit eingebaut (z. B. Tetrabromdian in Epoxidharze). c) Den leicht brennbaren Kunststoffen, z. B. Polyethylen und Polypropylen, können schwer entflammbare Kunststoffe, wie Polycarbonate, Polyvinylchlorid und Polytetrafluorethylen, zugesetzt werden.

3) Für Textilien ist eine Tränkung mit Ammoniumsalzlösungen (vor allem Ammoniumbromid) oder Dinatriumphosphat sehr wirksam. Besonders geeignet sind Zinn- und Wolframsalze. Brauchbar ist häufig noch Borax, der z. B. in Mischung mit Ammoniumcarbonat und Gelatine zur Imprägnierung von Weihnachtsbaumwatte dient. Um ein mechanisches Festhalten des F. zu erreichen, werden klebkräftige Substanzen mitverwendet, z. B. Leim oder Stärke.

4) Für Papier und Pappe hat sich ein Besprühen mit Ammoniumsulfat, Borax, Alkaliphosphaten und Ammoniumchlorid unter Mitverwendung von Klebstoffen bewährt. Diese F. sind besonders wichtig für Theaterausstattungen und Saaldekorationen aus Papier und Pappe; sie verhindern die rasche Ausbreitung eines Flammenbrandes.

Flammen(spektral)photometrie, Methode der Atomemissionsspektrometrie, die zur quantitativen Bestimmung solcher Elemente benutzt wird, die bereits durch Flammen anregbar sind.

Der Nachweis bestimmter Elemente durch ihre charakteristische Flammenfärbung zeichnet sich durch Einfachheit, Schnelligkeit und Empfindlichkeit aus. Während man früher die Flammenfärbung häufig visuell beobachtete und zum qualitativen Nachweis von Elementen verwendete, setzt die moderne Analytik Spektralapparaturen ein, die eine spektrale Zerlegung des Lichtes vornehmen, somit die Erkennung der charakteristischen Emissionslinien der Elemente erlauben, aus deren Intensität sich die Konzentration des Elementes ermitteln läßt. Geräte, die aus der Lichtstrahlung der Flamme die interessierenden Linien mit Hilfe von Filtern ausblenden, nennt man *Flammenfilterphotometer*, Geräte, die mit Monochromatoren (Prismen- oder Gittermonochromatoren) ausgerüstet sind, werden als *Flammenspektralphotometer* bezeichnet. Zur quantitativen Bestimmung der emittierten Strahlung kann deren Intensität photoelektrisch vermessen werden. Die Intensität der emittierten Strahlung ist von der Anzahl der im angeregten Zustand befindlichen Teilchen in der Flamme abhängig. Die zu untersuchende Probe muß in Lösung vorliegen und wird entweder direkt in die Flamme dosiert oder in die Brenngase vorher eingesprüht. Die für analytische Untersuchungen am häufigsten verwendeten Flammenarten, die sich in der erreichbaren Temperatur unterscheiden, sind in der Tab. zusammengestellt. Zur quantitativen Auswertung müssen konstante Analysenbedingungen sorgfältig eingehalten werden, z. B. gleichmäßige Gaszufuhr, konstante Flammentemperatur. Je höher die Temperatur ist, um so größer ist die Anzahl der angeregten Atome und die emittierte Lichtintensität.

Um eine laminare Flamme zu erhalten, werden Brenngas und Oxidationsmittel schon vor dem Verbrennungsraum gemischt. Die in Lösung vorliegende Probe wird bereits vor dem Brennraum zerstäubt. Man erhält ruhig brennende, blaßblaue Flammen. Die Farbe der Flamme, der Flammenuntergrund, rührt von Radikalen her (z. B. OH-Radikalen), die sich in der Flamme bilden und ein entsprechendes Bandensystem emittieren. Laminarbrenner sind anwendbar für Gase mit geringer Brenngeschwindigkeit (z. B. Ethin-Luft-Gemische). Die kleine Ausströmgeschwindigkeit der Gase bringt eine hohe Verweilzeit der Atome in der Flamme mit sich.

Flammen(spektral)photometrie. Tab.: Häufig verwendete Verbrennungsflammen.

Brenngas	Oxidationsmittel	Flammentemperatur in K	anregbare Elemente
Stadtgas	Luft	2000	Alkalimetalle
Ethin	Luft	2500	Alkali- und Erdalkalimetalle
H_2	O_2	3000	Alkali-, Erdalkali- und Schwermetalle
Ethin	O_2	3350	Ag, Cu, Mn u. a.

In der Flamme bilden sich aus den in der Lösung vorliegenden Ionen die freien Atome, deren Emissionsspektren beobachtet werden (↗ Atomemissionsspektrometrie). Die gegenüber Bogen und Funken vergleichsweise niedrigen Temperaturen der Flamme führen dazu, daß höhere Energiezustände der Atome kaum angeregt werden. Meist erscheinen im Spektrum nur Resonanzlinien, die die stärksten Linien im Spektrum sind. Aufgrund ihrer leichten Anregbarkeit sind besonders Alkalimetalle und Erdalkalimetalle zur flammenspektralphotometrischen Untersuchung geeignet. Die F. ist keine Absolutmethode. Zur quantitativen Auswertung der Ergebnisse sind Kalibrierkurven erforderlich.

Vorteile der F. sind: 1) geringer Zeitaufwand (Analysendauer bei vorhandener Kalibrierkurve nur Sekunden), 2) hohe Empfindlichkeit, 3) hohe Selektivität, besonders bei Elementen mit linienarmen Spektren.

Nachteile sind, daß nur eine begrenzte Anzahl von Elementen bestimmbar ist und daß feste Substanzen gelöst werden müssen. Neben den Alkalimetallen eignen sich besonders Ca, Sr, Cu, Ga, In und Tl zur flammenspektralphotometrischen Bestimmung.

Flammpunkt, ↗ Entzündung.

Flammspritzen, ein Verfahren zum Auftragen von geschmolzenen Metallen (↗ Metallspritzen) oder Kunststoffen (↗ Plastspritzen) mittels Spritzpistole insbesondere zum Korrosionsschutz. Beim F. werden die aufzutragenden Werkstoffe in Draht- oder Pulverform in der Spritzpistole in eine Flamme gebracht, abgeschmolzen und mittels Druckluft zerstäubt. Die Flamme wird mittels Brenngases und Sauerstoffs erzeugt.

Flaschengas, Brenngas und technisches Gas, das in ↗ Stahlflaschen unter Druck gespeichert, transportiert und am Verbrauchsort unter Entspannung entnommen wird. Bei normaler Temperatur nicht verflüssigbare Gase, z. B. Sauerstoff, Stickstoff, Wasserstoff und Stadtgas, werden unter Druck (bis 20 MPa) verdichtet oder wie Ethin unter wesentlich geringerem Druck (bis 1,5 MPa) in einem Lösungsmittel gelöst. Bei normaler Temperatur verflüssigbare Gase (↗ Flüssiggase) werden mit einem Druck gespeichert, der nur wenig über dem zur Verflüssigung notwendigen Druck liegt.

Flavan, *2-Phenylchroman*, Grundkörper der ↗ Flavanoide. F. bildet farblose Kristalle; F. 44 bis 45 °C, Kp. 332 °C. Es ist in organischen Lösungsmitteln leicht löslich. F. ist synthetisch durch Erhitzen von 2-Hydroxybenzylalkohol mit Styrol auf 230 °C oder durch katalytische Hydrierung von 2-Phenylchromen zugänglich.

Flavanoide, größere Gruppen sekundärer pflanzlicher Naturstoffe, die sich vom Flavan ableitet. Grundkörper der F. ist das *Flavanon* (Flavan-4-on), von dem sich die Derivate des Flavanols (Flavan-3-ol), Flavons und Flavonols ableiten. Zu den Flavanderi-

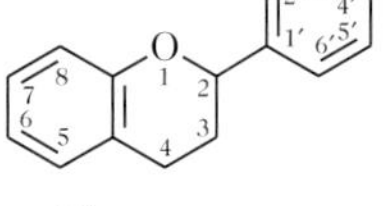

Flavan

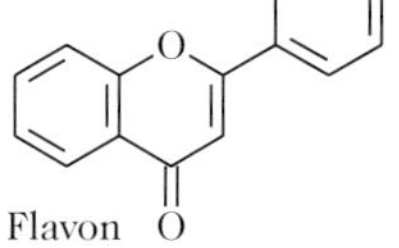

Flavon

vaten gehören auch die ↗ Anthocyane und Catechine (↗ Catechingerbstoffe). Die natürlichen F. tragen Hydroxy-, seltener Methoxygruppen an den Positionen 5,7,3′,4′ und/oder 5′. F. bilden durch die phenolischen Hydroxygruppen mit Alkalien gelbe Salze, mit starken Säuren *Oxoniumsalze* (*Flavyliumsalze*). Die F. kommen meist als *O*-Glycoside, seltener auch als »*C*-Glycoside« vor. Die verbreitetsten F. sind die ↗ Flavone.

Flavanon, ↗ Flavone.

Flavazin, 1) *Echtlichtgelb G*, *Hydrazingelb L*, ein gelber, in Wasser leicht löslicher, saurer Pyrazolonfarbstoff. Er wird hergestellt durch Diazotieren von Anilin und Kuppeln mit 1-*p*-Sulfophenyl-3-methyl-5-pyrazolon und dient zum Färben tierischer Fasern sowie zur Herstellung von Farblacken.

2) *Flavazin S*, *Hydrazingelb S* und *SO*, ein dunkelgelber, in Wasser löslicher, saurer Pyrazolonfarbstoff. Er wird hergestellt durch Diazotieren von Anilin und Kuppeln mit 1-*p*-Sulfophenyl-3-pyrazolon-3-carbonsäure und dient zum Färben tierischer Fasern sowie zur Herstellung von Farblacken.

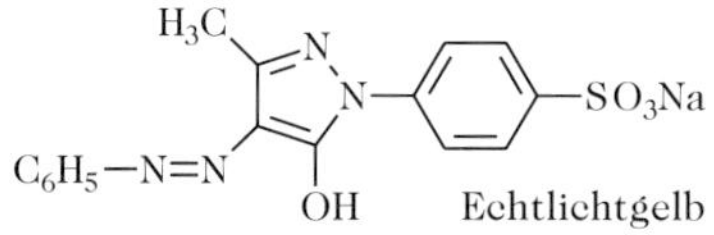

Echtlichtgelb G

3) *Flavazin T*, ↗ Tartrazin.

Flavinadenindinucleotid, Abk. ***FAD***, ***Riboflavinadenosinbisphosphat***, ein Vertreter der ↗ Flavinnucleotide und die Wirkgruppe vieler ↗ Flavinenzyme. Der Isoalloxazinring des Flavins fungiert als reversibles Redoxsystem (↗ Flavinmononucleotid, ↗ Flavinenzyme). F. wird biosynthetisch aus Flavinmononucleotid (FMN) und ATP unter der Katalyse von FAD-Pyrophosphorylase gebildet: FMN + ATP $\rightleftharpoons$ FAD + PP_a (Abb.). Das anorganische Pyrophosphat (PP_a) wird anschließend in stark exothermer Reaktion durch die Pyrophosphatase zu Orthophosphat hydrolysiert. F. ist weniger photolabil als FMN oder Riboflavin. Unter alkalischen Bedingungen wird F. sehr schnell in cyclisches Riboflavin-4′,5′-phosphat überführt. Verdünnte Lösungen von F. führen beim Erhitzen zum FMN.

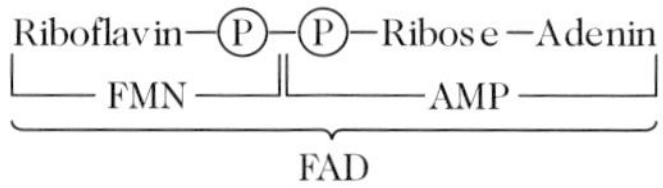

Flavinadenindinucleotid. Abb.: Vereinfachte Formel von FAD.

Flavine, in 10-Position substituierte Derivate des 7,8-Dimethylisoalloxazins (*Flavin*). F. sind durch Kondensation entsprechender monosubstituierter *o*-Phenylendiamine mit Alloxan darstellbar, z. B.

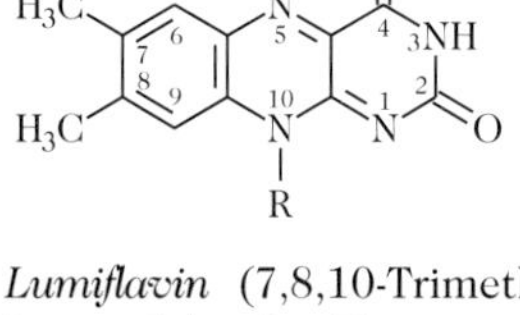

Lumiflavin (7,8,10-Trimethylisoalloxazin), ein Abbauprodukt des Vitamins B_2, aus 4,5-Dimethyl-2-

methylaminoanilin und Alloxan. Der wichtigste Vertreter der F. ist das zum Vitamin-B_2-Komplex gehörende *Riboflavin*. Synthetische F. sind als biologische Antagonisten des Riboflavins, ferner als UV-Lichtabsorber in der Farbenphotographie und als Antioxidanzien von Interesse.

Flavinenzyme, ***Flavoenzyme***, eine in Tieren, Pflanzen und Mikroorganismen weit verbreitete Gruppe von Oxidoreductasen, die Flavinadenindinucleotid (FAD) oder seltener Flavinmononucleotid (FMN) als Coenzym enthalten und Wasserstoffübertragungsreaktionen katalysieren. Der Wasserstoff wird dabei nicht nur von NADH oder NADPH (↗ Nicotinamidnucleotide), sondern auch direkt vom Substrat übernommen. Wegen der Gelbfärbung durch den oxidierten Riboflavinteil des Coenzyms werden die F. auch als *gelbe Fermente* bezeichnet. Eine Reihe von F. enthält zusätzlich Metall-Ionen (Fe, Mg, Cu, Mo) als Cofaktor. Der Mechanismus der Wasserstoff- bzw. Elektronenübertragung vom Donorsubstrat auf das Isoalloxazin-System von FAD oder FMN ist sehr komplex und bei den einzelnen F. unterschiedlich. So kann die Reduktion radikalisch über Semichinon-Intermediate oder nichtradikalisch über Hydridtransferschritte ablaufen. Die F.-katalysierten Reaktionen können durch den ↗ optischen Test verfolgt werden. Während reduzierte Flavinnucleotide ($FADH_2$ und $FMNH_2$) nur UV-Licht absorbieren, sind die oxidierten Formen durch eine zusätzliche Bande bei 450 nm im sichtbaren Bereich gekennzeichnet. Während die ↗ Succinatdehydrogenase kovalent verknüpftes FAD enthält, sind die Flavinnucleotide der meisten F. zwar nichtkovalent, jedoch sehr fest mit dem Enzymprotein verbunden. F. sind an Dehydrierungen von $-CH_2-CH_2$-Gruppen (↗ Succinat-Dehydrogenase, Acyl-CoA-Dehydrogenase u. a.), an der Oxidation von Dihydroliponsäure (Pyruvat-Dehydrogenase-Komplex), an Oxidase-Reaktionen sowie an der Dehydrierung von NADH + H^+ mittels der NADH-Dehydrogenase (↗ Atmungskette) beteiligt.

Flavinmononucleotid, Abk. ***FMN***, ***Riboflavin-5′-phosphat***, ein Vertreter der ↗ Flavinnucleotide und die Wirkgruppe von ↗ Flavinenzymen. F. ist aus dem in Positionen 7 und 8 methylierten Isoalloxazin und dem Ribityl-5′-phosphat am N-Atom 10 aufgebaut. Obwohl gebräuchlich ist die Bezeichnung »Nucleotid« nicht korrekt, da die C(1′)-N(10)-Verknüpfung keine *N*-glycosidische Bindung ist (Abb.). F. ist sehr photolabil. In alkalischer Lösung ist die C(1)-N(10)-Bindung instabil. Biosynthetisch wird F. aus Riboflavin und ATP unter der Katalyse der Flavokinase gebildet, während Phosphatasen den Phosphatrest hydrolytisch abspalten. F. ist beispielsweise Coenzym der NADH-Dehydrogenase (↗ Atmungskette).

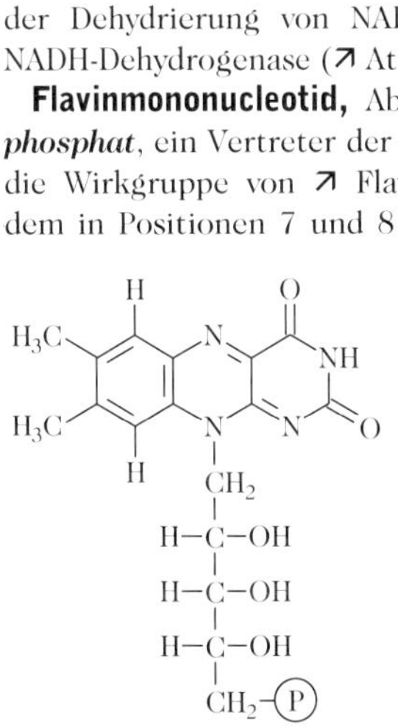

Flavinnucleotide, die Coenzyme bzw. prosthetischen Gruppen der ↗ Flavinenzyme. F. sind ↗ Flavinmononucleotid und ↗ Flavinadenindinucleotid.

Flavoenzyme, ↗ Flavinenzyme.

Flavone, ***Flavonfarbstoffe*** (lat. flavus ›gelb‹), zu den Flavanoiden gehörende gelbe Pflanzenfarbstoffe, denen das Grundgerüst des *Flavons*, *Isoflavons* bzw. *Flavanons* gemeinsam ist.

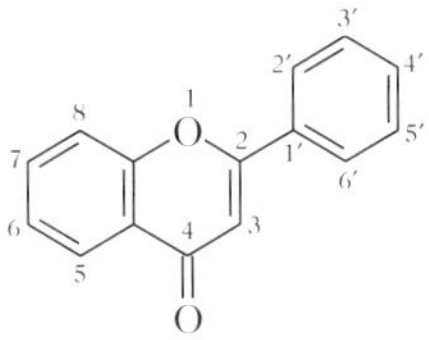

Flavon

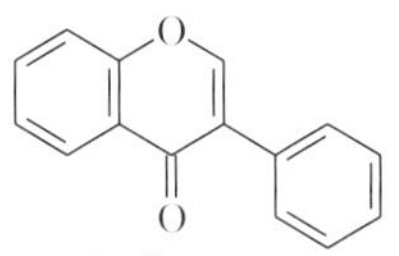

Isoflavon

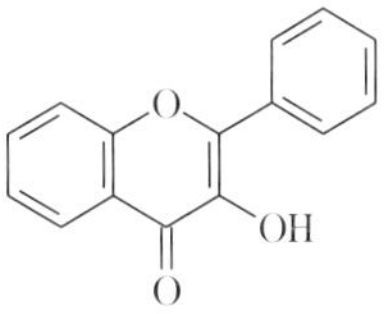

Flavanol

Flavon, *2-Phenyl-chromon*, bildet farblose Kristalle; F. 99 bis 100 °C. Flavon ist in vielen organischen Lösungsmitteln löslich, in Wasser unlöslich. Synthetisch ist es durch Erhitzen von Phenol und Benzoylessigester in Gegenwart von Phosphorpentoxid zugänglich. Flavon bildet an den überirdischen Teilen verschiedener Primelarten weißliche Beläge und soll für die allergisierende Wirkung dieser Pflanzen verantwortlich sein.

Isoflavon, *3-Phenyl-chromon*, bildet farblose Nadeln; F. 138 °C. Es ist in den meisten organischen Lösungsmitteln löslich, in Wasser unlöslich. Isoflavon ist synthetisch durch Kondensation von 2-Hydroxydesoxybenzoin mit Ameisensäureethylester in Gegenwart von Natrium und anschließende Hydrolyse mit konzentrierter Schwefelsäure bzw. beim Erhitzen von 2-Hydroxy-desoxybenzoin mit Formamid zugänglich.

Flavanon, *2,3-Dihydroflavon*, *2-Phenyl-chroman-4-on*, bildet farblose Nadeln; F. 75 bis 76 °C. Es existiert in verschiedenen Stereoisomeren. Flavanon ist durch Behandeln von 2′-Hydroxychalcon mit wäßrig-alkoholischer Natronlauge synthetisch zugänglich. Durch Bromierung und anschließende Abspaltung von Bromwasserstoff mittels konzentrierter Kalilauge läßt es sich in Flavon überführen. Als eine Untergruppe der F. werden die in 3-Stellung hydroxylierten *Flavonole* bezeichnet.

Die F. sind in der Natur weit verbreitet, z. B. in Blüten, Hölzern und Wurzeln, und kommen meist als Glycoside oder Ester der Tanninsäure vor. Sie treten als Begleitpigmente der strukturell eng verwandten roten, violetten und blauen Anthocyane auf; deshalb trifft man oft bei derselben Pflanze gleichzeitig gelbe und rote Bliiten bzw. an derselben Blüte Rot- bzw. Blau- und Gelbfärbung. Bisher sind mehr als 20 F. isoliert worden. Dazu gehören: *Apigenin*, 5,7,4′-Trihydroxyflavon (aus den Blüten von Dahlien, Löwenmaul und Kamille), *Chrysin*, 5,7-Dihydroxyflavon (aus Pappelknospen und Koniferen), *Fisetin*, 3,7,3′,4′-Tetrahydroxyflavon (aus der gelben Zeder), *Genistein*, 5,7,4′-Trihydroxyflavon (aus Ginster), *Hesperitin*, 5,7,3′-Trihydroxy-4′-methoxyflavon (aus Zitronenschalen), *Kämpferol*, 3,5,7,4′-Tetrahydroxyflavanon (aus Faulbaumbeeren, Rittersporn- und Schlehenblüten), *Lateolin*, 5,7,3′4′-Tetrahydroxyflavon (in Färberdistel, Reseda lutetola, gelbem Fingerhut und Dahlien), *Morin*, 3,5,7,2′,4′-Pentahydroxyflavon (im Gelbholzextrakt des Färbermaulbeerbaumes), *Myricetin*, 3,5,7,3′,4′,5'-Hexahydroxyflavon (in Schwarzen Johannisbeeren, Kartoffelblüten und Hamamelis) und *Quercetin*, 3,5,7,3′,4′-Pentahydroxyflavon (in der Rinde der nordamerikanischen Färbereiche und Stiefmütterchenblüten).

Flavonfarbstoffe, ↗ Flavone.

Flavonole, ↗ Flavanoide.

Flavyliumsalze, ↗ Flavanoide.

Fließbettverfahren, ↗ Wirbelschichtverfahren.

Fließgleichgewicht, ↗ Gleichgewicht 4).

Fließgrenze, Grenzwert der Schubspannung, unterhalb der kein Fließen auftritt. Flüssigkeiten, die eine F. besitzen, werden als plastisch bezeichnet. Oberhalb der F. können sie sich ideal-plastisch (↗ Bingham-Körper), struktur-viskos (↗ Strukturviskosität) oder dilatant (↗ Dilatanz) verhalten.

Fließmittel, ↗ Papierchromatographie.

Fließpunkt, ↗ Schmelzpunkt.

Flock, ↗ textile Faserstoffe.

Flockulation, eine Form der ↗ Flockung, bei der suspendierte Stoffe in eine abscheidbare Form überführt werden. Die zu entfernenden kolloiden Schmutzstoffe werden durch Brückenbildung miteinander verknüpft. Es entstehen voluminöse Flokken. Bei der F. kommen vorrangig aktivierte Kieselsäure bzw. Flockulanten auf organischer Basis mit sehr großen Kettenlängen zur Anwendung.

Flockung, 1) *allgemein* die gegenseitige Annäherung kolloidaler Teilchen durch Zugabe jeweils entgegengesetzter Ladungsträger in Form von Flokkungsmitteln. Der Flockungsprozeß unterteilt sich in die zwei Hauptphasen Entstabilisierung der Kolloide und Transportvorgang zur gegenseitigen Anlagerung. Dabei unterscheidet man zwischen Koagulation, Einschlußflockung und Flockulation.

2) in der *Wasseraufbereitungs-* und *Abwasserreinigungstechnik* die Beseitigung unerwünschter Wasserinhaltsstoffe durch Bildung von in Wasser schwer löslichen Substanzen. Man erreicht eine F. in wäßrigen Suspensionen vor allem mit Hilfe geeignet gewählter Zusätze anorganischer Elektrolyte mit mehrwertigen Kationen (z. B. Calciumhydroxid, Eisen- und Aluminiumsalze) oder durch makromolekulare organische Flockungsmittel (z. B. Polyacrylamide, Polyacrylsäuren). Im ersteren Falle werden durch Adsorptionsvorgänge an den Teilchenoberflächen die Potentialbarrieren abgebaut, die die F. behindern. Im zweiten Fall erfolgt eine Vernetzung der Teilchen durch die fadenartigen Moleküle des Flockungsmittels, deren bindungsaktive Gruppen mit den Teilchenoberflächen in Wechselwirkung treten. Die synthetischen Flockungsmittel haben stark an Bedeutung gewonnen.

3) in der *Metallurgie* eine unerwünschte Materialtrennung in vorwiegend legierten Stählen (z. B. Chrom-Nickel-, Chrom- und Manganstähle) durch Ausscheiden von Wasserstoff infolge verringerter Löslichkeit im Stahl und bei verminderter Diffusionsfähigkeit. Dieser Vorgang ist durch Vorwärmen der Zuschlagstoffe, durch Senkung des Wasserstoffgehaltes in der Stahlschmelze sowie durch Vakuumschmelzen bzw. Vakuumgießen vermeidbar.

Flocoumafen, ↗ Rodentizide.

Flotation, *Schwimmaufbereitung*, Trennverfahren zur Anreicherung von Erzen und anderen Nutzmineralen. Die zu trennenden Stoffe werden zuvor so weit zerkleinert, daß die einzelnen Komponenten voneinander getrennt vorliegen. Das Gemisch wird in einer wäßrigen Lösung dispergiert und einem turbulenten Gasstrom ausgesetzt. Dabei werden hydrophobe Teilchen an der Gasblase-Wasser-Phasengrenze angereichert, d. h., die unterschiedliche Benetzbarkeit der einzelnen Gemengebestandteile ist die Ursache für die selektive Trennung. Durch die Anlagerung an die Gasblasen entstehen spezifisch leichtere Aggregate, die an die Oberfläche aufschwimmen (flotieren). Es handelt sich demnach um eine *Dichtetrennung*, wobei das unterschiedliche Anlagerungsvermögen an die Gasblase der entscheidende Schritt ist. Das wird erreicht durch die spezifische Anlagerung von grenzflächenaktiven Stoffen an die abzutrennende Komponente. Man nennt diese Stoffe *Sammler*. In die wäßrige Aufschlämmung (*Trübe*) wird Luft eingeblasen (Abb.) und die Trübe durch einen Rührer aufgeschäumt (*Schaumflotation*). Gleichzeitig wird dadurch die Sedimentation der dispergierten Teilchen verhindert. Die abzutrennenden hydrophobierten Mineralteilchen reichern sich an den aufsteigenden Gasbläschen an und werden in einer

Schaumschicht ausgetragen, die ebenfalls durch spezielle Tenside erzeugt wird (*Schäumer*). Sie werden von der Trübe mechanisch abgetrennt. Die Gangart wird von den Sammlern nicht beeinflußt und sedimentiert auf den Boden der Flotationszelle. Damit die Gangart optimal hydrophiliert wird, werden *Drücker* zugesetzt. Anstelle der Gasblasen kann die Stofftrennung auch durch dispergierte Öltröpfchen erfolgen (*Ölflotation*). Unter *selektiver F.* versteht man die flotative Trennung mehrerer Mineralkomponenten in aufeinanderfolgenden Arbeitsgängen unter Anwendung regelnder (spezifisch adsorbierender) grenzflächenaktiver Verbindungen.

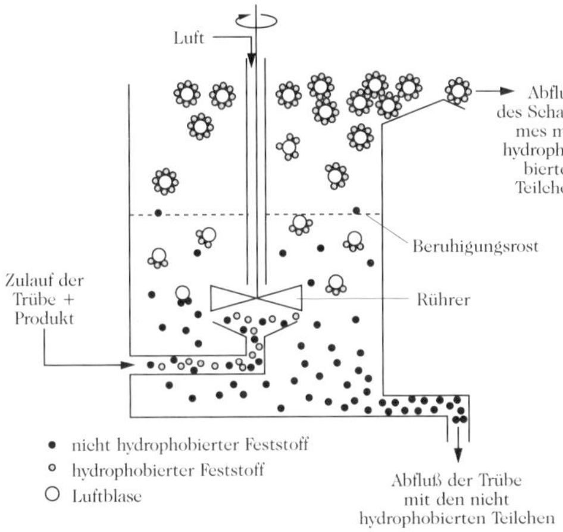

Flotation. Abb.: Flotation in einer Zelle.

Bei der *Ionenflotation* nutzt man die Bindung der zu gewinnenden Ionenarten an grenzflächenaktive Stoffe zu ihrem Ausbringen in einem Schaumprodukt aus.

Flotationsmittel. Die als *Sammler* verwendeten grenzflächenaktiven Stoffe können anionische oder kationische polare Gruppen enthalten. Sie sind verantwortlich für die selektive Adsorption. Der unpolare Molekülteil ist maßgeblich für die Hydrophobie. Als anionaktive Sammler verwendet man häufig Alkylxanthogenate, wie Methyl-, Ethyl-, Isopropyl-Cyclohexylxanthogenat, Ölsäure, Natriumpalmitat, Alkansulfonate und Phosphonate, als kationaktive Sammler vor allem Alkylammoniumchloride sowie ähnlich gebaute Pyridiniumverbindungen. Die Sammlerwirkung wächst oft mit zunehmender Länge der Alkylkette. Als *Schäumer* dienen Xylenole, Cresole, Kiefernöl und Flotol (technischer Fenchylalkohol). Schäumer und Sammler können identisch sein. Bei den Schwimmitteln unterscheidet man *Drücker*, die es ermöglichen, daß nur eine Komponente flotiert, die andere aber in der Trübe verbleibt. *Beleber* sind Stoffe, die die »gedrückte« Komponente wieder flotationsfähig machen.

Die F. wird auch in der Wasseraufbereitungs- und Abwasserbehandlungstechnik, besonders zur Abtrennung schwer sedimentierbarer Wasserinhaltsstoffe eingesetzt (↗ Abwasserreinigung).

Flözvergasung, ↗ Untertagevergasung.

Fluazifop-P-butyl, ↗ Aryloxyphenoxypropionsäureherbizide.

Flucythrinate, ↗ Pyrethroide.

Fludrocortison, ↗ Nebennierenrindenhormone.

Flufenoxuron, ↗ Acylharnstoffinsektizide.

Flugasche, bei der Verbrennung fester Brennstoffe im Abgas auftretende Feststoffanteile unterschiedlicher Zusammensetzung und Größe. Sie enthalten meist größere Anteile von Siliciumdioxid neben Magnesiumoxid, Calciumoxid sowie Eisenoxid und Aluminiumoxid. F. verschmutzt Gebäude und Vegetation in der Umgebung der Emittenten.

Flugzeitmassenspektrometer, ↗ Massenspektrometrie.

fluid (lat. fluidus ›fließend‹), zusammenfassende Bezeichnung für alle Zustände der Materie, die zwischen dem idealen Gas und dem Feststoff liegen. Dazu gehören z. B. dichte Gase, Flüssigkeiten, Schmelzen und überkritische Phasen. Auch fein verteilte Feststoffe in Gasen oder Flüssigkeiten (z. B. Wirbelschichten, magnetische Flüssigkeiten) können als f. Systeme aufgefaßt werden.

Fluidchromatographie, ↗ superkritische Flüssigchromatographie.

Fluid-Coking-Verfahren, ↗ Cracken.

Fluid-Extraktion, ↗ Destraktion.

Fluidifikation, ein Verfahren zur Umwandlung leicht verklumpender Salze in leicht rieselnde, nicht verbackende Pulver. Die F. wird z. B. bei Düngemitteln (Nitraten), Zement, Natriumchlorid NaCl, Ammoniumchlorid NH_4Cl angewendet. Dabei werden den leicht hygroskopischen Körnern geringe Mengen von *Fluidifiants* zugegeben, d. s. schwer lösliche, wasserabsorbierende Substanzen, wie Kieselgur, Kieselgel, Zinkoxid ZnO, Magnesiumoxid MgO, Aluminium und andere Stearate, und dadurch die Pulver rieselfähig und damit gut transportierbar und verarbeitungsfähig gehalten.

Fluktuation, Schwankung, die zufällige Abweichung einer Größe von einem Mittelwert. In homogenen stofflichen Systemen versteht man unter F. lokale Abweichungen im submikroskopischen Bereich von den makroskopischen Mittelwerten. So treten z. B. F. der Teilchendichte, des Brechungsindexes oder der Energie auf. Die Brownsche Bewegung ist gleichfalls ein Resultat von F.: Die von den Molekülen der Umgebung auf ein Brownsches Partikel, z. B. ein Staubteilchen oder Makromolekül, durch Stoß übertragenen Impulse kompensieren sich in einer kurzen Zeitspanne nicht vollständig, so daß eine Impulskomponente verbleibt, die zu Ortsverschiebungen der Partikel führt. Für ihre Bewegung gilt die Einstein-Stokes-Gleichung (↗ Diffusion). Eine statistische Berechnung der Größe und

Wahrscheinlichkeit von F. ist mit Hilfe der Schwankungstheorie möglich.

Flumethasonpivalat, ↗ Nebennierenrindenhormone.

Fluocinolonacetonid, ↗ Nebennierenrindenhormone.

Fluohm-Verfahren, ↗ Erdgas.

Fluor, Symbol *F*, chem. Element aus der VII. Hauptgruppe des Periodensystems, der Gruppe der ↗ Halogene, Nichtmetall, Reinelement; *Z* 9, Atommasse 18,99840, Wertigkeit I, D. (am Kp.) 1,108 g cm^{-3}, F. –219,61 °C, Kp. –187,52 °C, Standardelektrodenpotential (F^-/F_2) +2,87 V.

Eigenschaften. F. ist ein farbloses Gas von durchdringendem Geruch, und es ist das stärkste chemische Oxidationsmittel.

Fluor ist extrem giftig und wirkt unter anderem stark hautätzend. Gegenmaßnahmen: ↗ Flußsäure.

Hinsichtlich seiner Reaktivität nimmt F. unter den chem. Elementen eine deutliche Sonderstellung ein; es ist das Element mit der höchsten Elektronegativität, ist durch hohe Elektronenaffinität und bemerkenswert hohe Reaktivität gekennzeichnet. So reagiert F. mit fast allen Elementen, außer Stickstoff, Sauerstoff und den leichteren Edelgasen, direkt und meist sehr leicht, oft explosionsartig. Typisch ist die Fähigkeit des F., Elemente in Elementfluoride maximaler Oxidationsstufen zu überführen, wie diese z. B. in PF_5, SF_6, IF_7, VF_5, UF_6 oder ReF_7 vorliegen. Mit chem. Verbindungen reagiert F. bei mehr oder weniger hohen Temperaturen. Dabei verbindet es sich stets mit der elektropositiven Komponente der Reaktionspartner. Organische Verbindungen setzen sich mit F. äußerst heftig um. Mit Wasser reagiert es unter Bildung von Fluorwasserstoff, Sauerstoff, Wasserstoffperoxid und Ozon; in Gegenwart von Alkalien entsteht auch Sauerstoffdifluorid. Quarz wird von sorgfältig getrocknetem F. bei Raumtemperatur nicht angegriffen, oberhalb 250 °C setzen sich amorphes Siliciumdioxid und Quarzglas mit F. zu Siliciumtetrafluorid und Sauerstoff um.

Analytisches. Der qualitative Nachweis von Fluorid geschieht unter Anwendung der Ätz-, Kriech- oder Wassertropfenprobe. Zur quantitativen Fluoridbestimmung wird die Elektroanalytik unter Einsatz fluoridionensensitiver Elektroden herangezogen. Die Bestimmung von Fluorid kann auch über die Bildung von Calciumfluorid CaF_2 gravimetrisch erfolgen.

Vorkommen. Am Aufbau der Erdkruste ist F. mit $6{,}6 \cdot 10^{-2}$ % beteiligt, zählt damit zu den häufigeren Elementen und nimmt den Platz 14 der Häufigkeitsskala der Elemente ein. Das wichtigste Fluormineral, Fluorit (Flußspat) CaF_2, bildet bis heute den Hauptrohstoff für die technische Gewinnung von F. und dessen Verbindungen. In jüngster Zeit gewinnt auch der 3 bis 4 % betragende Fluorgehalt der Fluorapatit $Ca_5(PO_4)_3F$ führenden natürlichen Phosphate, der die bedeutendsten Weltreserven an F. repräsentiert, zunehmendes Interesse. Weiterhin kommt F. in Kryolith $Na_3[AlF_6]$, Topas $Al_2[Si_3O_{10}](F,OH)_2$ und Lepidolith $(K,Li)Al_2 \cdot [AlSi_3O_{10}](F,OH)_2$ vor. Fluoritvorkommen, die unter dem Einfluß radioaktiver Strahlung stehen, können auch geringe Mengen von elementarem F. als Kristalleinschlüsse enthalten. F. zählt zu den Spurenelementen, deren Fehlen im pflanzlichen oder tierischen Organismus Mangelerscheinungen hervorruft. Böden enthalten etwa 110 ppm, Pflanzen etwa 0,5 bis 2 ppm F. in der Trockensubstanz. Für den tierischen und menschlichen Organismus ist der Fluorgehalt der Knochen (≈ 0,9 bis 2,7 g/kg)und des Zahnschmelzes (≈ 0,2 bis 1,2 g/kg) von besonderer Bedeutung. Da der Fluoridbedarf des Menschen vor allem über das Trinkwasser gedeckt wird und Fluormangel Zahnkrankheiten (Karies) begünstigt, wird heute vielfach fluoridarmem Trinkwasser Fluorid zugesetzt (↗ Fluoridierung).

Bei allen Arbeiten mit Fluor ist äußerste Vorsicht geboten. Die Werkstoffe für Reaktionsgefäße und Armaturen müssen sehr sorgfältig ausgewählt werden. Die verwendeten Geräte müssen sauber und trocken sowie völlig frei von Ölen, Fetten und weiteren organischen Substanzen sein. Geringfügige Verunreinigungen können explosionsartige Oxidations- und Fluorierungsreaktionen einleiten, die bei entsprechenden Temperaturen zu Umsetzungen aller Materialien (Stahl, Steine), teilweise unter Flammenerscheinungen führen können.

Gewinnung. F. wird auf elektrochem. Wege gewonnen. Man führt die Elektrolyse an wasserfreien KF/HF-Schmelzen (KF · HF, F. 217 °C; KF · 2 HF, F. 72 °C; KF · 3 HF, F. 66 °C) unter Verwendung von Kupfer, Magnesium, Monelmetall, Nickel, Stahl und Kohle als Gefäß- bzw. Elektrodenmaterial durch. Folgende Verfahrensvarianten werden dabei angewandt: *Tieftemperaturverfahren*: Elektrolyt KF · 2,9–6,7 HF, Arbeitstemperatur 15 bis 50 °C, *Nickelanoden; Mitteltemperaturverfahren*: KF · 1,8–2,5 HF, 70 bis 130 °C, Kohleanoden; *Hochtemperaturverfahren*: KHF_2 245 bis 310 °C, Graphitanoden. Heute wird überwiegend nach dem Mitteltemperaturverfahren unter Verwendung von Anoden aus graphitfreiem Kohlenstoff gearbeitet. Das so hergestellte F. wird in Stahlflaschen in den Handel gebracht.

Verwendung. Das industrielle Hauptanwendungsgebiet von F. liegt heute in der Herstellung von Uranhexafluorid zur Trennung der Uranisotope ^{235}U und ^{238}U. In kleinerem Umfang nutzt man F. zur Herstellung von Schwefel(VI)-fluorid als Dielektrikum. F. ist auch von Interesse als möglicher Raketentreibstoff. Im Laboratorium wird F. als Ausgangsstoff zur Synthese zahlreicher neuer Fluorderivate angewandt.

Fluorazid, ↗ Halogenazide.

Fluorbenzol, C_6H_5–F, eine farblose, aromatisch riechende Flüssigkeit; F. –41,2 °C, Kp. 85,8 °C; n_D^{20} 1,4657. F. ist in Wasser schwer, in den meisten organischen Lösungsmitteln leicht löslich. Die Herstellung erfolgt durch ↗ Schiemann-Reaktion oder durch Pyrolyse von Cyclopentadien in Gegenwart chlor- und fluorhaltiger Alkane oder Alkene. Man verwendet F. zur Herstellung von Schädlingsbekämpfungsmitteln und pharmazeutischen Präparaten.

Fluorcarbone, Verbindungen aus Fluor und Kohlenstoff, die in makromolekularer Form als Kunststoffe und Chemiefaserstoffe verwendet werden. Ihre Bedeutung basiert auf einer hervorragenden Chemikalien- und Dauertemperaturbeständigkeit (bis etwa 260 °C). Die bekanntesten F. sind ↗ Polytetrafluorethylen und ↗ Polytrifluorchlorethylen.

Fluorcyan, ↗ Halogencyane.

1-Fluor-2,4-dinitrobenzol, ein Strukturisomeres der sechs möglichen Fluordinitrobenzole. Es bildet hellgelbe, in Wasser unlösliche Kristalle; F. 25,8 °C, Kp. 296 °C. In Alkohol ist 1-F. löslich. Die Herstellung erfolgt durch Nitrierung von Fluorbenzol. 1-F. wird in der Proteinchemie zur Identifizierung N-terminaler Aminogruppen verwendet.

Fluoren, ein kondensierter aromatischer Kohlenwasserstoff mit einer reaktionsfähigen CH_2-Gruppe in 9-Position. F. kristallisiert in farblosen Blättchen; F. 116 °C, Kp. 294 °C. Es ist unlöslich in Wasser, löslich in Ethanol, Ether, Benzol, Chloroform und Schwefelkohlenstoff. F. kommt im Steinkohlenteer

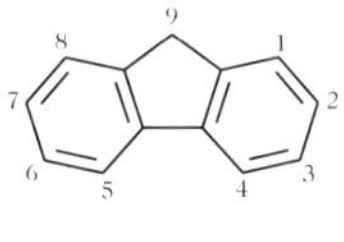

vor und wird daraus abgetrennt. Synthetisch ist es zugänglich durch thermische Dehydrierung von Diphenylmethan, durch katalytische Dehydrierung von 2-Methylbiphenyl oder durch die ↗ Pschorr-Reaktion. F. läßt sich leicht in 9-Position oxidieren (*Fluorenon*) und mit Aldehyden kondensieren (*Benzalfluoren*). Die Produkte sind Systeme mit gekreuzt konjugierten Doppelbindungen, die wie Fulvene tiefgelb sind. Verwendet werden F. und seine Derivate zur Herstellung von Farbstoffen, Arzneimitteln und Schädlingsbekämpfungsmitteln.

Fluorescein, ***Resorcinphthalein***, ein ↗ Xanthenfarbstoff. F. kommt in einer gelben labilen Modifikation vor, die sich bei 250 bis 260 °C in eine rote stabile Modifikation umwandelt. Spuren von F. wirken in verd. Alkalien intensiv grüngelb fluoreszierend. Man erhält F. durch Erhitzen von Resorcin mit Phthalsäureanhydrid in Gegenwart von Schwefelsäure als Katalysator.

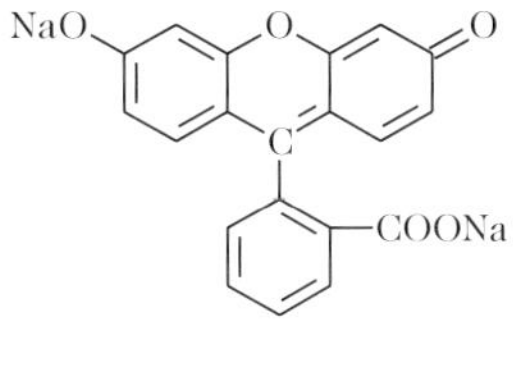

Das F. des Handels ist das Dinatriumsalz des F., das *Fluoresceinnatrium* (*Uranin*). Es zeigt eine intensive gelbgrüne Fluoreszenz. F. ist wichtig als Ausgangsmaterial für Eosinfarbstoffe, als Indikator, zum Anfärben des Wassers in Seenotfällen, zur Auffindung unterirdischer Verbindungen zwischen verschiedenen Wasserwegen sowie bei der Verfolgung des Stofftransports im menschlichen, tierischen oder pflanzlichen Organismus. F. wurde 1871 von A. v. Baeyer dargestellt.

Fluoressigsäure, F–CH_2–COOH, farblose und fast geruchlose Nadeln; F. 35 °C, Kp. 165 °C. F. ist in Wasser und Alkohol löslich. Sie kommt in einigen Giftpflanzen als toxischer Bestandteil vor. F. kann durch Umsetzung von Iodessigester mit Quecksilberfluorid und anschließende Hydrolyse des Fluoressigesters mit Calciumhydroxid hergestellt werden. Aufgrund der hohen Toxizität werden F. und einige ihrer Derivate, z. B. das Natriumsalz sowie Fluoressigsäuremethyl- und -ethylester, als Schädlingsbekämpfungsmittel verwendet. Außerdem haben sie als Kampfstoffe eine gewisse Bedeutung erlangt.

Fluoressigsäure ist außerordentlich giftig. Sie kann durch die Haut aufgenommen werden und Schädigungen des Herzens und heftige Krämpfe verursachen. Die Giftwirkung der Fluoressigsäure beruht darauf, daß sie in Form der Coenzym-A-Verbindung mittels Citratsynthase mit Oxalacetat zu Fluorcitronensäure reagiert, die als starker Hemmstoff der Aconitase den Citronensäurecyclus blockiert.

Fluoreszenz, eine Form der ↗ Lumineszenz, bei der die Anregung durch Absorption von Photonen (Photolumineszenz) erfolgt. Sie stellt formal die Umkehr der Lichtabsorption dar, indem eine Desaktivierung angeregter Elektronenzustände durch Reemission der Anregungsenergie als Strahlung erfolgt. Man kann zwischen *optischer F.* und *Röntgenfluoreszenz* unterscheiden, je nachdem, ob die emittierte Strahlung im Ultraviolett und Sichtbaren oder im Röntgengebiet liegt. Die Fluoreszenzstrahlung, die innerhalb von 10^{-9} bis 10^{-6} s nach der Anregung abgegeben wird, hat entweder die gleiche Energie (*Resonanzfluoreszenz*) oder eine geringere Energie als die einfallende Strahlung (↗ Stokessche Regel). Von der F. ist die ↗ Phosphoreszenz zu unterscheiden, die eine größere Abklingdauer ($> 10^{-4}$ s) aufweist. F. kann bei festen, flüssigen und gasförmigen anorganischen und organischen Stoffen auftreten. Die Anzahl der fluoreszierenden anorganischen Verbindungen (Fluorit, Uraniumverbindungen, Verbindungen der Seltenerdmetalle, gasförmige Proben von Alkalimetallen u. a.) ist relativ begrenzt. Viel häufiger fluoreszieren organische Verbindungen.

Zur Charakterisierung des Fluoreszenzlichtes können folgende Parameter herangezogen werden: 1) Die spektrale Zusammensetzung des Fluoreszenzlichtes (*Fluoreszenzspektrum*). Sie kann zur Identifizierung und Strukturaufkärung einer Probe herangezogen werden (*Fluoreszenzspektroskopie*). 2) Die Intensität des Fluoreszenzlichtes. Sie kann zur Konzentrationsbestimmung fluoreszierender Substanzen benutzt werden (*Fluorometrie* oder *Fluoreszenzphotometrie*). Wegen konzentrationsabhängiger Desaktivierungsprozesse ist für quantitative Bestimmungen die Verwendung von Eichkurven erforderlich. 3) Die Abklingzeit, d. i. die Zeit, die nach Beendigung der Anregung bis zum Abfall der Intensität auf 1/e vergangen ist. Das Abklingen der F. erfolgt nach einer Exponentialfunktion. 4) Der Polarisationsgrad der F. Er kann bei der Bestrahlung einer orientierten Probe mit polarisiertem Licht beobachtet werden.

Die wichtigsten Anwendungen der F. sind die Atomfluoreszenz (↗ Atomfluoreszenzspektroskopie), die ↗ Röntgenfluoreszenz sowie die *Molekülfluoreszenz*. Der Zusammenhang zwischen Absorptions- und Fluoreszenzspektren von Molekülen ist aus Abb. 1 ersichtlich.

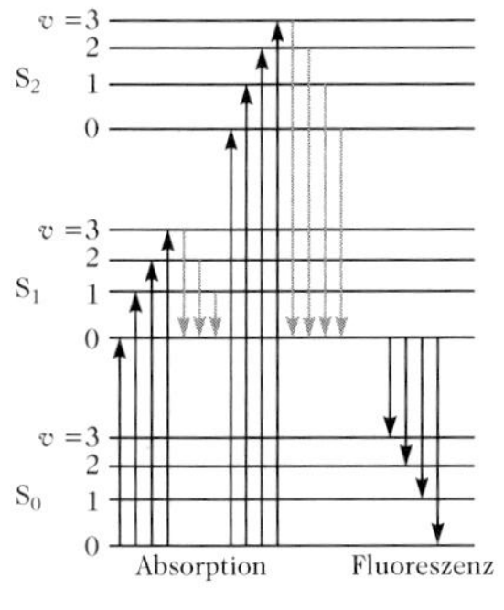

Fluoreszenz. Abb. 1: Energiezustandsdiagramm zur Erläuterung der Fluoreszenz.

Die Absorption von Licht führt vom untersten Schwingungsniveau des elektronischen Grundzustandes S_0 zu einem Schwingungsniveau des ersten angeregten Elektronenzustandes S_1 oder zu höher angeregten Elektronenzuständen S_2, S_3 usw. Durch strahlungslose Prozesse (farbige Pfeile) erfolgt in der Regel eine Desaktivierung dieser Zustände zum niedrigsten Schwingungsniveau von S_1. Lichtemission durch F. erfolgt von diesem Energieniveau in eines der Schwingungsniveaus des Elektronengrundzustandes. Demzufolge ist das Fluoreszenzlicht längerwellig als die absorbierte Strahlung, Absorptions- und Fluoreszenzbanden verhalten sich annähernd wie Bild und Spiegelbild (Abb. 2).

Desaktivierungsmöglichkeiten, die mit der F. konkurrieren können, sind neben der Abführung der Anregungsenergie durch Stöße 2. Art sowie durch Induktion photochem. Reaktionen insbesondere intramolekulare Desaktivierungsprozesse wie Prädissoziation (Spaltung schwacher Bindungen durch die Anregungsenergie) sowie Umwandlung der Elektronenanregungsenergie in Schwingungsenergie.

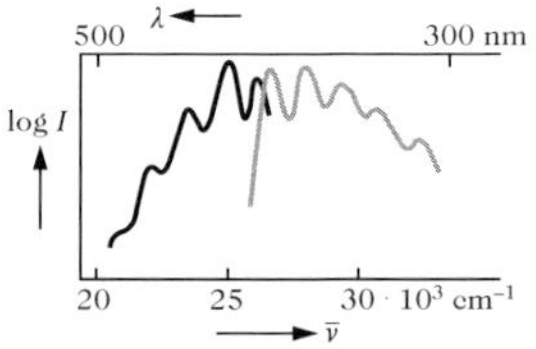

Fluoreszenz. Abb. 2: Absorptionsspektrum (*schwarz*) und Fluoreszenzspektrum (*grau*) von Anthracen. λ Wellenlänge, $\tilde{\nu}$ Wellenzahl, I Intensität.

Die Kenntnis der Fluoreszenzspektren ist von großer Bedeutung für die Theorie der angeregten Zustände (↗ Photochemie). Verschiedene Anwendungen der F. basieren auf ihrer extrem niedrigen Nachweisgrenze. So dienen wäßrige Lösungen von Fluorescein, einer besonders stark fluoreszierenden Substanz, als Wasserzusatz bei der Lecksuche oder zur Markierung von Unglücksstellen im Seerettungsdienst.

Fluoreszenztitrationen, Methoden der Volumetrie, die zur Bestimmung des Endpunkts der Titration Fluoreszenzindikatoren (↗ Indikator) verwenden. F. werden häufig bei stark gefärbten Probelösungen angewendet.

Fluoride, salzartige, kovalente oder koordinationspolymere Verbindungen, die Fluor als elektronegativen Bindungspartner enthalten. Elektropositive Alkali- und Erdalkalimetalle bilden salzartige F. des Typs MF und MF_2. Einige Bedeutung haben auch Hydrogenfluoride, z. B. Kalium-hydrogendifluorid KHF_2; das lineare Hydrogendifluorid-Anion $[FHF]^-$ kann durch Anlagerung weiterer HF-Moleküle in winklige Anionen, $H_2F_3^-([FHFHF]^-)$ oder $H_3F_4^-$ übergehen, wie sie in sauren Fluoriden KF · 2 HF und KF · 3 HF vorliegen.

Hydrogenfluoride wirken stark hautätzend. Gegenmaßnahmen: ↗ Flußsäure.

Kovalente F. sind für Nichtmetalle und Übergangsmetalle in hohen Oxidationsstufen typisch, z. B. Bortrifluorid BF_3, Siliciumtetrafluorid SiF_4, Phosphorpentafluorid P_5 Schwefelhexafluorid SF_6, Uran(VI)-fluorid UF_6, Wolfram(VI)-fluorid WF_6, Rhenium(VII)-fluorid ReF_7 und Osmium(VII)-fluorid OsF_7. Koordinationspolymere F. sind Übergangsmetallverbindungen mittlerer Oxidationsstufen, wie sie z. B. in Eisen(II)-fluorid FeF_2 oder Cobalt(II)-fluorid CoF_2 vorliegen. Viele Metall- und auch Nichtmetallfluoride bilden mit Alkalifluoriden *Fluorokomplexe*, z. B. M_3AlF_6, MBF_4, M_2SiF_6, M_3FeF_6 und M_2ReF_6.

Fluoridierung, der Zusatz fluorhaltiger Verbindungen zum Trinkwasser. Zum Aufbau des Knochenskeletts sowie zur Kariesbekämpfung benötigt der Mensch etwa 1,5 bis 1,8 mg Fluorid je Tag; etwa 0,5 mg sind in der täglichen Nahrungsmenge enthalten. Die F. des Trinkwassers stellt eine Möglichkeit zur Beseitigung von Fluoriddefizit dar, wird aber kaum noch angewendet. Konzentrationen über 2 mg/l sind physiologisch bedenklich; sie führen bei dauernder Aufnahme zu Knochenschäden und Dentalfluorose (Dunkelfärbung des Zahnschmelzes). Bei der Trinkwasseraufbereitung können folgende Fluoridierungschemikalien verwendet werden: Natriumhexafluorosilicat Na_2SiF_6, Natriumfluorid NaF oder Fluorwasserstoff HF.

Fluorierung, ↗ Halogenierung.

Fluorittyp, ***Fluoritstruktur***, ein verbreiteter ↗ Strukturtyp für Verbindungen der allgemeinen Zusammensetzung AB_2. Das Mineral Fluorit (Calciumfluorid CaF_2) bildet ein Kristallgitter, in dem die Ca^{2+}-Ionen ein kubisch flächenzentriertes Teilgitter bilden und die F^--Ionen die Zentren der Achtelwürfel, in die man sich die Elementarzelle zerlegt denken kann, besetzen (Abb.).

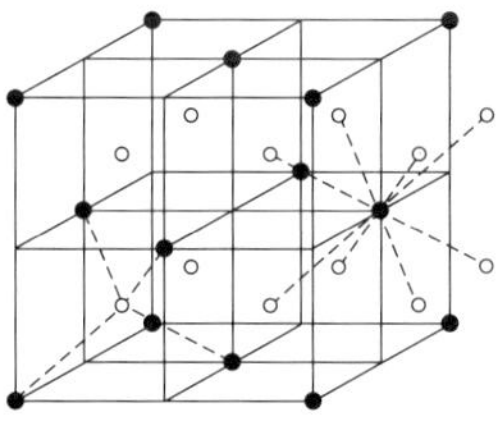

Fluorittyp. Abb.: Elementarzelle und Koordinationsverhältnisse.

Jedes Ca^{2+}-Ion ist würfelförmig von 8 F^--Ionen und jedes F^--Ion tetraedrisch von 4 Ca^{2+}-Ionen umgeben. Das Auftreten des F. hängt entscheidend davon ab, ob die Bedingung für den Radienquotienten $r_A/r_B \geq 0{,}732$ erfüllt ist. Im F. kristallisieren neben CaF_2 zahlreiche Oxide und Sulfide von Elementen mit einem größeren Ionenradius, z. B. SrF_2, BaF_2, CeO_2, ThO_2, UO_2. Im *Antifluorittyp*, d. h., im F. mit vertauschten Rollen von Metall und Nichtmetall (↗ Isotypie), kristallisieren z. B. die Alkalimetalloxide Li_2O ... Rb_2O und -sulfide Li_2S ... Rb_2S, Mg_2Si u. a.

Fluorkohlenwasserstoffe, aliphatische und aromatische Verbindungen, in denen Wasserstoffatome durch Fluoratome ersetzt sind. Perfluorierte Derivate werden auch als *Fluorkohlenstoffe* bezeichnet. F. sind beständige Verbindungen, deren Stabilität mit steigendem Fluorierungsgrad zunimmt. Mehrfachfluorierte F. sind hoch temperaturbeständig und meist nicht brennbar, wodurch die Verwendungsbreite erheblich erweitert wird. Mono- oder Difluorverbindungen zeigen im Gegensatz dazu ähnliche chemische Eigenschaften wie andere analoge Halogenderivate.

Eine weitere wichtige Gruppe der F. sind die *Chlorfluorkohlenwasserstoffe* (↗ FCKW), die außer Fluor andere Halogenatome, vornehmlich Chloratome enthalten.

Die Herstellung der F. erfolgt hauptsächlich durch schrittweisen Austausch der Halogenatome bei der Umsetzung von Chlorkohlenwasserstoffen mit Fluorwasserstoff in Gegenwart von Antimon(V)-chlorid oder durch die ↗ Swarts-Reaktion.

Aufgrund der geringen Giftigkeit und Unbrennbarkeit dienen F. in beträchtlichen Mengen als Treibmittel für Sprays, als ↗ Kältemittel und Lösungsmittel. Außerdem werden sie als Feuerlöschmittel, zur Herstellung von Schaumstoffen und Fluorcarbonharzen sowie als Schmierstoffe und Imprägnierungsmittel eingesetzt.

Fluoroborate, ***Tetrafluoroborate***, die Salze der in wäßriger Lösung erhältlichen ↗ Tetrafluoroborsäure HBF_4 von der allg. Formel $M[BF_4]$, die in ihren Kristallstrukturen und Löslichkeiten weitgehende Analogien zu den entsprechenden isoelektronischen Perchloraten aufweisen. Man erhält F. durch Reaktion der entsprechenden Metalloxide, -hydroxide oder -carbonate mit wäßrigen Fluoroborsäurelösungen.

Fluoroborsäure, ***Tetrafluoroborsäure***, HBF_4, in wäßriger Lösung erhältliche, in Form des Oxoniumsalzes $[H_3O][BF_4]$ auch Kristallen zugängliche Verbindung. F. ist eine starke Säure, die in Wasser gemäß $HBF_4 + H_2O \rightleftharpoons HBF_3OH + HF$ (Gleichgewicht weitgehend nach der linken Seite verschoben) einer geringfügigen Hydrolyse unterliegt. Man gewinnt F. durch Einwirkung 50%iger Flußsäure auf Borsäure: $4\ HF + B(OH)_3 \rightarrow HBF_4 + 3\ H_2O$. Verwendet wird sie zur Herstellung ihrer Salze, der ↗ Fluoroborate.

Fluorofasern, Abk. ***PTFE***, ↗ Chemiefasern mit linearen Makromolekülen aus fluorierten, aliphatischen Kohlenwasserstoffen, vornehmlich aus ↗ Polytetrafluorethylen. P. werden meist nach einem Matrixspinnverfahren erzeugt, bei dem das in allen bekannten Lösungsmitteln unlösliche Polytetrafluorethylen in die Spinnlösung des Viskosespinnverfahrens eingetragen wird. Die gebildeten Viskosefasern werden durch Erhitzen zerstört und das Polyfluorethylen sintert zu den F. zusammen. Weitere Verfahren sind eine Pastenextrusion und ein Schälverfahren, bei dem mit einem drehmeißelähnlichen Werkzeug von der Oberfläche einer Polyfluorethylenwalze flache Fäden abgeschält werden. Die besonderen Eigenschaften der F., hohe thermische und Chemikalienbeständigkeit, sehr niedriger Reibbeiwert und Nichtanfärbbarkeit, werden für die Herstellung von Filtergeweben, Schutzanzügen oder Färbebeuteln genutzt (↗ High-Tech-Fasern).

Fluoroglycofen, ↗ Diphenyletherherbizide.

Fluorokieselsäure, *Hexafluorokieselsäure*, *Kieselfluorwasserstoffsäure*, H_2SiF_6 starke zweibasige Säure, die aus konz. Lösung in Form des Oxoniumsalzes $[H_3O]_2[SiF_6]$, farblose, harte Kristalle, F. 19 °C, abgeschieden werden kann. In wäßriger Lösung von F. tritt freie Flußsäure nicht in merklichen Mengen auf, so daß die Lösung Glas nicht ätzt. Beim Eindampfen wäßriger H_2SiF_6-Lösungen entweichen SiF_4 und HF; der Dampf einer 13,3%igen Lösung enthält SiF_4 und HF im Molverhältnis 1:2, während bei höherer Konzentration der Lösung mehr SiF_4, bei geringerer Konzentration mehr HF in die Dampfphase übergeht. Man gewinnt F. durch partielle Hydrolyse von Siliciumtetrafluorid: $3\ SiF_4 + 2\ H_2O \rightarrow 2\ H_2SiF_6 + SiO_2$. Sie ist heute ein wichtiges Nebenprodukt bei der Superphosphat- oder Phosphorsäuregewinnung aus Fluorapatit. Verwendet wird F. als Holzschutzmittel, als Reinigungs-, Imprägnier- und Härtungsmittel für Mauerwerk, zur Oberflächenreinigung von Metallen, zur Oberflächenvergütung optischer Gläser sowie zur Gewinnung ihrer Salze, der ↗ Fluorosilicate.

Fluoroschwefelsäure, ***Fluorsulfonsäure***, FSO_3H, farblose Flüssigkeit; D. 1,743 g cm^{-3}, F. –87,3 °C, Kp. 165,5 °C. Die durch Vereinigung von Schwefeltrioxid mit Fluorwasserstoff herstellbare sehr starke Säure wird durch Wasser nur langsam zersetzt. Sie dient als bequemes Fluorierungsmittel. Äquimolare Mischungen der F. mit Antimonpentafluorid SbF_5 werden als magische Säure bezeichnet (↗ Supersäuren).

Fluorose, schwere Form der Fluorintoxikation bei Tieren. Folgen der Erkrankung sind verstärkte Abnutzung und Schwarzfärbung der Zähne, Deformation der Röhrenknochen und Gelenke, Versteifungen. Gefährdung besteht auch bei in der Fluorchemie tätigen Menschen.

Fluorosilicate, ***Hexafluorosilicate***, die Salze der Hexafluorokieselsäure H_2SiF_6, allg. Formel M_2SiF_6. Im okaedrischen $[SiF_6]^{2-}$-Anion beträgt der Si–F-Abstand 170 pm. Alkalimetallfluorosilicate (Ausnahme Li_2SiF_6, auch $BaSiF_6$) sind in Wasser schwer, die übrigen Metallfluorosilicate leicht löslich. F. sind giftig; sie ätzen Metall. Man erhält F. durch Umsetzung von Metallhydroxiden oder -carbonaten mit Hexafluorokieselsäure. Das technisch wichtigste F. ist das des Natriums. Kupferhexafluorosilicat, $CuSiF_6 \cdot 6\ H_2O$, und Magnesiumhexafluorosilicat, $MgSiF_6 \cdot 6\ H_2O$, dienen als Holzschutzmittel, letzteres auch zur Härtung und Wasserfestmachung im Bautenschutz.

Fluorouracil, ***5-Fluor-uracil***, ein Antimetabolit der Pyrimidinnucleobasen ↗ Uracil und ↗ Thymin, der als Cytostatikum eingesetzt wird. F. wird durch radikalische Fluorierung von Uracil mit elementarem Fluor gewonnen. Wirkform ist 5-Fluor-2′-desoxy-uridin-5′-monophosphat, das die Thymidylat-

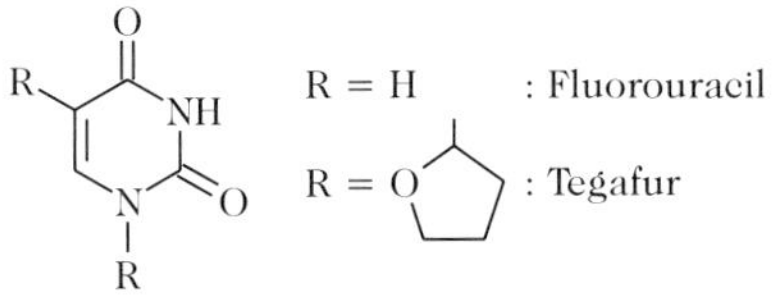

Synthetase hemmt, die 2′-Desoxy-uridin-5′-monophosphat in Thymidin-5′-monophosphat überführt. Das Derivat *Tegafur* wird als ↗ Prodrug verwendet.

Fluorsulfonsäure, ↗ Fluoroschwefelsäure.

Fluorwasserstoff, HF, farblose, leicht bewegliche, giftige, ätzende (↗ Flußsäure), an der Luft rauchende Flüssigkeit; D. (am Kp.) 0,991 g cm^{-3}, F. –83,55 °C, Kp. +19,51 °C; krit. Temp. +230,2 °C. F. zeigt eine ausgeprägte Neigung zur Assoziation durch Ausbildung von Wasserstoffbrücken. Im kristallinen Zustand liegen lange Zick-Zack-Ketten vor (Abb.); die Assoziation des F. auch in flüssiger Phase bedingt dessen auffallend hohen Schmelz- und Siedepunkt. In der Dampfphase, nahe am Siedepunkt, liegt ein temperatur- und druckabhängiges Gleichgewicht zwischen hexameren $(HF)_6$- und monomeren HF-Molekülen vor, erst bei 90 °C ist F. monomolekular. F. zählt neben N_2 und CO zu den stabilsten bekannten zweiatomigen Molekülen. Flüssiger F. ist ein vorzügliches, wasserähnliches Lösungsmittel, das gemäß $3\ HF \rightleftharpoons H_2F^+ + HF_2^-$ einer gewissen Eigendissoziation unterliegt (Ionenprodukt = 10^{-11}). Mit Wasser ist F. in allen Verhältnissen mischbar (↗ Flußsäure). Er kommt mit einer Reinheit von ≈ 99,5 % in den Handel. Man verwendet F. vor allem zur Herstellung der als Aerosole dienenden Fluorkohlenwasserstoffe, von Metallfluoriden, wie Uran(IV)- oder Chrom(III)-fluorid, und von Ammoniumhydrogenfluorid sowie von Fluoroschwefelsäure. Er dient weiterhin als Solvens im chem. Laboratorium.

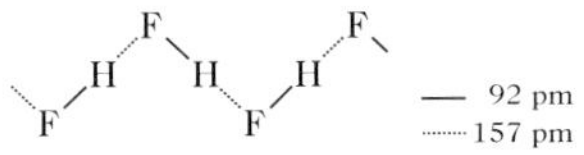

Fluorwasserstoff. Abb.: Assoziation des Fluorwasserstoffs.

Fluorwasserstoffsäure, ↗ Flußsäure.

Fluostigmin, Abk. ***DFP***, das Phosphorsäurediisopropylesterfluorid. F. wurde ursprünglich als chemischer Kampfstoff entwickelt. Es ist ein Acetylcholinesterasehemmer (↗ Parasympathikomimetika) und wird zur Glaukombehandlung eingesetzt.

Flurochloridon, ↗ Chlorotika-Herbizide.

Fluroxypyr, ↗ Pyridinherbizide.

Flushing-Verfahren, ein Verfahren zur Herstellung von Pigmenten. Es beruht darauf, daß auf naßchem. Wege, z. B. durch Fällung, hergestellte Pigmente nicht getrocknet, sondern mit organischen Lacklösungsmitteln oder Bindemitteln, z. B. Leinöl, unter Zusatz von Benetzungsmitteln in Vakuumknetern durchgeknetet werden. Dabei wird das Wasser aus dem Pigmentteig verdrängt, und an dessen Stelle tritt das organische Lösungsmittel. Hierdurch erhält man geflushte Pigmente in Form eines Teiges (*Flushpaste*). Die Teilchengröße der Pigmente bleibt hierbei weitestgehend erhalten, während bei der Trocknung eine Agglomeration und damit eine Vergrößerung der Teilchen eintritt.

Flusilazol, ↗ Triazolfungizide.

Flüssigchromatographie, Abk. *LC*, chromatographische Methode mit flüssiger mobiler Phase zur Analyse fester oder flüssiger Stoffgemische (↗ Chromatographie). Als stationäre Phase verwendet man bei der *Flüssig-Adsorptions-Chromatographie* (Abk. *LSC*) aktive feste Stoffe (Adsorbentien), bei der *Flüssig-Verteilungs-Chromatographie* (Abk. *LLC*) auf einem Träger fixierte Flüssigkeiten. Die 1903 erstmals entwickelte Methode hat noch eine Bedeutung für die Probenaufbereitung (Abtrennung von Verunreinigungen), in der Analytik wird sie fast ausschließlich als ↗ Hochleistungsflüssigchromatographie angewendet.

flüssige Kristalle, ***kristalline Flüssigkeiten, Mesophasen*** (von griech. mesos, »mitten, zwischen«), organische Verbindungen (auch Metallkomplexe mit org. Liganden) in einem Zustand mittlerer Ordnung, der zwischen dem des dreidimensional vollgeordneten Kristalls und dem der gewöhnlichen, strukturell ungeordneten Flüssigkeit liegt. F. K. besitzen sowohl Eigenschaften des kristallinen Zustandes (z. B. ↗ Anisotropie vieler Eigenschaften, Elastizität) als auch typische Eigenschaften von Flüssigkeiten (z. B. teilweise geringe Viskosität, Formunbeständigkeit). Die f. K. wurden 1888 von dem österreich. Botaniker F. Reinitzer an dem Benzoesäureester des ↗ Cholesterins entdeckt und 1889 von dem Physiker O. Lehmann erstmals näher untersucht.

Chem. Verbindungen, die f. K. bilden können, werden auch als *Mesogene* bezeichnet. Nach ihren Existenzbedingungen unterscheidet man zwei Arten von f. K.: thermotrope f. K. und lyotrope f. K. *Amphotrope* Verbindungen können beide Arten ausbilden.

1) ***Thermotrope f. K.*** Sie werden von reinen Stoffen oder auch Gemischen in einem bestimmten Temperaturbereich gebildet. Dieser thermische Existenzbereich ist eingegrenzt durch den Schmelzpunkt der kristallinen Phase und den *Klärpunkt*, bei dem der f. K. in die isotrope Flüssigkeit übergeht. Voraussetzung für die Ausbildung von f. K. ist eine geeignete Molekülgestalt der entsprechenden Verbindungen. Diese kann stäbchenförmig (auch mit stärkeren Abweichungen wie terminalen oder lateralen Verzweigungen) oder auch scheibchenförmig sein.

a) F. K. mit stäbchenförmigen Molekülen (sie werden auch als *calamitische f. K.* bezeichnet). Es sind etwa 50000 organische Verbindungen mit flüssigkristallinen Eigenschaften bekannt, die als gemeinsames Merkmal eine langgestreckte, stäbchenförmige Molekülgestalt aufweisen und durch die allgemeine Konstitutionsformel $F^1–A^1–M–A^2–F^2$ beschrieben werden können. Durch eine Mittelgruppe M (z. B. –CH=N–, –CH=CH–, –C≡C–, –N=N–, –N(O)=N–, –COO–, –CH=CH-COO–, $–C_6H_4–$, andere Ringsysteme, eine Einfachbindung) sind zwei Ringe A^1 und A^2 (Benzol, Cyclohexan, heterocyclische Fünf- oder Sechsringe) verbunden, die noch in *p*-Stellung mit gleichen oder unterschiedlichen Flügelgruppen F^1 und F^2 (z. B. –F, –Cl, –CN, $–NO_2$, $–C_nH_{2n+1}$, $–OC_nH_{2n+1}$) substituiert sind. Es können auch Elemente wie Hg, Si, Sn, S oder Se in das Molekül eingebaut sein. Die für praktische Anwendungen benötigten niedrigschmelzenden f. K. mit einem großen thermischen Existenzbereich bestehen meist aus Substanzgemischen. Bisweilen können f. K. nur einseitig durch Unterkühlung der Schmelze als metastabile Phasen erhalten werden, man bezeichnet sie dann (im Gegensatz zu den aus wechselseitiger Umwandlung erhaltenen *enantiotropen f. K.*) als *monotrop*.

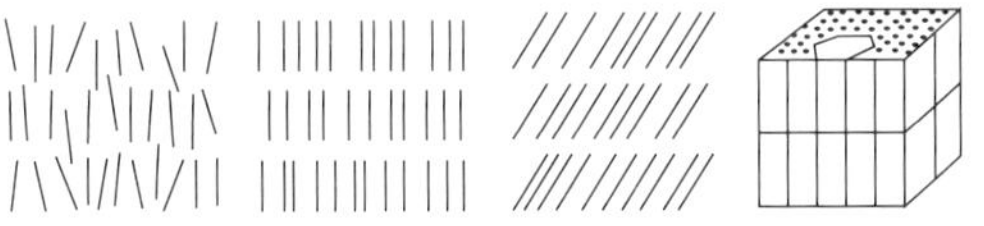

flüssige Kristalle. Abb. 1: Schematische Darstellung der Ordnungszustände in flüssigen Kristallen: (a) nematische Phase, (b) smektische A-Phase, (c) smektische C-Phase, (d) smektische B-Phase.

Es gibt verschiedene Typen von f. K., die auch an ein und derselben Substanz vorkommen können und dann durch Phasenumwandlungen getrennt sind (↗ Polymorphie). Den verschiedenen Typen entsprechen unterschiedliche Phasenstrukturen (Abb. 1). Bei den *nematischen f. K.* (Symbol N) sind die Längsachsen der Moleküle, die in der isotropen Flüssigkeit regellos verteilt sind, weitgehend parallel zueinander ausgerichtet. Die dadurch gegebene, gemittelte Vorzugsrichtung der Struktur wird auch als ihr *Direktor* bezeichnet. Die *cholesterinischen* (oder auch *cholesterischen*) *f. K.* (Symbol N*), eine bei chiralen Substanzen vorkommende Abart nematischer f. K., bestehen aus quasi-nematischen Schichten, die so übereinander gelegt sind, daß die Vorzugsrichtungen benachbarter Schichten einen bestimmten Winkel zueinander bilden und damit eine verdrillte Struktur entsteht. In ihr folgt der Direktor einer (rechts- oder linksgängigen) Schraubenbewegung mit einer bestimmten Ganghöhe. Dabei weisen Enantiomere die gleiche Ganghöhe, aber einen entgegengesetzten Schraubungssinn auf. Bei den *smektischen f. K.* (Symbol S) sind die Moleküle auch parallel zueinander und zusätzlich in Schichten angeordnet. Es gibt inzwischen über 15 verschiedene Arten smektischer f. K. (jeweils symbolisiert durch einen Buchstaben A, B, C ... in der Reihenfolge ihrer Entdeckung), die sich durch die Ordnung innerhalb der Schichten unterscheiden. So bedeutet smektisch A (S_A) »ohne« Ordnung mit senkrecht zur Schichtebene stehenden Molekülen, S_C gleichfalls »ohne« Ordnung, aber mit geneigten Molekülen; bei S_B erfolgt eine Einordnung der Moleküle innerhalb der Schichten in ein zweidimensionales hexagonales Gitter. In bestimmten Fällen (z. B. S_E) kann auch die Drehbarkeit der Moleküle um ihre Längsachse stark eingeschränkt sein. Chirale Mesogene können smektische Phasen mit ferroelektrischen Eigenschaften ausbilden (wie z. B. die smektische C*-Phase), die für praktische Anwendungen von besonderem Interesse sind. Einige Typen smektischer f. K. besitzen Merkmale einer dreidimensionalen Ordnung und stehen damit den festen Kristallen sehr nahe. Es gibt auch mehrere Typen *kubischer f. K.*, deren Eigenschaften sich trotz der starken Anisotropie der einzelnen Moleküle isotrop verhalten. Die unterschiedlichen Strukturtypen können durch röntgenographische Untersuchungen erkannt werden. F. K. gleichen Typs sind im allgemeinen vollständig miteinander mischbar und besitzen charakteristische optische Eigenschaften, die im Polarisationsmikroskop als *Texturen* beobachtet und zu ihrer Erkennung und Klassifizierung herangezogen werden können.

In Abb. 2 sind einige repräsentative Vertreter von Verbindungsklassen thermotroper Mesogene mit stäbchenförmiger Molekülgestalt zusammengestellt.

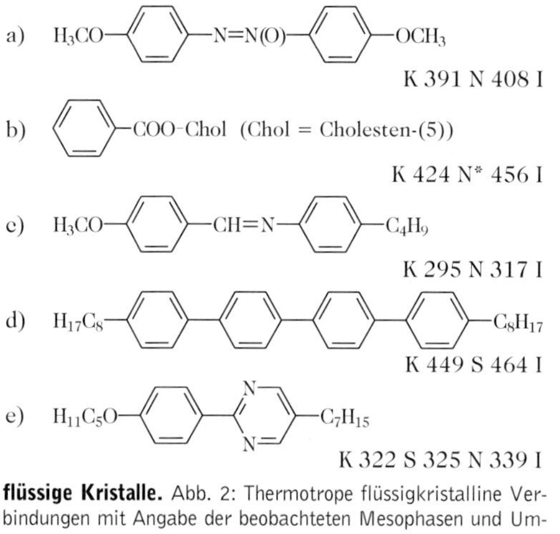

flüssige Kristalle. Abb. 2: Thermotrope flüssigkristalline Verbindungen mit Angabe der beobachteten Mesophasen und Umwandlungstemperaturen (in K).
(K – kristallin, N – nematisch, N* – cholesterinisch, S – smektisch, I – isotrop-flüssig)

Grundlegende Beiträge zur Synthese calamitischer f. K. wurden bereits in der ersten Hälfte dieses Jahrhunderts von D. Vorländer geleistet. Die erste bei Raumtemperatur kr.-fl. Verbindung war das *N*-(4-Methoxybenzyliden)-4-butylanilin (MBBA) (1969, Abb. 2c).

Durch molekularstatistische Berechnungen wurde gezeigt, daß in f. K. die Parallelordnung der Moleküle vor allem durch die Abstoßungskräfte zwischen den stäbchenförmigen Molekülen zustande kommt. Die anziehenden Kräfte (Dispersions- und Orientierungskräfte) verstärken diesen Effekt und sind auch für die Einordnung der Moleküle in Schichten verantwortlich. F. K. besitzen elastische Eigenschaften, die mit Hilfe der Kontinuumstheorie beschrieben werden können.

Die anisotrope Molekülgestalt und -anordnung bewirkt eine Anisotropie vieler physikalischer Eigenschaften bei f. K. Typische Beispiele hierfür sind die Anisotropie der optischen Eigenschaften, die die optische Doppelbrechung bewirkt, und die Anisotropie der elektrischen Leitfähigkeit sowie die dielektrische und die diamagnetische Anisotropie.

Anwendung der calamitischen thermotropen f. K. Während f. K. bis etwa 1960 nur einem kleinen Kreis von Spezialisten bekannt waren, haben sie seither eine ständig steigende Zahl von Anwendungsmöglichkeiten gefunden. Infolge der diamagnetischen Anisotropie orientiert sich die Vorzugsrichtung nematischer f. K. parallel zu Magnetfeldern, was in der NMR-, ESR- und UV/VIS-Spektroskopie zur Untersuchung der Anisotropie der Eigenschaften gelöster Stoffe genutzt wird. In elektrischen Feldern orientiert sich die Vorzugsrichtung je nach dem Vorzeichen der dielektrischen Anisotropie parallel oder senkrecht zur Feldrichtung. F. K., die durch epitaktische Wechselwirkung (↗ Epitaxie) mit speziell behandelten Elektroden homogen orientiert sind, können in elektrischen Feldern reversibel umorientiert und so zur Herstellung optoelektronischer Bauelemente (Displays) für elektronische Uhren, Taschenrechner, digital anzeigende Geräte, Bildschirme u. a. benutzt werden. Solche

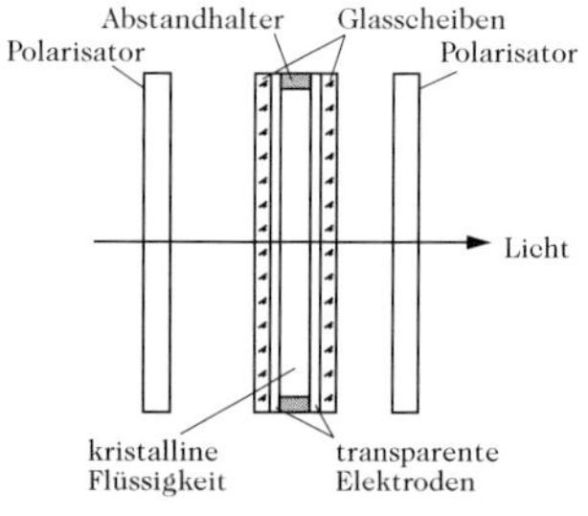

flüssige Kristalle. Abb. 3: Schematischer Aufbau eines Flüssigkristall-Displays.

Flüssigkristallanzeigen, die mit *LCD* (Abk. von engl. *l*iquid *c*rystal *d*isplay) bezeichnet werden und deren Aufbau in Abb. 3 schematisch dargestellt ist, haben einen extrem niedrigen Energieverbrauch. In der Gaschromatographie erreicht man durch Einsatz f. K. höchste Trennwirksamkeit. Cholesterinische f. K. besitzen eine Temperaturabhängigkeit der Farbe des selektiv reflektierten Lichtes, so daß sie für flächenhafte Temperaturmessung (Thermographie) für medizinische und technische Zwecke benutzt werden.

b) *F. K. mit scheibchenförmigen Molekülen (discotische f. K.).* Wie erstmals 1977 von S. Shandrasekhar gezeigt wurde, können auch scheibchen- oder diskusförmige Moleküle (Abb. 4) f. K. ausbilden. Sie können sich zu Säulen übereinanderlagern, die ihrerseits durch ihre gegenseitige Orientierung verschiedene flüssig-kristalline Strukturen (*columnare Phasen*) mit hexagonaler, recht- oder auch schiefwinkliger Anordnung der Säulen ergeben (Abb. 5). Auch discotische Phasen mit einer Neigung der Säulen (analog zur S_C-Phase) sind bekannt. Einfache Parallellagerung der Moleküle ohne Säulenbildung ergibt *discotische nematische Strukturen.* Die discotischen f. K. weisen ebenfalls eine Anisotropie der Eigenschaften auf.

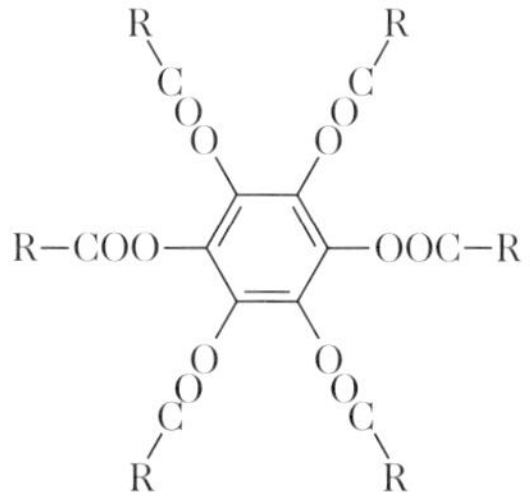

flüssige Kristalle. Abb. 4: Hexasubstituiertes Benzol als Beispiel für ein scheibchenförmiges (»discotisches«) Molekül.

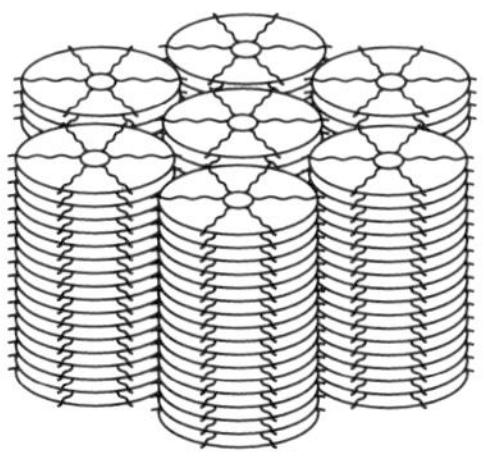

flüssige Kristalle. Abb. 5: Hexagonale Anordnung der Säulen in einer discotischen Phase.

Neben den discotischen konnten auch eine ganze Reihe anderer nicht-calamitischer f. K. mit unkonventioneller Molekülgestalt synthetisiert werden. So nimmt die Molekülgestalt der *phasmidischen f. K.* eine Zwischenstellung zwischen der Stäbchen- und Scheibchenform ein.

2) ***Lyotrope f. K.*** Diese können nicht von reinen Stoffen gebildet werden, sondern entstehen durch Wechselwirkung polarer Stoffe mit bestimmten Lösungsmitteln in gewissen Konzentrations- und Temperaturbereichen.

Lyotrope flüssig-kristalline Phasen können von amphiphilen Molekülen gebildet werden, die aus einer polaren Kopfgruppe und einem unpolaren langkettigen Paraffinrest bestehen. Typische Beispiele für derartige Substanzen sind Kaliumpalmitat, Lecithin, Octylamin oder Dodecylsulfonsäure. Die Strukturen lyotroper f. K. sind dadurch ausgezeichnet, daß die in Schichten, Zylindern oder Kugeln angeordneten amphiphilen Moleküle mit ihren Kopfgruppen mit einem polaren Lösungsmittel (Wasser, Alkohole, Chloroform) in Wechselwirkung stehen. Befindet sich das Lösungsmittel außerhalb der Schichten, Zylinder oder Kugeln, so handelt es sich um *normale Strukturen;* ist es dagegen im Innern, so spricht man von *inversen Strukturen.* Ein Beispiel für eine Schichtstruktur ist die *neat-Phase* (Abb. 6a), bei der die Molekül-Doppelschichten mit gegenüberstehenden und teilweise verknäulten Paraffinketten durch das Lösungsmittel getrennt sind. Die *middle-Phase* (Abb. 6b) besteht dagegen aus Zylindern mit nach außen stehenden Kopfgruppen, zwischen denen sich das Lösungsmittel befindet. Lyotrope f. K. können auch in Drei- oder Mehrstoffsystemen auftreten sowie in Gemischen amphiphiler Polymere (z. B. Polyhexadecylacrylat) mit Lösungsmitteln.

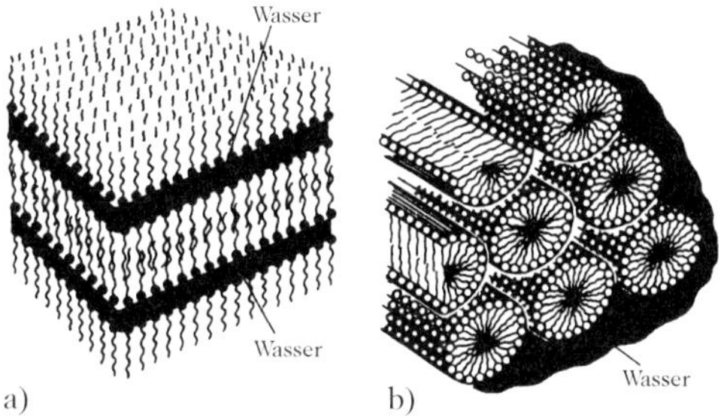

flüssige Kristalle. Abb. 6: Aufbau lyotroper flüssiger Kristalle (schematisch): (a) Struktur der neat-Phase, (b) Struktur der middle-Phase.

Lyotrope f. K. können leicht weitere Stoffe einlagern, die im eigentlichen Lösungsmittel unlöslich sind. Der Vorgang des Waschens unter Verwendung von Seifen oder Netzmitteln beruht teilweise hierauf. Lyotrope f. K. spielen eine große Rolle in biologischen Systemen. Muskelfasern, Gemische von Proteinen und Polypeptiden sowie bestimmte Zellflüssigkeiten kommen im tierischen und menschlichen Körper kristallin-flüssig vor. Lecithin bildet einen physiologisch wichtigen Bestandteil aller pflanzlichen und tierischen Zellen, vor allem des Nervengewebes, und ist in Gemischen mit Wasser sowie Cholesterylestern kristallin-flüssig.

Zellmembranen besitzen eine Struktur, welche derjenigen der lyotropen f. K. sehr ähnlich ist. Deshalb werden künstliche Modellmembranen aus amphiphilen Substanzen mit entsprechenden Lösungsmitteln aufgebaut. Bestimmte Viren, von Krebs befallene Zellen sowie der Inhalt der roten Blutkörperchen haben gleichfalls flüssig-kristalline Eigenschaften.

Flüssig-kristalline Polymere. Der flüssig-kristalline Zustand kann auch bei Polymeren beobachtet werden und ist von zunehmendem Interesse für die Entwicklung polymerer Werkstoffe mit besonderen Eigenschaften. In Analogie zu den niedermolekularen f. K. lassen sich auch die polymeren f. K. in die beiden Gruppen der thermotropen und lyotropen Systeme einteilen.

1) *Thermotrope flüssig-kristalline Polymere.* Der Hauptweg zu thermotropen f. K. besteht in der chem. Verknüpfung der Polymerketten mit Molekülen niedermolekularer Flüssigkristalle. Dabei können die mesogenen (für die Ausbildung der Mesophasen entscheidenden) Gruppen sowohl in der Hauptkette als auch in Form von Seitenketten eingebaut werden (Abb. 7). Polymere mit mesogenen Gruppen in der Hauptkette erhält man durch Polykondensation oder Copolykondensation aus verschiedenen bifunktionellen Verbindungen, die aus sowohl biegsamen als auch starren (mesogenen) Gruppen bestehen. Solche *halbstarren Polymere* bilden beim Auftreten einer thermotropen flüssigkristallinen Phase günstige Voraussetzungen zur Herstellung besonders zugfester Fasern. Polymere mit mesogenen Seitenketten (*Kammpolymere*) können entweder durch Polymerisation entsprechender flüssig-kristalliner Monomerer oder durch Anlagerung von Molekülen niedermolekularer f. K. an die Polymerkette mittels polymeranaloger Umwandlungen hergestellt werden. Die unmittelbare Verknüpfung der mesogenen Gruppe mit der Hauptkette (Abb. 7b) führt jedoch häufig nicht zur Ausbildung thermodynamisch stabiler flüssig-kristalliner Phasen. Entscheidend dafür erweist sich vielmehr die Verknüpfung der starren mesogenen Gruppe über einen flexiblen *Spacer*, der sowohl einen bestimmten Abstand als auch eine gewisse Bewegungsunabhängigkeit von der Hauptkette gewährleistet (Abb. 7c). Die Hauptkette wird z. B. durch Polyethylen, Polysiloxane oder Polyacrylate gebildet, als Spacer für die üblichen mesogenen Baugruppen (z. B. Schiffsche Basen, Cyanbiphenylgruppen, Cholesterylester) dienen meist Alkylengruppen. Die Kammpolymere bilden homogene nematische, cholesterinische und smektische Phasen hoher Viskosität.

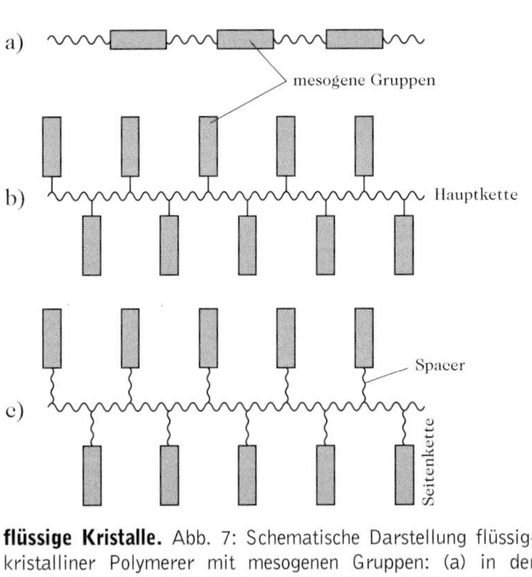

flüssige Kristalle. Abb. 7: Schematische Darstellung flüssigkristalliner Polymerer mit mesogenen Gruppen: (a) in der Hauptkette, (b) in der Seitenkette (ohne Spacer), (c) in der Seitenkette (mit Spacer).

2) *Lyotrope flüssig-kristalline Polymere.* In Lösungen von Polymeren mit starren Ketten kann in bestimmten Temperatur- und Konzentrationsbereichen eine spontane Entmischung in isotrope und anisotrope, d. h. flüssig-kristalline Phasen beobachtet werden. Derartige lyotrope Systeme mit nematischer oder cholesterinischer Struktur wurden für eine Reihe von Biopolymeren nachgewiesen und sind wahrscheinlich charakteristisch für die belebte Natur. Das Auftreten synthetischer Polymerer mit starrer Kette, wie aromatischer Polyamide, Polyester und Polyamidoester, in flüssig-kristallinen Phasen besitzt zunehmende anwendungstechnische Bedeutung. Derartige Polymere können aufgrund ihrer hohen Schmelztemperaturen nur in Lösung verarbeitet werden. Gelingt dabei die Ausbildung flüssig-kristalliner Phasen, so liefert das Verspinnen solcher Lösungen orientierte Fasern mit wesentlich höherer Festigkeit, als sie die aus isotroper Lösung gewonnenen Fasern aufweisen. So übertrifft z. B. die in den USA auf der Basis von Polyphenylenterephthalamiden entwickelte Kevlar-Faser in ihrer spezifischen Festigkeit sogar Stahl.

Flüssiggase, Gase aus reinen Kohlenwasserstoffen oder aus Kohlenwasserstoffgemischen, besonders Propan C_3H_8 und Butane C_4H_{10}, die bei normaler Temperatur und normalem Druck gasförmig sind, aber schon bei mäßigen Drücken (bis 2 MPa) in den flüssigen Zustand übergehen. F. fallen bei allen Raffinerieprozessen in der Erdölverarbeitung und bei der Aufarbeitung nasser Erdgase an. Der Transport der F. erfolgt in Fernleitungen und Tankschiffen, die Lagerung in Drucktanks oder Stahlflaschen (↗ Flaschengas).

F. werden verwendet als Heizgas in der Industrie, für die Gasversorgung von Haushalten in Gebieten ohne öffentliche Gasversorgung, für das Schneiden und Schweißen von Metallen sowie für die Beleuchtung von Signalen im Verkehrswesen. Die Verwendung von F. als Ersatz flüssiger Treibstoffe für Kraftfahrzeuge gewinnt wieder an Bedeutung.

Flüssigkeitsbäder, ↗ Heizbäder.

Flüssigluftsprengstoffe, ↗ Oxyliquitsprengstoffe.

Flüssigmetallversprödung, ↗ chemische Metallkorrosion.

Flüssigphasen-Peptidsynthese, ein Verfahren der Peptidsynthese unter Verwendung löslicher polymerer Träger. Unter Nutzung des generellen Prinzips der ↗ Festphasen-Peptidsynthese (Merrifield-Synthese) werden zur Umgehung der Reaktionsführung in heterogener Phase bei der F. lösliche polymere Träger verwendet, z. B. lösliches Polystyrol, Polyoxyethylen (POE), Polyethylenimin. Durch Einsatz von POE als C-terminale Schutzgruppe für die wachsende Peptidkette und durch Anwendung der Ultrafiltration zur Abtrennung der niedermolekularen Ausgangsprodukte und Reagenzien gelang eine entscheidende Verbesserung der F. Große Vorzüge besitzt die Kristallisationsmethode. Hierbei wird durch Zusatz eines geeigneten organischen Lösungsmittels (Diethylether u. a.) das Peptidyl-POE schnell und quantitativ in Form einer Helixstruktur unter Vermeidung von Einschlüssen zur Kristallisation gebracht, wodurch eine effektive Abtrennung von niedermolekularen Komponenten erreicht wird.

Die F. hat bisher noch keine so breite Anwendung gefunden wie die Festphasen-Peptidsynthese.

Flüssigphasenpermeation, ↗ Permeation.

Flußsäure, ***Fluorwasserstoffsäure***, die wäßrige Lösung von Fluorwasserstoff HF. F. ist eine schwache Säure ($pK_S = 3,17$), die mit zahlreichen Metallen unter Wasserstoffentwicklung und Bildung von Metallfluoriden reagiert, Gold und Platin nicht, Blei nur oberflächlich angreift. Aus konz. F. kann man ein Monohydrat, $HF \cdot H_2O$ ($[H_3O]F$), isolieren. F. mit einem HF-Gehalt von 35,37 % bildet ein bei 112 °C siedendes Azeotrop. Charakteristisch für F. ist ihre bei Ätzprozessen genutzte Fähigkeit, unter Bildung von Siliciumtetrafluorid Glas anzugreifen: $SiO_4 + 4\ HF \rightarrow SiF_4 + 2\ H_2O$. Aufbewahrung und Handhabung von F. erfordern daher Gefäße und Apparaturen aus Platin oder Blei, Polyethylen oder Polytetrafluorethylen.

Fluorwasserstoff, Flußsäure, Hydrogenfluoride und elementares Fluor erzeugen auf der Haut starke, tiefgehende, schmerzhafte Verätzungen; Gewebe und Knochen werden vollständig zerstört. Bei Arbeiten mit den genannten Stoffen ist daher größte Vorsicht erforderlich.

Als Gegenmaßnahme sind verätzte Stellen (außer Augenverletzungen) sofort mit Wasser 1–2 Minuten abzuspülen und dann alle 15 Minuten mit Calcium-Gluconat-Gel (ips HF Antidote Gel®) einzumassieren. Nach gründlicher Erstbehandlung und vom Arzt durchgeführter Calciumgluconatunterspritzung oder Cortisonbehandlung kann ein Heilerfolg erzielt werden. Keinesfalls dürfen die verätzten Stellen mit Fettsalbe oder offene Wunden mit Ammoniaklösung behandelt werden! Bei Verätzung der Augen ist mit temperiertem Wasser und 1%iger Natriumhydrogencarbonatlösung zu spülen; danach ist sofort der Augenarzt aufzusuchen.

Bei anhaltender Aufnahme fluorhaltiger Salzstäube und geringer HF-Konzentrationen finden CaF_2-Ablagerungen am Knochengerüst statt, die Unbeweglichkeit und Schmerzen (Fluorose) verursachen.

Man gewinnt F. im technischen Maßstab in endothermer Reaktion durch Umsetzung von Fluorit mit Schwefelsäure und Oleum oder Schwefeltrioxid und Wasserdampf: $CaF_2 + H_2SO_4 \rightarrow 2\ HF + CaSO_4$. Diese in modernen Anlagen in Drehrohröfen bei etwa 300 °C durchgeführte Umsetzung führt zu einem F.-Rohprodukt, das neben Schwefelsäure SiF_4, H_2O und CO_2 enthält und über Abscheider und wiederholte Destillationsschritte weiter gereinigt wird. Die Hochreinigung von F. erfolgt durch wiederholte Destillation in Polytetrafluorethylenapparaturen. Als Rohstoff für die Gewinnung von F. und ihren Folgeprodukten erlangen in jüngster Zeit auch natürliche Phosphatminerale, z. B. Fluorapatit $Ca_5(PO_4)_3F$, zunehmende Bedeutung. Bei ihrer naßchem. Aufarbeitung zu Phosphorsäure oder Superphosphat werden F. und SiF_4 als Nebenprodukte gewonnen und über Hexafluorokieselsäure weiter verarbeitet. Man verwendet Gemische von F. und Fluoriden, z. B. NaF, KHF_2, NH_4HF_2 zum Mattätzen von Glas. Ferner nutzt man F. zum Metallbeizen sowie zur Entfernung von Formsandresten aus Gußstücken und von Emailleresten. In großem Umfang wird F. für die Darstellung von Metallfluoriden, wie NaF, AlF_3, und Na_3AlF_6 sowie für die Produktion von Fluorcarbonen eingesetzt.

Fluvalinate, ↗ Pyrethroide.

Fm, Symbol für Fermium

FMN, Abk. für Flavinmononucleotid.

FMRFamid, H–Phe–Met–Arg–Phe–NH_2, ein aus Mollusken isoliertes Peptidamid mit muskelkontrahierender Aktivität. Es wirkt als Neurotransmitter bzw. Neuromodulator. FMRFamid-ähnliche Peptide findet man im zentralen und peripheren Nervensystem von Insekten.

Folgereaktion, eine ↗ komplexe Reaktion.

Folinsäure, ↗ Folsäure.

Follikelhormone, ↗ Östrogene.

follikelstimulierendes Hormon, ↗ Follitropin.

Folliliberin, ↗ Liberine.

Follitropin, ***follikelstimulierendes Hormon***, Abk. ***FSH***, ein zu den Gonadotropinen gehörendes Proteohormon. F. ist ein aus zwei Untereinheiten aufgebautes Glycoprotein. F. stimuliert bei weiblichen Tieren das Initialwachstum des Follikels im Ovar, bei männlichen Tieren die Spermatogenese. F. wird durch Gonadoliberin freigesetzt.

Folpet, ↗ Phthalimidfungizide.

Folsäure, ***Pteroylglutaminsäure***, ein Vitamin des B_2-Komplexes, in dem Pteroinsäure mit L-Glutaminsäure säureamidartig verbunden ist. *Pteroinsäure* (*Vitamin H'*) ist aus 6-Methylpterin und 4-Aminobenzoesäure aufgebaut. F. ist in der Natur weit verbreitet und kommt vor allem in Leber, Hefe und Gemüse vor. In Pflanzen und Mikroorganismen liegen *Folsäurekonjugate* vor, bei denen bis zu sieben L-Glutaminsäurereste peptidartig an die γ-Carboxygruppe gebunden sind. F. wird synthetisch durch Kondensation von 6-Formyl-pterin mit *N*-(4-Aminobenzoyl)-L-glutaminsäure und Hydrierung der dabei entstehenden Azomethinstruktur dargestellt. Die biochemisch aktive Form der F. ist die *Tetrahydrofolsäure*, bei der die Doppelbindungen zwischen N-5- und C-6-Atom sowie zwischen C-7- und N-8-Atom hydriert sind. Sie wirkt in Form verschiedener Derivate als Coenzym von Enzymen, die Einkohlenstoffkörper übertragen. Zur Aktivierung wird z. B. ein Formylrest am N-10-Atom gebunden und in dieser Form z. B. bei der Purinbiosynthese übertragen, oder eine Methylengruppe wird zwischen dem N-5- und N-10-Atom eingefügt und als Hydroxymethylrest z. B. bei der Biosynthese des Serins aus Glycin übertragen.

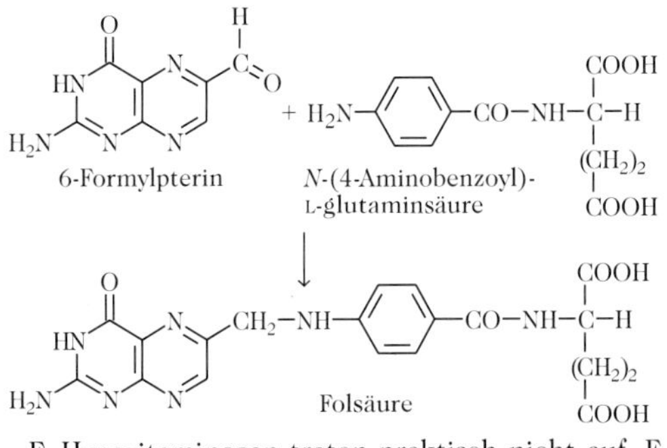

F.-Hypovitaminosen treten praktisch nicht auf. F. wird zusammen mit Vitamin B_{12} bei der Therapie bestimmter Anämieformen verwendet, bei denen das Enzym fehlt, das aus F.-Konjugaten die Freisetzung von F. bewirkt. Als Antidot des Methotrexats bei der Krebstherapie wird *Leucovorin*, das Calciumsalz der *Folinsäure* (5-Formyltetrahydrofolsäure), verwendet.

FO-Methode, ↗ Woodward-Hoffmann-Regeln.

Formaldehyd, ***Methanal***, H–CHO, der einfachste aliphatische ↗ Aldehyd; F. –92 °C, Kp. –21 °C. F. ist ein farbloses, stechend riechendes Gas, das in Wasser und zahlreichen organischen Lösungsmitteln, wie Alkohol und Ether, gut löslich ist.

Formaldehyd ist ein starker Reizstoff für die Nasen- und Rachenschleimhäute sowie für die äußere Haut. Beim Einatmen konz. Dämpfe kann es zur Ekzembildung, zum Erbrechen und zum Lungenödem kommen. Wäßrige Lösungen von Formaldehyd sind ebenfalls stark giftig. Sie können zu Nekrosen in den oberen Verdauungsorganen und zu Nierenschädigungen, Atemnot und Herzbeklemmungen führen. Oftmals kann der Tod infolge Magenperforation erst nach vielen Stunden eintreten. Als Gegenmittel werden Harnstoff- oder Ammoniumcarbonatlösungen sowie Aktivkohle verwendet. Die carcinogene Wirkung des F. wird diskutiert.

F. geht die meisten typischen Aldehydreaktionen ein und unterscheidet sich nur durch einige spezielle Reaktionen von den übrigen Aldehyden.

F. neigt, wie die meisten aliphatischen Aldehyde, in Gegenwart von Säuren oder Basen zur Polymerisation unter Bildung langkettiger oder cyclischer Produkte, den ↗ Polyoxymethylenen. In wäßrigen Lösungen des F., in denen dieser vorwiegend als Hydrat, $HO{-}CH_2{-}OH$, vorliegt, bildet sich bereits beim Eindampfen ein weißes, amorphes, lineares Polymerengemisch, das als *Paraformaldehyd* bezeichnete wird: $HO{-}(CH_2{-}O)_n{-}CH_2{-}OH$. In Gegenwart von Säuren bildet sich bei der Destillation einer Formaldehydlösung ein cyclisches Trimerisat, das *Trioxymethylen* (*1,3,5-Trioxan*); die Bildung von

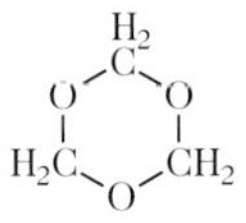

cyclischem Tetraoxymethylen wurde ebenfalls beobachtet. Durch Erhitzen oder durch Hydrolyse kann aus den genannten Polymeren F. zurückgewonnen werden. Da F. kein α-ständiges H-Atom enthält, unterliegt es in Gegenwart von Alkali- oder Erdalkalihydroxiden in höher konz. Lösungen der ↗ Cannizzaro-Reaktion unter Disproportionierung zu Methanol und Ameisensäure. Mit Ammoniak reagiert F. unter Bildung von Hexamethylentetramin (Urotropin). Verbindungen mit reaktiven H-Atomen reagieren mit F. unter Bildung von Hydroxymethylverbindungen. So wird z. B. aus F. und Acetaldehyd Tris(hydroxymethyl)acetaldehyd gebildet, der mit überschüssigem F. zum Pentaerythrit weiterreagiert:

$$3\ H_2C{=}O + H_3C{-}CH{=}O \longrightarrow (HO{-}CH_2)_3C{-}CHO \xrightarrow{H_2CO} (HO{-}CH_2)_4C + HCOOH$$

Bei der Synthese von Phenoplasten werden aromatisch gebundene H-Atome in gleicher Weise durch die Hydroxymethylgruppe ersetzt. Analog können die H-Atome im Nitromethan und im Acetylen durch Hydroxymethylgruppen substituiert werden: $H{-}C{\equiv}C{-}H + H_2C{=}O \rightarrow H{-}C{\equiv}C{-}CH_2{-}OH$ (Propargylalkohol).

Bei der ↗ Mannich-Reaktion sowie bei der Herstellung von Aminoplasten werden reaktive H-Atome in Aminen bzw. im Harnstoff primär durch Hydroxymethylgruppen ersetzt. Weitere präparativ wichtige Reaktionen des F. sind die ↗ Blanc-Reaktion sowie die ↗ Grignard-Reaktionen unter Bildung primärer Alkohole.

Gewinnung. F. wird vorzugsweise aus Methanol nach zwei unterschiedlichen Syntheseverfahren hergestellt: 1) durch Dehydrierung von Methanol in Gegenwart eines Silber- oder Kupferkatalysators. Primärschritt der Reaktion ist die Dehydrierung des Methanols: $CH_3OH \rightarrow CH_2O + H_2$, $\Delta_R H = +84$ kJ/mol. Durch Zugabe von Luft wird der Wasserstoff verbrannt: $H_2 + \frac{1}{2}\,O_2 \rightarrow H_2O$, $\Delta_R H = -243$ kJ/mol. Es resultiert folgende Gesamtgleichung: $CH_3OH + \frac{1}{2}\,O_2 \rightarrow CH_2O + H_2O$, $\Delta_R H = -159$ kJ/mol. Die Herstellung einer konz. *Formalinlösung* (etwa 40 M-% F. in Wasser-Methanol-Lösung) erfolgt durch eine nachgeschaltete Destillationsstufe. 2) Bei dem rein oxidativen Verfahren wird Methanol in Gegenwart eines Fe_2O_3/MoO_3-Katalysators zu F. oxidiert. Dazu werden Methanoldämpfe mit hohem Luftüberschuß bei 350 bis 450 °C in einem Röhrenofen über den Katalysator geleitet. Der Methanolumsatz erfolgt dabei vollständig. Nach Abkühlung der Reaktionsgase auf etwa 100 °C wird der F. mit Wasser aus dem Gasstrom herausgewaschen.

Verwendung. F. wird hauptsächlich zu hochpolymeren Werkstoffen, insbesondere zu Phenoplasten, Aminoplasten und Polyoxymethylen, verarbeitet. Weitere wichtige Folgeprodukte des F. sind Polyole, z. B. Pentaerythrit und Trimethylolpropan, die für die Herstellung von Polyester große Bedeutung haben. Durch Ethinylierung von F. und anschließende Hydrierung erhält man Butan-1,4-diol. Außerdem wird F. als Desinfektions- und Konservierungsmittel, als Härtungsmittel für Leim, Casein und Gelatine, als Reduktionsmittel in der Küpenfärberei, zum Desodorieren, als Ausgangsmaterial für synthetische Gerbstoffe, zum Fixieren anatomischer Präparate sowie zur Schimmelpilzbekämpfung eingesetzt. Im Labor wird F. für eine Vielzahl unterschiedlicher synthetischer Aufgaben verwendet.

Formalin, ↗ Formaldehyd.

Formalladung, ↗ chemische Bindung.

Formamid, ***Ameisensäureamid***, $O{=}CH{-}NH_2$, eine farb- und geruchlose, hygroskopische, viskose Flüssigkeit; F. 2,5 °C, Kp. 210 °C (Z.), n_D^{20} 1,4472. F. ist in Wasser, Alkohol und Aceton leicht, in Ether, Kohlenwasserstoffen und deren Chlorderivaten schwer löslich. Bedingt durch seine hohe Dielektrizitätskonstante ist F. ein ausgezeichnetes ionisierendes Lösungsmittel für zahlreiche anorganische Salze. Bei Raumtemperatur hydrolysiert F. nur sehr langsam unter Bildung von Ameisensäure und Ammoniak. Beim Erhitzen wird es hauptsächlich in Kohlenmonoxid und Ammoniak gespalten. In Gegenwart geeigneter Katalysatoren dominiert der Zerfall in Blausäure und Wasser: $O{=}CH{-}NH_2 \rightarrow HCN + H_2O$. F. wird technisch durch Umsetzung von Ameisensäuremethylester mit Ammoniak oder direkt aus Kohlenmonoxid und Ammoniak in Gegenwart von Natriummethanolat hergestellt. Es wird zur Herstellung von Ameisensäure, Ameisensäureestern und Blausäure verwendet. Aufgrund der Bifunktionalität eignet sich F. insbesondere zur Synthese *N*-haltiger Heterocyclen, z. B. von Imidazolen oder Pyrimidinen. Außerdem wird es als Lösungsmittel und als Katalysator eingesetzt.

Formazanfarbstoffe, rote Farbstoffe, die die Formazangruppe als farbtragendes Strukturelement enthalten. Sie entstehen durch Kupplung von Diazoniumsalzen mit den Phenylhydrazonen von Aldehyden. Von besonderer Bedeutung ist das aus Benzaldehydphenylhydrazon und Benzoldiazoniumchlorid entstehende *Triphenylformazan* für die Synthese von 2,3,5-Triphenyl-2*H*-tetrazoliumchlorid. Es ist mit roter Farbe in Chloroform, Ether und Essigester löslich und wird in der Histochemie zur Aktivitätsmessung von Dehydrogenasen, zur Messung der Keimfähigkeit von Saatgut und als Desinfektionsmittel eingesetzt.

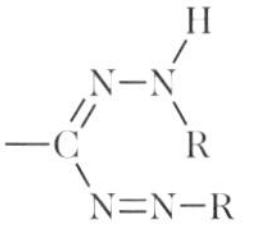

Formazangruppe

Besonders wertvolle Farbstoffe werden durch Chelatbildung von F. mit Metallatomen, wie Cobalt, Kupfer, Nickel, Cadmium, Magnesium und Zink, erhalten, z. B. der 1 : 2-Cobaltkomplex von *Polfalangrau 3BL*, der auf Wolle und synthetischen Fasern blaugraue Farbtöne liefert. Beim Bestrahlen mit Licht lagern sich einige F. aus der roten *syn*-Form reversibel in die beiden gelben, instabilen *anti*-Formen um (photochrome Farbstoffe), so daß die F. Bedeutung als Tarnfarbe in der Militärtechnik haben.

Formel, Beschreibung von Zusammensetzung, Bindung und evtl. räumlicher Anordnung der Atome im Molekül einer chem. Verbindung durch Symbole. Es werden verschiedene F.-Arten unterschieden, die für anorganische und organische Verbindungen nach unterschiedlichen Prinzipien aufgestellt werden: Der elektropositive Bestandteil von Salzen, das Kation, soll stets an erster Stelle stehen. Enthält eine Verbindung mehrere elektropositive oder mehrere elektronegative Bestandteile, so werden die Symbole in diesen Gruppen jeweils alphabetisch geordnet, unter den Kationen wird H stets zuletzt genannt. Bei binären Verbindungen aus Nichtmetallen gilt der in nachstehender Reihenfolge zuerst genannte als der elektropositive: Rn, Xe, Kr, Ar, Ne, He, B, Si, C, Sb, As, P, N, H, Te, Se, S, At, I, Br, Cl, O, F, z. B. für Siliciumtetrafluorid SiF_4, Sauerstofffluorid OF_2. Für Elemente, die hierbei nicht enthalten sind, gilt die in der Abb. gegebene Folge in Pfeilrichtung; kommt ein Element nur in der Abb., das andere in obiger Reihenfolge vor, so wird das in dieser Reihe genannte als das elektronegativere angesehen. Sind drei oder mehr Elemente kettenförmig verbunden, so soll die Reihenfolge in der F. mit der im Molekül oder im Ion übereinstimmen, z. B. HOCN für Cyansäure, HONC für Isoknallsäure. Sind zwei oder mehr verschiedene Atome oder Gruppen mit einem einzelnen Zentralatom verbunden, so wird das Symbol des Zentralatoms an die erste Stelle gesetzt; ihm folgen die Symbole der übrigen Atome oder Gruppen in alphabetischer Reihenfolge, z. B. $PBrCl_2$. In den F. anorganischer Säuren steht der Wasserstoff immer an erster Stelle. In F. intermetallischer Verbindungen werden die Symbole der metallischen Bestandteile (Sb rechnet als Metall) alphabetisch angeordnet, wenn nicht z. B. der salzartige Charakter hervorgehoben werden soll. In F. z. B. für Einlagerungsverbindungen folgen die Symbole der Nichtmetalle (in der oben angegebenen Folge) hinter denen der Metalle. Die Anzahl gleichartiger Atome oder Atomgruppen in der F. wird durch arabische Ziffern angegeben, die man als Indizes dem Symbol oder bei Atomgruppen, die in Klammern stehen, der Klammer rechts unten angefügt, z. B. $Ca_3(PO_4)_2$ für Calciumphosphat, $C_6H_7NO_2S$ für Benzolsulfamid. Die Angabe der Anzahl der Moleküle Kristallwasser oder anderer lose gebundener Moleküle erfolgt durch vorangestellte arab. Ziffern, z. B. $Na_2SO_4 \cdot 10\ H_2O$. Durch Aneinanderreihen der Symbole der am Aufbau der Verbindungen beteiligten Elemente erhält man als einfachst mögliche F. die *empirische F.* (*Summenformel*, *Bruttoformel*), die nur die stöchiometrische Zusammensetzung zum Ausdruck bringt, z. B. CaO_4S. Besteht die Verbindung aus diskreten Molekülen (»definierte Einzelmoleküle« im Gegensatz zum Ionenkristall, wie NaCl), so gibt man die *Molekülformel* an, die mit der tatsächlichen relativen Molekülmasse übereinstimmt, z. B. für Dischwefeldichlorid S_2Cl_2 und nicht SCl. Wenn sich die relative Molekülmasse mit der Temperatur, dem Aggregatzustand o. ä. ändert, wird die empirische F. verwendet, z. B. S, P bzw. NO_2 anstelle von S_8, P_4, N_2O_4, es sei denn, es soll ausdrücklich die Molekülgröße angegeben werden. Die Verknüpfung der Atome in einem Molekül und deren Anordnung im Raum wird durch die *Strukturformel* (*Konstitutionsformel*, *Valenzstrichformel*) angegeben. Die durch Elektronenpaare miteinander verbundenen Atome werden dabei durch Valenzstriche verknüpft. Die Strukturformel für Wasser ist H–O–H, für Schwefelsäure

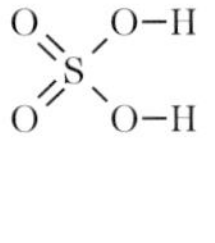

In Ringstrukturen, z. B. bei ↗ Benzol, ↗ Heterocyclen, wird jede C_1-Gruppe durch eine entsprechende Ringecke gekennzeichnet. Ein noch besseres Bild von den Bindungsverhältnissen innerhalb des Moleküls vermittelt die *Elektronenformel.* Bei dieser kennzeichnet man die Außenelektronen eines Atoms durch Punkte, z. B. atomares Chlor $:\!\ddot{\underset{\cdot\cdot}{\mathrm{Cl}}}\!\cdot$, Wasser $\mathrm{H}:\!\ddot{\underset{\cdot\cdot}{\mathrm{O}}}\!:\mathrm{H}$. In der Strukturformel können die freien, an der Bindung nicht beteiligten Elektronenpaare als Querstriche abgebildet werden, z. B. Wasser $\mathrm{H{-}\overline{\underline{O}}{-}H}$. Elektronenformeln ionisierter Verbindungen, z. B. $[\mathrm{Na}]^+[:\!\ddot{\underset{\cdot\cdot}{\mathrm{Cl}}}\!:]^-$, werden zur *Ionenformel* vereinfacht. Bei ihr werden nicht die Elektronen, sondern die Ionenladungen durch Pluszeichen oder Minuszeichen rechts oben am Elementsymbol angegeben, z. B. Na^+Cl^-. Weiter können die Elektronenformeln dadurch vereinfacht werden, daß man alle Elektronen und Ladungen wegläßt und Verbindungen höherer Ordnung durch eine *Komplexformel* kennzeichnet, z. B. Schwefelsäure $H_2\begin{bmatrix}O\\ OSO\\ O\end{bmatrix}$, in der sich die F. des Komplex-Ions z. B. zu $[SO_4]$ zusammenfassen läßt. Die räumliche Anordnung der Atome im Molekül kann durch die *Stereoformel* (↗ Stereoisomerie) ausgedrückt werden. Verstärkte Linien symbolisieren Bindungen, die oberhalb, gestrichelte Linien solche, die unterhalb der Papierebene liegen. Ausgezogene Linien normaler Strichstärke bedeuten Bindungen, die in der Papierebene liegen. Wellenlinien geben Bindungen wieder, deren Richtung unbestimmt ist. Für ↗ Monosaccharide wird die Struktur durch die *Fischer*-Projektion oder die *Haworth*-Formel beschrieben. Die Struktur kann auch durch ein Präfix, wie *asym*, *catena*, *cis*, *fac*, *mer*, *nido*, η oder μ, gekennzeichnet werden, z. B. *cis*-$[PtCl_2(NH_3)_2]$. *Polymorphe* werden durch Angabe des Kristallsystems (↗ Bravais-Gitter) mittels Pearson-Symbole unterschieden (a = triklin, c = kubisch, h = hexagonal, m = monoklin, o = orthorhombisch, t = tetragonal; P = primitives Gitter, S = basisflächenzentriertes Gitter, F = allseitig flächenzentriertes Gitter, I = raumzentriertes Gitter, R = rhomboedrisches Gitter); z. B. ZnS(h). Auch das Anhängen des Namens oder der Formel einer typischen Verbindung, z. B. $TiO_2(t)$ *Anatas*-Typ, AuCd (*CsCl*-Typ) ist möglich.

Eine allgemeine Kennzeichnung *kristalliner Phasen* veränderlicher Zusammensetzung (↗ Nomenklatur, Abschn. B IX) kann durch das Zeichen ~ (zu lesen ›zirka‹) erfolgen, das vor oder über die Formel gesetzt wird, z. B. ~ FeS. Beruht die veränderliche Zusammensetzung einer Phase auf ganzer oder teilweiser Substitution, so werden die sich gegenseitig vertretenden Atome oder Atomgruppen gemeinsam in Klammern gesetzt und durch Komma getrennt. So bedeutet (Cu, Ni) den ganzen Bereich vom reinen Kupfer bis zum reinen Nickel. Vollstän-

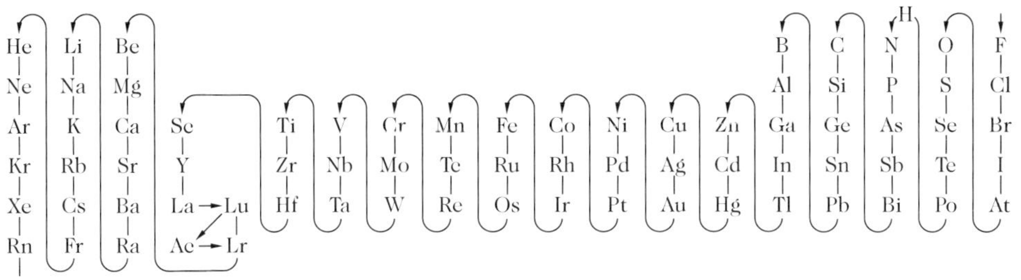

Formel. Abb.: Reihenfolge der Elemente.

diger wird die Bezeichnungsweise, wenn in der Formel die Variablen angegeben werden, die die Zusammensetzung bestimmen. So läßt sich z. B. die homogene Phase zwischen Kupfer und Nickel durch die Bezeichnung Cu_xNi_{1-x} und die zwischen LiCl und $MgCl_2$ durch $Li_{2-2x}Mg_xCl_2$ wiedergeben. Die F. zeigen, daß die Gesamtzahl der Atome in der Elementarzelle konstant ist. Eine bestimmte Zusammensetzung der Phase kann durch Angabe des tatsächlichen Wertes von x angezeigt werden, den man in Klammern am besten unmittelbar hinter die F. setzt, z. B. $Li_{4-x}Fe_{3x}Ti_{2(1-x)}O_6$ (x = 0,35). Ein Platz in der Struktur oder Leerstellen (symbolisiert durch □ bzw. V) und Zwischengitterplätze können dadurch beschrieben werden, daß die Symbole hinter die Atomsymbole gestellt werden, z. B. für Vanadiumcarbid, in dem 0,2 C-Lagen unbesetzt sind: $C_{C,0.8}V_{C,0.2}V_{V,1}$. Elektronen und positive Löcher, die im Feld eines Überschusses von positiver und negativer Ladung gebunden sind, werden als e′ bzw. h• bezeichnet.

Formelmasse, relative, Formelzeichen F_r, früher ***Formelgewicht***, die Summe der relativen Atommassen aller Atome, die sich aus der jeweiligen Substanzformel einer chem. Verbindung ergeben. Der Begriff der r. F. wird auf Stoffe angewendet, die nicht aus diskreten Molekülen aufgebaut sind. Dazu zählen z. B. Ionen-, metallische und makromolekulare Substanzen oder auch solche, deren Struktureinheiten unbekannt sind. Als »Baustein« solcher Nicht-Molekülsubstanzen wird die *Formeleinheit* betrachtet, d. i. die Gesamtheit der in einer chem. Formel angegebenen Atome, wobei die Formel meist mit den kleinstmöglichen ganzzahligen Stöchiometriezahlen aufgestellt wird.

Formelumsatz, die Angabe des Stoffumsatzes entsprechend der stöchiometrischen Reaktionsgleichung, z. B. bedeutet für die Reaktion $N_2 + 3\,H_2 \rightleftharpoons 2\,NH_3$, $\Delta_R H$ = –92,4 kJ mol^{-1} ein elementarer F., daß 1 Molekül Stickstoff mit 3 Molekülen Wasserstoff zu zwei Molekülen Ammoniak reagiert haben. Der molare F. bezeichnet die Umsetzung der entsprechenden molaren Mengen und wird in der Einheit mol gemessen. Reaktionswärmen werden je mol F. angegeben.

Formiate, die Salze bzw. Ester der Ameisensäure mit den allg. Formeln H–COOM^I bzw. H–COOR, wobei M^I einen Ammoniumrest oder ein einwertiges Metall und R einen aliphatischen, aromatischen oder heterocyclischen Rest symbolisieren.

Die Salze entstehen bei der Reaktion von Ammoniak oder von Ammonium- bzw. Metallhydroxiden oder -carbonaten mit Ameisensäure. Eine hauptsächlich technisch praktizierte Methode ist die Umsetzung von Kohlenmonoxid mit Alkali- oder Erdalkalihydroxiden, wobei der erste Reaktionsschritt in der Anlagerung von Kohlenmonoxid an Wasser unter Bildung freier Ameisensäure besteht: $CO + H_2O \rightleftharpoons$ H–COOH. Im zweiten Reaktionsschritt erfolgt die Neutralisation der Ameisensäure mit den entsprechenden Hydroxiden. Von Bedeutung sind hauptsächlich Natrium-, Kalium-, Calcium-, Nickel- und Aluminiumformiat. Sie werden zum Beizen, Imprägnieren und zur Konservierung verwendet.

Die Ester der Ameisensäure werden durch direkte Veresterung aus Ameisensäuren und Alkoholen bzw. durch Einwirkung von Kohlenmonoxid auf Alkohole hergestellt. Wichtige *Ameisensäureester* sind Ameisensäuremethylester oder Methylformiat und Ameisensäureethylester oder Ethylformiat. Sie werden als Lösungsmittel, als Zwischenprodukte für die Herstellung weiterer Ameisensäurederivate und für organische Synthesen verwendet.

Formiat-Pottasche-Verfahren, ↗ Kaliumcarbonat.

Formose, ein Zuckergemisch, das gerad- und verzweigtkettige Monosaccharide unterschiedlicher Konfiguration, besonders Hexosen, z. B. die DL-Glucose, jedoch auch Pentosen, z. B. die Arabinose, enthält. F. entsteht bei der Einwirkung von Alkali- oder Erdalkalihydroxiden, besonders von Calciumhydroxid, auf Formaldehydlösung.

Formspüler, Wäschenachbehandlungsmittel aus Copolymeren des Vinylacetats und ungesättigten organischen Säuren sowie geringen Anteilen an Tensiden und Polywachs. F. dienen der Festigung von Textilien und sind in der Waschmaschine anwendbar.

Formulierung, Zubereitungsform für ↗ Pflanzenschutz- und Schädlingsbekämpfungsmittel, bestehend aus einem oder mehreren Wirkstoffen und ↗ Formulierhilfsmitteln. Mit der Formulierung soll die biologische Wirkung des eigentlichen Wirkstoffs im Zielorganismus optimiert werden und gleichzeitig soll das Fertigprodukt in eine gerätetechnisch anwendbare Form gebracht werden.

Das Pflanzenschutzmittel wird in der Regel als Spritzmittel appliziert und muß daher in wasserlöslicher, wasserdispergierbarer oder emulgierbarer Form vorliegen.

Neben der biologischen Wirkung spielt bei der modernen Formulierungsentwicklung die Sicherheit der Anwender und die Umweltfreundlichkeit eine immer größere Rolle.

Formulierungshilfsmittel, bei ↗ Pflanzenschutz- und Schädlingsbekämpfungsmitteln alle Bestandteile einer ↗ Formulierung mit Ausnahme der Wirkstoffe. Durch den Zusatz von F. soll u. a. die Oberflächenspannung des Wassers gemindert, die Verteilung und die Haftfähigkeit verbessert und die Penetration gesteigert werden (s. Tab.).

Die Anforderungen, die an ein F. gestellt werden, sind u. a. gute Verträglichkeit für die Kulturpflanzen, geringe Toxizität gegenüber dem Anwender, Umweltverträglichkeit und eine ausreichende Stabilität.

Formulierungshilfsmittel. Tab.: Beispiele.

Typ	Beispiel für Stoff oder Stoffgruppe
Dispersionsmittel	Ligninsulfonate
Emulgator	Alkyl(phenyl)polyglykolether
Netzmittel	Natriumalkylnaphthalinsulfonate
Entschäumer	Silikonöl, Tibutylphosphat
Haftmittel	Stärkederivate, Polyvinylalkohole
Granulatträger	Quarzsand
Sorptiver Trägerstoff	amorphe Kieselsäure
Lösungsmittel	Alkohole
Füllstoff	Kreide

Formyl..., Bezeichnung für die Atomgruppierung –CHO eines Moleküls, für das Radikal CHO· und für das Kation CHO^+.

Formylgruppe, funktionelle Gruppe –CHO, die in Aldehyden, Ameisensäure und einigen Ameisensäurederivaten enthalten ist. Speziell in Aldehyden bezeichnet man die F. auch als *Aldehydgruppe*.

Formylierung, präparative Methode zur Einführung einer Formylgruppe –CHO in eine organische Verbindung. Dabei handelt es sich hauptsächlich um elektrophile Substitutionsreaktionen, bei denen die reaktiven Reagenzien im wesentlichen Abkömmlinge der Ameisensäure sind. Typische Beispiele sind die ↗ Vilsmeier-Haack-Reaktion, die ↗ Gattermann-Reaktion, die ↗ Gattermann-Koch-Synthese.

Formylviolett, ↗ Säureviolett.

Fosfestrol, das Tetranatriumsalz des *O,O′*-Diphosphorsäureesters des Diethylstilbestrols, das als ↗ Prodrug des Diethylstilbestrols entwickelt wurde und bei Prostatakarzinom als Cytostatikum eingesetzt wird. Wirkform ist das eine östrogene Wirkung entfaltende Diethylstilbestrol.

Fosfomycin, ein Antibiotikum, chemisch eine Propylenoxidphosphonsäure. F. wird aus Kulturen von *Streptomyces fradiae*, *viridochromogenes* und *wedmorensis* gewonnen und hemmt die Biosynthese der bakteriellen Zellwand.

Fotovitrokerame, ↗ Vitrokerame.

Fourier-Synthese, ↗ Röntgenstrukturanalyse.

Fourier-Transform-Technik, Abk. ***FT-Technik***, spezielle, seit etwa 1960 entwickelte Technik zur Aufnahme von Spektren, die sich grundsätzlich von den konventionellen spektroskopischen Aufnahmetechniken (↗ Spektralapparaturen) unterscheidet. Mit der F. werden die Spektren nicht mehr Punkt für Punkt in Abhängigkeit von Wellenlänge, Wellenzahl oder Frequenz vermessen. Anstelle der langsam variierten monochromatischen Strahlung wird vielmehr mit Hilfe einer geeigneten Strahlungsquelle gleichzeitig der gesamte zu vermessende Frequenzbereich eingestrahlt, woraus gleichsam eine Momentaufnahme über das gesamte Spektrum resultiert. Das Verfahren arbeitet »polychromatisch«. Im Ergebnis erhält man nicht einzelne Signale bei verschiedenen Frequenzen, sondern durch Überlagerung der verschiedenen Frequenzen ein Interferogramm. Mit Hilfe einer mathematischen Methode, der Fourier-Transformation, ist es möglich, diese Überlagerung umzukehren und das Interferogramm in seine Komponenten zu zerlegen. Diese lassen sich dann in Form eines üblichen Spektrums, in dem die Signallage gegen die Intensität aufgetragen ist, darstellen. Dafür ist allerdings ein entsprechender Computer sowie eine spektroskopische Ausrüstung erforderlich, die von den konventionellen Spektrometern erheblich abweicht. So benötigt man z. B. zur spektralen Zerlegung kein dispergierendes Element (Gitter, Prisma) mehr.

Die wesentlichsten Vorteile der F. gegenüber konventionellen Methoden bestehen in einer Verkürzung der Aufnahmezeiten sowie einer Verbesserung des Signal-Rausch-Verhältnisses. Die F. wird vorteilhaft in intensitätslimitierten Spektralbereichen wie dem fernen Infrarot (↗ Infrarotspektroskopie) sowie in der ^{13}C-NMR-Spektroskopie (↗ NMR-Spektroskopie) eingesetzt. Es sind jedoch auch Anwendungen in anderen Spektroskopiearten wie ↗ Ionen-Cyclotron-Resonanz oder ↗ Mikrowellenspektroskopie bekannt. Bei Anwendung der F. in der NMR-Spektroskopie wird die Probe in kurzen

Abständen einem Radiofrequenzimpuls ausgesetzt, der alle Anregungsfrequenzen enthält (*Puls-Fourier-Transform-Technik*).

FOZ, ↗ Octanzahl.

FP, ↗ Entzündung.

FPLC, Abk. für *F*ast-*P*rotein *L*iquid *C*hromatography, ein modernes Verfahren der ↗ Chromatographie, das unter Verwendung spezieller feinkörniger Säulenfüllmaterialien ähnlich wie die ↗ HPLC, aber bei geringerem Druck, arbeitet. Die FPLC ist für die Trennung von Proteinen, Peptiden und Polynucleotiden – nicht zuletzt aufgrund der Schnelligkeit und hohen Trennschärfe – gut geeignet.

Fr, Symbol für Francium.

Fragmentierung, Bezeichnung für einen Reaktionstyp der organischen Chemie, bei dem Verbindungen mit Heteroatomen (Halogene, O, S, N, P), meist ausgelöst durch Basen, nach der allg. Formulierung a–b–c–d–X → $(a–b)^+$ + c=d + X^- zerfallen. Die austretende Gruppe X^- bezeichnet man als *Nucleofug*, das Fragment $(a–b)^+$ als *Elektrofug*, und c=d ist ein neutrales, ungesättigtes Molekül. Die elektrofuge Gruppe muß, z. B. durch induktive oder mesomere Effekte, stabilisiert sein. Die F. kann in mehreren Stufen (asynchron) erfolgen oder nach einem synchronen Mechanismus ablaufen, wobei letzteres an bestimmte stereochemische Voraussetzungen gebunden ist (frangomere Effekte). Je nach Substitution der Kohlenstoffverbindung führt die F. zu Alkenen, Alkinen, Nitrilen, Iminen u. a. Substanzen. Eine β-Halogencarbonsäure kann mit Basen z. B. in folgender Weise fragmentieren:

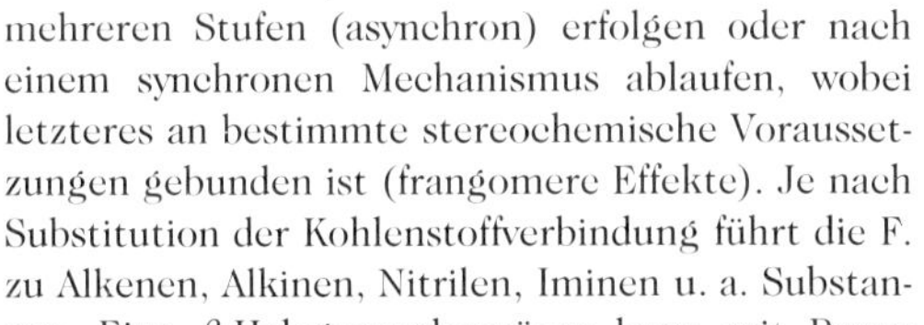

fraktioniertes Fällen, ↗ Fällen.

Fraktionierung, 1) *allgemein* die Zerlegung eines Stoffgemisches durch stufenweise Abtrennung der Bestandteile unter bestimmten Temperatur-, Druck- oder Konzentrationsbedingungen. Die abgeschiedenen und einzeln aufgefangenen Anteile werden *Fraktionen* genannt. Die F. wird in allen Trennprozessen angewendet, besonders bekannt ist sie bei der Destillation, Kristallisation, Kondensation, Sublimation und allen Sorptionsprozessen.

2) in der *makromolekularen Chemie* die Auftrennung einer polydispersen Substanz in verschiedene Fraktionen mehr oder weniger einheitlicher Molekülmassen. Die Einheitlichkeit einer Fraktion hängt von der Trennschärfe des Fraktionierverfahrens ab. Man unterscheidet:

Gleichgewichtsverfahren.

1) Die *fraktionierte Fällung* beruht darauf, daß man der Lösung eines polymeren Stoffes ein Fällungs- oder Nichtlösungsmittel, das mit dem Lösungsmittel mischbar sein muß, zusetzt, bis Trübung auftritt. Nach einiger Zeit scheidet sich dann eine zweite flüssige Phase ab, die die höherpolymeren Anteile enthält. Die darüberstehende Lösung wird abgetrennt und erneut mit dem Fällungs- oder Nichtlösungsmittel versetzt. Nach mehrmaliger Wiederholung dieser Arbeitsgänge liegen verschiedene Polymerfraktionen vor, mit deren Hilfe die Verteilungsfunktion aufgestellt werden kann. Man geht dabei so vor, daß man das Lösungsmittel-Nichtlösungsmittel-Gemisch entfernt, die Masse des polymeren Rückstandes bestimmt und die relative Molekülmasse der Fraktion nach einer der üblichen Methoden, wie Viskosimetrie, Osmometrie, bestimmt. Mittels der erhaltenen Werte kann man dann die integrale oder differentiale Verteilungsfunktion aufstellen. Man unterscheidet sukzessive und summative F.

2) *Verfahren ohne Isolierung der Fraktionen.* Diese Verfahren gehören zu den Schnellmethoden der F. Sie liefern relativ schnell einen orientierenden Überblick über die Verteilungsfunktion. Man unterscheidet: a) Trübungstitration (*turbidimetrische F.*); man mißt die Trübung abhängig von der zugegebenen Fällungsmittelmenge. b) Messung des Volumens der Gelphase (*volumetrische F.*); man mißt das Volumen der entstehenden zweiten Phase in Abhängigkeit von der zugegebenen Fällungsmittelmenge. c) Bestimmung mit der Sedimentationswaage (*gravimetrische F.*); man bringt kurz über dem Boden des Fraktionierungsgefäßes eine Waagschale an, auf der sich der bei der Fällung entstehende Niederschlag absetzt, und registriert ihn in Abhängigkeit von der zugesetzten Lösungsmittelmenge.

3) Die *Lösungsfraktionierung* beruht darauf, daß in einer polymerhomologen Reihe unter sonst gleichen Bedingungen die Löslichkeit mit wachsendem Polymerisationsgrad abnimmt. Behandelt man einen polymolekularen Stoff zunächst mit einem schlechten Lösungsmittel, so erhält man die niedrigen Molekülmassenanteile gelöst. Wendet man dann besser lösende Mittel an, so lösen sich auch die höheren Molekülmassenanteile auf. Je feiner dabei die Lösungsmitteleigenschaften abgestuft werden, desto schärfer kann man trennen. Praktisch geht man so vor, daß man die polymere Substanz auf inerten Trägern aufbringt und diese Lösungsmittelgemischen bestimmter Abstufung aussetzt. Nach einer gewissen Zeit wird dann das Lösungsmittel – z. B. durch Abdampfen – entfernt und der Rückstand gewogen.

4) *Bestimmung des Sedimentationsgleichgewichts* in der ↗ Ultrazentrifuge.

5) Das *Verteilungsverfahren* beruht darauf, daß zwischen nichtmischbaren, verschiedenen Lösungsmitteln eine Verteilung erfolgt.

6) *Gradientenelution.* Das Gradientenelutionsverfahren kann mit einem Temperaturgradienten (Thermoextraktionsverfahren) oder mit einem Druckgradienten durchgeführt werden (↗ Verteilungschromatographie).

Adsorptionsverfahren beruhen darauf, daß an geeigneten Adsorptionsmitteln die Adsorptionsfähigkeit von der Molekülmasse abhängig ist. Auf diese Weise kann man z. B. Polyester an Harnstoffsäulen aus benzolischer Lösung trennen (↗ Chromatographie).

Die F. mit Hilfe der Densechromatographie kann sowohl über einen Adsorptionsmechanismus als auch über einen Verteilungsmechanismus erfolgen. Die F. von hochpolymeren Substanzen kann auch durch ↗ Permeationschromatographie erfolgen. Sehr variabel und für hohe Molekülmassen (bis 10^{12} g mol^{-1}) geeignet ist die Feld-Fluß-Fraktionierung.

Kinetische Verfahren.

1) Die *Messung der Diffusionsgeschwindigkeit* beruht darauf, daß diese umgekehrt proportional der Molekülmasse ist, ↗ Diffusion.

2) *Verwendung von Membranen* abgestufter Porosität. a) Ausnutzung der Ultrafilterwirkung gewisser Membranmaterialien. Sie lassen sich mit verschiedener Porosität herstellen, so daß man auf diesem Wege verschiedene Molekülgrößen durch Ultrafiltration abtrennen kann. b) Messung des zeitlichen Verlaufs des osmotischen Druckes.

3) *Ausnutzung der Thermodiffusion.* a) Trennrohrverfahren analog dem Verfahren zur Isotopentrennung im Clusiusschen Trennrohr. b) Statistisches Verfahren unter Verwendung des Soret-Effektes; es beruht darauf, daß sich Moleküle verschiedener Größe innerhalb einer Lösung partiell entmischen.

4) *Messung der Auflösungsgeschwindigkeit* in bestimmten Lösungsmitteln, die ebenfalls von der Molekülmasse abhängig ist.

5) *Messungen in der Ultrazentrifuge* beruhen darauf, daß sich in einer Flüssigkeit gelöste Teilchen unter der Wirkung der massenproportionalen Zentrifugalkraft absetzen. Es gibt dabei verschiedene Methoden: a) Bestimmung der Sedimentationsgeschwindigkeit, b) Messung des Sedimentationskoeffizienten, c) Messungen nach dem Archibald-Verfahren, d. i. ein Verfahren, bei dem die sonst langwierigen Untersuchungen in der Ultrazentrifuge wesentlich verkürzt sind.

Francium, Symbol ***Fr***, radioaktives chem. Element aus der I. Hauptgruppe des Periodensystems (↗ Alkalimetalle); *Z* 87, Massenzahlen der bisher bekannten 20 Isotope 104 bis 224 (außer 216) mit Halbwertszeiten von einigen Millisekunden bis zu wenigen Minuten. Das langlebigste Isotop ist ^{223}Fr (Halbwertszeit 22 Minuten), und nur dieses ist in der Natur nachweisbar; Wertigkeit I, F. 27 °C, Kp. 677 °C. Die Gesamtmenge des auf der Erde vorkommenden F. wird auf etwa 30 g geschätzt. F. entsteht in einem Abzweig des natürlichen radioaktiven Zerfalls des Actiniums, das neben der β-Emission zu Thorium zu etwa 1 % unter α-Zerfall in F. übergeht, das seinerseits wiederum unter β-Strahlung Radium bildet: $^{227}_{89}Ac(-,^{4}_{2}He)^{223}_{87}Fr(-,\beta^{-})^{223}_{88}Ra$. Das Isotop 221 kommt als Glied der künstlichen radioaktiven Neptuniumzerfallsreihe vor und zerfällt mit einer Halbwertszeit von 4,8 Minuten in Astat: $^{221}_{87}Fr(-,^{4}_{2}He)\ ^{217}_{85}At$.

Die künstliche Gewinnung sehr kleiner Mengen F. gelingt durch Beschuß von Thorium mit Protonen oder von Radium mit Neutronen. Als F.-Verbindungen sind ein schwerlösliches Perchlorat $FrClO_4$ und Hexachloroplatinat Fr_2PtCl_6 bekannt.

Franck-Condon-Prinzip, Aussage, daß während der Zeit eines Elektronenübergangs die Lage der Atomkerne zueinander unverändert bleibt. Da Übergänge aus einem Elektronenzustand in einen anderen wesentlich rascher ($\approx 10^{-15}$ s) als Kernschwingungen (Schwingungsdauer $\approx 10^{-13}$ s) erfolgen, bleibt der Atomabstand während dieser Zeit konstant. Das F. erklärt die möglichen Änderungen der ↗ Schwingungsquantenzahl während eines Elektronenübergangs.

Frangula-Emodin, ↗ Anthraglycoside.

Frasch-Verfahren, ↗ Schwefel.

Fraunhofersche Linien, ↗ Spektralanalyse.

Freiberger Aufschluß, ↗ Aufschluß.

freie Energie, Formelzeichen *F* (im englischen Sprachraum *A*), eine thermodynamische Zustandsgröße, die die Fähigkeit eines Systems charakterisiert, Arbeit zu leisten. Sie ist definiert als $F = U - TS$, wobei *U* die innere Energie, *T* die Temperatur in K und *S* die Entropie bedeuten. Findet im System ein isothermer Prozeß statt, der mit einer Änderung der inneren Energie um ΔU verbunden ist, so gibt ΔF den Anteil an, der bei reversibler Durchführung des Vorganges in Arbeit umgewandelt werden kann, während der restliche Anteil (die »gebundene« Energie) als Wärme $q_{rev} = T\Delta S$ ausgetauscht wird: $\Delta U = \Delta F + T\Delta S$. Hierbei bezeichnet ΔS die Entropieänderung im Inneren des geschlossenen Systems.

Analog kann man unter Verwendung der Enthalpie *H* eine zweite Zustandsgröße, die Gibbssche *freie Enthalpie* $G = H - TS$ definieren. Es ist zweckmäßig, analog dem Falle von *U* und *H*, *F* bei isochoren und *G* bei isobaren Prozessen heranzuziehen.

Die Zustandsgrößen *F* und *G* sind abhängig von Zustandsvariablen. Man erhält für reine Stoffe durch Verknüpfung der differentiellen Änderungen $dF = dU - T\,dS - S\,dT$ und $dG = dH - T\,dS - S\,dT$ mit den Änderungen von *U* und *H* bei reversibler Prozeßführung $dU = dq_{rev} - p\,dV$ und $dH = dq_{rev} + Vdp$

sowie $dq_{rev} = T\,dS$ die Beziehungen $dF = -S\,dT - p\,dV$ und $dG = -S\,dT + V\,dp$.

Bei der Herstellung von Mischungen setzt sich die f. E. auch bei idealen Mischphasen nicht additiv aus den Anteilen der reinen Komponenten zusammen. Es tritt je Mol des in die Mischung überführten Stoffes i ein Mischungsanteil $\bar{F}_i = \mu_i = RT\ln x_i$ auf. Für die freie Enthalpie gilt analog $\bar{G}_i = \mu_i = RT\ln x_i$. $\bar{F}_i$ ist die partielle molare f. E. und $\bar{G}_i$ die partielle molare freie Enthalpie (↗ partielle molare Größen) des Stoffes i. Beide Größen sind einander gleich und werden auch als ↗ chemisches Potential μ_i bezeichnet. x_i ist der Molenbruch des Stoffes i in der Mischphase, R die allgemeine Gaskonstante und T die Mischtemperatur. Für die Gesamtmischung gilt dann $dF = -S\,dT - p\,dV + \sum \mu_i dn_i$ und $dG = -S\,dT + V\,dp + \sum \mu_i\,dn_i$ (Gibbssche Fundamentalgleichungen).

Ein Vorgang verläuft solange freiwillig, solange das System dabei Arbeit leisten kann, d. h. $\Delta F < 0$ bzw. $\Delta G < 0$ ist. Das thermodynamische Gleichgewicht ist erreicht, sobald $\Delta F = 0$ bzw. $\Delta G = 0$ gilt (↗ Thermodynamik, 2. Hauptsatz; ↗ Gleichgewicht).

freie Enthalpie, Formelzeichen G, ↗ freie Energie.

freie Valenz, ↗ Hückel-Methode.

freie Weglänge, ↗ kinetische Gastheorie.

Freiheitsgrad, 1) die Anzahl der frei wählbaren, voneinander unabhängigen Koordinaten, die zur eindeutigen Festlegung der räumlichen Lage eines Systems von Massenpunkten (z. B. Atomen) erforderlich sind. Jede Bedingungsgleichung, die räumliche Beziehungen zwischen den Massenpunkten fixiert, z. B. in Form eines starren Bindungsabstandes, reduziert die Anzahl der äußeren F.

Die Anzahl der F. spielt eine wichtige Rolle in der statistischen ↗ Thermodynamik, bei der Berechnung von ↗ molaren Wärmekapazitäten oder von ↗ Zustandssummen. Ein Atom hat 3 F. der Translation, im System von N Atomen folglich $3N$ Translationsfreiheitsgrade. Vereinigen sich die N Atome zu einem Molekül, so hat dieses als Ganzes nur noch 6 äußere F. der Rotation. Die übrigen $3N - 6$ F. sind innere F. der Schwingungsbewegung der Molekülbausteine gegeneinander.

2) in der Gleichgewichtsthermodynamik die Anzahl der frei wählbaren Parameter, z. B. Temperatur, Druck, Zusammensetzung, durch die der Zustand eines makroskopischen Systems festgelegt wird. Die Anzahl dieser F. wird durch das Phasengesetz von Gibbs festgelegt.

freisetzungshemmende Hormone, ↗ Statine.

Freisetzungshormone, ↗ Liberine.

Fremdmetallüberzüge, ↗ metallische Schutzschichten, ↗ Plattieren.

Fremdstoffe, ↗ Zusatzstoffe, ↗ Kontaminanten.

French-Presse, ein Gerät zum Aufschluß von Mikroorganismen (↗ Zellaufschluß). In der F. werden Zellsuspensionen (5–100 ml) unter Druck (ca. 150 MPa) durch eine ca. 1 mm große Öffnung gepreßt.

Frenkel-Defekte, ↗ Kristallbaufehler.

Frequenzfaktor, ↗ Arrhenius-Gleichung.

Frequenz-Sweep, ↗ NMR-Spektroskopie.

Freundlich-Isotherme, ↗ Adsorption.

Friedelan, ↗ Triterpene.

Friedel-Crafts-Reaktionen, von C. Friedel und J. M. Crafts 1877 erstmals durchgeführte Reaktionen zur Alkylierung und Acylierung aromatischer Kohlenwasserstoffe in Gegenwart von wasserfreiem Aluminiumchlorid.

Friedel-Crafts-Alkylierung, Methode zur Einführung von Alkylgruppen in aromatische Kohlenwasserstoffe oder ihre Substitutionsprodukte sowie in Heteroaromaten mit Hilfe von Alkylhalogeniden, Alkenen, Alkoholen sowie deren Estern mit anorganischen oder organischen Säuren in Gegenwart von Lewis-Säuren, wie Aluminiumchlorid, Eisen(III)-chlorid, Zinn(IV)-chlorid, Bortrifluorid oder Zinkchlorid, sowie Protonsäuren, z. B. Fluorwasserstoff, Schwefelsäure oder Phosphorsäure:

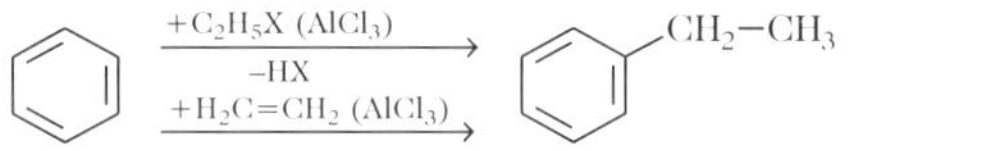

Die Friedel-Crafts-Alkylierung zählt zu den elektrophilen Substitutionen. Das elektrophile Reagens z. B. bei der Umsetzung mit Alkylhalogeniden ist entweder ein Komplex aus der Lewis-Säure und dem Alkylhalogenid oder ein freies Carbenium-Ion:

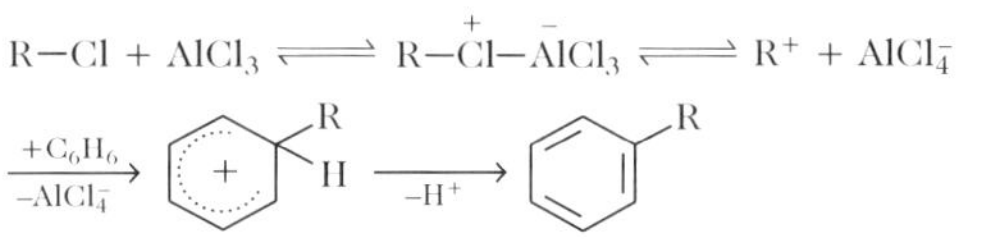

Da Alkylgruppen zu den Substituenten 1. Ordnung zählen – sie erhöhen die Aktivität des aromatischen Systems und erleichtern somit die elektrophile Zweitsubstitution – reagieren die primär gebildeten Monoalkylaromaten z. T. unter Bildung hochalkylierter Produkte weiter, die häufig nur schwierig getrennt werden können. Ein weiterer Nachteil dieser F. besteht darin, daß beim Auftreten intermediärer Carbenium-Ionen mit Umlagerungsprodukten zu rechnen ist. So wird z. B. aus Benzol und 1-Brompropan hauptsächlich Cumol und nicht, wie erwartet, Propylbenzol gebildet. Die Friedel-Crafts-Alkylierung hat besonders für technische Belange, insbesondere mit Alkenen als Alkylierungsmittel, bei der Synthese von Ethylbenzol, Cumol, Alkylphenolen sowie Butylnaphthalin größte Bedeutung.

Friedel-Crafts-Acylierung, Verfahren zur Herstellung aromatischer oder aliphatisch-aromatischer Ketone aus aromatischen Kohlenwasserstoffen, deren Substitutionsprodukten, Heteroaromaten und Carbonsäurehalogeniden, -anhydriden sowie auch

Carbonsäuren selbst in Gegenwart von Lewis-Säuren nach folgendem Reaktionsschema:

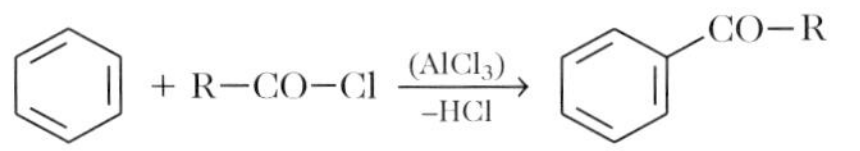

Die Friedel-Crafts-Acylierung gehört ebenfalls zu den elektrophilen Substitutionsreaktionen am aromatischen System. Das elektrophile Acylierungsreagens, z. B. aus dem Acylhalogenid und Aluminiumchlorid, ist der 1 : 1-Komplex aus den Reaktionspartnern oder ein Acyl-Kation:

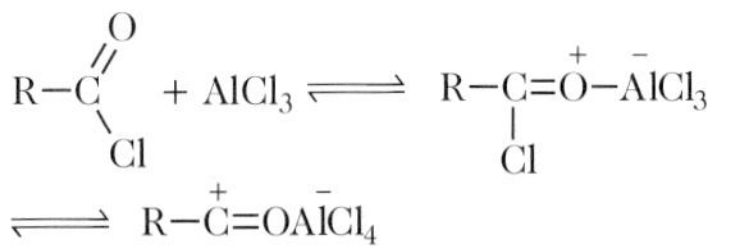

Die Bildung des σ-Komplexes und die anschließende Abspaltung des Protons gleicht dem Alkylierungsmechanismus. Da Acylgruppen zu den Substituenten 2. Ordnung gehören, ist eine Zweit- oder Polysubstitution nicht möglich.

Eng verwandt mit der Friedel-Crafts-Acylierung sind z. B. die ↗ Gattermann-Koch-Synthese, die ↗ Gattermann-Reaktion, die ↗ Vilsmeier-Haack-Reaktion, die ↗ Houben-Hoesch-Reaktion und die ↗ Fries-Umlagerung.

Friedländer-Synthese, Chinolinsynthese durch Kondensation von 2-Aminobenzaldehyd oder 2-Aminoacetophenon mit Ketonen, die in *α*-Position mindestens eine Methyl- oder Methylengruppe enthalten:

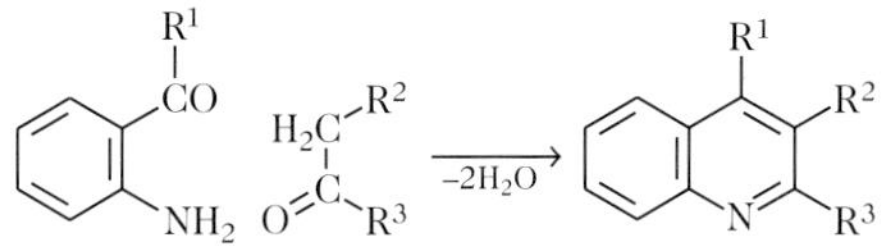

Die F. kann in Gegenwart von Säuren oder Basen durchgeführt werden. Beim Einsatz von *β*-Ketocarbonsäuren verläuft die Cyclisierung bereits unter sehr milden Reaktionsbedingungen, wobei gleichzeitig Decarboxylierung erfolgt.

Fries-Umlagerung, Umlagerung von Phenolestern zu Acylphenolen in Gegenwart von Aluminiumchlorid, Bortrifluorid, Zinkchlorid u. a. Bei Reaktionstemperaturen unterhalb von 100 °C entstehen vorwiegend die 4-acylierten Verbindungen, oberhalb von 150 °C werden hauptsächlich 2-Acylphenole gebildet:

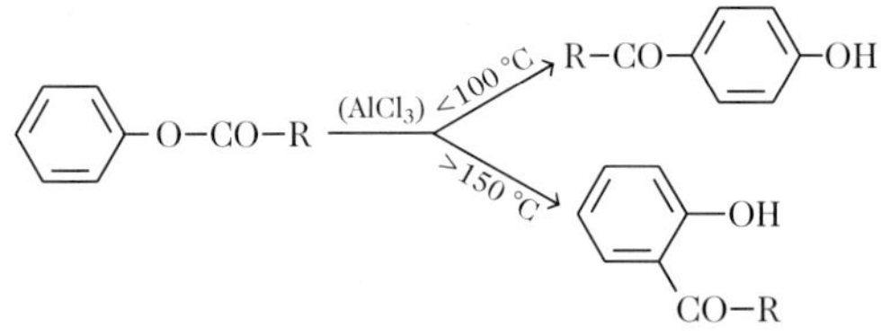

Die Phenolester aliphatischer Carbonsäuren können im allg. leichter umgelagert werden als die entsprechenden aromatischen Säureester. Lösungsmittel sind zur F. nicht erforderlich, obwohl in vielen Fällen die Umlagerung in Nitrobenzol, Schwefelkohlenstoff oder Chlorbenzol unter milderen Bedingungen möglich ist.

Frischen, ein Grundprozeß bei der Stahlerzeugung, das Umwandeln von Roheisen in Stahl durch Entfernung des Kohlenstoffs und der anderen, meist aus den Einsatzstoffen (Roheisen, Schrott) kommenden, unerwünschten Begleitelemente (Silicium, Mangan, Phosphor) mittels Oxidation. Die Oxidationsprodukte werden gasförmig (Kohlenmonoxid) abgegeben oder als Oxide, z. B. Siliciumdioxid, Phosphorpentoxid, in die Schlacke übergeführt. Infolge ihrer hohen Affinität zum Sauerstoff werden auch wertvolle Legierungselemente, z. B. Chrom, mit oxidiert (Abbrand). Der zur Oxidation erforderliche Sauerstoff wird der Eisenschmelze mittelbar über den Eisen(II)-oxidgehalt der Schlakke, über den Rost des Schrotts, den Eisenoxidgehalt [Eisen(III)-oxid Fe_2O_3, Eisen(II, III)-oxid Fe_3O_4] des Frischerzes oder durch oxidierende Flammgase zugeführt. Unmittelbare Zuführung des Oxidationsmittels in gasförmiger Form als Luft (*Windfrischen*) oder reiner Sauerstoff (*Sauerstofffrischen*, ↗ Sauerstoffmetallurgie) erfolgt durch Auf- oder Durchblasen oder durch Einblasen mittels Lanzen.

Fritte, silicatisches, glasartiges oder glaskristallines Sinter- bzw. Schmelzprodukt aus Gemengen glasbildender und glaswandelnder Grundstoffe (z. B. Quarz, Feldspat, Tone, Borax, Alkalimetall- und Erdalkalimetallcarbonate), das durch Abschrecken in Wasser bzw. auf Metallunterlagen als Granulat entsteht, F. sind bedeutsam für die Herstellung von Emails, Schmelzfarben und Steingutglasuren sowie als Filtermaterial in Form von plattenverpreßtem Feingranulat.

Fritten, ↗ Filter.

Frontaltechnik, chromatographische Arbeitsmethode, bei der die Probe der Trennstrecke kontinuierlich zugeführt wird.

Frontoctanzahl, ↗ Octanzahl.

Frostschutzmittel, ↗ Gefrierschutzmittel.

Fru, Abk. für D-Fructose.

Fruchtzucker, ↗ D-Fructose.

Fructane, weit verbreitete pflanzliche Reservepolysaccharide, die aus *β*-D-Fructofuranoseeinheiten bestehen, die durch 2,1-Bindungen (Inulingruppe) oder 2,6-Bindungen (Levangruppe) glycosidisch miteinander verknüpft sind (Polyfructosane). ↗ Inulin wird in der Diabetiker-Ernährung verwendet. Fructan-spaltende Enzyme wurden bisher aus *Aspergillus niger* und verschiedenen Bakterien isoliert.

D-Fructose, ***Fruchtzucker***, ***Lävulose***, Abk. ***Fru***, wichtigste Ketohexose (↗ Monosaccharide). Handelsüblich ist die *β*-D-Fructopyranose, ein weißes, kristallines Pulver, das in Wasser leicht, in Ethanol mäßig löslich ist, $[\alpha]_D^{20}$ im Mutarotationsgleichgewicht –91 bis –93°. D-F. ist im Bienenhonig sowie vergesellschaftet mit Glucose in den meisten Früchten in freier Form als Pyranose enthalten. Sie ist als Furanosid Baustein der Oligosaccharide Saccharose und Raffinose sowie verschiedener Polysaccharide (Fructane) und wird durch Hydrolyse von Saccharose oder Inulin gewonnen. F. schmeckt süßer als Saccharose. Sie wird in vivo durch Hexokinase in Fructose-1-phosphat umgewandelt, aus dem durch eine Isomerase Glucose-1-phosphat gebildet werden kann. F. dient als Test für die Leberfunktion, zur Leberschutztherapie sowie als ↗ Zuckeraustauschstoff.

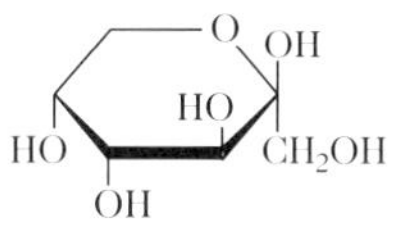

Fructose. Abb.: β-D-Fructopyranose.

FSH, ↗ Follitropin.

FT-Technik, Abk. für ***F**ourier-**T**ransform-Technik*.

Fuberidazol, ↗ Benzimidazolfungizide.

Fuc, Abk. für Fucose.

Fuchsin, ***Rosanilin***, ***Magenta***, ein Triphenylmethanfarbstoff. F. bildet grüngelb gefärbte, metallisch glänzende Kristalle, die sich in Wasser und Alkohol langsam mit intensiv roter Farbe lösen. F. wird vor allem in der Papier- und Spielwarenindustrie verwendet, als Textilfarbstoff ist es unbedeutend.

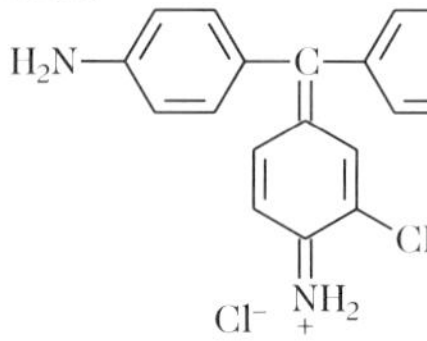

Fuchsinschweflige Säure wurde früher als Reagens auf Aldehyde verwendet. Diese Farbreaktion beruht darauf, daß F. mit schwefliger Säure eine farblose Additionsverbindung bildet, die bei Gegenwart eines Aldehyds zerstört wird, wobei der rote Farbstoff F. wieder frei wird.

F. wurde erstmalig 1858 von A. W. v. Hofmann dargestellt, es war nach dem Mauvein der zweite bedeutende synthetische Farbstoff.

Fuchson, die Stammsubstanz einer Reihe saurer Triphenylmethanfarbstoffe, der Fuchsonfarbstoffe.

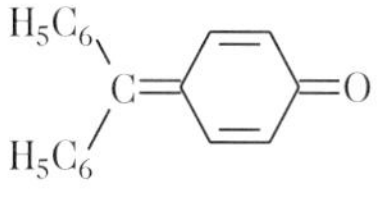

Fuchsoniminfarbstoffe, synthetische Farbstoffe aus der Gruppe der Triphenylmethanfarbstoffe, bei denen das Fuchsonimin als Chromogen fungiert. Zu den F. gehört z. B. das Fuchsin.

Fucose, Abk. ***Fuc***, ***6-Desoxygalactose***, ein 6-Desoxyzucker. L-F. ist Bestandteil von pflanzlichen Gummen und Schleimen, Hemicellulosen, Blutgruppensubstanzen, in Algen vorkommenden Polysacchariden (Fucosane) sowie einiger Glycolipide, der Fucolipide. D-F. ist in einigen pflanzlichen Glycosiden enthalten.

Fugazität, Formelzeichen f, in der Thermodynamik ein hypothetischer Druck realer Gase, um für ideale Gase geltende Gesetze auch für reale Gase aufrechterhalten zu können: $f = \Phi_i \cdot p_i$. Hierbei bedeuten p_i den Partialdruck und Φ_i den Fugazitätskoeffizienten. Nähert sich das reale dem idealen Verhalten, so geht Φ_i gegen 1.

Fullerene, Modifikationen des Kohlenstoffs. Die Fullerene bestehen aus einzelnen, diskreten Molekülen, wobei die C_{60}-Form am besten untersucht ist, in der die kugelförmigen C_{60}-Moleküle neben Fünflingen jeweils 20 Sechsringe enthalten. Neben dem C_{60} sind auch noch weitere Fullerene (z. B. C_{70}, ... C_{266}) bekannt, wobei das Bauprinzip der C_n-Käfigmoleküle mit dem der geodätischen Kuppeln übereinstimmt, durch die der amerikanische Ingenieur P.R. Buckminster Fuller berühmt wurde; hiervon leitet sich auch der Name der ganzen C_n-Verbindungsklasse ab, die als Buckminsterfullerene bezeichnet werden. Allgemein besitzen diese C_n-Käfigmoleküle $(n\text{-}20)/2$ aromatische Sechsringe, stellen als Moleküle aber keine aromatischen Verbindungen dar, d. h. die Aromatizität erstreckt sich nicht über das gesamte Molekül. Eine maximale Stabilität ist dann gegeben, wenn in der Struktur die Fünfringe immer in *meta*-Position an die aromatischen Sechsringe kondensiert sind, wie es beim C_{60} der Fall ist. Im Jahr 1996 wurde der Nobelpreis für Chemie für die Erforschung dieser neuen Kohlenstoff-Formen verliehen.

Füllkörper, in der chem. Industrie Stoffe, die dazu dienen, eine größere wirksame Oberfläche zu erhalten und so Reaktionen zu beschleunigen und den Wärme- und Stoffaustausch zwischen Gasen und Flüssigkeiten zu fördern. Es gibt F. der verschiedenartigsten Formen, die aus verschiedenem Material bestehen können. So verwendet man kurze Rohrstücke aus Steinzeug, Porzellan, Glas, Kohlenstoff, Kunststoffwerkstoffen, Stahl, Kupfer u. a., z. B. *Raschig-* und *Pallringe* (Abb.). Andere Füllkörperformen sind Sattelkörper aus Steinzeug oder Hartporzellan, keramische Strahlenkörper, Kugeln aus Glas, Keramik, Kupfer oder Blei, Maschendrahtringe, Wendel aus Glas oder Draht u. a. Besonders wirkungsvolle F. sind Perform-Grid- und Pyrapack-Packungen.

Hierbei handelt es sich um Vertikalkontaktpakkungen aus Matten, deren Grundstruktur aus pyramidalen Grundkörpern mit dreiseitigen Flächen gebildet werden. F. werden z. B. verwendet bei chem.

Reaktionen zwischen Gasen und Flüssigkeiten, beim Mischen von Gasen und Flüssigkeiten, bei Adsorptions- und Desorptionsvorgängen, bei der Destillation von Flüssigkeitsgemischen, bei der Extraktion, bei Wärmeaustauschvorgängen, beim Abscheiden von Staub und Schmutz, beim Entgasen, Entnebeln und Entölen.

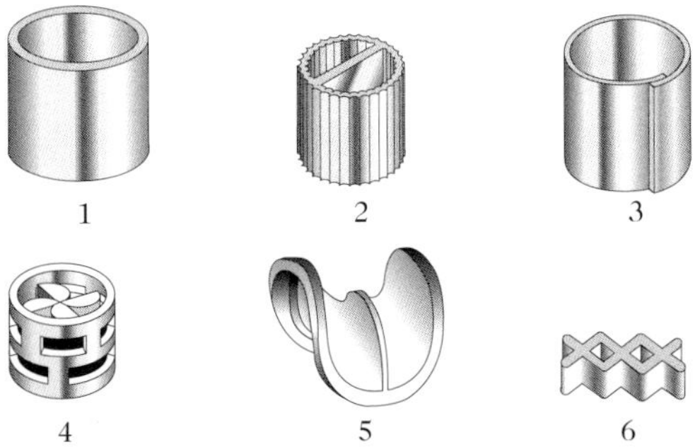

Füllkörper. Abb.: *1–4* Füllringe (*1, 2, 3* Raschigringe, *4* Pallring). *5* Sattelkörper, *6* Strahlenkörper.

Je nach Anwendungszweck füllt man die F. in hohe Türme, z. B. beim Bleikammerverfahren, oder in Füllkörpersäulen, z. B. bei Destillations- und Absorptionskolonnen.

Die geometrische Höhe einer Füllkörperschicht, die einer Anreicherung einer einzelnen Konzentrationsstufe (↗ Bodenzahl) entspricht, nennt man die *äquivalente Füllkörperhöhe*, vielfach auch als *HETP-Wert* bezeichnet (Abk. von engl. *h*eight *e*quivalent to a *t*heoretical *p*late).

Füllstoffe, Hilfsstoffe, die Werkstoffen bei der Verarbeitung zugesetzt werden, um bestimmte Eigenschaften zu erreichen. Papierstoffbrei wird (bis zu 25 %) vor allem Blanc fixe (Bariumsulfat), Titanweiß, Kaolin, Annalin (Gips) u. ä. zugemischt, um die Transparenz zu vermindern (z. B. bei Dünndruckpapier) sowie den Weißheitsgrad und die Bedruckbarkeit zu erhöhen. Die genannten Stoffe können auch mit Casein, Wasser u. a. zu einer Paste verarbeitet werden und in dieser Form auf Rohpapier aufgestrichen werden. Kunststoffen werden Holz- und Gesteinsmehl, Zellstoff- oder Textilschnitzel (z. B. Linters), Glasfasern und -pulver, Kohlenstoff-, Metallfasern u. a. in fester oder dispergierter Form zugesetzt. Bei der Furnierherstellung wird dem Leim Kreide, Holzmehl, pulverisiertes Kunstharz u. a. beigemischt, um sein Durchschlagen (Sichtbarwerden auf der furnierten Fläche) zu verhindern.

Fulminate, Derivate der Knallsäure HCNO. Salzartige F. enthalten das zur Gruppe der ↗ Pseudohalogenide gehörende lineare, mesomeriestabilisierte Anion $[CNO]^-$. *Natriumfulminat*, NaCNO, kristallisiert in farblosen Nadeln, die mit Natriumcyanat und Natriumazid isomorph sind und beim Reiben oder Erhitzen heftig explodieren. Weitere wichtige Metallfulminate sind ↗ Quecksilberfulminat und ↗ Silberfulminat. Mit Übergangsmetallen bildet das Fulminat-Anion Komplexe, in denen der Ligand koordinative Bindungen über Kohlenstoff, M–CNO, ausbildet.

Fulminsäure, ↗ Knallsäure.

Fulvene, gelbe bis rote Kohlenwasserstoffe mit gekreuzt konjugierten Doppelbindungen, die sich vom Cyclopentadien durch Kondensation mit aliphatischen oder aromatischen Aldehyden oder Ketonen ableiten. F. gehören wie die Azulene zu den Kohlenwasserstoffen mit nichtalternierendem Konjugationssystem und haben beachtliche Dipol-

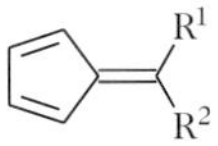

momente, z. B. 6,6-Dimethylfulven ($R^1=R^2=CH_3$) 1,44 D. F. weisen eine geringe Resonanzenergie auf (etwa 50 kJ mol^{-1}) und sind demzufolge recht reaktionsfähig. Sie verhalten sich wie Zwischenstufen zwischen aromatischen und ungesättigten aliphatischen Verbindungen. Sie sind leicht hydrierbar und unterliegen der Autoxidation und Polymerisation. Andererseits gehen sie im Fünfring Substitutionsreaktionen wie Aromaten ein.

Fumarase, ***Fumarathydratase***, ein zu den Lyasen gehörendes Enzym des Citronensäurecyclus, das reversibel durch Addition von Wasser an die Doppelbindung des Fumarats Malat bildet. F. ist ein Tetramer (M_r 194000, 1784 Aminosäurereste, keine Disulfidbindungen) von identischen Untereinheiten (M_r 48500). Es benötigt für die katalytische Wirkung keine Cofaktoren. Von der F. existieren verschiedene Isoenzyme.

Fumarsäure, ***trans-Butendisäure***, ***(E)-Butendisäure***, eine ungesättigte aliphatische Dicarbonsäure. Die F. ist die π-diastereomere Form der ↗ Maleinsäure. F. kristallisiert in farblosen, monoklinen Prismen; F. 300 bis 302 °C (im geschlossenen Röhrchen), Sublimation bei 200 °C. Sie ist in siedendem

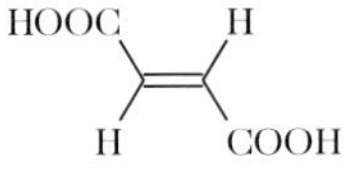

Wasser und Alkohol löslich, in den meisten organischen Lösungsmitteln praktisch unlöslich. Die Acidität der F. ist deutlich geringer als die der Maleinsäure. Die Salze und Ester der F. werden als *Fumarate* bezeichnet. F. ist in freier Form in zahlreichen Pflanzen, z. B. im Erdrauch, im Isländischen Moos, im Champignon und im Pfifferling sowie in Flechten enthalten. Sie ist als Fumarat außerdem ein wichtiges Zwischenprodukt im Citronensäurecyclus. Synthetisch wird F. hauptsächlich durch Isomerisierung von Maleinsäure in Gegenwart von Salzsäure hergestellt. Außerdem ist sie durch industrielle

Fermentation aus Glucose bzw. Stärke zugänglich. F. wird zur Herstellung von Polyestern und Alkydharzen sowie als Zusatzmittel für Backwaren und Getränke verwendet.

Fünfringheterocyclen, cyclische Kohlenstoffverbindungen mit fünf Ringgliedern und ein bis vier Heteroatomen (↗ Heterocyclen). Aromatische F. gehören zum großen Teil zu den π-Überschuß-Heterocyclen, d. h., sie reagieren außerordentlich leicht mit elektrophilen Reagenzien (Pyrrol, Furan, Thiophen). Daher sind ihre Derivate, wie Halogen- und Nitroverbindungen, Carbaldehyde, Carbonsäuren und Sulfonsäuren, aus den Stammverbindungen leicht zugänglich. Mit zunehmender Anzahl von Stickstoffatomen im Ring nimmt dieser Charakter ab und Tetrazole sind Verbindungen mit π-Mangelcharakter. Aromatische F. lassen sich stufenweise und auch vollständig hydrieren, z. B. Pyrrol zu Pyrrolin und Pyrrolidin. Außerdem sind sie verbreitet in benzkondensierte und heterocyclisch kondensierte Ringsysteme eingebaut. F. sind in der Natur weit verbreitet, z. B. Pyrrol als Baustein der Blut-, Blatt- und Gallenfarbstoffe, Pyrrolidin als Baustein der Aminosäuren Prolin und Hydroxyprolin sowie Indol und Imidazol als Bestandteile von Tryptophan und Histidin. Thiazolidin ist an der Grundstruktur der Penicilline beteiligt, und auch in Thiamin, Biotin und in der Ascorbinsäure finden sich F. als Bausteine. Technisch dienen sie als Lösungsmittel, z. B. Tetrahydrofuran, oder zur Synthese, z. B. von Pharmaka und Farbstoffen.

Fungistatika, ↗ Antimykotika.

Fungizide, (lat. fungus ›Pilz‹). Biologisch aktive Verbindungen zur Abtötung oder Wachstumshemmung von Pilzen oder deren Sporen. Während die in der Medizin beispielsweise gegen Hautpilze verwendeten Präparate als *Antimykotika* bezeichnet werden, versteht man unter F. die im Pflanzenschutz angewendeten Präparate. Dabei unterscheidet man je nach Befalls- oder Anwendungsort zwischen *Blattfungiziden*, *Bodenfungiziden* und *Beizmitteln*, wobei es sich jedoch durchaus um den gleichen ↗ Wirkstoff handeln kann. Bei der *Wirkungsweise* unterscheidet man zwischen *Kontaktfungiziden* und *systemischen* F., sowie zwischen protektiven, kurativen und eradikativen Mitteln. *Protektive* F. verhindern eine Infektion, *kurative* F. können während der Inkubationszeit eine Weiterinfektion stoppen und *eradikative* F. führen auch nach der Ausbildung der Symptome zu einem Heilungserfolg.

Wichtigster Angriffspunkt im Stoffwechsel der Pilze ist die Biosynthese von Ergosterin. Dieser Verbindung kommt als Bestandteil der Zellmembran zahlreicher Pilze Bedeutung zu. Wird die Ergosterinsynthese durch F. blockiert, so führt dies zur Veränderung der Membranstruktur und –funktion und zu Störungen bei der Teilung und Entwicklung der Pilzzellen.

Die wichtigsten *chemischen Wirkstoffklassen* sind
↗ anorganische Fungizide
↗ metallorganische Fungizide
↗ Dithiocarbamatfungizide
↗ Phthalimidfungizide
↗ Pyrimidinfungizide
↗ Triazolfungizide
↗ Morpholinfungizide
↗ Carboxanilidfungizide
↗ Acylanilidfungizide
↗ Benzimidazolfungizide
↗ Dicarboximidfungizide
↗ Imidazolfungizide
↗ Strobilurine.

Während die Morpholine und Triazole seit Anfang der 80er Jahre den Fungizidmarkt bestimmen, gehören die Strobilurine seit Mitte der 90er Jahre zu den F. mit neuem Wirkungsmechanismus.

funktionelle Gruppe, frühere Bezeichnung für ↗ charakteristische Gruppe.

Furalaxyl, ↗ Acylanilidfungizide.

Furan, eine zu den π-elektronenreichen Heteroaromaten zählende Verbindung. F. ist eine farblose, chloroformartig riechende, leicht entflammbare Flüssigkeit; F. –85,6 °C, Kp. 31,4 °C, n_D^{20} 1,4214. Es

ist leicht löslich in Alkohol, Ether, Aceton und Benzol, unlöslich in Wasser. Gegen Alkalien ist es beständig, durch konzentrierte Säuren wird es unter Verharzung zersetzt, verdünnte Säuren spalten den Ring hydrolytisch, wobei 1,4-Dicarbonylverbindungen entstehen. Das Sauerstoffatom ist sp^2-hybridisiert, somit gehört F. zu den cyclisch konjugierten Systemen und ist mit sechs delokalisierten Elektronen aromatisch. F. verhält sich andererseits wie ein 1,3-Dien, z. B. ist es der Diels-Alder-Reaktion mit Maleinsäureanhydrid zugänglich. Unter milden Bedingungen können auch Substitutionsreaktionen realisiert werden; so führt die Einwirkung von Brom zu 2,5-Dibromfuran, die Nitrierung mit Acetylnitrat zum 2-Nitrofuran, die Sulfonierung mit Schwefeltrioxid/Pyridin zu Furan-2-sulfonsäure. Der qualitative Nachweis kann mit der Fichtenspanreaktion erfolgen. Die technische Darstellung erfolgt durch Decarbonylierung von Furfural in Gegenwart von Zink-Mangan-Chromat(III) bei 400 °C oder durch Decarboxylierung von Furan-2-carbonsäure. F. ist das Grundgerüst sauerstoffhaltiger Naturstoffe, z. B. der Furocumarine und des Griseofulvins; Furanderivate sind Bestandteil von Aromen und Riechstoffen, Pheromonen und Arzneimitteln.

Furan-2-carbaldehyd, ↗ Furfural.

Furan-2-carbonsäure, ***Brenzschleimsäure***, eine heterocyclische Carbonsäure. F. bildet farblose Kristalle; F. 134 °C, Kp. 230 bis 232 °C. Sie ist löslich in Wasser, Alkohol und Ether. F. wird durch trokkene Destillation von Schleimsäure hergestellt. Die Oxidation von Furfural ergibt ebenfalls F. Sie kommt in geringen Mengen im Organismus vor.

Furanharze, synthetische Harze, die durch lineare Polymerisation des Furfurylalkohols erhalten werden. Die dunkelbraunen bis schwarzen Harze sind löslich in Aceton, Essigester und Aromaten. Sie werden als Bindemittel im Gießereiwesen zum Härten der Sandformen und -kerne eingesetzt. Mit Glasfasern verstärkte F. haben hohe Hitze- und Flammenbeständigkeit.

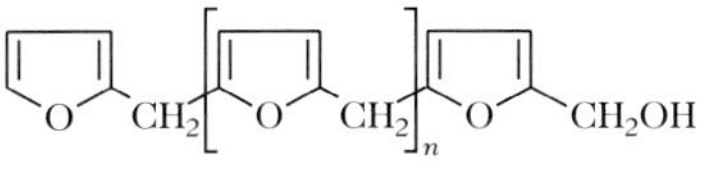

Furanose, ↗ Monosaccharide.

Furazane, ↗ Oxadiazole.

Furfural, *Furfurol*, *Furan-2-carbaldehyd*, ein farbloses, wasserdampfflüchtiges Öl; F. –36,5 °C, Kp. 162 °C, n_D^{20} 1,5261. F. ist in Wasser, Alkohol, Aceton und Benzol löslich, unlöslich jedoch in Alkanen. Mit Wasser bildet es ein bei 97,9 °C siedendes azeotropes Gemisch mit 9,2 % F.-Anteil. An der Luft verharzt F. langsam, der Prozeß kann mit Hilfe von Basen gebremst werden.

F. ist toxisch, es reizt die Schleimhäute, und es kann zu Augenentzündungen, Sehstörungen und Lungenödemen kommen.

F. zeigt die typischen Reaktionen der Aldehyde, u. a. auch die ↗ Cannizzaro-Reaktion. F. ist sehr leicht aus pentosanhaltigem pflanzlichen Material zugänglich, z. B. aus Haferspelzen oder Maiskolben durch Erhitzen mit Mineralsäuren. F. kommt in geringen Mengen in Holzessig, Fuselöl, Kaffeeöl und Bierwürzen vor. Technisch wird es als Lösungsmittel verwendet und ist Ausgangsstoff für Phenol-Aldehyd-Kunstharze, Farbstoffe und bakterizide Verbindungen.

Furfurol, ältere Bezeichnung für ↗ Furfural.

Furfurylalkohol, *2-Hydroxymethylfuran*, ein heteroaromatisch substituierter primärer Alkohol, eine farblose, toxische Flüssigkeit mit bitterem Geschmack; F. –29 °C, Kp. 170 bis 171 °C, n_D^{20} 1,4845.

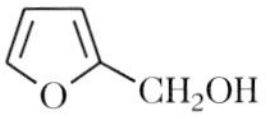

Mit Wasser ist F. in jedem Verhältnis mischbar, in Ethanol und Ether leicht löslich. Es gibt eine intensive blaugrüne Fichtenspanreaktion. F. ist gegenüber Luftsauerstoff empfindlich und muß durch Zusätze von Butylamin, Piperidin oder Harnstoff stabilisiert werden. Spuren konz. Mineralsäuren bewirken eine vollständige, nahezu explosionsartig ablaufende Verharzung. Beim Kochen mit verd. Säuren entsteht Lävulinsäure, bei der katalytischen Hydrierung Tetrahydrofurfurylalkohol. F. ist im Nelkenöl enthalten. Synthetisch gewinnt man F. aus Furfural durch katalytische Hydrierung oder durch Einwirkung von Alkalihydroxid mittels der ↗ Cannizzaro-Reaktion. F. dient allein und in Kombination mit anderen Harzbildnern, besonders Phenolen, zur Herstellung von bernsteinfarbenen, zähen Gieß- und Preßharzen, ferner als Lösungsmittel für Phenolharze und Dispergiermittel für schwerlösliche Farbstoffe im Färbeprozeß.

Furocumarine, in zwei verschiedenen Formen als Furo-[2′,3′:7,6]- und Furo-[2′,3′:7,8]-cumarin in Pflanzen der Familien *Apiaceae* und *Rutaceae*, besonders reichlich in den Früchten, vorkommende chem. Verbindungen. F. können zwischen die DNA-Basen der Nucleinsäuren eingeschoben werden. Diese Interkalationskomplexe (↗ Interkalation) bilden bei Bestrahlung irreversible Cyclobutanprodukte mit Thyminresten. F. können dadurch phototoxisch und mutagen wirken. Einige F., wie Methoxsalen (Xanthotoxin), haben therapeutische Bedeutung.

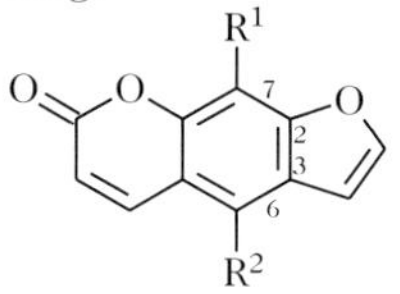

Furo-[2:3′:7,6]-cumarine

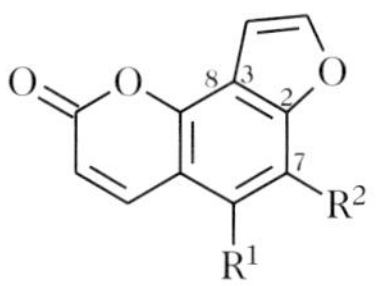

Furo-[2:3′:7,6]-cumarine

Furo-[2′,3′:7,6]- cumarine	R^1	R^2
Psoralen	H	H
Xanthotoxin[1)]	OCH_3	H
Xanthotoxol	OH	H
Bergapten	H	OCH_3
Bergaptol	H	OH
Furo-[2′,3′:7,8]- cumarine	**R^1**	**R^2**
Isopsoralen, Angelicin	H	H
Isobergapten	OCH_3	H
Sphondin	H	OCH_3
Pimpinellin	OCH_3	OCH_3

1) auch Methoxsalen

Furosemid, ↗ Diuretika.

Furostan, ↗ Saponine.

Furoxane, ↗ Oxadiazole.

Fursultiamin, ↗ Vitamin B_1.

Fuselöl, ein Alkoholgemisch, das bei der alkoholischen Gärung als Nebenprodukt anfällt und im wesentlichen aus Propan-1-ol, Isobutanol und isomeren Amylalkoholen besteht. Diese Alkohole entstehen durch enzymatischen Abbau der Proteine der Hefe und der zur Gärung eingesetzten pflanzlichen Produkte, wie Kartoffeln, Getreidearten, Melasse aus Zuckerrüben. F. ist in weniger wertvollen Spirituosen enthalten und bewirkt bei deren Genuß Kopfschmerzen und Übelkeit, da die o. a. Alkohole toxischer sind als Ethanol. F. wird zur Gewinnung einzelner Komponenten, vor allem des Propan-1-ols, sowie zur Herstellung von Fruchtestern genutzt.

Fußbodenpflegemittel, ***Bohnermassen***, Oberflächenpflegemittel, die nach der Behandlung einen schützenden Wachsfilm auf dem Fußboden hinterlassen. Sie enthalten eine Wachskomposition als Filmbildner und organische Lösungsmittel. Vom Wachsfilm wird gefordert, daß er a) eine bestimmte Härte aufweist, da diese für die Glanzbeständigkeit von ausschlaggebender Bedeutung ist, daß er b) einen hohen Erstarrungspunkt (etwa 70 °C) besitzt, um z. B. bei starker Sonnenbestrahlung nicht zu verflüssigen (Rutschgefahr), und daß er c) leicht polierbar ist.

Die F. sollen den Fußboden oder den Fußbodenbelag gegen Verschleiß, Eindringen von Feuchtigkeit (Quellung) schützen und zur Reinigung und Glanzgebung dienen. Man unterscheidet zwischen Ölware und Emulsionsware.

1) Die *Ölware* wird als festes oder flüssiges Produkt hergestellt und verwendet.

a) Die feste Ölware setzt sich zu etwa $^1/_3$ aus einer Wachskomposition und zu $^2/_3$ aus einem organischen Lösungsmittel unter Zusatz geringer Mengen Deckparfüm und löslicher Farbstoffe zusammen. Die Wachskomposition besteht aus etwa $^1/_3$ Hartwachs und $^2/_3$ Hartparaffin; dabei sollen Anteile von Iso- oder Cycloparaffin vorhanden sein, da diese die Retention (Lösungsmittelzurückhaltevermögen) der Paste verbessern. Als Hartwachse werden pflanzliche Wachse, Rohmontanwachsderivate, Makroparaffin, Ozokerit und Ausscheidungswachse eingesetzt. Als Hartparaffine dienen Braunkohlenschwelteer- und Erdöldestillate. In die Wachskomposition gibt man Zusätze von Polyethylenwachsen oder kolloidale Kieselsäure, die zur Verbesserung des Wachsfilms beitragen sollen. Als organische Lösungsmittel werden Terpentinöl und Testbenzin verwendet.

b) Die flüssige Ölware unterscheidet sich von der festen lediglich durch das Verhältnis von Wachskomponente zu Lösungsmittel.

2) Die *Emulsionsware* kommt ebenfalls als festes oder flüssiges Produkt in den Handel.

a) Bei der festen Emulsionsware wird ein Teil des organischen Lösungsmittels durch Wasser ausgetauscht. Die Wachskomposition und die Lösungsmittel sind die gleichen wie bei der festen reinen Ölware. Als Emulgatoren dienen teilverseifte Wachse, Monoglyceride u. a. Diese F. werden vor allem auf sehr empfindlichen Belägen sowie z. B. bei Asphalt- und Spachtelböden eingesetzt. Die Verringerung des Lösungsmittelanteils setzt die reinigende Wirkung herab und hat damit zur Folge, daß die Fußböden und Beläge durch das Lösungsmittel nur wenig angegriffen werden.

b) Die flüssige Emulsionsware (*Wasserware*) wird ohne Zusatz von organischen Lösungsmitteln hergestellt. Sie enthält 12 bis 15 Teile einer Wachskomposition, 82 bis 85 Teile Wasser und 3 bis 4 Teile eines Emulgators. Die Wachszusammensetzung ist die gleiche wie bei der Ölware. Als Emulgatoren dienen z. B. Ethoxylierungsprodukte, Morpholin, Aminopropanol; auch können Harzseifen, Styrolemulsionen u. a. eingearbeitet werden. Der Vorteil dieser flüssigen Emulsionen gegenüber der Ölware besteht darin, daß sie sich leichter auftragen lassen und ohne Nachpolieren einen selbstglänzenden Wachsfilm hinterlassen, weshalb sie auch als *Selbstglanzwachse* bezeichnet werden; nachteilig ist die fehlende Reinigungswirkung, da sie nicht den alten, zuvor aufgetragenen Wachsfilm anlösen.

Zu den F. gehören auch die ↗ Selbstglanzemulsionen.

Futterhefe, durch Massenvermehrung der Zellen auf billigen Kohlenstoff- und Energiequellen in kontinuierlich gestalteten Fermentationsprozessen hergestellte Biomasse (↗ Einzellerprotein). Meist finden Substrate Verwendung, die andernfalls verworfen oder mit hohem Kostenaufwand in biologischen Anlagen der Abwasserreinigung abgebaut werden müssen (z. B. ↗ Sulfitablauge, ↗ Molke, ↗ Melasse). Auch *n*-Alkane der Kettenlänge C_{10} bis C_{22} und Methanol sind zur Produktion von F. geeignet.

G

***G*,** Formelzeichen für freie Enthalpie.

Ga, Symbol für Gallium.

Gabapentin, ↗ Antikonvulsiva.

GABA-Rezeptoren, durch den inhibitorischen Neurotransmitter GABA (γ-Aminobuttersäure) stimulierbare Rezeptoren. Durch die Wechselwirkung werden Cl^--Kanäle geöffnet, die zur Hyperpolarisation der postsynaptischen Membran führen und dadurch die Erregungsschwelle heraufsetzen. Der $GABA_A$-R. des Gehirns ist ein Tetramer ($\alpha_2\beta_2$). Durch vier membrandurchspannende Helices wird eine Pore ausgebildet mit der β-Untereinheit als Bindungsstelle für GABA. Daneben findet man $GABA_B$-R. im Rückenmark.

Gabriel-Synthese, Methode zur Herstellung primärer Amine durch hydrolytische Spaltung der aus Phthalimidkalium und Alkylhalogeniden zugänglichen *N*-Alkylphthalimide in Gegenwart von Säuren oder auch Laugen:

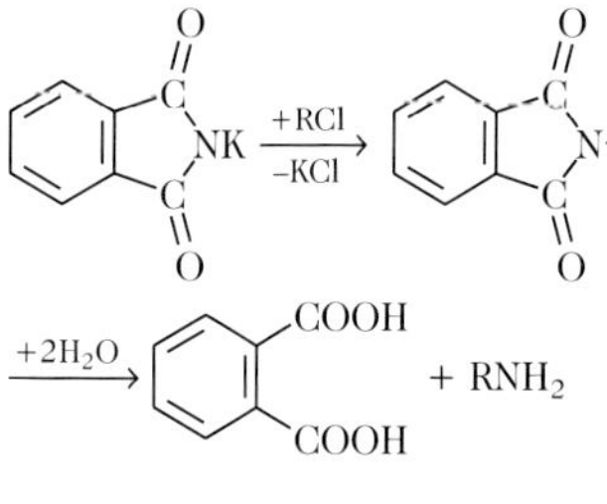

In vielen Fällen kann die Ausbeute durch Spaltung mit Hydrazinhydrat deutlich gesteigert werden. Bei dieser Hydrazinolyse entsteht neben dem primären Amin das cyclische Phthalsäurehydrazid.

Gadolinium, Symbol *Gd*, chem. Element aus der III. Nebengruppe des Periodensystems, der Gruppe der ↗ Lanthanoide zugehöriges Seltenerdmetall, Schwermetall; *Z* 64, Atommasse 157,25, Wertigkeit III, F. 1312 °C, Kp. 3000 °C, Standardelektrodenpotential (Gd/Gd^{3+}) −2,397 V.

G. ist ein silberweißes, duktiles, in zwei Modifikationen auftretendes Metall, das unterhalb 1262 °C hexagonal (D. 7,886 g cm^{-3}), oberhalb der Umwandlungstemperatur in einem kubisch-raumzentrierten Gitter kristallisiert. Es weist ungewöhnliche Supraleitereigenschaften auf, ist ferromagnetisch und hat einen sehr hoben Absorptionsquerschnitt für thermische Neutronen. G. ist am Aufbau der Erdkruste mit etwa $5{,}9 \cdot 10^{-4}$ % beteiligt. Sein Oxid zählt zu den Yttererden. G. kommt daher vor allem mit den leichteren Lanthanoiden vergesellschaftet als Silicat oder Phosphat vor. G. wird im begrenzten Umfang in der Kerntechnik für Regelstäbe eingesetzt, man verwendet es in der Metallurgie zur Verbesserung der Verarbeitbarkeit und Beständigkeit von rostfreien Chromstählen. Über weitere Eigenschaften, Analytisches und Gewinnung ↗ Lanthanoide.

Gadoliniumverbindungen, Verbindungen, in denen Gadolinium durchweg in der Oxidationsstufe +3 auftritt. Über allgemeine Eigenschaften und Gewinnung ↗ Lanthanoidverbindungen. Wichtige G.: *Gadolinium(III)-chlorid*, $GdCl_3$ farblose, monokline Prismen, D. 4,52 g cm^{-3}, F. 609 °C; *Gadolinium(III)-nitrat*, $Gd(NO_3)_3 \cdot 6\,H_2O$, farblose, trikline Kristalle, D. 2,332 g cm^{-3}, F. 91 °C; *Gadolinium(III)-oxid*, Gd_2O_3, weiß, D. 7,407 g cm^{-3}; *Gadolinium(III)-oxalat*, $Gd_2(C_2O_4)_3 \cdot 10\,H_2O$, monokline Kristalle, Gadolinium-Yttrium-Phosphat dient terbiumaktiviert als Luminophor. Gadolinium(III)-sulfat, $Gd_2(SO_4)_3$ wird verwendet, um mit Hilfe der adiabatischen Entmagnetisierung Temperaturen < 1 K zu erreichen. Dabei wird die maximale Anzahl von ungepaarten Elektronen des Gadoliniums ausgenutzt. Gadolinium(III)-Komplexe finden als Kontrastmittel in der Kernspintomographie Verwendung.

Gal, Abk. für Galactose.

Galactane, aus Galactose oder Anhydrogalactose aufgebaute Homopolysaccharide. Zu den G. gehören die Carrageenane, Agar sowie pflanzliche Gummen und Schleime.

galacto, Präfix zur Bezeichnung einer bestimmten Konfiguration (↗ Monosaccharide).

Galactomannane, Heteropolysaccharide, die aus D-Galactose und D-Mannose aufgebaut sind. G. sind vorwiegend in den Samen von Leguminosen enthalten. Sie werden in der Lebensmittelindustrie als Verdickungs- und Geliermittel eingesetzt.

Galactoglucomannane (*O*-Acetylgalactoglucomannane) sind Hauptbestandteil der Hemicellulosen der Nadelhölzer. Nadelhölzer bestehen zu 15–25 % aus Galactoglucomannanen. An eine Hauptkette aus (1→4) verknüpften β-D-Mannose und β-D-Glucose-Einheiten sind an einigen dieser Zuckerreste am C6-Atom Galactoreste gebunden. Einige Mannosereste sind am C2- bzw. C3-Atom acetyliert.

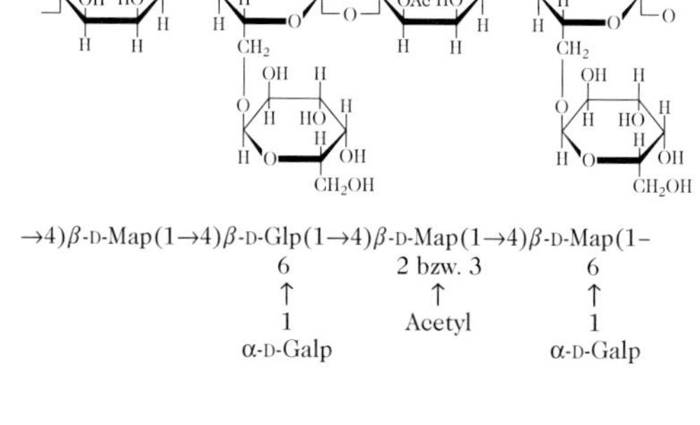

Glucomannane sind zu 3–5 % am Aufbau der Laubhölzer und zu 8–12 % am Aufbau der Nadelhölzer beteiligt.

Galactosamin, Abk. ***GalN, Chondrosamin, 2-Amino-2-desoxygalactopyranose***, 2-Aminozucker mit galacto-Konfiguration (Formel ↗ Galactose). G. ist als *N*-Acetylgalactosamin (GalNAc) Bestandteil von Mucopolysacchariden und anderen Proteoglycanen.

Galactose, Abk. ***Gal***, ein Monosaccharid, und zwar eine Aldohexose, die der Glucose stereoisomer ist. G. ist im Handel als α-D-Galactopyranose. Sie bildet farblose Kristalle, die schwach süß, in Wasser leicht, in Ethanol schwer löslich sind; $[\alpha]_D$ +79 bis 82°. G. kommt als D- und L-Form natürlich vor. D-G. ist Baustein von Glycolipiden, Oligosacchariden, wie Lactose und Raffinose, sowie Polysacchariden (z. B. als Galactane, Galactomannane), L-G. ist z. B. in den Polysacchariden Agar und den Carrageenanen enthalten. G. läßt sich durch säurekatalysierte Hydrolyse von Lactose erhalten. Sie dient in der Medizin als Diagnostikum (Ermittlung des Galactoseumsatzes als Leberfunktionsprobe).

β-Galactosidase, ***Lactase***, eine ↗ Disaccharidase, die β-1,4-galactosidische Bindungen spaltet. Neben der ↗ Lactose werden terminale β-D-Galactosereste in β-Galactosiden hydrolytisch gespalten. Das

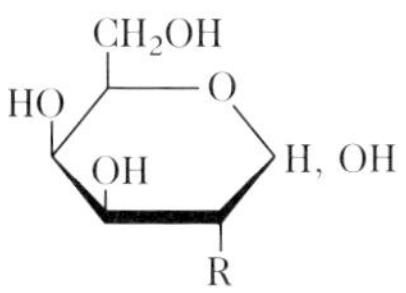

Galactose (R = OH)
Galactosamin (R = NH_2)

Enzym wird von den Mucosazellen des Dünndarms sowie von zahlreichen Mikroorganismen gebildet.

Die β-G. wird nativ oder immobilisiert in der Lebensmittel- und Kosmetikindustrie eingesetzt (z. B. Konsistenzveränderung für Eiscreme, Verträglichkeitsherstellung von Milch für Menschen, die keine Lactase bilden können).

Galalith, ↗ Kunsthorn.

Galanin, ein aus dem Schweinedünndarm isoliertes 29-Peptidamid. Das menschliche G. enthält dagegen 30 Aminosäurereste mit fehlender C-terminaler Amidgruppierung. G. wirkt als Neuropeptid.

Galbanum, ↗ Gummiharze.

Gallein, ***Alizarinviolett, Pyrogallophthalein***, 4,5-Dihydroxyfluorescein, ein Chinonfarbstoff. G. bildet rotbraune Kristalle, die 1 Molekül Wasser enthalten und beim Erhitzen auf 180 °C in die wasserfreie Form übergehen. Man gewinnt G. durch Erhitzen von Pyrogallol oder Gallussäure und Phthalsäureanhydrid auf 190 bis 200 °C. G. wird als Farbstoff für gebeizte Wolle, Baumwolle und Seide verwendet sowie zur Herstellung des Anthrachinonfarbstoffs *Coerulein*, der sich aus G. mit konz. Schwefelsäure bildet. G. dient ferner als Säure-Basen-Indikator im pH-Bereich von 3,8 bis 6,6 (Farbumschlag von Braungelb nach Rosa) sowie zur Phosphatbestimmung im Urin.

Gallenfarbstoffe, offenkettige Tetrapyrrole, die durch oxidative Öffnung cyclischer Tetrapyrrole (↗ Porphyrine) vorwiegend unter Verlust des C-Atoms 5 in vivo entstehen. Viele G. enthalten endständig Pyrrolinonreste. Ein offenkettiges Tetrapyrrol, bei dem die 4 Fünfringe durch Methylengruppen verbunden sind, so daß keine Konjugation erfolgt, wird als *Bilan* bezeichnet. Nach der Anzahl der verbindenden Methingruppen werden *Bilene, Biladiene* und *Bilatriene* unterschieden. Ihre Absorptionen differieren deutlich im sichtbaren Bereich (Tab.). In Säugetieren sind die G. Abbauprodukte der Hämoglobine, die mit der Galle ausgeschieden werden. Das primäre Abbauprodukt ist das *Biliverdin* (genauer Biliverdin IXα), aus dem durch Sekundärreaktionen die anderen G. hervorgehen. Der wichtigste G. ist das *Bilirubin*, das teilweise als Glucuronid vorliegt. Die durch spontane Oxidation entstandene Bilene *Mesobilin* und *Stercobilin* sind für die Farbe des Kots verantwortlich. An Proteine gebundene G. werden als *Biliproteine* bezeichnet. Das nichtkovalent an Serumproteine gebundene Bilirubin stellt eine Transportform dar. Kovalent gebundene Biliproteine kommen in Pflanzen vor. Dazu gehören die in Algen vorkommenden Phycobiliproteine sowie die in höheren Pflanzen weit verbreiteten *Phytochrome*. Diese pflanzlichen Biliproteine dienen bei

Gallenfarbstoffe. Tab.: Beispiele.

Grundkörper	Anzahl der Methingruppen	Farbe	Vertreter[1)]
Bilan	0	farblos	Mesobilinogen, Stercobilinogen
Bilen	1	gelb bis orange	Bilene (a): Mesobilin, Stercobilin
Biladien	2	rot	Biladiene (a, c): Bilirubin, Mesobilirubin, Phycoerythrobilin
Bilatrien	3	grün bis blau	Biliverdin, Phycocyanobilin

[1)] Die Kleinbuchstaben geben die Stellung der Methingruppen an.

der Photosynthese als Lichtsammlerpigmente sowie als Lichtsinnespigmente. Vertreter der Phycobiliproteine sind die *Phycocyanine* (Chromophor: Phycocyanobilin) und *Phycoerythrine* (Phycoerythrobilin).

Gallensäuren, ***Steroidcarbonsäuren***, Steroide mit einer Carboxygruppe am Alkylrest des C-Atoms 17. G. werden in Tieren durch oxidativen Abbau der Seitenkette am C17-Atom an Sterinen, vor allem von Cholesterin, in der Leber gebildet und mit der Gallenflüssigkeit oder direkt in den Darm ausgeschieden. Ein Teil der G. wird wieder rückresorbiert (enterohepatischer Kreislauf). Die G. werden nach der Anzahl der C-Atome in C_{24}-G. (Derivate der *Cholansäure*), C_{27}-G. (Derivate der *Koprostansäure*) und die selteneren C_{28}-G. eingeteilt. Weitere G. wurden aus Mikroorganismen isoliert. Die G. gehören zur 5β-Reihe der Steroide. Im Unterschied zu anderen Steroiden ist bei den G. die Hydroxygruppe am C3-Atom meist α-ständig. Daneben können die G. noch weitere ein bis zwei α-ständige Hydroxygruppen in 6-, 7- oder 12-Stellung enthalten. Bei den Säugetieren kommen fast ausschließlich C_{24}-G. vor. Die menschliche Galle enthält hauptsächlich Chenodesoxycholsäure und Cholsäure neben Desoxycholsäure. In der Rindergalle überwiegt Cholsäure, in der Schweinegalle Hyodesoxycholsäure. Amphibien und Reptilien bilden C_{27}- und C_{28}-G., z. B. die 3α,7α,12α-Trihydroxykoprostansäure. Zum Nachweis der G. dient die Rotfärbung mit Schwefelsäure und Rohrzucker bzw. Furfural (*Pettenkofersche Reaktion*). In der Gallenflüssigkeit liegen die G. als Natriumsalze von Konjugaten vor.

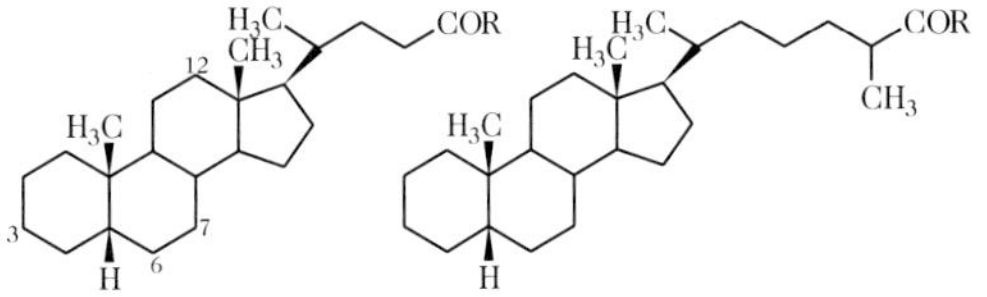

Cholansäure (R = OH)   Koprostansäure (R = OH)

Tauro-Konjugate: R = $NHCH_2CH_2SO_3H$
Glyco-Konjugate: R = $NHCH_2COOH$

Die Konjugation erfolgt durch amidartige Bindung an Glycin (*Glyco-Konjugate*) oder Taurin (*Tauro-Konjugate*). Die Tauro-Konjugate sind häufiger. Das Verhältnis von Glyco- zu Tauro-Konjugaten beträgt beim Menschen 3 : 1. Die Natriumsalze der G.-Konjugate sind amphiphil und daher grenzflächenaktiv. Sie bilden in wäßriger Lösung Mizellen und spielen eine Rolle bei der Fettverdauung. Desoxycholsäure kann mit Fettsäuren und anderen Substanzen Einschlußverbindungen bilden, die als *Choleinsäuren* bezeichnet werden.

Gallium, Symbol, ***Ga***, chem. Element aus der III. Hauptgruppe des Periodensystems, der ↗ Bor-Aluminium-Gruppe, Metall; *Z* 31, Massenzahlen der natürlichen Isotope 69 (60,4 %) und 71 (39,6 %), Atommasse 69,72, Wertigkeit III, selten I, Härte nach Mohs 1,5, D. 5,904 g cm^{-3}, F. 29,78 °C, Kp. 2403 °C, elektrische Leitfähigkeit 2,5 Sm/mm^2 (bei 0 °C), Standardelektrodenpotential (Ga/Ga^{3+}) –0,560 V.

Eigenschaften. G. ist ein weiches, silberglänzendes, in rhombischem Gitter kristallisierendes, infolge Neigung zu Unterkühlung bei Zimmertemperatur jedoch meist flüssiges Metall. Der große Existenzbereich des flüssigen G. macht es zu einem geeigneten Material zur Herstellung von Hochtemperaturthermometern.

Beim Übergang in den festen Zustand dehnt es sich um 3,1 % seines Volumens aus.

In seinem chem. Verhalten zeigt G. Ähnlichkeiten sowohl mit Aluminium als auch mit Zink. Gegenüber Luft und Wasser ist es bei Zimmertemperatur beständig, es wird wie Aluminium durch eine dünne Oxidhaut passiviert. Bei erhöhter Temperatur wird es durch Luft in Gallium(III)-oxid Ga_2O_3 überführt. In starken Säuren löst es sich unter Wasserstoffentwicklung und Bildung von Gallium(III)-salzen. Alkalihydroxide lösen G. zu Gallatlösungen und Wasserstoff, z. B. $Ga + NaOH + 3\ H_2O \rightarrow Na[Ga(OH)_4] + 3/2\ H_2$. Mit den Halogenen reagiert G. zu Gallium(III)-halogeniden GaX_3 mit Schwefel, Selen und Tellur zu Gallium(III)chalkogeniden. Mit Phosphor, Arsen und Bismut erhält man 1 : 1-Verbindungen, z. B. Galliumarsenid GaAs, mit ähnlichen Halbleitereigenschaften wie Silicium oder Germanium.

Analytisches. Der qualitative Nachweis des G. erfolgt am sichersten spektroskopisch (violette Linien bei 417,1 bzw. 403,1 nm). Quantitativ wird G. vorteilhaft komplexometrisch bestimmt, kleine Konzentrationen am einfachsten durch Atomabsorptionsspektroskopie.

Vorkommen. G. ist mit 10^{-4} % am Aufbau der Erdkruste beteiligt. Es kommt als Spurenelement im Bauxit und im Sphalerit (Zinkblende) vor. Galliumreichstes Mineral mit 0,7 % G. ist der Germanit $3\ Cu_2S \cdot FeS \cdot 2\ GeS_2$.

Gewinnung. Die Gewinnung des G. erfolgt durch Elektrolyse wäßriger alkalischer Gallatlösungen. Hochreines G. für Halbleiter wird durch Elektrolyse von durch Zonenschmelzen gereinigtem Galliumchlorid gewonnen.

Verwendung. G. spielt als Dotierungselement und speziell in Form von Galliumarsenid (↗ Galliumverbindungen) eine wichtige Rolle in der Halbleiterindustrie. Es wird als Thermometerflüssigkeit und zur Herstellung niedrigschmelzender, zur Wärmeübertragung benutzter Legierungen angewandt.

Galliumverbindungen. In seinen Verbindungen tritt Gallium meist dreiwertig auf. Typische Vertreter sind *Gallium(III)-chlorid*, $GaCl_3$ zerfließliche Kristalle, D. 2,47 g cm^{-3}, F. 77,9 °C, Kp. 201 °C, das durch Erhitzen elementaren Galliums im Chlorstrom hergestellt wird, und *Gallium(III)-hydroxid*, $Ga(OH)_3$, das man als amorphen Niederschlag durch Zugabe von Basen zu Gallium(III)-salzlösungen erhält. Es ist amphoter, löst sich in Säuren zu Ga^{3+}-Salzen, in starken Basen zu Gallaten. *Gallium(III)-arsenid*, GaAs, dunkelgraue, kubische Kristalle, F. 1238 °C, das durch Zusammenschmelzen der Elemente hergestellt wird, ist ein Verbindungshalbleiter, der insbesondere beim Bau von Rechnern extremer Arbeitsgeschwindigkeit und geringen Energiebedarfs zum Einsatz kommt. Bei hohen Temperaturen in der Gasphase gelingt die Synthese von Gallium(I)-Verbindungen, wie *Gallium(I)-oxid* Ga_2O oder auch *Gallium(I)-chlorid* GaCl, die dazu neigen, in Gallium und Gallium(III)-Verbindungen zu disproportionieren. Die oft als Gallium(II)-Verbindungen bezeichneten Derivate, sind tatsächlich $Ga^{I}Ga^{III}$-Derivate.

Gallotannine, ***hydrolysierbare Gerbstoffe***, Ellagitannine, Ester von einem Zucker (in der Regel Glucose) mit einem oder mehreren Polyphenolcarbonsäuren. Die Esterbindung ist hydrolisierbar mit Säuren, Alkalien oder Enzymen (z. B. Tannase). Die Polyphenolcarbonsäure-Komponenten sind entweder ↗ Gallusäure oder ↗ Depside, d. h. Phenolcarbonsäureester von zwei oder mehreren Gallussäure-Molekülen.

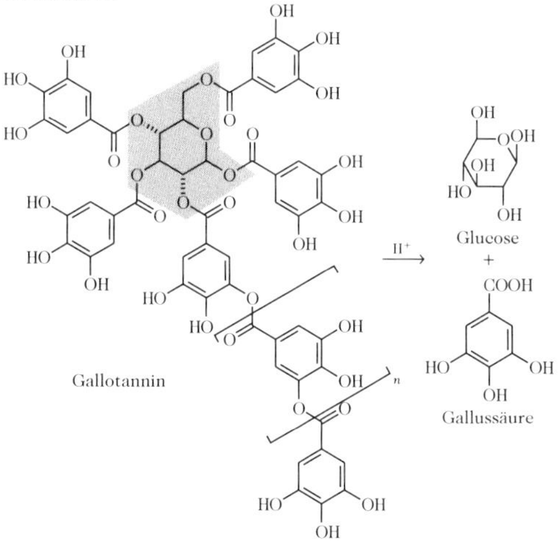

Bei Hydrolyse der G. entstehen auch Hexahydroxydiphen- und Ellagsäure.

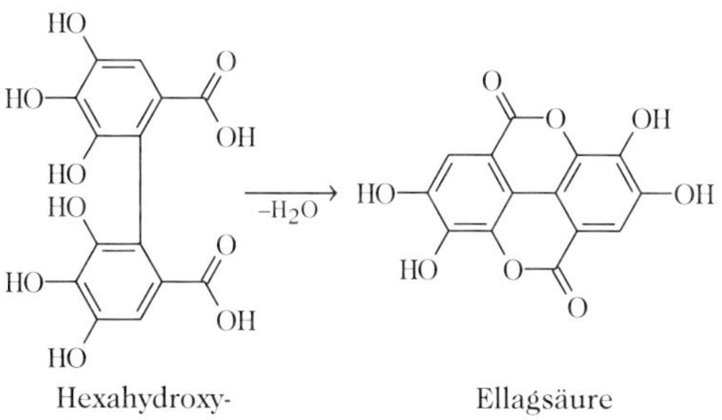

Hexahydroxy-diphensäure

Ellagsäure

Gallussäure, ***3,4,5-Trihydroxybenzoesäure***, in Pflanzen weit verbreitete Phenolcarbonsäure, insbesondere als Baustein der ↗ Gallotannine, aus denen G. durch säurekatalysierte Hydrolyse gewonnen werden kann. G. bildet farblose Kristalle; F. 225 bis 250 °C. (Z.). Sie ist löslich in heißem Wasser, wenig löslich in kaltem Wasser und unlöslich in Chloroform und Benzol. G. wirkt stark reduzierend, Lösungen der Alkalisalze werden zur Absorption von Sauerstoff eingesetzt. Ester der G. (*Gallate*) dienen als Antioxidanzien. Mit Eisen(III)-Ionen entsteht eine blauschwarze Färbung. G. dient zur Herstellung von Tinten (*Eisengallustinten*). G. bildet intermolekulare Ester (↗ Depside).

GalN, Abk. für Galactosamin.

Galvanipotential, ↗ Galvanispannung.

galvanisches Element, ↗ elektrochemische Stromquelle.

Galvanispannung, $\Delta\varphi$, Differenz zwischen dem elektrischen Potential an einem Punkt im Innern einer Phase und dem elektrischen Potential an einem Punkt im Innern einer zweiten Phase mit anderer Zusammensetzung, wenn sich beide Phasen berühren: $\Delta\varphi = \varphi^{I} - \varphi^{II}$. Die inneren elektrischen Potentiale φ bezeichnet man als *Galvanipotentiale*.

Galvanostat, elektronische Stromquelle, die die Durchführung einer Elektrolyse mit konstanter Stromstärke gestattet.

Gammastrahlenresonanzspektroskopie, ↗ Mößbauer-Spektroskopie.

Gammastrahlenspektroskopie, ***γ-Spektroskopie***, Teilgebiet der Spektroskopie, das die von einem angeregten Atomkern emittierte γ-Strahlung (↗ elektromagnetisches Spektrum) untersucht. Ebenso wie die Elektronen eines Atoms nur ganz bestimmte Energiezustände annehmen können, sind auch für die Kernbausteine nur diskrete Energieniveaus möglich. Durch Energieaufnahme – etwa während einer Kernreaktion – können Kerne aus ihrem Grundzustand in angeregte Zustände übergehen. Die Lebensdauer angeregter Kernzustände ist sehr kurz, und die Kerne gehen in 10^{-12} bis 10^{-20} s wieder in den Grundzustand oder niedere angeregte Zustände über, wobei die Anregungsenergie in Form elektromagnetischer Strahlung aus dem γ-Strahlenbereich abgegeben wird. Von der Methode der G. ist die Gammastrahlenresonanzspektroskopie zu unterscheiden (↗ Mößbauer-Spektroskopie).

Ganglioside, ***Sialosylglycosylsphingolipide***, Glycosphingolipide (↗ Sphingolipide) mit einem bis vier immer endständigen Sialinsäureresten. Bei G. mit mehreren Sialinsäureresten ist der Oligosaccharidrest verzweigt. Aus Rinderhirn oder Rattenleber isolierte G. erhält man als amorphe Pulver, die in Methanol/Chloroform (1 : 1) sowie Wasser und anderen polaren Lösungsmitteln löslich sind. Die Fettsäurekomponente der G. ist meist Stearinsäure.

Die G. gehören der Ganglio- oder Neolacto-Serie der Glycosphingolipide an.

Die G. sind als saure Glycolipide in der äußeren Hälfte der Zellmembran lokalisiert. Besonders hoch ist ihre Konzentration im Gehirn. Das Gangliosidmuster der äußeren Zellmembran ist organ- und speziesspezifisch. G. sind Rezeptoren für biologisch aktive Verbindungen, so für Serotonin, Tetanustoxin, Choleratoxin, Thyreotropes Hormon und andere Hormone.

Gärung, schrittweiser, enzymatischer Abbau organischer Verbindungen zu organischen Endprodukten zum Zwecke der Energiegewinnung unter anaeroben Bedingungen. Bei der G. wird nur ein Teil des Substrates (z. B. Glucose) oxidiert und die dabei freiwerdende Energie zur ATP-Bildung (durch Substratphosphorylierung) genutzt. Der oxidierte Kohlenstoff wird als CO_2 ausgeschieden. Im Gegensatz zur ↗ Atmung werden die bei der Oxidation entstehenden Reduktionsäquivalente (NADH) nicht auf molekularen Sauerstoff, sondern auf den Rest des Substrates übertragen. Bei der ↗ alkoholischen G. wird z. B. Acetaldehyd zu Ethanol reduziert und dieser in das Kulturmedium ausgeschieden. Der durch G. erzielte Energiegewinn ist geringer als der durch Atmung. Während z. B. bei der alkoholischen G. der Hefezelle je Mol Glucose nur zwei Mol ATP gebildet werden, entstehen bei der vollständigen Oxidation von einem Mol Glucose 36 bzw. 38 Mol ATP.

Unter dem Aspekt der Substratnutzung für das Wachstum ist die G. unökonomisch. Das Substrat wird vorwiegend zur Energieproduktion umgesetzt, woraus hohe Ausbeuten an ↗ Gärungsprodukten resultieren. Die durch G. gebildeten Produkte entsprechen teilweise denen, die durch ↗ unvollständige Oxidation (z. B. Essigsäure) entstehen.

Die Bezeichnung der Gärungsform richtet sich nach den mengenmäßig vorherrschenden (z. B. Alkohol, Milchsäure) oder besonders charakteristischen (z. B. Ameisensäure) Ausscheidungsprodukten. Letztere sind für die anaerob wachsende Zelle ohne Bedeutung und können dem bei der Atmung anfallenden CO_2 und H_2O gleichgesetzt werden. G. kommen vor allem bei niederen heterotrophen Organismen vor (Hefen und andere Pilze, Bakterien). Auch Gewebe höherer Pflanzen und Tiere können gären.

Zahlreiche Gärungsprozesse haben industrielle Bedeutung. Obwohl in der Mehrzahl der Fälle Kohlenhydrate als Substrate dienen, sind prinzipiell alle Verbindungen vergärbar, die durch intramolekulare Spaltung in einer exergonen Reaktion teilweise oxidiert werden können. Dazu gehören alle Naturstoffe, die aus Kohlenstoff-, Wasserstoff-, Sauerstoff- oder/und Stickstoffatomen zusammengesetzt sind. So können außer Kohlenhydraten auch organische Säuren, Aminosäuren (aromatische Aminosäuren sind nur bedingt vergärbar), Purine und Pyrimidine vergoren werden. Hingegen sind aliphatische und aromatische Kohlenwasserstoffe, Steroide, Fettsäuren ab C_5 usw. unter anaeroben Bedingungen stabil, da sie nahezu ausschließlich nur aus Kohlenstoff- und Wasserstoffatomen aufgebaut sind und durch intramolekulare Spaltung keine Energie gewonnen wird.

Gärungsprodukte, Endprodukte des anaeroben mikrobiellen Energiestoffwechsels. Von der Vielzahl der G. haben oder hatten nur einige wirtschaftliche Bedeutung erlangt (Tab.). Bei der Begrenztheit fossiler Rohstoffe (insbesondere Erdöl, Erdgas, Kohle) wird die Erzeugung von G. in der Zukunft größere Bedeutung erlangen.

Gas, ein Aggregatzustand, in dem die mittlere thermische Energie der Moleküle oder Atome größer ist als die Wechselwirkungsenergien zwischen diesen Teilchen. Die Teilchenabstände können sich beliebig verändern. G. füllen ein zur Verfügung stehendes Volumen vollständig aus und sind in beliebigen Verhältnissen untereinander mischbar. Ein G. ist homogen und isotrop. Lediglich in sehr großen Räumen (z. B. der Erdatmosphäre) oder sehr starken Schwerefeldern, die z. B. in einer Ultrazentrifuge künstlich erzeugt werden können, treten Dichteunterschiede aufgrund von Sedimentationsgleichgewichten deutlich in Erscheinung.

Gärungsprodukte. Tab.: Industriell erzeugte Gärungsprodukte.

Produkt	Organismus	Verwendung
Ethanol	*Saccharomyces cerevisiae*	Genuß- und Lösungsmittel, industrielle Zwecke, Essigsäureherstellung
Glycerin	*Saccharomyces cerevisiae*	Sprengmittelherstellung
Milchsäure	*Lactobacillus delbrueckii, L. bulgaricus*	Nahrungsmittel- und pharmazeutische Industrie
Aceton und Butanol	*Clostridium acetobutylicum, C. butylicum*	Lösungsmittel
2,3-Butylenglycol (2,3-Butandiol)	*Bacillus polymyxa, B. subtilis, Aerobacter aerogenes*	nach Überführung in Butadien zur Herstellung von Kautschuk, Antifrostmittel
Methan	methanogene Bakterien	Energiewirtschaft

Durch Abkühlung und/oder Kompression können G. in den flüssigen oder festen Zustand überführt werden (*Kondensation*). G. kurz oberhalb des Siedepunktes der zugehörigen Flüssigkeit bezeichnet man auch als Dämpfe (↗ Dampf). Im überkritischen Bereich (↗ kritischer Punkt) ist eine Gasverflüssigung nicht möglich. Es liegt eine einheitliche überkritische Phase vor (↗ Phasendiagramme).

Die thermischen und kalorischen Eigenschaften von Gasen werden durch die ↗ Zustandsgleichungen beschrieben. Als *ideales G.* bezeichnet man einen idealisierten Grenzzustand der Materie. Er ist dadurch gekennzeichnet, daß die Teilchen des G. keinerlei Anziehungs- oder Abstoßungskräfte aufeinander ausüben und als Massenpunkte, d. h. ohne Eigenvolumen und ohne innere Freiheitsgrade aufgefaßt werden (↗ kinetische Gastheorie). Für derartige G. gilt streng die thermische Zustandsgleichung idealer G. *Reale G.* zeigen Abweichungen vom idealen Gasgesetz, da zwischen ihren Teilchen Wechselwirkungskräfte auftreten. An der thermischen ↗ Zustandsgleichung idealer G. müssen Korrekturglieder angebracht werden (↗ van-der-Waalssche Gleichung). Die innere Energie und die Enthalpie realer G. sind vom Volumen bzw. vom Druck des G. abhängig (↗ Joule-Thomson-Effekt).

G. bestehen unter normalen Bedingungen aus Molekülen oder Atomen. Ionen werden nur bei sehr hohen Temperaturen von mehreren 1000 K oder nach einer Energiezufuhr (z. B. photochemisch oder mittels elektrischer Entladung) beobachtet (↗ Plasma), da die Ionenbildung ein stark endothermer Prozeß ist. Reaktionen in G. verlaufen deshalb bevorzugt homolytisch über Radikale oder als Mehrzentrenreaktion.

Gasanalyse, ein Teilgebiet der Analyse, das sich mit der Untersuchung von Gasgemischen befaßt.

Die *qualitative G.* hat als Ziel die Ermittlung der Art der Bestandteile eines Gasgemisches. Bei reaktionsfähigen Gasen, z. B. Ammoniak, Chlor, Kohlendioxid oder Schwefeldioxid, kann der Nachweis nach Absorption in Wasser mit den auch in der qualitativen anorganischen Analyse üblichen chem. Methoden erfolgen. Nicht reaktive Gase, z. B. Kohlenwasserstoffe, Stickstoff und Wasserstoff, werden heute meistens mit der Methode der ↗ Gaschromatographie nachgewiesen. Vielfach lassen sich bestimmte Gase auf einfache Weise mit Hilfe von ↗ Gasprüfröhrchen erkennen.

Die *quantitative G.* hat als Ziel die Ermittlung der Menge der einzelnen Bestandteile eines Gasgemisches. Sie kann entweder mit chemischen oder mit physikalischen Methoden durchgeführt werden. Die chem. Methoden beruhen auf der spezifischen Absorption der einzelnen Bestandteile eines Gasgemisches in verschiedenen Absorptionslösungen. Aus der Volumenabnahme der Probe läßt sich die meistens in Volumenprozent angegebene Menge der einzelnen Bestandteile direkt ablesen. Diese *volumetrische* G. erfolgt oftmals mit dem ↗ Orsat-Apparat. Reaktionsfähige Gase können auch in geeigneten Lösungen absorbiert und anschließend mit üblichen chem. Methoden bestimmt werden, z. B. Chlorwasserstoff und andere saure Gase mit der Methode der Alkalimetrie (↗ Neutralisationsanalyse). Einige physikalische Methoden der G., z. B. die fraktionierte Kondensation oder Destillation, haben nach der Einführung der Gaschromatographie, der heute wichtigsten Methode der G., ihre Bedeutung fast völlig verloren. Mittels der Potentiometrie läßt sich der Sauerstoffgehalt in Rauch- und Verbrennungsgasen laufend verfolgen, wobei eine galvanische Kette mit sauerstoffleitenden Festelektrolyten verwendet wird. Auch die Infrarotabsorption kann zur Bestimmung einiger Gase dienen, z. B. im Bergbau zur kontinuierlichen Überwachung des Methan-, Kohlenmonoxid- und Kohlendioxidgehaltes der Luft.

Gasaufbereitung, *Gasreinigung*, Verfahren zur Beseitigung von Feuchtigkeit, Fremdgasen, Dämpfen und Stäuben aus technischen Gasen. Die erste Stufe der G. bildet *Kühlung* und *Kondensation*. Dadurch werden einerseits unerwünschte Beimengungen, wie Wasserdampf und Kohlenwasserstoffe, weitgehend aus dem Gas ausgeschieden, andererseits wird das Gas auf eine für die weiteren Verfahrensschritte der G. benötigte bestimmte Temperatur abgekühlt.

Die nach Kühlung und Kondensation im Gas verbleibenden Beimengungen und unerwünschten Bestandteile werden je nach dem Verwendungszweck des Gases nach verschiedenen Verfahren entfernt. Zur ↗ Entstaubung werden verschiedenartige Entstaubungsanlagen verwendet, zur Entteerung Stoßglockenteerscheider, Elektrofilter, Zentrifugalwascher oder Venturi-Wascher, zur Entfernung von Kohlenwasserstoffen statistische oder dynamische Wascher und Wascher mit Schockwirkung (Einspritzen kalten Wassers in das heiße Gas), zur Entfernung von Schwefeloxiden Wascher mit Frisch- oder Kreislaufwasser (gegebenenfalls unter Zugabe von Lauge), zur Entfernung von Ruß Wascher mit Frisch- oder Kreislaufwasser oder Öl. Zur Entfernung von Ammoniak dienen verschiedene Typen von mit Wasser betriebenen Waschern sowie im Gasstrom befindliche Sättiger und Sprühwascher mit Schwefelsäure als Waschflüssigkeit. Zur Entfernung von Schwefelwasserstoff sind Trockenreinigeranlagen mit eisen- oder kohlenstoffhaltigen ↗ Gasreinigungsmassen im Einsatz. Für große Leistungen wendet man Naßreinigungsverfahren an, und zwar entweder Extraktionsverfahren oder physikalische Verfahren, z. B. die Druckwasserwäsche, die z. T. auch zur Entfernung von Kohlendioxid eingesetzt werden (↗ Synthesegas). Die Entfernung von Cyanwasserstoff erfolgt wie bei der Trocken- oder Naßreinigung für Schwefelwasserstoff oder mit Wasser als Waschflüssigkeit, die Abtrennung von Kohlenwasserstoffen durch Wascher mit Waschöl als Absorptionsmittel, durch Aktivkohleadsorber und bei der Aufbereitung von Brenngasen unter Druck im Tiefkühlverfahren. Die Gastrocknung erreicht man durch Kühlung des Gases auf 2 bis 3 °C mittels Kompressions- und Absorptions- oder Adsorptionsmittel. Die Teilentfernung der organischen Schwefelverbindungen aus Brenngasen erfolgt z. B. durch Ölwäsche, im Aktivkohleverfahren oder nach chem. Verfahren, z. B. mit Natronlauge. Die Teilentfernung des Kohlenmonoxids wird durch ↗ Konvertierung vorgenommen.

Gasaustausch, in der Wasseraufbereitung die Austreibung oder Anreicherung von Gasen in Wasser in Richtung des Gleichgewichtes aufgrund eines Konzentrationsgefälles, z. B. Anreicherung mit Sauerstoff und Austreibung von Kohlendioxid.

Gaschromatographie, Abk. *GC*, chromatographische Methode mit gasförmiger mobiler Phase zur Analyse (*analytische G.*) gasförmiger oder unzersetzt bzw. reproduzierbar zersetzt verdampfbarer Stoffgemische. Bei der *Gas-Adsorptions-Chromatographie* (engl. gas-solid-chromatography, Abk. *GSC*), auch als *Gas-Fest-Chromatographie* bezeichnet, ist die stationäre Phase ein aktiver fester Stoff (Adsorbens), bei der *Gas-Verteilungs-Chromatographie* (engl. gas-liquid-chromatography, Abk. *GLC*) eine Flüssigkeit (*Gas-Flüssig-Chromatographie*), die auf einem inerten festen Trägermaterial fixiert ist. In der G. kommt fast ausschließlich die ↗ Elutionstechnik zur Anwendung bei isothermer oder temperaturprogrammierter Arbeitsweise.

Technik der G. Die Apparatur besteht aus einer Druckflasche mit Druckminderventil, einer Gasmeß- und -regeleinheit, dem Probeneinlaß, dem Thermostaten mit der Trennsäule, einem Detektor mit Verstärker und Meßwertregistrierung und -auswertung mit einem PC. Als *Trägergase* verwendet man vorwiegend Wasserstoff, Helium, Stickstoff oder Argon, ihre Strömungsgeschwindigkeit wird mit Feinstnadelventilen reguliert und mit Rotametern oder Seifenfilmströmungsmessern gemessen. Die Probengabe erfolgt mit Mikrodosierspritzen durch ein Septum oder mit Dosierschleifen, die Probenmenge liegt bei 1 bis 10 µl für Flüssigkeiten und bei 1 bis 10 ml für Gase.

Stationäre Phasen sind in der GSC Adsorbenzien wie Kieselgel, Aluminiumoxid, Aktivkohle, Molekularsiebe (4 A, 5 A und 13 X) oder poröse Polymere (Porapak). Die Körnung dieser Materialien liegt bei 0,1 bis 0,2 bzw. 0,2 bis 0,3 mm. In der GLC benutzt man vorwiegend gekröntes Trägermaterial auf Kieselgurbasis (Chromosorb W, Celite, Sterchamol), als stationäre Phasen Trennflüssigkeiten mit abgestufter Polarität, unterschiedlicher Selektivität und verschiedener thermischer Stabilität (Tab. 1). Die Bewertung von Trennflüssigkeiten erfolgt durch Differenzen von ↗ Retentionsindizes ausgewählter Testsubstanzen (Rohrschneider- bzw. McReynolds-Indizes). Der Nachweis der getrennten Komponenten erfolgt mit *Detektoren*, die sich nach dem jeweiligen physikalischen Meßprinzip sowie in ihrer Empfindlichkeit und Selektivität unterscheiden (Tab. 2). Die Meßwertanzeige erfolgt als Zeitdifferential.

Gaschromatographie. Tab. 1: Trennflüssigkeiten und ihre Einsatzmöglichkeiten.

Trennflüssigkeit	Polarität[a]	Temperaturbereich in °C	Einsatzmöglichkeit
Alkane			
Squalan	up	20 ... 150	Aliphaten, Aromaten, Trennung nach Siedepunkten
Silicone			
Methyl-SE 30	up	50 ... 300	Alkanole, Alkanale, Alkanone, Aromaten, Trennung nach Siedepunkten
Phenylalkyl-SE 52	mp	100 ... 300	Aminosäurederivate, Aromaten, Heterocyclen
Cyanoalkyl-XE 60	sp	20 ... 275	Halogenkohlenwasserstoffe, Pestizide
Carboranmethyl-Dexsil 300	up	50 ... 400	Hochtemperaturtrennungen
Polyglycole			
Carbowax 20 M	mp	50 ... 250	Alkanole, Alkanale, Alkanone, Aromaten, Alkene
Ester			
Dinonylphthalat	sp	20 ... 130	Fettsäureester, Halogenverbindungen, Aminosäurederivate
N-Verbindungen			
β,β'-Oxidipropionitril	sp	20 ... 80	Aromaten, Ester, Amine
Flüssigkristalle			
4,4'-Azoxyphenetol	mp	140 ... 165	Strukturisomere

[1] up unpolar oder schwach polar; mp mittelpolar; sp stark polar

Gaschromatographie. Tab. 2: Detektoren für die Gaschromatographie.

Detektor	Nachweisgrenze in g s^{-1}	Einsatzgebiet
Wärmeleitfähigkeitsdetektor (WLD)	10^{-6}	verwendbar für alle Stoffe
Flammenionisationsdetektor (FID)	10^{-12}	selektiv für alle Verbindungen mit CH_2-Gruppen
Elektronenanlagerungsdetektor (EAD)	10^{-14}	empfindlich für Substanzen mit hoher Elektronenaffinität

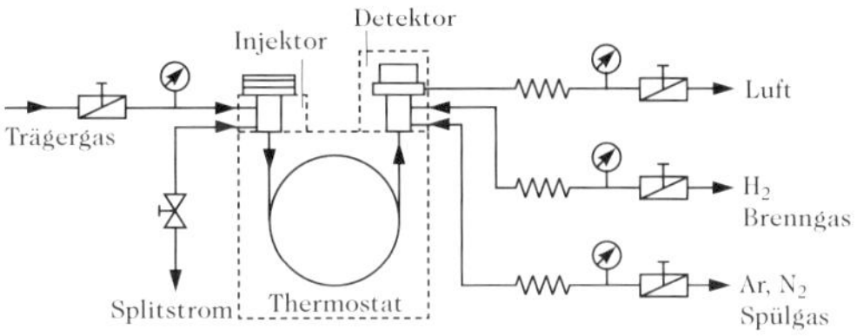

Gaschromatographie. Abb. 1: Gaschromatographie mit Kapillartrennsäule und Flammenionisationsdetektor.

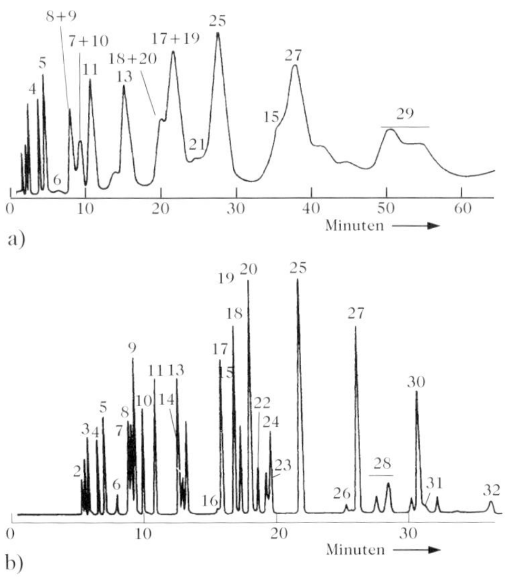

Gaschromatographie. Abb. 2: Gaschromatogramm eines Leichtbenzins. (a) gepackte Säule: Säulenlänge 3 m, Innendurchmesser 6 mm, Trennflüssigkeit Dioctylphthalat auf Sterchamol; (b) Kapillarsäule: Säulenlänge 50 m, Innendurchmesser 0,3 mm, Trennflüssigkeit Squalan.

Moderne Hochleistungsvariante der G. ist die *Kapillargaschromatographie*, bei der durch den Einsatz von Trennkapillaren (engl. open tubular columns) aus Metall, Glas oder Quarz (fused silica) mit einem Innendurchmesser von 0,1 bis 0,5 mm und 10 bis 200 m Länge Trennleistungen von 10^5 bis 10^7 theoretischen Trennstufen erreicht werden können. Die stationäre Phase befindet sich dabei als Film auf der Innenwand der Kapillare. Aufgrund einer geringen Belastbarkeit (10^{-2} bis 10^{-3} μl) erfordern Trennkapillaren Splitdosierung und eine empfindliche Detektion (Abb. 1). Anwendung findet die Kapillargaschromatographie unter anderem bei der Analyse von Naturstoffen, Erdölprodukten und Isomerengemischen (Abb. 2).

Bei der qualitativen Analyse erfolgt die Auswertung durch Substanzvergleich, Zumischen oder durch Kombination mit anderen Methoden (z. B. MS und IR-Spektroskopie). Zur quantitativen Analyse wird die *Peakfläche* herangezogen. Die Peakfläche ist der dosierten Menge proportional. Die Bestimmung dieser Peakfläche erfolgt durch Näherungsverfahren (Höhe mal Halbwertsbreite) oder durch mechanische bzw. elektronische Integration. Unter Berücksichtigung stoffspezifischer Korrekturfaktoren erhält man aus dem digitalisierten Meßwert das quantitative Analysenergebnis in Masse- oder Volumenprozent. Die Nachweisgrenze der G. liegt bei 10^{-15} g Substanz.

Gasdiffusionsverfahren, ↗ Isotopentrennung.

Gaselektrode, eine elektrochem. Elektrode, bei der am potentialbestimmenden Schritt ein gasförmiges Element beteiligt ist. Die Gleichgewichtseinstellung zwischen dem gasförmigen Element und seinen in Lösung befindlichen Ionen erfolgt an einer inerten Elektrode (meist Platin), die in die Lösung der Ionen eintaucht und von einem eingeleiteten Strom des Gases umspült wird. Die sich dabei einstellende, relative Elektrodenspannung hängt vom Gasdruck und der Aktivität der Ionen ab. Typische Gaselektroden sind die ↗ Wasserstoffelektrode, die ↗ Sauerstoffelektrode und die analog aufgebauten Halogenelektroden.

Gasentartung, ↗ Fermi-Dirac-Statistik.

Gasgesetz, im weiteren Sinne die thermischen und kalorischen ↗ Zustandsgleichungen von Gasen; im engeren Sinne die thermische Zustandsgleichung idealer Gase $pV = nRT$.

Gaskonstante, Formelzeichen $\boldsymbol{R}$, eine Naturkonstante. Sie ist definiert durch das Molvolumen V_0 idealer Gase unter Normalbedingungen (↗ Normzustand), d. h. bei Atmosphärendruck p_0 = 101,325 kPa und 0 °C oder T_0 = 273,15 K:

$$R = \frac{p_0 V_0}{T_0} = 8{,}31451\,\mathrm{JK^{-1}mol^{-1}}.$$

In veralteten Einheiten ergibt sich R = 0,082058 l atm K^{-1} mol^{-1} = 1,9872 cal K^{-1} mol^{-1}.

Gasol, ein Gemisch von Kohlenwasserstoffen der Kettenlänge C_3 und C_4, das bei der ↗ Fischer-Tropsch-Synthese gebildet wird.

Gasöl, eine Erdölfraktion mit den Siedegrenzen 240 bis 360 °C (↗ Erdölverarbeitung). Die Dichte beträgt bei 20 °C 0,85 bis 0,88 g cm^{-3}, der Heizwert 40000 kJ/kg, der Flammpunkt 80 °C. G. wird als Dieselkraftstoff und leichtes Heizöl verwendet und dient als Einsatzprodukt für das katalytische Cracken.

Gasolin, ↗ Petroläther.

Gasphasenpermeation, ↗ Permeation.

Gaspipetten, mit festen oder flüssigen Absorptionsmitteln gefüllte Glasgeräte. In der chem. Gasanalyse werden die zu untersuchenden Gase in den G. absorbiert, anschließend wird in einer Gasbürette die Volumenabnahme bestimmt. G. veralteter Form bestehen aus zwei durch ein Rohr verbundenen Glaskugeln, z. B. die *Hempel-Pipetten*. Moderner sind die *Orsat-Pipetten*, die im ↗ Orsat-Apparat eingebaut sind.

Gasprüfröhrchen, etwa 12 cm lange Glasröhrchen mit einem inneren Durchmesser von 5 bis 6 mm, die mit einer Skale versehen und mit feinkörnigen Absorptionsmassen gefüllt sind. Sie werden in Verbindung mit ↗ Gasspürgeräten zum Nachweis und zur quantitativen Bestimmung des auf dem G. angegebenen Gases eingesetzt. Dabei saugt man ein bestimmtes Volumen Luft oder anderes Gas durch ein bestimmtes G. Bei Anwesenheit des angezeigten Gases bildet sich im G. eine verfärbte Zone aus, deren Länge und Farbe von der Art und Konzentration des Gases abhängt. In der Regel beträgt die Fehlergrenze von quantitativen Bestimmungen mit G. ± 25 %, die Standardabweichung 10 bis 15 %.

Gasreinigung, ↗ Gasaufbereitung.

Gasreinigungsmasse, ein Produkt zum Entfernen von Schwefelwasserstoff aus Brenn- und Synthesegasen bei Temperaturen zwischen 20 und 60 °C und von organischen Schwefelverbindungen aus Synthesegas bei Temperaturen von etwa 300 °C.

Als G. zum Binden von Schwefelwasserstoff verwendet man Raseneisenerz, Eisenhydroxidschlämme, Aktivkohlen und Schwefelkiesabbrände. Zur Entfernung der organischen Schwefelverbindungen dienen eisenoxidhaltige Massen.

Gassilicatbeton, ↗ Bindebaustoffe.

Gasspürgerät, ein in Verbindung mit ↗ Gasprüfröhrchen verwendetes Gerät zum Nachweis von Gasen insbesondere von Schadstoffen in der Luft. Ein durch den Hub einer Handbalgenpumpe begrenztes Luftvolumen wird am Untersuchungsort durch ein Gasprüfröhrchen gesaugt. Anhand der auf dem Gasprüfröhrchen befindlichen Skala kann der Gehalt des angezeigten Gases direkt am Ort der Messung abgelesen werden. G. werden vor allem zur Kontrolle der maximal zulässigen Arbeitsplatzkonzentration, der MAK-Werte, von Schadstoffen eingesetzt. Daneben lassen sich G. auch für andere Zwecke, wie das Auffinden von Leckstellen in gasführenden Leitungen und Behältern, verwenden.

Gastrin, ein in der Schleimhaut der Pylorusregion des Magens sezerniertes Peptidhormon mit stimulierender Wirkung auf die Salzsäuresekretion im Magen, die Enzymsekretion im Pankreas sowie auf die gastrointestinale Muskulatur. Man unterscheidet *Gastrin I* und *Gastrin II*. Gastrin I (Mensch), Pyr–Gly–Pro-Trp–Leu–$(Glu)_5$–Ala–Tyr–Gly–Trp–Met–Asp–Phe-NH_2; Gastrin II (Mensch) enthält am Tyrosin in Position 12 eine *O*-Sulfatgruppe. In allen Spezies treten die Gastrine I und II in verschiedenen Verhältnissen auf. Überraschenderweise zeigt das C-terminale N-geschützte Tetrapeptidamid die physiologische Wirkung des nativen Hormons, die etwa $^1/_{10}$ (je Mol) der biologischen Aktivität des Gesamthormons entspricht. Das Pentagastrin Boc–β–Ala–Trp–Met–Asp–Phe-NH_2 (Peptavlon®) wird klinisch für die Diagnostik der Magensekretion verwendet. Die G. enthalten primär keinen N-terminalen Pyroglutamyl-Rest (Pyr–), vielmehr wird ein in dieser Position im entsprechenden Präkursor befindlicher Glutaminrest im Verlauf der Freisetzung des G. in Pyroglutaminsäure umgewandelt.

Als Präkursor des G. soll das *Big-Big-Gastrin* (M_r ~ 10000; 83 Aminosäurereste) fungieren. Das kürzerkettige *Human-Big-Gastrin* besteht aus 34 Aminosäureresten, das außer der G.-Sequenz N-terminal 17 Aminosäurebausteine Pyr–Leu–Gly–Pro–Gln–Gly–Pro–Pro–His–Leu–Val–Ala–Asp–Pro–Ser–Lys–Lys–enthält. Wegen des Auffindens weiterer G. bezeichnet man das Human-Gastrin I als *Human-Little-Gastrin I* (Hg-17 I) und das aus bestimmten gastrinproduzierenden Tumoren isolierte, aus 14 Aminosäuren bestehende G. als *Human-Mini-Gastrin I* (Hg-14 I).

Der Name G. wurde bereits 1905 durch Edkins geprägt. Nach der von ihm aufgestellten G.-Hypothese stimulieren Extrakte der Pylorusschleimhaut die Salzsäurefreisetzung und setzen damit den Verdauungsprozeß durch Pepsin in Gang.

gastrininhibierendes Peptid, engl. ***gastric inhibitory polypeptide***, Abk. ***GIP***, ***glucoseabhängiges Insulin-Releasing-Hormon***, engl. ***glucose-dependent insulin releasing hormone***, ein im Zwölffingerdarm gebildetes 42-Peptid, das die Magensekretion und -motilität hemmt. Es stimuliert (synonyme Bezeichnung) die Insulinsekretion als ein ↗ Inkretin in den B-Zellen der Langerhansschen Inseln bei erhöhtem Glucosespiegel durch eine konzentrationsabhängige Erhöhung der intrazellulären cAMP-Konzentration. GIP leitet sich von einem 153-Proteinpräkursor ab, aus dem durch Prozessing als Hauptprodukt GIP 1-42 gebildet wird. Kürzere isolierte GIP-Fragmente entstehen durch proteolytische Folgespaltungen. GIP 7-42 aus dem Schweinedünndarm zeigt antibakterielle Aktivität. GIP wurde 1969 durch Mutt entdeckt.

gastrointestinale Hormone, aglanduläre Peptidhormone des Magen-Darm-Traktes, die an der Regulation der Verdauungsvorgänge beteiligt sind. Sie

Auszuwaschende Bestandteile	Waschflüssigkeiten	Verfahren
Kohlendioxid, Kohlenoxidsulfid, Schwefelwasserstoff, Blausäure	Wasser	
	Kaliumcarbonat	
	Methanol	Rectisol-Verfahren
	Sulfosolvanlösung	Sulfosolvan-Verfahren
	Sulfolan-Diisopropanolamin	Sulfinol-Verfahren
Wasserdampf aus Erdgas	Ethylenglycol	
Benzol aus Kokereigas	Anthracenöl	
Acetylen aus dem Gasstrom der Hochtemperaturpyrolyse	Aceton	
	N-Methylpyrrolidon	
	N,*N*-Dimethylformamid	
Rest Kohlenmonoxid aus der Ammoniaksynthese	ammoniakalische Kupfercarbonatlösung	

Gaswäsche.
Tab.: Technische Verfahren.

werden nicht von einer speziellen Drüse sezerniert, sondern in besonderen Zellen bestimmter Gewebebereiche gebildet. Wichtige Vertreter sind Gastrin, Sekretin, Motilin, Cholecystokinin, gastrininhibierendes Peptid und vasoaktives Intestinalpeptid. Die g. H. wurden auch im Gehirn, in Nervenfasern und Nervenendigungen nachgewiesen.

Gasverflüssigung, die Überführung eines Gases oder Gasgemisches in den flüssigen Zustand. Die G. wird erreicht 1) durch Abkühlung auf die druckabhängige Sättigungs- bzw. Tautemperatur und weiteren Wärmeentzug oder 2) nach Verfahren, in denen durch Verdichtung, Abkühlung (Wärmeentzug) sowie Entspannungsstufen mittels Entspannungsmaschinen und/oder Drosselung eine Umwandlung in die flüssige Phase bzw. ein Eintritt in das zweiphasige Flüssigkeits-Dampf-Gebiet mit Abtrennung des Flüssigkeitsanteils erfolgt. Die je nach Gasart und Gasdruck resultierende Temperatur macht eventuell die Erzeugung tiefer Temperaturen erforderlich. Dies ist stets dann der Fall, wenn die kritische Temperatur des zu verflüssigenden Mediums unterhalb der Umgebungstemperatur liegt, beispielsweise bei Luft (–141 °C).

Zur G. bei tiefen Temperaturen sind zwei grundsätzliche Verfahrensweisen möglich: zu 1) Einsatz einer separaten ↗ Kältemaschine, zu 2) Prozeß der Kälteerzeugung integriert in das Verfahren. Man kann eine Gasverflüssigungsanlage nach 2) prinzipiell auch als ↗ Kältemaschine mit offenem Arbeitsstoffkreislauf betrachten, bei der die erzeugte Kälteleistung praktisch im Flüssigprodukt mit seiner tiefen Siedetemperatur gespeichert ist.

Die G. spielt großtechnisch eine Rolle bei Chlor, fluorierten Kohlenwasserstoffen, Ammoniak, Kohlenwasserstoffen, Kohlendioxid und weiteren, noch tiefer siedenden Stoffen. Besonders groß sind Anlagenaufwand und Energiebedarf bei Erdgas bzw. Methan (Sättigungstemperatur bei Normaldruck –161,5 °C), Luft bzw. Sauerstoff/Stickstoff (–183 °C/–196 °C), Argon (–186 °C), Wasserstoff (–253 °C) und Helium (–269 °C).

Die G. dient Transport- und Speicherungszwekken und speziellen Kühlaufgaben (Kälteerzeugung mittels Verschleißprozesses), oder sie ist ein Teilschritt innerhalb komplexen Verfahren zur Gasgemischtrennung mit Hilfe der Tieftemperaturrektifikation. An erster Stelle steht dabei die ↗ Luftzerlegung zur Gewinnung von Sauerstoff, Stickstoff und Edelgasen. Von großer Bedeutung sind ferner die Trennung von Kohlenwasserstoffgemischen zur Gewinnung von Ethylen und Propylen, die Zerlegung von Syntheserestgasen sowie die Abtrennung von Helium aus Erdgas.

Gaswäsche, ein Verfahren der thermischen Stofftrennung zur Reinigung von Gasen oder zur Gewinnung von Wertstoffen aus Gasgemischen. Für alle Verfahren der G. gelten die physikalischen Gesetze der ↗ Absorption. Die G. wird eingesetzt für die Reinigung von Erdgas und Synthesegas, aber auch zur Gewinnung von Wertstoffen, z. B. Acetylen, das nach dem Sachse-Verfahren hergestellt wurde (Tab.).

Gaszerlegung, die Trennung eines Gasgemisches in seine Komponenten durch ↗ Gasverflüssigung und anschließende Rektifikation, z. B.. die Zerlegung von Luft in Sauerstoff und Stickstoff (↗ Luftzerlegung). Für die G. kommen alternativ oder in Kombination mit Destillation und Rektifikation noch andere Verfahren zur Anwendung, wie Teilkondensation, Absorption, Adsorption, Permeation, Thermodiffusion.

Gatsch, ***Fischer-Gatsch***, ein Gemisch höherer Paraffinkohlenwasserstoffe etwa der Kettenlänge $C_{18}H_{38}$ bis $C_{28}H_{58}$ von salbenartiger Konsistenz. G. fällt z. B. bei der Verarbeitung von Braunkohlenteer auf Hartparaffin, bei der Fischer-Tropsch-Synthese und bei der Schmierölentparaffinierung an. Durch Oxidation des G. werden gesättigte Fettsäuren erhalten, die zur Herstellung von Waschmitteln u. a. dienen (↗ Paraffinoxidation).

Gattermann-Hopff-Reaktion, Methode zur Herstellung aromatischer Carbonsäureamide durch Umsetzung von Arenen mit Carbamoylchlorid in Gegenwart von Aluminiumchlorid:

$$\mathrm{R{-}C_6H_5 + Cl{-}CO{-}NH_2 \xrightarrow[-HCl]{(AlCl_3)} R{-}C_6H_4{-}CO{-}NH_2}$$

Gattermann-Koch-Synthese, Synthese aromatischer Aldehyde durch Einwirkung von Kohlenmonoxid und Chlorwasserstoff auf aromatische Kohlenwasserstoffe in Gegenwart von Aluminiumchlorid und Kupfer(I)-chlorid:

$$\mathrm{R{-}C_6H_5 + CO + HCl \xrightarrow[-HCl]{(AlCl_3,\ CuCl)} R{-}C_6H_4{-}CHO.}$$

Ursprünglich wurde angenommen, daß zunächst aus Kohlenmonoxid und Chlorwasserstoff das instabile Formylchlorid gebildet wird, das dann mit Aluminiumchlorid das formylierende Reagens ergibt. Neuere Untersuchungen haben ergeben, daß dieses direkt aus den beteiligten Komponenten gebildet wird:

$$\mathrm{CO + HCl + AlCl_3 \rightarrow (\overset{+}{C}H{=}O)AlCl_4^-.}$$

Substituierte aromatische Kohlenwasserstoffe werden bevorzugt in der 4-Position formyliert. Phenole und Phenolether reagieren nicht im Sinne der G.

Gattermann-Reaktion, Methode zur Substitution der Diazoniumgruppe in Diazoniumsalzen durch Halogenide, Cyanide, Rhodanide u. a. in Gegenwart von frisch gefälltem metallischem Kupfer:

$$\mathrm{H_5C_6{-}\overset{+}{N}{\equiv}N|X^- \xrightarrow{(Cu)} H_5C_6{-}X + N_2}$$

Die G. ist eine Variante der Sandmeyer-Reaktion. Sie zeichnet sich durch einfachere präparative Durchführung und mildere Reaktionsbedingungen aus.

Gattermann-Synthese, Methode zur Herstellung von aromatischen Aldehyden durch Umsetzung von aromatischen Kohlenwasserstoffen, Phenolen oder Phenolethern mit Chlorwasserstoff und Cyanwasserstoff in Gegenwart von Aluminiumchlorid oder Zinkchlorid:

$$\mathrm{R{-}C_6H_5 + HCN + HCl \xrightarrow{(AlCl_3)} R{-}C_6H_4{-}CH{=}\overset{+}{N}H_2Cl^-}$$

$$\mathrm{\xrightarrow[-NH_4Cl]{+H_2O} R{-}C_6H_4{-}CHO.}$$

Als Formylierungsreagens wird bei dieser Reaktion der aus dem primär entstandenen Formimidchlorid und dem Katalysator gebildete Komplex angenommen:

$$\mathrm{H{-}C{\equiv}N + H{-}Cl \rightleftharpoons Cl{-}CH{=}NH \underset{-AlCl_3}{\overset{+AlCl_3}{\rightleftharpoons}}}$$

$$\mathrm{[H\overset{+}{C}{=}NH \longleftrightarrow HC{\equiv}\overset{+}{N}H]AlCl_4^-\ .}$$

Die Aldehydgruppe wird mit hoher Selektivität in die 4-Position zum bereits vorhandenen aktivierenden Substituenten eingeführt. Wenn diese blockiert ist, erfolgt die Substitution in der 2-Stellung. Durch Verwendung von Zinkcyanid anstelle von Blausäure konnte R. Adams (1923) diese Reaktion dahingehend verbessern, daß der Umgang mit der sehr giftigen wasserfreien Blausäure vermieden werden kann. Die G. stellt eine Abwandlung der ↗ Gattermann-Koch-Synthese dar.

gauche-Konformation, ↗ Stereoisomerie, Abb. 14.

Gaußsche Fehlerverteilung, ↗ Verteilungsfunktion.

Gay-Lussacsche Gesetze, 1) 1. G. G. ↗ Zustandsgleichung 1.1. 2) 2. G. G. ↗ Thermodynamik, 1. Hauptsatz. 3) ↗ chemisches Volumengesetz von Gay-Lussac.

GC, Abk. für Gaschromatographie.

GC/MS-Kopplung, ↗ Massenspektrometrie.

Gd, Symbol für Gadolinium.

Ge, Symbol für Germanium.

Gebläsebrenner, ein Gasbrenner aus Metall, der meist nach dem Prinzip des Daniellschen Hahnes gebaut ist. Das Gas, meist Erdgas, wird mit Druckluft oder Sauerstoff aus Stahlflaschen verbrannt. Temperaturen von 3100 bis 3300 °C erzeugt man durch Verbrennen von Wasserstoff mit Sauerstoff und bezeichnet in diesem Fall den G. als *Knallgasgebläse.* Mit dem G. lassen sich schwerschmelzbare Gläser, Quarz, viele hochschmelzende Metalle und Legierungen schmelzen und verarbeiten.

gebrannter Kalk, ↗ Calciumoxid.

Gefahrensymbole, Bildsymbole, die auf Grund ihrer leichten Erkennbarkeit, Unverwechselbarkeit und auffälligen Darstellung (z. B. Farbe) auf gefährliche Arbeitsstoffe und Gefahren hinweisen. In der Regel werden die G. noch durch Schrifthinweise ergänzt, z. B. »Gift!«, »Radioaktive Strahlung!«, »Leicht entzündlich!«. Die Gestaltung der G. ist in den einzelnen Ländern sehr unterschiedlich, gebräuchlich sind beispielsweise der »Totenkopf« für Gifte und die »Schutzbrille« für Spritzgefahr.

Gefrierpunkt, ↗ Schmelzpunkt.

Gefrierpunktserniedrigung, ***Schmelzpunktserniedrigung***, die Erniedrigung der Gefriertemperatur einer Lösung gegenüber der des reinen Lösungsmittels. Für ideal verd. Lösungen gilt das zweite ↗ Raoultsche Gesetz $\Delta T = T_{01} - T = E_G \cdot \overline{m}_2$ mit $S_\mathrm{M} = RT^2_{01} M_1/\Delta_p H$. Dabei sind T und T_{01} der Gefrier- bzw. Schmelzpunkt der Lösung und des reinen Lösungsmittels, $\overline{m}_2$ die Molalität des gelösten Stoffes, E_G die *kryoskopische Konstante*, die für jedes Lösungsmittel einen bestimmten Wert hat. Sie hängt von der Schmelztemperatur T_{01}, der Molmasse M_1 und der molaren Schmelzenthalpie $\Delta_{\mathrm{Sm}}H$ des Lösungsmittels ab. Diese Beziehung ist nur gültig, wenn beim Erstarren reines Lösungsmittel auskristallisiert, d. h., daß keine Mischkristalte gebildet werden.

Die Anwendung der G. zur Molmassebestimmung der gelösten Stoffe wird als *Kryoskopie* bezeichnet.

Gefrierschutzmittel, ***Frostschutzmittel***, Stoffe, durch deren Zusatz der Gefrierpunkt von Wasser herabgesetzt wird. Es entsteht eine flüssige Mischung mit einem Erstarrungsbeginn unterhalb von 0 °C. Technisch bedeutungsvoll als G. sind Methanol, Ethanol, Ethylenglycol, Glycerin, Natrium-, Kalium-, Calcium-, Magnesiumchlorid, Kaliumcarbonat. Sie werden eingesetzt im Kühlmittel für Motoren, zur Herstellung von Kühlsolen für Kälteanlagen, in hydraulischen Systemen, für Enteisungszwecke bei Flugzeugen und Autos, in der Lauge für den Straßenwinterdienst. Häufig werden neben dem G. Korrosionsinhibitoren (z. B.. Borax, Phosphate, Chromate) und Antischaummittel (z. B. Fettsäureester, Siliconöle) zugesetzt. In der Bauindustrie werden G. verwendet, um bei niedrigen Außentemperaturen noch betonieren zu können. Weitere spezielle Anwendungen stellen die ↗ Gefrierpunktserniedrigung von Dieselkraftstoff (↗ Additive) und die Verhinderung der Vereisung von Kraftstoffvergasern dar (↗ Antiicing-Mittel).

Gefrierschutzproteine, *Antifrostproteine*, aus den Körperflüssigkeiten in der Antarktis lebender Fische bzw. aus überwinternden Insekten isolierte Proteine mit gefrierpunktsenkender Wirkung. Bei den G. handelt es sich meist um Glycoproteine, wie z. B. solche mit der sich wiederholenden Tripeptidsequenz –Ala–Ala–Thr– und dem am Threonin angeknüpften Disaccharid β-Galactosyl-(1-3)-α-*N*-galactosamin. Die G. erschweren die Eisbildung und verursachen beim Gefrierprozeß eine faserige Eisstruktur, so daß die flüssigen Blutbestandteile nicht gefrieren.

Gefriertrocknung, ↗ Trocknung.

Gegenstromchromatographie, Abk. *CCC* (engl. counter current chromatography), eine Kombination von Flüssig-Flüssig-Verteilungschromatographie mit der Gegenstromverteilung ohne Verwendung fester Träger, wobei entweder das hydrostatische oder hydrodynamische Gleichgewichtssystem eines Zweiphasenlösungsmittelsystems angewendet wird. In eine Trennsäule, in der sich ein Lösungsmittel (*stationäre Phase*) befindet, wird an einem Ende ein anderes, mit der stationären Phase nicht mischbares Lösungsmittel (*mobile Phase*) eingeführt, das aufgrund der Gravitation in Richtung des anderen Endes durch die stationäre Phase hindurchwandert. Durch kontinuierliche Elution wird die mobile Phase ständig ersetzt, während die stationäre Phase in der Trennsäule verbleibt. In die Säule gebrachte Probengemische werden folglich zwischen beiden Phasen verteilt und entsprechend ihrer Verteilungskoeffizienten getrennt. Durch Modifizierung der Geometrie der Trennsäule wurden verschiedene Gegenstromchromatographievarianten entwickelt. Die *Tropfen-Gegenstrom-Chromatographie*, Abk. *DCCC* (engl. *d*roplet counter current chromatography), basiert auf der Verteilung der Probe zwischen einem Strom von Tropfen mobiler Phase und einer mit stationärer flüssiger Phase gefüllten gerade und vertikal angeordneten Säule, wobei die gebildeten Tropfen kleiner sein müssen als der Innendurchmesser der Säule, damit sie unbeeinflußt durch die stationäre Phase perlen können (Abb.). Die *Rotation-locular-CCC*, Abk. *RLCCC* (engl. *r*otation *l*ocular counter current chromatography), verwendet ein System von Glassäulen, die durch zentral perforierte Teflonscheiben in Segmente unterteilt und durch Teflonkapillaren miteinander verbunden sind und die in geneigter Stellung gedreht werden, wodurch gute Austauscheffekte zwischen der mobilen und stationären Phase gewährleistet werden.

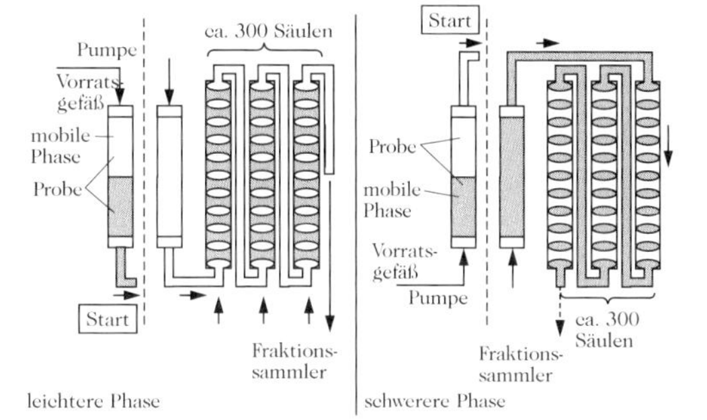

Gegenstromchromatographie. Abb.: Tropfen-Gegenstrom-Chromatographie (*links* aufsteigende und *rechts* absteigende Methode).

Die G. gestattet wirksame Trennungen auch kleinerer Probenmengen in kürzeren Zeiträumen mit ausgezeichneter Reproduzierbarkeit, hoher Reinheit der Fraktionen und guter Probenrückgewinnung.

Gegenstromdestillation, ↗ Rektifikation.

Gegenstromprozeß, eine Methode der Verfahrenstechnik zur Durchführung von Stoff- und Wärmeaustauschvorgängen. Die beiden austauschenden Medien werden unter möglichst inniger Berührung in entgegengesetzter Richtung aneinander vorbeigeführt. Bei reinem Wärmeaustausch sind die Medien durch stoffundurchlässige, aber gut wärmeleitende Wände getrennt. Diese Prozesse werden technisch in Wärmetauschern, Kühlern, Kondensatoren, Verdampfern u. ä. Apparaten durchgeführt. Bei reinem Stoffaustausch (z. B. bei der Extraktion) oder beim gekoppelten Stoff- und Wärmeaustausch (z. B. bei der Destillation, Sorption, Trocknung, unter bestimmten Bedingungen auch bei der Extraktion) werden die Austauschpartner direkt ohne Zwischenwände in Kontakt gebracht. Dasselbe gilt für solche Prozesse, bei denen die beiden Medien so große Dichteunterschiede aufweisen, daß dadurch eine Prozeßführung gewährleistet ist, z. B. beim Dekantieren (Abb. S. 488),

Den Gegensatz zum G. bildet der ↗ Gleichstromprozeß. Beide Prozesse sind *Triebkraftprozesse*, sie laufen durch Vorhandensein von Triebkräften ab.

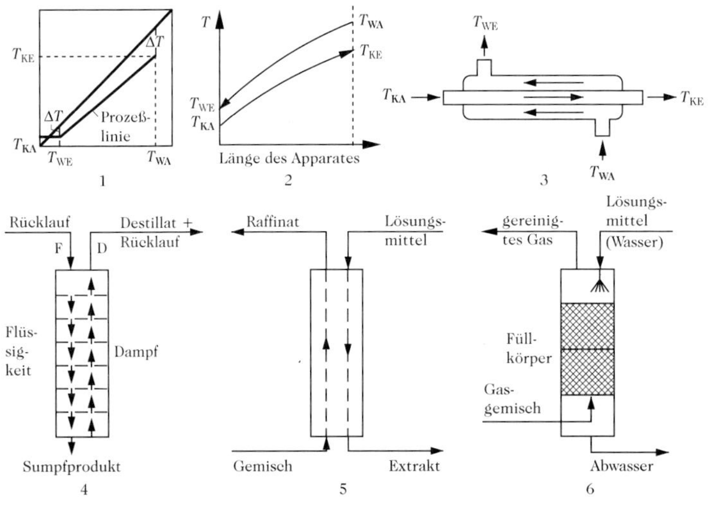

Gegenstromprozeß. Abb.: *1* Wärmeaustausch im Gleichgewichtsdiagramm. *2* Temperaturverlauf beim Wärmeaustausch im Apparat. *3* Doppelrohrwärmeaustauscher. *4* Gegenstrom zwischen Flüssigkeit und Dampf bei der Rektifikation. *5* Gegenstrom bei der Flüssig-Flüssig-Extraktion. *6* Gegenstrom Gas – Flüssigkeit bei der Absorption. W wärmeres Medium, K kälteres Medium, A Anfang des Prozesses, E Ende des Prozesses, *T* Temperatur, ΔT Triebkraft.

gehirnnatriuretisches Peptid, engl. ***brain natriuretic peptide***, Abk. ***BNP***, ein zur Familie der ↗ natriuretischen Peptide zählendes 32-Peptidamid. BNP reguliert die Aktivität von ↗ Vasopressin und des Angiotensin-II-hypothalamischen Systems und ist damit an der Homöostase der Körperflüssigkeit beteiligt.

Gel, ein kolloid-disperses System bestehend aus einer dreidimensionalen, voluminösen Netzstruktur, die das gesamte Lösungsmittel gebunden hat und dabei zu einer gallertartigen Masse mit gewisser Festigkeit erstarrt ist. Die Gelierung ist eine allgemeine Erscheinung konzentrierter Lösungen und lyophiler (lösungsmittelliebender) Kolloide. Die Stabilisierung erfolgt dabei über die ausgedehnten Solvathüllen der Kolloidteilchen. Durch Verdünnen mit dem Lösungsmittel lassen sich die Gele wieder in den Solzustand überführen. In einigen Systemen wird dies auch durch mechanische Einwirkungen wie Schütteln erreicht, da Teilchen nur an wenigen Punkten durch Van-der-Waals- oder andere schwache Kräfte miteinander verbunden sind (↗ Redispergierung).

In manchen Fällen kommt es bei der Gelierung zusätzlich zu einer Vergrößerung der kolloiddispersen Teilchen durch Vernetzungsreaktionen an ihren funktionellen Gruppen. Dies ist z. B. bei der Kieselsäure der Fall: Setzt man aus kolloiddispersen Silicatlösungen durch Ansäuern die Kieselsäure frei, so kondensieren die dispersen Kieselsäureteilchen zur makromolekularen Polykieselsäure, deren oberflächenreiche Blattstruktur sehr viel Wasser aufnehmen kann. Es bildet sich gallertartiges Kieselgel.

Makromolekulare G. können von anorganischen und organischen Makromolekülen gebildet werden. Die Polymerketten werden als Ganzes durch die umgebende Solvathülle stabilisiert, so daß sie räumlich fixiert werden. Bei Anlegen einer Schubspannung können sie deshalb nicht mehr fließen, sondern sie reagieren auf die Einwirkung einer formverändernden Kraft mit einer elastischen Rückstellkraft.

In den Lösungsmitteln, in denen die Solvatation unvollständig ist, bilden sich aus Makromolekülen *Nebenvalenzgele*. Die Haftstellen zwischen den Polymermolekülen sind nicht stationär, sie lösen sich und bilden sich an anderer Stelle neu.

Trocknet man G. ein, erhält man *Xerogele* (z. B. Gelatine, Leim, Kieselgel, Kieselgur).

Gelatine, ein Protein (M_r 13500–500000), das v. a. aus den Aminosäuren Glycin, Prolin, Hydroxyprolin und Alanin besteht. Die in Alkohol und Ether unlösliche G. quillt in Wasser, insbesondere in der Wärme, stark auf und bildet schließlich eine viskose Lösung, die beim Erkalten gallertartig erstarrt. G. wird durch Partialhydrolyse des in Knochen und Häuten von Tieren enthaltenen ↗ Kollagens gewonnen. Das hochquervernetzte, wasserunlösliche, kollagenreiche Rohmaterial wird nach zwei Verfahren in wasserlösliche G. mit beliebigen physikochemischen Eigenschaften (Viskosität, Gelstärke, Farbe, Klarheit) umgewandelt. Beim sauren Verfahren zur Gewinnung von *Typ-A-G.* aus Schweineschwarten überwiegen hydrolytische Spaltungen in einzelnen Kollagenketten. Bei der alkalischen Hydrolyse zur Gewinnung der *Typ-B-G.* aus gereinigten Knochen und Häuten kommt es vermehrt zur Spaltung inter-/intramolekularer Quervernetzungen und von Glutamin-/Asparaginresten. Die nach dem Trocknen der sterilisierten Extrakte gewonnene Granulat- oder Blatt-G. wird u. a. in der Lebensmittelindustrie (v. a. Typ A-G.) zur Herstellung von Sülzen, kalorienarmen Brotaufstrichen, Joghurts, Puddings, Geleespeisen, Mayonnaisen, Speiseeis,

Gummibärchen; in der Photoindustrie als Matrix der lichtempfindlichen Emulsion (Photo-G.); in der Bakteriologie für Nährböden; in der Kosmetik als Bestandteil von Salben; in der Pharmazie zur Herstellung von G.kapseln und als Bindemittel für Tabletten verwendet.

Gelatine-Dynamite, ↗ Dynamite.

gelbes Blutlaugensalz, Kaliumhexacyanoferrat(II), $K_4[Fe(CN)_6]$, ↗ Cyanoferrate.

Gelbholz, *gelbes Brasilholz*, das Stammholz des Färbermaulbeerbaumes *Chlorophora tinctoria* aus dem tropischen Amerika. G. enthält die gelben Naturfarbstoffe Morin und Maklurin, die durch Extraktion mit Wasser aus dem zerkleinerten Holz gewonnen werden können. Der so erhaltene Gelbholzextrakt diente früher zum Färben von Wolle mit Tonerde-, Chrom- oder Eisenbeize sowie von Seide und Leder.

Gelbkörperhormone, ↗ Gestagene.

Gelelektrophorese, ↗ Elektrophorese.

Gelfiltration, ↗ Permeationschromatographie.

gelöschter Kalk, ↗ Calciumhydroxid.

Gelöstsauerstoff, die Menge von Sauerstoffmolekülen oder der Masse an Sauerstoff, die unter bestimmten Bedingungen in der wäßrigen Phase gelöst ist. Die Konzentration des G. wird in mg/l oder ppm angegeben. Die Konzentration des G. ist bei aeroben Fermentationsprozessen u. a. vom Druck, der Temperatur, der Ionenstärke und verschiedenen Komponenten der Nährlösung abhängig. In wäßrigen, verdünnten ↗ Fermentationsmedien beträgt die G.-Konzentration bei Raumtemperatur etwa 5–10 mg/l.

Gelsprengstoffe, *Slurries*, *Sprengschlamm*, pumpfähige, schlammige, breiartige oder pastöse Sprengstoffe, bestehend aus hochkonzentrierten wäßrigen Lösungen von Nitraten (meist Ammoniumnitrat), in die weitere Nitrate aufgeschlämmt sind, und einem Brennstoff (z. B. Aluminiumpulver, Glycol). Durch weitere Zusätze (Quervernetzungsmittel) kann die Leistung dem Sprengziel angepaßt werden. Die Konsistenz der G. wird eingestellt durch den Zusatz eines Quellmittels, das aus makromolekularen Verbindungen wie Stärke, Guar, Agar-Agar oder Polyacrylaten besteht. Aufgrund ihres hohen Wassergehaltes sind die G. gegenüber Hitze und Schlag unempfindlich. Sie können deshalb mit Hilfe von Pumpen gefahrlos in Großbohrlöcher eingebracht werden. G. haben große Bedeutung für die Herstellung von Wettersprengstoffen.

Gemfibrozil, ↗ Lipidsenker.

gemischte Säuregärung, *Acetoin-Butandiol-Gärung*, ein bei fakultativ anaeroben Bakterien (u. a. Enterobakterien) auftretender Typ der ↗ Gärung. Unter anaeroben Bedingungen werden dabei aus Kohlenhydraten eine Vielzahl von Gärungsprodukten gebildet. Der Abbau der Kohlenhydrate erfolgt im allg. über den Embden-Meyerhof-Parnas-Weg (↗ Glycolyse). Nur wenige Stämme nutzen den Phosphogluconat-Weg (↗ Pentosephosphat-Cyclus).

E. coli, aber auch *Salmonella* und *Shigella*, bilden beim Abbau der Kohlenhydrate neben CO_2, H_2 und Ethanol vorwiegend Säuren (Lactat, Acetat, Succinat, Formiat). Während Enterobakterien Pyruvat unter aeroben Bedingungen mittels des Pyruvatdehydrogenasekomplexes in Acetyl-CoA umwandeln, wird unter anaeroben Bedingungen Pyruvat durch die Pyruvat-Formiat-Lyase in Acetyl-CoA und Formiat gespalten. Die unter anaeroben Bedingungen induzierte Pyruvat-Formiat-Lyase ist äußerst sauerstoffempfindlich und auch unter anaeroben Bedingungen nicht sehr stabil. Formiat wird u. a. durch *E. coli* in H_2 und CO_2 gespalten. Bakterien, die die entsprechenden Enzyme nicht besitzen, reichern Formiat an (z. B. *Erwina*, *Shigella*). Das im Embden-Meyerhof-Parnas-Weg gebildete NADH wird durch verschiedene weitere Reaktionen verbraucht bzw. reoxidiert, woraus sich die Vielzahl weiterer Gärungsprodukte ergibt. *E. coli* ist nicht in der Lage, Acetoin bzw. 2,3-Butandiol zu bilden. Letzteres wird z. B. von *Enterobacter aerogenes* gebildet (↗ 2,3-Butandiolgärung).

Gen, die Bezeichnung für eine funktionelle Einheit aus dem Genom einer Zelle oder eines Virus, durch die ein Protein oder ein RNA-Molekül (tRNA oder rRNA, ↗ Nucleinsäuren) codiert wird. In Eukaryoten wird die für ein Protein codierende Nucleotidsequenz (Exon) häufig von Sequenzen unterbrochen, die nicht für Aminosäuren codieren (Introns). Sie werden nach der Transcription (↗ Nucleinsäuren) aus der mRNA herausgeschnitten.

Genbank, die Bezeichnung für eine Sammlung von klonierten DNA-Fragmenten, die insgesamt das vollständige Genom eines spezifischen Organismus repräsentieren. Die einzelnen DNA-Fragmente sind dabei in Klonierungsvektoren (z. B. ↗ Plasmide) eingebaut.

Prinzipiell wird zwischen zwei Arten von G. unterschieden: Genomische G. werden aus der zellulären DNA eines Organismus angelegt und enthalten Klonierungsvektoren mit eingebauten genomischen DNA-Fragmenten. Wenn nur ein Teil aller im Genom eines Organismus vorkommenden DNA-Bereiche in der G. enthalten ist, spricht man entsprechend von einer subgenomischen G. Im Gegensatz zu den genomischen G. enthalten die cDNA-G. die mittels der ↗ reversen Transcriptase in DNA umgeschriebenen Sequenzen aller in einer Zelle vorkommenden mRNA-Moleküle.

Generator, eine Anlage zur Vergasung fester Brennstoffe wie Steinkohlen, Braunkohlen und Koks. In G. kann erzeugt werden: ↗ Generatorgas durch Einblasen von Luft, ↗ Wassergas durch »Fahren im Ausschnitt«, wobei nur das beim Blasen mit Dampf erzeugte Gas aufgefangen wird, ↗ Synthesegas und ↗ Stadtgas durch Einblasen eines Sauerstoff-Dampf-Stromes bestimmter Mischung.

Man unterscheidet insbesondere folgende Arten von G.:

a) Beim *Abstichgenerator* werden Brennstoff und Luft als Vergasungsmittel im Gegenstromprinzip geführt. Die Asche fällt als flüssige Schlacke an. Um eine leichtflüssige Schlacke zu erhalten, werden Zuschläge, z. B. Kalkstein oder Dolomit, wie bei der Eisenverhüttung zugesetzt. Als Brennstoff kann minderwertige aschereine Kohle eingesetzt werden. Der Abstichgenerator läßt sich sehr hoch belasten, die Kohle wird vollkommen ausgenutzt. Ein mit Luft gespeister G. kann bis zu 6000 m^3 Gas i. N./h erzeugen. Nachteilig ist die hohe Austrittstemperatur (900 °C) des Gases.

b) Beim *Festrostgenerator* ruht der Brennstoff auf einem festen Rost, bestehend aus einem von Wasser durchflossenen Röhrensystem. Seine Wände können ebenfalls wassergekühlt sein; der entstehende Dampf wird dann unterhalb des Rostes wieder in den G. eingeblasen. Der Festrostgenerator arbeitet im Umschaltbetrieb. G. dieses Typs können 8000 bis 10000 m^3 Gas i. N./h erzeugen.

c) Der kontinuierlich arbeitende *Drehrostgenerator* besteht aus einem senkrechten Schachtofen von 1,5 bis 3 m Durchmesser mit einem Kühlmantel um den unteren heißen Teil, um Ascheanbackungen zu vermeiden. Durch eine Glocke gibt man den Brennstoff von oben auf; unten ist der G. durch eine Ascheschüssel abgeschlossen, die von einem Motor gedreht wird, so daß sich der in ihrer Mitte befindliche Rost ebenfalls dreht. Die Drehung schürt den Brennstoff, gleichzeitig wird laufend die Asche ausgetragen. Zur Abdichtung gegen die Atmosphäre ist die Ascheschüssel mit Wasser gefüllt (Wassertasse). Durch Schlitze im Drehrost tritt der Vergasungswind von unten ein. Er kann entweder nur aus Luft oder aus Luft und Wasserdampf gleichzeitig bestehen. Der Austritt der Gase liegt oberhalb des zu vergasenden Brennstoffs. Mit einem Drehrostgenerator können je Stunde bis zu 14000 m^3 i. N. Gas erzeugt werden.

Beim *Schwelgenerator* ist auf den Drehrostgenerator noch ein Schwelschacht aufgesetzt. Neben der Vergasung findet eine Schwelung statt, so daß man noch flüssige Produkte erhalten kann.

d) Der *Druckgasgenerator* arbeitet ebenso, nur führt man hier dem G. statt Luft Sauerstoff unter einem Druck von etwa 3 MPa zu. Vorteile der Druckvergasung sind die erhöhte Vergasungsleistung und damit die relativ kleine Bauart des G.

e) Der nach seinem Erfinder benannte *Winklergenerator* kann unsortierte Kohlen verarbeiten. Die Winklergeneratoren haben eine Höhe von 15 m und einen Durchmesser von 5,5 m. Der Umsatz beträgt 60000 bis 70000 m^3 i. N./h. Ausgangsmaterial sind feinkörnige Brennstoffe mit großer innerer Oberfläche, wie Braunkohle, Braunkohlenkoks und sehr junge Steinkohle. Die Vergasung erfolgt im Wirbelschichtverfahren. Als Vergasungswind wird ein Wasserdampf-Sauerstoff-Gemisch zur Wassergasherstellung und Luft zur Generatorgasherstellung genommen. Die Temperatur in der Wirbelschicht beträgt etwa 950 °C. Das Gas tritt dann mit einer Temperatur von 900 °C in den Abhitzekessel, in dem die Wärme zur Dampferzeugung und zur Gasvorwärmung ausgenutzt wird.

Generatorgas, ***Luftgas***, ein Synthese-, Heiz- und Treibgas, das durch Vergasen fester Brennstoffe im Generator entsteht. Es ist ein Schwachgas mit einem Heizwert von 3200 bis 6800 kJ/m^3 i. N. Der glühende Brennstoff in der Verbrennungs- (Oxidations-) Zone des Generators wird durch den im Überschuß vorhandenen Sauerstoff der hindurchgesaugten oder hindurchgeblasenen Luft bzw. des Luft-Dampf-Gemisches zu Kohlendioxid verbrannt: $C + O_2 \rightleftharpoons CO_2$. Bei Berührung des Wasserdampfs mit dem glühenden Brennstoff tritt außerdem eine thermische Zersetzung des Wassers in Wasserstoff und Sauerstoff ein; dabei reagiert der Sauerstoff weiter mit dem Kohlenstoff: $C + H_2O \rightleftharpoons CO + H_2$. In der darüberliegenden Brennstoffschicht, der Reduktionszone, ist nicht mehr genügend freier Sauerstoff vorhanden, so daß eine Reduktion des Kohlendioxids eintritt: $CO_2 + C \rightleftharpoons 2\,CO$. Je nach dem verwendeten Brennstoff, der Vergasungstemperatur und dem verwendeten Vergasungsmittel wird ein G. folgender Zusammensetzung erzeugt (M-%): 5 bis 11 % Kohlendioxid, 11 bis 18 % Wasserstoff, 21 bis 30 % Kohlenmonoxid, 47 bis 56 % Stickstoff sowie geringe Mengen höhere Kohlenwasserstoffe und Methan. G. wird als Synthesegas verwendet oder als Brenngas, z. B. zur Beheizung von Schmelzöfen in der Metallurgie und Glasindustrie.

genetischer Code, die Bezeichnung der Zuordnung von Basensequenzen der Nucleinsäuren zu jeweils einer der 20 Aminosäuren in einem Protein. Die Codierung einer Aminosäure erfolgt durch jeweils drei Basen (*Triplett*). Aufgrund der 4 in DNA bzw. RNA vorkommenden Basen sind $4^3 = 64$ Codons möglich, die den Einbau der 20 in den Proteinen enthaltenen Aminosäuren codieren. Die Anzahl der Codons je Aminosäure ist verschieden, d. h. der g. C. ist degeneriert (Tab. S. 491).

Genin, zuckerfreie Komponente der ↗ Glycoside.

Genistein, ↗ Flavone

Gensonde, die Bezeichnung für Nucleinsäuresequenzen (DNA, RNA, cDNA, chemisch synthetisierte Oligonucleotide; ↗ Nucleinsäuren), mit deren Hilfe man ein gesuchtes Gen bzw. eine bestimmte DNA-Sequenz im Genom eines Organismus nachweisen kann. Die G. (15 bis über 1000 Basen lang) erkennen komplementäre DNA- oder RNA-Abschnitte und

genetischer Code. Tab.: Codons (in 5'→3'-Richtung der mRNA-Sequenz) für die 20 proteinogenen Aminosäuren.

erster Buchstabe		zweiter Buchstabe: U	C	A	G	dritter Buchstabe
U		Phe	Ser	Tyr	Cys	U
		Phe	Ser	Tyr	Cys	C
		Leu	Ser	ochre[1]	opal[1]	A
		Leu	Ser	amber[1]	Trp	G
C		Leu	Pro	His	Arg	U
		Leu	Pro	His	Arg	C
		Leu	Pro	Gln	Arg	A
		Leu	Pro	Gln	Arg	G
A		Ile	Thr	Asn	Ser	U
		Ile	Thr	Asn	Ser	C
		Ile	Thr	Lys	Arg	A
		Met	Thr	Lys	Arg	G
G		Val	Ala	Asp	Gly	U
		Val	Ala	Asp	Gly	C
		Val	Ala	Glu	Gly	A
		Val	Ala	Glu	Gly	G

[1] Stoppcodons

binden sich spezifisch an diese. Der G.-Test besteht prinzipiell aus 4 Schritten: (1) Herstellung (u. a. durch Isolierung und Klonierung spezifischer Gene oder Fragmente dieser Gene oder Synthese entsprechender Sequenzen) und Markierung (mit Radioisotopen (meist ^{32}P) oder mit nicht-radioaktiven Markierungen, z. B. Biotin, Digoxigenin, Fluoreszenzfarbstoffe) der G. (2) Isolierung bzw. Zugänglichmachung der Zielnucleinsäure (z. B. chromosomale DNA, Plasmid-DNA, ↗ mRNA). (3) Hybridisierung von Sonde und Zielnucleinsäure. (4) Abtrennung der nicht gebundenen Einzelstränge und Messung der im Hybrid gebundenen markierten Sonde.

G. finden breite Anwendung u. a. beim Screening von ↗ Genbanken, in der Gen-Diagnostik, bei der Diagnostik von Infektionskrankheiten und Lebensmittelüberwachung.

Gensynthese, die chem.-enzymatische Synthese biologisch aktiver Gene. Am Beginn der Syntheseplanung für ein synthetisches Gen stehen Überlegungen, die später die Klonierung in einem Klonierungsvektor und die Expression in einem entsprechenden Wirtsorganismus erleichtern. Von besonderer Bedeutung ist hierbei auch die Einplanung brauchbarer Schnittstellen für ↗ Restriktionsendonucleasen, die die spätere Klonierung erleichtern. Gleichermaßen wichtig sind Überlegungen zur möglichen Ausbildung von Sekundärstrukturen innerhalb oder auch zwischen den Oligonucleotiden, da diese die spätere Reassoziation der einzelnen Oligonucleotide zu größeren Genfragmenten erschweren können. Für die Synthese von DNA-Abschnitten bekannter Basensequenz, die die Information für andere Nucleinsäuren bzw. für Polypeptide und Proteine tragen, reichen die gegenwärtig bekannten rein chem. Verfahren der ↗ Oligonucleotidsynthese nicht aus. Erst durch die Einbeziehung verschiedener Enzyme für die Kettenverlängerung chem. dargestellter Oligo- und Polynucleotide gelang der synthetische Vorstoß in den Bereich der Strukturgene. Prinzipiell zeichnen sich zwei unterschiedliche Synthesestrategien ab:

1) ***DNA-Ligase-Verfahren.*** Grundlage dieser strategischen Variante ist die enzymkatalysierte Verknüpfung relativ kurzer chem. dargestellter Oligonucleotide (10 bis 15 Nucleotide) zu doppelsträngigen DNA-Segmenten. Die Nucleotidsequenzen der synthetischen Oligonucleotide müssen so konzipiert sein, daß sie der Gesamtheit der beiden zu synthetisierenden DNA-Stränge entsprechen. Ferner ist für die Doppelstranganordnung komplementärer Oligonucleotide eine Überlappung um jeweils 4 bis 5 Nucleotide erforderlich. Nach der enzymkatalysierten Phosphorylierung der 5'-Hydroxyfunktionen der Oligonucleotidsegmente durch die Oligonucleotidkinase erfolgt die Verknüpfung der 5'-Phosphatgruppe eines Segmentes mit der 3'-Hydroxygruppe eines zweiten Segmentes durch die DNA-T4-Ligase. Diese Strategie wurde bereits 1970 von Khorana und Mitarbeitern für die Synthese des Gens für die Alanin-tRNA aus Hefe angewandt, wobei die DNA-Sequenz, die sie synthetisierten, aus der Primärstruktur der Alanin-tRNA abgeleitet wurde. Diese G. stimulierte andere Arbeitsgruppen, sich mit der Synthese von Genen zu beschäftigen, die eine Gewinnung eukaryotischer Proteine ermöglichen. Als Beispiele sollen die Synthesen der Gene für Somatostatin, Angiotensin II, der beiden Insulinketten sowie des Interferons erwähnt werden. So wurde das Gen für das humane Leukocyten-Interferon ausgehend von 67 chem. synthetisierten Oligonucleotiden nach der beschriebenen Verfahrensweise aufgebaut. Das aus 517 Basenpaaren bestehende Produkt wies nur einen geringen Reinheitsgrad auf. Es konnte aber durch Klonierung angereichert und isoliert werden. Hier erkennt man sehr deutlich den Vorteil der Oligonucleotidsynthese gegenüber der Peptidsynthese, da selbst aus einem für einen Chemiker absolut unbrauchbaren Gemisch das sequentiell richtige Gensegment durch gentechnische Operationen selektioniert und durch Klonierung vermehrt werden kann.

2) ***DNA-Polymerase-Verfahren.*** Mit der zunehmenden Effektivität der Synthesetechniken von Oligo- und Polynucleotiden an polymeren Trägern (↗ Oligonucleotidsynthese) lassen sich solche mit 30 bis 40 Nucleotiden (unter besten Bedingungen bis etwa 200 Basen) aufbauen, die dann in Form von 4 Segmenten durch komplementäre Basenpaarung so aneinandergelegt werden können, daß sich etwa 10 basenumfassende DNA-Duplexe ausbilden. Die DNA-Polymerase I (Klenow-Enzym) akzeptiert diese Oligo-

nucleotidanordnung als Substrat und katalysiert in Anwesenheit der vier 5′-Nucleosidtriphosphate (dATP, dGTP, dCTP und dTTP) die Anheftung von Desoxyribonucleotid-Resten entsprechend der im synthetischen Matrizenstrang enthaltenen Information. Bei der als Autopriming bezeichneten Strategie werden längere Oligonucleotide eingesetzt, die an ihrem 3′-Ende stabile Haarnadelstrukturen ausbilden können. Diese dienen als Primer für die DNA-Polymerase-Reaktionen. Die für die Ligation mehrerer DNA-Fragmente benötigten Enden werden nach der Polymerisation durch Spaltung mit entsprechenden ↗ Restriktionsendonucleasen erzeugt. Es bedarf keiner weiteren Erläuterung, daß durch die enzymkatalysierte Auffüllreaktion diese Strategie ökonomischer ist als das DNA-Ligase-Verfahren und daß mit der weiteren Verbesserung der chem. Trägersynthese von Polynucleotiden gute Voraussetzungen für die Synthese längerer Gene, die für entsprechende Proteine codieren oder maßgeschneiderte Operatoren und Promotoren für den Regelteil eines Operons darstellen, bestehen. Die kombinierte biochem.-organische Synthesestrategie wird dazu beitragen, daß der zunehmende Bedarf an synthetischer DNA für die nähere Zukunft abgesichert werden kann.

Gentamicine, eine Gruppe von Aminoglycosidantibiotika, die von *Micromonospora purpurea* gebildet werden. Die G. enthalten 2-Desoxystreptamin als Aglykon, an das zwei Aminomonosaccharide glycosidisch gebunden sind. Therapeutisch eingesetztes G. besteht aus den Komponenten C_1, C_{1a} und C_2. Die G. haben ein breites Wirkungsspektrum und

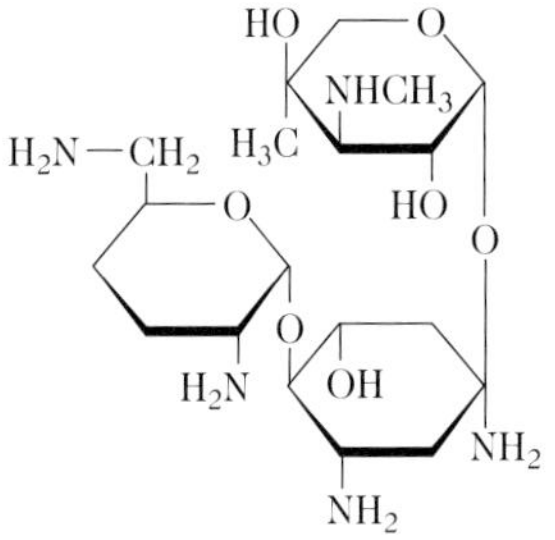

Gentamicin C_{1a}

werden hauptsächlich bei schweren Allgemeininfektionen durch gramnegative Problemkeime eingesetzt. Eine ähnliche Struktur hat das Sisomicin.

Gentechnik, ***Gentechnologie***, engl. ***genetic engineering***, die Gesamtheit aller Methoden und Techniken zur molekulargenetischen Analyse von DNA- und RNA-Molekülen, ihrer Synthese, gezielten Veränderung (Genmanipulation) und Kombination, der Erzeugung chimärer DNA-Moleküle, der Übertragung von Genen auf andere Organismen (Klonierung, Gentransfer) sowie der Konservierung und Registrierung. Zum größten Teil handelt es sich dabei um Techniken, bei denen die aus den Organismen isolierten Nucleinsäuren in vitro manipuliert werden. Mit den heute schon vorhandenen experimentellen Möglichkeiten können beliebige Gene oder DNA-Abschnitte aus dem Genom eines Organismus isoliert und hinsichtlich ihres Aufbaus und ihrer Funktion analysiert werden (u. a. ↗ Genbank, Genkarte, Gendiagnostik). Andererseits können Gene durch chemische Totalsynthese erzeugt werden (↗ Gensynthese).

Die G., die sich seit Anfang der 70er Jahre in einer stürmischen Entwicklung befindet, hat ihre Hauptanwendung in der molekularbiologischen Grundlagenforschung zur Erforschung des Erbmaterials und seiner Funktion. Da es prinzipiell möglich ist, ein Gen beliebiger Herkunft in jeder Art von Zelle (und auch in jedem Organ oder Gewebe eines Organismus) zu exprimieren, aber auch neue Gene, die für erforderliche Wirkstoffe codieren, zu synthetisieren, gewinnt die G. für praxisorientierte Entwicklungen der ↗ Biotechnologie zunehmend an Bedeutung. Nachdem 1983 das von einem Stamm von *Escherichia coli* produzierte Humininsulin eingeführt wurde, nimmt die Zahl gentechnischer Produkte, insbesondere zur Diagnostik und Behandlung von Erkrankungen (u. a. Erythropoeitin) ständig zu. Daneben findet die G. auch Anwendungen in der Landwirtschaft (Nutzpflanzen- und Tierzüchtung), Nahrungsgüterwirtschaft, Umweltschutz (u. a. Schadstoffabbau) und auf dem Energiesektor. Gentechnisch veränderte Tiere werden zunehmend zur Produktion unterschiedlichster Proteine eingesetzt. Um Leben und Gesundheit von Mensch, Tier und Pflanze sowie die sonstige Umwelt in ihrem Wirkungsgefüge und Sachgüter vor möglichen Gefahren gentechnischer Verfahren und Produkte zu schützen und dem Entstehen solcher Gefahren vorzubeugen sowie den rechtlichen Rahmen für die Erforschung, Entwicklung, Nutzung und Förderung der wissenschaftlichen und technischen Möglichkeiten der G. zu schaffen, wurde das G.-Gesetz verabschiedet. Die Zuordnung zu den vier Sicherheitsstufen und Regelungen der erforderlichen Sicherheitsmaßnahmen sind in der G.-Sicherheits-VO festgelegt.

gentechnisch veränderte Lebensmittel werden unter Anwendung molekularbiologischer Techniken hergestellt. Durch die Veränderung der genetischen Information können gezielt bestimmte Eigenschaften in das Produkt implementiert werden. Beispiele sind Versuche in der Pflanzenzucht, auf diese Weise Resistenz gegen Schädigungen (Chemikalien, Viren, Insekten) in Kulturpflanzen einzubringen. In der Tierhaltung werden ebenfalls Experimente durchgeführt, z. B. mit dem Ziel, bei Milchvieh eine bessere Futterverwertung und höhere Milchleistung zu erreichen. Auch Enzyme (z. B. Chymotrypsin für die Käseherstellung) können auf diese Weise erzeugt werden. Die Anwendung als Lebensmittel ist z. Zt. in den einzelnen Ländern unterschiedlich geregelt. Als Nachweisverfahren wird die PCR (Polymerase-Kettenreaktion) eingesetzt, wobei die Fremd-DNA amplifiziert wird; anschließend erfolgt der Nachweis mit Elektrophoresetechniken.

Gentianaviolett, ein Gemisch aus Tetra-, Penta- und Hexamethylparafuchsin. G. wird in der ↗ Gramfärbung eingesetzt und häufig dem Methylviolett gleichgestellt.

Gentianose, ***O-β-D-Fructofuranosyl-(2→1)-α-D-glucopyranosyl-(6→1)-β-D-glucopyranosid***, nichtreduzierendes Trisaccharid, das in Pflanzen der Familie der *Gentianaceae* als Speicheroligosaccharid vorkommt.

Gentiobiase, ↗ Cellobiase.

Gentiopikrosid, ↗ Iridoide.

Gentisinsäure, ***2,5-Dihydroxybenzoesäure***, ***Hydrochinoncarbonsäure***, ein Strukturisomeres der Dihydroxybenzoesäuren. G. bildet farblose, nadel-

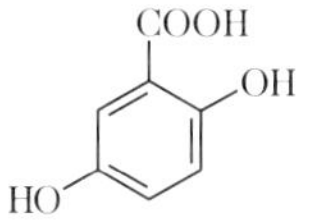

förmige Kristalle; F. 205 °C. Sie löst sich leicht in heißem Wasser, Alkohol und Ether, schwer in Benzol. Beim Erhitzen über den Schmelzpunkt zerfällt sie in Hydrochinon und Kohlendioxid G. ist Stoffwechselprodukt verschiedener *Penicillium*-Arten und weist antibiotische Wirkung auf. Synthetisch wird sie durch Oxidation von Salicylsäure mit Kaliumpersulfat oder durch eine modifizierte ↗ Kolbe-Synthese aus Hydrochinon hergestellt. G. sowie ihr Amid wurden in der Rheumatherapie verwendet.

Geranial, ↗ Citral.

Geraniol, ***cis-3,7-Dimethylocta-2,6-dien-1-ol***, $C_{10}H_{17}OH$, ein acyclischer Monoterpenalkohol (Kp. 230 °C), der frei und verestert, gemeinsam mit der *trans*-Form *Nerol*, in zahlreichen ätherischen Ölen vorkommt, z. B. im Rosenöl zu 30–40 %.

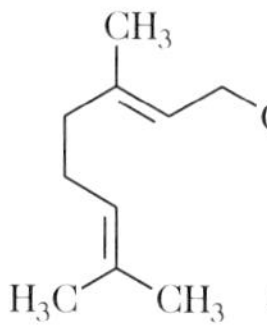

Geraniol

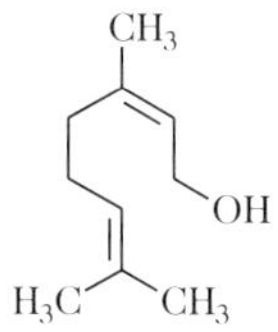

Nerol

G. läßt sich durch Hydrierung von Citral oder Umlagerung von Linanool gewinnen. Es wird gemeinsam mit Nerol in der Riechstoffbranche für Parfüms mit Rosenduftnote verwendet.

Geraniumöl, ***Pelargoniumöl***, ein farbloses, oft auch grünliches bis bräunliches ätherisches Öl von angenehm rosenähnlichem Geruch. Das G. enthält hauptsächlich ↗ Geraniol (bis zu 40 %), ↗ Citronellol, ↗ Linalool, Phenylethylalkohol, ↗ Terpineol und ↗ Menthol. Man gewinnt es aus den Blättern der Pelargonie durch Wasserdampfdestillation. Die Ausbeute bei der Destillation beträgt etwa 15 bis 18 kg Öl je Hektar Anbaufläche, entsprechend einer Ölausbeute von 0,05 bis 0,15 % aus den Blättern. Die Blätter werden mehrmals im Jahr geerntet. Verwendet wird G. in der Parfümerie- und Seifenindustrie.

Geranylgeranyltransferase, Abk. ***GGTase***, ein wichtiges Enzym der posttranslationalen Proteinmodifizierung, das den Transfer eines Geranylgeranyl-Restes von Geranylgeranylpyrophosphat auf die Thiolfunktion eines proteingebundenen Cysteinrestes unter Ausbildung einer kovalenten Thioetherbindung katalysiert. Die α-Untereinheit (M_r 48000) des dimeren Enzyms ist identisch mit der α-Untereinheit der ↗ Farnesyltransferase, während die β-Untereinheit (M_r 43000) verschieden ist. Zn^{2+}- und Mg^{2+}-Ionen sind für die Aktivität essentiell. Die Substraterkennung ist abhängig von der *upstream*-Region des C-Terminus. Proteine mit dem Motiv CAAX (C = Cystein; A bedeutet hier nicht Alanin, sondern steht allgemein für eine beliebige aliphatische Aminosäure; X = Leu) sind die bevorzugten Substrate.

Gerberei, die Herstellung von Leder aus Tierhäuten oder Fellen. Dazu werden die verschiedensten Arten von Häuten (z. T. als Fell bezeichnet) verwendet: Rind-, Roß-, Schweinshäute, Kalb-, Schaf-, Ziegenfelle, aber auch Schlangen-, Eidechsenhäute u. a. Zur Verarbeitung gelangt im allgemeinen nur die Lederhaut (Corium oder Cutis); die Oberhaut (Epidermis) mit den Haaren und das Unterhautbindegewebe (Subcutis) werden entfernt.

Die rohen, durch Salzen und Trocknen *konservierten* Häute (Felle) werden zunächst in Wasser *geweicht*, von Schmutz und Salz gesäubert und zur Lockerung der Haare mit Kalkmilch und/oder Natriumsulfid behandelt (*Äschern*, *Kälken*) oder einer leichten Fäulnis ausgesetzt (*Schwitzen*).

Die gelockerten Haare entfernt man zusammen mit der Oberhaut mechanisch (*Enthaaren*), ebenso durch *Scheren* (*Entfleischen*) das auf der Fleischseite haftende Unterhautbindegewebe. Die von Ober- und Unterhaut befreiten (entblößten) Häute (*Blößen*) gelangen zur eigentlichen *Gerbung*, d. h., sie werden mit ↗ Gerbstoffen behandelt, die mit den Eiweißstoffen der Haut eine chem. Bindung eingehen. Das so aus dem rohen Hautblößenmaterial entstehende Leder ist im Unterschied zur ursprünglichen Eiweißsubstanz vor Fäulnis geschützt und nicht mehr verleimbar.

Um dünnes Leder aus dickem Hautmaterial zu erhalten, werden die Blößen oder die Leder in der gesamten Dicke mit der Bandmesserspaltmaschine *gespalten*. Bei der Herstellung weicher Leder erfolgt vor dem Gerben das *Beizen*. Die Blößen werden dabei durch Fermentpräparate zusätzlich aufgelokkert und die überschüssigen Alkalien mit schwachen organischen Säuren neutralisiert (*Entkälken*).

Bei der Gerbung gibt es verschiedene Verfahren. 1) Die *Lohgerberei* bedient sich pflanzlicher Gerbstoffe: *Lohe*, z. B. gemahlene Eichen- oder Fichtenrinde, wird bei der Grubengerbung (s. u.) als Streumittel verwandt. *Gerbextrakte*, d. s. verschiedenartige Auszüge, z. B. aus Kastanienholz, verschiedenen Früchten (z. B. Valoneen) oder auch aus Wurzeln und Blättern, dienen zum Bereiten oder Verstärken von Gerbbrühen, wofür auch anteilmäßig Syntane (↗ Gerbstoffe) zur Verwendung kommen. Die Blößen werden zunächst in dünnen Gerbbrühen (wäßrige Auszüge der Gerbmittel) *angegerbt*, wobei sie die braune Lederfarbe annehmen. Bei der *Grubengerbung* liegen sie dann einige Monate flach ausgebreitet zu mehreren übereinander, jeweils mit einer Schicht der gemahlenen pflanzlichen Gerbmittel bestreut, in einer Gerbgrube (*Versenk* oder *Versatz*). Mit höherkonzentrierten Lösungen und unter dem Einfluß einer mechanischen Bewegung im rotierenden Gerbfaß kann die Herstellungsdauer abgekürzt werden (*Brühengerbung*, *Faßgerbung*). 2) In der *Chromgerberei* dienen als Gerbmittel basische Chrom(III)-Salze, die dem Leder eine graugrüne Farbe geben. 3) Die *Weißgerberei* (*Alaungerberei*), bei der das Leder eine weiße Farbe zeigt, arbeitet mit Aluminiumverbindungen (z. B. Alaun). 4) In der *Sämischgerberei* werden die Blößen mit oxidierbaren (ungesättigten) Ölen, vor allem Tranen, behandelt. Bei vielen Lederarten werden verschiedene Gerbungen miteinander kombiniert.

Gerbstoffe, Substanzen, mit deren Hilfe tierische Häute in Leder oder Felle in Pelze umgewandeln werden. Man unterscheidet zwischen pflanzlichen, mineralischen (anorganischen) und synthetischen organischen G.

Pflanzliche G. (*Tannine*) sind Polyhydroxyphenole, die in Wasser, Alkohol und Aceton löslich sind. Sie sind stark adstringierend und bilden mit Eiweißen oder Alkaloiden wasserunlösliche Niederschläge; sie geben mit Eisen(III)-Ionen blau oder grün gefärbte Komplexe. Sie sind in einigen Pflanzenteilen angereichert und wurden bzw. werden aus diesen durch Extraktion gewonnen (Fichtenrinde: 9 %, Eichenrinde: 13 %, Kastanienholz: 10 %, Quebracho-Kernholz: 20 %, Mangroven-Rinde: 15–42 %, Sumach-Blätter: 26–30 %). Durch Kochen mit verdünnten Mineralsäuren gehen die hydrolisierbaren Gerbstoffe (↗ Gallotannine, Ellagitannine) in Lösung; die ↗ nichthydrolysierbaren G. bilden dabei einen rötlich-braunen Niederschlag (Phlobaphene).

Zu den *mineralischen, anorganischen G.* zählen Aluminiumsulfat (Alaungerbung, »Weißgerbung«) und Chromalaun ($KCr(SO_4)_2 \cdot 12\,H_2O$) bzw. Chrom(III)-sulfat (»Chromgerbung«, »Chromleder«).

Zu den *synthetischen organischen G.* gehören die sog. *Syntane* bzw. *Neradole*. Das sind Kondensationsprodukte zwischen Phenol- und Naphthalinsulfonsäuren mit Formaldehyd.

Die pflanzlichen (natürlichen) G. haben gegenüber den mineralischen und synthetischen organischen G. folgende Nachteile:

- schwankende Zusammensetzung
- schwer einstellbare konstante Eigenschaften der Gerblösungen und damit auch des Leders
- geringe Lichtechtheit heller Ledersorten
- Empfindlichkeit gegen Schwermetall-Ionen (z. B. Blaufärbung durch Eisen-Ionen »Eisen-Gallus-Reaktion«)

Von Vorteil ist die hohe Dimensionsstabilität der mit pflanzlichen G. hergestellten Ledersorten.

Gewöhnlich werden die natürlichen G. mit Wasser aus dem pflanzlichen Material extrahiert. Die extrahierte Menge an Gerbstoffen, Phlobaphenen und Phenolsäuren läßt sich aber durch eine sulfitierende Extraktion – unter Zusatz von Na_2SO_3 bzw. $NaHSO_3$-Lösungen – oder durch eine alkalische Extraktion unter Zusatz von NH_4OH- bzw. NaOH-Lösungen erheblich steigern (Extraktstoffausbeuten aus Koniferenrinden: 20–50 %).

Die pflanzlichen G. werden neben dem Gerben von Häuten und Fellen auch für die Erzeugung von Tannin-Formaldehyd-Harzen (z. B. für die Holzverleimung), als Zusatzstoffe für Bohrflüssigkeiten, zur Verhinderung von Kesselsteinbildung in Dampferzeugern, in der Pharmazie zur Therapie bei Hauterkrankungen u. a. eingesetzt.

Gerbstoffrote, ↗ Phlobaphene, ↗ nichthydrolysierbare Gerbstoffe.

Germanin®, ↗ Suramin.

Germanium, Symbol *Ge*, chem. Element aus der IV. Hauptgruppe des Periodensystems, der ↗ Kohlenstoff-Silicium-Gruppe, Halbmetall; Z 32, Massenzahlen der natürlichen Isotope 70 (20,52 %), 72 (27,43 %), 73 (7,76 %), 74 (36,54 %) und 76 (7,76 %), Atommasse 72,59; Wertigkeit IV, selten II, D. 5,35 g cm^{-3}, F. 937,4 °C, Kp. 2830 °C.

Eigenschaften. Reines G. ist ein graues, im Diamantgitter kristallisierendes, metallisch glänzendes, sehr sprödes Halbmetall. Sein elektrischer Widerstand nimmt mit sinkender Temperatur und zunehmender Reinheit zu. Hinsichtlich seiner chem. Eigenschaften ähnelt es dem Silicium. Germanium(II)-Verbindungen sind nicht sehr stabil, wirken reduzierend oder tendieren zur Disproportionierung. An der Luft ist G. bei Zimmertemperatur beständig. Mit oxidierend wirkenden Säuren, wie konz. Salpetersäure, konz. Schwefelsäure oder Königswasser, bildet es das unlösliche Germaniumdioxid. Mit den Halogenen reagiert es zu Germaniumtetrahalogeniden.

Analytisches. Qualitativ wird G. im H_2S-Trennungsgang als weißes Germaniumdisulfid GeS_2

nachgewiesen. Die quantitative Bestimmung erfolgt gravimetrisch als Germaniumdioxid GeO_2 oder bei sehr kleinen Germaniumkonzentrationen photometrisch mit Phenylfluoren.

Vorkommen. G. ist ein verbreitetes Spurenelement. Am Aufbau der Erdkruste ist es zu $6,7 \cdot 10^{-4}$ % beteiligt. Höhere Konzentrationen liegen nur in den seltenen Mineralen Argyrodit $4\,AgS \cdot (Ge, Sn)S_2$ und Germanit $3\,Cu_2S \cdot FeS \cdot 2\,GeS_2$ vor.

Gewinnung. Ausgangsmaterialien zur Germaniumgewinnung sind Germanit und bei der Zinkverhüttung sowie bei der Verbrennung einiger Steinkohlensorten anfallende Flugstäube. Aus diesen Materialien wird nach Vorbehandlungen G. in Form des flüchtigen Germaniumtetrachlorids $GeCl_4$ abgetrennt. Das Chlorid wird mit Wasser zu Germaniumdioxid hydrolysiert und dieses mit Wasserstoff zu elementarem G. reduziert. Das in der Halbleiterindustrie eingesetzte G. wird durch Zonenschmelzen auf eine solche Reinheit gebracht, daß es auf 10^{12} Ge-Atome nur ein Fremdatom enthält.

Verwendung. G. ist gut durchlässig für infrarote Strahlung wird deshalb für Fenster in IR-Spektrometern u. ä. verwendet. Als wichtiger Halbleiter findet G. in üblicherweise mit Arsen und Gallium dotierter Form ausgedehnte Anwendung zur Herstellung von Transistoren und anderen elektronischen Bauelementen. Außerdem ist es Bestandteil spezieller Legierungen.

Germaniumverbindungen. Eine Schlüsselstellung in der Chemie der G. nehmen die Germanium(IV)-halogenide ein, die durch Einwirkung der entsprechenden Halogene auf Germanium hergestellt werden. *Germaniumtetrafluorid*, GeF_4, M. 148,58, Sbp. –37 °C, ist ein farbloses giftiges Gas, das mit Metallfluoriden zu Hexafluorogermaniaten $M^I_2[GeF_6]$ reagiert. *Germaniumtetrachlorid*, $GeCl_2$, M_r 214,41, D. 1,8443 g cm^{-3}, F. –49,5 °C, Kp. 84 °C, eine farblose, an der Luft rauchende Flüssigkeit, ist auch durch Umsetzung von Germaniumdioxid mit konz. Salzsäure zugänglich. Aus der Reaktion von Germanium mit $GeCl_4$ resultiert das farblose, pulverige *Germaniumdichlorid*, $GeCl_2$ das stark reduzierend wirkt und bei Temperaturerhöhung in $GeCl_4$ und Ge disproportioniert. Die Reduktion des $GeCl_4$ mit Lithiumaluminiumhydrid liefert das gasförmige *Monogerman*, GeH_4, M. 76,62, F. –165 °C, Kp. –88,5 °C, das oberhalb 350 °C in die Bestandteile zerfällt. GeH_4 ist das erste Glied der Reihe der *Germane*, *Germaniumwasserstoffe*, Ge_nH_{2n+2}, die sowohl gegenüber Sauerstoff als auch hydrolytischen Einflüssen etwas stabiler sind als die Silane. Durch Hydrolyse des $GeCl_4$ wie auch durch Einwirkung von konz. Salpetersäure auf Germanium erhält man *Germaniumdioxid*, GeO_2, das in einer hexagonalen, dem (Quarz vergleichbaren (F. 1115 ± 4 °C) und einer tetragonalen, dem Zinnstein isomorphen Modifikation (F. 1086 ± 5 °C) kristallisiert. Es bildet ähnlich dem Siliciumdioxid ein GeO_2-Glas, das sich durch einen besonders großen Brechungsindex auszeichnet. GeO_2-haltige Gläser werden deshalb in der Optik verwendet. GeO_2 löst sich in wäßrigen Alkalien unter Bildung entsprechender *Germanate*, z. B. $GeO_2 + 4\,NaOH \rightarrow Na_4GeO_4 + 2\,H_2O$. Vergleichbar den ↗ Silicaten kennt man bei den Germanaten eine Vielzahl von Verbindungen, denen durch Kondensation gebildete Polyanionen zugrunde liegen. Bedeutung hat $GeCl_4$ auch als Basismaterial für die Synthese von *germaniumorganischen Verbindungen* (*Organogermaniumverbindungen*).

Gerüstproteine, ↗ Faserproteine.

Gerüststoffe, ↗ Builder.

Gesamthärte, ↗ Härte.

Geschirrspülmittel, meist flüssige, stark schäumende Produkte der Haushaltchemie, die überwiegend für die manuelle Reinigung von Geschirr in Warmwasser rezeptiert sind. Hauptbestandteile sind in neutraler wäßriger Lösung anionische Tenside, insbesondere Alkansulfonate und/oder Alkylbenzolsulfonate, Ethersulfate, aber auch nichtionogene Tenside, wie Fettalkoholoxethylate oder langkettige Aminoxide, wahlweise noch Harnstoff, zur Verbesserung der Klarlöslichkeit niedere Alkohole oder kurzkettige Alkylarylsulfonate sowie Parfümöle.

Produkte für maschinelles Spülen sind extrem schaumarm eingestellt auf Basis von Natriumtriphosphat und Natriumsilicaten mit geringem Zusatz von nichtionogenen Tensiden als Netzmittel. Ihre Anwendung erfordert zur Vermeidung salzartiger Rückstände auf dem Reinigungsgut den anschließenden Einsatz von tensidreichen, schaumarmen Klarspülern, die auch sauer eingestellt sein können.

Geschlechtshormone, ↗ Sexualhormone.

Geschmacksstoffe, Stoffe, die einen Geschmackseindruck bewirken. Zu den G. gehören neben Zuckern sowie anderen Süßmitteln Kochsalz, Bitterstoffe usw. G. sind im Gegensatz zu den ↗ Aromastoffen nicht oder nur wenig flüchtig. ↗ Geschmacksverstärker.

Geschmacksverstärker, die Bezeichnung für Verbindungen, die den Geschmackseffekt von ↗ Geschmacksstoffen verstärken. G. selbst lösen keine oder nur eine geringe Geschmacksempfindung aus. Zu den G. werden u. a. Natriumglutamat sowie Inosin-5′-monophosphat und Guanosin-5′-monophosphat gezählt. ↗ Maltol steigert den Süßeeindruck in Kohlenhydrat-reichen Lebensmitteln (z. B. Marmeladen, Gelees) und verleiht eine leichte Aromanote. Zahlreiche G. (Glutaminsäure, 5′-Nucleotide) werden mittels biotechnischer Verfahren unter Einsatz von ↗ Mutanten (auxotrophe und regulationsdefekte) hergestellt.

geschwindigkeitsbestimmender Schritt, die am langsamsten ablaufende Elementarreaktion innerhalb einer Folge von Elementarreaktionen. Sie bestimmt die Geschwindigkeit und das Zeitgesetz der Gesamtreaktion (↗ komplexe Reaktion).

Geschwindigkeitsgleichung, ↗ Zeitgesetz.

Geschwindigkeitskonstante, ***Reaktionskonstante***, Zeichen k, der Proportionalitätsfaktor zwischen der Reaktionsgeschwindigkeit und den Konzentrationen der beteiligten Spezies. Die Temperaturabhängigkeit von G. wird durch die ↗ Arrhenius-Gleichung oder die Eyring-Gleichung (↗ Reaktionskinetik, Theorie) beschrieben. Die G. ist eng mit der ↗ Halbwertszeit verknüpft.

Geschwindigkeitsverteilung, ↗ Maxwell-Boltzmann-Verteilung.

Gesetz der äquivalenten Proportionen, ↗ Gesetz der stöchiometrischen Proportionen.

Gesetz der konstanten Proportionen, ↗ Gesetz der stöchiometrischen Proportionen.

Gesetz der konstanten Wärmesummen, ↗ Heßscher Satz.

Gesetz der multiplen Proportionen, ↗ Gesetz der stöchiometrischen Proportionen.

Gesetz der unabhängigen Ionenwanderung, ein von F. Kohlrausch 1873 gefundenes Gesetz, wonach in ideal verdünnten Lösungen die Wanderungsgeschwindigkeiten der einzelnen Ionensorten im elektrischen Feld unabhängig von der Art der Gegenionen sind. Die Grenzleitfähigkeit Λ_∞ setzt sich additiv aus den Ionengrenzleitfähigkeiten Λ zusammen: $\Lambda_\infty = \Lambda_0^+ + \Lambda_0^-$. Da die Ionengrenzleitfähigkeiten das Produkt aus Ionenbeweglichkeit und Faraday-Konstante darstellen, gilt auch: $\Lambda_\infty = F(u_+ + u_-)\ \mathrm{m^2\,\Omega^{-1}\,mol^{-1}}$, wobei F die Faraday-Konstante und u_+, u_- die Wanderungsgeschwindigkeiten bedeuten. Über die Beziehung $\Lambda_{eq} = \alpha \cdot \Lambda_\infty$ (↗ Verdünnungsgesetz von Ostwald) und $\Lambda_{eq} = \varkappa/(n_e \cdot c)\ \mathrm{m^2\,\Omega^{-1}\,mol^{-1}}$ folgt: $\Lambda_{eq} = \alpha F(u_+ + u_-)$ und $\varkappa = \alpha n_e c F(u_+ + u_-)\ \mathrm{\Omega^{-1}\,m^{-1}}$. Man kann damit aus Leitfähigkeitswerten Ionenbeweglichkeiten und damit auch Werte für Λ_∞ bestimmen.

Gesetze der stöchiometrischen Proportionen, stöchiometrische Grundgesetze (↗ Stöchiometrie), die Aussagen über die bei chem. Reaktionen auftretenden Massenverhältnisse und über die Massenverhältnisse der eine chem. Verbindung aufbauenden Elemente treffen.

Das *Gesetz der äquivalenten Proportionen* sagt aus, daß sich Elemente stets im Verhältnis ihrer Äquivalentmassen oder kleiner ganzzahliger Vielfacher davon verbinden.

Nach dem *Gesetz der konstanten Proportionen* enthält jede chem. Verbindung die sie aufbauenden Elemente in einem bestimmten, konstanten Massenverhältnis. So sind in 100 g reinem natürlichem Wasser stets 88,81 g Sauerstoff und 11,19 g Wasserstoff enthalten. Bilden zwei Elemente mehrere, verschiedene Verbindungen miteinander, so stehen nach dem *Gesetz der multiplen Proportionen* die Massen des einen Elementes, bezogen auf eine konstante Masse des anderen, im Verhältnis kleiner ganzer Zahlen zueinander. So entfallen z. B. in den fünf Stickstoffoxiden N_2O, NO, N_2O_3, NO_2 und N_2O_5 auf je 1 g Stickstoff 0,571, 1,142, 1,714, 2,284 und 2,856 g Sauerstoff.

Verbindungen, für die die G. d. s. P. voll gültig sind, werden als ↗ Daltonide bezeichnet. Im Gegensatz dazu stehen die ↗ Berthollide, deren Zusammensetzung in Abhängigkeit von den Herstellungsbedingungen schwanken kann.

Element	Symbol	Ordnungszahl	rel. Atommasse
Actinium	Ac	89	227,0278
Aluminium	Al	13	26,9815
Americium	Am	95	243,0614
Antimon	Sb	51	121,760
Argon	Ar	18	39,948
Arsen	As	33	74,9216
Astat	At	85	209,9871
Barium	Ba	56	137,327
Berkelium	Bk	97	247,0703
Beryllium	Be	4	9,0122
Bismut	Bi	83	208,9804
Blei	Pb	82	207,2
Bor	B	5	10,811
Brom	Br	35	79,904
Cadmium	Cd	48	112,411
Cäsium	Cs	55	132,9054
Calcium	Ca	20	40,078
Californium	Cf	98	251,0796
Cer	Ce	58	140,115
Chlor	Cl	17	35,4527
Chrom	Cr	24	51,9961
Cobalt	Co	27	58,9332
Curium	Cm	96	247,0703
Dubnium	Db	105	262,1138
Dysprosium	Dy	66	162,50
Einsteinium	Es	99	252,0829
Eisen	Fe	26	55,845
Erbium	Er	68	167,26
Europium	Eu	63	151,965
Fermium	Fm	100	257,0951
Fluor	F	9	18,9984
Francium	Fr	87	223,0197
Gadolinium	Gd	64	157,25
Gallium	Ga	31	69,723
Germanium	Ge	32	72,61
Gold	Au	79	196,9665
Hafnium	Hf	72	178,49
Helium	He	2	4,0026
Holmium	Ho	67	164,9303
Indium	In	49	114,818
Iod	I	53	126,9045
Iridium	Ir	77	192,217
Kalium	K	19	39,0983
Kohlenstoff	C	6	12,011
Krypton	Kr	36	83,80
Kupfer	Cu	29	63,546
Lanthan	La	57	138,9055
Lawrencium	Lr	103	260,1053
Lithium	Li	3	6,941
Lutetium	Lu	71	174,967
Magnesium	Mg	12	24,3050
Mangan	Mn	25	54,9380
Mendelevium	Md	101	258,0986

Element	Symbol	Ordnungszahl	rel. Atommasse
Molybdän	Mo	42	95,94
Natrium	Na	11	22,9898
Neodym	Nd	60	144,24
Neon	Ne	10	20,1797
Neptunium	Np	93	237,0482
Nickel	Ni	28	58,6934
Niob	Nb	41	92,9064
Nobelium	No	102	259,1009
Osmium	Os	76	190,23
Palladium	Pd	46	106,42
Phosphor	P	15	30,9738
Platin	Pt	78	195,08
Plutonium	Pu	94	244,0642
Polonium	Po	84	208,9824
Praseodym	Pr	59	140,9077
Promethium	Pm	61	146,9151
Protactinium	Pa	91	231,0359
Quecksilber	Hg	80	200,59
Radium	Ra	88	226,0254
Radon	Rn	86	222,0176
Rhenium	Re	75	186,207
Rhodium	Rh	45	102,9055
Rubidium	Rb	37	85,4678
Ruthenium	Ru	44	101,07
Rutherfordium	Rf	104	261,1087
Samarium	Sm	62	150,36
Sauerstoff	O	8	15,9994
Scandium	Sc	21	44,9559
Schwefel	S	16	32,066
Selen	Se	34	78,96
Silber	Ag	47	107,8682
Silicium	Si	14	28,0855
Stickstoff	N	7	14,0067
Strontium	Sr	38	87,62
Tantal	Ta	73	180,9479
Technetium	Tc	43	98,9063
Tellur	Te	52	127,60
Terbium	Tb	65	158,92534
Thallium	Tl	81	204,3833
Thorium	Th	90	232,0381
Thulium	Tm	69	168,9342
Titan	Ti	22	47,88
Uran	U	92	238,0289
Vanadium	V	23	50,9415
Wasserstoff	H	1	1,0079
Wolfram	W	74	183,84
Xenon	Xe	54	131,29
Ytterbium	Yb	70	173,04
Yttrium	Y	39	88,9059
Zink	Zn	30	65,39
Zinn	Sn	50	118,710
Zirconium	Zr	40	91,224